BIOLOGY EIGHTH EDITION

# 생물과학 제8판

Eldra P. Solomon
*University of South Florida*

Linda R. Berg
*St. Petersburg College*

Diana W. Martin
*Rutgers University*

**대표역자**

**강신성**

권덕기 김언경 김정회 김종봉 김한순 박재홍 서봉보
손종경 송방호 유병제 윤호성 이창우 장세헌 전창진
정재창 정화숙 추연식 홍창수 황의욱

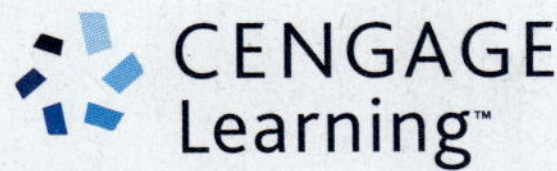


Australia, Brazil, Japan, Korea, Mexico, Singapore, Spain, United Kingdom, United States

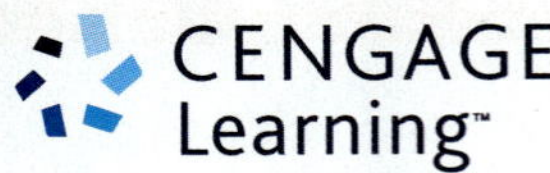

Biology, International Edition, 8th Edition
Eldra Solomon, Linda Berg, Diana W. Martin

This edition first published in 2010 jointly by
Cengage Learning Korea Limited and World Science Publishing Co..

Original edition©2008 Brooks/Cole, a part of Cengage Learning. Biology, International Edition, 8th Edition by Cecie Starr. ISBN: 978-0-495-11419-2.

This edition is translated by license from Brooks/Cole, a part of Cengage Learning, for sale in Korea only.



ISBN-13: 978-89-5881-153-4

Cengage Learning Korea Ltd.
Suite 1801 Seokyo Tower Building
353-1, 22 Seokyo-Dong, Mapo-Ku
Seoul 121-837, Korea
Tel: (82) 2 322 4926
Fax: (82) 2 322 4927

Cengage Learning is a leading provider of customized learning solutions with office locations around the globe, including Singapore, the United Kingdom, Australia, Mexico, Brazil, and Japan.
Locate your local office at: www.cengage.com/global

Cengage Learning products are represented in Canada by Nelson Education, Ltd.

For product information, visit www.cengageasia.com

Printed in Korea
1 2 3 4 13 12 11 10

# 저자들

**엘드라 솔로몬**(ELDRA P. SOLOMON)은 생물학, 인체해부학, 생리학 등에 대한 여러 종의 저명한 대학교과서들을 저술하였다. 이 분의 교과서들은 10 여개 이상의 언어로 번역되어 오고 있다. 솔로몬 박사는 미국 Florida대학에서 이학석사, South Florida대학에서 문학석사 및 이학박사를 취득했다. **솔로몬** 박사는 생물학과 및 간호학과학생들을 대상으로 20년 이상 강의를 했다. 현재 그녀는 South Florida대학 대학원의 부교수로 재직 중이다.

**솔로몬** 박사는 생물학자이며 과학서 저자이면서 특히 외상성-신경생리학에 관심을 가지고 있다. 그녀는 스트레스, 감정 및 건강 간의 상호관련성 및 외상후-스트레스 이상에 초점을 맞추고 연구해 오고 있다.

**솔로몬** 박사는 그녀의 연구결과들을 여러 국내외 학술대회의 기조강연이나 심포지움에서 발표해 오고 있다. 솔로몬 박사는 *Who's who in Ameria, Who's who in Science and Engineering, Who's who in Medicine and Healthcare, Who's who in American Education, Who's who in Amerian Women and Who's who in the World* 등에 20회 이상 프로필이 등재되어 오고 있다.

**린다 벌그**(LINDA R. BERG)는 우수강의-교수상 경력이 많은 교과서 저자이다. 그녀는 Maryland대학에서 과학교육학으로 학사, 식물학 전공으로 이학석사, 그리고 식물생리학 전공의 이학박사 학위를 취득하였다. 그녀의 연구분야는 여러 생물체에서의 스테로이드 생합성 경로의 규명에 초점을 두고 있다.

**벌그** 박사는 College Park에 있는 Maryland대학에서 17년간 강의하였으며, 현재는 플로리다에 있는 St. Petesberg대학의 부교수로 재직하고 있다. 그녀는 생물학, 식물학 및 환경과학 과목들을 수천여명의 학생들에게 강의한 경력이 있다. Maryland대학 재직 시에는 수 차례의 우수교수상 및 공로상 등을 수상하였다. 또한 **벌그** 박사는 National Science Teachers Association Award for Innovation in College Science Teaching, the Nation's Capital Area Disabled Student Service Award, Washington Academy of Science Award in University Science Teaching 등의 많은 수상경력이 있다.

전문적인 과학저술가로서 **벌그** 박사는 여러 뛰어난 과학관련 대학교과서의 주저자 또는 공저자로 활약하고 있다. 그녀의 저술 능력은 그녀의 강의 스타일과 과학에 대한 열정을 반영한다고 할 수 있다.

**다이에나 마틴**(DIANA W. MARTIN)은 Rutgers대학 New Brunswick 캠퍼스 생명과학부의 일반생물학 주임교수로 재직하고 있다. 그녀는 Florida 주립대학에서 이학석사를 취득하였는데, 이때 **마틴** 박사는 유사 식물군 간의 염색체 연구를 통한 진화관계 규명에 대한 연구를 수행하였고, 이어서 오스틴 소재 Texas대학에서 노랑초파리에 대한 유전학 연구로 이학박사 학위를 취득하였고, Princeton대학에서 박사후연구 과정을 수행하였다. **마틴** 박사는 Rutgers대학에서 20여년 이상 일반생물학 및 그 밖의 과목들을 강의를 해 왔으며, 1988년도부터 교과서 저술을 시작하였다. 그 녀는 대학 시절 생물학 공부에 대한 그녀의 결정이 생물학에 대한 다양한 현상에 대한 흥미를 갖게 해 줬고 또 그와 관련된 여러 경력을 갖게 됐다는 데에 대해 매우 감사하고 있다고 말하고 있다.

## 번역진

**강신성** | 경북대학교 자연과학대학 생명과학부 교수

**권덕기** | 경북대학교 사범대학 생물교육과 교수

**김언경** | 경북대학교 자연과학대학 생명과학부 교수

**김정회** | 경북대학교 자연과학대학 생명과학부 교수

**김종봉** | 대구가톨릭대학교 자연대 의생명과학과 교수

**김한순** | 경북대학교 자연과학대학 생명과학부 교수

**박재홍** | 경북대학교 자연과학대학 생명과학부 교수

**서봉보** | 경북대학교 자연과학대학 생명과학부 교수

**손종경** | 경북대학교 자연과학대학 생명과학부 교수

**송방호** | 경북대학교 사범대학 생물교육과 교수

**유병제** | 대구대학교 자연과학대학 생명과학과 교수

**윤호성** | 경북대학교 자연과학대학 생명과학부 교수

**이창우** | 대구대학교 자연과학대학 분자생물학과 교수

**장세헌** | 대구대학교 자연과학대학 분자생물학과 교수

**전창진** | 경북대학교 자연과학대학 생명과학부 교수

**정재창** | 경북대학교 자연과학대학 생명과학부 교수

**정화숙** | 경북대학교 사범대학 생물교육과 교수

**추연식** | 경북대학교 자연과학대학 생명과학부 교수

**홍창수** | 대구대학교 자연과학대학 생명과학과 교수

**황의욱** | 경북대학교 사범대학 생물교육과 교수

# 요약목차

# 목차

# 저자 서문

**솔로몬**, **벌그**와 **마틴** 박사들의 저서 **『생물과학, 8판』**은 역동적 학문인 생물과학에 대한 비전과 우리의 건강과 행동에서부터 우리에게 직면한 환경문제에 대한 도전적 행동에 이르기까지 생명의 모든 면에 어떻게영향을 주는가에 대한  지속적인 지식 전달체 역할을 할 것이다. 생물과학에 대한 최근의 발견들은 생명과정과 적응들의 통합과 다양성 모두에 대한 우리의 이해를 증가시켜주고 있다. 이러한 이해를 통해 우리가 누리고 있는 이 지구상의 생명체들의 큰 다양성과 더불어 우리의 상호의존성을 알아가게 될 것이다.

## 『생물과학』은 학생들을 위한 교재이다

생물학을 처음 접하는 학생들에게 **『생물과학』**을 공부하는 것은 생명현상 발견으로의 흥미로운 여행이 될 것이다. 그러기 위해 우리는 학생들이 지구상에 존재하는 다양한 생명체들, 그들의 현저한 환경에의 적응 및 그들의 진화적 생태학적 상호관계에 대한 더 많은 이해를 하는데 도움을 주고자 한다. 우리는 또한 학생들에게 과학적 역동 현상을 이해하고, 과학자들의 발견이 우리의 생물학적 지식의 확장뿐 아니라 우리 지구의 미래를 어떻게 보호할 수 있는가를 모색할 수 있기를 희망한다. 본 **『생물과학』** 교과서는 과학이 무엇이며, 과학자들의 연구 방식은 무엇인가, 현대 생물학 발전에 공헌하는 수 많은 생물학자들의 역할은 무엇이며, 그리고 이러한 과학적 지식들이 우리의 일상 생활에 어떤 영향을 미치는가에 대한 식견을 가지게 해 줄 것이다.

본 **『생물과학』**의 초판 출간 이래, 우리 저자들은 정확하고, 흥미로우며, 학생들이 개념적으로 다가갈 수 있는 통합적 방식으로 생물학적 원리들을 기술하려고 노력해왔다. 본 **『생물과학, 8판』**에서도 우리는 이러한 전통을 계속 유지하였으며, 또한 의문에 근거한 방식으로 생물학을 소개해 오고있다. 많은 교수들은 실험들을 수행하는 학생들에게서 생길 수 있는 의문에 근거한 학습 방법에 대하여 설명한다. 실험연구는 당연히 의문–근거 학습의 통합체라 할 수 있다. 그러나 의문은 실험실이 아닌 다른 곳에서도 학생들이 찾아본다면 생길 수 있으며, 이 또한 학습 방법의 하나일 수 있다. 본 **『생물과학』**에서 우리는 학생들이 과학은 과정(의문에 대한 추적)일 뿐만 아니라 지식(의문에 대한 생산물)이라는 것을 이해할 수 있게 도움이되도록 하기 위하여 과학적 논쟁을 포함한 과학적 발전의 역사에 대해 소개해오고 있다. **『생물과학, 8판』**에서의 **새로운 면**은 의문–근거 학습에 대한 더 많은 통합이 가능하도록 **핵심 실험 그림들**과 **실험 데이터들의 분석**의 2가지를 첨가시킨 것이다. **주요 실험 그림들**은 학생들에게 실질적으로 과학자들에게 일어날 수 있는 것에 대한 실험적 접근을 평가할 수 있게 북돋아 줄 것이다. 한편, **실험 데이터들의 분석**은 학생들에게 교재에 제시된 실험적 데이터들에 대해 능동적으로 설명하도록 하는 요구가 될 수 있을 것이다.

교과서의 내용을 통해, 학생들 수준의 참고가 될 수 있는 범주 내 경험적 개념에 대한 흥미를 유발시키고자 하였다. 학생들이 그와 같은 연결고리를 찾도록 도와줌으로써 개념의 통합이 촉진되도록 하였다. 우리 저자들은 저술 형식이나 흥미로운 내용들의 결집이 학생들에게 흥미를 유발하고 그들이 계속적으로 생물학 공부를 하는데 격려가 되기를 희망한다.

## 솔로몬/벌그/마틴의 학습체계

본 8판에서 저자들은 생물학에 학습목표와 학습효과에 초점을 둔 매우 성공적인  학습체계를 제시 하였다. 생물학의 주제들은 일반적 생물학적 원리의 틀로 통합시켜야 하는 수많은 사실들로 이루어져 있기 때문에 생물학은 도전적인 학문이라 할 수 있다. 학생들이 이 복잡한 주제들을 습득하도록 하기위해, 우리는 매 장마다 과정과 각 절에 대한 학습목표를 제시하였다. 각 절의 말미에는 학습목표에 근거한 복습문제들을 제시하여, 학생들로 하여금 각 절의 내용들에 대하여 완전히 습득이 되었는지 확인할 수 있도록 하였다.

## 수강 학습목표

일반 생물학의 성공적인 학습 후에, 학생들은 아래에 제시된 수강 학습목표들에 대하여 정확히 설명할 수 있어야 한다:

- 과학적 방법의 용어들과 과정들을 사용하여, 주어진 가설을 검사하는 실험을 디자인하라.
- 세포설을 인용하고, 원핵세포와 진핵세포 모두의 구조와 기능을 연관시켜 보라.
- 진화론을 기술하고, 왜 이 이론이 생물학의 기본적인 통합개념인지 설명하고, 진화적 변화의 1차적 요소로서 자연도태에 대하여 설명해 보라.
- 모든 생물 종들에서의 유전정보의 역할에 대하여 설명하고, 유전학의 응용들이 사회에 미치는 영향에 대하여 설명해 보라.
- 세포나 생물체들이 핵산의 이용, 화학적 신호들(예 호르몬이나 페로몬 같은), 전기적 신호들(예 신경전달), 신호전달계, 음향, 및 시각적 표식 등을 포함한 정보 전달 방법의 여러 기작들을 기술하라.
- 3 영역과 6 계로 나누는 생물계의 분류체계에 관한 내용에 대해각 특징들을 분석하고 이것이 합당한지 않은지 토론하라. 또한 유전학과 진화학에 근거하여, 이들 생명체들의 단일성과 다양성의 특정 예들을 제시해 보라.
- 구조적 적응성, 생명과정, 원핵생물, 원생생물, (진)균류, 식물, 동물들의 생활주기들을 비교하라.
- 항상성을 정의하고 되먹임 조절계를 포함한 조절기작의 예들을 들어라.
- 광합성 세포와 비광합성 세포에서의 물질과 에너지의 흐름을 추적해 보라. 또한 생산자들, 소비자들 및 분해자들의 역할을 비교하면서 생물권에서의 이들의 흐름을 추적해 보라.
- 개체, 군집, 사회 및 생태계 수준에서의 생태학적 내용을 기술하라.

## 학습전략 체계

우리는 학생들의 학습 성취를 향상시키기 위해 다양한 학습전략을 사용한다:

- 각 장의 서두에 **핵심 개념** 항목들을 제시하여 그 장의 개요를 알 수 있게 하였다.
- 각 장의 각 절마다 처음에 학생들이 각 절의 내용을 완전히 습득해야 할 내용들을 **학습목표**로 제시하였다.
- 각 장의 각 절 말미에는 **복습문제**들을 제시하여 학생들로 하여금 주요 개념들에 대하여 기술, 설명, 비교, 대조 또는 도시하도록 함으로써, 이해를 돕도록 하였다. 이 문항들은 학습목표에 근거하여 만든 문항들이다.
- 각 절의 제목은 그 내용을 반영하는 **부제목**으로 부쳤으며, 내용들을 단계적 으로 설명해 나가는 방식으로 기술하였다.
- 각 장의 말미에는 **내용 요약들**을 제시하여 각 장의 학습내용을 간단히 정리하였다. 예를 들면 온몸을통한 혈액 순환경로나 세포에서의 영양분 흡수과정들에 이어 구조나 단계의 과정 제시 등의 내용 요약을 제시하였다.
- **초점 상자들**을 사용하여 학생들이 특별한 주제에 관련된 내용(예를 들면, 흡연과 알코올 중독의 영향)을 탐구하도록 하였다. 이들 상자들은 통해 현재 관심의 대상이 되고 있는 특별 주제들, 예를 들면 가장 작은 고대인류의 조상(*Homo floresiensis*)이라던가, 지구상에서 사라져 가는 양서류 집단 또는 치매 등에 대하여 더 상세한 논의의 장이 되도록 제시하였다.
- 여러 그림들을 넣은 수많은 **표**들을 넣어 학생들로 하여금 교과서의 내용들을 이해하고 요약하는데 도움이 되게 하였다.
- 각 장의 말미에는 **중요 용어들의 요약**을 제시하여 각 장의 학습내용을 간단히 정리하였다. 이 요약은 각 장의 내용을 복습하는데 유익할 것이다. 왜냐하면, 중요 용어를굵은 글씨로 표시하였으며, 학생들이 쉽게 그 용어의 개념을 통해 내용을 이해할 수 있게 되어 있기 때문이다.
- 각 장 말미의 연습문제들을 학생들이 각 장의 내용 이해에 대한 자신을 평가하는 기회를 제공하기 위함이다. 또한 심화학습 문제들은 학생들로 하여금 중요 개념들간의 연결 능력을고취시킬 것이다. 매 장 말미의 심화문제 항에 한 두 가지의 진화—연계 문항을 넣었다. 또한 여러 장(chapter)에 그 장 내용에 근거한 **자료 분석 문항**들을 넣었다.

# 역자 서문

생물과학은 자연에 존재하는 모든 생명체들이 발현하는 생명현상의 공통적 이론과 진리를 탐구하는 학문이다. 생물과학은 우리의 건강과 관련된 생명의 모든 면에 영향을 주며 우리에 직면한 환경문제에 대한 도전적행동에 이르기까지 흥미진진하고 역동적인 과학이다. 그러므로 생명과학을 통해 얻은 이론과 지식들은 인류의 풍요로운 생활과 건강한 생활에 이용될 수 있다고 하겠다.

**솔로몬** 등이 저술한『**생물과학**』은 초판 출간이래 생물학을 처음 접하는 학생들에게 흥미를 유발시키고 친숙하게 다가갈 수 있는 생물학적 원리를 기술한 교재이다. 이 교재는 그 동안 전세계적으로 정평 있는 생물학 교재로서 인정받아 왔으며, 여러 나라에서 번역본이 출간 되 오고 있다. 특히, 본 "생물과학 제 8판"은 저자들의 그 동안의 저술과 강의의 경험을 바탕으로, 학생들에게 생물학에 대한 흥미를더욱 유발시키며 이해의 증진을 도모할 수 있도록 여러 가지 학습 전략에 근거하여 저술하였고, 가능한 한 많은 최신 학술정보들을 담아 저술하였다.

본 역서는 7판에 이어 본 8판도 경북대학교와 대구 가톨릭대학교 및 대구대학교의 생명과학 계열 학과에 재직하고 있는 교수들이 각자 전공분야에 맞추어 장들을 분담하여 번역하였다. 우리는 원본에 저술된 내용들을 충실히 전달할 수 있도록 그리고 좀더 쉽게 내용을 이해할 수 있도록 정성을 기울였다. 그리고 전공자들뿐 아니라 비전공자들도 좀더 쉽게 내용에 접근하고 이해할 수 있도록 정성을 기울였다. 번역에 사용한 생물과학 학술용어는 한국생물과학협회가 간행한 "생물학용어집, 제2판 (2005, 아카데미서적)"에 준하여 통일하였다. 역자들은 본 역서에 오류가 없도록 완벽을 기하고자 최대한 노력을 기울였지만 혹시 미진한 부분이 나올 수 있을 것으로 예상하므로, 독자들의 많은 조언과 편달을 기대한다.

저자들이 언급했듯이, 우리 역자들도 본 책자의 저술 형식이나 흥미로운 내용들의 결집이 학생들에게 생물학에 대한 흥미와 관심을 도모하여 그들이 계속적으로 생물학 공부를 하는데 격려가 되기를 희망한다.

끝으로 이 책자의 출판을 위해 편집과 제작에 성의를 다한 월드사이언스 박선진 사장님을 비롯한 편집부 여러분의 노고에 진심으로 감사를 드린다.

*2010. 2*

*역자 일동*

# 학생들에게

생물학은 도전의 학문이다. 우리들이 가르친 수천 여명의 학생들이그들의 인생의 목표나 학습목표에서 많은 어려움을 가지는 것을 보아왔다. 일부 학생들은 과학에 대한 탁월한 지적 배경을 가진 반면, 일부 학생들은 그렇지 못하였다. 그들의 지적배경에도 불문하고 생물학을 처음 공부하는 학생들은 그들이 예상했던 것보다 더 열심히 공부하지 않으면 안 되겠다는 것을 알게 될 것이다. 수년간 경험에 의해 다양한 범주의 학생들이 성공적으로 해 왔던 학습법으로 접근함으로써 여러분들은 좀 더 쉽게 생물학을 이해할 수 있을 것이다. 이 책의 학습체계를 습득하기를 바라며, 그에 대한 것들을 서문에 기술하였다.

### 학습 계획표를 만들어라

많은 대학교수들은 1시간 수업 받은 내용에 대해 3시간을 복습하기를 권한다. 이러한 시간적 투자가 고등학교와 대학 생활 간의 차이 중의 하나이다. 성공적 대학 생활을 위해서 학생들은 효과적인 시간 투자 방법을 배워야 한다. 생물학 공부에 투자하는 적절한 시간 투자는 그 내용을 얼마나 빨리 이해하는 가뿐만 아니라 수강과목의 수나 개인생활 및 가정생활에서의 개인적 의무에 좌우된다 할 수 있다.

가장 성공적인 학생들은 계획을 잘 잡은 학생들이다. 학기 초에 일과에 대한 상세한 계획표를 세워라. 통학하는 학생이라면 집에서 강의실까지 도착할 수 있는 시간을 고려하여, 너의 각 수업시간까지의 시간을 표시하라. 네가 강의계획표들을 받은 다음엔 모든 시험날짜, 퀴즈날짜, 과제물 제출 기일 등을 너의 달력에 표시하라. 기억을 위해 시험날짜나 과제물 날짜의 1 주일 전도 표시해 두면 도움이 될 것이다. 이제 너의 학습계획과 그 밖의 자신의 개인적인 계획을 네 계획표에 올려라. 이 월 계획표가 너의 학습시간에 매우 유익하다.

성공적인 생물학 수강학생들의 상당수가 매 주말마다 8–10시간씩 공부하는 학생보다 매일 2시간씩 생물공부를 한 학생들이었다. 1일 계획표에학습시간을 잡고 그 계획대로 실천하라.

### 교수가 강의 내용 또는 교재 내용 중 어느 것에 중점을 두는지 결정하라

일부 교수들은 강의 내용에 대한 확인에 더 비중을 두고 강의하는 교수가 있는 반면에, 일부 교수들은 교재의 각 장에 부과된 학습내용에 대한 학생들의 학습능력에 더 비중을 두고 교수하는 분들이 있다. 너의 담당 교수가 어디에 더 비중을 두는지 확인하라. 왜냐하면 그에 따라 너희들의 학습방법이 달라야 하기 때문이다.

*교수가 강의내용에 중점을 두는 경우의 학습방법*

강의가 교수한 강의내용 확인에 중점을 둔다면, 너희들은 가능한 한 완벽하고 정돈된 수강노트를 만들도록 하라. 강의에 들어가기 전에, 강의 받을 장의 내용을 대충 확인하고 주요 용어와 그림들을 확인하라. 그래야만 여러분들은 효율적인 수강노트를 만들 수 있다.

수강 후 24시간 이내에 너의 노트를 재 작성하라. 그러나, 재 작성 전에 수강노트를 읽어보고 확실하지 않은 부분에 대한 것은 표식을 하여라. 그런 다음 교과서의 그 부분에 대한 내용을 읽어보라. 또한, 강의 받은 내용에 들지 않은 부분들도 교과서를 읽도록 하라. 이에 의한 추가적 정보들이 이해의 폭을 넓혀줄 것이고, 중심 개념을 익히는 데 큰 도움이 된다.

교과서를 읽은 후에만 여러분은 교과서의 대응 내용에 근거한 노트재작성 준비가 되는 것이다. 또한 익숙하지 않은 용어들에 대한 것은 책 뒤의 부록에 제시된 용어해설을 참고하면 큰 도움이 될 것이다. 많은 학생들이 중요 용어나 개념에 대한 플래시카드를 만들어 학습에 활용한다. 물론 이 카드가 휴대할 수 있어서 통학시간 중이나 휴식시간에 사용할 수 있겠다. 그러나 교수가 중요하게 강조하는 부분을 잘 잡지 못하는 학생들에겐 플래시카드가 별 효과가 없다. 또한 플래시카드에만 전적으로 의존하여 공부하는 학생들에게도 이들 카드는 장애만 된다. 교과서를 읽는 대신 플래시카드만을 공부하는 것은 추리 소설에서 각 장의 첫 페이지만 읽는 것에 불과하다고 할 수 있다: 즉, 연속성이 없는 사실만을 공부하는 것이므로 빠진 부분을 채우기가 매우 어렵다는 의미이다.

### *교과서 내용에 중점을 두는 교수의 강의인 경우의 학습방법*

교과서에서 읽은 부분에 대한 시험이 있을 때 여러분은 교과서 내용을 심도 있게 활용해야 한다. 각 장의 서론을 읽은 후, 각 장에 처음 제시되는 학습목표 리스트를 읽는다. 이 목표는 행동적 내용으로 제시되어 있다. 즉, ...신비를 설명하기 위해 ...을 "하라" 등으로 제시되어 있다. 이 학습목표는 장의 각 절의 학습목표에 대한 구체적 목적을 제시한다. 각 절 말미에서는 학생들은 학습목표에 대한 복습문항들을 볼 것이다. 여러분들은 각 문항에 답하면서 당신 자신을 테스트 해 보라.

각 절의 내용을 심도 있게 읽어라. 많은 학생들이 수동적으로 공부한다. 능동적으로 공부하는 사람만이 의문을 갖게 되고, 그리하여 끊임없이 연결고리를 갖게 된다. 예를 들어, 생물학의 내용을 이해아기 위해서는 여러 가지 접근법이 있다. 이들을 맹목적으로 암기하려고 하지 말라: 그 대신 원인과 효과들에 대하여 생각하여 각 과정들이하나의 이야기가 되도록 해야 한다. 종국에 여러분들은 여러 과정들이 공통적 요소에 대하여 서로 연계되어 있음을 알게 될 것이다.

각 장의 내용을 완벽히 소화하기 위해서 여러분들은 아마도 각 장의 내용을 2-3회 숙독해야 할 것이다. 두 번째와 세 번째 숙독 시 여러분은 첫 번째 읽을 때 개략적인 개념에 대해 인지되었기 때문에 훨씬 수월하다는 것을 느낄 것이다.

각 장을 숙독한 후 각 절의 내용을 제일 중요한 부분을 고딕으로 표시하거나 색으로 표시하면서 요약해 보라. 그 후 각 내용에 첨가해야 할 중요 내용이 있으면 첨부해 보라. 이와 같은 요약본의 작성은 시험 준비에도 매우 요긴할 것이다.

이제는 배운 내용을 스스로 검사해 보라. 복습 문제와 심화학습 문제에 대하여 해답을 작성해 보고, 최종적으로 각 장 말미 요약에 제시되어 있는 학습 목표에 대하여 복습해 보라. 이 과정을 스스로 하도록 해 보라. 만약 복습문제에 대한 답을 할 수 없다면, 교과서 내용을 다시 찾아보도록 하라.

## 생물 용어에 대하여 공부하라

학생들이 학습하는데 있어서 가장 큰 장해 요인이 생물용어일 것이다. 실제로, 생물용어를 확실히 알지 못하면 학습과 의사소통에 어려움이 뒤따를 것이다. 왜냐하면 용어가 사고에 있어서 실질적 도구이기 때문이다. 여러분들이 대부분  생물용어들의 어원들에 대해 이해하게 된다면 생물용어 습득이 쉬워질 것이다. 그들은 대부분 라틴어나 그리스어에서 기원한 것들이다. 그러므로 이에 근거한 생물용어들을 일부 알게 되면, 새로운 용어들에 대한 의미에 대해 쉽게 접근할 수 있을 것이다. 생물용어의 정확한 의미를 이해하기 위해서 독자 여러분은 가 장 말미에 제시된 중요 용어들의 요약과 색인을 잘활용하기 바란다.

# 생물과학 제8판

2010년 3월  2일 인쇄
2010년 3월 10일 발행

**공 역** | 강신성 권덕기 김언경 김정회 김종봉 김한순 박재홍 서봉보 손종경 송방호 유병제 윤호성 이창우 장세헌 전창진 정재창 정화숙 추연식 홍창수 황의욱
**펴 낸 이** | 박선진
**펴 낸 곳** | 도서출판 월드 사이언스
**표지 · 편집** | 김영욱

**등록번호** | 제16-1601호
**등록일자** | 1988년 2월 12일

**주 소** | 서울특별시 서초구 방배4동 864-31 월드빌딩 1층
**전 화** | (02) 581-5811~3
**FAX** | (02) 521-6418
**E-mail** | worldscience@hanmail.net
**URL** | http://www.worldscience.co.kr

**정가 38,000원**
**ISBN 978-89-5881-153-4**

이 도서의 국립중앙도서관 출판시도서목록(CIP)은 e-CIP 홈페이지 (http://www.nl.go.kr/cip.php)에서 이용하실 수 있습니다.(CIP제어번호: CIP2010000843)

1

# 생명이란 무엇인가?

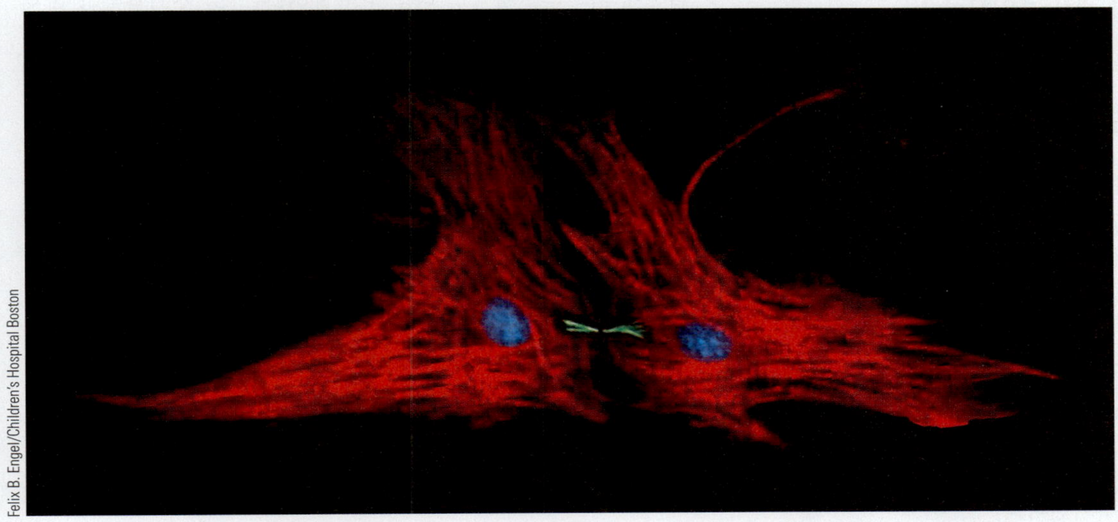

Felix B. Engel/Children's Hospital Boston

2개의 새로운 세포로 나누어지고 있는 심근세포

## 핵심 개념

생물학의 기본 주제로는 진화, 정보의 전달, 생명의 에너지를 들 수 있다.

생명의 특성은 성장과 분화, 스스로의 조절이 가능한 대사 과정, 자극에 대한 반응, 그리고 번식을 들 수 있다.

생명체의 구성은 체계적으로, 화학원소, 세포, 조직, 기관, 기관계 그리고 개체 순으로 이루어져 있다. 또한, 생태계의 구성은 집단, 군집, 생태계, 그리고 생물권으로 구성되어 있다.

생물은 3가지 주요한 생물 영역으로 나눌 수 있다.

생물종은 환경의 변화에 적응하는 자연선택에 의해 진화한다.

생물학자들은 의문을 제시하고 가설을 세워 예측을 한 후 주의 깊은 관찰과 실험으로 실험결과를 모은다.

생물학(Biology) 즉 생명과학의 공부를 시작하는 것은 아주 즐거운 시간이다. 거의 매일 생물학자들은 우리들 인간에 대해서 그리고 우리의 행성에서 공존하고 있는 수백만의 다른 생물에 대해서 중요한 새로운 발견을 하고 있다. ■

## 1.1 3가지 기본 주제

### 학습목표

1 생물학에서의 3가지 기본 주제를 설명하라.

제1장에서는 생물학의 3가지 기본 주제에 대해 논한다:

1. **진화.** 지구상에 존재하는 다양한 생물들은 서로 연관되어 있으며 개체군은 초기 생명체로부터 시간이 지나면서 진화해 왔다.
2. **정보의 전달.** 정보는 개체 내에서 또는 개체 간에 전달되며 모든 세포와 개체의 기능과 생존은 정해진 순서의 정보 전달에 의존한다.
3. **생명의 에너지.** 태양으로부터의 에너지가 생산자로부터 소비자로 이어지는 생물계를 통해 전달되며 모든 생명활동은 지속적인 에너지 유입을 필요로 한다.

### 복습

- 진화, 정보의 전달, 그리고 생명의 에너지가 생명체의 기본인 이유는 무엇인가?
- 개체군 수준에서 진화라는 용어의 의미는 무엇인가?

## 1.2 생명의 특성

### 학습목표

2 생물을 특징짓는 특성을 근거로 생물과 무생물의 차이를 구별한다.

지구에 서식하는 생물은 그 다양성에도 불구하고 무생물과 구별할 수 있는 특성을 몇 가지 공통적으로 갖고 있는데, 이들 특성은 정확한 구성의 종류, 성장과 발달, 자율적인 대사, 운동, 자극 감수성, 생식, 그리고 환경변화에 대한 적응 등이다.

### 1.2.1 생물은 세포로 구성되어 있다

비록 크기와 형태에서 크게 다르지만, 모든 생물은 작은 기본 구조인 **세포**(cell)로 구성되어 있다. 새로운 세포는 반드시 모세포의 분열에 의해서만 만들어진다. 원생동물과 같이 일부 간단한 생명의 형태는 단 하나의 세포로 구성되어 있으므로 **단세포생물**이라 한다(**그림 1-1**). 반면에 고양이나 단풍나무의 몸은 수 십억 개의 세포로 이루어져 있으므로 **다세포 생물**이라 하는데, 다세포 생물의 생명현상은 조직, 기관 및 기관계를 구성하는 각 세포들의 통합적인 구성과 기능에 의해 이루어진다.

모든 세포는 그를 둘러싸고 있는 외부 환경과 분리시키는 보호막인 **원형질막**(plasma membrane)으로 둘러 쌓여 있다. 원형질막은 세포와 주위 환경 사이의 물질 이동을 조절한다. 모든 세포는 유전정보를 갖고 있는 특수화된 분자를 갖고 있는데, 대부분의 세포에서 유전정보는 DNA에 의해 전달되고 있다. 세포는 전형적으로 특수한 기능을 수행하기 위해 분화된 **세포소기관**(cell organelles)이라는 내부 구조를 갖고 있다.

세포는 기본적으로 2종류로 나뉘는데, 세균은 **원핵세포**(prokaryotic cell)이다. 이들 세포는 막구조의 세포소기관을 갖고 있지 않다. 다른 모든 생물은 **진핵세포**(eukaryotic cell)라는 특성을 갖고 있다. 진핵세포는 전형적으로 DNA를 갖는 **핵**(nucleus)을 포함하여 다양한 막구조의 세포소기관을 갖고 있다. 원핵세포는 구조적으로 단순하여 핵이나 다른 소기관들이 막으로 싸여 있지 않다.

### 1.2.2 생물은 성장하고 분화한다

**생물학적 성장**(biological growth)은 생물의 각 세포의 크기의 증가 또는 세포의 수의 증가 아니면 이 양자를 포함하는 것이다. 성장은 생물의 여러 가지 부위에 있어서 일정하거나 또는 성장이 일어남에 따라 몸의 비율이 변화하게 되어 어떤 부위가 다른 부위에 비해 보다 크게 된다. 어떤 생물, 예를 들면 대부분의 나무는 전 생애를 통하여 성장을 계속하고 있다. 많은 동물은 특정의 성체 크기에 달하면 생장을 멈추는 한정된 생장기간을 갖고 있다. 성장과정의 중요한 관점의 하나는 생물의 각 부위가 생장할 때 전형적으로 기능을 지속하는 것이다.

생물은 성장과 더불어 분화한다. **분화**(development)는 생물의 생장과정에서 일어나는 모든 변화를 포함하는 것이다. 인간 개체

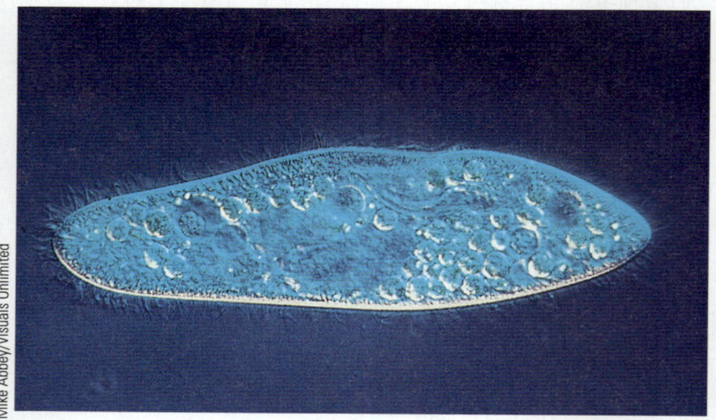


**(a)** 단세포 생물은 일반적으로 다세포 생물보다 소형이고 생명에 필수적인 모든 기능을 수행하는 하나의 복잡한 세포로 구성되어 있다. 위의 짚신벌레에서와 같은 섬모충은 털과 같이 생긴 섬모를 저어서 이동한다.

**(b)** 아프리카물소(*Syncerus caffer*)와 그것이 뜯어먹는 식물과 같은 다세포 생물은 특수한 기능을 수행하기 위해 전문화된 수 십억 개의 세포로 구성되어 있다.

**그림 1-1 단세포 및 다세포 생명의 형태.**

는 많은 다른 생물과 마찬가지로 수정란으로서 생명이 시작되고 그것이 자라서 분화한다.

### 1.2.3 생물은 그 대사과정을 조절한다

모든 생물체 내에서는 영양, 세포의 성장과 치료 및 에너지를 이용할 수 있는 형태로 전환하는데 필수적인 화학반응과 에너지 변환이 일어나고 있다. 생물의 모든 화학적 활성을 총합하는 것이 **물질대사(metabolism)**이다. 물질대사의 과정은 모든 생물에서 지속적으로 일어나고 있으며 **항상성(homeostasis)** 즉, 균형있는 내부 상태를 유지하기 위해 주의 깊게 조절되어져야 한다. 어떤 세포의 생성물이 충분히 만들어지면 그 생산은 감소되거나 중지되어져야 한다. 특별한 물질이 필요할 때는 그것을 생산하는 세포의 과정이 작동되어야 한다. 이러한 항상성의 기작은 매우 민감하고 효율적인 자가 조절계이다.

### 1.2.4 생물은 자극에 대해 반응한다

모든 종류의 생물은 내부 또는 외부 환경의 물리적 또는 화학적 변화인 **자극(stimulus)**에 대해 반응한다. 대부분의 생물에서 반응을 일으키는 자극은 색의 변화, 빛의 강도나 방향, 온도의 변화, 압력, 소리 그리고 주위의 토양, 공기 또는 물의 화학적 조성의 변화이다.

단순한 생물에서는 개체 전체가 자극에 민감해진다. 예를 들면 어떤 단세포생물은 밝은 빛에 대해 후퇴하는 반응을 한다. 어떤 생물에서는 이동이 세포의 서서히 나아감(아메바운동이라 부르는 과정)으로서 이루어진다. 다른 생물은 **섬모(cilia)**라고 부르는 작은 털과 같은 돌기물이나 **편모(flagella)**라고 부르는 긴 구조물을 저어서 이동한다(**그림 1-2**).

대부분의 동물은 각각 분명한 운동을 한다. 동물은 근육의 수축에 의해 뒤흔들거나, 기어가거나, 헤엄치거나 달리거나 날아간다. 해면동물, 산호 그리고 굴과 같은 소수의 동물은 자유로이 유영하는 유충의 단계가 있으나 성체가 되면 장소를 이동하지 않는다. 비록 착생생물로 기술되는 이들 성체가 표면에 고착해 있지만 이들도 섬모 또는 편모를 갖고 있다. 이들 구조물은 주기적으로 저어서 주변의 물을 이동시키고 생물에 필요한 먹이와 산소를 취하게 된다. 북극 곰이나 사람과 같은 복잡한 동물에서는 몸의 어떤 세포가 고도로 분화하여 특수한 자극형태에 반응한다. 예로서 눈의 망막의 세포는 빛에 반응한다.

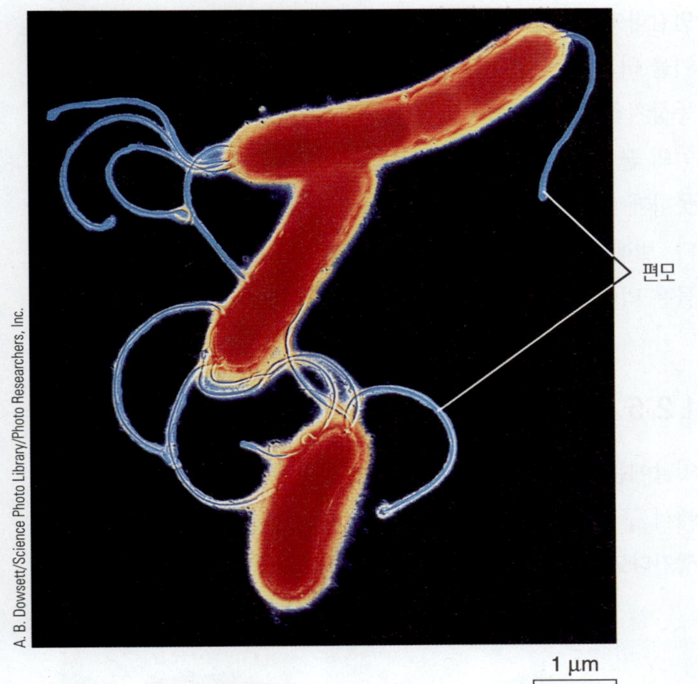


**그림 1-2 생물학적 이동.**

이들 박테리아(*Helicobacter pylori*)는 운동기관인 편모를 갖고 있어 위 궤양 부위에 접속하고 있다. 사진은 컬러 화질을 높인 주사전자현미경 사진이다.

식물은 그 반응이 동물에 비해 분명하지는 않지만 빛, 중력, 물, 접촉 그리고 기타의 자극에 반응한다. 많은 식물의 반응은 식물체의 여러 부위의 생장률의 차이도 포함하고 있다. 캐롤라이나 늪지의 벌레잡이 식물(**그림 1-3**)과 같은 소수의 식물은 접촉에 매우

**(a)** 비너스 파리잡이식물(*Dionaea muscipula*)의 잎 표면에 있는 털은 곤충의 접근을 감지하며 잎이 반응하여 오므리게 된다.

**(b)** 잎의 가장자리가 함께 닫쳐서 얽히게 되어 파리가 도망가지 못하게 한다. 그리고 잎은 효소를 분비하여 곤충을 죽이고 소화하여 흡수한다.

**그림 1-3 자극에 반응하는 식물.**

민감하여 곤충을 잡을 수 있다. 이 식물의 잎은 중맥을 따라 여닫이를 하고 또한 곤충을 유인하는 향기를 낸다. 잎 표면에 있는 제동장치의 털이 곤충의 도착을 감지하여 잎의 닫힘을 촉진시킨다. 잎의 끝이 함께 만나면 털이 연동하여 맞물려서 먹이가 달아나지 못하게 한다. 그리고 잎은 효소를 분비하여 곤충을 죽여서 소화한다. 벌레잡이 식물은 보통 질소가 결핍된 토양에 서식한다. 이 식물은 먹이인 곤충으로부터 성장에 필요한 질소분을 섭취한다.

### 1.2.5 생물은 번식한다

옛날에는 벌레가 물통의 말총에서 자연적으로 생기고, 썩은 고기에서 구더기가, 그리고 나일강의 진흙에서 개구리가 자연적으로 생긴다고 생각하였다. 17세기의 **레디**(Francesco Redi)와 19세기의 **파스퇴르**(Louis Pasteur)를 포함하는 몇 사람의 과학자들의 연구 덕분에 우리는 지금 생물은 오직 이미 존재하는 생물로부터 태어날 수 있다는 것을 알고 있다.

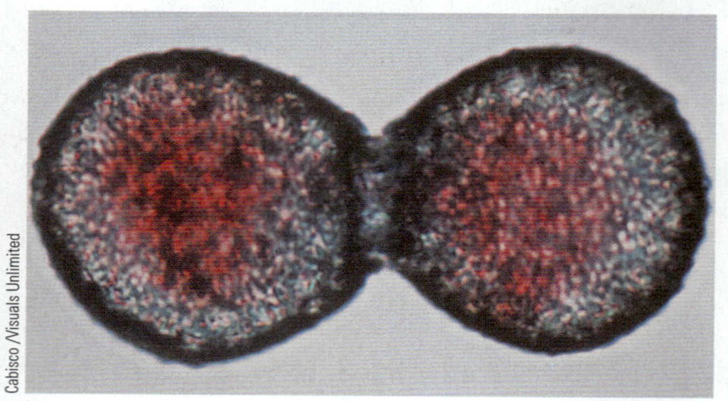


Cabisco/Visuals Unlimited

**(a) 단세포 아메바인 *Difflugia*의 무성생식.** 무성생식에서는 1개의 세포가 어미 세포와 닮은 2개 또는 그 이상의 새끼 세포를 만든다.

L. E. Gilbert/Biological Photo Service

**(b) 유성생식.** 열대의 파리 한 쌍이 짝을 짓고 있다. 유성생식에서는 전형적인 2개의 양친이 각각 배우자(정자 또는 난자)를 만든다. 배우자는 융합하여 양친의 형질이 조합된 자손을 만든다.

**그림 1-4 무성생식과 유성생식.**

아메바와 같은 단순한 생물에서는 수정란을 만드는 난자와 정자의 융합이 없는 **무성생식**(asexual reproduction)에 의해 번식한다(그림 1-4a). 아메바가 일정한 크기로 자라면 반으로 분열하여 증식하고 2개의 새로운 아메바를 만든다. 아메바가 분열하기 전에 그 유전물질(유전자 세트)이 복제되고, 완전한 유전자 세트가 각각 새로운 세포에 분배된다. 크기를 제외하고는 각 새로운 아메바는 어미 세포와 같게 된다. 무성적으로 증식하는 생물에서 변이가 일어나는 유일한 방법은 유전적 돌연변이 즉 유전자의 영구적인 변화에 의한다.

대부분의 식물과 동물에서는 **유성생식**(sexual reproduction)이 일어나는데 분화된 난자와 정자세포를 만들고 이것이 융합하여 수정란을 만드는 것이다(그림 1-4b). 새로운 생물은 이 수정란에서 발생한다. 유성생식으로 만들어지는 자손은 아버지와 어머니에서 만들어지는 다양한 유전자의 상호작용의 산물인 것이다. 이와 같은 유전적 변이는 진화와 적응의 중요한 과정을 이루는 재료물질을 제공하는 것이다.

### 1.2.6 개체군이 형성되어 환경에 적응하게 된다

**적응**(adaptation)이란 생물이 특별한 환경에서 생존할 수 있는 능력을 강화하는 특성이다. 그것은 구조적인 것도 있을 수 있고 생리적인 것도 있을 수 있으며 행동적인 것도 있을 수 있고 또는 위

McMurray Photography

**그림 1-5 적응.**

탄자니아의 느고론고로(Ngorongoro) 협곡에서 찍은 사진의 이들 얼룩말(*Equus burchelli*)은 행동학적으로 자신을 사자나 다른 포식자를 관찰할 수 있는 자세로 적응하고 있다. 얼룩무늬는 포식자에 대해 시각적으로 자신을 보호하는 적응이라고 생각된다. 이것은 멀리서 관찰할 때 위장 또는 형태를 흩트리는 역할을 한다. 얼룩말의 위는 다른 초식동물이 먹고 남은 거친 풀을 먹는데 적응하였고, 이 적응은 먹이가 모자랄 때 생존을 도울 수 있는 것이다.

의 3가지를 모두 조합하는 것도 있을 수 있다(▮ **그림 1-5**). 개구리의 길고 탄력적인 혀는 곤충을 잡는데 적응한 것이고, 조류의 날개와 가벼운 뼈는 비상을 위한 적응이며, 북극 곰의 두꺼운 모피 코트는 몹시 추운 온도를 이겨내기 위한 적응이다.

**복습**

- 생물과 무생물을 구분할 수 있는 특성들은 무엇인가?
- 생명체의 항상성 기구가 실패할 경우 어떤 결과를 초래하는지 설명해 보시오.

## 1.3 생명체의 구성

**학습목표**

3 개체의 수준과 생태적 수준을 포함하는 생물학적 구성의 체계성을 만든다.

우리는 하나의 복잡한 생물을 연구하거나 또는 세계의 생명을 전체로서 연구하거나 생물학적 구성의 체계를 확인할 수 있다(▮ **그림 1-6**). 모든 수준에서 구조와 기능은 정확하게 통합되고 있다. 어떤 특별한 수준을 연구하는 1가지 방법은 그 구성 성분을 찾아보는 것이다. 예로서 생물학자들은 원자와 분자를 연구함으로써 세포에 대한 지식을 갖게 된다. 부분을 연구하여 구조에 대한 지식을 갖는 것은 **환원주의**(reductionism)라고 알려지고 있다. 그러나 전체는 부분의 합계보다 더 많은 무엇을 갖고 있다. 각각의 수준은 보다 낮은 수준에서는 발견되지 않는 특성인 **창발적인 성질**(emergent properties)을 갖고 있다. 예로서 개체군은 개체군 다양성, 연령구조, 그리고 출생률 및 사망률과 같은 창발적인 성질을 갖고 있다. 개체군을 형성하는 개체는 이러한 특성을 갖고 있지 않다.

### 1.3.1 생물은 몇 가지의 구성수준을 갖는다

가장 기본적인 구성단계인 화학적 수준은 원자와 분자를 포함하는 것이다. **원자**(atom)는 그 원소의 특성을 유지하는 가장 작은 화학원소(기본 물질)의 단위이다. 예로서 철의 한 원자는 철을 가장 작게 나눌 수 있는 양이다. 원자는 화학적으로 결합하여 **분자**(molecule)를 만든다. 수소 두 원자는 산소 한 원자와 결합하여 물 한 분자를 만든다. 비록 기체인 2종류의 원자로 구성되지만 물은 매우 다른 성질 즉 창발적 성질의 예로서 액체인 것이다.

세포 수준에서 많은 다른 종류의 원자와 분자는 상호 결합하여 세포를 형성한다. 그러나 세포는 원자와 분자의 덩어리보다 더 많은 성질을 갖고 있다. 이 창발적 성질이 생명의 기본적인 구조와 기능의 단위 즉 생명에 필요한 모든 활성을 수행할 수 있는 생명물질의 가장 간단한 구성요소를 만든다.

다세포 생물의 진화에서 세포는 결합하여 **조직**(tissue)을 형성하였다. 예로서 대부분의 동물은 근육조직과 신경조직을 갖고 있고, 식물은 보호막의 역할을 하는 조직인 표피조직을 갖고 있다. 대부분의 복잡한 생물에서는 조직이 모여서 동물의 심장과 위장 그리고 식물의 뿌리와 잎과 같은 **기관**(organ)이라는 기능적 구조를 구성한다. 동물에서는 각각 생물학적으로 중요한 기능이 기관계라고 부르는 조직과 기관의 통합된 집단에 의해 수행되고 있다. 순환계와 소화계는 기관계의 예이다. 높은 정밀도를 갖는 기능을 함께 모음으로써 기관계는 복잡한 다세포의 **생물**(organism)을 만든다. 여기서도 창발적 성질은 분명하다. 생물은 구성요소인 기관계의 합계보다 더 많은 성질을 갖는다.

### 1.3.2 몇 가지의 생태학적 구성의 수준이 확인될 수 있다

생물은 상호 작용하여 생물학적 구성의 더 복잡한 수준으로 된다. 같은 시간에 같은 지리적 영역에 살고 있는 1종류의 모든 개체는 **개체군**(population)을 만든다. 특정의 영역에 서식하여 상호간에 작용하는 생물의 개체군들이 모여서 **군집**(community)을 만든다. 군집은 수 백 종류의 생물로 구성될 수 있다. 군집내의 개체군이 진화함에 따라 군집은 변화한다.

군집과 무생물의 환경은 함께 **생태계**(ecosystem)라 부른다. 생태계는 연못(또는 웅덩이)처럼 작은 규모일수도 있고 북미의 대평원이나 북극의 툰드라처럼 광대할 수도 있다. 모든 지구의 생태계를 모아서 **생물권**(biosphere)이라 한다. 생물권은 생물이 서식하는 대기권, 수권(물의 형태), 그리고 지권(지각)의 전체 지구를 포함한다. 생물이 생물상호간이나 물리적 환경과 어떠한 관계를 갖는가에 대한 연구는 **생태학**(ecology)(그리스어의 oikos 집이라는 뜻에서 유래) 이라 부른다.

**복습**

- 생명체 구성의 수준은 무엇인가?
- 생태계 구성의 수준은 무엇인가?

## 1.4 정보의 전달

**학습목표**

4 생물체계에 대한 정보전달의 중요성을 구체적 예를 들어서 요약한다.

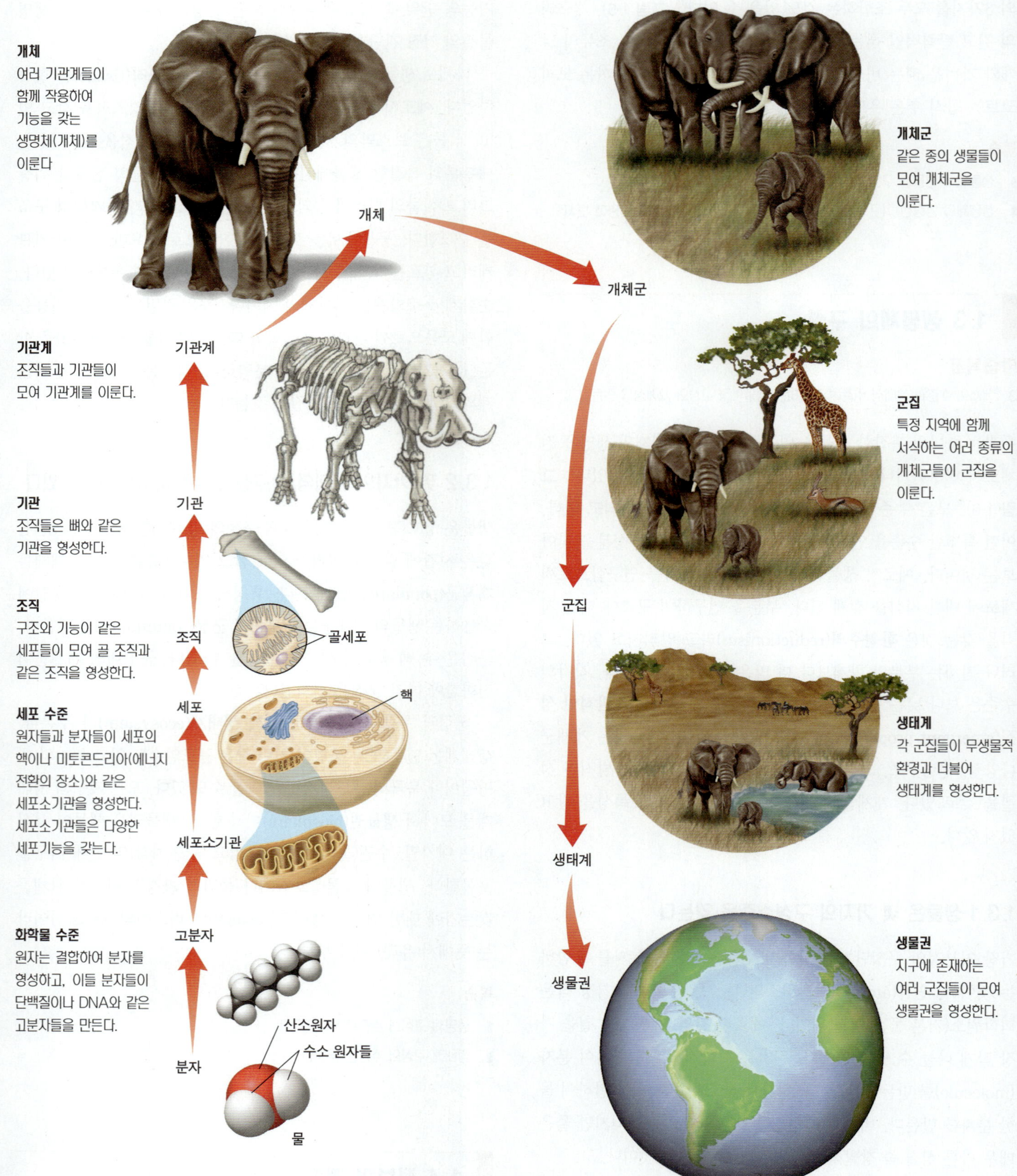


**그림 1-6** 생물학적 조직의 계층성.

생물이 성장하고 발달하고 자가 조절의 물질대사를 이루고 이동하고 반응하며 증식하기 위해서는 정확한 지시를 받아야만 한다. 생물이 이러한 생명 과정을 수행하는데 필요로 하는 정보는 화학물질과 전기적 자극의 형태로 암호화되고 전달된다. 생명체는 또한 상호간의 정보 교환을 하여야 한다.

### 1.4.1 DNA는 한 세대에서 다음 세대로 정보를 전달한다

인간은 오직 사람의 아이만을 탄생시키고 기린이나 장미 덤불을 만들지 않는다. 유성적으로 증식하는 생물에서는 각각의 자손은 그 양친의 특징을 조합하고 있다. 1953년에 **왓슨**(James Watson)과 **클릭**(Francis Crick)은 데옥시리보뉴클레오산, 간단하게 DNA로 알려진 구조를 규명하였다.

이 화학물질은 유전물질의 단위인 **유전자**(gene)를 만든다(▮ **그림 1-7**). DNA는 이중나선으로 이루어져 있으며 각 나선은 **뉴클레오티드**(nucleotide)라는 구성 단위로 되어 있다. **왓슨**과 **클릭**의 연구는 세대에서 세대로 정보를 전달하는 유전 암호를 이해할 수 있게 하였다.

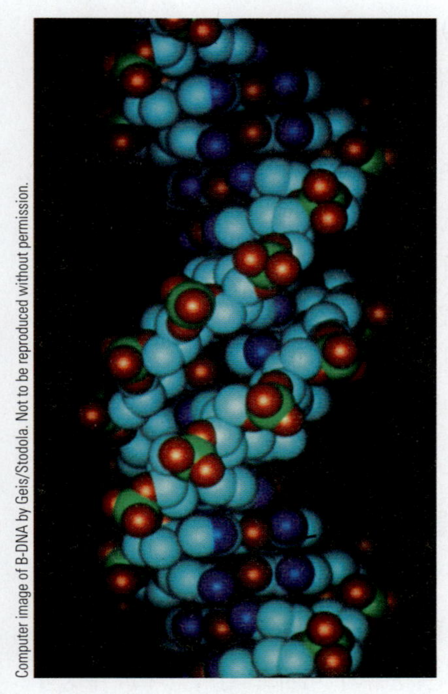


**그림 1-7** DNA.

생물체는 유전물질인 DNA를 통해 한 세대로부터 다음 세대로 정보를 전달한다. 위의 DNA 모델에 보이는 것과 같이 DNA는 2개의 사슬이 나선으로 꼬여서 된 이중나선 구조를 이룬다. 각 사슬을 뉴클레오티드라 하며, 염기의 서열이 유전 암호를 형성한다.

### 1.4.2 정보는 화학적 전기적 신호로서 전달된다

유전자는 모든 생물의 발생과 기능을 조절한다. DNA는 생물에 필요한 모든 **단백질**(protein)을 만드는 "비방"을 갖고 있다. 단백질은 세포와 조직의 구조와 기능을 결정하는데 중요한 고분자이다. 어떤 단백질은 세포 내에서나 세포 사이에 정보 교환하는데 중요한 것이다. 세포의 표면에 존재하는 어떤 단백질은 표지의 역할을 하여 다른 세포가 그것을 "인지"하게 된다. 또 다른 세포 표면의 단백질은 화학적인 유전정보 전달물질과 결합하여 수용체의 역할을 한다.

세포는 상호간에 정보전달을 하기 위해 단백질과 많은 다른 종류의 이온과 분자를 사용한다. 다세포 생물에서 세포는 생물의 한 부위에서 다른 부위로 정보를 전달하는 **호르몬**(hormone)과 같은 화학적 정보 전달 물질의 기능을 하는 분자를 생산한다. 세포에서 분비되는 화학물질이 다른 세포의 성장, 발달 및 대사과정의 조절을 돕는다. 세포의 **신호전달**(cell signaling)에 수반되는 기작은 복잡하여 가끔 다단계의 생화학적 연쇄반응을 수반한다.

많은 생물은 정보를 전달하기 위해 전기적 신호를 이용하고 있다. 많은 동물은 전기적 자극과 **신경전달물질**(neurotransmitter)로 알려진 화학 물질의 2가지 방법으로 정보를 전달하는 신경계를 가지고 있다. 몸의 한 부위에서 다른 부위로 전달되는 정보는 생명과정을 조절하는데 중요하다. 복잡한 동물에서는 신경계가 눈이나 귀와 같은 감각기관으로부터 신호를 뇌에 전달하여 그 동물에게 외부 환경에 대한 정보를 주게 된다.

**복습**

- DNA가 왜 중요한가?
- 세포신호의 예를 보여보라.

## 1.5 진화: 생물학의 근본적 통합 개념

**학습목표**

5 몇 가지 구체적 예를 들어서 이명법을 설명하고 생물(예, 인간)을 계, 문, 강, 목, 과, 속 및 종으로 분류한다.

6 6가지의 생물계를 비교하고 각각의 예를 든다.

7 진화설에 대한 간단한 개관을 하고, 왜 그것이 생물학의 개념을 통일하는 원리인가를 설명한다.

8 적응이 진화하는 방법에 대한 논리적 설명을 제시하여 주어진 적응에 대한 자연도태설을 적용한다.

생물 개체군이 시간에 따라 어떻게 변화해 왔는가를 설명하는 **진**

**화론**(theory of evolution)은 생물학의 가장 훌륭한 통합 개념이 되고 있다. 진화론적인 관점의 요소들은 생물학의 모든 전문분야에 존재한다. 생물학자들은 장기간의 지속적인 진화과정의 견지에서 고찰하여 생물의 구조와 기능 및 행동 그리고 이들의 상호작용을 이해하려고 노력한다. 진화는 18장에서 22장까지 깊게 논의하지만 여기서는 생물학의 다른 관점을 이해하는데 필요한 기초로서 간단한 개관을 설명한다. 이제부터 진화해 온 수백만 종의 생명체를 생물학자들이 어떻게 체계화 시켰는지 알아보고, 진화의 기구에 대하여 요약해 보기로 한다.

## 1.5.1 생물학자들은 생물을 명명하는데 이명법의 체계를 사용한다

현존하는 생물 약 180만 종류가 과학적으로 동정되었으나 생물학자들은 수백만의 더 많은 종류가 미지로 남아있다고 추정하고 있다. 생물을 연구하기 위해 우리는 무수한 형태의 종을 조직적으로 명명하고 분류하기 위한 체계를 필요로 한다. **계통학**(systematics)은 생물의 다양성과 그 진화적 연관성을 연구하는 생물학 분야이다. 계통학의 한 분야인 **분류학**(taxonomy)은 생물을 명명하고 분류하는 학문이다.

18세기에 스웨덴의 식물학자인 **린네**(Carolus Linnaeus)는 생물을 명명하고 분류하는 체계를 개발하였고, 그것은 약간 수정되어 오늘날까지 사용되고 있다. 분류의 기본적 단위는 **종**(species)이다. 종은 유사한 구조와 기능 그리고 행동을 하는 생물의 집단이며 자연상태에서 이들은 상호간에서만 번식한다. 종의 구성원은 공동의 유전자 풀을 가지고 공통의 조상을 갖는다. 근접한 종들은 함께 모아서 보다 높은 다음 단계의 분류 즉 **속**(genus)을 이룬다.

종을 명명하는 린네의 체계는 **2명법 명명체계**(binomial system of nomenclature)라고 부른다. 왜냐하면 각 종은 두 부분으로 된 이름을 갖기 때문이다. 첫 번째 부분의 이름은 **속명**(genus)이고 두 번째 부분은 **종 특유의 통상명**(specific epithet)으로서 그 속에 속하는 종의 특징을 명시한다. 종 특유의 통상명은 흔히 그 생물의 어떤 특색을 나타내는 서술어로 되고 있다. 이것은 항상 속명 또는 그 약자와 함께 쓴다. 속명은 항상 대문자로 시작하고 종 특유의 통상명은 일반적으로 소문자로 쓴다. 이 두 명칭은 항상 이태릭체로 쓰거나 밑줄을 친다. 예로써 개 *Canis familiaris* (약자로 *C. familiaris*) 와 얼룩머리 늑대 *Canis lupus* (*C. lupus*)는 같은 속에 속한다. 고양이 *Felis catus* 는 다른 속에 속한다. 마국흰참나무의 학명은 *Quercus alba* 이고 유럽흰참나무는 *Quercus robur*

**표 1-1**

| 범주 | 고양이 | 인간 | 흰참나무 |
|---|---|---|---|
| 생물계영역 | 진핵생물 | 진핵생물 | 진핵생물 |
| 계 | 동물계 | 동물계 | 식물계 |
| 문 | 척삭동물문 | 척삭동물문 | 현화식물문 |
| 아문 | 척추동물아문 | 척추동물아문 | 무 |
| 강 | 포유류강 | 포유류강 | 쌍자엽식물강 |
| 목 | 고양이목 | 영장류목 | 참나무목 |
| 과 | 고양이과 | 사람과 | 참나무과 |
| 속 및 종명 | 고양이 *Felis catus* | 사람 *Homo sapiens* | 흰참나무 *Quercus alba* |

이다. 흰버들 *Salix alba* 는 다른 속에 속한다. 우리 인간의 학명은 *Homo sapiens* ("현명한 사람")이다.

## 1.5.2 분류학적 분류순서는 계층적이다

종이 모여서 공통의 속으로 되는 것처럼 여러 개의 연관된 속은 모여서 보다 포괄적인 **과**(family)로 된다. 과들은 모여서 **목**(order)을 이루고, 목들은 모여서 **강**(class)으로 되며, 강들은 모여서 **문**(phyla)으로 된다. 생물학자들은 문을 모아서 **계**(kingdom)로 하고 계들을 모아서 **영역**(domain)으로 한다. 일정한 단계에 외형적으로 모아진 것은 각각의 **분류군**(taxon)이 된다. 각 분류군은 그 보다 아래 단계의 분류군 보다 더 포괄적으로 된다. 이와 같이 종으로부터 생물계 영역에 이르는 체계를 이룬다(▮ **표1-1**; ▮ **그림 1-8**).

## 1.5.3 생물은 3가지 생물 영역과 6가지 생물계로 나누어진다

계통학은 새로운 분자생물학적 기술을 도입하여 발전하게 되었다. 연구자들이 새로운 데이터를 보고함에 따라 생물의 분류가 바뀌고 있다. 생물학자들은 생물이 어떻게 연관되어 있는지에 대해서 또는 어떻게 그들을 분류해야 하는지에 대해서 일치하지는 않지만 많은 생물학자들은 현재 생물이 3가지 생물 영역과 6가지 생물계로 나누어지는 것을 받아들이고 있다.

세균은 단세포의 원핵세포이다. 이들은 **원핵생물**(prokaryote)이라는 점에서 다른 모든 생물과는 다른 것이다. 원핵생물 사이에서 2가지의 명백히 다른 집단이 인정되고 있고 생물학자들은 이들을 **고세균 영역**(Archaea)과 **세균 영역**(Bacteria)의 2개의 생물영역으로 나눈다.

## 요점

생물학자들은 종으로부터 영역에 이르기까지의 계층적 분류표를 사용한다. 분류학적 범주의 계열에서 윗단계가 그 아래 단계의 계열보다 일반적이고 보다 포괄적이다.

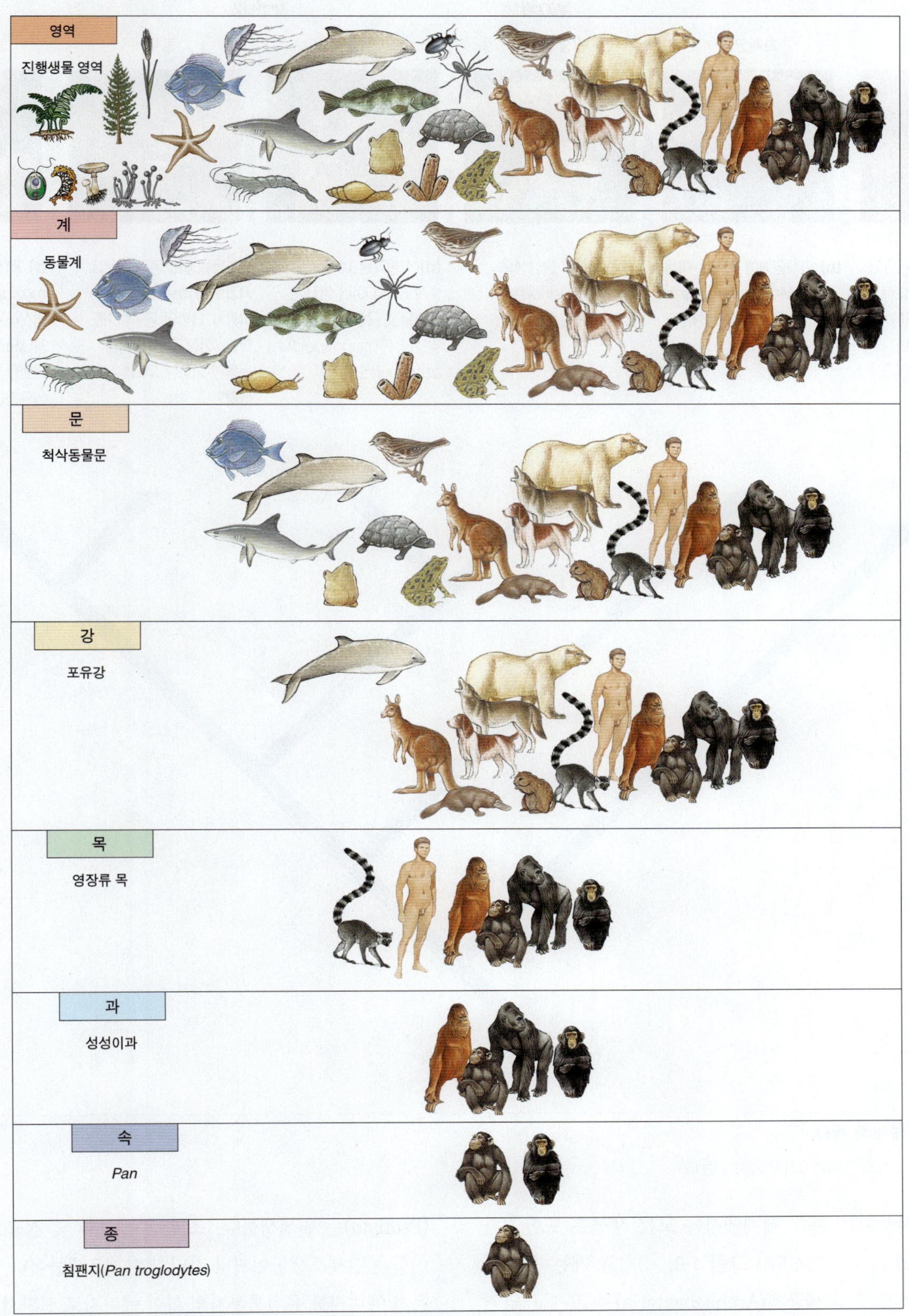


**그림 1-8** 침팬지(*Pan troglodytes*)의 분류.

**3 영역:**

세균 영역 | 고세균 영역 | 진핵생물 영역

**6 계:**

**세균계** | **고세균계** | **원생생물계** | **식물계** | **동물계** | **균계**

CNRI/Science Photo Library/Photo Researchers, Inc.

1 μm

**(a)** 세균계에 속하는 크고 간상의 박테리아(*Bacillus anthracis*)는 인간에 전염시키는 소와 양의 질병인 탄저병의 원인 병원균이다.

R. Robinson/Visuals Unlimited

5 μm

**(b)** 고세균계에 속하는 이들 고세균(*Methanosarcina mazei*)은 메탄을 생성한다.

David M. Phillips/Visuals Unl.

10 μm

**(c)** 단세포의 원생생물(*Tetrahymena*)은 원생생물계로 분류된다.

John Amaldi

**(d)** 식물계는 여인들의 슬리퍼처럼 여러 가지 아름답고 다양한 형태를 갖는다 (*Phragmipedium caricinum*).

McMurray Photography

**(e)** 동물계의 맹수 가운데 사자(*Panthero leo*)는 가장 사회적인 동물이기도 하다. 가장 큰 고양이과 동물인 사자는 무리를 지어 생활한다.

Laurie Campbell/Getty Images

**(f)** 광대버섯(*Amanita muscaria*)과 같은 버섯류는 균계에 속한다. 광대버섯은 독성이 있고 먹었을 때 광란과 발한증을 일으킨다.

**그림 1-9 생물계의 개관.**

이 책에서는 생물을 3가지 영역과 6가지 계로 나눈다.

이 책에서 사용하는 분류 체계에서는 모든 생물은 또한 6가지 **계**(kingdom)로 나누어진다(▌**그림 1-9**). 2개의 계는 원핵생물 영역에 속한다. 즉 **고세균계**(Archaebacteria)는 고세균 영역에 속하고 **세균계**(Bacteria)는 세균 영역에 속한다. **원생생물계**(Protista)는 원생생물류, 조류, 수생균류 및 점균류로 구성된다. 이들은 단세포생물이거나 간단한 다세포생물이다. 어떤 원생생물은 빛에너지를 유기물분자의 화학 에너지로 전환시키는 과정인 광합성을 할 수 있게 적응하였다. **진균계**(Fungi; **균계**라고도 함)는 효모, 곰팡이, 사상균 및 버섯으로 구성된다. 이들 생물은 광합성을 하지 않는다. 이들은 먹이에 소화효소를 분비하고 분해된 먹이를 흡수하여 영양원을 획득한다.

**식물계**(Plantae)의 구성원은 광합성을 할 수 있게 적응된 복잡한 다세포의 생물이다. 식물체의 특징가운데는 각피(수분의 소실을 막기 위해 표면 부위를 덮는 왁스질), 기공(가스 교환을 위해 잎과 줄기에 있는 작은 구멍) 그리고 다세포의 배우자낭(생식세포의 발생을 보호하는 기관)이 있다. 식물계는 비유관속식물(이끼류)과 유관속식물(양치류, 구과식물 및 현화식물)을 포함한다.

**동물계**(Animalia)는 자양분 섭취를 위해 다른 생물을 먹어야 하는 다세포의 생물로 구성된다. 복잡한 동물은 현저한 조직의 분화와 몸의 조직화를 나타내고 있다. 이러한 특징은 유동성과 복잡한 감각기관, 신경계 및 근육계를 발달시켰다.

### 1.5.4 종은 환경의 변화에 반응하여 적응한다

모든 생물은 환경조건과 선조의 유전자 사이의 복잡한 상호작용의 산물이다. 만약 어떤 종의 모든 개체가 완전히 동일하게 된다면 환경의 어떤 변화는 모든 개체에게 재난이 되고 그 종은 절멸하게 될 것이다. 환경의 변화에 대한 적응은 개체의 생물에 대해서 보다 개체군의 변화를 필연적으로 수반한다. 이러한 적응은 오랜 시간이 걸리고 많은 세대를 포함하는 진화과정의 결과이다.

### 1.5.5 자연도태는 진화를 일으키는 중요한 기구이다

진화의 개념은 수세기 동안 철학자와 박물학자들에 의해 논의되었지만 **다윈**(Charles Darwin)과 **월레스**(Alfred Wallace)는 처음으로 진화론에 일반의 관심을 불러일으켰고 그것을 설명하기 위해 **자연도태**(natural selection)라는 훌륭한 기구를 제안하였다. 1859년에 출판된 *자연도태에 의한 종의 기원*이란 그의 책에서 **다윈**은 지학과 생물학에서 많은 새로운 발견을 종합하였다. 그는 현재의 생명의 형태가 과거에 생존했던 형태로부터 변이를 통하여 유래하였다는 풍부한 증거를 제시하였다. **다윈**의 책은 종교와 과학 양면에서 논쟁의 폭풍을 일으켰고 어떤 논쟁은 아직도 끝나지 않고 있다.

**다윈**의 진화론은 오늘날의 생물과학의 모습을 드러내는데 도움을 주었다. 그의 연구는 진화가 지구에 존재하는 생물의 많은 다양성을 설명하는 많은 새로운 증거를 제공하는 과학적 관찰과 연구에 큰 파장을 일으켰다. 오늘날에도 진화과정에 대한 정밀한 내용은 연구와 논쟁의 중심적인 초점이 되고 있다.

**그림 1-10 나무 개구리(*Rana sylvatica*)의 알 집단.**
성체의 개구리로 성장할 수 있는 가능성보다 훨씬 더 많은 알이 생산된다. 우연적 사실에 의해 이들 성장하는 개구리의 어느 것이 부화하고 성체가 되어 번식하는 가를 결정하게 된다. 그러나 어떤 특징을 갖는 각 생물이 환경에서 성공하는 가능성을 갖게 된다. 모든 생물이 개구리처럼 다산성은 아니지만 생존하는 것 보다 더 많은 생물이 생산된다는 일반론은 생물계 전체에서 볼 수 있는 현상이다.

**다윈**은 자연도태에 대한 그의 이론을 다음 4가지의 관찰에 근거를 두고 있다: (1) 종의 구성원인 개체는 서로 약간의 변이를 보인다. (2) 생물은 생존하여 증식할 수 있는 것보다 더 많은 자손을 생산한다(**그림 1-10**). (3) 생물은 영양과 햇빛 및 공간과 같은 필요한 자원을 위해 경쟁한다.

자원을 효과적으로 이용할 수 있게 하는 특성을 갖게 되는 개체는 보다 쉽게 생식할 수 있는 성체로 생존하게 되고 보다 자손을 남기기 쉽다. (4) 증식하는 생존자는 그 생존을 위한 적응력을 자손에게 전달한다. 그리하여 가장 잘 적응하는 개체군의 개체가 평균적으로 다른 개체보다 더 많은 자손을 남긴다. 이 증식의 차별성 때문에 더 많은 개체군의 비율이 환경조건의 극복에 적응하게 된다. 환경은 가장 잘 적응하는 생물을 생존자로 선택한다.

**다윈**은 DNA에 대해서 알지 못하였으며 유전의 기구를 이해하지 못하였다. 우리는 지금 개체들 사이의 많은 변이가 각각의 특징을 암호화하는 유전자의 다양한 변이의 결과라는 것을 이해하고 있다. 이들 변이의 궁극적인 기원은 임의의 **돌연변이**(mutation)로서 지속되고 유전될 수 있는 DNA에 대한 물리적 화학적 변화이다. 돌연변이는 유전자를 변형시키고 이 과정을 통하여 진화를 위한 재료를 제공한다.

**(a)** 아키아포라우 숫컷(*Hemignathus munroi*)의 부리는 나무 껍질에서 곤충의 유충을 꺼내는데 적응되고 있다. 아래턱은 나무껍질을 찍고 당기는데 사용한다. 반면 위턱과 혀는 먹이를 잡아낸다.

**(b)** 오하이아 꽃에 앉아 있는 티위(*Vestiaria coccinieа*). 부리는 관 모양의 꽃에서 꿀을 빨아먹는데 적응되고 있다.

**(c)** 마마네 나무의 파리라(*Loxiodes baillevi*). 이 핀치 부리의 벌새는 마마네 나무 꼬투리의 미성숙 종자를 먹는다. 또한 곤충, 열매(장과) 및 어린 잎을 먹는다.

**그림 1-11 하와이 벌새의 적응과 다양성.**

여기서 보는 세 종류는 인간이 그들의 서식지를 파괴했기 때문에 모두 멸종위기에 있다.

### 1.5.6 개체군은 환경의 변화에서 오는 선택적 압력의 결과로서 진화한다

개체군에 존재하는 모든 유전자는 유전자 풀을 만든다. **유전자 풀**(gene pool)의 덕분에 개체군은 변이의 저장기이다. 자연도태는 개체군내에 있는 개체에 대해서 일어난다. 선택은 환경의 압력에 효과적으로 대응할 수 있게 하는 특성을 명기하는 유전자를 가지는 개체에서 잘 일어난다. 이러한 생물은 생존이 가장 유리하고 자손을 생산할 수 있다. 이러한 성공적인 생물이 생존을 위한 유전적 비결을 통과함으로써 그 특성은 개체군에서 보다 널리 퍼뜨려지게 된다. 오랜 시간에 걸쳐 생물이 변화를 계속하게 되면(그리고 환경 자체도 변화하여 새로운 도태의 압력을 가져오게 되고) 개체군의 구성원은 그 환경에 보다 잘 적응하게 되고 그들의 선조와는 많이 달라지게 된다. 개체군의 구성원이 환경에 의해서 가해지는 압력에 적응하고 먹이와 안전을 찾고 포식자를 피하는 새로운 기회를 개발하게 되면 개체군은 다양화되어 새로운 종이 태어나게 된다. 하와이의 꿀먹이새는 조류와 유연관계를 갖는 집단으로서 좋은 예이다. 꿀먹이새의 선조가 처음 하와이에 도착하였을 때는 소수의 다른 새들이 있었고 따라서 경쟁이 거의 없었다. 꿀먹이새는 다양한 먹이대에 이동하여 다양한 부리의 종류가 진화하였다(▮ **그림 1-11**; 20장의 설명과 그림 20-16 참고). 현재 길고 휘어진 부리를 갖는 꿀먹이새는 관모양의 꽃의 꿀을 먹는데 적응하였다. 짧고 두꺼운 부리를 갖는 다른 새들은 곤충을 찾는데 적응하였고 또 다른 새들은 종자를 먹는데 적응하였다.

#### 복습

- 생물에 대한 2명법 명명체계란 무엇인가?
- 생물의 3가지 영역과 6가지 생물계는 무엇인가?
- 자연도태의 측면에서 호랑이의 날카로운 발톱과 이(teeth)에 대하여 어떻게 설명할 수 있는가?

## 1.6 생명의 에너지

#### 학습목표

9 생태계의 구성 요소인 생산자, 소비자 및 분해자의 역할을 비교하고, 이들에서의 에너지의 흐름에 대한 것을 알아본다.

태양으로부터 연속적인 에너지의 투입은 생명이 생존할 수 있게 한다. 살아있는 세포나 생물의 모든 활동은 에너지를 필요로 한다. 생물학적인 일을 수행하는데 에너지가 사용될 때는 언제나 약간의 에너지는 열로 전환되어 환경에 분산하게 된다.

생물에서 일어나는 모든 에너지의 변환과 화학 과정을 물질대사라고 하는 것을 기억하자. 에너지는 성장과 치료 및 유지를 위해 필수적인 대사의 활성을 수행하는데 필요한 것이다. 생물의 모든 세포는 영양을 필요로 한다. 어떤 영양은 그 분자에 저장된 에너지를 세포가 이용하기 위해 방출하는 과정인 **세포호흡**(**cellular respiration**)을 위한 연료로서 이용된다(▮ **그림 1-12**). 이 에너지는 세포가 하는 일이나 새로운 세포구성물질과 같은 필요한 물질을 합성하는데 사용될 수 있다. 모든 세포는 세포호흡을 한다.

개체의 생물과 마찬가지로 생태계도 에너지의 계속적인 투입에 의존하여 발달한다. 스스로 충족할 수 있는 생태계는 생산자와 소비자 그리고 분해자의 3종류의 생물을 포함하고 그 생존에 적당한 물리적인 환경을 갖고 있다. 이들 생물은 영양, 에너지, 산소 및 이산화탄소에 대해서 상호간에 그리고 환경에 의존하고 있다. 그러나 생태계에서는 한 방향으로의 에너지 흐름이 있다. 생물은 에너지를 생성할 수도 없고 완전한 효율로 이용할 수도 없다. 모든 에너지의 거래과정에서 약간의 에너지는 열로서 환경에 분산되어 생물에 이용할 수 없게 된다(**그림 1-13**).

**생산자**(producer) 또는 **자가영양생물**(autotroph)에는 간단한 무기 물질로부터 자신의 영양을 생산할 수 있는 식물과 조류 및 약간의 세균이 있다. 이들 대부분의 생물은 에너지원으로서 태양 에너지를 이용하고 이산화탄소와 물에서 복잡한 분자를 합성하는 **광합성**(photosynthesis)을 수행한다. 빛에너지는 생성되는 영양 분자의 화학결합에 저장되는 화학에너지로 전환된다. 식물세포뿐만 아니라 모든 다른 생물의 세포가 필요로 하는 산소는 광합성의 부산물로서 생성된다.

이산화탄소 + 물 + 빛에너지 → 당 (식품) + 산소

동물들은 먹이와 에너지 및 산소를 생산자에 의존하는 생물이므로 **소비자**(consumer) 또는 **타가영양생물**(heterotroph)이다. 소비자는 광합성에서 원천적으로 생산되는 당과 기타 식품의 분자를 분해하여 에너지를 획득한다. 당과 기타 연료 분자를 분해하는 생물학적 과정을 세포호흡이라 하는 것을 기억하자. 세포호흡에서 화학결합이 분해될 때 저장되었던 에너지를 생명과정에 이용할 수 있게 된다.

당(그리고 기타 식품의 분자) + 산소 →

이산화탄소 + 물 + 에너지

소비자는 생태계의 균형을 유지하는데 기여한다. 예로서 소비자와 생산자의 물질대사는 대기권에서의 생명을 유지하는 가스 혼합체를 유지하는데 도움을 준다.

세균과 균류는 **분해자**(decomposer)이고 폐기물이나 낙엽 및 죽은 생물의 시체를 분해하여 영양을 획득하는 타가영양생물이

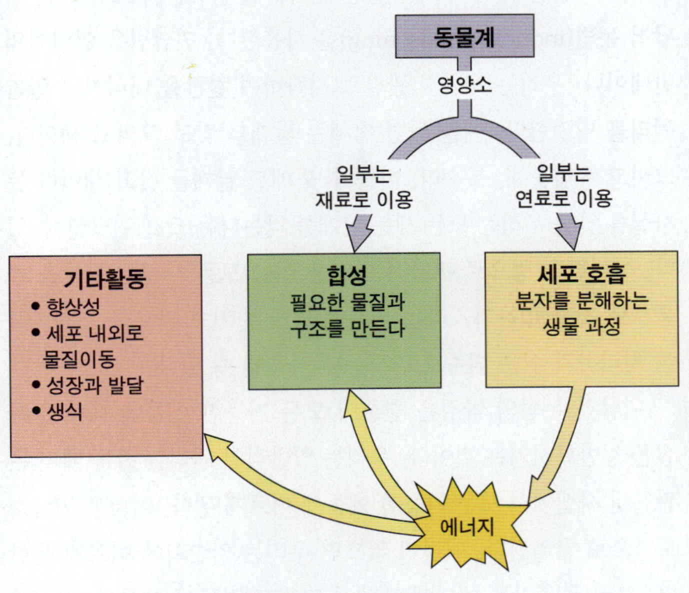


**그림 1-12 대사과정의 상호관계.**

이들 과정은 생물의 세포에서 연속적으로 일어난다. 음식의 어떤 영양소는 필요한 물질과 세포의 부분을 합성하는데 이용된다. 다른 영양소는 식품에 저장된 에너지를 유리시키는 세포호흡의 연료로서 이용된다. 이 에너지는 생합성에 필요하게 되고 세포의 다른 형태의 활동에도 필요하게 된다.

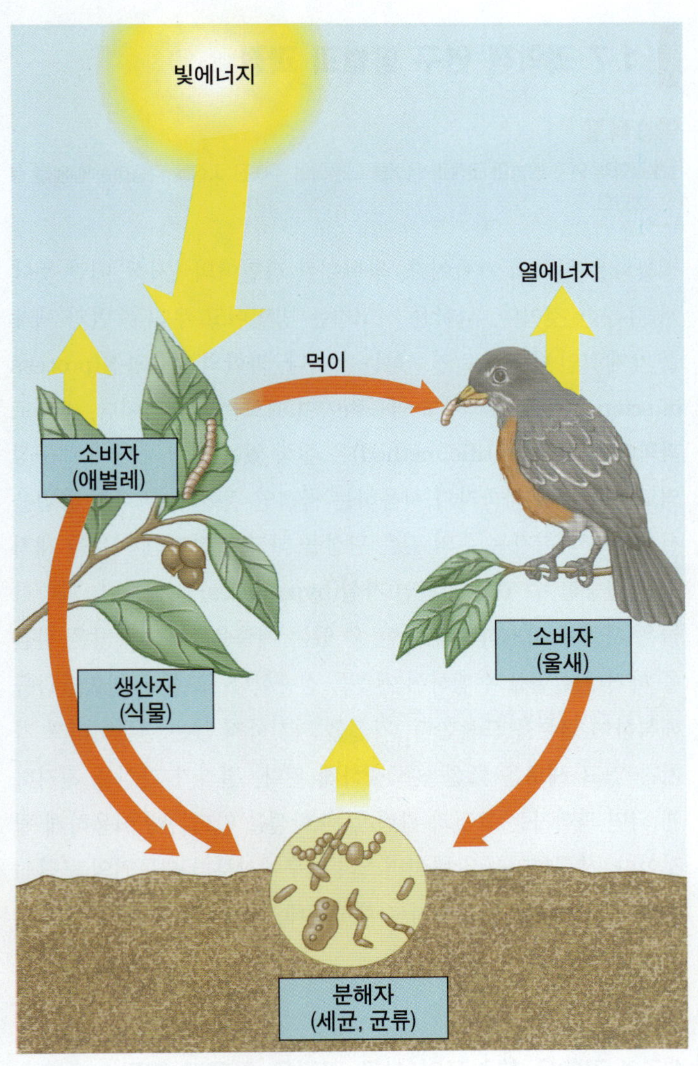


**그림 1-13 에너지 흐름.**

태양으로부터 연속적으로 에너지가 투입되어 생물권이 변화하게 된다. 광합성을 통하여 생산자는 태양에너지를 이용하여 이산화탄소와 물로부터 다양한 분자를 만든다. 소비자는 생산자와 생산자를 섭취한 소비자를 먹이로 하여 에너지와 탄소 그리고 다른 필요한 물질을 얻는다. 생물의 폐기물이나 죽은 유기물은 분해자에게 에너지와 탄소를 공급한다. 모든 에너지의 변환에서 약간의 에너지는 열로서 발산되어 생물체계에서 소실된다.

다. 분해자는 에너지를 획득하는 과정에서 폐기물과 죽은 생물의 구성 성분을 재이용할 수 있게 한다. 만약 분해자가 존재하지 않는다면 영양은 사체에 잠긴 채 보존되어 생물계에 필요한 원소의 공급은 곧 소진되게 될 것이다.

**복습**

- 균형 있는 삼림생태계에는 어떤 구성요소가 존재한다고 생각하는가?
- 소비자는 어떤 방법으로 생산자에 의존하는가? 분해자에 대해서 어떤가? 에너지를 고려하여 답을 하여라.

## 1.7 과학적 연구 방법과 과정

**학습목표**

10 과학적 연구 방법의 과정과 용어를 이용하여 주어진 가설을 검증하는 실험을 설계한다.

생물학은 하나의 과학이다. 과학이란 라틴어의 〈지식〉이란 뜻에서 유래한 것이다. 과학은 사고하는 방법이고 우리 주변의 세계를 체계적인 방법으로 연구하는 것이다. **과학의 연구과정**(process of science)은 탐구적이고 역동적이며 때로는 논쟁적이다. 반대로 **과학적 방법**(scientific method)은 질서 있는 일련의 단계로 구성되고 대부분의 과학자가 사용하는 골격인 것이다. 과학적 방법을 사용하여 과학자는 주의 깊은 관찰을 하고 결정적인 의문을 제기하고 검증할 수 있는 의견인 **가설**(hypotheses)을 세운다. 과학자들은 가설에 기초하여 검증할 수 있는 예측을 하고 더 많은 관찰을 하거나 실험을 수행하여 예측을 검증한다. 그들은 실험결과를 해석하여 결론을 도출한다. 가설을 지지하지 않는 결론이라도 가치가 있고 새로운 학설을 도출하게 된다. 결과가 가설을 지지하게 되면 과학자는 그것과 관련 있는 학설을 만드는데 이용하게 될 것이다. 생물학자들은 바이러스의 연구에서부터 생물권의 군집의 상호작용에 대한 연구까지 수행하는데, 실험실내에서 그리고 야외에서 연구한다(**그림 1-14**).

### 1.7.1 과학은 체계적인 사고 과정을 필요로 한다

과학은 체계적이다. 과학자들이 사용하는 체계적 사고 과정의 두 형태는 연역법과 귀납법이다. **연역적 논법**(deductive reasoning)에서 우리는 전제(premise)라고 하는 주어진 정보로서 시작하고 그 정보에 기초하여 결론을 도출한다. 연역법은 일반적인 원리에서 개별적인 결론으로 진행한다. 예를 들면 만일 모든 새는 날개를 갖는다는 전제와 참새는 새이다라는 두 번째 전제를 수용하면 우리는 참새는 날개를 갖는다고 연역적으로 결론을 내릴 수 있다. 연역법은 알고 있는 사실 사이의 관계를 발견할 수 있게 한다.

과학자들은 또한 새로운 일반 원리를 발견하는데 초점을 둔 **귀납적 논법**(inductive reasoning)을 사용한다. 귀납법은 연역법의 반대이다. 우리는 개별적 관찰로 시작하여 결론을 내리거나 일반 원리를 발견한다. 예를 들면 참새는 날개를 갖고 그리고 새이다. 그리고 유럽울새, 독수리, 비둘기 및 매도 날개를 갖고 새이다 는 사실을 알면 우리는 모든 새는 날개를 갖는다는 것을 귀납할 수 있다. 이러한 방법으로 귀납적 방법은 이들 모든 사실은 무엇을 공통으로 갖고 있는가? 라는 의문에 답하는 기초 자료를 조직화하여 처리하기 쉬운 범주로 만드는데 사용될 수 있다.

귀납적 논법의 약점은 결론이 모든 가능한 예들에 대해서 사실을 일반화시키는 것이다. 우리는 일반적인 원리를 만들 때 많은 관찰된 사실에서 모든 가능한 예들에 이르게 된다. 이것은 귀납적 도약으로 알려진다. 이것이 없으면 우리는 일반화에 이르지 못한다. 그러나 우리는 예외에 대해서 그리고 결론이 사실이 아닌 가능성에 대해서 주의해야만 한다. 예를 들면 뉴질랜드의 키위 새는 날수 있는 날개를 갖지 못한다(**그림1-15**). 귀납적 결론의 일반화는 인간 마음에서의 창조적인 통찰에서 오는 것이다. 그리고 창조성은 훌륭하지만 절대 오류가 없는 것은 아니다.

Mark Moffett/Minden Pictures

**그림 1-14 생물학자들의 연구.**

코스타리카에서 우림의 수관을 연구하는 이 생물학자는 열대 우림을 연구하고 보존하는 국제적 노력의 일부이다. 연구자들은 우림에 대해서 생물과 인간활동에의 영향과의 상호작용을 연구하고 있다.

**그림 1-15 이 동물은 새일까요?**

뉴질랜드의 키위 새는 닭 정도의 크기이다. 키위 새의 얇은 3 cm 정도의 날개로는 날 수가 없지만 머리털 같은 깃털과 다른 특징들이 키위 새가 조류임을 입증한다.

## 1.7.2 과학자는 주의 깊은 관찰을 하고 결정적인 질문을 한다

1928년에 영국의 세균학자인 **프레밍**(Alexander Fleming)은 그의 세균 배양 가운데 하나에 푸른 곰팡이가 침입한 것을 발견했다. 그는 그것을 버리려고 했으나 그때 그는 곰팡이로 오염된 부위 주변에 세균 군체가 자라지 못하는 띠를 이루는 것을 발견하였다. 그 세균은 종기와 피부 감염을 일으킬 수 있는 *Staphylococcus* 속의 병원균이었다. 이 세균들을 죽일 수 있는 것은 무엇이든 흥미로운 것이다. **프레밍**은 *Pennicilium* (푸른빵곰팡이)의 변종인 이 곰팡이를 키웠다. 결국은 이 곰팡이가 세균 개체군의 증식을 억제하면서도 실험동물이나 인간에게는 일반적으로 해가 없는 어떤 물질을 생산한다는 것을 발견하게 되었다. 이 물질은 페니실린으로서 처음으로 발견된 항생제이다. **프레밍**은 페니실린의 잠재적인 실용성을 인식하였으나 그것을 순수 분리하는데 필요한 화학적 기술 개발을 하지 않았다. 그리고 10년 이상 지난 뒤에 이 약은 중요한 용도로 쓰이게 되었다. 1939년에 **프로리 경**(Sir Howard Florey)과 **체인**(Ernst Boris Chain)은 곰팡이로부터 페니실린 활성물질을 추출하고 생산하는 화학적인 과정을 개발하였다. **프로리 경**은 이 과정을 미국에 있는 실험실에서 수행하였고 페니실린은 2차 세계대전 중에 부상병을 치료하기 위해 처음으로 생산되었다. 1945년에 **프레밍**, **프로리 경**, 그리고 **체인**은 노벨 생리의학상을 공동으로 수상하였다.

## 1.7.3 가설은 검증 가능한 주장이다

탐구의 초기 단계에서 과학자는 대체로 많은 가능성 있는 가설을 생각하고 설정한다. 가설은 일차적으로는 직접적인 관찰 또는 컴퓨터 시뮬레이션 등 여러 가지가 동원될 수 있겠다. 생물학 분야에서도 기존의 수많은 관찰에 대한 심층적 설명을 위해 과학자들이 모델로부터 유래한 가설을 세운다. 우리는 가설 가운데서 어느 것을 먼저 검증할 것인지 결정하기 위해 우선 순위를 정해야 한다. 다행히도 몇 가지 지침서가 있다. 좋은 가설은 다음 내용을 제시한다:

(1) 좋은 가설은 이미 성립된 기정 사실과 합리적으로 일치한다. (2) 좋은 가설은 검증될 수 있는 것이다. 즉 결과가 긍정적인지 또는 부정적인지 명백한 예측을 만들어야 한다. 검증 결과는 또한 독자적인 관찰자에 의해 재현될 수 있어야 한다. (3) 좋은 가설은 거짓임을 검증할 수 있어야 한다.

가설은 확실하게 진실로 증명될 수는 없으나 이론적으로(반드시 실천을 필요로 하지는 않더라도) 잘 성립된 가설이 거짓으로 증명될 수 있다. 만약 거짓임을 증명할 수 없는 가설(예로서 볼 수 없고 인지할 수 없는 천사)을 믿으면 과학적인 분야와는 다른 분야에 있는 것이다.

다음의 가설을 생각해 보자: 모든 암컷의 포유동물(털을 갖고 새끼에 먹이는 우유를 생산하는 동물)은 새끼를 출산한다. 이 가설은 개, 고양이, 소, 사자 그리고 인간이 모두 포유동물이고 모두 새끼를 출산하는 사실의 관찰에 기초하는 것이다. 새로운 종, X 라는 종이 포유동물로 동정되는 것을 생각해보자. 생물학자들은 X종의 암컷이 새끼를 출산할 것으로 예측하였다. 새로운 종의 암컷이 자손을 낳았을 때 이 가설을 지지하였다. 그러나 확실하게

**그림 1-16 이 동물은 포유류일까요?**

오리 주둥이 모양을 하고 있는 오리너구리(*Ornithorhynchus anatinus*)는 털이 나고 새끼에게 우유를 먹이므로 포유류로 분류한다. 그러나 대부분의 포유류와는 달리 이것은 알을 낳는다.

이 가설을 증명하지는 않았다.

남반구를 탐험하기 전에는 대부분의 사람은 이 가설을 의심 없이 받아들였을 것이다. 왜냐하면 모든 털을 가지고 우유를 먹이는 동물은 실제로 새끼를 출산하기 때문이다. 그러나 오스트레일리아의 2가지 동물(오리 주둥이 모양을 한 오리너구리와 가시투성이의 개미핥기)은 털을 가지고 새끼에 줄 우유를 만들지만 알을 낳는다(▮ **그림 1-16**). 이 가설은 앞에서 말한 것처럼 그 이전에 아무리 많은 지지를 받았더라도 거짓이었다. 결과적으로 생물학자들은 오리너구리와 개미핥기를 포유류가 아니라고 생각해야 하거나, 포유류의 정의를 확대해야 했다(그들은 후자를 선택했다).

가설은 예측의 어떤 부분(생각을 하였고 또는 검증될 수 있는 것)이 진실임이 증명되었기 때문에 진실이 아니다. 결국 이들은 신념으로서 진실이 될 수 있다. 예측된 결과의 관찰 실패는 가설을 거짓으로 하지 못한다. 그러나 가설이 진실임을 증명하지도 못한다.

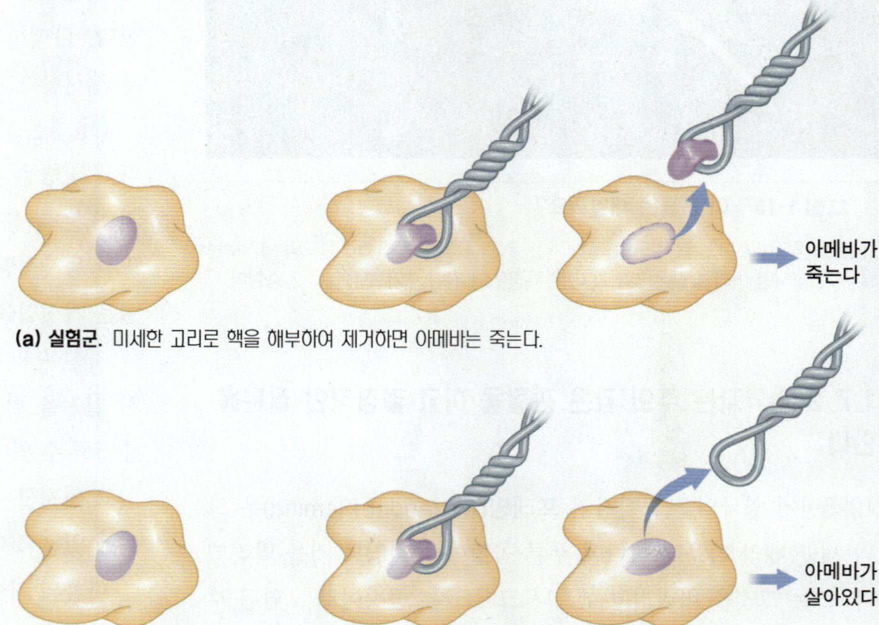


**그림 1-17** 핵의 중요성에 대한 예측의 검증.

## 1.7.4 가설은 실험에 의해 입증되어야 한다

가설은 하나의 추상적 개념이다. 따라서 그것을 직접 검증할 방법은 없다. 그러나 가설은 어떤 논리적인 결과를 시사한다. 즉 가설이 진실이라면 거짓이 될 수 없는 관찰할 수 있는 사실을 제시한다. 만약 가설이 실제로 거짓이면 다른 명확한 예측이 그것을 밝혀야 한다. 여기에 이용하는 바와 같이 **예측(prediction)**은 가설의 연역적 논리적 결과이다. 이것은 미래의 일이 되어서는 안 된다.

예측은 통제된 실험에 의해 검증될 수 있다. 초기의 생물학자들은 핵이 세포의 가장 중요한 부분임을 관찰하였다. 그리고 핵이 세포의 생존에 필수적일 것이라는 가설을 세웠다. 그들은 만일 세포에서 핵을 제거하면 세포가 죽을 것이라고 예측하였다. 단세포 아메바의 핵을 미세 고리 침으로 외과적으로 제거하는 실험이 수행되었다. 이 수술을 한 뒤에 아메바는 생존을 계속하고 이동하였으나 성장하지는 못하였고 며칠 뒤에 죽었다.

이 결과는 핵이 세포의 성장과 증식을 하기 위한 대사과정에 필요하다는 것을 시사하였다(▮ **그림 1-17**). 그러나 연구자들은 만약 수술만 하고 핵을 제거하지 않는다면 아메바를 죽이게 되는지 어떤지 물었다. 그들은 아메바의 두 집단에 대해서 똑같은 외과 수술의 충격을 주는 통제된 실험을 하였다. 그러나 **실험군(experimental group)**에서는 핵을 제거하는 반면 **대조군(control group)**에서는 핵을 제거하지 않았다. 실험 집단은 단지 변화성을 연구한다는 점에서는 대조 집단과 완전히 다른 것이다. 대조 집단에서는 미세 고리를 아메바에 삽입하여 세포 내부를 찔러 핵을 제거하는 자극을 준 후에 핵은 꺼내지 않고 침을 뺀다. 이와 같은 속임수의 수술처리를 한 아메바는 회복하여 성장하고 분열한다. 그러나 핵을 갖지 않는 아메바는 죽는다. 이 실험은 아메바를 죽게 하는 것은 단순한 수술 때문이 아니라 핵을 제거한 때문이라는 자료를 제시하고 있다. 이 자료가 세포의 생존에 핵이 필수적이라는 가설을 지지하는 것이다.

**관찰:** 아프리카 침팬지들이 도구 쓰는 걸 따라 한다.
**결정적인 질문:** 침팬지가 다른 침팬지로부터 도구를 쓰는 걸 배울 수 있을까?
**가설의 설정:** 침팬지는 다른 침팬지를 관찰함으로써 도구를 사용하는 방법을 터득한다.
**예측을 검증할 실험수행:** 16 마리 침팬지들로 이루어진 2그룹으로부터 각각 1개체의 암컷 침팬지가 음식을 먹기 위해 젓가락을 이용하기 위한 고유의 방법을 배웠다. 그리고, 교육받은 침팬지들은 각 그룹으로 돌아갔다. 대조군의 침팬지들은 젓가락을 사용하는 방법을 가르치지 않았다.

David Bygott

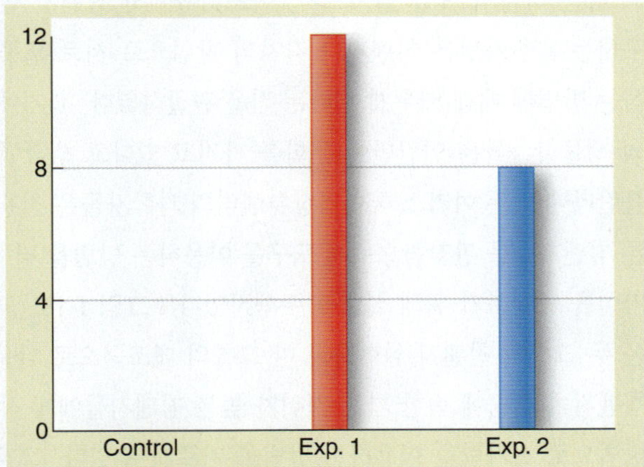


**(a)** 도구를 사용하는 방법을 성공적으로 쫓아하는 침팬지 수

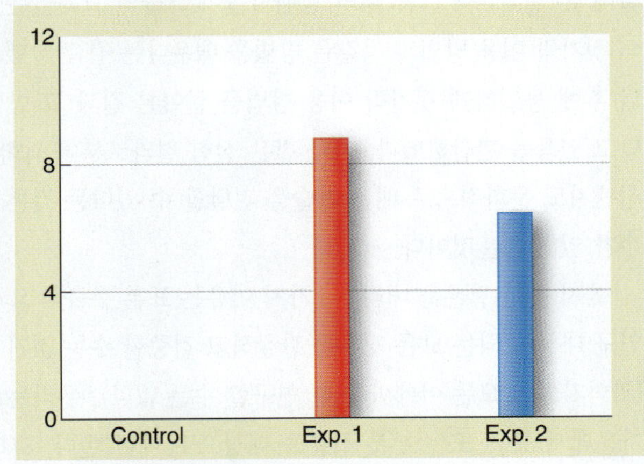


**(b)** 2달 후 도구를 사용하는 방법을 성공적으로 배운 침팬지 수

**결과:** 각 실험군의 침팬지들은 교육받은 침팬지가 젓가락을 사용하는 걸 관찰하고 교육받은 침팬지와 동일한 방법으로 젓가락을 사용하였다. 2달 후에, 각 그룹내의 대부분의 침팬지들은 젓가락을 계속 사용할 수 있었다. 제시된 표는 적어도 10번 배우는 방법을 이용하는 침팬지들의 수를 나타낸 것이다. 각 그룹에서 1개체를 제외한 모든 침팬지들이 젓가락 사용을 배웠으나, 몇 개체는 젓가락을 단지 몇 번 이용할 뿐이었다. 일부 침팬지들은 그들 스스로 다른 방법으로 젓가락 사용을 터득했다. 그러나, 대부분은 실험자가 침팬지에게 교육시킨 젓가락 사용법을 이용하였다
**결론:** 침팬지는 다른 침팬지를 관찰함으로써 도구 사용을 배운다. 가정은 맞다

**그림 1-18 침팬지가 배울 수 있다는 예측에 대한 검증.**
야생 침팬지들 중 도구를 사용하는 그룹의 개체수의 관찰 숫자를 나타낸 것이다.

## 1.7.5 과학자는 편견을 주의해야 한다

과학적 연구에서는 편견을 피하는데 주의를 하여야 한다. 예로서 편견을 막기 위하여 오늘날 대부분의 의학적 실험은 이중-맹검의 방식을 하고 있다. 약품을 검증할 때는 한 집단의 환자는 새로 개발된 의약치료를 하고 한편 다른 유사한 환자 집단은(대조 집단) 약의 크기, 모양, 색갈 및 맛이 검증대상의 약과 같게 만든 무해한 녹말의 알약인 플라시보(위약)를 처리한다. 이것은 환자나 의사 모두가 누구에게 실험의 약을 투여하고 또 누구에게 플라시보를 투여하였는지 모르기 때문에 이중맹검 연구라고 한다. 알약이나 처방전은 어떤 암호를 붙여 놓고 실험이 끝나서 결과가 기록된 뒤에 암호를 밝히는 것이다. 모든 실험이 그렇게 깔끔하게 설계될 수 있는 것은 아니다. 한 예로서 적당한 대조 실험을 하는 것이 가끔 어려운 것이다.

## 1.7.6 과학자는 실험 결과를 해석하고 결론을 내린다

과학자들은 실험의 데이터를 모아서 그 결과를 해석하고 결론을

내린다. 예를 들면 앞에서 설명한 아메바 실험에서 연구자들은 핵이 세포의 생존을 위해 필수적이라는 결론을 내린다. 심지어 실험 결과가 그 가설을 입증하지 못하더라도 충분한 가치가 있으며 새로운 가설을 세울 수 있다.

다른 하나의 예를 들어보자. 아프리카에서 침팬지 집단을 연구하는 과학자팀은 침팬지가 각자의 방법으로 서로 도구를 이용하는 방법에 대해 배우게 된다는 점을 관찰하였다. 과거에 대부분의 생물학자들은 인간만이 문화를 가지고 있다고 생각했으나 애틀란타에 있는 여키스 국립영장류센터의 과학자들은 침팬지가 다른 침팬지들을 관찰함으로써 도구를 이용하는 방법을 터득한다는 가설을 증명하기 위해 실험을 수행하였다(**그림 1-18**). 과학자들은 두 그룹의 침팬지 실험군과 한 그룹의 대조군으로 나눈 후, 각 침팬지 실험군에 속한 가장 지위가 높은 침팬지들에게 각기 다른 방법으로 젓가락을 이용하는 방법을 가르쳐 주었다. 그 후, 젓가락 이용법을 배운 교육받은 침팬지가 각 그룹으로 돌아간 후를 관찰해 본 결과, 각 그룹 내의 침팬지들이 그들의 교육받은 침팬지의 젓가락 이용 방법과 똑같은 방법을 배운다는 걸 관찰했으며 두 달 후에 동일하게 젓가락 이용 방법을 알아본 결과 그 방법을 깨닫고 있음을 관찰하였다. 이와 같은 실험 결과로부터 과학자들은 침팬지도 문화적으로 배운 기술을 전달할 수 있다는 결론을 내릴 수가 있었다는 것이다.

옳지 못한 결론을 내리는 1가지 이유는 표본 추출의 오차이다. 연구 대상이 되는 모든 경우를 관찰하고 검증할 수는 없기 때문에(과학자들이 모든 아메바를 다 연구할 수는 없다), 우리는 그것들 가운데서 표본 또는 부분 집합을 대상으로 해야 한다. 그러나 우리는 그 표본이 연구하려는 모든 것을 정말로 대표하는지의 여부를 어떻게 알 수가 있을까? 첫째, 만약 표본이 너무 작으면 그 결과는 무작위의 요인에 의해 진실과 달라질 수가 있다. 단지 2 개체의 아메바에 대해서 또는 9개체의 아메바에 대한 연구일지라도 아메바에 대해 일반화할 수 있는 신뢰할 만한 데이터를 얻을 수는 없을 것이다. 이 문제는 일반적으로 연구 대상의 수를 많이 사용하고 통계적 분석의 수학을 적용하여 해결할 수가 있다(**그림 1-19**). 우리는 또한 그 표본이 연구하려는 집단을 대표하는지를 확실하게 해야 한다. 과학자들은 실험 표본을 선택하는 방법에 있어서 어떤 고정된 편견이 없다는 것을 확실히 하기 위해 통계적 기술을 사용한다. 주의 깊게 계획된 실험 결과에 기초한 결론일지라도 새로운 관찰이나 다른 실험 결과에 의해 거부될 수 있는 가능성이 있는 것이다. 만약 우리들이 많은 수량에 대해서 검증하게 되면 우리는 보다 정확하고 과학적인 결론을 끌어내기가 쉬울 것이다. 과학자는 어떤 구체적인 결론도 수정될 수 있는 통계적 확률이 있다는 확신을 가지고 설명하려고 한다.

실험도 또한 반복하여야 한다. 연구자들이 발견된 내용을 과학 잡지에 발표할 때는 일반적으로 방법과 과정을 기술하여 다른 과학자들이 그 실험을 재현할 수 있도록 한다. 발견이 반복되면 그 결론은 물론 강화된다.

### 1.7.7 충분히 지지를 받는 가설은 학설로 발전한다

과학자가 아닌 사람들은 흔히 이론이라는 말을 잘못 사용하여 가

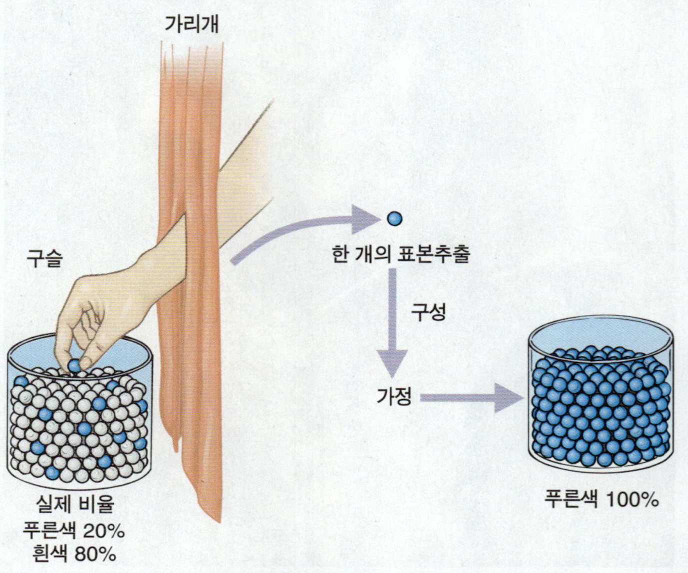


**(a)** 하나의 표본을 택하면 표본추출의 오차가 발생할 수 있다. 만약 단 하나의 표본으로 추출된 구슬이 푸른색이면 우리는 모든 구슬은 푸른색이라고 생각할 수 있다.

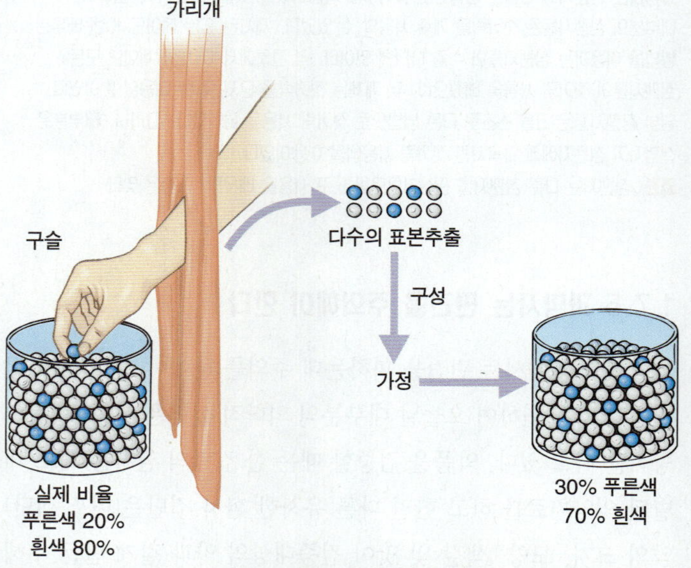


**(b)** 미지의 표본 추출의 수가 많으면 많을수록 그에 대한 올바른 가정을 만들 수 있다.

**그림 1-19 통계적 확률.**

설로 쓰고 있다. **학설**(theory)은 실제로 많은 관찰과 실험에서 얻어지는 일치된 결과에 의해 지지를 받는 많은 가설의 통합적 설명이다. 이론은 전 단계에서 관계가 없는 것으로 나타나는 데이터를 관계 지우게 된다. 훌륭한 이론이 발전하여 사실들이 알려지게 되면 부가적인 사실을 구축한다. 이론은 새로운 사실을 예측하고 현상들 사이의 새로운 관계를 시사한다. 이론은 또한 실용적인 응용을 제시하기도 한다.

훌륭한 학설은 사실의 등급 사이에 관계를 보여줌으로써 자연현상에 대한 이해를 단순화하고 명백히 한다. **아인슈타인**(Albert Einstein)이 기술한 바와 같이 "그리스의 철학으로부터 근대 물리학에 이르기까지 과학의 모든 역사에서 자연현상의 외관적인 복잡성을 단순하고 기초적인 개념과 관계로 환원하려는 시도가 끊임없이 이루어져 왔다."

## 1.7.8 사고틀의 변화가 새로운 발견을 이끈다

**사고틀**(paradigm)이란 사실에 대한 생각을 구성하는 개념 또는 가정을 뜻한다. 예를 들면 아리스토텔레스(Aristotle)부터 19세기 중반까지 생물학자들은 개체는 식물이나 동물이라고 생각되었으나, 현미경의 발달 덕분에 박테리아와 원생생물을 발견할 수 있었다. 즉 **사고틀의 변화**(paradigm shifts)가 새로운 지식을 포용할 수 있게 만들었다.

## 1.7.9 체계적 생물학은 서로 다른 수준의 정보를 통합한다

**체계적 생물학**(systems biology)은 컴퓨터에 의해 만들어진 많은 양의 결과들을 첨부함으로써 환원주의자들에 의해 제공된 정보들을 수집한 생물학의 분야로, 통합생물학 또는 통합 체계적 생물학이라고도 불린다. 체계 생물학자들은 더 큰 그림을 이해하기 위해 다양한 수준의 복합성으로부터 데이터를 통합한다. 체계적 생물학은 인체 게놈 프로젝트를 통해 얻어진 엄청난 양의 데이터에 의해 더욱 활성화 되었다.

## 1.7.10 과학은 윤리적 차원을 갖는다

과학 잡지에 연구업적을 발표하는 연구자들은 다른 사람들이 독자적으로 수행할 수 있도록 충분히 자세하게 실험내용을 기술한다. 이는 객관적인 관찰자들이 원작 연구의 잘못이나 편견을 검증할 수 있게 하고 원저자의 부분적 부정직에 의해 더럽혀진 결과뿐만 아니라 무작위적이고 통제되지 않은 요소에 의해 발생하는 우연적인 이상한 결과가 나오지 않도록 경계하게 한다.

과학적 연구는 결과를 통신하는 정직성과 책임 같은 실용적 목표의 수행에 의존하게 된다. 정직성은 과학에서 특별히 중요하다. 연구 발표에 의해 경력을 쌓고 있는 방종하고도 자포자기적인 연구자가 고의로 거짓 데이터를 퍼트릴 때마다 일어나는 큰(비록 임시적이나) 피해를 상상해 보자. 속임이 노출될 때까지 연구자들은 잘못된 보고에 의해 고무되는 쓸데없는 연구에 훌륭한 전문가의 노력에 수천 달러의 돈과 시간을 바칠 것이다. 이와 같은 속임은 특히 의학 연구에서는 위험하다. 다행히 과학은 과학적 과정 자체의 일관된 이용을 통하여 자가 교정되는 경향이 있다. 조만 간에 어떤 실험 결과가 거짓의 데이터에 대해 의문을 던지게 할 것이다.

과학자들은 자신의 연구에 대해 도덕적이야 하는 것 외에도 줄기세포 연구, 복제, 인간과 동물 실험 및 유전공학의 응용과 같은 분야를 둘러싼 많은 광범한 윤리적 출판물에 당면해야 한다. 예를 들면, 인간 질병을 치료하는데 굉장한 잠재적 용도를 보여주는 어떤 줄기세포는 초기의 배아에 있는 것이다. 이 세포는 5일 또는 6일된 배에서 뽑아서 유리기구의 시험관에서 배양될 수 있다. 이러한 세포는 쇠약한 심장이나 충격으로 손상 받은 뇌, 상처, 파킨슨 병 또는 노인성 치매증을 치료하는데 사용될 수 있을 것이다. 이들 세포는 화상자의 생명을 구할 수 있고 그리고 아마 특정의 암을 치료하는데 이용될 수 있을 것이다. 사회는 줄기세포 연구의 잠재적인 이익이 이 세포를 이용하는 윤리적 위험을 능가하는지 여부를 결정할 필요가 있을 것이다.

**복습**

- 훌륭한 가설의 특징들은 무엇인가?
- "통제된" 실험이란 무슨 뜻인가?
- 체계적 생물학이란 무엇인가?

## 핵심 용어와 요약

**학습목표**

1 생명체를 특징짓는 것들을 바탕으로 생물과 무생물을 구별한다.

- 살아 있는 생물은 성장 발달하고 자가 조절의 대사, 운동, 자극에 반응 및 증식할 수 있다. 종은 진화하여 그 환경에 적응한다.

- 모든 생물은 하나 또는 여러 개의 **세포**로 구성된다.
- 생물은 세포의 크기와 수를 증가시켜 성장한다.
- **물질대사**는 영양, 성장과 치료, 및 유용한 형태로의 에너지 전환에 필수적인 화학적 반응을 포함하여 생물체내에서 일어나는 모든 화학적 활성을 말한다. **항상성**은 생물이 일정한 내부적 환경을 유지하려는 경향성이다.
- 생물은 외부 또는 내부 환경의 물리적 화학적 변화인 **자극**에 반응한다. 자극에 대한 반응이 운동인데, 어떤 생물은 한 장소에서 다른 장소에로 이동하기 위해 세포의 작은 돌기물인 **섬모**나 긴 **편모**를 사용한다. 다른 생물은 고정하여 살고 표면에 뿌리를 내린다.
- **무성생식**에서 자손은 일반적으로 하나의 양친인 어미와 일치한다. **유성생식**에서는 자손은 일반적으로 배우자가 융합되어 만들어지고 유전자는 일반적으로 양친으로부터 내려 받는다.
- 개체군은 발달하고 환경에 **적응**하게 된다. 적응은 환경에서 생존할 수 있는 생물의 능력을 증가시키는 특성이다.

2 각 생명체의 수준과 생태적 지위를 포함하여 생명체의 구성에 대한 계층도를 작성한다.

- 복잡한 생물은 화학물질, **세포**, **조직**, **기관** 및 **기관계**의 수준으로 구성된 계층성을 갖는다.
- 생태학적 구성의 기본 단위는 **개체군**이다. 다양한 개체군은 **군집**을 형성하고 군집과 물리적 환경은 생태계를 이룬다. 지구 전체의 군집과 **생태계**는 함께 **생물권**을 만든다.

3 생명체에서의 정보의 전달의 중요성에 대하여 예를 들어 정리해 본다.

- 생물은 정보를 화학적으로 전기적으로 및 행동적으로 전달한다.
- **유전자**를 만드는 **DNA**는 생물의 발달과 생명과정의 수행에 필요한 명령을 갖고 있다. DNA는 세포와 조직의 구조와 기능을 결정하는데 중요한 **단백질**을 만드는 암호를 갖는다.
- DNA에 암호화된 정보는 한 세대에서 다음 세대로 전달된다.
- 생물의 한 부위에서 다른 부위에로 메시지를 전달하는 **호르몬**은 **세포 신호**의 종류이다.
- 대부분의 생물은 정보를 전달하기 위해 전기적 신호를 사용하고 대부분의 동물은 전기적 충동을 전달하고 **신경전달물질**을 방출하는 신경계를 갖는다.

4 몇 가지 특정 생물을 예로 들어 이명법에 대하여 서술하고, 한 종(예를 들어 사람)에 대하여 영역, 계, 문, 강, 목 과, 속, 종 순으로 분류 체계를 알아본다.

- 수백만 종류가 진화하였다. **종**은 자연상태에서는 다만 상호간 사이에서만 번식하는 같은 구조와 기능 및 행동을 갖는 생물의 집단이다. 종의 구성원은 공통의 **유전자 풀**과 공통의 선조를 함께 한다.
- 생물학자는 각각의 종의 이름이 속명과 종의 통상명으로 되는 **이명법** 체계의 명명법을 사용한다.
- 분류학적 분류는 계층적이다. 즉 **종**, **속**, **과**, **목**, **강**, **문**, **계**, **영역**을 포함하고 있다. 각각의 집단을 **분류군**이라 한다.

5 생명체를 6가지 계에 대하여 확인하고, 각 계에 해당되는 생물의 예를 들어본다.

- 세균은 **원핵세포**를 갖는다. 다른 모든 생물은 **진핵세포**를 갖는다.
- 생물은 **고세균생물**, **진정세균생물** 및 **진핵생물**의 3가지 생물영역으로 분류하고, **고세균계**, **세균계**, **원생생물계**(원생생물, 조류, 수생균, 점균), **진균계**(Fungi; 곰팡이와 효모), **식물계** 및 **동물계**의 6가지 계로 분류한다.

6 진화론의 개요에 대해 알아보고, 이 이론이 생물학의 기본 중심 개념이 되는지 설명해 본다.

- **진화**는 개체군이 환경의 변화에 반응하여 시간에 따라 변화하는 과정이다.
- 진화를 일으키는 **자연선택**은 환경의 변화를 극복할 수 있게 하는 특성을 개체에게 유리하다. 이들 개체는 가장 유리하게 생존하고 자손을 생산한다.
- **찰스 다윈**은 종의 개체가 변화하고, 생물은 생존하여 증식하는 것 보다 더 많은 자손을 생산하고, 그 환경에 가장 잘 적응하는 개체가 유리하게 생존하고 증식하며, 생물이 그 유전정보를 성공적으로 전달하면 그 특성이 개체군내에 보다 광범위하게 분산한다는 그의 관찰에 기초하여 그의 자연도태 이론을 세웠다.
- 개체군에서 변이의 자원은 무작위적인 **돌연변이**이다.

7 어떤 주어진 적응에 대한 자연선택설을 적용해 봄으로써 적응이 어떻게 관련돼 왔는가에 대하여 논리성을 제시해 본다.

- 하와이안 벌새의 조상이 처음 하와이에 정착하였을 때는 단지 몇몇 새들만이 존재하고 있었기 때문에 먹이 경쟁이 심하지 않았다. 많은 세대를 거치면서, 더 길고 굽은 부리를 가진 벌새들이 관모양의 꽃에서 즙을 먹는데 보다 유리하게 되었다. 아마도 더 길고 굽은 부리를 가진 벌새들이 이런 먹이 지역에서 생존하기가 유리하였을 것이며, 살아남아 자손에게 자신의 유전자를 전달할 수 있었을 것이다. 짧고 두꺼운 부리를 가진 벌새들은 곤충들을 사냥하기에 유리하였을 것이며, 새로운 자손들에게 자신의 유전자를 전달하였을 것이다. 이리하여 특이한 먹이 지역에 적응하기 위해 결국 다른 두 종이 진화 되었다.

8 생태계에서의 생산자, 소비자 및 분해자의 역할을 통한 에너지의 흐름에 대하여 요약해 본다.

- 살아 있는 세포의 활성은 에너지를 필요로 한다. 즉, 생명은 태양으로부터 지속적인 에너지 공급에 의존한다.
- 식물, 조류 및 어떤 세균은 **광합성** 과정을 통하여 이산화탄소와 물로부터 복잡한 분자를 합성하기 위해 햇빛의 에너지를 이용한다.
- 모든 세포는 생산자에 의해 영양에 저장된 에너지를 이용하는 생화학적 과정인 **세포호흡**을 수행한다. 그 에너지의 어떤 것은 필요한 물질의 합성에 이용되거나 또는 다른 세포의 활동을 수행하는데 이용된다.
- 자급자족할 수 있는 생태계는 자신의 영양을 생산할 수 있는 **생산자** 또는 **자가영양생물**, 그리고 생산자를 먹거나 생산자를 먹이로 하는 생물을 포식하는 **소비자**, 그리고 폐기물이나 죽은 생물을 분해하여 에너지를 획득하는 **분해자**를 포함하고 있다. 소비자와 분해자는 에너지 자원과 영양 및 산소를 생산자에 의존하는 생물인 **타가영양생물**이다.
- 생물은 **고세균생물**, **세균생물** 및 **진핵생물**의 3가지 생물영역으로 분류하고, **고세균계**, **세균계**, **원생생물계**(원생생물, 조류, 수생균, 점균), **진균계**(Fungi; 곰팡이와 효모), **식물계** 및 **동물계**의 6가지 계로 분류한다.

9 과학적 방법의 용어와 과정을 사용하여 주어진 가설을 검정할 수 있는 실험을 설계해 본다.

- **연역적 추리**와 **귀납적 추리**는 과학적 방법에서 사용되는 체계적 사고 과정의 2가지 범주이다. 연역적 추리는 일반적 원리로부터 개별적 결론으로 진행하고 알고 있는 사실들 사이의 관계를 발견하는데 도움을 준다. 귀납적 추리는 개별적인 관찰로 시작하여 그것으로부터 결론을 끌어내는 것이다. 귀납적 추리는 일반적인 원리를 발견하는데 도움을 준다.
- **가설**은 관찰이나 관계의 성질에 대한 검증할 수 있는 주장이다.
- 잘 설계된 과학적 실험은 **대조군**과 **실험군**을 모두 포함하고 편견으로부터 최대한 자유로워야 한다. 실험군은 단지 변이를 연구한다는 관점에서만 대조군과 다른 것이다.
- 많은 실험을 통하여 많은 관련되는 가설이 결론으로 지지 받게 되면 과학자는 그에 기초한 **학설**을 세울 수 있다.
- 과학은 중요한 윤리적 차원을 갖는다.

## 연습문제

1. 대사는 (a) 생물의 모든 화학적 활성의 합계이다. (b) 세포 수의 증가의 결과이다. (c) 식물계와 동물계 만의 특징이다 (d) 생물의 환경에 있어서 화학적 변화를 말한다. (e) 생산자에서는 일어나지 않는다.
2. 항상성은 (a) 생물이 내부 환경을 일정하게 유지하려고 하는 경향이다. (b) 일반적으로 섬모의 작용에 의존한다. (c) 환경의 변화에 대한 생물의 장기적인 반응이다. (d) 세포나 생물에서 일어나지 않고 생태계에서 일어난다. (e) 유성적이거나 무성적일 수 있다.
3. 아메바가 2개로 분열하는 것을 가장 잘 설명하는 예는 (a) 운동 (b) 신경전달 (c) 무성생식 (d) 유성생식 (e) 대사
4. 세포는 (a) 생물의 기본 구조이다 (b) 반드시 핵을 갖는다 (c) 세균에서는 존재하지 않는다 (d) 답 (a), (b), (c) 모두 옳다. (e) 답 (a) (b) 만이 옳다.
5. DNA는 (a) 유전자를 만든다 (b) 한 종에서 다른 종으로 정보를 전달한다 (c) 변화할 수 없다 (d) 신경전달물질이다 (e) 세포호흡에서 만들어진다.
6. 세포호흡은 (a) 햇빛을 세포 구성물질의 합성에 이용하고 에너지를 방출하는 과정이다. (b) 타가영양생물에서만 일어난다 (c) 자가영양생물과 타가영양생물 모두에서 일어난다 (d) DNA의 화학적 변화를 일으킨다. (e) 환경변화에 대한 반응에서 일어난다.
7. 다음 중 어느 것이 생물학적 체제의 단계에 대한 바른 서열인가?
   (a) 세포, 기관, 조직, 기관계 (b) 화학물질, 세포, 기관, 조직
   (c) 화학물질, 세포, 조직, 기관 (d) 조직, 기관, 세포, 기관계
   (e) 화학물질, 세포, 개체군, 종.
8. 다음 중 어느 것이 생물학적 체제의 단계에 대한 바른 서열인가?
   (a) 개체, 개체군, 생태계, 군집. (b) 개체, 개체군, 군집, 생태계.
   (c) 개체군, 생물권, 생태계, 군집, (d) 종, 개체군, 생태계, 군집
   (e) 생태계, 개체군, 군집, 생물권.
9. 다음 중 어느 것이 분류 단계의 바른 순서인가?
   (a) 속, 종, 과, 목, 강, 문, 계 (b) 속, 종, 목, 문, 강, 계
   (c) 속, 종, 목, 과, 강, 문, 계, (d) 종, 속, 과, 목, 강, 문, 계
   (e) 종, 속, 목, 과, 강, 계, 문
10. 다윈이 주장한 진화의 원인은 (a) 돌연변이 (b) 종의 개체 변화 (c) 자연선택 (d) 호르몬의 상호작용 (e) 각 환경의 변화에 대한 항상성 반응.

## 심화 학습문제

1. 진화 과정에 대한 확고한 이해는 (a) 동물의 행동, (b) 생태학 또는 (c) 에이즈를 일으키는 바이러스인 인간의 면역결핍 바이러스에 대한 백신의 개발 분야에 연구하는 생물학자에게 어떻게 도움이 될 것인가?
2. 만약 여러분이 줄기세포 연구에 대한 미국의 정책에 영향을 미칠 수 있다면 여러분은 어떤 태도를 취할 것인가? 설명하라. 세계의 식량 공급을 증진시키기 위해 유전적으로 변형된 작물을 사용하는데 대한 또는 인슐린 및 혈액응고 요소와 같은 약품을 생산하기 위해 유전적으로 변형된 동물을 사용하는데 대한 여러분의 태도는 무엇인가?

# 2

# 원자와 분자: 화학에 기초한 생명체

Frans Lanting/Minden Pictures

**물은 모든 생명체의 기본적인 요구물이다.** 서반구에서 가장 큰 고양이류인 재규어(*Panthera onca*)가 열대우림의 계류에서 물을 마시기 위해 잠시 휴식하고 있다.

## 핵심 개념

탄소, 수소, 산소 및 질소는 생명체에 가장 많이 존재하는 원소이다.

원자의 화학적 성질은 에너지 준위가 제일 높은 전자 즉 원자가전자에 의해 결정된다.

분자는 공유결합으로 연결된 원자들로 구성된다. 화학결합에서 이온결합도 중요하다. 수소결합과 반데르발스 상호작용은 약한 인력이다.

전자의 에너지는 산화·환원반응을 통해 이동한다.

물 분자는 국부적으로 양전하와 음전하를 띠는 부분이 존재하는 극성이므로 전하를 띠는 물질과 수소결합을 형성한다.

산은 수소이온을 제공하는 물질이며, 염기는 수소이온을 받아들이는 물질이다. pH는 용액의 수소이온 농도를 나타내는 수치이다.

화학 지식은 생명체를 이해하는데 필수적이다. 수많은 곤충과 미생물뿐 아니라 열대우림에 서식하는 재규어와 식물들의 화학적 성분 및 물질대사 과정은 근본적으로 서로 유사하다. 이러한 화학적 유사성들 때문에 모든 생명체는 공통조상에서부터 진화되었으며, 박테리아 혹은 쥐에서 얻은 연구 결과는 인간을 비롯한 타 생명체에도 적용될 수 있다. 더 나아가서, 생명체에 적용되는 기초적인 화학적, 물리학적 원리들은 생명체뿐 아니라 무생물에도 적용된다.

이 장에서는 원자 구조를 토대로 복합 화합물을 형성하는 화학결합을 이해하도록 한다. **무기화합물(inorganic compound)**로 알려진 작고 간단한 물질들을 중심으로 공부하게 된다. 생물학적으로 중요한 무기 화합물들은 물, 간단한 산과 염기 그리고 염류들이다. 특히 지구 표면과 생명체에 가장 많이 존재하는 물에 중점을 두고, 물이 생명체와 무생물적 환경에 어떠한 영향을 주는지 알아본다. 그리고 3장에서는 크고 복잡하며 탄소로 구성된 **유기화합물(organic compound)**에 대해 논의한다. ■

## 2.1 원소와 원자

### 학습목표

1 생명체의 주요 화학 원소의 이름과 각 원소의 중요한 기능을 공부한다.

2 전자, 양성자, 중성자의 위치와 물리적 특성(질량과 전하량)을 비교한다. 원자번호와 원자량을 구별한다.

3 전자 궤도와 전자껍질을 정의하고 전자껍질과 에너지 준위와의 관계를 파악한다.

**원소(element)**는 일반적으로 화학 반응에 의해 더 작은 단위의 물질들로 쪼개어지지 않는다. 각 원소는 원소명의 영어 또는 라틴어의 첫 글자나 두 글자를 사용한 **화학기호(chemical symbol)**로 나타낸다. 예를 들어 산소(oxygen)은 "O", 탄소(carbon)는 "C", 수소(hydrogen)는 "H", 질소(nitrogen)는 "N", 그리고 나트륨(Sodium-라틴어로는 *natrium*)은 "Na"로 나타낸다.

대부분 생물체 중량의 96%이상이 산소, 탄소, 수소, 그리고 질소 원소들로 구성되어 있다. 칼슘, 인, 칼륨 그리고 마그네슘과 같은 원소들도 함유되어 있지만 상대적으로 적은 양으로 존재하며, 요오드와 구리와 같은 몇몇 원소들은 극소량만이 필요하므로 **미량 원소(trace element)**라 한다. **표 2-1**은 동·식물에 존재하는 원소들과 이 원소들의 기능을 나타낸 것이다.

원소의 가장 작은 입자인 **원자(atom)**는 그 원소의 화학적 특성을 지니고 있다. 원자는 매우 작기 때문에 현미경으로 관찰할 수 없었지만, 5,000,000배 확대가 가능한 주사형 터널 전자현미경(scanning tunneling microscopy)의 개발로 인해 분자 안에 있는 몇몇 큰 원자들의 위치를 사진 찍을 수 있게 되었다.

표 2-1

**생명체를 구성하는 원소들의 기능**

| 원소 (화학기호) | 기능 |
|---|---|
| O 산소 | 세포호흡에 필요; 대부분의 유기화합물에 존재; 물의 성분 |
| C 탄소 | 유기분자의 골격을 형성; 각각의 탄소원자는 다른 원자와 4개의 결합을 형성할 수 있음 |
| H 수소 | 대부분의 유기화합물에 존재; 물의 성분; 수소이온($H^+$)은 몇몇 에너지전달에 관여 |
| N 질소 | 단백질과 핵산의 성분; 식물에서는 엽록소의 성분 |
| Ca 칼슘 | 뼈와 이의 구조적 성분; 칼슘이온($Ca^{2+}$)은 근육수축, 신경자극의 전달 및 혈액응고에 중요; 식물세포 벽 형성에 관여 |
| K 칼륨 | 칼륨이온($K^+$)은 동물의 세포간(조직) 체액의 주요한 양이온; 신경작용에 중요; 근육 수축에 영향; 식물에서 기공개폐의 조절 |
| S 황 | 대부분 단백질의 성분 |
| Na 나트륨 | 나트륨($Na^+$)은 동물의 세포(조직) 간질액의 주요한 양이온; 체액 평형 유지에 중요; 신경자극 전달의 필수; 식물의 광합성에 중요 |
| Mg 마그네슘 | 동물의 혈액과 다른 조직에 필요; 여러 효소들은 활성화; 식물 엽록소의 성분 |
| Cl 염소 | 염소이온($Cl^-$)은 동물의 세포(조직)간질 액의 주요한 음이온; 수분평형에 중요; 광합성에 필수적 |
| Fe 철 | 동물의 헤모글로빈 성분 특정 효소를 활성화 |

*동물, 식물 또는 양자에서 미량으로 발견되는 성분에는 요오드(I), 망간(Mn), 구리(Cu), 아연(Zn), 코발트(Co), 불소(F), 몰리브덴(Mo), 셀렌(Se), 붕소(B), 규소(Si) 그리고 소수의 몇몇이 있다.

물리학자들에 의해 원자의 여러 소립자들이 발견되었지만, 여기에서는 '전자, 양성자, 중성자' 등 3가지 소립자들만 언급한다. **전자(electron)**는 음의 전하를, **양성자(proton)**는 양의 전하를 띠는 입자이며, **중성자(neutron)**는 전하를 띠지 않는 입자이다. 전기적으로 중성인 원자는 전자와 양성자의 수가 같다.

양성자와 중성자는 **원자핵(atomic nucleus)**을 구성한다. 전자는 위치가 고정되어 있지 않고 원자핵 주위의 빈 공간 안에서 빠르게 진동한다.

### 2.1.1 원자는 양성자 수에 의해 구분된다

각 원소는 원자핵 내에 일정한 수의 양성자를 가지고 있다. 이 양성자 수를 **원자번호(atomic number)**라 하며 화학기호 왼쪽 아래 부분에 표기한다. 수소 $_1H$는 양성자가 1개, 산소 $_8O$는 양성자가 8개임을 나타낸다.

**주기율표(periodic table)**는 원소를 원자번호 순으로 정리해 놓은 표이다 (**그림 2-1**과 부록 A). 그림 2-1에 생명체를 구성하는 몇 가지 중요한 원소들의 **전자배치(electron configuration)**를 나타냈다. 이 그림에서 전자들은 핵으로부터 일정한 동심원에 존재한다는 보어(Bohr) 모델을 사용하여 나타냈다. 핵 밖의 공간은 핵에 비해 매우 크고, 전자들은 고정된 원을 그리며 회전하지 않기 때문에, 이 모델은 전자를 나타내기에는 편리하지만 정확하지는 않다.

### 2.1.2 양성자와 중성자 수의 합이 원자 질량이다

소립자의 질량은 매우 작아서 그램이나 마이크로그램으로 나타내지 못하고 **원자 질량 단위(atomic mass unit; amu)**로 혹은 1800년대 초 원자론을 공식화한 달톤(John Dalton)의 이름을 따서 **달톤(dalton)**으로 나타낸다.

1 amu는 양성자 1개 혹은 중성자 1개의 질량과 거의 동일하다. 전자의 질량은 양성자나 중성자 질량의 약 1/1800배에 불과하므로, 원자의 질량은 양성자와 중성자 질량의 합이며 amu나 달톤으로 나타낸다.

원자 질량수는 화학기호의 왼쪽 윗부분에 나타낸다. 양성자 8개와 중성자 8개로 구성된 산소 원자는 원자번호가 8이고 원자 질량 16 amu이며, 기호는 $^{16}_{8}O$ 로 나타낸다.

양성자, 전자, 그리고 중성자의 특성을 요약하면 아래 도표와 같다.

**요점**

주기율표는 원소들의 종류, 구조, 화학적 성질 등에 대한 정보를 제공한다.

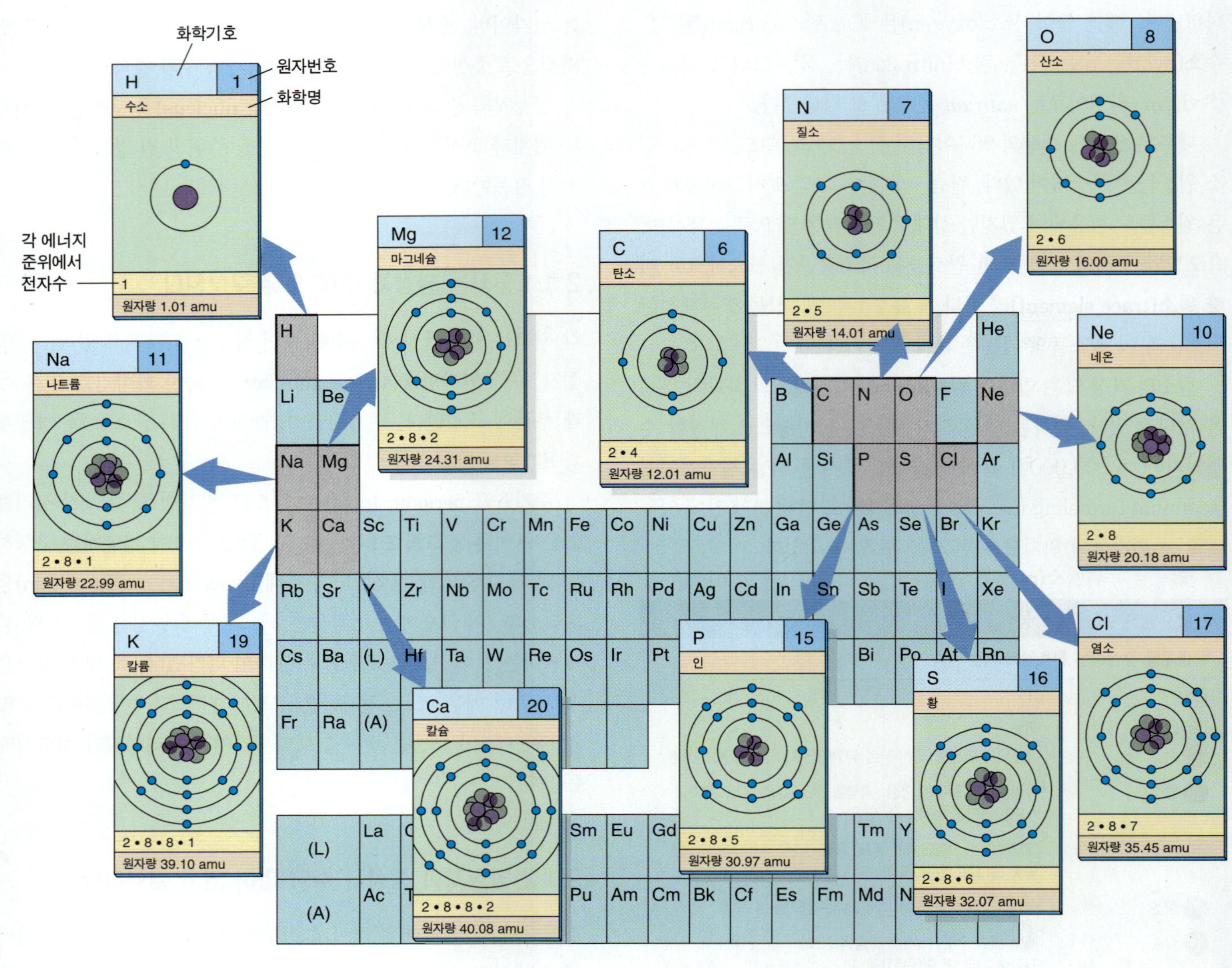


**그림 2-1 주기율표.**

생물학적으로 중요한 원자들의 전자 배열을 나타낸 보어(Bohr) 모델. 보어 모델이 전자 배열을 정확하게 묘사하지는 않지만 간단하고 편리하기 때문에 널리 이용되고 있다. 전체 주기율표는 부록 A에 수록되었다.

| 입자 | 전하 | 질량 (근사치) | 위치 |
|---|---|---|---|
| 양성자 | 양 | 1 amu | 핵 |
| 중성자 | 중성 | 1 amu | 핵 |
| 전자 | 음 | 약 1/1800 amu | 핵외부 |

## 2.1.3 동위원소는 양성자 수는 같지만 중성자 수가 다른 원소이다

대부분의 원소는 중성자 수가 다른 원자들이 혼합되어 있어 같은 원소라도 질량이 다르다. 이러한 원소들을 **동위원소(isotope)**라 한다. 동위원소들은 서로 양성자 수와 전자 수가 같지만 중성자 수는 다르다. 동위원소가 3개인 수소 원소는 $^{1}_{1}H$(일반적 수소), $^{2}_{1}H$(중수소), $^{3}_{1}H$(삼중수소)이며, 각각의 중성자 수는 1, 2, 3개 이다. **그림 2-2**는 탄소 동위원소 $^{12}_{6}C$ 와 $^{14}_{6}C$의 Bohr 모델을 나타낸 것이다. 원소의 질량은 자연계에 존재하는 동위원소들의 상대적인 비율을 반영한 평균 질량으로 나타낸다. 예를 들어, 수소의 질량은 미량의 중수소와 삼중수소를 반영하기 때문에 1.0 amu가

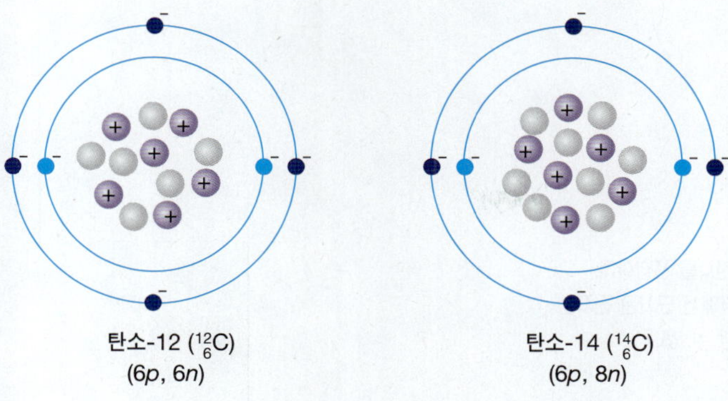


**그림 2-2** 동위원소.

탄소-12($^{12}_{6}C$)이 가장 일반적인 탄소 동위원소이다. 이 동위원소의 핵은 양성자 6개와 중성자 6개로 구성되었으며 원자량은 12이다. 탄소-14($^{14}_{6}C$)는 드문 방사성 동위원소 탄소이다. 이것은 8개의 중성자를 함유하고 있어 원자량이 14이다.

아니라 1.0079 amu 이다.

동위원소들은 전자 수가 같으므로 화학적 특성이 동일하다. 일부의 동위원소들은 불안정하여 붕괴되면서(이러한 동위원소들은 대체적으로 안정한 다른 원소가 된다.), 방사선을 방출하기 때문에 **방사성 동위원소**(**radioisotope**)라 한다. 예를 들어 $^{14}_{6}C$의 방사성 붕괴는 중성자가 붕괴하면서 양성자와 빠르게 운동하는 전자를 만들 때 일어나며, 이 과정에서 베타(β) 입자가 방사선 형태로 방출된다. 이 결과 형성된 안정한 원소는 질소 $^{14}_{7}N$이다. 방사성 붕괴는 **방사성자동사진법**(**autoradiography**)으로 검출할 수 있다(**그림 2-3**).

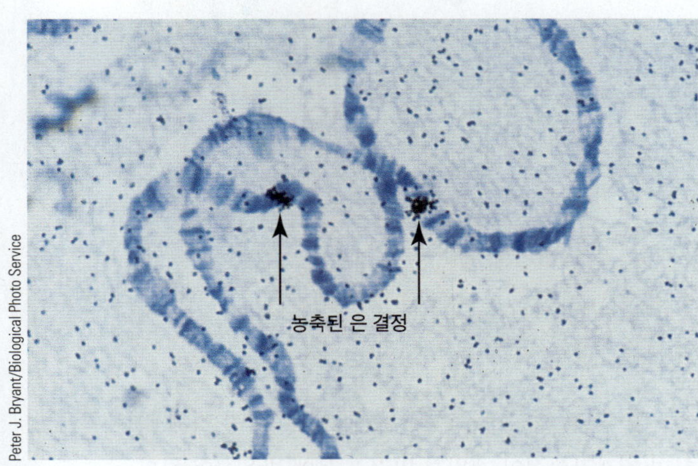


**그림 2-3** 방사선자동사진법(autoradiography).

초파리의 DNA에 결합된 방사성 동위원소 삼중수소($^{3}H$)가 내는 방사성을 X-선 필름에 감광시켜 찍은 초파리(*Drosophilamelanogaster*)의 염색체. 광학현미경에 나타난 상을 X-선 필름에 감광시킨 것이다. 그림에서 검은 점은 방사성 붕괴 시에 나타나는 특정 DNA를 나타낸다.

의학에서는 진단과 치료에 방사성 동위원소를 이용한다. 어떤 원자의 동위원소들은 화학적 특성이 동일하기 때문에, 생명체에서 방사성 동위원소를 함유한 분자나 방사성이 없는 분자의 물질대사는 같다. $^{14}C$나 삼중수소와 같은 방사성 동위원소들을 사용하여 체내의 당, 호르몬, 약물 등의 위치나 물질 대사를 추적할 수 있다. 또한 방사선은 세포분열을 방해하기 때문에 방사성 동위원소는 항암 치료제로 사용된다.

### 2.1.4 전자들은 에너지 준위에 맞는 궤도에서 움직인다

전자들은 **궤도**(**orbital**)라는 3차원적 공간에서 움직이며 각 궤도에는 최대 2개의 전자가 위치한다. 특정한 순간에 전자가 놓인 위치를 파악하는 것은 불가능하므로, 궤도는 음영의 전자구름(electron cloud)으로 표현되며, 음영의 차이는 특정 순간에 전자가 존재하는 가능성과 비례한다. 궤도에 따라 전자의 에너지는 다르다. 같은 에너지를 가지고 있는 궤도 속의 전자들은 같은 **주에너지준위**(**principal energy level**) 상태에 있다고 말하고, **전자껍질**(**electron shell**)을 구성한다(**그림2-4**).

핵에서 멀리 떨어져 있는 전자들은 가까이 있는 전자들보다 더 많은 에너지를 가지고 있다. 에너지가 가장 높은 전자를 **원자가전자**(**valence electron**)라 하며, 이들 전자들은 화학반응에서 중요한 역할을 한다. 원자가전자가 존재하는 전자껍질은 보어(Bohr) 모델에서 가장 바깥쪽의 고리로 표시되며 **원자가껍질**(**valence shell**)이라 한다.

**복습**

- 원소 하나는 모두 동일한 원자번호와 원자량을 갖는가?
- 방사성 동위원소는 무엇인가? 생물학 연구에서 방사성 동위원소가 어떻게 이용되는가?

## 2.2 화학반응

**학습목표**

4 원자의 원자가전자수와 화학적 성질과의 관계를 설명한다.
5 분자의 실험식, 분자식, 구조식을 구별한다.
6 몰 개념이 화학자에게 왜 유용한지를 설명한다.

원자의 화학적 성질은 원자가전자수와 배열에 의해 결정된다. 수소나 헬륨의 원자가껍질은 전자가 2개 있을 때 채워졌다(즉, 안정하다)고 한다. 그 밖의 원자들은 원자가껍질에 전자가 8개 채워진

**요점**

전자들은 에너지 준위에 따라 궤도를 채운다.

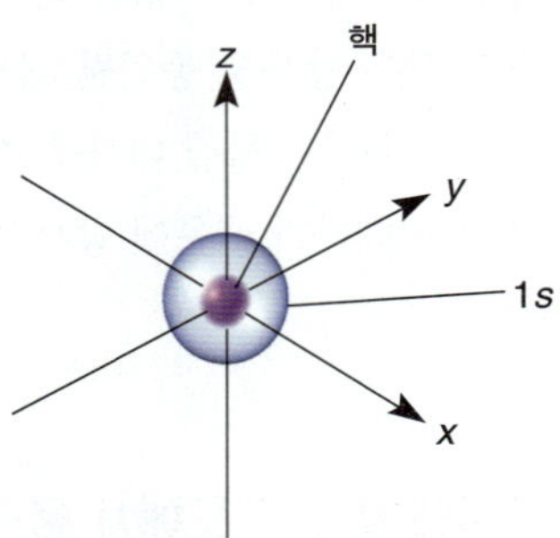


**(a)** 첫 번째 주 에너지 준위는 최대 2개의 전자를 포함하며, 단일 구형 궤도(1s로 표시)를 차지한다. 그림에서 묘사된 전자는 짙은 파란색 지역 내의 어느 곳에서나 존재할 수 있다.

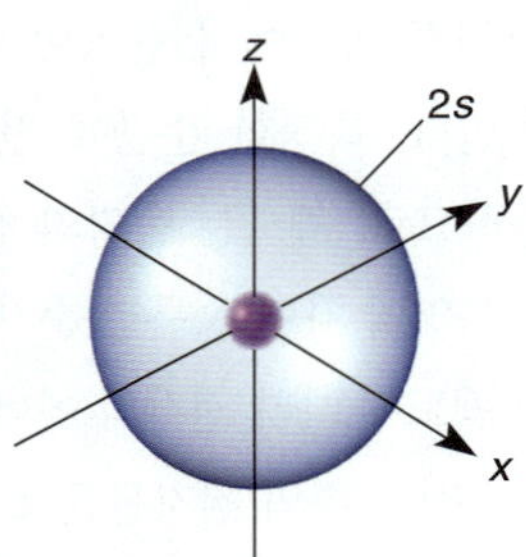


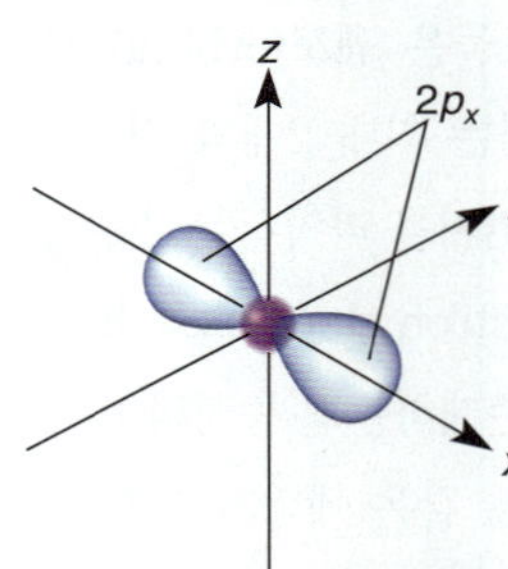


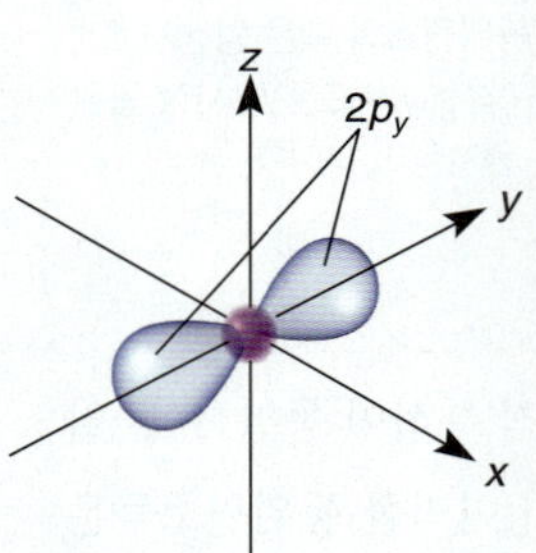


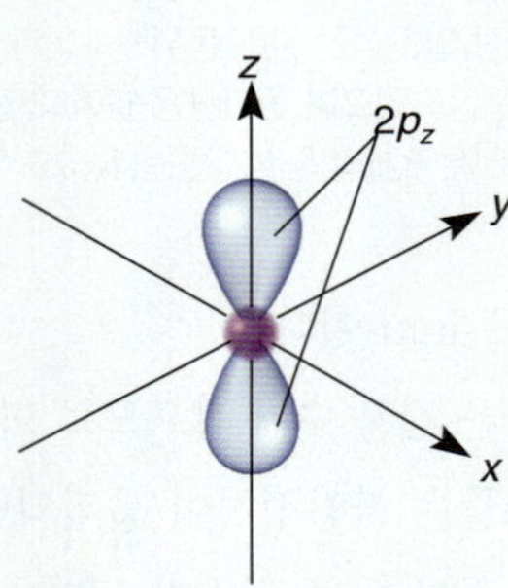


**(b)** 두 번째 주 에너지 준위에는 각각 최대 2개의 전자를 갖는 4개의 궤도 - 하나의 구형(2s)과 서로 직각으로 되어있는 3개의 아령모양(2p)의 궤도 - 가 있다.

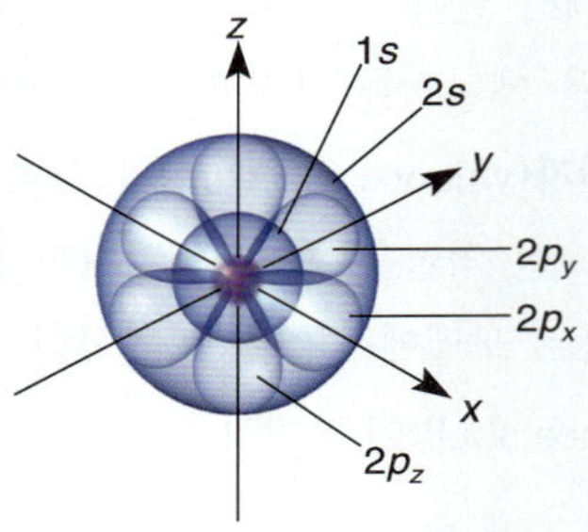


**(c)** 첫 번째와 두 번째 주 에너지 준위의 궤도가 포개져 있는 것을 나타냈다. 하나의 2S 궤도와 3개의 2P 궤도가 네온의 원자가 전자 수 8개를 채운다.

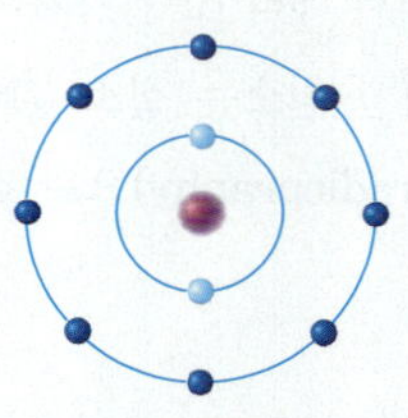

**(d)** 네온 원자(보어 모델)

**그림 2-4 원자 궤도.**

각각의 궤도는 "전자 구름"으로 표현된다. x, y, z 축은 원자의 가상적인 축을 나타낸다.

다. 원자가껍질이 채워져 있지 않을 때, 원자들은 전자들을 잃거나 얻거나 또는 공유하여 원자가껍질을 채운다.

주기율표에서 같은 열에 속하는 원소들(같은 '족'에 속한다고 함)은 화학적 성질이 비슷하다. 그 이유는 같은 족 원소들의 원자가껍질이 전자를 잃고, 얻고, 혹은 공유하는 경향이 비슷하기 때문이다. 예를 들어, '*할로겐(halogen)*'족에 속하는 염소와 브롬은 원자가 껍질에 7개의 전자를 가지고 있어 화학 반응에서 전자 1개를 얻으려 한다. 헬륨(He)과 네온(Ne)은 "비활성 기체"라는 족에 속하며 원자가껍질이 채워져 있기 때문에 반응성이 작다.

### 2.2.1 원자는 화합물과 분자를 형성한다

2개 이상의 원자들은 화학적으로 결합 할 수 있다. 서로 다른 원소의 원자들이 일정한 비율로 결합하면 **화합물(chemical com-**

pound)이 생성된다. 물은 수소와 산소의 비율이 2:1로, 소금인 염화나트륨은 나트륨과 염소의 비율이 1:1로 구성된 화합물이다.

2개 이상의 원자가 강하게 결합하여 생성된 안정한 물질을 **분자(molecule)**라 한다. 예를 들어, 산소 원자 2개가 화학결합하면 산소 분자가 형성된다. 물은 수소 원자 2개와 산소 원자 1개로 구성된 분자 화합물이다. 그러나 염화나트륨처럼 모든 화합물이 분자는 아니다.

### 2.2.2 물질의 실험식, 분자식, 구조식은 각기 다른 정보를 제공한다

**화학식(chemical formula)**은 물질의 화학 조성을 나타내는 간단한 표현이다. 화학기호는 구성 원자들의 종류를, 숫자들은 원자들의 비율을 나타낸다. 여러 방식의 화학식들은 각기 특정한 정보를 제공한다.

**실험식(simplest formula)**은 화합물의 원자들을 조성비로 나타낸 것이다. 예를 들어, 히드라진(hydrazine)의 실험식 $NH_2$는 질소와 수소의 비가 1:2라는 것을 나타낸다.

**분자식(molecular formula)**은 분자를 구성하는 원자들의 실제 개수를 나타낸다. 히드라진의 분자식 $N_2H_4$는 질소 2개와 수소 4개로 구성됨을 나타낸다.

**구조식(structural formula)**은 분자의 원자 종류와 수 뿐 만아니라 배치 형태까지도 나타낸다. 물의 구조식은 H—O—H 이다.

### 2.2.3 모든 물질 1몰의 구성 단위체 개수는 같다

화합물의 분자량(molecular mass)은 분자를 구성하는 원자들의 원자량 합이다. 물($H_2O$)의 분자량은 {(수소:2 × 1amu) + (산소:1 × 16amu)} 18 amu이다. 원소나 화합물의 질량을 그램(g)으로 나타낸 값이 amu 값과 같을 때의 양을 **1몰(mole 또는 mol)**이라 한다. 물 1몰은 18 g이고, 포도당 1몰은 180 g이다. 물질의 크기와 상관없이 모든 물질 1 mol의 구성 단위체 개수는 같다. 즉 물 1몰과 포도당 1몰의 분자수는 동일하며 $6.02 \times 10^{23}$이다. 이 수를 처음 계산한 이탈리아의 물리학자 아보가드로(Amadeo Avogadro)의 이름을 따서 **아보가드로수(Avogadro's number)**라 한다.

몰의 개념을 통해 서로 다른 용액을 비교할 수 있다. 1 몰랄 용액은 1 M로 나타내며, 이는 물질 1몰이 1리터(L) 용액에 용해된 것이다. 1 L의 포도당 용액 1 M과 설탕 용액 1 M에 용해된 당의 질량(180 g, 340 g)은 서로 다르지만, 이들의 분자수는 $6.02 \times 10^{23}$ 로 동일하다.

### 2.2.4 화학 반응식은 화학반응을 설명한다

모든 생명체에서는 매순간 많은 복잡한 화학반응이 일어난다. 포도당과 산소와의 화학반응을 식으로 나타내면 다음과 같다..

$$\underset{\text{포도당}}{C_6H_{12}O_6} + \underset{\text{산소}}{6\,O_2} \longrightarrow \underset{\text{이산화탄소}}{6\,CO_2} + \underset{\text{물}}{6\,H_2O} + \text{energy}$$

반응식에서, **반응물**(reactant–반응에 참여하는 물질)은 일반적으로 왼쪽에 쓰고, **생성물**(product–반응에 의해 생성된 물질)은 오른쪽에 쓴다. 화살표는 "산출"을 뜻하며 반응이 진행되는 방향을 나타낸다.

많은 반응에서 정반응(오른쪽 방향)과 역반응(왼쪽 방향)이 동시에 일어날 수 있다. **동적평형(dynamic equilibrium)**에서는 정반응과 역반응의 속도가 같다. 가역반응은 이중화살표로 나타낸다.

$$\underset{\text{이산화탄소}}{CO_2} + \underset{\text{물}}{H_2O} \rightleftharpoons \underset{\text{탄산}}{H_2CO_3}$$

이 반응에서, 두 화살표의 길이 차이는 반응이 평형에 도달하면 생성물($H_2CO_3$)보다 반응물들($CO_2$와 $H_2O$)이 더 많음을 의미한다.

**복습**

- 어떠한 화학식이 가장 많은 정보를 제공하는가?
- 수소 원자 1 g과 수소 분자 2 g에는 얼마나 많은 원자가 있는가?

## 2.3 화학 결합

**학습목표**

7 공유결합, 수소결합, 그리고 이온결합을 구분하고 각각의 형성 과정과 이들의 결합력을 비교한다.

원자들은 **화학결합(chemical bond)**이라는 인력으로 서로 붙어있다. 각각의 결합은 일정한 에너지를 가지고 있으며 **결합 에너지(bond energy)**는 화학결합을 깨뜨리는데 필요한 에너지이다. 원자가 형성할 수 있는 결합수는 원자가전자에 의해 결정된다. 중요하며 강한 화학결합 2개는 공유결합과 이온결합이다.

### 2.3.1 공유결합은 전자를 공유한다

**공유결합(covalent bond)**은 원자들이 전자를 공유하여 원자가껍질의 전자수를 채운다. 간단한 공유결합의 예로는 수소 원자 2개가 결합하여 수소기체 $H_2$ 분자를 형성하는 것이다. 각 수소는 하나의 전자를 가지고 있지만, 원자가껍질을 채우기 위해서는 전자가 2개 필요하다. 수소 원자들의 전자 수용력은 같기 때문에 어느 쪽에서도 다른 쪽에게 전자를 주지는 않는다. 그 대신에 두 수소 원자는 그들의 전자 1개를 서로 공유하게 되어서 각 원자의 양성자가 공유된 두 전자를 동시에 서로 끌어당긴다.

원자가껍질의 전자를 표시하는 쉬운 방법은 화학기호 주위에 "점"을 그려 놓는 것이다. 이러한 표기법은 개발자의 이름을 따서 원자의 *루이스 구조(Lewis structure)*라 한다. 물분자는 산소 원자 1개에 수소 원자 2개가 공유결합 한 것이다.

$$\mathrm{H}\cdot + \mathrm{H}\cdot + \cdot\ddot{\underset{..}{\mathrm{O}}}\cdot \longrightarrow \mathrm{H}:\ddot{\underset{..}{\mathrm{O}}}:\mathrm{H}$$

산소는 6개의 원자가 전자를 가지고 있는데, 수소 원자 2개와 공유 결합을 하면 8개의 전자를 갖게 되어 원자가껍질을 채울 수 있다. 동시에 각각의 수소는 2개의 전자를 가지게 되어 원자가껍질을 채우게 된다(구조식 H—O—H에서, 직선은 1쌍의 전자가 공유결합을 형성함을 나타낸다. 일반적으로 공유하지 않는 전자들은 구조식에서 나타내지 않는다.)

탄소 원자는 원자가껍질에 4개의 전자가 있는데, 이들은 모두 공유결합을 할 수 있다:

$$\cdot\dot{\underset{\cdot}{\mathrm{C}}}\cdot$$

탄소 원자 1개와 수소 원자 4개가 전자를 공유하여 메탄 $CH_4$이 형성된다:

$$\begin{array}{c}\mathrm{H}\\ \mathrm{H}:\ddot{\underset{..}{\mathrm{C}}}:\mathrm{H}\\ \mathrm{H}\end{array} \quad \text{or} \quad \begin{array}{c}\mathrm{H}\\ |\\ \mathrm{H}-\mathrm{C}-\mathrm{H}\\ |\\ \mathrm{H}\end{array}$$

루이스 구조 구조식

질소는 원자가껍질에 전자 5개가 있다. 각 궤도는 최대 2개의 전자를 가질 수 있기 때문에, 전자 2개는 하나의 궤도를 차지하고 나머지 전자 3개는 다른 원자들과의 공유결합에 사용된다.

$$\cdot\ddot{\underset{\cdot}{\mathrm{N}}}\cdot$$

질소 원자가 수소 원자 3개와 전자를 공유하면 암모니아 $(NH_3)$가 형성된다:

$$\begin{array}{c}\mathrm{H}:\ddot{\mathrm{N}}:\mathrm{H}\\ \mathrm{H}\end{array} \quad \text{or} \quad \begin{array}{c}\mathrm{H}-\mathrm{N}-\mathrm{H}\\ |\\ \mathrm{H}\end{array}$$

루이스 구조 구조식

두 원자가 1쌍의 전자를 공유하여 형성된 결합을 **단일공유결합(single covalent bond)**(▮ 그림 2-5a)이라 한다. 산소 원자는 원자가껍질에 전자 6개가 있다. 산소 원자는 전자 2쌍을 공유하여 산소 분자를 형성한다(▮ 그림 2-5b), 이처럼 전자 2쌍을 공유하여

**요점**

원자들이 전자들을 공유하여 공유결합을 형성한다.

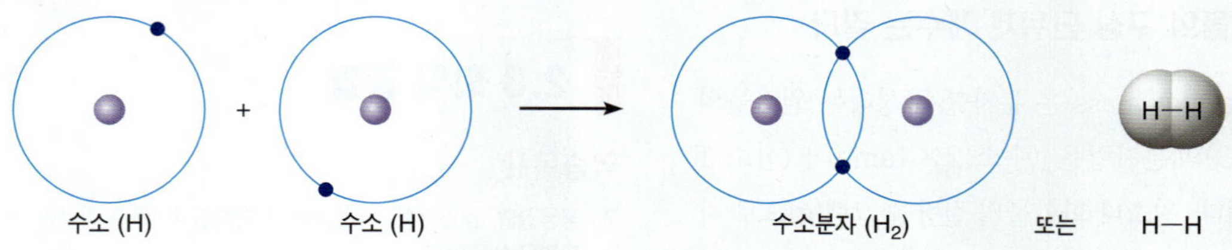


**(a) 단일공유결합 형성.** 수소 원자 2개는 1쌍의 전자를 공유하여 안정한 수소 분자를 형성한다. 오른쪽에 제시된 구조식에서 수소 원자 사이의 직선은 단일공유결합을 나타낸다.

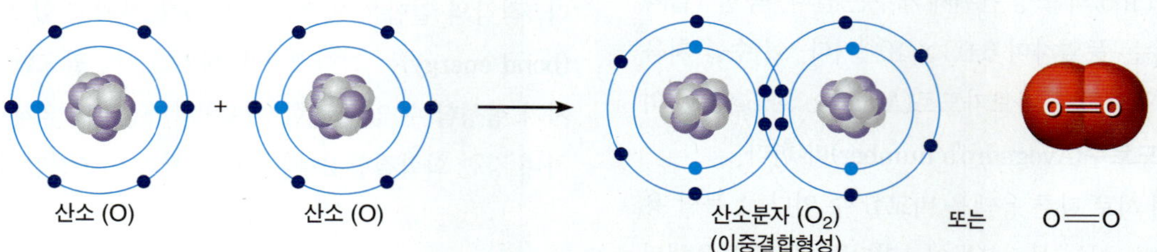


**(b) 이중공유결합 형성.** 산소 분자에서 산소 원자 2개는 2개의 전자쌍을 공유함으로써 이중공유결합을 형성한다. 구조식에서 1쌍의 평행선은 이중공유결합을 나타낸다.

**그림 2-5 공유결합 화합물에서의 전자 공유.**

형성된 결합을 **이중공유결합**(double covalent bond)라 하며, 이중선으로 나타낸다. **삼중공유결합**(triple covalent bond, 삼중선으로 나타냄)은 전자 3쌍을 공유한 것이다. 생물학적으로 중요한 분자들을 형성하는데 사용되는 원자들의 공유결합 수를 아래에 나타냈다.

| 원자 | 기호 | 공유결합 수 |
|---|---|---|
| 수소 | H | 1 |
| 산소 | O | 2 |
| 탄소 | C | 4 |
| 질소 | N | 3 |
| 인 | P | 5 |
| 황 | S | 2 |

### (1) 분자의 기능은 분자의 형태와 관련이 있다

특정한 성질을 가진 원자들로 구성되어 있는 분자들은 일정한 크기와 전체적 형태를 가지고 있다. 분자의 형태는 어느 한도 내에서는 바뀔 수 있지만, 살아있는 세포에서 분자의 기능은 주로 기하학적 형태에 의해 좌우된다. 원자 2개로 구성된 분자는 직선형이지만, 원자 3개 이상으로 구성된 분자들은 복잡한 형태를 갖는다.

원자가 다른 원자와 공유결합을 할 때, 원자가껍질의 궤도는 **궤도혼성**(orbital hybridization) 과정에 의해 재배치되어 분자의 형태에 영향을 준다. 예를 들어, 수소 원자 4개와 탄소 원자 1개가 결합하여 메탄 분자($CH_4$)를 형성할 때, 탄소 원자가껍질의 혼성화궤도 4개에 수소 원자가 각각 1개씩 붙는 사면체구조를 형성한다(**그림 2-6**; 그림 3-2b).

### (2) 공유결합은 비극성 또는 극성일 수 있다

서로 다른 원소의 원자들은 전자에 대한 친화력이 다르다. **전기음성도**(electronegativity)는 화학결합 시 원자가 전자를 끌어당기는 크기이다. 산소, 질소, 플루오르, 염소 등은 전기음성도가 크다. 전기음성도가 유사한 원자들이 공유결합하면 전자를 균등하게 공유한다. 이러한 공유결합을 **비극성**(nonpolar) 공유결합이라 한다.

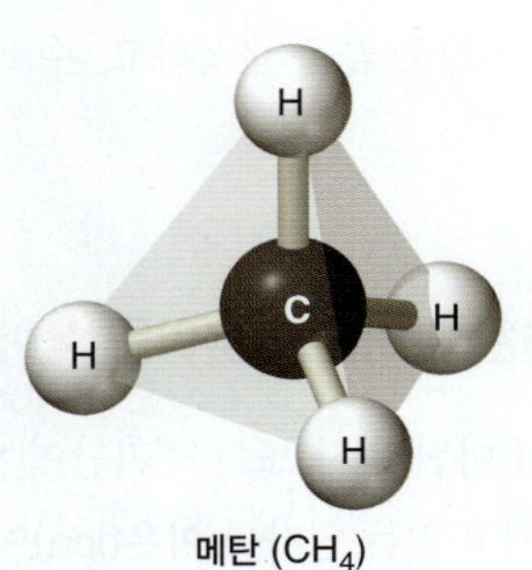


**그림 2-6** 메탄의 혼성궤도.

수소 원자 4개가 탄소의 원자가 껍질궤도의 혼성으로 인해 사면체의 모서리에 위치한다.

산소와 수소처럼 서로 다른 원소들의 공유결합에서는 원자의 전기음성도가 다를 수 있다. 이러한 경우, 더 강한 전자친화력을 가진 원소의 원자핵에 전자들이 더 가깝게 끌어당겨진다. 전기음성도가 다른 원자들 간의 공유결합을 **극성공유결합**(polar covalent bond)이라 한다. 이러한 결합의 한 쪽 끝은 부분적 양전하를 띠고, 다른 쪽 끝은 부분적 음전하를 띤다. 물(H—O—H)에서 2개의 공유결합은 각각 극성인데, 수소 원자는 부분적 양전하를 띠고, 산소 원자는 부분적 음전하를 띤다.

하나 또한 그 이상의 극성공유결합을 지닌 분자가 전체적로는 중성이라도 극성이 될 수 있다. 이것은 **극성분자**(polar molecule)들이 한 쪽 끝에는 양전하를, 그리고 다른 쪽 끝에는 음전하를 띠기 때문이다. 대표적인 예로 물을 들 수 있다(**그림2-7**). 수소와 산소 간의 극성결합은 직선보다는 "V"자 형태로 배열되기 때문

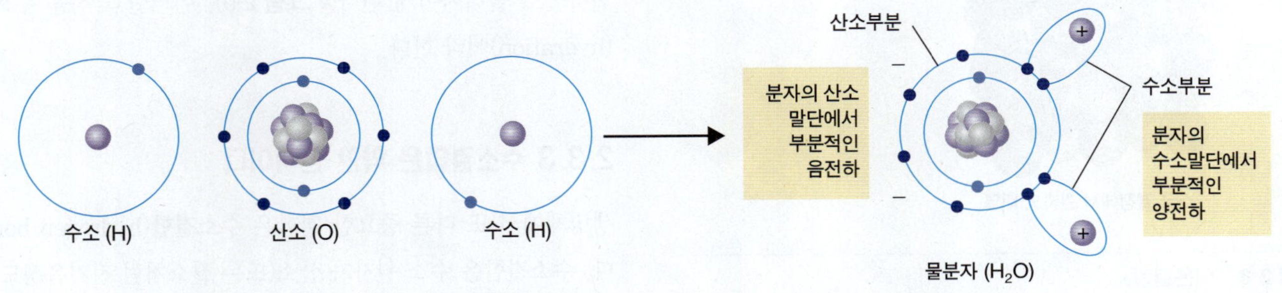


**그림 2-7** 극성분자인 물.

전자는 수소의 핵보다는 산소 원자의 핵에 가까이 머물려는 경향이 있다. 그 결과로 분자의 산소 부위에서 부분적인 음전하와 수소 말단에서 부분적인 양전하가 초래된다. 전체적으로 물 분자는 전기적으로 중성일지라도 물은 극성공유결합 화합물이다.

에 산소는 분자의 음전하 끝을 구성하고, 수소 원자는 양전하 끝을 구성한다.

## 2.3.2 이온결합은 양이온과 음이온 사이에서 형성된다

전기적으로 중성이 아닌 원자 또는 원자단이 있다. 하나 또는 그 이상의 전하를 가지고 있는 입자를 **이온**(ion)이라 한다. 원자가전자를 얻거나 잃으면 이온이 된다. 원자가껍질의 전자수가 1, 2, 또는 3개 인 원자는 전자를 잃어버리는 성향이 커서 전자를 잃은 후 양전하를 띠는 **양이온**(cation)이 되며, 원자가전자수가 5, 6, 7인 원자는 음전하를 띠는 **음이온**(anion)이 된다.

이온의 성질은 전기적으로 중성인 원자들의 성질과는 매우 다르다. 예를 들어, 염소 기체는 독성을 갖지만 염소 이온 ($Cl^-$)는 생명체에서 매우 중요하다(표 2-1 참조). 양이온과 음이온들은 세포 내에서 에너지 전환, 신경자극의 전달, 근육 수축 등과 같은 많은 생명 활동에 관여한다.

**이온결합**(ionic bond)은 양이온의 양전하와 음이온의 음전하 사이의 인력에 기인한 결합이다. **이온 화합물**(ionic compound)은 양이온과 음이온이 서로 붙어 결합된 물질이다. 이온결합이 어떻게 형성되는지를 보여주는 좋은 예는 나트륨과 염소이온 간의 인력이다. 나트륨과 염소가 반응을 할 때, 나트륨의 원자가전자는 염소로 전달된다. 나트륨은 양전하($Na^+$) 1개를 갖는 양이온이 되며, 염소는 음전하($Cl^-$) 1개를 갖는 음이온이 된다. 이들 이온들은 서로 반대 전하를 가지고 전기적 인력으로 서로를 끌어당겨 염화나트륨(NaCl)을 형성한다(**그림 2-8**).

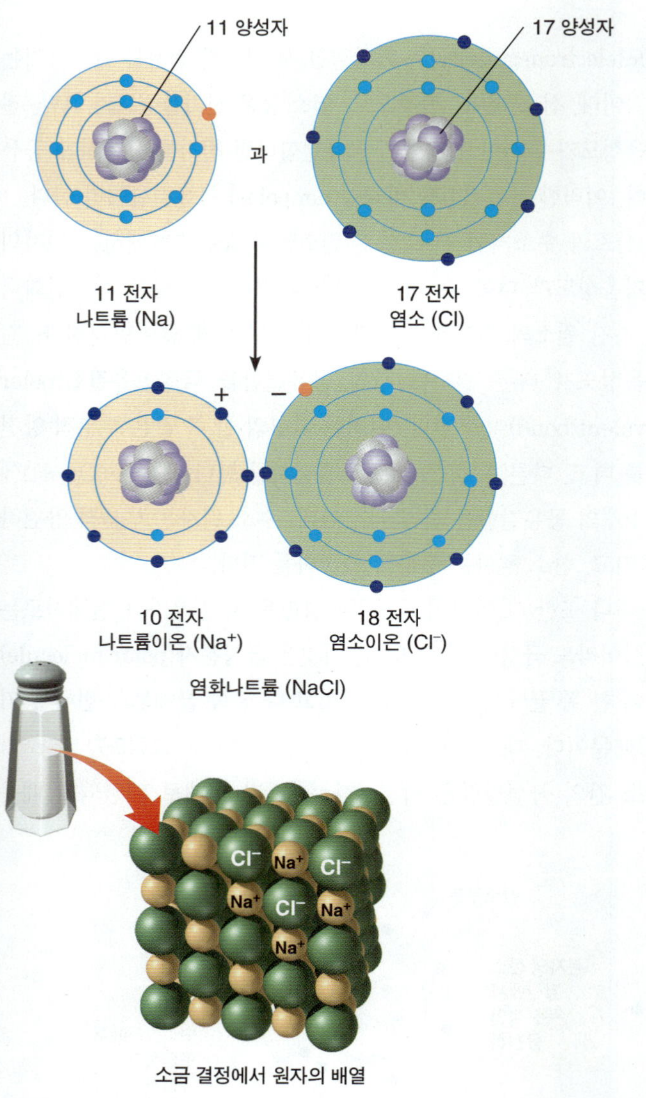


**그림 2-8** 이온결합.
나트륨은 1개의 원자가전자를 7개의 원자가전자를 갖는 염소에 줄 때 양으로 하전된 이온으로 된다. 전자를 부수적으로 갖은 염소는 원자가 껍질을 완성시키며 음으로 하전된 염소이온이 된다. 이들 나트륨과 염소 이온은 상반된 전하에 서로 끌어당기게 되어 이온화합물인 소금(NaCl)이 형성된다.

염화나트륨과 같이 이온결합으로 된 화합물은 물에서, 각자의 이온으로 분리되려는 경향이 있다.

$$\underset{\text{염화나트륨}}{NaCl} \xrightarrow{\text{물에서}} \underset{\text{나트륨이온}}{Na^+} + \underset{\text{염소이온}}{Cl^-}$$

고체 상태의 이온 화합물은(즉 물이 없을 때) 이온결합이 매우 강하다. 물 분자는 극성이기 때문에 많은 물질들(특히 극성이나 이온 물질들)을 용해시키는 능력을 지닌 훌륭한 **용매**(solvent)이다. 물 분자의 부분적 양전하(수소 원자)와 부분적 음전하(산소 원자)는 이온화 고체 표면에 양이온과 음이온을 끌어당겨 둘러싼다. 이 결과로 고체는 용해되며, 용해된 물질을 용질(solute)이라 한다. 용액 상태에서, 이온 화합물의 양이온과 음이온은 물 분자의 반대 전하들로 둘러싸이게 된다(**그림 2-9**). 이러한 과정을 **수화작용**(hydration)이라 한다.

## 2.3.3 수소결합은 약한 인력이다

생명체에서 또 다른 중요한 결합은 **수소결합**(hydrogen bond)이다. 수소결합은 수소 원자가 산소(또는 질소처럼 전기음성도가 큰 원자) 원자처럼 부분적인 음전하를 띠는 원자 사이에 형성된다.(**그림 2-10**). 수소결합은 한 분자 내에서 혹은 분자들 사이에서 형성될 수 있다.

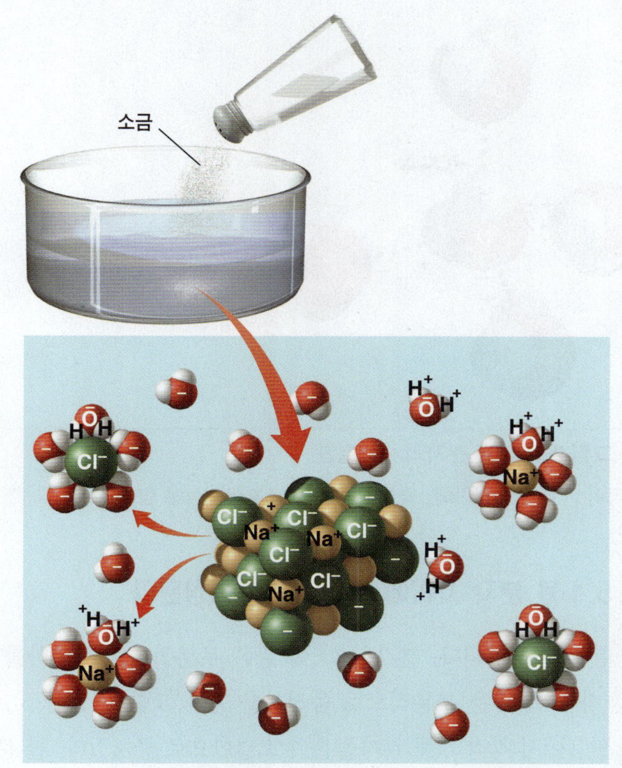


**그림 2-9　이온화합물의 수화.**

소금 결정에 물이 첨가되면 나트륨과 염소 이온이 서로 떨어지게 된다. 소금이 녹을 때 $Na^+$와 $Cl^-$는 각각 전기적으로 끌어당기는 물 분자에 의해 둘러싸이게 된다.

수소결합은 쉽게 만들어지고 깨지는 약한 결합이지만 수소결합수가 많아지면 강하게 된다. 또한 수소결합은 특이한 방향성과 범위를 지니고 있으며, 이러한 특징들은 DNA나 단백질과 같은 거대 분자의 3차원적 구조를 결정하는데 매우 중요하다.

### 2.3.4 반데르발스 상호작용은 약한 힘이다

전자들은 끊임없이 운동하기 때문에 전기적으로 중성인 비극성 분자도 순간적으로 약한 양전하와 음전하를 띠는 부분이 존재한다. 이처럼 순간적으로 음전하 혹은 양전하를 띠는 부분은 이웃한 분자와 상호작용을 한다. 이 때 형성되는 인력을 **반데르발스 상호작용(van der Waals interaction)**이라 하며, 이 힘은 앞서 언급한 어떤 인력보다도 약하며 비특이적이며 매우 가까운 거리에서만 작용한다.

**복습**

- 분자가 양이온 또는 음이온으로 되는 방법은 무엇인가?
- 원자나 분자가 양이온 또는 음이온으로 되는 방법은 무엇인가?
- 이온결합과 공유결합의 차이점은 무엇인가?

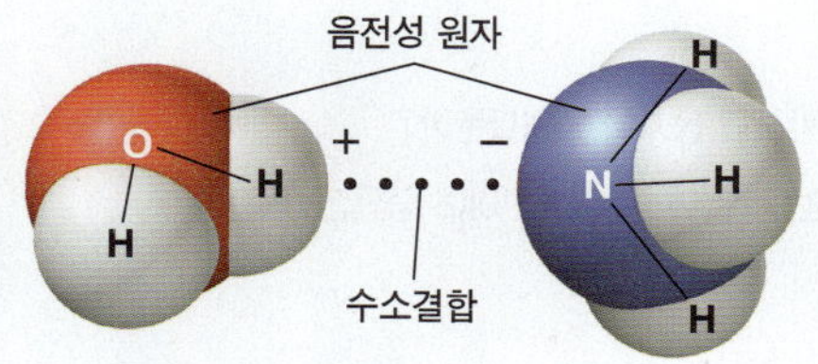


**그림 2-10　수소결합.**

수소결합(점선으로 표시)은 상이한 전하를 부분적으로 갖는 분자들 사이에 형성될 수 있다. 암모니아 분자($NH_3$)의 질소 원자는 수소결합에 의해 물 분자의 수소 원자와 결합된다.

- 수소결합과 반데르발스 상호작용처럼 약한 인력이 어떠한 상태에서 생명체에서 중요한 역할을 하는가?

## 2.4 산화 · 환원반응

**학습목표**

8　산화와 환원을 구분하고 이 반응을 에너지 이동과 연관시킨다.

세포 내에서 일어나는 많은 에너지 전환은 전자가 한 물질에서 다른 물질로 이동하는 반응이다. 그 이유는 전자 전달시 전자의 에너지도 함께 전달되기 때문이다. 이러한 전자의 전달을 **산화 · 환원반응**(oxidation–reduction 또는 redox reaction)이라 한다. 산화와 환원반응은 항상 같이 일어난다. **산화(oxidation)**는 원자, 이온 또는 분자가 전자를 잃는 반응이며, **환원(reduction)**은 원자, 이온 또는 분자가 전자를 얻는 반응이다.

철(Fe)과 산소의 반응 즉 "녹이 스는 것"은 간단한 산화와 환원 반응의 예이다:

$$4\ Fe + 3\ O_2 \longrightarrow 2\ Fe_2O_3$$

산화철 (III)

녹이 스는 것은 철 원자가 3개의 전자를 잃으면서 산화되는 것이다.

$$4\ Fe \longrightarrow 4\ Fe^{3+} + 12e^-$$

$e^-$는 전자를 가리키는 기호이고, $Fe^{3+}$의 오른쪽 윗부분의 '+'는 전자를 잃은 개수를 나타낸다.

산소 원자는 전기음성도가 크기 때문에 다른 원자로부터 전자를 빼앗을 수 있다. 이 반응에서 산소는 철로부터 전자를 획득하여 환원된다.

$$3\ O_2^+\ 12e^- \longrightarrow 6\ O^{2-}$$

**복습**

- 산화와 환원은 왜 동시에 일어나는가?
- 산화 · 환원반응은 왜 에너지 전이에 중요한가?

## 2.5 물

**학습목표**

9 이웃한 두 물 분자 사이의 수소결합이 어떻게 물의 많은 특성을 결정하는지 설명하시오.

생명체의 질량 중 가장 많은 부분을 차지하는 것은 물이다. 사람 몸무게의 70%가 물인데, 인체 조직에 따라 분포된 물의 양이 다르다. 뼈의 20%, 뇌세포의 80%는 물로 구성되어 있다. 물은 광합성 과정을 통해 우리가 호흡하는 산소와 많은 유기화합물을 구성하는 수소를 제공한다. 물은 또한 대부분의 생물학적 반응에 관여하는 용매이며 많은 화학반응에서 반응물 또는 생성물이다.

물은 생물 내부의 구성 성분으로서 중요할 뿐만 아니라 생물에게 영향을 끼치는 주요 환경 인자 중의 하나이다(**그림 2-11**). 물의 독특한 물리적, 화학적 특성 때문에 물은 생명체의 생존 및 진화 뿐 만 아니라 생명의 기원에 필수적인 것으로 고려된다.

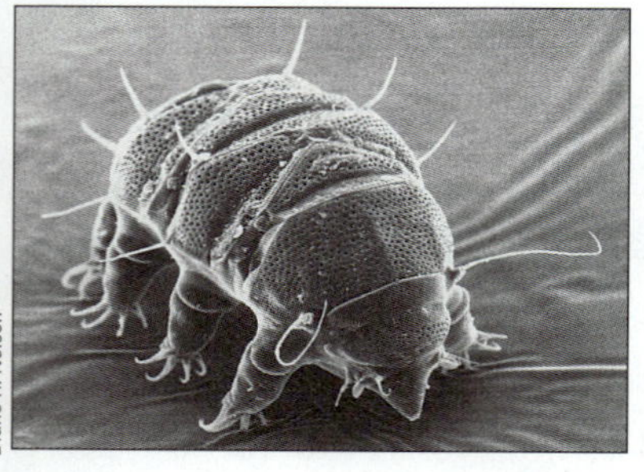


**(a)** *Echiniscus* 속에 속하며 흔히 "물곰"으로 알려진 완보동물(tardigrades)은 크기가 작은 동물(1.2 mm 이하)로 일반적으로 이끼의 얇은 수막과 같은 습한 환경에 서식한다.

**(b)** 건조한 환경에 처해지면 완보동물은 큰 통 모양의 형태를 취하며, 운동성은 없지만 이러한 상태로 100년 이상 살아남는다. 물이 재공급 되면 이들은 정상적인 형태와 활동을 하게 된다.

**그림 2-11 생명체에 대한 물의 영향.**

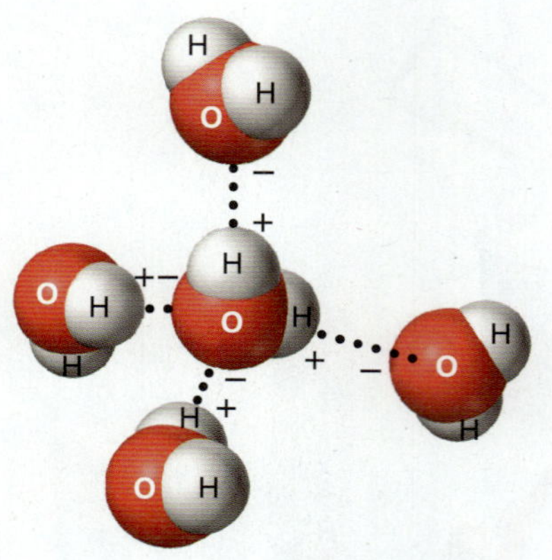


**그림 2-12 물 분자의 수소결합.**

각각의 물 분자는 이웃하는 물 분자 4개와 수소결합(점선)을 형성할 수 있다.

### 2.5.1 물 분자 사이에 수소결합이 형성된다

물 분자는 극성이다. 분자의 한 쪽 끝은 부분적으로 양전하를 띠고, 다른 쪽 끝은 부분적으로 음전하를 띤다(그림 2-7 참조). 물과 얼음에서 각각의 물 분자들은 수소결합으로 뭉쳐있다. 물 분자는 부분적 음전하를 띠는 산소 원자와 부분적 양전하를 띠는 수소 원자의 두 부분으로 나눠진다. 물 분자의 산소 원자는 부분적 음전하를 띠는 부분이 두 군데이므로 각 물 분자는 이웃하는 물 분자 최대 4개와 수소결합을 형성할 수 있다(**그림 2-12**).

물 분자들을 서로 응집하려는 경향이 있다. 즉, 물은 **응집력**(cohesive force)을 지니고 있는데 이것은 물 분자의 수소결합에 기

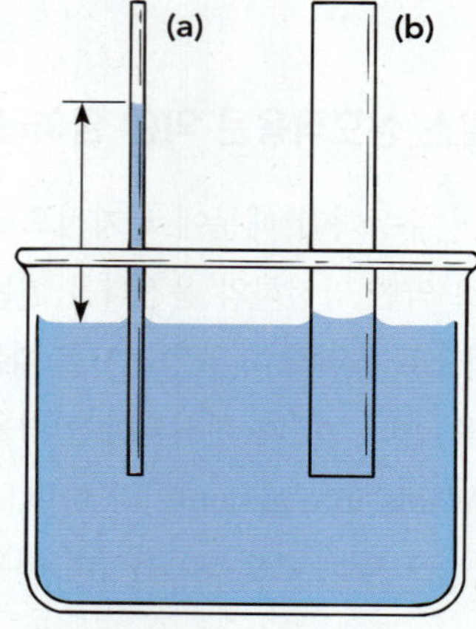


**그림 2-13 모세관 작용.**

**(a)** 좁은 관에서 부착력은 관의 유리벽으로 물 분자를 끌어당긴다. 이때 관속의 다른 물 분자는 물 분자 사이의 수소결합에 의해 기인되는 응집력에 의해 서로 끌어당겨진다. **(b)** 넓은 관에서는 보다 작은 양의 물 분자가 유리벽에 정렬되기 때문에 부착력은 용기의 수평면 아래 응집력을 극복할 만큼 강하지 않아 관의 물은 단지 약간만 상승하게 된다.

Dennis Drenner

**그림 2-14 물의 표면장력.**

물 분자 사이의 수소결합들이 소금쟁이(*Gerris*)를 지탱할 만큼 강한 물의 표면장력을 초래하며, 따라서 소금쟁이가 물위를 걸을 때 표면의 옴폭 들어간 외형을 야기한다. 이 곤충의 다리 끝에 있는 미세한 털들 때문에 소금쟁이는 물 위에서 빠른 추진력을 가진다.

인한다. 물 분자의 "응집력"이라는 본성 때문에 수조의 한쪽 부분에 힘이 가해지면 그 힘은 수조 전체에 퍼지게 된다. 물 분자는 다양한 물질 특히 전하를 띠는 원자나 분자 표면에 붙는 **부착력(adhesive force)**이 있다. 이런 부착력 때문에 물은 물질을 젖게 한다.

물의 응집력과 부착력 때문에, 물은 중력에 저항하여 가는 관에서 위로 이동하는 **모세관 작용(capillary action)**을 나타낸다(**그림 2-13**). 물 분자들 간의 응집력은 공기 중의 분자들보다 훨씬 더 강하기 때문에 물의 **표면장력(surface tension)**은 크다. 따라서 표면에 물 분자들이 모인다(**그림 2-14**).

### 2.5.2 물 분자는 친수성 물질과 수소결합에 의해 상호작용한다

물은 극성이기 때문에 여러 종류의 물질(특히 극성과 이온 화합물)을 용해시킬 수 있는 아주 좋은 용매이다. 물이 용매로 작용하는 성질과 물에 녹아있는 화합물의 원자가 이온으로 변하려는 성향 때문에, 물은 화학반응을 촉진시키는데 중요한 역할을 한다. 물과 쉽게 상호 작용하는 물질을 **친수성**(hydrophilic-"물을 좋아하는")이라 한다. 생명체의 모든 물질은 친수성은 아니다. 생명체에서 발견되는 많은 **소수성**(hydrophobis-"물을 싫어하는") 물질들은 물에 의해 방해받지 않는 구조와 결합을 형성하기 때문에 매우 중요하다. 소수성 상호작용은 비극성 분자들 사이에서 일어난다.

### 2.5.3 물은 온도를 일정하게 유지시킨다

온도 변화에 따른 물의 상태 변화는 수소결합으로 설명된다. 물의 3가지 상태는-가스(증기), 액체 그리고 얼음(결정성 고체)- 수소결합의 정도가 다르기 때문이다 (**그림 2-15**). 물이 한 상태에서 다른 상태로 변할 때 수소결합이 형성되거나 파괴된다.

물질의 온도를 높인다는 것은 분자들이 더 빠르게 운동하도록 열에너지를 가하는 것으로 즉 분자의 **운동에너지(kinetic energy)**를 높이는 것이다(7장 참고). **열(heat)**은 물질의 운동에너지량 전체를, **온도(temperature)**는 입자의 평균 운동에너지량을 의미한다.

액체 상태의 물질 1 g을 기체로 변화시키는데 필요한 열에너지인 **기화열(heat of vaporization)**은 *칼로리*라는 단위로 표현된다. **1 칼로리(calorie 또는 cal)**는 물 1 g을 1℃ 높이는데 필요한 열에너지와 같다. 물 분자는 수소결합을 형성하기 때문에 기화열이 크다. 물을 가열하면, 몇몇 분자들은 다른 분자들 보다 더 빠르게 움직인다(즉, 더 많은 열에너지를 가지고 있음). 더 빠르게 움직이는 이들 분자들은 액체 상태를 벗어나 기체 상태로 되려고 한다(그림 2-15a). 이 경우에 분자들의 열에너지도 함께 이동되므로 물질의 온도를 낮추게 되는데 이러한 작용을 **기화냉각(evaporating cooling)**이라 한다).

물의 **비열(specific heat)**이 높은 이유는 물 분자의 수소결합 때문이다. 물의 비열은 1℃ 당 1 cal/g 이다. 물의 온도를 높이기 위해서는 많은 열이 필요하기 때문에, 바다처럼 많은 양의 물은 온도가 일정하게 유지된다. 따라서 해양생물들은 일정한 온도 환경에서 산다. 이와 같은 물의 특성은 지표면의 온도를 일정하게 유지시키는데 결정적인 역할을 한다.

수소결합 때문에 얼음은 환경에 중요한 영향을 미치는 독특한 성질을 갖는다. 액체 상태의 물은 얼면 팽창하는데, 이것은 결정격자에서 물 분자를 연결시키는 수소결합의 밀도가 물보다 얼음에서 약 10% 낮아지기 때문이다(그림 2-15c).

**복습**

- 물은 왜 수소결합을 형성하는가?
- 수소결합에 의한 물의 특성은 무엇인가? 이들 특성이 물이 어떻게 생명체의 필수요소 역할을 하도록 하였는가?

## 2.6 산, 염기 그리고 염

**학습목표**

**10** 산과 염기를 비교하고 그 특성들을 논의한다.

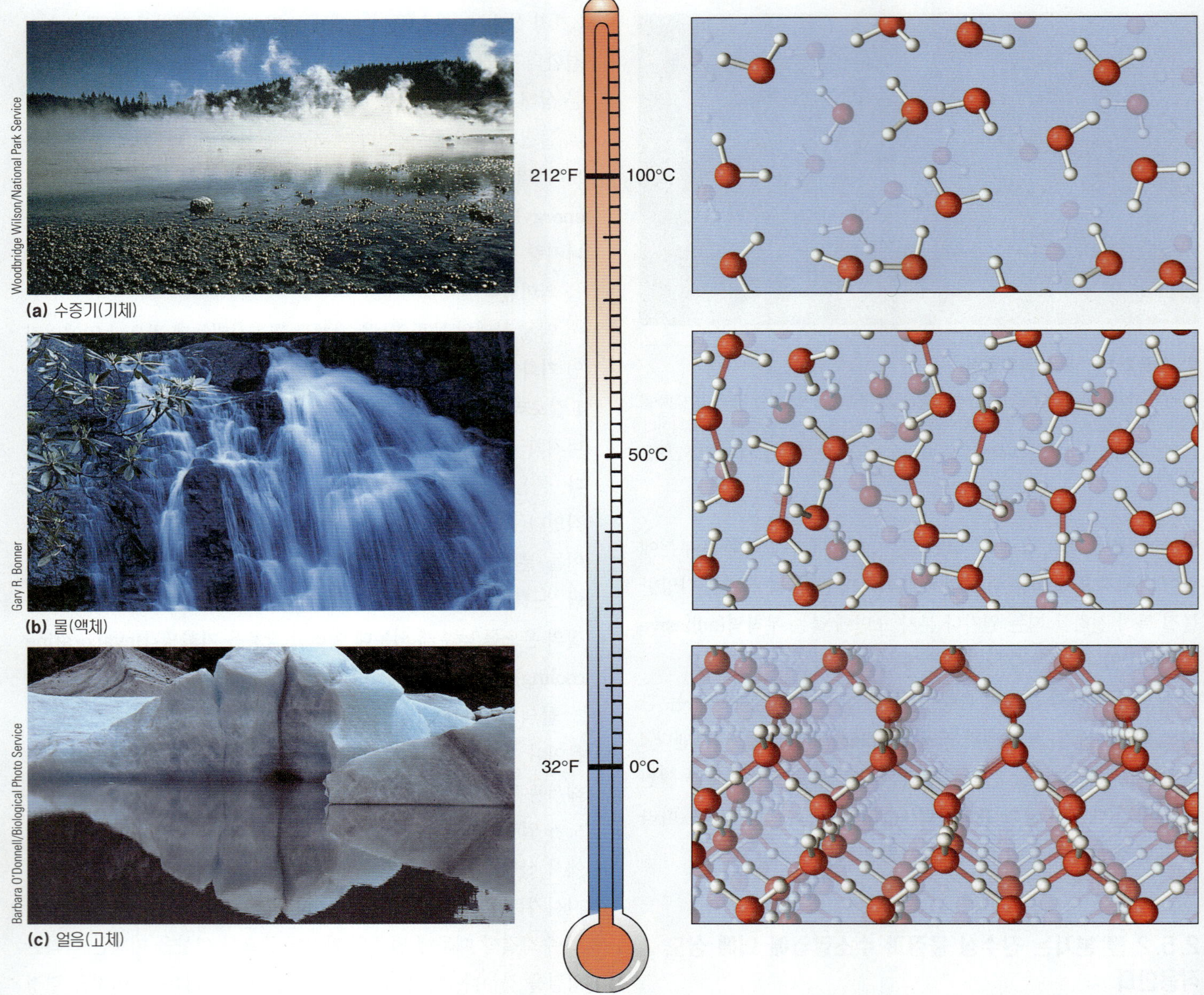


**그림 2-15 물의 3가지 형태.**

**(a)** 미국 옐로스톤 국립공원의 온천수처럼 물은 끓으면 많은 수소결합이 파괴되어 미세한 물방울로 구성된 증기로 된다. 그 후에 남아있는 대부분의 수소결합이 파괴되어지면 물 분자는 수증기로 매우 자유롭게 이동하기 시작한다(기체 상태). **(b)** 액체 상태의 물 분자 사이에는 수소결합이 끊임없이 형성, 파괴, 재형성된다. (c) 얼음 상태의 물 분자는 이웃하는 물 분자 4개와 수소결합을 형성하므로 규칙적이고 균등한 거리를 갖는 결정격자구조가 된다.

**11** 용액의 수소이온의 농도(리터당 몰)를 pH값으로 전환하고 어떻게 완충용액이 pH 변화를 최소화하는지 설명한다.

**12** 염의 구성 성분을 기술하고, 생명체에서 염이 왜 중요한지를 설명한다.

물 분자는 수소이온($H^+$)과 수산화이온($OH^-$)으로 **이온화(ionization)** 되려는 성질을 약간 가지고 있다. 즉, 순수한 물은 소수의 분자들이 이온화된다. 물은 이온화 성향이 작으므로 수소 이온과 수산화이온은 다시 결합하여 물로 되돌아간다.

$$HOH \rightleftharpoons H^+ + OH^-$$

물 분자는 하나의 수소이온과 하나의 수산화이온으로 해리되기 때문에, 순수한 물의 수소이온과 수산화이온의 농도는 정확히 동일하다.(각 이온은 0.0000001 또는 $10^{-7}$ mol/L). 이러한 용액을 중성이라 한다.

**산(acid)**은 용액 내에서 분해되어 수소이온($H^+$)과 음이온을 만드는 물질이다.

$$산 \longrightarrow H^+ + 음이온$$

산은 수소이온 즉 양성자를 공여하는 물질이다.

**염기(base)**은 양성자 수용체이다. 대부분의 염기는 물에 녹으면 수산화이온($OH^-$)과 양이온을 생성한다. 수산화이온은 염기로 작용하여 양성자($H^+$)를 받아들이고 물을 생성할 수 있다. 수산화나트륨(NaOH)은 보편적인 무기염기이다.

$$NaOH \longrightarrow Na^+ + OH^-$$

$$OH^- + H^+ \longrightarrow H_2O$$

일부 염기는 해리되지 않고 직접 수산화이온을 만든다. 예를 들어, 암모니아($NH_3$)는 물의 양성자를 받아들여 암모늄이온($NH_4^+$)을 생성하고 수산화이온을 만드는 염기로 작용한다.

$$NH_3 + H_2O \longrightarrow NH_4^+ + OH^-$$

## 2.6.1 pH는 산성도를 나타내는 척도이다

용액의 산성도를 나타내는 **pH**는 수소이온의 농도(리터 당 몰로 표현)에 음의 Log를 취한 값이다.

$$pH = -\log_{10}[H^+]$$

$[H^+]$는 수소이온의 농도를 나타내는데 1리터 안에 존재하는 수소이온의 수를 나타내기 위해 농도를 mol/L로 표현한다. 수소이온의 농도는 대개 1 mol/L 보다 낮다. 물 1 L에 1g의 수소이온이 용해 될 때(1 M 용액), 이 용액은 극단적으로 산성을 나타낸다. 1 보다 작은 수의 로그 값은 음수이므로 음의 로그 값은 양의 pH 값에 상응한다.

**표 2-2**는 수소이온 농도를 pH 값으로 변환시킨 수치를 나타낸 것이다. 용액의 수소이온 농도를 알면 수산화이온의 농도도 쉽게 계산 할 수 있다. 수소이온 농도와 수산화이온 농도의 곱은 $1 \times 10^{-14}$이다.

$$[H^+][OH^-] = 1 \times 10^{-14}$$

**표 2-2**

**수소이온 농도로부터 pH와 수산화이온 농도의 계산**

| 기질 | $[H^+]$* | log $[H^+]$ | pH | $[OH^-]$† |
|---|---|---|---|---|
| 위액 | 0.01, $10^{-2}$ | −2 | 2 | $10^{-12}$ |
| 순수한 물, 중성용액 | 0.0000001, $10^{-7}$ | −7 | 7 | $10^{-7}$ |
| 가정용 암모니아 | 0.00000000001, $10^{-11}$ | −11 | 11 | $10^{-3}$ |

*$[H^+]$ = 수소이온 농도 (mol/L)

†$[OH^-]$ = 수산화 이온 농도 (mol/L)

**산성 용액(acidic solution)**은 수소이온의 농도가 수산화이온의 농도보다 많으며 7보다 작은 pH 값을 가진다. **염기성 용액(basic solution)**은 수소이온의 농도가 수산화 이온의 농도보다 크며 7보다 큰 pH 값을 갖는다.

**그림 2-16**에 일부 물질들의 pH 값을 나타낸 것이다. 세포 내에는 산성인 구획들이 일부 존재하지만 (제4장 참조), 동물과 식물세포 내부의 대부분은 강한 산성이나 강한 염기성이 아니라 산

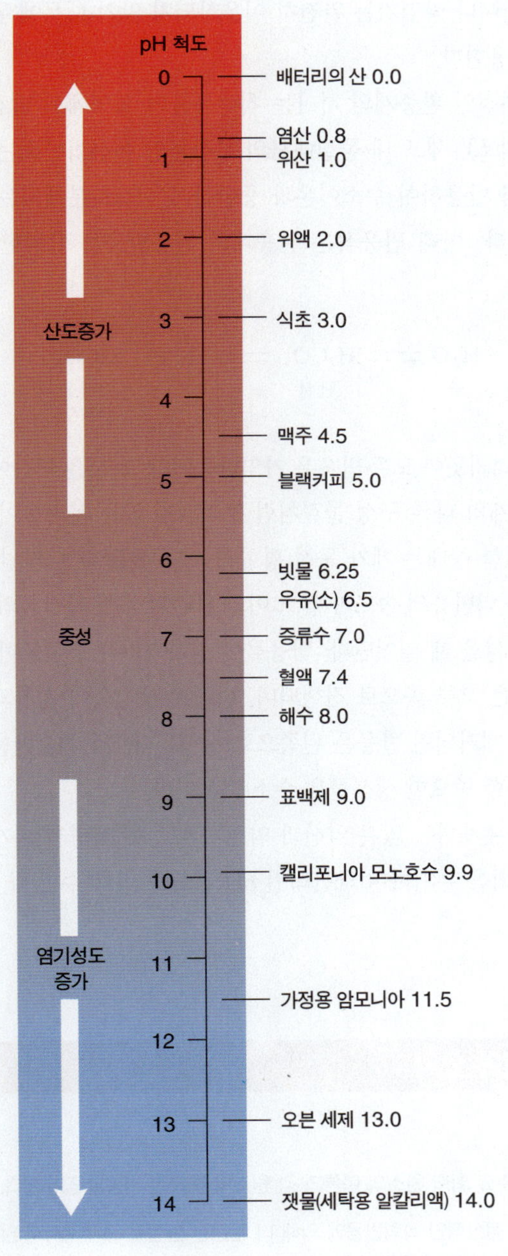


**그림 2-16 용액의 pH 값.**

중성용액(pH 7)은 $H^+$와 $OH^-$의 농도가 같다. $OH^-$ 농도보다 $H^+$ 농도가 더 높은 산성용액의 pH는 7보다 낮다. 염기성 용액의 pH 값은 7보다 높다.

성 물질과 염기성 물질이 혼합한 중성이다. 대부분의 식물과 동물 세포의 pH 값은 7.2 − 7.4 사이에 있다.

### 2.6.2 완충용액은 pH 변화를 최소화한다

pH 값을 일정하게 유지하기 위해 많은 항상성 기작이 작용한다. 생명체는 많은 자연적인 완충용액을 지니고 있다. **완충용액(buffer)**은 산과 염기가 첨가 되었을 때 pH 변화를 방해하는 물질이다. 약산이나 약염기는 완전히 이온화되지 않기 때문에 완충용액으로 작용한다.

가장 보편적인 완충계의 하나는 척추동물의 혈액에서 발견된다(제45장 참조). 세포 내 물질대사의 부산물인 이산화탄소는 혈액 속의 물과 반응하여 수소이온과 중탄산이온으로 분해되는 탄산을 형성한다. 아래 반응식은 완충계의 완충반응을 요약한 것이다.

$$CO_2 + H_2O \rightleftharpoons H_2CO_3 \rightleftharpoons H^+ + HCO_3^-$$

이산화탄소 물 탄산 중탄산이온

이중선이 가리키듯이 모든 반응은 가역반응이다. 탄산은 약산이기 때문에 완충계의 다른 구성 물질처럼 분리되지 않는 분자들이 존재한다. 이러한 형태는 계가 동적 평형에 도달 했을 때 나타난다. 즉, 정반응과 역반응의 속도가 같고 이와 관련된 구성 물질들의 농도가 변하지 않을 때 일어난다. 반응물이 첨가되거나 생성물이 제거되면 반응은 오른 쪽으로 진행되며, 반대로 생성물이 첨가되거나 반응물이 제거되면 반응은 왼쪽으로 진행된다. 위 완충반응에서 고려해야 할 중요한 생성물은 수소 이온이다.

생명체에 존재하는 많은 약산과 약염기 때문에 생명체는 기본적인 완충능력을 유지하며 극단적인 pH 변화를 피할 수 있다.

### 2.6.3 산과 염기는 서로 반응하여 염을 만든다

산과 염기가 물에 혼합 되어 있을 때, 산의 $H^+$와 염기의 $OH^-$가 결합하여 물 분자를 형성한다. 여분의 산(음이온)과 염기(양이온)는 서로 결합하여 염을 형성한다. 예를 들어, 염산은 수산화나트륨과 반응하여 물과 염화나트륨을 형성한다.

$$HCl + NaOH \longrightarrow H_2O + NaCl$$

**염(salt)**은 산의 수소이온이 다른 양이온으로 대체된 화합물이다. 염화나트륨 NaCl은 염산의 수소이온이 양이온인 $Na^+$로 대체된 화합물이다.

염, 산 또는 염기가 물에 용해 될 때 분리된 이온들은 전기 전도성을 띄게 하는데 이러한 물질을 **전해질(electrolyte)**이라 한다. 당, 알코올, 그리고 다른 많은 물질들은 물에 용해 될 때 이온으로 분리 되지 않으며 전기 전도성이 없는 **비전해질(nonelectrolyte)**이다.

동 · 식물의 세포와 세포 외액에는 용해된 다양한 염들이 있다. 이러한 염은 체액과 산-염기 평형에 필수적인 많은 중요한 무기질 이온들의 제공자 역할을 한다. 토양의 질산과 암모늄이온은 식물체의 주요 질소원이다. 동물에서 이온들은 신경 및 근육 기능, 혈액 응고, 뼈 생성, 그리고 다른 많은 생체 기능들을 조절한다

**복습**

- 수소이온의 농도가 0.01 mol/L인 어떤 용액의 pH는 얼마인가? 이 용액의 수산화이온 농도는 얼마인가? 이 용액은 산성, 염기성, 중성인가? pH 1인 용액과는 얼마나 다른가?
- 동적 평형 상태에 있는 가역반응에 반응물이나 생성물을 더하거나 제거할 때 초래되는 결과는 무엇인가?
- 완충용액이 왜 생명체에서 중요한가? 강산이나 강염기는 왜 완충용액으로 작용할 수 없는가?
- 산, 염기 그리고 염을 왜 전해질이라 부르는가?

## 핵심 용어와 요약

**학습목표**

1 생명체의 주요 화학 원소의 이름과 각 원소의 중요한 기능을 공부한다.

- **원소**는 정상적인 화학반응에 의해 더 간단한 물질로 쪼개어지지 않는 물질이다. 생명체 중량의 약 96%는 탄소로 구성되어 있다. 수소와 산소는 물의 구성요소이고 질소는 단백질과 핵산의 구성요소이다.

2 전자, 양성자, 중성자의 위치와 물리적 특성(질량과 전하량)을 비교한다. 원자번호와 원자량을 구별한다.

- 각각의 **원자**는 **양성자**와 **중성자**를 지닌 **핵**으로 구성되어 있다. 음전하의 **전자**는 핵 주위를 회전한다.
- **원자 질량 단위**(amu)는 양성자나 중성자의 질량과 거의 동일하다. 전자는 양성자나 중성자 질량의 약 1/1800에 불과하다.

3 전자 궤도와 전자껍질을 정의하고 전자껍질과 주 에너지 준위와의 관계를 파악한다.

■ 핵 밖의 공간에서 전자는 전자 **궤도**를 빠르게 움직이다. **전자껍질**은 같은 ***주에너지준위***에 있는 궤도의 전자로 구성된다. 핵에서 떨어져 있는 궤도에 있는 전자는 핵 가까이에 있는 전자보다 더 큰 에너지를 갖는다.

**4** 원자의 원자가전자수와 화학적 성질과의 관계를 설명한다.

■ 원자의 화학적 성질은 **원자가전자**의 수와 배열에 의해 결정된다. 대부분 원자의 원자가껍질은 8개의 전자로, 수소와 헬륨의 원자가껍질은 2개의 전자로 채워진다. 원자는 원자가껍질을 채우기 위하여 전자를 잃거나 얻거나 공유한다.

**5** 분자의 실험식, 분자식, 구조식을 구별한다.

■ **실험식**은 화합물에 속하는 원자들의 가장 간단한 정수 비율을 나타낸다. **분자식**은 분자 내에서 각 원자의 실제 수를 나타내며, **구조식**은 원자들의 배열을 보여준다.

**6** 몰 개념이 화학자에게 왜 유용한지를 설명한다.

■ 어떤 물질의 **1 몰**(mole, 그램 원자량 또는 분자량)은 $6.02 \times 10^{23}$의 원자, 분자 또는 이온을 갖는다. 이 수를 **아보가드로수**라 한다.

**7** 공유결합, 수소결합, 그리고 이온결합을 구분하고 각각의 형성 과정과 이들의 결합력을 비교한다.

■ **공유결합**은 강하고 안정한 결합으로 원자가전자가 전자를 공유하면서 형성된다. 원자가 다른 원자와 공유결합을 할 경우 원자가껍질에서 궤도는 궤도혼성이라는 과정에 의해 재배치된다. 두 원자가전자를 균등하게 공유하는 공유결합은 **비극성**이며, 한 원자가 다른 원자보다 **전기음성도**가 더 크면 공유결합은 **극성**을 나타낸다.

■ **이온결합**은 **양이온**과 **음이온** 사이에 형성된다.

■ **수소결합**은 비교적 약한 결합으로 부분적으로 양전하를 갖는 수소가 한 분자 또는 다른 분자의 부분적인 음전하를 갖는 원자 사이에 형성된다.

**8** 산화와 환원을 구분하고 이 반응을 에너지 이동과 연관시킨다.

■ **산화**와 **환원** 반응(**산화환원반응**)은 전자의 이동을 수반하는 반응으로 산화와 환원이 짝을 이루어 동시에 일어나는 반응이다.

■ **반데르발스 상호작용**은 순간적 전하들에 의한 약한 힘이다.

**9** 이웃한 두 물 분자 사이의 수소결합이 어떻게 물의 많은 특성을 결정하는지 설명하시오

■ 물의 한쪽 끝은 부분적인 양전하를 띠고 다른 쪽은 부분적인 음전하를 띠기 때문에 물은 **극성분자**이다.

■ 물 분자는 이웃한 다른 물 분자와 수소결합을 형성하기 때문에 **응집력**을 가지며 또한 이온 또는 극성 부분을 갖는 물질과의 수소결합을 통해 **부착력**을 갖는다.

■ 물의 기화열은 높은데 증기상태로 전환되는 물 분자는 다량의 열을 이동시킨다.

**10** 산과 염기를 비교하고 그 특성들을 논의한다.

■ **산**은 양성자 공여체이고 **염기**는 양성자 수용체이다. 산은 해리되어 $H^+$을 생성한다. 염기는 용액에서 해리되어 수산화이온($OH^-$)을 생성하는데 이때 양성자를 받아들인다.

**11** 용액의 수소 이온의 농도(리터당 몰)를 pH값으로 전환하고 어떻게 완충용액이 pH 변화를 최소화 하는지 설명한다.

■ **pH 척도**는 용액의 수소 이온 농도를 로그 값으로 변환시킨 후 음의 부호를 붙인 것이다.

■ 완충계는 약산과 약염기에 바탕을 두고 있으며, **완충용액**은 산과 염기가 부가되었을 때 용액의 pH가 급격히 변화하는 것을 저지한다.

**12** 염의 구성 성분을 기술하고, 생명체에서 염이 왜 중요한지를 설명한다.

■ **염**은 산의 수소 원자가 다른 양이온으로 치환되어 생성되는 화합물이다. 염은 생명활동에 본질적인 많은 무기질 이온을 제공한다.

## 연습문제

1. 결합의 성질이 올바르게 설명된 것은?
   (a) 이온결합 – 관여하는 이온이 수화되었을 때만 강하다.
   (b) 수소결합 – 단일 물 분자를 만드는 산소와 수소를 결합하는데 관여한다.
   (c) 극성 공유결합 – 같은 원소를 갖는 두 원자 간에 일어날 수 있다.
   (d) 공유결합 – 단일, 이중 또는 삼중결합을 형성할 수 있다.
   (e) 수소결합 – 공유결합보다 강하다.

2. 수소와 삼중수소에 대한 설명으로 올바른 것은?
   (a) 원자번호가 다르기 때문에 화학적 특성이 다르다.
   (b) 원자가전자수가 같기 때문에 화학적 특성이 같다.
   (c) 양성자와 전자 수가 다르기 때문에 화학적 특성이 다르다.
   (d) 원자량이 같기 때문에 화학적 특성이 같다.
   (e) 양성자, 전자, 중성자 수가 같기 때문에 화학적 특성이 같다.

3. 중성자에 대한 설명으로 올바른 것은?
   (a) 양전하를 띄며 궤도에 위치한다.
   (b) 질량이 매우 적고 핵에 위치한다.
   (c) 양전하를 띄고 핵에 위치한다
   (d) 전하를 띄지 않고 핵에 위치한다.
   (e) 전하를 띄지 않고 궤도에 위치한다.

4. 원자의 원자가 전자껍질을 구성하는 궤도에 대한 설명으로 올바른 것은?
   (a) 동심구로 배열되어 있다.
   (b) 원자의 전자들 중에서 에너지가 가장 낮은 전자를 포함한다.
   (c) 공유결합 시 형태가 변할지도 모른다.
   (d) 전자 1개 이외에는 더 이상 전자를 갖지 않는다.
   (e) 위에 기술된 내용들 중 맞는 내용이 2개 이상이다.

5. 원자 A와 원자 B가 서로 동위원소인지를 판단 할 수 있는 근거로 올바른 것은?
   (a) 각각은 6개의 양성자를 가진다.
   (b) 각각은 4개의 중성자를 갖는다.
   (c) 전자와 양성자의 합이 각각 14이다.
   (d) 각각은 4개의 원자가전자를 갖는다.
   (e) 각각은 14의 질량수를 갖는다.

6. 다음 중 완충용액으로 작용할 수 없는 것은?
   (a) 약산의 인산 (b) 강염기의 수산화나트륨
   (c) 완전히 해리되는 염인 염화나트륨
   (d) a와 c (e) b와 c

7. 다음 중 맞는 표현은?
   (a) 원자, 이온, 분자들의 1 mole에 포함되어 있는 입자(원자, 이온, 또는 분자)의 수는 물질에 따라 변화한다.
   (b) 아보가드로수는 물질 1 mole에 포함되어 있는 입자의 수이다.
   (c) 아보가드로수는 $10^{23}$개의 입자를 갖는다.
   (d) 1 mole $^{12}C$의 질량은 12g 이다.
   (e) b와 d 모두 사실이다.

8. 물의 부착력이 형성된 원인에 대한 설명으로 올바른 것은?
   (a) 이웃하는 물 분자 사이의 수소결합 때문에
   (b) 물 분자와 친수성 물질 사이의 수소결합 때문에
   (c) 물의 비열이 높기 때문에
   (d) 공유결합이 각각의 물 분자를 함께 붙들고 있기 때문에
   (e) 물이 지닌 다량의 운동에너지 때문에

9. 산화환원반응에 대한 설명으로 올바른 것은?
   (a) 에너지는 산화제에서 환원제로 전달된다.
   (b) 환원제는 전자를 받으면 산화된다.
   (c) 산화제는 양성자를 받는다.
   (d) 환원제는 양성자를 제공한다.
   (e) 원자에서 전자는 원자가껍질에서 핵에 가까운 전자껍질로 이동한다.

10. pH 7의 용액이 중성인 이유를 올바르게 설명한 것은?
   (a) 수소이온의 농도가 0 mol/L이기 때문에
   (b) 수산화이온의 농도가 0 mol/L이기 때문에
   (c) 수소이온과 수산화 이온의 농도가 0 mol/L이기 때문에
   (d) 수소이온의 농도가 수산화이온의 농도와 같기 때문에
   (e) 비극성이기 때문에

## 심화 학습문제

1. 수용액에서 진행되는 다음 반응과 같은 것이 있다.

$$HCl \longrightarrow H^+ + Cl^-$$

   반응물과 생성물을 말하시오. 위 반응식은 가역반응임을 나타내는가? HCl을 완충제로 이용할 수 있는가?

2. 원소 A는 원자가껍질(최대 8개의 전자를 가짐)에 전자 2개를 가지고 있다. 원소 A는 전자를 공유, 공여 또는 받아들이겠는가? 원자가전자가 4개인 원소 B 그리고 원자가전자가 7개인 원소 C들의 전자에 대한 성향은?

3

# 생명체의 화학: 유기화합물

Momatiuk Eastcott/The Image Works

누나가 나뭇잎을 이용하여 남동생에게 물을 먹이고 있는 모습.

## 핵심 개념

탄소 원자는 동종의 원자와 혹은 다른 원자와 결합하여 다양한 구조를 지닌 거대 분자를 형성한다.

탄화수소는 비극성이며 소수성이지만, 작용기(예를 들어, 수산기, 카르보닐기, 인산기, 아미노기 등)가 첨가되면 성질이 변할 수 있다.

탄수화물은 단당류 분자들로 구성된다. 단당류가 서로 결합하여 이당류, 저장다당류, 구조다당류들로 된다.

지질은 에너지를 저장(트리아실글리세롤)하며, 세포막 구조의 주성분이다.

단백질은 펩티드 결합으로 연결된 아미노산들로 구성되었으며 여러 단계의 구조를 지닌다.

핵산(DNA, RNA)은 정보를 가지고 있는 분자로서 뉴클레오티드들이 연결된 기다란 사슬이다. ATP를 비롯한 뉴클레오티드들은 에너지 대사에서 핵심적인 역할을 한다.

자연계에는 무기형태와 유기형태의 탄소가 널리 분포한다. **유기화합물(organic compound)**은 탄소 원자들이 서로 공유결합 하여 분자의 골격을 구성하고 있다. 탄소가 다른 탄소나 수소와 결합되지 않은 탄소 화합물들은 무기화합물로 분류된다. 예를 들면, 생명체가 에너지를 얻기 위해 유기화합물을 분해하면서 노폐물로 생성하는 이산화탄소는 무기탄소화합물이다. 유기화합물이라는 명칭은 한때 살아있는 생명체에 의해서만 만들어지는 것으로 생각했기 때문에 붙여진 이름이다.

유기화합물은 엄청나게 다양하며, 실제로 500만개 이상의 유기화합물이 알려져 있다. 유기화합물이 이렇게 다양한 데는 여러 가지 이유가 있다. 유기화합물들은 다양한 3차원 모양으로 만들어질 수 있다. 더욱이, 탄소 원자는 다른 어떤 원자들보다도 다양한 원소들과 결합할 수 있다. 산소, 질소, 인, 황 등의 원자가 함유된 화학 작용기가 탄소 원자에 결합되면 유기화합물의 특성이 크게 변할 수 있다. 생명체에서 발견되는 수많은 유기화합물들은 생명체를 구성하는 세포들이 단순한 분자 단위체로부터 만들어진 거대분자(*macromolecule*)들이다.

탄수화물, 지질, 단백질 그리고 핵산(DNA와 RNA)을 비롯한 생명체에서 발견되는 중요한 유기화합물들을 이 장에서 공부한다. 이러한 화합물들이 왜 생명체에서 중요한가? 가장 명확한 대답은 이러한 유기화합물들이 세포와 조직의 구조를 이루고 있기 때문이다. 이외에도 이 화합물들은 물질대사 반응에 참여하고 조절하며, 정보를 전달하고, 생명활동에 필요한 에너지를 공급한다. ■

## 3.1 탄소 원자와 분자

### 학습목표

1 유기화합물의 주성분인 탄소의 특성을 설명한다.

2 *이성질체*라는 용어를 정의하고, 3가지 중요한 이성질체 종류를 구분한다.

3 유기화합물에 존재하는 주된 작용기를 구별하고, 그 특성을 설명한다.

4 중합체와 거대분자 사이의 상관관계를 설명한다.

탄소는 생명체에 필수적인 크고 복잡한 분자들의 골격을 형성할 수 있는 독특한 성질을 가지고 있다(**그림 3-1**). 탄소–탄소 결합은 강하고 쉽게 끊어지지 않기 때문에, 탄소는 거대분자의 골격이 되는데 특히 적합하다. 탄소–탄소 사이의 결합은 한 쌍의 전자를 공유하는 단일결합만 있는 것이 아니라, 두 쌍의 전자를 공유하는 이중결합도 있다.

$$>\mathrm{C{=}C}<$$

어떤 화합물에서는 탄소–탄소 사이에 삼중결합이 형성된다.

$$-\mathrm{C{\equiv}C}-$$

그림 3–1에 나타낸 것처럼, 탄소와 수소만으로 이루어진 유기화합물인 **탄화수소(hydrocarbon)**는 사슬구조, 가지 달린 사슬구조 또는 고리형태로 존재한다. 어 떤 화합물은 고리와 사슬구조가 혼합된 형태로 존재한다.

분자의 형태는 이 분자의 생물학적 특성과 기능을 결정하는데 중요하다. 탄소 원자는 탄소 원자뿐만 아니라 다른 원자와도 결합하여 매우 다양한 3차원 분자 모형을 만들 수 있다. 이렇게 되는 이유는 탄소가 갖는 4개의 공유결합이 단일 평면에서 형성되지 않기 때문이다. 2장에서 설명한 것처럼, 원자가전자의 궤도는 탄소 원자를 중심으로 한 사면체의 각 꼭지점 방향에 위치한다(**그림 3-2**).

일반적으로 탄소–탄소 단일결합은 자유롭게 회전할 수 있다. 이런 특성 때문에 유기화합물은 유연성이 있으며 단일결합의 회전 정도에 따라 다양한 형태를 갖는다. 이중 또는 삼중결합은 회전할 수 없기 때문에 분자에 이런 결합이 있는 부위는 유연성이 없다.

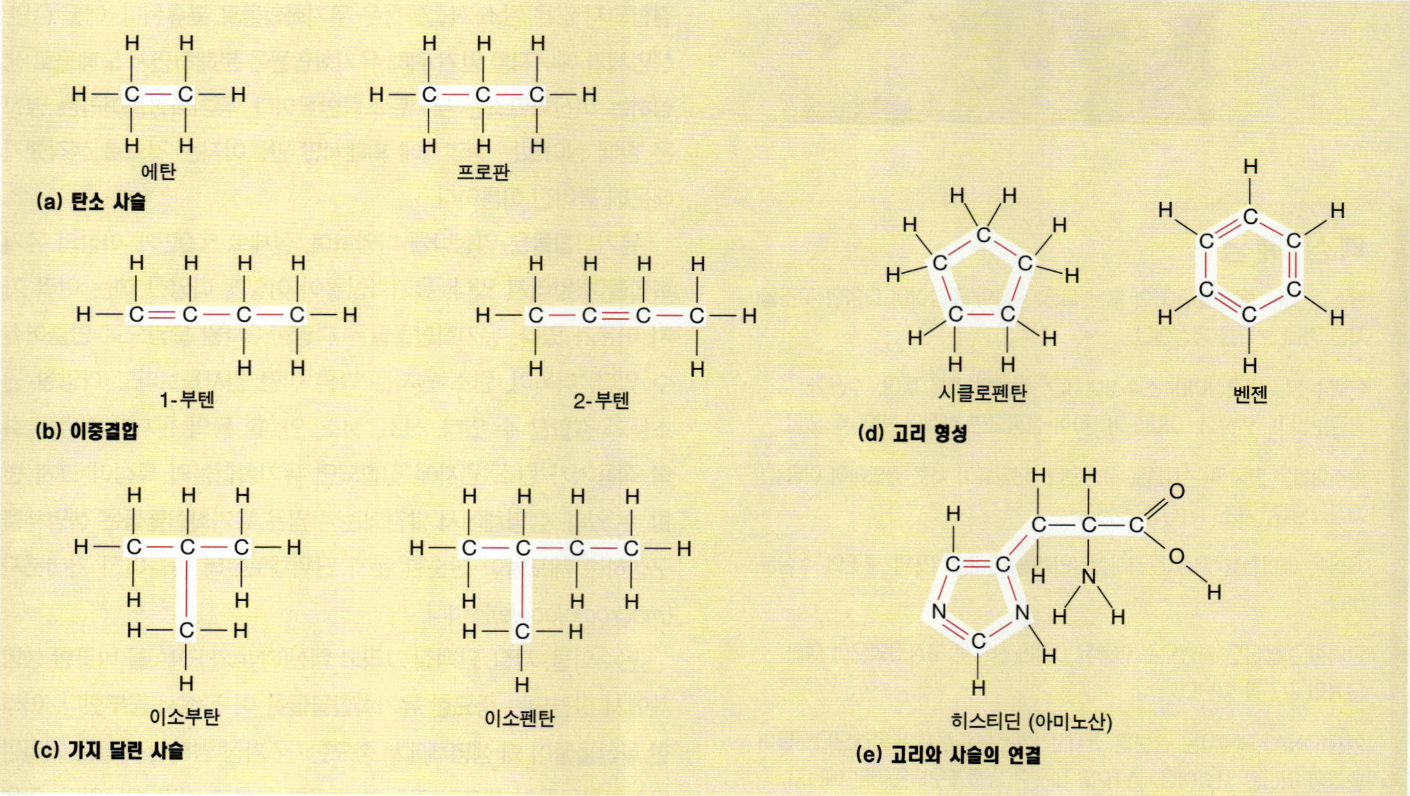

에탄 프로판

**(a) 탄소 사슬**

1-부텐 2-부텐

**(b) 이중결합**

이소부탄 이소펜탄

**(c) 가지 달린 사슬**

시클로펜탄 벤젠

**(d) 고리 형성**

히스티딘 (아미노산)

**(e) 고리와 사슬의 연결**

**그림 3-1 유기분자들.**

각 탄소 원자가 공유결합 4개를 형성하여 다양한 형태를 만들어낸다.

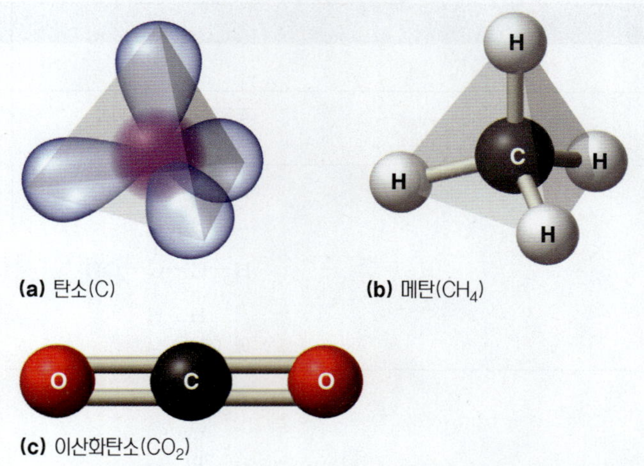


**(a)** 탄소(C)　**(b)** 메탄($CH_4$)

**(c)** 이산화탄소($CO_2$)

**그림 3-2　탄소결합.**

**(a)** 탄소 원자 결합의 3차원 공간 배치 때문에 메탄 **(b)**은 사면체 구조이다. **(c)** 이산화탄소에서, 산소 원자는 중심 탄소와 극성 이중결합을 한다.

에탄올 ($C_2H_6O$)　디메틸에테르 ($C_2H_6O$)

**(a) 구조이성질체.** 구조이성질체는 원자들의 공유결합 배열이 다르다.

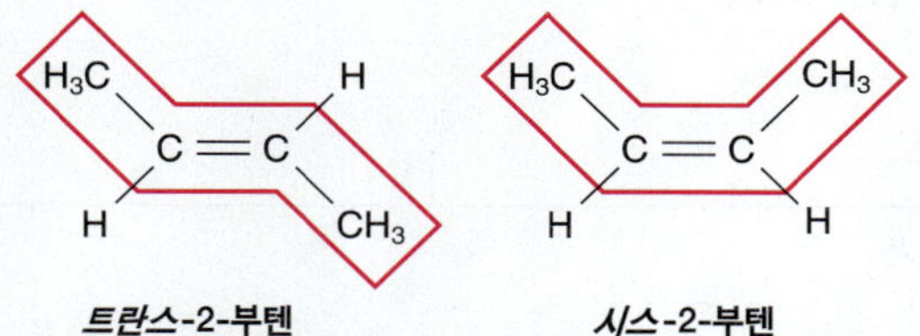


*트란스*-2-부텐　*시스*-2-부텐

**(b) 기하이성질체.** 기하 또는 시스-트랜스(*cis-trans*)이성질체는 동일한 공유결합을 가지지만, 공간상에 배열된 원자단의 배치 상태가 다르다.

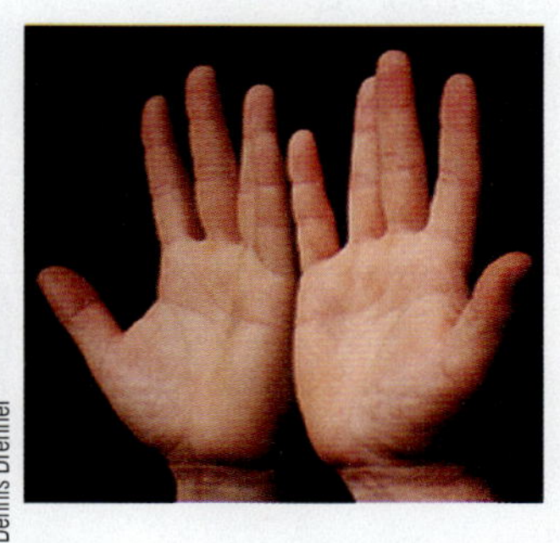


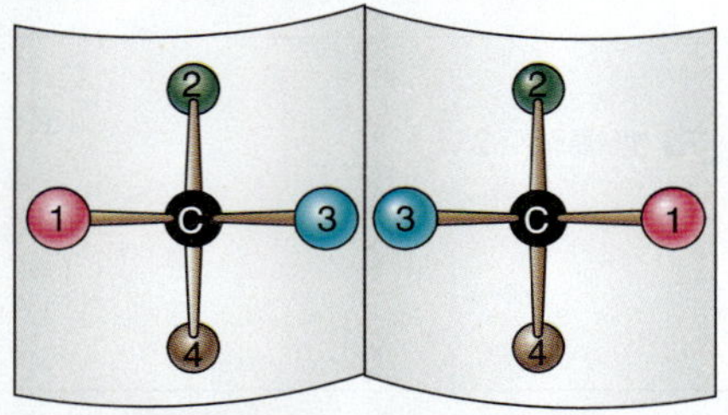


**(c) 거울상이성질체.** 거울상이성질체는 서로가 거울에 비친 상이다. 중심 탄소는 4개의 서로 다른 원자단과 결합되어 있기 때문에 비대칭을 이룬다. 거울상이성질체의 3차원적 구조 때문에 거울상들은 회전 방법에 상관없이 서로 포개어질 수 없다.

**그림 3-3　이성질체.**

이성질체는 분자식은 같지만 원자들의 배치는 다르다.

### 3.1.1 이성질체는 분자식은 같지만 구조가 다르다

탄소를 함유한 화합물이 매우 많을 수 있는 이유는 같은 구성 성분이라도 1가지 이상의 형태로 결합하여 매우 다양한 모양의 분자구조를 만들기 때문이다. 분자식은 같지만, 구조가 달라서 특성이 다른 화합물들을 **이성질체**(isomer)라고 한다. 이성질체들은 물리 · 화학적 특성이 다를 뿐만 아니라 화학명도 다르다. 세포는 이성질체를 구별한다. 일반적으로, 이성질체 중 하나는 생물학적으로 활성이 있고 나머지는 활성이 없다. 이성질체에는 구조이성질체, 기하이성질체, 거울상이성질체 등의 3가지 종류가 있다.

**구조이성질체**(structural isomer)는 분자를 구성하고 있는 원자들의 공유결합 배치가 서로 다른 화합물이다. 예를 들면, **그림 3-3a**는 분자식 $C_2H_6O$의 2개의 구조이성질체를 나타낸다.

**기하이성질체**(geometric isomer)는 공유결합의 배치는 같지만, 원자들이나 원자단의 공간적 배치가 서로 다른 화합물들이다. 기하이성질체는 탄소-탄소 이중결합이 있는 화합물에서 발견된다. 이중결합은 단일결합처럼 유연하지 않기 때문에, 이중결합 탄소에 결합한 원자들은 결합 축을 중심으로 자유롭게 회전할 수 없다. 이러한 *시스*(*cis*)-*트랜스*(*trans*) 이성질체들은 **그림 3-3b**에 나타낸 것처럼 표현될 수 있다. 이중결합을 중심으로 2개의 큰 구성요소가 같은 쪽에 있으면 *cis*(라틴어, "같은 쪽에") 서로 반대쪽에 있으면 *trans*(라틴어, "가로질러") 이성질체라 한다.

**거울상이성질체**(enantiomer)는 서로가 거울상인 분자들이다(**그림 3-3c**). 탄소 하나에 결합된 4개의 원자단들이 모두 다르면, 중심에 있는 탄소는 비대칭이다. 그림 3-3c는 4개의 원자단이 비대칭 탄소를 중심으로 배치되어 거울상이 형성됨을 나타낸 것이다. 형성된 두 분자는 공간 내에서 어떤 방식으로 회전시켜도 서로 겹쳐지지 않는다. 이런 관계의 두 분자를 거울상이성질체이라 한다. 거울상이성질체들의 화학적 · 물리적 특성은 매우 유사하지만, 세포는 이들의 입체구조 차이를 구분한다. 일반적으로 생명체 내에서는 단 1가지 형태만 존재한다.

**표 3-1**

**생물학적으로 중요한 몇 가지 작용기**

| 작용기 및 특성 | 구조식 | | 작용기의 특성에 따라 분류한 화합물 |
|---|---|---|---|
| **히드록실기**<br>전기음성인 산소가 공유전자들을 끌어당기기 때문에 극성 | R—OH | | 알코올<br>$H-C(H)(H)-C(H)(H)-OH$<br>예, 에탄올 |
| **카르보닐기**<br>알데히드:<br>카르보닐기의 탄소는 적어도 수소 원자 1개와 결합되어 있다;<br>전기음성도가 큰 산소가 공유전자들을 끌어당기기 때문에 극성 | $R-C(=O)-H$ | | 알데히드<br>$H-C(=O)-H$<br>포름알데히드 |
| 케톤:<br>카르보닐기의 탄소는 2개의 다른 탄소에 결합되어 있다;<br>전기음성도가 큰 산소가 공유전자들을 끌어당기기 때문에 극성 | $R-C(=O)-R$ | | 케톤<br>$H-C(H)(H)-C(=O)-C(H)(H)-H$<br>예, 아세톤 |
| **카르복실기**<br>약산성: 수소이온($H^+$)을 내어 놓을 수 있다 | $R-C(=O)-OH$<br>이온화되지 않은 | $R-C(=O)-O^- + H^+$<br>이온화된 | 카르복실산<br>(유기산)<br>$R-C(=O)-OH$<br>예, 아미노산 |
| **아미노기**<br>약염기성: 수소이온($H^+$)을 받아들일 수 있다 | $R-N(H)-H$<br>이온화되지 않은 | $R-N^+(H)(H)-H$<br>이온화된 | 아민<br>$R-C(NH_2)(H)-C(=O)-OH$<br>예, 아미노산 |
| **인산기**<br>약산성: 1개 또는 2개의 수소이온을 내어 놓을 수 있다 | $R-O-P(=O)(OH)-OH$<br>이온화되지 않은 | $R-O-P(=O)(O^-)-O^-$<br>이온화된 | 유기인산<br>$HO-P(=O)(OH)-O-R$<br>예, 인산 에스테르<br>(ATP에서 발견되는 것과 같은) |
| **황화수소기**<br>단백질의 내부 구조를 안정화시킨다 | R—SH | | 티올<br>$H-C(H)(SH)-C(H)(NH_2)-C(=O)-OH$<br>예, 시스테인 |

## 3.1.2 작용기는 유기화합물의 특성을 변화 시킨다

수소와 탄소 사이의 공유결합은 비극성이기 때문에, 탄화수소는 뚜렷하게 전하를 띠는 부분이 없다. 이러한 이유 때문에 탄화수소는 물에 녹지 않고, **소수성(hydrophobic)** 상호작용을 통해 서로 뭉치는 경향이 있다. 탄화수소는 물 분자들이 서로 수소결합을 이루어 응집하는 것보다는 훨씬 약하게 물과 상호작용 한다. 탄화수소들끼리는 약하게 상호작용 하지만, 소수성 상호작용을 하는 주된 이유는 수소결합을 이룬 물 분자들에 의해 배척되어 서로 뭉쳐지기 때문이다. 그러나 유기화합물의 특성은 수소들 중 일부가 **작용기(functional group)**로 교체되면 극적으로 변한다. 작용기는 화합물의 화학결합과 반응 유형을 결정하는 원자들의 집단이다. 대부분의 작용기들은 다른 분자들과 이온결합이나 수소결합을 쉽게 형성한다. 극성과 이온성 작용기들은 극성인 물 분자와 강하게 결합하기 때문에 **친수성(hydrophilc)**이다.

생물학적으로 중요한 유기화합물들 중 주류에 속하는 탄수화물, 지질, 단백질, 그리고 핵산의 특성은 그들이 지닌 작용기의 종류와 위치에 의해 결정된다. **표 3-1**은 작용기의 성질과 구조식을 나타낸 것이다.

**히드록실기**(hydroxyl group, $R$–OH)는 전기음성도가 강한 산소 원자 때문에 극성이다. 만약 탄화수소의 수소 1개가 히드록실기로 교체되면, 생성된 분자의 성질은 처음 분자와 판이하게 다르다. 예를 들면, 에탄(그림 3–1a 참고)은 실온에서 기체인 탄화수소이다. 만약 수소 원자 하나가 히드록실기로 교체되면, 그 분자는 에틸알코올(또는 에탄올)이 된다(그림 3–3a). 에틸알코올은 실온에서 액체이다. 에탄과 달리 에틸알코올은 극성인 히드록실기가 극성인 물 분자와 상호작용하기 때문에 물에 녹는다.

**카르보닐기**(carbonyl group)는 산소 원자와 이중공유결합한 탄소 원자로 구성되어 있다. 이 이중결합은 산소의 전기음성도 때문에 극성이므로 카르보닐기는 친수성이다. **알데히드(aldehyde)**는 탄소 골격 끝에 카르보닐기($R$–CHO로 표시)를, **케톤(ketone)**은 분자 안쪽에 카르보닐기($R$–CO–$R$로 표시)를 가지고 있다.

**카르복실기**(carboxyl group, $R$–COOH)는 탄소에 이중공유결합한 산소와 단일공유결합한 산소가 각각 1개씩 붙어있는 구조이다. 이온화되지 않은 카르복실기에서 단일공유결합한 산소는 수소와 결합되어있다. 전기음성도가 큰 산소 원자 2개가 가까이 위치하기 때문에 카르복실기는 매우 극성이다. 이 결과 산소에 결합된 수소 원자는 전자를 산소에 내놓고 수소이온($H^+$)으로 해리되며 카르복실기는 1개의 음전하($R$–$COO^-$)를 갖는 구조로 변한다.

$$R\text{—}C(=O)\text{—}O\text{—}H \longrightarrow R\text{—}C(=O)\text{—}O^- + H^+$$

카르복실기는 약산성이며 분자들 중 극히 일부만 위 방식으로 이온화되므로, 카르복실기는 이온 또는 극성 중 1가지 형태로 존재하는 친수성이다.

**아미노기**(amino group, $R$–$NH_2$)는 질소 원자에 수소 원자 2개가 공유결합 한 구조이다. 아미노기는 수소이온(양성자)을 받아들일 수 있기 때문에 약염기성이다. 그 결과 이온화된 아미노기는 1개의 양전하를 띤다. 아미노기는 아미노산과 핵산의 구성 성분이다.

**인산기**(phosphate group, $R$–$PO_4H_2$)는 약산성이다. 산소 원자가 전자를 끌어당기므로 수소이온 1개 또는 2개를 방출한다. 그 결과 음전하 1–2개를 갖는 이온화 형태가 형성된다. 인산의 짝염기(phosphate)는 핵산과 일부 지질의 구성요소이다.

**황화수소기**(sulfhydryl group, $R$–SH)는 수소 원자에 공유결합 된 황원자로 구성되어 있으며, *티올(thiol)*이라고 하는 분자들에서 발견된다. 황화수소기를 지닌 아미노산은 단백질 구조에 중요한 역할을 한다.

### 3.1.3 많은 생체분자들은 중합체이다

단백질 및 핵산과 같은 많은 생체분자들은 수천 개의 원자들로 구성되어 있어서 매우 크다. 이렇게 큰 분자들을 **거대분자(macromolecule)**라 하며, 이들은 **단량체(monomer)**라고 부르는 작은 유기화합물들이 연결되어 만들어진 **중합체(polymer)**이다(**그림 3-4**).

중합체들은 **가수분해반응(hydrolysis reaction)**("물과 함께 분해되는 것")에 의해 구성 성분인 단량체로 분해될 수 있다. 특정한 효소(생체촉매)에 의해 조절되는 이 반응에서, 물 분자의 수소 하

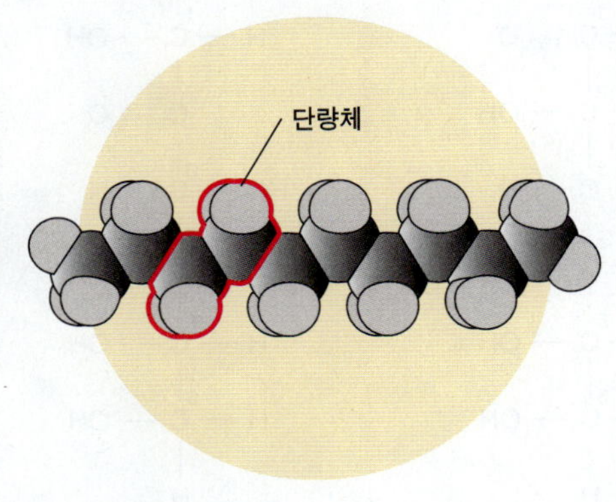


**그림 3-4 단순 중합체.**

폴리에틸렌 중합체는 에틸렌($C_2H_4$) 단량체의 결합으로 만들어진다. 그 중 1개의 단량체를 발간색 선으로 표시하였다.

축합
효소 A
가수분해
효소 B
HO
OH
HO
OH
단량체
단량체
HO
O
OH + $H_2O$
이량체


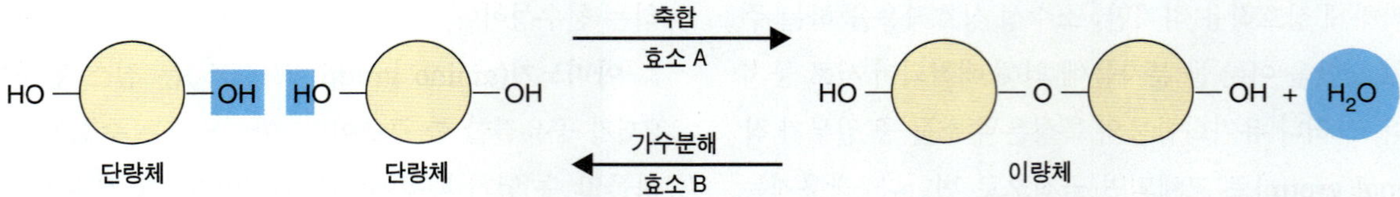

**그림 3-5 축합과 가수분해 반응.**

단량체 2개가 결합하여 이량체를 만든다. 단량체들이 더 추가되어 중합체가 만들어진다. 축합과 가수분해 반응을 촉진하는 효소는 서로 다르다.

나가 1개의 단량체에 붙고, 물 분자의 히드록실기는 인접해 있는 단량체에 붙는다(**그림 3-5**).

단량체들은 **축합반응(condensation reaction)**에 의해 공유결합 한다. 축합반응은 물 분자가 제거되면서 진행되기 때문에 탈수합성(*dehydration synthesis*)이라고도 한다(그림 3-5). 결과적으로는 중합체의 합성이 가수분해의 역반응이지만, 생체 내의 중합체는 단순히 가수분해 역반응에 의해서 합성되지 않는다. 축합과 같은 합성과정은 에너지를 필요로 하며 효소들에 의해 조절된다.

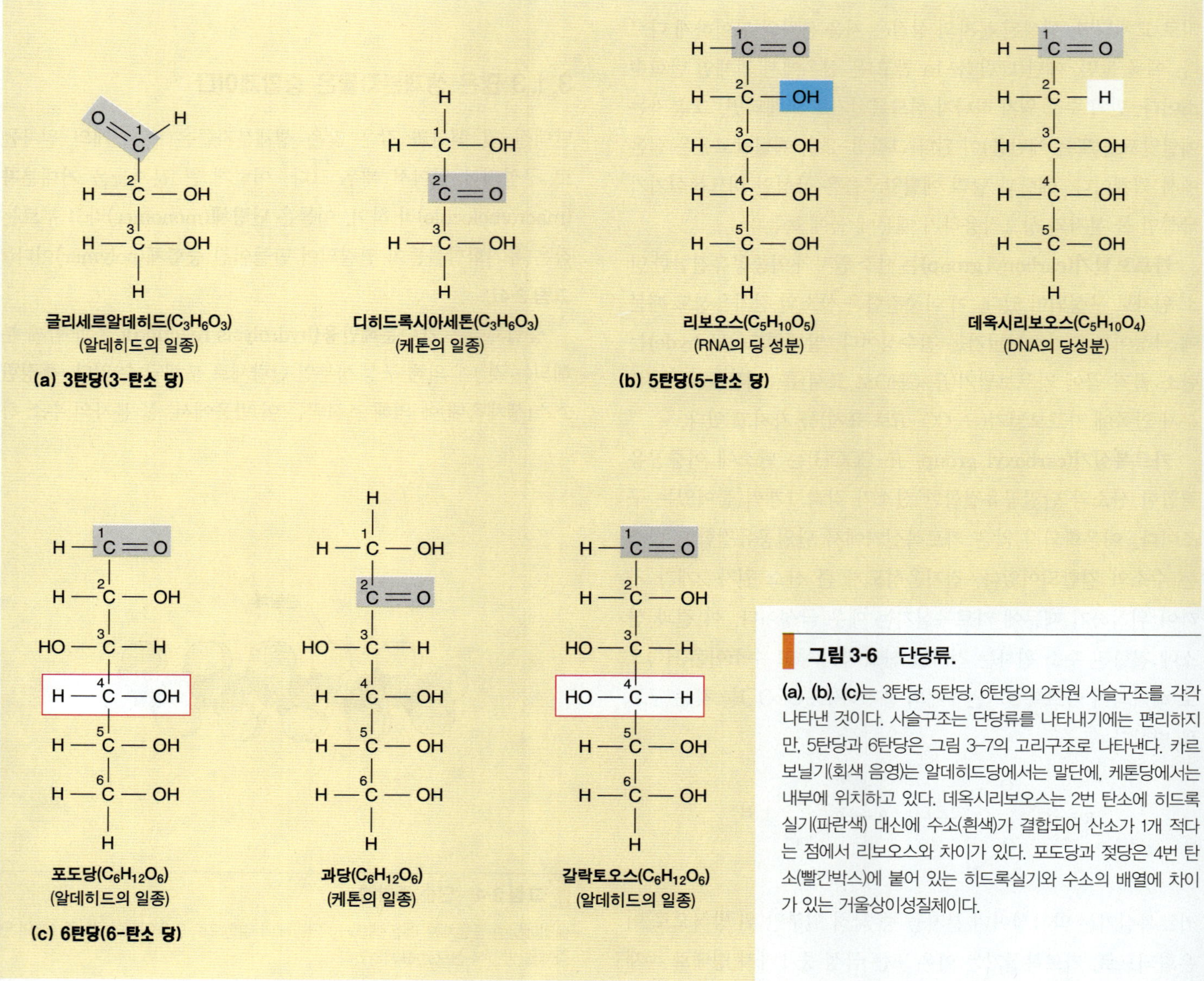

글리세르알데히드($C_3H_6O_3$)
(알데히드의 일종)
디히드록시아세톤($C_3H_6O_3$)
(케톤의 일종)
(a) 3탄당(3-탄소 당)
리보오스($C_5H_{10}O_5$)
(RNA의 당 성분)
데옥시리보오스($C_5H_{10}O_4$)
(DNA의 당성분)
(b) 5탄당(5-탄소 당)
포도당($C_6H_{12}O_6$)
(알데히드의 일종)
과당($C_6H_{12}O_6$)
(케톤의 일종)
갈락토오스($C_6H_{12}O_6$)
(알데히드의 일종)
(c) 6탄당(6-탄소 당)


**그림 3-6 단당류.**

(a), (b), (c)는 3탄당, 5탄당, 6탄당의 2차원 사슬구조를 각각 나타낸 것이다. 사슬구조는 단당류를 나타내기에는 편리하지만, 5탄당과 6탄당은 그림 3-7의 고리구조로 나타낸다. 카르보닐기(회색 음영)는 알데히드당에서는 말단에, 케톤당에서는 내부에 위치하고 있다. 데옥시리보오스는 2번 탄소에 히드록실기(파란색) 대신에 수소(흰색)가 결합되어 산소가 1개 적다는 점에서 리보오스와 차이가 있다. 포도당과 젖당은 4번 탄소(빨간박스)에 붙어 있는 히드록실기와 수소의 배열에 차이가 있는 거울상이성질체이다.

**복습**

- 탄소-탄소 결합의 특징들 중 유기화합물의 안정성과 3차원 구조에 영향을 미치는 것들을 설명하라.
- 다음 각 이성질체-(1) 구조이성질체, (2) 기하이성질체, 그리고 (3) 거울상이성질체-를 그림을 그려서 설명하라. 이러한 차이가 왜 생물학적으로 중요한가?
- 다음 작용기-메틸기, 아미노기, 카르보닐기, 히드록실기, 카르복실기-들의 구조를 그려라. 단 산성과 염기성 작용기에 대해서는 해리된 상태와 해리되지 않은 상태의 구조를 모두 그려라.
- 원자단이 비극성, 극성, 산성 또는 염기성이라는 사실은 원자단의 친수성 혹은 소수성 성질과 어떤 관련이 있는가?
- 등가의 물 분자가 왜 축합반응과 가수분해반응에서 중요한가?

## 3.2 탄수화물

**학습목표**

5 단당류, 이당류, 다당류를 구분한다. 구조성 다당류와 저장성 다당류를 비교한다.

당, 녹말, 그리고 셀룰로오스는 **탄수화물(carbohydrate)**이다. 당과 녹말은 세포의 에너지원이며, 셀룰로오스는 식물세포를 둘러싸고 있는 세포벽 구조의 주성분이다. 탄수화물은 탄소, 수소, 산소를 약 1:2:1$(CH_2O)_n$의 비율로 함유하고 있다. 탄수화물이라는 용어는 "탄소의 수화(물)"이라는 의미이며, 수소와 산소의 비가 물($H_2O$)에서 발견되는 것과 같은 비율인 2:1이다. 탄수화물은 당의 개수에 따라 단당류, 이당류, 다당류로 분류된다.

### 3.2.1 단당류는 단순한 당이다

**단당류(monosaccharide)**의 탄소수는 일반적으로 3개에서 7개이다. 단당류에서, 히드록실기는 1개의 탄소를 제외한 나머지 탄소에 각각 결합한다. 히드록실기가 결합되지 않은 탄소는 산소 원자와 이중결합 한 카르보닐기를 형성한다. 단당류는 카르보닐기와 히드록실기가 많기 때문에 친수성이다.

**그림 3-6**은 몇 가지 단당류를 단순화시켜 이차원 형태로 나타냈다. 가장 단순한 탄수화물은 탄소수가 3개(3탄당)인 글리세르알데히드와 디히드록시아세톤이다. 리보오스와 데옥시리보오스는 탄소수가 5개인 5탄당이다. 5탄당들은 핵산(DNA와 RNA 그리고 유사 화합물)의 구성 성분이다. 포도당, 과당, 갈락토오스 등은 탄소수가 6개인 **6탄당(hexose)**이다.

**포도당**(glucose, $C_6H_{12}O_6$)은 가장 풍부한 단당류이며, 대부분의 생명체에서 에너지원으로 이용된다. 포도당과 과당은 서로 구조이성질체이다. 이들은 분자식은 같지만, 원자들의 배치가 다르다. 과당은 케톤으로 이중결합을 형성한 산소가 사슬 내부에 있지만, 포도당은 이중결합 산소가 탄소 골격 끝에 위치한 알데히드이다. 이런 구조적인 차이 때문에 포도당과 과당의 특성은 다르다.

포도당과 갈락토오스는 6탄당이며 알데히드이다. 이들은 비대칭 탄소 4번에 결합된 원자들의 배치가 다르기 때문에 서로 거울상(거울상이성질체)이다.

그림 3-6에 직선을 사용하여 나타낸 단당류의 구조는 비현실적인 모형이지만 널리 사용된다. 포도당은 수용액(세포 내에서도 마찬가지로)에서 탄소 5개와 산소 1개가 고리를 형성한 구조로 존재한다. 고리 구조는 1번 탄소가 5번 탄소에 붙어있는 산소와의 공유결합으로 형성된다(**그림 3-7**). 포도당이 고리모양을 하게 될

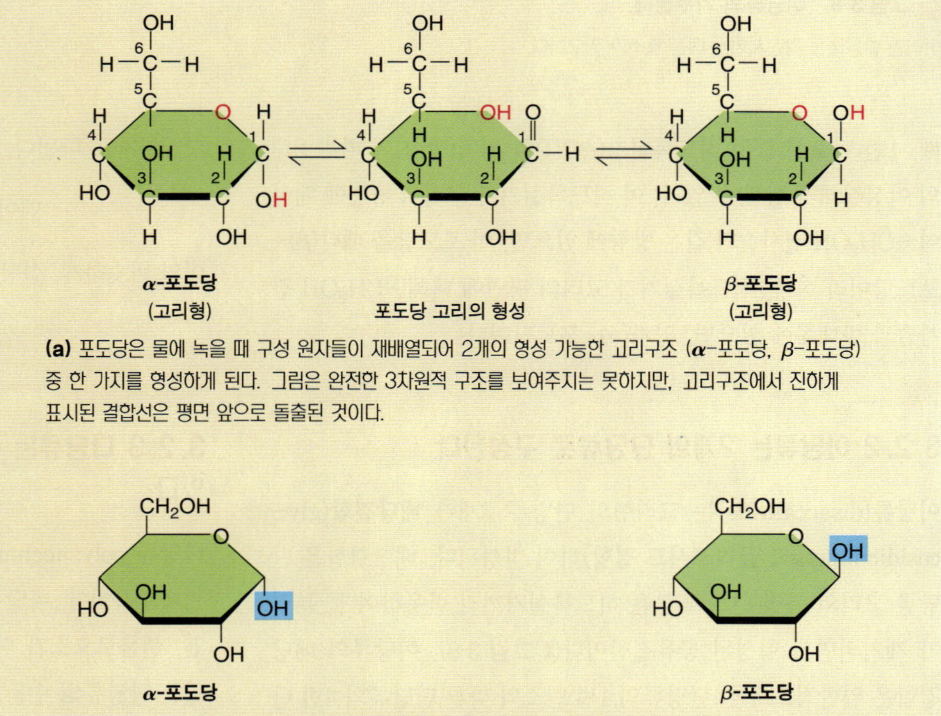

**α-포도당** (고리형) 포도당 고리의 형성 **β-포도당** (고리형)

**(a)** 포도당은 물에 녹을 때 구성 원자들이 재배열되어 2개의 형성 가능한 고리구조 (**α**-포도당, **β**-포도당) 중 한 가지를 형성하게 된다. 그림은 완전한 3차원적 구조를 보여주지는 못하지만, 고리구조에서 진하게 표시된 결합선은 평면 앞으로 돌출된 것이다.

**α-포도당** **β-포도당**

**(b)** **α**-포도당, **β**-포도당 사이의 중요한 차이점은 이 2가지를 단순화시켜 그린 구조에서 좀 더 분명하게 드러난다. 고리의 각 꼭지점은 탄소 원자를 나타낸다. 탄소에 결합된 수소 원자는 생략되었다.

**그림 3-7** **α-포도당과 β-포도당.**

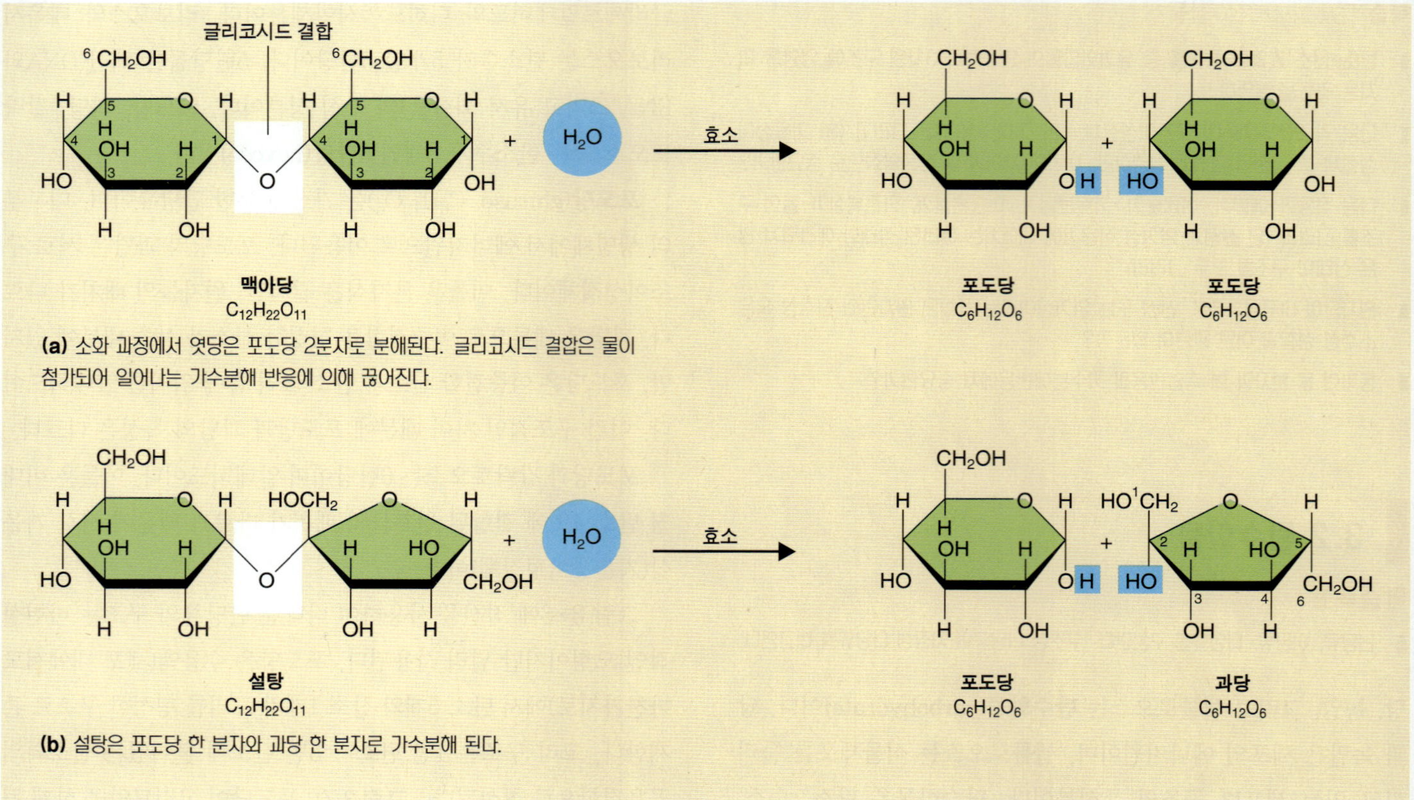


**(a)** 소화 과정에서 엿당은 포도당 2분자로 분해된다. 글리코시드 결합은 물이 첨가되어 일어나는 가수분해 반응에 의해 끊어진다.

**(b)** 설탕은 포도당 한 분자와 과당 한 분자로 가수분해 된다.

**그림 3-8 이당류의 가수분해.**
이러한 반응들을 촉진시키는 데는 효소가 필요하다.

때, 1번 탄소에 붙는 히드록실기(–OH)의 위치(방향)에 따라 2개의 이성질체가 생길 수 있다. 이 히드록실기가 고리의 평면에 대하여 $-CH_2OH$ 곁사슬과 같은 방향에 있으면, 이 포도당을 베타($\beta$)-포도당이라 한다. 히드록실기가 고리의 평면에 대해 $-CH_2OH$ 곁사슬과 반대쪽에 있으면, 알파($\alpha$)-포도당이다.

## 3.2.2 이당류는 2개의 단당류로 구성된다

**이당류**(disaccahride)는 고리형의 단당류 2개가 **배당결합**(glycosidic linkage; **글리코시드 결합**)하여 형성된다. 배당결합은 단당류 고리의 특정 탄소에 붙은 히드록실기끼리 반응하여 물 분자가 제거되면서 형성된 공유결합이다(**그림 3-8**). 이당류의 배당결합은 일반적으로 한 단당류의 1번 탄소와 다른 단당류의 4번 탄소 사이에 형성된다. 맥아당은 포도당과 포도당의 결합으로, 설탕은 과당과 포도당의 결합으로 구성되어 있다.

그림 3-8과 같이 이당류는 물이 첨가되면서 두개의 단당류 단위체로 가수분해 된다. 소화과정에서 엿당은 가수분해 되어 포도당 2분자로 나뉜다.

맥아당 + 물 → 포도당 + 포도당

이와 비슷하게, 설탕은 가수분해 되어 포도당과 과당으로 나뉜다.

설탕 + 물 → 포도당 + 과당

## 3.2.3 다당류는 에너지를 저장하거나 구조를 형성할 수 있다

**다당류**(polysaccharide)는 보통 포도당과 같은 단당류가 중합된 거대분자이다. 다당류는 가장 풍부한 탄수화물이며, 녹말, 글리코겐, 셀룰로오스가 다당류에 속한다. 한 분자의 다당류 속에 들어있는 단당류의 수는 분자에 따라 다양하지만, 일반적으로 한 분자의 다당류 속에는 수천 개의 단당류가 들어있다. 다당류는 1개의 긴 사슬이거나 가지 달린 사슬모양이다. 다당류는 다양한 이성질체로 구성되어 있고 그 단당류들이 다양하게 배열 될 수 있기 때문에, 다당류의 특성은 매우 다양하다.

**녹말**(starch)은 식물이 에너지를 저장하는 용도로 사용하는 탄수화물로서 α-포도당으로 이루어진 중합체이다. 이들 단당류(α-포도당)들은 α 1-4 결합에 의해 연결되어 있다. α 1-4 결합은 포도당의 1번 탄소가 바로 옆에 있는 포도당의 4번 탄소와 연결된 것이다(**그림 3-9**). 녹말은 아밀로오스와 아밀로펙틴이라는 2가지 형태로 존재한다. 단순한 형태인 아밀로오스는 가지가 없는 사슬 구조이나, 아밀로펙틴은 가지 달린 사슬 구조이다.

식물 세포들은 주로 **아밀로플라스트**(amyloplast)라고 부르는 분화된 세포소기관에 입자형태로 녹말을 저장한다(그림 3-9a). 세포활동을 위해 에너지가 필요할 때, 식물은 녹말을 가수분해하여 포도당을 방출한다. 사람을 비롯한 모든 동물체들은 α 1-4 결합을 끊을 수 있는 효소를 가지고 있다.

**글리코겐**(glycogen, 가끔 동물성 녹말이라고 부름)은 포도당들이 α 1-4 결합으로 연결된 구조로 동물 조직에서 에너지원으로 저장된다. 글리코겐은 식물의 녹말과 구조적으로 비슷하지만, 가지가 훨씬 많으며 물에 더 잘 녹는다. 척추동물에서 글리코겐은 주로 간세포와 근육세포에 저장된다.

탄수화물은 지구상에 존재하는 유기화합물들 중 가장 풍부하며, 탄수화물 중에는 **셀룰로오스**(cellulose)가 가장 많다. 셀룰로오스는 식물에 들어 있는 전체 탄소 중 50% 이상을 차지한다(**그림 3-10**). 셀룰로오스는 구조 탄수화물이다. 식물세포는 셀룰로오스가 주성분인 단단한 세포벽으로 둘러싸여 있다. 셀룰로오스는 많은 포도당 분자가 서로 연결되어 이루어진 불용성 다당류이다. 셀룰로오

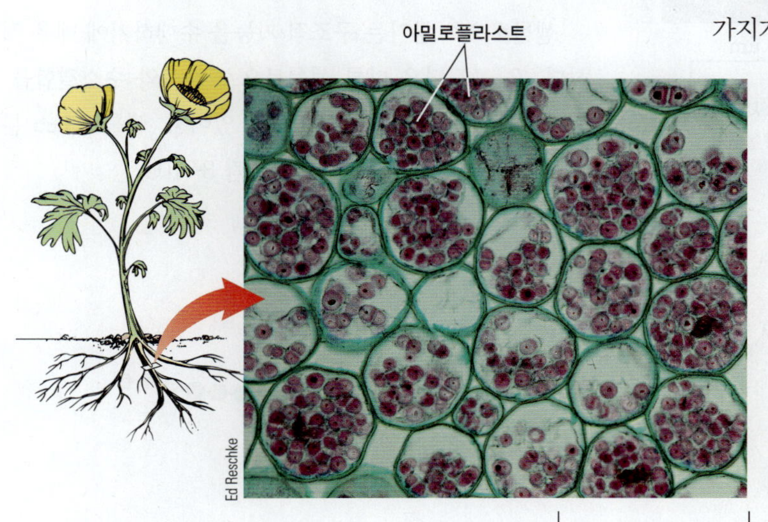


**(a)** 녹말(보라색으로 염색된)은 전분체(*amyloplast*)라 부르는 특수한 세포소기관에 저장되어 있다. 그림은 미나리아재비(buttercup)의 뿌리를 구성하고 있는 세포의 녹말을 나타낸 것이다.

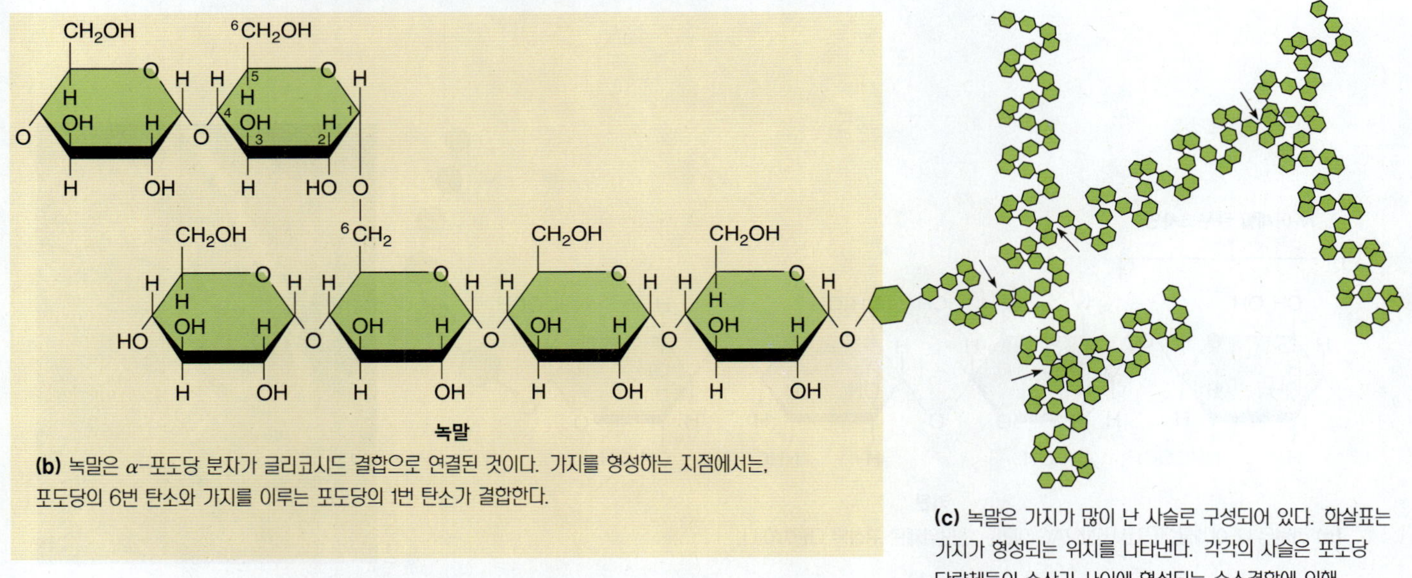


**(b)** 녹말은 α-포도당 분자가 글리코시드 결합으로 연결된 것이다. 가지를 형성하는 지점에서는, 포도당의 6번 탄소와 가지를 이루는 포도당의 1번 탄소가 결합한다.

**(c)** 녹말은 가지가 많이 난 사슬로 구성되어 있다. 화살표는 가지가 형성되는 위치를 나타낸다. 각각의 사슬은 포도당 단량체들의 수산기 사이에 형성되는 수소결합에 의해 안정화되어 사실상 코일 또는 나선형으로 존재한다.

**그림 3-9** 저장 다당류인 녹말(전분).

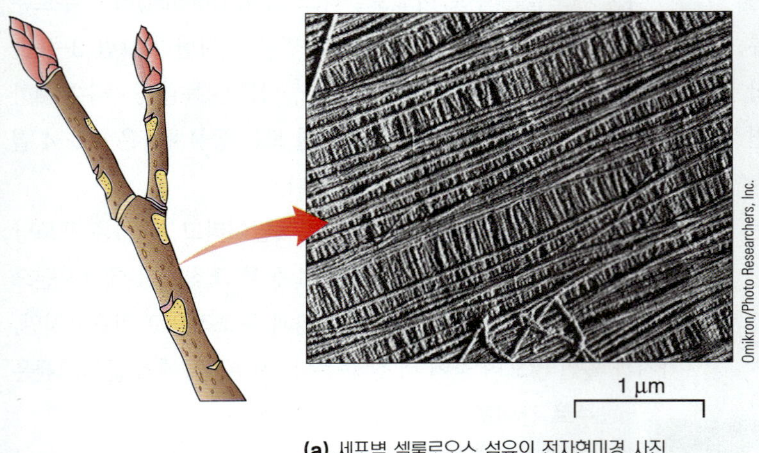


**(a)** 세포벽 셀룰로오스 섬유의 전자현미경 사진. 섬유들은 수소결합에 의해 상호작용하는 셀룰로오스 다발로 구성되어 있다.

스는 $\alpha$ 1–4 결합으로 연결된 $\beta$–포도당 단량체로 구성되었다. 녹말의 $\beta$ 결합을 가수분해하는 효소는 $\beta$ 1–4 결합을 분해하지 못한다. 인간은 셀룰로오스를 분해시키는 효소를 가지고 있지 않기 때문에 셀룰로오스를 영양분으로 이용할 수 없다. 어떤 미생물들은 셀룰로오스를 포도당으로 분해한다. 소나 양과 같은 일부 초식동물의 소화계에는 셀룰로오스를 분해시키는 미생물이 서식하기 때문에, 이들 초식동물은 셀룰로오스로부터 영양소를 얻을 수 있다.

셀룰로오스 분자는 구조적 기능을 수행하기에 매우 적합하다. $\beta$–포도당은 다른 셀룰로오스 분자와 수소결합을 많이 할 수 있는 방식으로 결합되어 있어서, 셀룰로오스 분자들은 긴 섬유다발로 묶여 있다(그림 3–10a).

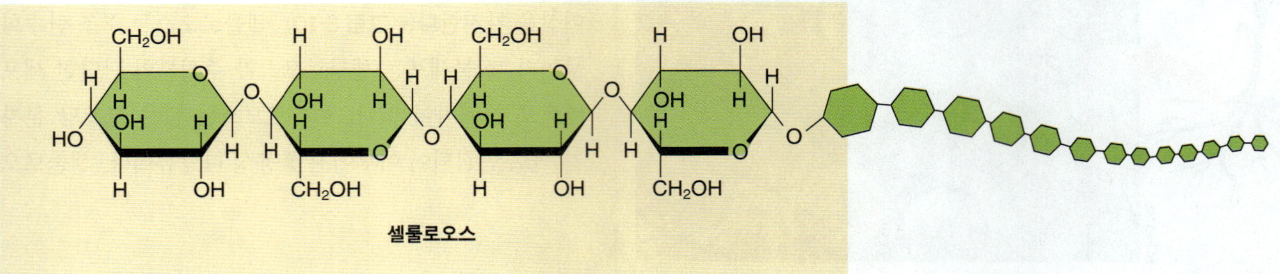


**(b)** 셀룰로오스는 약 10,000개의 $\beta$–포도당 단량체가 글리코시드 결합에 의해 연결되어 있으며, 가지가 없는 다당류이다.

**그림 3-10** 구조 다당류인 셀룰로오스.

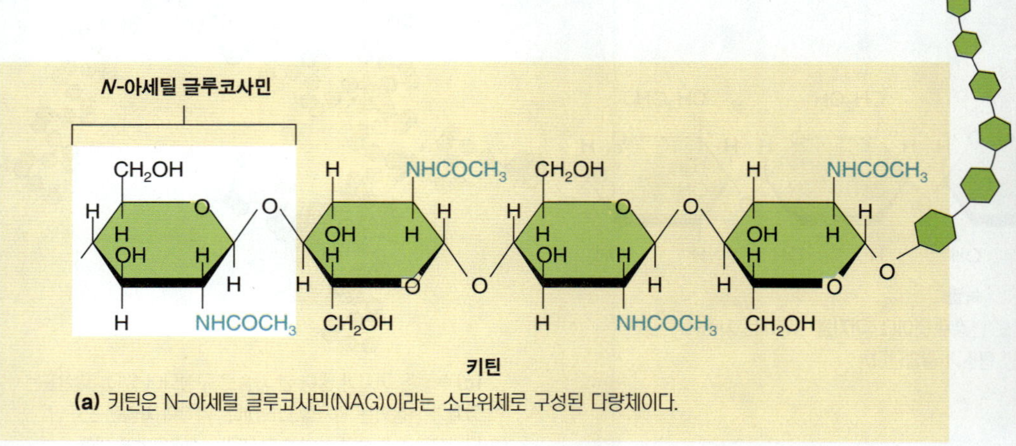


**(a)** 키틴은 N-아세틸 글루코사민(NAG)이라는 소단위체로 구성된 다량체이다.

Dwight R. Kuhn

**(b)** 키틴은 잠자리 외골격의 중요한 구성성분이다.

**그림 3-11** 구조 다당류인 키틴.

### 3.2.4 변형되거나 복잡한 탄수화물들은 특별한 기능을 가진다

다당류들의 많은 유도체들은 중요한 생체분자들이다. 아미노당인 갈락토사민과 글루코사민은 히드록실기(-OH)가 아미노기(-$NH_2$)로 치환된 화합물이다. 갈락토사민은 척추동물 골격계의 구성 성분인 연골조직에 들어있다. N-아세틸 글루코사민(N-acetyl glucosamine, NAG) 단위체들은 글리코시드 결합으로 연결되어 **키틴(chitin)**을 형성하는데, 키틴은 곰팡이의 세포벽과 곤충, 가재, 다른 절지동물들의 외골격의 주성분이다(▌그림 3-11).

탄수화물은 단백질과 결합하여 **당단백질(glycoprotein)**을 형성한다. 이 단백질은 박테리아를 제외한 세포들의 바깥 표면에 존재한다. 세포 밖으로 분비되는 단백질들은 대부분 당단백질이다. 탄수화물은 지질과 결합하여 **당지질(glycolipid)**를 형성한다. 이런 당지질들은 동물세포 표면에 위치하여 세포가 다른 세포를 인지하거나 서로 상호작용할 수 있게 한다.

**복습**

- 녹말과 글리코겐 같은 저장성 다당류가 셀룰로오스와 키틴 같은 구조 다당류와는 성질이 다른 이유를 수소결합의 특성과 연관하여 설명하라.
- 인간은 왜 셀룰로오스를 소화시킬 수 없는가?

## 3.3 지질

**학습목표**

6 지방, 인지질 및 스테로이드를 구별하고, 각각의 구성 성분, 특성 및 생물학적 기능을 설명한다.

**지질(lipid)**은 비극성 용매(에테르나 클로로포름 같은)에 녹고 상대적으로 물에 녹지 않는다. 지질은 주로 탄소와 수소로 구성되며 산소를 지닌 작용기가 거의 없기 때문에 지질 분자는 물에 녹지 않는다. 생물학적으로 중요한 지질들에는 지방(fat), 인지질, 카로티노이드(오렌지색과 노란색의 식물색소), 스테로이드, 그리고 왁스가 있다. 어떤 지질은 에너지 저장용으로, 일부는 세포막의 구조적 구성 성분으로 사용된다. 어떤 지질은 중요한 호르몬들이다.

### 3.3.1 트리아실글리세롤은 글리세롤과 3개의 지방산으로 이루어져 있다

생명체에서 가장 풍부한 지질은 *지방(fat)*이라고 알려진 **트리아실글리세롤(triacylgrycerol)**이다. 트리아실글리세롤 분자는 3개의 지방산이 글리세롤과 **에스테르결합(ester linkage)** 한 구조이다(▌그림 3-12). **글리세롤(glycerol)**은 3개의 히드록실기(-OH)를 가진 3탄소 알코올이고 **지방산(fatty acid)**은 한쪽 끝에 카르복실기(-COOH)를 가진 길고, 가지 없는 탄화수소 사슬이다. 글리세롤에 지방산이 1개, 2개, 3개 붙은 것을 각각 **모노아실글리세롤**

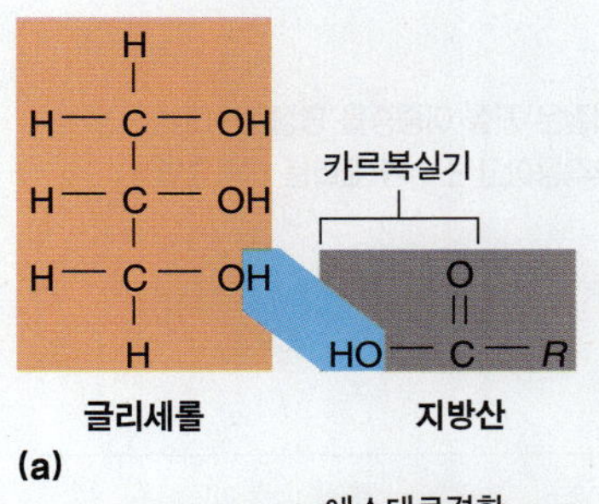


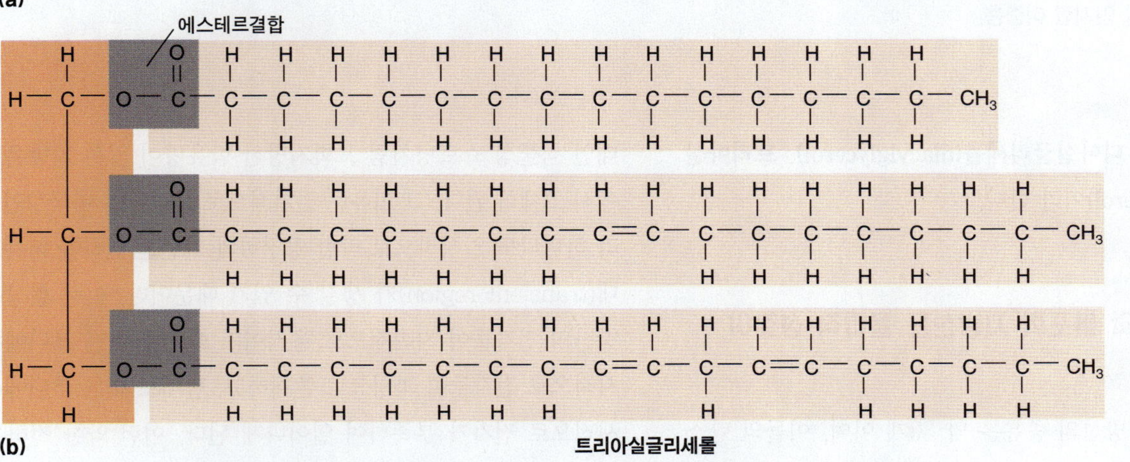


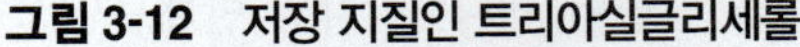

**그림 3-12 저장 지질인 트리아실글리세롤.**

**(a)** 글리세롤과 지방산은 지방의 구성 성분이다. **(b)** 글리세롤은 지방산과 에스테르결합 (그림에서 회색)으로 연결되었다. **(c)** 포화지방산인 팔미트산은 직선형의 사슬이다. **(d)** 올레산 (단일불포화지방산)과 **(e)** 리놀레산(폴리불포화지방산)은 탄소와 탄소 사이의 이중결합이 있는 곳에서 구부러지거나 비틀려 있다.

**요점**

지질 이중층은 인지질들이 물과 반응할 때 형성된다.

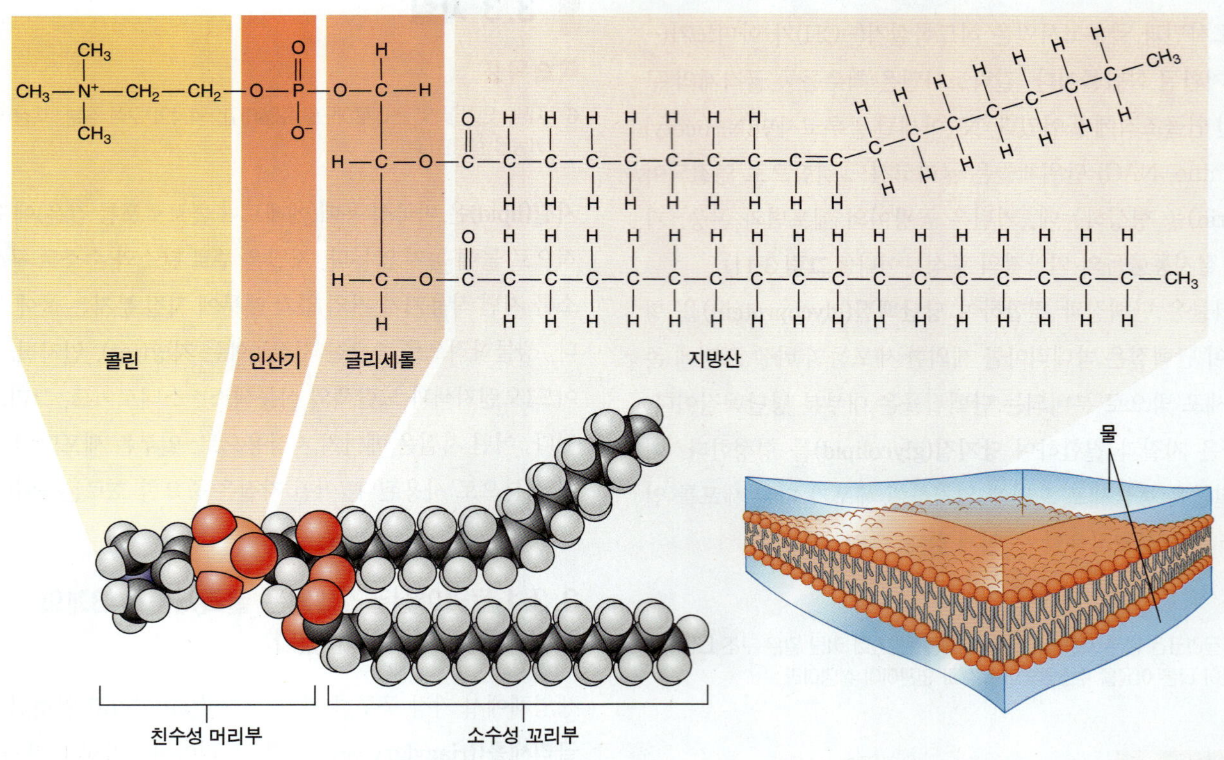


**(a) 인지질(레시틴).** 인지질은 소수성 꼬리와 친수성 머리로 구성되어 있다. 소수성 꼬리는 지방산 2분자로 구성되며, 친수성 머리는 인산기와 인산기에 결합된 글리세롤로 구성되어 있다. 인산기는 다양한 유기 분자단과도 결합한다. 콜린은 그림에 나타낸 레시틴(또는 포스파티딜콜린)을 구성하고 있는 유기 분자단이다. 그림에서, 위쪽의 지방산은 단일 불포화지방산으로 사슬 구부림을 일으킨다.

**(b) 인지질 이중층.** 인지질은 지질 이중층을 형성하는데, 친수성 머리는 물과 상호작용하고 소수성 꼬리는 이중층의 안쪽에 위치한다.

**그림 3-13** 인지질과 인지질 이중층.

(monoacryglycerol), **디아실글리세롤**(diacylglycerol), **트리아실글리세롤**(triacylgrycerol)이라 한다.

### 3.3.2 포화지방산과 불포화 지방산은 물리적 성질이 다르다

지질에서 발견되는 지방산의 종류는 약 30개 이며, 이들의 탄소 개수는 모두 짝수이다.

**포화지방산**(saturated fatty acid)은 가능한 최대한도로 수소 원자들을 함유하고 있다. 탄소 수가 16개인 팔미트산(palmitic acid)은 포화지방산이다(그림 3-12c). 동물성 지방이나 고체 상태인 식물성 쇼트닝처럼 포화지방산 함유량이 많은 지방은 실온에서 고체화 된다. 그 이유는 전기적으로 중성이며 비극성인 분자라 하더라도 일시적으로 약한 양전하와 약한 음전하를 띠는 전이대(transient region)가 생길 수 있기 때문이다. 이런 현상은 지방산의 전자들이 지속적으로 움직이기 때문에 어떤 부위에는 일시적으로 전자들이 과잉으로 존재하고, 반대로 다른 부위에는 일시적으로 전자가 부족하여 일어나게 된다. 이런 약한 전하는 가까이 있는 분자들 사이에 **반데르발스 상호작용**(van der Waals interaction)이라는 인력을 만들어 낸다. 각각의 반데르발스 상호작용은 약하지만, 긴 탄화수소 사슬에서 많은 상호작용이 일어날 때는 강하다.

**불포화지방산**(unsaturated fatty acid)은 이중결합을 형성한 탄소 원자쌍이 1개 이상인 지방산 이다. 이중결합이 1개인 지방산을 **단일불포화지방산**(monounsaturated fatty acid), 2개 이상인 지방산을 **다중불포화지방산**(polyunsaturated fatty acid)이라 한다. 올레산은 단일불포화지방산이며, 리놀레산(linoleic acid)은 일반적인 다중불포화지방산이다(그림 3-12d, e). 단일불포화지방산이나 과불포화지방산이 높은 비율로 들어있는 지방은 실온에서 액체 상태이다. 이것은 이중결합이 탄화수소 사슬을 굽게 만들어 탄화수소 사슬이 이웃한 탄화수소 사슬과 가까이 근접하지 못하게 하여 반데르발스 상호작용을 제한하기 때문이다.

### 3.3.3 인지질은 세포막의 구성 성분이다

인지질은 분자의 한쪽 끝은 친수성이고 다른 쪽 끝은 소수성인 **양친매성 지질**(amphiphatic lipid)이다(**그림 3-13**). 인지질의 양쪽 끝은 물리적으로나 화학적으로 다르다. **인지질**(phospholipid)은 글리세롤의 한쪽 끝에는 2개의 지방산이 붙어있고 다른 쪽 끝에는 콜린 같은 유기화합물과 결합된 인산기가 결합 한 구조이다. 이 유기화합물에는 질소가 함유되었다. 이 분자의 2개의 탄화수소 "꼬리"를 포함하는 지방산 부분은 소수성이며 물에 녹지 않는다. 그러나 글리세롤, 인산, 그리고 유기염기로 구성된 부분(분자의 "머리")은 이온화되며 물에 쉽게 녹는다. 인지질의 이러한 양친매성 때문에 인지질은 수용액에서 지질 이중층을 형성한다. 그러므로 인지질은 세포막의 구성 성분으로 적합하다.

### 3.3.4 카로티노이드와 다수의 색소들은 이소프렌 단위체의 유도체이다

**카로티노이드**(cartenoid)라고 부르는 오렌지색과 노란색의 식물 색소들은 물에 녹지 않고 기름 같은 성질을 가지고 있기 때문에 지질로 분류된다. 모든 식물세포에서 발견되는 이 색소들은 광합성에 관여한다. β-카로틴 같은 카로티노이드를 비롯한 다수의 중요한 색소들은 **이소프렌 단위체**(isoprene unit)라고 알려져 있는 5-탄소 탄화수소 단량체로 구성되어 있다(**그림 3-14**). 대부분의 동물들은 카로티노이드를 비타민 A로 바꾼 후 시각색소인 **레티날**(retinal)로 전환시킨다.

카로티노이드, 비타민 A, 그리고 레티날은 모두 이중결합과 단일결합이 교대로 나타나는 구조이다. 이런 결합을 형성한 전자들은 빛이 분자를 때릴 때 비교적 쉽게 주위로 움직일 수 있는 특성

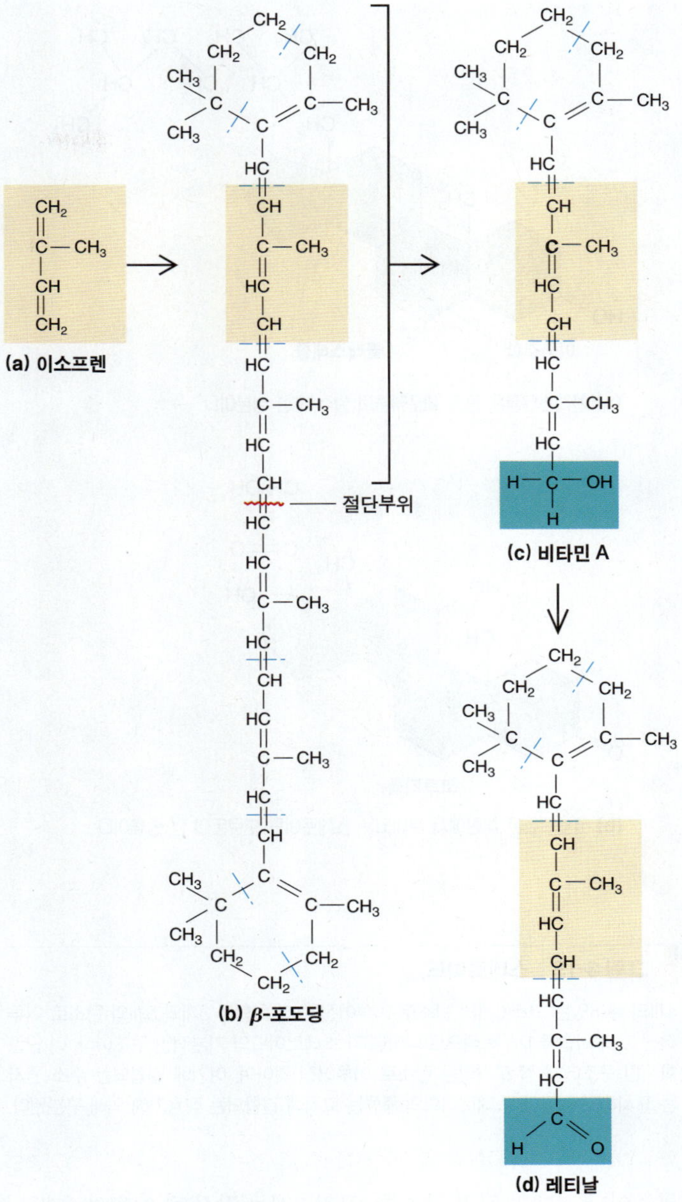

(a) 이소프렌

절단부위

(b) β-포도당

(c) 비타민 A

(d) 레티날

**그림 3-14 이소프렌-유도 화합물.**

**(a)** 이소프렌 단위체. **(b)** β-카로틴. 점선은 이소프렌 단위체의 경계를 가리킨다. 물결선은 동물에서 분자가 쪼개어지는 점을 나타낸다. 그 결과 2분자의 비타민 A **(c)**가 생성된다. 비타민 A는 시각색소인 레티날 **(d)**로 전환된다

을 나타내며, 이런 특성을 지닌 분자가 색소이다. 이동할 수 있는 전자들 때문에 색소는 특정 파장의 빛을 강하게 흡수하거나 반사하여 두드러진 색깔을 나타낸다.

### 3.3.5 스테로이드는 탄소 원자들로 이루어진 고리 4개로 구성되었다

**스테로이드**(steroid)는 탄소로 구성된 고리 화합물 4개가 연결된

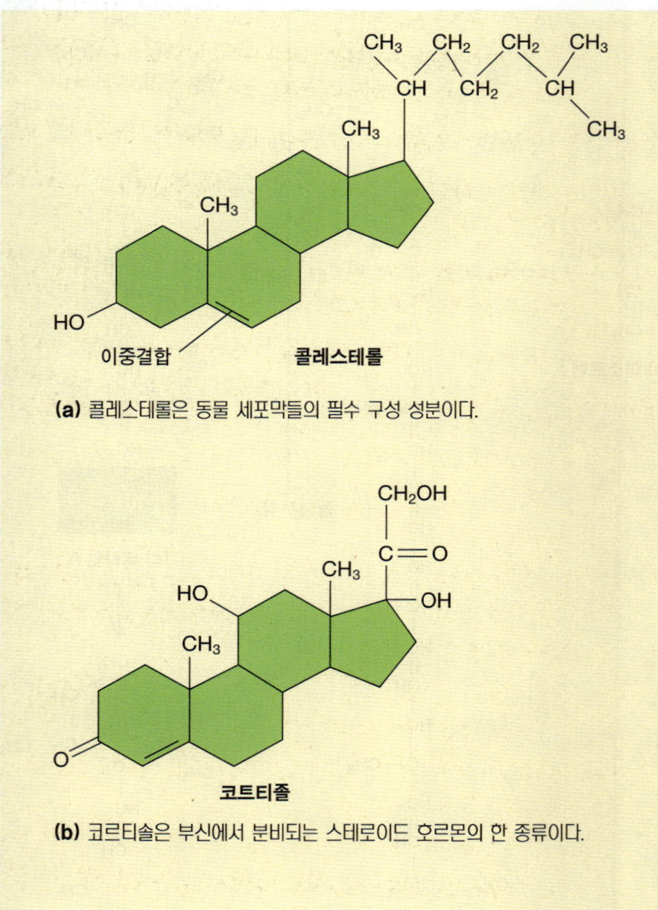


**(a)** 콜레스테롤은 동물 세포막들의 필수 구성 성분이다.

**(b)** 코르티솔은 부신에서 분비되는 스테로이드 호르몬의 한 종류이다.

**그림 3-15 스테로이드.**

4개의 붙어있는 고리(6개의 탄소로 이루어진 고리 화합물 3개와 5개의 탄소로 이루어진 고리 화합물 1개; 녹색으로 나타냄)가 스테로이드의 기본적인 구조이다. 이 단순화시킨 구조에서 각 모서리는 탄소로 이루어진 것이며, 여기에 결합되는 수소 원자는 표시하지 않았다. 스테로이드의 종류는 고리에 결합되는 작용기에 의해 구분된다.

구조이다. 4개의 고리 구조중, 고리 3개는 각각 탄소 원자 6개로, 고리 1개는 탄소 원자 5개로 구성되었다(▮ **그림 3-15**). 이런 고리로부터 뻗어 나온 곁사슬의 길이와 구조에 의해 다양한 스테로이드로 분류된다. 카로티노이드처럼 스테로이드도 이소프렌 단위체로부터 합성된다.

생물학적으로 중요한 스테로이드에는 콜레스테롤, 담즙산염(bile salt), 성호르몬, 코르티솔(cortisol)을 비롯한 부신피질 호르몬 등이 있다. 콜레스테롤은 동물세포막의 필수적인 구조 성분이다.

### 3.3.6 화학 매개체들 중 일부는 지질이다

동물세포들은 화학물질을 분비하여 정보를 교환하거나 활성을 조절한다. 막의 인지질에서 떨어져 나온 지방산이 변형되어 생성된 화학 매개체들이 있다. 이런 매개체로는 *프로스타글란딘(prostaglandin)*이 있으며, 이 물질은 염증 촉진, 평활근 수축 이외의 다양한 역할을 한다.

**복습**

- 포화지방산, 불포화지방산, 트랜스 지방산들의 성질은 왜 다른가?
- 인지질은 왜 수용액에서 지질이중층을 형성하는가?

## 3.4 단백질

**학습목표**

7 단백질의 구조와 기능에 대해 설명한다.
8 아미노산들의 공통점과 아미노산을 분류하는 법을 설명한다.
9 단백질 구조의 4 단계를 설명한다.

아미노산으로 구성된 거대분자인 **단백질(protein)**은 기능이 가장 다양한 세포 구성 성분이다. 생명체에서 일어나는 수천 가지의 다양한 화학반응들을 촉진하는 **효소(emzyme)**가 단백질인 것처럼 단백질은 실질적으로 대사의 모든 부분에 관련되어 있다. 단백질은 다양한 형태로 조립될 수 있어 세포와 조직에서 구조적으로 주요한 구성 성분이다. 이런 이유 때문에 생명체의 유지, 성장, 복구에 단백질이 중요한 역할을 한다. ▮ **표 3-2**에 나타낸 것처럼, 단백질들은 다양하며 특성화된 기능들을 수행한다.

**표 3-2**

**몇 가지 주요 단백질 군과 그 기능**

| 단백질의 유형 | 몇 가지 기능과 예 |
|---|---|
| 효소 | 각각의 효소들은 특별한 화학반응을 촉매 |
| 구조 단백질 | 세포와 조직을 강하게 하고 보호 (예, 콜라겐은 동물의 조직을 강하게 만든다) |
| 저장 단백질 | 영양소를 저장한다; 특히 달걀 (예, 달걀 흰자 속에 들어 있는 알부민)과 씨앗 (예, 옥수수 알갱이 속에 들어 있는 zein단백질) 속에 풍부 |
| 운반 단백질 | 세포들 사이에서 특별한 물질들을 운반 (예, 헤모글로빈은 적혈구 세포 속에서 산소를 운반); 세포막을 통해 특별한 물질들을 옮김 (예, 이온, 포도당, 아미노산) |
| 조절 단백질 | 몇 가지는 단백질 호르몬 (예, 인슐린) |
| 운동 단백질 | 세포의 움직임에 관여함 (예, 액틴과 미오신은 근육 수축에 반드시 필요하다) |
| 보호 단백질 | 낯선 침입자에 대항하여 방어하는 단백질들(예, 항체는 면역체계에서 중심적인 역할을 함) |

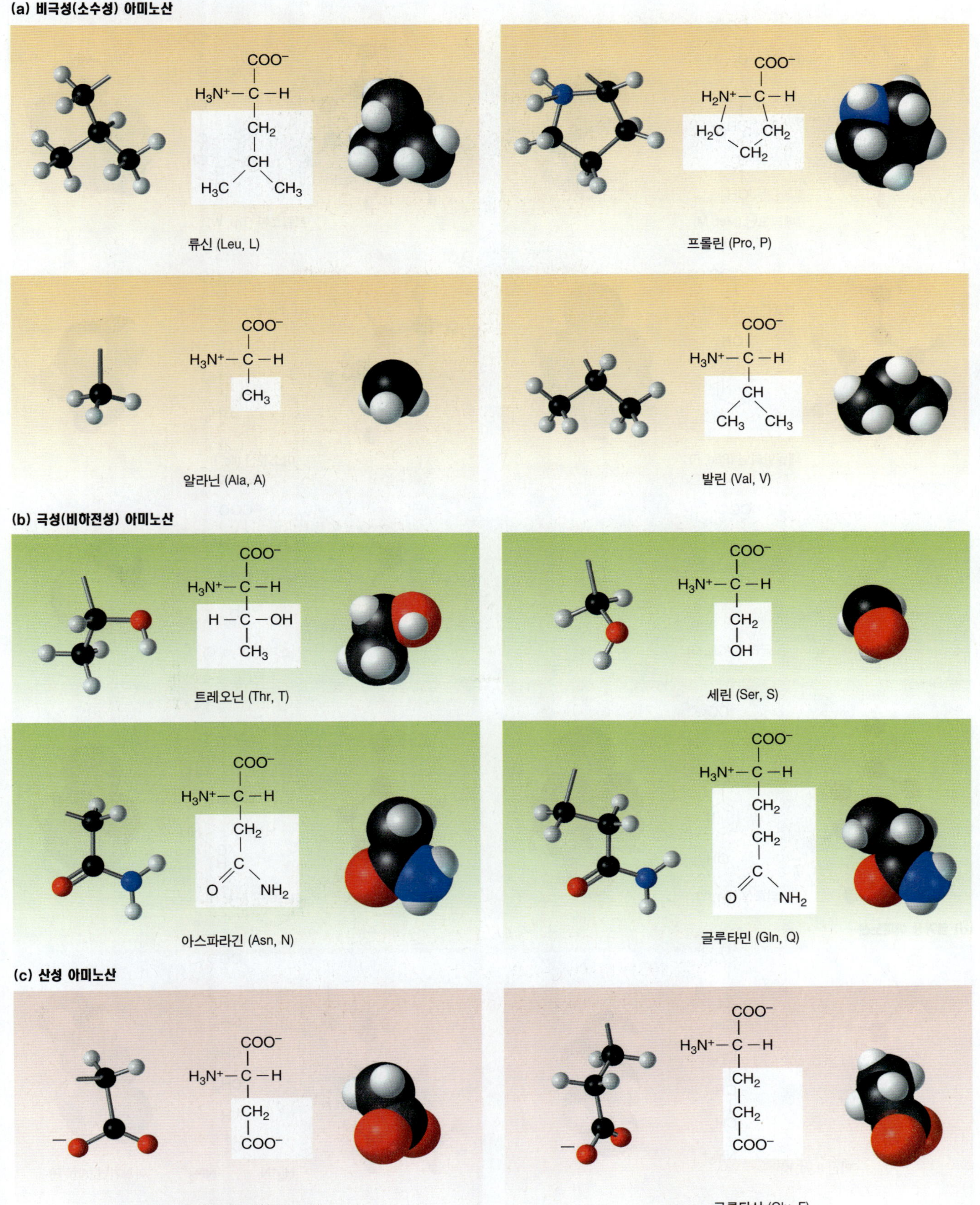
(a) 비극성(소수성) 아미노산
류신 (Leu, L)
프롤린 (Pro, P)
알라닌 (Ala, A)
발린 (Val, V)
(b) 극성(비하전성) 아미노산
트레오닌 (Thr, T)
세린 (Ser, S)
아스파라긴 (Asn, N)
글루타민 (Gln, Q)
(c) 산성 아미노산
아스파르트산 (Asp, D)
글루탐산 (Glu, E)

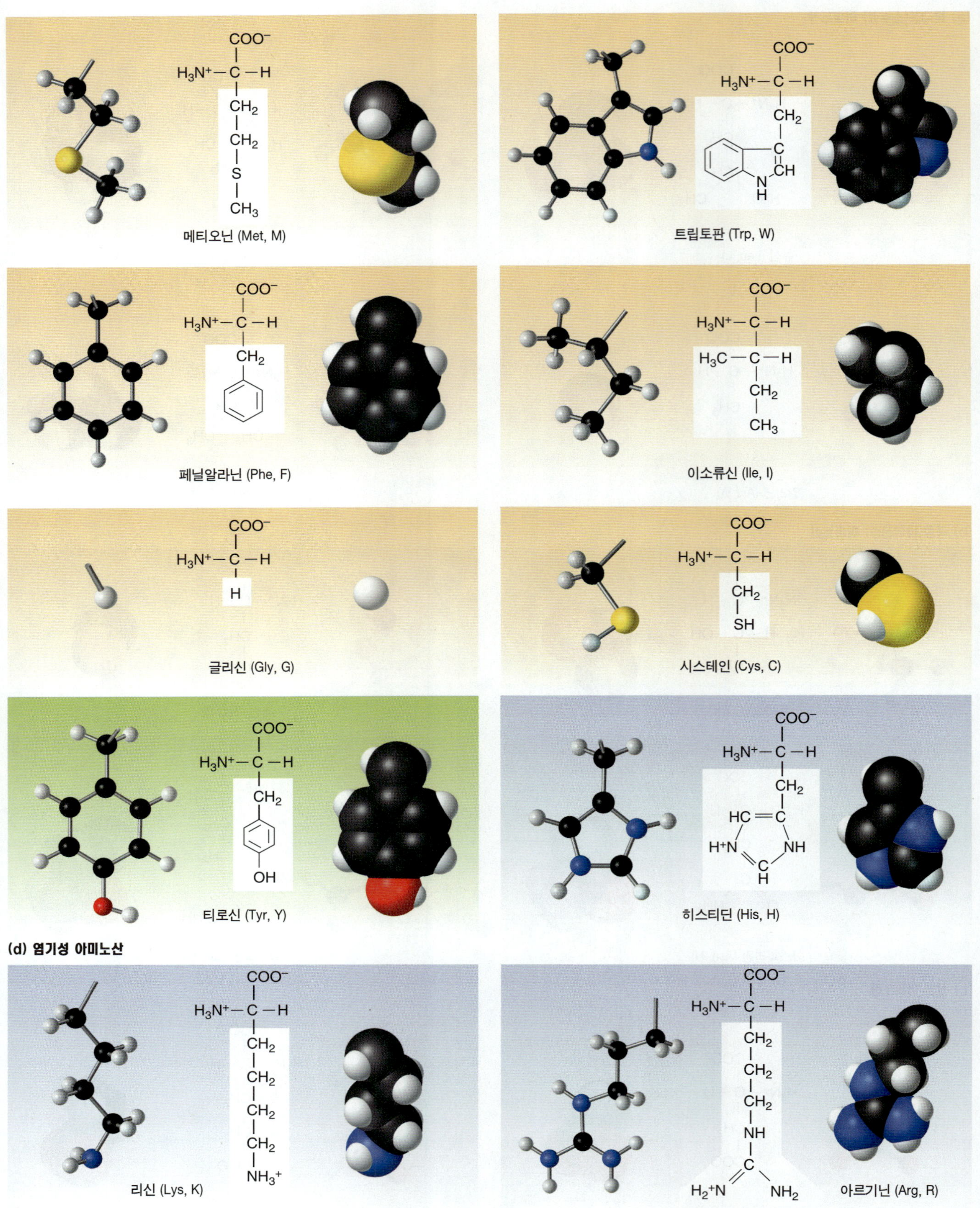


**그림 3-16** 20가지의 아미노산들.

**(a)** 비극성 아미노산의 곁사슬은 소수성이지만, **(b)** 극성 아미노산의 곁사슬은 친수성이다. 카르복실기와 아미노기는 세포의 pH에 따라 전하를 띤다. 그러므로 **(c)** 산성 아미노산과 **(d)** 염기성 아미노산들은 친수성이다. 아미노산 명칭과 더불어 약식 기호(3글자, 1글자)를 나타냈다.

### 3.4.1 아미노산은 단백질의 소단위체이다

단백질의 구성 성분인 **아미노산(amino acid)**은 **알파 탄소(alpha carbon)**인 비대칭 탄소에 아미노기(—$NH_2$)와 카르복실기(—COOH)가 결합된 구조이다. 단백질을 구성하는 아미노산은20개이며, 각각의 아미노산은 알파 탄소에 결합되어 있는 다양한 곁사슬(R기)에 의해 구별된다(▮ **그림 3-16**). 가장 단순한 아미노산인 글리신은 R기로서 수소 원자를, 알라닌은 메틸기(—$CH_3$)를 가진다.

아미노산은 중성 pH 수용액에서 또한 세포 안에서 대부분 쌍극성 이온(dipolar ion)으로 존재한다. 아미노산의 카르복실기(—COOH)는 양성자($H^+$)를 내어놓으면서 해리되고(—$COO^-$), 반면에 아미노기(—$NH_2$)는 양성자를 받아 —$NH_3^+$로 된다(▮ **그림 3-17**). 카르복실기와 아미노기가 양성자를 주고받을 수 있기 때문에 용액 속의 아미노산들은 산성도나 알칼리도가 변하는 것을 막아주는 중요한 생물학적 완충용액이 된다.

아미노산은 곁사슬의 특성에 따라 그림 3-16처럼 구분된다. *비극성* 곁사슬을 지닌 아미노산들은 소수성을, 반면에 *극성*으로 분류된 아미노산들은 친수성을 띤다. 산성 아미노산은 곁사슬에도 카르복실기가 있다. 세포내 pH에서 카르복실기는 해리되기 때문에 산성 아미노산의 *R*기는 음전하를 띤다. 염기성 아미노산은 곁사슬에 있는 아미노기가 수소 이온을 받아들여 양전하를 띤다. 산성과 염기성 곁사슬은 세포내 pH에서 해리되므로 친수성이다.

어떤 단백질들은 20개의 아미노산 이외에 특별한 것들을 가지고 있다. 이런 희귀한 아미노산들은 단백질이 합성된 후에 아미노산이 변형되어 만들어진다. 예를 들면, 콜라겐의 리신과 프롤린은 히드록실리신이나 히드록실프롤린으로 전환된다.

동물들이 필요한 양을 스스로 충분히 합성할 수 없어서 음식물로부터 얻어야만 하는 아미노산들을 **필수아미노산(essential amino acid)**이라 한다. 동물들은 생합성 능력에서 차이가 나기 때문에, 어떤 종에게는 필수아미노산인 것이 다른 종에게는 아닐 수 있다. 사람의 경우 필수아미노산은 이소류신, 류신, 리신, 메티오닌, 페닐알라닌, 트레오닌, 트립토판, 발린 그리고 히스티딘이다. 어린이들은 아르기닌을 성장하는데 필요한 양만큼 충분히 합성할 수 없기 때문에, 아르기닌이 필수아미노산이다.

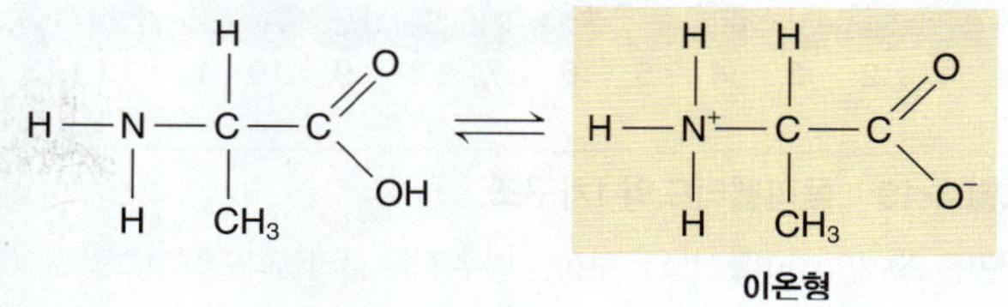

**그림 3-17** pH 7에서의 아미노산.

살아있는 세포에서 아미노산은 주로 이온화된 형태 즉, 쌍극자 이온으로 존재한다.

#### (1) 펩티드결합이 아미노산들을 연결한다

아미노산들은 아미노산의 카르복실기 탄소와 다른 아미노산의 아미노기 질소와의 축합반응에 의해 서로 화학적으로 결합한다(▮ **그림 3-18**). 아미노산을 서로 연결시키는 탄소–질소 공유결합을 **펩티드결합(peptide bond)**이라 한다. 2개의 아미노산이 결합하면 **디펩티드(dipeptide)**가 형성되고, 아미노산의 사슬이 더 길어지면 **폴리펩티드(polypeptide)**가 된다. 단백질은 1개 또는 그 이상의 폴리펩티드로 구성된다. 폴리펩티드의 한쪽 끝은 유리 아미노기, 다른 쪽 끝은 유리 카르복실기(사슬에 첨가된 마지막 아미노산에 속하는) 형태이고, 그 이외의 아미노산의 아미노기와 카르복실기(곁사슬에 있는 것을 제외하고)는 펩티드결합을 형성한다. 폴리펩티드는 아미노산의 수, 종류, 그리고 순서에 의해 거의 무한대의 다양한 형태로 존재할 수 있다.

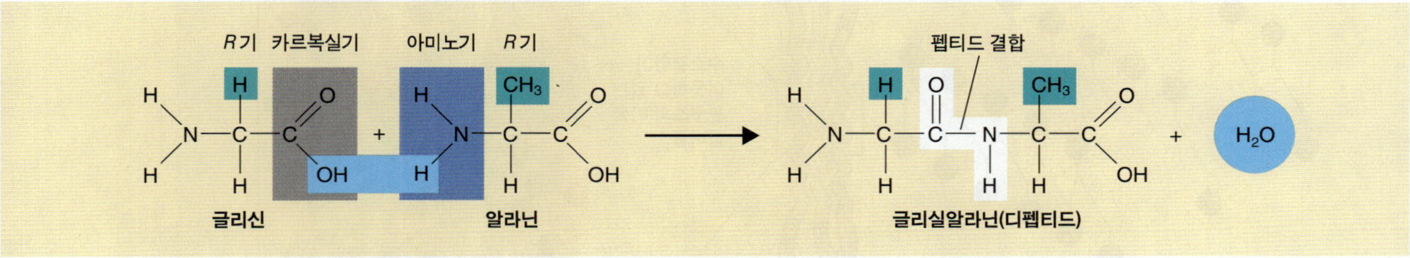

**그림 3-18** 펩티드 결합.

디펩티드는 축합반응에 의해 형성된다. 축합반응은 한 아미노산의 카르복실기와 다른 아미노산의 아미노기가 결합하면서 물 분자가 제거되는 반응이다. 형성된 펩티드결합은 탄소와 질소 사이의 공유결합이다. 아미노산들이 첨가되면서 한쪽 끝에는 자유 아미노기가 다른 쪽 끝에는 자유 카르복실기가 있는 폴리펩티드 사슬이 형성된다.

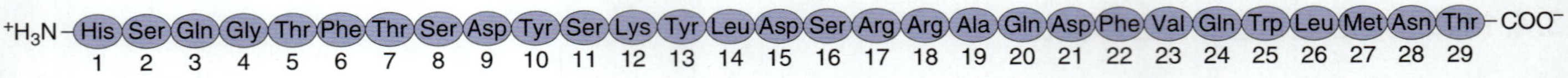

+H3N-His Ser Gln Gly Thr Phe Thr Ser Asp Tyr Ser Lys Tyr Leu Asp Ser Arg Arg Ala Gln Asp Phe Val Gln Trp Leu Met Asn Thr-COO−
1 2 3 4 5 6 7 8 9 10 11 12 13 14 15 16 17 18 19 20 21 22 23 24 25 26 27 28 29


**그림 3-19** 폴리펩티드의 1차구조.

글루카곤은 29개의 아미노산으로 구성된 매우 작은 폴리펩티드이다(그림 3-16 참고).

## 3.4.2 단백질의 구조화에는 4 단계가 있다

단백질을 만드는 폴리펩티드 사슬은 뒤틀리고 접혀져서 독특한 *입체형태*(conformation) 즉 3차원 형태의 거대분자를 형성한다. 어떤 폴리펩티드 사슬들은 긴 섬유 형태의 **섬유성단백질(fibrous protein)**을, 어떤 것은 단단히 접혀서 밀집된 **구형단백질(globular protein)**을 만든다. 단백질의 입체 형태와 기능 사이에는 밀접한 관계가 있다. 예를 들면, 효소는 특별한 화학반응을 촉매 시키는 독특한 형태를 가진 구형단백질이다.

### (1) 1차 구조는 아미노산 서열이다

펩티드 결합으로 연결된 아미노산 서열이 폴리펩티드의 **1차 구조(primary structure)**이다. 아미노산 서열은 유전자에 의해 결정된다. 수천 개 단백질의 1차 구조가 알려져 있다. 예를 들면, 이자에서 분비되는 글루카곤 호르몬은 29개의 아미노산으로 구성된 작은 폴리펩티드이다(**그림 3-19**).

1차 구조는 단순히 직선으로 즉 실에 구슬들이 달린 구조로 표시된다. 그러나 단백질의 입체 형태는 1차 구조를 구성한 다양한

**요점**

2차 구조는 매우 규칙적이다.

C
C
N
H
C
C
N
C
C
N
C
O
C
N
C
C
N
C
수소결합이 나선형을 유지해 줌
KEY:
탄소원자
산소원자
질소원자
수소원자
R기
수소결합이 이웃하고 있는 판구조의 띠를 잡아줌

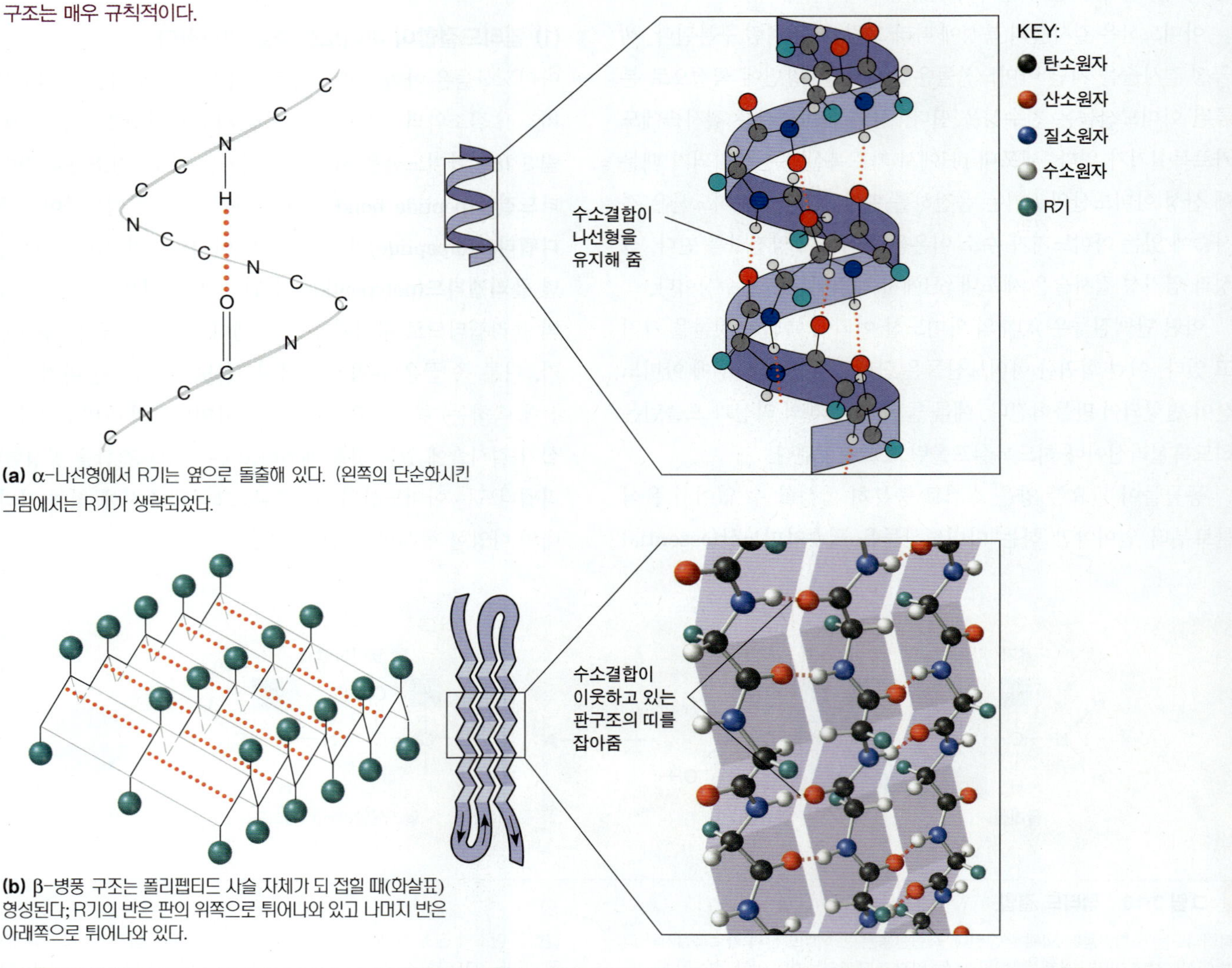

**(a)** α-나선형에서 R기는 옆으로 돌출해 있다. (왼쪽의 단순화시킨 그림에서는 R기가 생략되었다.

**(b)** β-병풍 구조는 폴리펩티드 사슬 자체가 되 접힐 때(화살표) 형성된다; R기의 반은 판의 위쪽으로 튀어나와 있고 나머지 반은 아래쪽으로 튀어나와 있다.

**그림 3-20** 단백질의 2차 구조.

아미노산들 사이의 상호작용 때문에 매우 복잡하다. 그러므로 구조의 상위 단계인 2차, 3차, 4차 구조는 궁극적으로 아미노산 서열(1차 구조)로부터 유래된다.

### (2) 2차 구조는 골격의 수소결합으로 형성된다

폴리펩티드의 어떤 부분은 매우 규칙적인 **2차 구조(secondary structure)**를 나타낸다. 2차 구조의 일반적인 2가지 형태는 $\alpha$–나선과 $\beta$–병풍 구조이다. $\alpha$와 $\beta$ 명칭은 2차 구조가 발견된 순서에 따라 붙여졌다. ***α*–나선(*α*–helix)**은 폴리펩티드 사슬이 일정한 모양의 나선형 코일을 형성하는 부위를 의미한다(**그림 3-20a**). 나선구조는 나선형 코일이 연속적으로 회전될 때 아미노산 골격들 사이에 형성된 수소결합에 의해 만들어지고 유지된다. 수소결합은 펩티드 결합을 형성한 산소와 4 번째 아미노산 아미노기의 수소사이에 형성된다. 따라서 나선이 한 번 회전하면 3.6개의 아미노산들이 포함된다. $\alpha$–나선의 모든 아미노산은 이와 같은 방법으로 수소결합을 형성한다. $\alpha$–나선은 양털, 머리카락, 피부, 그리고 손톱 등과 같은 섬유성단백질의 기본 구조이다.

***β*–병풍 구조(*β*–pleated sheet)**의 수소결합은 서로 다른 폴리펩티드 사이에서 혹은 한 폴리펩티드 사슬에서 일어난다(**그림 3-20b**). 각각의 사슬은 지그재그 구조를 하고 있어서 완전히 펼쳐지지만, $\beta$–병풍 구조는 종이를 접어 부채를 만든 것과 같은 주름진 입체 형태이다. 이 구조는 아미노산 사이에 형성된 펩티드 결합의 길이가 고정되기 때문에 강하고 유연하지만 탄성은 없다. 누에에서 뽑은 명주 즉 피브로인(fibroin)은 $\beta$–병풍 구조이며 이 구조는 구형단백질 형성에서도 핵심적인 역할을 한다.

### (3) 3차 구조는 아미노산 곁사슬들 사이의 상호작용에 의한다

단백질의 **3차 구조(tertiary structure)**는 각각의 폴리펩티드 사슬들이 모여서 만들어낸 단백질의 3차원적 입체 형태를 의미한다(**그림 3-21**). 3차 구조는 폴리펩티드를 형성한 아미노산의 R기(곁사슬)간의 약한 상호작용(수소결합, 이온결합, 소수성 상호작용)과 강한 공유결합에 의한다. 3차 구조 단백질을 구성하는 어떤 폴리펩티드에는 $\alpha$–나선과 $\beta$–병풍 구조가 동시에 존재한다(**그림 3-21b**).

1. 수소결합은 특정 아미노산의 R기들 사이에 형성된다.

**요점**

3차 구조는 곁사슬 간의 상호작용에 의존한다.

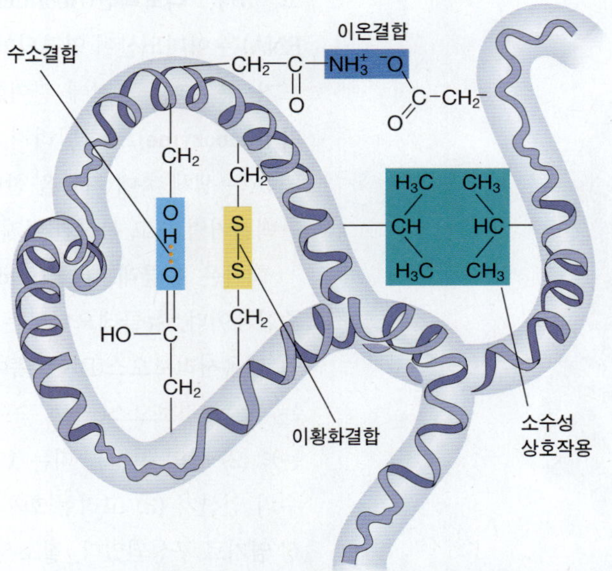


**(a)** R기 사이의 수소결합, 이온결합, 소수성 상호작용, 이황화결합 등이 분자의 특정 형태를 유지해 준다.

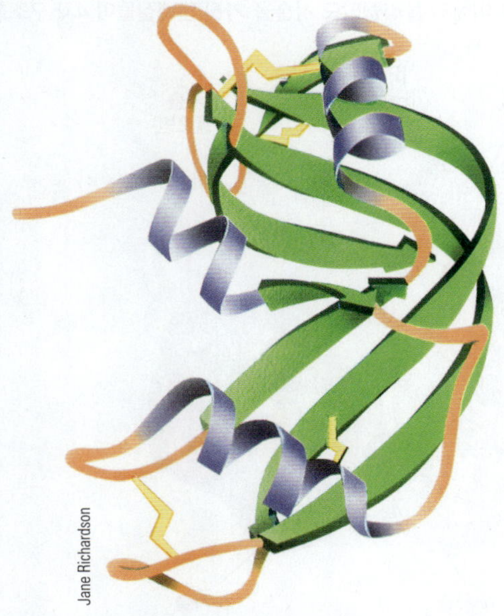


**(b)** 이 3차 구조 모식도에서 α–나선 영역은 보라색의 나선형으로, β–병풍 구조는 녹색 리본으로 나타냈다. R기의 상호작용들이 전체적 구조(3차 구조)를 안정화 시킨다. 이 단백질은 소의 리보뉴클레아제 a이다.

**그림 3-21** 단백질의 3차 구조.

2. 이온결합은 양전하를 가지는 R기와 음전하를 가지는 R기 사이에서 일어날 수 있다.
3. 소수성 상호작용은 비극성 R기 사이에서 형성된다.
4. *이황화결합*(disulfide bonds, —S—S—)은 공유결합으로 아미노산 시스테인 2 분자 사이에 황 원소들이 서로 결합한 것이다.

### (4) 4차 구조는 폴리펩티드들 사이의 상호작용으로 형성된다

많은 단백질들은 2개 또는 그 이상의 폴리펩티드로 구성되어 있는데, 이 폴리펩티드들은 특별한 방식으로 상호작용하여 생물학적으로 활성을 띠는 분자를 형성한다. **4차 구조(quaternary structure)**는 1차, 2차, 3차 구조를 가진 각각의 폴리펩디드들이 모여서 형성하는 3차원 구조이다. 2차와 3차 구조를 만들어 낸 것과 같은 형태의 상호작용이 4차 구조에도 기여한다. 이러한 상호작용에는 수소결합, 이온결합, 소수성 상호작용, 이황화결합이 있다.

적혈구 세포내에서 산소를 운반하는 헤모글로빈은 4차 구조를 갖는 구형단백질이다(**그림 3-22a**). 헤모글로빈은 전체 574개의 아미노산으로 구성된 총 4개의 폴리펩티드 사슬, 즉 α-사슬 2개와 β-사슬 2개로 이루어져 있다. 동물조직의 콜라겐은 세 가닥의 폴리펩티드가 서로 꼬여 있는 섬유상의 4차 구조를 형성한다(**그림 3-22b**).

**요점**

2개 또는 그 이상의 폴리펩티드 사슬을 가진 단백질들이 4차 구조를 가진다.

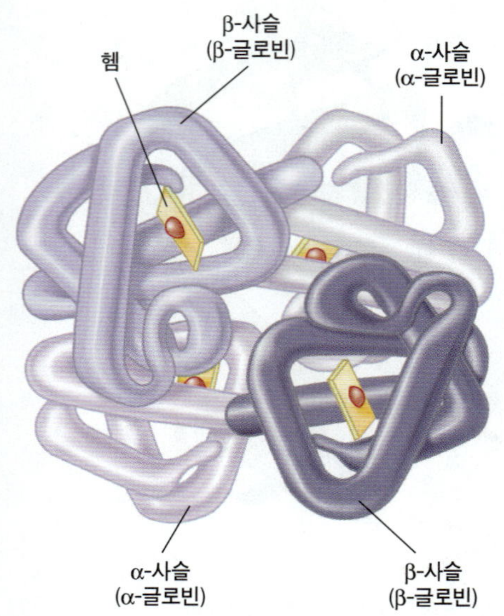


**(a)** 헤모글로빈. 구형 단백질인 헤모글로빈은 4개의 폴리펩티드 사슬로 이루어져 있으며, 각각의 폴리펩티드 사슬은 철을 함유한 헴(heme)과 결합하고 있다.

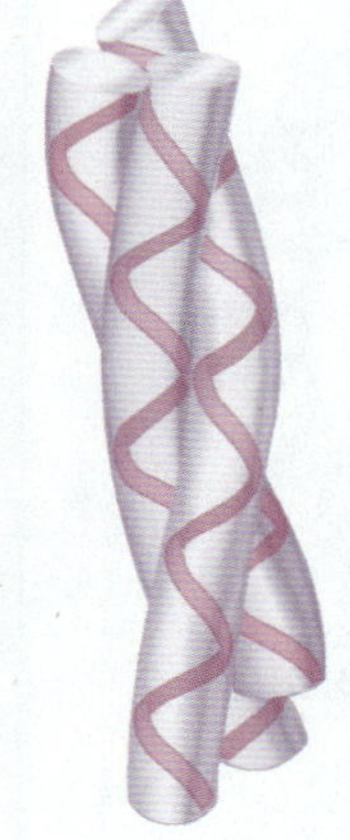

**(b) 콜라겐.** 섬유성 단백질인 콜라겐은 3개의 긴 폴리펩티드 사슬로 구성된 3가닥 나선이다.

**그림 3-22** 단백질의 4차 구조.

**복습**

- 아미노산의 구조식을 그리시오. 카르복실기, 아미노기, 그리고 R기의 중요성에 대하여 설명하시오.
- 폴리펩티드의 1차 구조가 어떻게 2차, 3차 구조에 영향을 미치는가?

## 3.5 핵산

**학습목표**

**10** 뉴클레오티드의 구성 성분을 설명한다. 핵산과 뉴클레오티드의 예를 들고, 생명체에서 이들 물질의 중요성에 대해 논의한다.

**핵산(nucleic acid)**은 유전정보를 전달하고 세포가 어떤 단백질을 생산할지를 결정한다. 세포에는 2종류의 핵산, 즉 리보핵산과 데옥시리보핵산이 있다. **데옥시리보핵산(deoxyribonucleic acid; DNA)**은 세포의 유전물질인 유전자를 구성하며, 생명체가 필요로 하는 모든 RNA와 단백질을 만드는 정보를 지니고 있다. **리보핵산(ribonucleic acid; RNA)**은 아미노산이 연결되어 폴리펩티드가 형성되는 과정에 관여한다. **리보자임(ribozyme)**으로 알려져 있는 어떤 RNA는 생체 촉매 기능을 한다. 핵산은 단백질처럼 크고 복잡한 분자이다.

핵산은 **뉴클레오티드(nucleotide)**의 중합체이다. 뉴클레오티드는 (1) 5탄당인 데옥시리보오스(DNA 속에 들어 있는) 또는 리보오스(RNA 속에 들어 있는); (2) 산의 성질을 띠는 1개 또는 다수의 인산기 (3) 고리형 화합물인 질소성 염기로 구성되었다. 질소성 염기에는 이중 고리형인 **퓨린(purine)** 혹은 단일 고리형인 **피리미딘(pyrimidine)**이 있다(**그림 3-23**).

DNA는 아데닌(A)과 구아닌(G), 시토신(C)과 티민(T), 데옥시리보오스 그

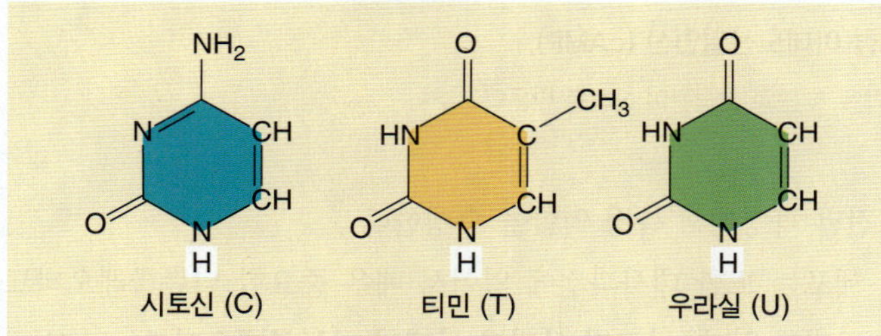


**(a) 피리미딘.** 뉴클레오티드에서 발견되는 피리미딘 염기는 시토신, 티민 (DNA에서만), 그리고 우라실 (RNA에서만)이다.

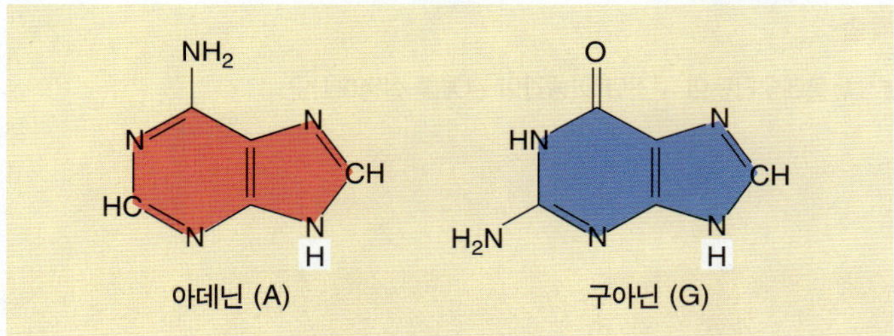


**(b) 퓨린.** 뉴클레오티드에서 발견되는 퓨린 염기는 아데닌과 구아닌이다.

**그림 3-23 뉴클레오티드의 성분.**

흰색으로 표시된 수소는 염기가 당과 결합할 때 제거된다.

리고 인산으로, RNA는 아데닌과 구아닌, 시토신과 우라실(U), 리보오스와 인산으로 구성된다.

핵산은 **인산디에스테르결합**(phosphodiester linkage)에 의해 연결된 뉴클레오티드 사슬이다. 인산디에스테르결합은 인산기와 인접한 뉴클레오티드의 당과의 공유결합이다(**그림 3-24**). RNA는 뉴클레오티드 사슬 1개로 되어 있으나, DNA는 뉴클레오티드 사슬 2개가 서로 수소결합으로 연결된 이중나선구조이다(그림 1-7 참고).

## 3.5.1 뉴클레오티드는 에너지 전달과 세포 기능에 중요하다

뉴클레오티드는 DNA와 RNA의 소단위체로서의 중요한 역할 외에도 살아있는 세포의 생명유지에 없어서는 안 될 기능들을 수행한다. **아데노신 삼인산(adenosine triphosphate, ATP)**은 아데닌, 리보오스, 3개의 인산으로 구성되어 있으며(그림 7-5 참고), 모든 세포의 주 에너지원으로 가장 중요한 뉴클레오티드이다(7장 참고). 말단의 인산기 2개는 뉴클레오티드에 공유결합으로 연결되어 있다. 이 결합은 전통적으로 물결선(~)으로 표시하는데, 이것은 ATP가 다른 분자에 인산기를 전달할 수 있음을 나타낸다. 인

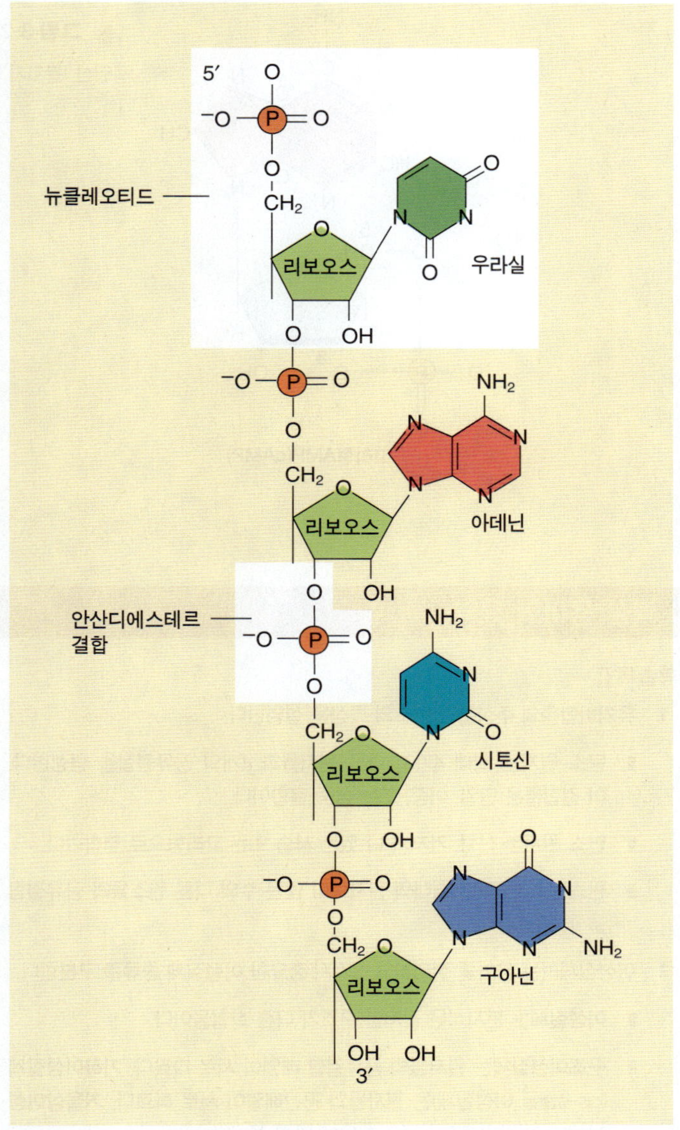


**그림 3-24 RNA.**

뉴클레오티드는 인산이에스테르결합에 의해 연결된다.

산기를 전달받은 분자는 반응성이 커진다. 이런 방법으로 ATP는 가지고 있던 에너지의 일부를 전달할 수 있다. **구아노신 삼인산(guanosine triphosphate, GTP)**은 ATP처럼 에너지를 전달할 수 있고, 또한 세포 신호전달에도 관여한다(6장 참고).

뉴클레오티드는 특수한 세포내 기능을 가지는 다른 형태로 전환될 수 있다. 예를 들면, ATP는 아데닐산고리화 효소에 의해 **고리형 아데노신 일인산(cyclic adenosine monophosphate, cAMP)**으로 전환된다(**그림 3-25**). cAMP는 신호전달과 같은 세포 기능을 조절하고 특정 호르몬들의 작용 기작에 있어서 중요하다. 유사한 분자로서 **고리형 구아노신 일인산(cGMP)**도 세포 신

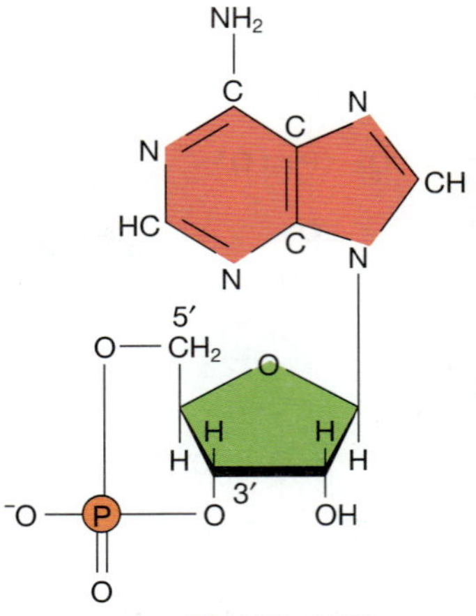

**그림 3-25** 고리형 아데노신일인산 (cAMP).

인산 1분자가 리보오스의 두 부분과 결합하여 고리를 만든다.

호전달 과정에서 특정 역할을 수행한다.

세포는 또한 대사과정에 있어서 매우 중요한 디뉴클레오티드를 가지고 있다. **니코틴 아미드 아데닌 디뉴클레오티드(nicotineamide adenine dinucleotide; NAD)**는 세포내 산화·환원반응에서 중요한 역할을 한다(7장 참고).

**복습**

- 뉴클레오티드의 구조와 기능과의 관계를 설명하시오.

## 핵심 용어와 요약

**학습목표**

1 유기화합물의 주성분인 탄소의 특성을 설명한다.

- 탄소 원자는 최대 4가지 다른 원자들과 4개의 공유결합을 형성한다. 이 결합들은 단일, 이중, 또는 삼중 결합이다.
- 탄소 원자는 선형, 가지가 나 있는 사슬 또는 고리형으로 결합한다.
- 탄소는 다른 어떤 형태의 원자보다 많은 수의 다른 원소들과 공유결합을 형성한다.

2 이성질체라는 용어를 정의하고, 3가지 중요한 이성질체 종류를 구분한다.

- **이성질체**는 분자식은 같지만 구조가 다른 화합물이다.
- **구조이성질체**는 원자들의 공유결합 배열이 서로 다르다. **기하이성질체**(*cis–trans* 이성질체)는 원자들의 공간배열이 서로 다르다. **거울상이성질체**는 이성질체들이 서로 거울에 비친 상이다.

3 유기화합물에 존재하는 주된 작용기를 구별하고, 그 특성을 설명한다.

- 탄소와 수소로만 구성된 유기화합물 탄화수소는 비극성이며 소수성이다. **메틸기**는 탄화수소 집단에 속한다.
- 극성 작용기와 이온성 작용기들은 서로 상호작용하며 친수성이다.
- 결합의 양쪽 끝에 있는 원자들이 부분 전하를 띠기 때문에, 작용기는 극성이 된다. **히드록실기**와 **카르보닐기**는 극성이다.
- **카르복실기**와 **인산기**는 수소 이온을 내놓아 음전하를 띠며 산성이다. 아미노기는 수소 이온을 받아들여 양전하를 띠며 염기성이다.

4 중합체와 거대분자 사이의 상관관계를 설명한다.

- **축합반응**에 의해 서로 연결된 **단량체**들(비슷한 유기화합물들)의 긴 사슬을 **중합체**라고 한다.
- 다당류, 단백질, DNA 등처럼 큰 중합체를 **거대분자**라 하며, 이들은 **가수분해 반응**에 의해 분해될 수 있다.

5 단당류, 이당류, 다당류를 구분한다. 구조성 다당류와 저장성 다당류를 비교한다.

- **탄수화물**은 탄소, 수소, 산소를 거의 1:2:1의 비율로 함유한다.
- **단당류**들은 포도당, 과당, 리보오스와 같은 당들이다.
- 단당류 2개가 **배당결합**에 의해 맥아당이나 설탕 같은 **이당류**가 된다.
- 대부분의 탄수화물들은 단순한 당이 반복되어 연결된 긴 사슬 형태의 **다당류**들이다. 탄수화물은 식물에서는 다당류인 **녹말**로, 동물에서는 다당류인 **글리코겐**으로 저장된다. 식물 세포벽은 주로 구조다당류인 **셀룰로오스**로 구성되어 있다.

6 지방, 인지질 및 스테로이드를 구별하고, 각각의 구성 성분, 특성 및 생물학적 기능을 설명한다.

- **지질**은 탄화수소를 함유하는 부위와 몇 개의 산소를 함유하는(극성 또는 이온성) 작용기들로 구성되어 있다. 지질은 미끈거리거나 기름성 점도를 가지며 비교적 물에 녹지 않는다.
- 생명체에서 지방의 주요 저장형태인 **트리아실글리세롤**은 **글리세롤** 한 분자에 **지방산** 3 분자가 결합하여 형성된다. **모노아실글리세롤**과 **디아실글리세롤**은 각각 지방산을 1개, 2개 함유한다.
- **인지질**들은 세포막의 구조 성분이다. 인지질은 글리세롤에 지방산 2개와 유기화합물이 연결된 인산기가 결합한 구조이다.
- **스테로이드**는 탄소 원자들이 모여 형성한 고리 4개가 붙어 있는 구조이다. 콜레스테롤, 담즙산염, 그리고 특정 호르몬들이 중요한 스테로이드들이다.

7 단백질의 구조와 기능에 대해 설명한다.

- **단백질**은 **아미노산**들이 **펩티드 결합**으로 연결된 크고 복잡한 분자이다.
- 아미노산 2개가 결합하여 **디펩티드**를 형성한다. 아미노산들이 연결된 긴 사슬이 **폴리펩티드**이다
- 단백질은 생체분자들 중 용도가 가장 다양한 분자이다.

8 아미노산들의 공통점과 아미노산을 분류하는 법을 설명한다.

- 모든 아미노산들은 아미노기와 카르복실기를 각각 1개씩 가지고 있다.
- 아미노산들의 곁사슬은 다양하다. 이 곁사슬들이 비극성, 극성, 산성 또는 염기성 같은 아미노산의 화학적 특성을 결정한다.
- 아미노산들은 세포내 pH에서 비극성 이온으로 존재하며, 중요한 생물학적 완충용액으로 작용한다.

9 단백질 구조의 4 단계를 설명한다.

- **1차 구조**는 폴리펩티드 사슬에 있는 아미노산들의 결합 서열이다.
- **2차 구조**는 **$\alpha$–나선** 또는 **$\beta$–병풍 구조**와 같은 규칙적인 입체 형태이다. 이 구조는 아미노산들 사이의 수소결합에 의해 형성된다.
- **3차 구조**는 폴리펩티드의 전체적인 모양이다. 이것은 아미노산 곁사슬의 화학적 특성과 상호작용에 의해 결정된다. 수소결합, 이온결합, 소수성 상호작용, 그리고 이황화결합이 3차 구조에 기여한다.
- **4차 구조**는 2개 또는 그 이상의 폴리펩티드 사슬들의 상호작용에 의해 결정된다.

10 뉴클레오티드의 구성 성분을 설명한다. 핵산과 뉴클레오티드의 예를 들고, 생명체에서 이들 물질의 중요성에 대해 논의한다.

- **뉴클레오티드**는 질소성 염기인 2개의 고리로 된 **퓨린** 또는 1개의 고리로 된 **피리미딘**과 5탄당(**리보오스** 또는 **데옥시리보오스**), 그리고 1개 또는 그 이상의 인산기들로 구성된다.
- 뉴클레오티드들이 모여서 형성된 **핵산**인 DNA와 RNA는 단백질의 아미노산 서열을 지시하고, 궁극적으로는 생명체의 구조와 기능을 지배하는 정보를 저장하고 전달한다.
- **ATP(아데노신 삼인산)**는 에너지 대사에 있어서 중요한 뉴클레오티드이다. **$NAD^+$**는 세포내 산화환원 반응에서 전자(수소) 수용체로 작용하여 에너지 대사에 관여한다.

## 연습문제

1. 다음 중 소수성인 것은?
   (a) 극성 분자와 탄화수소 (b) 이온과 탄화수소
   (c) 비극성 분자와 이온 (d) 극성 분자와 이온
   (e) 정답 없음

2. 단위체가 공유결합으로 연결되는 합성반응은?
   (a) 가수분해반응 (b) 이성질화
   (c) 축합 (d) 글리코시드 결합
   (e) 에스테르 결합

3. 다음 중 산(acid)으로 작용하는 작용기는?
   (a) 히드록시기 (b) 카르보닐기 (c) 황화수소기
   (d) 인산기 (e) 아미노기

4. 탄소가 유기 분자들의 골격이 되는데 특히 적합한 이유는?
   (a) 탄소가 공유결합과 이온결합을 모두 형성할 수 있기 때문에
   (b) 탄소의 공유결합은 3차원 공간에서 매우 불규칙적으로 배치될 수 있기 때문에
   (c) 탄소의 공유결합들이 가장 강한 화학결합으로 알려져 있기 때문에
   (d) 탄소가 많은 수의 다른 원소들의 원자들과 결합할 수 있기 때문에
   (e) 탄소가 형성하는 모든 결합들이 극성이기 때문에

5. 알데히드 당이라 부르는 단당류는 ______(을)를 포함한다.
   (a) 말단의 카르복실기 (b) 내부의 카르복실기
   (c) 말단의 카르보닐기 (d) 내부의 카르보닐기
   (e) 말달의 카르복실기와 내부의 카르보닐기

6. 다음 그림은 ______이다.
   (a) 거울상이성질체 (b) 동일한 분자 (c) 기하이성질체(cis–trans)
   (d) 기하이성질체와 거울상이성질체 둘 다 (e) 구조이성질체

7. 다음 중 수소결합에 의해 영향을 받을 수 있는 단백질의 구조 단계는?
   (a) 1차와 2차 (b) 1차와 3차 (c) 2차, 3차 그리고 4차
   (d) 1차, 2차 그리고 3차 (e) 1차, 2차, 3차, 그리고 4차

8. 인지질과 트리아실글리세롤의 지방산들은 ______에 의해 서로 상호작용한다.
   (a) 이황화결합 (b) 반데르발스 상호작용 (c) 공유결합
   (d) 수소결합 (e) 지방산들은 서로 상호작용하지 않는다.

9. 포화지방산은 ______로 포화되어 있기 때문에 붙여진 이름이다.
   (a) 수소 (b) 물 (c) 히드록실기 (d) 글리세롤 (e) 이중결합

10. 지방산은 ______의 구성성분이다.
    (a) 인지질과 카르티노이드
    (b) 카르티노이드와 트리아실글리세롤
    (c) 스테로이드와 트리아실글리세롤
    (d) 인지질과 트리아실글리세롤
    (e) 카르티노이드와 스테로이드

## 심화 학습문제

1. 아미노산은 2개의 가능한 거울상이성질체(D–, L– 형태)들 중에서 한 형태로 존재한다. 하지만 모든 생명체의 단백질은 L형 아미노산으로 구성되어 있다. 이것이 단백질 진화에 대해 의미하는 것은?

2. 어떤 면에서 모든 종들이 생화학적으로 비슷한가? 어떻게 종들은 생화학적으로 서로 다른가?

4

# 세포의 구성

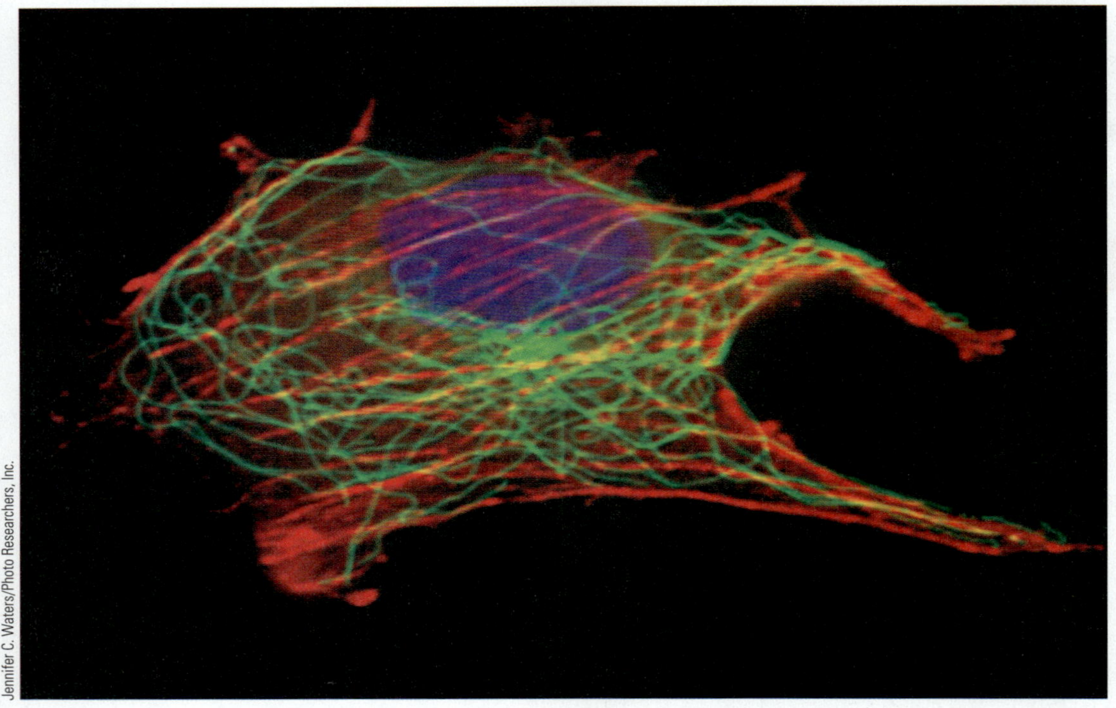

Jennifer C. Waters/Photo Researchers, Inc.

**세포골격.** 이 그림의 세포는 형광을 내는 항체에 의해 표지된 DNA 결합 단백질(보라색)과 미세소관 단백질(녹색)을 보여준다. 미세섬유(붉은 색)도 보인다. 이 사진을 찍은 공초점 형광현미경은 세포 내에 존재하는 미세섬유들의 광범위한 분포를 볼 수 있다.

## 핵심 개념

세포의 구성과 크기는 항상성 유지를 위해 결정적으로 중요하다.

원핵세포와는 달리 진핵세포는 세포내부를 여러 구획으로 나누어 주는 내막을 갖춤으로써 특정 세포활성이 분리된 작은 지역에서 일어나게 한다.

진핵세포에서는 DNA에 암호화되어 있는 유전정보가 핵 내에 위치한다.

리보솜에서 합성되어 소포체에서 가공되는 단백질들은 골지복합체에서 더 가공된 후 특정 목적지로 수송된다.

미토콘드리아와 엽록체는 한 형태의 에너지를 다른 형태의 에너지로 전환한다.

세포골격은 다양한 종류의 세포운동을 가능하게 하는 역동적인 내부구조물이다.

세포는 생명활동을 수행하는 가장 작은 단위체다. 생물체로부터 분리된 어떤 세포들은 필수영양소와 적절한 환경이 주어진다면 실험실 조건에서도 오랫동안 생명활동을 유지하며 성장할 수 있다. 이것이 가능한 이유는 대부분의 세포가 자신의 유지, 성장, 분열에 필요한 모든 물리적, 화학적 성분을 포함하고 있기 때문이다. DNA에 담겨있는 유전정보는 세포분열 과정을 통해 정확하게 복제되어 다음 세대의 세포로 전달된다. 그 유전정보는 특정 단백질들을 암호화하고 있으며, 바로 그 단백질들이 세포의 구조와 기능을 결정한다.

대부분의 원핵생물과 많은 종류의 원생생물 및 곰팡이류는 단세포성이지만, 대부분의 식물과 동물은 아주 많은 세포들로 구성되어 있다. 이들 다세포 생물의 세포는 기본적 특성은 유사하지만 아주 다양한 종류와 기능을 수행한다.

세포는 물질과 에너지를 외부환경으로부터 받아들이고, 그것들을 자신이 이용할 수 있는 에너지 형태로 전환하며, 그 에너지들을 기계적 일이나 화학적 합성 등의 다양한 일을 수행하는데 이용한다. 세포는 주로 아데노신 삼인산(ATP)이라는 화학에너지를 만들어내며, 세균이나 동 · 식물 상관없이 모든 생물체는 근본적으로 같은 방법의 화학반응을 통해서 에너지 전환을 이루어낸다.

세포생물학자들은 기술적 진보와 더불어 세포의 구조와 기능에 대해 더 잘 이해해 왔다. 예를 들면, 세포골격에 대한 연구는 현미경 기술의 발달에 의해 아주 활발하게 이루어지고 있는데, 위의 현미경 사진의 녹색은 세포골격의 주요 성분인 미세소관이 세포내에 골고루 퍼져있는 모습을 보여준다. 이들은 세포의 형태유지, 운동, 세포내 물질의 수송에서 중요한 기능을 담당한다. ■

## 4.1 세포설

### 학습목표

1 생세포설과 그것이 생명의 진화측면에서 가지는 연관성을 이해한다.

세포는 모든 생명체가 근본적인 통일성을 가지고 있음을 보여주는 극적인 예이다. 이러한 생각은 1830년대 말 독일의 식물학자인 **슐라이덴**(Matthias Schleiden)과 동물학자인 **슈반**(Theodor Schwann)에 의해 최초로 주창되었다. 이들은 자신들과 과학자들의 관찰결과를 바탕으로 귀납적 추론을 통해 모든 식물체와 동물체가 세포로 이루어져 있다고 결론지었다. 이후, 독일의 과학자 **비르효**(Rudolf Virchow)는 분열을 통해 딸세포를 만드는 세포를 관찰함으로써 새로운 세포는 반드시 기존 세포의 분열에 의해서만 형성된다는 것을 제안하였다.

**세포설(cell theory)**은 (1) 세포가 모든 생물체의 구성과 기능의 기본 생명단위이고 (2) 모든 세포는 다른 세포들에서 유래된다는 통합 개념이다. 세포가 만들어내는 구조와 분자들의 기본적인 유사성은 살아있는 모든 세포들이 공통적인 기원을 가진다는 증거다. 단순한 박테리아에서부터 가장 복잡한 식물이나 동물에 이르는 다양한 생물체들을 구성하고 있는 세포들의 공통된 특징에 대한 연구는 다양한 생물체 집단의 진화적 역사를 찾아냄으로써 오늘날 살아있는 모든 생물체가 공통 기원을 갖고 있다는 것에 대해 강력한 증거를 제공하고 있다.

## 4.2 세포의 구성과 크기

### 학습목표

2 세포 구성과 항상성 사이의 관계를 요약하라.

3 세포 크기와 항상성 사이의 관계를 설명하라.

세포의 구성과 작은 크기는 세포가 적절한 내부 환경, 즉, **항상성(homeostasis)**을 유지할 수 있게 해 준다. 세포는 염의 농도, 산성도(pH) 그리고 온도 변화를 포함한 지속적인 환경변화를 겪는다. 따라서 세포는 내부환경을 회복하고 유지하기 위해서 끊임없이 일을 해야만 세포 내 다양한 생화학적인 기작이 작동할 수 있게 된다.

### 4.2.1 모든 세포의 구성은 기본적으로 유사하다

세포가 항상성을 유지하기 위해서는 세포의 내용물들이 반드시 외부환경과 분리되어 있어야만 한다. **원형질막(plasma membrane)**은 세포 내부를 하나의 닫힌 구획으로 만듦으로써 세포내의 화학적 조성이 세포 외부와는 상당히 다르게 유지될 수 있도록 한다. 또한, 원형질막은 세포 함유물과 외부 환경 사이에서 극히 선택적인 장벽을 제공하여 세포들이 환경과 물질을 교환하여 필요한 물질을 축적하고 에너지를 저장할 수 있게 한다.

대부분의 세포는 **세포소기관(cell organelle)**이라 불리는 내부 구조를 가지고 있다. 이들은 에너지를 사용 가능한 형태로 전환하고, 필요한 물질을 합성하고, 기능과 생식에 필요한 구조를 생산하는 등과 같은 대사활동을 수행하도록 특수화되어 있다. 세포는 각자 자신의 DNA에 암호화된 유전적 정보를 갖고 있는데, 이는 세포의 제한된 지역에 집중되어 있다.

### 4.2.2 세포의 크기는 제한적이다

세포의 크기는 매우 다양하지만(**그림 4-1**), 대부분의 세포는 극히 작아서 그 크기를 측정하는데 매우 작은 단위가 사용된다. 미터 단위 체계에서 마이크로미터(μm)는 세포크기를 측정하는데 가장 편리한 단위이다.

조류(algae)와 동물 세포들 중에서 몇몇의 특수화된 세포들은 육안으로 관찰될 만큼 충분히 크다. 예를 들어, 인간의 난자세포는 직경이 130 μm이며, 이 문장의 끝 부분의 마침표 크기이다. 가장 큰 세포는 새의 알이지만 노른자와 흰자는 모두 영양분을 저장하

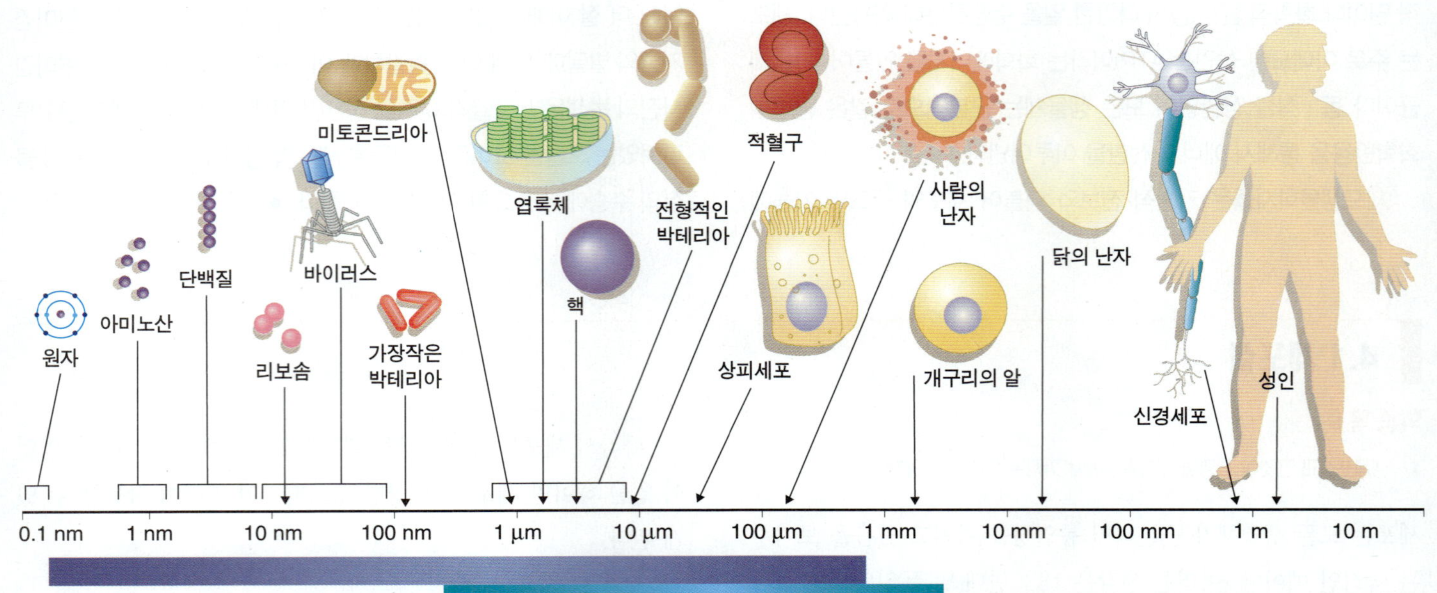


| 길이(도량형) | | |
|---|---|---|
| 1 meter | = | 1000 millimeters (mm) |
| 1 millimeter | = | 1000 micrometers (µm) |
| 1 micrometer | = | 1000 nanometers (nm) |

**그림 4-1　생물학적 크기와 세포의 다양성.**

화학적 수준에서 유기체적 수준까지의 상대적인 크기는 대수적 규모(10의 배수)를 사용함으로써 매우 편리하게 비교되어 있다. 박테리아의 원핵세포는 일반적으로 1~10 µm 미만의 크기이다 그들의 작은 크기는 빠르게 성장하고 분열하는 것을 가능하게 한다. 진핵세포는 일반적으로 지름이 10~100 µm이다. 대부분은 10~30 µm의 크기이다. 동물세포와 식물세포의 핵은 지름이 약 3~10 µm 정도이다. 미토콘드리아는 작은 박테리아 크기인 약 5 µm 인데, 이에 반해 엽록체는 대체로 더 크다. 난자(난세포)는 가장 큰세포에 속한다. 몇 몇 신경세포는 아주 긴데 이는 몸의 한 부분에서 다른 부분으로 신호를 전달할 수 있도록 특성화되어 있다. 여기 보이는 세포는 실제 크기가 아니다.

고 있는 것이며 실제 기능적인 부분은 노른자 표면에 있다.

세포는 왜 그렇게 작아야만 할까? 그것은 세포가 성장하고 생존하기 위해서는 영양소와 다른 물질들을 섭취해야 하며, 대사작용으로 생긴 세포 내 노폐물을 배출해야만 하기 때문이다. 세포를 출입하는 모든 것은 원형질막을 반드시 통과해야 한다. 원형질막은 세포 내부 및 외부로의 물질 출입을 선택적으로 조절하는 특수화된 "펌프"와 "여닫이 문" 구조를 갖는 통로를 갖고 있다. 따라서, 원형질막을 가로질러 물질의 출입이 원활하게 일어나기 위해서는 세포의 표면을 이루고 있는 원형질막이 세포의 부피에 비해 상대적으로 충분히 커야 한다. 이것은 부피에 대한 표면적의 비율이 세포의 크기를 결정하는 중요한 요소임을 의미한다(▮ **그림 4-2**). 세포가 점점 더 커지면서 부피는 그것의 표면적(다시 말해 원형질막)에 비해 더 큰 비율로 증가하는데, 이러한 증가의 상한선이 넘게 되면 세포는 더 이상 분자를 필요한 만큼 충분히 빨리 수송할 수 없으며, 또한 다양한 이온의 농도를 조절하거나 노폐물을 효율적으로 방출할 수 없게 된다. 모든 세포가 구형이나 직방형은 아니다. 일부 매우 큰 세포들은 그 형태로 인해 부피에 비해 상대적으로 큰 표면적을 가지기도 한다. 예를 들어, 가늘고 긴

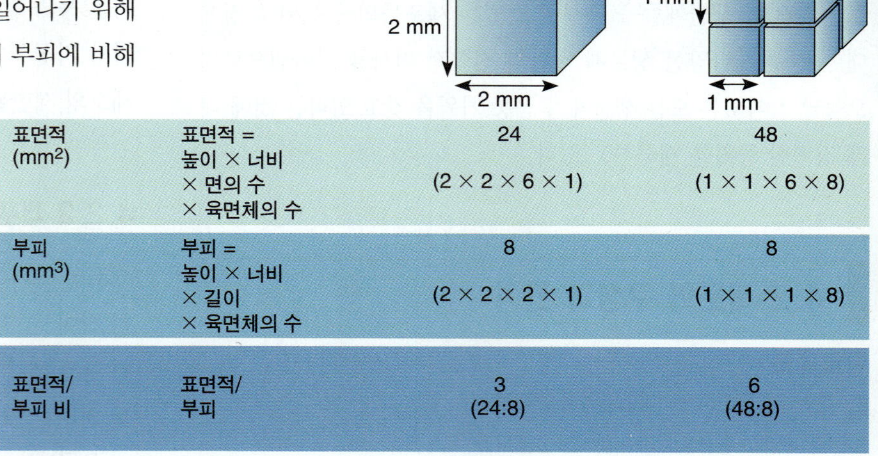


| | | | |
|---|---|---|---|
| 표면적 (mm²) | 표면적 = 높이 × 너비 × 면의 수 × 육면체의 수 | 24 (2 × 2 × 6 × 1) | 48 (1 × 1 × 6 × 8) |
| 부피 (mm³) | 부피 = 높이 × 너비 × 길이 × 육면체의 수 | 8 (2 × 2 × 2 × 1) | 8 (1 × 1 × 1 × 8) |
| 표면적/부피 비 | 표면적/부피 | 3 (24:8) | 6 (48:8) |

**그림 4-2　표면적 대 부피의 비율.**

환경과 적절한 물질교환이 일어나기 위해서는 세포의 표면적이 부피에 비해 적당히 커야 한다. 8개의 세포가 하나의 큰 세포와 부피가 같더라도, 8개의 세포는 하나의 세포에 비해 표면적이 훨씬 더 크다(원형질막). 그림에서 보듯이, 1-mm 육면체 8개의 부피가 하나의 큰 육면체와 같더라도 그 표면적은 2배이다.

모양의 큰 식물 세포들은 부피에 대한 표면적의 비율이 높다. 소장에 존재하는 상피세포의 경우처럼 일부 세포는 원형질막에 **미세융모(microvilli)**라는 손가락 모양의 돌출부를 가짐으로써 영양소와 그 밖의 물질들을 흡수하는 표면적을 크게 증가 시킨다(그림 46-8 참조).

### 4.2.3 세포의 크기와 모양은 기능과 관계가 있다

세포의 크기와 모양은 그들이 수행하는 기능과 관계가 있다. 아메바나 백혈구와 같은 세포들은 모양을 바꿈에 따라 움직이게 된다. 정자세포는 긴 채찍 모양의 꼬리인 **편모(flagella)**를 이용하여 이동한다. 신경세포는 신호를 멀리 떨어져 있는 곳까지 전달할 수 있도록 길고 가늘게 되어 있다. 인체의 일부 신경세포는 그 길이가 1 m 에 달하는 것도 있다.

**복습**

- 원형질막은 어떻게 항상성을 유지할 수 있도록 도와주는가?
- 왜 세포의 표면적과 부피의 관계가 세포의 크기를 제한하는데 있어서 중요한가?

## 4.3 세포 연구 방법

**학습목표**

4 생물학자들이 세포를 연구하는데 사용하는 현미경법과 세포분획법과 같은 방법들을 이해한다.

생물학자들이 세포의 구조를 연구하는데 있어서 가장 중요한 도구 중의 하나는 현미경이다. 세포는 영국의 과학자인 **로버트 후크**(Robert Hook)의 저서인 *Micrographica*에서 1665년에 최초로 소개되었다. **후크**는 직접 제작한 현미경으로 코르크 조각을 관찰하면서 그 조각이 수도승들이 살던 작은 방(cell)처럼 보이는 단위 구조들로 구성되어 있음을 확인하고, 그 단위구조를 세포(cell)라고 명명하였다. 흥미로운 점은, 후크가 본 것은 실제로 살아있는 세포가 아니라 죽은 코르크 세포의 세포벽이었다(**그림 4-3a**). 학자들은 벽에 의해 싸여진 내부가 살아있는 세포의 중요한 부분임을 후에 알게 된다.

몇 년 후, 네덜란드의 박물학자인 **루벤후크**(Anton van Leeuwenhoek)는 직접 만든 작은 렌즈로 살아있는 세포를 관찰하였다. 그의 뛰어난 렌즈 연마 기술은 그로 하여금 물체의 상을 200배 이상 확대할 수 있게 해주었다. 그는 박테리아, 원생생물, 혈액세포, 및 정자세포 등을 발견하였으며, 이로써 그는 동물의 세포를 보고한 첫 번째 과학자가 되었다.

### 4.3.1 광학현미경은 염색된 세포나 살아있는 세포를 연구하는데 사용된다

대부분 학생들이 사용하는 **광학현미경**(light microscopy; LM)은 양쪽 끝에 유리렌즈가 부착된 관으로 되어 있다. 오늘날 사용되는 광학 현미경은 몇 개의 렌즈가 장착되어 있어서 *복합현미경(compound microscope)*이라고 부른다. 가시광선은 관찰하는 표본과 렌즈를 통과한다. 광선은 렌즈에 의해 반사되고 굴절되어 상을 확대시킨다. 작은 물체를 얼마나 크고 선명하게 보여주느냐를 결정짓는 현미경의 2가지 특성은 **확대(magnification)**와 **해상력(resolving power** 또는 **해상도**, **resolution)**이다. 확대란 물체의 실제 크기에 대한 현미경으로 보는 상의 크기의 비율이다. 최상의 광학현미경으로 물체를 1000배까지 확대해서 볼 수 있다. 해상력은 상을 섬세히 분별할 줄 아는 능력이다. 이것은 2개의 점이 하나의 흐릿한 점이 아니라 2개의 분리된 점으로 보이게 되는 두 점 사이의 최단거리로 정의된다. 해상도는 렌즈의 질과 조명하는 빛의 파장에 의존한다. 파장이 감소하면 해상도는 증가한다. 광학현미경에 쓰이는 가시광선은 400 nm(자외선)에서 700 nm(적외선)의 영역의 파장을 갖고 있다. 이것은 작은 박테리아 세포의 직경(약 0.2 μm)보다 더 작은 것을 자세히 관찰 할 수 없음을 의미한다. 20세기 초에 이르러 정교한 광학현미경과 염색방법의 개발은 생물학자들로 하여금 세포 내부의 수많은 다른 구조와 기관 및 특정 유기분자들을 발견하게 하였다. 현재는 특별한 광학시스템을 가진 광학현미경을 이용하여 살아있는 세포를 연구할 수 있다.

*명-시야 현미경법*(bright-field microscopy)에서는 배양중인 세포를 통과한 빛에 의해 형성된 영상을 볼 수 있다(**그림 4-3b**). 명암대비에 차이가 거의 없어서 상세한 세포 구조를 볼 수는 없다. *암-시야 현미경법*(dark-field microscopy)에서는 광선이 측면에서 들어와서 산란된 빛만이 렌즈를 통과한다. 세포는 어두운 배경에 비해 밝은 물체로 보여진다(**그림 4-3c**).

*위상차현미경*(phase contrast microscopy)과 *노마르스키 분별-간섭현미경(Nomarski differential-contrast microscopy)*은 세포내 밀도차를 이용하여 염색되지 않은 살아있는 세포를 볼 수 있게 한다(**그림 4-3 d, e**).

*형광현미경*(fluorescence microscope)은 세포 내부의 특정한 분자의 위치를 알아내는데 사용된다. 형광분자는 특정 파장의 빛을 흡수하고 그보다 더 긴 파장의 형광을 방출한다. 예를 들어,

**(a) 로버트 후크가 관찰한 코르크 세포들**

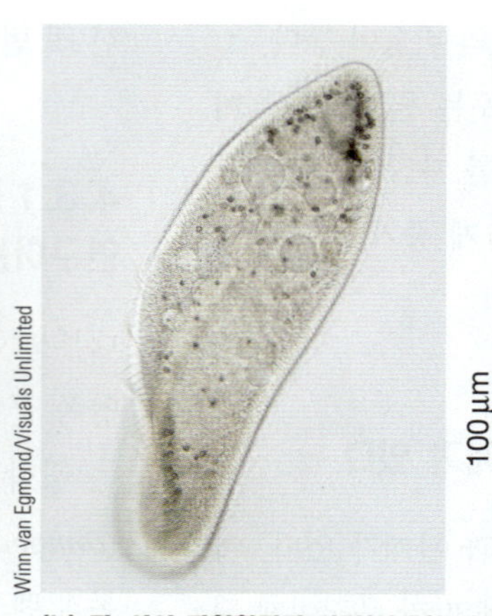


**(b) 명-시야 광학현미경 사진(염색한 시료)**

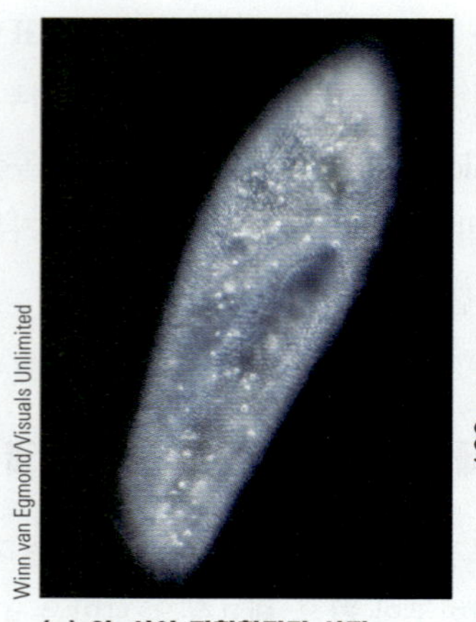


**(c) 암-시야 광학현미경 사진**

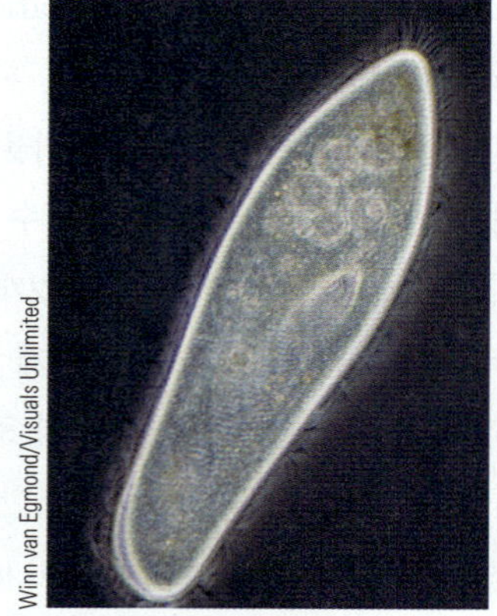


**(d) 위상차 현미경 사진**

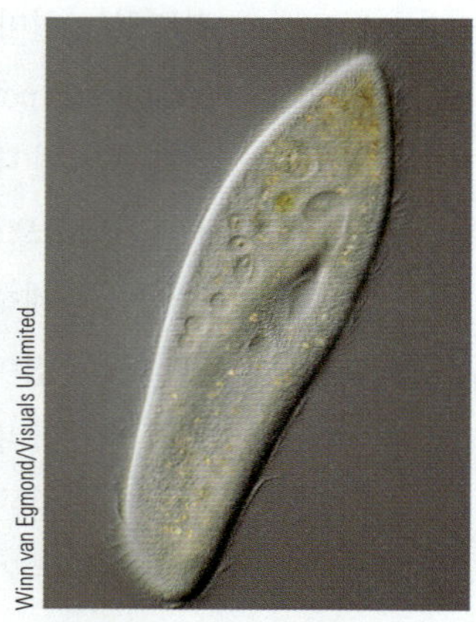


**(e) 분별-간섭-위상차 현미경 사진**

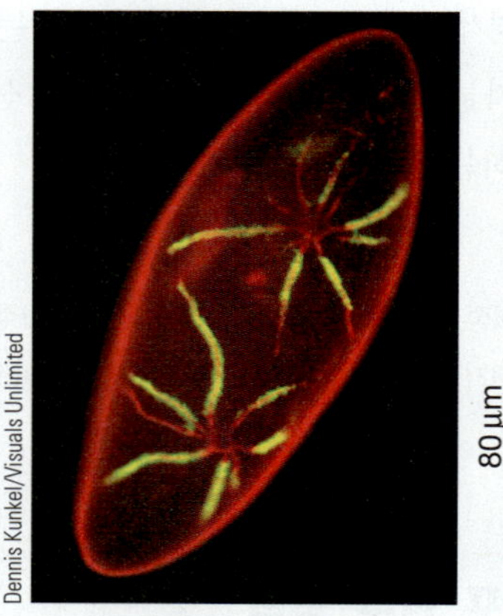


**(f) 공초점 현미경 사진.** 형질막과 수축포들은 붉은 색으로 염색됨. 수축포들과 연계되어 있는 양성자 펌프는 노란색으로 염색 됨.

**그림 4-3** 여러 가지 현미경으로 관찰한 세포의 사진. (b)부터 (f)까지의 그림은 짚신벌레(원생동물)이다.

**(a)** 로버트 후크는 직접 만든 현미경을 사용해 코르크의 얇은 조각을 보고 그것을 그렸다. 이후 더욱 정교한 현미경과 기술은 생물학자들이 세포를 더욱 자세히 볼 수 있게 해준다. 명-시야 현미경법은 염색방법에 의해 더 잘 볼 수가 있다. 위상차 현미경과 분별-간섭-위상차 현미경은 세포의 구역에 따라 다른 광학적 밀도 차이를 증가시킴으로써 세포내부를 상세히 볼 수 있게 해준다.

어떤 형광분자는 DNA 분자에만 특별히 결합하여 자외선을 흡수한 후 푸른 형광을 방출함으로써 세포 내의 DNA의 존재와 위치를 결정해준다. 생물학자들은 해파리에서 추출한 녹색형광단백질(green fluorescent protein; GFP)이라고 하는 단백질을 많이 사용하는데, GFP는 살아있는 세포 내의 단백질을 알아보는데 매우 유용한다.

몇몇 형광염색은 내부 방어에 중요한 분자인 *항체*(antibody)에 화학적으로 결합한다. 항체는 세포 내 특정 분자의 아주 특별한 부위에 결합할 수 있다. 특정 단백질의 한 부분으로서 혹은 특정 다당류에 몇몇 당류처럼 단일형태의 항체 분자는 단지 하나의 구조에 결합한다. 세포로부터 분리된 특정 단백질에 결합하는 것으로 알려진 정제된 형광 항체는 단백질이 위치하는 곳이 어디인지를 결정하는데 사용된다.

*공촛점 형광현미경*(cofocal flurescence microscope)은 표준 형광현미경 보다 더 세밀한 이미지를 볼 수 있게 해준다(**그림 4-3f**). 이 현미경은 형광염색에 의해 표지된 구조의 해상도를 크게 향상시켰다(이 장의 서론에 있는 현미경 사진). 세포 생물학자들은 컴퓨터, 레이저 그리고 광검출기를 사용해 세포를 관찰하는데 새로운 기술을 발전시키고 있다. 컴퓨터에 근거한 이미지화 과정은 3차원 시각을 만들어 여러 이미지를 합성한다.

### 4.3.2 전자현미경은 고해상도 이미지를 제공한다

1950년대에 **전자현미경**(electron microscope; EM)이 발명

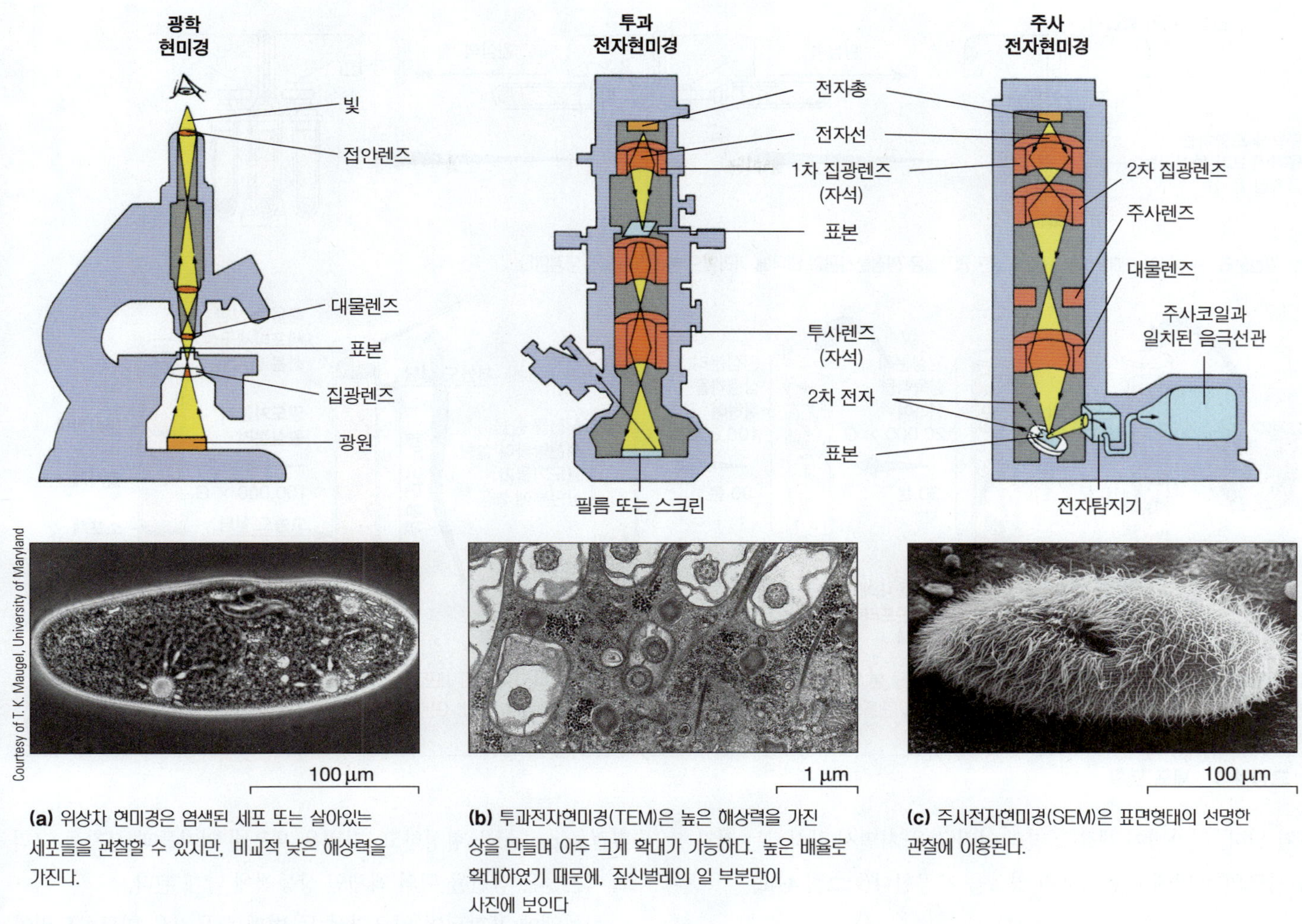


**(a)** 위상차 현미경은 염색된 세포 또는 살아있는 세포들을 관찰할 수 있지만, 비교적 낮은 해상력을 가진다.

**(b)** 투과전자현미경(TEM)은 높은 해상력을 가진 상을 만들며 아주 크게 확대가 가능하다. 높은 배율로 확대하였기 때문에, 짚신벌레의 일 부분만이 사진에 보인다

**(c)** 주사전자현미경(SEM)은 표면형태의 선명한 관찰에 이용된다.

**그림 4-4 광학현미경과 전자현미경의 비교.**
위상차 광학현미경과 서로 다른 두 종류의 전자현미경은 뚜렷이 다른 세포 영상을 만들어 낸다. 이 사진들에서 보이는 것은 원생생물인 짚신벌레이다.

되기 전까지 연구자들은 세포의 미세한 부분 혹은 **초미세구조 (ultrastructure)**를 관찰하거나 연구 할 수 없었다.

가장 성능 좋은 광학현미경이 사람의 눈보다 약 500배 이상의 해상도를 갖고 있는 반면 전자현미경은 10,000배 이상의 해상도를 갖고 있다. 이것은 광학현미경이 수 백 nm파장의 빛을 이용하는 반면에, 전자현미경은 파장이 약 0.1 nm~0.2 nm인 전자빔을 사용하기 때문이다. 또한, 광학현미경이 물체를 1000배 이상 확대할 수 없었던 반면, 전자현미경은 250,000배 이상 확대할 수 있다.

전자현미경에 의해 형성된 이미지는 직접 볼 수가 없다. 전자빔 그 자체는 전하를 띤 전자들로 이루어져있는데, 광학현미경의 유리렌즈에 의해 초점이 맞춰지는 것처럼 음전하 때문에 전자현미경은 전자석에 의해 이미지의 초점이 맞춰진다(**그림 4-4a**). 전자현미경에는 투과전자현미경 (transmission electron microscopy; TEM) 과 주사전자현미경 (scanning electron microscopy; SEM)의 2종류가 있다.

투과전자현미경(TEM)은 관찰하고자 하는 시료를 먼저 유리나 다이아몬드 칼로 아주 얇은 판조각(50에서 100 nm의 두께)으로 자른 후, 작은 금속 격자판에 올린다. 조각시료를 통과한 음전하의 전자는 전자석을 지나면서 초점이 맞춰지고 사진촬영 판 위에 혹은 텔레비전 스크린처럼 작용하는 형광 스크린에 이미지를 생성한다(**그림 4-4b**). 작은 금입자를 붙인 항체 분자를 사용하여 투과전자현미경법을 수행하면 그 항체가 결합하는 세포의 특정 분자나 단백질의 검출도 가능하다. 즉, 전자는 금입자를 통과하지 못하기 때문에 전자현미경 사진 상에서 검은 점으로 나타나는데, 이 점이 바로 그 항체에 의해 인식된 단백질의 위치를 의미한다.

주사전자현미경(SEM)은 투과전자현미경에서 얻을 수 없는 시료의 모양과 외부형태에 대한 정보를 제공한다. SEM 관찰 시 시료는 전자빔이 통과하지 못하도록 금이나 다른 금속입자로 얇게

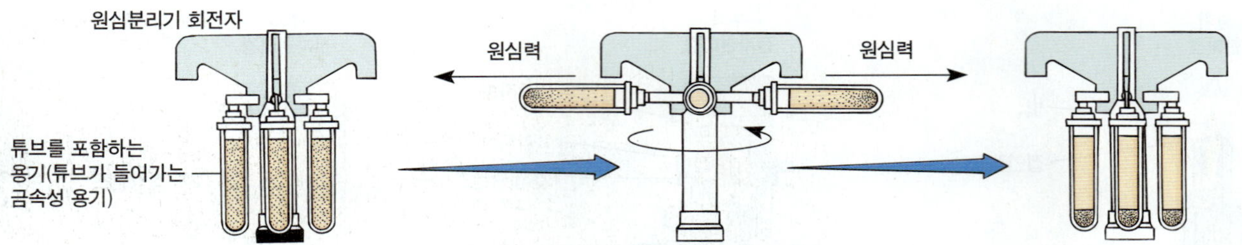


**(a) 원심분리.** 원심력에 의해 크거나 밀도가 큰 입자들은 원심분리관의 바닥에 가라앉으면서 침전물을 형성한다.

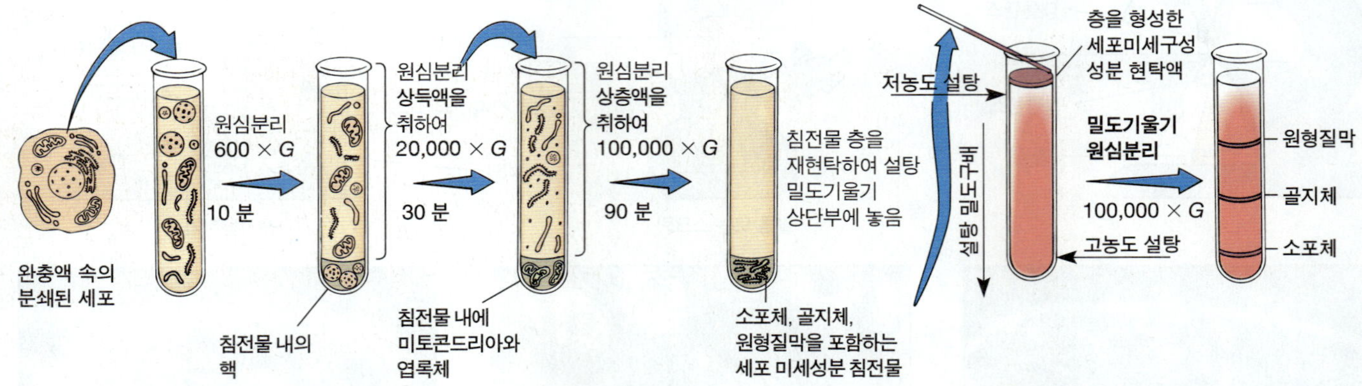


**(b) 차등원심분리.** 세포구조물들이 혼합되어 있는 현탁액을 분 당 회전 수를 증가시켜 가며 원심분리함으로써 다양한 그 세포구조물들로부터 다양한 독립적 분획으로 분리가 가능하다. 현탁된 침전물에 있는 막성분과 세포소기관들은 밀도 기울기구배 원심분리에 의해 더 정제될 수 있다. G는 중력을, ER은 소포체를 의미한다.

**그림 4-5 세포 분획**

도말 된다. 전자빔이 재료 표면의 여러 점을 치면서 반사되는 전자가 시료의 표면에 대한 3차원 영상을 제공한다(**그림 4-4c**).

### 4.3.3 생물학자들은 생화학적 방법으로 세포 구성물을 연구한다

현미경들은 세포의 구조를 연구하는데 훌륭한 도구이긴 하지만, 세포내 기관들이나 그 밖의 세포의 구성성분들의 기능에 관해서는 거의 정보를 주지 못한다. 세포내 기관들이 실제로 어떤 역할을 하는지 알아내기 위하여 그것들을 분리하고 정제한 후에 물리화학적 방법으로 연구해야 한다.

**세포분획법(cell fractionation)**은 세포소기관들을 정제하는 방법이다.

세포들을 파쇄하여 생긴 *세포추출물(cell extract)*의 내용물들은 **원심분리기(centrifuge)**(**그림 4-5a**) 내에서 회전에 의해 형성되는 원심력에 의해 서로 분리된다. 아주 강력한 원심분리기인 초원심분리기는 분당 100,000번 이상의 속도로 회전할 수 있으며, 생성되는 원심력은 500,000 × G이다(G는 중력). 이러한 원심력에 의해 추출물은 두 부분 즉, 침전물과 상등액으로 분리 된다. 핵과 같은 가장 무거운 세포내 물질들은 원심분리관의 바닥에 뭉쳐서 *침전물*(pellet)을 형성하고, 가벼운 세포내 입자들과 분자들 그리고 이온들은 침전물 위의 액체인 상등액에 남게 된다.

상등액에 포함되어 있으면서 두 번째로 무거운 미토콘드리아나 엽록체와 같은 세포성분은 더 강한 원심력에 의해 침전물을 형성함으로써 나머지 상등액과 분리될 수 있다. **차등원심분리법(differential centrifugation)**은 이와 같이 상등액을 단계적으로 증가된 속도로 회전시켜, 상등액 내의 다양한 세포 내용물들을 서로 다른 크기와 밀도에 기초하여 분리시킨다(**그림 4-5b**).

위의 침전물을 다시 현탁시킨 용액에 존재하는 세포 내용물은 **밀도구배 원심분리법(density gradient centrifugation)**에 의해 더 정제될 수 있다. 즉, 위의 현탁 용액을 고농도의 설탕용액 위에 올려놓고 원심분리를 한다. 원심력에 의해 설탕의 농도가 원심분리관을 따라 달라지면서 밀도가 달라지는데, 이때 세포내용물들은 각자의 밀도에 따라 설탕용액과 동일한 밀도의 위치에서 얇은 층을 형성하면서 서로 분리된다. 이렇게 정제된 세포소기관들은 그 안에서 일어나는 화학반응의 성질뿐만 아니라 어떤 종류의 단백질과 분자들이 존재하는지에 대한 실험에 이용된다.

**복습**

- 전자현미경의 주요 장점이 무엇인지 설명하라.
- 세포분획법이 무엇이고 그 과정은 어떠한지 기술하라.

# 4.4 원핵세포와 진핵세포

## 학습목표

5 원핵세포와 진핵세포의 일반적인 특성을 비교하고, 식물과 동물 세포를 비교 설명할 수 있어야 한다.

세포에는 2가지 기본적인 형태인 **원핵세포(prokaryotic cell)**와 **진핵세포(eukaryotic cell)**가 있다(1장 참조). 세균(bacteria)과 고세균(archaea)은 원핵세포이다. 대부분의 알려진 생물체들은 진핵세포로 구성되어 있다. 원핵세포는 일반적으로 진핵세포보다 크기가 작다. 실제로, 원핵세포는 평균적으로 진핵세포의 지름의 1/10크기에 해당 된다. 원핵세포에는 핵이 존재하지 않으며 DNA가 세포질내의 **핵 부위(nuclear area)** 또는 **핵양체(nucleoid)**라는 영역에 한정되어 위치한다(**그림 4-6**). *원핵*(prokaryotic)이란 용어는 "핵 이전"을 의미하는데, 바로 이 핵의 유무가 원핵세포와 진핵세포의 중요한 차이점이다. 원핵세포는 또한 세포내 막성 소기관들을 가지지 않는다.

진핵세포처럼 원핵세포도 내부구획에 세포의 내용물을 한정하는 원형질막을 가진다. 일부 원핵세포의 원형질막은 내부로 함입되어 접혀짐으로써 다량의 복잡한 막구조를 형성하고 여기에서 다량의 대사작용이 이루어진다. 대부분의 원핵세포는 원형질막을 둘러싸는 최외각 구조인 **세포벽(cell wall)**을 가진다. 많은 원핵세포들은 세포의 표면으로부터 돌출 된 긴 섬유형의 **편모(flagella)**를 가진다. 원핵세포의 편모는 프로펠라처럼 작동하며 이동에 있어 중요하다.

박테리아 세포는 RNA와 단백질의 복합체인 **리보솜(ribosome)**을 포함하고 있으며, 여기에서 폴리펩타이드가 합성된다. 원핵세포의 리보솜은 진핵세포의 것보다 훨씬 더 작다. 원핵세포는 24장에서 더욱 상세히 다뤄질 것이다.

**진핵세포(eukaryotic cells)**는 잘 조직화된 막성 세포소기관들을 가지며 그 중 대표적인 것은 유전물질인 DNA를 함유한 *핵*(nucleus)이다. *진핵*(eucaryotic)이란 용어는 "진정한 핵"을 의미한다. 초기의 생물학자들은 세포가 *원형질*(protoplasm)이라 불리는 균질의 젤리로 이루어져 있다고 생각했다. 전자현미경과 발달된 연구 도구로 인해 세포내부 환경에 대한 인식의 범위는 크게 확장되었다. 현재 우리는 세포가 고도로 조직화되고 복잡하다는 것을 안다(**그림 4-7, 4-8**).

진핵세포는 자체 내에 통제 센터, 내부수송 체계, 동력시설, 필요한 물질을 만들기 위한 공장, 포장 설비 그리고 심지어 "자기파괴" 체계까지 갖추고 있다. 세포 속 핵의 바깥 부분을 **세포질**

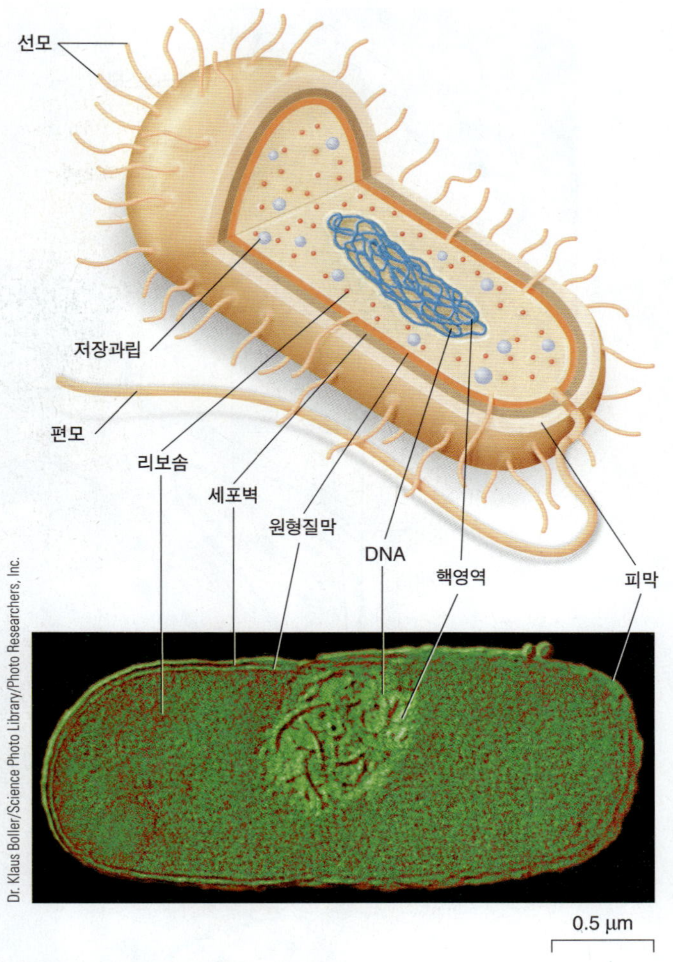


**그림 4-6 원핵세포의 구조.**

이 색깔을 입힌 TEM사진은 대장균의 길이 방향 절편을 보여주고 있다. 유전물질 DNA를 포함하는 핵양체가 눈에 띈다. 대장균은 사람의 장내에 서식하는 세균이지만 유사시에 어떤 종류는 장염을 초래하기도 한다.

**(cytoplasm)**, 그리고 핵의 내부를 **핵질(nucleoplasm)**이라고 한다. 여러 세포소기관들은 세포질의 액체 성분 속에 존재한다. 진핵세포의 세포소기관들은 크기와 관련된 몇몇 문제를 해결하여 진핵세포가 원핵세포보다 훨씬 클 수 있게 되었다. 진핵세포가 원핵세포와 구별되는 또 하나의 차이점은 세포의 형태유지와 세포내 물질수송에 중요한 역할을 하는 지지 구조, 즉 세포골격을 가진다는 것이다.

몇몇 세포소기관들은 특정한 세포에서만 발견된다. 예를 들어, 에너지를 전환하기 위한 태양빛을 가두는 구조를 하고 있는 엽록체는 광합성을 수행하는 식물이나 조류세포에서만 발견된다. 대부분의 세균, 균류, 그리고 식물세포들은 원형질막의 바깥쪽에 세포벽 가진다. 또한 식물세포는 크고 막으로 둘러싸인 액포를 가진다. 우리는 이 장에서 여러 가지 종류의 세포에 대한 차이점을 토

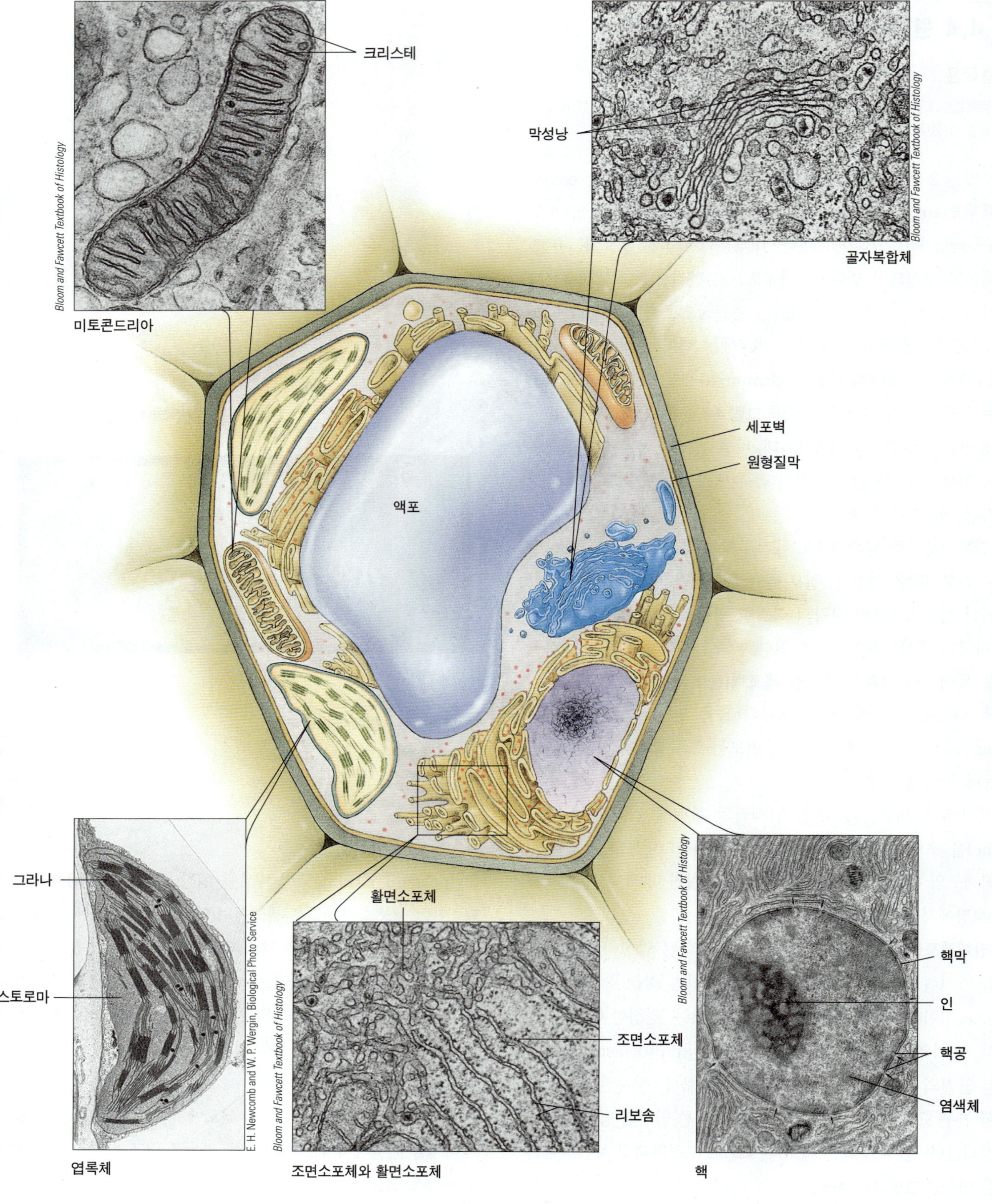


**그림 4-7 식물세포의 구성 모식도.**

엽록체, 세포벽 그리고 액포는 식물세포 만의 특징이다. TEM은 세포의 특정 구조와 부분을 보여준다. 어떤 식물세포는 여기에서 보이는 모든 소기관을 가지고 있지 않다. 예를 들면, 광합성을 수행하는 잎과 줄기 세포는 엽록체를 가지고 있는데 반해, 뿌리 세포는 가지고 있지 않다. 핵, 미토콘드리아, 소포체와 같은 소기관들은 모든 진핵생물에 존재한다.

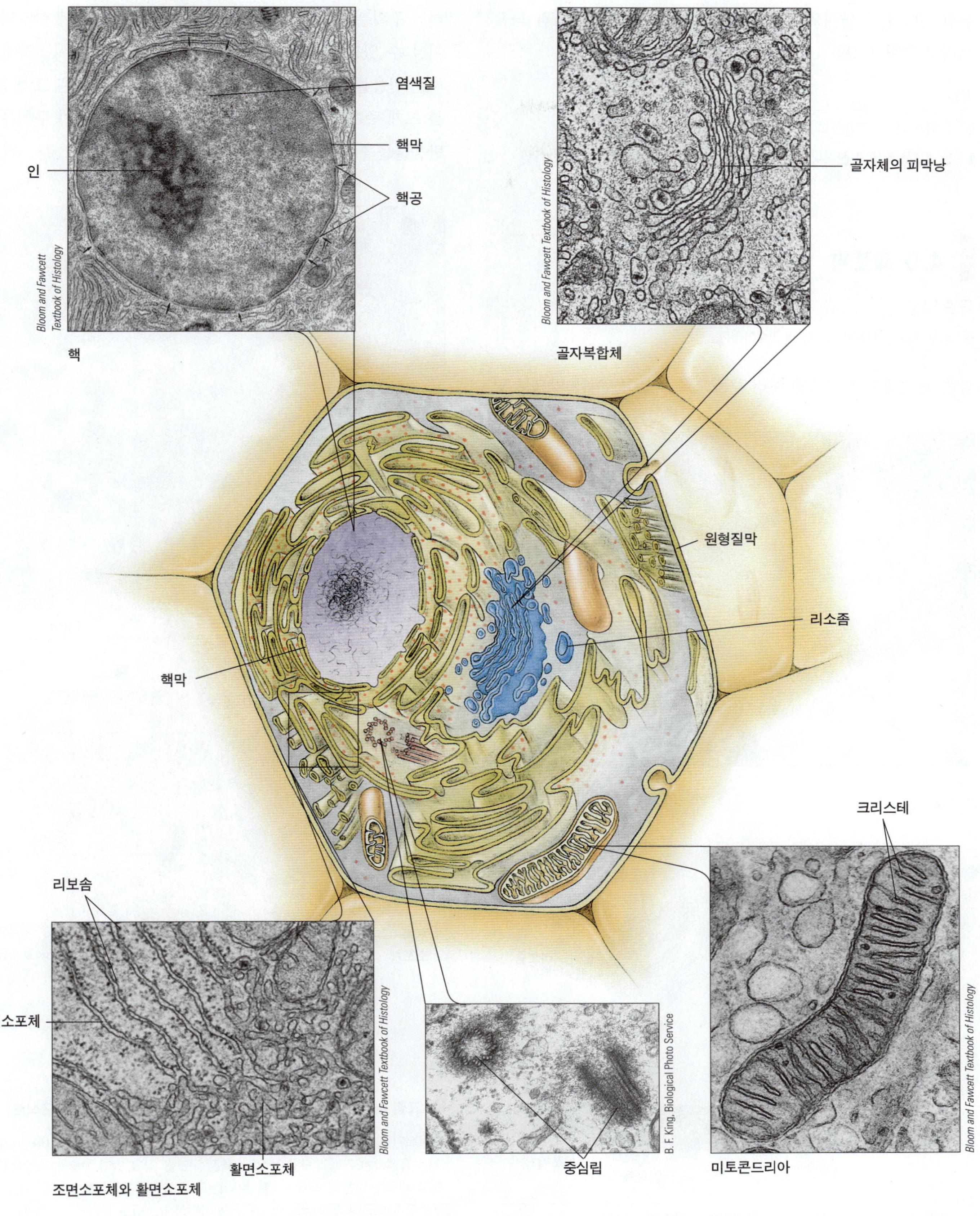


**그림 4-8** 동물세포의 구성 모식도.

일반적으로 동물세포는 서로에게 약간의 압박을 주는 이웃하는 세포들에 의해 둘러싸여 있다. TEM 사진들은 다양한 소기관의 구조를 보여준다. 세포의 종류에 따라 어떤 소기관들은 눈에 잘 띄기도 하고 그렇지 않기도 하다.

론할 것이다. 동물세포와 식물세포의 특징들이 그림 4-7과 4-8, 그리고 그림 4-9와 4-10에서 비교 설명되어 있다.

**복습**

- 원핵세포와 진핵세포의 가장 중요한 2가지 차이점은 무엇인가?
- 원핵세포에 비해 진핵세포의 크기가 큰 이유를 어떻게 설명할 수 있는가?

## 4.5 세포막

**학습목표**

**6** 세포막의 3가지 기능에 대해 기술하여라.

막은 진핵세포의 내부를 여러 구획으로 나누고, 이들 막으로 닫혀진 구획은 어떤 세포 활동이 세포내 특정한 구역에 한정되어 일어날 수 있도록 한다. 전체 세포 부피에 비해 좁은 구역에 존재하는 반응물은 훨씬 더 쉽게 접촉할 것이고, 이것은 그 반응속도를 크게 증가시킬 것이다. 반대로, 막으로 둘러싸인 구획은 어떤 반응물들을 세포의 다른 부분으로부터 격리시킴으로써 원치 않

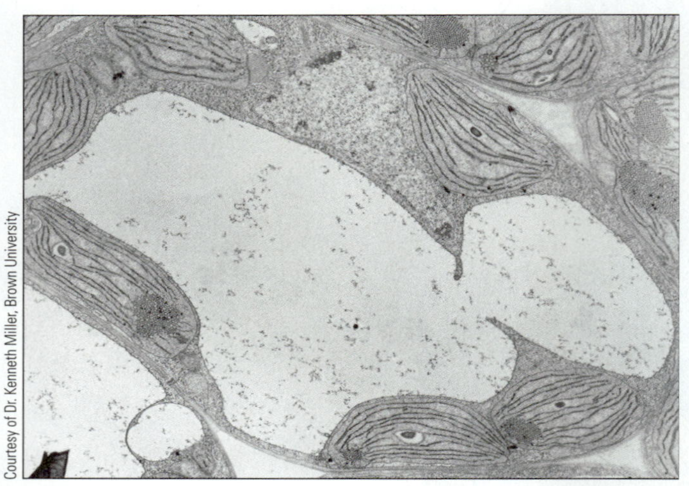


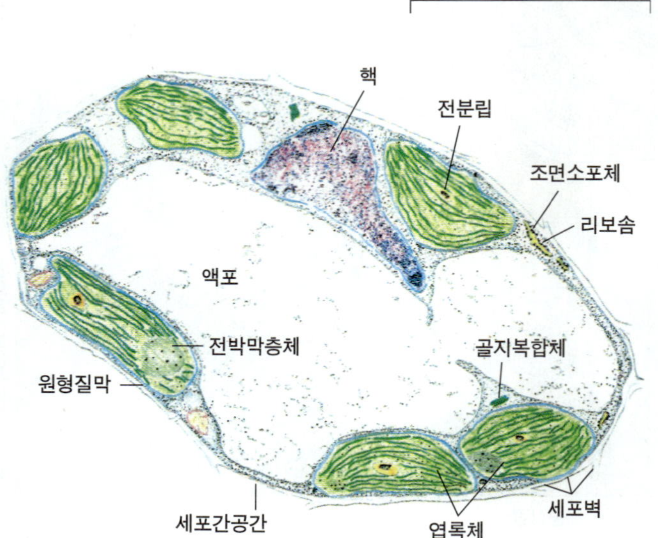


**그림 4-9 식물세포의 주사전자현미경 사진과 모식도.**

어린 콩과식물(*Phaseolus vulgaris*)의 잎에서 세포 종단면의 대부분에는 액포가 차지하고 있다. 전박막층체는 발생 중인 엽록체에서 보이는 막처럼 된 부분이다.

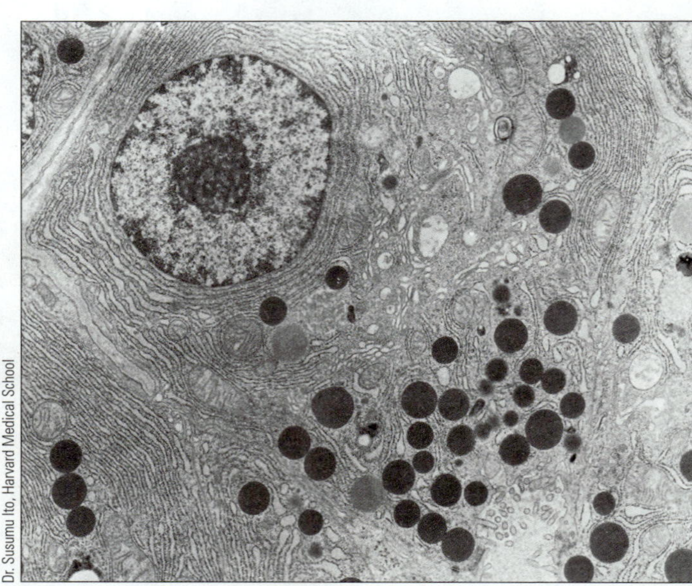


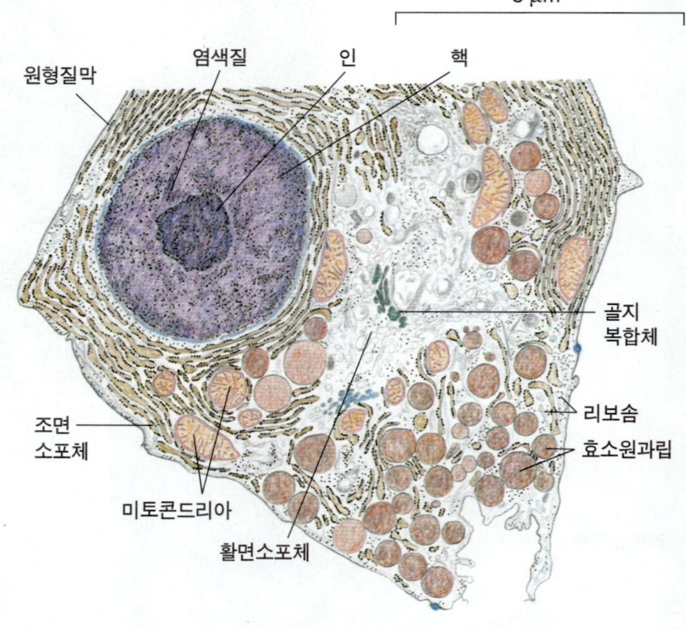


**그림 4-10 사람 췌장 세포의 투과전자현미경 사진과 모식도.**

전형적인 동물세포 구조의 대부분이 나타나 있다. 그러나, 대부분의 세포처럼, 이 세포는 특성화된 기능과 관련이 있는 특정 구조를 갖고 있다. 여기에 보이는 하나의 췌장 세포는 다량의 소화효소를 분비한다. 투과전자현미경에서 크고 어둡고 둥근 부분과 모식도의 그에 상응하는 구조는 비활성 효소들을 포함하는 효소원 과립들이다. 세포에서 방출되었을 때, 이 효소들은 소장에서 섭취된 단백질의 펩티드 결합을 분해하는 화학적 반응을 촉매한다. 이 그림에서 보이는 막의 대부분은 단백질을 생산하는 특수화된 기관인 조면소포체의 한 부분이다.

는 반응이 일어나는 것을 막아 줄 것이다. 또한, 세포소기관에 의한 세포내 구획화는 다른 많은 세포활동이 동시에 일어날 수 있도록 해준다.

막은 또한 중요한 일을 수행하는 표면을 제공한다. 예를 들어, 세포 내의 많은 화학적 반응은 막에 결합된 효소에 의해 진행된다. 잇따른 반응의 각 단계를 수행하는 효소는 막 표면에서 서로 밀접하게 조직화되어 있어서, 어떤 일련의 화학적 반응이 더욱 빠르게 일어날 수 있다.

막은 세포가 에너지를 저장할 수 있게 해준다. 즉, 막을 경계로 한 물질의 농도 차이와 전하의 차이가 전기화학적 농도기울기를 형성하여 위치에너지 형태로 저장될 수 있다 (7장 참조). 이 위치에너지는 고농도의 물질 입자들이 저농도 쪽으로 막을 통과하면서 ATP라는 화학에너지로 전환된다. 이 에너지 전환 과정(8장과 9장에서 다룸)은 세포가 생명을 유지하기 위해 에너지를 획득하고 전환하는 기본적인 기작이다.

일반적으로 진핵세포에서 몇몇 세포소기관의 막은 **내막계**(**endomembrane system**)를 이룬다. **그림 4-9**과 **4-10** (그림 4-7, 4-8도 참조)에서 막이 세포를 핵, 소포체, 골지체, 리소좀, 소낭과 액포 등과 같은 여러 구획으로 어떻게 나누고 있는지 주목하라. 비록 원형질막은 내부에 있지 않지만 내막계의 활동에 참여하기 때문에 내막계에 포함된다(미토콘드리아와 엽록체는 분리된 구획으로 존재하지만 다른 막성 세포소기관과 다소 독립적으로 작용하기 때문에 내막계의 일부로 간주되지 않는다).

어떤 세포소기관들은 서로 직접적으로 연결되어 있다. **소낭**(**vesicle**)은 하나의 막으로부터 생성되어 다른 막으로 수송되고 그 막과 융합됨으로써 그 내용물을 수송하는 역할을 수행한다.

**복습**

- 막으로 둘러싸인 세포소기관들이 어떻게 세포대사를 촉진시키는가?
- 내막계에 속하는 세포소기관은 무엇인가?

## 4.6 세포핵

**학습목표**

**7** 핵의 구조와 기능을 설명하라.

일반적으로 **핵**(**nucleus**)은 세포 내에서 가장 눈에 띄는 세포소기관이다. 보통 직경이 평균 5 μm인 구형 또는 타원형이다. 예외가 있긴 하지만 대부분의 세포는 하나의 핵을 가진다.

**핵막**(**nuclear envelope**)은 세포질로부터 핵의 내용물을 분리하는 이중막으로 이루어져 있다(**그림 4-11**). 이 이중막은 약 20~40 nm 간격으로 분리되어 있다. 단백질 복합체로 이루어진 **핵공**(**nuclear pore**)은 이중막을 관통하여 형성되어 있다. 핵공은 핵질과 세포질 사이의 물질의 통과를 조절한다. 물질들이 핵공을 어떻게 통과하는 지와 그 과정이 어떻게 조절되는지는 활발하게 연구되고 있는 분야이다.

세포는 DNA의 형태로 유전정보를 저장하며, 대부분의 DNA는 핵의 내부에 위치한다. 세포가 분열하면 DNA에 저장된 정보는 복제되어 두 딸세포로 온전하게 전달되는데, DNA는 자신을 정확히 *복제*(replication)하는 특유의 능력이 있다. DNA분자는 **유전자**(**gene**)라 불리는 뉴클레오티드의 서열로 구성되어 있는데, 이는 세포가 필요로 하는 단백질에 대한 정보를 화학적으로 암호화하고 있는 것이다. 핵은 유전자 정보를 전령RNA(messenger RNA; mRNA)로 전사함으로써 단백질 합성을 조절한다. 전령RNA는 단백질 합성이 실제로 일어나는 장소인 세포질로 이동한다.

DNA는 단백질과 결합하여 **염색질**(**chromatin**)로 알려진 복합체를 형성하며, DNA는 아주 길고 가늘기 때문에, 때때로 그들은 핵의 내부에 매우 질서 있게 응축된 상태로 존재하는데 이를 **염색체**(**chromosome**)라 부른다. 염색체는 분열하고 있는 세포에서 실다발이 뭉쳐있는 것과 같은 응축된 구조를 보인다. 사람이 가지고 있는 하나의 세포에 존재하는 46개의 염색체에 있는 DNA를 서로 연결하여 펼치면 약 2 m의 길이가 된다.

대부분의 핵은 **인**(nucleoli, 단수는 nucleolus)이라 불리는 하나 이상의 밀집된 구조를 보인다. 인은 막에 의해 둘러싸여 있지 않으며, 주변의 염색질과는 다르게 염색된다. 각각의 인은 리보좀RNA(rRNA) 유전자를 가지는 염색체 부위로 구성되어 있는 인 구성체(nucleolar organizer)를 포함하고 있다. 이러한 리보솜 RNA는 인 내에서 합성된다. 리보솜을 만드는데 필요한 단백질은 세포질에서 합성되어 인으로 운반된다. 리보솜의 RNA와 단백질은 리보좀의 소단위체로 조립되어 핵공을 통해 세포질로 다시 이동한다.

**복습**

- 핵이 어떻게 정보를 저장하는가?
- 핵막의 기능은 무엇인가?

## 요점

핵은 DNA를 함유하며, 세포의 조절센터이다.

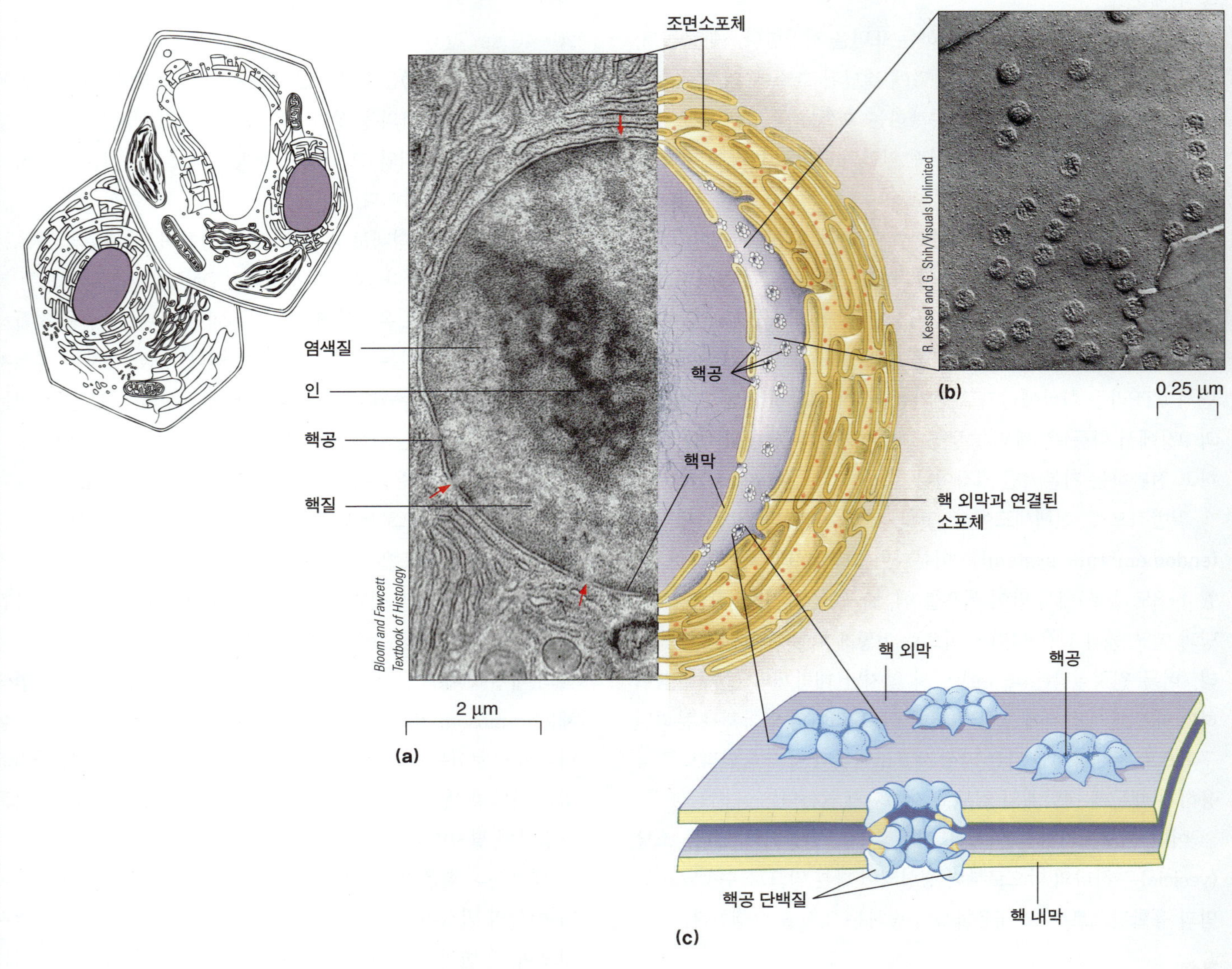


**그림 4-11 세포핵.**

**(a)** 투과전자현미경 사진과 모식도에서 알 수 있듯이 2개의 동심원구조의 막으로 구성된 핵막에 핵공(붉은 화살표)이라는 구멍이 나 있음을 보여준다. 각 핵공은 단백질복합체로 이루어져 있다. 핵막의 바깥쪽 막은 소포체의 막으로 연결되며, 인은 막을 갖지 않는다. **(b)** 핵공의 투과전자현미경 사진. 냉동파쇄라고 부르는 기술이 이중막을 가르는데 사용되었다. **(c)** 단백질로 만들어진 핵공은 핵질과 세포질 사이에 채널을 형성한다.

# 4.7 세포질내의 세포소기관

## 학습목표

**8** 활면소포체와 조면소포체를 구조와 기능면에서 구분하라.

**9** 조면소포체에서 합성된 단백질이 가공되어, 변형되고, 골지복합체에 의해 분류되어 특정한 목적지로 수송되는 일련의 과정을 추적하라.

**10** 리소좀과 페르옥시솜의 기능을 설명하라.

**11** 미토콘드리아와 엽록체의 기능을 비교하고, 이 두 세포소기관의 ATP 합성에 대해 토론하라.

진핵세포의 세포질 속에는 많은 종류의 세포소기관들이 존재하며 그들의 구조와 기능이 ▮ **표 4-1**에 요약되어 있다.

표 4-1

**진핵세포의 구조와 그 기능**

| 구조 | 기술 | 기능 |
|---|---|---|
| **세포핵** | | |
| 핵 | 이중막에 의해 둘러싸인 큰 구조; 인과 염색체를 포함한다 | DNA의 정보는 RNA 합성으로 전사된다; 합성되는 단백질에 대한 정보를 갖는다 |
| 인 | 핵 안의 과립체 RNA와 단백질로 이루어져 있다. | 리보솜 RNA가 합성되는 장소; 리보솜 소단위의 조립 |
| 염색체 | 염색질로 알려진 DNA와 단백질의 복합체로 구성되어 있음; 세포분열 동안 응축하여 막대 같은 염색체 형태를 갖춤으로써 눈에 띔 | 세포의 구조와 활동을 통제하는 유전자(유전정보의 단위)를 함유한다 |
| **세포소기관들** | | |
| 원형질막 | 세포의 경계막 | 세포의 내용물을 담고 있다; 세포 내외로의 물질의 수송을 조절한다; 다른 세포와 신호를 소통한다(또한 원핵세포에도 있다) |
| 리보솜 | RNA와 단백질로 이루어진 과립 일부는 소포체에 결합되어 있고, 일부는 세포질에 자유로이 있다 | 원핵세포와 진핵세포 모두에서 폴리펩티드를 합성한다 |
| 소포체 | 세포질 내의 내부 막의 네트워크 | 지질을 합성하고 많은 단백질의 변형에 관여한다; 단백질을 운반하는 세포간 수송낭의 기원 |
| 활면소포체 | 외부 표면에 리보솜이 붙어있지 않다 | 지질 합성, 약물 해독, 칼슘저장 |
| 조면소포체 | 리보솜이 외부 표면에 산재해 붙어있다 | 단백질의 생산 |
| 골지체 | 다량의 편평한 막으로 된 낭 | 단백질의 변형에 관여한다; 분비 단백질을 꾸린다; 액포나 다른 세포소기관으로 단백질들을 분류한다 |
| 리소좀 | 막성 낭(동물) | 섭취한 물질, 분비물, 노폐물을 파괴시키는 효소를 포함한다 |
| 액포 | 막성 낭(대부분의 식물, 균류, 조류) | 물질, 노폐물, 물을 저장한다; 팽압을 유지한다 |
| 페르옥시솜 | 여러 가지 효소를 포함한 막성 낭 | 다양하게 많은 대사작용의 장소 |
| 미토콘드리아 | 이중막으로 구성된 낭; 내막은 주름져서 크리스테를 형성 | 세포 호흡의 대부분의 반응이 일어나는 장소; 포도당 또는 지질을 ATP 에너지로 생성하는 에너지의 전환 장소 |
| 엽록체 | 내부에 틸라코이드막계를 담고 있는 이중막 구조; 틸라코이드막에 엽록소가 위치한다 | 광합성 장소; 엽록소는 빛에너지를 받아 들인다; ATP와 에너지가 풍부한 화합물이 형성되고 이산화탄소를 포도당으로 전환하는데 사용된다 |
| **세포골격** | | |
| 미세소관 | 튜블린 소단위로 이루어진 속이 빈 관 | 구조적 지지 역할 수행; 세포와 세포소기관의 이동과 세포분열에 관여; 섬모, 편모, 중심립, 기저체의 성분 |
| 미세섬유 | 액틴 소단위로 이루어진 섬유상 구조 | 구조적 지지를 한다; 세포와 기관의 이동과 세포분열에 역할을 한다 |
| 중간섬유 | 섬유상 소단위 단백질로 이루어진 섬유 | 세포골격을 강하게 하는 것을 돕는다; 세포의 모양을 안정화시킨다 |
| 중심립 | 핵 근처에 위치한 한 쌍의 속이 빈 짧은 원통형 구조; 각각의 중심립은 세 줄의 짧은 미세소관이 1쌍이 되어 9개로 구성되어 있다(9×3구조) | 유사분열 방추사는 동물 세포가 분열하는 동안 두 중심립 사이에 형성된다; 동물세포에서 미세소관 형성을 조직화하고 부착한다; 식물에는 없다 |
| 섬모 | 세포의 표면이 연장된 비교적 짧은 돌기; 원형질막에 의해 덮여 있다; 2개의 중심 미세소관과 9개의 주변 미세소관의 쌍으로 이루어져 있다 (9+2구조) | 어떤 단세포 생물체의 이동; 조직의 표면상에서 물질을 이동시키는데 사용된다 |
| 편모 | 섬모와 동일한 미세소관 구조; 세포의 막에서 연장되어 있다; 원형질막에 의해 덮여 있다 | 정자세포와 몇몇 단세포 진핵세포에 의한 세포의 이동 |

## 4.7.1 리보솜은 단백질을 생산한다

**리보좀**(ribosome)은 리보좀RNA와 많은 종류의 단백질로 구성된 복합체로서 세포질에 자유롭게 떠다니거나 어떤 세포소기관의 막에 부착되어 있다. 각 리보좀은 두개의 주요 소단위, 즉, 큰 소단위와 작은 소단위로 구성되어 있다. 리보좀은 아미노산간의 펩티드 결합을 촉매하는 효소를 가지고 있어서 폴리펩티드(3장 참조)를 제조하는 공장의 역할을 한다. 하나의 세포는 수 백 만개의 리보좀을 가짐으로써 많은 단백질을 활발하게 생산한다(13장 참조).

## 4.7.2 소포체는 망상구조의 내막이다

그림 4-7과 4-8의 전자현미경 사진에서 가장 눈에 띄는 특징 중의 하나는 핵을 에워싸고 있고 세포질의 많은 부분으로 뻗어 있는 내부막의 미로구조이다. 이러한 막의 복합체는 **소포체**(**endoplasmic reticulum; ER**)이며 많은 세포에서 세포질의 총

부피 중 상당한 부분을 차지하는 망상구조를 형성한다. 고배율 투과전자현미경으로 본 소포체가 **그림 4-12**에 묘사되어 있다. 투과전자현미경은 세포의 횡단면을 보여주는데, ER막은 세포질 내부에서 서로 연결된 구획을 형성하는 납작한 주머니 모양이나 관과 같은 구조를 가진다.

막에 의해 닫혀있는 내부 공간을 **소포체강(ER lumen)**이라 부른다. 대부분의 세포에서 소포체강은 핵막의 내막과 외막 사이에 형성된 공간과 연결되어 하나의 내부 구획을 형성한다(그림 4-11 참조).

소포체막과 소포체강은 많은 여러 종류의 화학적 반응을 촉진시키는 효소를 포함하고 있다. 어떤 경우 막은 연속적인 생화학적 반응을 수행하는 효소계를 위한 구조물의 역할을 한다. 소포체강의 내부에는 다른 여러 가지 효소들도 존재한다.

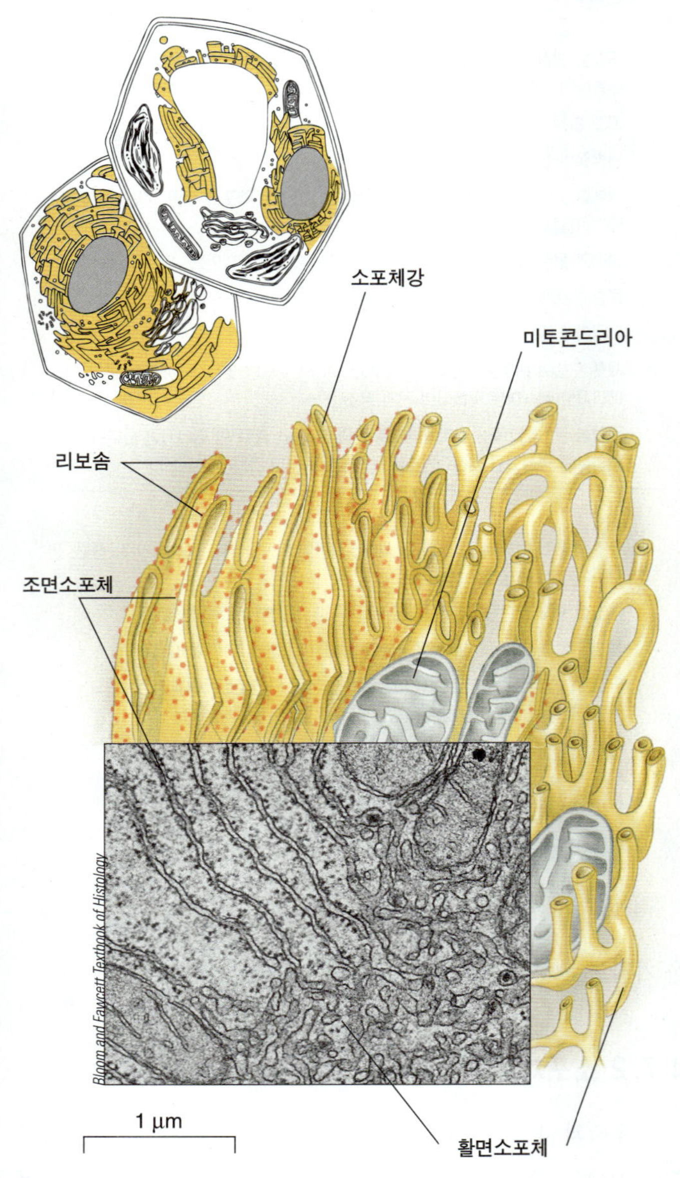


**그림 4-12 소포체(ER).**
간 세포(liver cell)의 활면소포체와 조면소포체가 보이 는 투과전자현미경 사진.

투과전자현미경으로 관찰하면 소포체의 두 부위인 조면소포체와 활면소포체가 뚜렷이 구분된다. 이들 두 부위가 서로 다른 기능을 갖고 있지만, 그들의 막은 연속적으로 이어져 있고 내부 공간도 연속적이다.

### (1) 활면소포체는 지질의 합성이 일어나는 곳이다

**활면소포체(smooth ER)**는 관모양이고 막의 표면이 매끄럽게 보인다. 활면소포체 막에 존재하는 여러 효소들은 여러 종류의 지질과 탄수화물 합성을 촉매한다. 활면소포체는 세포막 구성에 필요한 인지질과 콜레스테롤이 합성되는 1차적인 장소이다. 활면소포체는 콜레스테롤로부터 생식호르몬을 합성한다. 활면소포체는 간(liver)세포에서 저장 글리코겐을 효소적으로 분해하는데 있어서 중요한 역할을 할 뿐만 아니라 독성화합물을 해독하는 효소를 포함하고 있다. 활면소포체는 또한 칼슘이온을 저장하고 있다.

### (2) 조면소포체는 단백질 합성에 중요하다

**조면소포체(rough ER)**의 바깥 표면에 검은 과립으로 보이는 리보솜이 부착되어 있다. 그림 4-12를 유심히 보면 조면소포체의 바깥 표면(세포질 쪽 면)은 과립이 거칠게 보이는 반면, 소포체강의 부위는 무과립임을  알 수 있다. 펩티드 결합을 합성하는데 필요한 효소를 포함하는 리보솜은(3장 참조) 단백질을 만드는 공장 역할을 한다. 조면소포체에 부착된 리보솜을 *결합 리보솜*(bound ribosome)이라 하고, 세포질에 떠다니는 리보솜을 *자유 리보솜*(free ribosome)이라 한다.

조면소포체는 단백질의 합성과 조립에 있어서 중심적인 역할을 한다. 세포에서 세포바깥으로 분비되는 많은 단백질(소화효소와 같은)과 다른 세포소기관을 구성하기 위한 단백질들은 소포체의 막에 부착된 리보솜에서 합성된다. 리보솜은 소포체 막에 단단히 부착된 형태로 존재한다. 리보솜 내에 형성된 통로는 소포체공과 연결되어 있어서 리보솜에서 합성되는 단백질이 소포체강으로 들어간다.

소포체강에서 단백질은 효소들에 의해 당이나 지질과 결합하는 화학적 변형을 거친다. 소포체강 내의 **분자 샤페론(molecular chaperone)**이라 불리는 다른 효소들은 단백질들을 효율적으로 접어 적절한 형태로 만드는 반응을 촉매한다. 적절히 변형 과정을 거친 단백질들은 소포체 막의 일부가 떨어져 나와 형성되는 작은

**수송낭**(transport vesicles) 내부에 포장되어 세포내 목적지 구획으로 옮겨지는데, 이 낭은 목적지의 막과 융합함으로써 그 내부의 단백질의 운반을 완결 짓는다.

### 4.7.3 골지복합체는 단백질을 가공하고 분류하고 변형시킨다

**골지복합체**(Golgi complex, Golgi body, Golgi apparatus로도 불림)는 이탈리아 생물학자인 **골지(Camilo Golgi)**에 의해 1898년 처음으로 소개되었다.

골지복합체는 **시스터나(cisternae)**라고 불리는 편평한 주머니들이 포개어져 있는 모양을 한다. 어떤 부위가 세포 생산물로 가득 차게 되면 시스터나는 확장된다(**그림 4-13**). 납작한 각각의 주머니들은 내부 공간 또는 강을 가진다. 그러나 소포체와 다르게 내부공간들과 그 공간을 만들어 주는 막들이 보통 서로 연결되어 있지 않다.

각각의 골지복합체는 *시스면*(*cis* face)과 *트랜스면*(*trans* face) 그리고 사이의 *중앙부위*(middle region)라 불리는 세 영역으로 되어 있다. 일반적으로 시스면은 핵의 가장 가까이 위치하고 소포체의 수송낭으로부터 물질들을 받는 역할을 한다. 트랜스면은 원형질막과 가장 가까이 위치하고 분자들을 낭으로 싸서 골지체 밖으로 수송한다.

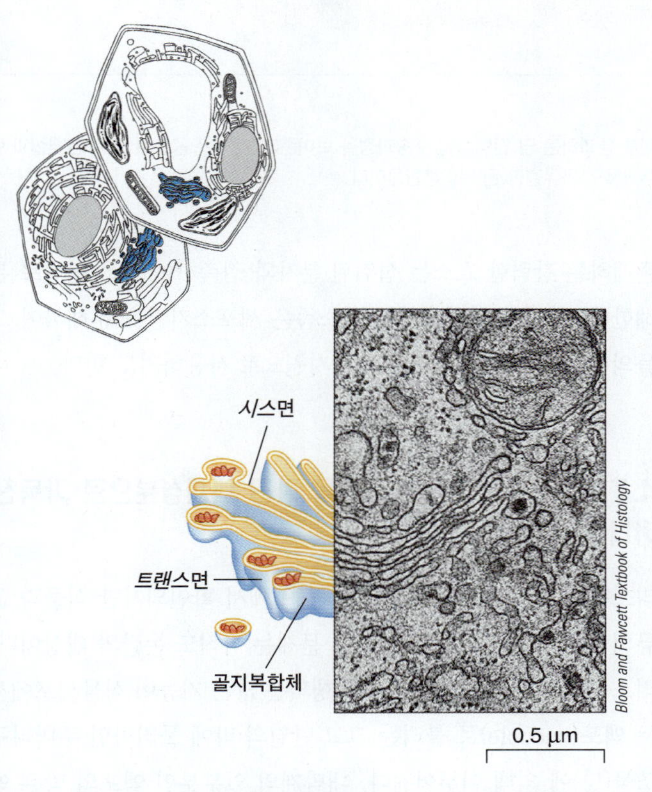


**그림 4-13** 골지복합체의 투과전자현미경 사진과 모식도.

투과전자현미경으로 횡단면을 관찰하면, 골지막의 박판층 끝의 대부분은 팽창되어 있는데, 이는 많은 세포에서 관찰되는 잘 발달된 골지복합체의 전형적인 형태이다(그림4-13). 일부의 동물세포에서 골지체는 종종 핵의 한쪽에 위치한다. 다른 동물세포와 식물세포에는 많은 골지체가 있으며, 대체로 세포 전체에 흩어져 있다. 많은 양의 당단백질을 분비하는 세포는 대량의 골지체를 갖고 있다(3장 참조).

골지복합체는 단백질을 가공하고 분류하여 변형시킨다. 연구자들은 새로 만들어진 아미노산이나 탄수화물에 방사성 동위원소를 표지하고 그 분자들의 이동을 관찰하면서 골지복합체의 기능을 연구했다. 합성된 당단백질은 처음에는 조면소포체에 존재한다(**그림 4-14**). 그런 다음 소포체 막에서 만들어진 작은 수송낭을 통해서 조면소포체로부터 골지복합체의 시스면으로 수송된다. 당단백질이 골지복합체에 머무르는 동안 여러 가지 다른 방법에 의해 더 변형된다. 예를 들어 당단백질의 탄수화물 부분이 변형되며, 어떤 경우에는 탄수화물의 구성성분은 특정 세포소기관으로 그 단백질을 발송하는 우편번호의 역할을 하는 "분류 신호"로 작용하기도 한다.

당단백질은 트랜스 부분 내에 분비소낭에서 다시 포장되고, 이 소낭들은 골지막으로부터 떨어져 나와 특정 목적지까지 내용물을 수송한다. 생산물을 수송하는 소낭들은 세포에서 나와 원형질막에 융합된다. 소낭의 막은 원형질막의 일부가 되고, 당단백질들은 세포로부터 분비된다. 다른 소낭들은 당단백질들을 저장하고, 또 다른 소낭들은 내막계의 다른 세포소기관으로 보내어 진다. 동물 세포에서 골지복합체는 또한 리소좀을 만들어 낸다. 요약하면, 단백질이 세포에서 분비되기 위해서 거치는 전형적인 일련의 과정은 다음과 같다:

> **리보좀에서 단백질 합성 ⟶ 소포체강에서 당성분 첨가 ⟶ 수송소낭이 당단백질을 골지체의 시스면으로 이동 ⟶ 골지체에서 단백질의 변형 ⟶ 수송소낭이 당단백질을 골지체의 트랜스면에서 원형질막으로 수송 ⟶ 내용물을 세포 밖으로 방출**

### 4.7.4 리소좀은 소화를 위한 장소이다

**리소좀**(lysosome)은 대부분 진핵세포의 세포질에 산재해 있는 소화효소를 가지고 있는 작은 주머니 구조물이다(**그림 4-15**). 40개

**요점**

단백질은 합성된후 일련의 변형과정을 거치며 수송된다.

1. 단백질이 리보솜에서 합성되어 소포체 내로 이동.
2. 당성분이 첨가되어 당단백질이 된다.
3. 수송소낭이 당단백질을 골지체의 시스면으로 나른다.
4. 당단백질이 골지체에서 추가적으로 더 변형된다.
5. 당단백질이 트랜스면으로 이동하여 다시 수송소낭에 내포된다.
6. 당단백질이 원형질막쪽으로(또는 다른 세포소기관으로) 수송된다.
7. 수송소낭의 내용물이 세포 바깥으로 분비된다.

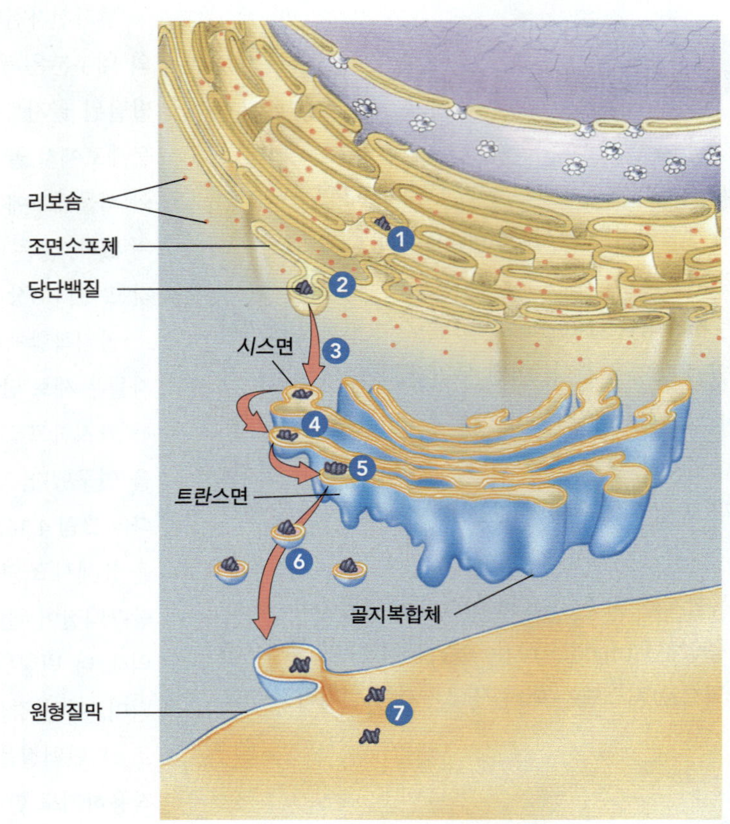


**그림 4-14 세포 내에서의 단백질 수송.**

당 단백질은 조면소포체에서 골지복합체로 수송된 후 변형된다. 이 모식도는 소장에 위치하며 점액분비를 하는 배상세포(goblet cell)의 분비 순환과정 동안 골지복합체를 통과하는 당 단백질의 수송과정을 보여준다. 점액은 공유결합 된 단백질과 탄수화물의 공유결합 된 복합혼합물이다.

의 다른 종류의 소화효소가 리소좀에서 발견되었다. 대부분의 리소좀의 효소는 산성(약 pH 5)인 환경에서 활성이 있으며 리소좀의 내부는 약 pH 5를 유지한다. 리소좀의 효소들은 세균의 복잡한 분자들과 식세포로부터 유입된 작은 유기물들을 분해한다.

*1차 리소좀*은 골지체로부터 돌출되면서 형성된다. 그들의 가수분해 효소는 조면소포체에서 합성된다. 이들 효소가 소포체의 강을 통과하면서 거기에 당들이 부착되고, 이것은 그 당단백질이 골지체에서 세포바깥으로 분비되는 효소가 아니라 리소좀으로 가는 구성물임을 말해주는 신호로 작용한다.

식세포가 박테리아(또는 작은 유기물)를 섭취할 때, 그들은 원형질막의 일부분으로부터 형성된 소낭에 의해 둘러 싸여지게 된다. 하나 이상의 1차 리소좀은 섭취된 물질을 포함한 소낭과 융합되어 *2차 리소좀*이라 불리는 더 큰 낭을 형성한다. 2차 리소좀에 존재하는 강력한 효소는 섭취된 분자와 접촉하여 작은 단위로 분해한다. 어떤 조건하에서는 리소좀은 세포소기관을 분해하여 그들의 성분을 재활용하거나 에너지원으로 사용하기도 한다.

### 4.7.5 액포는 다양한 기능을 가진 액체성분으로 가득찬 커다란 주머니구조물이다

리소좀은 거의 모든 종류의 동물세포에서 확인되지만 식물과 균류의 세포에도 존재하느냐 하는 문제는 아직도 논란의 대상이다. 리소좀에 의해 동물세포에서 수행되는 많은 기능이 식물세포에서는 **액포(vacuole)**로 불리는 크고 단일의 막에 둘러싸인 주머니구조물(낭)에 의해 이루어진다. 내막계의 일부분인 액포의 막은 **액포막(tonoplast)**이라 부른다.

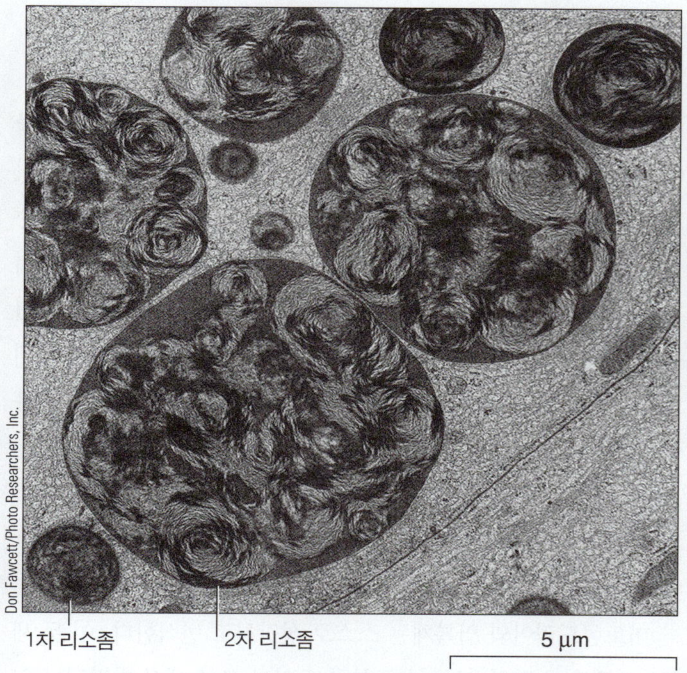


**그림 4-15 리소좀.**

이 투과전자현미경 사진에서 어두운 소낭이 리소좀으로서, 이 소기관은 강력한 소화효소를 세포의 나머지 부분으로부터 격리시킨다. 1차 리소좀은 골지복합체로부터 떨어져 나오며, 리소좀이 소화할 물질을 만나면, 그것은 2차 리소좀이 된다. 사진에 보이는 큰 소낭은 여러 소화효소를 함유한 2차 리소좀이다.

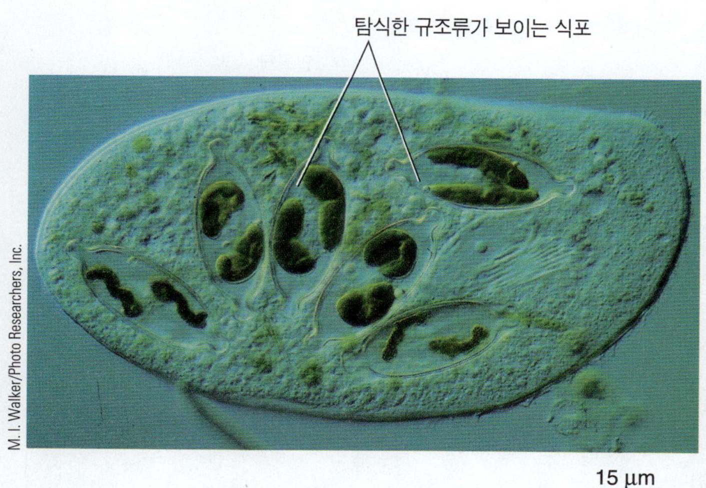


**그림 4-16 식포의 광학현미경 사진.**

한 원생생물(*Chilodonella*)의 식포에 여러 개의 작은 광합성 규조류(어두운 부분)가 섭취되어 있는 것을 찍은 사진. 세포에 산재해 있는 규조류의 숫자로부터, 이 원생생물이 대식성을 갖는다고 판단 할 수 있겠다.

액포는 식물의 성장과 발달에 중요한 역할을 한다. 미성숙한 식물세포는 일반적으로 작고 수많은 작은 액포를 가지고 있다. 이들 액포에 물이 축적되면 서로 합체하려는 경향을 가지게 되어 큰 중심 액포를 형성한다. 식물세포는 이 중심 액포에 물이 들어차면서 크기가 증가된다.

큰 중심 액포는 물뿐만 아니라 음식, 염류, 색소 및 대사 폐기물을 저장하여 식물세포 부피의 90% 이상을 차지한다(그림 4-7과 4-9 참조). 액포는 무기성분과 씨앗의 단백질과 같은 분자들의 저장창고로서 기능을 한다. 식물은 독성 있는 대사 폐기물을 처리하는 기관이 없다. 폐기물은 액포에서 재사용되거나 액포 내부에서 뭉쳐서 작은 결정체를 형성한다. 초식동물에 유해한 화합물이 식물의 방어 수단으로써 몇몇 식물세포의 액포에 저장된다. 식물의 액포가 불필요한 세포소기관과 다른 세포의 성분을 분해하는 능력을 가진다는 것은 리소좀과 유사하다. 또한 액포는 식물세포에서 *팽압*(turgor pressure)을 유지하는데 중요하다.

액포는 많은 다른 기능을 갖고 있고 또한 많은 동물세포, 그리고 단세포인 원생생물에도 존재한다. 대부분의 원생동물은 **식포(food vacuole)**를 갖고 있으며 리소좀과 융합하여 그들이 갖고 있는 음식물을 소화시킬 수 있다(**그림 4-16**). 몇몇 종류의 원생동물은 또한 **수축포(contractile vacuole)**를 갖고 있으며 세포로부터 과다한 물을 제거한다(25장 참조).

## 4.7.6 페르옥시솜은 작은 유기화합물을 대사한다

**페르옥시솜(peroxisome)**은 막으로 둘러싸인 세포내 기관이다(**그림 4-17**). 페르옥시솜은 다양한 화합물에 있는 수소를 떼내어 산소와 결합시키는 대사활동에 관여하는 효소를 가지고 있다. 이 과정에서 세포에 독성을 가진 물질인 과산화수소($H_2O_2$)가 부산물로서 생산된다. 과량의 과산화수소는 세포에 독성으로 작용한다. 페르옥시솜은 과산화수소를 분해하여 무해한 성분이 되게 하는 효소인 *카탈라아제*(catalase)를 가지고 있다.

페르옥시솜은 지질을 합성, 저장 또는 분해시키는 세포에서 대량으로 발견된다. 페르옥시솜의 주요한 기능중의 하나는 지방산을 분해하는 것이다. 페르옥시솜은 신경세포를 둘러싸서 보호하는 어떤 종류의 인지질을 합성한다. 사실, 어떤 신경계 질환은 페르옥시솜이 그 인지질을 합성하는 기능을 수행하지 못할 때 발병한다.

효모세포는 알코올이 풍부한 배지에서 자랄 때 알코올을 분해시키는 효소를 가진 대량의 페르옥시솜을 생산한다. 사람의 간과

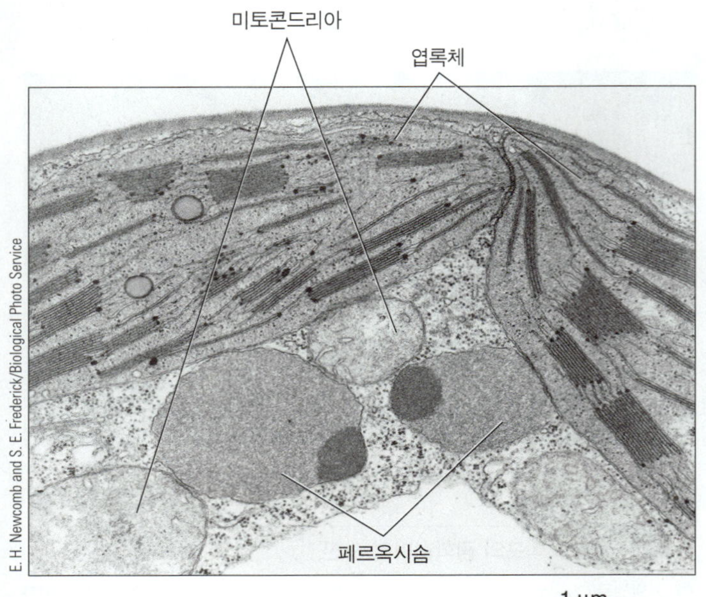


**그림 4-17 페르옥시솜.**

담배(*Nicotiana tabacum*) 잎 세포의 투과전자현미경 사진인데, 페르옥시솜이 엽록체와 미토콘드리아와 연계되어 있음을 볼 수 있다. 이 소기관들은 어떤 물질대사를 수행하는데 협력할 수 도 있다.

신장 세포에 있는 페르옥시솜은 에탄올과 같은 독성분을 제거한다. 식물의 종자에는 *글리옥시솜*(glyoxysome)이라고 불리는 페르옥시솜의 효소가 저장지방을 당으로 전환시킨다. 동물세포는 글리옥시솜이 없어서 지방산을 당으로 전환시킬 수가 없다.

### 4.7.7 미토콘드리아와 엽록체는 에너지를 전환하는 세포소기관이다

세포가 환경으로부터 에너지를 획득할 때, 그것은 보통 음식물(포도당과 같은)에 있는 화학에너지의 형태(포도당과 같은)이거나 빛에너지의 형태이다. 이러한 에너지는 세포가 쉽게 이용할 수 있는 형태로 전환되어야 한다. 일부의 에너지 전환은 세포질에서 일어나지만, 대부분 특수화된 세포소기관인 미토콘드리아와 엽록체에서 일어난다. 화학에너지는 가장 일반적으로 ATP의 형태로 저장된다. ATP의 화학에너지는 세포내에서 다양한 화학반응을 수행하는데 사용된다. 거의 대부분의 진핵세포(조류와 식물세포를 포함한)에 있는 미토콘드리아와 조류와 식물세포에서만 발견되는 엽록체에서 일어나는 핵심적인 반응이 **그림 4-18**에 요약되어 있다.

미토콘드리아와 엽록체는 스스로 성장하고 번식한다. 이 두 세포소기관은 소량의 DNA를 포함하고 있어 그 속에서 발견되는 일부 단백질을 암호화한다. 이 단백질은 원핵세포의 리보솜과 유사한 방법으로 미토콘드리아 리보솜과 엽록체의 리보솜에서 합성된다. 미토콘드리아와 엽록체가 각자의 리보솜과 DNA분자를 보유한다는 점과 두 세포소기관의 크기가 박테리아와 유사한 점은 세포내공생설(endosymbiont theory; 21장과 25장, 그림 21-7과 그림 25-2 참조)을 뒷받침 해준다. 이 설에 따르면 미토콘드리아와 엽록체는 큰 세포에 유입되어 그 독립된 개체로서의 역할을 잃은 원핵 생명체에서 진화된 것으로 추정된다.

**요점**

미토콘톤드리와 엽록체는 세포에 의해 이용될 수 있는 형태의 에너지를 생성한다.

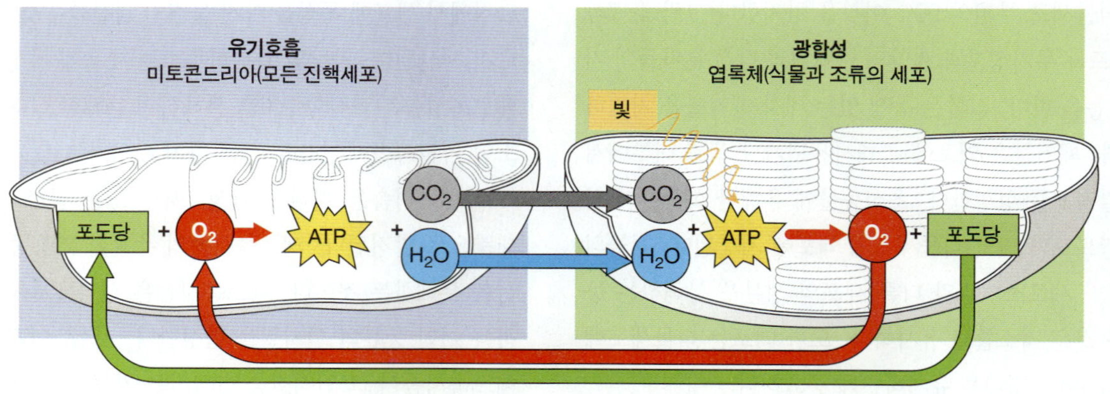


**그림 4-18 세포호흡과 광합성.**

세포호흡은 진핵세포의 미토콘드리아에서 일어난다. 이 과정에서 포도당의 화학적 에너지의 일부는 ATP로 옮겨진다. 식물과 일부 조류(algae) 세포의 엽록체에서 수행되는 광합성 작용은 빛 에너지를 ATP나 다른 형태의 화학적 에너지로 변환시키며, 이 에너지가 이산화탄소와 물을 재료로 하여 포도당으로 합성하는데 사용된다.

## 4.7.8 미토콘드리아는 세포 호흡을 통해 ATP를 만든다

실제로 모든 진핵세포(식물, 동물, 균류 및 원생생물)는 **미토콘드리아**(**mitochondria**, 단수는mitochondrion)를 가지고 있다. 음식물에 있는 화학에너지를 ATP로 전환하는 대부분의 반응을 포함하는 산소를 필요로 하는 **유기호흡**(**aerobic respiration**)은 미토콘드리아에서 일어난다(8장 참조). 유기호흡을 통해 탄소와 산소 원자는 포도당과 같은 음식물 분자로부터 떨어져 나와 이산화탄소와 물로 전환된다.

활동이 많아 높은 에너지를 필요로 하는 세포에 가장 많은 수의 미토콘드리아가 존재한다. 하나의 간(liver)세포에서는 1,000개 이상의 미토콘드리아가 들어있기도 하다! 크기는 다양하고 길이는 2–8 μm 범위이며 크기와 모양을 빠르게 변화시킬 수 있다. 미토콘드리아는 성장한 후 분열을 거쳐 복제된다.

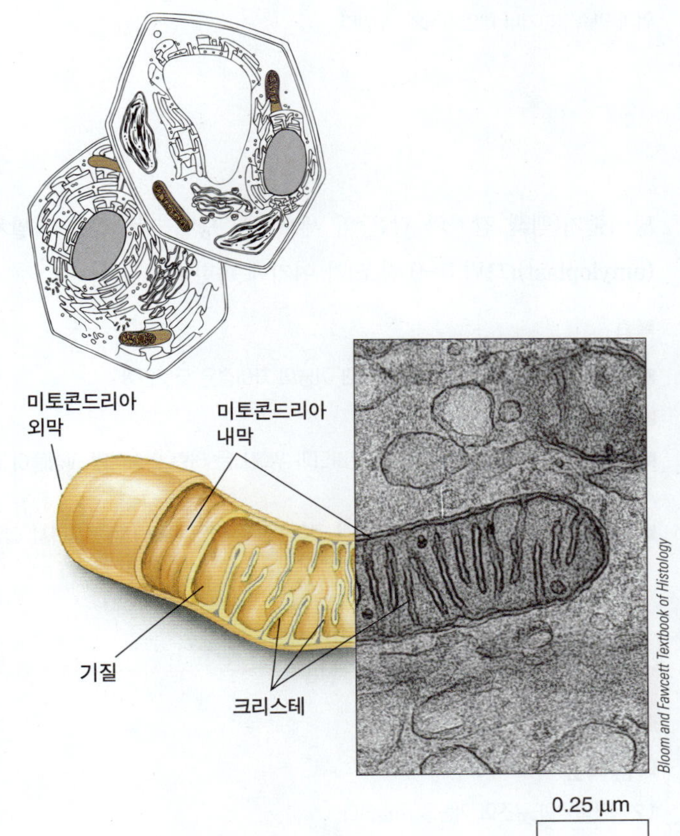


**그림 4-19 미토콘드리아.**

유기호흡은 미토콘드리아 내에서 이루어진다. 미토콘드리아도 핵막처럼 외막과 내막의 이중막 구조를 하며, 내막이 크리스테 구조를 갖고 있음을 주목하라.

미토콘드리아는 이중막으로 둘러싸여 있어서 2개의 다른 구획인 막간 공간과 **기질**(**matrix**)을 형성한다(**그림 4-19**, 미토콘드리아 구조의 상세한 묘사는 8장을 참조). **막간 공간**(**intermembrane space**)은 외막과 내막 사이에 형성된 구획이다. 내막에 의해 싸여진 구획인 기질은 분자를 분해하여 그 에너지를 화학에너지 형태로 전환시키는 효소를 포함한다.

미토콘드리아 외막은 매끄럽고, 많은 작은 분자들이 이 막을 통과할 수 있다. 반면 미토콘드리아 내막은 많은 주름으로 접혀 있고 통과할 수 있는 분자의 종류가 엄격히 조절된다. **크리스테**(**cristae**, 단수는 crista)라 불리는 이 주름은 미토콘드리아 내막의 표면적을 크게 증가시키기 때문에 분자 내의 화학에너지를 ATP 에너지로 전환하는 화학반응이 일어나는 장소를 넓게 확보한다. 이러한 반응들에 필요한 일련의 효소들과 그 외의 단백질들이 막에 존재한다.

포유동물 세포 내의 각 미토콘드리아는 5~10개의 독립적인 환형DNA를 가지고 있는데, 이는 세포가 가지는 총 DNA의 약 1%를 차지한다.

## 4.7.9 엽록체는 광합성을 통해 빛에너지를 화학에너지로 전환시킨다

식물과 조류세포들은 빛 에너지를 포도당과 다른 탄수화물의 화학에너지로 전환하는 복잡한 일련의 반응인 **광합성**(**photosynthesis**)을 수행한다. **엽록체**(**chloroplast**)는 광합성을 위한 빛 에너지를 모으는 녹색 색소인 **엽록소**(**chlorophyll**)를 가진 세포소기관이다. 엽록체는 다양한 빛을 흡수하는 노란색과 오렌지색의 색소인 **카로티노이드**(**carotenoid**)도 포함하고 있다(3장 참조). 단세포 조류는 단 하나의 큰 엽록체를 가지는 반면, 잎 세포는 20~100개 정도를 보유한다. 엽록체는 미토콘드리아보다 다소 크며 일반적으로 길이가 약 5~10 μm 이상이다.

엽록체는 외막과 내막의 이중막 외에도 내막안에 또 다른 막 체계를 갖고 있다(**그림 4-20** 엽록체 구조의 더욱 상세한 설명은 9장 참조). **스트로마**(**stroma**)라고 불리는 내막 안쪽의 액체로 차 있는 공간은 이산화탄소와 물로부터 탄수화물을 생산하는데 필요한 효소를 포함하고 있다. 스트로마 내부에 있는 내부 막 체계는 **틸라코이드**(**thylakoid**)라 불리는 편평하고 원판 모양의 주머니의 집단으로 이루어져 있다. 틸라코이드가 집중적으로 배열된 부분을 **그라나**(**grana**, 단수는 granum)라고 한다.

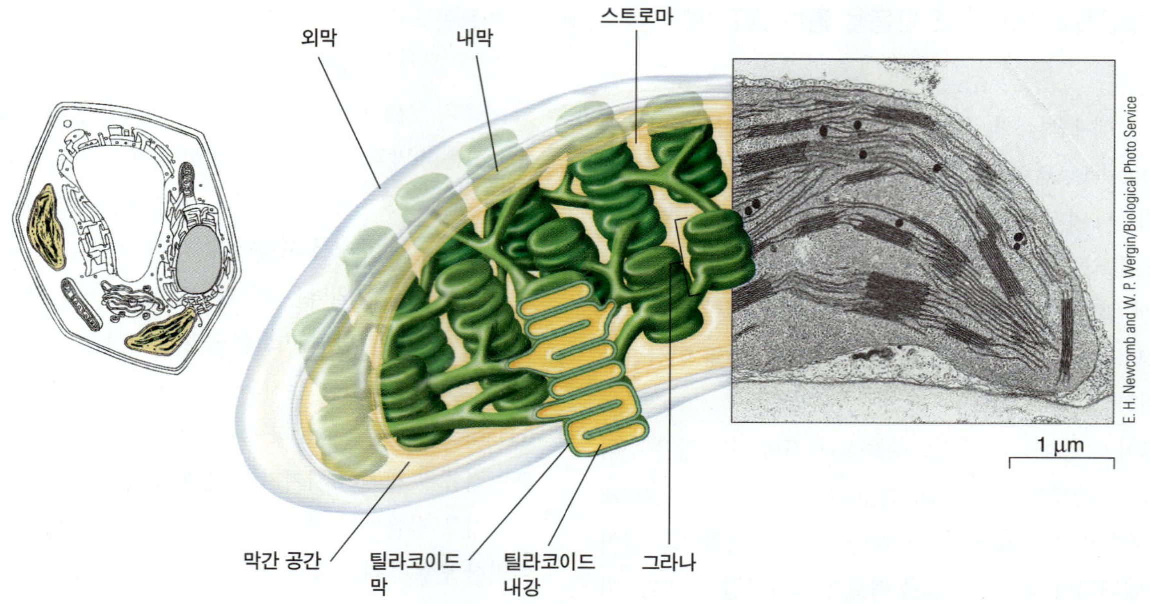


**그림 4-20 엽록체, 광합성 기관.**

투과전자현미경 사진은 옥수수 잎 세포 엽록체의 일부를 보여준다. 엽록소와 다른 광합성 색소들은 틸라코이드 막에서 발견된다. 하나의 그라나가 틸라코이드 내강을 보여주기 위해 잘려서 그려져 있다. 그림에서 보듯이 내부 엽록체 막은 틸라코이드 막과 연속적이거나 비연속적일 수 있다.

틸라코이드막은 엽록체 속 가장 안쪽의 세 번째 구획인 **틸라코이드강(thylacoid lumen)**을 싸고 있다. 엽록소가 존재하는 틸라코이드막은 ATP 형성과 관련 있는 미토콘드리아 내막과 유사하다. 태양 에너지는 엽록소의 전자를 흥분시키고, 이 흥분된 전자의 에너지는 ATP와 다른 분자들을 생산하는데 사용된다.

엽록체는 식물세포와 조류(algae)세포 내의 음식물을 생산하고 저장하는 소기관 집단인 **색소체(plastid)**에 속한다. 모든 색소체들은 보다 덜 분화된 식물세포 내에서 특별히 성장에 있어 미발달된 조직에서 발견되는 선구 기관인 **전색소체(proplastid)**로부터 발달 된다. 세포가 결국 가지게 될 특별한 기능에 따라 전색소체가 다양하게 분화된 성숙한 색소체로 될 수 있다. 이들은 아주 융통성이 있는 기관들이다. 특정한 조건 하에서는 심지어 성숙한 색소체도 1가지 형태에서 다른 것으로 전환될 수 있다.

엽록체는 전색소체가 빛에 노출되어 자극을 받게 되면 만들어진다. **저장색소체(chromoplasts)**는 어떤 꽃과 과일에 그들의 독특한 색을 내게 하는 색소를 포함하고 있다. 이들은 화분 매개체나 씨앗 전파자로서의 역할을 하는 동물들을 유인한다. **백색체(leukoplast)**는 색소가 없는 색소체로서 많은 씨앗과 뿌리 및 덩이줄기(백색 감자와 같은)의 세포에서 당을 저장하는 **녹말체(amyloplast)**(그림 3-9 참조)가 여기에 속한다.

**복습**

- 조면소포체와 활면소포체의 구조와 기능의 차이점은 무엇인가?
- 골지복합체의 기능은 무엇인가?
- 세포에서 단백질이 만들어져서 분비되기 위해서는 어떤 연속적인 과정들이 일어나는가?
- 엽록체와 미토콘드리아의 공통점과 차이점은 무엇인가? 그림을 그려서 설명하여라.

## 4.8 세포골격

**학습목표**

**12** 세포골격의 구조와 기능을 기술한다.

**13** 섬모와 편모를 비교하고, 그 기능을 기술한다.

실험실에서 배양하는 세포를 관찰 해보면 세포들이 모양을 자주 바꾸며 움직이기도 한다는 것을 알 수 있다. **세포골격(cytoskeleton)**은 단백질 섬유가 만들어 내는 그물 모양의 구조체로써 세

**요점**

세포골격은 세포를 지지하고 세포의 이동에 있어서 중요한 몇몇 형태의 섬유네트워크로 이루어져 있다.

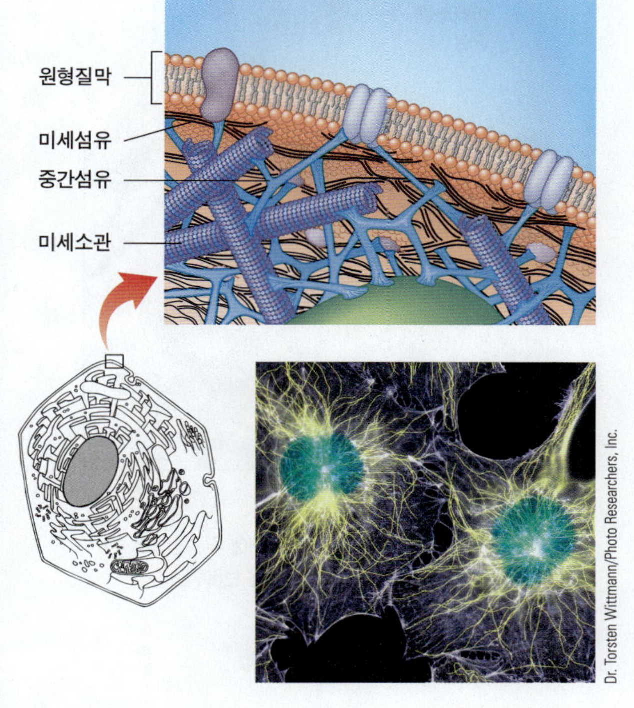


**그림 4-21 세포골격.**

진핵세포는 미세소관, 미세섬유 그리고 중간섬유를 포함하는 몇몇 형태의 섬유 네트워크를 구성하는 세포골격을 가진다. 세포골격은 세포의 모양, 소기관의 고정 그리고 때때로 세포의 이동 동안 빠르게 모양을 변화시키는데 관여한다. 형광현미경 하에서 두 섬유아세포의 세포골격이 보인다(노란색은 미세소관, 푸른색은 미세섬유, 초록색은 핵이다).

포의 물리적인 강도, 세포의 모양 및 세포의 이동 등에 관여한다(**그림 4-21**). 세포골격은 세포분열과 세포 내의 물질 수송 시에도 기능을 담당한다.

세포골격에는 미세소관, 미세섬유 및 중간섬유의 3종류가 있다. 미세섬유와 미세소관은 구슬 모양의 구형 단백질 소단위체로 구성되어 있으며, 이것들은 빠르게 조립되었다가 해체되면서 역동적인 기능을 수행한다. 중간섬유는 섬유상 단백질 소단위체로 구성되어 있으며, 미세소관과 미세섬유와는 달리 매우 안정적이다.

## 4.8.1 미세소관은 속이 비어 있는 원통형이다

세포골격 중에 가장 굵은 **미세소관(microtubule)**은 바깥쪽 직경이 약 25 nm이고 길이는 몇 μm에 달한다. 미세소관은 세포골격

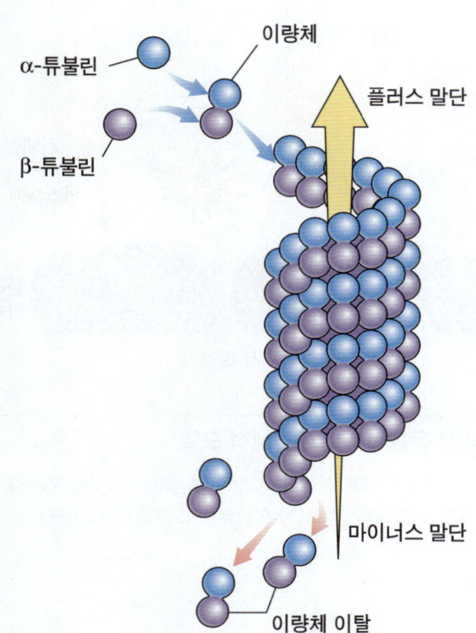


**(a)** 미세소관은 세포 내에서 속이 빈 원기둥의 끝 부분에 α-튜불린과 β-튜불린의 2합체가 결합됨으로써 생성된다. 원기둥은 극성을 가진다는 것에 주목해라. 그림의 상단에 보이는 끝 부분은 빨리 성장하는 또는 플러스 말단 부분이다.

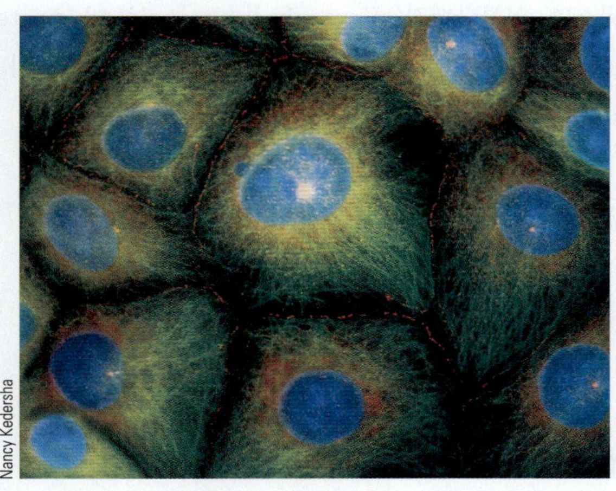


**(b)** 미세소관이 녹색으로 보이는 형광현미경 사진. 미세소관-구성 중심(분홍색 점)이 대부분 세포핵(푸른 색)의 옆쪽 또는 위쪽에서 보인다

**그림 4-22 미세소관의 구성.**

체계에서 구조적인 역할을 할 뿐만 아니라 세포분열시 염색체의 이동에도 관여한다. 미세소관은 또한 세포내 물질의 수송시 수송의 경로를 제공하며, 세포 운동에 사용되는 섬모와 편모의 주요 구성성분이기도 하다.

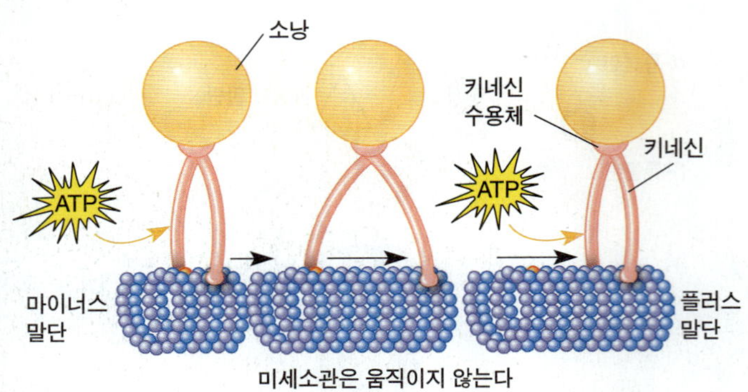


**그림 4-23** 키네신 운동단백질의 가설적 모델.

키네신 분자는 소낭의 특정 수용체에 부착한다. ATP 에너지가 키네신 분자의 입체 구조를 바꾸어 미세소관을 따라 "걷기"를 하게 함으로써 소낭을 이동시킨다.

미세소관은 **α-튜불린(α-tubulin)**과 **β-튜불린(β-tubulin)**이라는 2개의 아주 유사한 단백질로 구성되어 있으며, 이 단백질들이 결합하여 이량체를 형성한다. 미세소관은 튜불린 이량체가 중합되면서 길어지거나 탈중합되어 해체되기도 한다(**그림 4-22**). 미세소관은 양끝에 각각 양극과 음극의 극성을 가지고 있다.

**미세소관-연합단백질(microtubule-associated protein; MAP)**은 구조 미세소관-연합단백질과 운동 미세소관-연합단백질의 2 군으로 나누어진다. *구조 미세소관-연합단백질*은 미세소관이 조립되는 것을 조절하는 것을 도우며, 다른 세포골격 중합체에 미세소관을 교차 결합시킨다. *운동 미세소관-연합단백질*은 ATP 에너지를 사용하여 미세소관이 운동하도록 도와준다.

**키네신(kinesin)**이라 불리는 운동 단백질은 소기관을 미세소관의 양극 끝 쪽으로 이동시킨다(**그림 4-23**).

### (1) 중심체와 중심소체는 세포분열에 관여한다

미세소관이 구조적 골격으로 역할을 하거나 세포 이동에 관여하려면 세포내 한 부위에 고정되어 있어야 한다. 분열하고 있지 않은 세포에서 미세소관의 음극 끝은 **미세소관-조직화 중심(microtubule-organizing center; MTOC)**이라 불리는 부위에 고정되어 있다. 동물세포에서 주요 미세소관-조직화 중심은 세포중심 또는 **중심체(centrosome)**로 세포 분열에 중요한 구조물이다. 거의 모든 동물세포를 포함한 많은 세포들에서 중심체는 **중심립(centriole)**이라 불리는 구조를 2개 갖고 있다(**그림 4-24**). 이 구조물은 중심체내에서 서로 직각을 이루고 있으며 9×3의 구조로도 알려져 있다. 접합된 3개의 미세소관 세트 9개가 모여 속이 빈 원통형 모양을 만든다. 중심립은 세포 분열 이전에 복제되고 몇 형태의 미세소관 조립에 기여하기도 한다. 대부분의 식물세포와 균류의 세포는 미세소관-조직화 중심을 갖고 있지만 중심립이 없다. 이것은 중심립이 대부분의 미세소관 조립에 중요한 요소가 아니거나 다른 형태의 조립 기작이 있음을 의미한다.

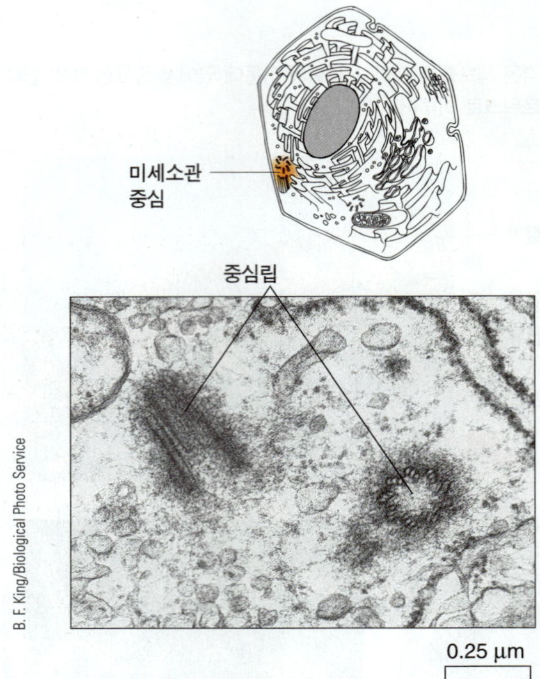


**(a)** 분열 중이 아닌 동물세포의 핵 근처에 두 중심립이 서로에 대해 수직으로 위치해 있는 것을 보여주는 투과전자현미경 사진.

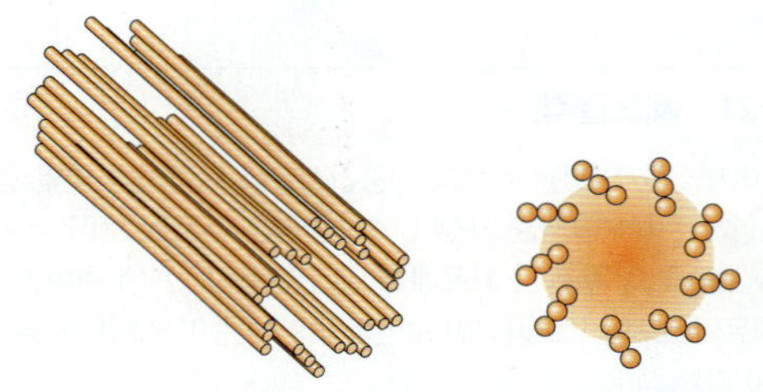

**(b)** 미세소관의 9×3 배열에 주목하라. 오른쪽은 횡 방향으로 잘려져 있는 중심립의 모양이다.

**그림 4-24** 중심립.

미세소관이 빠르게 조립되고 해체되는 능력을 가지고 있다는 것을 세포골격이 파괴되는 세포 분열 동안에 볼 수 있다(10장 참조). 많은 튜불린 소단위체는 방추사라는 구조로 만들어져 세포가 분열할 때 염색체가 일정하게 분포될 수 있도록 한다.

### (2) 섬모와 편모는 미세소관으로 구성되어 있다

세포 이동에 중요한 가느다란 구조물이 세포 표면에서 돌출되어

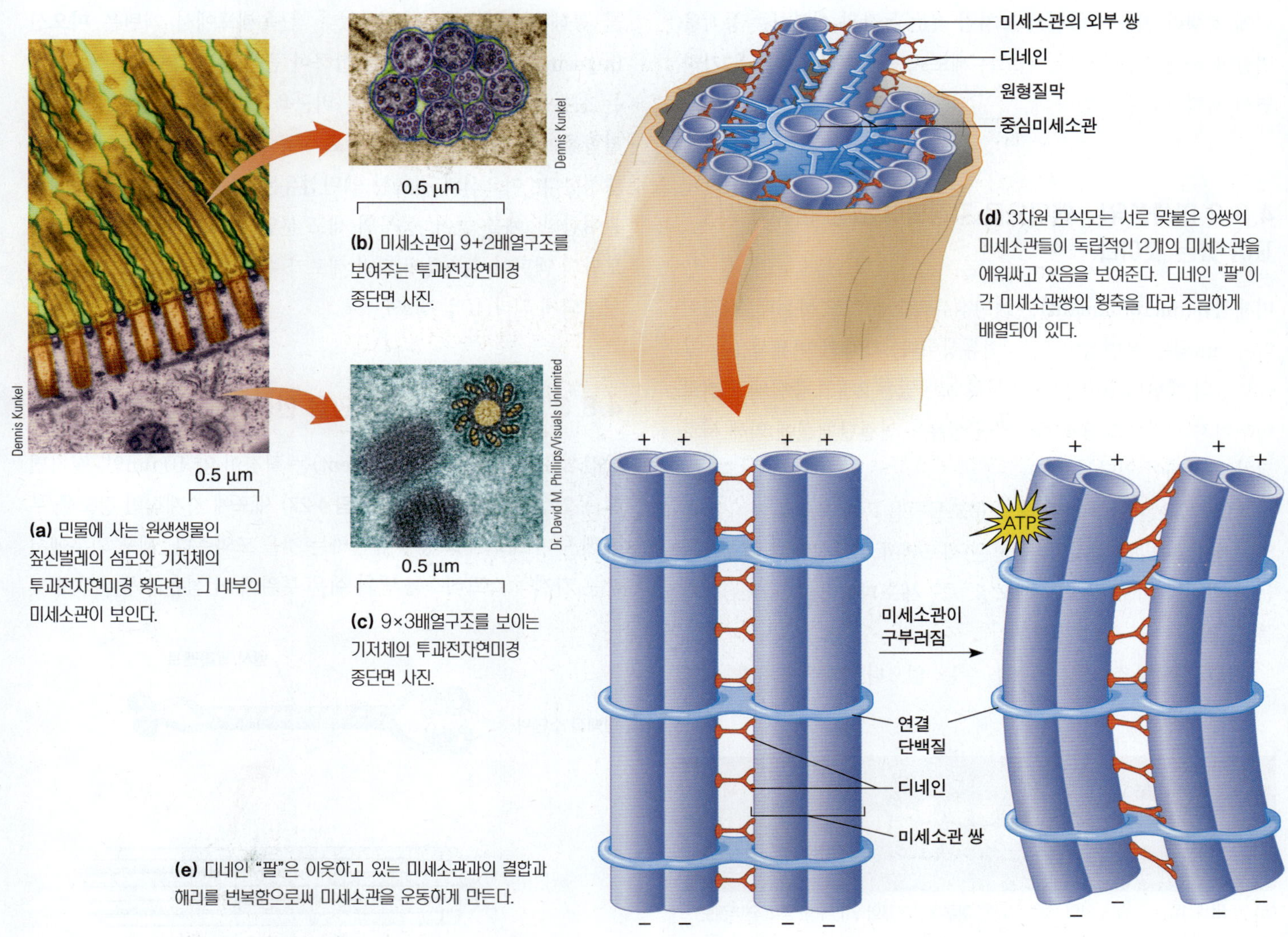


**(a)** 민물에 사는 원생생물인 짚신벌레의 섬모와 기저체의 투과전자현미경 횡단면. 그 내부의 미세소관이 보인다.

**(b)** 미세소관의 9+2배열구조를 보여주는 투과전자현미경 종단면 사진.

**(c)** 9×3배열구조를 보이는 기저체의 투과전자현미경 종단면 사진.

**(d)** 3차원 모식모는 서로 맞붙은 9쌍의 미세소관들이 독립적인 2개의 미세소관을 에워싸고 있음을 보여준다. 디네인 "팔"이 각 미세소관쌍의 횡축을 따라 조밀하게 배열되어 있다.

**(e)** 디네인 "팔"은 이웃하고 있는 미세소관과의 결합과 해리를 번복함으로써 미세소관을 운동하게 만든다.

**그림 4-25 섬모의 구조.**

있다. 세포가 이러한 구조물을 1개 혹은 단지 몇 개만 가지고 있고 길이가 세포 크기에 비해 긴 경우(일반적으로 약 200 μm) 이 구조물을 **편모(flagella)**라고 한다. 이러한 구조물의 길이가 짧으면서 (일반적으로 2–10 μm 길이) 많은 수가 관찰될 때는 **섬모(cillia)**라고 한다. 세포가 물이 있는 환경을 통과할 때는 섬모와 편모 2가지를 다 사용하며 일부 세포는 세포 표면을 따라 액체나 입자를 이동시킬 때 섬모를 사용한다. 이들 구조는 보통 단세포 유기체와 작은 다세포 유기체에서 발견된다. 동물과 어떤 식물에 있어서 편모는 정자세포의 꼬리로 역할한다. 동물에서 섬모는 보통 신체의 내부관에 있는 세포의 표면에서 발생한다(예, 외호흡 통로).

진핵세포의 섬모와 편모는 구조적으로 비슷하다(그러나 박테리아의 편모와는 다르다). 원형질막이 연장되어 가느다란 원기둥 형태의 줄기를 덮고 있는 구조이다. 줄기의 중심 부위는 미세소관으로 되어 있는데 중심부위에 쌍을 이루지 않은 미세소관이 있고 쌍을 이룬 미세소관 9개가 그 주위를 둘러싸고 있는 형태이다(**그림 4-25**). 거의 모든 진핵세포의 섬모와 편모에서 이러한 9+2 미세소관 배열을 특징적으로 볼 수 있다.

편모와 섬모에 있는 미세소관은 서로 미끄러져 지나치게 됨으로써 움직인다. 미끄러져 움직이는 힘은 디네인(dynein) 단백질에 의해 생기며 작은 팔처럼 미세소관에 부착되어 있다. 이들 단백질은 섬모나 편모에 힘을 주는데 ATP 에너지를 사용한다. 세관의 한 쌍에 위치한 디네인 단백질(팔)은 모양을 변화시키면서 인접한 세관 쌍을 따라 "걷는" 모양을 취한다. 즉 섬모나 편모의 한쪽 면에 있는 미세소관은 다른 쪽 면에 있는 미세소관보다 끝쪽을 향해 더 많이 뻗어있게 된다. 미세소관이 이러한 형태로 미끄러지면서 구부러지는 형태가 된다(그림 4–25e). 섬모는 세포 표면에 평행한 힘을 가하면서 노처럼 젓는 동작과 회복하는 동작을 번갈아 하면서 움직인다. 편모는 세포표면에 수직으로 힘을 가하면서 채찍처럼 움직인다.

### 4.8.2 미세섬유는 액틴으로 구성되어 있는 섬유가 서로 꼬여 있는 것이다

**미세섬유**(microfilament)는 액틴섬유라고 하기도 하는데, 직경이 약 7 nm되는 유연성이 있는 섬유상이다. 각각의 미세섬유는 구슬모양의 **액틴**(actin) 분자가 서로 꼬여있는 2개의 중합체 고리로 이루어져 있다(**그림 4-26**). 액틴 섬유는 연결단백질에 의해 서로 교차 연결되어 있다.

액틴 섬유는 여러 가지 세포 구조물들을 기계적으로 지지할 수 있는 섬유 다발을 형성한다. 많은 세포에서 미세섬유의 네트워크는 원형질막 바로 안쪽의 세포질, 즉, **세포피질**(cell cortex)에서 볼 수 있다.

액틴섬유는 스스로 수축할 수는 없으나 빠른 조립과 해체를 통해 운동을 일으킬 수 있다. 근육세포에서 액틴은 **미오신**(myosin)이라는 단백질과 결합하여 근육을 수축시키는 힘을 내는 섬유를 만든다(39장 참조). 비근육세포에서 액틴은 미오신과 결합하여 여러 가지 종류의 세포 이동에 관계된 수축성 구조물을 형성한다. 미오신과 결합한 액틴섬유는 일부 일시적인 기능에도 관여한다. 예를 들어, 동물의 세포 분열시 미오신과 결합한 고리 모양의 액틴이 수축하게 되면 세포가 수축되면서 2개의 딸세포를 형성되게 된다(10장 참조).

### 4.8.3 중간섬유는 세포모양을 안정화하는 것을 돕는다

**중간섬유**(intermediate filament)는 직경이 약 10 nm인, 질기면서 유연성이 있는 섬유로(**그림 4-27**) 세포에 기계적인 강도를 부여해 주며 세포가 모양을 유지하는 것을 도와준다. 세포 외부에서 오는 기계적 스트레스를 받기 쉬운 부위에 이 섬유가 풍부하게 있

**(a)** 각 미세섬유는 구슬 모양의 액틴 분자로 이루어진 2개의 얽힌 끈모양의 단백질로 구성되어 있다.

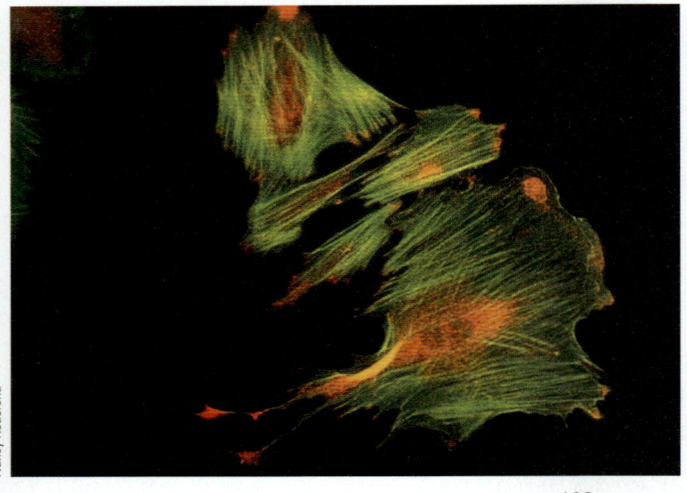


**(b)** 결체조직의 섬유아세포에서 여러 다발의 미세섬유들(녹색)을 뚜렷이 보여주는 형광현미경사진.

**그림 4-26** 미세섬유.

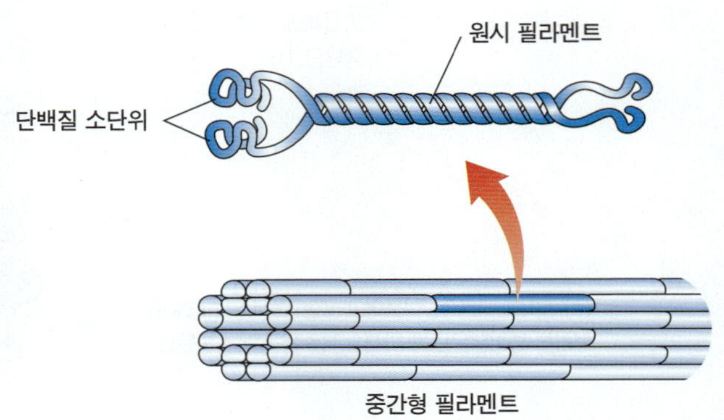


**(a)** 각 미세섬유는 구슬 모양의 액틴 분자로 이루어진 2개의 얽혀진 끈모양의 단백질로 구성되어 있다

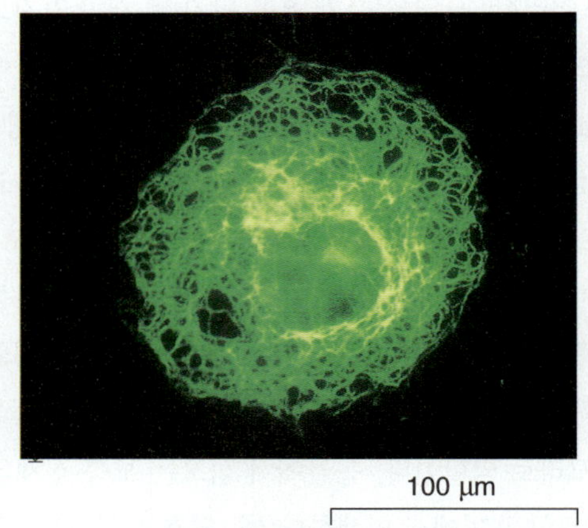


**(b)** 결체조직의 섬유아세포에서 여러 다발의 미세섬유들(녹색)을 뚜렷이 보여주는 형광현미경사진.

**그림 4-27** 중간섬유.

다. 일부 단백질은 중간섬유와 다른 형의 섬유를 교차 연결시키며 이들 섬유간의 상호작용도 매개한다. 세포의 종류와 개체의 종류에 따라 중간섬유를 이루는 단백질의 종류가 매우 다양하다. 척추동물의 피부 상피세포에서 관찰되는 케라틴과 신경 세포에서 관찰되는 신경섬유가 중간섬유의 좋은 예이다.

**복습**

- 세포골격의 주된 기능은 무엇인가?
- 미세섬유와 미세소관의 유사점과 차이점은 무엇인가?
- 섬모와 편모의 유사점과 차이점은 무엇인가?

## 4.9 세포덮개

**학습목표**

**14** 글리코칼릭스, 세포외 기질과 세포벽을 기술한다.

대부분의 진핵세포는 단백질의 다당류 측쇄와 원형질막의 일부인 지질에 의해 형성된 **글리코칼릭스(glycocalyx)** 또는 **세포외피(cell coat)**에 의해 둘러싸여 있다. 글리코칼릭스는 세포를 보호하면서 다른 세포와 어느 정도 거리를 유지할 수 있게 돕는 역할도 한다. 글리코칼릭스의 일부 물질은 세포가 다른 세포를 인식하거나, 다른 세포와 접촉할 때 혹은 접합성 결합을 형성하도록 하는데 관여한다. 세포외피의 다른 분자들은 다세포 조직의 기계적 강도에 기여한다.

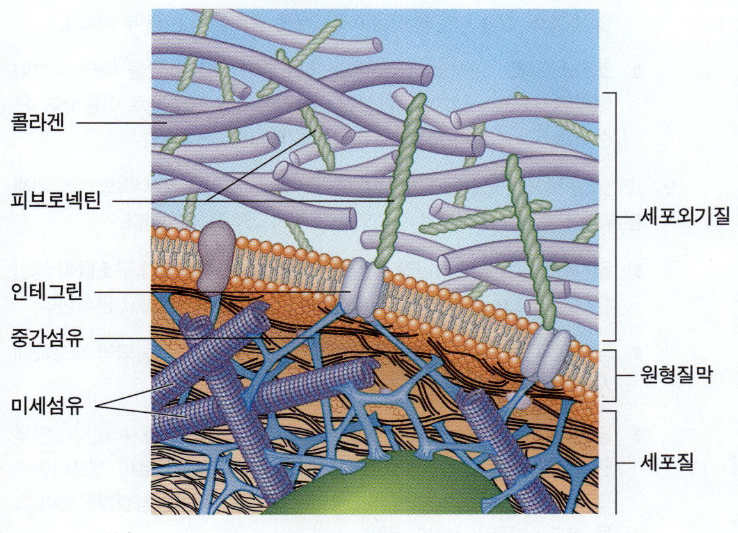


**그림 4-28 세포외 기질(ECM).**

세포외 기질의 하나인 피브로넥틴(당단백질)이 원형질막의 그 수용체인 인테그린과 다른 수용체에 결합하고 있다.

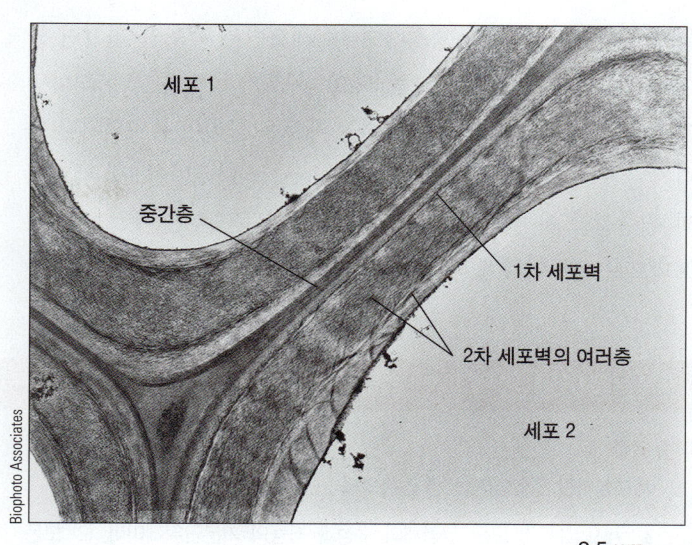


**그림 4-29 식물 세포벽.**

두 이웃한 식물 세포의 세포벽이 투과전자현미경 사진이다. 세포들이 펙틴이라 불리우는 접착성의 다당류에 의해 함께 접합되어 있다. 성장하고 있는 식물 세포는 먼저 유연하고 세포가 성장하면서 늘어날 수 있는 얇은 1차벽을 분비한다. 두번째 벽의 두꺼운 층은 세포가 신장을 멈춤 후 1차벽의 내부에서 분비된다.

많은 동물세포는 또한 그들이 분비하는 **세포외기질(extracellular matrix; ECM)**에 의해 둘러싸여 있으며, 이 기질은 겔 형태의 탄수화물과 섬유성 단백질로 구성되어 있다(그림 4-28). 세포외기질의 주요 구조단백질은 **콜라겐(collagen)**으로 매우 질긴 섬유를 형성한다. **피브로넥틴(fibronectin)**이라는 당단백질은 기질이 조직화되는 것과 세포와 결합하는 것을 돕는다. 피브로넥틴은 원형질막에서 뻗어 나온 단백질 수용체에 결합한다.

**인테그린(integrin)**은 세포외기질에 대한 막 수용체 역할을 하는 단백질이다. 이 단백질은 세포외기질에서 세포 내로 정보를 전달하는 수많은 **세포 신호(cell signaling)** 경로를 활성화시킨다. 여러 종류의 세포에서 인테그린은 세포이동 과정과 세포가 명확한 모양을 갖도록 하는 세포골격을 조직화할 때 중요하다.

대부분의 박테리아, 균류 그리고 식물세포는 세포벽과 단백질에 의해 둘러싸여 있다. 식물세포는 여러 층의 다당류 **섬유소(cellulose)**로 이루어진 두꺼운 **세포벽(cell wall)**에 의해 둘러싸여 있다(그림 3-10). 식물세포벽의 다른 다당류는 섬유소 다발사이에 교차 결합을 형성한다. 각각의 섬유소 섬유층은 인접한 층과는 다른 방향으로 뻗어 있어 세포벽은 엄청난 기계적 강도를 갖게 된다.

성장하고 있는 식물세포는 얇고 유연한 *1차 세포벽*

(primary cell wall)을 형성하며 이 세포벽은 세포가 커지면 늘어나고 팽창할 수 있다(▮ **그림 4-29**). 세포가 성장을 멈추고 나면 1차세포벽을 두껍고 단단하게 하는 새로운 물질이 분비되거나 화학적 구성이 다른 *2차 세포벽*(secondary cell wall)이 1차 세포벽과 원형질막 사이에 생기게 된다. 나무의 목재부는 주로 2차 세포벽으로 이루어져 있다. 인접한 세포의 1차 세포벽 사이에는 **중간층(middle lamella)**이 있는데, 여기에서는 펙틴(pectin)이라는 다당류가 이웃한 두 세포들을 서로 접착시키는 역할을 한다(32장 식물세포벽 참조).

**복습**

- 식물 세포벽의 주된 구성요소는 무엇인가?
- 세포벽은 어떻게 형성되어 있는가?

## 핵심 용어와 요약

**학습목표**

**1** 세포설이란 무엇이며, 생명 진화와의 연관성에 대하여 서술하라

- **세포설**은 (1) 모든 생명체의 구성과 기능의 기본단위체이며, (2) 모든 세포는 기존의 세포로부터 유래한다. 이것은 오늘날의 모든 세포의 조상이 고대로 거슬러 올라감을 의미한다. 모든 세포가 하나의 공통조상으로부터 진화해왔다는 것은 세포들의 구조와 분자적 구성에서의 기본적인 유사성을 보면 알 수 있다.

**2** 세포 구성과 항상성 사이의 관계를 요약하라.

- 세포의 구성은 적절한 내부환경인 **항상성**을 유지하는데 중요하다.
- 모든 세포는 세포질 구획을 만드는 **원형질막**으로 둘러싸여 있는데, 원형질막은 세포가 외부 환경과 물질을 교환하게 하면서도, 외부 환경과 현저히 다를 수도 있는 세포내 환경을 유지할 수 있도록 돕는다.

**3** 세포 크기와 항상성 유지 사이의 관계를 설명하라.

- 세포의 크기를 결정하는 중요한 요소는 원형질막의 표면적과 세포 부피와의 비율이다.
- 세포의 크기와 형태는 기능과 관련되어 있고 항상성 유지를 위해서 제한된다.

**4** 현미경법과 세포분획법을 기술하여라.

- 생물학자들은 **광학현미경**과 **전자현미경** 및 다양한 화학적 방법을 이용하여 세포 구조를 연구해 왔다. 전자현미경은 뛰어난 **해상력**을 지니고 있어서, 일반 현미경으로 관찰할 수 없는 미세한 세포 구조까지 관찰할 수 있게 한다.
- 세포 생물학자들은 세포분획법을 이용하여 세포소기관을 순수분리하고 세포구조의 기능에 관한 정보를 획득한다.

**5** 원핵세포와 진핵세포의 일반적인 특성을 비교 대조하고, 식물과 동물 세포를 대조하여라.

- **원핵세포**는 원형질막으로 둘러싸여 있지만 핵을 포함한 내부막 구조를 가지지 않는다. 원핵세포는 막으로 둘러싸인 핵보다는 **핵부위**를 가진다. 원핵세포는 일반적으로 **세포벽**과 **리보솜**을 가지고 프로펠러 같은 **편모**를 가진다.
- **진핵세포**는 막으로 둘러싸인 핵과 다양한 세포소기관들을 내포하고 있는 **세포내막**을 가진다.
- 식물세포는 세포벽, 엽록체, 커다란 액포를 가진다는 점에서 동물세포와 구분된다. 대부분의 식물세포는 중심체가 결여되어 있다.

**6** 세포막의 3가지 기능에 대해 기술하여라.

- 막들이 세포를 여러 구획으로 나누어 세포질내 각각의 부위에서 특정 기능을 할 수 있게 하거나 물질을 축적시키거나 대사 반응을 할 수 있도록 해준다. **소낭**이라 불리는 막에 싸인 조그마한 낭(주머니구조물)은 구획과 구획으로 물질을 수송한다.
- 막은 에너지 저장과 전환에 있어서 중요하다.
- 상호 작용하는 막들은 **내막계**를 이룬다.

**7** 핵의 구조와 기능을 기술한다.

- **핵**은 유전 정보를 암호화하고 있는 DNA 를 갖고 있다. 핵은 이중막으로 구성된 핵막으로 둘러싸여 있으며, **핵막**에는 **핵공**이라는 구멍이 있어 세포질과 소통한다.
- 핵의 DNA는 단백질과 결합하여 **염색질**을 형성하고, 이것은 세포분열 동안 응축되어 **염색체**로 가시화된다.
- 인은 리보솜RNA가 합성되고 리보솜이 조립되는 핵 내의 부분이다.

**8** 활면소포체와 조면소포체를 구조와 기능면에서 구분한다.

- **소포체**는 세포질에서의 내부 막의 네트워크이다. **활면소포체**는 지질 합성 장소, 칼슘 이온의 저장고 및 해독 효소들의 존재 부위이다.
- **조면소포체**는 단백질을 생산하는 리보솜이 바깥 표면을 따라 부착되어 있다. 조면소포체에서 합성된 단백질은 소포체강 내로 이동하여, 탄수화물이나 지질과 같은 부가물이 첨가되면서 변형된다.

**9** 조면소포체에서 합성된 단백질이 가공되어, 변형되고, 골지복합체에 의해 분류되어 특정한 목적지로 수송되는 일련의 과정을 추적한다.

- **골지복합체**는 **시스터나**라고 불리는 편평한 막성 주머니 구조물이 쌓인 형태의 구조물로 소포체에서 합성되는 단백질을 변형하고 분류한다.
- 당단백질은 소포체막에서 만들어진 수송낭에 의해 포함되어 소포체에서 골지복합체의 시스면으로 수송된다.
- 당단백질은 트랜스면에서 수송낭에 의해 골지체를 빠져나간다. 일부 단백질은 수송낭이 원형질막으로 이동하고 융합함으로써 세포바깥으로 배출된다. 다른 일부는 리소좀이나 다른 소기관을 형성함으로써 그들 세포소기관의 성분이 된다.

**10** 리소좀, 액포, 페르옥시솜의 기능을 기술하라.

- **리소좀**은 낡은 세포 구성물이나 세포가 섭취한 물질을 분해하는 효소를 가지고 있다.

- **액포**는 물질, 물, 노폐물을 저장하고, 식물세포의 팽압을 유지한다.
- **페르옥시솜**은 지질 대사에 관련되어 있으며 에탄올과 같은 성분들을 해독시키는 일도 한다. 페르옥시솜은 과산화수소를 생성하지만 그것을 분해하는 카탈라아제 효소를 가지고 있다.

11 미토콘드리아와 엽록체의 기능을 비교하고, 이 두 세포소기관의 ATP 합성에 대해 토론한다.

- 유기호흡의 장소인 **미토콘드리아**는 이중막으로 둘러싸인 소기관이다. 안쪽막은 표면적을 증가시키기 위해 주름진 형태의 **크리스타**를 형성한다.
- 크리스타와 내부 막에 의해 둘러싸인 구획인 **미토콘드리아 기질**은 유기호흡 반응을 위한 효소를 포함하고 있다. 영양분에서 나온 에너지는 ATP 형태로 저장되고, 부산물로 이산화탄소와 물이 생성된다.
- **엽록체**는 **광합성** 기능을 수행하는 색소체이다.
- 엽록체의 내막은 **스트로마**라고 하는 액체로 채워진 부위를 둘러싸고 있다. **틸라코이드**라고 하는 원반 모양의 막성 낭이 쌓인 것을 **그라나**라고 하는데 스트로마 내에 있다.
- 광합성 동안 빛 에너지를 흡수하는 **엽록소**는 틸라코이드 막에 위치한다. 에너지는 화학 에너지인 ATP로 전환되어 이산화탄소와 물에서 탄수화물을 합성할 때 사용된다.

12 세포골격의 구조와 기능을 기술한다.

- **세포골격**은 미세소관, 미세섬유 그리고 중간섬유로 이루어진 세포 내부의 골격이다.
- **미세소관**은 **튜불린** 단백질 소단위체가 모여서 만든 속이 빈 형태의 원기둥 형태의 구조물이다. 분열하고 있지 않은 세포에서 미세소관의 음극 끝은 **미세소관-조직화 중심(MOPC)**에 부착된다.
- **미세소관-연합단백질(MAP)**은 구조 미세소관-연합단백질과 운동 미세소관 연합단백질을 포함한다.
- 동물세포의 주요 MOPC는 **중심체**로서 2개의 중심립을 갖고 있다. 각각의 중심립은 9×3의 미세소관 배열을 갖는다.
- **미세섬유** 또는 **액틴섬유**는 세포의 이동에 중요하다.
- **중간섬유**는 세포골격을 강하게 하고 세포 모양을 안정화시킨다.

13 섬모와 편모를 비교하고, 그 기능을 기술한다.

- **섬모**와 **편모**는 세포 표면에서 돌출된 가늘고 운동성 구조물로 세포의 이동에 관여한다. 각각은 9+2의 미세소관 배열로 구성되어 있으며 미세소관의 9×3 미세소관 배열인 기저체에 의해 세포 내에 부착되어 있다. 섬모는 짧고 편모는 길다.

14 글리코칼릭스, 세포외 기질과 세포벽을 기술한다.

- 대부분의 세포는 원형질막에서 연장된 다당류에 의해 형성된 **글리코칼릭스**, 혹은 **세포외피**에 의해 싸여져 있다.
- 많은 동물세포는 탄수화물과 단백질로 구성된 **세포외기질(ECM)**에 의해 둘러싸여 있다. **피브로넥틴**은 원형질 막의 수용체 단백질인 **인테그린**에 결합한다.
- 대부분의 박테리아, 균류 그리고 식물세포는 탄수화물로 이루어진 세포벽에 의해 둘러싸여 있다. 식물세포는 단단한 세포벽을 형성하는 **섬유소(셀룰로오스)**와 다른 다당류를 분비한다.

## 연습문제

1. 다음 중 광합성과 가장 관련이 많은 것은?
   (a) 기저체 (b) 활면 소포체 (c) 크리스타
   (d) 틸라라코이드 (e) 미세소관-조직화 중심

2. 현미경이 정교하고 상세하게 보여주는 능력은 다음 중 어떤 것에 의해 결정되는가?
   (a) 확대력 (b) 해상력 (c) 세포분획 (d) 주사전자현미경 (e) 위상차

3. 미세소관의 9+2 배열구조는 다음 중 어느 것에서 가장 잘 나타나는가?
   (a) 섬모에서 (b) 중심체에서 (c) 기저체에서
   (d) 미세섬유에서 (e) 미융모

4. 다음 중 원핵세포에서 발견되지 않는 구조는 무엇인가?
   (a) 세포벽 (b) 리보좀 (c) 핵양체 (d) 핵 (e) 편모

5. 진핵 세포에서 DNA는 어디에서 발견되는가?
   (a) 염색체에서 (b) 염색질에서 (c) 미토콘드리아에서
   (d) a, b, 그리고 c 모두에서 (e) a와 b

6. 진핵세포에서 정보의 흐름을 가장 잘 표현한 것은 다음 중 어느 것인가?
   1. 핵의 DNA 2. RNA 3. 미토콘드리아 4. 단백질 합성
   5. 리보조옴
   (a) 1, 2, 5, 4 (b) 3, 2, 5, 1 (c) 5, 2, 3, 1
   (d) 4, 3, 2, 1 (e) 1, 2, 3, 4

7. 다음 중 세포의 이동에 관여하는 것은?
   (a) 미세소관 (b) 인 (c) 그라나 (d) 활면 소포체 (e) 조면 소포체

8. 세포외 기질은?
   (a) 미오신과 RNA로 이루어져 있다
   (b) 미융모를 형성하기 위해 돌출되어 있다
   (c) 중심립의 장소를 제공한다
   (d) 인테그린과 결합 하는 피브로넥틴을 갖고 있다
   (e) 정교한 크리스테 체계를 갖고 있다.

9. 동물세포와 식물세포의 도해에 이름을 적어 넣으시오. 그의 기능과 관련된 각각 기관의 구조는 어떠한가? 여러분의 해답을 확인하기 위해 그림 4-7과 4-8를 사용하여라.

10. 진핵세포에서 당단백질의 가공 과정을 가장 정확하게 표현한 것은 다음 중 어느 것인가?

1. ER 2. 리보조옴 3. 골지체의 시스면 4. 골지체의 트랜스면 5. 수송낭 6. 그라나 7. 원형질막

(a) 1,6,2,3,4,7 (b) 2,1,3,4,5,7 (c) 7,1,2,4,3,5
(d) 2,1,4,3,5,7 (e) 2,1,7,4,5,1

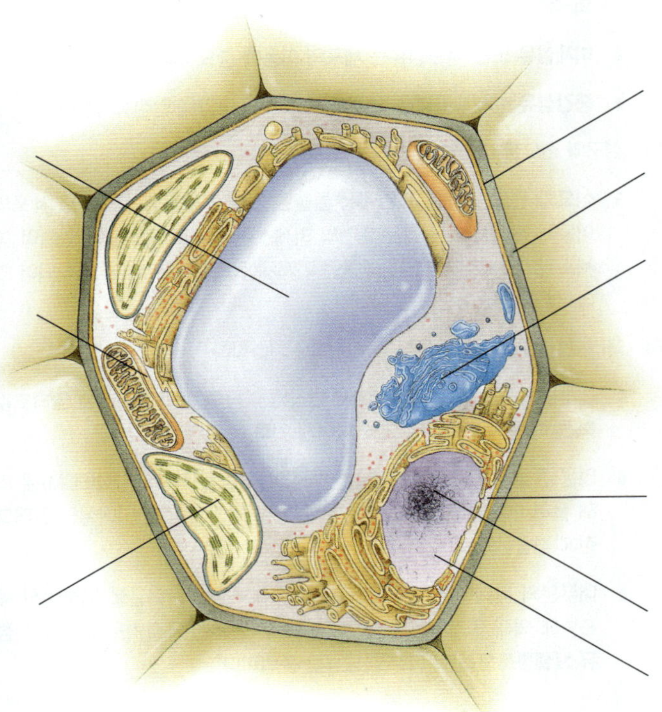

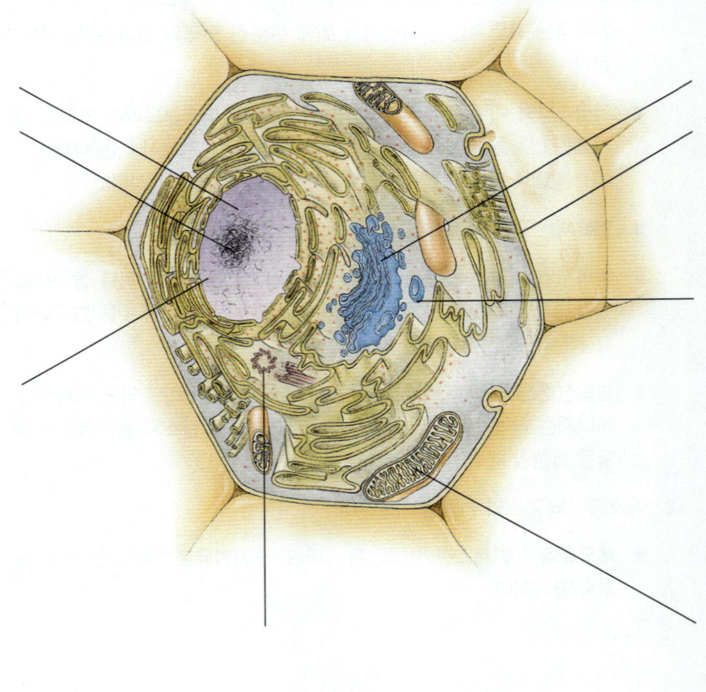

## 심화 학습문제

1. **진화적 연계.** 생물학자들은 다양한 종류의 생명체의 진화 역사를 추적하기 위해서 세포의 유사성을 활용한다. 세포의 구조와 기능에 있어서의 그러한 유사성은 생물학자들에게 생명의 공통기원에 대하여 무엇을 알게 해주는가? 설명하라.

2. 세포가 왜 생명의 기본 단위로 인정되는지 설명하고, 세포설의 의미에 대하여 논의해 보라.

5

# 생체막

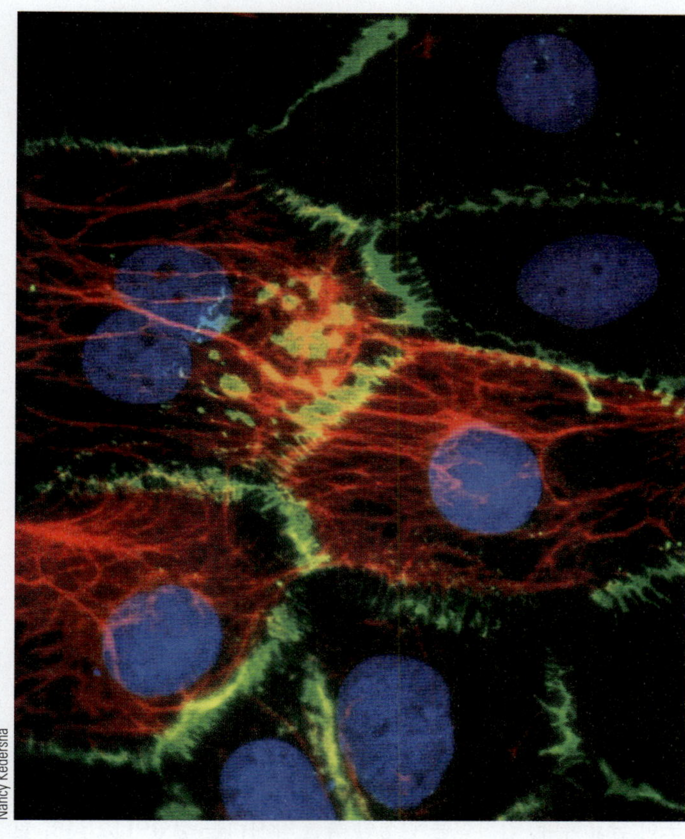

Nancy Kedersha

**카데린.** 인간의 피부세포를 배양하여 형광항체로 염색한 후 광학현미경으로 관찰하였다. 막단백질의 일종인 카데린은 박판모양의 세포에서 녹색의 띠모양을 하고 있다. 핵은 푸른색의 구형으로 보여지며 미오신은 붉은색을 띠고 있다.

## 핵심 개념

생체막은 세포의 항상성을 유지할 수 있게 도와주는 선택적 투과막이다.

유동모자이크 모델에 따르면 세포막은 인지질 이중층에 다양한 단백질들이 박혀있는 구조이다.

세포막에 있는 막단백질들은 물질이 수송, 효소 활성, 정보의 전달 그리고 다른 세포들의 인식 등 다양한 기능들을 갖는다.

확산은 세포가 대사 에너지를 필요로 하지 않는 수동적 과정인 반면에 능동수송은 직접 에너지의 소모가 요구된다.

세포들은 세포들 사이에 특이 연접들을 형성하여 접촉하고 있다.

생체막의 진화는 외부환경으로부터 다양한 내부 구획을 분리시켜주므로, 생명의 기원에서 필수적인 단계였다. 그 후 생체막은 복잡한 세포의 진화를 가능하게 하였다. 진핵세포의 다양한 내막들은 독특한 외부환경으로부터 다양한 내부 구획을 형성하여 고도로 분화된 활동을 수행한다.

세포막 연구의 흥미로운 분야 중 하나가 막단백질이다. 일부 단백질들은 물질수송을 담당하는 반면에, 일부 단백질들은 정보전달 기능이나 효소로서 작용한다. *세포부착분자*(cell adhesion molecule)라고 알려진 어떤 단백질은 세포를 다른 세포와 연결하여 조직을 형성하는 데 있어서 중요한 역할을 한다. 척추동물과 많은 무척추동물에서 주요한 세포부착분자는 **카데린(cadherin)**이다. 이러한 분자는 다세포성 박판을 형성하는 세포 사이에서 부착을 담당하며 칼슘에 의존적이다. 예를 들면, 카데린은 사람의 피부를 구성하는 상피세포의 구조를 유지하는데 중요한 세포연접을 형성한다(사진 참조). 이 막단백질의 결핍은 악성 종양의 침입과 관련이 있다. 어떤 카데린은 초기 배아에서 세포가 부착하는 방법을 조절하여, 발생에서 중요한 역할을 한다.

인간 유전체 프로젝트와 이와 관련된 연구들의 성공에는 생화학과 분자생물학(molecular biology)의 역할이 크다. 생화학자는 생명체의 에너지 흐름을 유지하는 세포의 원자와 분자 사이의 상호작용을, 분자생물학자는 특정한 유전자들의 발현을 조절하는 단백질과 DNA의 상호작용을, 진화 생물학자는 여러 생물체의 DNA를 비교하여 진화 과정을, 생태학자는 강어귀에서 살고 있는 생명체의 에너지

전이 혹은 물의 염도 변화에 대한 생물학적 영향을 연구한다. 식물학자는 식물이 생성하는 독특한 물질들에 대해서 연구 할 수 있고, 의약제의 새로운 원천을 찾는 "화학적 탐구자"가 될지도 모른다.

이 장에는 세포를 둘러싸고 있는 형질막뿐만 아니라 여러 세포 소기관을 둘러싸고 있는 생체막의 구조와 기능에 대해 알아보기로 한다.

먼저 생체막의 구성성분과 구조에 대하여 살펴본 다음, 이온에서부터 복잡한 분자, 그리고 박테리아에 이르기까지 다양한 물질들이 어떻게 막을 통해서 이동하는지에 대하여 살펴볼 것이다. 마지막으로 서로 다른 세포의 막들이 상호작용하는 분화된 구조에 대해 검토할 것이다. 비록 우리가 토론할 많은 부분이 원형질막의 구조와 기능에 집중 되어 있지만, 많은 개념이 그 밖의 생체막에 적용될 것이다. ■

## 5.1 생체막의 구조

### 학습목표

1 세포의 항상성 유지에 대한 막의 중요성을 막의 다양한 기능과 관련하여 설명하라.
2 세포막의 유동 모자이크 모델을 설명하라.
3 지질 이중층과 세포막의 기능 및 특성을 연관시켜 보라.
4 막 단백질이 지질 이중층에 포함되는 여러 방법을 설명하고, 막 단백질의 기능에 대해 토론하라.

생명을 유지하는데 필요한 여러 화학반응을 수행하기 위해서 세포는 적합한 내부 환경 유지가 되어야만 한다. 모든 세포들은 외부 세계와 격리된 내부 구조를 물리적으로 구분하는 **원형질막(plsma membrane)**으로 둘러 싸여 있다. 4장에서 살펴 본 것과 같이 진핵세포는 막들로 둘러 쌓인 수많은 세포소기관들을 가진다. 이들 소기관들 중 핵막, 소포체, 골지복합체, 리소좀, 소낭과 액포 등은 내막계를 이룬다.

생체막은 지질과 단백질로 구성된 매우 복잡하고 동적인 구조를 가진다. 또한 생체막은 물질 수송의 조절, 세포의 구획화, 화학반응을 위한 표면 제공, 다른 세포와의 부착 및 통신, 그리고 이러한 환경에서 정보 수신 등과 같은 다양한 기능을 갖는다. 세포막의 어떠한 특징들이 이와 같은 다양한 기능들을 수행할 수 있게 하는 것일까?

전자현미경의 발달 이전부터, 과학자들은 생체막이 지질과 단백질로 이루어져 있다는 사실을 알고 있었다. 1920년대와 1930년대의 연구자들은 세포막의 주성분이 지질, 특히 인지질로 이루어져 있다는 실마리를 제공하였다(3장 참조).

### 5.1.1 인지질은 물속에서 이중층을 형성한다

인지질은 생체막의 물리적인 성질과 근본적으로 관계가 있다. 왜냐하면 특정 인지질이 이중층 구조를 형성할 수 있도록 하는 성질들을 가지기 때문이다. 인지질은 2개의 지방산 사슬이 글리세롤의 3개 탄소 중 2개에 연결되어 있다(그림 3-13 참조). 지방산 사슬은 인지질의 비극성, 소수성(hydrophobic, "물을 싫어하는") 부위를 구성한다. 반면에 음전하를 띠며, *친수성*(hydrophylic, "물을 좋아하는")인 인산기는 글리세롤의 3번째 탄소와 결합하여 극성, 친수성 유기성 기들과 결합한다. 소수성과 친수성 부위가 확실하게 구분되는 이런 종류의 분자들을 **양친매성 분자(amphipathic molecule)**라 한다. 생체막의 핵심을 구성하는 모든 지질은 양친매성 특징을 가지고 있다.

각 인지질의 한쪽 끝은 물과 자유롭게 결합해 있고 다른 쪽은 그렇지 않기 때문에, 물속에서 만들 수 있는 가장 안정적인 구조는 이중층 구조를 형성하는 것이다(**그림 5-1a**). 이러한 배열은 인지질의 친수성 머리 부위는 물과 접하도록 하는 반면, 소수성 지방산 사슬의 꼬리 부위는 물 분자와 떨어진 내부구조에 파묻혀 있게 된다.

양친매성 만으로 지질의 이중층 형성을 예측할 수는 없다. 모양 또한 중요하다. 인지질은 일정한 폭을 가지려는 경향이 있으며, 원통 모양의 형태와 양친매성 성질로부터 이중층이 형성 된다. 요약

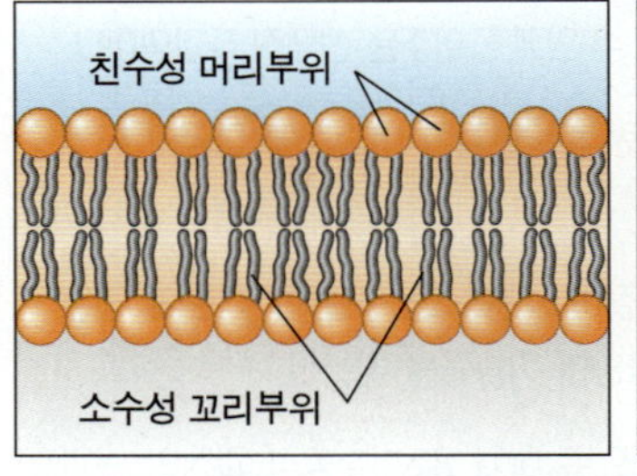

**(a) 물속에서의 인지질.** 물속에서 지질은 이중층을 형성한다. 소수성 지방산은 물에 노출되지 않는 반면에 친수성 인지질 머리는 물과 접해 있다.

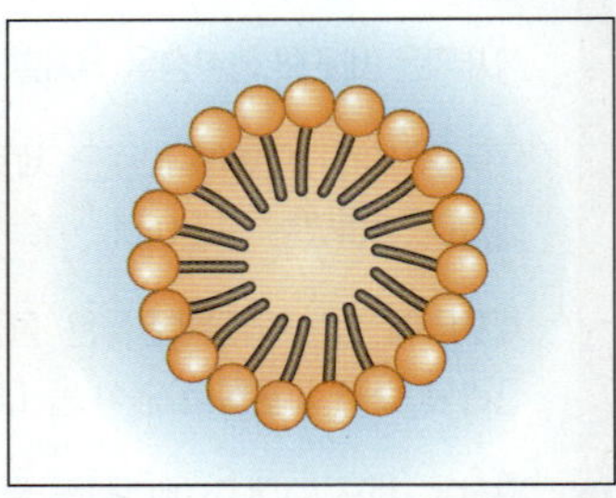
**(b) 물속에서의 세제의 형태.** 세제분자들은 원뿔 모양의 양친매성 분자이므로 물속에서 구형 구조를 이룬다.

**그림 5-1 물속에서 지질의 특징.**

**요점**

**데이브슨과 다니엘리 모델**은 1970년 대까지 인정되던 모델이었으나, 생물학과 화학의 발전에 의한 새로운 막 모델인 유동모자이크 모델이 출현함으로써 이 모델은 적합하지 않은 것으로 판명되었다.

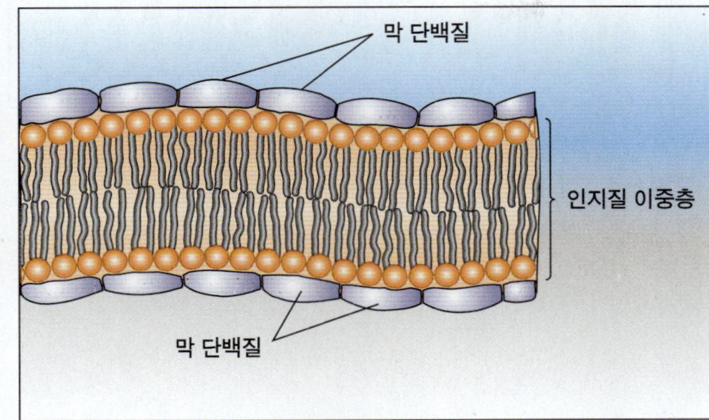


**(a) 데이브슨-다니엘리 모델.** 이 모델에 의하면, 막은 인지질이 두 단백질 층 사이에 샌드위치처럼 끼여있다. 비록 오랜 동안 정설로 받아들여졌으나, 이 모델은 정확하지 않음이 판명되었다.

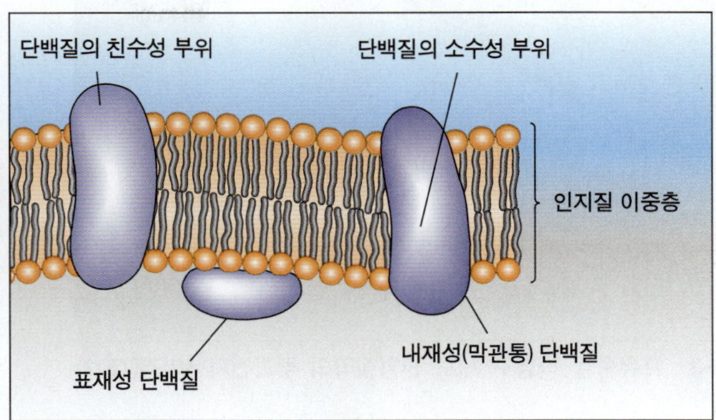


**(b) 유동 모자이크 모델.** 이 모델에 의하면, 세포막은 유동적인 인지질로 구성되어 있고, 그 유동적인 인지질에 단백질들이 끊임없이 "모자이크 양상"을 띤다.

**그림 5-2 2가지 막 구조 모델.**

하면 인지질은 이중층을 형성하는데, 이는 인지질 분자가 (1) 강한 소수성과 강한 친수성(강한 양친매성을 띠도록 하는)으로 구별되는 2 부위를 가지고 있고, (2) 원통모양으로 인해 물과 쉽게 접할 수 있는 이중층으로 되어 있기 때문이다.

세제를 사용하여 손과 더러운 접시에서 기름기를 제거하는 이유를 아는가? 대부분의 세제는 양친매성 분자로서 한쪽 끝에는 지방산과 같은 하나의 탄화수소 사슬을 가지고 다른 한 쪽은 친수성 부위를 가진다. 세제 분자들은 대략 원뿔 모양으로, 넓은 밑 부분을 형성하는 친수성 부분과 좁은 끝을 이루는 소수성 꼬리로 이루어져 있다. 이러한 모양 때문에 세제 분자들은 이중층을 형성하지 못하고 대신 물속에서 구형을 이루려고 한다(**그림 5-1b**). 세제는 기름기를 용해시킬 수 있는데, 이는 기름 분자들이 구형의 소수성 안쪽 부분과 결합하기 때문이다.

## 5.1.2 현재의 데이터는 유동모자이크 모델을 지지한다

포유동물 적혈구 세포의 원형질막에 대한 연구와 각 세포의 표면적과 전체 지질분자를 비교함으로써 초기 과학자들은 막의 두께가 겨우 인지질 분자 2개의 두께 정도라는 것을 계산해 냈다. 1935년 런던 대학의 **데이브슨(Hogh Davson)**과 **다니엘리(James Danielli)**는 다른 자료들과 함께 이러한 발견들을 기초로 2개의 단백질층 사이에 *지질이중층*(lipid bilayer)이 존재하는 "샌드위치"와 같은 막을 상상하여 모델로 제안하였다(**그림 5-2a**). 이런 매우 유용한 모델은 20년 이상 막을 연구하는데 좋은 방향을 제시하였다. 모델은 과학적 사고에 있어서 중요하며, 좋은 모델은 유용한 자료를 설명할 수 있을 뿐 아니라 시험할 수 있도록 한다. 과학자들은 모델을 사용하여 그들이 실험적으로 평가할 수 있는 가설을 개발할 수 있었다(1장 참조).

1950년대 전자현미경의 발달로, 세포생물학자들은 최초로 원형질막을 볼 수 있었다. 가장 인상적인 관찰중의 하나는 균일하고 얇은 막의 존재였다. 원형질막은 두께가 겨우 10 nm에 불과하였다. 전자현미경을 이용하여 기찻길처럼 생긴 3개의 층으로 이루어진 구조를 밝혀 내었는데, 2개의 어두운 층은 가운데 밝은 층에 의해 분리되어 있었다 (**그림 5-3**). 이 발견은 단백질-지질-단백질 샌드위치 모델을 지지하는 것처럼 보였다.

1960년대 단백질 배열에 대한 모순점이 생겨났다. 생물학자들은 막 단백질은 균일하며 막 표면에 얇은 판처럼 펼쳐진 모양을 가지고 있다고 가정했다. 하지만 세포분획법에 의해 정제된 막 단백질은 결코 일정한 모양을 가지고 있지 않았다. 구성이나 크기 면에서 단백질은 실제로 다양하게 존재하고 있었다. 어떤 단백질들은

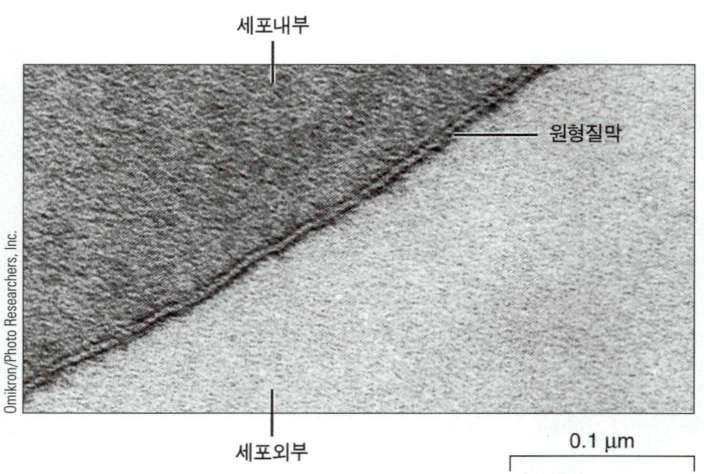


**그림 5-3 포유동물 적혈구 세포 원형질막의 투과전자현미경(TEM) 사진.**
원형질막은 세포 외부(어두운 부분)와 세포질(밝은 부분)을 분리한다. 인지질의 친수성 머리가 평행한 선 형태로 보인다. 소수성 꼬리는 그 사이의 밝은 부분이다.

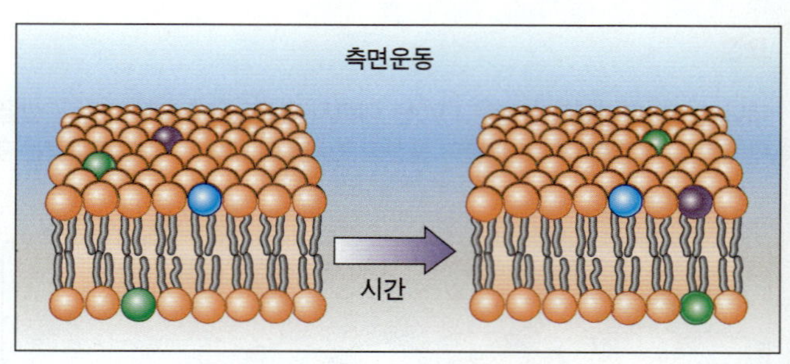


**그림 5-4 막 유동성.**
인지질 분자의 규칙적인 배열은 세포막을 액체결정 형태로 해 준다. 탄화수소 사슬은 항상 일정한 움직임을 가지어, 각 분자들이 이중층 내에서 수평으로 이동할 수 있다.

연구자들이 생각했던 것보다 훨씬 컸다. 어떻게 이런 단백질들이 단지 10 nm 두께의 막 표면층 내에 꼭 맞춰져 있을까?

세포생물학자들은 판 모양의 구조대신 많은 막 단백질이 둥글거나 구형으로 되어있다는 것을 발견하였다. 수많은 막 단백질 연구를 통해 단백질 분자의 한쪽 부위는 항상 이중층의 한쪽 면에서 발견되는 반면, 같은 단백질의 또 다른 부위는 반대쪽에 위치할 수 있다는 것이 밝혀졌다. 많은 단백질은 얇은 표면층을 형성하기보다는 지질이중층을 통하여 완전하게 뻗어있다. 따라서 막에는 다른 모양과 크기를 가진 다양한 단백질들이 모자이크 형태로 이중층과 연관되어서 존재한다는 증거들이 제시되었다.

1972년 **싱거**(S. Jonathan Singer)와 **니콜슨**(Garth Nilcolson)은 생체막의 알려진 성질을 종합하여 막 구조 모델을 제시했다. 그들의 **유동모자이크 모델(fluid mosaic model)**에 의하면, 세포막은 모자이크 그림의 타일처럼 단백질들이 파 묻혀 있거나 연결되어 있는 인지질 분자의 유동성 이중층으로 구성되어 있다. 하지만 이런 모자이크 패턴은 고정적이지는 않은데, 왜냐하면 단백질들이 인지질의 유동성 바다에 떠 있는 빙산처럼 움직이면서 끊임없이 위치를 바꾸기 때문이다. 이 모델은 그 당시 연구에 엄청난 충격을 주었다. 그림 5-2b는 유동모자이크 모델에 의한 진핵세포의 원형질막을 묘사하고 있다.

### 5.1.3 생체막은 이차원적 유동체이다

인지질 이중층의 중요한 물리적인 특징은 액체 결정과 같은 성질을 가진다는 것이다. 지질분자들이 바깥쪽에 위치한 머리 부위와 안쪽에 위치한 지방산 사슬이 나란히 배열된다는 점에서 이중층은 결정과 같은 구조를 형성하며, 분자들의 나란한 배열에도 불구하고 탄화수소 사슬이 끊임없이 움직인다는 점에서 액체와 유사한 성질을 가진다. 그러므로 분자들은 자유롭게 회전하면서 단일층 내부에서 수평으로 이동할 수 있다(**그림 5-4**). 이중층은 이런 움직임으로 인해 *이차원적 유동체*의 특징을 가지게 된다. 이는 정상적인 상태에서 하나의 인지질 분자는 진핵세포의 표면을 수 초 내에 움직일 수 있다는 것을 의미한다.

인지질 이중층의 유동적인 성질로 인해 막에 결합되어 있는 않는 이중층 속의 분자들은 막의 수평 면을 따라 이동하게 해준다. 이것은 1970년 **프라이**(David Frye)와 **에디딘**(Michael Edidin)에 의해서 명쾌하게 검증되었다. 그들은 연결되어 있는 두 세포의 표면 위에 존재하는 막 단백질의 운동에 관한 실험을 수행하였다(**그림 5-5**). 즉 생쥐 세포와 사람 세포의 원형질막을 융합하였을 때, 각각의 세포에서 유래한 막 단백질들의 일부는 수초 내로 이동하여 연결된 세포들을 둘러싸는 하나의 연속적인 원형질막 위에 무작위로 분포되었다 (그림 5-5). 이 결과는 분자배열을 지속적으로 변화시키는 막 속에 있는 지질의 유동성으로 인해 많은 단백질들이 움직일 수 있다는 것을 보여준다.

막이 정확하게 기능을 수행하기 위해서는 막의 지질이 최적의 유동적인 상태에 있어야 한다. 만약 막 지질의 유동성이 너무 크다면 막의 구조는 약해진다. 그러나 지질이중층이 너무 견고해지면, 물질이동과 같은 막의 기능이 저해되거나 정지하는 것을 볼 수 있다. 정상적인 온도에서 세포막은 유동적이지만 낮은 온도에서 지방산 사슬의 운동은 느려진다. 만약 온도가 임계점까지 내려

**핵심 실험**

**질문:** 생체막에 박혀있는 분자들의 이동이 일어날까?

**가설:** 단백질이 형질막을 따라 측면으로 이동할 수 있을 것이다.

**실험:** 프라이와 에디딘은 생쥐와 사람 세포의 막 단백질을 서로 다른 형광물질로 표지 한 후, 이 2종류 세포를 융합시켜 보았다.

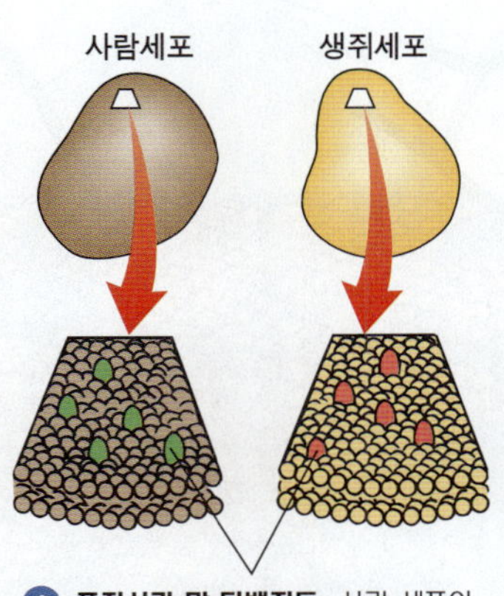


**1 표지시킨 막 단백질들.** 사람 세포와 생쥐 세포의 막 단백질을 다른 색깔의 형광으로 표지 하였다.

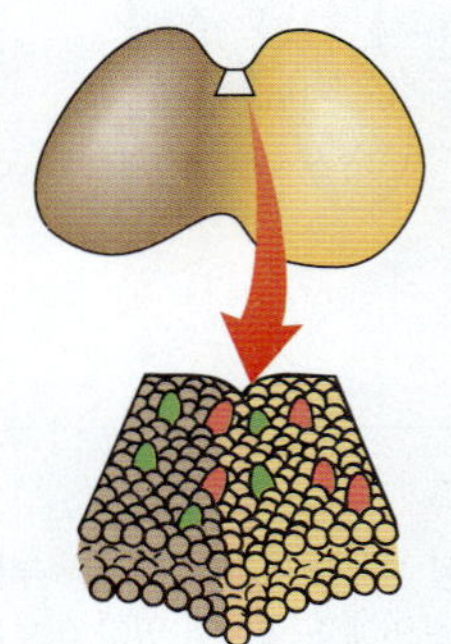

**2 사람-생쥐의 잡종세포 형성.** 2종류 세포를 융합하였을 때, 생쥐의 막 단백질이 사람 세포 쪽으로, 사람 단백질은 생쥐 세포 쪽으로 이동하였다.

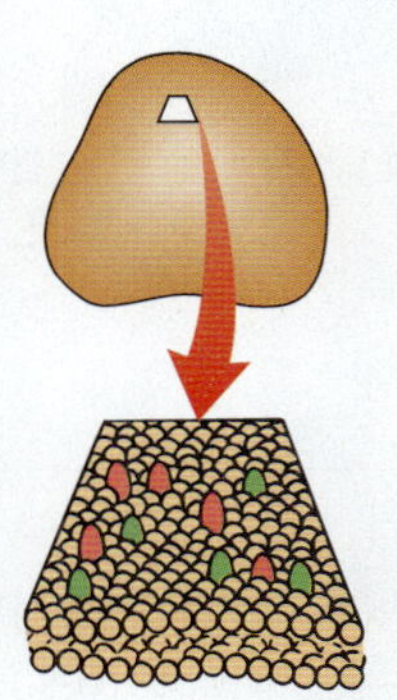

**3 단백질이 무작위적으로 분포.** 잠시 후 사람과 생쥐의 막 단백질 모두 세포 표면에 골고루 퍼져 있었다.

결과와 결론: 융합시킨 생쥐와 사람의 세포를 잠시 배양하면, 배양조 표면에 이들 세포들이 골고루 분포하였다. 약 40분 후 2종류의 단백질은 잡종세포의 막 전체에 무작위적으로 분포되었다. 이 실험결과는 형질막의 단백질들이 이동한다는 것을 말해준다.

**그림 5-5 프라이와 에디딘의 실험.**

가면 막은 단단한 겔 상태로 변한다.

막의 유동성은 지질 성분에 의해 결정된다. 녹은 버터를 상온에 두면 굳어진다는 것을 알고 있을 것이다. 그러나, 식물성 기름은 상온에서 액체상태를 유지한다. 버터와 같은 동물성 지방은 이중결합이 없는 고도로 포화된 지방산이지만 식물성 기름은 대부분의 지방산 사슬이 2개 또는 그 이상의 이중결합을 가지는 다중불포화 상태이다. 분자들의 굽힘으로 인해 각각의 이중 결합에서는 탄화수소 사슬이 서로 가까워져서 생성되는 반데르발스 상호작용을 억제한다. 이런 방식으로 불포화 지방은 기름이나 막 지질이 응고되는 온도를 낮추게 된다.

많은 생명체들은 세포막의 최적 유동상태를 유지하기 위한 조절 기작을 가지고 있다. 예를 들면, 막 지질의 지방산 성분을 변화시켜 온도 변화에 적응할 수 있게 한다. 외부 온도가 추워질 때, 막 지질은 비교적 높은 비율의 불포화 지방산을 함유한다.

일부 막 지질은 제한된 조건 내에서 막 유동성을 안정화시킨다. 이런 "유동성 완충제" 중의 하나가 동물 세포막에 존재하는 스테로이드인 콜레스테롤이다. 콜레스테롤 분자는 대부분은 소수성이지만, 단일 히드록시기를 가진 약한 양친매성 분자이다(그림 3-15a 참조). 이러한 히드록시기는 친수성인 인지질의 머리 부위와 결합한다. 콜레스테롤 분자의 소수성 잔여부위는 지방산 탄화수소 사슬 사이의 공간과 잘 일치한다(**그림 5-6**).

저온에서 콜레스테롤 분자는 응고작용을 촉진하는 반데르발스 상호작용을 억제하여 탄화수소 사슬 사이의 "간격자(spacer)"로 작용한다. 고온에서는 막이 약해지거나 불안정해지는 것을 방지한다. 그 이유는 콜레스테롤 분자가 인지질 머리 부위에 가까이 있는 탄화수소사슬 부위와 강한 상호작용을 하기 때문에 이 부위에서의 지방산 사슬의 움직임을 제한한다. 식물 세포는 콜레스테롤과 비슷한 기능을 수행하는 다른 스테로이드가 존재한다.

## 5.1.4 생체막은 융합하여 폐쇄된 소낭을 형성한다

지질이중층은 자유로운 말단을 형성하지 않는 경향이 있다. 그 결과 스스로 밀폐되어 대부분의 조건하에서 폐쇄된 소낭을 형성한다. 지질이중층은 탄력적이어서 세포막의 모양을 깨어짐이 없이 바꿀 수 있다. 적절한 조건에서 지질이중층은 다른 이중층과 결합한다.

막 융합은 매우 중요한 세포반응이다. 소낭이 다른 막과 융합할 때, 융합하는 막의 이중층과 구획들은 연속적으로 이어진다. 다양한 수송 소낭과 분비 소낭은 소포체와 골지체의 막에서 형성

**요점**

유동모자이크 모델에서 세포막은 유동성을 갖는 인지질의 이중층과 마치 극해에서 떠다니는 얼음과 같은 이동성의 단백질로 구성되어 있다.

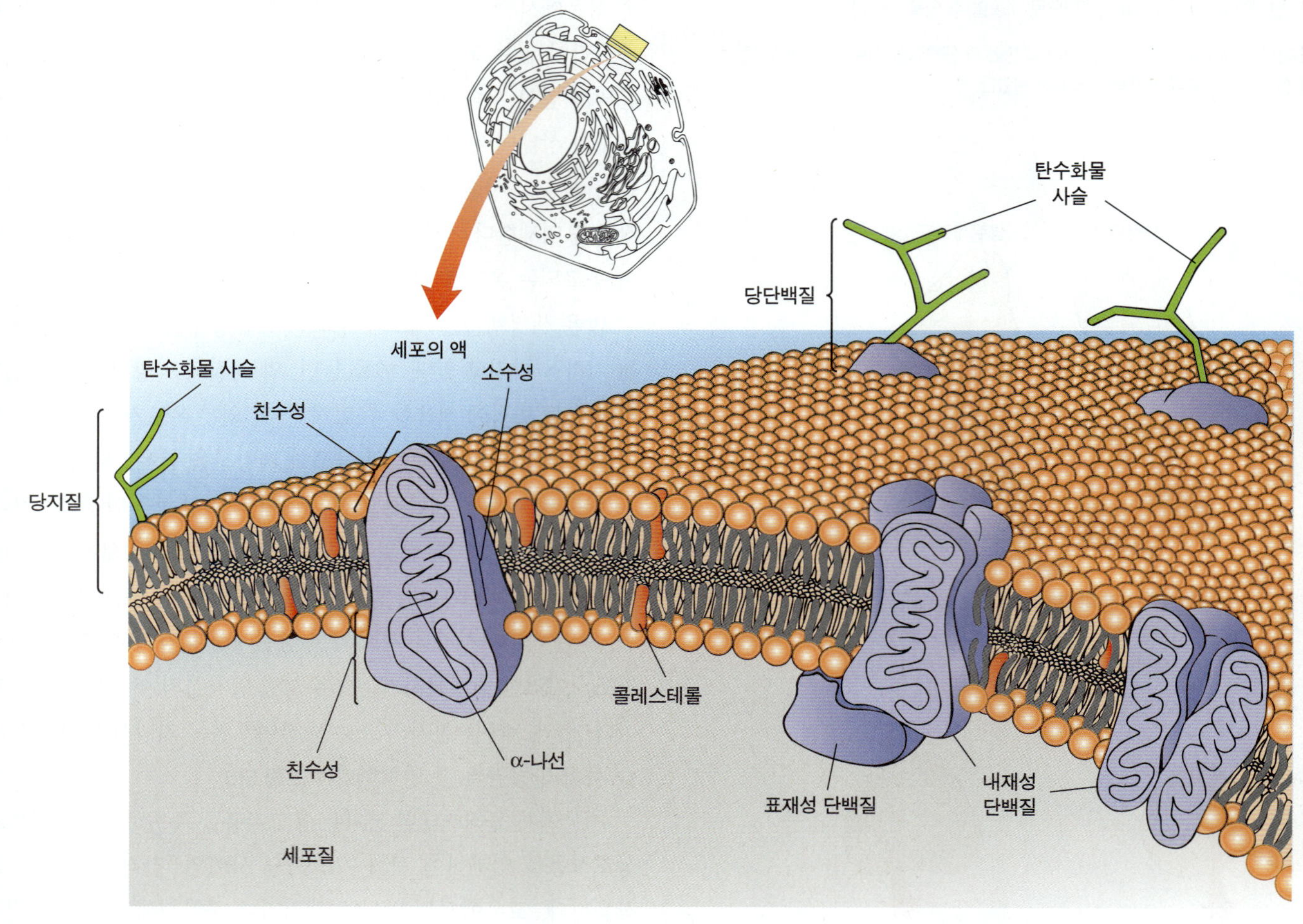


**그림 5-6** 원형질막의 상세구조.

지질이중층은 주로 인지질로 구성되어 있지만, 콜레스테롤과 당지질 같은 다른 지질도 존재한다. 표재성 단백질은 세포막에 느슨하게 결합되어 있는 반면, 내재성 단백질은 강하게 결합되어 있다. 이 그림에 나타낸 내재성 단백질은 막관통 단백질들이다. 이들 단백질들의 지질이중층 양쪽 부분은 친수성 잔기를 가지며, 막관통 부분은 α-나선구조를 이룬다. 당지질과 당단백질은 세포표면에 노출되어 있다 이들은 세포 인지와 다른 세포들과의 부착에 있어서 중요한 역할을 한다.

되고 융합하며, 하나의 구획에서 다른 구획으로 물질이 이동하는 것을 촉진한다. 세포 생성물을 분비할 때 분비소낭은 원형질막과 융합한다.

### 5.1.5 막단백질에는 내재성과 표재성 단백질이 있다

막 단백질의 주요 두 부류인 내재성 단백질과 표재성 단백질은 지질이중층과의 결합 정도에 의해 정의되어 진다(▮ 그림 5-7). **내재성 단백질**(integral membrane protein)은 막에 강하게 결합되어 있다. 세제로 인지질을 파괴하면 내재성 단백질을 분리할 수 있다. 내재성 단백질들은 양친매성 성질을 띤다. 친수성 부위는 세포의 바깥쪽이나 세포질 쪽으로 향해있는 반면, 소수성 부위는 막 인지질의 지방산 꼬리부분과 상호 작용한다.

**막관통 단백질**(transmembrane protein)이라 불리는 많은 단백질은 막을 관통하여 세포막 양쪽으로 뻗어있다. 막관통 단백질의 가장 일반적인 종류는 α-나선구조로서 α-나선의 소수성 아미노산 잔기는 지질이중층의 소수성 부분을 향하고 있다.

**표재성 막단백질**(peripheral membrane protein)은 지질이중층에 파묻혀 있지 않다. 세포막의 안이나 바깥표면에 존재하며, 일반적으로 비공유결합에 의해 내재성 단백질의 노출된 부위와 결합

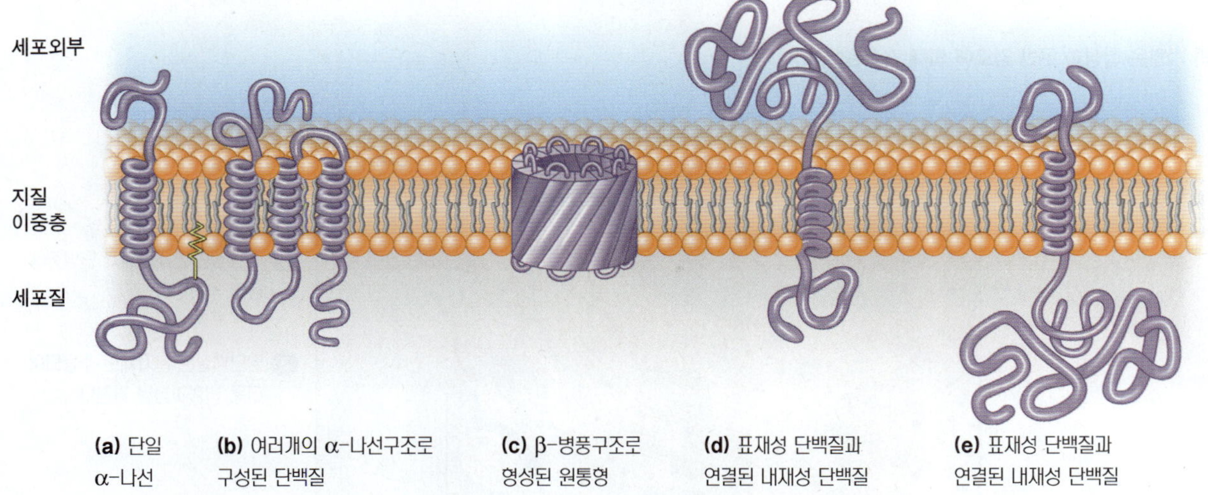


**그림 5-7 막 단백질.**

**(a)**, **(b)**, **(c)**는 세 종류의 관통형 막 단배질. *β*-병풍구조 단백질들로 구성 된 **(c)** 단백질은 세포막에 구멍을 형성하여 물과 이온들이 통과하도록 해준다. **(d, e)**의 표재성 단백질은 내재성 단백질과 비공유 결합들에 의해 결합된다.

한다. 표재성 단백질은 이중층의 구조를 파괴하지 않고도 막으로부터 쉽게 분리할 수 있다.

## 5.1.6 지질이중층에서 단백질은 비대칭적으로 존재한다

단백질이 지질이중층 속에 들어 있다는 증거 중의 하나는 동결-할단 전자현미경 기술을 이용해서 막의 두 겹을 분리해서 볼 수 있게 된 것이다. 연구자들이 이 방법으로 막을 관찰하였을 때, 분리된 면 위에 수없이 많은 입자들을 관찰하였다. 동결-할단된 인공적인 지질 이중층에서는 내재성 단백질을 결코 볼 수 없었기 때문에 이들 입자는 내재성 단백질임이 분명하였다. 이 발견은 **싱거**와 **니콜슨**이 유동모자이크 모델을 개발하는데 커다란 영향을 미쳤다.

막 단백질은 막에서 비대칭적으로 위치하며, 단백질은 막에 불규칙하게 존재하지 않는다(**그림 5-8**). 이와 같은 비대칭성은 각 단백질이 매우 특이적인 방법으로 이중층에 삽입되어 형성된다.

원형질막의 안쪽 면에 위치할 막 단백질은 자유 리보솜(free ribosome)에 의해 만들어지며 세포질을 통해 막으로 수송 된다. 세포의 바깥쪽 막에 결합하게 될 막 단백질은 분비단백질의 이동

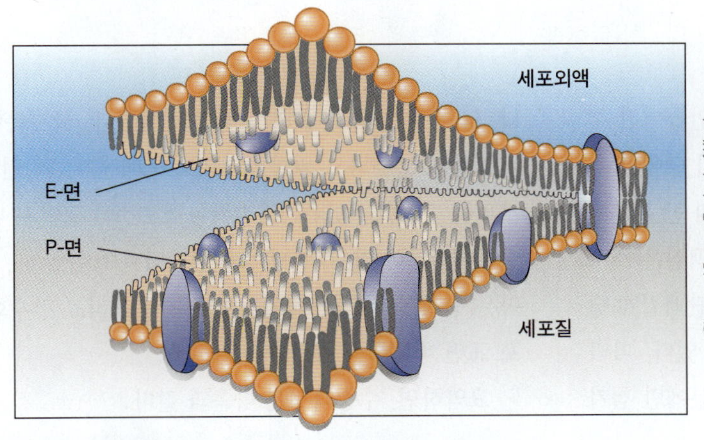


**(a)** 관통 단백질들은 지질 이중층에 박혀 있다.

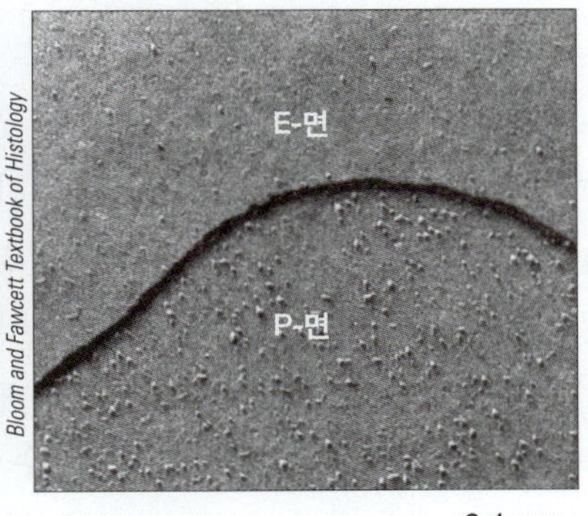


**(b)** 투과전자현미경(TEM.)으로 찍은 동결-할단 면. (알갱이처럼 찍힌 것이 관통 단백질들이다.

**그림 5-8 원형질막의 내부모습.**

동결-할단법에 의해 지질이중층을 소수성면을 따라 절단 하였다. 잘려진 한쪽 면을 P-면(원형질 면)이라 하며, 반대쪽 면은 E-면(바깥쪽 면)이라 한다.

**요점**

**막단백질의 기원은 합성과 운반 경로에 의해 결정된다.**

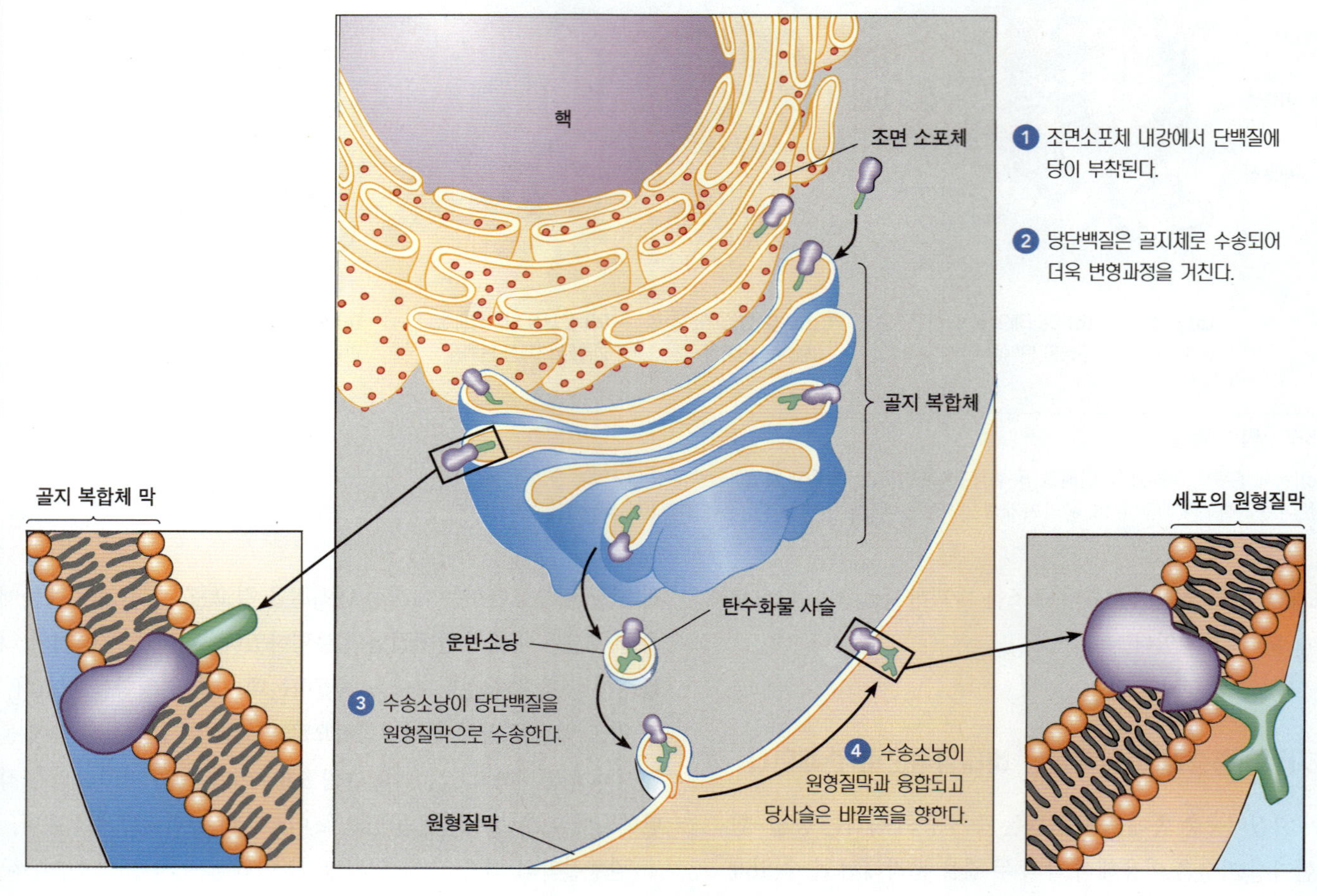


**그림 5-9 막 단백질의 합성과 이동방향성.**

조면소포체의 내강에 접해 있는 막의 표면은 골지복합체의 내강과 소낭에 접해 있다. 그러나 소낭이 원형질막과 융합할 때, 소낭의 내막이 원형질막의 바깥 표면이 된다.

경로를 따른다. 조면소포체의 리보솜에서 단백질이 만들어진 후 소포체 막을 관통하여 소포체강으로 이동하고, 거기서 당이 첨가되어 **당단백질(glycoprotein)**이 형성된다. 각 단백질의 한 부분만 소포체막을 통과할 수 있기 때문에 완성된 각각의 단백질은 소포체강에 위치한 부분과 세포질에 남는 부분을 가진다. 단백질에 당을 붙이는 효소는 소포체의 소포체강에서만 찾을 수 있다. 따라서 탄수화물 사슬은 소포체강 내에 위치한 단백질 부분에만 첨가될 수 있다.

**그림 5-9**에서는 수송과정의 일부분인 소낭 형성과 막 융합 과정을 차례대로 따라가며 보여주고 있다. 소포체강을 향한 단백질의 동일한 부분이 골지복합체강으로 역시 이동하는 것을 볼 수 있다. 당 사슬은 효소에 의해서 더 변형된다. 골지복합체 내에서 당단백질은 분류되고 원형질막으로 보내진다. 막 단백질의 변형된 부위는 수송(분비)낭이 골지복합체로부터 떨어져 나올 때도 막의 안쪽에 위치한다. 수송낭이 원형질막과 융합할 때, 수송낭의 안쪽 막은 원형질 막의 바깥쪽 막이 된다. 그리고 탄수화물 사슬은 세포 표면 바깥쪽을 향하게 된다.

요약하면, 수송과정은 다음과 같다:

**소포체강에서 단백질에 당 부착 ⟶ 당단백질이 골지복합체로 수송되며 더 변형됨 ⟶ 당단백질을 원형질막으로 수송 ⟶ 수송낭이 원형질막과 융합(수송낭의 안쪽 막이 원형질막의 바깥쪽 막으로 됨)**

**요점**

**세포 단백질들은 물질수송, 화학반응을 촉매하는 효소 기능, 세포신호의 전달 등 여러 기능들을 수행한다.**

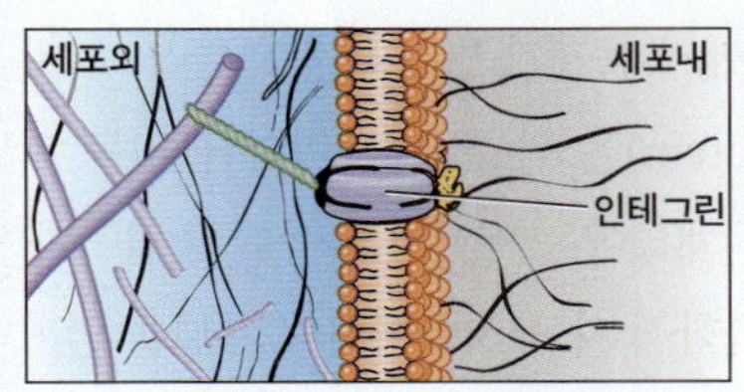


**(a) 세포 고정.** 인테그린과 같은 막 단백질은 세포를 세포외기질에 고정시킨다 또한 이들은 세포내 미세섬유들과도 연결되 있음.

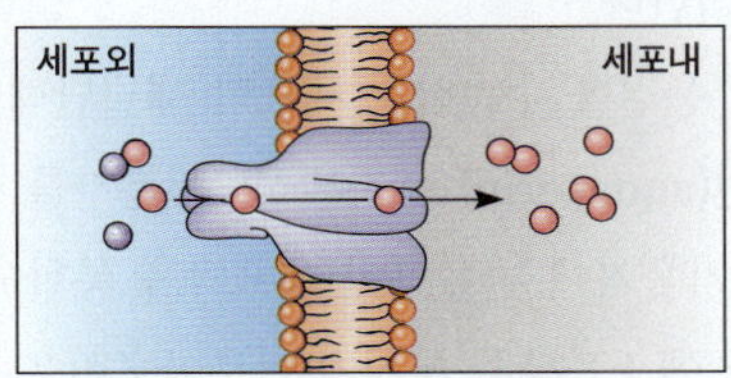


**(b) 수동수송.** 어떤 단백질들은 이온과 분자의 선택적 수송을 위한 통로를 만든다.

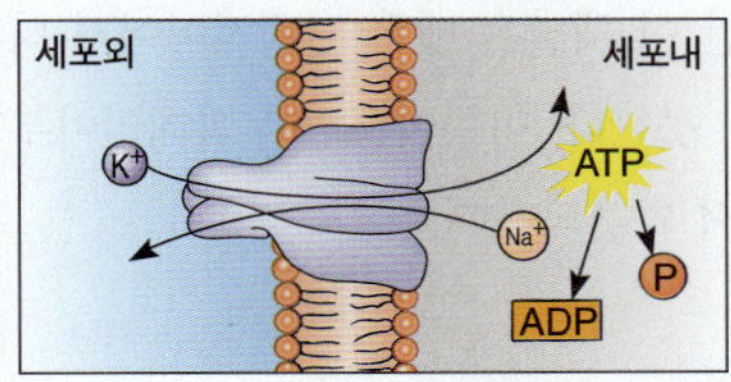


**(c) 능동수송.** 일부 단백질들은 농도기울기를 거슬러 물질을 세포막 안팎으로 수송하는데, 이때 에너지가 필요하다.

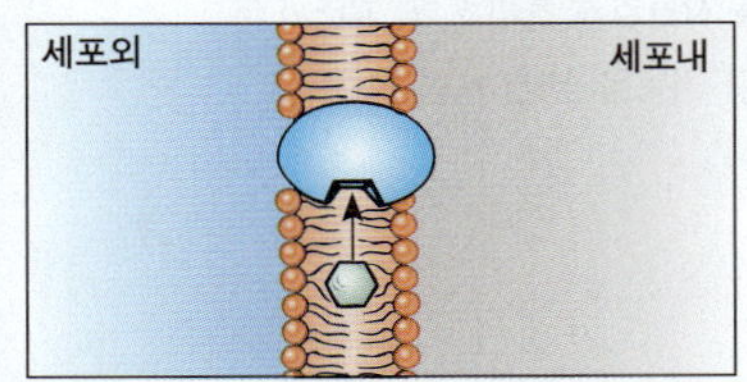


**(d) 효소 작용.** 세포막 내부나 세포막을 따라서 촉매작용을 수행한다.

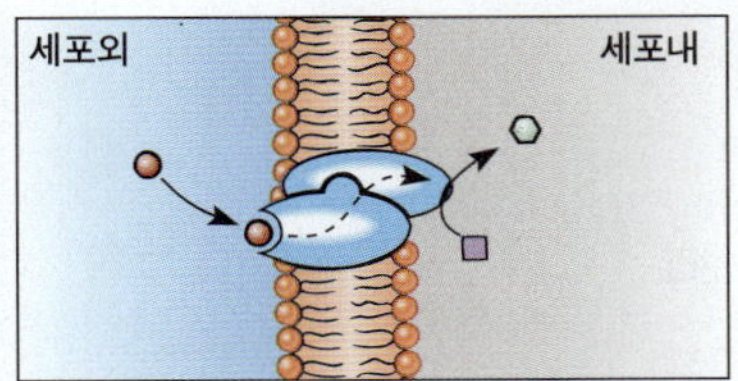


**(e) 신호전달.** 일부 수용체는 호르몬과 같은 신호분자와 결합하여 세포 안으로 정보를 전달한다.

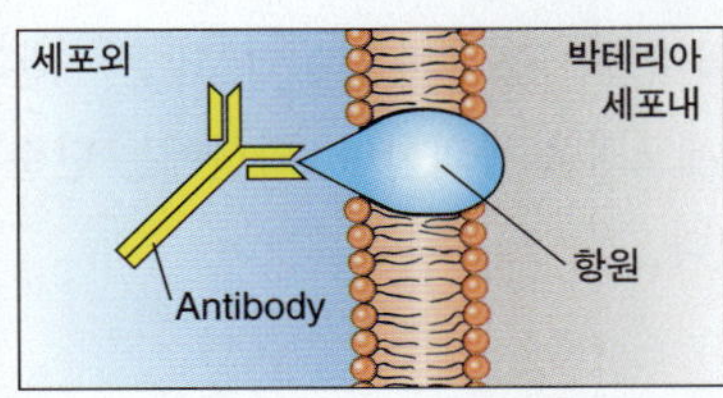


**(f) 세포인식.** 일부 당단백질들은 인식표로서의 기능을 한다. 예를 들어 사람의 세포가 세균의 막 단백질이나 항원들을 외부물질로 인지한다.

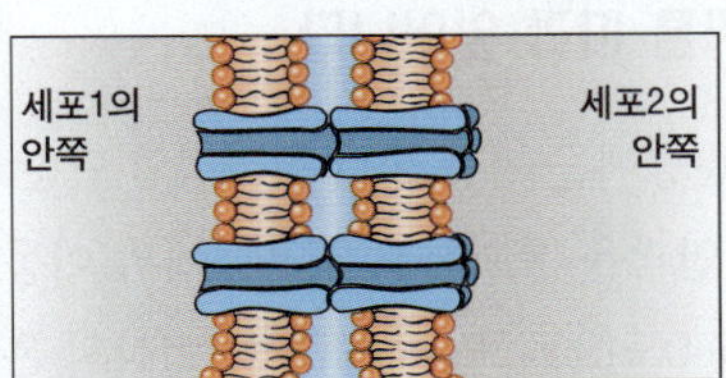


**(g) 세포간 연접.** 세포부착 단백질들은 이웃하는 세포의 막과 결합한다.

**그림 5-10** 막 단백질의 기능.

### 5.1.7 막단백질은 수송, 정보 전달, 효소로서의 기능을 한다

왜 원형질막은 다양한 종류의 단백질을 필요로 할까? 이런 다양성은 세포막과 세포 내부에서 일어나는 수많은 생명활동을 반영하며, 세포막과 관련된 단백질이 필수적인 역할을 한다. 원형질막 단백질은 **그림 5-10**에서처럼 기능에 따라 몇 개의 범주로 나눌 수 있다. 어떤 막 단백질은 기질에 세포를 부착시킨다. 예를 들어 인테그린 단백질은 세포 내부의 미세소관과 결합하는 동시에 세포외기질과도 결합한다 (그림 5-10a). 인테그린은 그 외에도 세포외기질 단백질에 대한 수용체로서의 역할을 한다.

막을 통한 분자의 수송에도 여러 단백질이 관련되어 있다. 특정 이온이나 분자의 수송을 선택적으로 허용하는 채널을 형성하기도 하고 (그림 5-10b), ATP를 이용하여 막을 통해 용질을 능동적으로 수송한다 (그림 5-10c). 세포표면 근처에서 일어나는 반응을 촉매하는 효소 단백질도 있다 (그림 5-10d). 또 수용체 단백질은 다른 세포로부터 화학적 또는 전기적인 신호를 받아 세포 안으로 전달한다 (그림 5-10e).

어떤 막단백질은 다른 세포들이 인지할 수 있는 인식표를 제공할 수 있다. 예를 들어, 어떤 세포는 박테리아 표면의 단백질 또는 항원을 외부 물질로 인지한다. 항원은 면역체계를 자극하여 박테리아를 파괴하는 면역체계를 자극한다(그림 5-10f). 일부 막 단백질은 인접한 세포 사이에서 연접을 형성한다(그림 5-10g). 이러한 단백질은 역시 세포골격 요소들의 네트워크를 위한 중심적인 역할을 할 수 있다.

**복습**

- 세포막의 물리적 특성을 결정짓는 분자는 무엇인가?
- 막관통 단백질은 지질이중층에서 어떻게 위치하는가? 단백질의 친수성과 소수성 부위가 방향 결정에 미치는 영향을 무엇인가?
- 어떤 경로를 통해 세포는 원형질 막 위에 탄수화물을 위치시키는가?
- 원형질막의 기능 중 5가지만 설명해 보라.

## 5.2 세포막을 통한 물질수송

**학습목표**

5 선택적 투과성막의 중요성을 설명하고, 운반단백질과 채널단백질의 기능을 비교해 보라.

막이 어떤 물질을 통과시키면 투과성이 있다고 하고, 그렇지 않으면 비투과적이라고 한다. 생체막은 **선택적 투과성막(selectively** permeable membrane)이다. 다양한 환경 조건과 세포의 요구에 반응하기 위해서, 막은 때에 따라서 특정한 물질에 대해서 장벽이 되기도 하고, 또 어떤 때는 능동적으로 수송을 촉진하기도 한다. 원형질막을 가로지르는 화학적인 수송을 조절함으로서 세포 부피와 내부의 이온과 분자조성을 통제할 수 있게 되고, 따라서 외부 환경과는 상당한 차이를 갖게 된다.

### 5.2.1 생체막은 극성분자에 대해서는 장벽으로 작용한다

일반적으로 생체막은 비극성인 작은 분자에 대해서 투과성이 가장 크다. 산소와 질소같은 기체는 작고 극성을 띠지 않으므로 생체막을 빨리 통과한다. 물은 극성을 띠지만 크기가 작으므로 지질이중층의 유동성에 의해 생긴 간극으로 천천히 통과할 수 있다.

원형질막의 지질이중층은 이온과 대부분의 극성분자에 대해서는 비교적 비투과적이다. 이온은 세포 신호전달과 생리반응에서 중요한 역할을 한다. 그러나 생체막은 극성을 띤 분자에 대해서는 크기와 상관없이 상대적으로 비투과적이므로, 이온들은 극성으로 인해 지질이중층을 쉽게 통과하지 못하고 천천히 통과한다.

포도당과 아미노산 및 그 밖의 대사에 요구되는 대부분의 물질들도 극성을 띠므로 지질이중층을 천천히 통과한다. 이런 비투과적 성질은 위의 물질들을 다시 세포 밖으로 확산되는 것을 방지한다.

### 5.2.2 수송단백질은 막 안팎으로 물질을 이동한다

**수송단백질(transport protein)**계는 초기 세포의 기원 단계부터 세포막 안팎으로 이온, 아미노산, 탄수화물 등의 극성 물질 이동에 관여했음이 명백하다. 수송단백질은 모든 세포막에서 발견된다. 세포막에 있는 수송단백질에는 운반단백질과 채널단백질이 있다.

**운반단백질(carrier protein)**은 **운반체(transporter)**라고도 부르는데, 이것에  이온이나 다른 분자가 결합하면 단백질의 형태가 변화되어 막을 관통하여 분자를 이동시킨다. 운반단백질이 세포막을 건너 용질을 수송하는 것을 **운반체-매개 수송(carrier-mediated transport)**이라고 부른다. 운반체-매개 수송에는 촉진확산과 운반체-매개 능동수송의 2가지가 있는데, 이 둘은 운반능력과 에너지 활용방법이 서로 다르다.

**ABC 운반체**는 수송단백질 그룹에서 큰 비중을 차지하는 중요한 단백질이다. ABC는 ATP-binding cassette의 약자이다. ABC 운반체는 모든 생물의 세포막에 존재하며, 이것은 ATP 가수분해 시 발생하는 에너지를 이용하여 물질을 이동한다. 현재까지 48개의 ABC운반체가 발견되었으며 유전자 돌연변이는 낭포성 섬유증(cystic fibrosis)과 신경계 질병을 유발한다. ABC 운반체는 소수성 약물들을 세포 밖으로 수송한다. 그러므로 항생제, 항암제 등을 세포 밖으로 수송하여 임상에서 문제가 발생하기도 한다.

**채널단백질(channel protein)**은 막공(pore)이라 불리는 터널을 세포막에 형성한다. 많은 채널에는 개폐가 가능한 출입구가 있다. 세포는 전기적 신호나 화학적 자극에 반응하여 채널을 열거나 닫음으로써 물질 통과를 조절한다.

**포린(porin)**은 물과 여러 용질을 수송하는 세포막 채널단백질이다. 그 중에서 **아쿠아포린(aquaporin)**은 특별히 물 분자를 수송한다. 채널단백질은 삼투기울기에 반응하여 세포막을 통한 물 분자의 수송을 촉진한다. 1초에 $10^9$개 물 분자가 아쿠아포린을 통해 이동될 수 있다. 그렇지만 이 채널은 매우 선택적이어서 다른 이온이나 분자들은 통과하지 못한다. 아쿠아포린은 박테리아부터 사람 세포까지 모든 세포에서 발견되었다.

**복습**

- 어떤 종류의 분자가 원형질막을 자유롭게 통과할 수 있는가?
- 2종류의 수송단백질을 나열하고 기능을 설명하시오.
- 아쿠아포린의 역할은 무엇인가?

## 5.3 수동수송

**학습목표**

6 단순확산과 촉진확산을 비교해 보라.

7 삼투현상을 정의해 보라.

수동수송은 세포가 가진 에너지를 사용하지 않는다. 많은 이온과 작은 분자들은 확산에 의해 세포막을 통과한다. 확산에는 단순확산과 촉진확산의 2가지가 있다.

### 5.3.1 확산은 농도기울기를 따라 일어난다

어떤 물질들은 무작위적인 운동에 근거한 물리적 과정인 단순 **확산(diffusion)**에 의해 세포 안팎을 통과하고 세포내에서 이동한다. 모든 원자와 분자는 절대 0도(0 K 또는 −273℃) 이상의 온도에서 운동에너지를 가지고 있다. 물질은 구성 입자들의 운동 자유도에 따라서 고체, 액체, 기체 상태로 존재한다.

고체 입자들은 빽빽하게 꽉 채워져 있으며 입자들 사이의 인력은 진동은 하게 하지만, 돌아다니지는 못하게 한다. 액체 상태에서 입자는 좀 더 멀리 떨어져 있다 분자 간 인력은 좀 더 약해지고 입자는 상당히 자유롭게 이동한다. 기체 상태의 입자들은 아주 멀리 떨어져 분자 간 인력이 무시될 정도이다 분자의 움직임은 기체를 에워싸고 있는 용기의 벽에 의해서만 제한되어 진다. 액체와 기체 상태의 원자나 분자는 충돌에 의해서 방향을 변화시키는 "무작위 보행(random walk)"의 1종류로서 이동한다.

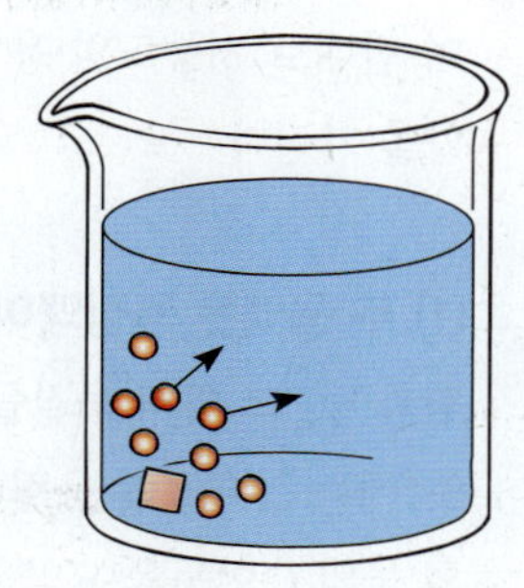
① 각설탕 1개를 물에 떨어뜨리면 설탕 분자는 물에 녹기 시작한다.

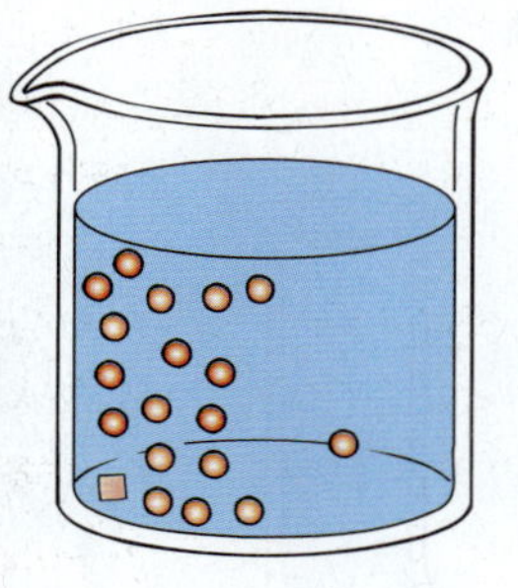
② 설탕 분자들은 녹으면서 물 전체로 확산된다.

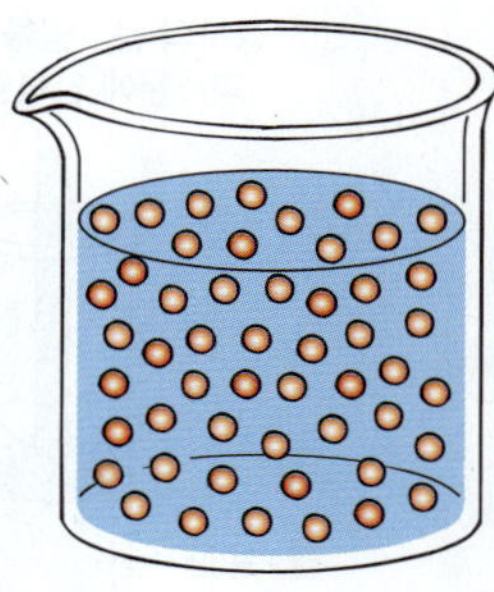
③ 확산 결과로 설탕 분자들은 물속에 균등하게 분포된다.

**그림 5-11 확산.**

각 입자들의 움직임은 방향성이 없고 예측 불가능하지만, 입자들 전체의 행동은 예측이 가능하다. 만약 입자들(원자, 이온, 분자들)이 균일하게 배열되어 있지 않다면, 적어도 2개의 부분, 즉 고농도와 저농도의 상태로 분포한다. 이러한 물질 농도의 차이는 **농도기울기(concentration gradient)**를 형성한다.

확산에서 입자들의 무작위적인 운동은 결과적으로 농도 기울기를 따라 고농도에서 저농도로 순 이동하게 된다. 그렇지만 각 입자들이 농도 기울기에 역행하여 움직일 수 없다는 것을 의미하지는 않는다. 초기에는 고농도 부분에 입자들이 많이 존재하기 때문에, 논리적으로 입자들은 농도가 높은 곳에서 낮은 곳으로 무작위로 이동하게 된다 (**그림 5-11**).

만약 막이 어떤 물질에 대해 투과성이 있으면, 막을 경계로 농도가 높은 곳에서 낮은 곳으로 물질 이동이 일어난다. 이런 농도기울기는 저장된 에너지 형태와 유사하다. 즉, 위치나 상태에 따라 일을 할 수 있으므로 포텐셜 에너지에 해당한다. 농도기울기에 저장된 에너지는 이온이나 분자가 고농도에서 저농도로 이동하면서 방출된다. 그래서 물질 자체의 농도기울기에 따른 이동은 자발적인 현상이다.

확산은 아주 짧은 거리에서는 빠르게 일어난다. 온도가 증가할수록 입자들의 움직임은 빨라지고, 확산속도도 증가한다. 혼합물 속의 입자들은 서로 독립적으로 확산한다. 확산은 평형상태를 향해 일어난다. 만약 시스템에 첨가되거나 제거되는 입자가 없다면, 시스템은 궁극적으로는 순 변화가 없는 상태인 **평형상태(equilibrium)**에 이르게 된다. 평형상태에서는 입자들은 균등하게 분포하고 막을 경계로 자유롭게 이동하지만 양방향으로 이동하는 입자들의 양과 속도는 동일하다.

유기체 내에서는 평형상태에 도달하는 일은 거의 없다. 예를 들어, 이산화탄소는 세포내에서 포도당이 유기호흡을 통해 대사됨에 따라 끊임없이 생성된다. 이산화탄소는 원형질막을 통해 쉽게 확산되지만 곧 바로 혈액에 의해 제거된다. 그래서 이산화탄소가 세포로 다시 확산될 기회는 제한되고, 이산화탄소 분자에 대한 급격한 농도기울기가 원형질막에 항상 존재한다.

생체막은 이와 같은 **단순확산(simple diffusion)**을 통해 작고, 비극성인 작은 용질분자들이 농도기울기를 따라 직접 막을 통과한다. 단순확산의 이동 속도는 용질 농도에 비례한다.

## 5.3.2 삼투현상은 선택적 투과성 막을 통과하는 물(용매)의 확산이다

**삼투현상(osmosis)**은 선택적 투과성막을 통해 물 분자가 고농도 부위에서 저농도로 이동하는 특이한 종류의 확산이다. 물 분자는 모든 종류의 확산에서처럼 양방향으로 자유롭게 이동할 수 있지만, 순 이동은 물 분자가 고농도인 곳에서 저농도인 곳으로 일어난다. 당이나 염과 같은 대부분의 용질분자는 세포의 선택적 투과성막을 자유롭게 통과하여 확산되지 못한다.

삼투와 관련된 원리는 U-관이라 불리는 기구를 이용하여 설명할 수 있다(그림 5-11). U-관은 선택적 투과성막에 의해 두 부분으로 나누어져 있으며 용매(물) 분자는 자유롭게 통과하나 용질 분자는 통과하지 못한다. 물과 용질을 한 쪽에 넣고, 순수한 물을 다른 쪽에 넣는다. 용질이 물에 녹아있는 쪽은 순수한 물만 있는 곳보다 유효한 물의 농도가 낮다. 그 이유는 전하를 띠거나 극성을 가진 용질 분자들이 극성인 물 분자와 상호작용하기 때문이다. 대부분의 물 분자는 이렇게 "고정"되어 있으며 막을 통한 자유로

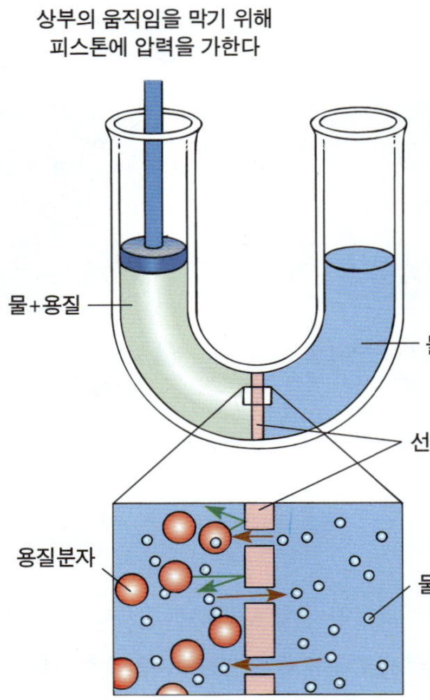

상부의 움직임을 막기 위해
피스톤에 압력을 가한다

물+용질

물

선택적 투과성 막

용질분자

물 분자

**그림 5-12 삼투.**

U자관 중간에 반투과성 막을 경계로 왼쪽에는 용질을 함유한 물을 그리고 오른쪽엔 순수한 물을 넣는다. 물 분자는 양방향으로 막을 통과할 수 있으나 (붉은색 화살표), 용질분자는 통과 할 수 없다 (녹색 화살표). 물기둥은 왼쪽이 증가하고 오른쪽은 감소한다. 올라가는 물기둥을 억제하는데 필요한 압력이 용액의 삼투압과 같다.

운 확산이 이루어지지 않는다.

유효한 물의 농도 차이로 인해 순수한 물이 있는 쪽(물 분자의 농도가 높은 곳)에서 물과 용질이 섞인 쪽(물 분자의 농도가 낮은 곳)으로 물 분자의 순이동이 생긴다. 결과적으로, 순수한 물 쪽의 수위는 낮아지고, 물과 용질 쪽의 수위는 올라간다. 용질분자는 막을 가로질러 확산하지 못하기 때문에 평형상태에는 절대 도달할 수 없다. 물 분자가 선택적 투과성막의 양방향으로 계속 이동한다고 해도, 결과적으로 올라간 액체 기둥의 무게가 더 이상의 수위변화를 막는 압력으로 작용하게 된다.

용액의 **삼투압(osmotic pressure)**은 선택적 투과성막이 있을 때 저농도의 용질에서 삼투에 의해 물의 확산을 억제하는데 필요한 압력이라고 정의할 수 있다. U-관 실험에서, 용질과 물이 든 쪽에 피스톤을 넣고 그 쪽 관에서 액체가 올라가는 막기 위해서 얼마나 많은 압력이 피스톤에 가해지는지를 측정하여 삼투압을 측정할 수 있다. 고농도의 용액은 유효한 물농도가 낮아 높은 삼투압을 가지며 반대로 저농도의 용액은 유효한 물 농도가 높아서 낮은 삼투압을 가진다.

### (1) 두 용액은 등장액이 될 수 있다

염과 당, 그 밖의 물질들은 세포의 액체 부분에서 용해 된다. **표 5-1**에는 상대적인 용질의 농도에 따라 용액(또는 세포) 안팎으로의 물의 순이동을 요약하였다. 이런 용질에 의해 세포질은 특정한 삼투압을 받게 된다.

세포와 같은 삼투압을 가지는 용액에 세포가 놓이면, 세포의 안팎 어떤 쪽으로도 물 분자의 순 이동은 일어나지 않는다. 세포는 부풀지도 수축하지도 않는다. 세포 내 액체의 농도와 같은 용질의 농도를 가진 용액을 **등장액(isotonic solution)**이라 한다. 생리식염수라 불리는 0.9%의 NaCl 용액은 인간과 다른 동물의 세포에 대해 등장액이다. 인간의 적혈구 세포가 0.9% NaCl 용액에 놓이게 되면 수축하지도 팽창하지도 않는다 (**그림 5-13a**).

### (2) 용액은 고장액 또는 저장액이 될 수 있다

만약 주변 용액의 농도가 세포 안의 농도보다 높다면, 그 용액은 세포보다 높은 삼투압을 가지게 되며 세포에 대해 **고장액(hypertonic solution)**이라고 한다. 고장액은 유효한 물 분자의 농도가 낮기 때문에, 세포는 삼투현상에 의해 물을 잃어버리게 됨에 따라 수축하게 된다. 1.3%의 NaCl 용액에서 적혈구 세포는 오그라들어 죽게 된다(**그림 5-13b**).

만일 주변 용액의 농도가 세포안의 농도보다 낮다면, 그 용액은 세포보다 낮은 삼투압을 가지게 되며 세포에 대해 **저장(hypotonic)**이라고 한다. 0.6% NaCl 용액 속의 적혈구 세포는 물을 흡수하여 부풀어 오르고 결국에는 터지게 될 지도 모른다 (**그림 5-13c**). 저장성 환경에서 살아가는 많은 세포는 과도한 물의 축적을 막을 수 있도록 적응되어 있다. 예를 들어 *짚신벌레*와 같은 원생동물은 과도한 물을 방출하는 수축포를 가진다(그림 25-7 참조).

**표 5-1**

**삼투용어**

| 용액 A의 용질농도 | 용액 B의 용질농도 | 긴장성 | 물의 순이동 방향 |
|---|---|---|---|
| 크다 | 작다 | A가 B에 대해 고장성; B가 A에 대해 저장성 | B에서 A로 |
| 작다 | 크다 | B가 A에 대해 고장성; A가 B에 대해 저장성 | A에서 B로 |
| 같다 | 같다 | A와 B는 서로 등장성 | 순이동 없음 |

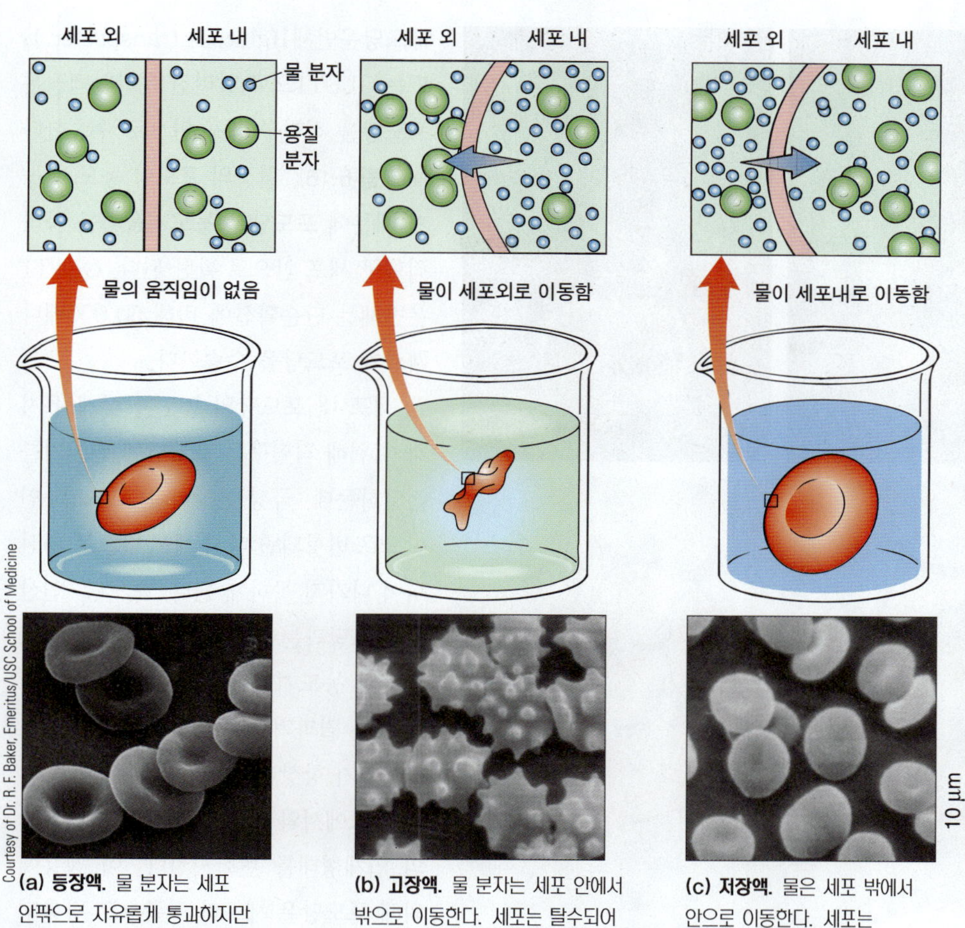

**(a) 등장액.** 물 분자는 세포 안팎으로 자유롭게 통과하지만 실질적인 흐름은 없다.

**(b) 고장액.** 물 분자는 세포 안에서 밖으로 이동한다. 세포는 탈수되어 오그라든다.

**(c) 저장액.** 물은 세포 밖에서 안으로 이동한다. 세포는 부풀어지거나 또는 터진다.

**그림 5-13** 삼투압에 대한 동물세포의 반응.

형질막이 세포벽과 분리되는 **원형질분리**(plamolysis)현상이 일어난다(**그림 5-14b와 c**). 식물에서 발생하는 원형질분리는 식물 주위의 토양이나 물에 높은 농도의 소금이나 양분이 존재할 때 발생한다.

## 5.3.3 촉진확산은 농도기울기가 낮은 쪽으로 일어난다

확산에 의해 분자가 막을 통과할 때 한 쪽에서 다른 쪽으로의 수송은 농도기울기에 의해 일어난다. 산소와 이산화탄소와 같이 크기가 작고 비극성인 분자들은 단순 확산에 의해 농도기울기를 따라 직접 막을 통과할 수 있다. **촉진확산**(facilitated diffusion)에서는 수송단백질에 의해 막이 특정 이온이나 극성 분자와 같은 용질에 대해 투과성을 나타내게 된다. 용질은 막의 안에서 밖 또는 밖에서 안으로 수송될 수 있으나 순이동의 방향은 항상 용질의 농도가 높은 곳에서 낮은 곳을 향한다. 채널단백질과 운반단백질이 서로 다른 기작으로 촉진확산을 담당한다.

### (3) 팽압은 벽을 가진 세포 내에 존재하는 수압이다

식물세포와 조류, 박테리아, 곰팡이의 비교적 단단한 세포벽은 용질의 농도가 아주 낮은 용액 속에서도 세포가 터져버리지 않고 견딜 수 있도록 해준다. 세포질에 용해된 물질들로 인해 세포는 외부 용액에 비해 고장액이 된다. 물은 삼투에 의해 세포안으로 이동하게 되어 중앙 액포를 채우며 세포를 팽창시킨다. 세포는 단단한 세포벽에 대하여 **팽압**(turgor pressure)을 증가시키면서 부풀어 오른다(**그림 5-14a**). 세포벽은 조금 늘어나고, 팽창에 대한 세포벽의 저항에 의해 세포 크기가 더 이상 증가하지 않게 되면서 물 분자의 순이동이 멈추게 된다. 세포 내 팽압은 비목본성 식물의 줄기를 지탱하는데 중요한 역할을 한다.

만일 세포벽을 가진 세포가 고장액 용액에 들어간다면, 세포 속의 수분을 빼앗기게 된다. 세포 내의 내용물은 수축되고, 원

### (1) 채널단백질은 막에 친수성 채널을 만든다

일부 채널단백질은 다소 큰 터널을 형성하여 물과 여러 용질이 통과할 수 있는 포린(porin)이지만, 대부분의 채널단백질은 좁은 터널을 형성하여 특별한 이온들만 농도기울기를 따라 수송할 수 있다(**그림 5-15**). 채널이 열리면 많게는 1초에 $10^8$개의 이온이 통과할 수 있다! 채널은 농도기울기를 따라 확산만 가능하고 낮은 농도에서 높은 농도로의 능동적인 수송은 가능하지 않다.

### (2) 운반단백질은 입체형태에 변화가 일어난다

운반단백질은 채널단백질보다 용질 수송의 속도가 느리다. 용질 분자가 막의 한쪽 면에서 운반단백질에 결합하면 운반단백질은 입체형태의 변화가 일어나고 용질을 막의 다른 쪽으로 이동시킨다.

운반단백질에 의한 촉진 확산의 예로서 포도당 수송을 살펴보자.

Dennis Drenner

**(a)** 저장액 환경에서 식물의 액포는 물로 가득 채워지지만, 단단한 세포벽은 세포가 팽창하는 것을 억제한다. 이때 베고니아는 팽윤되었다고 한다.

**(b)** 베고니아가 고장액에 노출되면 수분을 잃으며 원형질이 분리된다.

**(c)** 이 식물은 시들게 되고 결국 죽는다.

**그림 5-14 팽압과 원형질분리.**

포도당운반체1(glucose transporter 1) 또는 GLUT1으로 알려진 운반단백질은 포도당을 적혈구 세포 안으로 수송한다(**그림 5-16**). 혈장의 포도당 농도가 높기 때문에 포도당은 농도기울기를 따라 적혈구 세포 안으로 확산 된다. GLUT1 운반체는 단순확산에 비해 50,000배나 빠르게 포도당을 수송한다.

세포 내 포도당의 농도를 낮게 유지하기 위해 적혈구는 포도당에 인산기를 전달하는데, 극성을 많이 띤 포도당-인산으로 변형되면 다시 세포 밖으로 확산되어 나가지 못하게 된다. 포도당-인산은 포도당과는 다른 물질이기 때문에 포도당의 농도기울기에는 영향을 미치지 않는다. 결과적으로 가파른 포도당 농도기울기가 항상 유지된다.

효소에서와 같이 용질은 운반단백질의 입체형태를 변화시킨다. 이 작용에 의해 포도당은 세포막 안쪽으로 방출되고 운반단백질은 원래의 입체형태로 복원되어 새로운 포도당 분자와 결합할 준비를 갖춘다. 또한 운반단백질은 용질의 농도가 아주 높을 때 포화상태가 된다. 포화상태는 주로 운반 단백질의 수가 일정하고 최대의 효율로 용질을 수송할 때 일어난다.

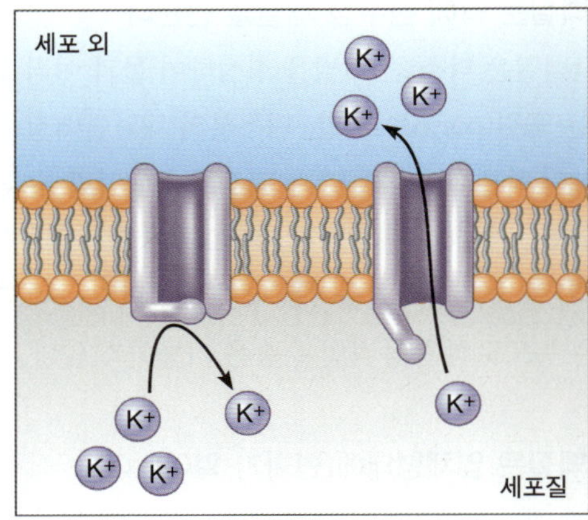


**그림 5-15 칼륨 이온의 촉진확산.**

전기적 자극에 반응하여 칼륨 이온채널이 열리고 칼륨이 세포 밖으로 확산되어 나간다.

단순확산이나 촉진확산이 어쨌든 "공짜"로 일어나고, 능동수송만이 에너지를 필요로 한다는 것은 오해이다. 확산은 항상 농도기울기를 따라서 용질의 순 이동을 포함하기 때문에 농도기울기 자체가 이 과정에 대한 "힘"을 가졌다고 할 수 있다. 그러나 농도기울기를 생성하고 유지하는데는 에너지가 필요하다. 포도당의 촉진확산 경우를 보면, 세포는 포도당이 세포내로 들어온 후 인산기를 전달하여 가파른 농도기울기를 유지한다. 포도당마다 ATP 한 분자씩이 사용되고 또 이 작용을 담당하는 효소를 만드는데 추가적인 에너지가 필요하다.

**복습**

- 단순확산과 촉진확산에 필요한 에너지는 어떻게 공급되는가?

**요점**

촉진확산은 농도 기울기에 의한 퍼텐셜 에너지가 요구된다.

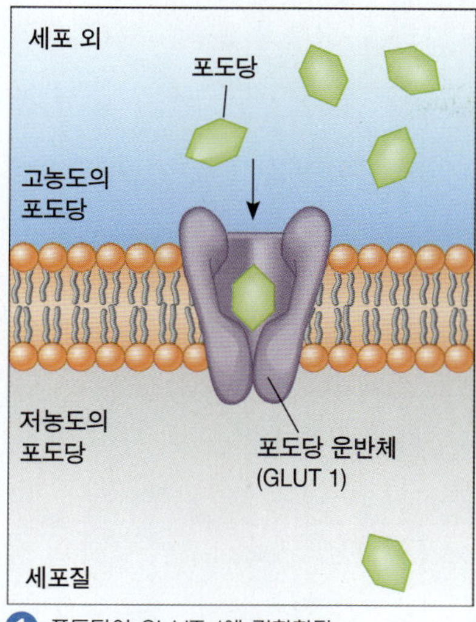


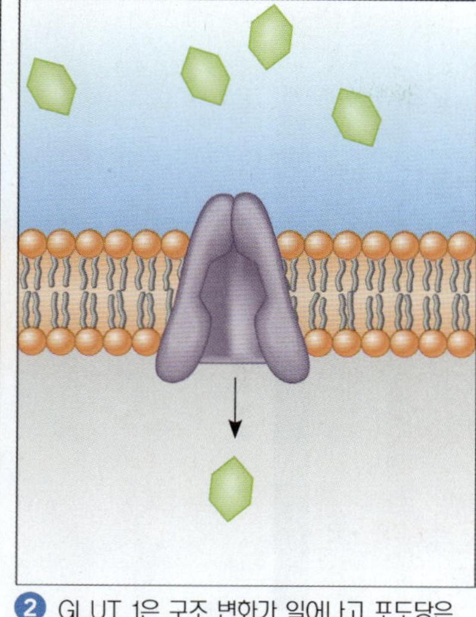

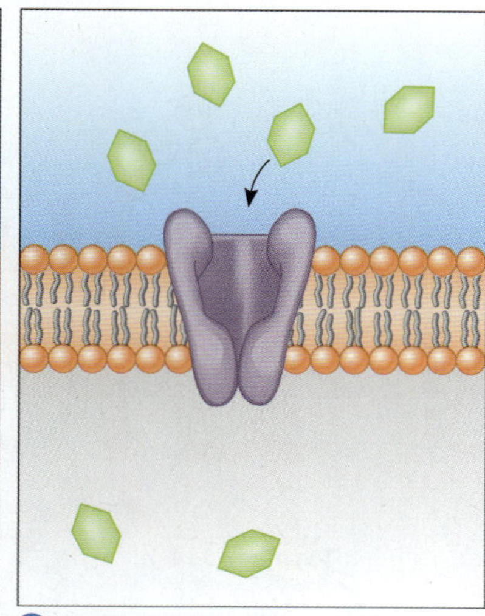

1 포도당이 GLUT 1에 결합한다.

2 GLUT 1은 구조 변화가 일어나고 포도당은 세포 안으로 들어온다.

3 GLUT 1은 원래의 형태로 회복된다.

**그림 5-16 포도당의 촉진확산.**

- 단순확산과 촉진확산에서 물질이동 방향과 농도기울기의 방향은 다른가?
- 만일 식물세포가 상대적으로 (a) 등장액 (b) 고장액 (c) 저장액 환경에 놓인다면 어떤 일이 발생할까? 동물세포에서는 어떤 일이 일어날까?

## 5.4 능동수송

**학습목표**

8 능동수송을 설명하고, 직접 능동수송과 간접 능동수송의 차이점을 말해 보라.

확산에 의해서 몇몇 물질은 세포막을 통과할 수 있지만, 세포가 농도기울기를 거슬러 용질을 수송해야 할 때도 있다. 확산과 능동수송시 모두 에너지를 필요로 한다. 확산에 필요한 에너지는 수송되는 물질 자체의 농도기울기에 의해 공급된다. 능동수송 시 세포는 대사 에너지를 이용한다.

**능동수송**(active transport)은 농도가 낮은 곳에서 높은 곳으로 물질을 수송한다. 농도기울기에 저장된 에너지는 능동수송 시 이용이 어려울 뿐만 아니라 실제로 능동수송에 반대작용을 한다. 이런 이유로 인해 다른 에너지를 사용할 필요가 있으면 세포는 ATP의 에너지를 직접 이용한다. 그러나 능동수송이 간접적으로 ATP-연계 에너지를 사용하기도 한다. 간접적 능동수송에서는 농도기울기가 이온과 같은 다른 물질과의 공동수송을 위한 에너지를 제공한다.

### 5.4.1 능동수송은 농도기울기에 반하여 물질을 펌프한다

능동수송 기작의 가장 대표적인 예 중의 하나는 **나트륨-칼륨 펌프**(sodium-potassium pump)로서 모든 동물 세포에서 발견된다 (**그림 5-17**). 이 펌프는 ABC 운반계에 속한다. 이 펌프는 3개의 나트륨 이온이 세포 밖으로 방출될 때마다 2개의 칼륨 이온이 유입되는 불균등한 교환이 일어난다. 이와 같은 농도기울기는 이온이 관여하므로 막을 가로질러 전기적 전위차가 생기므로 이런 막을 분극(polarization) 되게 한다.

나트륨과 칼륨 이온은 둘 다 양전하를 띠나, 세포 내 칼륨 이온의 수가 세포 밖 나트륨 이온의 수보다 적기 때문에 세포 내부는 음전하를 띠게 된다. 이온의 불균등 분포는 **전기적 기울기**(electrical gradient)를 생성한다. 나트륨-칼륨 펌프는 원형질막을 경계로 전위차가 유지되게 하며 이것을 **막전위**(membrane potential)라고 한다. 막의 양쪽 면 위에는 전기적 전하의 차이와 농도 차이가 생기기 때문에 이런 차이를 **전기화학적 기울기**(electrochemical

## 요점

**나트륨-칼륨 펌프는 원형질막을 가로 지르는 전기화학적 기울기를 유지한다.**

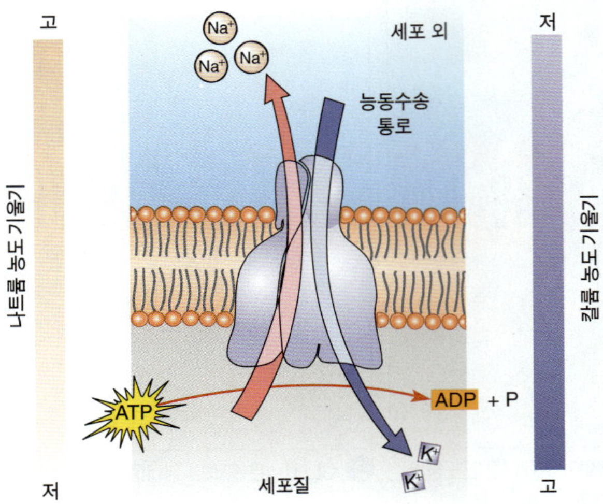


**(a)** 나트륨-칼륨 펌프는 ATP를 사용하는 운반단백질이다. 한 분자의 ATP가 사용되어 나트륨 이온 3분자와 칼륨 이온 2분자를 수송한다.

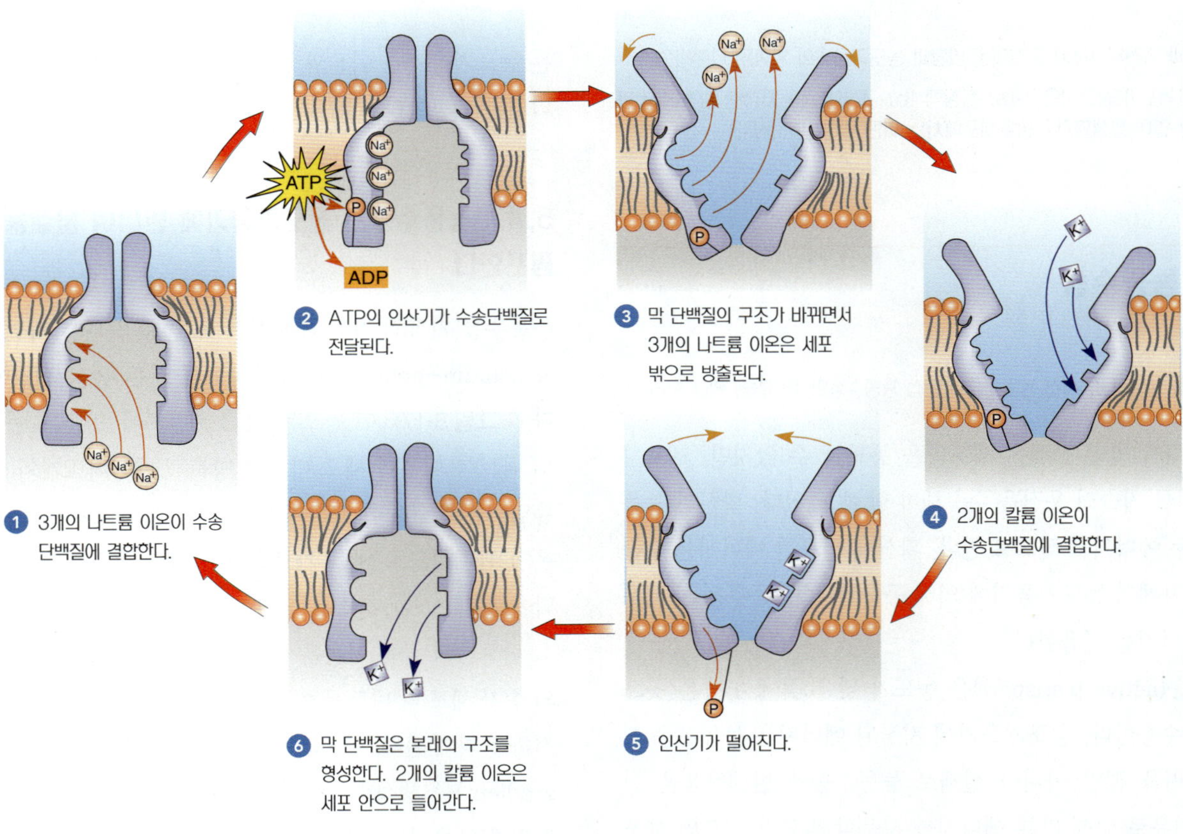


**(b)** 나트륨-칼륨 펌프를 예로 든 능동수송의 모델

**그림 5-17 나트륨-칼륨 펌프.**

gradient)라 한다. 이런 기울기는 에너지를 저장하여(마치 물이 댐에 저장되어 있는 것처럼) 다른 수송계가 작동할 때 사용된다. 나트륨-칼륨 펌프가 생성하는 전기화학적 기울기는 매우 중요하여 신경 세포는 전체 에너지의 70%를 나트륨-칼륨 펌프를 가동하는데 사용한다.

나트륨-칼륨 펌프를 포함해서 ATP에 의해 작동되는 다른 펌프들은 막관통 단백질이다. 나트륨과 칼륨의 이온교환 시 펌프는 입체형태의 변화가 일어난다. 촉진확산과 달리 펌프의 입체형태 변화는 ATP의 에너지가 요구 된다. 펌프 단백질의 모양은 처음에 ATP에서 나온 인산기가 결합을 하고 펌프 순환에서 나중에 연속적으로 제거될 때 변한다.

에너지 저장을 위한 전기화학적 기울기의 사용은 동물세포에만 국한되어 있지 않다. 식물이나 균류 세포도 세포질로부터 세포 외부로 양성자(proton)를 수송하기 위해 ATP-작동 펌프를 이용한다(**그림 5-18**). 이런 세포들의 세포질에서 양으로 하전된 양자를 제거하는 것은 양자의 큰 농도기울기를 생성하고, 그로 인해 세포의 바깥쪽은 상대적으로 양전하를 띄고 세포 내부는 상대적인 음전하를 띈다. 이런 전기화학적 기울기에 의해 저장된 에너지는 세포가 많은 종류의 일을 할 수 있도록 해준다.

세포질에서 양전하를 제거하게 되면 세포막 안팎으로 큰 양전하 농도기울기가 형성된다. 세포막 바깥은 막의 안쪽에 비해 상대적으로 양전하를 띠게 되고 전기화학적 기울기에 저장된 에너지는 다양한 세포 활동에 사용된다.

그 외에 이온 펌프는 동물세포에서 세포질의 삼투압을 외부 환경과 동등하게 만든다. 동물세포의 세포 내 삼투압이 조절되지 못하면, 세포질은 외부에 비해 고장액이 된다. 삼투에 의해 물 분자가 세포 내로 유입되며 결과적으로 세포는 부풀어서 터지게 된다(그림 5-13c 참조). 막을 통해 이온 분포를 조절하면 물 분자의 이동을 간접적으로 조절할 수 있다. 즉, 이온이 세포로부터 방출되면 물 분자도 삼투에 의해서 세포 밖으로 이동한다.

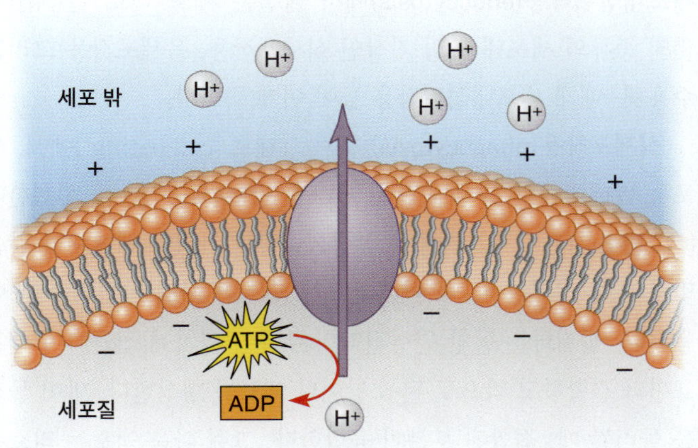


**그림 5-18 양성자 펌프의 모델**

양성자 펌프는 ATP 에너지를 사용하여 양성자($H^+$)를 막 밖으로 수송한다. 그 결과로 형성된 양성자의 농도기울기는 다른 작용을 하는데 사용된다.

### 5.4.2 운반 단백질은 1개 또는 2개의 용질 분자를 수송한다

양성자 펌프와 같이 1가지 물질을 한 방향으로만 수송하는 운반단백질을 **단일방향수송체(uniporter)**라고 한다. 2가지 물질을 한 방향으로 수송하는 운반 단백질은 **동반형수송체(symporter)**라고 한다. 예를 들어, 나트륨과 포도당을 세포 내로 수송하는 단백질이 여기에 속한다. **역방향수송체(antiporter)**는 2가지 물질을 양방향으로 수송한다. 나트륨-칼륨 펌프의 경우 나트륨은 세포 밖으로, 칼륨은 세포 안으로 수송한다.

### 5.4.3 연계된 공동수송계는 간접적으로 능동수송에 에너지를 공급한다

**공동수송계(cotransport system)**는 간접적 능동수송 방법으로 용질을 세포막을 건너 수송한다. 이 때 2개의 용질이 함께 수송된다. 농도기울기에 따라 한 용질을 수송하면서 다른 용질을 농도기울기의 반해서 수송할 수 있다. 그렇지만 농도기울기를 만드는 데는 ATP의 에너지가 필요하다.

나트륨-칼륨 펌프와 다른 펌프는 전기화학적 농도기울기를 형성한다. 나트륨은 세포 밖으로 방출된 후 확산에 의해 다시 세포 안으로 유입된다. 이 과정에서 다른 물질을 능동수송을 통해 운반하는데 필요한 충분한 에너지가 방출된다. 나트륨, 칼륨, 수소 이온은 농도 기울기를 따라 이동하는 반면에 수송단백질은 농도기울기에 역행하여 필요한 분자들을 **공동수송(cotransport)** 한다. 이온의 농도기울기를 형성하는데 ATP 에너지가 사용된다. 이온 농도기울기에서 방출되는 에너지는 수송할 물질의 농도기울기를 거슬러 세포 안으로 수송한다. 예를 들어, 포도당은 단순확산뿐만 아니라 공동수송에 의해서도 운반된다. 나트륨-칼륨 펌프는 ATP 에너지를 사용하여 세포 내 나트륨의 농도를 낮게 유지한다. 포도당 공동수송에서 운반단백질은 나트륨과 포도당을 함께 운반한다(**그림 5-19**). 나트륨 이온이 농도기울기를 따라 세포 안으로 수

요점

에너지를 이용하여 운반단백질이 포도당을 농도 기울기에 역행하여 운반시킬 때 나트륨 이온이 농도 경사를 따라 공동수송 된다.

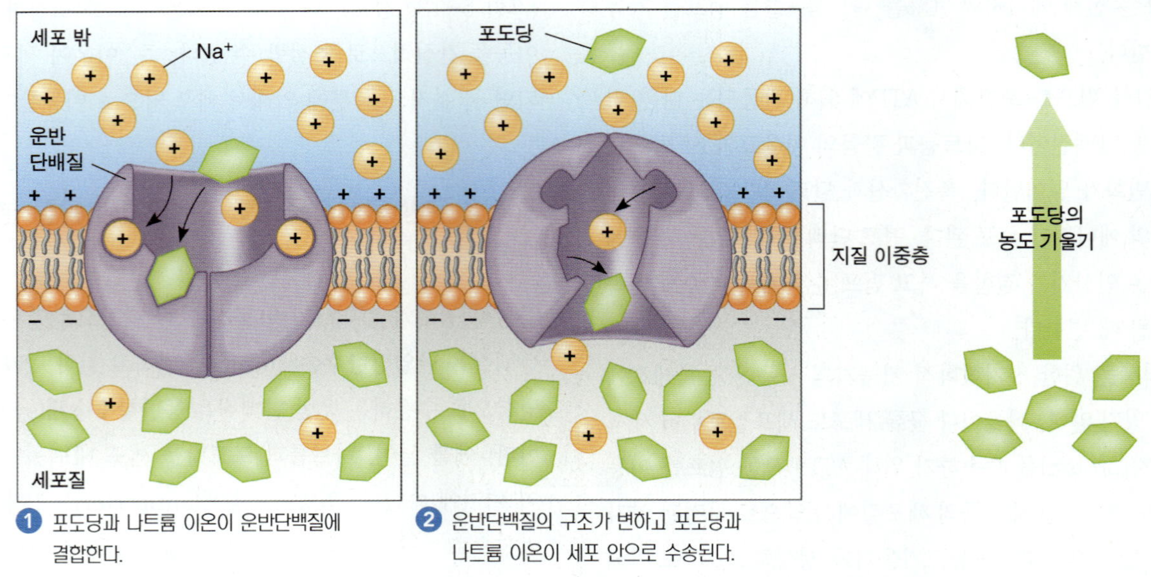


**그림 5-19** 포도당과 나트륨 이온의 공동수송.

송되면, 운반단백질은 이때 방출되는 에너지를 이용하여 포도당을 세포 안으로 운반한다.

복습

- 능동수송의 에너지는 어떻게 공급되는가?
- 연계된 공동수송의 에너지는 어떻게 공급되는가?

## 5.5 세포외배출작용과 세포내섭취작용

학습목표

9 세포외배출작용과 세포내섭취작용을 비교 설명해 보라.

단순 및 촉진확산과 운반체 매개 능동수송에서 각 분자나 이온들은 원형질막을 통과한다. 커다란 분자, 음식물 입자, 심지어 작은 세포와 같은 물질들 역시 세포외배출작용과 세포내섭취작용을 통해 세포 안팎으로 이동되며 이 과정에도 에너지를 필요로 한다.

### 5.5.1 세포외배출작용은 큰 분자를 방출한다

**세포외배출작용**(exocytosis)에서 세포는 원형질막과 소낭의 융합을 통해 호르몬과 같은 특정 분비물이나 노폐물을 세포 밖으로 방출한다(**그림 5-20**). 세포외배출에서 분비소낭 막과 원형질막의 융합이 일어나고, 소낭의 내용물이 세포로부터 방출된다. 또한 이 과정을 통해 원형질막이 더 커진다.

### 5.5.2 세포내섭취작용으로 세포 안으로 물질을 들여온다

**세포내섭취작용**(endocytosis)에서 물질은 세포 내로 흡수된다. 몇몇 종류의 세포내 도입 기작인 식세포작용, 음세포작용 그리고 수용체-매개 세포내섭취작용 등이 이에 속한다.

**식세포작용**(phagocytosis)(문자 그대로 "cell eating")에서, 세포는 박테리아나 음식물 같은 커다란 덩어리 조각들을 섭취한다(**그림 5-21**). 식세포작용은 원생생물뿐만 아니라 백혈구와 같은 몇몇의 척추동물 세포가 박테리아와 같은 큰 물질을 섭취할 때 이용된다. 섭취하는 동안 원형질막의 주름이 입자에 접근하여 세포 표면과 결합하고 막으로 된 소낭이나 액포를 형성한다. 막이 물질을 둘러쌀 때, 접합된 부분이 융합한다. 그런 다음 액포는 리소좀과 융합하며 섭취된 물질을 분해한다.

**음세포작용**(pinocytosis)("cell drinking")이라고 알려진 세포내섭취작용에서 세포는 용해된 물질을 흡수한다(**그림 5-22**). 아주 작은 용액상태의 물질이 원형질막 주름에 포착되면, 작은 소낭

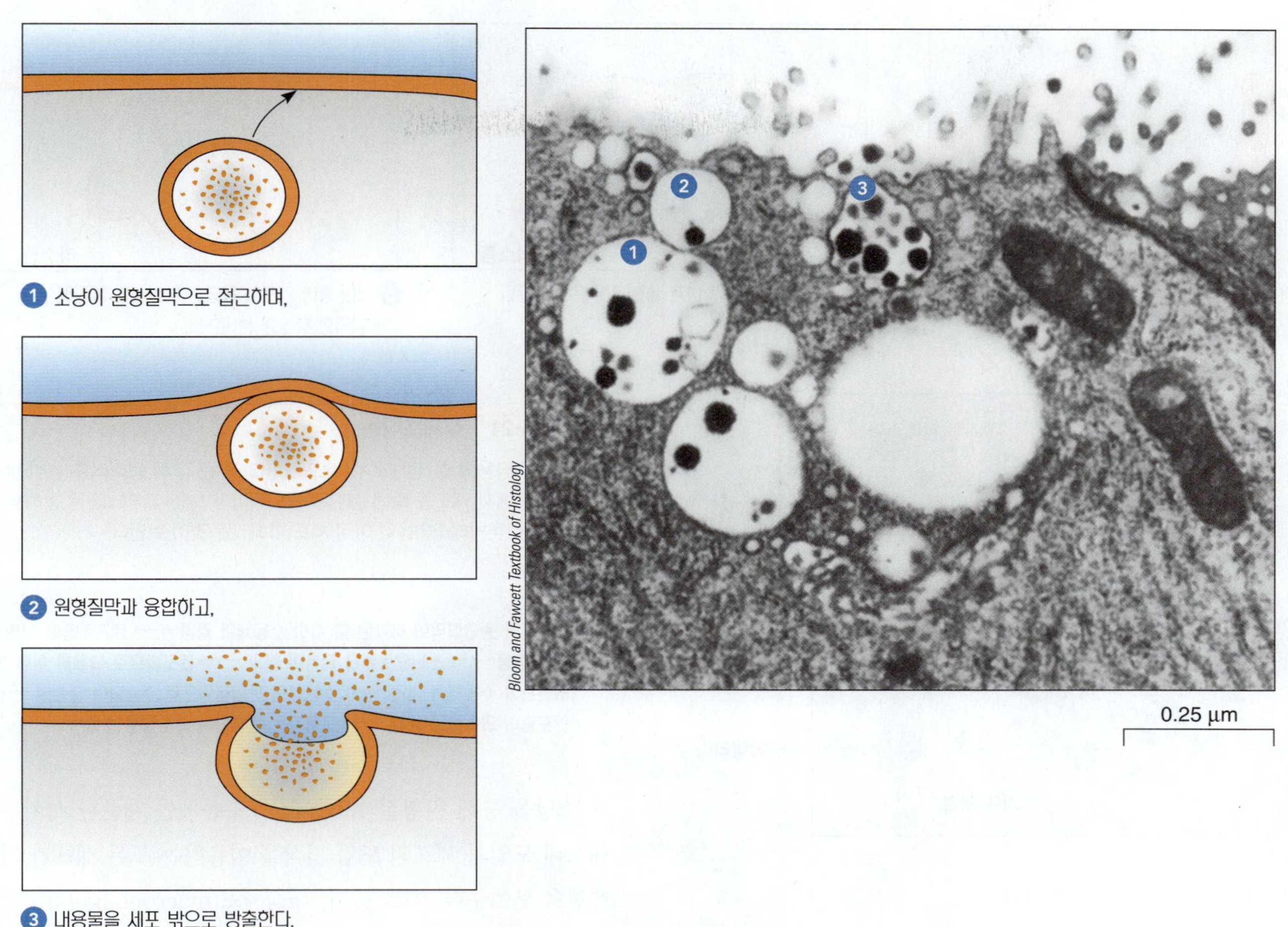


**그림 5-20 세포외배출작용.**
유선세포에서 밀크 단백질의 세포외배출작용을 보여주는 투과전자현미경(TEM) 사진.

이 형성되어 세포질로 떨어져 나온다. 소낭의 액체 내용물은 세포질로 천천히 이동되고 소낭은 점점 작아진다.

세포내섭취작용의 세 번째 형태인 **수용체-매개 세포내섭취작용(receptor-mediated endocytosis)**은 특정 분자가 원형질막의 수용체 단백질과 결합한다. 진핵세포는 대부분 이 과정을 통해 거대분자를 받아들인다. 예를 들어 콜레스테롤의 경우를 보면, 콜레스테롤은 혈액 속에서 저밀도 지질단백질(low density lipoprotein; LDL)의 한 부분으로 수송된다. 콜레스테롤을 세포막의 구성 성분과 스테로이드 호르몬의 전구체로서 사용한다.

수용체 매개 내세포작용의 대부분 경로는 **브라운**(Michael Brown)과 **골드스타인**(Joseph Goldstein)에 의한 저밀도 지질단백질 수용체에 대한 연구를 통해 상세하게 알려지게 되었다. 1985년 미국 텍사스 보건 과학 센터에서 연구하던 이들은 독창적인 업적으로 생리학 또는 의학 분야에서 노벨상을 수상하였다. 그들의 발견은 중요한 의학적인 연관성을 가지는데, 그 이유는 세포 내로 유입되지 않고 혈액에 존재하는 콜레스테롤은 동맥벽에 침전되어 심장혈관 질병의 위험을 증가시킨다.

콜레스테롤이 필요해지면 세포는 LDL 수용체를 만든다. 이 수용체는 세포질 쪽으로 원형질막이 움푹 들어간 부위인 *피복된 홈*(coated pit)에 집중되어 있다. 각 홈은 원형질막 바로 아래층에 존재하는 *크라스린*(clathrin)이라는 단백질에 의해 둘러싸여 있다. 수용체와 결합하는 물질을 **리간드(ligand)**라 한다. 이 경우는 LDL이 리간드이다. LDL이 수용체와 결합한 후 피복된 홈은 내포작용에 의해 *피복된 소낭*(coated vesicle)을 만든다.

**그림 5-23**은 LDL의 흡수를 보여준다. 소낭이 세포질로 들어간 수초 후, 크라스린 피복이 분리되고 소낭은 그 내용물을 *엔도*

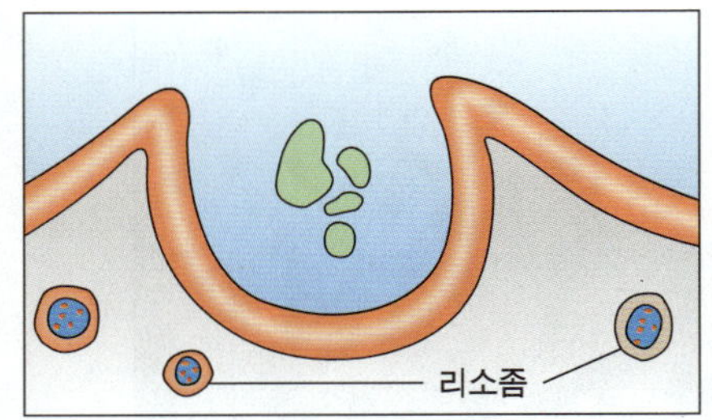


① 원형질막이 섭식할 분자 주위를 둘러싸서 작은 소낭을 형성한다.

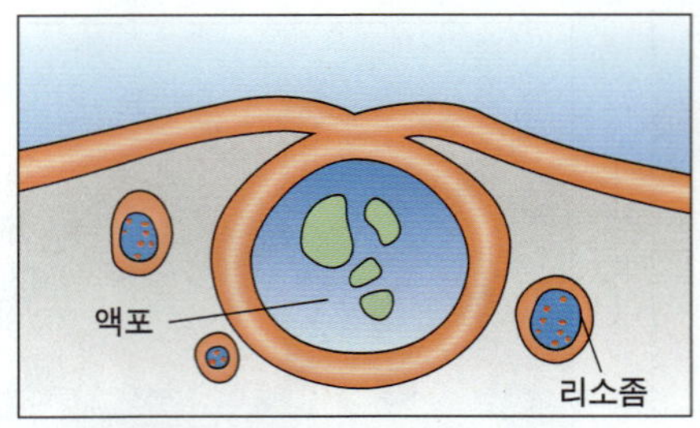


② 액포가 막에서 떨어져 세포 안으로 들어온다.

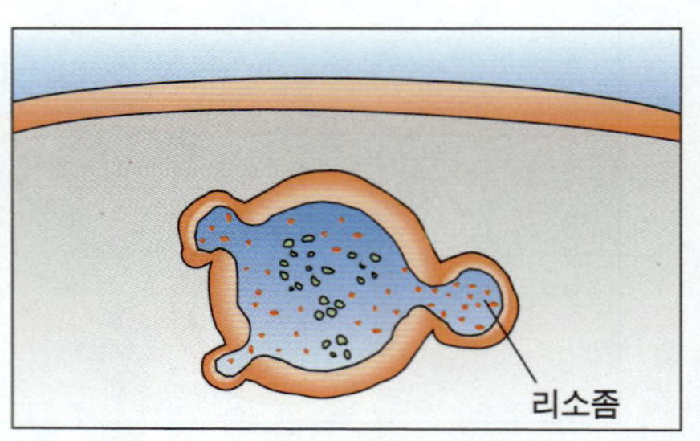


③ 리소좀이 액포에 융합하여 섭식한 물질에 강력한 효소를 분비한다.

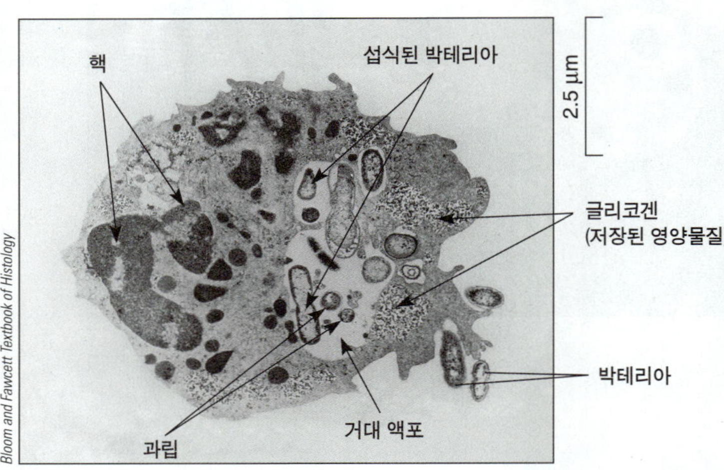


**그림 5-21 식세포작용.**

세포내 섭취작용의 한 형태로서, 세포는 비교적 큰 고체 덩어리를 섭취한다. 전자현미경 사진에서 액포들 속에 섭취된 박테리아가 보인다. 리소좀은 분해효소를 가지고 있다. 다른박테리아들이 아직 세포 밖에있는 것이 보인다.

솜(endosome)으로 보낸다. 다시 LDL은 수용체와 분리되고 리소좀으로 이동한다. 거기에서 LDL은 분해되고 콜레스테롤은 세포질 속으로 방출되어 세포에 의해 사용된다. LDL 수용체는 원형질막으로 이동하여 재순환된다. 수용체 매개 세포내 도입 과정을 단순하게 요약하면 다음과 같다:

> **리간드가 원형질막의 피복된 홈 속의 수용체와 결합 ⟶ 내포작용에 의한 피복 소낭 형성 ⟶ 소낭으로부터 피복의 탈피 ⟶ 엔도솜으로 내용물 이동 ⟶ 리간드가 수용체와 분리 ⟶ 수용체가 원형질막으로 수송되어 재순환 ⟶ 엔도솜이 리소좀과 융합 ⟶ 내용물은 분해되어 세포질로 방출**

소낭을 통해 원형질막으로 LDL 수용체를 재순환 시키는 것은 세포내 도입과 세포외 도입 기작을 이용하는 모든 세포가 가진 문제점을 보여준다. 예를 들어, *대식세포*(macrophage)라고 알려진 1종류의 식세포는 약 30분 내에 전체 원형질막의 해당하는 양을 섭취한다. 세포가 표면적을 유지하기 위해서는 새로운 막 합성이나 동등한 양의 재순환이 필요하다. 끊임없이 분비하는 세포의 경우 원형질막과 결합하는 소낭만큼 동등한 양의 원형질막이 세포내로 재순환 되어야 한다. 만약 그렇지 않으면 세포의 성장이 멈추더라도 세포는 계속 팽창하여야만 할 것이다.

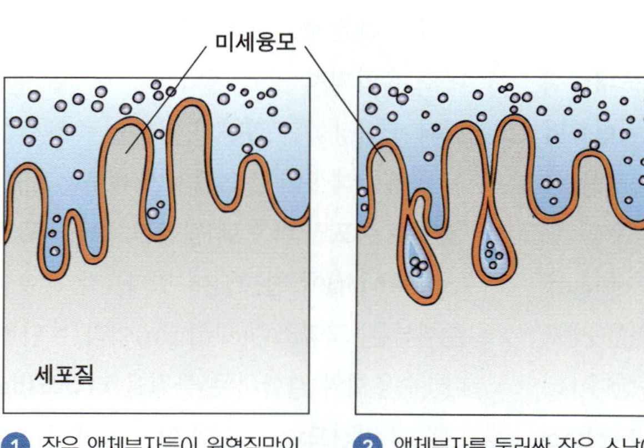


① 작은 액체분자들이 원형질막의 주름에 갇힌다.

② 액체분자를 둘러싼 작은 소낭이 막에서 떨어져 나와 세포 안으로 들어온다.

③ 소낭 안의 내용물들은 천천히 세포질로 이동된다.

**그림 5-22 음세포작용.**

**요점**

**수용체-매개 세포내섭취작용 때 특이 고분자들이 수용체 단백질에 결합하여 피막 벽공에 모인 다음, 크라스린으로 피막된 소낭을 형성하여 세포 안으로 들어간다.**

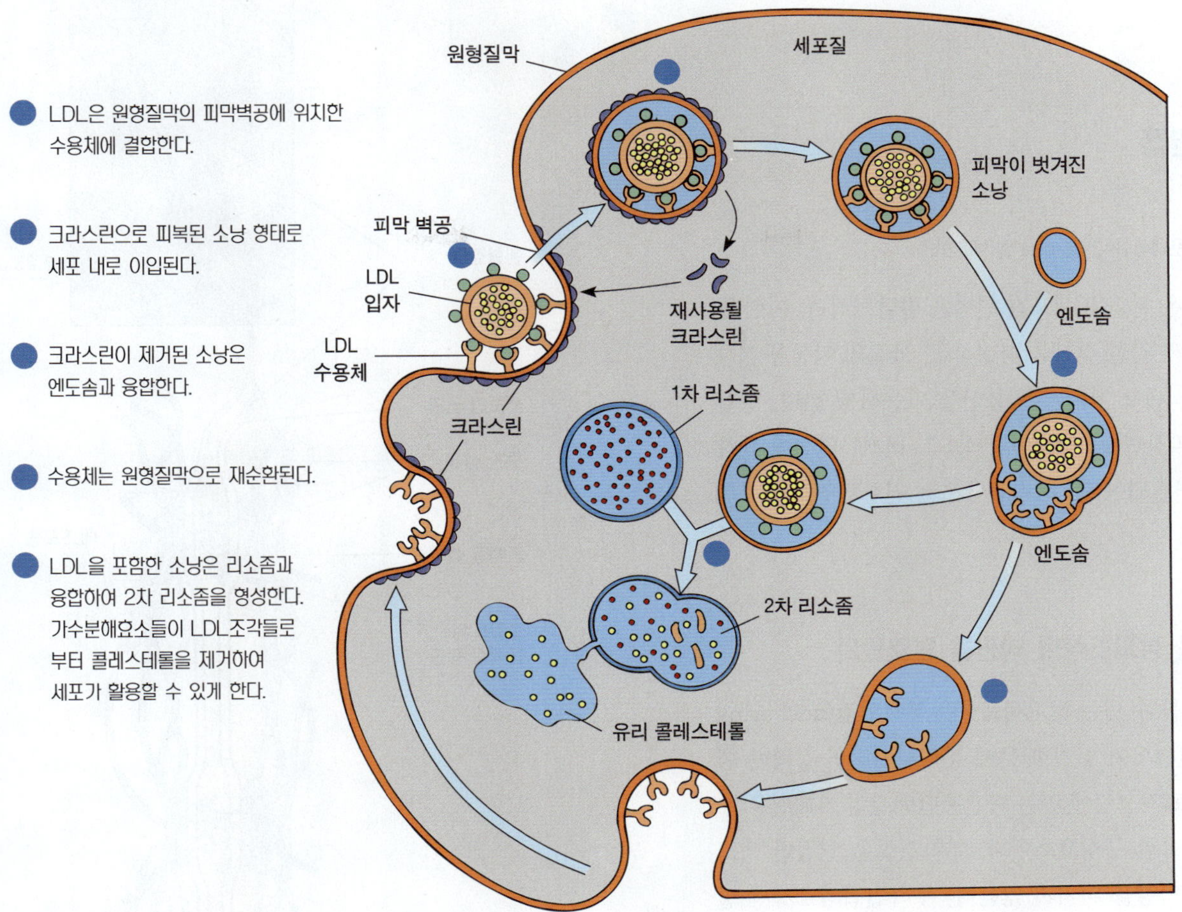


**(a)** 혈액 내 콜레스테롤을 운반하는 저밀도 지질단백질(LDL) 분자들의 세포 내로의 이동

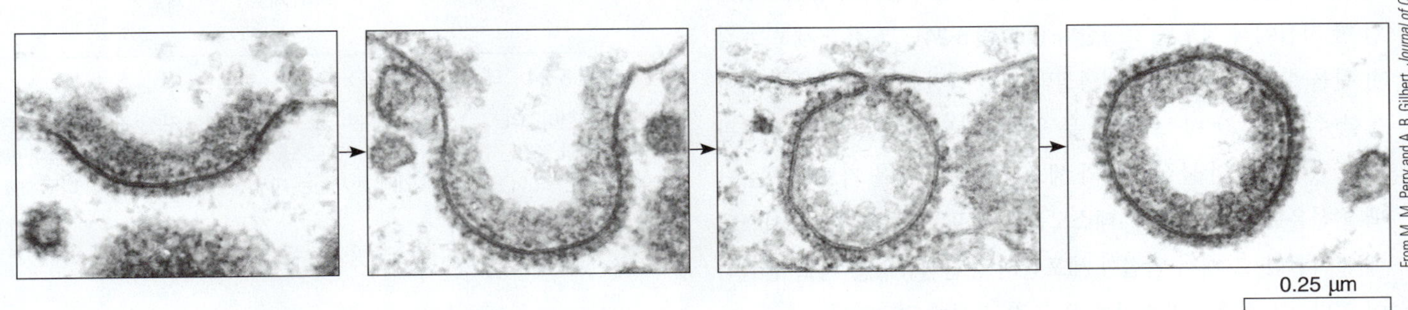


**(b)** 크라스린으로 피복된 소낭의 형성과정을 보여주는 전자현미경 사진



**그림 5-23 수용체-매개 세포섭취작용.**

**복습**

- 세포외배출작용과 세포내섭취작용의 유사점은 무엇인가?
- 식세포작용과 음세포작용의 차이점은 무엇인가?
- 수용체-매개 세포내섭취작용은 어떤 순서로 일어나는가?

## 5.6 세포 연접

**학습목표**

**10** 세포외배출작용과 세포내섭취작용을 비교 설명해 보라

서로 인접한 세포들은 분화된 세포간 연접을 발달시킨다. 이런 구조는 이웃한 세포끼리 강한 결합을 형성하고, 물질의 이동을 저해하거나 혹은 인접한 세포간의 빠른 통신을 가능하게 한다. 동물세포는 부착연접, 밀착연접, 간극연접 등의 다양한 연접에 의해서 인접한 세포와 연결되어 있다. 식물세포는 원형질연락사에 의해 연결되어 있다.

### 5.6.1 부착연접은 상피조직의 박판을 연결한다

피부의 바깥 층에서 볼 수 있는 상피세포들은 **부착연접**(anchoring junction)에 의해 연결되어 있기 때문에 분리시키려면 강력한 힘이 필요하다. 이 장 표지그림에 있는 막관통단백질인 카데린은 부착연접에 있어서 중요한 구성요소이다. 부착연접은 인접한 세포간의 물질이동에는 영향을 미치지 않는다. 부착연접의 2가지 일반적인 형태는 데스모좀과 연접부이다.

**데스모솜**(desmosome)은 세포사이의 접착부위로 용접부위처럼 한 지점에서 세포를 고정한다 (**그림 5-24**). 그 결과 세포는 강한 판을 형성하고 물질은 원형질막 사이 공간을 통해 자유롭게 이동할 수 있다. 각 데스모솜은 두 원형질막의 세포질 쪽 면에 연관되어 진 고밀도의 물질 부위와 세포간 좁은 간격을 가로지르는 단백질 섬유로 이루져 있다. 데스모솜은 세포 내 중간섬유의 시스템에 부착한다. 그래서 인접한 세포간의 중간섬유망은 서로 연결되어 있다. 그 결과 기계적인 힘은 조직 전체에 전달된다.

**연접부**(adhering junction)는 세포를 서로 접합한다. 카데린은 각 세포주위에 연속적인 결합 고리를 형성하여, 세포를 이웃한 세포와 결합시킨다. 이런 연접은 세포골격의 미세소관을 연결한다. 연접부의 카데린은 외부 환경에서 세포질 내로 신호가 전달되는 중요한 경로이다.

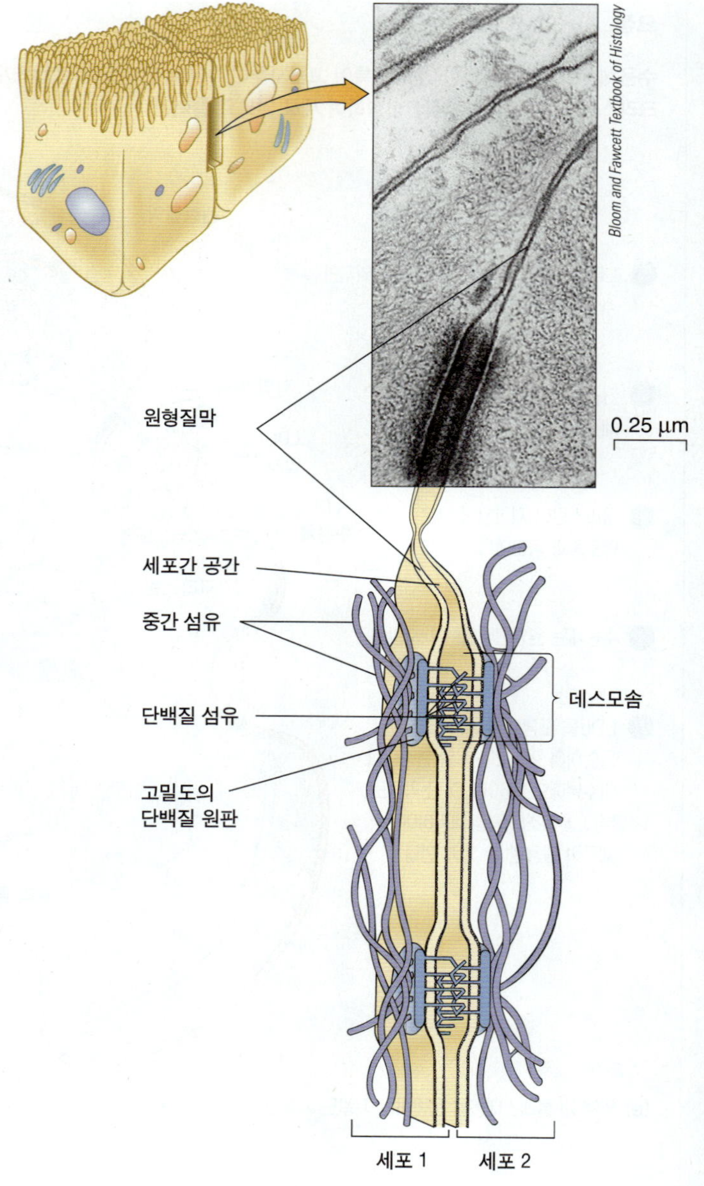


**그림 5-24 데스모솜.**

투과전자현미경(TEM) 사진을 통해 본 데스모솜의 조밀한 구조. 각각의 데스모솜은 원형질막과 결합된 단추 모양의 판 구조로 되어 있다. 데스모솜은 미세섬유 단백질에 의해 연결되어 있다. 세포 내에 존재하는 미세 중간섬유들은 판 및 다른 데소모솜과 결합하고 있다.

### 5.6.2 밀착연접은 동물세포들 사이의 공간을 밀봉한다

**밀착연접**(tight junction)은 말 그대로 인접한 세포막 사이가 밀착되면서 연결되는 것을 말한다. 결합이 매우 단단하여 세포 사이의 공간도 없고 물질도 세포 사이를 통과할 수 없다. 전자현미경으로 밀착연접을 관찰하면 인접한 두 세포의 원형질막은 단백

**요점**

**밀착연접은 세포들 사이에서의 물질들의 이동을 막아준다.**

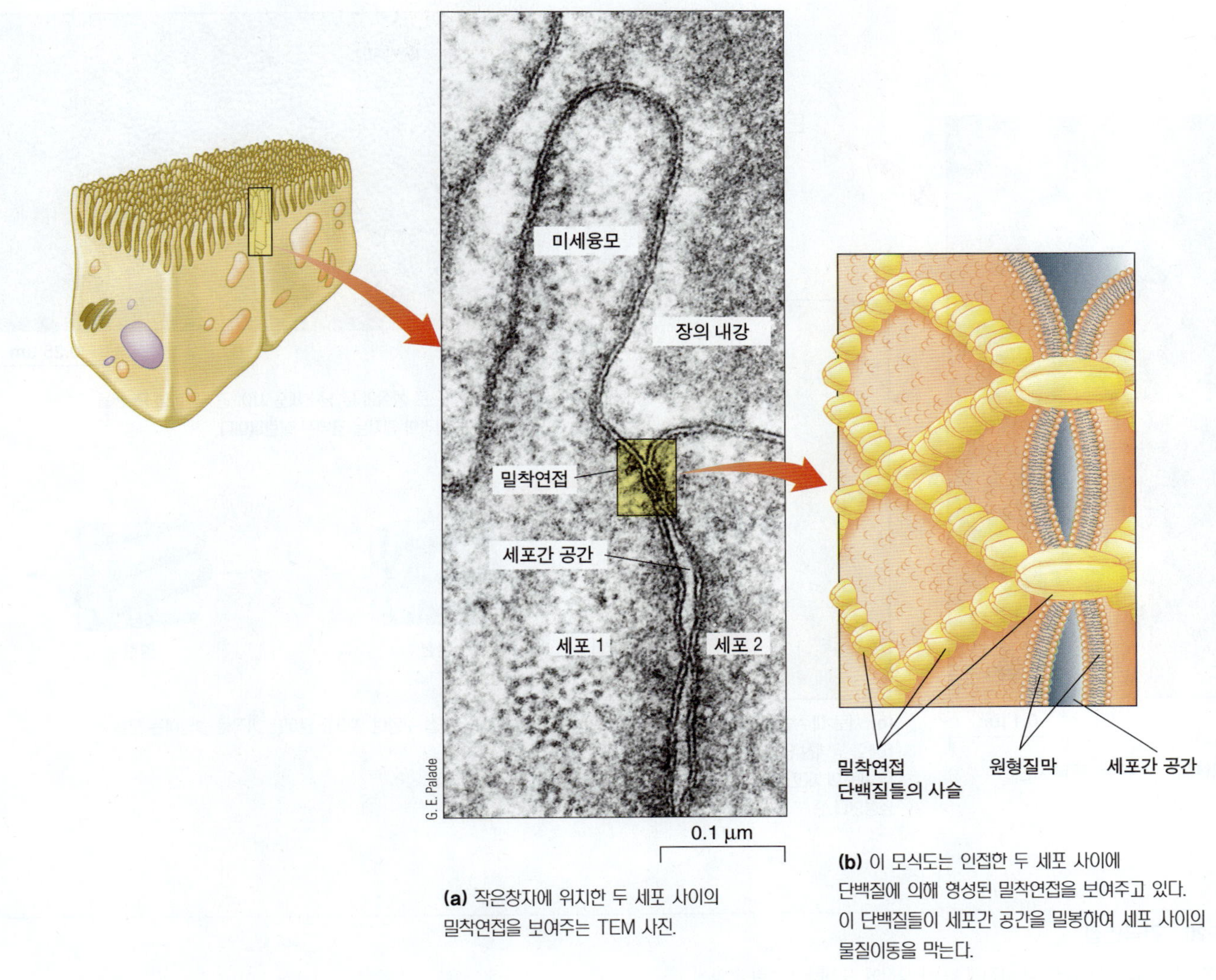


**(a)** 작은창자에 위치한 두 세포 사이의 밀착연접을 보여주는 TEM 사진.

**(b)** 이 모식도는 인접한 두 세포 사이에 단백질에 의해 형성된 밀착연접을 보여주고 있다. 이 단백질들이 세포간 공간을 밀봉하여 세포 사이의 물질이동을 막는다.

**그림 5-25 밀착연접.**

질에 의해 결합되어 실질적으로 접촉하고 있다. 하지만 **그림 5-25**에서 보듯이 밀착연접은 간헐적이며 원형질막 전체가 밀착되어 있지는 않다.

체강의 경우 밀착결합에 의해 연결된 세포들에 의해 밀봉된다. 예를 들면, 내장 세포간의 밀착연접은 장내 물질이 빠져나가거나 세포 주변으로 혈액이 지나가는 것을 막는다. 박판 형태의 세포는 선택적 막으로서 작용한다. 음식물은 혈액으로 흡수되기 전에 원형질막을 거쳐야만 하며 내장 세포를 통해서 운반 되어져야 한다. 이 기전에 의해 혈액 내로 원치 않는 물질이나 독소가 들어가는 것을 막을 수 있으며 또한 내장에서 영양분이 빠져나가는 것을 막을 수 있다. 이 형태의 결합은 물질이 혈액에서 뇌쪽으로 이동하는 것을 막는 *혈액-뇌 장벽*(blood-brain barrier) 형성에도 관여한다.

요점

간극연접은 인접 세포 사이에서의 작은 분자들의 이동이 가능하게 해준다.

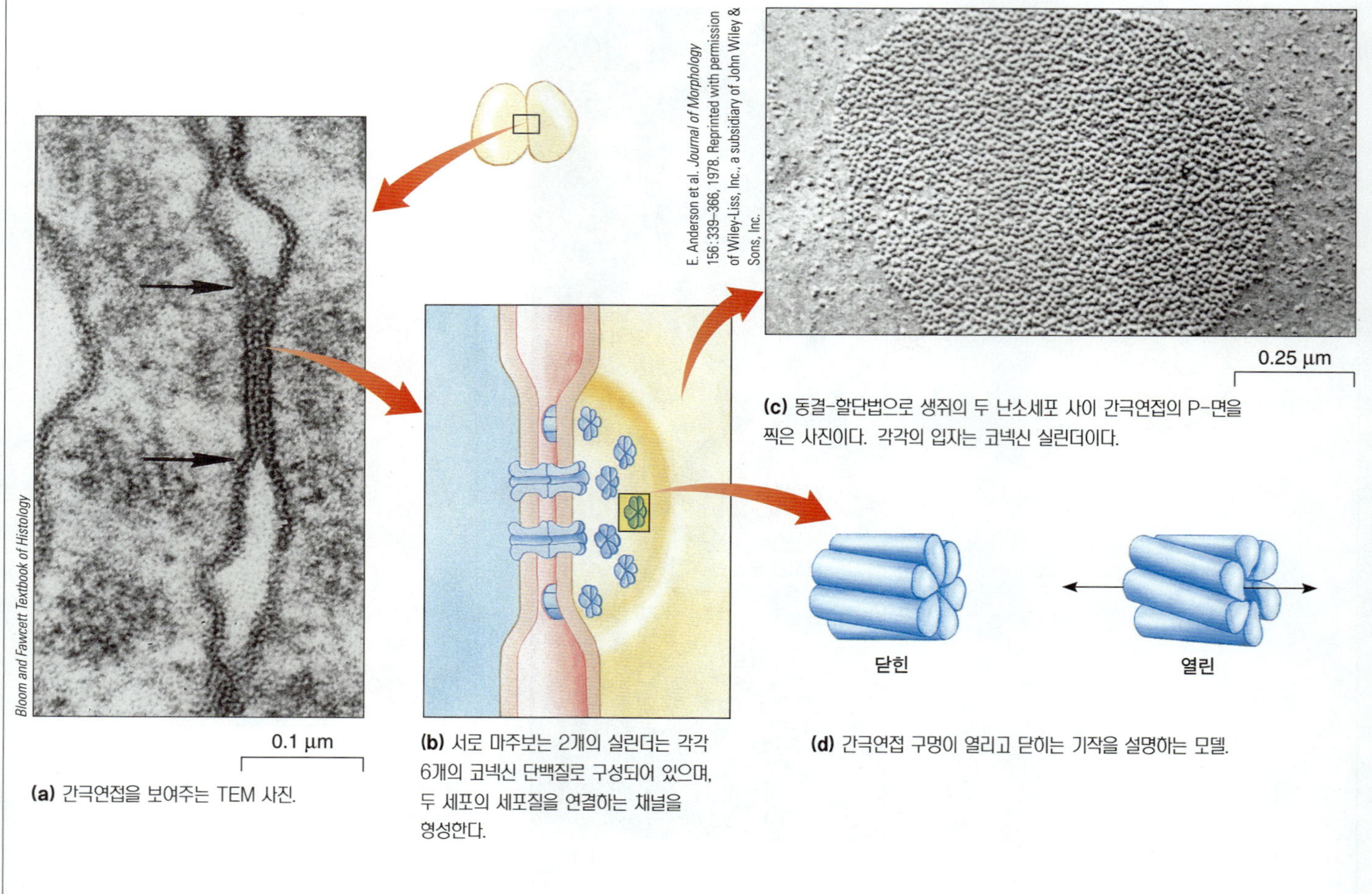


**(a)** 간극연접을 보여주는 TEM 사진.

**(b)** 서로 마주보는 2개의 실린더는 각각 6개의 코넥신 단백질로 구성되어 있으며, 두 세포의 세포질을 연결하는 채널을 형성한다.

**(c)** 동결-할단법으로 생쥐의 두 난소세포 사이 간극연접의 P-면을 찍은 사진이다. 각각의 입자는 코넥신 실린더이다.

**(d)** 간극연접 구멍이 열리고 닫히는 기작을 설명하는 모델.

**그림 5-26 간극연접.**
(b)의 간극연접 모식도는 전자현미경 사진과 X-선 사진에 근거하여 그린 것임.

## 5.6.3 간극엽접은 작은 분자나 이온들을 이동시킨다

**간극연접**(gap junction)은 세포 사이 공간의 다리역할을 한다는 점에서는 데스모솜과 같으나 연결한 공간은 더 좁다 (**그림 5-26**). 또한 간극연접은 막을 연결할 뿐만 아니라 인접한 세포의 세포질을 연결하는 채널을 가지고 있다. 간극연접은 *코넥신*(connexin)이라는 내재성 막 단백질로 구성되어 있다. 6개의 코넥신 분자가 모여서 원형질막을 연결하는 원통을 형성한다. 2개의 원통은 직경이 약 1.5 nm인 하나의 채널을 형성한다. 이온이나 크기가 작은 고리형 AMP와 같은 작은 분자들은 채널을 통해 통과할 수 있으나, 더 큰 분자들은 차단된다. 표지 물질을 간극연접에 의해 연결된 세포에 주사하면, 표지된 분자는 인접한 세포로 빠르게 이동하나 세포 사이의 공간에는 들어가지 못한다.

간극연접은 세포의 빠른 화학적, 전기적 통신을 제공한다. 세포는 채널의 개폐에 의해서 간극연접을 통한 물질이동을 조절할 수 있다(그림 5-26d). 예를 들어 췌장의 세포들은 간극연접에 의해 서로 연결되어 있다. 만약 세포 그룹들 중 하나가 인슐린 분비를 하도록 자극 받으면, 간극연접을 통하여 다른 세포에 신호가 전달되어 반응이 나타난다. 간극연접은 어떤 신경세포의 전기적 전달을 가능하게 한다. 심장근육세포는 간극연접에 의해 연결되어 있으며 동시 수축에 필요한 이온의 흐름을 가능하게 한다.

## 5.6.4 원형질 연락사는 식물세포들 사이에서 특정 분자나 이온의 흐름을 가능하게 한다

식물세포가 가진 세포벽은 세포를 격리시켜 세포간 정보교환을 막을 수 있다. 이런 이유로, 식물 세포는 동물 세포의 간극연접과 동등한 역할을 하는 결합이 필요하다. **원형질 연락사(plasmodesmata)**는 20–40 nm 너비의 채널로 세포벽을 통과하면서 인접한 세포들의 세포질을 연결한다(▮ 그림 5-27). 대부분의 원형질 연락사는 2개의 인접한 세포의 소포체를 연결하는 데스모튜뷸이라는 원통모양의 막성 구조물을 가지고 있다. 일반적으로 분자나 이온이 세포에서 세포로 원형질 연락사 구멍을 통해 이동하는 것은 가능하나 세포내 소기관은 통과하지 못한다. 원형질 연락사를 통한 이온의 흐름은 식물에서 아주 느린 전기적 신호전달의 한 형태이다.

**복습**

- 데스모솜과 밀착연접은 어떻게 기능적인 유사점과 차이점은 무엇인가?
- 간극연접과 원형질 연락사가 기능적으로 유사하고 구조적으로 차이가 난다고 할 수 있는 이유는 무엇인가?

**요점**

고등 식물들의 대부분 세포들에서는 인접한 세포들이 원형질연락사로 연결되어 있다.

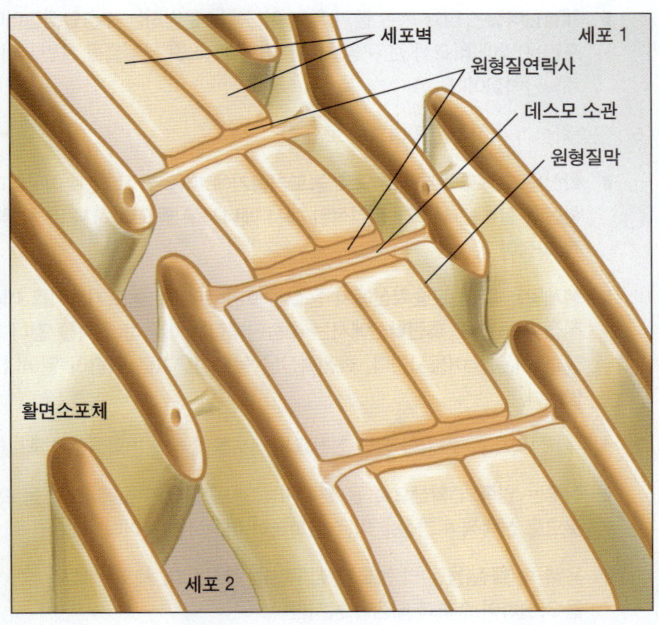


**그림 5-27 원형질연락사.**
인접한 식물세포의 세포질을 연결해 물과 이온, 작은 분자들을 자유롭게 수송한다.

## 핵심 용어와 요약

**학습목표**

1 세포의 항상성에 대한 막의 중요성을 평가하라.

- **원형질막**은 물리적으로 외부환경과 세포내부를 구분하고, 세포 내외로의 물질 통과조절 그리고 세포 사이의 의사 소통을 담당한다.
- 생체막은 세포 안팎으로의물질수송, 생화학반응의 장소 제공, 신호전달 등의 작용을 수행한다.

2 세포막 구조에서 유동 모자이크 모델에 대해 그림을 그려 설명하라.

- **유동모자이크모델**에 의하면 막은 유동성의 다양한 단백질들이 파묻혀 있는 인지질 이중층으로 구성 되어져 있다.
- 인지질 분자는 **양친매성**이다. 소수성과 친수성 부분을 모두 가지고 있다. 인지질의 친수성 머리는 이중층의 양쪽 표면에 위치하고 소수성 지방산 사슬은 내부에 있다.

3 지질이중층이 세포막 특성과 기능에 미치는 영향을 설명하라.

- 거의 모든 생체막에서 지질이중층은 유동성 상태나 액체-결정 상태를 이루어서 분자의 이동을 촉진시킨다. 단백질들의 이동도 막 내부에서 일어난다.
- 지질이중층은 유연성이 있고 스스로 봉합이 가능하여 다른 막과 융합할 수 있다. 이 기능을 이용하여 다양한 세포막에서 형성된 소낭이 다른 막과 융합하게 되어 물질을 수송한다.

4 막 단백질이 지질이중층과 어떤 관련이 있는지 설명하고, 막 단백질의 기능에 대해 토론하라.

- **내재성 막 단백질**의 친수성 부위는 지질이중층의 바깥 수용성 환경에 노출되어 있고 소수성 표면은 지질이중층의 소수성 내부와 접한 상태로 파묻혀 있다. **막관통 단백질**은 막 전체를 완전히 관통하는 내재성 단백질이다.
- **표재성 막 단백질**은 지질이중층의 표면에서 일반적으로 보통 내재성 단백질의 노출 부위에 결합되어 있으며 막 구조의 파괴없이 쉽게 이동이 가능하다.
- 막 단백질, 지질, 탄수화물은 이중층에 대하여 비대칭적으로 위치해서 지질이중층 양쪽 면의 구조와 구성요소는 서로 다르다.
- 막 단백질은 물질수송, 효소 혹은 수용체로서의 작용, 세포 인지를 포함한 다양한 기능을 수행한다.

5 세포막의 선택적 투과성에 대해 설명하고 운반단백질과 채널단백질의 차이점을 구별해 보라.

- 생체막은 선택적 투과성을 가진다. 세포 안팎을 이동하는 물질의 이동을 조절하여 세포의 부피와 세포 내부의 이온 조성을 유지한다.

- **수송단백질**은 수송단백질로서 용질을 수송하는 과정에서 구조변화가 수반된다. **운반단백질**은 특정 용질과 결합하여 운반할 때 입체구조의 변화를 일으키는 수송단백질이다. **ABC운반체**는 용질을 운반하는데 ATP 에너지를 사용하는 수송단백질이다.

- **채널단백질**은 막을 통한 물과 특정 이온들을 운반하는 수송단백질이다. **포린**은 막에 비교적 큰 구멍을 만들어 물과 어떤 용질들을 운반시키는 채널단백질이다.

6 단순확산과 촉진확산을 비교해 보라.

- **확산**은 고농도에서 저농도로 **농도기울기**에 따른 물질의 순 이동이다. 확산과 삼투는 세포가 직접적인 대사 에너지를 필요로 하지 않는 물리적 과정이다.

- 생체막을 통한 **단순확산**에서 용질과 이온 분자는 농도기울기를 따라 직접 이동한다. **촉진확산**에서는 수송단백질을 이용하여 막을 건너 용질과 이온을 이동시킨다. 촉진확산은 농도기울기를 거슬러 일어나지 않는다.

7 삼투를 정의하고, 다양한 삼투 조건에서 세포들의 부피 변화를 설명해보라.

- **삼투**는 일종의 확산으로 물 분자가 고농도 상태인 곳에서 저 농도인 곳으로 선택적 투과성을 막을 통과하여 이동하는 것이다.

- 용액 속 물질(용질)의 농도가 **삼투압**을 결정한다. 세포는 내부 삼투압을 조절하여 수축과 터짐을 방지한다.

- **등장액**은 세포 내의 용액과 같은 용질의 농도를 가지고 있다.

- **고장액**에 놓여진 세포는 세포안의 물을 외부로 밖으로 내 보낸다. 식물세포는 원형질막이 세포벽에 분리되는 **원형질분리**를 일으킨다.

- **저장액**에 놓여진 세포는 물이 세포 안으로 들어와 세포가 부풀게 된다.

- 식물세포는 높은 수압을 견딜 수 있는데, 이는 세포벽이 식물세포가 팽창하여 터지는 것을 막아주기 때문이다. 물이 삼투에 의해 세포로 들어오면 액포에 채워진다. 세포가 부풀어 오르면, 단단한 세포벽에 대한 **팽압**이 증가한다.

8 능동수송을 설명하고 직접 수송과 간접 수송을 비교해 보라.

- **능동수송**은 에너지를 사용하여 이온이나 분자를 세포막의 농도기울기에 반하여 이동시킨다. 예를 들어 **나트륨-칼륨 펌프**는 ATP를 사용하여 나트륨 이온을 세포 밖으로, 칼륨 이온을 세포 안으로 이동시킨다.

- **간접 능동수송**에서는 두 용질이 동시에 수송된다. 나트륨 이온의 농도기울기는 나트륨-칼륨-펌프에 의해 세포막 바깥이 높게 유지된다. 운반단백질은 한 분자(나트륨)를 농도기울기를 따라 수송하면서 이때 방출되는 에너지를 이용하여 다른 분자를 농도기울기에 반하여 **공동수송** 한다.

9 세포내섭취작용과 세포외배출작용의 수송기작을 비교하라.

- **세포외배출작용**에서 세포는 노폐물을 내보내거나 호르몬 또는 점액과 같은 물질을 원형질막에 소낭을 융합시켜서 분비한다. 이 과정에서 원형질막의 표면적이 증가한다.

- **세포내섭취작용**에서 양분과 같은 외부 분자가 세포내로 이동된다. 원형질막의 일부가 소낭을 형성하여 외부 분자를 감싼 다음 세포 내부로 방출하게 된다. 이 과정에서 원형질막의 표면적은 감소한다. 세포내섭취작용에는 식세포 작용, 음세포 작용, 그리고 수용체-매개 세포내섭취작용의 3가지가 있다.

- **식세포작용**에서 원형질막은 박테리아나 원생생물과 같은 입자들을 둘러싸서 소낭을 형성하여 세포 내부로 이동시킨다.

- **음세포작용**에서 세포는 원형질막의 주름에 둘러싸인 작은 액체 방울들 소낭의 형태로 세포 내로 받아들인다.

- **수용체-매개 세포내섭취작용**에서 원형질막을 따라 피복된 홈에 있는 특정한 수용체들이 **리간드**와 결합한다. 크라스린이라는 단백질로 덮여있는 이 홈들은 세포내섭취작용에 의해 소낭을 형성한다.

10 부착연접, 밀착연접, 간극연접, 원형질연락사의 구조와 기능을 비교하라.

- 서로 밀접하게 관련된 세포들은 세포간 연접을 발달시킨다. **부착연접**은 데스모솜과 밀착결합을 포함한다. **데스모솜**은 서로 인접한 동물세포들을 여러 지점에서 결합시킨다. **연접부**는 세포들을 서로 접합시키는 카데린에 의해 형성된다.

- **밀착연접**은 이웃한 동물세포들을 단단하게 연결하여 세포 사이 공간으로 물질의 이동을 차단한다.

- **간극연접**은 코넥신 단백질을 이용하여 이웃한 두 동물세포의 세포질을 연결하는 통로를 형성한다.

- **원형질 연락사**는 이웃한 식물세포를 연결하는 통로이다.

## 연습문제

1. 다음 중 수송단백질을 필요로 하는 것은?
(a) 확산 (b) 촉진확산 (c) 팽압형성 (d) 삼투 (e) 고장액속의 삼투

2. 혈액-뇌 장벽을 형성하는 연접은?
(a) 밀착연접 (b) 연저부 (c) 데스모솜
(d) 간극연접 (e) 원형질연락사

3. 전기화학적 기울기는?
(a) 단순확산을 촉진한다.
(b) 음세포 작용에 의해 형성된다.
(c) 아쿠아포린에 의한 수송에 필요하다.
(d) 농도기울기에 의해 형성된다.
(e) 막의 안팎으로 전하와 농도의 차이에 의해 생긴다.

4. 원형질막의 기능에 대한 설명 중 틀린 것은?
(a) 물질을 수송한다.
(b) 세포들을 구조적으로 연결한다.
(c) 단백질을 합성한다.
(d) 세포를 세포외기질에 부착시킨다.
(e) 신호를 전달하는 수용체가 있다.

5. 다음 운반단백질 중 symporter는?
   (a) 포도당과 나트륨의 공동수송
   (b) 촉진확산에 의한 운반
   (c) 두 물질을 서로 반대 방향으로 수송
   (d) 이온채널
   (e) 나트륨-칼륨 채널

6. 이웃한 식물세포 사이로 물, 이온, 분자의 수송을 가능하게 하는 junction은?
   (a) 밀착연접
   (b) 연접부
   (c) 데스모솜
   (e) 간극연접

7. ABC 운반체는?
   (a) ATP 가수분해 에너지를 이용하여 이온과 당을 운반한다.
   (b) 이온의 촉진확산에 필수적이다.
   (c) 채널단백질 그룹에 속한다.
   (d) 주로 식물세포의 세포막에서 발견된다.
   (e) 채널을 통한 수동확산을 한다.

8. 실수로 적혈구를 고장액에 넣었다. 어떤 일이 생기겠는가?
   (a) 원형질막 분리가 일어난다.
   (b) 팽압을 형성한다.
   (c) 부풀어 오른다.
   (d) 용질을 세포밖으로 내 보낸다.
   (e) 수분이 빠져서 쪼그라든다.

9. 생체막에 대한 다음 설명 중 틀린 것은?
   (a) 양친매성 지질로 구성되어 있다.
   (b) 친수성과 소수성 부분을 가지고 있다.
   (c) 액체상태로 존재한다.
   (d) 지질과 단백질이 얇은 박판 모양을 이루고 있다.
   (e) 신호전달 기능을 가지고 있다.

10. 식물세포가 저장액에 있을 때 맞는 것은?
   (a) 원형질막 분리가 일어난다.
   (b) 팽압을 형성한다.
   (c) 시든다.
   (d) 음세포 작용이 감소한다.
   (e) 수분을 외부로 방출한다.

## 심화 학습문제

1. 이온의 농도기울기가 형성, 유지되는 방법을 1가지 설명해보라.

2. 세포에서 세포막이 중요한 이유를 설명해 보라.

6

# 세포 소통

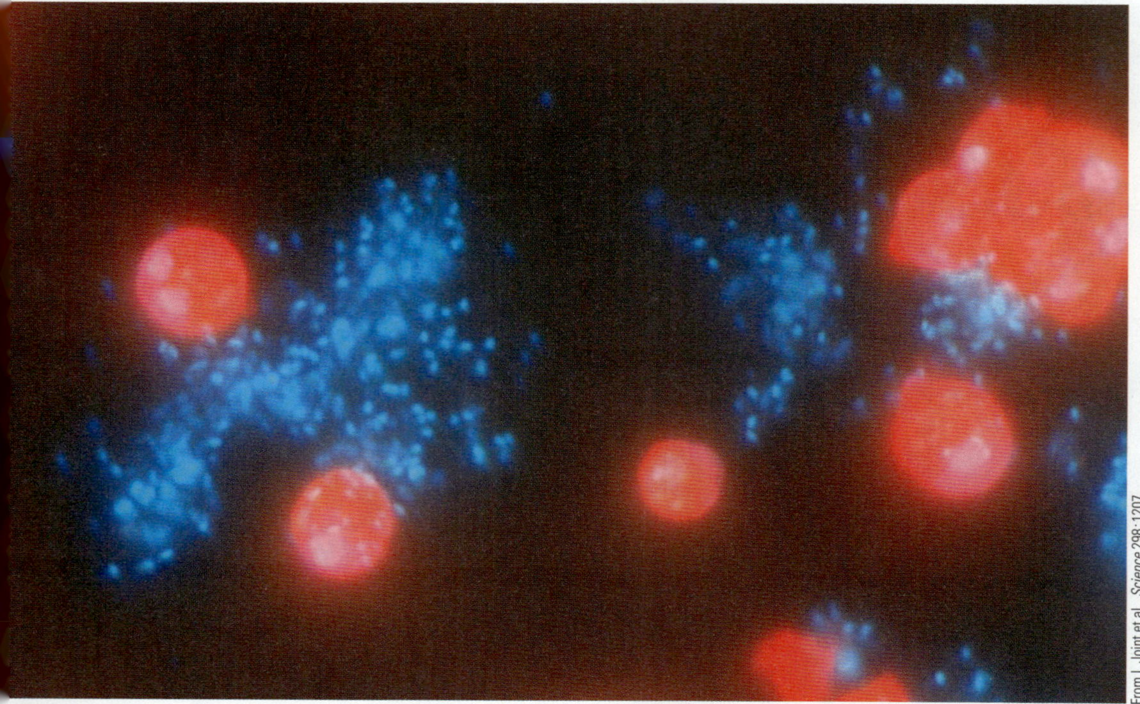


**세포 사이의 신호전달은 원핵생물-진핵생물 경계를 넘어선다.** 진핵세포인 *Enteromorpha*의 포자(빨간색)가 박테리아로부터 분비된 화학물질에 반응하여 박테리아(파란색)에 부착되어 있다.

## 핵심 개념

세포들은 신경전달물질, 호르몬 및 그 밖의 조절분자 등의 화학물질을 사용하는 신호전달을 통해 소통을 한다.

신호전달 분자는 표적세포의 표면이나 세포 안에 위치한 수용체에 결합한다.

신호전달계에서 수용체는 외부 신호를 내부 신호로 전환하여 세포 내에서 변화를 일으킨다.

세포가 신호에 대응하는 방법은 이온채널 개폐나 효소의 활성 및 불활성화, 특정 유전자의 발현 등이다.

세포는 항상성을 유지하기 위해 외부 환경으로부터 끊임없이 신호를 받고 반응한다. 다른 세포들이 이런 신호를 보내기도 한다. 다세포 생명체의 세포들도 역시 서로 소통을 해야 한다. 5장에서는 여러 동물조직들에서 간극연접을 통해 이웃 세포들 간에 빠른 전기적 또는 화학적 소통을 수행함을 살펴보았다. 그렇지만 면역계 세포들처럼 직접적으로 연결되어 있지 않은 세포들도 많이 있으며, 이들 또한 다른 세포들과 소통을 한다.

원핵세포와 원생생물, 진균류, 식물, 동물 등 모두 화학적 신호를 분비하여 상호 소통을 한다. 예를 들면, 박테리아는 이웃한 박테리아로 확산을 통해 화학신호를 방출한다. 박테리아의 수가 증가하면 화학신호분자의 농도도 증가한다. 박테리아는 신호에 반응하여 여러 가지 반응을 나타낸다. 고체 표면에서 미생물 군집을 형성하여 생물막을 만들기도 한다.

수억만 년 동안 정교한 세포 신호전달 시스템이 진화해왔다. 다른 종과 영역 사이의 생물들 사이에서도 서로 소통이 이루어진다. 예를 들어, 박테리아에서 분비된 신호들을 다른 생명체가 가로채기도 한다. 녹조류인 *Enteromorpha*가 만드는 포자는 임시로 어떤 표면에 부착되면, 박테리아가 생물막을 만드는 화학 신호를 인지할 수 있다. 포자는 박테리아 쪽으로 이동하여 생물막 표면을 구성하는 박테리아에 붙을 수 있다.

세포생물학자들은 세포들간의 소통기구를 알아내기 위해 전력을 질주하였다. 그들은 잘못된 신호전달이 종양이나 당뇨와 같은 질병을 유발시킬 수 있음을 발견하였다. 세포 신호전달에 대한 우리의 이해가 증가 할수록 앞으로 새로운 치료방법이 개발 될 것이다. 본 장에서는 세포가 어떻게 신호를 보내고 받는가에 대한 것과 이들 신호들의 전달계에 대해 알아보기로 한다. ■

## 6.1 세포 신호전달: 개요

### 학습목표

1 세포 신호전달에서 일어나는 일들을 순서대로 설명할 수 있다.

먹이가 부족해지면 아메바처럼 생긴 점균류인 *Dictyostelium*은 고리형 AMP (cAMP)를 분비한다. 이 화합물은 세포 주위로 확산되어 다른 점균류 세포들 표면에 위치한 수용체에 결합한다. 신호를 받은 수백 마리의 점균류들이 모여 콜로니를 형성한다 (**▮ 그림 6-1** 및 그림 25–24 참조).

식물들도 서로 정보교환을 한다. 예를 들어, 병이 든 단풍나무는 공기 중으로 화학적인 신호를 방출한다. 감염되지 않은 단풍나무가 이 신호를 인지하여 병을 유발하는 해충에 대한 저항성을 증가시킨다. 식물은 곤충에게 신호를 전달하기도 한다. 초식 곤충이

G. Gerisch et al./Max-Planck Institute

**그림 6-1 점균류 (slime molds)의 세포 신호.**

양분이 부족해지면 아메바와 유사한 점균류인 *Dictyostelium*은 cAMP를 분비한다. 점균류는 cAMP에 반응하여 수백 마리가 모여 콜로니를 형성한다.

담배 나무를 공격하면, 담배 나무는 휘발성이 강한 화학물질을 방출한다. 다른 곤충들은 이 신호를 인지하여 담배 나무에 낳는 알 수를 줄인다. 반면에 식충 곤충은 이 신호를 인지하여 초식 곤충이 낳는 알을 잡아 먹는다.

**세포신호기구(cell signaling)**는 세포들 사이에 신호가 전달되는 기작을 말한다. 두 세포가 이웃에 위치해 있으면 한 세포에서 나온 신호는 바로 옆 세포 표면에 위치한 수용체에 결합한다. 그렇지만 일반적으로 세포들은 화학적 신호를 분비하여 멀리 떨어진 세포들에 신호를 전달한다.

하나의 생명체가 발달하고 기능을 하기 위해서는 세포 내에서의 정교한 신호전달 기작이 작동해야 할 뿐만 아니라 외부 환경에 대해서도 적절하게 대응할 수 있어야 한다. 동물과 식물에서 호르몬이 중요한 화학적 신호로서의 역할을 한다. 대부분 동물에서 **신경(neuron)**들이 화학적 신호와 전기적 신호를 전달한다.

신호전달은 여러 단계로 나눌 수가 있다 (**▮ 그림 6-2**). 먼저, 한 세포가 신호를 보내야 한다. 화학적 신호의 경우, 세포 내에서 합성되고 세포 밖으로 방출 된다. 신호를 받아들이는 **표적세포(target cell)**가 가까운 거리에 있지 않으면, 신호는 혈액을 따라 이동하여 표적세포에 도달한다. 다음 단계는 표적세포가 신호가 내포하고 있는 정보를 받아들이는 단계인데 이를 **수용(reception)**이라 한다. 대개의 경우 신호는 표적세포의 세포 표면에 위치한 수용체에 결합한다.

많은 신호는 표적 세포 안으로 들어가지 못한다. **신호전달(signal transduction)**이란 개념은 세포가 외부 신호를 내부 신호로 전환시켜 특정한 반응을 하는 것을 말한다. 예를 들어, 인슐린 호르몬이 인슐린 수용체에 결합하면 세포 내 효소작용에 변화가 생기는데 세포는 이 신호전달의 결과로 혈액 내 당을 흡수해서 혈당을 낮춘다. 일부 신호들은 세포막에 위치한 이온채널의 개폐에 관여한다. 세포는 신호전달 작용의 결과로 세포의 형태, 성장, 세

포분열, 분화 등에 영향을 받는다.

신호는 전달과정에서 증폭된다. 그래서 반응은 신호분자 1개가 작용했을 때보다 아주 큰 반응이 일어나게 된다. 신호는 정교하게 조절되며, 세포 반응이 일어나고 나면 종료 기작에 의해 신호전달을 종료하게 된다.

**복습**

▮ 세포신호전달기구가 일어나는 과정은 무엇인가?

## 6.2 신호 발송

**학습목표**

2 다음 3가지의 신호분자에 대해 설명한다: 국소조절자, 신경전달물질, 호르몬

세포는 여러 종류의 신호를 다양한 방법으로 전달한다. 어떤 종류의 세포들은 직접 세포-세포 결합으로 신호를 전달하고, 다른 세포들은 근거리에 위치한 세포에만 영향을 미칠 수 있다. 동물에서 뉴런은 신경전달물질을 방출하는데 비해, 동물과 식물에서 특정 세포들은 호르몬이라고 불리는 신호전달 물질을 방출한다. 동물에서 호르몬들은 확산이나 순환계를 통해 표적세포로 이동된다.

동물 면역세포들은 직접 세포 접촉을 한다 (▮ **그림 6-3a**). **측분비(paracrine)**의 경우 신호전달 물질은 분비되어 세포간질을 통해 확산되어 근거리에 위치한 세포들에 작용한다. 성장인자와 히스타민, 프로스타글란딘, 일산화질소 등이 여기에 속한다. **성장인자(growth factor)**에는 현재까지 50여 종류가 알려져 있고, 전형적으로 펩티드들인데 특정 세포들의 분열과 분화를 촉진한다. **히스타민(histamine)**은 특정 면역세포에 저장되어 있다가 알레르기 반응이나 상처, 감염 시 방출된다. 히스타민은 혈관과 모세혈관을 확장시켜 투과성을 높인다.

**요점**

신호분자가 표적세포의 수용체에 결합하면, 신호전달이 시작되어 세포 내에서 반응을 일으킨다.

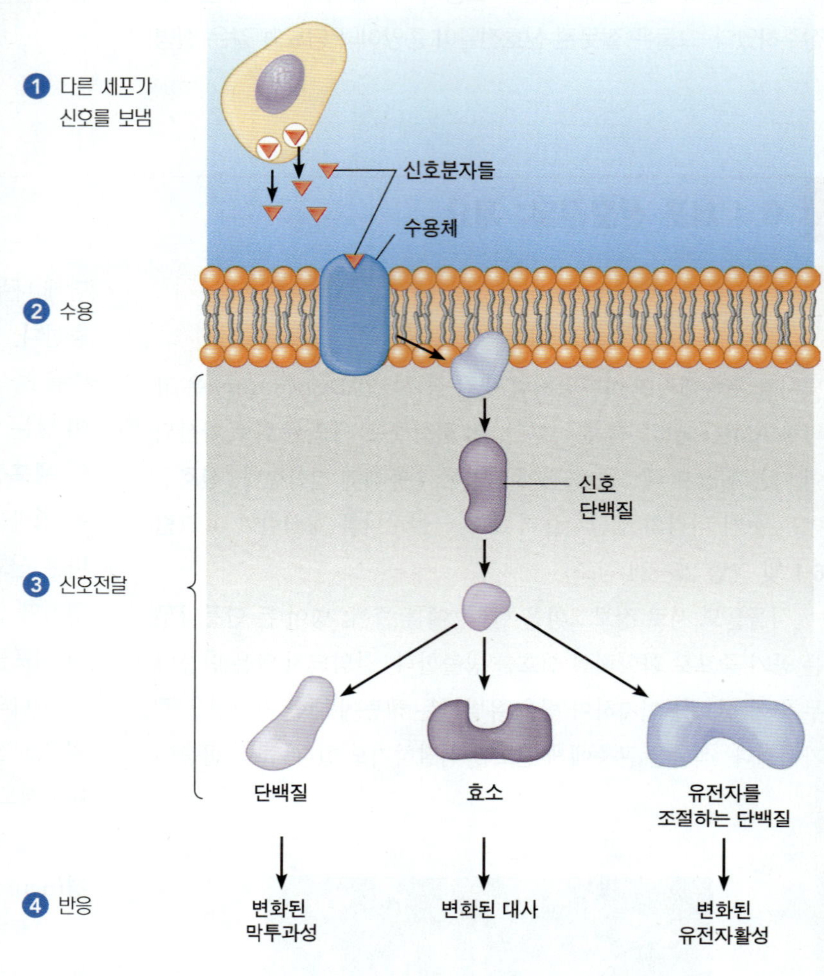


**그림 6-2 신호전달의 개요.**

**프로스타글란딘(prostaglandin)**은 cAMP 농도를 조절할 뿐만 아니라 다른 신호전달 물질들과 작용하여 대사 활동을 조절한다. 평활근을 표적으로 하는 프로스타글란딘의 경우 종류에 따라 혈관을 수축시키기도 하고 이완시키기도 한다.

**일산화질소(NO)**는 동물과 식물의 특정 세포에서 만들어지는 기체로 국소조절자로 작동한다. 혈관 내피세포에서 만들어진 일산화질소는 혈관 평활근세포를 이완시켜 결과적으로 혈압을 감소시킨다.

신경세포들은 전기적으로 신호를 전달하지만 일부 뉴런은 **신경전달물질(neurotransmitter)**을 방출하여 신호를 전달하기도 한다(▮ **그림 6-3c**). 신경전달물질은 **시냅스(synapse)**를 통해 확산되는데, 아세틸콜린, 에피네프린, 도파민 등을 포함하여 60여 종류 이상이 알려져 있다.

동물의 내분비 신호 물질은 내분비샘(endocrine gland)에서 분비되는 화학전달자인 호르몬(hormone)이다. 내분비샘은 별도의 수송관이 없기 때문에 세포를 둘러싼 세포간질액으로 방출된

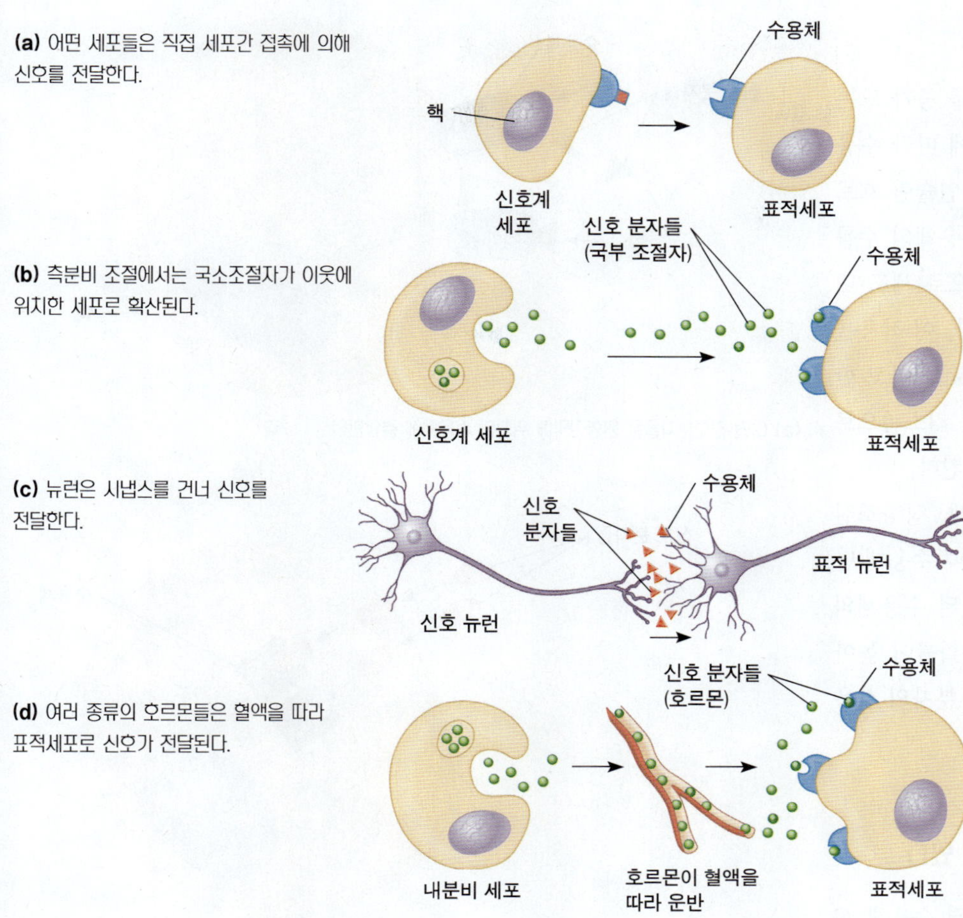


**그림 6-3 신호전달의 종류.**

여러 종류의 세포들은 다양한 방법으로 신호를 전달한다.

다. 이들 호르몬은 모세혈관으로 확산되고 혈액을 따라 표적세포로 수송된다 (**그림 6-3d**).

**복습**

- 국소조절자는 무엇인가?
- 신경전달물질은 무엇인가?
- 호르몬은 어떻게 표적세포로 전달되는가?

## 6.3 신호수용

**학습목표**

3 신호수용이 아주 특이적으로 일어나는 이유를 설명한다.

4 이온채널-연결 수용체와 G 단백질-연결 수용체, 효소-연결 수용체, 세포내 수용체를 비교할 수 있다.

다세포 생명체에서 세포 주위에는 수백 가지 서로 다른 신호물질들이 존재한다. 세포는 어떻게 특정 신호가 그 세포를 위한 것인지를 아는가? 정답은 각각의 세포는 특정한 신호를 받고 반응하도록 프로그램 되어 있다는 것이다. 그 프로그램에 따라 세포가 만드는 수용체는 특정 신호만을 받아들일 수 있다.

**수용체**(receptor)는 신호분자와 결합하는 큰 단백질이다. 수용체와 결합하는 신호분자를 **리간드**(ligand)라고 한다 (**그림 6-4a**). 대부분의 리간드는 친수성이므로 표적세포 표면에 위치한 수용체에 결합한다. 분자량이 작거나 소수성인 리간드는 세포 안으로 들어간 후 세포질에 위치한 수용체와 결합한다. (**그림 6-4b**). 리간드는 수용체에 결합한 후 수용체를 활성화 시킨다. 세포 표면에 위치한 수용체는 3가지 도메인(도메인은 단백질의 구조와 기능을 나누는 단위)으로 구성되어 있다. 세포 밖 도메인은 리간드가 결합하는 부위이고, 두 번째 도메인은 세포막을 관통하며, 세 번째 "꼬리" 도메인은 세포질을 향하고 있어서 세포 안으로 신호를 전달할 수 있다.

신호수용은 매우 선택적으로 일어나기 때문에 각각의 수용체는 독특한 모양을 하고 있다. 리간드-수용체 결합은 열쇠-자물쇠와 같이 특이적이며 수용체의 리간드 결합부위에 맞는 리간드만이 신호를 세포 안으로 전달할 수 있다.

세포의 종류에 따라 수용체의 종류도 달라진다. 또한 같은 세포라도 세포주기나 주위 환경에 따라 여러 종류의 수용체를 만들 수 있다. 특히, 같은 호르몬이라도 세포의 종류에 따라 일으키는 반응은 다르다.

호르몬과 같은 화학적 신호가 아닌 다른 신호에 반응하는 수용체들도 있다. 예를 들어, 시각세포에 있는 **로돕신**(rhodopsin)은 빛에 의해 활성화 된다. 식물이나 녹조류는 적색광에 반응하는 **피토크롬**(phytochrome)이라는 청록색 색소 단백질을 가지는데, 이 색소단백질이 활성화되면 개화를 촉진시킨다.

## 6.3.1 세포가 신호수용을 조절한다

세포가 신호를 조절하는 데는 수용체의 수를 증가 또는 감소시키는 방법이 유용하다. 세포의 필요에 따라 수용체 단백질이 합성 또는 분해된다. 한 예로 인슐린 호르몬의 농도가 너무 높으면 세포는 인슐린 수용체의 수를 감소시켜 호르몬 반응을 조절한다. 결과적으로 세포 내로 수송되는 인슐린 호르몬의 수가 감소한다. 이 작용을 수용체 하향조절(receptor down-regulation)이라고 한다. 많은 경우 세포 표면에 발현된 수용체를 리소좀으로 수송하여 분해함으로써 수용체 수를 감소시킨다.

호르몬 농도가 낮을 경우에는 수용체 상향조절(receptor up-regulation)이 일어난다. 이 때 수용체 단백질의 합성이 증가하여 세포 표면에 발현된 수용체의 수가 증가하면 호르몬이 수용체에 결합할 확률이 높아진다. 수용체 상향조절은 세포에 대한 신호 분자의 작용을 증폭시킨다.

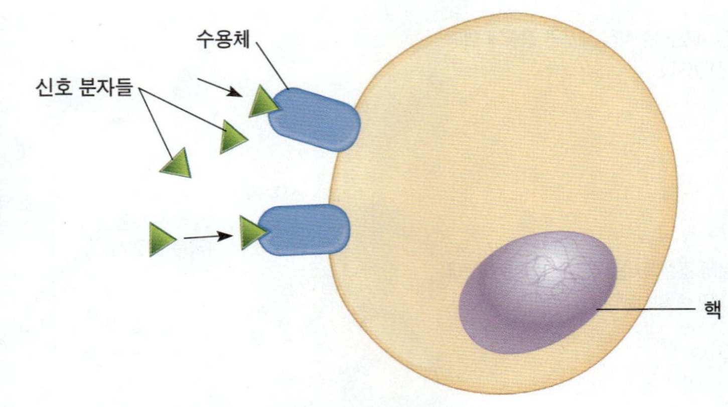

**(a)** 어떤 신호분자들은 원형질막에 위치한 수용체에 결합한다.

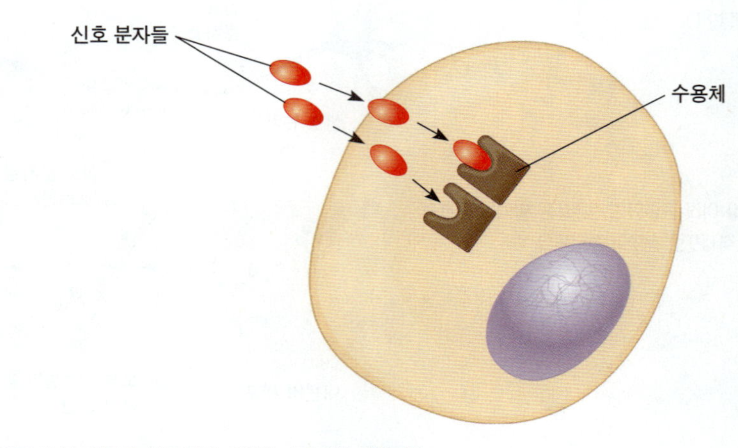

**(b)** 어떤 신호분자들은 세포 내에 위치한 수용체에 결합한다.

**그림 6-4 세포 표면과 세포 내에 위치한 수용체.**

## 6.3.2 세포 표면 수용체에는 3종류가 있다

세포 표면에 위치한 수용체는 이온채널-연결 수용체, G 단백질-연결 수용체, 효소-연결 수용체의 3종류로 나눌 수 있다. **이온채널-연결 수용체(ion-channel-linked receptor)**는 신경세포와 근육의 원형질막에 주로 분포하며 화학적 신호를 전기적 신호로 전환시킨다 (**그림 6-5**). 많은 경우에 수용체가 곧 채널이기도 한다.

이온채널-연결 수용체는 신호를 전달하는 리간드 분자의 결합에 의해 이온채널의 개폐가 이루어지기 때문에 **리간드-개폐형 채널(ligand-gated channel)**이라고도 한다. 수용체를 구성하는 단백질의 일부가 채널을 구성한다. 리간드가 결합하면 수용체는 입체구조가 변하여 이온채널의 개폐가 이루어진다. 일반적으로 수용체는 닫힌 상태로 유지되며, 리간드가 수용체에 결합하면 열린 상태가 된다. 신경전달물질인 아세틸콜린의 수용체는 리간드-개폐형 나트륨이온 채널이다. 세포 내로 나트륨 이온이 유입되면 막 전위의 탈분극에 의해 근육 수축이 일어난다.

**G 단백질-연결 수용체(G protein-linked receptor)**는 원형질막을 7번 관통하는 단백질이다. 막 관통부위는 알파-나선으로 구성되어 있다. G 단백질-연결 수용체는 세포내의 다양한 신호전달 경로와 연결되어 있다. 수용체의 바깥쪽은 리간드와 결합하고, 세포질을 향한 쪽은 **G 단백질**(이 단백질이 GTP와 결합하는 특성에 의해 붙여진 이름)과 결합한다. 리간드가 수용체에 결합하면 수용체의 입체형태에 변화가 일어나고 G 단백질이 활성화된다.

동물 세포 표면에 위치한 대부분의 수용체는 G 단백질-연결 수용체들이다. 현재까지 900여개의 G 단백질-연결 수용체들이 알려져 있고, 병원에서 처방되는 약들의 약 60%는 이들 수용체를 대상으로 하고 있다.

**효소-연결 수용체(enzyme-linked receptor)**는 직접 효소작용을 하거나 또는 효소와 결합되어 있다. 리간드는 세포막 밖에서 수용체에 결합하고 효소작용은 세포질 쪽에서 이루어진다. 수용체에 효소기능이 없는 경우, 수용체에는 효소에 대한 결합부위가 존재한다.

티로신 인산화효소 수용체(receptor tyrosine kinase)의 경우 아미노산 티로신에 대한 인산화 효소가 세포질 쪽에 위치해 있다.

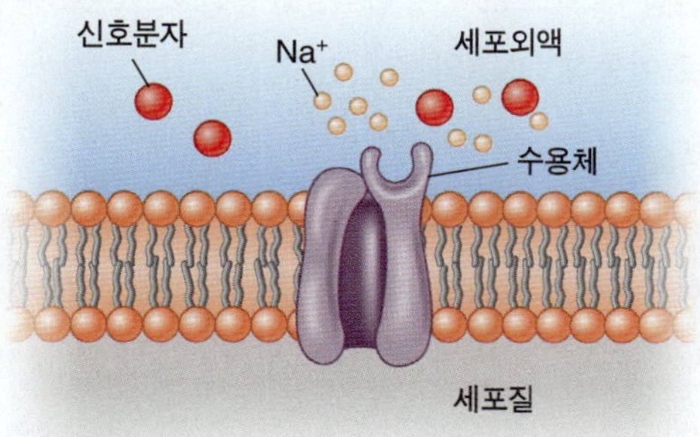


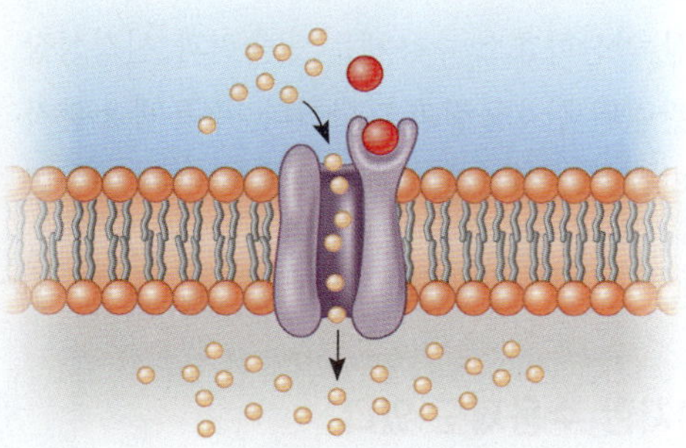

❶ 이온채널이 닫힌다.

❷ 신호분자(리간드)가 수용체에 결합하면 이온채널이 열린다. 나트륨 이온이 세포 내로 유입된다.

**(a) 이온채널-연결 수용체**

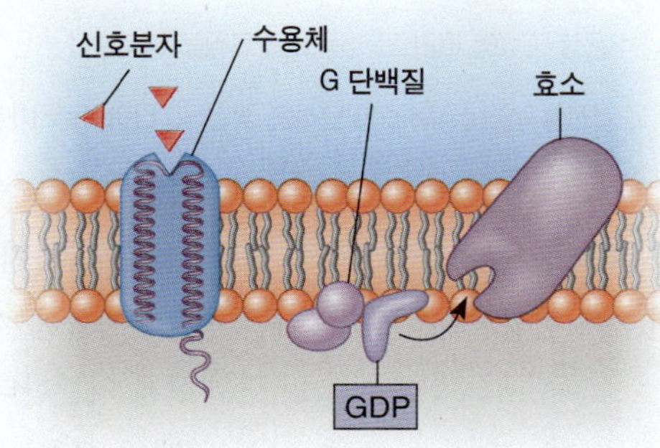


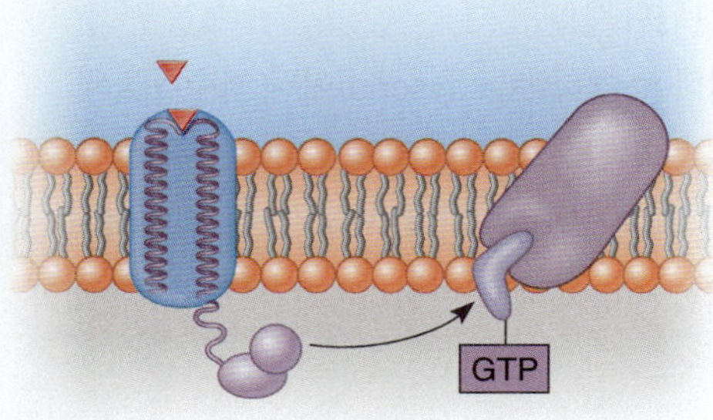


❶ 비활성 상태에서 G 단백질의 3가지 소단위체는 결합되어 있다.

❷ 신호분자(리간드)가 수용체에 결합하면 G 단백질이 수용체에서 분리된다. GDP는 방출되고 GTP와 교환된다. G 단백질 한 소단위체가 다른 2 단위체로부터 분리된다.

**(b) G 단백질-연결 수용체**

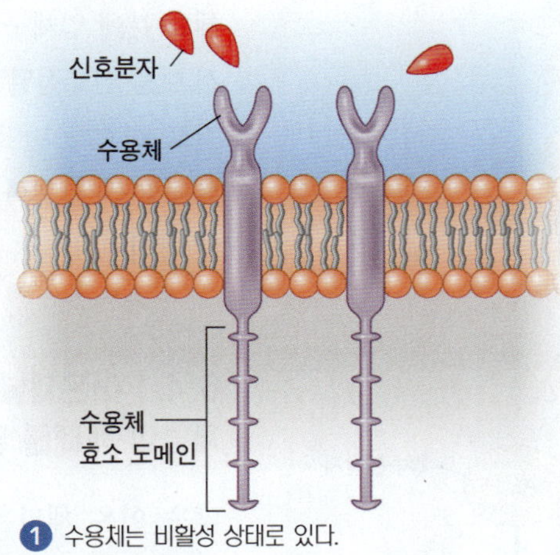


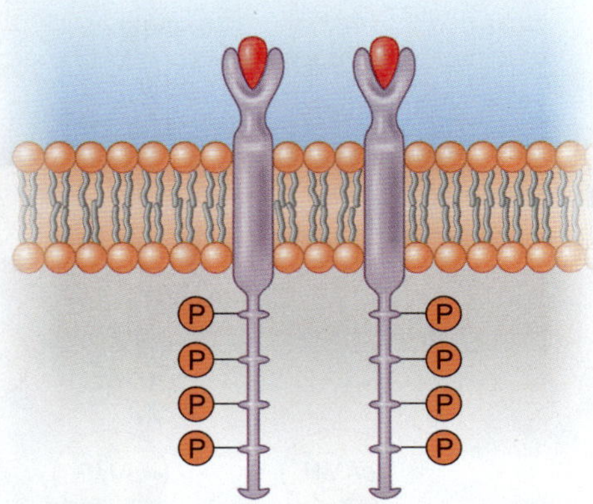


❶ 수용체는 비활성 상태로 있다.

❷ 신호분자(리간드)가 수용체에 결합하면, 수용체가 가지는 효소작용에 의해 특정 부위가 인산화된다. 인산기는 ATP에서 공급된다.

**(c) 효소-연결 수용체**

**그림 6-5** 3종류의 세포-표면 수용체.

이 효소는 세포내 신호전달에 관여하는 단백질의 티로신 잔기를 인산화 시킨다. 티로신 인산화효소 수용체는 인슐린과 신경성장인자 등 주로 성장에 관련된 신호물질과 결합한다. 수용체 2 분자가 복합체를 이루어 리간드와 결합하며 수용체는 서로를 인산화 시킨다(**그림 6-5c**).

### 6.3.3 세포내에 위치한 수용체도 있다

**세포내 수용체**(intracellular receptor)의 대부분은 **전사인자**(transcription factor)로서 유전자 발현을 조절한다. 이들 수용체의 리간드는 크기가 작고, 소수성 성질을 가지고 있으며 표적세포의 막을 통해 쉽게 확산된다.

곤충의 탈피에 관여하는 *엑디손*(ecdysone)이나 척추동물의 *코르티솔*이나 *성 호르몬* 등과 같은 분자들은 세포막을 통과하여 세포질에 위치한 수용체에 결합한다. 비타민 A, D와 일산화질소(NO)도 세포질에 위치한 수용체에 결합한다. 리간드는 수용체와 결합 후 핵으로 이동한다. *갑상선호르몬*도 운반체에 의해 핵 속으로 이동해 DNA와 결합한다.

**복습**

- 수용체는 어떤 신호 분자가 결합했는지를 어떻게 구별할까?
- 수용체 상향조절과 수용체 하향조절은 어떤 조건에서 일어나는가?
- 세포표면 수용체의 3종류는 각각 무엇인가?

## 6.4 신호전달

**학습목표**

5 수용체 종류에 따라 각 수용체의 특징을 비교한다.

6 2차전달자인 cAMP, 이노시톨 삼인산, 디아실글리세롤, 칼슘 이온 등을 통한 신호전달 과정을 추적할 수 있다.

많은 조절 분자들이 직접 세포막을 통과하지 않고도 세포 내로 신호를 전달할 수 있다. 이런 신호분자들은 세포막에 위치한 막단백질에 의존한다. 신호가 전달되면서 원래의 신호는 증폭이 된다. 신호전달 경로에 위치한 개별 단백질들은 신호전달 스위치로 작용하며 "on" 또는 "off" 상태를 유지한다. 일반적으로 리간드가 세포 표면에 위치한 수용체에 결합하면 세포질을 향한 수용체 부분에 입체구조의 변화가 일어나서 다음 신호전달 경로에 위치한 단백질로 신호가 전달된다. 수용체의 종류에 따라 활성화되는 신호전달 경로도 달라진다.

**요점**

cAMP가 원형질막에서 세포질에 있는 단백질까지 신호를 전달한다.

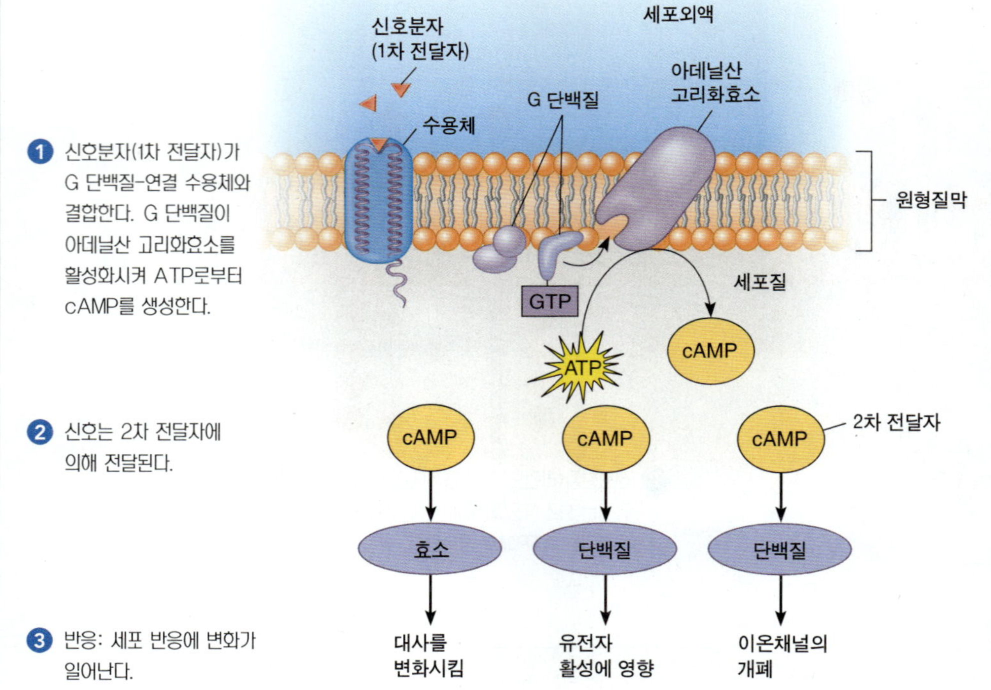

1 신호분자(1차 전달자)가 G 단백질-연결 수용체와 결합한다. G 단백질이 아데닐산 고리화효소를 활성화시켜 ATP로부터 cAMP를 생성한다.

2 신호는 2차 전달자에 의해 전달된다.

3 반응: 세포 반응에 변화가 일어난다.

**그림 6-6** 신호는 2차 전달자에 의해 전달된다.

### 6.4.1 이온채널-연결 수용체는 채널의 개폐를 담당한다

많은 이온 채널은 리간드가 수용체에 결합할 때까지 닫힌 상태를 유지한다. 신경전달물질인 아세틸콜린이 이온채널-연결 수용체인 아세틸콜린 수용체에 결합하면 채널이 열리고 나트륨 이온이 세포 내로 유입된다(그림 6-5a). 세포의 종류에 따라서 나트륨

이온의 유입은 신경충격의 전달이나 근육수축을 일으킨다.

**감마-아미노부틸산(gamma-aminobutyric acid, GABA)**는 신경전달물질로서 뉴런에 위치한 리간드-개폐형 염소 이온채널에 결합한다. GABA가 수용체에 결합하면 채널이 열리고 염소 이온이 유입된다. 뉴런 내 염소 이온은 막전위를 변화(증가)시켜 신경충격의 전달을 억제한다.

## 6.4.2 G 단백질-연결 수용체는 신호전달을 개시한다

G 단백질-연결 수용체는 신호전달에서 중요한 조절 단백질인 G 단백질을 활성화시킨다. 이 수용체 단백질은 효모와, 원생생물, 식물, 동물에서 호르몬 신호의 전달을 담당한다. G 단백질은 3가지 소단위체로 구성되어 있고, 비활성 상태에서 첫째, 소단위체는 **GDP** 분자와 결합되어 있다. 리간드가 수용체에 결합하면 GDP는 방출되고 **GTP**가 G 단백질에 결합한다. GTP가 결합된 G 단백질 소단위체는 다른 2가지 소단위체들로부터 분리된다. G 단백질은 GTPase 기능을 가지고 있어서 신호전달 후 GTP를 GDP로 분해한다. 이때 에너지가 방출되면서 G 단백질을 비활성화시킨다. 비활성 상태에서 G 단백질의 3가지 소단위체는 다시 결합한다.

일반적으로 리간드를 **1차 전달자(first messenger)**라 하고, G 단백질에 의해 전달되는 세포 내 신호정보를 2차 전달자라고 한다.

**요점**

cAMP가 원형질막에서 세포질에 있는 단백질까지 신호를 전달한다.

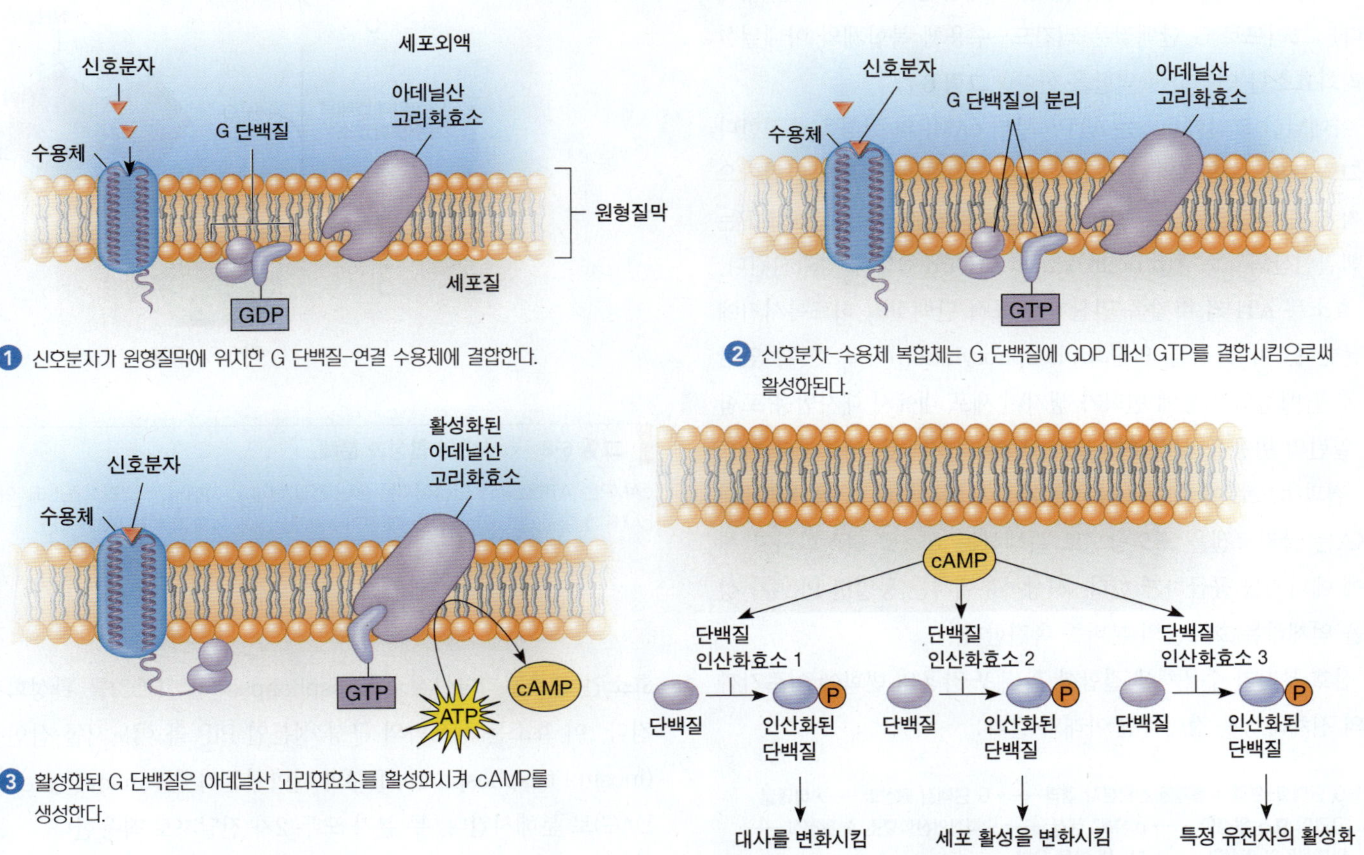


**그림 6-7** G 단백질과 cAMP에 의한 신호전달 과정.

### 6.4.3 2차 전달자는 세포내 신호인자들이다

**2차 전달자**(second messenger)는 이온이나 작은 분자들로서 세포 내로 신호를 전달한다. 또한 수용체가 활성화되면 많은 양의 2차 전달자가 생성되어 신호를 증폭시킨다. 2차 전달자는 세포 내로(또는 세포막으로) 빠르게 확산되어 신호를 전달한다. 2차 전달자는 효소는 아니지만 단백질인산화효소(protein kinase)와 같은 효소의 작용을 조절한다. 어떤 2차 전달자는 이온채널의 개폐를 조절하기도 한다.

#### (1) cAMP는 2차 전달자다

대부분의 G 단백질은 수용체와 2차 전달자 사이를 왕복한다. 원핵생물과 동물세포의 신호전달경로에서 2차 전달자로 **cAMP**가 널리 사용된다(▮ **그림 6-6**). G 단백질의 입체구조에 변화가 일어나면 세포막에 안쪽에 위치한 **아데닐산 고리화효소**(adenylyl cyclase)에 결합하여 이 효소를 활성화시킨다. 아데닐산 고리화효소를 활성화시키는 G 단백질은 Gs이다 (Gi는 아데닐산 고리화효소를 억제한다). 그러므로 G 단백질은 리간드-수용체 복합체와 아데닐살 고리화효소를 연결하는 역할을 한다(▮ **그림 6-7**).

아데닐산 고리화효소는 ATP로부터 cAMP의 생성을 촉진한다(▮ **그림 6-8**). 수용체와 2차 전달자를 생성하는 효소를 연결함으로써 G 단백질은 신호분자의 효과를 증폭시키게 한다. cAMP는 단백질인산화효소 A(protein kinase A; PKA)를 활성화시킨다. 이 효소는 ATP의 바깥쪽 인산기를 표적 단백질의 히드록시기에 전달한다. 이 과정을 *인산화*(phosphorylation)라고 한다. 인산화 후 단백질의 기능에 변화가 생기며 세포 내에서 대사반응 포함한 일련의 반응을 시작하게 된다. PKA의 기질은 세포마다 다르다. 결과적으로 이 효소의 작용은 기질에 의존한다. 근육세포에서 PKA는 글리코겐을 포도당으로 분해하는 효소를 활성화시켜 세포에 에너지를 공급하게 한다. 시상하부에서는 동일한 PKA가 성장을 억제하는 호르몬의 분비를 촉진한다.

신호 분자가 수용체에 결합한 후 세포 작용의 변화에 이르기까지의 전체과정을 정리하면 아래와 같다:

**G 단백질-연결 수용체에 신호분자 결합 ⟶ G 단백질 활성화 ⟶ 아데닐 고리화 효소 활성화 ⟶ cAMP 생성 ⟶ 단백질인산화효소 A 활성화 ⟶ 단백질들의 인산화 ⟶ 세포 내 반응 유발**

#### (2) 일부 G 단백질은 인지질을 2차 전달자로 사용한다

특정 신호분자-수용체 복합체는 G 단백질과 세포막에 위치한 효소인 포스포리파아제 C(phospholipase C; PLC)를 활성화시킨다. 이 효소는 세포막의 구성 성분인 $PIP_2$를 이노시톨 삼인산(inositol trisphosphate, $IP_3$)과 디아실글리세롤(diacylglycerol, DAG)로 분해시킨다. 두 분자 모두 2차 전달자로 작용한다.

DAG는 세포막에 머무르면서 칼슘 이온과 같이 단백질인산화효소 C(PKC)를 작동시킨다. 이 효소는 다양한 표적 단백질을 인산화한다. 세포의 종류와 작용하는 PKC에 따라 다르지만, 세포의 성장과 pH 변화, 이온 채널의 조절 등이 이루어진다.

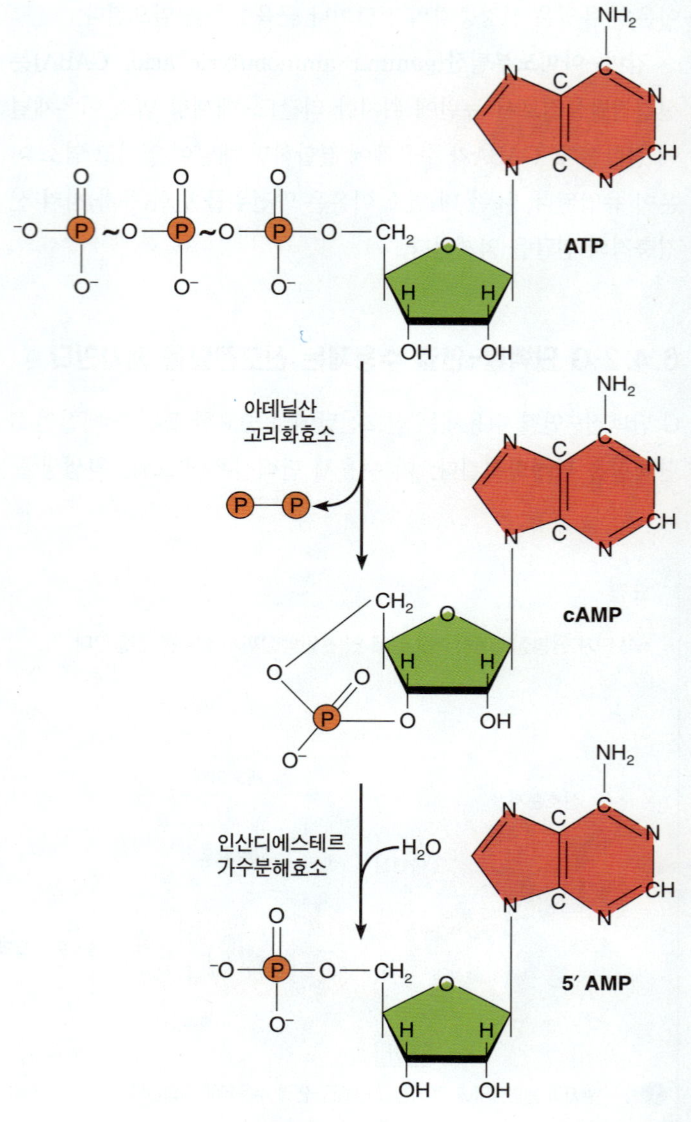


**그림 6-8 cAMP의 합성과 분해.**
cAMP는 ATP로부터 만들어지는 2차 전달자이다. 아데닐산 고리화효소에 의해 cAMP가 합성되고, 인산디에스테르 가수분해효소에 의해 AMP로 분해된다.

**요점**

포스포리파아제는 인지질인 $PIP_2$를 분해하여 2차 전달자인 DAG(디아실글리세롤)와 $IP_3$(이노시톨-3인산)를 생성한다.

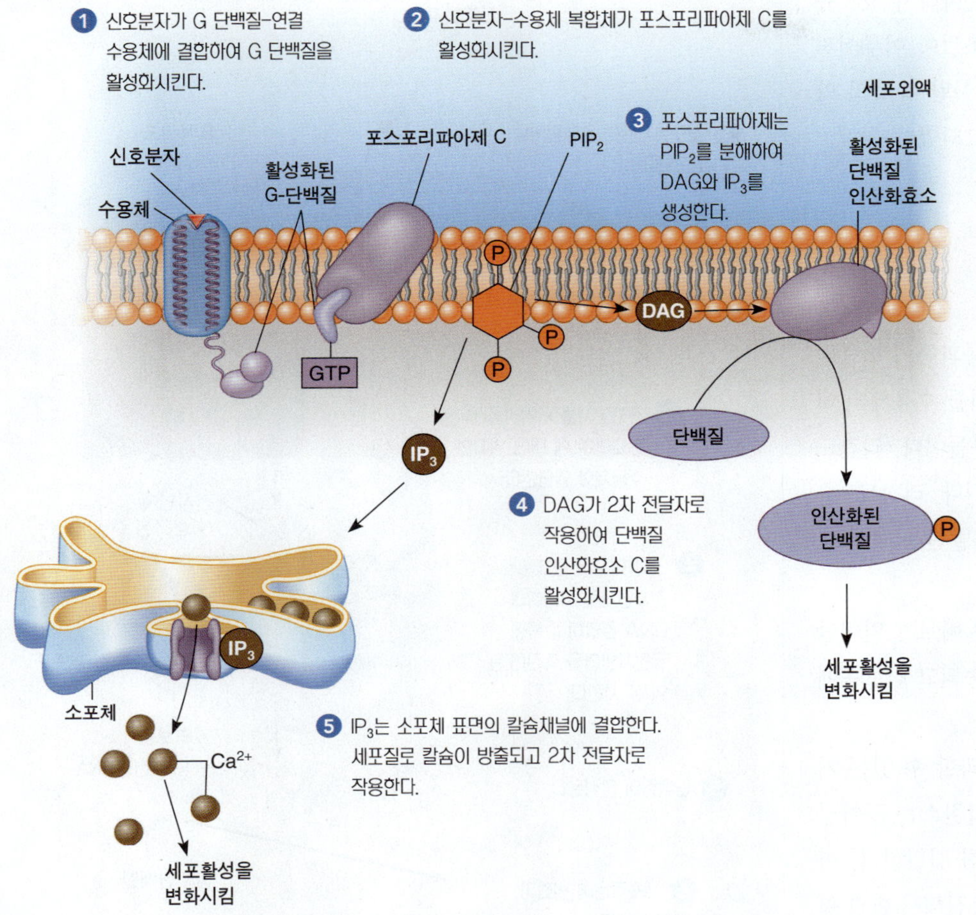

1. 신호분자가 G 단백질-연결 수용체에 결합하여 G 단백질을 활성화시킨다.
2. 신호분자-수용체 복합체가 포스포리파아제 C를 활성화시킨다.
3. 포스포리파아제는 $PIP_2$를 분해하여 DAG와 $IP_3$를 생성한다.
4. DAG가 2차 전달자로 작용하여 단백질 인산화효소 C를 활성화시킨다.
5. $IP_3$는 소포체 표면의 칼슘채널에 결합한다. 세포질로 칼슘이 방출되고 2차 전달자로 작용한다.

**그림 6-9** 2차 전달자로 작용하는 인지질 생성물들.

### (3) 칼슘 이온은 중요한 전달자이다

칼슘 이온($Ca^{2+}$)은 미세소관 분해와 근육 수축, 혈액 응고, 면역세포의 활성 등 다양한 세포 활동에 중요한 역할을 한다. 이외에도 $Ca^{2+}$은 학습과 관련된 신경 신호전달 뿐 만 아니라 정자와 난자의 수정과 발생의 개시에 필수적이다.

세포는 세포막의 이온펌프 기구에 의해 세포질의 $Ca^{2+}$농도가 세포밖에 비해 아주 낮게 유지한다. $Ca^{2+}$은 세포질의 소포체에도 저장된다. 세포막과 소포체막의 $Ca^{2+}$통로가 개방되면 세포질의 $Ca^{2+}$농도가 증가한다.

칼슘 이온은 일반적으로 특정한 단백질에 결합하여 작용한다. 모든 진핵세포에서 발견되는 **칼모듈린(calmodulin)**이라는 단백질은 4 분자의 칼슘 이온과 결합하며, 칼슘이 결합하면 칼모듈린의 입체구조에 변화가 일어난다. 칼모듈린은 단백질인산화효소와 단백질인산가수분해효소(protein phosphatase)를 포함한 여러 종류의 단백질에 작용하여 그 단백질들의 기능을 변화시킨다. 각각의 세포들에 발현된 칼모듈린 단백질의 종류에 따라 세포의 기능도 달라진다.

$IP_3$는 소포체 막에 위치한 칼슘 채널에 결합하여 소포체 강(lumen)에 저장되어 있는 칼슘 이온을 세포질로 방출시킨다.

위의 과정을 정리하면 아래와 같다:

**G 단백질-연결 수용체에 신호분자 결합 ⟶ G 단백질 활성화 ⟶ PLC 활성화 ⟶ $PIP_2$의 분해 ⟶ $IP_3$ + DAG 생성**

**DAG ⟶ 단백질인산화효소 활성화 ⟶ 단백질들을 인산화 ⟶ 세포 내 일부 반응 유발**

**$IP_3$ ⟶ 소포체의 칼슘채널에 결합 ⟶ 세포질로 칼슘 이온 방출 ⟶ 세포 내 일부 반응 유발**

## 6.4.4 효소-연결 수용체는 직접적으로 작용한다

대부분의 효소-연결 수용체는 티로신인산화효소이므로 단백질의 티로신 잔기를 인산화시킨다 (그림 6-5c). 성장호르몬이 효소-연결 수용체에 결합하면 IP3와 Ras를 포함한 여러 가지 신호전달 경로가 활성화 된다.

**Ras 단백질**은 small G 단백질로서 GTP가 결합하면 활성화된다. Ras는 주로 티로신 인산화 경로를 통해 여러 단백질을 인산화시킴으로써 신호를 전달한다. Ras 신호경로에서 중요한 역할을 하는 단백질은 **MAP(mitogen-activated protein)인산화효소**이다. 이 효소는 전사인자 복합체를 형성하는 핵단백질과 유전자

발현을 조절하는 단백질 등을 인산화시킨다. 특정 유전자가 활성화되면, 세포 성장, 분열, 분화에 관여하는 단백질이 만들어진다. MAP인산화효소는 세포의 분열과 분화 신호조절에서 중심에 위치해 있다. 따라서 *Ras* 유전자의 돌연변이에 의해 세포 분열의 조절이 이루어지지 않는 경우 종양발생으로 이어진다. 사람 종양의 약 30%에서 *Ras* 유전자의 돌연변이가 보고되었다.

### 6.4.5 활성화된 세포 내 수용체는 전사인자들이다

소수성 신호분자들은 표적세포의 막을 통과하여 세포질이나 핵에 위치한 수용체에 결합한다. 이들 수용체의 대부분은 유전자발현을 조절하는 전사인자들이다. 리간드가 수용체에 결합하면 수용체가 활성화된다. 리간드-수용체 복합체는 DNA에 결합하여 유전자발현을 개시 또는 억제한다(**그림 6-10**).

유전자 전사는 대략 30분 이내로 매우 빠르게 일어난다. 전령 RNA가 합성되어 세포질로 수송되고 리보솜에서 새로운 단백질 합성이 이루어진다.

일산화질소도 세포막을 자유롭게 통과할 수 있는 기체 신호분자이다. 많은 세포에서 일산화질소는 구아닐산 고리화효소(guanylyl cyclase)에 직접 결합한다. 이 효소는 고리형 GMP(cGMP)의 분해를 촉진해서 혈관 평활근 세포가 이완되게 한다. 평활근이 이완되면 혈관은 확장되고 혈압은 감소한다.

성적으로 흥분되면 남성 성기의 뉴런에서 일산화질소가 만들어져서 해면체 혈관 평활근세포가 이완된다. 혈관이 확장되면 발기 조직으로 혈액이 몰려서 남성 성기의 발기가 이루어진다. 비아그라(Viagra)는 cGMP를 분해하는 효소를 억제하는 약이다. 결과적으로 cGMP 분해가 지연되므로 발기상태가 오래 유지된다.

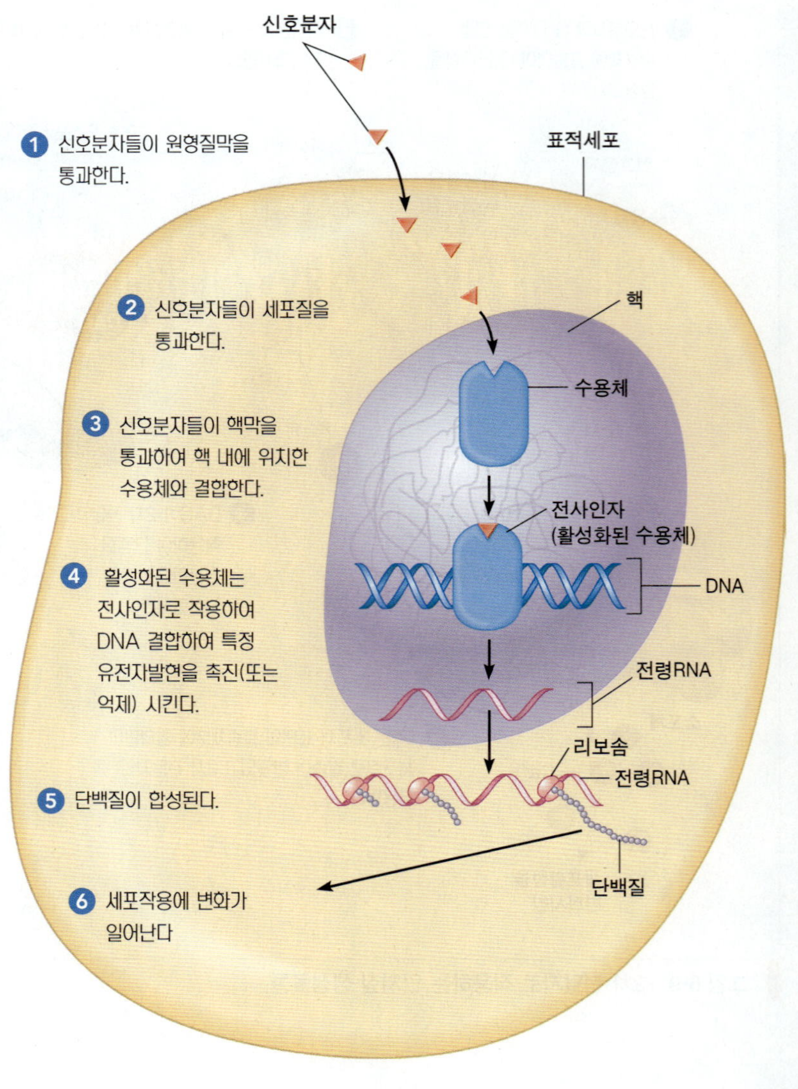


**그림 6-10** 2차 전달자로 작용하는 인지질 생성물들.

### 6.4.6 스캐폴딩 단백질은 신호전달의 효율을 증가시킨다

신호전달의 특징은 아주 빠르고 정확하다. 효소들은 신호전달이 필요할 때 마다 이용할 수 있도록 잘 정렬되어 있어야만 한다. **스캐폴딩(Scaffolding)** 단백질이 신호전달에 관여하는 여러 단백질들을 조직화하는 역할을 한다(**그림 6-11**). 스캐폴딩 단백질에 의해서 효소는 기질에 가까이 위치하며 또 효소가 다른 신호전달 경로에 의해 사용되는 것도 방지된다. 예를 들어, 세포에는 여러 종류의 인산화효소와 인산가수분해효소들이 있는데 스캐폴딩 단백질은 인산화효소와 인산가수분해효소 각각을 붙들고 있어서 이들 효소들이 잘못 작용하는 것을 방지한다. 그래서 스캐폴딩 단백질은 신호전달이 정확하고, 빠르고, 효율적으로 전달되게 한다. 효모와 포유동물 세포에서 유사한 스캐폴딩 단백질이 MAP 인산화효소 경로에 관여하는 인산화효소와 결합함이 보고되었다.

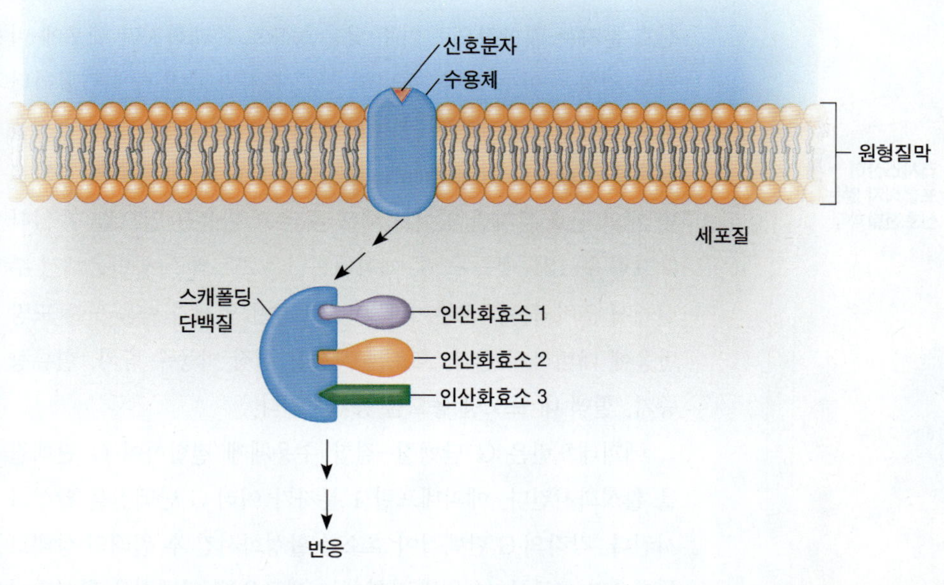


**그림 6-11 스캐폴딩 단백질.**

스캐폴딩 단백질은 신호전달에 관여하는 여러 단백질의 복합체를 형성하여 신호전달이 효율적으로 일어나게 한다.

**복습**

- 어떻게 세포 외부의 신호가 세포 내부의 신호로 바뀌는가? 예를 들어보라.
- cAMP와 DAG는 각각 어떻게 작용하는가?
- 스캐폴딩 단백질의 기능은 무엇인가?

## 6.5 신호에 대한 반응

**학습목표**

7 세포가 신호를 받았을 때 나타내는 반응 3가지를 설명한다.

8 신호증폭과 신호종결의 차이점을 설명한다.

신호분자에 대한 세포의 반응은 다음의 3가지로 나누어진다. 즉, 이온 채널의 개폐; 효소 활성의 변화와 이에 따른 세포 내 대사반응, 유전자 발현의 개시 또는 억제; 세포 반응의 결과로 세포의 형태, 성장, 분열, 분화가 영향을 받게 된다.

동물의 뉴런은 신경전달물질을 분비해서 다른 뉴런이나 근육세포의 작용을 촉진시키거나 또는 억제한다. 예로 아세틸콜린이 뉴런 세포 표면에 위치한 수용체에 결합하면 이온 채널이 개방되어 나트륨과 칼륨 이온이 통과한다. 이온 투과성의 변화로 인해 신경 충격이 전달되게 된다. 세로토닌(serotonin)의 경우는 G 단백질과 cAMP를 통해 간접적으로 작용한다. 이 경우, cAMP는 인산화효소를 활성화시켜 단백질을 인산화시키고 이 단백질에 의해 다시 이온 채널이 닫히게 된다. 이 결과로 신경충격의 전달이 이루어진다.

효소 작용은 수용체에 의해 직접 조절되기도 하지만, 수용체 신호전달의 결과로 다른 단백질에 의해 영향을 받기도 한다. 박테리아는 인체를 감염시킬 때 어떤 펩티드를 방출한다. 백혈구의 일종인 호중성구(neutrophil)는 이 펩티드를 인식하는 수용체를 세포 표면에 가지고 있다. 펩티드가 수용체에 결합하면 효소 활성이 일어나고 미세섬유와 미세소관의 합성이 이루어진다. 미세섬유의 수축에 의해 세포는 침입한 박테리아 쪽으로 이동한다. 미세소관과 미오신을 비롯한 수축에 필요한 여러 단백질이 이동에 관여한다.

신호분자는 유전자발현을 조절하기도 한다. Ras는 세포의 성장과 분열에 필요한 단백질의 유전자발현을 일으킨다. 식물과 동물에서 스테로이드 호르몬은 유전자발현에 영향을 주어 발생을 조절한다. 스테로이드 호르몬은 동물세포에서 핵 수용체에 결합하는 반면에 식물세포에서는 세포 표면에 위치한 수용체에 결합한다. 신호는 하위단계로 전달되어 유전자발현을 조절한다.

애기장대(*Arabidopsis thaliana*)에서 가뭄 상태는 삼투 스트레스를 유발하고, 그 결과에 의한 삼투압의 변화가 신호 분자로 작용한다(**그림 6-12**). 이 신호 분자의 수용체는 G 단백질-연결 수

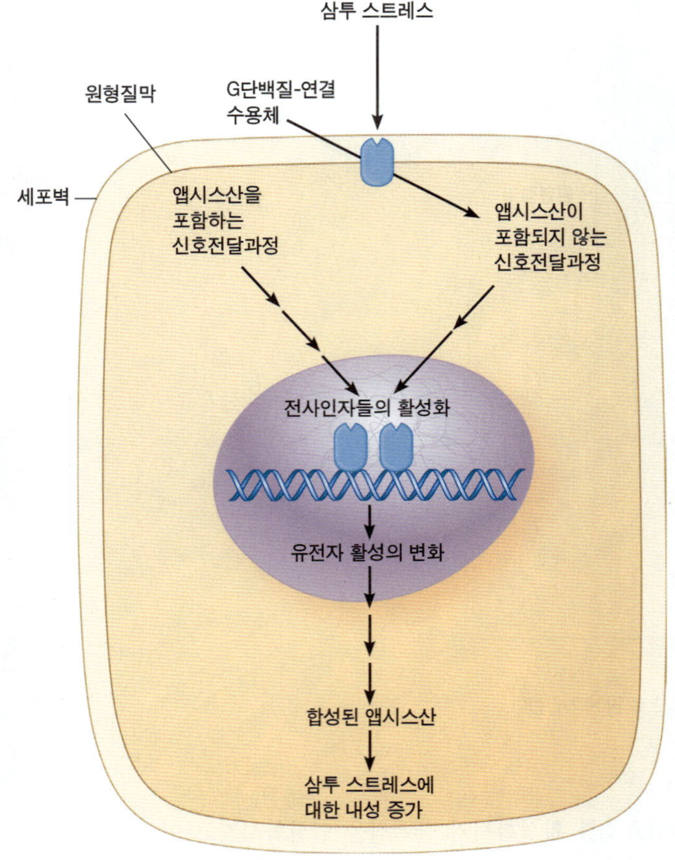


**그림 6-12** 식물세포에서 삼투 스트레스에 대한 반응.

식물세포에서의 신호전달계에 대한 것은 이제 밝혀지기 시작하고 있다. 삼투 스트레스에 의한 수용체 활성화가 어떻게 이루어지는 가는 아직 잘 알려져 있지 않다. 여러 신호전달 경로에 의해 유전자 활성의 변화를 가져오며, 이러한 작용의 결과 식물은 삼투 스트레스에 대한 저항성을 가지게 된다. 앱시스산의 합성이 2가지 신호전달 경로에 의해 일어남을 주목하라. 확실한 것은 그것이 합성된 이후에 하나의 신호물질로 작용한다는 것이다.

용체이다. 4가지 신호전달 경로가 알려져 있으며 신호전달에 의해 유전자발현과 삼투압에 대한 저항성이 커진다.

그 중 한 경로는 MAP인산화효소를 포함하고 다른 2가지 경로는 식물 호르몬인 **앱시스산(abscisic acid)**를 포함한다. 가뭄 상황에서 식물은 잎에 앱시스산의 농도를 증가시키도록 유전자발현을 일으킨다. 앱시스산은 이온 채널에 영향을 미쳐서 식물 세포가 물을 방출하는 기공의 크기를 줄여 탈수현상을 방지한다. 이 경로를 더 자세히 알게 되면 앱시스산의 농도를 증가시켜 가뭄에 더 잘 견딜 수 방법을 찾을 수 있을 것이다.

## 6.5.1 신호에 대한 반응은 증폭된다

신호 분자는 일반적으로 아주 낮은 농도로 존재하지만 세포에 미치는 영향은 아주 크다. 하나의 신호 분자가 수용체에 결합하더라도 최종적으로는 수백 만 분자에 영향을 줄 수 있다. 이 과정을 **신호증폭(signal amplification)**이라고 한다. 신호증폭의 결과로 몇 개의 신호 분자만 있어도 세포 내 주요 반응을 일으킬 수 있다(**그림 6-13**). 예를 들면, 에피네프린은 스트레스에 반응해서 부신에서 분비되는 호르몬이다. 이 호르몬은 인체가 싸움 또는 도망 반응에 대비하게 한다. 호르몬 작용은 심장 박동수 증가, 혈류량 증가, 혈액 내 포도당 농도를 증가시킨다.

에피네프린은 G 단백질-결합 수용체에 결합하여 G 단백질을 활성화시킨다. 에피네프린 1 분자가 여러 G 단백질을 활성화시킨다. 각각의 G 단백질이 효소를 활성화시킨 후 원래의 상태로 돌아오면 호르몬-수용체 복합체는 새로운 G 단백질을 활성화시킬 수 있다.

각각의 G 단백질은 아데닐산 고리화효소 분자를 활성화시키고, 효소작용에 의해 많은 cAMP 분자가 생성된다. 각각 cAMP 분자는 단백질인산화효소를 인산화시키고, 단백질인산화효소는 다시 다른 단백질을 인산화시킨다. 그러므로 신호증폭 과정은 세포내 신호 분자와 효소, 다른 단백질로의 신호전달 과정으로 구성되어 있다.

## 6.5.2 신호는 종결되어야 한다

신호전달이 끝나면, 신호는 종결되어야 한다. 이 과정에서 수용체와 신호전달에 관여했던 단백질들은 원래의 비활성 상태로 전환된다. 신호전달 경로에 위치한 각각의 단백질은 이제 새로운 신호를 전달할 준비가 되어 있다. G 단백질의 경우, 신호 종결은 G 단백질 소단위체가 가진 GTPase 효소 기능에 의해 GTP가 GDP로 가수분해 되어 이루어진다.

cAMP 경로에서 cAMP 농도 증가는 순간적이다. cAMP는 **포스포디에스트라아제(phosphodiesterase)**효소에 의해 신속히 ADP로 분해된다. 그래서 cAMP의 농도는 cAMP를 생성하는 아데닐산 고리화효소와 cAMP를 분해하는 포스포디에스트라아제의 농도에 의존한다. 단백질 인산화도 유사해서 인산화효소는 단백질을 인산화함으로서 활성화 시키는 반면에 인산가수분해효소는 인산기를 제거하여 비활성화 시킨다.

신호 종결이 제대로 이루어지지 않으면 질병을 유발한다. 예를 들면, 콜레라 균은 작은창자의 표피세포에 위치한 G 단백질을 활성화 시킨다. 콜레라 독은 G 단백질의 구조를 화학적으로 변형하여 G 단백질이 항상 활성화 된 상태를 유지하게 한다. 결과적으로 G 단백질은 아데닐산 고리화효소를 활성화시켜 cAMP를 계속 생성한다. 많은 염소 이온들이 작은창자 안으로 방출 되고 물분자와 다른 이온도 방출되어 설사와 탈수증상을 일으킨다. 치료방법은 잃어버린 물과 이온을 보충하는 것이다.

**복습**

- 신호에 대한 세포의 반응은 어떤 것들이 있는가?
- 세포는 어떻게 신호를 증폭하는가?
- 신호종결은 무엇인가?

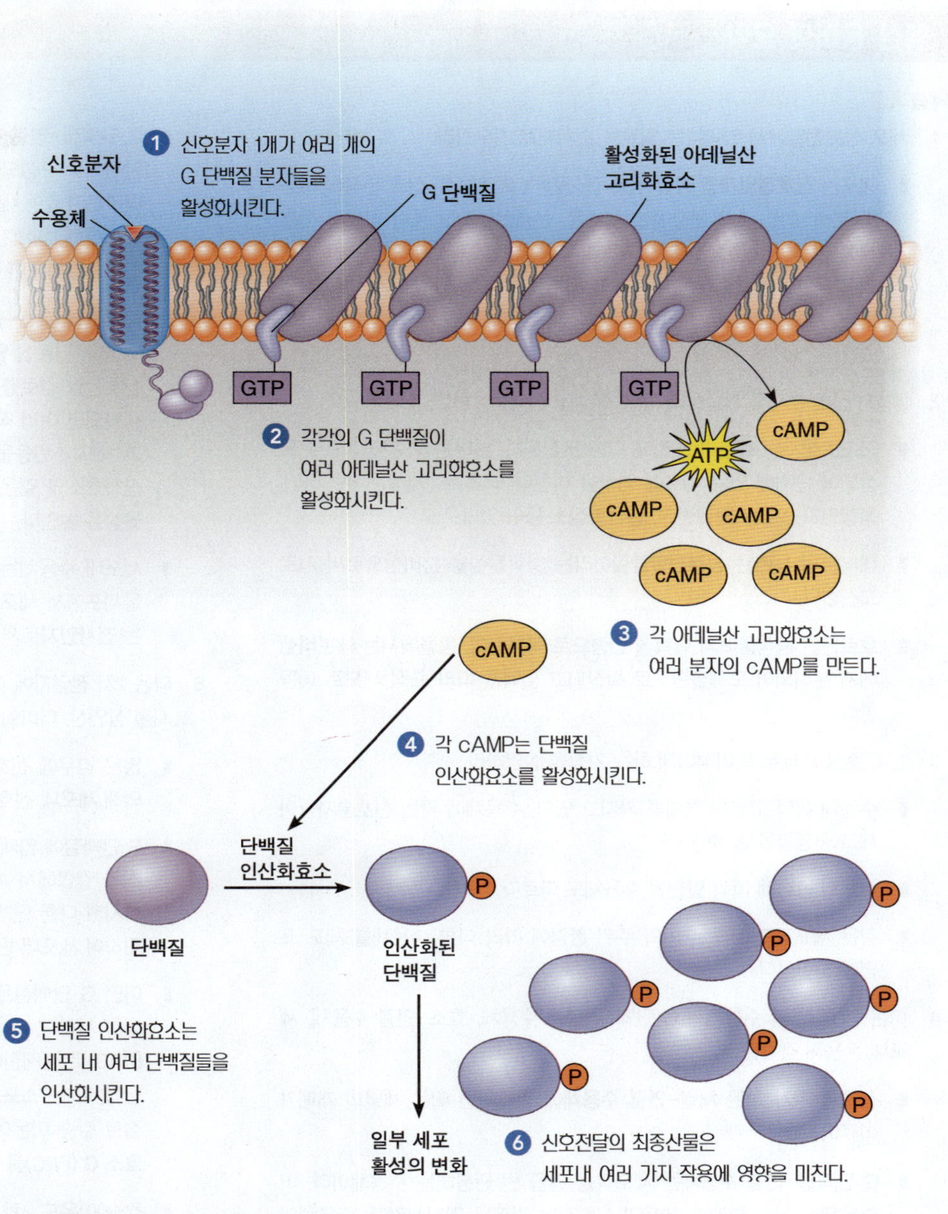

## 6.6 세포 의사소통의 진화

**학습목표**

9 세포 신호분자들의 진화를 뒷받침하는 증거들을 인용할 수 있다.

유사한 신호전달 분자와 수용체 세포내 단백질들이 원생생물과 곰팡이를 포함해서 식물과 동물의 신호전달경로에 존재한다. 예를 들면, G 단백질-연결 수용체와 그 신호전달 경로는 효모와 원생생물, 식물, 동물에서 모두 발견되었다. 질병을 유발하는 박테리아도 진핵세포에서와 같은 신호전달경로를 사용한다. 또한 박테리아의 신호전달 물질이 침입한 세포의 신호전달 경로를 교란시킴도 보고되었다.

신호분자
수용체
1 신호분자 1개가 여러 개의 G 단백질 분자들을 활성화시킨다.
G 단백질
활성화된 아데닐산 고리화효소
GTP GTP GTP GTP
2 각각의 G 단백질이 여러 아데닐산 고리화효소를 활성화시킨다.
ATP
cAMP
3 각 아데닐산 고리화효소는 여러 분자의 cAMP를 만든다.
4 각 cAMP는 단백질 인산화효소를 활성화시킨다.
단백질 인산화효소
단백질
인산화된 단백질
P
5 단백질 인산화효소는 세포 내 여러 단백질들을 인산화시킨다.
일부 세포 활성의 변화
6 신호전달의 최종산물은 세포내 여러 가지 작용에 영향을 미친다.

**그림 6-13 신호의 증폭**

처음의 신호는 세포 내부에서 여러 번 증폭되어 반응의 크기를 증가시킨다.

신호전달의 유사성은 세포신호에 사용되는 분자와 기작이 아주 오래되었다는 것을 의미한다. 세포신호는 원핵세포에서 시작되어 시간이 지남에 따라 계속 진화해 왔다. 그렇지만 전혀 변화하지 않은 것도 있다. 효모와 동물에 존재하는 어떤 신호전달 경로는 아주 유사한 경우도 많다. 세포의 생존에 필요한 신호전달 경로는 진화가 일어나는 것을 제한하였으며 그 이유는 진화의 결과 덜 효과적이었기 때문이다. 그래서 신호전달 경로는 수백 만년의 진화와 자연선택을 모두 거쳐왔다. 세포생물학자들은 서로 다른 계(kingdom)와 영역(domain) 사이에서 세포들이 사용하는 신호전달의 많은 방법과 유사성을 이해하기 시작했다. 이 장에 소개된 신호전달의 과정은 아주 단순하게 기술되었다. 세포들이 어떻게 서로 "대화"하는지에 대해서는 여전히 배울 것이 많이 남아있다.

## 핵심 용어와 요약

### 학습목표

1 세포 신호전달에서 일어나는 일들을 순서대로 기술하라.

- 세포는 **신호전달계**를 통해 서로 교신한다. 이에는 (1) 신호 분자의 합성과 분비, 이동. 신호분자에는 호르몬, 신경전달물질 등이 있으며 수용체에 결합하는 물질을 **리간드**라고 부른다; (2) **표적 세포**에 의한 신호의 수용; (3) **신호전달**은 수용체가 외부 신호를 세포 내에서 변화를 일으키는 내부 신호로 전환시키는 과정이다; (4) **세포**에 의한 반응 등이 있다.

2 3가지 신호 분자를 기술하라: 국소조절자, 신경전달물질, 호르몬

- 국소조절자는 **측분비 조절**에 의해 조절된다. 분비된 후 간질액으로 확산되어 근처에 있는 세포에 영향을 미친다. 국소조절자에는 히스타민, 성장인자, **프로스타글란딘**, **일산화질소** 등이 있다.
- 대부분의 **뉴런**은 **신경전달물질**이라는 화학물질을 분비함으로써 서로 교신한다.
- **호르몬**은 동식물에서 화학적 전령으로 작용한다. 동물에서는 **내분비샘**에서 분비되어 모세혈관으로 확산되고 혈액을 따라 표적 세포로 이동한다.

3 신호 수용이 매우 특이적이게 하는 기작을 설명하라.

- 수용체 마다 고유의 형태를 가지고 있다. 수용체에 맞는 신호분자만이 세포에 영향을 줄 수 있다.
- 세포의 종류에 따라 발현된 수용체도 다르다.
- 같은 세포라도 세포 주기와 주위 환경에 따라 다른 수용체를 세포 표면에 발현한다.

4 이온 채널-연결 수용체와 G 단백질-연결 수용체, 효소-연결 수용체, 세포내 수용체 각각을 비교하라.

- 신호 분자가 **이온 채널-연결 수용체**에 결합하면 이온 채널의 개폐가 이루어진다.
- **G 단백질-연결 수용체**는 세포막을 일곱 번 관통하는 수용체이다. 이 수용체는 신호 분자와 세포내 신호전달 경로를 연결시킨다. 수용체의 세포질 쪽 꼬리 부분은 **G 단백질**과 결합한다. G 단백질은 GTP와 결합한다.
- **효소-연결 수용체**는 세포막을 한 번 관통하는 수용체로 세포막 바깥쪽 부분은 리간드와 결합하고 안쪽 부분은 효소와 결합한다. 수용체 자체에 효소 기능을 가진 것도 있다. 효소-연결 수용체의 많은 경우는 수용체의 한 부분이 티로신 인산화효소 기능을 가지고 있다.
- **세포내 수용체**는 세포질이나 핵에 위치한다. 리간드는 작고, 소수성 분자들로 세포막을 통해 확산된다.

5 이온 채널-연결 수용체와 G 단백질-연결 수용체, 효소-연결 수용체, 세포내 수용체를 비교하라.

- 이온 채널-연결 수용체는 화학적 신호를 전기 신호로 전환한다. 이온 채널의 출입구는 리간드가 결합할 때까지는 닫혀있다.
- G 단백질-연결 수용체는 G 단백질을 활성화 시킨다. G 단백질은 세 단위체로 구성되어 있다. G 단백질은 평상시 **GDP**와 결합되어 있으며 리간드가 수용체에 결합하면 GDP가 방출되고 **GTP**가 결합한다. G 단백질 한 단위체가 다른 두 단위체로부터 분리되어 다른 단백질들에 결합함으로써 신호전달이 이루어진다.
- 대부분의 효소-연결 수용체는 단백질을 인산화하는 티로신인산화효소이다. 티로신 인산화효소 수용체는 $IP_3$와 Ras를 포함한 여러 종류의 신호전달 경로를 활성화시킨다. **Ras 단백질**은 small G 단백질로서 활성화되면 여러 작용을 일으킨다. 이 경우 아미노산 티로신이 인산화되고 세포내 반응을 일으킨다. 어떤 경로에서는 **스캐폴딩 단백질**들이 인산화효소와 같은 효소들을 신호전달 복합체로 조직화해서 속도와 효율성을 높인다.
- 세포내 수용체는 세포질이나 핵에 위치한다. 스테로이드 호르몬은 동물세포에서 세포내 수용체와 결합하는 대표적인 예이다. 이들 수용체는 **전사인자**로서 유전자발현을 조절한다.

6 다음 2차 전달자에 대해 신호전달 과정을 추적해 보라: 고리형 AMP, 이노시톨 삼인산, 디아실글리세롤, 칼슘 이온

- 많은 경우에 신호 분자는 **1차 전달자**로 작용한다. 정보는 G 단백질에 의해 세포내 신호 전달자인 **2차 전달자**로 전달된다.
- G 단백질에 입체형태 변화가 일어나면 G 단백질은 **아데닐산 고리화효소**와 결합해서 ATP로부터 **cAMP**를 생성한다. cAMP는 **PKA**를 활성화시켜 다른 단백질을 인산화한다. 인산화된 단백질은 여러 작용을 촉진하여 세포내 반응을 일으킨다.
- 어떤 G 단백질은 세포막에 위치한 포스포리파아제 C(PLC)효소를 활성화 시킨다. 이 효소는 $PIP_2$를 **이노시톨삼인산($IP_3$)**와 **디아실글리세롤 (DAG)**로 분해한다. $IP_3$는 2차 전달자로 인산기를 다른 단백질에 전달한다. $IP_3$는 소포체 막에 위치한 칼슘 채널에 결합하고 개방하여 세포질로 칼슘 이온이 방출되게 한다. DAG는 2차 전달자로 **단백질인산화효소 C (PKC)**를 활성화시킨다.
- 칼슘 이온도 2차 전달자로 작동한다. 칼슘이온은 일반적으로 **칼모듈린** 단백질에 결합하여 세포내 단백질인산화효소와 인산 가수분해효소에 영향을 미친다.

7 신호에 대해 세포가 나타내는 반응 3가지를 기술하라.

- 3가지 반응은 다음과 같다: 이온 채널의 개폐, 대사과정 변화를 유도하는 효소 활성의 변화, 특정한 유전자 발현의 개시 또는 억제. 이런 반응들에 따라 세포 모양, 성장, 분열, 분화, 대사과정 등이 영향을 받는다.

8 신호 증폭과 신호 종결을 비교하라.

- **신호 증폭**은 신호전달경로를 따라 신호가 전달되면서 신호의 크기가 증가하는 과정이다.
- **신호 종결**은 신호전달이 이루어진 후 수용체와 신호전달경로에 위치한 단백질을 비활성 상태로 만드는 과정이다. 신호 종결에 의해 수용체는 새로운 신호에 반응할 수 있다.

## 연습문제

1. 다음 중 순서가 옳은 것은?
   1. 포스포리파제 활성화 2. G 단백질 활성화 3. $PIP_2$ 분해
   4. 단백질 인산화 5. DAG 생성
   (a) 1,2,4,3,4 (b) 4,2,3,1,5 (c) 2,1,3,5,4
   (d) 5,2,3,1,4 (e) 2,3,5,4,1

2. 칼슘이온에 대한 설명으로 옳은 것은?
   (a) 2차 전달자로 작용한다.
   (b) 칼모듈린이 분리된다.
   (c) 세포질의 농도가 세포 밖보다 높게 유지된다.
   (d) 소포체에서 단백질인산화효소와 인산가수분해효소에 의해 생성된다.
   (e) 일반적으로 신호를 종결시킨다.

3. G 단백질에 대한 설명으로 옳은 것은?
   (a) 활성화된 수요에서 효소로 신호를 전달하여 2차 전달자를 생성한다.
   (b) GTP 분자이다.
   (c) 세포 신호를 종결한다.
   (d) 단백질인산화효소를 직접 활성화 시킨다.
   (e) 1차 전달자로 작용한다.

4. G 단백질이 활성화될 때 일어나는 현상으로 옳은 것은?
   (a) 네 단위체로 구성되어 있다.
   (b) GDP를 방출하고 GTP와 결합한다.
   (c) 아데닐산 고리화효소로부터 분리된다.
   (d) 2차 전달자로 작용한다.
   (e) 일반적으로 신호를 종결시킨다.

5. 스캐폴딩 단백질에 관한 설명으로 옳은 것은?
   (a) 세포막 밖으로 인산화효소와 인산가수분해효소를 방출한다.
   (b) 어떤 효소가 여러 경로에서 사용될 수 있는 확률을 증가시킨다.
   (c) 신호전달의 정확도를 높이지만 속도를 낮춘다.
   (d) 세포내 신호전달 분자들을 신호전달 복합체로 조직화한다.
   (e) 주로 식물세포에서만 관찰된다.

6. 다음 중 순서가 맞는 것은?
   1. 단백질인산화효소 활성 2. 아데닐산 고리화효소 활성
   3. cAMP 생성 4. 단백질 인산화 5. G 단백질 활성
   (a) 1,2,3,5,4 (b) 5,3,2,1,4 (c) 5,2,3,4,1
   (d) 5,2,3,1,4 (e) 2,3,1,4,5

7. 일산화질소(NO)에 대한 설명으로 옳은 것은?
   (a) 직접 GTP에 결합한다.
   (b) 혈관 확장을 촉진하여 남성 성기 발기에 필수적이다.
   (c) 많은 표적세포에서 분비된다.
   (d) 2차 전달자로 작용한다.
   (e) 효소-연결 수용체와 결합하는 신호 분자이다.

8. 효소-연결 수용체에 대한 설명으로 옳은 것은?
   (a) 세포막을 구성하는 단백질이다.
   (b) 식물세포의 표면에서는 발견되지 않는다.
   (c) 리간드가 결합하면 다른 효소-연결 수용체와 집합체를 이룬다.
   (d) 일반적으로 아데닐산 고리화효소 분자이다.
   (e) 일반적으로 이온 채널이다.

9. 신호전달에 관한 다음 설명 중 틀린 것은?
   (a) 세포는 외부신호를 내부신호로 전환한다.
   (b) 일반적으로 일산화 질소가 만들어진다.
   (c) 신호는 증폭된다.
   (d) 신호전달은 조절된다.
   (e) 신호전달은 종결된다.

10. G 단백질-연결 수용체에 대한 설명으로 옳은 것은?
   (a) G 단백질을 비활성화시킨다.
   (b) 1차 전달자를 활성화시킨다.
   (c) 18번 막을 관통하며 알파-나선으로 구성되어 있다.
   (d) 10개 서로 다른 수용체 그룹으로 구성되어 있다.
   (e) 세포질 쪽으로 나온 부분은 G 단백질과 결합한다.

## 심화 학습문제

1. **진화적 연계.** 동물세포와 식물세포에서 신호전달은 유사한 부분과 다른 부분을 모두 가지고 있다. 이런 유사점과 차이점에 대한 가설을 세우고 예를 제시해 보라.

2. 많은 경우 신호 분자로부터 세포 반응에 이르기까지에는 많은 신호전달 단계를 포함한다. 복잡한 신호전달체계 하나를 예를 들고 이런 복잡성이 가지는 장점을 설명해 보라.

7

# 에너지와 물질대사

Keren Su/Corbis

**팬더**(*Ailuropoda melanoleuca*). 광합성에 의해 생성된 화학에너지는 대나무 잎에 저장되어 있다가 그것을 먹는 팬더에게 전달된다.

## 핵심 개념

일을 할 수 있는 능력인 에너지에는 운동에너지 또는 퍼텐셜에너지(위치나 상태에 따른 에너지)가 있다.

에너지는 창조되거나 파괴될 수 없다(열역학 1법칙). 그러나 닫힌 계에서 일을 할 수 있는 유용한 에너지의 총합이 시간이 지남에 따라 감소한다(열역학 2법칙).

생명체는 열린 계로서 일을 하기 위해 주변 환경으로부터 얻은 에너지를 이용하기 때문에 열역학법칙을 위반하지 않는다.

세포 내에서 에너지 방출(자유에너지 감소)과정은 에너지 요구(자유에너지 증가)과정을 진행시킨다.

ATP는 자유에너지 감소 반응과 자유에너지 증가 반응을 연결함으로써 에너지 대사에서 중심적인 역할을 한다. ATP는 인산기를 전달함으로써 에너지를 전달한다.

산화환원 반응에서 전자의 전달은 세포가 에너지를 전달하는 또 다른 방법이다.

생체촉매인 효소는 특정한 화학반응의 속도를 증가시킨다. 효소의 활성은 온도, pH, 조효소, 저해제 또는 활성제의 존재 여부에 따라 영향을 받는다.

살아있는 모든 것들은 생명과정을 영위하는데 에너지를 필요로 한다. 세포들이 성장하고 증식하는데 에너지를 필요로 한다는 것은 분명하지만, 성장하지 않는 세포라 하더라도 단순히 그 자체를 유지하는데도 에너지가 필요하다. 세포들은 여러 가지 형태로 에너지를 얻지만, 그 에너지를 세포대사에 동력을 공급하기 위해 직접적으로 사용할 수는 없다. 이런 이유 때문에, 세포들은 1가지 형태의 에너지를 다른 형태의 에너지로 전환하는 기구들을 가지고 있다. 이러한 에너지 전환체계를 구성하는 대부분의 구성요소들이 생물 역사상 초기에 진화했기 때문에, 에너지 대사의 여러 가지 면들이 넓은 범주의 생명체들에게 있어서 비슷한 경향을 보인다.

생명에 동력을 공급하는 거의 모든 에너지의 궁극적 원천은 태양이다. 이런 *복사에너지*는 태양으로부터 전자기파의 형태로 흘러나온다. 식물과 다른 광합성 생명체들은 지구에 도달하는 태양에너지의 약 0.02%를 포획한다. 9장에서 논의하겠지만 광합성 생명체는 광합성 과정 중에 복사에너지를 유기분자들의 결합에 들어있는 *화학에너지*로 전환한다. 이 화학에너지는 세포호흡과정을 통해 식물, 사진의 팬더와 같은 동물, 다른 생명체가 이용하게 된다. 8장에서 논의할 세포호흡에서, 유기분자가 분해되고 그 에너지가 당장 이용 가능한 형태로 전환된다.

이 장에서는 세포들이 어떻게 에너지를 포획하고, 전환하며, 저장하고, 사용하는가에 관련된 기본적인 원리들에 초점을 맞춘다. 아데노신 삼인산(ATP)과 산화 · 환원 반응에서의 전자전달을 포함한 에너지 전환에 사용되는 다른 분자들의 기능에 대해 논의한다. 또한, 세포의 에너지 역학에 있어서 효소들의 기본적인 역할에 대해서도 관심을 둘 것이다. 8장에서는 세포호흡에 이용되는 주된 물질대사 경로들 중 일부를 탐구하며, 9장에서는 광합성의 에너지 전환에 대해 논의할 것이다. 생태계에서의 에너지 흐름은 54장에서 다룬다. ■

## 7.1 생물학적 일

**학습목표**

1 어떻게 에너지가 일과 열에 관련되는지에 중점을 두어 에너지를 정의하라.

2 퍼텐셜에너지와 운동에너지를 대조할 수 있는 예를 들어 보라.

생물학에 있어서 가장 중요한 개념 중 하나인 에너지는 질량을 가지고 공간을 차지하고 있는 **물질(matter)**이라는 맥락에서 이해될 수 있다. **에너지(energy)**는 물질의 상태나 운동에 어떤 변화를 일으키는 **일**을 할 수 있는 능력으로 정의할 수 있다.

생물학자들은 일반적으로 에너지를 일의 단위(**킬로주울, kJ**)로 표현한다. 또한, 에너지는 높은 온도를 가진 물체로부터 낮은 온도를 가진 물체로 흘러가는 에너지인 *열에너지* 단위(**킬로칼로리, kcal**)로 표현될 수도 있다. 1 kcal는 4.184 kJ에 해당한다. 열에너지로는 세포가 일을 수행할 수 없기 때문에, 오늘날 대부분의 생물학자들은 kJ 단위를 더 선호한다. 그러나 과학문헌에서 킬로칼로리가 흔히 언급되기 때문에 여기서는 2가지 단위를 모두 사용할 것이다.

### 7.1.1 생명체는 퍼텐셜에너지와 운동에너지를 서로 전환할 수 있다

활 쏘는 사람이 활을 당길 때, 몸을 움직이는 에너지인 **운동에너지(kinetic energy)**가 사용되고 일이 수행된다(▌그림 7-1). 그 결과 활과 줄에 생긴 팽팽함은 저장된 에너지 또는 퍼텐셜에너지를 나타낸다. **퍼텐셜에너지(potential energy)**는 위치와 상태에 의해 일을 할 수 있는 능력을 말한다. 줄을 놓게 되면, 퍼텐셜에너지는 활을 움직이는 운동에너지로 전환되고 화살이 나아간다.

생명체 활동의 대부분은 운동에너지가 퍼텐셜에너지로 전환되거나 퍼텐셜에너지가 운동에너지로 전환되는 등 일련의 복잡한 에너지 전환과정을 포함하고 있다. 화학결합에 저장되어 있는 잠재적인 에너지인 **화학에너지(chemical energy)**는 생명체에게 특히 중요하다. 예를 들면, 음식물 분자에 들어있는 화학에너지로부터 유래된 퍼텐셜에너지는 활 쏘는 사람의 근육에서 운동에너지로 전환된다. 생명체에 의해 수행되는 많은 활동들처럼 활을 쏘는

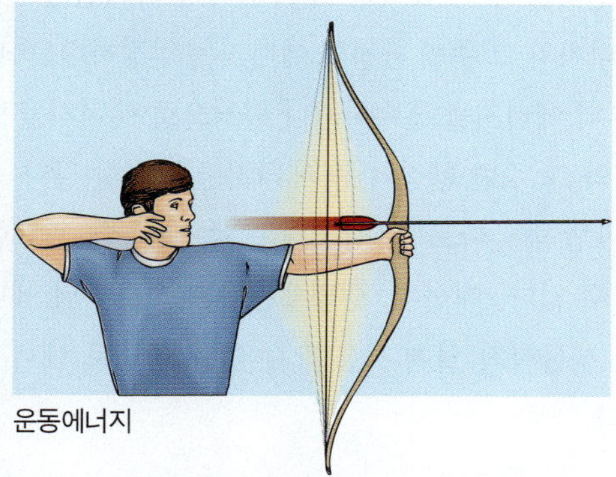


**그림 7-1 퍼텐셜 에너지와 운동에너지.**

당기는 일을 하는 근육의 운동에너지로 변환된다. 당겨져 있는 활에 저장된 퍼텐셜 에너지는 화살 줄이 화살을 과격으로 밀어냄으로써 운동에너지로 전환된다.

사람의 근육수축은 물질을 움직여 일을 수행하는 *기계적 에너지*에 대한 1가지 예이다.

**복습**

- 스프링을 당겼다가 놓아 보시오. 어떻게 이 활동들이 일, 퍼텐셜에너지, 그리고 운동에너지와 관련되는가?

## 7.2 열역학 법칙

**학습목표**

3 열역학 제 1, 2법칙에 대하여 진술하고, 이 법칙들이 생명체와 관련될 때 이 법칙들에 함축되어 있는 의미에 대해 논의해 보라.

에너지와 그것의 전환에 관한 연구인 **열역학(thermodynamics)**은 세포의 삶과 죽음에서부터 별의 삶과 죽음에 이르기까지 우주의 모든 활동을 지배한다. 열역학을 다룰 때, 과학자들은 연구하는 대상이 세포, 생명체 또는 행성인 지구든 간에 그 대상을 지칭할 때 *계(system)*라는 용어를 사용한다. 연구대상인 계 이외의 우주의 나머지 부분을 *환경(surrounding)*이라고 한다. **닫힌 계(closed system)**는 주변 환경과 에너지 또는 물질을 교환하지 않는 계를 말하고, 반면에 **열린 계(open system)**는 주변 환경과 물질 및 에너지를 교환하는 계를 가리킨다(**그림 7-2**). 생물학적 계는 열린 계이다. 우주에 존재하는 모든 것들에 적용할 수 있는 에너지에 관련된 2가지 법칙이 열역학 1법칙과 2법칙이다.

(a) **닫힌계**는 주변환경과 물질 및 에너지 교환을 하지 않는다.

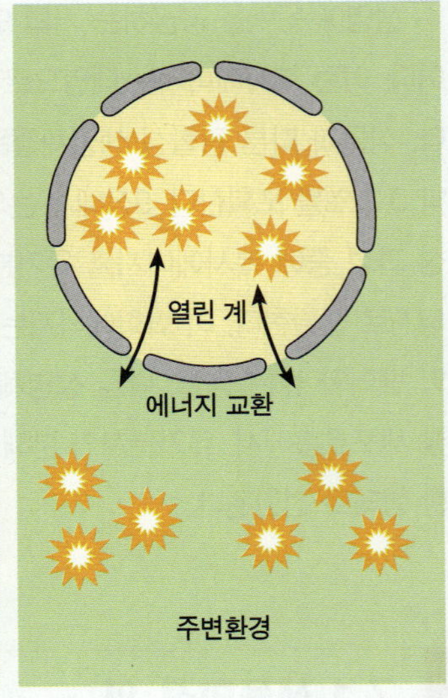


(b) **열린계**는 주변환경과 물질 및 에너지 교환을 한다.

**그림 7-2 닫힌 계와 열린 계.**

### 7.2.1 우주의 총에너지는 변하지 않는다

**열역학 1법칙**에 따르면, 에너지는 전달되거나 1가지 형태에서 다른 형태로 전환될 수는 있지만, 창조되거나 파괴될 수는 없다. 어떤 계의 에너지와 그 주변 환경의 에너지는 일정하다. 하나의 계는 환경으로부터 에너지를 흡수하거나 환경으로 에너지를 방출할 수 있지만, 계와 그 주변 환경의 총 에너지량은 항상 같다.

열역학 1법칙에 따르면, 생명체는 살아가는데 필요한 에너지를 창조할 수 없다. 대신에, 생명체는 환경으로부터 에너지를 얻어야 하고, 생물학적 일에 사용할 수 있는 형태로 에너지를 전환시켜야 한다.

### 7.2.2 우주의 엔트로피는 증가하고 있다

**열역학 2 법칙**은 에너지가 1가지 형태에서 다른 형태로 전환될 때, 일을 하는데 사용될 수 있는 에너지가 주변으로 흩어지는 열로 바뀌는 것을 말한다(그림 54-1 참고). 2장에서 배운 것처럼, **열(heat)**은 무작위로 움직이는 입자들의 운동에너지이다. 높은 온도의 물체에서 낮은 온도의 물체로 흘러가는 열에너지와 달리, 이런 무작위성 운동은 일을 수행할 수 없다. 그 결과로, 우주 안에서 일을 하는데 사용될 수 있는 유용한 에너지의 양은 시간이 지날수록 감소한다.

덜 유용한 에너지는 더 퍼져있거나 무질서하게 존재한다. **엔트로피(entropy, *S*)**는 이런 무질서 또는 무작위성의 척도이다. 질서가 잡혀있는 유용한 에너지는 낮은 엔트로피를 가지며, 반면에 열과 같은 무질서한 에너지는 높은 엔트로피를 갖는다. 엔트로피는 우주 내에서 일어나는 모든 과정 중에 지속적으로 증가한다.

열역학 2법칙에 따르면, 에너지 전환을 필요로 하는 과정은 에너지의 상당한 부분이 엔트로피를 증가시키는 열로서 주위로 흩어지게 되기 때문에, 결코 효율이 100%일 수 없다. 예를 들면, 가솔린의 화학에너지를 역학 에너지로 전환하는 자동차 엔진은 효율이 20% ~ 30%이다. 나머지 70% ~ 80%는 폐열로 흩어져 사라진다. 우리 세포들의 에너지 이용효율은 약 40%이며, 나머지는 열로서 주변으로 흩어진다.

생명체들은 고도로 조직화되어 있고, 겉보기로는 열역학 2법칙을 거스르는 것처럼 보인다. 생명체들은 성장하고 발달하면서 높은 수준의 질서를 유지하며 더 무질서 하게 되는 것 같지 않다. 그러나 생명체들은 열린 계이고, 주변으로부터 끊임없이 에너지를 받아들이는 기간 동안만 그들의 질서를 유지할 수 있다. 이것이 바로 식물은 광합성을 왜 해야 하고 동물은 왜 먹어야만 하는지에 대한 이유이다. 생명체 내의 질서가 일시적으로 증가하더라도 우주(생명체와 환경)의 총 엔트로피는 항상 시간이 지남에 따라 증가할 것이다.

**복습**

- 열역학 1법칙이란 무엇인가? 2법칙은?
- 생물은 종종 열역학 2법칙에 대해 계속 싸움을 하는 것처럼 설명된다. 어떻게 생명체들이 2법칙을 위반하지 않고 이 싸움에서 성공할 수 있는가?

## 7.3 에너지와 물질대사

**학습목표**

4 자유에너지의 변화가 엔트로피와 엔탈피의 변화와 어떻게 관련되는지 논의해 보라.

5 자유에너지감소 반응과 자유에너지증가 반응을 구분하고, 이 반응들이 어떻게 짝지어질 수 있는지 예를 들어 보라.

6 평형상태에 있는 반응의 에너지 동력학과 비평형상태에 있는 반응의 에너지 동력학을 비교해 보라.

생명체로 하여금 성장하고, 움직이고, 유지하고, 스스로 치료하고, 증식하며, 자극에 반응하는 활동들을 수행할 수 있게 하는 화학반응들은 모두 생명체의 물질대사를 구성한다. 생명체의 **물질대사(metabolism)**는 교차되어 있는 일련의 많은 화학 반응들과 반응경로로 구성되어 있고, 이것들은 동화작용과 이화작용의 2가지 형태로 나눌 수 있다. **동화작용(anabolism)**은 단백질을 만들기 위해 아미노산을 연결하는 것과 같이 단순한 물질들로부터 복잡한 분자들을 합성하는 다양한 반응경로를 포함한다. **이화작용(catabolism)**은 단당류를 만들기 위해 녹말이 분해되는 것처럼 큰 분자들이 더 작은 분자들로 분해되는 반응경로들을 포함한다.

이화작용과 동화작용은 서로 상보적인 과정이다. 이화과정은 전체적으로 에너지를 방출하고, 이중 일부의 에너지는 전체적으로 에너지를 요구하는 과정인 동화과정을 추진하는데 사용된다. 다음 장에서 특정 화학반응이 에너지를 요구하는지 또는 에너지를 방출하는지 어떻게 예측할 수 있는지에 대해 논의할 것이다.

### 7.3.1 엔탈피는 계의 전체 퍼텐셜에너지이다

세포의 물질대사 반응을 비롯하여 어떤 화학반응 과정이든지 이전의 화학결합들이 파괴되고 새로운 결합이나 다른 결합들이 생길 수 있다. 모든 특별한 유형의 화학결합에는 그 결합을 파괴하는데 필요한 일정 양의 *결합에너지*(bond energy)를 가지고 있다. 총 결합에너지는 계의 총 퍼텐셜에너지인 **엔탈피(enthalpy; $H$)**와 기본적으로 같다.

### 7.3.2 자유에너지는 세포가 일을 하는데 사용될 수 있다

엔트로피와 엔탈피는 **자유에너지(free energy; $G$)**라고 하는 세 번째 유형의 에너지와 관련이 있다. 자유에너지는 생화학반응이 일어나는 상태에서 일을 할 수 있는 유용한 에너지의 양을 말한다.

엔탈피, 자유에너지, 그리고 엔트로피의 관계는 아래의 방정식과 같다.

$$H = G + TS$$

여기서 H는 엔탈피, $G$는 자유에너지, $T$는 켈빈 단위로 표시되는 계의 절대온도이고 $S$는 엔트로피를 말한다. 온도를 무시하면, 엔탈피(계의 총에너지)는 자유에너지(유용한 에너지)와 엔트로피(유용하지 않은 에너지)의 합과 같다.

방정식을 재배열하면 엔트로피와 자유에너지는 역의 관계가 된다. 엔트로피가 증가하면 자유에너지의 양은 감소한다.

$$G = H - TS$$

만약 엔트로피가 0이라고 가정하면, 자유에너지는 단순히 총 퍼텐셜에너지(엔탈피)와 같다. 엔트로피의 증가는 자유에너지의 양을 감소시킨다.

온도($T$)는 어떤 중요성이 있는가? 온도가 증가하면, 무질서에 기여하는 무작위 분자운동이 증가하고, 엔트로피항의 효과가 커진다.

### 7.3.3 화학반응은 자유에너지의 변화를 초래한다

반응이 일어나기 전인 초기상태와 반응이 일어난 후인 최종상태 사이에 각 계에서 일어난 어떤 변화를 나타낼 때 그리스문자인 델타(Δ)를 사용한다. 화학반응에서 에너지와 관련하여 일어난 일을 표현하는 방정식은 다음과 같다:

$$\Delta G = \Delta H - T\Delta S$$

여기서 온도는 변하지 않는다. 즉 반응이 일어나는 동안 일정하게 유지된다. 따라서 반응이 일어나는 동안 자유에너지의 변화량($\Delta G$)은 엔탈피 변화량($\Delta H$)에서 켈빈 단위인 절대온도($T$)와 엔트로피 변화량($\Delta S$)의 곱을 뺀 값과 동일하다. $\Delta G$와 $\Delta H$는 kJ/mol

또는 kcal/mol로 표시되고, $\Delta S$는 kJ/°K 또는 kcal/°K로 표시된다.

### 7.3.4 자유에너지 감소반응 동안 자유에너지는 감소한다

**자유에너지감소 반응**(exergonic reation)은 에너지를 방출하고 자발적 반응 또는 높은 자유에너지에서 낮은 자유에너지로 가는 "내리막" 반응이라고 말한다(**그림 7-3a**). 최종 상태의 총 자유에너지는 초기 상태의 총 자유에너지보다 적기 때문에, 자유에너지 감소반응에서 $\Delta G$는 음수(−)가 된다.

*자발적(spontaneous)*이라는 용어는 이런 반응들이 언제나 즉시 일어난다는 잘못된 인상을 줄 수 있다. 실제로, 자발적 반응들이 반드시 즉각적으로 일어나지는 않는다. 어떤 반응들은 매우 느리다. 이것은 *활성화 에너지(activation energy)*라고 알려진 에너지가 자발적 반응을 포함하여 모든 반응을 시작하는데 필요하기 때문이다. 활성화 에너지는 이 장의 후반부에서 논의될 것이다.

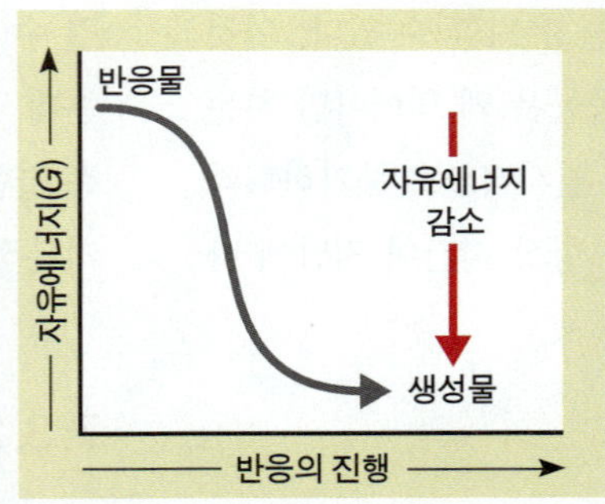


**(a)** 자유에너지 감소 반응에는 자유에너지의 순 손실(net loss)이 있다. 생성물은 반응물에 있던 것보다 적은 자유에너지를 가지게 되고, 이 반응은 자발적으로 진행된다.

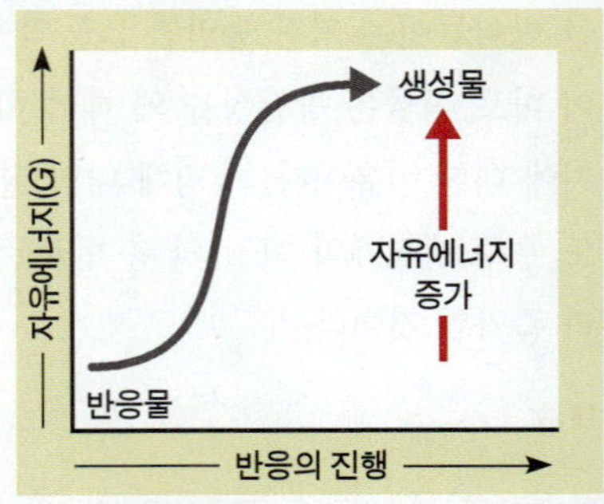


**(b)** 자유에너지 증가 반응에는 자유에너지의 순 증가(net gain)가 있다. 생성물은 반응물에 있던 것보다 많은 자유에너지를 갖게 된다.

**그림 7-3 자유에너지감소 반응과 자유에너지증가 반응.**

### 7.3.5 자유에너지 증가반응 동안 자유에너지는 증가한다

**자유에너지증가 반응**(endergonic reaction)은 자유에너지의 증가가 동반되는 반응이다(**그림 7-3b**). 생성물의 자유에너지가 반응물의 자유에너지보다 크기 때문에 $\Delta G$는 양(+)의 값이다. 이런 반응은 홀로 일어날 수 없으며, 주변에서 에너지가 공급될 수 있을 때에만 일어날 수 있다. 수많은 에너지 요구 반응들이 세포 내에서 일어나며, 물질대사 기작들은 이런 비자발적 세포반응들을 특별한 방향으로 "이끌어 가는데" 필요한 에너지를 공급할 수 있도록 진화되었다.

### 7.3.6 확산은 자유에너지 감소반응이다

5장에서, 무작위로 움직이는 입자들은 자신들의 농도기울기에 따라 확산됨을 보았다(**그림 7-4**). 개별적인 입자들의 움직임은 무작위적이라 하더라도, 입자 집단의 순 이동은 방향성이 있을 수 있다. 무엇이 이와 같은 방향성이 있는 과정에 에너지를 공급하는가? 농도가 높은 부분과 농도가 낮은 다른 부분을 갖는 **농도기울기(concentration gradient)**는 질서 있는 상태이다. 세포가 농도기울기를 형성하려면 에너지를 소비해야만 한다. 이런 질서를 형성하기 위해서는 일이 수행되어야 하기 때문에 농도기울기는 퍼텐셜에너지의 한 형태가 된다. 입자들이 무질서하게 이동하게 되면 기울기는 파괴된다. 따라서 엔트로피가 증가함에 따라 자유에너지는 감소한다.

세포호흡과 광합성에서 수소이온($H^+$)들의 농도기울기에 저장되어 있던 퍼텐셜에너지는 수소이온들이 농도기울기를 따라 막을 통해 이동할 때 아데노신 삼인산(ATP)내의 화학에너지로 전환된다. *화학삼투*(chemiosmosis)라고 알려진 이 중요한 개념은 8장과 9장에서 자세하게 논의될 것이다.

### 7.3.7 자유에너지 변화는 반응물과 생성물의 농도에 의존한다

열역학 2법칙에 따르면 엔트로피가 증가하는 반응은 일을 할 수 있다. 어떤 화학반응에서 자유에너지의 변화는 주로 반응물과 생

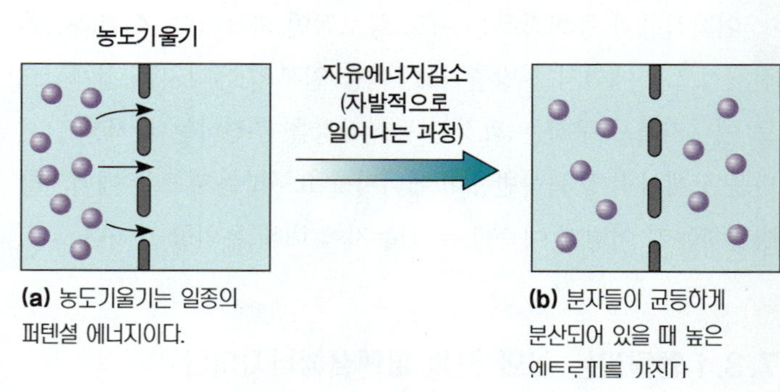


**(a)** 농도기울기는 일종의 퍼텐셜 에너지이다.

**(b)** 분자들이 균등하게 분산되어 있을 때 높은 엔트로피를 가진다

**그림 7-4 엔트로피와 확산.**

엔트로피가 증가하려는 경향성은 일(그림에서는 확산)을 하는데 사용될 수 있다.

성물간의 결합에너지 차(엔탈피 $H$)에 의존한다. 자유에너지는 또한 반응물과 생성물의 농도에 의해서도 좌우된다.

대부분의 생화학반응에서는 반응물과 생성물 사이에 본질적인 자유에너지의 차이가 거의 없다. 이러한 반응은 가역적이며, 이중 화살표($\rightleftharpoons$)를 그려서 표시한다.

$$A \rightleftharpoons B$$

반응의 초기에는 반응분자들(A)만 존재할 것이다. 반응이 진행됨에 따라 반응분자들의 농도는 감소하고, 생성분자들(B)의 농도는 증가한다. 생성물 분자들의 농도가 증가함에 따라, 역반응을 시작할 만큼의 충분한 자유에너지를 가질 수 있게 될 것이다. 따라서 반응은 양쪽 방향으로 동시에 진행된다. 만약 방해 받지 않는다면, 반응은 결국 역반응의 속도가 정반응의 속도와 같은 **동적 평형(dynamic equilibrium)** 상태에 도달할 것이다. 평형상태에서는 역반응이 모든 정반응과 균형을 이루어서, 계 내에서 실질적인 변화는 없게 된다.

정해진 온도와 압력 하에서, 각각의 반응은 그 자체의 특징적인 평형을 갖는다. 만약 반응물이 원래 가진 자유에너지가 생성물보다 훨씬 많다면, 반응은 거의 완결될 때까지 진행될 것이다. 즉 반응물 대부분이 생성물로 전환되는 지점에서 평형에 도달된다.

만약 우리가 A의 초기농도를 증가시킨다면, 반응은 "오른쪽으로 진행될" 것이고, 더 많은 A가 B로 전환될 것이다. 만약 B를 반응 혼합물에서 제거시킨다면, 비슷한 효과를 얻을 수 있다. 반응은 언제나 평형이 회복되는 방향으로 진행되기 때문에 반응물과 생성물의 비율은 그 반응의 평형 때의 특징적인 비율로 회복된다. 만약 B의 농도가 증가하고 A가 제거되면 반대 효과가 나타날 것이다. 즉 계는 왼쪽으로 방향을 바꿀 것이다.

세포들은 거의 모든 반응에 있어서 반응물과 생성물들의 상대적인 농도를 조절하기 위해 에너지를 사용한다. 세포 반응들은 결코 평형에 도달하지 않는다. 세포들은 자신의 반응들을 평형에서 멀리 떨어져 있도록 옮겨 놓음으로써 자유에너지 증가반응에 에너지를 공급할 수 있고, 자신의 필요에 따라 물질대사를 통제할 수 있다.

## 7.3.8 세포는 자유에너지증가 반응을 자유에너지감소 반응과 연결시켜 진행시킨다

단백질 합성과 같은 많은 물질대사 반응들이 동화반응이며, 자유에너지 증가반응이다. 자유에너지 증가반응들은 에너지의 유입 없이는 일어날 수 없기 때문에, 자유에너지감소 반응들과 짝짓기를 한다. 이런 **연관반응(coupled reaction)**에서 열역학적으로 유리한 자유에너지감소 반응이 열역학 적으로 불리한 자유에너지증가 반응을 진행시키는데 필요한 에너지를 공급한다. 자유에너지 증가반응은 이와 연계되어 있는 자유에너지 감소반응에 의해서 방출되는 자유에너지를 흡수할 때만 반응이 진행된다.

다음 반응에서 자유에너지 변화, $\Delta G$를 생각해 보라:

$$(1)\ A \longrightarrow B \qquad \Delta G = +20.9\ \text{kJ/mol}\ (+5\ \text{kcal/mol})$$

$\Delta G$가 양수이므로, 이 반응의 생산물이 반응물보다 더 큰 자유에너지를 가지고 있음을 알 수 있다. 따라서 이 반응은 자유에너지 증가반응이다. 이 반응은 자발적이지 않고, 에너지원 없이 일어날 수 없다.

반대로 아래의 반응을 보라:

$$(2)\ C \longrightarrow D \qquad \Delta G = -33.5\ \text{kJ/mol}\ (-8\ \text{kcal/mol})$$

음수인 $\Delta G$는 반응물의 자유에너지가 생성물의 자유에너지보다 크다는 의미이다. 이런 자유에너지감소 반응은 자발적으로 이루어진다.

여러분은 아래와 같이 반응 (1)과 (2)를 합할 수 있다:

| | |
|---|---|
| (1) A ⟶ B | $\Delta G = +20.9$ kJ/mol ($+5$ kcal/mol) |
| (2) C ⟶ D | $\Delta G = -33.5$ kJ/mol ($-8$ kcal/mol) |
| 전체 | $\Delta G = -12.6$ kJ/mol ($-3$ kcal/mol) |

열역학에서는 반응의 전체적인 변화만 고려하기 때문에, 위 두 반응의 순(net) $\Delta G$의 값은 음수(−)이며, 자유에너지감소 반응이다.

이런 식으로 반응을 기록하는 것은 유용한 기록방식이지만, 자유에너지감소 반응이 '구경꾼'으로 있는 자유에너지증가 반응에게 신비하게 에너지를 전달한다는 의미는 아니다. 그러나 만약 반응경로를 공통의 중간생산물이 이 반응들을 연결하도록 변형시킨다면, 이 반응들은 짝짓게 된다. 반응 (1)과 (2)는 다음의 식처럼 중간생산물 (I)에 의해 짝지을 수 있다.

| | |
|---|---|
| (3) A + C ⟶ I | $\Delta G = -8.4$ kJ/mol ($-2$ kcal/mol) |
| (4) I ⟶ B + D | $\Delta G = -4.2$ kJ/mol ($-1$ kcal/mol) |
| 전체 | $\Delta G = -12.6$ kJ/mol ($-3$ kcal/mol) |

반응 (3)과 (4)는 연속적으로 일어나는 것임을 주목해야 한다. 따라서 반응경로는 변했지만, 반응물(A와 C)과 생성물(B와 D)은 전체적으로 동일하고, 자유에너지 변화도 같다.

일반적으로, 살아있는 세포 내에서 일어나는 각각의 자유에너지증가 반응들은 그것을 구동시키는 자유에너지감소 반응과 짝지어져 있다. 자유에너지감소 반응에는 종종 ATP의 분해가 연결된다. 우리는 이제 에너지 짝짓기에 있어서 ATP의 역할에 대한 특수한 예를 검토할 것이다.

**복습**

- 엔탈피가 증가하고 엔트로피가 감소하는 반응에서 자유에너지 변화를 생각해 보시오. $\Delta G$가 0일까? 아니면 양의 값 또는 음의 값을 가지게 될까? 이 반응은 자유에너지감소 반응일까? 아니면 자유에너지증가 반응일까?
- 왜 평형 때의 반응은 일을 할 수 없는가?

## 7.4 ATP, 세포의 에너지 화폐

**학습목표**

**7** 어떻게 ATP의 화학구조가 인산기의 전달에 도움이 되는지 설명해 보시오. 세포의 전반적인 에너지 대사에 있어서 ATP의 중심적인 역할에 대해 논의해 보라.

모든 살아있는 세포에서, 에너지는 즉시 이용할 수 있는 에너지를 아주 짧은 시간동안 지니는 **아데노신 삼인산(adenosine triphosphate, ATP)**이라는 놀라운 화학물질 속에 일시적으로 들어있다. 우리는 ATP를 세포의 에너지 화폐처럼 생각할 수 있다.

ATP는 세 부분–질소를 함유한 유기염인 아데닌, 오탄당인 리보오스, 산소원자로 둘러싸여 있는 인 원자로 정의할 수 있는 인산기 3개–으로 구성되어 있다(**그림 7-5**). 인산기는 기관차 뒤에 연결된 세 개의 객차처럼 분자의 끝에 연속적으로 결합되어 있고, 이것들은 붙일 수도 있고 뗄 수도 있다는 점에 주목해야 한다.

### 7.4.1 ATP는 인산기의 전달을 통해 에너지를 전달한다

ATP로부터 말단의 인산기가 제거되고 남은 분자가 **아데노신 이인산(adenosine diphosphate, ADP)**이다(그림 7–5 참고). 만약 이 인산기가 다른 분자에 전달되지 않으면, 이 인산기는 무기 인산($P_i$)으로 방출된다. 이 반응은 자유에너지감소 반응이다. 인산을 방출하는 가수분해 반응이 상대적으로 큰 음의 G를 가지기 때문에 ATP를 고에너지 화합물이라 부른다. (ATP 가수분해의 자유에너지 계산 값은 어느 정도 다양하지만, 약 −28에서 −37 kJ/mol 또는 −6.8에서 −8.7 kcal/mol 범위이다.)

(5) $ATP + H_2O \longrightarrow ADP + P_i$

$\Delta G = -32$ kJ/mol (또는 $-7.6$ kcal/mol)

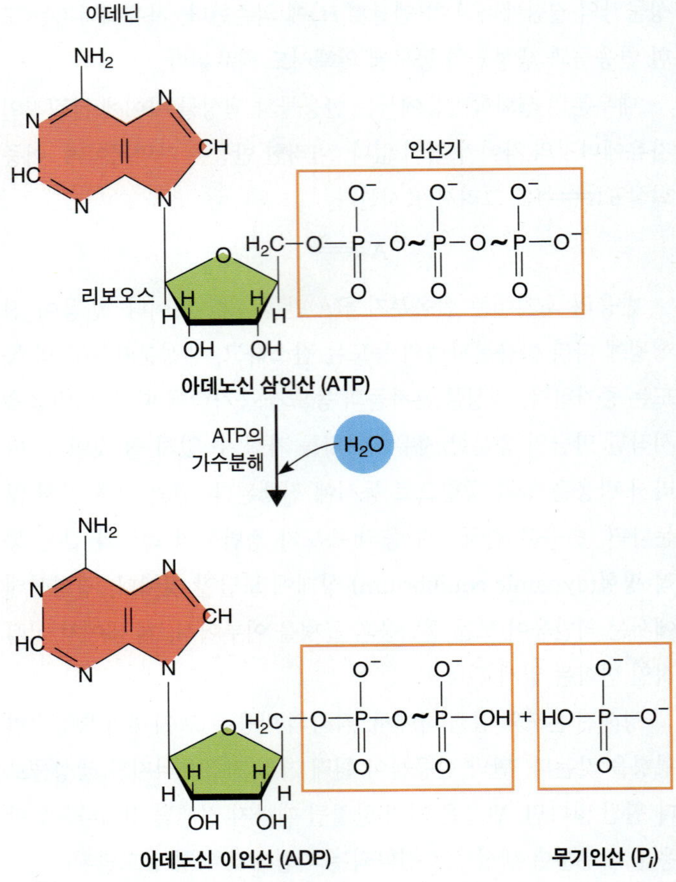


**그림 7-5** ATP와 ADP.

모든 생명체의 에너지 화폐인 ATP는 아데닌, 리보오스, 그리고 3개의 인산기로 구성되어 있다. 자유에너지 감소 반응인 ATP의 가수분해로 ADP와 무기인산이 만들어진다. (검은 물결선은 불안정한 결합을 나타낸다. 이러한 결합이 다른 분자로 인산이 전달되게 하여 그 분자의 반응성을 높인다.)

반응식 (5)는 세포 내에서 자유에너지 증가반응과 연계될 수 있다. 단당류인 포도당과 과당이 이당류인 설탕을 형성하는 아래의 자유에너지 증가반응을 검토해 보라.

(6) 포도당 + 과당 $\longrightarrow$ 설탕 + $H_2O$

$\Delta G = +27$ kJ/mol (또는 $+6.5$ kcal/mol)

자유에너지의 변화가 −32 kJ/mol (−7.6 kcal/mol)인 ATP의 가수분해(반응 5)는 반응(6)을 진행시킬 수 있다. 단, 이 반응들이 공통적인 중간생산물을 통해 연계되어야만 가능하다.

다음의 연속반응들은 일부 박테리아가 사용하는 대체경로를 단순화시킨 것이다.

(7) 포도당 + ATP $\longrightarrow$ 포도당-P + ADP

(8) 포도당-P + 과당 $\longrightarrow$ 설탕 + $P_i$

반응 (7)은 인산기가 다른 화합물에 전달되는 **인산화 반응(phosphorylation reaction)**이다. 포도당은 포도당인산(포도당-P)으로 인산화 되고, 이 중간생산물이 두 반응을 연결한다. 반응 (3)과 (4)의 "I" 에 해당하는 포도당-P는 과당과 자유에너지 감소반응을 하여 설탕을 형성한다. 이런 방식으로 에너지가 짝지어지기 위해서는 반응 (7)과 (8)이 연속적으로 일어나야만 한다.

다음과 같이 반응들을 요약하는 것이 편리하다:

(9) 포도당 + 과당 + ATP ⟶ 설탕 + ADP + $P_i$

$$\Delta G = -5 \text{ kJ/mol } (-1.2 \text{ kcal/mol})$$

이런 방식으로 쓰인 반응식을 접하게 되면, 이것이 실제로는 연속적인 반응들의 요약이고 일시적인 중간생산물(이 경우는 포도당-P)이 표시되지 않았다는 것을 기억하라

## 7.4.2 ATP는 자유에너지 감소반응과 자유에너지 증가 반응을 연결한다

우리는 방금 ATP의 인산기가 다른 화합물로 전달되는 것이 어떻게 세포내의 자유에너지 증가반응과 연계되는지 살펴보았다. 이와는 반대로, AMP나 ADP에 인산기를 첨가하여 ADP나 ATP를 형성하는 반응은 세포내의 자유에너지감소 반응들과 연계되어야 한다.

$$\text{AMP} + P_i + \text{에너지} \longrightarrow \text{ADP}$$
$$\text{ADP} + P_i + \text{에너지} \longrightarrow \text{ATP}$$

따라서, ATP는 세포내 물질대사에서 중간적인 위치를 차지하고 있고, 일반적으로 *이화작용*(catabolic pathways)의 일부인 자유에너지감소 반응들과 *동화작용*(anabolic pathways)의 일부인 자유에너지증가 반응들을 이어주는 중요한 연결고리이다(**그림 7-6**).

## 7.4.3 세포는 ADP에 대한 ATP의 비를 매우 높게 유지한다

세포는 ADP에 대한 ATP의 비를 평형에서 멀어져 있게 한다. ATP는 영양소가 세포호흡으로 분해될 때나 광합성이 햇빛의 방사에너지를 포획할 때 ADP와 무기인산($P_i$)으로부터 지속적으로 생성된다. 어떤 순간이든 전형적인 세포는 ADP 한 분자당 10개 이상의 ATP분자들을 가지고 있다.

세포가 ADP에 대한 ATP의 비를 높게 유지하지만, 많은 양의 ATP가 세포 내에 저장될 수는 없다. ATP의 농도는 항상 매우 낮아서 1 mmol/L 미만이다. 사실 박테리아는 1초 정도 공급할 ATP를 가지고 있다. 따라서 ATP 분자들은 만들어지는 즉시 거의 모두 사용된다. 휴식중인 사람은 매일 약 45 kg의 ATP를 사용하지만, 어떤 순간이든 몸에 존재하는 ATP의 양은 1 g 미만이다. 모든 세포에 있어서 매초마다 천만 개의 ATP가 ADP와 인산으로부터 만들어지고, 같은 수의 ATP가 요구되는 화학반응에 자신의 에너지와 함께 인산기를 전달한다.

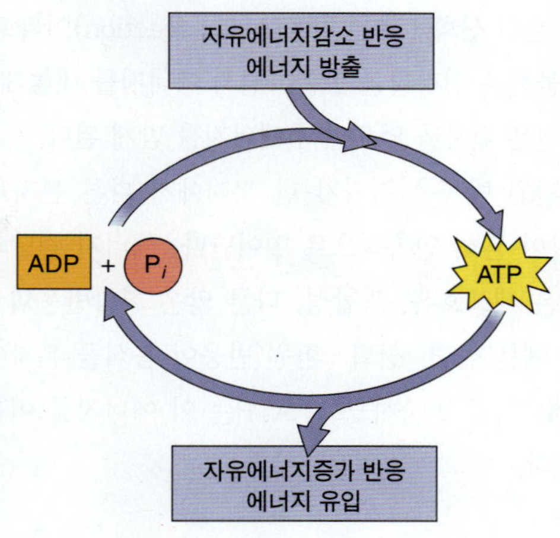


**그림 7-6** ATP는 자유에너지감소 반응과 자유에너지증가 반응을 짝지운다.
이화과정에서 자유에너지감소 반응(위)은 ADP를 ATP로 만드는데 필요한 에너지를 공급한다. 반대로, ATP의 자유에너지감소 반응인 가수분해는 동화과정의 자유에너지증가 반응에 에너지를 공급한다(아래)

**복습**

- 왜 연관반응들은 일반적으로 공통의 중간생산물을 가지는가?
- 자유에너지감소 반응과 자유에너지증가 반응을 구분하면서 ATP가 관여하는 일반화된 반응의 예를 들어 보시오.
- 왜 세포 내 ATP의 농도가 ADP의 농도에 비해 약 10배가 되어야 하는가?

# 7.5 산화 · 환원 반응에서의 에너지 전달

**학습목표**

8 전자(또는 수소원자) 전달을 에너지 전달과 관련 지어 보라.

세포들은 ATP로부터 인산기를 전달함으로써 에너지를 전달할 수 있다. 또한, 에너지는 전자들의 전달을 통해서도 전달될 수 있다. 2장에서 논의된 바와 같이, **산화(oxidation)**는 어떤 물질이 전자를 잃는 화학과정이고, 반면에 **환원(reduction)**은 어떤 물질이 전자를 얻는 상보적인 과정이다. 산화와 환원반응이 동시에 일어나

기 때문에 흔히 **산화 · 환원 반응**(redox reaction)이라고 부른다. 산화되는 물질은 전자들을 방출하면서 에너지를 내놓게 되고, 환원되는 물질은 전자를 얻으면서 에너지를 받게 된다.

산화 · 환원 반응은 전자가 한 분자에서 다른 분자로 전달되는 것과 같이 흔히 연속적으로 일어난다. 에너지 전달과 동등한 전자 전달은 세포호흡, 광합성, 다른 많은 화학반응의 필수적인 부분이다. 예를 들면, 산화 · 환원 반응이 음식물 분자에 저장되어 있던 에너지를 방출하므로, ATP는 이 에너지를 이용하여 합성될 수 있다.

### 7.5.1 대부분의 전자 전달자들은 수소원자들을 전달한다

세포내 산화 · 환원 반응에는 보통 전자만 전달되는 것이 아니라 수소원자의 전달도 포함된다. 단독으로 또는 수소원자의 부분으로서 전자가 유기화합물로부터 제거될 때, 전자는 화학결합에 저장되어 있던 에너지의 일부와 함께 수용체 분자로 전달된다.

가장 흔히 보는 수용체 분자 중 하나가 **니코틴아미드 아데닌 디뉴클레오티드**(nicotinamide adenine dinucleotide, $NAD^+$)이다. $NAD^+$가 환원될 때 일시적으로 많은 양의 자유에너지를 저장하게 된다. X라고 부르는 화합물에서 $NAD^+$로의 수소 전달을 보여주는 일반화된 반응식은 다음과 같다.

$$XH_2 + \underset{\text{산화형}}{NAD^+} \longrightarrow X + \underset{\text{환원형}}{NADH} + H^+$$

$NAD^+$가 수소와 결합할 때 $NAD^+$는 환원된다. $NAD^+$는 실전하가 +1 인 이온이다. 2개의 전자와 1개의 양성자가 더해지면, 전하가 중화되고 환원된 형태의 화합물인 **NADH**가 생성된다(**그림 7-7**). ($NAD^+$의 환원된 형태를 바르게 쓰는 방법은 NADH + $H^+$이지만, 이 장과 다음 장에서는 환원된 형태를 NADH로 단순화시켜 표기할 것이다.) 수소원자를 분자 X에 붙여 두는 결합에 저장된 일부 에너지가 이런 산화 · 환원 반응에 의해 전달되고, 일시적으로 NADH가 이 에너지를 갖게 된다. NADH가 또 다른 분자에게 전자를 전달할 때 전자 에너지의 일부가 전달된다. 다음으로 이 에너지는 일련의 반응을 통해 전달되어 궁극적으로 ATP를 생성하게 된다(8장에서 논의).

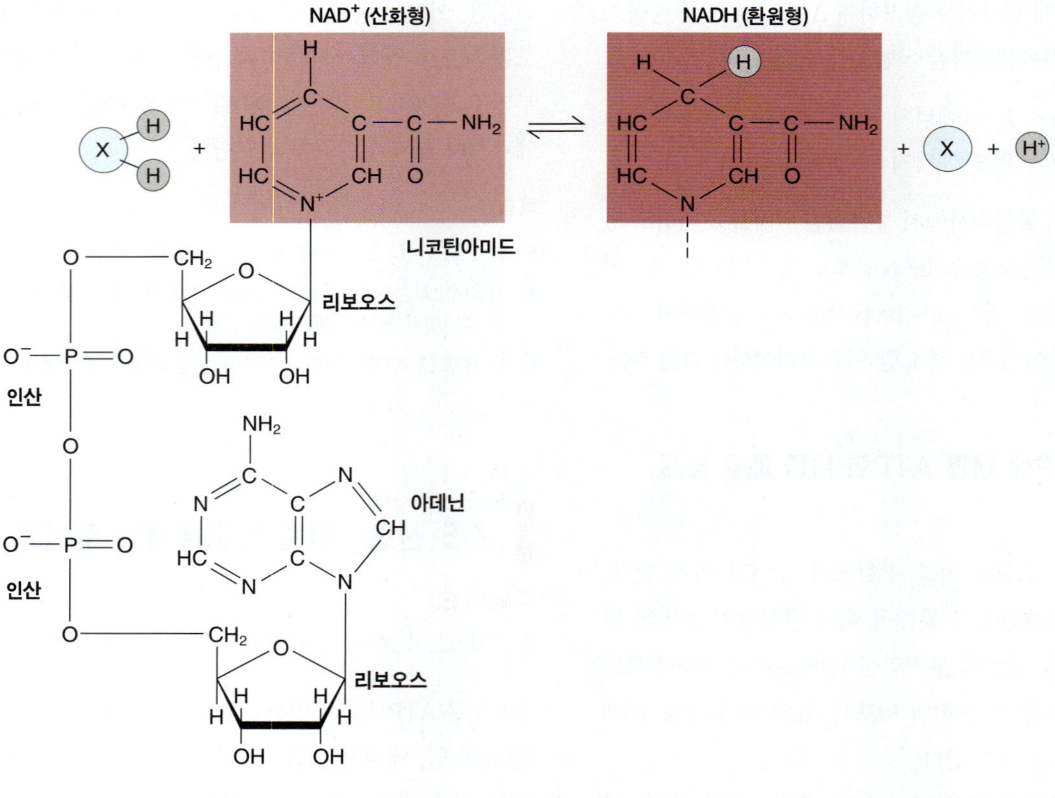

**그림 7-7** $NAD^+$ 와 NADH.

$NAD^+$는 하나는 아데닌, 다른 하나는 니코틴아미드를 가지는 2개의 뉴클레오티드로 구성되어 있고, 이 둘은 인산기로 연결되어 있다. 산화된 형태인 $NAD^+$(*왼쪽*)는 다른 유기 화합물($XH_2$)이 산화되면서(X로 된다) 내어놓은 2개의 전자와 1개의 양성자를 받아 NADH(*오른쪽*)로 환원된다.

**니코틴아미드 아데닌 디뉴클레오티드 인산**($NADP^+$)은 $NAD^+$와 화학적으로 비슷한 수소 수용체이지만 여분의 인산기를 가지고 있다. NADH와 다르게 $NADP^+$의 환원형(줄여서 **NADPH**로 표시)은 ATP 합성에 관여하지 않는다. 대신에 NADPH의 전자들은 광합성에 있어서 어떤 중요한 반응들을 포함하여 특정 반응들에 에너지를 공급하는데 보다 직접적으로 사용된다(8장 참고).

다른 중요한 수소 수용체 또는 전자 수용체로는 **플라빈 아데닌 디뉴클레오티드**(flavin adenine dinucleotide; FAD)와 시토크롬들이 있다. FAD는 수소원자들과 전자들을 수용하는 뉴클레오티드이며, 환원형은 $FADH_2$이다. **시토크롬**(cytochrome)들은 철을 포함하는 단백질이며, 철부분이 수소원자들로부터 전자들을 받아들인 후 다른 화합물에게 그 전자들을 전달한다. $NAD^+$나 $NADP^+$처럼 FAD와 시토크롬도 전자전달 중계자들이다. 각각은 더 많은 자유에너지를 가지는 *환원된 상태* 또는 더 적은 자유에너지를 가지는 *산화된 상태*로 존재할 수 있다. 각각은 세포 내 많은 산환·환원 반응체계에 있어서 필수적인 요소이다.

**복습**

- 어떤 물질의 산화형과 환원형 중 어느 것이 에너지를 더 많이 갖는가? 왜 그런가?

## 7.6 산화·환원 반응에서의 에너지 전달

**학습목표**

9 어떻게 효소가 반응이 일어나는데 필요한 활성화 에너지를 낮추는지 설명하라.
10 효소가 조절되는 특수한 방법들을 기술하라.

열역학의 원칙은 반응이 일어날지, 일어나지 않을지를 예측하는데 도움이 되지만, 반응의 속도에 대해서는 아무것도 말해 주지 않는다. 예를 들면, 포도당의 분해는 자유에너지감소 반응이다. 그러나 포도당 용액은 박테리아나 곰팡이가 들어가지 않고, 고온이나 강산, 강염기에 노출되지 않는다면 변하지 않은 채로 병 속에 오래 보관할 수 있다. 세포들은 포도당을 분해하기 위해 몇 백 년을 기다릴 수 없고, 포도당 분자들을 쪼개기 위해 극단적인 환경을 이용할 수도 없다. 세포들은 반응에 의해 소모되지 않고 화학반응의 속도를 증가시키는 **생체 촉매**(catalyst)인 **효소**(enzyme)들을 이용하여 화학반응의 속도를 조절한다. 대부분의 효소들이 단백질이지만, 과학자들은 RNA 분자들 중 몇몇 종류들도 촉매 활성을 갖는다는 것을 알게 되었다(13장에서 논의).

일반적으로 세포들은 지속적으로 에너지를 방출해야 하며, 이 방출은 물질대사의 에너지 요구에 맞추어 조절되어야만 한다. 어떤 분자가 최종상태에 도달하기 전에 20–30번 정도의 화학적 변환을 거쳐야 하는 것처럼, 물질대사는 일반적으로 연속적인 단계를 거쳐 진행된다. 그러나 완결된 것처럼 보이는 분자라 하더라도 또 다른 화학 반응경로에 들어가서 완전히 변환되거나 에너지를 방출하기 위해 소모될 수도 있다. 세포의 요구가 변하기 때문에 유연성 있는 물질대사조절 체계가 필요하다. 이러한 조절 체계의 중심 지휘자가 효소들이다.

**그림 7-8 방어기구인 카탈라아제.**

폭탄 풍뎅이(*Stenaptinus insignsbombardier beetle*)는 위협을 받게 되면 효소인 카탈라아제를 이용하여 과산화수소를 분해한다. 분해과정 중에 생성된 산소 기체는 물과 다른 화합물들을 폭발하는 것처럼 분출시킨다. 이 과정은 많은 양의 열을 방출하기 때문에 물은 수증기의 형태로 방출된다. (풍뎅이를 고정시키기 위해 벌레의 등에 철사를 접착제로 붙여 놓았다. 분출하도록 자극하기 위해 풍뎅이의 왼쪽다리를 연구자가 해부침으로 건드렸다.)

어떤 효소들의 촉매능력은 참으로 놀랄만하다. 예를 들면, 과산화수소($H_2O_2$)는 촉매가 없는 경우에는 매우 느리게 분해되지만, **카탈라아제**(catalase)라는 효소 한 분자는 초당 4천만 분자의 과산화수소를 분해한다. 카탈라아제는 알려진 효소들 중 가장 빠른 촉매속도를 가진 효소이다. 과산화수소는 몇몇 세포반응들의 부산물로서 생성되는 독성 물질이기 때문에, 카탈라아제가 이것을 분해함으로써 세포를 보호한다. 폭탄 딱정벌레는 방어기구로 효소인 카탈라아제를 이용한다(**그림 7-8**).

### 7.6.1 모든 반응들에는 활성화 에너지가 필요하다

자유에너지감소 반응이든 자유에너지증가 반응이든 간에, 모든 반응들은 활성화에 필요한 **활성화 에너지**(activation energy of activation, $E_A$)라고 하는 에너지 장벽을 갖는다. 이 에너지 장벽은 이미 존재하는 결합들을 끊고 반응을 시작하는데 필요한 에너지이다. 어떤 종류의 분자 집단이든, 몇몇 분자들은 상대적으로 높은 운동에너지를 가지고 있고, 반면에 나머지 분자들은 더 낮은 에너지를 가지고 있다. 상대적으로 높은 운동에너지를 가지는 분자만이 생성물을 형성하는 반응을 하게 된다.

반응이 진행되면서 상당한 양의 에너지를 방출하는 강한 자유에너지감소 반응이라 할지라도, 반응이 시작되는데 필요한 활성화 에너지로 인해 반응의 진행을 방해 받을 수 있다. 예를 들면, 수소분자와 산소분자는 폭발적으로 반응하여 물을 생성할 수 있다.

$$2\,H_2 + O_2 \longrightarrow 2\,H_2O$$

이 반응은 자발적이지만, 모든 불티(spark)로부터 격리되어 있는 한 수소와 산소를 안전하게 섞을 수 있다. 이것은 이 특별한 반응에 요구되는 활성화 에너지가 상대적으로 높기 때문이다.

### 7.6.2 효소는 반응의 활성화 에너지를 낮춘다

모든 촉매와 같이, 효소도 반응을 시작하는데 필요한 에너지를 낮춤으로써 반응 속도에 영향을 준다. 효소는 화학 반응을 시작하는데 필요한 활성화 에너지($E_A$)를 크게 감소시킨다(**그림 7-9**). 만약 활성화 장벽이 낮아져서 분자들이 반응하는데 더 적은 에너지가 요구되면, 반응분자들 중 더 많은 부분이 한 순간에 반응하게 된다. 그 결과 반응이 더 빨리 진행된다.

효소가 반응의 활성화 에너지를 낮추지만, 전체적인 자유에너지 변화에는 영향을 미치지 않는다. 즉, 효소는 효소가 없어도 진행될 수 있는 화학 반응을 다만 촉진할 수 있을 뿐이다. 어떤 촉매도 열역학적으로 불리한 방향으로 반응을 진행시킬 수 없고, 반응이 평형을 향해 진행될 때 반응물과 생성물의 최종 농도에도 영향을 줄 수 없다. 효소는 단지 반응속도를 증가시킬 뿐이다.

### 7.6.3 효소는 효소-기질 복합체를 형성함으로써 작용한다

비촉매 반응은 반응물들 사이의 무작위적인 충돌에 의존한다. 효소는 그 체계적인 구조 때문에 무작위적 충돌에 대한 이런 의존을 감소시킬 수 있어서 반응을 조절할 수 있다. 효소는 효소가 작용할 물질인 **기질(substrate)**과 불안정한 중간생산물 복합체를 형성함으로써 이러한 조절을 한다. **효소-기질 복합체(enzyme-substrate complex)** 또는 **ES 복합체(ES complex)**가 해체될 때, 생성물이 방출된다. 원래의 효소분자는 재생되고 새로운 ES복합체를 형성할 수 있는 자유로운 상태가 된다.

효소 + 기질(들) ⟶ ES 복합체

ES 복합체 ⟶ 효소 + 생성물(들)

효소 자체는 반응에 의해 영구적으로 변형되거나 소비되지도 않고 재사용 될 수 있다.

**그림 7-10a**에서 보는 것처럼, 모든 효소는 기질이 결합하여 ES 복합체를 형성하는 부위인 **활성부위(active site)**를 1개 또는 그 이상 갖는다. 어떤 효소들의 활성부위들은 아미노산 곁사슬에 의해 형성된 효소분자내의 홈이나 공간이다.

효소의 모양은 기질의 모양에 대해 완전히 상보적인 것 같지 않다. 기질이 효소분자에 결합할 때 효소분자의 모양에 변화가 일어난다. 이것을 **유도적합(induced fit)**이라 한다(**그림 7-10b**). 일반적으로 기질의 모양에도 화학결합이 뒤틀리는 것과 같은 약간의 변화가 일어난다. 반응물의 화학결합에 일어난 뒤틀림과 함께 반응물들의 접근성과 배향이 옛 결합의 파괴와 새로운 결합의 생성을 촉진한다. 그래서 기질이 생성물로 바뀌고, 생성물은 효소로부터 떠나가게 된다. 그 다음 효소는 더 많은 생성물을 만들

**요점**

효소는 반응의 활성화 에너지를 낮추지만 자유에너지 변화량은 변화시키지 않는다.

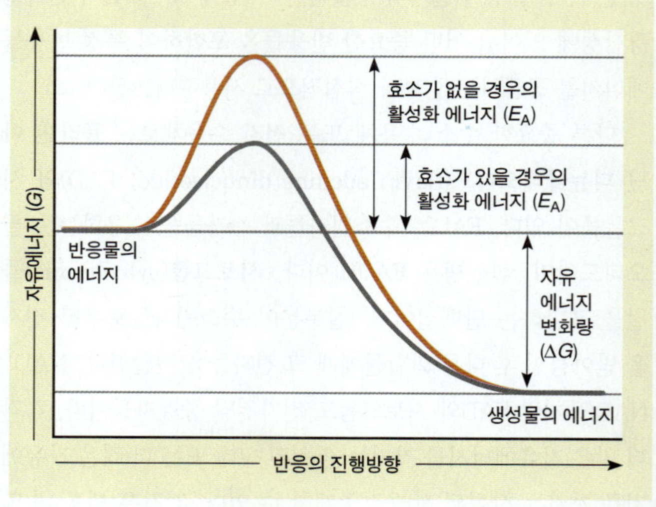


**그림 7-9 활성화 에너지와 효소.**

효소는 활성화 에너지($E_A$)를 낮추어 줌으로써 반응속도를 증가시킨다. 효소가 존재하면 반응 중인 분자들은 훨씬 적은 운동에너지로 반응을 완결 짓는다.

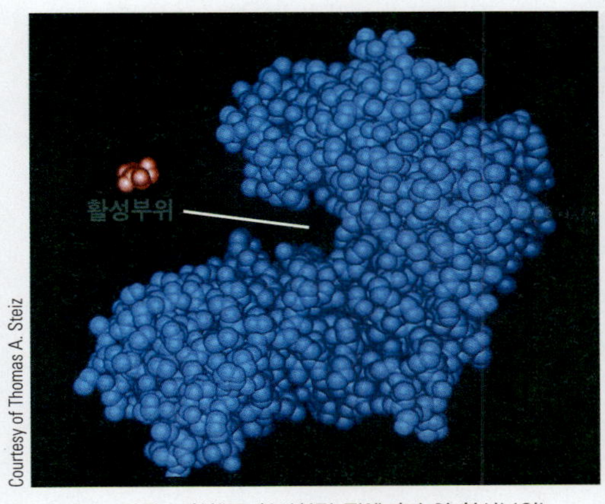


**(a)** 효소-기질 복합체를 형성하기 전에 효소의 활성부위는 포도당이 결합할 고랑에 위치한다.

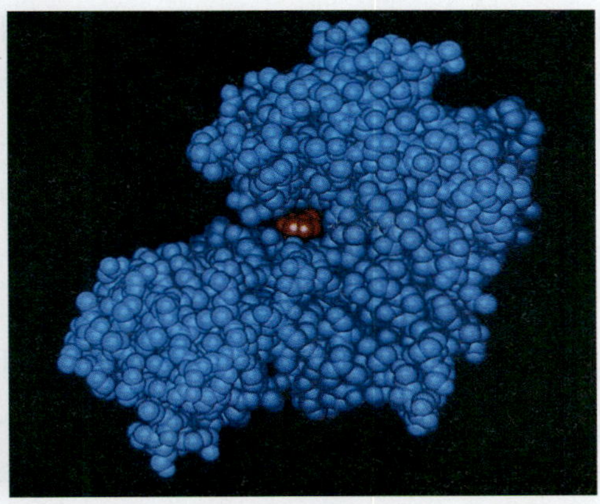

**(b)** 활성부위에 포도당이 결합하면 효소의 활성부위에 변화가 유도된다.

**그림 7-10 효소-기질 복합체.**

이 컴퓨터 그래픽 모델은 효소인 헥소키나아제(푸른색)와 그 기질인 포도당(붉은색)을 나타낸다.

기 위해 더 많은 기질 분자들의 반응을 촉매할 수 있는 자유로운 상태가 된다.

효소들은 보통 기질의 이름에 접미사 -ase를 붙여 명명한다. 예를 들면, 효소인 슈크라아제(sucrase)는 설탕을 포도당과 과당으로 분리한다. 몇몇 효소들은 -ase로 끝나지 않는 전통적인 이름을 가지며, 이런 것들 중 일부는 -zyme으로 끝난다. 예를 들면, 리소자임(lysozyme, 그리스어 lysis에서 유래, "느슨하게 하는 것")은 눈물과 침에서 발견되는 효소이며, 이 효소는 박테리아 세포벽을 파괴한다. 전통적인 이름을 갖는 효소의 다른 예에는 펩신과 트립신이 있으며, 이 둘은 단백질의 펩티드 결합을 끊는다.

## 7.6.4 효소들은 특이성이 있다

효소들은 생명체내에서 일어나는 사실상 모든 화학반응을 촉매한다. 효소의 활성부위의 모양과 기질의 모양 사이에는 밀접한 관계가 있기 때문에, 대부분의 효소들은 매우 특이적이다. 대부분의 효소는 단지 몇 가지의 서로 밀접하게 관련되어 있는 화학반응만 촉매할 수 있거나, 또는 단지 하나의 특정한 반응만 촉매한다. 효소 슈크라아제는 설탕만 분해시키고, 맥아당이나 젖당 같은 다른 이당류에는 작용하지 않는다. 어떤 효소들은 특정한 종류의 화학결합을 갖는 기질에 특이적이다. 예를 들면, 이자에서 분비되는 리파아제는 매우 다양한 지방의 글리세롤과 지방산들을 연결하고 있는 에스테르 결합을 분해한다.

과학자들은 비슷한 반응들을 촉매하는 효소들을 집단으로 묶어 분류한다. 그러나 집단에 속해 있는 각각의 특정 효소는 단지 하나의 특정한 반응만 촉매한다. 생물학자들이 인정한 효소의 6가지 분류군들이 **표 7-1**에 설명되어 있다. 각각의 분류군들은 더 많은 아족(subclass)으로 나누어진다. 예를 들면, 위에서 다룬 슈크라아제는 글리코시드 결합을 끊기 때문에 글리코시다아제에 속한다(3장 참고). 글리코시다아제는 가수분해 효소의 아족이다. 가수분해에 의해 인산기를 제거하는 효소인 포스파타아제 또한 가수분해효소이다. 기질로 인산기를 전달하는 효소인 인산화효소는 전달효소이다.

## 7.6.5 많은 효소들이 조효소를 필요로 한다

어떤 효소들은 단지 단백질만으로 구성되어 있다. 예를 들면, 동물의 위에서 분비되고 특정 펩티드결합을 파괴하여 음식물 속 단백질을 소화하는 효소인 펩신은 오로지 단백질 분자만으로 구성되어 있다. 다른 효소들은 2가지 구성성분, 즉 *주효소(apoenzyme)*라고 부르는 단백질과 **보조인자(cofactor)**라고 부르는 부수적인 화학성분을 가지고 있다. 주효소나 보조인자 단독으로는 촉매 활성을 가질 수 없다. 2가지가 합쳐질 때만 효소기능을 하게 된다. 보조인자는 무기분자 또는 유기분자일 수 있다.

어떤 효소들은 보조인자로써 특별한 금속이온을 요구한다. 매우 일반적인 2가지 무기 보조인자는 마그네슘 또는 칼슘이온이다. 생명체들이 매우 적은 양을 요구하는 철, 구리, 아연, 망간 같은 대부분의 미량 원소들은 보조인자로서 기능한다.

주효소에 결합하여 보조인자로 작용하는 비단백질성 유기화합물을 **조효소(coenzyme)**라고 부른다. 대부분의 조효소들은 전

**표 7-1**

**몇 가지 중요한 효소의 분류군**

| 효소의 종류 | 기능 |
|---|---|
| 산화환원효소 | 산화-환원 반응 촉매 |
| 전달효소 | 공여분자에서 수용분자로 기능기의 전달을 촉매 |
| 가수분해효소 | 가수분해 반응 촉매 |
| 이성질화 효소 | 하나의 이성질형태에서 다른 형태로의 전환을 촉매 |
| 연결효소 | ATP의 가수분해와 짝을 이루어 두 분자를 결합시키는 반응 촉매 |
| 분해효소 | 이중결합을 형성하거나 끊는 반응 촉매 |

자 또는 기질의 일부분을 한 분자에서 다른 분자로 전달하는 운반체들이다. 조효소들의 몇 가지 예는 이미 이 장에서 소개했었다. NADH, NADPH와 $FADH_2$는 조효소들이며, 전자들을 전달한다. ATP도 조효소로서 기능하며 인산기를 전달하는 역할을 한다. 다른 조효소인 **조효소** A(coenzyme A)는 유기산으로부터 유래된 기들의 전달에 관여한다. 생명체들이 매우 적은 양을 요구하지만 합성할 수 없는 유기화합물인 대부분의 비타민들은 조효소이거나 조효소의 구성요소이다(표 46-3 참고).

### 7.6.6 효소들은 최적상태에서 가장 효율적이다

효소들은 일반적으로 적당한 온도, pH(**그림 7-11**), 이온농도 같은 좁은 범위의 특정한 조건에서 일을 가장 잘 할 수 있다. 최적 조건들로부터 벗어나는 것은 효소활성에 부정적인 영향을 준다.

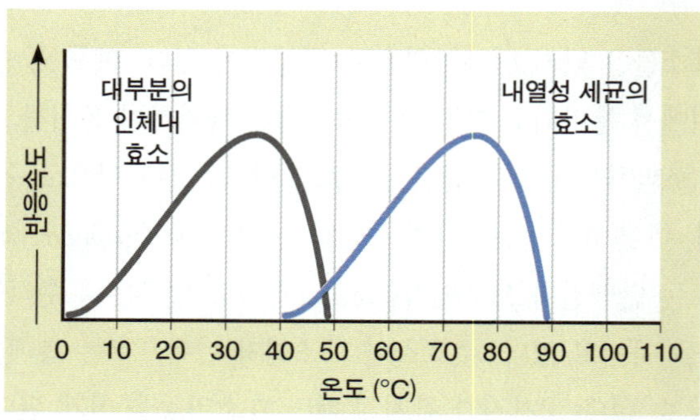


**(a)** 효소 활성에 대한 온도의 영향을 나타내는 전형적인 곡선. 온도가 올라가면 효소활성은 최적온도에 이를 때까지 증가한다. 최적온도를 넘어서게 되면 단백질인 효소가 변성되기 때문에 효소활성은 급격히 떨어진다.

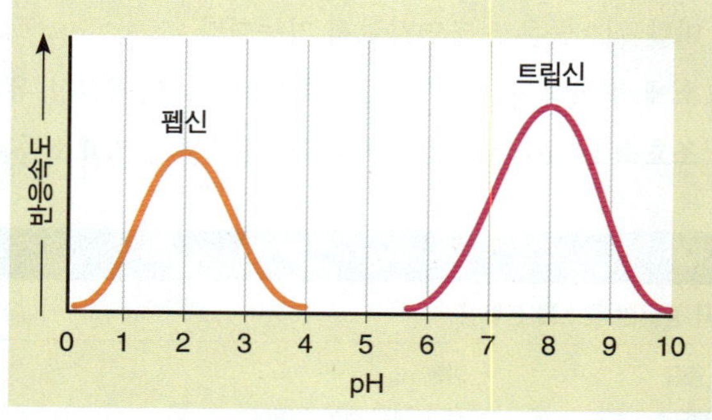


**(b)** 효소 활성은 pH에 매우 민감하다. 펩신은 강산성인 위액 속에서 단백질을 소화하는 효소이다. 이자에서 약염기성인 소장으로 분비되는 트립신은 폴리펩티드를 소화한다.

**그림 7-11 효소활성에 대한 온도와 pH의 영향.**
위의 반응들에서 효소와 기질의 농도는 일정하게 유지시켰다.

#### (1) 효소는 최적온도를 갖는다

대부분의 효소들은 최적온도를 가지는데, 최적 온도에서 반응속도가 가장 빠르다. 사람이 가진 효소의 경우, 최적온도는 체온 근처(35~40℃)이다. 낮은 온도에서 효소 반응은 느리거나 전혀 일어나지 않는다. 온도가 증가함에 따라 분자운동이 증가하고, 결과적으로 더 많은 분자들의 충돌이 일어난다. 따라서, 대부분의 효소-조절 반응의 속도는 어떤 한도 내에서 온도가 증가할수록 높아진다(**그림 7-11a**). 고온은 대부분의 효소들을 빨리 변성시킨다. 단백질의 2차, 3차, 4차 구조를 만들어내는 수소결합이 파괴됨으로써 단백질의 입체형태(conformation; 3차원 구조)가 변하게 된다. 이러한 불활성화는 보통 가역적이지 않기 때문에 효소가 다시 차가워진다고 해도 활성이 회복되지는 않는다. 대부분의 생명체들은 고온에 아주 짧은 시간 노출 되더라도 효소가 변성되고, 물질대사를 계속할 수 없게 되어 죽는다.

#### (2) 각각의 효소는 최적 pH를 갖는다

대부분의 효소들은 단지 좁은 범위의 pH에서 활성이 있고 최적 pH를 가지는데, 최적 pH에서 반응속도가 가장 빠르다. 사람이 가진 대부분의 효소들의 최적 pH는 6과 8사이이다. (완충용액이 세포내 pH 변화를 최소화하고, 따라서 pH가 좁은 범위 내에서 유지된다는 2장의 내용을 기억하라.) 위장벽 세포에 의해 분비되는 단백질 소화효소인 펩신은 예외적이다. 매우 산성인 매질에서만 작용을 하며, 최적 pH가 2이다(**그림 7-11b**). 반대로, 이자에서 분비되고, 단백질을 분해하는 효소인 트립신은 소장에서 나타나는 약간 염기성인 환경에서 최고의 기능을 발휘한다.

효소의 활성은 효소의 전하를 변경시키는 pH의 변화에 의해서 현저하게 변한다. 전하의 변화는 3차와 4차 구조에 기여하는 이온 결합에 영향을 주고, 따라서 단백질의 입체형태와 활성을 변화시킨다. 대부분의 효소들은 매질이 매우 산성이거나 매우 염기성일 때 불활성화 되고 보통 비가역적으로 변성된다.

### 7.6.7 효소들은 물질대사 경로에서 팀으로 조직되어 있다

효소들은 하나의 효소가 조절하는 반응의 생성물이 다음 반응의 기질로 사용되는 방식으로 연속적으로 일을 하기 때문에, 효소들은 반응을 연결시키는데 있어서 필수적인 역할을 담당한다. 각각의 효소는 분자 A를 분자 B로 변형시키는 것과 같은 한 단계를 수행한다. 그다음에 분자 B는 이 분자를 분자 C로 전환시키는 다음 효소로 건네지고 계속 진행된다. 이와 같이 연속되는 반응을 **대사경로(metabolic pathway)**라고 한다.

$$A \xrightarrow{\text{효소 1}} B \xrightarrow{\text{효소 2}} C$$

이 반응들의 각각은 이론적으로 가역적이다. 만약 하나의 특정 반응에 있어서 반응물과 생성물 사이에 본래 가지고 있던 자유에너지 차가 거의 없다면, 그 반응의 방향은 주로 반응물과 생성물의 상대적인 농도에 의해 결정될 것이라는 사실을 기억해야 한다.

대사경로에 있어서 중간생산물과 최종생산물은 모두 흔히 제거되거나 다른 화학물질로 전환된다. 이러한 제거가 반응의 경로를 특정의 방향으로 이끌어간다. 반응물 A가 일정하게 공급되고 그 농도가 일정하게 유지된다고 가정하자. 효소 1은 반응물 A를 생성물 B로 전환한다. B는 효소 2에 촉매되는 반응으로 C로 전환되어 제거되기 때문에 B의 농도는 언제나 A의 농도보다 낮아진다. 만약 C가 생성되는 즉시 아마도 세포를 떠남으로써 제거된다면 전체적인 반응 경로는 C쪽으로 끌리게 된다. 어떤 경우에는 경로의 효소가 다른 효소와 결합하여 경로의 중간대사물을 한 활성부위에서 다른 활성 부위로 효과적으로 전달하는 효소복합체를 형성한다. 그런 효소복합체의 한 예인 피루브산탈수소효소는 8장에서 논의된다.

## 7.6.8 세포는 효소활성을 조절한다

효소들이 세포의 화학작용을 조절한다. 그러면 무엇이 효소들을 조절하는가? 1가지 조절기작은 생성되는 효소의 양을 조절하는 것이다. 하나의 특이적인 유전자가 각 유형의 효소 합성을 지시한다. 다음으로 유전자는 호르몬이나 다른 신호분자들에 의해 작동된다. 유전자가 켜지면 효소는 합성된다. 존재하는 효소의 양이 세포의 전체 반응속도에 영향을 미친다.

대부분의 세포내부가 그런 것처럼 만약 pH와 온도가 일정하게 유지된다면, 반응속도는 기질의 농도 또는 효소의 농도에 의해 영향을 받을 수 있다. 만약 기질이 과잉으로 존재하면 효소농도가 속도제한 요인이 된다. 그때 반응의 초기속도는 효소의 농도에 직접적으로 비례한다(그림 7-12a).

만약 효소의 농도가 일정하게 유지된다면, 효소 반응속도는 존재하는 기질의 농도에 비례하게 된다. 기질농도는 농도가 낮을 때 속도 제한요인이 된다. 따라서, 반응속도는 기질 농도에 직접적으로 비례한다. 그러나 기질의 농도가 높을 때, 효소 분자들은 기질에 의해 포화된다. 즉, 기질분자들은 효소분자들의 가능한 모든 활성부위에 결합하게 된다. 이런 상황에서는 기질농도가 증가하더라도 반응속도를 증가시킬 수 없다(그림 7-12b).

어떤 효소반응의 생성물이 다른 효소의 활성을 조절할 수 있는데, 특히 효소반응들이 연속적으로 일어나는 경우에 나타난다. 예

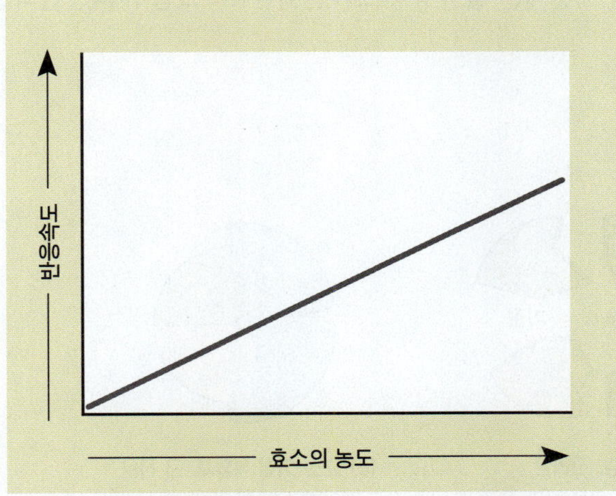


**(a)** 이 실험에서 반응속도는 과량의 기질이 늘 존재하는 상태에서 효소농도를 달리하여 측정하였다. (온도와 pH는 일정한 수준으로 유지시켰다.) 반응속도는 효소농도에 비례한다.

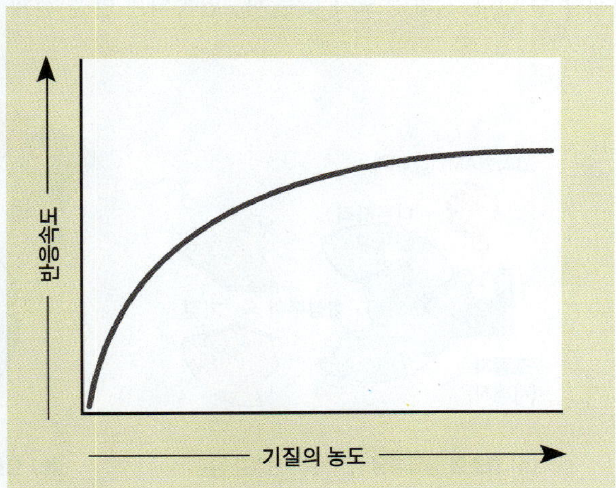


**(b)** 이 실험에서 반응속도는 효소농도, 온도, pH가 일정한 상태에서, 기질농도를 달리하여 측정하였다. 기질의 농도가 상대적으로 낮을 경우 반응속도는 기질의 농도에 비례한다. 그러나 더 높은 기질 농도에서는 효소분자가 기질로 포화되기 때문에 반응속도가 증가하지 않는다.

**그림 7-12 반응속도에 대한 효소농도와 기질농도의 영향.**

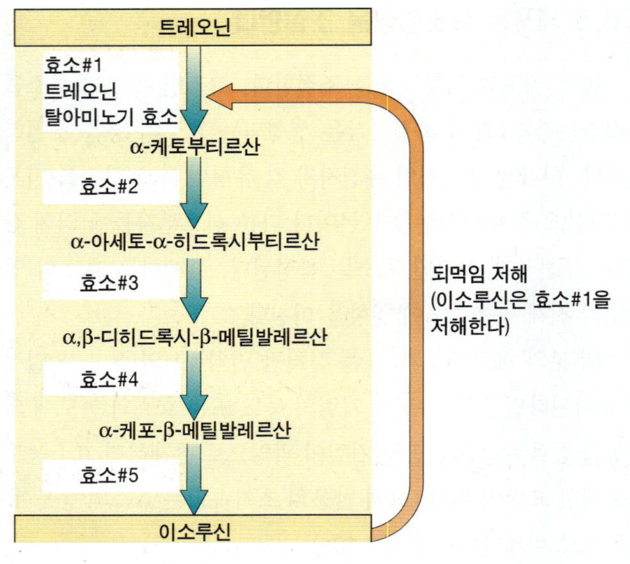


**그림 7-13 되먹임 저해.**

박테리아는 아미노산인 트레오닌으로부터 이소루신을 합성한다. 이소루신 합성과정은 각각 다른 효소가 촉매하는 5단계로 이루어져 있다. 세포 내에 충분한 이소루신이 축적되어 있으면 이소루신은 이 합성과정의 1단계를 촉매하는 효소인 트레오닌 탈아미노기 효소를 저해한다.

를 들면, 아래의 물질대사과정을 살펴보자.

$$A \xrightarrow{\text{효소 1}} B \xrightarrow{\text{효소 2}} C \xrightarrow{\text{효소 3}} D \xrightarrow{\text{효소 4}} E$$

서로 다른 효소는 각 단계를 촉매하고, 최종산물 E는 효소 1의 활성을 저해할 수 있다. E의 농도가 낮을 때, 연속되는 반응 전체가 빨리 진행된다. 그러나, E의 농도가 증가하게 되면 효소 1의 기능을 느리게 만들고 결국 기능을 멈추게 만드는 신호로 작용한다. 효소 1의 저해는 연속 되는 반응 전체를 중지시킨다. 생성물의 형성이 연속되는 반응의 초기 단계를 억제하는 이와 같은 효소조절을 **되먹임억제**(feedback inhibition)라고 한다(▮ **그림 7-13**).

효소를 조절하는 또다른 중요한 방법은 효소 분자를 활성화하는 것이다. 불활성 형태의 효소는 활성부위가 부적절한 모양을 하고 있어서 기질이 들어맞지 않는다. 효소의 형태에 영향을 미치는 인자들 중에는 pH, 특정 이온들의 농도, 그리고 효소의 특정 아미노산에 인산기가 첨가되는 것이 있다.

어떤 효소들은 활성부위가 아닌 다른 부위에 **다른자리입체성 부위**(allosteric site)라고 부르는 수용부위를 가진다. (*알로스테릭*은 "다른 장소"라는 의미이다.) 어떤 물질이 효소의 다른자리입체성 부위에 결합하게 되면, 효소의 활성부위의 입체구조가 변하게 되고, 따라서 효소의 활성도 변한다. 다른자리입체성 부위에 결합하여 효소활성에 영향을 주는 물질들을 **다른자리입체성 조절인자**(allosteric regulator)라 한다. 어떤 다른자리입체성 조절인자들은 효소를 불활성형으로 만드는 다른자리입체성 억제인자들이다. 반대로 다른자리입체성 활성인자의 활성은 기능적인 활성부위를 가지는 효소에서 나타난다.

*고리형 AMP 의존-단백질인산화효소*는 다른자리입체성 효소로서, 다른자리입체성 부위에 가역적으로 결합하여 효소를 불활성화시키는 단백질에 의해 조절된다. 단백질키나아제는 대부분의 시간에는 불활성형으로 존재한다(▮ **그림 7-14**). 단백질키나아

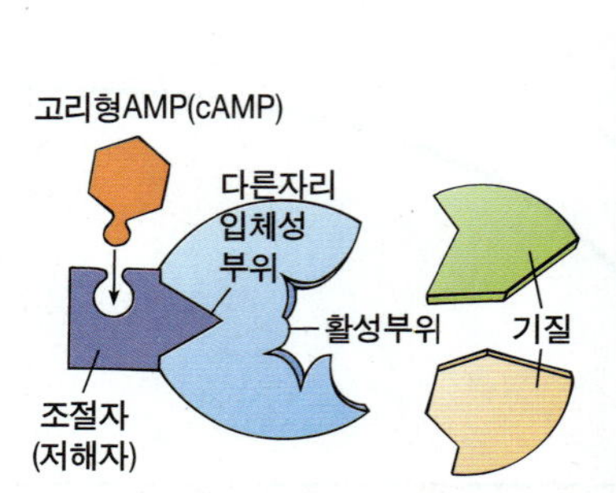


**(a) 효소의 불활성형.** 단백질인산화효소는 이 효소의 다른자리입체성 부위(allosteric site)에 가역적으로 결합하는 조절 단백질에 의해 저해된다. 효소가 이와 같이 불활성형태를 하고 있을 때는 활성부위의 모양이 변해서 기질이 효소에 결합할 수 없다.

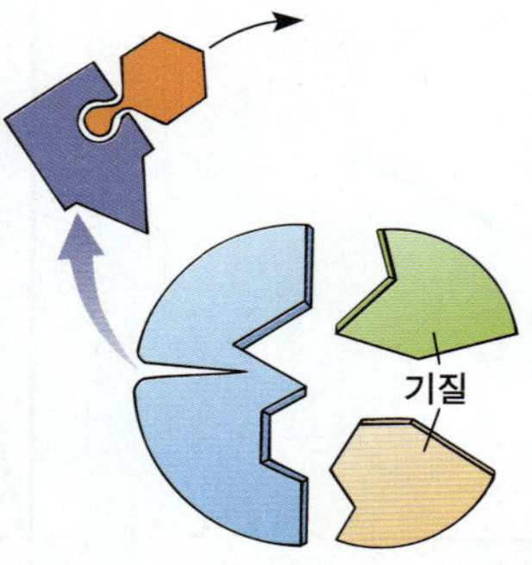


**(b) 효소의 활성형.** 고리형 AMP(cAMP)가 다른 자리 입체성 저해제를 제거하여 효소를 활성화시킨다.

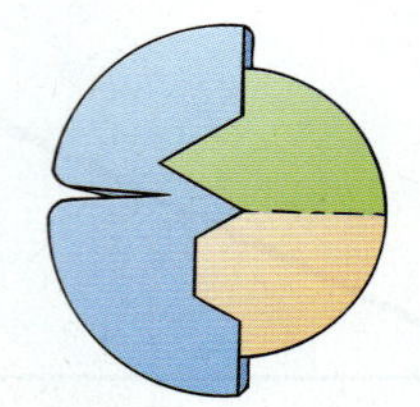

**(c) 효소-기질 복합체.** 그 다음 기질이 효소의 활성부위에 결합할 수 있다.

**그림 7-14 다른자리입체성 효소.**

제 활성이 요구될 때, 고리형 AMP(cAMP, 그림 3-25 참고)가 효소-저해제 복합체와 접촉하고 저해 단백질을 제거함으로써 단백질키나아제를 활성화시킨다. cAMP에 의한 단백질키나아제의 활성화는 특정 호르몬의 작용기작을 포함하는 세포신호전달 기작에 중요하다(6장과 48장 참고).

## 7.6.9 효소들은 어떤 화학 물질에 의해 저해된다

대부분의 효소들은 어떤 화학 물질들에 의해 저해되거나 심지어 파괴된다. 효소저해는 가역적일수도 있고 비가역적일 수도 있다. **가역적 저해**(reversible inhibition)는 저해제가 효소와 약한 화학결합을 할 때 일어난다. 가역적 저해는 경쟁적이거나 비경쟁적일 수 있다.

**경쟁적 저해**(competitive inhibition)에서 저해제는 효소의 활성부위에 결합하는 정상적인 기질과 경쟁한다(그림 7-15a). 보통 경쟁적 저해제는 구조적으로 정상적인 기질과 비슷하며 활성부위에 들어맞고 효소와 결합한다. 그러나, 경쟁적 저해제는 화학반응에 있어서 정상적인 기질을 대체할 수 있을 만큼 충분히 비슷하지 않고, 효소는 그것을 생성물 분자로 전환시킬 수 없다. 경쟁적 저해제는 활성부위를 단지 일시적으로 차지하며, 효소를 영구적으로 손상시키지 않는다. 만약 기질의 농도가 저해제의 농도에 비해 상대적으로 증가하면, 활성부위는 보통 기질에 의해 점유될 것이다. 생화학자들은 기질 농도를 증가시켜 경쟁적 저해를 반전시켜 보임으로써 경쟁적 저해를 실험적으로 증명했다.

**비경쟁적 저해**(noncompetitive inhibition)에서, 저해제는 효소와 결합하지만 활성부위 외의 다른 자리에 결합한다(그림 7-15b). 이런 저해제는 효소의 모양을 변화시켜 효소를 불활성화 시키므로 활성부위에 기질이 결합할 수 없다. 많은 중요한 비경쟁적 저해제들은 효소에 가역적으로 결합하여 효소 활성을 조절하는 대사산물들이다. 비경쟁적 저해는 다른자리입체성 저해와 몇 가지 점에서 비슷하다.

**비가역적 저해**(irreversible inhibition)에서, 저해제가 효소의 활성부위 또는 다른 부위에 있는 작용기들 중 하나와 결합할 때 효소를 영구적으로 불활성화 시키거나 파괴한다. 많은 독극물들이 비가역적 효소 저해제들이다. 예를 들면, 수은이나 납 같은 중금속들은 효소를 포함하여 많은 단백질에 비가역적으로 결합하여 변성시킨다. 어떤 신경가스들은 신경과 근육의 기능에 중요한 효소인 아세틸콜린 에스테라제를 파괴한다. 세포호흡에서 전자를 전달하는 효소들 중 하나인 시토크롬산화효소는 시안화물에 특히 민감하다. 시안화물에 중독되면 시토크롬산화효소가 비가역적으로 저해되어 기질로부터 산소까지 더 이상 전자가 전달되지 않기 때문에 죽게 된다.

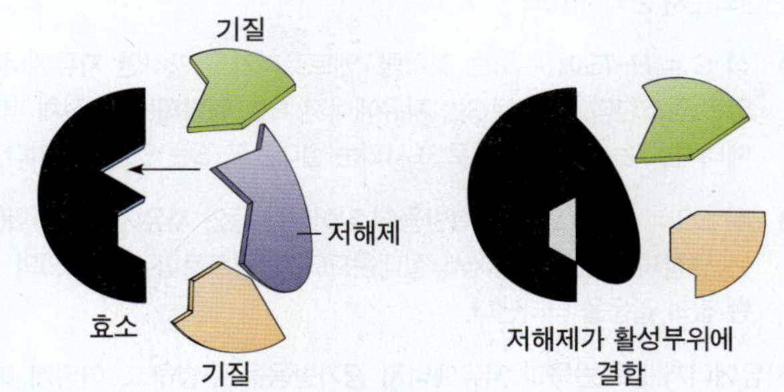


**(a) 경쟁적 저해.** 이 저해제는 효소의 활성부위에 대해 정상적인 기질과 경쟁한다. 경쟁적 저해제는 효소의 활성부위를 단지 일시적으로 차지한다.

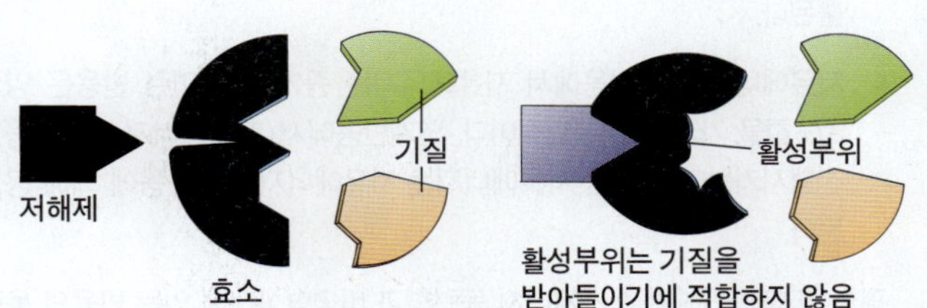


**(a) 비경쟁적 저해.** 저해제는 효소의 활성부위가 아닌 다른 부위에 결합하여 효소의 모양을 변화시키고 효소를 불활성화시킨다.

**그림 7-15 경쟁적 저해와 비경쟁적 저해.**

## 7.6.10 어떤 약물들은 효소 저해제들이다

의사들은 박테리아 감염에 대해 박테리아 효소 활성을 직접 또는 간접적으로 억제하는 약물을 처방한다. 예를 들면, 설파제는 영양소인 *파라-아미노벤조산*(para-aminobenzoic acid; PABA)의 화학 구조와 비슷하다(그림 7-16). PABA가 있으면 미생물들은 성장에 필수적인 비타민인 *엽산*(folic acid)을 합성할 수 있다. 사람들은PABA로부터 엽산을 합성하지 않으며, 이것이 왜 설파제가 박테리아만 선택적으로 영향을 주는지에 대 한 이유이다. 설파제가 있으면, 이약은 박테리아 효소의 활성부위에 대해 PABA와 경쟁하게 된다. 박테리아가 PABA 대신 설파제를 이용하면 박테리아는 엽산을 만드는데 사용될 수 없는 화합물을 합성하게 된다. 결과적으로 박테리아 세포는 성장할 수 없게 된다.

페니실린과 비슷한 항생제들은 *트랜스펩티다아제*(transpeptidase)라고 부르는 박테리아 효소를 비가역적으로 억제한다. 이 효소는 박테리아 세포벽에 있는 어떤 화학결합을 만든다. 이 항생제에 감수성 있는 박테리아는 적절하게 구성된 세포벽을 만들 수

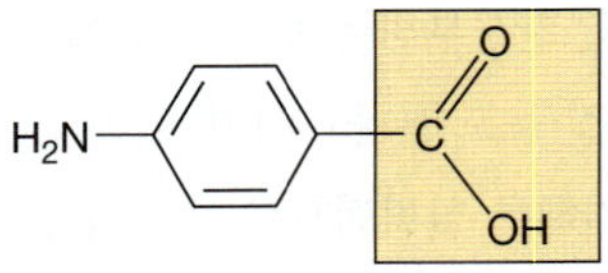

파라-아미노벤조산
(PABA)

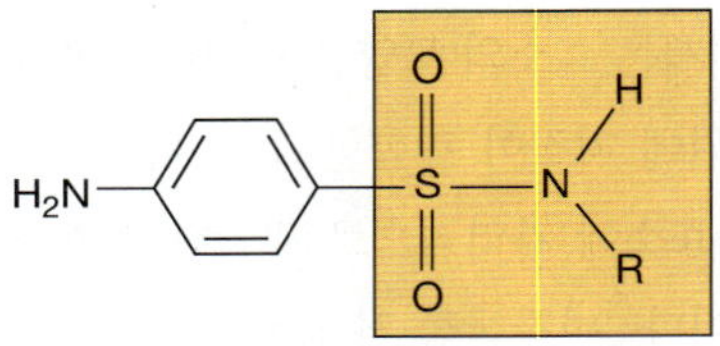

일반 설폰아미드
(설파제)

**그림 7-16 파라-아미노벤조산과 설폰아미드.**

설파제(sulfa drug)는 박테리아의 성장에 요구되는 중요한 비타민인 엽산의 합성에 관여하는 효소를 저해한다. (일반적으로 2개의 공유결합을 형성하는 황이 설폰아미드 분자에서는 특이하게 6개의 공유결합을 하고 있는 점에 주목하라)

없게 되어 효과적으로 증식이 차단된다. 사람의 세포들은 세포벽을 가지지 않으므로 이 효소를 이용하지 않는다. 그러므로, 페니실린에 대한 개인적인 알레르기만 제외하면 페니실린은 사람에게 무해하다. 불행하게도, 페니실린이 도입된 이래 수년 동안 수많은 박테리아 균주들이 페니실린에 대한 내성을 진화시켰다. 내성 박테리아는 페니실린을 분해하여 페니실린을 무효화시키는 그들 자신의 효소인 페니실리나아제로 저항한다. 박테리아는 아주 빠른 속도로 진화하기 때문에 박테리아의 약물 내성은 의료계에 있어서 문제성이 점점 커져가고 있다

### 복습

- 효소는 반응을 하는데 필요한 활성화 에너지에 어떤 영향을 미치는가?
- 효소 활성부위의 기능은 다른자리입체성 부위와 어떻게 다른가?
- 효소의 최적 온도와 최적 pH는 효소의 구조와 기능에 어떻게 관련되는가?
- 다른자리입체성 저해는 경쟁적인가? 비경쟁적인가?

## 핵심 용어와 요약

### 학습목표

1 어떻게 에너지가 일과 열에 관련되는지에 중점을 두어 *에너지*를 정의하시오.

- **에너지**는 일을 할 수 있는 능력이다(**킬로주울, kJ**로 표시한다).
- 에너지는 편리하게 **열에너지**로 측정될 수 있고, 열에너지는 고온의 물체에서 저온의 물체로 흐른다. 열에너지의 단위는 **킬로칼로리**(kcal)이며, 4.184kJ에 해당한다. 열에너지로는 세포가 일을 할 수 없다.

2 퍼텐셜에너지(위치에너지)와 운동에너지를 대조할 수 있는 예를 들어 보시오.

- **퍼텐셜에너지**는 저장된 에너지이며, **운동에너지**는 운동할 때의 에너지이다.
- 모든 생명은 지속적인 에너지의 유입에 의존한다. 모든 형태의 에너지는 상호전환 된다. 예를 들면, 광합성 생물들은 방사에너지를 붙잡아 그 에너지의 일부를 많은 생명과정을 추진시키는 잠재적 에너지 형태인 **화학에너지**로 전환시킨다.

3 열역학 1법칙과 2법칙을 설명하고, 이 법칙들이 생명체와 관련될 때 이 법칙들에 함축되어 있는 의미에 대해 논하시오.

- **닫힌 계**는 환경과 에너지를 교환하지 않는다. 생명체는 환경과 에너지를 교환하는 **열린 계**이다.
- **열역학 1법칙**은 에너지는 창조되거나 파괴될 수 없고, 단지 전달되거나 다른 형태로 변할 수 있다는 것이다. 1법칙은 생명체들이 왜 에너지를 만들 수는 없지만 열린 계로서 환경으로부터 지속적으로 에너지를 획득해야 되는지를 설명해 준다.
- **열역학 2법칙**은 닫힌 계인 우주의 무질서도(엔트로피)가 지속적으로 증가한다는 것이다. 에너지 전환은 100% 효율적이지 않다. 일부의 에너지는 **엔트로피(S)** 또는 무질서도에 기여하는 무작위적 운동인 **열**로 서 주위로 흩어진다. 열린 계인 생명체들은 환경으로부터 취한 비용으로 그들의 질서 있는 체계를 유지한다.

4 반응에 있어서 자유에너지의 변화가 어떻게 엔트로피와 엔탈피의 변화와 관련되는지 논의하시오.

- 식 $G = H-TS$에서 보는 것처럼, 엔트로피가 증가하면 **자유에너지**의 양은 감소한다. 식에서 $G$는 자유에너지, $H$는 **엔탈피**(계의 전체 퍼텐셜 에너지), $T$는 Kelvin 단위로 표시되는 절대온도, $S$는 엔트로피이다.
- 식 $\Delta G = \Delta H-T\Delta S$는 화학반응이 일어나는 동안 자유에너지 변화($\Delta G$)는 엔탈피의 변화($\Delta H$)에서 절대온도(T)와 엔트로피 변화($\Delta S$)의 곱을 뺀 값과 같음을 나타낸다.

5 자유에너지 감소반응과 자유에너지 증가반응을 구별하고, 어떻게 이 두 반응이 연결되는지 예를 들어 보시오.

- 자유에너지 감소반응은 음의 $\Delta G$ 값을 갖는다. 즉 자유에너지가 감소한다. 이런 반응은 자발적이며, 일을 수행할 수 있는 자유에너지가 방출된다.
- 자유에너지 증가반응에서 자유에너지는 증가한다. 이런 반응은 양의 $\Delta G$ 값을 가지며, 비자발적이다. 연계반응에서, 자유에너지 증가반응을 진행시키는데 필요한 자유에너지는 자유에너지 감소반응에 의해 공급된다.

6 평형상태에 있는 반응의 에너지 동력학과 비평형상태에 있는 반응의 동력학을 비교해 보시오.

- 화학반응이 동적 평형상태에 있을 때, 한 쪽 방향으로 변화하는 속도는 반대방향으로 변화하는 속도와 같다. 반응물과 생성물간의 자유에너지 차이가 0이기 때문에 이 계는 일을 할 수 없다.

- 반응분자들의 농도가 증가할 때 반응은 오른쪽으로 진행되고, 평형에 다시 도달할 때까지 더 많은 생성물이 형성된다.

7 ATP의 화학구조가 어떻게 인산기를 전달하게 되는지 설명하고, 세포의 전반적인 에너지 대사에 있어서 ATP의 중심적 역할에 대해서 논의해 보시오.

- **ATP**는 세포가 즉시 사용할 수 있는 에너지 화폐이다. ATP는 수용체 분자로 쉽게 전달되는 마지막 인산기에 의해 에너지를 제공한다. ATP는 **ADP**의 **인산화**에 의해 형성되며, 이 인산화는 에너지의 투입이 요구되는 자유에너지 증가반응이다.

- ATP는 자유에너지 감소반응과 자유에너지 증가반응, 그리고 이화작용(크고 복잡한 분자들을 작고 간단한 분자들로 분해하는 과정)과 동화작용(간단한 분자들로부터 복잡한 분자를 합성하는 과정)을 연결시켜 준다.

8 전자의 전달(또는 수소원자)을 에너지의 전달과 관련지어 보시오.

- **산화·환원 반응**이 일어나는 동안 에너지가 전달된다. 어떤 물질은 환원되는 물질에 1개나 그 이상의 전자를 줌으로써 산화된다. 일반적으로 전자들은 수소원자들의 일부분으로서 전달된다.

- $NAD^+$와 $NADP^+$는 수소원자들의 일부분인 전자를 받아들여 NADH와 NADPH의 형태로 환원된다. 이 전자들은(그들이 가진 에너지중 일부와 함께) 다른 수용체로 전달될 수 있다.

9 어떻게 효소가 반응이 일어나는데 필요한 활성화 에너지를 낮추는지 설명하시오.

- **효소**는 생물학적 **촉매**이다. 효소는 소모되지 않으면서 화학반응 속도를 크게 증가시킨다.

- 효소는 반응이 진행되는데 필요한 운동에너지인 **활성화 에너지($E_A$)**를 낮추는 일을 한다. 효소의 **활성부위**는 기질들이 가까이 다가와 접촉하게 되는 3차원 부위이다. 기질이 활성부위에 접촉하게 되면 반응이 보다 쉽게 일어난다. 기질이 활성부위에 결합하면 **효소-기질 복합체**가 형성되고, 이 때 효소와 기질의 모양이 약간 변한다. 이와 같은 **유도적합**은 이미 형성되어 있던 결합들을 끊고 새로운 결합들이 형성되는 것을 촉진한다.

10 효소가 조절되는 특수한 방법들을 기술하시오.

- 효소들은 특정 온도와 pH에서 가장 일을 잘한다.

- 세포는 생성되는 효소의 양을 조절하고, 효소의 모양에 영향을 주는 대사조건을 조절하여 효소활성을 조절할 수 있다.

- 어떤 효소들은 **다른자리입체성** 부위를 갖는다. 이 부위는 효소의 활성을 변화시키는 다른자리입체성 조절인자가 결합하는 비촉매성 부위이다. 일부 다른자리입체성 효소들은 **되먹임억제**의 대상이 된다. 되먹임억제는 최종산물이 **물질대사 경로**의 초기반응을 억제하는 것이다.

- **가역적 저해**는 저해제가 효소와 약한 화학결합을 형성할 때 일어난다. 가역적 저해는 저해제가 활성부위에 대해 기질과 경쟁하여 **경쟁적**으로 일어날 수도 있고, 저해제가 활성부위가 아닌 효소의 다른 부위와 결합하여 **비경쟁적**으로 일어날 수도 있다. **비가역적 저해**는 효소와 결합하여 효소를 영구적으로 불활성화 시킬 때 일어난다.

## 연습문제

1. 다음의 반응 중 $\Delta G = +3.56$kJ/mol인 자유에너지 증가반응에 연계될 수 있는 반응은 어느 것인가?
   (a) A $\longrightarrow$ B, $\Delta G = +6.08$kJ/mol
   (b) C $\longrightarrow$ D, $\Delta G = +3.56$kJ/mol
   (c) E $\longrightarrow$ F, $\Delta G = 0$kJ/mol
   (d) G $\longrightarrow$ H, $\Delta G = -1.22$kJ/mol
   (e) I $\longrightarrow$ J, $\Delta G = -5.91$kJ/mol

2. 계의 어떤 에너지가 세포가 일을 하는데 사용할 수 있는 에너지인가?
   (a) 활성화에너지 (b) 결합에너지 (c) 운동에너지
   (d) 자유에너지 (e) 열에너지

3. 열역학에서, ________ 는(은) 계의 무질서도를 측정한 것이다.
   (a) 결합에너지 (b) 이화작용 (c) 엔트로피 (d) 엔탈피 (e) 일

4. 다음의 반응을 보고 물음에 답하시오.
   포도당 + $6O_2 \longrightarrow 6CO_2 + 6H_2O$ ($\Delta G = -2880$kJ/mol)
   이 반응에 대한 다음의 설명 중 맞지 않는 것은 어느 것인가?
   (a) 이 반응은 열역학적 면에서 자발적이다.
   (b) 이 반응이 시작되기 위해서는 적은 양의 에너지(활성화 에너지)가 공급되어야만 하고, 에너지를 방출하면서 반응이 진행된다.
   (c) 이 반응은 자유에너지감소 반응이다.
   (d) 이 반응은 자유에너지증가 반응과 연계될 수 있다.
   (e) 이 반응은 자유에너지감소 반응과 연계되어야만 한다.

5. 열역학 2법칙에 따르면,
   (a) 에너지는 1가지 형태에서 다른 형태로 변화될 수는 있지만 생성되거나 파괴되지는 않는다.
   (b) 유기체가 하는 많은 양의 일은 물리적인 일이다.
   (c) 우주의 무질서도는 증가한다.
   (d) 자유에너지는 세포가 일을 하는데 이용될 수 있다.
   (e) 세포는 동적 평형상태에 있다.

6. 다음의 연속 반응에서, 최종산물인 E가 가장 잘 결합할 수 있는 다른자리입체성 부위를 가질 것 같은 효소(또는 효소들)는 어느 것인가?

   $$A \xrightarrow{\text{효소 1}} B \xrightarrow{\text{효소 2}} C \xrightarrow{\text{효소 3}} D \xrightarrow{\text{효소 4}} E$$

   (a) 효소1 (b) 효소2 (c) 효소3 (d) 효소4 (e) 효소 3과 4

7. 에너지의 투입을 요구하는 반응을 일으키기 위해서,
   (a) 효소-기질 복합체가 형성되어야만 한다.
   (b) ATP의 농도가 감소해야만 한다.
   (c) 활성화에너지는 증가해야만 한다.

(d) 에너지를 내어 놓는 어떤 반응이 이 반응과 연계되어야 한다.
(e) 에너지를 요구하는 어떤 반응이 이 반응과 연계되어야 한다.

8. 반응을 시작하는데 필요한 운동에너지를 _________ 라고 부른다.
(a) 활성화에너지 (b) 결합에너지 (c) 퍼텐셜에너지
(d) 자유에너지 (e) 열에너지

9. 자유에너지의 투입을 요구하는 반응을 _________ (이)라고 한다.
(a) 자유에너지감소(exergonic) 반응
(b) 자유에너지증가(endogonic) 반응
(c) 자발적 반응
(d) a와 c 모두
(e) b와 c 모두

10. 다음 중 어떤 저해제가 효소의 활성부위에 결합하는가?
(a) 비경쟁적 저해제 (b) 경쟁적 저해제 (c) 비가역적 저해제
(d) 다른자리입체성 조절인자 (e) PABA

## 심화 학습문제

1. **진화적 연계.** 모든 생명체가 자유에너지 감소 반응과 자유에너지 증가 반응간의 중심연결자로 ATP/ADP를 사용한다는 사실은 에너지 대사의 진화에 대해 무엇을 암시하는가?

2. **자료 분석.** 반응 1과 2는 같은 자유에너지 변화량, $\Delta G = -41.8$kJ/mol($-10$kcal/mol)을 가진다. 반응 1은 평형상태에 있고 반응 2는 평형으로부터 멀리 떨어져 있다. 어느 반응이든 일을 할 수 있을까? 있다면, 어느 반응이 일을 할 수 있을까?

# 8

# 어떻게 세포는 ATP를 만드는가: 에너지 방출 경로

Digital Vision/Getty Images

**그리즈리 곰** (*Ursus arctos*). 뛰어오르는 연어를 먹으려고 하는 이 곰은 과일, 견과류, 뿌리, 곤충 그리고 쥐와 다람쥐 같은 작은 포유류도 먹는다.

## 핵심 개념

호기성 호흡은 포도당이 산화되고, 산소가 환원되며, ATP를 만들어 에너지를 얻게 되는 자유에너지 감소의 산화환원과정이다.

호기성 호흡은 4단계인 해당과정, 아세틸조효소A 형성, 시트르산 회로, 그리고 전자전달사슬과 화학삼투로 구성되어 있다.

포도당 이외의 물질인 그 외의 많은 탄수화물, 지방 그리고 아미노산들은 호기성 호흡에 의해 산화될 수 있다.

일부 박테리아에 의해 수행되는 혐기성 호흡에서, 포도당은 산화되고 무기물질은 환원되는 산화환원과정 동안 ATP가 생성된다.

발효는 포도당이 산화되고 유기물질이 환원되는 비효율적인 혐기성 산화환원과정이다. 일부 곰팡이와 박테리아뿐 만 아니라 근육세포도 산소의 농도가 낮을 때 발효를 통하여 적은 양의 ATP를 얻는다.

세포들은 수천 개의 대사반응들을 통해 분자 수준에서 물질들을 처리하는 아주 작은 공장들이다. 7장에서 배운 것처럼, 대사는 2가지의 상보적인 구성요소를 가진다: 복잡한 분자들을 더 작은 구성성분들로 분해함으로써 에너지를 방출하는 **이화작용(catabolism)**과 더 단순한 재료들로부터 복잡한 분자들을 합성하는 **동화작용(anabolism)**이다.

모든 생명체들은 광합성에 의해 만들거나 환경으로부터 섭취한 음식분자들로부터 에너지를 뽑아내야만 한다. 사진에 나와 있는 곰은 갖가지 식물성 및 동물성 음식으로부터 유기분자들을 얻는다. 곰은 어떻게 이런 유기 분자들로부터 에너지를 얻는가? 영양소의 화학결합에 들어있던 에너지가 ATP에 저장된 화학에너지로 전환되는 이 화과정은 세포 내에서 *세포호흡(cellular respiration)*이라는 과정을 통해 일어난다. (*세포호흡(cellular respiration)*이라는 용어는 *생명체 호흡(organismic respiration)*과 구별되어 사용된다. 생명체 호흡이란 기체교환을 위해 허파나 아가미 같은 특수 기관을 가진 동물들에 의해 일어나는 환경과의 산소와 이산화탄소의 교환을 말한다.)

세포호흡은 호기성 또는 혐기성일 수 있다. *호기성(aerobic)* 호흡은 분자상의 산소($O_2$)를 필요로 하고, 반면에 혐기성 호흡과 발효를 포함하는 *혐기성(anaerobic)* 경로들은 산소를 필요로 하지 않는다. 호기성 호흡은 이 장의 주요 주제이기도 하다. 3가지 경로, 즉 호기성 호흡, 혐기성 호흡 그리고 발효는 모두 자유에너지감소 반응이고 세포가 포획할 수 있는 자유에너지를 방출한다. ■

## 8.1 산화환원 반응

### 학습목표

1 호기성 호흡을 요약한 반응식을 쓰고, 어느 반응물이 산화되고 어느 반응물이 환원되는지를 표시하라.

대부분의 진핵생물과 원핵생물들은 분자 산소($O_2$)를 필요로 하는 세포호흡의 1가지 형태인 **호기성 호흡**(aerobic respiration)을 수행한다. 대부분의 세포들은 포도당으로부터 에너지를 얻기 위해 호기성 호흡을 이용한다. 포도당의 호기성 호흡에 대한 전체 반응 경로를 요약하면 다음과 같다.

$$C_6H_{12}O_6 + 6\,O_2 + 6\,H_2O \longrightarrow$$
$$6\,CO_2 + 12\,H_2O + \text{에너지 (ATP의 화학결합 내에 있는 에너지)}$$

물이 식의 양쪽에 표시되어 있음에 주의해야 한다. 이것은 물이 어떤 반응들에서는 반응물이 되고 다른 반응에서는 생성물이 되기 때문이다.

이 식을 다음과 같이 단순화시킬 수 있다.

$$C_6H_{12}O_6 + 6\,O_2 \rightarrow 6\,CO_2 + 6\,H_2O + \text{에너지(ATP의 화학결합 내에 있는 에너지)}$$

(산원: $C_6H_{12}O_6$ → $6\,CO_2$; 환원: $6\,O_2$ → $6\,H_2O$)

이 요약된 반응을 분석해 보면, $CO_2$는 포도당으로부터 수소원자들이 제거됨으로써 만들어지는 것으로 나타난다. 반대로, 물은 산소가 수소원자들을 받아들여 형성되는 것이다. 수소원자들의 이동은 전자들의 이동과 동등하기 때문에, 이 반응은 포도당이 **산화**(oxidation)되고 산소가 **환원**(reduction)되는 **산화환원 반응**(redox reaction)이다(2장과 7장 참고).

포도당을 단순히 시험관에 넣고 산소가 있는 상태에서 태우더라도 반응의 생성물은 위 식과 같을 것이다. 그러나 만약 세포가 포도당을 태운다면 그 에너지는 한꺼번에 열로 방출될 것이고, 이 열은 세포가 이용할 수 없을 뿐만 아니라 실제로 세포를 파괴할 것이다. 이런 이유 때문에, 세포들은 수소원자들을 포도당으로부터 산소로 직접 전달하지 않는다. 호기성 호흡은 포도당의 수소원자들과 연합된 전자들이 순차적인 단계를 거쳐 산소로 전달되는 일련의 산화환원반응들을 포함한다(▮ **그림 8-1**). 이 과정 동안 전자들의 자유에너지가 ATP 합성과 연계된다.

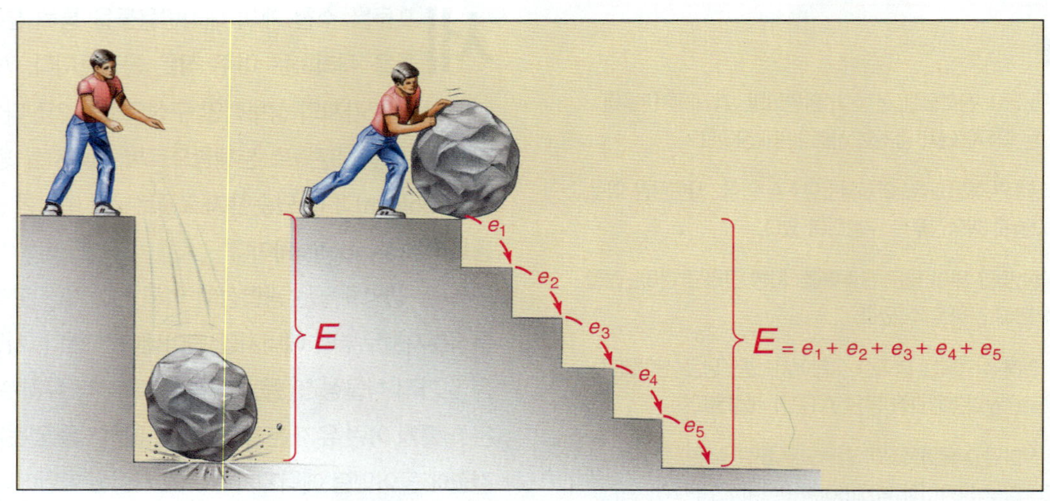


**그림 8-1 자유에너지 변화.**

포도당 분자로부터 에너지가 방출되는 것은 떨어지는 물체에서 에너지가 나오는 것과 비슷하다. 과정이 한꺼번에 일어나든지 연속되어 여러 단계로 일어나든지 간에 방출되는 전체 에너지(E)는 동일하다.

**복습**

- 호기성 호흡의 전체반응에서 어떤 반응들이 산화되고 어떤 것이 환원되는가?
- 대부분의 세포에서 산소의 특별한 역할은 무엇인가?

3 호기성 호흡의 각 단계가 진핵세포의 어느 곳에서 일어나는지 표시해 보라.

4 호기성 호흡의 각 단계에서 ATP, NADH, $FADH_2$로 획득되는 에너지의 합을 구해 보라.

5 화학삼투를 정의하고, 어떻게 양성자 기울기가 미토콘드리아 내막을 가로질러 형성되는지 설명하라.

6 화학삼투에서 양성자 기울기가 ATP 합성을 추진하는 과정을 설명하라.

## 8.2 호기성 호흡의 4단계

### 학습목표

2 호기성 호흡의 4단계를 나열하고 짧게 요약해 보라.

포도당의 호기성 호흡에서 일어나는 화학반응들은 4단계로 구분된다(그림 8-2, 표 8-1; 또한 이 장의 끝에 있는 요약식 참고). 진핵생물에서 제 1단계(해당과정)는 세포질에서 일어나고 나머

**요점**

해당과정은 에너지 투입과 에너지 획득 둘 다 포함한다.

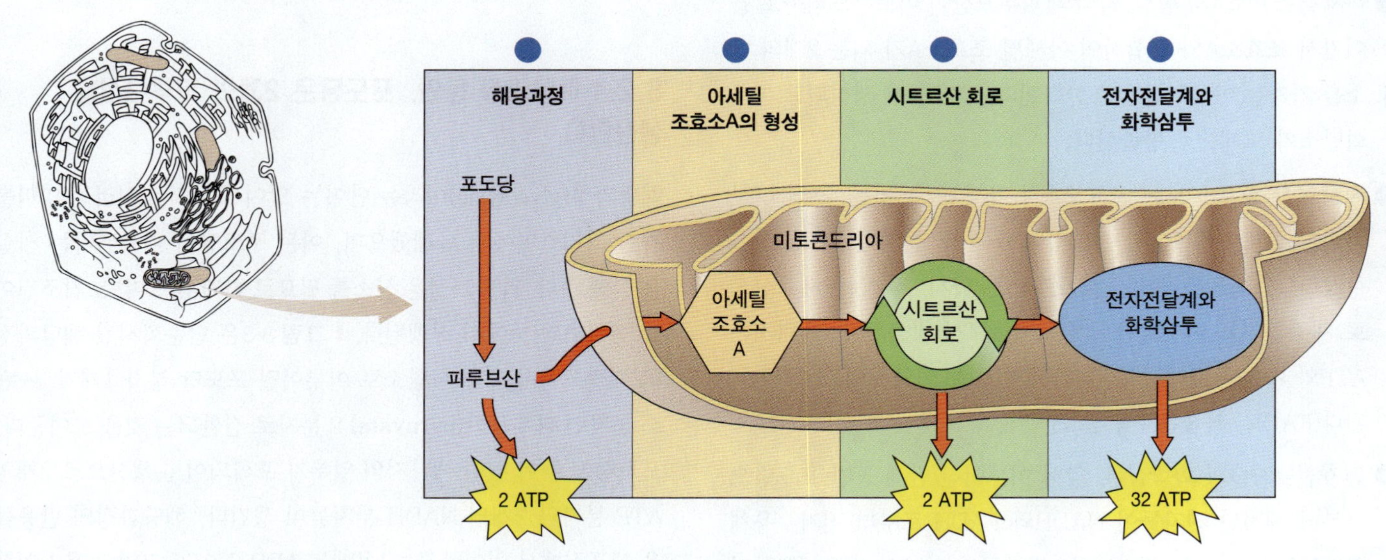


**그림 8-2 호기성 호흡의 4단계.**

1 호기성 호흡의 첫 단계인 해당과정은 세포질에서 일어난다. 2 해당과정의 산물인 피루브산은 미토콘드리아에 들어가서 아세틸조효소A가 형성되고, 3 시트르산 회로, 4 전자전달/화학삼투의 4단계로 세포호흡이 계속 진행된다. 대부분의 ATP는 화학삼투에 의해 합성된다.

**표 8-1**

**호기성호흡의 요약**

| 단계 | 요약 | 초기 반응물 | 최종 산물 |
|---|---|---|---|
| 1. 해당 (세포질에서) | 포도당이 피루브산으로 되는 일련의 반응과정. 2개의 ATP 순생산. 수소원자는 운반체로 전달된다; 혐기성 호흡으로 진행될 수 있다. | 포도당, ATP, $NAD^+$, ADP, $P_i$ | Pyruvate, ATP, NADH |
| 2. 아세틸조효소A의 형성 (미토콘드리아에서) | 피루브산이 분해되고 조효소A와 결합하여 아세틸조효소A를 형성; 수소원자는 운반체로 전달된다. $CO_2$가 방출된다. | 피루브산, 조효소A, $NAD^+$ | 아세틸조효소A, $CO_2$, NADH |
| 3. 시트르산 회로 (미토콘드리아에서) | 아세틸조효소A의 아세틸 부분이 $CO_2$로 분해되는 일련의 반응과정. 수소원자는 운반체로 전달된다; ATP가 합성된다. | 아세틸조효소A, $H_2O$, $NAD^+$, FAD, ADP, $P_i$ | $CO_2$, NADH, $FADH_2$, ATP |
| 4. 전자전달과 화학삼투 (미토콘드리아에서) | 몇 개의 전자운반 분자로 구성된 사슬. 전자는 사슬을 따라 이동한다; 방출되는 에너지는 양성자 농도 구배를 만드는데 사용된다; 양성자가 농도 구배를 따라 확산되면서 ATP가 합성된다; 산소는 최종 전자수용체이다. | NADH, $FADH_2$, $O_2$, ADP, $P_i$ | ATP, $H_2O$, $NAD^+$, FAD |

지 단계들은 미토콘드리아 내에서 일어난다. 대부분의 박테리아와 고세균(archea)들도 역시 이 과정을 수행하지만, 원핵세포들은 미토콘드리아가 없기 때문에, 호기성 호흡 반응들이 세포질 및 원형질막과 연합하여 일어난다.

1. *해당과정.* 6-탄소 포도당 분자가 2개의 3-탄소 분자인 피루브산[1]로 전환된다. 포도당 에너지의 일부는 2종류의 에너지 운반체인 ATP와 NADH[2]를 만드는데 포함된다. 어떻게 ATP가 인산기의 전달로 에너지를 전달하는지 복습하려면 7장을 보라(그림 7-5와 7-6 참고). NADH는 수소원자의 부분으로 전자를 운반하여 에너지를 전달하는 환원된 분자이다(그림 7-7 참고).
2. *아세틸조효소A의 형성.* 각각의 피루브산이 미토콘드리아로 들어가서 조효소A와 결합하여 아세틸 조효소A가 되는 2개의 탄소를 가지는 아세트산으로 산화된다. NADH가 생성되고 이산화탄소가 노폐물로 방출된다.
3. *시트르산 회로.* 아세틸조효소A의 아세테이트기는 4-탄소 분자인 옥살로아세트산과 결합하여 6-탄소 분자인 시트르산을 형성한다. 회로를 돌아, 시트르산은 다시 옥살로아세트산으로 재순환되고 이산화탄소가 노폐물로서 방출된다. 에너지는 ATP와 환원된 고에너지 화합물들인 NADH와 $FADH_2$로 획득된다($FADH_2$ 복습은 7장 참고).
4. *전자전달사슬과 화학삼투.* 앞서 이루어진 단계 동안 포도당으로부터 제거된 전자들이 NADH와 $FADH_2$로부터 전자수용체 화합물들의 사슬로 전달된다. 전자들이 하나의 수용체로부터 다른 수용체로 지나갈 때 전자 에너지의 일부가 미토콘드리아 내막을 가로질러 수소이온(양성자)들을 운반하는데 사용되고, 결과적으로 양성자 기울기가 형성된다. 화학삼투(뒤에 설명됨) 과정 동안에 이 양성자 기울기의 에너지가 ATP를 생산하는데 사용된다.

호기성 호흡에 포함된 대부분의 반응들은 3가지 형태, 즉 탈수소반응, 탈카르복시화반응과 공식적으로 준비반응으로 분류하는 반응들 중 하나이다. **탈수소반응(dehydrogenation)**은 2개의 수소원자들(실제로, 2개의 전자와 1개 또는 2개의 양성자)이 기질로부터 제거되어 $NAD^+$ 또는 FAD로 전달되는 반응이다. **탈카르복시화반응(decarboxylation)**은 카르복실기(-COOH) 부분이 이산화탄소분자 형태로 기질로부터 제거되는 반응이다. 숨쉴 때마다 내놓는 이산화탄소는 세포 내에서 일어나는 탈카르복시화반응에서 유래한 것이다. 반응의 나머지 부분들은 분자들이 배열되고 다른 변화를 겪어 다음의 탈수소반응이나 탈카르복시화반응이 일어날 수 있도록 하는 준비 반응이다. 포도당이 출발물질이므로 포도당 1개를 기준으로 변화를 나타내면 편리하다. 분자 당 탄소원자 수의 변화와 어떤 형태의 에너지 전달이 일어나는 단계들에 특히 주의를 기울여야 할 것이다.

[1] 세포호흡에서 피루베이트(pyruvate)와 다수의 다른 화합물들은 세포의 pH에서 음이온으로 존재한다. 때때로 $H^+$와 결합하여 산을 형성한다. 예를 들면, 피루베이트(pyruvate)는 피루브산(pyruvic acid)을 형성한다. 어떤 교재에는 이런 화합물들을 산의 형태로 제시하기도 한다. (여기서는 '~ate' 형태를 '~산'으로 번역하였다.)

[2] $NAD^+$의 환원된 형태를 올바르게 쓰는 방법은 NADH + $H^+$이지만, 간단히 하기 위해 환원된 형태를 이 책 전체에 걸쳐 NADH로 표기한다.

## 8.2.1 해당과정 동안, 포도당은 2개의 피루브산을 생산한다

**해당과정(glycolysis)**이라는 단어는 '당이 쪼개지는'이라는 의미를 가진 그리스어에서 유래했으며, 이는 포도당이 대사된다는 사실을 말해 준다. 해당과정은 산소를 필요로 하지 않으며, 호기조건이나 혐기조건 하에서 진행된다. **그림 8-3**은 단순화시킨 해당과정의 개괄도이며, 6개의 탄소로 이루어진 포도당 분자 1개가 3-탄소 분자인 **피루브산(pyruvate)** 2 분자로 전환되는 것을 보여준다. 포도당에 들어 있던 에너지의 일부가 포획되어 순생산으로 2개의 ATP 분자와 2개의 NADH 분자들이 생긴다. 해당과정의 반응들은 세포질에서 일어나고, 그곳에는 ADP, $NAD^+$ 그리고 무기인산 같은 필요한 반응물질들이 필요할 때 사용된다.

해당과정은 일련의 반응들로 구성되어 있고, 각각의 반응들은 특별한 효소에 의해 촉매된다(**그림 8-4**). 해당과정 경로는 크게 두 단계로 나눌 수 있다. 제 1단계는 ATP를 필요로 하는 자유에너지증가 반응이고, 제 2단계는 ATP와 NADH를 생산하는 자유에너지감소 반응이다.

### (1) 해당과정의 제 1단계는 ATP의 투자를 요구한다

해당과정의 제 1단계는 종종 *에너지 투자 단계(energy investment phase*, 그림 8-4, 단계 1-5)라고 부른다. 두 번의 독립된 **인산화반응(phosphorylation reaction)**에서, 하나의 인산기가 ATP에서 당으로 전달된다. 생성된 인산화 된 당(과당-1,6-이인산)은 포도당보다 덜 안정하고 효소에 의해 2개의 3-탄소 분자인 디히드록시아세톤인산과 글리세르알데히드-3-인산(G3P)으로 쪼개

**요점**

해당과정에서는 에너지의 소모와 생성이 모두 일어난다.

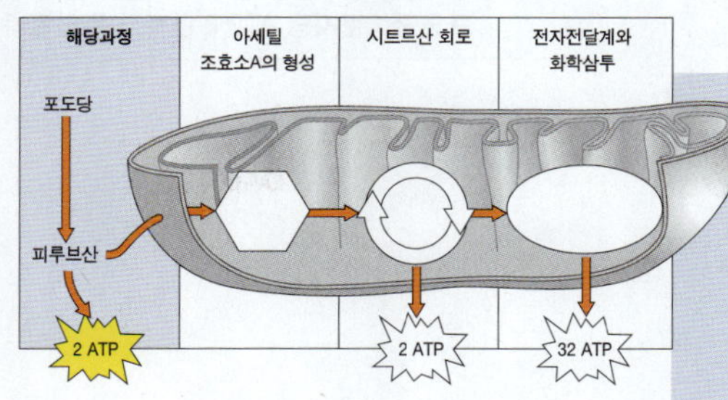


**그림 8-3 해당과정의 개요도.**

검은 원은 탄소 원자를 나타낸다. 해당과정의 에너지 투입 단계는 당이 쪼개지는 것으로 끝난다. ATP와 NADH는 에너지 획득 단계 동안에 생성된다. 해당과정 동안, 각각의 포도당 1 분자는 2 분자의 ATP와 2 분자의 NADH의 순수확과 함께 2 분자의 피루브산으로 전환된다.

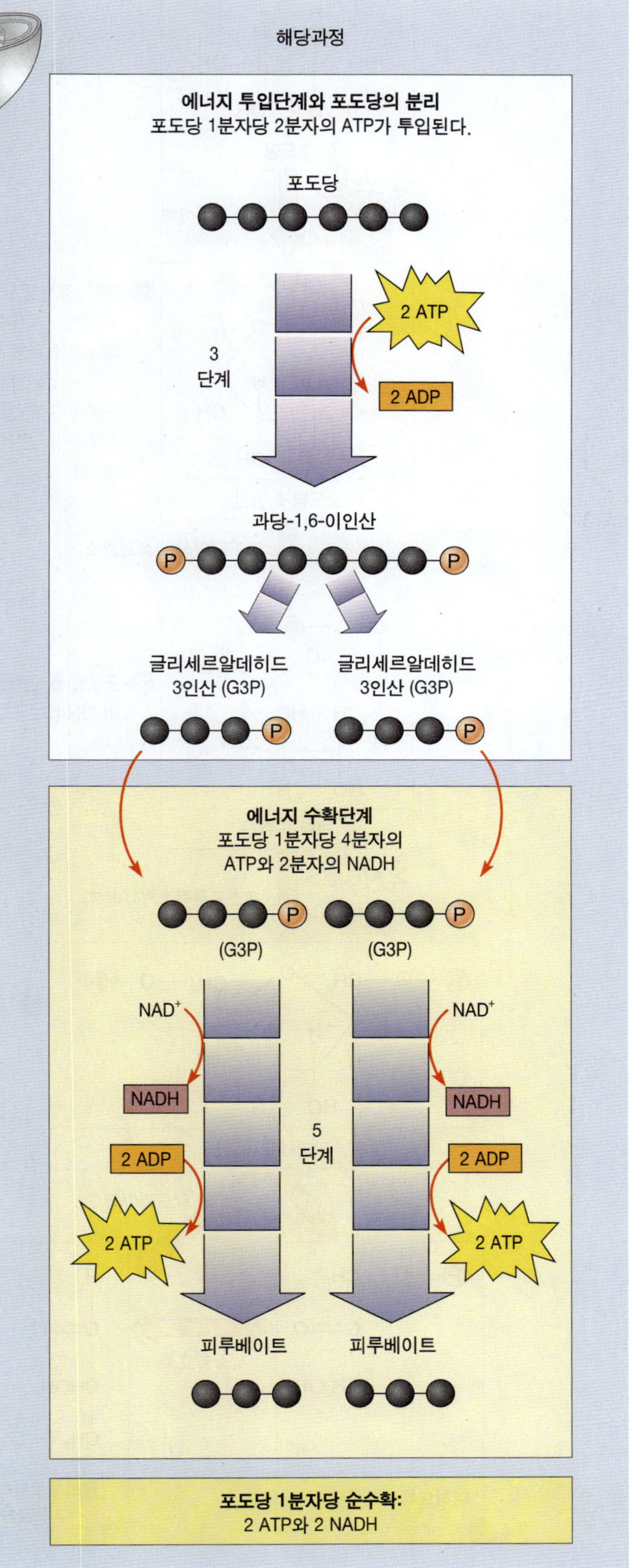


진다. 디히드록시아세톤인산은 효소에 의해 G3P로 전환되어, 해당과정의 이 단계에서 생성물은 G3P 두 분자가 된다. 해당과정의 이 부분을 다음과 같이 요약할 수 있다.

$$\underset{\text{6-탄소 화합물}}{\text{Glucose}} + 2\ \text{ATP} \longrightarrow \underset{\text{3-탄소 화합물}}{2\ \text{G3P}} + 2\ \text{ADP}$$

### (2) 해당과정의 제 2단계는 NADH와 ATP를 생산한다

해당과정의 제 2단계는 에너지 포획 단계(energy capture phase, 그림 8-4, 단계 6–10). 각각의 G3P는 피루브산으로 전환된다. 이 과정의 첫 단계에서 각각의 G3P는 2개의 수소원자들의 부분인 2개의 전자가 제거되어 산화된다.

이 전자들은 즉시 수소전달분자인 $NAD^+$와 결합한다.

$$\underset{\text{산화된}}{NAD^+} + \underset{\text{(G3P로부터)}}{2\ H} \longrightarrow \underset{\text{환원된}}{NADH} + H^+$$

포도당마다 2개의 G3P 분자들이 있기 때문에, 두 분자의 NADH가 형성된다. NADH에 의해 운반되는 전자들의 에너지는 나중에 ATP를 만드는데 사용된다. 이 과정은 전자전달사슬과 연계하여 논의될 것이다.

피루브산의 형성을 이끌어내는 반응들 중 두 곳에서 인산화된 중간생산물로부터 ADP로 인산기가 전달될 때 ATP가 형성된다(그림 8–4 단계 7과 10). 이 과정을 기질수준 인산화(substrate-level phosphorylation)라 한다. 해당과정의 에너지 투자 단계에서 두 분자의 ATP가 소모되었고, 에너지 포획 단계에서 4분자의 ATP가 생성되었음을 주목해야 한다. 따라서 해당과정은 포도당 1 분자당 2 분자의 ATP 이익을 만들어낸다.

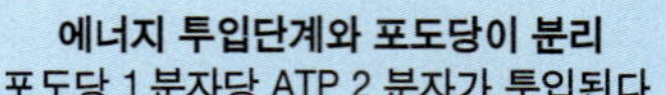


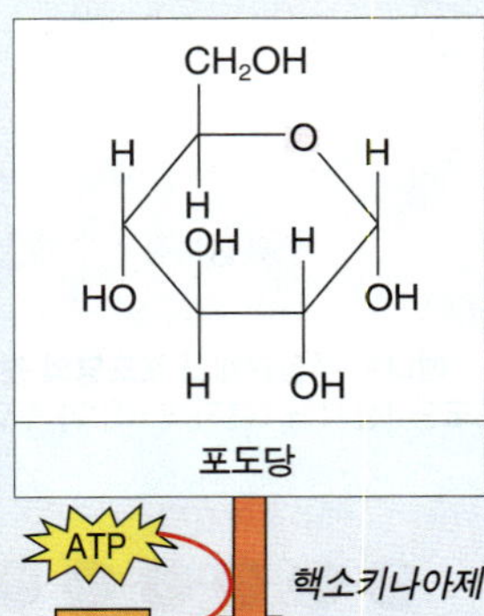


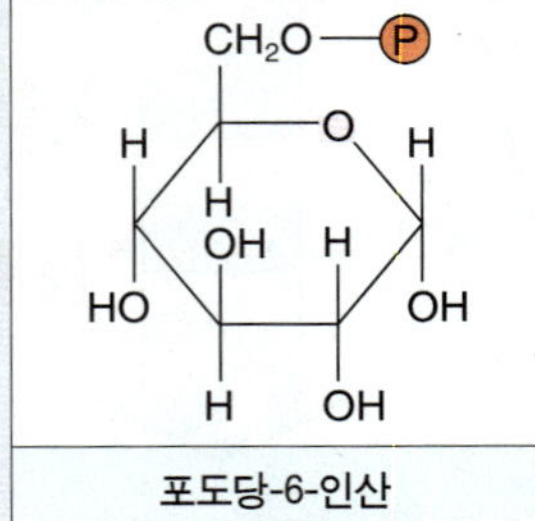


❶ 해당과정은 포도당이 ATP 분자로부터 인산기를 받는 준비 반응과 함께 시작한다. ATP는 포도당 분자에 인산기를 결합시킬 때 필요한 인산과 에너지 둘 다를 제공한다(ATP가 일단 소비되면 ADP로 되고, 다시 ATP로 전환될 때까지 세포의 ADP 풀에 포함된다). 인산화된 포도당은 포도당-6-인산으로 알려져 있다(인산이 6번 탄소에 결합되어 있음을 주목하라). 포도당의 인산화는 포도당을 화학적으로 더 잘 반응하게 만든다.

포도당인산 이성화효소

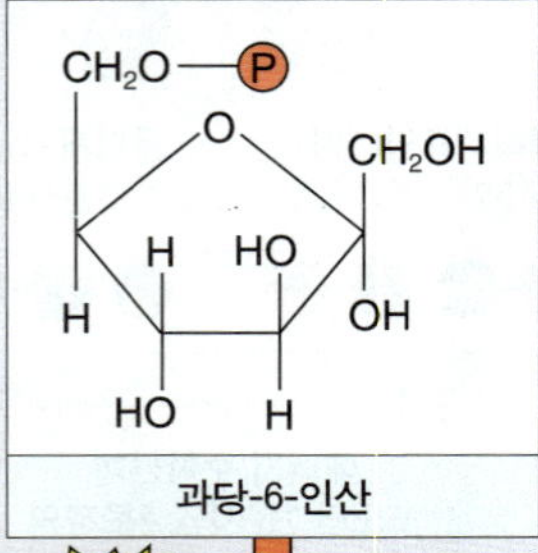


❷ 포도당-6-인산은 다른 준비 반응인 수소와 산소원자의 재배열을 겪는다. 이 반응에서 포도당-6-인산은 이성질체인 과당-6-인산으로 전환된다.

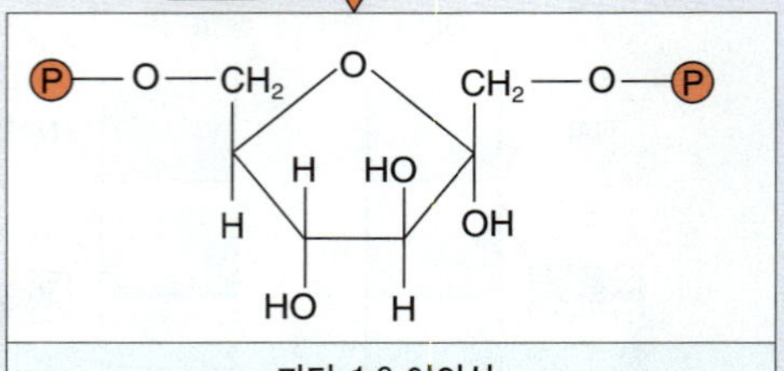


❸ 다음으로, 다른 ATP가 과당-6-인산에 인산을 제공하여 과당-1,6-이인산을 만든다. 지금까지의 과정 중에 어떤 생성물도 없이 2개의 ATP가 사용되었다. 현재 인산기는 1번 탄소와 6번 탄소에 결합되어 있고, 이 분자는 쪼개어질 준비가 되어 있다.

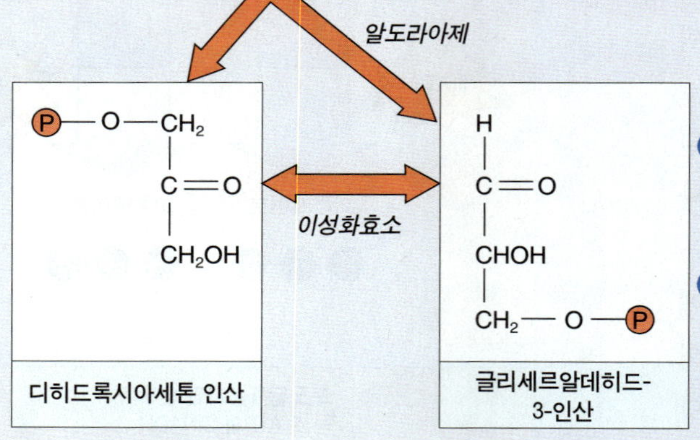


❹ 과당-1,6-이인산은 3탄당인 글리세르알데히드-3-인산(G3P)과 디히드록시아세톤 인산으로 쪼개진다.

❺ 디히드록시아세톤 인산은 해당과정의 다음 과정으로 더 나아가기 위해 효소에 의해 이성질체인 글리세르알데히드-3-인산으로 전환된다.

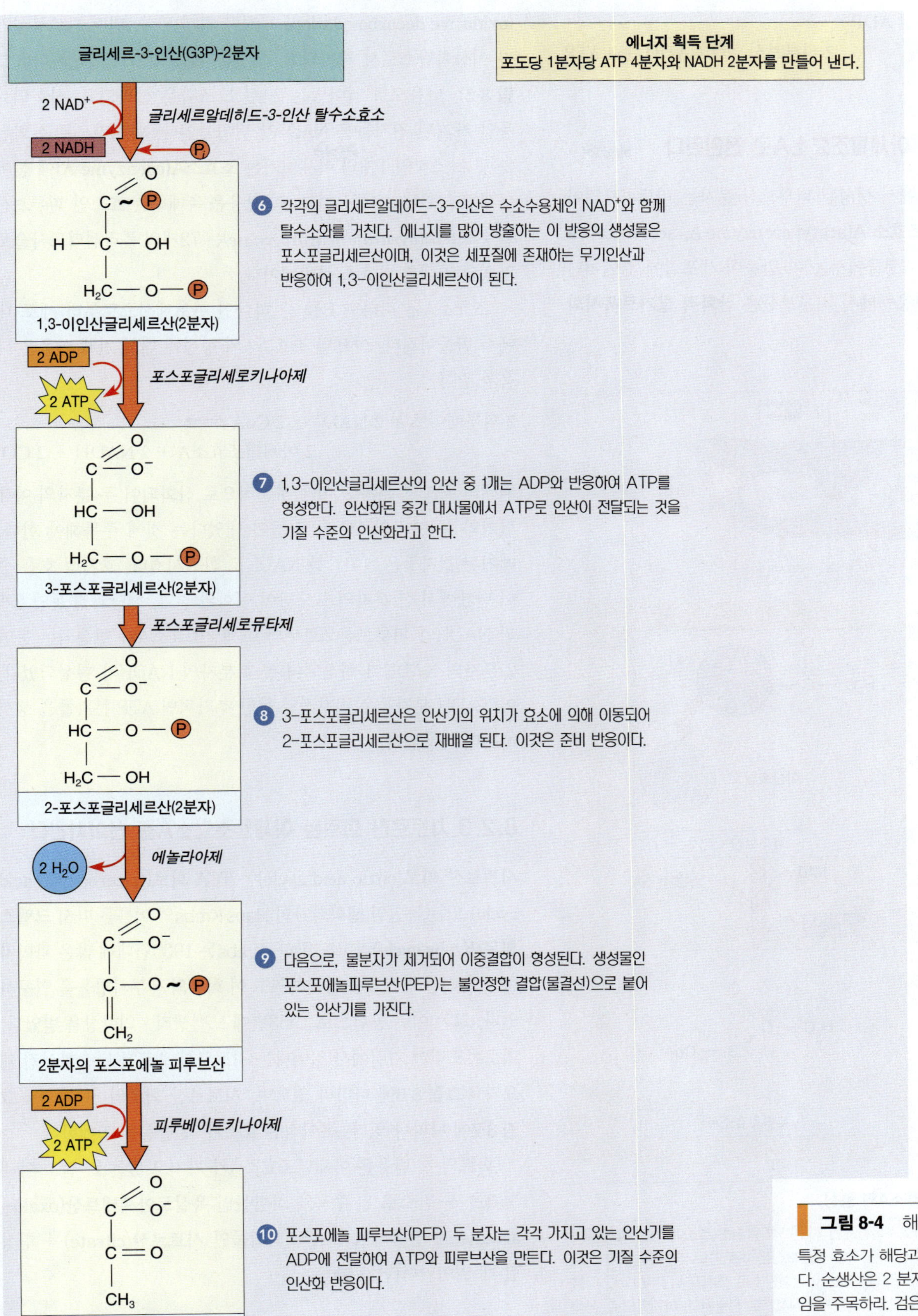


**그림 8-4** 해당과정의 상세도.

특정 효소가 해당과정의 각 반응단계를 촉매한다. 순생산은 2 분자의 ATP와 2 분자의 NADH임을 주목하라. 검은색의 물결선은 다른 분자(여기서는 ADP)로 인산기의 전달을 쉽게 허용하는 결합을 나타낸다.

$$2\ \text{G3P} + 2\ \text{NAD}^+ + 4\ \text{ADP} \longrightarrow$$
$$2\ \text{피루브산} + 2\ \text{NADH} + 4\ \text{ATP}$$

### 8.2.2 피루브산은 아세틸조효소A로 전환된다

진핵생물의 해당과정에서 생성된 피루브산 분자는 미토콘드리아로 들어가서, **아세틸조효소** A(acetyl coenzyme A, acetyl coA)로 전환된다. 호기성 원핵생물에서는 이 반응이 세포질에서 일어난다. 이러한 일련의 반응들에서 피루브산은 **산화적 탈카르복시화**(oxidative decarboxylation) 과정을 겪게 된다. 먼저 카르복실기가 이산화탄소로서 제거되고, 이것은 세포 밖으로 확산된다(**그림 8-5**). 다음으로 남아있는 2-탄소 조각은 산화되고, 산화되는 동안 제거된 전자들을 $NAD^+$가 받아들인다. 마지막으로 산화된 2-탄소 조각인 1개의 아세틸기는 **조효소**A(coenzyme A)에 붙어 아세틸조효소A를 생산한다. 이 반응을 촉매하는 효소인 *피루브산 탈수소효소*(*pyruvate dehydrogenase*)는 72개의 폴리펩티드사슬로 구성된 거대한 다효소 복합체이다.

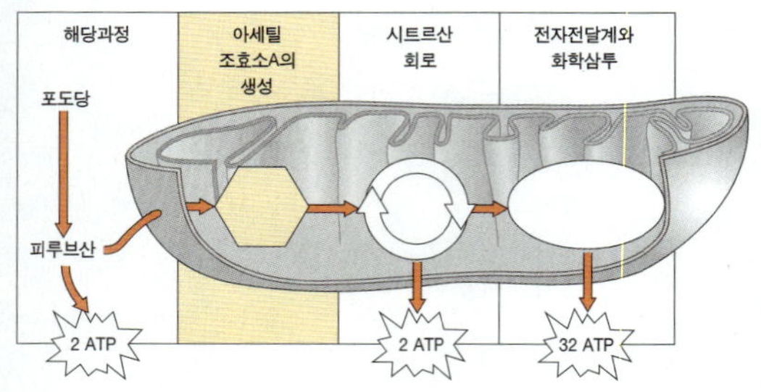


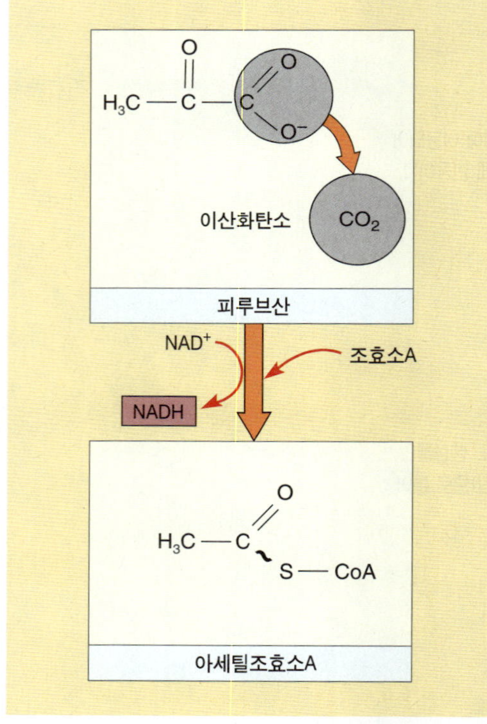


**그림 8-5** 아세틸조효소A의 형성.

일련의 복잡한 이 반응은 다효소복합체인 피루브산 탈수소 효소에 의해 촉매된다. 해당과정의 최종산물이며 3-탄소 분자인 피루브산은 미토콘드리아로 들어가 산화적으로 탈탄소화 된다. 첫째, 카르복시기는 이산화탄소로 쪼개져 나간다. 그런 다음 남아있는 2-탄소 부분은 산화되고, 그 전자는 $NAD^+$로 전달된다. 마지막으로, 산화된 2-탄소 그룹인 아세틸기는 조효소A에 결합된다. 조효소A는 아세틸기와 검은 물결선으로 나타낸 결합을 형성하는 황원자를 가지고 있다. 이 결합이 깨질 때 아세틸기는 다른 분자로 쉽게 전달된다.

조효소A는 비타민 B들 중 하나인 판토텐산으로부터 세포 내에서 만들어진다. 아세틸 조효소A의 형성에 대한 전체 반응은 다음과 같다.

$$2\ \text{피루베이트} + 2\ \text{NAD}^+ + 2\ \text{CoA} \longrightarrow$$
$$2\ \text{아세틸조효소A} + 2\ \text{NADH} + 2\ \text{CO}_2$$

원래의 포도당 분자는 이제 부분적으로 산화되어 두 분자의 아세틸기와 두 분자의 $CO_2$를 만들어 내었다는 것에 주목해야 한다. 제거된 전자들은 $NAD^+$를 NADH로 환원시켰다. 호기성 호흡 중 이 단계에서 한 분자의 포도당이 이화된 결과, 해당과정 동안 2개의 NADH와 피루브산으로부터 아세틸조효소A가 형성되는 동안 2 분자의 NADH가 형성되어 총 4 분자의 NADH가 형성되었다. 이 NADH 분자들은 전자전달 동안 추가적인 ATP 분자들을 생성하는데 사용된다.

### 8.2.3 시트르산 회로는 아세틸조효소A를 산화시킨다

**시트르산 회로**(citric acid cycle)는 TCA **회로**(tricarboxylic acid cycle) 또는 독일인 생화학자인 Hans Krebs의 이름을 따서 **크렙스 회로**(Krebs cycle)라고도 한다. Krebs는 1930년대에 많은 과학자들의 축적된 업적들을 정리하였고 이 회로의 세부사항들을 연구하였다. 그는 이런 공헌으로 1953년에 노벨생리 · 의학상을 받았다. 미토콘드리아 기질에서 일어나는 시트르산 회로를 단순화시킨 개요가 **그림 8-6**에 나타나 있으며, 시트르산 회로의 8단계가 **그림 8-7**에 나타나 있다. 특이적인 효소가 각 반응을 촉매한다.

회로의 첫 반응은 아세틸조효소A가 가지고 있는 2-탄소 아세틸기를 4-탄소로 된 수용체 화합물인 **옥살로아세테트산**(oxaloacetate)에 전달하여 6-탄소화합물인 **시트르산**(citrate)를 형성할 때 일어난다(단계 1).

$$\underset{\text{4-탄소화합물}}{\text{옥살로아세트산}} + \underset{\text{2-탄소화합물}}{\text{아세틸조효소A}} \longrightarrow \underset{\text{6-탄소화합물}}{\text{시트르산}} + \text{조효소A}$$

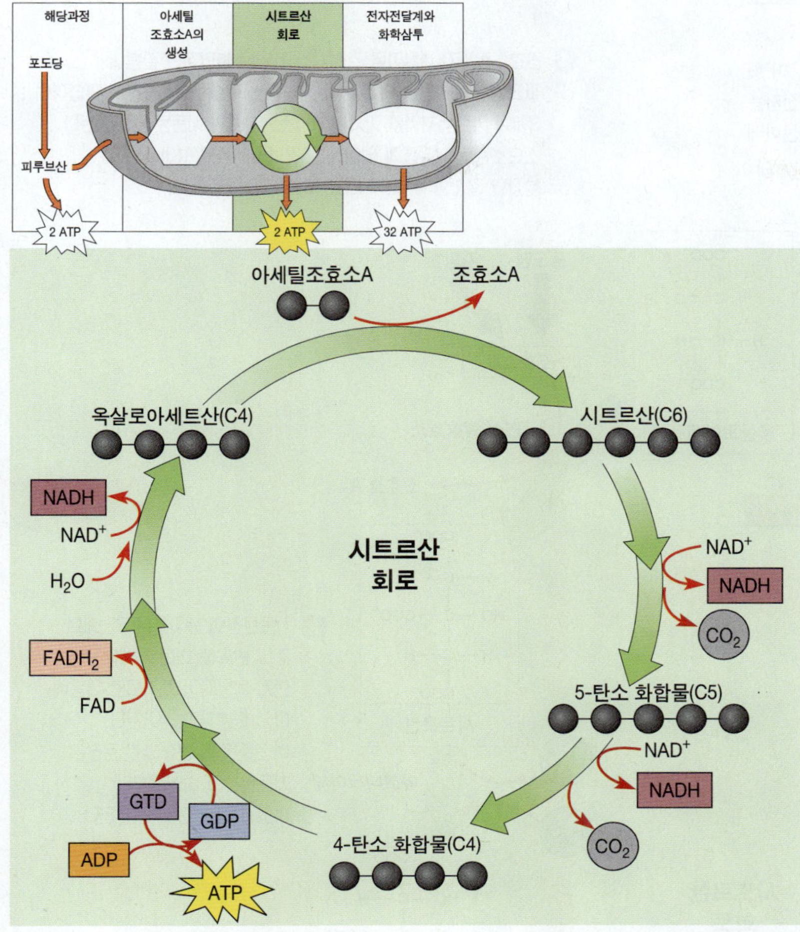


**그림 8-6 시트르산 회로의 개요도.**

포도당 한 분자당 2분자의 아세틸기가 시트르산 회로에 들어간다(위). 각각의 2-탄소 아세틸기는 4-탄소 화합물인 옥살로아세트산과 결합하여 6-탄소 화합물인 시트르산을 만든다. 아세틸기 한 분자 당 2개의 $CO_2$분자가 제거되고, 에너지는 1분자의 ATP, 3분자의 NADH, 1분자의 $FADH_2$(또는 포도당 한 분자 당 2분자의 ATP, 6분자의 NADH, 2분자의 $FADH_2$)에 저장된다.

그 다음, 시트르산은 첫 번째와 다음 두 번째 카르복실기를 $CO_2$로 잃는 일련의 화학변화를 거치게 된다(단계 2, 3, 4). 아세틸기 하나당 1개의 ATP가 기질 수준의 인산화에 의해 생성된다. 회로의 산화단계들에 의해 이용할 수 있게 된 에너지의 대부분은 에너지가 풍부한 전자들로 $NAD^+$에 전달되어 NADH를 형성한다. 시트르산 회로에 들어가는 아세틸기 하나에 대해 3분자의 NADH가 생산된다(단계 3, 4, 5). 전자들은 또한 전자수용체 FAD에 전달되어 $FADH_2$를 형성한다(단계 6).

시트르산 회로가 도는 동안, 2분자의 $CO_2$와 8개의 수소원자들(8개의 양성자와 8개의 전자들)이 제거되고 3개의 NADH와 1개의 $FADH_2$가 형성된다. 왜 아세틸조효소A 분자로 이 회로에 들어갈 때 보다 더 많은 수소가 생겨나는지 의심할 수 있을 것이다. 이 수소원자들은 이 회로의 반응이 일어나는 동안 첨가된 물 분자로부터 나온다. 생성된 $CO_2$는 시트르산 회로에 들어간 아세틸기의 2개의 탄소원자에 해당한다. 각 회로의 주기가 끝나면 4탄소인 옥살로아세트산이 재생되고(단계 8), 회로는 계속 돌게 된다.

각각의 포도당 분자로부터 2개의 아세틸조효소A 분자가 생성되므로 포도당 한 분자당 두 번의 회로 주기가 요구된다. 회로를 두 번 돌고 나면 최초의 포도당은 가지고 있던 모든 탄소를 잃게 되고 완전히 소모된 것으로 간주된다. 요약해 보면, 시트르산회로는 포도당 한 분자당, 4 $CO_2$, 6 NADH, 2 $FADH_2$ 그리고 2 ATP를 생산해 낸다.

호기성 호흡 중 이 단계까지는 포도당 1개당 단지 4분자, 즉 해당과정 동안 생성되는 2개와 시트르산 회로 동안 생성되는 2개의 ATP가 기질수준 인산화에 의해 생성된다(단계 5). 최초의 포도당 분자에 들어있던 에너지의 대부분은 고에너지 전자형태로 NADH와 $FADH_2$에 들어있다. 이 에너지는 전자전달계와 화학삼투를 통해 추가되는 ATP를 합성하는데 사용될 것이다.

### 8.2.4 전자전달사슬은 ATP 합성과 연계되어 있다

해당과정, 아세틸조효소A 형성, 그리고 시트르산 회로를 거치는 동안 포도당 분자로부터 제거된 모든 전자들의 운명을 생각해 보자. 이 전자들은 수소원자의 일부로서 수용체들인 $NAD^+$와 FAD에 전달되어 NADH와 $FADH_2$를 형성함을 기억해야 한다. 이 환원된 화합물들은 이제 **전자전달사슬**(electron transport chain)에 들어간다. 여기서 수소원자들이 가진 고에너지 전자들은 한 수용체에서 다른 수용체로 왕복한다. 전자들이 일련의 자유에너지 감소과정인 산화환원반응들을 거치면서 에너지의 일부가 자유에너지 증가 과정인 ATP의 합성을 추진하는데 사용된다. ADP의 인산화에 의한 ATP 합성이 전자전달사슬의 산화환원반응과 연계되어 있기 때문에 이 전과정을 **산화적 인산화**(oxidative phosphorylation)라고 한다.

#### (1) 전자전달사슬은 전자들을 NADH와 $FADH_2$로부터 산소로 전달한다

전자전달사슬은 진핵생물의 미토콘드리아 내막과 호기성 원핵생물의 원형질막에 박혀있는 일련의 전자전달자들이다. NADH와

## 그림 8-7 시트르산 회로의 상세도.

아세틸조효소A가 옥살로아세트산과 결합하는 단계 1에서 반응이 시작된다. 이 회로가 진행되는 중에 2-탄소 아세틸기가 투입되어 $CO_2$ 두 분자가 방출된다. 전자는 $NAD^+$와 FAD에 전달되어 NADH와 $FADH_2$를 각각 형성하고, 기질 수준의 인산화에 의해 ATP가 만들어진다.

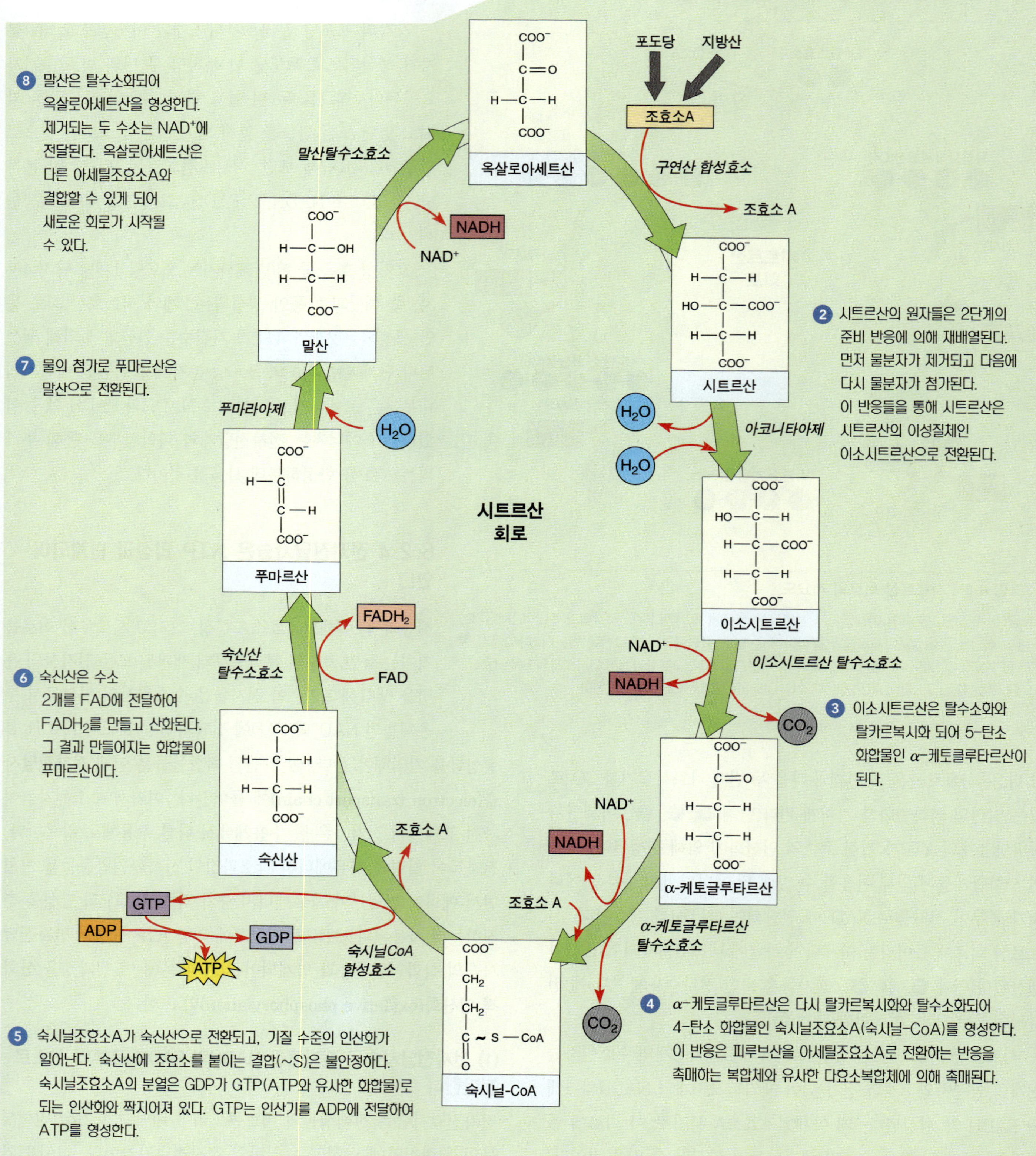

**요점**

미토콘드리아 내막의 전자전달계는 NADH와 $FADH_2$로부터 산소로 전자를 전달한다.

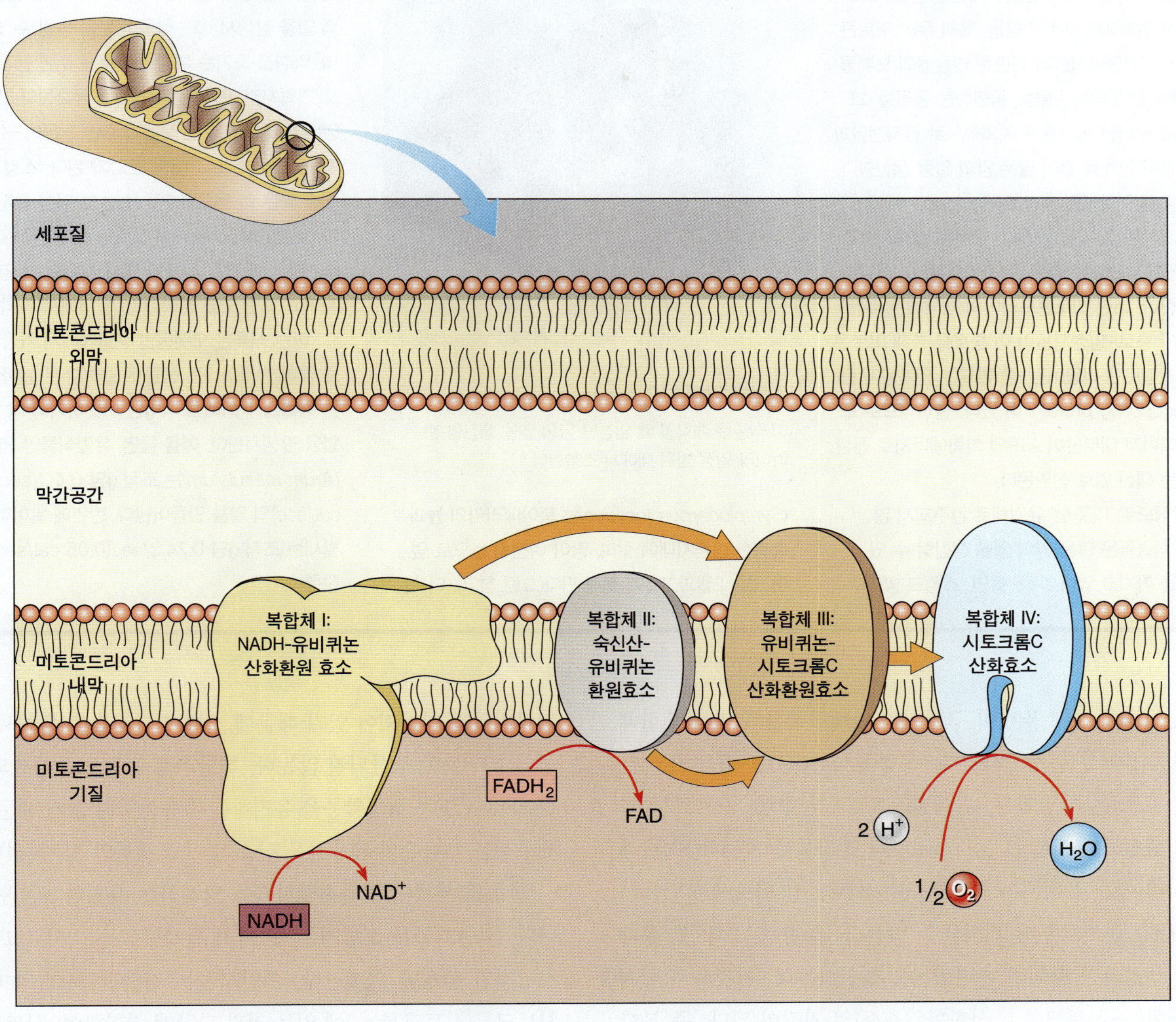


**그림 8-8 전자전달사슬의 개요도.**

전자들은 미토콘드리아 내막에 위치하고 있는 전자전달사슬을 구성하고 있는 4개의 복합체를 따라 이동하면서 연속적으로 더 낮은 에너지 수준으로 떨어진다(오렌지색 화살표는 전자들의 이동 방향을 나타낸다). 각각의 복합체 내에 있는 운반체들은 전자를 받거나 넘겨줌에 따라 번갈아 환원되거나 산화된다. 최종 전자 수용체는 산소이다. 산소 분자의 2원자 중 하나(1/2 $O_2$로 표시)는 2개의 전자를 받아들이고, 주변 매질로부터 2개의 양성자를 받아 물을 만든다.

$FADH_2$와 같이 각각의 전달자들은 산화된 형태 또는 환원된 형태로 존재한다. 전자전달사슬에서 각 수용체 분자는 교대로 전자를 받아들이면서 환원되고, 내어 놓으면서 산화된다. 전자전달사슬로 들어가는 전자들은 비교적 에너지함량이 높다. 전자들이 전자전달자의 사슬을 따라 흘러갈 때 각 단계마다 그 에너지의 일부를 잃는다.

전자전달사슬의 구성요소들은 플라보단백질인 *플라빈모노뉴클레오티드*(FMN), 지질인 *유비퀴논*(*조효소 Q*, 또는 *CoQ*라고 부름), 여러 가지 *철-황 단백질*들 그리고 *시토크롬*이라는 서로 밀접하게 연결된 철-함유-단백질 종류를 포함한다(**그림 8-8**). 시토크롬이 전자들을 받고 넘겨줄 때, 시토크롬의 전자 매개 부위인 철원자의 전하는 환원된 $Fe^{2+}$에서 산화된 $Fe^{3+}$사이를 왔다 갔다 한다.

과학자들이 전자전달사슬을 미토콘드리아 내막으로부터 분

초점

## 전자전달과 열

우리 체열의 원천은 무엇인가? 체열은 본질적으로 다양한 자유에너지 감소 반응들, 특히 우리 미토콘드리아의 전자전달사슬과 관련된 반응들의 노폐물이다. 어떤 한랭적응 동물들, 동면하는 동물들, 그리고 새로 태어난 동물들은 예외적으로 전자전달과 ATP 생산의 연계를 풀어 많은 양의 열을 생산한다. 이런 동물들은 갈색인 지방조직(adipose tissue, 지방이 저장된 조직)을 가진다. 갈색은 갈색지방조직세포에서 발견되는 많은 수의 미토콘드리아로부터 유래한다. 이런 미토콘드리아의 내막에는 수동적 양성자 통로-양성자들이 이 통로를 통해 미토콘드리아 기질로 흘러들어감-를 만드는 *연계방지 단백질(uncoupling protein)* 이 있다. 결과적으로 포도당의 에너지 대부분이 ATP의 화학에너지로 전환되지 않는 대신 열로 전환된다.

일반적으로 "따뜻한" 유기체로 간주되지 않는 어떤 식물들은 많은 양의 열을 생산할 수 있는 능력을 가지고 있다. 예를 들면, *스컹크 양배추*

**스컹크 양배추(Symplocarpus foetidus).**
이 식물은 개화할 때 엄청난 양의 열을 생산할 뿐 아니라 일정 범위 내에서 조절한다

*(Symplocarpus foetidus)*는 북아메리카의 늪과 축축한 삼림지대에 살며, 땅이 여전히 눈으로 덮여 있는 2월과 3월에 꽃이 핀다(그림 참고). 이 식물이 가진 연계 방지된 미토콘드리아는 많은 양의 열을 발생시키고, 식물이 눈을 녹일 수 있게 하며, 악취를 풍기는 특정 분자들을 주변 공기 중으로 기화시켜 곤충수분매개자를 유혹한다. 스컹크 양배추 꽃의 온도는 식물의 주변 기온이 −15℃ 내지 10℃일 때 15℃ 내지 22℃가 된다. 스컹크 양배추 꽃은 이 온도를 2주 또는 그 이상 유지한다. *토란(Philodendron selloum)*과 *연(Nelumbo nucifera)*과 같은 식물들 역시 개화할 때 열을 발생시키고 그 온도를 정확한 한계 내에서 유지한다.

어떤 식물은 오랫동안 생물계에서 가장 열을 많이 만들어내는 생물로 알려져 온 날아다니는 동물들에 비해 조직 g당 비슷하거나 더 많은 열을 발생시킨다. 예를 들면, 유럽식물인 *연령초(Arum maculatum)*는 조직 g당 0.4 J/sec(0.1 cal/sec)의 열을 만들어낸다. 반면에 날아다니는 벌새는 조직 g당 0.24 J/sec(0.06 cal/sec)을 생산한다.

---

리하고, 4개의 크고 뚜렷이 구별되는 단백질복합체 또는 집합체인 전자수용체들을 정제하였다. *복합체 Ⅰ*(NADH-유비퀴논 산화환원 효소)은 해당과정, 아세틸조효소A의 형성, 시트르산 회로에서 생성되는 NADH 분자들로부터 전자들을 받는다. *복합체 Ⅱ*(숙시네이트-유비퀴논 환원효소)는 시트르산 회로에서 만들어진 $FADH_2$ 분자로부터 전자들을 받는다. 복합체 Ⅰ과 Ⅱ 둘다 동일한 생성물인 환원된 유비퀴논을 생산하는데, 이것은 *복합체 Ⅲ*(유비퀴논-시토크롬 C 산화환원효소)의 기질이 된다. 즉 복합체 Ⅲ는 환원된 유비퀴논으로부터 전자들을 받아 시토크롬 C에 전자들을 전해준다. *복합체 Ⅳ*(시토크롬 C 산화효소)는 시토크롬 C로부터 전자들을 받고 이 전자들을 분자상 산소를 환원하는데 사용한다. 이 과정에서 물이 생성된다.

산소가 전자전달사슬의 최종 전자수용체이기 때문에 호기적으로 호흡하는 유기체들은 산소를 필요로 한다. 절대호기성 생물의 세포에서 산소를 제거시키면 무슨 일이 생길까? 전자들을 수용하는 산소가 없을 때, 사슬의 마지막 시토크롬은 자신이 가지고 있던 전자들을 계속 지니게 된다. 이런 일이 발생하면, 사슬의 각 수용체 분자는 전자들과 결합한 채로 있게 되고(각각이 환원되어 있다), NADH에 이르기까지 전 사슬이 봉쇄된다. 산화적 인산화가 전자전달과 연계되어 있기 때문에, 전자전달사슬을 통해서 더 이상의 ATP들이 생산되지 않는다. 해당과정 단독으로 생산되는 적은 양의 ATP는 생명활동을 유지하는데 충분하지 않기 때문에, 다세포생물 대다수의 세포들은 산소 없이 오랫동안 살 수 없다.

산소의 부족이 전자전달사슬을 방해하는 유일한 요인만은 아니다. 시안화물을 포함하는 몇 가지 독성물질들은 시토크롬들의 정상적인 활성을 억제한다. 시안화물은 전자전달사슬의 마지막 시토크롬(시토크롬 $a_3$)에 있는 철과 강하게 결합하여, 시토크롬이 전자들을 산소로 전달하지 못하게 한다. 이것이 사슬을 통한 전자들의 흐름을 차단하게 되고 ATP 생성이 중단된다.

전자전달에서 전자들의 흐름이 일반적으로 ATP의 생산과 강하게 연계되어 있지만, 어떤 유기체들은 두 과정의 연계를 풀어 열을 생산한다 (*집중: 전자전달과 열*을 참고).

### (2) 화학삼투 모델은 호기성 호흡에서 전자전달과 ATP 합성이 연결됨을 설명한다

수십 년 동안 과학자들은 산화적 인산화가 미토콘드리아에서 일어난다는 것을 알고 있었고, 많은 실험들이 전자전달사슬을 통해 각각의 NADH에서 산소로 2개의 전자들이 전달되면 일반적으로

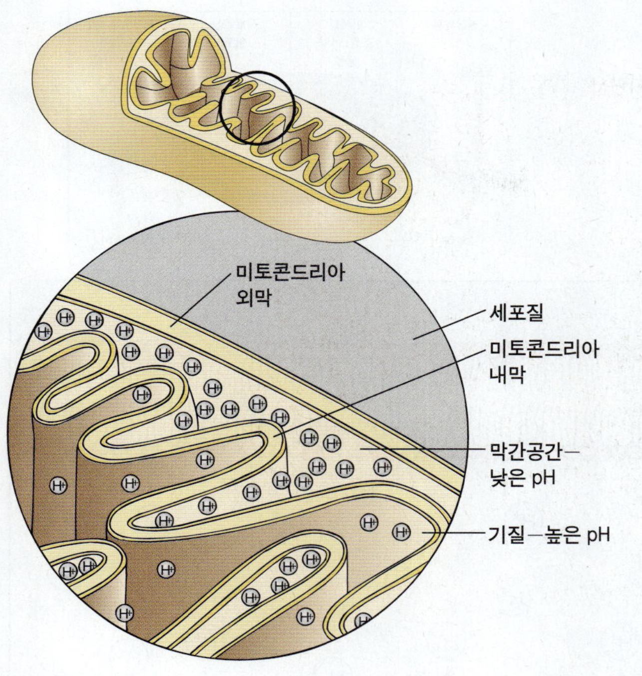


**그림 8-9  막간공간 내의 양성자($H^+$) 축적.**

전자들이 전자전달사슬을 따라 이동할 때, 전자전달 복합체는 기질에서 막간공간으로 양성자($H^+$)를 이동시켜 양성자 구배를 형성한다. 막간공간 내의 높은 $H^+$ 농도는 pH를 낮추게 된다.

최대 3개의 ATP 분자들이 생성된다는 것을 보여주었다. 그러나 ATP 합성과 전자전달 사이의 관련성은 오랫동안 불명확한 상태로 남아 있었다.

1961년에 영국인 생화학자 **미첼**(Peter Mitchell)은 자신의 박테리아 연구에 기초하여 화학삼투 모델을 제안하였다. 호기성 박테리아세포의 호흡 전자전달사슬이 원형질막에 있기 때문에, 박테리아 원형질막은 미토콘드리아 내막과 비슷하다고 생각할 수 있다. **미첼**은 박테리아 세포를 산성 환경(즉, 수소이온 또는 양성자의 농도가 높은 환경)에 두면, 전자전달이 일어나지 않더라도 세포가 ATP를 합성한다는 것을 증명하였다. 이 실험과 다른 실험을 기초로 **미첼**은 전자전달과 ATP 합성이 진핵생물의 미토콘드리아 내막(또는 박테리아의 원형질막)을 가로지르는 양성자 구배에 의해 연계되어 있다고 제안했다. 그의 모델은 너무 급진적이어서 즉시 받아들여지지 않았다. 1978년까지 **화학삼투(chemiosmosis)**를 지지하는 수많은 증거들이 축적되었고, **미첼**은 노벨화학상을 받았다.

전자전달사슬은 양성자 구배를 형성한다. 전자들이 전자전달사슬을 내려갈 때 방출되는 에너지의 일부가 막을 가로질러 양성자($H^+$)를 옮기는데 사용된다. 진핵생물의 경우, 양성자들은 미토콘드리아 내막을 통해 막간 공간(intermembrane space)으로 옮겨진다(그림 8-9). 그 결과 미토콘드리아 내막은 양성자의 농도가 낮은 공간(미토콘드리아 기질)으로부터 양성자의 농도가 높은 공간 (막간 공간)을 분리시킨다.

양성자들은 4개의 전자전달 복합체(복합체 Ⅰ, Ⅱ, Ⅲ, Ⅳ) 중 3개에 의해 미토콘드리아 내막을 가로질러 이동한다(그림 8-10a). 그 결과 나타나는 양성자 기울기는 댐 안의 물처럼 ATP를 합성하기 위한 에너지를 제공하는데 이용할 수 있는 퍼텐셜 에너지의 한 형태가 된다.

양성자가 축적되어 있는 막간 공간에서 미토콘드리아 내막을 통해 기질 쪽으로 양성자들이 확산되는 곳은 다섯 번째 효소복합체이며, 막관통 단백질인 **ATP 합성효소(ATP synthase)**에 의해 형성되는 특별한 통로를 통해서만 이루어진다. 이 복합체의 부분이 막의 안쪽 표면(기질과 맞닿아 있는 표면)에서 돌출되어 있고 전자현미경으로 볼 수 있다(그림 8-10b). 양성자의 기울기를 따라 ATP 합성효소 복합체를 통해 양성자들이 확산되는 것은 계의 엔트로피가 증가하기 때문에 자유에너지 감소 반응이다. 이 자유에너지 감소 과정이 ATP 생성에 에너지를 공급한다. 그러나 ATP 합성효소가 ADP의 인산화를 촉매하는 정확한 기작에 대해서는 아직도 완전히 이해하지 못하고 있다. 1997년에 캘리포니아대학 로스엔젤레스의 **보이어**(Paul Boyer)와 영국 캠브리지 대학 분자생물학 의학 연구소의 **워커**(John Walker)는 ATP 합성효소가 예외적인 방법으로 기능하는 것을 발견하여 노벨 화학상을 공동 수상하였다. 실험에 의한 증거는 ATP 합성 효소가 매우 효율적인 분자 모터처럼 작동한다는 것을 강하게 제안한다. ADP와 무기인산으로부터 ATP가 생성되는 동안, ATP 합성효소의 중심구조가 아마도 효소복합체를 통해 이동하는 양성자의 힘에 반응하여 회전할 것이다. 이 회전이 외관상 촉매 소단위체의 입체형태를 ATP를 합성할 수 있게 하는 방식으로 변형시킨다.

화학삼투는 세포내 에너지 연계에 있어서 근본이 되는 기작이다. 화학삼투는 자유에너지 감소 반응이 ADP의 인산화에 의해 ATP가 생성되는 자유에너지 증가반응을 추진할 수 있도록 해준다. 광합성(9장에서 논의함)에서도 ATP는 비슷한 과정에 의해 생성된다.

### 8.2.5 포도당 한 분자의 호기성 호흡은 최대 36~38 ATP를 만들어낸다

이제 생물학적으로 유용한 에너지가 호기성 호흡 중 어디에서 생

## 요점

전자전달 사슬은 $H^+$에 대한 농도기울기를 형성하고, $H^+$가 ATP 합성효소를 통해 확산되면서 ATP를 생산한다.

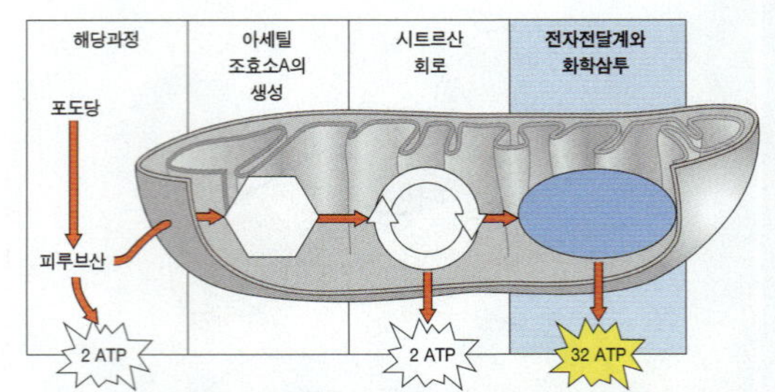

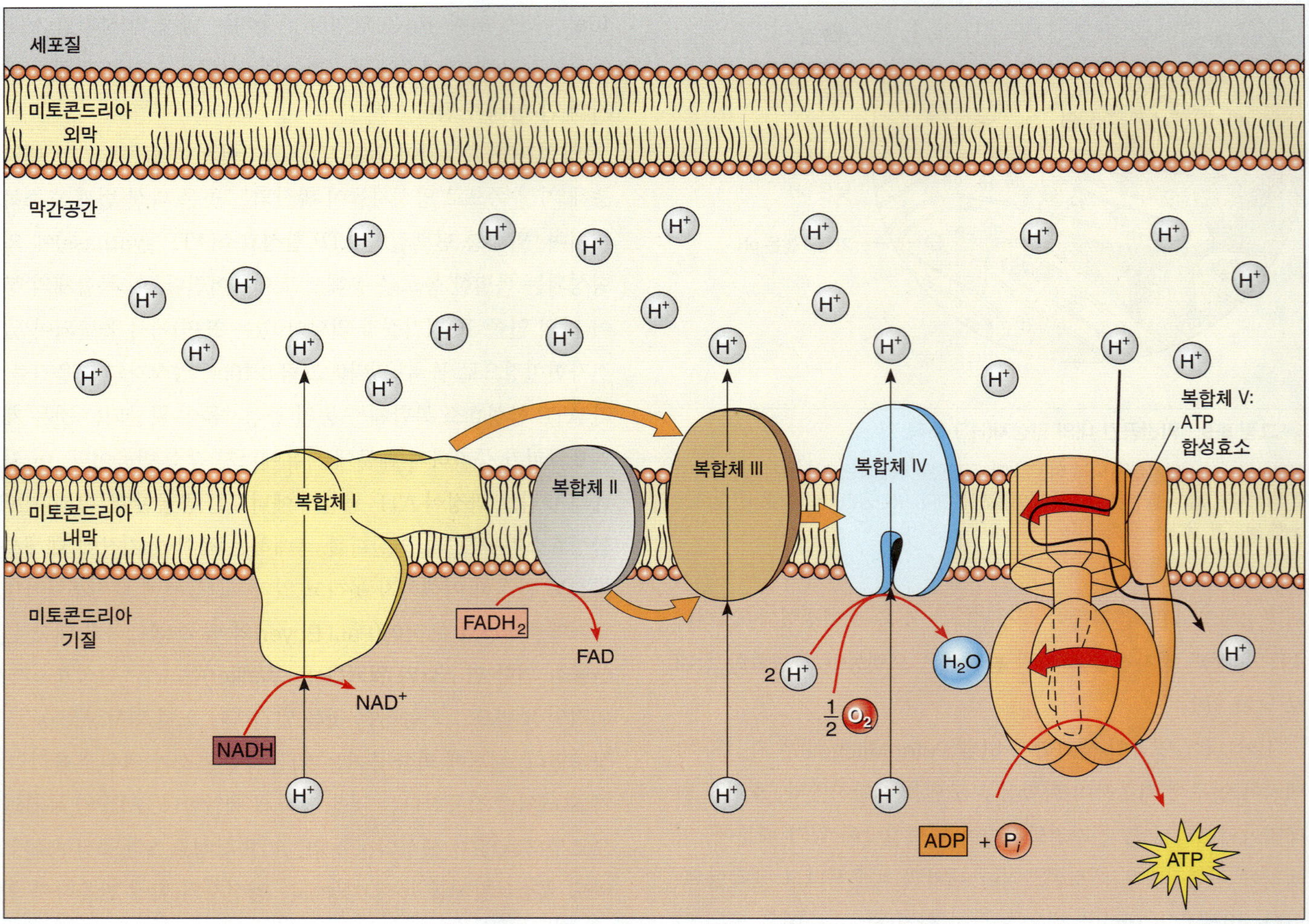

세포질
미토콘드리아 외막
막간공간
$H^+$
복합체 I
복합체 II
복합체 III
복합체 IV
복합체 V: ATP 합성효소
미토콘드리아 내막
미토콘드리아 기질
NADH
$NAD^+$
$FADH_2$
FAD
$2\ H^+$
$\frac{1}{2}\ O_2$
$H_2O$
ADP + $P_i$
ATP

**(a)** 미토콘드리아 내막에는 4개의 전자전달복합체가 있으며 이 중 3개에 양성자 펌프가 있다(오렌지색 화살표는 전자의 이동경로를 나타내고 검은색 화살표는 양성자의 이동경로를 나타낸다). 전자전달 도중에 방출되는 에너지는 미토콘드리아 기질에서 막간공간으로 양성자($H^+$)를 이동시키는데 사용되고, 막간공간에는 높은 농도의 양성자가 축적된다. 양성자는 내막의 ATP 합성효소에 있는 특별한 통로를 통하지 않고서는 다시 기질로 확산되어 들어오지 못한다. ATP 합성효소를 통한 양성자의 이동은 ADP와 무기인산($P_i$)으로부터 ATP를 만드는데 필요한 에너지를 제공한다. 이 과정 중에 ATP 합성효소의 내부는 모터처럼 회전한다(두꺼운 붉은 화살표).

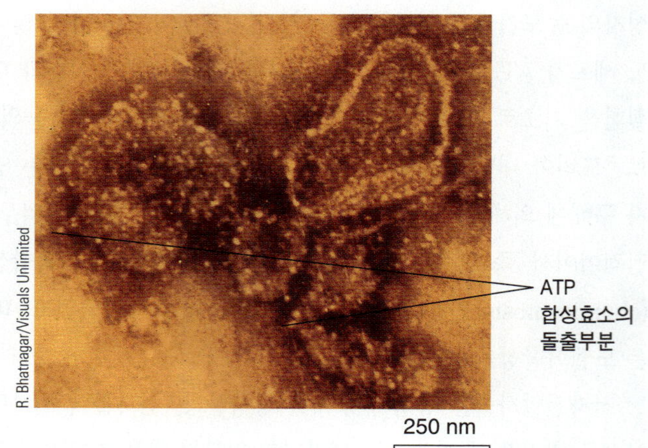


**(b)** 이 투과전자현미경(TEM) 사진은 미토콘드리아 내막의 표면에 수백 개의 ATP합성효소 복합체가 돌출되어 있음을 보여준다.

**그림 8-10 전자전달과 화학삼투의 상세도.**

**요점**

대부분의 ATP는 전자전달과 화학삼투(산화적 인산화)에 의해 생성된다.

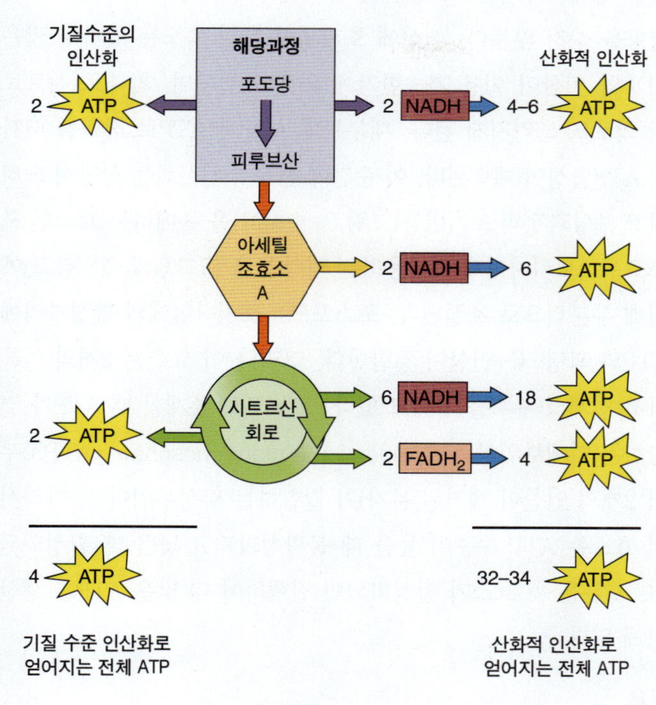


**그림 8-11** 호기성 호흡에 의한 포도당의 완전한 산화로부터 얻어지는 에너지.

기는지 알아보고 포도당의 완전한 산화로부터 생성되는 총에너지 계산해 보자. **그림 8-11**에 산술적인 것이 요약되어 있다.

1. 해당과정에서 포도당은 2 ATP 분자로부터 인의 첨가에 의해 활성화되고, 결과적으로 2 ATP의 순생산이 있고, 2 피루브산 + 2 NADH + 4 ATP로 전환된다.
2. 2 피루브산은 2 아세틸조효소A + 2 $CO_2$ + 2 NADH로 대사 된다.
3. 시트르산 회로에서 2 아세틸조효소A분자들은 4 $CO_2$ + 6 NADH + 2 $FADH_2$ + 2 ATP로 대사 된다. 전자전달사슬에서 NADH의 산화로 분자당 3 ATP까지 만들어지기 때문에 10 NADH 분자 전체는 30 ATP까지 만들어진다. 그러나 해당과정에서 만들어진 2 NADH 분자는 각각 2 또는 3분자의 ATP를 만들어낸다. 이것은, 어떤 종류의 진핵세포는 해당과정에서 만들어진 NADH를 미토콘드리아 막을 가로질러 왕복시키기 위해 에너지를 소모해야 하기 때문이다(곧 언급될 예정). 원핵세포는 미토콘드리아가 없다. 그러므로 NADH 분자를 운반할 필요가 없다. 이런 이유 때문에 박테리아는 각 NADH마다 3 ATP를 만들 수 있다. 이와 같이, NADH로부터 에너지를 사용하여 만들어진 ATP의 최대 수는 28~30이다. $FADH_2$의 산화에서 분자당 2 ATP가 만들어지므로($FADH_2$는 NADH와는 다른 위치에 있는 전자전달사슬에 들어간다는 것을 기억하라), 시트르산 회로에서 생산된 2 $FADH_2$ 분자는 4 ATP를 만들어낸다.
4. 모든 ATP의 수를 합하면(해당과정에서 2, 시트르산 회로에서 2, 전자전달과 화학삼투에서 32~34), 한 분자의 포도당이 호기성 물질대사에 의해 완전히 대사되면 최대 36–38 ATP를 생산할 수 있음을 알 수 있다. 대부분의 ATP는 산화적 인산화에 의해 생성되며, 산화적 인산화에는 전자전달사슬과 화학삼투가 포함된다. 단지 4 ATP만 해당과정의 기질수준 인산화와 시트르산 회로에서 생긴다.

호기성 호흡 전 과정의 효율은 포도당분자 내 총 자유에너지와 ATP로 얻어진 자유에너지를 비교해 봄으로써 분석할 수 있다. 7장에서, 열에너지가 생물학적 반응을 일으키지는 못하지만, 열로서 에너지를 측정하는 것은 편리하다고 했었다. 이것은 반응열을 측정하는 기구인 칼로리미터를 사용하여 측정된다. 물로 둘러싸인 작은 공간에 표본을 둔다. 표본이 탈 때(산화될 때) 물의 온도가 올라가고, 반응이 일어나는 동안 나오는 열을 측정할 수 있게 한다.

칼로리미터 안에서 1 mol의 포도당이 탈 때 686 kcal (2,870 kJ) 가 열로써 발생한다. ATP의 인산염결합이 일시적으로 가지는 자유에너지는 약 7.6 kcal(31.8 kJ)이다. 포도당의 호기성 호흡 동안 36~38 ATP가 발생할 때 ATP에 들어있는 자유에너지는 7.6 kcal/mol × 36 약 274 kcal(1,146 kJ)이다. 이처럼 호기성 호흡의 효율은 274/686, 약 40% 정도이다. (비교하자면, 화력발전소는 그 연료에너지를 전기로 변환하는데 35~36%의 효율성을 가진다.) 포도당에서 발생된 나머지 에너지는 열로 방출된다.

### (1) 미토콘드리아의 수송체계는 세포질에서 만들어진 NADH 전자들을 수집한다

미토콘드리아 내막은 큰 분자인 NADH를 통과시키지 않는다. 그러므로 세포질에서 해당과정동안 만들어진 NADH 분자는 그들의 전자를 전자전달사슬로 운반하기위해 미토콘드리아 안으로 확산되어 들어갈 수 없다. ATP, ADP와는 달리 NADH는 막을 통과하여 운반해 주는 운반체 단백질을 가지지 않는다. 대신에, 몇 가

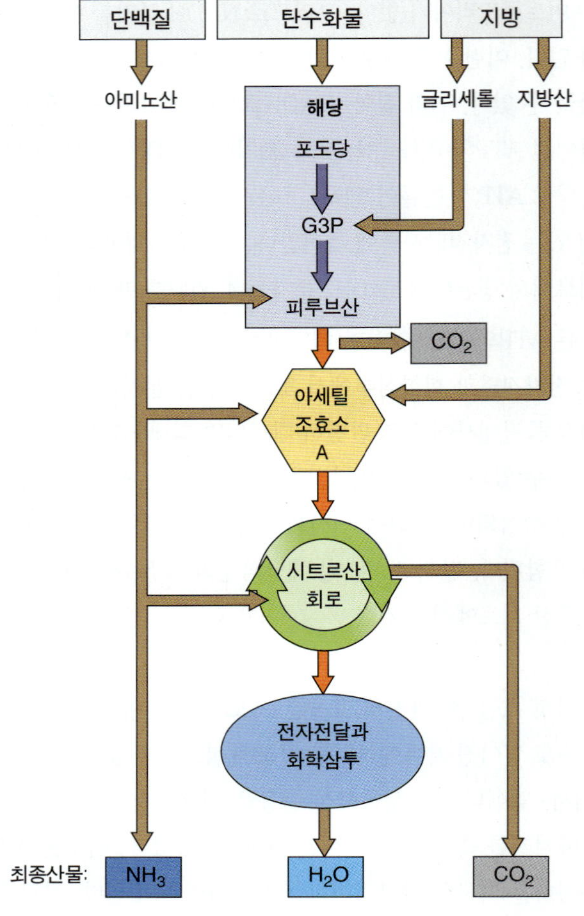


**그림 8-12 단백질, 탄수화물, 지방으로부터 발생되는 에너지.** 탄수화물, 단백질, 지방의 이화작용 산물들은 여러 부분에서 해당 혹은 시트르산 회로로 들어간다. 이 그림은 중요한 이화과정 중 단지 일부만 표시되어 있다.

지 체계가 NADH 분자 자체가 아닌 NADH의 전자들만 미토콘드리아 안으로 운반하는데 관여한다.

간, 심장, 심장세포에서는 특별한 수송체계가 전자들을 미토콘드리아 내막을 통해 NADH로부터 기질내의 $NAD^+$분자로 전달한다. 이러한 전자들은 미토콘드리아 내막에 있는 전자전달사슬로 운반되어 한 쌍의 전자 당 최대 세 분자의 ATP가 만들어진다.

골격근, 뇌, 그리고 몇 가지 다른 종류의 세포에는 다른 형태의 수송체계(shuttle)가 작동한다. 이 수송체계가 간, 신장 및 심장의 수송체계보다 더 많은 에너지를 필요로 하기 때문에, 전자들이 전자전달사슬에 들어갈 때 더 낮은 에너지 수준에 있게 된다. 이 전자들은 $NAD^+$보다는 유비퀴논으로 받아들여져서 전자 한 쌍마다 최대 2 ATP를 만들어낸다. 이것이 골격근에서 포도당 한분자의 호기성 호흡에 의해 생산되는 ATP 분자수가 38 보다는 36이 되는 이유이다.

### 8.2.6 세포는 호기성 호흡을 조절한다

호기성 호흡은 연료분자와 산소의 지속적인 투입을 필요로 한다. 정상 상태하에서는 이 물질들이 적절하게 제공되어 호흡속도에 영향을 주지 않는다. 대신에 호기성 호흡의 속도는 얼마나 많은 ADP와 인산이 이용 가능한가에 의해 조절되며, 차례로 시트르산 회로도 느려지게 된다. 대부분의 ADP가 ATP로 전환될 때까지 ATP합성이 계속된다. 이 순간에 산화적 인산화는 상당히 느려지고 해당과정의 초기반응(그림 8-4 참고)을 촉매하는 효소인 포스포프룩토키나아제에 작용하는 되먹임 조절(그림 7-13 참고)에 의해 부분적으로 조절된다. 포스포프룩토키나아제의 활성자리에 ATP와 과당-6-인산이 결합한다. 그러나 이 효소는 2개의 다른 자리 입체성 부위를 가지고 있다: 고농도로 존재할 때 ATP가 결합하는 억제부위와 AMP(adenosine monophosphate, ATP로부터 2개의 인산이 제거된 분자)가 결합하는 활성부위이다. 따라서 이 효소는 ATP 수준이 높을 때 불활성화되고 낮을 때 활성화된다. 호흡은 이 효소가 활성화되면 진행하여 더 많은 ATP를 생산하게 된다.

**복습**

- 한분자의 포도당으로부터 세포가 이용할 수 있는 ATP는 (1) 해당과정, (2) 아세틸조효소A의 형성, (3) 시트르산 회로, (4) 전자전달사슬과 화학삼투를 작동하여 얼마나 만들어지는가?
- 화학삼투에 의한 ATP의 합성에 다음의 것들이 반드시 필요한 이유는 무엇인가? (1) 전자전달사슬 (2) 양성자 기울기 (3) ATP 합성 복합체.
- 호기성 호흡에서 $NAD^+$, FAD, 그리고 산소의 역할은 무엇인가?
- 호기성 호흡이 조절되는 방법에는 어떤 것이 있는가?

## 8.3 포도당 이외 영양소의 에너지 생산

**학습목표**

7 어떻게 단백질과 지질 이화작용의 산물이 포도당을 산화하는 것과 동일한 물질대사 경로로 들어가게 되는지를 요약해 보라.

사람을 포함한 많은 유기체들은 포도당 이외의 다른 영양소들도 에너지원으로 사용한다. 사실, 여러분은 포도당의 산화보다 지방산의 산화에 의해 더 많은 에너지를 얻을 수 있다. 단백질의 소화로부터 생기는 아미노산 또한 연료 분자들로 사용된다. 이러한 영양소들은 해당과정이나 시트르산 회로로 들어가는 중간대사산물들 중 하나로 변형된다(그림 8-12).

아미노산은 아미노기($-NH_2$)가 처음 제거되는 **탈아미노반응**

(deamination)에 의해 대사된다. 포유동물과 그 외 다른 동물에서, 아미노기는 요소로 바뀌어(그림 47-1 참고) 분비되지만, 탄소사슬은 대사되어 결국에는 호기성 호흡 중 한 단계의 반응물로 사용된다. 예를 들면, 아미노산인 알라닌은 탈아미노반응을 거쳐 피루브산으로 되고, 글루탐산은 $\alpha$-케토글루타르산으로 전환되고, 아스파르트산은 옥살로아세트산을 만든다. 피루브산은 해당과정의 마지막 산물로서 호기성 호흡으로 들어가고, $\alpha$-케토글루타르산과 옥살로아세트산은 둘 다 시트르산 회로의 중간산물로 들어간다. 결국 모든 아미노산의 탄소사슬은 이런 방식으로 대사된다. 전자전달에서 전자들의 흐름이 일반적으로 ATP의 생산과 강하게 연계되어 있지만, 어떤 유기체들은 두 과정의 연계를 풀어 열을 생산한다 (초점: 전자전달과 열을 참고).

음식물 중 지질 1 g은 1 g 당 약 4 kcal(17 kJ)을 가지는 포도당이나 아미노산보다 2배 더 많은 에너지인 9 kcal(38 kJ)를 함유한다. 지질은 에너지가 많다. 왜냐하면, 지질은 많은 수소원자들과 적은 산소원자를 가짐으로써 고도로 환원되어 있기 때문이다. 6개의 탄소를 가진 포도당 한 분자가 36-38 ATP를 만드는 것에 비해, 지질은 호기성 호흡에서 완전히 산화될 때 6-탄소 지방산 한 분자가 최대 44 ATP를 만들어낸다.

트리아실글리세롤의 구성성분인 글리세롤과 지방산(3장 참고)은 연료로 사용된다. 글리세롤에는 인산이 붙어 해당과정으로 들어가는 G3P 또는 다른 화합물로 바뀐다. 지방산은 산화되어 조효소A에 결합하는 2-탄소 아세틸기로 쪼개진다. 즉, 지방산은 아세틸조효소A로 바뀐다. 미토콘드리아의 기질에서 일어나는 이 과정을 **$\beta$-산화($\beta$-oxidation)**라고 한다. $\beta$-산화에 의해 만들어진 아세틸조효소A 분자는 시트르산 회로로 들어간다.

### 복습

- 사람은 어떻게 탄화수소 함량이 낮은 음식물로부터 에너지를 얻을 수 있는가?
- 아미노산이 호기성 호흡경로에 들어가기 전에 어떤 과정이 선행되어야만 하는가?
- 지방산은 호기성 호흡 경로의 어느 곳으로 들어 가는가?

## 8.4 혐기성 호흡과 발효

### 학습목표

8 혐기성호흡과 발효를 ATP형성, 최종전자수용체 및 최종 생성물을 포함하여 비교 설명하라.

최종 전자수용체로서 산소를 사용하지 않는 혐기성 호흡은 물로 채워진 토양이나 고여 있는 연못 또는 동물의 장과 같이 산소가 없는 환경에서 사는 몇몇 원핵생물에 의해 수행된다. 호기성 호흡에서처럼 혐기성 호흡에서도 전자들은 포도당으로부터 NADH로 전달된다. 그런 다음 전자들은 화학삼투에 의해 ATP 합성에 연결되는 전자전달사슬을 지나게 된다. 그러나 질산이온($NO_3^-$)이나 황산이온($SO_4^{2-}$)과 같은 무기물질이 말단의 전자수용체로서 산소분자를 대신한다. 이러한 유형의 혐기성 호흡의 최종 산물은 이산화탄소, 하나 또는 그 이상의 환원된 무기물질, 그리고 ATP이다. 혐기성 호흡의 1가지 대표적인 예는 생물지화학적 순환의 일부인 **질소순환**(nitrogen cycle, 53장 참고)이다. 질소순환은 아래와 같이 요약할 수 있다.

$$C_6H_{12}O_6 + \underset{\text{질산칼륨}}{12\ KNO_3} \longrightarrow$$

$$6\ CO_2 + 6\ H_2O + \underset{\text{아질산칼륨}}{12\ KNO_2} + \underset{\text{(in the chemical bonds of ATP)}}{\text{energy}}$$

몇몇 곰팡이 뿐 아니라 다른 어떤 박테리아는 전자전달사슬이 관여하지 않는 혐기성 경로인 **발효(fermentation)**를 주로 이용한다. 발효가 일어나는 동안 1개의 포도당마다 해당과정 동안 기질수준인산화에 의해 단지 2개의 ATP가 만들어진다. 어떤 사람들은 해당과정으로부터 에너지를 얻는 세포가 해당과정의 마지막 산물인 피루브산을 생산한다고 생각할 수 있다. 그러나 모든 세포들은 $NAD^+$를 제한적으로 공급받으며, $NAD^+$는 해당과정이 계속되기 위해 필요하기 때문에, 이런 일은 일어날 수 없다. 만약 해당과정 동안 사실상 모든 $NAD^+$가 NADH로 환원된다면, 해당과정은 멈

표 8-2

**호기성 호흡, 혐기성 호흡, 발효의 비교**

| | 호기성 호흡 | 혐기성 호흡 | 발효 |
|---|---|---|---|
| NADH 전자의 운명 | 전자전달사슬로 전달됨 | 전자전달사슬로 전달됨 | 유기 분자에 전달됨 |
| 전자전달사슬의 최종 전자 수용체 | $O_2$ | $NO_3^-$ 또는 $SO_4^{2-}$ 같은 무기 기질 | 전자전달사슬 없음 |
| 생성되는 환원 산물 | 물 | 상대적으로 환원된 무기 기질 | 상대적으로 환원된 유기 화합물 (보통 알콜 또는 젖산) |
| ATP 합성 기구 | 산화적 인산화/화학 삼투; 기질 수준의 인산화 | 산화적 인산화/화학 삼투; 기질 수준의 인산화 | 기질 수준의 인산화만 있음 (해당과정 동안) |

추고 ATP도 생산되지 않는다.

발효에서 NADH분자들은 자신의 수소원자들을 유기분자들에게로 옮긴다. 이와 같은 $NAD^+$의 재생은 해당과정을 계속 진행시키기 위해서 필요하다. 상대적으로 환원된 유기분자(보통 알코올이나 젖산)는 세포에게 독이 되는 경향이 있고, 본질적으로는 노폐물이 된다.

3가지 과정, 즉 호기성 호흡, 혐기성 호흡, 발효를 **표 8-2**에 비교하였다.

### 8.4.1 알콜 발효와 젖산 발효는 비효율적이다

효모는 산소를 이용할 수 있을 때는 호기성 호흡을 수행하지만 산소가 결핍될 때는 **알코올 발효**(alcohol fermentation)로 전환하는 **조건적 혐기성생물**(facultative anaerobes)이다(**그림 8-13a**). 이러한 진핵, 단세포 균류들은 피루브산을 탈카르복시화하고, $CO_2$를 방출하며, *아세트알데히드*라는 2-탄소 화합물을 만드는 효소를 가지고 있다. 해당과정 동안 만들어진 NADH는 수소원자를 아세트알데히드에 전달하여 *에틸 알코올*(ethyl alcohol)로 환원시킨다(**그림 8-13b**). 알코올 발효는 맥주, 포도주 그리고 다른 알콜 음료생산의 기초가 된다. 효모 세포들은 반죽을 부풀게 하는 이산화탄소를 만들어 내기 위해 빵을 굽는데 사용된다. 알코올은 빵을 굽는 동안 증발한다.

어떤 곰팡이와 박테리아는 **젖산 발효**(lactate fermentation)를 수행한다. 이러한 대체 경로에서, 해당과정 동안 만들어진 NADH는 수소원자를 피루브산에 전달하여 피루브산을 *젖산*으로 환원시킨다(**그림 8-13c**). 요구르트를 만들고 소금에 절인 양배추를 만들기 위해 양배추를 발효시키는데 박테리아를 쓰는 사람들은 몇몇 박테리아의 젖산 생산능력을 이용한다.

젖산은 또한 근육세포에 의해 만들어진다. 운동은 피로를 유발하고 격렬한 운동을 하는 동안 불충분한 산소, 연료 분자의 고갈, 젖산의 축적때문에 근육 경련을 일으킬 수 있다. 근육세포로 공급되는 산소의 양이 호기성 호흡을 지탱하기에 불충분하면 근육세포는 젖산 발효로 즉각 변환하기 때문에 이러한 젖산의 축적이 일어난다. 그러나 이러한 변환은 단지 일시적이고, 일을 지속하기 위해서는 산소가 필요하다. 약 80%의 젖산 만이 간으로 옮겨져 근육세포들을 위한 더 많은 포도당을 재생산 하는데 사용된다. 나머지 20%의 젖산은 산소가 존재하는 근육세포에서 대사된다. 이것은 왜 당신이 운동을 멈춘 후 심호흡을 계속하게 되는지

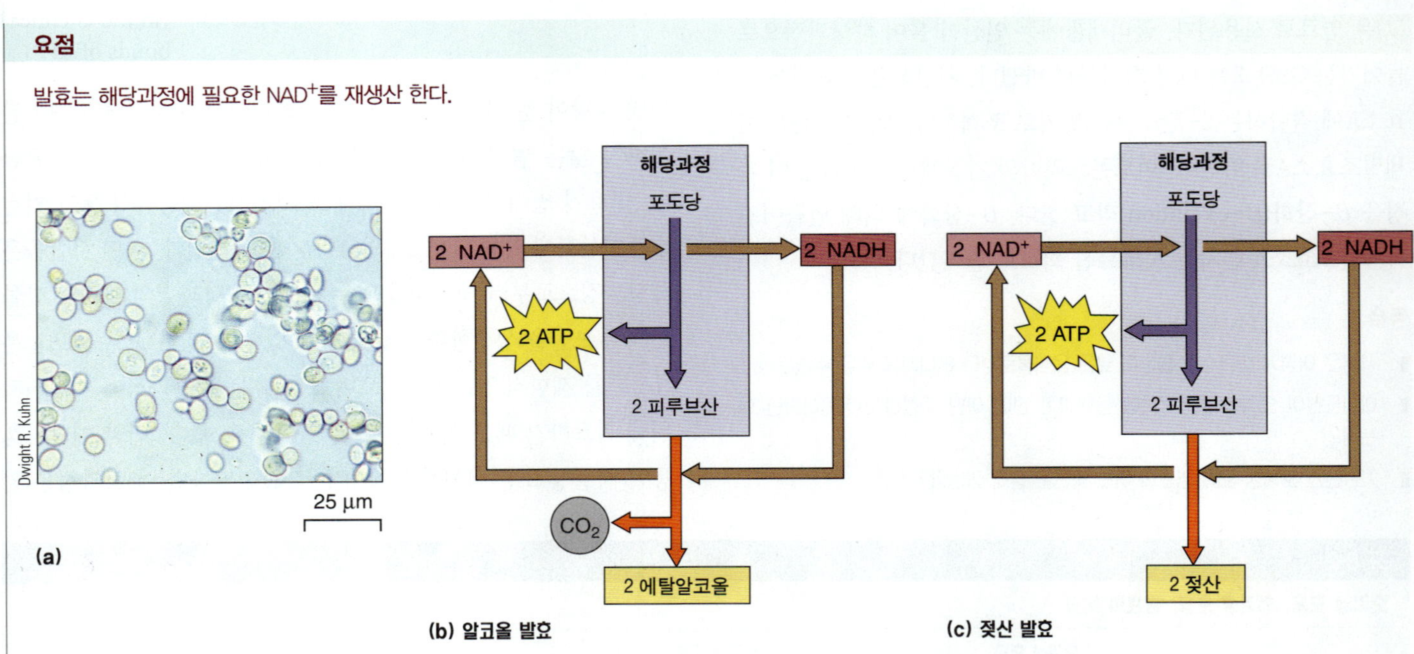


**그림 8-13 발효.**

**(a)** 살아있는 맥주 효모(*Saccharomyces cerevisiae*)의 광학 현미경 사진. 효모의 세포는 미토콘드리아를 가지고 있으며, 산소가 있을 때 호기성 호흡을 한다. 산소가 없을 때 효모는 알코올 발효를 수행(**b, c**)한다. 해당은 발효과정의 시작 부분이다. **(b)** 알코올 발효에서는 $CO_2$가 쪼개져 나오고, 2-탄소 화합물인 에틸 알코올이 최종산물이다. **(c)** 젖산 발효에서, 최종 산물은 3-탄소 화합물인 젖산이다. 알코올 발효와 젖산 발효 둘 다 포도당 1분자 당 단지 2분자의 ATP를 얻는다. 해당과정 중에 사용된 $NAD^+$는 알코올 발효와 젖산 발효 두 과정 동안에 재생산됨을 주목하라.

를 설명한다. 부가적인 산소가 젖산을 산화하는데 필요하며, 젖산이 산화됨으로써 근육세포는 정상상태로 회복된다.

사람은 ATP 생산을 위해 단지 몇 분 동안만 젖산 발효를 사용하지만 몇몇 동물들은 산소 없이 훨씬 더 오랫동안 살 수 있다. 붉은귀거북, 민물자라 등은 2주일 동안 물속에 있을 수 있다. 이 기간 동안에는 비교적 활동하지 않고 많은 양의 에너지를 소비하지 않는다. ATP 생산은 젖산 발효에 의존한다.

알코올 발효나 젖산 발효는 매우 비효율적이다. 왜냐하면 연료가 단지 일부만 산화되기 때문이다. 효모세포에 의한 발효의 최종 산물인 알코올은 연소될 수 있고, 자동차 연료로도 사용될 수 있다. 알코올은 분명히 효모 세포들이 혐기적 방법으로는 추출해 낼 수 없는 많은 양의 에너지를 가지고 있다. 3-탄소 화합물인 젖산은 2-탄소 화합물인 알코올보다 더 많은 에너지를 가지고 있다. 이것과는 대조적으로, 호기성 호흡에서는 연료 분자들이 이산화탄소로 완전히 산화되기 때문에, 이용 가능한 모든 에너지가 호흡이 일어나는 동안 제거된다. 산소를 이용할 수 있을 때 포도당 한 분자당 36-38 ATP를 생산되는데 비해, 발효에 의해서는 단지 2 ATP의 순이익이 생긴다.

발효의 비효율성 때문에 많은 연료가 공급되어야 한다. 발효에 관여하는 세포는 호기성 호흡을 하는 세포보다 같은 양의 일을 수행하는데 초당 20배 이상 더 많은 포도당 또는 다른 탄수화물을 소비해야만 한다. 이러한 이유 때문에, 여러분의 근육세포들은 많은 양의 포도당을 글리코겐 형태로 저장한다. 근육세포들은 글리코겐을 짧은 기간 동안 혐기적으로 대사할 수 있기 때문이다.

**복습**

- 근육세포 안에 산소가 존재할 때, 해당과정 동안 포도당으로부터 제거된 수소원자의 운명은 어떻게 되는가? 이것과 이용가능한 산소가 호기성 호흡을 지탱할 수 있을 만큼 충분하지 않을 때 포도당으로부터 제거된 수소의 운명을 비교하라.
- 발효에 의해 생산되는 ATP가 호기성 호흡으로부터 생산된 분량에 비해 그 비율이 작은 이유는 무엇인가?

## 핵심 용어와 요약

**학습목표**

1 호기성 호흡을 요약한 반응식을 쓰고, 어느 반응물이 산화되고 어느 반응물이 환원되는지를 표시하라.

- $C_6H_{12}O_6 + 6\,O_2 \longrightarrow 6\,CO_2 + 6\,H_2O + \text{energy}$ (산화: $C_6H_{12}O_6$ → $6\,CO_2$; 환원: $6\,O_2$ → $6\,H_2O$)
- **호기성 호흡**은 포도당 같은 연료분자가 파괴되어 이산화탄소와 물을 형성하는 이화과정이다. 이것에는 **산화**되는 포도당으로부터 **환원**되는 산소로 전자가 전달되는 **산화환원 반응**들이 포함된다.
- 호기성 호흡 중에 방출되는 에너지는 포도당 1 분자당 36내지 38개의 ATP를 생산하는데 사용된다.

2 호기성 호흡의 4단계를 나열하고 간략히 요약해 보라.

- 호기성 호흡의 화학반응들은 4단계–해당과정, 아세틸조효소A의 형성, 시트르산회로, 그리고 전자전달사슬과 화학삼투–로 일어난다.
- **해당과정**동안, 포도당 1분자는 2분자의 **피루브산**으로 분해된다. 해당과정동안 2분자의 ATP(순생산)가 **기질수준 인산화**에 의해 생산된다.
- **아세틸조효소A**가 형성되는 동안, 2분자의 피루브산은 각각 이산화탄소 1분자를 잃고, 남아있는 아세틸기는 각각 **조효소A**와 결합하여, 아세틸조효소A 2분자를 만든다. 피루브산당 1개의 NADH가 생산된다.
- 각각의 아세틸조효소A는 4-탄소화합물인 **옥살로아세트산**과 결합하여 6-탄소 화합물인 **시트르산**을 생성함으로써 **시트르산 회로**에 들어간다. 포도당 분자마다 2개의 아세틸조효소A분자가 회로에 들어간다. 아세틸조효소A 분자의 부분으로서 회로에 들어간 2개의 탄소들은 이산화탄소로 방출된다. 아세틸조효소A마다, 수소원자들이 3개의 $NAD^+$와 1개의 FAD에 전달되고, 단 1개의 ATP만 기질수준 인산화에 의해 생산된다.
- 연료분자로부터 제거된 수소원자들(또는 그들의 전자들)은 미토콘드리아 내막에 위치해 있는 **전자전달사슬**을 따라 한 전자수용체에서 다른 수용체로 전달된다. 궁극적으로는 이 전자들이 분자 형태의 산소를 환원시켜 물을 형성한다. **산화적 인산화**에서 전자전달사슬의 산화환원반응들은 **화학삼투** 기작을 통해 ATP의 합성과 연계되어 있다.

3 진핵세포에서 호기성 호흡의 각 단계가 어디에서 일어나는지 표시해 보라.

- 해당과정은 세포질에서, 호기성 호흡의 나머지 단계들은 미토콘드리아에서 일어난다.

4 호기성 호흡의 각 단계에서 ATP, NADH와 $FADH_2$로서 획득된 에너지의 합을 구해 보라.

- 해당과정에서, 각 포도당 분자는 2 NADH와 2 ATP(순생산)를 생산한다. 두 분자의 피루브산이 두 분자의 아세틸조효소A로 전환되면 2 NADH를 생산한다. 시트르산회로에서, 아세틸조효소A 두 분자가 대사되어 6 NADH, 2 $FADH_2$와 2 ATP를 형성한다. 모두 더하면, 4 ATP, 10 NADH, 2 $FADH_2$이다.
- 10 NADH와 2 $FADH_2$가 전자전달사슬을 지나가면, 32~34개의 ATP가 화학삼투에 의해 생산된다. 따라서 각 포도당 분자는 전체 36~38개의 ATP를 생산한다.

5 화학삼투를 정의하고, 어떻게 양성자 기울기가 미토콘드리아 내막을 가로질러 형성되는지 설명해 보라.

- 화학삼투에서, 전자전달사슬 내 전자들이 가진 에너지의 일부는 양성자들을 미토콘드리아 내막을 가로질러 막간공간으로 퍼내는데 사용된다. 이렇게 퍼냄으로써 미토콘드리아 내막을 가로질러 양성자 기울기가 형성된다. 양성자($H^+$)들이 막간 공간 내에 축적되어 pH를 낮춘다.

**6** 화학삼투에서 양성자 기울기가 ATP 합성을 추진하는 과정을 설명하라.

- 미토콘드리아 내막에 존재하는 **ATP 합성효소**에 의해 만들어진 통로를 통해 막간공간에서 미토콘드리아 기질로 양성자들이 확산됨으로써 ATP를 합성하는데 필요한 에너지를 공급한다.

**7** 공유결합, 수소결합, 그리고 이온결합을 구분하고 각각의 형성 과정과 이들의 결합력을 비교해 보라.

- 아미노산들은 **탈아미노화** 되고, 그들의 탄소 골격들은 호기성 호흡의 대사 중간체로 전환된다.
- 지질의 구성성분인 글리세롤과 지방산은 둘 다 연료로서 산화된다. 지방산들은 ***β*–산화** 과정에 의해 아세틸조효소A로 전환된다.

**8** 혐기성 호흡과 발효를 비교하고 대조해 보라. 이 때, ATP 생성기작, 최종 전자수용체와 최종산물을 포함시켜 보라.

- 혐기성 호흡에서, 전자들은 연료분자로부터 화학삼투에 의해 ATP 합성과 연계된 전자전달사슬로 전달된다. 최종전자수용체는 분자상 산소가 아니라 질산이온 또는 황산이온 같은 무기물질이다.
- 발효는 전자전달사슬을 이용하지 않는 혐기적 과정이다. 포도당 하나당 단지 2개의 ATP가 순이익이다. 이것은 해당과정 동안 기질–수준 인산화에 의해 만들어진다. 해당과정에 필수적인 $NAD^+$의 공급을 유지하기 위하여, 수소원자들이 NADH로부터 최초의 영양소로부터 유래된 유기화합물로 전달된다.
- 효모세포들은 **알코올 발효**를 수행한다. 이 때, 에틸알코올과 이산화탄소가 최종 노폐물이다.
- 어떤 곰팡이, 원핵생물들과 동물세포들은 **젖산 발효**를 한다. 이 때, 수소원자들이 피루브산에 첨가되어 노폐물인 젖산이 생성된다.

## 호기성 호흡 반응 요약

포도당의 완전한 산화 반응 요약:

$$\text{포도당} + 6\,O_2 + 6\,H_2O \longrightarrow 6\,CO_2 + 12\,H_2O + \text{에너지 (36 to 38 ATP)}$$

해당과정 반응 요약:

$$\text{포도당} + 2\,ATP + 2\,ADP + 2\,P_i + 2\,NAD^+ \longrightarrow 2\,\text{피루베이트} + 4\,ATP + 2\,NADH + H_2O$$

피루브산의 아세틸조효소A로의 전환 반응 요약:

$$2\,\text{피루베이트} + 2\,\text{조효소 A} + 2\,NAD^+ \longrightarrow 2\,\text{아세틸조효소A} + 2\,CO_2 + 2\,NADH$$

시트르산 회로 반응 요약:

$$2\,\text{아세틸조효소A} + 6\,NAD^+ + 2\,FAD + 2\,ADP + 2\,P_i + 2\,H_2O \longrightarrow 4\,CO_2 + 6\,NADH + 2\,FADH_2 + 2\,ATP + 2\,CoA$$

전자전달사슬에서 NADH와 FADH의 $FADH_2$수소원자들의 변환과정 반응 요약:

$$NADH + 3\,ADP + 3\,P_i + ½\,O_2 \longrightarrow NAD^+ + 3\,ATP + H_2O$$

$$FADH_2 + 2\,ADP + 2\,P_i + ½\,O_2 \longrightarrow FAD^+ + 2\,ATP + H_2O$$

## 발효 반응 요약

젖산 발효 반응 요약:

$$\text{포도당} \longrightarrow 2\,\text{젖산} + \text{에너지 (2 ATP)}$$

알코올 발효 반응 요약:

$$\text{포도당} \longrightarrow 2\,CO_2 + 2\,\text{에틸알코올} + \text{에너지 (2 ATP)}$$

## 연습문제

1. 물질이 전자를 얻는 과정을 (a) 산화 (b) 산화적 인산화 (c) 탈아미노 (d) 환원 (e) 탈수소 라고 한다.

2. 피루브산은 시트르산 회로에 들어가기 전에 아세틸조효소A, 이산화탄소 그리고 한 분자의 ________ 를 형성하면서 탈카르복시화되고, 산화되며, 조효소 A와 결합한다.
(a) NADH (b) $FADH_2$ (c) ATP (d) ADP (e) $C_6H_{12}O_6$

3. 진핵세포의 세포질에서 ________ (의) 반응들이 일어난다.
(a) 해당과정 (b) 피루브산의 산화 (c) 시트르산 회로
(d) 화학삼투 (e) 전자전달사슬

4. ________ (이)가 진행되는 동안, 전자전달과 ATP 합성은 미토콘드리아의 내막을 가로질러 형성된 양성자 구배와 연계된다.
(a) 화학삼투 (b) 탈아미노 반응 (c) 혐기성 호흡
(d) 해당과정 (e) 탈카르복시화 반응

5. 전자전달사슬에서 어느 복합단백질 복합체가 산소분자를 환원시키는 역할을 담당하는가?
(a) 복합체 Ⅰ(NADH–우비퀴논 산화환원효소)
(b) 복합체 Ⅱ(숙신산–우비퀴논 환원효소)
(c) 복합체 Ⅲ(우비퀴논–시토크롬 c 산화환원효소)
(d) 복합체 Ⅳ(시토크론 c 산화효소)
(e) 복합체 Ⅴ(ATP 합성효소)

6. 포도당 한 분자의 ________ (으)로부터 단지 2ATP의 순이익이 혐기적으로 생긴다. 이에 비해, ________ (으)로는 최대 38ATP의 순이익이 생긴다.
(a) 발효, 혐기성 호흡 (b) 호기성 호흡, 발효
(c) 호기성 호흡, 혐기성 호흡 (d) 탈수소반응, 탈카르복시화
(e) 발효, 호기성 호흡

7. 그림 속의 10개의 빈 칸을 채우시오. 그림 8-2를 참고하여 정답을 확인하시오.

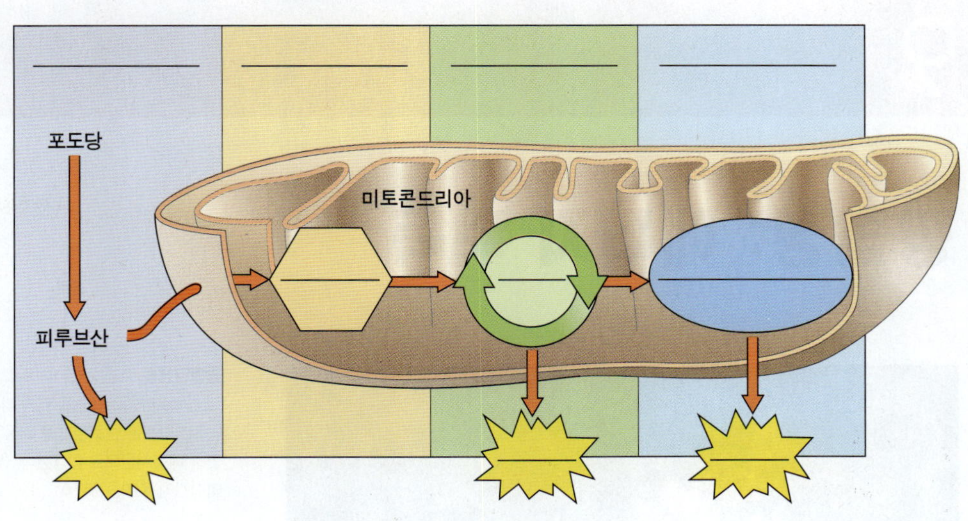


8. 탈수소 효소는 원료 물질로부터 수소 원자들을 제거하여 _________ 와 같은 수용체에 운반해 준다.
   (a) $O_2$와 $H_2O$ (b) ATP와 FAD
   (c) $NAD^+$와 FAD (d) $CO_2$와 $H_2O$
   (e) 조효소A와 피루브산

9. 다음 중 전자전달사슬에 사용될 전자들의 주된 원천은 어느 것인가?
   (a) $H_2O$ (b) ATP
   (c) NADH (d) ATP 합성효소
   (e) 조효소 A

10. 산소를 제거하면, 효모세포는 발효에 의해 에너지를 얻는데, 이때 이산화탄소, ATP 그리고 (a) 아세틸조효소A (b) 에틸 알콜 (c) 젖산 (d) 피루브산 (e) 시트르산을 생산한다.

## 심화 학습문제

1. **진화적 연계.** 포도당의 이화작용으로부터 에너지를 획득하는 모든 유기체들–원핵세포, 원생생물, 곰팡이, 식물, 동물들–에 있어서 해당과정의 반응들이 똑같다. 이런 보편성은 해당과정의 진화에 대해서 무엇을 말해주는가?

2. 해당과정 첫 단계의 자유에너지 증가반응은 어떻게 자유에너지 감소반응인 ATP의 가수분해 반응과 연계되는가? 해당과정 두 번째 단계의 자유에너지 감소반응은 어떻게 자유에너지 증가반응인 ATP와 NADH의 합성반응과 연계되는가?

# 9

# 광합성: 에너지 획득

Skip Moody/Dembinsky Photo Associates

**광영양생물.** 이들 푸른 루피너스 (*Lupinus hirsutus*)와 그 뒤의 나무들은 이산화탄소를 탄소원으로 이용하고 빛을 에너지원으로 이용한다. 〈남부 미쉬간에서 찍은 사진〉

## 핵심 개념

식물을 비롯한 지구상의 거의 모든 생명체가 의존하는 광합성의 근원은 빛에너지이다.

엽록체에서 일어나는 광합성은 산화 환원 반응이다.

명반응은 빛에너지를 NADPH와 ATP가 포함하는 화학에너지로 바꾼다.

탄소고정반응은 이산화탄소를 유기분자에 결합시킨다.

화리 주위를 둘러싼 모든 생명체—식물, 금붕어, 우리들의 몸—를 구성하는 대부분의 물질은 탄소를 기반으로 한 유기물이다. 이런 생물체를 이루는 엄청난 양의 탄소는 대체 어디에서 온 것일까? 놀랍게도, 이 모든 탄소는 바로 공기 중의 이산화탄소로부터 온 것이다. 우리의 세포는 공기 중의 이산화탄소를 붙잡아서 우리 몸의 일부로 결합시키지 못한다. 이는 식물을 포함한 광합성을 하는 생물들만이 할 수 있는 일이다. 광합성은 빛에너지가 유기물에 저장된 화학에너지로 바뀌는 일련의 반응이다. 이 과정에서 이산화탄소 기체가 환원되어 에너지가 높은 유기물의 일부로 결합되며 고정되는 것이다. 광합성은 지구상의 거의 모든 생물이 사용하는 대부분의 에너지를 생물권으로 유입시키는 에너지 흐름의 첫 단계이다. 광합성은 식물, 조류(algae), 광합성 세균 등 직접적으로 광합성을 하는 생물의 삶을 지탱하는 것뿐만 아니라, 광합성을 하지 않는 동물, 곰팡이, 원생생물, 대부분의 세균들의 생명을 간접적으로 유지하는 것이다. 광합성 생물들은 육상과 바다에서 매년 수십억 톤의 이산화탄소를 유기물로 바꾼다. 이 유기물은 광합성과 비광합성 생물에서 모두 중요한 2가지의 핵심적인 역할을 한다: 세포를 구성하는 근간이 되는 기초물질이며, 또한 8장에서 보았듯이 대부분의 생명체를 지탱하는 대사 작용의 연료가 되는 화학에너지의 원천이다.

9장에서 우리는 어떻게 빛에너지가 세포내에서 단기간 임시로 에너지를 저장할 수 있는 ATP 등의 에너지 수송물질의 합성에 사용되는지 공부할 것이다. 그리고, 어떻게 이런 에너지 수송물질이 단순한 무기물인 이산화탄소와 물로부터 안정된 유기물을 합성하는 동화작용의 원동력이 되는지를 살펴볼 것이다. ■

## 9.1 빛

**학습목표**

1 빛의 물리적 특성을 기술하고, 빛의 파장과 그 에너지 사이의 관계를 설명하라.

지구의 대부분의 생물은 직접 또는 간접적으로 빛에 의존하므로, 빛의 성질을 이해하고 그것이 어떻게 광합성을 일으키게 하는지 이해하는 것이 중요하다. 가시광선은 전자기 스펙트럼이라 부르는 광범위하고 연속적인 방사선 영역의 매우 작은 부분을 이루고 있다(▮ 그림 9-1). 이 스펙트럼의 모든 방사선은 파동으로 이동한다. **파장(wavelength)**은 하나의 파동의 정점에서 다음의 파동 정점까지의 거리이다. 전자기 스펙트럼의 한쪽 끝에는 나노미터(1 nm = $10^{-9}$ m)의 작은 부분으로 측정되는 매우 짧은 파장인 감마($\gamma$)선이 있다. 스펙트럼의 다른 쪽 끝에는 킬로미터(km)로 측정할 수 있는 매우 긴 파장인 라디오파가 있다. 380 nm에서 760 nm까지의 전자기 스펙트럼 부분은 눈으로 볼 수 있기 때문에 가시광 스펙트럼이라 부른다. 가시광 스펙트럼은 무지개의 색깔 모두를 포함한다(▮ 그림 9-2); 즉 남색은 가장 짧은 파장이고 붉은 색은 가장 긴 파장이다.

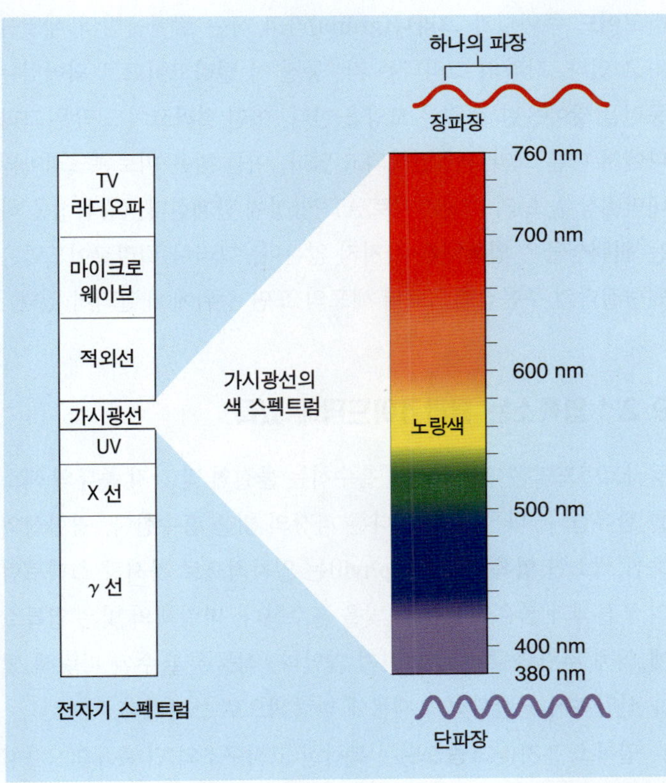


**그림 9-1 전자기 스펙트럼.**

전자기 스펙트럼의 파장은 파장의 길이와 생성방법을 달리하는 것을 제외하고는 비슷한 특성을 갖고 있다. 라디오파는 가장 긴 파장(에너지는 가장 작음)을 거져 20 km나 된다. 감마선은 가장 짧은 파장(가장 큰 에너지)을 갖는다. 가시광선은 전자기 스펙트럼의 작은 영역으로서 대체로 380 nm에서 760 nm 사이의 파장으로 이루어진다. 가시광선에서 나오는 에너지는 광합성에 이용된다.

빛은 파동이 하는 반응뿐만 아니라 입자가 하는 반응도 한다. 빛은 **광양자(photon)**라 부르는 에너지를 갖는 작은 입자 또는 다발로 구성되고 있다. 광양자의 에너지는 그 파장에 역비례하여 보다 짧은 파장의 빛은 긴 파장의 빛이 갖는 에너지에 비해 보다 큰 에너지를 갖는다.

광합성은 왜 방사선과 같은 다른 파장에 의존하지 않고 우리 눈으로 볼 수 있는 빛(가시광선)에 의존하는 것일까? 우리는 다만 그 답을 추측할 수밖에 없다. 아마 그것은 스펙트럼의 가시광선 부분 내에 있는 방사선이 어떤 종류의 생물학적 분자를 흥분시켜서 전자를 보다 높은 에너지 수준으로 이동시키기 때문이다. 가시광선 보다 더 긴 파장의 방사선은 이들 생물학적 분자를 흥분시킬 수 있는 충분한 에너지를 갖지 못하는 것이다. 가시광선 보다 더 짧은 파장의 방사선은 너무 에너지가 높아서 많은 생물학적 분자의 결합을 파괴하게 된다. 따라서 가시광선이 광합성에 유용한 에너지의 적당한 양을 갖는 것이다.

분자가 빛에너지의 광양자를 흡수하면 그 분자의 전자 하나가 활력을 얻게 되고, 이 전자는 보다 낮은 원자 궤도에서 나와서 원자핵에서 보다 먼 거리에 있는 높은 에너지 궤도로 이동하게 된다. 그리고 원자와 그 주위에 의존하는 2가지의 일 중 하나를 하게 된다(▮ 그림 9-3). 이 원자는 모든 전자가 정상의 낮은 에너지 수준에 있는 상태인 **기저상태(ground state)**로 되돌아 갈 것이다. 전자가 기저상태로 돌아가면 그것이 갖는 에너지는 열로 소멸되거나 또는 흡수된 빛 보다 긴 파장의 빛을 발산한 후 소멸되는데, 이 빛의 발산을 **형광(fluorescence)**이라 부른다. 활성화된 전자는 교대로 원자를 떠나서 전자 수용체 분자에 의해 수용될 수 있다.

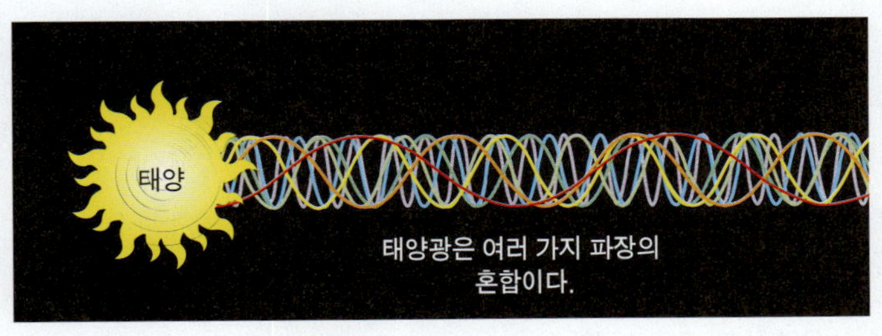


**그림 9-2 태양에서 방사되는 가시광선.**

태양의 전자기 방사선은 자외선(UV)과 여러 가지의 색깔과 파장으로 된 가시광선을 포함한다.

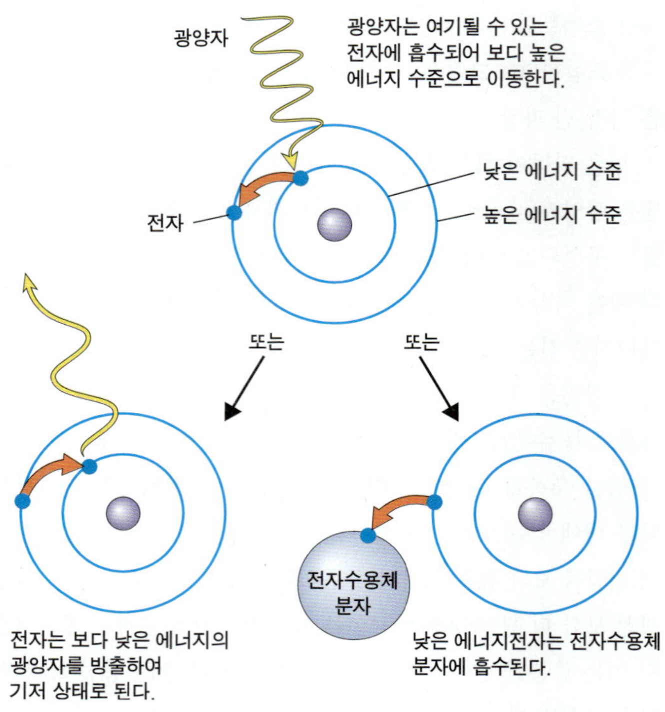


**그림 9-3 빛과 원자 또는 분자사이의 상호작용.**

(*위쪽 그림*) 빛 에너지의 광양자가 원자나 또는 그 원자를 부분으로 하는 분자에 작용하면 광양자의 에너지는 전자를 핵으로부터 보다 먼 궤도로(즉 보다 높은 에너지 수준으로) 옮기게 한다. (*왼쪽 아래 그림*) 만약 전자가 보다 낮은 보다 안전한 에너지 수준으로 돌아오면, 에너지는 형광(노란색 화살표)이라고 알려진 보다 작은 에너지, 보다 긴 파장의 광양자로 방출되거나 열로 방출된다. (*오른쪽 아래 그림*) 만약 적당한 전자수용체가 있으면, 전자는 원자를 떠날 수 있다. 광합성과정에서 전자수용체는 에너지의 전자를 받아서 연쇄적으로 수용체에 전달한다.

전자 수용분자는 이 과정에서 환원되는데 이것이 광합성에서 일어나고 있는 것이다.

**복습**

- 광합성은 왜 가시광선을 필요로 할까?
- 보라색과 붉은색 중 긴파장을 가지는 것은? 광양자당 더 큰 에너지를 가지는 것은?

## 9.2 엽록체

**학습목표**

2 엽록체의 내부 구조를 그리고, 그 구성요소가 어떻게 상호작용하여 광합성 과정을 촉진 하는가를 설명하라.

3 에너지의 광양자가 흡수될 때 엽록소와 같은 생물 분자의 전자에 무슨 일이 일어나는지 설명하라.

조직의 단면을 현미경하에서 관찰하면 우리는 **엽록소(chlorophyll)**라는 녹색 색소가 세포 전체에 균일하게 분포하는 것이 아니라 **엽록체(chloroplast)**라고 하는 세포소기관에 한정되어 있는 것을 볼 수 있다(**그림 9-4a**). 식물에서는 엽록체가 잎의 내부 조직인 **엽육조직(mesophyll)**의 세포에 주로 분포하고 있는데, 엽육조직은 엽록체 외에 수많은 기낭과 고농도의 수증기를 갖는 층이다(그림 9-4a). 잎의 내부에는 외부와의 기체 교환을 담당하는 **기공(stoma)**이 존재한다. 각 엽육조직 세포는 20 내지 100개의 엽록체를 갖는다(**그림 9-4b**).

엽록체는 미토콘드리아와 마찬가지로 외막과 내막으로 이루어져 있다(**그림 9-4c**). 내막은 탄수화물 분자를 생산하는데 필요한 대부분의 효소를 함유하는 **스트로마(stroma)**라고 하는 액체로 채워진 부분을 둘러싸고 있다. 스트로마에 떠 있는 것이 **틸라코이드(thylakoid)**라 부르는 편편하고 원반모양 주머니의 서로 연결되어있는 세트를 이루는 제 3의 막 구조이다.

틸라코이드 막은 액체로 채워진 내부 공간인 **틸라코이드 내강(thylakoid lumen)**을 에워싸고 있다. 엽록체의 어떤 부위에는 틸라코이드 주머니가 **그라나(grana)**라고 하는 쌓아올림의 배열을 하고 있다. 각각의 그라나는 각 "동전"이 틸라코이드로 되어있는 동전을 쌓아올린 것 같은 모양을 한다. 어떤 틸라코이드 막은 그라나에서 다른 그라나에 연장되고 있다. 이들 막은 미토콘드리아의 내막(8장 참조)과 마찬가지로 ATP합성에 관계한다. (광합성을 하는 원핵생물은 엽록체를 가지지 않는다. 그러나 틸라코이드막은 원형질막의 주름잡힘으로써 세포의 표면 주위에 배열되어 있다).

### 9.2.1 엽록소는 틸라코이드막에 있다

틸라코이드막은 가시광선을 흡수하는 물질인 몇 가지 종류의 색소를 함유한다. 다른 색소는 다른 파장의 빛을 흡수한다. 광합성의 중심 색소인 **엽록소(chlorophyll)**는 일차적으로 가시광 스펙트럼의 푸른색과 붉은색 부위의 빛을 흡수한다. 파랑색의 빛은 엽록소에 의해 뚜렷한 흡수를 보이지 않았다. 식물은 흡수된 파랑색 빛을 산란하거나 반사하기 때문에 파랑색으로 보여진다.

엽록소 분자(**그림 9-5**)는 복잡한 고리구조와 긴 측쇄의 2가지의 주요 부분을 갖는다. 포르피린이라 부르는 고리구조는 탄소와 질소 원자로 구성되는 보다 작은 고리구조가 결합하여 만들어진다. 빛의 에너지를 흡수하는 것은 포르피린 고리이다. 엽록소의 포르피린 고리는 적혈구 세포의 붉은 색소 헤모글로빈의 헴(heme) 부위와 놀랄 만큼 유사하다. 그러나 고리구조의 중앙에 철 원자를 함유하는 헴과는 달리 엽록소는 그 위치에 마그네슘 원자를 갖고

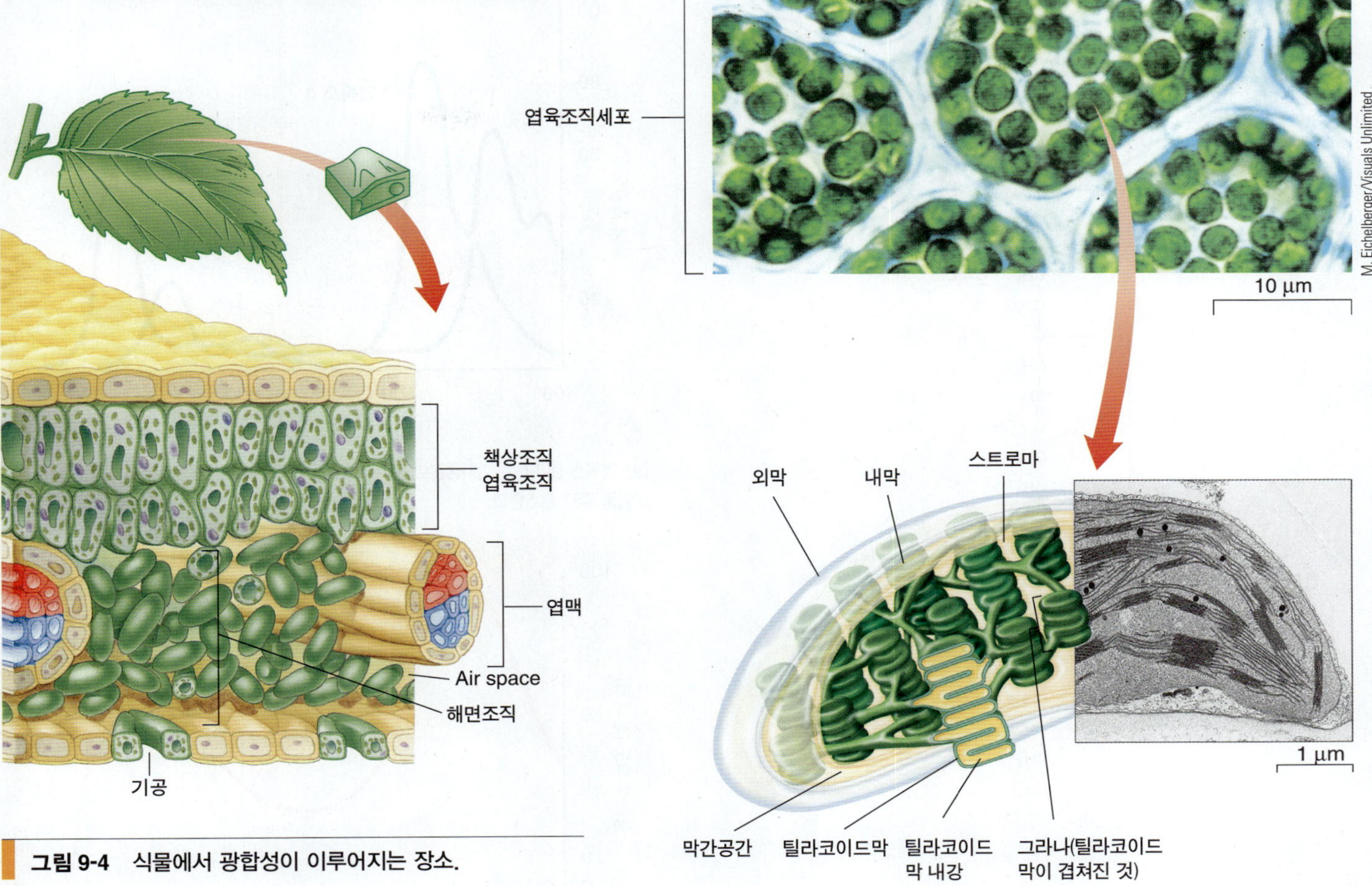


**(a)** 잎의 단면도가 엽육조직이 광합성조직임을 보여준다. 이산화탄소는 기공이라는 작은 구멍을 통해 잎의 내부로 들어가고 물은 엽맥을 통해 엽육조직에 운반된다.

**(b)** 많은 엽록체를 갖는 식물세포의 광학현미경 사진.

**(c)** 엽록체에서 광합성에 필요한 빛의 흡수반응에 관여하는 색소는 틸라코이드막 부분에 존재하며, 탄수화물 분자의 합성에 필요한 효소는 스트로마에 존재한다.

**그림 9-4 식물에서 광합성이 이루어지는 장소.**

있다. 또한 엽록소 분자는 극단적인 비극성으로 만드는 긴 탄화수소의 측쇄를 갖고 있다.

틸라코이드막의 모든 엽록소 분자는 특이적인 엽록소 결합단백질과 결합하고 있다. 생물학자들은 약 15종류의 엽록소 결합단백질을 확인하였다. 각각의 틸라코이드막은 정확하게 방향지어진 엽록소 분자와 엽록소 결합단백질을 한 분자에서 다른 분자로 에너지를 전달하게 하는 배열을 하여 채워져 있다.

엽록소에는 몇 가지의 종류가 있다. 가장 중요한 것은 광합성의 광의존적 반응을 시작하는 색소인 **엽록소 *a*(chlorophyll *a*)**이다. **엽록소 *b*(chlorophyll *b*)**는 광합성에 참여하는 보조색소이다. 엽록소 *b*가 엽록소 *a*와 다른 점은 단지 포르피린 고리구조에 있는 기능기이다. 엽록소 *a*의 메틸기($-CH_3$)가 엽록소 *b*에서는 종말의 카르보닐기(−CHO)로 대치된 것이다. 이 차이는 흡수한 빛의 파장을 변화시키고 엽록소 *b*에 의해 황록색으로 만들어 반사된다. 반면에 엽록소 *a*는 연녹색이다.

엽록체는 또한 등황색의 **카로티노이드(carotenoid)**와 같은 다른 보조의 광합성색소를 갖는다(그림 3-14 참조). 카로티노이드는 엽록소와는 다른 파장의 빛을 흡수하고 따라서 광합성에 필요한 에너지를 제공하는 빛의 스펙트럼을 넓히게 된다. 엽록소는 빛에 의해 여기되는 보조색소에서 전달받은 에너지에 의해서 직접 간접으로 빛에 의해 여기된다. 카로티노이드 분자가 여기되면 그 에너지는 엽록소 *a*에 전달될 수 있다. 카로티노이드는 또한 광합성 구성요소를 파괴할 수 있는 강한 빛 에너지로부터 틸라코이드막의 엽록소와 기타 부분을 보호하는 매우 중요한 역할도 하고 있다(높은 광도는 자연상태에서 흔히 존재한다).

### 9.2.2 엽록소는 주된 광합성색소이다

앞에서 본 바와 같이 틸라코이드막에는 여러 종류의 색소가 있다. 분광광도계라는 기구를 이용하여 여러 가지 색소가 빛의 여

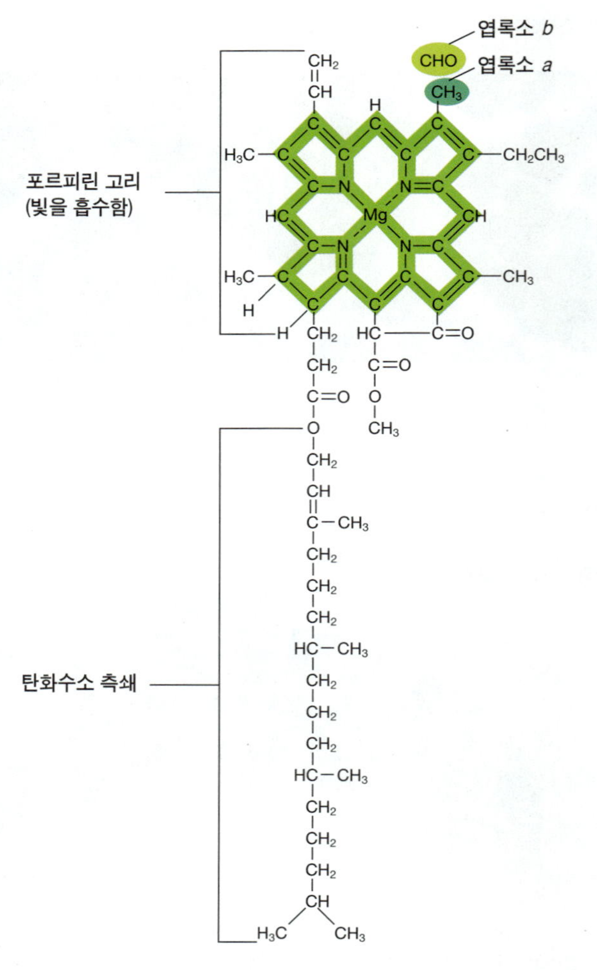


**그림 9-5 엽록소의 구조.**

엽록소는 포르피린 고리와 탄화수소의 측쇄로 구성된다. 포르피린 고리는 중심에 마그네슘 원자를 갖고 이중결합과 단일결합을 교대로 하는 체계를 갖는다. 이것은 가시광선을 많이 흡수하는 분자에서 보편적으로 나타나고 있다. 그림의 위쪽 오른편에는 메틸기(–$CH_3$)가 엽록소 *a*를 특징 지우고 있다. 엽록소 *b*는 이 위치에 카르보닐기(–CHO)를 갖는 것이다.

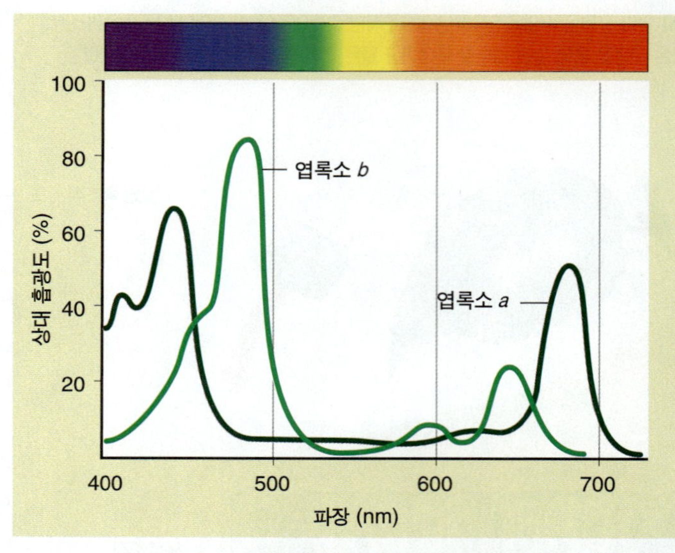


**(a)** 엽록소 a와 b는 가시광선의 푸른색(422–492 nm)과 붉은색(647–760 nm) 부위를 주로 흡수한다.

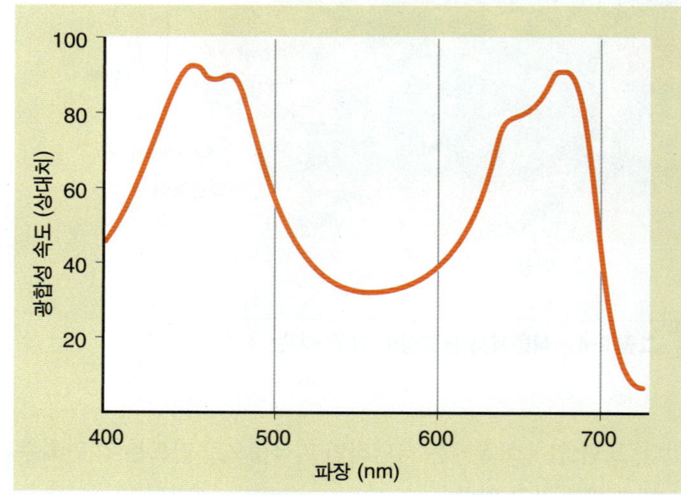


**(b)** 광합성의 작용스팩트럼은 광합성 생산에 있어서 여러 가지 파장의 효율성을 나타낸다. 작물을 포함하는 많은 식물 종은 여기서 보여주는 일반화된 작용스팩트럼과 유사한 모양을 나타낸다.

**그림 9-6 엽록소 *a*와 *b*의 흡수스팩트럼과 광합성의 작용스펙트럼.**

러 가지 파장을 흡수하는 상대적 능력을 측정한다. 색소의 **흡수스펙트럼(absorption spectrum)**은 빛의 여러 가지 파장에 대한 흡수를 측정한 것이다. **그림 9-6a** 는 엽록소 *a* 와 *b* 의 흡수스펙트럼을 보여준다.

이들 여러 가지 빛의 파장의 광합성에 대한 상대적 효율은 광합성의 **작용스펙트럼(action spectrum)**으로 나타난다. 작용스펙트럼을 측정하기 위해서는 각 파장에서의 광합성 속도를 단색광의 빛을 조사한 잎의 세포나 조직에 대해서 측정한다(**그림 9-6b**).

독일의 생물학자인 **엥겔만(T.W. Engelmann)** 그의 고전적인 실험을 통해 최초의 작용스펙트럼을 얻었다. **그림 9-7**에서 설명된 것과 같이 **엥겔만**은 서서히 흐르거나 고여 있는 물인 담수의 서식처에 사는 긴 사상체로 된 녹조류인 해캄(*Spirogyra*) 종류의 엽록체의 모양이 갖는 이점을 이용한 실험을 하였다. 해캄의 각 세포는 세포질에 파묻혀 있는 긴 나선형의 밝은 초록색 엽록체를 갖는다. **엥겔만**은 이들 세포를 프리즘을 통과한 빛의 색깔 스펙트럼에 두었다. 그는 만약 엽록소가 광합성을 하는 것이라면 엽록소가 가장 많이 흡수하는 색깔로 비춘 엽록체 부위에서 광합성이 가장 빨리 일어날 것이라고 생각하였다.

그러나 기술적으로 정교하지 못했던 당시에 어떻게 광합성을

## 핵심 실험

**질문:** 엽록체의 어떤 색소가 광합성을 일으키는가?

**가설:** 엥겔만은 엽록소가 광합성의 주색소라는 가설을 세웠다. 따라서, 그는 파장에 따라서 산소발생으로 측정된 광합성량의 차이가 있을 것이라 생각했고, 그 파장은 알려진 엽록소의 흡수스팩트럼과 일치할 것이라 예상했다.

**실험:** 사진(a)는 긴 나선형의 엽록체를 가진 해캄(*Spirogyra*)사상체이다. 그림(b)는 엥겔만이 어떻게 프리즘을 사용하여 세포를 다양한 파장으로 분리된 빛에 노출시켰는가를 보여준다. 그는 호기성세균 이 산소에 끌려 모일 것이라는 사실에 착안하여 광합성 산물인 산소의 발생 정도를 추정하였다.

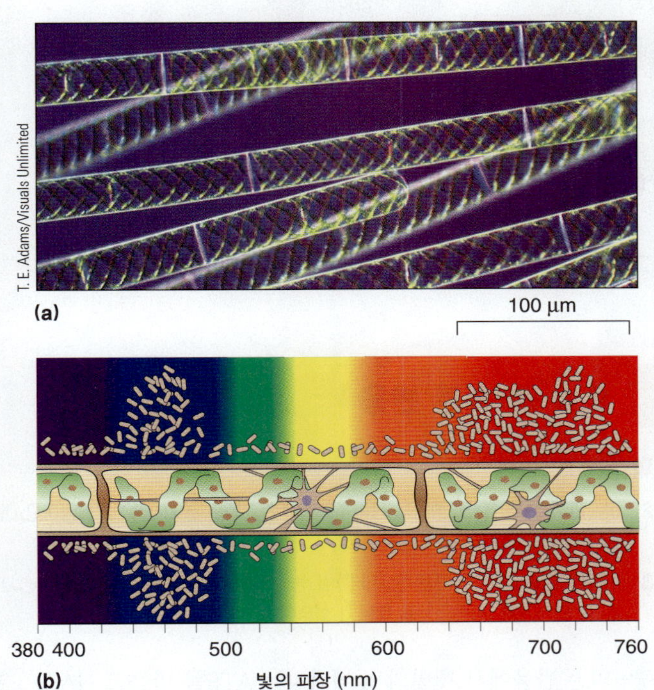


**결과와 결론:** 대부분의 박테리아가 엽록소가 가장 강하게 흡수하는 파장인 푸른색과 붉은색(그림 9-6) 빛을 받는 세포 부위에 모였다. 그러므로, 엥겔만은 엽록소가 광합성의 주요인이라 결론내렸다.

**그림 9-7 광합성의 첫 작용스팩트럼.**

측정할 수 있었을까? **엥겔만**은 광합성이 산소를 생산한다는 사실과 어떤 이동성 세균이 고농도 산소가 있는 곳으로 모인다는 사실을 알았다. 그는 세균이 붉은색과 푸른색의 스펙트럼 부위에 있는 해캄쪽으로 이동하는 것을 관찰하여 광합성의 작용스펙트럼을 측정하였다. **엥겔만**은 세균이 단순히 붉은색과 푸른색 빛에 유인되지 않는다는 것을 어떻게 알았을가? **엥겔만**은 대조구로서 해캄이 없는 가시광선의 스펙트럼에 두었다. 세균은 특정의 빛 파장에 대해 아무런 선택을 보이지 않았다. 광합성의 작용스펙트럼은 엽록소의 흡수스펙트럼에 꼭 일치하므로 **엥겔만**은 엽록체의 엽록소(다른 세포소기관의 다른 구성요소는 아니다)가 광합성을 한다고 결론을 내렸다. 그 후 많은 정교한 실험장치를 이용한 연구들이 **엥겔만**의 결론을 확인하였다.

광합성의 작용스펙트럼은 엽록소의 흡수스펙트럼과 꼭 서로 같은 것은 아니다(그림 9-6). 이 차이는 카로티노이드와 같은 보조색소가 파란색 빛에 의해 일어나는 약간의 여기 에너지를 엽록소 분자에 전이시키기 때문에 생기는 것이다. 이 보조의 광합성색소가 존재한다는 사실은 온대지역에서는 가을에 잎의 색깔이 변하는 것으로 분명하지만 대부분의 잎에 대한 화학적 분석에 의해 증명될 수 있다. 생장기간이 끝나는 시기에는 엽록소가 분해되어(마그네슘은 나무의 영구조직에 저장된다), 잎에는 등황색의 보조색소가 남게 된다.

### 복습

- 엽록체 막이 광합성에서 가장 중요한 이유에 대해 설명하시오. 엽록체 막을 경계로 한 두 공간은 무엇인가?
- 엽록소 a 와 b의 흡수스펙트럼을 합한 것이 광합성의 작용스펙트럼과 대체로 일치한다는 사실의 중요성은 무엇인가? 왜 이들이 완전히 일치하지 않는가?
- 형광이 광합성에서 어떤 역할을 하는가?

## 9.3 광합성의 개요

### 학습목표

4 광합성을 산화-환원 과정적 측면에서 기술해 보라.

5 광합성의 광의존 반응과 탄소고정반응의 차이를 설명하라.

광합성과정에서 세포는 엽록소에 의해 흡수한 빛에너지를 이용하여 탄수화물의 합성을 한다. 광합성의 총괄적인 반응은 다음과 같이 요약할 수 있다:

$$\underset{\text{이산화 탄소}}{6\,CO_2} + \underset{\text{물}}{12\,H_2O} \xrightarrow[\text{엽록소}]{\text{빛에너지}} \underset{\text{포도당}}{C_6H_{12}O_6} + \underset{\text{산소}}{6\,O_2} + \underset{\text{물}}{6\,H_2O}$$

광합성 반응식은 일반적으로 위에 쓴 형태로 물을 양변에 쓴다. 왜냐하면 물은 어떤 반응에서는 반응물이고 또 다른 반응에서는 반응생성물이기 때문이다. 그러나 물의 순생성은 없기 때문에 간단히 광합성의 요약 반응식을 토의의 목적에서 아래와 같이 쓸 수 있다.

$$6\,CO_2 + 6\,H_2O \xrightarrow[\text{엽록소}]{\text{빛}} C_6H_{12}O_6 + 6\,O_2$$

**요점**

틸라코이드막에서 일어나는 광-의존 반응은 빛에너지를 획득하여 ATP와 NADPH로 변환시키고,
그 에너지로 스트로마에서 일어나는 탄소고정반응을 가동한다.

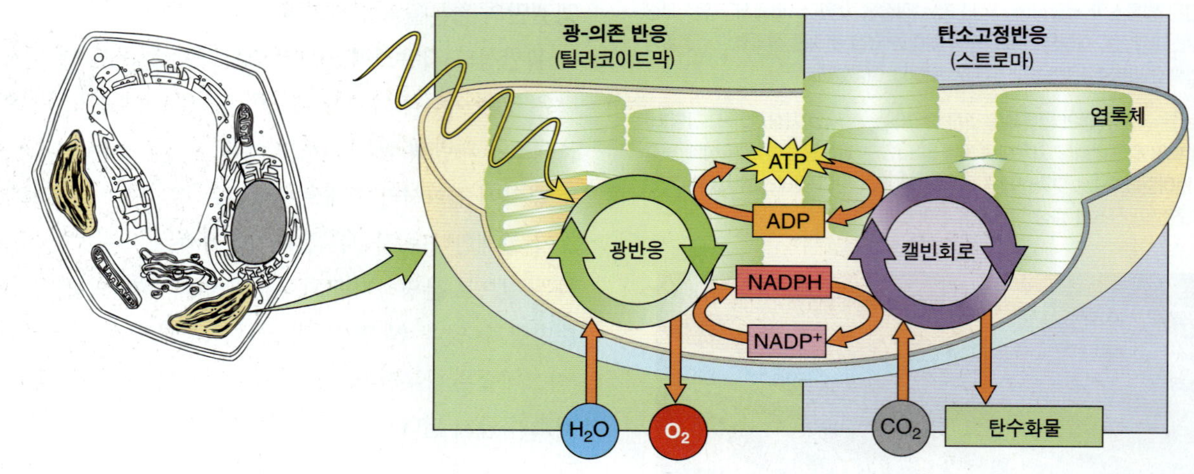


**그림 9-8** 광합성의 개요도.

이 과정을 분석해 보면 수소 원자가 물에서 이산화탄소에 이동하여 탄수화물을 생성하는 것을 알 수 있다. 그래서 우리는 이것을 **산화환원반응(redox reaction)**으로 알고 있다. 7장에서 배운 바와 같이 산화환원반응에서는 하나 또는 여러 개의 전자가 일반적으로 하나 또는 여러 개의 수소원자의 부분으로서 전자 공여체(환원제)로부터 전자 수용체(산화제)로 이동한다.

$$6\,CO_2 + 6\,H_2O \xrightarrow[\text{엽록소}]{\text{빛}} C_6H_{12}O_6 + 6\,O_2$$

(환원: $CO_2$ → $C_6H_{12}O_6$; 산화: $H_2O$ → $O_2$)

전자가 이동하면 그 에너지도 함께 이동한다. 그러나 광합성의 요약 반응식은 실제로는 수소원자의 직접적인 이동이 일어나지 않기 때문에 약간 혼동될 수 있다. 요약 반응식은 무엇이 생성되는지를 기술한 것이지 어떻게 생성되는지를 기술한 것이 아니다. "어떻게"는 대단히 복잡하고 대부분은 산화환원 반응인 여러 단계의 반응을 포함한다.

광합성 반응은 두 분야 즉 광-의존 반응(광합성의 광 부분)과 탄소고정반응(광합성의 합성 부분)으로 나누어진다. 각각의 반응 계열은 엽록체의 다른 부위에서 일어난다. 광-의존 반응은 틸라코이드에서 일어나고 탄소고정반응은 스트로마에서 일어난다 (**그림 9-8**).

## 9.4 광-의존 반응

**학습목표**

2 비순환적 전자전달 과정에서 광계 I과 광계 II를 통한 전자 전달을 설명하고, 이를 순환적 전자전달과정과 비교해 보라.

3 어떻게 틸라코이드막에서 양자($H^+$)의 농도 경사가 형성되고, 이 농도 경사가 ATP 합성에서 어떤 기능을 하는지 설명하라.

광-의존 반응에서 햇빛의 빛에너지는 ATP를 만들고 $NADP^+$ 를 환원하여 NADPH를 형성하는데 이용된다. 엽록소에 흡수된 빛 에너지는 임시적으로 이들 2가지 화합물에 저장된다. 광-의존 반응은 다음과 같이 요약된다.

$$12\,H_2O + 12\,NADP^+ + 18\,ADP + 18\,P_i \xrightarrow[\text{엽록소}]{\text{빛}} 6\,O_2 + 12\,NADPH + 18\,ATP$$

### 9.4.1 광계 I과 II는 각각 반응중심과 여러 가지의 안테나 복합체로 구성된다

광합성의 광-의존반응은 엽록소 a 와 보조색소가 빛을 흡수할 때 일어난다. 최근에 공인된 모델에 의하면 엽록소 *a*와 *b* 및 보조색소 분자는 틸라코이드막에서 색소결합 단백질과 결합하여 **안테나 복합체(antenna complex)**라 부르는 단위를 만든다. 색소와 결합 단백질은 특정의 효소 및 기타 단백질과 결합하는 약 250개의 엽

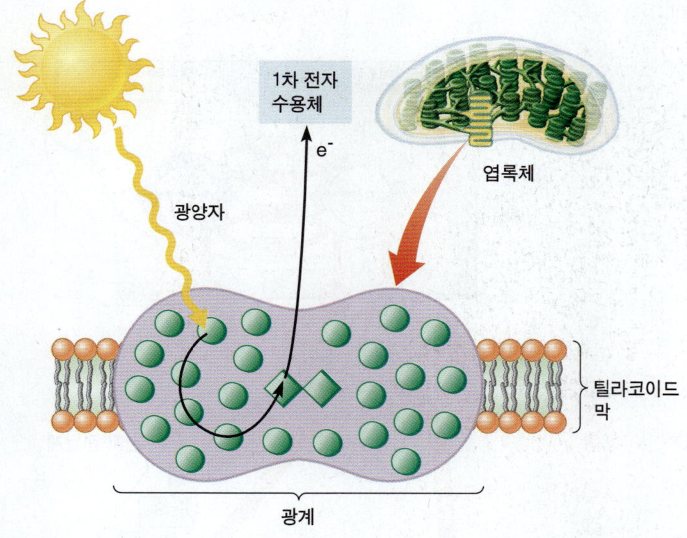


**그림 9-9 광계의 요약 모식도.**

엽록소 분자와 보조 색소는 안테나 복합체라고 하는 광흡수의 배열을 한다. 안테나 복합체의 분자가 광양자를 흡수하면 그 광양자의 에너지는 반응중심으로 이동한다. 이 에너지가 반응중심의 P700 (또는 P680)의 엽록소 분자에 도달하면 전자가 여기되어 첫 전자수용체에 전달된다.

록소 분자로 된 집단의 매우 질서있는 배열을 하고 있다. 각 안테나 복합체는 빛 에너지를 흡수하여 광합성과정에 직접 참여하는 전자전달 물질을 포함하여 엽록소분자와 단백질의 복합체인 **반응중심(reaction center)**에 옮긴다(**그림 9-9**). 빛 에너지는 전자전달 반응계열에 의해 반응중심에서 화학에너지로 전환된다.

광계 I 및 광계 II라 부르는 광합성 단위의 2종류가 광합성과정에 참여하고 있다. 이들의 반응중심은 그 흡수스펙트럼에 약간의 차이를 보이는 단백질과 결합하기 때문에 구별될 수 있다. 정상의 엽록소 *a*는 660 nm 부근에서 강한 흡수 최고점을 갖는다. 반면에 **광계 I(photosystem I)**과 결합하는 반응중심을 만드는 엽록소a 분자는 700 nm에서 흡수 최고점을 갖고 있어 **P700**이라 부른다. **광계 II(photosystem II)**의 반응중심은 680 nm 부근의 흡수 최고점을 갖는 엽록소 *a* 분자로 이루어 져 있으므로, **P680**이라 부른다.

색소분자가 빛에너지를 흡수하게 되면 그 에너지는 한 색소분자로부터 다른 색소분자로 옮겨져서 반응중심에 도달하게 된다. 에너지가 P700(광계 I 반응중심에 있는)이나 P680(광계 II 반응중심에 있는)의 분자에 도달하면 전자가 보다 높은 에너지 수준으로 옮기게 된다. 다음 절에서 보는 바와 같이 이 활성화된 전자는 이 과정에서 환원되게 되는 전자수용체에 공급될 수 있다.

### 9.4.2 비순환적 전자전달은 ATP 및 NADPH를 생성한다

이제부터 광계 I과 결합하는 결과를 갖는 **비순환적 전자전달(noncyclic electron transport)**에 대해서 알아보자 (**그림 9-10**). 광계 I과 결합하는 안테나 복합체에 있는 색소분자는 빛의 광양자를 흡수한다. 흡수된 에너지는 반응중심에 전달되고 P700의 분자에서 전자를 여기시킨다. 활성화된 전자는 계열로 된 여러 개의 전자수용체 중 첫 번째의 전자수용체에 전달된다. (광계 I에 대한 첫 번째 전자수용체의 정확한 화학적 성질에 관해서는 불확실성이 있다) 활성화된 전자는 하나의 전자수용체에서 다른 전자수용체로 **전자전달계(electron transport chain)**에 따라 전달되고 마지막에는 철을 함유하는 단백질인 *페레독신*(ferredoxin)에 전달된다. 페레독신은 전자를 페레독신–$NADP^+$ 환원제가 있을 때 $NADP^+$에 전달한다. $NADP^+$가 2개의 전자를 받으면 양성자($H^+$)와 결합하여 $NADP^+$의 환원형인 NADPH로 되어 스트로마에 방출된다. P700은 전자를 1차 전자수용체에 주어 양전하를 띄게 되고 잃은 전자는 광계 II에 의해 공급되는 전자로 대치된다.

광계 I과 마찬가지로 광계 II도 안테나 복합체에 있는 색소 분자가 빛에너지의 광양자를 흡수하면 활성화된다. 에너지는 반응중심으로 전달되어 P680의 분자에 있는 전자를 보다 높은 에너지 수준으로 옮기게 된다. 이 활성화된 전자는 1차 전자수용체(페오피틴으로 알려진 매우 변형된 엽록소 분자)에 수용되고 전자전달계에 의해 전달되어 마지막에는 광계 I에 있는 P700에 공급하게 된다.

1차 전자수용체에 활성화된 전자를 주고난 P680의 분자는 양전하를 띄게 된다. 이 P680 분자는 매우 강한 산화제로서 물 분자를 이루고 있는 산소 원자로부터 전자를 끌어낼 수 있다. 독특한 망간 함유 효소에 의해 촉매되는 것으로 보이는 반응의 **광분해(photolysis)**과정이 물을 그 구성요소인 2개의 전자, 2개의 양자 및 산소로 분해한다. 각 전자는 P680 분자에 공급되고 양자는 틸라코이드 내강으로 방출된다. 산소는 원자 형태로 존재하지 않으므로 한 분자의 물에서 분리되어 생성되는 산소는 ½ $O_2$로 표시한다. 최종적으로 대기 중에 방출되는 산소 한 분자를 생성하기 위해서는 두 분자의 물을 분해해야 한다. 광합성과정에서 이 산소의 생성은 지구 대기의 거의 모든 산소의 근원이 된다. 물의 광분해는 중요한 반응이나 그 이름은 빛이 물을 분해한다는 의미 때문에 약간 오해를 일으키기도 한다. 실제로는 빛은 산화제 P680에 의해 간접적으로 물을 분해하는 것이다. 비순환적 전자전달은 전자

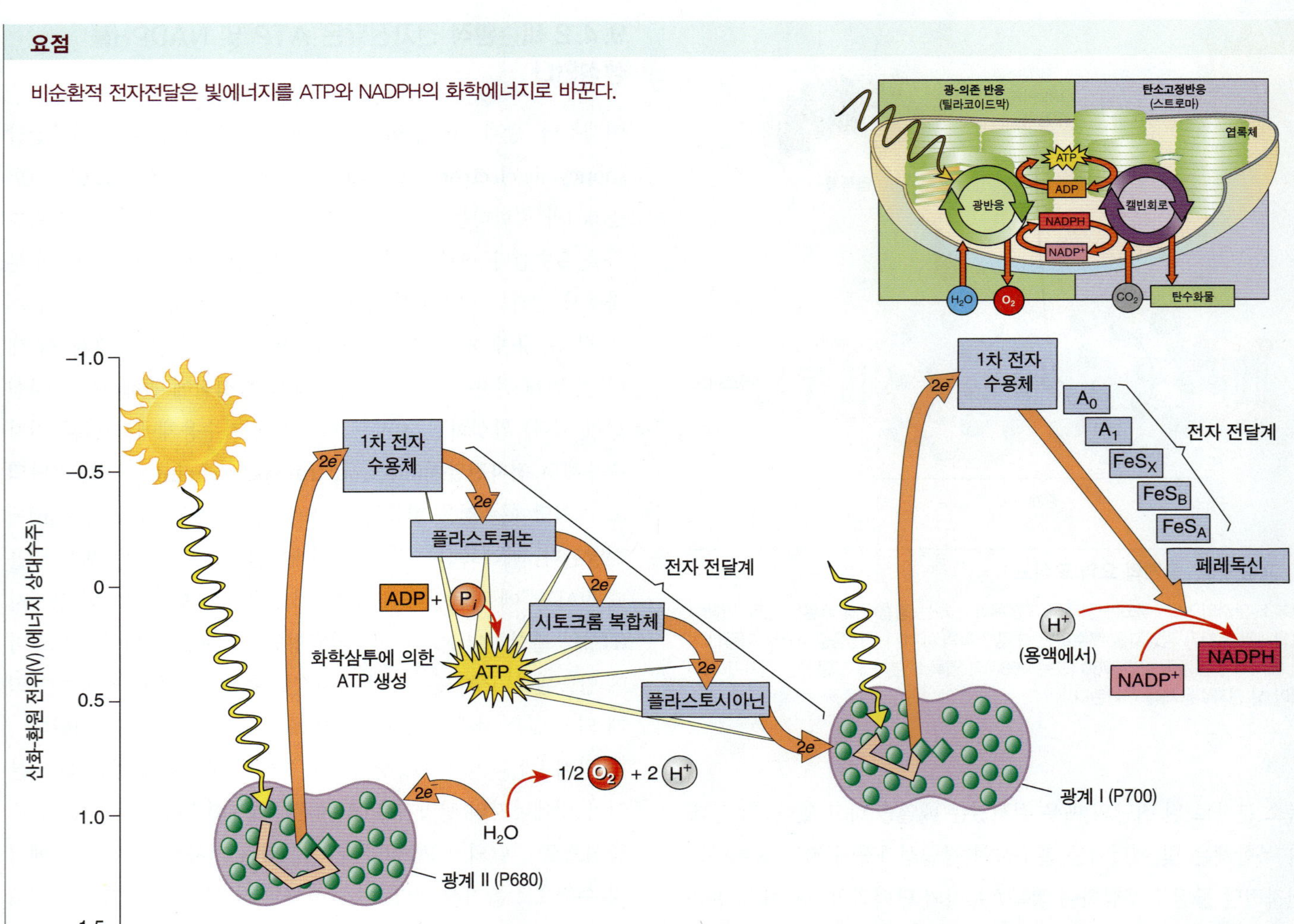


① 전자는 광계 Ⅱ에서 물을 분해하여 부산물로 산소를 방출하고 전자전달계에 공급된다. 광계 Ⅱ가 흡수된 광양자에 의해 여기되면 전자는 전자전달계를 거쳐서 최종적으로 광계 Ⅰ에 전달된다.

② 광계 Ⅰ에서 전자는 새로운 빛 에너지의 흡수에 의해 다시 여기되고 NADP⁺로 전달되어 NADPH를 만든다.

**그림 9-10 비순환적 전자전달.**

가 순환하지 않고 물에서 출발하여 최종 전자수용체인 $NADP^+$로 연속적이며 일방향적으로 흘러간다.

## 9.4.3 순환적 전자전달은 ATP를 생산하나 NADPH는 생산하지 않는다

가장 간단한 광-의존적 반응인 순환적 전자전달에서는 광계 I만이 참여한다. 이 과정은 반응중심에 있는 P700에서 활성화 전자가 생성되어 결국 P700에 되돌아가기 때문에 순환적인 것이다. 빛이 있으면 틸라코이드막 내에서 전자전달계를 통해 전자가 연속적으로 이동한다. 하나의 전자수용체에서 다른 전자수용체로 전달되면 전자는 에너지를 소실하고 그 중 어떤 에너지는 양자를 틸라코이드막 밖으로 퍼내는데 이용된다. 틸라코이드막에 있는 어떤 효소(ATP 합성효소, 뒤에 설명)는 양자의 농도경사의 에너지를 이용하여 ATP를 생성한다. NADPH는 생성되지 않고 물도 분해되지 않으며 산소도 발생하지 않는다. 순환적 전자전달 자체는 다음에 설명하는 바와 같이 NADPH가 이산화탄소를 탄수화물로 환원하는데 필요하기 때문에 광합성의 기초로서 역할을 하지 못한다.

식물에서 광합성에 대한 순환적 전자전달이갖는 의미는 아직 확실하지 않다. 순환적 전자전달은 식물세포에서 페레독신으로

**표 9-1**

**비순환적 및 순환적 전자전달의 비교**

| | 비순환적 전자전달 | 순환적 전자전달 |
|---|---|---|
| 전자의 자원 | 물 | 없다—전자는 계에서 순환한다 |
| 산소는 방출되는가? | 예 (물에서) | 아니오 |
| 최종 전자수용체 | $NADP^+$ | 없다—전자는 계에서 순환한다 |
| 에너지가 임시로 수용되는 형태 | ATP (화학삼투에 의해): NADPH | ATP(화학삼투에 의해) |
| 필요한 광계 | PS I (P700) 및 PS II (P680) | PS I (P700)만 |

부터의 전자를 수용하는 $NADP^+$가 너무 적을 때 일어날 수 있다. 생물학자들은 일반적으로 이 과정이 고세균에서 빛으로부터 ATP를 생산하는데 이용되었다는 것을 동의하고 있다. 식물에서의 순환적 전자전달에 유사한 반응과정은 현재의 몇 가지 광합성 세균에서 존재한다. 비순환적 및 순환적 전자전달은 **표 9-1**에 비교하고 있다.

## 9.4.4 ATP 합성은 화학삼투에 의해 일어난다

광계 II를 광계 I에 연결하는 전자전달계의 각 구성분자는 산화(보다 낮은 에너지) 형태와 환원(보다 높은 에너지) 형태로 존재할 수 있다. 1차 전자수용체에 의해 P680에서 수용된 전자는 강하게 활성화되어서 자유에너지 감소반응(exergonic redox reaction)의 산화환원 반응 계열에서 하나의 운반체에서 다음 운반체에 전달되고 각 단계에서 에너지의 일부를 소실한다. 그러나 전자에 의해 주어진 에너지는 계에서 소실되지 않고 ATP를 합성하는데 이용된다(자유에너지 증가 반응, endergonic reaction). ATP의 합성(즉 ADP의 인산화)은 빛의 광양자에 의해 활성화되는 전자의 전달과 연결되어 있기 때문에 이 과정은 **광인산화(photophosphorylation)**라고 한다.

### (1) 화학삼투 모델은 ATP합성과 전자전달의 연결을 설명한다

앞에서 설명한 바와 같이 색소와 광-의존 반응의 전자수용체는 틸라코이드막에 박혀있다. 전자수용체 계열을 이동하는 전자에서 유리되는 에너지는 양자를 스트로마에서 틸라코이드막을 지나 틸라코이드 내강으로 퍼내는데 이용된다(**그림 9-11**). 그리고 양자의 퍼냄은 틸라코이드막을 사이에 두고 양자의 농도경사를 형성한다. 양자는 또한 비순환적 전자전달 과정에서 물이 분해될 때 틸라코이드 내강에 축적된다. 실제로 양자는 수소이온($H^+$)이므로 양자의 축적은 틸라코이드 내부의pH를 내려서 스트로마의 pH 8에 비교하면 틸라코이드 내강에는 pH 5까지 내려간다. 틸라코이드막 사이에 이 pH 단위로 3의 차이는 수소이온 농도로서 약 1,000배의 차이가 된다.

양자의 농도경사는 낮은 엔트로피 상태에 의해 많은 자유에너지를 갖는다. 어떻게 엽록체는 이 에너지를 유용한 형태로 전환하는가? 확산의 일반 원리에 따르면 틸라코이드 내부에 농축된 양자는 쉽게 밖으로 확산할 수 있다. 그러나 틸라코이드막이 $H^+$에 불투과성 이기 때문에 **ATP합성효소(ATP synthase)**라고 하는 효소에 의해 만들어지는 통로를 통하는 것을 제외하고는 투과가 일어날 수가 없다. ATP합성효소는 막전이단백질로서 매우 큰 복합체를 형성하여 전자현미경으로 관찰할 수 있으며 스트로마로 내밀고 있다. 양자가 ATP합성효소 복합체를 통하여 확산하면 자유에너지가 감소하여 엔트로피가 증가하게 된다. 각 ATP합성효소 복합체는 농도 경사의 자유에너지 감소반응적 확산과정과 ADP에서 스트로마에로 방출되는 ATP로 만드는 자유에너지 증가반응적

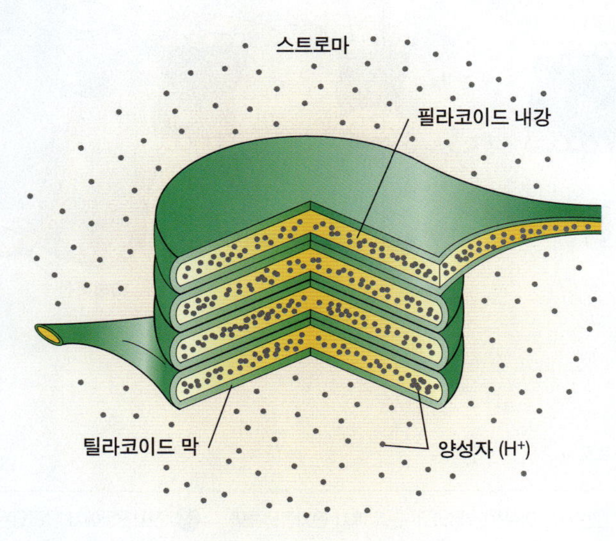


**그림 9-11 틸라코이드 막 내강에의 양성자의 축적.**

전자가 전자전달계를 통과하면 양성자($H^+$)가 스트로마에서 틸라코이드막 내강에 이동하여 양자의 농도 경사를 만든다. 틸라코이드막 내강에 $H^+$의 농도가 클수록 pH가 내려간다.

인산화과정을 연결하고 있다(▌**그림 9-12**). ATP합성효소를 통하여 양자가 이동하는 것은 ATP 합성에 필요한 효소의 구조 변화를 유도하는 것으로 생각된다. ATP합성효소를 이동하는 4개의 양자마다 ATP 분자 하나가 합성된다고 측정되고 있다.

ADP의 인산화가 양자의 농도경사를 내리는 확산과 연결되는 기구를 **화학삼투(chemiosmosis)**라고 한다. 전자전달계와 ADP의 인산화 사이의 필수적인 연결로서 화학삼투는 세포의 에너지 결합의 기본적 기구이다. 여러분은 8장에서 화학삼투가 또한 호기적 호흡에서도 일어난다는 것을 기억할 것이다(▌**표 9-2** 참조).

**복습**

- 산소 분자가 왜 광합성의 부산물일까?
- 광인산화 반응 기작의 과정은 무엇인가?
- 광합성에 왜 광계 I과 광계 II 모두가 요구되는가? 순환적 인산화 과정만으로 광합성이 일어날 수 있을까?

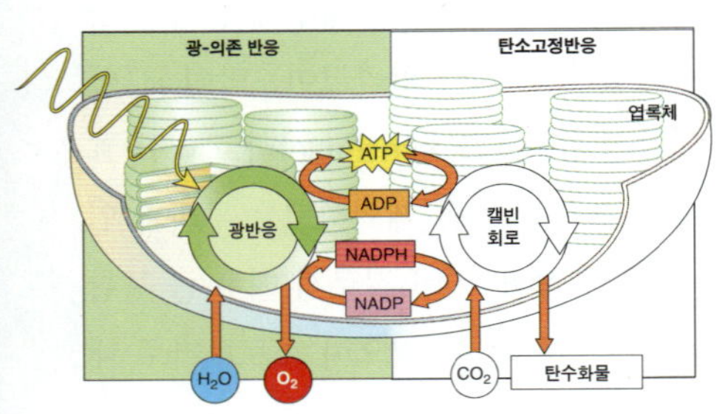

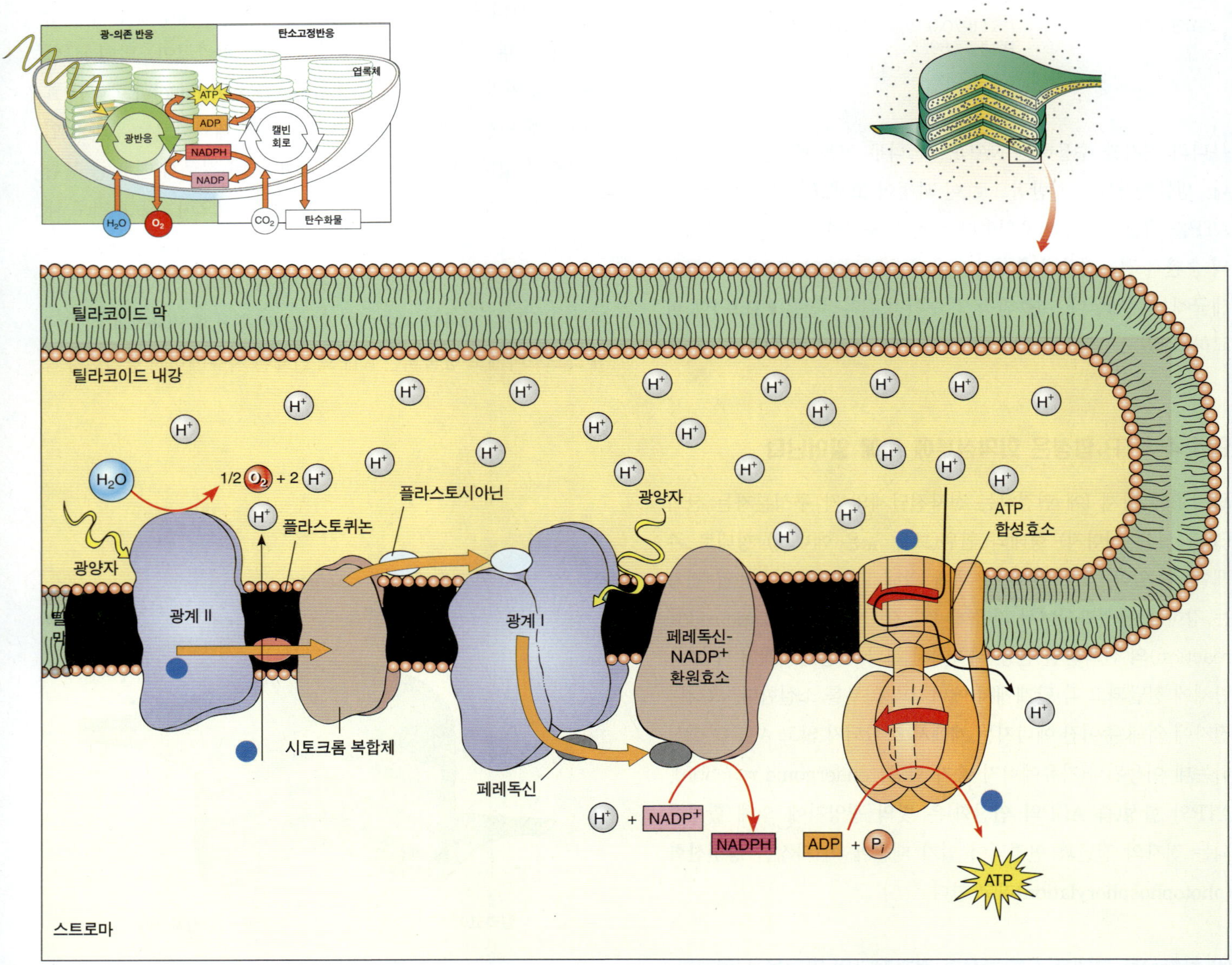

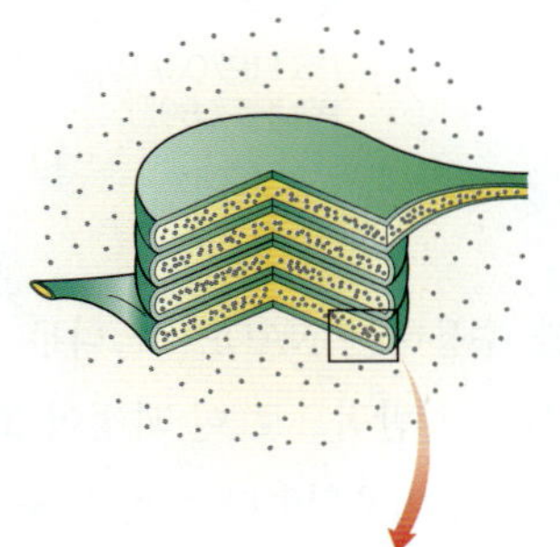



- 오렌지색 화살표는 틸라코이드막에서 전자전달계의 전자의 흐름을 나타낸다. 막의 전자 운반체는 전자를 수용하고 또 공여 함에 따라 교대로 환원되고 또 산화된다.
- 전자전달에서 유리되는 에너지는 스트로마에서 틸라코이드막 내강으로 $H^+$를 수송하는데 이용되고, 틸라코이드막 내강에는 높은 $H^+$농도로 축적된다.
- $H^+$는 틸라코이드막에서 ATP 합성효소에 있는 특수한 통로를 통하지 않으면 스트로마에로의 확산은 막혀있다.
- ATP합성효소를 통한 $H^+$의 흐름은 ATP를 생성한다.

**그림 9-12** 전자전달과 화학 삼투의 상세도.

표 9-2

**광합성과 유기호흡의 비교**

| | 광합성 | 유기호흡 |
|---|---|---|
| 대사반응의 형태 | 동화작용 | 이화작용 |
| 재료물질 | $CO_2$, $H_2O$ | $C_6H_{12}O_6$, $O_2$ |
| 최종생산물 | $C_6H_{12}O_6$, $O_2$ | $CO_2$, $H_2O$ |
| 어느 세포가 이들 과정을 갖는가? | 엽록소를 갖는 세포(식물세포, 조류, 몇 가지의 세균) | 모든 활발한 대사를 하는 세포는 유기호흡 또는 기타 에너지 유리 과정을 갖는다 |
| 참여하는 부위 (진핵세포에서) | 엽록체 | 세포질 (해당); 미토콘드리아 |
| ATP 생산 | 광인산화에 의해(화학삼투) | 기질 수준의 인산화 및 산화적 인산화에 의해 |
| 중요한 전자전달물질 | $NADP^+$가 환원되어 NADPH* 형성 | $NAD^+$가 환원되어 NADH* |
| 전자전달계의 위치 | 틸라코이드 막 | 미토콘드리아 내막(크리스테) |
| 전자전달계의 전자 자원 | 비순환적 전자전달: $H_2O$ (광분해되어 전자, 양자, 산소 생산) | 직접적 자원: NADH, $FADH_2$ 최종 자원: 포도당 또는 기타 탄수화물 |
| 전자전달계의 최종 전자수용체 | 비순환적 전자전달: $NADP^+$ (환원되어 NADPH 형성) | 산소(환원되어 물 형성) |

*NADPH와 NADH는 유사한 수소(즉 전자) 수용체이고 단지 인산기 하나의 차이 뿐이다. 그러나 NADPH는 일반적으로 광합성과 같은 동화과정에 사용되고 NADH는 세포호흡과 같은 이화과정에 관계한다.

## 9.5 탄소고정 반응

**학습목표**

**8** 캘빈 회로의 3가지 단계를 요약하고 이 과정에서 ATP 및 NADPH의 역할을 설명해 보라.

**9** 광호흡이 어떻게 광합성 효율을 떨어뜨리는지 논의해 보라.

**10** $C_4$ 회로와 CAM 회로를 비교하라.

탄소고정에서는 ATP와 NADPH의 에너지가 이산화탄소로부터 유기물 분자를 형성하는데 이용된다. 탄소고정 반응은 다음과 같이 요약된다.

$$12\ NADPH + 18\ ATP + 6\ CO_2 \longrightarrow C_6H_{12}O_6 + 12\ NADP^+ + 18\ ADP + 18\ P_i + 6\ H_2O$$

### 9.5.1 대부분의 식물은 탄소를 고정하는데 캘빈 회로를 사용한다

탄소고정은 스트로마에서 **캘빈 회로(Calvin cycle)**라고 알려진 13단계의 반응을 통하여 일어난다. 캘리포니아대학의 **캘빈(Melvin Calvin)**, **벤손(Andrew Benson)** 및 여러 사람은 이 회로의 자세한 내용을 밝힐 수 있었고, 이 연구로서 **캘빈**은 1961년에 노벨상을 받았다.

캘빈 회로의 13개 반응은 1이산화탄소의 흡수, 2탄소 환원 및 3RuBP 재생의 3 단계로 나누어진다(**그림 9-13**). 캘빈회로의 각 단계를 촉매하는 모두 13가지의 효소는 엽록체의 스트로마에 위치한다. 이 효소들 가운데 10가지는 또한 해당과정에서도 관여하는 것이다(8장 참고). 이들 효소는 가역적인 반응을 촉매하여, 세포호흡에서는 탄수화물 분자를 분해하고 광합성에서는 탄수화물 분자를 합성한다.

1. *이산화탄소 흡수단계.* 캘빈 회로의 첫 단계는 이산화탄소 분자가 인산화된 5탄소 화합물인 *리불로오스 이인산*(RuBP, ribulose bisphosphate)와 반응하는 하나의 반응으로 이루어진다. 이 반응은 **루비스코(rubisco)**로서 알려진 *리불로오스 이인산 카르복시화 효소/산소화효소*(ribulose bisphosphate carboxylas/oxygenase)라는 효소에 의해 촉매되는 반응이다. 루비스코 효소는 엽록체에서 가장 많은 양으로 존재하는 단백질이고 생물권에서 가장 풍부한 단백질의 1가지이다. 이 반응의 생산물은 불안정한 6탄소의 중간 대사산물로서 바로 분해 되어, 2개의 3탄소로 되는 **글리세르산 인산(PGA, phosphoglycerate)**으로 된다. 원래 이산화탄소 분자의 부분이었던 탄소는 3탄소 골격의 부분이 되고 탄소는 "고정"된 것이다. 캘빈회로는 또한 최초 탄소고정 반응의 생성물이 3탄소 화합물이기 때문에 **$C_3$과정($C_3$ pathway)**이라고도 알려지고 있다.

2. *탄소 환원단계.* 캘빈 회로의 2번째 단계는 ATP와 NADPH(모두 광의존 반응에서 생성됨)의 에너지와 환원력이 PGA분

요점

ATP와 NADPH가 캘빈회로의 탄소고정반응의 에너지를 제공한다.

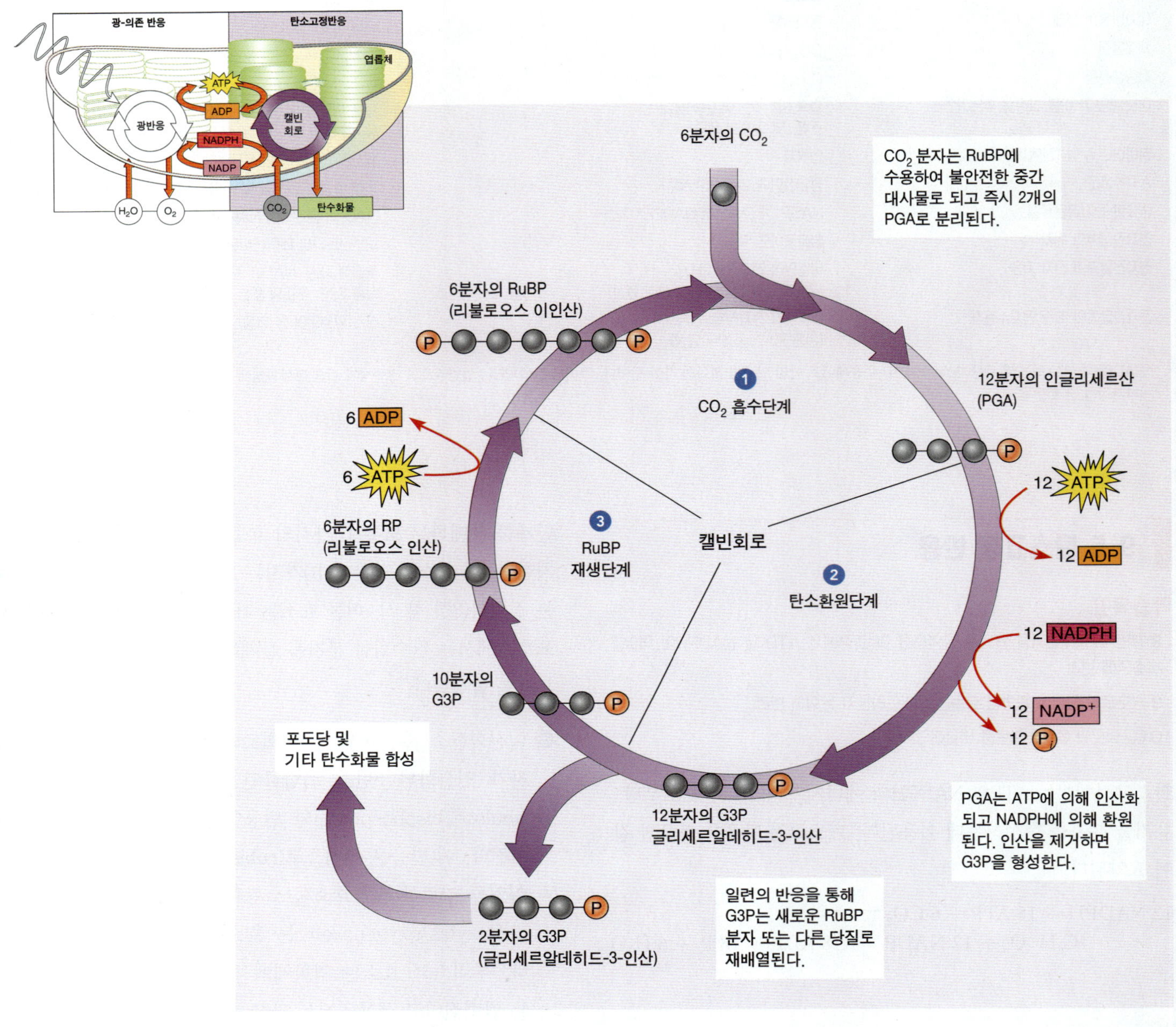


**그림 9-13** 캘빈(Calvin) 회로의 상세도.

❶ 탄소원자를 검은 동그라미로 나타내는 이 그림은 이산화탄소 6 분자가 '고정'(이미 존재하는 탄소 골격에 결합)되어 포도당과 같은 6탄소의 당류 1 분자를 생성하는 것을 보여준다. ❷ 탄소 환원계로부터 글리세르알데히드-3-인산(G3P)가 생성되며, 2 분자의 G3P를 사용하여 1 분자의 포도당을 만든다. ❸ 리불로오스 이인산(RuBP)은 새 회로를 시작하는데 사용된다. 이들 반응에 직접적으로 빛을 필요로 하지는 않지만 캘빈 회로를 작동하는 에너지는 광의존 반응에서 생산되는 ATP와 NADPH로부터 얻어진다

자를 **글리세르알데히드-3-인산**(G3P, glyceraldehyde-3-phosphate)으로 전환하는데 이용되는 두 단계로 구성된다. 그림 9-13에서 보는 바와 같이 이산화탄소로서 회로에 들어가는 6개의 탄소 마다 6개의 탄소가 2개의 G3P 분자로서 회로에서 떨어져 나와 탄수화물 합성에 사용되게 된다. G3P의 3탄소 분자는 각각 필연적으로 6탄당(6개 탄소의 당류) 분자의 반

이 되는 것이다. (사실 여러분은 G3P가 해당과정에서 당의 분해 때 중심적인 중간대사물인 것을 알고 있을 것이다. 그림 8-3 및 8-4 참조.) 두 분자의 G3P의 반응은 자유에너지감소(exergonic)반응으로서 포도당이나 과당을 형성할 수 있다. 어떤 식물에서는 포도당과 과당은 결합하여 자당(일반명칭으로 설탕)을 생산한다. 자당은 사탕수수, 사탕무우 및 단풍나무 수액에서 수확할 수 있다. 식물세포는 또한 포도당을 녹말이나 셀룰로오스 생산에 이용한다.

4. *RuBP 재생단계.* 비록 2개의 G3P분자가 회로에서 빠졌으나 10개의 G3P분자는 남아있고 이것은 모두 30개의 탄소 원자를 나타내는 것을 기억하자. 캘빈회로의 RuBP 재생단계를 형성하는 10개의 복잡한 반응계열을 통하여 이들 30개의 탄소와 결합하는 원자들이 6분자의 리불로오스인산으로 재배열되고 그 각각은 인산화되어 이 회로의 출발의 5탄소화합물인 RuBP를 생성하게 된다. 이들 RuBP분자는 이산화탄소 고정의 과정을 시작하여 다시 G3P 생산을 한다.

요약하면, 탄소고정 반응에 필요한 투자는 6분자의 이산화탄소, ATP에서 전환되는 인산 그리고 NADPH로 부터의 전자(수소로서)이다. 결국 이산화탄소에서 오는 6개 탄소가 6탄당 분자의 수확을 설명할 수 있다. 나머지의 G3P 분자는 더 많은 이산화탄소 분자와 결합할 수 있는 RuBP 분자를 합성하는데 이용된다.

## 9.5.2 광호흡은 광합성 효율을 감소시킨다

콩, 밀, 감자와 같은 중요한 농작물을 포함하는 $C_3$식물은 광합성에서 예상만큼 많은 탄수화물의 생산을 하지 못하고 있다. 이 생산의 감소는 특히 여름철의 매우 더운 기간에 크다. 덥고 건조한 날에 식물은 물을 보존하기 위해 기공을 닫는다. 기공이 닫히면 광합성은 급속히 잎 내부에 남아있는 이산화탄소를 모두 사용하여 산소를 생산하므로 산소는 엽록체 내에 축적된다 (그림 9-4a).

RuBP 카르복시화 효소/산소화효소(Rubisco)는 캘빈회로에서 이산화탄소를 RuBP에 붙여서 탄소고정을 한다는 것을 기억하자. 이 카르복시화 효소의 활성에 덧붙여서 Rubisco는 또한 산소와도 반응할 수 있어 Rubisco의 활성부위에 대해 이산화탄소와 경쟁하게 된다. 기질인 이산화탄소와 산소에 대한 Rubisco의 활성은 엽록체의 환경에서 두 가스의 상대적인 양에 의존하는 것이다. 엽록체의 산소 수준이 높고 이산화탄소의 수준이 낮으면 Rubisco는 RuBP를 이산화탄소 대신 산소와의 반응을 더 많이 촉매하게 될 것이다. 이렇게 되면 캘빈회로에서 생성되는 중간대사물의 일부가 분해되어 이산화탄소와 물로 된다. 이 과정은 (1) 빛이 존재할 때 일어나고, (2) 유기호흡에서와 같이 산소를 요구하고, (3) 유기호흡에서와 같이 이산화탄소와 물을 생산하기 때문에 **광호흡(photorespiration)**이라 한다. 그러나 유기호흡과 다른 것은 광호흡에서는 ATP가 생산되지 않는다. 광호흡은 캘빈회로에 이용되는 중간대사물질의 일부를 제거하기 때문에 광합성 효율을 감소시킨다.

광호흡이 존재하는 이유는 이산화탄소의 수준이 높고 산소분자의 수준이 매우 낮았던 시생대의 시기에 Rubisco의 기원과 관련이 있을 것으로 생각되지만 완전히 해답은 풀지 못하고 있다. 산소에 대한 매우 낮은 친화력을 갖는 Rubisco를 많이 함유하는 작물을 얻기 위한 유전공학적 방법에 의한 유전적 변형이 성공한다면 이들 식물은 더운 기후에서도 보다 많은 탄수화물을 생산할 수 있게 될 것이다.

## 9.5.3 $C_4$ 식물과 CAM식물에서는 최초 탄소고정 단계가 다르다

광호흡은 광합성-위주 식물에만 문제가 되는 것이 아니다. 이산화탄소는 풍부한 기체가 아니기 때문에(단지 대기의 약 0.03%를 구성), 식물이 필요한 이산화탄소를 획득하는 것은 쉬운 일이 아니다. 이 문제는 가스교환이 다만 습윤한 표면에서 일어날 수 있다는 사실 때문에 복잡한 것이다. 앞에서 설명한 바와 같이, 환경조건이 덥고 건조하면 기공은 수증기의 소실을 줄이기 위해 닫히며, 그 결과로 이산화탄소의 공급이 크게 감소한다. 흥미롭게도 광의 존의 반응을 일으키는 최대의 햇빛이 이용 가능한 시간에는 이산화탄소는 잠재적으로 이용성이 보다 낮아진다.

덥고 건조한 환경에 서식하는 많은 식물들은 물의 소실을 줄이고 이산화탄소 고정을 촉진할 수 있는 특수한 시스템을 갖추고 있다. 옥수수, 사탕수수, 열대성 잔디 등의 $C_4$ 식물은 $C_3$ 경로에 앞서 우선 4탄소 화합물인 옥살초산으로 이산화탄소를 고정하는 것을 **$C_4$ 경로($C_4$ pathway)**를 갖고 있다. 즉, $C_4$ 식물의 잎은 엽육조직 세포를 가지는 것과 더불어 엽록체를 가지는 두드러진 **유관속초세포(bundle sheath cell)**를 가지는데, 이들 세포는 잎의 엽맥을 치밀하게 둘러싸고 있다(그림 9-14). $C_4$ 경로는 엽육세포에서 일어나는 반면 캘빈회로는 유관속초세포 내에서 일어난다. $C_4$ 경로의 역할은 이산화탄소를 효율적으로 흡수하여 결국 유관속초세포 내에 농도를 증가시키는 것이기 때문에, 유관속초세포 내의 이

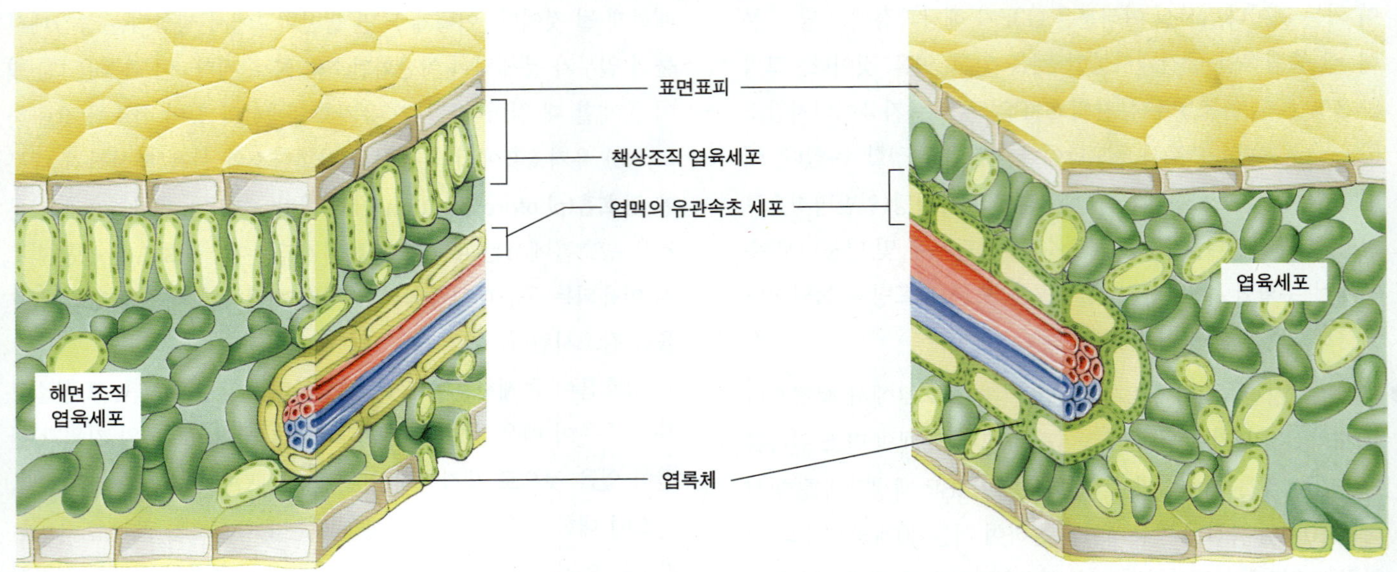


**(a)** $C_3$식물에서는 캘빈 회로가 엽육조직 세포에서 일어나고 유관속초 세포는 광합성을 하지 않는다.

**(b)** $C_4$식물에서는 이산화탄소를4탄소화합물로 고정하는 반응이 엽육조직 세포에서 일어난다. 4탄소화합물은 엽육조직 세포에서 캘빈 회로가 있으므로 광합성을 하는 유관속초세포로 옮겨진다.

**그림 9-14** $C_3$와 $C_4$조직해부의 비교.

산화탄소 농도는 $C_3$ 경로만을 갖는 식물의 엽육세포에서의 농도에 비해 10 내지 60배 정도 된다. 하지만, $C_3$–$C_4$ 경로를 결합한 과정에서는 매 6탄당의 생성에 대해 $C_3$ 경로 단독 이용에서의 18 ATP 에 비해 30 ATP의 소모를 필요로 하므로, 낮은 광도와 온도에서는 $C_3$ 식물이 더 유리하다.

선인장 등 더욱 덥고 열악한 환경에 서식하는 **CAM 식물**은 **CAM**(crussulacean acid metabolism) **경로**라는 특별한 탄소고정 경로를 발달시켰다. CAM 식물은 낮에 기공을 닫고 수분의 소실을 최소화하며, 밤에 기공을 열고 이산화탄소를 받아들여 옥살초산을 만들고 그것을 말산으로 전환하여 세포의 액포에 저장한다. 이산화탄소 고정이 밤에 이루어지는 것이다. 말산의 탈탄산과 정상적인 $C_3$ 광합성회로에 의해 이산화탄소에서 당을 생산하는 것은 낮 동안에 기공을 닫은 상태에서 이루어진다. CAM 회로는 비록 $C_4$ 회로와 같은 빠른 성장을 촉진하지는 못하나 건생 환경에 대한 매우 성공적인 적응을 한 것이다.

### 복습

- 캘빈회로의 3가지 단계는 무엇인가?
- 캘빈회로의 어느 단계에서 ATP와 NADPH가 모두 요구되는가?
- 광호흡과 유기적 호흡의 차이점은 무엇인가?
- $C_3$, $C_4$ 및 CAM 식물들 모두에서 rubisco를 갖는가?

## 핵심 용어와 요약

### 학습목표

1 빛의 물리적 특성에 대해 설명하고, 빛의 파장과 그 에너지의 관계에 대해 설명하라.

- 빛은 **광양자**라고 하는 입자로 이루어져 있으며, 파장으로 이동한다.
- 짧은 **파장**을 갖는 광양자가 긴 파장을 갖는 광양자들보다 더 많은 에너지를 갖는다

2 빛의 물리적 특성에 대해 설명하고, 빛의 파장과 그 에너지의 관계에 대해 설명하라.

- 식물에서는 **광합성**이 잎의 **엽육세포** 내에 주로 존재하는 **엽록체**에서 일어난다.
- 엽록체는 이중막으로 둘러싸인 세포소기관이며 내부의 막은 **스트로마**를 둘러싸고 그 속에 막 구조의 주머니 모양을 한 **틸라코이드**가 떠있다.

각 틸라코이드는 **틸라코이드 내강**을 둘러싸고 있다. 틸라코이드가 쌓여서 배열한 것을 그라나라고 한다.

- **엽록소 *a*, 엽록소 *b*, 카로티노이드**와 그 밖의 광합성 색소들은 엽록체의 틸라코이드 막의 구성요소이다.

3 광양자에 광에너지가 흡수되었을 때, 엽록소와 같은 생체 분자의 전자에 어떤 변화가 일어나는지 기술하라.

- 광양자는 엽록소나 그 밖의 광합성 색소 같은 생물학적 분자들을 여기시켜, 하나 또는 그 이상의 전자들 활성화시킨다. 활성화된 전자는 전자수용체 화합물에 수용된다.

- 엽록소 *a*와 *b*의 **흡수스펙트럼**은 광합성의 **작용스펙트럼**과 유사하다.

4 광합성을 산화환원 과정 측면에서 설명해 보라.

- 광합성 과정 중 빛 에너지는 탄수화물의 화학에너지로 전환된다 물 분자 내의 수소원자는 탄소를 환원시키는데 사용되며, 물 분자 내의 산소는 산소 분자로 산화된다.

5 광합성에서의 광-의존반응과 탄소 고정 반응을 구분하여 설명하라.

- **광-의존반응**에서 빛에 의해 활성화된 전자들이 **ATP**와 **NADPH**를 생성하는데 사용되며 이들 분자들은 **탄소고정반응** 중 탄수화물 생성에 필요한 에너지로 사용된다.

6 비순환적 전자전달 경로에서 광계 I과 광계 II을 통한 전자들의 흐름에 대해 기술하고, 순환적 전자 전달 경로와 비교해 보라.

- **광계 I**과 **II**는 광합성에 참여하는 2종류의 광합성단위이다. 각 광계는 엽록소 분자와 보조색소는 색소결합 단백질과 결합하여 **안테나 복합체**를 구성한다.

- **반응중심**에 있는 특정의 엽록소 a 만이 실제로 활성화된 전자를 이웃의 전자수용체에 준다. P700은 광계 I의 반응중심이고, P700이 광계 II의 반응중심이다.

- **비순환적 전자전달계**로 알려진 비순환적 광-의존 반응동안 **ATP**와 **NADPH**가 생성된다.

- 광계 I의 전자는 빛의 흡수에 의해 활성화되고 **전자전달계**를 거쳐 $NADP^+$에 전달되어 NADPH를 만든다. 광계 I의 P700에서 잃은 전자는 광계 II의 P680에서 나오는 전자로 대치된다.

- 광계 II에서 광계 I까지 전자전달계를 따라 활성화된 전자가 이동하면 일련의 산화환원 반응이 일어난다. 광계 II의 P680에서 잃은 전자는 물의 **광분해**에 의해 만들어지 는 전자로 대치되고 이 과정에서 산소가 방출된다.

- **순환적 전자전달**이라 알려진 순환적 광의존 반응 과정에서는 광계 I에서 나온 전자는 결국 광계 I에 되돌아간다. ATP는 화학삼투에 의해 생산되나 NADPH와 산소는 만들 어지지 않는다.

7 틸라코이드 막에 형성되는 양성자($H^+$) 기울기 생성 경로와 이 경사가 ATP 합성에 어떻게 작용하는지 설명하라.

- **광인산화**는 빛의 광양자에 의해 활성화된 전자의 전달과 연계하여 ATP를 합성하는 것이다. 에너지의 일부는 틸라코이드 막에서 양자를 퍼내는데 사용되고 **화학삼투**에 의해 ATP를 생성하는 에너지를 제공한다.

- 틸라코이드막의 효소복합체인 **ATP 합성효소**를 통해 양자가 확산될때 ADP는 인산화되어 ATP를 만든다.

8 캘빈 회로의 3단계를 요약하고, 이 과정에서의 ATP와 NADPH의 역할을 지적하라.

- 탄소고정 반응은 **$C_3$ 회로**라고도 하는 **캘빈 회로**의 과정에 의해 이루어진다.

- 캘빈 회로의 이산화탄소 흡수과정에서 이산화탄소는 **Rubisco**로 알려진 RuBP 카르복시화 효소/산소화 효소에 의해 5탄소 당류인 리불로오스 이인산(RuBP)과 결합하여 3탄소 분자인 **글리세르산 인산(PGA)**를 형성한다.

- 캘빈회로의 탄소환원과정에서 ATP와 NADPH의 에너지와 환원력은 P PGA분자를 **글리세르알데히드-3-인산**(G3P)으로 전환하는데 이용한다. 모두 6분자의 이산화탄소분자로부터 12분자의 G3P가 생성되고 2분자의 G3P는 회로에서 유리되며, 2개의 G3P 분자는 포도당 한 분자를 생산한다.

- 캘빈 회로의 RuBP 재생 단계에서 나머지의 G3P 분자는 변형되어 RuBP를 재생한다.

9 광호흡이 어떻게 광합성 효율을 감소시키는지 논의해 보라.

- **광호흡**에서는 $C_3$ 식물이 산소를 사용하고 이산화탄소를 발생한다. 그러나 ATP는 만들지 못한다. 광호흡은 밝고 더우며 건조한 날에 식물이 기공을 닫아서 수분을 보존하지만 잎 속으로 이산화탄소의 통과를 막을 때 특히 높다.

10 $C_4$ 회로와 CAM 회로를 비교해 보자.

- $C_4$ 회로에서는 **포스포에놀피루브산(PEP) 카르복시화 효소**가 이산화탄소의 농도가 매우 낮을 때도 효율적으로 결합한다. $C_4$ 반응은 엽육세포에서 일어난다. 이산화탄소는 **옥살초산**으로 고정되고 다음에 **말산**으로 전환된다. 말산은 **유관속초세포**에로 이동하여 이산화탄소를 유리시킨다. 유리된 이산화탄소는 캘빈회로에 들어간다.

- CAM 회로는 $C_4$회로와 비슷하다. PEP 카르복시화 효소가 밤에 엽육세포에서 탄소를 고정하고 낮 동안에는 같은 세포에서 캘빈회로가 진행된다.

## 호기성 호흡 반응 요약

광-의존 반응(비순환적 전자전달):

$$12\ H_2O + 12\ NADP^+ + 18\ ADP + 18\ P_i \xrightarrow[\text{엽록소}]{\text{빛}} 6\ O_2 + 12\ NADPH + 18\ ATP$$

탄소고정 반응(캘빈회로):

$$12\ NADPH + 18\ ATP + 6\ CO_2 \longrightarrow C_6H_{12}O_6 + 12\ NADP^+ + 18\ ADP + 18\ P_i + 6\ H_2O$$

이들 2개의 연결되는 반응의 화살표 반대편에 있는 공통의 항목을 생략하면 광합성의 간단한 전체의 반응식이 얻어진다.

$$\underset{\text{이산화 탄소}}{6\ CO_2} + \underset{\text{물}}{12\ H_2O} \xrightarrow[\text{엽록소}]{\text{빛에너지}} \underset{\text{포도당}}{C_6H_{12}O_6} + \underset{\text{산소}}{6\ O_2} + \underset{\text{물}}{6\ H_2O}$$

## 연습문제

1. _________ 에서 전자는 일방향적 흐름을 통해 NADPH를 형성한다.
   (a) CAM회로 (b) 캘빈회로 (c) 광호흡
   (d) 순환적 전자 전달 (e) 비순환적 전자 전달

2. 캘빈회로의 시작에서 이산화탄소와 반응하는 것은?
   (a) 포스포에놀피루브산 (b) 글리세 르알데히드-3-인산
   (c) 리불로오스 이인산 (d) 옥살초산 (e) 인산글리세르산

3. 엽록체에서 엽록소가 분포하는 장소는?
   (a) 틸라코이드막 (b) 스트로마 (c) 미토콘드 리아 기질
   (d) 틸라코이드 내강 (e) 내막과 외막의 사이

4. $CO_2$, NADPH 및 ATP를 이용하는 과정은?
   (a) 순환적 전자전달 (b) 탄소고정반응 (c) 비순환적 전자전달
   (d) 광계I과 II (e) 화학삼투

5. $C_4$식물에서 $C_4$와 $C_3$ 회로의 다른 점은 : 그리고 CAM식물에서 CAM과 $C_3$ 회로의 다른 점은?
   (a) 하루의 시간대 : 잎의 부위 (b) 계절 :부위
   (c) 부위 :하루의 시간대 (d) 부위 :계절
   (e) 하루의 시간대 : 계절

6. 광분해에서 엽록소에 흡수된 에너지의 일부는 무엇을 분해하는데 쓰이는가?
   (a) $CO_2$ (b) ATP (c) NADPH (d) $H_2O$ (e) (b)와 (c)

7. 지구상의 거의 모든 탄소고정을 수행하는 효소는? (a)루비스코 (b) PEP 탄화효소 (c)ATP 합성효소 (d) 과당인산화효소 (e) 접합효소

8. 빛에 의해 활성화된 전자가 그 에너지를 이용해 ADP에 인산을 가하여 ATP를 만드는 것은?
   (a) CAM (b) 캘빈회로 (c) 광호흡 (d) $C_4$ 회로 (e) 광인산화

9. 진핵생물의 광합성에서 일련의 전자수용체를 통한 전자의 전달이 양자를 퍼내는 에너지 를 제공하는 곳은?
   (a) 엽록체 외막 (b) 엽록체 내막 (c) 틸라코이드막
   (d) 미토콘드 리아 내막 (e) 원형질막

10. 식물에서 비순환적 전자 전달의 최종 전자 수용체는?
    (a) NADP (b) 이산화탄소 (c) 물 (d) 산소 (e) G3P

## 심화 학습문제

1. 과학자가 대기중 산소량이 15%인 행성을 발견했다면 당신은 어떤 의구심을 가져 볼 수 있을까?

2. 단지 어떤 식물세포만이 엽록체를 가진다. 그러나 활발히 물질대사를 하는 모든 식물세포는 미토콘드리아를 가진다. 왜?

3. **진화적 연계.** 세균, 엽록체, 미토콘드리아가 모두 ATP합성 효소를 갖고 있다는 점에 대해 설명하라.

10

# 염색체, 유사분열과 감수분열

Alexey Khodjakov, Wadsworth Center, Albany, NY

**영원(도롱뇽 류)의 폐 세포배양 중 유사분열(전중기 초)의 형광현미경 사진.** 항체를 이용하여 여러 구조에 형광염료를 붙였다. 핵막이 파괴되고 방추체(녹색)의 미세소관이 염색체(청색)와 결합하고 있는 모양

## 핵심 개념

진핵세포에서 DNA는 특정단백질을 둘러싸고서 염색질을 이루고 염색질은 다시 각 염색체를 만들기 위해 중첩된다.

세포분열은 하나의 세포가 진행하는 여러 단계인 세포주기의 중요한 부분이다.

세포주기는 세포내부의 유전적 프로그램과 외부신호가 상호작용하여 조절된다.

유사분열에서는 복제된 염색체가 나누어져서 2개의 딸세포에 균등하게 분배한다.

이배체에서 반수체로 염색체 조의 수가 반감되는 감수분열은 유성생식 중에 2 개의 세포가 합쳐질 때 정상적인 염색체 수를 유지하는데 필수적이다.

감수분열은 자손 중에 유전적 변이를 증가시키는 역할을 한다.

개체는 세포분열을 통해 손상된 부분을 회복하거나 번식한다. 세포는 세대 간의 연결자이다. 가장 간단한 세포일지라도 그 생물체의 유전체라고 하는 DNA의 형태로 정확히 암호화하는 유전정보를 가지고 있다. 각 생물의 유전체는 세포의 활성을 조절하고 후손에게 전해주는 유전자라고 하는 정보단위로 이루어져 있다.

하나의 세포가 분열할 때 DNA에 저장되어 있는 유전정보가 정확히 복제되어 아주 정확한 일련의 단계를 거쳐 각 딸세포에게 전해져야 한다. DNA는 쉽게 엉키고 부서지기 쉬운 길고 가는 분자로 되어 있다. 진핵생물의 핵은 아주 많은 양의 DNA를 가지고 있다. 이장에서 우리는 진핵생물에서 각 DNA분자가 단백질을 둘러싸고 수백 내지 수천 개의 유전자를 가지는 염색체라고 하는 구조가 어떻게 이루어졌는지를 알아보고 자 한다.

그 다음 우리는 양친세포가 한 벌의 모든 염색체를 2개의 딸세포에게 전해 주는 과정인 유사분열을 논하고자 한다. 염색체 수는 연속적인 유사분열을 통해서 보존된다. 진핵생물의 대부분의 체세포는 유사분열에 의해 나누어진다. 유사분열은 생물학 연구의 주영역이며 그럴만한 이유가 있다. 즉 유사분열의 과오는 다운증후군뿐만 아니라 세포가 통제가 불가능한 분열을 일으키고 이웃세포로 전이되는 암에 이르기 까지 많은 질병과 증후군이 일으킨다. 따라서 유사분열에 대한 더 분명한 이해는 많은 질병의 치료를 증진시키는 잠재성을 가진다.

마지막으로 우리는 염색체 수가 반으로 줄어드는 과정인 감수분열에 대해 논하고자 한다. 감수분열은 진핵생물의 유성생식에는 필수적이다. 유성생식은 하나의 접합자라고 하는 세포를 이루기 위한 2개의 성세포 즉 배우자의 융합이 특징이다. 감수분열은 양친세포의 반에 해당하는 염색체를 가지기 때문에 접합자는 양친의 염색체 수와 같게 된다. ■

## 10.1 진핵세포의 염색체

**학습목표**

1 염색체가 가지는 유전정보의 양에 대한 염색체의 중요성을 인식해야 한다.

2 원핵세포와 진핵세포의 DNA구조를 비교할 수 있어야 한다.

진핵생물에서의 유전정보의 주요전달자는 세포의 핵 내에 있는 **염색체**(chromosome)이다. 비록 염색체라는 용어는 "색을 띤 소체"라는 의미이지만 실제로는 색이 없으며 어떤 색소로 염색되는 것이란 이름에서 온 것이다. 1880년대 광학현미경이 만들어짐으로 인해 독일의 생물학자 **플레밍**(Walther Fleming) 등이 세포분열 중 염색체를 관찰하기 시작한 계기가 되었다.

1903년 미국의 생물학자 **서튼**(Walter Suton)과 독일의 생물학자 **보벨**(Theodor Boveri)은 독자적으로 염색체는 **멘델**이 발견했던 유전인자인 유전자의 물리적 운반자라는 것을 알았다(11장 참조)

염색체는 DNA와 관련 단백질로 이루어 진 복합물질인 **염색질**(chromatin)로 되어있다. 하나의 세포가 분열하지 않을 때 염색체는 존재하지만 풀어진 형태로 되어 있다. 염색질은 길고 가는 실로 되어 있고 다소 응축되어 전자현미경 하에서는 과립형으로 보인다(그림4-11). 세포분열 중 염색사는 응축되어 뚜렷한 형태의 염색체로 보인다(**그림 10-1**).

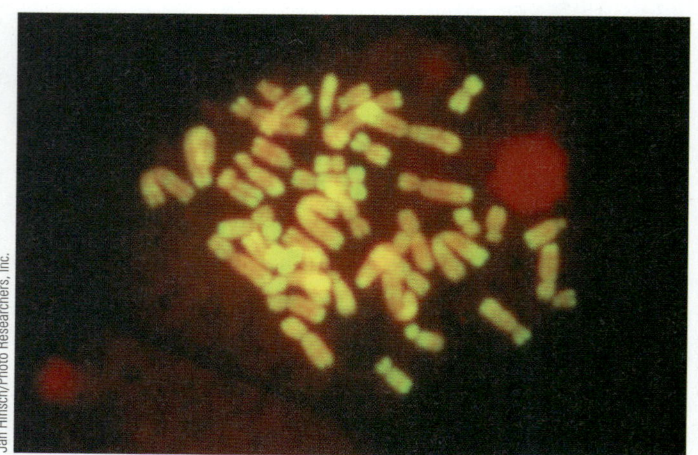


**그림 10-1 염색체.**

형광현미경으로 촬영한 사람세포의 염색체 사진이다.

### 10.1.1 DNA는 유전자라고 하는 정보단위로 되어 있다

어떤 생물의 **유전체**(genome; **게놈**)는 수백 내지 수천 개의 유전자를 가질 수도 있다. 예를 들어, **사람 유전체 염기서열분석 과제**(Human Genome Project) 결과 사람은 단백질을 암호화하는 유전자가 약 25,000 개를 가진다고 추정된다(16장 참조). 1가지 이상의 세포 기능을 수행하는데 필요한 정보를 제공함으로써 궁극적으로 하나의 **유전자**(gene)는 생물체의 어떤 특징을 연결시킨다. 예를 들어 유전자는 사람의 눈의 색, 초파리의 날개 길이, 완두에서의 종자 색을 조절한다.

### 10.1.2 DNA는 염색체 내에서 아주 조직화된 방법으로 포장되어있다

원핵세포와 진핵세포는 DNA함량뿐만 아니라 DNA분자의 구성에서 분명히 차이가 있다. 대장균은 보통 $4 \times 10^6$ 염기 쌍(약 1.35 mm)으로 된 하나의 환형분자를 가지고 있다. 사실 DNA의 전체 길이는 세포의 길이보다 약 1,000배나 더 길다. 그러므로 특정 단백질의 도움으로 DNA분자는 세균세포 내에서 꼬여지고 중첩되어야만 한다(그림 24-9참조).

보통 진핵세포는 세균보다 더 큰 DNA분자를 가지고 있으며 여러 개의 염색체로 핵에 조직화되어 있다. 즉 종에 따라 염색체의 수와 크기가 다르다. 사람의 핵은 큰 무리의 세균의 크기와 비슷하지만 대장균보다 1,000배나 많은 양의 DNA를 가지고 있다. 사람의 정자가 가지는 DNA양은 $3 \times 10^9$ 염기쌍으로서 그 길이를 모두 합하면 약 1 m나 되며, 이 DNA가 단지 직경이 10 μm정도의 핵에 들어있다.

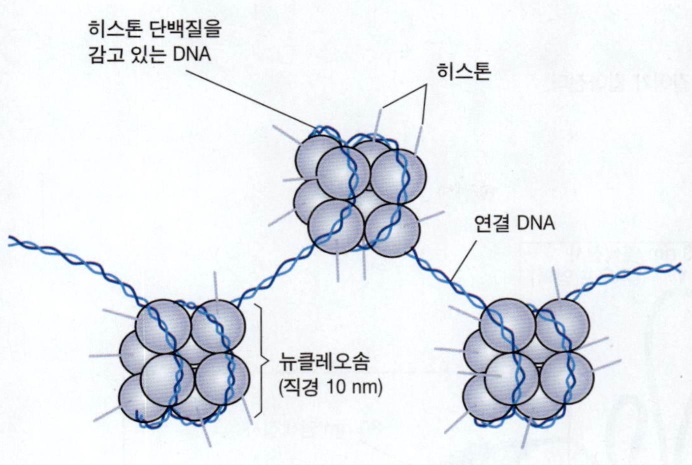


**(a) 뉴클레오솜 구조의 모형.** 각 뉴클레오솜은 8분자의 히스톤 단백질을 가지며 이들은 단백질 중심이 되어 주변에 DNA이중가닥이 감고 있다. 히스톤을 감는 DNA는 146 뉴클레오티드 쌍이며, 약 60 뉴클레오티드 쌍의 다른 DNA단편이 뉴클레오솜 사이를 연결하고 있다.

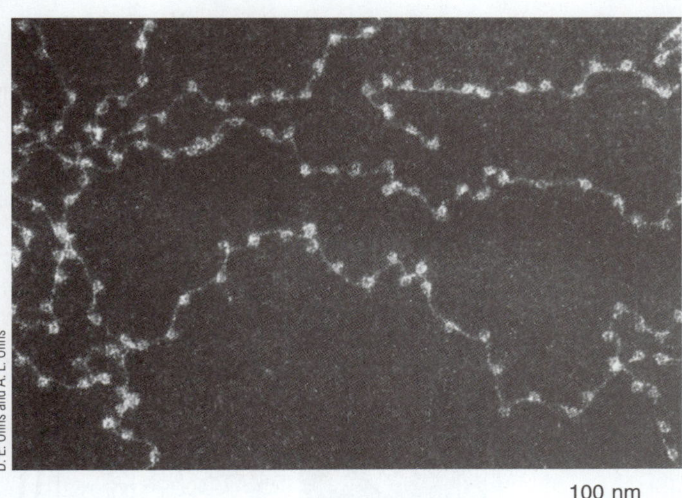


**(a) 닭 세포의 핵에서 본 뉴클레오솜의 투과전자현미경(TEM) 사진.** 보통 뉴클레오솜은 서로 아주 인접하여 붙어있지만 프레파라트 제작 중 뉴클레오솜 사이가 분리되어 DNA 연결자가 보이게 된다.

**그림 10-2** 뉴클레오솜.

그렇다면 진핵세포에서 DNA가 어떻게 염색체에 쌓여있는가? 그것은 **히스톤(histone)**이라는 단백질과 관계가 있다. 히스톤은 아미노산 측쇄에 염기성을 가진 것이 많이 있기 때문에 양의 전하를 띈다(3장 참조). 양의 전하를 가진 히스톤은 인산에 음의 전하를 가진 DNA와 관계하여 **뉴클레오솜(nucleosome)**이라는 구조를 형성한다. 각 뉴클레오솜의 구조는 8분자의 히스톤(4종류 히스톤 2분자씩) 단백질로 된 원반형 주위에 146 염기쌍이 감고서 염주 형을 이룬다(**그림 10-2**). 비록 뉴클레오솜은 원래 염주와 염주를 연결하는 DNA 모두를 말하지만 오늘날은 염주 자체를 이야기한다(8분자의 히스톤과 이를 감싸는 DNA).

뉴클레오솜은 작은 실패같이 작용하여 DNA가닥이 헝클어지는 것을 방지한다. 이 형상은 **그림 10-3**에서 보는 바와 같이 염색체에서 히스톤을 제거한 후 거대한 DNA분자를 보여주고 있다. **뼈대 단백질(scaffolding protein)**은 염색체 구조를 유지하는 비히스톤 단백질이다. 히스톤 단백질은 유전자 형질발현의 조절 즉 유전자가 작동하느냐 하지 않느냐를 조절하는 중요한 문제로 점차 대두되고 있다.

뉴클레오솜으로 DNA가 감기는 것은 염색체 구조의 첫 단계이다. **그림 10-4**는 아주 응축된 중기 염색체로 되는 염색질의 고도

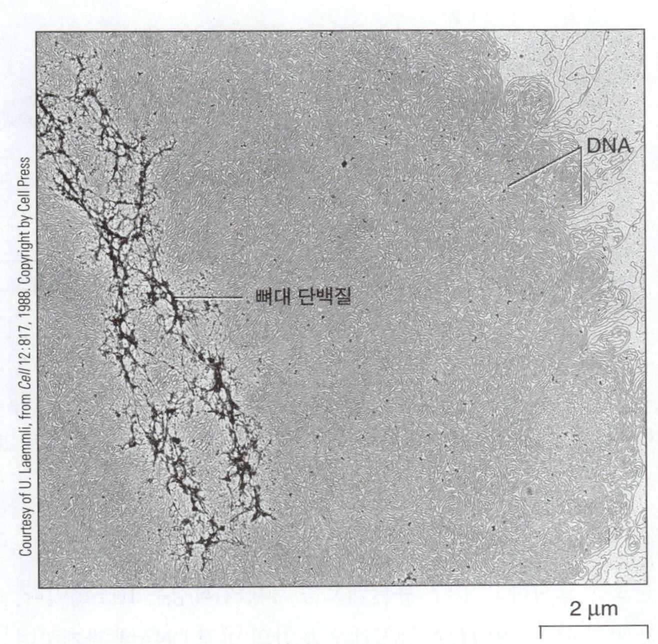


**그림 10-3** 히스톤을 제거한 쥐 염색체의 TEM 사진.

비록 DNA 섬유가 더 치밀하게 만드는 히스톤을 제거하였지만 쥐의 중기 염색체의 전자현미경 사진에서 얼마나 치밀하게 DNA섬유가 존재하는지를 주목하라.

**요점**

세포가 분열을 준비하면서 그 염색질사들이 응축하여 염색체들이 두꺼워 지면서 길이가 짧아진다.

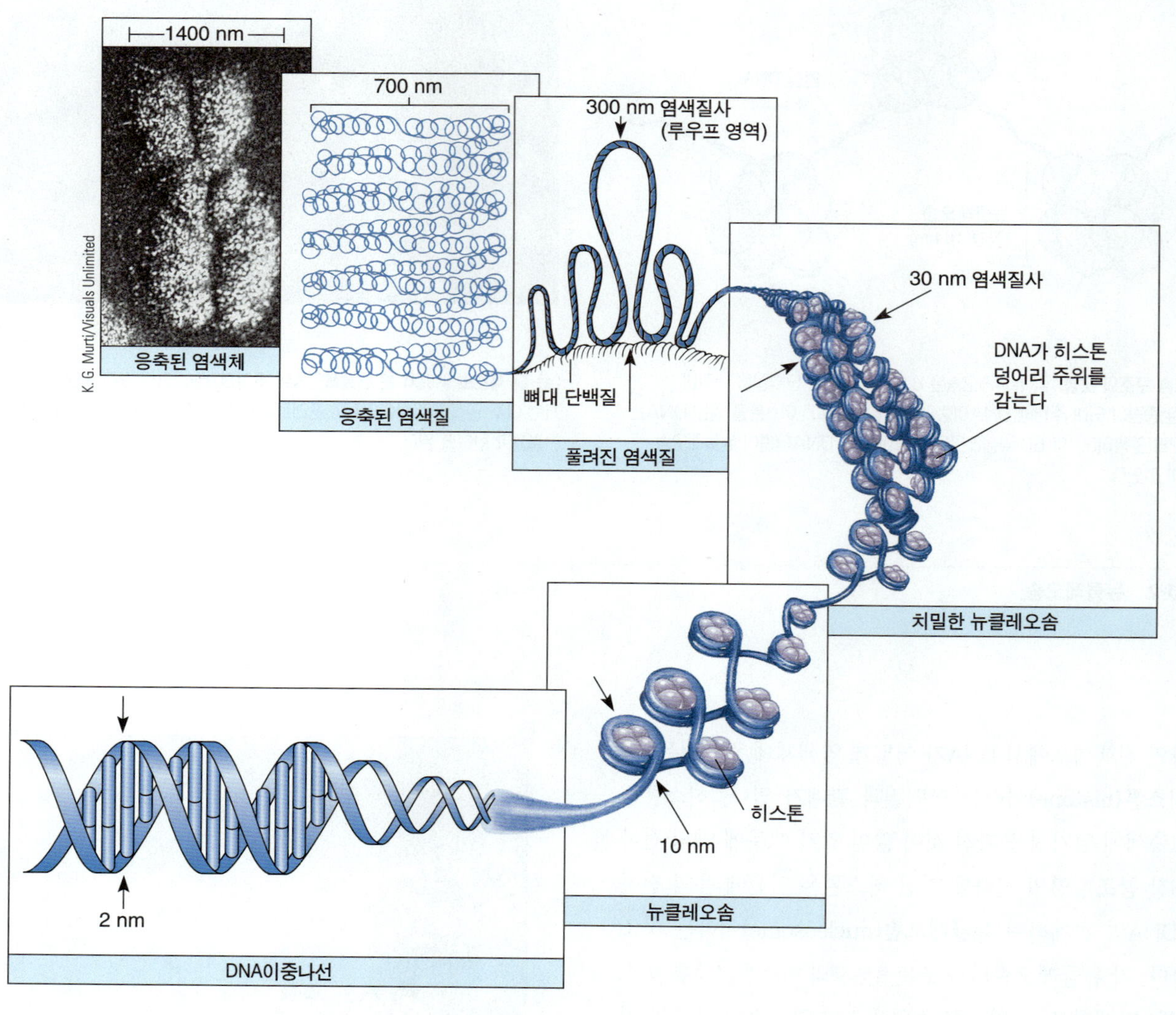


**그림 10-4 진핵세포 염색체의 구조.**

이 그림은 DNA가 어떻게 고도로 응축된 염색체로 되는지를 보여주고 있다. DNA가 히스톤 주위를 감아 뉴클레오솜을 이루고 뉴클레오솜은 염색질사로 응축되어, 루우프형의 영역으로 꼬여 궁극적으로 염색체를 이룬다.

의 구조는 도시하고 있다. 뉴클레오솜 자체의 직경은 10 nm이다. 다섯 번째 히스톤인 *H1*이 뉴클레오솜 간의 연결 DNA에 관계하여 인접한 뉴클레오솜의 꼬인 상태가 직경이 30-nm인 섬유를 이룬다. 염색질을 죽 당기면 이들 30-nm의 섬유가 비히스톤 단백질로 된 일련의 뼈대 단백질에 의해 서로 루프를 이루며 꼬여있다. 그 후 루프는 서로 복잡한 방법으로 응축된 염색질이 되어 유사분열이나 감수분열에서 볼 수 있는 염색체를 이룬다.

### 10.1.3 염색체 수와 정보 내용은 종에 따라 다르다

어떤 종의 모든 개체는 거의 모든 세포에서 일정한 염색체 수를 가진다. 그렇지만, 각 종의 특징은 염색체 수가 아니라 염색체 내의 유전자에 의해 지정하는 정보이다.

사람의 체세포는 대부분 46개의 염색체를 가지지만 염색체가 46개이기 때문에 사람인 것은 아니다. 사실 어떤 사람은 46개보다 많거나 적은 이상 염색체 구성 즉 **핵형(karyotype)**을 가지는 경우도 있다. 몇몇 다른 종 예를 들어 올리브 나무도 46개의 염색체를 가지고 있다. 어떤 사람은 46개보다 많거나 적은 비정상인 염색체 조성을 가진다(그림 16-4 참조).

종이 다르면 염색체 수도 일반적으로 다르다. 회충의 어떤 종은 각 세포에 2개의 염색체를 가지는 반면 어떤 게 종류는 200개 이상 또는 고사리의 어떤 종은 1,000개 이상의 염색체를 가지고 있다. 대부분의 동식물은 체세포에서 10개에서 50개 사이의 염색체 수를 가진다.

**복습**

- 염색체상의 유전정보의 단위는 무엇이라고 부르는가?
- 박테리아 DNA분자와 진핵생물 염색체의 유사점은 무엇이며 차이점은 무엇인가?
- 진핵세포에서 알려진 DNA 길이와 핵의 크기 간의 큰 차이점은 어떠한가?

## 10.2 세포주기와 유사분열

**학습목표**

3 진핵세포의 세포주기에서 각 단계를 서술하고 각 단계에서 일어나는 특징을 서술할 수 있어야 한다.

4 자매염색분체, 동원체, 키네토코아를 나타내면서 복제된 염색체의 구조를 서술할 줄 알아야 한다.

5 유사분열의 중요성을 서술하고 그 과정을 서술할 수 있어야 한다.

보통 세포가 어느 크기에 도달하였을 때 성장을 정지하던지 아니면 분열한다. 모든 세포가 분열하는 것은 아니다. 즉 신경, 골격근과 적혈구와 같은 어떤 세포는 한번 성숙하면 정상적으로 분열하지 않는다. 한 세포가 분열한 후 분열한 세포가 다시 분열할 때까지를 **세포주기(cell cycle)**라고 한다. 세포주기의 시간은 다양하지만 활성적으로 자라고 있는 동식물세포에서 세포주기는 대충 8시간에서 20시간 정도이다. 세포주기는 광학현미경으로 뚜렷이 구분지울 수 있는 휴지기와 M기로 되어있다(▮ 그림 10-5).

**분열기(M phase, M기)**는 2가지 중요한 과정 즉 유사분열과 세포질분열이 있다. 핵과 관련한 복잡한 과정인 유사분열은 원래의 핵에서 나타난 것과 같은 수와 형태의 염색체를 가진 새로운 핵으로 된다. 일반적으로 유사분열이 완료되기 전에 시작하는 *세포질분열*(cytokinesis)은 2개의 세포를 이루기 위한 세포질의 분열이다.

다핵세포는 유사분열 후 세포질분열이 일어나지 않아서 된 것이다. 이것은 어떤 종류의 세포에 대해서는 정상적인 상태이다.

**요점**

세포주기는 세포가 살아가기 위한 연속적인 회로이다.

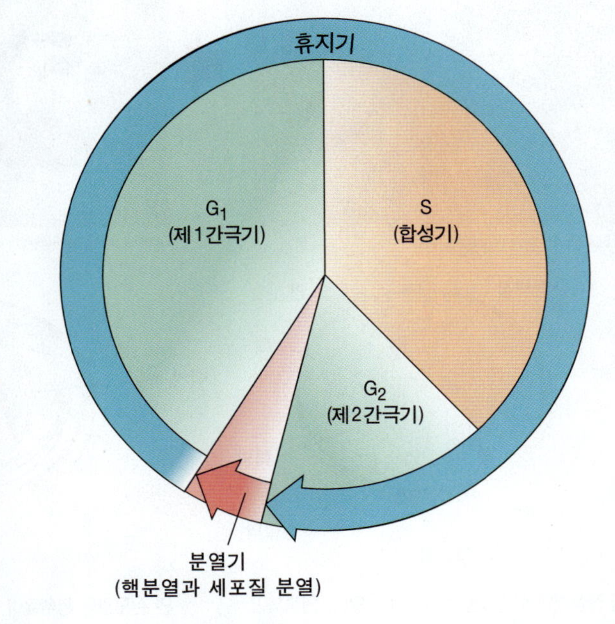


**그림 10-5 진핵세포의 세포주기.**

세포주기는 휴지기($G_1$, S, $G_2$)와 M기(유사분열과 세포질분열)로 되어있다. 각 기에 소요되는 상대적인 시간은 종, 세포 종류, 성장상태에 따라 다르다. 만약 세포주기가 12시간이라면 $G_1$은 5시간, S기는 4.5시간, $G_2$는 2시간, M기는 30분 정도이다.

### 10.2.1 염색체는 휴지기 중에 복제한다

한 세포의 생활은 보통 세포분열이 일어나지 않는 휴지기(interphase)에 있다. 분열 가능한 세포는 휴지기 중에 대사가 활성적으로 일어나서 분열시 필요한 물질(단백질, 지질, 생물학적으로 중요한 분자들)과 생장에 필요한 물질을 합성한다. 진핵세포의 세포주기에서 휴지기와 M기의 일련의 과정은 아래와 같다.

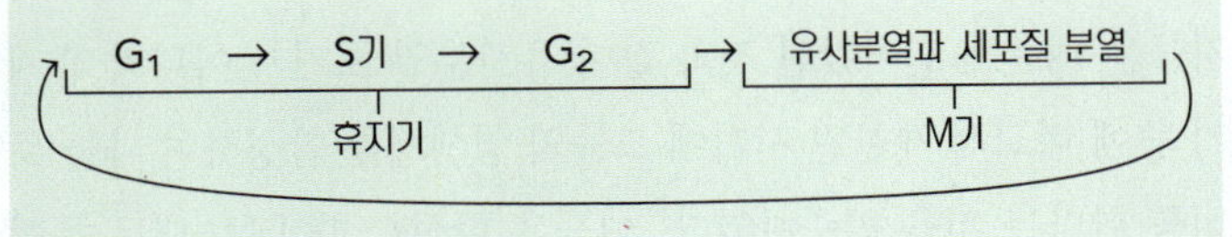


유사분열의 끝과 S기 시작 사이의 기간을 **$G_1$ 간극기($G_1$ phase, $G_1$기)**라 한다. 성장과 대사는 가장 긴 기간인 $G_1$기에 일어난다. 보통 분열하지 않는 세포는 S기 시작 전에 세포주기의 어느 지점에서 멈추고 $G_0$상태가 된다고 한다. $G_1$기가 끝날 무렵 DNA 합성에 필요한 효소가 더 활성을 가지게 된다. 세포분열을 시작하

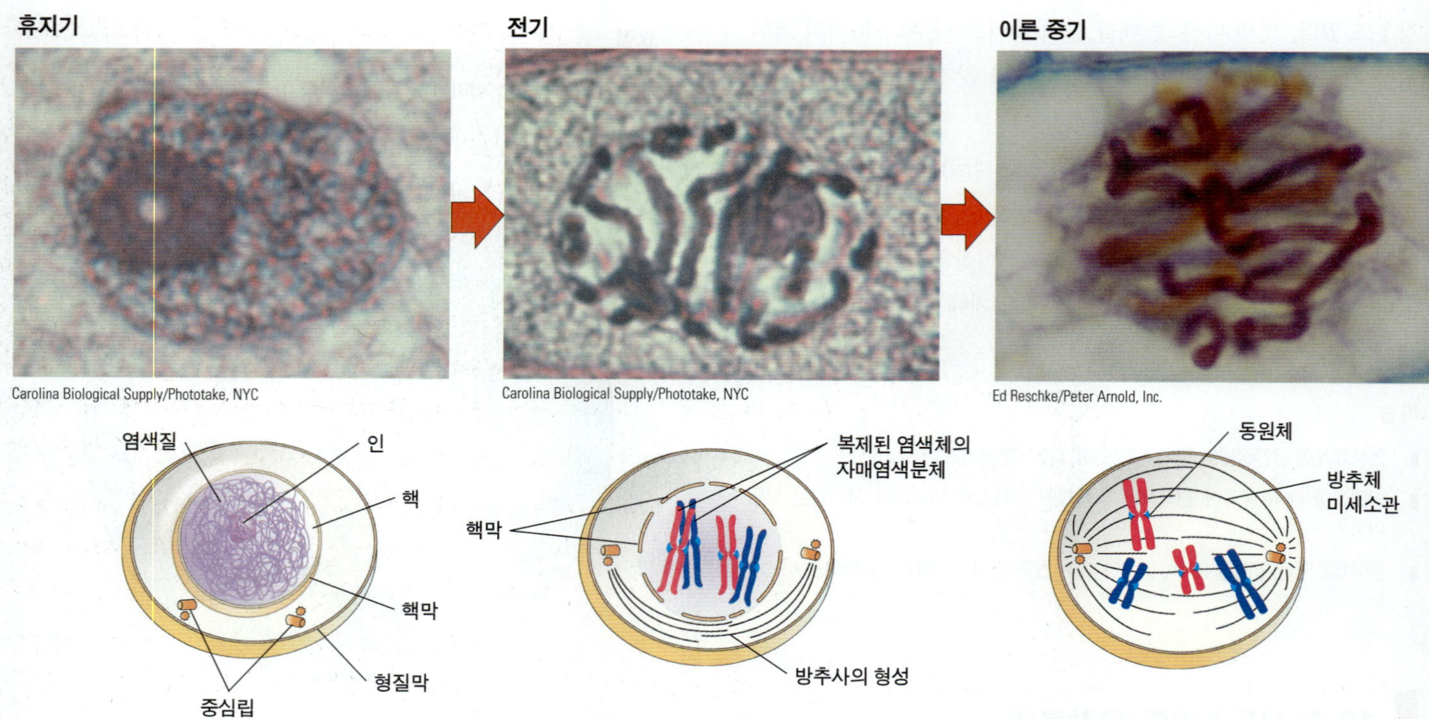


세포가 정상적인 생명활동을 수행하고 있다. 염색체가 복제된다.

긴 실모양의 염색질이 나타나며, 응축이 되어 염색체로 보이기 시작한다. 각 염색체는 2개의 염색분체로 되어 있으며 그들의 동원체에 붙어있다. 세포골격이 풀어지며 중심립과의 사이에 방추사를 형성하고, 이어서 양극으로 이동하기 시작한다. 핵막이 살아지기 시작한다.

방추사가 염색체의 동원체에 붙는다. 염색체가 세포의 적도판을 향해 이동하기 시작한다.

**그림 10-6 휴지기와 유사분열.**

광학현미경 사진은 중심립이 없는 식물세포이다. 이배체 염색체 수가 4개인 동물세포를 모식적으로 도시하였다. 핵과 염색체의 크기는 구조를 더욱 분명하게 보여주기 위하여 확대하였다.

는데 필요한 다른 단백질과 이들 효소의 합성으로 세포는 S기에 들어가게 된다.

**합성기(synthesis phase, S기)** 중에 DNA가 복제되고 히스톤 단백질이 합성되어 세포는 복제된 염색체를 가지게 된다. 학자들은 세포주기 중 S기를 어떻게 확인할 수 있을까? 1950년대 초, 학자들은 이전에 믿어왔던 것과 같이 유사분열 초기가 아니라 휴지기 중에 비교적 제한된 시기에 그들의 염색체를 합성하여 나눌 준비를 한다는 것을 입증하였다. 이들은 합성할 때 DNA내로 특이적으로 취입되는 하나의 뉴클레오티드인 방사능을 가진 티미딘을 합성하기 위하여 $^3$H과 같은 동위원소를 이용하였다. 활발히 성장하고 있는 세포에 방사능을 가진 티미딘을 짧은 시간(약 30분) 공급한 후에 그들의 염색체 상에 나타나는 입자를 자기방사능 방법으로 세포분획을 볼 수 있다(그림 2-3 참조). 이들 세포의 핵은 실험 중 DNA가 복제중이기 때문에 방사능을 띈다. 방사능이 나타나지 않은 염색체를 가진 세포는 DNA복제가 일어나지 않는 세포임을 알았다. 그러므로 전체 세포 중 표지된 세포의 비는 세포주기의 나머지와 S기의 길이를 대충 측정할 수 있다.

S기가 완료된 후 세포는 **제2간극기($G_2$기)**에 들어간다. 이 때 분열을 위한 세포의 준비가 일어나는 마지막 단계로써 더 많은 단백질 합성이 일어난다. 많은 세포에서 $G_2$기는 S기와 $G_1$기에 비해 비교적 짧다.

양친 핵과 똑 같은 2개의 핵을 만드는 핵분열 즉 **유사분열(mitosis)**은 $G_2$기 말에 시작한다. 유사분열은 연속적 과정이지만 각 단계의 서술의 편의상 5단계로 나눈다.

**전기 ⟶ 전중기 ⟶ 중기 ⟶ 후기 ⟶ 말기**

동식물세포에서 일어나는 전형적인 유사분열에서의 각 단계와 그 특징은 **그림 10-6**을 보라.

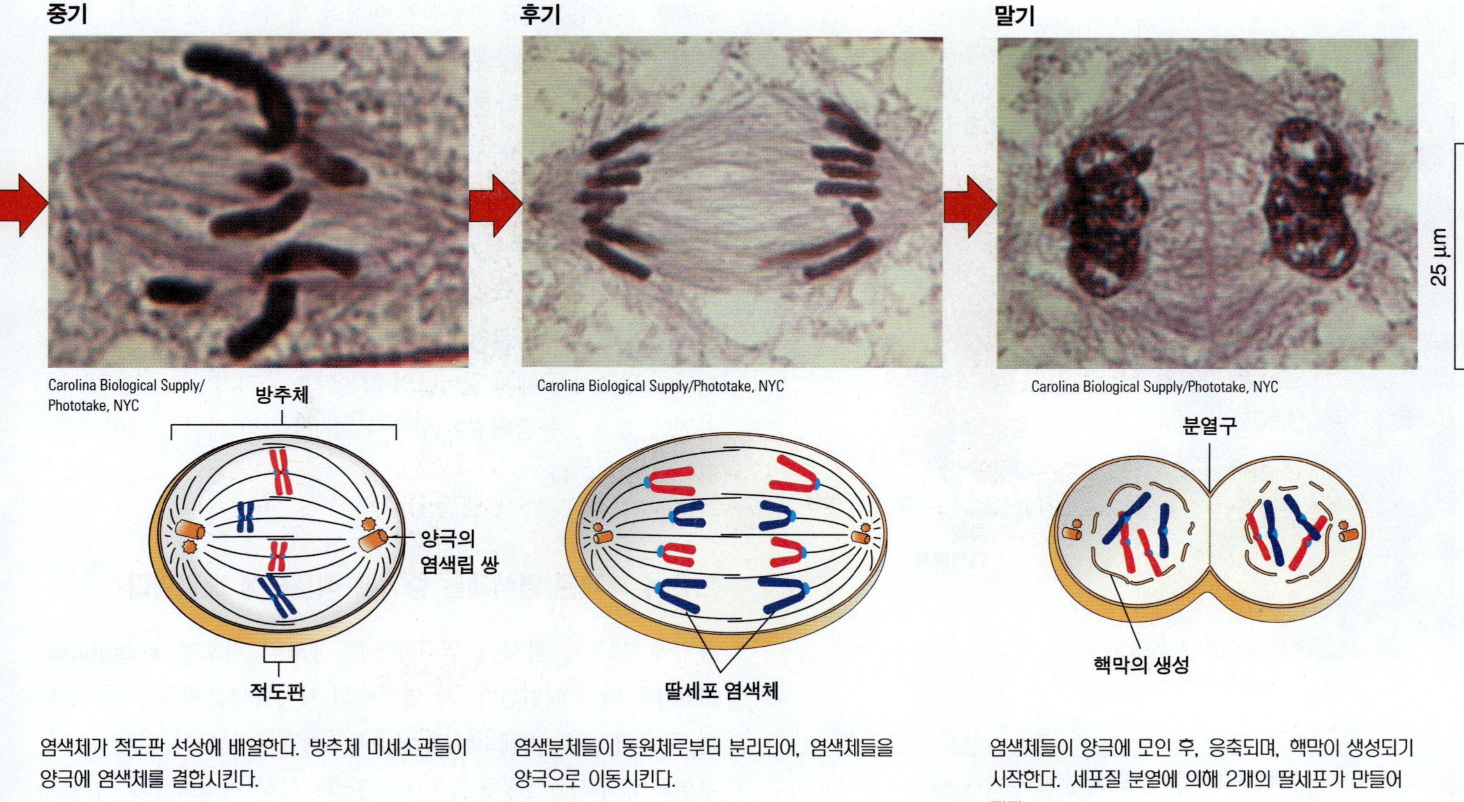


염색체가 적도판 선상에 배열한다. 방추체 미세소관들이 양극에 염색체를 결합시킨다.

염색분체들이 동원체로부터 분리되어, 염색체들을 양극으로 이동시킨다.

염색체들이 양극에 모인 후, 응축되며, 핵막이 생성되기 시작한다. 세포질 분열에 의해 2개의 딸세포가 만들어 진다.

**그림 10-6 계속.**

## 10.2.2 전기 중에 복제된 염색체는 현미경으로 볼 수 있다

유사분열의 첫 단계인 **전기(prophase)**는 긴 염색사가 더 짧고 굵은 염색사가 되기 위해 꼬이는 염색체 응축이 시작되는 시기이다(그림 10-4 참조). 응축된 후 염색사는 염색체라고 부른다.

어떤 염색액으로 염색하여 광학현미경으로 관찰하면 염색체는 전기가 진행되면서 진하게 염색되는 소체로서 관찰이 된다. 각 염색체는 이전의 S기에서 복제되었기에 똑 같은 두 가닥 DNA염기서열을 가진 1쌍의 단위인 **자매염색분체(sister chromatid)**로 되어있다. 각 자매염색분체는 **동원체(centromere)**라고 하는 수축된 부위를 가지고 있다. 자매염색분체는 그들의 동원체 부근에서 강하게 연결되어 있다(**그림 10-7**). 예를 들어 자매염색분체는 코헤신(cohesin)이라고 하는 반지모양의 단백질 복합체를 이룬다. 코헤신은 자매염색분체를 따라 뻗어있으며 동원체에서 특히 응축되어 있다(**그림 10-8**)

각 동원체에 붙는 부위는 **미세소관(microtubule)**이 결합할 수 있는 복합단백질로 된 구조인 **방추사부착점(kinetochore)**이다. 이들 미세소관은 유사분열 중에 각 딸세포에 각 염색체 하나씩 나누는 염색체를 분배하는 과정을 위한 도구이다.

분열하는 세포는 적도판과 2개의 반대 극을 가지는 지구로 서술하고 있다. 이 용어는 그들의 실제 모양과는 관계없이 모든 세포에 적용하고 있다. 미세소관은 양극에서 방사되어 이들 단백질사의 일부는 염색체 쪽으로 뻗어 나와 후기에 복제된 염색체를 분리하는 **방추사(mitotic spindle)**라고 하는 복잡한 구조를 이룬다(**그림 10-9**).

동물세포와 식물세포는 방추사 형성에서 엄밀히 차이가 있다. 동식물 공히 각 극은 미세소관이 뻗어 나오는 **미세소관-형성 중심부(microtubule-organizing center)**라는 부위를 가진다. 전자현미경으로 보면 식물에서의 미세소관-형성 중심부는 거의 형태가 없는 섬유로 되어 있다.

반면에 동물세포와 어떤 다른 세포는 각 미세소관 형성 중심부 안에 1쌍의 **중심립(centriole)**(그림 4-24 참조)을 가지고 있고 이것은 **중심립주변물질(pericentriolar material)**을 이루는 섬유에

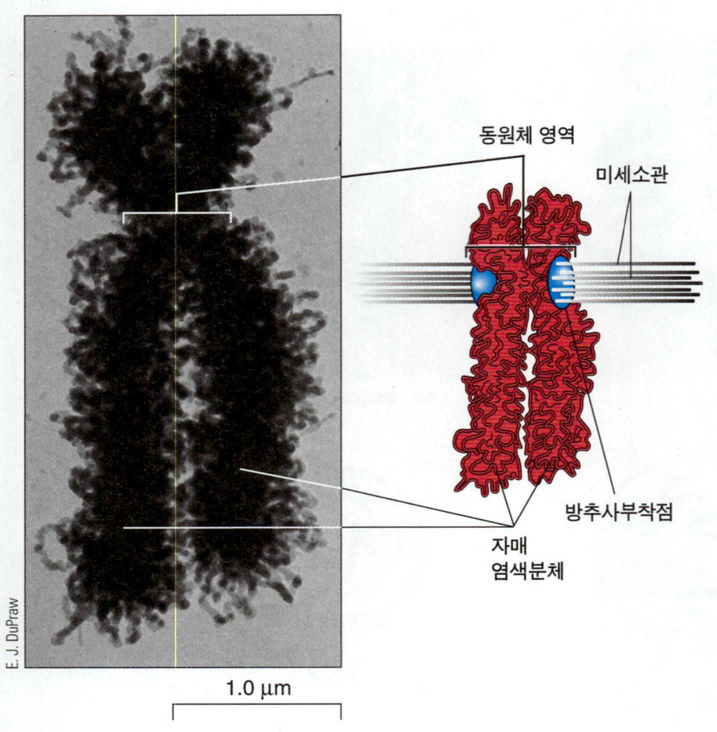


**그림 10-7 자매염색분체와 동원체.**

각각이 염색질사로 심하게 꼬여있는 자매염색분체는 동원체에서 강하게 붙어있다. 각 동원체는 미세소관 부착부위로 작용하는 방추사부착점과 결합하고 있다. 방추사부착점과 미세소관은 중기염색체의 주사전자현미경 사진에서는 나타나지 않는다.

의해 둘러싸여 있다. 중심립은 주변물질로 이루어져 있고 중심립이 복제될 때 주변물질도 복제된다는 증거가 나오고 있다.

2개의 중심립 각각은 휴지기 중에 복제되어 2쌍의 중심립을 만든다. 전기 말에 중심립을 둘러싸고 있는 중심립주변물질에서 미세소관이 방사형으로 뻗어 나온다. 이들 미세소관 덩어리를 **성상체(asters)**라고 한다. 2개의 성상체는 핵의 반대편으로 이동하여 양극의 방추사를 형성한다.

### 10.2.3 전중기는 핵막이 파괴될 때 시작된다

전중기 중에 핵막은 파괴되어 나중에 사용하기 위한 소포의 덩어리를 이룬다. 인이 살아지고 방추사의 형태가 나타난다. 전중기가 시작되면서 복제된 염색체는 핵 부위에 산포되어 나타난다. 방추사 미세소관의 무작위적이고 역동적인 이동은 염색체를 찾고 있는 것이 틀림없다. 만약 미세소관이 동원체 근처에 오면 복제된 염색체 중의 하나의 방추사부착점을 잡게 된다. 바로 잡힌 염색체는 세포의 적도판으로 이동하게 되고 자매염색분체 중 붙지 않은 방추사부착점은 세포의 다른 극에서 나온 미세소관에 연결된다.

염색체가 세포의 적도판으로 이동하는 중 긴 미세소관은 튜불린 소단위를 제거함으로 인해 짧아지게 된다(그림 4-22 참조). 미세소관이 길어지고 짧아지는 것은 방추사부착점 쪽 말단에서 일어나지 방추사 극에서 일어나지 않는다는 증거가 있다. 방추사부착점에 있는 운동단백질이 방추사 미세소관의 이런 고장에 관여한다고 추측된다.

### 2.2.4 복제된 염색체는 중기에 적도판에 배열한다

중기에 세포의 복제된 염색체들은 세포의 **적도판(metaphase plate)**을 따라 배열된다. 각 염색체의 자매염색분체들은 각각 다른 극에서 나온 미세소관과 방추사부착점에서 붙어 있다. 유사분열의 방추사는 2종류의 미세소관 즉 극성 미세소관과 키네토코아 미세소관으로 되어 있다(그림 10-9). **극성 미세소관(polar microtubule)**은 각 극에서 보통 중첩되어서 적도판 부위로 뻗어 있다. **동원체 미세소관 (kinetochore microtubule; 방추사 미세소관)** 즉 염색체성 방추사는 각 극에서 뻗어 나와 방추사부착점에 붙어 있다.

중기에서 각 자매염색분체는 완전히 응축되어 아주 굵고 뚜

**요점**

체세포 염색체가 복제된 후, 자매염색분체들은 처음에는 코헤신이라고 부르는 단백질복합체에 의해 서로 결합되어 있다. 코헤신 결합은 특히 중심립 주위에 집중되어 있다.

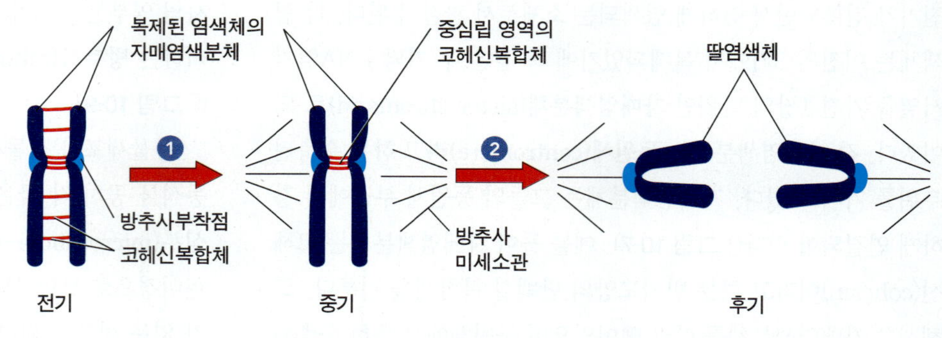


**그림 10-8 코헤신.**

❶ 유사분열이 진행되면서 복제된 염색체로부터 코헤신이 분해된다. ❷ 코헤신은 후기에 동원체에서 분해되면서 딸염색체를 서로 분리시킨다.

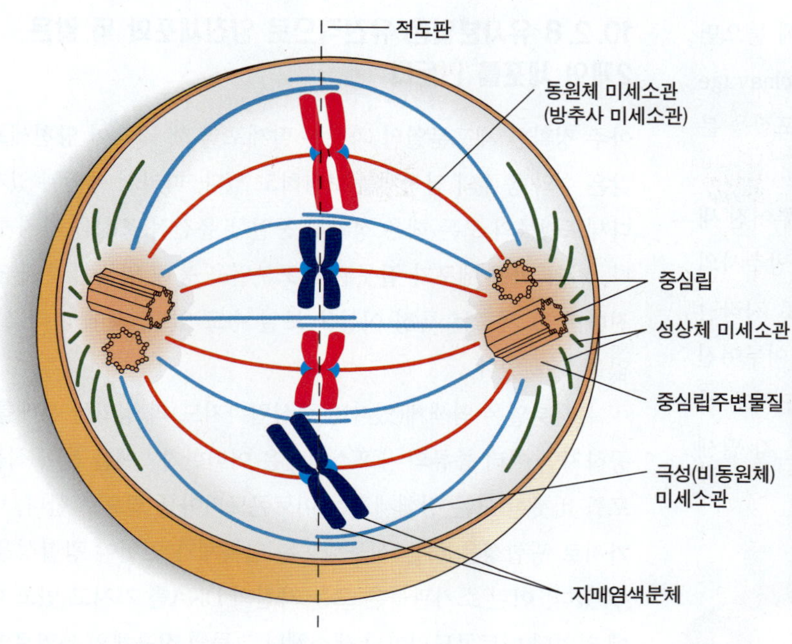


**(a)** 이 동물세포의 미세소관의 한쪽 끝은 극의 하나와 연결되어 있다. 성상체 미세소관(*녹색*)은 성상체를 이루면서 모든 방향으로 방사하고 있다. 동원체 미세소관(*적색*)은 극의 동원체와 연결되어 있고 극성 미세소관(*청색*)은 적도판에 중첩되어 있다.

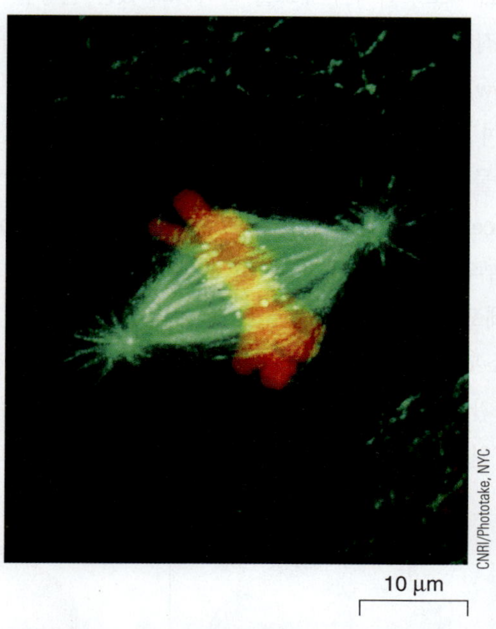


**(b)** 방추사와 성상체가 잘 나타난 동물의 중기 때의 형광현미경 사진(염색체는 *황색*, 미세소관은 *녹색*).

**그림 10-9** 유사분열 중의 방추사.

렷하게 나타난다. 각 염색체는 다른 어떤 시기보다 중기에서 더욱 뚜렷이 볼 수 있기 때문에 어떤 염색체 이상이 의심되면 **핵형**(karyotype) 분석을 위하여 이 시기의 염색체를 사진 찍어 사용한다(16장 참조). 중기에서 후기로 넘어가면서 동원체에서 자매염색분체를 붙들고 있던 코헤신은 분해한다.

### 10.2.5 후기에 염색체는 양극으로 이동한다

**후기**(anaphase)는 자매염색분체가 분리되면서 시작한다. 바로 분리된 염색체는 방추사 미세소관을 이용하여 반대 극으로 이동한다. 동원체 미세소관에 아직 붙어 있는 방추사부착점은 염색체 팔을 뒤로 굽힌 방법으로 극으로 안내한다. 모든 염색체가 극에 도달하면 후기는 끝난다.

미세소관은 탄성이나 수축력이 없다. 그렇다면 염색체를 어떻게 이동시킬 수 있는가? 미세소관은 밀거나 잡아당기거나 아니면 다른 힘이 작용하는가? 미세소관은 구성원인 튜불린 단위를 한쪽 말단에서 제거하고 다른 말단에 붙여주는 역동적 구조이다. 동원체 미세소관이 후기에 짧아진다는 증거도 있다. 이것이 후기에 염색체를 잡아당기게 한다. 그러므로 후기에 염색체 이동을 설명하기 위한 많은 가설은 염색체가 튜불린 입자가 제거된다 할지라도 염색체가 동원체 미세소관에 붙어있을 수 있기 때문에 극으로 이동할 수 있다는 생각이다.

### 10.2.6 말기에 2개의 분리된 핵이 형성된다

유사분열의 마지막 단계인 **말기**(telophase)는 염색체가 양극에 도달하여 휴지기와 같은 상태로 되돌아간다. 응축된 염색체가 풀어진다. 새로운 핵막이 각 염색체 세트의 주변에서 최소한 작은 소포와 이전의 핵막에서 나온 다른 구성원으로 만들어진다. 방추사 미세소관은 살아지고 인이 다시 구성된다.

### 10.2.7 세포질분열은 2개의 새로운 딸세포로 만든다

2개의 딸세포를 만들기 위한 **세포질분열**(cytokinesis)은 유사분열과 중첩되지만 말기 중에 시작한다. 동물세포나 균류의 세포질분열은 원형질막과 관련된 액토미오신 수축환이 방추사와 직각으로 적도부위에서 세포를 둘러싸고 있는 원형질 막에 붙으면서 시작한다(▮ 그림 10-10a). 고리가 수축하면서 **분열구(cleavage furrow)**를 만들어 안으로 점점 깊어지면서 딸세포로 세포질을 분리하여 각각은 완전한 핵을 이룬다.

식물세포의 세포질분열은 방추사의 적도부위에서 이루어진 **세포판(cell plate)**의 형성이 일어나는데(▮ 그림 10-10b), 방추사의 적도부위에서 분할이 일어나고 세포벽을 향해 측면으로 자라난다. 세포판은 골지복합체에서 만들어진 소포의 배열로 이루어진다. 소포는 각 딸세포의 1차 세포벽과 1차 세포벽을 단단하게 하는 중간층을 이루는 물질을 가지고 있다. 소포의 막들은 각 딸세포의 원형질막으로 되기 위하여 융합한다.

**(a)** 적도부위가 보이는 TEM 사진에서 세포질분열이 일어나고 있는 배양 동물세포의 적도부위를 이루는 분열구를 보이고 있다.

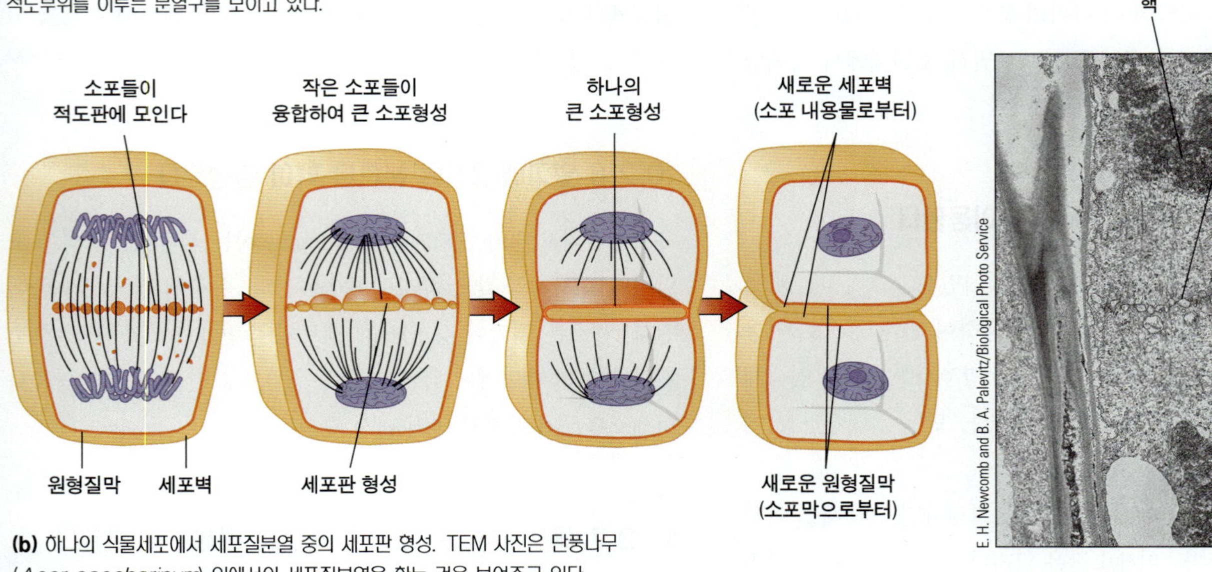


**(b)** 하나의 식물세포에서 세포질분열 중의 세포판 형성. TEM 사진은 단풍나무(*Acer saccharinum*) 잎에서의 세포질분열을 하는 것을 보여주고 있다.

**그림 10-10 동물세포와 식물세포에서 세포질분열.**

2개의 투과전자현미경사진은 말기의 사진이다. 각각은 3차원적 해석을 위해 도시하였다.

## 10.2.8 유사분열은 유전적으로 양친세포와 똑 같은 2개의 세포를 만든다

아주 정확한 세포분열의 과정은 딸세포의 핵 각각이 양친세포와 같은 수와 종류의 염색체를 보장하고 있다. 따라서 예외는 있지만 다세포생물의 모든 핵은 정확히 동일한 유전적 조성을 가지게 된다. 만약 어떤 세포가 잘못된 세포분열을 통해 염색체 수가 달라진다면 그 세포는 특정 이상을 보일 수도 있고, 때에 따라 살 수 없을 수도 있다.

유사분열은 염색체(있다면 중심립까지도)의 정확한 분배를 제공하지만 여러 종류의 세포소기관은 어떠한가? 예를 들어 식물세포를 비롯한 모든 진핵세포는 미토콘드리아를 필요로 한다. 마찬가지로 광합성을 하는 식물세포는 엽록체가 있어야 광합성을 할 수 있다. 이런 소기관들은 그들 자신의 DNA를 가지고 있고 이전에 있었던 미토콘드리아나 색소체나 그들의 전구체의 분열로 형성된다. 이런 핵분열이 아닌 과정은 원핵세포의 분열(다음 절에서 논함)과 같아서 세포가 분열하지 않는 휴지기에서 일어난다.

## 10.2.9 원핵세포는 이분법으로 분열한다

원핵세포는 대부분의 진핵세포보다 DNA함량이 적지만 2개의 딸세포로 유전물질의 정확한 분배는 하나의 기적과도 같은 과정이다. 원핵세포의 DNA는 보통 하나의 환형염색체로써 관련 단백질로 싸여있다. 비록 분열하는 원핵세포에서 유전물질의 분배는 유사분열보다 더 간단한 과정이지만 딸세포가 양친세포와 유전적으로 동일하게 되면서 아주 정확하게 일어난다.

원핵세포는 하나의 세포가 2개의 자식세포로 되는 한 과정인 **2분법(binary fission)**으로 무성적으로 번식한다(▮ 그림 10-11)

첫째 환형 DNA는 복제되어 2개의 동일한 염색체를 만들어 긴 세포의 반대 극으로 이동한다. 그 후 원형질막은 2개의 DNA 복제물 사이로 들어가서 두 세포사이에 새로운 횡단 세포벽이 이루어진다.

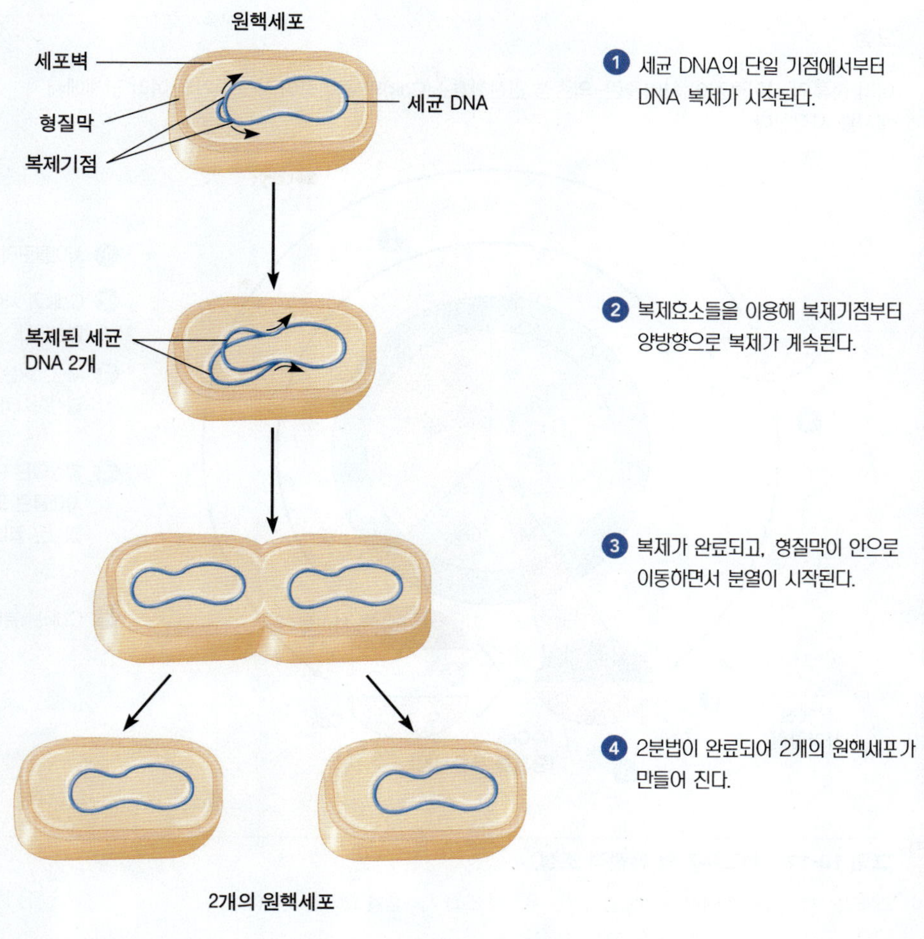


**그림 10-11 대부분의 원핵세포는 이분법으로 번식한다.**
환형 DNA분자는 여기서 묘사한 것보다 훨씬 더 길다.

**복습**

- 세포주기에는 어떤 단계가 있는가? 어느 단계에서 DNA가 복제되는가?
- 자매염색분체란 무엇인가?
- 어떤 동물의 염색체 수가 10개라고 하자. (1) 표피세포의 $G_1$기와 같은 체세포에는 얼마나 많은 염색체가 있는가? (2) 유사분열로 만들어진 각 딸세포에는 얼마나 많은 염색체 수가 있는가? 딸세포가 $G_1$기에 있다고 한다면 이들 염색체는 복제되었는가?

## 10.4 세포주기의 조절

**학습목표**

6 세포주기가 조절되는 여러 경로를 설명할 수 있어야 한다.

조건이 좋으면 원핵세포는 20분마다 분열한다. 세포분열의 빈도가 종에 따라 또는 동일한 종 내 조직에 따라 다양하다 할지라도 진핵세포의 세대기간은 일반적으로 원핵세포보다 더 길다. 골격근의 어떤 세포는 발생 몇 개월이 지나면 분열이 중지되는 반면 조혈세포, 소화관 세포, 피부세포는 살아가면서 지속적으로 분열한다. 적절한 영양분, 온도, pH하에서 진핵세포의 세포주기 기간은 세포의 종류에 따라 일정하다. 만약 조건이 부적절하면 세대기간은 더 길어진다.

세포주기를 조절하는 어떤 조절분자는 모든 진핵세포에서 기본적 기작은 공통성이 있다. 세포핵에서 유전적으로 프로그래밍된 이들 조절분자는 여러 종에서 밝혀졌다. 세포주기는 사건의 특이적 서열을 시작하는 조절분자에 의해 조절된다. 세포분열을 조절하는 기작의 약간의 잘못도 중요한 결과를 초래하기 때문에 특정 단계의 사건이 다음 단계 시작 전에 완성되도록 하는 **세포주기 확인점(cell-cycle checkpoint)**이라고 하는 유전적 프로그램에서 신호를 보낸다. 예를 들어 만약 어떤 세포가 손상을 받거나 DNA가 복제되지 않으면 세포주기는 중지되고 세포는 유사분열을 하지 않을 것이다.

▮ 그림 10-12은 세포주기를 조절하는데 관여하는 중요한 분자를 보여주고 있다. 이들 분자 중에 **단백질 인산화효소(protein kinase)**라는 효소는 인산기를 붙여줌으로써 다른 단백질을 활성화하거나 불활성화한다. 세포주기를 조절하는데 관여하는 단백질 인산화효소는 **사이클린-의존성 인산화효소(cyclin-dependent kinase; Cdks)**이다. Cdks는 **사이클린(cyclin)**이라는 조절분자와

**요점**

여러 종류의 사이클린이 사이클린-의존성 인산화효소(Cdk)와 관여하여 세포주기의 여러 단계에서 개시를 시작한다.

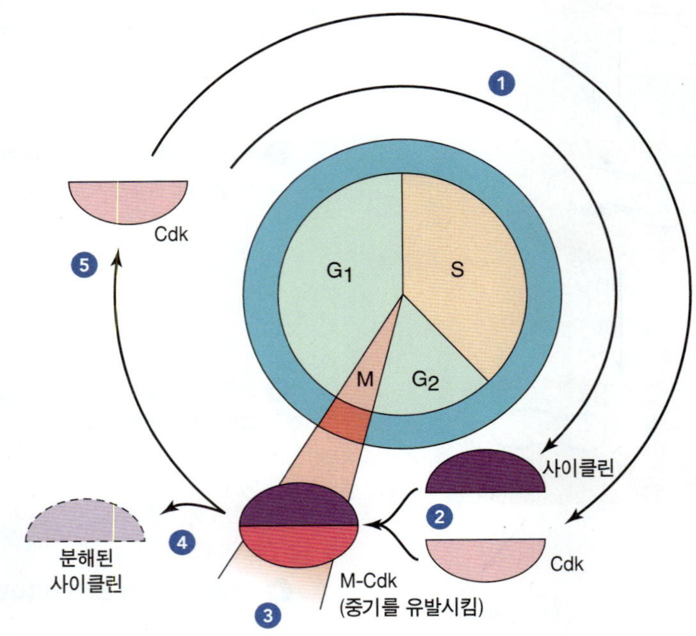


1. 사이클린이 합성되어 축적된다.
2. Cdk가 사이클린과 합하여 사이클린-Cdk복합체 즉 M-Cdk를 형성한다.
3. M-Cdk는 단백질을 인산화시켜 유사분열을 촉진하는 것들을 활성화시키고, 억제하는 것들을 불활성화시킨다.
4. 활성화된 효소복합체는 사이클린의 특정 아미노산 서열을 인지하여 사이클린 파괴의 표적으로 한다. 사이클린이 분해되면 M-Cdk 활성은 끝나고 $G_1$기로 들어간다.
5. Cdk는 분해되지 않고 다음 사이클린에 다시 이용된다.

**그림 10-12 세포주기의 유전적 조절.**

이 모식도는 세포가 $G_2$기에서 M기로 넘어가는 유전적 조절 시스템을 요약한 것이다.

강하게 결합하였을 때 활성을 가진다. 여러 종류의 Cdks의 활성은 세포주기를 통해 세포가 움직이는 것과 같이 증가하였다가 감소한다.

특정 Cdk가 특정 사이클린에 관여할 때 **사이클린-Cdk복합체(cyclin-Cdk complex)**를 이룬다. 사이클린-Cdk복합체는 효소와 다른 단백질에 인산기를 붙여준다. 이들 단백질 중 일부는 인산기를 받음으로써 활성화되고 일부는 불활성화된다. 예를 들어 세포주기의 주 억제자인 것으로 알려진 p27단백질이 인산화되면 단백질 분해를 개시한다고 생각된다. 인산화를 통해 여러 종류의 효소가 활성을 가지거나 불활성화됨으로써 세포의 활성이 바뀌게 된다. 따라서 세포수준에서 p27의 감소는 분열하지 않는 세포를 분열하게 한다.

진핵세포는 4종류의 사이클린-Cdk복합체 (G-Cdk, $G_1$/S-Cdk, S-Cdk, M-Cdk)를 형성하여 각 복합체는 여러 종류의 단백질을 인산화시킨다. G-Cdk는 $G_1$기에서 S기로 가는 준비를 하고 $G_1$/S-Cdk는 DNA복제를 준비하게 한다. S-Cdk는 DNA복제를 시작하게 한다. M-Cdk는 염색체 응축, 핵막파괴, 방추사형성 등 유사분열의 여러 과정을 시작하게 한다.

M-Cdk는 또한 중기가 끝날 무렵 **후기 촉진복합체(anaphase promoting complex: APC)**라고 하는 다른 효소복합체를 활성화시킨다. APC는 중기에서 자매염색분체를 연결하고 있는 단백질을 분해시키면서 후기를 개시한다. 결과적으로 자매염색분체는 2개의 딸 염색분체로 분리된다. 이 시기에 사이클린은 거의 분해되고 M-Cdk활성도 떨어지고 방추사도 해체되고 유사분열을 마치게 된다.

식물세포에서 어떤 호르몬은 유사분열을 자극한다. 이들 호르몬은 식물의 성장과 상처치유에서 유사분열을 자극하는 식물호르몬군인 **시토키닌(cytokinin)**이다(37장 참조). 어떤 스테로이드 계통의 동물호르몬도 성장을 촉진한다(48장 참조).

아주 적은 농도로써 활성을 가지는 단백질인 **성장인자(growth factor)**로 어떤 동물세포의 유사분열을 자극한다. 대충 50여 종류의 성장인자가 알려지고 있으며 어떤 것은 특정 세포에만 작용하는 반면 어떤 것은 광범위한 세포에 작용한다. 예를 들어 성장인자의 하나인 *적혈구생성소*(erythropoietin)의 효과는 적혈구 세포로 발달하는 세포에만 한정되지만 상피세포 성장인자는 많은 종류의 세포분열을 자극한다. 여러 종류의 암세포는 성장인자 없이도 분열한다.

**복습**

- 세포주기 확인점이란 무엇인가?
- 세포주기의 여러 단계를 시작하게 하는 2개의 조절분자는 무엇인가?

## 10.5 유성생식과 감수분열

**학습목표**

7 무성생식과 유성생식의 차이를 이해한다.
8 반수체세포와 이배체세포와의 차이 및 상동염색체의 정의할 수 있어야 한다.
9 감수분열의 중요성 및 과정을 도시해 보라.
10 여러 가지 결과를 예로 하여 유사분열과 감수분열을 비교해 보라.
11 생활주기에 따른 유사분열과 감수분열의 역할을 비교해 보라.

**무성생식**(asexual reproduction)은 하나의 양친세포가 나누어지거나 출아하거나 2개 이상의 단편으로 나누어져서 2개 이상의 개체로 된다. 진핵생물이 무성생식을 하는 경우는 대부분 모든 세포가 유사분열의 결과이기 때문에 모든 세포의 유전자와 유전형질은 원래의 모세포와 같다. 유전적으로 동일한 이런 생물체들을 **클론**(clone)이라고 한다.

반면에 **유성생식**(sexual reproduction)은 **접합자**(zygote)라고 하는 하나의 세포를 만들기 위해 2개의 특수한 성세포 즉 **배우자**의 결합으로 이루어진다. 보통 배우자는 2종류의 다른 양친개체에서 만들어지지만 어떤 경우는 하나의 개체가 2종류의 배우자를 만들기도 한다. 동식물의 경우 난자와 정자는 배우자이며 수정란은 접합자이다.

유성생식은 자손들 중에 유전적 변이가 일어난다. 유성생식으로 만들어진 자손들은 그들의 양친이나 그들끼리도 유전적으로 동일하지 않기 때문에 어떤 개체는 어느 한쪽 양친보다 환경적 변화나 다른 스트레스에 대항하여 더 잘 살 수도 있다. 그렇지만 형질의 여러 가지 조합으로 어떤 자손은 그들의 양친보다 잘 살 수 없는 것도 유성생식의 한 단점이다.

고등 동식물의 체세포에서 발견된 각 염색체는 대응되는 염색체를 가지고 있다. **상동염색체**(homologous chromosome)라고 하는 2개의 대응되는 염색체는 크기, 모양, 동원체의 위치가 유사하다. 특수한 기법으로 이들을 염색했을 때 각 쌍을 이룬 염색체는 특징적인 염색체 띠를 가지고 있다. 대부분의 종에서 염색체는 세포학자들이 다른 상동염색체 쌍을 구분하고 대응되는 염색체를 찾아낼 수 있는 형태학적 특징이 아주 다양하다. 사람세포에서 46개의 염색체는 23쌍의 다른 상동염색체로 되어 있다.

상동염색체의 가장 중요한 특징은 그들은 아주 유사하지만 꼭 같지 않는 유전정보를 가진다는 것이다. 예를 들어, 1쌍의 상동염색체를 구성하는 각 염색체는 헤모글로빈 구조를 결정하는 하나의 유전자를 가질 수도 있다. 그렇지만 하나는 정상적인 글로빈(그림 3-22a)의 정보를 가질 수 있는 반면 다른 하나는 겸낫형 적혈구빈혈증과 관련된 헤모글로빈의 비정상적인 형으로 분화할 수도 있다(16장 참조).

한 조의 염색체는 각각 다른 염색체 하나씩을 가지는 데, 다시 말하면 각 상동염색체 쌍의 하나씩을 가진다. 만약 하나의 세포 즉 핵이 두 조의 염색체를 가진다면 이 세포는 **이배체**(diploid) 염색체 수를 가진다고 말한다. 만약 세포가 한 조의 염색체 수를 가진다. **반수체**(haploid)라고 한다. 사람에서 이배체 염색체 수는 46개이고 반수체 염색체 수는 23개이다. 하나의 정자와 난자가 수정 시 융합할 때 각 배우자는 한 조의 염색체를 주는 반수체이다.

만약 하나의 세포나 개체가 3조 이상의 염색체 수를 가진다면 우리는 **배수체**(polyploid)라고 한다. 배수체는 동물에서는 아주 드물지만 식물에서는 아주 많다(20장 참조). 사실, 배수체는 식물의 진화에 대한 중요한 요소가 되어 왔다. 밀이나 목화 등 현화식물의 80% 이상이 배수체이다. 배수체 식물은 같은 군의 이배체보다 식물체가 더 크고 강하다.

특정 종의 배우자에서 발견된 염색체 수의 약자가 $n$이고 이배체 염색체 수는 $2n$이다. 만약 어떤 생물체가 배수체가 아니라면 반수체 염색체 수는 $n$이고 이배체 염색체 수는 $2n$이다. 예를 들어 사람에서 $n$은 23이고 $2n$은 46이다.

### 10.5.1 감수분열은 독특한 유전자 조합을 가진 반수체세포를 만든다

염색체 수가 환원되는 분열을 **감수분열**(meiosis)이라고 한다. 이 용어는 더 작게 만든다는 뜻으로 염색체 수가 반으로 줄어든다는 의미이다. 감수분열에서 이배체 세포는 두 번의 세포분열을 거쳐 4개의 반수체세포를 만든다. 각 반수체세포는 어떤 염색체의 조합보다는 각 상동염색체의 하나씩을 가진다는 것이 중요하다.

감수분열의 과정은 다음 4가지를 제외하고는 유사분열과 거의 동일하다.

1. 감수분열은 두 번의 연속적인 핵분열과 세포질분열을 동반하

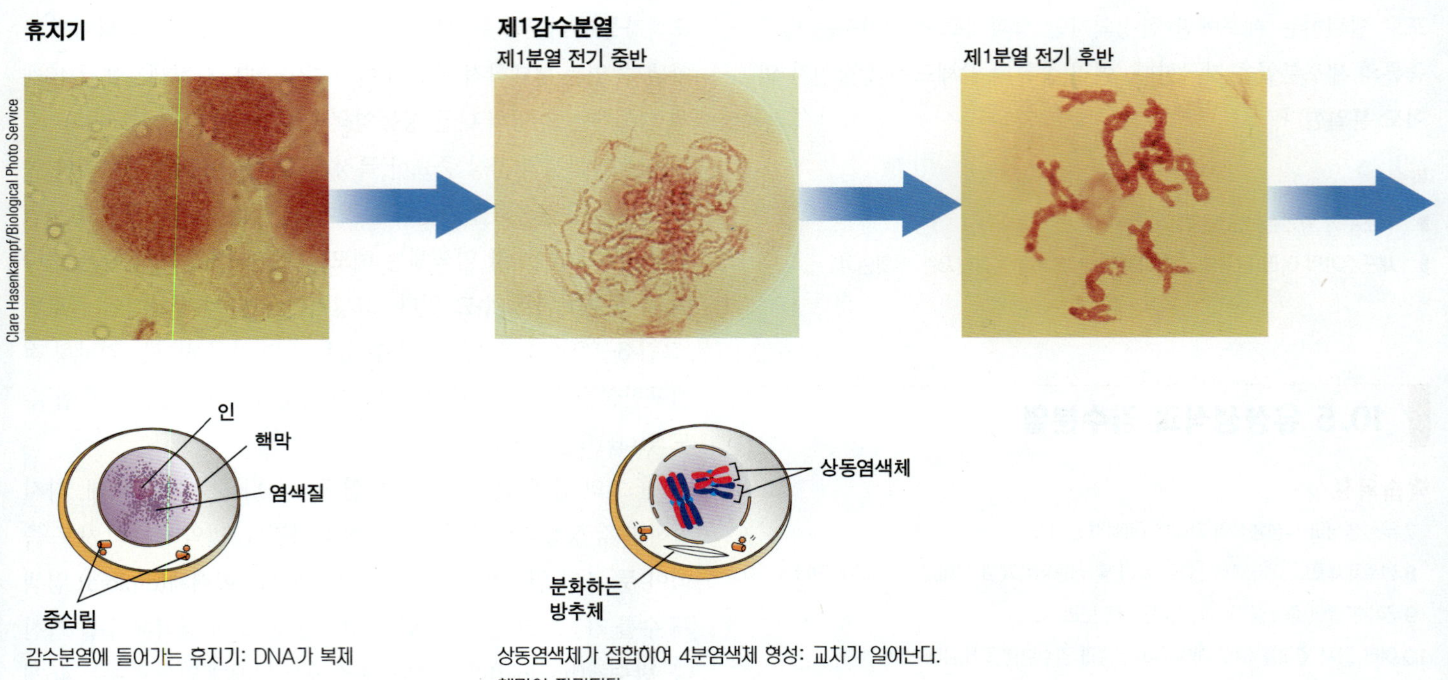


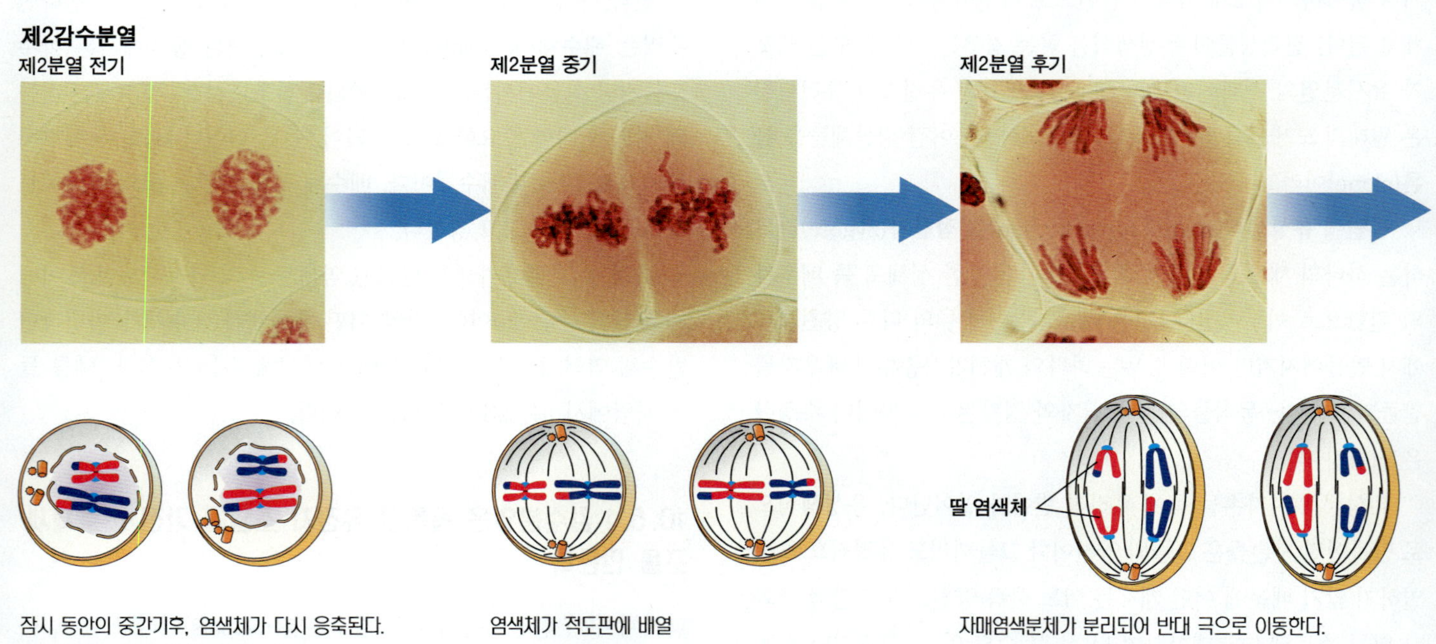


**그림 10-13 휴지기와 감수분열의 각 단계.**

감수분열은 2번의 핵분열인 제1분열(*윗줄*)과 제2분열(*아랫줄*)로 되어 있다. 광학현미경 사진은 중심립이 없는 식물세포의 절단면이며, 모식도는 2배체 염색체 수가 4인 동물세포의 것으로써 핵과 염색체의 크기를 구조를 분명히 보여주기 위하여 확대한 것이다.

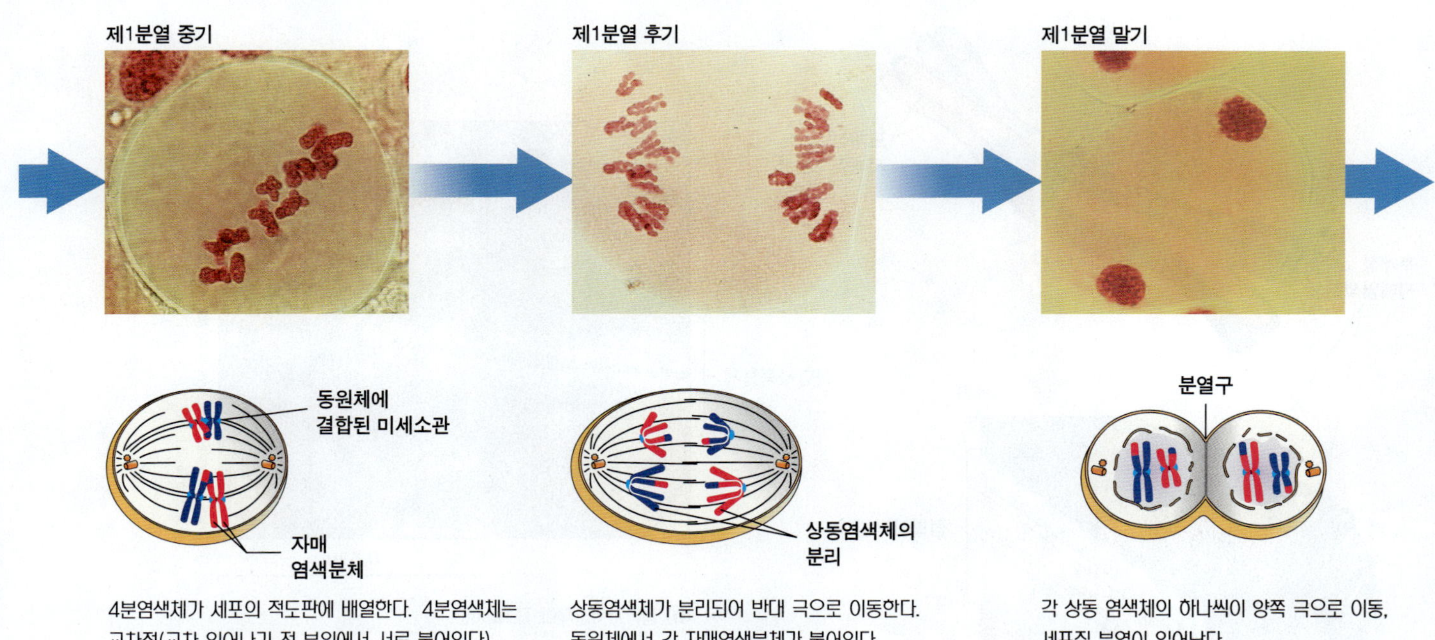


4분염색체가 세포의 적도판에 배열한다. 4분염색체는 교차점(교차 일어나기 전 부위에서 서로 붙어있다).

상동염색체가 분리되어 반대 극으로 이동한다. 동원체에서 각 자매염색분체가 붙어있다.

각 상동 염색체의 하나씩이 양쪽 극으로 이동, 세포질 분열이 일어난다.

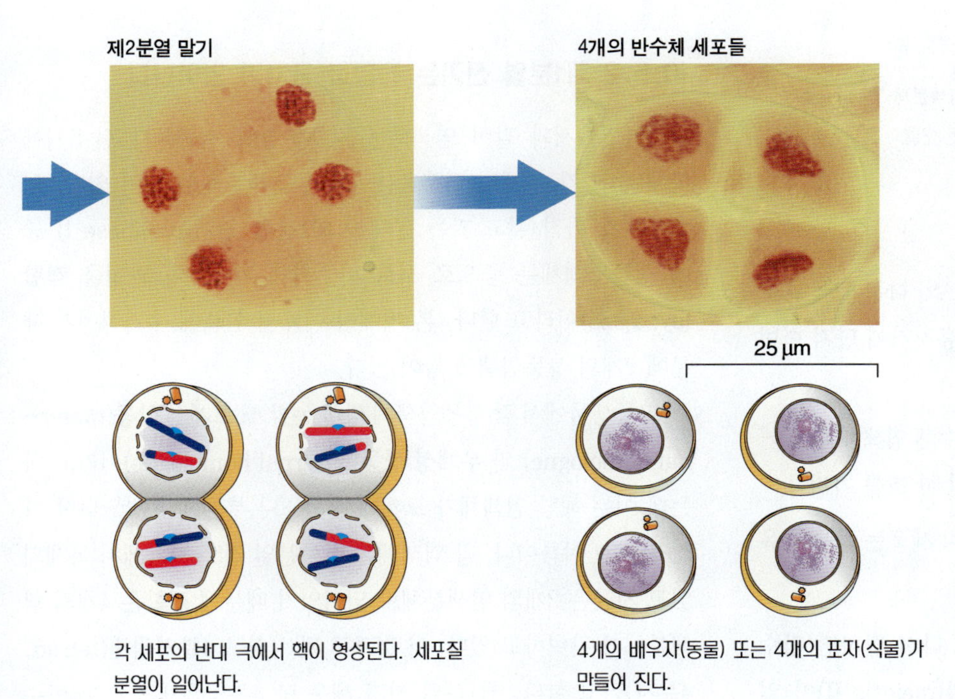


각 세포의 반대 극에서 핵이 형성된다. 세포질 분열이 일어난다.

4개의 배우자(동물) 또는 4개의 포자(식물)가 만들어 진다.

**그림 10-13 계속**

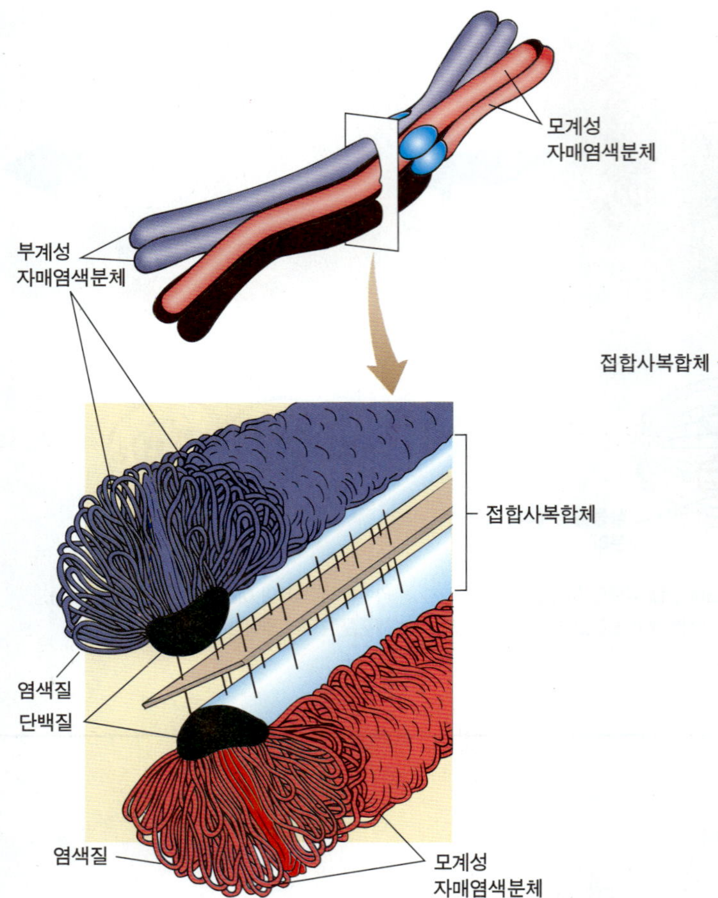


**(a)** 완전한 접합사복합체를 가지는 4분염색체의 3차원적 구조 모델.

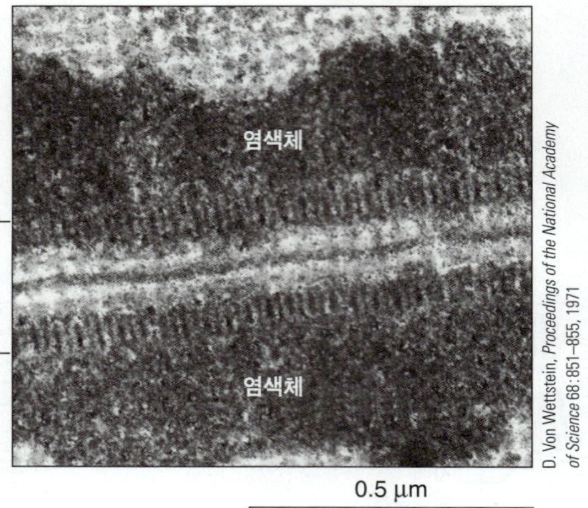


**(b)** 접합사복합체의 TEM 사진.

**그림 10-14 접합복합체.**

제1분열 전기에 대합하고 있는 이들 상동염색체는 단백질이 주성분인 접합사복합체에 의해 서로 붙어있다.

여 4개의 세포를 만든다.

2. 두 번의 연속적인 핵분열에도 불구하고 DNA와 다른 염색체 구성성분은 처음 감수분열이 시작하기 전인 휴지기에 단지 한번 복제된다.
3. 감수분열로 만들어진 4개의 세포 각각은 반수체 염색체 수를 가진다. 즉 각 상동염색체의 하나씩 만을 가진 한 조를 가진다.
4. 감수분열 중 두 양친의 유전정보는 섞여서 각 세포는 독특한 유전자 조합을 가지고 있다.

감수분열은 두 번의 핵분열과 세포질분열 다시 말하면 **감수분열 제1분열**(meiosis I)과 **감수분열 제2분열**(meiosis II)이 일어난다. 각 분열은 전기, 중기, 후기, 말기를 거친다. 제1분열 중 각 상동염색체 쌍은 처음으로 서로 결합한 후 다른 핵으로 나중에 분리된다. 제2분열에서 하나의 염색체로 되어 있는 자매염색분체는 나누어져서 2개의 다른 핵으로 나누어진다. 이배체염색체 수가 4인 동물세포를 예로 하여 자세히 설명하고자 한다(**그림 10-13** 참조).

## 10.5.2 제1분열 전기는 접합과 교차가 일어난다

유사분열에서와 같이 염색체는 감수분열이 시작하기 전 S기에 복제된다. 각 복제된 염색체는 2개의 염색분체로 되어 있다. 염색분체가 아직 길고 가는 형태인 **제1분열 전기**(prophase I) 중에 상동염색체는 종으로 서로 마주치게 된다. 이 과정을 **접합**(synapsis)이라고 한다. 본 예에서 이배체 염색체 수가 4이기 때문에 2개의 상동염색체 쌍이 있다.

고등생물에서 각 상동염색체 쌍을 논할 때 **모계성 상동**(maternal homologue)과 **부계성 상동**(paternal homologue)이라고 하는데 이는 해당 염색체가 모계에서 왔느냐 부계에서 왔느냐에 따라 붙여진 이름이다. 각 염색체는 감수분열 전 휴지기에서 복제되었고 지금은 2개의 염색분체로 되어있기 때문에 접합은 4개의 염색분체가 관여하고 있다. 이 결과로 된 상황을 **4분염색체**(tetrad; **4분자**)라고 한다. 제1분열 전기 세포 당 4분염색체의 수는 반수체 염색체 수와 같다. 이배체 수가 4인 본 예에서 2개의 4분염색체(총 8분자의 염색분체)가 있다.

상동염색체는 접합 중에 아주 가까이 인접하게 된다. 전자현미경으로 관찰하면 접합된 상동염색체 간의 형태인 **접합사복합체**(synaptinemal complex)라고 하는 특징적인 구조를 볼 수 있다(**그림 10-14**). 이 구조는 접합된 상동염색체를 서로 붙들고 있어

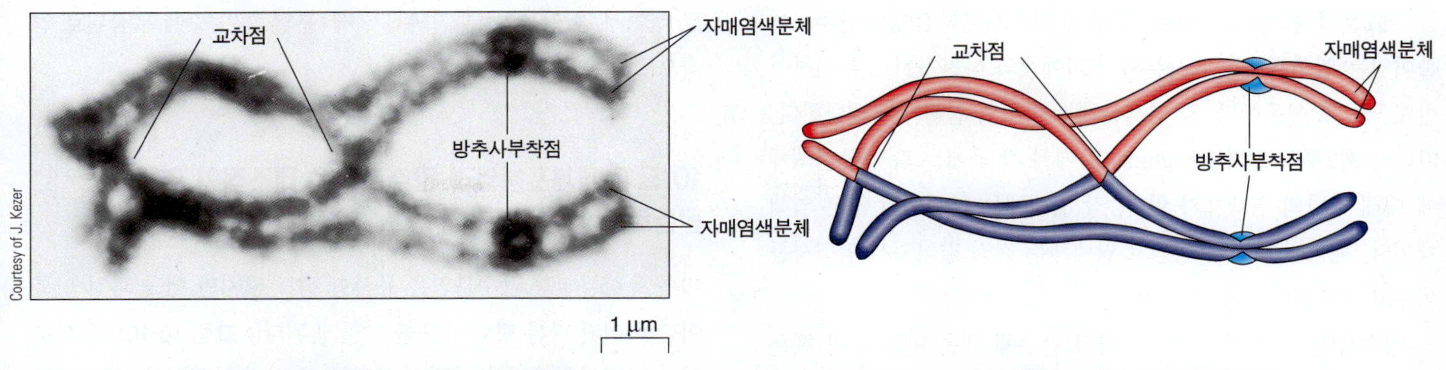


**(a)** 도롱뇽 수컷 정모세포의 제1분열 말기 중에 나타나는 4분염색체의 광학현미경 사진.

**(b)** 이 모식도는 4분염색체의 구조이다. 부계성 염색분체는 푸른색이고 모계성 염색분체는 빨간색이다.

**그림 10-15 감수분열 중 2개의 교차점을 가진 4분염색체.**
2개의 교차점은 각각 다른 교차의 결과이다.

서 유전물질(DNA)이 상동염색분체 간에 상호 교환하는 DNA분자를 끊어 재결합시키는 효소의 작용인 **교차(crossing-over)**에서 중요한 역할을 한다고 생각된다. 교차는 새로운 유전자 조합을 만든다. 교차에 의한 **유전적 재조합(genetic recombination)**은 유성생식으로 생겨난 자손들 중에 유전적 변이를 크게 높인다. 일부 생물학자들은 재조합은 진핵생물에서 유성생식의 가장 큰 의미가 있다고 생각한다.

자매염색분체는 염색체의 길이를 따라 인접해 있다. 그렇지만 상동염색체의 동원체는 서로서로 분리된다. 제1분열 전기 말에 상동염색체는 **교차점(chiasmata)**이라고 하는 특정 부위들에서만 붙어있다. 각 교차점은 교차 즉 상동염색분체가 유전물질을 상호 교환하여 다시 결합하여 X자 모양을 이룬 부위에서 생겨난다(**그림 10-15**). 교차점에서 코헤신은 접합복합체가 분리된 후에도 상동염색체를 서로 붙들고 있다. 그 후 교차점에서 코헤신이 분리되어 상동염색체의 해당 팔이 서로 자유롭게 된다. 교차와 유전적 재조합의 결과는 11장에서 논할 것이다.

## 10.5.3 제1분열 중에 상동염색체는 분리된다

**제1분열 중기(metaphase I)**는 4분염색체가 적도판에 배열되었을 때 일어난다. 복제된 하나의 염색체에 붙어있는 2개의 자매 방추사부착점이 동일한 극의 방추사에 그리고 상동염색체의 두 방추사부착점은 반대 극으로 방추사에 의해 붙어있다. (반면 유사분열에서는 자매 방추사부착점이 반대 극으로 붙어있다).

**제1분열 후기(anaphase I)** 중에 쌍을 이룬 상동염색체가 분리되고 떨어져서 반대 극으로 향한다. 각 극은 모계성과 부계성 염색체의 무작위 조합을 받지만 각 극에는 각 상동염색체 중 하나만 받는다. 자매염색분체는 동원체 부위에서 아직 묶여있다. 또한 이것은 자매염색분체들이 서로 반대 극으로 가는 것이 유사분열과 다른 점이다.

**제1분열 말기(telophase I)** 중에 염색분체는 보통 어느 정도 풀어지고 핵막이 다시 구성되고 세포질분열이 일어날 수 있다. 제1분열 말기의 각 핵은 반수체의 염색체를 가지고 있지만 각 염색체는 복제된 염색체이다. 본 예에서 각 극에는 2개의 복제된 염색체 총 4개의 염색분체가 있다.

그 다음 휴지기 같은 기간이 이어질 수도 있다. 그러나 진정한 휴지기가 아니기 때문에(S기가 없다) 보통 **중간기(interkinesis)**라고 한다. 중간기는 대부분의 생물에서 아주 짧지만 어떤 종에서는 없는 것도 있다.

## 10.5.4 염색분체는 제2분열에서 분리된다

염색체는 분열 중 보통 부분적으로 응축되어 있기 때문에 제2분열 전기는 아주 짧다. **제2분열 전기(prophase II)**는 여러 가지 면에서 유사분열 전기와 유사하다. 상동염색체가 쌍을 이루지 않고 교차도 없다.

**제2분열 중기(metaphase II)** 중에 염색체는 각 세포의 적도판에 배열한다. 제1분열 중기와 제2분열 중기는 쉽게 구분할 수 있다. 제1분열 중기에서는 염색분체는 4개의 다발로 묶여있고 제2분열 중기에서는 2개의 다발로 묶여있다.

**제2분열 후기**(anaphase II) 중에 방추사부착점에서 방추사에 붙어있는 염색분체는 유사분열 후기에서와 마찬가지로 분리하여 반대 극으로 이동한다. 각 염색분체는 하나의 염색체에 해당한다. 따라서 **제2분열 말기**(telophase II)에서 각 극에는 각 상동염색체에 대해 하나의 염색체가 있다. 각 염색체는 복제되지 않은 염색체이다. 핵막이 다시 형성되고 염색체는 점점 길어져서 염색사를 이루고 세포질분열이 일어난다.

연속적인 두 번의 분열로 4개의 반수체 핵을 만들고 각 핵은 각 종류의 염색체 하나씩을 가지게 된다. 각 반수체 세포는 여러 가지 유전자 조성을 가지게 된다. 이런 유전적 변이는 2가지 원인에 의해 일어난다. (1) 교차 중에 부계성과 모계성 DNA 단편이 상호 교환된다. (2) 감수분열 중에 부계성과 모계성 염색체는 서로 섞여서 각 쌍을 이룬 염색체가 제1분열 후기 중에 무작위로 양 극으로 분포하게 된다.

### 10.5.5 체세포분열과 감수분열은 대조적인 결과를 만든다

비록 유사분열과 감수분열은 유사한 점도 많지만 이들 과정의 특이한 차이가 다른 형의 세포를 만들게 된다(▮ 그림 10-16). 유사분열은 자매염색분체가 서로 분리되는 한 번의 분열이다. 세포질분열의 결과 2개의 딸세포에 유전적으로 서로 서로 그리고 원래의 세포와 동일하다. 상동염색체는 유사분열의 어느 시기에도 물리적으로 상호 관계하지 않는다.



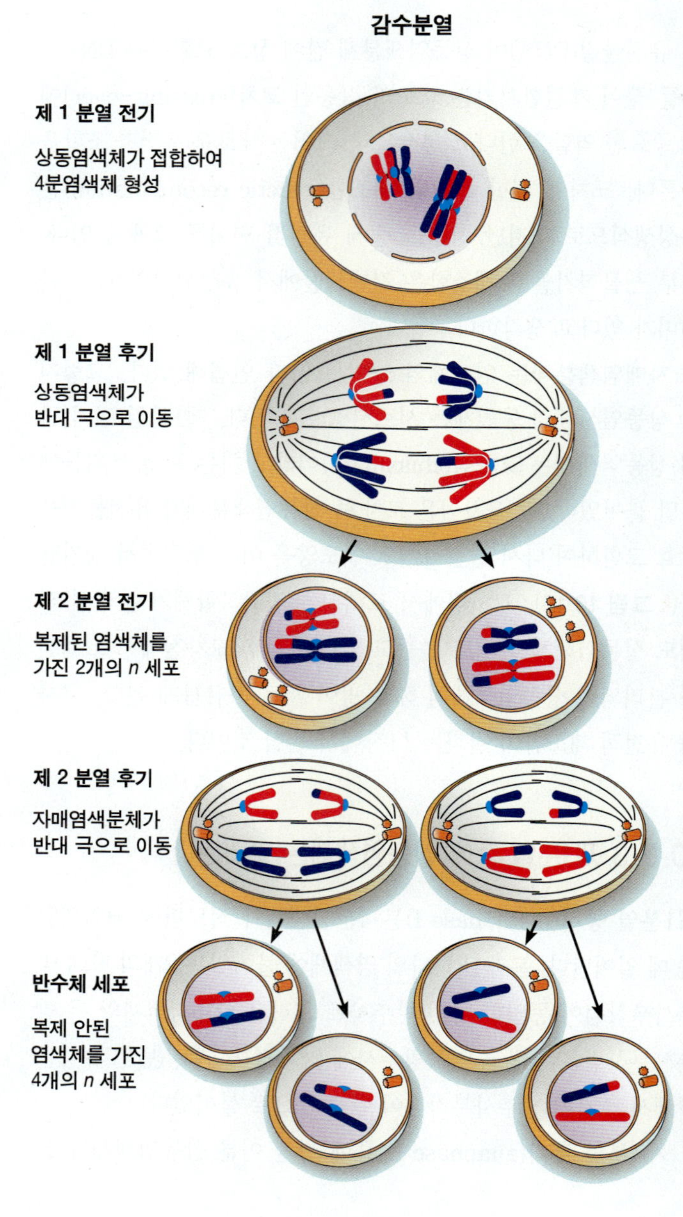


**그림 10-16 유사분열과 감수분열.**

이 모식도는 4개의 염색체(2쌍의 상동염색체)로 이배체를 이룬 개체를 예로 하여 유사분열과 감수분열이 일어나는 사건과 그 산물을 비교하고 있다. 염색체는 이전에 휴지기에서 복제되었기 때문에 각 염색체는 2개의 자매염색분체를 가지고 있다. 한쪽 양친에서 온 염색체는 청색으로 다른 한쪽은 적색으로 나타내었다. 쌍을 이루는 상동염색체 쌍은 크기와 모양이 유사하다. 교차점은 나타내지 않았고 간략히 나타내기 위하여 어떤 단계는 삭제하였다.

**요점**

각 종은 일정한 염색체 수를 가지며, 그 수는 변하지 않는다. 매 생활 주기마다 수정으로 일어난 염색체 수의 배가는 감수분열 중에 일어나는 염색체 수의 반감으로 균형을 이룬다.

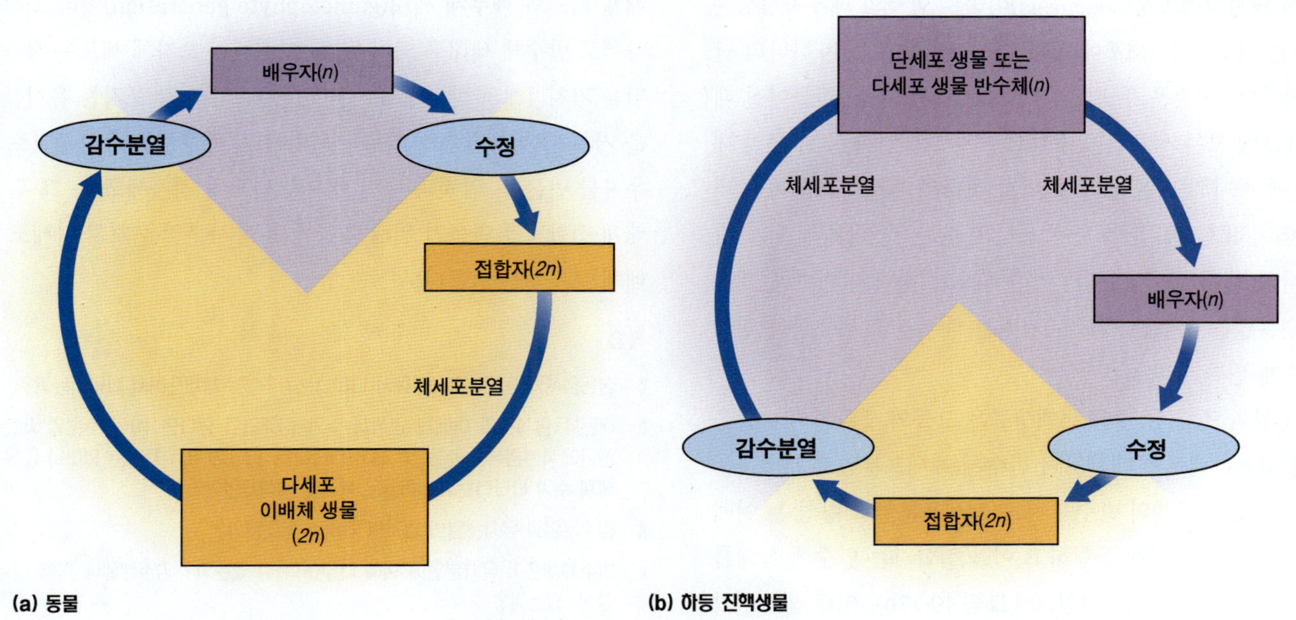


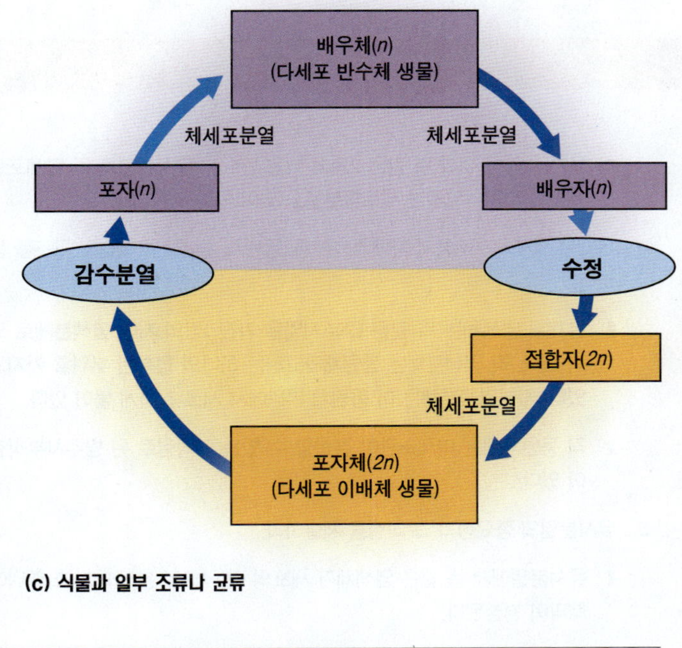


**그림 10-17 대표적인 생활주기**

여기에 나타낸 색깔조화는 이 교재 전체에서 통일시켰다. 예를 들어 모든 생활주기 중 반수체($n$)세대는 자주색으로 이배체($2n$)세대는 황금색으로 나타내었다. 감수분열과 수정은 반수체와 이배체 세대의 경계점이 된다.

감수분열에서 이배체세포는 두 번의 연속적인 분열 즉 제1분열과 제2분열을 수반한다. 제1분열 전기에서 상동염색체는 접합을 이루어 4분염색체를 만든다. 상동염색체는 제1분열 중에 분리되고, 자매염색분체는 제2분열에서 분리된다. 감수분열은 4개의 유전적으로 다른 반수체 딸세포가 됨으로써 끝난다. 동물에서는 이들이 배우자로써 분화하며, 식물에서는 포자로써 분화한다.

## 10.5.6 생활주기에서 감수분열이 일어나는 시기는 종 간에 다양하다

유성생식은 접합자를 이루기 위하여 2개의 반수체 성세포의 융합이 특징이기 때문에 유성생식하는 생활주기에서 감수분열은 배우자가 형성되기 전에 일어나야만 한다.

동물과 다른 수종의 생물체에서 감수분열은 직접 배우자를 형성하게 된다(**그림 10-17a**). 어떤 개체의 체세포는 유사분열로 증식하고 이배체이다. 단지 만들어진 반수체는 배우자이다. 이들은 다음 세대의 세포를 만드는 **생식세포계열(germ line)**이 감수분열을 일으킬 때 만들어진다.

배우자가 만들어지는 것을 **배우자형성**(gametogenesis)이라고 한다. **정자형성과정**(spermatogenesis)이라고 하는 수컷의 배우자형성은 감수분열을 거쳐 각 세포에서 4개의 반수체 정자(세포)를 만든다.

반면에 **난자형성과정**(oogenesis)이라는 암컷의 배우자형성은 감수분열을 거친 모든 세포에서 **난자**(ovum)라고 하는 하나의 난세포를 만든다. 이것은 두 번의 분열 중 2개의 핵 이 만들어질 때 하나의 세포에 모든 세포질을 주는 것으로 일어난다. 감수분열 제1분열 말에 하나의 핵은 남고 나머지 하나의 핵은 제1극체로 되어 퇴화한다. 또한 제2분열 말에 하나의 핵은 제2극체가 되고 나머지 하나의 핵이 살아남는다. 이런 식으로 하나의 반수체 핵은 원래 감수분열을 시작한 세포가 가지는 대부분의 세포질과 영양분을 가지게 된다.

어떤 균류와 조류 등 많은 진핵생물은 그들의 생활의 대부분을 단세포이거나 다세포인 개체로써 반수체(체세포분열로 분열하는 세포)로 남아있다. 2개의 반수체 세포(체세포분열로 형성)는 이배체 접합자를 만들기 위해 융합하고 이들 접합자는 반수체 상태를 유지하기 위한 감수분열을 거친다(**그림 10-17b**). 이런 생활주기를 가지는 예는 그림 25-17, 26-9에서 볼 수 있다.

가장 복잡한 생활주기는 식물과 어떤 조류에서 볼 수 있다(**그림 10-17c**). **세대교번**(alternation of generations)이라는 이런 특징은 **포자체 세대**(sporophyte generation)라고 하는 다세포성 이배체 시기와 **배우체 세대**(gametophyte generation)이라고 하는 다세포 반수체 세대로 되어 있다. 이배체인 포자체 세포는 감수분열을 거쳐 4개의 반수체 포자를 만들고 그 후 각 포자는 유사분열을 거쳐 다세포 반수체 배우체를 만든다. 배우체는 유사분열로 배우자를 만든다. 암컷과 수컷 배우자(난자와 정자세포)는 그 후 이배체 접합자를 만들기 위해 융합한 후 유사분열을 거쳐 다세포 이배체 포자체를 만든다.

### 복습

- 상동염색체는 이배체세포에서 나타나는가? 반수체세포에서 나타나는가?
- 어떤 동물세포의 이배체 염색체 수가 10개라고 한다면 (1) 감수분열 제1분열 전기에 4분염색체 수는 몇 개가 나타나는가? (2) 배우자에는 얼마나 많은 염색체 수가 나타나는가? 이들은 복제된 염색체인가?
- 감수분열과 유사분열의 결과의 차이는 무엇인가?
- 반수체세포가 유사분열에 의해 나누어질 수 있는가? 감수분열에 의해 나누어질 수 있는가?

## 핵심 용어와 요약

### 학습목표

1 유전정보라는 관점에서 염색체의 중요성을 논하라.

- 세포의 유전정보 단위인 **유전자**는 DNA로 이루어져 있고 DNA는 단백질과 복합체를 이루어 **염색체**를 이루는 **염색질** 사를 형성한다. 진핵세포의 DNA가 염색체로 되는 구성은 세포의 길이보다 더 긴 DNA가 정확히 복제되고 흐트러지지 않고 딸세포로 옮겨진다.

2 진핵세포와 원핵세포에서 DNA구성을 비교하라.

- 원핵세포는 보통 환형 DNA분자로 되어있다.
- 진핵세포의 염색체는 여러 단계의 조직을 이룬다. **뉴클레오솜**을 이루기위하여 DNA는 히스톤(염기성 단백질)과 결합하고 뉴클레오솜 주변은 DNA가 감고있다. 뉴클레오솜은 비히스톤인 **뼈대단백질**에 의해 크고 꼬인 루우프를 이룬다.

3 진핵세포의 세포주기의 각 단계를 동정하고 각 단계에서 일어나는 특징을 논하고 세포주기가 어떻게 조절되는지 방법을 지적하라.

- 진핵세포의 **세포주기**는 한 분열에서 다음 분열까지의 기간이다. 세포주기는 휴지기와 M기로 되어 있다.
- 휴지기는 $G_1$, S, $G_2$ 기로 되어 있다. **$G_1$기** 중에 세포는 성장하고 S기를 준비한다. **S기** 중에 DNA와 염색체 단백질이 합성되고 염색체 복제가 일어난다. **$G_2$기** 중에 세포분열을 위해 단백질합성이 증가된다.
- **M기**는 양친 핵과 똑 같은 2개의 핵을 만드는 **유사분열**과 두 딸세포로 세포질이 나누어지는 **세포질분열**로 되어 있다.

4 복제된 염색체구조에서 자매염색분체, 동원체, 방추사부착점의 구조를 논하라.

- 복제된 염색체는 똑 같은 DNA서열을 가진 1쌍의 **자매 염색분체**로 되어 있다. 각 염색분체는 **동원체**라고하는 하나의 협착된 부위를 가지고 있다. 자매염색분체는 이 동원체 부위에서 서로 강하게 붙어 있다.
- 각 동원체에는 미세소관이 결합할 수 있는 단백질로 된 **방추사부착점**이 있다.

5 유사분열의 중요성과 그 과정을 서술하라.

- 유사분열에서 똑 같은 염색체가 세포의 각 극으로 분리되고 그 주위에 핵막이 형성된다.
- **전기** 중에 자매염색분체로 된 복제된 염색체를 광학현미경으로 볼 수 있다. 인이 살아지고 핵막이 파괴되고 **방추사**가 형성되기 시작한다.
- **전중기** 중에 방추가가 염색체의 방추사부착점에 붙고 염색체들은 세포의 적도판으로 이동한다.
- **중기** 중에 염색체가 세포의 **적도판**에 배열한다. 방추사가 완성되고 자매염색분체의 방추사부착점이 세포의 반대 극에 있는 미세소관에 부착한다.

- **후기** 중에 자매염색분체는 분리되고 반대 극으로 이동한다. 각 염색분체는 바로 하나의 염색체이다.
- **말기** 중에 핵막이 각 염색체 조의 주위에서 다시 형성되고 인이 다시 나타나고 염색체가 풀어지고 방추사가 살아진다. 세포질분열은 보통 말기에서 시작한다.

6 세포주가가 조절되는 방법에 대해 설명하라.

- **사이클린-의존성 인산화효소(Cdk)**는 세포주기를 조절하는데 관여하는 단백질 인산화효소이다. Cdk는 **사이클린**이라는 조절단백질과 강하게 결합했을 때만 활성을 가진다.

7 무성색식과 유성생식을 구분하라.

- **무성생식**으로 만든 자손은 하나의 양친과 똑같은 유전형질을 가진다. 유사분열은 진핵생물에서 무성생식의 기초가 된다.
- **유성생식**에서 2개의 반수체 세포 즉 **배우자**가 이배체인 **접합자**를 이루기 위하여 융합한다. 유성생식을하는 생물의 생활주기에서 **감수분열**은 배우자가 형성되기 전에 일어나야만 한다.

8 반수체와 이배체세포를 구분 지우고 상동염색체를 정의하라.

- **이배체**세포는 세포 당 일정한 수의 염색체를 쌍으로 가진다. 각 쌍의 두 염색체를 **상동염색체**라고 하며 이들은 길이, 모양, 그 생물을 지시하는 유전자를 가진 양상이 유사하다.
- **반수체** 세포는 각 상동염색체 쌍의 하나의 염색체 만을 가진다.

9 감수분열의 중요성을 설명하고 그 과정을 도시하라.

- 이배체 세포는 4개의 반수체 세포를 만들기 위해 완전한 2 번의 세포분열인 **감수분열**이 일어난다. 진핵생물에서 유성생식은 감수분열이 필수적인데, 그 이유는 양친세포에서 가지는 염색체 수의 단지 반을 가지는 배우자를 만들기 때문이다.
- **감수분열 제1분열**은 **접합**을 통해 상동염색체 쌍이 물리적으로 접근하면서 시작한다. **교차**는 상동(비자매인) 염색분체 간에 DNA단편이 상호교환이 되는 **유전적 재조합**이 일어난다.
- **제1분열 중기(metaphase I)**에서 1쌍의 상동염색체가 1개 이상의 **교차점**에서 연결된 **4분염색체**가 **적도판**에 선상배열을 한다. 각 상동염색체의 쌍은 **제1분열 후기** 중에 서로 분리되어 다른 핵으로 된다. 각핵은 반수체의 염색체를 가지지만 1쌍의 염색분체로 되어 있다.
- **감수분열 제2분열** 중에 각 염색체에 있는 2개의 염색분체는 분리되어 하나씩 각 딸세포에 분포한다. 각 염색분체가 이제부터 하나의 염색체가 된다.

10 여러 가지 결과를 고려하여 유사분열과 감수분열을 대조하라.

- 유사분열은 한 번의 핵분열을 통해 2개의 딸세포가 서로 그리고 양친세포와도 유전적으로 똑같이 되는 것이다. 유사분열에서는 상동염색체의 접합이 일어나지 않는다.
- 감수분열은 2번의 연속적인 분열을 일으켜서 4개의 반수체 세포를 만든다. 상동염색체의 접합이 감수분열 제1분열 전기 중에 일어난다.

11 여러 가지 일반적인 생활주기에서 유사분열과 감수분열의 역할을 비교하라.

- 동물의 **체세포**는 이배체이고 유사분열로 만들어진다. 단지 반수체 세포는 동물에서는 감수분열로 일어나는 **배우자형성과정**으로 만들어진 배우자이다.
- 간단한 진핵생물은 반수체이다. 이배체인 상태는 감수분열을 통해 반수체 상태로 회복하고자 하는 접합자일 때이다.
- 식물과 몇몇 조류의 생활주기는 **세대교번**이 있다. 다세포 이배체인 **포자체 세대**는 감수분열로 반수체 포자를 만든다. 각 포자는 유사분열을 통해 다세포 반수체인 **배우체 세대**가 되며 이 때는 유사분열로 배우자를 만든 다. 2개의 반수체 배우자는 후에 이배체인 접합자를 만들기 위해 융합하고 이배체 접합자는 새로운 이배체 포자체 세대를 만들기 위해 유사분열을 한다.

## 연습문제

1. S기란 용어의 의미는 (a) 휴지기 중의 DNA합성 (b) 전기 중의 염색체 단백질의 합성 (c) 동물세포에서 배우자형성 (d) 상동염색체의 접합 (e) 유성생식에서의 배우자의 융합이다

2. 유사분열 전기 초에서 이배체 핵은 _______ 조의 염색체를 가지고 있다 ; 유사분열 말기에서는 _______ 조의 염색체를 가지고 있다
(a) 1;1 (b) 1;2 (c) 2:2 (d) 2;1 (e) 맞는 답이 없음

3. 염색질 사의 구성성분은 (a) DNA와 구조 다당류 (b) RNA와 인지질 (c) 단백질과 탄수화물 (d) DNA와 단백질 (e) 트리그리세롤과 스테로이드이다.

4. 하나의 복제된 염색체의 서로를 묶는 분자적 물질은 (a) 콘덴신, (b) 액틴, (c) 코헤신, (d) 액티노미오신 이다.

5. 세포판형성이 시작하는 시기는 보통 (a)식물세포에서 말기 (b) 동물세포의 말기 (c) 식물세포의 $G_2$기 (d) 동물세 포의 $G_2$기 (e) a와 b가 정답이다.

6. 뉴클레오솜의 구성은 (a) DNA와 뼈대단백질 (b) 뼈대단백질과 히스톤 (c) DNA와 히스톤 (d) DNA, 히스톤, 뼈 대단백질 (e) 단지 히스톤이다.

7. 다음의 어느 시기가 사람의 피부세포의 핵과 같은 DNA함량을 가지는가?
(a) 유사분열 전기 초 유사분열 말기
(b) $G_1$과 $G_2$
(c) $G_1$과 유사분열 전기 초
(d) $G_1$과 감수분열 제1분열 말기
(e) 앞의 모든 세포

8. 다음 어느 세포에서 각 염색체는 1쌍의 자매염색분체가 붙어있는가?
   (a) 유사분열 전기
   (b) 감수분열 제2분열 전기
   (c)감수분열 제1분열 전기
   (d) 감수분열 제1분열 후기
   (e) 위의 모든 세포

9. 동물의 체세포분열 중기에 여러분이 확인할 수 있는 것은 어느 것인가?
   (a) 적도판에 위치한 2쌍의 중심립
   (b) 핵 내의 1쌍의 중심립
   (c) 각 미세소관 형성 중심 내의 1쌍의 중심립
   (d) 각 동원체 내의 하나의 중심립
   (e) 중심립이 없음

10. 교차점은 1쌍의 (a) 감수분열 제2분열 전기에서 상동염색체 (b) 감수분열 제1분열 전기 말에서 상동염색체 (c) 감수분열 제2분열 중기에서 자매염색분체 (d) 유사분열 중기에서 자매염색분체 (e) 감수분열 제1분열 전기에서 자매염색분체와 관계가 있다.

11. 다음 중 어느 것이 유전적으로 동일한가?
   (a) 감수분열 I에 의한 2개의 세포
   (b) 감수분열 II에 의한 2 개의세포
   (c) 감수분열 I과 II를 거친 4개의 세포
   (d) 유사분열을 거친 2개의 세포
   (e) 위의 모든 것

12. 어떤 식물의 체세포 염색체 수는 20이다. 유사분열 전기에서 이 종의 반수체 염색체 수는 전체 _____ 개의 염 색체와 _____ 개의 염색분체를 가지는가?
   (a) 20;20
   (b) 20;40
   (c) 10;10
   (d) 10;20
   (e)반수체는 체세포분열을 거치지 않기 때문에 위의 어느 것도 없음

## 심화 학습문제

다음 중 어느 것이 유성생식과 무성생식의 예인지 그 이유를 설명하라

1. 식물의 절편은 물에 꽂아 두면 뿌리가 난다. 이것을 토양에 이식하면 식물은 살아나며 자란다.
2. 이배체 여왕벌은 감수분열로 반수체 난자를 만든다. 아들 알의 어떤 것은 수정하지 않아 반수체 수벌로 된다.
3. 꽃이 피어 만들어진 종자는 동일한 종의 다른 식물의 화분과 수분이 일어난다.

# 11

# 유전의 기본원리

**그레골 멘델.** 이 그림은 오스트리아 브륀(지금의 체코의 부뤼노)에 있는 수도원 정원에서 완두와 함께 있는 멘델.

## 핵심 개념

유전학의 선구자인 멘델의 실험은 유전의 기본원리를 밝혔다.

멘델의 분리의 법칙은 한 쌍의 유전자가 배우자가 형성되기 전에 서로 분리된다는 것을 설명한다.

멘델의 독립분리의 법칙은 다른 유전자 쌍의 인자가 배우자가 될 때 독립적으로 분리된다는 것을 설명한다.

감수분열 중의 염색체의 행동은 멘델의 유전원리를 설명하는데 도움이 된다.

어떤 형질은 멘델유전과는 다른 유전양상을 보인다.

여러분은 아버지의 키와 유사하며 어머니의 눈 색을 가지고 있는가? 양친에서 자식으로의 유전정보의 전달인 **유전(heredity)**은 사람 등 다양한 생물체에서 같은 양상을 따르게 된다. **유전학(genetics)**은 유전적 유사성과 양친과 자식 또는 집단에서의 개체간의 차이인 **유전적 변이(genetic variation)**를 연구하는 분야이다.

현대과학의 한 분야로써 유전의 연구는 완두를 키운 신부인 **멘델**(Gregor Memdel 1822-1884)의 업적으로 19세기 중엽에 시작되었다. **멘델**은 유전을 연구하는데 양적 방법을 효율적으로 응용한 첫 과학자였다. 그는 그의 실험을 신중히 설계하였고 자료를 기록하고 결과를 수리적 분석에 적용하였다. 비록 업적이 그의 생애 중에 빛을 보지는 못했지만 1900년에 재발견되었다.

**멘델**의 연구결과가 재발견된 지 수십 년 동안 유전학자들은 처음으로 감수분열 중의 염색체의 행동과 유전정보의 전달과 상관 지움으로써 **멘델**의 원리를 전개하였다. 또한 그들은 그의 방법을 재구성하였고 비록 그들의 연구가 생물체의 다양성에 대한 연구라 할지라도 입증된 **멘델**의 발견과 소위 멘델유전의 예외에 해당하는 자료를 첨가하였다. ■

## 11.1 멘델의 유전원리

### 학습목표

1 표현형, 유전자형, 유전자 자리, 대립인자, 우성인자, 열성인자, 동형접합성과 이형접합성을 정의해 보라.

2 멘델의 분리법칙과 독립분리의 법칙에 대하여 설명하라.

3 단성잡종교배, 양성잡종교배, 검정교배를 구분해 보라.

4 과학자들이 현재 알고 있는 유전자와 염색체에 근거하여 멘델의 분리의 법칙과 독립분리의 법칙을 설명하라.

**멘델**은 식물교잡 실험을 처음 한 사람은 아니다. 그 당시만 해도 유전적으로 유사하지 않은 양친의 자손들인 동식물의 **잡종(hybrid)**은 오래 전부터 알고 있었다. **멘델**이 1856년 그의 교잡실험을 시작하였을 때 유전에 대한 2가지 중요한 사실이 널리 알려져 있었다. (1) 유전적으로 같은 자손 즉 동일한 **순계(true breeding)** 양친간의 교잡에서 나온 자손은 외관상 모두가 유사하다. (2) 이들 잡종을 상호 교잡시켰을 때 그들은 똑 같은 것은 아니다. 즉 그들의 자손은 혼합된 형질을 나타낸다. 어떤 것은 그들의 양친과 유사하고 어떤 자손은 그들의 조부(grandparents)의 형질과 유사하다.

**멘델**이 실험에 사용한 완두(*Pisum sativum*)는 여러 가지 이점을 가지고 있었다. 완두는 재배하기 쉽고 상업적으로 이용할 수 있는 많은 변이성을 가지고 있다. 완두의 또 다른 장점은 인위적 수분을 행하기가 비교적 쉽다는 것이다. 완두의 꽃은 암수동주이고 자연적으로 자가수정이 된다(**그림 11-1**). 그러나 유전적으로 다른 식물의 화분을 암술(암컷부분의 수용 표면)에 수분시킬 수도 있다. 완두꽃은 생식계통의 구조가 꽃잎으로 완전히 싸여있기 때문에 다른 식물의 화분이 수분되는 것을 방지할 수 있다.

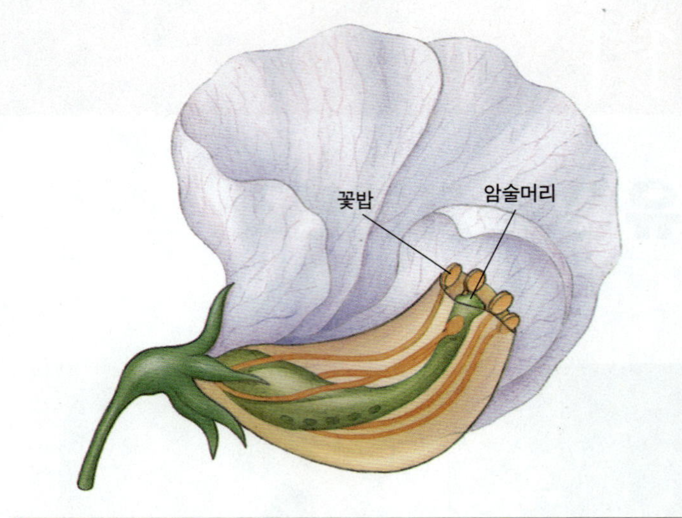


**그림 11-1 완두의 생식계통.**
이 단면은 화분을 만드는 꽃밥과 화분을 받아들이는 부위인 암술을 보여주고 있다.

**그림 11-2 멘델이 연구한 완두의 7가지형질.**
각 형질은 2가지 뚜렷이 구분되는 형질을 가지고 있다. 진한 글씨가 우성표현형이다.

## 핵심 실험

**질문:** 키가 큰 완두 $F_1$세대를 자가수분시키면 $F_2$세대에서는 어떤 형질로 나타날까?

**가설:** 멘델은 $F_1$세대의 키가 큰 유전인자만이 발현됐을 지라도 키자 작은 것을 지배하는 유전인자도 상실되지는 않을 것이라는 가설을 설정하였다. 그는 키가 작은 표현형도 $F_2$세대에서 나타날 것으로 예측하였다.

**실험:** 멘델은 키간 순계의 키가 큰 완두와 순계의 키가 작은 완두를 교배시킨 바, 바 $F_1$세대에서는 키가 큰 자손들만 나타남을 보았다. 이어서 이때 나타난 $F_1$세대 개체를 자가수분 시켜 $F_2$세대를 얻었다.

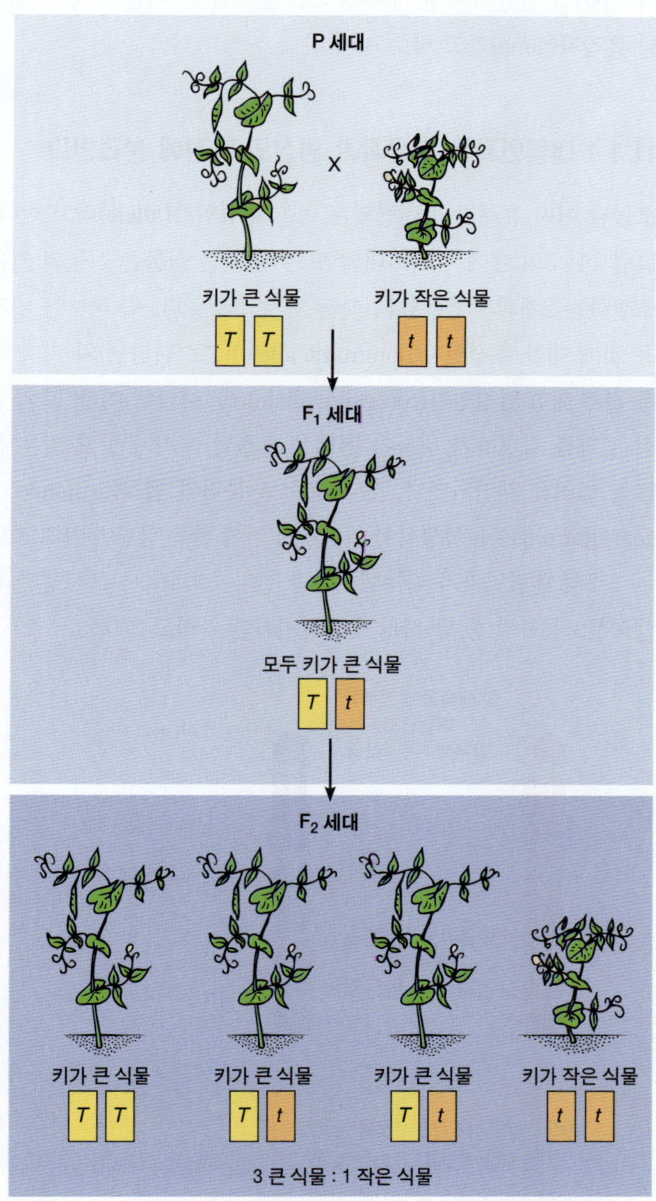


**결과와 결론:** $F_2$세대에서는 키가 큰 것이 787 개체, 키가 작은 것이 277개체로서, 표현형의 3:1로 나오는 결과를 얻었다. 따라서 멘델은 형질들이 일정 비율로 다음 세대에 유전된다는 결론을 지었다.

**그림 11-3 멘델의 교배실험의 한 예.**

### 요점

멘델의 분리의 법칙은 감수분열에도 적용된다. 감수분열 중에 상동염색체의 분리는 이형접합체에서 대립인자의 분리를 일으킨다.

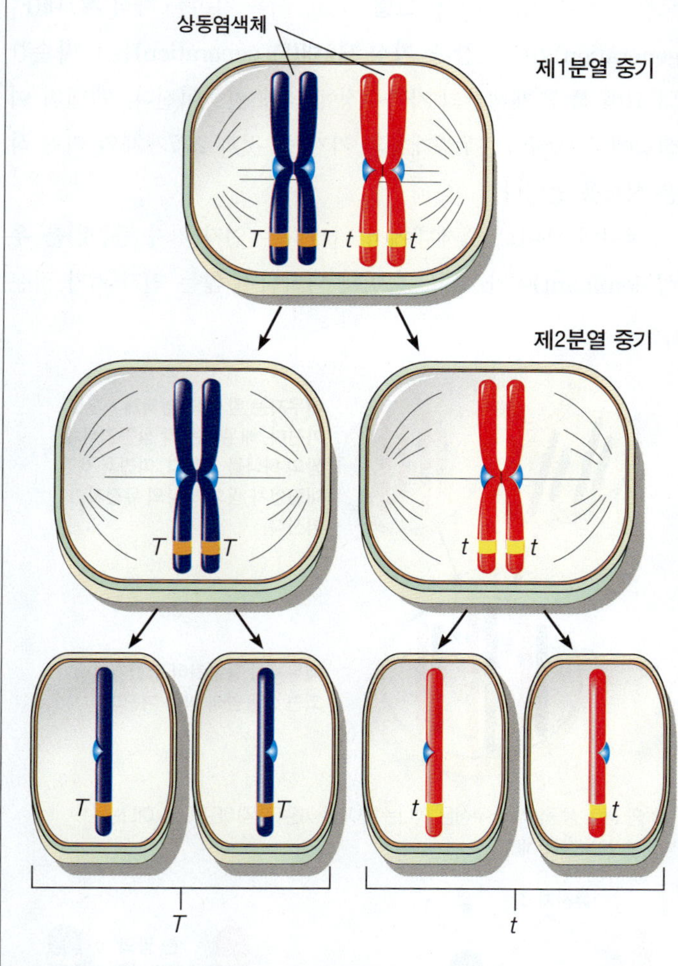


**그림 11-4 멘델이 연구한 완두의 7가지형질.**

배우자의 반은 *T*를, 반은 *t*를 가진다는 것을 주목하라.

2년간 그는 여러 가지 유전형질에 대해 유전적으로 순계를 분리하였다. 오늘날 어떤 생물체의 외관상의 형질을 **표현형(phenotype)**이라고 한다. 순계는 세대를 거듭하더라도 동일한 표현형의 자손을 만든다.

**멘델**은 마침내 유전적 차이를 보이는 대조적인 표현형을 보이는 7가지 **형질(character)**을 선택했다(**그림 11-2**). **멘델**의 결과는 그가 쉽게 구분 지울 수 있는 표현형을 선택하였고 이전에 그가 연구하였던 유전적 변이에 한정하였기 때문에 분석하기가 훨씬 쉬웠다.

**멘델**의 실험은 대조적인 표현형을 가지는 2종류의 다른 순계의 식물을 교잡으로 시작하였다. 이런 유전적으로 순수한 개체를 **양친세대(parental generation; P)**로 하였다. 어느 경우나 자식 제1세대의 모든 자손은 두 양친 중 어느 하나의 양친과 같거나 유사하였다. 예를 들어, 키가 큰 것과 작은 것을 교잡하였을 때 모든 자손은 키가 컸다(▮ **그림 11-3**). 이들 자손을 **자식 제1대($F_1$ generation)**이라고 한다. **자식 제2대($F_2$ generation)**는 $F_1$자손간의 교배 즉 $F_1$개체간의 자가수정에 의해 만들어진다. **멘델**의 이 실험에서 $F_2$세대는 787개체의 키가 큰 것과 277개체의 키가 작은 식물을 얻었다.

현재의 용어로 $F_1$세대에서 나타나는 인자(키가 큰 것)를 **우성(dominant)**이라 하고, 숨어서 나타나지 않는 인자(키가 작은 것)를 **열성(recessive)**이라고 한다. 우성 형질은 동일한 개체에서 열성형질과 동시에 존재할 때 열성형질을 숨긴다. 비록 오늘날 우성이 항상 관찰되지 않는다 할지라도 우성이 형질을 나타낼 수 있다는 사실은 이전의 혼합유전의 관점과는 아주 다르다.

**멘델**은 물리학과 수학을 공부하였기 때문에 생물학의 이론에도 아주 적격이었다. 그래서 그는 어떤 생물의 유전형질의 각각은 소립자와 같이 행동하고 모든 개체에서도 나타나는 2개의 인자에 의해 조절된다고 제안하였다. **멘델**에게 이런 유전인자는 염색체와 DNA를 몰랐기 때문에 추상적인 것이었다. 이들 인자가 오늘날 **유전자(gene)**라고 하는 것이다.

## 11.1.1 대립인자는 배우자가 형성되기 전에 분리한다

오늘날 어떤 유전자의 대립되는 형을 **대립인자(allele)**라고 한다. 그림 11-3의 예에서 $F_1$세대의 모든 키가 큰 식물은 식물의 키를 조절하는 2개의 다른 대립인자를 가지고 있었다. 즉 하나는 키가 큰 것에 대한 **우성인자(dominant allele)**(*T*로 나타냄)와 키가 작은 것에 대한 **열성인자(recessive allele)**(*t*로 나타냄)이다. 그의 실험 결과를 설명하기 위하여 **멘델**은 오늘날 우리가 알고 있는 분리의 법칙을 제안하였다. 현대 용어로 **분리의 법칙(principle of segregation)**은 유성생식이 일어나기 전에 한쪽 양친이 가지고 있는 2개의 대립인자가 나누어져야만 한다. 결과적으로 형성된 각 생식세포는 1쌍 중 단 하나의 대립인자만 가지고 있다.

배우자는 한 조의 염색체 *n*개를 가진다. 배우자는 각 상동염색체 쌍의 하나를 가진다. 따라서 특정 대립인자 쌍의 하나의 유전자만 가진다.

배우자가 융합하여 접합자(2*n*)가 되면 상동염색 쌍을 가진다.

**(a)** 한 쌍의 상동염색체 구성은 하나는 모계성 기원(적색)이고 다른 하나는 부계성 기원(청색)이다.

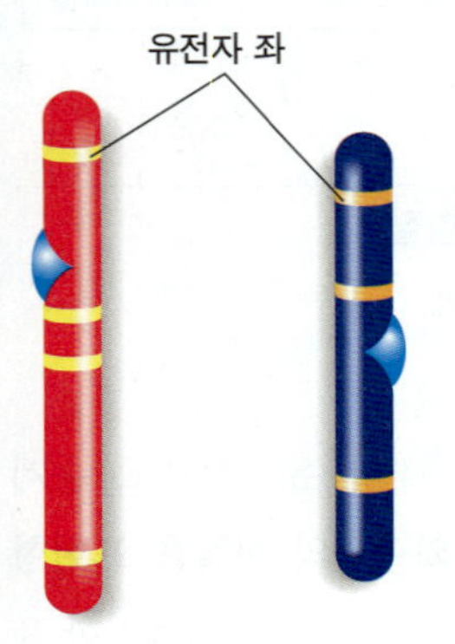


**(b)** 모양이 다른 이들 염색체는 상동염색체가 아니다. 각 염색체는 수천 개의 유전자를 가지고 있다. 한 유전자 좌는 어떤 유전자가 위치하는 특정 부위이다.

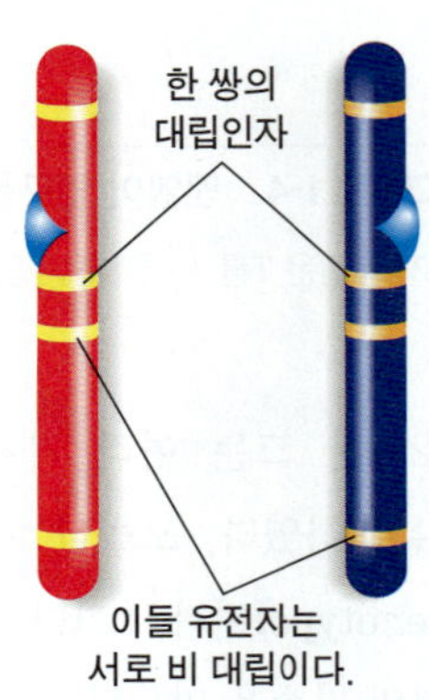


**(c)** 이들은 상동염색체이다. 대립인자는 상동염색체상의 동일한 위치에 있는 한 쌍의 유전자 중의 하나이다.

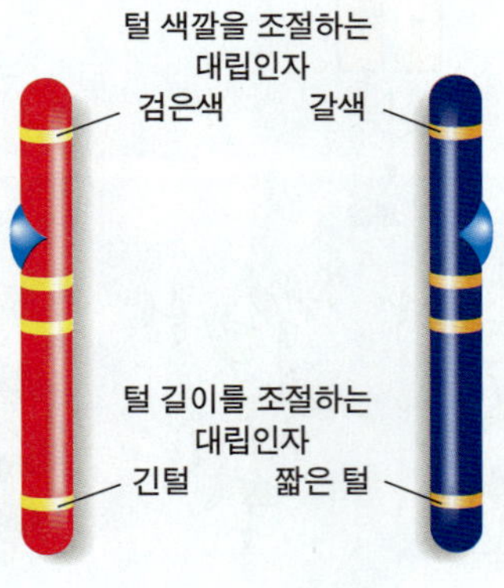


**(d)** 대립인자란 같은 형질을 나타낼 수도 있지만 같은 정보를 나타내는데 꼭 같지 않을 수도 있다.

**그림 11-5** 유전자자리와 그들의 대립인자.

감수분열 중에 상동염색체가 분리된다는 것을 상기하라(그림 10-13 참조). 결과적으로 형성된 정자와 난자는 단지 하나의 대립인자만 가지게 된다. 감수분열에서 대립인자는 없어지거나 혼합하지 않고 그대로 남아있다는 것이다. 결과적으로 열성대립인자는 살아지지 않고 $F_2$세대에서 다시 나타난다. 본 예에서 $F_1$식물이 배우자를 형성하기 전에 키가 크게 되는 대립인자는 키가 작게 되는 대립인자와 분리되어 배우자의 반은 *T*를 가지고 나머지 반은 *t*를 가진다(**그림 11-4**).

$F_2$자손에서는 수정 시 무작위로 결합하여 3가지 대립인자의 조합을 이룬다. 즉 2개의 키가 큰 인자를 가지는 것(*TT*)이 1/4, 2개의 키가 적은 인자를 가지는 것(*tt*)이 1/4, 하나는 키가 크고 하나는 적은 것을 가지는 것(*Tt*)이 1/2이다. *TT*와 *Tt*는 키가 크기 때문에 **멘델**은 거의 3/4은 우성인자의 표현형을 나타내고(그가 얻은 총 1064개체 중 787개체) 1/4(277/1064)은 열성인자의 표현형을 예상했다.

### 11.1.2 대립인자는 상동염색체 상에 동일한 자리 위에 있다

오늘날 각 복제가 되지 않은 염색체는 긴 선상 DNA분자이고 각 유전자는 실제 그 DNA분자의 한 단편이라는 것을 알고 있다. 또한 상동염색체는 크기와 모양이 유사할 뿐만 아니라 동일한 유전자는 동일한 위치에 있다는 것을 알고 있다. **유전자자리(gene locus)**라는 용어는 염색체 상의 특정 유전자의 위치를 나타내기 위하여 생겨났다(**그림 11-5**). 실제로 생물체의 구조나 기능의 어떤 면을 조절하는데 필요한 정보를 가지는 것을 DNA단편으로 생각하고 있다. 하나의 유전자자리는 종자 색을 결정하고 다른 유전자 자리는 종자 모양을 또 다른 유전자자리는 콩깍지의 모양 등등에 관여할 수도 있다. 특정 유전자자리의 존재는 그 유전자자리에서 최소한 2개의 대립인자를 가진다고 추정하기에 대립되는 표현형(예로 노란 완두나 녹색 완두)을 연구에 이용할 수 있다.

따라서 대립인자는 동일한 외형의 변이(노란색이나 녹색종자)를 지배하는 유전자이며 이들은 상동염색체상의 동일한 위치를 점유하고 있다. 한 유전자 자리의 각 대립인자는 하나의 문자로써 나타낸다.

*유전자자리*라는 용어는 염색체 상의 한 위치일 뿐만 아니라 특정 형질의 종류를 조절하는 한 유전자의 형이다. 따라서 *Y*와 *y*는 완두에서 종자 색을 결정하는데 관여한 한 유전자 자리의 특정 대립인자 쌍을 나타낸다.

### 11.1.3 단성잡종교배는 어떤 주어진 유전자자리의 다른 대립인자를 가진 개체 간의 교배이다

**단성잡종교배(momohybrid cross)**에서 한 유전자자리의 2개의 대립인자의 유전은 다루었다. **그림 11-6**은 기니피그의 털색을 지배하는 한 유전자자리를 특징으로 한 단성잡종교배를 나타내고 있다. 암컷은 2개의 대립인자가 똑 같기 때문에 검은 색에 대해 **동형접합성(homozygous)**이다. 갈색인 수컷도 순계에서 왔기 때문에 갈색에 대해 동형접합성이다.

이런 특수한 경우에 $F_1$자손은 검은색이지만 이들은 이 유전자자리에 대해 2개의 다른 대립인자를 가지기 때문에 **이형접합성(heterozygous)**인 개체라 한다. 갈색 대립인자는 동형접합성인

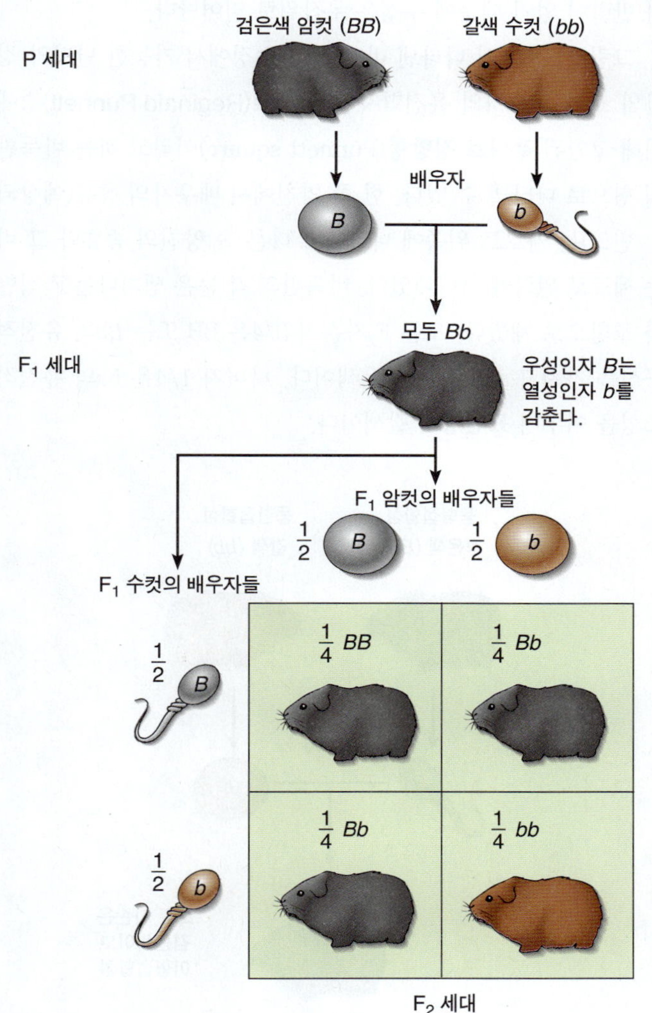


**그림 11-6 기니피그에서의 단인자 교배.**

이 그림에서 동형접합성인 검은 색 기니피그를 동형접합성인 갈색 기니피그와 교배시켰다. $F_1$세대는 단지 검은 색 개체였다. 그러나 이들 $F_1$ 자손들을 교배시킨 바 $F_2$ 세대는 $F_1$개체가 이형접합성이기때문에 예상되는 비인 검은 색 3 : 갈색 1로 얻는다.

갈색 개체에서만 털색에 영향을 주기에 열성인자로 간주한다. 검은색 인자는 동형접합성과 이형접합성인 개체에서 털색에 영향을 주기에 우성인자이다. 이런 근거에 의해 우리는 우성 검은 색 인자를 *B*로써 열성 대립인자를 *b*로서 사용할 수 있다.

### (1) 푸니트 정방형법은 어떤 교배에서 자손의 유전자형과 표현형을 예측한다

이형접합성인 검은색 기니피그(*Bb*)에서 감수분열 중 B대립인자를 가지고 있는 염색체는 해당 상동염색체(*b*를 가지고 있는 염색체)와 분리되어 각각 정상적인 정자나 난자는 *B*나 *b*를 가지지만 정자와 난자가 결코 2개를 다 가질 수는 없다. *B*를 가지는 배우자와 *b*를 가지는 배우자는 이형접합성인 *Bb*개체에서 같은 수를 만든다. 동일한 대립인자를 가지는 정자와 난자 사이에 특별한 견인과 반발이 없기 때문에 수정은 무작위로 일어난다.

그림 11-6에서 나타낸 바와 같이 수정에서 가능한 난자와 정자의 조합은 초기의 유전학자인 **푸니트**(Reginald Punnett)경에 의해 고안된 **푸니트 정방형**(Punnett square)이라고 하는 바둑판의 형으로 나타낼 수 있다. 한 쪽 양친에서 배우자의 종류(예상되는 빈도)는 가로로 위쪽에 나타내고 다른 쪽 양친의 종류와 그 비는 세로로 왼쪽에 나타내었다. 바둑판의 각 눈은 생겨나는 $F_2$접합자 조합으로 채웠다. 모든 $F_2$자손의 3/4은 BB 또는 *Bb*의 유전적 구성을 가지고 표현형이 검은색이다. 나머지 1/4은 *bb*의 유전적 조성을 이루며 표현형이 갈색이다.

### (2) 어떤 개체의 표현형은 반드시 그 개체의 유전자형을 나타내지 않는다

어떤 개체의 표현형은 어떤 유전된 형질에서의 외관상의 표현이다. 그렇지만 어떤 대립인자는 우성이고 어떤 것은 열성이기 때문에 우리는 어떤 개체가 가지는 대립인자의 구성을 외관상으로 결정할 수는 없다. 어떤 개체의 유전적 조성을 **유전자형**(genotype)이라 하며 보통 간단히 문자로 나타낸다. 앞의 예에서 암컷 양친은 우성 동형접합성인 *BB*이고 표현형은 검은색이다. 수컷 양친의 유전자형은 동형접합성인 *bb*이고 표현형은 갈색이다. 모든 $F_1$자손의 유전자형은 *Bb*이고 그들의 표현형은 검은색이다.

### (3) 검정교배는 이형접합자를 알아낼 수 있다

유전자형이 *BB*이거나 *Bb*인 기니피그는 검은색으로 같다. 그렇다면 기니피그의 유전자형을 어떻게 알 수 있는가? 유전학자들은 잘 모르는 개체를 열성 동형접합성인 개체와 교배시키는 **검정교**

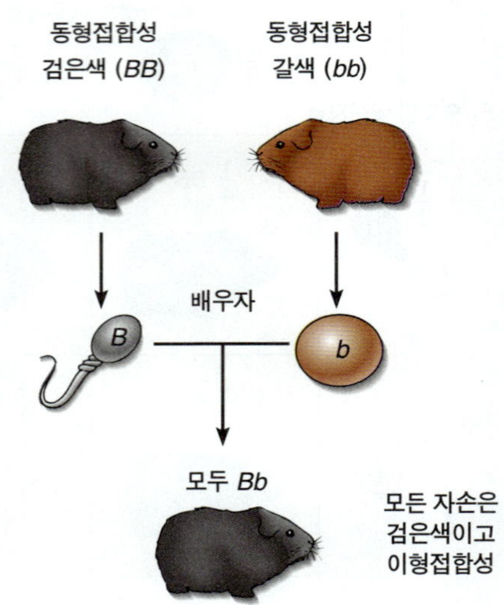


**(a)** 만약 검은색 기니피그를 갈색인 것과 교배하여 모든 자손이 검은색이면 검은색 양친은 아마 동형접합성인 유전자형을 가진다.

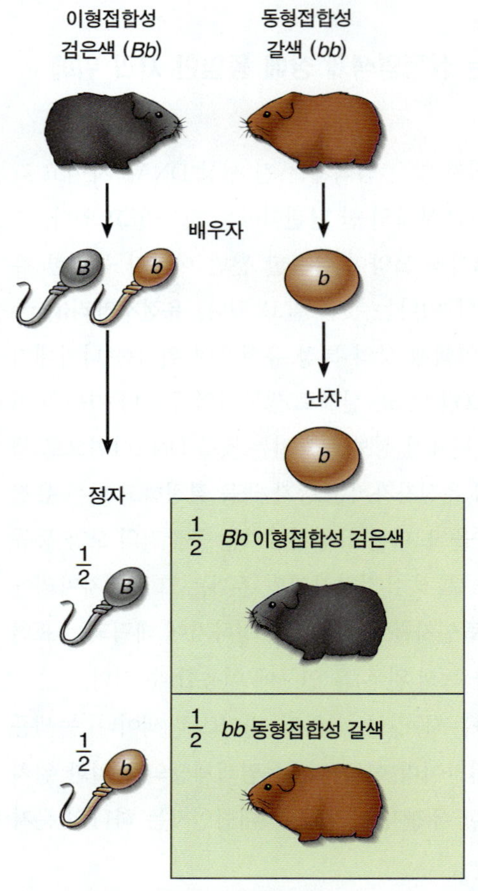


**(b)** 만약 자손의 일부가 갈색이면 검은색 기니피그는 이형접합성이어야 하며 예상되는 표현형의 비는 검은색과 갈색이 1:1이다.

**그림 11-7 기니피그의 검정교배.**

본 예에서 검정교배는 검은색 기니피그의 유전자형을 결정하기 위한 것이다.

**배(test cross)**를 함으로써 해결하였다(▮ **그림 11-7**). 검정교배에서 미지의 유전자형을 가지는 어느 양친의 배우자가 가지는 대립인자는 다른 양친이 가지는 열성 대립인자와 조합한 자손에서 반드시 나타난다. 그러므로 우리는 그들의 표현형에서 직접 모든 자손의 유전자형을 추정할 수 있다.

**멘델**은 많은 검정교배를 수행하였다. 예를 들어 그는 $F_1$잡종(키가 큰 완두 식물)을 동형접합성인 열성개체(*tt*)와 교잡하였다. **멘델**은 $F_1$개체는 이형접합성(*Tt*)인 개체이고 동 수의 *T*와 *t*를 만들 것으로 예상하였다. 동형접합성인 열성양친(*tt*)는 단지 *t*를 가지는 배우자만 만들 것이기 때문에 **멘델**은 키가 큰 것(*Tt*)과 작은 것(*tt*)을 동 수로 얻을 것으로 예상하였다. 그의 결과는 예상한 것과 맞았으며 이형접합성인 양친에서는 대립인자가 1:1로 분리될 것이라는 그의 가설을 확인하게 되었다.

### 11.1.4 양성잡종교배는 2개의 유전자자리에서 각각 다른 대립인자가 관여한다

멘델도 2개 이상의 유전자자리를 가지는 대립인자를 분석하였다. 두 유전자자리에서 다른 대립인자를 가지는 교배를 **양성잡종교배(dihybrid cross)**라고 한다. 1쌍의 대립인자가 비상동인 염색체에 있다고 가정하자 각 쌍의 대립인자는 독립적으로 유전하며 각 쌍은 감수분열 중에 다른 쌍과는 독립적으로 분리한다.

$F_2$세대를 통해 전달되는 양성잡종교배는 ▮ **그림 11-8**에 도시하였다. 이 예에서 검은색은 갈색에 대해 우성이고 짧은 털은 긴 털에 대해 우성이다. 검은색이고 짧은 털에 대해 동형접합성인 기니피그(*BBSS*, 검은 것이 갈색에 대해 우성이고 짧은 털이 긴 털에 대해 우성)를 갈색이고 긴 털에 대해 동형접합성인 기니피그(*bbss*)와 교배시켰을 때 *BBSS*동물은 모두 *BS*인 배우자를 만들고 *bbss* 개체는 모두 *bs*인 배우자를 만든다. 각 배우자는 두 유전자 자리의 각각은 단지 하나씩의 대립인자를 가지고 있다. 이들 *BS*와 *bs*배우자는 단지 유전자형이 *BbSs*인 개체만을 만든다. 이들 $F_1$ 자손 모두는 털색과 털 길이에 대해 이형접합성인 개체이고 표현형으로는 모두 검고 짧은 털을 가진다.

각 $F_1$ 기니피그는 4종류의 배우자 즉 *BS*, *Bs*, *bS*, *bs*를 동일한 비로 만든다. 푸니트 정방형은 접합자가 $16(4^2)$의 접합자를 나타내기에 어떤 것은 유전자형으로나 표현형에서 아주 유사하다. 검은 색이고 짧은 털을 가진 것이 16개 중 9개이고 검고 짧은 것과 갈색이고 짧은 것이 각각 16번 중 3번이고 갈색이고 긴 털을 가진 것이 16번 중 한 번이 된다. 이 9:3:3:1의 전형적인 비는 만약 털

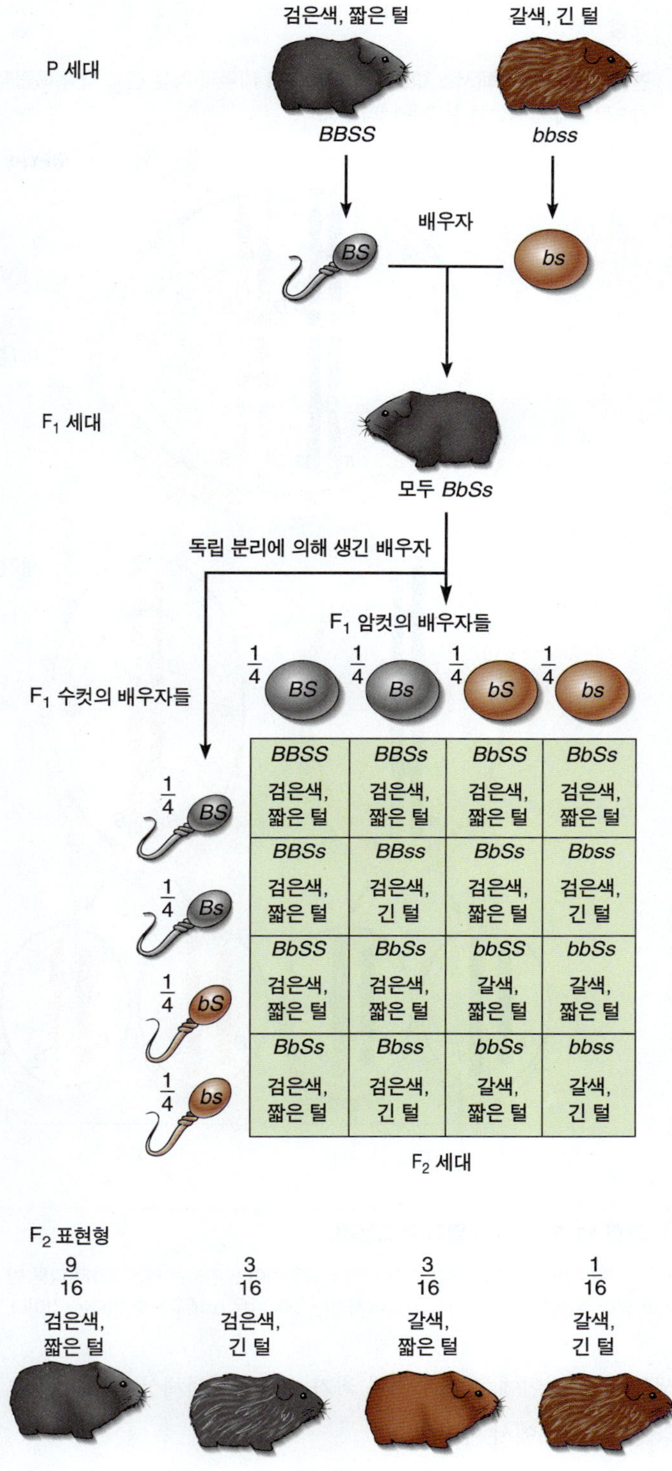


▮ **그림 11-8** 기니피그의 양인자교배.

검고 짧은 털의 기니피그를 갈색이고 길 털을 가진 것과 교배시켰을 때 모든 자손은 검은 털이고 짧은 털이었다. 그렇지만 $F_1$ 2마리를 교배시켰을 때 표현형 비는 9:3:3:1이다.

**요점**

멘델의 독립의 법칙(서로 다른 유전인자들이 배우체 형성 전에 각각 독립적으로 분리된다는 것)은 감수분열에서 직접적 결과로 나타난다.

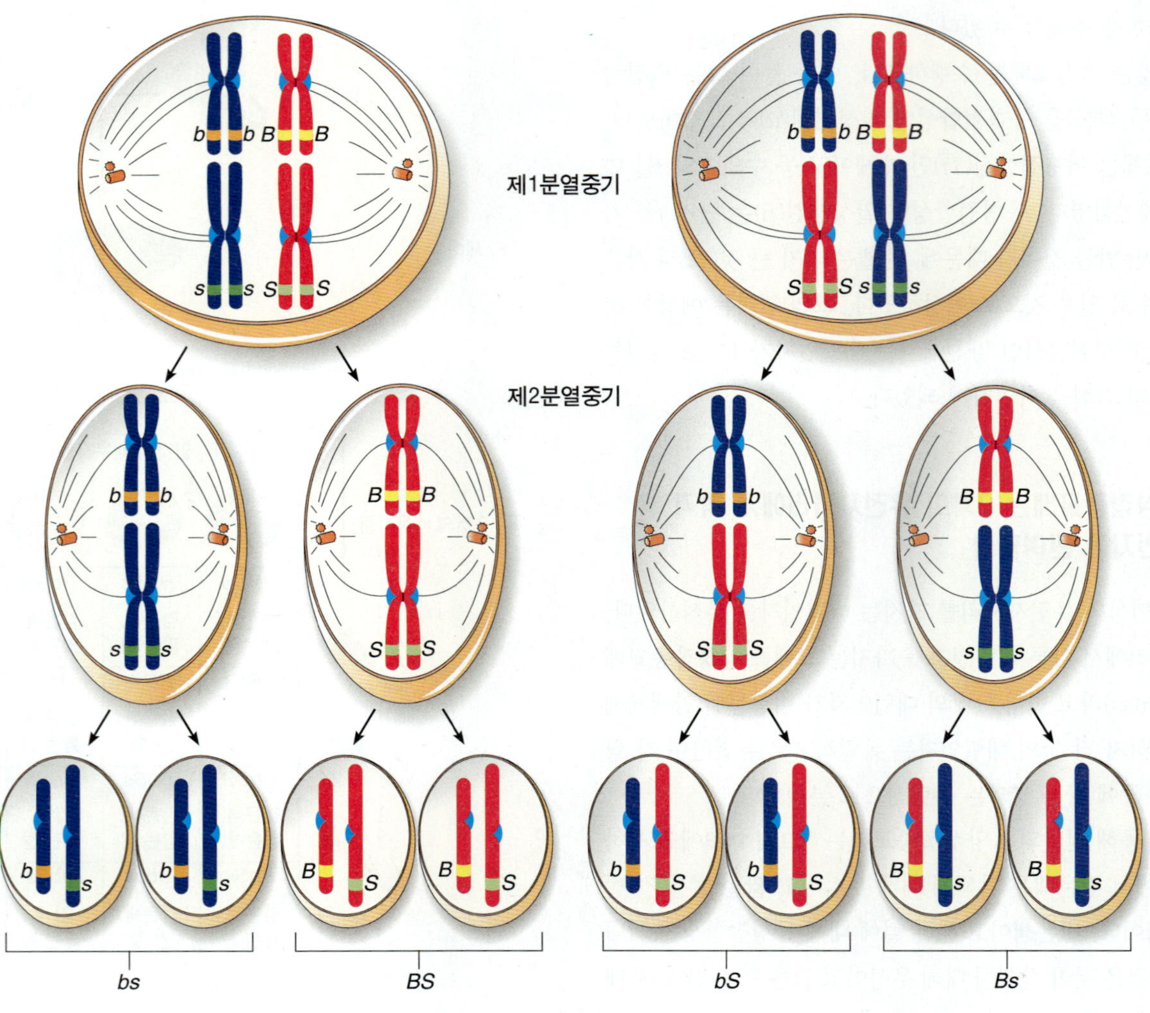


**그림 11-9 감수분열과 독립분리.**

2개의 다른 쌍의 상동염색체가 중기 상에서 배열하여 분리하는 데는 2가지 다른 방법이 있다. 왼쪽의 것은 하나의 세포에서 반은 *BS* 반은 *bs*배우자를 만드는 것이다. 반대로 오른 쪽의 것은 반은 *Bs* 반은 *bS*를 거의 같은 수로 가지는 것이다. 감수분열 중기는 각 형을 거의 반씩 가지기 때문에 4종류의 배우자가 거의 1:1:1:1로 나타난다.

색깔과 탈 길이에 관한 유전자 좌가 비상동염색체상에 있다면 $F_2$ 양성잡종교배에서 예상된다.

## 11.1.5 독립분리의 법칙은 비상동염색체 상의 대립인자가 배우자에게 무작위로 분배된다는 것이다

기니피그 예와 유사한 결과의 기초에서 **멘델**은 오늘날 **독립분리의 법칙**(principle of independent assortment)이라는 유전의 원리를 공식화하였는데 이는 어떤 유전자 쌍의 각각은 다른 유전자 쌍의 각각과 독립적으로 분리된다는 것이다. 이것은 각 배우자는 각 유전자자리에 대해 하나의 대립인자를 가진다는 일반적인 규정을 따르게 되지만 다른 유전자자리의 대립인자는 배우자에서 서로 무작위로 일어난다는 것이다.

오늘날 우리는 독립분리는 감수분열의 사건과 관련이 있다는 것을 안다. 2개의 상동염색체가 감수분열 제1분열 중기에서 염색체 두 쌍의 상동염색체가 배열할 때 2가지 다른 방법이 있다(**그림 11-9**). 이들은 무작위로 반은 한쪽 편으로 가고 다른 반은 반대 편으로 간다는 것이다. 그 후 적도판에서 상동염색체의 기원은 이어 분리를 결정하게 되고 반수체 세포로 분리한다.

**복습**

- 유전자자리와 유전자 및 대립인자의 관계는 어떠한가?
- 멘델의 분리의 법칙이란 무엇인가?
- 멘델의 독립분리의 법칙이란 무엇인가?

## 11.2 확률법칙은 멘델유전의 결과를 예측하는 데 이용할 수 있다

**학습목표**

5 유전적 교잡의 결과를 예측하는데 있어 보통 확률의 합의 법칙과 곱의 법칙을 응용한다.

모든 유전적 비는 확률로서 적절히 나타낸다. 단성잡종교배에서 우성과 열성표현형의 예상되는 비는 3:1이다. 확률의 사건이 바로 그 예상 빈도가 된다. 그러므로 두 이형접합성인 개체에서 나온 어느 자손이 우성인자의 표현형을 나타낼 확률은 3/4이고 열성인자의 표현형을 가질 확률은 1/4이다. 가끔 백분율로 나타내기도 하지만 확률은 분수(3/4)나 소수(0.75)로 계산된다. 어떤 사건이 확실히 일어난다면 그 확률은 1이고, 반면에 확실히 일어나지 않는다면 그 확률은 0이다. 확률은 0이거나 1일 수도 있고 0과 1사이에 있을 수도 있다.

푸니트 정방형은 2 개 이상의 확률을 조합할 수 있다. 푸니트 정방형을 이용할 때 곱의 법칙과 합의 법칙이라고 알려진 2가지 중요한 통계적 원리를 꼭 알아야 한다. **곱의 법칙(product rule)**은 2개의 독립적인 사상의 통합된 확률을 계산할 수 있다. 만약 하나의 출현이 다른 것이 출현하는 확률에 영향을 미치지 않는다면 그 사건은 독립적이다. 예를 들어 동전 하나를 던져 앞면이 나타날 확률은 1/2이고 두 번째 던져서 앞면이 나타날 확률(독립적인 사건)도 1/2이다. 만약 2개 이상의 사건이 서로 독립적이면 그들 모두가 일어날 확률은 그들 각각이 일어날 확률의 곱이다. 그러므로 연달아 두 번 앞면이 나타날 확률은 1/2 × 1/2 = 1/4 즉 4번 중 1번의 기회가 된다(**그림 11-10**).

유사하게 유전적 사건에 대해 곱의 법칙을 적용할 수 있다. 만약 두 양친이 *Bb*이라면 그들이 *bb*인 아이를 낳을 수 있는 확률은 얼마인가? *bb*인 아이가 되는 데는 그 아이가 각 양친으로부터 *b* 배우자를 받아야 한다. *b*인 난자의 확률은 1/2이고 *b*인 정자의 확률도 1/2이다. 동전의 실험에서와 같이 이들 확률은 독립적이기

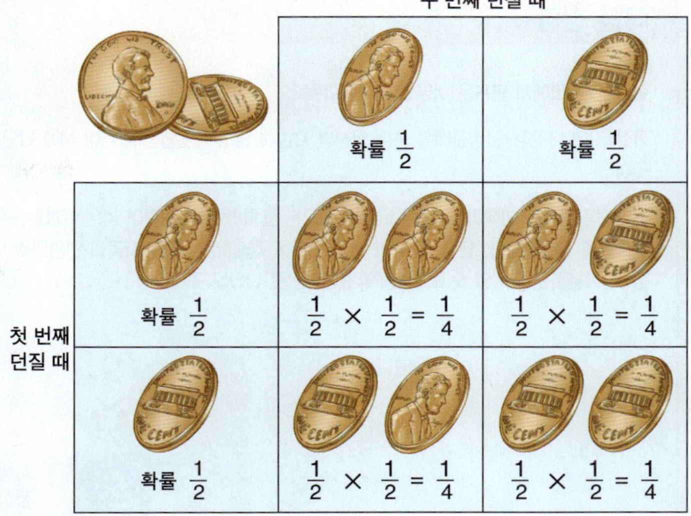


**그림 11-10 확률의 법칙.**

하나의 동전을 던져 앞면이 나타날 확률은 1/2이고 뒷면이 나올 확률도 1/2이다. 첫 번째 던진 결과와 두 번째 던진 결과는 서로 독립적이기 때문에 연이은 두 번 던졌을 때 조합된 결과의 확률은 그들의 각 확률을 곱하면 된다(곱의 법칙에 따르면 1/2 × 1/2 = 1/4이다). 확률의 이런 법칙은 유전적 사건을 예언하는데도 똑 같다.

에 그들의 조합은 곱의 법칙 즉 1/2 × 1/2 = 1/4이다. 푸니트 정방형을 이용해서도 이 결과를 알 수 있다.

**합의 법칙(sum rule)**은 상호 배타적인 사건의 통합된 확률을 예언한다. 어떤 경우에 특정 결과를 얻는 데는 1가지 이상의 방법이 있다. 이런 여러 가지 방법은 일어나는 것이 1가지 이상이기 때문에 상호 배타적이라 한다. 즉 만약 그들 중의 하나가 일어나면 다른 것은 일어날 수가 없다. 예를 들어 두 양친이 *Bb*이라면 그들의 첫째 아이도 *Bb*일 확률은 얼마인가? 이들 양친이 *Bb*인 아이를 가지는데 2가지 방법이 있다. 즉 *B*인 난자와 *b*인 정자가 결합(확률이 1/4)하던지 아니면 *b*인 난자와 *B*인 정자의 결합(확률이 1/4)으로 될 수 있다.

보통 결과를 얻는 방법이 1가지 이상일 때 그것이 얻어지는 기회는 증가한다. 그러므로 상호 배타적인 사건의 확률은 그들의 각 확률을 합하여야 한다. 여기서 *Bb*인 아이를 얻을 수 있는 확률은 1/4 + 1/4 = 1/2이다.

**복습**

- 유전적 교배결과를 예측하기 위하여 어떤 확률이 이용되는가?

**핵심 실험**

**질문:** 초파리에서 연관은 어떻게 일어날까?

**가설:** 연관은 2점-검정교배를 통해 양친형 자손이 많고 재조합형 자손이 적게 나오는 것으로 알 수 있을 것이다.

**실험:** 몸 색갈이 회색이며, 정상 날개를 가지는 초파리와 몸 색갈이 검은색이며 흔적날개를 가지는 초파리를 교배시켰다. 만약 몸 색과 날개 모양을 지배하는 대립인자들이 연관되어 있지 않다면, 그 자손들은 모두 동일 숫자의 4종류 표현형으로 나타날 것이다.

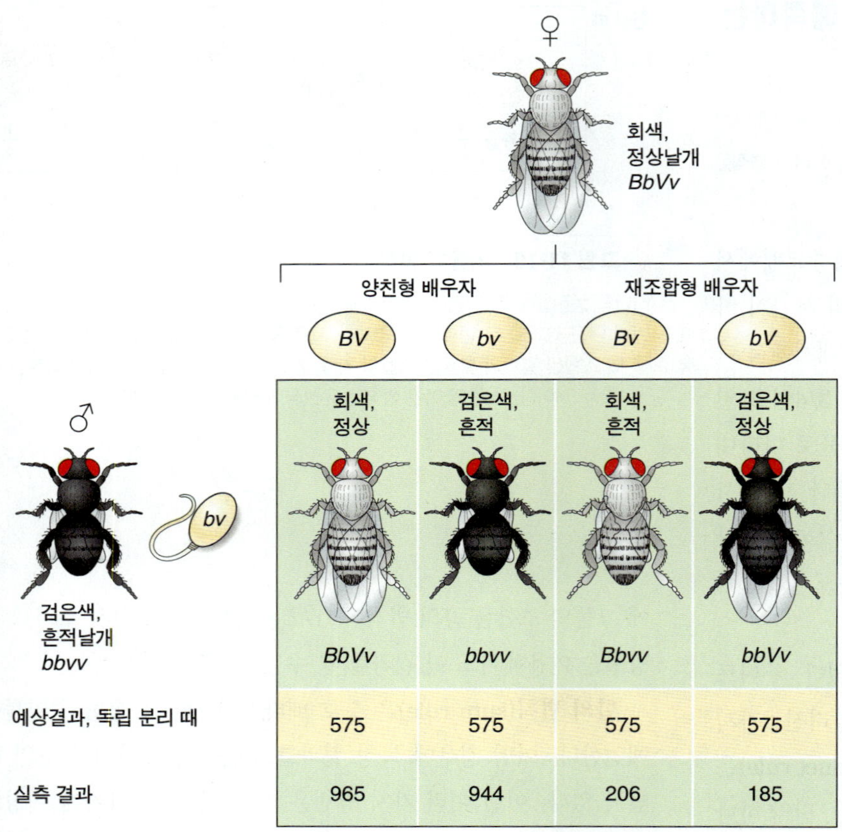


**결과와 결론:** 총 2,300개체의 자손을 얻었다. 자손 중 1,929개체는 두 양친형 군(총 83%)에 속했고, 391개체는 재조합 군(총 17%)에 해당한다. 따라서 날개의 길이와 몸 색깔을 지배하는 유전자자리는 하나의 상동염색체 쌍에 연관되어 있다.

**그림 11-11** 초파리에서 연관을 확인하는 2점-검정교배.

## 11.3 유전과 염색체

**학습목표**

6 연관을 정의하고 감수분열에서 특정 사건을 관련 지어 설명하라.

7 2개의 유전자 자리의 대립인자를 고려하여 검정교배의 자료를 독립분리와 연관의 차이를 정의하라.

8 포유류에서 성의 결정과 X-연관 유전자의 유전을 논하라.

감수분열이나 유전의 염색체설에 대한 어떤 지식도 없이 분리와 독립분리의 법칙을 수립한 것은 **멘델**의 천부적 소질이다. 유전의 염색체설은 멘델유전에 벗어나는 예도 설명이 가능하다. 소위 예외의 것 중에 하나가 연관이다.

### 11.3.1 연관된 유전자는 독립분리가 일어나지 않는다

1910년경에 시작하여 미국의 유전학자 **몰간**(Thomas Hunt Morgan)과 그의 대학원생들은 유전에 대한 염색체적 기초의 개념을 전개하였다. **몰간**은 실험동물로 초파리(*Drosphilla melanogaster*)를 이용하였다. 초파리는 생활주기가 14일 정도로 짧을 뿐만 아니라 체구가 작기에 실험실에서 많은 개체를 다룰 수가 있다(그림 17-6 참조). 개체가 많다는 것은 변이체를 동정할 기회가 많다는 것이다. 초파리는 4쌍의 염색체를 다지며 그들 중 1쌍이 성 염색체이다.

초파라의 교배실험을 정밀히 분석하여 유전자는 각 염색체 상에 선상으로 배열되어 있다는 것을 입증하였다. **몰간**은 또한 독립분리는 같은 상동염색체 상의 두 유전자자리가 아주 가까이 존재한다면 응용할 수 없다는 것을 알았다. 초파리에서, 날개 모양을 조절하는 하나의 유전자자리(정상적인 날개에 대한 우성 대립인자 *V*와 흔적날개인 열성대립인자 *v*)와 몸의 색을 조절하는 다른 유전자자리(회색을 담당하는 우성대립인자 *B*와 검은 색을 담당하는 열성대립인자 *b*)가 있다. 만약 동형접합성인 *BBVV*초파리를 동형접합성인 *bbvv*와 교배시킨다면 $F_1$초파리는 모두 회색의 몸이고 정상적인 날개를 가지며 그들의 유전자형은 *BbVv*이다.

이들 유전자자리는 1쌍의 같은 상동염색체에 존재하고 있기 때문에 그들의 대립인자는 독립분리가 되는 것이 아니고 서로 같이 유전되려는 경향이 있기에 함께 유전되고자 하는 **연관유전자**(**linked gene**)라고 한다. **연관**(**linkage**)은 동일염색체 상의 유전자 군이 다음 세대에 같이 전해지고자 하는 경향이 있다. 연관은 이형접합성인 $F_1$초파리(*BbVv*)를 동형접합성인 열성 초파리(*bbvv*)로 교배시키는 검정교배의 결과를 분석함으로써 쉽게 관찰할 수 있다(**그림 11-11**). 이형접합성인 개체는 동형접합성인 열성 개체와 교배되기 때문에 이 검정교배는 앞에서 서술한 교배와 유사하다. 그렇지만 두 유전자자리의 대립인자가 관여하였기 때문에 **2점-검정교배**(two-point test cross)라고 한다.

만약 이들 형질을 지배하는 유전자자리가 연관되어 있지 않다면 검정교배에서 이형접합성인 양친은 4종류의 배우자 즉 *BV*, *Bv*, *bV*, *bv*를 같은 수로 만들 것이다. 이런 독립분리의 결과로써 양친세대에서는 나타나지 않았던 새로운 유전자 조합의 자손이 만들어질 것이다. 새로운 유전자 조합을 만드는 과정을 **재조합**(recombination)이라고 한다. 본 예에서 *Bv*와 *bV*는 **재조합형**(recombination types)이고 다른 2종류의 배우자 *BV*와 *bv*는 P세대에서 만들었던 배우자와 똑 같기 때문에 **양친형**(parental types)라고 한다. 물론 동형접합성인 열성 양친은 단지 1종류의 배우자인 *bv*만을 만든다. 따라서 만약 $F_1$초파리에서 독립분리가 일어났다면 검정교배에서 얻은 자손의 약 25%는 몸이 회색이고 정상날개인 것이고(*BbVv*), 몸이 검고 정상날개(*bbVv*)가 25%, 회색이고 흔적날개(*Bbvv*)가 25%, 몸이 검고 흔적날개(*bbvv*)가 25%로 생겨날 것이다. 이점 검정교배는 표현형으로 바로 유전자형을 결정할 수 있게 한다는데 주목하라.

반면에 본 예에서 유전자자리의 대립인자는 그들이 연관되어 있기 때문에 독립분리를 따르지 않는다. 어떤 염색체 상에서 다른 유전자자리에서의 대립인자가 서로 같이 유전하는 경향을 가진다. 만약 연관이 완전하다면 단지 양친형 초파리 즉 회색이고 정상인 날개를 가지는 것(*BbVv*)이 약 50%와 검은색이고 흔적날개인 것(*bbvv*) 50%를 만들 것이다. 그렇지만 본 예에서 자손의 일부는 회색이고 흔적날개인 초파리이고 일부는 검은색이고 정상날개인 것이 나왔다. 이들은 이형접합성인 $F_1$양친에서 재조합 배우자를 받은 재조합형인 초파리다. 각 재조합형 배우자는 이형접합성인 암컷 초파리의 감수분열 중에 교차에 의해 일어났다. 각 재조합형 배우자는 이형접합성인 암컷 초파리의 감수분열에서 이들 유전자 간의 **교차**(crossing-over)가 일어났다(초파리는 암컷에서만 교차가 일어나지 수컷에서는 일어나지 않는다는 것이 특이하다. 보통 교차는 암수 공히 일어나는 것이 일반적이다). 염색체가 쌍을 이루고 대합하여 상동염색분체가 염색분체를 서로 교환하여 절단과 재조합을 통한 상호교환이 일어나는 9장을 상기하라(**그림 11-12**, 그림 10-15 참조).

**요점**

상동염색체의 염색분체 사이에서는 단편의 상호교환으로 연관된 유전자의 재조합이 일어난다.

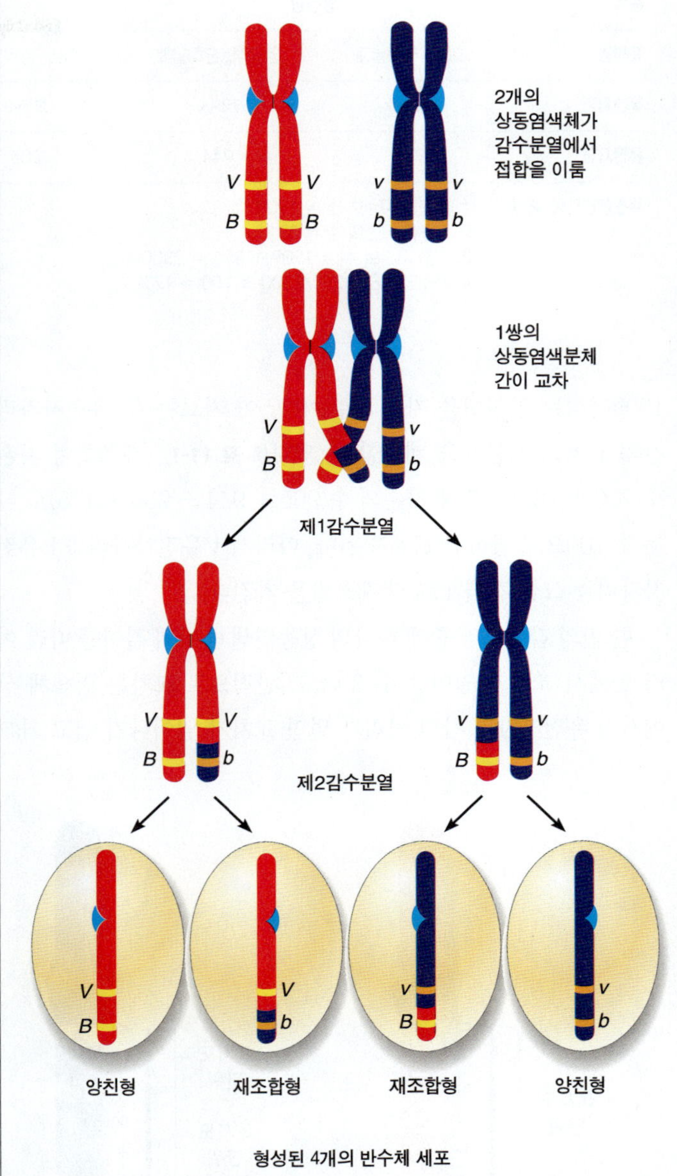


**그림 11-12 교차.**

어떤 염색체 상에서 멀리 떨어져 위치한 유전자는 가까이 위치하는 유전자보다 상호 교환될 확률이 높다.

### 11.3.2. 어떤 염색체 상에서 연관된 유전자의 선상 순서는 교차빈도를 계산함으로써 결정한다

본 초파리의 예에서(그림 11-11) 391마리의 자손은 재조합형이다. 즉 흔적날개를 가진 회색 초파리(*Bbrr*)가 206마리 그리고 정상날개를 가진 흑체색 초파리(*bbRr*)가 185마리였다. 나머지

**표 11-1**

**2점-검정교배에서 재조합빈도를 결정하는 방법**

| 자손의 종류 | 검정교배 결과(그림 11.11 로부터) | | | |
|---|---|---|---|---|
| | 양친형 | | 재조합형 | |
| 표현형 | 회색, 정상날개 | 검은색, 흔적날개 | 회색, 흔적날개 | 검은색, 정상날개 |
| 유전자형 | *BbVv* | *bbvv* | *Bbvv* | *bbVv* |
| 유전자형 | 965 | 944 | 206 | 185 |
| 재조합빈도의 계산 | 1. 양친형 자손의 수 = 1909<br>2. 재조합 자손의 수 = 391<br>3. 전체 자손의 수 = 1909 + 391 = 2300<br>4. 재조합빈도 = 391/2300 × 100 = 17% | | | |

1909마리는 양친형을 가진 자손이다. 이 자료는 두 유전자자리 간의 교차의 백분율을 계산할 수 있다(▮ **표 11-1**). 재조합형 자손 수(206 + 185)를 전체 자손의 수(965 + 944 + 206 + 185)로 나눈 후 100으로 곱하면 17%가 된다. 따라서 *V*유전자자리와 B유전자자리는 그들 간에 17%의 재조합을 가진다.

한 번의 감수분열 중에 하나의 상동염색체 쌍의 길이를 따라 여러 곳에서 교차가 일어날 수 있다. 일반적으로 교차는 염색체 상에서 2 유전자자리 간의 거리가 멀면 교차가 일어나기 쉽고 가까이 존재하면 일어나기 어렵다. 두 유전자자리 간의 재조합의 빈도와 그들 간의 선상거리 간의 어느 정도 상관이 있기 때문에 재조합의 백분율을 **유전자 단위(map unit)**로 생각할 수 있다. 편의상 두 유전자자리 간의 1% 재조합을 1 지도거리로 하면 본 예에서 유전자자리는 17단위 떨어져있다.

특정 연관된 유전자자리 간의 재조합 빈도는 여러 종에서 계산되었다. 모든 실험 결과는 유전자가 염색체 상에서 선상으로 배열되어 있다는 가설과 일치하였다. ▮ **그림 11-13**는 한 염색체에서 유전자의 선상 순서를 결정하는 전통적인 방법을 도시하고 있다.

하나의 4분염색체(tetrad)에서 두 유전자자리 간에 두 번 이상의 교차가 감수분열 중에 일어날 수 잇다. 우리는 이형접합성인 양친에서 재조합된 배우자를 받는 자손의 빈도는 계산할 수 있지만 교차의 실질적인 수는 아니다. 사실, 교차의 실질적인 빈도는 관찰된 재조합의 빈도보다 다소 많다. 이런 이유는 동일한 2개의 상동염색분체에서 두 번의 동시 교차가 일어나면 원래의 유전자 조합으로 되돌아가기 때문이다(▮ **그림 11-14**).

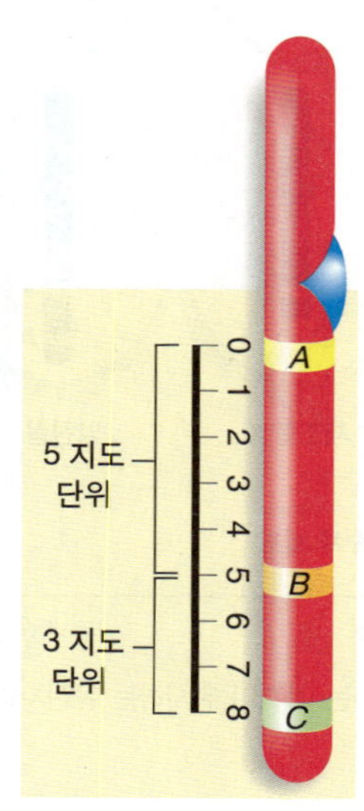


(**a**) 만약 A와 C간의 재조합이 8%(8지도거리)라면 B는 중앙에 있다.

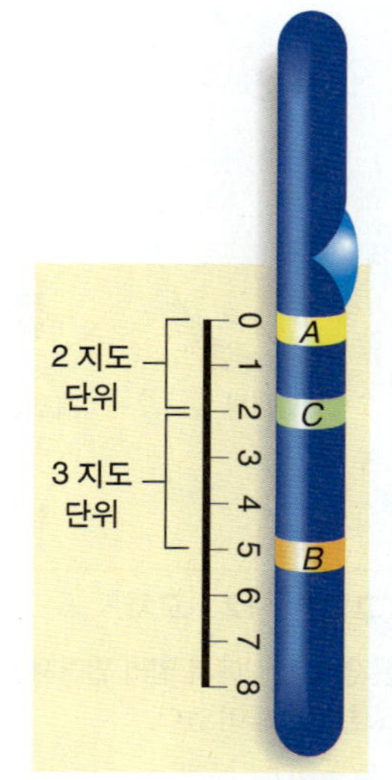


(**b**) 만약 A와 C간의 재조합이 2%라면 C가 중앙에 있어야 한다.

**그림 11-13 유전자 지도작성.**

유전자 순서(즉 다른 2 유전자 좌위간의 어느 쪽에 위치하는지)는 2개를 쌍으로 하여 각각의 재조합 백분율로 결정한다. 이 가정적인 예에서 *A*와 *B* 유전자자리 간의 재조합 빈도는 5%(5지도단위에 해당)이고 *B*와 *C* 유전자 간의 빈도는 3%(3 지도단위)이다. 이들 대립인자의 선상 순서에 대해서는 2가지가 있다.

**그림 11-14 이중교차.**

만약 동일한 상동염색분체가 어떤 2 유전자자리 간에 이중교차가 일어난다면 형성된 배우자는 이들 유전자에 대해 재조합형이 되지 않는다.

## 11.3.3 성은 일반적으로 성염색체에 의해 결정된다

어떤 종에서의 성은 환경에 의해 지배되는 경우도 있지만 대부분의 생물에서 성 결정은 유전자에 의해 결정된다. 포유류, 조류, 많은 곤충의 성을 결정하는 주 유전자는 **성염색체**(sex chromosome)에 있다. 보통 한쪽 성이 1쌍의 동일한 성염색체를 가지므로 배우자가 모두 똑 같은 성염색체를 가진다. 다른 쪽 성은 2개의 다른 성염색체를 가지므로 각기 1종류의 성염색체를 가지는 2종류의 배우자를 만들다. 다른 성을 가지는 개체는 2종류의 다른 성염색체를 가지고 있어서 다른 성염색체 어느 하나를 가지는 2종류의 배우자를 만든다.

사람 등 많은 종류의 동물의 암컷의 세포는 2개의 **X염색체**(X chromosome)를 가진다. 반면에 수컷은 이형배우자로써 하나의 X염색체와 작은 하나의 **Y염색체**(Y chromosome)를 가진다. 예를 들어 남자는성염색체와는 다른 22쌍의 **상염색체**(autosome)와 하나의 X와 Y염색체를 가진다. 여자는 22쌍의 상염색체와 1쌍의 X염색체를 가지고 있다. 고양이는 19쌍의 상염색체와 암컷은 1쌍의 X염색체를 가지며 수컷은 하나의 X와 Y염색체를 가진다.

### (1) Y염색체는 대부분의 포유류에서 수컷을 결정한다

남자가 남자의 표현형을 나타내는 것이 하나의 X염색체만 있기 때문인가 아니면 하나의 Y염색체가 있기 때문인가? 이런 의문에 영향을 주는 많은 증거가 비정상적인 성염색체 구성을 가진 사람의 연구에서 나왔다(16장 참조). XXY인 사람은 외관상 거의 정상적인 남자이지만 정소가 잘 발달하지 못한다(클라인펠터 증후군). 하나의 X염색체는 있지만 Y염색체가 없는 사람은 단신이고 난소발달이 안된 외관상 불완전한 여자이다(터너 증후군). Y는 있지만 X가 없는 배아는 살 수가 없다. 따라서 모든 개체는 최소한 하나의 X염색체가 필요하고 Y는 남자를 결정하는 염색체이다.

사실 남자를 결정하는데 관여하는 Y염색체 상의 많은 유전자가 동정되었다. Y염색체 상에 있는 주요한 남성 결정 유전자인 *SRY*유전자는 태아 시에 정소를 발육하게 하는 "유전적 스위치"로써 작용한다. 그 후 발생하는 정소는 **테스토스테론**(testosterone)을 분비하여 남성의 특징적인 다른 면을 발생하게 한다. Y염색체 상에 있는 몇몇 다른 유전자도 X염색체 상에 있는 많은 유전자와 상염색체상의 어떤 유전자가 하는 것 즉 XXY개체가 완전한 정상적인 남자의 표현형을 가지지 않는 것과 같이 성 결정에 중요한 역할을 한다. 상염색체 상의 어떤 유전자도 성 발육에 영향을 준다.

X와 Y염색체는 크기, 모양과 유전적 조성이 다르기 때문에 현

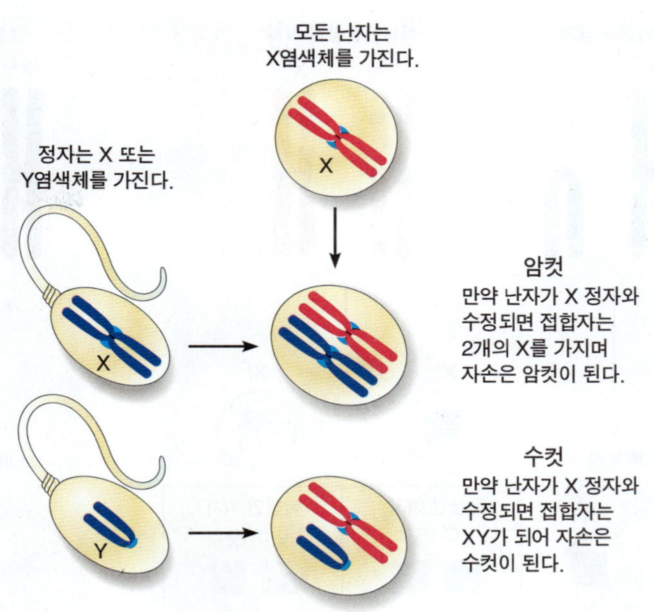


**그림 11-15 포유류의 성 결정.**
포유류에서는 정자가 성을 결정한다. X를 가지는 정자는 암컷을 만들고 Y를 가지는 정자는 수컷을 만든다.

재로서는 상동이 아니다. 그럼에도 불구하고 두 염색체는 아주 작은 상동부분을 가지고 있어 감수분열 중에 서로 조합을 이루고 서로 분리한다. 정자의 반은 X염색체를 가지고 반은 Y염색체를 가진다(**그림 11-15**). 모든 정상적인 난자는 하나의 X염색체를 가진다. X를 가지는 난자가 X를 가지는 정자에 의해 수정되면 XX(여자)접합자가 되고 Y를 가지는 정자에 의한 수정은 XY(남자)접합자가 된다.

우리는 X와 Y를 가지는 정자가 동일한 수를 가지는 것으로 예상되기에 남자와 여자의 성비는 1:1이다. 그렇지만 사실 사람의 경우 남자가 여자보다 더 많이 임신되며 출생 전에 남자가 더 많이 죽는다. 태어날 때 성비는 여자 100명 당 남자가 106명이 출생한다, 왜 이런지는 잘 모르지만 Y를 가지는 정자가 수정에서 경쟁적 우위가 있는 것 같다.

### (2) X-연관 유전자는 비정상적인 유전양식을 가진다

사람의 X염색체는 두 성에 필요한 많은 유전자를 가지고 있다. 색맹과 혈우병과 같은 X염색체 상에 존재하는 유전자를 **반성유전자**(sex-linked genes)라고 한다. 그렇지만 그들은 X염색체의 유전양식을 따르게 때문에 엄격히 말해서 본질적으로 생물체의 성과 연관된 것은 아니므로 **X-연관유전자**(X-linked genes)라고 한다.

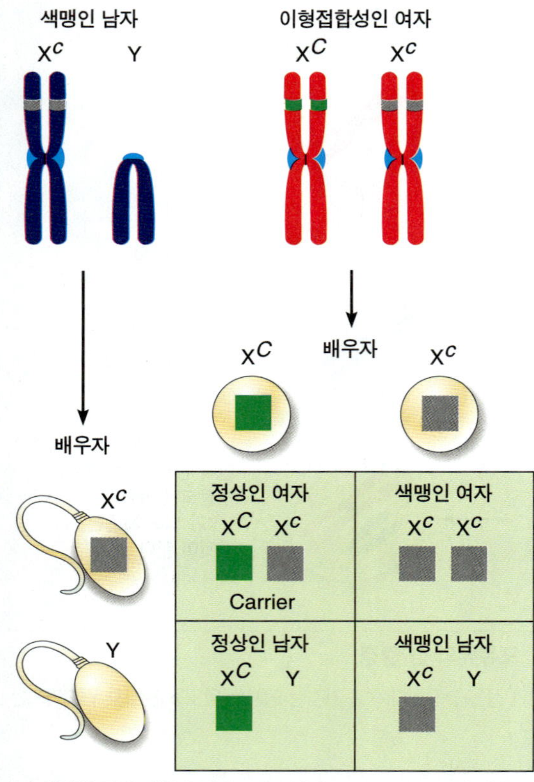


(a) 색맹이 되기 위해서 여자는 두 양친으로부터 색맹에 대한 유전자를 받아야만 한다.

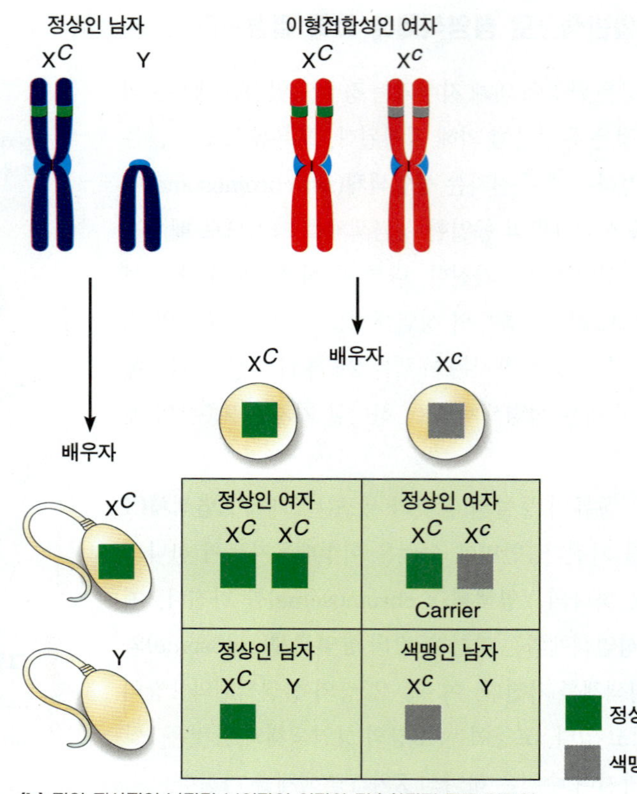


(b) 만약 정상적인 남자가 보인자인 여자와 결혼한다면 그들 아들의 반은 색맹이고 딸의 반은 보인자인 것으로 기대된다.

**그림 11-16 X-연관 적록색맹.**

Y염색체는 색에 관한 유전자를 가지고 있지 않음을 주목하라.

여자는 어머니로부터 하나의 X염색체와 아버지로부터 하나의 X염색체를 받는다. 남자는 아버지로부터 남자를 만드는 Y염색체를 받는다. 그는 어머니로부터 하나의 X염색체를 받으므로 X연관 유전자 모두를 받는다. 남자에서 모든 X염색체의 모든 대립인자는 형질발현이 되지만 여자에서는 우성이냐 열성이냐에 따라 발현이 결정된다. 남자는 X연관 유전자에 대해 동형접합성도 이형접합성도 아니다. 대신에 X-연관유전자를 하나만 가지기에 보통 **반접합성**(hemizygous)이라고 한다.

여자에서 형질발현이 일어나기 위해서 열성 X연관 대립인자는 두 양친에서 유전되어야만 한다. 예를 들어 색맹인 여자는 색맹인 아버지와 색맹에 대해 이형접합성이거나 동형접합성인 어머니를 가져야만 한다(그림 11-16). 이런 인자 조성은 색맹에 대한 대립인자의 빈도가 비교적 낮기 때문에 아주 드물다. 반면에 색맹인 남자는 이형접합성인 어머니와 정상인 아버지일 수 있다. 연관 열성 형질은 여자보다 남자가 훨씬 많이 나타나는데 이것은 남자의 배가 여자보다 왜 더 잘 죽는지를 부분적으로 설명하고 있다.

### (3) 양적보정은 남자와 여자의 X-연관 유전자의 형질 발현을 같게 한다

X염색체는 남자와 여자에 필요로 하는 수많은 유전자를 가지고 있지만 정상적인 여자는 각 유전자자리에 대해 2개의 유전자를 가지지만 정상적인 남자는 단지 하나의 유전자를 가진다. **양적보정**(dosage compensation)은 여자의 2개의 유전자와 남자의 하나의 유전자가 그 유전자 산물이 같게 되는 기작이다. 수컷인 초파리는 하나의 X염색체가 활성을 더 나타내어 양적보정을 한다. 대부분의 조직에서 하나의 수컷의 X염색체의 대사 활성은 암컷에서 나타나는 2개의 X염색체의 활성과 같다.

포유류에서 양적 보정은 암컷에서 2개의 X염색체 중 하나의

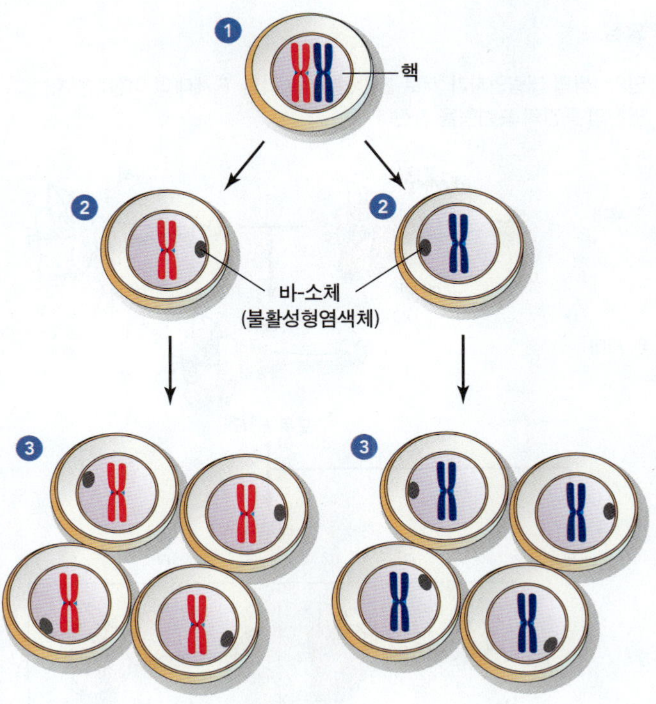


1 접합자와 초기 배세포는 각 양친에서 하나씩 받은 2개의 X염색체를 가진다.

2 하나의 X염색체의 무작위 불활성화는 발생초기에 일어난다. 대충 세포의 반은 왼쪽에서와 같이 하나의 X염색체가 불활성화되고 나머지 반은 오른쪽과 같이 2 번째 X염색체가 불활성화된다. 불활성형의 X 염색체는 핵막 가까이에 바-소체를 보인다.

3 염색체 불활성화는 잇따른 분열된 세포에서도 영향을 주어 성체에서는 얼룩형의 세포군을 이룬다.

**(a)** 암컷세포에서 하나의 X염색체 불활성화.

Eunice Percy/Earth Scenes/Animals Animals

**(b)** 얼룩고양이는 검은색과 갈색(또는 오렌지색)의 털색에 대해 X-연관 유전자를 가지고 있지만 무작위 불활성화로 인해 2가지 색이 덩어리로 나타난다(흰색이 나오는 부분은 털색에 관여하는 다른 유전자의 출현에 기인한다).

**그림 11-17 포유류 암컷의 양적보정.**

불활성화에 기인한다(그림 11-17a). 휴지기 중에 염색하여 광학현미경으로 관찰하면 포유류 암컷 핵 주변부에 검은 점의 염색질이 나타난다. **바-소체**(Barr body)라고 하는 검은 염색질의 점은 심하게 꼬여 대사적으로 불활성인 X염색체이다. 다른 하나의 X염색체는 상염색체와 마찬가지로 활성을 가지고 있다. 활성을 가진 X염색체는 휴지기 중에 광학현미경으로는 볼 수 없는 아주 긴 실 모양을 이루고 있다.

X염색체 불활성화는 암컷 배의 체세포에서 무작위로 일어난다. X-연관 유전자자리에서 이형접합성인 암컷 포유류는 세포의 반에서 하나의 대립인자가 형질을 발현하며 반은 발현되지 않는다. 이것은 가끔 표현형에서 입증되었다. 쥐와 고양이는 어떤 털색에 대해 여러 가지 X-연관 유전자를 가지고 있다. 그런 유전자에 대해 이형접합성인 암컷은 털색에서 얼룩무늬 모양을 가진다. **잡색**(variegation)이란 이런 현상은 얼룩고양이 등에서 증명되었다(그림 10-17b). 비교적 적은 세포로 이루어 진 배 발생 초기에 X염색체의 불활성화가 모든 세포에서 무작위로 일어난다. 이들 세포 중의 어느 하나가 유사분열로 나누어진다면 그 후에 생긴 모든 세포는 활성화된 염색체가 동일하며 모든 후손 세포는 같은 색을 띄우게 된다.

**복습**

- 연관 유전자란 무엇인가?
- 유전자의 연관을 알아내기 위해 사용하는 2점-검정교배란 어떻게 하는 것인가?
- 인간과 대부분의 포유동물에서 수컷을 결정해주는 염색체는 무엇인가?
- 양적보정이란 무엇이며, 포유류에서 이것이 일어나는 것은 어떤 것인가?

## 11.4 멘델유전의 확장

**학습목표**

9 유전자가 표현형에 영향을 주기 위해 상호작용하는 여러 가지 방법을 설명하라.
10 불완전우성, 공우성, 복대립유전자, 상위, 다유전자에 대한 유전적 문제를 해결하라.
11 표현형 표준변이에 대해 예를 들어 설명하라.

어떤 유전자자리와 그 자리가 조절하는 형질간의 관계는 간단할 수도 있고 그렇지 않을 수도 있다. 어떤 유전자자리에서 1쌍의 대립인자는 어떤 생물의 하나의 형질의 출현을 조절할 수도 있다. 1쌍의 대립인자가 여러 가지 형질의 조절에 관여하거나 많은 유전자자리의 대립인자가 하나의 형질을 나타내는데 공조할 수도 있다. 이런 복잡한 관계를 가지는 것도 많다는 것에 놀랄 일은 아니다.

우리는 표현형을 하나 혹은 그 이상의 각도에서 볼 수 있다. 모양, 크기, 색과 같은 형태적 형질일 수도 있고 특정분자의 대사에 필요한 특정효소의 유무와 같이 생화학적인 형질일 수도 있다. 또한 생물체가 자라는 환경조건의 변화가 유전자의 표현형적 형질을 바꿀 수도 있다.

### 11.4.1 우성은 항상 형질이 나타나는 것은 아니다

여러 다양한 생물에서 많은 형질의 유전에 대한 연구는 1쌍의 대립인자 중 하나가 다른 인자에 대해 완전히 우성이 아닐 수도 있다. 이런 경우 우성이다 열성이라는 용어는 적절하지 않다.

분꽃(*Mirabilis jalapa*)이라는 식물은 붉은색 아니면 흰색이다. 이들 두 색은 자가수정으로 된 경우이다. 붉은색과 흰색의 분꽃의 교배에서 후대의 꽃의 색이 어떤 것인지를 예상되는가? 어느 하나가 우성으로 생각한다면 우리는 붉은 꽃이거나 흰색일 것이라고 예상한다. 이 교배는 독일의 식물학자인 **코렌스**(Carl Correns)에 의해 처음 이루어졌는데 모든 $F_1$ 식물이 분홍색이 나타났다.

이 결과를 유전에 대한 **멘델**의 가정과는 다른가? 양친의 형질들이 자손에서 분리되지 않고 섞여있는가? 정반대로 이들 두 분홍색 분꽃을 자가 수정시켰을 때 붉은색, 분홍색, 흰색이 1:2:1로 나왔다(**그림 11-18**). 이 예에서 예상한 것과 다른 결과는 예외적인 상황을 넣기 위하여 과학자들은 반복실험과 가정의 수정을 시도하게 된다. 분홍색 분꽃은 분명히 이형접합성인 개체이고 붉은색과 흰색에 관여하는 대립인자 어느 것도 완전히 우성이 아니다. 이형접합자는 두 양친의 중간의 표현형을 가지기 때문에 이런 유전자를 **불완전우성**(incomplete dominance)이라고 한다. 이런 교배에서 유전자형과 표현형의 비는 같다.

사람은 **ABO혈액형**(ABO blood type)이라고 하는 4가지 형(A, B, AB, O)을 가진다. 혈액형 O, A, B, AB는 한 유전자자리에 있는 3종류의 대립인자에 의해 지배된다(**표 11-2**). 대립인자 $I^A$는 적혈구 표면에서 발현하는 특수한 당단백질인 항원 A를 암호화한다. (면역은 44장에서 논한다. 여기서는 항원이란 면역반응을 자극할 수 있는 물질이라고만 생각하자). 대립인자 $I^B$는 다른(관련은 있지만) 당단백질인 항원 B를 생산하게 한다. 대립인자 $i$는 비록 $I^A$와 $I^B$에 대해 대립인자 관계이지만 항원을 암호화하지 못한

**요점**

만약 1쌍의 대립인자가 서로 불완전우성이라면, $F_1$세대의 이형접합자는 그 양친의 중간의 표현형을 가진다.

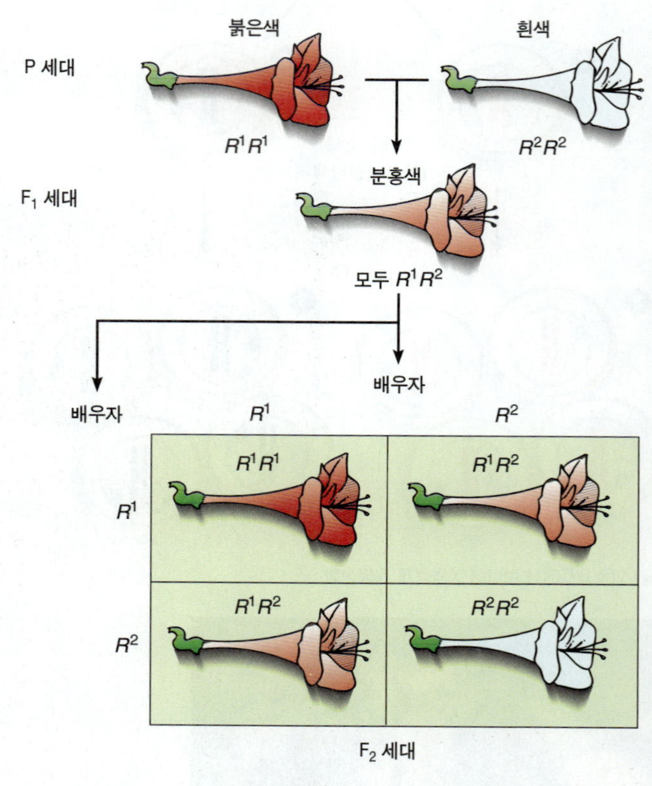


**그림 11-18 분꽃의 불완전우성.**

2개의 중간우성 대립인자 $R^1$과 $R^2$는 붉은색, 흰색과 분홍색 꽃을 담당한다. 붉은색 꽃은 $R^1R^1$이고 $R^2R^2$는 흰색이고 이형접합자($R^1R^2$)는 분홍색이다. 다른 인자에 대해 열성이 아니기 때문에 두 대립인자에 어깨글자를 넣었다는 것에 주의하라

**표 11-2**

**ABO 혈액형**

| 표현형 (표현형) | 유전자형 | RBC에서 항원 | 혈장 내에서 A나 B항원에 대한 항체 |
|---|---|---|---|
| A | $I^AI^A$, $I^Ai$ | A | 항-B |
| B | $I^BI^B$, $I^Bi$ | B | 항-A |
| AB | $I^AI^B$ | A, B | 없음 |
| O | $ii$ | 없음 | 항-A, 항-B |

*이 표와 ABO에 대한 내용은 다소 간단히 요약된 것이다. 자신의 적혈구 (RBC) 표면에 없는 항원에 대응하는 항체를 만든다는 것에 주목하라. 이런 이유로 이들 항체는 혈액형을 결정하는 표준 검사로 이용한다.

진회색
$CC$, $Cc^{ch}$, $Cc^{h}$, or $Cc$

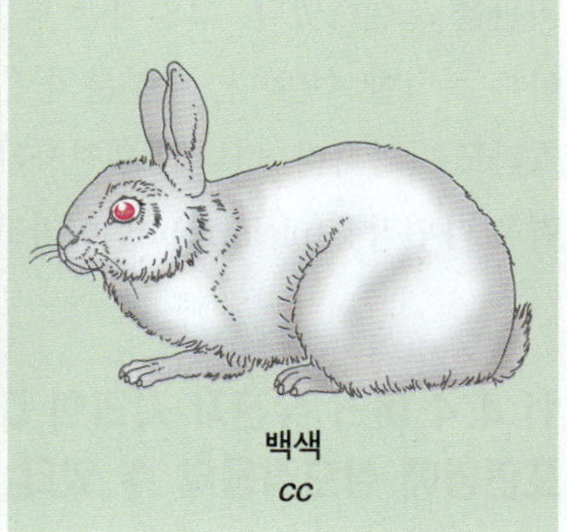


**그림 11-19 토끼의 복대립인자**

토끼의 털색에 관여하는 유전자 좌는 4개의 대립인자 즉 $C$, $c^{h}$, $c^{ch}$, $c$가 있다. 이배체인 토끼는 이들 중 2개의 인자를 가진다. 표현형과 관련된 유전자형을 나타내었다.

다. 유전자형이 $I^{A}I^{A}$ 이거나 $I^{A}i$인 사람은 혈액형이 A형이고, $I^{B}I^{B}$ 이거나 $I^{B}i$인 사람은 B형이고 $I^{A}I^{B}$인 사람은 AB형이고 $ii$인 사람은 O형이다. 이런 결과는 대립인자 $I^{A}$와 $I^{B}$는 서로 우열관계가 없고, 이들은 둘 다 이형접합체에서 표현형을 나타내며 각 대립인자는 대립인자 $i$에 대해서는 우성이지만 서로는 **공우성(codominance)** 관계라고 한다.

한 때 혈액형을 결정하는 것은 친자 관계의 논쟁을 해결하는데 이용해 왔다. 혈액형 검사가 특정 아이의 가능한 양친의 원리로 인해 어떤 사람은 아니라고 배제할 수 있다 할지라도 어떤 사람이 진짜 양친이라고 단정할 수는 없다. 결정할 수 있는 것은 단지 생부모일 수 있다는 것에 한한다. AB형인 남자가 O형인 아이의 아버지일 수 있는가? O형인 어머니가 AB형인 아버지를 가질 수 있는가? B형의 아이를 가진 A형 어머니의 남편이 A형이나 O형일 수 있는가?

### 11.4.2 집단에는 한 유전자 자리에서 복대립인자가 존재할 수도 있다

지금까지 제시한 대부분의 예는 각 유전자자리가 최대 2개의 대립적인 변이를 가지는 것을 취급하였다. 하나의 이배체 생물은 특정 유전자자리에서 2개의 최대 다른 대립인자를 가지며 반수체는 한 유전자 자리에서 단지 하나의 대립인자만 가진다는 것은 사실이다. 그렇지만 만약 우리가 어떤 집단을 대상으로 조사한다면 ABO혈액형에서와 같이 특정 유전자자리에서 2개 이상의 대립인자를 발견할 수도 있다. 만약 어떤 유전자자리에서 3개 이상의 대립인자가 집단 내에 존재한다면 우리는 그 유전자자리는 **복대립인자(multiple allele)**를 가진다고 한다. 학자들은 많은 유전자자리가 복대립인자를 가진다는 것을 알았다. 어떤 대립인자는 효소의 활성으로 또 어떤 것은 다른 화학적 양상이지만 표현형에서는 차이가 없는 것 등으로 동정할 수 있다. 어떤 것은 쉽게 인지할 수 있는 표현형을 만들지만 어떤 유성형질은 여러 가지 방법으로 대립인자를 조합했을 때 분간할 수도 있다.

토끼에서 털색에 관한 유전자 좌에는 4개의 대립인자가 있다(그림 11-19). 대립인자 $C$는 완전히 검은 털을 만든다. 동형접합성인 열성 유전자형 $c^{c}$는 흰색인 토끼가 된다. 동일한 유전자자리에서 2개의 다른 대립인자 $c^{h}$와 $c^{ch}$가 있다. 유전자형이 $c^{h}c^{h}$인 토끼는 히말라야형으로써 몸은 흰색이지만 귀, 코, 꼬리와 다리의 끝은 색깔을 가진다(샴고양이와 비슷하다). 유전자형이 $c^{ch}c^{ch}$인 토끼는 친칠라형으로써 몸 전체가 다소 회색이다. 유전적 교배의 기초에서 이들 대립인자는 다음과 같은 우열관계가 상립된다:

$$C > c^{ch} > c^{h} > c$$

각 대립인자는 그 다음 것들에 대해 우성이고 이전의 것들에 대해 열성이다. 예를 들어 $c^{ch}c^{ch}$, $c^{ch}c^{h}$, $c^{ch}c$토끼는 친칠라형이지만 $c^{h}c^{h}$, $c^{h}c$인 토끼는 히말라야형이다(히말라야형은 유전자 형질발현에 대한 환경의 영향을 논할 때 다시 언급할 것이다).

어떤 다른 여러 가지 복대립인자에서 어떤 대립인자는 공우성이고 어떤 것은 불완전우성일 수도 있다. 그래서 이형접합자는 보통 그들 양친간의 중간 표현형을 가지게 된다.

### 11.4.3 하나의 유전자가 여러 가지 표현형에 영향을 줄 수 있다

지금까지 나타난 예에서 유전자와 그 표현형과의 상호관계는 정확히 직접적이며 확실하였고 관련된 유전자자리는 하나의 형질의 외관을 조절하였다. 그렇지만 형질에 대한 유전자의 상호작용은 아주 복잡할 수 있다. 대부분의 유전자는 여러 가지 형질에 대해 효과도 다양하다. 하나의 유전자가 여러 가지 효과를 나타내는 능력을 **다면작용**(pleiotrophy)이라고 한다.

### 11.4.4 여러 유전자 자리의 대립인자가 하나의 표현형에 상호작용할 수 있다

여러 쌍의 대립인자는 하나의 표현형에 영향을 주기 위해 상호작용하거나 1쌍이 다른 쌍에 대해 억제하거나 역으로 활성화할 수 있다. 유전자 상호작용 중의 한 예가 닭 볏의 유전에 관한 예인데 2개의 유전자가 새로운 표현형을 만들기 위해 상호 작용한다(**그림 11-20**). 장미볏 대립인자 *R*은 외쪽볏 *r*인자에 대해 우성이다. 또 다른 연관이 안된 대립인자 *P*와 *p*는 완두볏과 외쪽볏의 유전을 지배한다. 외쪽볏 닭은 두 유전자자리에 대해 동형접합성인 *pprr*이다. 장미볏은 *ppRR* 아니면 *ppRr*일 것이고 완두볏은 *PPrr*아니면 *Pprr*일 것이다. *P*와 *R*이 동일 개체 내에 있을 경우 표현형이 완두볏도 장미볏도 아닌 호도볏이라는 다른 표현형이 나타났다. 호도볏의 표현형은 닭이 1, 2개의 R인자와 1, 2개의 P인자(즉 *PPRR*, *PpRR*, *PPRr*, *PpRr*)가 있을 때 만들어졌다. 2마리의 이형접합성인이며 호도볏인 *PpRr*의 자손 중에 볏의 종류를 예측할 수 있을까? 이런 유전자 상호작용은 $F_2$세대에서 9:3:3:1의 비에 영향을 줄 것인가? 아니면 **멘델**의 9:3:3:1의 비가 될 것인가?

**그림 11-20 닭의 볏에대한 유전자 상호작용.**

2유전자 쌍이 4종류의 닭의 볏의 표현형을 결정한다. 호도볏은 *P–R–*이다. 완두볏은 *P–rr*이고 장미볏은 *ppR–*이다. 2유전자자리에 대해 열성 동형접합자는 외쪽볏을 가진다. (–표시는 우성인자 또는 열성인자일 수 있다.)

**상위**(epistasis)는 유전자 상호작용의 전형적인 예로써 어떤 유전자 자리의 특정 대립인자의 출현은 다른 유전자 자리의 어떤 대립인자의 표현형을 막을 수 있다. 사냥개의 털색이 상위의 한 예이고 털의 색소에 관한 유전자와 색소침적에 관계하는 유전자가 관여한다(**그림 11-21**). 색소유전자에 대한 2가지 대립인자는 검은 털에 대한 *B*인자와 갈색에 대한 *b*인자가 있고 색소침적에 관련한 2가지 대립인자가 있다. 갈색 털의 형질발현을 위한 *E*인자와 *B*/*b*인자의 형질발현을 억제하는 *e*인자가 있다. 상위 대립인자는 열성이므로 유전자형에서 *B*와 *b*의 조성과는 관계없이 동형접합성(*ee*)이면 단지 노란색이 되는 것이다.

### 11.4.5 다유전자가 하나의 표현형을 만드는데 상가적으로 작용한다

신장, 체형, 피부색과 같은 많은 사람의 유전형질은 한 유전자자리의 대립인자에 의해 유전되지는 않는다. 우유나 계란 생산과 같이 상업적으로 중요한 동식물 사육에도 같은 유전양식이 많다. 아마도 다른 유전자자리에 있는 여러 대립인자가 각 형질에 영향을 준다. **다유전자 유전**(polygenic inheritance)이라는 용어는 많은 독립된 유전자 쌍이 유사하고 같은 형질에 상가적인 영향을 줄 때 응용된다.

다유전자는 60여개의 유전자 자리가 사람의 피부색의 유전을 담당한다. 3개 내지 4개의 다른 유전자자리를 나타내는 대립인자가 피부색을 결정한다고 생각해 보자. 세 쌍의 비대립관계이며 각 유전자자리가 1쌍의 대립인자를 가진 다유전자 원리를 설명하고자 한다. 이들 유전자를 *A*와 *a*, *B*와 *b*, *C*와 *c*로 나타낼 수 있다. 대문자는 검은색 피부를 만드는 불완전 우성 대립인자이고 대문자 수가 많으면 많을수록 대립인자가 색소에 상가적으로 작용하기 때문에 색소가 더욱 검어진다. 가장 검은 피부색을 가진 사람은 유전자형이 *AABBCC*이고 가장 흰색을 가진 사람의 유전자형은 *aabbcc*이다. *aabbcc*인 사람과 *AABBCC*인 사람 간의 $F_1$자손은

**그림 11-21 사냥개 털색의 상위.**

털색은 2 유전자 쌍의 상호작용을 나타낸다. 검은 개는 유전자형이 *B–E–*이고 노란색은 *B–ee* 또는 *bbee*이고 초코렛 색은 bbE–이다.

모두 *AaBbCc*로써 중간색을 가질 것이다. 이들 3가지 인자에 대해 이형접합성인 사람간의 $F_2$ 자손은 가장 검은 색에서 가장 흰색까지 분포하는 피부색을 가질 것이다(**그림 11-22**).

그러므로 다유전자 유전은 $F_1$세대는 두 동형접합성인 양친 간의 중간을 나타내고 $F_2$세대는 두 양친의 표현형 범위 내에서 더 넓은 변이를 가진다는 것이 특징이다. 어떤 집단에서 개체 수를 피부색의 양에 연관시키면 그 결과는 종모양의 곡선 즉 **정규분포곡선(normal distribution curve)**를 그린다. $F_2$세대의 대부분의 개체는 중간 표현형이 많고 단지 몇몇 개체가 2세대에서는 양극단의 표현형을 가진다. 평균적으로 2세대에서 64명 중 한 명이 아주 흰색을 보이고 1/64이 검은색을 보인다. 대립인자 *A*, *B*, *C*는 각각 같은 양의 피부색에 기여하기에 유전자형 *AaBbCc*, *AABbcc*, *AaBBcc*, *aaBBCc*, *AabbCC*, *aaBbCC*는 모두 중간의 표현형을 만든다.

### 11.4.6 유전자는 표현형을 나타내는데 환경과 상호작용한다

어떤 식물에서 두 부분을 절단하였다고 가정하자. 하나는 많은 양의 광이 들어오는 생장 상자에 놓고 다른 하나는 광선이 적게 들어오도록 설계된 생장상자에 놓았다. 비록 식물체 단편은 둘 다 유전적으로 동일하다 할 지라도 (동일 식물체에서 잘랐기 때문에) 두 식물체의 외관은 얼마 가지 않아서 다르게 나타날 것이다. 적당한 광을 받은 식물은 왕성하게 성장할 것이지만 광을 충분히 받지 못한 식물은 갸름하고 허약할 것이다. 식물체의 발생 중에 표현형의 발현에는 유전자형과 표현형이 둘다 영향을 줄 것이고 유전적으로 동일한 개체 간에는 환경의 차이로 인해 다르게 성장할 것이다.

앞에서 논한 히말라야 토끼를 한 예로 하여 유전자 형질발현에 대한 환경의 영향에 대해 생각해 보자. 이 토끼의 표현형은 귀, 코, 발가락에 검은 것을 제외하고는 모두 흰색이라는 것을 회상하

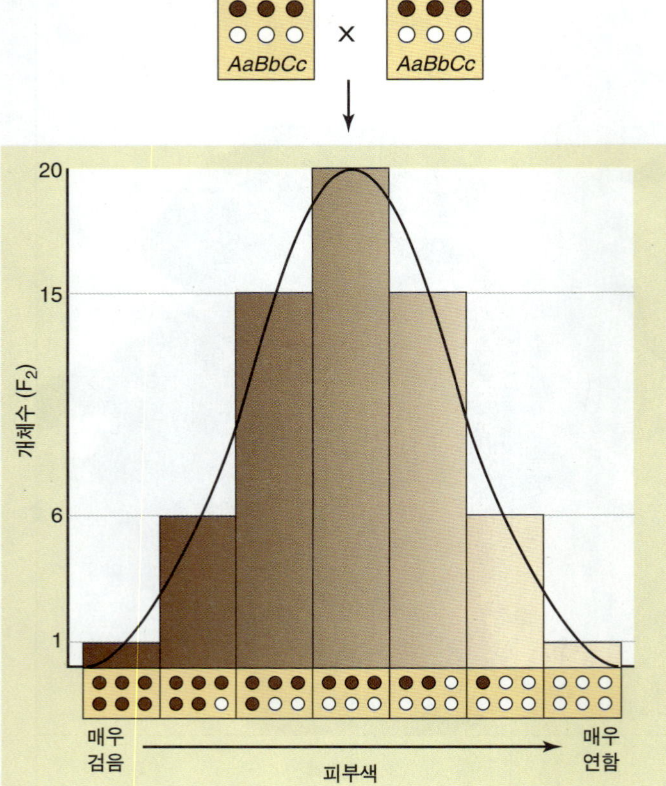


**그림 11-22 사람 피부색의 다유전자 유전.**

이 그림은 사람에서 피부색이 3개의 연관되지 않은 유전자자리의 대립인자에 의해 지배된다. 검은색을 만드는 대립인자(A, B, C)는 대문자로 표시하였고 각각은 우열관계가 없다. 대신에 그들의 효과는 상가적이다. 각각이 검은 피부를 만드는 인자인 검은 점의 수는 표현형을 결정하는데 개수로 나타낸다. 중간색의 표현형을 가진 사람 간의 결혼에서 자식을 가지면(*AaBbCc* × *AaBbCc*) 표현형이 다양하다. 표현형의 예상 분포는 정규분포곡선이다.

라. 토끼의 귀, 코, 발가락의 국부적 표면 온도가 토끼의 서식지에서는 더 춥고, 이 온도차이는 검은 털을 만들게 된다. 만약 우리가 히말라야 토끼를 따뜻한 온도(30℃)에서 기른다면 토끼는 말단부에 검은색이 없이 전부가 흰색이 될 것이다. 만약 우리가 토끼를 더 낮은 온도(25℃)에서 기른다면 검은 색이 말단부위에서 나타날 것이다.

유전자와 환경이 관여하는 한 예 즉 사람의 키(height)를 생각해 보자. 사람에서 키의 유전은 다유전자에 의해 조절되고 10개 이상의 유전자자리가 관여한다. 많은 유전자가 관여하고 음식이나 일반적인 건강인자와 같은 다양한 환경조건에 의해 변화될 수 있기 때문에 보통 성인의 키는 125 cm에서 215 cm의 범주에 널리 분포하고 있다. 예를 들어 사람의 키가 350 cm인 사람이 없듯이 키의 표현형에 영향을 주는 유전자가 어느 한계까지 정해지지만 환경이 유전적 한계 내에서 표현형에 관여한다. 다른 환경적 여건 하에서 동일한 유전자형에서 생겨날 수 있는 표현형의 가능한 범위를 **표현형 표준범위(norm of reaction)**라고 한다. 사람의 ABO혈액형과 같은 유전자형에서 반응규준은 아주 한정된다. 사람의 키와 같은 유전자형에서는 반응규준이 아주 광범위하다.

비록 많은 형질의 표현형이 유전자와 환경 간의 상호작용에 영향을 받는다 할지라도 어떤 표현형에 대해 유전자와 환경의 정확한 기여도를 측정하기는 어렵다. 후전성이란 지능에서부터 알코올 남용에까지 사람의 다양한 소질이 관계하기 때문에 이것은 특히 대조적이다. 예를 들어 지능은 유전에 기인하지만 환경도 크게 관여한다. 지능에서 유전자와 환경의 상대적 영향을 검사하기 위하여 일란성쌍생아의 각각을 다른 환경에서 양육시켜야만 한다. 이런 식으로 사람을 운용한다는 것은 윤리적으로 허용될 수 없기 때문에 이런 시험은 불가능하다. 확실히 우리가 말할 수 있는 것은 개인의 유전자는 특정 표현형을 나타내는데 잠재성을 제공하지만 환경적인 영향 역시 표현형에 관계한다는 것이다.

**복습**

- 불완전우성과 공우성의 차이는 무엇인가?
- 복대립인자와 다유전자 간의 차이는 무엇인가?
- 다면작용과 상위의 차이는 무엇인가?
- 표현형 표준범위란 무엇인가?

## 핵심 용어와 요약

**학습목표**

1 표현형, 유전자형, 유전자좌, 대립인자, 우성인자, 열성인자, 동형접합성, 이형접합성에 대한 용어를 정의하라.

- **유전자**는 염색체에 있다. 한 염색체에 유전자의 위치를 **유전자자리**라고 한다. 그들은 상동염색체상의 일치하는 곳에 유전자자리를 차지하고 있다. 그러므로 유전자는 이배체에서 한 쌍의 대립인자가 존재한다.
- 2개의 동일한 대립인자를 가진 개체를 그 유전자자리에 대해 **동형접합성**이라 한다. 만약 두 대립인자가 다른 것을 가진 개체를 그 유전자자리에 대해 **이형접합성**이라 한다.
- **우성인자**는 다른 대립인자인 **열성인자**의 표현을 막을 수 있다. 이런 이유로 외형상 동일한 **표현형**을 가진 2개체는 유전적 조성인 **유전자형**이 서로 다를 수 있다.

2 **멘델**의 분리의 법칙과 독립분리의 법칙을 서술하라.

- 감수분열 중에 멘델의 **분리의 법칙**에 따르면 각 유전자 좌에서 대립인자는 서로 분리된다. 배우자가 형성되면 각각은 그 유전자 자리에 대한 대립인자 하나를 가진다.
- **멘델**의 **독립분리의 법칙**에 따르면 다른 유전자 좌의 대립인자는 무작위로 배우자에 분포한다. 이것은 **양친 세대**에서 나타나지 않았던 새로운 유전자조성의 산물인 **재조합**이 일어난다.

3 단성잡종교배, 양성잡종교배, 검정교배에 대한 유전적 문제를 해결하라.

- 한 유전자 자리에서 두 대립인자에 대해 각각 동형접합성인 양친(P)간의 교배를 **단성잡종교배**라고 한다. 만약에 2종류의 유전자 자리에서 다르다면 **양성잡종교배**라고 한다.
- 자식 제1대는 이형접합성이고 **$F_1$세대**라고 하고 2개체의 $F_1$개체 간의 교배로 만든 세대를 자식 제2대이고 **$F_2$세대**라고 한다.
- **검정교배**는 모르는 유전자형을 가진 개체와 동형접합성인 열성개체 간의 교배이다.

4 유전자와 염색체를 놓고 멘델의 분리의 법칙과 독립분리의 법칙을 설명하라.

- 대립인자의 분리는 감수분열 중에 분리되는 상동염색체의 결과 바로 그것이다.
- 독립분리의 법칙은 2쌍의 상동염색체가 감수분열 제1분열 중에 배열될 수 있는 2가지 방법이다. 중기판에서 상동염색체의 분리방향은 반수체에서 염색체가 어떻게 분리될 수 있는지를 결정한다.

5 유전적 교배의 결과를 예측하는데 확률의 곱의 법칙과 합의 법칙을 대충 논하라.

- 유전적 비는 확률로써 나타낼 수 있다. 어떤 확률은 일어날 수 있는 어떤 사건을 전체 사건의 수로 나눈 분수로 나타낼 수 있다. 이것은 0(불가능한 사건)에서 1(확실한 사건)의 범위에 있다.
- **곱의 법칙**에 따르면 2개의 독립적인 사건이 동시에 일어날 수 있는 확률로써 각각이 일어날 수 있는 확률의 곱이다.
- **합의 법칙**에 따르면 하나 이상의 방법으로 얻을 수 있는 결과의 확률은 각 확률을 더하는 것이다.

6 연관을 정의하고 감수분열에서 특정 사건을 관련 지워보라.

- 각 염색체는 유전자가 선상으로 배열되어 있는 것 같이 유전적으로 행동한다. **연관**은 같이 행동하는 경향이 있는 동일 염색체 상에 있는 유전자 군이다. 동일염색체 상에 있는 유전자 군을 **연관군**이라 한다.만약 두 유전자 자리가 한 쌍의 상동염색체 상에 아주 가까이 연관되어 있으면 독립분리가 응용되지 않는다.
- 연관된 유전자의 재조합은 감수분열 제1분열에서 **교차**로 일어날 수 있다.
- 연관된 유전자간의 재조합빈도를 계산함으로써 염색체 상의 연관지도를 작성할 수 있다.

7 두 유전자자리의 대립인자를 가진 검정교배의 자료가 어떻게 독립분리와 연관을 구별할 수 있는지를 나타내어라.

- 독립분리와 연관된 유전자를 구분하기 위해서는 두 형질에 대해 연관된유전자에 대해 이형접합성인 개체와 동형접합성인 열성개체 간에 **2점-검정교배**를 수행한다.
- 연관은 2점-검정교배에서 양친형 자손의 수는 많고 재조합형 자손의 수가 적을 때 알 수 있다.

8 포유류에서 성의 유전적 결정과 X-연관 유전자에 대해 논하라.

- 사람 등 많은 동물의 성은 **X**와 **Y염색체**에 의해 결정된다. 정상적인 암컷은 2개의 X염색체를 가지며 수컷은 하나의 X와 하나의 Y를 가진다. X를 가진 난자와 X를 가진 정자의 수정은 암컷(XX)접합자를 만든다. X를 가진 난자와 Y를 가진 정자간의 수정은 수컷(XY)접합자를 만든다.
- Y염색체는 포유류에서 수컷을 결정한다. X염색체는 암수에 필요하지만 성결정에는 관계없는 많은 중요한 유전자를 가지고 있다. 수컷은 모계로부터 **X-연관 유전자**를 받는다. 암컷은 두 양친으로부터 X-연관 유전자를 받는다.
- 암컷 포유류는 X-연관 유전자의 **양적보정**을 나타낸다. 2개의 X염색체 중 하나가 각 세포에서 형질을 발현한다. 다른 하나는 불활성화되어 휴지기 핵 주변에 진하게 염색되는 **바-소체**로서 보인다.

9 유전자가 표현형에 영향을 줄 수 있는 방법들에 대해 설명하라. 하나의 유전자가 동시에 생물체의 여러 가지 양상에 어떻게 영향을 주는지를 논하라.

- 유전자형과 표현형과의 관계는 아주 복잡할 수도 있다. **다면작용**은 하나의 유전자가 여러 가지 형질에 대해 영향을 주는 것이다. 대부분의 경우 다면작용은 한 가지 효소의 결핍으로 일어난다. 이와는 반대로 많은 유전자자리의 대립인자가 하나의 표현형적 형질에 영향을 주기 위해 상호작용할 수도 있다.

10 불완전우성, 공우성, 복대립인자, 상위, 다유전자에 대해 유전적으로 설명하라.

- 우성은 모든 곳에 적용되는 것이 아니고 어떤 대립인자는 이형접합자가 표현형에서 중간을 나타내는 **불완전 우성**이거나 이형접합자가 두 동형접합자의 표현형을 동시에 나타내는 **공우성**일 수도 있다.
- 3개 이상의 대립인자가 하나의 유전자자리에 들어갈 수 있는 **복대립인자**가 집단 내에서 존재할 수 있다. 이배체인 개체는 2개의 대립인자 만을 가지고 배우자는 하나의 대립인자 만을 가진다.
- **상위**에서 한 유전자자리의 대립인자는 다른 유전자자리의 대립인자의 표현을 막을 수 있다.
- **다유전자 유전**은 많은 독립적인 유전자 쌍이 표현형에 유사하게 기여하며 상가적으로 나타난다.

11 표현형 표준범위를 서술하고 예를 들어라.

- 다른 환경조건에서 하나의 유전자형에서 표현형이 나타날 수 있는 범위를 **표현형 표준범위**라고 한다.
- 사람의 키(height)에는 많은 유전자가 관여한다. 물론 키는 음식이나 건강조건과 같은 여러 환경 조건에서 변화될 수 있다. 키에 영향을 주는 유전자는 표현형 즉 키에 대해 어느 한계를 가지지만 환경도 그 범위 내에서 바꿀 수 있다.

## 연습문제

1. 유전자형이 *AaBb*인 개체와 *aabb*인 개체를 교배시켰다. 다음과 같은 자손이 거의 동수로 만들어졌다. *AaBb*, *Aabb*, *aaBb*, *aabb*. 이 결과는 **멘델** 원리의 (a) 연관 (b) 독립 분리 (c) 분리 (d) a와 c (e) *b*와 *c*를 나타내고 있다.

2. 두 마리의 날개가 긴 초파리를 교배시켰을 때 자손 중 긴 날개인 것이77마리이고 짧은 것이 24마리였다. 딸은 우성인가 열성인가? 양친의 유전자형은 무엇인가?

3. 사람에서 적녹색맹은 X-연관 열성 질환이다. 당신의 친구가 색맹인 아버지의 딸이다. 그녀의 어머니는 정상이지만 그녀의 외할아버지는 색맹이었다. 당신의 친구가 색맹일 확률은 얼마인가?
   (a) 1 (b) 1/2 (c) 1/4 (d) 3/4 (e) 0

아래 정보를 이용하여 문제 4-6번까지 답하라

완두에서 둥근 종자에 대한 대립인자(*R*)는 주름진 종자에 대한 대립인자(*r*)에 대해 우성이다. 노란 색의 종자에 대한 대립인자(*Y*)는 녹색 종자에 대한 대립인자(*y*)에 대해 우성이다. 이들 유전자 좌는 연관되어 있지 않다. 둥글고 녹색의 순계인 완두를 순계의 주름지고 노란색인 완두와 교잡시켰다. 이들 양친은 P세대이다.

4. P세대의 유전자형은 무엇일까?
   (a) *RRrr*과 *Yyyy* (b) *RrYy* (c) *RRYY*와 *rryy*
   (d) *RRyy*와 *rrYY*

5. 서술한 교배에서 얻어진 $F_1$의 유전자형은 무엇일 것인가?
   (a) *RRrr*과 *YYyy* (b) 모두 *RrYy* (c) *RRYY*와 *rryy*
   (d) *RRyy*와 *rrYY* (e) *RR*과 *YY*

6. $F_2$에서 주름지고 홍색인 종자가 얻어질 수 있는 비는 얼마인가?
   (a) 9/16 (b) 1/16 (c) 3/13 (d) 1/4 (e) 0

7. 초파리에서 눈 색을 조절하는 상염색체성 유전자 좌 중 하나는 갈색 눈에 대한 인자와 적색 눈에 대한 다른 인자이다. 갈색 눈에 대해 순계인 초파리를 적색 눈에 대해 순계인 초파리와 교배시켰다. $F_1$초파리는 적색 눈이었다. 이 실험에서 어떤 결론을 끌어낼 수 있는가?
   (a) 이들 대립인자는 독립 분리되었다.
   (b) 이들 대립인자는 분리 되었다.
   (c) 이들 유전자는 X-연관되었다.
   (d) 적색에 대한 대립인자는 갈색에 대한 대립인자에 대해 우성이다.
   (e) 위의 모든 것이 사실이다.

8. 만약 한 쌍의 유전자 좌에 대해 이형접합성인 동물 두 마리가 교배하여 200마리의 자손을 낳았다면 우성대립인자(즉 부모와 같은 것)의 표현형을 가질 자손은 얼마일 것으로 예상되는가?

9. 유전자형이 *AaBb*인 개체와 유전자형이 *aabb*인 개체 간에 교배시켰다. 자손 1,000개체를 조사한 바 *Aabb*가 474, *aaBb*가 480, *AaBb*가 20, *aabb*가 26개체였다. 이런 교배는 어떤 교배형인가? 이들 유전자 좌는 연관되어 있는가? 자손 중 양친형과 재조합형은 무엇인가? 이들 두 유전자자리 간의 재조합은 몇 %인가? 이들 유전자 간의 지도거리는 얼마인가?

10. 호도 볏의 수탉을 세 마리의 암탉과 교배시켰다. 호도 볏인 암탉 A는 호도 볏과 장미 볏을 3:1로 낳았다. 완두볏인 암탉 B는 호도 볏: 완두 볏: 장미 볏: 외쪽 볏을 3:3:1:1로 낳았다. 호도 볏인 암탉 C는 단지 호도 볏인 자손만 낳았다. 수탉과 세 마리의 암탉의 유전자형은 무엇인가?

## 심화 학습문제

1. 만약 **멘델**이 살지 않았다면 20세기 유전학의 발달이 어떻게 다를 것인가?

2. 반수체 배우자로 되는 다음의 각 경우를 모식도로 도시하라
   (a) 하나의 유전자 좌에 대한 한 쌍의 대립인자가 감수분열에서 분리하는 방법은?
   (b) 2개의 연관되지 않은 유전자 좌의 대립인자가 감수분열에서 독립분리하는 방법은?
   (c) 2개의 연관된 유전자의 대립인자가 유전적 재조합을 일으키는 방법은?

12

# 유전정보의 운반체

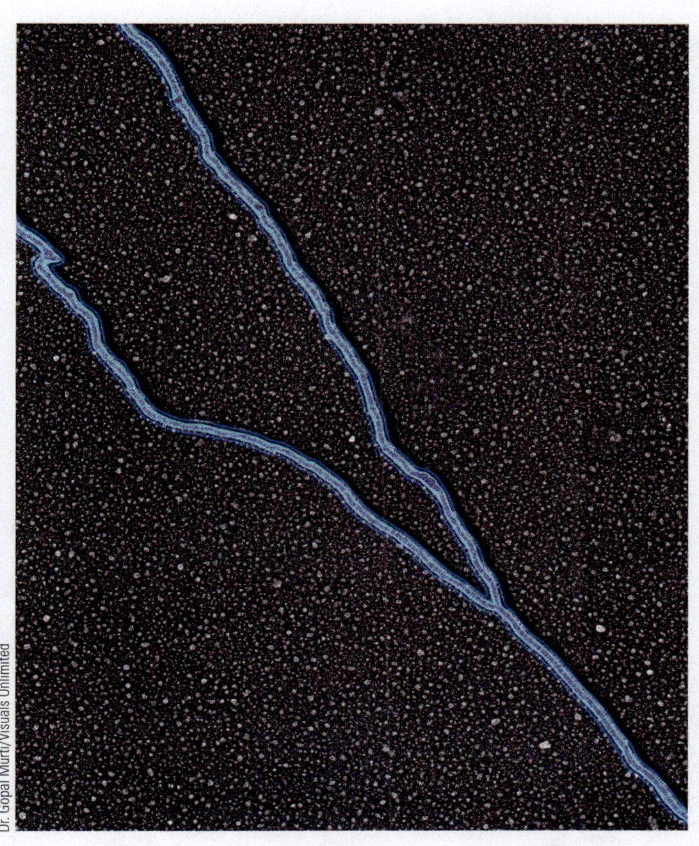

Dr. Gopal Murti/Visuals Unlimited

**DNA복제의 전자현미경 사진.** 복제 중 한 가닥으로부터 두 가닥의 DNA가 복제된다. 복제는 Y자 모양으로 복제점에서 일어나고 있다.

## 핵심 개념

1920년대부터 DNA가 유전물질이라는 증거가 나오기 시작했다.

DNA 분자는 이중나선을 이루기 위해 꼬인 2개의 사슬로 이루어져 있으며 DNA의 뉴클레오티드 순서가 유전정보를 제공한다.

DNA는 티민(T), 시토신(C), 아데닌(A) 그리고 구아닌(G)로 명명되는 4개의 뉴클레오티드로 구성되어 있다.

아데닌(A)은 티민(T)과 구아닌(G)은 시토신(C)과 서로 결합을 이루며, 이들 간의 수소결합이 두 가닥을 서로 나선으로 만든다.

DNA 복제는 2개의 동일한 딸가닥 DNA를 만드는 과정으로 유전정보가 세대 간에 전달될 수 있는 기작을 제공한다.

1900년 **멘델**의 원리가 재발견된 이후 유전학자들은 유전자가 염색체 상에 어떻게 배열되어 있는지? 유전자가 세대를 따라 어떻게 전달되는지를 알기 위한 여러 가지 실험을 수행하였다. 그렇지만 20세기 중반까지 다음과 같은 많은 의문점이 남아있었다. 즉 유전자는 무엇으로 되어 있는가? 유전자가 어떻게 작용하는가? 11장에서 서술한 유전양상의 연구는 이런 문제에 대한 해답이 될 수 없다. 그러나 유전학자들에게 유전자의 분자적(화학적) 성질이 무엇이며 유전자가 어떻게 작용하는지에 대해 예언할 수 있는 기초적 지식은 제공하였다.

과학자들은 유전자는 유전정보를 제공해야 된다고 믿었고 유전자가 되는 분자는 수선될 수 있고 세포가 이용할 수 있는 형태로 정보를 저장하는 능력을 가져야 한다는 것을 당연시하였다. 그러나 유전자는 고려해야 할 또 다른 성질을 가지고 있었다. 예를 들어, 여러 생물에 대해 수많은 유전적 실험에서 유전자는 세대가 아무리 지나가도 변하지 않고 아주 안정하다는 것을 증명하였다. 그렇지만 이따금씩 유전자가 다른 형태로 바뀌는 것을 관찰하였다. 돌연변이라고 하는 이런 유전적 변화는 다음 세대로 그대로 전달되었다.

유전학이 발달함에 따라 생물화학도 같이 번창하였고 유전자에 대한 알고 있는 성질과 여러 생물학적 분자의 성질과 서로 관련 짓고자하는 노력의 결과는 당연하였다. 어떤 분자가 정보를 저장할 수 있는가? 정보가 어떻게 수선되며 세포기능을 수행하는데 직접 이용될 수 있는가? 어떤 분자가 비교적 안정하지만 어떤 환경에서 돌연변이를 일으키기 위해 변화할 수 있는 능력을 가지는가?

몇몇 과학자들은 이런 문제는 결코 해결될 수 없다고 생각했다. 그들이 생각하기는 세포가 필요로 하는 정보는 너무 복잡하기때문에 어느 한 분자가 유전물질로 작용할 수 없다고 생각하였다. 그렇지만 세포구조와 대사의 모든 면에서 단백질이 중심적인 역할을 한다는 사실을 알게 됨으로써 다른 과학자들은 단백질을 유전물질에 대한 주요 후보라고 생각하였다. 그렇지만 단백질은 유전을 담당하는 분자가 아니라는 것이 판명되었다. 이 장에서 우리는 학자들이 한때는 별것 아닌 것으로 생각했고 관심이 없었던 핵산인 DNA(deoxyribonucleic acid)가 유전의 분자적 기초라는 것을 논하고자 한다. 우리는 이 역할을 수행할 수 있는 DNA복제(사진 참조) 등 DNA의 특성을 발견하였다. ■

## 12.1 DNA가 유전물질이라는 증거

**학습목표**

1 1940년대와 1950년대 초에 걸쳐 DNA가 유전물질이라는 것을 증명한 증거를 요약하라.

2 그리피스의 형질전환실험, 그리피스 실험에 대한 에이버리의 확인, 그리고 허시-체이스의 실험이 제시한 질문에 대해 설명하라.

1930년대와 1940년대 초 사이에 DNA에 거의 관심을 두지 않았던 유전학자들은 유전물질이 단백질이라고 믿고 있었다. 과학자들은 단백질은 20여 종류의 아미노산이 여러 가지 다른 조성으로 되어 있어 각기 독특한 성질을 가지는 것을 알았으며 다른 분자들에 비해 단백질의 복잡성과 다양성이 있기 때문에 단백질이 유전자를 이루는 본질인 것 같았다.

반면에 DNA와 다른 핵산은 단지 4종류의 뉴클레오티드로 이루어져 있고 그들의 배열에 대해 알려진 것은 대부분의 과학자들에게는 관심이 없었다. 이런 이유로 DNA 역할에 대한 초기의 단서는 널리 인지되지 않았다.

### 12.1.1 DNA는 세균에서 형질전환을 한다

이런 실마리의 단서는 **그리피스**(Frederick Griffith)가 두 계통의 폐렴쌍구균에 관한 관찰을 한 1928년에 효시가 되었다(**그림 12-1**). 고체 생장배지에서 매끈한 콜로니를 이루기 때문에 붙여진 이름인 S형 계통은 독성이 있어 숙주에 병을 일으키고 가끔 죽게까지 하는 것으로 알려졌다. 이런 세균을 쥐에 주사하면 쥐는 폐렴에 걸려 죽었다. 물론 멸균한 세균을 주사한 쥐가 살 수 있다는 것은 당연하다. 거친 면의 콜로니를 이루는 R형 계통은 독성이

**핵심 실험**

**질문:** 다른 박테리아에서 하나의 박테리아로의 끌림은 유전적 특색이라 할 수 있는가?

**가설:** 질병을 유발하는 폐렴쌍구균은 독성(S형 세포)의 가닥으로부터 무독성(R형 세포)의 가닥으로 유전될 수 있다.

**실험:** 그리피스는 쥐를 통해 2종류의 폐렴쌍구균의 가닥을 이용한 4종류의 실험을 수행하였다: (1) 쥐에게 살아있는 R형의 세포를 주입, (2) 쥐에게 살아있는 S형의 세포를 주입, (3) 열처리되어 죽은 S형의 세포를 주입, (4) 살아있는 R형 세포와, 열처리한 S형의 세포를 같이 주입.

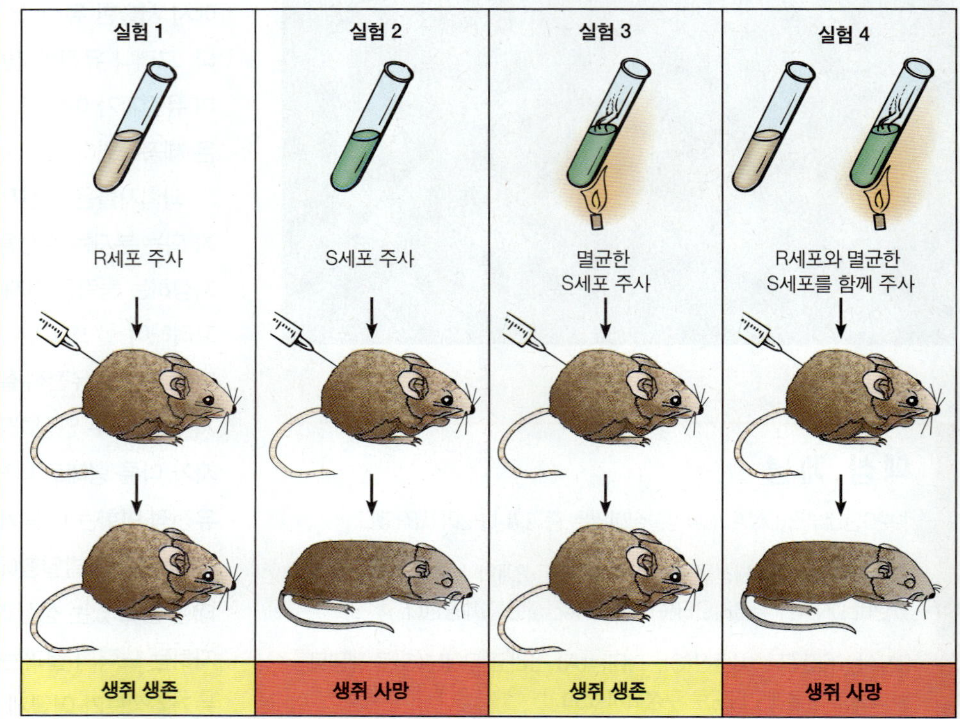


**결과와 결론:** R형 세포와 멸균한 S형 세포 각각은 쥐를 죽일 수는 없었지만 두 계통을 같이 주사하니 쥐가 죽었다. 죽은 쥐의 부검에서 S형의 폐렴쌍구균이 나타났다. 이 결과는 멸균한 S형 세포의 어떤 물질이 살아있는 R형 세포를 독성형으로 전환시켰다는 것이다.

**그림 12-1 그리피스(Griffith)의 형질전환 실험.**
그리피스는 뜻밖에 폐렴쌍구균의 형질전환을 발견함으로써, 폐렴쌍구균에 저항하는 백신의 발전을 위한 노력을 하였다.

## 핵심 실험

**질문:** 박테리오파지의 유전적 물질은 DNA 또는 단백질인가?

**가설:** DNA(또는 단백질)이 박테리오파지의 유전적 물질이다.

**실험:** 허시와 체이스는 DNA가 표지된 방사성 동위원소를 가지는 파지 집단($^{32}P$)과 단백질이 표지된 방사성 동위원소를 가지는 파지 집단($^{35}S$)을 만들었다. 2가지 경우 모두, 파지가 박테리아를 감염시켰다. 그러므로 박테리아 세포 속으로 주입되어, 새로운 바이러스성의 입자를 형성하는 것이 DNA인지 단백질인지 결정지을 수 있었다.

**결과와 결론:** 방사성 동위원소 $^{35}S$로 표지한 박테리오파지 단백질 각은 바이러스의 증식에 관계없이 감염된 세포에서 분리할 수 있다(*왼쪽*). 그렇지만 방사성 동위원소 $^{32}P$로 표지한 바이러스 DNA는 감염된 박테리아 세포에서 분리할 수 없었다(*오른쪽*). 이것은 바이러스 DNA가 박테리아 세포 속으로 들어가서 새로운 바이러스 입자들을 합성하는데 필요하다는 것을 일컫는다. 그러므로 파지의 유전물질은 DNA이다.

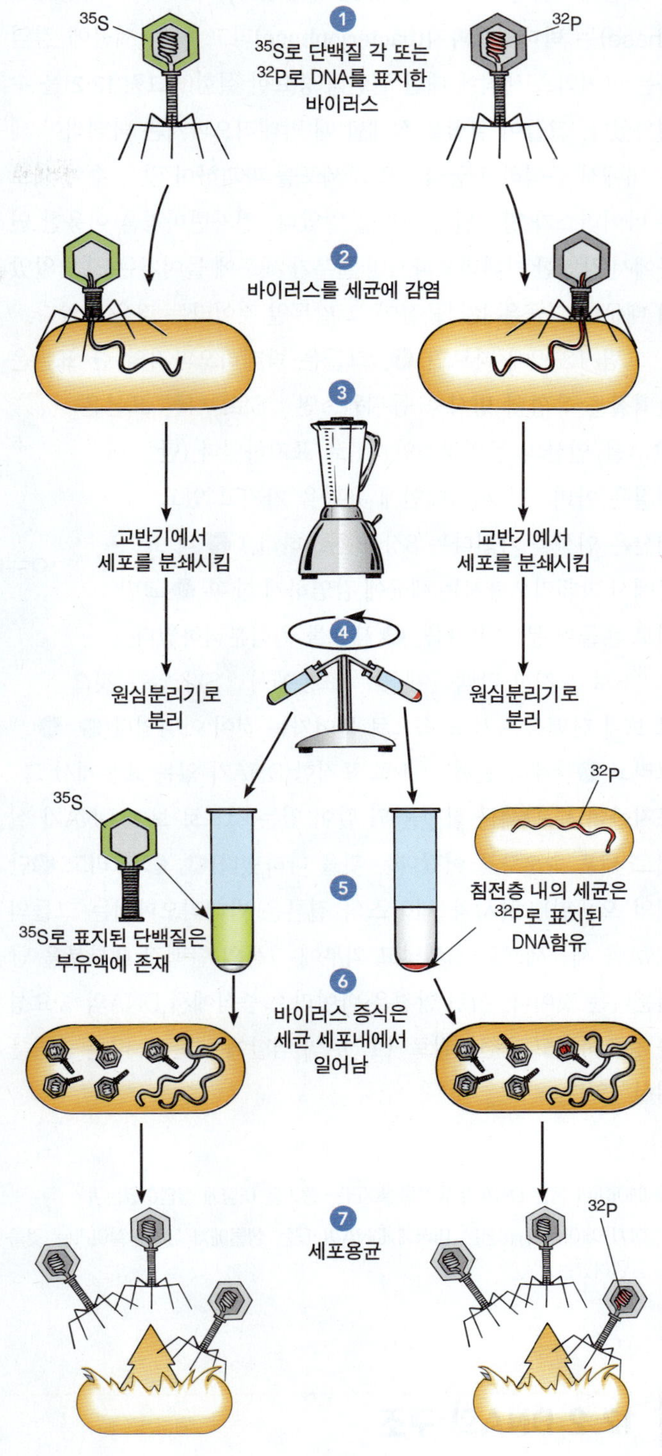


**그림 12-2 허시-체이스(Hersey-Chase)의 실험.**

없는 것으로 알려져 있다. 즉 이 계통의 살아있는 세포나 멸균한 세포를 주사한 쥐는 살 수 있다. 그렇지만 멸균한 독성인 S형 세포와 독성이 없는 R형 세포를 혼합하여 주사했을 때 쥐가 대부분 죽었다. 그 후 **그리피스**는 죽은 쥐에서 S계통의 세포를 분리하였다.

멸균한 S계통의 세포나 살아있는 R계통 어느 것도 대조실험에서 단독으로 주사했을 때 살아있는 독성 계통으로 전환될 수 없었기 때문에 멸균한 세포의 어떤 물질이 독성이 없는 세포를 치사형으로 바꾼 것으로 나타났다. 어떤 계통의 죽은 세포의 성질이 살아있는 다른 세포에게 전해주는 유전적 변화를 일으키는 이런 것을 **형질전환(transformation)**이라는 것을 알았다. 학자들은 어떤 화학물질이 옮겨져 형질전환을 일으켰다고 가정하였다.

1944년에 **에이버리(Oswald T Avery)**와 그의 동료들인 **매클라우드(Collin M. MacLeod)**, **멕칼티(Maclyn McCarty)**는 **그리피스**의 형질전환에 관한 물질이 DNA라는 것을 화학적으로 동정하였다. 그들은 S형 세포를 용균하고 세포 내용물을 지질, 단백질, 핵산(DNA와 RNA)로 분리한 후, 각 분리된 분자를 살아있는 R세포를 형질전환시킬 수 있는 것이 어느 것인지를 검정하였다. 지질, 탄수화물, 단백질을 이용한 실험은 형질전환을 일으킬 수 없었다. 그렇지만 **에이버리**가 S형 세포에서 추출한 핵산을 살아있는 R세포에 처리하였을 때 형질전환이 일어났다. 비록 오늘날 우리는 그들의 발견이 DNA가 유전물질이라는 첫 번째 증명이라고 생각하지만 그 당시 과학자들은 인정하지 않았다.

수년 후 화분과 정자와 같은 배우자의 반수체 핵은 그 종의 이배체 체세포의 DNA양에 반이라는 새로운 증거가 확보되었다(체세포는 몸을 이루는 세포로 결코 배우자가 되지 않는다). 과학자들은 유전자는 염색체 상에 있다는 관념은 거의 인정하기 때문에 DNA양과 염색체 수를 상관 지운 이런 발견은 진핵생물의 유전에서 DNA의 중요성에 대한 강한 증거가 되었다.

## 12.1.2 DNA는 바이러스에서 유전적 물질이다

1952년에 미국의 **허시**(Alfred Hershey)와 **체이스**(Martha Chase)는 **박테리오파지**(**bacteriophage**)라고 하는 세균에 감염하는 바이러스 생식에 대한 일련의 중요한 실험(**그림 12-2**)을 수행하였다. 그들이 실험을 설계할 때 박테리오파지는 박테리아 세포 내에서 증식하고 궁극적으로 세포를 파괴하여 많은 수의 새로운 바이러스가 방출된다는 것을 알았다. 전자현미경을 이용한 연구에서 감염한 박테리오파지의 일부가 세포에 들어가는 것을 알았기 때문에 그들은 유전물질이 그 일부일 것이라는 것을 알았다.

그림 12-2에 따르면 ❶, 그들은 박테리오파지의 한 표본은 단백질을 유황의 방사능 동위원소인 $^{35}$S로, 다른 표본은 DNA를 인산의 동위원소인 $^{32}$P로 표지하였다.(단백질은 아미노산 시스테인에 유황을 가지고 있고 핵산은 인산을 가진다는 3장을 참조하라.) ❷ 각 표본에서 박테리오파지는 세균에 감염하게 한 후 ❸ 교반기로 흔들어 분리한 다음, ❹ 세포를 원심분리하였다.

$^{35}$S로 표지한 단백질이 있는 표본에서 $^{35}$S가 있는 것으로 보아 단백질은 세포 속으로 들어가는 것이 아니었다(❺, ❻ 그리고 ❼단계의 왼편). $^{32}$P로 표지한 DNA가 있는 표본에서 그 표지물이 세포(세균 침전물)와 같이 있는 것으로 보아 DNA가 실제로 세포 속으로 들어갔다는 것을 나타냈다(❺, ❻ 그리고 ❼단계의 오른편). **허시**와 **체이스**의 결론은 박테리오파지는 그들의 DNA를 세균세포로 집어넣고 외부에 그들의 단백질 대부분을 남겨둔다는 것이다. 이런 발견은 바이러스 증식에서 DNA의 중요성을 강조하였고 유전물질로써 DNA의 역할에 대한 또 다른 증거를 제시하였다.

**복습**

- 에이버리 등은 DNA가 유전물질이라는 증거를 어떻게 실험하였는가?
- 허시-체이스의 실험은 어떻게 DNA가 모든 생물에서 유전물질이라는 것을 증명하였는가?

# 12.2 DNA의 구조

**학습목표**

3 1가닥 DNA를 이루는 뉴클레오티드는 어떻게 서로 연결하는지 도시하라.

4 2가닥 DNA가 서로 어떤 방향으로 있는지를 설명하시오.

5 DNA의 염기쌍을 이루는 법칙을 설명하고, 상보적인 염기가 어떻게 결합하는지를 서술하라.

미국의 **왓슨**(James Watson)과 영국의 **크릭**(Francis Crick)이 DNA 구조에 대해 모형을 제시한 1953년까지 과학자들은 DNA가 유전물질이라고 받아들여지지 않았다. DNA구조가 어떻게 결정되었는지에 대한 이야기는 현대생물학사에서 가장 중요한 것 중의 하나였다.

**왓슨**과 **크릭**이 이 문제에 관심을 가졌을 때 이미 DNA의 물리화학적 성질에 대해서는 상당히 알고 있었고 사실 그들은 어떤 실험을 수행하거나 새로운 자료를 모은 것도 아니었다. 그들이 한 기여는 모든 이용 가능한 정보를 수합하여 DNA분자가 단백질을 만

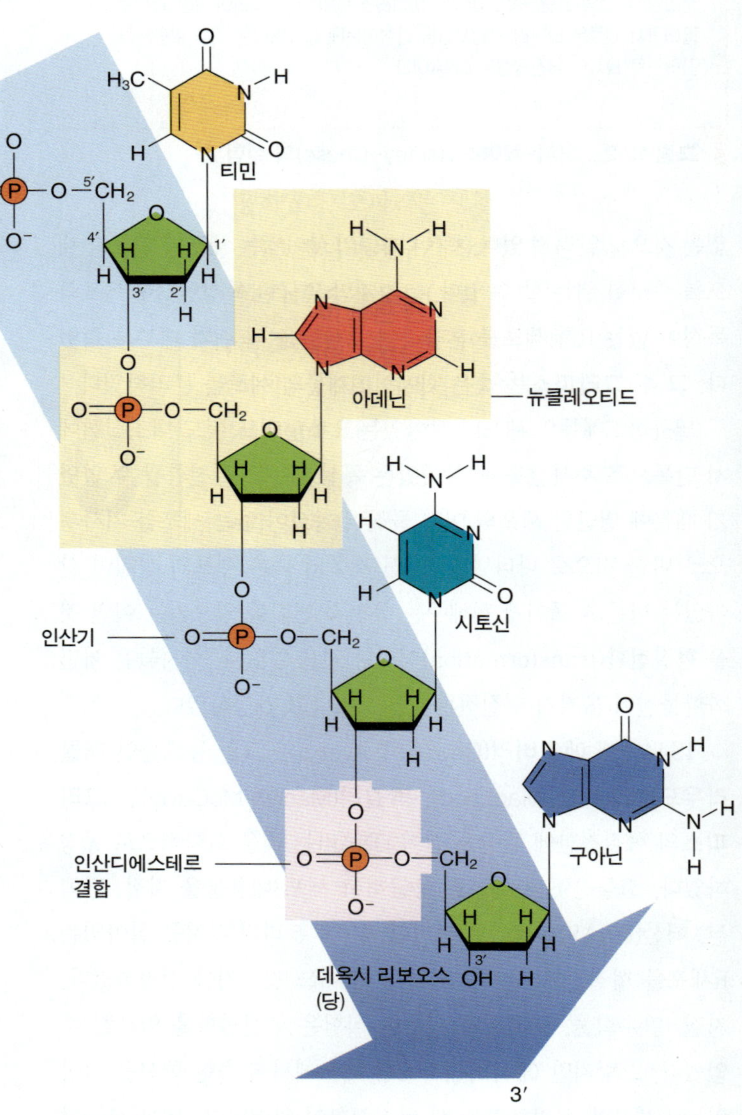


**그림 12-3 DNA의 뉴클레오티드.**

1가닥 DNA는 인산기와 데옥시리보오스(녹색)를 교대로 연결된 주축을 이룬다. 이인산에스테르결합(적색)은 당과 인접한 뉴클레오티드를 연결한다. 각 당의 1′에 연결된 것은 질소를 가진 4종류의 염기 즉 아데닌, 구아닌, 시토신, 티민 중의 하나이다. 그림의 위는 5′이고 아래는 3′으로 된 폴리뉴클레오티드의 극성을 주목하라.

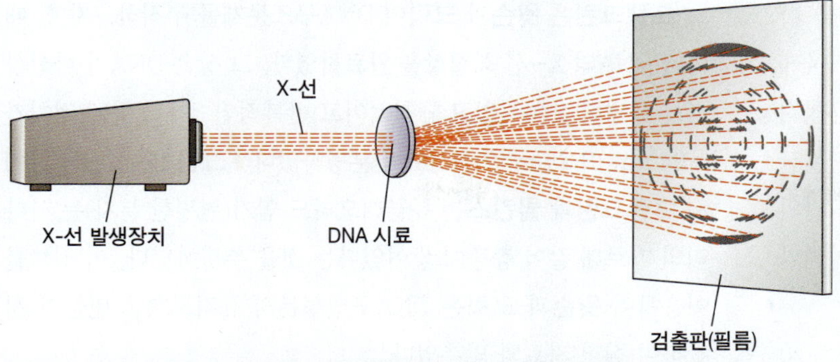


**(a) 기본 기술.** DNA의 한 입자에서 X-선의 좁은 빔을 투과시킨다. DNA구조에 대한 중요한 실마리는 X-선이 사진판에 조사되어 만들어진 점들의 정확한 측정치 분석에서 얻는다.

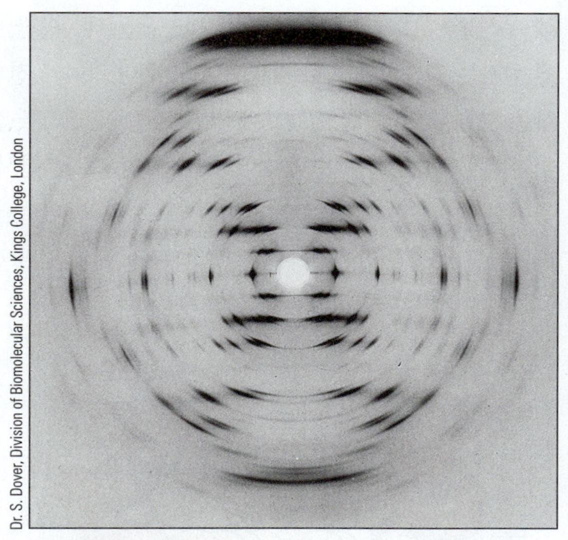


**(b) DNA의 X-선 회절상.** 11시 방향에서 5시 방향까지 그리고 1시 방향에서 7시 방향으로 뻗은 점들의 대각선 모양이 DNA가 이중나선임을 증명하는 근거이다. 위와 아래에 길게 늘어난 수평선은 퓨린과 피리미딘 염기가 0.34 nm 떨어져 쌓여 있다는 것이고, DNA분자의 주축에 수직이라는 것을 의미 한다.

**그림 12-4** DNA의 X선 회절분석.

드는 정보를 어떻게 가지며 복제를 위한 **주형**(template)으로 어떻게 작용하는지를 증명하는 모형을 제시하였다는 것이다.

### 12.2.1 뉴클레오티드는 공유결합으로 긴 중합체를 이룬다

DNA를 구성하는 기본단위는 5탄당인 **데옥시리보스**(deoxyribose), 인산, 4종류의 염기성분 중의 하나로 이루어진 **뉴클레오티드**(nucleotide)이다(그림 12-3). 유기화학자들이 제안한 방법으로 분자의 원자에 번호를 부여하는 규약에 의거 각 당과 염기의 탄소에 번호를 부여하였다. 염기의 탄소는 일반적인 번호로 나타내었지만 당의 탄소는 2′과 같이 프라임 부호를 붙였다. 질소를 가진 염기는 당의 1′에 붙어있고 인산은 5′에 붙어있다. 염기는 **퓨린**(purine)인 **아데닌**(adenine: A)과 **구아닌**(guanine: G) 2종류 그리고 **피리미딘**(pyrimidine)인 **티민**(thymine: T)과 **시토신**(cytosine: C) 2종류가 있다.

**표 12-1**

**수 종의 생물체에서 DNA 염기조성**

| | DNA 염기의 백분율 | | | | 비 | |
|---|---|---|---|---|---|---|
| **생물체** | **A** | **T** | **G** | **C** | **A/T** | **G/C** |
| 대장균 | 26.1 | 23.9 | 24.9 | 25.1 | 1.09 | 0.99 |
| 효모 | 31.3 | 32.9 | 18.7 | 17.1 | 0.95 | 1.09 |
| 성게 정자 | 32.5 | 31.8 | 17.5 | 18.2 | 1.02 | 0.96 |
| 청어 정자 | 27.8 | 27.5 | 22.2 | 22.6 | 1.01 | 0.98 |
| 사람의 간 | 30.3 | 30.3 | 19.5 | 19.9 | 1.00 | 0.98 |
| 옥수수 | 25.6 | 25.3 | 24.5 | 24.6 | 1.01 | 1.00 |

뉴클레오티드는 교대로 된 당-인산의 주축에 공유결합하고 있다. 한 당의 3′은 인접한 당의 5′에 결합한 인산과 결합하여 3′,5′결합인 **인산-이에스테르 결합**(phosphodiester linkage)을 이루고 있으며 일방향성을 보여주고 있다(그림12-3).

1949년에 많은 생물체와 조직에서 DNA의 염기조성이 컬럼비아대학의 **샤가프**(Erwin Chargaff) 등에 의해 결정되었다. **샤가프**는 DNA출처와 관계없이 퓨린과 피리미딘의 비가 같고 아데닌과 티민 그리고 구아닌과 시토신의 비가 1에 가까웠다는 것을 알아내었다(표 12-1). 다시 말하면 이중나선의 DNA분자에서 퓨린의 수는 피리미딘의 수와 같고 아데닌의 수는 티민의 수와 같고 (A=T), 구아닌의 수는 시토신의 수와 같다(G=C). 이것을 **샤가프 법칙**(Chargaff rule)이라고 한다.

### 12.2.2 DNA는 이중나선을 이루기 위해 꼬인 2개의 폴리뉴클레오티드이다

DNA구조에 대한 중요한 정보는 **윌킨스**(Maurice Wilkins) 실험실의 **프랭크린**(Rosalind Franklin)이 1951년에서 1953년에 수행한 순수 분리 DNA에 대한 X선 회절상 연구에서 알게 되었다. 어떤 분자의 3차원적 구조를 해석하는 강력한 방법인 **X-선 회절**(X-ray diffraction)은 규칙적이고 반복적인 구조로 배열된 분자의 원자 간의 거리를 결정하는 가장 좋은 방법이다(그림 12-4a). X선은 아주 짧은 파장이기 때문에 분자 내 원자 주위의 전자에 의해 분산될 수 있다. 아주 치밀한 전자구름(예; 인산, 산소)을 가진 원자는 원자번호가 더 적은 원자보다 더 강하게 전자를 기울게 하는 경향이 있다. 한 결정체에 강한 X-선을 조사했을 때 규칙적인 배열을 한 원자는 X-선을 특수한 방법으로 분산시킨다. 분산된 X선 상이 검은 점으로 필름에서 볼 수 있다. 나타난 점들 간의 배열과 거리에 대한 수학적 분석으로 분자 내의 원자 간의 거리와 그들의 배치방향을 정확히 결정할 수 있다.

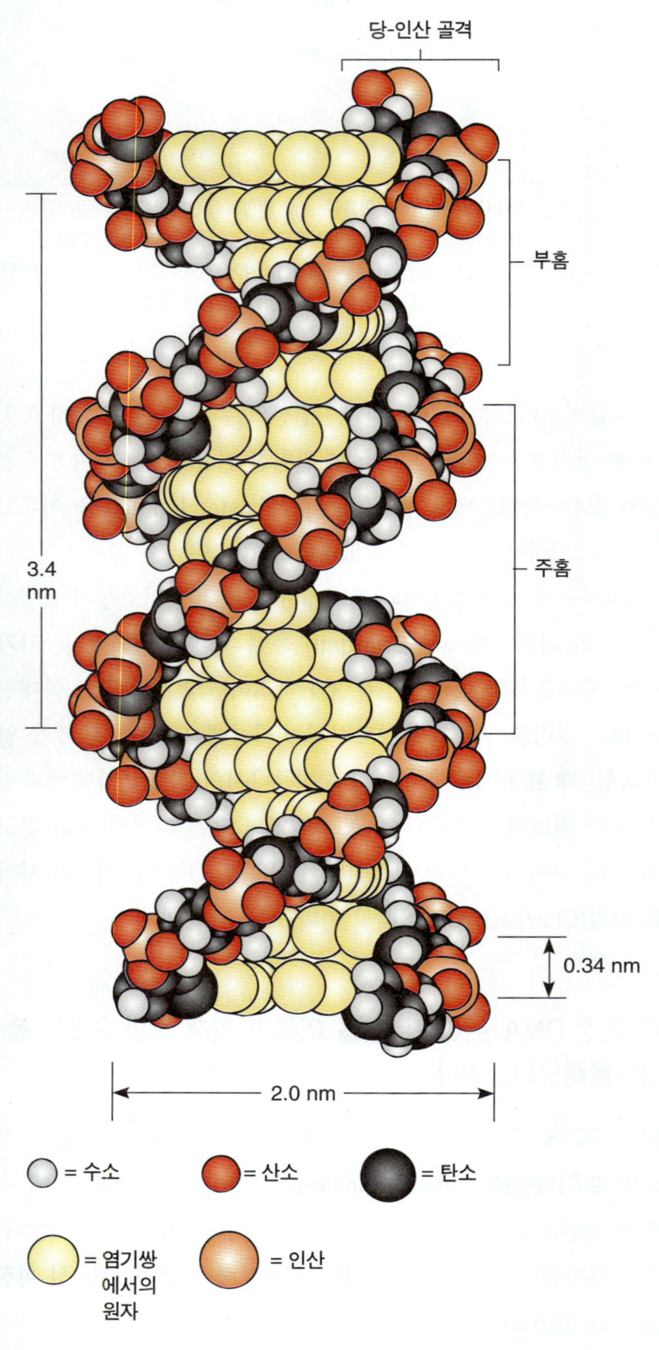


**그림 12-5** DNA 이중나선의 3차원적 구조.
측정치는 X-선 회절상에서 나온 수치이다.

**프랭크린**은 **왓슨**과 **크릭**이 DNA구조문제를 추적하고자 할 때 이미 DNA의 X-선 회절상을 완료하였다. 그 상은 DNA가 나선상임을 분명히 보여주었고 규칙적이고 반복적인 3가지 형(측정치가 0.34 nm, 3.4 nm, 2.0 nm)이 분명하였다(**그림 12-4b**). 이 상에서 **프랭크린**과 **윌킨스**는 뉴클레오티드 염기(편평한 분자)는 사다리의 가로대 같이 층층이 쌓여있다는 것을 추정하였다. 이 정보를 이용하여 **왓슨**과 **크릭**은 DNA구성성분의 규격모형을 만들기 시작하여 실험 자료와 맞추었다.

많은 시행착오를 거쳐 오늘날의 자료와 일치하는 모형을 만들어냈다(**그림 12-5**). 뉴클레오티드 사슬은 X-선 자료로서 확증한 바 DNA분자는 두 가닥의 DNA사슬이 꼬인 **이중나선(double helix)**으로 배열되었다는 것이다. 그들의 모형에서 두 가닥의 당-인산으로 된 주축은 나선의 바깥에 있다. 두 가닥에 있는 염기들은 나선의 중앙 축을 따라 쌍을 이루고 있다. 0.34 nm와 3.4 nm 측정치가 반복적으로 있는 이유는 모형에서 쉽게 알 수 있다. 즉 각 염기 쌍은 인접한 쌍과 위 아래로 0.34 nm 정확히 떨어져 있다. 하나의 나선 안에 정확히 10개의 염기 쌍이 존재하기 때문에 각 나선은 3.4 nm가 된다. 자료를 정의하기 위하여 두 가닥은 반대 방향으로 달려야만 하고 이중 나선의 각 말단은 한 가닥에는 5′이 나오고 다른 가닥은 3′OH가 나와야 한다. 두 가닥이 반대 방향으로 달리기 때문에 그들은 서로 서로 **역평형(antipallel)**이라고 한다(**그림 12-6a**).

## 12.2.3 이중가닥인 DNA에서 A와T, G와C 사이에 수소결합을 이루고 있다

**왓슨**과 **크릭** 모형의 다른 한 면은 X-선 회절상으로 DNA의 화학적 조성에 대한 중요한 정보를 완성하였다는 것이다. X-선 회절상 연구에서 2.0 nm 측정치로 보여준 바와 같이 DNA는 정확하고 일정한 폭을 가지고 있다는 것이다. 이 발견을 샤가프 법칙과 관련지었다. 그림 12-3에서 각 피리미딘(C 또는 T)은 하나의 고리를 가진 반면, 각 퓨린(A 또는 G)는 2개의 고리를 가지고 있다는 것을 주목하라. 사다리의 각 가로대가 하나의 퓨린과 하나의 피리미딘을 가진다면 각 염기쌍은 정확히 2.0 nm일 것이라는 것이 **왓슨**과 **크릭**에게 모형 연구를 정확히 할 수 있게 하였다. 반대로 2개의 퓨린(각 폭이 1.2 nm의 조성은 더 넓어질 것이고 2개의 피리미딘으로 된 것은 더 좁아지기 때문에 직경이 일정하지 않다. 모형에 대한 계속적인 연구에서 수소결합을 이루면서 아데닌은 구아닌과 (구아닌은 시토신과) 쌍을 이룰 수 있다.

요점

DNA의 염기서열과 염기쌍에 대한 것이 DNA 복제와 유전물질로서의 유전현상을 이해하는 기초가 된다.

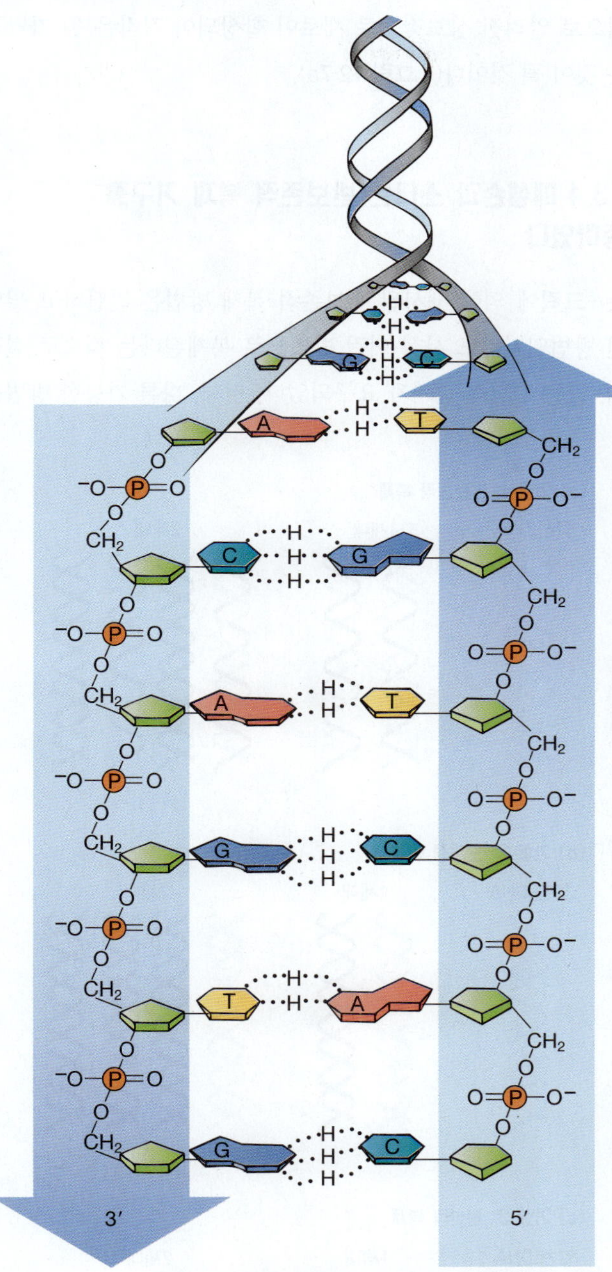


(a) 2가닥의 당-인산 사슬은 서로 반대방향으로 달린다. 이 방향이 상보적인 염기로 짝을 이루게 해준다.

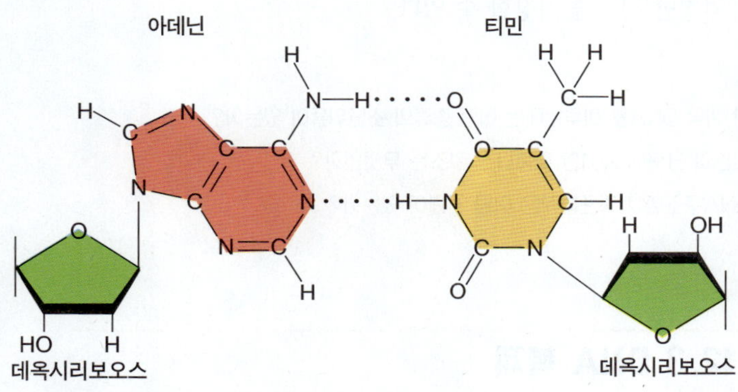


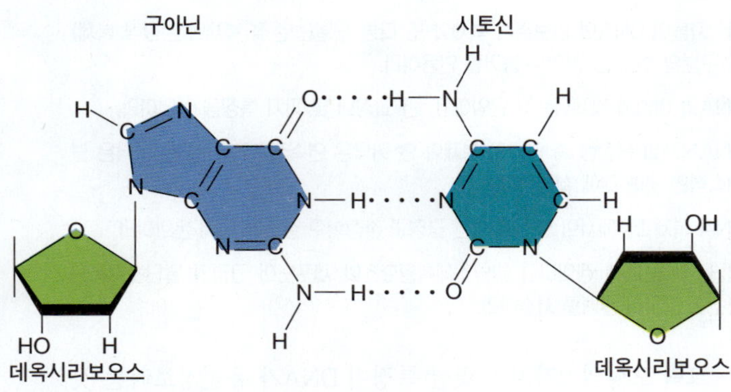


(b) 염기간의 수소결합은 A와 T 그리고 G와 C가 짝을 이루게 한다. AT쌍은 2 개의 수소결합을 이루고, GC쌍은 3개의 수소결합을 이룬다.

**그림 12-6 DNA 염기쌍 형성과 수소결합.**

DNA 이중나선의 2가닥은 염기 사이에 수소결합을 하고 있다.

아데닌과 티민 그리고 구아닌과 시토신 간의 수소결합의 성질은 **그림 12-6b**에 나타내었다. 아데닌과 티민은 2개의 수소결합이 이루어지고 구아닌과 시토신간에는 3개의 수소결합을 이룰 수 있다. 이런 특이한 염기쌍의 개념이 샤가프법칙을 뒷받침하고 있다. 한 가닥에 있는 모든 시토신은 다른 가닥의 구아닌과 쌍을 이루기 때문에 시토신의 양은 구아닌의 양과 같아야 한다. 마찬가지로 한 가닥의 모든 아데닌은 다른 가닥의 티민과 같아야 한다. 따라서 두 가닥에서 염기서열은 서로 **상보적(complementary)**이다. 다시 말해서 한 가닥의 뉴클레오티드의 서열은 다른 가닥의 상보적 서열을 지시한다. 예를 들어 만약 한 가닥의 서열이 3′-AGCTAC-5′이라면 다른 가닥의 상보적 서열은 5′-TCGATG-3′이다.

이중나선의 모형이 강하게 제시하는 것은 DNA에서 염기서열이 유전정보를 저장할 수 있고 이 서열이 궁극적으로 아미노산 서열과 관련지을 수 있다는 것이다. 비록 염기쌍이 어떻게 서로 쌍을 이루는지에 대한 제한이 있기는 하지만 한 가닥에서 염기의 가능한 수로의 배열은 실제로 제한이 없다. 세포에서 DNA분자는 수백만 뉴클레오티드가 존재할 수도 있기 때문에 많은 유전자를 포함한 엄청난 정보를 저장할 수 있다.

**복습**

- 한 가닥 DNA를 이루는데는 어떤 종류의 소단위들이 있는가?
- 왓슨과 크릭이 제시한 이중나선 구조는 무엇인가?
- DNA구조와 샤가프법칙은 어떤 관련이 있는가?

## 12.3 DNA 복제

**학습목표**

6 과학자들이 DNA의 반보존적 복제와 또 다른 모델(보존적 복제와 분산적 복제)을 구분할 수 있는 실험적 증거를 인용하라.

7 DNA가 어떻게 복제되는지 요약하고, 그 과정의 몇 가지 특징을 설명하라.

8 DNA복제의 복잡성 즉 양방향 복제와 한 가닥은 연속적이고 다른 한 가닥은 불연속적인 것에 대해 설명하라.

9 DNA 복제과정에서의 효소에 의한 교정과 손상복구 실수에 대해 논의하라.

10 말단소체에 대해 정의하고 말단소체복원효소와 세포노화 그리고 말단소체복원효소와 암과의 관계를 서술하라.

왓슨-크릭 모형의 2가지 뚜렷한 특징이 DNA가 유전정보라는 것을 더욱 뒷받침하고 있다. 앞에서 진술한 바와 같이 DNA의 염기서열은 암호화된 정보를 가질 수 있다는 것이다. DNA에서 뉴클레오티드 서열이 **DNA복제(DNA replication)**라는 과정인 복사가 정확히 될 수 있다는 식으로 모형이 제시되었다.

모형이 제시한 두 번째 특징은 상보적으로 염기쌍을 이루기 때문에 DNA분자의 각 가닥은 합성 시 다른 가닥의 주형으로 작용할 수 있다는 것이다. 두 가닥사이의 수소결합이 끊어져서(수소결합은 비교적 약한 결합임을 상기하라) 두 가닥이 분리되는 것이 우선 필요하다. 그 후 이중나선의 각 가닥은 빠져나간 상대편 가닥을 보완하기 위하여 새로운 상보적 뉴클레오티드로 쌍을 이룰 수 있다. 결국 2개의 이중나선이 될 것이고 한 가닥은 원 가닥에서 다른 한 가닥은 **반보존적 복제(semiconservative replication)** 방법으로 알려진 상보적으로 새로이 합성되어 각각은 원 가닥과 같은 것이 될 것이다(**그림 12-7a**).

### 12.3.1 메셀숀과 스타는 반보존적 복제 기구를 입증하였다

**왓슨-크릭**에 의해 제시된 반보존적 복제 방법은 간단하고 필연적인 방법일지라도 사실 이런 방법으로 복제된다는 것으로 설정할 수 있는 실험적 증거가 요구되었다. 첫째, 다른 가능한 방법을

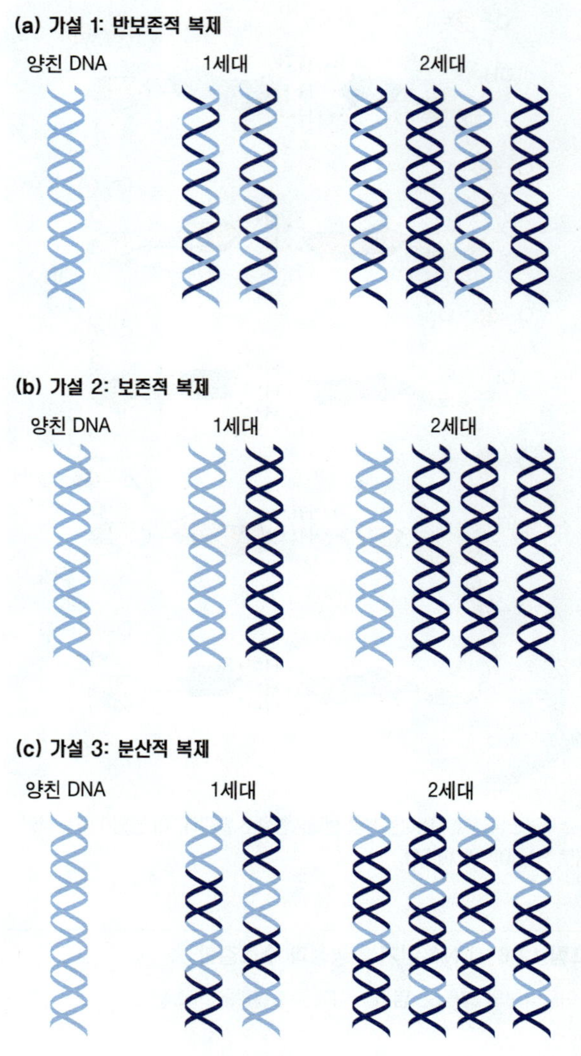


**그림 12-7** DNA 복제.

원 가닥(*진한 청색*)과 새로이 합성된 DNA(*연한 청색*)으로 나타내면서 복제가 **(a)** 반보존적 **(b)**보존적 **(c)**분산적 기작으로 일어난 경우를 예상한 모식도.

## 핵심 실험

**질문:** DNA 복제의 기작은 무엇인가?

**가설:** 그림 12-7에서 묘사한 DNA 복제의 세 가지 가정들과 이 가정을 거친 한 세대 또는 두 번째 세대가 본래의 가닥과 새로 합성된 DNA 가닥의 재배열로 되어 있음을 예상할 수 있다.

**실험:** **메셀숀**과 **스타**는 대장균을 무거운 질소($^{15}N$)가 있는 배지에서 여러 세대 증식시켰고, 따라서 그들의 모든 DNA 가닥은 무거운 질소를 가진다. 그 후 이들 세포의 일부를 가벼운 질소($^{14}N$)가 있는 배지로 옮겼다. 따라서 그들은 가벼운 질소를 가진다. $^{15}N$에서 자란 세포를 $^{14}N$배지로 옮긴 다음 1세대 후와 2세대 후 세포에서 DNA를 분리하였고, 각 세대에서 DNA를 분자의 밀도에 따라 분리해 보았다.

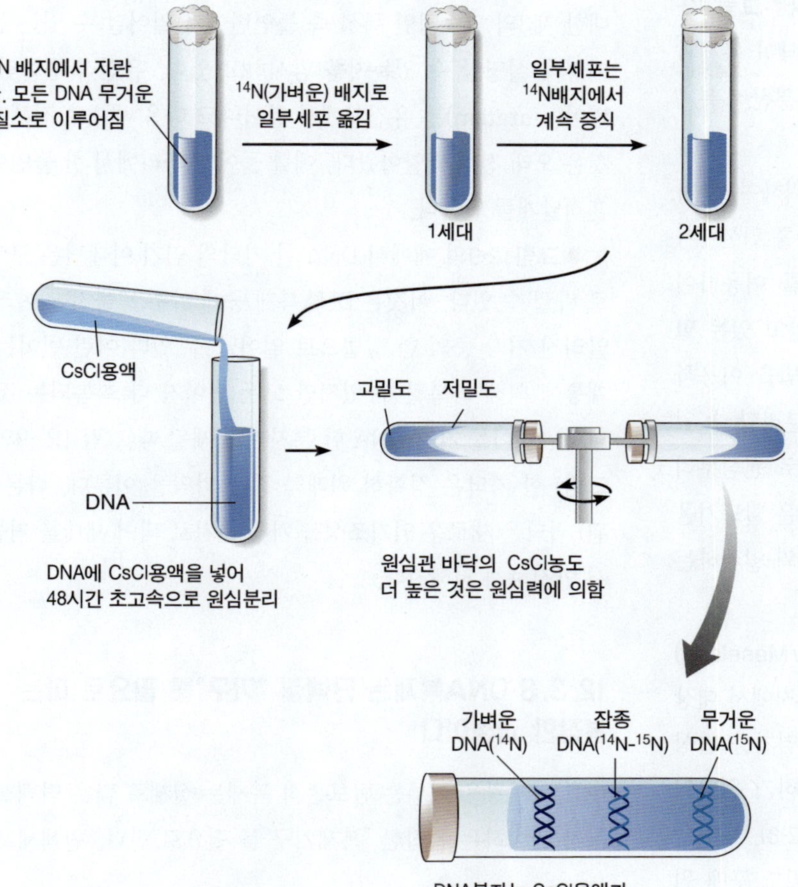


**결과와 결론:** 각 세대의 DNA 분자의 밀도를 관찰한 후, **메셀숀**과 **스타**는 DNA 복제의 기작이 반보존적으로 정확히 예측된다고 결론지었다.

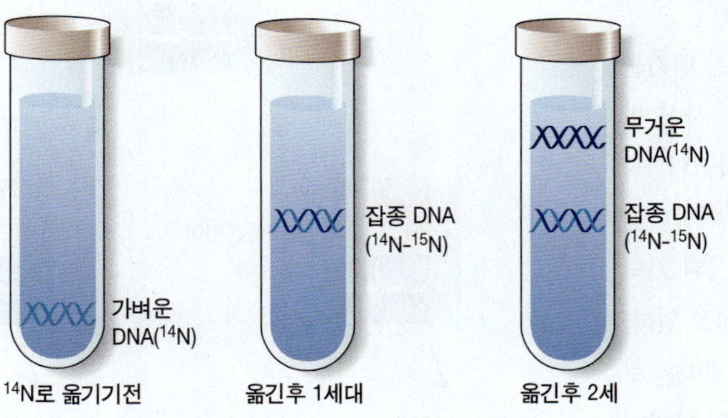


원심관내 DNA분자의 위치는 자외선으로 결정한다. DNA 용액은 260 nm에서 최대 흡광도를 갖는다.

**그림 12-8** 메셀숀–스타(Meselson–Stahl)의 실험.

배제하는 것이 필요하였다. 두 번째, *보존적 복제*(conservative replication)로 2개의 원 가닥은 그대로 있고 2개의 새로 합성된 가닥이 제2의 이중나선을 형성할 것이라는 것이다(**그림 12-7b**). 세 번째 가설은 원래 가닥과 새로 합성되는 가닥이 복제과정 중에 무작위로 혼재한다는 것이다. 이런 가능성을 *분산적 복제*(dispersive replication)라고 한다(**그림 12-7c**).

반보존적 복제와 다른 2가지 가능성을 구별하기 위하여 원 가닥과 새로 합성된 가닥을 구별하는 것이 필요하다. 이를 위한 1가지 방법은 무거운 질소 동위원소 $^{15}N$ (보통은 $^{14}N$)를 이용하여 DNA염기를 표지하여 밀도를 높이는 것이다. 이미 알고 있는 **밀도기울기원심분리(density gradient centrifuge)** 기법을 이용하여 DNA와 같은 큰 분자를 그들의 밀도에 근거하여 분리할 수 있다. DNA를 CsCl을 포함한 용액과 혼합하여 고속으로 원심분리하면 용액은 원심관 내에서 아래쪽은 높고 위쪽은 낮은 밀도기울기가 일어난다. 원심분리하면서 DNA는 자신의 밀도와 일치하는 부위로 이동할 수 있다.

1958년 캘리포니아 기술연구소의 **메셀숀**(Matthew Meselson)과 **스타**(Franklin Stahl)는 $NH_4Cl$에 $^{15}N$을 가지는 배지에서 대장균을 생육시켰다. 세포는 새로운 DNA에 취입되는 염기를 합성하기 위하여 $^{15}N$을 이용하였다. 세포는 염가를 합성하기 위하여 $^{15}N$를 이용하였고 그 후 DNA에 취입되었다(**그림 12-8**). 무거운 질소를 가지는 DNA분자를 추출하였다. 이 분자를 밀도 구배 원심분리에 이용하였을 때 밀도가 높은 부위에서 모을 수가 있었다. 나머지 세포($^{15}N$으로 표지한 DNA를 가진)를 일반적인 질소 즉 $^{14}N$을 가진 배지로 옮겨 계속 세포분열로 증식하게 하였다.

새로 합성된 DNA가닥은 그들이 일반적인 질소를 가진 염기를 만들기 때문에 가벼운 밀도를 가질 것으로 예상하였다. 사실 한 세대가 지난 후 세포에서 분리한 DNA는 중간 밀도를 가졌다. 즉 DNA의 반은 원래의 $^{15}N$을 가지고 있었다. 이 발견은 각 이중나선이 이전에 합성된 가닥(이 경우는 무거운 것)과 새로 합성된 가닥(이 경우 가벼운 것)을 가진다는 반보존적 복제를 뒷받침하고 있다. 모두 중간 밀도를 가진 한 군의 분자일 수 있는 분산적 복제와는 구분할 수 없었다. 그러나 두 가닥이 무거운 밀도를 가지고 두 가닥이 가벼운 밀도를 가지게 되는 보존적 복제와는 일치하지 않았다.

가벼운 $^{14}N$을 가지는 배지에서 여러 번의 세포분열 주기를 거친 후 2가지의 밀도구배가 나타났다. 한 분자는 $^{15}N$가닥과 $^{14}N$가닥을 가지는 잡종 DNA로 되어 있고 다른 한 분자는 자연적인 $^{14}N$을 가지는 DNA이었다. 이런 발견은 모든 가닥이 중간 밀도를 가질 것이라는 분산적 복제를 배제하였다.

## 12.3.2 반보존적 복제는 돌연변이의 안정성을 설명한다

DNA가 반보존적 기작으로 복제될 수 있다는 인식은 유전물질에 대한 제3의 필수적인 특성 즉 돌연변이가 일어날 수 있는 능력을 어떻게 설명할 수 있는지를 암시하고 있다. 유전적 변화인 **돌연변이(mutation)**는 유전자에서 일어나고 다음 세대로 전해진다는 것은 오래 전부터 알아왔다. 예를 들어 초파리에서 한 돌연변이는 흔적날개를 만든다.

**그림12-9**의 예에서 DNA 한 가닥의 염기 아데닌은 구아닌으로 바뀔 수 있다. 이것은 DNA복제 중에 아주 드물지만 여러 가지 알려진 기작 중의 한 방법으로 일어날 수 있다(이런 변이는 효소계통에 의해 회복될 수 있지만 모든 변이가 다 회복되는 것은 아니다). 변이를 가진 DNA 한 분자가 복제될 때(그림 12-9의 왼쪽 그림) 한 가닥은 정확히 원래와 같은 가닥을 이룬다. 다른 (변화된) 가닥은 새로운 염기조성을 가진 분자로 되어 세대를 거듭하면서 안정하게 전해진다.

## 12.3.3 DNA복제는 단백질 "기구"를 필요로 하는 복잡한 과정이다

비록 염기쌍을 이루는 반보존적 복제는 실제로 많은 단백질과 효소가 관여하는 복잡한 "복제기구"를 필요로 한다. 원핵세포와 진

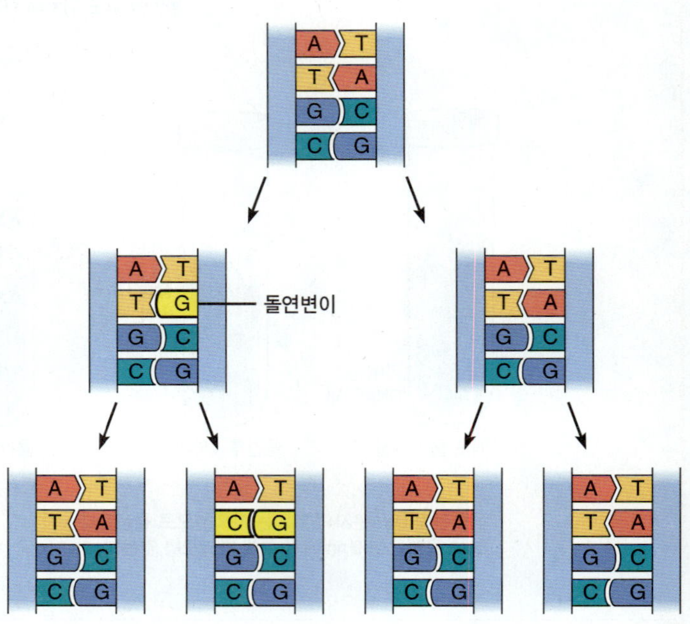


**그림 12-9** 돌연변이의 영속성.

DNA복제과정은 다음 세대에 전달될 수 있도록 하나의 돌연변이(*연황색*)를 안정화시킨다.

핵세포 간에 DNA구성에 대한 어떤 차이가 있다 할지라도 DNA복제의 기본적인 양상은 거의 일치한다. 대장균과 같은 대부분의 박테리아세포에서 거의 모든 DNA는 한 분자의 환형의 이중나선 DNA이다. 거의 대부분 복제가 되지 않은 진핵세포의 염색체는 DNA가 한 분자이고 선상인 이중나선으로서 최소한 양적으로 DNA와 비슷한 단백질이 관련되어 있다.

지금 제시하는 DNA복제는 복제과정의 지식을 알고서 요약한 것이고 그림 12-10과 12-11에 요약하였다. 비록 과학자들이 DNA복제에 대해 알고 있다 할지라도 이 과정의 많은 부분은 아직 모르고 있다.

표 12-2

**DNA복제에 관계하는 효소들**

| 효소 | 작용 |
|---|---|
| DNA헬리카아제 | 두 가닥을 연결하는 수소결합을 파괴하여 이중나선을 풀어줌. |
| 단일가닥 결합단백질 | 단일가닥 DNA에 결합하고 주형이 되는 DNA가닥이 복제되기 전에 그 가닥이 재형성되는 것을 막아줌. |
| DNA회전효소 | 복제 중에 과잉으로 꼬이는 DNA를 한 가닥 또는 두 가닥을 끊고 다시 연결함 |
| DNA중합효소 | 뉴클레오티드 간을 연결 |
| DNA프리마아제 | 지체가닥의 짧은 프라이머 RNA합성. 선도가닥의 복제를 시작. |
| DNA연결효소 | 새로이 합성된 3'말단을 기존 5'말단과 오카자키 단편의 연결 |
| 말단소체복원효소 | 말단소립 DNA를 길게 함. |

### (1) DNA가닥이 복제 중에 풀어져야 한다

DNA복제는 **복제개시점**(origin of replication)이라고 부르는 특정 부위들의 이중나선 부위들이 풀리면서 시작된다. 이와 같이 DNA 두 가닥을 분리하는 데는 나선을 따라 이동하면서 이중나선을 풀어주는 **DNA헬리카아제**(DNA helicase)가 관여한다(▮ 표 12-2). 풀려진 DNA 두 가닥 각각이 분리되는 가닥 부위에서 동시에 복제가 일어나는데, 이 부위를 **복제분지**(replication fork)라 부르며 Y-자 모양의 구조를 가진다.

일단 가닥이 풀어지면 나선 불안정 단백질이라고 하는 **단일가닥 결합단백질**(single-strand binding proteins: SSBs)이 단일가닥에 결합하여 그 가닥이 복제될 때까지 이중나선으로 재구성되는 것을 방지한다.

**왓슨**과 **크릭**은 이중나선 모형에서 DNA의 두 가닥이 서로 밧줄을 꼬는 것 같이 꼬여있다는 것을 알았다. 만약 이들 가닥을 분리시키고자 한다면 밧줄은 회전하든지 서로 더 꼬이게 된다. 복제 중에 상보적인 두 가닥이 분리될 때 일어나는 유사한 것을 예상할 수 있다. 복제 중에 DNA가 풀어지면 DNA의 다른 부위에서 과잉 꼬임이 일어난다. **DNA회전효소**(topoisomerase)라고 하는 효소

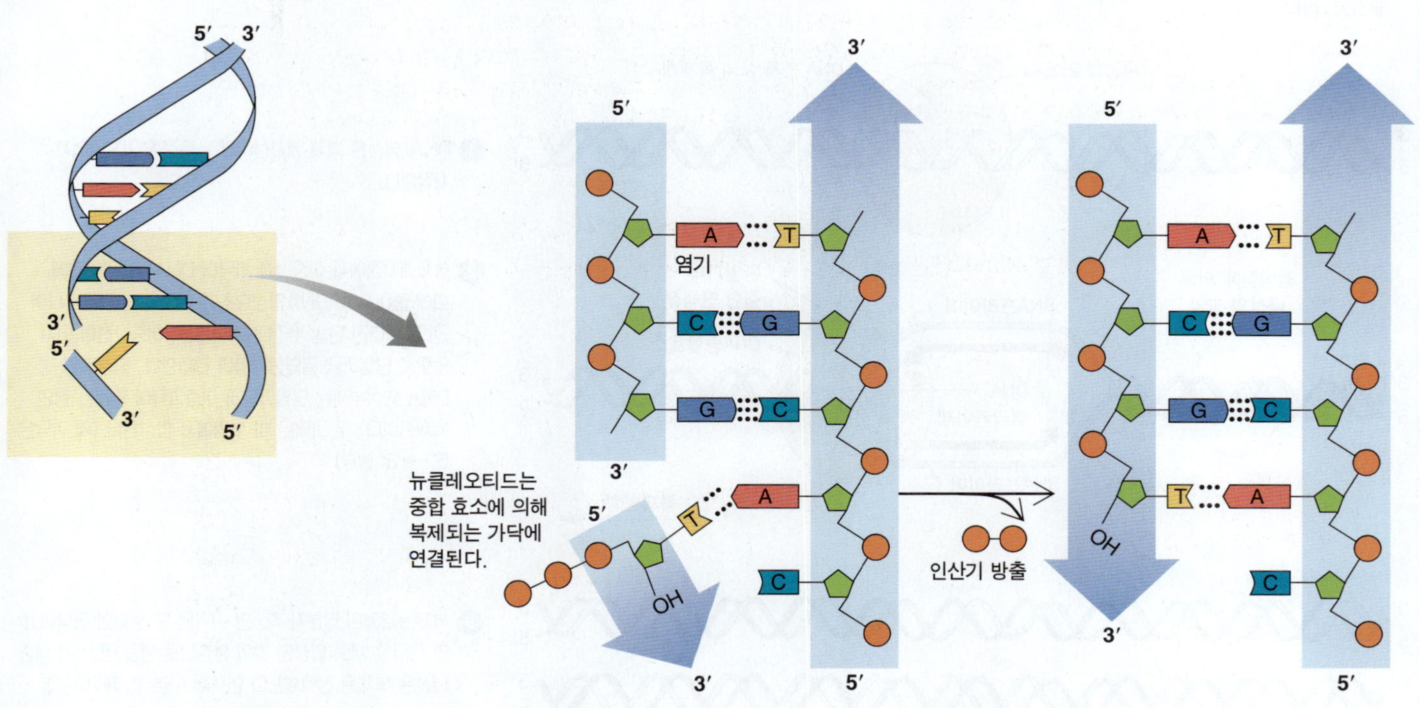


**그림 12-10** DNA복제의 요약도.

DNA중합효소는 자라나는 가닥의 3'말단에 하나의 뉴클레오티드를 붙여준다.

는 DNA분자의 어느 부위를 절단하고 비틀림을 감소시켜 복제 중에 매듭 형성을 방지한다.

### (2) DNA합성은 반드시 5′⟶3′ 방향이다

뉴클레오티드를 서로 연결해 주는 효소를 **DNA중합효소(DNA polymerase)**라고 한다. 이 효소는 자라는 폴리뉴클레오티드의 3′말단에만 뉴클레오티드를 첨가시킬 수 있고 쌍을 이루면서 복제되어야 한다(▮ 그림 12-10). ATP, GTP와 같이 3개의 인산기를 가진 뉴클레오티드가 중합반응의 기질로 작용한다. 뉴클레오티드가 연결됨에 따라 2개의 인산기가 분리된다. 이 반응은 강한 발열반응으로써 다른 에너지를 필요로 하지 않는다. 새로운 폴리뉴클레오티드 쇄가 이미 존재하는 가닥의 말단에서 당의 3′ OH에 다음 뉴클레오티드의 5′인산기를 연결하면서 길어지기 때문에 새로운 DNA가닥은 반드시 5′ ⟶ 3′ 방향으로 생성된다.

일부 DNA중합효소는 자라나는 가닥의 3′말단에 하나의 뉴클레오티드를 붙여준다. 대장균에서 확인된 5종류의 DNA중합효소 중의 하나인 DNA중합효소 III는 1분 동안 1,200 뉴클레오티드를 연결시킨다.

### (3) DNA합성은 RNA프라이머를 필요로 한다

앞에서 설명한 바와 같이 DNA 중합효소는 이미 존재하는 가닥의 3'말단에만 뉴클레오티드를 붙인다는 것이다. 그렇다면 DNA합성은 두 가닥이 분리된 후 어떻게 시작할 것인가? 여기에 대한 해답은 짧은 단편(보통 5–14 뉴클레오티드)의 **RNA프라이머(RNA primer)**가 복제 개시점에서 먼저 합성된다(▮ 그림 12-11).

RNA(3장과 12장 참조)는 핵산 중합체로써 한 가닥 DNA 주형에 대해 상보적인 염기쌍으로 이루어진 것이다. RNA프라이머는 한 DNA가닥에 대해 새로운 RNA가닥을 시작할 수 있는 효소인 **DNA프리마아제(DNA primase)**에 의해 합성된다. 몇 개의 뉴클레오티드가 연결된 후 프리마아제는 DNA중합효소에 의해 대치되어 짧은 RNA프라이머의 3'말단에 뉴클레오티드를 붙일 수 있다. 그 후 프라이머는 특수한 효소에 의해 분해되고 그 자리는 DNA로 채워진다.

### (4) DNA복제는 한 가닥은 불연속적이고 다른 한 가닥은 연속적이다

상보적인 DNA가닥은 상보적인 두 가닥이 역평형이라는 것이다.

**요점**

DNA복제는 여러 종류의 효소, 단백질 및 RNA프라이머가 관여하는 여러 단계의 과정을 필요로 한다.

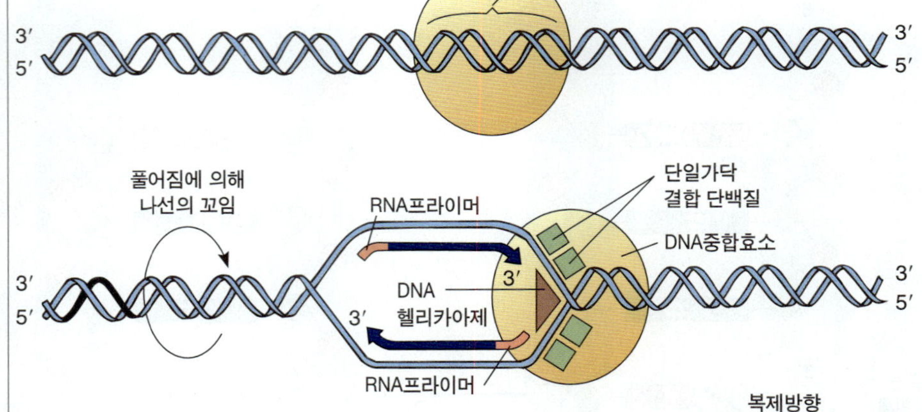


❶ DNA 합성은 복제 개시점이라는 특정 염기서열에서 시작한다.

❷ 복제개시점에서 이중나선 가닥이 DNA헬리카아제에 의해 풀어지며, DNA합성효소에 의해서 합성되어 나아간다. 풀어진 단일가닥 DNA가 다시 이중나선이 되지 않도록 단일가닥 결합단백질이 결합한다. 활성적인 DNA 합성부위는 단일가닥과 이중가닥이 만나는 점인 복제점이다. 두 가닥은 이 부위에서 합성된다.(각 가닥은 5′→3′ 방향)

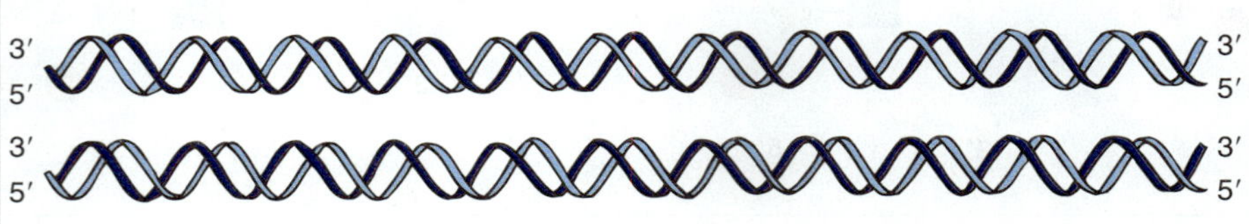


❸ 복제는 2개의 딸분자 즉, 한 가닥은 모 분자의 가닥이고 한 가닥은 새로 합성된 것의 형성으로 완료된다. 각 이중나선은 복제된 진핵세포와 염색체의 염색분체가 된다.

**그림 12-11** DNA복제의 일면.

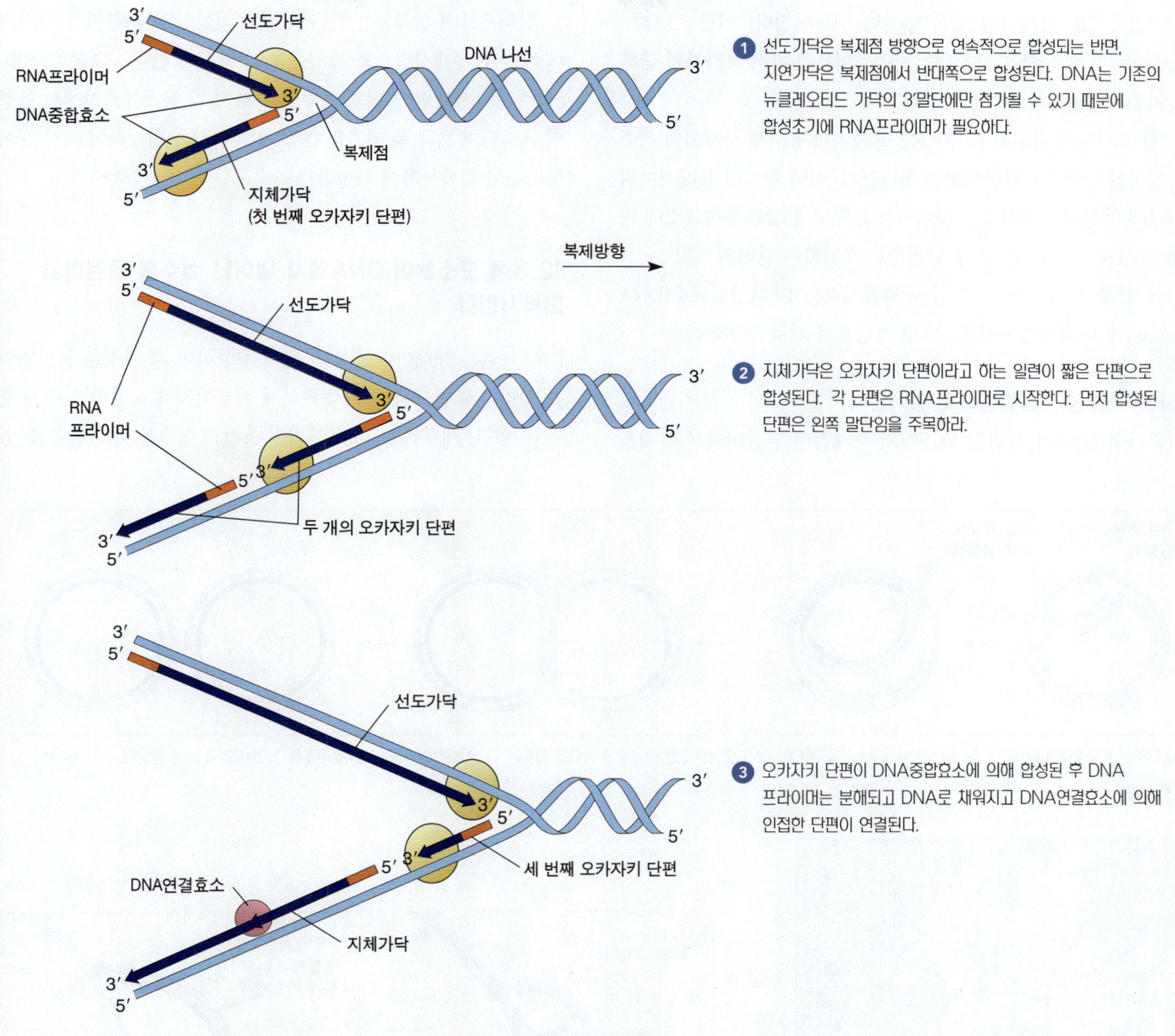


**그림 12-12** 선도가닥과 지체가닥 DNA

DNA합성은 단지 5′ ⟶ 3′ 방향으로 진행하므로 복제를 위한 주형 가닥은 3′ ⟶ 5′ 방향인 것을 의미한다. 따라서 이중나선의 한쪽 말단에서 복제가 시작되고 다른 한 가닥은 반대 말단에서 시작하여야 한다. 어떤 바이러스는 이런 식으로 자신의 DNA를 복제하지만 이 복제 방법은 진핵세포의 긴 DNA 분자로 된 염색체에서는 불가능하다.

그 대신에 앞에서 설명한 바와 같이 DNA복제는 복제개시점에서 시작하며, 복제분지에서 두 가닥의 복제가 동시에 일어난다(그림 12-12). 복제점의 위치는 복제가 진행하면서 항상 이동한다. 2개의 동일한 DNA중합효소가 복제를 담당한다. 한 효소는 복제점이 나아가는 방향으로 길어지는 새로운 가닥의 3'말단에 뉴클레오티드를 붙여준다. 이 가닥은 연속적으로 거침없이 형성되기에 **선도가닥(leading strand)**이라고 한다.

다른 (동일할 수도 있는) DNA중합효소는 **지체가닥(lagging strand)**이라고 하는 다른 새로운 가닥의 3'말단에 뉴클레오티드를 붙여준다. DNA중합효소가 그 가닥의 3'말단에 연속적으로 반대방향으로 복제하면 짧은 단편이 이루어진다. 이들 1,000–2,000 뉴클레오티드를 발견한 사람의 이름을 따서 **오카자키 단편(Okajaki fragment)**이라고 한다.

각 오카자키 단편은 다른 RNA 프라이머에 의해 시작되며 이미 합성하는 단편의 5'말단으로 뻗어나간다. 이미 합성된 프라이머의 말단에 합성이 도달하면 프라이머는 분해되고 DNA중합효소에 의해 DNA로 대치된다. 그 후 단편들은 오카자키 단편의 3'OH와 그 뒤에 합성된 DNA의 5' 인산을 결합시키는 **DNA연결효소(DNA ligase)**에 의해 인산–이에스테르 결합으로 서로 연결된다.

### (5) DNA합성은 양방향으로 일어난다

이중나선 DNA가 분리될 때 2개의 복제점이 만들어져서 복제개시점에서 보면 두 방향으로 복제되게 한다. 박테리아에서 보통 하나의 고리형 DNA분자에 있어 하나의 복제개시점을 가지고 있기 때문에 고리에는 2개의 복제 분지에서 진행되며 2개의 새로운 DNA분자가 완성될 때 서로 마주친다(**그림 12-13a**).

진핵세포의 염색체는 하나의 길고 선상인 DNA분자를 가지기에 많은 복제개시점으로 복제를 빨리 마치게 한다(**그림 12-13b, c**). 반대편에서 온 가닥과 마주칠 때까지 각 복제개시점에서 합성이 계속되며 결국 두 분자의 DNA 이중나선을 형성하여 각각은 이중나선이 염색분체에 해당한다.

## 12.3.4 효소들이 DNA에서 일어난 실수를 교정하고 회복시킨다

DNA복제는 세대마다 한번만 일어나야 하며 그 과정은 돌연변이가 일어나지 않도록 매우 정확하게 이루어져야 하지만 실수가 생길 수 있다. 세포는 DNA 복제과정 동안의 실수를 바로 잡을 수 있

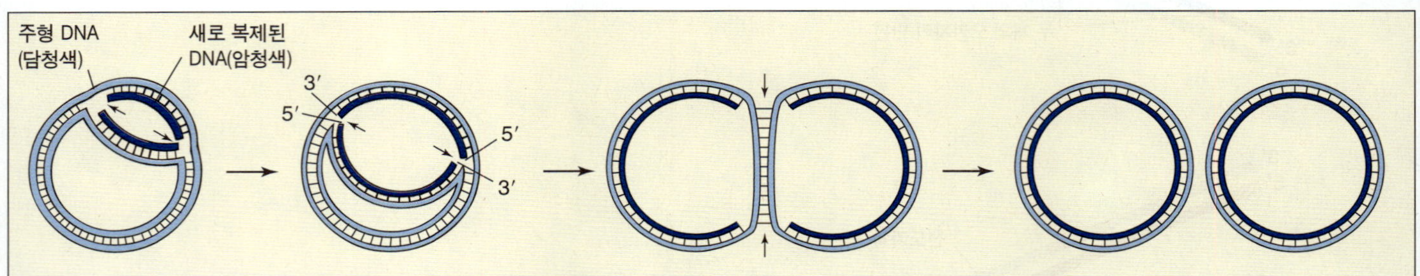


**(a)** 대장균에서 환상 DNA는 오직 하나의 복제개시점을 가진다. DNA합성은 양방향으로 진행되기 때문에 두 복제점(*화살표*)이 환상 구조를 돌아서 결국 서로 만난다.

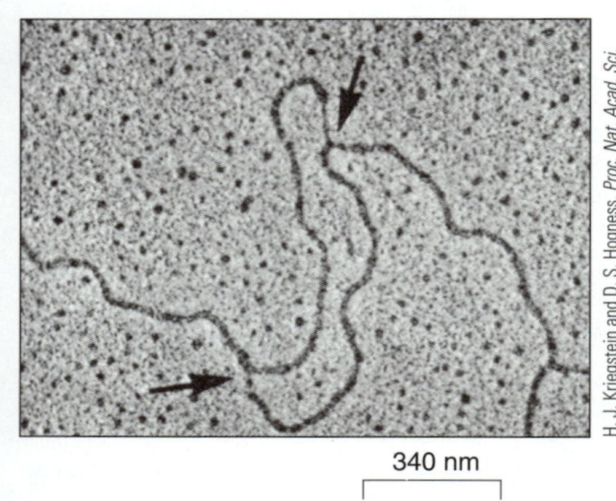


H. J. Kriegstein and D. S. Hogness, *Proc. Nat. Acad. Sci. USA* 71:135–139, 1974

**(b)** 이 전자현미경 사진은 두 복제점(*화살표*)이 부분적으로 복제되는 진핵세포 염색체의 일부이다.

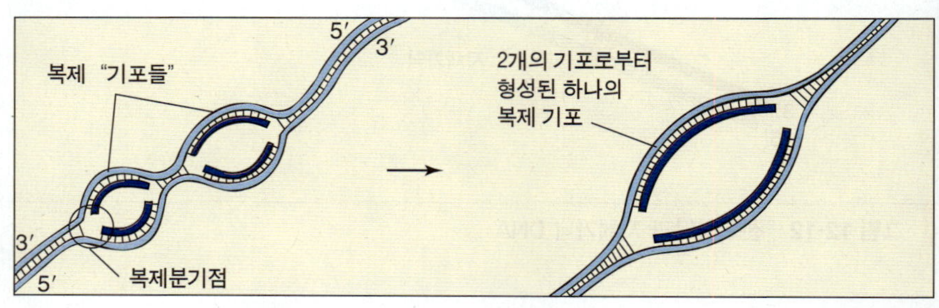


**(c)** 진핵세포 염색체 DNA는 수많은 복제개시점을 가진다. DNA 합성은 각 복제개시점에서 인접한 복제 "기포들"이 만날 때까지 양방향으로 일어난다.

**그림 12-13 박테리아와 진핵세포에서의 DNA의 양방향성.**

선도가닥과 지체가닥은 그림에 나타내지 않았다.

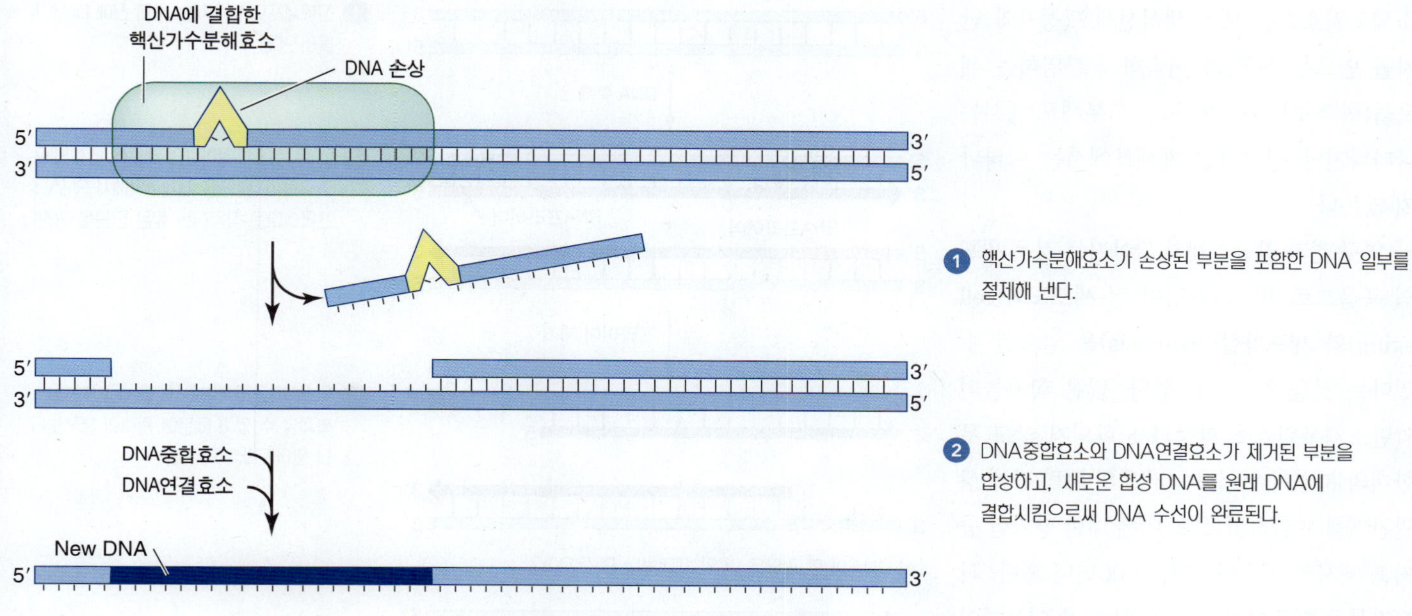


**그림 12-14** 손상된 DNA 뉴클레오티드의 절제수선.

는 기작을 가지고 있다. 즉, DNA중합효소는 복제동안 자신의 주형 뉴클레오티드에 대해 새롭게 합성되는 각 뉴클레오티드를 교정할 수 있는 능력이 있는데, 수소결합 간의 실수가 발견되면 부정확한 뉴클레오티드를 즉시 제거하고 정확한 뉴클레오티드를 합성한다. 소수의 교정되지 못한 돌연변이들이 여전히 존재하지만, 이 경우는 $10^9$ 또는 $10^{10}$ 염기쌍 당 한번일 정도로 매우 드물다.

세포는 DNA복제과정 동안 중합효소에 의해 실수가 제거되지 못할 경우에 다른 회복기작들을 사용한다. **짝짝이수선(mismatch repair)**에서는 특정 효소들이 부정확하게 결합한 뉴클레오티드들을 인식하여 절단한 다음, DNA중합효소가 제거된 후 비어있는 뉴클레오티드들을 메운다. 짝짝이수선효소에 유전적인 결함을 지닌 개체들이 대장암 발생 빈도가 높다는 사실은 세대간 DNA 복제과정에서의 적합도에 관여하는 효소의 중요성을 증명해 준다고 할 수 있다.

**뉴클레오티드 절제수선(nucleotide excision repair)**은 자외선 또는 유해물질에 의해 일어나는 DNA 손상을 제거하는데 주로 이용된다(**그림 12-14**). 이 과정에는 손상된 DNA를 제거하는 **핵산가수분해효소(nuclease)**, 정확한 뉴클레오티드를 합성하는 DNA중합효소, 그리고 당-인산 골격을 연결해 주는 DNA연결효소로 이루어진 3종류의 효소들이 관여를 하고 있다. *색소성 건피증*(Xeroderma Pigmentosum) 환자들은 뉴클레오티드 절제수선효소에 유전적 결함을 지니고 있다. 이들은 자외선에 의해 일어나는 DNA손상을 회복할 수 없기 때문에 어린 나이에 피부암에 걸리게 된다.

## 12.3.5 말단소체는 진핵세포 염색체의 말단을 싸고 있다

고리형으로 된 원핵세포의 DNA와는 달리 진핵세포의 염색체는 말단이 열려 있다. DNA복제는 지체가닥에서 불연속적이기 때문에 DNA중합효소는 가닥을 끝까지 복제할 수가 없다. 그 결과, DNA의 끝은 복제가 되지 않은 작은 부분을 남기게 되어 세포가 분열함에 따라 작은 한 가닥의 DNA부분을 잃게 된다(**그림 12-15a**).

염색체의 끝부분은 **말단소체(telomere)**라 알려진 단백질을 암호화하는 유전자들이 존재하지 않는 보호역할의 말단덮개로 싸여 있다. 말단소체는 짧고 간단한 염기서열이 많이 반복되어 있는 구조로 이루어져 있다 (**그림 12-15b**). 예를 들면, 인간의 정자와 난자 세포에는 5′-TTAGGG-3′ 이라는 염기서열이 각 염색체의 말단에 1,000번 이상 반복되어 있어 말단의 DNA 조각이 세포가 분열할 때마다 소실되어도 세포는 중요한 유전정보를 잃어버리기 전에 많은 수의 세포분열을 할 수 있다.

특수한 DNA합성효소인 **말단소체복원효소(telomerase)**는 진핵세포의 염색체 끝부분에 반복적인 뉴클레오티드 서열을 합성해 줌으로써 말단부위 DNA 길이를 유지시켜 준다. 1984년에 학자들이 발견한 이 효소는 보통 무한대로 증식하는 세포 즉 원생동물과 다른 단세포 진핵생물, 그리고 대부분의 **암세포(cancer cell)**에서 나타나고 있다. 사람과 다른 포유류에서 활성적인 말단소체복원효소는 보통 생식선세포(정자와 난자를 만드는 세포)와 신속하게 분열하는 세포들(혈액세포, 장막세포, 피부세포)에서는 나타나지만 정상적인 체세포에서는 나타나지 않는다.

연구 결과 말단소체가 짧아지는 것은 세포의 죽음으로 프로그래밍이 된 **세포노화**(cell aging)와 **세포자살**(apoptosis)을 일으킬 수 있다는 것을 암시하고 있다. 많은 학자들이 말단소체복원효소 활성과 노화되지 않고 무한대의 분열이 일어나는 세포의 능력 간에 상관관계를 관찰하였으나, 이에 대한 명확한 증거를 제시하지 못하였다. 2000년대 초반, 과학자들은 재조합기술(15장 참조)을 이용하여 말단소체복원효소의 활성부위를 암호화하는 유전정보를 지닌 바이러스를 배양 중인 정상의 사람세포에 감염시켰다. 감염된 세포는 말단소체복원효소의 작용으로 말단소체가 눈에 띄게 늘어났을 뿐만 아니라 세포분열이 정상적으로 멈출 때까지 오랜 기간 동안 분열한다는 사실을 밝힘으로써 말단소체복원효소의 기능과 노화와의 관련성을 알 수 있게 되는 계기가 되었다.

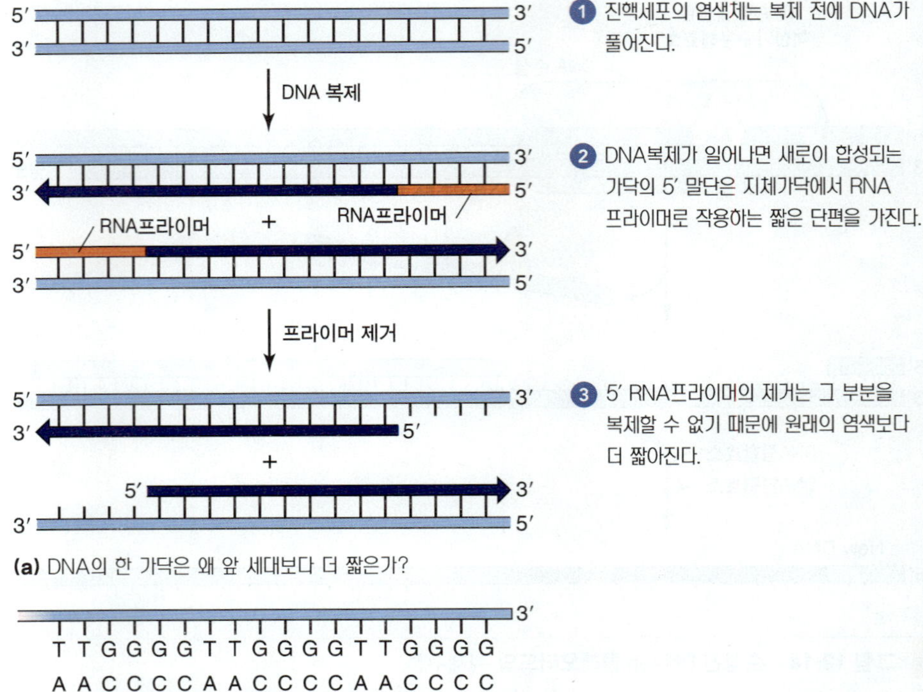


**(b)** 염색체의 말단소체는 많이 반복된 짧은 암호화하지 않은 DNA 염기서열을 가진다. 말단소체를 처음 발견한 단세포 생물인 원생동물 *Tetrahynema*에는 약 20~70회 반복된 TTGGGG를 가진다.

**그림 12-15 염색체 말단에서의 복제.**

말단소체와 말단소체복원효소는 이론적인 이유와 실질적인 이유 모두에 최근 연구의 초점이 되고 있다. 말단소체복원효소가 체세포에서 정상적인 분열횟수보다 더 많은 분열을 할 수 있도록 하는 능력은 손실되거나 상처받은 세포를 대치하는 등의 치료적인 측면에서 매우 유용하게 이용될 수 있는 잠재성을 지니고 있다. 하지만 무한대의 분열을 가진다면 또 다른 심각한 결과를 가져올 수도 있다.

암세포는 배양에서 수백 회 분열할 수 있는 능력을 가지고 있다. 사실 암세포는 영원히 분열할 수 있다. 사람의 유방암, 폐암, 직장암, 전립선 암, 췌장암 등 대부분의 암세포는 말단소체의 길이를 유지하고 세포괴사도 막는 말단소체복원효소를 가지고 있다. 학자들은 말단소체복원효소를 억제하는 항암제를 개발하고 있다. 암을 치료하기 위한 연구는 말단소체복원효소를 가지고 있는 암세포를 인지하고 공격하는 쪽으로 진행 중에 있다.

### 복습

- 메셀손과 스타는 DNA복제가 반보존적이라는 것을 어떻게 입증하였는가?
- DNA복제는 왜 한 가닥은 연속적이고 다른 한 가닥은 불연속적인가?
- 연속적인의 짝짝이수선과 뉴클레오티드 절제수선이 어떻게 일어나는지 비교 설명하라.

## 핵심 용어와 요약

### 학습목표

1 1940년대와 1950년대 초 DNA가 유전물질이라는 것을 증명하고자 축적된 증거를 요약하라.

- 유전학자들은 처음 대부분 유전자는 단백질이라고 생각했다. 그들은 단백질은 복잡하고 다양한 것으로 알았고, 반면 핵산은 정보를 저장하기에는 간단한 분자에 불과하다고 생각했다.
- 여러 증거를 통해 DNA가 유전물질임을 뒷받침하였다. **형질전환** 실험에서 한 계통의 박테리아 DNA는 새로운 유전적 특성을 가진 박테리아로 될 수 있다.
- 한 박테리아 세포에 1종류의 **박테리오파지**로 감염시켰을 때 단지 바이러스의 DNA가 세포 속으로 들어간다. 이 DNA는 바이러스가 증식하고 새로운 바이러스를 만드는데 충분하다.

2 **그리피스**의 형질전환실험, 그리피스 실험에 대한 **에이버리**의 확인 그리고 **허시-체이스** 실험에 관한 다음 사항들을 설명해 보라.

- **그리피스**의 형질전환실험은 유전물질이 하나의 박테리아에서 다른 박테리아로 전달된다는 것을 증명한 것인가?
- **에이버리**의 확인 실험은 박테리아 형질전환의 본체가 DNA라는 것을 말해 주는가?
- **허시-체이스**는 실험을 통해 박테리오파지에서의 유전물질이 단백질과 DNA 중 어느 것임을 밝힌 것인가?

3 뉴클레오티드 각각이 한 분자의 DNA가닥을 이루는데 어떻게 상호 연결되는가?

- DNA는 뉴클레오티드의 매우 규칙적인 **중합체**이다. 각 뉴클레오티드는 질소를 가진 염기가 있는데, 이들은 **퓨린**(**아데닌** 또는 **구아닌**) 아니면 **피리미딘**(**시토신** 또는 **티민**) 중의 하나일 것이다. 각 염기는 오탄당인 **데옥시리보오스**에 공유결합하며 당은 인산에 결합하고 있다.
- 각 한 가닥의 DNA쇄의 주축은 당과 인산이 교대로 들어가며 **인산이에스테르 결합**으로 연결되어 있다. 각 인산기는 데옥시리보오스의 5′탄소에 붙어있고 인접하는 당의 3′탄소에 붙어있다.

4 두 가닥의 DNA가 서로 어떻게 방향을 잡고 있는지를 설명하시오.

- 각 DNA분자는 **이중나선**으로 된 2개의 폴리뉴클레오티드 사슬이다. 두 가닥은 **역평형**(반대방향으로 달린다)이고, 한쪽 끝은 **5′말단**으로 5′데옥시리보오스 탄소에 인산이 붙어있고 다른 한쪽은 **3′말단**으로 3′데옥시리보오스 탄소에 OH가 붙어있다.

5 **샤가프** 등이 결정한 DNA의 염기쌍 규칙을 설명하고 어떻게 서로 상보적으로 결합하는지를 설명하시오.

- 특정 염기쌍 사이의 수소결합은 두 가닥을 서로 나선으로 만든다. 아데닌(A)은 티민(T)과 2개의 수소결합을 이루고 구아닌(G)은 시토신(C)과 3개의 수소결합을 이룬다.
- A와 T 그리고 G와 C 간의 상보적 염기쌍은 A와 T 그리고 G와 C의 농도가 같다는 샤가프의법칙에 따른다.
- DNA의 두 가닥 사이에 서로 상보적 염기쌍을 이루기 때문에 만약 어느 한 가닥의 염기서열을 안다면 다른 가닥의 염기서열을 예측할 수 있다.

6 DNA의 반보존적 복제와 다른 복제기작(보존적 또는 분산적 복제)을 구별할 수 있는 증거를 제시하시오.

- 대장균을 무거운 질소가 있는 배지에서 여러 세대 배양하였을 때 그들의 DNA에 무거운 질소를 취입시킨다. 이 세균을 가벼운 질소가 있는 배지에 옮겨 한 두 세대 만에 분리하여 각각 DNA의 밀도로 보아 DNA 복제가 반보존적이다. **반보존적 복제**에서 각 딸세포의 이중나선은 양친분자의 한 가닥과 새로이 합성된 한 가닥으로 되어 있다.

7 DNA가 어떻게 복제되는지 그 과정을 요약하고, 특정 과정을 설명 하시오.

- **DNA복제** 중에 이중나성의 두 가닥이 풀어진다. 각 가닥은 새로운 상보적 가닥에 주형으로작용한다. 자라나는 DNA가닥에 새로운 뉴클레오티드를 붙여주는 효소가 **DNA중합효소**이다.
- DNA를 풀고 풀어진 가닥을 안정화시키는 데는 또 다른 효소와 단백질이 요구된다. DNA **헤리카아제**는 이중나선을 풀고, **DNA회전효소**는 복제 중 엉키는 것을 방지한다.

8 한 가닥은 연속적이고 다른 한 가닥은 불연속적인 DNA복제의 복합성을 설명하라.

- DNA복제는 **복제개시점**에서 시작하여 양방향으로 진행하는 복제를 한다. 진핵세포의 염색체는 복제개시점이 많이 있으며 짧은 시간에 많은 점에서 복제가 될 수 있다.
- DNA합성은 5′에서 3′방향이다. 이것은 **지체가닥**이라고 하는 한 가닥이 짧은 오카자키 단편으로 불연속적으로 합성한다. **선도가닥**이라고 하는 반대편 가닥은 연속적으로 복제한다. DNA프리마아제는 지체가닥에 짧은 RNA프라이머를 합성하고, **DNA연결효소**는 새로 합성된 DNA의 **오카자키 단편**들을 연결한다.

9 효소들이 어떻게 DNA에서 일어나는 실수를 교정하고 회복시키는지 논하라.

- 복제과정 중에 DNA중합효소는 자신의 주형 뉴클레오티드에 대해 새롭게 합성되는 각 뉴클레오티드를 교정할 수 있는 능력을 가진다. 염기쌍 합성 중 실수가 발견되면 중합효소는 즉시 부정확한 뉴클레오티드를 제거하고 정확한 뉴클레오티드로 교정한다.
- **짝짝이수선**에서는 특정 효소들이 부정확하게 결합한 뉴클레오티드들을 인식하여 절단한 다음, DNA중합효소가 제거된 후 비어있는 뉴클레오티드들을 메운다.
- **뉴클레오티드 절제수선**은 자외선 또는 유해물질에 의해 일어나는 DNA 손상을 제거할 때 일어난다. 이 경우 3종류의 효소들 즉, 손상된 DNA를 제거하는 **핵산가수분해효소**, 정확한 뉴클레오티드를 합성하는 DNA중합효소, 그리고 당-인산 골격을 연결해 주는 DNA연결효소가 관여한다.

10 말단소체를 정의하고 말단소체복원효소와 세포노화 그리고 말단소체복원효소와 암과의 관계를 서술하라.

- 진핵세포 염색체는 **말단소체**라고 하는 짧고 암호화하지 않는 반복 DNA서열로 마무리되어 있다. 말단소체는 세포주기 마다 조금씩 짧아지지만 **말단소체복원효소**에 의해 길어진다.
- 어떤 세포에서 말단소체복원효소가 없으면 **세포노화**를 일으킬 수 있고 세포노화는 어느 정도 분열하면 분열할 수 있는 능력을 잃게 된다.
- 사람의 유방암, 폐암, 직장암, 전립선암, 췌장암과 같은 대부분의 **암세포**는 말단소체를 길게 하고 세포자살을 막는 말단소체복원효소를 가지고 있다.

## 연습문제

1. 그리피스가 살아있는 R세포와 멸균한 S세포를 쥐에 주사하였을 때 그는 (a) 쥐가 무해하였다는 것 (b) 죽은 쥐가 살아있는 R세포를 가진다는 것 (c) DNA가 S형 박테리아에서 쥐로 옮겨갔다는 것 (d) DNA가 S형 세포에서 쥐로 옮겨갔다는 것 (e) DNA가 S형에서 R형으로 옮겨갔다는 것이다.

2. 다음 중 어느 것이 에이버리 등이 박테리아에서 형질전환의 근본이 DNA라는 것을 암시하는가? (a) A와 T 그리고 G와 C의 양이 같다 (b) DNA구조에 대한 왓슨-크릭의 모형 (c) 대장균에서 DNA 복제에 대한 메셀슨-스타의 실험 (d) 폐렴쌍구균의 S형과 R형에 대한 그리피스 실험 (e) 박테리오파지의 증식에 대한 허시-체이스의 실험

3. DNA회전효소의 역할은? (a) DNA합성 (b) RNA프라이머 합성 (c) 오카자키 단편 연결 (d) 형성된 꼬임을 풀기 위한 절단과 재결합 (e) 단일가닥의 DNA가 이중 가닥으로 되는 것의 방지

4. 박테리오파지를 이용한 허시-체이스 실험에서 (a) 무해한 박테리아 세포는 악성세포에서 영속적으로 형질전환이 일어난다. (b) DNA는 박테리아 형질전환 실험보다 더 일찍 형질전환의 원리가 되었다. (c) DNA복제는 결과적으로 반보존적이다. (d) 바이러스 DNA는 박테리아 세포로 들어가서 박테리아 내에서 새로운 바이러스를만든다. (e) 바이러스는 박테리아 세포로 그들의 DNA가 아니라 단백질이 들어간다.

5. DNA 이중나선의 두 상보적인 가닥은 서로 (a) 데옥시리보오스 분자 간의 이온결합 (b) 인산 간의 이온결합 (c) 뉴클레오티드 간의 공유결합 (d) 데옥시리보오스 분자 간의 공유결합 (e) 뉴클레오티드 간의 수소결합으로 연결되어 있다.

6. 메셀슨과 스타가 무거운 질소를 가진 배지에서 생육시킨 실험은 DNA의 무엇에 대한 입증인가?
   (a) DNA이중나선
   (b) 반보존적으로 복제한다
   (c) 반복 뉴클레오티드 서열로 되어있다
   (d) 상보적인 염기쌍
   (e) 반드시 5'에서 3'방향으로 합성한다.

7. 다음 효소들 중 핵산 수정복구에 포함되지 않는 것은?
   (a) 핵산분해효소 (b) DNA 제한효소 (c) DNA 중합효소
   (d) 말단소체복원효소 (e) d번을 제외한 나머지 모두

8. 복제개시점이 여러 개 있다는 것은 무엇을 의미하는가?
   (a) 진핵세포의 염색체의 복제를 가속화시킨다
   (b) 다른 복제점에서 연속적과 불연속적 복제를 하게 한다
   (c) 이중나선이 풀어짐에 따라 그 가닥을 유지하게 한다
   (d) 돌연변이의 방지
   (e) 박테리아의 고리형 DNA 분자에서복제에 필수적이다.

9. DNA가 반보존적으로 복제된다는 의미는 무엇인가?
   (a) 단지 한 가닥 DNA가 복제된다
   (b) 첫 번째 한 가닥이 복제된 후 다른 가닥이 복제된다
   (c) 이중나선의 두 가닥이 똑 같은 염기쌍을 가진다
   (d) 한 가닥의 어느 부위의 DNA는 원래 것이고 다른 가닥은 다른 부위는 새로 합성된 것이다
   (e) 각 이중나선은 한 가닥은 원래 것이고 다른 가닥은 새로 합성된 것이다.

10. 진핵세포의 염색체에 대한 설명 중 틀린 것은 어느 것인가?
   (a) 진핵세진핵세포 염색체는 말단이 풀어져 있다
   (b) 말단소체는 단백질을 암호화하는 유전자를 가진다.
   (c) 말단소체복원효소는 말단소체 DNA를 길게 한다.
   (d) 말단소체가 짧아지는 것은 세포노화에 관여할 수 있다.
   (e) 활성적인 말단소체복원효소를 가진 세포는 많은 세포분열이 일어난다.

## 심화 학습문제

1. DNA구조의 어떤 중요한 면이 유전의 화학적 기초와 일치하는가?

2. **진화적 연계.** DNA가 세포에서 유전의 보편적 분자인 사실이 어떻게 진화설을 지지하는가?

13

# 유전자 발현

Professor Oscar Miller/Science Photo Library/Photo Researchers, Inc.

**전사의 가시화.** 본 TEM에서는 RNA분자들(측선들)이 DNA를 주형(중앙축)의 상보적 복제로써 합성되고 있음을 보여주고 있다.

## 핵심 개념

1940년대에 **비들**과 **타툼**은 유전자-단백질의 관계를 설명했다.

세포에서 정보는 DNA로부터 RNA로, 그리고 폴리펩티드로 전달된다.

DNA 염기의 3자암호가 RNA 코돈으로 전사된다.

RNA 코돈 서열에서 폴리펩티드의 아미노산 서열로 번역된다.

원핵세포와 진핵세포에서의 전사와 번역의 세부과정이 다르다.

변이는 표현형에서의 변화를 야기한다.

12장에서 어떻게 세포에서 DNA의 뉴클레오티드 서열이 극히 정교하게 복제되어 그 유전물질이 다음 세대에 전달되는가를 논의하였다. **왓슨**(Watson)과 **크릭**(Crick)은 처음으로 DNA 이중나선의 기본 양상을 기술하였는데 이는 세균에서 사람 세포에까지 모두 동일하다.

1950년대 중반, 세포의 모든 단백질 합성 정보가 DNA 염기서열에 있음이 확인되었다. 그 때까지 세균의 유전자 기능에 대한 집중적인 연구가 10여 년 간 선행되었기에 세포가 DNA 정보를 단백질의 아미노산 서열로 전환시킬 수 있는가에 대한 기본적인 이해가 가능하였다. 왓슨과 크릭에 의한 DNA의 구조 발견 이래, 세균은 빨리 또 쉽게 자라고 성장과 증식에 필요한 최소한의 DNA량을 함유하고 있기 때문에 연구의 주된 대상이었다. 이 후 모든 생물은 기본적으로 유전적인 유사성, 유용성 및 유효성을 가졌음을 알게 되었다.

본 장에서는 20세기 전반기의 연구결과로써 대부분의 유전자가 단백질의 구조를 결정한다거나 DNA가 유전자 발현이란 과정을 통해서 생물의 표현형을 나타낼 수 있는 과정을 기술하고자 한다. DNA의 염기서열에 함유된 정보를 단백질로 전환시키는 **유전자 발현**(gene expression)은 특이적이고 복합적인 일련의 반응들에 의해 수행된다. 단백질은 생산된 후 어떤 방법으로 표현형으로 나타나는데 그 효과는 가시적 생리현상으로 단백질합성의 단계에서 생화학적으로만 감지될 수 있는 일시적인 변화까지 포함된다. 유전자 발현은 DNA에 상보적인 RNA 분자를 합성하는 **전사**(transcription)와 암호화된 주형으로 사용된 RNA가 단백질합성을 수행하는 **번역**(translation)에 의해 수행된다. ■

## 13.1 유전자-단백질 상관관계의 발견

**학습목표**

1 대부분의 유전자는 단백질 구조를 특정 짓는다는 초기의 연구 결과로 요약된다.

2 비들과 타툼의 *Neurospora*에 대한 실험을 기술한다.

단백질과 유전자 사이의 연관성에 대한 예측은 20세기 초기 멘델의 법칙 재발견 직후에 있었다. 영국 의사이면서 생화학자였던 **게로드**(Archibald Garrod)는 그의 책 '*대사의 선천적 에러 (1908)*'의 초판에서 단순한 열성의 상속 양상을 지닌 **알캅톤뇨증**(alkaptonurea)이라는 유전성 희귀 질병에 대하여 논하였다. 이는 아미노산인 티로신이 분해되어 최종단계에서 탄산가스와 물로 전환되는 경로의 중간산물 호모젠티신산(homogentisic acid)이 환자의 뇨속에 축적되어서 배설시 공기 중에 노출되면 검게 변하는 질병이다(**그림 13-1**). 알캅톤뇨증의 또 다른 증세로써 기관지 천식이나 전립선에 생기는 뇨석을 들 수 있다.

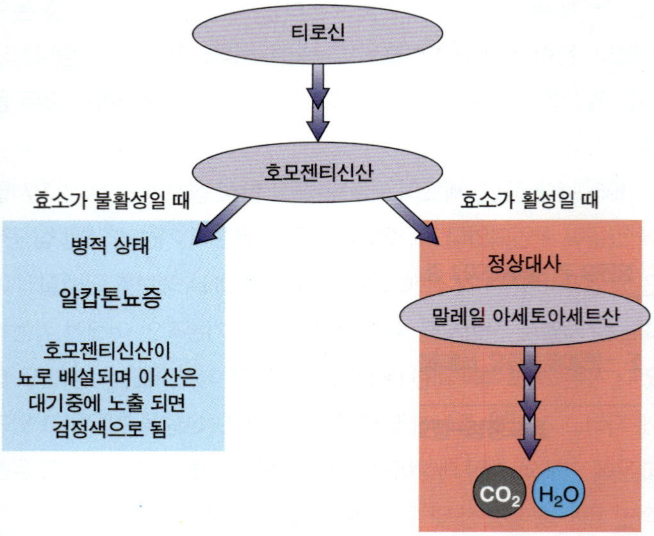

효소가 단백질이란 사실을 몰랐던 그 당시 **게로드**는 알캅톤뇨증 환자가 호모젠티신산을 정상적으로 산화하는 효소가 결손되었기 때문으로 가정하였다. 그의 저서 2판이 출간되기 전인 1923년에 이 병에 상해를 받는 사람이 실제 호모젠티신산을 산화하는 효소가 결핍되었음이 확인되었다. **게로드**의 가설이 맞았던 것이다: 특이한 유전자의 변이가 특이한 효소의 결손과 연관된 것이었다. 그 직후인 1926년, 미국 생화학자 **섬너**(James Sumner)는 이와는 다른 효소인 우레아제를 정제하여 단백질이었음을 입증하였다. 이것이 효소가 단백질이란 첫 번째의 명확한 동정이었다. 1946년 **섬너**는 효소를 처음 결정화하여 노벨 화학상을 수상하였다.



**그림 13-1 대사의 선천성 이상.**

가로드는 알캅톤뇨증의 대립형질이 아미노산 티로신의 이화 과정에 관여하는 특이효소의 결손을 야기한다고 주장하였다. 이 효소는 보통 호모젠티신산을 말레일 아세토아세트산으로 전환한다. 따라서 호모젠티신산은 혈액에 축적되어 오줌으로 배설된다. 만약 오줌 속의 호모젠티신산이 배설되어 공기와 접촉하게 되면 산화되어 흑색으로 바뀌게 된다.

### 13.1.1 비들과 타툼은 하나의-유전자, 하나의-효소 가설을 제창하였다

유전자와 효소간의 상호관계는 1940년대 초기, **비들**(George Beadle)과 **타툼**(Edward Tatum)에 의해 밝혀지기 시작하였다. 그때까지는 알려진 유전자가 어떤 생화학반응에 영향을 주는가 또는 초파리 눈의 색깔이나 식물의 색소 조절에서 이미 동정된 유전자를 중심으로 연구하였다. 당시에는 특이한 표현형은 생합성 반응에 의해 조절됨은 확인되었으나, 그 유전자 자신이 효소로 작용하는 것인지 혹은 효소들이 보다 더 복잡한 방법으로 작용하는 것인가는 명확히 알지 못하였다.

**비들**과 **타툼**은 하나의 유전자에 의해 영향을 받는 효소의 동정보다는 아미노산이나 비타민과 같은 필수분자의 생산을 간섭하는 변이를 탐색하였다. 오랜지색의 곰팡이인 야생형 붉은빵곰팡이(*Neurospora*)를 실험균으로 선정하고, 당, 염류, 비타민, 비오틴 등이 함유된 최소생육배지에서 배양 시 모든 필수 분자들이 합성되나 아미노산 합성 결손주인 변이주는 배지에 그 물질을 반드시 첨가 해 주어야만 생육이 가능하였다. *Neurospora*는 기본적

## 핵심 실험

**질문:** 유전자는 효소를 암호화할 수 있는가?

**가설:** 빵곰팡이에서 유도되는 변이는 기능적 효소의 결손을 가져온다.

**실험:** 비들과 타툼은 붉은빵곰팡이 포자에 방사선 또는 자외선으로 변이를 일으켰다. ❶ 그들은 모든 아미노산과 비타민 및 기타 영양분 등이 함유된 완전배지에서 붉은빵곰팡이 포자가 정상적으로 성장할 수 있도록 배양하였다. 그들은 이어서 이들 포자세포들을 특정 아미노산만 또는 특정 비타민만 첨가된 최소배지에서의 생육도를 검정하여 영양요구성 변이주를 분리, 동정하였다.

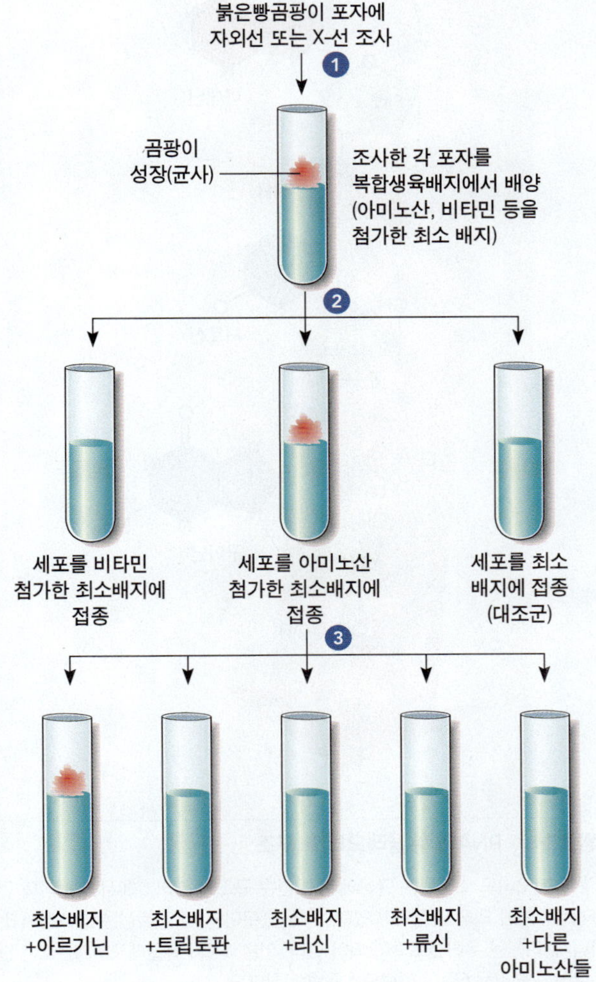


**결과와 결론:** ❷, ❸ 아르기닌만 함유된 최소배지에서 성장할 경우에는 아르기닌 생합성 경로의 어느 부위에서 변이가 일어났기 때문임을 의미한다. 비들과 타툼은 아르기닌 합성을 차단시킨 효소-촉매단계를 확인하였다. 이를 근거로 그들은 하나의 효소를 생산하는데 있어서 하나의 유전자가 관여하여 조절된다고 결론 지었다.

**그림 13-2** 비들-타툼의 실험.

으로 반수체이기 때문에 열성 변이 대립형질이 즉시 동정되며 그 발현과정에서 감춰진 우성 대립형질의 상동염색체가 없다는 이점이 있다.

**비들**과 **타툼**은 수천 개의 반수체 야생형 *Neurospora*의 무성포자를 X-선과 자외선에 노출시킨 후 여러 가지 아미노산과 비타민이 함유된 완전생육배지에서 우선 배양, 변이주를 검정하였던 바, 완전배지에서 자란 균주의 약 1% 내지 2%는 최소배지에서 생육이 불가능하였다. **비들**과 **타툼**은 그러한 균주들은 필수 생육성분 가운데 하나를 생산할 수 없는 변이가 일어났기 때문으로 해석하였다. 다른 종류의 아미노산, 퓨린, 비타민 등이 각각 첨가된 배지에서 변이주를 계속 검정한 결과 그 요구되는 성분이 탐색되었다(**그림 13-2**).

*Neurospora*의 연구에서 각 변이주는 하나의 유전자 자리에서만 변이가 일어났으며 또한 각 유전자자리는 하나의 효소만을 손상시켰다. **비들**과 **타툼**은 이러한 유전자와 효소간에 하나-대-하나의 일치성을 *하나의-유전자, 하나의-효소 가설*(one-gene, one-enzyme hypothesis)로써 표현하였다. 1958년 그들은 특이한 화학반응을 조절하는 유전자의 발견으로 노벨생리학 · 의학상을 수상하였다. 하나의 유전자는 하나의 효소를 암호화한다는 아이디어가 수정되어야 한다는 부가적인 발견이 있기까지는 약 10여년 이상이 소요되었다.

1949년 미국의 화학자 **폴링**(Linus Pauling)과 그의 동료들은 하나의 유전자에서의 변이는 헤모글로빈의 구조를 변화시킬 수 있으며 그 결과 낫형 적혈구빈혈증(sickle cell anemia)이라는 유전병을 유발함을 알 수 있었다(16장). 영국의 생화학자 **잉그람**(Vernon Ingram)은 1957년 헤모글로빈에서 한 부위의 변이가 하나의 아미노산을 바꾸었음을 확인하였다. 즉 2가지 형의 폴리펩티드 사슬 $\alpha$, $\beta$ 소단위(그림 3-22a)로 구성되어 있는 헤모글로빈은 $\beta$ 소단위의 결손이 일어났을 때 낫형 적혈구빈혈증을 일으킴을 알게 되었다. 본 장에서는 세포에서 정보의 기본 흐름이란 측면에서 유전자 발현의 개요를 시작으로 여러 가지 과정을 보다 더 상세하게 전개시키고자 한다.

### 복습

- 하나의-유전자, 하나의-효소 가설이란 무엇인가?
- 유전자와 단백질간의 상관관계를 이해하는데 있어서 과학자들인 **게로드**, **비들**과 **타툼** 그리고 **폴링**은 각각 무엇에 대하여 공헌하였는가?

## 13.2 DNA에서 단백질로의 정보의 흐름: 개요

**학습목표**

3 세포에서 DNA로부터 단백질에 이르기까지 유전정보의 흐름을 요약한다.

4 DNA와 RNA의 구조를 비교한다.

5 왜 유전코드는 반복되며 사실상 전 생물에서 공통적인가를 설명하고 또한 이들 양상이 진화의 역사에서 어떠한 의미를 부여하는가를 논의한다.

비록 DNA의 염기서열이 펩티드의 아미노산 서열을 결정하지만 DNA에서의 정보를 직접적으로 이용하지 않고 우선 **리보핵산**(RNA)에 복사한 후 이 복사본이 단백질 합성의 정보로 제공된다. RNA도 DNA와 같이 뉴클레오티드의 중합체이나(▮ **그림 13-3**), RNA는 보통 단일 사슬로써 분자 내부에 상보적 서열이 있어 부분적인 짧은 이중나선 단편이 형성된다. RNA의 구성 당은 **리보오스**(ribose)로써 DNA의 데옥시리보오스와 유사하나 2'위치에 여분의 수산기가 있다(그림 13-3). 티민 대신에 치환된 **우라실**(uracil) 염기는, 피리미딘으로써 아데닌과 2개의 수소결합을 형성한다. 따라서 우라실은 아데닌과 상보적인 짝을 이룬다.

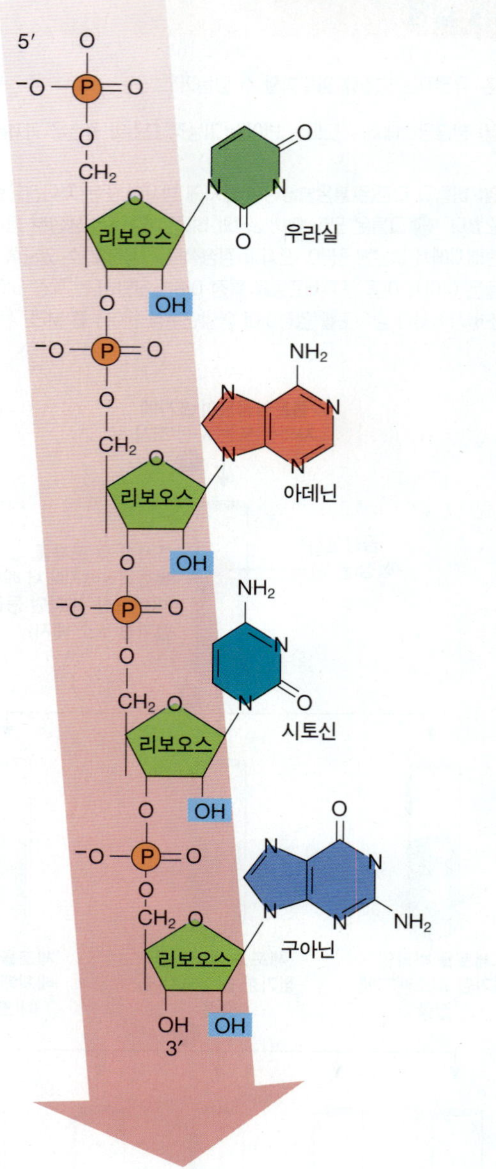


**그림 13-3** RNA의 뉴클레오티드 구조.

RNA의 뉴클레오티드 소단위는 DNA에서 발견된 구조와 같이 5'에서 3' 방향의 인산디에스테르 결합에 의해 연결되어 있다. 아데닌, 구아닌 및 시토신은 DNA에서와 같이 나타나나, 티민은 우라실로 치환되어 있다. 이들 4가지 뉴클레오티드는 2번 탄소 원자에 수산기를 갖는 5탄당 리보오스를 함유한다.

### 13.2.1 DNA는 RNA를 만들기 위하여 전사된다

RNA는 DNA의 복제 시와 유사하게 합성되는데 그 염기서열은 **주형가닥**(template strand)인 DNA와 상보적이다(▮ **그림 13-4**). 왜냐하면 RNA 합성은 DNA의 한 가닥에서 정보를 취하여 이를 RNA로 복사하기 때문이며 이러한 과정을 **전사**(transcription)라 한다.

RNA 분자는 3종류인데 그 중 **전령RNA(messenger RNA; mRNA)**는 단일사슬의 꼬여지지 않는 RNA로써 단백질을 만드는 특이한 정보를 운반한다. 20여종 혹은 그 이상의 **운반RNA(transfer RNA; tRNA)**는 단일가닥으로써 분자내 접힘에 의하여 특이한 모양을 형성한다. 각각의 tRNA는 하나의 특이한 아미노산과 결합하여 리보솜으로 운반한다. **리보솜RNA(ribosomal RNA; rRNA)**는 구형인데 리보솜 구조의 중요한 부분을 차지하여 단백질 합성에 필요한 촉매기능을 부여한다.

### 13.2.2 RNA는 폴리펩티드를 만들기 위하여 번역된다

mRNA의 유전정보는 폴리펩티드의 아미노산서열을 결정하여(그림 13-4), mRNA 분자의 '핵산 언어'를 단백질의 '아미노산 언어'로 전환하기 때문에 **번역**(translation)이라 한다.

번역은 폴리펩티드를 형성하는데 mRNA에서 **코돈**(codon)이라는 3개의 연속된 염기서열이 하나의 아미노산을 결정한다. 예로써 페닐알라닌에 상응하는 코돈은 5′-UUC-3′이다. 모든 코돈은 3개의 뉴클레오티드로 구성되어 있기 때문에 이를 **3자-암호**

요점

단백질 생합성은 2가지 주된 단계가 요구된다.

DNA $\xrightarrow{\text{전사}}$ RNA $\xrightarrow{\text{번역}}$ 단백질

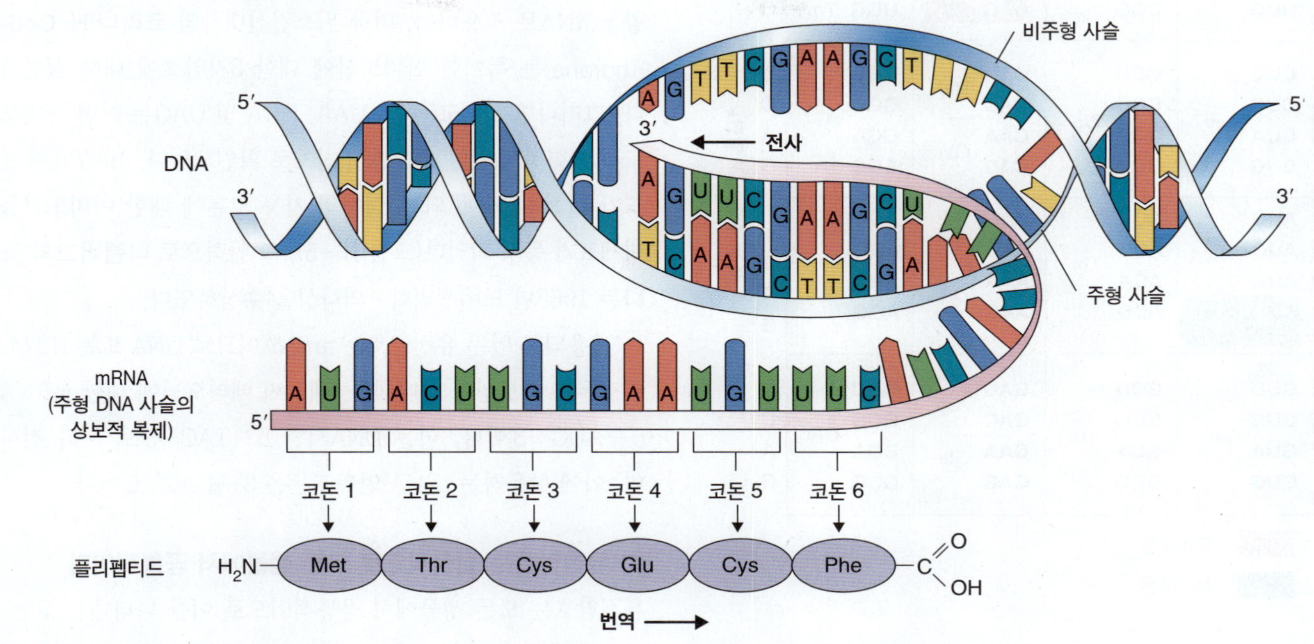


**그림 13-4 전사와 번역의 개요.**

전사에서 전령RNA는 DNA가닥의 하나에 대한 주형가닥에 대한 상보 가닥으로 합성된다. 전령RNA는 코돈이라는 3개 염기 세트들의 형태로 되어 있으며, 각각의 코돈은 하나의 아미노산을 결정한다. 전령RNA 코돈은 이어서 번역되어 폴리펩티드 사슬에서 아미노산의 서열로 특이화 된다. 번역에는 운반RNA와 리보솜이 요구된다(*그림 생략*). 이 그림은 원핵세포의 전사와 번역을 표시하였다. 진핵세포에서의 전사는 핵 속에서, 번역은 세포질에서 일어난다.

(triplate code)라 하는데 아미노산의 지정이나 개시 또는 종결 신호의 기능이 있어 **유전암호(genetic code)**라 한다(**그림 13-5**).

암호 해독 기구에서 결정적인 부분인 tRNA는 아미노산과 핵산 사이를 연결 지어주는 "연결자(adaptor)"로 작용한다. 즉, 각 tRNA는 (1) 특이한 아미노산과의 연결, (2) mRNA 암호에 따른 특이한 아미노산의 인식을 가능케 한다(**그림 13-6**). tRNA는 고유의 **안티코돈(anticodon)**을 가지고 있어 특이한 코돈을 인식하며, mRNA 코돈과 상보적인 염기대를 형성할 때 수소결합을 형성한다. 트레오닌 코돈에 대한 상보적인 안티코돈은 3′-UGC-5′이다.

번역에서 (1) 각각의 tRNA 안티코돈과 상보적인 mRNA 코돈과의 수소결합, (2) tRNA에 의해 운반되는 아미노산의 mRNA 코돈 순서에 따른 연결 등이 수행된다. 번역의 장소인 **리보솜(ribosome)**은 2개의 다른 소단위로 구성된 세포소기관으로써 각 소단위는 50종 이상의 단백질과 rRNA를 함유한다(4장 참조). 리보솜은 mRNA의 한쪽 끝에 부착된 후 계속 따라가면서 tRNA를 mRNA의 코돈에 연속적으로 부착시킴으로써 tRNA에 의해 운반된 아미노산을 펩티드 결합으로 연결, 폴리펩티드 서열을 완성하게 된다.

### 13.2.3 1960년대에 생물학자들은 유전코드를 해독하였다

**왓슨**과 **크릭**의 DNA 모델은 4종류의 뉴클레오티드가 선상 서열로 된 것이다. 만약 각각의 뉴클레오티드가 1개의 아미노산을 암호화한다면, 세포 내에서 단백질은 20가지의 아미노산이 아니고 4가지뿐이었을 것이다. DNA 염기가 4가지 "알파벳"으로 만 구성되어 있고 4개 염기가운데 3개씩 조합된다면 이는 자연계의 모든 아미노산을 특이화하는데 충분한 총 64 "단어"를 만들 수 있을 것이다. 1961년 **크릭**과 그 공동 연구자들은 수학적인 분석을 통

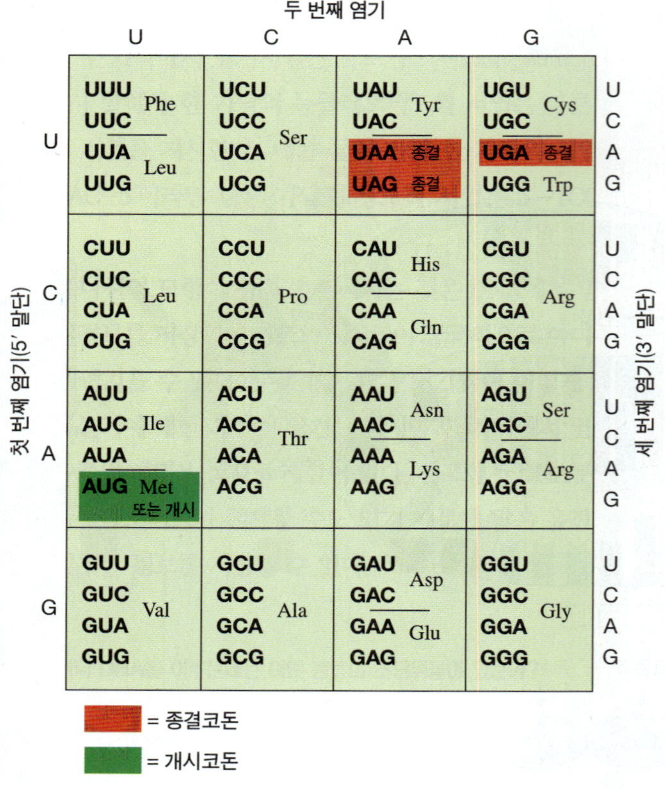

| 첫 번째 염기(5′ 말단) | 두 번째 염기 U | C | A | G | 세 번째 염기(3′ 말단) |
|---|---|---|---|---|---|
| U | UUU Phe<br>UUC<br>UUA Leu<br>UUG | UCU<br>UCC Ser<br>UCA<br>UCG | UAU Tyr<br>UAC<br>UAA 종결<br>UAG 종결 | UGU Cys<br>UGC<br>UGA 종결<br>UGG Trp | U<br>C<br>A<br>G |
| C | CUU<br>CUC Leu<br>CUA<br>CUG | CCU<br>CCC Pro<br>CCA<br>CCG | CAU His<br>CAC<br>CAA Gln<br>CAG | CGU<br>CGC Arg<br>CGA<br>CGG | U<br>C<br>A<br>G |
| A | AUU<br>AUC Ile<br>AUA<br>AUG Met 또는 개시 | ACU<br>ACC Thr<br>ACA<br>ACG | AAU Asn<br>AAC<br>AAA Lys<br>AAG | AGU Ser<br>AGC<br>AGA Arg<br>AGG | U<br>C<br>A<br>G |
| G | GUU<br>GUC Val<br>GUA<br>GUG | GCU<br>GCC Ala<br>GCA<br>GCG | GAU Asp<br>GAC<br>GAA Glu<br>GAG | GGU<br>GGC Gly<br>GGA<br>GGG | U<br>C<br>A<br>G |



**그림 13-5 유전암호.**

유전암호는 mRNA에서 나타나는 코돈의 3개 염기씩의 모든 가능한 조합을 특이화한다. 64개의 가능한 코돈가운데 61개는 아미노산을 특정 짓는다(그림 3-16의 그림설명 참조). 코돈 AUG는 아미노산 메티오닌을 특정 짓고 또한 리보솜이 번역을 개시("개시")하도록 하는 신호가 된다. 3개의 코돈—UAA, UGA, 및 UAG—은 아미노산을 결정하지 못한다. 이들은 단백합성을 종결짓는다("종결").

하여 암호화는 염기가 중복되지 않으면서 3개씩 묶어진 3자암호에 기초를 둔 것으로 결론을 지었다. 즉 하나의 3자암호는 **해독틀(reading frame)**에 기초를 둔 개시지점으로부터 한번에 읽혀지며, 해독틀에는 "쉼표(comma)"가 없기 때문에 변화가 일어나면 부정확한 아미노산 서열이 형성되었다.

임의의 아미노산을 결정짓는 특정의 3자암호에 대한 실험적 근거는 미국 생화학자 **니렌버그**(Marshall Nirenberg)와 그의 박사후과정 연구자인 **마테**(Heinlich Matthaei)에 의해 제시되었다. 그들은 3자암호가 아미노산을 결정한다는 사실을 대장균에서 유도된 *무세포계*(cell-free systems)의 단백질합성에서 처음으로 입증하였다. 즉 mRNA로써 합성된 폴리우리딜산(UUUUUUUU...)을 정제된 리보솜, 아미노아실-tRNA 및 필수 보조인자들 등의 혼합액에 넣었을 때, 페닐알라닌 만이 함유된 폴리펩티드 사슬이 회수되었기 때문에 UUU는 페닐알라닌을 코드하는 3자암호라고 결론짓게 되었다. 유사한 실험에서 폴리아데닐산(AAAAAAAAA...)은 리신을, 폴리시티딜산(CCCCCCCCC...)은 프롤린을 암호화함을 알게 되었다.

혼합된 뉴클레오티드 중합체(예, A와 C의 무순 중합체)를 인공 mRNA로 사용하여, 미국 위스컨신대학의 **코라나**(H. Gobind Khorana)는 특이한 아미노산에 대한 3자암호에 대해 실험하였다. 그러나 3가지 코돈 즉, UAA, UGA 및 UAG는 어떤 아미노산도 특이화하지 않았기에 종결 신호로 확인되었다. 1967년 유전코드가 완전히 "해독"되어 64개의 가능 코돈에 대한 아미노산들의 명세표가 동정 되었다(그림 13-5). 그 업적으로 **니렌버그**와 **코라나**는 1968년 노벨생리학 · 의학상을 수상하였다.

사용되고 있는 유전암호는 mRNA이므로 DNA 또는 tRNA 안티코돈은 상보성을 나타낸다. 예로써 메티오닌에 대한 mRNA는 5′—AUG—3′이다. 이는 DNA서열 3′—TAC—5′로 부터 전사되며, 이에 상응하는 tRNA 안티코돈은 3′—UAC—5′이다.

### (1) 유전암호는 실질적으로 모든 생물에서 공통적이다

유전암호는 모든 생물에서 공통적이므로 이를 나타내는 표는 단 하나밖에 없다. 오랫동안, 유전암호는 종의 다양한 계열에서 검증되어, 대장균, 삼나무, 인간 등에서까지 모든 생물에서 동일함이 확인되었다. 이 발견에서 암호는 생명 역사의 아주 초기단계에 진화된 옛날의 전승물이며, 가장 최소한의 변화가 치명적이었기 때문에 일종의 "동결된 우연(frozen accident)"으로 유지되어 왔음을 강하게 암시하고 있다(21장 참조). 최근 유전암호의 공통성에 대한 몇 가지 예외가 발견되었다. 종결코돈 UAA와 UGA가 단세포성 원생동물에서는 글루타민을 암호화한다거나 미토콘드리아에서의 경우를 그 예로 들 수 있다(4장, 21장 참조).

### (2) 유전암호는 반복된다

64종의 가능한 암호가 있고, 실제 아미노산은 20종일 때, 어떤 아미노산이 1개 이상의 코돈에 의해 결정됨은 그다지 놀랍지 않다. 유전암호는 이러한 중복성 때문에 퇴화된다고 한다. 즉 코돈 CCU, CCC, CCA, 또는 CCG는 모두가 프롤린을 암호화한다는 점에서 동의어이나 4 개 코돈의 3' 말단 뉴클레오티드는 서로 다르다. 이와 같이 처음 2개의 염기가 프롤린을 이미 결정하게 되는데 이와 유사한 양상이 많은 다른 아미노산에서도 나타난다. 메티오닌과 트립토판에서만 하나의 3자암호가 있으나 기타 모든 아미노산들은 2가지 혹은 6가지의 다른 코돈으로 특이화되어 있다.

**크릭**은 명확한 염기쌍 형성 법칙의 위반을 **워블 가설**(wobble

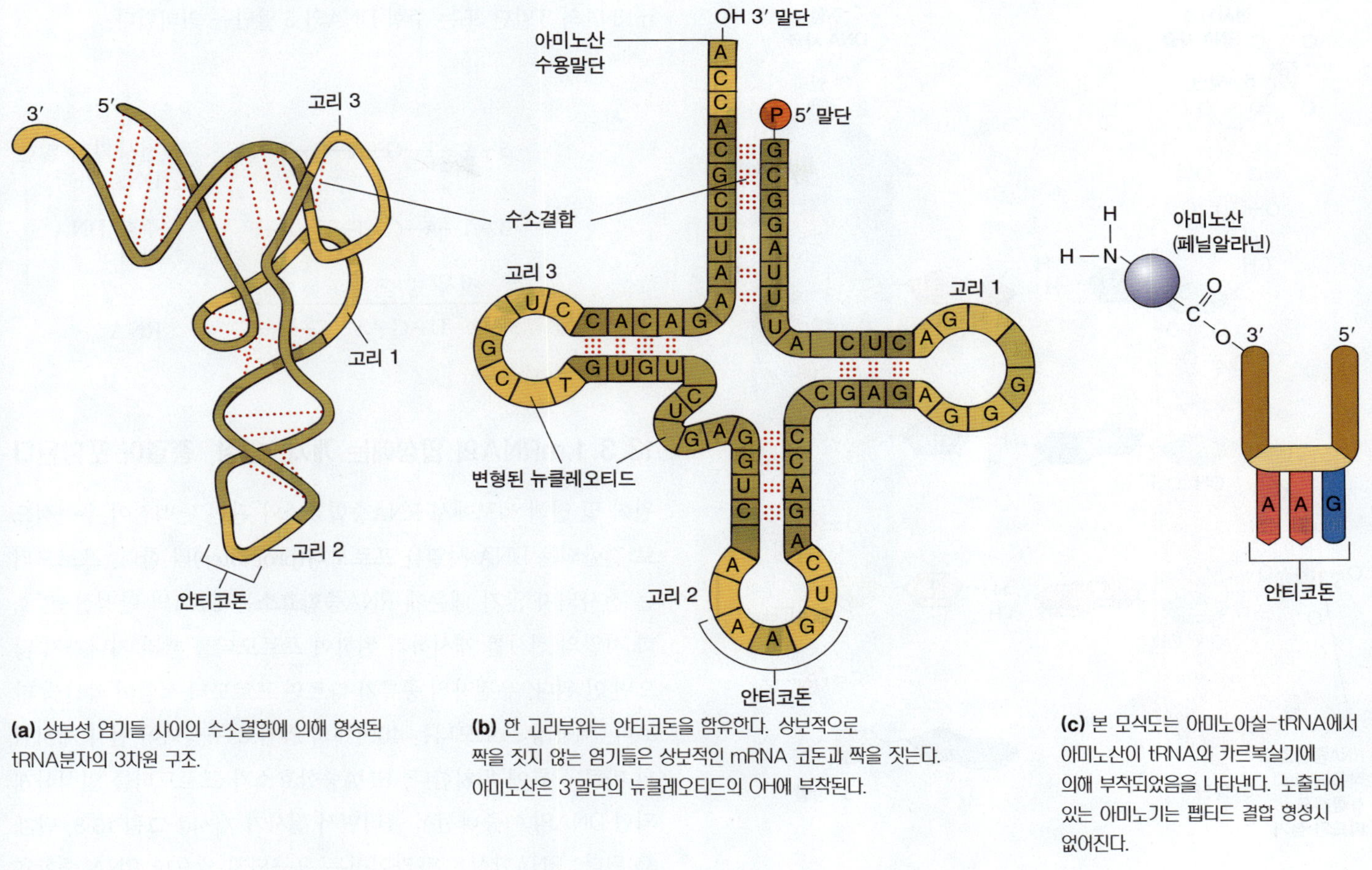


**(a)** 상보성 염기들 사이의 수소결합에 의해 형성된 tRNA분자의 3차원 구조.

**(b)** 한 고리부위는 안티코돈을 함유한다. 상보적으로 짝을 짓지 않는 염기들은 상보적인 mRNA 코돈과 짝을 짓는다. 아미노산은 3′말단의 뉴클레오티드의 OH에 부착된다.

**(c)** 본 모식도는 아미노아실-tRNA에서 아미노산이 tRNA와 카르복실기에 의해 부착되었음을 나타낸다. 노출되어 있는 아미노기는 펩티드 결합 형성시 없어진다.

**그림 13-6 tRNA분자의 3가지 표기법.**

**hypothesis)**로 처음 제안하였다. 즉 tRNA 안티코돈의 세 번째 뉴클레오티드(안티코돈 서열의 5′ 염기)는 때때로 다른 종류의 세 번째 뉴클레오티드와 수소결합이 형성된다. 그 후 tRNA의 안티코돈 서열을 결정함으로서 인공실험계에서 그 특이성이 입증되었다. 어떤 tRNA는 절대적으로 하나의 코돈과만 결합하나 또 다른 경우는 안티코돈의 세 번째 뉴클레오티드가 3가지 다른 염기와 쌍을 이룰 수 있다. 그러나 이 때 결합하는 아미노산은 동일하다. 따라서 워블 가설은 mRNA 코돈과 tRNA 안티코돈과의 염기쌍형성에서 야기되는 여러 가지 다양성을 의미한다.

### 복습

- 다음에 제시되는 문항에 대한 상관성을 나타내는 단순모식도를 그려보라: RNA, 번역, DNA, 전사, 단백질.
- DNA와 RNA 구조의 유사점과 차이점은 무엇인가?

## 13.3 전사

### 학습목표

**6** 전사와 DNA 복제의 과정을 비교하고 그 유사성과 차이점을 구분한다.

지금까지 DNA에서 RNA 그리고 단백질로의 유전정보의 흐름에 대한 개요를 살펴보았다. 이제부터는 전 과정을 좀 더 상세하게 검토하여 보자. 정보 흐름의 첫 단계는 DNA의 뉴클레오티드 서열을 RNA 뉴클레오티드 서열로 바꾸는 전사과정이다.

진핵세포의 전사에서는 대부분의 RNA가 모든 세포에 존재하는 효소인 3종류의 **RNA중합효소(RNA polymerase)** 중 하나에 의해 합성된다. RNA중합효소I은 리보솜의 구성성분인 rRNA분자를, RNA중합효소II는 단백질을 암호화하는 mRNA를, 그리고 RNA중합효소III는 tRNA와 1가지의 rRNA를 합성한다.

RNA중합효소는 RNA분자의 5′말단에서 합성을 시작하여 3′말

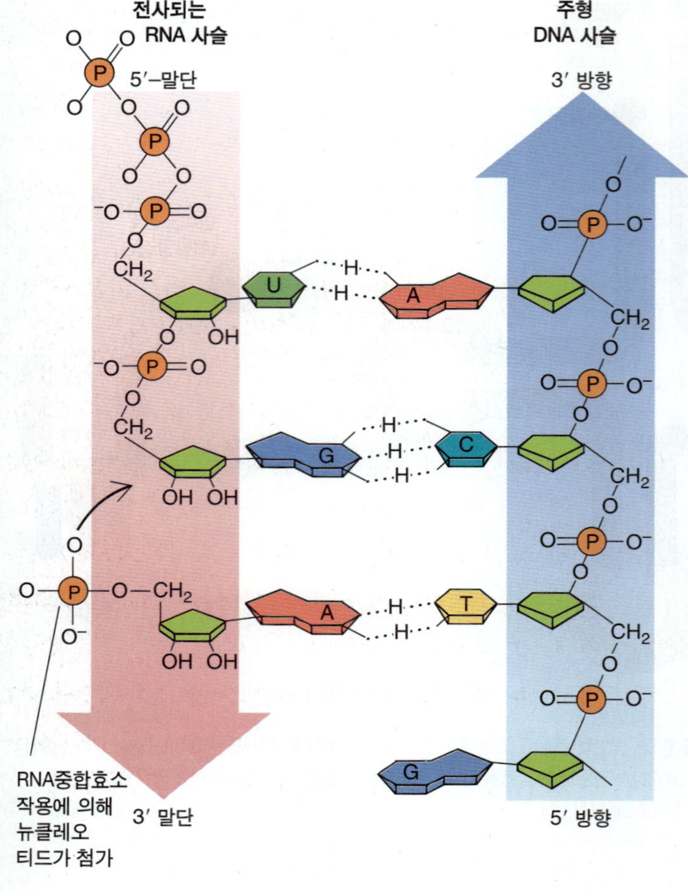


**그림 13-7 전사.**

3개의 인산기를 가진 뉴클레오티드가 삽입되면서 주형 DNA가닥(*오른쪽*)에 상보적인 염기와 짝을 형성한다. RNA중합효소는 각 뉴클레오티드로부터 2개의 인산기(*그림에서 안 보임*)를 절단한 후, 남은 하나를 성장하는 RNA 가닥의 3′말단에 공유결합 시킨다. 이렇게 하여 DNA와 같이 RNA도 5′에서 3′의 방향으로 합성된다.

단에 뉴클레오티드를 추가한다(**그림 13-7**). 이때 3개의 인산기가 결합된 뉴클레오티드(예로써 ATP와 GTP)를 기질로 하여 RNA의 3′말단에 뉴클레오티드가 공유 결합될 때 2개의 인산기를 제거시킨다. DNA의 복제나 ATP의 합성과 같이 이는 강하게 에너지를 방출하는 반응이다.

핵산분자가 상보적인 염기쌍을 형성하여 회합될 때는 2 가닥이 **역평형(antiparallel)**으로 된다. 2 가닥의 DNA사슬이 역방향인 것처럼(12장 참조), DNA의 주형 가닥과 상보적인 RNA가닥은 역으로 병행한다. 따라서 전사가 일어날 때 DNA 주형은 3′ ⟶ 5′ 방향으로 읽혀지고 RNA는 5′ ⟶ 3′ 방향으로 합성된다. 유전자 또는 mRNA 염기서열에서 **상류(upstream)**란 mRNA의 5′말단이며 주형 DNA의 3′말단을 의미한다. **하류(downstream)**란 mRNA의 3′말단 또는 주형 DNA의 5′말단을 의미한다.

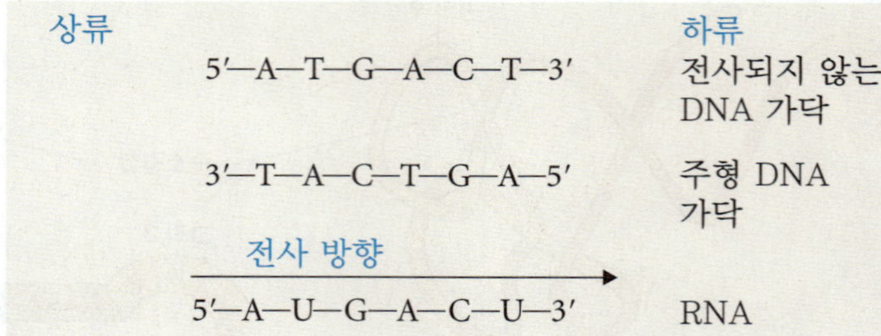


## 13.3.1 mRNA의 합성에는 개시, 연장, 종결이 포함된다

원핵 및 진핵 세포에서 RNA중합효소와 관련 단백질이 우선적으로 결합되는 DNA 서열을 **프로모터(promoter)**라 한다. 프로모터는 전사되지 않기 때문에 RNA중합효소는 DNA의 단백질–암호화 서열의 전사를 개시하기 위하여 프로모터를 빨리 지나가지 않으면 안 된다. 유전자의 종류가 다르면 프로모터 서열이 약간씩 다르다. 세균성 프로모터는 40여개의 염기로 구성되어 전사 개시점의 바로 상류에 위치한다. RNA중합효소가 프로모터를 인식하게 되면 DNA의 이중나선이 풀리면서 전사가 개시(**그림 13-8**, 단계 ①)된다. RNA합성은 프라이머는 요구되지 않으나 RNA 중합효소 이외에 몇 가지 단백질이 더 요구된다(14장 참조).

새로운 mRNA사슬의 5′말단 첫 번째 뉴클레오티드는 3개의 인산기를 갖고 있다(그림 13–7). 그러나 전사의 연장과정에서는 (**그림 13-8**, 단계 ②) 부가되는 뉴클레오티드는 성장하는 RNA 분자의 3′말단에 도입되어, 2개의 인산기는 에너지 방출 반응에서 제거되고 남은 인산이 당–인산 골격(DNA 복제과정에서처럼)을 형성, 최종 인산은 3′–수산기가 노출된다.

RNA합성의 연장은 RNA중합효소가 특이 염기서열로 구성된 종결신호를 인식할 때까지 지속된다(**그림 13-8**, 단계 ③). 이 신호는 주형 DNA로부터 RNA중합효소와 새로 합성된 RNA를 해리시킨다. 세균에서의 전사종결은 RNA중합효소가 종결서열에 다다르면 DNA 주형이나 새로운 RNA사슬로부터 해리됨으로써 야기된다. 진핵세포에서는 mRNA의 3′ 말단은 종결서열 이후 10 내지 35 뉴클레오티드가 더 부가된 후에 종결된다.

일반적으로 DNA의 단백질–암호화 영역은 어느 한 가닥만이 된다:

3′—TAACGGTCT—5′

만약 상보적인 DNA 가닥의

**요점**

전령 RNA(mRNA)는 DNA 주형(3′에서 5′으로 된)과 반대로 5′에서 3′으로 전사된다.

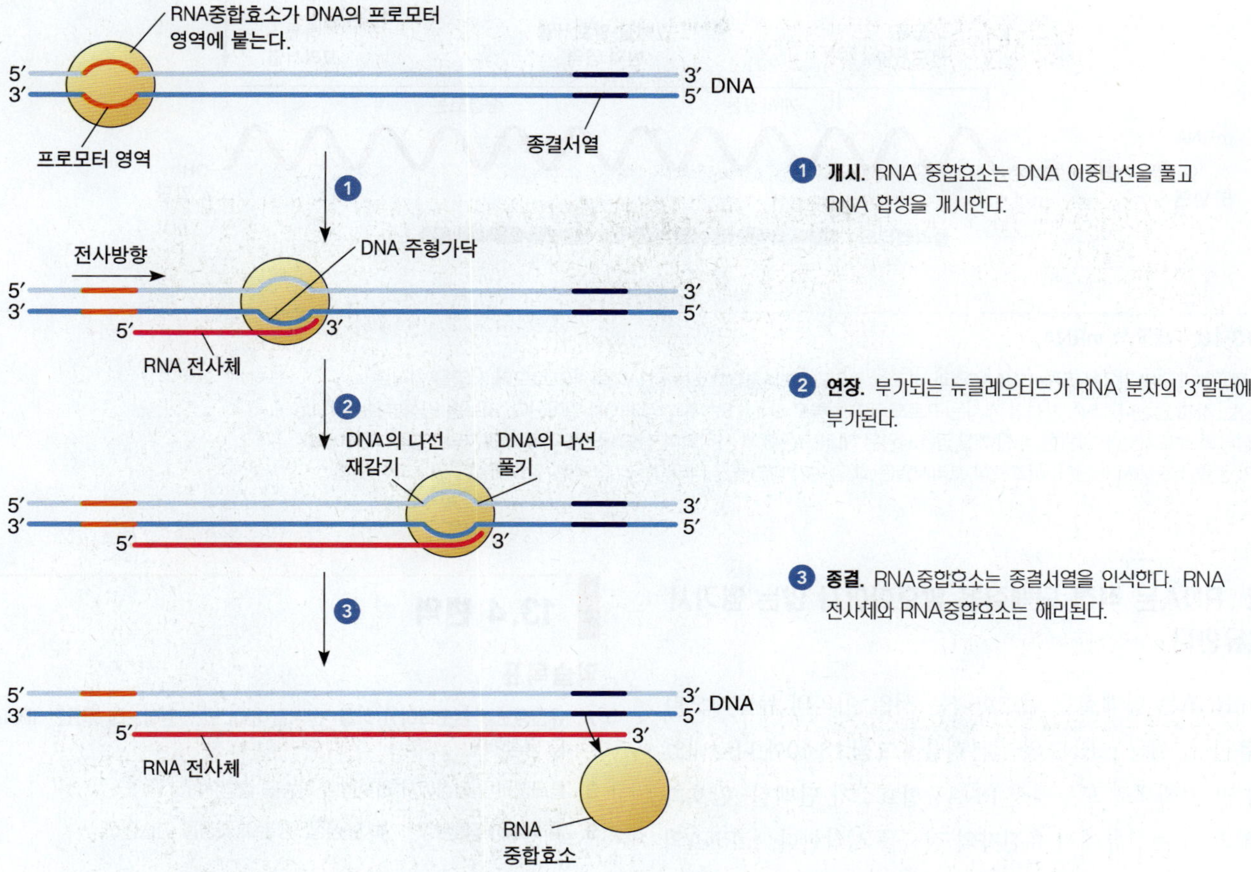

RNA중합효소가 DNA의 프로모터 영역에 붙는다.
5′
3′
3′
5′
DNA
프로모터 영역
종결서열
1
전사방향
DNA 주형가닥
5′
3′
RNA 전사체
2
DNA의 나선 재감기
DNA의 나선 풀기
3
RNA 전사체
RNA 중합효소
1 개시. RNA 중합효소는 DNA 이중나선을 풀고 RNA 합성을 개시한다.
2 연장. 부가되는 뉴클레오티드가 RNA 분자의 3′말단에 부가된다.
3 종결. RNA중합효소는 종결서열을 인식한다. RNA 전사체와 RNA중합효소는 해리된다.


**그림 13-8** 전사의 개요: 개시, 연장, 종결.

5′—ATTGCCAGA—3′

이 주형가닥으로 작용하면, 전혀 다른 단백질을 생성하게 된다. 염색체 단위의 DNA는 주형 기능이 늘 동일한 가닥에만 있는 것이 아니고 유전자들에 따라서 주형가닥으로 또는 비주형가닥으로 작용할 수 있다(그림 13-9).

프로모터 영역
mRNA 전사체
5′
RNA중합효소
3′
유전자 1
유전자 2
5′
mRNA 전사체
프로모터 영역
프로모터 영역
mRNA 전사체
유전자 3


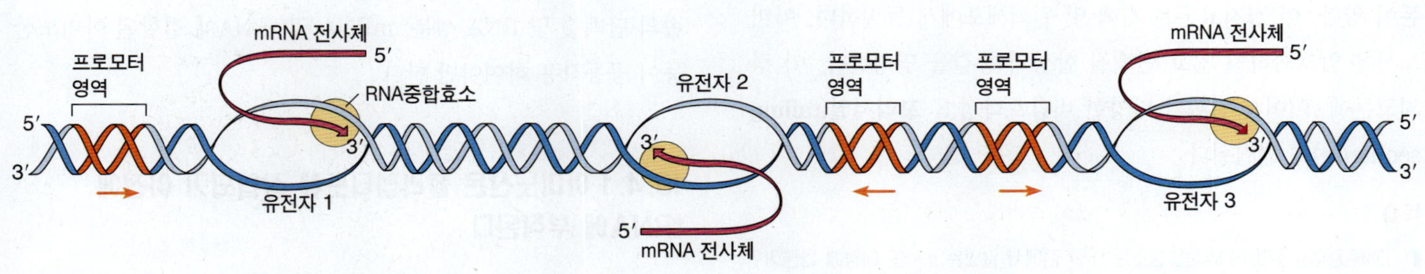

**그림 13-9** mRNA의 합성.

일반적으로 하나의 유전자는 2가닥 가운데 하나가 전사되나 그 상보적 가닥에서 인접된 유전자의 전사가 일어나는 경우도 있다. 각각의 전사는 자기 스스로의 프로모터(황색)에서 개시된다.

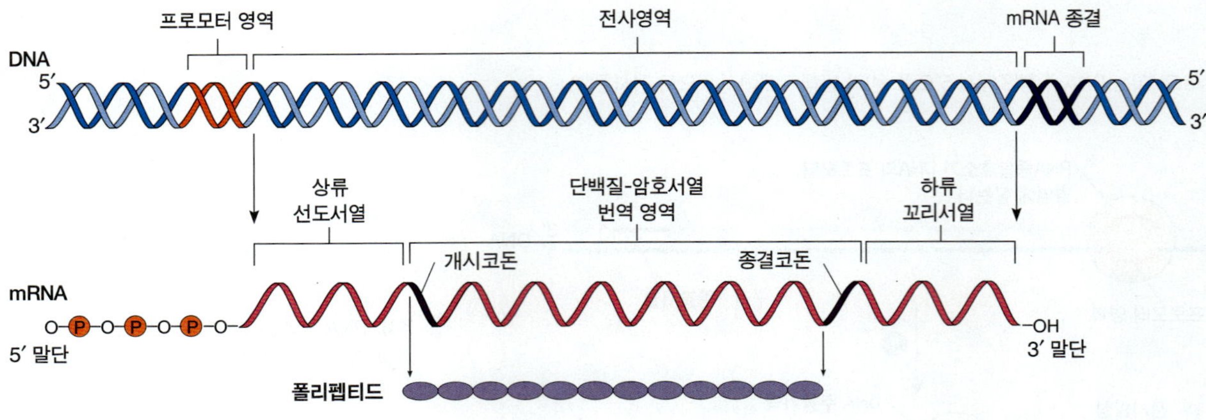


**그림 13-10** 세균성 mRNA.

이 그림은 세균성 mRNA가 전사되는 DNA 영역과 비교한 것이다. RNA중합효소는 DNA에서의 프로모터 서열을 인식은 하지만 전사는 하지 않는다. RNA 합성의 개시는 프로모터의 하류로 5내지 8번째의 염기에서 일어난다. 리보솜 인식부위는 5′ mRNA 상류의 선도서열에 위치한다. 단백질 암호서열은 개시 코돈에서 시작되며 선도서열을 거쳐서 분자의 3′말단 가까이에 있는 하류의 종결 코돈에서 끝난다. 비코드성 꼬리서열은 그 길이가 다양하게 나타나는데 단백질-암호서열에 연속되어 있다.

### 13.3.2 RNA는 직접 단백질을 암호화하지 않는 염기서열도 함유한다

완성된 mRNA는 단백질을 암호화하는 서열 이외의 뉴클레오티드를 함유한다. 세균 mRNA의 기본형을 ▮ **그림 13-10**에 나타내었다. 원핵 및 진핵세포 모두에서 RNA중합효소가 단백질-암호화 DNA서열의 아주 상류에서 유전자의 전사를 시작한다. mRNA의 5'말단에는 비암호화 **선도서열(leader sequence)**이 있어 리보솜 결합에 대한 인식 신호가 된다. 선도서열에 연이어 번역의 **개시코돈(start codon)**이 있으며 그 하류에 실질적인 단백질 합성에 대한 정보를 함유하는 **암호서열(coding sequence)**이 연속된다. 진핵세포와는 달리 원핵세포에서는 하나의 mRNA 분자에 의해 하나 혹은 몇 개의 폴리펩티드가 암호화 되는 데(14장 참조) 각 암호서열의 말단에는 UAA, UGA 및 UAG (▮ **표13-1**)와 같은 **정지(stop)코돈**이 있다. 이 정지코돈은 진핵 및 원핵세포에서 동일하며, 아미노산은 암호화하지 않고 단백질 합성의 종결을 명령한다. 이 정지코돈에 이어서 길이가 다양한 비암호화성 3′ **꼬리서열(tailing sequence)**이 연결된다.

**복습**

- DNA중합효소와 RNA중합효소는 어떤 점에서 닮았는가? 또 어떻게 다른가?
- 어떤 주형 DNA가 다음과 같은 뉴클레오티드 서열을 가졌다고 가정하자:

  3′—TACTGCATAATGATT—5′은

  상기 서열로부터 전사되는 mRNA는 코돈 서열이 어떻게 나타나겠는가? 상보적인 비주형 DNA 서열의 뉴클레오티드 서열은 어떠한가?

## 13.4 번역

**학습목표**

7 유전정보를 암호화하고 이를 "단백질 언어"로 전환하는데 필요한 tRNA의 양상을 동정한다.

8 폴리펩티드 합성에서 리보솜의 기능을 설명한다.

9 폴리펩티드 합성에서 개시, 신장, 종결의 과정을 기술한다.

진핵세포에서 mRNA는 핵(전사부위)에서 세포질(번역, 또는 단백질 합성부위)로 이동하나 원핵세포에서는 이러한 이동은 일어나지 않는다. 단백질의 20가지-아미노산 알파베트를 암호화하는 번역은 정보의 전달과정에서 3자암호로의 전환을 내포한다. 폴리뉴클레오티드 사슬과 폴리펩티드 사슬 간의 구조적인 차이는 너무나 커서 아미노산이 단백질을 만드는 mRNA와 직접적으로 작용하지 못한다. 따라서 번역은 100여종 이상의 거대분자, 즉 리보솜의 단백질 및 RNA 성분, mRNA 및 tRNA에 결합된 아미노산 등이 공동작용 하여야만 한다.

### 13.4.1 아미노산은 폴리펩티드에 삽입되기 이전에 tRNA에 부착된다

어떻게 아미노산이 적당한 서열을 형성하여 서로 연결될 수 있을까? **크릭**은 분자가 단백질 합성에서 "연결자"로써의 서버를 필요로 하며 mRNA와 단백질 간의 갭을 연결해주는 다리가 필요함을 제안하였다. **크릭**은 연결자로 운반 RNA(tRNA)분자의 개념을 도입하였는데, 특이한 아미노산과 만이 결합하는 tRNA분자가 있어서 아미노산을 운반한다는 것이다. 아미노산은 ATP를 에너지원으로 이용하는 특이 효소인 **아미노아실-tRNA합성효소(aminoacyl-tRNA synthetase)**에 의하여 자기 고유의 tRNA와만 공유결합한다(**그림 13-11**). 결과적으로 형성된 복합체를 **아미노아실-tRNA(aminoacyl-tRNAs)**라 하는데, 이는 mRNA의 암호 서열에 결합할 수 있게 되어 올바른 순서로 폴리펩티드 사슬을 형성하도록 아미노산들을 나열시키게 된다.

tRNA는 70 내지 80개의 폴리뉴클레오티드 가닥인데 모든 tRNA 분자는 공통적 서열뿐만 아니라 몇 가지 특이한 염기서열을 갖는다(그림 13-6). tRNA 분자는 mRNA나 rRNA 분자보다는 현저히 작지만, 복합적인 구조를 가지며 몇 가지 성질 즉 (1) 정확한 mRNA코돈과 상보적 결합서열을 나타내는 안티코돈(anticodon) (2) 아미노산을 정확하게 부가하는 아미노아실-tRNA 합성효소에 의한 특이성 인식 (3) 특이 아미노산에 대한 부착부위로 작용하는 안티코돈의 존재 (4) 리보솜에 의한 인식 등이 요구된다.

tRNA 분자 내 상보적 염기쌍은 역방향의 이중나선 또는 접힘으로 형성된다. 3개 내지 그 이상의 짝을 짓지 못하는 뉴클레오티드에 의하여 형성되는 루프가운데 하나는 안티코돈 3자암호를 형성한다. 분자의 3′말단 마지막 뉴클레오티드의 3′ 수산기에는 아미노산의 카르복실기가 결합하고, 아미노기는 펩티드 결합시 쓰여질 수 있도록 유리상태로 남겨둔다. 분자의 접힘 결과는 시험한 모든 tRNA에서 안티코돈과 아미노산 간에 일정한 거리를 유지할 수 있도록 하여 번역과정에서 아미노산의 정확한 위치를 부여해 준다.

## 13.4.2 번역기구의 성분들은 리보솜에 함께 모인다

세포대사에서 리보솜과 단백질 합성은 빨리 증식하는 대장균 세포에서 제시되었다. 이 세포는 약 15,000 리보솜을 함유하고 있는데 세포 전체 질량의 약 1/3에 해당된다. 비록 원핵과 진핵 리보솜은 다르지만 여러 가지 기본적인 양상을 공유하면서 동일하게 일하고 있다. 모든 리보솜은 촉매기능은 가지나 정보를 전달하지는 않는 rRNA와 구조에 관여하는 단백질이 회합된 2개의 소단위로 구성되어 있다.

각각의 리보솜 소단위는 RNA와 단백질로 구성되어 있다. 세균성 리보솜의 작은 소단위에는 21종의 단백질과 하나의 리보솜 RNA분자가, 큰 소단위는 35종 단백질과 2가지 RNA 분자들이 함유되어 있어 기능적인 형태로 회합시킬 수 있다. 이러한 접근은 전자현미경적 연구와 더불어 어떻게 세포에서 이들이 회합될 수 있는가는 물론, 리보솜의 3차원적인 구조까지도 결정할 수 있게 하였다(**그림 13-12a**). 큰 소단위(subunit)는 한쪽 표면이 함몰되어 작은 소단위와 적절하게 결합될 수 있다. 번역과정에서 mRNA는 2개의 소단위가 마주 접촉하면서 생성되는 굴곡면에 꼭 끼워져 들어가게 된다.

리보솜은 4개의 결합부위 즉 1개의 mRNA와 3개의 tRNA 결합부위가 있다. 결국 리보솜은 mRNA 주형, 아미노아실-tRNA 분자, 성장하는 펩티드 사슬 등과 결합하여 유전코드가 읽혀지고 펩티드결합이 형성되도록 한다. tRNA분자는 리보솜에서 3개의 함몰부위 즉 A, P, E 부위에 부착된다(**그림 13-12b**). **P부위(P site; peptidyl site)**는 tRNA가 P부위를 점유하여 성장하는 폴리펩티드 사슬을 형성하고, **A 부위(A site; aminoacyl site)**는 아미노아실-tRNA가 서열상에 가져올 다음 아미노산을 결합시키는 부위이다. **E 부위(E site)**는 출구(exit)의 의미로 tRNA가 리보솜

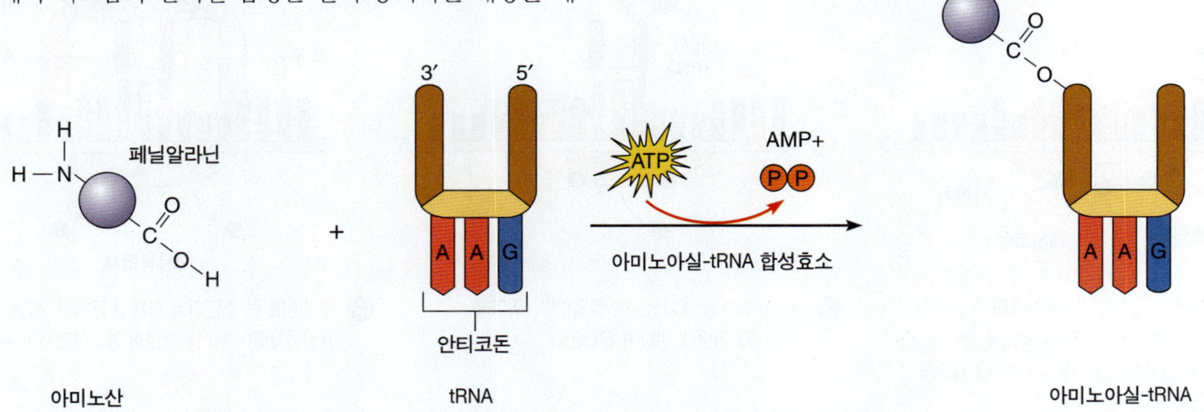


**그림 13-11 특이 아미노산과 적합한 tRNA와의 결합.**
아미노산은 아미노아실-tRNA 합성효소에 의해 에너지원으로 ATP를 이용하여 각각의 tRNA분자와 공유결합한다.

(a) 이 리보솜 모델은 전자현미경 영상의 3차원 재구성에 기초하여 제작되었다.

(b) mRNA 분자는 2개의 리보솜 소단위 사이의 함몰영역으로 통과한다. 각 리보솜은 tRNA가 결합하는 3개의 결합부위를 갖고 있다.

**그림 13-12 리보솜의 구조.**

리보솜은 큰 소단위와 작은 소단위로 이루어져 있다.

에서 해리된다는 출구를 의미한다.

### (1) 번역은 개시 복합체가 형성되면서 시작된다

단백질의 합성은 개시, 연장의 반복되는 싸이클, 그리고 종결의 순서로 진행된다. 세균에서 번역의 **개시(initiation)**는 3가지 다른 **개시인자(initiation factor)**가 작은 소단위에 부착, mRNA의 AUG 개시 코돈영역에 결합된다(**그림 13-13**, 단계 ①). AUG의 상류 선도서열은 단백질 합성의 개시코돈인 mRNA의 AUG를 인식할 수 있도록 한다.

폴리펩티드의 첫 번째 아미노산은 **개시tRNA(initiator tRNA)**와 결합한다. 메티오닌이 개시tRNA에 결합되면, 새로운 폴리펩티드의 첫 번째 아미노산은 메티오닌이 된다. 세균에서는 개시성 메티오닌이 포름산에서 유도된 한개-탄소 그룹이 부가된 *N*-포르밀메티오닌(*fMet*)으로 수식된다. 안티코돈 3′—UAC—5′를 가진 fMet-개시tRNA는 개시코돈에 결합됨으로써 하나의 개시인자가 유리된다(**그림 13-13**, 단계 ②). 큰 리보솜 소단위가 작은 소단위와 결합하면 개시복합체는 완성되고, 남은 개시인자들은 해리된다 (**그림 13-13**, 단계 ③)

진핵세포에서의 개시는 개시tRNA의 메티오닌이 수식되지 않거나 mRNA에서 개시코돈이 ACCAUGG와 같은 짧은 서열에 매몰되어 있어서 선도서열이 개시코돈의 인식을 도와주지 않는다. 또한 10개의 단백질 인자로 구성된 개시복합체가 작용한다.

**요점**

개시에는 리보솜, mRNA, 포르밀메티오닌(fMet)이 결합된 개시tRNA, 그리고 3가지 다른 단백질 개시인자들이 관여한다

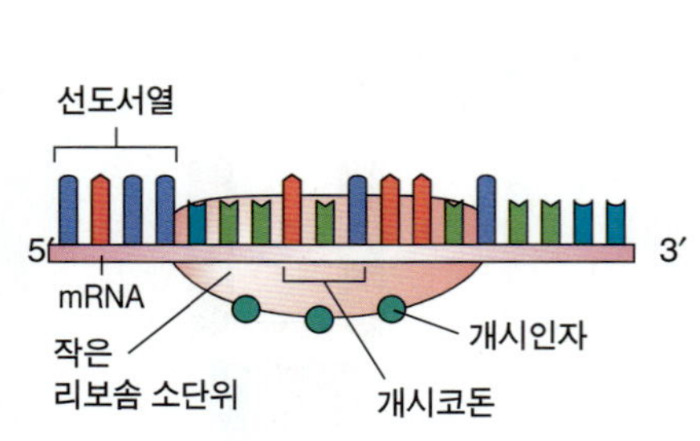


① 리보솜의 작은 소단위가 mRNA의 AUG 개시코돈에 결합된다. AUG 서열의 상류에 있는 선도서열이 리보솜으로 하여금 AUG 서열을 인식하도록 한다.

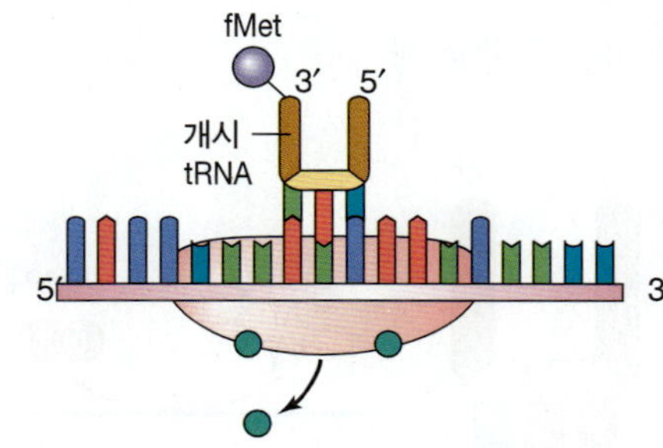


② 개시tRNA가 개시코돈에 결합한다. 이어서 개시인자 가운데 하나가 유리된다.

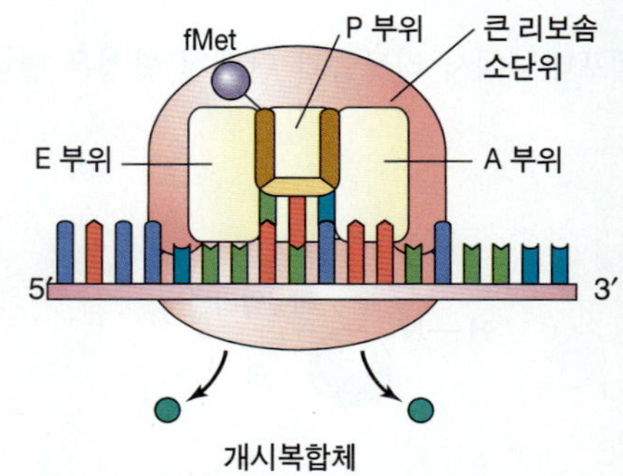


③ 리보솜의 큰 소단위가 작은 소단위에 결합되면 나머지 개시인자들이 유리됨으로써 개시복합체가 완성된다.

**그림 13-13 세균에서 번역의 개시.**

요점

각 신장 과정의 반복을 통해 성장하는 폴리펩티드 사슬에 하나의 아미노산이 부가된다.

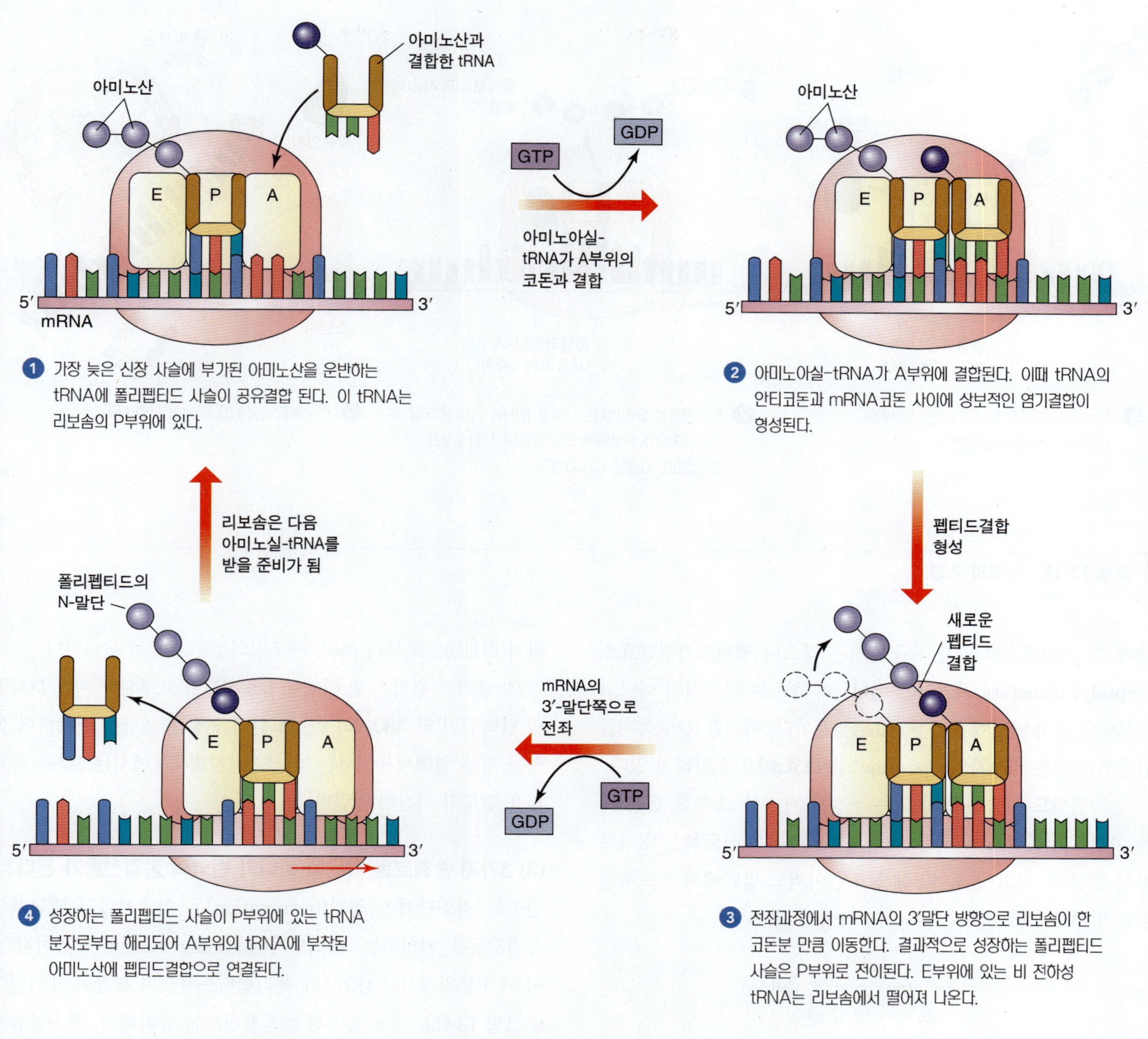


**그림 13-14 번역에서 신장 사이클.**

이 설명은 아미노산의 짧은 사슬이 형성된 이후 시작된다.

### (2) 신장과정에서 아미노산은 성장하는 폴리펩티드사슬에 부가된다

세균에서 성장하는 폴리펩티드사슬에 아미노산이 첨가되는 **신장(elongation)**은 그 반복 과정이 4단계로 요약된다(**그림 13-14**). 즉 ❶, 아미노아실-tRNA의 A부위에서의 코돈인식과 ❷ 자신의 안티코돈과 상보적인 mRNA 코돈의 염기쌍을 형성한다. 이 때 **신장인자(elongation factor)**와 에너지원으로 **구아노신 3인산(GTP)**이 요구된다. ❸ A부위 아미노산의 아미노 그룹과 P부위의 이전 아미노산의 카르복실기 사이에 펩티드결합이 형성된다. 이 과정에서 P부위의 아미노산은 tRNA로부터 해리되고 A부위에는 아미노아실-tRNA가 새로 부착된다. 이 반응은 이미 아미노아실-tRNA의 형성과정에서 ATP의 에너지가 전이되었기 때

**요점**

종결코돈에 상보적인 tRNA의 안티코돈은 존재하지 않으므로 종결신호에 의해 폴리펩티드 합성이 종결된다.

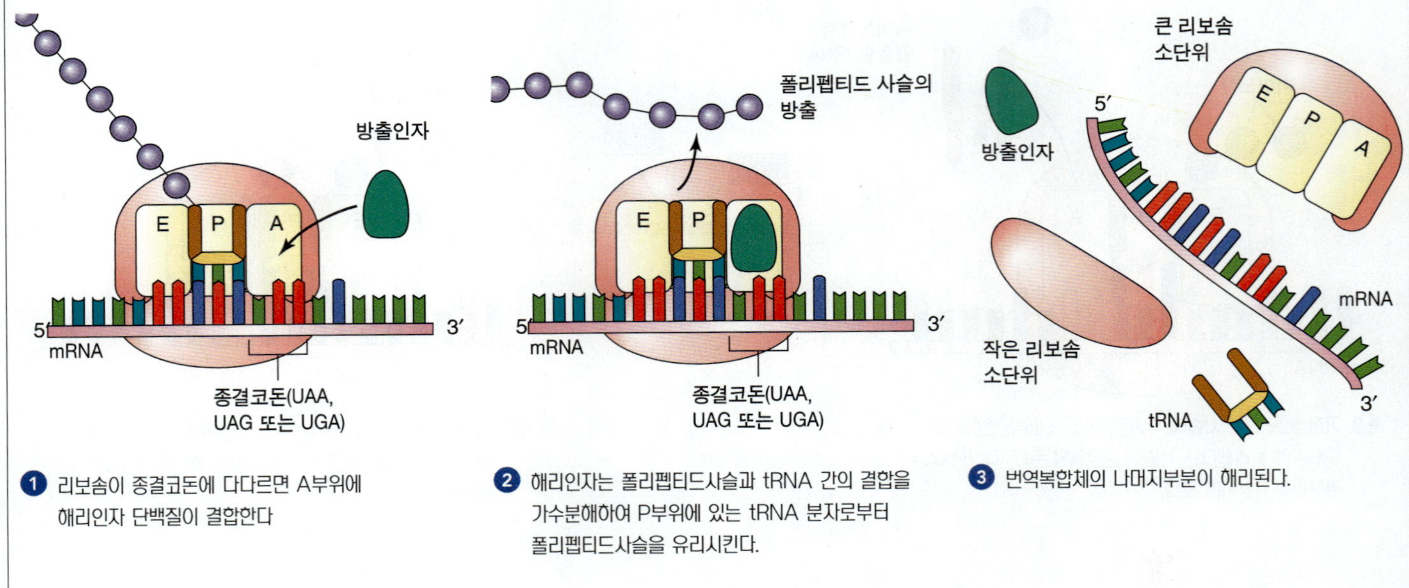


**그림 13-15** 번역의 종결.

문에 더 이상의 에너지를 요구하지는 않으나 **펩티드기전달효소(peptidyl transferase)**가 요구된다. 이 효소는 단백질이 아니고 리보솜의 큰 소단위에 함유된 rRNA성분이다. 이러한 RNA촉매를 담당하는 것은 **리보자임(ribozyme; RNA효소)**으로 알려져 있다.

폴리펩티드 사슬은 방향 또는 극성을 가져서 그 한쪽 끝은 자유 아미노기(아미노 말단)를, 다른 한 끝은 자유 카르복실기(카르복실 말단)을 갖고 있으며(3장 참조), 아미노 말단에서 카르복실 말단 방향으로 폴리펩티드 사슬의 합성이 진행된다.

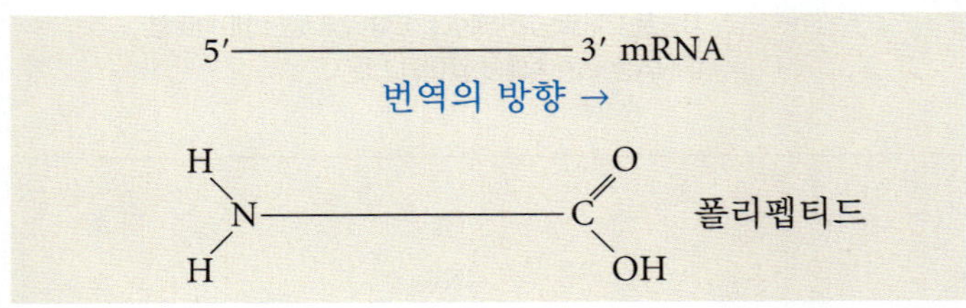


신장의 단계 4는 **전좌(translocation)**로서 리보솜이 mRNA를 따라 한 코돈 분 만큼 3′방향으로 이동하여 번역이 항상 5′에서 3′ 방향으로 진행된다. 그 결과, mRNA에서 다음 아미노산을 결정하는 코돈은 비어있는 A 부위에 위치하게 된다. 이 과정에는 GTP가 다시 에너지 공급원이 된다. 해리된 tRNA는 P부위에서 E부위로 옮겨져 리보솜으로부터 해리, 세포질의 tRNA 풀로 돌아간다.

각 펩티드 결합은 한 단계에 1초 정도가 요구된다. 평균분자량의 단백질인 약 360개의 아미노산이 연장 싸이클을 반복하여 합성될 경우 원핵세포에서는 약 18초, 진핵세포에서는 1분을 약간 넘을 정도의 시간이 걸린다.

### (3) 3가지 종결코돈 가운데 하나가 번역의 종결신호가 된다

번역의 최종단계인 **종결(termination)**은 암호서열의 말단에서 종결코돈을 인식하는 "**해리인자(releasing factor)**"가 관여한다. 이 때 P부위에서는 tRNA와 폴리펩티드사슬의 결합이 해리된다(**그림 13-15**). 결국 합성된 폴리펩티드는 유리되며, 전좌복합체는 mRNA 분자, 해리인자, P부위에 있는 tRNA 분자, 크고 작은 2개의 리보솜 소단위들은 해리된다. 각각의 mRNA는 분해되기 이전에 제한된 수만큼 번역된다. 새로이 합성된 폴리펩티드 사슬은 **분자샤페론(molecular chaperone)**이 관여하여 3차원 활성형으로 접힌다(3장 참조).

**복습**

- 리보솜이 무엇으로 되어 있는가? 리보솜은 단백질의 아미노산서열을 규정짓는 정보를 보유하는가?

- 단백질 합성과정에서 개시, 신장, 종결의 단계를 어떻게 설명할 것인가?
- 어떤 mRNA가 다음과 같은 염기 서열을 가졌다고 가정하자

5′—AUG—ACG—UAU—AAC—UUU—3′

각 코돈에 대한 안티코돈은 무엇인가? 또 폴리펩티드의 아미노산서열은 무엇인가?(그림 13-5 사용)

## 13.5 다른 종의 생명체에서의 단백질 합성의 다양성

### 학습목표

10 세균과 진핵 mRNA를 비교하고 그 구조적 차이에 대한 기능적 중요성을 설명한다.

11 세균과 진핵세포에서 번역에서의 차이점을 기술한다.

12 레트로바이러스와 역전사효소에 대하여 기술한다.

전사와 번역의 기구는 진핵세포와 원핵세포 사이에 중요한 차이가 있다. 원핵세포와 진핵세포는 구조적으로 차이가 있는데 세균은 핵이 결손되어 있으므로, 세균성 mRNA는 DNA에서 전사가 일어남과 동시에 번역이 된다. 그러나 진핵세포는 염색체가 세포핵 속에 있으며, 단백질합성은 세포질에서 일어나기 때문에 진핵세포 mRNA는 핵(전사의 장소)에서 세포질(번역의 장소)로 수송되어야 한다.

### 13.5.1 원핵세포에서 전사와 번역은 동시에 일어난다

세균에서는 전사에서 가장 먼저 합성된 mRNA 분자의 끝부분은 또한 폴리펩티드 형성과정의 처음 번역부분이 된다. 즉 성장하는 mRNA의 5′ 말단에 리보솜이 결합된 후 전사가 완성되기 훨씬 이전에 번역이 개시된다. 하나의 mRNA에는 적어도 15개 이상의 리보솜이 결합되어 **폴리리보솜(polyribosome)** 또는 **폴리솜(polysome)**을 형성한다. 폴리솜은 진핵세포에서도 형성된다(그림 13-16). 비록 많은 폴리펩티드 사슬이 하나의 mRNA로부터 동시에 합성되나, 세균에서 mRNA 분자의 반감기는 2분 정도에 불과하다. 통상 mRNA의 5′ 말단의 분해는 첫 번째 폴리펩티

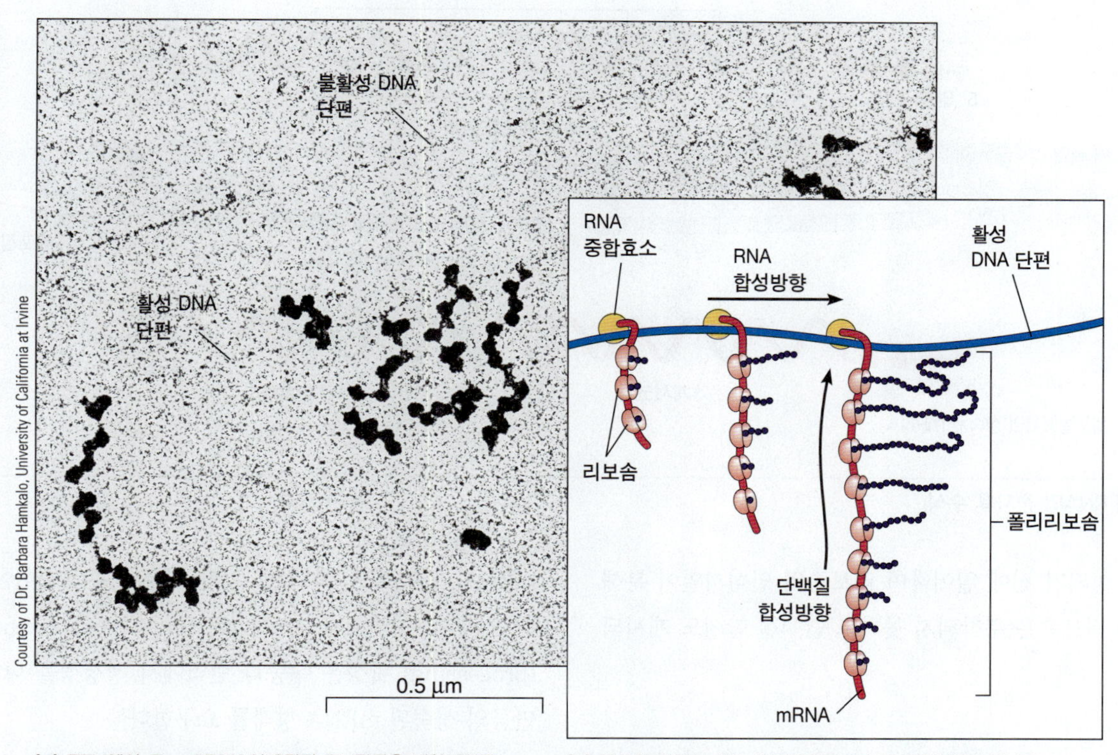


**(a)** TEM에서 *E. coli* DNA의 2가닥 중 1가닥은 비활성이고, 다른 가닥은 mRNA를 생성한다. 단백질 합성은 mRNA가 완성되면서 시작된다. 여러 개의 리보솜이 mRNA에 부착하여 폴리리보솜을 형성한다.

**(b)** 전사와 번역이 상호 의존적으로 동시에 일어남을 보여 주는 모식도.

**그림 13-16 세균에서 전사와 번역의 공역.**

**요점**

전사 후 pre-mRNA는 여러 단계의 수식과정을 거쳐 성숙된 기능성 mRNA로 된다.

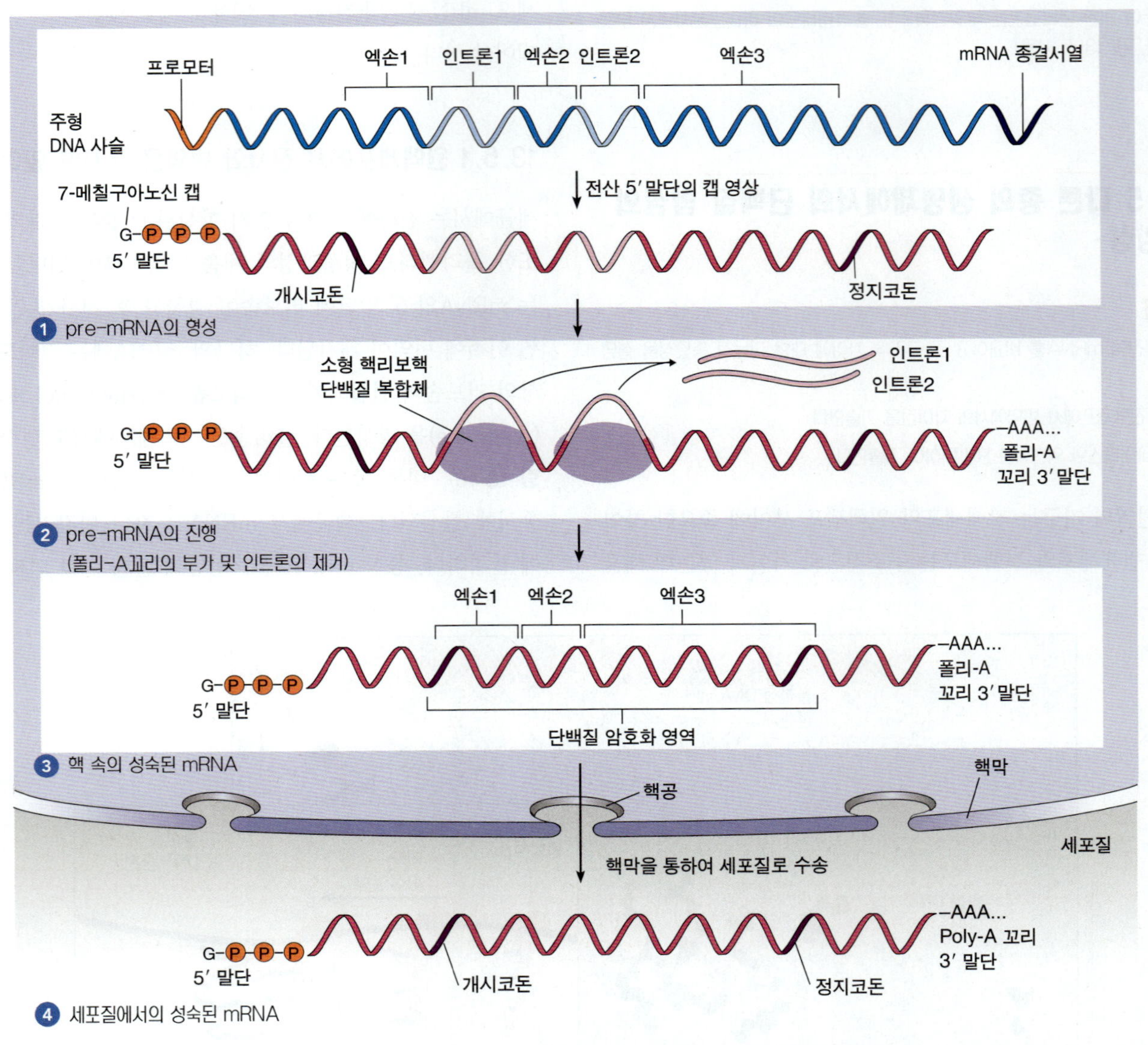


**13-17 진핵 RNA의 전사후 수식.**

드의 합성이 완성되기 전에 일어나며 리보솜의 인식서열이 분해되면 더 이상의 리보솜은 부착되지 못하고 단백질 합성도 개시되지 않게 된다.

## 13.5.2 진핵 mRNA는 전사 이후 번역 이전에 수식된다

진핵세포와 세균의 mRNA간에는 그 이외에도 많은 차이가 있다. 세균의 mRNA는 전사가 일어난 직후 더 이상 진행되지 않으나 진핵세포에서는 **전구체 mRNA(precursor mRNA 또는 pre-mRNA)**가 아직도 핵 속에 있기 때문에 수식되어야 한다. 이러한 *전사후 수식*(post-transcriptional modification) 또는 가공(processing) 활성은 수송과 번역에서 경쟁성을 나타낼 수 있을 만큼의 성숙된 mRNA 형태를 요구한다.

진핵 메시지의 수식은 성장하는 RNA 전사체가 약 20 내지 30개 뉴클레오티드 길이가 되었을 때 시작된다. 그 지점에서 효소는 mRNA 사슬의 5′말단에 뉴클레오티드, 7-메틸구아닐산(7-methylguanylate)으로 **5′ 캡(5′ cap)**을 붙인다(**그림 13-17**, 단계 1). 캡핑이 되지 않으면 리보솜에 결합할 수 없으며, 캡핑은 진핵 mRNA를 분해되지 않도록 보호하거나, 원핵 mRNA보다 훨씬 더 안정화시키는 역할이 부여된다. 진핵 mRNA의 반감기는 30분에서 길게는 24시간까지이나 포유동물의 평균 반감기는 약 10시간이다(세균세포의 2분과 비교됨).

진핵 mRNA의 두 번째 수식은 분자의 3′말단에서 일어나는 **폴리아데닐화**(polyadenylation)이다(▮ **그림 13-17**, 단계 ②). 완성된 메시지의 3′말단에는 아데닌-함유 뉴클레오티드를 부가하는 신호, 즉 **폴리-A 꼬리**(poly-A tail)가 100 내지 250 아데닌 뉴클레오티드 사슬로 부가된다. 폴리아데닐화의 기능은 mRNA의 핵으로부터의 수송이나, 세포질에서 mRNA의 분해를 저해하여 안정화에 관여한다.

### 13.5.3 진핵 유전자에서는 코딩과 비코딩 서열 양쪽이 모두 전사된다

분자생물학의 역사상 가장 놀라운 사실중의 하나는 진핵 유전자가 대부분 **단절암호서열**(interrupted coding sequence)를 가졌다는 점이다. 그것은 유전자의 단백질 코딩서열 내에 있는 긴 염기 서열로써 최종단백질 산물에 있는 아미노산을 코드하지 않는 유전자이다. 유전자내의 비코딩 영역은 **인트론**(intron, intervening sequence), 그 반대인 단백질-코딩 영역은 **엑손**(exon, expressed sequence)이라 한다.

진핵 유전자는 다양한 개수의 인트론과 엑손을 가졌다. 사람 헤모글로빈의 1가지 성분을 생산하는 β-글로빈 유전자의 경우 2개의 인터론과 3개의 엑손을 가졌다. 사람 알부민 유전자는 14 인트론과 15엑손을 가졌고, 사람에서 가장 큰 근육단백질인 티틴(titin) 유전자는 233인트론과 244엑손을 가졌다. 대부분 유전자에서 인트론의 총 길이는 엑손의 총 길이보다 훨씬 더 길다. 예로써 난 알부민(ovalbumin)의 유전자는 7700개의 염기쌍으로 구성되어 있으나 엑손의 총 길이는 1,859개 염기쌍에 불과하다.

인트론 함유 유전자는 전사될 때 전 유전자가 모두 전사되어 전구체-mRNA로 된 후(그림 13-17, 단계 ②), 캡구조, 폴리-A 꼬리가 붙어진다. 이어서 인트론이 제거되며 엑손이 연속적으로 연결되어 연속적인 단백질암호 메시지를 형성하게 된다.

이어맞추기(splicing) 자체는 몇 가지 다른 기작에 의하여 일어날 수 있는데 몇 가지 **소형 핵리보핵단백질 복합체**(small nuclear ribonucleoprotein complex, snRNP)가 이어맞추기복합체(spliceosome)라는 핵단백질 입자를 형성하고자 회합된다. 리보솜과 유사한 크기의 이어맞추기복합체는 전구체-mRNA로부터 인트론을 제거하며, 또 어떤 경우에는 인트론 내의 RNA가 리보자임으로 작용하여 이어맞추기복합체 또는 단백질효소들 없이도 스스로 자신을 절단 재결합하게 된다. 전구체-mRNA의 이어맞추기에 이어 생성된 성숙된 mRNA(▮ **그림 13-17**, 단계 ③)는 리보솜에서 번역되고자 핵공을 통하여 세포질로 수송된다(▮ **그림 13-17**, 단계 ④).

진핵세포에서 전사후 수식은 다음과 같이 요약된다:

> **엑손과 인트론을 함유한 전구체-mRNA ⟶ 수식된 뉴클레오티드로 전구체-mRNA 5′말단의 캡핑 ⟶ 3′ 말단에의 폴리-A 꼬리의 부가 ⟶ 인터론의 제거와 엑손의 이어맞추기를 동시 야기 ⟶ 성숙된 mRNA의 세포질로의 수송 ⟶ 리보솜에서의 번역**

### 13.5.4 진핵세포 RNA들은 유전자 발현에서의 역할이 주어져 있다

진핵세포는 mRNA, rRNA 및 tRNA 외에도 몇 가지 RNA가 더 있다(▮ **표 13-1**). **소형핵RNA(small nuclear RNA, snRNA)**는 특이한 단백질과 결합하여 소형핵리보핵단백질 복합체(snRNP)를 형성 후, 다른 snRNP와 결합하여 이어맞추기복합체가 되며 이는 인트론 제거를 촉매한다.

어떤 폴리펩티드가 생합성되면서 소포체로 들어갈때는 **신호인식입자RNA(signal recognition particle RNA, SRP RNA)**가 요구되는데 이는 번역시작 직후 조면소포체에서 리보솜-mRNA-폴리펩티드 복합체를 형성한다. 이 복합체는 소포체(ER)막에 매몰된 단백질과 결합되면서 지속적으로 합성되는 단백질을 ER계

**표 13-1**

**진핵세포에서 선별된 RNA들**

| RNA 종류 | 기능 |
|---|---|
| 전령RNA(mRNA) | 단백질의 아미노산 서열을 결정 |
| 운반RNA(tRNA) | 특이 아미노산과 결합된 후, 성장하는 폴리펩티드사슬에 아미노산이 부가될때 연결자 분자로써의 역할을 나타냄 |
| 리보솜RNA(rRNA) | 리보솜에서 구조적 및 촉매적(라이보자임)역할을 가짐 |
| 소형핵RNA(snRNA) | 인트론의 제거 및 전사조절에 관여; 이어맞추기복합체 입자 부분 |
| 신호인식입자(SRP RNA) | 리보솜-mRNA-폴리펩티드 복합체를 전사개시 직후 조면소포체로 이끌어감 |
| 소형인RNA(snoRNA) | 리보좀 소단위 형성과정때 인에서 전구체-rRNA의 가공 |
| 소형방해RNA(siRNA) | 유전자의 선택적 억제에 의한 유전자 발현의 조절 |
| 미소RNA(miRNA) | 어떤 mRNA의 번역저해로 인하여 생장과 발생에 관여된 유전자 발현의 조절 |

의 강으로 전이시킨다.

특이한 RNA 분자그룹인 **소형인RNAs(small nucleolar RNAs, snoRNAs)**는 인에서 전구체-rRNA분자의 가공으로 생성된다. 소형 인 RNAs는 전구체-rRNA의 상보적 영역에 결합하여 타깃 부위를 절단하거나 메틸화시킨다. 전구체-rRNA분자는 분할된 3가지 rRNA의 총 길이 보다 더 크다. 포유동물에서 전구체-rRNA 분자의 48%는 분할 단계에서 제거되며 가공과정에서 보존되는 영역에는 메틸기가 부가되어 있다.

RNA의 유전자 발현 조절 기능은 **RNA 방해(RNA interference, RNAi)** 현상에 의해서도 일어난다(15 및 17장 참조). RNAi는 유전자 또는 RNA 전사체의 발현을 방해하는 작은 RNA 분자이다. RNA방해는 소형 방해RNAs, 미소RNA(microRNAs) 및 몇 가지의 짧은 RNA 분자들에 의해 야기된다. 23 뉴클레오티드로 된 2가닥 사슬의 분자로써의 **소형방해RNAs(small interfering RNA, siRNA)**는 전사후 수준에서 siRNA에 상보적인 염기서열의 mRNA분자를 선택적으로 절단함으로써 불활성화시킨다.

**미소RNA(microRNA, miRNA)**는 단일사슬 RNA분자로써 21 내지 22 뉴클레오티드로 구성되어 생장과 발생에 관여하는 mRNAs의 번역을 저해한다(**그림 13-18**). 미소RNAs는 전사된 후 miRNA에 상보적인 mRNA의 발현을 저해하는 복합체 형성 단백질과 결합되기 이전에 짧아진다. 200여종 이상의 miRNA 유전자가 사람의 유전체에서 동정되어 있지만 각각의 miRNA를 타깃으로 하는 특이 mRNA가 무엇인가는 아직 알려져 있지 않다.

### 13.5.5 유전자의 정의는 그 지식만큼 진화되어 왔다

본 장의 글머리에서 유전자의 성질에 대한 아이디어들이 제시되어 왔으며 하나의 폴리펩티드 사슬을 암호화하는 뉴클레오티드 서열을 유전자로 정의를 내렸었다. 그러나 많은 유전자들로부터 여러 가지 종류의 RNA 분자도 전사됨이 알려지면서(표 13-1), mRNA의 가공과정에서 하나 이상의 폴리펩티드 사슬이 수식될 수 있음이 발견되었다. 따라서 유전자는 그 생성물이 무엇인가에 따라 정의를 내리는 것이 바람직하게 되었다. 즉 **유전자(gene)**란 특이한 RNA라든가 폴리펩티드 산물을 생성하는데 필요한 정보로써의 DNA 뉴클레오티드 서열을 의미한다. 유전자에는 또한 암호화(RNA로 암호화되는), 비암호화 영역 양쪽이 모두 포함되어 있다(14장).

Javier F. Palatnik and Detlef Weigel

**그림 13-18 식물생장에서 miRNA 분자의 영향.**

정상 애기장대(Arabidopsis) 식물(*윗면, 잎, 그리고 옆면, 종자발아*)의 정상적인 잎의 형태가 좌측에 대조군으로 제시되고 있다. 오른쪽에는 miRNA로 수식한 것인데 결과적으로 발생이 심각하고 비정상적인 결과로 인해 휘감긴 잎의 형태로 나타나고 있다.

### 13.5.6 유전 정보의 일반적인 흐름에는 예외가 있다

분자생물학의 중심원리로써 유전정보는 항상 DNA에서 RNA를 거쳐 단백질로 흐른다는 것인데 이에 대한 하나의 예외가 **1964년 테민(Howard Temin)**에 의해 제시되었다. **테민**은 어떤 암 유발성의 바이러스가 DNA가 아니고 RNA를 유전물질로 갖고 있으며, 이 바이러스가 숙주세포에의 감염시 DNA 합성저해제나 전사저해제에 의해 저해됨을 알았다. 이 결과는 RNA 암바이러스의 증식과정에도 DNA 합성이나 전사가 요구된다는 점이었으며 따라서 정보가 "역"방향(이것은 RNA에서 DNA로)으로 흐를 수도 있다는 것을 암시한 셈이었다.

**테민**은 **DNA프로바이러스(DNA provirus)**가 RNA종양바이러스의 복제에 중간체로 형성됨을 제안하였다. 즉 RNA를 주형으로 DNA를 합성하는 효소가 존재함을 의미하였다. **테민**과 **볼티모어(David Baltimore)**는 이 효소를 1970년 발견하여, 1975년에 노벨상을 공동 수상하였다. 이러한 RNA의존성-DNA 중합효소는, **역전사효소(reverse transcriptase)**라고도 하며, 그 후 모든 RNA 종양바이러스에서 발견되었다. RNA 암바이러스 복제단계는 **그림 13-19**와 같이 정보흐름이 역방향이기 때문에, 역전사효소를 요구하여 **레트로바이러스(retrovirus)**라 하며, AIDS 유발 바이러스(HIV-1)를 들 수 있다(15장). 15장에서 알 수 있겠지만 역전사효소는 분자생물학자들에게 매우 중요한 연구 도구가 되고 있다.

**복습**

- 성숙된 진핵 mRNA 분자는 어떠한 양상으로 나타나는가? 이는 세균성 mRNA에는 결손된 것이다.
- 유전자란 무엇인가?
- 레트로바이러스는 역전사효소를 어떻게 사용하는가?

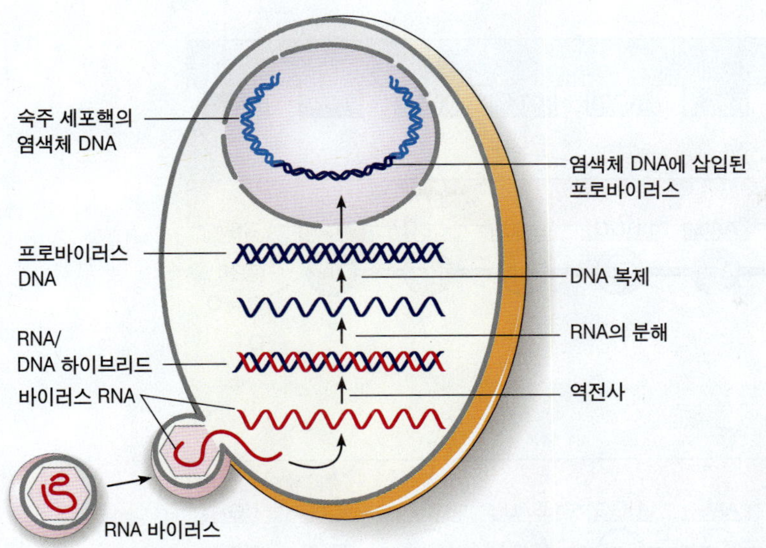


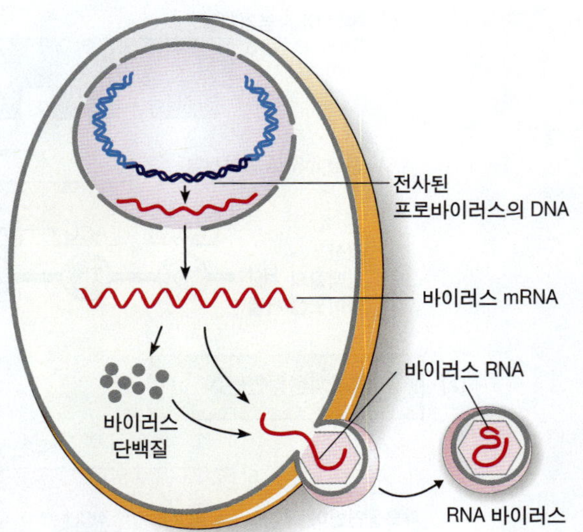


1 RNA 종양 바이러스가 숙주 세포 내로 들어간 후 바이러스 유래의 역전사효소가 바이러스 RNA에 상보적인 1가닥의 DNA를 생성한다. 이어서 RNA는 분해되고 상보 가닥의 DNA 가닥이 합성되어 새로운 이중나선 DNA로 된 프로바이러스가 완성된다. 이것이 숙주세포의 DNA 내에 융합된다.

2 프로바이러스 DNA가 전사된 후 생성된 바이러스 mRNA는 번역 과정을 거쳐 바이러스 특이 단백을 생성한다. 부가적으로 바이러스 RNA가 복제되어 단백 외각으로 덮혀진 성숙된 바이러스 입자 속으로 함입되면서 새로운 바이러스 입자가 조립된다.

**그림 13-19** RNA 종양바이러스의 감염 회로.

## 13.6 돌연변이

**학습목표**

13 DNA의 염기서열에 손상을 가한 변이의 여러 가지 종류에 따른 예를 들고, 그것이 단백질이 생성될 때의 영향에 대하여 설명한다.

유전자에 대한 가장 주된 발견가운데 하나는 DNA의 뉴클레오티드 서열에서의 변화 즉 **돌연변이(mutation)**가 일어날 수 있음인데, 실제 대부분의 생물체에는 DNA의 변화를 수리할 수 있는 효소계가 있기 때문에 그 변이율이 실제 빈도보다는 현저히 낮다.

한번 DNA 서열이 변하면, 변화된 서열이 복제되어 그 다음의 수 세대동안 안정하게 유지된다. 대부분의 경우, 한 번 변이된 대립형질은 원래의 정상 대립형질이 다시 변이될 수 있는 빈도보다 낮은 확률로 변이된다. 변이는 다음 세대로 전달되므로 임의의 종에서 진화가 일어날 수 있는 다양성이 제공되기도 한다. 유전자는 변이될 수 있으며 그 변이 부위의 식별이 가능하다 (15장 참조).

### 13.6.1 염기치환돌연변이는 하나의 염기쌍의 치환에 의해 야기된다

변이의 가장 기본적인 형은 **염기치환돌연변이(base substitution mutation)**인데, 이는 뉴클레오티드의 한 쌍의 변화만을 의미한다. 가끔 이 변이는 복제과정 중에 일어나는 염기쌍 형성의 잘못(**그림 13-20a**), 즉 AT 염기쌍이 GC, CG, 또는 TA 쌍으로의 대체될 수 있다. 그 결과 전사된 mRNA는 1개의 아미노산만이 치환된 펩티드사슬이 번역된다.

단 1개의 아미노산 만이 치환된 염기치환은 **과오돌연변이(missense mutation)**로써, 효소의 활성부위 그 자체 혹은 가까이에 있는 아미노산이 치환될 경우 변화된 단백질은 활성이 저하되거나 상실될 수도 있다. 활성부위가 아닌 곳에서 변이가 일어나거나 가깝게 연관된 아미노산(아주 유사한 화학적 성질을 가진)이 치환될 경우는 그 영향이 잠재(silent)로 나타날 수도 있다. 잠재돌연변이는 잦은 빈도로 일어나며, 생물체나 종에서 진정한 변이의 수는 실제 관찰되는 것 보다 훨씬 높은 빈도일 것으로 예측된다.

**정지돌연변이(nonsense mutation)**는 3자암호의 종결코돈에로의 변환에 의한 염기쌍 치환으로 항상 유전자산물의 기능을 파괴하는데 이는 종결코돈에 이어진 폴리펩티드 사슬이 사라져 버리기 때문이다.

### 13.6.2 틀이동돌연변이는 염기쌍의 부가 또는 결실에 의해 야기된다

**틀이동돌연변이(frameshift mutation)**는 1개 혹은 2개의 뉴클레

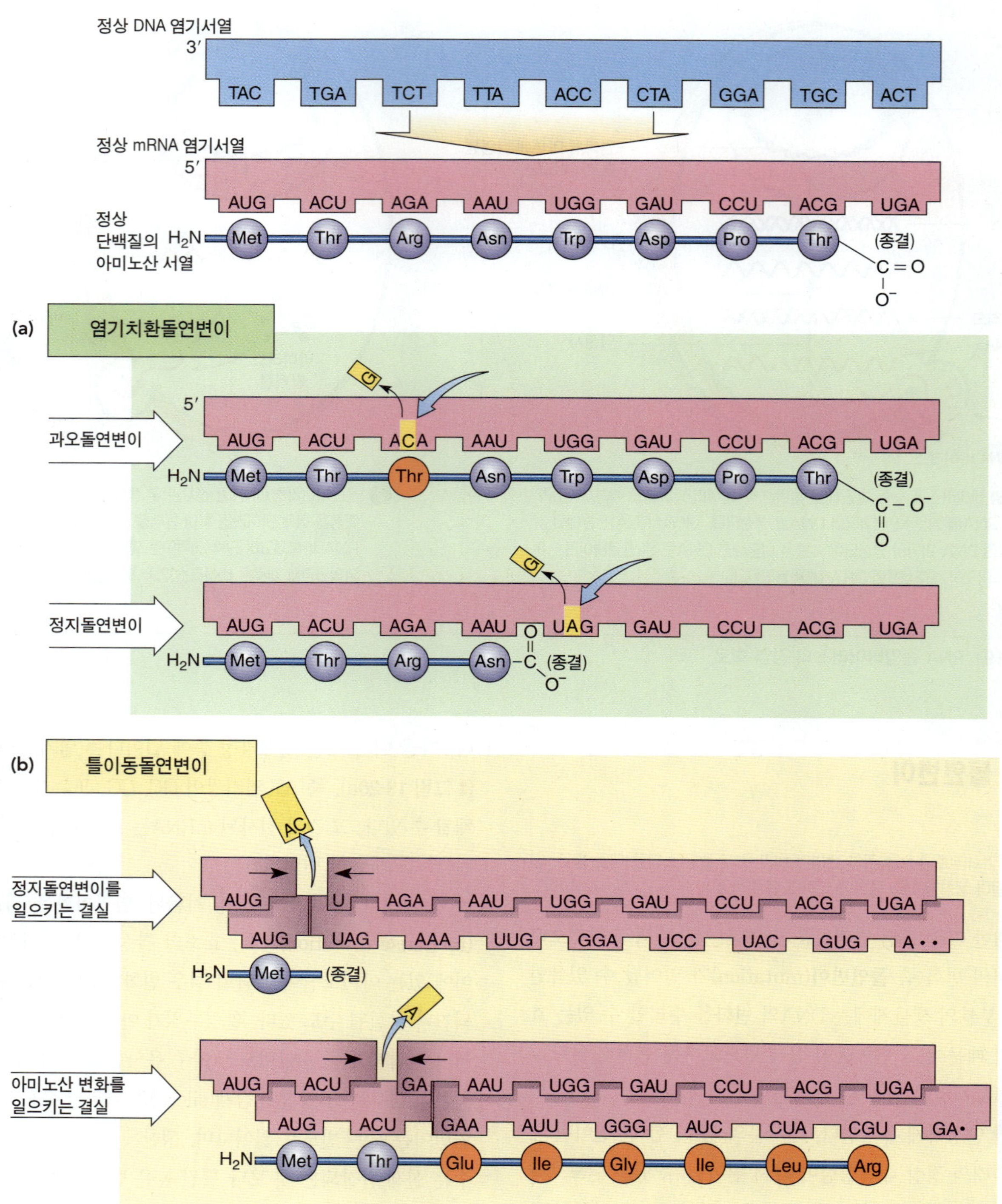


**그림 13-20 돌연변이.**

**(a)** 과오돌연변이와 정지돌연변이는 염기치환형이다. 과오돌연변이는 단백질이 정상적인 길이를 가지나 아미노산의 치환이 일어난 경우이다. 정지돌연변이는 아미노산을 결정하는 코돈의 전환에 의하여 종결(stop)코돈을 만듦으로써 원래보다 길이가 짧아진 단백질 사슬을 만들게 된다. 따라서 그 기능도 상실되는 경우가 많다. **(b)** 틀이동돌연변이는 1 혹은 2개 염기의 삽입 혹은 결실에 의해 야기되는 경우로써 새로운 번역골격을 생성하게 된다. 틀이동돌연변이는 하류 부위에 종결코돈을 형성하거나 (이는 염기 치환에 의해 야기되는 정지돌연변이와 같은 경우가 되거나), 전혀 새로운 폴리펩티드 사슬을 생성하는 경우도 있다.

오티드 쌍이 해독틀(reading frame)의 변환을 야기하는 분자로부터 결실되거나 부가될 경우이다(**그림 13-20b**). 변환의 결과 삽입 혹은 결실부위의 하류 코돈은 전적으로 새로운 아미노산 서열로 특이화된다. 유전자의 어느 부위에 삽입 또는 결실되는가에 따라, 다른 효과가 나타난다. 변이가 일어난 부위의 하류는 완전히 다른 새로운 폴리펩티드 서열로 치환됨은 물론 변이부위의 가까운 하류영역에서 흔히 종결코돈이 생성되기도 한다. 이 변이는 보통 효소의 활성이 상실되므로 만약 그 변이 타깃 효소가 필수적인 경우에는 그 생물체에 치명적일 수도 있다.

### 13.6.3 어떤 변이는 보다 큰 DNA 단편을 내포할 수도 있다

어떤 형의 변이는 염색체 구조의 변화를 야기할 수도 있다. 이러한 변화는 많은 수의 유전자가 관여되어 있기 때문에 보통 넓은 범위에서 변화가 야기된다.

이때 유전자의 중간으로 "점프"하는 DNA 서열에 의해 변이가 야기된다. 이러한 DNA의 가동성 서열을 **가동성 유전요소(mobile genetic element)** 또는 **트랜스포존(transposon)**이라 한다. 가동성 유전요소들은 어떤 유전자의 기능을 파괴할 뿐만 아니라 이전에 활성적이었던 유전자를 불활성화하기도 한다. 트랜스포존은 1950년대 미국 유전학자 **메클린토크**(Barbara McClintock)에 의해서 옥수수에서 어떤 유전자가 저절로 꺼지기도 하고 켜지기도 하는 데서 발견하였다. 이 현상은 염색체의 어느 한 영역으로부터 다른 영역으로 이동하면서 표적유전자를 불활성화하는 어떤 DNA 단편이 관여하는 것으로 유추하였다. 그러나 재조합 DNA법이나 다양한 트랜스포존이 발견되기까지는 이러한 현상이 이해되지 못하였다. 지금은 트랜스포존이란 수백 개에서 수천 개의 염기서열로 구성된 DNA 단편임을 알고 있다. 이에 대한 업적으로 **메클린토크**는 1983년 노벨 생리학 · 의학상을 수상하였다.

세균이나 동물, 인간에서까지 동정된 가동성 유전요소들 가운데 하나는 **DNA 트랜스포존(DNA transposon)**으로써 '끊어서-붙여 넣는' 방법으로 유전물질을 한 곳에서 다른 곳으로 옮기게 된다.

많은 가동성 유전요소는 **레트로트란스포존(retrotransposon)**인데 이는 RNA 중간체를 생성하여 복제된다. 많은 레트로트란스포존은 자신에 의해 암호화되는 역전사효소를 생성하는 숙주세포의 유전자 발현기구로 인식된다. 레트로트란스포존이 역전사효소를 이용함으로 레트로바이러스로부터 또는 그 역으로 진화되었다고 주장한다. 자연적인 표현형 변이의 10%정도가 레트로트란스포존에 의존하며, 사람세포에는 100 레트로트란스포존 정도가 있어 극히 중요한 변이인자로써 생명체들의 진화능을 증강시키고 있다.

### 13.6.4 돌연변이는 여러 가지 요인에 의해 야기된다

대부분의 돌연변이는 가끔 일어나나, 잘못된 DNA 복제나 염색체의 무사분열 또는 유사분열의 결손으로 지속적으로 일어난다. DNA에서 변이성 핫 스폿트(hot spot)영역은, 다른 부위보다 많은 빈도로 일어난다. 짧게 반복되는 뉴클레오티드 단편의 경우 DNA중합효소가 복제시 주형을 해독하는 과정에서 일어나는 "미끄름(slip)" 현상을 예로 들 수 있다. 어떤 유전자에서는 자체변이가 전체적인 변이율을 가중시킬 수도 있다. 즉, DNA중합효소의 자체 변이는 DNA 복제에 잘못을 가할 것이고, 수복효소의 변이는 수복보다 지연에 의해 변이가 더 많이 유발될 수도 있다.

모든 변이는 자연적으로 일어나는 것만은 아니고 X-선, 감마선, 우주선 및 자외선, 방사선 등의 **돌연변이원(mutagen)**에 의해 야기될 수도 있다. 어떤 화학 변이원은 DNA의 특이 염기와 반응 또는 수식되며, DNA 복제를 교란시킬 수도 있다.

변이는 수복효소가 있음에도 불구하고, 새로운 어떤 변이는 견디고 있다. 사실, 양친 어느 쪽에도 존재하지 않던 어떤 변이된 대립형질이 자손에 나타나는 경우가 있다. 비록 이들 가운데 어떤 것은 변화된 표현형으로 나타나나, 대부분은 열성으로 숨어져 버린다. 많은 변이원은 또한 암을 유발하는 인자인 **발암원(carcinogen)**이기도 한데 이 경우 체세포에서 일어난 변이는 자손에 전달되지는 않으나 암을 유발할 수도 있다.

**복습**

- 돌연변이의 주된 형은 무엇인가?
- 각 돌연변이는 생성된 폴리펩티드에 어떤 영향을 주는가?

## 핵심 용어와 요약

**학습목표**

1 대부분의 유전자는 단백질 구조를 특정화한다는 초기의 연구 결과로 요약된다.

- 개로드의 대사의 선천적 이상에 대한 초기의 연구결과는 유전자가 단백질을 결정짓는다는 증거를 제공한 점이다. 개로드는 **알캅톤뇨증**이란 유전성 희귀 질병에 대하여 연구하였다. 그는 알캅톤뇨증 환자는 호모겐티신산을 산화시키는 효소의 결손에 의해 야기된다는 가설을 주장하였다. 개로드의 주장은 이 유전자의 변이가 특이효소의 결손과 연관되었기 때문에 맞는 것으로 확인되었다.

2 비들과 타툼의 *뉴로스포라(Neurospora)*에 대한 실험을 기술한다.

- 비들과 타툼은 황색 곰팡이 *뉴로스포라*에서 필수분자를 생성하는 대사

반응을 간섭하는 변이주를 탐색하였다. *뉴로스포라* 포자를 X-선 또는 자외선에 노출시켜 변이주를 유발시킨 후 생장에 필수적인 화합물을 생성하지 못하는 변이주를 분리하였다. 그 결과 하나의 유전자만에서 변이가 야기된 변이주는 단지 하나만의 효소가 결손 되었음을 확인하였다.

3 세포에서 DNA로부터 단백질에 이르기까지 유전정보의 흐름을 요약한다.

- 단백질에서 아미노산의 서열을 결정짓는 정보가 DNA에 의해 암호화되는 과정은 전사와 번역이다.
- **전사**과정에서 주형 DNA사슬에 상보적인 RNA분자가 합성된다. **전령 RNA(mRNA)** 분자는 폴리펩티드 사슬의 아미노산 서열을 결정짓는 정보를 함유한다.
- **번역**과정에서 mRNA에 의해 결정되는 폴리펩티드사슬이 합성된다. mRNA에서 3개의 뉴클레오티드 염기의 각 서열은 **코돈**을 형성한다. 이 코돈은 폴리펩티드사슬에서 하나의 아미노산을 결정짓게 되거나 개시 또는 종결 신호가 된다. 번역에는 tRNAs나 리보솜을 포함한 세포기구가 요구된다.

4 DNA와 RNA의 구조를 비교한다.

- RNA는 뉴클레오티드 소단위로부터 형성된다. 이들 각각은 당, 리보오스, 염기(우라실, 아데닌, 구아닌 및 시토신), 그리고 3개의 인산을 함유한다. DNA와 같이 RNA 소단위는 당-인산의 골격을 번갈아 가면서 형성하기 위하여 5′—3′결합이 공유결합으로 연결되어 있다.

5 왜 유전암호는 반복되며 사실상 전 생물에서 공통적인가를 설명하고 또한 이들 양상이 진화의 역사에서 어떠한 의미를 부여하는가를 논의한다.

- **유전암호**는 아미노산이 하나의 단순한 서열을 특정 짓는 중복되지 않는 코돈의 계열로 mRNA로부터 읽혀진다. 64코돈 가운데 61개는 아미노산들에 대하여, 3개의 코돈은 종결신호로 작용한다.
- 유전암호는 어떤 아미노산이 1개 이상의 코돈에 의해 특이화되기 때문에 중복되어 여분이 있다. 유전암호는 사실상 전 생물에 공통적이다라는 점은 모든 생물이 동일한 조상으로부터 유래된 후손이란 점을 암시한다. 다만 극소수의 변이가 표준암호에 대하여 예외로 존재한다.

6 전사와 DNA 복제의 과정을 비교하고 그 유사성과 차이점을 구분한다.

- RNA 합성에 관여하는 **RNA중합효소**는 DNA복제에 관여하는 DNA중합효소에 매우 유사하다. 양 효소는 모두 5′ ⟶ 3′방향으로 합성한다. 양 효소는 3개의 인산기를 가진 뉴클레오티드를 기질로 사용, 뉴클레오티드가 새로 합성된 사슬의 3′ 말단에 공유결합 되어 연결될 때 2개의 인산기를 제거한다.
- DNA의 합성 직후 막 짝을 형성한 사슬은 **역평형**이다. DNA의 주형가닥과 그 상보적인 RNA가닥도 또한 반대방향이다. 결과적으로 DNA 주형가닥은 3′ ⟶ 5′ 방향으로 읽으나 RNA는 5′ ⟶ 3′ 방향으로 합성된다.
- 동일한 염기쌍 형성 규칙이 DNA 복제 시에도 적용되는데 단 이때 우라실이 티민으로 치환되는 것은 예외이다.

7 유전정보를 암호화하고 이를 "단백질 언어"로 전환하는데 필요한 tRNA의 양상을 동정한다.

- **운반RNA(tRNA)**는 번역과정에서 "해독"분자이다.
- 각 tRNA 분자는 단지 하나의 아미노산에 대해서만 특이적이다. 분자의 한쪽 부분은 mRNA의 코돈에 상보적인 **안티코돈**을 함유한다. tRNA 분자의 한쪽 끝에 부착되는 것은 mRNA 코돈에 상보성을 나타내는 특정 아미노산 만이다.
- 아미노산은 **아미노아실-tRNA 합성효소**에 의해 tRNA에 공유결합된다.

8 폴리펩티드 합성에서 리보솜의 기능을 설명한다.

- **리보솜**은 번역에 필요한 모든 기계적 장치들을 함께 가져온다. 이들은 tRNAs를 mRNA상의 적절한 코돈에 짝을 짓게 하고 아미노산 간의 펩티드결합 형성을 촉매하며 mRNA를 전좌시켜 다음 코돈이 읽혀지도록 한다.
- 각 리보솜은 크고 작은 소단위로 구성되어 있다 각 소단위는 **리보솜 RNA(rRNA)**와 많은 단백질이 함유되어 있다.

9 폴리펩티드 합성에서 개시, 연장, 종결의 과정을 도식화한다.

- **개시**는 번역의 첫 번째 단계이다. **개시인자**는 작은 리보솜 소단위에 결합한 후 mRNA의 **개시코돈**인 AUG 영역에서 결합한다. **개시성 tRNA**가 개시 코돈에 결합하면 리보솜의 큰 소단위의 결합이 이어진다.
- **연장**은 아미노산이 하나하나씩 성장하는 폴리펩티드사슬에 부가되는 순환적 과정이다. 연장은 mRNA를 따라 5′ ⟶ 3′방향으로 진행된다.
- 폴리펩티드사슬은 아미노 말단에서 카르복실 말단으로 성장한다.
- **종결**은 번역의 마지막 단계로써 리보솜이 3개의 **종결코돈** 가운데 어느 하나에 이르렀을 때 일어난다. A가 **해리인자**에 결합되면 완성된 폴리펩티드사슬의 해리와 번역 복합체의 해체에 방아쇠를 당기게 된다.

10 세균과 진핵세포 mRNA를 비교하고 그 구조적 차이에 대한 기능적 중요성을 설명한다.

- 진핵 유전자와 그 mRNA 분자는 세균의 그것보다 더 복잡하다.
- 전사 후 **5′ cap**(수식된 구아노신3인산)은 진핵 mRNA 분자의 5′말단에 부가된다. 대부분의 경우 또한 아데닌이 함유된 뉴클레오티드의 **폴리-A 꼬리**를 3′말단에 부가한다. 이러한 수식은 진핵 mRNA 분자를 분해로부터 보호하고 세균의 mRNA보다 더 긴 생명을 부여하기 위한 것으로 보인다.
- 대부분의 진핵 유전자에서 **액손**으로 불리 우는 코딩 영역은 **인트론**으로 불리우는 비코딩 영역에 의해 간섭을 받는다. 인터론과 액손 양쪽은 번역되나 인트론은 원래의 전사체, 즉 **전구체-mRNA**로부터 제거되고 액손은 재결합되어 연속적인 단백질-코딩 서열을 생성한다.

11 세균과 진핵세포에서 번역에서의 차이점을 기술한다.

- 진핵세포에서의 과정과는 달리 세균세포에서는 전사와 번역은 공역한다. 세균성 리보솜은 성장하는 mRNA의 5′에 결합하여 정보가 완전히 전사되기 훨씬 이전에 번역이 개시된다. 하나의 mRNA에 15개 정도로 많은 리보솜이 결합하여 **폴리리보솜**을 현성한다.

12 레트로바이러스와 역전사효소에 대하여 기술한다.

- **레트로바이러스**는 RNA 주형으로부터 DNA를 합성하는 바이러스이다. 레트로바이러스에서 유전정보의 흐름은 **역전사효소**에 의해 역으로 진행된다. AIDS를 야기하는 바이러스인 HIV-1은 레트로바이러스이다.

13 DNA의 염기서열에 손상을 가한 변이의 여러 가지 종류에 따른 예를 들고, 그것이 단백질이 생성될 때의 영향에 대하여 설명한다.

- **돌연변이**의 형태는 염색체구조의 파괴로부터 뉴클레오티드의 염기쌍 하나에까지 변화가 있다. **염기치환**은 단백질의 기능을 파괴한다. 만약 코돈이 변화되면 다른 아미노산을 결정짓게 되거나(**과오돌연변이**) 또는 종결코돈으로 바뀐다(**정지돌연변이**). 염기치환은 만약 아미노산이

변하지 않거나, 또는 만약 코돈이 화학적으로 유사한 아미노산으로 결정짓도록 바뀌게 되면 최소한의 영향을 나타내게 된다.

- 유전자에서 하나 혹은 두개 염기쌍의 삽입 또는 결실은 **틀이동돌연변이**를 일으키기 때문에 단백질의 기능을 불가피하게 파괴하게 된다. 이 변이는 변이가 일어난 부위에서 하류의 코돈 서열을 변경시키게 된다.
- 변이의 1가지 형태는 가동성 DNA서열에 의해 야기되는데, 유전자의 중간으로 '뛰어듬'의 상태가 되는 **트란스포존**으로 알려져 있다. 대부분의 트란스포존은 RNA중간체를 만들면서 복제되는 **레트로트란스포존**이다 역전사효소가 그들을 유전자에로 뛰어듬의 상태가 되기 이전의 원래의 서열로 전환시킨다.

## 연습문제

1. RNA는 ________ 방향으로 성장한다. 이는 DNA-의존성 RNA 중합효소가 ________ 방향으로 있는 주형 DNA사슬을 따라 움직이기 때문이다.
   (a) 5′ ⟶ 3′ ; 3′ ⟶ 5′　(b) 3′ ⟶ 5′ ; 3′ ⟶ 5′
   (c) 5′ ⟶ 3′ ; 5′ ⟶ 3′　(d) 3′ ⟶ 5′ ; 5′ ⟶ 5′
   (e) 5′ ⟶ 5′ ; 3′ ⟶ 3′
2. 50개의 아미노산으로 구성된 폴리펩티드 사슬, 여기에 16종의 아미노산만이 함유되어 있다면, 이 폴리펩티드를 생성하는데 필요한 최소한의 tRNA는 몇 개인가?
   (a) 50　(b) 25　(c) 20　(d) 16　(e) 8
3. 진핵세포에서 다음 가운데 핵의 프로세싱이 일어나는 동안 프리-mRNA로부터 틀림없이 제거되는 것은?
   (a) 상류 리더 서열　(b) 폴리-A 꼬리　(c) 인터론
   (d) 액손　(e) 상기 모든 것이 제거 된다.
4. ________는 전구체-mRNA로부터 인터론의 제거를 촉매한다.
   (a) 리보솜　(b) 스플라이소좀　(c) RNA 중합효소
   (d) 아미노아실 tRNA 합성효소　(e) 역전사효소
5. 번역에서 연장과정 중에 ______ 부위에서 tRNA에 부착되는 성장 폴리펩티드사슬과 ______ 부위에서 도입되는 아미노아실-tRNA 합성효소가 결합된다.
   (a) E; P　(b) P; E　(c) E; A　(d) A; E　(e) P; A
6. 정지돌연변이는 (a) 폴리펩티드사슬에서 하나의 아미노산이 다른 것으로의 치환을 야기 한다 (b) 하나 혹은 두개의 염기의 결실에 의해 리딩 전구체임의 변경을 가져온다 (c) 하나 혹은 두개의 염기의 삽입에 의해 리딩 전구체임의 변경을 가져온다 (d) 트란스포존이 삽입되는 결과를 야기한다 (e) 보통 비정상적인 짧은 폴리펩티드사슬의 형성을 야기한다.
7. 유전암호는 ________에서 ________계열로 정의된다.
   (a) tRNA; 안티코돈　(b) DNA; 코돈　(c) mRNA; 안티코돈
   (d) mRNA; 코돈　(e) mRNA; 코돈과 안티코돈.
8. RNA는 DNA와 ________염기가 ________로 치환된 점이 다르다.
   (a) 아데닌 우라실　(b) 우라실 티민　(c) 구아닌 우라실
   (d) 시토신 구아닌　(e) 구아닌 아데닌
9. 세균과 진핵세포에서 정보의 정확한 흐름은?
   (a) DNA ⟶ mRNA ⟶ 단백질
   (b) 단백질 ⟶ mRNA ⟶ DNA
   (c) DNA ⟶ 단백질 ⟶ mRNA
   (d) 단백질 ⟶ DNA ⟶ mRNA
   (e) mRNA ⟶ 단백질 ⟶ DNA
10. 비들과 타튬은 (a) tRNA 분자는 안티코돈을 가졌을 것으로 예측하였다 (b) 유전병 알캅톤뇨증을 발견하였다 (c) 유전병 낫모양적혈구빈혈증이 헤모글로빈 폴리펩티드사슬에서 하나의 아미노산의 변화에 의해 야기됨을 설명하였다 (d) 유전 코드에 대하여 작업하였다 (e) Neurospora에서 유전자와 효소사이의 관계에 대하여 연구하였다.
11. 다음 리스트에서 단백질합성 중에 연장 싸이클의 단계를 선정하라. 또한 적절한 순서로 나열하라.
    1. 펩티드 결합 형성
    2. 작은 리보솜 소단위를 mRNA의 5' 말단으로 결합
    3. A 부위에 아미노아실-tRNA의 결합
    4. 리보솜의 전좌

    (a) 1 ⟶ 3 ⟶ 2 ⟶ 4　(b) 2 ⟶ 3 ⟶ 1 ⟶ 4
    (c) 3 ⟶ 1 ⟶ 3 ⟶ 2　(d) 2 ⟶ 1 ⟶ 3 ⟶ 4
    (e) 4 ⟶ 2 ⟶ 1 ⟶ 3
12. 전사는 ________ 이 합성되는 과정이다.
    (a) mRNA만이　(b) mRNA와 tRNA　(c) mRNA, tRNA 및 rRNA
    (d) 단백질　(e) mRNA, tRNA, rRNA 및 단백질

## 심화 학습문제

1. 어떻게 유전암호가 해독되었는가?
2. **진화적 연계.** 인터론이 모든 진핵세포와 약간의 원핵세포에서 존재하기 때문에 생물학자들은 인터론이 생명역사의 아주 초기에 진화되었다고 주장한다. 만약 그것이 사실이라면 왜 대부분의 현존하는 원핵세포들은 진화과정에서 인터론을 잃어버린 것인가에 대하여 의아해한다.

14

# 유전자 조절

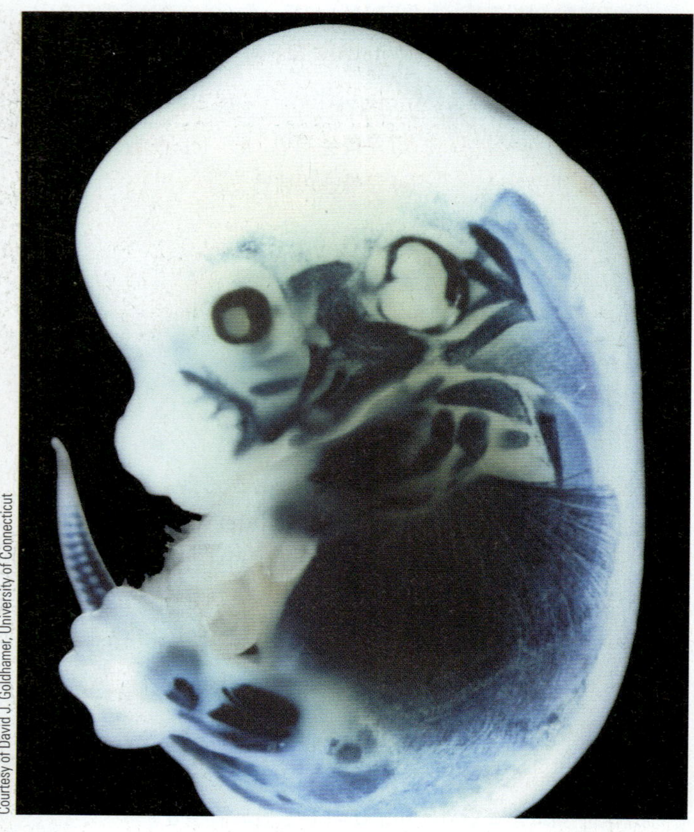


**생쥐 태아에서 특이 유전자의 발현.** 13.5일된 생쥐 태아는 유전공학적으로 생성되어 세포에서 미오게닌 유전자가 전사, 발현되면서 푸르게 염색된다. 미오게닌 유전자는 태아의 세포 중 특히 근육조직에서만 발현된다.

## 핵심 개념

각 세포는 수천종의 단백질을 합성할 수 있으나 그 모든 단백질이 모든 세포에서 항상 요구되지는 않는다. 세포는 게놈의 어느 부분이 언제 발현될 것인가를 조절한다.

원핵세포는 유전자 발현을 환경적 자극에 대응하여 조절한다.

원핵세포에서 유전자 조절은 주로 전사수준에서 일어난다.

진핵세포에서 유전자 조절은 전사, 전사후 번역, 그리고 번역후 수준에서 일어난다.

다세포 생물에서 각각 다른 모형의 세포들은 특이한 양상으로 활성을 나타내며, 차별적인 단백질의 세트를 만든다. 다소 예외는 있지만, 모든 세포들은 동일한 유전정보를 가지고 있다. 그러나 왜 구조나 분자조성 또는 기능에는 차이가 있을까? 그 이유는 유전자 발현이 조절되기 때문이거나 주어진 세포에서 전체 유전정보 중 어떤 일부 그룹만 발현되기 때문이다(사진 참조).

유전자의 발현을 조절하는 기구는 무엇인가? 단백질을 암호화하는 유전자의 발현에서 전사에 의한 mRNA 합성, mRNA의 단백질로의 번역, 합성된 단백질의 활성화에 의한 특이반응의 촉매과정 등을 담당하는 효소들이 요구된다. 따라서 일련의 연속적인 반응을 통한 유전자발현은 여러 가지 다른 방법으로 조절된다. 그 조절기구에는 세포 자체의 또는 다른 세포나 환경으로부터의 여러 가지 신호가 DNA, RNA 혹은 단백질과 상호작용하여 일어난다. 유전자 발현을 조절하는 기구에는 mRNA의 전사량 및 번역율, 단백질 산물의 활성 등이 포함된다. 유용한 mRNA의 양은 전사율 또는 분해율에 의해 조절된다.

비록 세균이 단세포이지만 유전자들의 발현 조절이 생존에 필수적이다. 세균에서의 유전자 조절은 가끔 자원을 활용하는 유전자 전사의 조절이 포함된다. 이와는 대조적으로 진핵세포에서는 그 정밀 조정 조절계가 유전자 조절의 모든 단계에서 일어나고 있다. 모든 수준에서의 유전자 조절이 관여함은 진핵세포가 그만큼 더 복잡하며 다세포 생물에서는 발생에서의 조절 필요성이 요구되기 때문이다. ■

## 14.1 세균과 진핵세포에서 유전자 조절: 개요

**학습목표**

1 세균과 진핵세포는 유전자 조절 기구가 왜 다른가를 설명한다.

세균과 진핵세포는 그 생명체의 특이한 요구성에 따라 현저히 다른 유전자 조절기구를 가지고 있다. 세균세포는 독립적으로 존재하며 각 세포는 자신이 필요로 하는 모든 주된 기능을 수행하여야 한다. 또 빨리 자라며 세포분열이 비교적 빨리 이루어지기 때문에 더 적은 화학성분이 요구된다.

원핵세포의 유전자 조절에 대한 지배적인 논거는 *경제성*이며 **전사수준의 조절**(transcriptional-level control)은 가장 효과적인 기구이다. 관련된 유전자들의 그룹화는 어떤 특정 시기에만 그 산물을 합성할 수 있도록 단위(unit)로써 빨리 켜지고 꺼질 수 있어야 하기 때문이다. 이러한 조절은 불필요 시에는 정보의 축적이나 번역의 지속을 막기 위하여 mRNA 분자의 빠른 변환이 요구된다. 세균에서 단백질을 분해하여 효소수준을 조절하는 경우는 아주 드물다. 한번 단백질합성이 정지되면, 이전에 합성된 단백질분자는 연이은 세포분열과정에서 아주 빨리 희석되어 버리기 때문에 이들을 분해 처리해야 할 경우가 별로 없게 된다. 단지 세포가 기아 상태이거나 필수아미노산이 결핍된 상태에서는 생존을 위해 더 이상 필요치 않는 단백질을 분해하여 아미노산을 순환시키게 한다.

H. Schwind/Okapia/Science Photo Library/Photo Researchers, Inc.

**그림 14-1** *IGF2* **유전자 변이를 가진 여윈 돼지.**

수년 전 어떤 농민들이 근육은 더 많으나 지방이 적은 돼지를 발견하였다. 이 돼지는 선별적으로 교잡된 것인데 현재는 가장 상품가치가 높은 돼지군이 되었다. 변이는 *IGF2* 유전자의 비단백질성 영역에서 일어나 구아닌 누클레오티드가 아데닌 누클레오티드로 치환된 것으로 동정되었다.

진핵세포는 다른 조절 요구성을 나타낸다. 다세포 생물에서의 세포그룹은 노동 집단간에서 상호협력처럼 동일한 유전자가 다른 종류의 세포에서는 그 조절방법이 달라질 필요성이 있어 복잡한 조절이 야기된다. 비록 전사수준의 조절이 지배적이기는 하지만 다세포이기에 유전자 발현에 대한 다른 수준에서의 조절이 복합적으로 일어난다. 진핵세포는 보통 오랜 수명을 가져 이 기간 동안에 많은 자극들에 대응하여 반복적으로 대응할 필요가 있다. 자극에 대응하는 각각의 경우마다 새로운 효소를 만들기보다, 이미 만들어졌거나 불활성상태의 효소를 활성상태로 빨리 전환시킬 수 있는 어떤 단백질의 사용을 확대 강화한다. 난세포는 불활성 mRNA의 커다란 저장고로써 배란 시에만 mRNA가 활성화된다.

다세포 생물의 유전자 발현에서 가장 강조되어야 할 점은 여러 조직세포들의 분별적 유전자 발현이다. 각 형태의 세포에는 활성적 유전자가 있는 반면에 한 번도 쓰지 않는 비활성적인 유전자도 공존한다(16장 참조). 예로써 분화 중의 적혈구는 산소수송 단백질인 헤모글로빈을 생산하지만 근육세포는 그 대신에 근육조직에서 산소를 저장하는 미오글로빈을 생산한다. 이와 같이 다세포인 진핵세포에서는 세포간 협력체제에서 선택성을 가짐으로써 수많은 세포분열과정을 통하여 비활성 유전자들의 짐을 지녀야 하는 부담을 훨씬 줄여왔다는 점이다.

다세포생물에서 유전자조절이 각각 다른 조직에서 발현될 경우 어떠한 영향을 미칠 것인가에 대한 또 다른 예가 제시되고 있다. 2003년 사육돼지에서의 유전적 변이가 발생과정에서 보다 더 많은 근육을 가진다는 보고가 있었다(**그림 14-1**). 이러한 변이는 근육과 간 조직 양쪽에서 발현되는 **인슈린-유사 생장인자 2(insulin-like growth factor2, IGF2)**의 유전자에서 일어났다. IGF2 유전자에서 염기치환변이가 일어나면(13장 참조), 돼지 근육은 3배 더 활성화되어 날씬하면서도 지방이 적은 몸매가 되게 하였으나, 간에서는 변화가 일어나지 않는다. 놀랍게도 이러한 변이는 유전자의 단백질-암호화 영역이 아니고 비단백질-암호화 영역, 즉 조절영역에서의 변이로 간주되었기 때문이다.

**복습**

- 유세균에서 유전자 조절의 가장 효율적인 기작은?
- 어떻게 원핵세포에서의 유전자조절을 진핵세포에서의 그것과 대응시킬 것인가?

## 14.2 세균에서의 유전자 조절

**학습목표**

2 오페론의 정의를 내리고, 작동 유전자와 프로모터 영역의 기능을 설명한다.

3 유도, 억제, 구성 유전자들을 구분한다.

4 양성과 음성 조절을 구분하고, 어떻게 *lac* 오페론의 조절에 있어서 이들 2가지가 작용하는가를 이해한다.

5 세균에서 전사후조절의 양상에 대하여 기술한다.

대장균은 장내의 일반적인 서식자로써 4,288개의 유전자를 갖고 있는데 그 가운데 약 60%는 기능이 알려져 있다. 이러한 유전자 가운데 해당경로효소처럼 항상 필요한 단백질을 암호화하는 유전자들은 **구성유전자(constitutive genes)**로 불리어져 끊임없이 전사되는데 비해, 어떤 특이 조건하에서 생육할 경우에만 요구되는 단백질도 있다.

한 예로, 황소의 결장에 서식하는 세균은 보통 우유의 젖당(이당류)에 노출되지 않으나, 만약 소의 결장에서 영양을 섭취할 수 없다면 젖당을 에너지원으로 이용하지 않을 수 없을 것이다. 이것은 딜레마에 빠지게 한다. 세균세포가 소의 소화기관에서 더 이상의 영양이 공급되지 않는 경우에, 젖당-대사효소를 생산하기 위하여 에너지와 물질을 투자하여야만 할 것인가? 만약 대장균 세포가 그러한 효소를 생산하지 못한다면 풍부한 영양 공급 하에서도 굶는 상태가 될 것이다. 이러한 문제는 유용한 유기분자를 효율적으로 이용할 수 있는 여러 효소들의 합성을 조절함으로써 가능케 하고 있다.

세포는 그 대사활성을 조절하는 2가지 기본적인 방법 즉 활성조절과 합성조절이 가능하며 경우에 따라서는 상기 2가지 방법으로 동시에 조절될 수도 있다. 포도당에서 생육하는 대장균 세포는 800 여종의 효소들이 필요한 데, 어떤 것은 많은 수가 또 다른 것은 아주 작은 수의 효소만이 요구될 것이다. 세포의 적절한 대응에는 각 효소의 양이 효율적으로 조절되어야만 한다.

세균은 환경 조건의 변화에 대응한다. 만약 젖당이 첨가된 배양액에서 대장균을 배양하면 젖당대사 관련효소 3가지를 재빨리 합성한다. 이와 같이 세균은 기능적으로 관련된 유전자 복합체 즉 오페론에 의해 함께 조절되기 때문에 아주 효율적으로 대응한다.

### 14.2.1 세균에서 오페론은 기능적 연관유전자들의 협동적 조절장치이다

프랑스의 **자코브**(Francois Jacob)와 **모노**(Jacques Monod)는 1965년 노벨생리학 · 의학상 수상자들인데, 이들은 1961년 젖당 대사유전자들의 연구를 통하여 생화학적인 수준에서의 유전자의 조절을 설명할 수 있게 되었다.

대장균은 $\beta$-갈락토오스가수분해효소($\beta$-galactosidase)로 젖당을 포도당과 갈락토오스로 분해한다. 이어서 갈락토오스는 포도당으로 전환, 생성된 2 개의 포도당은 해당경로에서 분해된다(8장 참조).

포도당에서 성장하는 대장균세포는 $\beta$-갈락토오스가수분해효소를 아주 미량만 갖고 있는데, 아마 세포당 1 개 내지 3 개 이하이나, 젖당에서 증식한 세포에서는 세포당 3,000개 이상의 $\beta$-갈락토오스가수분해효소 분자를 가지는데 이는 전세포 단백질 총량의 3%에 해당 된다. 2가지 다른 효소 즉, 젖당투과효소(lactosepermease)와 갈락토시드-아세틸기전달효소(galactoside transacetylase)는 세포를 젖당에서 배양하면 같이 증가한다. 투과효소는 세균 세포질막에서 효율적으로 젖당을 수송하는데 필요하며, 아세틸기전달효소는 아직 그 기능이 명확하지 않다.

**자코브**와 **모노**는 단 한 곳의 유전적 결손에 의해 3가지 효소 모두를 비활성화하는 대장균 돌연변이주를 분리하였다. 이는 3가지 효소 모두를 암호화하는 DNA 배열이 하나의 단위체로 연결되어 있음을 의미하였다. 각 단백질의 암호화 배열은 **구조유전자(structural gene)**로써 **자코브**와 **모노**는 이와 같이 관련된 기능의 구조유전자들과 그들을 제어하는 주변영역의 DNA 배열이 포함된 유전자복합체를 **오페론(operon)**으로 설정하였다. 젖당오페론(*lac* operon)의 구조 유전자 *lacZ*, *lacY*, *lacA*는 각각 $\beta$-갈락토오스가수분해효소, 젖당투과효소, 및 갈락토시드-아세틸기전달효소를 코드한다(**그림14-2**).

젖당오페론의 전사는 RNA중합효소가 코딩 배열의 상류부위에 있는 하나의 **프로모터(promoter)**에 결합하여 시작된 후, 3 개 효소 모두의 정보를 하나의 mRNA 분자로 합성한다. 효소-암호서열 사이에서 이 mRNA는 이전 배열의 번역 종결 코돈과 다음 번역의 개시코돈을 함유하여 3 개의 효소 모두가 동일한 mRNA분자로부터 번역되기 때문에 그 합성은 하나의 "스위치"를 끄거나, 켬으로써 연관되게 조절 할 수 있다.

mRNA의 합성 조절스위치는 첫 번째 구조유전자의 상류에 있는 **작동유전자(operator)**이다. 젖당이 없으면, **젖당억제인자**

**요점**

*lac* 오페론의 구조유전자들은 상호협동적으로 조절되며, 하나의 mRNA로 전사된다.

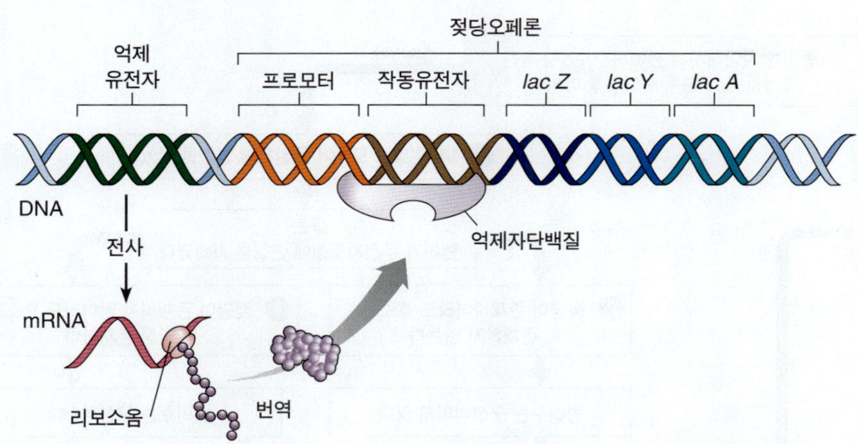


**(a)** 젖당이 없을 때, 인접된 유전자에 의해 암호화되는 억제단백질은 작동유전자로 알려진 영역에 결합된다. 결국 구조유전자의 전사는 차단 된다.

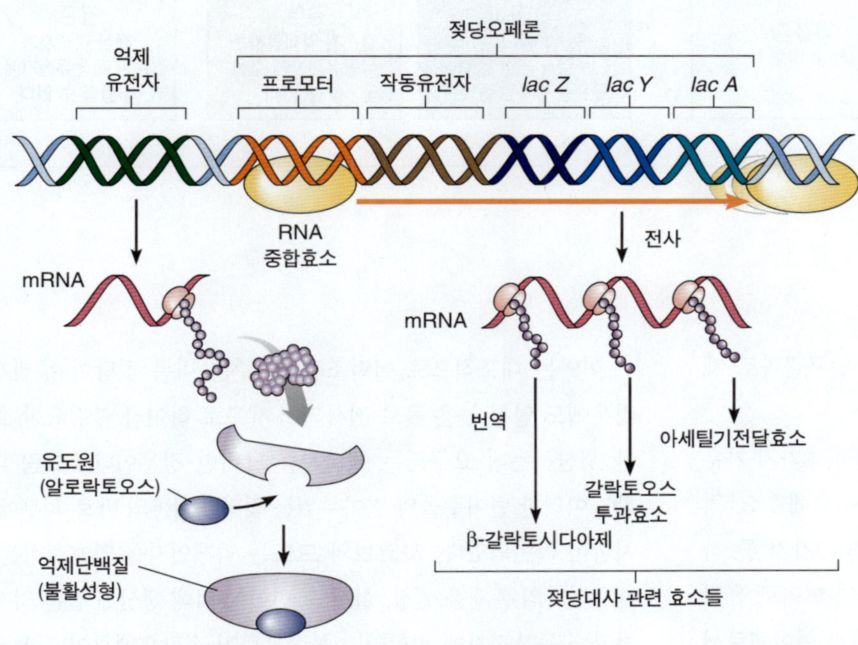


**(b)** 젖당이 첨가되면 세포 내에서 알로젖당으로 전환되어 억제자의 다른자리입체성 부위에 결합된다. 따라서 억제인자는 구조변형이 야기되어 작동유전자에 더 이상 결합되지 못한다. 그 결과 RNA중합효소는 프로모터에 결합하게 되어 구조유전자의 전사가 가능해 진다.

**그림 14-2** 젖당(*lac*) 오페론

(lactose repressor)라 부르는 **억제단백질**(repressor protein)이 작동유전자 영역에 강하게 결합한다. 따라서 RNA중합효소는 프로모터에 결합하여도 *lac*오페론 유전자의 전사는 차단된다(그림 14-2a). 젖당 억제인자 단백질은 **억제유전자**(**repressor gene**)에 의해 암호화되는데, 이는 프로모터의 상류에 있다. 젖당오페론의 구조유전자들과는 달리 억제유전자는 항상 발현된다 따라서 세포는 지속적으로 미량의 억제단백질을 함유하게 된다. 억제단백질은 *lac* 작동유전자에 특이적으로 결합된다. 젖당이 결손된 상태에서 세포를 증식시키면 억제인자는 항상 작동유전자에 결합되어 있다. 억제인자를 작동유전자로부터 해리시키면, 미량의 mRNA가 합성되나 세포는 대장균 mRNA의 반감기가 약 2분 내지 4분으로 빨리 분해되므로 아주 미량의 효소분자만 잔존한다.

젖당오페론의 전사는 젖당에 의해 "켬(turn on)" 혹은 유도(induce)가 가능하다. 왜냐하면 젖당 억제단백질은 제 2의 가능 영역(다른자리 입체성 결합부위, 7장)이 자신의 DNA 결합부위와 분리되어 있기 때문이다. 이러한 다른자리입체성 결합부위에 알로젖당(젖당에서 만들어진 구조적 이성체)이 결합하기 때문이다(그림 14-2b). 만약 생육배지에 젖당이 있으면 몇 개가 세포 속으로 들어갈 수 있어서 이미 존재하던 약간의 β-갈락토오스가수분해효소 분자에 의하여 알로젖당으로 전환된다. 그 후 억제인자의 다른자리입체성 부위에 결합되면, 단백질의 입체구조가 변화되어, 작동유전자와의 결합이 해리된다. 따라서 프로모터에 결합된 RNA 중합효소는 방해 받지 않고 오페론을 활성적으로 전사하게 된다. 젖당이 고갈될 때까지 β-갈락토오스가수분해효소 또는 다른 구조단백질은 합성되나 세포내 젖당 수준이 떨어지면, 알로젖당은 억제인자와 해리되고, 그 결과 억제인자는 작동유전자에 재결합, 오페론의 전사는 차단된다.

### (1) 자코브와 모노는 *lac*오페론의 변이주를 분리하였다

**자코브**와 **모노**는 젖당오페론의 기능을 변이주 해석으로 확인하였다. 유전적 교차실험뿐 만 아니라 결손, 치환, 변경되었을 때의 표현형의 변화를 해명함으로써 정상 유전자기능을 알 수 있

요점

자코브와 모노는 *E. coli* 변이주들의 성질을 분석하여 젖당오페론의 구조와 기능의 연관성을 해석하였다.

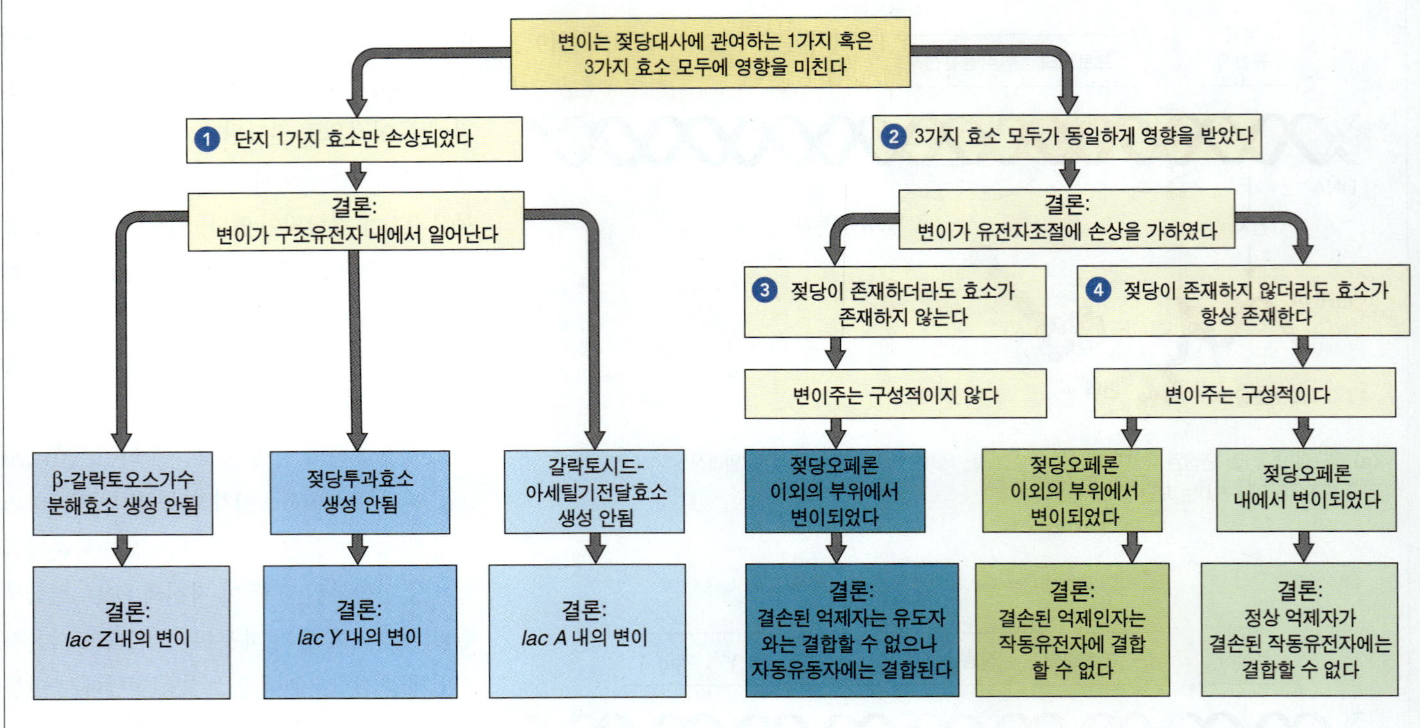


**그림 14-3 젖당 오페론의 유전적, 생화학적 특징.**

원형 숫자들에 대한 설명은 본문을 참조하시오.

기 때문이다. 이러한 정보는 직접적인 생화학적 연구결과로 재확인되었다.

**자코브**와 **모노**는 얻어진 변이주들을 분석한 결과, 3가지 가운데 하나의 그룹은(**그림14-3 ❶**) $\beta$-갈락토오스가수분해효소, 젖당투과효소, 또는 갈락토시드-아세틸기전이효소의 3가지 중 하나의 효소만 파괴된 경우로 이들은 구조유전자 상의 변이로 유전자 지도작성에서 확인되었다. 또 다른 하나는 조절적 변이체로서 하나의 변이가 3가지 효소 모두의 발현에 연관적으로 영향을 미친 경우였다(**그림 14-3 ❷**). 어떤 조절변이주는 젖당이 존재하여도 *lac*오페론이 전사되지 않았다(**그림 14-3 ❸**). 결국 이러한 비정상적인 유전자는 억제단백질이 작동유전자에 결합되어 있다 할지라도 다른자리입체성 결합부위가 변이되어 알로젖당이 결합되지 못하였기 때문이다. 그러한 변이주의 억제인자는 작동유전자에 계속 결합된 체로 유지되므로 오페론을 "꺼짐"의 상태로 지속시키게 된다.

이와는 대조적으로 어떤조절변이주는 비록 젖당이 무첨가된 경우에도 엄청 높은 율로 전사되어 세포로 하여금 불필요한 효소를 생산하는데 요구되는 에너지를 낭비한 경우이다(**그림 14-3 ❹**). 이러한 변이주들의 변이부위는 젖당오페론의 바로 외부에 위치함이 확인되었다. **자코브**와 **모노**는 억제인자를 암호화하는 억제유전자의 존재를 설정, 실제 그 변이에 의해 생산된 결손 억제인자가 작동유전자에 결합하지 못함으로써 젖당오페론이 구성적으로 발현된 것으로 확인하였다. 나머지 변이주는 작동유전자가 변이되어 정상적인 억제자가 결합할 수 없기 때문으로 해석되었다.

### (2) 유도성 유전자는 특이한 유도자가 그 억제인자를 불활성화 시키지 않으면 전사되지 않는다

젖당오페론은 **유도성 오페론(inducible operon)**이라 하는데 이것은 '꺼짐' 상태를 유지하는 억제인자에 의해 조절된다. 억제인자는 알로젖당과 같은 **유도원(inducer)**과 결합한 후 불활성화되면 오페론이 전사된다. 유도성 유전자 혹은 오페론은 항상 이화대사, 즉 분자를 파괴하여 에너지 또는 동화반응의 성분 생산에 관여하는 효소를 암호화한다. 이러한 조절계는 세포가 작용하는 기질이 부족할 때 그 효소 생산에 대한 에너지 비용을 낮추기 위함이다.

### (3) 억제성 유전자는 특이한 억제인자-보조억제인자 복합체가 DNA에 결합되지 않으면 전사가 된다

세균에서 아미노산, 핵산, 또는 필수 분자들이 보다 단순한 전구체들로부터 합성되는 동화경로는 보통 억제성 유전자산물인 효소들에 의해 조절된다.

**억제성 오페론**(repressible operon) 또는 유전자는 보통 켜져 있는 상태이다 이들은 어떤 특이한 조건하에서만 꺼지게 된다. 이들 유전자들의 조절 신호는 동화 경로의 최종산물로써 아미노산의 공급이 낮아지면, 그 경로의 모든 효소는 활발하게 합성되나 최종산물의 세포내 수준이 높아지면, 효소 합성은 다시 억제된다. 아미노산과 같은 성분은 성장에 지속적으로 요구되기 때문에, 세포는 항상 그 유전자들을 유지하면서 '켬'의 상태로 전환하게 된다. 유전자를 끄는 기능은 세포에 필수적으로 요구되지만 그 생산에 에너지적으로 고가가 요구되는 아미노산이나 어떤 분자들의 생산을 피하기 위한 방법이기도 하다.

트립토판오페론(*trp* operon)은 억제성 조절계의 한 예이다. 대장균이나 이와 유사한 *Salmonella*에서 이 오페론은 아미노산 트립토판의 합성에 요구되는 효소를 코드하는 5 개의 구조유전자로 구성되어 있다. 이들은 하나의 프로모터와 하나의 작동유전자에 전사단위가 함께 다발로 되어 있다(**그림 14-4a**). 멀리 떨어진 억제유전자에서 암호화된 억제자단백질은 젖당억제자와는 달리 작동유전자에 결합할 수 없는 불활성형으로 합성된다. 억제자는 그 다른자리입체성 부위에 **보조억제인자**(corepressor)인 트립토판이 결합 시에 만 작동유전자에 결합, 전사를 차단하게 된다(**그림 14-4b**). 그러나 세포내 트립토판 수준이 낮아지면, 억제단백질은 비활성화 되어 작동유전자에 결합할 수 없게 되고 따라서 전사는 지속된다. 전사의 결과 생산되는 트립토판합성 효소에 의해 세포내 트립토판 농도가 상승되면, 어떤 트립토판이 억제인자의 다른자리입체성 부위에 결합하여, 자신의 3차원 구조가 변형되고, 결과적으로 작동유전자에 강하게 결합된다. 이렇게 오페론이 꺼지게 되면 전사는 다시 차단된다.

### (4) 음성조절자는 전사를 억제하고 양성조절자는 활성화한다

이상의 젖당오페론과 트립토판오페론의 조절양상은 **음성조절**(negative control)이다. 음성조절 하에서 DNA-결합 조절단백질은 전사를 끄는 역할의 억제인자이다. **양성조절**(positive control)은 **활성단백질**(activator protein)이 DNA에 결합되어 유전자의 전사를 자극하게 된다. 젖당오페론은 음성 조절인자(억제인자)와 양성으로 작용하는 2가지 단백질에 의해 조절 된다.

젖당오페론의 양성조절은 세포가 해당경로 초기의 기질인 포도당이 결핍되어 있을 때 감응할 수 있다. 포도당과 같이 젖당은 에너지를 생산하기 위하여 단계적으로 분해되어야 한다. 그러나, 포도당이 젖당의 이화 가수분해산물이므로, 대장균 세포에서는 포도당을 가능한 만큼 다량 공급하여 많이 이용하는 것이 효율적이며, 이 경우 $\beta$-갈락토오스가수분해효소와 같은 부가적 효소 생산에 필요한 에너지 비용의 상당량을 절약할 수 있다(**그림 14-5a**).

젖당오페론은 억제인자가 불활성인 경우에도 RNA중합효소에 낮은 친화성이 있다. 그러나 프로모터 부위에 인접된 DNA 배열에 다른 조절단백질, 즉 **이화물질 활성화 단백질**[**catabolite activator protein, CAP**, 이는 고리형AMP 수용체단백질(cAMP receptor protein, CRP)이라고도 함]에 대한 결합부위가 있다. CAP의 다른자리입체성 부위에  cAMP가 결합하면 활성형이 된다(그림 3-25 참조). 세포에서 포도당이 고갈되면 증가하는 cAMP에 의하여(**그림 14-5b**) CAP이 활성화되고 이어서 DNA의 CAP-결합 부위에 결합하는데 이때 이중나선이 구부러지면서, RNA 중합효소의 프로모터에 대한 친화성이 상승된다. 따라서 젖당이 공급되고 포도당 농도가 낮을 때에만 전사 개시율이 증강, 젖당오페론이 완전 활성화된다.

### (5) 구성 유전자들은 다른 비율로 전사된다

대장균의 많은 유전자 산물은 어떤 환경적 또는 영양적 조건하에서만 생성된다. 이들 유전자들은 일반적으로 전사수준에서 조절되어 대사나 환경의 변화에 의해 켜지거나 꺼지게 된다. 대조적으로, 구성적인 유전자들은 끊임없이 전사되나 항상 동일한 비율로 전사 또는 번역 되는 것이 아니다. 어떤 효소는 보다 더 효과적이거나 안정적이기 때문에, 미량만이 존재하며, 다량이 요구되는 구성적 유전자들의 단백질은 미량 요구성 단백질보다 그 유전자들이 더 빨리 전사되도록 그 프로모터에 의해 조절된다. 즉 효율적("강한") 프로모터를 가진 구성적 유전자들은 비효율적("약한")인 프로모터에 비해 보다 더 많은 mRNA를 전사하게 된다.

대사계 효소를 조절하는 억제단백질 또는 활성단백질의 암호화 유전자는 대부분 구성적이어서 그 단백질 산물을 지속적으로 생산한다. 각각의 세포는 비교적 적은 수의 특이한 억제자 또는

**요점**

아미노산인 트립토판을 합성하는 효소들을 코딩하는 유전자들은 억제성 오페론으로 구성되어 있다.

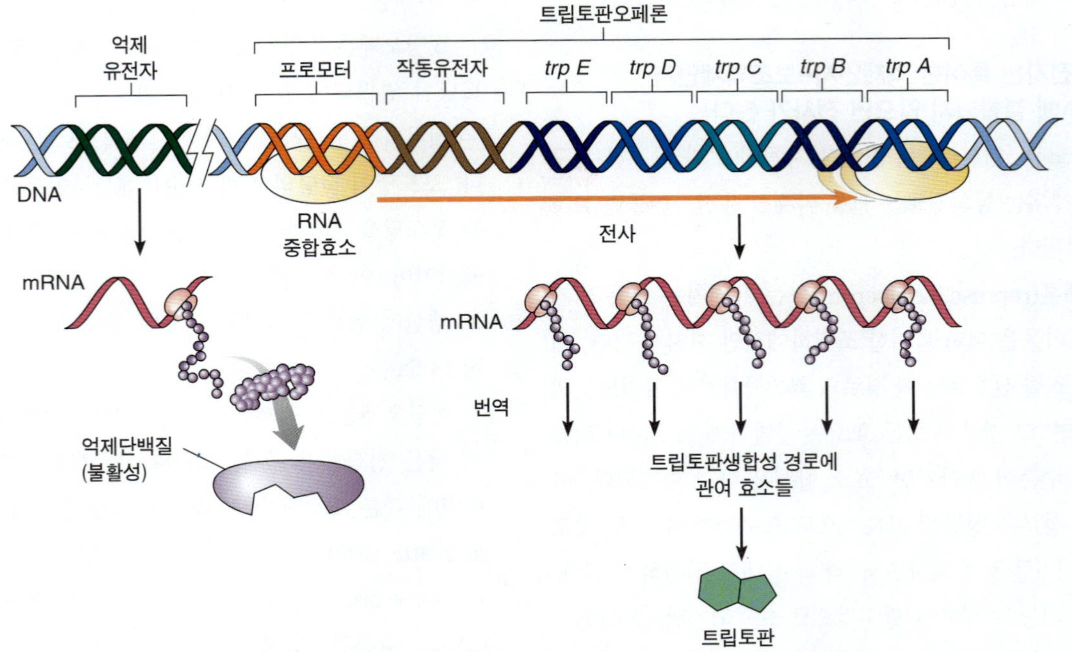


**(a) 세포내 트립토판 수준이 낮다.** 억제단백질은 작동유전자에 결합할 수 없기 때문에 전사를 방해할 수 없다.

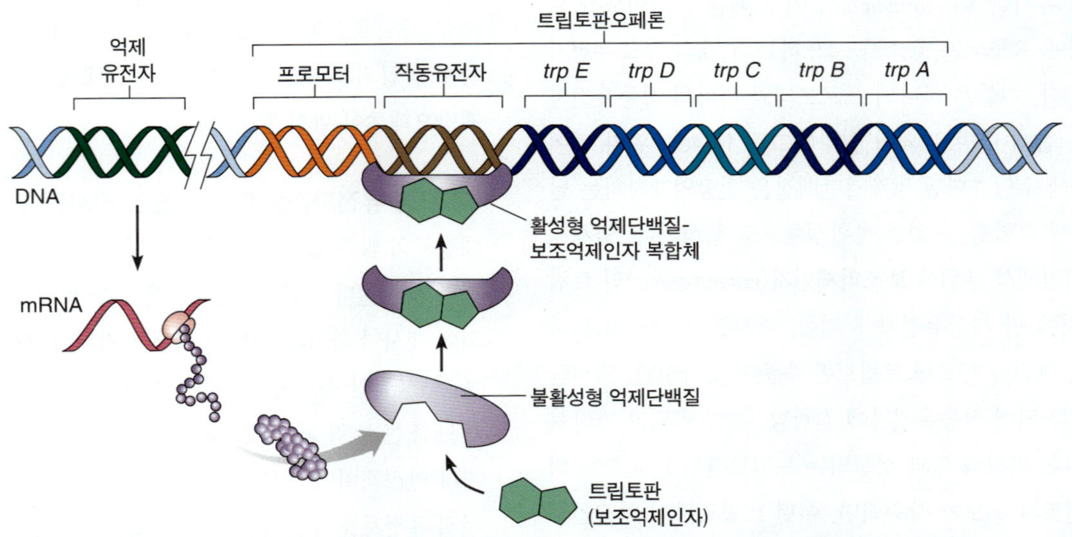


**(b) 세포내 트립토판 수준이 높다.** 트립토판이 억제단백질의 다른자리입체성 부위에 결합하면 입체구조가 변화된다. 결과적으로 활성형 억제인자가 작동유전자에 결합하여 세포에서 트립토판이 다시 요구될 때까지 오페론의 전사를 차단한다.

**그림 14-4** 트립토판 오페론.

**요점**

젖당 프로모터 자체는 약하고 젖당 억제단백질이 불활성일 경우에도 RNA중합효소에 미약하게 결합된다.

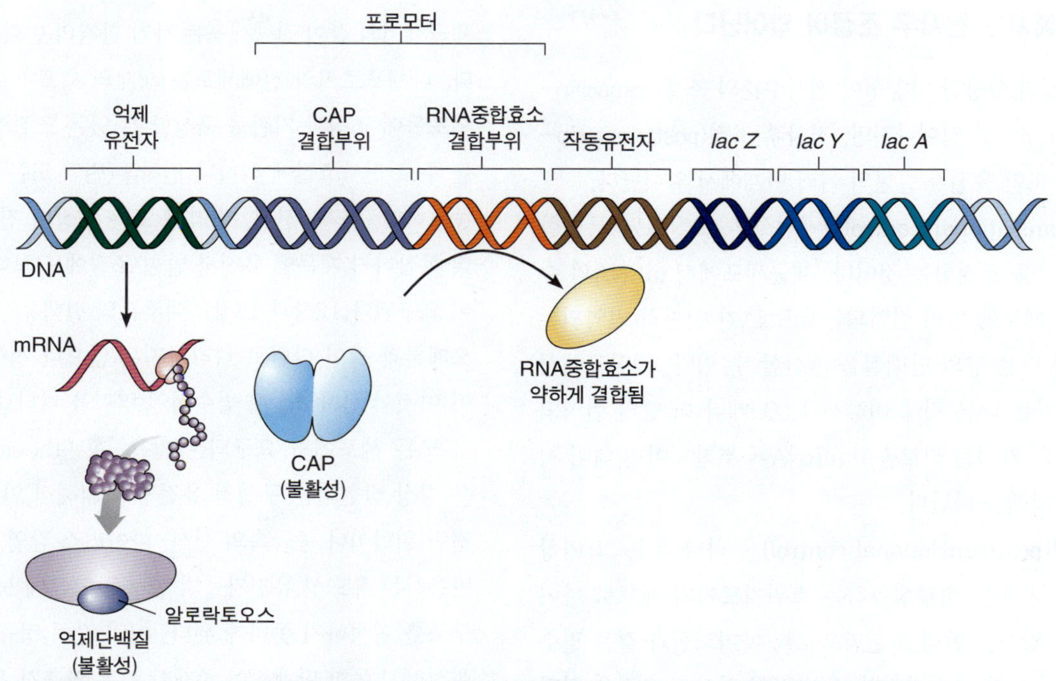


**(a) 젖당 높음, 포도당 높음, cAMP 낮음.** 포도당 수준이 높으면, cAMP는 낮게 된다. CAP는 불활성형으로 되고 전사를 유발하지 못한다.

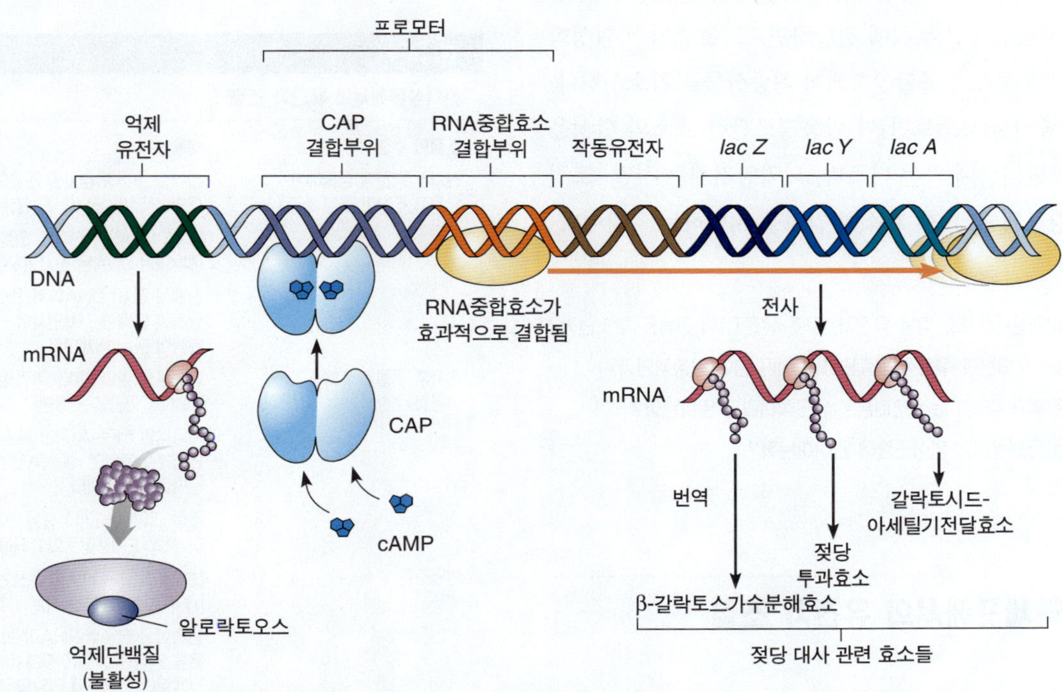


**(b) 젖당 높음, 포도당 낮음, cAMP 높음.** 포도당 농도가 낮으면 각각의 CAP 폴리펩티드는 그 다른자리입체성 부위에 cAMP가 결합된다. 활성형 CAP는 DNA에 결합하게 되고 이어서 전사가 활성화 된다.

**그림 14-5** 젖당 오페론의 양성 조절.

활성자 분자가 요구되기 때문에 이에 대한 프로모터는 비교적 약한 경향이 있다.

### 14.2.2 세균에서는 전사후 조절이 일어난다

대장균은 단백질의 상당한 다양성이 전사수준의 조절(transcriptional level control)로 일어나지만, **전사후 조절(posttranscriptional control)** 또한 유전자 발현의 여러 단계에서 일어난다.

**번역조절(translational control)**은 전사후 조절로써 특이한 mRNA의 번역율을 조절하는 것이다. 세균세포에서 mRNA의 수명은 아주 짧기 때문에 빨리 번역되는 mRNA가 천천히 번역되는 경우에 비해 더 많은 양의 단백질을 생산할 수 있다. 대장균에서 어떤 mRNA분자는 다른 것에 비해서 1,000배나 더 빨리 번역되는데 그 대부분의 차이는 리보솜이 mRNA에 부착되어 번역이 시작되는 비율에 의해 나타난다.

**번역후 조절(posttranslational control)**은 하나 혹은 그 이상의 효소를 활성화 또는 비활성화하는 스위치로써의 세포로 하여금 관련 효소의 활성을 빨리 조절함으로써 아미노산과 같은 필수 분자의 세포내 농도를 변화시킨다. 일반적인 전사후 조절은 **되먹임저해(feedback inhibition)**를 통하여 그 대사경로에서 합성율을 적절하게 조절한다(그림 7-13 참조). 최종산물이 반응경로 첫 번째 효소의 다른자리입체성 부위에 결합하면, 그 효소가 비활성화됨으로 연이은 반응경로가 불활성화되어 최종산물을 감소시킨다. 이는 경로의 최종산물(트립토판)이 반응경로관련 효소의 합성을 저해하는 트립토판의 경우와는 다르다. 되먹임저해는 정밀-조절 기구로써 반응경로의 첫 번째 효소의 활성을 저해하는 기작이다.

#### 복습

- *lac* 오페론 각 부위(프로모터, 작동 유전자, 구조 유전자)의 기능은 무엇인가?
- *trp* 오페론은 *lac* 오페론과 구조적인 측면에서 어떤 점이 공통적인가?
- 왜 *trp* 오페론은 억제적이고 *lac* 오페론은 유도적이라고 말하는가?
- 왜 포도당은 *lac* 오페론에서 양성조절에 관여하는가?

## 14.3 진핵세포에서의 유전자 조절

#### 학습목표

6 표준 진핵 유전자의 구조와 그 유전자의 조절에 관여하는 DNA 배열을 논의한다.
7 진핵세포의 DNA결합 단백질이 DNA에 결합되는 양상에 대한 예를 든다.
8 염색체 구조의 변화가 어떻게 유전자의 활성에 영향을 미치는가를 설명한다.
9 다세포 생물에서 어떻게 하나의 유전자가 다른 형태의 세포에서는 다른 유전자가 산물을 생산할 수 있는가를 설명한다.
10 진핵세포에서 성숙된 mRNA가 형성된 후 나타날 수 있는 형태의 제어성 조절을 구분한다.

세균에서와 같이 진핵세포는 자기 환경의 변화에 대응하여야만 한다. 다세포로써의 진핵세포는 개개의 세포가 그 역할을 수행하고 세포들이 조직과 기관을 구성할 수 있는 조절양식이 요구된다. 이는 주로 전사조절에 의하나 전사후(번역 또는 번역 후) 조절 또한 중요하다. 복제, 전사, 번역의 모든 양상이 진핵세포에서는 훨씬 더 복잡하기 때문에 유전자 발현 조절에도 보다 더 다양한 방법들이 요구된다(12장과 13장). 대부분의 진핵유전자는 원핵유전자의 오페론과 같이 다발로 나타나지는 않으나 특이한 조절배열이 있어 이것이 전사조절에 필수적인 역할을 나타낸다.

모든 세포에서 요구되는 많은 "항존(housekeeping)" 효소들은 항상 발현되는 구성적 유전자에 의해서 암호화 된다. 또한 환경적 위협이나 중금속의 섭식, 바이러스 감염, 열 충격 등에 의해 반응하는 유도성 유전자들의 산물은 고온에 노출되었을 때 3차원 구조를 형성하지 못하게 된다. 이와 같이 정규적인 3차원 구조를 형성하지 못한 단백질이 존재할 경우 **열충격 유전자(heat-shock gene)**들이 전사되어 대응하는 반응을 나타낸다. 열충격 단백질 가

**표 14-1**

**진핵생물에서의 유전자 조절**

| 조절의 수준 | 내용 |
|---|---|
| 전사조절(진핵 생물에서 유전자 조절의 주된 수준) | 염색질 구조가 전사를 조절한다; 이영염색질은 전사되지 않는다. |
| | DNA 메틸화가 전사를 조절한다; 메틸화된 DNA는 전사기구에서 작동하지 못한다 |
| | 선택적 전사: DNA에서 프로모터 또는 증폭자 요소가 단백질 전사인자와 반응하여 전사를 활성화 또는 억제한다 |
| 전사후 조절: mRNA 가공과 수송 | 인트론/엑손의 이어맞추기 율과 같은 조절기구는 mRNA 가공을 조절한다. |
| | 차등적인 mRNA 가공(엑손의 이어맞추기를 변경)은 동일한 mRNA로부터 다른 종류의 단백질을 생산한다. |
| | 조절 과잉이 되거나 효율적이면 핵공을 통한 수송이 핵에서 세포질로의 mRNA 수송을 조절한다. |
| 번역조절 | 번역조절은 얼마나 자주 또는 얼마나 긴 특이한 mRNA를 번역하는가를 결정한다. |
| | 번역의 조절은 mRNA가 파괴로부터 보호되는 율을 결정한다; 세포질에서 mRNA에 결합되는 단백질이 안정성에 영향을 가한다. |
| 단백질 산물의 번역후 조절 | 인산화와 같은 화학적 수식은 단백질이 생산된 후 그 활성에 영향을 가할 수 있다. |
| | 선택적 분해는 파괴하고자 하는 특이단백질을 목표로 한다. |

운데 하나인 **분자적보호자**(molecular chaperon)는 다른 단백질의 입체구조 형성을 유도 한다 (3장 참조).

어떤 유전자는 **시간적 조절**(temporal regulation) 또는 **조직-특이적 조절**(tissue-specific regulation) 하에 있다. 전자는 시간적으로 주어진 기간 동안만 유도되며, 후자는 조직 특이적 기능에 따라 조절된다. 예로써 근육조직에서는 어떤 자극제(예, 호르몬)에 의해서, 췌장에서는 전혀 다른 자극제에 의해서, 또 간세포에서는 세 번째의 자극제에 의해서 조절되는 경우이다(**표 14-1**, 17장과 48장에서 상세히 다룸).

## 14.3.1 진핵세포의 전사는 여러 부위에서 다양한 조절분자들에 의해 조절된다

세균 유전자와 같이 다세포로 된 진핵 유전자들은 대부분 전사수준에서 조절된다. DNA의 다양한 염기배열, 조절단백질, 염색체 내에서의 DNA 구조 등이 전사율을 조절한다.

### (1) 염색체의 구성은 어떤 유전자의 발현에 영향을 미친다

염색체는 단순한 유전자의 보유자로써 뿐 아니라 그 배치 순서에 따라(그림 10-4 참조) 유전자의 발현을 증가 또는 감소시킨다. 다세포 진핵세포에서는, 어떤 시기에 임의 유전자의 부속조(subset)만이 활성화된다. 비활성 유전자는 세포모형에 따라 다르나 대부분의 경우 비가역적 동면상태에 있다.

일부 불활성유전자는 아주 밀집되어 있어서 세포분열시 염색질의 짙게 염색되는 영역으로 나타난다. 이러한 영역은 세포주기 동안 강하게 꼬여진 채 있으며, 간기에서도 어둡게 염색된 섬유로 남아서 **이질염색질**(heterochromatin)이라 한다(**그림 14-6a**). 이질염색질의 DNA는 전사되지 않는다. 포유동물 암컷에 있는 2개의 X 염색체 가운데 비활성화된 하나는 이질염색질이 되어 *바소체*(Barr body)로 나타난다(그림 11-16 참고).

활성유전자들은 **진정염색질**(euchromatin)이란 보다 더 느슨하게 포장된 염색질 구조에 연합되어 있다(**그림 14-6b**). 진정염색질에서 DNA는 전사인자와 다른 여러 가지 조절 단백질들과 상호작용할 수 있도록 노출되어 있다.

세포는 이질염색질 DNA가 뉴클레오솜을 형성할 때 회합되는 단백질인 히스톤(histone)을 화학적으로 수식하여 진정염색질로 바꿀 수 있다. 각 히스톤 분자는 DNA로 둘러 싸여진 뉴클레오솜에서 뻗어 나온 아미노산 체인, 즉 꼬리가 있다(그림 10-2). 메틸기들, 아세틸기들, 당 분자들 그리고, 단백질들까지도 히스톤 꼬리에 부착하여 유전자를 노출 또는 감춤으로써 유전자를 켜기도 하고 끄기도 한다. 히스톤 꼬리를 아세틸기로 활성화하는 수식은 유전자 발현에 영향을 미치므로 암이나 어떤 질병에 대응하는 새로운 접근법이 되고 있다. 이러한 특이한 히스톤 수식이 특정 유전자의 활성 또는 비활성과 연관되어 있음이 예측되고 있다.

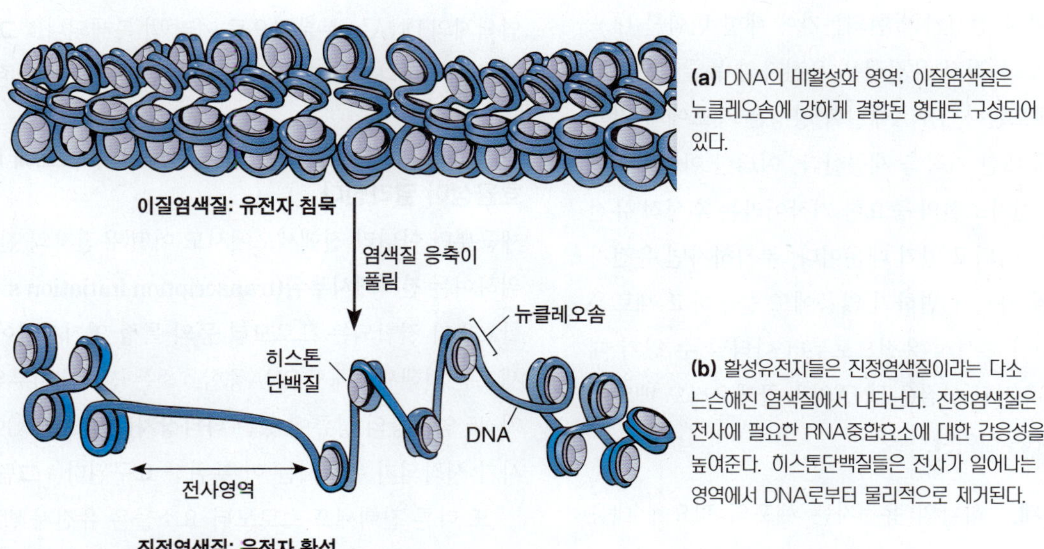


**(a)** DNA의 비활성화 영역: 이질염색질은 뉴클레오솜에 강하게 결합된 형태로 구성되어 있다.

**(b)** 활성유전자들은 진정염색질이라는 다소 느슨해진 염색질에서 나타난다. 진정염색질은 전사에 필요한 RNA중합효소에 대한 감응성을 높여준다. 히스톤단백질들은 전사가 일어나는 영역에서 DNA로부터 물리적으로 제거된다.

**그림 14-6** 전사에 대한 염색질 구조의 효과.

**후성적 유전: DNA 메틸화에 의한 유전자의 비활성화.** 척추동물이나 기타 생물에서 비활성 유전자는 전형적으로 **DNA메틸화(DNA methylation)**가 일어난다. 이는 DNA의 시토신 뉴클레오티드를 메틸화시켜 얻어지는 5-메틸-시토신이 계속 구아닌과 짝을 짓는데 이에 특이적으로 결합하는 어떤 조절단백질은 일반적인 전사기작의 불능화를 유도하기 때문이다.

DNA메틸화는 세포 유전체의 비활성 영역에서 일어나는데 이는 유전자의 잠재화라기보다는 비활성화로 추정된다. 명확하게 어떤 유전자가 임의의 이유로 꺼지게 되면 DNA메틸화는 그것이 비활성화된 채로 남아있도록 하기 위함이다. 예로써 암컷 포유동물에서 비활성화된 X-염색체의 DNA는 염색체가 밀집된 바소체가 된 후 메틸화된다. 세포의 유사분열에서 DNA가 복제되면 한 가닥은 메틸화 상태, 다른 하나는 비메틸화 상태가 된다. 메틸화효소는 새로운 사슬에 메틸기를 도입시킴으로서 이미 존재하던 메틸화 양상은 지속된다. 따라서 DNA는 이들 후손에서 지속적으로 전사를 비활성화시킬 수 있다.

포유동물에서 이러한 방법으로 지속되는 DNA메틸화는 유전체각인(genomic imprinting, 양친각인이라고도 함)라 한다. 즉 어떤 유전자의 표현형 발현은 특이 대립형질이 암컷 혹은 수컷 어느 쪽으로부터 유래되는가에 따라 결정된다. 유전체 각인은 *프라드-빌리증*(Prader-Willi syndrome) 및 *안겔만증*(Angelman syndrome)과 같은 인간의 유전성 질병과도 연관되어 있다(16장).

유전체각인은 후성적 현상의 한 예이다. **후성적 유전(epigenetic inheritance)**은 어떻게 유전자가 발현되는가에 대한 변화를 내포하고 있다. 대조적으로 유전적 유전성은 유전자의 뉴클레오티드 배열에서의 변화를 내포한다. DNA메틸화 양상은 세포에서 지속적이며 후성적 유전에 대한 기작을 제공한다. 이러한 아이디어를 지지하는 근거로는 유전자조절의 중요한 기작이라는 후성적 유전에 대한 정보가 계속 누적되고 있기 때문이다. 부가하자면 유전자의 뉴클레오티드 배열 자체가 변하지 않음에도 불구하고 새로운 표현형의 흔적(traits)이 후성적 유전으로부터 나타날 수 있기 때문이다. 따라서 어떤 유전된 성질은 DNA의 뉴클레오티드 배열에 전혀 의존하지 않는다는 점이다.

**유전자들의 다중복제.** 하나의 유전자는 세포의 필요에 대응할 만큼 항상 충분한 량으로 mRNA를 제공하지는 않는다. 어떤 생산물이 높은 수준으로 요구될 경우 그 산물이 모든 세포에서 필수적인데 염색체를 따라 연속적으로 나열된 다중복제된 유

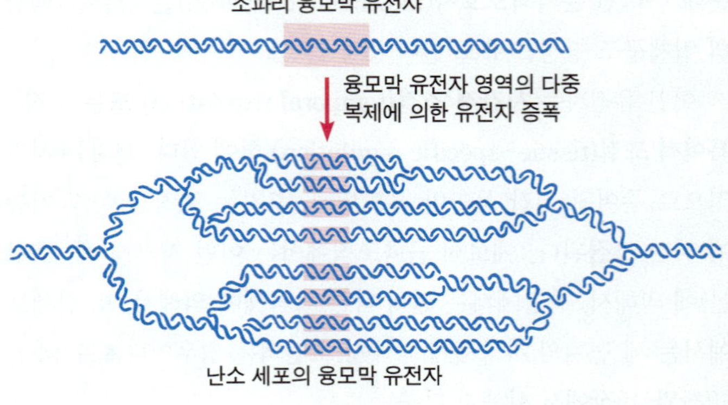


**그림 14-7 유전자 증폭.**

*Drosophila*에서 염색체의 작은 영역에 대한 다중복제는 융모막 단백질 유전자를 증폭시킨다. 복제는 복제의 원점(*상위의 분홍색 상자*)이 있는 분할된 염색체에서 유전자가 복제되면서 개시된다. 복제는 불규칙적으로 종결되어 염색체에서 복제고리구조를 생성시킨다.

전자들로 나타날 수 있어 이를 **직렬 반복 유전자서열(tandemly repeated gene sequence)**이라 한다. 히스톤 유전자는 다세포생물에서 50 내지 500개의 유전자가 다중복제되어 있으며 rRNA 또는 tRNA는 150 내지 450개가 있다.

일부 특정 세포들의 집단에서는 **유전자증폭(gene amplification)**에 의해 선택적으로 복제되어 있다. 예를 들면 초파리의 난각 유전자 산물은 암컷 곤충의 생식관 세포에서 합성되는 단백질로써 이들 세포는 막대한 양의 단백질을 합성하여 접합자를 둘러 싸서 보호하게 된다. DNA복제에 의한 난각 단백질 유전자의 증폭은 다량의 난각 mRNA의 요구에 대한 대응이다. 이와 같이 염색체의 DNA는 부분적으로 여러 번 복제되나(**그림 14-7**), 동일 곤충에서의 다른 유전자들은 하나의 복제상태로 존재한다.

### (2) 진핵세포 프로모터는 상류 프로모터 요소에 따라 효율성이 달라진다

세균뿐만 아니라 진핵세포에서도 어떤 유전자의 전사가 개시되기 위하여는 **전사개시부위(transcription initiation site)**나, RNA 중합효소가 결합되는 프로모터 등의 특정 염기서열이 요구된다. 다세포인 진핵세포에서 RNA중합효소는 전사개시부위로부터 25 내지 35 염기쌍의 상류에 있는 **타타상자**(TATA box)에 결합하며 전사가 시작되기 위해서는 이 부위가 요구된다(**그림 14-8a**).

또 다른 진핵세포 프로모터 요소들은 유전자 발현의 조절기능을 가진다. 많은 진핵세포 프로모터는 RNA 중합효소-결합부위의 약간 상류(100 내지 200 염기쌍)에 8 내지 12 염기쌍을 하나 혹은 몇 개 함유한다. 이들 비암호화 DNA 단편들을 **상류 프로모**

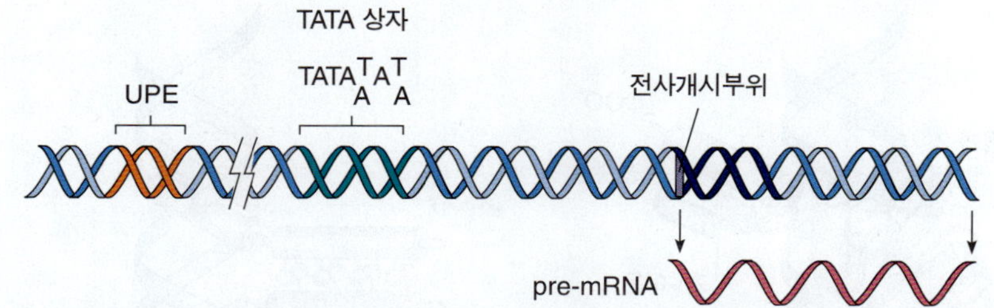

**(a) 진핵세포 프로모터 요소들.** 진핵세포의 프로모터는 일반적으로 전사개시점 상류로 25내지 35염기대 위치에 "TATA 상자"를 함유한다. 하나 혹은 그 이상의 상류 프로모터 요소들이(UPEs) 일반적으로 나타난다.

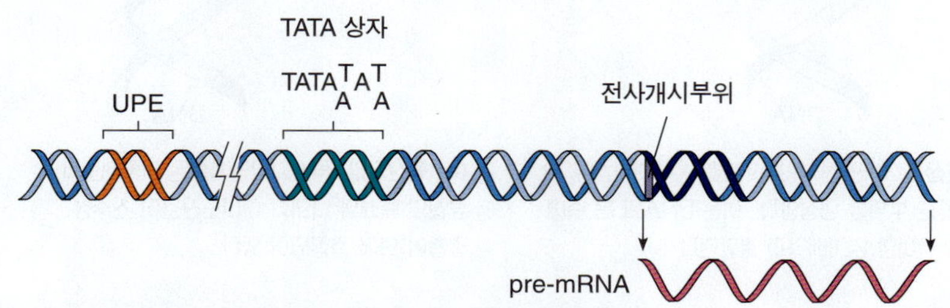

**(b) 약한 진핵세포 프로모터.** 약하게 발현되는 유전자는 하나의 UPE 만을 함유한다.

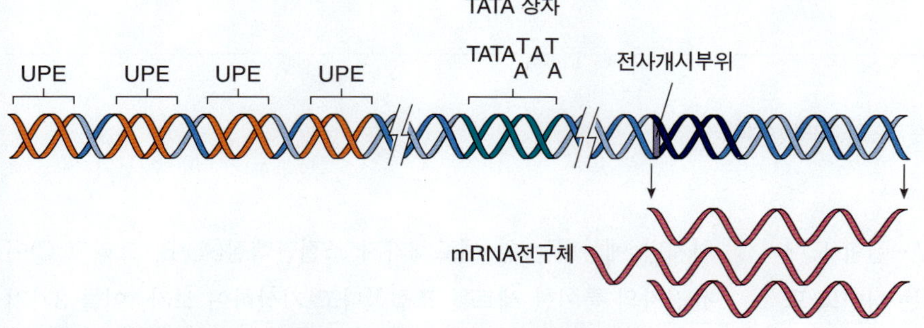

**(c) 강한 진핵세포 프로모터.** 강하게 발현되는 유전자는 여러개의 UPE를 함유한다.

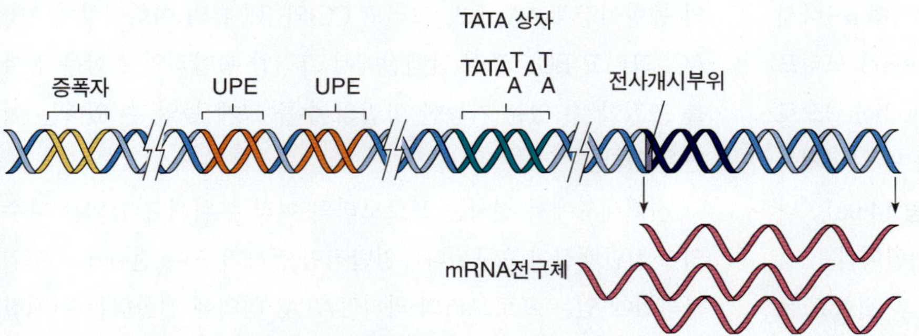

**(d) 강한 진핵세포 프로모터와 증폭자.** 진핵세포 유전자의 전사는 프로모터로부터 수천 개의 염기가 떨어진 위치에 존재하는 증폭자에 의해 자극된다.

**그림 14-8 진핵세포에서의 전사조절.**
DNA 2중나선과 기타 요소들은 실제거리에 맞추어 그려지지는 않았다.

**터요소들(upstream promoter elements, UPEs)** 또는 **근접조절 요소들(proximal control elements)**이라 한다. 특이 조절단백질이 유전자 발현을 조절하고자 UPEs에 결합한다. 전사의 효율적인 개시는 유전자마다 차이가 있는 UPEs의 수나 위치, 형태에 연관되어 있다. 따라서 단지 하나만의 UPE를 함유하는 구성 유전자는 약하게 발현되며, 다섯 혹은 여섯 개의 UPEs를 함유하는 경우는 훨씬 더 활성적으로 전사된다(**그림 14-8b, c**).

### (3) 증폭자들은 전사개시를 촉진하는 DNA 서열들이다

조절된 진핵세포 유전자들은 보통 상류 프로모터요소들뿐만 아니라 **증폭자(enhancer)**라는 DNA서열이 요구된다. 정확하고 효율적인 mRNA의 합성 개시에 요구되는 상류 프로모터 요소와 같이, 증폭자는 전사개시 복합체를 활성화하여 *RNA 합성율*을 상승시키는데 가끔 수배의 증폭효과도 있다(**그림 14-8d**). 증폭자 서열들에 특이 조절단백질들이 결합하여 프로모터에 결합된 단백질과 상호작용함으로써 전사를 활성화한다.

증폭자들은 모든 세포에 있지만 어떤 증폭자는 임의의 세포에서만 효능이 나타난다. 증폭자는 동일한 DNA 분자상에서 프로모터로부터 때로는 수천 염기쌍까지 아주 멀리 떨어져서, 프로모터의 상류 또는 하류 어느 쪽에서든 조절이 가능하다. 더욱이 증폭자배열을 역방향으로 다시 끼워 넣을 경우에도 조절이 가능한데 이는 전사를 조절하는 단백질과 상호교류 하기 때문으로 추측된다.

### (4) 전사인자들은 몇 가지 기능적 도메인을 가진 조절단백질들이다

원핵세포에서는 어떤 DNA-결합단백질들 즉 젖당 억제자, 트립토판 억제자, 그리고 CAP 등이 전사를 조절하며 진핵세포에서도 많은 전사조절 단백질들이 동정되어 있다. 이러한 전사조절단백질을 **전사인자(transcription factor)**라 하는데 현재 사람에서 2,000여종 이상이 동정되어 있다.

전사조절단백질들을 진핵세포와 원핵세포에서 비교함은 중요한 의미가 있다. 많은 조절 단백질들은 조절분자들인데, 자체의 3차원 구조를 가진 영역을 가지는 부위인 **도메인(domain)**을 하나이상 가지며, 각 도메인은 다른 기능을 갖고 있다. 각각의 진핵

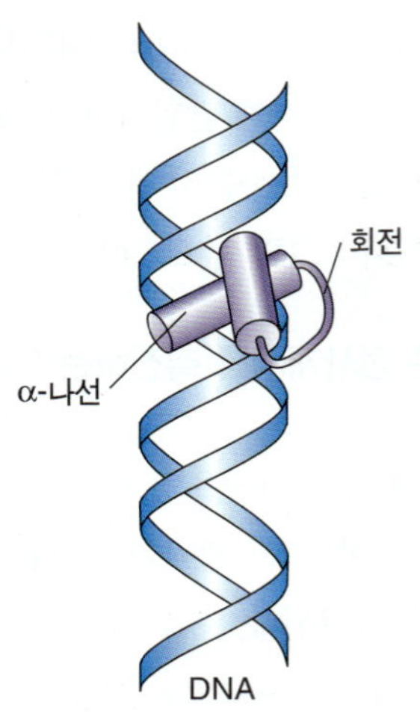


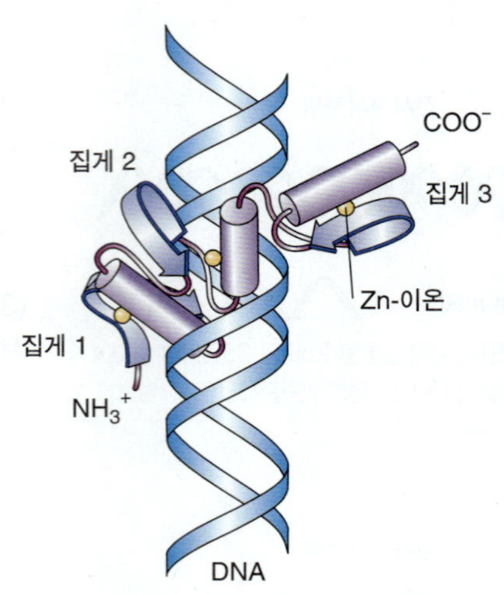


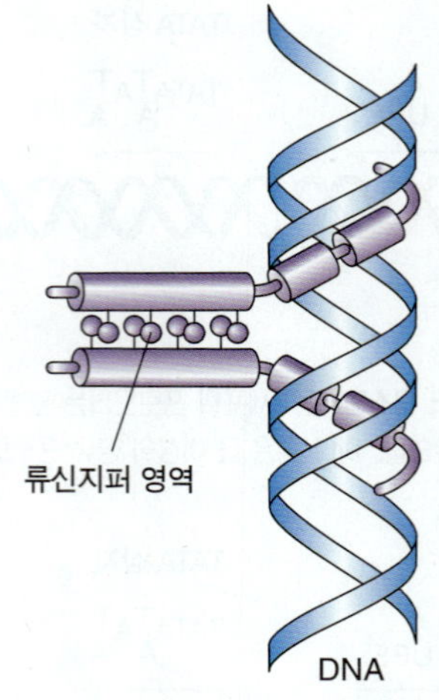


**(a) 헤릭스-턴-헤릭스.** 조절단백(*자색*) 부분은 헤릭스-턴-헤릭스 양상을 나타낸다. 그 인식 헤릭스는 DNA 선상의 홈으로 들어가 두 번째 헤릭스와 결합한다. 이 두 번째 헤릭스는 예리한 밴드를 형성하는 아미노산 배열을 그 자리에 묶는 역할을 한다.

**(b) 아연집게.** 어떤 전사인자의 영역은 "아연집게"라 알려진 돌출 부위를 형성한다. 이는 DNA의 홈 속에 삽입되어 특이한 염기배열과 결합한다.

**(c) 류신지퍼.** 루신지퍼단백질은 이량체로써 류신의 측쇄와 나머지 아미노산들이 소수성 결합에 의해 결집되어 있다.

**그림 14-9 조절 단백질들.**

이 그림에서 *α*–나선 영역은 원통 모양처럼 표시하고, *β*–병풍구조는 리본처럼 표시하였다.

세포 전사인자는, 원핵세포의 전사인자와 같이, DNA–결합 도메인과 활성인자 혹은 억제인자의 어느 한쪽과 반응하는 적어도 또 하나의 다른 도메인을 갖고 있다.

많은 원핵 조절인자와 어떤 진핵 전사인자들은 2개의 *α*–나선 단편으로 구성된 *히릭스–턴–히릭스*(helix–turn–helix) 모티프를 갖고 있다. 이 가운데 하나는 *인식나선*(recognition helix)으로서 이중나선을 풀지 않고 DNA의 주된 홈으로 삽입하며, 나머지는 첫 번째를 제자리에 끼워 넣는 것을 도와 준다(**그림 14-9a**). "나선"은 분자내에서 예리하게 굽은 형태의 아미노산 배열이다.

또 다른 조절 단백질은 아미노산 고리가 아연이온과 결합된 복잡한 구조의 "**아연집게(zinc finger)**"로써 각각의 고리는 DNA의 홈에 맞는 *α*–나선이다(**그림 14-9b**). 각각의 집게에 노출된 아미노산의 기능기는 특이한 DNA 배열을 인식한다.

많은 조절단백질은 쌍으로 또는 이량체(dimer)로 만 기능을 나타내며, 이량체 형성에 요구되는 특이한 도메인을 가졌는데 그 대부분이 류신이란 소수성 아미노산의 측쇄에 의해 묶여져 있기 때문에 **류신지퍼단백질(leucine zipper protein)**이라 한다(**그림 14-9c**). 이들은 *동형이량체*(homodimer) 또는 *이형이량체*(heterodimer)를 형성하여 다양한 조절기능이 나타난다. 단순하지만 예상되는 한 예로 3가지 조절단백질(A, B, 그리고 C)이 유전자의 특이한 세트를 조절한다고 가상하여 보자. 이들 3가지 단백질은 6가지 다른 방법으로 이량체로 연합될 수 있다: 3종류의 동형이량체(AA, BB, 그리고 CC)와 3종류의 이형이량체(AB, AC, 그리고 BC). 조절 단백질에서 그러한 복합적인 조합은 전사를 조절할 수 있는 가능한 방법의 수를 크게 높일 수 있다는 이점이 있다.

진핵세포에서 전사는 프로모터의 여러 부위에 결합되는 다수의 조절단백질이 요구된다. "일반적인 전사기구"는 전사개시 부위 가까이에 있는 프로모터의 타타(TATA) 영역에 결합하는 단백질 복합체와 RNA중합효소가 결합하여 전사가 개시된다.

증폭자와 UPEs 양쪽은 특이한 전사인자와 결합할 때 기능이 발현된다. 증폭자와 활성인자로 작용하는 전사인자의 상호관계에서(**그림 14-10**) 각각의 활성인자는 적어도 2 개의 기능적 도메인 즉, 증폭자 또는 UPE에 결합하는 DNA 인식부위와 전사기구에서의 타깃과 접촉하는 "유전자 활성부위"가 있다. 증폭자와 프로모터요소 간의 DNA는 루프를 형성, 증폭자에 결합하는 활성인자나 전사기구의 표적 단백질과의 결합을 유도함으로써 전사율을 증가시킨다.

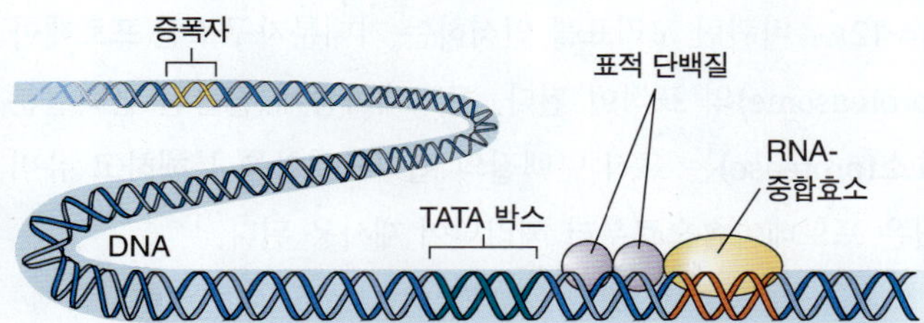


**(a) 전사가 약하거나 일어나지 않는 경우.** 이 유전자는 RNA중합효소가 내포된 일반적인 전사장치가 프로모터에서 결합되었다 하더라도 아주 낮은 비율로 전사되거나 전혀 전사되지 않는다.

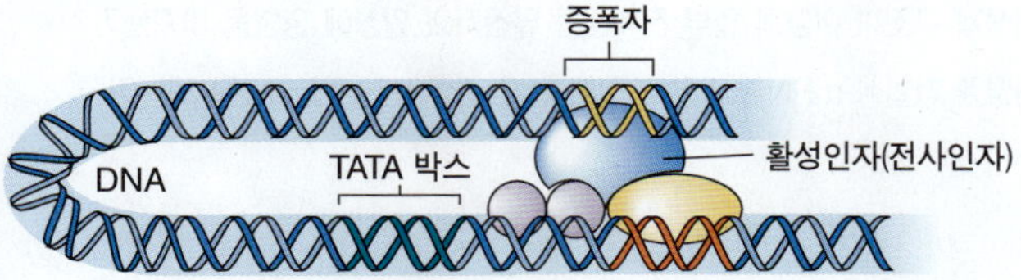


**(b) 전사가 고효율로 일어나지 경우.** 전사인자가 활성인자로 작용하여 증폭자에 결합된다. 간섭 DNA가 루프를 형성하여 전사인자를 일반적인 전사장치에서 하나 혹은 그 이상의 표적 단백질과 접촉하게 함으로써 전사효율을 높이게 된다. 이 그림은 아주 단순화 되어서 실제는 두 가지가 아니고 훨씬 더 많은 표적단백질이 관여되어 있다.

**그림 14-10** 증폭자에 의한 전사의 자극.

## 14.3.2 진핵생물의 mRNA는 여러 가지 전사후 조절이 일어난다

세균 mRNA의 반감기는 몇 분간에 불과하다 진핵생물 mRNA는 비록 빨리 전환될 경우에도 훨씬 더 안정하다. 원핵세포 mRNA는 즉시 번역이 가능한 형태로 전사되지만 진핵세포 mRNA는 번역되기 전에 수식과 가공이 요구된다. 즉 핵에서 CAP의 부착, 폴리아데닐화, 절단, 재조합이 일어난 후 세포질로 수송된다(그림 13-17 참조). 이들 단계는 정보의 번역이나 그 암호화된 단백질의 생산을 조절할 수 있는 잠정적인 조절지점을 의미한다.

예로써 진핵 mRNA에 **poly-A 꼬리(poly-A tail)**를 부가함은 번역이 개시되어야 함을 의미한다. 긴 poly-A 꼬리를 가진 mRNA는 효율적으로 번역되지만 짧은 꼬리를 가진 경우는 본질적으로 휴면상태가 된다. 핵에서 주로 일어나는 *폴리아데닐화*(polyadenylation)는 세포질에서도 일어날 수 있는데 짧은 mRNA의 poly-A 꼬리가 길어지면 mRNA의 활성화를 의미하여 번역을 바로 개시하게 된다.

### (1) 일부 mRNAs전구체들은 1가지 이상의 방법으로 가공된다

mRNA 가공은 여러 가지 형태로 조절된다. 하나의 조직에서 생산되는 어떤 단백질이 다른 조직에서는 동일 유전자로부터 다른 종류의 단백질을 생산하는 경우도 있다. 이는 여러 가지의 절단, 재조합 양상을 가지는 mRNA전구체가 있어서 조직에 따라서는 한 가지 방법 이상으로 절단, 재조합되기 때문이다. 즉 인트론 혹은 엑손 어느 한쪽을 최소한 함유하고 있어서 조직에 따른 **차등적 mRNA가공(differential mRNA processing)**을 통하여 각 조직에 특이한 유전자에 대응하는 자신의 mRNA 산물이 생산됨을 의미한다(**그림 14-11**). 근수축 조절 단백질인 트로포닌(troponin)도 여러 가지 근육조직에서 다른 형태로 생산된다.

### (2) mRNA 분자의 안정성은 다양하다

특이한 mRNA분자의 수명 조절은 그 번역되는 단백질분자의 수를 조절함으로써 가능하다. 어떤 경우 mRNA 안정성은 호르몬에 의해 조절된다. 암컷 개구리나 닭의 간에서 합성되는 단백질인 **비텔로제닌(vitellogenin)**을 암호화하는 mRNA는 수란관으로 수송된 후 난황 단백질의 합성에 이용된다.

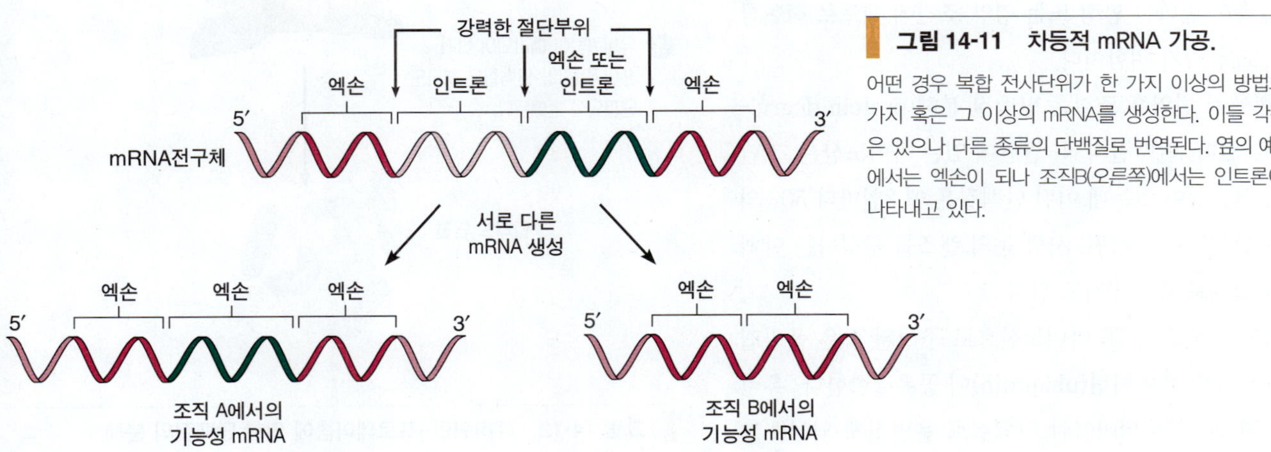


**그림 14-11** 차등적 mRNA 가공.

어떤 경우 복합 전사단위가 한 가지 이상의 방법으로 가공되어 두 가지 혹은 그 이상의 mRNA를 생성한다. 이들 각각은 서로 연관성은 있으나 다른 종류의 단백질로 번역된다. 옆의 예에서 조직A(*왼쪽*)에서는 엑손이 되나 조직B(*오른쪽*)에서는 인트론이 되는 유전자를 나타내고 있다.

비텔로제닌의 합성은 호르몬인 에스트라디올에 의해 조절된다. 에스트라디올 수준이 높으면 개구리 간세포에서 비텔로제닌 mRNA의 반감기는 약 500시간이 된다. 세포에서 에스트라디올을 제거하면 mRNA의 반감기는 165시간 이내로 급속히 떨어진다. 이와 같이 세포성 비텔로제닌 mRNA의 수준을 급속히 떨어지게 하고 그 단백질의 합성을 저하시키는 에스트라디올은 mRNA의 안정성에 악영향을 줄 뿐만 아니라 mRNA가 합성되는 비율의 조절에도 관여하는 것으로 예상된다.

### 14.3.3 번역후 화학수식은 진핵세포 단백질의 활성을 변화시킨다

유전자의 최종 표현형의 발현은 유전자 산물의 활성 조절에 의해 가능하다. 세균에서처럼 진핵세포에서도 많은 대사경로에서 되먹임저해에 관여된 다른자리입체성 조절효소를 함유하며 단백질의 번역후 수식이 가해진다. 단백질을 불활성 전구체로 합성한 후, 폴리펩티드 사슬의 일부를 제거함으로써 활성형으로 전환하는 **단백질분해성가공(proteolytic processing)**은 86 아미노산을 가진 전구체-인슈린을 예로 들 수 있다. 이는 35 아미노산을 제거함으로써 활성형 인슈린을 생산할 수 있는데 이는 각각 21개와 30개의 아미노산들이 2개의 SH결합에 의해 연결된 폴리펩티드 사슬로 구성되어 있다.

기능기의 부가 혹은 제거를 통한 *화학적 수식*(chemical modification)이 효소의 활성을 가역적으로 변화시킬 수 있다. **인산화효소(kinase)**로 인산기를 부가하거나 **인산가수분해효소(phosphatase)**로 제거하는 경우의 예로써 사이클린-의존성 단백질의 인산화효소가 어떤 핵심 단백질에 인산기를 부가함으로써 세포주기를 조절하게 되어, 활성화 혹은 비활성화 하는 경우를 들 수 있다(10장). 인산화와 같은 이러한 화학적 수식은 어떤 호르몬이나 (48장 참조) 급속히 변하는 환경 또는 영양 조건에 세포로 하여금 재빨리 대응하도록 하기 위함이다.

유전자 발현에서 번역후 조절은 **단백질 분해**(protein degradation)를 들 수 있다. 단백질의 N-말단에 있는 아미노산은 그 단백질의 수명과 연관성이 있는데 어떤 단백질은 매 3일마다 50%의 합성과 분해가 반복되는가 하면, 사람 눈의 렌즈를 구성하는 단백질은 일생동안 그대로 유지되기도 한다.

파괴되어야할 단백질은 76 아미노산으로 구성된 작은 폴리펩티드의 주소 꼬리표인 **유비퀴틴(ubiquitin)**이 공유결합한다. 유비퀴틴이 부가되면 곧-분해되어야할 단백질로 운명짓게 되어(**그림 14-12**) 유비퀴틴 꼬리표를 인식하는 거대분자구조인 **프로테아솜(proteasome)**의 표적이 된다. 프로테아솜에 결합된 **단백질분해효소(protease)**는 표적 단백질의 펩티드결합을 분해하고 유비퀴틴은 프로테아솜으로부터 해리되어 재사용 된다.

**복습**

- 진핵생물 유전자의 조절과 세균 유전자의 조절과는 어떻게 다른가?
- 왜 진핵세포에서 어떤 유전자는 여러 개가 복제되어 존재하여야 하는가?
- 염색체 구조가 어떻게 일부 진핵생물 유전자의 활성에 영향을 미치는가?
- 어떻게 차별성 mRNA 가공에 의해 다른 종류의 단백질이 생산되는가?

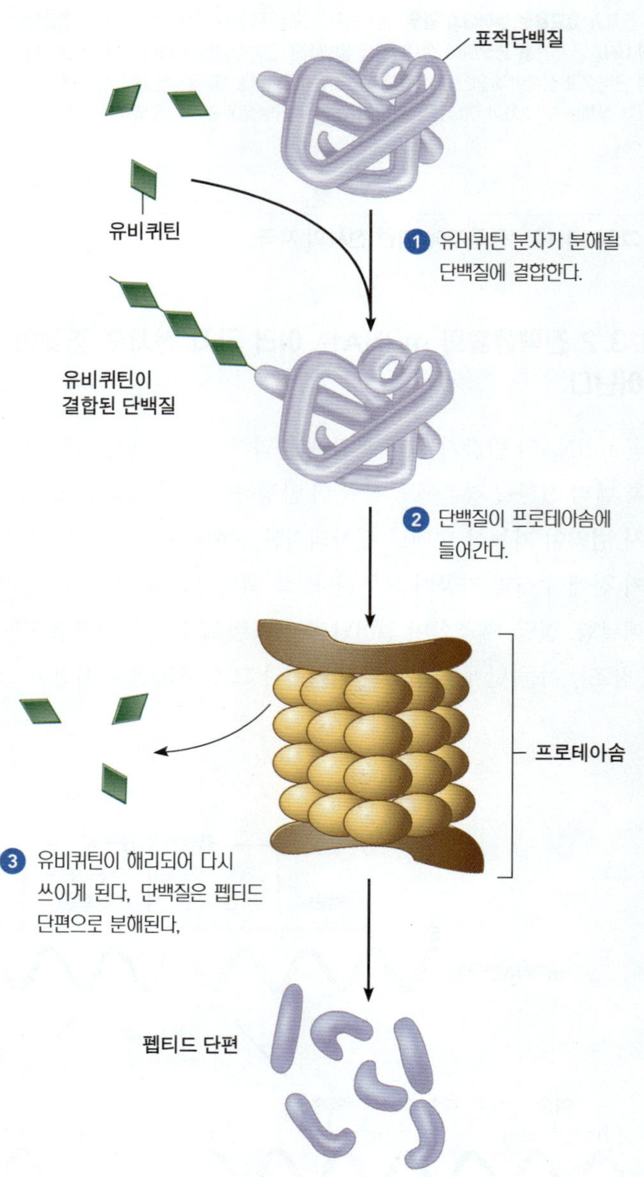


**그림 14-12** 유비퀴틴-프로테아솜에 의한 단백질의 분해

## 중요 용어의 요약

### 학습목표

1 세균과 진핵세포에서 유전자 조절 기구가 왜 다른가를 설명한다.

- 세균세포는 빨리 자라며 비교적 짧은 생활사를 가진다. 세포분열이 비교적 빨리 이루어지기 때문에 더 적은 화학성분을 가진다. **전사-수준 조절**은 세포가 유전자 발현을 조절하는 가장 일반적인 방법이다.
- 진핵세포는 다른 조절 요구성을 가진다. 부분적으로 진핵세포는 긴 생활사를 가졌기 때문에 이 기간동안 여러 가지 많은 자극에 대하여 반응할 수 있다. 또한 하나의 동일한 유전자라도 다른 형태의 세포에서는 다른 방법으로 조절된다. 비록 전사수준의 조절이 지배적이기는 하지만 다른 수준에서의 유전자 발현 조절 또한 중요하다.

2 오페론의 정의를 내리고 작동 유전자와 프로모터 영역의 기능을 설명한다.

- 세균에서 대부분의 조절 유전자는 오페론으로 구성되어 있다.
- 각 오페론은 한 그룹의 관련된 기능을 가진 구조유전자들과 여기에 이들의 조절을 담당하는 DNA가 가깝게 연결되어 있는 유전자복합체이다.
- 각 오페론은 단백질 코딩 영역의 상류에 하나의 **프로모터** 영역이 있다.
- **작동유전자**는 오페론의 전사수준의 조절에 대한 조절 스윗치로써의 역할을 나타낸다. **억제단백질**이 작동유전자에 결합될 경우 전사를 방해한다 비록 RNA중합효소가 촉진 유전자에 결합하지만 구조유전자의 전사를 차단할 수 있다, 억제인자가 작동유전자에 결합하지 않았을 경우에는 전사는 진행된다.

3 유도, 억제, 구성 유전자들을 구분한다.

- 젖당오페론과 같은 **유도성오페론**은 일반적으로 '꺼짐' 상태이다. 억제자 단백질이 불활성형으로 합성되면 작동유전자에 결합되지 않는다. 만약 젖당이 존재하면 이는 **유도인자**인 알로젖당으로 전환되어 억제단백질의 조절부위에 결합, 구조적 변화를 가져온다. 변화된 억제인자는 작동유전자에 결합할 수 없게 되고 따라서 오페론은 전사된다.
- *trp* 오페론과 같은 **억제성오페론**은 보통 켜져 있는 상태이다. 억제단백질이 불활성형으로 합성되면 작동유전자에 결합할 수 없게 된다. 어떤 대사산물(보통 대사경로의 최종 산물)이 **보조억제인자**로써 작용한다. 보통 세포내 보조억제인자 수준이 높으면 보조억제인자 분자는 억제자의 조절부위에 결합, 그 입체구조를 변형시켜 작동유전자에 결합되게 한다. 따라서 오페론의 전사는 그치게 된다.
- **구성유전자**들은 유도적이지도 억제적이도 않다 이들은 항상 끊임없이 전사된다. **이화물질 활성화 단백질(CAP)**과 같은 조절단백질이나 억제단백질은 구성적으로 생성된다. 이들 단백질은 DNA에서 이를 인식하고 특정 염기배열과 결합하는 작용을 한다. 구성유전자의 활성은 어떻게 효율적으로 RNA중합효소를 그들의 프로모터 영역에 결합시키는가를 조절한다.

4 양성조절과 음성조절을 구분하고, 어떻게 *lac*오페론의 조절에 있어서 이들 2가지의 조절이 작용하는가를 나타낸다.

- 억제성 또는 유도성 오페론은 **음성조절** 하에 있다. 억제단백질이 작동유전자에 결합되면 오페론의 전사는 '꺼짐'이 된다.
- 어떤 유도성 오페론은 양성조절 하에 있게 된다. DNA에 결합하는 단백질과 유전자의 전사를 자극하는 단백질은 분리되어 있다. CAP는 젖당오페론을 활성화한다. CAP는 프로모터 영역에 결합함으로써 RNA 중합효소를 강하게 결합시켜 전사를 자극한다. *lac* 오페론에 결합함으로써 CAP는 **고리형 AMP(cAMP)**를 요구한다. cAMP의 수준이 상승하면 포도당의 수준은 감소한다.

5 세균에서 전사후 조절의 양상에 대하여 기술한다.

- 어떤 **전사후 조절**은 세균에서 일어난다. **번역조절**은 특이한 mRNA의 번역율을 조절하는 전사후 조절이다. **번역후 조절**은 어떤 대사경로에서 주된 효소의 **되먹임저해**를 포함한다.

6 표준 진핵세포 유전자의 구조와 그 유전자의 조절에 관여하는 DNA 배열을 논의한다.

- 진핵세포 유전자는 일반적으로는 오페론을 형성하지 않는다. 진핵세포 유전자의 조절은 전사나 mRNA가공, 번역 또는 단백질 산물의 수준에서 일어난다.
- 유전자의 전사는 전사가 시작되는 **전사개시부위**와 RNA중합효소와 결합하는 프로모터를 요구한다. 다세포인 진핵생물에서는 RNA중합효소가 **타타상자(TATA box)**라는 프로모터에 결합한다.
- 조절되는 진핵세포 유전자의 프로모터는 RNA중합효소-결합 부위나 **상류 프로모터요소(UPEs)**로 알려진 짧은 DNA 단편으로 구성되어 있다. 프로모터 영역내의 UPEs의 수나 형은 프로모터의 효능을 결정한다.
- 프로모터로부터 수천 염기쌍 떨어져 있는 **증폭자**는 일부 진핵세포 유전자를 조절한다. 상류 프로모터요소와 같이 증폭자는 활성적인 전사개시복합체를 형성하도록 한다. UPEs에 결합하는 특이한 조절단백질은 프로모터에 결합하는 단백질과 상호작용을 함으로써 전사를 활성화시킨다.

7 진핵세포의 DNA결합 단백질이 DNA에 결합되는 양상에 대한 예를 든다.

- 진핵세포 유전자들은 **전사인자**로 불리는 DNA-결합단백질 조절인자에 의해 제어된다. 대부분은 전사활성인자이다 또 다른 것은 전사억제인자이다.
- 어떤 전사인자는 DNA결합 **도메인**을 가졌다. 어떤 전사인자는 *히릭스-턴-히릭스*(helix-turn-helix) 정열을 나타내어 helix 가운데 하나를 DNA 내에 삽입한다. 또 다른 전사인자는 복합적인 아연이온에 의해 함께 결합된 아미노산의 고리(loops)를 가지고 있다 각 고리는 DNA 속으로 끼워져 들어갈 α-나선을 포함한다. 어떤 전사인자는 DNA 속으로 삽입될 수 있는 이량체를 가진 **류신지퍼단백질**이다.

8 염색체 구조의 변화가 어떻게 유전자의 활성에 영향을 미치는가를 설명한다.

- 유전자는 염색체구조의 변화에 의해 불활성이 된다. 염색체의 밀집되어 꽉 찬 영역을 **이형염색질**이라고 하는데 비활성 유전자가 함유되어 있다. 활성 유전자들은 **동형염색질**로 불리워지는 보다 더 느슨하게 포장된 염색질 구조로 연합되어 있다. 세포가 염색질의 구조를 이형염색질에서 동형 염색질로 변화시키는 방법은 히스톤을 화학적으로 수식하여 단백질이 DNA와 회합하여 뉴클레오솜을 형성하는 것이다. 메틸기, 아세틸기, 당, 단백질 등은 화학적으로 히스톤 꼬리에 부착된다. 이는 DNA로 감겨진 뉴클레오솜으로부터 아미노산 사슬을 뻗친 구조로 감든가 풀든가에 따라 유전자를 숨기거나 노출시킬 수 있다.

- **DNA메틸화**는 유전자의 비활성화를 영속화시키는 기구이다. **후성적 유전**은 유전자가 발현되는 방법을 바꾸는 데 관여한다. DNA메틸화 양상은 지속적인 세포세대를 반복하는 경향이 있다. 후성적 유전은 유전자조절의 중요한 기구가 되고 있다.
- 그 산물이 다량 존재하여야만 하는 어떤 유전자는 염색체에 여러 개의 복사본이 존재하여야 한다. **유전자증폭** 과정에서 어떤 세포는 DNA 복제에 의해서 선택적으로 유전자를 증폭시킨다.

9 다세포 생물에서 어떻게 하나의 유전자가 다른 형태의 세포에서는 다른 유전자가 산물을 생산할 수 있는가를 설명한다.

- **차등적 mRNA가공**의 결과, 하나의 유전자는 다른 조직에서는 mRNA 전구체가 어떻게 끊어지는가에 따라 다른 형태의 단백질을 생산한다. 인트론은 제거되는 배열인데 비해 엑손은 남아있게 된다.

10 진핵세포에서 성숙된 mRNA가 형성된 후 이루어지는 조절 기구의 형태에 대해 알아본다.

- 어떤 조절기구는 mRNA의 안정성을 증가시켜서 더 많은 단백질분자가 mRNA가 분해되기 이전에 합성되도록 한다. 어떤 경우는 mRNA의 안정성은 호르몬의 조절 하에 있다.
- 진핵유전자의 번역후 조절은 되먹임저해 혹은 단백질구조의 수식에 의해 야기된다. 단백질의 기능은 인산기를 부가하는 **인산화효소** 또는 인산기를 제거하는 **인산가수분해효소**에 의해 변화된다.
- 유전자발현의 전사후 조절이 또한 **단백질 분해**가 관여한다. 분해되어야 할 단백질은 유비퀴틴에 공유적으로 결합된다. 유비퀴틴에 의해 꼬리표가 붙어지면 유비퀴틴 꼬리표를 인식하는 거대분자구조의 **프로테아솜**에 의해 분해되는 표적이 된다. 프로테아솜과 회합된 **단백질분해효소**는 단백질을 짧은 단편으로 분해한다.

## 연습문제

1. *lac* 오페론의 억제자 유전자를 비활성화하는 변이의 결과는 (a) 구조유전자의 연속적 전사 (b) 구조유전자의 비전사 (c) 억제인자의 작동유전자에의 결합 (d) RNA중합효소의 비 생성 (e) 전사효율의 비 차별화
2. 오페론의 작동유전자는 (a) 억제단백질에 대한 정보를 암호화 (b) 유도인자의 결합부위 (c) 억제단백질에 대한 결합부위 (d) RNA중합효소에 대한 결합부위 (e) CAP에 대한 정보의 암호화
3. 대부분의 세균 유전자의 조절은 (a) 전사 (b) 번역 (c) 복제 (d) 번역후 (e)복제후, 의 수준에서 일어난다.
4. 다음 중 어느 것이 세균에서 전형적으로 결손되어 있는가?
(a) 증폭자 (b) 전사를 조절하는 단백질 (c) 억제인자
(d) 프로모터 (e) 작동유전자
5. 세균과 진핵세포 양쪽에서 다음 중 어느 것이 유전자 또는 유전자 조절의 특성인가?
(a) 프로모터 (b) 암호화 배열 내에서의 비암호화 DNA
(c) 증폭자 (d) 오페론 (e) 핵에 있는 DNA
6. 비활성 유전자는 발견되는 경향이 있다. (a) 아주 밀집된 동형염색질로 알려진 염색질 (b) 동형염색질로 알려진 풀려진 염색질 (c) 아주 밀집된 이형염색질로 알려진 염색질 (d) 이형염색질로 알려진 풀려진 염색질 (e) 뉴클레솜을 형성하지 않았는 염색질
7. 세균에서가 아니고 진핵세포에서 다음 중 어느 것이 유전자 또는 유전자 조절의 특성인가?
(a) 증폭자 (b) 전사인자 (c) 프로모터 (d) a 또는 b만
(e) a, b 및 c는 진핵세포에서는 발견되나 원핵세포에서는 그렇지 못하다.
8. 다음 중 어느 경우가 양성 조절의 예인가?
(a) 억제인자가 유도자에 결합될 때 전사가 일어난다.
(b) 억제인자가 보조억제인자에 결합될 때 전사가 일어난다.
(c) 활성자 단백질이 DNA에 결합될 때 전사가 자극된다.
(d) a 와 b
(e) a 와 c
9. 되먹임저해는 ______________과 같은 수준에서의 조절의 예이다.
(a) 전사 (b) 번역 (c) 번역후 (d) 복제 (e) 앞의 모든 것
10. *lac* 오페론으로부터 전사되는 mRNA 분자는 (a) 효소를 암호화하는 구조유전자 (b) 작동유전자 영역 (c) 프로모터 영역 (d) 억제유전자 (e) 인트론, 에 대하여 상보적인 뉴클레오티드 배열을 함유한다.

## 심화 학습문제

1. 트립토판 억제인자를 코드하는 조절 유전자는 *trp* 오페론에 강하게 연결되어 있지 않다. 만약 그렇다면 어떤 이점이 있는가? 당신의 답을 제시하라.
2. 세균 유전자에서 유도성 오페론과 관련되어 있는 것과 억제성 오페론과 관련되어 있는 것, 또는 구성적인 유전자들을 비교하라. 다음의 각각이 가장 적절하게 맞는 범주를 예측하라: (a) RNA중합효소를 암호화하는 유전자 (b) 말토오스를 분해하는데 필요한 효소를 코드하는 유전자 (c) 아데닌 합성에 사용되는 효소의 유전자.

15

# DNA 기술과 유전체학

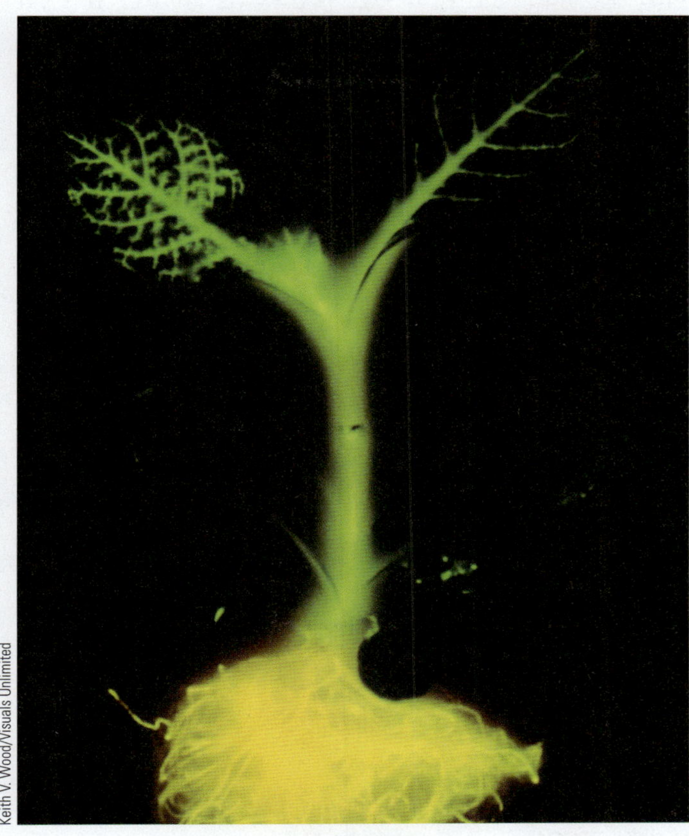

Keith V. Wood/Visuals Unlimited

**유전적으로 조작된 담배 식물.** 이 식물은 반딧불로부터 루시퍼라아제(luciferase) 유전자를 발현시킴으로써 성장한다. 루시퍼라아제는 발광 반응을 일으키는 가수분해 효소이다. 이 전형적인 실험은 식물에서 동물 유전자가 발현될 수 있는지를 예측하기 위함이다.

## 핵심 개념

재조합 DNA 기술은 과학자들이 특정 유전자와 그 생산물의 많은 복사본을 복제할 수 있게 하였다.

생물학자들은 겔 전기영동, DNA 블러팅, 자동화된 염기서열분석 등의 많은 방법을 사용하여 DNA를 연구한다.

유전체학은 유전체의 진화와 구조, 기능을 비교하는 새로운 연구분야이다.

DNA 기술과 유전체학은 의학, 농업, 법의학 등 다양한 분야에서 응용될 수 있다.

1970년대 중반에서부터 시작된 새로운 DNA 연구 방법의 발전은 윤리적, 사회적인 논쟁을 일으켰지만 세포 생물학과 진화에 상당한 영향력을 미쳐오고 있다. 이 단원은 실험실에서 다른 생명체의 DNA를 접합시키는 **재조합 DNA기술(recombinant DNA technology)**로부터 시작한다. 이러한 기술의 일차적 목적은 과학자들로 하여금 DNA를 생화학적으로 연구하기 위해서 많은 양의 특정 DNA 조각들을 얻는 것을 가능하게 하는 것이다. 끊임없이 새롭게 개발되는 DNA 분석방법들을 모두 여기에 설명할 수 없기 때문에, 우리는 기본 지식을 제공하는 주요한 접근 방법의 일부를 여기서 다룰 것이다.

우리는 또한 **DNA 염기서열(DNA sequence)** 연구가 과학자들로 하여금 유전자의 구성 및 유전자와 그 발현산물과의 관계를 이해하는 데에 있어서 어떤 막대한 영향을 미치는가에 대해서 생각해 볼 것이다. 사실, 진핵세포 유전자들의 구조와 조절뿐만 아니라 발생과정에서 유전자들의 역할에 대해 현재까지 우리가 알고 있는 지식의 대부분은 이러한 방법을 통해 얻어진 정보들이다.

이 단원에서는 DNA 기술의 여러 가지 실질적인 응용에 대하여서도 살펴볼 것이다. **유전공학(genetic engineering)**은 새로운 특성을 가진 새로운 유전자를 생산하는 생물체의 DNA를 변형시키는 학문으로써 기본적인 연구에서부터(사진 참조) 유용한 단백질을 만드는 변종 박테리아의 생산 그리고 외부 유전자를 발현시키는 식물과 동물의 개발 등 여러 형태로 적용된다.

DNA 복제, 유전공학 그리고 관련된 기술들의 발달은 유용한 생산물을 개발하기 위해 생명체를 사용하는 **생명공학(biotechnology)**에 대한 사람들의 관점을 바꾸어 놓았다. 생명공학의 전통적인 예는 알코올 음료를 만들기 위한 효모의 사용이다. 오늘날, 생명공학은 의학과 약학산업, 음식산업과 농업 그리고 범죄과학과 같은 다양한 분야에서 여러 형태로의 응용을 포함한다. ■

## 15.1 세균과 진핵세포에서의 유전자 조절: 개요

### 학습목표

1 전형적인 제한효소가 DNA 분자를 절단하는 방법을 설명하고, 재조합 DNA 기술에서 이러한 효소가 사용되는 예를 제시할 수 있다.

2 게놈라이브러리, 염색체라이브러리, 상보적 DNA(cDNA)라이브러리를 구별한다. 왜 게놈라이브러리와 cDNA 라이브러리에서 같은 진핵세포의 유전자를 복제하려는지 설명한다.

3 DNA 혼성 탐침의 몇가지 사용법을 확인한다.

4 중합효소연쇄반응으로 시험관 내에서 DNA를 증폭하는 방법을 기술한다.

재조합 DNA 기술은 1940년대에 박테리아와 박테리아를 감염시키는 **박테리오파지(bacteriophage)**의 유전학적 연구에 기원을 두고 있다(그림 12-2). 이 기술에서 **제한효소(restriction enzyme)**라고 알려진 박테리아에서 유래된 특별한 효소들은 특정자리의 DNA를 절단하는데 사용되어 왔으며 제한효소는 DNA를 다루기 용이한 절편들로 절단하는 것을 가능하게 하였다. 각각의 절편은 세포 속으로 그것을 이동시킬 수 있는능력을 가진 운반체인 적절한 **벡터(vector)**로 옮겨진다. **플라스미드(plasmid)**라 불려지는 박테리오파지나 특별한 DNA분자가 일반적인 벡터로 사용된다. 플라스미드는 **형질전환(transformation)**이라고 불리는 방법에 의해서 박테리아 세포로 도입되어질 수 있다(12장 참조). 형질전환과정 중에서 세포가 외부 DNA를 효과적으로 받아들이게 하기 위해서 연구자들은 박테리아의 세포벽을 플라스미드 DNA 분자가 투과할 수 있게 변형시켜야만 하는데, 화학적 또는 전기적 방법을 사용한다. 플라스미드가 세포 속으로 들어가게 되면 그것은 복제되고 세포분열동안 딸세포로 분리되게 된다. 제조한 플라스미드가 이러한 방법으로 복제될 때 많은 양의 외부 DNA가 만들어지게 된다.

### 15.1.1 제한효소는 "분자 가위"이다

제한효소의 발견은 재조합 DNA기술의 발전에 중요한 돌파구였다. 오늘날 각각의 특성을 가지고 있는 많은 종류의 제한효소가 매우 쉽게 이용되어지고 있다. 예를 들어, *Hind*III로 알려진 제한효소는 DNA 분자에서 5′—AAGCTT—3′ 제한자리를 인식하고 절단하고, 반면에 또 다른 제한효소인 *Eco*RI은 염기서열 5′—GAATTC—3′를 자른다. (제한효소의 명칭은 일반적으로 그 효소를 분리해 낸 박테리아로부터 유래하였다. 따라서 *Hind*III와 *Eco*RI은 각각 인플루엔자균(*Hemophilus influenza*)와 대장균(*Escherichia coli*)에서 분리한 것이다.

제한효소들은 염색체의 DNA를 작은 절편들로 자를 수 있게 해준다. 재조합 DNA연구에 사용되는 많은 제한효소들은 **회문구조 염기서열(palindromic sequences)**을 절단하게 된다. 이것은 어떤 가닥의 염기서열이 다른 가닥의 염기서열과 5′에서 3′으로 읽을 때 동일하게 읽혀지게 되는 구조를 말한다. 그러므로 앞의 HindIII 예에서 두 가닥의 염기서열은 모두 5′—AAGCTT—3′으로 읽혀지며, 이중가닥으로 표시하면 아래와 같다.

```
5′—AAGCTT—3′
3′—TTCGAA—5′
```

이러한 효소는 두 가닥의 DNA를 절단함으로써 동일하고 상보적인 말단을 가진 단일가닥으로 만든다.

```
5′—A             AGCTT—3′
3′—TTCGA             A—5′
```

이 말단 부위를 *점착성 말단*(sticky ends)이라고 한다. 이것은 같은 효소에 의해 절단된 다른 DNA 분자의 상보적인 단일가닥 말단을 (수소결합에 의해) 짝을 지워주기 때문이다(**그림 15-1**) 일단 두 분자의 점착성 말단이 이러한 방식으로 결합하게 되면, **DNA 연결효소(DNA ligase)**에 의해 2개의 DNA 단편들을 공유결합으로 연결하여 안정한 재조합 DNA 분자를 만들게 된다.

### 15.1.2 재조합 DNA는 DNA가 벡터에 이어 맞춰질 때 형성된다

재조합 DNA 기술에서, 외부 DNA와 플라스미드 DNA는 동일한 제한효소에 의해서 절단된다. 2종류의 DNA는 점착성 말단

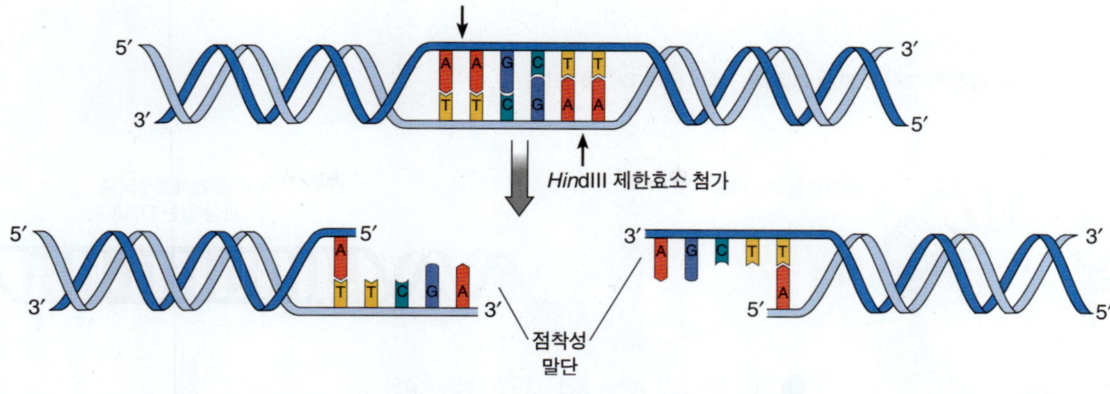


**그림 15-1 제한효소를 이용한 DNA 절단.**

*Hind*III와 같은 많은 종류의 제한효소는 DNA의 회문성 구조의 염기서열을 인식하여 절단함으로써, 상보적인 점착성 말단을 생성하게 한다. 작은 검은색 화살표는 효소의 절단 부위를 나타낸다.

의 상보적인 염기사이에서 수소결합을 촉진하는 조건하에서 혼합되고, 재조합 DNA의 틈은 DNA 연결효소에 의해서 결합된다(**그림 15-2**).

현재 재조합 DNA의 작업에 사용되는 플라스미드는 복제된 DNA를 분석하고 분리하기 쉬운 특징을 가지고 있어서 실험실에서 사용가능하다(**그림15-3**). 이러한 특징들에는 복제의 기원(12장 참조), 1개 이상의 제한효소 자리, 그리고 재조합 플라스미드에 의해 형질전환된 세포를 선택가능 등이 있다. 이러한 유전자는 형질전환된 세포들을 특정조건 하에서 자라게 하며 형질변환되지 않은 세포는 성장할 수 없게 한다.

이러한 방법으로 연구자들은 자연적으로 발생하는 플라스미드의 특징을 이용하게 되었다. 전형적으로, 플라스미드는 정상 조건하에서 박테리아에게 필수적인 유전자를 가지고 있지는 않지만, 종종 특정 환경 조건하에서 유용한 유전자를 운반하게 된다. 이러한 유전자에는 특정 항생제에 대한 내성을 갖거나 세포가 특정 영양분을 사용할 수 있게 하는 것 등이다. 예를 들어, 항생제 테트라사이클린(tetracycline)에 내성이 있는 유전자를 포함하는 플라스미드로 형질전환된 세포는 테트라사이클린이 함유된 배지에서 성장할 수 있지만, 형질전환되지 않은 세포들은 살지 못한다.

그러나, 모든 벡터들의 제한적 특징은 그것이 효과적으로 운반할 수 있는 DNA 절편의 크기이다. DNA 절편의 크기는 kilobase(kb)로 나타내며, 1 kb는 1,000 염기쌍과 같다. 10 kb보다 작은 절편은 일반적으로 대장균(*E. coli*) 안으로 플라스미드로 삽입된다.

재조합 DNA는 또한 진핵 생물의 세포 속으로도 도입시킬 수 있다. 예를 들어, 유전공학적으로 설계된 바이러스를 포유동물 세포로의 벡터로써 사용한다. 이러한 바이러스는 특정 처리에 의해 제 기능을 하지 못하게 함으로써, 그것들이 감염된 세포들을 죽이지는 못한다. 대신에 이들 바이러스는 감염 후 바이러스 자신의 DNA뿐만 아니라 그들이 운반하는 외부 DNA를 감염된 세포의 염색체에 삽입시킨다.

## 15.1.3 DNA는 세포 속에서 복제될 수 있다

단일 유전자는 생명체에서 전체 DNA의 아주 작은 부분이기 때문에, 특정 유전자를 가지고 있는 DNA 조각을 분리하는 것은 매우 어려운 일이다. 이러한 어려움을 해결하기 위해서는 효과적인 탐지기가 필요하다. 오늘날 생명체로부터 특정 염기서열을 분리해 내는 다양한 방법들이 있다. 여기서 우리는 DNA가 박테리아 세포에서 클로닝되는 방법에서부터 시작할 것이다. 또한 예로써 인간 DNA를 클로닝하는 절차를 설명할 것인데, 이 절차는 다른 생명체에도 적용이 가능하다.

### (1) 게놈 라이브러리는 게놈의 모든 DNA조각들을 가지고 있다

세포 안에 있는 전체 DNA를 **유전체(genome; 게놈)**이라고 부른다. 예를 들어, 만약 DNA가 인간의 세포로부터 분리되었다면, 우리는 그것을 인간게놈 DNA라 부른다. **게놈 라이브러리(genome library)**는 게놈 안에서 모든 DNA의 대표적인 DNA 절편들의 모음이다. 각각의 절편은 플라스미드로 접합해지고 대개 박테리아 세포 안으로 삽입된다. 이렇게 인간의 게놈 라이브러리는 인간 DNA의 각각 다른 절편을 가지는 재조합 박테리아의 집합체 안에 저장된다.

**요점**

재조합 DNA 기술은 생화학, 유전학 그리고 분자 생물학 단계의 연속 과정을 포함한다.

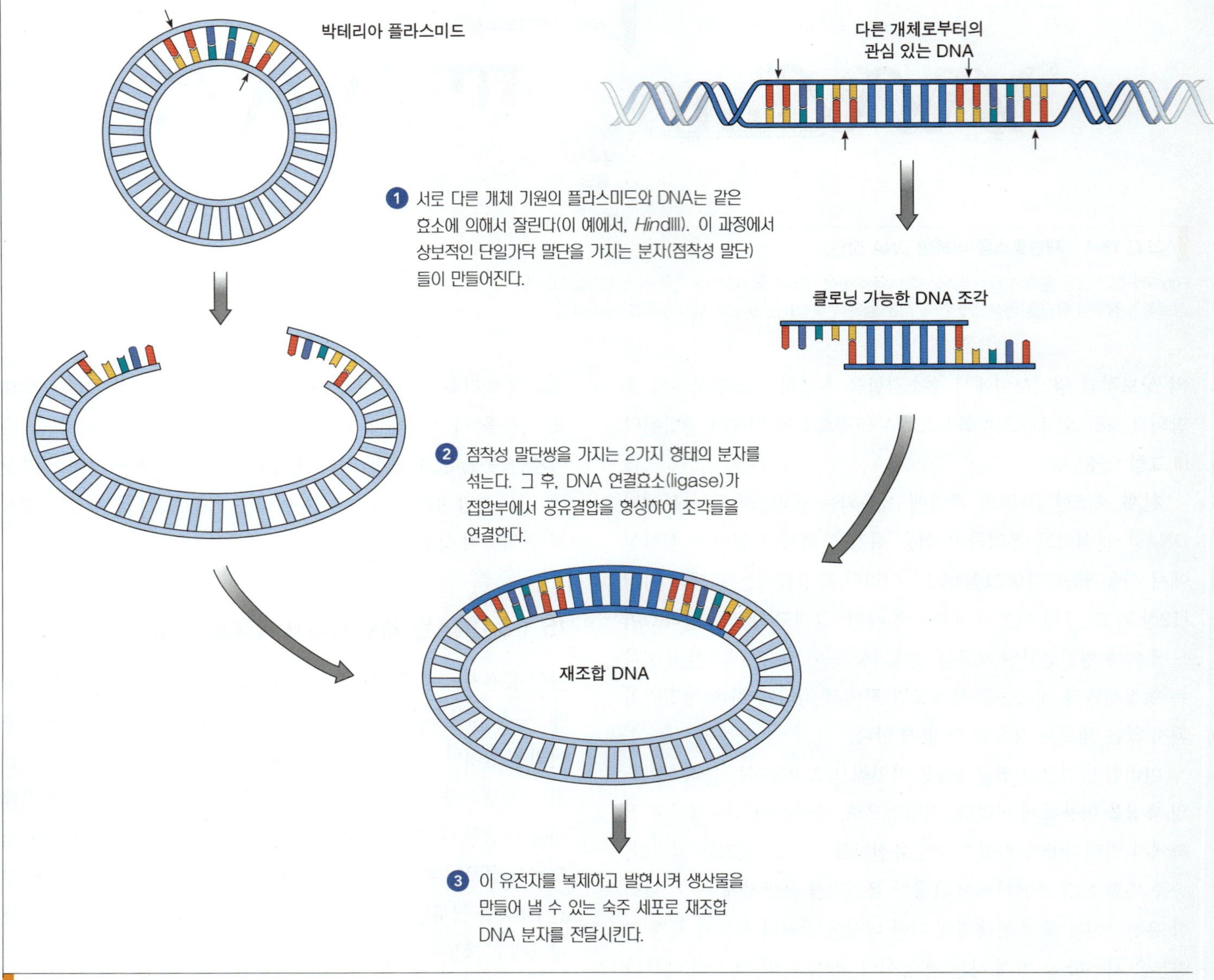


**그림 15-2** 특정 DNA 분자의 벡터 삽입.

위의 그림에서, 박테리아에서 얻은 환형의 플라스미드가 벡터이다.

개인의 염색체는 또한 분리되어 특정한 염색체 내의 모든 DNA 절편을 포함하는 **염색체 라이브러리(chromosome library)**를 만든다. 게놈 라이브러리를 생산하는 첫 번째 순서는 제한효소를 사용하여 DNA를 절단하고, DNA 절편들의 개체군을 만드는 것이다(**그림 15-4**, 과정 ❶). 이러한 절편은 크기와 그들이 갖는 유전 정보 면에서 매우 다양하며, 그것들은 모두 동일한 점착성 말단을 가지고 있다. 벡터로써 사용되는 플라스미드 DNA도 동일한 제한 효소로 처리되어지고, 환형의 플라스미드는 인간 DNA 절편에 상보적인 점착성 말단을 가진 나선형의 분자로 변한다. 재조합 플라스미드는 처음에 상보적인 염기들이 수소결합을 촉진할 수 있는 적정 조건하에서 2가지의 DNA(인간과 플라스미드)를 함께 혼합함으로써 생산된다. 그 후에 DNA 연결효소는 플라스미드 DNA와 인간 DNA의 쌍을 이룬 말단이 공유결합 시키는데 사용된다(**그림 15-4**, 과정 ❷). 불가피하게 재조합되지 않는 플라스미드 역시 형성되는데, 그 이유는 몇몇 플라스미드는 외부 DNA와 결합 없이 그들 본래의 환형으로 복귀하게 되기 때문이다.

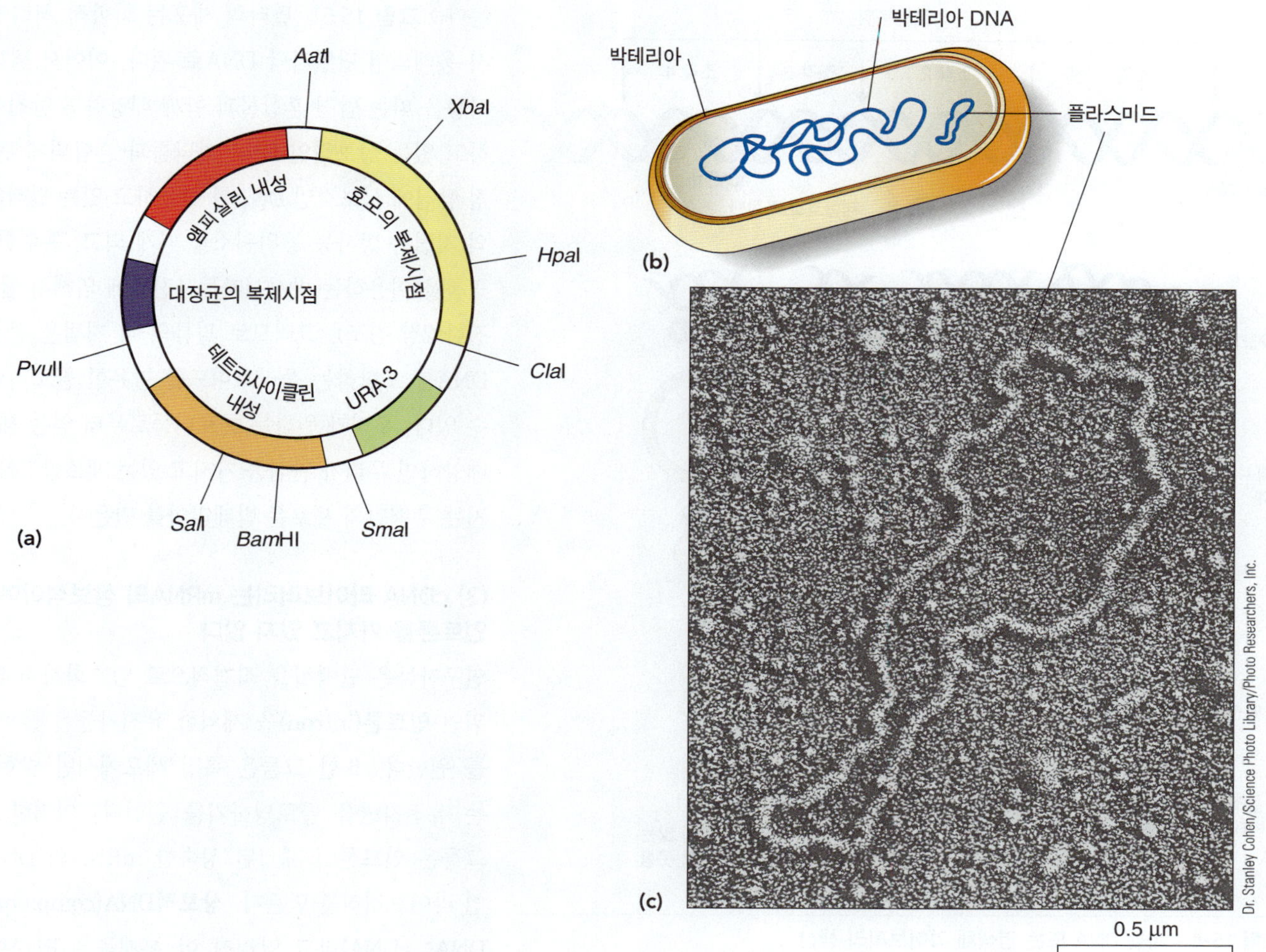


**그림 15-3 플라스미드.**

**(a)** 유전공학적으로 재조합된 플라스미드 벡터는 많은 유용한 특징을 가진다. 위의 벡터는 대장균(*E. coli*) 유전자와 효모의 유전자에서 플라스미드를 분리하여 DNA 절편들을 획득하여 제조하였다. 대장균과 효모(*Saccharomyces cerevisiae*)의 플라스미드 복제의 기원은 각각의 플라스미드를 다른 종류의 숙주세포에서 독립적으로 복제하였다. 바깥쪽 원의 지시어는 플라스미드를 지정된 위치에서만 절단하는 제한 효소의 자리를 표시한 것이다. 또한 항생제 앰피실린과 테트라사이클린에 저항성을 가진 유전자와 효모 URA3 유전자 역시 보여주고 있다. URA3 유전자는 우라실 합성에 필요한 효소가 결핍된 형질전환된 효모에 유용하다. 플라스미드가 삽입되어진 세포들은 우라실이 없는 배양액에서 성장할 수 있다. **(b)** 박테리아 플라스미드와 DNA의 상대적 크기. **(c)** 대장균으로부터 얻은 플라스미드 투과전자현미경(TEM) 사진

플라스미드는 형질전환에 의해서 항생제에 감수성이 민감한 박테리아 세포 속으로 들어가게 된다(▮ **그림 15-4**, 과정 ③). 세포에 대한 플라스미드의 비율은 매우 낮기 때문에, 모든 세포들이 플라스미드를 받게 되는 것은 아니다. 일반적으로 항생제에 민감한 세포들은 항생제를 포함한 영양배지에서 배양되어질 경우, 오직 플라스미드(항생제에 저항성을 가진 유전자)와 결합한 세포만이 성장하게 된다(▮ **그림 15-4**, 과정 ④).

게놈 라이브러리는 중복성을 가질 수 있다. 즉 어떤 인간 DNA 염기서열이 우연히 한번 이상 플라스미드에 삽입되는 것을 말한다. 그러나 각각 개개의 재조합 플라스미드는 전체 인간 게놈의 단일 절편만을 포함하게 된다.

흥미있는 염기서열을 포함한 플라스미드를 동정하기 위하여 각각의 플라스미드는 일할 만큼 충분한 플라스미드를 얻기 위해 수백만 개까지 복제한다. 이러한 과정은 박테리아 세포가 증식하고 분열하면서 일어난다. 배양할 시료를 희석하여 고체 배양배지에 펼쳐서 접종하면 세포는 넓게 분리 동정된다. 각각의 세포는 많이 분열하게 되고, 단일 세포에서 기원한 유전적으로 동일한 세포인 **클론**(clone)들의 **콜로니**(colony)가 눈으로 볼 수 있을 만큼 형성된다. 특정 콜로니의 모든 세포들은 같은 재조합 플라스미드를 가지게 되며, 이러한 과정동안 특정 인간 DNA의 염기서열 또

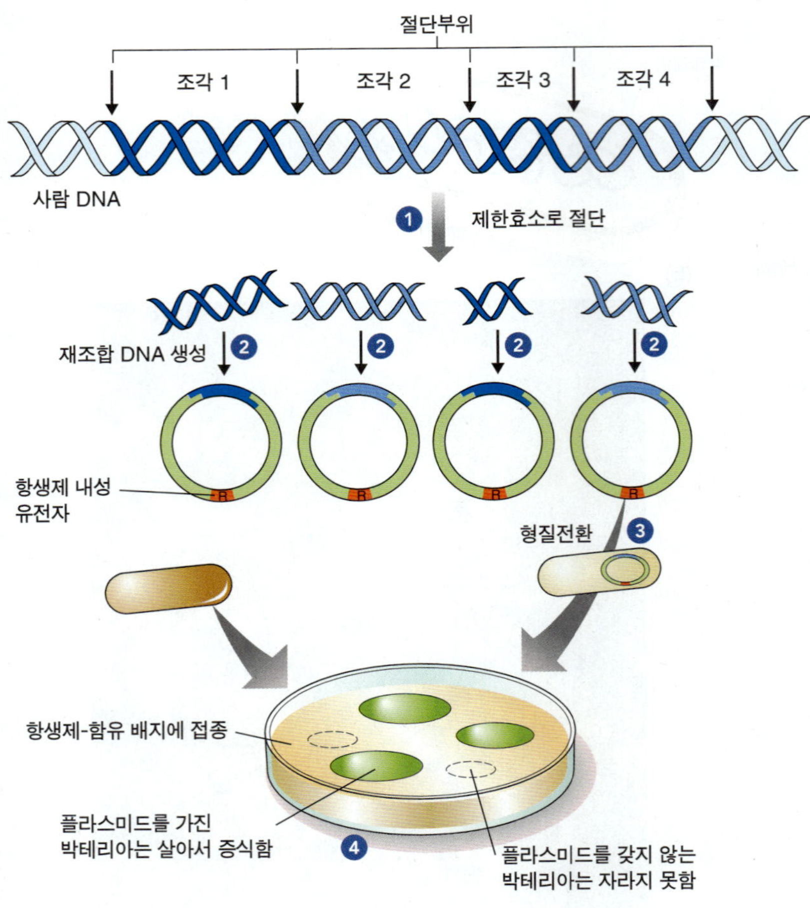


**그림 15-4** 게놈 DNA 또는 염색체 라이브러리 생산.

위의 그림은 어느 한 염색체의 오직 작은 부분만을 보여주고 있다. 1개의 전체 게놈 또는 염색체에서부터 수많은 DNA절편들이 생산되어 진다. 그림에서의 각 단계의 번호는 본문에 설명되어 있다.

한 복제되는 것이다. 가장 중요한 작업은 몇 천개의 콜로니 중 우리가 관심 갖는 클론의 절편을 함유한 콜로니를 결정하는 것이다. 특정 DNA 염기서열은 다양한 방법으로 확인할 수 있다.

### (2) 상보적인 유전자탐침으로 특정 DNA 염기서열을 식별한다

연구자가 박테리아 세포내에 존재하는 수천개의 재조합DNA 중에 특정 단백질을 암호화하는 유전자를 찾아내려고 한다고 가정하자. 관심 있는 DNA를 탐색하고자 할 때 흔한 접근 방법이 **유전자 탐침**(genetic probe)을 이용하는 것이며, 이것은 방사능 동위원소로 표시된 표적유전자에 상보적인 염기서열을 **혼성화**(hybridize)할 수 있는 단일 가닥의 DNA를 사용하는 것이다.

목적하는 DNA서열을 가지는 콜로니를 찾아내기 위해 생물학자들은 재조합 플라스미드를 함유한 박테리아 콜로니를 니트로셀룰로오스 또는 나일론 필터로 옮겨 콜로니 **복제물**(replica)을 얻는다(그림 15-5). 필터의 세포는 화학적 처리에 의해서 용해되어 단일가닥 DNA로 된다. 이어서 필터를 방사능을 띠는 탐침 혼합물과 함께 배양하면 탐침에 존재하고 있는 상보적인 DNA 가닥들과 혼합되게 된다. 특정 탐침에 상보적인 DNA를 함유하고 있는 필터의 각각의 지점은 방사능 동위원소를 띠게 되고, 특수한 X-선 필름을 이용하는 방사선자동사진법에 의해서 탐지되어 진다(2장 참조). 그러므로 필름의 각 지점은 관심 있는 DNA를 포함하는 플라스미드를 함유한 콜로니임을 알 수 있다. 우리가 원하는 콜로니들로부터 얻은 세포들을 배양하면 우리가 관심을 가지고 있는 재조합 DNA를 가지는 수백만의 새로운 박테리아를 만든다.

### (3) cDNA 라이브러리는 mRNA의 상보적이며 인트론을 가지고 있지 않다

연구자들은 단백질을 직접적으로 암호화하지 않는 부위인 **인트론**(intron)을 제외한 유전자들을 클로닝하기를 원한다. 또한 그들은 특정 세포에서만 발현되어지는 유전자만을 클로닝하기를 원한다. 이러한 경우에 그들은 인트론이 제거된 성숙한 mRNA의 DNA 복제인 라이브러리를 만든다. **상보적DNA**(**complementary DNA; cDNA**)라고 알려진 이 복제물은 RNA에 상보적이기 때문에 인트론이 없다. **역전사효소**(**reverse transcriptase**)는 단일가닥의 cDNA를 합성하는데 사용되고(13장 참조), 후에 mRNA로부터 분리되며 DNA중합효소에 의해서 이중가닥으로 된다(그림 15-6). 시작시료인 **cDNA 라이브러리**(**cDNA library**)는 단일 세포로부터 mRNA를 사용함으로써 만든다. 이중나선의 cDNA분자는 플라스미드나 바이러스 벡터로 삽입시켜 박테리아 세포에서 증식시킬 수 있다.

클로닝한 cDNA의 염기서열은 또한 박테리아에서 진핵세포의 단백질을 생산하기를 원할 때에도 유용하다. 인간 성장호르몬을 생산하는 유전자와 같이 인트론을 가지고 있는 인간 유전자가 박테리아에 도입될 때, 박테리아는 단백질 생산을 위한 기능적 mRNA을 만들기 위하여 전사되어진 RNA로부터 인트론을 제거할 수가 없다. 그러나 그 유전자를 cDNA에서 클로닝하여 박테리아로 삽입하면, 그 복제물은 인트론을 가지고 있지 않다. 만약 유전학자들이 그 유전자를 적절한 박테리아 프로모터의 하류에 삽입시키거나 적절한 박테리아의 번역 개시 서열을 갖게 하면 기능적 단백질이 합성된다.

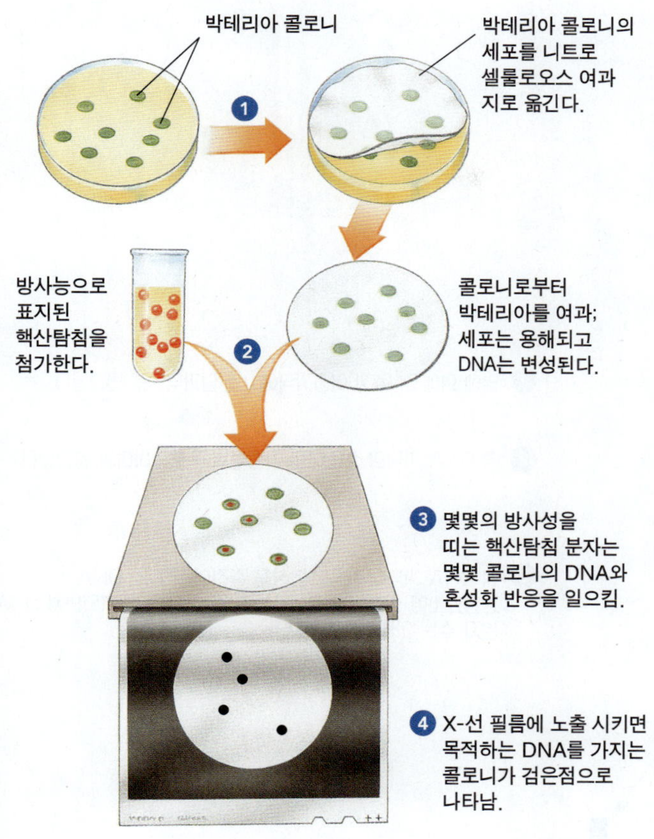


**그림 15-5** 유전적 탐침을 이용하여 특정한 재조합 DNA 분자를 가진 박테리아 세포 찾기.

보통 단일가닥 DNA의 방사성 핵산 탐침으로 상보적인 DNA 염기 서열을 밝힐 수 있다.

## 15. 1. 4 중합효소연쇄반응(PCR)은 시험관 내에서 DNA를증폭시키는 기술이다

**중합효소연쇄반응**(polymerase chain reaction; PCR)기술은 미국의 생화학자인 **멀리스**(Karry Mullis 1993년 노벨화학상 수상)가 1985년에 개발한 기술로서 몇 시간 안에 아주 소량의 DNA를 몇 만개의 DNA로 증폭시키는 것을 가능하게 하였다.

중합효소연쇄반응에서, DNA 중합효소는 뉴클레오티드와 프라이머를 이용하여 시험관 내에서 DNA염기서열을 복제함으로써 두 가닥의 DNA 분자를 생산하게 된다(**그림 15-7**). 각 분자의 두 가닥은 열반응에 의해서 분리되고, 각 가닥이 주형이 되어 다시 사슬이 복제됨으로써 4개의 이중 가닥을 가진 분자가 만들어진다. 이와 같은 주기를 다시 한번 돌리면 다시 8개의 분자가 복제된다. 이와 같이 DNA 분자의 수는 각각의 주기를 거쳐 두 배수가 된다. 그러므로 20번의 열반응과 냉각반응의 주기를 거치면 $2^{20}$개의 분자가 만들어진다.

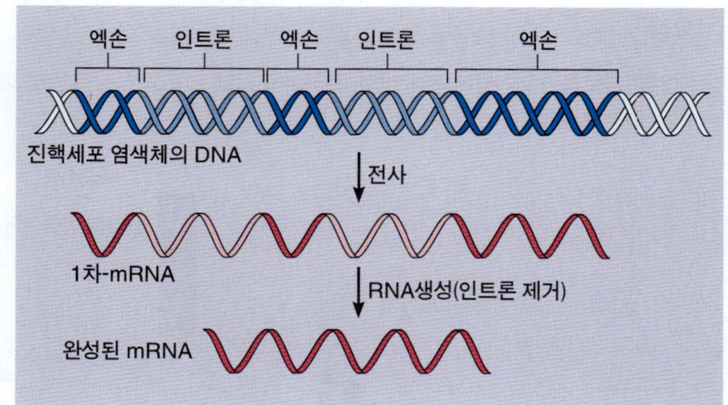


**(a)** cDNA 형성은 성숙한 mRNA을 형성하기 위하여 핵 안에서 일어나는 RNA 프로세싱에 달려있다.

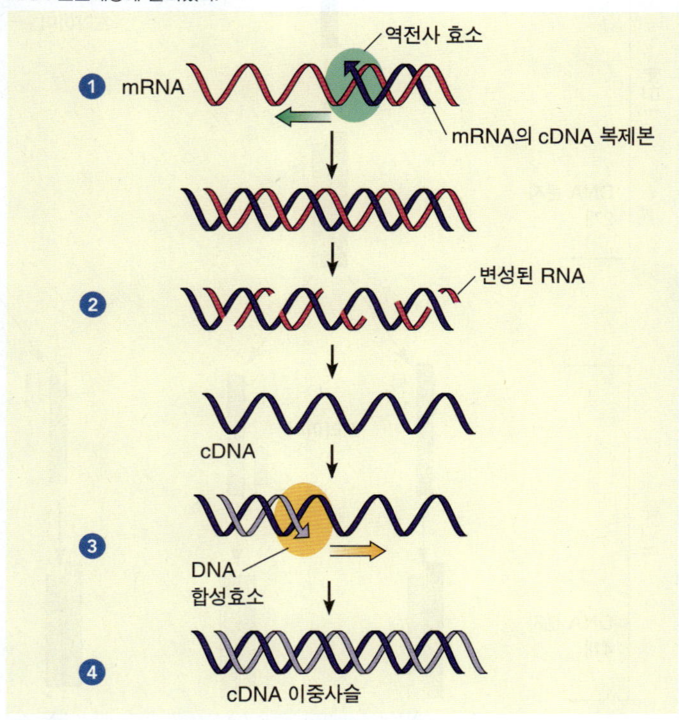


**(b)** 성숙한 mRNA가 추출되어 정제된다. 1 성숙한 mRNA의 DNA 복사본을 얻기 위해, 역전사 효소를 사용해서 mRNA에 상보적인 단일가닥 cDNA를 만든다. 2 특정효소가 mRNA를 변성시키고, 3 DNA중합효소가 사용되어 DNA의 두 번째 사슬을 만든다. 4 최종 생성물이 이중 가닥의 cDNA 분자이다.

**그림 15-6** cDNA의 형성.

이러한 반응은 DNA 중합효소가 계속 반복되는 열 반응에 대해 안전한 상태일 때만 효과적으로 실행되어지기 때문에, 연구자들은 열에 대한 저항성을 가진 중합효소인 Taq중합효소를 사용한다. 이 PCR 기술은 범죄현장에서부터 고고학적 유적에 이르기까지 다양한 근원으로부터의 미세한 DNA 시료를 증폭 복제하는 것을 가능하게 하였다. 예를 들어 1997년에 미토콘드리아 DNA의 첫 번째 분석은 네안데르탈인의 뼈에서 얻은 것으로 보고되었다(22장 참조).

## 요점

PCR은 상보적인 염기쌍에 의해 변성, 프라이머 결합, 그리고 신장의 반복 과정을 거쳐 DNA를 증폭한다.

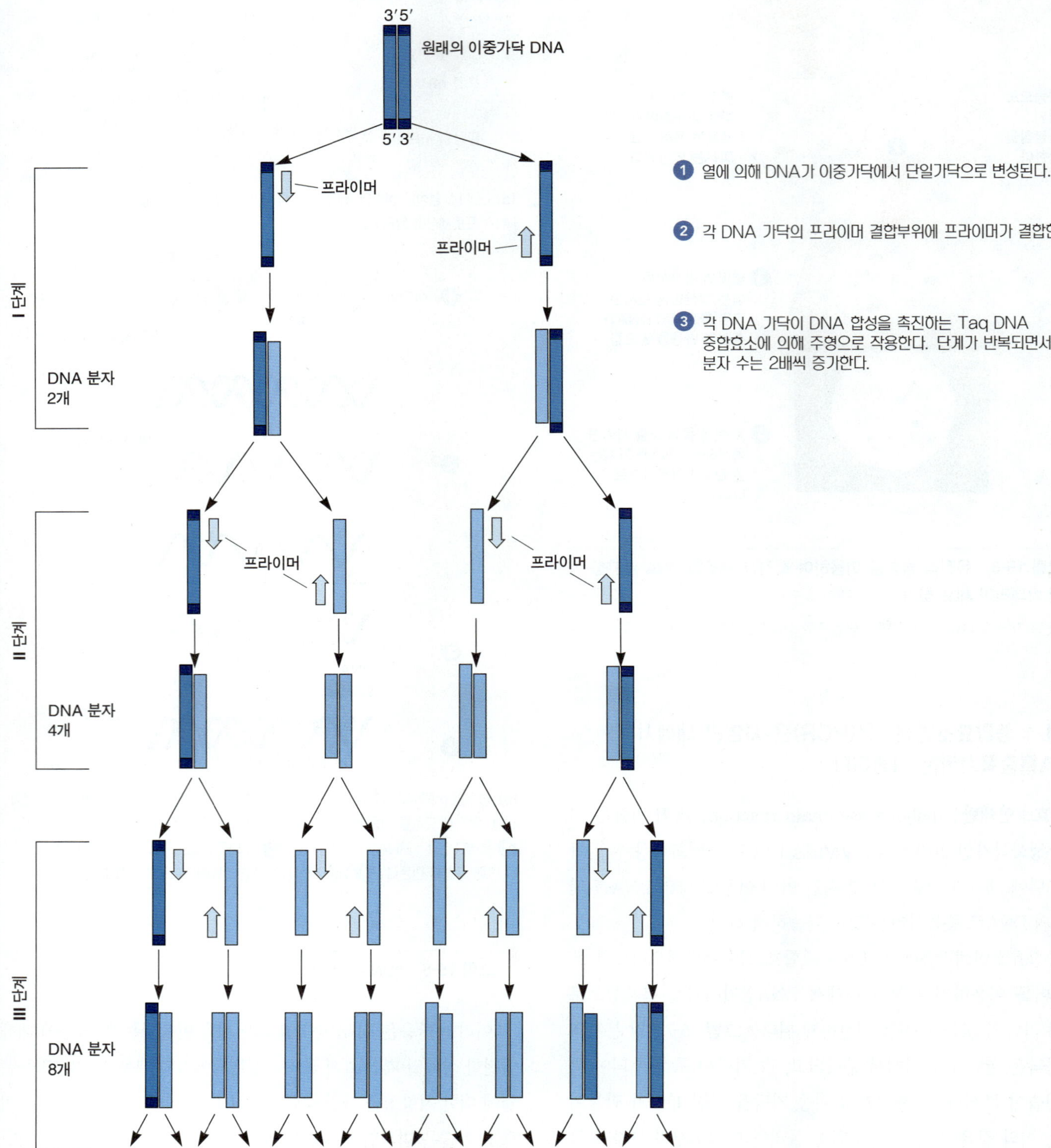


**그림 15-7** PCR(중합효소연쇄반응)에 의한 DNA 증폭.

초기의 반응 혼합물은 미량의 DNA 이중가닥, DNA 전구물질들(데옥시리보뉴클레오티드), 특정 프라이머들 및 Taq DNA 중합효소를 포함한다.

**복습**

- 제한효소란 무엇인가? 재조합 DNA 연구에서 어떻게 사용되는가?
- 게놈라이브러리, 염색체라이브러리, cDNA라이브러리의 상대적인 가치는 무엇인가
- 유전적 탐침은 어떻게 사용하는가?
- PCR 기술이 왜 가치가 있는가?

## 15.2 DNA 분석

**학습목표**

5 DNA블러팅, RNA블러팅 그리고 단백질블러팅은 어떻게 다른가?

6 DNA 염기서열분석의 연쇄종료법에 대해 기술해 보라.

DNA복제와 PCR기술들이 유전적 분석에 중요한 영향을 끼치는 이유는 그들이 특정 유전자와 그 RNA, 그리고 단백질 생산물에 대한 어떤 기초적인 질문에 대한 해결책을 찾는데 충분한 유전적 재료를 제공해주기 때문이다. 예들들어, 언제 어떻게 유전자가 발현되는가? 게놈에서 유전자의 위치는 어디인가? 등과 같은 질문들을 해결하는데 도움을 주는 다양한 기술들을 설명하고자 한다. 그리고 우리는 이 장의 마지막 부분에서 DNA 기술의 몇몇 특별한 적용들을 검토해 보도록 하겠다.

### 15.2.1 겔 전기영동은 고분자를 분리하는데 가장 널리 사용되는 기술이다

단백질, 폴리펩티드, DNA 절편, RNA와 같은 혼합 고분자들은 **겔 전기영동(gel electrophoresis)**에 의해서 분리할 수 있으며, 이 방법은 하전기를 가진 분자들이 전기장에서 이동된다는 사실을 이용한 것이다. **그림 15-8**은 DNA 분자의 전기 영동법을 도식화한 것이다. DNA와 RNA는 인산기들을 가지고 있어서 음전하를 띠기 때문에, 전기장의 겔의 양(+)극 쪽으로 이동하게 된다. 겔은 작은 분자보다 큰 분자의 이동을 느리게 하기 때문에, 분자들이 이동하는 비율은 그것들의 크기(분자량)에 따라서 반비례적으로 이동하게 된다. 기존에 크기가 알려진 DNA 절편을 표준으로 하여, 알려지지 않은 절편의 분자 크기를 정확하게 측정할 수 있다.

### 15.2.2 DNA, RNA 그리고 단백질 블럿은 특정 단편을 구분할 수있다

유전학자들은 상보적인 유전자탐침으로 혼성화하여 특정 DNA 절편을 확인할 수 있다. 그러나 겔에 포함된 DNA 분절을 탐침과 혼성화시키는 것은 불가능하다. 이러한 이유 때문에 일반적으로 DNA를 변성시킨 다음 니트로셀룰로오스 필터로 DNA를 옮긴다. 겔이 복제된 블럿을 상보적인 DNA 절편과 혼성화될 수 있는 DNA탐침과 함께 항온처리 한다. 만약에 탐침이 방사능물질을 띠는 것이면, 그 블럿을 자동방사선사진법으로 찍으면 된다. X-선 필름에 생긴 점들은 겔에서 탐침과 상보적인 절편의 위치를 표시한다.

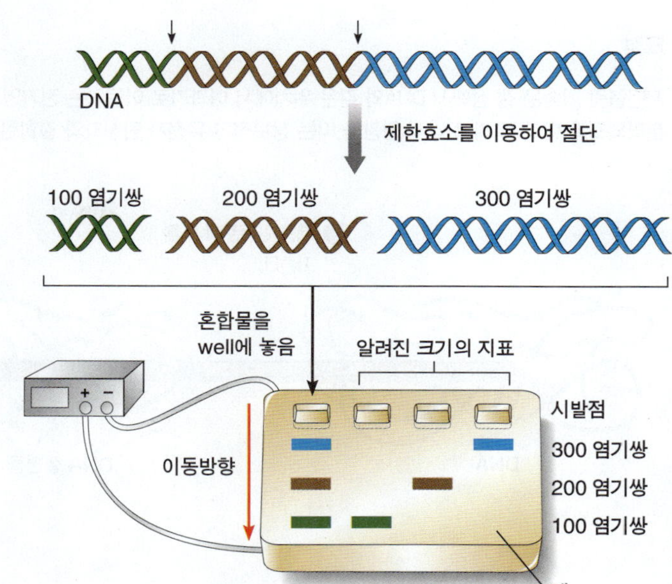


**(a)** Agarose나 polyacrylamide 겔을 넣은 얇은 유리판이나 Plexiglas holder에 전기장을 설치한다. 겔이 굳은 후, 다양한 크기의 고분자 혼합물 시료를 겔 최상단에 있는 well에 넣고 전류를 걸어준다. 가장 작은 DNA절편들이 가장 먼 곳으로 이동하게 된다.

**(b)** 분리된 DNA 절편을 보여주는 겔. DNA와 결합해서 자외선(UV)에서 형광색을 띠게 되는 겔이 ethidium bromide에 의해 염색된다.

**그림 15-8 젤 전기영동법.**

**요점**

서던블럿 기술은 겔 상에서 DNA와 같은 위치에서 여과기로 이동하는 전기영동에 의해서 DNA가 분리되도록 한다. 그리고 나서 형광을 띠는 상보적인 유전자 탐침자와 결합한다.

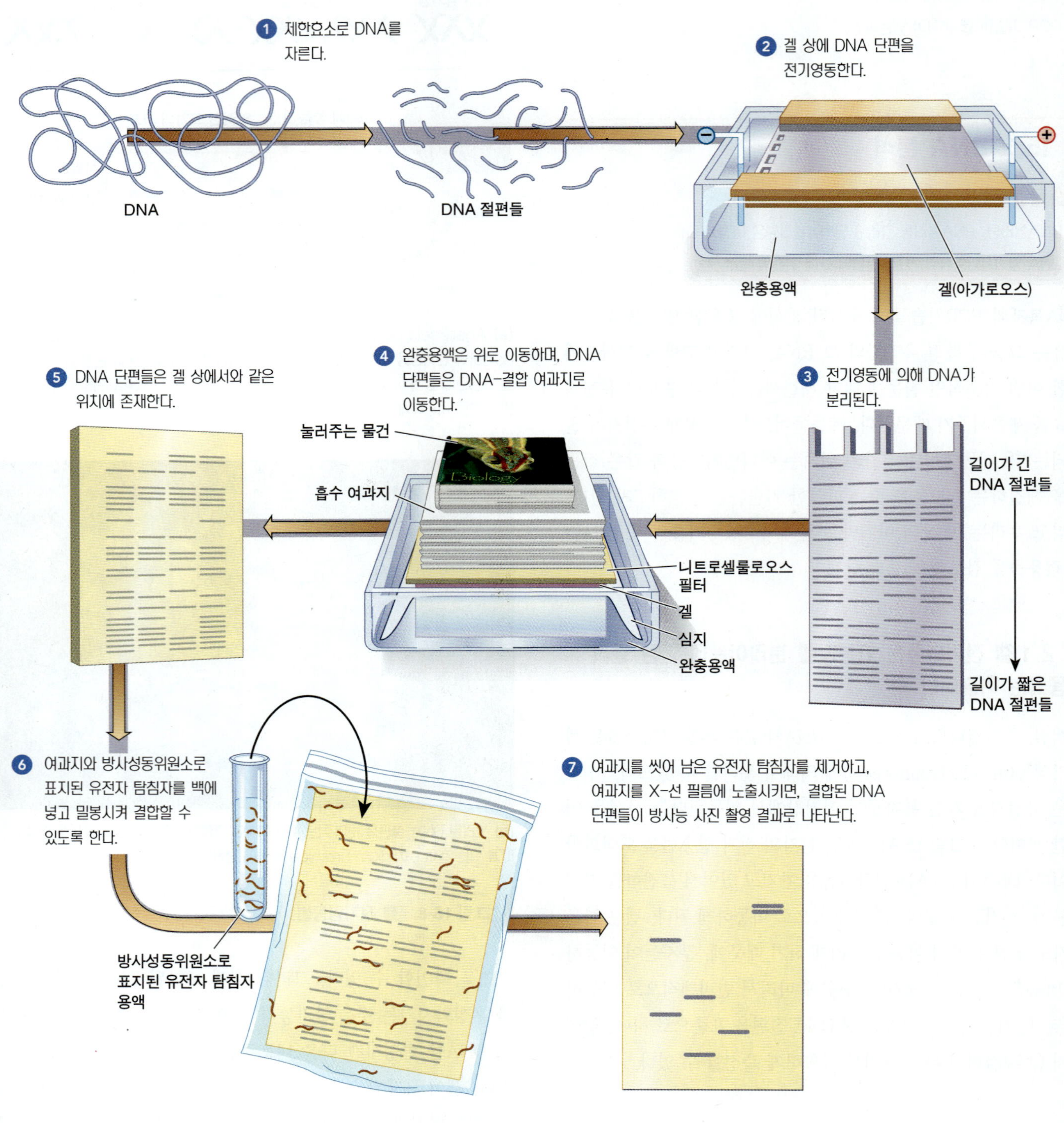


**그림 15-9** 서던블럿 기술.

DNA 절편을 찾아내는 이러한 방법—겔 전기영동으로 분리한 DNA 절편을 니트로셀룰로오스나 나일론 막으로 이동시키는—을 스코틀랜드 에든버러 대학의 **서던**(Edward M. Southern)의 이름을 따서 **서던블럿**(Southern blot)이라고 한다(▮ **그림 15-9**). 비슷한 원리의 블럿팅 기술이 RNA나 단백질을 연구하는데 사용된다. 전기영동에 의해 분리된 RNA분자가 막으로 옮겨지는 것을 **노던블럿**(Northern blot)이라 한다. 같은 방식으로 전기영동에 의해 분리되어진 단백질이나 폴리펩티드로 구성된 블롯을 **웨스턴블럿**(Western blot)이라고 한다.

## 15.2.3 DNA를 특징짓는 1가지 방법은 뉴클레오티드의 염기서열을 결정하는 것이다

연구자들은 복제된 DNA의 조각을 수없이 다양한 응용을 위한 연구 수단으로 이용하는데, 일반적인 첫 번째 단계는 뉴클레오티드의 염기서열을 결정하는 것이다.

### (1) 빠른 DNA 염기서열 결정법이 존재한다

DNA 염기서열 분석은 1974년 영국의 생화학자 **생거**(Fred Sanger)와 미국의 생화학자 **길버트**(Walter Gilbert)가 개발한 **연쇄종말법**(chain termination method)에 의해 가능하였다. DNA 염기서열 분석이 지금은 완전히 자동화되었지만, 연쇄종말법의 기본적인 단계들은 간략하게 짚고 넘어가고자 한다.

DNA 염기서열 분석방법은 복제하려는 DNA 가닥은 *디데옥시뉴클레오티드*(dideoxynucleotide)로 알려진 변형된 합성 뉴클레오티드와 결합하게 되면 더 이상 그 지점 밑으로 신장하지 않는다는 사실을 기초로 한다. 2번 탄소에 히드록시기(OH기)가 없어진 형태인 "보통의" 데옥시뉴클레오티드와는 달리, 디데옥시뉴클레오티드는 3번 탄소에 히드록시 기가 빠져 있다(▮ **그림 15-10**). 3번 탄소의 히드록시 기가 반응하여 인산이에스테르 결합을 형성한다는 12장의 내용을 상기하라. 따라서 디데옥시뉴클레오티드는 DNA 복제에서 신장을 종료하게 한다.

연구자들은 4가지 다른 반응 혼합물을 준비한다. 각각의 반응물에는 염기 서열이 밝혀진 여러 개의 단일가닥의 DNA와 DNA중합효소, 적절한 방사능으로 표지된 프라이머, DNA 합성에 필요한 4종류의 데옥시뉴클레오티드인 dATP, dCTP, dGTP, dTTP을 포함한다. 각 혼합물들은 또한 4종류의 디데옥시뉴클레오티드인 ddATP, ddCTP, ddGTP 또는 ddTTP 중의 단지 하나를 소량 포함한다(▮ **그림 15-11a**). 접두어 "dd"는 디데옥시뉴클레오티드를 나타내고, 디뉴클레오티드를 가르키는 "d"와 구별된다.

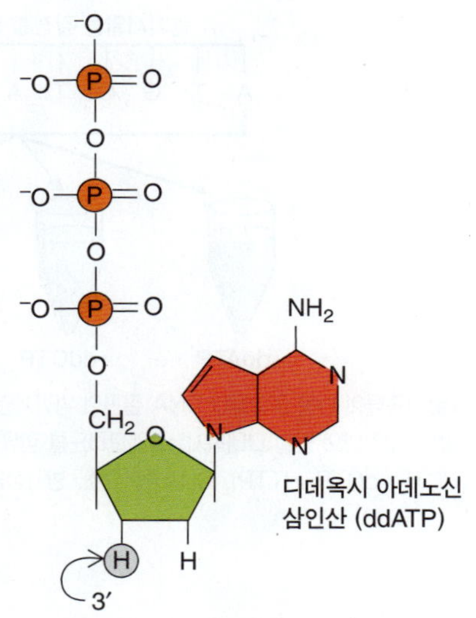


**그림 15-10** 디데옥시뉴클레오티드.

디데옥시뉴클레오티드는 3′탄소에 OH기가 없는 변형된 뉴클레오티드이기 때문에 새로운 DNA사슬이 신장되는 것을 방해한다.

ddATP를 함유하고 있는 혼합물에서 반응이 어떻게 진행되는지를 여기에 나타내었다(▮ **그림 15-11b**). 아데닌이 특정화되어지는 자리에서는 신장되는 가닥이 종종 ddATP와 반응하여 더 이상 신장되지 못한다. 결과적으로 다양한 길이의 DNA 절편 혼합물이 반응혼합물 속에서 형성된다. ddATP를 함유한 각각의 절편은 일반적으로 새롭게 합성된 가닥에서 발견되어질 수 있는 특정 아데닌 자리를 표시한다. 이와 비슷하게 ddCTP를 포함하는 반응물에서도 ddCTP를 함유한 각각의 절편은 새롭게 합성된 가닥의 시토신 자리를 표시한다.

각각의 반응에서 방사성 절편은 변성되어 겔 전기영동에 의해서 분리되며, 각각의 반응 혼합물은 겔에서 각각의 레인(A, T, G, C)을 차지하게 된다. 겔에서 새롭게 합성된 절편의 위치는 방사선자동사진법에 의해서 결정된다(▮ **그림 15-11c, d**). 겔의 높은 해상력 덕분에 단지 하나의 뉴클레오티드에 의해 길이가 달라진 절편들을 구별할 수 있기 때문에, 연구자들은 새롭게 합성된 DNA를 한번에 염기서열을 읽어낼 수 있다. 예를 들어, 아래와 같이 DNA-염기서열분석 겔의 필름이 있다고 하면:

| A | C | G | T |
|---|---|---|---|
| — | | | |
| | | | — |
| | | — | |
| | — | | |

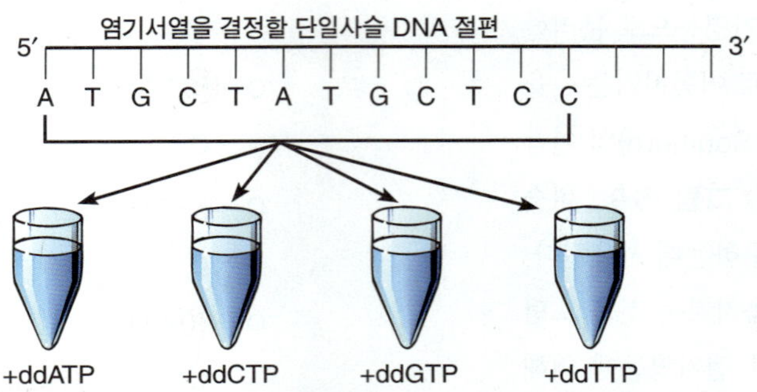


**(a)** 4종류의 반응 물질들이 DNA 절편의 염기서열 분석에 사용된다. 각각의 튜브에는 ddATP와 같은 적은 양의 단일 디데옥시뉴클레오티드를 함유하고 있다. 또한 많은 양의 데옥시뉴클레오티드(dATP, dCTP, dGTP, dTTP), DNA중합효소, 방사성동위원소로 표지된 프라이머가 포함되어져 있다.

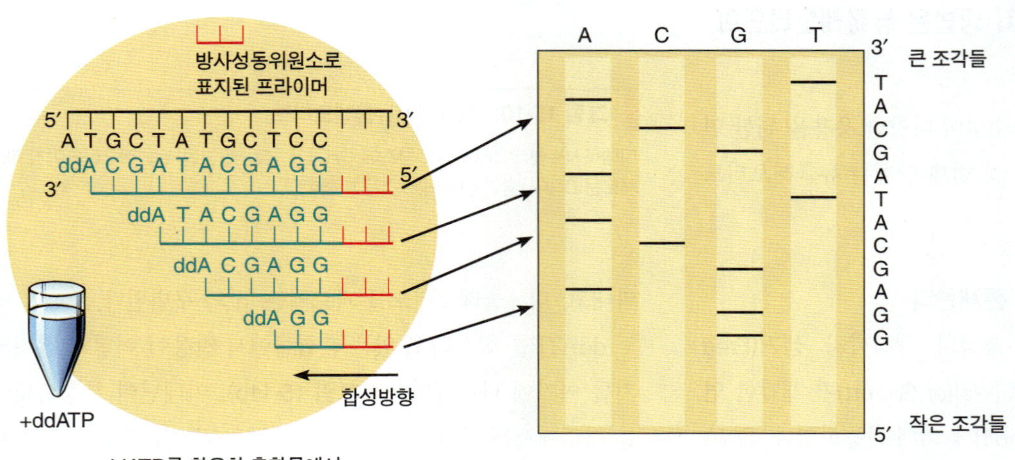


**(b)** 생성되는 사슬에 ddATP의 무작위적 결합은 새롭게 합성되는 모든 말단 자리에 아데닌이 위치하는 여러 개의 작은 DNA절편을 생성시킨다.

**(c)** 방사성동위원소로 표지된 반응 혼합물을 겔 전기영동으로 분리한 후, X-선 필름에 노출시킨다. 새롭게 합성된 DNA의 염기서열을 필름에서 직접 (5′→3′) 읽어나간다. 실제 주형가닥의 염기서열은 상보적(3′→5′)이다.

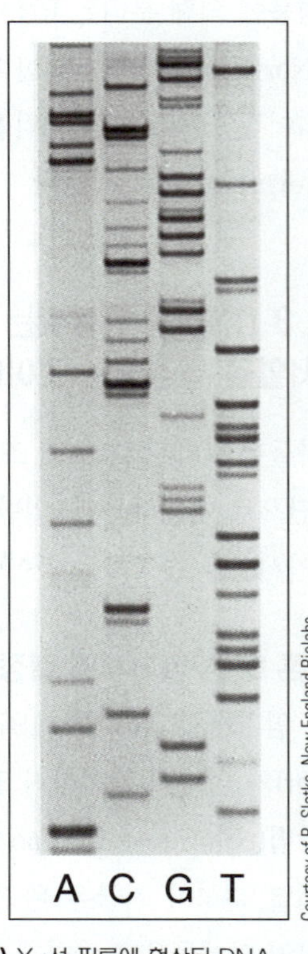


**(d)** X-선 필름에 현상된 DNA 염기서열 젤. 4개의 레인은 각각 A, C, G, T 디데옥시 반응 혼합물을 표시한다.

**그림 15-11** DNA 염기서열분석의 사슬종결법.

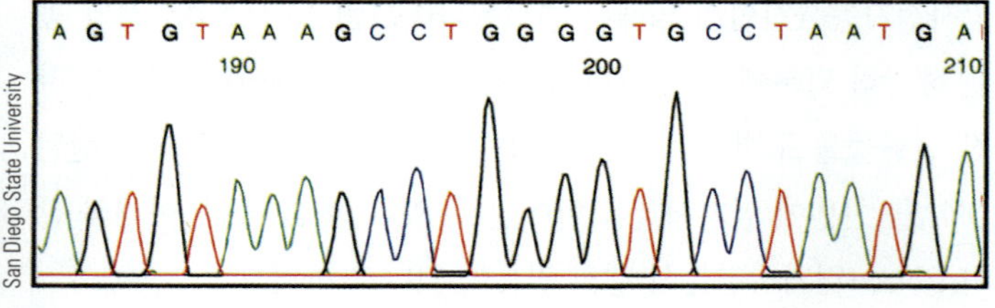


**그림 15-12** 자동화된 DNA 염기서열분석 결과.

컴퓨터가 겔에서 형광을 나타내는 띠를 읽고 일련의 최고점을 만들어낸다. 뉴클레오티드 염기인 아데닌은 녹색, 구아닌은 검정색, 시토신은 푸른색, 티민은 붉은 색을 나타낸다. 컴퓨터에 의해 나타난 DNA 염기서열분석은 출력물의 꼭대기에 보여 진다.

아래에서부터 시작해서, 염기서열을 읽으면: 5′-C-G-T-A-3′가 된다.

연쇄종말법이 자동화된 DNA염기서열 분석장치에서 사용된다. 그러나 뉴클레오티드 염기서열은 더 이상 방사능 표지법에 의해서 시각화하지 않는다는 점에서 검출방법은 변화되었다. 대신 연구자들은 4종류의 ddNTP를 각각 다른 색깔의 형광색소로 표지한다. 염기들이 전기영동 매질의 각 레인 끝에서 나오게 될 때 컴퓨터는 레이저를 이용하여 색소표지자의 형광을 읽는다(**그림 15-12**).

### (2) 자동화된 DNA 염기서열 분석장치를 이용하여 전체 게놈의 염기서열이 완성되었다

오늘날 염기서열 분석 장치는 매우 강력해서 24시간 간격으로 150만 염기를 해독할 수 있다. 염기서열 분석 기술에서의 이러한 진보는 연구자들이 원핵생물과 진핵생물에 이르는 다양한 생명체에서 전체 게놈의 뉴클레오티드 염기서열을 연구할 수 있도록 해 주었다. 이러한 연구의 대부분은 1990년에 시작한 **인간유전체사업**(Humna Genome Project)에 의해 처음으로 자극을 받았다. 30억 개의 인간 게놈 염기쌍의 염기서열 분석이 2001년에 실질적으로 완성이 되었다. 현재까지 100종류 이상의 다른 생명체 게놈의 염기서열이 분석이 완성되었고 수백종 이상의 게놈 분석이 진행되고 있다. 우리는 자동화된 염기서열 분석방법 덕분에 유전자 염기서열 자료의 놀랄만한 폭발 속에서 살아가고 있다.

**복습**

- 서던 블롯이란 무엇인가?
- 자동화된 DNA 염기서열 분석 기술은 어떻게 사용하는가? 이 방법의 기본적 단계의 개요를 서술하라.

## 15.3 유전체학

**학습목표**

7 유전체학에서 흥미있는 세 분야에 대해 설명하라.

8 DNA 미세배열법(microarray)의 사용과 그의 연구와 의학적 가치의 예를 설명하라.

9 약물 유전학과 단백질체학의 정의를 내려보라.

현재 우리는 인간을 포함한 많은 종들의 게놈 염기서열을 알고 있는데, 과연 우리는 이 정보로 무엇을 할 수 있을까? **유전체학**(genomics)은 생물학에서 떠오르는 분야로 모든 유전자와 그로부터 파생되는 RNA와 단백질 생성물을 결정하고 어떻게 유전자를 조절하는지 확인하기 위해 생명체 게놈의 전체 DNA 염기서열을 연구한다. 이처럼, 유전체학은 실질적인 적용에 중요하고 더욱이 과학적인 질문에 대한 답을 가능하게 한다.

유전체학은 세 개의 주요 분야로 나눠는데 구조 유전체학, 기능 유전체학, 그리고 비교 유전체학이다. *구조유전체학*(structural genomics)은 게놈의 염기서열 분석과 염색체 지도 작성을 연구하는 분야이다. *기능유전체학*(functional genomics)은 게놈의 유전자와 비유전자 서열의 기능에 대해서 다룬다. *비교유전체학*(comparative genomics)은 진화 과정 동안 DNA에 일어난 변화를 파악하기 위해 다른 종들 사이의 게놈을 비교하는 일을 포함한다. 이 지식들은 나아가 우리가 진화적 유연관계를 이해하도록 한다.

### 15.3.1 단백질을 암호화하는 유전자들의 확인은 연구와 의학적 응용에 유용하다

인간 유전체(게놈)의 대부분은 단백질을 암호화하지 않는 DNA 염기서열을 포함한다. 전체 게놈이 생물학자들의 관심을 끌고 있지만, 단백질 암호화 부위는 의학 연구자들에게 특별한 흥미를 불러일으킨다. 과학자들은 단백질 암호화 유전자들의 확인을 도울 수 있는 **cDNA 꼬리표(expressed sequence tags, ESTs)**로 알려진 수만가지의 짧은 (25개~30개 뉴클레오티드) cDNA 염기서열을 수집하였다.

무수한 인간 ESTs를 포함하는 큰 데이터 세트는 인터넷을 통해 이용 가능하다. 유전자 수집 소프트웨어를 사용하여, 생물학자들은 특정 DNA 서열을 가지고 데이터 세트에 접근하여 알려진 EST 서열과 그들이 찾은 DNA 서열을 맞춰볼 수 있다.

데이터 세트에 있는 많은 ESTs는 다른 종에서 밝혀진 DNA서열과 비교함으로써 밝혀졌다. 예를 들어 인간 **말단소체복원효소(telomerase)** 유전자인 TRT는 이 유전자의 인간 EST서열을 알려진 효모 말단소체복원효소 서열의 EST와 비교함으로써 찾을 수 있었다. (12장을 상기해보면 말단소체복원효소(telomerase)는 진핵세포 염색체의 끝 또는 말단소체에 반복적인 염기서열을 추가한다.)

### 15.3.2 유전자의 기능을 연구하는 하나의 방법은 한번에 하나씩 유전자의 기능을 차단시키는 것이다

1990년대 중반 특정 유전자의 기능을 신속하게 찾아내기 위한 목적으로 이용되면서 RAN간섭이 처음 발견되었다. 13장을 상기해 보면, **RNA간섭(RNA interference, RNAi)**은 유전자 또는 더 자세히 말해서 그들의 성숙한 mRNA 전사체의 발현을 저해하는 작은 RNA분자에 의해 일어난다. RNA간섭은 작은 간섭RNA, 마이크로RNA, 다른 종류의 작은 RNA분자들을 포함한다. 생물학자들은 RNA간섭의 기원을 여러 종의 생명체에서 이들이 이중가닥의 RNA분자를 지닌 외부 바이러스로부터 자신의 세포를 보호하기 위해 자연적으로 진화한 것이라고 가정했다(24장 참고).

아마도 EST를 이용한 단백질을 암호화하는 유전자의 발견 후에는, 유전자를 차단시키는 RNA간섭을 이용하여 그 유전자의 기능을 연구할 수 있게 되었을 것이다. 이를 위해, 생물학자들은 발견된 유전자의 DNA서열 일부분과 상보적인 짧은 RNA가닥을 합성했다. 유전자가 차단된 후, 생물학자들은 결핍된 단백질의 기능을 파악하는데 도움을 줄 표현형적 변화를 관찰한다.

### (1) 유전자 표적 또한 유전자의 기능을 나타낸다

유전자의 기능을 알려줄 수 있는 또 다른 연구방법은 **유전자 표적(gene targeting)**이다. 이 방법은 연구자가 생명체에서 하나의 유전자를 선택하고 "유전자제거(knock-out)" 시키거나 또는 불활성화 시키는 것이다. *유전자제거 생쥐*(특정 유전자가 제거된 생쥐)는 사람을 포함한 포유동물에서 기능이 알려지지 않은 유전자의 기능을 연구하는데 이용되는 일반적 모델이다. 불활성화된 유전자의 기능은 특정유전자가 제거된 쥐에서의 표현형을 관찰함으로써 결정할 수 있다. 만약 어떤 유전자가 단백질을 암호화하고 있다면, 그 유전자가 결핍된 개체를 연구함으로써 연구자가 그 단백질의 기능을 파악하는데 도움을 줄 것이다. 쥐는 유전자자리의 98-99%가 사람과 꼭 닮아있기 때문에 쥐에서 제거된 유전자의 정보가 사람 유전자에 대한 세부정보까지도 제공해 줄 수 있다.

RNA간섭과 달리, 유전자 표적은 많은 시간이 요구된다. 과학자들이 유전자 표적을 통해 유전자제거 생쥐의 새로운 종을 만드는데 약 1년이 걸린다. 기능을 못하는, knockout 유전자를 쥐의 **배아줄기세포(embryonic stem cell, ES cell)**에 도입한다(1장 참조). 배아줄기세포는 특히 암세포와 같이 배양을 통해 무한정 증식 가능하므로 다루기 용이하다. 가장 중요한 것은, 배아줄기세포가 생쥐의 배아에 존재하고 있을 경우 쥐에서 정상적으로 발견되는 모든 세포형태로 분화되고 생성될 수 있다는 것이다. 이러한 배아줄기 세포의 아주 작은 부분에서, 도입된 knockout 유전자가 염색체상의 상응하는 유전자와 물리적으로 결합하게 된다. 이렇게 되면, 염색체상의 유전자와 도입된 knockout 유전자 간에 DNA단편을 교환하는 상동성 재조합(homologous recombination)이 일어나게 된다. 이러한 방법으로 생쥐 염색체상의 정상 대립인자를 knockout 대립인자로 교체시킬 수 있다.

연구자들은 knockout 유전자를 지닌 배아줄기세포를 어린 생쥐 배아에 삽입하고 성숙한 생쥐로 발생시킨다. 연구자들은 일반적으로 모든 세포에서 knockout 유전자를 지니는 동물을 연구하지만 대부분의 유전자가 생존에 필수적이기 때문에 유전자제거 기술을 변형하여 오직 하나의 세포형태에서만 특정 유전자가 선택적으로 불활성화되는 변종을 만들어 내었다. 전세계에 존재하는 연구소들은 각각의 특이적 표현형을 보이는 수천 종의 유전자제거 쥐를 만들었고 그 수는 점차 증가하고 있는 추세이다.

생쥐에서의 유전자 표적은 배아 발생, 신경계 발생, 면역계의 정상적인 기능과 관계된 기초생물학적 문제에 대한 해답을 제시해 주었다. 특히 많은 질병들이 유전적 요인을 지니고 있기 때문에, 이 기술은 다양한 인간 질환에 대한 더 많은 것을 보여 줄 수 있는 가능성을 지닌다. 유전학자들은 낭포성 섬유증과 같은 호흡기 질환, 암, 심장질환, 겸상적혈구증과 다른 질환 연구에 유전자 표적을 사용하고 있다.

### (2) 돌연변이유발 검진은 특정 표현형과 관련 있는 유전자를 보여준다

생쥐와 또 다른 생명체에서, 큰 규모의 많은 돌연변이유발 검진 프로젝트가 현재 진행 중에 있다. **돌연변이유발 검진(mutagenesis screening)**에서 연구자들은 수컷 생쥐에게 화학적 돌연변이원을 처리하여 DNA상 돌연변이를 유발한다. 돌연변이가 일어난 생쥐가 자손을 낳으면 그 중 독특한 표현형을 지니는 자손을 찾는다. 유전자 표적과는 달리, 돌연변이유발은 유전자를 완전히 무력화 시키지 못한다. 대신, 작은 임의의 돌연변이들이 그 DNA가 생성하는 단백질의 특성을 변화시킨다. 돌연변이유발 검진의 규모는 매우 거대하다. 독일의 한 검진 프로젝트는 표현형에 변화를 보이는 28,000개의 다른 변종 생쥐를 진단하였다.

## 15.3.3 DNA미세배열은 유전자들의 상호작용을 연구할 수 있는 강력한 방법이다

**DNA미세배열**(DNA microarrays, DNA칩 또는 유전자칩으로도 부름)은 유전자발현 양상 연구의 길을 제시한다. DNA미세배열은 칩이나 유리판 위에 놓여진 수백 개의 다른 DNA 분자로 이루어진다(**그림 15-13**). ❶번에서, 기계로봇이 미세배열을 준비한다. 반점으로 보여지는 격자 위의 각 위치에 특정 *cDNA(상보 DNA)*가 수천에서 수백만 복사체로 존재한다. *미세반점*(microdot)으로 알려진 각 반점 위의 단일가닥 cDNA 분자는 특정 mRNA에서 역전사효소를 이용하여 만들어지고 중합효소연쇄반응을 통해 증폭된 것이다.

❷번에서, 연구자들은 2개의 세포군—예를 들어, 새로 개발된 약을 처리한 실험군 간(liver)세포와 약을 처리하지 않은 대조군 간세포—으로부터 mRNA분자를 분리한다. 간세포는 약을 포함한 외부 분자를 대사하기 위해 많은 효소들을 생성하기 때문에 자주

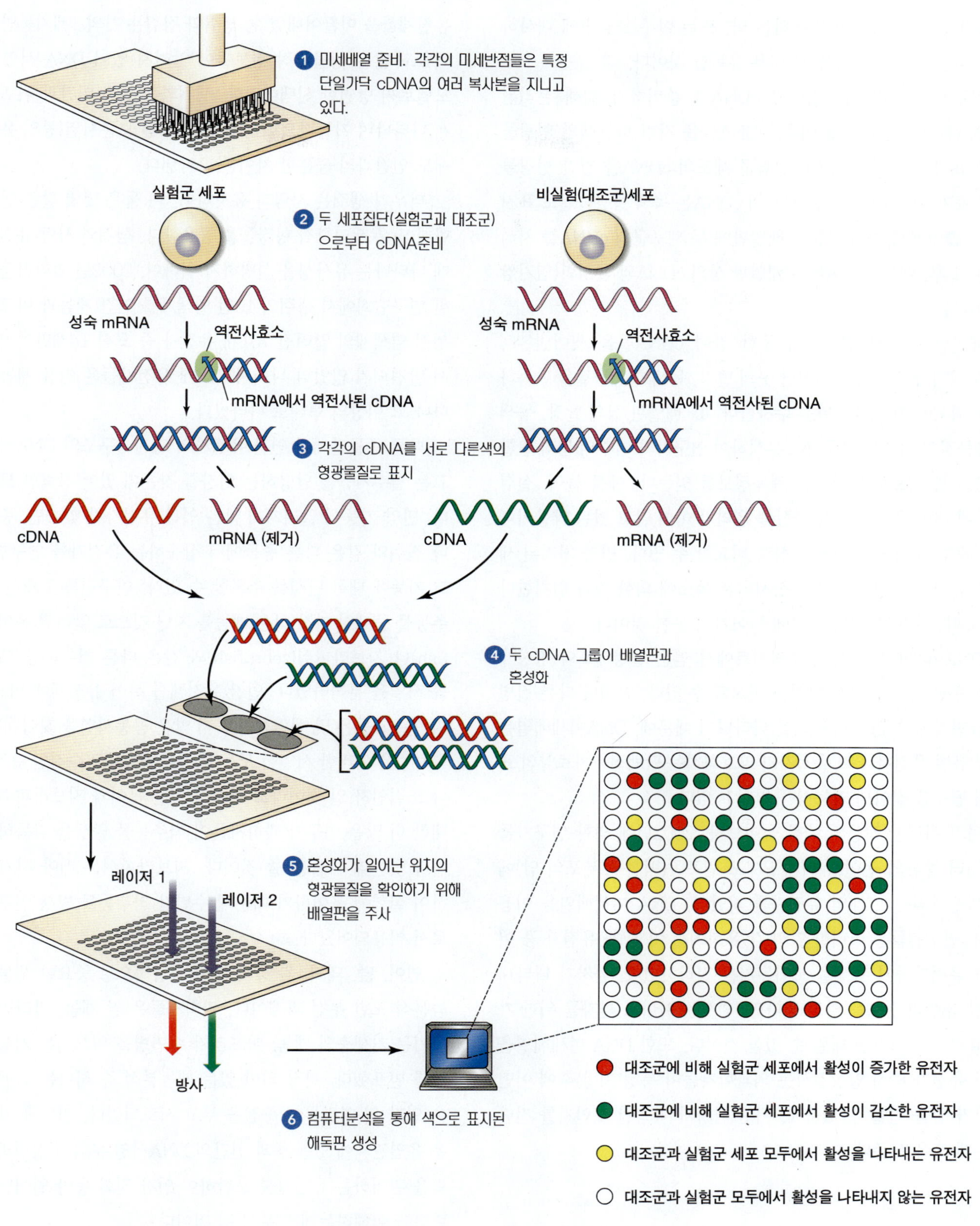


**그림 15-13** DNA미세배열(microarray) 분석법.

이용된다. 간이 대사하지 못하는 약, 또는 아주 조금밖에 대사하지 못하는 약물들은 사용 시 매우 유독할 것이다.

연구자들은 각 세포집단의 cDNA를 준비하기 위해 분리된 mRNA를 사용한다. ③ 이후, cDNA들을 각기 다른색의 형광물질로 표지한다. 예를 들어, 실험군 세포의 cDNA를 빨간 형광물질로 표지하였다면 대조군 세포의 cDNA는 녹색 형광물질로 표지한다. ④번에서, 연구자들이 배열판에 두 세포군의 cDNA를 처리하면 그 후, 어떤 cDNA들은 배열판 상의 cDNA와 혼성화(염기쌍을 이루는)를 이룬다.

배열판 상에서 결합하지 못한 잔여 cDNA들을 씻어낸 후, ⑤ 분석기가 혼성화가 일어난 곳의 빨강, 녹색 형광물질을 판독하기 위해 레이저로 배열판을 주사한다. ⑥ 배열판 상의 빨강, 녹색 형광물질의 비율을 컴퓨터로 분석하여 연구자가 이후의 분석을 할 수 있도록 색으로 나타나는 해독정보를 얻는다. 예를 들어, 실험약물에 대한 유전자 활성 양상을 우리가 이미 알고 있는 약물이나 독소에 대한 유전자 활성 양상과 비교할 수 있다. 만약 처리된 세포의 유전자 활성이 간을 손상시키는 독소에 의한 것과 일치한다면 그 약은 아마도 임상실험에 들어가지 못할 것이다.

DNA미세배열을 통해 조직시료에서 얻은 질병세포와 정상세포의 수천 가지 유전자 활성을 비교할 수 있다. 암이나 다른 질병이 유전자 발현 양상의 변화를 나타나기 때문에, DNA미세배열은 질병 유발 유전자나 그 유전자가 암호화하는 단백질—치료약의 표적이 될—을 찾아낼 가능성을 지니고 있다.

여기 이러한 적용의 예를 들어보자. 2002년에 의학 연구자들이 여러 종류의 전이성 거대 B세포 림프종(백혈구 세포의 암)에서 활성화되는 17개의 유전자를 찾았다. DNA 미세배열을 이용하여, 연구원들은 이러한 암의 각 유형에서 이 17개 유전자 중 어떠한 유전자들이 활성을 보이는지를 정리하였다. 환자가 나타내는 암 유형의 정보를 알고 있다면, 의사는 아마도 환자를 위한 가장 효과적인 처방을 내릴 수 있을 것이다. 또한 DNA 미세배열을 통한 유전자 활성 양상검사는 의과학자들이 특정 처방 후에 어떤 환자가 암을 면할 수 있을지, 어떤 환자가 악화될 것인지를 진단하는데 도움을 준다.

### 15.3.4 인간유전체사업은 다른 종들에서의 유전체 서열에 관한 연구를 촉진시켰다

사람 유전체 분석에 더하여, 연구원들은 생쥐(mouse)와 집쥐(rat)의 게놈에서 동시에 서열분석과 지도작성을 함으로써 비교유전체학을 이끌어내었다. 생쥐와 집쥐는 거의 1세기동안 연구되어왔고 많은 생물학적 정보들이 알려져 있어 DNA 서열 분석의 모델로써 당연한 선택이었다. 생쥐와 집쥐는 인간과 쥐 모두에게서 나타나며 기능적으로 중요한 그 어떤 보존서열(동일 유전자)에서도 인간과의 충분한 차이를 나타낸다.

더우기 생쥐는 사람과 유사하여, 이 둘은 몇몇 같은 질병을 포함한 많은 생리학적 형질들을 공유한다. 생쥐와 사람 유전체 사이에 나타나는 유사성을 설명하기 위하여, 2002년 과학자들이 발표한 연구협회에서 생쥐의 16번 염색체를 인간 게놈과 비교하였다. 생쥐 염색체의 알려진 731개 유전자 중 오직 14개만이 인간에게서 발견되지 않았다 나머지 717개 유전자들은 인간 게놈에서 하나나 그 이상의 형태로 나타났다.

다른 종들간에서 연관 유전자의 염색체구조와 DNA서열의 비교는 필수기능을 담당하는 인자를 찾는데 있어 강력한 도구가 된다. 만약 기능이 알려지지 않은 인간 유전자가 있다면, 종종 생쥐나 집쥐와 같은 다른 종들에서 상응하는 유전자를 연구함으로써 그 기능에 대한 단서를 추론할 수 있다. 연구원들은 또한 모든 척추동물 중에서 가장 작은 게놈를 지닌 것으로 알려진 복어(puffer fish)나 지브라피쉬(zebrafish)와 같은 다른 척추동물 모델을 게놈 서열을 분석하였다. 인간 유전체를 복어 유전체에 비교함으로써 연구자들은 몇 백년간 변하지 않은 공통서열을 찾아내었다. 과학자들은 이러한 서열이 모든 척추동물에서 필수적인 유전자이거나 조절인자 일 것이라고 가정하였다. 복어와 지브라피쉬 게놈에 대한 더 많은 연구가 과학자들이 척추동물 발생을 감독하는 유전자를 찾는데 도움을 줄 것이다. 지브라피쉬는 배아 시기가 투명하여 실험에 용이하기 때문에 수년간 척추동물 발생 연구의 모델로서 이용되어왔다.

연어, 닭, 돼지, 쌀 등과 같이 상업적으로 중요한 생물체의 게놈분석 또한 우선 과제이다. 과학자들은 쌀 게놈, 말라리아를 일으키는 기생충의 게놈, 아프리카 수면병을 일으키는 기생충의 게놈를 발표했다. 가장 의미 있는 게놈분석 중 하나는 침팬지와 같은 인간 외 영장류에 중점을 두고 시도되었다. 인간과 가장 가까운 유연관계에 있는 종과 인간의 DNA서열 분석이 정신과 언어능력을 관리하는 유전자를 포함하여 인간 진화 동안 일어난 유전적 변화를 이해하는데 도움이 될 것이다.

#### (1) 인간유전체사업은 미래를 위해 큰 의미를 가진다

사람 유전체에 대한 이해는 인간의 건강 관리에 있어서 획기적인 변화를 가져올 수 있고, 몇몇 전문가들은 선진국에서 인간의 평균

기대 수명이 2050년에 90~95세가 될 것이라 예상한다. 이와 비교했을 때, 현재 미국의 평균 수명은 77세이다. 연구자들은 거의 매주 고혈압이나 특정 암과 관련된 유전자 발굴과 같은 내용으로 인간 게놈에 대한 새로운 건강 관련 정보를 알려주고 있다.

몇몇 새로운 과학적 분야들이 사람유전체사업의 영향으로 나타나고 있다. 이는 생물정보학, 약물유전학, 단백질체학이다.

**생물정보학.** 이미 언급했듯이, 현재 이용가능한 대량의 게놈 정보들은 고성능의 컴퓨터를 사용하여 관리되어야 할 필요가 있다. **생물정보학(bioinformatics)** 또는 *생물학적 컴퓨팅(biological computing)*으로 알려져있는 이 학문은 종 내 또는 종 간의 DNA 염기서열의 보관, 복구, 그리고 비교 등의 정보를 포함한다. 생물정보학은 염기서열 분석이나 다른 기술을 이용하여 얻어진 많은 양의 정보를 관리하고 분석하기 위해 고성능의 컴퓨터와 정교한 소프트웨어를 사용한다. 예를 들어, 연구자들이 새로운 DNA 염기서열을 결정하면, 자동화된 컴퓨터 프로그램이 이미 발견된 유전자의 전형적인 양상과 비교하여 그 서열을 정밀 검사한다. 다른 개체들로부터 얻어진 DNA 염기서열 데이터베이스 비교를 통해, 생물정보학은 이미 유전자 확인, 유전자 기능 그리고 진화적인 관계에 대한 견문을 이끌어 오고 있다.

**약물유전학.** **약물유전학(pharmacogenetics)**으로 잘 알려진 유전자 기반의 약물에 대한 새로운 과학적 분야는 환자의 유전적인 배경이 고려된 약을 만들어 내기 위한 것이다. 현재, 의사들은 특정 의약품이 환자에게 이로운지 아니면 심각한 부작용을 야기시키는지 미리 알 수 없다. 개인의 유전자들 중에, 특별히 약물 대사에 관여하는 효소들을 암호화하고 있는 유전자들은 특정 약물에 대한 개인의 반응을 확인하는데 이용될 수 있다. 약물유전학은 개인간의 미묘한 유전적인 차이들을 고려한다. 적어도 5~10년 안에, 의사들이 약을 처방하기 전에, 환자들은 유전적인 적격 검사 절차를 밟게 될 것이다.

인류유전학의 다른 분야들과 마찬가지로, 약물유전학은 어려운 윤리적인 문제들을 가진다. 약물유전학에 있어서 유전적 검사는 사생활, 유전적인 선입견, 잠재적인 차별의 문제를 야기시킬 수 있다. 우리는 이러한 문제들을 16 장에서 다룰 것이다.

이러한 문제점들과 동시에, 사람유전체사업과 약물유전학은 인간의 건강과 질환에 있어서 유전자의 역할에 대한 지식을 진보시킨다. 그러나, 개인 특성에 맞춰진 유전적 검사는 자칫 사람들로 하여금 결코 증상을 나타내지 않은 유전질환에 대해 불필요하게 걱정하도록 만들 수 있다. 대부분의 흔한 질환들은 몇 가지의 유전자들과 비유전적, 환경적인 요인들이 상호작용하여 나타나게 된다. 환경이 유전자의 발현에 영향을 주는 중요한 요인이라는 11장의 내용을 상기해 보라. 인간에 있어서 건강한 환경 요인은 적당한 식이요법, 알맞은 운동, 그리고 금연을 의미한다 (초점: 환영받지 못하는 조직: 암, 38장 참조).

**단백질체학.** 인간의 유전체에 의해 암호화 되고 인간의 세포나 조직에서 합성되는 모든 단백질에 대한 연구를 **단백질체학(proteomics)**이라고 한다. 과학자들은 주어진 1종류의 세포로부터 만들어지는 모든 단백질을 규명하기를 원하지만, 실제로 그 과정은 인간 게놈의 염기서열을 밝히는 것보다 더 복잡하다. 예를 들어 몇몇 유전자들은 몇 가지의 다른 단백질들을 암호화하고 있다 (그림 14-12 참조). 또한 신체의 모든 체세포들은 동일한 게놈을 가지지만 서로 다른 조직에 존재하는 세포들은 매우 다른 종류의 단백질을 합성하게 된다. 단백질 발현 양상은 서로 다른 조직에서 뿐 만 아니라, 하나의 세포에서도 서로 다른 발생단계에 따라 다르게 나타난다.

과학자들은 여러가지 단백질들이 서로 상호작용하는 방법, 각각의 단백질이 3차 구조를 형성하는 방법등과 같은 한 세포 내의 단백질들의 역할에 대해 이해하기를 원한다. 생물학적 지식이 진보됨에 따라 의약품에 대한 진보도 함께 나타난다. 만약 약물학자들이 암이나 다른 질환과 관련된 단백질의 형태를 안다면, 그들은 그 단백질의 활성을 차단시키기 위해 그 단백질의 활성 부위에 부착할 수 있는 약물을 개발할 것이다. 오늘날, 제약 회사는 세포 내의 500개의 단백질을 표적으로 하는 약물을 보유하고 있다. 그러나 연구자들은 단백질체학이 10,000~20,000개의 추가적인 단백질 표적 약물을 개발시킬 것으로 예상하고 있다.

**복습**

- 구조유전체학, 기능유전체학, 그리고 비교유전체학을 어떻게 구분할 수 있는가?
- DNA 미세배열이란 무엇인가?
- 약물유전학과 단백질체학이란 무엇인가?

## 15.4 DNA 기술의 응용

**학습목표**

**10** 다음의 각 분야에서 재조합 DNA 기술의 적어도 하나이상의 중요한 응용분야를 기술하라: 의학과 약리학, DNA 감식(DNA typing), 형질전환 생물.

재조합 DNA 기술은 세포에 대한 기본적인 의문을 조사하는데 새롭고 독특한 도구뿐만 아니라, 많은 분야에서 적용된 문제점에 대한 새로운 접근을 제공해 주었는데, 무엇보다 가장 큰 영향을 미친 분야는 약리학과 의학이다.

### 15.4.1 DNA 기술은 의학과 약리학 분야에 혁명을 가져왔다

대장균(*E. coli*)에 의해서 생산된 인간 인슐린은 인간에 의해 사용되기 위해 승인을 받은 최초의 유전공학적 단백질 중의 하나이다. 인간 호르몬을 생산할 수 있는 유전적으로 변형된 박테리아를 생산하기 위해서 재조합 DNA 기술을 사용하기 이전에는, 대부분의 인슐린은 오로지 다른 동물에서부터 얻어졌다. 동물에서 유래된 인슐린은 인간 인슐린과 아미노산 서열이 약간 다르기 때문에, 많은 당뇨병환자들은 동물 인슐린에 대해서 알레르기 반응을 보이게 된다. 재조합 DNA 방법에 의한 인간 호르몬의 생산 능력은 인슐린 의존성 당뇨병 환자에게 중요한 의학적 이익을 주게 되었다.

유전공학적으로 제조된 인간 성장호르몬(GH)은 성장결핍 특히 뇌하수체성 소인증을 극복해야 할 필요한 아이들에게 유용하다(48장 참조). 과거에는 인간 성장호르몬은 오직 시체에서만 얻어질 수 있었다. 매우 적은 양 만이 이용되며, 일부 준비된 인간의 시체들은 소해면양뇌증(bovine spongiform encephalopathy) 또는 광우병을 일으키는 것과 비슷한 전염물질에 오염된 증거가 제시되었다.

유전공학에 의해서 생산되는 생산품목들은 계속적으로 증가하고 있다. 예를 들면, 혈전을 방해하거나 용해하는 단백질인 *조직 플라미노겐활성인자*(tissue plasminogen activator (TPA))는 심혈관 질환을 치료하는 데 사용된다. 만일 심장발작 후에 바로 주사된다면, TPA는 연속적인 발작의 위험을 감소시켜준다. *조직 성장인자-베타*(tissue growth factor-beta(TGF-$\beta$))는 혈관과 피부의 성장을 촉진하여 상처나 화상치료에 사용된다. 연구자들은 *조직공학*(tissue engineering)에서 또한 TGF-$\beta$를 사용하는데, 이는 세포배양을 통해 인간의 조직과 기관들을 성장시켜서 이식을 위해 긴급한 필요에 부응하기 위해 발달하고 있는 기술이다. 미국의 식품 의약품 안전청(FDA)은 조직공학적 피부 이식을 승인하고 있고, 조직공학적 연골은 임상시험단계에 있다. 혈우병 A는 *인간 혈액응고인자 VIII*(human blood clotting factor VIII)에 의해 치료된다. 재조합 DNA 기술이 발달하기 전에는 인자 VIII는 오직 인간이나 동물에서 유래한 혈액에서만 사용될 수 있었는데, 이는 HIV와 같은 감염 인자들의 전달 위험을 내포하고 있었다. 그리고 *Dornase Alpha*는 호흡기능과 일반적인 낭포성 섬유종을 가진 사람들의 건강을 향상시킨다.

### 15.4.2 DNA 지문검사는 널리 적용된다

한 개체로부터 추출된 DNA의 분석에 있어서, 그 개체에게만 유일하게 나타나는 양상에 대한 분석은 **DNA 지문검사(DNA fingerprinting)** 또는 **DNA 감식검사(DNA typing)**으로 잘 알려져 있다. DNA 지문검사는 다음 예와 같이 인간 그리고 다른 생명체에 널리 적용된다:

1. 범죄 현장에서 발견된 증거 분석 (법의학적 분석) (**그림 15-14**)
2. 큰 재앙의 희생자 신원의 파악
3. 정확한 혈통제시를 위한 개의 태생 증명
4. 인간의 암 세포주 확인
5. 보존생물학 측면에서 위험에 처한 종들에 대한 연구
6. 오염된 음식물 조사
7. 인간 집단의 유전적인 공통 조상 연구
8. 논쟁의 여지가 있는 친자확인의 명확화

DNA 지문검사는 분자적인 표지인자의 확인을 통해 이루어지므로, PCR 증폭과 겔 전기영동에 의존적이다. 인간 집단 내에서 가장 유용한 분자적인 표지인자들은 높은 다형성을 보이는 인자들이다. **짧은연속순서(short tandem repeats, STR)**은 DNA의 짧은 서열, GTGTGTGTGT 또는 CAGCAGCAGCAG와 같은 간단한 서열들의 반복들이 최고 200 서열까지 존재하는 분자적인 표지인자들이다. STR은 개체마다 길이가 다양하기때문에 높은 다형성을 보이고, 이러한 특징은 개체를 확인하는데 있어 높은 확실성을 나타내게 되므로 표지인자를 유용하게 한다.

만약 충분한 수의 표지인자들이 비교 된다면 일반적인 집단으로부터 무작위로 선택된 두명의 개체가 동일한 DNA 양상을 보일 확률은 수 십억 분의 일 보다도 작다. FBI는 표지인자들에 대해 한 개체의 DNA가 단독양상을 보이도록 하기 위해 13개의 서로 다른 표지인자로 구성된 하나의 STRs 세트를 사용한다. 그러한 DNA 양상은 미국에서 한 개체를 쌍둥이를 제외한 다른 개체들과 구분지을 수 있게 한다.

세포의 미토콘드리아에서 발견된 DNA를 상기해 보라. 핵 DNA는 한 세포당 2 복사체-각 상동염색체 마다 하나씩-로 나

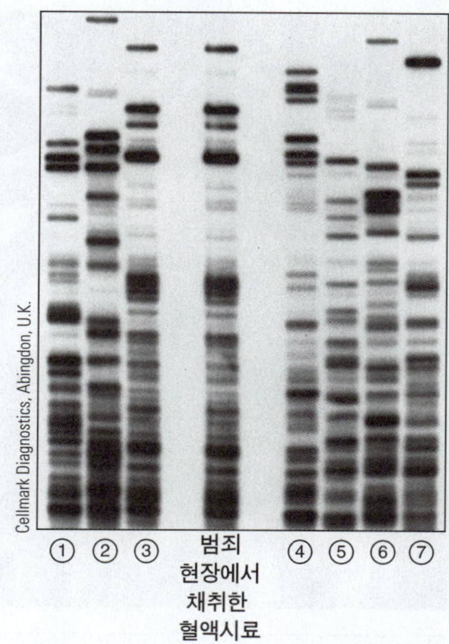


**그림 15-14** DNA 지문검사.

이 그림의 DNA 지문들은 범죄 현장으로부터의 DNA (*가운데*)와 7명의 용의자들의 DNA 양상을 보여준다. 범죄 현장으로부터의 혈액과 DNA 양상이 일치하는 용의자를 찾을 수 있는가?

타나는 반면, 미토콘드리아 DNA는 한 세포당 10만 개의 복사체의 형태로 나타난다. 그러므로 미토콘드리아 DNA는 한 예로 발굴된 인간의 사체를 확인하는데 있어서 생물학적 표본이 손상된 경우, 사용될 수 있다.

DNA 감식검사는 법집행에 대혁명을 가져왔다. 미국의 FBI는 1990년에 연합 DNA 색인 체제(CODIS)를 구축하였고, 이는 모두 50개 주의 DNA 데이터베이스로 구성되어 있다. 의심스러운 용의자의 DNA 양상은 그 데이터베이스에서 수 백만개의 이미 유죄 선고를 받은 범죄자들의 DNA 양상과 비교되고, 종종 용의자와 동일성을 나타내기도 한다. 용의자의 DNA는 범죄 현장에서 남긴 혈액, 정액, 뼈, 치아, 머리카락, 침, 소변, 배설물을 통해 얻어질 수 있다. 심지어 소량의 인간 DNA는 담배 꽁초, 우표나 봉투를 붙일 때 혀로 핥은 자국, 비듬, 지문, 면도날, 씹던 껌, 손목시계, 귀지, 손톱 밑의 부스러기, 칫솔로부터도 얻어질 수 있다.

만약 잘 적용되는 경우, DNA 지문검사는 유죄와 무죄를 명백히 입증하기 위해 큰 역할을 할 것이다. 범죄 현장의 물리적인 증거들과 DNA 양상의 상호 관련성에 기초하여, 수 백명의 무고한 용의자들이 이 새로운 시도를 통해 승리했으며, 결과적으로 감금 상태에서 풀려날 수 있었다. 이러한 증거들은 최근 몇년간 많은 주목을 받아왔던 몇몇 사건들을 포함하여, 많은 재판에 있어서 용인될 수 있도록 규정되었다. 1가지 취약점은 DNA 시료의 양이 매우 적고, 손상될 우려가 있다는 것이다. 명백히, 시료의 안전한 보호를 위한 관리가 필요하다. 만약 DNA를 증폭시키기 위해 PCR 기술이 사용된다면, DNA 시료 관리는 더욱 중요해진다.

### 15.4.3 형질전환 생명체는 세포 속에서 외부 DNA와 접합된다

외부 유전자와 융합된 식물이나 동물을 **형질전환 생명체**(**transgenic organism**)라 부른다. 연구자들은 외부 유전자를 식물세포나 동물세포에 삽입시키기 위해서 다양한 접근방법을 사용한다. 세포 속에 DNA를 직접적으로 주입시키는 것과 같은 다양한 방법들이 적용되고 있지만, 주로 바이러스를 벡터로 사용하고 있다.

#### (1) 형질전환동물은 연구에 있어 소중하다

형질전환동물은 일반적으로 성숙된 난자세포나 **배아줄기세포**(**embryonic stem cells; ES cells**)의 핵 속으로 특정 유전자의 DNA를 주입하여 만들어진다(1장 참조). 그러고 나서 연구자들은 암컷의 자궁에 난자들을 이식시켜서 발생하도록 한다. 동시에 연구자들은 유전적으로 변형된 배아줄기세포를 분리한 배 발생의 한 단계인 배반포(blastocyst)에 주입하고, 그런 다음 대리모에게 이식된다.

DNA를 세포 속으로 주입하는 것은 형질전환 동물을 만드는 유일한 방법은 아니다. 연구자들은 재조합 DNA 벡터로서 바이러스를 이용하기도 한다. **레트로바이러스**(**retrovirus**)라고 불리는 RNA 바이러스는 역전사에 의해 그들 자신의 DNA 사본을 만든다. 때때로 DNA 사본은 숙주의 염색체와 융합되기도 하여, 숙주의 DNA와 함께 복제된다.

형질전환 동물은 유전자 발현, 면역계의 기능, 유전질병, 바이러스성 질병, 암 발생과 관련된 유전자의 조절과 같은 다양한 방면의 연구에 소중한 응용되고 있다. 실험용 생쥐는 이러한 분야를 연구하는 데에 있어서 특히 중요한 모델 생명체이다.

유전자 발현을 조절하는 고전적인 연구에서, 펜실베니아 대학의 유전학자인 **브린스터**(**Ralph L. Brinster**)는 1983년 쥐의 성장호르몬 유전자를 가지고 있는 형질전환 생쥐를 만들었다(그림 17-18 참조). **브린스터**와 그의 동료들은 어떠한 특정 유전자가 어떤 조직에서는 발현되고, 다른 조직에서는 발현되지 않는 조절을 이해하기를 원했다. 쥐의 뇌하수체에서는 적은 양의 성장호르몬을 생산하지만, 이 연구자들은 다른 조직 또한 성장호르몬을 생산할 수 있다고 생각하였다. 첫 번째로 그들은 쥐의 게놈 DNA 라

**그림 15-15 형질전환 쥐.**

오른쪽의 쥐는 정상인 반면, 왼쪽의 쥐는 쥐 성장호르몬을 발현시킨 형질전환 동물이다.

**그림 15-16 형질전환 "제약농업" 암소들.**

이 암소는 인간의 모우와 눈물, 침, 담즙, 이자액 등에서의 분비물에서 발견되는 단백질인 락토페린을 암호화하는 인간 유전자를 가지고 있다. 락토페린은 병원체에 대한 면역 체계 중의 하나이다. 암소의 젖에는 인간의 락토페린이 분비된다.

이브러리에서 성장호르몬 유전자를 분리하였다. 그들은 이 성장호르몬 유전자를 정상적으로 간에서 활성상태로 존재하고 아연과 같은 중금속이 독성을 일으키는 양만큼 존재할 때 합성이 유도되는 메탈로티오네인(metallothionein) 단백질을 생산하는 생쥐 유전자의 프로모터 부위와 결합시켰다. 연구자들은 메탈로티오네인 조절부위 염기서열을 쥐의 성장호르몬의 생산을 자유자재로 조절하는 스위치로 사용했다. 생쥐의 배아세포에 유전공학적으로 조절된 유전자를 주입한 후, 그들은 배아를 생쥐의 자궁에 이식시키고 발생시켰다. 손상을 입히지 않고 배아세포를 다루는 것이 힘들기 때문에 동물에 있어서 유전자 이식은 아주 작은 확률로 성공하게 되었다. 형질전환 쥐가 적은 양의 아연에 노출될 때, 많은 양의 성장호르몬을 생산하게 되는데 이는 간이 뇌화수체보다 훨씬 큰 기관이기 때문이다. 이 생쥐는 빠르게 성장하여, 2개의 성장호르몬 유전자를 받은 배아세포에서부터 자란 쥐는 보통 크기의 두 배 이상으로 자라게 된다(▮ **그림 15-15**). 예상대로 이 쥐들은 그들의 자손에게 그것들의 증가된 성장능력을 물려주기도 한다.

### (2) 형질전환 동물은 유전공학적으로 처리된 단백질을 생산한다

어떤 형질전환 동물 계통들은 제약적인 또는 상업적으로 중요한 외부 단백질을 젖으로 분비하여 생산한다. 예를 들어 연구자들은 인간의 단백질인 조직플라스미노겐활성인자(tissue plsminogen activator; TPA)를 생산하는 유전자를 양에게 도입하였다. 젖 속에 외부 단백질을 분비하는 돼지, 양, 소, 염소와 같은 형질전환 가축을 생산하는 것은 "제약"과 "농업"을 결합하여 비공식적으로 "제약농업(pharming)"으로 알려져 있다(▮ **그림 15-16**).

제약농업에서는 재조합 유전자가 젖 단백질 유전자의 조절 염기서열에 융합되고, 따라서 그런 유전자는 젖 생산에 관련된 유선 조직에서만 활성화된다. 젖에서 단백질을 얻는 것이 가지는 장점은 잠재적으로 대량생산이 가능하고 동물의 젖을 짜는 것만으로 단순하게 수확이 가능하다는 점이다. 그런 다음 단백질은 젖에서 정제된다. 유전자의 도입이 동물에게 해가 되는 것도 아니고, 형질전환 동물의 자손들이 보통 재조합 단백질을 생산하기 때문에 형질전환 동물 계통은 정착이 되어가고 있다.

### (3) 형질전환 식물은 농업에도 매우 중요하게 되었다

사람들은 아주 오랫동안 선택적으로 식물을 육종하여 왔다. 그러한 노력의 성공은 선택된 식물의 변종에서 원하는 형질의 존재 여부와 근연 야생종과 재배종의 원하는 형질이 교배에 의해서 옮겨질 수 있는 여부에 달려 있다. 특정한 지역의 변종이나 재배종에 매우 가까운 종들은 종종 질병 저항성과 같은 형질을 가지는데, 농학자들은 현대 인류의 필요에 더욱 더 적절한 변종들에게 유리하게 도입할 수 있다. 만일 유전자들이 일반적으로 이종교배가 되지 않는 종들이나 계통들의 식물에 도입된다면, 발전 가능성은 엄청나게 증가하게 된다.

다양한 형태의 식물세포에 재조합 유전자를 도입하는 가장 폭넓게 이용되는 벡터시스템은 왕관혹 박테리아인 *Agrobacterium tumefacients*이다. 이 박테리아는 정상적으로 숙주 세포속으로 *Ti 플라스미드*(Ti plasmid)라고 불리는 플라스미드를 도입하여 식물 종양을 만들게 된다(Ti는 "종양 유도"를 나타낸다). Ti 플라스미드는 *시토키닌*(cytokinin)이라 불리는 식물 성장호르몬을 높은 수준으로 생산하게 함으로써 식물세포의 비정상적인 성장을 유도한다(37장 참고).

유전학자들은 Ti 플라스미드의 기능을 제거함으로써 종양 형성을 유도하지 못하게 한 다음 이 플라스미드는 식물세포에 유전자를 삽입하는 벡터로써 사용된다. 변형된 플라스미드가 도입된 식물세포는 유전자가 삽입되었다는 것을 제외하고는 본질적으로 정상세포이다.

불행하게도, 모든 식물들 특히 인류의 주 식량원인 곡물에서는 DNA를 쉽게 받아들이지는 않는다. 하나의 유용한 접근방법은 유전적 "산탄(short gun)"의 개발이다. 연구자들은 미세한 금 또는 산탄 절편에 DNA를 입힌 다음 식물세포로 쏘게 되면, 세포벽을 뚫고 들어가게 된다. 몇몇 세포는 그 DNA를 가지고서도 세포를 변형시킨다. 그런 다음 세포들은 배양되고 하나의 전체 식물을 재생하는데 사용된다(그림17-2 참조).

식물유전공학의 또 다른 복잡한 문제는 약 120개의 식물 유전자들이 엽록체의 DNA에 위치하고 있다는 점이다(색소체가 기능을 수행하는데 필요한 그 밖의 3,000개 정도의 유전자는 핵 속에 위치한다). 엽록체는 식물의 생산능력의 기초가 되는 광합성에 있어 필수적이다. 거대한 농업 생산력의 잠재력이 광합성의 생산력 향상에 달려있기 때문에 엽록체 속의 식물 DNA의 일부분을 변화시키는 방법의 개발이 바람직하다. 비록 그 진행과정이 느리기는 하지만, 수 십 개의 실험실에서 현재 엽록체를 공학적으로 다루는 방법을 연구하고 있다.

**형질전환 식물의 선택적 응용.** 농업 유전학자들은 해충, 바이러스성 질환, 가뭄, 고온, 냉해, 살충제, 염분 또는 산성토양에 대한 내성을 지닌 **유전자변형 작물(genetically modified(GM) crops)**이라고 알려진 형질전환 식물을 개발하고 있다. 예를 들면 미국과 캐나다에서 옥수수에 가장 큰 피해를 입힌 해충인 유럽 조명충나방을 생각해 보라(**그림 15-17a**). 유럽 조명충나방을 조절하기 위한 노력으로 농부들은 매년 10억 달러 이상을 부담하고 있다. 옥수수는 유전적으로 변형되어 살충제의 특성을 가진 단백질을 암호화하는 박테리아 유전자인 *Bt* 유전자를 가지게 되었다(*Bt*는 *Bacillus thuringiensis*의 학명이다). 미국에서 1996년 도입된 Bt 옥수수는 유럽 조명충나방을 조절하기 위해서 주기적으로 화학적 살충제를 뿌릴 필요가 없게 만들었다.

DNA 기술은 또한 더욱 영양이 풍부한 작물을 개발할 수 있는 잠재력을 가지고 있다. 예를 들어, 1990년대에 유전학자들은 공학적으로 처리하여 인체에서 비타민 A를 만드는데 사용되는 다량의 $\beta$-카로틴을 함유하는 쌀을 생산하였다(**그림 15-17b**; 그림

U.S. Department of Agriculture

**(a)** 유럽 조명충나방의 애벌레는 북미에서 옥수수에 가장 파괴적인 해충이다. 유전공학자들은 화학살충제의 과도한 사용 없이 유럽조명충 나방을 조절할 수 있는 Bt 옥수수를 설계했다.

Courtesy of Peter Beyer

**(b)** 일반적인 흰 쌀과 섞여서 보이는 금쌀은 카로텐을 고농도로 함유하고 있다. 금쌀을 만들기 위해, 화학자들은 수선화의 카로텐 유전자를 쌀의 내생 포자세포에 삽입하였다.

**그림 15-17 형질전환된 식물의 이용.**

3-14 참조). 개발 도상국가들에서 비타민 A 결핍은 어린이들의 실명의 주된 원인이다. 세계보건기구에 따르면, 2억 7천 5백만 명의 어린이들이 비타민 A 결핍을 겪고 있고, 25만에서 50만 명의 아이들이 매년 돌이킬 수 없는 실명상태가 되고 있다고 한다. 비타민 A 결핍은 역시 아이들이 홍역과 다른 감염성 질병에 더욱 취약하게 만든다. 쌀은 비타민 A 결핍을 일으키는 많은 국가에서 주식으로 이용되고 있기 때문에, $\beta$-카로틴을 함유한 유전자 변형 쌀의 폭넓은 사용은 세계의 많은 어린이들을 비타민 A 결핍에서 구하게 될 잠재력을 가졌다고 할 수 있다.

일부 형질전환 동물과 마찬가지로, 어떤 형질전환 식물은 잠재적으로 "제약농업화"되어 헤르페스에 대한 항체와 같은 의학적으로 중요한 단백질을 다량 생산하게 된다. 형질전환 식물을 개발하는 방법은 잘 확립되어 있지만, 원하는 단백질을 충분히 다량으로 생산하는 식물을 얻는 것은 어려운 일이다. 제약농업화를 위해서 개발된 대부분의 형질전환 식물들은 식물의 전체 단백질 생산량 중 겨우 약 1%만의 외부 단백질을 생산해낸다. 이 기술을 개발하는 연구자들은 이러한 생산 방법의 가능성을 증명하기 위해 외부 단백질의 생산량을 증가시키려고 애쓰고 있다.

일부 사람들은 유전자변형 작물에서 유래한 소비식품이 건강에 미치는 영향에 대해 걱정하여 그러한 식품은 제한되어야만 한다고 생각한다. 예를 들어, 이들은 일부 소비자들이 식품 알레르기를 일으킬지 모른다고 말한다. 과학자들 역시 이러한 걱정에 대해 알고 있으며 정기적으로 새로운 유전자 변형작물의 알레르기 유발에 관한 검사를 실시하고 있다. 유전자 변형 식품에 표지를 해야 하는지의 여부에 관한 논쟁역시 여전히 진행 중이다.

**복습**

- 재조합 DNA방법으로 사람의 인슐린을 생산하는 것이 왜 당뇨병 치료를 위한 중요한 의학적 장점을 가지는가?
- 짧은연속순서(STRs)는 무엇이고, DNA 감식법에 있어서 유용한 이유는 무엇인가?
- 생쥐의 유전자 표적과 돌연변이유발 검진이 인간의 연구를 위해 잠재적인 이점을 가지는가?

## 15.5 DNA기술을 위한 안전지침

**학습목표**

**11** 재조합 DNA기술과 관련된 적어도 2가지 이상의 문제점들을 기술하고, 이러한 문제점들이 어떻게 검토되어야 하는지를 설명하라.

재조합 DNA기술이 1970년 초반에 도입되었을 때, 많은 생물학자들이 재조합 기술이 많은 이익을 가져다주는 만큼 발생 가능한 오용을 생각하게 되었으나, 수 천 개의 대학과 산업체의 실험실에서 30년 이상 동안 수행된 실험을 통해서 재조합 DNA를 다루는 것이 안전하게 수행될 수 있음을 보여주었다. 유전학자들은 대장균(*E. coli*)이 실험실 외부에서는 죽도록 설계하였다. 연구자들은 병원체를 보관할 수 있도록 설계된 장치들에서 존재할 수 있는 특정한 위험에 관한 실험을 수행하고 있다. 이러한 사전조치는 연구자들 자신이 안전하게 실험을 수행할 수 있도록 보증해준다. 지금까지 연구자들이 우연히 해로운 유전자를 복제하거나 위험한 생명체를 환경 속으로 방출했다는 증거는 없다. 그러나 위험한 유전자를 악의적이면서 고의적으로 조작할 수 있는 가능성은 여전히 존재한다.

실험에 대한 안전장치들이 자리를 잡아가면서, 과학자들은 재조합 DNA를 사용하는데 대한 엄격한 지침의 많은 부분을 완화시켰다. 하지만 위험성이 알려져 있거나 환경에 미칠 수 있는 영향에 대한 질문에 대한 답변이 불확실한 어떤 분야의 재조합 DNA 연구들에서는 여전히 엄격한 제한들이 존재하고 있다.

이러한 제한들은 형질전환 생명체를 야생 상태로 도입할 것을 제안하는 연구에서 가장 명백하게 존재하는데, 이는 종자나 화분이 조절되지 않은 상태에서 퍼지게 될 지도 모르기 때문이다. 현재는 자연환경에 도입된 형질전환 생명체가 어떤 영향을 미치는지를 결정하는데 많은 연구들이 집중적으로 이루어 지고 있다. 주의 깊게 행해진 검사들은 형질전환 생명체가 단순히 형질이 전환되었기 때문에 환경에 위험하지는 않다는 것을 보여준다.

형질전환 동물에 대한 환경적인 관심 또한 존재한다. 몇몇 국가에서는 성장호르몬을 암호화하는 유전자를 일반적으로 삽입함으로써 만들어지는 속성 형질전환 어류를 개발하는 과정 중에 있다. 예를 들면 형질전환된 대서양 연어는 형질전환되지 않은 연어보다 6배나 빨리 성장하게 되어 인간의 식량원이 된다(형질전환 어류는 다른 어류보다 더 크지는 않고, 단지 빨리 성장할 뿐이다). 유전적으로 향상된 어류의 이점은 자연어업의 부담을 감소시키고 어장을 덜 오염시킨다는 것이다. 하지만 만일 형질전환된 어류가 어장에서 탈출하게 된다면, 그들이 야생 관련종에 대해 어떤 영향을 미칠까?(이러한 관심을 해결하기 위해서 미국에서 만든 형질전환 연어는 모두 생식능력이 없는 암컷들이다)

농업에서의 DNA 기술은 더 높은 생산량(병에 대한 저항성을 제공함으로써), 더욱 더 풍부한 영양을 가진 식량, 화학적 살충제 사용 감소 등의 많은 잠재적인 이익들을 가져다 줄 수 있다. 그러나 다른 종류의 기술들이 그런 것처럼, 유전공학은 유전적으로 변형된 식물과 동물들이 외래 유전자를 야생 관련 종들에게 전달하여 알지 못하는 환경문제를 일으킬 수도 있다는 위험을 내포하고 있다. 위기에 직면한 과학은 위험을 정량화하는 통계적인 방법을 사용하여 비교되기도 하고 대조되기도 하면서 사회가 유전공학적으로 조작된 생명체가 일으킬 수 있는 특정한 위험을 무시할 것인지, 감소시킬 것인지 아니면 제거할 것인지를 결정하는데 도움을 준다.

### 복습

- 형질전환 연어의 잠재적인 문제점은 무엇인가? 과학자들은 이러한 문제를 어떻게 다루어야하는가?

## 핵심 용어와 요약

### 학습목표

1 전형적인 제한효소가 DNA 분자를 절단하는 방법을 설명하고, 재조합 DNA 기술에서 이러한 효소가 사용되는 예를 제시하라.

- **재조합 DNA 기술은** 특정 DNA 염기서열을 **벡터** DNA분자와 접합시켜서 분리하여 증폭시키는 기술이다. 그런 다음 연구자들은 대장균과 같은 생명체 안에서 재조합 DNA를 증식시키고 증폭시킨다.
- 연구자들은 DNA를 특정 절편으로 자르기 위해서 **제한효소**를 사용한다. 각각의 제한효소는 고도로 특정한 염기서열자리를 인식하고 DNA를 절단하게 된다. 많은 제한효소들은 DNA 염기서열을 잘라서 상보적이고 단일가닥의 점착성 말단을 만든다.
- 유전학자들은 가장 흔한 재조합 DNA벡터를 **플라스미드**라고 불려지는 자연적으로 환형의 박테리아 DNA분자 또는 **박테리오파지**라고 불려지는 박테리아 바이러스에서 만들었다.
- 유전학자들은 종종 DNA 절편과 플라스미드(둘 다 같은 제한효소로 잘려진)가 상보적인 염기쌍을 이루도록 하여 재조합 DNA 분자를 만든다. 그런 다음 **DNA연결효소**가 DNA 가닥들을 공유결합으로 연결하여 안정한 재조합 분자를 형성하도록 한다.

2 게놈 라이브러리, 염색체 라이브러리, cDNA 라이브러리를 구별하라. 왜 게놈 라이브러리와 cDNA 라이브러리에서 같은 진핵 유전자를 복제하려는지 설명하라.

- **게놈 라이브러리**는 어떤 생명체의 전체 DNA를 나타내는 수천 개의 DNA 절편을 가지고 있고, 염색체 라이브러리는 특정한 염색체의 모든 DNA 절편을 포함하고 있다. 게놈과 염색체 라이브러리의 각 DNA 절편은 특정한 박테리아 계통 속에 보관되어 있다. 게놈과 염색체 라이브러리의 DNA 절편을 분석하는 것은 유전자와 그들이 암호화하는 단백질에 관 한 유용한 정보를 제공해 준다.
- **cDNA 라이브러리**는 진핵세포에서 분리된 성숙한 mRNA로 DNA 사본을 만들기 위하여 **역전사효소**를 사용하여 만들어진다. 상보적 DNA(cDNA)라고 알려진 이러한 사본들은 그 뒤에 접합되어서 재조합 DNA 벡터가 된다.
- 진핵세포에서 게놈과 염색체 라이브러리 속에 존재하는 유전자는 단백질을 암호화하지 않는 **인트론**을 포함하고 있다. 그러한 유전자는 박테리아 속에서 증폭되어지기는 하지만, 그 단백질은 적절하게 발현되지 않는다. 왜냐하면 인트론은 기능적인 단백질 생성물을 만드는 mRNA 분자에서 제거되기 때문에, cDNA 라이브러리 속에 있는 진핵성 유전자는 때때로 박테리아 속에서 발현된다.

3 유전자탐침 사용의 목적을 기술하라.

- 연구자들은 방사능을 가지는 DNA 혹은 RNA염기서열을 상보적인 핵산서열을 식별하는 **유전자탐침**으로써 사용된다. X-선 필름의 각 점은 관심있는 DNA를 포함하는 플라스미드를 포함한 콜로니를 나타내고 있다.

4 중합효소 연쇄반응으로 시험관내에서 DNA를 증폭하는 방법을 기술하라.

- **중합효소연쇄반응(PCR)**은 연구자들이 특정한 프라이머에 의해 특정한 DNA 염기서열을 찾아내어서 열에 저항성을 가지는 DNA 중합효소로 **클로닝**하는데 광범위하게 사용되는 자동화된 시험관 안에서의 기술이다.
- 중합효소연쇄반응을 사용하여 과학자들은 범죄현장에서부터 고고학적인 유물에서까지의 다양한 장소에서 얻어진 적은 DNA 표본을 증폭하고 분석한다.

5 DNA 블럿팅, RNA 블럿팅 그리고 단백질 블럿팅을 구별해 보라.

- **서던블럿** 기술에서, 연구자들은 DNA의 절편을 **겔 전기영동**에 의해서 분리시키고, 변성시킨 다음, 니트로셀룰로오스나 나일론 막 위로 그것을 옮기게 된다. 방사성 탐침은 막에 결합된 DNA에 상보적인 염기쌍을 이루어 **혼성화**하고, DNA의 방사성 띠가 방사선 자동사진법 또는 화학적 발광법에 의해서 동정되다.
- RNA 분자를 전기영동으로 분리한 다음, 막에 옮겨 동정하는 방법이 **노던블럿**이다.
- **웨스턴블럿**은 단백질이나 폴리펩티드를 전기영동한 후 알아보는 방법이다.

6 DNA 염기서열의 연쇄 종료법에 대해 기술하라.

- **DNA 염기서열**은 유전자의 구조와 암호화되어진 단백질의 서열에 관한 정보를 제공한다. 유전학자들은 DNA 염기서열을 거대한 데이터베이스 속에 저장된 다른 염기서열과 비교한다.
- 자동화된 DNA 염기서열분석은 각기 다른 색깔의 형광 염료로 표지되고, DNA 복제동안 신장을 종료시키는 디데옥시뉴클레오티드를 사용하는 **연쇄종료법**에 기초한다. 겔 전기영동은 각 절편을 분리시키고 레이저는 뉴클레오티드를 동정하게 된다.

7 유전체학의 3가지 분야에 대해 설명하라.

- **유전체학**은 생물학에서 떠오르는 분야로서 생명체 **유전체(게놈)**의 전체 DNA 염기서열을 연구하는 학문이다. 한다. 이처럼, 유전체학은 실질적인 적용에 중요하고 더욱이 과학적인 질문에 대한 답을 가능하게 한다. 구조 유전체학은 게놈의 염기서열 분석과 염색체 지도 작성을

연구하는 분야이다. 기능유전체학은 게놈의 유전자와 비유전자 서열의 기능에 대해서 다룬다. 비교유전체학은 종들 간의 진화적 유연관계를 이해하기 위해 서로 다른 종들의 게놈을 비교 연구하는 분야이다.

**8** DNA미세배열법을 설명하고, 이 방법의 연구 및 의학 분야에서의 응용 예를 들어보라.

- **DNA미세배열법**은 다양한 임상분석에 사용된다. 이를 위해 수백 종의 DNA 분자들을 칩이나 유리판 위에 놓는다. DNA미세배열법은 조직 시료에서 얻은 질병세포와 정상세포의 수천 가지 유전자 활성을 비교할 수 있다. 암이나 다른 질병이 유전자 발현 양상의 변화를 나타나기 때문에, DNA미세배열은 질병 유발 유전자나 그 유전자가 암호화하는 단백질.
- DNA합성은 5'에서 3'방향이다. 이것은 **지체가닥**이라고 하는 한 가닥이 짧은 오카자키 단편으로 불연속적으로 합성한다. **선도가닥**이라고 하는 반대편 가닥은 연속적으로 복제한다. DNA 프리마아제는 지체가닥에 짧은 RNA 프라이머를 합성하고, **DNA 연결효소**는 새로 합성된 DNA의 **오카자키 단편**들을 연결한다.

**9** 약물유전학과 단백질체학을 정의하라.

- **약물유전학**으로 잘 알려진 유전자-기반의 약물에 대한 새로운 과학분야로서 환자의 유전적인 배경에 적합한 신약을 만들어 내는 분야이다.
- 인간의 유전체에 의해 암호화 되고 인간의 세포나 조직에서 합성되는 모든 단백질에 대해 연구하는 것을 **단백질체학**이라고 한다. 과학자들은 주어진 1종류의 세포로부터 만들어지는 모든 단백질을 규명하기를 원하지만, 실제로 그 과정은 인간 게놈의 염기서열을 밝히는 것보다 더 복잡하다.

**10** 다음의 각 분야에서 재조합 DNA기술의 적어도 하나이상의 중요한 응용분야를 기술하시오: 의학과 약리학, DNA 감식(DNA typing), 형질전환 생물.

- 유전적으로 변형된 박테리아는 인슐린, 성장 호르몬, 조직플라스미노겐활성인자(TPA), 조직성장인자-베타(TGF-$\beta$), 혈액 응고인자 Ⅷ, 그리고 DNase를 포함하는 많은 중요한 인간의 단백질을 생산한다.
- **DNA 감식**은 각 개인의 DNA를 분석하는 것이다. 이것은 인간 개체군 내에서 고도로 다형성을 지니는 분자적 표지자인 다양한 **짧은연속순서**에 기초한다. DNA 감식은 법 집행, 논란이 되는 친자 소송과 상한 음식의 추적 등에서 응용되고 있다.
- **형질전환 생명체**는 그들의 유전물질 속에 접합된 외부 DNA를 가진다. 생쥐에서 유전자 표적법과 돌연변이유발 검색은 하나의 유전자와 단백질 생산의 기능에 관해 동정하는 것을 도와준다. 형질전환 가축은 그들의 젖 속에서 외부 단백질을 생산한다. 형질전환 식물은 농업에서 엄청난 잠재력을 지니고 있다.

**11** 재조합 DNA 기술과 관련된 안전성에 대한 논제를 적어도 2개 이상을 기술하고 이러한 논제들이 어떻게 검토되어야 하는지를 설명하여라.

- 일부 소비자들은 유전공학적으로 처리된 생명체에 대한 안전성에 관해 걱정한다. 이러한 걱정들을 검토하기 위해서 과학자들은 특정한 안전성 지침에 따라 재조합 DNA 기술을 수행하고 있다.
- 형질전환 식물과 동물을 통제할 수 없는 방식으로 확산될지도 모르는 자연환경 속으로 도입하는 것은 지속적인 관심의 대상으로서 개별적인 상황에 기초하여 평가되어야 한다.

## 연습문제

1. 상보적인 점착성 말단을 가지는 DNA 분자는 (a) 공유결합 (b) 수소결합 (c) 이온결합 (d) 이황화 결합 (e) 포스포디에스테르 결합과 관련이 있다.
2. 플라스미드는 (a) DNA 벡터로 사용된다. (b) 박테리오파지의 1종류이다. (c) cDNA의 1종류이다. (d) 레트로바이러스이다. (e) b와 c
3. 서든 블롯 기술에서 ____________ 는 겔에서 니트로셀룰로오스 또는 나일론 막으로 이동한다. (a) 단백질 (b) RNA (c) DNA (d) 박테리아 콜로니 (e) 역전사효소
4. 다음 염기서열 중 회문 구조가 아닌 것은?

   (a) 5′—AAGCTT—3′<br>3′—TTCGAA—5′ (b) 5′—GATC—3′<br>3′—CTAG—5′

   (c) 5′—GAATTC—3′<br>3′—CTTAAG—5′ (d) 5′—CTAA—3′<br>3′—GATT—5′

   (e) b와 d
5. 게놈라이브러리는 (a) 특정한 염색체 속의 모든 DNA를 나타낸다. (b) 역전사 효소를 사용하여 만들어진다. (c) 재조합 박테리아의 집합체 속에 저장된다. (d) 성숙한 mRNA의 DNA 사본이다. (e) 연구자들이 적은 양의 DNA 시료를 증폭할 수 있도록 한다.
6. 겔 전기영동은 핵산을 (a) 길이(분자량) (b) 전하 (c) 뉴클레오티드 서열 (d) 아데닌과 구아닌의 비율 (e) 티민과 시토신이 비율에서의 차이를 기초로 하여 분리한다.
7. 복제없이 특정 DNA 단편을 빨리 증폭시키는 기술은 무엇인가?

   (a) 겔 전기영동 (b) cDNA 라이브러리 (c) 유전자 탐침자
   (d) 제한 효소 단편 길이 다형성 (e) 중합체 연쇄 반응
8. Agrobacterium tumefaciens에 의해 운반되어지는 Ti 플라스미드는 (a) 박테리아 (b) 식물 (c) 동물 (d) 효모 (e) 모든 진핵세포로 유전자를 도입하는 데 있어 유용하다.
9. cDNA 클론은 (a) 인트론 (b) 엑손 (c) 안티코돈 (d) a와 b (e) b와 c를 포함한다.
10. 중합효소 연쇄 반응(PCR) 기술은 (a) 내열성 DNA 중합효소 (b) 역전사효소 (c) DNA 연결효소 (d) 제한효소 (e) b와 c를 사용한다.

## 심화 학습문제

1. 박테리아에서 진핵생물이 가지는 단백질을 만들려고 할 때 생길 수 있는 문제점은 무엇인가? 형질전환된 식물이나 동물을 이용하는 것은 이러한 문제를 해결하는데 있어서 어떠한 도움을 줄 수 있는가?

2. **진화적 연계.** 형질전환 생물과 관련하여 어떠한 환경적인 문제가 있는가? 이러한 걱정을 불식시키려면 어떠한 정보가 사회에 필요한가?

# 16

# 인간 유전체

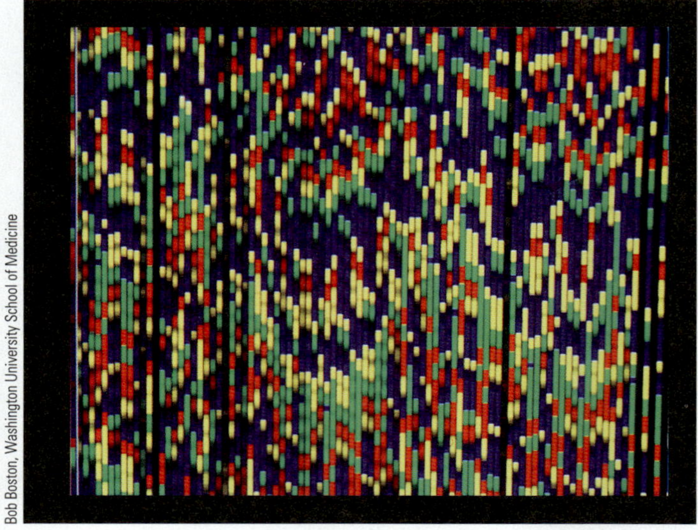


**DNA 염기서열 분석.** 이 사진은 DNA-염기서열분석기에 연결된 컴퓨터의 모니터에 나타난 화면이다. 이 기계는 사슬종결법과 4개의 각 염기를 각기 다른 형광물로 표지시키는 방법을 이용하여 DNA 사슬의 염기서열을 분석하는 것이다.

## 핵심 개념

가계도 분석은 인류 유전학 연구에 기본방법이다.

핵형분석은 염색체이상을 찾아내는데 도움을 준다.

유전자 돌연변이는 유전병을 유발할 수 있다.

과학자들은 앞으로 많은 유전병을 고칠 수 있는 유전자치료법을 개발하고 있다.

유전검사와 상담은 아이를 갖을지 말지를 결정하는데 도움을 준다.

인류유전학의 발달은 윤리문제를 일으킬 수 있다.

인류의 유전을 연구하는데 이와 같은 근본적인 어려움에도 불구하고 **인류유전학(human genetics)**의 지식 즉 인류의 유전적 변이에 대한 학문은 매우 빠르게 발전하고 있다. 전통적으로 인류유전학은 대가족의 가계에 대한 집단연구와 같은 방법을 이용하여 연구되어 왔다. 최근에 인류유전학 분야는 인류의 유전병에 대한 의학적 관심에 의하여 더 주목을 받고 있다. 방대한 양의 의료기록들은 가설을 세우거나 자료로 이용된다. 다른 생물들에 대한 유전적 연구 또한 사람의 유전을 이해하는데 매우 귀중한 바탕이 된다. 실제로 처음에는 알지 못했던 인류유전에 대한 많은 현상들이 세균, 효모, 환형동물, 초파리 혹은 생쥐 등의 유전에서 유사한 유전적 문제들을 해결함으로써 설명되었다. 최근에 **인간유전체(human genome)** 즉 사람 세포에 있는 모든 유전정보를 지도로 작성하였고 DNA의 염기서열을 분석하였다. DNA염기서열분석을 통하여 과학자들은 인류 사이에 볼수 있는 유사점과 차이점에 대한 유전적 기반을 밝힌다(그림을 보라).

이 장에서는 인간유전체사업(Human Genome Project)의 결과로서 새롭게 발전하고 있는 분야를 포함하여 인간유전체에 대한 연구가 어떻게 이루어지는지 알아 볼 것이다. 여러 가지 유전적 이상을 고찰하고 이 중 일부 유전병 치료를 위해 적용되는 유전자치료뿐 아니라 유전검사, 유전병의 위험이 있는 사람들을 위한 유전상담 등에 대하여 논의한다. ■

## 16.1 인류유전학 연구

### 학습목표

1 핵형분석과 가계도 분석의 차이를 설명하라.

2 인간유전체사업의 의미를 논하라.

3 낭포성섬유증을 연구하는데 이용되는 생쥐모델을 논하라.

인류유전학자들은 형질의 유전방식을 추측할 수 있게 하는 여러 가지 방법들을 사용한다. 우리는 그 중에서 3가지 방법 즉 핵형분석을 통한 염색체 확인, 가계도를 통해 가족의 유전양상을 확인하는 방법, 그리고 유전체사업에 의하여 DNA 염기배열 순서와 지도를 그리는 방법 등을 배우게 될 것이다.

### 16.1.1 핵형분석을 통하여 사람의 염색체를 연구한다

**세포유전학**(cytogenetics)은 염색체와 유전에서 그 역할에 대해 연구하는 학문이다. 사람의 정상염색체 수는 44개(22쌍)의 **상염색체**(autosome)와 2개(1쌍)의 성염색체 즉 전체 46개로 이루어졌다. **핵형**(karyotype)은 개체의 염색체 구성을 말한다.

핵형분석을 할 때, 인간세포를 배양하면서 *콜히친*(colchicine)이라는 화학물질을 처리한다. 이는 세포를 염색체가 가장 응축 되어 있는 중기나 그 후기 단계에 고정 시킨다. 그 다음에는 세포를 저장액에 넣어 세포를 부풀어 오르게 만들면 염색체가 퍼져 관찰하기가 더 쉬워진다. 그 후 세포들을 현미경 슬라이드에 떨어트리고 염색을 하여 각 상동 염색체들의 독특한 띠들이 나타나게 한다. 현미경 사진을 컴퓨터에 스캔하여 넣은 후, 컴퓨터를 통해 각 상동 염색체끼리 짝을 맞추어 한자리에 배열한다(**그림 16-1a**).

염색체는 다음과 같은 요인들을 통해 구분된다. 즉 길이, 동원체의 위치, 염색을 했을 때 각각 다른 넓이 혹은 명암의 차를 통한 띠의 양상, *부수체*(satellites)라고 불리는 특정한 염색체 끝에 나타나는 혹 등이 염색체 종류를 나누는 요인들이다. 성 염색체는 예외로 하고 나머지 상염색체들은 크기 순으로 번호를 붙여 종류를 나누는데 21번 염색체와 22번 염색체는 여기에 해당되지 않는다. 즉 22번 염색체가 21번 염색체보다 크다. 가장 큰 염색체(1번 염색체) 와 가장 작은 염색체(21번 염색체)는 약 5배 가량 크기 차이가 나지만, 중간 크기의 염색체들은 크기 차이가 크지 않다. 정상 남성의 X와 Y염색체는 염색체 끝의 작은 부분만 상동이다. 즉 정상여성은 Y염색체는 없고 상동인 2개의 X염색체를 가지고 있다. 정상핵형과 다른 염색체 수나 혹은 구조의 변이는 다운증후군과 같은 병과 관련이 있다(이 장의 후반부에 논의).

핵형에서 염색체를 구별하는 또 다른 방법은 **제자리형광잡종화염색법**(fluorescent in situ hybridization; FISH)이다. 특정 염색체 DNA의 한 가닥에 형광염색물질로 표지를 한다. 염색체 DNA를 변성시켜 2가닥을 1가닥으로 분리하면 형광염색물질로 표지시킨 DNA가닥이 자신과 상보적인 DNA가닥과 결합할 수 있다. 염색체 종류마다 다른 색의 형광염색물질로 표지하면 염색체 종류마다 고유의 색을 나타나게 할 수 있다(**그림 16-1b**). 한 염색체에 여러 가지 색이 나타난다면 그 염색체는 절단, 다른 염색

SIU/Peter Arnold, Inc.

**(a)** 핵형을 알아보기 위해 영상분석 컴퓨터를 이용한 핵형을 제작할 때 상동염색체끼리 짝을 맞추고 그들을 크기에 따라 배열한다. 컴퓨터를 사용하기 전에는 염색체 사진을 자르고 붙여서 핵형을 제작하였다.

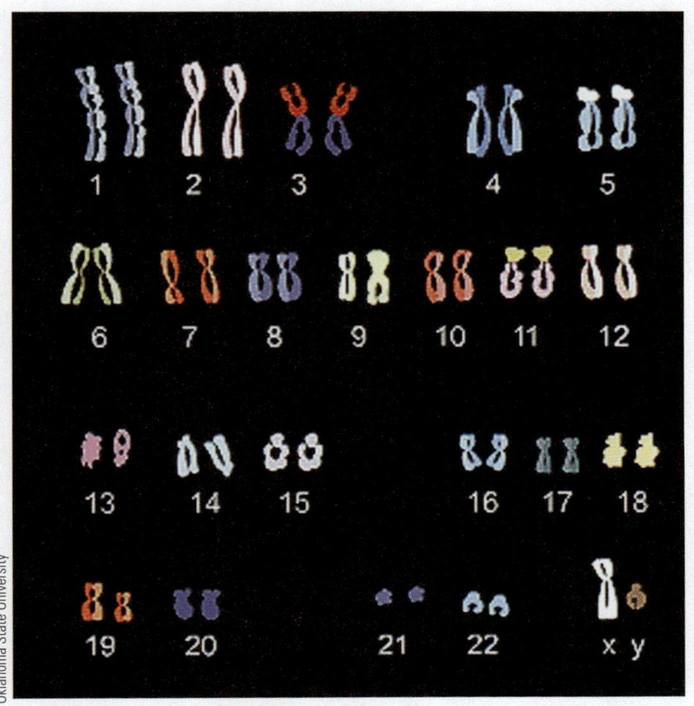


**(b)** 정상 남성 핵형. 이들 염색체들은 염색되어 있다. 서로 다른 형광염색물질로 표지한 DNA 분자들은 특정 상동염색체 쌍들의 DNA와 결합하게 하였다. 각 염색체마다 고유의 색을 나타나게 함으로써 광학현미경 아래에서 각 염색체들을 동정하는데 도움이 된다.

**그림 16-1 핵형분석.**

체 조각과의 융합 등을 의미하며 이러한 경우 유전병이나 여러 가지 유형의 암 환자에서 관찰된다.

### 16.1.2 가계도는 어떤 유전형질이 어떻게 유전되는지를 밝히는데 도움을 준다

유전형질이 몇 세대에 걸쳐서 어떻게 전달되었는지를 도표로 나타낸 것이 바로 **가계도**(pedigree)이다. 분자유전학 기술의 발달에도 불구하고 오늘날에도 가계도 분석은 유용한 정보를 제공해주고 있다. 그 이유는 가계도 분석이 분자유전학자들로 하여금 DNA 분자와 특정 개인과의 연관성을 밝히는데 도움을 주기 때문이다.

가계도는 보통 표준화 된 기호로 나타낸다. **그림 16-2**는 머리카락, 그리고 눈에 색소가 없는 **백색증**(albinism)에 대한 가계도를 가상적으로 만들어 낸 것이다. 가장 위세대는 제일 위에(로마숫자 I), 그리고 아래세대는 밑에 나타낸다. 같은 세대에서는 아라비아 숫자를 이용해서 왼쪽에서 오른쪽으로 순서대로 매긴다. 수평선은 두 부모를 나타내고 수직선은 그 부모의 자식들을 나타낸다. 예를 들어 II-3 과 II-4는 네 자녀(III-1, III-2, III-3, III-4)의 부모이다. 한 세대 내에서 각 개인 간에는 유전적으로 연관이 없을 수도 있다. 예를 들어 II-1, II-2, II-3은 II-4, II-5 와는 관계가 없다. 형제들 중에서 가장 나이가 많은 사람은 왼쪽에 그리고 적은 사람은 오른쪽에 나타낸다.

가계도를 연구함에 따라 인류유전학자들은 각 특정 위치에 있는 유전자에 의해 나타나는 표현형들이 어떻게 유전될 지를 예측 할 수 있게 해준다. 그러한 유전을 멘델유전이라고 한다. 사람의 유전자 중에서 약 10,000개정도가 멘델유전을 하고 있음이 밝혀졌다. 가계도는 주로 3가지 종류의 유전, 즉 상염색체성 우성, 상염색체 열성, 그리고 열성 X염색체 연관열성을 밝히는데 사용된다.

단순한 멘델유전으로 전달되지 않는 유전자들은 가계도 분석을 통해서 밝힐 수 없다. 멘델법칙에 따라 유전하지 않는 것들은 보통 2, 3개 이상의유전자들의 상호작용에 의한 것일 수 있다. 다른 경우의 예에는 **유전체각인**(genomic imprinting) 즉, 유전자가 부모의 어느 쪽에서 물려받았는지에 의하여 조직 혹은 발생단계에 따라 표현되거나 안 되는 경우도 있다. 어떤 유전자들은 아버지 쪽에서 받은 유전자는 항상 열성이거나 반대로 어머니한테서 받은 대립인자가 항상 발현이 안 되는 경우도 있다.

그렇기 때문에 부계쪽과 모계쪽의 유전체에서 각인된 것이 다르고 그 결과 배에서 유전자의 발현이 달라지게 된다. 14장에서 논의된 바와 같이 **후생적 유전**(epigenetic inneritance) 즉, DNA에서 염기서열의 변화없이 유전자 발현이 달라지는 것이 유전체각인의 원인이 될 수 있다.

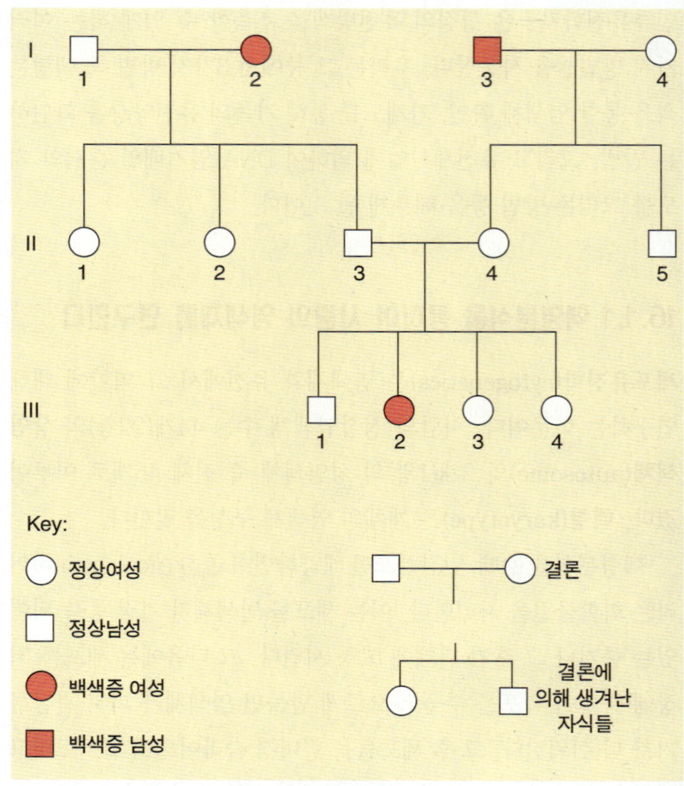


**그림 16-2 백색증에 대한 가계 분석.**

가족사를 연구함으로써 유전자의 전달방식을 알 수 있다. 백색증을 가지고 있는 여자(Ⅲ-2)의 부모를 보면 Ⅱ-3와 Ⅱ-4에 보는 바와 같이 표현형이 정상이다. 백색증 유전자는 우성일 수 없다. 왜냐하면 백색증이 우성이라면 위의 두 부모 중 적어도 한 사람은 백색증을 나타내야 하기 때문이다. 마찬가지로 백색증이 열성이며 그 유전자가 X 염색체에 연관되었다면, 딸이 백색증이기 위해선 아버지가 백색증이여야 한다.(그리고 어머니는 보인자이여야 한다.) 이 가계도를 보면 백색증은 열성의 상염색체성 유전(성염색체에 유전자가 있지 않음)을 한다는 것을 알 수 있다. 열성 상염색체성 유전일 경우, 두 부모의 표현형이 정상이더라도 자식 대에서 백색증이 나타날 수 있다(왜냐하면 각각의 유전자를 보인자 부모로부터 받을 수 있기 때문이다).

### 16.1.3 인간유전체사업은 인류의 모든 염색체에 있는 DNA의 염기서열을 밝히는 사업이다

**인간유전체사업**(Human Genome Project)에 의하여 약 29억 개의 염기쌍으로 이루어진 핵의 DNA 염기서열을 완전히 분석하였다(미토콘드리아 DNA의 염기서열은 1981년에 밝혀졌다). 인간

**표 16-1**

**유전학에서 몇가지 중요한 업적들**

| 년 | 과학적 발전 |
|---|---|
| 1866 | 멘델이 현재는 유전자로 알려진 유전인자의 존재를 제안 |
| 1871 | 핵산이 발견됨 |
| 1953 | DNA 구조가 결정됨 |
| 1960s | 유전 암호가 밝혀짐(DNA로부터 단백질이 어떻게 만들어지는가 밝혀짐) |
| 1977 | DNA 염기서열 분석이 이루어지기 시작함 |
| 1986 | DNA 염기서열 분석이 자동화됨 |
| 1995 | 첫 번째 세균(*Hemophilus influenzae*) 유전체 서열 완성됨 |
| 1996 | 첫 번째 진핵생물(효모인 *Saccharomyces cervisiae*) 유전체 서열 완성됨 |
| 1998 | 첫 번째 다세포 진핵생물(*C. elegans*, 꼬마선충) 유전체 서열 완성됨 |
| 2001 | 사람 유전체의 염기서열 초안이 발표됨 |
| 2003 | 사람 유전체의 염기서열이 완성됨 |

유전체사업이 최종적으로 완성된 2003년은 유전학에서는 기념비적인 사건이다(**▮ 표16-1**).

유전체는 핵과 미토콘드리아에 있는 모든 DNA들을 포함한다. 그러나 인간유전체의 거의 모든 유전정보는 핵의 DNA에 있다. 다른 진핵생물들의 유전체들과 같이 인간유전체의 약간만(약 2%) 폴리펩티드를 암호화하는 반면 다른 일부 부분들은 RNA들을 암호화한다. 인간유전체의 대부분의 DNA는 비 암호의 조절요소, 반복서열 (많은 반복서열)과 기능이 알려져 있지 않은 부분들로 되어 있다. 때때로 어떤 유전자들은 다른 것들과 중복되어 있기도 하고 어떤 경우에는 단일 유전자가 다수의 단백질을 암호화하기도 한다. 유전자들이 암호화하는 단백질이나 RNA들이 몸에서 어떠한 역할을 하는지를 밝히는 것이 현재 과학자들이 추구하고 있는 인류유전학에 대한 연구의 부분들이다.

이제 인간유전체의 염기서열이 밝혀짐에 따라 앞으로 수십 년 동안은 급속도로 증가하는 인체의 구성분자들에 대한 연구결과들을 분석하는데 바쁠 것이다. 유전자들을 확인하는 것에 더하여 과학자들은 유전자들의 기능은 무엇이고 각 유전자들이 어떻게 다른 유전자들과 상호작용하며 어떻게 조직에 따라 발현이 조절되는지 등을 밝히고자 한다. 인체세포에서 생성되는 수천 개의 단백질이 확인되고 그들의 3차 구조 및 그들의 특성과 기능 등이 밝혀질 것이다. 또한 인간유전체 내의 변이를 분석하여 이들과 질병감염이나 병의 발생 등과의 관계를 밝히고자 할 것이다.

### 16.1.4 생쥐와 인간의 유전체에서 수백 개의 DNA 조각들의 염기서열이 동일한 것으로 나타났다

길이가 200 염기쌍이 넘는 DNA 조각 약 500개가 생쥐와 인간 사이에 100% 보존되어 있다(동일하다). 이것은 생쥐와 인간이 공동조상으로부터 갈라진 7500만 년 전부터 지금까지 이 부분들에서는 전혀 돌연변이가 일어나지 않았다는 것을 의미하기 때문에 진화적 관점에서 볼 때 매우 흥미로운 것이다. 이 기간동안 다른 부분의 DNA들은 많은 돌연변이가 일어나 오늘날의 생쥐와 인간으로 진화하게 된 것이다. 비록 이와 같이 변화하지 않은 부분들의 기능이 아직까지는 밝혀지지는 않았지만 돌연변이가 일어났고 이에 대한 선택이 이루어졌을 것이다. 고도로 보존된 많은 부분들은 단백질을 암호화하지 않고 다른 유전자들의 발현을 조절하고 기능을 하는 것으로 보인다.

### 16.1.5 인류유전병을 연구하는데 생쥐를 모델로 이용한다

인류유전병과 관련된 많은 문제들에 대하여 시험재료로 사람을 사용하는데 윤리적인 문제들이 있기 때문에 대답하기가 어렵다. 그러나 실험을 하는데 다른 모델동물을 사용한다면 질병에 관한 연구가 매우 쉬워진다. 좋은 예로 **낭포성 섬유증(cystic fibrosis)**이 있다. 낭포성 섬유증은 1개의 유전자의 돌연변이에 의하여 발생하는 열성 유전병이다(이 장의 후반부를 보라). 1994년 과학자들은 **유전자 표적법(gene targeting)**으로 낭포성 섬유증 유전자 두개를 모두 혹은 1개만을 돌연변이 시킨 생쥐를 만들었다.

낭포성 섬유증을 일으키는 대립인자는 몸에서 수분과 전해질의 균형을 조절하는 유전자에 돌연변이가 일어난 것이다. 과학자들은 이 유전자를 분리 증폭하였으며 이 유전자는 CFTR(cystic fibrosis transmembrane conductance regulator)단백질을 암호화하고 있다는 것을 밝혀냈다. CFTR은 원형질막에서 염소이온 채널 역할을 한다. 생쥐에서 CFTR 통로가 어떠한 방식에 의하여 작동하는지를 연구하는 사람들이 있다. 그들은 이러한 것이 밝혀지면 이를 이용하여 CFTR 통로를 통하여 염소이온의 수송을 촉진시킬 수 있는 약을 개발하고자 한다. 그러한 약이 개발되면 돌연변이에 의하여 고장 난 통로를 작동케 함으로서 낭포성 섬유증 환자를 치료할 수도 있을 것이다.

**복습**

- 인간의 핵형은 어떠한 종류의 정보를 제공할 수 있는가?
- 가계도 분석이란 무엇인가?
- 인간유전체에 대한 더 많은 연구를 통하여 과학자들이 희망하는 2가지 이로운 점은 무엇인가?
- 모델생쥐를 이용하면 인류유전연구의 어려움을 어떻게 극복할 수 있는가?

## 16.2 염색체 수와 구조의 이상

**학습목표**

4 감수분열에서 염색체비분리가 어떻게 다운증후군, 클라인펠터증후군, 터너증후군 등과 같은 염색체 이상을 일으키는가?

5 전좌, 결실, 연약부위 등과 같은 염색체 구조 이상의 특징들을 설명하라.

**배수성**(polyploidy), 즉 염색체세트 수가 여러 개인 현상은 식물에서는 흔하지만 동물들에서는 발견하기가 어렵다. 감수분열에서 실패 할 때나 난자에 여러 개의 정자가 수정 됐을 때 생긴다.

사람에서는 1 개의 염색체가 더 있거나 덜 있는 경우가 더 많다. 이러한 상태를 가리켜 **이수성**(aneuploidy)이라고 부른다. 각 종류마다 한 쌍의 염색체(이를 **2염색체성** disomy이라 함)가 있다는 점을 상기하라. 1종류의 염색체가 3개가 있을 때 그것을 **3염색체성**(trisomy)이라 부른다. 만약 한 쌍의 상동 염색체중 하나가 없으면 그것을 **1염색체성**(monosomy)이라 부른다. **표 16-2** 는 이수성에 의해 생긴 질병들을 정리 해놓은 것이다.

이수성의 경우 일반적으로 감수분열(드물게는 체세포분열에서) 후기에서 염색체분리가 이루어지지 않아 일어난다. 이러한 현상을 일컬어 **비분리**(nondisjunction)라고 부르는데, 이 현상은 상염색체 혹은 성염색체에서도 일어 날수 있다. 감수분열의 경우 첫 번째 감수분열 또는 두 번째 감수분열에서(혹은 둘 다에서) 일어 날수 있다. 예를 들어, 첫 번째 혹은 두 번째 감수분열에서 2개의 X염색체가 분리되지 않고 둘 다 난자의 핵으로 들어갈 수 있다. 혹은 2개의 분리되지 않은 X염색체가 극체에 들어가면 난자는 X염색체가 없게 된다(10장에서 배웠듯이 극체는 난자형성에서 만들어지는 아무 기능이 없는 반수체를 말한다).

XY쌍의 비분리가 첫 번째 감수분열에서 일어난 경우 정자에 XY염색체가 둘 다 들어가 있거나 XY염색체가 어느 것도 없는 정자가 생기게 된다. 마찬가지로 두 번째 감수분열에서 비분리가 일어난 경우 정자가 X염색체를 2개 가지거나 Y염색체를 2개 가지게 될 수 있다(**그림 16-3**를 보라). 이러한 비정상적인 생식세포와 정상적인 생식세포가 결합되는 경우 그 몸을 이루게 되는 모든 세포는 비정상적인 수의 염색체를 가지게 된다.

염색체 이상을 가지고 태어나는 경우는 약 1% 미만으로 알려져 있으나 임신 때까지 고려하면 그 비율은 훨씬 높다. 임신부 중 약 17%가 8주 안에 유산하는 것으로 알려져 있다. 그 중 약 절반은 상염색체의 삼염색체성(예, 21번 3염색체성), 3배체, 4배체,

**표 16-2**

**염색체이상: 염색체 이상에 의하여 발생하는 몇가지 유전병**

| 핵형 | 일반형 | 임상적병리적 특징 |
|---|---|---|
| 13번 3염색체성 | 퍼테이유증후군 | 다중결함, 출생후 3개월 전에 죽는다. |
| 18번 3염색체성 | 에드워드증후군 | 귀의 이상, 심장결함, 경직 및 다른이상; 보통 생후 1년 미만에 죽으나 그 이상 사는 경우도 있다. |
| 21번 3염색체성 | 다운증후군 | 신생아 800명당 1명의 빈도로 출생. 21번 염색체가 3개로 인한 다운증후군 환자의 대부분은 어머니의 임신연령이 35세 이상이다. 그러나 전좌에 의한 다운증후군은 임신 연령과는 관계가 없다. 이 환자들의 증상은 눈위의 피부가 겹쳐져, 다양한 정도의 정신박약, 작은 체구, 갈라지고 튀어나온 혀, 손바닥을 횡단하는 깊은 손금, 심장이상 및 백혈병과 치매의 높은 발병률 등이다. |
| XO | 터너증후군 | 작은 체구, 주름이 많은 목, 종종 가벼운 정신박약; 배발생 후기에 난소 퇴화, 성적 특징의 미발달; 생식기관은 여성; 바소체가 없다. |
| XXY | 클라인펠터증후군 | 완만하게 퇴화하는 정소, 큰 가슴; 세포당 1 개의 바소체 |
| XYY | XYY 핵형 | 심한 여드름이 있으며 보통 키가 크다. 때로는 경미한 정신박약 |
| XXX | 트리플로-X | X염색체가 3개인데도 보통 정상적인 지능에다 임신이 가능; 세포당 2개의 바소체 |

요점

이수성은 감수분열 시에 비정상적인 분열인 염색체 비분리에 의해 일어날 수 있다.

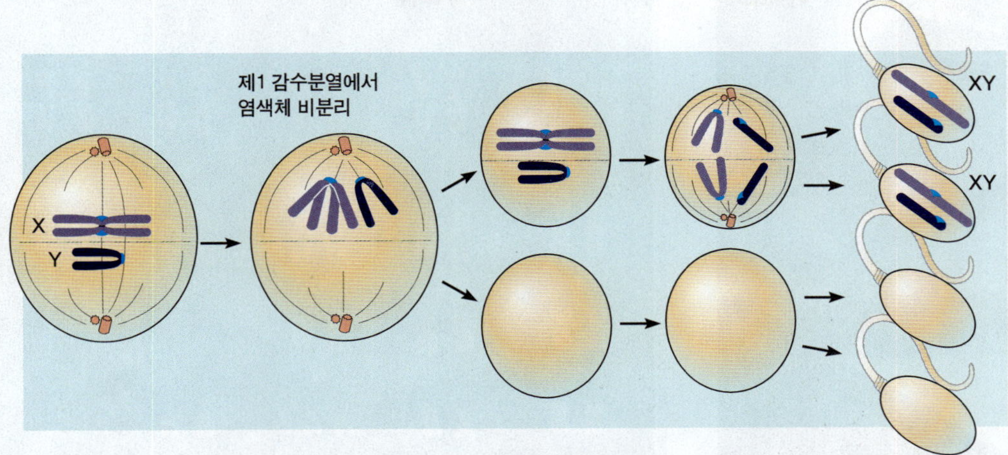


**(a) 첫 번째 감수분열에서 염색체 비분리가 일어나게 되면** 2개의 정자는 XY를 가지게 되고 나머지 2개의 정자는 성염색체가 없게 된다.

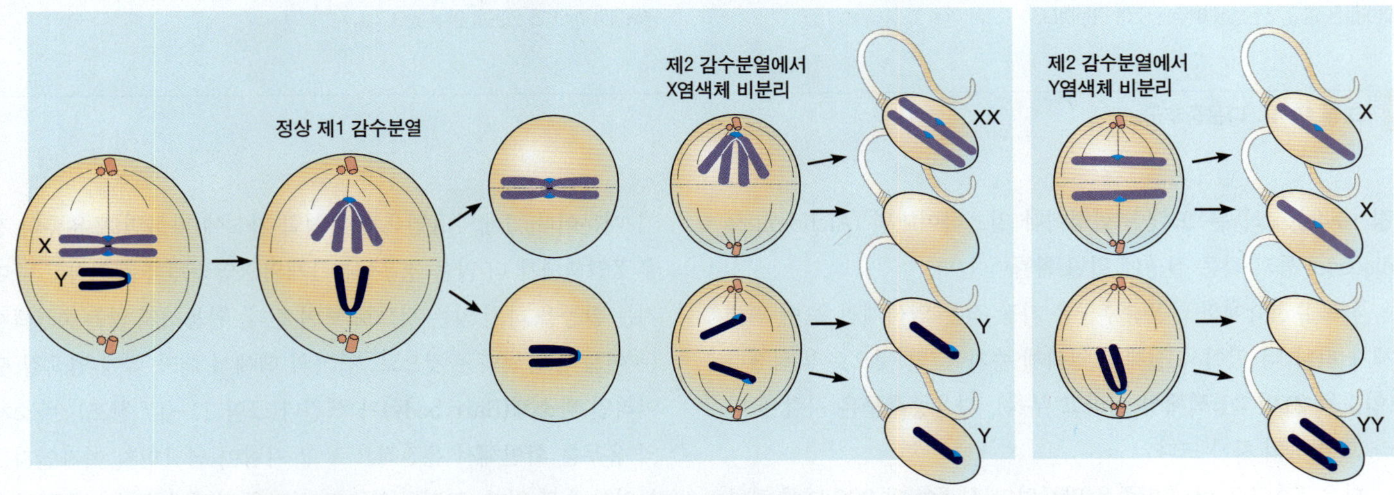


**(b) 두 번째 감수분열에서 X염색체의 비분리가 일어나면** 4개의 정자 중 하나는 2개의 X염색체를 가지게 되고, Y염색체를 각각 하나씩 갖고 있는 정자가 둘, 그리고 성염색체가 없는 정자가 하나 만들어 진다. 반대로 Y염색체에서 비분리가 일어나면 2개의 Y염색체를 가진 정자가 하나, X염색체를 각각 하나씩 갖고 있는 정자가 둘, 그리고 성염색체가 없는 정자가 하나 만들어 진다(오른쪽 그림상자).

**그림 16-3 감수분열에서의 염색체 비분리.**

이들은 남자의 성염색체 비분리 예인데 단지 X(자주색)와 Y(푸른색)만 나타내었다.

그리고 터너증후군(XO)과 같은 심각한 염색체 이상을 가지는 것으로 나타났다.

## 16.2.1 다운증후군 환자는 보통21번 염색체가 3개이다

**다운증후군**(Down syndrome)은 염색체 수 이상으로 일어나는 유전병 중 가장 많이 일어나는 질병 중 하나이다. (증후군이라는 말은 특정한 질병에 대해 여러 가지 증상이 같이 일어나게 되는 경우를 말한다.) 이 병 이름은 1866년에 처음 발견한 영국인 의사 **다운**(John Down)의 이름을 따서 붙여졌다. 이 병을 가지고 있는 사람은 얼굴, 눈꺼풀, 혀, 손, 그리고 다른 부위들이 비정상적으로 되고, 보통 정신적으로 그리고 육체적으로 성장이 더디게 된다(**그**

**(a)** 다운증후군에 걸려있는 아이가 유치원에서 과학실험을 하고 있다. 어떤 다운증후군 아이들은 읽고 쓰는법을 배우는 것이 가능하다.

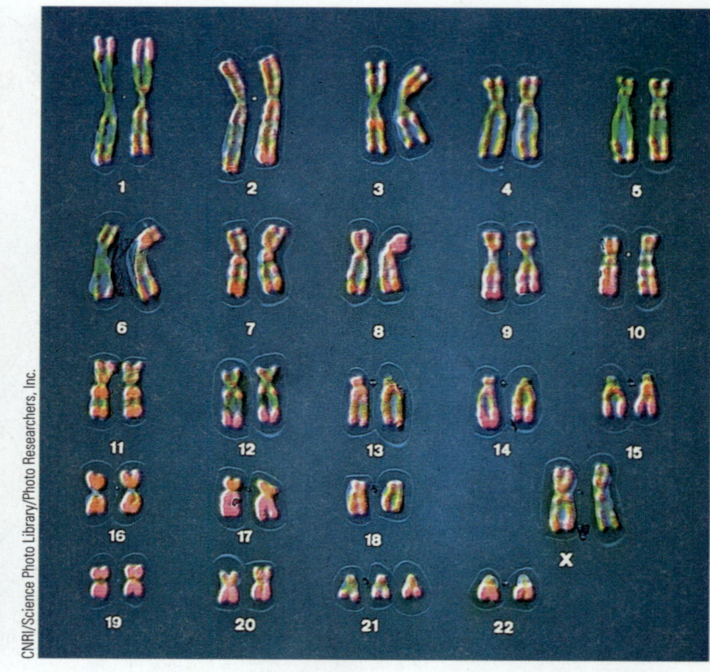


**(b)** 다운증후군에 걸린 한 여성의 핵형에서 색으로 나타낸 염색체들을 보면 21번 염색체가 하나 더 있음을 알수 있다.

**그림 16-4 다운증후군.**

림 16-4a). 그들은 또한 백혈병이나 알츠하이머병 (Alzheimer's disease) 등과 같은 질병에 걸릴 확률이 높다.

세포유전학에서 다운증후군은 가장 작은 염색체인 21번 염색체가 하나 더 있어서 전체의 염색체 수가 47인 것으로 밝혀졌다(이것을 **21번 3염색체성** 이라고 부름). 다운증후군은 사람에 따라 그 정도의 차가 크다.

다운증후군은 어느 인종을 막론하고 신생아 약 800 명에 하나 꼴로 생긴다. 그리고 임신을 늦게 할수록 다운증후군에 걸릴 확률이 높아진다(다운증후군에 걸릴 확률은 아버지의 나이와는 관련이 없다). 어머니의 나이가 45인 경우 어머니의 나이가 20살인 사람보다 다운증후군에 걸릴 확률이 약 68배나 높다. 어머니의 나이와 다운증후군과의 관계는 몇 십 년 동안 연구해 왔지만 그 원인은 아직까지 밝혀지고 있지 않다.

### 16.2.2 대부분의 성염색체 이수성인 사람은 상염색체 이수성인 사람보다 문제의 심각성이 덜하다

성염색체 이수성의 경우 내성이 강한 편인데(표 16-2를 보라) 그 이유 중 하나는 **유전자량 보정**(dosage compensation)이 일어나기 때문이다. 1개의 X염색체 활성화 가설에 따르면 포유류의 경우 X염색체가 더 많을 경우에는 1개의 X염색체를 제외하고 나머지는 활동을 하지 않는 것으로 보여 진다. 활동하지 않는 X염색체는 어둡게 염색되는 것으로, 간기의 핵에서 핵막 옆에 염색질 덩어리인 **바소체**(Barr body)가 생긴다(그림 11-17 참조). 바소체의 유무를 확인해서 유전적으로 그 사람이 남자인지 여자인지를 확인할 수도 있다. 그러나 앞으로 설명을 하겠지만 바소체를 이용한 검사는 심각한 한계를 가지고 있다.

**클라인펠터증후군**(Kleinfelter syndrome)을 가진 사람은 2개의 X염색체와 하나의 Y염색체를 포함해서 전체 47개의 염색체를 가지고 있다. 이 환자는 작은 고환을 가지고 있으며 정자를 아주 적게 혹은 생산하지 않는다. Y염색체에서 남성으로의 발생을 조절하는 유전자가 발견됨에 따라 Y염색체가 남성 표현형에 큰 역할을 한다는 것이 증명되었다. 남자 신생아 약 600 에서 1000명에 하나 비율로 클라인펠터증후군 환자로 태어난다.

XO, 즉 X염색체 하나밖에 없는 사람을 가리켜 **터너증후군**(Turner syndrome)에 걸렸다고 한다. 여기서 O는 두 번째 성염색체가 없다는 것을 의미한다. 남자로 발달하게 되는 Y염색체가 없기 때문에 이러한 사람들은 여자로 발달한다. 그러나 내부와 외

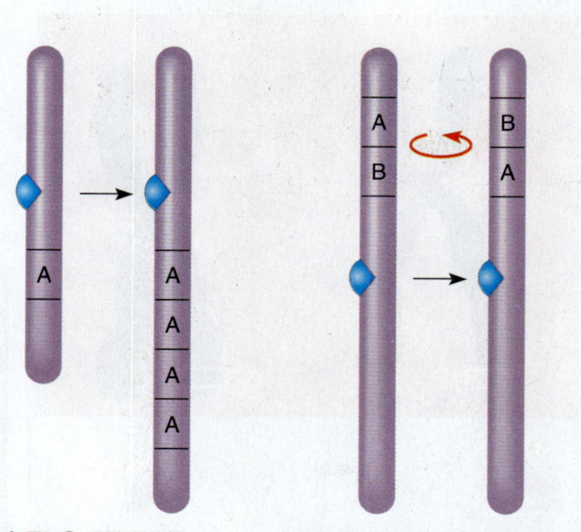


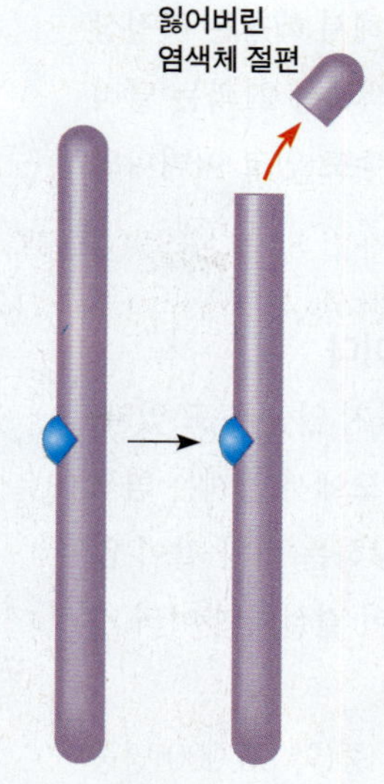


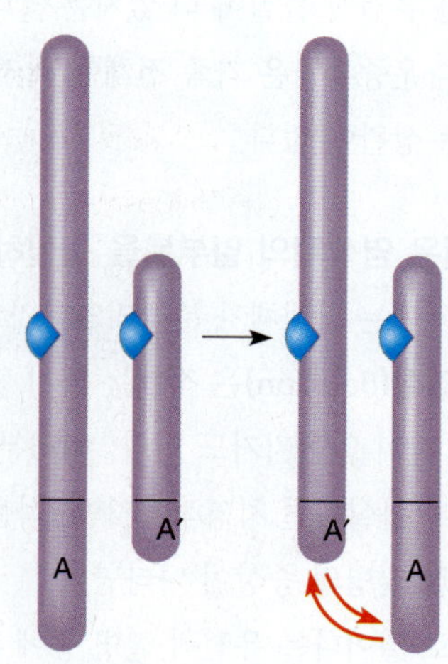


**(a)** 중복은 특정 염색체 부분이 반복되어 생기는 것이다. 이 예에서는 A유전자가 중복된 것을 보여준다.

**(b)** 역위는 염색체 절편들이 서로 바뀌는 것을 말한다. 이 경우 유전물질 양의 변화는 없고 다만 배열만 바뀌는 것이다.

**(c)** 염색체의 일부분이 상실하는 것이 결실이다. 결실은 염색체의 끝(그림) 부분이나 염색체 내에서 일어날 수 있다.

**(d)** 상호전좌는 2개의 비상동 염색체 간의 일부분이 교환되어 일어난다.

**그림 16-5 염색체 이상(abnormality)의 흔한 유형.**

부 생식기관의 경우 발달하지 않게 되고 불임이 된다. 여자 신생아 약 2,500명 중 하나 꼴로 터너증후군에 걸린다.

사람들 중 X염색체 하나와 Y염색체 둘을 가진 사람은 표현형이 남자이고 수정이 가능하다. 이 염색체형을 가진 사람은 별다른 증후군이 없기 때문에(키가 크고 여드름이 심하다), **XYY핵형**(XYY karyotype)이라 불린다.

## 16.2.3 염색체 구조의 이상은 어떠한 병의 원인이 된다

성염색체 이상은 염색체의 수의 이상뿐만 아니라 염색체 구조의 이상도 포함한다. 염색체의 절단과 재결합은 염색체 혹은 염색체 간에 4종류의 구조 이상을 일으킨다. 즉 중복, 역위, 결실, 전좌이다(**그림 16-5**). 염색체 절단은 복제와 재조합에 손상을 유발한다. **중복**(duplication)에서는 염색체의 부분이 한 번 이상 반복되어 있다. 반복부위는 때로는 일렬로 존재한다. **역위**(inversion)에서는 염색의 일부분의 반대방향으로 배열하였다. **결실**(deletion)은 염색체가 절단되어 염색체 조각이 떨어져 나간 것이다. 몇몇 경우에, 한 염색체의 일부분이 상동염색체가 아닌 다른 염색체에 붙는 경우가 있는데, 이것을 **전좌**(translocation)라 한다. 또 다른 경우로는 상동염색체가 아닌 다른 염색체끼리 일부분이 교환되는데 이를 **상호전좌**(reciprocal translocation)라고 한다.

여기서 우리는 1개 이상의 염색체 구조의 이상이 일어나는 3종류의 예들인, 전좌, 결손, 그리고 X 염색체 연약부위를 살펴볼 것이다.

### (1) 전좌는 한 염색체의 일부분이 비상동염색체에 가서 붙는 것이다

전자의 결과는 매우 다를 수 있어 어떤 유전자는 없어지기도 하고(결실), 어떤 유전자는 여분이 생기기도 한다(중복). 다운증후군에 걸린 사람 중 약 4%는 46개의 염색체를 가지고 있으나, 21번 염색체가 비정상적이다. 21 번 염색체에 있는 유전물질의 일부가 14번 염색체와 같은 다른 큰 염색체로 이동한 것이다. 우리는 이러한 비정상적인 염색체를 가리켜 14/21 염색체라 부른다. 이러한 증상을 가진 사람은 14번 염색체 하나, 14/21 염색체 하나, 그리고 정상 21번 염색체 둘을 가지고 있으므로, 21번 염색체의 전부 혹은 일부분 유전적 물질들은 3개가 존재한다. 이를 전좌성 다운증후군 (translocation Down syndrome)이라고 한다. 이러한 사람의 부모의 핵형을 살펴보면 비록 표현형은 정상이지만 어머니나 아버지가 45개의 염색체를 가지고 있는 경우가 많다. 45개의 염색체를 가지고 있는 경우, 14번 염색체 하나, 14/21 번 염색체 하나, 그리고 21번 염색체 하나, 이렇게 해서 핵형은 비정상적이지만 유전적 물질이 더 있지는 않다. 3염색체성 21과는 달리 이러한 다운증후군은 가족 전체에 퍼져 있을 수도 있고 어머니의 나이와는 상관이 없다.

### (2) 결실은 염색체의 일부분을 소실하는 것이다

몇몇 경우에는 염색체가 분리되었다가 다시 붙지 않을 수도 있다. 이러한 **결실**(deletion)은 적게는 염기 몇 개 정도에서 많게는 염색체의 한 팔이 없어지기도 한다. 여러분이 예상하는 바와 같이 많은 부분이 결실되면 치명적이지만, 적은 부분이 결실되면 여러 가지 유전적 질병의 증상이 나타난다.

결실로 일어나는 유전적 질병 중에 흔한 것 중(약 50,000 명중 하나 꼴) 하나에 **고양이울음증후군**(cri du chat syndrome)인데 이것은 5번 염색체의 팔 중 일부분이 결실된 것이다. 이 증후군에 걸린 사람들은 대부분 유년기를 지날 때까지 살아 있지만 정신적 발달이 매우 더디다.

### (3) 연약부위는 염색분체의 특정부위가 취약한 것이다

**연약부위**(fragile site)는 염색분체의 일부분이 염색체에 가는 DNA의 실로 연결된 것 같은 부분을 말한다. 부위는 양쪽 염색분체의 특정 부위에 다 일어 날 수 있다. 그러한 부위는 X염색체뿐만 아니라 상염색체에서도 발견된다. 연약부위의 위치는 모든 세포에서 다 똑같다.

Martin-Bell **증후군**으로 알려진 **연약X염색체증후군**(fragile X syndrome)은 연약부위가 X염색체 끝에 생긴다. (그림 15-7) 정상 X염색체의 끝에는 특정 뉴클레오티드 3개(CGG)가 약 50개 반복되어 나타난다.(**그림 16-6b**) 그러나 연약X염색체는 CGG가 약 200에서 1000 번까지 반복되어 나타난다. (**그림 16-6a**) 연약X염색체증후군은 여자보다 남자한테 더 증상이 두드러진다. 그 증상에는 학습능력과 주의 집중력 부족에서부터, 심한 정신적 미발달과 과민반응 등이 있을 수 있다. 미국 국립 연약X염색체재단(National Fragile X Foundation)에 따르면 연약X염색체증후군에 걸린 약 80% 소년들과 35% 소녀들이 최소한 정신적 발달이 더디게 된다고 밝혔다. 분자차원에서 보면 연약X염색체증후군과 관련 있는 3염기 반복이 FMRP(fragile X mental retardation protein)이라고 하는 단백질을 암호화하는 유전자의 기능을 손상시킨 것이다. 정상세포에서는 FMRP가 서로 다른 수십 개의 mRNA분자와 결합한다(왜 결합하는지는 정확하게 알려져 있지 않다). 그러나 연약X증후군 환자의 세포에서는 돌연변이가 일어나 이러한 기능을 할 수 있는 FMRP를 만들지 못한다.

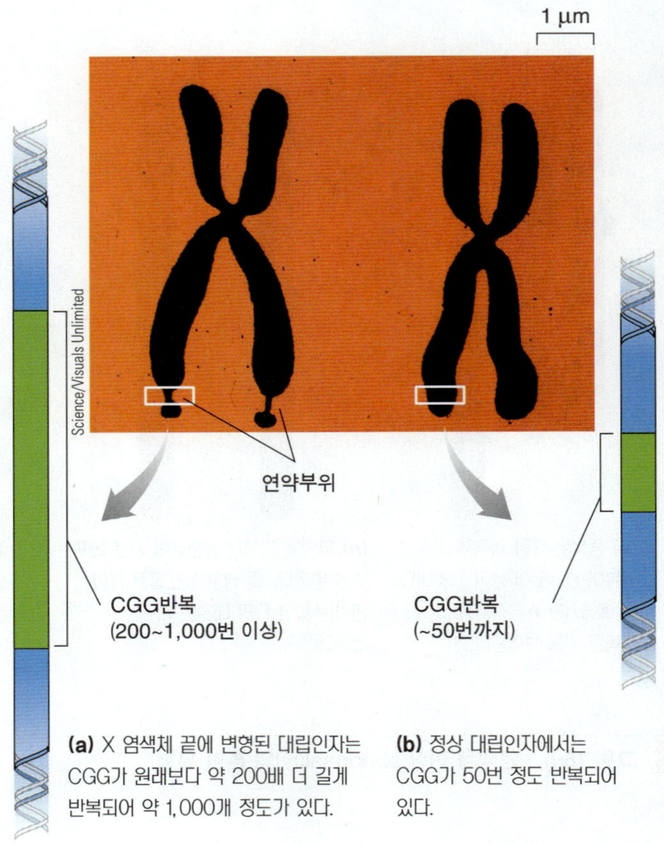


**그림 16-6 연약 X 증후군.**
주사전자현미경으로 찍은 X염색체 사진. 왼쪽 X염색체는 연약부위를 가지고 있고 오른쪽 X염색체는 정상염색체이다.

#### 복습

- 다운증후군, 클라인펠터증후군, 터너증후군 들은 어떠한 특징을 갖는 염색체 이상들인가?
- 고양이울음증후군은 어떠한 염색체 이상인가?
- 연약X염색체증후군은 어떠한 염색체 이상인가?

## 16.3 단일-유전자 돌연변이에 의한 유전병

#### 학습목표

6 페닐케톤뇨증, 낫형 적혈구빈혈증, 낭포성 섬유증, 타이-작스병, 헌팅톤무도병 및 A형 혈우병 등과 같은 유전병들은 상염색체 열성, 상염색체 우성, X연관열성 중 어느 것으로 유전하는가?

염색체가 비정상적이기 때문에 일어나는 몇 가지 장애들을 살펴보았다. 그러나 수백 가지의 다른 장애들은 한 유전자의 돌연변이에 의해 생긴 효소의 결핍으로 일어난다. 페닐케톤뇨증과 알캅톤뇨증은 이러한 장애의 1종류들인데(13참조), 이들은 생화학적 반응경로에 필요한 효소를 담당하는 유전자가 돌연변이를 일으켜 생기는 장애이기 때문에 **선천성 대사이상**(inborn error of metabolism)이라고 불린다. 페닐케톤뇨증과 알캅톤뇨증 둘 다 특수 아미노산의 대사가 일어나지 않아 발생한다.

## 16.3.1 대부분의 유전병은 상염색체 열성형질이다

많은 유전병이 상염색체성 열성유전을 하기 때문에 대부분의 유전병들은 동형접합체 일 때만 일어난다. 왜 이러한 유전들이 대부분 열성일까? 이상을 일으키는 단일 유전자 돌연변이는 그 유전자가 작동을 하지 못하게 된다(그 물질을 충분히 생산하지 않거나 변형된 물질을 생산해낸다). 대부분의 경우, 2배체 염색체를 가진 세포는 이형접합체, 즉 정상적인 유전자 하나와 기능이 정지된 돌연변이 유전자를 가지고 있다. 일반적으로 유전자의 단백질은 필요 할 때 만 생산되기 때문에 정상적인 유전자를 하나 가지고 있는 것으로 충분하다. 그러므로 유전적 질병의 대부분은 열성 동형접합체를 가진 사람에게만 생긴다.

### (1) 페닐케톤뇨증은 한 효소결핍으로 인하여 발생한다

**페닐케톤뇨증**(phenylketonaria; PKU)은 서유럽 사람들에게 가장 흔히 일어나는 상염색체 열성 유전병 중 하나인데, 아미노산의 대사에 장애로 인하여 일어난다. 북아메리카 사람들에겐 약 10,000 명당 한 명 꼴로 발생한다. 이열성 동형접합체를 가진 사람은 페닐알라닌을 티로신이라는 다른 아미노산으로 바꿔주는 효소를 만들지 못한다. 이 장애를 가진 사람은 페닐알라닌, 페닐피루브산, 그리고 이런 비슷한 화합물의 수치가 높게 나타난다.

페닐알라닌이 쌓이게 되면 페닐케톤이라는 화합물로 바뀌는데, 이 물질은 뇌를 포함한 중추신경계에 손상을 가져온다. PKU를 가진 태아의 경우, 어머니로부터 이 효소가 공급되기 때문에 태어날 때는 건강하다. 그러나 유아기 때 이런 독소가 쌓여서 나중에는 중추신경계에 치명적인 손상을 가져오게 된다.

### (2) 낫형 적혈구빈혈증은 헤모글로빈 결함 때문에 생긴다

**낫형 적혈구빈혈증**(sickle cell anemia)은 상염색체 열성 유전을 한다. 이 질병은 아프리카 사람들에게 가장 흔하게 나타나고 (미국 흑인 중에서 약 500명 중 한명 꼴) 약 12명중 하나의 미국 흑인이 이 열성 유전에 대하여 이형 접합체이다. 낫형 적혈구빈혈증에 걸린 사람의 적혈구를 보면 낫 혹은 반달 모양으로 생겼다. 그에 반해 정상인의 적혈구는 둥근 타원형으로 생겼다.

낫형 적혈구를 일으키는 돌연변이는 50년 전에 처음으로 발견되었다. 낫 모양의 세포는 $\beta$-글로빈 사슬의 6번 자리 아미노산인 글루탐산 대신에 발린으로 이루어진 헤모글로빈 분자를 가지고 있다(3장 참조). 발린이 글루탐산 대신 들어감으로써 헤모글로빈은 물에 덜 녹게 된다. 그 결과 이 세포들은 결정 모양의 형태로 바뀌려는 성질을 가지고 있다. 혈관 속에서 헤모글로빈이 산소를 내주고 나면 낫 모양으로 바뀐다. 이 혈액세포들은 혈액의 순환 속도를 느리게 만들고 모세혈관들을 막기 때문에(그림 16-7), 그 조직에 필요한 산소와 영양분 공급을 막게 된다. 낫형 적혈구들은 일반 적혈구보다 수명이 짧기 때문에 이 병에 걸린 사람은 심한 빈혈에 시달리게 된다.

현재는 낫형 적혈구빈혈증의 치료 방법으로 유전자 치료법을

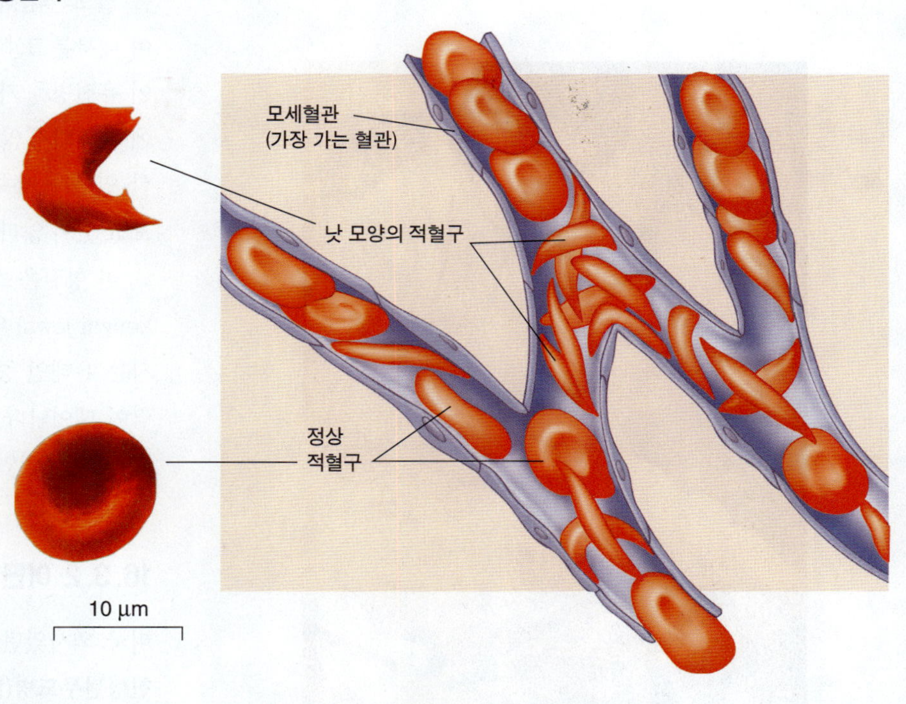


**그림 16-7 낫형 적혈구빈혈증.**

낫형 적혈구들은 정상 적혈구와 달리 작은 혈관을 쉽게 통과하지 못한다. 그러므로 낫형 적혈구세포에 의하여 조직세포에의 산소의 공급이 차단될 수 있다.

개발 중이다. 낫형 적혈구빈혈증의 연구를 위하여 모델생쥐를 개발하였는데 이로 인하여 유전자치료법을 시험할 수 있게 되었다.

낫형 적혈구유전자가 아프리카인에서 더 자주 보이는 이유는 잘 알려져 있다. 이형접합체인 사람($Hb^AHb^S$), 즉 정상 헤모글로빈 유전자와($Hb^A$) 와 낫형 적혈구유전자($Hb^S$)를 가진 사람은 치명적인 말라리아 기생충인 *Plasmodium falciparum*에 저항성을 가진다. 말라리아 기생충은 사람의 혈액 속에서 자라는데 낫형 적혈구 Hb가 있는 경우 자랄 수가 없다(이형접합체를 가진 사람은 정상 헤모글로빈과 낫형 헤모글로빈, 둘 다 생산한다). 아프리카 지역 중 falciparum 말라리아가 자주 일어나는 지역일수록 낫형 적혈구 유전자를 가진 사람이 더 많다. 그러므로 $Hb^AHb^S$인 사람이 어떤 특정한 상황에서 $Hb^AHb^A$ 유전자(말라리아에 걸려 죽을 수도 있는 사람)나 $Hb^SHb^S$ 유전자(낫형 적혈구빈혈증에 걸려 죽을 수도 있는 사람)를 가진 사람보다 더 유리하다. 이러한 현상을 가리켜 *이형접합체 우세*(heterozygate advantage)라고 하고 19장에서 더 자세히 다룰 것이다(그림 19-6을 보라).

### (3) 낭포성 섬유증은 이온수송의 결함 때문에 발생한다

**낭포성 섬유증**(cystic fibrosis)은 유럽의 아이들에게서 가장 흔하게 일어나는 상염색체 열성 유전병이다(약 2,500의 신생아 중 1명 꼴).

낭포성 섬유증에 관련된 유전자는 염소나 다른 이온들을 세포막에서 투과하는 역할을 하는 단백질을 암호화 하고 있다. 이 유전자에 돌연변이가 일어난 사람은 기관지, 췌장, 간 장, 땀샘 등에 있는 세포의 세포막에 악성 점액을 만들어 내기 때문에 이러한 조직들을 망가뜨린다. 비록 이 돌연변이는 종류가 여러 가지고, 따라서 병의 문제도 여러 가지 지만, 대부분 심각한 문제를 일으킨다.

세균으로부터 감염되는 것을 막기 위해 항생제를 먹어야 하고, 기관지로부터 점액을 없애기 위해 매일 물리치료를 받아야 한다.

낭포성 섬유증 중에서 그 정도가 가장 심한 종류는 북유럽에서, 그보다 정도가 조금 약한 종류는 남유럽에서 주로 발견된다. 이것으로 볼 때 이 돌연변이는 서로 독립적으로 일어난 것이고 자연선택에 의해 그 비율이 결정된 것으로 보인다. 이 유전자를 이형접합으로 가진 사람은 심한 설사병으로 인해 죽을 확률이 낮아진다는 것을 여러 가지 실험 결과들이 나타내 주고 있다. 이러한 것은 또 다른 이형접합자 이득의 예다.

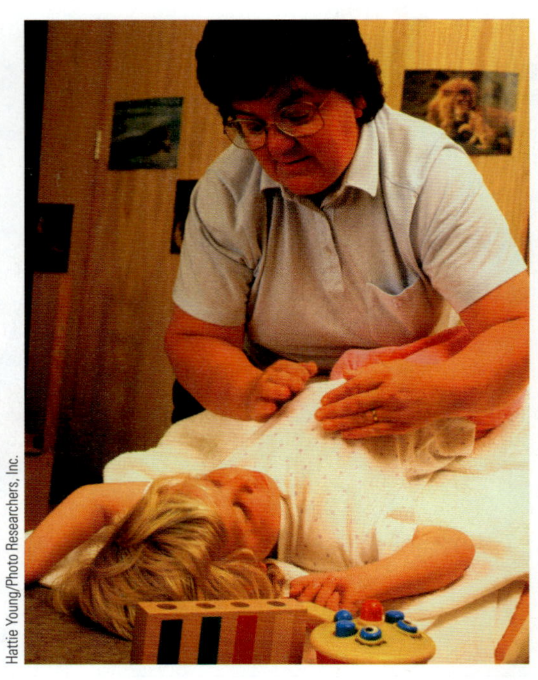


**그림 16-8 낭성 섬유증의 치료법.**

낭성 섬유증을 치료하는 전통적인 방법 중 하나로 가슴을 두드리는 방법이 있는데, 이는 허파에 있는 공기가 드나드는 통로에 막힌 점액질을 제거하는 방법이다.

### (4) 타이-작스병은 뇌의 지질대사 이상으로 발생한다

**타이-작스병**(Tay-Sachs disease)은 상염색체 열성 유전병으로서 중추 신경계 장애를 일으켜 시각 장애와 심각한 정신적 지체를 일으킨다. 증상이 보통 태어 난지 1년 안에 발생하기 시작하여 대부분 5살이 되기 전에 죽는다. 필요한 효소가 없기 때문에, 이 유전병을 가진 사람은 뇌세포들의 정상적인 막성 지질이 제때에 분해되지 않아 세포소기관 리소좀에 쌓인다. 비록 치료법에 대한 연구가 계속 되고 있지만, 아직까지는 특별한 치료방법이 나오고 있지 않다.

이 형질은 조상이 중부 유럽과 동유럽에서 온 유태인계(Ashkenzai jews) 미국인들에서 가장 흔하게 나타난다. 북아메리카에 사는 유태인 중에서 약 4,000 명 당 1명꼴로 이 질병을 가진 사람이 태어난다. 그러나 조상이 지중해 지역인 유태인(Sephardic jews) 미국인인 경우 이 병을 가진 사람은 매우 드물다.

## 16.3.2 어떤 유전병들은 상염색체 우성형질이다

미국 의사였던 **헌팅턴**(George Huntington)이 1872년에 발견한 **헌팅턴무도병**(Huntington's disease; HD)은 신경계에 장애를 일으키는 상염색체 우성 유전병이나 이 병은 정신과 육체 둘 다 심한 장애를 일으켜서 근육경련과 성격의 변화 등을 거쳐 죽게 된다. 효과적인 치료방법은 발견되지 않았다. 이 병에 걸린 사람은

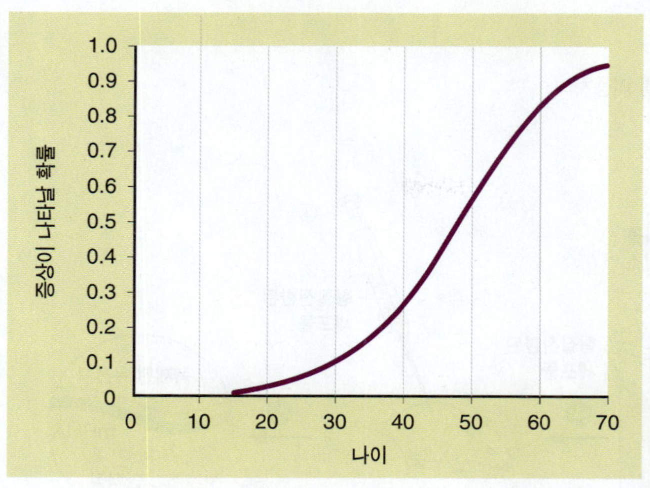


**그림 16-9 헌팅톤무도병의 발생년령.**

이 그래프는 나이에 따라 헌팅톤병이 발생할 확률을 나타낸 것이다. 헌팅톤병은 대체로 나이가 많을 때 나타난다.

이 형질을 자식에게 물려줘서 그 결과 자식이 헌팅턴무도병에 걸릴 확률이 50%가 된다. 대부분의 경우 이러한 치명적인 우성형질은 새로 생긴 돌연변이에서나 볼 수 있으며 후대에는 전달되지 않는 것이 보통이다. 그러나 이 질병은 증상이 늦게 나타난다는 점(대부분 30대에서 40대에 증상이 나타난다) 때문에 이 병을 가진 사람도 증상이 나타나기 전에 아이를 가질 수 있게 된다(**그림 16-9**). 북아메리카의 경우 이 질병을 가진 사람이 약 20,000명중에 1 명 꼴로 나타난다.

헌팅턴무도병에 관련된 유전자는 1993년에 발견되었다. 이 유전자는 4번 염색체 말단에 있다. 이 돌연변이는 뉴클레오티드 3염기(CAG)가 보통 사람의 경우 6 에서 35번 반복되어 나타나는 것에 반해 이 병을 가진 사람은 40에서 150번 이상 나타난다. CAG는 아미노산 글루타민을 코딩하기 때문에 그 결과 나타내는 단백질은 아미노산 글루타민을 길게 가지고 있게 된다. 흥미롭게도 이 뉴클레오티드 3염기의 길이에 따라 증상이 나타나는 시기와 그 정도가 결정된다는 것이다. 그 길이가 길수록 증상이 더 빨리 나타나고 그 정도도 더 심해진다.

### 16.3.3 어떤 유전병들은 X염색체-연관 열성으로 형질이 유전된다

**A형 혈우병**(hemophilia A)은 왕실의 병으로 불리어 왔는데 그 이유가 빅토리아 여왕의 남자 후손들에게서 자주 발생되었기 때문이다. 그러나 이병은 왕실이 아닌 사람들에게서도 발견되기도 하였다. 특징적으로 혈액응고 인자(Factor VIII)가 결핍되어 있고, 머리나 관절, 심지어는 작은 상처 부위에서도 심한 내출혈을 일으킨다. 그리고 거의 대부분 남성에게서만 나타나고 그들은 문제의 유전자를 이형집합의 보인자인 어머니의 X염색체로부터 물려받는다(여자는 X염색체 연관열성 유전병이 발현되기 위해서는 결함대립인자를 양부모에게서부터 물려받아야 한다. 그러나 남자는 어머니로부터만 유전되어도 된다).

#### (1) 유전학자들은 X염색체-연관 유전자들이 지능에 영향을 준다는 것을 밝혀내기 시작하였다

X염색체는 특이하게도 지금까지 인지능력에 영향을 주는 것으로 확인된 200개 이상의 많은 유전자들을 가지고 있다. 예를 들어 이들 유전자들은 뇌의 발달에 관여하는 단백질들을 암호화한다. 당연히 정신적인 손상의 많은 종류가 X염색체 유전자들의 결함과 관계가 있다. 인간 유전체 중 4% 미만이 X염색체에 있는데 정신박약자의 10%가 X염색체에 관련 있는 것으로 밝혀졌다. 지난 1세기동안 관찰한 바에 의하면, 남성들은 X염색체가 1개만 가지고 있기 때문에 소녀들보다 소년들에게서 더 많은 정신적 손상을 가지고 있다.

**복습**

- 페닐케톤뇨증, 헌팅톤무도병병, 타이-작스병 중 어떠한 것이 상염색체 열성유전을 하는가?
- 낫형 적혈구빈혈증, A형 혈우병 , 헌팅톤무도병 중 어느 것이 상염색체 우성유전을 하는가?
- A형 혈우병, 낭포성 섬유증, 타이-작스 병 중 어느 것이 X 염색체 연관 열성유전을 하는가?

## 16.4 유전자치료

**학습목표**

7 기술적인 문제를 포함하여 유전자치료 과정을 간단히 논하라.

대부분의 심각한 유전병들을 치료하는 데는 많은 어려움이 있기 때문에 과학자들은 실질적으로 그 병들을 치료할 수 있는 방법을 개발하였으면 하는 꿈을 가지고 있다. 오늘날 유전학의 발전이 이러한 꿈을 실현하는데 좀 더 가까이 가게 해주고 있다. 그 1가지 전략이 **유전자치료법**(gene therapy)으로써, 이것은 체내 특정 세포에 있는 변이된 대립유전자를 정상의 대립유전자로 교체하는 것이다. 그 이론적 근거는 정상유전자가 한 개체의 모든 세포에 있다 할지라도 그 유전자가 발현되는 것은 일부의 세포들이라는 점

**요점**

생쥐는 유전자치료법을 개발하기 위한 모델이 될 수 있는데, 이 방법은 정상유전자를 이용하여 유전자 결함이 원인이 되어 발생한 유전병의 증후들을 제거하거나 경감시킨다.

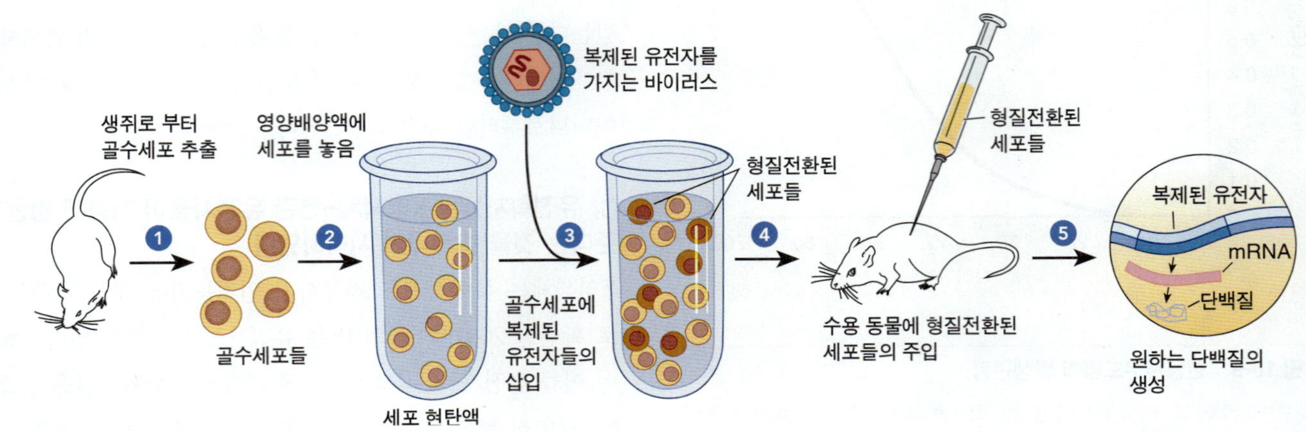


**그림 16-10 생쥐에서 골수세포를 이용한 유전자치료.**

이 방법은 사람의 특정 유전자치료법에 응용할 수 있다.

이다. 그 유전자 산물을 필요로 하는 세포들에서만 그 유전정보가 발현되어도 정상적인 표현형에는 충분하다 (**그림 16-10**).

지금까지 유전자치료법으로 면역기능을 회복시킴으로써 17명의 **중증 복합면역부전증**(severe combined immuno-deficiency; SCID) 어린이 환자들의 생명을 구했다. 많은 어려움들이 극복되어야 하지만 몇몇의 유전병을 위한 유전자치료 기술이 개발되고 있거나 환자들에 대한 임상실험이 진행되고 있다. 과학자들은 각각의 유전병에 따른 독특한 문제들이 무엇인가를 밝히고자 연구하고 있다.

### 16.4.1 유전자치료 프로그램에 대하여 엄격한 심사가 강조되고 있다

최근에까지 중요한 기술의 발달이 유전자치료를 포함한 임상연구를 극적으로 발전시켰다. 그러나 1999년에 발생한 유전자치료과정에서의 젊은이의 사망사건과 최근에 백혈병 어린이 치료 중의 사망으로 인하여 많은 유전자치료에 대하여 위험성에 관한 조사결과가 나올 때까지 임상실험을 중단하게 되었다. 이들을 조사하는데 있어서 안전에 대한 중요한 관심은 정상유전자를 결함이 있는 유전자를 가지고 있는 세포로 운반시켜 주는 바이러스 벡터의 잠재적인 독성에 관한 것이다. 사고로 사망한 젊은 환자에 사용한 벡터는 아데노바이러스로써(그림 24-1b참조) 치료효과를 보기 위해서는 다량의 벡터를 사용해야 한다. 불행히도 다량의 바이러스 투여가 그 환자의 체내에 치명적으로 강력한 면역 반응을 촉발시켰다. 백혈병에 걸린 두 어린이는 중증복합 면역부전증(SCID)에 대한 치료를 받아야만 했다. 이 경우 벡터는 레트로바이러스였고, 백혈병을 일으키는 유전자 또는 그 근접 부위의 DNA에 이 바이러스를 삽입시켰던 것이다.

**복습**

- 사람의 유전자치료에서 바이러스를 어떻게 이용하는가?
- 사람의 유전자치료에서 바이러스 벡터의 위험성은 무엇인가?

## 16.5 유전검사와 상담

**학습목표**

8 사람의 유전적 이상을 검사하는데 사용되는 양수검사, 융모채취, 산전 진단 등의 장, 단점을 서술하라.

9 신생아와 성인 간의 유전검사 프로그램의 차이점을 설명하고 유전상담의 범위와 이의 적용에 대하여 논하라.

개인이나 그들의 가족들 그리고 사회에서 일어나는 유전병을 진단하는 방법들이 많이 발전되어왔다. 이러한 진단 방법에는 산전 진단과 유전자검사 등이 있다. 이러한 방법들은 부부가 유전병을 가지는 자식을 낳을 확률을 가르쳐준다. 유전상담은 부부를 도와주고 유전지식을 가르쳐주며, 유전병을 이해시켜주는 것으로써 요즈음 유전상담의 이용이 증가하고 있다.

## 16.5.1 산전 진단은 염색체의 이상과 유전자 결함을 진단한다

건강관리 전문가들이 출산 전에 유전병을 진단하는데 크게 성공하였다. **양수검사(aminocentesis)**라고 하는 진단 기술에서는 태아를 둘러싸고 있는 액체(양수)를 채취한다. 주사바늘을 임신부의 복부를 통하여 자궁 및 태아를 둘러싸고 있는 양막에 찔러 넣는다. 그런 다음 양막강에 있는 양수를 약간 주사기로 뽑아낸다(▮ 그림 16-11). 이렇게 주사기를 사용하여 양수를 채취하는 방법은 태아, 태반, 바늘의 위치 등을 **초음파 영상기(ultrasound imaging)**를 이용하여 보면서 하기 때문에 매우 안전하다(그림 50-18을 보라). 그러나 양수를 잘못 채취할 확률은 약 0.5%이다.

양수에는 태아의 몸에서 떨어져 나온 살아있는 태아세포들이 있으며 따라서 이들 세포는 유전적으로 태아와 동일하다. 양수세포는 실험실에서 배양 할 수 있으며 2주정도 배양한 후 분열하는 세포들의 핵형분석을 통하여 염색체이상을 찾아 낼 수 있다. 다른 DNA 시험을 통하여 대부분의 염색체이상을 찾아낼 수 있다.

양수세포를 적당한 기질을 첨가한 배지에 배양하고 그 생성물을 측정함으로서 간혹 효소결핍의 유전병들을 찾아낼 수도 있다. 이러한 산전 진단기술은 타이-작스 병과 같은 유전병을 진단하는데 효과가 있다. 겸상 적혈구빈혈증, 헌팅톤 병, 혈우병, 낭포성 섬유증과 같은 다른 유전병들도 DNA를 직접 검사함으로써 결함이 있는 유전자들을 찾아 낼 수 있다.

양수검사는 발생하는 동안 척추가 적절히 접근하지 못하여 생기는 *이분척추*(spina bifida)를 진단하는데도 이용된다. 비교적 발생률이 높은(신생아 300명에 1명 꼴) 이 선천성 결함이 있으면, 양수에 정상적으로 존재하는 $\alpha$-태아단백질($\alpha$-fetoprotein)이 높게 나타난다. 일부의 이 단백질들이 태반을 지나 임신부 혈액으로 들어가기 때문에 임신부의 혈액에 있는 $\alpha$-태아단백질 즉 모계 혈청 $\alpha$-태아단백질(maternal serum $\alpha$-fetoprotein, MSAFP)을 척추결함을 진단하기 위한 지표로 사용한다.

양수검사보다 더 일찍 진단할 수 있는 기술개발을 위한 노력이 기울여 졌다. 그 결과 태반을 만드는 태아세포를 채취하는 **융모막 융모표본추출(chorionic villus sampling; CVS)** 기술이 개발되었

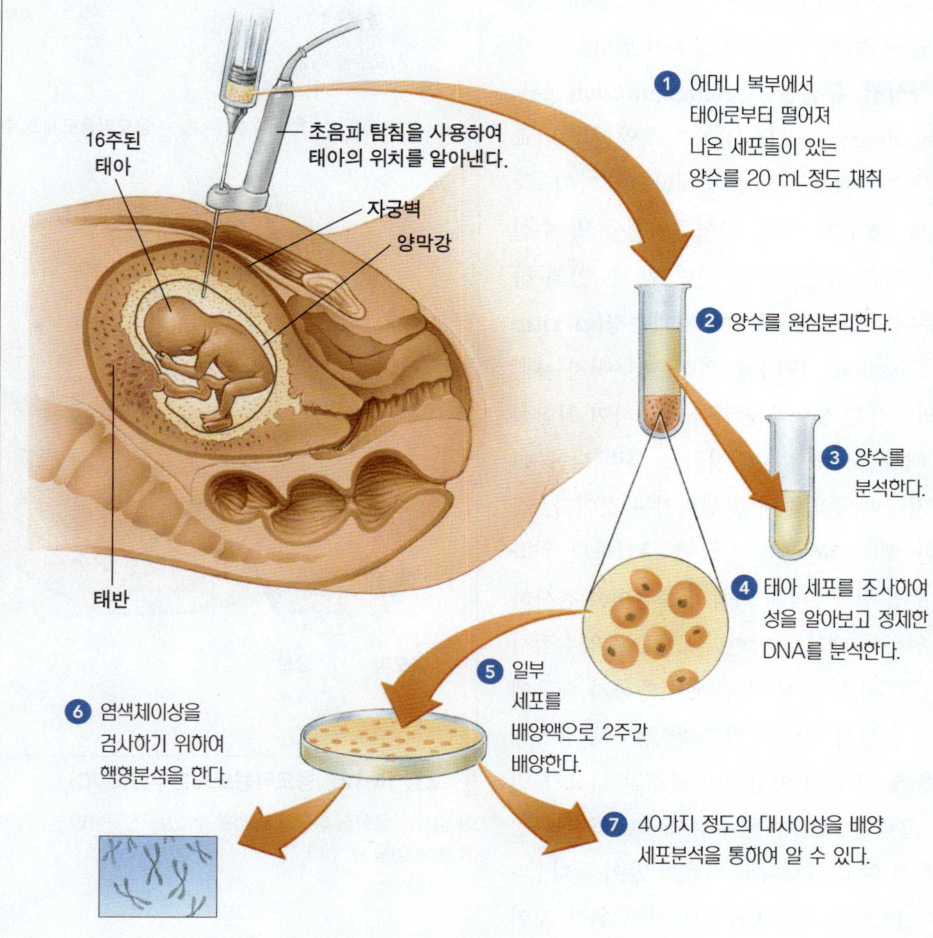


**그림 16-11 양수검사.**
어떤 유전병들과 그외의 다른 문제점들을 양수검사에 의하여 완벽하게 찾아낼수 있다.

다(▮ **그림 16-12**). 1983년 미국에서 처음 시행된 융모추출로 양수검사 보다는 약간 더 감염과 잘못 채취할 위험이 높으나 보통 시험결과가 임신 3분기 중 1분기 즈음에 얻을 수 있는 즉 조기 발견의 장점이 있다.

**착상전 유전진단**(preimplantation genetic diagnosis; PGD)이라고 알려진 비교적 새로운 배 조사 방법이 개발되어 타이-작스 병, 혈우병, 낫형 적혈구빈혈증 및 수십 가지 다른 유전병들을 진단 할 수 있게 하여준다. 이 경우 임신은 **체외수정**(in vitro fertilization; IVF)에 의해 이루어지는데, 체외수정은 정자와 난자를 추출하여 실험실의 배양접시에서 수정시키고 그런 다음 이를 자궁에 주입하여 발생시키는 것이다. 건강한 배(embryo)를 자궁에 주입하기 위하여 주입 전에 1가지 이상의 유전병을 검사하기 위하여 배를 시험한다. PGD는 양수검사나 CVS와 달리 임신 전에 시행하기 때문에 배에 유전적 이상이 발견 된 경우에 임신중절을 할 것인지 아닌지를 결정할 필요가 있다. 그러나 PGD는 양수검사나 CVS만큼 정확하지 않고 그보다도 비용이 많이 든다. 더욱이 PGD는 유전병을 검사하기 위한 것이 아니라 태어날 아이의 성을 선택하기 위하여 시행하기도 하기 때문에 논란을 불러일으키기도 한다.

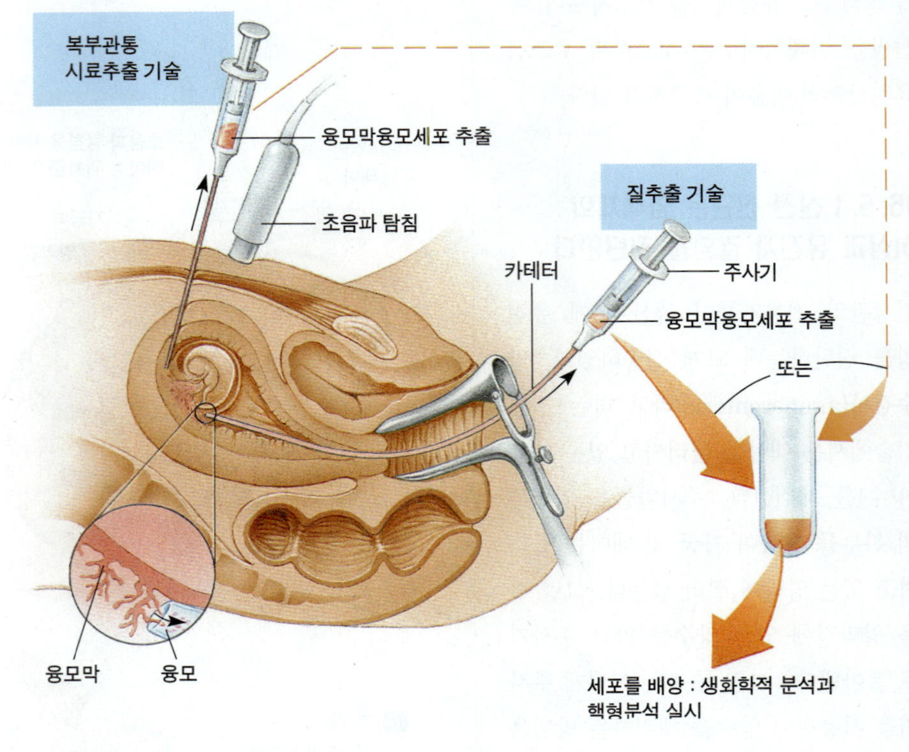


**그림 16-12** 융모막융모표본추출(CVC)

이 검사는 유전적 이상을 발견할 수 있는 진단방법 중의 하나이다. 시료는 주사기를 자궁 벽에 삽입하거나, 질 개구를 통해 얻을 수 있다.

## 16.5.2 유전검사는 유전자형이나 핵형을 검사하는 것이다

**유전검사**(genetic screening)는 본인이나 그의 자손에서 심각한 유전병의 원인이 될 수 있는 유전자형이나 핵형을 가진 사람을 찾아내기 위하여 집단을 체계적으로 조사하는 것이다. 유전검사는 신생아에 대한 것과 성인에 대한 것 등의 2가지 종류가 있는데 각기 그 목적이 다르다. 신생에 대한 유전검사는 예방약을 투여하기 위한 첫 번째 조치를 위해 시행되며 성인에 관한 검사는 자식을 낳을 것인가를 결정하는데 도움을 주기 위한 것이다.

## 16.5.3 유전상담은 유전병에 대하여 사람들을 교육시키는 것이다

유전적 이상에 의한 비정상아나 약간의 이상을 나타낸 아이를 가졌던 적이 있었기 때문에 그러한 이상아를 임신할 위험성을 염려하는 사람들이 **유전상담**(genetic counseling)을 필요로 한다. 유전상담자는 의학적, 유전적 정보를 제공할 뿐 아니라 안내를 하여 주고 후원한다. 유전진료소들은 대부분의 주요도시의 큰 병원에 있다. 즉 이들은 보통의 의과대학과 연계되어 있다.

상담, 의학, 인류유전학 등에 대하여 특별 훈련을 받은 유전상담자들은 자식을 낳을 것인가를 결정하는데 필요한 정보를 제공한다. 여기에서는 조심스럽게 만약에 임신을 할 경우 아이가 유전병을 가질 확률을 가르쳐 준다. 상담자는 부부의 가족사를 필요로하며, 어떤 유전병에 대한 보인자를 밝혀내기 위한 검사를 실시한다.

**복습**

- 양수검사, 융모채취, 착상전 유전진단 등의 장단점을 비교하라
- 신생아에 대한 유전검사의 목적은 무엇인가?
- 성인에 대한 유전검사의 목적은 무엇인가?

## 16.6 인류유전학, 사회, 윤리

**학습목표**

10 유전적 차별에 대한 논란에 관하여 논하라.

유전병에 대한 많은 오해가 있으며 이는 사회에 영향을 끼친다. 사람들 중에는 사회의 많은 병적인 것이 유전적으로 부적절한 어떤 개인이나 집단 때문이라고 크게 잘못 생각한다. 예를 들어 그들은 유전적으로 결함이 있는 사람들을 치료하여 그들이 자식을 낳게 함으로서 인류 집단에 비정상적 유전자빈도를 증가시킨다고 주장한다. 그러나 그러한 생각은 잘못된 것이다. 유전적 이상은 매우 드물며 현대의학의 유전병에 대한 치료가 유전병의 발생에 미치는 영향은 무시해도 좋을 만큼 미미하다.

공동조상으로부터 유전자를 물려받은 혈연관계에 있는 사람들끼리가 비 혈연관계에 있는 사람보다 부부가 모두 해로운 유전자를 가지고 있을 확률이 높다. 실제로 특이한 유전병의 빈도를 보면 일반집단보다 **근친결혼**(consanquines mating)을 한 부부 사이에서 태어난 자손들에게 높다. 이는 가끔 상염색체 열성유전의 실마리가 된다. 근친결혼의 자손집단이 높은 빈도인 집단에서는 근친결혼에 의해 태어난 사람이 많다는 것에서 그 원인을 알 수 있다. 이러한 사회적인 문제점을 인식하기 때문에 미국의 대부분의 주에서는 친사촌간의 결혼을 금지하고 있다. 그러나 아직도 많은 나라에서 흔히 근친결혼을 한다.

### 16.6.1 유전적 차별은 뜨거운 논쟁을 불러 일으켜왔다

의학 분야에서 가장 빠르게 발전하고 있는 것 중의 하나가 유전검사이며 여러 가지 유전병에 대한 검사가 매년 증가한다. 그러나 유전검사는 사회가 반드시 해결해야 사회적, 윤리적, 법적 문제점들에 대한 논쟁을 크게 불러 일으켰다. 그 중 가장 어려운 문제의 하나가 유전정보를 건강보험이나 생명보험회사에 알려주느냐 하는 것이다. 많은 사람들은 유전정보를 보험회사에 알려주지 말아야 한다고 생각하지만 고용주, 보험업자, 유전병 환자에 의하여 영향을 받을 수 있는 많은 조직의 대표들과 같은 사람들은 그러한 견해는 비현실적이라고 말한다. 많은 의사들은 보험업자나 고용주가 차별을 할까 봐 특이한 유전병의 위험이 있는 사람들이 유전시험을 받는 것은 유전적으로 차별한다는 생각을 하고 있다. 1996년에 조사한 바에 따르면 1~2가지 유전병에 대한 가족력이 있는 332명중 25%가 생명보험에 가입하는 것을 거부당했다고 생각하며 22%는 건강보험에, 13%는 취직하는데 **유전적 차별**(genetic disorimination) 때문에 거절당했다고 생각하고 있는 것으로 밝혀졌다.

문제를 더욱 어렵게 만드는 것은 때로는 유전자들과 환경 사이의 많은 복잡한 상호작용 때문에 유전검사 결과를 해석하기 어렵다는 점이다. 예를 들어 어떠한 여자가 유방암 유전자에 대하여 양성의 유전검사 결과를 받았을 경우 이 여자는 유방암에 걸릴 위험성이 상당히 있다는 것이지 반드시 유방암에 걸린다는 것은 아니다. 더구나 유전검사에 의하여 유방암에 걸릴 것인지, 몇 살에 유방암이 발생할 것인지, 유방암의 정도가 어떻게 될 것인지를 예측할 수 없다. 이러한 불확실성들은 또한 유방 X선 검사를 얼마나 자주 받을 것 인지에서부터 암을 예방하기 위해 건강한 유방을 수술로 제거해야 하는지 등에 이르기까지 어떠한 의학적 조치를 내려야 하는지를 결정하기 어렵다.

### 16.6.2 인류유전학과 관련된 많은 윤리적 문제들을 알려야 한다

유전적 차별은 인류유전학 발달에 따라 생길 수 있는 여러 가지 문제점들 중의 하나일 뿐이다. 개인의 권리와 관련하여 다음의 여러 가지 인류유전학의 문제점들을 생각하여 보라. 성인이 되면 발생하는 헌팅톤무도병과 같은 유전병을 진단하기 위하여 유전검사를 허용해야 하는 가장 어린 나이는 얼마인가? 치료할 수 없는 유전병이 있다고 알았을 때 그 사람이 받는 감정적 심리적 영향은 무엇인가? 가족 중 어떤 사람은 유전검사를 해야 한다고 하고 다른 사람은 하지 않는다고 할 때 이를 허락해야 하는가? 부모라고 해서 미성년자인 자녀들에 대한 검사를 할 수 있는 권리가 있는가? 부자관계나 친자관계를 확인하는 사건에서 유전검사 데이터를 조사할 것을 허용해야 하는가? 정부가 개인의 유전정보 데이터를 수집할 수 있는가? 이러한 것들을 현재나 미래에 우리가 고려해야 할 많은 윤리적인 문제들 중의 몇 가지에 불과하다. 인류유전학이 사회에서 크게 중요한 역할을 하게 되어감에 따라 유전프라이버시 문제나 유전정보의 비밀유지가 강조되어야 한다.

## 복습

- 개인이나 집단이 사람에게서 발견되는 대부분의 비정상 유전자를 가지고 있다고 보는 것은 왜 부정확한가?
- 상염색체 열성인자의 유전병이 발현되기 위해서는 이 대립인자가 동형접합이어야 한다. 이러한 사실이 근친결혼과 어떠한 관계가 있는가?

# 핵심 용어와 요약

## 학습목표

1 핵형분석과 가계도 분석의 차이점을 논하라.

- 핵에 존재하는 염색체수와 종류의 구성 즉 **핵형**을 연구함으로써 여러 가지 염색체 이상을 찾아낼 수 있다.
- **가계도**는 가족에서 유전형질이 여러 세대에 걸쳐 유전되는 양상을 도표로 나타낸 것이다. 가계도 분석은 상염색체 우성돌연변이, 상염색체 열성돌연변이 혹은 X염색체연관 열성돌연변이 등을 찾아내는 것뿐 아니라 유전적 결함이 가족 중 부계 쪽에서 유래된 것인지 모계 쪽에서 유래된 것인지의 **유전체각인**을 밝히는데 유용하다.

2 인간유전체 사업의 의미에 대하여 논하라.

- **인류유전학**은 인류의 유전적 변이를 연구하는 과학이다. 인간유전체는 인간의 세포에 있는 모든 유전정보이다. **인간유전체사업**은 사람세포의 핵에 있는 모든 DNA의 염기서열을 분석하는 것이다. 현재 인간유전체의 염기서열이 모두 분석되었기 때문에 앞으로 수십 년 동안 과학자들은 열심히 유전자들을 확인하고 각 유전자들이 어떠한 역할을 하며 어떻게 각 유전자들이 조직에 따라 발현이 조절되는지를 밝히기 위하여 노력할 것이다.

3 낭포성 섬유증을 연구하는데 이용되는 모델생쥐를 논하라.

- 모델동물들은 인류의 질병을 연구하는데 크게 도움이 된다. 과학자들은 **유전자 표적법**을 이용하여 낭포성 섬유증에 대하여 이형접합이거나 동형접합인 생쥐를 만들었다. 이러한 것들을 통하여 좀 더 효과적인 치료약을 개발 할 수 있다.

4 어떻게 감수분열에서 염색체 비분리가 다운증후군, 클라인펠터증후군, 터너증후군과 같은 염색체 이상의 유전병을 일으키는가?

- **이수성**에서는 특정염색체가 소실되거나 여분으로 더 갖게 된다. **3염색체성**은 특정염색체 쌍에서 염색체를 더 갖는 경우이고 **1염색체성**은 특정염색체 쌍에서 염색체를 소실한 경우이다.
- **21번 3염색체성**은 **다운증후군**의 가장 흔한 원인이고 **클라인펠터증후군(XXY)**는 3염색체성의 한 예이며, **터너증후군(XO)**는 1염색체성의 한 예이다.
- 감수분열의 **염색체 비분리**에 의해 삼염색체성과 1염색체성이 발생하는데 이는 감수분열 과정에서 자매염색체 간에 혹은 상동염색체 간에 적절히 분리되지 못하는 것을 말한다.

5 전좌, 결실, 연약부위 등과 같은 염색체의 구조이상들 간의 차이점을 논하라.

- **전좌**는 염색체의 한 부분이 다른 염색체에서 붙은 것이다. 다운증후군 환자의 4%는 21번 염색체의 장완이 14번 염색체와 같이 이보다 더 큰 염색체의 장완에 전좌되므로 발생한 것이다.
- **결실**은 염색체가 절단되어 떨어져 나간 것이다. 떨어져 나간 부위의 크기는 몇 개의 염기쌍에서부터 염색체의 한 팔에 이르기까지 여러 가지 일 수 있다. 사람에게서 가장 흔한 염색체 결실의 유전병은 **고양이 울음 증후군**이다. 이는 5번염색체의 단완이 떨어나간 것이다.
- **연약부위**는 특정 염색체의 두 염색분체 상에 존재하는 특수 부위를 가르킨다. **연약X염색체증후군**의 연약부위는 X 염색체 말단 부위에 있다. 이 부위는 CGG 3염기가 정상인 보다 더 많은 수가 반복적으로 존재한다. 연약X염색체증후군은 유전성 정신박약의 원인 중 가장 흔한 것이다.

6 페닐케톤뇨증, 낫형 적혈구빈혈증, 낭포낭 섬유증, 타이-작스병, 헌팅톤무도병, 혈우병A 등과 같은 유전병들 각각이 상염색체 열성 혹은 상염색체 우성 혹은 X염색체 연관 열성유전자 중 어느 것에 해당되는지를 설명하라.

- 단순한 유전양상을 보이고 있는 대부분의 유전병은 상염색체 열성 유전방식으로 다음 대에 전달된다. **선천성 대사이상**은 생화학적 반응 경로상에 필요한 효소를 암호화하는 유전자의 이상으로 인하여 발생한다.
- **페닐케톤뇨증(PKU)**은 독성의 페닐케톤이 생성되어 신경계를 손상시키는 유전병으로서 3염색체 열성유전을 한다. **낫형 적혈구빈혈증**은 비정상적인 헤모글로빈을 생성하는 유전병으로 상염색체 열성유전을 한다.
- **낭포성 섬유증**은 호흡계나 배설계 등에서 주요기관에서 비정상적인 분비물을 만들어내는 유전병으로 상염색체 열성유전을 한다. **타이-작스병**은 뇌에서 지질대사 이상으로 인하여 생기는 유전병으로, 상염색체 열성 유전을 한다.
- **헌팅톤무도병**은 상염색체 우성유전을 하는 유전병이다. 이는 정신적, 신체적 손상을 일으키며 보통 중년에 발생한다.
- **A형 혈우병**은 X염색체-연관 열성 유전병이다. 이는 혈액응고에 필요한 요소들 중의 하나가 이상이 생겨 발생한다.

7 유전자치료 과정에서 기술적으로 해결하여야 할 문제들을 포함하여 간단하게 설명하라.

- **유전자치료**는 정상인자를 증폭시켜 결함이 있는 세포에 주입하여 발현하게 함으로서 치료하는 것이다.
- 유전자치료에서 극복해야 할 기술적인 문제의 하나는 세포에 유전자를 전달하는 운반체인 바이러스 벡터가 안전하고 효율적인 것을 발현하는 것이다. 이상적인 **벡터**는 세포에 잘 주입되고 오랫동안 안전한 것이다.

8 산전 유전병 진단에서 양수검사, 융모채취, 착상전 유전검사 등의 장단점을 설명하라.

- **양수검사**는 태아를 싸고 있는 양수를 채취하고 그 속에 있는 태아세포를 분리, 배양하여 유전적 이상이 있는지를 검사하는 것이다. 양수검사에서 임신기간의 2/30이 경과할 즈음에 결과가 나온다.
- **융모막융모표본추출(CVS)**에서는 융모세포의 일부를 떼어내어 연구하는 것이다. 임신 기간의 1/30이 경과 할 즈음에 융모 추출에 의한 검사 결과를 알 수 있다.
- **착상전 유전진단(PGD)**은 시험관 수정의 절차를 거쳐야 한다. 건강한 배(embryo)를 자궁에 주입하기 전에 1가지 이상의 유전병을 진단하기 위하여 배를 검색한다. PGD는 양수검사나 CVS만큼 정확하지 않으며 비싸다.

9 신생아와 성인의 유전검사의 차이점을 논하고 유전상담이 어디에 필요하고 어떻게 이용될 수 있는가를 설명하라.

- **유전검사**는 심각한 유전병을 자식에게 물려줄지도 모르는 유전자형이나 핵형을 가진 사람을 찾아내기 위하여 조사하는 것이다. 신생아에 대한 검사를 일차적으로 예방약을 처방하기 위한 첫 단계를 실시하고 성인데 대한 것은 그들로 하여금 자식을 낳을 것인가를 결정하는데 도움을 주기 위한 것이다.
- 자식이 유전병의 위험이 있을 가능성이 염려되는 부부들은 **유전상담**을 받아보는 것이 좋다. 유전상담원은 임신과 출산을 결정하는데 관련이 있는 유전적, 의학적 정보를 제공하고 그들의 상황을 이해하고 낙인이 찍혔다는 느낌을 갖지 않게 도움을 준다.

10 유전적 차별의 논란이 되고 있는 것들에 대하여 논하라.

- **유전적 차별**은 유전체에 이상이 있는 개인이나 가족을 정상의 유전체를 가지고 있는 사람들과 차별하는 것이다.
- 가장 어려운 문제 중의 하나는 유전정보를 고용주나, 생명보험회사 혹은 건강보험회사에 알려주어야 하는 것이다. 의사들은 유전병을 가질 수 있는 사람들이 그것이 알려질 경우 고용주나 보험업자로부터 차별대우를 받게 될까 봐 유전검사를 미룰 수 있다는 점을 염려한다.
- 인류유전학은 인류사회와 개인의 유전정보 보호문제, 제출해야 하는 유전정보의 신뢰성 등에 크게 중요한 역할을 하는 것으로 보인다.

## 연습문제

1. 염색체를 1개를 더 가진 경우를(1종류 염색체의 수가 3개인 것)
   (a) 1염색체성 (b) 3배체 (c) 3염색체성
   (d) 근친결혼 (e) 순수육종

2. 인간유전체사업은 (a) 핵에 있는 인류의 모든 유전체의 염기서열을 밝히는 것 (b) 인간과 다른 종의 유전체 DNA 염기서열을 비교하는 것 (c) 개인의 유전적 구성에 맞추어 약을 제조하는 것 (d) 자손에게 심각한 유전병의 원인이 될 수 있는 유전자를 가지고 있는지 조사하는 것 (e) 인간유전병에 대한 위험성을 평가하는 것

3. 가계분석 그림 즉, 가계도는 (a) 서로 다른 순계 간의 조절된 교배 (b) 인간세포에 있는 모든 유전정보 (c) 인간과 다른 종간의 유전체 DNA염기서열 비교 (d) 친척이 아닌 사람들 간의 미묘한 유전적 차이 (e) 한 가정의 구성원에서 2~3세 동안 나타난 유전형질의 발현양상을 알 수 있다.

4. 정상보다 염색체 수가 1~2개 많은 염색체 이상을 (a) 핵형 (b) 연약부위 (c) 이수성 (d) 3염색체성 (e) 전좌 라고 한다.

5. 21번 3염색체성 혹은 __________ 은 정신적으로나 육체적으로 취약하며 얼굴모양, 혀, 눈꺼풀 등에 이상이 있다.
   (a) 다운증후군 (b) 클라인펠터증후군 (c) 터너증후군
   (d) 헌팅톤 병 (e) 타이-삭스 병

6. 한 염색체의 일부분이 비상동염색체인 다른 염색체에 붙는 것을 (a) 핵형 (b) 선천성 대사이상 (c) 가계도 (d) 전좌 (e) 비분리

7. 효소가 이상이 있거나 결핍되는 유전적 이상을 (a) 핵형 (b) 3염색체성 (c) 상호전좌 (d) 선천성 대사이상 (e) 이수성

8. 다음의 형질들은 어떠한 유전양상과 관련 있는가.
   (1) 부모에게서 항상 발현 되지는 않는 것
   (2) 자녀 중 이 나타나는 것
   (3) 남아나 여아 모두에 발현되는 것
   (a) 상염색체열성 (b) 상염색체 우성 (c) X연관열성
   (d) X연관우성 (e) Y연관

9. 다음의 상황들 중 어느 것이 유전상담가가 양수천좌나 혹은 융모막채취 등과 같은 산전진단을 추천하지 않겠는가?
   (a) 염색체 이상의 위험이 높은 경우
   (b) 단일유전자 이상(멘델식 유전)의 위험이 높은 경우
   (c) 척추결함의 위험이 높은 경우
   (d) 태아의 성을 알고자 하는 경우
   (e) 임신부의 연령이 35세 이상인 경우

10. 다음의 가계도를 분석하여 각 가계의 유전병들이 (a)상염색체 우성유전, (b)상염색체 열성유전, (c)X염색체 연관열성들 중 어떠한 방식으로 유전하는지를 판별하라.

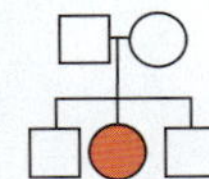
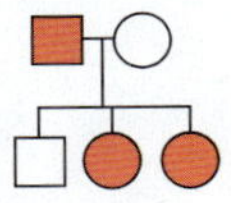
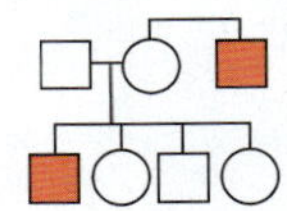

## 심화 학습문제

1. 인류유전학에 대한 일반적인 생각은 개인이 가지고 있는 유전자가 그 사람의 운명을 결정한다는 것이다. 이것이 왜 잘못 된 생각인가?
2. 당신이 유전상담가라고 상상하라. 다음의 경우 어떠한 충고나 제안을 하겠는가?
   a. 부인의 자매가 타이작스 병으로 죽은 집안내력이 있는 부부
   b. 친척이 아닌 젊은 남녀가 결혼을 하기 위하여 약혼을 하였는데 남자의 부모님이 서로 사촌 간이라는 것이 밝혀졌을 경우 이들은 그들의 아이가 유전적 결함을 가질 확률이 높지 않나하는 걱정을 하고 있다.
   c. 젊은 여자의 숙부(아버지의 형제)가 혈우병A를 앓고 있다. 아버지는 그 병이 없는데 어머니 가계 쪽에서 혈우병A 유전자가 유전될 확률은 없는 것인가? 그녀의 자식이 혈우병A에걸릴 가능성을 걱정할 필요가 없는가?
   d. 45살 여인이 방금 헌팅톤무도 병을 가지고 있다고 진단을 받았다. 이 여자는 이 사실을 알면 대학생의 아들이 괴로워 할까봐 아들에게 말을 하지 않기로 했다. 당신이 유전상담가라면 이 여자로부터 이러한 이야기를 듣고 그것을 아들에게 이야기 하는 것이 당신의 의무라고 생각하는가? 당신이 왜 그렇게 생각하는지 설명하라.

17

# 발생 유전학

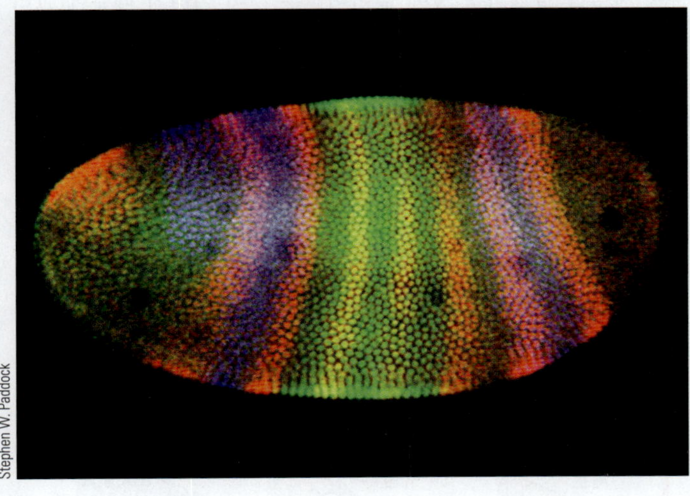

Stephen W. Paddock

모델생물 초파리에서 차등유전자 발현.

**핵심 개념**

유전자들은 특수한 조직과 기관의 발생을 조절한다.

발생연구에 특이하게 적합한 특징을 가진 생물들로써 초파리, 선충류, 생쥐와 현화식물인 아기장대 등이 있다.

발생을 조절하는 많은 유전자들은 초파리에서 사람에 이르기까지 아주 넓은 범위의 생물에서 매우 비슷하다.

발생을 조절하는 유전자들의 돌연변이는 이들 유전자들이 어떠한 기능을 하는지를 알게 해준다.

암유전자와 종양억제유전자들의 돌연변이가 암을 유발 할 수도 있다.

발생유전학(developmental genetics)은 생물의 세포분화와 발생을 연구하는 것 이다. 1970년대 후반까지 생물학자들은 어떻게 유전자들이 상호작용하여 발생을 조절 하는지 거의 알고 있지 못했다. 발생이 이루어지는 동안 유전자들이 어떻게 상호작용하는지를 밝힌다는 것이 전통적인 방법으로는 풀 수 없는 것들이었다. 그러나 DNA 재조합 연구의 빠른 발달은 발생돌연변이체들을 찾고 복잡한 기술을 적용하여 그들을 연구를 할 수 있게 해주었다. (돌연변이체들은 유전자 돌연변이에 의하여 비정상적인 표현형을 가진 개체들이다.)

생물학자들은 현재 유전자들이 어떻게 활성화 혹은 비활성화 되는지 그리고 변화하여 발생을 조절하는지를 연구 하고 있다. 점차적으로 과학자들은 어떻게 하나의 세포인 수정란이 발생을 하여 인간과 같이 복잡한 다세포 생물이 되는지를 이해하게 될 것이라고 기대한다. ■

## 17.1 세포분화와 핵동등성

**학습목표**

1 세포결정과 세포분화, 핵동등성과 개체형성능 간의 차이점을 들어라.

2 스테왈드, 거돈, 윌머트의 고전적 실험을 설명하라.

3 줄기세포에 대한 정의를 내리고 배아줄기세포와 전분화능성줄기세포의 차이점을 들어라. 줄기세포와 관련하여 주목을 받고 있는 연구 분야들을 설명하라.

**발생**(development)의 정의는 넓은 의미에서 한 개체가 일생동안 겪게되는 모든 변화를 말하는데, 그 변화를 연구하는 발생학은 현대 생물학에서 흥미롭고, 이해하기 어려운 여러 가지 문제들을 제기한다. 발생학의 중심은 각 세포가 어떻게 분화해서 복잡한 개체를 이루게 되는지에 있다. 1개의 세포에서부터 분열을 하여 다세포 개체가 될 때까지 여러 그룹의 세포들은 **세포결정**

(cell determination)이라고 불리는 유전자 활동과정을 거치게 된다. 마지막 단계인 **분화**(differentiation)된 세포의 특성은 세포분화 과정을 통해 이루어진다. 분화된 세포는 특징적인 형태와 기능을 갖게 된다.

발생학에서 특히 흥미로운 것은 몸이 어떻게 만들어지느냐 하는 것이다. **형태형성**(morphogensis)에서 특정 위치에 있는 세포들은 고유의 방향으로 분화하고 공간적으로 조직화하여 고유의 구조를 형성하게 된다. 형태형성은 세포들이 3차원적 구조를 만드는 **패턴형성**(pattern formation)의 여러 단계를 거쳐 이루어진다. 패턴형성은 세포 사이의 신호전달, 세포모양의 변화, 세포이동 등을 포함한다.

인간의 몸은 다른 척추동물들과 마찬가지로 약 250가지의 이상의 서로 다른 종류의 세포들로 이루어져 있다(**그림 17-1**). **분화된 세포**(differentiated cell)라고 알려진 이들 특수화된 세포들이 조합하여 다양하고 복잡한 기관들 즉, 눈, 손, 뇌와 같이 여러 가지 정교한 활동을 할 수 있는 기관들이 만들어진다. 그러나 가장 놀라운 사실은 몸에 있는 모든 구조물들은 단 하나의 **접합자**(zygote) 즉 수정란으로부터 만들어진다는 사실이다.

**핵동등성**(nuclear equivalence) 개념에 따르면 한 개체를 이루고 있는 모든 분화된 세포들 즉 수정란으로부터 만들어진 모든 세포들은 유전적으로(물질대사 상으로는 다를 수 있음) 같다. 다시 말해, 모든 체세포들은 같은 유전자를 가지고 있으나 표현하는 유전자의 종류만 다르다는 것을 의미한다.

**체세포**(somatic cell)는 **생식계열세포**(germ line cell)를 제외한 몸의 모든 세포를 말한다. 생식계열세포들은 궁극 적으로 새로운 세대를 만드는 세포들로 동물에서 이들은 감수분열을 하고 분화하여 배우자가 된다. 식물에서는 체세포와 생식계열세포 간의 차이가 분명치 않으며 어떤 세포가 감수분열을 하게 되는지의 결정이 발생과정의 말기에 이루어진다. 핵동등성에 대한 증거로는 각 분화된 세포들도 정상 발생을 할 수 있다는 점이다. 그런 세포 혹은 핵을 가리켜 **개체형성능**(totipotency)을 가졌다고 한다.

### 17.1.1 세포들 간의 대부분의 차이는 발현되는 유전정보의 차이 때문이다

유전자들을 발생과정 중에 잃어버리는 것이 아니기 때문에(그리고 세포의 종류가 달라도 핵동등성이 있기 때문에) 세포마다 다

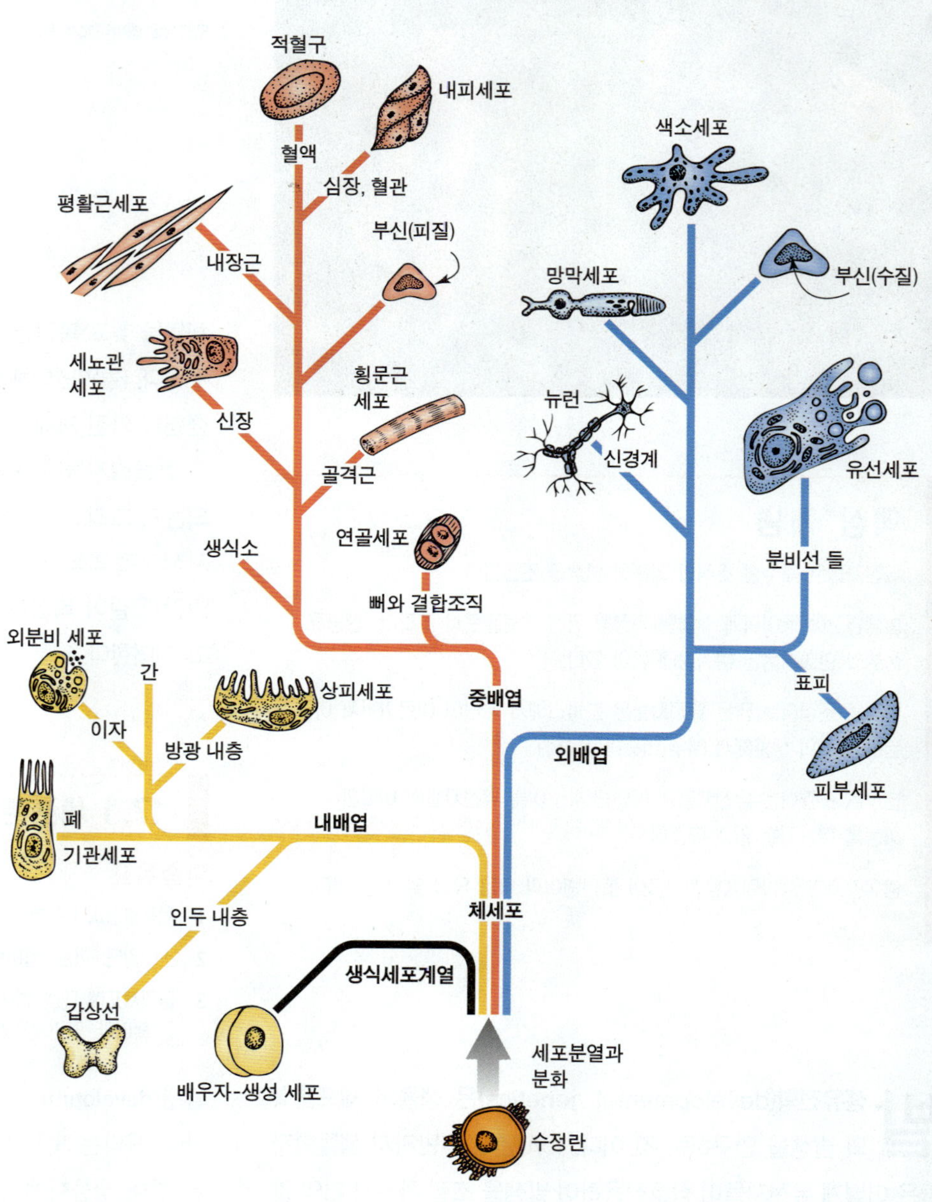


**그림 17-1** 척추동물 세포의 계열.

수정란이(*그림의 밑 부분*) 반복해서 분열함으로서 특수화된 세포들로 이루어진 조직이 만들어지게 된다. 생식세포계열(배우자 세포를 만드는 세포들)은 발생초기와는 관계없다. 체세포들은 발생과정에서 정해진 방향에 따라 일련의 분화단계를 거쳐 각각의 세포들로 된다.

른 분자로 이루어진 것은 각각의 세포들이 유전자의 활동이 조절되기 때문이다. 이 발생과정에서 유전자의 발현이 조절되는 것을 **차등유전자발현(differential gene expression)**이라 한다. 14장에서 언급했듯이, 진핵생물의 유전자발현은 여러 단계에서 여러 가지 방법으로 조절된다. 대부분의 유전자 조절은 전사 과정 중에 일어난다.

분화는 1개의 세포로 시작해서 여러 가지 특수한 조직세포로 분화되고 이것들이 적절한 모양으로 배열되는 과정이라고 볼 수 있다. 배세포들은 그 세포로부터 만들어지는 세포들이 장차 어떠한 세포로 분화할지 결정되는 시점이 있다. 그 결정은 점차적으로 그 자식세포들이 특정한 조직세포로 분화되도록 한다. 세포운명은 발생과정에서 점진적으로 결정된다.

세포분화는 주로 발생 과정 중에서 가장 마지막 단계에 속한다. 이 단계에서는 골세포 등과 같이 구조적으로, 그리고 기능적으로 구별할 수 있게 되고 그 세포들의 유전적 활동은 그 세포가 신경세포냐 혹은 다른 세포냐에 따라 다르게 된다.

### 17.1.2 하나의 개체형성능 핵은 정상적인 발생을 하는데 필요한 모든 정보를 가지고 있다

식물의 어떤 세포들은 분화하여 온전한 식물체가 될 수 있도록 유도할 수 있다. *조직배양*(tissue culture)기술은 각각의 세포를 식물로부터 떼어낸 후에도 영양배지에서 자랄 수 있게 할 수 있다.

식물세포의 개체형성능에 대한 실험은 1950대에 코넬 대학의 **스테왈드(F. C. Steward)**와 공동 연구자들에 의해 처음으로 이루어졌다(**▮ 그림17-2**). **개체형성능 세포들(totipotent cells)**은 완전 생물로 정상적 발생을 지시 할 수 있고 모든 유전정보를 가지고 있기 때문에 몸의 모든 부분으로 분화 될 수 있는 능력이 있다.

이 식물들은 같은 한 식물체로부터 만들어졌기 때문에 유전적으로 같고 그렇기 때문에 **클론(clone)**을 이룬다. 15장에서 언급한 바와 같이 클론은 기원이 된 것과 유전적으로 동일한 개체, 생물들, 세포들, DNA 분자들로 이루어진다. 식물 조직 배양 방법은 한 개체로부터 얻어진 세포에 DNA를 재조합시킨 후 다시 성체를 만들 수 있기 때문에 식물 유전공학에서 널리 사용된다(37장의 초점, "세포와 조직배양"을 보라).

유사한 실험을 동물 세포를 이용하여 시도해 봤지만 아직까지는 완전히 분화된 세포를 접합자와 같이 행동하도록 유도하는 것은 불가능하다. 대신 핵을 파괴한 수정란에 발생 후기 단계에 있는 세포의 핵을 이식함으로서 발생과정이 다시 일어나게 할 수 있었다.

**핵심 실험**

**질문:** 분화된 체세포는 개체를 형성할 수 있는 능력이 있을까?

**가설:** 개개의 당근세포는 온전한 식물체로 분화시킬 수 있다.

**실험:** 액체영양배지에 배양한 당근 뿌리세포는 분열하여 미분화 세포덩어리를 형성하였다. 이 덩어리를 고체 성장배지에 옮겼다.

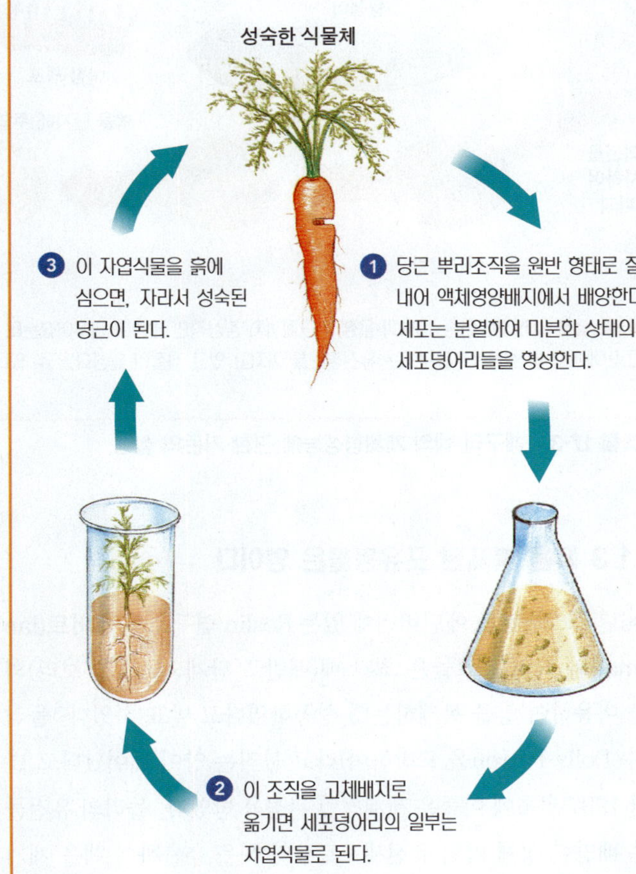


**결과와 결론:** 분화된 체세포로부터 완전한 당근으로 발생을 할 수 있다는 것은 체세포들이 개체형성능을 가지고 있다는 것을 말해 준다고 하겠다.

**그림 17-2 당근세포의 개체형성능에 관한 스테왈드의 실험.**

1960년대에 영국의 생물학자인 **거돈(J. Gurdon)**은 개구리를 이용하여 핵 이식 실험을 하였다. 그는 이 실험에서, 올챙이의 분화된 창자상피세포의 핵을 이식하여 올챙이까지의 발생시킬 수 있음을 증명하였다.(**▮ 그림 17-3**)

오랫동안 양서류에서 성공한 이 방법은 포유류의 배에서는 실패했고, 그 결과 많은 발생학자들은 포유류의 클론을 만드는 것은 불가능하다고 생각하였으나 1996년과 1997년에 포유동물 복제에 성공함으로써 이러한 생각이 크게 달라지게 되었다.

**핵심 실험**

**질문:** 분화된 동물세포들은 개체형성능이 있는가?

**가설:** 분화된 세포의 핵은 정상적인 발생에 필요한 정보를 가지고 있다.

**실험:** 거든은 분화된 세포(올챙이 창자세포)의 핵을 자외선으로 핵을 파괴시킨 알(난자)에 주입하였다.

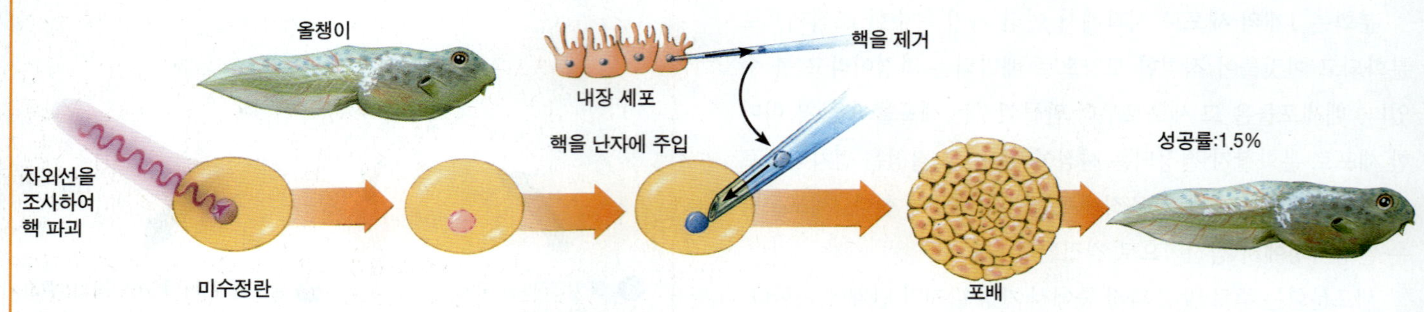


**결과와 결론:** 시도한 것 중 15%가 올챙이 단계까지 정상적인 발생이 이루어졌는데 이는 분화된 세포의 핵이 그 단계까지 발생하는데 요구되는 유전정보를 가지고 있고 적절히 활성화될 수 있다는 것을 가리킨다.

**그림 17-3 개구리 핵의 개체형성능에 관한 거돈의 실험.**

## 17.1.3 처음 복제된 포유동물은 양이다

1996년 스코틀랜드 에딘버러에 있는 Roslin 연구소의 **윌머트(Ian Wilmat)**와 그의 동료들은 초기 배(배반포 단계: 50장을 보라)의 핵을 이용하여 양을 복제하는데 성공하였다고 발표 하였다. 돌리(가수 Dolly Patron을 모방하여)라고 불리는 양이 태어났다고 발표한 1997년 초에 이들은 세계적인 관심을 받았다. 돌리의 유전물질은 배양한 성체 양의 유선세포로부터 핵을 추출하여 핵을 제거한 양의 알세포(난자)에 주입한 것이다. 이렇게 하여 만들어진 세포는 분열하여 숙주의 성체 암양의 자궁에 이식할 수 있는 단계의 배가 된다(**그림 17-4**). 이러한 과정을 통하여 핵을 이식한 277개의 세포 중 29개만이 배까지 발생하였고 이중에서도 완전한 양으로 태어난 것은 돌리 하나였다.

왜 다른 많은 연구자들은 실패했는데 **윌머트** 연구팀들은 성공하였을까? 그들은 세포생물의 기본원리를 생각할 때 알세포와 핵을 제공한 세포와 **세포주기(cell cycle)**가 같지 않다는 것을 알았다. 알세포는 감수분열의 두 번째 분열 중기 즉 중기Ⅱ에 정지해 있는데 활발하게 분열하고 있는 체세포는 보통 DNA 복제기(S기)나 혹은 $G_2$기 상태에 있다. 그들은 이들 세포를 분열하지 않는 $G_0$상태로 만들었다(10장을 보라). 이렇게 한 다음 전기충격을 주어 유선세포의 핵과 핵을 제거한 알세포와 융합시켰고 배 발생이 일어나게 하였다.

매우 고도의 기술을 필요로 하긴 하지만 이후 여러 연구팀들이 이 기술들을 변형시키고 발전시켜 소, 염소, 돼지, 생쥐 등을 복제하는데 성공하였다. 앞으로 이러한 복제는 계속 늘어날 것이다. 그러나 성공률은 개선되지 않고 있어 1~2%로 낮은 상태에 있고 유전적 결함을 가진 것들이 태어난 확률이 높다.

복제연구의 주목적은 **형질전환생물(transgenic organism)**을 만드는 것인데, 형질전환 생물은 외부 유전자를 주입한 것을 말한다(15장을 보라). 이것이 이루어지면 멸종위기의 동물들은 대량 번식하는 것과 같은 다양한 목적을 위하여 형질전환 한 복제 동물들을 많이 만드는 것이 가능하다.

## 17.1.4 줄기세포는 분열하고 분화한다

**줄기세포(stem cell)**란 분화하여 특수한 세포가 될 수 있으나 아직은 미분화 상태로 있으며 분열을 하여 줄기세포를 계속 만들어낼 수 있는 세포들을 말한다. 줄기세포들이 분열하여 생긴 세포들은 계속 줄기세포로 남아있거나 분화하여 근육세포, 신경세포, 혈구 등과 같은 특수세포들이 되기도 한다. 어떤 생화학적 신호들이 있는가 없는가에 따라 무슨 일이 일어날 지가 결정된다. 오늘

## 핵심 실험

**질문:** 분화된 세포들의 핵은 개체형성능을 가지고 있는가?

**가설:** 성체 양으로부터 채취한 세포의 핵을 핵을 제거한 알세포에 주입하면 유전정보가 제공되어 정상적인 발생을 할 수 있다.

**실험:** 윌머트는 배양한 양의 유선세포와 핵을 제거한 알세포를 융합시켜 배를 만들고 이를 암컷의 자궁에 이식하였다.

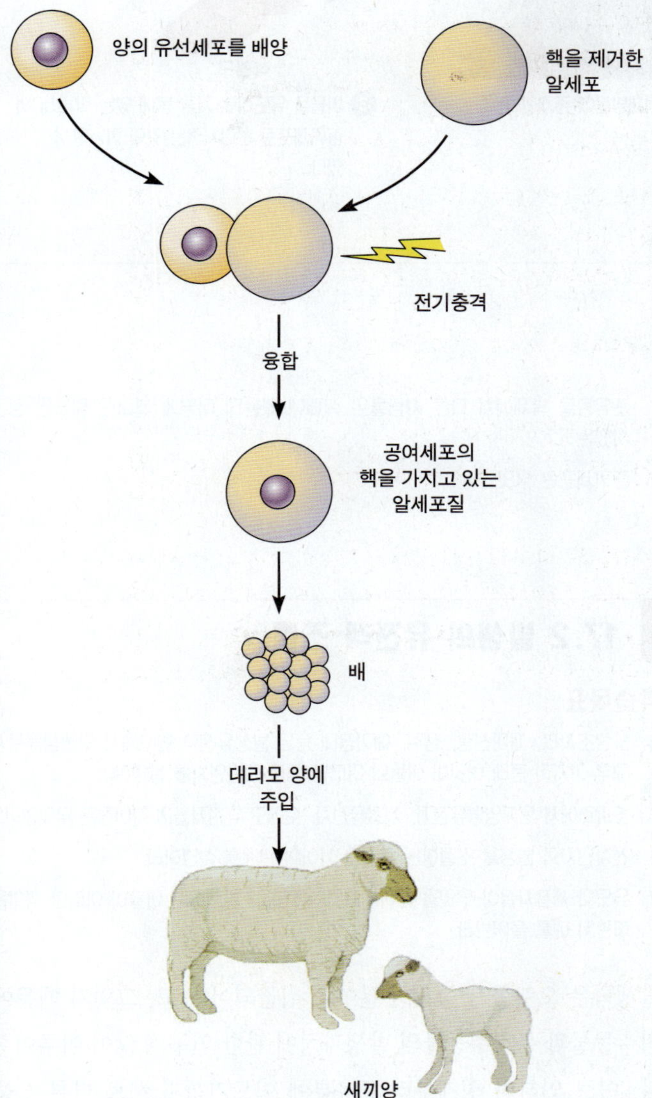


**결과와 결론:** 정상적인 발생이 이루어졌고 세계 최초로 암컷 양이 태어났다. 복제된 양은 완전히 기능을 발휘했고 자라서 정상적인 새끼를 낳았다.

**그림 17-4 포유동물 복제에 관한 윌머트의 실험.**

날 줄기세포 연구에서 가장 도전적인 분야의 하나가 세포들을 분화시키는 분자들이 어떤 것이며 어떻게 배열하고 있고 양이 얼마나 되는지를 밝히는 것이다.

가장 다양한 능력을 가진 줄기세포(접합자)는 개체형성능을 가지고 있어서 몸의 모든 조직과 태반으로 분화 될 수 있다. 물론 줄기세포는 배나 성체에서 추출 할 수 있다. 여기에서 성체라는 말은 잘못 사용되고 있는 측면이 있다. 왜냐하면 성체줄기세포는 탯줄조직, 유아, 어린이뿐 아니라 성인에게서도 추출 할 수 있다. 배아와 성체 줄기세포는 **전분화능성 줄기세포(pluripotent stem cell)**로 알려졌는데 이는 그들이 생물에서 많은 종류의 세포로 분화 할 수는 있지만 모든 세포로 분화 할 수 있는 것은 아니기 때문이다. **배아줄기세포(embryonic stem cell; ES세포)**는 수정란 이후에 5~6번에 걸쳐 세포분열을 하여 형성된 포배로서 성체줄기세포보다 분화의 다양성이 더 크다.(**그림 17-5**) 예를 들어 ES세포들은 전분화능성을 가지고 있어 몸의 어떠한 종류의 세포로도 분화 될 수는 있으나 그들은 태반세포로는 분화 될 수 없기 때문에 개체형성능을 가지고 있지는 않다.

**성체줄기세포(adult stem cell)**은 사람의 뇌, 각막, 심장, 골수, 치수, 창자 및 다른 부위에서 발견된다. 뇌의 신경줄기세포는 전분화능성을 가지고 있으며 뉴런과 신경아교세포를 분화 할 수 있다. 골수의 성체줄기세포는 적혈구와 면역계의 여러 종류의 백혈구로 분화 한다. 성체줄기세포들의 분화범위는 배아줄기세포 보다는 좁다.

과학자들은 배양하여 무한정으로 증식하고 일정한 조건하에 분화되도록 하며 안정적으로 분화된 상태를 유지시킬 수 있으며 유전자조작을 할 수 있는 인간의 전분화능성 줄기세포를 개발하고자 하는 꿈을 가지고 있다. 그들은 특히 암, 당뇨, 심혈관계 질병 및 신경계이상(파킨슨병과 같은)을 가진 환자들의 배아줄기세포 계통을 개발하고자 한다. 이러한 세포계통들은 이러한 질병을 연구하는데 아주 유용하기 때문이다. 비록 생쥐나 다른 포유동물들의 같은 유형의 연구는 줄기세포가 치료수단으로 높은 가치를 가지고 있음에도 서서히 진행되어 왔다.

### (1) 인간복제와 관련하여 윤리적 문제가 존재한다

복제연구는 인간복제와 그것의 윤리적 문제의 위험성에 관하여 지속적인 논쟁이 이루어지고 있다. 미국에서 국가생명윤리고문위원회(National Bioethic Advisory Commission)는 이것과 그 외에 문제들을 연구하기 위하여 설립되었다. 이러한 주제들을 자세히 보면 복제라는 말은 세포, 조직, 기관, 개체들을 만드는데 관

**그림 17-5** 사람의 배아줄기(ES) 세포들.

련 된 여러 개의 과정들을 포함하고 있다는 것을 인지하는 것이 중요하다.

**인간생식복제(human reproductive cloning)**는 유전적으로 어떤 성인과 동일한 사람을 출생시키는 것을 목적으로 한다. 이는 여자 자궁에서의 수정이 아니고 다른 방법으로 발생할 수 있는 배를 만드는 것이다. 많은 나라에서 인간생식복제에 대하여 반대하고 있다.

반대로 **인간치료복제(human therapeutic cloning)**는 과학적 연구나 인간복제가 아닌 의학적 목적으로 인간세포를 복제하는 것을 의미한다. 인간치료복제에서는 예를 들어 환자나 손상을 입은 사람의 피부세포로부터 핵을 채취하여 핵을 제거한 난자에 주입하고 이것을 배가 되도록 한다. 그런 다음 배아줄기세포를 배에서 추출하여 배양한다. 만약 성공한다면 이러한 성취는 의학적인 면에서 혁명적이라고 할 수 있는 것으로 줄기세포를 이용하여 심장근이나 신경과 같은 대체조직을 공급할 수 있는 커다란 진전을 이루게 될 것이다. 복제된 배는 환자와 유전적으로 동일하기 때문에 이식거부 반응이 없다. 많은 사람들이 치료복제의 연구에 대하여 질병을 치료하는데 일주일 된 배를 파괴하는 것에 대한 염려보다 치료하는데 잠재적 이득이 크기 때문에 이를 지지한다. 그러나 다른 사람들은 연구를 위하여 배를 만들고 이를 파괴한다면 윤리적 혹은 종교적 이유 때문에 이를 반대하기도 한다.

**복습**

- 핵동등성 원리를 뒷받침 해줄 수 있는 증거들에는 무엇이 있는가?
- 포유동물 복제에서 다른 사람들은 실패해 왔는데 어떻게 윌머트 팀들은 성공하였는가?
- 줄기세포란 무엇인가?

## 17.2 발생의 유전적 조절

**학습목표**

4 노랑초파리, 꼬마선충, 생쥐, 애기장대 등은 발생유전학 연구에서 모델생물로서 매우 가치가 큰데 이것이 이들의 어떠한 특징 때문인지를 설명하라.
5 초파리에서 모계영향유전자, 체절유전자, 호메오 유전자들의 차이점은 무엇인가?
6 전사인자와 발생을 조절하는 유전자 사이의 관계를 설명하라.
7 유도와 세포자살이 무엇을 말하는지를 설명하고 발생에서 이들이 어떠한 역할을 하는지 예를 들어보라.

발생학은 오랫동안 중요한 분야로 취급되어 왔고, 그렇기 때문에 척추동물과 무척추동물의 발생과정에 관한 연구가 많이 이루어졌다. 이로 인하여 성게부터 포유류에 이르기까지 서로 다른 생물들의 수정란으로부터 성체까지 이르는 발생의 유사점과 차이점을 밝힐 수 있었다(50장을 보라).

### 17.2.1 다양한 모델생물들이 기본적인 생물발생과정에 대한 통찰력을 갖게 한다

발생의 유전적 조절에 대한 연구에서 실험모델생물로써 어떠한 것을 선택하느냐가 중요하다. 모델생물은 생물학적 과정을 분석하

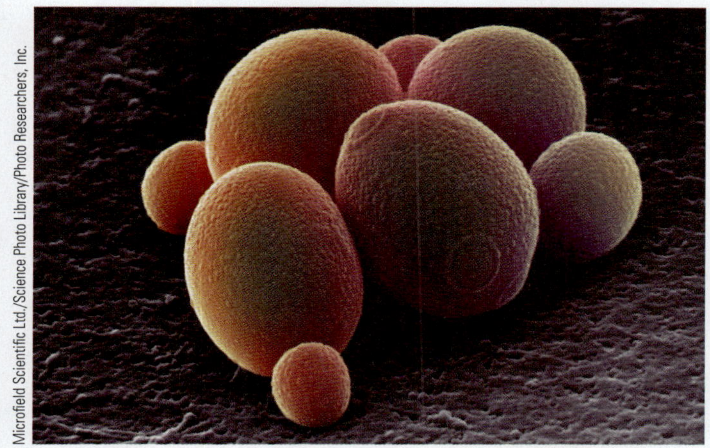


**(a) 효모(*Saccharomyces cerevisiae*)**는 반수체 단세포 진핵생물의 발생유전학을 연구하기 위한 모델생물이다.

**(b) 초파리(*Drosophila melanogaster*)** 발생에는 많은 무척추동물과 척추동물에 공통적으로 존재하는 몸의 전-후를 설계하는 정보가 있다.

**(c) 꼬마선충(*Caenornabditis elegant*)**의 성체는 959개의 세포로 되어있고 몸이 투명하여 각 세포의 발생과정을 추적할 수 있게 해준다.

**(d) 지브라피쉬(*Danio rerio*)**는 작고(2~4cm) 기르기가 쉬워 척추동물 발생의 유전적 기초를 연구하기에 적합한 모델동물이다.

**(e) 생쥐(*Mus musculus*)**는 포유동물에서 암 유전학을 포함하여 발생유전을 연구하기 위한 모델 생물이다.

**(f) 애기장대(*Arabidopsis thaliana*)**는 현화식물의 발생을 연구하는데 이용되는데 적은 유전체를 가지고 있으며 크기도 작다.

**그림 17-6 발생유전학에서의 모델생물들.**

는데 효율적인 특징을 가졌기 때문에 생명과학 연구를 위해 선택된 종이다. 대부분의 모델생물들은 한 세대의 길이가 짧고 몸이 작기 때문에 조절된 조건에서 기르고 연구하기가 쉽다.

유전학자들이 과일초파리 즉 노랑초파리(*Drosiphila melanogaster*)의 유전에 관하여 매우 깊게 이해하고 있기 때문에 이 생물은 그러한 연구에 가장 중요한 시스템을 가진 것 중의 하나가 되었다. 다른 생물들인 효모(*Saccharomyces cerevisiae*), 꼬마선충(*Caenorhabiditis elegans*), 지브라피시(*Danio rerio*), 생쥐(*Mus musculus*) 및 애기장대(*Arabidapsis thalina*)들을 포함한 몇 가지 생물들이 발생유전학에 중요한 모델 생물들이다(**그림 17-6**).

## 17.2.2 발생을 조절하는 많은 유전자들이 과일초파리에서 발견되었다

1999년에 완성된 초파리 유전체의 염기서열에는 약 13,600개의 단백질 암호 유전자들이 있다. 적어도 이 중 1,200개의 유전자들이 배의 발생에 필수적이다.

고전적 관점에서 초파리가 연구재료로 적합한 2가지 특징은 발생유전자들을 포함하여 연구에 적절한 많은 돌연변이 대립인자들이 존재한다는 점과 염색체 상에 새로운 돌연변이 유전자지도를 작성하기가 비교적 쉽다는 점이다. **루이스**(Edward B. Lewis), **뉘슬라인폴하르트**(Christiane Nusslein-Volhard), **비샤우스**(Eric F. Wiechaus) 등은 초파리 발생에 대한 수 십 년간의 각고의 연구를 수행하여 그들이 과일초파리에서 발견한 많은 유전자들이 현재 모든 동물들의 성장과 발생에 중요한 것들임이 밝혀졌으며, 이들은 1995년 노벨 생리학 · 의학상을 수상하였다.

### (1) 초파리의 일생은 알, 유충, 번데기, 성체의 단계로 이루어져 있다

초파리의 일생은 명확히 구분 할 수 있는 여러 단계들로 이루어져 있다(**그림 17-7**). 알이 수정된 후, 접합체가 성적으로 발달이 덜된 **유충**(larva)이 되는 동안 배 발생이 일어난다. 알에서 유충이 깨어난 후에는 여러 번 **탈피**(pupation)를 하게 된다(껍데기를 벗는 것을 말한다). 한 번 탈피를 할 때마다 유충은 더 커지며 번데기가 되기 위한 준비를 한다. 그 후에 번데기가 되기 위해서 탈피를 한 후 껍데기를 단단하게 만든다. 번데기는 **완전변태**(metamorphogenesis; 형태가 완전히 변하는 것)를 거치게 된다. 이 기간 동안 유충 때 가지고 있었던 대부분의 기관들은 분해가 되고 몇몇 기관들은 더 발달을 해서 성충이 된다.

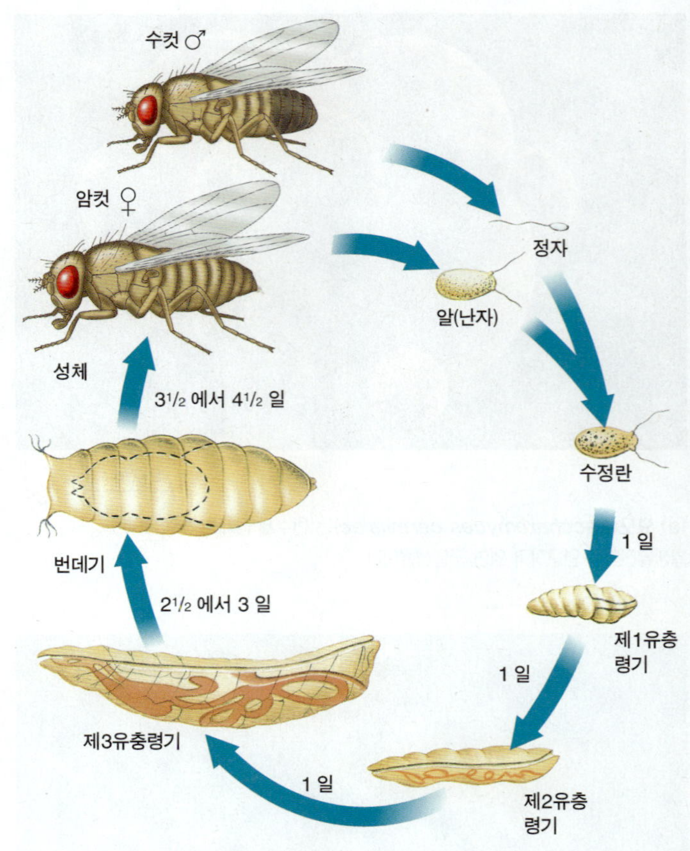


**그림 17-7** 초파리의 생활주기.

초파리는 알에서부터 성적으로 성충이 될 때까지 여러 단계를 거친다. 25℃에서는 생활주기가 약 12일 걸린다. 알에서 깨어난 애벌레는 탈피를 반복하면서 성장한다. 탈피 간의 시간을 유충령기라고 한다. 번데기에 표시한 점선들은 변태를 하고 있는 유충을 표시한 것이다.

유충은 마치 벌레처럼 생겼으며 성체인 파리와는 모양이 매우 다르다. 그러나 유충의 배 발생 기간 동안 만들어지는 기관들 중 성충의 기관들과 큰 차이가 없는 구조들을 가리켜 **성충원기**(imaginal disc)라고 부른다. 각각의 성충원기들은 유충의 특정부위들에 위치하며 후에 성체의 날개 혹은 다리와 같은 특수구조를 형성하게 된다(**그림 17-8**).

성충원기를 포함한 초기 단계의 구조가 성체의 기관으로 되는 것은 여러 가지 복잡한 유전적 조절에 의해 이루어진다.

### (2) 초파리 발생 돌연변이체는 몸의 구조에 영향을 끼친다

여러 가지 발생 과정 중에 돌연변이를 일으킨 여러 초파리들이 발견되었다. 그 유전자들이 발생에 일으키는 효과들을 여러 가지 차원에서 분석하였고 분자적 수준에서 광범위하게 연구하였다. 우리는 이 중에서 유충과 성충의 체절에 어떤 영향을 끼쳤는지에 대해 주로 논의 할 것이다.

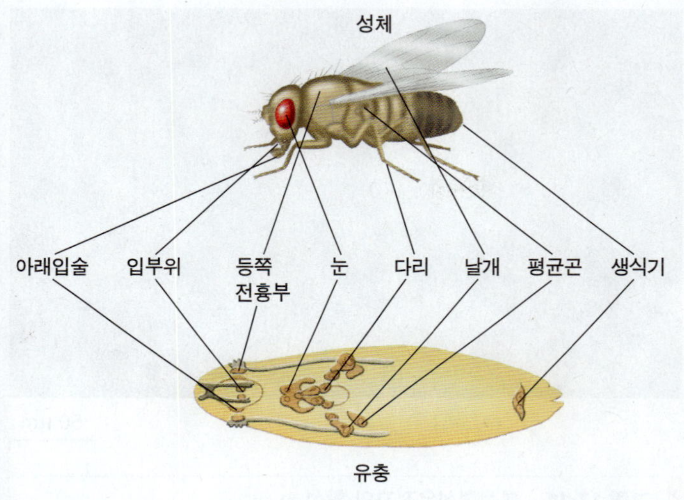


**그림 17-8 성충원기의 위치.**

초파리 유충 속에 있는 각 쌍의 성충원기들은 성충이 되면서 각각 한 쌍의 특정한 구조로서 분화한다.

초파리의 초기발생 단계는 다음과 같다. 암컷의 난소로부터 알이 만들어지는데, 이 과정에서 mRNA가 생성되어 알에 저장되고, 주위의 세포로부터 노른자 단백질과 다른 세포질 분자들이 만들어져 알에 저장된다. 수정 직후에는 난자 내에 있는 이형접합체의 핵이 분열을 시작하면서 13번의 유사 분열을 한다.

각 분열은 약 5분에서 10분이 걸린다. 이것으로 보아 핵 속의 DNA는 매우 빠른 속도로 복제된다는 것을 알 수 있다. 이 기간 동안 핵에서 RNA를 합성하지 않는다. 세포질분열은 일어나지 않으며, 여덟 번째 분열이 일어날 때까지 핵들은 수정란의 중앙에 모여 있다. 여덟 번째 분열이 일어난 후, 핵들은 중앙으로부터 알의 세포막으로 이동하여 둘러싸는 형태를 취한다. 이 단계를 *함포성 배반엽*(syncytial bladstoderm) 단계라고 하는데 그 이유는 핵이 각각 다른 세포막에 둘러 싸여 있지 않기 때문이다(*Synctium*은 여러 핵을 가진 구조를 뜻한다). 그 후, 세포막이 생성되고, 수정란은 *세포성 배반엽*(celluar bladstoderm)이 된다.

**모계영향유전자.** 난세포의 구성에 관여하는 유전자를 가리켜 **모계영향유전자(maternal effect gene)**라고 부른다. 이 유전자들은 난의 주변에 있는 조직세포들에서 mRNA를 만들어 발생 중인 난에 전달하는 것이다. 이러한 유전자들에 돌연변이를 일으킨 초파리들은 관찰한 결과, 많은 유전자들이 배의 극성을 형성하는데 관여하여 배의 어느 부위가 머리가 될 것인지 그리고 어떤 부위가 꼬리가 될 지를 결정하는데 관여하는 것으로 밝혀졌다. 극성은 배의 등과 복부가 될 부분, 전방이 될 부분과 후방이 될 부분을 결정한다. 그래서 이 유전자들은 *난극성 유전자*(egg polarity gene)라 부른다(29장 참조).

**그림 17-9a**는 핵이 이동하는 초기단계의 배에서 2가지 특정 1종류의 모계 mRNA의 농도변화를 나타낸 것이다. 모계영향유전자에 돌연변이가 생긴 여러 가지 경우에는 정상모계 mRNA를 수정란에 주입함으로서 정상으로 되돌릴 수 있다. 주입 이후에는 정상적인 초파리로 자라는 것으로 보아, 이 유전자 생산물들은 발생초기에 짧은 시간동안만 필요한 것으로 보인다.

**분절형성유전자.** 배의 가장자리로 핵이 이동할 때 핵의 **분절형성유전자(segmentation gene)**들이 발현되어 배의 mRNA가 생산되기 시작한다. 지금까지 유전학자들은 배나 성체초파리의 몸에 반복적으로 나타나는 체절이 적어도 24개 이상의 체절유전자가 관여한다는 것을 발견하였다. 돌연변이체의 표현형 등 연구를 근거로 **분절형성유전자**는 3종류로 나눌 수 있다. 즉, 간극유전자, 쌍-지배 유전자, 그리고 체절극성 유전자들이다.

**간극유전자(gap gene)**들은 분절형성유전자 중 가장 먼저 활동하는 유전자이다. 이들 유전자들은 난의 전방부와 후방부에 관한

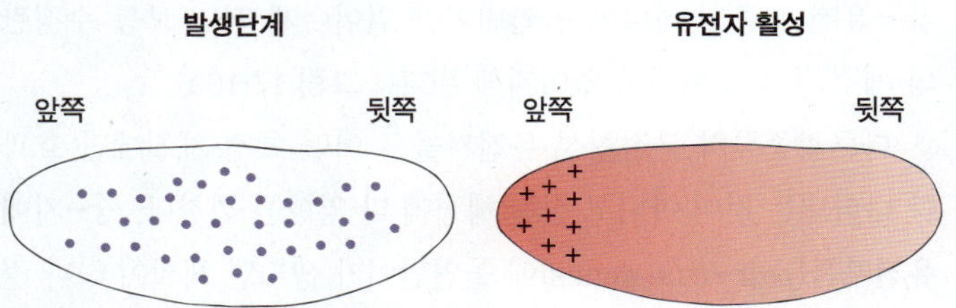


**(a)** 수정후 1.25시간에 배는 세포질에 128개의 핵(작은 원)을 갖는다. 모계영향유전자는 배를 앞부분과 뒷부분으로 발현되어 나눈다. 앞부분에는 하나의 모계영향유전자(+)들이, 진한 핑크색의 앞부분은 전사 mRNA들이 분포한다. 앞부분에서 전사된 다른 종류의 모계유전자 mRNA들이 더 많이 분포하고 있음을 가리킨다.

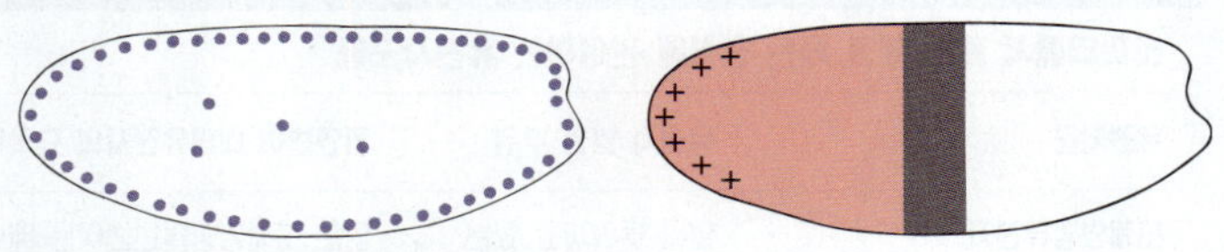

**(b)** 수정 후 12시간에는 핵이 1,500개로 늘어났으며 이들은 배의 가장자리에 분포하고 각기 자신의 고유 mRNA를 전사한다. 간극유전자는 배를 앞부분, 중간부분, 뒷부분으로 나눈다. 앞부분에 있는 핵에서 체절유전자(+)들이 발현되어 전사된 mRNA들은 핑크색으로 나타내었다. 또 다른 간극유전자들이 발현된 중간 부분을 검은색으로 나타내었다.

**그림 17-9 초파리의 초기발생.**

왼쪽그림은 2가지 초파리 초기발생단계의 초파리배의 종단면이다. 이들은 오른쪽 그림의 각 단계에 따른 유전자활성을 단순하게 나타낸 것과 일치한다.

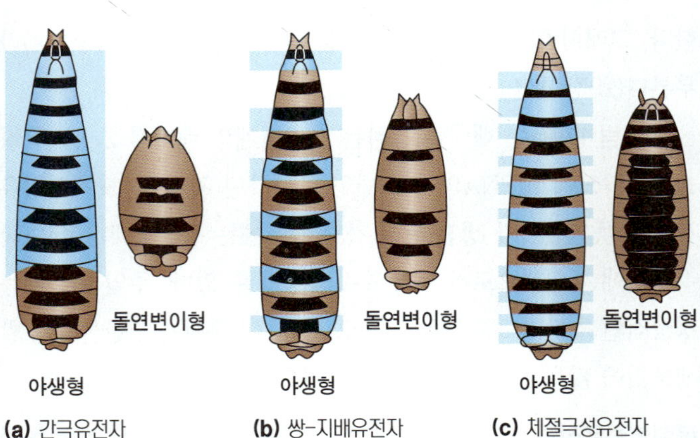


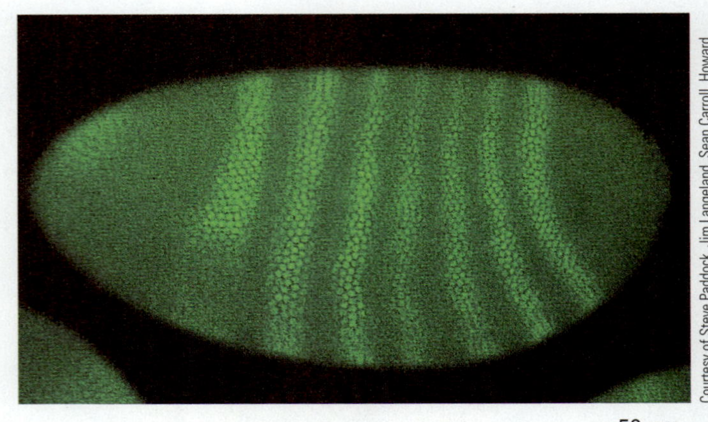


**그림 17-10 초파리 분절형성 유전자들에서 일어난 돌연변이들의 비교.**

(a) 간극유전자군, (b) 쌍-지배유전자군, 그리고 (c) 체절극성유전자군들이 초파리 배의 체절양상을 조절한다. 파란 띠는 야생 초파리에서 유전자들이 정상적으로 발현되어 단백질이 만들어지고 있다는 것을 나타낸 것이다. 돌연변이가 일어난 초파리의 배에는 이 부분이 없고, 그 결과 표현형은 그 유전자 어떤 특징을 결정하는 것이냐에 따라 표현된다.

**그림 17-11 분절형성유전자의 활성.**

형광현미경에 나타난 밝은 띠는 배우체 쌍-지배유전자 자리, 즉 fushi tarazu(일본어로 충분치 않은 체절)에서 전사된 mRNA를 나타낸다. 이 띠들에 의해 애벌레 몸에 줄이 생기는데 이 부분을 지배하는 유전자가 변이되면 줄이 나타나지 않게 된다.

정보를 해석하여 전방, 중간, 후방부위로 구성한다(그림 17-9b). 간극유전자 중의 하나에 돌연변이가 일어나게 되면 보통 수정란의 체절 중 1개 이상이 없어지게 된다(그림 17-10a).

다른 2종류의 분절형성 유전자들은 어떤 특정 체절에만 효과를 나타내는 것이 아니고 전체 체절에 다 영향을 끼친다. **쌍-지배유전자들**(pair-rule genes)에 돌연변이가 생기면 체절이 하나 걸러 하나씩 없어져 그 수가 정상유충 체절의 반이 된다(그림 17-10b). **체절극성유전자들**(segment polarity genes)에 돌연변이가 생기면 체절의 한쪽 부분은 없어지고, 남은 부분이 거울에 나타나는 상과 같이 또 나타난다(그림 17-10c). 각기 다른 종류의 유전자에 돌연변이가 일어났을 때 일으키는 효과들은 표 17-1에 정리해 놓았다.

각각의 분절형성유전자들은 배에서 활동하는 시간과 장소가 각기 다르다(그림 17-11). 모계영향유전자와 분절형성유전자들의 발현을 관찰한 결과, 세포들은 일련의 단계적으로 이루어지는 발생학적 사건에 의해 성체의 구조들을 만들도록 운명되어 진다. 첫 번째로, 전면-후면(머리-꼬리)의 축과 배의 등면과 배면 등의 결정은 알에서 분절형성유전자가 만든 **형태형성물질**(morphogen)의 농도기울기에 의하여 만들어지게 된다. 형태형성물질은 세포의 분화와 형태의 발생에 영향을 끼치는 화학물질 중

표 17-1

**초파리에서 배의 체절 패턴 형성에 관여하는 유전자군들**

| 유전자군 | 유전자 발현 부위 | 돌연변이 대립유전자의 효과와 예상되는 정상유전자의 기능 |
|---|---|---|
| **모계영향유전자** | 알을 둘러싸고 있는 모계조직 | 많은 모계영향돌연변이는 배의 극성을 변화시킨다; 배의 어떤 위치에 있는 핵의 유전자들을 활성화시켜 패턴 형성을 일으킨다 |
| **분절형성유전자** | | |
| 간극유전자 | 배 | 이 유전자들에 돌연변이가 일어나면 1개 이상의 체절이 상실된다; 이들 유전자의 어떤 것들은 쌍-지배유전자, 체절극성유전자 및 체절결정유전자의 발현에 영향을 끼칠 수 있다 |
| 쌍-지배유전자 | 배 | 이 유전자가 돌연변이 되면 체절이 대체되어 상실된다; 이들 유전자들의 어떤것들이 체절극성유전자와 체절결정유전자의 활성에 영향을 줄 수 있다 |
| 체절극성유전자 | 배 | 이 유전자들의 돌연변이체들은 모든 체절의 한 부분들이 결실되고 그 부분이 남아 있는 구조의 대칭상으로 교체되어 있다; 이 유전자들은 체절결정유전자의 활성에 작용 할 수 있다 |
| **체절결정유전자** | 배 | 체절결정유전자들에 돌연변이가 일어나면 정상적인 구조가 몸의 다른 부분에 형성된다; 체절의 본질을 지배 |

하나이다. 형태형성물질의 농도차이가 세포들의 배 내의 위치와 특수한 성체의 조직과 기관으로의 분화를 돕는 신호가 된다.

그 다음에는 분절형성유전자들은 각 위치에 있는 형태형성요소의 양에 반응하여 머리부터 꼬리까지의 체절을 만든다. 그 후에는 각 체절에서 각 체절에 대한 정보를 읽은 후 거기에 맞는 유전자가 발현되어 각 기관을 만들게 된다. 다시 말해, 한 체절에 있는 세포들은 각각 주소가 할당되고, 그에 따라 여러 종류의 조절 유전자들이 활동을 하게 된다.

분절형성유전자는 간극유전자, 쌍-지배유전자, 마지막으로 체절극성유전자 순으로 활동을 하는 것으로 생각되고 있다. 전부는 아니지만 대부분의 분절형성유전자는 진핵생물에서 전사를 조절하는 DNA결합단백질인 **전사인자(transcription factor)**를 암호화하고 있다. 예를 들어, 어떤 체절 유전자는 "아연집게(zinc-finger)" 종류의 DNA 발현 조절 단백질을 암호화하고 있다(그림 14-9b를 보라). 다음에 논의할 체절결정유전자 역시 전사인자를 암호화하고 있다. 많은 발생을 조절하는 유전자들이 전사인자를 암호화하는 유전자들인 것으로 보아, 이들 유전자들로부터 만들어진 단백질이 유전적 조절을 하는 것으로 보인다.

**체절결정유전자.** 분절형성유전자들이 초파리 몸의 체절에 대한 기본바탕을 만들면 **체절결정유전자들(homeotic genes)**은 각 체절을 만들기 위한 구체적인 발생계획을 만든다. 이들 유전자는 각 체절이 무엇이 될지를 나타내기 때문에 체절결정유전자에 돌연변이가 생기면 그 부분의 기관이 다른 기관으로 대체된다. 가장 특이한 돌연변이의 예로서 더듬이 자리에 다리가 생긴 돌연변이체가 있다(그림 17-12).

초파리의 체절결정유전자는 특이한 형태를 만들어 내는 돌연변이 형질을 통해 발견하게 되었다. 유전학자들이 체절결정유전자를 분석한 결과, 공통부분이 약 180개의 염기로 이루진 짧은 DNA이며, 이는 체절결정유전자뿐만 아니라 발생조절에 관여하는 다른 유전자들의 특징이기도 하다는 것을 밝혀냈다. 이러한 DNA 염기배열 순서를 **호메오상자(homeo box)**라는 용어로 나타낸다. 각 호메오상자는 단백질 부분 중 **호메오도메인(homeodomain)**이라 불리는 부분을 담당하는데, 이 부분은 60개의 아미노산으로 구성되어 있고 4개의 $\alpha$-나선구조를 만들어 낸다. 이들 중 하나는 인식 나선구조로 작용해 DNA에 결합하여 DNA 발현을 조절하게 된다. 그러므로 체절결정유전자의 생산물들은 초기에 작용하는 체절유전자와 마찬가지로 전사인자를 만들어 낸다. 실제로 몇몇 체절결정유전자는 호메오상자를 가지고 있기도 하다.

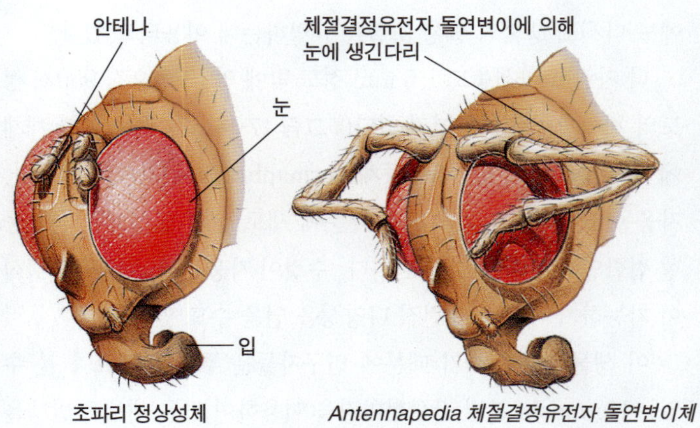


**(a)** 정상 초파리와 *Antennapedia* 돌연변이를 일으킨 초파리의 머리.

**(b)** *Antennapedia* 유전자에 돌연변이가 일어난 초파리의 머리에 대한 주사전자현미경 사진.

**그림 17-12** *Antennapedia* 유전자 자리.

초파리의 *Antennapedia* 돌연변이는 체절결정유전자 형질전환(homeotic transformation)을 일으켜 더듬이 자리에 다리, 혹은 다리의 일부분이 생긴다.

**요점**

*Hox*유전자들은 배의 전방-후방 축에 따라 그 유전정보가 발현되는 순서와 같은 순서로 염색체에 배열되어 있다.

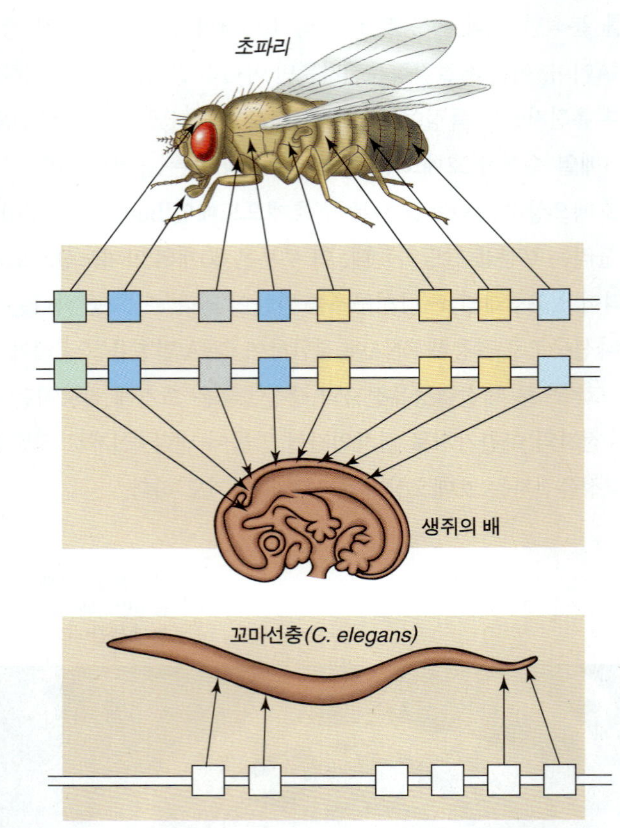


**그림 17-13** *Hox*유전자 군.

초파리와 실험용 동물들의 *Hox*유전자 군은 각 유전자가 지배하는 몸의 부분들이 서로 비슷하다. (쥐의 4개 *Hox*유전자 군 중 하나만 보여주고 있다.) 각각의 생물은 염색체상의 유전자 순서는 배에서 발현되는 공간적인 순서를 나타낸다. 그림상으로 확실히 보이지는 않으나 그 유전자들이 발현되는 부분들 중 일부는 겹친다. 가장 먼저 발현되는 유전자는 왼쪽에, 그리고 나중에 발현되는 유전자들은 오른쪽에 표시하였다. 꼬마선충에도 비슷한 유전자 군이 있는데 유전자의 순서는 다르며 수정란 발생에 다 필요하지도 않다.

발생을 하는 동안 전방-후방 축을 만들게 하는 유전자들을 가지고 있는 호메오상자 덩어리인 ***Hox*유전자(*Hox* gene)**에 대한 연구를 통하여 진화관계에 대한 중요한 이해를 하게 되었다. *Hox*유전자는 초파리에서 처음 발견되었는데 염색체 상에서 가까이 연관되어 있는 더듬이와 흉부를 담당하는 유전자들에 인접해 있었다. *Hox*유전자들은 절지동물, 환형동물(체절동물), 선형동물, 그리고 포유류 등과 같은 동물들에서 발견되었고 이들 동물들의 체절결정유전자들도 모여 있으며 초파리와 매우 비슷하다는 것이 밝혀졌다.

**그림 17-13**은 초파리, 실험용 생쥐, 그리고 꼬마선충의 *Hox*유전자 그룹을 비교해 놓은 것이다. 이들 그림은 각 동물에서 이 유전자들이 어떤 위치에서 어떠한 부위를 조절하는지를 비교 해 놓았다. 재미있게도, 초파리와 쥐의 *Hox*유전자 군(cluster)이 같은 염색체 상에 같은 순서로 배열되어 있지만, 꼬마선충은 순서가 약간 다르다. 그리고 그 순서는 머리에서부터 꼬리의 순서로 유전자들이 배열 되어있다. 이러한 구조는 이들 유전자들이 시간적으로 일정한 순서에 따라 발현되어야 된다는 것을 나타낸다.

이러한 발생의 조절이 곤충에서부터 선충, 척추동물(인간을 포함)들까지 유사하다는 점에서 진화 초기단계에서 이러한 시스템이 생겼고, 오랫동안 체절이 없더라도 머리-꼬리 축을 가지고 있는 모든 동물들에게 잘 보존되어 있다는 것을 알 수 있다. 이런 것으로 보아, 발생 조절에 성공적인 시스템이 개발 된 후, 각 동물은 자기의 몸에 맞춰 조금씩 개량 된 것을 알 수 있다.

호메오상자와 비슷한 유전자들이 식물에서도 발견된다는 것은 고대 생물에서부터 이미 이러한 시스템이 개발되었고, 이 유전자들이 다세포 생물을 출현하게 하였다는 가능성을 추측하게 한다.

## 17.2.3 꼬마선충은 비교적 고정된 발생 패턴을 가지고 있다

꼬마선충(*Caenorhabditis elegans*)은 발생의 유전적 조절시스템을 연구하기에 비교적 단순하기 때문에 이상적인 모델 생물이다. 이 동물의 유전체는 제일 먼저 밝혀진 것 중 하나로서 약 19,700개의 단백질을 암호화하는 유전자로 이루어져 있다. 이 동물은 오늘날에도 다세포 생물의 발생 조절을 규명하는데 이용되고 있다.

다 자란 꼬마선충도 1.5 mm 정도 밖에 안 되고 오직 959개 정도의 체세포들로 이루어져 있다(**그림 17-14**). 각 동물은 한 개체에 양쪽성을 다 가진 **자웅동체(hermaphrodites)**거나 수컷이다. 자웅동체는 자가수정을 하기 때문에 새로 생긴 열성유전자가 동형 접합인 후손을 얻기가 편하다. 수컷이 자웅동체인 개체와 생식이 가능하기 때문에 유전적 다양성을 얻을 수도 있다.

이 생물은 투명하기 때문에 연구자들은 투명한 재료를 볼 수 있는 Normaski 분별 간섭현미경을 이용하여 모든 체세포 발생을 추적 할 수 있다. 여러 연구진에 의해 꼬마선충의 각 체세포의 생성 경로가 밝혀졌으며, 매우 고정된 발생 경로를 따른다는 것이 밝혀졌다. 수정 이후에는 알에서 약 550개의 세포로 분열되어 성적으로는 미성숙한 유충으로 변한다. 그 후에는 세포분열을 계속하여 성체로 자란다.

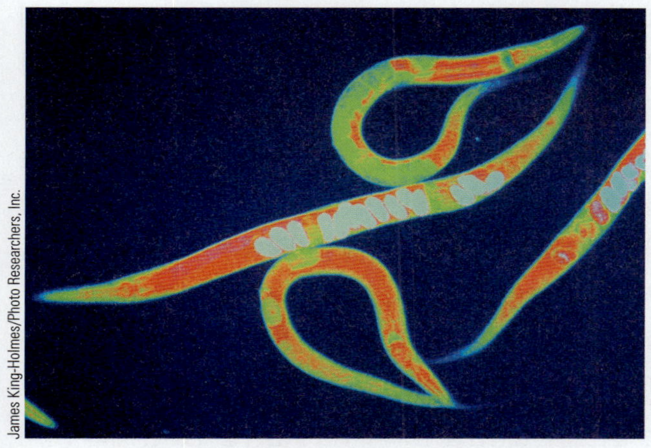


**(a)** 암수한몸 성체 성충의 위색-주사광학현미경 사진. 구형구조는 알들이다.

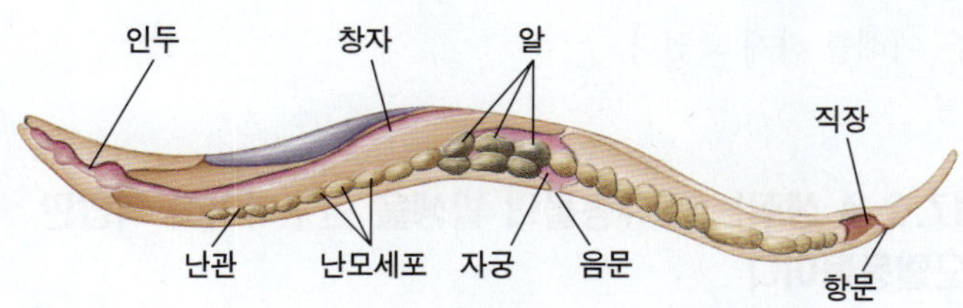


**(b)** 암수한몸 성체의 구조. 정자를 생성하는 구조는 보이지 않는다.

**그림 17-14 꼬마선충.**
이 투명한 몸을 가진 동물은 세포수가 일정하다.

각 체세포의 형성과정은 발생 초기에 생기는 **창시자세포**(founder cell)라고 불리는 작은 그룹의 세포들로부터 출발한다(**그림 17-15a**). 만약 창시자세포 중 하나가 파괴되면, 그 부분에 해당하는 기관이 없어진 돌연변이체가 생긴다. 이렇게 세포의 분화가 대부분 결정된 상태로 발생이 조절되는 것을 가리켜 **모자이크 발생**(mosaic development)이라고 부른다. 모자이크 그림에서 한 조각이 각 부분을 담당하는 것처럼 수정란에서부터 각 세포는 어떻게 분화 될 것인지 정해져 있다.

처음에는 꼬마선충에서 하나의 기관은 1개의 세포로부터 만들어지는 것으로 생각되어 왔다. 그러나 세포들의 계통을 자세히 연구한 결과 신경계나 근육과 같은 많은 몸의 구조가 1개 이상의 세포들로부터 만들어진다는 것이 밝혀졌다(**그림 17-15b**). 반대로 하나의 세포가 분열하여 근육세포와 신경세포가 되는 몇 가지 분화계열이 밝혀지기도 하였다. 세포의 계통에 영향을 끼치는 돌연변이를 분리 관찰한 결과, 예상한 바와 같이 많은 세포들의 발생을 조절하는 것은 유전자일 가능성이 높은 것으로 보였다.

꼬마선충의 발생 양상은 완전히 모자이크 적이지는 않다. 몇몇 경우에는 특정한 이웃 세포와의 상호 작용에 의해 발생이 영향을 받기도 한다. 이러한 현상을 가리켜 **유도**(induction)라고 부른다. 이러한 예 중 하나가 음문, 즉 알을 낳는 기관의 발생이다. 난소의 부분들 중에는 *고정세포*(anchorcell)이라고 불리는 분열하지 않는 세포가 있다. 고정세포는 난소와 외부와의 통로를 만들어

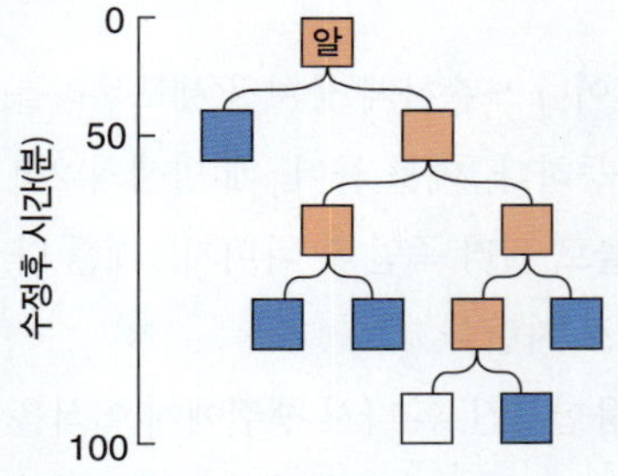


**(a)** 꼬마선충(*C. elegans*)의 체세포들은 모두 다 초기에 수정란에서 발생한 5개의 세포들로부터 만들어진다(*푸른색*). 흰색의 세포는 생식세포를 만든다.

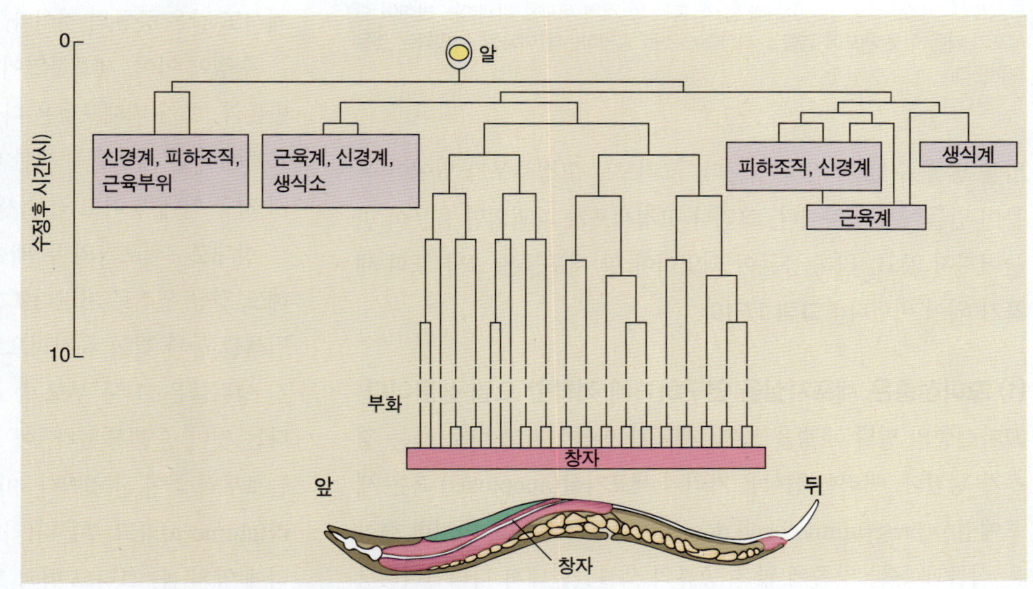


**(b)** 이 계열지도는 소화기관이 만들어지는 세포들의 발생과정을 나타낸 것이다. 끊어진 선들은 특정 계열에서 일어난 많은 세포분열을 나타낸 것이다.

**그림 17-15 꼬마선충 세포의 계열.**

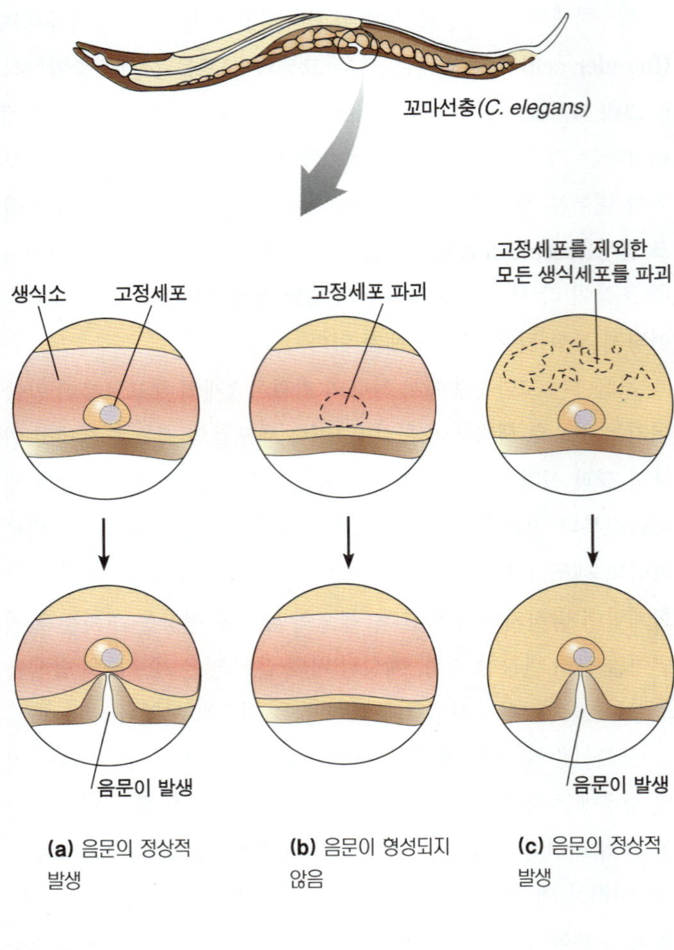


**그림 17-16 유도.**

꼬마선충에서 한 개의 고정세포가 다른 이웃 세포들을 자극해서 음문을 만든다. 이 모식적인 그림은 레이저를 이용해 한 개 혹은 몇 개의 세포를 파괴하는 방식이 한 세포가 다른 이웃 세포에 영향을 끼친다는 것을 증명하는데 이용될 수 있다는 것을 보여준다.

알을 낳을 수 있게 만들어 준다. 그러므로 고정세포가 있어야 음문이 만들어지는 것이다. 그러나 고정세포가 파괴되면 음문이 만들어지지 않고, 원래 음문이 되었어야 할 세포들은 그냥 표피 세포가 되어 버린다(▮ 그림 17-16).

### (1) 꼬마선충은 세포자살을 연구하기에 적합한 모델 생물이다

꼬마선충의 발달 과정을 보면, 세포가 만들어지고 바로 죽는 경우가 생긴다. 이러한 현상을 가리켜 **세포자살(apoptosis)** 혹은 세포예정사(programmed cell death)이라고 부르는데 이러한 현상은 식물과 동물 양쪽에 많은 종류의 생물들한테서 나타난다(4장을 보라). 이 선충의 배는 유사분열을 하여 전체 1090개의 세포가 되지만 이중 131개는 발생과정에 세포자살을 하여 결과적으로 성체는 959개의 세포로 된다.

1986년 미국의 분자유전학자 **호르비쯔**(Robert Horvitz)는 세포자살을 하지 않는 돌연변이 선충을 발견하였다. 세포자살과 관련이 있는 돌연변이와 유전자들에 대하여 분자차원에서 규명되었다. 예를 들어 이러한 유전자들 중의 하나는 세포자살을 일으키는 분자들이 미토콘드리아에서 방출되는 것을 조절하는 단백질을 암호화 한다(미토콘드리아는 선충에서 사람에게 이르기까지 동물들의 세포자살에서 결정적 역할을 한다). 사람을 포함하여 다른 동물들에서도 같은 유전자들이 발견되었다. 이들은 포유동물에서 발생초기에 활성화되어 분해 작용을 하는 효소인 **caspases**라고 하는 일단의 단백질들을 암호화하는 유전자들이었다. 세포자살이 분자 차원에서 어떻게 일어나는지를 밝히는 것은 매우 흥미로운 연구 분야이며 그러한 연구들로 인해 세포노화와 암에 대하여 많은 이해를 하게 되었다.

## 17.2.4 생쥐는 포유동물의 발생을 연구하기에 적합한 모델동물이다

포유류는 초파리나 꼬마선충과는 매우 다른 방식으로 발생을 한다. 실험용 쥐나 생쥐는 포유류 중에선 가장 연구가 잘된 동물이다. 발생에 관여하는 수많은 유전자들이 발견되었으며, 생쥐의 유전체는 2002년 모두 밝혀졌는데, 27,000~30,000정도의 유전자를 가지고 있다. 이는 인간유전체에서 단백질들을 암호화 하는 유전자들과 비슷한 숫자이다. 실제로 생쥐유전자의 99%는 인간에게서도 같은 종류의 것이다.

수정에 이어, 세포분열이 일어나 느슨하게 뭉쳐진 세포무리를 만든다. 초기 배세포들은 다 동등하다. 예를 들어, 배 발생의 2세포기에서 한 세포를 미세한 바늘로 찔러 죽인 후 나머지 1개를 다시 자궁 안에 넣어도 정상 생쥐로 자란다.

반대로 8세포기의 두 배를 융합시킨 후 다시 생쥐에게 이식을 해도 정상 생쥐로 자란다(▮ 그림 17-17). 이러한 방법을 사용하여 털색깔 등과 같이 유전적으로 다른 2개의 배를 융합하여 발생시킨 생쥐들은 그 두 부모 즉 4개체의 유전적 정보를 다 가지고 있다는 것이 증명 되었다. 이 쥐들의 털은 4개의 다른 그룹의 세포들로부터 얻어 진 것이다. 이러한 융합으로 만들어진 동물을 **키메라(chimera)**라고 부른다(키메라는 신화 상의 동물로서, 사자 머리에 양의 몸, 그리고 뱀의 꼬리를 가진 동물 말하는데, 오늘날에는 2개 이상의 유전적으로 다른 세포를 융합시켜 만든 생물을 가리키는데 사용한다).

꼬마선충의 경우와는 달리 생쥐(추측하건대 다른 포유동물도

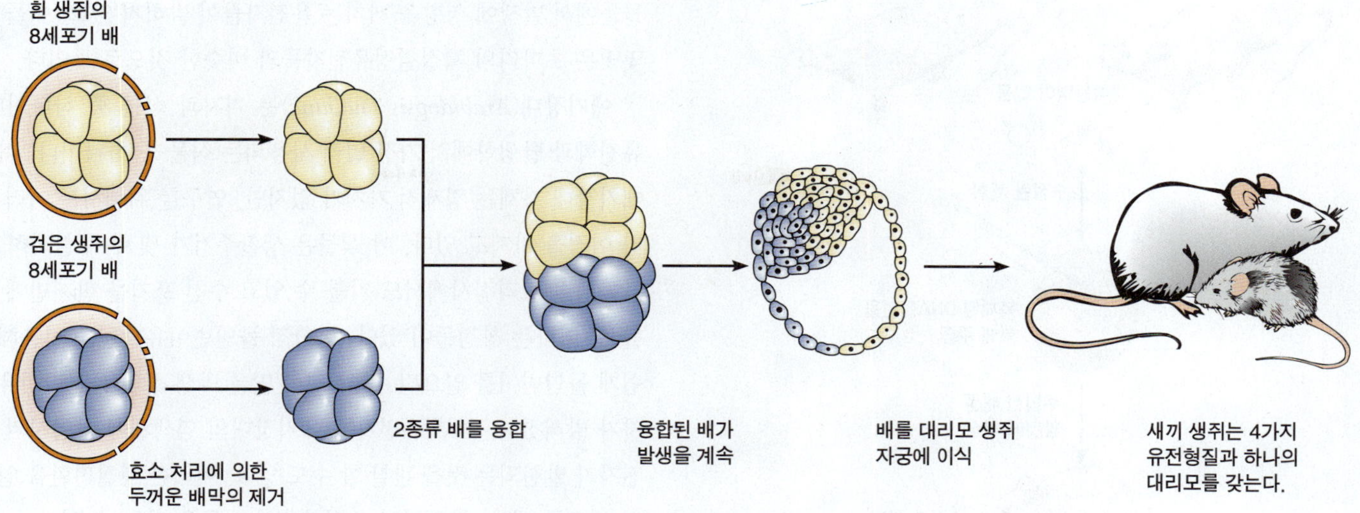


**그림 17-17 키메라 생쥐.**

2 마리의 다른 품종의 암컷으로부터 배를 채취하여 시험관에서 융합한다. 2종류의 배가 혼합된 것을 계속 발생을 시킨 후 대리모 생쥐의 자궁으로 옮긴다. 그렇게 해서 생긴 새끼들은 4개의 유전자형을 갖게 된다. 대리모 생쥐는 새끼들을 낳긴 했으나 새끼들과 유전적으로는 관련이 없다.

마찬가지)와 같은 포유류의 발생은 고도의 **조절적 발생**(regulative development)을 한다고 할 수 있겠다. 즉 초기 단계의 배는 전체의 발생을 조절할 수 있어서 없는 부분도 다시 보충한다는 것이다.

### (1) 유전자도입 생쥐들은 발생조절이 어떻게 이루어지는지를 밝히는데 이용된다

형질전환 실험에서와 같이, 외부 DNA를 생쥐의 수정란에 이식시키면 그 DNA 정보가 표현되는 것을 볼 수 있다(**그림 17-18**) 그 결과 만들어지는 **유전자도입**(transgenic) 생쥐를 관찰한 결과, 유전자가 발생 중 어떻게 활동하는지 볼 수 있었다. 과학자들은 외부 유전자를 여러 가지 방법으로 표지해 생쥐에 도입시킴으로써 그 유전자(외래 유전자)가 활동하는지 아닌지를 알 수 있다. 몇몇 경우에는 다른 종들로부터 얻은 유전자를 사용하기도 한다. 즉, 그 단백질은 특이항체를 만들게 되기때문에 구별이 된다.

### (2) 생쥐와 다른 모델생물들은 노화과정을 규명하게 해준다

몸의 여러 부분이 점진적으로 퇴화하는 과정인 **노화**(aging)는 발생생물학의 중요한 부분이다. 나이와 관련 된 질병들이 오늘날 생명 의학연구 분야에서 가장 도전적인 분야이기 때문에 노화에 관한 연구는 그 잠재적 가치가 매우 크다. 가장 강력하게 수명을 연장시키는 유전자중의 하나가 꼬마선충에서 발견되었는데 이는 사람과 다른 포유동물에서 세포로 하여금 펩티드성인 **인슐린-유사 성장인자**(insulin-like growth factor; IGF)에 반응케 하는 막수용체와 아주 유사한 단백질을 암호화한다. IGF와 막수용체가 결합하면 세포 내에서 **신호전달**(signal transduction)이 일어난다.

과학자들은 IGF 수용체가 사람을 포함 포유동물들의 노화에 영향을 끼치는 것이 아닌가 생각하였다. 이 가설을 시험하기 위하여 과학자들은 인슐린-유사 성장인자수용체(IGF-1R) 유전자를 불활성화 시킨 *유전자제거*(knockout) 생쥐를 만들었다 (유전자제거 생쥐에 대해서는 15장에서 다뤘음). 생쥐가 2배체이기 때문에 생쥐는 *igf1r*이라고 명명한 유전자 2개를 가지고 있다. *Igf1r*대립유전자 2개가 모두 불활성화 되면 생쥐는 비정상적인 발생을 하고 태어날 때 죽는다. 그러나 하나만 불활성화 되고 다른 하나가 정상이면 그 생쥐는 정상이며 대조군 보다 수명이 25% 정도 길다. 다른 모든 관점에서는 이형접합체 생쥐들은 정상이다. 이들은 실제로 발생율, 대사율, 생식력, 몸의 크기 등에서 대조군의 생쥐들과 차이가 없다.

*Igf1r* 유전자에 이형접합의 대립인자를 가지고 있는 생쥐는 IGF수용체를 적게 생산하고 그렇기 때문에 세포들이 IGF와의 결합이 줄어들게 된다. 그 결과 이형접합의 세포들은 산소라디칼과 같은 환경 스트레스에 대한 저항성이 커질 수 있다.

생쥐에서 IGF 수용체와 노화에 관한 연구는 꼬마선충의 노화와 관련된 수 백 가지 유전자들 및 포유동물 노화와도 관련이 있

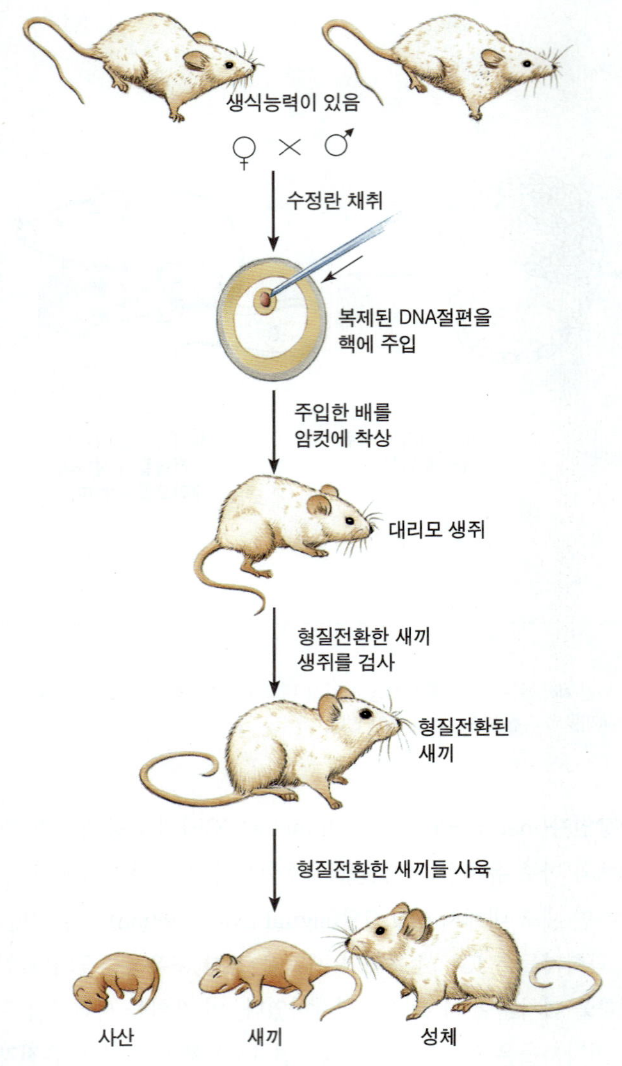


**그림 17-18 생쥐의 형질전환.**

복제된 DNA를 1 mm 지름의 유리 바늘을 이용하여 쥐의 수정란의 핵에 주입한다. DNA를 주입시킨 수정란을 수술을 통해 대리모 생쥐의 자궁으로 옮긴다. 외부 유전자가 주입되었는지는 형질전환 생쥐를 실험함으로써 확인 할 수 있고, 이 형질전환 생쥐를 계속 길러 나감으로써 형질전환 계통의 생쥐를 만들 수 있다.

을 것 이라는 것을 보여준다. 그렇기 때문에 포유동물 노화의 유전적 조절에 관한 연구는 오랫동안 분자유전 연구분야에 큰 비중을 차지 할 것 이다.

## 17.2.5 애기장대는 전사인자 등의 식물발생을 연구하는데 모델로 이용된다

몇몇 유전적 발생조절에 좋은 특징을 가지고 있는 식물들이 연구에 이용된다. 이러한 식물들 중 많은 종들은 경제적으로 도움이 되는, 옥수수, 또는 *Zea mays* 같은 식물들이다. 옥수수와 같은 식물들에서 발생에 영향을 끼치는 유전자들이 밝혀져 있고, 이들 중 몇몇은 초파리의 체절결정유전자들과 비슷한 것으로 보인다.

**애기장대**(*Arabidopsis Thaliana*)는 겨자과 식물 중 하나인데, 유전학과 발생학에서 가장 널리 사용되는 식물 중 하나이다. 비록 애기장대 자체는 경제적 가치가 없지만, 연구를 위해서는 여러 가지 이점을 가지고 있다. 이 식물은 생활주기가 몇 주에 불과하고, 작아서 페트리접시에서도 기를 수 있고 수천 포기를 한꺼번에 기를 수 있다는 장점들이 있다. 화학적 돌연변이유발원을 이용해서 쉽게 돌연변이를 일으킬 수 있으며, 많은 발생 상의 돌연변이유전자가 밝혀졌다. 외부 유전자를 애기장대의 염색체에 삽입시켜 유전자가 발현되는 것을 관찰 할 수도 있다. 이러한 형질전환을 일으킨 세포를 배양, 분화시켜 유전자도입 식물을 만들 수 있다.

발생에서 특히 중요한 점은, 약 1,500개 이상의 유전자들이 전사인자를 암호화하고 있다는 것이다(초파리의 경우 635개 밖에 없다). 이러한 전사인자들 중 많은 것은 애기장대의 꽃의 부분을 나타내는 유전자들이다. 애기장대의 꽃은 4부분, 즉 꽃받침, 조각, 꽃잎, 수술 그리고 심피로 나뉜다(**그림 17-19a**; 또한 그림 32-2를 보라). 꽃받침 조각은 싹 일 때 둘러싸서 보호하는 역할을 하고, 꽃잎은 꽃가루를 운반하는 동물을 유혹하는 역할을 하고, 수술은 꽃가루를 만들며, 암술은 수정할 때 씨앗이 되는 밑씨를 생산한다(28장에서 논의).

**ABC모델(ABC model)**은 이 4개의 기관이 어떻게 발생하는지에 대해 분자생물학적으로 설명한 가설이다. A 유전자가 꽃받침을 위해 필요하고, 꽃잎을 위해서는 A 와 B 유전자 둘 다 필요하며, 수술을 위해서는 B와 C 유전자가 필요하고, 암술은 C 유전자를 필요로 한다. A, B, C 유전자들은 다 체절결정유전자들인데 만약 그 들 중 하나가 돌연변이를 일으키면, 꽃의 한 부분이 다른 것으로 바뀐다. 예를 들어, C 체절결정 유전자의 돌연변이(C유전자의 불활성화)가 일어나면 수술대신에 꽃잎이 그리고 심피대신에 꽃받침이 생긴다. 그렇기 때문에 그 꽃은 꽃받침과 꽃잎으로만 이루어지게 된다(**그림 17-19b, c, d**는 애기장대의 3가지 종류의 돌연변이체들을 보여주고 있다.)

ABC모델이 꽃의 발생에 관하여 모든 것을 설명해 주지는 못한다. *SEPALLATA*라고 하는 또 다른 그룹의 유전자들은 B와 C 유전자들과 상호작용하여 꽃잎, 수술, 심피 등의 발생을 담당한다. 애기장대에서 *SEPALLATA*유전자에 돌연변이가 생겨 이 유전자가 계속 발현하면 잎이 자라야 할 부위에 흰 꽃이 생긴다. 이 식물들은 광합성을 하지 못하기 때문에 영양배지에서 키운다.

애기장대에서 이러한 것들을 발견함으로써 다른 식물체들에

Photos courtesy of Jose Luis Reichmann and Elliot Meyerowitz

(a)

(b)

(c)

(d)

**그림 17-19 체절결정유전자 돌연변이에 의한 여러 가지 종류의 애기장대 꽃.**

**(a)** 정상적인 애기장대 꽃은 4개의 잎 모양으로 녹색 꽃받침(꽃잎에 의해 가려진) 4개의 흰색 꽃잎, 6개의 수술(웅성생식기관), 그리고 중앙의 암술(자성 생식기관) 등으로 이루어졌다. **(b)** 이 체절결정유전자 돌연변이체는 꽃잎이 없다. **(c)** 이것은 꽃받침과 심피만 있다. **(d)** 이 돌연변이체는 꽃받침과 꽃잎 만 있고 다른 꽃의 구조는 없다. 여기에서 체절결정유전자들은 전사인자 이다.

이용할 수 있고 분자 탐침의 수가 크게 늘어나게 되었으며 이는 여러 가지 식물 종에서 발생을 조절하는 많은 유전자들을 발견할 수 있게 했다. 또한 이러한 유전자들을 생물에 따라 비교할 수 있게 하였다.

**복습**

- 초파리, 꼬마선충, 생쥐, 애기장대 등이 발생을 연구하는 모델생물로서 적합한 상대적인 이점은 무엇인가?
- 전사인자란 무엇이며 이들은 어떻게 발생에 영향을 끼치나?
- 유도는 발생에 어떠한 역할을 하나?
- 세포자살이란 무엇인가?

## 17.3 암과 세포발달

**학습목표**

8 암과 세포발달과정에 영향을 주는 돌연변이와의 차이점을 논하라.

암세포는 세포분열을 억제시키는 정상생물학적 기능이 결여된 것이다. 정상세포는 필요할 때 세포분열을 촉진시키고 불필요할 때 억제시키는 조절기작에 의하여 엄격하게 통제되고 있다. 정상적인 경우 성체조직의 많은 세포들은 세포분열이 억제되어 있다. 즉, 세포가 죽거나 손상을 입었을 때 그것을 대체하기 위해서만 세포분열이 일어난다. 암세포는 그러한 통제에서 벗어나 계속하여 분열하는 세포들이다.

그러한 비정상적인 발달의 결과 암세포들이 덩어리를 형성한 것을 **종양**(tumor)이라 한다. 만약 종양이 발생한 부위에 그대로 있으면 수술에 의하여 그것을 제거할 수 있다. 암발생의 중요한 문제 중의 하나는 암세포가 한 부위에서 벗어날 수 있다는 것이다. **전이**(metastasis)는 암세포가 몸의 다른 부위로 퍼져나가는 것을 말한다. 암세포는 다른 조직으로 침투하고 여러 개의 종양을 만들 수 있다. 예를 들어 폐암은 폐암세포가 전이성이 높기 때문에 특히 치명적이다. 즉, 폐암세포는 혈류에 침투하여 퍼짐으로써 폐의 다른 부위나 간이나 뇌와 같은 다른 기관에 종양을 만든다. 전이능력을 가지고 있는 종양을 **악성종양**(malignant tumor)이라 한다.

현재 암은 세포분열 조절을 담당하는 특수 유전자들의 변화에 의하여 발생한다는 것이 밝혀졌다. 유전자재조합 방식을 이용하여 이상을 일으키는 실험을 통해 정상세포가 암세포로 형질변환되는 유전자들을 여러 개 발견하였다. 각기 암세포들의 특징은 적어도 한개 아니면 여러 개의 **암유전자**(oncogene)나 암의 원인이 되는 유전자에 의하여 나타난다. 암유전자는 **원발암유전자**(proto-oncogene)라고 불리는 유전자들의 발현에 이상이 생긴 것이다. 원발암유전자는 모든 세포에 존재하는 정상유전자로서 성장과 발생을 조절한다.

암유전자는 포유동물 세포에 침입하여 그 세포를 암세포로 형질전환 (악성형질전환)시키는 바이러스에서 처음 발견되었다. 이들 바이러스에 감염되면 바이러스 암유전자가 발현되어 세포가 분열하게 된다. 그러한 바이러스는 유전체의 일부로 존재하게 된다. 바이러스 암유전자와 유사한 원발암유전자들은 정상적으로 세포에 존재한다.

바이러스 감염에 의하지 않는 원래 있던 원발암유전자에 돌연변이가 일어나면 암유전자가 된다. 사람의 방광에서 처음으로 암유전자가 발견되어 분리되었다. 종양이 된 세포의 유전자를 보니 원발암유전자에서 1개의 염기에 돌연변이가 일어났다. 그 결과 그 유전자에 의하여 생성되는 단백질의 아미노산 중 하나의 발린이 글리신으로 치환되었다. 이러한 미묘한 변화가 정상세포를 암세포로 변환시킨 결정적인 요인이다.

세포성장을 조절하는 기작의 몇 가지를 **그림 17-20**에 나타내었다. 1개 이상의 외부 신호가 세포분열을 촉발시킨다. 이러한 물질들 중 몇 가지가 **성장인자**(growth factor)로서 이들은 세포막 표면에 있는 특수한 **성장인자 수용체**(growth factor receptor)와 결합하고 이러한 결합은 세포 내에서 일련의 작용들을 일으킨다. 가끔 성장인자와 성장인자 수용체가 결합하여 이루어진 복합체는 **단백질인산화효소**(protein kinase)로 작용하는데 이들은 단백질을 인산화시키는 효소로써 몇 개의 세포질 단백질들의 특정아미노산들을 인산화시킨다. 이러한 전사후 변형은 보통 불활성상태의 효소를 활성화시킨다. 이렇게 하여 활성화된 효소들은 일정한 핵단백질들—많은 경우에 전사인자들이다—을 활성화시킨다. 활성화된 전사인자들은 그들의 표적DNA에 결합하여 세포성장과 분열을 일으키는 특수유전자들을 발현시킨다(10장 참조).

아주 단순화해서 나타내었어도 그림을 보면 세포분열을 조절하는 데는 여러 단계가 요구된다는 것을 알 수 있다. 이러한 여러 가지 단계에 관여하는 단백질들을 암호화하는 원발암유전자들이 발견되었다. 이러한 원발암유전자들에는 성장인자나 성장인자 수용체들을 암호화하는 유전자들과 많은 전사인자들이나 성장인자의 자극에 반응하는 유전자들이 있다. 원발암유전자에 돌연변이가 일어나거나 부적절하게 발현되면 (원발암유전자가 암유전자가 되면), 세포들은 신호를 잘못 받아들여 분열을 하게된다.

돌연변이가 일어나면 암을 일으키는 것이 원발암유전자들만은 아니다. 암의 절반은 **종양억제인자**(tumor suppressor gene)의 돌연변이에 의하여 발생한다. 항종양유전자로 알려진 이들은 정상에서는 세포분열을 정지시키는 성장억제인자와 상호작용한다. 이들이 돌연변이가 일어나 정상적으로 작용하지 못하면 세포분열 제어능력을 상실하게 되고 성장이 억제되지 않는다.

현재 100개 이상의 암유전자와 15개 이상의 종양억제유전자가 확인되었다. 하나의 원발암유전자의 변이로 만은 보통 세포가 악성종양이 되지 않는다. 암은 암유전자를 활성화시키는 돌연변이와 억제유전자를 불활성화시키는 돌연변이가 모두 일어나야 하는 등의 여러 단계를 거쳐 발생된다.

어떤 과학자들은 암을 줄기세포 질병이라고 보는데 그 이유는 암세포들이 많은 줄기세포 특징을 가지고 있는 소수의 세포들이 증식해서 발생하기 때문이다. 그러나 정상줄기세포들은 엄격하게 조절되고 있기 때문에 어떻게 줄기세포가 변하여 암세포로 되는지가 밝혀져야 하겠다.

**요점**

성장인자들은 특정 표적세포들의 세포분열을 자극하는 신호단백질들이다.

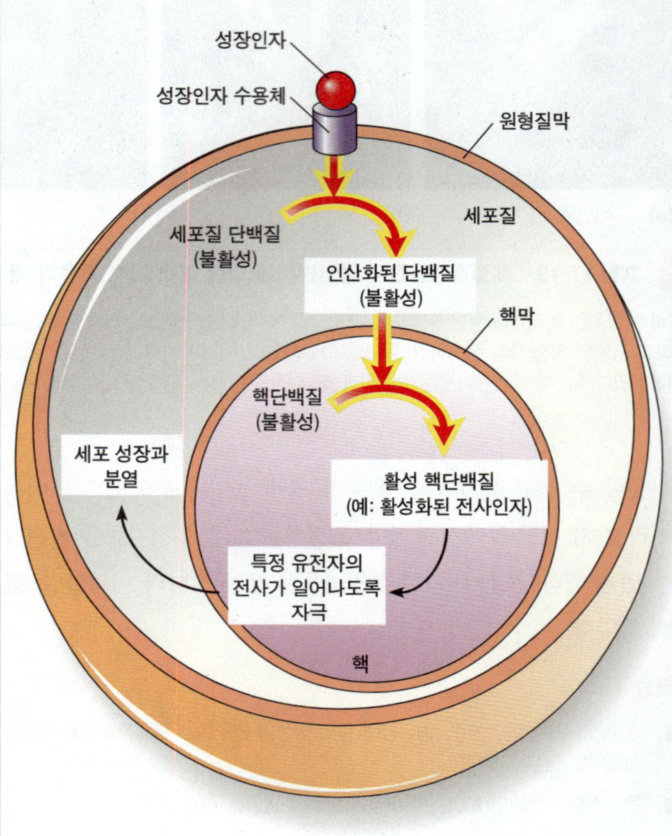


**그림 17-20 세포 성장조절 연쇄반응.**

여기의 예에서 성장인자는 세포성장을 촉진한다. 성장인자 수용체와 그 시스템에서 몇 가지 다른 성분들이 원발암유전자에 의하여 암호화되어 있다. 원발암유전자에 돌연변이가 일어나 발암유전자가 되면 심지어 성장인자가 없는 데에도 세포가 성장하고 분열한다.

**복습**

- 암유전자와 종양억제유전자는 정상적인 성장과 발생에 관여하는 유전자들과 어떠한 관련이 있나?
- 성장인자들은 성장조절에 어떻게 관여하나?

## 핵심 용어와 요약

**학습목표**

1 세포결정과 세포분화의 차이점은 무엇인가? 그리고 핵동등성과 개체형성능은 무엇이 다른가?

- 생물은 고유의 기능을 수행할 수 있도록 구조적으로 물질대사적으로 분화된 많은 종류의 세포들로 되어 있다. 이러한 각 종류의 세포들은

**세포결정**이라고 하는 단계적인 조절과정의 결과이다. 여러 단계의 세포결정과정을 거쳐 마지막으로 특정세포가 되는 것을 **세포분화**라 한다. 세포의 종류에 따라 나타나는 여러 가지 차이는 분명히 **차등유전자발현** 때문이다.

- 대부분의 발생과정에서 정상적으로는 유전자가 소실된다는 증거는 없다. 적어도 식물이든 동물이든 한 개체에 있는 어떤 체세포들의 핵을 보면 처음의 수정란의 핵과 유전물질이 같다. **핵동등성**은 몇 가지 예외가 있기는 하지만 한 생물의 분화된 모든 **체세포**들은 그들이 구조적으로나 기능적으로 분화되었다 할지라도 유전적 구성이 서로 같고 그들의 출발점이 되었던 수정란과도 같다는 개념이다. **개체형성능**은 체세포들이 한 개체로의 발생을 할 수 있게 하는 능력을 가지고 있다는 것을 말한다.

2 스테왈드, 거든, 윌머트 등의 고전적 실험을 설명하라.

- 스테왈드는 당근의 뿌리세포를 재분화시켜 전식물체가 형성되는 개체형성능을 발현하게 유도하였다
- 거든은 올챙이 창자세포의 핵을 무핵의 난세포에 주입하였다. 이들 세포의 일부가 올챙이로 발생을 하여 주입한 핵이 개체형성능성이 있음을 보여주었다.
- 윌머트는 성체 양의 분화된 세포와 핵을 제거한 난과 융합시켜 숙주양의 자궁에 주입하였다. 그 곳에서 정상적인 양이 발생하였다.

3 줄기세포란 무엇인지 그리고 줄기세포와 관련된 첨단연구분야에 대하여 설명하여 보라.

- **줄기세포**는 분열하여 분화된 세포들이 될 수 있는 능력은 있으나 현재는 분화되지 않고 자신과 같은 세포집단을 계속하여 만들어 낼 수 있는 것들을 말한다. 전능줄기세포는 모든 유형의 세포들로 분화될 수 있는 것이지만 **전분화능성 줄기세포**는 여러 가지 종류의 세포로 분화될 수는 있으나 모든 종류는 아닌 것을 가리킨다.
- **배아줄기세포(ES)**는 수정란이 몇 번 세포분열을 하여 5～6일 된 포배로 된 것을 말하는데 이는 전분화능이 있어 몸의 모든 세포로 분화시킬 수 있는 능력이 있다. 그러나 태반으로 분화 될 수는 없기 때문에 개체 분화능이 있다고는 할 수 없다. **성체줄기세포**는 사람의 뇌, 각막, 골수, 치수, 창자 및 다른 부위에서도 발견된다. 성체줄기세표도 전분화능이 있으나 배아줄기세포 보다는 분화의 범위가 제한 되어있다.
- 줄기세포는 파킨슨병이나 당뇨병과 같은 질병치료에 밝은 전망을 갖게 한다.

4 발생유전학에서 노랑초파리, 꼬마선충, 생쥐, 애기장대 등이 모델생물로서의 높은 가치가 있는 특징들이 무엇인지 설명하라.

- 노랑초파리에서 발생과정에서 이상을 일으키는 여러 가지 돌연변이들이 발견되었는데 이들 중 많은 것은 초파리 체절판에 영향을 주는 것들이다.
- 환형동물인 꼬마선충은 **모자이크 발생**을 하는데 모자이크 발생은 세포운명이 발생의 초기에 결정되는 것을 말한다. 성체의 모든 체세포들의 계열이 밝혀졌고 초기 배에서 그러한 계열들이 출발점이 되는 1개의 **창시자세포**까지 추적할 수 있다.
- 실험용 생쥐는 척추동물 발생연구에 널리 사용되어 왔다. 꼬마선충과 반대로 생쥐는 **조절발생**을 한다. 즉, 매우 이른 시간의 배는 대체로 자기조절을 하며 여분의 세포가 있거나 일부의 세포가 소실되어도 정상적으로 발생하다. 외래유전자를 도입시킨 **형질전환** 생쥐는 발생하는 동안 어떻게 활성화되며 조절되는지를 밝히는데 도움을 준다.
- 또한 애기장대, 옥수수 등과 같은 식물에서 발생에 영향을 주는 유전자들이 발견되었다. 3가지 종류의 유전자들의 상호작용에 대한 **ABC 모델**은 애기장대에서 꽃이 어떻게 만들어지는지에 대한 가설을 제공하였다. 이들 유전자에서 돌연변이가 일어나면 꽃의 한 부분이 다른 부분으로 대체된다.

5 초파리의 모계영향유전자, 체절유전자, 체절결정유전자들이 서로 어떻게 다른지를 설명하라.

- 알을 둘러싸고 있는 모계조직의 **모계영향유전자**들에 의하여 앞에서 초기발생이 이루어진다. 모계조직은 수정 전에 활성화된다. 어떤 것들은 **형태형성물질**이라는 화학물질을 알에서 농도가 다르게 생성한다. 이러한 화학물질이 분화와 발생에 영향을 준다. 모계영향유전자는 배의 극성을 결정한다.
- **분절형성유전자**들은 배에서 반복된 체절을 만들게 한다. **간극유전자**는 몸이 두부, 중간부위, 후미부위 등으로 나뉘어지게 하는 체절유전자이다. **쌍-지배유전자들**과 **체절극성유전자**들은 작은 부분의 체절대신에 모든 체절에 영향을 준다.
- 후에 작용하는 **체절결정유전자**들은 체절들이 각각 무엇이 될지를 규정한다.

6 전사인자와 발생을 조절하는 유전자들 사이에 어떠한 관계가 있는가?

- **전사인자**는 진핵생물에서 전사를 조절하는 DNA결합단백질이다. 어떤 전사인자를 암호화하는 유전자들은 **호메오상자**의 염기서열을 가지고 있으며, 호메오상자 유전자들은 **호메오도메인**이라고 불리우는 DNA부위와 결합하는 단백질들을 암호화한다.
- 어떤 호메오상자 유전자들은 한 생명체 몸의 기본골격을 결정하는 마스터유전자 체제로 보이는 복합체로 되어 있다. 초파리와 다른 동물의 호메오상자 복합체들 사이에는 유사성이 있다.

7 유도와 세포자살을 설명하고 실제로 발생에서 그러한 현상이 나타나는 예를 들어라.

- **유도**는 발생하는 과정에서 서로 인접하는 세포들의 상호작용을 말한다. 꼬마선충이 발생하는 과정에서 고정세포는 표면세포들을 산란기관인 음문이 되게 한다.
- **세포자살**은 예정된 세포죽음을 말한다. 사람이 발생하는 동안 초기 손의 구조는 물갈퀴와 같은 형태이다가 손가락 사이의 세포들이 죽음으로서 손가락들이 떨어지게 된다.

8 암과 세포발생과정에 영향을 주는 돌연변이와의 상관관계를 논하라.

- 암세포들의 특징은 암의 원인이 되는 **암유전자**에 의해 나타난다. 암유전자는 **원발암유전자**라고 하는 정상유전자의 발현에 이상이 생긴 것이다. 원발암유전자는 세포에 존재하며 세포의 성장과 발생의 조절에 관여한다.
- 원발암유전자로 알려진 것들에는 여러 가지 **성장인자**나 **성장인자 수용체**들을 암호화하는 유전자들과 많은 전사인자를 포함하여 성장인자의 자극에 반응하는 유전자들이 있다. 원발암인자가 부적절하게 발현되면(즉 암유전자가 되면) 세포들은 신호를 잘못 해석하고 성장과 발생이 비정상적으로 일어난다
- **종양억제인자**들은 정상적인 경우에 성장억제인자와 작용하여 세포분열을 차단시킨다. 종양억제인자의 돌연변이도 세포분열을 막지 못하므로 암을 유발시킬 수 있다.

## 연습문제

1. 초파리 배의 앞부분–뒷부분 축은 __________ 에 의하여 설정된다.
(a) 호메오 유전자 (b) 모계영향 유전자 (c) 체절형성 유전자
(d) 시간 유전자 (e) 쌍–지배유전자

2. 형태형성은 여러 단계의 과정을 거쳐서 이루어진다.
(a) 분화 (b) 결정 (c) 패턴형성 (d) 전능성 (e) 선택

3. 초파리는 동물 발생을 연구하는데 매우 적합한 모델생물인데 그 이유는 (a) 많은 수의 발생이상을 일으킨 돌연변이체들을 얻을 수 있기 때문에 (b) 성체의 체세포 수가 일정하기 때문에 (c) 배(embryo)가 투명하기 때문에 (d) 척추동물이기 때문에 (e) 모든 진행과정

4. 다음 암에 대한 설명 중 잘못된 것은?
(a) 암유전자는 원발암유전자의 돌연변이에 의하여 생긴다.
(b) 암억제유전자는 보통 세포성장인자와 작용하여 세포분열을 억제한다.
(c) 100개 이상의 암유전자와 15개 이상의 종양억제인자들이 발견되었다.
(d) 암유전자는 모델생쥐에서 처음 발견되었다.
(e) 암은 암유전자와 돌연변이를 일으킨 종양억제인자 등이 관여하는 여러 단계를 거쳐 발생한다.

5. 안테나가 생길 자리에 입이 생긴 돌연변이 초파리를 발견하였다면 이 초파리는 어떠한 유전자에 돌연변이가 발생한 것인가?
(a) 체절결정유전자 (b) 간극유전자 (c) 쌍–지배유전자
(d) 모계영향유전자 (e) 체절극성유전자

6. 꼬마선충의 발생 양상을 모자이크이라고 한다. 그 이유는?
(a) 발생이 형태형성 요소의 농도구배에 의하여 이루어지기 때문에
(b) 창시자세포가 파괴되면 배의 일부분의 발생이 이루어지지 않기 때문에
(c) 어떤 개체들은 자가수정하는 자웅동체이기 때문에
(d) 모든 발생과정이 모계효과 유전자에 의하여 이루어지기 때문에
(e) 세포자살이 결코 일어나지 않기 때문이다.

7. 애기장대는 식물발생을 연구하는데 적합한 모델생물이다. 그 이유는?
(a) 경제적으로 매우 중요하기 때문에
(b) 다사염색체가 매우 크기 때문에
(c) 다양한 발생 돌연변이체들을 분리할 수 있기 때문에
(d) 세포당 DNA양이 많기 때문에
(e) 엄격한 발생조절이 이루어지기 때문에

8. 처음으로 복제한 양인 돌리에 이용되었던 유전물질은 __________핵으로부터 추출한 것이다.
(a) 초기 양의 배 (b) 배양된 암세포 (c) 창자 상피세포
(d) 생쥐–양 키메라 (e) 배양한 유전세포

9. 전분화능성 줄기세포는 (a) 발생과정에 유전물질을 상실한 것 (b) 생물의 많은 세포로 그러나 모든 세포로 분화할 수 있는 세포 (c) 패턴형성을 통하여 구조를 만드는 것 (d) 조직으로 성장할 수 없는 것 (e) 양이나 기타, 다른 포유동물을 복제하는데 이용되어 온 것이다.

10. 호메오상자 유전자들은 (a) 과실초파리에서만 발견되고 다른 동물에서는 발견 되지 않는다. (b) 염색체에 배열되어 있는 순서대로 발현되는 경향이 있다. (c) 특이적인 DNA염기서열을 가지고 있다. (d) b와c (e) a, b, c

## 심화 학습문제

1. **자료 분석.** 애기장대에서 꽃 발생에 대한 ABC모델에 따르면 꽃받침이 발생에는 A 유전자가 필요하고 A와 B 유전자는 꽃잎을, B와 C 유전자는 수술을 그리고 C 유전자는 암술을 결정한다. 만약에 B 유전자 중에 돌연변이가 발생한다면 꽃은 무엇으로 구성 될 것인가?

2. 발생과정을 이해하는데 왜 진핵생물의 유전적 조절을 이해하는 것이 필수적인가?

# 18

# 다윈의 진화론

AKG/Photo Researchers, Inc.

**찰스 다윈.** 이 초상화는 다윈이 세계 항해에서 영국으로 돌아온 직 후 만든 것이다.

### 핵심 개념

진화에 대한 개념은 다윈 시대 훨씬 전에 나왔다.

다윈이 비이글호를 타고 여행을 한 것은 자연선택에 의한 진화론의 기초가 되었다.

주위 환경에 보다 잘 적응할 수 있는 형질을 갖는 개체가 덜 적응한 개체보다 생존하고 자손을 낳을 가능성이 높기 때문에 자연선택은 일어난다.

현대종합설은 다윈의 이론과 유전학을 결합한 것이다.

진화가 일어났으며 여전히 일어나고 있다는 증거는 놀라운 것이다.

많은 증거들은 현재 지구 위에 살고 있는 수백만 종들에서 나타내는 생물학적 다양성이 오랜 지구역사 동안 하나의 조상으로부터 진화되어 온 것임을 시사하고 있다. 따라서 서로 근본적으로 다른 생물들은 유연 관계가 멀어 많은 중간 조상들이 하나의 공동 조상과 연결되어 있다. 영국의 박물학자인 **찰스 다윈** (Charles Darwin 1809–1882)은 이러한 것을 설명하기 위해 매우 간단하고 과학적으로 검사할 수 있는 기작을 개발하였다. 그는 오늘날 존재하는 모든 종들과 과거에는 존재하였으나 멸종된 수많은 종들이 함께 다양하고 *점진적인 분기*(별개의 진화경로로 분리됨) 과정 즉 진화에 의해 초기 종들로부터 발생하였다고 설득력 있게 주장하였다.

진화 개념은 생명과학의 모든 분야를 통합된 지식체로 연결시켜주기 때문에 생물학의 초석이 된다. 유전학자인 도브잔스키(Theodosius Dobzhansky 1900–1975)는 "진화의 관점을 제외하고는 생물학의 어느 것도 도리에 맞지 않는다."라고 말하였다. 생물학자들은 놀라운 다양성과 생물의 근본적 유사성을 진화 측면에서 이해하고자 시도하고 있다. 생물학자들은 진화를 이용하여 박테리아, 고래, 백합 및 촌충 등과 같이 외관상 달라 보이는 생물간의 공통적인 실마리를 비교하고 있다. 행동진화, 진화적 발생생물학, 진화유전학, 진화생태학, 진화계통학 및 분자진화학 들이 진화에 집중을 하고 있는 생물학 분야들이다.

이 장에서는 다윈과 자연선택에 의한 진화설의 과학적 발달을 다룬다. 또한 화석, 비교해부학, 생물지리학, 발생생물학, 분자생물학과 실험실 내에서든 자연 상태에서든 진행 중인 진화적 변화에 대한 실험적 연구 등 진화를 지지하는 여러 가지 종류의 증거를 제시한다. ■

## 18.1 진화란 무엇인가?

**학습목표**

1 진화를 정의한다.

**진화(evolution)**는 개체군내에서 유전된 변화가 오랜 시간을 두고 축적된 것이라 정의할 수 있다. **개체군(population)**은 같은 시대에 같은 지리적 영역에서 살고 있는 단일 종 개체들의 집단이다. 진화는 한 개체의 일생동안 변화에는 적용되지 않고 세대가 지나면서 나타나는 개체군 특징의 변화에 적용된다. 이러한 변화들은 매우 작아서 탐지하기 어렵거나 너무 커서 조상 개체군과 크게 다르게 된다.

결국 2개의 개체군은 우리가 다른 종이라 언급할 정도로 발산한다. **종** 개념은 20장에서 광범위하게 밝히고 있다. 여기에서는 **종(species)**이란 유사한 구조와 기능을 갖고, 서로 종간교배를 할 수 있는 생물 집단이라고 간단하게 정의한다.

진화는 환경 변화에 대한 개체군의 단기 적응 (소진화, 19장 참조)과 공동조상으로부터 장기간에 걸쳐 다른 종들이 형성되는 것(대진화, 20장 참조) 등 2개의 주된 시각을 갖고 있다.

진화는 중요한 응용 분야들을 갖고 있다. 농업은 곤충이나 다른 해충의 농약 저항성에 대한 진화를 다루어야 한다. 이와 비슷하게 의학은 박테리아와 같이 질병을 유발하는 생물의 빠른 진화적 잠재력을 다루어야 한다(곤충, 박테리아 및 기타 짧은 수명을 갖고 있는 생물에서 중대한 진화적 변화가 매우 짧은 기간에 나타난다). 의학 연구자들은 진화 이론을 이용하여 다음 해의 독감 백신을 만드는데 필요한 정보로서 보다 빨리 진화하는 독감 균주를 예측한다. 또한 인간면역결핍 바이러스에 대한 효과적인 치료 전략을 개발하고 있는 연구자들은 숙주 내 또는 숙주 사이의 진화를 이해하여야 한다.

드물고 위협을 받고 있는 종들의 보존 수단으로 집단 유전학의 진화 원리를 이용하고 있다. 오염된 흙속의 박테리아와 균류의 빠른 진화는 위험한 쓰레기 부지를 청소하는데 미생물을 사용하고 있는 **생물학적 분해(bioremediation)**라는 분야에서 이용되고 있다. 진화는 생물학을 넘어서까지 응용된다. 예를 들어 컴퓨터 응용 분야 중 어떤 것은 생물계의 자연 선택을 모방하는 알고리즘을 이용하고 있다.

**복습**

- 진화란 무엇인가?
- 개체는 진화하는가?

## 18.2 다윈 이전의 진화에 대한 개념

**학습목표**

2 진화이론의 역사적 발달을 토의한다.

**아리스토텔레스**(384-322 B.C.)는 생물간의 자연적인 유사점에 대한 많은 증거를 보았다. 따라서 그가 알고 있었던 모든 생물을 매우 간단한 것부터 복잡한 것까지 걸쳐 있는 "자연의 등급"에 따라 정리하였다. 그는 생물을 불완전하지만 보다 완전한 상태로 움직이는 것으로 예지하였다. 일부 과학적 역사가들은 이러한 개념을 진화이론의 선구자적인 것으로 해석하기도 하였으나, **아리스토텔레스**는 이와 같이 "완전으로 향한 움직임"의 본질에 대하여 막연하였으며 진화과정이 자연 과정에 의해 이루어진다고 제안하지 않았다.

**다윈** 훨씬 이전에 바위에 묻혀있던 화석이 발견되었다. 이들 중 일부는 우리에게 친숙한 종의 부분들에 상응하나, 일부는 알려져 있는 어떤 종들과도 다른 이상한 것이었다. 화석은 종종 예상치 못한 환경에서 발견되었다. 예를 들어 해양무척추동물이 때때로 산 높은 곳에 있는 바위에서 발견되었다. **레오나르도 다빈치**(1452-1519)는 이러한 색다른 발견물이 이전 시대에 존재하였으나 멸종된 동물의 유물이라고 처음으로 정확하게 해석하였다.

프랑스의 박물학자인 **라마르크**(Jean Baptiste de Lamarck 1744-1829)는 시간이 지남에 따라 생물이 변하는 것은 신의 개입 결과가 아니라 어떤 자연적 현상의 결과라고 제안한 첫 번째 과학자이다. **라마르크**에 따르면 환경변화는 개체의 행동에 변화를 일으켜 신체의 일부 기관은 더 이용하고 다른 기관은 덜 이용하게 된다. 여러 세대가 지나면서 사용이 많이 된 기관이나 신체 부위는 크기가 증가하고 덜 이용된 것은 줄어들거나 사라지게 된다. **라마르크**는 모든 생물은 시간이 지남에 따라 보다 복잡한 것으로 변하게 하는 활력을 타고 났다고 생각하였다. 또한 그는 생물이 일생동안 획득한 형질을 후손에게 넘겨줄 수 있다고 생각하였다.

**복습**

- 왜 아리스토텔레스가 초기 진화 견해와 연관되어 있는가?
- 라마르크의 진화에 대한 개념은 어떤 것인가?

## 18.3 다윈과 진화

**학습목표**

3 진화를 정의하고 찰스 다윈이 제안한 자연선택에 의한 4개의 진화 전제를 설명한다.

**다윈**은 박물학자로서 *비이글호*를 타고 1831년부터 5년간 영국의 플리모스를 떠나 남아메리카의 동해안과 서해안을 따라 순항하였다(**그림 18-1**).

에쿠아도르의 서쪽 965 Km 떨어진 갈라파고스 군도(Galapagos Islands)에서 거의 2개월을 보내면서 그는 관찰과 수집을 계속하고, 갈라파고스 군도의 동물과 식물을 남미 본토의 것과 비교하였다. 그는 특히 이들의 유사성에 인상을 받고 왜 갈라파고스 군도의 생물이 세계의 다른 지역에 있는 섬들보다 남미의 것과 비슷한지 의문을 가졌다. 더욱이 갈라파고스와 남미의 종이 비슷하더라도 또한 뚜렷한 차이점들이 있었다. 섬과 섬 간에도 파충류와 조류에서 인지할 수 있는 차이점들이 있었다. **다윈**은 집으로 돌아온 후, 이러한 관찰들을 숙고하고 섬들 사이의 종의 분포를 만족할 만하게 설명하려고 시도하였다.

**다윈**은 종들의 기원을 생각하면서 몇 가지 증거들을 끌어내었다. 19세기 초기에 지리학자들이 산, 계곡 및 기타 지구 표면의 물리적 특성이 현재 형태에서 기원한 것이 아니라, 화산활동, 융기, 침식, 빙하작용 등의 지질 과정에 의해 오랜 기간 천천히 발달하였다는 개념을 제출하였다. **다윈**은 1830년도에 지리학자 **찰스 리엘**이 출판한 *지질학 원리*((Principles of Geology)를 받고 주의 깊게 공부하였다. **리엘**은 다윈에게 '오늘날에도 일어나고 있는 지리적 과정이 느린 속도로 일어난다는 것은 지구가 매우 늙었다는 것을 가리킨다'는 중요한 개념을 제공하였다.

**다윈**에 영향을 미친 다른 중요한 증거는 육종가와 농부들이 수세대에 걸쳐 다양하고 길들여진 동물을 개발 할 수 있다는 사실이었다. 이것은 특정 형질을 선택하여 원하는 형질을 나타내는 개체들만 번식시킴으로써 이룰 수 있는 것으로 **인공선택(artificial selection)**이라 한다. 예를 들어 육종가는 인공선택으로 블러드하운드, 달마시안, 에어러데일, 보더 콜리, 발바리 등 다양한 개들을 생산하였다.

**다윈**은 인공 선택에 의해 유도된 변화에 의해 감명을 받고 비슷한 선택 과정이 자연에서도 일어난다고 생각하였다. 따라서 다윈은 그가 자연 선택 개념을 개발할 때 본보기 모델로서 인공선택을 이용한 것이다.

영국의 목사이며 경제학자이던 **말서스**(Thomas Malthus 1766–1784)의 개념은 **다윈**에게 중요한 영향을 미쳤다. 1798년에 출판된 *인구론* (*Essay on Principle of population as it affects the future improvement of society*)에서 **말서스**는 집단의 성장은 언제나 바람직한 것은 아니라는 것에 주목하였는데 이것은 그 당시의 믿음과는 상반된 견해였다. 그는 집단이 기하학적 (1 ⟶ 2 ⟶ 4 ⟶ 8 ⟶ 16)으로 증가하는 능력이 있어 산술적 (1 ⟶ 2 ⟶ 3 ⟶ 4 ⟶ 5)으로만 증가하는 능력을 갖고 있는 식량 공급을 추월하게 된다는 것을 관찰하였다. **말서스**는 사람의 경우 집단과 식량 공급의 마찰로 기아, 질병 및 전쟁 등이 일어나고, 이것은 집단 성장에 불가피하게 억제 작용한다고 제안하였다.

인구 성장에 대하여 강하고 지속적인 억제가 있다는 **말서스**의

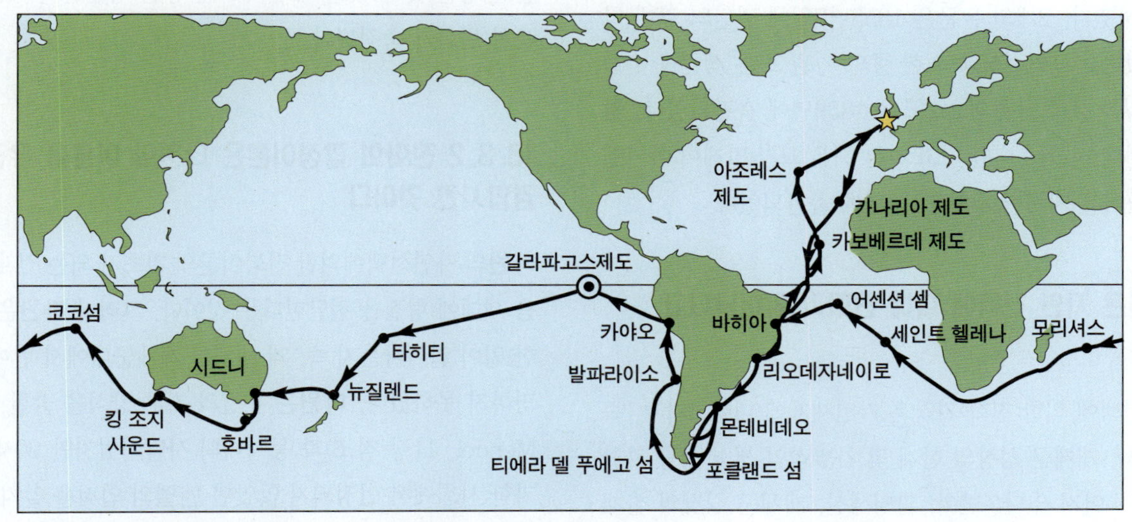


**그림 18-1 비이글호의 항해.**

5년간의 항해는 영구의 플리모스 (*별표*)에서 1831년에 시작되었다. 다윈이 어떻게 생물 집단이 시간이 지남에 따라 변하는지를 설명하는 기전을 발견하는 데에는 남미 서부 해안에서 떨어진 갈라파고스 제도 (*황소 눈*)에서 만든 관찰 기록이 도움이 되었다.

개념은 **다윈**이 진화를 설명하는데큰 영향을 미쳤다. 동물과 식물의 습성을 관찰하면서 **말서스**가 기술한 생존을 위한 투쟁이 도입되었다. **다윈**은 이러한 투쟁에서 생존에 알맞게 유전된 변이가 보존되는 경향이 있고, 그렇지 않은 것은 사라진다는생각이 들게 되었다.

그 결과는 생존의 기회와 주어진 환경에서 생식 성공을 증진시키는 진화적 변이인 **적응(adaptation)**이 될 것이다. 결국 변이의 축적은 새로운 종을 낳게 될 것이다. 새로운 종이 생기는 데에는 시간만이 유일하게 필요한 것이며, **리엘**을 포함한 그 시대의 지리학자들은 지구가 정말 적절한 기간을 제공하기에 충분히 오래 되었다는 증거를 제공하였다.

**다윈**은 마침내 실현성 있는 진화에 대한 설명, 즉 보다 잘 적응한 생물은 더 잘 생존하고 다음 세대의 양친이 된다는 **자연선택(natural selection)**을 전개하게 되었다. 자연선택의 결과 개체군은 시간이 지남에 따라 변한다 유리한 형질의 빈도는 이어지는 세대에서 증가하고 불리한 형질은 드물게 되거나 사라지게 된다.

**다윈**이 그의 개념을 깊이 생각하고 있을 때 8년간 말레이 아그키펠라고의 식물과 동물을 연구한 영국의 박물학자인 **왈라스**(Alfred Russel Wallace 1823–1913)는 종의 다양성과 기묘한 분포에 비슷한 충격을 받았다. 그는 이러한 주제에 대한 간단한 소론을 적어 그 당시에 명성이 있던 **다윈**에게 보내어 그의 의견을 물었다. **다윈**은 그의 이론을 인지하고 **왈라스**가 독자적으로 같은 결론에 도달하였음을 깨달았다. **다윈**의 동료들은 다윈에게 수년간 몇몇 친구들에게 돌린 그의 작업 초록과 함께 **왈라스**의 원고를 제출할 것을 격려하였다. 2개의 논문은 1858년7월에 런던의 린네 학회에 제출되었다. *"자연선택에 의한 종의 기원 또는 생존을 위한 투쟁에서 유리한 종족 품종의 보존"* 은 1859년에 출판되었다. **왈라스**의 자연선택 이론에 대한 기고 라는 책은 그가 말레이 아키펠라고로부터 돌아온 지 8년 후인 1870년에 출판되었다.

### 18.3.1 다윈은 자연 선택에 의해 진화가 일어난다고 제안하였다

**다윈**의 자연선택에 의한 진화 기작은 자연세계에 대한 4가지, 즉 변이, 과잉생산, 개체군 성장의 한계 및 차별적인 생식 성공 관찰 즉, 결과로 이루어져 있다: 변이, 과잉생산, 개체군 성장의 한계 및 차별적인 생식성공.

1. *변이.* 개체군에서의 개체는 변이를 보인다. 각 개체는 크기, 색, 어려운 환경 조건을 견딜 수 있는 능력 등과 같은 독특한 형질들이 조합을 이루고 있다. 어떤 형질은 개체의 생존 기회와 생식 성공을 향상시키는 반면 어떤 것은 그렇지 않다. 자연선택에 의한 진화에 필요한 변이는 반드시 유전되어야 한다는 것을 기억하는 것이 중요하다.
2. *과잉생산.* 각 종의 생식 능력은 시간이 지남에 따라 그 개체군의 수가 기하학적으로 증가하게 하는 요인이 된다. 즉 각 세대에서 각 종은 생존할 수 있는 것보다 많은 자손을 생산할 수 있는 능력을 갖고 있다.
3. *개체군 성장의 한계, 또는 생존을 위한 투쟁.* 먹이, 물, 빛, 성장 공간 및 기타 자원들이하나의 개체군이 이용할 수 있는 정도로만 있을 뿐이어서, 생물들은 이러한 한정된 물자를 위해 서로 경쟁한다. 환경이 부양할 수 있는 것보다 개체들이 많기 때문에 모두가 생존하여 생식을 하는 것이 아니다. 개체군 성장에 대한 다른 한계로는 약탈자, 질병 유발 생물 및 불리한 기후 조건 등이 있다.
4. *차별적 생식 성공.* 가장 유리한 특성들로 조합 (개체가 환경에 보다 잘 적응 할 수 있게 해주는)이 된 개체들이 가장 잘 생존하고 생식을 할 것으로 보인다. 자손은 양친을 닮는 경향이 있기 때문에 다음 세대는 양친의 유전에 기초한 형질을 물려 받는다. 성공적인 생식은 자연선택에서 중요하다: 가장 잘 적응된 개체는 성공적으로 생식을 하는 것들이며 잘 적응하지 못하는 개체는 미성숙 상태에서 죽거나 적은 수의 자손을 낳는다.

시간이 지남에 따라 지리적으로 분리된 개체군 (종종 약간 다른 환경을 갖고 있는)에서 새로운 종을 생산할 수 있을 정도로 충분한 변화가 축적된다.

### 18.3.2 진화의 합성이론은 다윈의 이론을 유전학과 결합시킨 것이다

**다윈**의 자연선택에의한 진화이론의 기초가 되는 전제는 개체는 다음 세대에 형질을 전달한다는 것이다. 그러나 **다윈**은 어떻게 이러한 일이 일어나는지 즉, 왜 개체가 개체군내에서 변이하는지를 설명하지 못하였다. **다윈**은 유전의 기본 양식을 밝힌 **멘델**(Gregor Mendel, 11장 참조)과 동시대의 사람이었지만 20세기 초반까지 과학 사회에서 인정되지 않았던 **멘델**의 업적을 알지 못했다.

1930년대와 1940년대에서 생물학자들은 유전학의 원리를 다윈의 자연선택설과 결합시켜 **현대합성설(modern synthesis)** 또는 **진화의 합성이론(synthetic theory of evolution)**이라 알려진 통합된 진화에 대한 설명을 전개하였다. 여기서 합성이란 몇 가지 기존의 이론들을 합쳐서 통합된 이론을 형성한다는 것을 의미한다.

오늘날 현대합성설은 유전학, 계통학, 고생물학, 발생생물학, 행동학, 생태학 등 많은 지식을 통합하고 있다. 이 이론은 **다윈**이 관찰한 자손간의 변이를 **돌연변이(mutation)** 즉, 뉴클레오티드 치환과 같은 DNA의 변화 라는 말로 설명하는 획기적인 개념적 약진이었다. 즉, 자연선택이 진화에 작용하는 데 있어서 돌연변이가 유전적 변이를 제공한다는 것이다. 진화의 중심 초점으로서 개체군의 유전학을 강조하는 현대합성은 처음 제창된 이후 지지를 받아왔다.

대부분의 생물학자들은 진화의 합성이론을 받아들였을 뿐만 아니라 진화의 원인이 되는 과정을 보다 잘 이해하려고 노력하였다. 예를 들어 진화에서 기회의 역할은 무엇인가? 어떻게 새로운 종이 빨리 진화하는가? 이러한 질문들은 화석기록의 재평가와 유전의 분자적 측면의 새로운 발견으로부터 나왔다.

### 18.3.3 생물학자들은 진화에 미치는 기회의 영향을 연구한다

생물학자들은 우리가 비슷한 환경에 노출된 유사한 생물과 함께 출발하여 진화를 반복할 수 있을지 의심하였다. 우리는 같은 결과를 얻을 수 있을까? 즉, 같은 종류의 변화가 자연선택 결과로서 진화를 할까? 또는 무작위적인 기회의 결과로서 생물은 아주 다르게 될까? 현재 작용하고 있는 진화의 예에 따르면 기회는 자연선택에서 중요하지 않을 것이라 시사하고 있다.

유럽 원산의 초파리 종 (*Drosophila subobscura*)들은 덴마크에서 스페인에 이르는 지역에서 서식한다. 생물학자들은 북쪽 파리들이 남쪽 파리보다 큰 날개를 갖고 있다는 사실에 주목하였다 (**그림 18-2**). 같은 파리 종들은 1970년대 후반에 2가지의 별개의 방법으로 북미와 남미에 우연히 수입되었다. 미주에 수입된 지 10년 후에 생물학자들은 날개 크기에서 통계적으로 의미가 있는 어떤 변화도 북미의 다른 지역에서 일어나지 않았다고 결론을 내렸다. 그러나 수입된 지 20년 후에 북미의 초파리가 유형의 유럽의 북-남 날개 유형과 같은 변화를 보였다(왜 북쪽 지역에서 큰 날개가 진화하고 남쪽 기후에서 작은 날개가 진화하는지는 모른다). 서부 캐나다의 3곳 연안 호수에 있는 큰가시고기로 알려진 물고기의 진화 연구는 흥미롭게 초파리 연구와 비슷한 결과를 보였다.

이러한 예들에서 자연선택은 진화적 변화에 있어 우연보다 중요한 동인으로 보인다. 만약 우연이 진화 방향에 영향을 미치는 가장 중요한 인자라면 초파리의 진화는 2개의 다른 대륙에서 같은 방식으로 진행되지 않았을 것이다. 그러나 진화에 있어 자연선택의 중요성을 보여주는 예들이 많기 때문에 임의의 사건들이 진화변화의 방향지시 기능으로서 가치를 떨어뜨리는데 따를 필요가 없다. 기회의 역할 지지자들은 기회가 집단 진화(대진화)에서보다 주된 분류군의 진화(미시진화)에서 더 중요하다고 생각한다. 또한 임의의 사건이 일어나지만 진화에 대한 이들의 영향은 자연선택보다 증명하기에는 더 힘들다.

**그림 18-2 초파리 암컷의 날개 크기.**
유럽에서 북쪽 국가에 있는 초파리 (*Drosophila subobscura*) 암컷은 남부 국가의 파리보다 날개가 크다. 2마리의 파리가 보인다: 한 마리는 덴마크 (*오른쪽*)에서 다른 1 마리는 스페인(*왼쪽*)에서 잡은 것이다. 우연히 *D. subobscura*가 아메리카 대륙에 수입된 후 동일한 진화 양상이 빨리 북미에 출현하였다.

**복습**

- 자연 선택이란 무엇인가?
- 진화과정에서 왜 유전되는 변이만이 중요한가?
- 다윈의 이론 중 어느 부분을 설명할 수 없는가? 현대합성설은 어떻게 이 틈을 메우는가?

## 18.4 진화의 증거

**학습목표**

5 화석 기록으로부터 얻은 진화증거를 요약한다.
6 비교해부학으로부터 얻은 진화의 증거를 요약한다.
7 생물지리학을 정의하고 생물의 분포가 어떻게 진화를 뒷받침하는지 요약한다.
8 발생생물학을 통해 진화과정을 어떻게 이해하게 되는지 간략하게 설명한다.
9 어떻게 진화가설을 실험적으로 검사하는지 그 예를 든다.

화석 기록, 비교 해부학, 생물지리학, 발생생물학 및 분자생물학의 관찰기록을 포함한 방대한 양의 과학적 증거는 진화를 지지한다. 더욱이 진화 가설에 대한 실험적 조사가 증가하고 있다.

### 18. 4. 1 화석 기록은 진화에 대한 강력한 증거를 제공한다

기존 생물들의 퇴적암에 남아있는 흔적인 **화석(fossil)**의 발견, 동정 및 해석 등이 진화에 대한 직접적인 증거가 될 것이다. 화석이라는 용어는 "발굴된 것"이라는 의미의 라틴어 *fossilis*로부터 왔다. 퇴적암은 화산암과 같은 오래된 돌의 풍화에 의해 만들어진 입자들의 축적과 응고과정에 의해 형성된다. 보통 하상, 호수 바닥, 해양 바닥에 퇴적되는 침전 입자들은 오랜 기간에 걸쳐 축적되고 구별되는 층으로 나타난다 (**그림 18-3**). 교란되지 않은 암석은 오래된 층이 바닥에 있고 위에 있는 층들은 점차적으로 젊은 것이다. 퇴적암의 조성, 배열, 한 장소와 다른 장소의 상관관계(유사성) 등을 포함한 퇴적암 층 연구로 지리학자들은 암석에 기록된 일들을 정확한 순서로 배열할 수 있다.

Tom Till

**그림 18-3 퇴적암의 노출된 층.**

유타주의 그랜드 스테어케이스–에스칼란테 국립 유적의 파리아 강 가까이에 있는 풍화된 바위층이 보인다. 보다 젊은 층이 오래된 층 위에 놓여 있다. 많은 층들이 2억 4800만년 ~ 6억 5000만년 전 중생대까지 거슬러 올라간다. 독특한 화석이 각 층과 연관되어 있다.

화석은 고대 생물의 기록과 이들이 어디에 언제 살았는지 알려준다. 다른 지질 시대의 생물 화석을 이용하여 현대 생물이 만들어진 혈통(진화상 관계)이 가끔 추론된다. 화석은 많은 경우 과도기 형태를 포함한 기존 종으로부터 새로운 종의 기원에 대한 직접적인 증거를 제공한다

#### (1) 변천하는 화석기록은 고래의 진화를 증명하고 있다

지난 1세기 동안 생물학자들을 고래와 다른 고래류(해양 포유류)가 육상에서 거주하는 포유류로부터 어떻게 진화되어 왔음을 시사하는 증거를 발견하였다. 화석 증거를 근거로 고래 조상의 후보자는 현재 멸종되었으며 4개의 다리를 가지며 육지에서 서식하였던 *메소니키드(mesonychid)*라 불리는 멸종된 포유류이다 (**그림 18-4a**). 이러한 동물들은 드물게 초기 고래류의 것들과 매우 유사하게 커다란 머리와 이빨을 갖고 있었다. 약 5000–6000만 년 전에 일부 *메소니키드*의 후손들은 얕은 바다에서 수영하는데 적응되어 있었다.

파키스탄에서 발견된 5000만년 된 *암뷸로세투스(Ambulocetus)*의 화석은 현대 고래의 많은 특징을 갖고 있지만 후지와 발을 갖고 있다 (**그림 18-4b**). 척추동물인 *암뷸로세투스*의 하부 등은 매우 유연하여 수영과 잠수 시 현대 고래처럼 등배로 (위아래로) 움직일 수 있다. 또한 이 고대 고래는 오늘날의 바다사자처럼 육지에서 돌아다니기도 하였다.

*로드호세투스(Rodhocetus)*는 파키스탄의 약간 젊은 암석에서 발견된 화석 고래이다 (**그림 18-4c**). *로드호세투스*의 척추는 *암뷸로세투스*의 것보다 더 유연하여 수영할 때 보다 강력한 등배 운동을 할 수 있다. *로드호세투스*는 완전한 수서성이었다.

4000만 년 전까지 육지에서 대양으로 고래의 전이가 거의 완료되었다. 그 당시 살았던 고래인 이집트의 *바실로사우루스(Basilosaurus)* 화석은 현대의 고래처럼 유선형의 몸과 방향조정을 위한 앞 지느러미를 보이고 있다 (**그림 18-4d**). *바실로사우루스*는 육지 서식 조상의 흔적 즉 등뼈로부터 탈구되고 이동에는 아마도 사용하지 않았을 한 쌍의 줄어 든 후지를 보유하고 있다. 후지의 축소는 오늘날까지 계속되었다. 현대의 흰긴수염고래는 몸에 묻혀있는 흔적의 골반과 대퇴부 뼈를 갖고 있다 (**그림 18-4e**).

#### (2) 여러 가지 방법들로 화석의 나이를 알수 있다

퇴적암층은 보다 최근의 층들이 시기적으로 앞선 층 위에 순서대로 퇴적되어 나타나기 때문에 대부분의 화석은 퇴적암에서의 상대적 위치에 따라 연대를 추정한다. 그러나 암석이 처음에 형성된

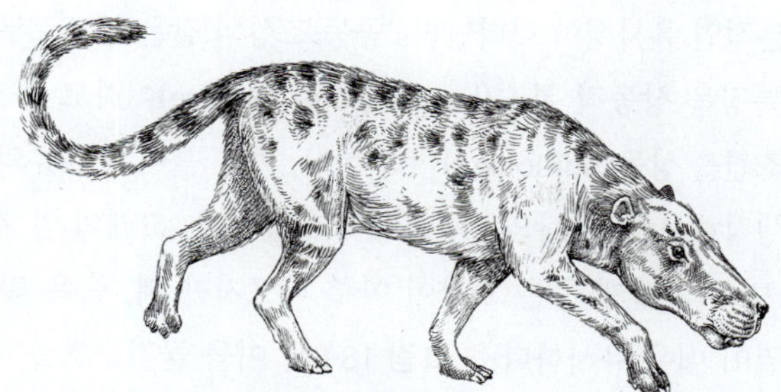

**(a)** 멸종된 육상 포유류인 메소니키드 (*Mesonychid*)는 고래의 조상이었을 것이다.

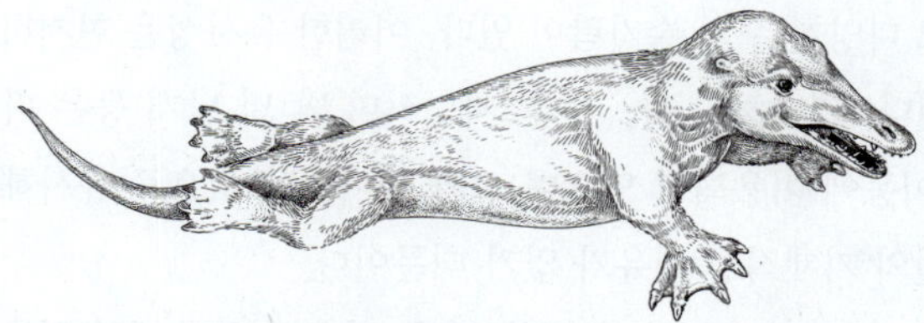

**(b)** 현대 고래 자손과 그들의 육상 조상 간의 과도기 형인 알뷸로세투스 (*Ambulocetus natans*)는 4개의 다리를 갖고 있던 조상의 후지를 유지하고 있다.

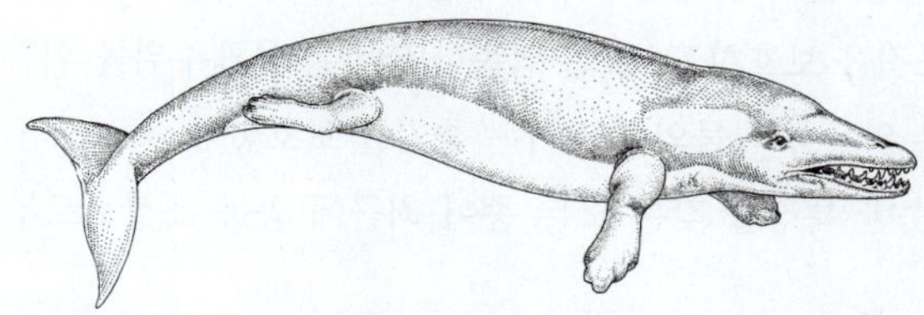

**(c)** 보다 최근의 로드호세투스 (*Rodhocetus*)는 유연한 척추골을 갖고 있어 수영할 때 강력한 등배 움직임이 가능하다.

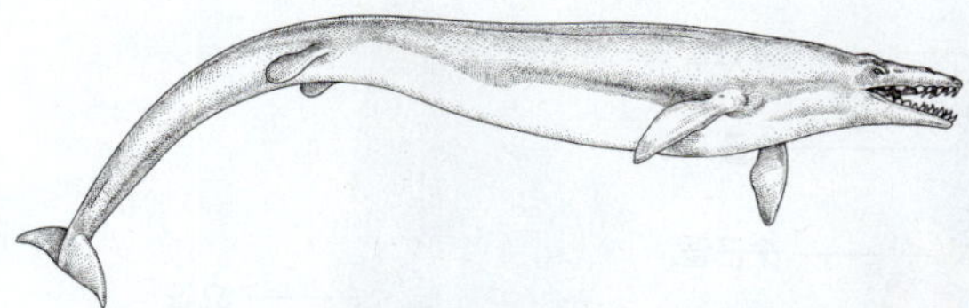

**(d)** 바실로사우루스 (*Basilosaurus*)는 보다 유선형이고 작은 비기능성의 후지를 갖고 있다.

**(e)** 현대 흰긴수염고래 (*Balaenoptera*)는 골반과 다리 뼈의 흔적을 갖고 있다.

**그림 18-4 고래 진화에 있어서 화석 중간생물.**

각 그림은 실제 크기와 다름.

이후 나타나는 지리학적 사건들이 때때로 일부 암석 층의 관계를 변화시켰다. 지리학자들이 특정 퇴적암을 동정할 때 지층에서의 상대적 위치뿐만 아니라 무기물의 특징, 그리고 특정 층을 나타내는 **표준화석(index fossil)**이라 알려진 특정 생물의 화석화된 잔존물을 이용한다. 이러한 정보로 지리학자들은 암석층과 암석층에 포함된 화석을 연대순으로 배열하고 폭넓게 분리된 지역들에 있는 필적할 수 있는 층들을 동정할 수 있다.

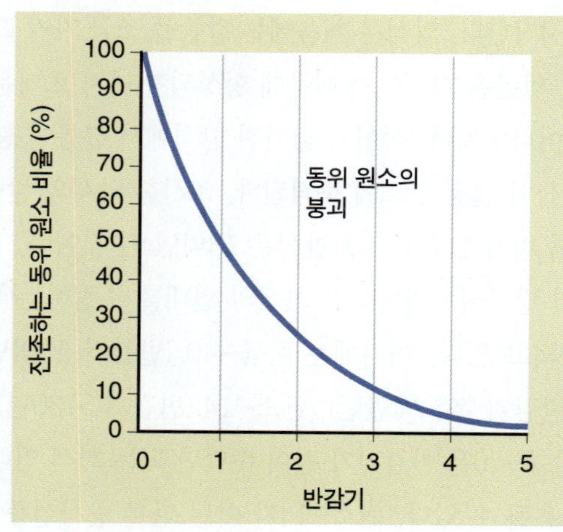


**그림 18-5 방사성동위원소의 붕괴.**

시작점에서 표본은 완전히 방사성동위원소로 이루어있고 방사능 시계는 움직이기 시작한다. 한번의 반감기 후에 초기 방사성동위원소의 50%만이 남아있게 된다. 매번 계속되는 반감기마다 남아있던 방사성동위원소의 절반이 붕괴 산물로 전환된다.

암석에 존재하는 **방사성동위원소(radioisotope)**는 정확히 나이를 측정할 수 있는 방법이 된다 (2장 참조). 방사성동위원소는 보이지 않는 복사선을 방사한다. 방사성동위원소가 복사선을 방사함에 따라 그 핵은 **방사성붕괴(radioactive decay)**로 알려진 과정에서 다른 원소의 핵으로 바뀐다. 예를 들어 우라늄-235의 방사성 핵은 오랜 시간 붕괴하여 납-207이 된다.

각 방사성동위원소는 특유의 붕괴속도를 갖고 있다. 하나의 방사성동위원소의 원자의 반이 다른 원자로 바뀌는데 필요한 기간을 **반감기(half-life)**라 한다 (**그림 18-5**). 방사성동위원소는 반감기가 매우 다르다. 예를 들어 요오드-132의 반감기는 단지 2.4시간인 반면 우라늄-235의 반감기는 7억400만년이다. 특정 방사성동위원소의 반감기는 일정하고 온도, 압력 또는 기타 환경 인자에 따라 변하지 않는다.

퇴적암의 화석 나이는 보통 원 방사성동위원소의 상대적 비율을 측정하고 퇴적물을 침투하는 화산암의 관입에서 붕괴 산물을 측정함으로써 추정한다. 예를 들어 칼륨-40의 반감기는 13억년으로 13억년에 방사성 칼륨의 반이 붕괴산물인 알곤-40으로 된다는 의미이다. 방사성 시계는 마그마가 굳어져서 화산암이 될 때

돌아가기 시작한다. 암석은 처음에는 칼륨을 조금 가지고 있고 알곤은 없다. 알곤은 기체이기 때문에 형성되자 마자 뜨거운 암석으로부터 새어나오지만, 식어서 굳어진 암석에서 칼륨이 붕괴될 때 알곤은 암석의 결정 구조에 축적된다. 조사한 암석의 칼륨-40과 알곤-40의 비가 1:1이면 그 암석은 13억년 된 것이다.

몇 가지 방사성동위원소가 화석의 연대를 추정하는데 일반적으로 이용되고 있다. 여기에는 칼륨-40 (반감기 13억년), 우라늄-235 (반감기 7억4백만년), 탄소-14 (반감기 5730년) 등이 포함된다. 칼륨-40은 반감기가 길어 수억년 되는 화석 연대를 추정하는데 사용될 수 있다. 탄소-14가 아닌 다른 방사성동위원소는 화석이 발견되는 바위의 연대추정에 사용되는 반면 탄소-14는 나무, 뼈, 껍질 등과 같은 한때 살았던 어느 것이라도 탄소 잔존물의 연대를 추정하는데 이용된다. 화석의 나이는 가급적 2개 이상의 다른 방사성동위원소를 이용하여 별개로 검증한다.

### 18.4.2 관련 있는 종의 비교해부학은 이들 구조의 유사성을 증명한다

서로 다르지만 관계가 있는 생물의 상세한 구조적 특징을 비교하면 기본적인 유사성이 나타난다. 공동 조상의 같은 구조로부터 유래한 특징을 **상동적 특징**(homologous feature)이라고 하고, 그러한 조건을 **상동**(homology)이라 한다. 예를 들어 포유류의 사지뼈를 생각해보자. 사람의 팔, 고양이의 앞다리, 고래의 앞 지느러미발, 박쥐의 날개 등은 모양이 아주 다르지만 뼈, 근육 및 신경의 배열이 매우 유사하다. **그림 18-6**은 이들 골격구조를 비교해서 보여준다. 몸통에 가장 가까운 부분에 하나의 뼈(상완골)가 있고 그 다음에 앞팔에 2개의 뼈(요골, 척골), 일단의 손목 뼈(완골), 그리고 다양한 수의 손가락이 있다. 이러한 유사성은 현저하게 두드러진다. 왜냐하면 팔, 전지, 지느러미 발 및 날개 등은 다른 종류의 이동에 이용되고 있으며 그와 같이 구조적으로 유사해야 할 최우선의 기계적인 이유가 없기 때문이다.

잎은 식물에서 상동의 예가 된다. 많은 식물종에서 잎은 광합성 이외의 다른 기능을 위해 수정 변경되었다. 선인장의 가시와 완두콩의 덩굴손은 모양이 아주 다르지만 상동이다. 왜냐하면 둘 다 변형된 잎이기 때문이다 (**그림 18-7**). 가시는 선인장의 다즙 줄기조직을 보호하고, 한번 접촉하면 작은 물체주위를 휘감는 덩굴손은 완두콩 식물의 올라가는 줄기를 보호한다.

비슷한 특징을 갖는 모든 종이 최근에 공동 조상으로부터 내

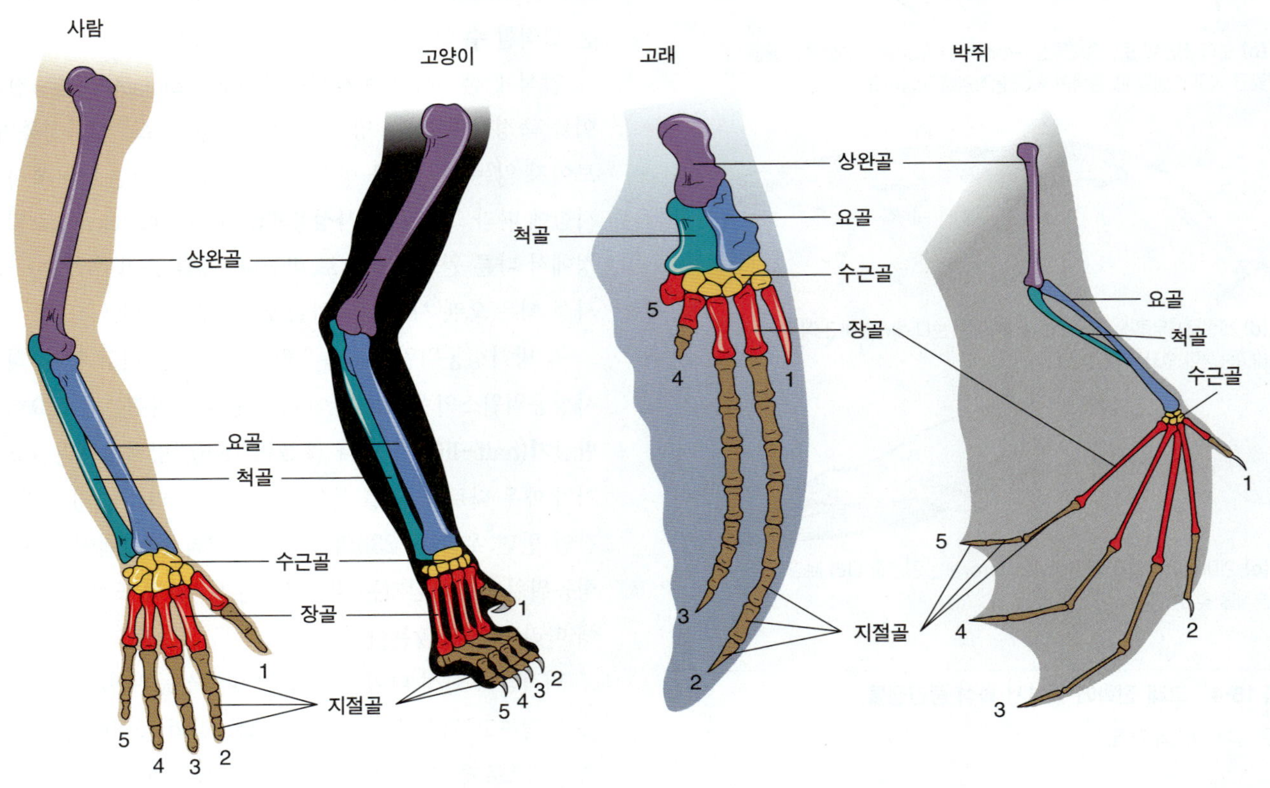


**그림 18-6 동물에서의 상동.**

사람의 팔, 고양이의 앞다리, 고래의 지느러미, 박쥐의 날개 등은 공동 조상으로부터 유래되었기 때문에 기본적으로 유사한 구조를 갖고 있다. 각 그림의 5개 손가락에 번호가 매겨져 있다.

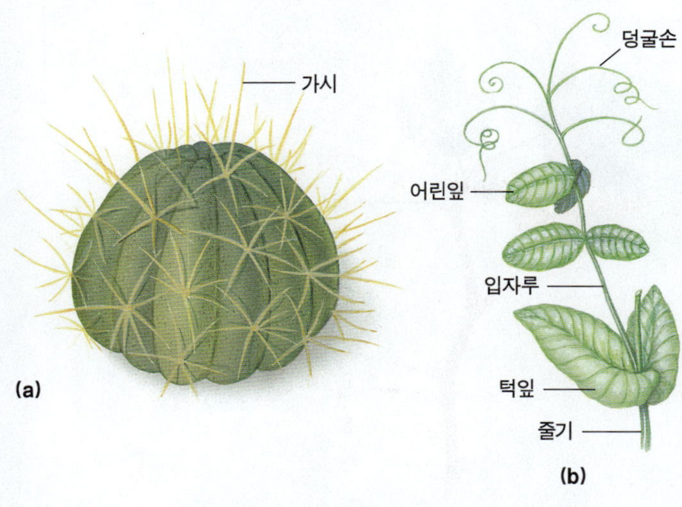


**그림 18-7 식물에서의 상동.**

**(a)** 가시 고리 선인장 (*Ferocactus wislizenii*)의 가시는 **(b)** 완두 (*Pisum sativum*)의 덩굴손과 같이 변형된 잎이다. 완두콩의 잎은 복잡하여 말단의 작은 잎들은 종종 가지가 갈라지는 덩굴손으로 변형된다.

려오지는 않았다. 때로는 유산환 한경조건 때문에 유사한 적응을 하는 진화가 일어났다. 이와 같이 먼 관계에 있는 생물에서 비슷한 구조의 독립적인 진화를 **수렴진화(convergent evolution)**라 한다. 땅돼지, 개미핥기, 천산갑 등은 수렴진화의 좋은 예가 된다(**그림 18-8**). 이들은 서로 생활 양식과 구조적 특징이 닮아있다. 이들 모두 개미와 흰개미의 흙무덤을 파내기 위한 길고 날카로운 발톱과 이들 곤충을 잡기 위하여 길고 끈적한 혀가 있는 긴 주둥이를 갖고 있다.

먼 관계에 있는 생물들에 있어 상동은 아니지만 비슷한 기능을 갖고 있는 구조적으로 유사한 특징을 **상사적 특징(homoplastic feature)**이라 하고, 그와 같은 조건을 상태를 **상사(homoplasy)**라 한다. 예를 들어 곤충, 조류 등과 같이 날아다니는 동물의 날개는 외면적으로 서로 닮았다. 이들은 근본적인 면에서는 다르지만 오랜 기간 비행이라는 공통적인 기능에 맞추기 위해 진화된 상사적 특징이다. 조류의 날개는 뼈에 의해 지지하는 전지가 변형된 것인 반면, 곤충의 날개는 곤충의 수서 조상에 존재하는 아가미 같은 부속지로부터 진화되었다. 잎이 변형된 가시와 줄기가 변한 가시는 식물에서 상사의 예가 된다. 바늘과 가시는 외면적으로 서로 닮았으나 초식동물로부터 보호한다는 공통적 필요성을 해결하기 위하여 독립적으로 진화된 상사적 특징이다(**그림 18-9**).

비교해부학으로 **흔적구조(vestigial structure)**가 드러났다. 많은 생물은 외관상 무용지물이고 퇴화하였으며 종종 정상보다 작거나 필수적인 부분이 결여된 기관이나 기관의 일부를 갖고 있다. 흔적구조는 조상 생물에서는 존재하였고 기능을 하였던 보다 발달된 구조의 잔존물이다. 사람의 몸에서 충수돌기, 미저골 (융합된 꼬리뼈), 세 번째 어금니 (지치), 귀를 움직이는 근육 등을 포

Kjell B. Sandved/Visuals Unlimited

**(a)** 땅돼지 (*Orycteropus afer*)는 중앙, 남부 및 동부 아프리카 원산이다.

Gunter Ziesler/Peter Arnold, Inc.

**(b)** 개미 흙무덤에 있는 개미핥기 (*Myrmecophaga tridactyla*). 개미핥기는 남부 멕시코로부터 북부 아르헨티나에 이르는 라틴 아메리카 남미 원산이다.

Mandal Ranjit/Photo Researchers, Inc.

**(c)** 철갑산 (*Manis crassicaudata*)은 아프리카와 남부 및 남동부 아시아 원산이다.

**그림 18-8 수렴 진화.**

3개의 먼 유연관계에 있는 포유류 들이 수렴진화 결과 생활양식과 특정 구조적 특징에서 유사성을 보여준다. 이들은 세계의 다른 지역에서비슷한 초원/숲 산림 환경에서 개미와 흰개미를 먹기 위해 독자적으로 적응하였다.

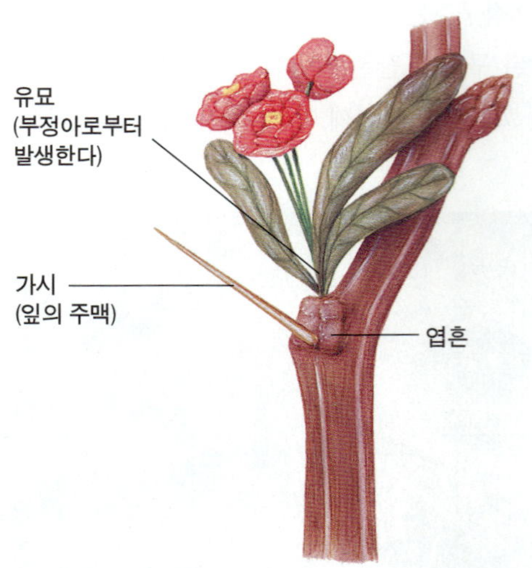


**(a)** 일본 매발톱나무 (*Berberis thunbergii*)의 가시는 변형된 잎이다. (이 예에서 가시는 사실 원 잎의 주맥이다.)

**(b)** 서양산사나무(*Crataegus mollis*)의 가시는 부정아로부터 발생한 변형된 줄기이다.

**그림 18-9　식물에서의 상사.**

함하여 100개 이상의 구조가 흔적기관인 것으로 생각되고 있다. 고래와 비단뱀은 흔적 후지뼈를 갖고 있다 (**그림 18-10**).

## 18.4.3 식물과 동물의 분포는 진화를 지지한다

생물의 과거와 현재 지리학적 분포에 대한 연구를 **생물지리학(biogeography)**이라 한다. 만약 진화가 종의 분포에 관련된 인자가 아니라면 어떤 하나의 종은 그 종이 생존할 수 있는 모든 장소에서 발견되어야 할 것이다. 그러나 실제 존재하는 생물의 지리적 분포는 진화의 관점에서 보아야 이해가 된다. 예를 들어 수백만 년간 분리된 육지 덩어리인 호주는 독특한 생물들을 갖고 있다. 호주는 다른 어느 곳에서도 발견되지 않는 알을 낳는 포유류(단공류)와 주머니를 갖고 있는 포유류(유대류) 개체군을 갖고 있다. 2억년 전에 호주와 다른 대륙은 주된 땅덩어리와 연결되어 있었다. 수백만 년간의 과정을 거쳐 호주대륙은 점차 다른 대륙으로부터 분리되었다. 호주의 단공류와 유대류는 계속해서 번성하고 다양화하였다. 호주가 분리됨으로써 다른 곳에서 훗날 생긴 태반성 포유류가 단공류나 유대류와 경쟁하는 것을 방지하였다. 세계 다른 곳에서는 태반성 포유류가 나타나서 대부분의 단공류와 유대류는 멸종하게 되었다.

E. R. Degginger/Animals Animals

**(a)** 아프리카 바위 비단뱀 (*Python sebae*).

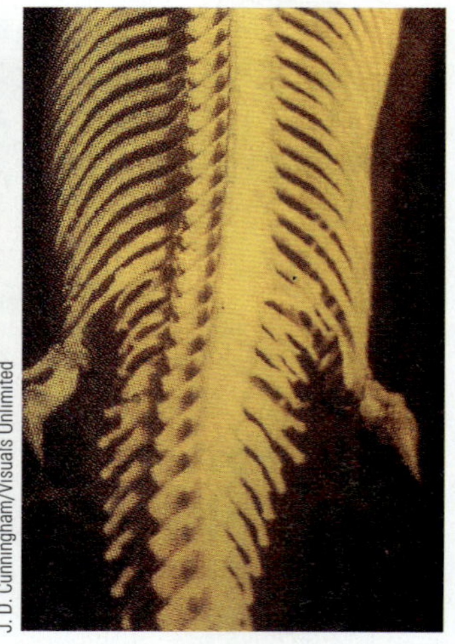


**(b)** 후지 뼈를 보여주고 있는 비단뱀 골격의 근접 사진.

**그림 18-10　흔적 구조.**

모든 비단뱀은 몸에 묻혀 있는 뒷다리 뼈의 잔존물이다.

### (1) 지구의 지리적 역사는 지리학과 진화와 관련이 있다

1915년에 남미와 아프리카의 지리적 형태가 서로 대응한다는 사실에 주목을 한 독일의 과학자 **베게너(Alfred Wegener)**는 모든 육지 덩어리가 한때는 판게아(Phangaea)라고 하는 하나의 거대한 초육지로 연결되어 있었다고 제안하였다(**그림 18-11a**). 그는 더 나아가 판게아가 그 이후 분리되어 다양한 땅덩어리들이 **대륙표류(continental drift)**라 알려진 과정에서 분리되었다고 제안하였다.

1960년대에 대륙 표류를 설명하는 과학적 증거들이 축적되었다. 지각은 바로 아래에 지구 중심핵 위에 놓여 있는, 대체로 고체

**요점**

판게아는 트리아스기에서 갈라지기 시작하였다.

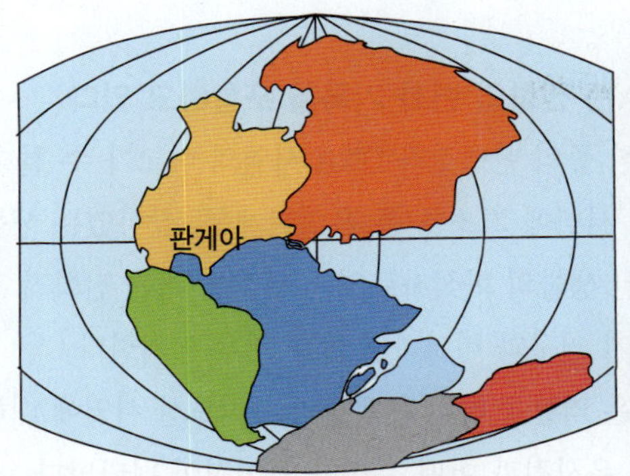


**(a)** 약 2억4천만년 전, 거대 대륙판 형태의 판게아 (트리아스기)

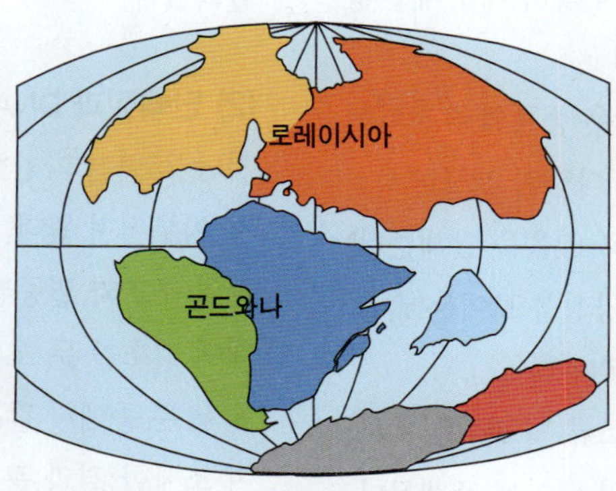


**(b)** 약 1억 8천만년 전, 판게아가 로레이시아(북반구)와 곤드와나(남반구)로 갈라지기 시작했다. 위 그림 형태의 대륙판 구조는 약 1억2천만년 전의 형태이다 (백악기)

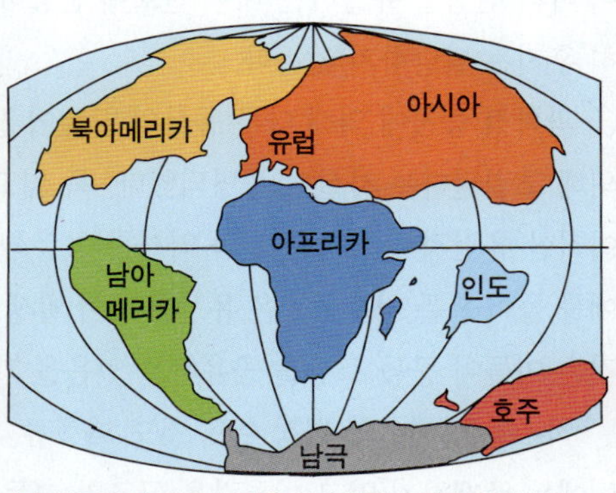


**(c)** 대륙의 더 많은 분열은 약 6천만년 전에 일어 났다 (초기 제3기). 이 시게에 유럽과 북아메리카는 아직 연결되어있는 반면에 인도 대륙은 분리되었던 점을 주목하라.

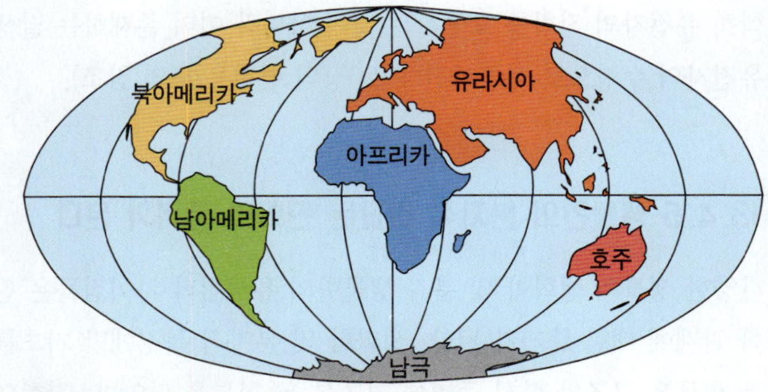


**(d)** 오늘날의 대륙들.

**그림 18-11 대륙 표류.**
지리학자들은 판게아의 분열이 초기 지구의 역사 이래 일어난 일련의 대륙 분열과 충돌 중에서 최근의 것일 뿐이라는 가설을 내세우고 있다.

층인 맨틀 위에 떠 있는 7개의 거대한 판 (몇 개의 작은 것들도 포함)으로 이루어져 있다. 땅덩어리는 이들 판위에 놓여있다. 판이 움직임에 따라 대륙의 상대적 위치가 바뀐다(**그림 18-11**b, c, d). 지각판의 움직임을 **판구조학(plate tectonics)**이라 한다.

대륙들이 한때는 연결되어 있었다가 그 이후 표류되어 분리되었다는 지식은 생물지리학을 설명하는데 유용하다. 이와 비슷하게 대륙 표류는 다른 생물의 진화에서 주된 역할을 하였다. 판게아가 후기 페름기에서 처음 형성될 때 서로 분리되어 진화해 온 육지의 종들이 함께 모여 경쟁이 일어나고 어떤 것은 멸종하였다. 해양 생물은 반대의 영향을 받았다. 대륙들이 하나의 큰 덩어리고 연결되어있을 때는 해안가가 적었다(해안가는 얕기 때문에 높은 농도의 해양 종들이 있다).

판게아는 약 1억 8000만 년 전에 몇 개의 대륙으로 분리되었다. 대륙이 표류되어 멀어지기 시작하면서 개체군들이 지리적으로 다른 환경으로 분리되기 시작하고 분리된 진화 경로를 따라 분기하기 시작하였다. 그 결과 이전에 연결되어 있던 대륙, 예를 들면 남미와 아프리카의 식물, 동물 및 기타 생물들은 다르다. 대륙 표류는 또한 해양과 대기의 흐름에 점진적인 변화를 일으켜 생물지리학과 생물의 진화에 심대한 영향을 미쳤다 (생물지리학은 55장에서 논의됨).

### 18.4.4 발생 생물학은 진화를 설명하는데 점차 많이 이용되고 있다

진화 생물학자들은 뱀이 어떻게 길어지고 사지를 잃게 되었는가에 대해 오랫동안 호기심을 가지고 있었다. 예를 들어 비교해부학에 따르면 비단뱀은 몸에 묻혀 있는 후지 뼈를 갖고 있으나 (그림 18-10), 다른 뱀들은 후지를 완전히 잃어버렸다.

발생학은 점차적으로 특히 분자수준에서 그와 같은 질문에 답을 주고 있다. 뱀의 사지가 없는 경우와 같은 진화적 변화는 발생 시기에 나타나는 질서 있는 사건의 순서에 영향을 미치는 유전자의 변화 결과로 나타난다. 예를 들어 비단뱀에서 전지의 상실과 몸의 신장은 다양한 동물의 체형 발현과 사지 형성에 영향을 주는 몇 가지 Hox 유전자의 돌연변이와 관련이 있다. 비단뱀 배아조직이 다리 신장을 유발하는 내부 신호에 반응하지 않기 때문에 분명히 후지는 발달하지 않는다.

과학적 증거에 의해 다른 동물의 발생이 같은 종류의 유전자에 의해 조절된다는 사실이 증명되었다. 폭 넓고 다양한 생물에서의 이러한 유전적 유사성은 진화 역사를 공유하고 있음을 말해준다. 예를 들어 모든 척추동물은 유사한 배아 발생 양상을 보이는데, 이것은 이들이 공동 조상을 공유하고 있음을 가리킨다.

척추동물 배아의 특징 어느 것도 파충류, 조류 및 포유류의 성체에는 존재하지 않고 어류같은 구조가 그들의 배아에 존재한다. 진화는 보존적인 과정이고 자연선택은 새로 시작하기 보다는 앞에서 이루어진 것에 작용을 한다. 새로운 특징의 진화는 새로운 발생학적 유전자의 진화를 요구하는 것이 아니라 이미 존재하는 발생 유전자의 수정으로 이루어진다 (20장의 전적응 토의 참조).

### 18.4.5 생물간의 분자적 비교는 진화의 증거가 된다

다양한 생물의 생화학 및 분자 생물학의 유사점과 차이점들은 진화 관계에 대한 증거가 된다. 생화학 및 분자적 특징에만 기초를 둔 혈통은 구조와 화석 증거에 기초를 둔 혈통을 닮았다. 진화의 분자적 증거는 보편적인 유전자 암호와 단백질의 아미노산 서열 및 DNA의 뉴클레오티드 서열 등을 포함한다.

#### (1) 유전 암호는 보편적이다

생물의 특징은 이들이 갖고 있는 단백질의 종류에 따라 나타나며 단백질은 전령 RNA의 뉴클레오티드 서열에 의해, 그리고 이것은 DNA의 염기서열에 의해 결정된다. 모든 생물이 관계가 있다는 증거는 모든 생물이 실제적으로 동일한 유전암호를 사용한다는 사실로부터 온다. 13장에서 유전암호는 3자암호 (DNA에서 3개 뉴클레오티드의 서열)을 결정한다고 하였다. 3자암호는 특정 코돈 (mRNA에 있는 3개의 뉴클레오티드 서열)을 암호하고 이것은 다시 폴리펩티드 사슬에서 특정 아미노산을 암호화 한다. 예를 들어 새우, 사람, 박테리아, 튜립 등과 같이 다양한 생물에서 DNA의 AAA는 mRNA의 "UUU"를 암호화하고 이것은 다시 아미노산인 페닐알라닌을 암호화한다. 사실 "AAA"는 오늘날까지 조사한 모든 생물에서 페닐알라닌을 암호화한다.

유전암호의 보편성—어느 생물에서도 다른 종류의 암호가 발견되지 않았다—은 모든 생물은 공동 조상으로부터 기원하였음을 보여주는 강력한 증거가 된다. 유전암호는 초기 (그리고 성공적인) 생물의 기원 이후 모든 진화 나무 가지를 통해 유지되고 전달되었다.

#### (2) 단백질과 DNA는 진화의 변화 기록을 포함하고 있다

지난 25년간 다양한 종의 단백질과 DNA 서열의 비교가 수 천 가지 이루어져 왔다. 서열에 기초를 둔 유연관계를, 살아있는 생물간의 구조와 멸종된 생물의 화석자료의 유사점에 대한 진화적 관계에 기초를 둔 초기 연구와 비교하면 많은 경우 일치한다.

많은 종에서 같은 역할을 하는 단백질의 아미노산 서열에 대하여 조사한 결과 큰 유사점과 어떤 특정한 차이점이 나타났다. 사람과 초파리, 해바라기, 효모 등과 같이 먼 유연관계가 있는 생물에서 조차 호기성 호흡에서 전자전달계의 일부인 시토크롬 c와 같은 일부 단백질을 공유한다. 모든 호기성 생물은 생존하기 위해 그들 공동조상의 시토크롬 c와 같은 기본 구조와 기능을 갖는 호흡 단백질이 필요하다. 결과적으로 시토크롬 c의 구조적 기능적 특성을 부여하는 모든 아미노산이 변화에 자유로운 것이 아니다. 시토크롬 c 분자의 구조적으로 중요한 부위의 아미노산 서열을 변화시키는 어떤 돌연변이도 유해하였고 자연 선택은 그와 같은 돌연변이가 미래 세대로 전해지는 것을 방지하였다. 그러나 장기간의 독립적인 생물의 진화과정에서 시토크롬 c 분자 중 덜 중요한 부위들에서 많은 아미노산이 치환되는 돌연변이가 일어났다. 시토크롬 c 분자의 아미노산 차이가 클수록 2개의 종이 더 오래전에 갈라진 것이라고 생각되고 있다.

단백질의 아미노산 서열이 DNA에서 암호화되어 있기 때문에 아미노산 서열의 차이점은 진화동안 나타나야 하는 DNA 염기짝 변화의 성질과 수를 간접적으로 반영한다. 그와 같은 분자적인 정보는 DNA의 뉴클레오티드의 순서가 결정되는 **DNA 염기분석(DNA sequencing)**에 의해 직접 결정된다. 일반적으로 다른 과학적 증거에 기초에 근거하여 종들이 보다 가까운 관계라고 생각될수록 이들의 DNA 분자가 공통으로 갖는 뉴클레오티드의 백분율이 커진다. 예를 들어 **표 18-1**에 있는 DNA 서열 자료를 보면 사람과 가장 가까운 유연관계에 있는 것은 침팬지이다 (왜냐하면 침팬지 DNA는 조사된 서열에서 가장 낮은 백분율 차이를 갖고 있다).

**그림 18-12**는 분자 자료에 기초를 하여 고래와 몇 가지 우제류의 가설적 계통수를 묘사하고 있다. 이와 같은 **계통수(phylogenetic tree)**—계통을 보여주는 도표—는 주어진 DNA 뉴클레오티드 서열의 차이점으로부터 도출된다. 이 도표는 고래가

**표 18-1**

**계통 연관의 증거로서 DNA의 뉴클레오티드서열의 차이**

| 유전자군 | 선택된 DNA 서열에서의 분기 백분율 |
|---|---|
| 사람-침팬지 | 1.7 |
| 사람-고릴라 | 1.8 |
| 사람-오랑우탄 | 3.3 |
| 사람-긴팔원숭이 | 4.3 |
| 사람-레서스 원숭이 (Old World monkey) | 7.0 |
| 사람-스파이더 원숭이 (New World monkey) | 10.8 |
| 사람-안경원숭이 | 24.6 |

참조: 분기 백분율은 다른 생물에서 같은 유전자에 대해 염기서열이 어떻게 다른가를 나타내는 것이다. 이 예에서 사람과 침팬지는 DNA 염기서열에서 1.7%가 다르며 이것은 DNA의 98.3%가 같다는 의미이다. 제시된 자료는 β-글로빈 유전자의 비암호화 서열에 대한 것이다.

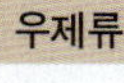

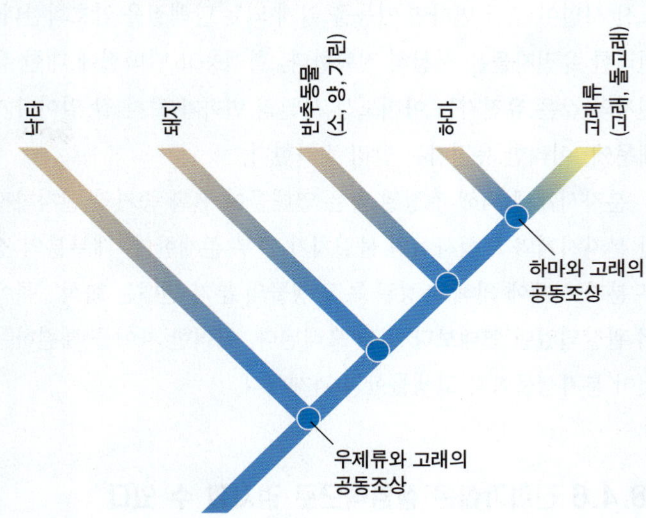


**그림 18-12 고래와 근연인 동물의 계통수.**

선택된 포유류 사이의 DNA 서열 차이에 근거한 이 다이아그램은 가설적인 진화 상호관련을 보여준다. 우제류는 고래의 가까운 친척이고 하마가 가장 가까운 살아 있는 고래 친척이며 우제류와 고래는 먼 과거에 공동조상을 공유함을 보여준다. 그러나 그 공동조상은 화석 기록에서 아직 동정되어 있지 않다(반추동물은 여러 개의 방으로 이루어진 위가 있어 되내 뿜은 식물 물질을 씹어 소화능력을 증진시키는 우제류이다).

우제류로 분류되어야 하고 하마가 어떤 다른 우제류보다 고래에 보다 가까운 관계임을 보여준다. 고래와 하마를 나타내는 가지는 이들 종의 DNA 서열이 가까운 유사점을 갖고 있어 비교적 최근에 갈라졌다고 생각된다. 반면에 고래와는 덜 유사한 DNA 서열을 갖고 있는 낙타는 훨씬 일찍이 갈라졌다. 분자적 증거는 고래와 하마가 약 5500만 년 전에 다른 우제류 계통으로부터 갈라진 하마 같은 최근의 공통 조상을 공유함을 가리키고 있다.

### (3) DNA 서열은 2개의 가까운 관계에 있는 종이나 계통군 사이의 분기 시점을 추정하는데 이용된다

주어진 분류 군내에서 돌연변이는 수백만 년에 걸쳐 꽤 안정된 속도로 나타나는 것으로 추정되고 있다. 따라서 한 종의 같은 DNA 서열을 다른 것과 비교하여 보다 많은 차이가 나타난다면 2개가 공동 조상으로부터 분기한지 보다 많은 시간이 지나야 한다.

다른 종들로부터 얻은 상동 DNA 서열의 변이 숫자를 이용하여 2개의 가까운 관계가 있는 종이나 보다 고위의 분류군 사이의 분기 시점을 추정하는 **분자시계(molecular clock)**를 개발할 수 있다. 분자시계는 특정 유전자가 진화하는 평균 속도를 이용한다. 이 시계는 2가지 생물의 뉴클레오티드 차이의 수를 화석 기록으로 알게 된 진화 분기점의 연대를 비교함으로써 조정될 수 있다. 한번 분자시계가 조정되면 시간을 몰랐던 과거의 진화 사건을 확실히 예측할 수 있다 (**그림 18-13**).

분자시계는 조심스럽게 개발되고 해석되어야한다. 돌연변이 속도는 다른 유전자사이에서 서로 다르고, 먼 관계가 있는 계통군 사이에서도 다르기 때문에 분자시계는 다른 속도로 간다. 호흡 단

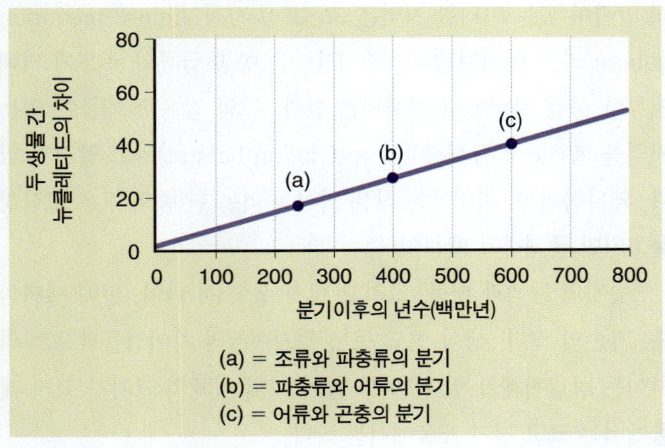


**그림 18-13 분자시계의 계산과 이용.**

이와 같은 가정적인 예에서 조류, 파충류, 어류, 곤충 등을 대상으로 특정 유전자의 DNA 서열이 분석되었다. 조류와 파충류사이의 뉴클레오티드 차이의 수가 **(a)** 조류와 파충류가 분기되었다고 (화석 증거를 기초하여) 생각되는 시간에서 그래프 상에 표시되어 있다. 비슷하게 파충류와 어류사이의 뉴클레오티드 차이의 수가 **(b)** 화석 기록에 의해 가리키고 있는 분기 연대에 그래프 위에 표시되어 있다. 점 **(a)**와 **(b)**를 지나는 선을 그려 곤충 선이 척추동물 선으로부터 분기되는 훨씬 이전의 연대 추정이 가능하게 된다. 분자시계로 사용될 때 하나의 유전자는 큰 통계학적 오차를 갖을 수 있기 때문에 분자생물학자들은 보통 많은 다른 유전자로부터 다수의 분자시계를 만들어 보다 믿을 수 있는 분기 시점을 얻는다.

백질인 시토크롬 c에 대한 유전자와 같은 일부 유전자들은 아미노산 서열이 조금 변하면 기능을 잃게 되는 단백질을 암호화한다. 이러한 유전자들은 천천히 진화한다. 혈액응고 단백질에 대한 유전자와 같은 유전자는 아미노산 서열의 변화가 보다 잘 일어나기 때문에, 이러한 유전자는 빨리 진화한다.

분자시계에 의해 추정된 많은 연대들이 진화 증거와 일치하지만 분자시계와 화석사이의 불일치가 일부 존재한다. 대부분의 경우 분자 시계에 의해 측정된 특정 생물의 분기 연대는 화석기록에서 관찰되었던 연대보다 훨씬 오래된다. 이러한 차이를 해결하는 것이 분자생물학과 고생물학의 과제이다.

### 18.4.6 진화가설은 실험적으로 검사할 수 있다

생물학자들은 진화 가설들을 검사하기 위하여 종종 자연적인 세트에서 가공의 실험을 설계하고 있다. 산타 바바라에 있는 캘리포니아 대학의 **레즈니크**(David Reznick)와 호주의 제임스 쿡 대학의 **엔들러**(John Endler)는 베네주엘라와 남부 캐리브해에 있는 작은 섬인 트리니다드의 거피 개체군 진화를 연구해왔다.

**레즈니크**와 **엔들러**는 개울마다 거피를 먹이로 하는 어류의 종류와 수가 다르다는 것을 관찰하였다. 보다 큰 거피를 먹이로 하는 포식성의 물고기는 모든 개울에서 낮은 곳에 존재한다. 강한 포식 압력이 있는 이러한 지역은 *고-포식 서식지*(high-predation habitat)라고 알려져 있다. 포식자들은 종종 급류와 폭포에 의해 지류나 상류 지역에서 배제되곤 한다. 그와 같은 장애물이 있는 지역을 *저-포식 서식지*(low-predation habitat)라고 알려져 있다. 왜냐하면 이 지역에는 작은 거피를 먹는 한 종의 작은 포식성 물고기만 존재하기 때문이다.

숫컷의 채색과 행동, 그리고 성적 성숙 시 나이, 한배 새끼의 수, 자손의 크기, 생식 빈도 등 *생활사형질*의 차이점들과 포식의 차이는 상관관계가 있다. 예를 들어 거피 성체의 크기가 고지 개울에서는 크고 저지 개울에서는 작다.

포식자가 실제 이러한 차이가 진화되도록 하였을까? **레즈니크**와 동료들은 트리니다드에서 야외실험을 실시함으로써 이러한 진화 가설을 검사하였다. 거피와 포식자 또는 2가지 모두 상류로 이동하는 것을 막는 폭포의 장점을 이용하여, 거피나 거피 포식자를 이와 같은 장벽을 넘어 옮겼다. 예를 들어 고 포식자 서식지의 거피를 폭포 장벽을 넘어 거피와 거피 포식자가 없었던 개울 부위로 옮김으로써 저 포식자 서식지로 이입시켰다. 이입되기 이전에는 이 개울의 구역에 살고 있는 유일한 어류 종은 가끔 작은 거피를 먹이로 하는 포식자였다.

11년 후에 연구자들은 이입된 장소 (저-포식자 서식지)와 폭포 아래 장소 (고-포식자 서식지)에서 암컷 성체를 포획하였다. 이들은 이들 암컷을 실험실에서 배양하여 이전의 연구와 마찬가지로 계속되는 세대의 생활 역사 형질을 비교하였다. 저 포식자 서식지로 이전된 거피 혈통은 폭포 아래의 대조 장소에서 채집한 거피 혈통 보다 나이가 더 들었고 보다 큰 성체가 되었다(**그림 18-14**). 또한 이들은 수가 얼마 되지 않으나 보다 큰 자손을 낳았다. 따라서 수입된 물고기의 생활사는 보통 저 포식자 서식지에서 발견되는 물고기의 것과 비슷하게 진화되었다. 이러한 연구와 다른 연구들은 포식자는 개체 암컷 일생동안 생산된 자손의 평균수(생식력), 수컷 채색, 행동 등과 같은 다른 형질들의 진화에 적극적인 역할을 해왔음을 증명하였다.

이들과 다른 실험들은 진화는 단지 실재할 뿐만 아니라 포식과 같이 실험적으로 다룰 수 있는 선택적 환경 힘에 의해 유도되어 지

**핵심 실험**

**질문:** 자연선택은 자연 집단에서 관찰될 수 있을까?

**가설:** 자연 집단은 환경변화에 적응하여 반응할 것이다.

**실험:** 포식자가 먹이로 큰 거피 성체를 좋아하는 개울의 거피 수컷과 암컷(*갈색 막대*)들을 어리고 작은 성체를 좋아하는 포식자가 있는 개울로 이전하였다.

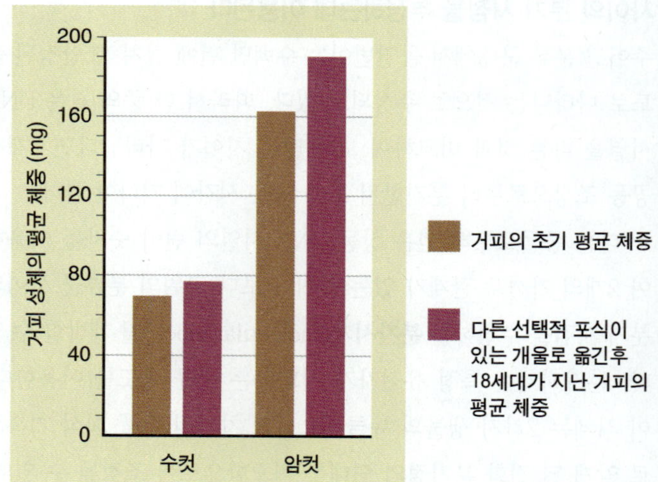


**결과와 결론:** 11년 후에 이들 거피의 후손 (*분홍색 막대*)들은 그들의 조상과 비교하여 뚜렷이 크기가 컸다. 이 사실로 큰 거피는 새로운 환경에서 선택적인 장점을 갖게 되었다.

**그림 18-14** 거피의 진화에 대한 레즈니크의 실험.

금도 일어나고 있다는 것을 증명하고 있다. **다윈**은 진화는 너무 점진적인 것이어서 사람이 관찰하지 못한다고 잘못 추정하였다.

### 복습

- 과학자들은 어떻게 화석의 연대를 추정하는가?
- 상동적 특징과 상사적 특징은 진화의 증거를 어떻게 제공하는가?
- 얼음이 얼지 않는 바닷면에서 헤엄을 치지 못하는 멸종된 파충류인 *메소사우루스*의 화석이 왜 아프리카와 남아메리카의 남부에서 발견되는가?
- 발생 생물학이 어떻게 파충류, 조류, 돼지, 사람 등 다양한 척추동물의 공동 조상에 대한 증거를 제공하는가?

## 핵심 용어와 요약

### 학습목표

1 진화를 정의한다.

- **진화**는 시간이 지남에 따라 **집단**내의 유전되는 변화의 축적으로 생물학의 통합적 개면이다. 진화는 생명과학의 모든 분야를 통합된 지식으로 연결하기 때문에 생물학의 시금석이다.

2 진화이론의 역사적 발달을 토의한다.

- **라마르크**는 생물이 신의 개입이 아닌 어떤 자연적 현상의 결과로 오랜 시간 변화를 겪는다고 제안한 첫 과학자이다. **라마르크**는 생물이 시간이 지남에 따라 복잡해지는 쪽으로 변하도록 유도하는 생명력을 갖고 태어났다고 생각하였다. 그는 생물이 일생 동안 획득한 형질을 자손에게 물려줄 수 있다고 생각하였다.
- **다윈**이 *비이글호*를 타고 한 항해는 그의 진화 이론의 기초가 되었다. **다윈**은 건조한 갈라파고스 제도와 습기가 많은 남미 본토의 동물과 식물 사이의 유사점을 설명하고자 노력하였다.
- **다윈**은 육종가가 수 세대에 걸쳐 다양하고 길들여진 식물과 동물을 개발하는 **인공 선택**의 영향을 받았다. **다윈**은 인구수의 자연적 증가에 대한 **말서스**의 개념을 자연 집단에 적용하였다. 지구가 대단히 나이 들었다는 리엘 및 다른 지리학자들의 개념은 다윈에 영향을 미쳤다.

3 진화를 정의하고 찰스 다윈이 제안한 자연선택에 의한 4개의 진화 전제를 설명한다.

- **다윈**과 **왈라스**는 독자적으로 **자연선택**에 의한 진화 이론을 제안하였는데 다음의 4가지 관찰을 기초로 하였다. 첫째, 개체군내의 개체간에 유전적 변이가 존재한다. 둘째, 각 종의 생식능력은 시간이 지남에 따라 개체수가 기하급수적으로 증가하는 원인이 된다. 셋째, 생물은 먹이, 생활공간, 물 및 빛 등과 같이 생활에 필요한자원을 위해 서로 경쟁한다. 넷째, 가장 유리한 조합의 특성을 갖고 있는 자손이 가장 잘 생존하고 생식하여 이러한 유전적 특성을 다음 세대로 넘겨준다.
- 자연선택 결과 특정 환경에서 생존과 생식 성공의 기회가 증진된 진화적 변이인 **적응**이 생긴다. 시간이 지남에 따라 충분한 변화가 지리적으로분리된 개체에서 축적되어 (가끔 약간 다른 환경에서) 새로운 종이 만들어진다.

4 진화의 현대합성설을 다윈의 진화론과 비교한다.

- **현대합성설**, 즉 **진화의 합성 이론**은 어떻게 종이 환경에 적응하는지를 설명하기 위해 자연선택에 의한 다윈의 진화이론과 현대 유전학을 결합한 것이다.
- 진화기간 자연선택이 작용하는 유전적 변이는 **돌연변이**에 의해 일어난다.

5 화석 기록으로부터 얻은 진화증거를 요약한다.

- 진화의 직접적인 증거는 고대 생물의 잔존물인 **화석**으로부터 온다.
- 퇴적암층은 최근의 것이 초기의 오래된 층 위에 있는 순서로 나타난다. **표준화석**은 거대한 지리학적 지역에 걸쳐서 특정 층의 특징을 나타낸다. 암석에 있는 **방사성동위원소**는 정확하게 암석의 나이를 측정하는 데 이용된다.

6 비교해부학으로부터 얻은 진화의 증거들을 관련시켜 설명한다.

- **상동 구조**는 공동 조상의 같은 구조로부터 유래되기 때문에, 상동 특징은 그 구조가 다른 방법으로 사용되더라도 기본적인 구조가 유사하다.
- **상사 구조**는 아주 다르고 먼 유연관계에 있는 생물에서 유사한 기능을 갖는다. 상사 구조는 다른 조상을 갖는 생물이 유사한 환경에서 비슷한 방법으로 적응하는 수렴진화를 증명하고 있다.
- **흔적 구조**는 조상 생물에서는 존재하고 기능을 가졌던 비기능적 또는 퇴화된 잔존 구조이다. 생물의 구조들은 가끔 종들이 다른 생활방식에 적응하면서 흔적이 된다.

7 생물지리학을 정의하고 생물의 분포가 어떻게 진화를 뒷받침하는지 기술한다.

- 식물과 동물의 분포인 **생물지리학**은 진화를 지지한다. 오랫동안 나머지 세계와 분리되어온 지역은 그 지역에 독특한 생물을 가지고 있다.
- 한때 대륙은 결합되어 초대륙을 형성하였다. 다양한 대륙 덩어리가 쪼개어져 분리되는 **대륙표류**는 진화에서 주된 역할을 한다.

8 발생생물학을 통해 진화과정을 어떻게 이해하게 되는지 간략하게 설명한다.

- 진화적 변화는 발생과정에서 사건의 정연한 순서에 영향을 미치는 유전자의 돌연변이의 결과이다. 다른 동물의 발생이 같은 종류의 유전자에 의해 조절되는데, 이것은 동물들이 진화 역사를 공유하고 있다는 것을 가리킨다.
- 생물이 분기하거나분리된 진화경로를 택한 이래, 유전적 변화의 축적으로 보다 복잡한 척추동물 배아의 발생 양상이 수정되었다.

- 진화에 대한 분자적 증거에는 보편적인 유전자 암호, 단백질의 아미노산과 DNA의 뉴클레오티드의 보존된 서열 등이 있다.

9 어떻게 진화가설을 실험적으로 검사하는지 그 예를 든다.

- **레즈니크**는 실험실과 자연에서 거피 집단의 진화에 미치는 포식 강도의 영향을 연구하였다. 그와 같은 실험은 근원적인 자연선택 과정을 검사하는 강력한 방법이 된다.

## 연습문제

1. 다음 중 다윈의 진화 기작이 아닌 것은?
   (a) 차별적 생식 성공 (b) 집단에서의 변이
   (c) 획득 (비진화적) 형질의 유전 (d) 자손의 과다생산
   (e) 생존을 위한 투쟁

2. 현대 합성론은 (a) 암석층에 있는 화석의 순서에 근거한다 (b) 자연선택의 필수인 유전적 변이를 설명하기 위하여 유전학을 이용한다 (c) 고대 그리스 학자들에 의해 처음 제안되었다 (d) 생물의 진화에 미치는 지리적 분포의 영향을 고려한다 (e) 갈라파고스 군도에서의 연구가 다윈의 진화에 대한 그의 생각에 영향을 주었다.

3. 다음 진술 중 틀린 것은?
   (a) 다윈은 처음으로 생물진화에 대한 믿을 만한 증거를 제공하였다.
   (b) 다윈은 시간이 지남에 따라 생물은 변한다고 처음으로 제한하였다.
   (c) 월래스는 독자적으로 다윈과 같은 이론을 전개하였다.
   (d) 다윈의 이론은 자연세계에 대한 4가지 관찰에 기초를 둔다.
   (e) 갈라파고스 제도에서의 다윈의 연구는 진화에 대한 그의 개념에 강하게 영향을 미쳤다.

4. 진화는 다음 어느 개념에 기초를 두는가?
   (a) 생물은 공동 기원을 공유한다
   (b) 시간이 지남에 따라 생물은 공동 조상으로부터 분기하였다
   (c) 동물의 몸 일부는 일생을 통해 변할 수 있고 이렇게 획득된 변화는 다음 세대로 전해질 수 있다
   (d) a와 b가 맞다
   (e) a, b, c가 맞다.

5. 진화적 기원이 공통적이어서 다른 종에서 기본적인 형태가 유사한 특징을 (a) 상사 (b) 상동 (c) 흔적 (d) 수렴 (e) 합성 이라한다.

6. 진화는 시간이 지남에 따라 (a) 개체 (b) 집단 (c) 군집 (d) a와 b (e) a와 c 내에서 일어나는 유전적 변화의 축적이다.

7. 다윈은 진화를 자연에서 일어나는 변이 결과로 나타나는 개체의 차별적인 생식 성공으로 설명될 수 있다고 제안하였다. 다윈은 이러한 과정을 (a) 공진화 (b) 수렴진화 (c) 자연선택 (d) 인공선택 (e) 상사 라고 하였다.

8. 땅돼지, 개미핥기, 천산갑은 먼 유연 관계에 있으나 구조가 비슷하고 ____________ 결과 형성된다.
   (a) 상동 (b) 수렴 진화 (c) 생물지리학 (d) 흔적구조 (e) 인공 선택

9. 공동 조상으로부터 내려오지를 않고 독립적인 진화를 통해 나타나는 다른 종에서 비슷한 특징을 갖는 것을 (a) 상사 (b) 상동 (c) 흔적구조 (d) 합성 이론 (e) 자연선택 이라 한다.

10. 갈라파고스 군도의 종들은 (a) 같은 위도의 다른 섬에 있는 종들과 유사하다 (b) 남미 대륙에 있는 종들과 유사하다 (c) 같은 위도의 다른 섬에 있는 종들과 같다 (d) 남미 대륙에 있는 종들과 같다 (e) 아프리카와 남미 대륙에 있는 종들과 유사하다.

## 심화 학습문제

1. **진화적 연계.** 다윈은 "생존하는 것은 가장 강한 종도, 가장 지적인 것도 아니며 변화에 가장 감응하기 쉬운 것이다"라고 말하였는데 이 의미는 무엇인가?

2. **진화적 연계.** 생물의학적인 검사와 연구를 위한 실험 생쥐와 같은 모델 생물의 사용은 모든 생물은 공동 조상을 공유한다는 가정에 기초를 두고 있다. 이 가정은 어떤 증거에 근거를 두고 있는가?

19

# 군집에서의 진화적 변화

G. I. Bernard/Animals Animals

**달팽이 껍질에서의 유전적 변이.** 스코틀랜드 원산의 한 달팽이 종(*Cepaea nemorialis*)에서 껍질의 유형과 색깔을 보여준다. 어떤 색깔들은 서늘한 환경에서 현저하게 나타나고, 반면 다른 색깔들은 따뜻한 기후에 통상적으로 나타나기 때문에 이 달팽이에서의 변이는 아마 적응을 돕는 가치를 가질 것이다.

## 핵심 개념

집단 내에 존재하는 전체 유전자의 모든 대립인자들이 그 집단의 유전자 풀을 구성한다.

집단의 유전자형, 표현형, 대립인자 빈도가 산출되어질 수 있다.

하디-바인베르그 원리는 집단 내의 대립인자와 유전자형의 빈도는 진화를 통해 변하지 않는다고 예측한다.

소진화는 여러 세대를 걸쳐 계속 나타나는 집단 내 대립인자와 유전자형의 변화이다.

소진화적 영향력은 비무작위적 교배, 돌연변이, 유전적 부동, 유전자 흐름, 자연선택 등을 포함한다.

자연선택의 유형에는 안정화 선택, 방향적 선택, 파괴적 선택이 있다.

18장에 학습한 바와 같이 진화는 개체들이 아닌 **집단(population; 개체군)**에서 일어난다. 자연선택은 개체들의 다른 생존률과 번식률에 기인하지만, 개체는 일생 동안 진화하지 않는다. 구조적, 생리학적, 생태학적, 그리고 행동의 개량을 수반하는 진화적 변화는 한 세대에서 다음 세대로 유전된다. **다윈**은 집단에서 진화가 일어난다고 인식했었지만, 형질들이 연속적인 세대들에게 전달되는지 이해하지 못했다. **다윈** 시대부터 생물학의 가장 의미 있는 발전의 하나는 진화에 대한 유전적 기초의 증명이다.

생물학자들은 집단에서 특정 형질의 측정을 통해서 그 형질에서의 변이를 연구한다. 부모와 자손의 형질을 비교함으로써, 관찰된 유전적 변이, 즉 한 집단에서의 대립형질의 수, 빈도, 종류로 나타난 양의 계산이 가능하다.

이장에서는 집단 내에서의 유전적 다양성과 영향을 미치는 요인을 연구하는 **집단 유전학(population genetics)**의 기본적 개념들을 제공하며 유전적 평형과 진화적 변화를 대조하고, 진화적 변화에 영향을 미치는 5가지 요인인 비-무작위 짝짓기, 돌연변이, 유전적 부동, 유전자 흐름, 그리고 자연선택에 대해 알아보기로 한다. 그리고 진화의 원천적 재료로 유전적 변이에 대한 것도 알아본다. ■

## 19.1 유전형, 표현형과 대립유전자 빈도

### 학습목표

1 집단의 유전자 풀의 의미를 정의하라.

2 유전자형, 표현형 및 대립유전자 빈도를 구분하라.

각 집단은 그 집단에 존재하는 모든 유전자에 대한 모든 대립유전자를 포함하는 **유전자 풀(genetic pool)**을 가지고 있다. 이배체의 개체들은 각 자리에 최고 2개의 다른 대립유전자를 가지고 있기 때문에, 한 개체는 일반적으로 집단의 유전자 풀에 존재하는 대립유전자들의 작은 한 부분만을 가진다. 주어진 집단에서 개체들 사이에 명백한 유전적 변이는 각 개체가 유전자 풀 속의 대립유전자의 다른 조합을 가지고 있는 것을 보여준다.

집단의 진화는 유전형, 표현형 그리고 대립유전자의 빈도들의 말로 가장 잘 이해된다. 예를 들어, 임의 집단의 1,000 개체들이 모두 유전자형 검사를 받고, 다음의 결과를 가진다고 가정하면:

| 유전자형 | 개수 | 유전자형 빈도 |
|---|---|---|
| *AA* | 490 | 0.49 |
| *Aa* | 420 | 0.42 |
| *aa* | 90 | 0.09 |
| 합계 | 1000 | 1.00 |

각 **유전자형 빈도(genotype frequency)**는 집단에서 특정 유전자형의 비율이다. 유전자형 빈도는 항상 소수로 표현되고, 모든 유전자형 빈도의 합은 1.0이다. 예를 들어 Aa 유전자형의 빈도는 420 ÷ 1000 = 0.42 이다.

**표현형의 빈도(phenotype frequency)**는 집단에서 특정 표현형의 비율이다. 각 유전자형이 각 특정 표현형에 상응한다면, 표현형과 유전자형의 빈도는 같다. 하지만, 우리의 가설의 대립유전자 A가 대립유전자 a에 우성이고 표현형의 빈도가 다음과 같다면:

| 표현형 | 개수 | 표현형 빈도 |
|---|---|---|
| 우성 | 910 | 0.91 |
| 열성 | 90 | 0.09 |
| 합계 | 1000 | 1.00 |

(이 예에서, 우성 표현형은 AA와 Aa 2개의 유전자형들의 합계이고, 그래서 910의 수는 490 + 420로 얻어진 것이다.)

**대립유전자 빈도(allele frequency)**는 특정 집단에서 특정 대립유전자(A나 a의)의 비율이다. 앞에서 언급했듯이, 배수체가 되는 각 개체는 각 유전자 자리(gene locus; 유전자 좌)에서 2개의 대립유전자를 가진다. 우리는 1,000개체의 집단으로 시작했으므로, 반드시 2,000대립유전자의 합계를 생각해야 한다. 490의 AA 개체들은 980의 A 대립유전자를 가지는 반면, 420의 Aa 개체들은 420의 A 대립유전자를 가지며, 집단에서 1,400의 A 대립유전자 총수를 만든다. 집단에서 a 대립유전자의 총수는 420 + 90 + 90 = 600이다. 이제 대립유전자 빈도를 산출하는 것은 쉽다.

| 대립유전자 | 수 | 대립유전자 빈도 |
|---|---|---|
| *A* | 1400 | 0.7 |
| *a* | 600 | 0.3 |
| 합계 | 2000 | 1.0 |

### 복습

- 유전자 풀은 개체와 집단 또는 모두에게 적용될 수 있는가?
- 집단 내의 모든 유전형의 빈도는 단지 2개의 대립유전자(1개는 우성이며 다른 1개는 열성) 좌에 의해 직접적으로 결정될 수 있는가?
- 인구 1,000명 중 840 명은 tongue roller(TT 또는 Tt)이고 tongue roller가 아닌 사람(tt)는 160명이다. 우성 대립유전자(T)의 빈도는 얼마인가?

## 19.2 하디-바인베르그의 법칙

### 학습목표

3 진화와 관련해서 하디-바인베르그 법칙의 의미를 논하고, 유전적 평형에 필요한 5가지 조건을 열거하라.

4 집단을 포함한 문제를 설명하기 위한 하디-바인베르그 법칙을 사용하라.

방금 논의한 예에서, 집단에서 1,000 개체 중 단지 90개체만이 aa 유전자형의 열성 표현형의 특징을 나타낸다. 나머지 910 개체들은 우성표현형을 나타내고, AA나 Aa이다. 많은 세대를 지난 후에 유성생식을 통한 유전자 재조합은 우성형질이 집단에서 보다 보편적이 되게 한다는 것을 추측할 수 있다. 또한 열성 대립유전자는 결국 모두 사라진다는 것을 추측할 수 있다. 하지만 이런 추측들은 대립유전자와 유전자형의 빈도는 외부의 요인이 없는 한 세대를 거쳐도 변하지 않기 때문에 부정확하다(나중에 논의).

세대를 거치는 동안 대립유전자와 유전자형 빈도가 변하지 않는 집단은 **유전적 평형(genetic equilibrium)**에 있다고 말한다. 시간이 지나도 대립유전자와 유전자형의 빈도에서 비 망상 변화를 가지는 이런 집단은 진화적 변화를 진행하지 않는다. 하지만 진화는 계속적인 세대를 통해서 대립유전자의 빈도가 변하는 집단에서 일어난다.

유전적 평형에 있는 집단에서 계속적인 세대의 안정성에 대한 해석은 영국의 수학자 **하디(Godfrey Hardy)**와 독일의 의사 **바인베르그(Wilhelm Weinberg)**에 의해서 자주적으로 규명되었다. 그들은 집단에서 다양한 유전자형의 예상되는 빈도는 수학적으로 묘사할 수 있다고 지적했다. 이 결과 **하디-바인베르그 법칙(Hardy-Weinberg principle)**은 큰 집단에서 스스로에 의한 유전의 과정은 대립유전자 변이에서 변화를 초래한다는 것을 보여준다. 이는 또한 왜 우성 대립유전자가 열성유전자 보다 보편적일 필요가 없는가를 설명해준다. 하디-바인베르그 법칙은 자연계에서 드물게 발생하는 이상적인 상황을 재현한다. 하지만 모델을 제시해 실제 세계를 우리가 이해하는데 도움을 주기 때문에 유용하다.

이제 원래의 예를 하디-바인베르그 법칙을 설명하기 위해 전개한다. 이런 계산들을 통해 명심해야 할 것은 대부분의 경우 우리는 단지 표현형 빈도만 알 수가 있다(대립유전자가 우성과 열성일 때, 동형접합의 우성 개체들과 이형접합 개체들을 시각적으로 구별하는 것은 언제나 불가능하다). 연구를 통해 형질에 대한 유전적 기초의 분명한 이해를 가지게 된다면, 하디-바인베르그 법칙은 우리가 표현형 빈도를 사용해서 예상되는 유전자 빈도와 대립유전자 빈도를 계산하게 한다.

앞에서 살펴본 바와 같이 대립유전자 A나 a의 빈도는 0에서 1사이의 숫자로 표현된다. 집단에서 전적으로 결여된 대립유전자는 0의 빈도를 가진다. 집단에서 주어진 좌의 모든 대립유전자가 같다면, 그 대립유전자의 빈도는 1이다. 우리의 예에서 단지 2개의 대립유전자 A와 a가 좌에서 존재하기 때문에 그 빈도의 합은 반드시 1이다. 집단에서 p가 우성대립유전자(A)의 빈도를 나타내고, q가 열성대립유전자(a)의 빈도를 나타낸다고 한다면, $p + q = 1$의 간단한 이항방정식으로 그 연관관계를 요약할 수 있다. p나 q 중 하나의 값을 알고 있으면, 나머지의 값을 구할 수 있다: $p = 1 - q$, $q = 1 - p$

$p + q = 1$ 의 양변을 제곱하면 $(p + q)^2 = 1$이 된다. 이 방정식은 대립유전자 빈도 관계를 묘사하는 것에서 집단의 유전자형으로 확장된다. 이렇게 확장되었을 때, 우리는 자손의 유전형들의 빈도를 얻을 수 있다:

$$p^2 + 2pq + q^2 = 1$$

| $p^2$ | | $2pq$ | | $q^2$ | | 1 |
|---|---|---|---|---|---|---|
| AA의빈도 | + | Aa의빈도 | + | aa의빈도 | = | 집단의 모든개체들 |

우리는 항상 열성 동형접합개체의 빈도를 접함으로써 하디-바인베르그 계산을 시작한다. 1,000의 집단에서 90의 열성 동형접합개체를 가진다는 사실로부터, 우리는 aa유전자형의빈도, $q^2$은 90/1,000 이거나 0.09라는 것을 추정할 수 있다. $q^2$은 0.09이므로, q(열성대립유전자 a의 빈도)는 0.09의 제곱근, 0.3이다. p와 q의 연관관계에서, 우리는 우성 대립유전자 A의 빈도 p는 $1 - q = 1 - 0.3 = 0.7$ 과 같다고 결론 내린다.

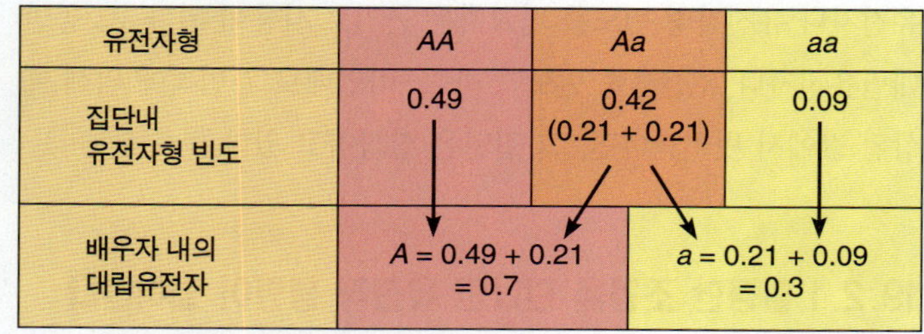


**(a) 유전자형과 대립유전자 빈도.** 배우자에서 대립유전자 A와 a의 빈도를 계산하는 방법을 나타낸 것이다.

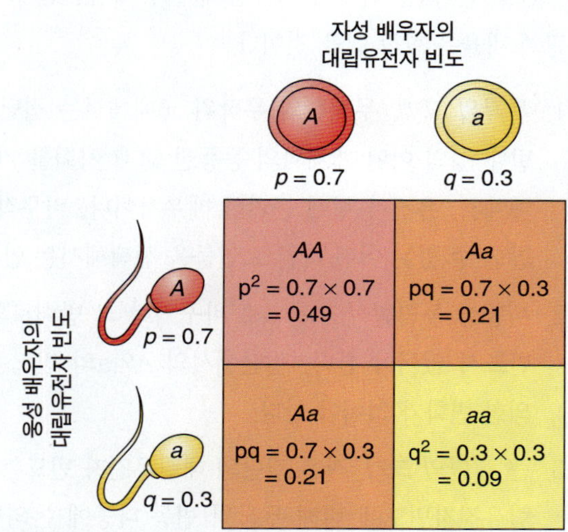


**(b) 대립유전자의 분리와 무작위 수정.** A와 a 대립유전자를 가진 난자와 정자가 무작위로 결합할 때, 자손들 중 가능한 각 유전자형(AA, Aa, aa)의 빈도는 난자와 정자에 있는 대립유전자 A와 a 빈도의 곱으로 계산할 수 있다.

**그림 19-1 하디-바인베르그의 법칙.**

이러한 정보에 기초해서, 우리는 우성 동형접합개체(AA)들의 빈도를 산출할 수 있다: $p^2 = 0.7 \times 0.7 = 0.49$ (**그림19-1**), 이형접합개체(Aa)들의 빈도는: $2pq = 2 \times 0.7 \times 0.3 = 0.42$가 될 것이다. 그러므로, 대략 490개체들이 우성 동형접합자가 될 것이고, 420개체들이 이형접합자가 될 것으로 예상된다. 우리가 시작한 우성형질표현형을 가지는 개체들의 수, 즉 우성 동형접합체와 이형접합체의 합이 910인 것을 주목하라.

어떠한 집단이든지 유전자형의 분포는 $p^2 + 2pq + q^2$에 따르며, 절대적인 p와 q의 값을 가지는 것은 유전적 평형에 있다. 하디-바인베르그 법칙은 유전형의 빈도와 그 반대의 경우를 알고 있으면, 생물학자들이 주어진 집단에서 대립유전자 빈도를 계산할 수 있도록 해준다. 이러한 값들은 계속되는 세대들의 집단의 대립유전자나 유전자형 빈도를 비교하는 근거로 사용이 된다. 그 동안 대립유전자나 유전자형 빈도가 하디-바인베르그 법칙에 의해 예상된 값에서 벗어난다면, 그 집단은 진화하고 있다.

### 19.2.1 일정한 조건을 만나면 유전적 평형이 일어난다

유전적 평형에서의 하디-바인베르그 법칙은 유성생식 시에 예상되어지는 것은 진화하지 않는다고 말한다. 제시된 아래의 5가지 조건을 만나면, 연속적 세대들에서의 대립유전자와 유전자형의 관계 비율은 항상 같을 것이다.

1. *무작위 교배.* 무제한의 무작위 교배에서는 집단의 각 개체는 반대 성의 어떤 개체와의 동등한 교배 기회를 가진다. 우리의 예에서, 유전자 형에 근거한 배우자이나, 비무작위 교배를 유발할 수 있는 어떤 다른 요인들을 선택해서는 안 된다.
2. *비망상 돌연변이.* A를 a로 바꾸거나 그 반대로의 돌연변이는 반드시 없어야 한다. 집단에서의 A와a의 빈도는 돌연변이에 의한 변화가 없어야 한다.
3. *큰 집단의 크기.* 작은 집단의 대립유전자 빈도는 큰 집단의 대립유전자빈도에 비해 무작위 변동(나중에 논의될, 유전적 부동)에 의해 더 잘 변화된다.
4. *비 이주.* 다른 대립유전자 빈도를 갖는 다른 집단과의 유전자 교환이 없어야 한다. 다르게 말하면, 집단 내 개체들의 유입과 유출이 없어야 한다.
5. *비 자연선택.* 자연선택이 일어나면, 특정한 표현형(그리고, 상응하는 유전자형)들은 다른 것에 비해 선호된다. 계속해서, 그 대립유전자 빈도는 바뀌게 될 것이고, 집단은 진화할 것이다.

### 19.2.2 인간 MN 혈액군은 하디-바인베르그 법칙의 중요한 실례이다

인간은 그들 혈세포의 표면에 수많은 항원을 가지고 있다. 항원의 한 그룹은 MN 혈액군으로 설계되어 있으나 인간은 M과 N의 항체를 생성하지 못한다. 그래서 MN 혈액군은 예를 들어 수혈할 때처럼, 의학적으로 중요하지 않지만 유전자형 빈도가 직접적으로 관찰될 수 있고(일반적으로 M과 N으로 설계된 MN 혈액군의 대립유전자는 공동우성이다.), 계산된 빈도들을 비교할 수 있기 때문에 MN 혈액군은 집단 유전학자들에게는 흥미가 있다. 아래 자료는 미국인의 전형적인 MN 혈액군의 유전자형 빈도이다.

| 유전자 형 | 관찰된 수치 |
|---|---|
| *MM* | 320 |
| *MN* | 480 |
| *NN* | 200 |
| 합계 | 1000 |

위 자료에서 1,000 이배체 개체가 있기 때문에, 총 2000개의 대립유전자가 있다. 집단의 M대립유전자의 빈도 = p = (2 × 320 + 480) ÷ 2000 = 0.56. 집단에서의 N대립유전자의 빈도 = q = (2 × 200 + 480) ÷ 2000 = 0.44 이다(빈도의 합 = 1).

이 집단이 유전적 평형에 있다면, 예상되는 MM 유전자형의 빈도 = $p^2 = (0.56)^2 = 0.31$. 예상되는 MN유전자형의 빈도 = $2pq = 2 \times 0.56 \times 0.44 = 0.49$. 예상되는 NN 유전자형의 빈도= $q^2 = (0.44)^2 = 0.19$이다(3가지 유전자형 빈도의 합은 1).

이렇게 계산된 유전자형 빈도들을 이용해서 어떻게 1,000 개체의 집단에서 많은 개체들이 예상되는 유전자형 빈도를 정할 수 있다. 예상되는 수와 실제 관찰된 결과를 비교함으로써, 그 집단이 유전적 평형에 얼마나 가까운지를 볼 수 있다. 간단히 각 유전자형 빈도에 1,000을 곱해보자:

| 유전자형 | 관찰된 수치 | 예상된 수치 |
|---|---|---|
| *MM* | 320 | 313.6 |
| *MN* | 480 | 492.8 |
| *NN* | 200 | 193.6 |
| 합계 | 1000 | 1000.0 |

예상된 수치가 관찰된 수치와 거의 일치하기 때문에, 인간 집단에서의 MN 혈액군은 거의 유전적 평형인 것을 알 수가 있다. 주어진 MN의 특성은 의학적 의미를 가지지 않고 무작위 짝짓기에 영향을 미칠 수 있는 명백한 형질을 만들지 않기 때문에 놀라운 것은 아니다.

**복습**

- 유전적으로 평형인 집단 내에서 동형의 열성 유전형(tt)의 빈도는 0.16 이다. T와 t의 대립유전자 빈도는 얼마이고, TT와 tt 유전형의 예상 빈도는 얼마인가?
- 유전적으로 평형인 집단 내에서 우성 유전형의 빈도는 0.96 이다. 우성(A)과 열성(a) 대립유전자의 빈도는 얼마이고, 예상되는 AA, Aa 및 aa 유전형의 빈도는 얼마인가?
- 집단내 유전형의 빈도는 0.6 BB, 0.0 Bb 및 0.4 bb이다. 이러한 집단은 유전적 평형에 필요한 모든 조건에 적합한가?

## 19.3 소진화

**학습목표**

**5** 소진화를 정의하라.

6 다음의 각 소진화적 영향력들이 집단 내에서 대립유전자 빈도를 어떻게 바꾸는지를 논하라: 비무작위적 교배, 돌연변이, 유전적 부동, 그리고 자연선택.

7 안정화 선택, 방향적 선택, 파괴적 선택을 구분하고 예를 들어보라.

진화는 유전적 평형의 하디-바인베르그 법칙으로부터의 이탈을 의미한다. 관찰된 대립유전자나 유전자형 빈도와 그들의 하디-바인베르그 법칙으로 예상된 것 사이의 이탈의 정도는 진화적 변화의 양을 이야기한다. 진화의 이러한 형태—집단 속의 대립유전자나 유전자형 빈도에서의 세대간 변화—는 보통 몇 세대에 걸쳐 비교적 작거나 중요하지 않은 변화들을 수반하기 때문에 때때로 **소진화**(microevolution)라 불린다. 한 집단의 대립유전자 빈도의 변화는 5가지 소진화적 과정에 기인한다: 비무작위 교배, 돌연변이, 유전적 부동, 유전자 흐름, 그리고 자연선택. 이들의 과정 중 하나나 그 이상이 집단에서 일어날 때는 대립유전자나 유전자형 빈도는 한 세대의 다음 세대에 바뀌게 될 것이다.

## 19.3.1 비무작위 짝짓기는 유전자형 빈도를 변화시킨다

개체들이 표현형을 기초로 배우자를 선택(그에 상응하는 유전자형의 선택)할 때에는, 집단의 진화적 변화를 야기할 수 있다. 비무작위 교배의 두 예는 근친교배와 구별된 교배이다.

많은 집단에서, 개체들은 더 떨어진 구성원들보다 가까운 이웃들과 더 자주 교배를 한다. 그 결과, 이웃들은 좀더 서로 밀접한 관계(유전적으로 유사한)를 가진다. 유전적으로 유사한 개체들 간의 짝짓기는 전체 집단에서 무작위로 선택된 것들보다 밀접한 관계를 가지고, 이를 **근친교배**(inbreeding)라 한다. 근친교배는 전체적인 대립유전자 빈도를 변화시키지는 않지만, 연속적인 근친교배의 세대를 통해 동형접합적 유전형의 빈도가 증가한다. 가장 극심한 근친교배의 예는 자가 수정이며, 식물의 경우 특이하게 일반적이다.

근친교배는 어떤 집단에서는 유해하게 나타나지 않지만, 다른 것에서는 근친교배된 개체가 비근친교배된 개체보다 낮은 적합성을 가지는 **근친교배 감퇴**(inbreeding depression)의 원인이 된다. **적합성**(fitness)은 다음 세대에 유전적 기여를 하기 위해 주어진 유전자형의 상대적인 능력이다 적합성은 보통 한 유전자형의 생존하는 자손들의 평균적인 수와 경쟁 유전자형의 생존하는 자손들의 평균적인 수를 비교함으로써 측정이 된다.

1990년대의 몇몇의 연구는 자연에서의 근친교배의 유해한 결과의 직접적인 증거를 제시했다. 예를 들어, 흰발쥐(*Peromyscus leucopus*)는 들판에서 포획되었고, 실험실에서 근친교배와 비근친교배의 집단으로 발육되었다. 실험실에서 사육된 집단들이 자연을 돌려보내졌을 때, 그들의 생존률은 방출과 재포획의 자료로 산정이 되었다. 비근친교배된 쥐는 통계적으로 특징적인 높은 생존률을 가졌다(**▌그림 19-2**). 왜 근친교배된 쥐가 낮은 생존율을 가졌는지는 모른다. 몇 가지의 가능성은 더 높은 질병에 대한 민감성, 더 서툰 포식자를 회피하는 능력, 먹이를 찾는 더 미미한 능력, 다른 흰발쥐와의 싸움에서 이길 수 있는 능력의 미미함 등을 수반한다.

**핵심 실험**

**질문:** 근친교배는 생존에 영향을 주는가?

**가설:** 비근친교배한 흰발 생쥐는 근친교배한 쥐보다 자연환경에서 생존에 이점이 있을것이다.

**실험:** 야생에서 포획한 쥐를 이용해 실험실에서 근친교배와 비근친교배의 실험 집단을 만들었다. 쥐들을 풀어놓고, 10주 동안 6번(3일 기간)의 표본추출이 이루어졌다. y-축의 값은 한 주동안의 살아남은 쥐들의 비율을 추산한 것이다. 따라서, 0.6은 한 주의 시작에서부터 그 주동안 살아남은 쥐가 60%임을 뜻한다.

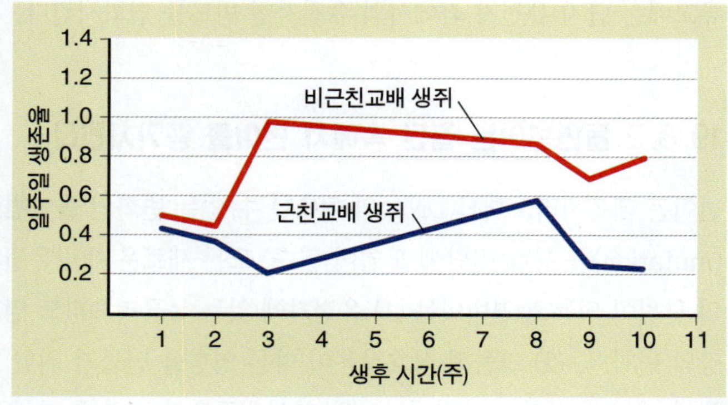


**결과와 결론:** 비근친교배한 쥐(*빨간색*)가 근친교배한 쥐(*파란색*)보다 항상 더 높은 생존률을 보인다. 그러므로 근친교배는 자연에서 이 종의 생존률에 부정적인 영향을 끼친다.

**그림 19-2 근친교배와 비근친교배한 쥐의 생존율.**

그들의 표현형에 의해 개체들이 배우자를 선택하는 **구별된 교배**(assortative mating)는 비무작위 교배의 다른 예이다. 예를 들어, 생물학자들이 초파리(*Drosophila melanogaster*) 집단의 2가지 표현형-높은 체모(bristle) 수와 낮은 체모 수-을 선택했다. 그들은 짝짓기를 조절하는 노력을 하지 않았지만, 파리들이 유사한 표현형과 선택적으로 짝짓기하는 것을 관찰했다. 높은 체모 수의 암컷들은 높은 체모 수의 수컷과 짝짓기하는 경향이 있고, 낮은 체모 수의 암컷들은 낮은 체모 수의 수컷들과 짝짓기하는 경향이 있다. 이러한 같은 표현형과의 배우자 선택은 *양성적 동류교배*라 일컫는다.

양성적 동류교배는 남성과 여성이 신장과 지성과 같은 특징에서 그들과 비슷한 개체들과 결혼하는 경향이 있는 많은 인간 사회에서 행해진다. 근친교배와 같은 동류교배는 보통 집단에서 이형접합적 특징을 소요해서 동형접합적 특징을 증가시키고, 집단에서 전체적인 대립유전자 빈도는 변화하지 않는다. 하지만, 근친교배는 전체 게놈에 영향을 미치는 반면, 배우자 선택을 수반하는 동류교배는 단지 유전자 좌에서의 유전자형 빈도를 변화시킨다.

## 19.3.2 돌연변이는 집단 속에서 변이를 증가시킨다

변이는 데옥시리보핵산(DNA)의 예측할 수 없는 변화인 **돌연변이(mutation)**를 통해 집단에 도입이 된다. 모든 새로운 대립유전자의 근원이 되는 돌연변이는 (1) 유전자에 있는 뉴클리오티드 염기쌍의 변화나, (2) 그들의 상호작용이 다른 영향을 만들기 위한 염색체 내의 유전자 재조합이나, (3) 염색체구조의 변화에 의해 기인할 수 있다. 돌연변이는 예상할 수 없이, 그리고 가역적으로 일어난다. 돌연변이율은 특정 유전자에 대해 비교적 일정하게 나타나지만 몇 가지 종 내에서 유전자간 그리고 다른 종간 크기 순서에 의해 바뀐다.

모든 돌연변이들이 한 세대에서 다음 세대로 넘겨지는 것은 아니다. 체세포에서 일어나는 것들은 유전되지 않는다. 그러한 돌연변이를 가진 개체가 죽을 때, 돌연변이는 소실된다. 세포내의 대부분의 DNA는 "침묵"이고 생리적 특징의 원인이 되는 특정한 폴리펩티드나 단백질을 암호화하지 않는다. 폴리펩티드를 암호화하는 DNA에 돌연변이가 일어날지라도, 폴리펩티드의 구조와 기능에 거의 영향을 미치지 않는다. 하지만, 폴리펩티드가 그것의 기능이 변하게 변형이 되면, 돌연변이는 항상 유해하다. 심각한 비정상적 표현형에 반해서 행동함으로써, 자연선택은 가장 유해한 돌연변이를 배제하거나 빈도를 감소시킨다. 약간 유해할지라도 작은 표현형의 영향을 가지는 돌연변이는 후에 다른 환경적 조건하의 집단에 들어갈 기회를 가지게 되면, 유용하거나 집단에 적합한 형질을 만들게 될 것이다.

자신에 의한 돌연변이는 하디-바인베르그 법칙에 의해 예견된 대립유전자 빈도의 작은 편차를 초래시킨다. 대립유전자 빈도는 돌연변이에 의해서 변할 수 있지만, 이러한 변화는 유전적 부동과 같은 다른 진화적 요인에 의한 변화보다 작은 특징적인 몇 가지 크기의 순서이다. 진화적 요인으로써 돌연변이는 항상 무시할 정도이지만, 진화를 위한 변이의 결정적인 원인으로써 중요하다.

## 19.3.3 유전적 부동에서 무작위적 결과는 대립유전자 빈도들을 변화시킨다

무작위의 결과나 우연은 작은 집단에서 비교적 큰 규모의 변화를 초래하기 때문에 집단의 크기는 대립유전자 빈도에 중요한 영향을 가진다. 만약 하나의 집단이 소수의 개체들로만 구성되어 있다면, 집단 내에서 낮은 빈도로 존재하는 하나의 대립형질은 우연에 의해서 완전히 소실될 수도 있다. 이러한 결과는 큰 집단에서는 대부분 가능성이 없을 것이다. 예를 들어, 10,000 개체들을 가지는 것과 10 개체들을 가지는 것, 두 집단을 고려해보자. 한 드문 대립유전자가 두 집단에서 10% 나 0.1의 빈도로 나타난다면, 큰 집단에서는 1,900 개체들이 대립유전자를 가지고 있다[2]. 작은 집단에서 같은 빈도, 즉 0.1은 단지 2 개체들만이 이 대립유전자를 가진다는 것을 의미한다[3]. 이 예에서, 작은 집단에서의 드문 집단의 소실이 큰 것에서의 것보다 더 가능성이 있다는 것을 쉽게 볼 수 있다. 예를 들어 포식자는 단순히 우연으로 작은 집단의 드문 대립유전자로 분류하는 하나나 둘의 개체들을 죽일 수도 있다. 그러면 그 개체들은 자손을 남기지 못한다.

번식하는 작은 집단에서 무작위 유전적 변화들의 생산은 **유전적 부동(genetic draft)**으로 알려져 있다. 유전적 부동은 한 세대에서 다른 세대에까지 이르는 집단에서 대립유전자의 빈도에서의 변화에 기인한다. 대립유전자가 유익하거나, 유해하거나, 특정한 이점이 없거나, 손해가 있느냐에 관계없이, 하나의 대립유전자는 단순히 우연에 의해 집단에서 배제될 수 있다. 따라서, 유전적 부동은 집단 내에서의 유전적 다양성을 감소 할 수 있고, 반면 다른 집단들 간의 유전적 차이점을 증가시킬 수 있다.

### (1) 병목현상이 일어날 때, 유전적 부동은 중요한 진화적 힘이 된다

먹이 공급의 고갈이나 질병의 창궐과 같은 환경의 변화에 의해서, 집단은 개체 수에서 빠르고 현저한 감소를 보이는 주기적인 경험을 하게 될 것이다. 유전적 부동이 살아남은 작은 집단에서 일어나는 동안, 집단은 **병목현상(bottleneck)**을 통해 가고 있다고 말한다. 집단이 크기가 다시 증가하면, 많은 대립유전자 빈도는 이전의 감소를 보인 집단의 것들과는 꽤 차이점을 보일 것이다.

---

[2] $2pq + q^2 = 2(0.9)(0.1) + (0.1)^2 = 0.18 + 0.01 = 0.19; 0.19 \times 10{,}000 = 1900$

[3] $0.19 \times 10 = 1.9$

**그림 19-3 핀란드 사람들과 창시자 효과.**

핀란드 사람들은 수세기 동안 유럽의 다른 사람들과 격리된 채로 생존한 소수의 집단에서 유래되었다고 생각된다.

과학자들은 치타의 유전적 변이가 10,000년이나 전인 마지막 빙하기의 끝에 일어난 병목현상에 의해 상당히 감소되었다는 가정을 한다(그림 51-9 참고). 그 당시 치타는 아마 인간의 과도한 사냥에 의해 멸종에 가까웠었다. 살아남은 몇몇의 치타는 많이 감소된 유전적 다양성을 가졌고, 그리고 그 결과로 치타의 집단은 오늘날 거의 유전적으로 동일하거나 동종이다.

### (2) 몇몇의 "창시자"가 새로운 집단을 창시할 때에 창시자 효과는 일어난다

하나의 큰 집단에서 하나나 몇몇의 개체들이 한 집단(몇몇의 새들이 새떼의 정착지에서 분리되거나 새로운 영역으로 날아갈 때와 같이)을 설립하거나 기초를 세우면, 그들은 원래의 집단에 존재하는 다양한 변이들 중에서 작은 조각만을 가져온다. 그 결과로 그들의 자손들에 나타나는 유일한 대립유전자들은 이입자들이 우연히 가지게 되는 몇몇의 것이 될 것이다. 일반적으로, 새롭게 설립되는 집단에서의 대립유전자 빈도는 조상 집단에서의 것들과는 전혀 다르다. 큰 집단의 작은 수의 개체들이 새로운 영역에 이주가 될 때의 결과인 유전적 부동은 **창시자 효과(founder effect)**라 불린다.

핀란드인 또한 창시자 효과를 예증한다(**그림 19-3**). 많은 핀란드인과 유럽인 집단에서 DNA 표본 추출을 한 유전학자는 핀란드인이 다른 유럽 인에 비해 적은 유전적 변이를 보인다는 것을 찾았다. 이 증거는 핀란드 인들이 4000년 전에 현재 핀란드에 정착한 작은 집단에서 계통을 이었다는 것과 지정학적인 이유로 몇 세기 동안 다른 유럽 사회와 분리되어 남아있었다는 가설을 지지한다.

## 19.3.4 유전자 흐름은 일반적으로 한 집단 내에서 변이를 증가시킨다

지역 집단에 분포되는 경향이 있는 종의 구성원들은 다른 집단들로부터 어느 정도 유전적으로 고립되어 있다. 예를 들어, 한 연못에서의 황소개구리는 부근의 연못에 있는 것들과 분리된 집단을 형성한다. 두 연못간 이주에 의해 어떤 교환이 있을 수 있지만, 한 연못의 개구리들이 같은 연못의 것들과 더 많이 짝지을 수 있다. 대부분 종의 구성원들은 이 같은 지역적 집단에 분포되는 경향이 있다. 각 집단은 그 종의 다른 집단으로부터 다소 고립되기 때문에 그들은 구별된 유전적 형질과 유전자 풀들을 가질 수 있다.

집단 사이에서 번식하는 개체들의 이동은 그에 상응하는 대립유전자의 이동이나 의미가 있는 진화적 중요성을 가질 수 있는 **유전자 흐름**(gene flow)을 야기 시킨다. 대립유전자들이 한 집단에서 다른 곳으로 흐를 때, 받아들이는 집단 내에서 유전적 변이성의 양을 증가시킨다. 충분한 유전자흐름이 두 집단 사이에 발생한다면 그들은 유전적으로 더 유사하게 된다. 유전자흐름은 두 집단간의 변이의 양을 감소하는 경향이 있기 때문에, 집단이 점점 구별이 되게 만드는 자연선택이나 유전적 부동의 영향을 방해하는 경향이 있다.

한 집단 구성원들에 의한 이주가 상당하고, 집단들이 그들의 대립유전자 빈도에서 차이가 있다면, 의미가 있는 유전적 변화가 지역 집단에서 생길 수 있다. 예를 들어, 10,000년 전 현대 인류가 몇몇의 섬을 제외한 지구의 주 대륙을 거의 모두에 자리를 잡고 있었다면, 집단 밀도가 대부분의 작은 지역에서 낮았기 때문에, 고립된 인류 집단들은 무작위 유전적 부동과 자연선택을 진행하였을 것이다.

## 19.3.5 자연선택은 적응성을 높이는 방법으로 대립유전자 빈도를 바꾼다

환경에 좀 더 성공적인 적응성을 가진 집단의 구성원들이 더 생존하거나 생식을 할 수 있다는 **자연선택**(Natural selection)은 **다윈**에 의해 처음으로 제시된 진화의 기작이다(18장 참조). 연속적인 세대들을 지나는 동안 집단에서 선호하는 대립유전자들의 비율은 증가한다. 다른 소진화 과정(비무작위 교배, 돌연변이, 유전적 부동, 그리고 유전자 흐름)과는 반대로, 자연선택은 왜 생물체들이 그들이 사는 환경에 잘 적응하느냐 뿐만 아니라 두드러진 생명의 다양성도 설명하는데 도움을 준다.

자연선택은 환경에 반응해서 다른 형질들이나 표현형들(그리

**요점**

안정화 선택, 방향적 선택, 파괴적 선택은 집단 내에서의 표현형 분포를 변화시킬 수 있다.

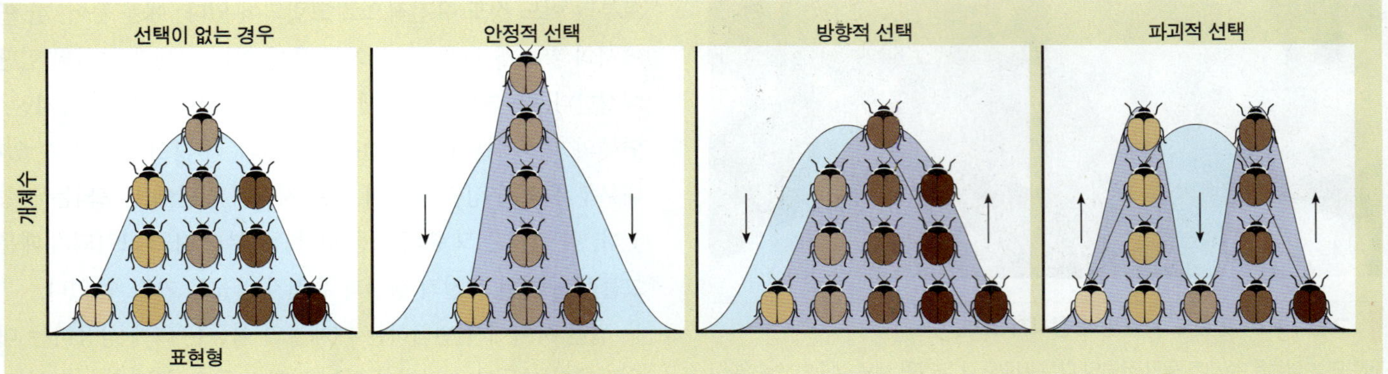


**(a)** 선택이 없는 경우. 다원 유전자(예를 들면, 임의의 딱정벌레 개체군의 날개 색깔)에 의한 형질은 표현형의 정상 분포를 보여준다.

**(b)** 안정화 선택은 표현형은 극단적으로 감소되고 평균적 다양성은 감소한다.

**(c)** 방향적 선택은 한 방향으로 포물선을 옮기고, 형질의 평균치는 변화한다.

**(d)** 파괴적 선택은 중간 표현형을 감소시키며, 결국 2개 이상의 정점을 가진다.

**그림 19-4 선택의 양상.**

청색 바탕은 고유개체군에서 표현형(이 예에서는, 색깔 변이)에 따른 개체들의 분포를 나타낸다. 자주색 바탕은 진화된 개체군에서 표현형에 따른 분포를 나타낸다. 보라색 바탕은 진화개체군에서의 표현형에 따른 분포를 나타낸다. 화살표는 표현형에 따른 자연도태의 압력을 나타낸다

고 다른 유전자형들)을 가진 개체들의 다른 번식이다. 자연선택은 선호하는 대립유전자를 가진 개체들의 보존과 비선호하는 대립유전자를 가진 개체들의 제거를 초래한다. 생존할 수 있고 번식 가능한 자손을 생산할 수 있는 개체들은 선택적 이익을 가지게 된다.

자연선택의 기작은 "완벽한" 생물체의 발전을 초래하지는 않는다. 정확히 말하면, 환경의 도전에 덜 적응하는 표현형을 가진 개체들을 제거하는 반면, 보다 잘 적응한 개체들은 생존과 그들의 대립유전자를 자손에게 전달할 수 있게 한다. 덜 선호하는 형질의 발현의 원인이 되는 대립유전자의 빈도를 감소함으로써, 적응의 원인인 선호하는 대립유전자가 자손과 함께 나타날 가능성이 증가한다.

### (1) 자연선택은 생물체의 표현형에 영향을 끼친다

자연선택은 한 생물체의 유전자형에 직접적으로 작용하지 않는다. 대신, 적어도 유전자형의 발현의 한부분인 표현형에 작용한다. 표현형은 생물체의 유전자형에서 모든 대립유전자와 환경과의 상호작용을 나타낸다.

형질들(예를 들어 인간의 키)이 다 유전적 조절 하에 있을 때, 집단의 대부분이 중간 범위에 위치하고 가장자리들에 적게 위치한 표현형의 범위가 나타난다. 이것은 정상 분포나 표준 종 곡선이다(**그림 19-4a**; 그림 11-22). 집단에서 정상 분포의 변화를 초래하는 3가지 종류의 선택이 나타난다: 안정화, 방향적, 파괴적 선택. 우리는 각 과정을 분리해서 생각하지만, 그 영향은 자연에서 일반적으로 중첩된다.

**안정화 선택.** 환경에 잘 적응한 집단과 연관이 있는 자연선택의 과정은 **안정화 선택(stablizing selection)**으로 알려져 있다. 대부분의 집단은 아마 대부분의 시간에 안정화하려는 힘들의 영향 아래에 있다. 바꾸어 말하면 평균의 개체들이나 중간의 표현형들이 선호되어진다.

안정화 선택은 양 가장자리의 것들을 희생하고 정상 분포의 중간에 인접한 개체들을 선호함으로써 변이를 감소하는 경향이 있기 때문에, 종 곡선이 좁아진다(**그림 19-4b**). 안정화 선택은 집단에서 변이의 양을 감소시키지만, 다른 소진화 과정들이 변이 감소에 반하여 작용하기 때문에 변이가 제거되는 것은 드물다. 예를 들면, 돌연변이는 느리지만 집단내에 지속적으로 유전적 변이를 더한다.

가장 널리 연구되고 있는 안정화 선택의 경우 중 하나는 인간 출생 시 체중을 포함한다. 이는 다 유전적 조절 하에 있으며 또한

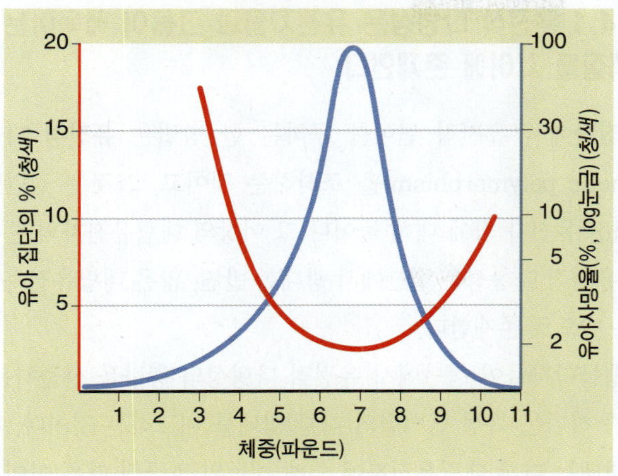


**그림 19-5 안정화 선택.**

푸른색 포물선은 13,730명 신생아의 출생 시 체중의 분포를 나타낸다. 붉은 색 포물선은 각 출생 체중의 사망률을 나타낸다. 이 그림은 출생 시 체중이 아주 낮거나 높을 때, 평균적 체중을 가지는 유아보다 높은 사망률을 가지는 것을 보여준다. 최적의 출생 시 체중은 가장 낮은 사망률을 가지는 것들 중 하나이고, 평균적인 출생 시 체중에 근접한다.

환경적 원인들에 영향을 받고 있다. 병원의 방대한 자료들은 중간의 체중을 가진 유아가 가장 잘 생존할 수 있다는 것을 보여준다(**그림 19-5**). 가장자리(너무 작거나 너무 큰)의 태아들은 높은 치사율을 가진다. 신생아가 너무 작을 때는 그 몸의 체계가 미성숙하고, 너무 클 때는 자궁 경부와 질을 통해 쉽게 빠져나오지 못하기 때문에 분만의 어려움을 가진다. 안정화 선택은 최소의 치사율을 가진 무게에 가까워지기 위해 출생 체중의 변이성을 감소시키는 작용을 한다.

**방향적 선택.** 어떤 환경이 시간에 따라 변한다면, **방향적 선택**(directional selection)은 정상 분포의 한 가장자리의 표현형을 선호하게 될 것이다(**그림 19-4c**). 연속적인 세대를 지나는 동안 한 표현형이 점진적으로 다른 것을 대체한다. 예를 들어, 큰 크기가 새로운 환경에서 이득을 가질 때는 큰 개체들이 집단에서 크게 보편화될 것이다. 하지만 방향적 선택은 새로운 상황 하에 선호되는 대립유전자가 집단내에 이미 존재할 때만 일어날 수 있다.

**다윈**의 갈라파고스 핀치는 방향적 선택의 훌륭한 예가 된다. 1973년부터 프린스턴 대학의 **피터 그랜트**(Peter Grant)와 **로즈마리 그랜트**(Rosemary Grant)는 갈라파고스 핀치를 연구하고 있다. **그랜트** 부부는 데프니 메이저 섬에서 3번의 긴 건기(1977–1978, 1980, 1982)와 심각한 엘리뇨 현상의 우기(1983) 동안 핀치의 습식과 부리의 크기를 세심하게 조사했다. 건기 동안, 많은 수의 곤충들과 작은 씨앗들이 감소되었고, 크고 무거운 씨들이 핀

**표 19-1**

**1976–1977 가뭄 전후의 *Geospiza fortis* 개체군의 변화**

| 형질 | 가뭄 전 평균 (634)* | 가뭄 후 평균 (135)* | 차이 |
|---|---|---|---|
| 무게 (g) | 16.06 | 17.13 | +1.07 |
| 날개 길이 (mm) | 67.88 | 68.87 | +0.99 |
| 부절(다리, 발 바로위)의 길이 (mm) | 19.08 | 19.29 | +0.21 |
| 부리 길이 (mm) | 10.63 | 10.95 | +0.32 |
| 부리 깊이 (mm) | 9.21 | 9.70 | +0.49 |
| 부리 넓이 (mm) | 8.58 | 8.83 | +0.25 |

From P. R. Grant and B. R. Grant, "Predicting Microevolutionary Responses to Directional Selection on Heritable Variation," *Evolution*, Vol. 49, 1995.

* 표본에 사용된 새의 수

Giuliano Gerra and Silvio Sommazzi

치의 근본적인 음식의 재료가 되었다. 이 기간동안 많은 핀치들이 죽고, 대부분의 생존하는 것은 부리가 크고 깊은 큰 새들이었다. 몇 세대 후 이들 큰 새들은 집단에서 보다 많이 보편화되었다 (**표 19-1**). 하지만, 우기 후 작은 씨앗들이 근본적인 음식의 재료가 되었고, 평균 크기의 부리를 가진 작은 핀치들이 선호되었다. 이 예에서, 자연선택은 방향적이다: 건기 동안, 자연선택은 큰 표현형의 선호로 작용되었고, 반면 우기 후 선택은 작은 표현형을 선호하면서 반대 방향으로 일어났다. 베네수엘라와 트리니다드에서 연구된 거피 집단은 방향적 선택의 다른 예이다(18장을 보시오).

**파괴적 선택.** 때로는 환경에서 가장자리 변화가 중간을 희생하고 둘이나 그 이상의 다른 표현형을 선호할 수도 있다. 이것은 새로운 환경에서 하나 이상의 표현형이 선호될 수도 있다는 것이다. 단지 하나보다는 몇 가지 방향의 경향이 있는 **파괴적 선택**(disruptive selection)은 방향적 선택의 특별한 유형이다(▮ 그림 19-4d). 이는 집단 내에서 개체들의 별개인 그룹의 확산이나 특이한 파편을 초래한다. 상대적으로 희귀한 파괴적 선택은 평균이나 중간에 반해서 표현형을 선택한다.

심각한 건기 동안 제한된 음식 공급은 갈라파고스의 다른 섬의 핀치 집단이 파괴적 선택을 경험하게 한다. 핀치 집단은 초기에 다양한 부리 모양과 크기를 보여주었다. 건기 동안 이 섬의 가능한 식량은 나무에 구멍을 뚫는 곤충과 선인장 과실의 씨만 있었기 때문에, 자연선택은 이러한 유형의 음식을 획득하는데 적합한 부리를 가진 새들을 선호하였다. 선인장 열매를 열 수 있기 때문에 긴 부리의 핀치는 생존하였고, 곤충을 노출시키기 위해 나무껍질을 벗길 수 있는 넓은 부리를 갖는 것들도 생존했다. 하지만 중간의 부리를 갖는 핀치는 이러한 먹이 재료를 효과적으로 사용할 수 없었고 지속적으로 낮은 생존율을 가졌다.

자연선택은 단지 유전되는 변이가 이전에 존재 할 때만 집단에서 유형과 대립유전자 빈도의 변화를 유도할 수 있다. 유전적 변이는 진화적 변화의 가공되지 않은 재료이며 자연선택이 작용할 수 있는 다양성을 제공한다. 유전적 변이가 없이 진화는 일어나지 않는다.

**복습**

- 어떤 소진화의 요인이 대립유전자 빈도의 적응적 변화를 유도하는가?
- 소진화의 요인은 대립유전자 빈도에 효과에 가장 적게 영향을 미친다면, 왜 돌연변이는 진화에서 중요한가?
- 어떠한 소진화의 요인이 집단 내 및 집단 간의 변이 증가와 가장 밀접한가?
- 어떠한 소진화의 요인이 전형적으로 대립유전자 빈도의 변화를 수반하지 않고 유전형의 빈도를 변화시키는지 설명하라.

## 19.4 집단에서의 유전적 변이

**학습목표**

4 유전적 다형질, 균형 잡힌 다형질, 중성변이, 그리고 지질학적 변이를 포함한 유전적 변이의 본질과 범주에 대해 기술하라.

집단은 돌연변이에 의해 최초 도입된 다수의 유전적 변이를 가진다. 조합된 교차, 감수분열 동안의 염색체의 독립적 분류, 그리고 배우자의 무작위 결합을 가진 유성생식 또한 유전적 변이에 기여를 한다. 이러한 유성의 과정은 돌연변이에 의해 도입된 변이성을 새로운 방식으로 조합되게 하고, 그것은 새로운 표현형으로 발현할 수도 있다.

### 19.4.1 유전적 다형성은 유전자들과 그들이 해독하는 단백질들 사이에 존재한다

한 집단에서 유전적 변이를 구하는 한 방법은 **유전적 다형성** (genetic polymorphism)을 조사하는 것이고, 그것은 집단에서 주어진 유전자 좌에 대해 둘이나 그 이상의 대립유전자의 존재이다. 유전적 다형성은 집단에서 광대한 반면, 많은 대립유전자들은 낮은 빈도로 존재한다.

생물학자들이 집단에서 유전적 다형성의 총량을 산출하는 방법 중 하나는 특정 단백질의 다른 형태를 비교하는 것이다. 각각의 형태는 다른 대립유전자에 의해 해독된 조금씩 다른 아미노산 서열로 구성되어 있다. 예를 들어, 특정 효소를 가지는 조직 추출물이 젤 전기영동에 의해 다른 개체들에 대해 분석되어 진다면, 젤 전기영동에서, 효소들은 한천 젤의 홈에 놓여지고, 전기적 흐름이 가해지면 한천 젤을 가로질러 이동하게 된다. 특정 효소의 다른 형태의 아미노산 서열의 근소한 변이는 각각을 다른 정도로 이동하게 만들게 되고, 이것은 특별한 염색이나 방사선 표지를 사용해서 발견할 수 있다. ▮ 표 19-2는 선택된 식물과 동물그룹에서

**표 19-2**

**식물과 동물 종 내에서 선택된 효소의 유전적 다형성**

| 생물체 | 전실험에 사용된 종 수 | 다형성을 가지는 효소의 비율 |
|---|---|---|
| Plants | | |
| 겉씨식물 | 55 | 70.9 |
| 현화식물 (외떡잎식물) | 111 | 59.2 |
| 현화식물 (쌍떡잎식물) | 329 | 44.8 |
| 무척추 동물 | | |
| 바다 달팽이 | 5 | 17.5 |
| 육지 달팽이 | 5 | 43.7 |
| 곤충 | 23 | 32.9 |
| 척추동물 | | |
| 어류 | 51 | 15.2 |
| 양서류 | 13 | 26.9 |
| 파충류 | 17 | 21.9 |
| 조류 | 7 | 15.0 |
| 포유류 | 46 | 14.7 |

Plant data adapted from J. L. Hamrick and M. J. Godt, "Allozyme Diversity in Plant Species," in A. H. D. Brown, M. T. Clegg, A. L. Kahler, and B. J. Weir (eds.), *Plant Population Genetics, Breeding, and Genetic Resources*, Sinauer Associates, Sunderland, MA, 1990. Animal data adapted from D. Hartl, *Principles of Population Genetics*, Sinauer Associates, Sunderland, MA, 1980, and P. W. Hedrick, *Genetics of Populations*, Science Books International, Boston, 1983.

몇 가지 효소들의 젤 전기영동에 의한 다형질의 정도를 보여준다. 유전적 다형성은 동물들에서보다 식물들에서 더 커지는 경향을 보이는 것을 주목하라.

### 19.4.2 균형잡힌 다형성은 오랜 기간 존속할 수 있다

**균형잡힌 다형성**(balanced polymorphism)은 자연선택의 결과로 집단에서 여러 세대 동안 둘이나 그 이상의 대립유전자가 존재하는 특별한 유형의 유전적다형성이다.

#### (1) 유전적 다양성은 이형접합체 우세에 의해 유지될 수 있다

자연선택이 종종 비선호되는 대립유전자를 집단에서 제거하는 반면 선호되는 대립유전자는 유지되는 것을 보았다. 하지만, 자연선택은 때때로 집단에서 동형접합적인 상태에서 비선호되는 대립유전자를 포함한 유전적 다양성을 유지하는데 도움을 준다. 예를 들어, 이것은 이형접합체 Aa가 동형접합체 AA나 aa보다 더 높은 적응성을 가질 때 일어난다. **이형접합체 우세**(heterozygote advantage)라는 현상은 사람에서 낫형 적혈구대립유전자의 이형접합적 전달자의 선택적 이익에 의해 설명 된다.

낫형 적혈구빈혈증에 대한 돌연변이 대립유전자($Hb^S$)는 적혈구를 변형하거나 낫형으로 변형된 헤모글로빈을 생산하고, 이는 적혈구를 혈관에 위험한 폐색을 형성하기 쉽게 만들고 간, 췌장, 골수에서 파괴된다(15장 참조). 낫형 적혈구 대립유전자의 동형접합($Hb^SHb^S$)인 개체는 의학적 치료가 불가능할 경우 보통 어린 나이에 죽는다.

이형접합 개체는 정상($Hb^A$)과 낫형 적혈구헤모글로빈의 대립유전자를 모두 가진다. 이러한 이형접합 조건($Hb^AHb^S$)은 심각한 말라리아(기생충 *Plasmodium falciparum*에 의한) 에 대해 정상 헤모글로빈 대립유전자의 동형접합체($Hb^AHb^A$)인 개체보다 저항성이 더 있다. 이형접합개체에서 각 대립유전자는 그들의 특별한 헤모글로빈을 만들고, 적혈구는 거의 동등한 수의 2종류를 가진다. 이러한 세포는 $Hb^S$ 대립유전자만 가지는 적혈구처럼 낫형이 되지 않는다. 또한 이런 적혈구들은 정상의 헤모글로빈을 가지는 적혈구들보다 적혈구에 사는 기생충에 의한 말라리아 감염에 대한 저항성이 더 있다.

말라리아가 문제가 되는 곳에서 2가지 유형의 동형접합체들은 불리하다. 낫형 적혈구 대립유전자는 낫형 적혈구빈혈증에 의해 죽기 쉽고, 반면 정상 대립유전자의 동형접합체는 말라리아에 의해 죽을 수 있다. 그러므로 이형접합체는 동형접합체들보다 적응성이 더 많다. *P. falciparum* 말라리아가 유행하는 아프리카, 중동, 남아시아에는 이형접합개체들이 동형접합개체들보다 많은 수로 생존을 한다(**그림 19-6**). 동형접합적 열성의 조건은 언제나 대부분 치사할지라도 $Hb^S$ 대립유전자는 그 집단에서 높은 빈도로 유지되고 있다.

아프리카인과 $Hb^S$ 대립유전자를 가지는 다른 이들이 미국이나 다른 비말라리아 국가로 이주하면 $Hb^S$ 대립유전자의 빈도에 어떤 일이 생길까? 예상하는 바와 같이, 동형접합개체에서는 낫형 적혈구빈혈증을 초래하는 선택적 불리를 가지며 이형접합개체에서는 말라리아 예방의 선택적 이익을 더 이상 가지지 않기 때문

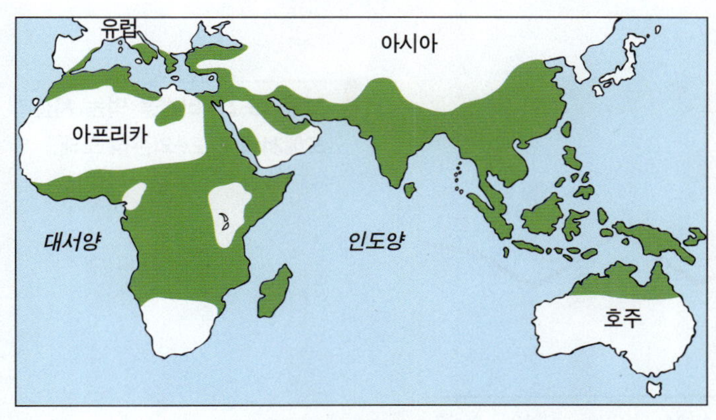


**(a)** *P. falciparum*형 말라리아 (*녹색*)의 지리학적 분포

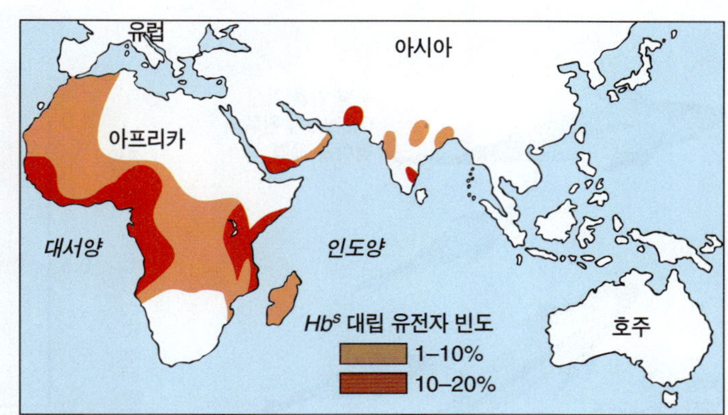


**(b)** 낫형 적혈구빈혈 (*적색과 오렌지색*)의 분포

**그림 19-6 이형접합체 우세.**

말라리아 분포 지역에서 살고 있는 이형접합체들의 건강상태의 양호함은, 이들이 서로 거의 같은 지역에 살고 있는 것으로 보아, 이형접합자 우세의 가설을 입증한다.

에, $Hb^S$ 대립유전자의 빈도는 점진적으로 감소한다. 하지만 $Hb^S$ 대립유전자는 이형접합 개체들에서 선택으로부터 "숨어"있고, 아프리카인 집단에서 미국인 집단으로 유전자 흐름을 통해 재도입되기 때문에 집단에서 절대 사라지지 않는다.

### (2) 유전적 변이는 빈도-의존적 선택에 의해서 유지될 수 있다

여기까지 자연선택에 대한 우리의 토의에서, 우리는 특정한 표현형(그리고 그에 상응하는 유전자형)이 집단에서 그들의 빈도에 독립적이라는 것을 추측했다. 하지만 집단에서 얼마나 자주 나타나는가에 의존한 특정 표현형의 적응성, **빈도-의존적 선택(frequency-depedent selection)**의 경우가 있다. 종종, 표현형은 집단에서 일반적일 때보다 희소할 때 더 큰 선택적 가치를 가진다. 이런 표현형은 일반적이 될수록 그들의 선택적 이점을 잃게 된다.

빈도-의존적 선택은 피식 되는 종의 집단에서 유전적 변이를 유지하는데 도움을 준다. 이러한 경우, 포식자는 좀 더 일반적인 표현형을 잡거나 소비하지만 더 희소한 표현형들은 무시할 것이다. 또한, 덜 일반적인 표현형들은 더 많은 자손을 생산하고 따라서 다음 세대에 더 큰 상대적 기여를 하게 된다. 빈도-의존적 선택은 워터보트맨이라 불리는 수중 곤충으로 설명되는데, 이는 3가지 구별되는 색깔 표현형을 가진다. 3가지 표현형 모두가 동등한 빈도로 존재할 때, 물고기들은 가장 눈에 잘 띄는(즉, 덜 위장된) 형을 소비하기 쉽다. 하지만, 하나의 표현형이 다른 둘보다 많은 수로 존재할 때, 물고기들은 색깔에 관계없이 가장 풍부한 형태를 우선적으로 먹는다. 따라서, 빈도-의존적 선택은 더 일반적인 표현형(그리고 그것들의 유전자형)의 빈도를 감소시키고 덜 일반적인 유형의 빈도를 증가시키는 일을 한다.

또한 빈도-의존적 선택은 아프리카 탕가니카 호수의 비늘 먹는 물고기(*perissodus microlepsis* 종의 씨크리드)에서 설명되어졌다. 다른 어류의 비늘을 물어뜯어서 섭취하는 비늘 먹는 물고기는 왼쪽으로 치우친 입이나 오른쪽으로 치우친 입을 가진다. 2개의 대립유전자를 가지는 한 좌가 이런 특징을 결정한다. 오른쪽으로 치우친 입의 대립유전자는 왼쪽으로 치우친 입의 대립유전자에 대해 우성이다. 이들 물고기는 그들의 먹이 뒤쪽에서 입의 모양에 따라 한쪽방향으로 공격한다. 왼쪽으로 치우친 입을 가진 것들은 항상 먹이의 오른쪽 옆구리를 공격하는 반면, 오른쪽으로 치우친 입을 가진 것들은 항상 먹이의 왼쪽 옆구리를 공격한다. (▮ 그림 19-7a)

피식 종은 비늘 먹는 물고기의 더 일반적인 형으로부터 공격을 피하는 것이 더 성공적이다. 예를 들면, 오른쪽으로 치우친 입을 가진 씨크리드가 왼쪽으로 치우친 입을 가진 것들보다 일반적이라면, 피식자는 왼쪽 옆구리를 더 자주 공격을 받게 된다. 따라서 그것들은 이러한 공격에 더 경계하게 되고, 왼쪽으로 치우친 입을 가지는 덜 일반적인 씨크리드가 선택적 이익을 받게 된다. 왼쪽으로 치우친 입을 가진 씨크리드는 먹이의 획득에 있어서 더 성공적

이 되고, 그러므로 많은 자손을 가지게 될 것이다. 시간이 지나, 왼쪽으로 치우친 입을 가지는 물고기의 빈도는 그들의 풍부함이 빈도-의존적 선택이 그들에 반해서 일을 하고 이익을 덜 일반화된 오른쪽으로 치우친 입을 가진 물고기에게 주어질 때까지 집단내에서 증가할 것이다. 따라서 빈도-의존적 선택은 대략 동등한 수로 물고기의 두 집단을 유지한다(▮ 그림 19-7b).

**(a)** 비늘을 먹는 시클리드는 왼쪽으로 치우친 입과 오른쪽으로 치우친 입의 2가지 형태가 있다. 오른쪽으로 치우친 입을 가지는 개체들은 먹이의 왼쪽 측면을 공격하고, 반면 왼쪽을 치우친 입을 가지는 개체들은 먹이의 오른쪽 측면을 공격한다.

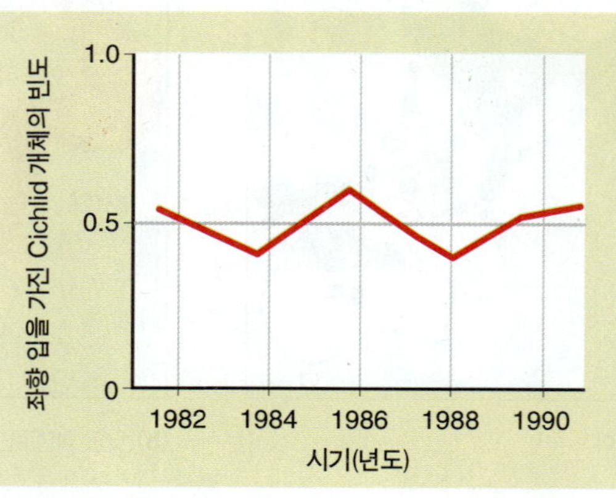


**(b)** 10년 간 조사한 왼쪽으로 치우친 입을 가진 물고기들의 빈도. 빈도 의존적 도태는 약 0.5의 거의 동등한 수로 왼쪽으로 치우친 것과 오른쪽으로 치우친 물고기의 빈도를 유지한다.

**그림 19-7 비늘을 먹는 시클리드에서의 빈도-의존적 도태.**

## 핵심 실험

**질문:** 연속변이는 유전적 요인에 의한 것인가, 아니면 환경적인 영향에 의한 것인가?

**가설:** 각기 다른 고도(그림에 나타나는)에 서식하는 서양톱풀(*Achillea millefolium*)집단에서 나타나는 평균 키의 차이는 유전적 요인에 의한 것이다.

**실험:** 캘리포니아 주와 네바다 주에 걸쳐 있는 네바다 산맥에 광범위하게 퍼져있는 개체군들로부터 종자들을 채집하여, 캘리포니아 주 스탠포드에 있는 실험용 정원에서 동일한 조건 하에서 몇 세대 동안 키웠다.

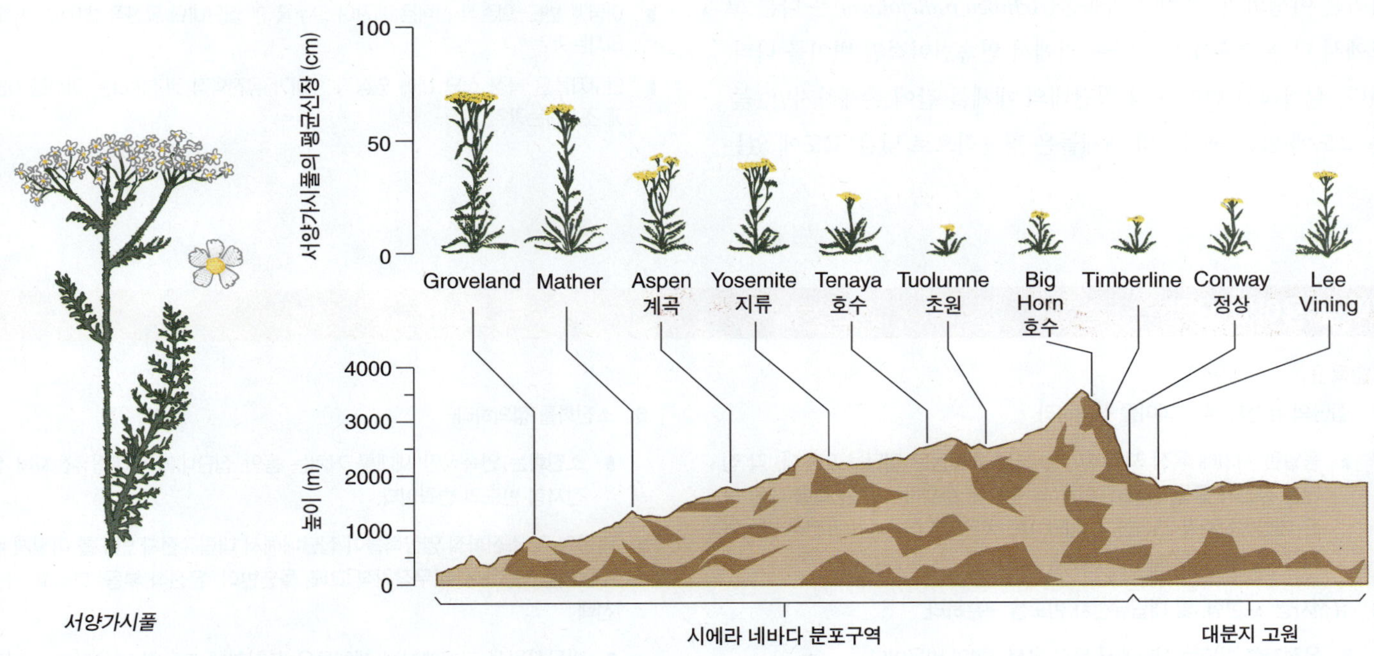


**결과와 결론:** 식물들은 채집되었던 곳의 고도와 관계 있는 유전적인 차이를 드러내면서 그들의 독특한 키를 유지하고 있었다.

**그림 19-8** 서양톱풀(*Achillea millefolium*) 의 연속적 변이.

### 19.4.3 중성변이는 아무런 선택적 이익이나 불이익을 주지 않을 수 있다

한 집단에서 관찰되는 어떤 유전적 변이는 특정 환경에서 뚜렷한 선택적 이익이나 불이익을 받지 않을 수 있다. 예를 들어 단백질 구조를 대체하지 못하는 DNA 무작위 변화는 보통 표현형에 영향을 미치지 않는다. 개체의 생존과 생식의 능력을 대체하지 못하는 변이는 적응되지 않으며, **중성변이(neutral variation)**라 한다.

생물체에서의 중성변이의 범위를 결정하기는 어렵다. 대립유전자가 이익이 되는지 해로운지는 그 영향을 관찰할 수 있다면 설명하기가 상대적으로 쉽다. 하지만 대립유전자가 해독하는 단백질에서의 근소한 차이점을 가진 대립유전자 변이는 중성이거나 아닐 수 있다.

### 19.4.4 다른 지리학적 영역에서의 집단들은 가끔 지역 환경에 대해 유전적 적응성을 보인다

한 집단 내에 개체들 간의 유전적 변이를 더하며, 유전적 차이점은 때때로 같은 종 내에서 다른 집단들 사이에 존재를 하고, 이 현상은 지리학적 변이로 알려져 있다. 지리학적 변이의 한 유형은 **연속변이(cline)**이다. 이는 환경적 기울기의 결과로 인해 지리학적으로 분리된 집단들의 연속을 통해서 한 종의 표현형과 유전자형 빈도에서의 점진적인 변화이다. 연속변이는 색깔, 크기, 모양, 생리나 행동과 같은 형질의 발현에서 변이를 나타낸다. 연속변이는 큰 지리학적 영역에 걸쳐 연속적인 분포를 가진 종들 간에서 일반적이다. 예를 들어, 넓게 분포하는 많은 새와 포유류들의 몸 크기는 위도가 증가함에 따라 점진적으로 증가하게 되는데, 아마도 큰 동물들이 겨울의 차가운 온도에 잘 견디기 때문인 것 같다.

저지대에서부터 산의 고지대에까지 갖가지 북미 서식처에서 자라는 야생화인, 흔한 서양톱풀(*Achillea millefolium*)은 다른 고도에서 다른 기후에 반응하여 키에서 연속변이적인 변이를 나타낸다. 실질적인 변이는 각 집단내의 개체들 간에 존재하지만, 높은 고도에 있는 군집들의 개체들은 평균적으로 낮은 고도에 있는 것들보다 짧다. 이러한 연속 변이적 차이의 유전적 기초는 다른 지리학적 영역에서의 집단들을 동일한 환경에서 연속적으로 자라게 함으로써 실험적으로 설명될 수 있다(**그림 19-8**). 동일한 환경적 조건에 노출됨에도 불구하고, 각 실험 집단은 수집된 고도의 형질 특징을 나타내었다.

**복습**

- 낫형 적혈구 대립유전자는 어떻게 이형접합체의 장점을 나타내는가?
- 어떻게 빈도-의존적 선택은 시간이 갈수록 한 집단내의 유전적 변이에 영향을 미치는가?
- 연구자들은 특정 집단 내에 임상적 변이가 유전학적 기초한다는 가설을 어떻게 조사하는가?

## 핵심 용어와 요약

**학습목표**

1 집단의 유전자 풀의 의미를 정의하라.

- 동일한 시기에 특정 지역에 사는 모든 개체들은 **집단**을 이룬다. 각 집단은 **유전자 풀**을 가지고, 이는 그 집단에 존재하는 모든 **좌**에 대한 모든 **대립유전자**를 포함한다. **집단 유전학**은 집단 내에서 유전적 변이와 작용하는 영향에 대한 연구이다.

2 유전자형, 표현형, 및 대립유전자 빈도를 구분하라.

- **유전자형 빈도**는 집단에서 특정 유전자형의 비율이다.
- **표현형 빈도**는 집단에서 특정 표현형의 비율이다.
- **대립유전자 빈도**는 집단에서 주어진 유전적 좌에서 특정 대립유전자의 비율이다.

3 진화와 관련해서 하디-바인베르그 법칙의 의미를 논하고, 유전적 평형에 필요한 5가지 조건을 열거하여라.

- **유전적 평형**인 집단에서 **하디-바인베르그 법칙**은 진화가 일어나지 않으면 대립유전자와 유전자형 빈도가 세대를 지나도 바뀌지 않는 것을 보여준다.
- 하디-바인베르그 법칙은 집단에서 교배가 무작위적일 때, 대립유전자 빈도를 바꾸는 망상 돌연변이가 없을 때, 집단이 클 때, 개체들의 집단 간의 이동이 없을 때, 그리고 자연선택이 일어나지 않을 때 적용된다.

4 집단을 포함한 문제를 설명하기 위한 하디-바인베르그 법칙을 사용해 보라.

- 하디-바인베르그 법칙에서, p=우성 대립인자의 빈도, q=열성대립인자의 빈도: $p+q=1$ 이다.
- 집단의 유전자형 빈도는 $p^2+2pq+q^2=1$이며, $p^2$는 동형접합적 우성의 유전자형, $2pq$는 이형접합적 우성의 유전자형, 그리고 $q^2$는 동형접합적 열성 유전자형이다

5 소진화를 정의하라.

- **소진화**는 연속적인 세대를 거치는 동안 집단내에서 대립유전자나 유전자형 빈도의 변화이다.

6 다음의 각 소진화적 영향력들이 집단내에서 대립유전자 빈도를 어떻게 바꾸는지를 논하라: 비무작위적 교배, 돌연변이, 유전적 부동, 그리고 자연선택.

- 비무작위적 교배에서는 개체들은 표현형에 기초한 배우자를 선택하게 되고, 간접적으로 상응하는 유전자형을 선택하게 된다. **근친교배**는 전체 집단에서 무작위로 선택할 때보다 더 가까운 유전적으로 유사한 개체들 간의 교배이다. 어떤 집단에서는 **근친교배 감퇴**를 야기하고, 근친교배의 개체들은 근친교배가 아닌 개체들보다 낮은 **적응성**을 가진다. **다양한 교배**에서는 그들의 표현형에 따라 배우자를 선택하게 된다. 근친교배와 다양한 교배는 동형접합적 유전자형의 빈도를 증가시킨다.
- **돌연변이**는, DNA에서 예상치 못한 변화이며, 새로운 대립유전자의 근원이 된다. 돌연변이는 자연선택에 의해 작용하는 유전적 변이성을 증가시킨다.
- **유전적 부동**은 한 작은 집단에서 대립유전자빈도의 무작위 변화이다. 유전적 부동은 유전적 변이를 감소시키며, 그리고 유전적 부동에 의한 이 변화는 통상적으로 적응하지는 않는다. 해로운 환경 요인에 의한 집단 크기의 갑작스런 감소는 **병목현상**으로 알려져 있다. **창시자 효과**는 작은 집단이 새로운 지역에서 서식할 때 일어나는 유전적 부동이다.
- 집단간의 개체들의 이동에 의한 대립유전자의 이동인 **유전자 흐름**은 대립유전자 빈도의 변화를 초래한다.
- **자연선택**은 적응할 수 있는 대립유전자의 변화를 초래한다. 자연선택은 유기체의 표현형에 작용하지만, 특정한 환경에 선호하는 방향으로 집단의 유전적 구성을 변화시킨다.

7 안정화 선택, 방향적 선택, 파괴적 선택을 구분하고 예를 드시오.

- **안정화 선택**은 표현형 양극의 소실로 중간을 선호한다.
- **방향적 선택**은 표현형 평균의 이동으로 인해 다른 것 보다, 한가지 표현형 극단을 선호한다.
- **파괴적 선택**은 둘 혹은 그 이상의 표현형 극단을 선호한다.

8 유전적 다형성, 균형 잡힌 다형성, 중성변이, 그리고 지질학적 변이를 포함한 유전적 변이의 본질과 범주에 대해 기술하시오.

- **유전적 다형성**은 집단에서 주어진 좌에 대해 둘 혹은 그 이상의 대립유전자가 존재하는 것이다.
- 자연선택의 결과로 집단내에서 세대를 거치는 동안 둘 옥은 그 이상의 대립유전자가 존속되는 **균형잡힌 다형성**은 유전적 다형질의 특별한 형태이다. **이형접합자 이점**은 이형접합자가 동형접합자 보다 더 큰 적응성을 보일 때 일어난다. **빈도의존적 선택**에서 유전자형의 선택적 가치는 그것의 발생의 빈도에 따라 변한다.
- **중성변이**는 아무런 선택적 이점을 가지지 못하는 유전적 변이이다.
- 지질학적 변이는 같은 종 내에서 다른 집단들 사이에 있는 유전적 변이이다. **연속변이**는 일련의 지질학적으로 분리된 집단들에서 한 종의 표현형과 유전자형 빈도의 점진적인 변화이다.

## 연습문제

1. 한 개체의 유전적 묘사는 그것의 유전자형이고, 반면 한 집단의 유전적 묘사는?
(a) 표현형 (b) 유전자 풀 (c) 유전적 부동
(d) 창시자 효과 (e) 대립유전자 빈도에서의 변화.

2. 모든 새로운 대립유전자의 근원은?
(a) 유전자 흐름 (b) 자연선택 (c) 돌연변이
(d) 유전적 부동 (e) 이형접합자 이점.

3. 다른 영향에 의해 교란이 된다면, 자연의 큰 집단에서 무작위 유성생식은?
(a) 새로운 종 (b) 유전자 빈도의 변화
(c) 유전자 빈도의 변화 없는 세대들 (d) 새로운 형질
(e) $p^2$나 $q^2$가 아닌 2pq빈도에서의 변화를 초래한다.

4. 이배체의 종에서, 각 개체들은?
(a) 각 좌에 대해 하나의 대립유전자
(b) 각 좌에 대해 2 가지 대립유전자
(c) 각 좌에 대해 세 가지 혹은 그 이상의 대립유전자
(d) 유전자 풀에서 찾을 수 있는 모든 유전자
(e) 유전자 풀에서 찾을 수 있는 대립유전자의 절반을 가진다.

5. MN 혈액 그룹은 왜 집단유전학의 관심의 대상인가?
(a) MN 유전자형의 사람들은 MM이나 NN의 사람들로부터 수혈을 받지 못하기 때문
(b) MM, MN, 그리고 NN의 유전자형 빈도는 직접적으로 관찰되고 산출되고 예측된 빈도와 비교할 수 있기 때문
(c) M 대립유전자는 N 대립유전자에 대해 우성이기 때문
(d) MN 유전자형의 사람들은 빈도 의존적 선택을 보이기 때문
(e) MN 유전자형의 사람들은 이형접합자 이점을 보이기 때문.

6. 집단의 대립유전자와 유전자형 빈도들이 세대를 거쳐서 유지된다면?
(a) 집단은 진화적 변화를 진행 중이다
(b) 집단은 유전적 평형이라고 말할 수 있다
(c) 소진화가 일어난다
(d) 방향적 선택이 일어나지만, 단지 몇 세대뿐이다
(e) 유전적 부동은 진화적 영향의 의미이다.

7. 말라리아가 유행하는 곳에서 낫형적혈구 대립유전자의 지속적인 존재는 아래의 어떤 현상을 설명하는가?
(a) 근친교배 감퇴 (b) 빈도 의존적 선택 (c) 이형접합자 이점
(d) 유전적 부동 (e) 유전적 병목현상

8. 빈도 의존적 선택은 집단내에서 ___________ 을 유지한다.
(a) 다양한 교배 (b) 유전적 부동 (c) 유전자 흐름
(d) 유전적 변이 (e) 안정화 선택

9. 하디-바인베르그 법칙에 따르면?
(a) 대립유전자 빈도들은 우성이나 열성에 의존하지 않지만 세대를 거치면서 본질적으로 변하지 않는 것이 유지된다.
(b) 주어진 좌에서 대립유전자 빈도의 합계는 항상 1보다 크다.
(c) 한 좌가 하나의 대립유전자를 가질 때 그 빈도는 반드시 0이다.
(d) 대립유전자 빈도는 세대를 거치면서 변화한다
(e) 스스로에 의한 유전의 과정은 대립유전자 빈도의 변화를 초래한다.

10. 하디-바인베르그 법칙은?
(a) 집단의 크기가 작다면
(b) 이주가 번식기의 시작에서 일어난다면
(c) 돌연변이가 일정한 비율로 일어난다면
(d) 교배가 같은 유전자형의 개체들간에 배타적으로 일어난다면
(e) 자연선택이 일어나지 않는다면 적용할 수 있다.

11. 유전자 빈도들의 무작위 변화로 기인한 한 작은 집단에서 무작위 진화적 변화는?
(a) 유전자 흐름 (b) 자연선택 (c) 돌연변이
(d) 유전적 부동 (e) 이형접합자 이점이라 한다.

12. 아래에서 자연선택의 사실이 아닌 것은?
(a) 자연선택은 선호하는 형질에 작용하고 선호하지 않는 형질은 제거한다
(b) 환경에 더 잘 적응한 개체들의 자손들은 다음 세대에 더 큰 집단을 구성하게 된다
(c) 자연선택은 개체의 일생동안 획득한 형질을 보전함으로써 진화를 진행하게 한다
(d) 자연선택은 집단의 유전적 다양성에 작용을 하며, 돌연변이를 통해서 일어난다
(e) 자연선택은 집단에서 대립유전자 빈도의 변화에 기인한다.

## 심화 학습문제

1. **자료 분석.** 당신은 각기 다른 위도상에 존재하는 일련의 호수들에서 민노즈 내 특정 종 집단의 수컷에 대해 연구하고 있다. 당신은 그들 성체의 평균 몸무게에 연속적인 변이가 존재한다는 것을 발견하였고 이러한 몸무게의 차이가 유전적인 원인에서 기인한다는 가설을 세웠다. 당신은 수족관 안에서 길러진 각 집단의 표본들로부터 얻은 성체 평균 몸무게가 당신이 야생집단에서 관찰한 차이에서처럼 다를 것이라 예상했다. 하지만, 실험을 수행한 결과, 당신은 집단평균에서 그 어떤 차이도 발견하지 못하였다. 당신의 결론은 무엇인가?

2. **진화적 연계.** 진화는 때때로 "적자생존"으로 특징지어진다. 이것은 적응과 자연선택에 대한 진화 생물학자의 정의와 일치하는가? 이것은 진화에 관한 이해로 올바른가 아니면 부적절한가?

# 20

# 종분화와 대진화

**바위 위에서 볕을 쬐고 있는 해양 이구아나.** 해양 이구아나(*Amblyrhynchus cristatus*)는 갈라파고스 군도에서 진화한 다양한 종들 중 하나이다. 이 종을 제외한 다른 이구아나 종들은 바다에 들어가지 않는다.

Michael Lustbader/Photo Researchers, Inc.

## 핵심 개념

생물학적 종의 개념에 따르면 종이란 그 종을 구성하는 개체 간에는 교배가 성공적으로 일어나지만 다른 종의 개체와는 교배가 일어나지 않는다.

새로운 종의 진화는 생식적 격리에서 시작되고, 격리된 두 집단 사이에는 더 이상 성공적인 교배가 일어나지 못한다.

이지역성 종분화는 생물의 집단이 지역적으로 고립되거나 물리적으로 분리되었을 때 일어난다.

동지역성 종분화는 지리적으로 같은 지역에 서식함에도 불구하고 다른 집단들과 생식적으로 격리가 일어나는 경우이다.

종분화는 수백만년의 시간에 걸쳐 일어나지만 경우에 따라서는 그보다 훨씬 빠른 시간 내에 이루어지기도 한다.

종 또는 그 이상의 분류학적 준위(속, 과 등)의 진화를 대진화라고 부른다.

지구의 다양한 환경에서 생물 종들이 풍부하게 서식하고 있다. 갈라파고스 군도가 바로 이러한 지구상에 많은 새로운 종들을 탄생시키는 장소 중 하나임이 **찰스 다윈**의 연구를 통해 밝혀졌다(사진). 이후의 연구를 통해 갈라파고스 군도 이상으로 풍부한 종들이 서식하고 있는 생물다양성의 보고들이 알려졌다. 브라질의 우림 지역에는 서로 다른 수천 종의 곤충류, 양서류, 파충류, 조류, 포유류들이 서식하고 있으며, 호주 연안에 그레이트 배리어 리프(오스트레일리아 Queensland 주 동쪽 해안에 해안과 나란히 위치한 세계 최대의 산호초)에는 수천 종의 스펀지, 산호, 연체동물, 갑각류, 성게, 어류들이 서식하고 있다.

우리는 현재 얼마나 많은 종들이 지구상에 서식하고 있는지 정확히 알지 못하지만 생물학자들은 천만 종에서 1억종 정도가 있을 것이라고 추정하고 있다. 최근에 지구상에 서식했거나 서식하고 있는 모든 생물의 계통수를 작성하고자 하는 시도가 국내외적으로 시도되고 있다. 오늘날 지구상에 서식하고 있는 생물은 지난 30–40억년의 기간에 걸친 진화의 과정을 통해 이루어진 산물이다. 현재의 생물종의 다양성은 지구의 역사 속에서 어떤 과정을 통해 획득된 것일까? 생물종의 진화와 관련한 종합적 이해는 **찰스 다윈**(2009년이 탄생 200주년의 해)의 "종의 기원"(2009년 기준 출간 150주년의 해)이라는 책이 출간된 이후에 시작되었다고 할 수 있다. 이 장에서는 종을 다른 종으로부터 고립시키는 생식적 장벽과 과거에 서식했거나 현재 서식하고 있는 수백만의 생물 종들이 어떤 방식으로 조상종으로부터 분화되어 나올 수 있었는지를 설명해주는 진화적 기작을 살펴볼 것이다. 그 다음에는 진화적 변이 속도와 종 이상에 해당하는 상위의 분류학적 범주들(종, 속, 과, 목, 강, 문)이 어떻게 진화하는지 즉 대진화에 초점을 맞추고자 한다. ■

## 20.1 종이란 무엇인가?

### 학습목표

1 생물학적 종의 개념을 기술하고, 이 개념이 갖는 2가지의 문제점을 알 수 있다.

명확히 구별되는 생물의 종류와 관련된 개념으로 사용되는 **종**(species, 라틴어원으로 "종류"라는 의미)은 새로운 개념이 아니다. 여러 가지 종을 규정하는 정의들이 있지만 알려진 종의 정의는 모두 각각 한계들을 가지고 있다. 18세기에 생물에 이름을 붙이고, 이들을 기재하고, 분류하는 학문인 현대 분류학의 창시자 **린네**(Linnaeus)는 구조적 차이에 근거하여 식물을 중심으로 여러 생물들을 독립적인 종으로 분류했다(23장 참조). *형태학적 종 개념*(morphological species concept)으로 알려진 이 방법은 여전히 종의 특징을 규명하는 데에 쓰이지만 구조만으로는 종을 적절히 설명할 수 없다.

집단유전학은 종 개념을 훨씬 더 명확히 해주었다. 1942년 진화생물학자인 **에른스트 마이어**(Ernst Myar)에 의해 처음 발표된 **생물학적 종 개념(biological species concept)**에 따르면, 종은 자연 상태에서 교배에 의해 생식력이 있는 자손을 생산할 수 있고, 다른 종의 구성원들과는 교배하지 않는—즉, 생식적 격리가 있는—하나 또는 그 이상의 집단으로 구성된다. 다시 말하면 각 종은 다른 종과 분리된 *유전자 풀*(gene pool)을 가지고 있고, 생식 장벽들은 각 종이 다른 종과 교배되는 것을 막는다.

생물학적 종 개념의 문제 중 하나는 유성생식 생물에만 적용할 수 있다는 것이다. 유성생식을 하지 않는 생물은 생식적 격리라는 용어를 생각할 수 없다. 무성생식 생물들과 멸종된 생물들은 구조적 또는 생화학적 특징에 근거하여 분류할 수 있다. 생물학적 종 개념의 또 다른 잠재적 문제점은 서로 다른 종들 간에는 개념적으로는 교배가 일어나지 않아야 하는데 때때로 이런 일들이 일어난다는 데에 있다(**그림 20-1**).

몇몇 생물학자들은 생물학적 종 개념보다 진화적 종 개념을 선호한다. 계통학적 종 개념이라고도 불리는 **진화적 종 개념(evolutionary species concept)**에서는, 하나의 독립된 종이 되려면 한 개체군이 주된 형질에서 통계적으로 유의한 차이를 보일 정도로 오랫동안 진화해 왔어야만 한다. 이 개념은 검증이 가능하다는 장점이 있다. 그러나 대부분의 과학자들은 생물학적 종 개념을 고수하려 한다. 왜냐하면 어떤 분류군의 진화적 역사에 대해 깊이 있는 연구가 수행되지 않았다면 진화적 종 개념의 적용이 어렵기 때문인데, 현재 대부분의 분류군들에서 관련정보가 부족하다. 아

Gary Retherford/Photo Researchers, Inc.

**그림 20-1 이종간 교배.**

"제브라스(zebrass)"는 얼룩말과 당나귀의 교배로 태어난 불임 잡종으로 양 부모종의 형질을 모두 보유하고 있다. 이와 같은 이종 교배는 텍사스의 야생목장과 같은 특수한 인공적 조건 하에서는 일어날 수 있으나, 야생에서 얼룩말과 당나귀는 교배하지 않는다.

직도 종에 대한 명확한 개념적 정의는 모호한 상태로 남아있다. 본 장에서 다른 언급이 없다면 종이라는 개념은 생물학적 종 개념을 말하는 것으로 이해하면 된다.

## 20.2 생리적 격리

**학습목표**

2 생식적 격리 기작의 중요성을 설명하고 수정 전과 수정 후의 장벽들을 구분할 수 있다.

다양한 **생식적 격리 기작(reproductive isolating mechanism)**이 서식하는 영역이 중첩되는 서로 다른 종 사이의 종간 교잡을 막아준다. 이런 기작은 종 사이의 유전자 교류를 방지하기 때문에 각 종의 유전적 순수성(genetic integrity)을 유지하게 해준다. 대부분의 종들은 근연종의 교잡을 막는 2가지 이상의 기작들을 가지고 있다. 대부분은 교잡이나 수정이 일어나기 전에 일어나지만 어떤 것들은 수정 후에 일어나기도 한다.

### 20.2.1 수정을 방해하는 수정 전 장벽

**수정 전 장벽(prezygotic barriers)**은 수정을 방지하는 생식적 격리 기작이다. 수컷과 암컷의 생식세포의 접촉을 막기 때문에 종간 접합자(한 종의 난세포와 다른 한 종의 정세포의 결합에 의한 수정란)는 발생 할 수 없다. 수정 전 장벽에는 시기적 격리, 서식지 격리, 행동격리, 기계적 격리, 배우자 격리가 있다.

때로 두 종이 서로 다른 시기(다른 해, 다른 계절, 다른 날)에 생식이 일어나는 까닭에 두 종간 유전자 교류가 일어날 수 없는 것을 **시기적 격리(temporal isolation)**라 한다. 예를 들면 초파리의 유사한 두 종인 *Drosophila pseudoobscura*와 *Drosophila persimilis*는 광범위한 영역에서 서식지가 중복되지만 종간 교배는 일어나지 않는다. *D. pseudoobscura*는 오후에 생식력이 왕성하지만, *D. persimilis*는 오전에 왕성하다. 유사하게 캐나다 동부와 미국에서는 두 종의 개구리 서식지가 중복된다. 송장개구리(*Rana sylvatica*)는 주로 3월말 4월초 수온이 7.2℃에서 주로 교배하지만 표범개구리(*R. pipiens*)는 주로 4월 중순 수온이 12.8℃일 때 교배한다(그림 20-2).

두 근연종들이 같은 지역에 서식한다 할지라도 대개는 그 지역 내의 서로 다른 서식처에서 살며, 교배한다. 이것은 두 종의 **서식지 격리(habitat isolation)**를 만들어 낸다. 예를 들면, 딱새(flycatcher)라고 불리는 다섯 종의 작은 새는 외양이 거의 동일하며 북아메리카의 동부 지역에 중첩된 서식지를 가지며 살고 있다. 각 종들은 교배기간 동안 그 지역에 서로 구분되는 특별한 서식지에서만 발견되기 때문에 서식지 격리를 나타낸다. 그래서 종간 교배가 일어나지 않는다. 가장 작은 딱새(*Empidonax minimus*)는 듬성듬성한 숲과 농장에서 빈번히 볼 수 있다. 아카디안 딱새(*E. virescens*)는 낙엽성의 숲이나 특히 해변의 나무들, 늪지 숲에 서식한다. 오리나무 딱새(*E. alnorum*)는 늪지의 잡목 숲을 선호하며, 노란-큰배 딱새(*E. flaviventris*)는 침엽수림에 둥지를 둔다. 버드나무 딱새(*E. traillii*)는 덤불진 목초지와 버드나무 덤불에 산다.

많은 동물 종들은 교배 전에 구분되는 독특한 일련의 신호들을 교환한다. 이런 구애 행위를 **성적 격리 (sexual isolation)**라고도 알려진 **행동 격리(behavioral isolation)**라고 한다. 예로서 집짓기 새는 종 특이적인 구애행위를 나타낸다. 집짓기새의 일종인

**(a)** 송장개구리(*Rana sylvatica*)는 대개 연못의 얼음이 완전히 녹기 전인 이른 봄에 짝짓기를 한다.

**(b)** 표범개구리(*R. pipiens*)는 대개 송장 개구리에 비해 몇 주 후에 짝짓기를 한다.

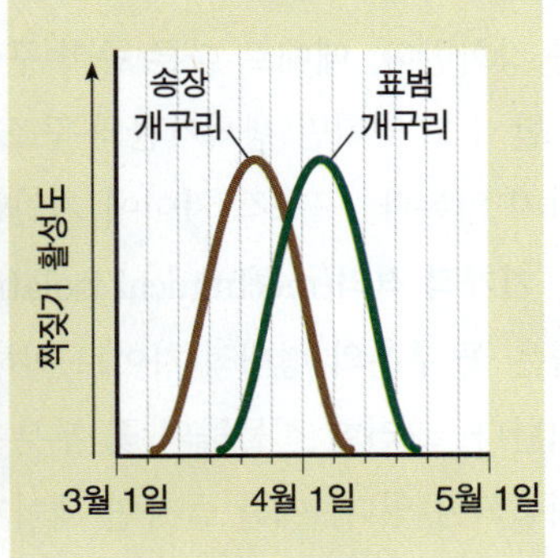


**(c)** 송장개구리와 표범개구리의 짝짓기 활동이 가장 왕성한 시기를 나타낸 그래프. 자연 상태에서는 두 종간의 이종 교배가 일어나지 않는다.

**그림 20-2** 송장개구리와 표범개구리에서 나타나는 시기적 격리.

**그림 20-3 집짓기새의 행동 격리.**

집짓기새(**bowerbird**)는 이종간에 짝짓기가 일어나는 것을 방지하기 위해 고도로 전문화된 구애 형태를 갖는다. 집짓기새의 일종인 푸른풍조(*Ptilonorhynchus violaceus*) 수컷은 암컷을 유혹하기 위해 잔가지로 둥지를 짓는다(왼쪽의 어두운 터널이 둥지다). 둥지 입구에 배치되어 있는 꽃이나 병마개와 같은 인조물을 포함한 푸른색 장식물들이 눈에 띈다.

호주의 수컷 푸른풍조는 나뭇가지로 정교한 집을 짓고 입구를 푸른 앵무새 깃털과 흰 꽃으로 장식한다(▌그림 20-3). 암컷 푸른풍조가 접근했을 때 수컷은 눈길을 끄는 장식물로 부리를 장식하고 암컷 주위에서 춤을 춘다. 춤을 추면서 다양한 소리로 구애 노래도 부른다. 이런 독특한 구애 행위는 유사한 다른 집짓기새 종과 푸른풍조를 생식적으로 격리시킨다. 만약 다른 종의 수컷과 암컷이 구애를 시작했더라도 상대방의 신호에 반응하지 못하거나 다른 종의 신호에 반응할 때에는 구애를 멈춘다.

행동격리의 또 다른 예로 송장개구리와 표범개구리가 있다(앞서 시간적 격리의 예로도 언급되었다). 두 종의 수컷은 교배를 위해 암컷을 유인하는 특별한 소리를 낸다. 이런 소리는 종의 생식적 격리를 강화한다. 때때로 다른 종이 구애를 하거나 심지어 교미를 시도할 수도 있지만 생식기관의 구조가 다르기 때문에 교배는 일어나지 않는다. 구조적 차이에 기인한 종간 교잡을 방지하는 기작을 **기계적 격리**(mechanical isolation)라 한다. 많은 현화식물 종들은 꽃 부분의 형태적 차이로 인해 다른 종과 생식적 격리가 일어난다. 그러한 식물들의 꽃 부분은 특정 화분매개 곤충에게만 적응되어 있다. 예를 들자면 세이지 두 종은 남캘리포니아에서 서식처중첩이 나타난다. 작은 꿀벌들에 의해 수정되는 검은 세이지(*Salvia mellifera*)는 큰 목수벌에 의해 수정되는 흰 세이지(*Salvia apiana*)와는 다른 꽃 구조를 가지고 있다(▌그림 20-4). 흥미롭게도 검은 세이지와 흰 세이지는 시간적 격리에 의해 수분이 방지된다: 이른 봄에는 검은 세이지 꽃의 생식 시기이고 늦은

**그림 20-4 검은 세이지와 흰 세이지에서 나타나는 기계적 격리.**

검은 세이지와 흰 세이지는 꽃의 구조적인 차이로 인해 서로 다른 종류의 화분매개 곤충에 의해 수분이 일어난다. 이 때문에 2종간에는 교잡이 불가능하다. **(a)** 검은 세이지 꽃잎은 작은 벌의 착륙 장소로서의 기능을 한다. 큰 벌의 착륙 장소로서 기능하기에는 적합하지 않다. **(b)** 넓은 착륙 장소를 제공하는 꽃잎과 긴 수술을 가진 흰 세이지는 검은 세이지의 매개 곤충과는 달리 몸집이 큰 캘리포니아 목수벌에 의해 수분이 일어난다. 만약 작은 벌이 흰 세이지에 앉으면 몸을 수술에 문지를 수 없다(그림에서 흰 세이지의 꽃 윗부분은 제거되었다).

봄과 초여름에는 흰 세이지의 생식 시기이다. 형태적 격리는 동시에 꽃을 피워야만 하는 두 종이 잡종 교배가 일어나는 것을 막아주는 것 같다.

설령 서로 다른 두 종간의 교배가 일어나더라도 생식세포가 결합하지 못한다. 종 사이에 나타나는 분자적, 화학적 차이에 기인하는 **배우자 격리**(gametic isolation)때문에 다른 종의 난자와 정자는 결합할 수 없다. 이런 이유로 주변의 물속에 정자와 난자를 동시에 방출하는 수중 동물에서도 종간 접합체는 극히 드물다. 난자 표면에는 같은 종의 정자 표면에만 있는 상보적인 분자만이 결합할 수 있는 특수한 단백질이 포함되어 있다(50장 참조). 이러한 분자 인식과 유사한 유형이 암술머리(stigma)와 화분 가루 사이에서도 나타나는데, 이것이 다른 식물종의 암술머리에서 수분이 일어나지 않도록 해준다.

### 20.2.2 두 근연종 사이에 수정이 일어났을 때 수정 후 장벽이 유전자 흐름을 막는다

수정 전 장벽이 있음에도 불구하고 때로 두 근연종들의 생식세포

John Eastcott/Yva Momatiuk/Earth Scenes/Animals Animals

**그림 20-5 노새의 잡종 불임.**

검은 세이지와 흰 세이지는 꽃의 구조적인 차이로 인해 서로 다른 종류의 곤충에 의해 수분이 일어난다.

사이에는 수정이 일어날 수 있다. 이런 일이 발생했을 때 생식 실패 가능성을 증가시키는 **수정 후 장벽(postzygotic barriers)**이 작동한다. 일반적으로 종간 잡종 배아는 자연히 죽게 된다. **발생(development)**은 성체로 성장하고 성숙하기 위해 순차적인 여러 단계를 거쳐야 하는 과정으로, 이를 위해 많은 유전자의 상호 조절과 정확한 작동을 필요로 하는 복잡한 과정이다. 분명히 다른 종의 부모로부터 온 유전자들은 정상적인 발생을 위해 필요한 적절한 조절 기작을 수행할 수 없다. 이런 경우에 **잡종 치사(hybrid inviability)**에 의한 생식적 격리가 일어난다. 예를 들면, 표범개구리의 정자와 황소개구리의 난자를 인위적으로 수정 시켰을 때 잡종은 초기 배아상태에서 거의 죽는다. 비슷한 예로 다른 붓꽃(irises)종의 교잡에 의해 생성된 배아는 성체가 되기 전에 죽는다.

만약 종간 잡종이 발생과정을 지나 생존했다 하더라도 자손을 생산하는 것은 불가능하다. 여기에는 몇 가지 이유가 있다. 잡종 동물은 부모 종의 어느 경우에도 맞지 않는 구애 행동을 해 결과적으로 교배를 할 수 없게 된다. 감수분열 시 일어나는 문제들이 종간 교잡 접합체의 배우자들을 비정상적으로 만들 때 **잡종 불임(hybrid sterility)**이 나타난다. 잡종불임은 부모종의 염색체수가 다를 경우 일반적으로 나타난다. 예를 들면 노새는 암컷 말(2n = 64)과 수컷 당나귀(2n = 62)의 자손이다(**그림 20-5**). 이런 유형의 결합은 염색체 접합(감수 분열동안 상동염색체 쌍)과 분리가 적절히 일어날 수 없기 때문에 불임 후손이 나타난다. 단원 도입부의 얼룩말 역시 염색체 수 이상 때문에 잡종불임 현상을 나타낸다. 당나귀 염색체는 62개이고 얼룩말은 종에 따라 염색체가 32, 44, 46개다.

**표 20-1**

**생식적 격리기작**

| 기작 | 작동방법 |
|---|---|
| **수정 전 장벽** | 수정을 막음 |
| 시기적 격리 | 유사 종들의 짝짓기나 개화의 시기가 다름 |
| 서식지 격리 | 유사 종들의 서식장소나 교배장소가 다름 |
| 행동 격리 | 유사 종들의 차별된 구애 행위 |
| 기계적 격리 | 유사 종들의 생식기의 구조가 다름 |
| 배우자 격리 | 유사 종들의 접합자는 화학적으로 맞지 않음 |
| **수정 후 장벽** | 잡종의 생존력과 수정율의 감소 |
| 잡종 치사 | 종간 잡종은 배아 발생의 초기 단계에 죽음 |
| 잡종 불임 | 종간 잡종이 성체로 성장할 수는 있으나 자손의 생산이 불가능 |
| 잡종 약세 | 종간 잡종의 후손이 대를 이어 성공적인 자손의 생산이 불가능 |

경우에 따라 두 $F_1$ 잡종 사이에서 2차 잡종 세대($F_2$)를 생산할 수 있다. 그런 $F_2$잡종은 몇몇 결함 때문에 이후 세대에서 생식이 불가능한 잡종들을 많이 생산하게 되는데 이를 **잡종 약세(hybrid breakdown)**라고 한다. 예를 들면 해바라기 $F_2$세대의 교잡에서는 잡종 약세가 80%이다. 다시 말하면 80%의 $F_2$세대는 여러 가지 면에서 불완전하고 생식불능이다. 잡종 약세는 $F_3$ 세대와 그 이후의 후손에게서도 발생할 수 있다.

**표 20-1**에 두 종 사이의 교잡을 방지하는 다양한 수정 전과 수정 후 장벽들이 요약되어 있다.

**복습**

- 송장개구리와 표범개구리 사이에 교잡이 자연 상태에서 일어나지 못하도록 막는 장벽은 무엇인가?
- 시기적 격리와 행동 격리의 차이는?
- 기계적 격리와 배우자 격리의 차이는?
- 노새는 수정 후 장벽 중 어떤 유형의 예인가?

## 20.3 종분화

**학습목표**

3 이지역성 종분화의 기작을 설명하고 그 예를 제시할 수 있다.

4 동지역성 종분화의 기작을 설명하고 식물과 동물 모두에서 예를 제시할 수 있다.

이제 우리는 이전에 존재하는 종들에서 어떻게 전적으로 새로운 종이 발생할 수 있는지를 논할 준비가 되었다. 하나의 새로운 종의 진화를 **종분화(speciation)**라 부른다. 한 종으로부터 새로운 한 종

Steinhart Aquarium, Tom McHugh/Photo Researchers, Inc.

**그림 20-6 퍼프피쉬(pupfishes: *Cyprinodon*)의 이지역성 종분화.**

약 10,000년전 미국 네바다주 남부에 위치한 호수가 완전히 말라버렸을 때, 솟아나는 지하수(샘물)에 의해 유지되는 조그맣고, 격리된 웅덩이가 형성되었고, 여기에서 현격하게 진화한 20종 이상의 퍼프피쉬가 출현하였는데 그림은 그 중 하나를 보여준다. 연못에 사는 퍼프피쉬는 짧고 굵은 몸체를 지니는데 이는 샘물에 사는 물고기의 전형적 특징이다. 더 큰 연못이나 호수에 서식하는 물고기들은 훨씬 더 날씬하고 긴 유선형의 몸체를 갖는다.

이 분화되어 나와 두 종이 형성되는 사건은 한 집단이 그 종의 다른 집단들과 생식적으로 격리 되고, 두 분리된 집단들의 유전자 풀(gene pool)이 유전적 구성에서 서로 차이를 갖기 시작할 때 일어난다. 조상종의 전형적인 집단과 유전적 교환이 전혀 일어나지 않는 충분히 다른 집단이 형성되었을 때 종분화가 일어났다고 볼 수 있다. 종분화에는 이지역성 종분화와 동지역성 종분화가 있다.

### 20.3.1 오랜 물리적 격리와 다른 선택압은 이지역성 종분화를 낳는다

한 집단이 나머지 다른 집단들과 지리적으로 분리된 다음 자연선택(18장 참조)이나 유전적 부동(19장 참조) 중 어느 하나 또는 두 가지 모두에 의해 일어나는 종분화를 **이지역성 종분화**(**allopatric speciation**: 그리스어원 allo "다른", patri "토착지")라 한다. 이지역성 종분화는 가장 일반적인 종분화 방법이고, 새로운 동물 종의 진화는 거의 이지역성 종분화에 의해서 이루어진다.

이지역성 종분화에는 여러 가지 방법이 있지만 지리적 격리가 필요하다. 지표면은 계속적으로 변한다. 강의 수로가 변하거나, 빙하가 움직이거나, 산맥이 형성되거나, 이전에 하나이던 수중 생태계를 둘로 나누는 육로가 생기거나, 큰 호수가 여러 개의 작은 호수로 변하거나 하는 변화는 집단을 지리적으로 나눈다.

지리적 격리가 어떤 종에는 아무런 영향력이 없을 수도 있다. 예를 들자면 새와 부들(cattail)은 호수가 여러 개로 나누어진다고 해도 격리가 되지 않는다. 새는 쉽게 다른 작은 호수로 날아 갈 수 있고 부들도 바람을 타고 열매나 화분을 퍼트릴 수 있다. 반면에 물고기는 작은 호수와 호수 사이의 육지 장벽을 횡단 할 수 없어 생식적으로 쉽게 격리된다.

캘리포니아와 네바다에 있는 죽음의 계곡(Death Valley)에는 지난 마지막 빙하기에 습한 기후로 인해 형성된 서로 연결된 큰 호수들이 있었다. 이런 호수들에는 하나 또는 여러 종의 pupfish(송사리과의 작은 물고기류)가 서식한다. 시간이 지나 점차 기후가 건조해지면서 큰 호수는 말라서 작은 여러 개의 격리된 연못이 되었다. 사막 연못의 특징인 높은 온도와 높은 염도, 낮은 산소량의 환경 때문에 작은 호수에 있는 pupfish 집단은 유전적 부동이나 자연선택에 의해 원시종에서 점차적으로 분화되어 갔다. 오늘날 캘리포니아의 죽음의 계곡과 네바다의 Ash Meadows에는 20여 종, 아종, 집단의 pupfish가 서식하고 있다. Devil's Hole pupfish(*Cyprinodon diabolis*)나 Owens pupfish(*Cyprinodon radiosus*)와 같은 많은 종들이 격리된 한 두개의 작은 호수에서 살고 있다(**그림 20-6**).

하나의 작은 집단이 원래 종이 서식하던 지역에서 벗어나 이주하거나 퍼져나가(폭풍 등에 의해) 원 서식지에서 멀리 떨어진 새로운 지역에 서식하게 될 때 이지역성 종분화가 일어난다. 부모종으로부터 지리적으로 서식지 격리가 일어나고, 격리된 유전

Victoria McCormick/Earth Scenes/Animals Animals

**그림 20-7 하와이 거위의 이지역성 종분화.**

하와이 거위(Nene, "nay-nay"로 발음함 *Branta sandvicensis*)는 하와이와 마우이의 화산에서만 발견되며, 이곳은 가장 가까운 대륙으로부터 약 4,200km 떨어져 대륙과는 지리적으로 격리되어 있다. 다른 거위들과 비교할 때, 하와이 거위는 물갈퀴가 불완전하며, 발톱은 보다 길고 강하고, 발바닥은 더 두껍다. 이런 적응은 용암지대에서 하와이 거위가 보다 더 쉽게 걷을 수 있도록 해준다. 하와이 거위는 북아메리카에서 기원한 작은 거위 집단으로부터 진화되었을 것으로 생각된다. 하와이 소재 하와이화산국립공원에서 찍은 사진

자 풀들에서 작은 소진화적 변이가 독자적으로 축적되면서 여러 세대를 거치면 결국 새로운 종으로 분화될 수 있다. 섬은 이지역성 종분화를 위한 지리적 격리를 만들어 주기 때문에 이러한 진화적 기작을 연구하기에 매우 훌륭한 기회를 제공해준다. 이런 예들은 갈라파고스 섬과 하와이 섬에서 볼 수 있다. 원시 이주종의 후손으로 보이는 수백 종의 독특한 종들이 각 섬에 서식하고 있다(**그림 20-7**).

격리된 종의 집단 크기가 작을수록 종분화는 더욱 잘 일어난다. 창시자 효과를 포함하는 유전적 부동(genetic drift)을 생각해 보면 크기가 작은 소집단의 격리는 종분화에 더욱 결정적이다(19장 참조). 격리된 작은 집단에서 대립인자 빈도의 빠른 변화에 의해 유전적 부동이 일어나는 경향이 있다. 유전적 부동에 의한 분기는 집단이 새로운 환경에서 다른 선택 압력을 받을 때 더욱 잘 나타난다.

#### (1) Kaibab 다람쥐는 이지역성 종분화 과정이 일어나고 있는 예이다

지금보다는 건조함이 덜했던 약 10,000년 전 미국의 남서부 지역의 숲에는 귀에 난 털이 특징적인 다람쥐들이 서식하고 있었는데, 그랜드 캐년의 Kaibab 고원에 작은 나무 다람쥐가 한 예이다. 이 다람쥐 집단은 기후 변화로 인해 북쪽, 서쪽, 동쪽이 사막화가 일어나면서 지리적으로 격리되었다. 남쪽으로 수 마일 떨어진 지역에 Abert 다람쥐가 서식하지만 두 집단은 그랜드 캐년에 의해 분리되었다. 오랜 시간동안의 독립적인 변화로 인해 외양과 생태 모두에서 Kaibab 다람쥐는 새로운 종으로 변해가고 있다.

Tom and Pat Leeson

**(a)** 흰 꼬리와 회색 배를 지닌 카이밥(Kaibab) 다람쥐는 그랜드캐년의 북부에 서식한다.

Kent and Donna Dannen

**(b)** 회색 꼬리와 흰색 배를 가진 아버트(Abert) 다람쥐는 그랜드캐년의 남부에서 서식한다.

**그림 20-8** 진행중인 이지역성 종분화

여러 가지 방식으로 넓게 분포해 나간 Abert 다람쥐와는 달리 오랜 기간의 지역적 격리를 통해 작은 Kaibab 다람쥐 집단은 독립적으로 분화되어 갔다. Kaibab 다람쥐는 꼬리가 희고 배가 검다. 반대로 Abert 다람쥐는 꼬리가 회색이고 배가 희다(**그림 20-8**). 생물학자들은 Kaibab 다람쥐에서 일어난 이러한 현저한 변화가 유전적 부동의 결과로 발생했다고 생각한다.

어떤 과학자는 Kaibab 다람쥐와 Abert 다람쥐가 *Sciurus aberti*라고 하는 하나의 동일한 종의 서로 다른 집단일 뿐이라고 생각하고 있지만, 또 다른 과학자들은 Kaibab과 Abert 다람쥐가 생식적으로 격리되어있기 때문에 Kaibab 다람쥐를 *Sciurus kaibabensis*라고 하는 별개의 종으로 분류해야한다고 보고 있다.

### 20.3.2 동지역성 종분화에 의해 동일 지역에서도 두 집단간 분화가 일어난다

진화에서 지역적 격리가 중요한 요소지만 절대적인 필요성을 가지는 요소는 아니다. **동지역성 종분화**(sympatric speciation; sym,"함께" patri, "토착지")는 지리적으로 동일한 지역에서 새로운 종이 진화한다는 것이다. 동일 지역에서 2개의 서로 다른 유전자 풀로의 분화가 일어나는 종분화 과정의 시작 단계에서는 생식적 격리 기작이 작동한다. 동지역성 종분화는 식물에서 일반적이다. 동물에서는 드문 현상이다: 최근까지 자연 상태에서 동물의 동지역성 종분화를 입증하기가 어려웠다.

동지역성 종분화의 발생에는 최소한 2가지 방식이 알려져 있다. **배수성**(ploidy– 생명체의 염색체를 구성하는 염색체의 수)에서의 변화나 생태에서의 변화가 바로 그것이다.

#### (1) 식물에서 동지역성 종분화의 중요한 기작은 이질배수체성이다

앞서 논의한 생식적 격리 기작에 따르면, 서로 다른 종이 교배하여 살아있는 자손을 형성하는 것이 거의 불가능하다: 만약 살아있는 자손이 태어난다면 일반적으로 불임이다. 각 종은 생식을 위해 배우자를 생성하기에 앞서, 감수분열을 통해 염색체 수를 감소시킨다(10장 참조). 염색체가 배우자로 정확하게 분배되어지기 위해, 상동염색체 쌍은 제1전기 동안 함께 붙어 있어야 한다(염색체 접합). 모든 염색체들이 상동적이지는 않기 때문에 종간 교잡의 자손은 대개는 생성될 수 없다. 그러나 감수분열 전에 염색체수가 두 배가 된다면, 상동염색체 쌍의 접합이 일어난다. 비록 일반적인 현상은 아닐지라도 염색체의 배수화는 다양한 종의 식물과 소수의 동물에서 나타난다. 이러한 현상은 다중배수체의 염색체를 갖는 핵을 생성하는 원인이 된다.

염색체를 두 세트 이상 가지는 **배수체(polyploid)**는 식물 진화의 주요 요인이다. 여러 세트의 염색체를 지니는 배수체 종이 이배체 부모에서 기인할 때 생식적 격리는 불과 이어지는 다음 한 세대 만에 일어난다. 배수체에는 이질배수체(alloployploid)와 동질배수체(autopolyploid)가 있다. 동질배수체는 단일 종으로부터 유래한 다중 세트의 염색체들을 포함하고 이질배수체는 2개 또는 그 이상의 종으로부터 유래한 다중 세트의 염색체들을 포함한다. 자연 상태에서 일반적으로 나타나는 이질배수체에 대해서만 논의하기로 하자.

이질배수체는 근연종의 개체들 사이의 **교잡(hybridization)**에 의해 발생한다. 감수분열동안 접합을 위해 필요한 상동 염색체 쌍을 배수체 상태가 제공해주기 때문에 이질배수체는 생식력 있는 종간 잡종을 만들 수 있다. 결과적으로 배우자는 생존할 수 있다(**그림 20-9**). 즉 종간 교잡을 통해 만들어진 이질배수체는 자가수정이나 유사한 개체와 생식이 가능하다. 그러나 이질배수체는 부모 양쪽의 염색체수가 다르기 때문에 부모종과는 생식적 격리가 일어난다.

만약 이질배수체 군집이 안정화 된다면(즉, 신종), 선택압은 3가지 결과 중 하나를 야기 시킨다. 첫째, 신종은 기존에 성립된 종과의 경쟁에서 성공적으로 경쟁할 수 없기 때문에 멸종된다. 둘째, 이질배수체 개체는 환경에서 새로운 역할을 담당하고 모든 부모종들과 함께 공존한다. 셋째, 부모종 하나 또는 모두와 성공적으로 경쟁한다. 만약 그것이 한쪽 부모 혹은 양쪽 부모 모두 보다도 훨씬 더 적합한 특성을 갖게 된다면, 부모종을 그 교잡종이 대체할 수 있을 것이다.

동물에서 이질배수체는 극히 드물지만 현화 식물종의 진화에서는 중요한 요소로 취급된다. 모든 현화식물의 80%가 배수체로 생각되며 대부분은 이질배수체이다. 더군다나 이질배수체는 극히 빠른 종분화 기작을 보여준다. 생식적으로 격리된 하나의 신종으로 분화하는 데에 단지 한 세대만이 요구된다. 이질배수체 현상은 화석에서 나타나는 현화 식물의 급격한 출현과 오늘날의 엄청난 현화식물의 다양성(약 235,000종)에 대한 설명을 가능하게 한다.

**요점**

염색체 수의 변화가 종종 새로운 식물로의 종분화를 가져온다.

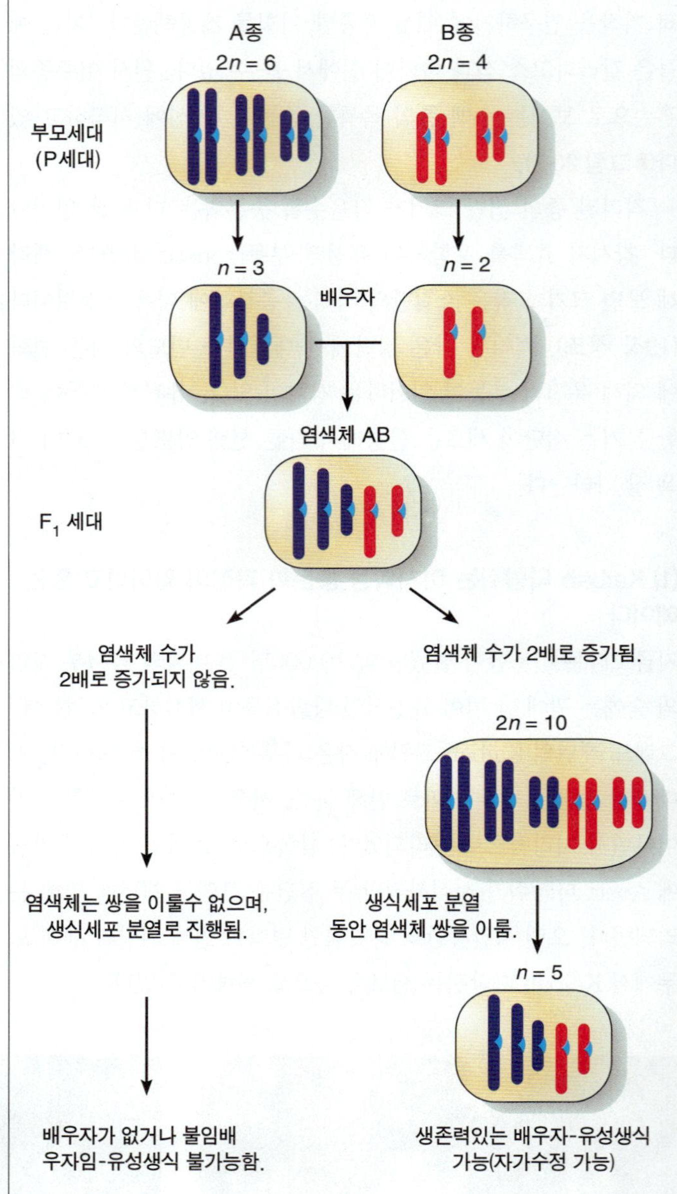


**그림 20-9 식물의 이질배수체에 의한 동지역성 종분화.**

서로 다른 2종(P 세대)이 성공적으로 교잡 되었을 때 그 후손($F_1$ 세대)은 거의 항상 불임이다(아래 왼쪽). 염색체가 2배로 복제되고, 적절히 접합하여 분리가 일어난다면, 생존할 수 있는 배우자가 생성된다(아래 오른쪽). (이해를 돕기 위해 복제되지 않은 염색체도 함께 보여주고 있다).

1898년 영국 Kew에 있는 왕립식물원(*Royal Botanic Garden*)에서 동지역성 종분화의 예로서 앵초(*Primula kewensis*)를 보고 했다(**그림 20-10**). *Primula floribunda*($2n = 18$)와 *Primula verticillata*($2n = 18$) 두 종의 종간 교잡인 앵초(*P. kewensis*)는

**그림 20-10 앵초의 동지역성 종분화.**

신종인 앵초(*Primula kewensis*)는 1898년에 *P. floribunda*와 *P. verticillata*의 종간 교잡에 의해 생성된 이질배수체이다. 오늘날 앵초는 매우 인기 있는 실내용 화초이다.

18개의 염색체를 가지고 있지만 후손을 가질 수 없다. 그러나 이질배수체($2n = 36$) 앵초는 연속적으로 후손을 형성할 수 있는 생식 가능한 씨앗을 형성한다.

동지역성 종분화 기작은 많은 식물종에서 나타나는 것으로 실험적으로 밝혀졌다. 유럽과 아시아의 온대 지방에 서식하는 털 향유라 불리는 일단의 종이 하나의 예이다. 털 향유*Galeopsis tetrahit*($2n = 32$)는 *Galeopsis pubescens*($2n = 16$)와*Galeopsis speciosa* ($2n = 16$) 두 종사이의 종간 교잡에 의하여 자연스럽게 형성되는 이질배수체이다. 이런 과정은 자연계에서 나타나지만 실험적으로도 동일한 결과를 얻을 수 있다. *Galeopsis pubescens*와 *G. speciosa*는 교배해서 대부분이 불임인 $F_1$을 만든다. 그럼에도 불구하고 $F_2$와 $F_3$세대도 생성될 수 있다. $2n = 32$인 자가 수정 가능한 다배수체 식물을 포함하는 $F_3$세대는 부모종 어느 것과도 교배할 수 없는 $F_4$ 자손을 생성할 수 있다. 이런 이질배수체 식물은 자연적으로 발생하는 *G. tetrahit*와 같은 외형과 염색체 수를 가진다. 자연적으로 발생하는 *G. tetrahit*와 실험에서 생산된 종을 교배했을 때 생식력을 지닌 $F_1$을 생성한다. 따라서 실험은 자연상태에서 일어나는 종분화 과정을 재현해 주었다.

### (2) 생태적 변화가 동물에서의 동지역성 종분화를 야기시킨다

생물학자들은 동물에서 동지역성 종분화 현상을 관찰해왔으나, 어떤 상황에서 얼마나 자주 그런 현상이 나타나는지는 여전히 논쟁거리이다. 동물에서 동지역성 종분화의 많은 예들은 기생 곤충을 포함하고 있으며, 배수체 현상보다 다른 유전적 기작에 의존하고 있다. 한 예로서 1860년대 뉴욕의 허드슨 강 계곡에서 산사나무의 작고 붉은 열매에 기생하는 과실해충파리(*Rhagoletis pomonella*) 집단이 유럽에서 유래한 사과나무로 숙주를 바꾸는 일이 벌어졌다. 설령 자매 집단(산사나무 해충파리와 사과 해충파리)이 같은 지역을 계속 점하더라도 다른 숙주에서 먹고 교배하고 알을 낳기 때문에 집단 간 유전자 교류는 일어나지 않는다(**그림 20-11**). 즉, 산사나무 해충파리와 사과나무 해충파리는 생태적인 변화로 인해 생식적 격리가 일어나 다른 종으로 분화되어 나가게 된 것이다. 그러나 대부분의 곤충학자들은 동일한 외형때문에 산사나무 해충파리와 사과 해충파리를 동일종으로 인식하고 있다. 1988년 생물학자들은 산사나무 해충파리와 사과나무 해충파리가 3개의 염색체 영역에서 차이가 있고 날개가 발달하는 시기의 변

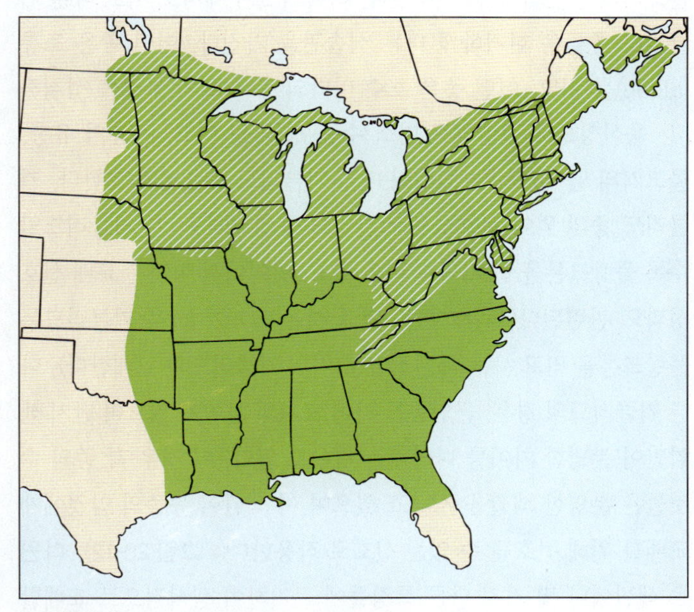


**그림 20-11 사과나무 해충파리와 산사나무 해충파리의 분포 범위.**

사과나무 해충파리(apple maggot fly)와 산사나무 해충파리(hawthorn maggot fly)는 산사나무 해충파리 영역의 북쪽편 절반 전체에 동소적으로 분포하고 있다. *〈그림안의 세부 번역〉*

**(a)** *Pundamilia pundamilia* 수컷은 몸이 은청색이다.

**(b)** *Pundamilia nyererei* 수컷은 등이 붉다.

**(c)** *Pundamilia*속에 속하는 "붉은 머리" 수컷은 가슴이 붉다("붉은 머리"종은 아직 종소명이 없다).

**그림 20-12 빅토리아 호수 키클리드의 색깔 변화.**

빅토리아 호수에서 키클리드(*Pundamilia*)의 종분화는 수컷의 색변화가 그 시작 단계에 해당하고, 뒤를 이어 생태적인 특징을 포함한 다른 특징들이 나타났을 것이라는 몇몇 증거들이 있다. 암컷은 일반적으로 보호색을 가지며 이는 주변 환경과 조화를 이루게 하여 자신을 보호하는데 도움을 준다

화와 관련된 유전자들이라고 보고한 바 있다. 산사나무 해충파리와 사과나무 해충파리의 유충은 겨울 전에 과일에서 빠져 나와 땅에 떨어져 흙 속으로 들어간다. 그러나 산사나무 해충파리가 사과나무 해충파리 보다 늦은 여름에 성체가 되어 땅에서 나오기 때문에 둘 간에는 생식적 격리가 일어나게 된다.

생물학자들은 동 아프리카 호수의 키클리드라 불리는 화려한 물고기의 종분화를 연구해 왔다. 하나의 호수에서도 서로 다른 키클리드 종들은 현저하게 다른 식습관을 가진다. 어떤 종은 조류(algae)를 먹고, 어떤 종은 호수 바닥의 죽은 유기 물질을 섭취하고, 육식성으로 플랑크톤(미소 수중 생물)을 먹고, 곤충의 유충, 물고기의 떨어진 비늘 심지어 다른 키클리드 종을먹기도 한다. 키클리드 종의 먹이 선호성은 키클리드 종의 크기(작은 키클리드일수록 플랑크톤을 선호)와 관련이 있고, 연이어서 이것은 교배 선호성과도 관련된다(플랑크톤을 먹고 사는 크기가 작은 키클리드는 플랑크톤을 먹고 사는 다른 작은 크기의 키클리드와 교배한다). 다른 키클리드의 경우, 근연종들 간에 크기의 차이가 없으며 단지 색깔만이 분명한 차이를 나타내는 경우도 있다. 이 경우 각 종의 수컷들은 분명한 색깔을 지니고 있으며 이 색깔이 동종의 암컷에게 교배를 위해 선호될 수 있는 신호로 작용한다(**그림 20-12**). **다윈**은 색깔이나 몇 가지 다른 특징들에 근거하여 생식적으로 교배할 대상을 선택하는 이러한 기작을 **성선택(sexual selection)**이라고 칭하였다. 그는 이러한 현상이 유전되는 변이들과 관련이 있다고 한다면, 어떤 수컷들에 대한 암컷의 선호성은 시간이 지남에 따라 특정 수컷 변이들(성선택에서 유리한 돌연변이들)에 공통성을 증가시키는 결과를 초래할 것임을 인식하였다. 다윈은 자연선택처럼 성선택 역시 새로운 종의 진화를 가능하게 할 수 있다고 제안했다. (성선택은 51장에서 보다 더 자세히 이야기할 것이다).

## 20.3.3 생식적 격리는 서식처의 중첩지역인 잡종영역에서 붕괴된다

지역적 격리로 인해 뚜렷하게 두 집단이 분리될 때, 종분화 과정이 진행 중인지 완성되었는지를 결정하는 손쉬운 방법은 없다. 만약 군집이나 아종, 종의 개념으로 들어가면 교잡이 발생하는 중첩된 지역인 잡종영역(hybrid zone)이라는 개념을 접하게 될 수밖에 없다. 생성된 잡종은 부모종이 서식하는 환경에는 적응할 수 없으며, 그 잡종군의 크기가 전형적으로 부모군보다 작기 때문에 일반적으로 잡종영역은 좁다.

북아메리카의 대평원에서는 노란 쇠부리 딱따구리와 붉은 쇠부리 딱다구리가 만나 상호 교배한다. 수컷의 붉은 아래날개와 꼬리 때문에 이름 붙여진 붉은 쇠부리 딱다구리는 대평원부터 태평양 해안까지에 걸쳐, 북아메리카의 서부지역에서 발견된다. 아래날개와 꼬리가 노란 쇠부리 딱따구리는 록키산맥의 동쪽에 서식한다. 텍사스에서 남알레스카까지의 안정된 잡종영역을 형성하고 있는 잡종 딱따구리들은 대부분이 오렌지색의 아래날개와 꼬리를 가지지만 외형은 다양하다.

생물학자들은 붉은 쇠부리 딱따구리와 노란 쇠부리 딱따구리가 지역적인 아종인지 아니면 분리된 종인지에 대해 일치된 의견을 가지고 있지 않다. 생물학적 종 개념에 따르면 붉은 쇠부리 딱따구리와 노란 쇠부리 딱따구리가 별개의 두 종이라면 생식적 격리가 유지되어야 한다. 반면에 딱따구리 잡종영역은 확장되지 않고 있다. 즉 두 유형의 딱따구리들은 그들의 독특성을 유지하고 있으며 자유롭게 교배하는 하나의 단일 집단으로 재결합되지는 않았다.

잡종영역에 대한 연구는 종분화를 밝히는 데에 중요한 역할을 했다. 과학에서 논쟁들과 의견차들은 과학의 진보에 중요한 역할을 한다. 왜냐하면 그것들이 우리의 과학적 지식의 기초를 증가

시키는 새로운 아이디어, 가설, 실험적 검증들을 자극하고 촉진시키기 때문이다.

**복습**

- 이지역성 종분화를 일으킬 수 있는 5가지의 지리적인 장벽은 무엇인가?
- 교잡과 배수체성이 어떻게 한 세대만에 새로운 식물 종을 형성할 수 있나?
- Pubfish에서 일어난 종분화 기작은 무엇인가? 키클리드의 종분화 기작은?

## 20.4 진화적 변이 속도

**학습목표**

5 단속평형설과 점진주의설의 견해를 살펴보고, 진화의 속도에 관한 두 논쟁 중 어느 쪽이든 한쪽의 입장을 취해보자.

우리는 종분화가 일어나는 것을 직접 관찰하는 것이 매우 어려운 일임을 알았다. 화석 기록은 신종이 얼마나 빨리 생성되는지에 대한 단서를 제공해주는가? 생물학자들은 한 종에서 다른 종으로 진화해 가는 중간단계의 형태의 화석 기록의 부족을 오래전부터 인식해왔다 시작점(원시종)과 끝점(신종)은 존재하지만 진화상의 한 종에서 다른 종으로 진화했음을 보여주는 중간단계의 화석이 부족하다. 이러한 사실은 전통적으로 화석기록의 불완전성으로 이해되어져 왔다. 많은 작가들이 소설의 처음과 끝부분이 있을 때 중간 부분을 채워 넣는 것처럼, 중간단계에 해당하는 새로운 화석을 발견해 내어 잃어버린 고리 부분을 채우기 위해 많은 생물학자들이 지속적인 노력을 해왔다.

화석 기록을 통해 진화를 설명하기 위해 단속평형설과 점진주의설 2가지의 서로 다른 모델이 고안되었다(**그림 20-13**). **단속평형설(punctuated equilibrium)**은 화석 기록이 지금까지 우리가 생각해 왔던 것에 비해 왜 이렇게 불완전할까 하는 것에 의문을 가지고 있던 고생물학자들에 의해 제시되었다. 1972년 **굴드**(Stephen Jay Gould)와 **엘드리지** (Niles Eldredge)에 의해 처음으로 제시된 단속평형설은 화석기록이 실제 일어난 진화를 정확히 반영하고 있다고 제안하였다. 즉 종의 역사에서, 오랜 **균형상태** (stasis, 진화적 변화가 거의 또는 전혀 없는 상태)가 지속되다가, 환경의 변화 즉 거대한 진화적 충격에 의하여 단기간 내에 급격한 종분화가 일어나면서 그 균형상태가 깨어진다는 것이다. 일반적으로 종분화는 매우 급작스럽게 일어난다. 안정된 긴 기간(예, 2백만 년)뒤에 상대적으로 짧은(예, 10만 년) 활발한 진화기간이 나타난다.

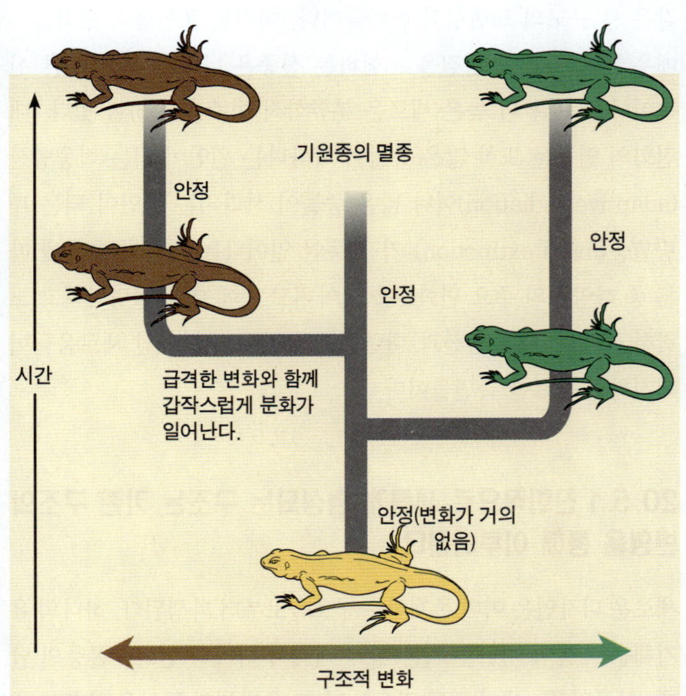


**(a)** 단속평형설에 의하면, 짧은 기간에 일어나는 급격한 종분화 과정에 의하여 오랫동안 유지해온 평형상태가 깨지게 된다.

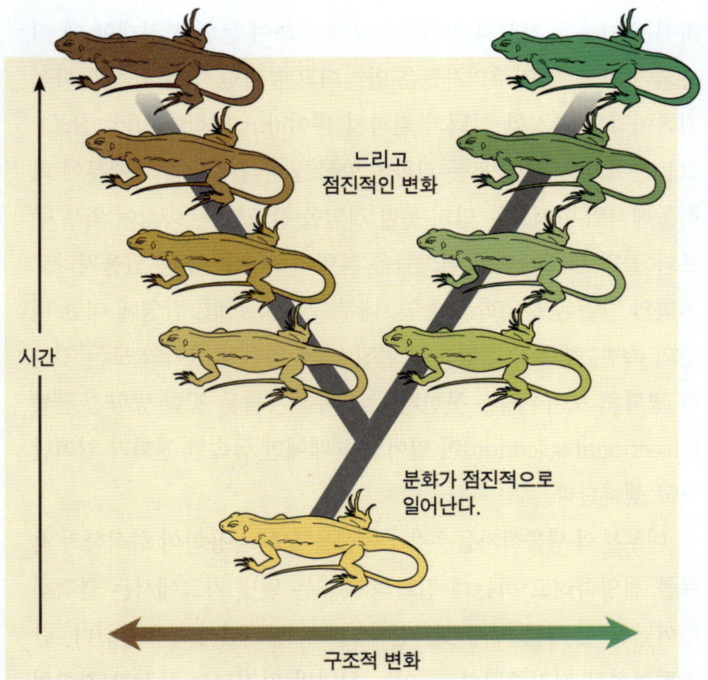


**(b)** 점진주의설에 따르면, 오랜 시간에 걸쳐 일어나는 느리고도 꾸준한 변화들이 축적되어 종분화가 일어난다.

**그림 20-13 단속평형설과 점진주의설.**

그림에서 나타나는 도마뱀의 구조적 변화는 피부 색깔 변화가 대표적이다.

단속평형설에서 종분화는 상대적으로 짧은 기간에 발생한다. 그러나 종분화에서 '짧은' 시간은 수천 년이 될 수도 있음을 명심해라. 해당 생물종이 존재했던 수백만년을 비교할 때 상대적인 기간의 짧음을 얘기하는 것이다. 단속평형설을 지지하는 생물학자들은 동지역성 종분화와 심지어는 이지역성 종분화까지도 상대적으로 짧은 기간에 일어난다는 것을 강조한다. 단속평형설은 중간형태의 화석 증거가 적거나 없는 상태에서 돌연한 종의 급격한 출현을 설명해준다. 이 설의 제창자는 중간단계의 화석이 거의 없는 이유는 종분화가 일어나는 동안 중간단계를 거의 거치지 않았기 때문이라 가정하고 있다.

대조적으로 진화의 전통적 관점은 오랜 기간 동안 연속적으로 진화가 진행된다는 **점진주의설(gradualism)**을 지지한다. 점진주의는 자료가 불완전하기 때문에 화석 기록에서는 거의 관찰하기가 힘들다(18장에서 보듯이 화석이 형성되기 위해서는 매우 정교한 조건이 요구된다. 대부분 유기체들은 죽으면 흔적 없이 분해된다). 경우에 따라 완벽한 중간 단계의 화석기록이 발견되어 점진주의설의 강력한 예로써 인용되기도 한다. 점진주의설은 각 집단내에서 적응적인 특징들이 점차적으로 축적되면서 다른 것들과는 다르게 서서히 분화해 나간다고 주장한다.

한 종 내에서 오랜 기간 동안 아무런 변화가 없었다는 풍부한 화석 증거들은 진화의 점진주의설에 반하여 논의를 전개할 때 이용되어 왔다. 점진주의자들은 안정되고 분명한 어떤 시기의 화석기록이라도 안정화 선택의 결과일 뿐이라고 말한다(19장 참조). 그들은 또한 화석이 모든 진화의 양상을 나타내지 않기 때문에 화석들에서의 안정화는 믿지 못할 것임을 강조한다. 화석이 외부 구조와 골격 구조에서의 변화들을 분명히 보여줄 수는 있을지라도 진화와 관련된 생리학적 측면, 내부 구조적 측면, 감염에 대한 내성의 측면, 행동적 측면과 관련된 다른 유전적 변이의 모든 것들을 명확히 보여주지는 못한다. 점진주의자들은 *강한 방향성 선택*(directional selection)이 일어났을 때에만 급속한 진화가 일어난다고 생각한다.

대부분의 생물학자들은 2가지 설을 모두 사용하여 화석학적 자료를 설명하려고 하는데 진화의 속도는 몇몇 자료에서는 급격히 일어났으며, 다른 예에서는 점차적으로 일어났다고 주장한다. 단속평형설과 점진주의설 중 어느 하나만 가지고는 복잡한 진화의 변화를 설명할 수 없다고 생각한다. 또 다른 생물학자들은 단속평형설과 점진주의설을 구분 짓지 않는다. 그들은 유전적 변이는 점진적이며, 거의 일정한 속도로 일어났으며 이렇게 일어난 대부분의 변이는 종분화를 야기시키지는 않는다고 생각하고 있다. 변이가 종분화를 일으킬 때는 극적이며 단속평형설과 일치하는 양상을 띤다고 생각한다.

**복습**

- 점진주의설과 단속평형설의 모델은 상호 배타적인가? 이에 대해 답하고 그 이유를 설명하라.

## 20.5 대진화

**학습목표**

6 대진화를 정의할 수 있다.

7 전적응, 비대칭 성장, 유형진화 등과 같은 새로운 특징들의 맥락에서 대진화를 설명할 수 있다.

8 적응방산과 멸종과 관련하여 대진화적 중요성을 이야기할 수 있다.

**대진화(macroevolution)**는 종 수준이나 그 이상의 수준 - 즉 새로운 종, 속, 과, 목, 강, 문, 계, 영역-에서 새로운 분류학적 그룹을 형성할 수 있게 하는 집단에서 일어나는 대규모 표현형 변화이다. 대진화의 관심사 중 하나는 진화적으로 새로운 형질들을 설명하는 것이다. 여기에서 새로운 형질들이란 예를 들면 절지동물(갑각류, 곤충류, 거미류)에서 나타나는 관절형 다리의 출현과 같은 큰 규모의 표현형적 변화들이다. 이러한 표현형적 변화들은 매우 커서 그러한 형질을 포함하는 신종은 나아가 전혀 다른 신속이나 그보다 더 높은 새로운 분류학적 범주를 형성할 있다. 대진화의 연구는 또한 많은 종들이 나타나는 원인이 되는 적응방산(adaptive radiation)이나 많은 종들이 사라지는 원인이 되는 *대량멸종*(mass extinction) 기간 동안 일어나는 시간의 흐름에 따른 종 다양성의 주요 변화들을 찾아내고 이에 대해 설명하려고 노력하고 있다. 적응방산과 대량멸종과 같은 진화적인 새로움들이 대진화의 중요한 측면들이다.

### 20.5.1 진화적으로 새롭게 형성되는 구조는 기존 구조의 변형을 통해 이루어진다

새로운 디자인은 이미 존재하는 구조들로부터 파생된다. 하나의 유기체는 새물이 지니는 기본 형태 내에서 하나의 변화—곤충의 날개, 식물의 꽃, 새의 깃털 같은—가 그 유기체의 특성을 창출해 낸다. 주로 이런 기존 구조의 변화를 **전적응(preadaptation)**이라 부른다. 원래는 1가지 역할만을 수행했으나 다른 역할을 위해 적응되는 방식으로 종국에 구조가 변형된다. 파충류의 비늘에서 진화된 깃털은 원래 원시 조류(bird)와 공룡에서는 보온의 역할(20장 참

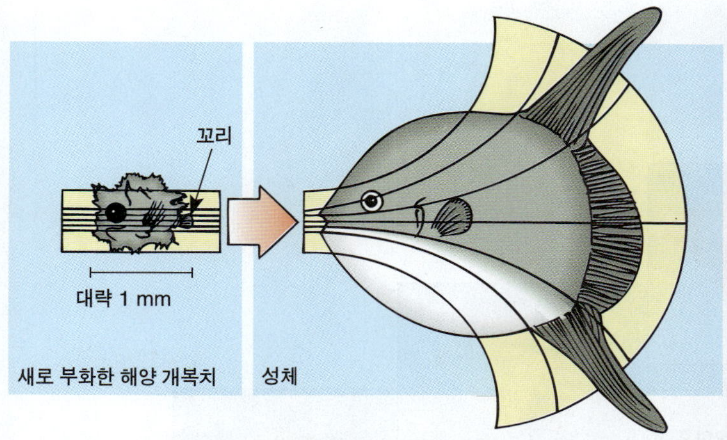


**(a)** 새로 부화한 해양 개복치 1mm 정도의 개복치는 꼬리가 극히 작다.

**(b)** 비대칭적 변형은 어린 물고기 그림에 사각형을 그린 다음, 성체가 되었을 때 수학적으로 해당되는 사각형의 변화 양상을 살펴봄으로서 시각화할 수 있다.

**(c)** 남 캘리포니아 해변에서 개복치가 유영하는 모습. 성체 개복치의 길이는 4m, 무게는 1,500kg에 까지 이를 수 있다.

**그림 20-14 개복치의 비대칭 성장.**

개복치(*Mola mola*)의 꼬리끝은 머리끝보다 더 빨리 자란다. 결과적으로 성체 때 독특한 모양이 된다.

조)을 했을 것으로 여겨지지만 비행을 위한 전적응을 나타낸다. 즉 점차적인 변형으로 깃털은 원래의 온도조절 역할 만큼 비행을 위한 기능을 진화시켰다(흥미롭게도 발에 깃털이 있는 새가 존재한다. 이러한 표현형은 일반적으로 새 발에서 볼 수 있는 비늘을 깃털로 바꾸어 주는 유전자 조절 기능이 변화된 결과로서 나타난다).

어떻게 그런 진화적으로 새로운 구조들이 생성될 수 있나? 그러한 많은 것들이 발생 과정 중에 일어나는 변화에 기인하는 것 같다. 발생 과정이란 유기체의 성장과 성숙을 일으키는 규칙적으로 정해진 순서이다. 발생 과정 중 발생을 조절하는 조절 유전자들은 수백 개의 다른 관련 유전자들의 발현을 조절하기 때문에 조절 유전자들에 나타나는 작은 유전적 변화만으로도 유기체의 주요 구조적 변화들을 야기할 수 있다(17장, 18장 참조).

예를 들면, 발생 과정 동안 대부분의 유기체들은 몸체의 부분마다 다른 성장 속도를 나타내는 이른바 **비대칭 성장**(**allometric growth**; 그리스어로 'allo'는 '다르다', 'metr'는 '측정하다')을 한다. 신생아의 머리 크기는 다른 신체 부위에 비해 비율상 크다. 아이의 몸이 성숙해 가면서 몸통, 손, 발은 머리보다 빨리 성장한다. 비대칭 성장은 수컷 꽃발게(fiddler crab)의 한쪽 집게발과 바다 개복치(ocean sunfish)의 거대한 꼬리를 포함하여 많은 개체들에서 발견된다(**그림 20-14**). 만약 성장률이 부위별로 약간만이라도 변한다면, 그 생물에게는 적응이 가능할지도 혹은 가능하지 않을지도 모르는 급격한 형태적 변화들이 일어날 것이다. 예를 들면, 이러한 비대칭 성장으로 *Tyrannosaurus rex*에게서 나타나는 조상종에 비해 극단적으로 짧고 상대적으로 쓸모없어 보이는 앞발을 설명하는 것이 가능할지도 모른다.

때때로, 조상종과 비교해서, 어떤 종이 발생 과정에 변화를 일으킬 때 새로운 진화적 변화가 일어난다. 예를 들면, 유생의 특징이 성체에서도 나타나는 **유형진화**(**paedomorphosis**; 그리스어로 'paed'는 '어린아이', 'morph'는 'form')를 생각할 수 있다. 도롱뇽의 일부 종에서는 다른 도롱뇽의 경우 유생 시기에만 특징적으로 발견되는 외부아가미와 꼬리지느러미를 성체에서도 볼 수 있다.

일생 동안 외부아가미와 꼬리지느러미가 유지되는 것은 도롱

**그림 20-15 개복치의 비대칭 성장.**

코도롱뇽(*Ambystoma mexicanum*)은 외부 아가미(목으로부터 튀어나온 부드러운 구조물)와 꼬리지느러미(보이지 않음)와 같은 유생의 특징을 갖고 있다. 유형진화로 인해 코도롱뇽은 영구적으로 수중생활을 할 수 있고 전형적인 성체의 특징들을 발달시키지 않고도 생식이 가능하다.

**요점**

적응방산은 하나의 단일 조상형 종이 여러 종으로 분화되는 현상으로, 각 종은 서로 다른 생태적지위(niche)에 적응한다.

**그림 20-16** 하와이 꿀먹이새의 적응방산.

다양한 부리 모양과 먹이획득 방법을 비교해보라. 많은 꿀먹이새(honey creeper) 종들은 쥐, 개, 돼지 같은 포식자들의 출현과 서식처 파괴 등을 포함하여 인간 활동의 결과로 멸종되거나 혹은 거의 멸종할 위기에 처해있다.

뇽의 행동과 생태적 특징에 확실한 변화를 준다(**그림 20-15**). 아마도 이러한 도롱뇽이 계속해서 진화의 무대에서 존속할 수 있었던 이유는 성체가 되어서도 수중 생활이 가능해 근연한 육상의 성체 도롱뇽들과 먹이 경쟁을 할 필요가 없는 수중 생활을 함으로서 '정상적인' 성체 도롱뇽에 비해 선택적 이점을 지니기 때문이다. 또 유형진화 형태는 전형적인 육상 도롱뇽의 포식자로부터 벗어날 수 있다(수중 생활환경에서도 물론 다른 포식자들이 존재하지만). 도롱뇽 유형진화의 생물학적 기초에 대한 연구 결과에 따르면, 아마도 변태를 자극하는 호르몬 생성을 하지 못하도록 유전자 돌연변이가 일어난 결과 유형진화가 일어난 것으로 추정된다. 유형진화 도롱뇽들의 경우 변태 촉진 호르몬을 주사하면, 외부아가미와 꼬리지느러미가 사라지면서 정상적인 성체로 발달한다.

### 20.5.2 적응방산은 하나의 조상종이 수많은 종으로 분화되는 것이다

**적응방산(adaptive radiation)**은 상대적으로 짧은 시간에 1개 또는 몇 개의 조상종으로 부터 수많은 연관 종들로 진화적으로 분화되는 것을 일컫는다. 적응 지역이라는 개념은 왜 적응방산이 나타나는지를 설명하기 위해 설정된 것이다. **적응지역(adaptive zone)**이란 조상종이 부여 받지 못한 전혀 새로운 생태학적 기회들이다. 종 수준에서 적응지역은 하나 또는 그 이상의 유사한 생태적 지위(ecological niche)와 본질적으로 동일하다(하나의 군집 내에서 종의 기능적 역할 53장 참조). 작은 곤충을 잡아먹기 위한 야행성 비행, 사바나를 가로 질러 이주하는 동안 목초지에서 풀을 뜯어 먹기, 플랑크톤을 걸러먹기 위해 바다 표면에서 수영하기 등

**(a)** Haleakala 은검초(*Argyroxyphium sandwicense* ssp. *macrocephalum*)는 마우이 섬의 Haleakala Crater의 비탈 상부의 화산재에서만 서식한다. 이 식물은 높은 자외선과 낮은 강수량에 적응했다.

**(b)** 겉보기에 유카와 비슷한 은검초(*Wilkesia gymnoxiphium*)는 카우아이섬의 Waimea Canyon 비탈에서만 서식한다.

**(c)** *Daubautia scabra*는 작은 초록색의 은검초이며, 몇몇 하와이 섬들에서 축축하고 습한 환경에서 발견된다. (사진의 배경으로 보이는 양치류의 엽상체는 *D. scabra*의 작은 크기를 추측할 수 있게 해준다.)

**그림 20-17 하와이 은검초의 적응방산.**

은검초(silversword) 28종은 다양한 서식처들에서 살아가고 있으며, 유연관계가 매우 가까운 3개의 속으로 나눌 수 있다.

이 적응 지역의 예들이다. 12,000년 전에 다시 채워진 빅토리아 호수의 경우처럼 적응 지역이 비어 있을 때 키클리드와 같은 군집 종들은 빠르게 분화하여 그러한 환경을 이용한다.

섬에는 비슷한 크기, 비슷한 위도, 비슷한 지형의 육지 지역에 비해 작은 수의 종들이 서식하기 때문에 대륙보다는 섬에서 비어 있는 적응지역이 좀 더 흔하다. 하와이 섬에서 서식하고 있는 연관된 새들의 한 집단인 하와이 꿀먹이새(honeycreeper)를 생각해 보자. 꿀먹이새의 조상이 하와이에 도착했을 때 다른 새는 거의 없었다. 세대가 거듭되면서 꿀먹이새는 많은 새로운 종들로 빠르게 분화되었고, 그 과정에서 대륙에서는 핀치, 꿀빨이새, 나무발발이새, 딱따구리 등에 의해 점유되어 있는 지역에 해당하는 많은 유용한 적응지역들을 차지하게 되었다. 꿀먹이새 부리의 다양성은 적응방산의 좋은 예이다(**그림 20-16**). 예를 들면 어떤 꿀먹이새의 부리는 관상화에서 즙을 추출하기 위해 굽은 부리를 가지고 어떤 것은 곤충을 찾기 위해서 짧고 두꺼운 부리를 가진다.

비어있는 적응지역의 또 다른 예로 하와이에서만 자생하는 근연한 28종의 하와이 은검초를 들 수 있다. 들국화와 근연한 캘리포니아 식물인 은검초 조상종이 하와이 섬에 유입되었을 때에, 춥고 건조한 산 폭발하는 용암 건조한 산림지역 그늘지고 습한 숲 등과 같은 여러 다양한 환경들이 존재했고, 대부분이 무점유 지역으로 남아 있었다. 세대가 지남에 따라 은검초 조상종들은 그들에게 유용한 여러 적응지역들을 차지해 나가면서 구조적으로, 생리적으로 빠르게 분화해 나가게 되었다. 자연 선택의 과정 동안 다양한 빛과 습도에 적응한 결과로 갖게 된 서로 다른 은검초 집단들에서 나타나는 서로 다른 잎 모양들은 적응방산의 특징을 잘 묘사해 준다(**그림 20-17**). 예로서, 그늘지고 습한 숲에 적응한 은검초의 잎은 큰 반면, 건조한 지역에 서식하는 은검초의 잎은 작다. 화산의 비탈면에 사는 은검초의 잎은 식물에 쪼여지는 강한 자외선을 반사해내는 것과 관련이 있어 보이는 조밀한 은색 털이 잎을 덮고 있다.

적응방산은 큰 환경적 변화가 일어날 때 주로 일어나지만, 이런 환경적 변화가 실제로 적응방산을 촉진하는지를 단언하는 것은 어렵다. 큰 환경적 변화는 멸종 비율을 높임으로 간접적으로 적응방산에 영향을 줄 수 있다. 멸종은 적응지역을 비게 만드는데, 이것은 남아 있는 종에게는 새로운 기회가 된다. 예를 들면 현대의 포유류로 적응방산하기 전까지 수백만 년 동안 포유류는 작은 야행성 식충동물일 뿐이었다. 포유류로의 분화는 공룡의 멸종에 의해 야기 되었다. 포유류는 공룡이 멸종한 후에 상대적으로 빠르게 분화되어 다양한 적응지역을 차지했다. 날아다니는 박쥐, 달리는 가젤, 땅을 파는 두더지, 유영하는 고래들 모두 작고 곤충을 먹고 살았던 조상형 포유류로부터 기원했다.

### 20.5.3 멸종은 진화의 중요한 측면 중 하나이다

계통의 종식, 즉 멸종은 한 종의 마지막 개체가 죽을 때 일어난다. 한 종이 멸종되면 절대 다시 나타날 수 없기 때문에 그 손실은 영구적이다. 생명의 기원 이래로 종의 멸종은 계속 있어 왔다 한 추정 결과에 의하면, 매 2,000종이 멸종될 때, 단지 한 종만이 살아남는다. 멸종은 모든 종의 궁극적인 운명이고 죽음은 모든 유기체의 종국적인 운명이다.

비록 멸종이 종의 다양성에 있어서 단기적으로 부정적 영향을 주지만 수천에서 수백만 년의 기간으로 보면 진화를 일으킨다. 앞서 언급한 것처럼 멸종이 일어나면, 적응지역들이 비게 된다. 결과적으로 유기체들은 새로운 환경적 기회를 제공받게 되고, 무점유된 지역들 중 몇몇 지역들을 차지하면서 분화해 나가게 된다. 즉, 새로운 종들에 의해 멸종된 종들이 교체되는 것이다.

오랜 생명의 역사동안, 멸종은 서로 다른 2가지의 양상으로 나타났다. **기본적 멸종(background extinction)**은 연속적이면서 소규모로 일어나는 멸종이다. 대조적으로 **대량멸종(mass extinction)**은 육지와 해양 환경 모두에서 많은 종들과 상위 분류군의 대량의 멸종을 이끌었는데 지구의 역사동안 다섯 번 또는 여섯 번 일어난 것으로 알려져 있다. 가장 최근의 대량멸종은 6억 5천만 년 전에 일어났으며, 이때에 많은 해양 생물, 육상 식물, 최후의 공룡을 포함한 척추동물들이 멸종했다(**그림 20-18**). 하나의 대량멸종이 일어나 지속되는 기간은 수백 만 년을 넘지만 35억년이 넘는 지구의 생명의 역사에 비하면 상대적으로 짧은 기간이다. 대량멸종이 일어난 후에는 생존한 몇몇 종들의 적응방산이 뒤따른다.

지금까지 일어난 대량멸종들의 원인은 잘 알려져 있지 않다. 생물학적 요인과 환경적 요인 모두가 관련이 있을 것으로 보고 있다. 기후의 급격한 변화는 이에 대해 적응하기 위한 유전적 유연성이 부족한 식물과 동물들에게 역으로 불리하게 작용할 수 있다. 해양생물들은 특히나 변화 없이 일정하게 유지되는 기후에 적응되어 있다. 만약 지구의 온도가 전체적으로 몇 도만이라도 오르거나 내리게 되면 많은 해양생물들이 대량 폐사하게 될 것이다.

대재앙에 의해 야기되는 환경의 변화로 인해 과거의 대량멸종들이 일어났을 가능성이 있다. 큰 혜성이나 작은 소행성이 지구와 충돌하면 충격에 의해 먼지를 대기 중으로 내뿜어 햇볕을 막을 것이다. 이로 인해 많은 식물들(따라서 육상 동물들도 함께)이 죽게 되어 먹이 사슬이 붕괴될 뿐만 아니라, 지구의 기온을 낮추어 많은 해양 생물들의 멸종을 야기하게 될 것이다. 지구와 외계행성간의 충돌에 의한 공룡 멸종의 증거가 지속적으로 발견되어 축적되고 있다(21장 참조).

생물학적 요소 역시 멸종을 야기한다. 종간의 경쟁은 효과적으로 경쟁할 수 없는 종들의 멸종을 야기한다. 특히 우리 인간이라는 종은 멸종 속도에 상당한 영향을 주고 있다. 많은 식물과 동물종의 서식처는 인간에 의해 변형되거나 파괴되었고, 서식처의 파괴는 종의 멸종이라는 결과를 낳을 수 있다. 일부 생물학자들에 따르면 인류는 지금 지구 역사상 가장 큰 대량멸종의 시기에 들어서고 있다(멸종은 55장에서 더 깊이 다루고자 한다).

### 20.5.4 소진화는 종분화 및 대진화와 관련이 있는가?

18장과 19장에 나오는 개념들은 *진화의 종합설(synthetic theory of evolution)*이라고도 하는 **현대 종합설(modern synthesis)**을 대변하고 있다. 이 개념에서는 돌연변이가 자연 선택이 작용하는 유전적 변이를 제공한다. 진화론에서 현대 종합설은 다윈의 이론과 유전학의 주요 관점의 결합이다. 현대 종합설의 여러 측면들이 집단이나 아종 준위에서 실험되고 검증되었다. 많은 생물학자들은 새로운 종의 기원과 종 내에서 일어나는 유전적 변이에 대해 소진화 과정들(자연 선택, 돌연변이, 유전적 부동, 유전자 흐름)을 이용해 설명하고 있다. 과학자들은 또한 소진화 과정들을 기초로 대진화적 양상들에 대한 설명도 가능하다고 생각한다.

다양한 영역에서 얻어진 방대한 자료들이 현대 종합설을 지지하고 있으며, 소진화가 종분화 및 대진화와 연관되어 있다는 것을 보여주고 있다. 예로서, 어류에서 양서류로의 진화는 척추동물의 진화에서 중요한 하나의 대진화적 사건을 상정해 보자. 그리 많진 않지만 몇몇 소수의 무척추동물의 중간단계 화석들에 관한 연구들은 수생 어류에서 육상 양서류로의 전이는 진화적으로 새로운 형질들의 발생과 더불어 일어날 수 있었다는 것을 보여준다. 예를 들면 두개골이나 팔, 다리에서 새로운 변화가 동반되었다. 이런 새로운 형질들에 9백만 년에서 1억 4천만년이라는 시간에 걸

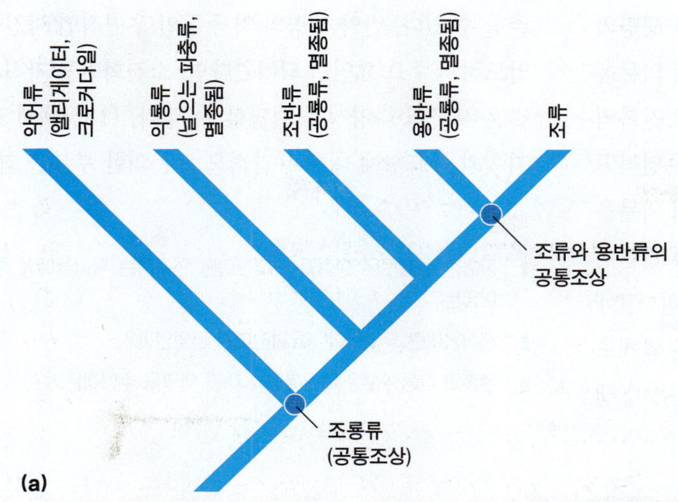

**그림 20-18 조룡류의 대량 멸종.**

**(a)** 공룡(dinosaurs)의 조상형 파충류인 조룡류(archosaurs)의 후손들을 보여주는 분기도. **(b)** 약 6천 5백만년전인 백악기말엽에 공룡을 포함한 많은 종들의 대량 멸종이 있었다(공룡은 이미 백악기말엽에 다양성이 감소되어 있었다). 오늘날까지 유일하게 생존한 파충류 그룹은 악어류와 조류이다.

쳐 연속된 작은 변화들이 축적되었다. 이 정도의 시간은 새로운 형질을 생성하기 위한 자연 선택과 다른 소진화 과정들이 일어날 수 있는 충분한 시간이다.

대부분의 생물학자들은 특정한 적응들이 형성되는데 자연 선택과 소진화의 역할에 대해 이견을 달지는 않지만 전반적인 생명의 역사에서 소진화가 지니는 역할의 정도에는 몇몇 학자들이 의문을 제기한다. 이 생물학자들은 종분화 및 대진화의 과정이 소진화의 과정들에 의하여 주로 이루어져온 것인지 아니면 외부의 우연적인 사건(혜성의 충돌 같은)에 의해 이루어져온 것인지에 대해 의문을 제기하고 있다. 우연적인 사건은 적응 면에서의 우월성과 관련이 있기보다는 오히려 무작위적 종의 멸종이나 생존을 야기한다. 예를 들면 혜성의 충돌과 같은 경우에, 충돌하는 그 순간 운 좋게도 보호 받을 수 있는 환경에 위치해 있었기 에 우연히 어떤 종이 생존할 수 있다. 만약 생명의 역사 동안 우연적인 사건들이 대진화의 압도적인 주요 요인이 되어왔다면, 소진화만을 가지고는 오늘날과 같은 생물의 다양성을 설명할 수 없다. (18장에서 진화 과정에서 기회의 중요성에 대해 부가적으로 논의한 부분을 참조하라).

**복습**

- 진화상의 새로운 형질들이 대진화를 연구하는 학자들에게 중요하게 여겨지는 이유는?
- 전적응이란 무엇인가? 유형진화란 무엇인가?
- 멸종과 적응방산은 대진화에서 어떤 역할을 수행하는가?

## 핵심 용어와 요약

**학습목표**

1 생물학적 종의 개념을 기술하고, 이 개념이 갖는 2가지의 문제점을 알 수 있다.

- **생물학적 종의 개념**에 따르면, 종은 자연 상태에서 교배에 의해 생식력이 있는 자손을 생산할 수 있고, 다른 종의 구성원들과는 교배하지 않는 하나 또는 그 이상의 집단으로 구성된다.
- 생물학적 종 개념의 문제 중 하나는 유성생식 생물에만 적용할 수 있다는 것이다. 또 다른 잠재적 문제점은 서로 다른 종으로 분류된 개체들 간에는 교배가 일어나지 않아야 하는데, 때때로 이런 일들이 일어난다는 것이다.

2 생식적 격리 기작의 중요성을 설명하고 수정 전과 수정 후의 장벽들을 구분할 수 있다.

- **생식적 격리 기작**은 종간 유전자 흐름을 막는다.
- **수정 전 장벽**은 수정이 일어나는 것을 방지하는 생식적 격리 기작이다. **시기적 격리**는 두 종이 서로 다른 해, 계절, 날짜에 생식을 하는 경우에 일어난다. **서식지 격리**는 두개의 밀접하게 연관되어 있는 종들이 지리적으로 동지역에서 서로 다른 서식처에서 서식하며 번식할 때 일어난다. **행동 격리**에서는 명확히 구별되는 구애 행동들이 종간 교배를 가로막는다. **기계적 격리**는 유사한 종들 간에 생식기의 구조적 차이로 인해 교배 자체가 불가능하기 때문에 일어난다. **배우자 격리**는 서로 다른 종들로부터 형성된 배우자들이 분자적, 화학적 차이로 인해 서로 양립할 수 없을 때 일어난다.
- **수정 후 장벽**은 수정이 일어난 후에 유전자의 흐름을 막아주는 생식적 격리 기작이다. **잡종 치사**는 이종간 배우자가 수정되어 형성된 배(embryo)가 발생동안 죽게 되는 것이다. **잡종 불임**은 성체가 될 때까지 살아남은 종간 잡종들이 성공적으로 생식하는 것을 막는다. **잡종 약세**는 성체까지 살아남아 성공적으로 생식까지 하는 잡종들의 자손이 한 세대 아니면 단지 몇 세대 만에 생식하지 못하도록 막는다.

3 이지역성 종분화를 설명하고 그 예를 제시할 수 있다.

- **종분화**란 한 조상 군집으로부터 하나의 새로운 종이 진화하는 것이다. **이지역성 종분화**는 한 집단이 그 종의 다른 집단들로부터 지리적으로 고립되어 연이은 분화에 의해 나타난다. 고립된 집단의 크기가 작을수록 종분화가 가속화 되는 경향이 있는데 그 이유는 집단이 작을수록 유전적 부동 현상이 일어나기가 쉽기 때문이다. 죽음의 계곡의 pupfish, kaibab 다람쥐 등이 이지역성 종분화의 예들이다.

4 동지역성 종분화의 기작을 설명하고 식물과 동물 모두에서 예를 제시할 수 있다.

- **동지역성 종분화**는 지리적인 고립과는 무관하다.
- 식물에서 나타나는 동지역성 종분화는 거의 **이질배수체성**에 기인한 것들로서 이 경우 두 세트 이상의 염색체를 가지는 하나의 **배수체성** 개체는 2가지의 서로 다른 종으로부터 기인한 하나의 잡종이다. 앵초와 털 향유(hemp nettle)가 이질배수체에 의한 동지역성 종분화의 예이다.
- 동물의 동지역성 종분화는 과실해충파리와 키클리드와 같은 동물들에서 나타난다. 그러나 얼마나 자주, 어떤 조건하에서 이런 현상이 일어나는지는 아직 알려지지 않았다.

5 단속평형설과 점진주의설의 견해를 살펴보고, 진화의 속도에 관한 두 논쟁 중 어느 쪽이든 한쪽의 입장을 취해보자.

- 화석 기록에서 나타나듯 진화에 대한 해석은 아직까지도 논쟁 중이다.
- **단속평형설** 모델에 따르면, 종의 진화는 갑작스럽게 진행되고, 오래 동안 지속되는 **안정상태(stasis)** 속에 군데군데 매우 짧지만 활발한 종분화 시기가 삽입되어 있는 형태로 일어난다.
- **점진주의설** 모델에 따르면, 하나의 집단 내에서 적응적 특징들이 점진적으로 축적되어 다른 집단들로부터 분화되어가는 방식으로 종의 진화가 일어난다고 설명한다.

6 대진화를 정의할 수 있다.

- **대진화**는 집단들에서 일어나는 종 준위나 혹은 그 이상(즉, 신종, 속, 과, 목, 강, 문, 계, 영역)에서 분류학적 그룹들 중 그들의 위치를 바꾸어놓을 정도의 대규모의 형태 형질적 변화를 일컫는다.

7 전적응, 비대칭 성장, 유형진화 등과 같은 새로운 특징들의 맥락에서 대진화를 설명할 수 있다.

- 대진화는 진화적으로 전혀 새로운 양태를 출현시키는데 이것은 유기체가 성장하거나 성숙할 때 일어나는 일련의 연속된 사건들인 **발생**과정 동안에 일어난 변화에 의한 것일 수 있다.

- 진화적으로 전혀 새로운 양태의 출현은 **전적응**을 통해 일어난다. 전적응이란 원래는 특정한 하나의 역할을 수행하도록 형성된 구조가 하나의 다른 역할을 수행하도록 적응되는 방식으로의 변화를 일컫는다.
- 신체의 부위에 따라 성장하는 속도가 다른 **비대칭 성장**에서의 변화들은 한 유기체의 모양의 전반적인 변화를 야기한다. 예로서 바다개복치와 수컷 꽃발게를 들 수 있다.
- 성체가 되어서도 유년기 때의 형태 형질을 그대로 보유하는 **유형진화**는 발생의 시기적인 부분에서의 변화 때문에 일어난다. 외부 아가미와 꼬리지느러미를 지닌 아홀로틀 도롱뇽(axolotl salamander)이 유형진화의 예 중 하나이다

8 적응방산과 멸종과 관련하여 대진화적 중요성을 이야기할 수 있다.

- **적응방산**은 하나의 조상종이 여러 새로운 종으로 분화되는 과정이다. **적응지역**이란 조상종에 의하여 이용되지 않는 새로운 생태적 기회를 의미한다. 여러 적응 지역들이 비어 있을 때, 그곳에 서식하게 되는 생물종은 급속하게 분화하여 그 지역을 차지하게 된다. 하와이 꿀먹이새와 은검초는 둘 다 하와이 섬에 그것들의 조상이 들어온 후에 적응방산을 겪었다.
- **멸종**이란 종의 죽음을 말하는 것인데, 종이 멸종될 때, 멸종된 종들이 차지했던 적응지역들이 빈자리로 남게 되어, 다른 종들이 진화하여 그 지역을 차지할 수 있도록 해준다. **기본적** 멸종은 지속적이면서도 낮은 수준으로 일어나는 멸종이다. **대량멸종**은 육상과 해양 환경 모두에서 수없이 많은 종들과 상위 분류군들의 멸종을 일컫는다.

## 연습문제

1. 동 지역에 서식하지만 서로 다른 시기에 생식을 하는 두 근연종 사이에 나타나는 생식적 격리 기작은 (a) 시기적 격리, (b) 행동 격리, (c) 기계적 격리, (d) 배우자 격리, (e) 잡종 치사이다.

2. 생물학적 종의 개념에 따르면, 두 집단이 같은 종에 속한다고 규정하기 위해서는 두 집단은 (a) 각 집단에 속하는 구성원들끼리 자유롭게 교배가 일어나야 한다, (b) 각 집단의 개체들이 생식력 있는 자손을 생산해야 한다, (c) 각 집단의 구성원들이 다른 종에 속하는 개체들과는 교배가 일어나지 않아야 한다, (d) a와 c여야 한다, (e) a, b, c 여야 한다.

3. 수정 전 장벽은 (a) 난자와 정자의 융합을, (b) 하나의 이종간 잡종에 의한 생식 성공을, (c) 수정체가 배로 발생되는 것을, (d) 이질배수체성이 일어나는 것을, (e) 비대칭성장에서의 변화가 일어나는 것을 막는다.

4. 죽음의 계곡 지역에 있는 pupfish는 (a) 기본적 멸종, (b) 이지역성 종분화, (c) 동지역성 종분화, (d) 이질배수체, (e) 유형진화의 예이다.

5. 이지역성 종분화가 일어나는 첫 단계는 (a) 잡종치사, (b) 잡종약세, (c) 적응방산, (d) 지리적 격리, (e) 유형진화이다.

6. 단속평형설 모델에 따르면, (a) 집단은 다른 집단들로부터 느리게 분화한다, (b) 종의 분화는 안정된 상태가 길게 지속되는 사이사이에 급작스럽게 일어나는 방식으로 일어난다, (c) 진화적인 새로움(참신성)은 유형진화로부터 기인한다, (d) 생식적 격리 기작은 종간 유전자 흐름을 막는다, (e) 불완전한 화석 기록은 실제로 일어난 진화적 사건을 그대로 반영하지 못한다.

7. 하와이 은검초들은 다양한 진화 과정 중 (a) 비대칭 성장, (b) 전적응, (c) 소진화, (d) 적응방산, (e) 멸종의 훌륭한 예이다.

8. 적응방산은 대량멸종 이후에 공통적으로 나타나는 현상이다. 아마도 그 이유는 (a) 대량멸종의 생존자들이 환경에 보다 더 잘 적응하기 때문일 것이다, (b) 대량멸종 이후에 변화되지 않은 환경이 진화의 과정을 이끌었기 때문일 것이다, (c) 많은 적응 지대(adaptive zones)가 비어 있기 때문일 것이다, (d) 많은 생태적 niche들이 가득 차 있기 때문일 것이다, (e) 환경이 많은 종들의 발생의 시기에 변화를 유도하기 때문일 것이다.

9. 동지역성 종분화는 (a) 동물에서 가장 흔하다, (b) 지리적 격리를 요구하지 않는다, (c) 하와이 거위의 진화를 설명해준다, (d) 점진적인 유전적 변이의 축적을 포함한다, (e) 대개는 수백만년이 걸린다.

10. 특정 종의 한 집단이 독립된 종으로 진화되는 과정을 (a) 진화적 종의 개념, (b) 종분화, (c) 행동 격리, (d) 배수체성, (e) 잡종이라고 한다.

## 심화 학습문제

1. **진화적 연계.** 대량멸종은 그 후로 일어나는 수천년에서 수백만년동안의 진화를 촉진시키는 하나의 자연적인 과정이다. 그런데 현재 우리 인간은 환경의 파괴를 통해 대량멸종을 일으키는 원인을 제공하고 있다. 이에 대해 우리는 관심을 가져야 할까? 그렇다면 왜 그런가? 아니라면 왜 아니라고 생각하는가?

2. **자료 분석.** 그림 20-2c를 보고, 송장개구리와 표범개구리를 채집하여 실험실에서 배양하기에 가장 좋은 시기는 3월 10일, 4월 1일, 4월 15일 중 어느 때일까? 그 이유를 설명하여라.

# 21

# 생명 기원과 진화의 역사

William E. Ferguson

**삼엽충 화석** (*Phacops rana*). 몸길이가 약 3 cm이었던 이 멸종된 절지동물은 고생대 동안 해양에서 번성하였다. 삼엽충은 종에 따라 길이가 1 mm에서부터 1 m까지 이르렀다. 머리 부분 양측에 있는 크고 잘 발달된 눈에 주목하라.

## 핵심 개념

생명 기원의 직접적인 화석 증거가 없다고 하더라도, 생화학적 실험을 통해 모든 생명체에서 나타나는 복잡한 유기 분자가 어떻게 만들어졌는지를 시현할 수 있다.

광합성, 유기호흡, 그리고 진핵세포 구조는 생명의 초기 역사 동안에 일어났던 여러 가지 주요한 진보를 나타낸다.

화석 기록을 통해 어떤 종류의 생명체가 생존했었으며, 언제 어디에 이들이 살았었는지 등과 같은 생명의 역사에 대한 많은 사실을 알 수 있다.

어떤 생명체들은 화석기록 상에 나타났다가 사라지기도 하며, 다른 생명체에 의해 대체되기도 한다.

과학자들은 지질학적으로 서로 다른 시기에 형성된 암석층에 포함된 화석들 간의 관계를 확인하고 시현한다.

이전의 세 장(단원)은 생물학적인 진화에 대해 다루었지만, 많은 사람들이 근본적인 의문점으로 생각하는 문제에 대해서는 아직 다루지 않았다: 생명은 어떻게 시작되었을까? 비록 생물학자들이 일반적으로 생명이 무생물에서 발생되었다는 가설을 인정할지라도, **화학적 진화**(**chemical evolution**)라고 불리는 이런 과정이 어떻게 발생되었는지 정확히 알지 못한다. 현재의 모델들은 작은 유기 분자들이 먼저 자연발생적으로 형성되고 오랜 시간 동안 축적되었다고 제시한다. 단백질, 핵산과 같은 큰 유기 고분자는 이들과 같은 작은 분자들로부터 만들어졌을 것이다. 고분자는 다른 고분자들과 상호작용을 하고 더욱 복잡한 구조로 결합을 하여 결국 대사와 복제를 할 수 있게 되었을 것이다. 결국 이런 고분자들의 자손은 최초의 참 세포가 되었다. 최초의 세포가 기원한 이후, 이들은 수십억 년 동안 분기하여 오늘날 지구를 특징짓는 풍부한 생물학적 다양성을 생성하였다.

초기에는 단세포 원핵생물이 우세하였고, 단세포 진핵세포가 그 뒤를 이었다. 최초의 다세포 진핵생물은 화석을 많이 남기지 않는 부드러운 몸을 가진 동물이었다. 외피 동물과 다른 많은 해양 무척추동물(등뼈가 없는 동물)은 그 다음에 출현하며, 대표적인 것이 원시 수생 절지동물인 삼엽충이다. 이어서 최초의 척추동물(등뼈를 가진 동물)이 발달한다. 턱을 가진 최초의 어류가 출현하고 다양해진다. 이들 중 일부는 양서류로 발달하며, 이는 땅 위에서 움직일 수 있는 사지를 가진 첫 번째 척추동물이다. 양서류로부터 파충류가 생겨났고,

이들은 다양화되었으며 육지에서 서식하게 되었다. 이제 파충류는 독립적으로 조류와 포유류로 진화하게 된다. 식물도 유사한 진화적 역사와 다양화를 겪었다.

이 장에서는 우리 지구가 탄생한 초기로부터 굉장히 긴 시간 동안의 생물에 대해 살펴볼 것이다. 우리는 생명의 탄생에 대해 제시된 모델을 고찰하고, 생명의 긴 진화 역사를 추적할 것이다. ■

## 21.1 초기 지구에서의 화학적 진화

### 학습목표

1 지질학자들이 초기 지구상에 존재했을 것으로 생각하는 조건을 설명할 수 있다.

2 생물발생 이전 수프 가설과 철-황 세계 가설을 대조한다.

많은 생물학자들은 생명이 단지 한번 기원했으며, 생명의 시작이 오늘날의 환경과 매우 다른 환경조건에서 발생되었을 것으로 추정하고 있다. 따라서 생명의 기원을 이해하기 위하여 초기 지구의 환경 조건을 살펴보아야 할 것이다. 비록 우리가 생명체가 생겨났을 당시에 존재했던 정확한 환경 조건을 알 수는 없지만, 많은 출처로부터의 과학적인 증거는 우리가 가능한 시나리오를 고안하는 데 도움이 되는 단서를 제공한다. 오늘날 생명 기원의 연구는 과학적인 연구의 활발한 한 분야이고, 많은 중요한 기여들이 생명 시작에 대한 우리의 이해를 돕고 있다.

천체 물리학자와 지질학자들은 지구가 대략 46억 년 정도 되었을 것으로 추정한다. 초기 지구 대기는 이산화탄소($CO_2$), 수증기($H_2O$), 일산화탄소(CO), 수소($H_2$), 질소($N_2$)를 포함하였다. 또한 약간의 암모니아($NH_3$), 황화수소($H_2S$), 그리고 메탄($CH_4$)도 포함했을 것인데, 태양으로부터의 자외선 복사에 의해 이들 환원된 분자들은 빠르게 분해되었을 것이다. 초기 대기 상태는 아마도 자유 산소($O_2$)가 없거나 아주 소량만이 포함되어 있었을 것이다.

생명체의 화학적 진화가 일어나기 위해서는 4가지 필수 조건이 필요했을 것이다: 자유 산소가 소량이거나 존재하지 않았을 것, 에너지원, 화학적 구성단위들의 이용가능성, 그리고 시간이다. 먼저 생명은 자유 산소가 없는 상태에서만 시작될 수 있었을 것이다. 산소는 매우 반응성이 높아 생명의 기원에 있어 필수 구성단위인 유기 분자들을 산화시켰을 것이다. 아마도 초기 지구 대기는 매우 환원적인 조건이었을 것이며, 이는 자유 산소가 다른 성분들과 반응하여 산화물을 형성하였을 거라는 걸 의미하며, 결국 산소는 화합물 상태로 붙잡혀서 자유 상태로 존재하지 못했을 것이다.

또한 생명의 기원은 단순한 무기화합물로부터 생물학적 분자를 만드는 일을 위한 에너지가 필요했을 것이다. 초기 지구는 격렬한 뇌우, 광범위한 화산 활동, 운석과 지구 밖의 다른 물체로부터의 폭격, 그리고 태양에서 오는 자외선 복사를 포함하는 강한 복사선으로 인해 아주 높은 에너지를 가진 상태였다(**그림 21-1**). 아마도 초기의 태양은 오늘날보다 더 많은 자외선 복사를 생산하였을 것이고, 원시 지구는 자외선을 걸러내기 위한 오존 방어층을 가지고 있지 않았을 것이다.

Courtesy of Reader's Digest Books. Drawing by H. K. Wimmer

**그림 21-1 초기 지구의 상태에 대한 상상화.**

화산이 분출하면서 대기에 기체를 뿜어냈었다. 격렬한 뇌우는 육지를 침식시키는 폭우를 일으켰다. 운석과 지구대기권 밖의 물체들은 계속적으로 지구를 폭격하였고, 이로써 지각과 해양, 그리고 대기에 격변을 초래하였다.

세 번째 필수 조건은 화학적 진화에 필요하였을 화학적 구성단위의 존재일 것이다. 화학적 구성단위는 물, 이온으로 존재하는 용해된 무기 광물질, 그리고 초기 대기에 존재했던 기체들을 포함하였다. 생명의 기원에 대하여 마지막 필수 조건은 분자들이 축적되고 다른 분자들과 반응할 수 있는 시간이었을 것이다. 지구의 나이는 대략 46억 년이고, 생명 최초의 흔적들은 대략 35억 년 전부터 나타난다. 그러므로 생명은 탄생되기까지 수억 년을 필요로 했다.

### 21.1.1 원시 지구상에서 형성된 유기 분자

생명의 유기 전구체가 기원한 것을 설명하기 위한 2가지 주요 모델이 있다. **생물발생이전 수프 가설**(prebiotic soup hypothesis)은 이러한 분자들이 지구 표면 근처에서 형성되었다고 제안하는 반면, **철-황 세계 가설**(iron-sulfur world hypothesis)은 유기 전구체들이 해저의 갈라진 틈에서 형성되었다고 제안한다.

#### (1) 유기 분자들은 지구 표면에서 생성되었을 것이다

1920년대에 독립적으로 연구를 수행한 두 과학자들–러시아 생화학자인 **오파린**(A.I. Oparin)과 스코틀랜드 생리학자이자 유전학자인 **할데인**(J.B.S. Haldane)에 의해 당, 뉴클레오티드 염기 그리고 아미노산과 같은 단순한 유기 분자들이 보다 단순한 물질로부터 자연발생적으로 형성될 수 있다는 개념이 처음으로 제시되었다.

이들의 가설은 1950년대에 미국의 생화학자인 **밀러**(Stanley Miller)와 **우레이**(Harold Urey)에 의해 검증되었는데, 이들은 밀폐된 장치를 만들어 초기 지구에 존재했을 만한 조건을 만들었다(▮ **그림 21-2**). **밀러**와 **우레이**는 $H_2$, $CH_4$, $H_2O$, $NH_3$가 풍부한 대기를 번개와 유사한 전기 방출에 노출시켰다. 일주일 후 생성된 화학 물질들을 분석한 결과, 아미노산과 다른 유기 분자들이 생성되었다는 것이 밝혀졌다. 비록 근래의 자료는 초기 지구의 대기에 메탄이나 암모니아가 풍부하지 않았다고 제시하지만, 다른 기체 조합을 이용한 유사한 실험들로부터 현존하는 생명체에서 중요한 다양한 유기 분자들이 생성되었다. 이것들은 20가지 아미노산 모두와 여러 가지 당, 지질, RNA, DNA, ATP의 뉴클레오티드 염기(인산염이 존재할 때)를 포함한다. 따라서 생명이 시작되기 전, 화학적 진화의 필수적 단계로서 생명의 화학적 구성단위들이 축적되었을 것이다.

**오파린**은 아주 오랜 시간 동안 유기 분자들이 "유기적 수프의 바다"(sea of organic soup)를 형성하기 위해 얕은 바다에서 축적되는 것을 구상했다. 그런 조건에서, 그는 좀 더 큰 유기 분자(중합체)를 형성하기 위해 더 작은 유기 분자(단량체)들의 결합을 상상했다. **오파린**의 시대 이후 모아진 증거는 유기적 중합체가 원시 바다에서 보다는 암석이나 흙 표면에서 형성되고 축적되었을 수 있음을 말해준다. 풍화된 암석의 미세한 입자로 구성된 진흙은 특히 초기의 중합이 가능한 장소로서 흥미를 자아내고 있다. 왜냐하

**핵심 실험**

**질문:** 초기 지구의 상태에서 유기 분자가 형성될 수 있었을까?

**가설:** 초기 지구에 존재했었던 것으로 추정되는 환원성 대기로부터 유기 분자가 형성될 수 있었다.

**실험:** 밀러와 유레이가 질소, 수소, 메탄, 암모니아, 물을 포함한 초기 지구의 환원성 대기를 자극하기 위해 고안한 장치이다. 전기 방전은 번개를 촉발하기 위해 오른쪽 상단에 있는 플라스크 내에서 생성되었다.

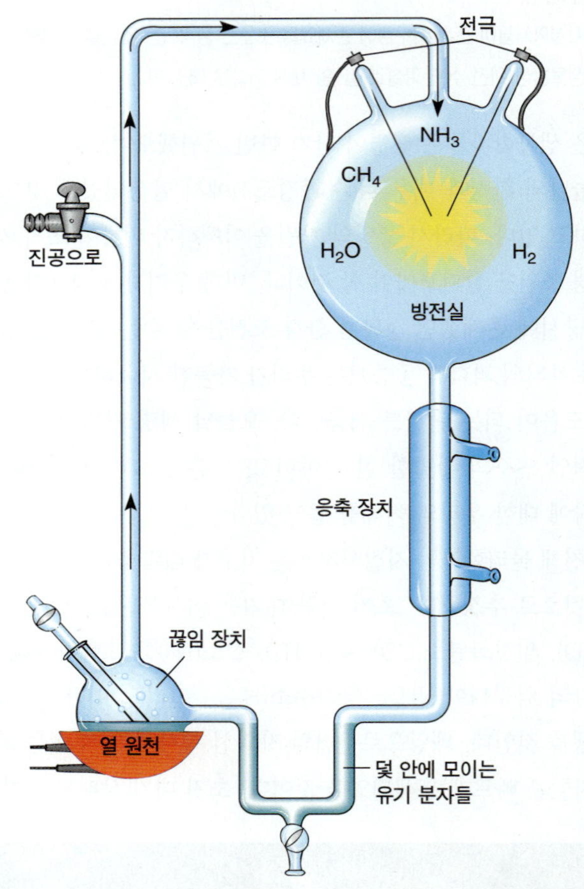


**결과와 결론:** 플라스크 안에 존재하는 기체는 서로 반응하였고, 1주일 후에 아미노산과 같은 단순한 유기화합물을 포함한 다양한 화합물이 바닥에 위치한 덫에 축적되었다. 따라서 생명의 기원에 있어서의 첫 번째 단계인 유기 분자의 형성이 초기 지구에 있었던 조건에서도 가능했었다.

**그림 21-2** 화학진화에 대한 밀러와 우레이의 실험.

면 진흙은 유기적 단량체와 결합하고 또 촉매로서 작용해 왔을 아연, 철 이온을 포함한다.

### (2) 유기 분자들은 열수 분출구에서 형성되었을 것이다

화학적 진화의 또 다른 시나리오에서는, 생명의 기원을 유도하는 초기 중합 반응은, 뜨거운 물, 일산화탄소, 그리고 철과 니켈의 황화물과 같은 미네랄이 분출해 나오는 심해저의 갈라진 틈에서 발생되었을 것이라고 가정한다 – **철–황 세계 가설**(the iron–sulfur world hypothesis). 이러한 **열수 분출구**(hydrothermal vent)는 운석의 폭격과 같은 대변동의 영향으로부터 지구 표면에서보다 잘 보호되었을 것이다.

오늘날 이러한 온천은 생물 분자의 전구체와 황화수소와 메탄 화합물과 같은 높이 환원되어 있는 에너지가 풍부한 "먹이"의 전구체를 만들어 낸다. 이런 화학 물질들은 미생물, 조개, 게, 관상동물 등으로 구성된 다양한 군집을 유지한다(54장 "초점: 태양없이 사는 생명" 참조).

열수 분출구에서의 철–황 세계 가설에 대한 검증은 어렵지만, 분출구의 높은 압력과 온도를 모방한 실험실에서의 모의실험에서 흥미로운 결과가 나왔다. 예를 들어, 철과 니켈 황화물은 일산화탄소와 수소 황화물 사이의 반응을 촉매하여 아세트산과 다른 간단한 유기 화합물을 만들어 낸다. 또한 단백질과 핵산의 전구체 중 하나인 암모니아가 풍부하게 만들어지며, 이것은 생물 발생 이전의 세계에서 분출구는 암모니아가 풍부한 환경이었을 것이며, 초기 생명체는 이와 같이 황폐한 환경에서 형성되었을 것이라는 것을 제안한다.

**복습**

- 화학적 진화에 필요한 4가지는 무엇이며, 왜 각각 필수적인가?
- 생물발생이전 수프 가설은 무엇인가?
- 철–황 세계 가설은 생물발생이전 수프 가설 과 어떻게 다른가?

## 21.2 최초의 세포

**학습목표**

3 세포의 기원에서 일어났을 것으로 가정되는 주요 단계들의 윤곽을 잡아본다.
4 광합성 독립영양생물의 진화가 대기와 다른 생명체들에게 어떻게 영향을 끼쳤는지 설명한다.
5 순차적 세포내 공생설에 대해 설명해 보자.

최초의 중합체가 형성된 후, 이들 중합체들이 자연발생적으로 좀 더 복잡한 구조로 구성될 수 있었을까? 과학자들은 여러 가지 다른 **원시생물**(protobiont)을 합성했는데 이 원시생물은 비생물적으로 생산한(생명체에 의해 생성되지 않은) 유기 중합체의 집합체이다. 과학자들은 여러 가지 면에서 살아있는 세포를 닮은 원시생물을 발견할 수 있었으며, 이를 통해 어떻게 복잡하지만 살아있지 않은 분자들의 집합체가 "급격한 도약"을 하여 살아 있는 세포가 되었는지에 대한 실마리를 제공하였다. 이들 원시생물은 살아있는 세포의 기능적, 구조적인 특성을 나타낸다. 원시생물은 충분하게 "성장"한 후에, 종종 반으로(이분) 나누어진다. 원시생물은 외부 환경과는 다른 내적인 화학 환경을 유지하며, 일부 원시생물은 물질대사(촉매작용)의 기원을 보여주기도 한다.

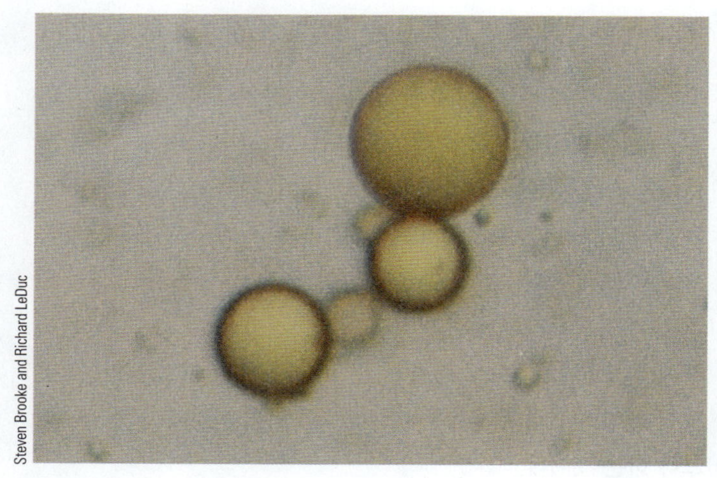


**그림 21-3 마이크로스페어.**
이들 작은 원시 생물체는 생명의 특성 중 일부를 나타낸다.

**마이크로스페어**(microsphere)는 비생물적으로 형성된 폴리펩티드에 물을 첨가함으로써 형성된 원시생물의 한 유형이다(**그림 21-3**). 어떤 마이크로스페어는 흥분성을 보이기도 한다: 이들 마이크로스페어는 표면을 가로질러서 전기적 전위를 만들어 내는데, 이것은 세포의 전기화학적 기울기와 유사하다. 또한 마이크로스페어는 그들의 환경으로부터 영양분을 흡수하며(선택적인 투과성), 지질을 포함하지 않더라도 막에 싸여 있는 것처럼 삼투압의 변화에 반응한다.

원시생물의 연구를 통해 상대적으로 단순한 "전–세포"(pre–cell)가 현존하는 생명의 특성 중 일부를 갖고 있다는 것을 알 수 있다. 그러나 원시생물처럼 단순한 분자적 집합체가 살아있는 세포로 가는 것은 아주 중요한 한 단계(또는 여러 단계)이다.

### 21.2.1 분자의 복제가 세포의 기원에서 결정적 단계이었다

살아있는 세포 내에서, 유전 정보는 핵산인 DNA에 저장되고, DNA는 전령RNA(mRNA)로 전사되는데, 전령RNA는 다시 단백질을 구성하는 적합한 아미노산 서열로 해독된다. DNA ⟶ RNA ⟶ 단백질 서열에 있는 3개의 고분자 모두가 정확한 정보를 가지고 있으나, DNA와 RNA만이 자가 복제가 가능하다. 다른 유기 중합체가 형성된 방식과 유사하게 RNA와 DNA 모두 진흙에서 자연발생적으로 형성될 수 있기 때문에, 여기서 의문점은 생물 발생 이전의 세계에서 DNA와 RNA 중 무엇이 먼저 나타났느냐 하는 것이다.

많은 과학자들은 RNA가 자가 유지, 자가 복제하는 세포로 진보하는 데 있어 최초의 정보 분자였으며, 단백질과 DNA는 그 이후에 등장했다고 제안하여 왔다. **RNA 세계(RNA world)**로 알려진 모델에 따르면, 생물 발생 이전의 지구상의 화학적 상태에서 효소 및 자기복제를 위한 기질로서의 기능을 동시에 수행했던 자기복제 RNA가 생겨났다고 한다. RNA 세계 시나리오에서 RNA의 복제를 원형 화살표로써 표시한다:

↻RNA

RNA는 종종 촉매적 특성을 지닌다: 이러한 효소기능을 가진 RNA를 **리보자임(ribozyme)**이라 한다. 참 세포(true cell)의 진화 이전에, 리보자임은 진흙, 얕은 바위 웅덩이, 또는 생명이 기원했던 열수 분출구 등에서 자가 복제를 촉매하였을 것이다. RNA 가닥을 효소가 포함되어 있지 않으며, RNA 뉴클레오티드가 들어있는 시험관에 첨가하면, RNA 뉴클레오티드는 결합해서 짧은 RNA 분자를 형성한다.

생명 역사의 초기에 있어서 RNA 세계의 출현은 결코 증명할 수는 없다. 그러나 방향성 진화(directed evolution)라고도 불리는, **시험관내 진화(in vitro evolution)**에 대한 실험을 통해 RNA 세계가 가능성이 있다는 것을 제시한다. 시험관내 진화 실험은 RNA 세계에 대한 1가지 중요한 의문점에 역점을 두어 다룬다. 즉, RNA 분자들이 생명에 필요한 많은 다른 화학 반응들을 촉매할 수 있었는가 하는 것이다.

**방향성 진화(directed evolution)**에서는 서로 다른 서열을 가진 RNA 분자의 거대한 풀(pool)이 혼합된 다음, RNA 분자들은 생물학적으로 중요한 1가지 반응을 촉매하는 능력에 의해 선택되었다(**그림 21-4**). 최소한 어느 정도의 촉매 능력을 가진 RNA 분자들은 여러 개로 증폭되고, 또 다른 선택의 과정을 거치기 전에(특정 화학약품에 노출시켜서) 돌연변이가 일어나도록 했다. 이런 과정이 여러 번 반복된 후, 선택 과정의 끝에서 RNA 분자는 반응을 위한 촉매자로서 효율적으로 작용한다. 시험관내 진화 연구를 통

**핵심 실험**

**질문:** 시험관 내 선택이 촉매의 화학적 진화를 유도할까?

**가설:** 자가 복제 RNA 분자는 진화하여 보다 효율적인 촉매가 될 수 있다.

**실험:** RNA분자는 하나의 특정한 반응을 촉매하는 능력에 근거하여 큰 풀(pool)로부터 선택되었으며, 이후 증폭되고 돌연변이 과정을 거친다(그림 참조). 이러한 과정을 7~20번 정도 반복되었다.

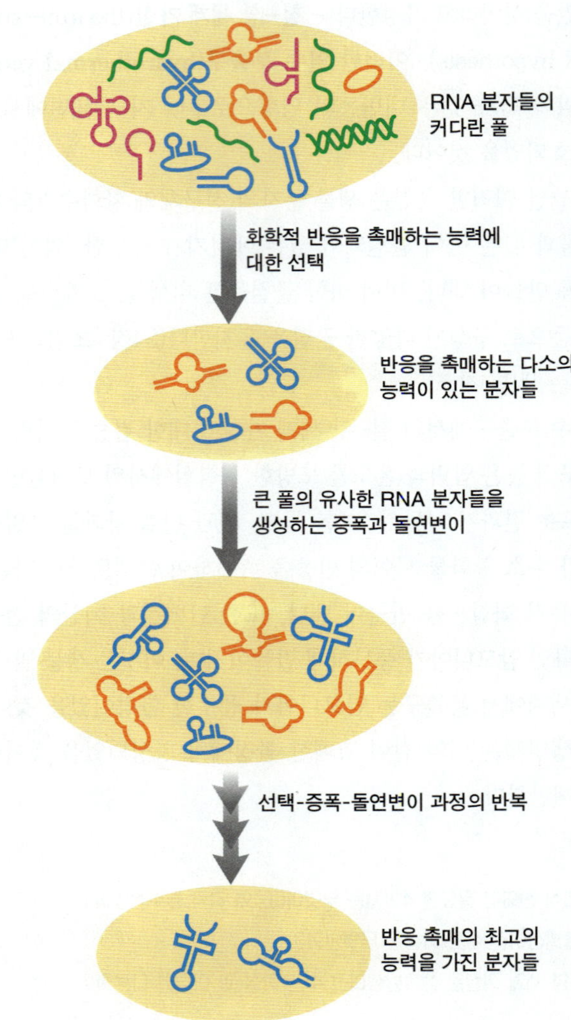


**결과와 결론:** RNA분자의 최종적인 집단은, 선택된 화학적 반응을 촉매함에 있어서 가장 효율적이다. 시험관내 진화를 통해 20개 이상의 합성 RNA 촉매를 개발하였다.

**그림 21-4 RNA분자의 시험관 내 진화.**

해 RNA가 많은 기능적인 레퍼토리를 가졌다는 것을 알 수 있다. 다시 말하면, RNA는 생물학적으로 중요한 많은 반응들을 촉매할 수 있다는 것을 뜻한다.

생물학자들은 RNA 세계에서 리보자임이 처음으로 단백질 합성을 비롯한 다른 중요한 생물학적 반응들을 촉매했을 것으로 가정한다 그 이후에야 단백질 효소들이 이 반응들을 촉매하게 된다.

$$\circlearrowright \text{RNA} \rightarrow \text{단백질}$$

우리는 어떻게 정보성 분자의 진화가 RNA와 단백질의 발생을 유발했을 지에 대하여 생각해 왔다. 만약 단백질을 암호화할 수 있는 자가 복제 RNA가 DNA 이전에 나타났다면, 어떻게, 세포 내에서 유전의 일반적인 분자인 DNA는 어떻게 생긴 것일까? 아마도 RNA는 자신의 이중 나선 사본을 만들었고 그것이 결국 DNA로 진화했을 것이다.

$$\text{DNA} \longleftarrow \text{RNA} \longrightarrow \text{단백질}$$

DNA가 정보 전달 시스템으로 통합된 것은 이득이었을 것이다. 왜냐하면 DNA의 이중 나선 형태가 RNA의 단일 가닥 형태보다 더 안정적(반응성이 더 작은)이기 때문이다. 유전 정보를 저장하는 분자에서 이러한 안정성은 생물발생 이전의 세계에서 분명한 이득을 제공했을 것이다(오늘날에도 그러하듯이).

따라서, DNA /RNA /단백질 세계에서 DNA는 정보 저장분자가 되었고, RNA는 단백질 합성에 관여한 채 남게 되었으며, 단백질 효소는 DNA 복제와 RNA 합성을 비롯한 대부분의 세포 반응을 촉매하게 되었다.

$$\circlearrowright \text{DNA} \rightarrow \text{RNA} \rightarrow \text{단백질}$$

진짜 살아있는 세포(a true living cell)가 거대분자의 집합체로부터 진화하기 위해서는 몇 가지 부가적인 단계가 일어나야만 했다. 예를 들면, 자가 복제적 유전 암호는 생물발생 이전의 세계에서 지극히 일찍 발생했어야만 했다. 왜냐하면 모든 생명체들이 그것을 가지고 있었기 때문이다–하지만 그것이 어떻게 생겨났을까? 또한, 어떻게 지질과 단백질의 원형질막이 진화하였을까?

### 21.2.2 생물학적 진화는 최초의 세포로부터 시작하였다

**미화석**(microfossil)은 현미경적 크기의 생명체의 고대 잔존물로서, 세포가 이미 35억년 전에 번성했었던 것을 제시한다. 북서 오스트레일리아의 필바라 바위와 남아프리카의 바베톤 바위에 미화석 퇴적물이 풍부하게 남아있으며, 이들은 모두 약 35~33억 년 전에 퇴적되었다. 그러나 일부 학자들은 이들 고대 암석에 남아있는 탄소가 풍부한 "짧고 불규칙한 곡선들(squiggles)"을 원핵성 생명체의 미화석으로 해석하는 데에 대해 반대를 하기도 한다. 이들은 이들 미화석이 화석이 아니라 자연적인 지질 작용에 의해 형성되었다고 주장한다.

최초의 세포는 원핵성이었다. 최초 세포의 또 다른 유형의 화석 증거인 **스트로마톨라이트**(stromatolite)는 바위 같은 기둥인데 이것은 원핵세포의 많은 미세한 층들로 이루어져 있다(▮ 그

Fred Bavendam/Peter Arnold, Inc.

**(a)** 서부 오스트레일리아의 햄린 풀에 있는 생존하는 스트로마톨라이트는 남세균과 탄산칼슘과 같은 무기물의 매트(mat)로 구성되어 있으며, 수천 년 이상 오래되었다.

Stanley M. Awramik/Biological Photo Service

**(b)** 스트로마톨라이트 화석의 절단면을 보여주는 것으로, 오랜 시간동안 축적된 남세균과 침전물의 층을 보여 준다. 역시 서부 오스트레일리아에서 발견된 이 스트로마톨라이트는 약 35억년 정도 된 것으로 추정된다.

**그림 21-5 스트로마톨라이트.**

**림 21-5**). 시간이 흐름에 따라, 퇴적물은 세포 주변에 모이고 광물화하게 된다. 한편, 살아있는 세포들의 새로운 층은 더 오래되고 죽은 세포들 위에 자라게 된다. 화석 스트로마톨라이트 암초는 캐나다의 Great Slave 호와 미국의 슈페리어 호를 따라 형성된 Gunflint Iron 층을 포함한 세계의 여러 곳에서 발견된다. 스트로마톨라이트 암초는 온천이나 민물, 바닷물의 따뜻하고 얕은 웅덩이에서 여전히 살고 있다.

### 21.2.3 최초의 세포는 아마 종속영양이었을 것이다

최초의 세포들은 아마 그들이 필요로 하는 유기 분자들을 합성하기 보다는 환경으로부터 얻었을 것이다. 이러한 원시적인 **종속영양생물(heterotroph)**들은 아마도 자발적으로 형성된 많은 유기 분자들—당분, 뉴클레오티드, 아미노산 등—을 소비했을 것이다. 이러한 유기 화합물들을 발효시킴으로써, 최초의 세포들은 삶을 유지하기 위하여 필요한 에너지를 확보하였다. 물론, 발효는 혐기적 과정(산소가 없는 상태에서 수행됨)이고 최초의 세포는 거의 확실하게 **혐기성생물(anaerobe)**이었다.

자발적으로 생성된 유기분자의 공급이 점차 감소되었을 때, 특정 생명체들만이 생존할 수 있었다. 햇빛으로부터 직접적으로 에너지를 획득할 수 있도록 하는 돌연변이가 아마도 일부 세포에서는 이미 일어났었을 것이고, 이를 통해 빛을 이용하여 ATP를 만들 수 있었을 것이다. 이들 세포는 이제는 환경 속에서 부족해져 가고 있는 고에너지 유기 화합물을 필요로 하지 않았으며, 뚜렷한 선택적 이점을 가지고 있었다.

광합성은 빛 에너지뿐만 아니라, 포도당과 같은 유기 분자가 합성될 때 $CO_2$를 환원시키기 위하여 사용되는 전자 공급원을 필요로 한다(9장 참조). 아마도 최초의 광합성 **독립영양생물(autotroph)**—단순한 원료로부터 스스로 양식을 생산하는 생명체—은 $H_2S$와 같이 수소가 풍부한 분자를 쪼개기 위하여 태양에너지를 사용했을 것이다. 그 과정에서 황 원소(산소가 아닌)를 방출하였다. 사실, 녹색황세균과 자색황세균은 광합성을 위해 수소 공급원으로서 여전히 $H_2S$를 사용한다.

물을 쪼개서 수소를 얻은 최초의 광합성 종속 영양 생물은 **남세균(cyanobacteria)**이었다. 물은 오늘날 그러하듯이 초기 지구에 매우 풍부하였고, 물을 쪼갤 수 있다는 선택적 이점을 갖는 남세균은 번창할 수 있었다. 물을 쪼개는 과정에서, 산소는 기체($O_2$)로 방출되었다. 초기의 광합성 과정에서 방출된 산소는 지구의 지각과 해양에 있는 광물들을 산화시켰고, 산소는 오랜 기간 동안 대기에 축적되지 않았다. 그러나 결국 대양과 대기의 산소량은 증가되었다.

과학자들은 지질학상의 근거와 화석 증거에 근거하여 지금까지 설명된 사건들의 시기를 추정한다. 그 시기로부터의 화석은, 앞서 논의된 스트로마톨라이트 화석뿐만 아니라 엽록소의 흔적이 있는 암석을 포함하는데, 이 화석들은 최초의 광합성 생명체들이 대략 35~31억 년 전쯤 나타났다는 것을 나타낸다. 이 증거는 종속영양생물이 보다 일찍 존재하였던 것을 제시한다.

### 21.2.4 호기성생물은 대기에 산소가 증가된 후에 출현하였다

남아프리카의 고대 암석으로부터 얻어진 황 동위원소 자료로 볼 때, 23억 년 전에는 남세균이 대기의 조성을 변화시키기에 충분한 산소를 생산했던 것으로 보인다. 대기 산소의 증가는 생명체에 큰 영향을 끼쳤다. 산소는 절대적 혐기성생물(세포 호흡을 위하여 산소를 사용할 수 없는 생명체)에 독으로 작용했으며, 많은 종들은 의심의 여지없이 죽게 되었다. 그러나 일부 혐기성생물은 산소가 침투하지 않는 환경에서 살아남았다. 다른 생물들은 산소가 자신을 해하지 않도록 중화시키는 적응 구조로 진화하였다. **호기성생물(aerobe)**이라 불리는 일부 생명체들에서는 먹이로부터 더 많은 에너지를 얻어내기 위해 산소를 사용하는 호흡 경로를 발달시켰다. 호기성 호흡은 현존하는 해당과정의 혐기적 과정에 결합하게 된다.

물질대사에 산소를 사용할 수 있었던 생명체들의 진화는 여러 결과를 얻었다. 호기적으로 호흡하는 생명체들은, 포도당의 한 분자로부터 혐기성생물이 발효에 의해 얻는 것 보다 더 많은 에너지를 얻는다(8장 참조). 그 결과 새로이 발달된 호기성생명체들은 혐기성생물보다 더 효율적이고 경쟁적이었다. 산소가 지닌 혐기성생물에 대한 독성과 함께 호기성생물의 효율성이 혐기성생물을 상대적으로 작은 역할자로 만들었다.

호기성 호흡의 발달은 생물권에서 산소와 이산화탄소의 수준을 모두 안정화시켰다. 광합성생명체들은 유기 화합물 합성을 위해 탄소 공급원으로 이산화탄소를 사용하였다. 이 원료는, 호기성 호흡이 출현하지 않았다면 상대적으로 짧은 기간 동안에 대기로부터 고갈되었을 것이다. 호기성 호흡은 유기 분자의 완전한 분해로부터 만들어지는 노폐물로서 이산화탄소를 방출하게 된다. 따라서 탄소는 생물권에서 순환을 시작하였으며, 살아있지 않은 물리적인 환경으로부터 광합성생명체로, 다시 광합성생명체를 먹는

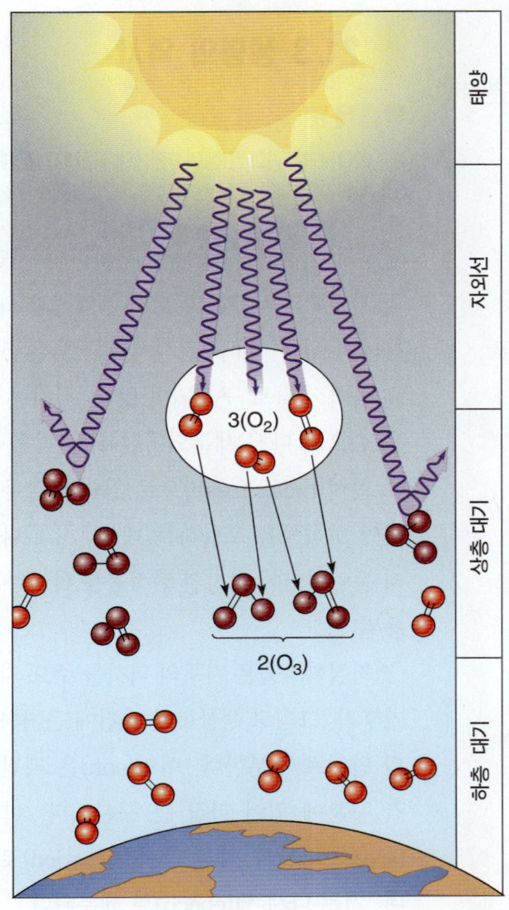


**그림 21-6　오존의 형성.**

오존($O_3$)은 상층대기에서 태양으로부터 온 자외선 복사에너지가 산소 분자의 이중 결합을 파괴할 때 형성된다.

종속영양생물에게로 이동하게 된 것이다(54장 참고). 탄소는 호기성 호흡에 의해 이산화탄소로 다시 물리적 환경으로 방출되었고 탄소순환은 계속되었다. 유사한 방법으로, 산소 분자는 광합성에 의해 만들어지고 호기성 호흡 동안에 사용되어왔다.

광합성의 또 다른 중요한 결과는 산소 분자가 반응하여 **오존(ozone, $O_3$)**을 형성하는 상층 대기에서 일어났다(▮ **그림 21-6**). 오존층은 결국 지구를 덮어 태양의 자외선 방사의 많은 부분이 지표면에까지 침투하지 못하도록 막았다. 오존층이 자외선의 돌연변이 유발 영향으로부터 생명체를 보호함으로써, 생명체들은 수중 환경 내에서 표면에 더 가까이 살 수 있었고, 결국 육지로 올라왔다. 그러나 자외선의 에너지가 유기 분자를 형성하는 데 필요했을 것이기 때문에, 유기 분자의 비생물적 합성은 감소하였다.

## 21.2.5 진핵세포는 원핵세포로부터 유래하였다

화석 기록에 의하면 진핵생물은 22억 년 전에 나타났으며, 지구화학적 증거는 진핵생물이 이보다 전에 존재했을 것으로 제시하고 있다.

진핵생물은 원핵생물로부터 생겨났다. 4장에서 원핵세포는 핵막과 미토콘드리아, 엽록체들과 같이 막으로 구성된 세포소기관들이 없다는 것을 상기하라. 어떻게 이들 세포소기관들이 진화했을까? **순차적 세포내 공생설(hypothesis of serial endosymbiont theory)**에의하면 미토콘드리아와 엽록체와 같은 세포소기관들은 두 원핵생물 사이의 상호 이득이 되는 공생관계로부터 각각 유래되었을 것이라고 말한다(▮ **그림 21-7**). 엽록체는 자신보다 큰 종속영양 세포 안에서 살았던 광합성박테리아(남세균)로부터 진화한 반면, 미토콘드리아는 추측하건대 자신보다 큰 혐기성 세포 내에 살았던 호기성박테리아(아마도 원시적인 자색세균)로부터 진화하였을 것이다. 그래서 초기 진핵세포는 한 때 자유롭게 살던 원핵생물의 집합체였다.

어떻게 이 박테리아들은 **세포내 공생체(endosymbiont)**가 되어 숙주세포 안에서 공생하며 살게 되었을까? 그들은 원래 숙주세포에 의해 섭취될 수는 있었으나, 소화되지는 않았을 것이다. 일단 통합되면, 그들은 숙주세포와 더불어 생존하고 번식할 수 있어, 숙주의 다음 세대 역시 세포내 공생체를 가지고 있었을 것이다. 두 생명체가 상호 의존 관계를 발달시켜서 각각은 서로 상대편에게 무언가 도움을 주었다. 결국 세포내 공생체는 그것의 숙주 밖에서는 생존하는 능력을 상실했고, 숙주세포도 세포내 공생체 없이는 살아가는 능력을 상실했다. 이 가설은 협력자들 각각이 상대편에게는 없는 어떤 것을 가져다 주었다고 규정한다. 예를 들면, 미토콘드리아는 원래의 혐기성 숙주세포에는 없는 호기성 호흡을 할 수 있게끔 만들었다. 엽록체는 필요한 유기 분자를 만들어내는 데 있어 간단한 탄소 원천($CO_2$)을 사용하는 능력을 제공하였다. 숙주세포는 안전한 서식처와 원료나 영양분을 제공했다.

세포내 공생설을 뒷받침하는 주요 증거는 미토콘드리아와 엽록체가 자신의 유전 물질과 번역 요소들의 일부를(비록 모두는 아니지만) 가지고 있다는 것이다. 미토콘드리아와 엽록체는 자기 자신의 DNA(원핵생물의 것과 유사한 원형의 분자이다 24장을 보라)와 리보솜(진핵세포의 리보솜보다는 원핵의 리보솜을 더 닮음)을 가지고 있다. 미토콘드리아와 엽록체는 또한 tRNA 분자와 같은 단백질 합성을 위한 기구의 일부를 가지며, 핵과 독립적으로 제한된 규모의 단백질 합성을 수행할 수 있다. 게다가 미토콘드리아나 엽록체는 진핵세포가 아닌 원핵세포에만 영향을 미치는 항생 물질로써 중독을 시킬 수 있다. 4장에서 논의한 것처럼, 미토콘드리아와 엽록체는 이중막에 의해 둘러싸여 있다. 바깥 막은

**요점**

진핵세포의 엽록체와 미토콘드리아는 다른 세포 내에서 세포내 공생체로서 살았던 다양한 박테리아로부터 기원했을 것으로 생각된다.

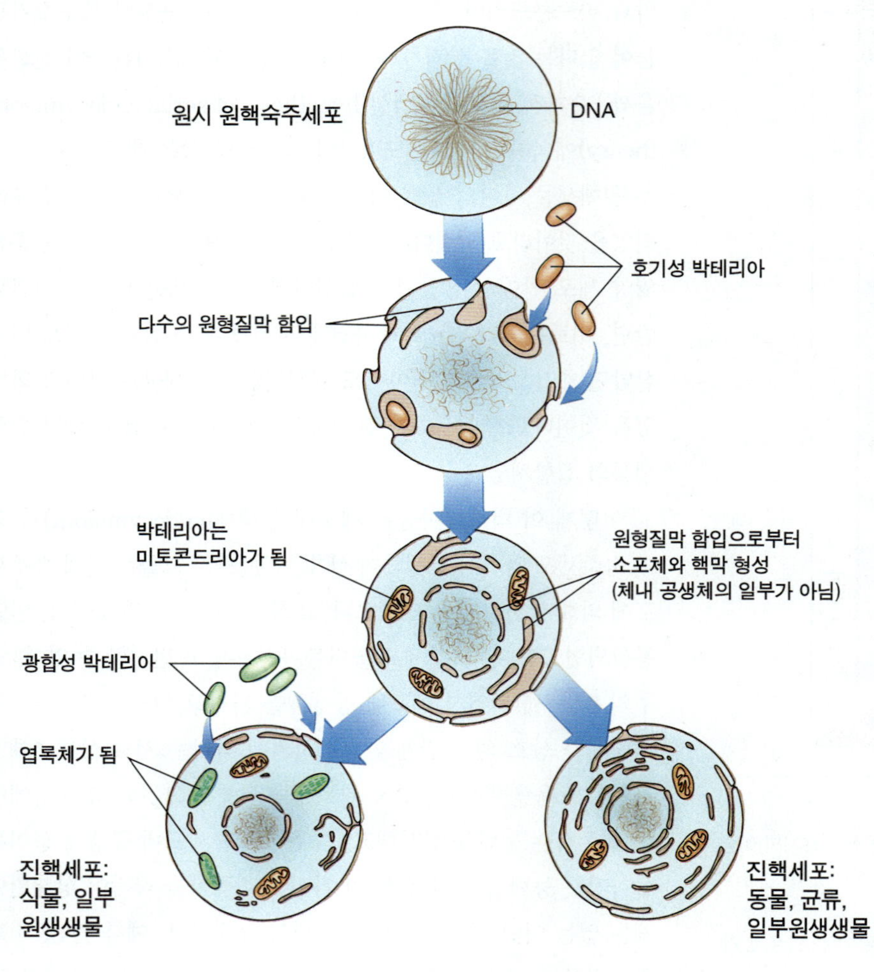


**그림 21-7 순차적인 세포내 공생설.**

명백히 숙주세포의 원형질막 함입(infolding)으로부터 발달된 반면, 안쪽 막은 세포내 공생체의 원형질막으로부터 유래되었다(세포내 공생설은 25장에 더 상세히 논의된다).

순차적 세포내 공생설을 뒷받침하는 많은 증거가 있다고 하더라도, 순차적 세포내 공생설이 원핵생물로부터 진핵세포들의 진화를 완전히 설명하지 못한다. 예를 들어, 세포핵 속의 유전 물질이 어떻게 이중막으로 된 외피에 둘러싸이게 되었는지 설명하지 못한다.

**복습**

- 세포의 기원에서 일어났을 주요 단계는 무엇인가?
- 대기에 있는 산소 분자의 존재가 초기 생명체에 어떻게 영향을 미쳤는가?
- 순차적 세포내 공생설을 뒷받침하는 증거는 무엇인가?

## 21.3 생명의 역사

**학습목표**

6 에디아카라기와 고생대, 중생대, 그리고 신생대의 특징적인 생명체와 주요 생물학적 사건을 짧게 기술한다.

생명의 역사를 구성하는 생물학적 사건, 기후와 지질학적 사건들의 순서는 암석과 화석에 기록되어 있다. 지구 지각의 퇴적물은 5개의 주요 암석 층들로 구성되어 있고, 각각은 보다 작은 층으로 다시 세분되어진다. 각각의 층은 **지표 화석**(index fossil)으로 알려진 고유의 특징적인 화석들을 포함하는 데, 세계의 다른 곳에서 동일시기에 형성된 퇴적물을 확인하는 데 사용된다.

지질학자들은 지구의 역사를 주요 지질학적, 기후적, 그리고 생물학적 사건에 근거하여 시간의 단위로 구분한다. **이언**(eon)은 지질학적 시간 구분에 있어 가장 큰 구분이다. 이언은 **대**(era)로 나뉘며, 대는 다시 **기**(period)로 세분되며, 기는 다시 **세**(epoch)로 세분된다.

지구가 탄생한 이래로 **시생 이언**(Archaean eon)으로 알려진 대략 46억 년 전에서 25억 년 전까지에 대해서는 거의 알려진 것이 없다(**▮ 표 21-1**). 생명은 시생 이언 동안 지구에서 기원하였다. 생명의 신호는 35억 년 전부터 나타난다. 시생 이언의 암석들은 아주 오래되었으며 세계 대부분의 지역에 있어 깊이 매몰되어 있으므로 물리적인 증거는 그리 많지 않다. 많은 시생대 암석층으로부터 남세균과 다른 박테리아 등의 원핵세포의 미화석이 발견되었다.

### 21.3.1 에디아카라기의 퇴적암은 세포와 단순한 동물의 화석을 포함한다

25억 년 전부터 5억 4천 2백만 년 전 사이는 **원생 이언**(Proterozoic eon)이다. 원생이언 초기의 생명은 남세균과 같은 원핵생물로 구성되었었다. 스트로마톨라이트는 풍부했다. 약 22억년 전 쯤에 첫 번째 진핵세포가 등장한다. 원생 이언의 말기에는 작고, 부드러운 몸을 가진 무척추동물의 화석이 풍부하게 나오며, 다세포성이 명백해 진다.

표 21-1

**지질학적 연대에 있어 중요한 생물학적 사건들**

| 이언 | 대 | 기 | 세 | 연대* | 중요한 생물학적 사건 |
|---|---|---|---|---|---|
| 현생 이언 | 신생대 | 신제 3기 | 완신세 | 0.01 (1만년전) | 일부 목본성 식물의 감소; 초본성 식물의 증가; 목인류(*Homo sapiens*)의 시대 |
| | | | 홍적세 | 2 | 일부 식물 종의 멸종; 홍적세 말에 많은 대형 포유류의 멸종 |
| | | | 선신세 | 5 | 초지와 사막의 확장; 많은 초식성 포유류 |
| | | | 중신세 | 23 | 현화식물 다양화의 지속; 초식성 포유류와 우는 새의 다양화 |
| | | 고제 3기 | 점신세 | 34 | 숲의 확장; 유인원의 출현; 현존 포유류 과가 모두 등장함 |
| | | | 시신세 | 56 | 현화식물의 우점; 현대 포유류 목의 출현과 다양화; 현대 조류 목의 출현 |
| | | | 효신세 | 66 | 아열대성 식생(현화식물과 구과류)이 널리 퍼짐; 원시 포유류의 다양화 |
| | 중생대 | 백악기 | | 146 | 현화식물의 증가; 공룡의 번성이 최고에 달하며, 백악기 말에 멸종함; 이빨 있는 조류의 멸종 |
| | | 쥐라기 | | 200 | 겉씨식물이 흔함; 대형 공룡; 최초의 이빨있는 조류 |
| | | 트라이아스기 | | 251 | 겉씨식물의 우점; 양치식물이 흔함; 최초의 공룡; 최초의 포유류 |
| | 고생대 | 페름기 | | 299 | 구과류 다양화; 소철류의 출현; 현대 곤충의 출현; 포유류와 유사한 파충류; 페름기 말의 많은 무척추동물과 척추동물 멸종 |
| | | 석탄기 | | 359 | 양치식물, 석송, 속새와 나자식물의 숲; 많은 곤충 유영; 원시 양서류의 전파; 최초의 파충류 |
| | | 데본기 | | 416 | 최초의 숲; 겉씨식물의 출현; 많은 삼엽충; 날개없는 곤충 출현; 턱을 가진 어류 출현 및 다양화; 육상 절지동물의 출현 |
| | | 실루리아기 | | 444 | 관속식물의 출현; 산호초가 흔함; 무악어류의 다양화; 육상 절지동물의 출현 |
| | | 오르도비스기 | | 488 | 육상식물(선태식물?)의 포자 화석; 무척추동물의 우점; 산호초의 출현; 최초의 어류 출현 |
| | | 캄브리아기 | | 542 | 박테리아와 남세균; 조류; 균류; 해양 무척추동물의 시대; 최초의 척삭동물 |
| 원생 이언 | | 에디아카라기 | | 600 | 조류와 부드러운 몸을 지닌 무척추동물의 다양화 |
| | | 초기 원생대 | | 2500 | 진핵생물의 진화 |
| 시생 이언 | | | | 4600~2500 | 가장 오래된 암석 원핵생물의 진화; 대기 산소가 증가하기 시작함 |

*기의 시작부터 현재까지의 시간 (백만 년)

**그림 21-8 에디아카라 바다에 살던 생명체의 복원.**

남부 오스트레일리아의 에디아카라 언덕에서 발견된 화석을 근거로 복원한 생명체들로, 남극대륙을 제외한 다른 모든 대륙의 에디아카라 지층에서도 유사한 군집이 발견된다. 해파리, 편형동물, 조류, 연산호와 비슷한 형태를 가진 노처럼 생긴 생명체 등이 나타난다.

**에디아카라기(Ediacaran period)**는 6억년에서 5억 4천 2백만 년 전의 기간으로 원생이언의 마지막 시기이다. 에디아카라기라는 명칭은 남부 오스트렐리아의 에디아카라 언덕에 있는 화석 산지에 의해 부여된 명칭으로, 가장 단순한 형태의 에디아카라 화석은 뉴펀들랜드, 북서 캐나다의 맥켄지 산과 중국의 Doushantuo 지층 등에 있는 6억~년 전에서 5억 8천만 년 전의 퇴적암에서 발견된다.

에디아카라 화석은 다세포 동물의 가장 오래된 화석이다(**그림 21-8**). 에디아카라 언덕 및 다른 장소에서 발견되는 단순하고, 부드러운 몸체를 가진 동물들을 아직까지 모두 동정한 것은 아니다. 일부 고생물학자는 이들 화석을 초기 해면동물, 해파리, 산호, 그리고 빗살해파리로 해석하고 있다. 그러나, 다른 학자들은 에디아카라 동물은 현존 종들의 직접적인 조상이 아니며 에디아카라기 말에 멸종했을 것으로 생각한다.

## 21.3.2 생명체들의 다양성이 고생대 동안 발달했다

**고생대**(Paleozoic era)는 대략 5억 4천 2백만 년 전에 시작되었고, 2억 9천 1백만 년 동안 지속되었다. 고생대는 6개의 기로 나누어진다: 캄브리아기, 오르도비스기, 실루리아기, 데본기, 석탄기, 그리고 페름기.

화석이 풍부한 암석들은 고생대의 가장 오래된 시기인 **캄브리아기(Cambrian period)**를 나타낸다. 약 4천만년 동안 진화는 아주 빨리 일어났으며, 많은 새로운 동물 몸 설계가 갑자기 출현했으며, 이 때문에 이 시기를 **캄브리아 방사기(Cambrian Radiation)** 또는 보다 비공식적으로 캄브리아 폭발기(Cambrian explosion)라 부른다. 모든 현존하는 동물 문의 화석들이 존재했으며, 많은 기괴하고, 멸종된 문들과 함께 해양 퇴적물에 존재한다. 바다의 바닥은 해면, 산호, 바다나리, 불가사리, 고동, 조개 같은 이매패류, 원시적인 오징어 같은 두족류, 조개(완족류), 그리고 삼엽충(이 장의 처음 사진을 보라 또한 그림 30-19를 보라)들로 덮여 있었다. 게다가 작은 척추동물- 골격이 연골로 된 어류들이 바다 환경에 자리 잡게 되었다.

캄브리아 방사기를 증명하는 가장 중요한 화석 유적지는 중국(초기 캄브리아기 화석이 나타나는)에 있는 **Chenjiang 유적(Chenjiang site)**과 브리티시콜롬비아(중기 캄브리아기 화석이 나타나는)에 있는 **버제스 이판암(Burgess shale)**이다(**그림 21-9**).

지질학자들에 따르면, 대륙은 캄브리아기 동안에 점차적으로

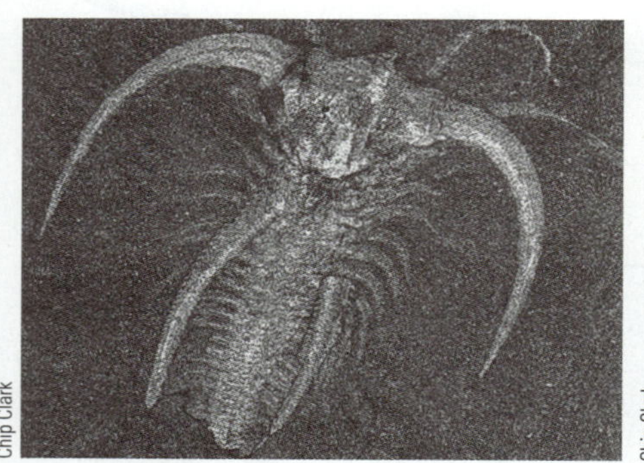


**(a)** 작은 절지동물인 *Marrella splendens*.

**(b)** *Wiwaxia*는 강모로 덮인 바다에 사는 벌레로서 지렁이와 먼 관계를 갖고 있었다. 자신을 보호하기 위하여 비늘 모양의 갑옷과 바늘 같은 가시를 가졌다.

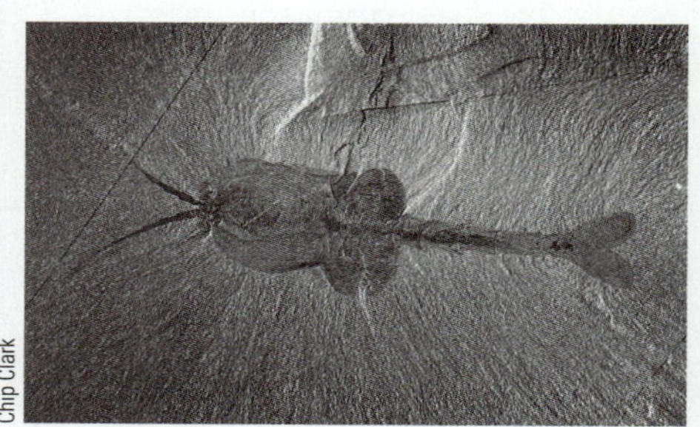


**(c)** *Waptia fieldensis*는 갑각류 동물이었다. 이는 작은 새우와 같은 현대 갑각류의 조상일 것이다.

**그림 21-9 캄브리아 방사기 때의 화석.**

이들 3종류의 화석은 모두 브리티시콜롬비아주의 캐나다 로키 산맥의 버제스 이판암에서 발견되었다.

바다에 의해 잠기게 된다. **오르도비스기**(**Ordovician period**)에 많은 육지는, 비록 캄브리아 폭발기 같이 극적이지는 않았지만 진화적인 다양성의 또 다른 폭발이 있었던 얕은 바다들에 의해 덮이게 된다. 오르도비스기의 바다는 길이 5~7 m, 직경 30 cm의 곧은 껍질을 가진 오징어 같은 동물인 거대 두족류들이 서식했었다. 산호초들은 이 시기에 처음으로 출현하였으며, 갑주어(*ostracoderms*)라고 불리는 작고, 턱이 없으며, 뼈로 장갑화된 어류도 이때 나타났다. 또한 오르도비스기의 퇴적물에는 육지로의 이주가 시작되었다는 것을 제시하는 육상(육지에 서식하는)식물의 화석 포자가 있다.

**실루리아기**(**Silurian period**) 동안에, 무악 어류는 상당히 다양화되었고, 유악 어류가 최초로 등장했다. 생물학적인 중요성을 가지는 2가지의 생물 형태의 명확한 증거가 실루리아기에서 나타났다: 육상 식물과 공기로 숨 쉬는 동물. 식물의 진화는 식물들이 최초의 육상 동물에게 먹이와 피난처를 제공해 주었기 때문에 동물들이 육지로 이주할 수 있게끔 하였다. 실루리아기의 암석에서 발견된 공기로 숨 쉬는 모든 육지 동물들은 절지동물—노래기, 거미처럼 생긴 절지류와 아마도 지네—이었다. 생태학적인 관점에서 볼 때, 식물에서 동물로의 에너지 흐름은 살아 있는 식물 재료로부터 직접적으로 전달되기 보다는 아마도 식물의 잔해를 통해서였을 것이다. 이 잔해는 부패하는 생명체로부터의 유기 잔해라고 할 수 있다. 노래기는 오늘날 식물의 잔해를 먹으며, 거미와 지네는 노래기와 다른 동물들을 잡아먹는다.

**데본기**(**Devonian period**)는 종종 어류의 시대라고 불린다. 이 기간은 또한 유악 어류들의 폭발적인 방사가 일어나며, 턱이라는 적응으로 인해 척추동물이 씹고 물어뜯을 수 있게 되었다. 유악 어류의 멸종된 한 집단인, 갑옷을 입은 판피류(*placoderms*)는 다양화된 생활사형으로 분화되었다(그림 31-10b 참조). 데본기의 퇴적물에 나타나는 것은 상어와 2가지 두드러진 타입의 뼈가 많은 물고기였다: 엽으로 된 지느러미를 갖는 어류와 방사성 지느러미를 갖는 어류로, 현대 어류의 주요 목이 이 방사성 지느러미 어류로부터 생겨났다(31장 참조). 데본기 상부 지층의 퇴적물은 종종 꽤 크고 짧은 목과 두껍고 근육이 발달한 꼬리를 가진 도롱뇽 같은 양서류(*labyrinthodonts*)의 화석 잔재를 포함한다. 또한 날개가 없는 곤충도 데본기 후기에 생겨났을 것이다.

초기의 관속 식물은 캄브리아기 폭발 동안에 동물들이 폭발적으로 진화한 것과 마찬가지로 데본기 중에 대대적인 진화가 일어난다. 현화 식물을 제외한 모든 주요 식물 집단은 데본기 동안에 나타났다. 양치류, 석송류, 속새류, 그리고 종자 고사리(양치류와 같은 잎을 가지지만 종자로 번식하는 멸종된 원시 식물 그룹)들의 산림이 번성하였다.

**석탄기**(**Carboniferous period**)는 커다란 습지 숲으로 유명한데, 이 숲의 잔재물은 주요 석탄 침전물로서 오늘날 존속되고 있다. 이 시기 동안 육지의 대부분은 속새류, 석송류, 양치류, 종자고사리류, 그리고 나자식물(구과류와 같이 종자를 가진 식물)로 가득 찬 낮은 늪으로 덮여 있었다(**그림 21-10**). 양서류는 석탄기의 두드러진 육상 육식동물로, **적응 방산**(**adaptive radiation**)을 거치면서 수계 및 육상 생태계를 모두 이용하였다. 이 시기에 파충류가 최초로 나타났고, 2가지 주요 계통으로 분지하였다. 한 계통은 대부분 작고 중간 크기의 식충성(곤충을 먹는) 도마뱀으로 구성되어 있었으며, 이 계통은 나중에 도마뱀, 뱀, 악어, 공룡, 그리고 새의 조상이 되었다. 다른 파충류의 계통은 페름기와 초기 중생대의 포유류와 유사한 다양한 그룹의 파충류가 되었다. 날개를 가진 곤충의 두 그룹인 바퀴벌레류와 잠자리류는 석탄기에 출현했다.

양서류는 **페름기**(**Permian period**) 동안에도 그 중요성이 지속되었다. 페름기 동안 파충류는 다양화되어 육식성과 초식성 육상 생활형 모두에 있어 우점하였다. 포유류와 유사한 파충류 중 중요한 그룹은 수형류(*therapsids*)로 페름기에 기원해서 중생대까지 나타

Field Museum of Natural History, Chicago, No. GEO85638c

**그림 21-10 석탄기 산림의 복원.**

이 시기의 식물에는 초기 나자식물과 종자 양치류뿐만 아니라 석송, 속새, 거대 양치류가 있다.

난다(그림 31-24 참조). 페름기 동안, 종자식물은 다양화되고 대부분의 식물 군집에서 우점하였다. 솔방울이 달리는 침엽수는 넓게 퍼졌고, 소철류와 은행나무가 출현했다.

모든 지질학적 시기 중에서 가장 큰 **대규모 멸종**(mass extinction)이 페름기와 트라이아스기 사이인 고생대 말기인 2억 5천 1백 만 년 전에 발생하였다. 그 당시에 존재하던 모든 해양 종의 90%이상이 이 시기에 멸종하고, 육지에 사는 척추동물 속(genera)도 70% 이상 멸종하게 된다. 또한 식물에 있어서도 주요한 멸종의 증거가 있다. 페름기 말기의 대규모 멸종에 대한 여러 원인들이 제시되었는데, 운석 충돌 또는 해양의 화학적 변화를 일으킨 지구 온난화 등이다. 원인이 무엇이든 간에, 그 멸종은 몇 십 만년 내의 매우 압축된 시기 동안에 전지구적으로 발생했다는 것이다. 이것은 지질학상의 시간 규모에서 볼 때 극도로 짧은 시간이고, 대변동의 사건 중에서 무언가가 멸종을 일으켰다고 제시하는 것이다.

### 21.3.3 공룡과 다른 파충류들이 중생대를 지배하였다

**중생대**(Mesozoic era)는 대략 2억 5천 1백만 년 전에 시작되어 약 1억 8천 5백만 년 동안 지속되었다. 중생대는 트라이아스기, 쥐라기, 백악기로 나누어지며, 중생대에 형성된 화석 퇴적물은 전세계에서 발견된다.

중생대의 두드러진 특징은 아주 다양한 파충류의 기원과 분화 그리고 결국에는 멸종이라 할 수 있다. 이런 이유 때문에, 중생대는 일반적으로 파충류 시대라고 불린다. 또한 오늘날 곤충의 현대 목(order)의 대부분이 중생대에 출현했다. 달팽이와 이매패류(조개류와 그것의 동족들)는 그 수와 다양성 면에서 증가하였고, 성게는 다양성이 최고조에 달했다. 식물의 경우에는 중생대는 백악기 중기까지 나자 식물이 우점하였고, 백악기 중기에 현화 식물이 최초로 다양화되었다.

**트라이아스기**(Triassic period) 동안, 파충류는 적응 방산을 통해 많은 그룹을 형성하였다. 육상에서 우점하는 트라이아스기의 그룹은 포유류와 유사한 수형류였는데, 작은 크기의 식충성에서부터 제법 큰 초식성에 걸쳐 있었으며, 초기의 "지배적인 파충류"인 조치목(*thecodont*)의 다양한 그룹은 주로 육식성 동물이었다. 조치류는 악어, 나는 파충류, 그리고 조류들의 조상으로 생각된다(그림 20-18a 참조)

바다에서는, 몇몇 중요한 해양 파충류 집단인 장경룡과 어룡들이 트라이아스기에 출현하였다. 장경룡(*Plesiosaurs*)은 15 m에 달하는 몸길이에 노 같은 지느러미를 가진 수생 파충류였다. 어룡(*Ichthyosaurs*)은 피상적으로 볼 때 짧은 목, 큰 등지느러미, 그리고 상어형태의 꼬리를 가지고 있어 돌고래나 상어의 체형과 닮은 몸을 가지고 있었다.

최초의 날아다니는 파충류인 익룡(*pterosaurs*)은 중생대에 출현하였고 상당한 다양화를 겪었다. 이 집단은 매우 놀라운 형태를 형성하였는데, 가장 현저한 것은 거대한 케찰코아틀러스(*Quetzalcoatlus*)이다. 이것은 텍사스에서 백악기의 토막 화석으로부터 알려졌는데, 날개의 폭이 11~15m 정도이다. 익룡의 날개는 가죽질의 피부막으로 길게 신장된 넷째 손가락 뼈에 의해 지지되었으며, 발톱이 다른 손가락뼈로부터 돌출되어 있었다.

트라이아스기에 나타나는 최초의 포유류는 그 시대의 포유류와 유사한 수형류로부터 발달한 작은 식충 동물이었다. 포유류는 중생대 나머지 기간 동안, 대부분 작고 야행성의 식충 동물로 다양화되었으며, 중생대 말에는 유대류와 태반류가 등장하였다.

**쥐라기**(Jurassic period)와 **백악기**(Cretaceous period) 동안에, 악어, 도마뱀, 뱀, 조류가 출현하였고, 공룡은 놀라울 정도로 다양화되었다. 도마뱀의 한 그룹인 모사사우르스(*mosasaurs*)는 백악기 말기에 살았던 크고 식욕이 왕성한 해양 포식자들이었다.

공룡에는 2가지 주요 집단이 있다: 현대의 도마뱀과 유사한 골반뼈를 가진 용반류(*saurischians*)와, 새의 골반뼈와 유사한 뼈를 가진 조반류(*ornithischians*)가 있었다 (**그림 21-11**). 어떤 용반류공룡은 매우 빨랐고 두 발 동물이었으며 크기는 개 정도의 집단에서부터 백악기의 거대한 육식동물인 티라노사우르스(*Tyrannosaurus*), 기간토사우르스(*Giganotosaurus*), 카르카로돈트사우르스(*Carcharodontosaurus*) 등의 결정적인 대표 동물들이 있었다. 다른 용반류공룡(*saurischians*)은 덩치가 거대했고 식물을 먹는 사지 동물이었다.

다른 공룡 집단인 조반류공룡(ornithischians)은 전적으로 초식동물이었다. 비록 어떤 조반류는 이족성 동물이기도 했지만 대부분은 사지동물이었다. 일부는 앞니가 없었고, 튼튼하며 각질로 된 새와 같은 부리를 가지고 있었다. 어떤 종에서 이런 부리는 넓고 오리 같았으며, 그래서 통속명이 오리-부리 공룡(duck-billed dinosaurs)이 되었다. 다른 조반류공룡은 육식 용반류공룡으로부터 보호 할 수 있는 큰 갑옷을 가졌다. 예를 들어, 안킬로사우르스(*Ankylosaurus*)는 철갑 갑옷(사실 피부에 박혀 있는 뼈로 된 미늘)으로 덮인 넓고 편평한 몸을 가졌고 크고 측면으로 불쑥 튀어나온 뿔을 가졌다.

지난 수십 년 동안 공룡에 대한 많은 전통적인 개념에 대해 다

**요점**

공룡의 두 목(order)은 1차적으로 골반 뼈의 차이로 구분 짓는다.

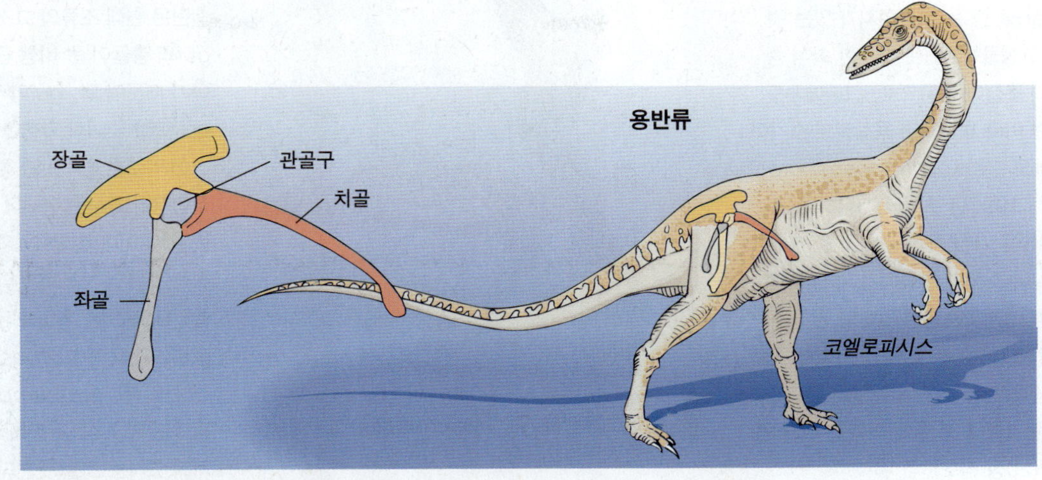


**(a)** 용반류의 골반. 공룡을 제외한 척추 사지동물이 가지고 있지 않는 특성인 관골구를 주목하라.

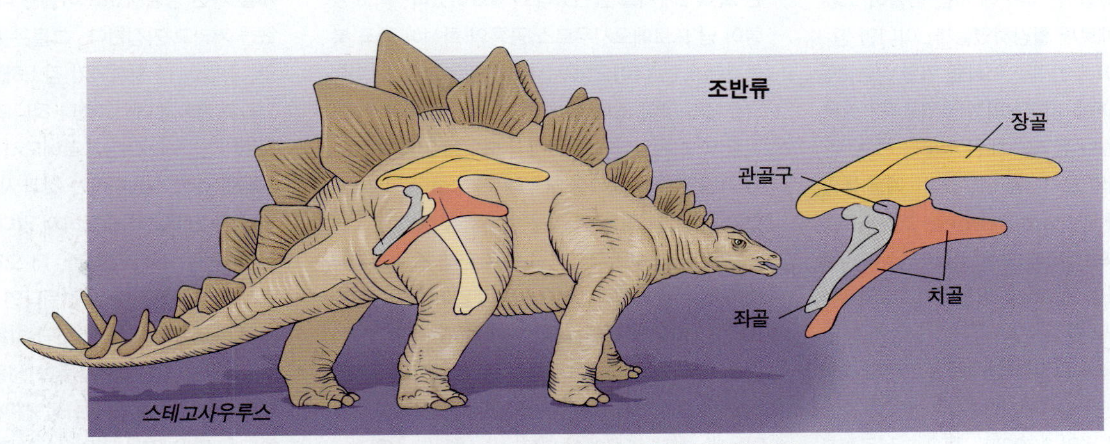


**(b)** 조반류의 골반 역시 관골구에 구멍을 가지고 있으나 뒤쪽 방향으로 치골이 확장되어 있다.

**그림 21-11 용반류와 조반류 공룡.**

각 공룡 그림에서 연한 노란색의 대퇴골은 골반뼈와의 관련성을 보여준다.

시금 고려하게 되었으며, 이제는 모든 공룡이 냉혈성이며, 늪에 살면서 천천히 움직이는 괴물이라고는 생각하지 않는다. 최근의 증거는 적어도 일부 공룡은 온혈성이었으며 민첩하며 매우 빠르게 움직일 수 있었던 것으로 제시한다. 많은 공룡들은 구애의식과 자식 양육을 포함하는 복잡한 사회적 행동을 가졌던 것으로 나타난다. 어떤 종은 사회적 집단에 살았고 떼로 사냥을 했다.

조류는 쥐라기 말기에 출현하였고, 화석증거로 볼 때 조류는 공룡으로부터 직접적으로 발달했던 것을 보인다(초점: "조류 비행의 기원" 참조). 화석기록이 남아있는 가장 오래된 조류인 시조새(*Archaeopteryx*)는 약 1억 5천만 년 전에 살았었다 (그림 31-22a). 시조새는 비둘기만한 크기였고, 활동적으로 나는 것보다는 미끄러지듯 활공하도록 사용되는 약한 날개를 가졌다. 비록 시조새는 조류라고 생각되어졌다 할지라도, 입 속의 많은 이빨과 긴 골질의 꼬리 같은 파충류의 특징을 가지고 있었다.

백악기 말인 6천 6백만 년 전에 공룡, 익룡, 그리고 다른 많은 동물들은 갑자기 멸종하게 되었다(그림 20-18b 참조). 구과류를 제외한 많은 나자식물 또한 멸망했다. 백악기 말에 지구와 대기권 밖의 거대한 운석과의 대변동적인 충돌이 급격한 기후 변화를 일

초점

## 조류 비행의 기원

조류의 진화는 지구 생명의 역사에서 가장 흥미로운 장(chapter)들 중 논쟁의 여지가 있는 것이다. 대부분의 고생물학자들은 충분한 화석 증거와 함께 조류의 조상이 공룡으로, 그중에서도 땅 위에 서식하던 이족 보행하던 육식성인 수각아목 공룡인 드로메오사우르스(*dromaeosaurs*)라고 결론지었다. 1997년 초부터 시작하여 고생물학자들은 깃털을 가진 화석 공룡을 발견하였는데 이는 깃털이 조류가 진화하기 이전에 생겨났음을 가리킨다. 과학자들은 깃털이 **전적응(preadaptation)**의 연속 또는 그것의 하나로서 진화했다고 생각한다. 최초의 깃털은 온도 절연의 기능을 했을 것이나 그 후에 비행을 위해 변형되었을 것이다(20장 참조).

공룡과 초기 조류가 깃털을 일단 가졌다면 어떻게 이들이 날았을까? 나무에 사는 동물이 조류 비행의 중간 단계로써 활강하였을까, 아니면 땅 위에 사는 동물이 추진력과 이륙을 위한 상승력을 얻기 위해 그 날개를 퍼덕거리며 달렸을까? 조류에서 비행이 기원한 방법에 대한 의문은 한 세기 이상 생물학자들의 호기심을 돋우었다. 예를 들면, 미국의 동물학자 William Beebe는 조류의 조상이 아마도 네 개의 다리에 모두 깃털이 난 나무에 서식하는 활강자일 것이라고 가정했다. 그의 주장에 대해 근거가 될 만한 화석 증거가 없었기 때문에 과학자들은 당시 그것을 심각하게 고려하지 않았다.

대략 일 세기 후인 2003년, 중국 고생물학자들이 Beebe가 가정하였던 생명체의 거의 완전한 화석 2가지를 발견했다고 발표하였다. 작고 깃털이 난 드로메오사우르스 공룡의 화석이 중국 북동부에 있는 라이오닝 지방에서 발견되었다. 마이크로랩터 구이 (*Microraptor gui*) 공룡은 긴 꼬리를 비롯해 앞다리와 뒷다리 모두에 깃털이 있었다(그림 참조). 꼬리를 포함해 77 cm 길이로 작았고 나무에서의 삶에 적응한 것처럼 생겼다.

*W. H. Beebe, "A Tetrapteryx Stage in the Ancestry of Birds," *Zoologica*, Vol. 2, 1915.

**마이크로랩터 구이(*Miacroraptor gui*)에 대한 화가의 그림.**

마이크로랩터 구이의 깃털은 현대 조류의 그것과 매우 유사했다. 부드러운 깃털이 몸을 덮고 있었고, 각각의 다리는 약 12개의 "첫 번째"비행 깃털과 약 18개의 좀 더 짧은 "두 번째"깃털을 가지고 있었다. *M. gui*의 비행 깃털은 비대칭적이었는데, 현대 조류에서 나타나는 비행이나 활강과 관련된 특징이었다. 첫 번째와 두 번째 깃털은 앞다리와 뒷다리 모두에 유사한 패턴을 따랐고 이 패턴은 현대 조류의 그것과 닮았다. 일부분 *M. gui*의 흉골이 큰 비행 근육에 부착되지 않은 구조이기 때문에 *M. gui*가 날개를 퍼덕거렸다기 보다 활강했을 것이라 가정한다.

†X. Xu, Z. Zhou, X. Wang, X. Kuang, F. Zhang, and X. Du, "Four-Winged Dinosaurs from China," *Nature*, Vol. 421, Jan. 23, 2003.

1억 2천 6백 만년 정도 된 *M. gui*는 조류의 직접적인 조상은 아니다. 조류는 *M. gui*가 존재했을 때 이미 진화했었다. 가장 오래된 것으로 알려진 조류인 시조새는 약 1억 4천 5백만 년 전에 살았으므로 *M. gui*보다 약 2천만년 앞선다. *M. gui*는 *기저 구성원(basal member)*으로 여겨진다 – 즉, *Archaeopteryx*와 다른 조류의 가장 최근의 조상 중 진화적 가지에서 좀 더 빠른 위치에 있다는 것을 뜻한다. *M. gui*처럼, 좀 더 이른 시기에 존재했던 깃털이 잇는 공룡들은 네 날개를 가진 생명체였고 이들은 나무에 살면서 활강했을 거라고 가정한다. 그들은 새의 진화 과정 동안, 깃털이 난 뒷다리가 감소하고 결국 사라졌을 거라고 제시한다. 그러나 하나의 대안적인 가설은 깃털이 난 뒷다리는 드로메오사우르스에 제한된 실패한 진화 실험이라는 것과 새의 진화에서 하나의 중간 단계로서 중요하지 않다는 것이다. *M. gui*에 대한 심화 분석과, 더 오래된 드로메오사우르스 화석이 장래에 발견된다면 깃털을 가진 뒷다리의 중요성에 대해 한 가닥 빛을 비출 것이다. *M. gui*는 고생물학자들과 생물학자들에게 공룡으로부터 조류로의 진화적 전이에 대해 심사숙고하도록 많은 것을 주었다. 생물학자들은 오래 동안 조류에서의 비행 진화에 대해 계속 연구하고 토론할 것이다.

으켰을 것이라고 제시한다. 그 증거들로는 중생대와 신생대 퇴적물 사이에 위치한 검은 진흙의 작은 층으로, 이 층은 높은 이리듐 농도를 가졌고 세계 곳곳의 200여 곳 이상에서 발견된다. 이리듐은 지구에는 드물지만 운석에는 풍부하므로 그 때 지구가 지구 밖의 큰 물체에 의해 충돌되었을 것이라는 결론을 이끌 수 있다(충돌의 힘은 이리듐을 대기에 모이게 하여 나중에 낙하에 의해 땅 위에 쌓이게 할 수 있었을 것이다).

멕시코의 유카탄 반도(Yucatan Peninsula) 아래에 묻혀있는 칙슐루브(Chicxulub) 분화구는 명백한 운석 충돌의 장소이다. 이 충돌로 인해 거대한 해일(조수의 파도)이 생겼고 이것이 알라바마에서 과테말라까지 멕시코만의 경계 부근에 우주 밖의 물체로부터의 물질들을 침전시켰다. 운석 충돌은 전세계적인 숲의 화재와 거대한 먼지 구름을 일으켜 여러 해 동안 기온을 낮추는 사태를 초래했을 것이다.

### 21.3.4 신생대는 포유류의 시대이다

**신생대(Cenozoic era)**는 포유류의 시대, 조류의 시대, 곤충의 시대, 또는 현화 식물들의 시대라고 불릴 수 있다. 이 시대에는 이들 생명체 모두에 있어 높은 다양성이 나타났다. 신생대는 6천 6백만 년 전부터 현재까지 이르고 있다. 이 시기는 두 기로 다시 나누어진다: **고제3기(Paleogene period)**는 4천 3백만 년 동안 지속되었으며, **신제3기(Neogene period)**는 지난 2천 3백만 년 동안 지속되어왔다. 고제3기는 다시 3가지 세(epoch)로 나눠지는데 이른 시기부터 나중 시기까지 나열하면 효신세, 시신세, 점신세가 된다. 신제3기는 중신세, 선신세, 홍적세기, 완신세로 나누어진다.

백악기 중에 출현한 현화식물은 신생대 동안에도 계속 다양화되었다. 효신세와 시신세 동안, 열대 및 아열대 식물 군집이 상대적으로 높은 위도까지 확장했다는 것을 화석을 통해 알 수 있다. 초원과 사바나는 중신세 동안에 북아메리카 전반에 걸쳐서 퍼져나갔다. 후에 선신세와 홍적세에는 사막이 발달한다. 홍적세 동안에 식물 군집은 대륙성 빙하의 퇴각과 확대에 관련된 기후 변동에 반응하여 역동적으로 변했다.

시신세 동안에는, 조류의 폭발적인 방사가 있었고, 이것은 많은 다른 서식처에 대해 분화를 요구하게 되었다.

효신세 동안에는, 원시 포유류의 폭발적인 방사가 일어났다. 이것들의 대부분은 현대 포유류와는 밀접한 관련이 없는 숲의 작은 서식자였다. 시신세 동안에 포유류는 계속 분화되었고, 모든 현대 목(order)들이 최초로 출현했다.

점신세 동안에는, 아프리카에서의 최초의 화석 유인원을 포함한 현대의 많은 포유류 과(family)들이 나타났다. 많은 계통이 초원과 사바나 같은 더욱 광활한 형태의 서식지에 살았음을 암시하는 분화를 나타낸다. 다수의 포유류들이 더욱 큰 몸집, 달리기를 위해 더 긴 다리, 거친 식물을 씹기 위한 또는 동물을 포획하기 위해 분화된 이빨, 그리고 그들의 상대적으로 크기가 증가한 뇌를 갖게 되었다. 예를 들어, 인간의 조상은 중신세 후기와 선신세 초기에 아프리카에서 출현하였다. 인간이 속한 사람속(*Homo*)은 대략 2백 3십만 년 전에 출현하였다(인간 진화를 포함한 유인원의 진화는 22장에서 논의됨).

선신세와 홍적세에는 마스토돈, 검치호랑이, 낙타, 거대한 육지 나무늘보, 거대한 아르마딜로 등을 포함하는 남북아메리카산 거대 포유류 동물상이 나타난다. 그러나 많은 거대 포유류들은 홍적세 말에 멸종하게 되었다. 이 멸종은 기후 변화—홍적세는 수차례의 빙하시대가 있었다—와 인간의 영향 때문일 것이다. 인간들은 아프리카에서 유럽과 아시아로 뻗어나가게 되고, 나중에는 시베리아와 알라스카 사이의 대륙 다리를 건넘으로써 남북 아메리카까지 뻗어나가게 된다. 유력한 고고학적 증거는 이 대규모 멸종 사건이 인간 사냥꾼의 출현과 동시 발생적이라는 데에 있다.

#### 복습

- 화석 기록에서 출현한 올바른 순서대로, 처음 것부터 나열하여라: 진핵세포, 다세포 생명체, 원핵세포
- 화석 기록에서 출현한 올바른 순서대로, 처음 것부터 나열하여라: 파충류, 포유류, 양서류, 어류
- 화석 기록에서 출현한 올바른 순서대로, 처음 것부터 나열하여라: 현화 식물, 양치류, 나자 식물

## 연습문제

#### 학습목표

1 지질학자들이 초기지구에 존재했다고 생각하는 조건들을 설명하라.

- 생물학자들은 일반적으로 생물이 **화학적 진화**에 의해 무생물로부터 발생하였다고 생각한다. 비록 생명의 기원을 실험적으로 검증하기는 매우 어렵지만, 화학적 진화에 대한 가설을 테스트하는 것은 가능하다.
- 화학적 진화를 위한 4가지 필요조건은 (1) 생산된 유기 분자를 비생물적으로 산화시키거나 반응하였을 산소의 결핍, (2) 유기 분자를 형성하기 위한 에너지, (3) 대기에 존재하는 물, 미네랄, 그리고 기체를 포함하여 유기분자를 형성하기 위해 필요한 화학적 구성 단위들, (4) 분자가 축적하고 반응하기 위한 충분한 시간

2 생물발생이전 수프 가설과 철–황 세계 가설을 대조하여라.

- 화학적 진화 동안, 작은 유기 분자들은 자연 발생적으로 형성되고 축적되었다. **생물발생이전 수프 가설**은 유기 분자가 "유기적 수프의 바다" 또는 암석, 점토질의 수면상태인 지구 표면 근처에 형성된다고 제안한다. **철–황 세계 가설**은 유기 분자가 해저 바다의 갈라진 틈인 **열수 분출구**에서 생산된다고 주장한다.

3 세포의 기원에서 일어난 것으로 가정되는 주요 단계들을 말해보라.

- 작은 유기분자들이 형성되고 축적된 후, 작은 유기 분자들로부터 거대 분자들이 만들어졌다. 거대 분자로부터 형성된 거대 분자 집합체는 **원시생물**이라 불렀다. 세포들은 원시생물로부터 생겨났다.
- RNA 세계로 알려진 모델에 따르면, RNA는 자가 유지하고, 자가 복제하는 세포로 진화하기 위한 최초의 정보 분자이다. 분자 단계에서의 자연 선택은 DNA ⟶ RNA ⟶ 단백질 이라는 정보 서열을 만들었다.

4 광합성 독립 영양 생물의 진화가 어떻게 대기와 다른 생명체들에게 영향을 끼쳤는지 설명하여라.

- 최초의 세포는 환경으로부터 유기 분자를 얻는 원시 **종속영양생물들**이었다. 그들은 거의 틀림없이 **혐기성생물들**이었다. 훗날, 광합성에 의해 스스로 유기 분자를 생산하는 생물인 **독립영양생물**이 발생한다.
- 산소를 생성하는 광합성의 진화는 초기 생물체를 변화시켰다. 대기에 산소가 축적됨에 따라 보다 효과적인 세포호흡을 위해 산소를 사용하는 생물인 **호기성 생물**로 발달할 수 있게 되었다.

5 순차적 세포내 공생설에 대하여 설명하여라.

- 진핵세포는 원핵세포로부터 발생했다. **순차적 세포내 공생설**에 따르면, 진핵세포의 소기관들 (미토콘드리아와 엽록체)은 아주 큰 원핵세포의 숙주 안에 속하게 된 원핵성 **세포내 공생체**로부터 진화했다.

6 에디아카라기와 고생대, 중새대, 그리고 신생대의 특징적인 생명체와 주요 생물학적 사건을 짧게 기술하라.

- 원생이언 (25억 년에서 5억 4천 2백만 년 사이)의 초기 생명체는 원핵생물이었다. 약 22억 년 전 최초의 진핵세포가 출현한다. 에디아카라기는 6억년에서 5억 4천 2백만 년 전 사이로 원생이언의 마지막 시기이다. 에디아카라 화석은 다세포 동물의 가장 오래된 화석이다. 에디아카라기의 동물은 작고, 부드러운 몸을 지닌 무척추동물이었다.
- 5억 4천 2백만년전에 시작해서 대략 2억 9천 1백만 년 동안 지속되었던 **고생대** 동안에는 현화식물을 제외한 모든 주요한 식물 분류군들과 모든 동물 문이 나타났다. 어류와 양서류는 번성하였고, 파충류도 출현하였다. 지질시대에서 가장 대규모의 멸종은 고생대 말인 2억 5천 1백만 년에 일어났다. 해양 생물의 90%이상과 육지에 서식하는 척추동물의 70%이상뿐만 아니라 많은 식물 종이 이 시기에 멸종되었다.
- 6억 6천만 년 전부터 현재까지 지속되는 **신생대**는 현화식물, 조류, 곤충, 그리고 포유류들이 매우 다양화되었다. 인류의 조상이 중신세 말기로부터 선신세 초기 동안 아프리카에서 출현한다

## 연습문제

1. 지질학자들은 이언을 (a) 기 (b) 세 (c) 대 (d) 천년으로 나뉜다
2. 순차적 세포내 공생설에 따르면, (a) 생명은 비생명 물질로부터 기원하였다 (b) 진화의 속도가 캄브리아기 초기부터 빠르게 나타났다 (c) 엽록체, 광합성, 그리고 다른 세포기관은 원핵세포 사이의 친밀한 관계로부터 기원하였다 (d) 철화학물 층의 형성은 지구 표면에서 철을 산화하기에 충분한 대기 산소의 증가를 반영한다 (e) 최초의 광합성 생명체는 31~35억 년 전 사이에 출현했다
3. 가장 오래된 것부터 시작하여 지질학상의 올바른 연대 순서는 (a) 고생대, 신생대, 중생대 (b) 중생대, 신생대, 고생대 (c) 중생대, 고생대, 신생대 (d) 고생대, 중생대, 신생대 (e) 신생대, 고생대 중생대 이다
4. 에너지, 산소의 부재, 화학적 구성단위 그리고 시간은 (a) 화학적 진화 (b) 생물학적 진화 (c) 캄브리아기 폭발 (d) 백악기 말기의 대규모 멸종 사건 (e) 방향성 진화 에 필요조건들이다
5. 원시 생물은 (a) 자연 발생적으로 해저 열수 분출구에서 형성 된다 (b) 환경으로부터 필요한 유기 분자를 얻는 종속 영양 생물이다 (c) 여러가지 면에서 살아 있는 세포를 닮은 비생물적으로 생산된 유기 중합체의 집합체이다 (d) 산화 황화물을 쪼개기 위해 햇빛을 사용하는 독립 영양 생물이다 (e) 남세균이 화석화된 매트이다
6. 최초의 세포는 아마도 (a) 종속영양생물 (b) 독립영양생물 (c) 혐기성생물 (d) a와 c (e) b와 c이다.
7. 생명의 역사에 있어서의 대멸종 사건이 발생한 지질연대 경계선은?
   (a) 선신세-홍적세 (b) 페름기-트라이아스기
   (c) 중생대-신생대 (d) 캄브리아기-오르도비스기
   (e) 트라이아스기-쥐라기
8. 중생대는 어떻게 나누어지는가?
   (a) 캄브리아기, 오르도비스기, 실루리아기
   (b) 데본기, 석탄기, 페름기
   (c) 트라이아스기, 쥐라기, 백악기
   (d) 백악기, 고제3기, 신제3기
   (e) 선신세, 홍적세, 완신세
9. 생명의 역사에서 가장 큰 진화적 다양성의 시기는 (a) 캄브리아기 (b) 오르도비스기 (c) 실루리아기 (d) 석탄기 (e) 페름기 이다.
10. 현화식물과 포유류는 (a) 고생대 (b) 중생대 (c) 신생대 (d) 데본기 (e)캄브리아기 중에 다양화되고 우세하게 되었다.

## 심화 학습문제

1. **진화적 연계.** 왜 식물, 동물과 같은 복잡한 다세포 유기체의 진화가 산소를 생성하는 광합성의 진화에 선행되어야만 하는가?
2. **진화적 연계.** 만약 당신이 원시생명체가 어떻게 세포로 진화되었는지를 실험하던 중자가 복제 가능한 원시생명체를 발달시켰다면, 당신은 그것을 살아 있는 세포로 생각할 것인가? 그에 대한 이유는 무엇인가?

# 22

# 영장류들의 진화

Des Bartlett/Photo Researchers, Inc.

**인류진화의 연구.** 고 메리와 루이스 뢰키박사는 아프리카에서 살았던 초기 인류인 *Australopithecus boisei*의 이빨화석을 연구하고 있다. 사진은 탄자니아의 Clduvai Gorge에서 찍은 것이다. 뢰키 가족은 우리가 현재 알고 있는 인류의 진화를 밝히는데 많은 기여를 했다. 아들인 리처드, 며느리인 미브, 손녀 루이스 등이 메리와 루이스의 뒤를 이었다.

## 핵심 개념

인류는 안경원숭이, 여우원숭이, 원숭이류, 유인원 등과 같이 영장목에 속한다. 이러한 분류는 진화적 관계를 근거로 하여 이루어진 것이다.

현재 생존하고 있는 영장류들에 관한 연구는 초기 영장류들, 그들 중의 어떤 것들은 인류의 조상이었던것들의 적응과 생활방식을 밝히는데 실마리를 제공하여준다.

화석상의 증거는 최초의 사람류(인류의 조상)는 아프리카에서 진화하였으며, 그들의 원숭이와 유사한 조상들과 여러 가지 특징이 같다는 것을 보여준다.

인류의 뇌는 인류의 조상이 이족보행을 한 다음 현재의 크기와 복잡성의 방향으로 진화하기 시작하였다.

인류의 문화는 인류의 조상이 석기를 제작하면서부터 시작하였다.

고 인류학자들(paleoanthropologists)은 화석상의 증거를 기초로 하여 최초의 영장류는 나무에서 살고 곤충을 먹이로 하는 작고 뒤쥐 같은 태반동물(*Placental Mammal*)의 후손들이라는 가설을 제기하였다.(태반동물은 포유동물 중에 가장 크고 성공한 무리이다. 그들은 모체와 배/태아 사이에 물질을 교환할 수 있는 기관인 태반을 가지고 있다.) 현재 생존하고 있는 233종의 영장류는 과거 **수상생활(arboreal,** 나무에서 사는)과 관련있는 많은 형질들을 가지고 있다. 이장에서는 수상생활 대신 육상생활을 하므로서 다른 영장류와 달라진 인류와 인류의 조상에 대하여 논의할 것이다. ■

## 22.1 영장류의 적응

### 학습목표

1 영장류들이 나무에서 생활할 수 있도록 적응된 구조적 특징을 설명할 수 있다.

인간과 여우원숭이, 안경원숭이, 유인원(*ape*), 원숭이 등과 같은 다른 **영장류(primate)**들은 모두 포유류에 속하는 것으로 그들은 다섯 손가락과 발가락을 가지고 있고 유연한 팔과 다리, 강력한 사회조직, 눈이 얼굴 앞에 있어 시력이 뛰어난 점 등의 공통형질을 가지고 있다. 포유동물(포유강)은 지금으로부터 약 2억년 전 중생대 때 살았던 *therapsid*로 알려진 포유류를 닮은 파충류로부터 생겨났다(그림 31-24를 보라). 이러한 초기 포유류동물들은 1억 5천 만 동안을 거의 변화하지 않고 있다가 신생대(6천 5백만년 전부터 현대까지)에 빠르게 분화하였다.

화석상의 증거들은 첫 번째 영장류가 지금으로부터 약 5,600만년 전 초기 에오세기에 출현하였음을 보여주었다. 이 초기 영장류들은 손 끝에 손톱을 가지고 있었고 눈이 머리 앞쪽에 있었다.

몇 가지 진화를 통하여 얻어진 초기 영장류들의 특이한 적응능력이 그들 숲(나무)에서 살게 했다. 가장 중요한 형질 중의 하나는 5개로 분리된(떨어진) 손가락을 가지고 있다는 점이다. 4개의 손가락은 옆으로 나란히 있고 마지막 큰 엄지손가락/발가락(▮ **그림 22-1**)은 4개의 손가락과 마주보는 위치에 있다. 이 대조적인 **큰 엄지손가락(opposable thumb)**으로 하여금 나뭇가지와 같은 물건을 잡을 수 있도록 했다. 손톱(발톱 대신)은 손가락 끝을 보호하는 역할을 했고, 손끝은 매우 민감했다. 이들이 수상생활을 하기에 적합한 또 다른 특징으로는 어깨와 엉덩이에 붙어 있는 길고 가는 팔 다리를 자유자재로 움직일 수 있어 나무에서 먹이를 구하기에 적합하다는 점이다.

영장류들은 또 다른 몇 가지 공통점을 가지고 있는데 그 중에 하나가 그들의 뇌의 크기가 크다는 점이다. 어느 설에 의하면 감각 능력의 발달이 날카로운 시각과 뇌의 크기를 증가시키는데 연관성이 있다고 한다. 보편적으로 영장류들은 사회성이 좋고 영리하며 새끼의 성숙이 늦다. 그래서 그들의 수명은 비교적 긴 편이다. 암놈은 보통 한 번에 한 명의 새끼를 낳고, 그 새끼는 긴 시간의 보살핌을 요구한다.

**요점**

영장류는 각 사지의 끝에 움켜 쥘 수 있고, 5개씩의 손가락과 발가락을 가지고 있으며 엄지손가락 혹은 첫 번째 발가락은 때로는 부분적으로 혹은 완전히 나머지 4개와 반대 방향으로 마주보도록 되어 있다.

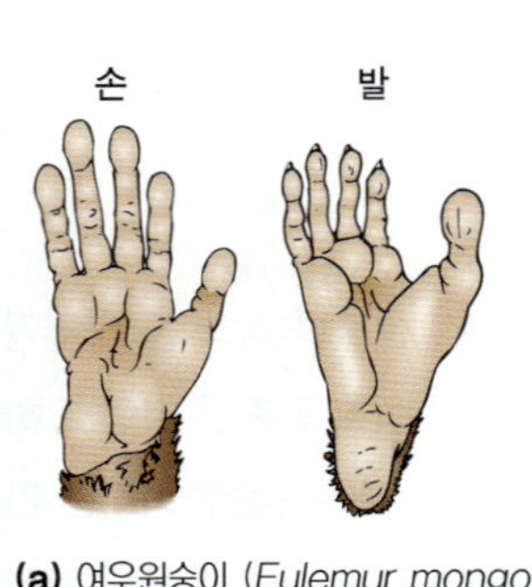

(a) 여우원숭이 (*Eulemur mongoz*)

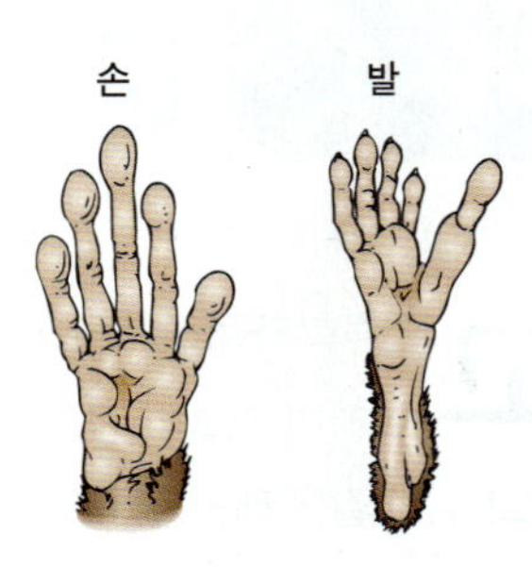

(b) 안경원숭이 (*Tarsius spectrum*)

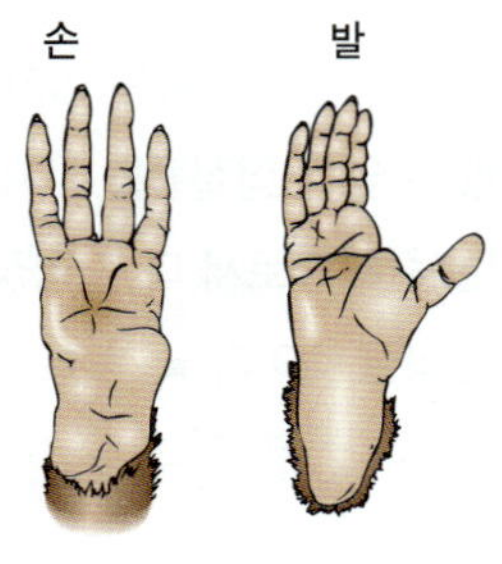

(c) 거미 원숭이 (*Brachyteles arachnoides*)

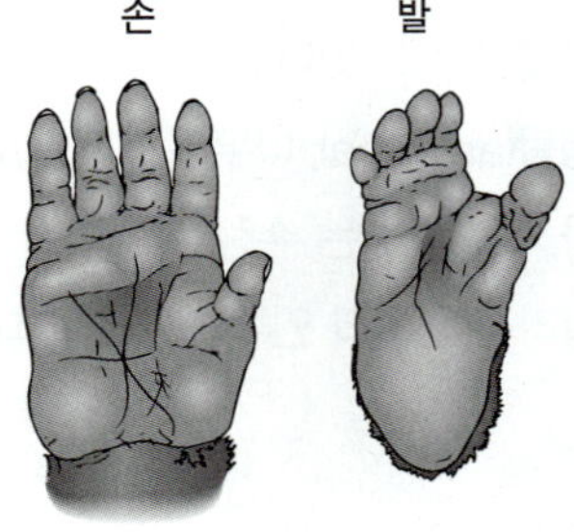

(d) 고릴라 (*Gorilla gorilla*)

**그림 22-1 영장류의 오른손과 발.**

**복습**

- 영장류의 손과 다리는 수상생활에 어떻게 적응하였나?
- 눈이 머리의 앞에 위치한다는 것이 왜 수상생활에 중요한 적응의 예가 될 수 있나?

## 22.2 영장류 분류

**학습목표**

2 영장류의 3개의 아목이 무엇인지를 말하고 여기에 속하는 각각의 예를 하나씩 든다.

3 진원류, 인원류, 사람류 간의 차이점들을 이해한다.

이제 영장류의 일반적인 특징을 보자. 많은 생물학자들은 현재 살고 있는 영장류 목을 3개의 아목으로 분류하고 있다(▮ **그림 22-2**). 원원아목에는 여우원숭이, 부시베이비, 그리고 광대원숭이가 있고, 안경원숭이아목에는 안경원숭이가 그리고 마지막으로 진원아목으로써 여기에 원숭이, 유인원(apes) 그리고 인류 등이속하는 **진원류(anthropoid)**를 포함된다.

### 22.2.1 진원아목에는 원숭이, 유인원 그리고 인류가 포함된다

진원류에 속하는 영장류는 최소한 지금으로부터 약 4,500만년 전 에오세기 중반 쯤 생겨났다. 몇 가지 다양한 진원류 화석들이

요점

데이터의 몇 가지 종류들은 침팬지가 인류에 가장 가깝다는 가설을 지지한다.

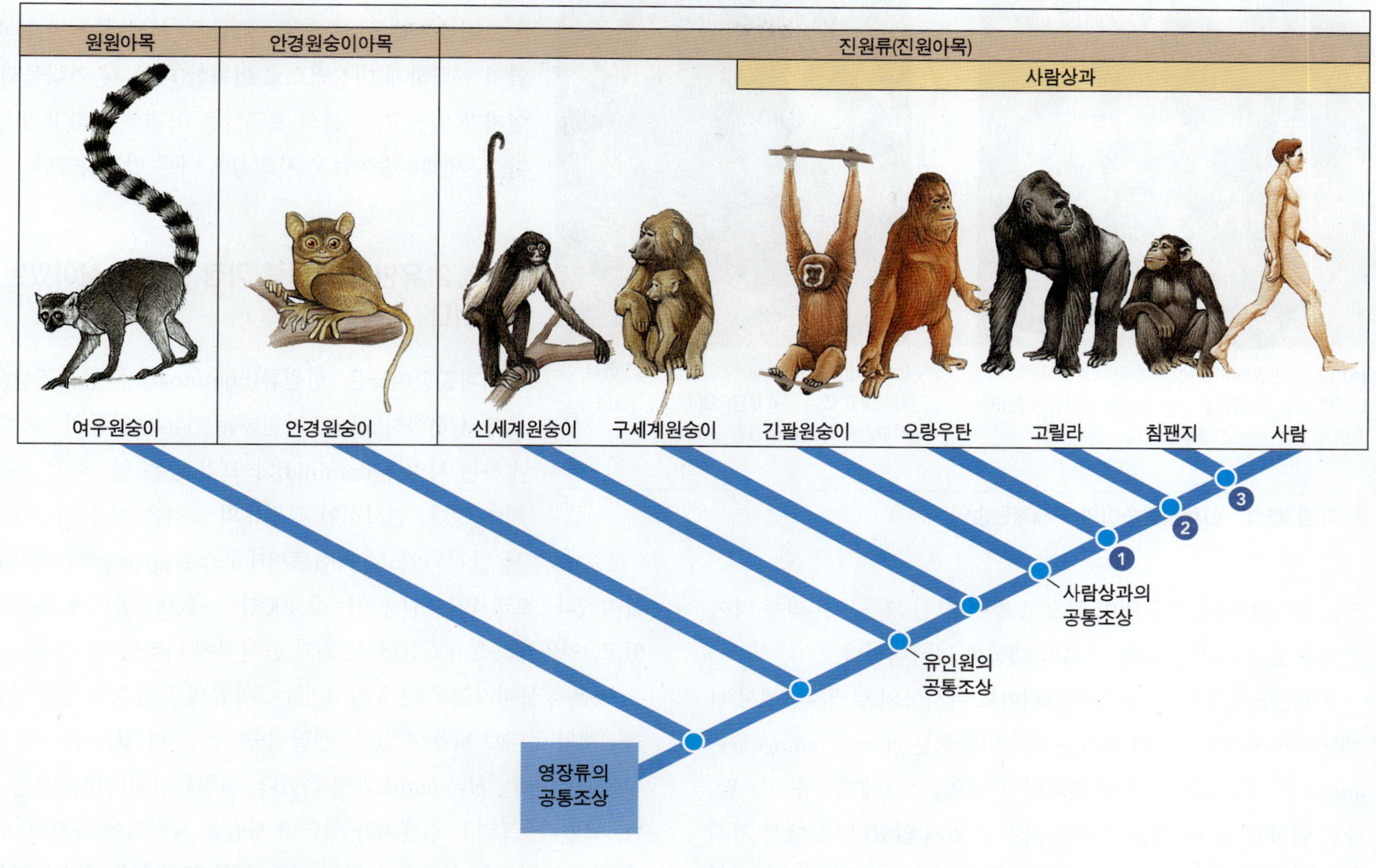


**그림 22-2 영장류의 진화.**

분기도라고 부르는 이 그림은 현재까지의 과학적 근거를 바탕으로 한 현존 영장류들간의 진화적 관계를 나타낸 것이다. 각 원은 종이 둘 또는 그 이상의 계통으로 갈라진 분기점을 나타낸다. ❶ 원숭이/사람 류로부터 오랑우탄이 갈라진 것은 12~16 mya에 일어난 것으로 추정됨. ❷ 침팬지/사람 류에서 고릴라로 분기된 것은 6~8 mya로, ❸ 침팬지 류에서 사람이 분기된 것은 4~6mya로 추정된다.

아시아와 북아프리카지역에서 발견됐고, 이 진원류 화석들과 현재 살고 있는 진원류들이 일치한다고 과학적으로 증명되었다. 이 증거물이 진원류들은 아프리카나 아시아에서 시작되었다고 말해주고 있다. 가장 오래된 진원류의 화석으로는 약 4,200만년 된 *Eosimia* 화석으로 중국과 미얀마에서 발견되었다.

진원류와 다른 영장류들 사이에 가장 큰 차이점의 뇌의 크기이다. 원숭이, 유인원 즉 꼬리 없는 원숭이 및 인류 등은 특히 대뇌가 발달했으며 대뇌는 사람에게서 배우고, 자발적으로 움직이고, 감각을 분석하는 기능에서 중추적 역할을 한다.

원숭이는 그들이 살고 있는 영역에 따라 크게 둘로 나눠지는데, 하나는 신세계원숭이이고 다른 하나는 구세계원숭이다. 남아메리카에 사는 원숭이들은 신세계 원숭이라 하고 아프리카, 아시아 그리고 유럽지역에 사는 원숭이들은 구세계 원숭이라고 한다. 신세계와 구세계 원숭이들은 수천만 년 동안이나 서로 교류 없이 각각 다르게 진화해왔다.

신세계원숭이가 형성되면서부터 그들은 빠른 속도로 다양해졌다. 신세계원숭이들은 중남미지역에 주로 서식했는데 그 중에는 명주원숭이, 거미원숭이, 올빼미원숭이, 다람쥐원숭이 그리고 거미원숭이가 있다. 신세계원숭이들은 수상생활을 했고 그들은 나무사이를 움직이기 쉽도록 길고 가는 손가락을 가지고 있었다.(▮ 그림 22-3a) 그들 중에 몇 종은 5 번째 손 역할을 하는 **쥐어잡기에 적당한(prehensile)** 꼬리를 가지고 있었다. 신세계원숭이들 중에 엄지손가락이 아주 작거나 가지고 있지 않은 원숭이들도 있었다. 그들의 얼굴 생김새는 구세계 원숭이들과 달랐다. 그들의

**(a)** 흰색얼굴원숭이(*Cebus capucinus*)는 나무를 감아 매달릴 수 있는 꼬리와 콧구멍이 편편함 코의 양옆에 있는 신세계원숭이다.

**(b)** 비비(*Papio anubis*)는 아프리카에서 서식하고 있는 구세계원숭이 이다. 그들의 콧구멍은 똑바로 아래를 향해 있다.

**그림 22-3** 신세계원숭이와 구세계원숭이.

코는 더 납작하고 콧구멍이 옆으로 벌어졌다. 그들은 무리를 지어 생활을 했고 아주 복잡한 사회적 행동을 나타내었다.

한편, 구세계원숭이들은 아프리카와 아시아의 열대지역에서 서식하며 구세계원숭이에 속하는 원숭이들로는 *guenos, mangabey, langur* 그리고 *colobus* 속의 원숭이 등이 있다. 구세계원숭이는 팔, 다리 역할을 할 수 있는 꼬리를 가지고 있지 않았다. 땅에서 거주하는 **사족류**(qualrupedal; 4발로 걷는)들은 수상생활을 하는 원숭이들로부터 진화된 것이다. 거의 대부분의 구세계원숭이들은 수상생활을 했는데 그 중에는 *banboos*와 *macaque*와 같이 땅에서 생활하는 원숭이들도 있다(**그림 22-3b**를 보아라). 그들은 신세계원숭이들과 달리 완벽하게 대칭적으로 위치한(다른 4손가락들과) 엄지가 있었고, 그들의 콧구멍을 아래를 향하고 있었다. 구세계원숭이들은 사회성이 아주 발달하였다.

## 22.2.2 유인원은 인류 가장 가까운 살아있는 친척이다

구세계원숭이들은 **인원류**(hominoid)와 공통조상으로부터 진화하였는데 인원류는 인류와 인류의 조상이 속하는 **사람류**(hominid)와 꼬리 없는 원숭이로 구성되어 있다. 원시적인 진원류의 화석은 처음 이집트에서 발견되었고, 이집토피테쿠스(*Aegyptopitecus*)라고 불리웠다. 꼬리 없는 원숭이는 2,400만년~2,000만년에 분화되었고, 인원류는 2,000만년 전 초기 중신세에 나타났다.

많은 생물학자들은 현재 살고 있는 5종류의 꼬리 없는 원숭이들을 3개의 무리로 나누고 있다. 긴팔원숭이는 꼬리 없는 원숭이 특징에 근접하고, *Hylobatide*과에 속한다. 진정유인원과에는 오랑우탄, 고릴라, 그리고 침팬지가 있으며 사람은 사람과에 속한다. 근래 분자를 분서한 자료들을 보면 사람과 큰 꼬리 없는 원숭들과의

**(a)** 한손 긴팔원숭이(*Hylobates lar*)는 곡예에 매우 뛰어나 때로는 양손을 번갈아 줄기에 매달려 나무 사이를 이동하기도 한다.

**(b)** 오랑우탄(*Pongo pygaeus*) 어미와 새끼. 오랑우탄의 해부적 신체 구조는 나무에 살기 적합하게 적응되어 있다.

**(c)** 어린 고릴라(*Gorilla gorilla*)가 너클보행 자세로 있다. 고릴라는 하루 일과의 대부분을 식물들을 먹는데 소비한다.

**(d)** 어미 보노보 침팬지(*Pan Panlaricus*)가 잠자고 있는 새끼 침팬지를 안고 있다. 보노보 침팬지는 콩고 공화국 한 나라에만 서식 한다.

**그림 22-4** 유인원.

또는 다면형, 혹은 이들 양자의 복합형 이다. 나선형 바이러스인 담배 모자이크 바이러스(TMV)는 긴 막대형 또는 선상으로 나타난다(▮ 그림 24-1a).

다면체 바이러스인 아데노바이러스(호흡기 감염성 질환과 같은 많은 질병의 원인균)는 구형이다(▮ 그림 24-1b). 이 구조에서 캡소미어는 정삼각형 형태로 배열되어 있다. 가장 보편적인 다면체는 정이십면체이다. 일부의 바이러스는 나선형과 다면형이 혼재된 구조이다. **박테리오파지(bacteriophage; 파지, phage)**는 세균에 감염하는 바이러스이다. 대장균에 감염하는 T4 파지는 나선형 "꼬리"에 부착된 다면체 "머리"로 구성되었다(▮ 그림 24-1c).

외피바이러스(enveloped virus)는 외막으로 둘러 쌓인 바이러스이다. 외피는 숙주세포의 원형질막의 일부이다. 따라서 외피는 인지질과 단백질로 구성되었다.

### 24.1.2 바이러스는 세포로부터 출현하였을 것이다

바이러스는 어디에서 왔을까? 가장 폭넓게 지지를 받는 도피성 *유전자설*(escaped gene hypothesis) 은 바이러스가 세포성 생명체로부터 핵산의 일부가 떨어져 나와 형성되었다는 것이다. 즉 바이러스는 *트랜스포존* (13장 참조) 또는 플라스미드와 같은 이동성 유전인자로부터 유래하였다.

이 가설의 근거는 왜 바이러스가 종에 대한 특이성을 나타내는지를 설명한다. 즉 바이러스는 바이러스가 유래된 생명체와 가장 가까운 종에서만 서식한다.

또 다른 가설은, 바이러스가 생명의 발생 초기단계, 혹은 3 가지 생물영역 (domain)으로 다양화되기 이전에 이미 출현하였다는 것이다. 이 가설의 근거는 고세균에 감염하는 바이러스와 진정세균에 감염하는 바이러스의 갭시드 단백질 구조와 유전자의 유사성이다. 이는 바이러스가 아주 초기단계에서 분지되었음을 암시한다.

### 24.1.3 바이러스 분류 국제위원회에 의한 바이러스의 분류

바이러스는 살아있는 생명체로 규정지을만한 성질을 나타내지 못하기 때문에(1장), 생물학자들에게 분류학적인 논란을 불러일으키고 있다. 바이러스는 비세포성이며 대사활동을 하지 않으며, 다른 세포의 증식기구를 이용하여 증식하고, 리보솜을 만들지도 않는다. 이러한 이유 때문에 바이러스는 3개 영역 중 가운데 어느 한 영역으로도 분류되지 못한다.

바이러스는 감염하는 숙주에 근거하여 분류될 수 있다. 숙주는 세균에서부터 척추동물에 이르기까지 다양하다. 바이러스의 특징에 의해서 바이러스를 세분한다. 세분하는 특징 2가지는 핵산의 종류(DNA, RNA)와 핵산의 형태(단일가닥, 이중가닥)이다. 그 밖의 특징으로는 외피의 유무, 크기, 형태, 전달 방식 등이다.

바이러스 분류 국제위원회(International Committee on Taxonomy of Viruses, ICTV)는 바이러스 명명과 분류 기준법을 정했다. 이 위원회는 숙주와 바이러스의 특징에 의해 바이러스를 56과(family), 233속(genus)으로 분류하였다. 분류 방식은 고전적인 린네 분류법이 아니며 또한 영역(domain), 계(kingdom), 문(phyla)에 속하는 것으로 규정짓지 않는다.

### 24.1.4 박테리오파지는 세균을 공격하는 바이러스이다

바이러스에 대한 대부분의 지식은 파지 연구 과정에서 얻어졌다. 파지 2,000종이 동정되었는데 파지는 가장 복잡한 바이러스 (그림 24-1c)이다. 파지는 긴 핵산분자(일반적으로 dsDNA)가 다면체 머릿속에 코일을 형성하고 있는 구조이다. .

파지에 대한 새로운 지식과 놀라운 기술에 힘입어 과학자들은 어느 바이러스가 무슨 세균을 죽일 수 있는 지를 연구하고 있다. 파지는 또한 식품의 안전성을 향상시키는데도 사용될 수 있다. 예를 들어 어떤 파지는 소에 치명적인 대장균 균주를 죽일 수 있다.

### 24.1.5 바이러스는 숙주세포에서만 증식한다

바이러스의 증식 회로는 바이러스가 숙주세포와 접촉하여 세포 안으로 들어오는 순간 시작된다. 세포 표면에 바이러스가 붙으면, 바이러스의 핵산은 숙주세포 안으로 침투하여 바이러스 증식에 필요한 물질들을 합성한다. 바이러스 성분이 조립되면 바이러스는 세포를 빠져 나와 새로운 세포에 침입한다. 바이러스 증식의 2 가지 유형은 용균성과 용원성으로 나눈다.

### 24.1.6 용균성 증식생활사는 숙주세포를 파괴한다

용균성 생활사(lytic cycle)에서는 바이러스가 숙주를 용해한다(파괴한다). 숙주가 바이러스에 감염되면, 숙주는 바이러스 입자를 복제한다. 용균성 생활사 만을 가진 바이러스는 독성(virulent)으로 분류된다.

**요점**

바이러스는 숙주세포의 대사계를 조절함으로써 증식한다. 숙주세포는 용균성 감염에 의해 파괴된다.

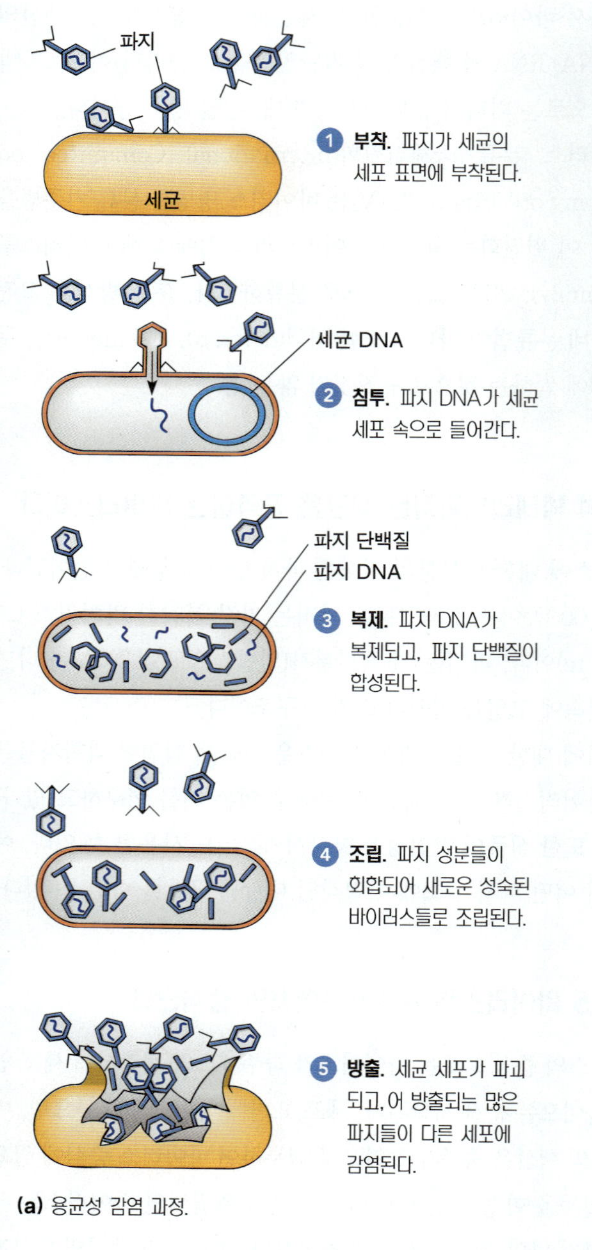


(a) 용균성 감염 과정.

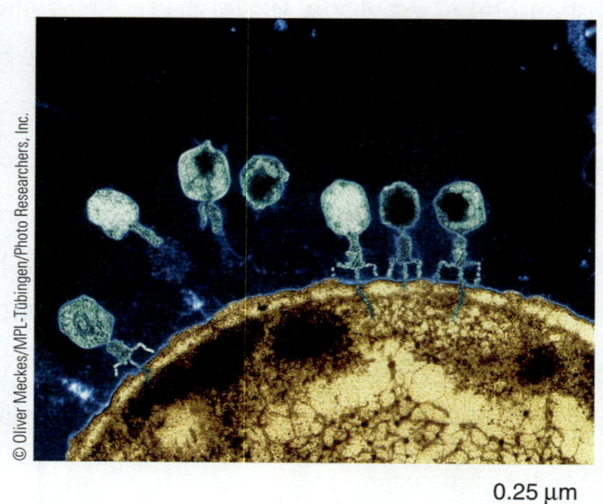


**(b)** 세균 *E. coli*에 감염하는 파지의 TEM 사진.

**그림 24-2 용균성 생활사.**

전형적인 용균 바이러스의 증식은 다음 다섯 단계로 진행된다(▮ 그림 24-2):

❶ **부착(흡착, adsorption).** 바이러스가 숙주의 세포벽 수용체에 부착된다.

❷ **침투(penetration).** 바이러스는 숙주세포의 원형질막을 침투하여 세포질 안으로 이동한다. 동물세포를 감염시키는 바이러스는 숙주세포에 그대로 들어간다. 파지는 숙주세포 안으로 핵산만을 침투시키고 캡시드 단백질은 세포 밖에 남긴다.

❸ **복제와 합성(replication and synthesis).** 바이러스 유전체는 새로운 바이러스를 생산하는데 필요한 모든 정보를 함유한다. 바이러스는 세포의 유전물질을 파괴하며 숙주세포를 이용하여 자신의 핵산을 복제한다.

❹ **조립(assembly).** 새로 합성된 바이러스 성분들이 새로운 바이러스로 조립된다.

❺ **방출(release).** 조립된 바이러스가 세포로부터 방출된다. 일반적으로 복제과정의 마지막단계에서 생산되는 용균효소는 숙주 세포막을 파괴한다.

바이러스 증식에 요구되는 시간, 즉 세균 흡착부터 새로운 바이러스의 방출까지 걸리는 시간은 다양해서 20분 미만부터 한 시간 이상이다

## 24.1.7 용원성 바이러스는 자신의 DNA를 숙주 DNA에 끼어 넣는다

용원성 바이러스(template virus)는 항상 숙주를 파괴시키는 것은 아니다. **용원성생활사(lysogenic cycle)**에서 바이러스 유전체는 숙주 세균의 DNA속에 융합되는데 이를 **프로파지(prophage)**라

한다. 세균의 DNA가 복제되면 프로파지도 복제 된다 (**그림 24-3**). 바이러스 구조 단백질을 암호화하는 바이러스 유전자는 억제된다. 프로파지를 갖고 있는 세균을 용원성 세포(lysogenic cell)라 한다. 외부의 영향(UV, 또는 X선)을 받으면 용원성 바이러스는 용균성으로 되돌아가 숙주를 사멸시킨다.

### 24.1.8 많은 바이러스들이 동물세포에 감염한다

수백 종류의 바이러스가 사람이나 동물에 감염한다. 동물성바이러스는 돼지 콜레라, 구제역(foot-and-mouth disease), 인플루엔자 및 암(자궁경부암)을 유발할 수도 있다. 바이러스에 의해 야기되는 또 다른 질병으로는 수두, 단순포진(그중 한 가지는 생식기포진), 볼거리(mumps), 풍진(rubella), 홍역(rubeola, measles), 광견병(rabies), 사마귀(warts), 감기, 간염, 및 AIDS) 등이 있다.

#### (1) 동물성바이러스는 용균성 증식생활을 한다

대부분의 바이러스는 오랫동안 숙주세포의 밖에서는 생존할 수 없기 때문에 바이러스의 생존은 전이되는 과정에 달렸다. 숙주세포에 대한 특이적 부착 때문에 바이러스의 숙주는 제한적이다. 바이러스 표면의 부착 단백질에 따라 바이러스가 감염시킬 수 있는 세포가 결정된다. 수용체는 동물 종마다 어떤 경우는 조직에 따라 다르다. 따라서 인체에 감염하는 바이러스는 그 부착 단백질이 사람세포의 표면에서만 발견되는 수용체 부위에만 결합하기 때문에 인체에만 감염한다.

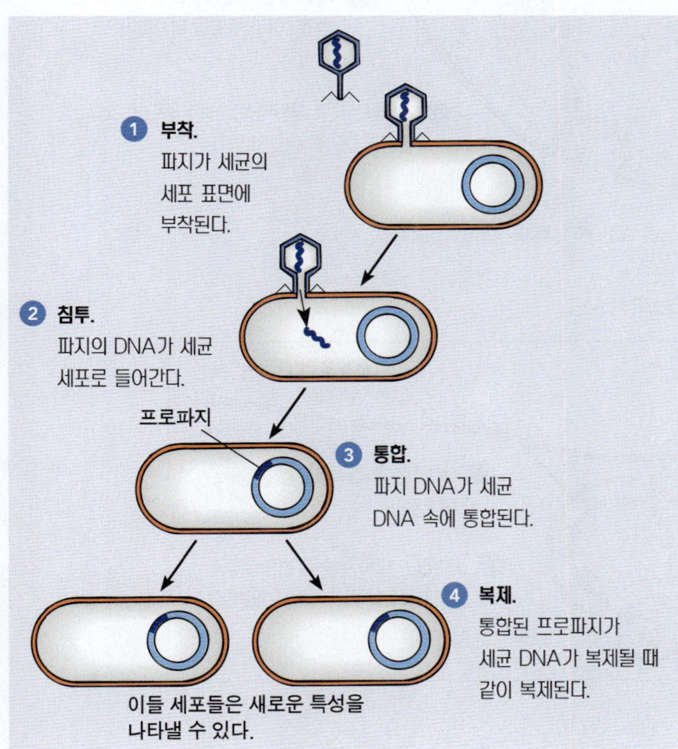


**그림 24-3 용원성 생활사.**

파지는 숙주세포의 DNA 속에 자기의 핵산을 끼워 넣은 후 통합됨으로써 숙주를 용원성 세포로 만들게 된다.

바이러스가 동물세포를 침투하는 방법은 여러 가지이다(**그림 24-4**). 숙주세포 수용체에 부착된 후 어떤 외피바이러스는 동물세포의 원형질막에 융합된다. 바이러스의 캡시드 단백질과 핵산 모두가 동물세포 안으로 유입된다. 일부 바이러스는 음세포 작용에 의해 숙주세포로 흡입된다. 이 과정에서 동물세포의 원형질막은 함몰되어 바이러스를 함유한 막결합 소포가 형성된다.

DNA 동물성바이러스의 DNA 복제와 단백질 합성 과정은 숙주세포의 것과 유사하다. RNA바이러스는 RNA-의존성 RNA중합효소의 도움으로 RNA를 합성한다.

**레트로바이러스(retrovirus)**는 RNA 바이러스인데 RNA 유전체를 DNA로 전사하는 **역전사효소(reverse transcriptase)**인 DNA 중합효소를 가지고 있다(**그림 24-5**). 이 DNA는 바이러스 효소에 의해 숙주 DNA로 삽입된다. 삽입된 DNA가 숙주의 RNA 중합효소에 의해 전사될 때 바이러스 RNA가 생성된다. 후천성 면역 결핍 증후군(AIDS)을 유발하는 사람의 면역결핍 바이러스(HIV)는 레트로바이러스이다. 암을 유발하는 바이러스도 레트로바이러스이다.

바이러스 유전자가 전사된 후에 바이러스 구조단백질이 합성된다. 캡시드 단백질이 합성되고 새로운 바이러스 입자가 조립된다. 외피 없는 바이러스는 세포를 융해하면서 세포 밖으로 나온다. 원형질막은 파열되고, 많은 새로운 바이러스가 방출된다. 외피바이러스의 외피를 구성한 지질단백질은 숙주세포의 원형질막에서 유래한 것이다(그림 24-4b 및 24-5).

#### (2) 항바이러스제가 개발 중이다

항생제는 세균을 죽일 수 있지만 바이러스를 죽이지 못하기 때문에, 항바이러스제 개발이 연구되어 왔다. 항바이러스제는 바이러스의 전사를 억제하는 방향으로 연구되었다. 인플루엔자 치료제인 아만타딘(Amantadine)은 바이러스 핵산이 세포에 침투하는 것을 억제한다. 타미불루(Tamiblue)를 비롯한 새로 개발된 항바이러스 약제들은 바이러스가 숙주세포에서 나오는데 필요한 효소인 neuraminidase의 작용을 억제한다.

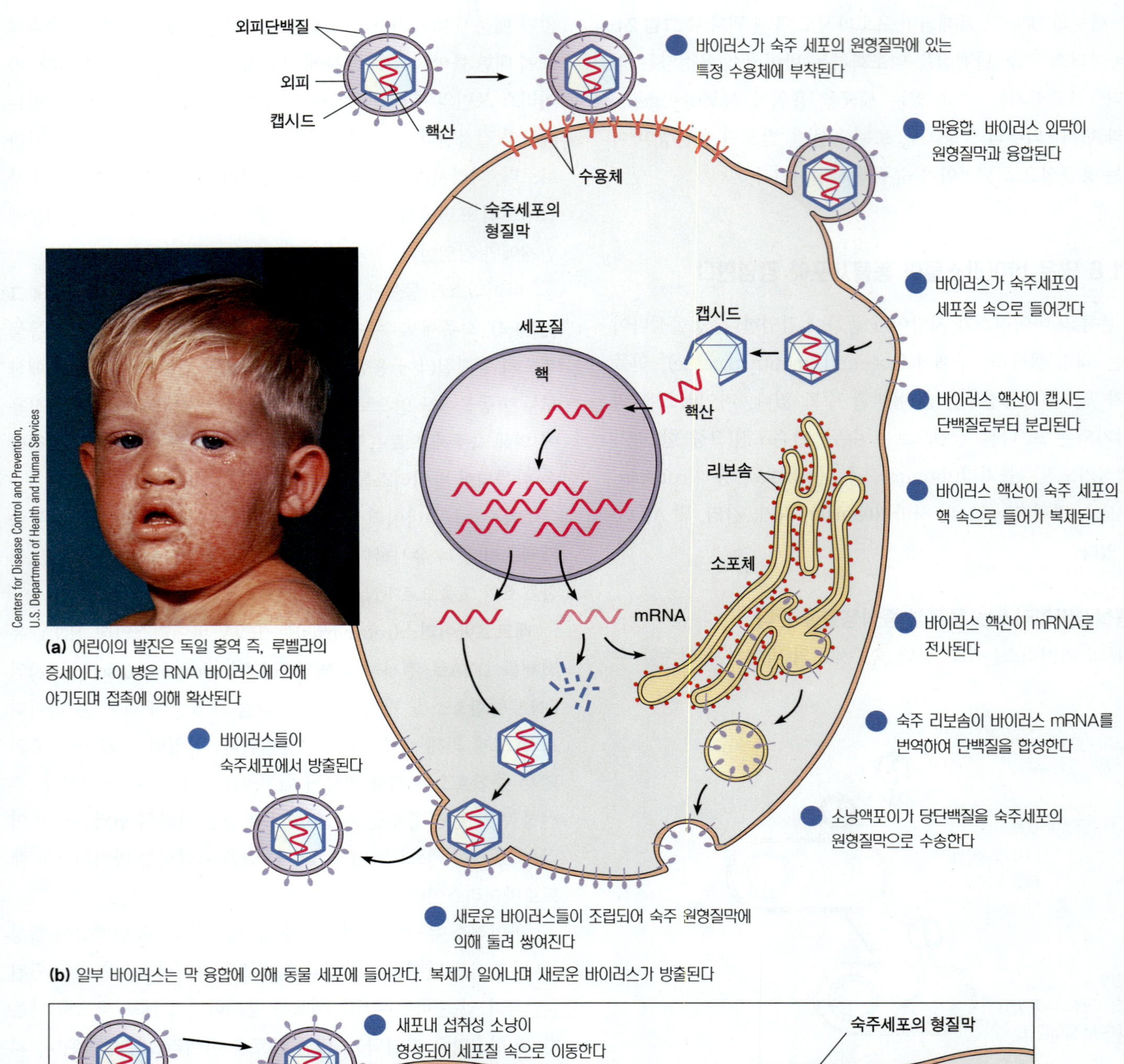


**(a)** 어린이의 발진은 독일 홍역 즉, 루벨라의 증세이다. 이 병은 RNA 바이러스에 의해 야기되며 접촉에 의해 확산된다

**(b)** 일부 바이러스는 막 융합에 의해 동물 세포에 들어간다. 복제가 일어나며 새로운 바이러스가 방출된다



**(C)** 어떤 바이러스는 세포내 섭취포식 작용에 의해 숙주세포 내로 들어간다.

**그림 24-4 바이러스가 동물에 일으키는 질병.**

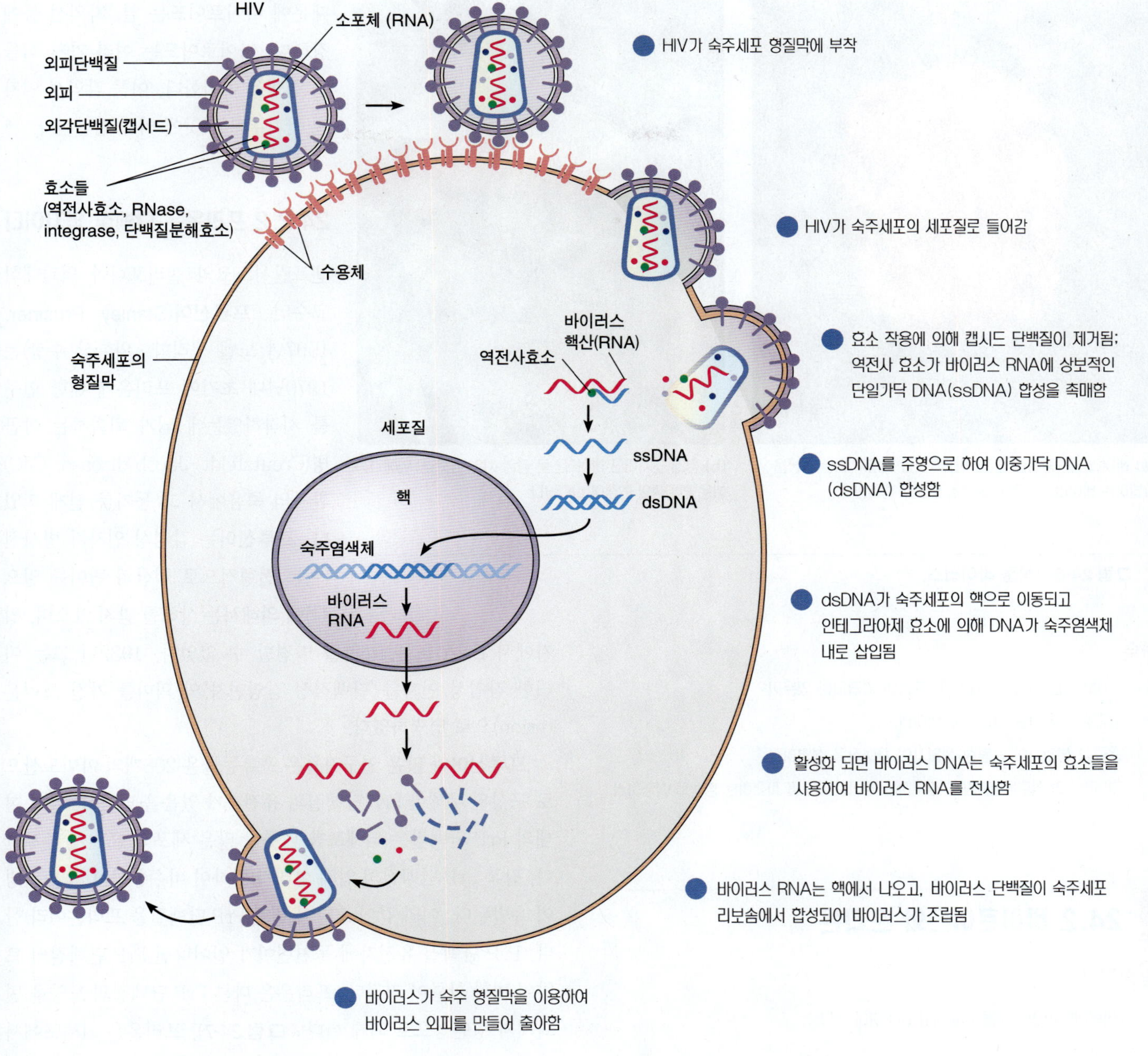


**그림 24-5 AIDS를 유발하는 레리트로바이러스인 HIV의 생활사.**

HIV는 T세포에 감염된다. 이 바이러스는 T세포 원형질막의 수용체인 CD4에 부착된다. HIV는 동일한 단일가닥 RNA를 2개 갖고 있다.

## 24.1.9 식물세포에 감염하는 바이러스가 있다

대부분의 식물성바이러스의 게놈은 RNA로 구성되어 있다. 바이러스 감염의 증상은 식물의 크기가 작아진다든가, 반점, 또는 주름선이나 얼룩진 양상이 잎이나 꽃들, 또는 과일에 나타난다(**그림 24-6**). 바이러스성 질병은 식물조직을 먹는 진딧물이나 매미충과 같은 곤충들에 의해 다른 식물들에게로 전파된다. 두꺼운 세포벽 때문에 식물세포는 세포가 손상을 받지 않고는 바이러스가 침투할 수 없다. 식물성바이러스는 감염된 종자나 무성적인 증식에 의해 자손에게로 전파된다. 한번 식물이 감염되면, 바이러스는 원형질연락사를 통하여 인접된 세포벽을 통하여 침투함으로써 전파된다 (그림 5-27 참조).

Kenneth M. Corbett

(a) 바이러스를 묻혀준 튤립. 비교적으로 해롭지 않는 질병을 유발하는 바이러스는 꽃잎의 색소 형성을 방해한다.

© Jack M. Bostrack/Visuals Unlimited

(b) 담배 모자이크 바이러스로 감염 시킨 고춧잎. 잎에 밝은 연두색의 반점이 나타난다.

**그림 24-6** 식물 바이러스.

**복습**

- 바이러스는 생명체로서 어떤 특성이 결핍되어 있는가?
- 용균성 생활사를 그리고 설명하라.
- 용균성 생활사와 용원성 생활사의 차이점을 설명하라.
- 바이러스가 척추동물세포를 침투하는 방법과 세포를 파괴하는 방법을 설명하라.

## 24.2 바이로이드와 프리온

**학습목표**

6 바이로이드와 프리온을 비교하고 대조하여 본다.

바이러스 분류 국제위원회는 바이러스군에 속하는 4 종류의 미세 물질을 분류하였다. 이들은 바이러스보다 단순하며 작다. 이 장에서는 이들 중 바이로이드와 프리온에 대하여 설명한다.

### 24.2.1 바이로이드는 알려진 병원균들 중에서 가장 작다

1961년에 과학자들은 감자에서 단백질로 덮여있지 않으며 길이가 짧은 감염성 인자인 RNA를 발견하였다. 이 물질은 바이러스보다 훨씬 작고 **바이로이드(viroid)**라 하였다. 바이로이드는 아주 짧은 RNA 단편으로(겨우 250-400 뉴클레오티드) 숙주 RNA 중합효소에 의해 복제된다. 바이로이드의 RNA는 응축되어 뭉쳐있기 때문에 바이로이드는 열, 자외선 등에 강하다. 바이로이드는 여러 가지 식물성 질병을 야기한다. 이들 감염성 인자는 꽃가루나 씨앗에 의해 전달된다.

### 24.2.2 프리온은 단백질 입자이다

샌프란시스코의 캘리포니아 의과대학 교수인 **프루신어**(Stanley Prusiner, 1997년 노벨 생리학 · 의학상 수상)는 1970년대 초기에 프리온에 대한 연구를 시작하였는데 뇌가 퇴화하는 야곱병(Creutzfeldt-Jacob disease, CJC) 환자의 죽음에서 그 동기를 얻게 되었다. **프루신어**는 감염성 인자가 방사선(이는 전형적으로 핵산의 변이를 일으킴)에 의해서는 상해를 받지 않으며, 입자에서 DNA 또는 RNA를 발견할 수 없었다. 1982년 그는 이러한 감염성 인자를 '단백질성 감염인자"의 의미를 가진 프리온(prion)으로 명명하였다.

**프루신어**와 많은 연구자들은 포유동물은 208개의 아미노산으로 구성된 무해한 PrP 단백질의 유전자가 있음을 밝혔다. 정상 형태의 PrP 단백질은 뇌세포를 비롯한 많은 세포의 표면에 존재한다. 간혹 PrP 단백질의 입체 형태가 변하여 비수용성이 되면 질병이 유발된다. 이와 같이 모양이 변한 PrP 단백질을 프리온이라 한다. PrP 단백질 유전자에 돌연변이가 일어나면 PrP 단백질의 모양이 변할 확률이 커진다. 프리온은 다른 PrP 단백질의 모양을 변화시켜 병원성으로 되게 한다(**그림 24-7**). 프리온은 뇌세포에서 엉키고 축적되어 심각한 질병을 일으킨다.

프리온은 **전이성 스펀지형 뇌장애(transmissable spongiform encephalopathies, TSE)**의 환자의 뇌에서 발견된다. 이러한 치명적인 퇴행성 뇌질환들은 조류나 포유동물에서 동정되었는데 감염되면 뇌에 구멍이 성글게 나타나서 스펀지와 같은 형태로 진전되었기 때문에 TSEs라 불렸다. 가장 연구가 많이 진전된 프리온 질병은 양이나 염소의 스크레피(scrapie)병이다. 감염되면 동물은 균형을 잃게 되고 신경과민이 되며, 양모나 머리털이 빠지게 될 정도로 엄청나게 긁게 된다. 소의 스펀지형 뇌병증(BSE)은, 1990년대 영국에서 소의 전염병이 된 "광우병"으로 잘 알려진 것이다.

인간의 질병은 CJD의 변이주이기 때문에 vCJD라 명명한다.

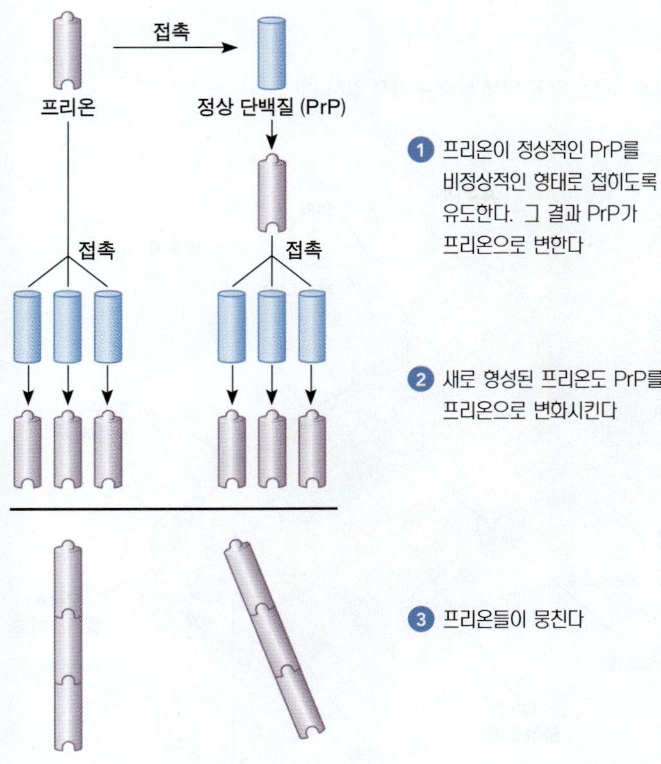


**그림 24-7 프리온 단백질이 증가하는 방식을 나타낸 모델.**

정상적인 PrP 단백질이 프리온과 접촉하면 비정상적인 접힘이 일어난 프리온이 된다. 새로 생성된 프리온은 PrP와 다시 접촉하여 더 많은 프리온이 생성된다. 프리온은 서로 엉겨 덩어리를 만든다.

vCJD의 감염성 인자는 감염된 인간의 신경조직에서 회수되었으며 양에서 스크레피병을 유발하는 프리온과 유사하였다.

바이러스처럼 프리온도 다양하며 여러 변종의 프리온이 있다. 변종들은 단백질 입체 형태, 특성, 유발하는 질병 등에서 서로 다르다. 프리온은 바이러스와 달리 돌연변이에 의해서 저절로 생길 수 있다.

**복습**

- 바이로이드와 프리온의 차이점은 무엇인가?
- 바이로이드나 프리온이 바이러스와 다른 점은 무엇인가?

## 24.3 원핵생물

**학습목표**

7 원핵생물의 구조와 일반적인 형태를 설명한다.

8 원핵생물에서 무성생식법을 기술하고 유전자 재조합을 일으키는 3가지 방식(형질전환, 접합 및 형질도입)을 설명한다.

9 원핵생물의 영양공급과 물질대사 적응 방식을 설명한다.

핵산 및/혹은 단백질로만 구성된 바이러스, 바이로이드, 프리온과는 대조적으로 **원핵생물**(**prokaryote**)은 세포성 생명체이다. 미생물학자들은 원핵생물을 두 영역인 **고세균**(**Archae**)과 **세균**(**Bacteria, 진정세균**)으로 구분하였다. 대부분의 원핵세포는 단세포이며 어떤 것은 콜로니나 필라멘트를 형성한다.

### 24.3.1 원핵생물은 몇 가지의 전형적인 형태를 나타낸다

원핵세포의 기본 형태로는 구형과 막대형이 있다. 구형의 원핵생물은 **구균**(cocci, 단수 coccus)으로 알려져 있는데 어떤 종에

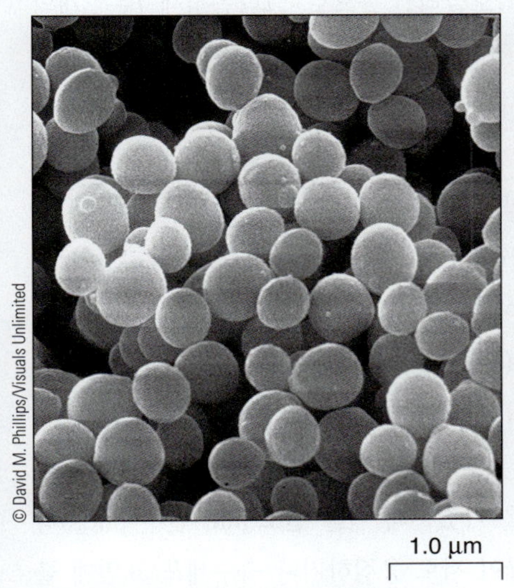


**(a) 구균.** *Micrococcus*의 SEM 사진

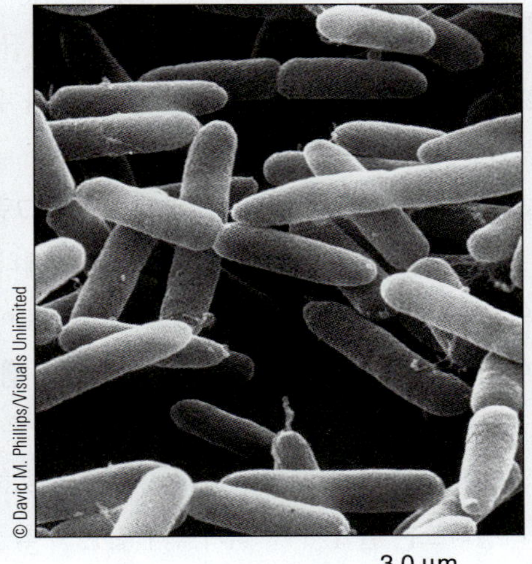


**(b) 간균.** *Salmonella*의 SEM 사진.

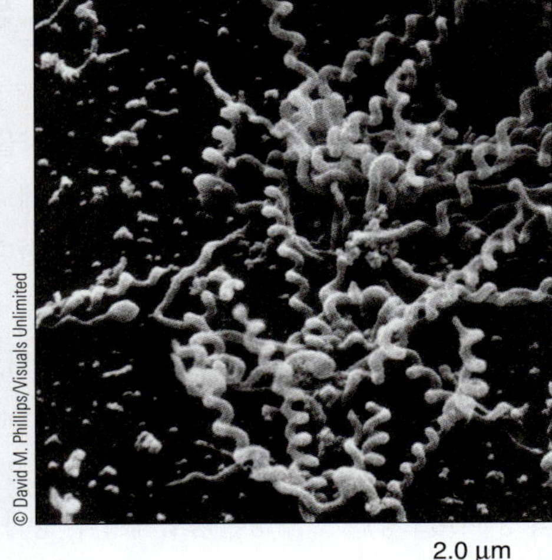


**(c) 나선균.** *Spiroplasma*의 SEM 사진.

**그림 24-8 원핵세포의 일반적인 형태.**

서는 단일세포로 또 다른 경우에는 독립적인 세포가 그룹으로 나타난다(**그림 24-8a**). 세포들은 2 개씩 그룹화 된, 긴 사슬형의 연쇄상구균(streptococci) 또는 불규칙한 덩어리 모양의 포도상구균(staphylocococci) 으로 나타난다. 막대형 세균은 **간균(bacillus)**이라 부르는데, 단순한 막대형 또는 막대형의 긴 체인으로 나타난다(**그림 24-8b**). 어떤 원핵생물은 나선형이다. 만약 나선형이 유연하면 **스피로헤타(spirochete)** 견고하면 **스필리룸(spirillum)**이다(**그림 24-8c**). 컴마 같은 모양의 스필리룸은 비브리오(vibrio)라고도 부른다.

요점

핵심: 원핵세포의 세포소기관은 막에 의해 둘러 싸여져 있지 않다.

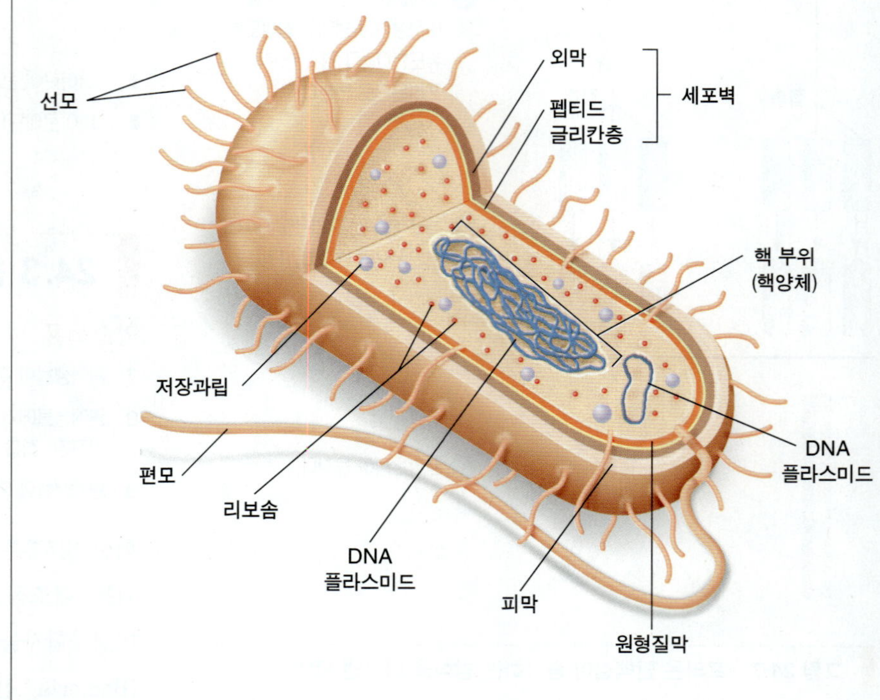


**그림 24-9** 원핵세포의 구조.

이 간균은 그람음성세균이다. 세균의 DNA를 둘러싼 핵막이 없는 것이 특징이다.

## 24.3.2 원핵세포는 막으로 덮인 세포소기관이 없다

원핵세포는 진핵세포에 있는 막으로 덮인 세포소기관이 없다. 따라서 원핵세포는 핵, 미토콘드리아, 엽록체, 소포체, 골지체, 리소좀 등이 없다(**그림 24-9**). 원핵세포는 막으로 둘러 쌓인 핵은 없지만 DNA가 존재하는 **핵양체(nucleoid)**가 있다. 원핵세포의 밀집된 세포질에는 리보솜이나 글리코겐, 지방, 또는 인 화합물 등을 함유한 저장과립이 있다. 대사활성에 필요한 효소들은 세포질에 있다.

## 24.3.3 세포 표면은 세포벽으로 둘러 쌓여있다

대부분의 원핵세포는 원형질막을 덮고 있는 **세포벽(cell wall)**이 있다. 세포벽은 세포를 지지하고, 세포모양을 유지하며, 저장액에서 세포의 터짐을 방지하는 견고한 구조체로 작용 한다 (5장 참조). 대부분의 세균은 저장액 환경에 적응한다. 그러나 세포벽은 고장액에서 별로 도움이 되지 않는다. 이러한 이유 때문에 세균은 젤리, 잼, 절인 고기 등에서 잘 자라지 못한다.

진정세균의 세포벽에는 펩티도글리칸(peptidoglycan) 층이 있다. 펩티도글리칸은 펩티드결합으로 연결된 2 종류의 특수한 형태의 당(아미노당)으로 구성된 중합체이다. 당과 폴리펩티드는 결합하여 원형질막 전체를 덮는 하나의 거대분자가 된다.

크리스탈 바이오레드로 염색되는 세균을 **그람양성균(gram-positive bacteria)**, 알콜로 씻었을 때 염색이 지워지는 세균을 **그람음성균(gram-negative bacteria)**이라 한다. 그람양성균의 세포벽은 아주 두꺼운 펩티도글리칸 층으로, 그람음성세균은 2개의 층 즉 얇은 펩티도글리칸 층과 두꺼운 외막으로 구성되어 있다. 외막은 원형질막과 유사하나 지방에 결합된 다당을 함유하고 있다 (**그림 24-10**).

그람음성균과 그람양성균 차이를 이용하여 질병을 치료할 수 있다 예를 들어, 페니실린은 펩티도글리칸 합성을 저해하므로 그람양성균 질병 치료에 이용된다.

어떤 세균 종은 **캡슐(capsule)** 또는 점질층을 생성하여 세포벽을 둘러싼다. 캡슐은 식세포작용(phagocytosis; 5장 참조)에 대응하여 세포를 보호하는 작용을 한다. 어떤 세균은 수백 개의 머리카락과 같은 부착물을 가졌는데 이를 **선모(pili**, 단수 pilus)라 한다. 이 단백질은 세균이 서로 응집하거나 숙주세포 표면에 붙는 것을 도와준다. 성 선모(sex pilus)는 세균 간 DNA를 전달하는데 관여한다.

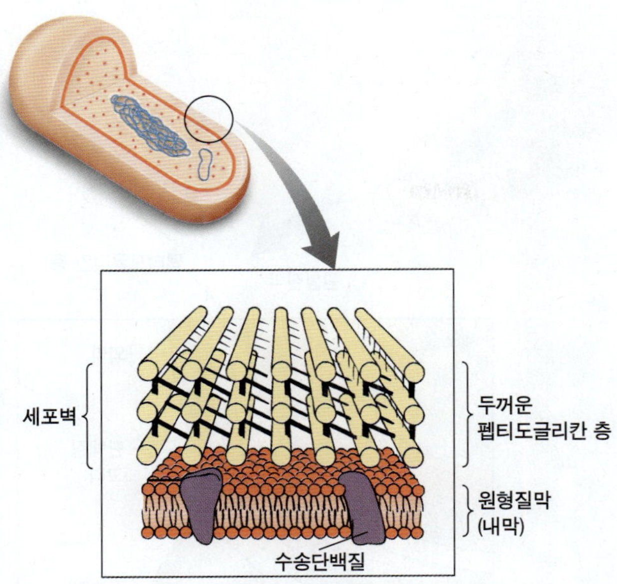


**(a) 그람-양성균의 세포벽.** 두꺼운 펩티도글리칸 층이 아미노산에 의해 결집되어 있다.

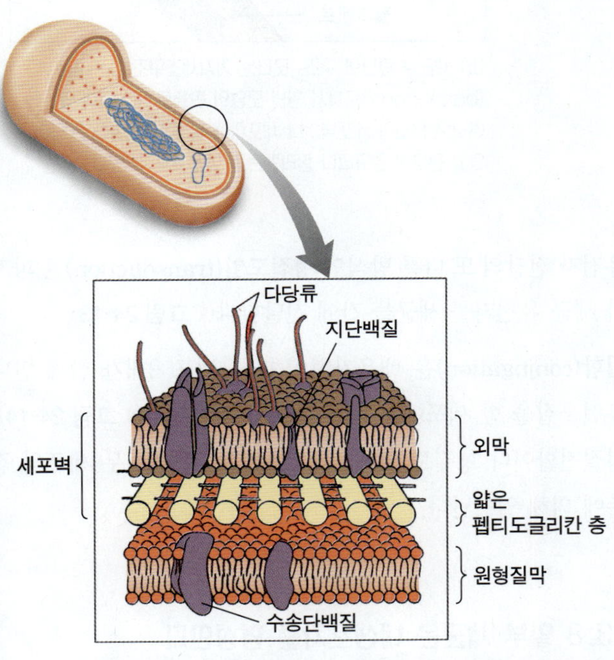


**(b) 그람-음성균의 세포벽.** 얇은 펩티도글리칸 층이 두꺼운 외막에 의해 덮여져 있다.

**그림 24-10 세균의 세포벽.**

## 24.3.4 많은 원핵생물은 운동성이 있다

대부분의 운동성 세균은 **편모(flagella)**를 회전시킴으로써 운동한다. 편모의 수와 위치는 세균의 종 분류에 중요하다. 세균성 편모는 기저체, 훅크 및 하나의 필라멘트(**그림 24-11**) 등 세 부분으로 구성되었다. 기저체는 원반 모양의 평판으로 된 복잡한 구조로 편모를 부착시킨다. 굽어진 훅크는 기저체를 외부 환경으로 뻗어 나간 길고 속이 빈 필라멘트에 연결한다. 기저체는 일종의 모터와 같다. 세균은 ATP를 이용하여 수소 이온을 세포 바깥으로 내보낸다. 바깥의 수소 이온이 세포 내부로 확산되어 들어오면서 모터에 힘을 가하여 프로펠러와 같이 편모를 회전시킨다. 이 때 편모는 시계 반대 방향으로 회전하며 세포는 전진한다. 많은 원핵생물은 화학물질에 반응하는 **주화성(chemotaxis)**이 있어서 영양분이 있는 곳으로 이동한다.

## 24.3.5 원핵생물은 환형의 DNA 분자 1개를 가진다

원핵생물의 유전물질은 핵막에 의하여 둘러 쌓여지지 않고 핵양체에 존재한다. 대부분의 종에서 유전물질은 하나의 환형 DNA 분자에 있다. 진핵세포의 염색체와는 달리 원핵세포의 DNA는 단백질과 결합되어 있지 않다. 대부분의 세균은 유전체 외에도 유전정보를 지닌 환형의 **플라스미드(plasmid)**를 가지고 있다(15장 참조). 플라스미드는 유전체보다 작으며 유전체와는 별도로 복제한다.

## 24.3.6 대부분의 원핵생물은 이분법으로 증식한다

세균은 주로 **이분법(binary fission)**에 의해 무성생식으로 증식하는데, 이 과정은 세포 하나가 2개의 유사한 세포로 분열하는 것이다(그림 10-11 참조). 이분법으로 분열하는데 소요되는 시간은 이상적인 조건에서 20분 이내이다.

무성증식의 한 형태이지만 다소 특이한 세균의 증식법으로 **출아(budding)**가 있다. 출아 시 세포는 돌기(bulge)나 출아를 만드는데, 이들은 점차 커지고 성숙되어 모체에서 분리된다. 일부 세균종(actinomycetes)은 **분절증식(fragmentation)**으로 분열한다. 세포 내에서 벽이 형성되면서 몇 개의 새로운 세포로 분리된다.

## 24.3.7 세균은 유전정보를 전달한다

비록 세균에서 배우자가 융합되는 유성생식이 일어나지는 않지만 유전물질은 가끔 개체 상호간에서 전달된다. 세균들 간에 유전물질을 전달하는 방식으로는 형질전환, 형질도입, 접합 등이 있다.

1. **형질전환(transformation)**에서 세포는 외부 DNA 조각을 받아들인다. 이 과정은 DNA 조각이 세포 표면에 존재하는 단백

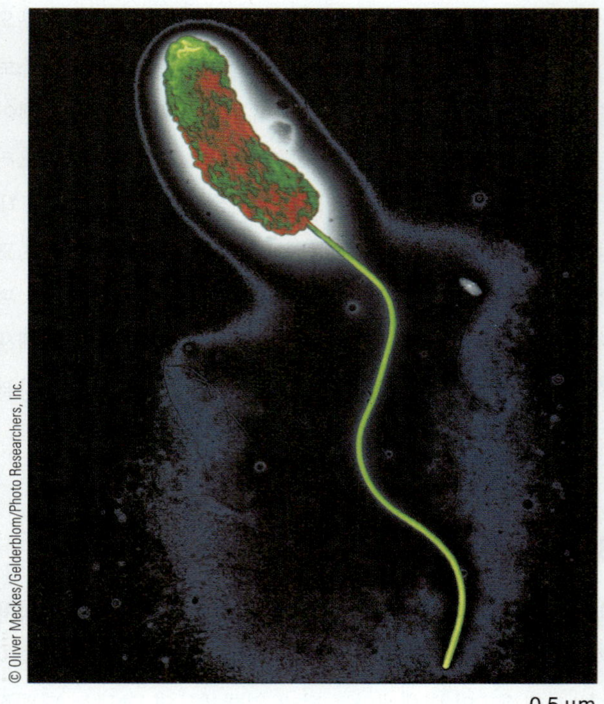


**(a)** *Vibrio cholerae*의 색상-강화 TEM 사진. 사람에서 콜레라를 유발하는 편모성 세균.

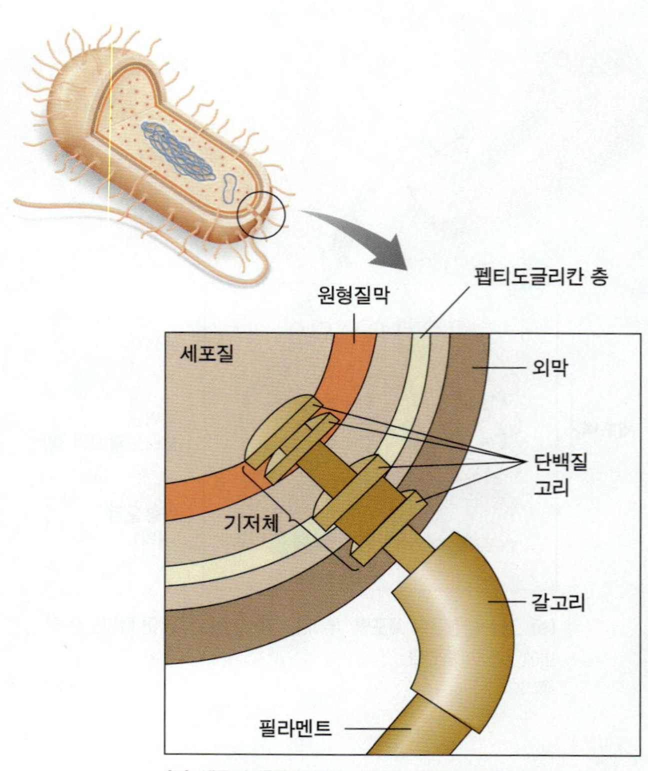


**(b)** 세균성 편모의 구조. 모터는 기저체초구조(basal body)로써서 원반 모양의 판들로 구성되어 있는데, 이것은 편모가 세포벽이나 세포막에 닻을 내린 형태로 되어 있고 편모의 갈고리나 필라멘트를 회전시킬 수 있다.

**그림 24-11 세균의 편모.**

질과 결합하여야만 일어난다. 세포 안으로 유입된 DNA는 재조합에 의해 세균의 유전체에 삽입된다(**그림 24-12**).

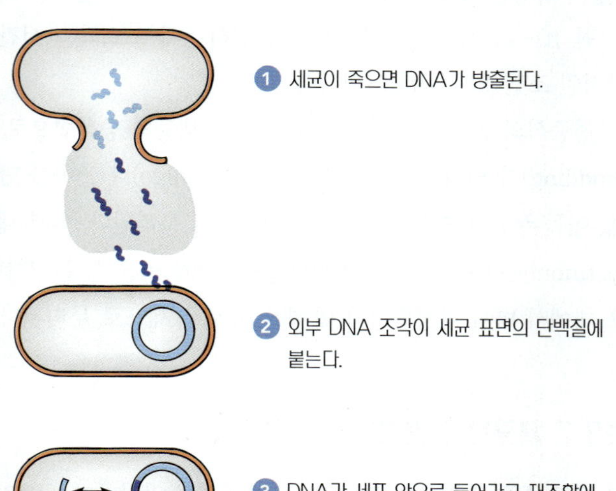


**그림 24-12 형질전환.**
이 과정에서 외부 DNA가 숙주세균 안으로 들어가며, 재조합에 의해 DNA가 교환된다.

2. 유전자 전달의 또 다른 방식인 **형질도입**(transduction)은 파지가 세균 유전자를 세균들 간에 전달한다(**그림 24-13**).
3. **접합**(conjugation)은 배우자형이 다른 세포 2개가 함께 만나 유전물질을 한 세포에서 다른 세포로 전달한다(**그림 24-14**). 형질전환이나 형질도입과는 대조적으로 접합은 두 세포의 접촉에 의해 일어난다.

## 24.3.8 일부 세균은 내생포자를 형성한다

환경이 좋지 않게 되면 즉 영양분이 부족하거나 건조한 상태가 되면, 어떤 세균은 동면한다. 세포는 물을 잃게 되고, 약간 쪼그라들면서 물이 다시 공급될 때까지 불활성 상태로 존재한다. 동면한 세균들 중 어떤 세균은 극한 환경에서도 견딜 수 있는 **내생포자**(endospore)로 된다. 내생포자가 형성된 후, 세포의 세포벽은 융해되어 내생포자를 방출한다. 내생포자 형성은 세균 증식의 한 형태가 아니다; 즉 식물이나 균류의 포자 같은 것이 아니다. 세포 한 개당 하나의 내생포자가 생성되므로 전체 개체수의 증가는 일어나지 않는다. 고세균은 내생포자를 형성하지 않지만, 진정세

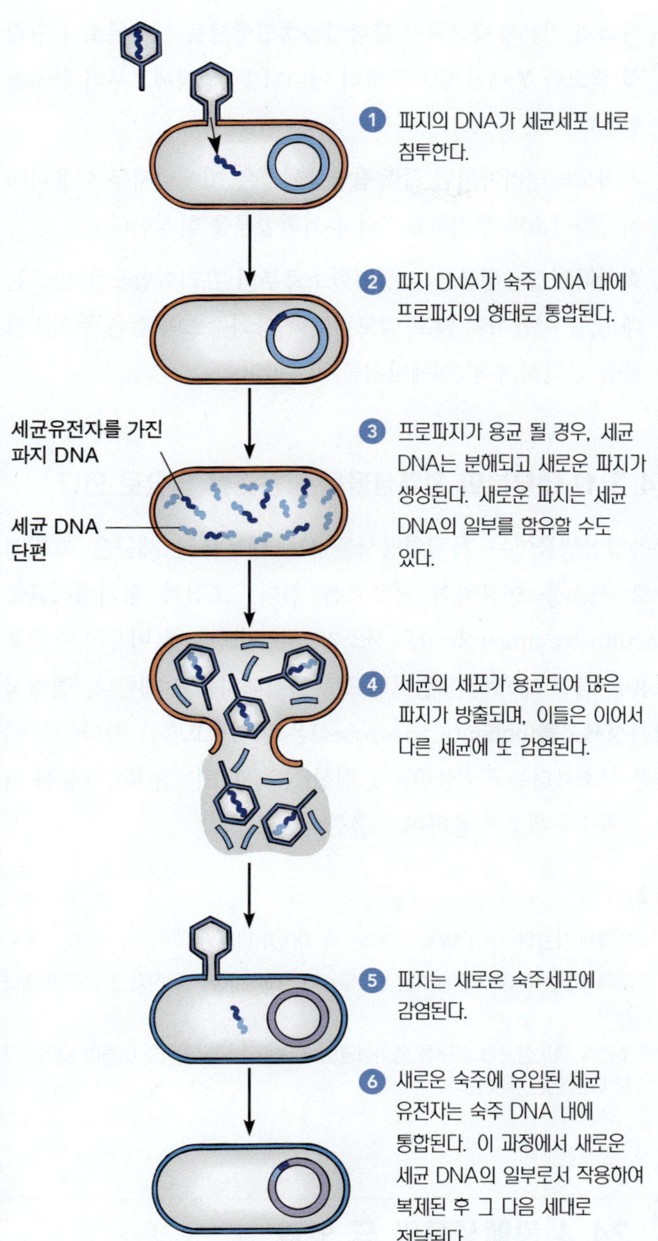


**그림 24-13 형질도입.**

형질도입을 통해 파지가 하나의 세균에서 다른 세균으로 DNA를 전달한다.

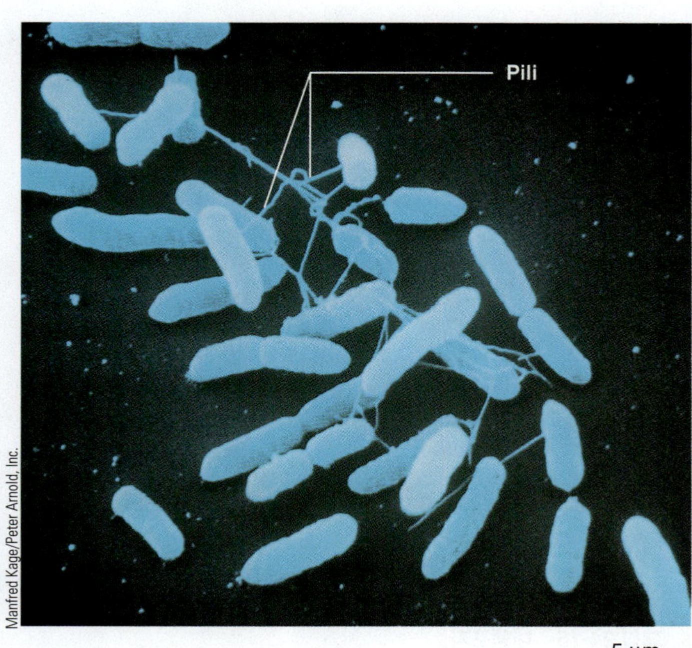


**(a)** 선모로 연결된 *Serratia marcescens*세균의 색상-강화 SEM 사진. 접촉에 자극되어 세포는 점차 가깝게 당겨지며 공여체와 수용체 세포(안 보임)사이에 세포질성 다리가 형성된다.

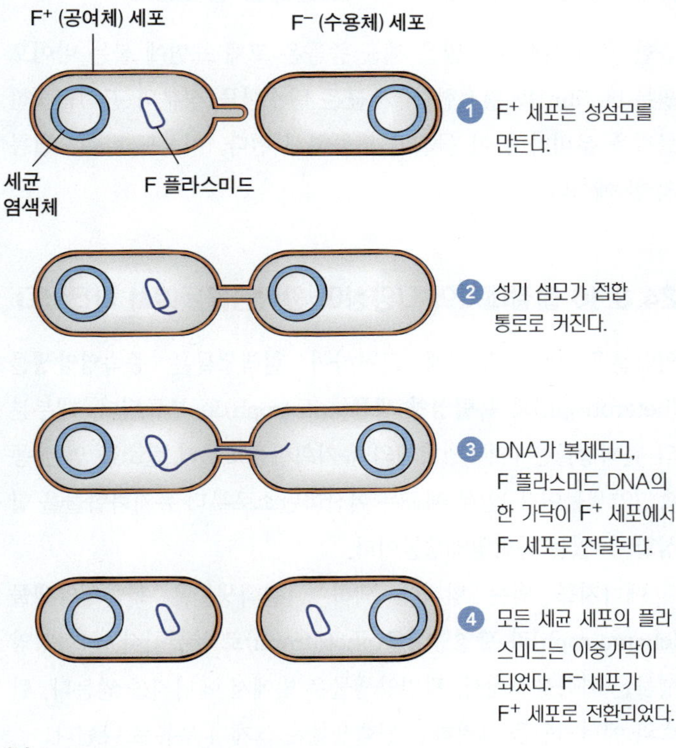


**(b)**

**그림 24-14 접합.**

공여체 세균은 플라스미드 DNA를 수용체 세균에 전달한다.

균은 냉각, 열, 건조 등으로부터 보호할 수 있는 효소를 세포 표면에 만든다.

내생포자는 아주 건조하던가, 덥다던가, 동결환경에서나 영양이 빈약한 상태에서도 생존할 수 있다 (▮ 그림 24-15). 환경조건이 성장에 다시 좋아지게 되면, 내생포자는 발아하고 활성이 있는 세균 세포로 성장한다.

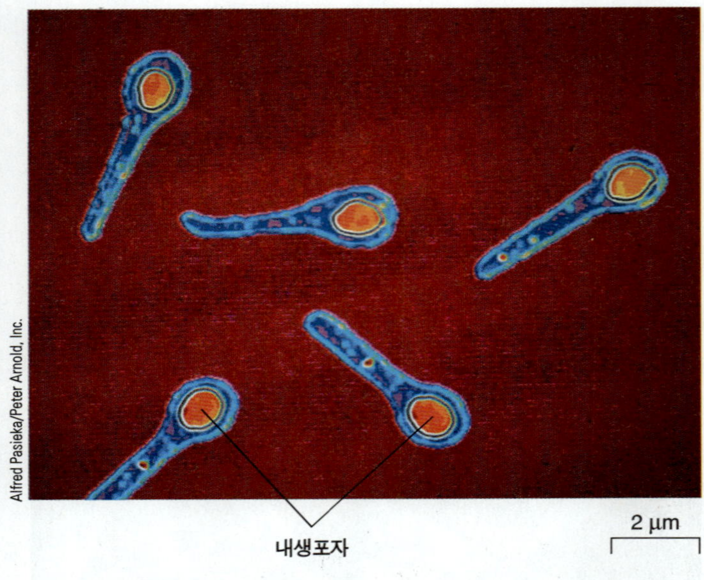


**그림 24-15 내생포자.**

파상풍을 일으키는 *Clostridium tetani*의 TEM 사진. 각 세균세포(*청색*)는 하나의 내생포자(*황색*)를 함유한다. 내생포자는 세포 안에 형성된 수분이 빠진 세포인데, 이 세포는 다시 발아하여 원래의 세포로 된다.

### 24.3.9 많은 세균들이 바이오필름을 형성한다

습한 곳에 서식하는 많은 세균 종들은 고체 표면에 붙는 바이오필름(biofilm)을 형성한다. 세균은 탄수화물 성분의 끈적끈적한 물질을 분비하며 이 물질에 파묻히게 된다. 치석도 바이오필름의 한 예이다.

### 24.3.10 물질대사의 다양성이 원핵생물들에서 나타났다

영양분을 얻는 방식에 근거하여 원핵생물은 **종속영양생물(heterotroph)**과 **독립영양 생물(autotroph)**로 분류된다. 대부분의 원핵생물은 다른 생명체의 유기화합물로부터 탄소를 얻는 종속영양생물이다. 일부 세균은 이산화탄소로부터 유기화합물을 합성할 수 있는 독립영양생물이다.

에너지를 얻는 방식에 의하여 원핵생물은 **화학영양생물(chemotroph)**과 **광영양생물(phototroph)**로 분류한다. 화학영양생물은 화학물질에서, 광영양생물은 빛에서 에너지를 얻는다. 탄소와 에너지원을 고려하면 원핵생물은 크게 4 부류로 나뉜다:

1. 원핵생물 대부분은 **화학종속영양생물**로서 탄소와 에너지를 유기화합물에서 얻는다. 이들은 죽은 생명체에서 탄소와 에너지를 얻는 분해자 혹은 *기생생물*(saprotroph)이다.
2. 자색의 비유황세균처럼 **광합성종속영양생물**은 엽록소나 광합성 색소를 통해서 빛으로부터 에너지를, 생명체로부터 탄소를 얻는다.
3. 시아노박테리아처럼 **광독립영양생물**은 빛에너지를 이용하여 이산화탄소와 무기물로부터 유기화합물을 합성한다.
4. **화학독립영양생물**은 이산화탄소로부터 유기화합물을 만드는 데 빛을 이용하지 않고 암모니아나 황화수소와 같은 무기화합물을 산화시켜 얻은 에너지를 이용한다.

### 24.3.11 대부분의 원핵생물들은 산소를 필요로 한다

종속영양생물이든 독립영양생물이든 대부분의 세균은 호기성으로 산소를 이용하여 세포호흡 한다. **조건적 혐기성세균들(facultative anaerobes)**은 산소가 있으면 산소를 이용하여 세포호흡을 하고 필요하면 혐기적으로 물질대사를 수행한다. **절대적 혐기성세균들(obligate anaerobes)**은 혐기성호흡을 한다. 즉 이들은 산소보다는 황산($SO_4^{2-}$), 질산($NO_3^-$) 또는 철($Fe_2^+$) 등을 최종 전자수용체로 이용하여 호흡한다.

**복습**

- 원핵세포는 어떠한 면에서 진핵세포와 차이가 나는가?
- 원핵세포는 어떻게 증식하는가? 무슨 방식에 의하여 유전자 전달이 일어나는가?
- 조건적 혐기성균과 절대적 혐기성균의 차이점은 무엇인가? 이들이 호기성균과 다른 점은 무엇인가?

## 24.4 원핵생물의 두 영역

**학습목표**

**10** 진정고세균, 고세균, 진핵생물 등 3개 영역을 비교한다.
**11** 생태 환경에 근거하여 고세균을 분류하며, 진정세균의 주요 그룹들을 설명한다(표 24-2).

현미경으로 관찰하면 대부분의 세균은 크기나 모양이 거의 유사하게 보인다. 그런데 16S 리보솜 RNA 소단위(SSU rRNA)의 염기서열을 분석하여 **우즈**(C. Woese)와 공동 연구자들은 세균은 근본적으로 서로 다른 두 그룹으로 나눌 수 있음을 밝혔다(23장 참조). 각 그룹의 SSU rRNA에는 특이한 염기서열을 가진 **서열배열(signature sequence)**이 있다. 이러한 분석에 기초하여 **우즈**는 원시 원핵생물은 생명사의 초기 단계에 두 계통으로 분리되었다

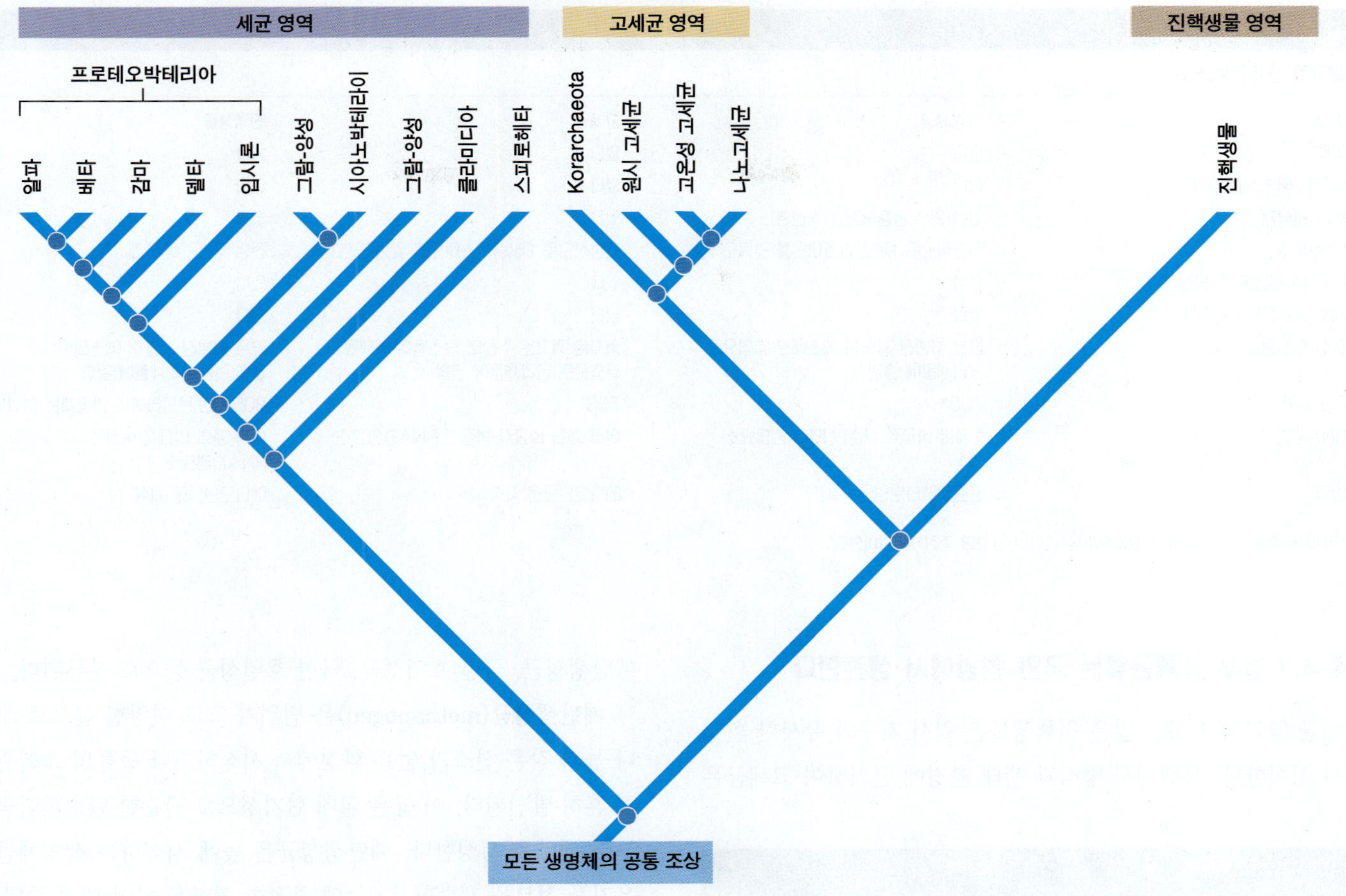


**그림 24-16 3가지 생물영역.**

이 그림에는 진정세균과 고세균 영역을 대표적인 분류군만 나타냈다. 리보솜의 30S 소단위체에 존재하는 rRNA의 염기서열을 분석하여 계통수를 그렸다. 화석에서는 rRNA를 추출할 수 없어서 현존하지 않는 종들은 이 계통수에 나타내지 않았다. 그러므로 이 계통수는 진화 관계를 나타내지 않는다.

는 가설을 제시하였다.

**우즈**의 업적에 기초하여 미생물학자들은 두 계통에서 파생된 원핵생물을 **고세균 영역** (Archaea)과 **세균 영역**(Bacteria)의 두 영역으로 분류하였다(**그림 24-16**). 고세균 영역에는 탄소로부터 메탄가스를 생산하는 원핵생물 그룹과 극한 환경에서 생존하는 2종류위의 원핵생물 그룹이 있다. 나머지 모든 세균은 진정세균에 포함된다. 이 분류법에서 모든 진핵생물은 **진핵생물 영역** (Eukarya)으로 분류된다.

세균과 고세균의 중요한 차이점은 고세균은 세포벽에 펩티도글리칸 층이 없으며 원형질막의 구조는 진정세균과 비슷하나 화학적 성분이 다르다. 진정세균과 진핵생물의 원형질막은 글리세롤에 지방산이 에스테르결합으로 연결되었다. 그러나 고세균의 원형질막에는 지방산이 없으며 그 대신 탄화수소가 글리세롤에 에테르결합으로 연결되었다(**표 24-1**).

$$\underset{\text{에스테르 결합}}{R-\overset{\overset{\displaystyle O}{\|}}{C}-O-R} \qquad \underset{\text{에테르 결합}}{R-\overset{\overset{\displaystyle H}{|}}{\underset{\underset{\displaystyle H}{|}}{C}}-O-R}$$

여러 면에서 고세균류는 세균류보다는 진핵생물에 더 가깝다. 예를 들면, 고세균은 진정세균처럼 단순한 형태의 RNA 중합효소를 갖고 있지 않다. 세균의 번역은 포밀메티오닌(fMet) 형태로, 고세균의 번역은 진핵생물처럼 메티오닌 형태로 시작한다(13장 참조). 진정세균에 작용하는 항생제가 고세균이나 진핵생물에 영향을 주지 못한다.

표 24-1

**세가지 생물영역의 비교**

| 성질 | 진정세균 | 고세균 | 진핵생물 |
|---|---|---|---|
| 핵막 | 없다 | 없다 | 있다 |
| 막으로 쌓인 세포소기관 | 없다 | 없다 | 있다 |
| 원형 염색체 | 있다(일부 종들에서는 직선형) | 있다 | 없다 |
| 염색체 수 | 전형적으로 1개(플라스미드를 갖기도 함) | 전형적으로 1개(플라스미드를 갖기도 함) | 전형적으로 여러 개 |
| DNA와 결합된 히스톤 | 없다 | 있다 | 있다 |
| 세포벽의 펩티도글리칸 | 있다 | 없다 | 없다 |
| 형질막 지질의 구조 | 곧은 지방산 사슬이 에스테르 결합으로 글리세롤에 결합 | 가지를 가지는 수산화 탄소들이 에테르 결합으로 글리세롤에 결합 | 곧은 지방산 사슬이 에스테르 결합으로 글리세롤에 결합 |
| 리보솜의 크기 | 70S* | 70S | 80S(미토콘드리아와 엽록체는 예외) |
| RNA중합효소 | 1 개의 비교적 단순한 RNA중합효소 | 여러 개의 비교적 복잡한 RNA중합효소 | 여러 개의 비교적 복잡한 RNA중합효소 |
| 번역 | 포르밀메티오닌으로 시작 | 메티오닌으로 시작 | 메티오닌으로 시작 |

*70S의 숫자는 원심분리시 침강계수(상대적인 크기의 측정)을 의미한다.

### 24.4.1 일부 고세균류는 극한 환경에서 생존한다

고세균 영역에 속하는 많은 원핵생물은 원시 지구와 유사한 환경에서 서식한다. 물질대사 방식과 생태 환경에 근거하여 고세균은 메탄생성균, 극한 호염성균, 극한 호열성균 등으로 분류된다.

© Helen E. Carr/Biological Photo Service

**그림 24-17 바닷물을 증발시키는 염전.**

샌프란시스코 주변의 이 염전은 핑크색, 오렌지색, 및 노란색 등으로 고도 호염성균의 서식 정도에 따라 그 색깔이 다르게 나타난다. 색상 차이는 세포벽에 함유된 카로티노이드 색소에 의해 야기된다. 이들 세균은 해롭지 않다.

**메탄생성균**(methanogen)은 범위가 크고 다양한 균으로 오수나 늪과 같은 산소가 없는 환경에서 서식하거나 동물의 소화관에서 흔히 발견된다. 이 균은 절대 혐기성으로 단순한 탄소화합물로부터 메탄을 생성한다. 메탄생성균은 늪에 서식하는 생명체들의 유기물 성분을 재순환시키는데 중요한 역할을 하며 대기 중의 메탄 대부분을 생산한다.

**극한 호염성균**(extreme halophiles)은 종속영양생물로서 염전과 같은 포화 소금 용액에서 서식한다(**그림 24-17**). 이 균은 산소 호흡을 통해서 ATP를 생성한다. 이들은 또한 자색 색소단백질인 세균로돕신(bacteriorhodopsin)를 이용하여 빛에너지를 흡수하고 광합성을 한다.

**극한 호열성균**(extreme thermophiles) 성장에는 높은 온도가 필요하여 이 균들은 온도가 높고(45℃ −110℃) 때로는 산성 환경에서 서식한다.

### 24.4.2 세균은 가장 친밀한 원핵생물이다

세균은 주변 환경에 가장 널리 분포되어 있으며 고세균보다 더 잘 알려져 있다. 세균은 20문(phyla) 이상으로 분류되는데, 이들 중 대표적인 진정세균 그룹을 **표 24-2**에 나타냈다.

**복습**

- 생태 환경적인 관점에서 고세균의 세 가지 주된 종류는 무엇인가?
- 세균들인 (1)프로테오박테리아, (2)시아노박테리아, (3)클라미디아이 들 간의 차이점을 설명하라.

## 표 24-2

### 세균 영역의 주요 그룹

| | |
|---|---|
| **프로테오 박테리아(그람-음성균)**<br>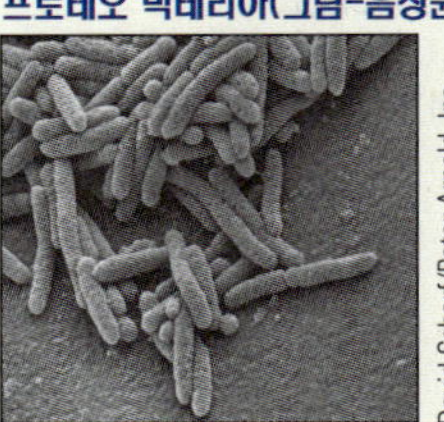<br><br>**대장균(*E. coli*) 콜로니의 SEM 사진**<br><br>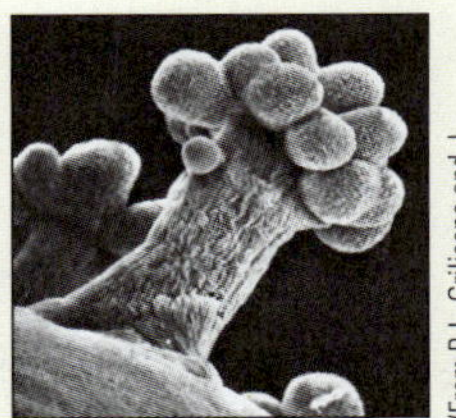<br><br>**믹소박테리아(*Stigmatella aurantiaca*) 자실체의 SEM 사진**<br>자실체 내에서 보호되는 휴지기 세포는 열이나 건조에 대하여 강한 내성을 나타낸다. | 그람-음성균들로서 매우 크고 다양한 그룹이다. rRNA에 근거하여, 이 균들을 다섯 그룹인 알파, 베타, 감마, 델타 및 입시론-프로테오박테리아들로 나눈다.<br><br>**알파(α)-프로테오박테리아**<br>식물들과 동물들에의 공생 세균들과 일부 병원균들이 이에 속한다. ***리조비움(rhizobium)***은 콩과 식물의 뿌리혹에 공생적으로 서식하며 공중질소를 고정하여 식물에 유용한 질소로 전환한다(질소 고정). **리켓치아(rickettsias)**는 아주 작은 막대모양의 세균이나 몇 가지 종은 인간과 가축에 질병을 야기한다. 또 이 균은 절족동물에 물리거나 그 분비물에 접촉하면 전염된다. 이 균에는 티푸스(이나 벼룩에 의해 매개), 록키산 홍반열(진드기에 의해 전염)등이 있다.<br><br>**베타(β)-프로테오박테리아**<br>암모니아를 산화시키는 Nitrosomonas를 포함하는 몇 가지 다양한 그룹이 이에 속한다. 이 그룹에 속하는 병원균으로는 임질을 일으키는 Niesseria gonorrhoeae가 있다.<br><br>**감마(γ)-프로테오박테리아**<br>식물 물질을 분해하며 살아가는 분해자인 장내세균들(enterobacteria), 병원균 그리고 인체에 서식하는 다양한 세균들이 여기에 속한다. 대장균은 사람이나 동물의 장내에서 서식하는 정상적인 미생물 군이기는 하나 어떤 종은 강약에 차이가 있지만 심각한 설사 증세를 야기하는 균주도 있다. 어떤 종의 살모넬라균은 식품에 감염되어 독소를 생성함으로써 식중독과 같은 질병을 야기하는 경우도 있고, 또 어떤 균은 장티푸스와 같은 열병을 야기하는 경우도 있다.<br><br>**비브리오(vibrios)**는 주로 해양에서 서식하며 발광균인 경우도 있다. *Vibrio chorela*는 콜레라를 유발한다.<br><br>**슈도모나스(pseudomonads)**는 종속영양세균으로써 비광합성 색소를 생산한다. 식물, 동물 및 인체에 대해 질병을 야기하기도 한다.<br><br>**홍색유황세균(purple sulfur bacteria)**은 산소를 만들지 않는 광자가영양생물이다.<br><br>**델타(δ)-프로테오박테리아**<br>이에 속하는 **믹소박테리아(myxobacteria)**는 점액을 분비하며 활주하거나 포복하며 살아간다. 영양이 결핍되면 이들 세균은 덩어리를 형성하여 줄기처럼 뻗어나가며 자실체라는 다세포 증식 구조를 형성하게 된다. 이 과정에서 자실체 내의 세균 세포는 포자와 같은 휴지기에 들어간다. 다시 조건이 좋아지면 포자는 파열되어 휴지기 세포는 새로운 세포로 발아한다.<br><br>**입시론(ε)-프로테오박테리아**<br>동물의 소화관에 서식하는 작은 그룹이다. 여기에 속하는 *헬리코박터(helicobacter)*는 위궤양을 야기시킨다. |
| **사아노 박테리아(그람-음성균)** | **시아노박테리아**는 연못, 호수, 수영장, 다습토양, 썩은 통나무, 나무껍질 등에서 서식하는 그람-음성의 광합성 세균이다. 이 균은 엽록소 를 갖고 식물이나 조류에 유사한 광합성 과정을 가진다. 조류나 식물의 엽록체는 오래된 시아노박테리아에서 진화 되었을 것으로 추정된다. 또한 많은 종은 질소 고정능이 있다. |
| **그람-양성균**<br><br><br>**섬유상 콜로니를 형성하는 토양-서식의 방선균(*Actinomycetes naeslundi*)의 TEM 사진**<br><br>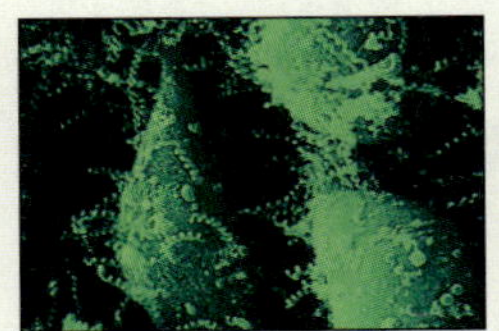<br><br>**섬유아세포 미코플라스마(*Mycoplasma*)의 SEM 사진** | 이 그룹도 다양한 그룹이지만, 여기에는 일부만 예로 든다.<br><br>**방선균류(actinomycetes)**는 진균류와 매우 유사하지만, 이들은 세포벽에 펩티도글리칸이 함유되어있었으며 핵막이 결손된 점, 또 원핵세포의 성장을 닮은 점 등이 특징이다. 토양 속의 유기물을 분해하고 대부분 기생성을 나타내며 혐기적인 경우도 있다. *Streptomyces* 속의 몇몇 균주는 스트렙토마이신, 에리스로마이신, 클로람페니콜, 테트라사이클린 등의 항생제를 생성하며 대부분 알려진 항생제들은 이들 방선균류에서 생산된다. 또 어떤 종은 심각한 폐질환을 야기하며 인간이나 가축에 일반 감염증을 유발하기도 한다.<br><br>**젖산균(lactic acid bacteria)**은 당을 발효하여 주된 최종산물로써 젖산을 생산한다. 식물의 성분, 우유 또는 낙농제품 등을 분해하면서 서식한다. 요구르트, 유산음료, 픽클, 사우어클라프트, 녹색 올리브 등의 특징적인 맛은 젖산균의 작용에 의해 생성된다. 이 균은 사람의 입이나 질의 정상적인 서식균이기도 하다.<br><br>**미코박테리아(mycobacteria)**는 가늘고 불규칙적인 막대형이다. 왁스성 물질을 세포벽에 함유하는데 폐결핵이나 나병을 야기하는 균들이 포함된다.<br><br>**연쇄상구균(streptococcus)**은 입이나 사람 또는 동물의 소화관에 서식한다. 해로운 종류로 인후염이나 폐렴 형태의 치아골양, 황열병, 류마치스 열병 등을 야기하는 병원균이 포함된다.<br><br>**포도상구균(staphyloccus)**은 코나 피부에서 서식한다. 숙주의 면역력이 저하될 때 질병으로 나타나는 기회주의적 병원체이기도 하다. *Staphlococcus aureus*는 화상이나 피부화농균(어떤 종은 극히 무서운 질병을 야기)이며 상처부위에 감염된다. 또 어떤 종은 식중독균으로, 아니면 독소속크증후군의 원인균으로 작용하기도 한다.<br><br>**클로스트리디아(clostridia)**는 혐기성이다. 파상풍, 가스회저 등을 야기하는 종이 있다.<br><br>미코플라스마(mycoplasma)는 세포벽이 없는 균이다. 이 세균은 토양이나 해조류 등에 서식한다. 어떤 종은 식물이나 동물에서 기생하기도 한다. 인간의 점막에서 서식하는 종은 질병을 유발하지 않으나 세균성 폐렴의 약한 증상을 나타내기도 한다. |

*계속*

**표 24-2**

**계속**

**클라미디아(그람-음성균)**

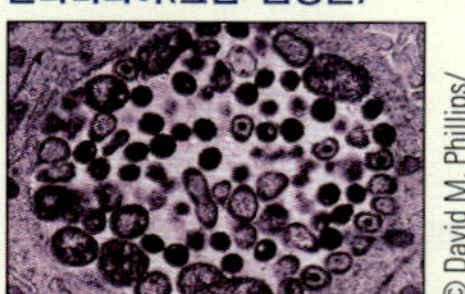


**사람 난관 내 클라미디아(*Chlamydia trachomatis*)의 TEM**

**클라미디아(chlamydias)**는 세포벽 속에 펩티도글리칸이 존재하지 않는다. 그들은 에너지 기생성으로써 숙주의 ATP에 완전 의존하여 살아간다. 클라미디어는 모든 종류의 조류나 포유동물에 감염된다. 아마도 전세계 인류의 10내지 20%는 이 균에 의해 감염되어 있을 것이다. 트라코마는 맹인을 유발하는 질병으로 클라미디어에 의해 야기된다 성교를 통하여 전염되는 클라미디어는 여자에서 골반염증을 유발하기도 한다.

**스피로헤타(그람-음성균)**

**매독을 일으키는 스피로헤타(*Treponema pallidum*)의 LM**

**스피로헤타(spirochete)**는 나선형의 세균으로써 세포벽이 유연하다. 이 균은 축을 가진 필라멘트라 불리어 지는 특이한 구조의 내부 편모에 의해 운동한다. 어떤 종은 독립적으로 생존할 수 있으며 담수나 해수에서 서식한다. 또 어떤 종은 공생적으로 살 수 있으며 기생성인 경우도 있다. 의학적으로 매독을 일으키는 *Treponema pallidum*이 있으며 인간에게 뼈를 두껍게 하여 절름발이 질병을 만드는 *Borrelia*속에 속하는 스피로헤타도 있다.

## 24.5 원핵생물의 영향

### 학습목표

12 원핵생물의 생태적 역할 및 병원균으로서 그리고 산업에서의 중요성 등에 대하여 논의한다.

원핵생물은 생물권에서 절대적으로 필요한 존재이다. 이들은 다른 생명체들과 여러 방법으로 상호작용한다. **공생(symbiosis)**은 2–3종간의 긴밀한 관계이며 이들을 공생자(symbiont)라 한다. 공생관계는 같이 진화하였다. 공생의 형태에는 상리공생, 편리공생, 기생 등이 있다.

**상리공생(mutualism)**은 공생자가 서로 공생하는 관계이다. 예를 들어 반추동물과 이들의 소화관에 서식하는 세균과의 관계이다. 반추동물은 셀룰로오스를 분해하는 효소가 없지만 세균이 서식할 수 있는 환경을 제공하여 세균이 분해한 셀룰로오스를 이용한다.

**편리공생(commensalism)**은 공생자 한 쪽은 이익을 보지만 다른 공생자는 이익도 손해도 보지 않는 관계이다. 인체의 소화기관에 서식하는 많은 세균은 인체가 사용하지 않는 물질을 활용하여 사는 편리공생자다. **기생(parasitism)**에서 기생생물은 이익을 숙주생물은 손해를 보는 관계이다. 병원성 세균은 기생생물이다.

방선균(actinomycete)과 점액세균(myxobacteria)들은 토양에 가장 많이 서식하는 세균이다. 본 장의 개요에서 기술한 바와 같이 원핵생물은 필수적인 분해자(decomposers)로서 사체의 유기물을 분해하고 화학성분은 재순환된다. 질소, 산소, 탄소, 인, 유황, 및 흔적 요소를 포함한 많은 영양성분은 이러한 방법으로 재순환된다(생물지구화학적 순환 특히 질소 순환에서 세균의 역할은 54장에서 논의된다).

질소는 토양에서 농업과 같은 인간의 활동 및 식물이나 자연현상에서 끊임없이 소모되고 없어진다. 식물 성장에는 질소가 필수적이므로 질소는 토양에 지속적으로 공급되어야 한다. 시아노박테리아를 비롯한 몇 종의 세균은 공기 중의 질소를 식물이 이용할 수 있는 형태로 변환시킨다(**그림 24-18**).

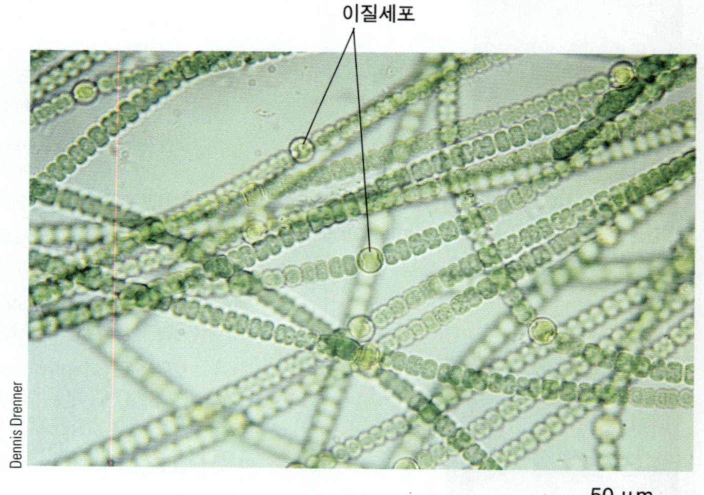


**그림 24-18 질소를 고정하는 필라멘트성 시아노박테리아인 *Anabaena*의 광학현미경 사진.**
질소 고정은 이질세포라고 부르는 둥근 세포에서 일어난다.

운동성 세균으로 토양에서 서식하는 근류균(Rhizobium속 세균)은 완두, 콩, 편두(lentils), 대두, 땅콩 등의 콩과식물 뿌리에서 상리공생 한다. 감염된 식물에 생긴 뿌리혹에 세균이 서식하면서 질소를 고정한다. 세균은 식물에 유용한 질소를 제공하고 식물은 세균에 유기물을 공급한다.

시아노박테리아처럼 많은 원핵생물은 전자수용체로 물을 이용하여 산소를 생성하는 광합성을 한다. 이런 과정에서 이산화탄소는 유기화합물로 전환된다.

어떤 종의 세균은 다른 종의 진화 과정에 영향을 미칠 수도 있다. 프로테오박테리아인 *Wolbachia*는 곤충, 거미, 갑각류, 선충 등의 많은 무척추동물에 감염한다. 이들 세균은 숙주의 난을 통해 한 세대에서 다음 세대로 전이된다. 그 결과 이들 기생균은 개체군에서 수컷을 소멸시킨다. 어떤 곤충 종은 감염된 수컷이 동일한 *Wolbachia* 균주를 갖고 있는 감염된 암컷과 교미할 경우에만 증식할 수 있다. 또 어떤 종에서는 이들 기생균에 의해 수컷이 암컷으로 전환된다. 감염된 어떤 암컷은 단위생식(알이 배란되지 않고 발생)으로 증식한다. 숙주 증식에 손상을 가하기 때문에, *Wolbachia* 및 그 외의 생식기 기생균은 진화분기에 영향을 미치게 되며 경우에 따라서는 어떤 종을 멸종시킨다.

## 24.5.1 일부의 원핵생물은 질병을 일으킨다

어떤 세균 종들은 진핵생물과 공동으로 진화하여서 상호의존성을 나타낸다. 모든 식물과 동물은 미생물군들의 창고 기능을 나타내며 이들 미생물군은 정상적인 **미생물군(microbiota)**으로 간주되어 무해한 공생관계를 가진다. 실제 인체에 정상적으로 서식하는 세균수는 (약 700조 개의 세포들) 인간의 세포수 (70조 개)를 능가한다. 어떤 세균 종은 해로운 세균(또는 다른 종류의 균)이 증식하는 것을 막아준다. 극히 일부의 세균은 식물과 동물에 유용한 병원균이다. 인체에 서식하는 세균들의 일부는 어떤 조건하에서만 질병을 발생시키는 기회주의적 병원균이다.

### (1) 많은 과학자들의 노력에 의하여 질병의 원인이 밝혀졌다

알려지지 않은 인자가 질병을 일으킨다는 생각은 1600년대 후반 **레벤후크**(Leeuwenhook)가 현미경으로 미생물을 관찰하기 훨씬 이전부터 논란이 되어 왔다. 19세기 후반에 생리학자, 미생물학자 및 화학자들 몇 명이 독립적으로 일을 하여 미생물학에 대한 과학적 기초를 정립하였다. 프랑스 학자인 **파스퇴르**(L. Pasteur)는 당과 단백질 배양의 살균이 세균생육을 막을 수 있다고 설명함으로써 자연발생설을 부정하였다.

생리학자 **코호**(R. Koch)는 세균이 감염성 질환을 야기한다고 처음으로 명확하게 설명하였다. 1876년 그는 탄저균(*Bacillus anthracis*)이 인간, 양, 또는 어떤 종의 동물에게 치명적인 탄저병을 야기함을 발표하였다. 현미경을 이용하여 **코호**는 죽은 양의 혈액과 비장에서 세균을 발견하였다. 그가 감염된 양의 혈액을 쥐에 접종하였을 때 쥐의 혈액 속에서 탄저균을 동정할 수 있었다. 그는 또한 탄저균을 배양하여 그 균을 건강한 쥐에 주사하였을 경우 탄저병이 발생되는 것을 보여주었다. 병원균과 질병간의 상관관계를 증명하는 데는 코호가 주장한 코흐의 공리가 적용된다: (1) 병원균은 질병을 가진 모든 개체에 존재한다, (2) 병에 걸린 숙주에서 채취한 미생물은 순수배양 된다, (3) 순수배양한 세균을 건강한 숙주에 주사하면 동일한 질병이 야기된다, 그리고 (4) 실험적으로 감염시킨 숙주에서 미생물이 회수된다.

### (2) 적응을 통해서 병원균은 역할이 정립되었다

병원미생물은 식품, 먼지, 방울, 또는 상처를 통하여 체내에 들어온다. 많은 질병은 곤충이나 동물에 물림으로써 전파된다. 질병을 발생시키려면, 병원균은 특이한 세포주에 부착하여 복제되고 독소를 생산하여야 한다. 부착성과 증식은 병원균이 정상적인 미생물군(microbiota)들과의 경쟁이나 침입에 대한 숙주 방어의 대응에서 이겼을 때에만 일어난다.

위괴양의 주범인 *헬리코박터 파일로리*(*Helicobacter pyroli*)는 적응을 잘한 병원균이다(**그림 24-19**). 이 균은 만성위염 그리고 위암과 관련 있다. 헬리코박터균은 알칼리 용액을 분비하여 위산으로부터 자신을 보호하도록 적응 되었다.

어떤 세균은 **외독소(exotoxin)**를 생성한다. 이는 세포로부터 분비되거나 세균세포가 파괴될 경우 스며 나오는 강력한 독소이다. 독소는 질병의 직접적인 원인이 된다. 디프테리아는 파지에 의해 용원화된 그람양성 바실루스균(*Corynebacerium diphtheriae*)에 의해 일어난다. 디프테리아 독소는 세포를 죽이고 염증을 유발한다.

보틀리즘(botulism)은 식중독의 한 유형으로써 잘못 제조된 통조림 식품을 섭취(ingestion)할 때 야기되는데 마비나 때로는 죽음을 가져오기도 한다. 보틀리늄은 그람양성의 내생포자 형성균인 *Clostridiun botrinum*에서 분비되는 외독소에 의해 일어난다. 보틀리늄의 외독소는 보톡스라는 상품명으로 팔리며 안면 주름 성형에 이용된다.

**내독소(endotoxin)**는 병원균에 의해 분비되지는 않으나 그람

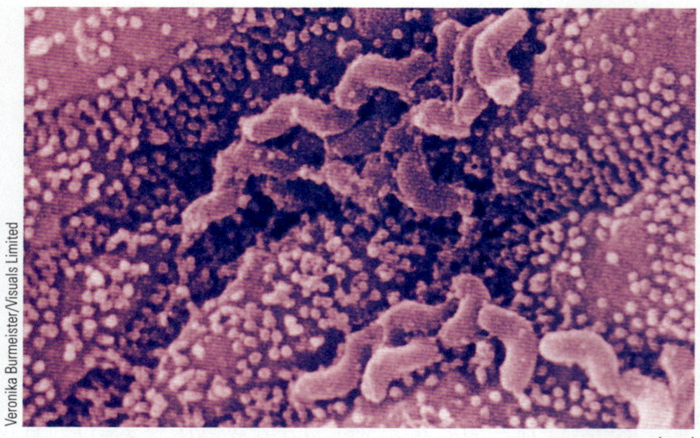


**(a)** 위의 상피세포에 부착된 헬리코박터 파일로리의 SEM 사진

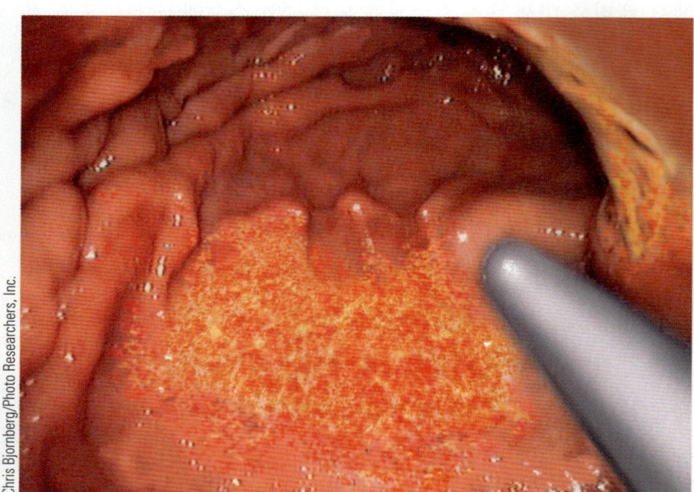


**(b)** 헬리코박터 파일로리에 의한 위궤양을 보이는 사진

**그림 24-19 위궤양을 일으키는 헬리코박터 파일로리.**

음성세균의 세포벽 성분이다. 이 화합물은 죽은 세균에서 유출될 경우 숙주만을 공격한다. 내독소는 대식세포(macrophage)와 결합하여 열이나 감염 증상을 일으키는 물질의 분비를 촉진한다. 특이한 증상을 유발하는 외독소와는 달리 내독소는 전신에 영향을 준다. 내독소는 열에 의해 파괴되지 않는다.

### 24.5.2 원핵생물은 많은 산업에서 이용된다

**항생제**(antibiotics)를 만드는 미생물들이 있다. 항생제는 미생물을 파괴하거나 성장을 저해하여 영양 섭취 경쟁에서 제한을 가하는 화합물이다. 1950년대까지는 항생제가 감염성 질병을 치료하는데 임상적으로 중요한 수단이었다. 오늘날에는 임상적으로 유용한 약 100여종의 항생제들이 개발되어 매년 수천 톤의 항생제가 생산된다. 제약회사들이 생산하는 대부분의 항생제는그람양성 토양세균인 방선균 그룹, 바실루스 속의 그람양성세균 및 곰팡이(균류에 속하는 진핵생물) 등에서 얻었다.

박테리아는 증식 속도가 빠르기 때문에 생체물질을 생성하는데 이상적인 공장이다. 유전적으로 조작된 세균을 이용하여 백신, 성장호르몬, 인슐린을 비롯한 임상적으로 중요한 많은 화합물들이 생산되고 있다.

많은 식품과 음료는 미생물 발효에 의해 얻어진다. 젖산균은 유산음료, 요구르트, 절인오이, 절인 올리브 및 절인양배추 등을 만드는데 이용된다. 치즈, 식초, 간장, 초코렛 및 B형 비타민(B12 또는 리보플라빈) 등의 생성에도 세균이 이용된다. 세균은 또한 캔디나 대부분의 소프트 드링크류의 첨가물인 구연산 생산에도 이용된다.

세균은 오수의 처리나 쓰레기 매립지의 고형 폐기물을 분해하는데도 사용된다. 그들은 또한 오염된 지역의 오염물을 분해하는 **생물학적정화**(bioremediation)에도 이용된다. 1000여종 이상의 세균이나 균류들이 생물학적정화에 이용되고 있다.

고세균도 경제적인 측면에서 큰 효과를 나타낸다. 예를 들어 고세균에서 분리한 효소를 세제에 첨가하면 고온에서도 효소가 작동하므로 세척 효과가 커진다.

#### 복습

- 원핵생물이 생태계에서 어떠한 중요한 역할을 하는가?
- 코호의 공리들 각각이 왜 중요한가?
- 생물학적정화에 대하여 설명하시오.

## 핵심 용어와 요약

#### 학습목표

1 바이러스의 구조를 기술하고 바이러스를 세포와 비교한다.

- **바이러스** 또는 **비리온**은 캡시드 단백질로 둘러싸인 DNA 또는 RNA 유전체로 구성된 작은 입자이다.
- 바이러스는 가세포성 입자로써 스스로 대사능력이 없다. 바이러스는 증식에 필요한 유전자를 지니고 있는데 살아있는 생명체의 대사 기구를 이용하여 증식한다.

2 최근 가설에 기초하여 바이러스의 진화적 근원을 추적한다.

- 바이러스는 동물, 식물 또는 세균세포에서 유래된 핵산 조각이다.
- 생물학자들 중 일부는 바이러스는 3 영역으로 분지되기 이전에 출현하였다고 주장한다.

3 박테리오파지의 특징, 용균 및 용원 과정을 설명한다.

- **파지(박테리오파지)**는 세균에 감염하는 바이러스이다.
- 바이러스 증식생활사에는 용균성과 용원성이 있다. **용균성 생활사**에서는 바이러스가 숙주를 파괴한다. 용균성 생활사에는 5단계가 있다: 숙주세포에 **부착** 바이러스 핵산이 숙주세포로 **침입** 바이러스 핵산의 복제 새롭게 합성된 성분들이 조립되어 바이러스 생성 숙주세포로부터의 **방출** 등이다.
- **용원성 바이러스**는 숙주를 항상 파괴하지 않는다. **용원성 생활사**에서 바이러스 유전체는 숙주 DNA와 함께 복제된다. 어떤 파지의 핵산은 세균성 DNA에 통합되는데 이를 프로파지라 한다. 프로파지를 지닌 세균세포를 용원성 세포라 한다.

4 바이러스에 의한 동 · 식물세포 감염 및 동물성 바이러스에 의한 질병을 설명한다.

- 바이러스는 막 융합 또는 내세포작용에 의하여 동물세포에 들어간다. 바이러스 핵산은 숙주세포에서 복제되고, 단백질이 합성되며 새로운 바이러스가 조립되어 숙주세포로부터 방출된다.
- 식물성 바이러스 대부분은 RNA 바이러스이다. 식물성 바이러스는 곤충 백터를 통하여 식물에 확산될 수 있다. 바이러스는 원형질연락사에 의해 식물로 확산된다.

5 사람의 면역 결핍 바이러스(HIV)와 같은 레트로바이러스의 증식생활사를 설명한다.

- HIV와 같은 **레트로바이러스**는 자신의 RNA 유전체를 DNA로 전사하는데 **역전사효소**를 사용한다. 생성된 DNA는 숙주 DNA에 통합된 후 바이러스의 RNA가 생성된다.

6 바이로이드와 프리온을 비교하고 대조하여 본다.

- **바이로이드**와 **프리온**은 바이러스 보다 더 작다. 바이로이드는 단백질로 둘려 쌓이지 않는 조그만 RNA 단편으로 구성되어 있다.
- 프리온은 단백질로만 되어 있다. 프리온은 **전이성 스펀지형 뇌장애(TSEs)**를 야기한다.

7 원핵생물의 구조와 일반적인 형태를 설명한다.

- 원핵세포는 핵, 미토콘드리아처럼 막으로 둘려 쌓인 세포소기관이 없다.
- 세균 세포의 일반적인 형태는 구형(쌍구균), 막대형(간균), 그리고 나선형이다. 나선형 세균에는 **스필리룸**(견고한 나선형)과 **스피로헤타**(유연한 나선형)가 있다. **비브리오**는 점과 같은 모양이다.
- 대부분의 세균은 **펩티도글리칸**으로 구성된 **세포벽**을 가졌다. **그람양성세균**의 세포벽은 아주 두껍고 주로 펩티도글리칸으로 구성되어 있다. **그람음성세균**의 세포벽은 엷은 펩티도글리칸 층과 원형질막과 유사한 외막으로 구성되어 있다. 어떤 진정세균 종은 세포벽을 둘러싼 **캡슐**을 생성한다.
- **선모**를 지닌 세균이 있다. 선모는 세포로부터 뻗어 나온 단백질로 세균이 세균에 또는 어떤 표면에 부착하는 것을 도와준다.
- 세균의 **편모**는 구조적으로 진핵세포의 편모와는 다르다. 세균의 편모는 기저체, 훅크 및 필라멘트로 구성되어 있다. 이들은 회전 운동을 한다.

8 원핵생물에서 무성생식법을 기술하고 유전자 재조합을 일으키는 세 가지 방식(형질전환, 접합 및 형질도입)을 설명한다.

- 원핵생물의 유전물질은 1개의 환형 DNA와 하나 혹은 그 이상의 플라스미드로 구성되어 있다.
- 원핵생물은 **이분법**(세포가 나뉘어져 2개의 세포를 형성), **출아**(출아를 형성하거나 모세포로부터 분리), 또는 **분절증식**(세포내에서 벽이 형성되면서 몇 개의 새로운 세포로 분리)에 의해 무성 증식한다.
- 세균에서 유전물질은 형질전환, 형질도입, 또는 접합에 의하여 교환될 수 있다. **형질전환**은 세균세포가 외부 DNA 단편을 받아들인다. **형질도입**은 파지가 세포에서 세포로 세균의 유전자를 운반한다. **접합**은 서로 다른 배우자형의 세포가 유전물질을 교환하는 것이다.

9 원핵생물의 영양공급과 물질대사 적응 방식을 설명한다.

- 대부분의 원핵생물은 다른 생명체의 유기화합물로부터 에너지와 탄소를 얻는 **종속영양생물**이다. 원핵생물 일부는 필요한 유기화합물을 스스로 만드는 **독립영양생물**이다.
- 진정세균의 대부분은 **화학종속영양생물**이다. 이들 대부분은 사체의 유기물로부터 탄소와 에너지를 얻는 **분해자**이다.
- **광종속영양생물**은 유기물질로부터 탄소를 얻지만 엽록소나 색소를 이용하여 빛으로부터 에너지를 얻는다.
- 독립영양생물에는 에너지를 빛으로부터 얻는 **광독립영양생물**, 또는 암모니아와 같은 무기 화합물의 산화에 의해 에너지를 얻는 **화학독립영양생물** 등이 있다.
- 대부분의 세균은 **호기성**이다. 즉 세포호흡에 산소를 필요로 한다. 어떤 것은 **조건적 혐기성**으로 필요 시 혐기적으로도 대사를 한다. 또 어떤 세균은 **절대적 혐기성**이어서 대사를 혐기적으로 만 수행할 수 있다는 점이다.

10 고세균, 세균, 진핵생물 등 3개 영역을 비교한다.

- 원핵생물은 **고세균**과 **세균**의 2영역으로 분류된다.
- 세균의 세포벽과는 달리 고세균의 세포벽은 펩티도글리칸이 없다. 고세균의 번역 기작은 원핵생물보다는 진핵생물의 번역 기작과 유사하다.

11 생태 환경에 근거하여 고세균을 분류하며, 진정세균의 주요 그룹들을 설명한다.

- 고세균의주된 3그룹은 메탄생성균, 극한 호염성균, 극한 호열성균이다. **메탄생성균**은 단순한 탄소로부터 메탄을 생성한다. 이들은 늪(습지)나 해저 침적물, 동물의 소화관 등에서 서식한다. **극한 호염성균**은 포화금 용액에서 서식한다. **극한 호열성균**은 100℃ 이상의 고온 환경에서 서식한다.

12 원핵생물의 생태적 역할 및 병원균으로서 그리고 산업에서의 중요성 등에 대하여 논의한다.

- 원핵생물은 분해자로서 주요한 생태적 역할을 나타낸다. 또한 영양을 재순환하는데 중요하다. 어떤 원핵생물은 광합성을 한다.
- 많은 세균은 다른 생물과 공생한다. **상리공생**은 공생자들이 서로 유익한 공생관계이며, **편리공생**은 공생자 한쪽은 이익을 보지만 다른 공생

자는 이익도 손해도 없는 공생관계이다. **기생**은 기생생물만 이익을 보고 숙주생물은 손해를 보는 관계이다. 기생세균 중 일부는 식물과 동물의 중요한 병원균이다.

- 레벤후크, 파스퇴르, 코흐는 미생물학의 중요한 개척자들이다. 코흐의 공리는 특이한 병원균은 특이한 질병을 일으킴을 규명하는데 사용되는 지침서가 되었다.
- 어떤 병원성 세균은 **외독소**란 강한 독을 분비한다. 또 다른 것은 자신의 세포벽에 독성 성분인 **내독소**를 생산한다. 내독소는 세균 사멸 시 분비된다
- 세균은 항생제, 유제품, 절인 올리브 생성에 이용되는 것처럼 많은 산업에서 중요하게 사용된다.

## 연습문제

1. 용원성 전환과정에 대한 내용으로 올바른 것은?
   (a) 세균 세포는 새로운 성질을 나타낸다
   (b) 숙주세포는 죽는다
   (c) 가끔 프리온이 바이로이드로 전환된다
   (d) 역전사효소가 DNA를 RNA로 전환한다
   (e) 프리온 단백질이 감염 인자로 전환된다.

2. 세균성 편모에 대한 설명으로 올바른 것은?
   (a) 진핵 편모에 동질성을 나타낸다.
   (b) 회전운동을 나타낸다
   (c) 기저체와 9쌍의 미세섬유로 구성되어 있다
   (d) 형질도입에서 중요하다
   (e) 그람 양성 세균의 특성이다.

3. 바이러스의 캡시드에 대한 설명으로 올바른 것은?
   (a) 단백질 핵산 나선 단백질.
   (d) 단순한 다당류
   (e) RNA 및 지방으로 구성되어 있다.

4. 레트로바이러스에 대한 설명으로 올바른 것은?
   (a) DNA 바이러스
   (b) RNA 바이러스
   (c) 역전사효소를 이용하여 DNA를 RNA로 전사
   (d) 프리온 단백질을 이용하여 RNA로 전사
   (e) AIDS를 유발하는 DNA 바이러스이다.

5. 내생포자에 대한 설명으로 올바른 것은?
   (a) 어떤 바이러스에 의해서 생성된다.
   (b) 극히 내구성 세포에 있다.
   (c) 곰팡이나 식물의 증식성 포자와 비교 된다.
   (d) 숙주에 열병이나 기타의 증세를 야기한다.
   (e) 파지에 의한 감염에 극히 감수성을 나타낸다.

6. 독립영양세균에 대한 설명으로 올바른 것은?
   (a) 세포호흡에 공기 중의 산소를 요구하지 않는다.
   (b) 단순한 생 원료로부터 자신의 유기분자를 제조한다.
   (c) 유기화합물을 다른 생물로부터 얻어야 한다.
   (d) 사체로부터 자양분을 얻는다.
   (e) 실질적 성장에 산소 레벨이 너무 낮을 때 생성되는 내생포자이다.

8. 프리온에 대한 설명으로 올바른 것은?
   (a) 단백질 외각이 없는 짧은 RNA 단편으로 구성되었다.
   (b) 우간다 또는 아프리카의 다른 지역에서 수백만 명이 희생된 치명적인 바이러스이다.
   (c) 단백질만으로 구성되어 있다 핵산성분은 발견되지 않는다.
   (d) C형간염 유발균이다.
   (e) 인간 대 인간으로는 전파되지 않는다.

9. 다음 중 고세균에 속하지 않는 것은?
   (a) 탄산가스와 수소로부터 메탄을 생성하는 세균
   (b) 호열성균
   (c) 호염성균
   (d) 박테리오파지
   (e) 펩티도글리칸이 경손된 세포벽을 가진 원핵생물

10. 그람 양성, 보틀리즘을 야기하는 혐기성 세균이 포함된 세균 그룹은?
    (a) 클로스트리디아 (b) 방선균 (c) 장내세균
    (d)스피로헤타 (e) 연쇄상구균

## 심화 학습문제

1. **진화적 연계.** 역사적으로 생물학자들은 바이러스를 그 단순한 구조 때문에 세포 생명체들이 생성되기 이전에 진화되었다고 생각하였다. 후에 바이러스는 세포로부터 필요한 것만 가지고 도피한 것으로 가정하였다. 최근 미생물학자들은 다시 바이러스는 생명의 역사의 초기단계에서 진화되었다고 암시한다. 바이러스에 대하여 얻은 지식을 바탕으로 이러한 가설가운데 하나에 대한 논증을 제시해 보라

2. 새로운 미생물을 발견하였다고 가정하자. 심도 있게 연구한 결과 새로 발견된 미생물은 고세균으로 분류되었다. 이 미생물을 고세균으로 분류할 수 있는 고세균의 특징을 기술하라.

25

# 원생생물

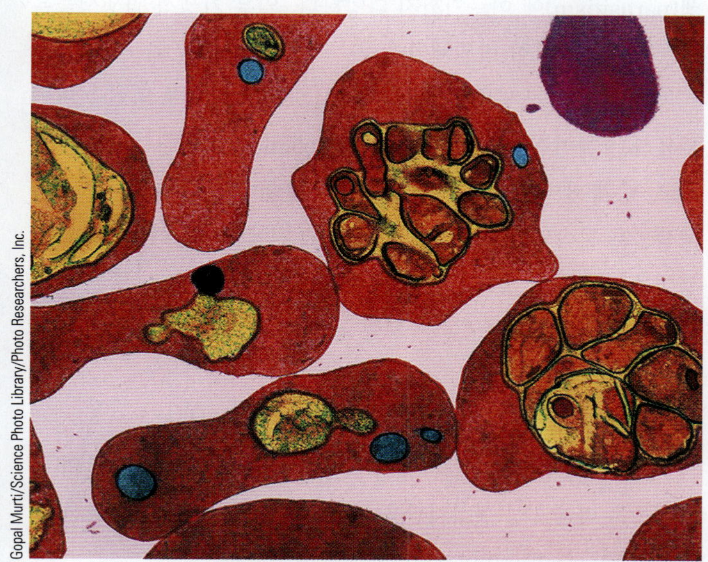
Gopal Murti/Science Photo Library/Photo Researchers, Inc.

**말라리아 기생충으로 채워진 사람 적혈구 세포의 색을 입힌 TEM 사진.** 사람의 적혈구 세포 내에서 증식되어 말라리아를 유발하는 기생충인 변형체 단계의 난충은 인체의 면역계로부터 안전하다. 변형체는 방산충으로 분류되는 원생생물이다.

## 핵심 개념

원생생물은 대부분 현미경적 크기의 다양한 그룹의 진핵생물이다.

원생생물은 몸체구성(단세포, 군체, 다핵체, 다세포), 운동 방법(위족, 섬모, 편모), 영양 방법(자가영양, 타가영양) 및 생식 방법(무성생식, 유성생식)이 다양하다.

원생생물은 초기 진핵생물의 후손이다.

동물, 곰팡이 및 식물은 원생생물 조상으로부터 진화되었다.

생물학자들은 다양한 원생생물 분류군들 사이의 진화적 유연관계의 이해를 높여가고 있다.

원생생물계는 세균 및 동·식물과 구별되는 다른 생물을 포함시키기 위해 1866년에 처음 제안되었다. **위테커**(Robert Whittaker)가 1969년에 5계 분류체계를 제안하였을 때 단세포성 진핵생물만을 원생생물계에 포함시켰으며, 동물, 식물 또는 균류가 아닌 모든 진핵생물을 포함시키는 것으로 확대되었다. 최근에 일부 생물학자들은 진화적 관계를 밝혀주는 분자적 자료에 주로 근거하여 원생생물계를 몇 개의 계로 나눌 것을 제안하였으나 원생생물 사이의 많은 관계는 여전히 불확실하게 남아있다.

원생생물계는 현재 다양한 체제, 생식 양식 및 에너지 획득 양식을 가진 주로 수생 진핵생물의 큰 분류군으로 구성되어 있다. 원생생물은 진핵성 세포 체제를 가진 단세포, 군체 또는 단순한 다세포성 생물이다. **원생생물(protist)**라는 말은 그리스어의 처음이라는 의미를 가지고, 최초의 진핵생물이라는 개념을 반영하고 있다.

엄청난 종 수를 가진 원생생물을 생물 세계의 자연적 균형에 매우 중요하다. 원생생물은 다른 생물의 먹이 자원원으로서 중요할 뿐 아니라, 광합성을 하는 원생생물은 수계 및 육상 생태계에 산소 공급원으로서 중요하다. 어떤 원생생물은 경제적으로도 중요한 반면, 어떤 원생생물은 무서운 질병을 유발한다.

생물학자들은 현재 원생생물을 60개 이상의 주요 분류군으로 인식하고 있으며, 여기서는 몇 개의 대표적인 분류군 만을 취급한다. ■

## 25.1 원생생물의 개요

### 학습목표

1 원생생물계에 속하는 생물에 공통적인 형질의 특징.

2 운동 수단, 영양 흡수 방법, 다른 생물과의 상호 관계, 서식처 및 생식 방법을 포함하는 원생생물계에 나타나는 다양성을 일반적인 용어로 논의한다.

원생생물은 생명수의 3번째 영역인 진핵생물 영역에 속하는 생물이다. 진핵세포는 원생생물 뿐 아니라 균계, 동물계 및 식물계에 속하는 복잡한 다세포 생물의 특징이다. 그러나 진핵성 세포 구조를 가지는 원생생물은 원핵생물 영역의 진정세균과 고세균과는 명확히 구별된다. 원핵세포와 달리 진핵세포는 핵과 염색질이라고 하는 DNA와 단백질 복합체를 이루고 있는 많은 염색체, 색소체, 9 + 2 구조의 편모 및 미토콘드리아와 같은 다른 막으로 싸여진 소기관을 가지고 있으며, 유성생식, 감수분열 및 유사분열 또한 진핵생물의 특징이다.

원생생물계의 크기는 현미경적인 크기에서 75 m에 달하는 거대한 해초(갈조류)에 이르기까지 변이가 심하다. 원생생물은 대부분 단세포성이지만 일부는 군체나 다핵체, 다세포성을 이루기도 한다. 동물, 식물 및 균류와 달리 대부분의 다세포성 원생생물은 특수화된 조직이 없는 비교적 단순한 체제를 가진다.

크기 및 구조적 다양성 외에도 진화 과정 동안 원생생물계의 생물은 (1) 운동 수단, (2) 양분 흡수 방법, (3) 다른 생물과의 상호작용, (4) 서식처, 그리고 (5) 생식 양식에 있어서 그들의 다양성을 발달시켜 왔다.

원생생물은 대부분 생활사의 어느 시기에 운동성이 있으며, 다양한 운동 방법을 가지고 있다. 아메바와 같이 위족을 방출하여 움직이거나 각 세포가 굽거나, 표면위를 미끄러짐으로서 또는 섬모나 편모(**그림 25-1**; 그림 4-25) 운동에 의해 움직인다. 일부 원생생물은 2가지 이상의 운동 수단-예를 들어 편모와 위족 둘 다를 가진-을 가지고 있다.

원생생물의 영양 획득 방법은 매우 다양하다. 대부분의 조류는 식물과 같은 광합성을 하는 자가영양성이고 일부 타가영양적 원생생물은 균류와 같은 흡수에 의해 자신의 양분을 얻는 반면 다른 원생생물은 먹이를 소화하는 점에서 동물과 유사하다. 일부 원생생물은 혼합영양을 한다.

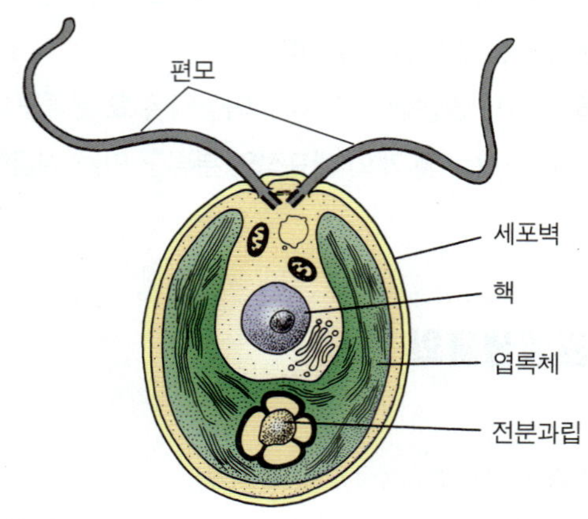


**그림 25-1 단세포성 원생생물 클라미도모나스(*Chlamydomonas*)**
클라미도모나스는 2개의 편모와 컵 모양의 엽록체를 가진 운동성 생물이다.

대부분의 원생생물은 자유 생활하지만 일부는 다른 생물과 안정된 공생생활을 한다. 이러한 공생은 양쪽에 동등한 이익을 주는 **상리공생**(**mutualism**)에서 한쪽에는 이익이 되나 다른 쪽에는 영향이 없는 **편리공생**(**commensalism**), 한쪽(기생자)이 다른 쪽(숙주)의 표면이나 체내에 살면서 대사적으로 숙주에 의존하는 **기생**(**parasitism**)에 이르기까지 다양하다. 일부 기생적 원생생물은 동·식물의 중요한 병원체이다.

대부분의 원생생물은 물 속에서 살고 있다. 이들은 수표면에 부유하는 현미경적 생물인 **플랑크톤**(**plankton**)의 대부분을 구성하고, 수계 생태계에서 먹이 연쇄의 기초를 이룬다. 다른 수서 원생생물은 물속의 바위나 다른 물체의 표면에 부착한다. 기생적 원생생물조차 다른 생물의 체액의 수환경에서 살고 있기 때문에 수생적이다. 육상 원생생물은 토양 및 수피의 틈새와 같은 축축한 장소에 한정된다.

원생생물계의 생식은 다양하다. 거의 모든 원생생물은 무성생식을 하고, 또한 많은 종이 유성생식을 한다. 그러나 대부분의 원생생물은 다세포성 생식기관을 형성하지 않으며, 보다 복잡한 생물들이 만드는 배(embryo)를 형성하지 않는다.

**복습**

- 전형적인 원생생물의 특징은 무엇인가?
- 원생생물의 영양 흡수방법은 어떻게 다른가?
- 원생생물이 다른 생물과의 상호관계는 어떤 것이 있는가?

## 25.2 진핵생물의 진화

**학습목표**

**3** 내공생설을 설명하고, 그것을 지지하는 몇 가지 증거들을 간략히 설명할 수 있다.
**4** 진핵생물을 분류하기 위해 생물학자들이 이용하는 몇 가지 자료를 기술한다.

생물학자들은 원생생물이 원핵생물 조상으로부터 진화된 최초의 진핵세포였다고 생각하고 있다. 화석 기록에 의하면 이들은 22억 년 전에 출현하였으며, 최초의 진핵생물은 아마도 편모를 가진 타가영양적 단세포성 원생생물인 동물편모충류였다. 그러나 규조류나 유공충류와 같은 딱딱한 피각을 가진 일부 원생생물을 제외한 대부분의 고생 원생생물은 생물체가 너무 약해서 많은 화석을 남기지 않았다. 원생생물에 대한 진화적 연구는 현존 생물의 분자 및 구조 비교에 주로 기초하고 있다.

## 25.2.1 미토콘드리아와 엽록체는 아마도 내공생자로부터 유래되었다

연속 내공생설(serial endosymbiosis)에 따르면 어떤 진핵적 소기관인 미토콘드리아와 엽록체는 그들 내에서 통합되어 살게 된 작은 원핵생물과 큰 세포 사이의 공생적 관계로부터 발달하였다(그림 21-7). 세포 생물학자들은 미토콘드리아는 호기적 진정세균으로부터 기원된 것으로 생각한다. 미토콘드리아 DNA 연구는 그것이 독립적인 생물체였을 때의 과거 미토콘드리아 잔유물 임을 제시하고 있다. 미토콘드리아의 리보좀 RNA(rRNA) 염기서열은 자색 세균에서 발견되는 rRNA와 밀접하게 일치하고, 이것은 고대의 자색 세균이 미토콘드리아의 조상이었음을 제시한다.

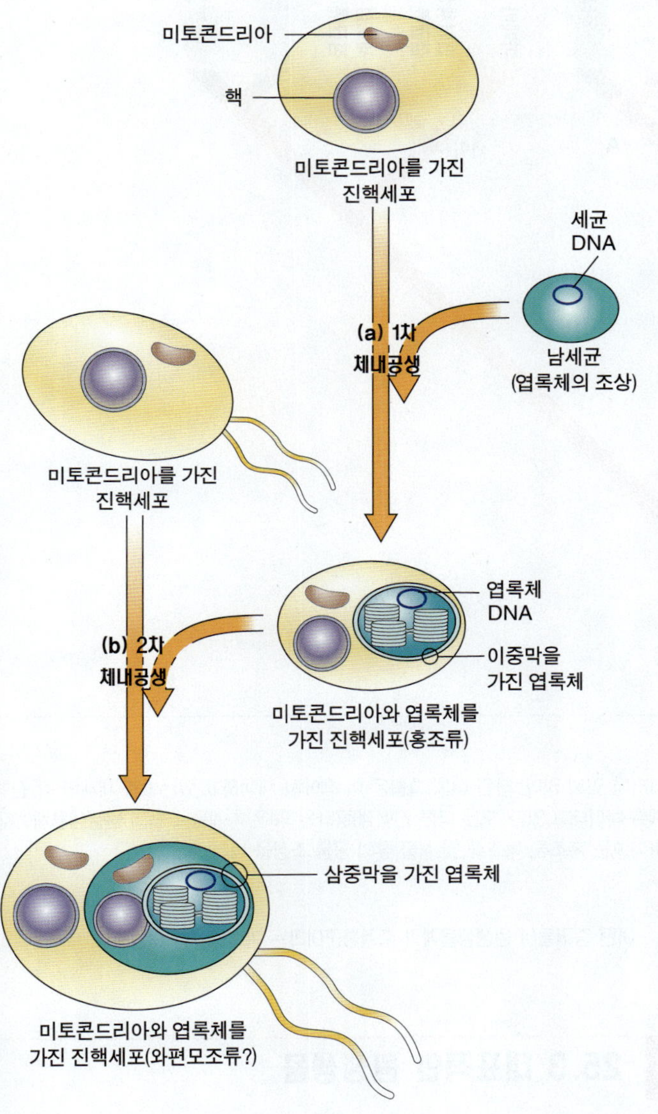


**그림 25-2** 1차 및 2차 내공생화에 의한 엽록체 진화.

**(a)** 1차 내공생 과정에서 조상 진핵세포가 남조류를 섭취하고, 섭취된 남세균이 생존하여 엽록체로 진화되었다. 조상세포는 미토콘드리아가 엽록체 이전에 진화되었기 때문에 진핵세포로 간주한다. **(b)** 2차 내공생 과정에서 타가영양 진핵세포(미토콘드리아를 가진)가 엽록체를 가진 진핵세포(홍조류로 예측)를 섭취한다. 홍조류는 생존하여 3개의 막으로 싸인 엽록체(와편모조류 엽록체로 예측)로 진화되었다. 다른 2차 내공생 과정은 엽록체 막 구조를 보다 복잡한 양상을 나타내게 하였다.

엽록체의 진화는 몇 번의 내공생적 사건을 나타냄으로서 보다 복잡하다. 분자적 증거는 1차 내공생으로 알려진 숙주 세포내에 원시 남조류가 통합되어 오늘날 홍조류, 녹조류 및 식물에서 발견되는 엽록체가 되었다는 견해를 지지하고 있다. 2개의 외막으로 싸여진 이들 엽록체는 뒤이어 2차 내공생이 일어나는 동안 이들 엽록체를 다른 비광합성 진핵생물에 제공된 것으로 생각된다(그림 25-2).

2차 내공생은 추가적인 엽록체 막이 존재하는 증거로 볼 때 진핵생물 진화에서 빈번하게 일어났다. 예를 들어 유글레나식물과 와편모조류의 엽록체는 3개의 막으로 싸여 있으며, 규조류, 황갈조류 및 갈조류의 엽록체는 4개의 막이 싸고 있다. 이들 막이 어떻게 기원되었는가를 이해하는 것은 내공생설의 필수적인 측면이며, 많은 연구자들이 다른 생물에 있어서 엽록체의 기원을 추적하고 있다.

비광합성 원생생물조차도 2차 내공생에 의한 엽록체의 흔적을 가질 수 있다. 말라리아열원충(*Plasmodium*)같은 에피컴플렉산은 4개의 막으로 싸여진 비기능적인 엽록체를 가지고 있다. 아마도 홍조류나 녹조류로부터 기원한 이 엽록체는 일부 연구자들이 엽록체를 억제하는 약이 말라리아열원충을 죽일수 있다고 가정하기 때문에 말라리아를 치료하는데 있어서 엄청난 의료적 잠재력을 가지고 있다.

## 25.2.2 진핵생물 분류에 나타나고 있는 일치된 의견

최근 소단위 리보좀 RNA(SSU rRNAS, 23장)분자자료와 미세구조의 연구는 원생생물의 계통적 유연관계를 이해하는데 실질적인 기여를 하였다. 보다 최근에는 단백질을 암호화하는 많은 핵 유전자가 분석되었으며, 다른 집단간의 비교를 하게 되었다.

전자현미경에 의해 나타난 세포의 초미세구조 자료는 분자적 자료를 보완한다. 즉 전자현미경 관찰은 비교분자 증거가 단계통(monophyletic)–즉 공동 조상으로부터 진화된–임을 제시하고 있는 원생생물들 사이에 유사한 구조적 양상을 나타낸다(23장을 보라). 예를 들면 분자 및 초미세구조를 공유하는 형질이 거의 없는 것처럼 보이는 자료는 물곰팡이, 규조류, 녹조류 및 갈조류가 단계통 집단임을 제시하고 있다.

구조와 분자의 다양성을 근거로 대부분의 생물학자들은 원생생물계를 측계통(paraphyletic)군 생물로 간주한다. 즉 원생생물

**요점**

전자들은 에너지 준위에 따라 궤도를 채운다.

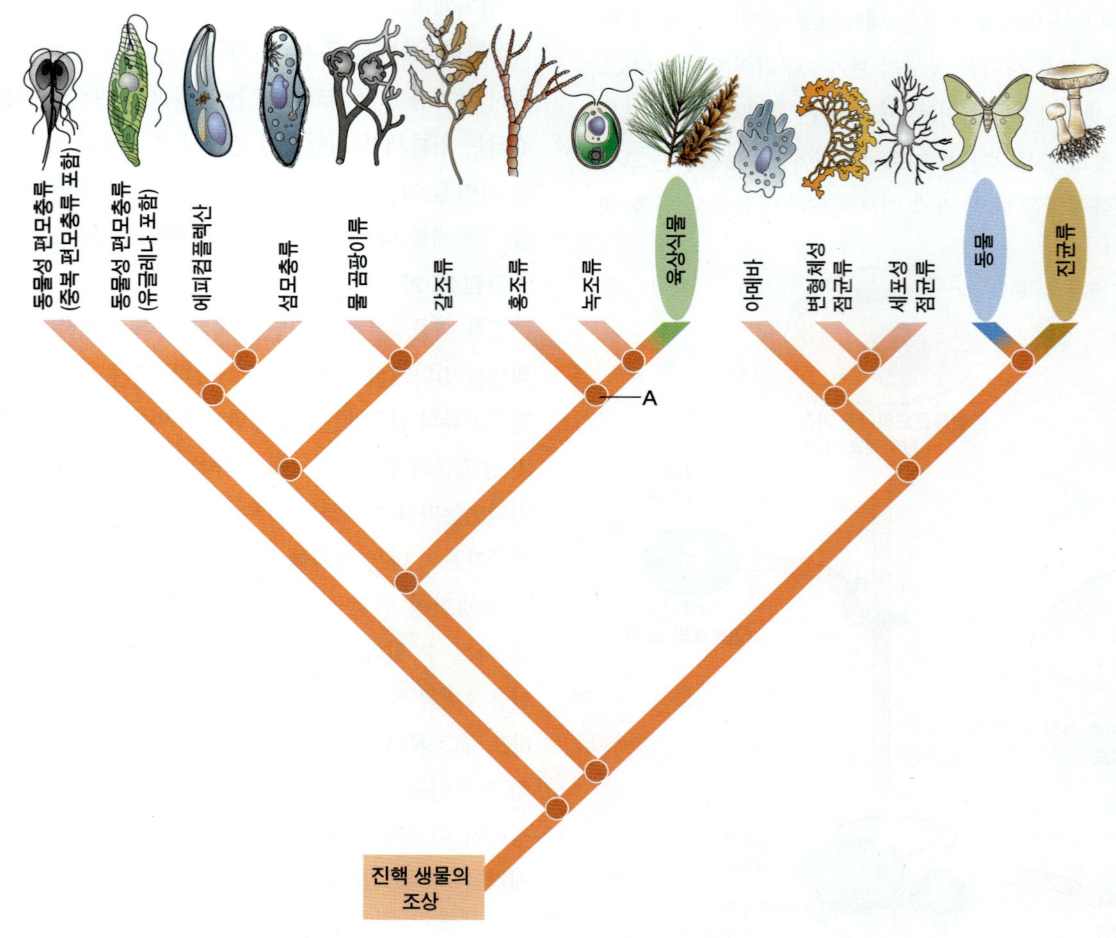


**그림 25-3 진핵생물들 사이의 진화적 관계.**

진핵생물들 사이의 유연관계는 다양한 논의가 있으며, 이 분기도는 그 중 한 해석을 나타내고 있다. 이 분기도는 많은 진핵생물 문들 사이의 4가지 단백질 분자 서열의 비교를 근거로 하고 있다. 유공충류, 방사판족류, 와편모조류, 규조류 및 황금조류는 나타나 있지 않다. 타원 내의 그룹은 이 책에서 채택하고 있는 6계 체제의 각 진핵계를 나타내고 있다. 모든 다른 진핵생물(타원 외)은 측계통 그룹의 원생생물계이다. 마디 A는 홍조류, 녹조류 및 식물 류의 공통 조상을 나타낸다.

은 전부가 아닌 일부가 공통 진핵 조상의 자손이다. 분자 및 초미세구조적 분석은 분류학자들이 다양한 원생생물 문과 원생생물과 다른 진핵 생물계 사이의 유연관계를 규명하는데 도움을 준다(**그림 25-3**). 생물학자들은 또한 이들 자료를 바탕으로 원생생물을 몇 개의 계로 나누는 것을 제안하고 있다. 1가지 제안을 예로 들면 홍조류와 녹조류를 원생생물에서 제외하여 식물계 내에 분류한다. 그림 25-3은 그들이 공통의 조상을 공유하는 것으로 제시하기 때문에 그러한 분류의 변화를 지지한다(마디 A를 보라).

**복습**

- 내공생설이 어떻게 미토콘드리아와 엽록체의 기원을 설명하는가?
- 어떤 증거들이 원생생물계가 측계통군이라는 가설을 지지하는가?

## 25.3 대표적인 원생생물

**학습목표**

5 동물편모충류가 더 이상 하나의 문으로 분류되지 않는 이유를 설명하고, 중복편모충, 유글레나식물 및 깃편모충을 구별할 수 있다.

6 섬모충류, 와편모조류 및 에피콤플렉산을 비교 설명할 수 있다.

7 다음 부등모류–물곰팡이, 규조류, 황금조류 및 갈조류–를 간략히 비교 설명할 수 있다.

8 유공충류와 방사판족류를 설명하고, 많은 생물학자들이 왜 이들을 단계통군 cercozoa에 분류하는지 설명할 수 있다.

9 홍조류와 녹조류는 육상식물과 단계통군이라는 가설을 지지한다.

10 아메바류-아메바, 변형체성 점균류 및 세포성 점균류-를 간략히 비교 설명할 수 있다.

원생생물은 전통적으로 원생동물, 조류, 그리고 하등한 균류로 알려진 생물들을 포함한다. 생물학자들은 끊임없이 원생생물 및 원생생물과 다른 진핵생물(식물, 동물, 균류) 사이의 진화적 관계를 구명하고 있다. 이 책에서 사용하고 있는 분류 체계에서는 알려진 거의 모든 진핵생물은 8가지 주요 그룹-excavates, discicristates, alveolates, heterokonts(이형편모류), cercozoa(세르코조아), plants(식물류), amoebozoa(아메바류) 및 opisthokonts-의 하나에 포함된다(**표 25-1**). **그림 25-4**는 그림 25-3에 이들 그룹을 첨가하여 나타내고 있다. 추가적인 자료를 축적함으로서 이들 그룹은 계의 수준으로 승격될 수 있고, 현재 이용하고 있는 6계 체계를 대체하는 10계 체계로 나타낼 수 있다(10계의 8계는 진핵생물이고, 나머지 2계는 원핵생물-진정세균과 고세균이다).

## 25.3.1 Excavates는 혐기적 동물편모충류이다

**동물편모충류(zooflagellates)**는 대부분 구형 또는 신장된 몸을 가진 타가영양적 단세포 생물이다(일부는 군체이다). 이들은 대개 전단부 말단에 위치한 1-5개의 긴 채찍 같은 편모를 흔들어서 빠르게 움직인다. 일부 동물편모충류는 명확한 입 또는 구위로 먹이를 섭취한다. 생물학자들은 전통적으로 동물편모충류를 하나의 문으로 분류했다. 그러나 분자적 증거가 이들이 다계통군임을 나타내어 대부분의 생물학자들은 이들을 진화적 유연관계를 기초로 excavates와 discicristates 같은 몇 개의 그룹으로 분리해 왔다.

대부분의 **excavates**는 내공생성이고 산소가 없는 환경에서 생육한다. 실제로 모든 다른 원생생물과 달리 미토콘드리아가 없으며, 있다고 해도 미토콘드리아는 부정형이다. excavates는 호기호흡을 하지 않고, 해당에 의해 에너지를 획득한다. 이들 원생생물은 대부분 깊게 홈이 파인 구위를 가지기 때문에 그러한 이름을 얻었다.

진화적 관점에서 현대 excavates의 가장 흥미 있는 그룹의 하나는 몇 가지 고대 원생생물의 특징을 유지하고 있는 **중복편모충류(diplomonads)**이다. 중복편모충류는 하나 또는 2개의 핵을 가지고, 미토콘드리아와 골지 복합체가 없으며 편모를 8개까지 가진다.

기생성 중복편모충(diplomonad)인 *Giardia*(**그림 25-5a**)의 리보좀 RNA 염기서열 비교는 중복편모충이 어떤 다른 원생생물보다도 원핵생물과 밀접히 관련되어 있음을 나타낸다. 흥미롭게 2개의 반수체 핵을 가진 *Giardia*의 세포 구조가 배수체 진핵생물

**표 25-1**

**주요 단계통적 진핵 생물**

| 단계통적 그룹 | 대표적인 생물 | 주요형질 |
|---|---|---|
| Excavates | 중복편모충과 다른 동물편모충 | 미토콘드리아가 없거나 불규칙적이다; 세포는 호기적 호흡 대신 해당과정을 위해 특수화 된다 |
| Discicristates | 유글레나와 다른 동물편모충류 | 미토콘드리아에 원반형의 크리스테 |
| Alveolates | 섬모충류<br>와편모조류<br>에피컴플렉산 | 원형질 막 바로 안쪽에 포, 편평한 소낭; 미토콘드리아에 관상형 크리스타 |
| Heterokonts<br>(이형편모류) | 물곰팡이<br>규조류<br>황금조류<br>갈조류 | 편모는 없거나 2개, 하나는 편평하고 하나는 털을 가진다. |
| Plants<br>(식물류) | 홍조류<br>녹조류<br>육상식물 | 두 막(내막과 외막)으로 싸여진 엽록체 |
| Cercozoa<br>(세르코조아) | 유공충류<br>방사판족류 | 세포질 돌기가 확장된 딱딱한 피막 |
| Amoebozoa<br>(아메바류) | 아메바<br>변형체성 점균류<br>세포성 점균류 | 위족을 가진 나출된(피각이 없는) 아메바 |
| Opisthokonts | 곰팡이<br>깃편모충류<br>동물 | 편모는 없거나 운동성 세포의 하나의 후단부 편모; 미토콘드리아에 편평한 크리스타 |

**출처**: S. L. Baldauf, "The Deep Roots of Eukaryotes," *Science*, Vol. 300, June 13, 2003.

**요점**

여러 생물학자들이 현재 원생생물을 8군으로 나누고 있지만, 원생생물의 분류체계에 대한 것은 계속 연구 중이다.

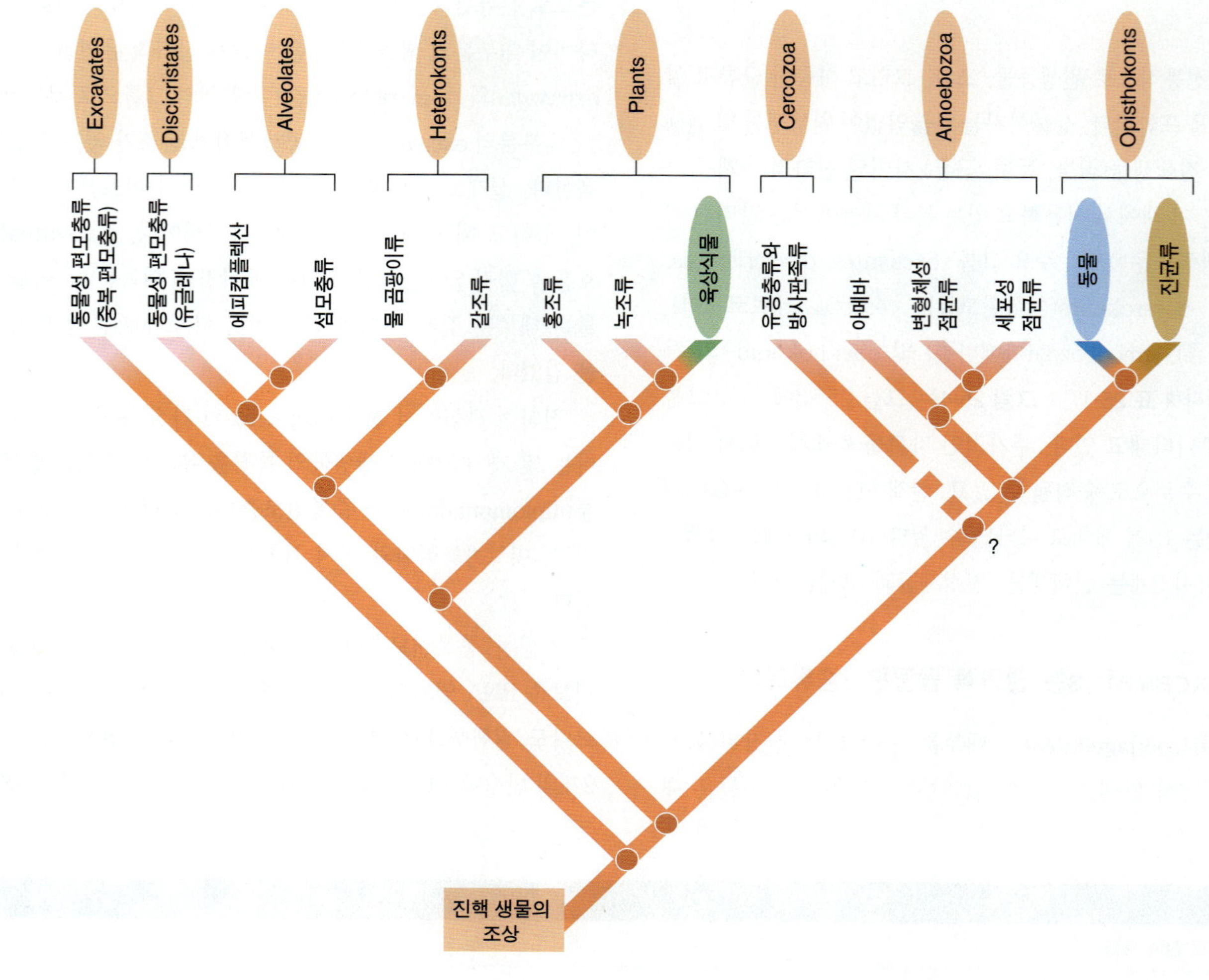


**그림 25-4 진핵생물의 8가지 단계통 집단.**

진핵생물의 주요 그룹은 그림 25-3에 나타나 있다. 원핵생물의 분류는 유동적인 상황이기 때문에 생물학자들은 더 많은 자료가 확보될 때 이 모식도를 수정할 것이다.

이 어떻게 반수체 원핵생물로부터 기원하였는지 부분적인 설명을 제시하고 있다. 일부 생물학자들은 최초의 진핵생물은 하나의 반수체 핵을 가졌다고 가정한다. 아마도 *Giardia*의 조상은 각 세포가 2개의 반수체 핵을 가지고 있으나 아직 융합이 일어나지 않았을 때 진핵성 진화의 중간 단계를 나타낸다:

**반수체 원핵생물 ⟶ 1개의 반수성 핵을 가진 진핵생물 ⟶ 2개의 반수성 핵을 가진 진핵생물 ⟶ 1개의 배수성 핵을 가진 진핵생물**

*Giardia*는 또한 미토콘드리아가 없으며, 이것은 핵이 미토콘드리아와 같은 다른 막으로 싸인 소기관 보다 일찍 진화되었음을 제시하고 있다.

*Giardia intestinalis*는 특히 미국 서부 산악지대의 등산객 사이에 일반적인 감염인 설사를 유발한다. 야영객과 등산객이 척추동물 배설물에 포함된 *Giardia*의 포낭으로 오염된 계곡 물을 마시거나 식기를 씻을 때 감염되고 심하면 복부 경련, 설사 및 체중 감소를 야기시킨다.

**트리코님프**(Trichonymphs)는 목재를 먹는 흰개미와 바퀴의 장에 서 살고 있는 수백개의 편모를 가진 특수한 excavates이다(**그림 25-5b**). 트리코님프는 흰개미가 먹는 목재의 섬유소를 소화

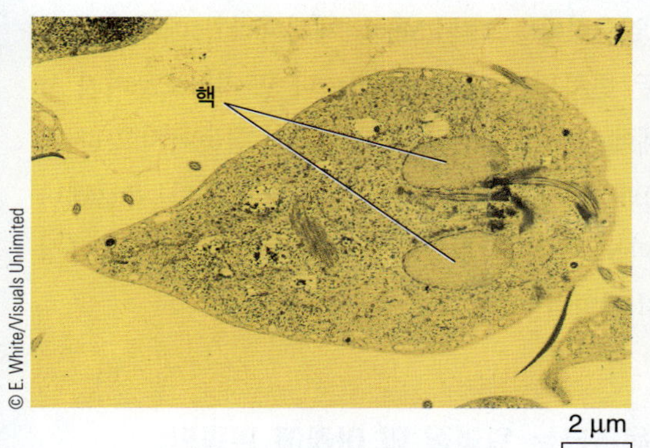


(a) 기생성 중복편모충(*Giardia intestinalis*)의 염색된 투과전자현미경 사진은 *Giardia*가 진핵 생활환에 있어서 이배성의 진화에서 중간 단계였던 선조 상태를 유지하고 있음을 제시하는 2개의 핵을 나타내고 있다.



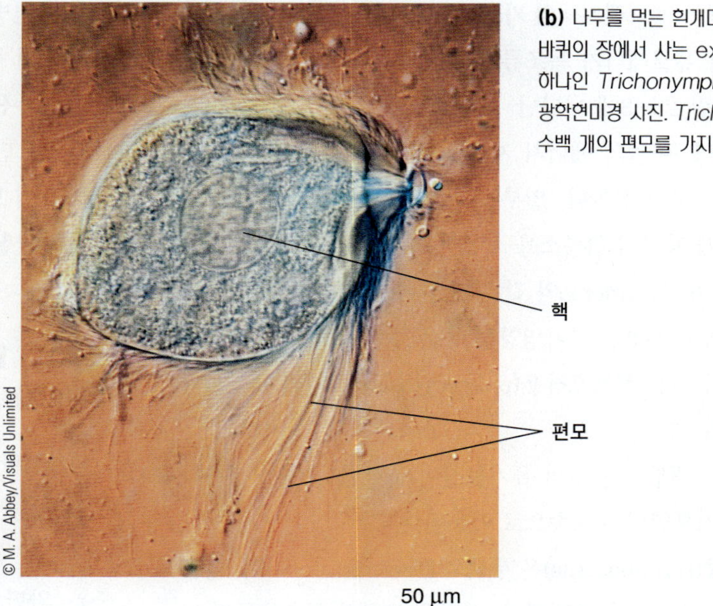


(b) 나무를 먹는 흰개미와 바퀴의 장에서 사는 excavates의 하나인 *Trichonympha* sp.의 광학현미경 사진. *Trichonympha*는 수백 개의 편모를 가지고 있다.



**그림 25-5** Excavates.

시키기 위해 내공생하는 세균에 의존하고 있다. 목재로부터 양분을 얻는 곤충, trichonymphs 및 세균은 상리공생의 좋은 예이다.

## 25.3.2 유글레나와 트리파노좀을 포함하는 Discicristates

Discicristates는 원반 모양의 미토콘드리아 크리스타에 의해 명명된 동물편모충류로서 유글레나류를 포함한다. 대부분의 **유글레나류(Euglenoids)**는 단세포성 편모류이고, 약 1/3은 광합성을 한다(**그림 25-6a, b**). 이들은 일반적으로 2개의 편모를 가지는데 하나는 긴 채찍형이고, 다른 하나는 매우 짧아서 세포 밖으로 돌출하지 않는다. 일부 유글레나는 **외피(pellicle)**가 유연하기 때문에 물속에서 이동할 때 끊임없이 모양이 바뀐다. 유글레나식물은 종분열에 의한 무성생식을 하며, 유성생식은 관찰된 바가 없다.

유글레나는 여러번 식물계(조류와 함께)와 동물계(원생동물이 동물로 간주될 때)로 분류되어 왔다. 자가영양적 유글레나류는 녹조류와 식물이 가지고 있는 광합성 색소와 동일한 엽록소 *a*와

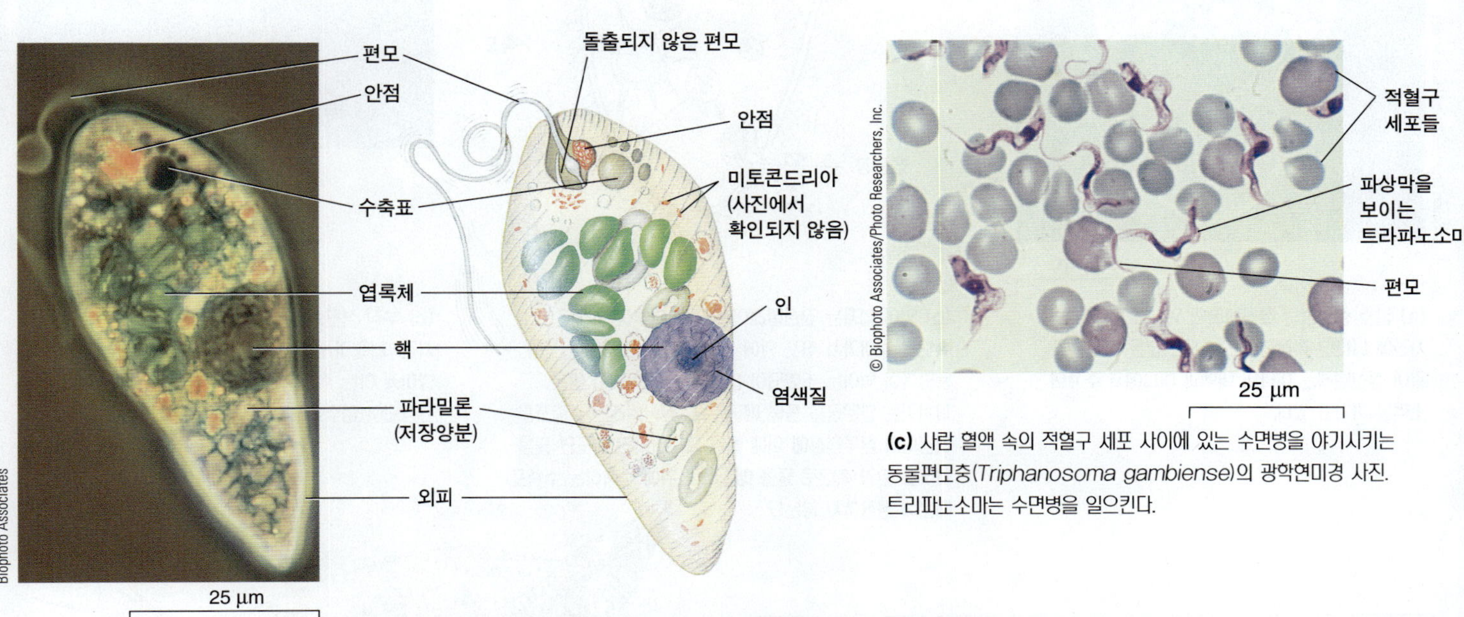




(a) 단세포 편모충 유글레나(*Euglena gracilis*)의 광학현미경 사진에 나타난 복잡한 세포구조.

(b) 유글레나의 외피는 유연하여 모양을 쉽게 변화시킬 수 있게 한다. 안점은 장편모의 기부에서 빛 감지기를 보호하는 것으로 생각되고 있고, 그래서 유글레나가 적절한 강도의 빛 쪽으로 이동하는 것을 돕는다.



(c) 사람 혈액 속의 적혈구 세포 사이에 있는 수면병을 야기시키는 동물편모충(*Triphanosoma gambiense*)의 광학현미경 사진. 트리파노소마는 수면병을 일으킨다.

**그림 25-6** Discicristates.

b 그리고 황색이나 오렌지색의 **카로티노이드(carotinoid)**를 가지고 있다. 비록 유글레나가 녹조류나 식물과 동일한 색소를 가지고 있으나 그림 25-3에 나타난 것처럼 이들은 두 그룹과 밀접한 관련이 없다. 이들의 에너지 저장 물질은 다당류인 파라밀론(paramylon)으로 저장한다. 일부 광합성 유글레나는 어두운 곳에서 생육할 때 자신의 엽록소를 소실하고, 유기물질을 섭취하는 타가영양성이며, *Peranema*와 같은 다른 유글레나 종은 항상 무색이며 타가영양적이다. 타가영양성 종은 주변의 물에서 유기화합물을 흡수하거나, **식세포작용(phagocytosis)**에 의해 세균이나 원생생물을 섭취한다.

유글레나는 대부분 담수의 유기물질이 풍부한 곳에서 생육하기 때문에 유기오염의 지표종으로 이용된다.

**트리파노좀(trypanosome)**은 무색의 Discicristates이며, 많은 종이 기생성이며 질병을 유발한다. 사람을 포함한 척추동물의 피 속에서 살고 있는 *Tripanosoma brucei*는 사람에게 기생하여 아프리카 수면병을 일으킨다(**그림 25-6c**). 체체파리가 매개하는 이 병의 초기 증상은 반복되는 열병을 포함한다. 트리파노조마가 사람의 중추신경계에 침입하면 말하고 걷는 것이 힘들어지고, 치료하지 않으면 아프리카 수면병은 사망을 일으킬 수 있다. 유글레나류와 같이 트리파노좀은 유사분열에 의한 무성생식을 하고, 유성생식은 관찰되지 않았다.

### 25.3.3 알베올라타는 원형질 막 아래에 편평한 주머니를 가지고 있다

알베올라타는 다른 생물들과 구별되는 원형질 막 안쪽에 위치한 편평한 주머니인 알베올라 구조를 가지고 있이며, 일부 알베올라타에서는 주머니에 섬유소 판을 가지고 있다. 알베올라타는 섬모충류, 와편모조류 및 에피컴플렉산을 포함한다.

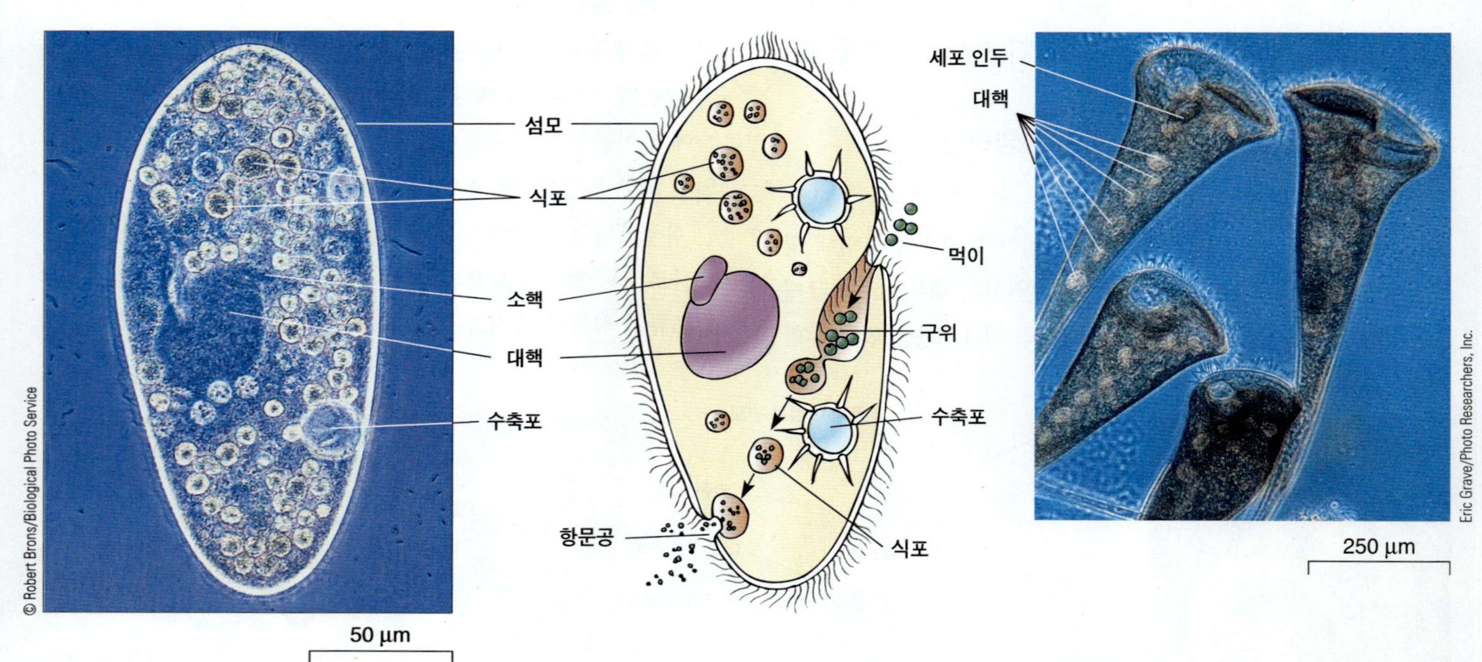


**(a)** 담수 섬모충인 짚신벌레의 위상차 현미경 사진에 나타난 복잡한 세포 구조. 많은 섬모충과 같이 짚신벌레는 하나의 대핵과 하나에서 수개의 소핵을 가지고 있다.

**(b)** 먹이 입자는 짚신벌레의 섬모로 이루어진 식도 속으로 들어가서 식포 안에 통합된다. 리소좀이 식포와 융합하여 먹이는 소화되어 흡수되고, 소화되지 않은 찌꺼기는 항문공을 통해 배출된다. 짚신벌레는 수축포를 이용하여 삼투현상에 의해 물을 흡수하지만 과도한 물을 채우고 환경 속으로 물을 배출하기 위해 수축하는 수축포 때문에 팽창하지 않는다.

**(c)** 부착 섬모충인 *Stentor* sp.의 광학현미경 사진. 나팔과 같은 세포 인두 속으로 먹이 입자를 향하게 하는 수많은 섬모를 보여주고 있다. 대핵은 신장되어 염주와 같이 배열되어 있다.

**(d)** 하선모충인 *Euplotes*는 자모라고 부르는 빳빳한 섬모 다발을가지고 있다.

**그림 25-7 섬모충.**

### (1) 섬모충류는 섬모로 운동한다

**섬모충류**(ciliates; 알베올라타 문, 섬모충 아문)는 가장 복잡한 진핵세포에 속한다. 이들 단세포성 생물은 모양을 변화시키는 유연한 외피(pellicle)를 가진다. 짚신벌레의 세포 표면은 운동을 촉진시키는 수 많은 **섬모(cilia)**로 덮혀 있으며(**그림 25-7a**, **b**; 그림 1-1a). 섬모의 정교한 파동에 의해 전진과 후진 및 회전운동을 할 수 있다.

일부 고착성 섬모충은 어느 정도 유영할 수 있으나 바위나 다른 표면에 부착하여 한 곳에 유지되고(**그림 25-7c**), 이들 섬모는 수류를 일으켜 먹이를 끌어들인다.

섬모충의 한 그룹인 **하선모충(hypotrich)**은 복부 표면에 섬모가 변형된 **자모(cirri)**를 가지고 있고(**그림 25-7d**), 이들 자모의 협조적인 파동에 의해 움직인다.

섬모충의 섬모는 박테리아나 다른 미세한 원생생물 등 다양한 먹이를 단순한 개구부나 깔때기와 같은 구위로 유도하고, 개구부 말단에서 먹이를 감싸는 공포를 형성하여 먹이를 소화시킨다. 담수 섬모충은 수분 조절을 하는 수축포(contractile vacuoles)라고 하는 특수한 기관을 가지고 있다.

섬모충류는 2종류의 핵—생식 기능을 담당하는 배수체의 **소핵(micronucleus)**과 세포 대사와 성장을 조절하는 배수체 **대핵(macronucleus)**—을 가지고 있는 점에서 다른 원생동물과 다르다. 대부분의 섬모충류는 두 개체가 결합하여 유전 물질을 교환하는 **접합(conjugation)**이라고 하는 유성생식을 할 수 있다. 각 섬모충 종은 외형이 동일하지만 성적 호환성에서 유전적으로 다른 몇 가지 다른 교배형으로 나뉘고, 호환성 없는 교배형끼리 접합한다.

짚신벌레가 접합하는 동안 호환성이 있는 교배형의 두 개체는 자신들의 입을 서로 밀착한다(**그림 25-8**). 각 개체의 대핵이 붕괴되고, 소핵은 감수분열이 진행되어 4개의 반수체 핵을 형성한다. 이들 중 3개는 퇴화하고, 기능을 가진 하나가 유사분열을 하여 2개의 동일한 반수체 핵을 형성한다. 2개 중 하나는 세포내에 남아있고 다른 한 핵은 입 부위를 통해 다른 개체의 핵과 교환한다. 이동한 반수체 소핵과 세포 내에 남아있는 반수체 핵이 융합하는 일종의 배우자 합체가 일어나고, 두 섬모충은 분리된다. 각 세포에서 새로운 배수체 소핵은 여러번 분열하고, 하나의 소핵은 새로운 대핵으로 발달한다. 그래서 그 짚신벌레의 정상적인 핵 상태가 복구된다.

한번의 접합은 두 번의 교차 수정이 일어나 결국 유전적으로 서로 동일한 2개의 세포를 형성하지만 접합 전과는 다르다.

섬모충류는 또한 자신의 장축방향으로 나누어지는 이분열에 의한 무성생식을 한다.

### (2) 대부분의 와편모조류는 해양 플랑크톤성이다

일부 군체성도 있으나 대부분의 **와편모조류(dinoflagellates)**는 단세포성이다. 이들의 골격구조는 종종 규산질이 스며든 서로 맞물린 섬유소 판의 세포내 피각을 가진다(**그림 25-9a**). 전형적인 와편모조류는 2개의 편모를 가지고 있다. 하나는 허리띠와 같이 세포의 가운데에 있는 횡으로 파진 홈(횡구)을 감고 있으며, 다른 하나는 세로로 파진 홈(종구, 횡구와 직각)에 위치하고 세포 뒤쪽으로 돌출해 있다. 이들 편모의 파동은 돌고 있는 팽이와 같이 물 속으로 와편모조류를 추진시키기 때문에 그리스어의 "돌고 있는"을 의미하는 dinos로부터 이름이 유래되었다.

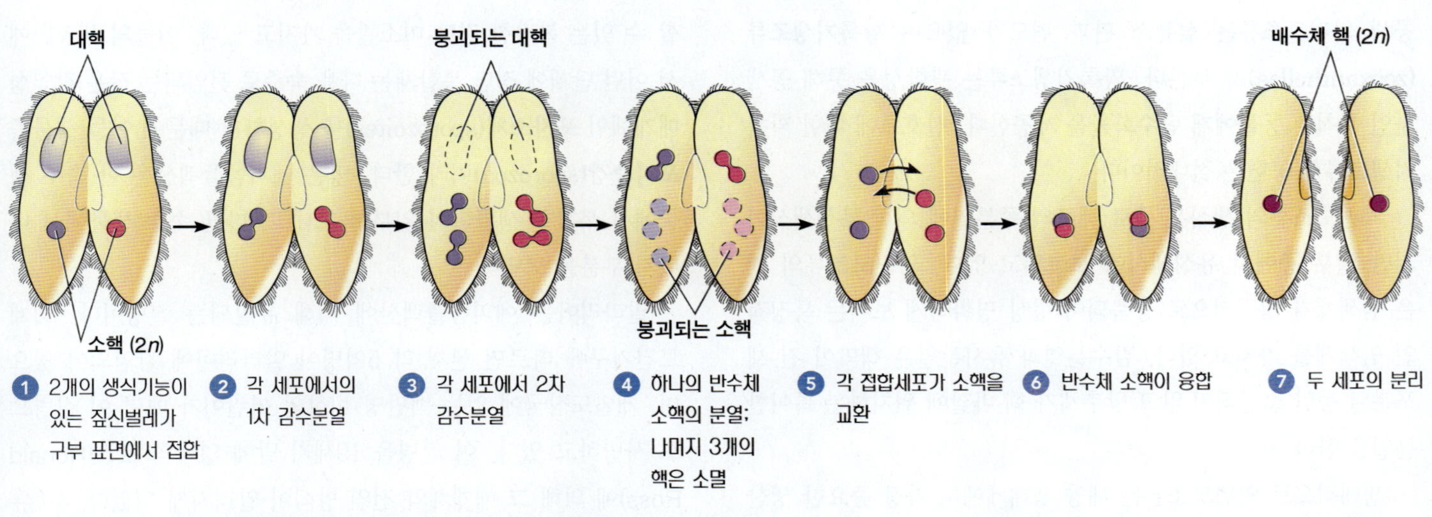


**그림 25-8 짚신벌레 (*Paramecium caudatum*)의 접합.**

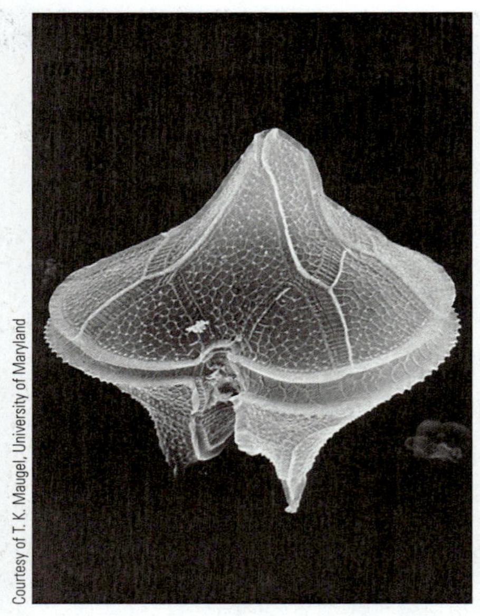


**(a)** 단세포성 광합성 와편모조류 *Protoperidinium* sp.의 주사전자현미경 사진. 단세포성 몸을 감싸고 있는 섬유소 판과 인접한 판 사이의 봉합선 또는 연결선을 보여준다. 2개의 편모(보이지 않는)가 홈에 위치해 있다.

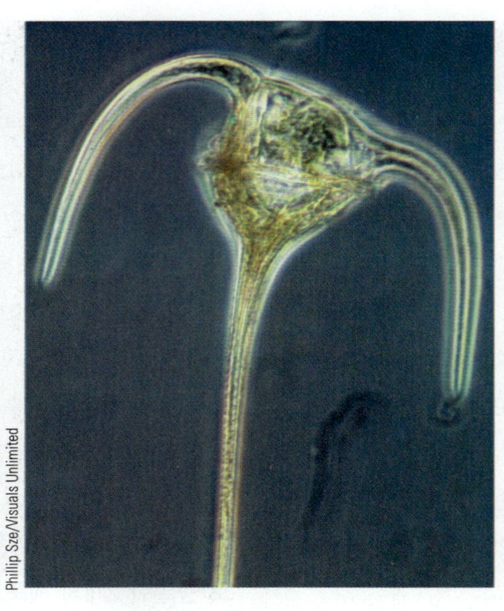


**(b)** 뿔말(*Ceratium* sp.)의 광학현미경 사진. 섬유소 판은 색소 때문에 살아있는 세포에서는 관찰하기 어렵다.

**그림 25-9 와편모조류.**

대부분의 와편모조류는 광합성을 하고, 광합성 색소는 엽록소 *a*와 *c* 및 황갈색 카로티노이드인 **갈조소(fucoxanthin)**를 포함한 카로티노이드를 가진다(**그림 25-9b**). 그러나 상당한 수는 무색이며, 이들 중 다른 미생물을 섭취한다. 와편모조류는 대개 에너지 저장물질로 기름이나 다당류로서 저장한다.

많은 와편모조류는 연체동물, 해파리, 산호충과 같은 해양 무척추 동물의 체내에서 내공생을 한다 (그림 52-11). 이들 공생 와편모조류는 섬유소 판과 편모가 없으며 **황록기생조류(zooxanthellae)**라 부른다. 황록기생조류는 광합성을 통해 공생자인 무척추 동물에게 탄수화물을 제공한다. 산호초에 대한 황록기생조류의 공헌은 절대적이다.

와편모조류의 생식은 주로 세포의 종분열에 의한 무성생식이지만 일부 종에서 유성생식이 보고되고 있다. 와편모조류의 핵은 염색체가 영구적으로 응축되어 항상 명확하게 보이는 특징적인 염색체를 가지고 있다. 감수분열과 유사분열은 핵막이 전 세포분열 동안 소실되지 않고 방추체가 핵 바깥에 위치하는 특이한 분열을 한다.

생태적으로 와편모조류는 해양 생태계에서 가장 중요한 생산자 그룹이다. 일부 와편모조류는 때때로 개체군이 폭발적으로 증가하여 수화(bloom)를 형성하는 것으로 알려져 있다. **적조(red tide)**로 알려진 이러한 수화는 빈번하게 해안의 물을 오렌지색, 적색 또는 갈색으로 물들인다. 와편모조류에 의한 수화 발생의 환경적 요인이 무엇인지 밝혀지지 않았으나 많은 전문가들은 인간이 야기한 해안의 오염이 한 요인이라고 생각한다. 적조를 형성하는 와편모조류의 일부 종은 어류의 신경계를 공격하는 독성을 생성하여 어류, 조류, 바다소류, 돌고래 등 해양생물에게 큰 피해를 입힌다.

인간은 때때로 와편모조류를 먹고 사는 굴, 담치 또는 게와 같은 여과섭식성 연체동물을 섭취함으로서 기생성 패독에 중독된다. 이 독은 와편모조류의 체내에 공생하며 살고 있는 세균에 의해 생성되는 신경독으로 오염된 조개를 먹은 사람의 호흡곤란을 야기시킨다.

### (3) 에피컴플렉산은 포자를 만드는 동물의 기생자이다

**에피컴플렉산(apicomplexans)**은 포자를 형성하는 큰 집단의 기생성 원생동물이며, 일부는 사람에게 말라리아와 같은 심각한 질병을 유발한다. 이들은 흔적적인 색소체를 가지고 있으며, 해양 무척추동물의 소장에 살고 있는 기생성 와편모조류로부터 진화해 왔을 수 있다. 에피컴플렉산은 운동을 위한 섬모, 편모, 위족과 같은 특별한 구조가 없으나 대신 몸을 접어서 움직인다. 에피컴플렉산은 숙주세포에 기생자를 부착시키는 전자현미경 하에서만 관찰할 수 있는 복잡한 정단 미소관을 가지고 있다. 이들의 생활환에서 어떤 단계에 정단 복합체는 다음 숙주로 전염되는 작은 감염성 매개체인 **포자소체(sporozoites)**를 생성하기 때문에 이들 생물을 **포자충강(sporozoa)**이라 한다. 많은 에피콤플렉산은 한 숙주 생물에서 복잡한 생활환의 일부를 보내고, 다른 숙주 생물에서 나머지 부분을 보낸다.

말라리아는 에피콤플렉산에 의해 유발되는 질병이다. 세계보건기구에 따르면 현재 약 5억명이 말라리아에 감염되어 있으며, 개발도상국에 있는 백만명 이상의 어린이가 매년 이 질병으로 사망하고 있다. 이 질병을 19세기 말에 영국의 **로스(Ronald Ross)**에 의해 그 매개체와 전염 방식이 알려지게 되었다. 4종류의 말라리아열원충(*Plasmodium*)이 사람에게 말라리아를 유발한

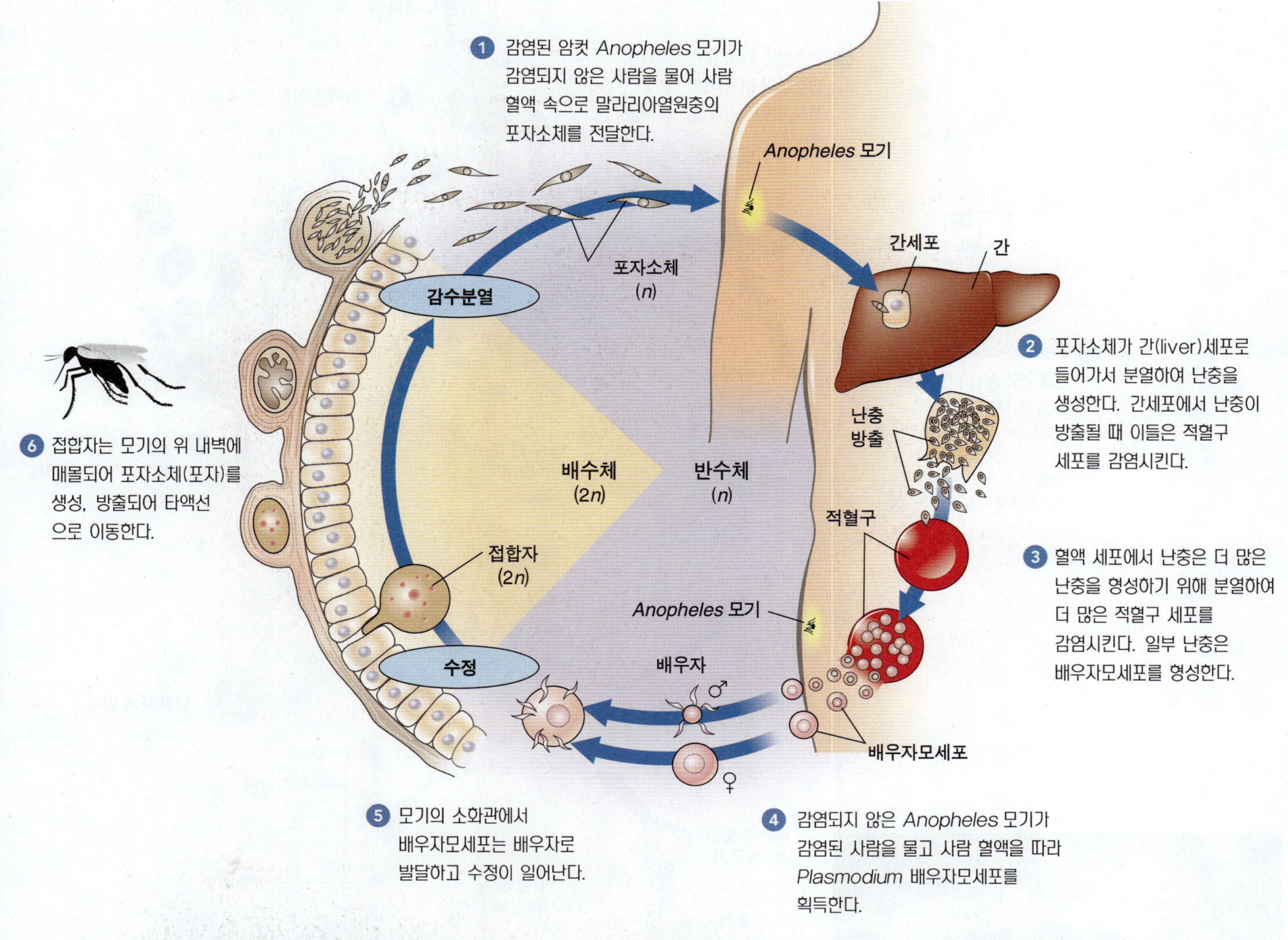


**그림 25-10** 말라리아를 매개하는 말라리아열원충(*Plasmodium* sp.)의 생활사.

다. 말라리아열원충의 포자소체는 감염된 암컷 *Anopheles* 모기에 물려 사람의 혈액으로 들어간다(**그림 25-10**). 말라리아열원충은 먼저 간세포로 들어가서 복제되고, 적혈구 세포로 들어가서 계속 증식한다. 각 감염된 적혈구 세포가 파괴되었을 때 많은 새로운 기생충이 방출된다. 방출된 기생충은 새로운 적혈구 세포를 감염시키고, 그 과정이 반복된다. 동시에 수백만개의 적혈구 세포의 파괴는 말라리아 증상을 유발한다: 방출된 독성 물질에 의해 유발되는 고열로 인한 오한이 뒤따르고 신체의 다른 기관에 영향을 미친다.

말라리아는 현재 수 십년 동안 통제되어 온 많은 나라에서 재발하고 있다. 말라리아열원충은 말라리아를 억제하기 위한 예방법으로 사용되어 온 클로로퀸과 다른 몇 가지 항말라리아 약품에 대한 내성을 진화시켜 많은 지역에서 약품의 혼합 이용을 불가피하게 하고 있다. 말라리아열원충의 운반체인 모기를 통제하기 위해 살충제를 이용하고 있으나 모기는 많은 살충제에 내성을 진화시켜왔다. 새로운 항말라리아 약품과 말라리아에 대항하는 몇 가지 가능한 백신이 현재 시험되고 있으며, 게다가 최근 진행되고 있는 *P. falciparum*과 *Anopheles* 모기의 게놈 염기서열분석은 새로운 진단법, 약품 및 백신을 제공하기 위한 잠재력을 가지고 있다.

### 25.3.4 이형편모류의 운동성 세포는 2편모이다

이형편모류(heterokonts)는 물곰팡이, 규조류, 황금조류 및 갈조류를 포함한다. 부등모류는 2개의 편모를 가진 운동성 세포를 포함하고, 편모의 하나는 축에 미세한 털과 같은 돌기물을 가진다.

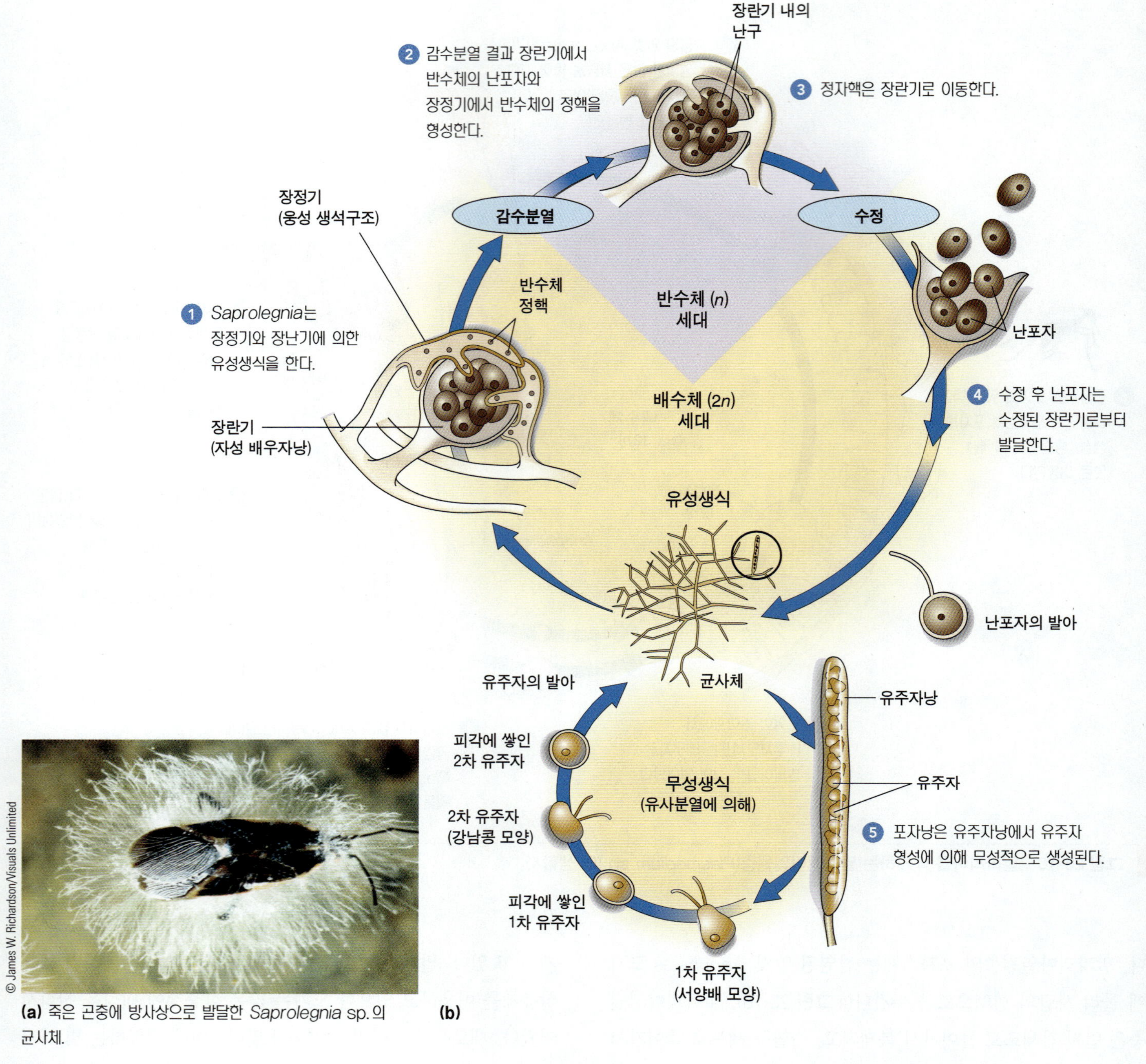


**(a)** 죽은 곤충에 방사상으로 발달한 *Saprolegnia* sp.의 균사체.

**(b)**

**그림 25-11** 물곰팡이류의 하나인 *Saprolegnia* sp.의 생활환.

### (1) 물곰팡이는 편모를 가진 생식세포를 형성한다

**물곰팡이**(water mold)는 한때 균류로서 분류되었다. 물곰팡이와 균류는 둘 다 유기물을 분해하면서 성장하는 **균사체**(mycelium)라고 하는 몸통을 가지고 있으며 먼저 분해된 영양분을 흡수한다(▮ 그림 25-11a). 물곰팡이에서 균사체를 구성하는 실과 같은 **균사**(hyphae)는 횡벽이 없는 다핵체이고, 이들 이형편모류의 몸체는 하나의 다핵 세포로 구성된다(그림 26-1e). 물곰팡이의 세포벽은 섬유소(식물), 키틴(균류) 또는 이 2가지로 구성될 수 있다.

먹이가 충분하고 환경조건이 양호할 때 물곰팡이는 무성적으로 생식한다(▮ 그림 25-11b). 균사의 끝이 팽창하고 횡벽이 형성되어 균사체의 나머지 부분과 균사 끝을 분리시킨다. **유주자낭**(zoosporangium)이라고 부르는 이 구조 내에서 작은 2개의 편모를 가진 유주자를 형성하고, 각 유주자는 새로운 균사체로 발달한다. 환경 조건이 나빠지면 물곰팡이는 유성생식을 시작한다.

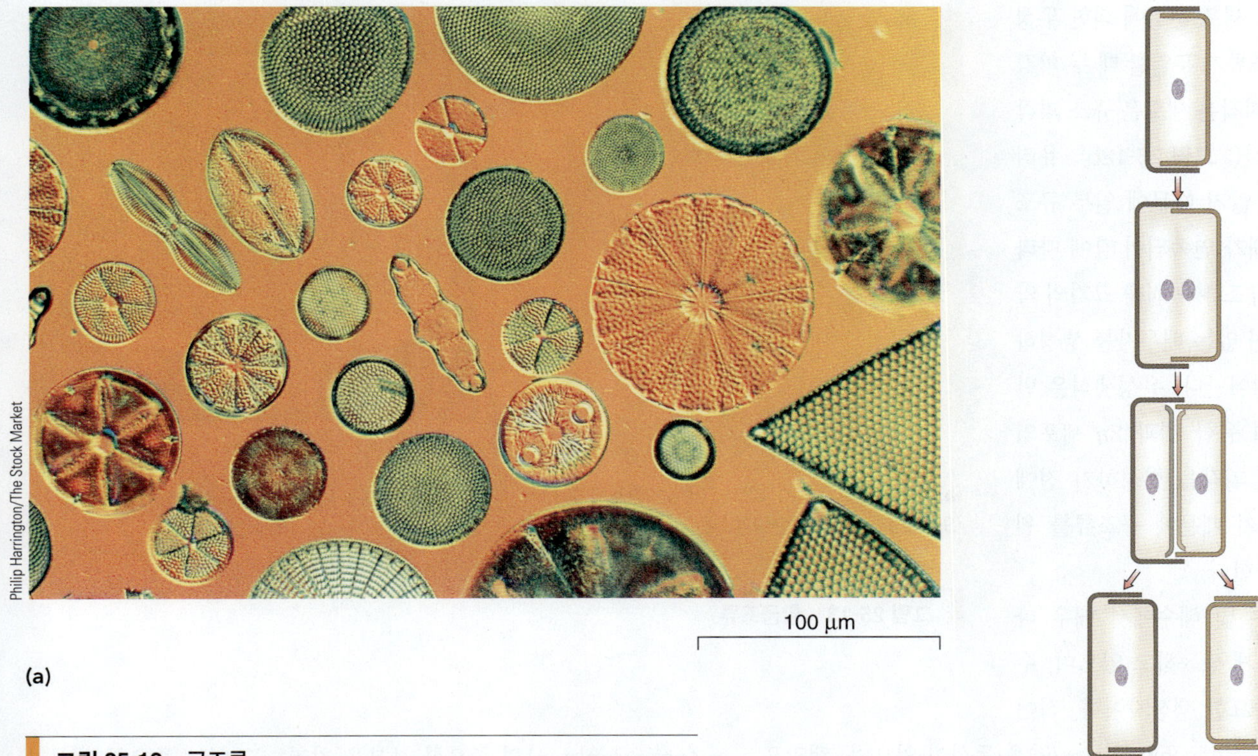


**그림 25-12　규조류.**

**(a)** 규소를 함유한 피각을 가진 단세포성 조류인 규조류의 광학현미경 사진. **(b)** 규조류의 무성생식. 세포 분열이 일어날 때 각 새로운 세포는 원래 피각의 반을 유지한다. 새로 합성되는 피각의 반은 항상 원래 피각의 안쪽에 형성된다.

웅성과 자성 핵이 융합한 뒤 접합자로부터 벽이 두꺼운 **난포자(oospore)**가 발달한다. 물곰팡이는 종종 난포자로서 겨울을 지난다.

일부 물곰팡이는 인류 역사에서 나쁜 영향을 미쳤다. 예를 들어 19세기의 아일랜드 감자 기근은 만발성 마름병을 야기시키는 물곰팡이 *Phytophthora infestans*에 의해 촉진되었다(*Phytophthora* 속은 식물 파괴를 의미하는 그리스어에서 유래되었다). 1840년대에 아일랜드에서 여름에 잦은 비와 저온 때문에 그동안 확인되지 않았던 물곰팡이가 증식하여 감자 뿌리를 썩게 만들었다. 감자는 아일랜드 농부들의 안정된 식량이었기 때문에 많은 사람들이 굶어 죽었다. 이 식물 질병의 만연으로 야기된 사망자의 추정치는 25만명에서 백만명에 이른다. 기근은 아일랜드인들의 미국과 같은 나라로 엄청난 이민을 촉진하였다.

만발성 마름병은 오늘날에도 여전히 문제가 되고 있다. *P. infestans*의 새로운 균주가 전 세계적으로 출현하고 있다. 현재는 대부분의 사람들이 다양한 식량을 먹기 때문에 만발성 마름병은 기근을 야기시키지 않으나 감자를 재배하는 농부들에게 곡물 소실로 매년 수백만 달러의 손실을 입히고 있는 것으로 추정된다.

만발성 마름병을 유발하는 물곰팡이의 근연종으로 갑자기 참나무의 고사를 야기시키는 *Phytophthora ramorum*은 캘리포니아와 오레곤의 참나무 숲을 파괴하고 있으며, 식물 병리학자들은 이 질병이 동서부와 동부 숲으로 확산되는 것을 걱정하고 있다.

### (2) 규조류는 두 부분으로 구성된 피각을 가지고 있다

일부의 군체성도 있으나 대부분의 **규조류(diatoms)**는 단세포성이다. 각 규조류의 세포벽은 페트리 접시와 같이 서로 중첩되어 물려 있는 2개의 피각으로 구성되어 있다. 규산질로 이루어진 피각은 매우 복잡하고 정교한 모양으로 장식되어 있다(**그림 25-12a**). 규조류에는 이들 무늬가 방사상칭을 나타내는 그룹(바퀴 모양)과 좌우상칭(보트 모양이나 침상)을 이룬 2가지 기본적인 그룹이 있다. 일부 규조류가 부유성의 플랑크톤을 구성하지만 다른 규조류는 돌이나 바닥에서 생육하고, 활주운동을 한다.

규조류는 광합성 색소로 푸코크산틴을 포함한 엽록소 *a*와 *c* 및 카로티노이드를 가지고 있으며, 이들 색소 조성은 규조류가 황색 또는 갈색을 띠게 한다. 에너지 저장 물질은 기름이나 크리소라미나린을 저장한다.

규조류는 주로 세포 분열에 의한 무성생식을 한다. 규조류가 분열할 때 두 피각은 분리되고, 각 피각은 새로운 규조 피각의 큰 피각이 된다(▮ **그림 25-12b**). 유리 피각은 성장하지 않기 때문에 일부 규조류 세포는 각 세대가 연속되어 감에 따라 점차 작아진다. 규조류가 원래 크기의 약 반이 될 때 피각이 없는 배우자를 생성하는 유성생식이 일어난다. 유성생식은 반수체($n$) 배우자의 융합 결과 $2n$ 세포의 접합자가 새로운 피각을 형성하기 전에 상당하게 성장하기 때문에 규조류를 원래의 크기로 복구한다.

**(a)** 담수의 호수 및 저수지에서 발견되는 군체성 황금조류(*Synura* sp.)의 광학현미경 사진.

**(b)** 원석조류(*Emiliania huxleyi*)의 주사전자현미경 사진. 중첩되는 탄산칼슘 인편을 주목하라.

**그림 25-13 황금조류.**

규조류는 담수 및 해수에서 매우 다양한 종이 풍부하게 생육하고 있으며, 수계 생태계에서 중요한 생산자이다. 적어도 한 종(*Psdudo-nitzschia australis*)은 독성이 있으며, 캘리포니아 중부 해안을 따라 400마리 이상의 바다사자를 죽게 한 패독과 관련되어 있다. 규조류의 피각이 바다의 저니층에 퇴적되어 암석이 되고, 수 백만년 뒤 이들 퇴적물의 일부는 지질적 융승에 의해 육지로 노출된다. 규조토라 부르는 이들 퇴적물은 채굴되어 여과제, 절연제 및 방음제로서 이용된다. 여과제로서 규조토는 설탕의 원료나 식용유의 정제에 이용되고, 이들의 연마제 특성 때문에 세탁 분말과 금속 광택제의 재료로 이용된다. 매우 정교하게 장식된 규조류 피각은 1 µm 이하의 현미경 해상력 시험에 종종 이용된다.

### (3) 대부분의 황금조류는 편모를 가진 단세포 생물이다

**황금조류**(golden algae)는 담수 및 해양에서 생육하는 되는 복잡한 그룹이다. 대부분의 종은 2개의 편모를 가진 단세포성이지만 일부는 군체성이다(▮ **그림 25-13a**). 일부는 편모가 없으며, 이들이 가지는 엽록체를 제외하면 외관상 아메바와 유사하다. 규산질 또는 탄산칼슘의 얇은 인편을 가지는 것도 있다. 황금조류의 생식은 주로 무성생식을 하며, **유주자**(zoospore)라 부르는 편모를 가진 운동성 포자의 생성을 포함한다.

대부분의 황금조류는 광합성을 하며, 푸코크산틴을 포함한 엽록소 $a$와 $c$ 및 카로티노이드를 가지고, 에너지 저장은 탄수화물 또는 지방(기름)으로 저장한다. 일부 종은 세균이나 다른 먹이 입자를 섭취한다. 생태적으로 황갈조류는 해양의 **미세플랑크톤**(nanoplankton)의 중요한 부분을 차지하고 있는 중요한 생산자 그룹이다.

일부 생물학자들은 황금조류와 규조류를 같은 무리로 보는 반면 다른 학자들은 갈조류로 분류해야 한다고 생각한다. 또 다른 극단적인 일부 학자들은 황금조류를 **원석조류**(coccolithophorides, ▮ **그림 25-13b**)와 같은 많은 해양 종을 분리된 문으로 둠으로서 2개의 문으로 나누고 있다.

### (4) 갈조류는 다세포성 해초이다

**갈조류**(brown algae)는 대형의 원생생물계를 포함한다. 이들은 조류 중에서 가장 크고 복잡하며, 일반적으로 해초라 부른다. 모든 갈조류는 다세포성이며, 크기는 수 cm에서 약 75 m에 이르기까지 다양하다.

많은 해초는 대부분의 광합성이 일어나는 잎과 같은 **엽신**(blade)과 줄기와 유사한 **엽병**(stipe) 및 뿌리와 같이 고정시키는 **가근**(holdfast)을 가지고 있다(▮ **그림 25-14a**). 이들은 종종 부력을 제공하는 가스로 채워진 기낭(bladder)을 가진다.

갈조류는 광합성을 하며, 엽록체에 엽록소 $a$와 $c$ 및 갈조소를 포함한 카로티노이드를 함유하고 있다. 갈조류의 주 에너지 저장물질은 *라미나린*(laminarin)이라 부르는 탄수화물이다.

갈조류의 생식은 다양하고 복잡하다. 이들의 생식세포인 무성적인의 유주자와 유성적인 배우자는 모두 2개의 편모를 가지고 있다. 대부분은 반수체와 배수체 생물로 생활사의 부분을 보내는 세

원생생물계인 홍조류와 녹조류 및 별개의 계인 육상식물을 포함하고 있다(27장과 28장을 보라). 생물학자들은 2개의 막으로 싸인 엽록체에 근거하여 이들을 함께 분류하고 있다(그림 9-4를 보라).

**(a)** 온대와 극지 바다의 암벽 해안에 널리 분포하고 있는 다시마(*Laminaria* sp.). 이 조류는 2 m 까지 자란다.

**(b)** 켈프 해저 숲(*Macrocystis pyrifera*)은 바다사자를 포함한 많은 수서 생물들에게 생태적으로 중요하다. 캘리포니아 연안을 덮고 있는 해저 사진.

**그림 25-14 갈조류.**

대교번을 나타내는 생활사를 가지고 있다(그림 10-17c).

갈조류의 세포벽에 함유된 알긴(algin)은 상업적으로 중요하다. 알긴은 *Macrocystis*와 같은 해초로부터 수확하고, 아이스크림, 치약, 면도용 크림, 헤어스프레이 및 피부로션의 농화제나 안정제로서 이용된다. 갈조류는 특히 동아시아의 여러 나라에서 중요한 식품이며, 또한 비타민과 요오드와 같은 무기염류 자원으로 중요하다.

갈조류는 주로 조간대나 비교적 얕은 연해에서 생육하고 있으며, 해초는 kelp bed라고 하는 거대한 해저 숲을 형성한다(**그림 25-14b**). 이들은 연안 생태계의 중요한 1차 생산자이며, 많은 해양 무척추동물, 어류 및 포유류에게 서식처를 제공한다.

## 25.3.5 홍조류, 녹조류 및 육상 식물은 통합적으로 식물로 분류한다

이 교재에서 채택하고 있는 분류체계에서 **식물계(plants)**의 단계통적 분류는 현재

### (1) 홍조류는 운동성 세포를 생성하지 않는다

일부 단세포성 종도 있으나 대부분의 **홍조류(red algae)**는 다세포성 생물이다. 홍조류의 다세포성 조체는 일반적으로 미세한 사상체가 복잡하게 구성되어 있다(**그림 25-15a**). 대부분의 다세포성 홍조류는 기부의 가근으로 바위나 다른 기질에 부착한다. 홍조류는 유성생식과 무성생식이 교대로 나타나는 매우 복잡한 생식을 하고 있으며, 유성생식이 일반적이지만 홍조류의 생활사에서 편모를 가진 세포가 발달하는 시기는 없다.

홍조류의 엽록체는 엽록소 *a*와 *d* 및 카로티노이드 외에 홍조소인 **피코에리드린(phycoerythrin)**과 남조소인 **피코시아닌(phycocyanin)**을 함유한다. 에너지 저장은 *전분*(floridean starch)으

**(a)** 전 세계적으로 널리 분포되어 있는 *Polysiphonia* sp.는 수없이 분지된 사상체가 뒤엉킨 조체를 가진다. 30 cm까지 자란다.

**(b)** 태평양에서 발견되는된 *Bossiella* sp.는 탄산칼슘으로 피복된 딱딱하고 부서지기 쉬운 부채꼴 술을 가진 산호 홍조류로 12 cm까지 자란다.

**그림 25-15 홍조류.**

로 저장한다.

홍조류의 세포벽은 상업적인 가치가 높은 다당류를 함유한다. 한천은 홍조류에서 추출한 다당류로서 식품 강화재나 배지(미생물을 키우거나 난초와 같은 일부 식물을 증식시키는 기질)로서 이용된다. 홍조류로부터 추출된 카라기난(carrageenan)은 초코우유나 아이스크림 등 부드러운 가공식품의 식품 첨가제로 이용되고, 카라기난은 또한 페인트나 화장품의 안정제로 이용된다. 홍조류는 비타민(특히 A와 C)과 다른 무기염류의 자원으로 이용되고, 특히 한국, 일본 및 동아시아 국가들에서 식용으로 매우 중요하다. 김과 같은 홍조류는 산호조로 알려진 일부 홍조류는 바닷물로부터 세포벽에 탄산칼슘을 편입시킨다(**그림 25-15b**). 딱딱한 탄산칼슘은 격렬한 파도로부터 산호조를 보호하고, 이들 산호조는 산호초를 형성하는데 매우 중요하다.

### (2) 녹조류는 육상식물과 많은 유사성을 가지고 있다

**녹조류(green algae)**는 화학적으로 식물과 동일한 색소, 에너지 저장 산물 및 세포벽을 가진다. 녹조류는 모양이 매우 다양한 엽록체에 엽록소 *a*와 *b* 및 카로티노이드를 가지고 광합성을 한다. 이들의 주 에너지 저장 물질은 전분이다. 일부 세포벽이 없는 것도 있으나 대부분의 녹조류는 섬유소로 구성된 세포벽을 가지고 있다. 이러한 사실과 다른 유사성 때문에 식물은 일반적으로 녹조류 조상으로부터 진화해 온 것으로 보고 있다(그림 25-3). 최근 분자 및 미세구조 자료를 근거로 많은 분류학자들은 극히 다양한 녹조류 그룹을 원생생물로부터 식물계에 이르기까지 재분류해야 한다고 주장한다.

녹조류는 단세포성에서 군체, 다핵성 조류, 다세포성 사상체와 판상에 이르기까지 다양한 형태를 나타내고 있다(**그림 25-16**). 다세포성 형태는 식물과 조류를 구별하는 특징인 조직으로 분화된 세포를 가지지 않는다. 비록 일부 종은 전적으로 비운동성이지만 대부분의 녹조류는 편모를 가지고 있거나 생활사 동안 편모를 가진 세포를 생성한다.

녹조류의 생식은 다양한 무성생식 및 유성생식을 가지고 있으며 많은 녹조류는 세대교번을 나타내는 생활사를 가지고 있다. 무성생식은 단세포성은 이분열을 하지만 다세포 형태에서는 절단에 의해 일어난다. 많은 녹조류는 유사분열에 의한 무성적인 포자를 생성하고, 만일 이들 포자가 편모를 가지고 운동성이 있으면 유주자라 부른다(**그림 25-17**).

녹조류에서 유성생식은 단세포성 **배우자낭(gametangia)**에서 배우자의 형성을 포함한다. 녹조류는 3가지 형태의 유성생식–동형배우자, 이형배우자, 난 생식–을 가지고 있다. 만일 크기와 모양이 동일한 2개의 편모를 가진 배우자가 융합하면 **동형배우자생식(isogamous)**이라 한다(그림 25–17). 유성생식은 2개

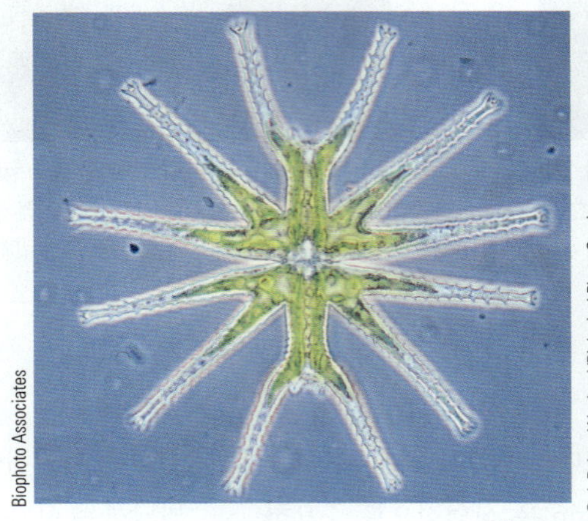

**(a)** 널리 분포되어 있는 거울상의 두 반세포를 가진 단세포성 녹조류인 먼지말 *Micrasterias* sp.)의 광학현미경 사진.

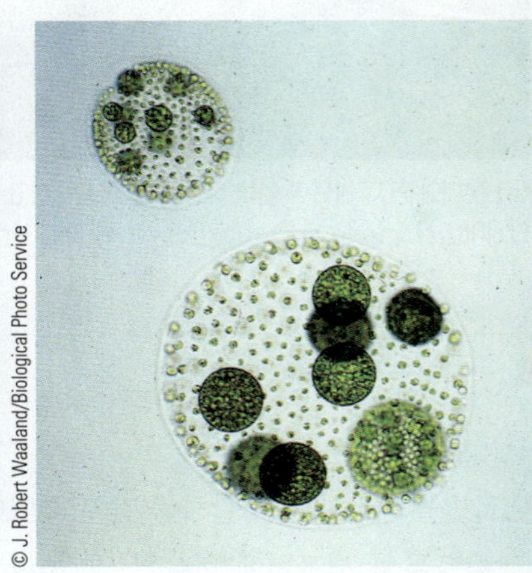

**(b)** 50,000 개 정도의 세포로 구성되어 있는 두 좁살공말(*Volvox*) 군체의 광학현미경 사진. 새로운 군체가 모군체 내에서 관찰된다.

바다상치라고 부르는 얇은 판상의 파래(Ulva). 30 cm까지 자랄 수 있다.

**(d)** 일반적으로 윤조라 부르는 녹조류인 *Chara* sp.는 식물과 밀접하게 연관되어 있다. *Chara*는 담수에 널리 분포하고, 30 cm 이상으로 자랄 수 있다.

**그림 25-16 녹조류.**

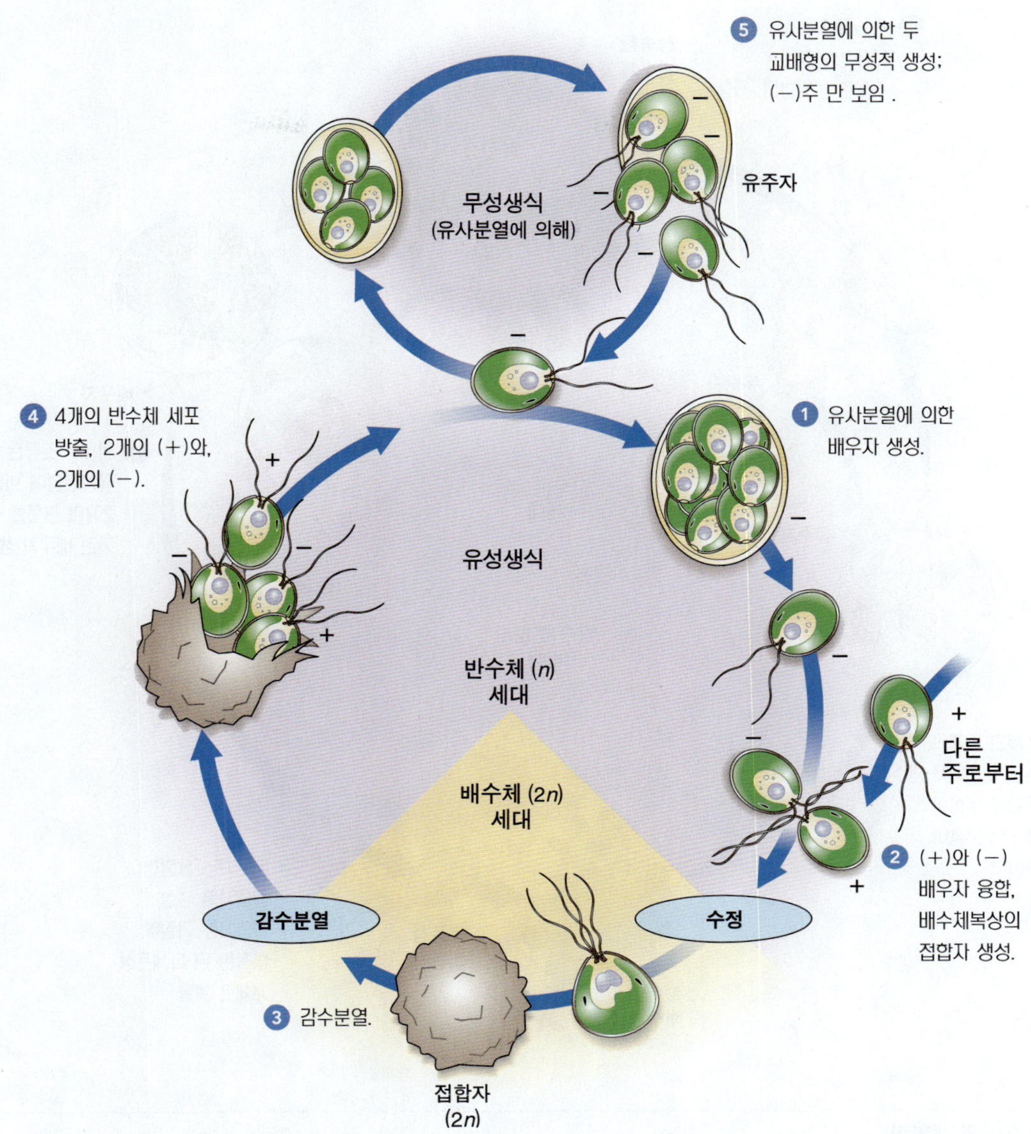


**그림 25-17** *Chlamydomonas*의 생활환.

2개의 교배형 (+)와 (−)를 가진 단세포성 반수체 녹조류인 *Chlamydomonas*는 동형배우자 유성생식의 예이다.

의 편모를 가진 크기가 다른 두 배우자의 융합을 **이형배우자생식(anisogamous)**이라 한다(▮ **그림 25-18**). 일부 녹조류는 운동성이 없는 난세포와 편모를 가진 웅성 배우자가 수정하는 **난 생식(oogamous)**을 한다. 배우자 융합에 의한 유성생식 외에 일부 녹조류는 접합의 형태로 유전적 정보를 교환하고, 한 세포의 유전적 물질을 수용 세포 속으로 전달한다(▮ **그림 25-19**).

녹조류는 담수, 해수 뿐 아니라 축축한 토양, 수피의 틈새와 다른 습한 등 육상 환경에서도 생육한다. 또한 많은 녹조류는 다른 생물과 공생을 하고, 일부는 무척추동물의 체세포에서 내공생자로 살아가고, 일부는 지의류라 부르는 두 생물체로서 균류와 함께 생육한다(26장을 보라). 녹조류는 생활 장소에 관계없이 먹이망의 기초로서 생태적으로 중요하다.

## 25.3.6 세르코조아는 피각에 싸인 아메바성 세포이다

**세르코조아(cercozoa)**는 세포질 돌기가 확장된 딱딱한 외측 피막(**껍질; test**)을 가진 아메바성 세포이다. 유공충(Fforaminiferans)과 방사판조류(actinopods)를 포함한다.

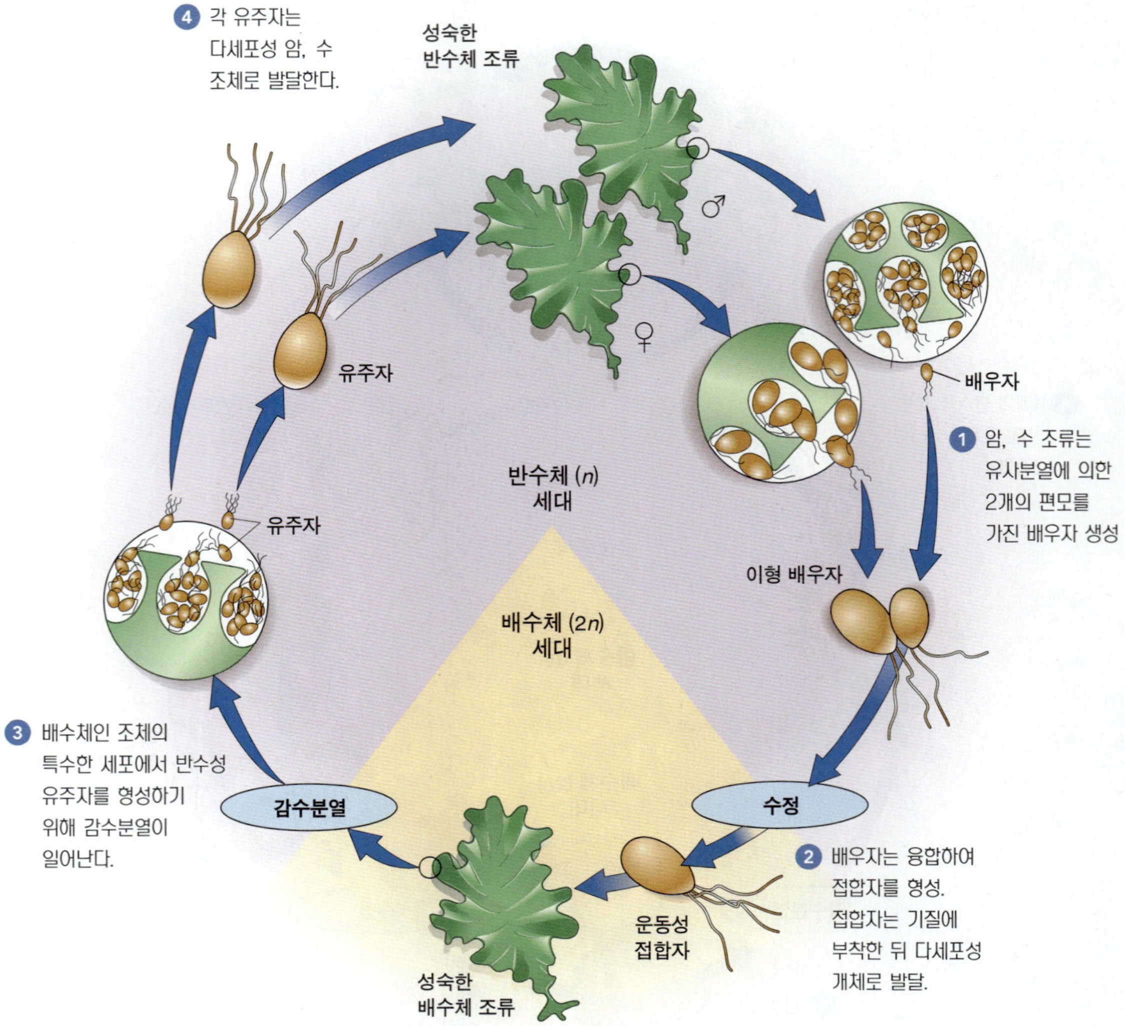

4 각 유주자는
다세포성 암, 수
조체로 발달한다.
성숙한
반수체 조류
♂
♀
유주자
배우자
1 암, 수 조류는
유사분열에 의한
2개의 편모를
가진 배우자 생성
반수체 (n)
세대
유주자
이형 배우자
배수체 (2n)
세대
3 배수체인 조체의
특수한 세포에서 반수성
유주자를 형성하기
위해 감수분열이
일어난다.
감수분열
수정
2 배우자는 융합하여
접합자를 형성.
접합자는 기질에
부착한 뒤 다세포성
개체로 발달.
운동성
접합자
성숙한
배수체 조류

**그림 25-18** 파래(*Ulva*)의 생활환.

녹조류인 파래(*Ulva*)는 모든 외형이 동일한 반수체와 배수체 다세포성 세대가 교대로 나타난다. 배우자는 종에 따라 동형배우자 또는 이형배우자를 나타낸다.



50 μm
(a)
(b)
(c)
(d)

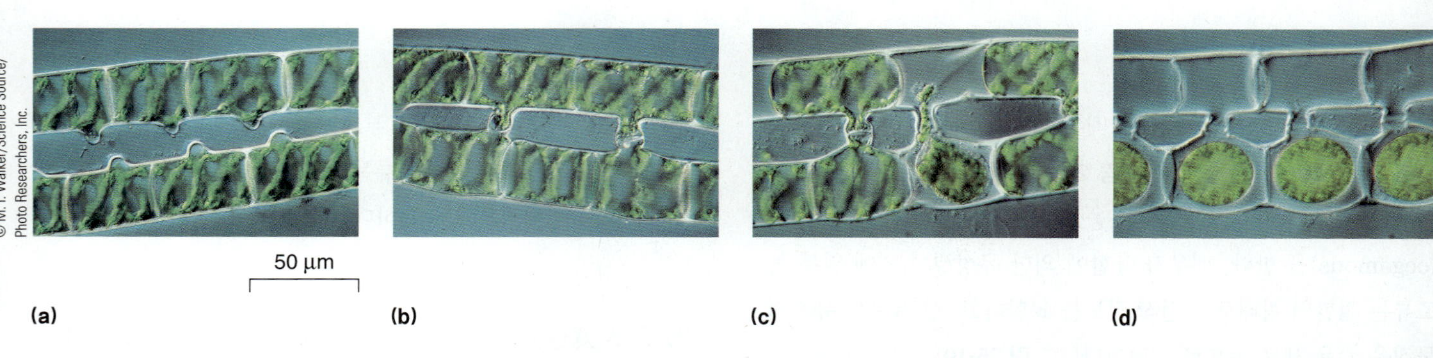

**그림 25-19** 해캄(*Spirogyra*)의 접합.

**(a, b)** 녹조류인 해캄(*Spirogyra*)의 2개의 다른 교배형 사상체가 나란히 정렬하고, 두 반수체 사상체의 세포들 사이에 접합관이 성장한다. **(c)** 한 세포의 내용물이 접합관을 통해 다른 세포로 통과한다. **(d)** 두 원형질(벽이 없는 세포)이 융합하고 배수체 접합자를 형성한다. 휴면 기간을 거친 뒤 타원형의 접합자는 감수분열이 일어나고 반수체 상태를 회복한다.

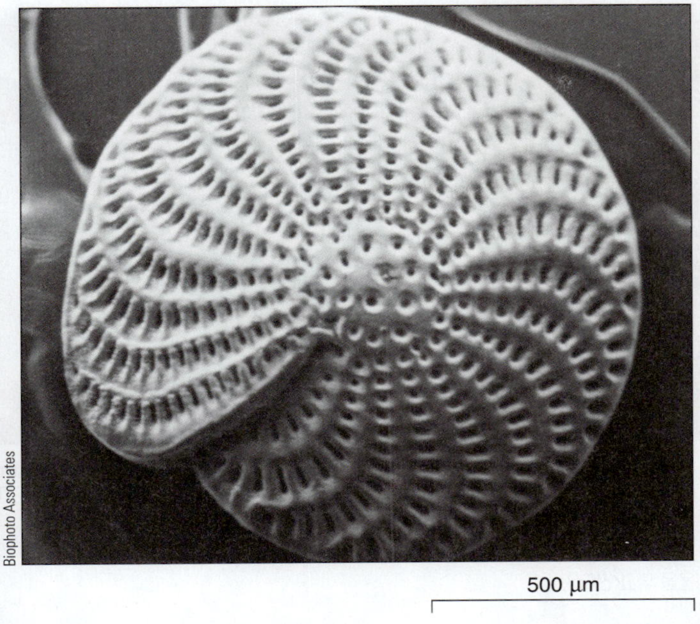


(a)

(b)

**그림 25-20 유공충류.**

**(a)** 유공충 피각의 주사전자현미경 사진. 이 소공을 통해 세포질을 밀어낼 수 있다. 대부분의 유공충은 이와 같은 많은 방으로 이루어진 피각을 가진다. **(b)** 영국 도버의 흰 절벽은 많은 유공충의 피각으로 이루어져 있다.

### (1) 유공충은 실과 같은 상호연락망을 형성하는 세포질 돌기를 확장한다

거의 대부분의 **유공충류(foraminiferans)**는 정교한 껍질(test)을 형성하는 해양 생물이다(**그림 25-20a**). 수많은 유공충이 바다에 생육하고 있으며, 이들은 세포질 돌기가 확장될 수 있는 구멍을 가진 많은 방으로 이루어진 석회질의 껍질에 싸여 있다(유공충류는 구멍을 가진다는 의미의 라틴어에서 유래되었다). 세포질 돌기는 점액질로 연결된 망을 형성하여 먹이를 포획 한다. 많은 유공충은 광합성을 통해 양분을 제공하는 단세포성 조류(녹조, 홍조, 규조)를 내공생자로 포함하고 있다. 많은 유공충 종은 해양의 바닥에 살고 있으나 일부는 부유성이다. 보통의 부유성 생물인 *Globigerina*가 대표적인 속이다.

죽은 유공충은 바다 바닥에 침전되어 석회암을 형성하고, 이렇게 형성된 석회암은 지질학적 융기에 의해 영국 도버 해엽의 백색 절벽과 같이 육지의 일부로 될 수 있다(**그림 25-20b**). 유공충

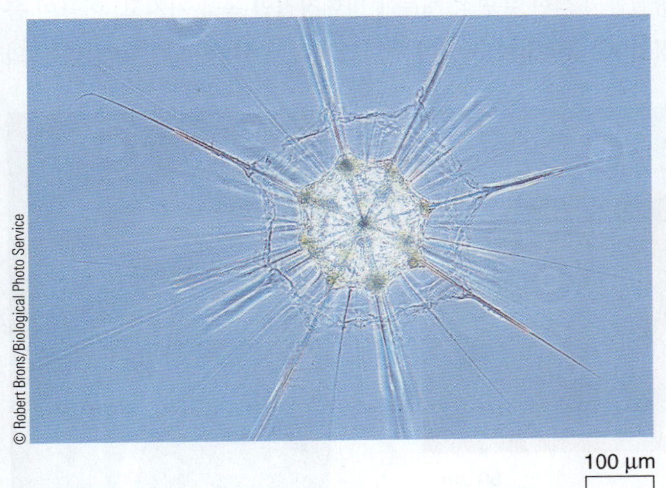


**그림 25-21 방사판족류.**

**(a)** 홍해산이며 미동정된 살아있는 방사판족류의 광학현미경 사진. 세포로부터 돌출한 많은 가늘게 신장한 유축위족을 보여주고 있다. 피각은 모든 면이 세포질로 덮여있기 때문에 보이지 않는다(피각은 내골격이다).

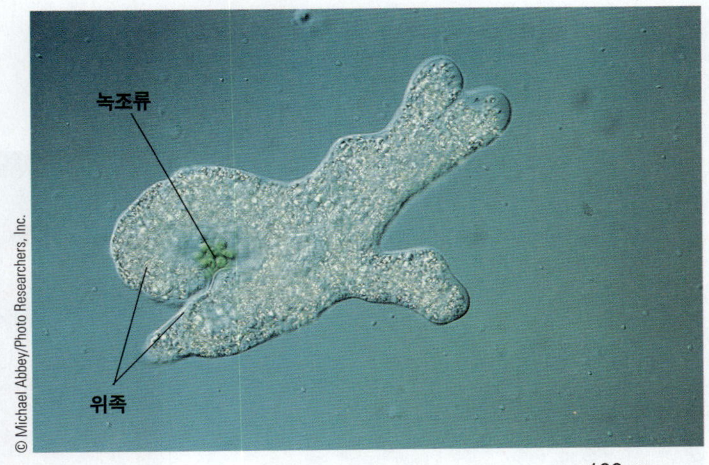


**그림 25-22 아메바(Amoeba).**

위족으로 움직여 먹이를 먹는 단세포성 원생생물인 거대 아메바(*Chaos carolinense*)가 군체성 녹조류를 섭취하고 있는 광학현미경 사진. *Chaos* 아메바는 일반적으로 담수 서식처에서 부스러기를 먹고 사는 청소부이지만 기회가 오면 살아있는 생물도 섭취한다.

피각은 석유를 매장하고 있는 암석층에서 종종 발견되기 때문에 지질학자들은 석유 탐사 시 암석층에서 유공충 피각의 탐색을 실시한다. 유공충은 화석기록으로 잘 보존되어 있어, 암석층의 동정에 도움을 주는 **지표 화석**(index fossil)으로 이용된다(18장).

### (2) 방사판족류는 신장된 유축위족이 돌출되어 있다

**방사판족류**(Actinopods)는 대개 피각에 있는 구멍을 통해 돌출하는 **유축위족**(axopod)이라 하는 긴 섬유성 세포질 돌기를 가진 해양 플랑크톤 생물이다(■ 그림 25-21). 많은 유축위족류는 광합성 산물을 제공해 주는 조류 내공생자를 가지고 있다.

(a) 죽은 통나무 위에서 나타난 *P. polycephalum*의 변형체는 밝게 착색되어 있다. 나출된 세포질 덩어리는 다핵이고, 세균이나 다른 미생물을 먹고 산다.

(b) *P. polycephalum*의 생식구조는 자루가 달린 포자낭이다.

**그림 25-23 변형체성 점균류인 *Physarum polycephalum*.**

**방산충**(radiolarian)이라 부르는 어떤 유축위족류는 규산질로 이루어진 정교하고 아름다운 유리 피각을 분비한다. 이들 방산충류는 해양 플랑크톤의 중요한 구성원이다. 방산충과 다른 유축위족류가 죽으면 이들 피각은 침전되어 바다 바닥에 수 m 두께의 뻘을 형성한다.

## 25.3.7 아메바류는 위족을 가진다

대부분의 아메바류(amoebozoa)는 껍질을 가지지 않고, 생활환의 어느 시기에 위족(pseudopodia)이라고 하는 일시적인 세포질 돌기를 형성한다. 생물학자들은 현재 아메바, 변형체성 점균류 및 세포성 점균류를 아메바류로 분류한다.

### (1) 아메바는 위족을 형성하여 움직인다

**아메바**(amoeba)는 토양, 담수, 해수 및 다른 생물(기생자로서)에서 발견되는 단세포 생물이다. 이 집단의 많은 구성원은 외측 원형질막의 심한 유연성 때문에 비대칭적인 몸을 가지고, 이들이 움직일 때 끊임없이 모양이 변한다. (아메바라는 말은 변한다는 의

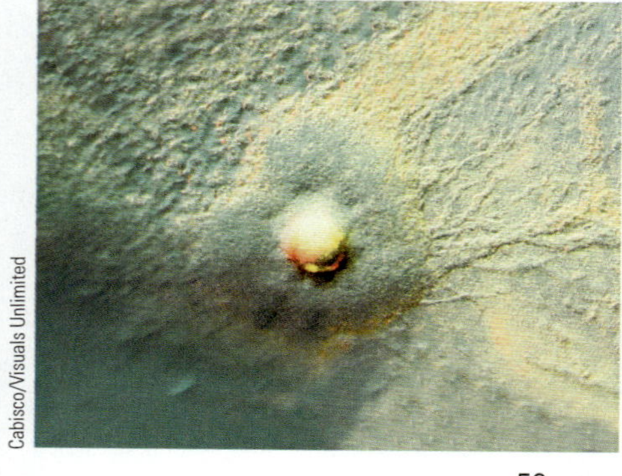


(a)

Cabisco/Visuals Unlimited

50 μm

(b)

(c)

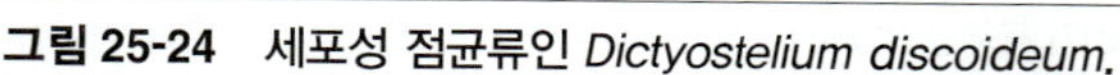

**그림 25-24 세포성 점균류인 *Dictyostelium discoideum*.**

**(a)** 이동하고 있는 아메바성 세포 집합체의 흐름. **(b)** 이동하고 있는 집합체. 이동을 멈출 때 집합체는 자루 위에 과실체를 형성한다. **(c)** 과실체는 포자를 방출하고, 각 포자는 아메바성 세포를 유리시키기 위해 열린다.

미의 그리스어에서 유래되었다) 아메바는 위족이라 부르는 일시적 세포질 돌기를 이용하고 움직이고, 위족은 또한 주변의 먹이를 잡아 삼키는데 이용된다(▮ 그림 25-22). 아메바의 생식은 이분열에 의한 무성생식을 하고, 유성생식은 관찰되지 않았다.

기생성 아메바인 *Entamoeba histolytica*는 사람의 장 질병인 아메바성 이질을 야기시키고, *Acanthamoeba*는 대개 자유 생활을 하지만 콘택트렌즈를 사용하는 사람의 눈 감염을 유발할 수 있다.

### (2) 변형체성 점균류는 다핵성 원형질체로 자란다

**변형체성 점균류(plasmodial slime mold)**는 직경 30 cm까지 자랄 수 있는 다핵성의 세포질 덩어리인 **변형체(plasmodium)**이다(▮ 그림 25-23a). 가느다란 외형의 변형체는 부패 중인 습한 통나무나 낙엽 위를 덮고 있으며, 종종 표면을 덮는 망목상의 통로를 형성한다. 변형체는 뻗어가면서 세균, 효모, 포자 및 분해중인 유기물을 섭취한다.

먹이 공급이 감소하거나 수분이 부족할 때 변형체는 생장이 둔화되고 생식을 시작한다. 건조 중인 변형체는 자루를 가진 포자낭(sporangia)을 형성하고, 포자낭 속에서 감수분열이 일어나 내성이 강한 반수체 포자를 형성한다(▮ 그림 25-23b).

환경 조건이 다시 좋아지면 포자는 발아하여 각각으로부터 반수체 생식세포를 방출한다. 이 반수체 세포는 수분조건에 따라 유주나 점액아메바가 된다. 유주세포는 젖은 조건에서 형성된다. 유주세포와 점액아메바는 배우자로서 작용한다. 궁극적으로 두 배우자가 결합하여 배수체 핵을 가진 접합자를 형성한다. 결과적으로 배수체 핵은 여러번의 유사분열을 거치지만 세포질은 분열하지 않기 때문에 다핵성 변형체가 된다.

변형체성 점균류인 *Physarum polycephalum*은 성장, 분화, 세포질 유동 및 세포골격의 기능과 같은 많은 기본적인 생물학적 연구의 표본 생물로 이용되어 왔다.

### (3) 세포성 점균류는 아메바성 세포로 생육한다

**세포성 점균류(cellular slime molds)**는 아메바와 변형체성 점균류와 밀접한 연관성을 가진 아메바이다. 각 세포성 점균류는 분리된 단일 생물로 행동하는 개별적인 아메바성 세포이다. 각 세포는 부식하는 통나무나 토양 위를 기어가거나 담수에서 유영하면서 세균이나 다른 먹이 입자를 섭취한다. 각 아메바성 세포는 반수체 핵을 가지고 진정한 아메바와 같이 이분열에 의해 생식한다.

수분이나 먹이가 부족할 때 어떤 세포는 수백 또는 수천개의 세포들이 집합을 이루도록 화학적 신호인 cAMP를 내 보낸다(▮ 그림 25-24a). 이 단계 동안 세포는 **위변형체(pseudoplasmodium)** 또는 이동체(slug)라고 하는 하나의 다세포성 단위로서 짧은 거리를 기어간다(▮ 그림 25-24b). 이동체는 포자를 함유하는 자루가 달린 과실체를 구성한다(▮ 그림 25-24c). 방출된 각 포자에서 하나의 반수체 아메바성 세포를 형성한다. 유성생식이 간혹 관찰되었으나 포자를 형성하는 생식환은 무성적이고, 대부분의 세포성 점균류의 생활환은 편모 단계가 없다.

세포성 점균류인 *Dictyostelium discoideum*은 세포분화, 세포간 인식 및 세포 운동과 흡착의 연구를 위한 표본 생물이다. 이 생물학은 특히 세포성 점균류 외에 많은 생물에서 발견되는 cAMP와 같은 **세포신호(cell signaling)** 분자와 관련하여 집중적으로 연구되어 왔다.

## 25.3.8 Opisthokonts는 깃편모충, 곰팡이 및 동물을 포함한다

**Opisthokonts**는 3계-깃편모충(원생생물계), 곰팡이(균계) 및 동물(동물계)-의 구성원을 포함하는 단계통 그룹이다. Opisthok-

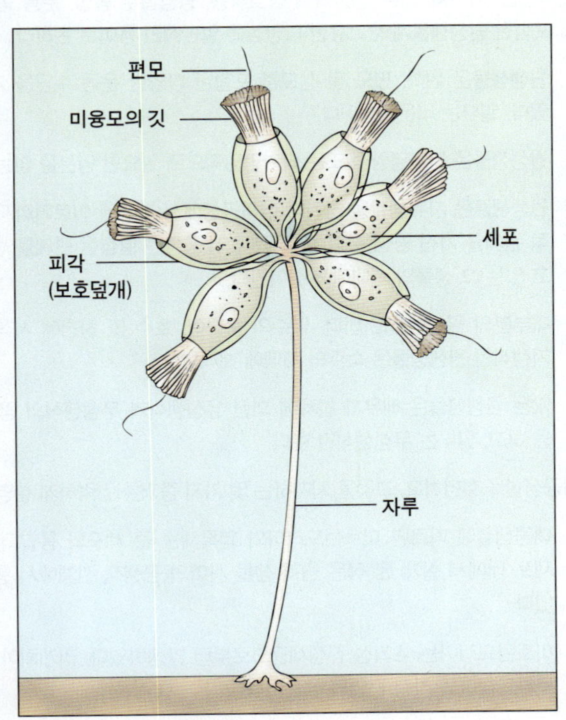


**그림 25-25 입금편모충류 (Choanoflagellates).**
세균이나 다른 작은 먹이 입자를 미융모의 깃 속으로 운반하기 위해 수류를 일으키는 편모의 파동에 의해 먹이를 얻는 입금편모충류. 군체형을 보여주고 있다. 편모를 제외한 각 세포의 길이는 5–10 μm이다.

onts의 특징은 정자나 운동성 포자와 같이 편모성 세포에 1개의 후단부 편모를 가지는 것이다.

**깃편모충(choanoflagellate)**은 깃(collar)을 가진 동물편모충류이다. 이들 작고 불명확한 해산 및 담수 동물편모충류는 자유유영 하는 종류와 가는 자루에 의해 부착된 **고착성(sessile)** 종을 포함하고 있다. 이들의 1개의 편모는 정교한 미융모 깃에 의해 기부가 싸여 있다(**그림 25-25**). 이들은 해면동물의 깃 세포와 매우 유사하기 때문에 특히 흥미롭다(그림 29-9을 보라). 편충 및 윤충과 같은 다른 동물 문 또한 깃편모충과 같은 세포를 가지고 있다. 구조적 유사성과 rRNA 및 DNA 염기 자료를 근거로 많은 생물학자들은 깃편모충류는 동물의 조상과 관련이 있다고 가정하고 있다.

**복습**

- 중복편모충의 독특한 특징은 어떤 것이 있는가?
- 섬모충류, 와편모조류 및 에피컴플렉산이 공유하는 특징은 무엇인가?
- 부등모류는 무엇인가?
- 세르코조아와 아메바류는 어떻게 다른가?
- 많은 생물학자들이 홍조류와 녹조류를 육상식물과 같이 분류하는 이유는 무엇인가?

## 핵심 용어와 요약

### 학습목표

1 원생생물계의 공통적인 특징을 기술하라.

- **원생생물**은 대부분 수계 환경에서 생육하는 단세포성 진핵 생물이다.
- 원생생물은 현미경적인 단세포 생물 크기에서 **군체**(느슨하게 연결된 세포 집단), **다핵체**(다핵성의 세포질 덩어리) 및 **다세포 생물**(많은 세포로 구성된)에 이르기까지 다양하다.

2 생식방법, 서식처, 다른 생물과의 상호작용, 영양흡수 방법, 운동 방법 등을 포함한 원생생물계의 고유한 다양성을 일반적인 용어로 논하라.

- 원생생물은 위족, 편모 및 섬모를 포함한 다양한 운동 수단을 가지고 있다. 일부는 비운동성이다.
- 원생생물은 자가영양적 또는 타가영양적으로 필요한 양분을 얻는다.
- 원생생물은 자유생활을 하거나 **상리공생**에서 **기생**에 이르기까지 공생적 관계를 가진 공생을 할 수도 있다. 내공생은 밀접한 관계를 형성하고 있는 그 생물의 체내에서 살아간다.
- 대부분의 원생생물은 바다, 담수의 웅덩이, 호수 및 하천에 서식하고, 기생적인 원생생물은 숙주의 체액에 서식한다.
- 많은 원생생물은 배우자 합체에 의한 유성생식과 무성생식의 양 생식을 하고, 일부는 무성생식만 한다.

3 내공생설을 설명하고, 그것을 지지하는 몇 가지 증거를 간략하게 설명하라.

- **내공생설**에 따르면 미토콘드리아와 엽록체는 큰 세포와 통합되어 큰 세포 내에서 살게 된 작은 원핵 생물 사이의 공생적 관계에서 형성되었다.
- 미토콘드리아는 호기성 진정세균으로부터 발생하였다. 리케치아는 미토콘드리아와 가장 근연의 생물이다.
- 홍조류, 녹조류 및 식물의 엽록체는 남조류가 세포 속에 통합된 한번의 1차 내공생으로 발생하였다. 많은 이차 내공생으로 유글레나, 와편모조류, 규조류, 황갈조류, 갈조류의 엽록체 및 에피컴플렉산의 비기능적 엽록체가 나타났다.

4 생물학자들이 진핵생물을 분류하기 위해 사용하는 자료의 종류를 논하라.

- 원생생물들 사이의 계통적 관계는 대개 **미세구조**(세포구조를 연구하기 위한 전자현미경의 이용)와 비교 분자 자료에 의해 결정된다. 대부분의 계통분류학자들은 원생생물계를 공통의 진핵조상의 후손을 일부 갖거나 전혀 갖지 않는 생물의 **측계통**성 집단으로 간주한다.

5 동물편모충류가 더 이상 하나의 문으로 분류되지 않는 이유를 설명하고, 중복편모충, 유글레나 및 입금편모충을 구별하라.

- **동물편모충류**는 대개 채찍과 같은 **편모**에 의해 이동하는 단세포성 타가영양 생물이다. 증거들은 동물편모충이 다계통군임을 나타내고 있으며, 대부분의 생물학자들은 이들을 몇 개의 단계통 그룹으로 분리하고 있다.
- **중복편모충류**는 하나 또는 2개의 핵을 가지고, 미토콘드리아와 골지체가 없으며, 편모는 8개까지 갖는 **엑스카베이트**다.
- **유글레나류**는 편모를 가진 단세포성의 discicristate이다. 일부 유글레나류는 광합성을 한다. discicristate *Trypanosoma*는 아프리카 수면병을 야기시킨다.
- **입금편모충류**는 균류 및 동물과 연관된 opisthokonts이다. 미융모 깃이 한개의 편모 기부를 싸고 있다.

6 다음 알베오레이트–섬모충류, 와편모조류 및 에피컴플레산을 간략히 비교 기술하라.

- **섬모충류는 소핵**(유성생식을 위한)과 **대핵**(세포 대사와 성장 조절을 위한)을 가지고 있고, 접합이라고 하는 복잡한 유성생식을 하며, 털과 같은 섬모로 운동하는 **excavate**이다.
- **와편모조류**는 대개 해양생태계에서 주요 생산자로서 생태적 중요성이 큰 2개의 편모를 가진 단세포성 광합성 생물이다. 원형질막 아래의 편평한 소낭인 알베올리는 종종 규산질로 채워진 섬유소 판을 가진다. 일부 와편모조류는 **적조**로 알려진 독성 수화를 형성한다.
- **에피컴플레산**은 **포자**를 생성하는 기생성이고 운동성이 없다. 이들은 숙주 세포에 자신을 부착시키는 미소관의 정단복합체를 가지고 있다. 에피컴플레산인 *Plasmodium*은 말라리아를 유발시킨다.

7 다음 부등모류—물곰팡이, 규조류, 황금조류 및 갈조류—를 간략히 비교 기술하라.

- **물곰팡이**는 다핵성 **균사체**를 가진 부등모류이다. 이들은 2개의 편모를 가진 **유주자**를 형성함으로서 무성적으로 생식하고, **난포자**를 형성하여 유성적으로 생식한다. 물곰팡이 *Phytophthora*는 갑작스런 참나무의 고사나 감자의 만발성 마름병과 같은 심각한 식물 질병을 야기시킨다.
- 수계 생태계에서 주요 생산자인 **규조류**는 대개 규산질 피각을 가진 단세포성이다. 일부 규조류는 부유성의 **플랑크톤**을 구성하고, 일부는 암석이나 저질에서 생육하고 활주운동으로 이동한다.
- **황금조류**는 대개 단세포성이고 2개의 편모를 가진 담수 및 해양 조류이며, 해양의 극히 작은 **미세플랑크톤(nanoplankton)**의 중요한 구성요소로서 생태적으로 중요하다. **원석조류(coccolithophorids)**는 미세한 탄산칼슘의 중첩된 인편으로 싸인 황금조류이다.
- **갈조류**는 찬 해수에서 생태적으로 중요한 다세포성 해조류이다. 가장 큰 갈조류(kelp)는 잎과 유사한 **엽신**, 줄기와 유사한 **엽병**, 고착시키는 **가근** 및 부유를 위한 가스로 채워진 주머니를 가진다. 이들은 세대교번을 포함하는 복잡한 생활환 동안 편모를 가진 세포를 생성한다.

8 유공충과 유축위족류를 기술하고, 많은 생물학자들이 왜 이들을 세르코조아로 분류하는지 설명하라.

- **세르코조아**는 세포질 돌기가 확장되는 **껍질**(test)이라고 하는 견고한 외측 피각을 가진 아메바성 세포이다.
- **유공충류**는 먹이를 얻거나 움직이기 위한 세포질이 돌출한 작은 구멍을 가진 많은 방으로 이루어진 피각을 분비한다.
- **방사판족류**는 대개 세포골격에 있는 구멍을 통해 신장된 세포질 돌기인 **유축위족**에 의해 먹이를 얻는 해양 플랑크톤이다. 반짝이는 피각을 가진 **방산충**은 유축위족류로 알려져 있다.

9 홍조류와 녹조류는 육상식물과 단계통이라는 가설을 지지한다.

- 총체적으로 **식물**이라고 부르는 홍조류, 녹조류 및 육상식물은 모두 외막과 내막에 싸인 엽록체를 가지고 있기 때문에 단계통적이다.
- 대부분 다세포성 해조류인 **홍조류**는 따뜻한 열대 해양에서 생태적으로 중요하다. 세포벽에 탄산칼슘을 함유하고 있는 홍조류는 환초 형성에 중요하다.
- **녹조류**는 크기, 구조적 복잡성 및 생식에 있어서 넓은 다양성을 나타낸다. 녹조류는 식물과 많은 유사성을 가지고 있으며, 식물학자들은 육상식물이 녹조류로부터 진화된 것으로 생각하고 있다.

10 다음 아메바조아—아메바, 변형체성 점균류, 세포성 점균류—를 비교 기술하라.

- **아메바**는 **위족**이라 부르는 세포질 돌기를 이용하는 **식세포작용**에 의해 먹이를 얻고, 운동을 한다. 기생성 아메바인 *Entamoeba histolytica*는 아메바성 이질을 야기시킨다.
- **변형체성 점균류**의 섭식 단계는 다핵성 변형체이다. 포자낭 내에서 생성된 반수체 포자로 생식한다.
- **세포성 점균류**는 개개의 아메바성 세포로서 생육한다. **위변형체**로 집합하여 생식하고, 무성적 포자를 생성한다.

## 연습문제

1. 하나는 허리띠와 같이 세포의 중심을 감고 있고 다른 하나는 세포 뒤에 돌출해 있는 2개의 편모에 의해 특징 지워지는 조류는?
 (a) 방사판족류 (b) 섬모충류 (c) 원석조류
 (d) 에피컴플레산 (e) 와편모조류

2. 생활환의 어떤 단계에서 포자를 형성하는 기생성 원생동물은 어느 그룹에 속하는가?
 (a) 방사판족류 (b) 섬모충류 (c) 원석조류
 (d) 에피컴플레산 (e) 와편모조류

3. 유공충류는?
 (a) 많은 해양 무척추 동물에 내공생한다.
 (b) 19세기 아일랜드에서 감자 기근을 야기하였다.
 (c) 세포질이 신장 돌출하는 구멍을 가진 많은 방으로 이루어진 피각을 가진다.
 (d) 먹이를 잡는데 도움을 주는 많은 섬모포를 가진다.
 (e) 다른 원생생물에 없는 피코시아닌과 피코에리드린을 함유하고 있다.

4. 물곰팡이는 __________ 의 형성에 의한 무성생식 및 __________ 의 형성에 의한 유성생식을 한다.
 (a) 난포자; 가근 (b) 유주자; 황녹기생조 (c) 유주자; 난포자
 (d) 가근; 동형배우자 (e) 난포자; 동형배우자

5. 다음중 원생생물에 대한 사실이 아닌 것은?
 (a) 이들은 단세포성, 군체성, 다핵체성 또는 간단한 다세포 생물이다.
 (b) 이들의 섬모와 편모는 미소관의 9 + 2 배열을 가진다.
 (c) 이들은 진정세균과 고세균 같이 원핵이다.
 (d) 일부는 자유유영하고, 일부는 내공생한다.
 (e) 대부분 해양이나 담수 연못에 생육하는 수생이다.

6. 엽록소 *a*, *b* 및 카로티노이드는 ____________ 에서 발견된다.
 (a) 녹조류, 홍조류, 식물 (b) 녹조류, 유글레나, 식물
 (c) 갈조류, 녹조류, 황갈조류 (d) 갈조류, 규조류, 황갈조류
 (e) 녹조류, 유글레나, 규조류

7. 아메바는 __________ 에 의해 운동하고 먹이를 섭취한다.
 (a) 위족 (b) 편모 (c) 섬모 (d) 배우자낭 (e) 내공생

8. 남조류와 유사한 광합성 색소를 가지는 원생생물은?
(a) 황갈조류 (b) 규조류 (c) 유글레나 (d) 갈조류 (e) 홍조류

9. _________ 의 다세포체는 엽신, 자루, 가근 및 기낭으로 분화되어 있다. (a) 황갈조류 (b) 규조류 (c) 유글레나 (d) 대형갈조류 (e) 녹조류

10. 짚신벌레와 다른 섬모충류는 종종 _________ 라 하는 유성생식 현상을 나타낸다.
(a) 난접합 (b) 접합 (c) 이형접합 (d) 적조 (e) 대핵

11. 뚜껑이 있는 도시락과 같이 서로 꼭 맞는 2개의 피각으로 구성된 피각을 가진 광합성 원생생물은?
(a) 황갈조류 (b) 규조류 (c) 유글레나 (d) 갈조류 (e) 방산충류

12. 그림의 명칭을 쓰시오. 답을 적는데 그림 25-7b와 25-6b를 이용하라.

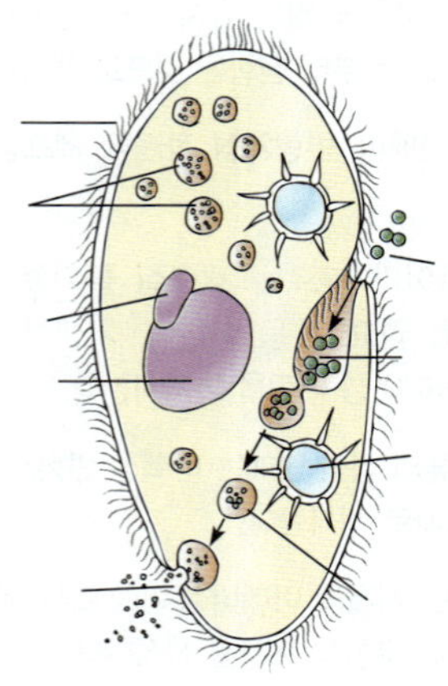

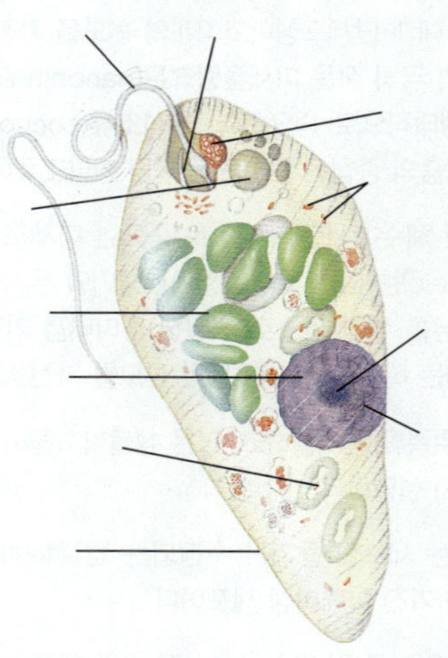

## 심화 학습문제

1. **자료분석.** 와편모조류에 대해 학습한 것을 근거로 그림 25-3의 분기도에서 이들을 어디에 둘 것인가? 와편모조류는 원생동물의 어떤 그룹과 가장 밀접하게 관련되어 있는가?

2. **진화적 연계.** 왜 원생생물계를 측계통으로 간주하는가? 답의 설명을 돕기 위해 그림 25-3을 이용하라.

# 26

# 진균계

Jeff Lepore/Photo Researchers, Inc.

**균류의 포자.** 둥근 모양의 방귀버섯의 일종(*Geastrum saccatum*)이 약 1.3 ㎝ 넓이의 포자낭이 빗방울을 한 방울 맞은 뒤 미세한 포자가 빨리 방출되고 있다. 이 균류는 북아메리카 전역에 걸쳐 수목아래 낙엽에서 흔하게 볼 수 있다.

## 핵심 개념

균류는 진핵성 타가영양생물이고 주변에서 영양분을 흡수한다.

균류는 단세포성 효모 또는 사상체이고 균사체를 형성하는 길고 분리된 균사를 구성하는 다핵성 곰팡이다.

대부분 균류는 포자로 무성과 유성생식 둘 다 한다.

현재가설에 따르면 균류는 단세포성 운동성있는 원핵생물로부터 진화해왔고 5개 주요 그룹으로 분지되었다.

균류는 생태적, 경제적, 생물학적 그리고 의학적으로 중요하다.

미식가들이 좋아하는 버섯, 그물버섯, 송로는 효모, 빵에 피는 검은 곰팡이, 축축한 샤워커튼에 있는 곰팡이와 최근 공통조상을 공유한다. 이들은 모두 **진균계(kingdom Fungi, 균계)**에 속하며, 100,000종 이상이 알려져 있고, 대부분 육상생활을 한다. 비록 이들의 크기나 모양은 매우 다양하지만, 모든 균계의 생물들은 진핵생물이다.

일부 균류는 거대한 크기로 자란다. 워싱턴주에 균류 클론(*Armilaria ostoyae*)은 1,500 에이커보다 더 많은 면적을 차지하는 것으로 알려졌다. 주로 땅 아래 있는 이 거대한 균류는 1개의 포자가 수 천년 전에 발아한 것에서부터 발생하였다. 균류는 단편으로 나눠지고 더 이상 하나의 연속적인 몸체를 만들지 않는다.

원핵생물처럼, 대부분 곰팡이는 사체의 유기물로부터 영양분을 얻는 부식자이다. 유기화합물을 분해하면 탄소와 다른 요소들은 환경으로 방출되고 재순환된다. 많은 균류는 공생관계를 형성한다. 일부균류는 지의류처럼 조류, 남조류와 함께 공생하며 살아간다. 다른 균류는 기생자이고 식물과 동물에 질병을 일으키는 병원체이다. ■

## 26.1 균류의 특징들

### 학습목표

1 균계의 특징을 설명 할 수 있다.

2 전형적인 균체 구조를 설명 할 수 있다.

3 전형적인 균류의 생활사를 유성생식과 무성생식을 포함하여 설명할 수 있다.

비록 크기와 모양에서 현저하게 다양하지만 모든 균류는 막성 세포소기관과 키틴을 포함하는 세포벽을 가지며, 영양분을 획득하는 방법의 주요형질을 공유하는 진핵생물이다.

다양한 균류는 pH 2–9까지의 환경에서도 견뎌내고 자랄 수 있고, 광범위한 온도 범위에서 성장할 수 있어서 심지어 냉장된 음식물에조차도 균류가 침입할 수 있다.

### 26.1.1 균류는 환경으로부터 영양원을 흡수한다

식물과 달리 균류는 간단한 탄소원($CO_2$)로부터 유기물질을 만들어낼 수 없는 타가영양생물이다. 균류는 음식물에 침투하고 소화효소를 체외에서 안으로 분비시켜 소화시킨다.

소화과정은 체외에서 일어나, 복합체물질들이 작은 물질로 부수어졌을 때 균류는 소화된 음식물을 체내로 흡수하게 된다.

### 26.1.2 대부분 균류는 실모양의 몸체를 가진다

균류학자들은 몸체를 기본으로 하여 2가지 형태인 곰팡이와 효모로 정의하였다. 가장 간단한 균류는 **효모**(yeast)이고 이는 단세포이고 둥글거나 난형이다. 땅속, 잎, 과일과 우리의 몸에서도 발견된다. 효모는 빵과 발효된 음료수를 만드는데 필수적이다.

대부분 균류는 **곰팡이**(mold)이다. 대부분 균류의 영양체(무성적인)는 **균사**(hypha)라고 하는 길고, 가지가 난 실모양의 가느다란 사상체들로 구성되어 있다(그림 26-1 a, b). 균사가 길게 뻗어나감으로써 균류는 새로운 영양원으로 범위를 넓히고, 더 넓은 표면으로부터 영양분을 흡수한다.

균사는 단세포 포자로부터 첫 번째 발생한다. 균사가 생장함으로써 **균사체**(mycelium)로 알려진 엉킨 덩어리 또는 조직의 집합체를 형성한다. 때때로 빵 위에서 거미줄과 같은 곰팡이가 균류의 균사체이다. 균사체가 보이지 않는 것은 빵 속으로 자라고 있기 때문이다.

대부분 균류에서 균사들은 **격막**(septum)이라고 하는 벽에 의해 나누어져 1개 또는 그 이상의 핵을 포함하는 세포가 된다(그림 26-1c, d). 많은 진균류의 격막은 작은 구멍에 의해 천공이 되고, 이 구멍들의 크기는 세포에서 세포로 세포소기관이 유동할 수 있는 충분한 크기이다. **다핵체**(coenocytic)로 불리는 일부 균류는 격벽이 없다. 이들 종에서 핵분열은 세포질분열을 이루어 내지 않는다. 그 결과 다핵체 균류는 길게 뻗어서 다핵성의 커다란 하나의 세포가 된다(그림 26-1e).

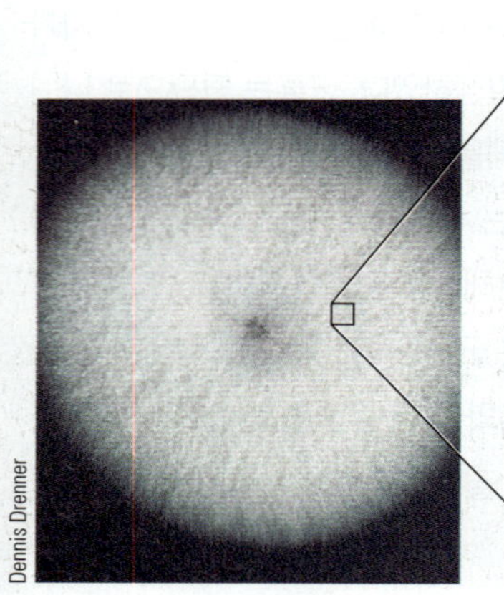


(a) 균사체, 배양접시에서 자라는 홍조류로 실과 같은 균사(10 cm 넓이)의 덩어리, 자연 상태에서 균류의 균사체들은 비대칭적이다.

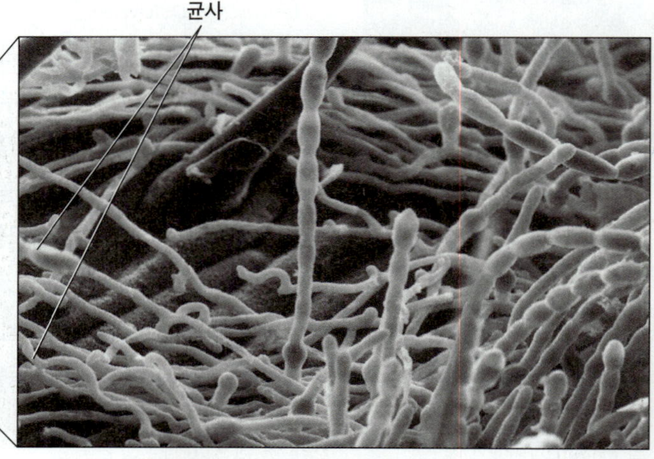


(b) 잎(균사체 아래에서 어두운 부분)에서 자라는 *Blumeria graminis*의 균사체의 주사전자현미경 사진.

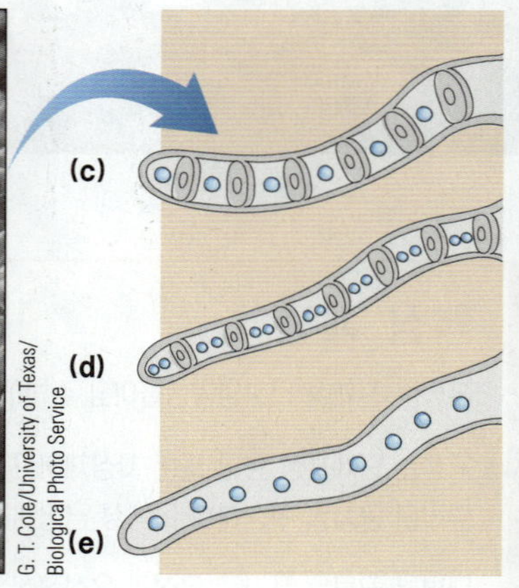


(c) 격막에 의해 세포가 나누어진 균사; 각각의 세포는 단핵성이다. 어떤 분류군에서는 격막이 천공되어 있다(보여 지는 것처럼).

(d) 격막에 의해 나누어진 균사의 각 세포는 이핵성이다(유전적으로 2개의 다른 핵소체를 가진다).

(e) 다핵세포의 균사

**그림 26-1 균류의 몸체.**

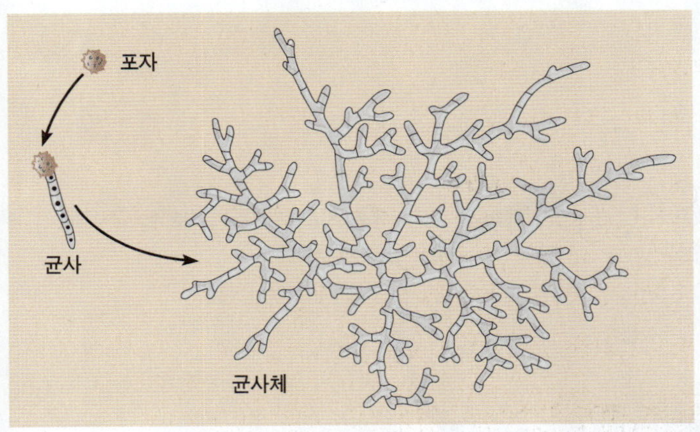


**그림 26-2** 포자로부터 균사체로의 발생 형태로 포자가 발아한다.

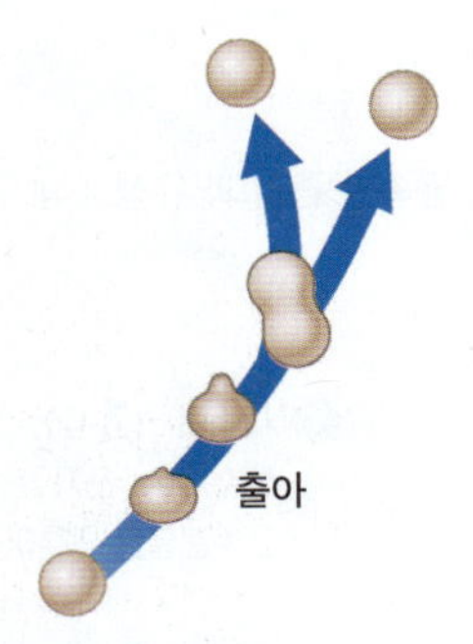


**(a)** 효모는 출아법에 의해 무성생식 한다.

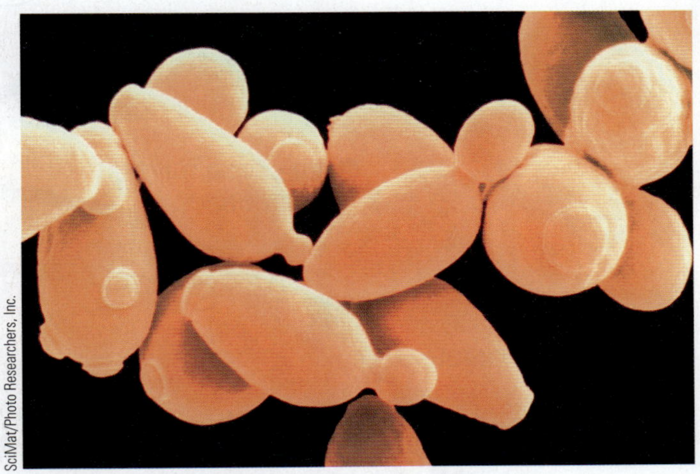


**(b) 빵효모(*Saccharomyces cerevisiae*)의 주사현미경 사진.** 제빵사 또는 양조장의 효모로 알려진 이 균류는 당을 발효시키고 이산화탄소와 알코올을 생산한다. 맥주와 와인생산 그리고 제빵에 이용한다. 출아법에 의해 여러 세포가 만들어지고 유성생식을 준비하는 것을 주목하라.

**그림 26-3** 단세포 균류인 효모는 단세포 균류이다.

## 26.1.3 대부분의 균류는 포자에 의해 번식한다

대부분의 균류는 미세하고 새로운 유기체로 발생할 수 있는 생식세포인 **포자**(spore)에 의해 번식한다(**그림 26-2**). 대부분 그룹에서 포자는 비운동성이다. 이들은 바람, 물 또는 동물에 의해 분산된다. 우리가 숨쉬는 공기는 수많은 균류포자로 채워져 있다.

균류는 유성적 또는 무성적으로 포자를 생산한다. 무성생식에서 새로운 균류는 빠르게 생산된다. 그러나 유전적 다양성은 거의 없다. 유성생식은 새로운 유전자형을 만들어내고 감수분열을 포함한다.

포자는 기생균사 또는 자실체에서 생산되고 쉽게 분산될 수 있다. 포자가 만들어내는 구조를 **포자낭**(sporangia)이라 부른다. 몇몇 균류의 기생균사는 **자실체**(fruiting body)라고 하는 크고 복잡한 생식구조를 형성하여 포자를 생산한다. 버섯의 거의 모든 부분이 커다란 자실체이다.

### (1) 많은 균류는 무성적으로 생식한다

효모는 무성적으로 생식한다. 일차적으로 부모세포로부터 눈(무성아)를 형성함으로써 (**그림 26-3**) 무성적으로 생식한다. 포자는 유사분열에 의해 만들어지고 그후 공기 또는 물로 방출된다. **분생자병**(conidiophores)은 **분생포자**(conidia)라 부르는 무성포자를 생산하는 특수화된 균사이다. 분생자병 위에 분생포자의 배열은 종마다 다양하다.

### (2) 대부분 균류는 유성적으로 생식한다

많은 곰팡이 종은 다른 교배유형과 접촉 했을 때 유성생식을 한다. 동물과 식물세포와는 달리 대부분 균류의 세포는 일반적으로 반수체 핵을 갖고 있다. 유성생식에서 유전학적으로 화합할 수 있는 교배유형의 균사가 합쳐지고, **세포질융합**(plasmogamy)이 나타난다. 그 결과 세포는 각각 균류로부터 온 2개 반수체 핵을 가진다. 이 세포는 유사분열을 거쳐 다른 세포로 2개 핵을 준다. 이때 2개 반수체 핵은 융합하여(**핵융합: karyogamy**), **접합체 핵**(zypote nuclus)으로 불리는 2배체 핵을 포함하는 세포로 된다.

가장 큰 2개 균류문, 자낭균류와 담자균류에서는 균사체가 융합되는 세포질융합이 일어나지만 2개 다른 핵의 융합인 핵융합은 즉시 일어나지 않는다. 이때 핵은 세포질안에 분리된 채로 남아있다. 2개의 유전적으로 서로 다른 2개 핵을 포함하는 균사체를 이핵체라고 한다(그림 26-1d). 이것은 2개의 분리된 반수체 핵이기 때문에 $2n$보다는 $n+n$으로 표현된다. 세포가 단지 하나의 핵을 포함한 균사를 **단핵성**(monokaryotic)이라 한다. 이핵체 단계의 존재는 자낭균류와 담자균류의 중요한 인식형질이다.

균류는 생활사에 많은 변이를 가지는 다양한 그룹이다. 대부분

**요점**

대부분 균류는 무성생식(급속한 증식)과 유성생식(새로운 유전자형)을 함께한다.

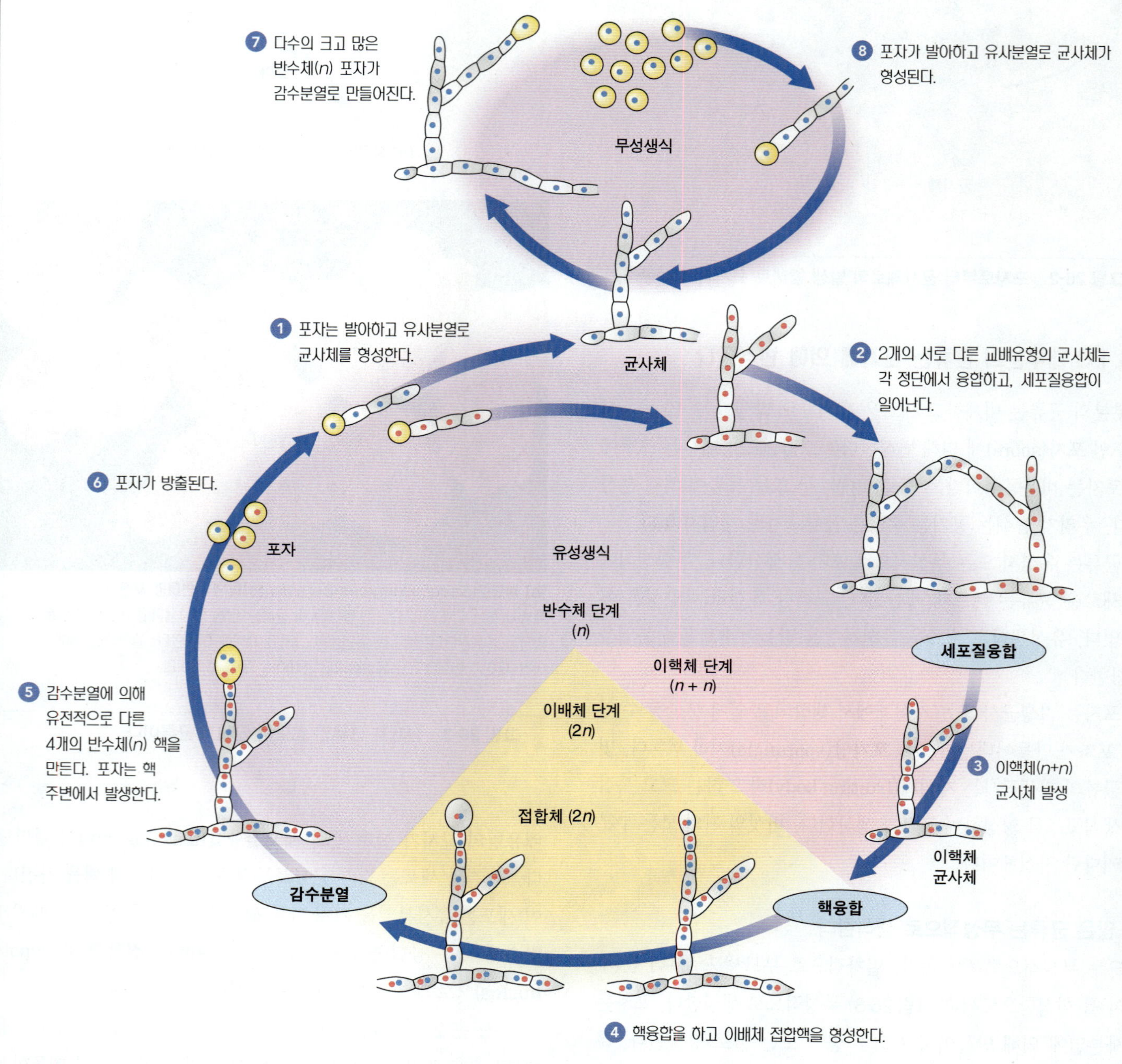


**그림 26-4 대부분 균류 생활사의 기본과정.**

균류는 무성적, 유성적 생식 둘 다 한다. **그림 26-4**에 전형적인 생활사를 나타내었다. 균사는 작은 포자로부터 실과 같이 뻗어나 끝에서 분지를 자주 하면서 성장한다. 많은 균류에서 2개의 다른 교배유형으로부터 온 개별적인 세포는(원형질융합) 융합하고 그 결과 이핵체 균사체를 만들어낸다. 대부분 균류에서 감수분열을 거쳐 접합체를 만들어내는 핵융합(2개 핵의 융합)이 일어난다. 각 반수체 포자 생산은 발아할 수 있고 유사분열에 의해 새로운 균사체로 발생할 수 있다. 무성생식에서는 포자낭이 발생하고 유사분열로 포자를 만든다.

균류는 **페로몬(pheromone)**이라 부르는 신호분자를 분비함으로써 화학적으로 의사소통 한다. 예를 들면 접합균문의 페로몬은 특이적인 기생균사의 형성을 유도한다.

**복습**

- 다른 유기체와 구분되는 균류의 특징은 무엇인가?
- 균류의 전형적인 생활사를 그려보라.

## 26.2 균류의 다양성

**학습목표**

**4** 균류는 opisthokonts 그룹에 속하고, 이는 식물보다 동물에 더 가까운 유연관계를 보이는 가설을 설명할 수 있다.

**5** 균류의 일반적인 조상이라고 추측되는 편모류로부터 진화된 최초의 균류 그룹이 왜 항아리균 문인지를 설명할 수 있다.

**6** 균류 그룹의 전형적인 생활사와 구별되는 특징을 항아리균, 접합균, 자낭균, 글로메로균, 담자균의 예를 들어 기술할 수 있다.

수세기동안 생물학자들은 균류를 식물계에 분류하였었다. 그러나 일부 분류학자들은 식물과 균류 사이에는 중요한 구조적 차이가 존재한다고 반박하였다. 식물처럼 균류는 세포벽을 가지지만 식물과 다르게 균류세포벽은 셀룰로오스를 포함하지 않는다. 게다가 그들은 곤충 외골격에서 발견되는 다당류인 키틴을 포함한다. 균류의 영양형태 역시 식물의 것과 매우 다르다. 식물은 자가 광합성을 하는 반면 동물처럼 균류는 타가영양을 한다. 1969년 **위타커(R.H.Whittaker)**는 균류는 하나의 독립된 계인 균계로 분리되어야 한다고 제안하였다.

### 26.2.1 균류는 opisthokont 계통군으로 분류된다

25장에서 논의 했듯이 균류, 동물, 그리고 입금편모충류(choanoflagellates)를 포함하는 일부 원생생물은 최근 생물계의 체계에 따르면 아메바와 사람을 포함한 동물과 함께 opisthokont 그룹에 속하며 단계통을 형성한다. 유전적, 구조적, 유사성이 이 그룹을 지지한다. 동물처럼 균계는 미토콘드리아에 크리스타를 가진다. 이 계통군(clade)이 공유하는 다른 성질은 뒤쪽에 하나의 편모를 가지는 편모성 세포이다. 다른 진핵성 그룹에서 편모성 세포는 1–2개 이상의 앞쪽의 편모로 움직인다.

### 26.2.2 균류는 다양한 그룹들로 진화되어 왔다

전통적으로 균류의 분류는 주로 균류의 생식포자와 자실체의 특

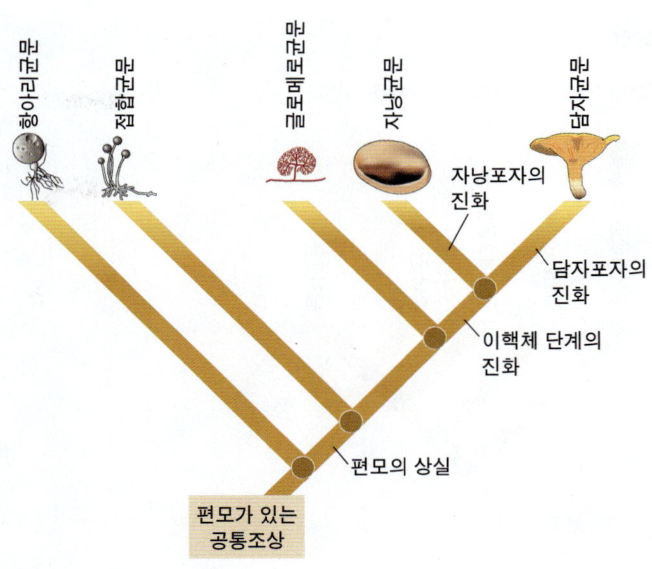


**그림 26-5 균류의 진화: 균류의 주요 문(phyla)의 분기도.**

이 분기도는 많은 종의 리보좀 유전자와 핵 유전자의 염기서열 데이터 비교에 근거하여 현생 균류들 사이에 계통학적 유연관계를 보여준다. 항아리 균류강은 다른 문(phyla)들로부터 갈라져 나온 최초의 균류이다. 자낭균류와 담자균류는 자매군이다. 균류의 계통도는 현재도 진행 중임을 기억하라자.

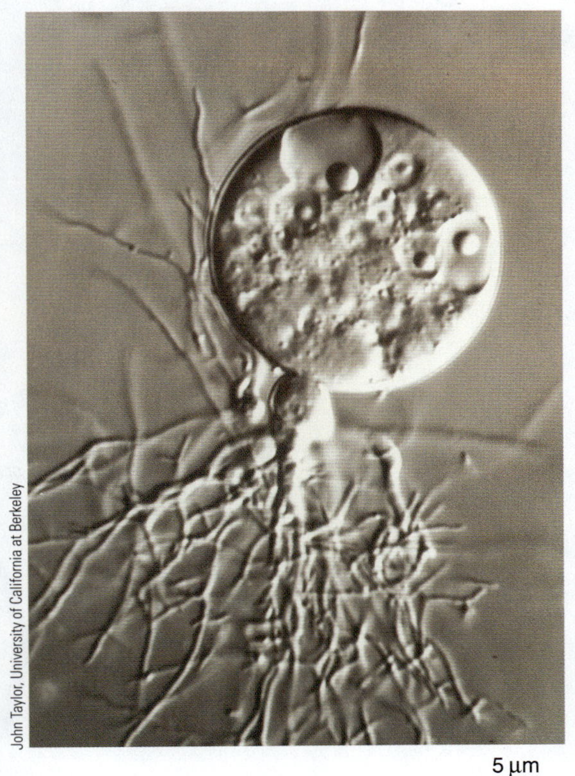


**그림 26-6 항아리균류.**

광학현미경으로 본 일반적인 항아리 균류(*Chytridium convervae*)의 노말스키 분별 간섭현마경 사진. 많은 항아리균류는 다핵체인 공 모양(둥근 모양)의 엽상체와 표면 상으로는 뿌리와 닮은 갈라진 헛뿌리로 구성되어진 미세한 몸의 형태를 가진다. 이 헛뿌리들은 항아리균류 엽상체를 고정시키고 소화가 된 음식물을 흡수한다.

## 요점

항아리균류는 편모성 생식세포를 가진다.

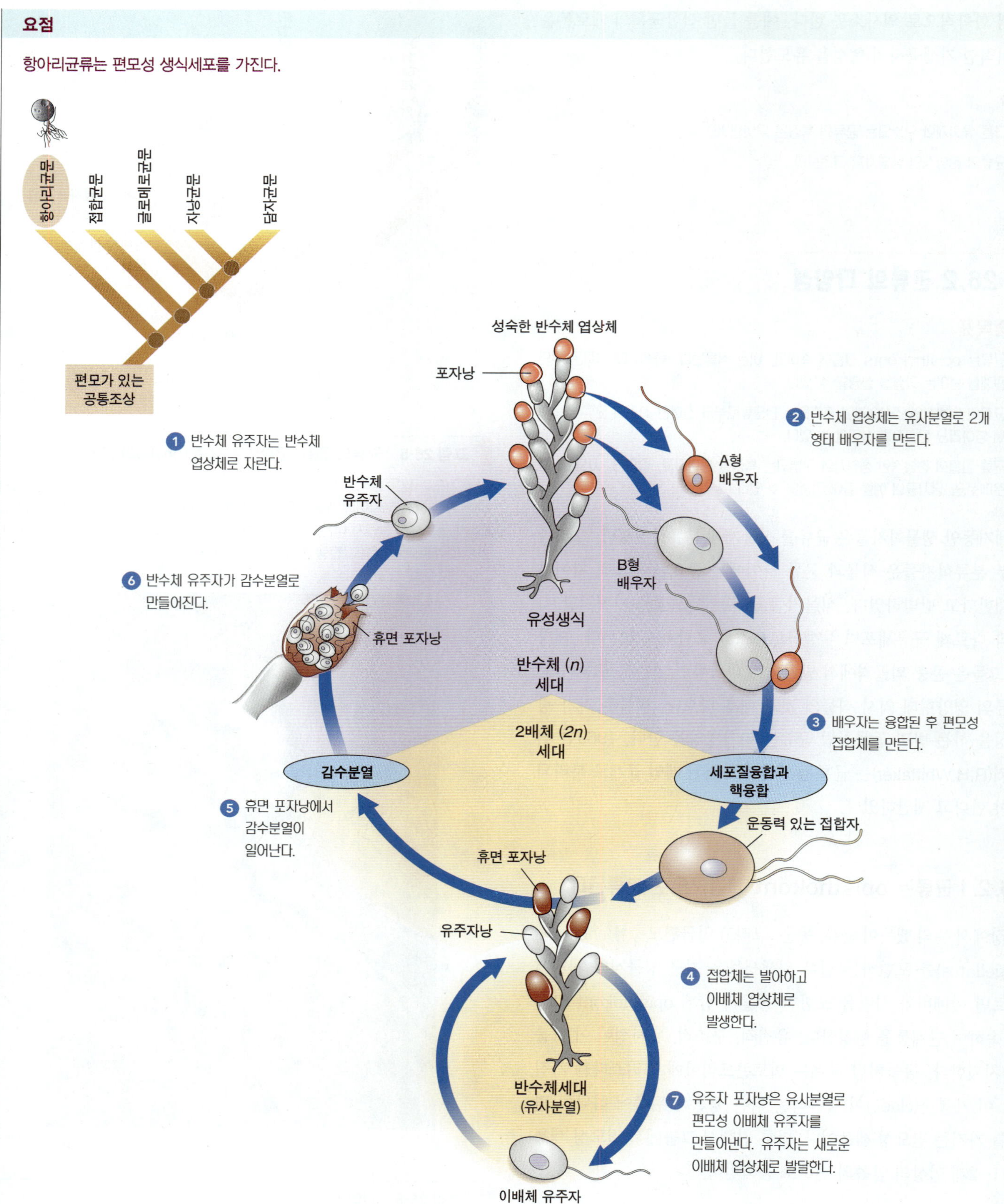


**그림 26-7 항아리균, *Allomyces arbuscula*의 생활사.**

항아리균에는 편모성 생식세포가 있다. *Allomyces*는 외면이 닮아 있는 반수체와 이배체 세대가 번갈아 일어난다.

징에 기반을 두었다. 최근에는 DNA와 RNA 염기서열 비교와 같은 분자적 데이터에 의해 균류 사이의 유연관계를 명확히 하였다. 현재 진균학자들은 균류를 항아리균문, 접합균문, 글로메로균문, 자낭균문, 담자균문의 5가지 문으로 나눈다(▌그림 26-5). 세포간 기생자인 미포자충(microsporidia)은 본 책에서 접합균문과 함께 분류하였다. 모든 균류라 부르는 것의 약 95%기 자낭균문과 담자균문에 분류되어있다. 이 문들은 자매분류군으로 여겨진다(어떤 다른 그룹과 보다도 서로가 가장 많은 최근의 공통조상을 공유하기 때문에). 이들은 격막성 균사체와 생활사의 유성부분 중에 이핵체 단계를 가진다.

최근까지 진균학자들은 25,000여종의 균류를 그룹화 하였고 이들은 불완전 균류문으로써 주요 그룹에 맞아 떨어지지 않았다. 또한 최근 공통조상을 공유하지 않은 다계통 그룹이었다. 진균학자들은 균계를 생활사 중에 유성단계가 없다면 불완전균류로써 분류하였다. 불완전균류로써 분류된 대부분 균류는 자낭균류가 하는 것 처럼 분생포자의 방법으로 생식한다.

### 26.2.3 항아리균문은 가장 원시적인 균류이다

최근까지 **항아리균류(chytrids; chytridiomycetes)**는 여러 가지 면에서 물곰팡이와 비슷하여 대부분의 생물학자들은 원생생물로 간주하였다. 그러나 구조적 형질과 분자형질 모두는 항아리균문의 대략 1,000여종이 균계의 일원임을 제시한다. 또한 분자적 증거는 항아리균류가 균류 그룹 중에 가장 먼저 진화되었으리라 추정한다. 항아리균류는 포자의 미부에 편모성 세포를 가지는 유일한 균류이다. 유성생식은 대부분 항아리균류에서 밝혀지지 않았다.

항아리균류는 연못이나 축축한 토양에 서식하는 상대적으로 간단하고 작은 분해자이다. 일부 종은 식물과 동물에 질병을 일으킨다(56장의 초첨: "양서류 개체군의 쇠퇴"참조).

대부분 항아리균류는 단세포 또는 **엽상체(thallus)**라 부르는 간단한 몸체를 형성하는 작은 세포로 구성된다. 엽상체는 **헛뿌리(rhizoid)**로 불리우며 가느다랗고 길게 자라고, 이를 영양원에 내리고 음식을 흡수한다(▌그림 26-6).

항아리균문에서 일반적인 것이 민물 및 습지 부생체인 알로미케스속(*Allomyces*) 인데, 이것은 대부분의 균류와 비교하여 볼 때 특별한 세대교번(반수체($n$) 엽상체와 이배체($2n$) 엽상체)생활사가 나타난다(▌그림 26-7). 반수체와 이배체 엽상체는 형태가 유사하다. 분지의 끝부분에 반수체 엽상체는 2개 형태의 포자낭(유사분열에 의해 형성된 배우체 구조)을 만든다. 각 포자낭은 다른 유형의 편모성 배우체를 만든다.

배우체의 각 유형은 다른 유형을 유혹하는 페로몬을 분비하여 융합한다. 세포질융합, 핵융합이 일어나고 운동성 접합체를 형성한다. 각 접합체는 이배체 엽상체로 발생할 수 있다.

이배체 엽상체는 유주자낭과 휴지기의 포자낭의 2가지 종류의 포자낭을 가진다. 유주자낭은 새로운 이배체 엽상체로 발달하는 편모를 가진 이배체 **유주자(zoospore)**를 생산한다. 휴지기의 포자낭 내에서 감수분열이 일어나며, 반수체 유주자를 형성하여 각각은 착생하여 반수체 엽상체로 발달한다.

### 26.2.4 접합균문은 접합포자를 형성하여 유성생식을 한다

진균생물학자들은 1,100여종보다 더 많은 **접합균문(zygomycetes)**의 이름을 정하였다. 이 분류군의 모든 균류들은 항아리균문과 가장 유연관계가 가깝다. 그러나 접합균문은 단계통이 아니다.

대부분의 접합균문은 토양에 사는 분해자이고, 몇몇은 동 · 식물에 기생자이며, 다른 몇몇은 식물뿌리와 관련된 균근이다(▌그림 26-8). 몇 몇 종은 사람을 포함하는 동물과 식물에 질병을 유발한다.

유성생식동안 접합균문은 **접합포자(zygospore)**라고 하는 생식포자를 생산한다. 이들의 균사는 다핵체이고, 격막이 없다. 격막은 생식구조로부터 균사를 분리하기 위해 형성된다.

**그림 26-8 동물의 변에서 자라는 접합균류의 일종인 *Pilobolus*.**

균에서 많은 균사체를 포함하고 있는 동물의 변에서 뻗어져 나온 줄기가 있는 *Pilobolus*의 포자낭의 모습. 이 균류는 많은 균사체를 포함하고 있다. 5–10 mm 길이의 줄기를 가지고 있는 포자낭은 마치 산탄총을 쏘는 것처럼 하여, 변으로부터 근처의 풀밭에 효과적으로 포자낭을 방출한다. 소와 말과 같은 동물이 풀을 먹을 때, 이 포자들은 동물의 소화기관에 해를 끼치지 않고 통과하여 신선한 변 위에 쌓이게 된다.

**요점**

대부분 균류처럼, 대부분의 접합균류는 유성생식과 무성생식을 함께한다.

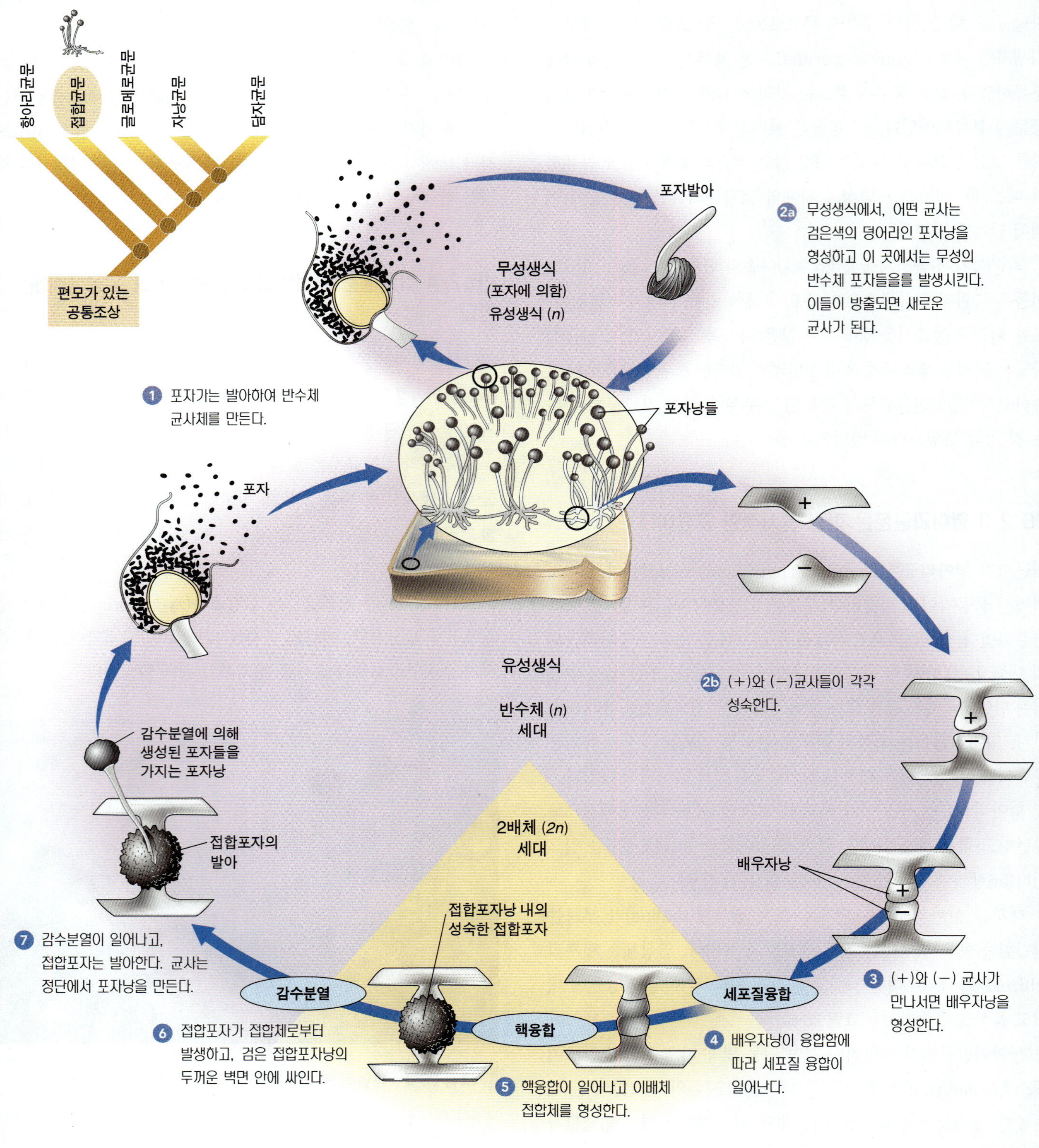


**그림 26-9** 접합균문, 검은색 빵 곰팡이(*Rhizopus stolonifer*)의 생활사.

가장 흔한 접합균문 중에 하나는 검은빵곰팡이(*Rhizopus sotolonifer*)이다. 이 곰팡이는 빵과 다른 음식물을 부패시키는 분해자이다. 만약 방부제를 첨가하지 않고 실온에 두면 빵은 며칠 안에 보풀같이 성장한 검은 곰팡이로 덮인다. 포자가 떨어지고 그것이 발아하여 균사체로 성장하면 빵에 곰팡이가 생긴다(**그림 26-9**).

검은빵곰팡이에서 유성생식은 형태적인 차이가 없는 (+)와 (−)로 나타내는 2개의 다른 접합형태의 균사가 서로서로 접촉하여 자랄 때 일어난다. 빵곰팡이는 **자웅이체성(heterothallic)**인데, 이것은 각각의 균사가 자가불임성이고, 다른 접합형태의 균사와만 교배한다는 의미이다.

반대되는 교배형태의 균사가 가까이 근접할 때, 페로몬(화학신호)에 반응하여 균사의 끝은 엉키게 하여 배우체로 여겨지는 배우자낭을 형성한다. 배우자낭은 결합되고, (+)와 (−)핵이 융합되어 이배체 핵인 접합자를 형성한다. 접합포자는 많은 이배체 핵을 포함하고 두꺼운 방어막에 의해 둘러싸여진 접합자, **접합포자낭(zygosporangium)**에서 접합포자가 만들어 진다. 감수분열은 접합포자의 발아 전에 일어난다.

접합포자가 발아할 때 공기 중의 균사는 가지 끝의 포자낭에서 발달한다. 포자낭 내에서 유사분열이 일어나 반수체의 포자를 만들어 내고, 이들이 방출되어 발아하여 새로운 균사를 만들어 낸다. 검은빵곰팡이의 접합자만 이배체이고, 모든 균사와 무성포자는 반수체이다.

### (1) 미포자충은 분류학적 미스테리 분류군이다

**미포자충(Microsporidia)**은 진핵세포를 감염시키는 작고 단세포성인 기생생물이다. 이는 면역력이 떨어진 사람에게 감염을 일으켜 많은 기관계를 포함하는 다양한 질병을 유발하고 일부 종은 치명적 감염을 일으킨다.

미포자충는 숙주안에서 2개의 발생단계를 거친다: 즉 섭식단계와 생식단계이다. 일부 미포자충종은 이분법으로 나누어지고 나머지는 여러 개 세포로 나누어진다. 일부 종은 포자생산 전에 감수분열과 핵융합을 겪는다. 두꺼운 보호세포벽을 가지는 포자는 숙주 세포안의 세포와 세포사이를 지날 수 있고 또는 소변을 통해, 피부를 통해 배출될 수 있다. 구별되는 형질을 가진 유일한 단계인 포자는 이 그룹을 동정하는데 이용된다.

각 포자는 길고 실같은 **극관공(polar tube)**의 유일한 구조로 채워져 있다. 포자가 새로운 숙주의 소화기관에 들어가면 극관공를 방출하고 소화기관에 침투한다. 하피의 침엽처럼 작용하여 극관

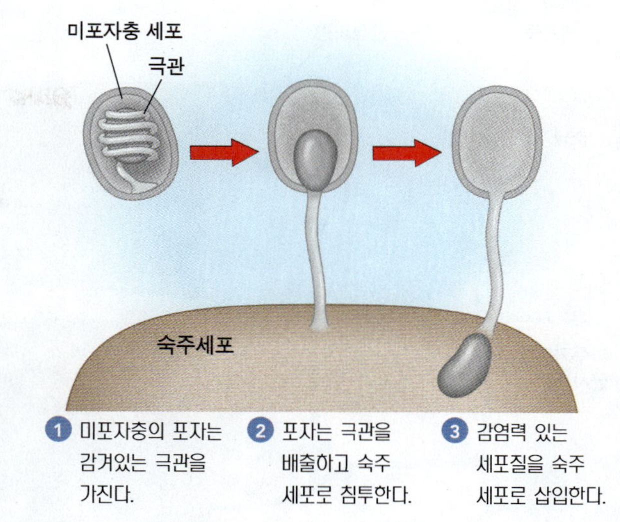


**그림 26-10** 미포자충에 의한 감염.

공은 숙주세포로 포자의 내용물을 침투시킨다(**그림 26-10**).

미생물학자들은 백만종 이상의 미포자충이 존재하는 것으로 추정하고 있지만 단지 1,500여종만이 이름을 가지고 있다. 포자충은 효모와 박테리아와 함께 분류되었었다. 1976년에 그들은 원생생물로 분류되다가, 1980년대에 와서 미포자충을 가장 원시적인 진핵생물의 예로 인정하기 시작하였다. 진핵생물로 알려진 것들 중 가장 작고 가장 간단하였고 대부분 박테리아 유전체보다 더 작은 유전체를 가진다. 미포자충은 미토콘드리아, 편모 그리고 골지복합테를 갖지 않으며, 그들의 리보좀은 원생생물의 것과 유사하다.

## 26.2.5 글로메로균문는 식물뿌리와 공생관계에 있다

**글로메로균문(Glomeromycetes)**은 대부분의 나무와 초본성식물의 뿌리 내에 세포간연결을 형성하는 공생자이다. 또한 격막이 없는 다핵체 균사를 가진다. 그들은 **출아포자(blastopore)**라 부르는 크고 다핵의 포자로써 무성적으로 생식한다. 유성생식은 알려지지 않았다.

식물의 뿌리와 균류사이에 공생관계는 **균근(mycorriza)**이라 부른다(**그림 26-11**). 뿌리는 유기물을 균류에게 공급한다. 균근균류는 토양에서 유기물질을 부식시킨다 그리고 또한 뿌리까지 뻗어서 식물에게 이익을 준다. 가느다란 균사체는 뿌리보다 더 가늘어서 좁은 공간에 까지 뻗칠 수 있고 식물체가 포획할 수 없는 영양분을 흡수할 수 있다. 균근균류의 도움으로 식물은 더 많은 물

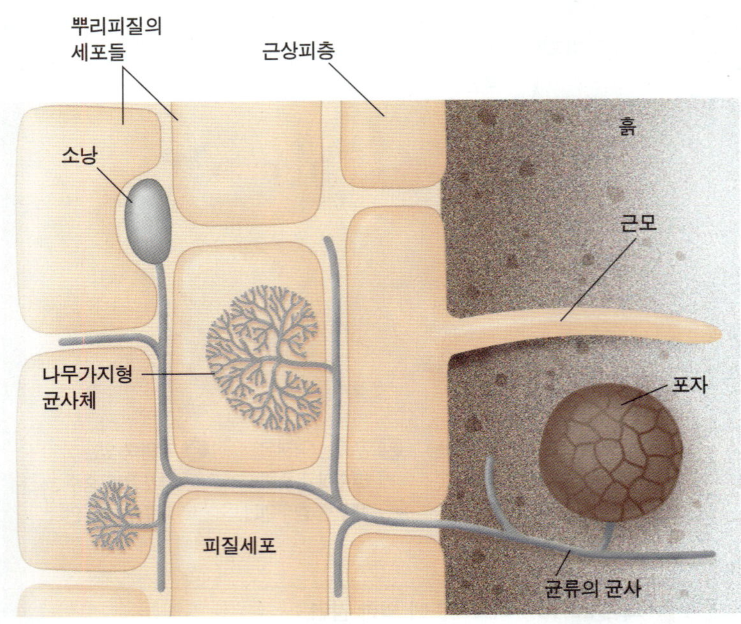


**그림 26-11 나뭇가지형 균근.**

이 균사체는 뿌리 안으로 자라난다. 균사는 뿌리세포 사이에 가지를 내린다. 균사는 두 뿌리 세포의 세포벽을 통해 침투하고 가지를 뻗어 나뭇가지형을 형성한다. 뿌리세포 사이에 하나의 균사 정단은 부풀어지고 영양원을 저장하는 주머니로 사용한다. 토양에 있는 균사의 정단은 커져 포자를 형성한다. 뿌리세포 사이의 공간은 확장 된다.

과 인과 질소 같은 유기영양분을 흡수할 수 있다.

글로메로균문은 뿌리세포의 세포벽을 통해 균사를 뻗는다. 그러나 원형질막으로 침투하지 않는다. 그렇기 때문에 그들은 세포와 세포 사이에서 나타난다(내생균근). 가장 넓게 분포하는 내생균근은 **나뭇가지형 균근**(arbuscular mycorrhiza)이라 부르며 이는 뿌리세포 안쪽에 균사가 나뭇가지 모양의 수지상체 형성하기 때문이다(그림26-11). 이 나뭇가지 부위가 식물과 균사체 간의 영양소 교환 부위이다. 나뭇가지형 균근은 전적으로 지하에서 산다.

사실, 식물학자들은 균류 균사는 식물에게 그들의 고유의 뿌리시스템을 진화하기 전에 물과 무기 염류를 제공했을 것이라고 제안해 왔다.

## 26.2.6 자낭균문은 자낭포자의 형성에 의해 유성생식을 한다

**자낭균류**(Ascomycetes)은 약 32,000여종으로 구성된 큰 그룹이다. 다양한 자낭균류는 대부분의 효모 대부분의 음식을 상하게 하는 청녹색, 분홍색 그리고 갈색 곰팡이 분해자인 주발버섯(cup fungi) 식용인 그물버섯(morel)과 송로(truffle)를 포함한다.

자낭균의 이름은 그들의 유성생식포자가 **자낭**(ascus)라고 하는 미세한 낭에서 만들어지기 때문이다. 이들 균사는 보통 격벽을 가지지만, 구멍이 있기 때문에 1개의 세포구획에서 다른 세포구획으로 세포질이 끊임없이 움직인다.

자낭균의 대부분은 *분생자자루*(conidiophore)로 알려진 특정 분화된 균사의 끝에 형성된 *분생자*(conidium)라고 하는 포자를 무성적으로 생산한다(**그림 26-12**).

자낭균의 몇몇 종은 자웅이체성이고 다른 교배균주를 가진다. 나머지는 **자웅동체성**(homothallic)이며 스스로 번식하고 스스로 교배 할 수 있음을 나타낸다. 자웅이체성과 자웅동체성 자낭균은 둘 다 유성생식을 하고, 배우자낭이 만나서그들의 세포질이 섞인다.

전형적인 자낭균류의 생활사를 살펴보자(**그림 26-13**). 예를 들어 세포질융합은 2개의 서로 다른 교배유형의 균사가 함께 그리고 융합되어 일어난다. 이핵성 세포인 새로운 균사는 융합된 구조에서 발달하고 균사의 끝이 자낭들을 만들어 내는

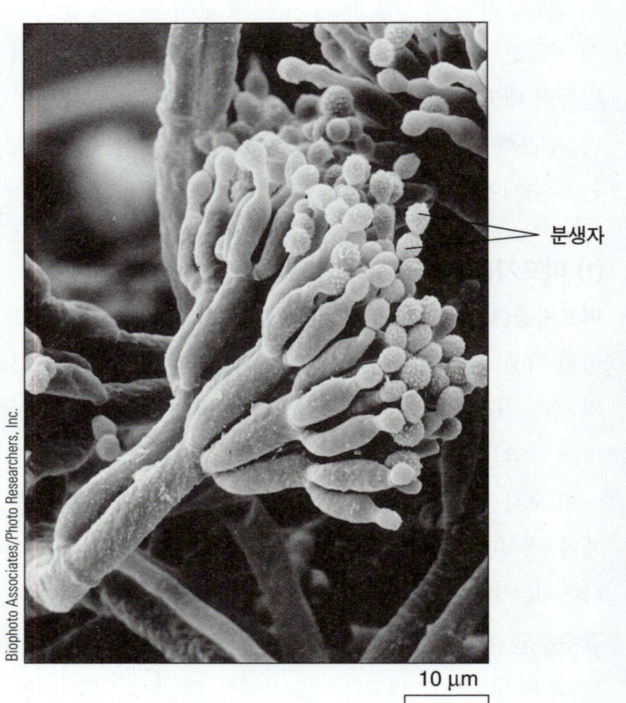


**그림 26-12 분생자들.**

분생자(conidia)는 자낭균문, 몇몇 담자균 문과 대부분의 불완전균 문에 의해 생겨난 무성생식 세포들이다. 분생자 자루 위에 분생자들의 배열은 종마다 다양하여 이것이 균류를 동정하는데 사용된다. 그림은 SEM으로 관찰된 *Penicillium*의 분생자 자루로서 이것은 마치 붓과 같이 생겼다. "빗자루 모양"의 끝에 떨어진 분생자를 주목하여 보라.

## 요점

자낭균류는 무성적 포자인 분생자를 만들고 유성포자인 자낭포자를 만든다.

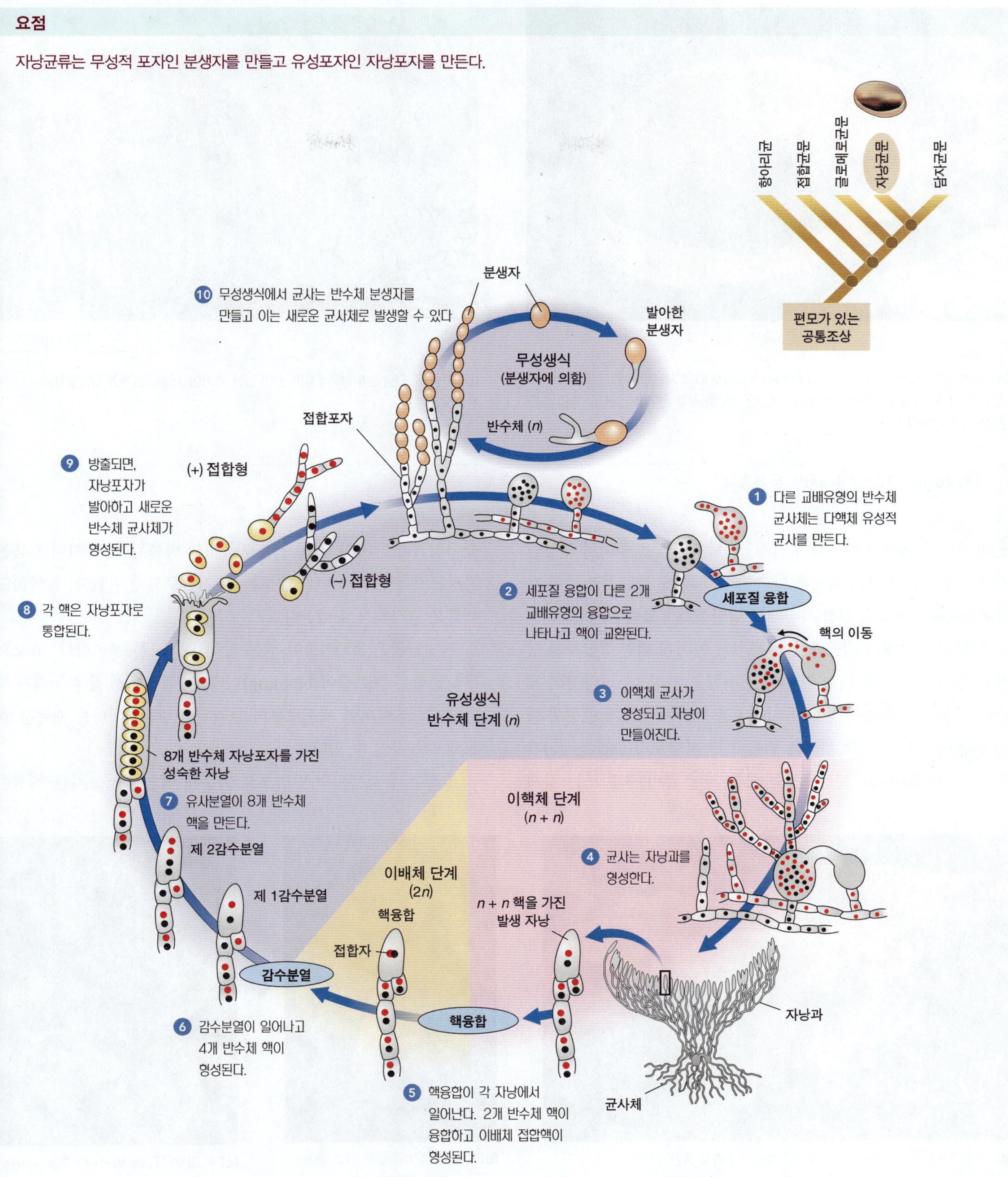


**그림 26-13** 전형적인 자낭균문의 생활사.

유성생식은 다른 교배유형의 반수체 균사체가 필요하다. 이핵체 단계와 세포질융합, 핵융합 단계가 분리되어 있음을 주목하라. 5–8 단계는 자낭과 안의 자낭에서 일어난다

**(a)** 일반적인 주발버섯류인 *Peziza badio-confosa*의 자낭과는 컵받침 또는 사발모양이고 넓이는 3–10 cm이다. 이 버섯은 북아메리카 전역에 걸친 숲 속의 습한 토양에서 발견된다.

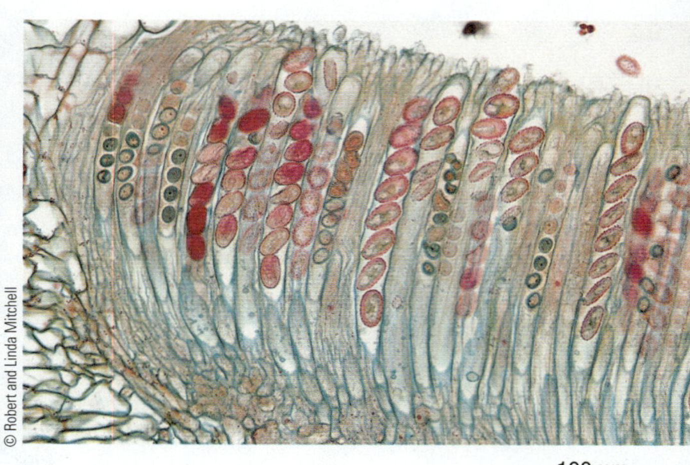


**(b)** 자낭들. 자낭과의 안쪽부분에 선이 있는 각각의 자낭은 8개의 자낭포자를 포함하고 있다.

**그림 26-14 자낭균류에서의 유성생식.**

곳에 도달할 때까지 반복하여 가지를 뻗는다. 많은 주머니 모양인 자낭이 발달함에 따라 자낭은 반수체(단핵체) 균사로 둘러싸여 **자낭과(ascocarp)**로 알려진 자실체로 발달한다(**그림 26-14a**).

각각의 자낭에서 핵융합이 일어난다. 이배체 핵인 접합자를 형성한 후 감수분열을 하여 다른 유전자형을 가진 네 개의 반수체 핵을 형성한다. 이는 한번의 유사분열을 통하여 여덟개 반수체 핵을 만든다. 그 후 각각 두꺼운 벽을 가진 **자낭포자(ascospore)**가 된다(**그림 26-14b**). 자낭포자는 보통 자낭 끝의 구멍 또는 길게 찢어지거나 딱지가 달린 구멍을 통하여 방출된다. 공기의 흐름은 자낭포자를 운반하는데, 때로는 먼 거리로도 운반한다. 발아하고 새로운 균사체를 형성한다.

자낭균문은 300여종이 넘는 단세포 효모를 포함한다. 효모의 무성생식은 주로 **출아(budding)**이다. 이 과정에서 작은 돌기가 자라고, 결국 어버이 세포로부터 분리된다. 각각의 싹은 새로운 효모세포로 자랄 수 있다.

효모는 유성생식의 방법으로 반수체 핵인 자낭포자를 형성한

**(a)** 독버섯으로 어두운 곳에서 초록빛깔로 빛나는 균습을 가진 호박등(Jack-o'lantern)버섯, (*Omphalotus olearius*)의 담자기 주름. 각 갓의 넓이는 약 15 cm이다. 호박등버섯은 동북부 아메리카와 캘리포니아에서 자라는데 위 시진은 메릴랜드의 오크나무 기저부에 자라는 것을찍은 것이다.

**(b)** 멋지게 생긴 말뚝버섯(*Phallus ravenelii*)은 담자포자의 끈끈한 덩어리를 분산시키는데 도움을 주는 해충을 유인할 수 있는 악취를 가진다. 말뚝버섯의 자실체는 18 cm까지 자란다. 펜실베이니아에서 찍은 사진.

**(c)** 운지버섯(Turkey-tail, *Trametes versicolor*)는 흔히 있는 선반버섯류이다. 선반버섯류는 선반모양과 같은 자실체를 만들고, 죽은 나무와 살아있는 나무 양쪽에서 다 자란다. 담자포자는 각각 선반아래에 위치한 구멍에서 만들어 진다.

**그림 26-15 담자균류의 자실체들.**

다. 유성생식 동안 2개의 반수체 효모는 융합하여 이배체 접합자를 만들어 감수분열을 하여, 결과적으로반수체 핵인 자낭포자로 된다. 이 포자들은 하나의 자낭 속에서 원래 세포벽에 둘러싸여 있다.

### 26.2.7 담자균류는 담자포자로 유성생식한다

**담자균류**(**basidiomycetes**)에 속하는 30,000여종은 버섯, 잔나비걸상류, 나무줄기에 선반처럼 붙어 기생하는 버섯인 말불버섯과 같이 우리에게 친숙하다(**그림 26-15**). 많은 담자균류는 영양분을 유기물질로 분해하는 분해자이다.

담자균류는 때로 "곤봉균류"(*Club fungi*) 라고 하는데, 이들은 미세한 곤봉 모양으로 자낭균류의 낭과 유사한 기능의 구조인 **담자기**(**basidia**)를 가지고 있기 때문에 유래된 이름이다. 각각의 담자기는 확장된 균사세포로, 끝에 네 개의 **담자포자**(**basidiospores**)를 발달시킨다.(**그림 26-16**). 자낭포자들이 하나의 자낭 안에 발달되는 반면, 담자포자는 담자기의 바깥쪽에 있음을 유의하라.

담자균류는 수백만 개의 담자포자를 만들고 각각의 담자포자는 새로운 **1차 균사체**(**primary mycelium**)가 생기는 잠재성을 가진다(그림 25-13). 균사는 자낭균과 같이 격막에 의해 2개로 나누어지지만, 격막은 구멍이 나 있어서 세포사이에 세포질이 흐를 수 있다.

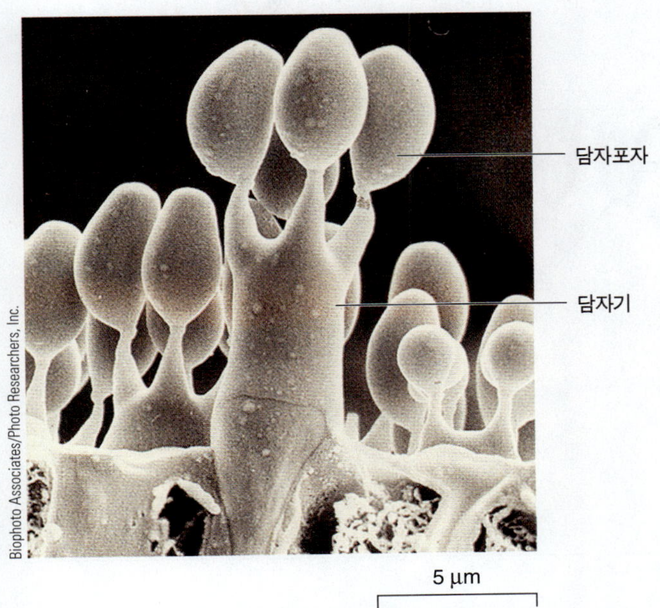


**그림 26-16 주사전자현미경으로 찍은 담자기.**

각각의 담자기는 4개의 담자포자를 생산한다.

전형적인 담자균류의 생활사를 살펴보자. 무성생식은 잘 일어나지 않는다. 그래서 우리는 유성생식에 초점을 둘 것이다. 우리는 2개의 경쟁적인 일차 균사체로부터 시작한다(**그림 26-17**). 1차 균사체의 균사가 성장하는 과정에서 다른 교배 유형의 단핵균가와 맞닿는 부분에서 이들 둘 균사는 융합한다(세포질융합). 자낭균과 같이 2개의 반수체 핵은 각각의 세포 내에서 남아있게 되고 이 핵성 균사($n+n$)를 가진 **2차 균사체**(**secondary mycelium**)가 만들어진다.

환경상태가 좋을 때 균사체 사이에서 싹(갓이 열리지 않는 버섯, button)이라고 하는 속이 꽉 들어 찬 덩어리를 형성한다. 각각의 싹은 우리가 버섯이라고 하는 자실체로 자란다. 자루와 갓으로 이루어진 버섯은 좀 더 형식적인 언어로는 **담자기과**(**basidiocarp**)로 언급된다. 갓의 아랫부분은 보통 자루에서 갓의 가장자리로 방사상으로 뻗는 **균습**(**gill**)이라고 하는 많은 얇은 수직의 판으로 이루어져 있다.

핵융합은 버섯의 균습 위의 어린 담자기 내에서 일어난다. 반수체 핵은 이핵체 세포에서 융합되고 이배체 접합핵을 형성한다. 이들은 담자균류의 생활사동안 형성되는 유일한 이배체이다. 감수분열이 일어나고 4개의 반수체 핵을 형성한 후 이들은 담자기의 바깥 가장자리로 이동되고, 담자기는 손가락과 같은 모양으로 신장하여 발달되고 핵과 약간의 세포질이 이동된다. 신장된 이들 각각이 담자포자가 된다. 격벽은 연약한 자루에서 담자기로부터 담자포자를 분리시키기 위해 형성되고, 격벽이 부서져 담자포자가 방출된다. 각 담자포자는 발아할수 있고 일차균사체로 자랄 수 있다.

**복습**

- 항아리균강이 균류의 일반적인 조상으로 부터 진화한 초기 균류라는 가설을 지지하는 증거는 무엇인가?
- (1)접합균아문 (2)자낭균강 (3)담자균류를 각각 구분하는 특징은 무엇인가?
- 전형적인 자낭균강과 전형적인 담자균류의 생활사가 어떻게 다른가?
- (1) 자낭과, 자낭, 자낭포자 (2) 담자기과, 담자기, 담자포자를 구분하여라.

## 26.3 균류는 생태학적으로 중요하다

**학습목표**

7 분해자로서 균류의 생태학적 중요성을 설명할 수 있다.

8 균근의 특별한 생태학적 역할을 설명할 수 있다.

9 지의류의 독특한 특징을 기술할 수 있다.

**요점**

담자균류는 담자기과의 균습 위에 유성 담자포자를 만든다(자실체).

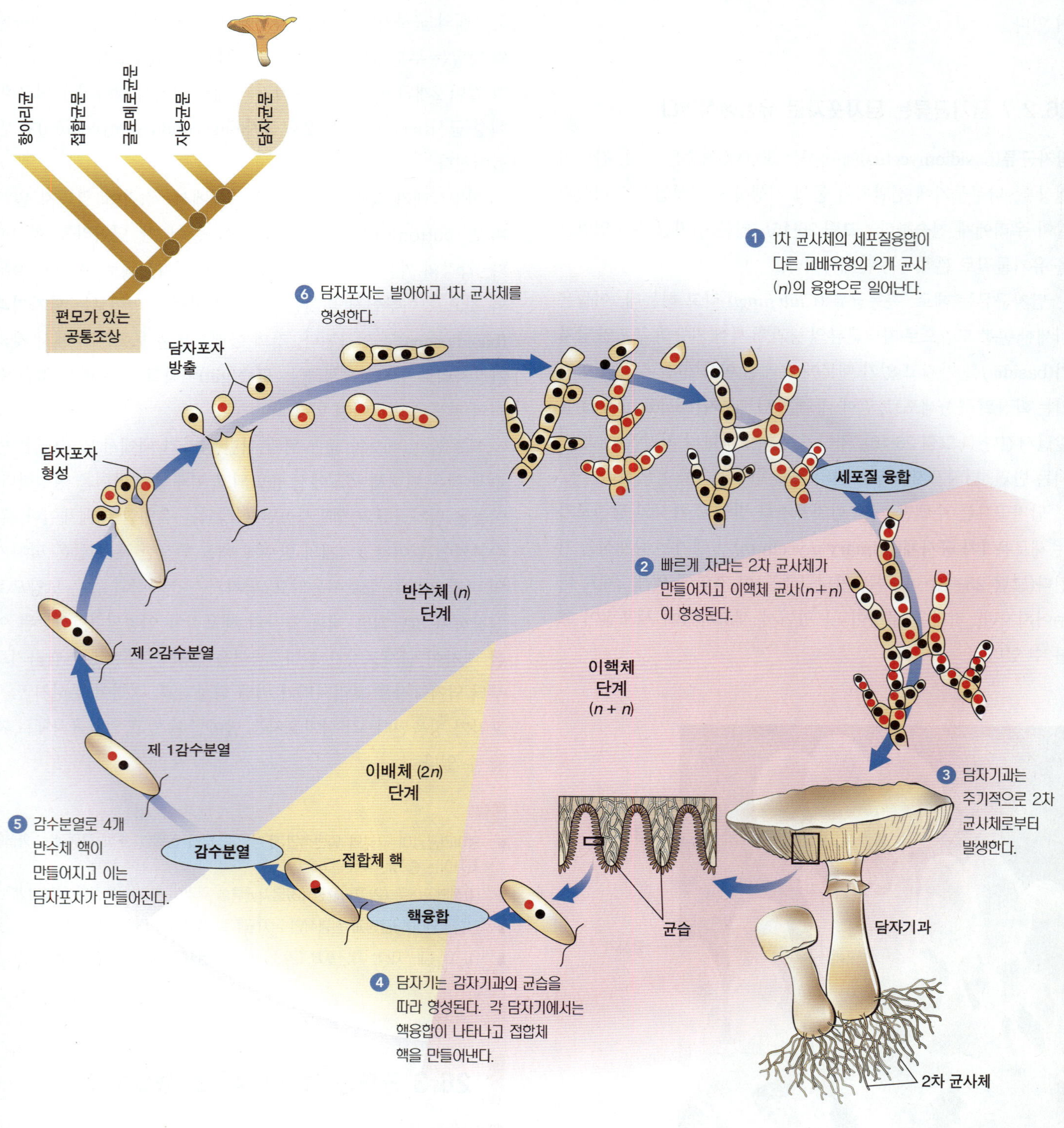


**그림 26-17 전형적인 담자균류의 생활사.**

이핵체 단계와 세포질융합, 핵융합을 분리하여 표시하였다. ④–⑤단계는 담자기과의 담자기 내에서 일어난다. 무성생식은 흔하지 않다.

균류는 우리들 세계의 생태학 균형 유지에 중요한 기여를 한다. 박테리아처럼 대부분의 균류는 유기 폐기물과 죽은 유기물로부터 영양분을 흡수하는 분해자이다. 균류에 의해 분해될 때 물, 이산화탄소($CO_2$) 등 무기물 성분이 방출되고, 이 성분들은 재순환 된다(54장의 생물지화학 순환 참고). 이런 지속적인 분해가 없으면 필수 영양소는 동물 사체, 배설물, 나무와 잎 등의 거대한 더미에 잠겨져, 생물의 새로운 세대에 의해 이용되어 질 수 없고, 결국 생명은 멈추게 된다.

균류는 동물, 식물, 박테리아, 원생생물과 중요한 공생관계를 형성한다. 이 공생관계는 생태계의 중요한 효과를 나타낸다.

### 26.3.1 균류는 동물과 공생관계를 형성한다

동물은 셀룰로오스와 리그닌을 소화할 수 있는 효소가 없다. 소나 풀을 뜯는 동물도 스스로는 소화할 수 없으나 소화기관에 공생하는 균류는 이들 유기물질은 분해하는 효소가 있어 영양분을 얻을 수 있다. 균류는 또한 개미와 흰개미나 공생관계를 형성한다. 200여종의 개미는 잎과 다른 유기물질을 모아 지면덮개를 만들어 균류를 재배한다. 이렇게 재배된 균류 농작물은 개미군집에게 음식물을 제공한다. 개미는 또한 새로운 장소로 균류를 분산시킨다. 대신에 균류는 잎을 소화시키고 그 영양분을 개미에게 제공한다.

### 26.3.2 균근은 식물뿌리와 균류 사이에 공생관계이다

균근은 식물체의 약 80%에서 일어난다. 균근을 가지는 균류는 토양에서 유기물질을 분해하고 식물 뿌리의 표면적을 증가시키고 식물이 더 많은 물과 영양분을 흡수할 수 있게 한다. 대신에 뿌리는 유기영양분을 균류에게 제공한다.

균근의 중요성은 원예학자들이 난초류(orchid)가 적당한 균류와 함께 살지 않으면 자라지 않는다는 것을 관찰하므로 최초로 증명되었다. 적절한 균류와 포자를 포함하고 있는 삼림토양을 무기물 부족으로 죽는 나무에 추가시키면 삼림은 정상의 성장속도보다 더 빠르게 자란다. 삼나무를 포함하는 다양한 형태의 식물에서 연구가 수행되었고 식물생장에서 균근의 역할을 확정하였다(**그림 26-18**).

우리가 논의 했던 것처럼 글로메로균문은 **내생균근연결**(endo-mycorrhizal connection)을 형성하고 식물뿌리 세포에 침투한다. 자낭균류, 담자균류의 적어도 5,000종은 또한 외생균근 연결을 형성한다. 그러나 그들의 균사는 침투한 그것의 세포보다 더 식물뿌리를 덮는다.

균근 균류는 식물과 연결되어 있고 그들 사이에 영양분을 전달한다. 과학자들은 하나의 나무종으로부터 유기물질이 균근연결로의 이동을 측정해 왔다. 균근균류는 또한 초식동물과 병원체로부터 식물을 보호하는 화학물질을 방출한다.

균근은 물의 손실을 감소시키고 침식을 감소시킴으로써 토양을 향상시킨다. 생태학자들은 공기오염에 의해 손상된 개간지에서 균근 균류의 역할을 연구하고 있다. 예를 들어 균근은 카드뮴 같은 유해 중금속을 변형시킬 수 있고 따라서 식물은 이를 흡수하지 않을 수 있다.

**(a)** 대조군 식물들: 균근의 결여로 낮은 인산농도에서 성장.

**(b)** 이 식물은 대조군 식물과 같은 세대이고 식물의 뿌리가 균근의 군집을 형성하는 것을 제외하고는 동일한 조절 상태에서 자랐다.

**그림 26-18** 서부의 서양적삼나무(*Thuja plicata*) 묘목에 균근의 효과.

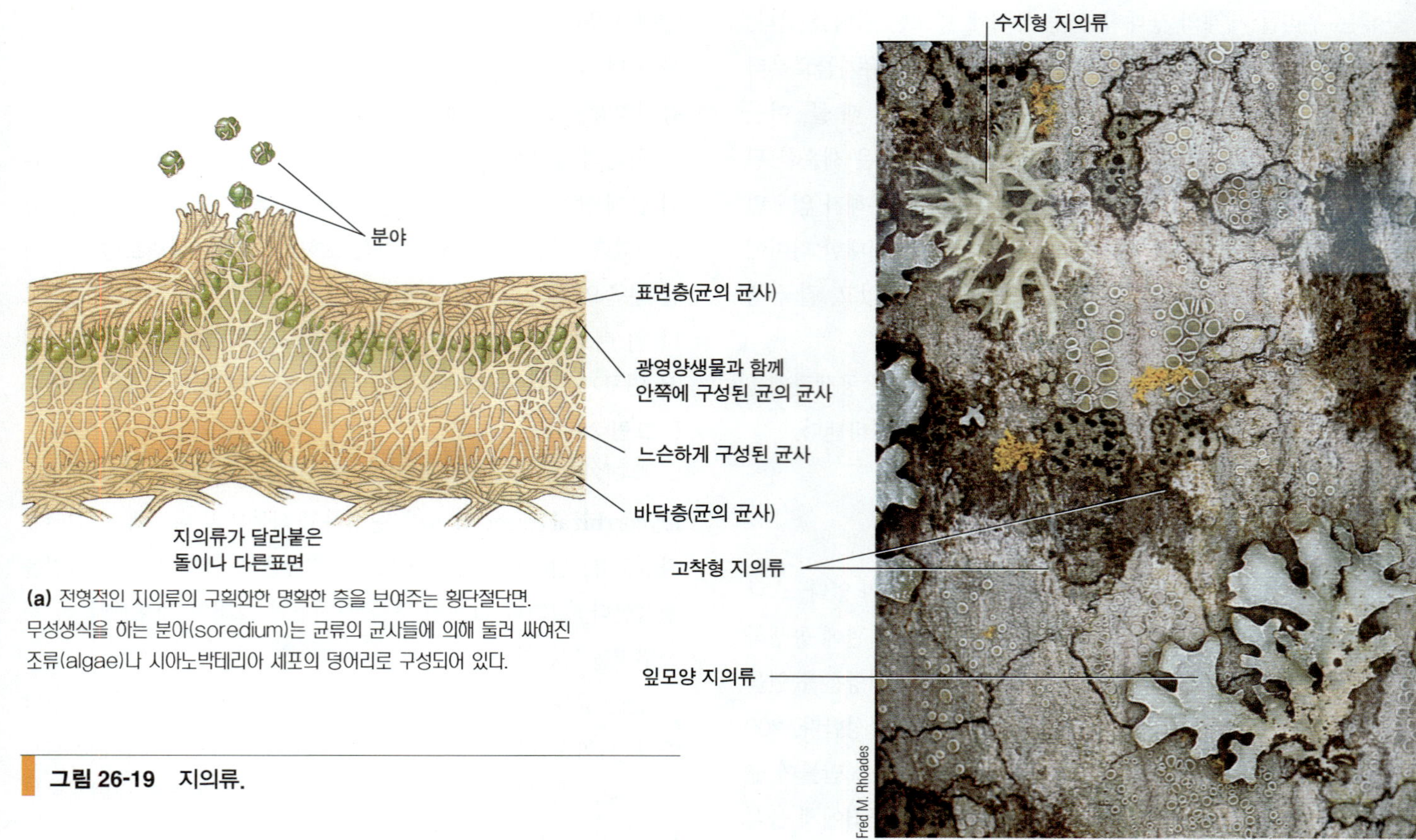


**(a)** 전형적인 지의류의 구획화한 명확한 층을 보여주는 횡단절단면. 무성생식을 하는 분아(soredium)는 균류의 균사들에 의해 둘러 싸여진 조류(algae)나 시아노박테리아 세포의 덩어리로 구성되어 있다.

**그림 26-19 지의류.**

**(b)** 지의류들은 색깔, 모양, 외양에 있어 다양하다. 고착형, 잎모양 및 수지형 지의류의 3가지 성장형태가 있는데, 이 사진은 워싱턴 주의 단풍나무 가지에 나타난 것을 찍은 것이다.

## 26.3.3 지의류는 균류와 자가광합성생물사이에 공생관계이다

비록 **지의류(lichen)**가 하나의 생물처럼 보일 지라도, 실제로는 광합성생물과 균류 2종류 생물의 공생체이다(**그림 26-19a**). 이 공생관계를 형성하는 모든 알려진 균류종의 거의 1/5은 약 14,000여종의 지의류가 기재되어져 있다. 화석은 균류가 유관속 식물의 진화이전에 광합성 생물과 공생의 유연관계를 발달시켰음을 제시한다.

지의류의 광합성 생물은 녹조류나 시아노박테리아 둘 중에 하나이다. 균류 쪽은 대부분이 자낭균류이며, 몇몇 열대 지의류에서는 파트너가 담자균류이다. 전형적으로 균류는 지의류 엽상체의 대부분을 형성한다. 균류는 광합성하는 파트너의 대부분을 덮고 있고 감싼다.

지의류는 **공생관계(mutualism)**의 명확한 예로 생각되었다. 광합성생물은 광합성을 수행하여 지의류의 양쪽 구성원에게 에너지 풍부한 탄소를 제공하고 광합성생물은 건조를 막을 수 있는 보호뿐만 아니라, 균류로부터 영양 무기물과 수분을 획득하는 것으로 알려져 왔다.

지의류는 3가지의 전형적인 다른 성장형태 중 1가지를 가진다(**그림 26-19b**): 고착형 지의류는 편평하고 그들의 기질(즉, 그들이 자라는 표면)에 딱 붙어 자란다. 잎 모양 지의류 역시 편평하지만 그것들은 잎 모양의 열편을 가지고 기질에 딱 붙어살지 않는다. 수지형 지의류는 직립해서 자라고 많은 가지를 가진다. 극한 상황의 온도와 수분에서 견딜 수 있는 지의류는 오염된 도시를 제외하고는 북극에서부터 열대 우림에 이르기 까지 거의 모든 육상 환경에서 자란다. 사실 지의류는 바위에서 서식하는 첫 번째 생물이다. 이러한 장소에서의 지의류의 성장은 바위로부터 토양의 형성에 중요한 역할을 수행한다.

이동하는 순록의 먹이인 북극지역의 순록이끼는 이끼가 아니라 지의류이다. 또 다른 지의류인 리트머스는 화학실험실에서 산-염기(pH) 척도로 널리 사용된다. 지의류 성장의 감소는 특히 아황산가스에 민감하므로, 공기 오염의 지표로 사용된다.

지의류의 크기는 매우 다양하다. 지의류의 성장은 느려, 성장 범위는 1년에 1 mm이하로 성장한다. 몇몇 성숙된 지의류는 수천

년은 된 것들이다. 지의류는 주로 분절증식에 의한 무성생식을 하는데, 만약 생육조건이 알맞은 표면에 놓이면 특수 분산단위인 분아 형성과정은 시작되고 스스로 새로운 지의류를 만든다. 몇몇 지의류에서, 균류는 자낭포자를 만들어 바람에 의해 분산되고 우연히 적당한 조류 파트너를 만난다.

**복습**

- 균류가 분해자로서 생태학적 중요성은 무엇인가?
- 균근의 중요성은 무엇인가?
- 지의류란 무엇인가?

## 26.4 경제적, 생물학적 및 의학적 측면에서 균류의 중요성

**학습목표**

**10** 인간이 경제적으로 균류를 이용하는 몇 가지 방법을 요약할 수 있다.

**11** 생물학과 의학에서 균류의 중요성을 요약할 수 있다. 균류가 어떻게 식물과 사람에게 감염되는지 설명하고, 식물과 동물의 균류의 의해 생기는 병을 적어도 3가지 증명할 수 있다.

폐기물과 사체를 분해할 수 있는 강력한 소화효소를 가진 균류는 나무, 섬유질과 양분 등을 매우 효율적으로 분해할 수 있다. 따라서 다양한 균류는 매년 저장된 상품과 건축물질에 막대한 피해를 끼친다. 예를 들어 Bracket fungi는 살아있는 나무와 저장된 목재를 썩게 함으로써 막대한 손실을 야기한다.

균류는 다른 생물체에 의해 야기되는 질병들보다 좀 더 파괴적이다. 이들의 활동은 매년 수십억 달러의 농작물을 피해준다. 몇몇 균류는 동물과 인간에게 질병을 야기 시킨다. 균류는 경제적인 손실뿐 아니라 이익도 준다. 사람들은 그것을 먹기도 하고, 다양한 화학품을 만들기 위해 키운다.

### 26.4.1 균류는 음료와 음식물을 제공한다

발효에 의해 포도당과 같은 당으로부터 에탄올과 이산화탄소를 생산하는 효모의 능력은 와인과 맥주, 다른 발효된 음료, 그리고 빵을 만드는데 이용된다(단원 8). 빵을 만드는 과정 동안 효모에 의해서 생긴 이산화탄소는 밀가루반죽에서 거품으로 갇히게 되어 부풀어 오르게 한다. 이것은 발효된 빵이 부드러운 질감을 갖도록 한다.

Roquefort, Brie, Gorgonzola와 Camembent와 같은 치즈의 훌륭한 맛은 푸른곰팡이(*Penicillium*)이라는 균류의 활동에 의해 만들어진다. Roquefort 치즈에서 푸른 점은 분생자이다. *Aspergillus tamarii*와 다른 불완전한 균류는 아시아지역에서 콩을 3개월이나 그 이상 동안 발효시켜 간장을 만드는데 사용된다.

담자균류 중 약 200여 종류가 식용버섯이고, 독성이 있는 버섯이 약 70여 종이다. 몇몇 식용버섯은 상업적으로 재배된다. 목초지 버섯(*Agaricus brunnescens*)은 식용으로 재배된 균류의 종으로 느타리, 표고, 포토벨로, 볏짚버섯과 함께 약 30가지의 버섯 종들이 슈퍼에서 판매되고 있다. 겉으로 버섯과 닮은 그물버섯과 땅 속에서 자실체를 만드는 송로는 자낭균이다(**그림 26-20**).

식용버섯과 독버섯은 매우 비슷하게 보이며, 심지어는 같은 속

Richard Shiell/Dembinsky Photo Associates

**(a)** 노란 곰보버섯(*Morchella esculenta*)은 6-10 cm까지 자라며 북아메리카 전역에서 발견된다. (미시간에서 찍은 사진).

John D. Cunningham/Visuals Unlimited

**(b)** 흰색인 덩이버섯(*Tuber gibbosum*)은 브리티쉬 컬럼비아와 북 캘리포니아에 있는 더그라스 전나무와 참나무 아래에서 발견된 것인데, 넓이가 1-5 cm정도 된다. 사람들은 훈련된 개나 돼지의 도움을 받아 숨은 자낭과를 발견하였다. 여기에서는 덩이버섯(truffle) 전체를 보여주고 희고 매끄러운 조직을 보여주기 위하여 조각으로 나누었다.

**그림 26-20** 식용인 자낭균 류.

에 포함되기도 한다. 대부분의 독버섯은 아마니티아(*Amanitia*) 속에 속한다. "죽음의 천사"라 불리는 독우산광대버섯(*Amantia virosa*)과 "죽음의 모자"라 불리는 알광대버섯(*A. phalloides*)은 1개의 버섯만 먹어도 치명적인 종도 있다.

어떤 특정 버섯은 중독과 환각상태를 일으킨다. Aztecs-*Conocybe*와 *Psilocybe*에는 버섯을 먹는 사람으로 하여금 상상과 환상을 경험하게 한다. 신경에 영향을 주는 버섯을 먹으면 소화불량, 발한과 가슴의 두근거림에서 죽음에 이르기까지 거부 반응이 나타나기 때문에 위험하다. 아울러 이러한 버섯의 소유와 사용은 미국과 다른 국가에서 불법이다.

### 26.4.2 균류는 현대의 생물학과 의약품에 있어 중요한 역할을 한다

자낭균류인 빵효모(*Saccharomyces cerevisiae*)는 진핵세포 모델이다. 유전체가 염기서열된 첫 번째 진핵세포이고 6,000개 유전자를 가지면 진핵모델 생명체 중에 가장 작은 유전체를 가졌다. 생물학자들은 인간에게 기회주의적 병원체로 작용하는 자낭균류인 누룩곰팡이 속의 *Aspergillus nidulans*를 유사분열과 다른 세포과정을 연구하기 위해 사용해 오고 있다. 이 균류는 미세소관의 유전학에 대한 가치 있는 지식을 제공하였다. 효모에서 클로닝해 낸 인슐린, 생장호르몬 및 면역기능에 중요한 분자들은 의학적으로 활용된다.

연구자들은 말라리아의 확장 조절에 균류를 사용하여 연구하고 있다. 최근 연구는 암컷 말라리아모기가 미포자충으로 감염되었을 때, 그들의 흡혈능이 감소되는 것을 보여주었다.

세균학자인 **플래밍**(Alexander Fleming)이 1928년 발견한 *Penicillium natatum*은 널리 알려진 효과적인 항체이다(단원1). 균류를 이용하여 만들어진 다른 약품으로는 항생제인 글리세오플빈(균류의 성장을 억제하기 위해 임상적으로 사용), 로바스테인 (혈중콜레스테롤의 수치를 낮추기 위해 사용)과 사이크로스포린(장기이식을 받은 환자에게 면역반응을 억제하기 위해 사용)등이 있다. *Aspergillus fumigatus*에 의해 만들어지는 화학물질인 퓨마기린은 새로운 혈관 형성을 억제하는 화학물질이다. 또한 미포자충에 의해 유발되는 질병치료에도 사용한다.

자낭균인 *Claviceps purpurea*는 호밀과 다른 곡류의 꽃에 감염된다. 가축이 이 곡물을 먹거나 사람들이 맥각병에 감염된 호밀가루로 만든 빵을 먹을 때 이들은 맥각의 독성으로 인해 맥각병에 감염된다. 그러나 몇몇 맥각 성분은 임상적으로 사용되는데 아주 적은 양을 사용함으로써 자궁의 출혈을 멈추고, 고혈압의 치료, 편두통을 줄이는데 사용된다.

### 26.4.3 균류는 특정 동물 질병을 일으킨다

몇몇 균류는 피부나 머리 또는 손톱과 같이 피부감염을 일으킨다. 백선과 무좀이 그 예 예이다.

에이즈(AIDS) 환자에서처럼 대부분 병원성 균류는 몸의 면역성이 낮을 때 감염을 일으키는 기회주의적인 면이 있다. 칸디다(*Candida*)는 담자균류이고 입과 질에 서식한다. 면역체계가 떨어지면 칸디다는 사람의 입, 목, 질에 치명적인 효모감염을 다양하게 유발한다.

담자균류인 *Aspergillus fumigatus*는 평소에는 무해하지만 면역력이 결핍된 사람에게는 아스페르길루스증을 일으킨다. 이 질병의 발병과정 동안 균류는 폐, 뇌, 신장 및 다른 중요한 기관에 침입하여 죽음에 이르게 한다.

몇몇 균류는 **진균독(mycotoxin)**이라고 하는 독성의 화합물을 만든다. 예를 들어 누룩곰팡이속(*Aspergillus*)의 몇몇 종들은 간에 손상을 주고 발암성물질이라고 알려진 아플라톡신(aflatoxin)이라는 진균독을 만든다. 아플라톡신을 만드는 균류가 자라는 음식은 복숭아, 피칸, 옥수수와 다른 곡물이다. 감염된 음식을 섭취한 동물로부터 얻는 우유, 달걀, 고기와 같은 동물생산물은 아플라톡신은 포함될 수 있다.

균류는 사람들이 빌딩에서 보낸 시간과 연관되어 빌딩증후군을 유발한다. 축축한 상태일 때 곰팡이는 카페트, 가죽제품, 옷,

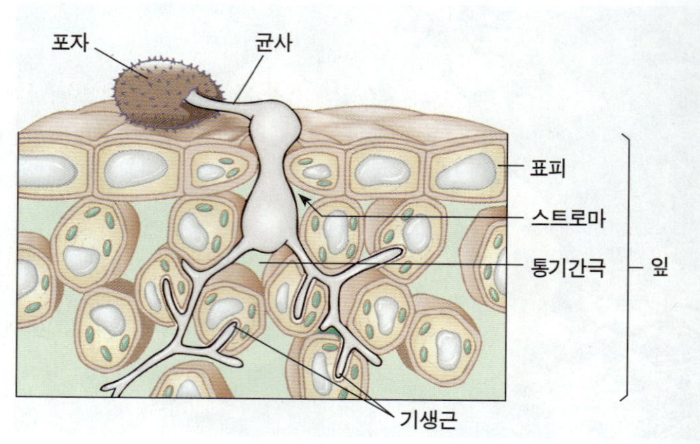


**그림 26-21 균류가 식물에 어떻게 기생하는가?**

이 예에서 균사는 스트로마를 통하여 잎 속으로 들어간다. 이것은 내부의 공기층을 통하여 가지를 뻗으며 자라고 기생근이라 불리는 조직화된 균사를 가지고 식물세포에 침투한다.

Kathy Merrifield/Photo Researchers, Inc.

**(a)** 갈색으로 썩은 복숭아는 *Monilinia fruticola*에 의해 발생한다. 오레곤에서 찍은 사진.

Runk/Schoenberger, from Grant Heilman

**(b)** 옥수수의 얼룩은 담자균인 *Ustilago maydis* 의해 발생한다. 펜실베니아에서 찍은 사진

**그림 26-22 식물에 질병을 일으키는 균류.**

나무, 단열재, 음식에서 자랄 수 있다. 곰팡이 포자와 조각과 곰팡이 생산물은 사람의 피부뿐만 아니라 흡입을 통해 감염된다. 대부분의 곰팡이 노출에 대한 일반적인 증상은 건초열, 정맥두염, 천식과 피부염을 포함하여 가벼운 것에서 부터 심각한 상태의 알레르기 질환이다.

## 26.4.4 균류는 중요한 식물 질병을 일으킨다

모든 주요 작물의 질병의 약 70%가 균류가 일으킨다. 균류는 식물에게 작물의 완전 실패와 같은 결과를 초래하고 널리 감염시키는 유행성 전염병을 포함한 많은 심각한 질병을 일으킨다.

식물은 때로 잎의 기공 또는 줄기나 식물체의 상처 부위를 통하여 균사가 들어온 후 감염된다(**그림 26-21**). 균류는 잎과 줄기 표면을 덮고 있는 밀랍의 큐티클층을 녹이는 효소인 큐틴분해효소(*Cutinase*)를 생산한다. 큐티클층이 녹은 후 균류는 식물 조직에 쉽게 침투한다. 기생 균류는 세포질로 부터 영양을 얻고 숙주세포에 침투하는 **기생근(haustoria)**이라고 하는 특별한 균사가지를 만든다.

자낭균은 백분병, 밤나무 역병, 느릅나무 입고병, 감자의 시듬, 사과 반점과 체리와 복숭아, 서양자두, 살구를 공격하는 갈색 반점을 포함한 중요한 질병을 일으킨다(**그림 26-22a**).

담자균은 옥수수, 밀, 귀리와 다른 곡물 등 다양한 식물을 공격하는 흑수병, 녹균병의 원인이다(**그림 26-22b**). 밀의 줄기 녹균병과 같은 몇몇 균류 기생자들은 2가지나 그 이상의 다른 숙주 식물을 포함하고 몇몇 종류의 포자를 생산하는 복잡한 생활사를 가진다. 예를 들어 밀의 녹균병은 그들의 생활사의 첫 단계에서 매화나무를 감염시켜야만 한다. 그러나 매화나무의 근절은 밀 녹균병을 저해하지 못하였다. 무성포자를 형성하여 바람을 통해 재감염될 수 있기 때문이다.

**복습**

- 균류가 현대 생물학과 의학에서 어떻게 중요한가?
- 식물의 균류 질병 중 중요한 3가지는 무엇인가?
- 동물의 균류 질병 중 중요한 3가지는 무엇인가?

## 핵심 용어와 요약

**학습목표**

1 균계의 구분되는 특징을 서술하여라.

- **균류**는 음식물을 소화효소로 분해하고 소화된 음식을 흡수하는 진핵생물이며 종속영양생물이다.
- 균류는 **키틴**을 포함하는 **세포벽**을 가진다.

2 균류의 몸체를 설명하라.

- 균류에는 단세포의 **효모**나 다세포이며 사상체인 **곰팡이**가 있다. 다세포균류의 구조는 **균사체**를 형성하는 길고 가지가 있는 **균사**로 구성되어 있다.
- 대부분 균류에서는 **격벽**이 있으며, 이 격벽은 균사를 개개의 세포로 나눈다. 접합균과 글로메로균의 균사는 다핵체이다.

3 전형적인 균류의 생활사를 유성과 무성생식을 포함하여 설명하라.

- 대부분의 균류는 **포자**로 유성생식과 무성생식 둘 다 한다. 공기 중의 균사는 포자를 만든다. 균류포자가 적당한 장소에 놓이게 되면, 포자는 발아한다.
- 균류의 2종류 다른 교배유형을 균류가 만나면, 그들의 균사는 융합한다(**원형질융합**). 그러나 핵은 분리되어 **이핵체**($n+n$) 단계로 들어가고 새로운 세포를 형성한다.
- **핵융합**은 균사의 끝에서 일어나고 이배체 **접합핵**(2n)을 만들어 낸다.
- 감수분열 통해 만들어진 4개 유전적으로 다른 반수체 핵은 포자가 된다. 포자가 발아하면 그들의 새로운 균사체를 유사분열에 의해 형성한다.
- 무성생식 포자는 유사분열에 의해 생성되고 발아할 때 균사체로 발생한다.

4 균류는 opisthokonts 그룹에 속하고 식물보다 동물에 더 가까운 유연관계를 가지고 있다는 가설을 지지하기 위한 논쟁이 있다.

5 항아리균강이 일반적으로 균류의 최초의 조상이라는 가설을 지지하는 논쟁이 있다.

- **항아리균류**는 유일하게 후생편모를 하나 가진다. 따라서 항아리균류는 모든 균류의 공통조상으로써 가정되는 고대 편모류로부터 진화한 최초의 균류 그룹일지도 모른다.

6 항아리균류, 접합균류, 글로메로균류, 자낭균류, 담자균류의 각각의 예를 들고 특징, 전형적인 생활사는 적어라.

- **항아리균류**는 무성과 유성생식을 모두 한다. 그들의 배우체와 유주자는 편모가 있다. 일반적인 항아리균류인 *Allomyces*는 반수체 엽상체와 부분적인 이배체 **엽상체**로 그들이 생활을 보낸다.
- **접합균류**는 무성포자와 유성포자 모두를 만들어내는 반수체 엽상체를 형성한다. 무성포자는 발아한다. 그리고 새로운 엽상체를 형성한다. 유성생식에서 이배체 접합체가 형성된다. 생식포자가 발생한다.
- **글로메로균류**는 공생자이고 많은 식물의 뿌리와 함께 균근이라 불리는 세포간 연합물을 형성한다. 그들은 균사를 뿌리세포로 뻗치기 때문에 **내생균근 균류**이다. 가장 일반적인 내생균근은 **나무가지형 균근**이라 불린다.
- **자낭균류**는 **분생자**라고 불리는 무성 포자를 생산한다: **자낭포자**(유성포자)는 **자낭** 내에서 만들어진다. 자실체에 배열하는 자낭은 **자낭과**라 부른다. 반대의 교배형태의 반수체는 격벽을 가진 균사를 만들어 낸다.
- **담자균류**는 **담자기**의 바깥쪽에 **담자포자**라고 하는 생식포자를 만든다. 담자기는 **담자기과**형태인 버섯의 **균습**표면에서 발달한다. 이 문의 균사는 격벽을 가진다.

7 분해자로의 생태학적으로 균류의 중요성을 설명하라.

- 많은 균류는 유기화합물을 분해하고 단순화된 영양분은 재순환된다.

8 생태학적으로 중요한 균근의 역할을 기술하라.

- **균근**은 균류와 식물의 뿌리와 상호공생관계에 있다. 균류는 식물에게 물과 영양무기물을 공급하고, 식물은 균류에 의해 필요한 유기화합물을 분비한다. 글로메로균문은 뿌리와 연계되어 내생균근을 형성한다. 자낭균류와 담자균류는 나무뿌리와 **외생균근**을 형성한다 뿌리세포로 침투하지 않는다.

9 지의류의 유일한 특징을 기술하라.

- **지의류**는 균류와 광합성생물(조류나 남조류, 시아노박테리아)과 균류의 결합체로 군집은 조절된 기생자이다. 광합성 생물은 균류에게 유기화합물, 피난처, 물, 무기염류를 제공한다.

10 인간이 균류를 경제적으로 사용하는 방법을 요약하여라.

- 버섯, 그물버섯, 송로는 식용으로 이용된다. 효모는 맥주, 와인, 빵을 만드는데 필수적이다.

11 생물학적, 의학적 균류의 중요성을 요약하라.

- 균류는 페니실린과 다른 항생체를 포함하는 많은 의약품을 만드는데 사용된다.
- 균류는 인간에게 기회주의적인 병원체이다(백선, 무좀, 칸디다증, 히스토플라스마증).
- 일부 균류는 **아플라톡신** 같은 **진균독**을 만들어내고 이는 간 손상과 암을 일으킬 수 있다.
- 균사는 식물 기공을 통해 감염된다. 균사분지**(기생근)이** 세포에 침투하여 영양분을 얻는다. 밀의 녹병균, 느릅나무입고병과 밤나무 역병을 포함한 많은 식물질병의 원인이다.

## 연습문제

1. 항아리균류에 관한 설명 중 틀린 것은?
   (a) 단순한 수중균류이다.
   (b) 후부의 하나의 편모를 가진 움직일 수 있는 세포를 만든다.
   (c) 유성생식과 무성생식 둘 다 한다.
   (d) 균류의 가장 원시적인 그룹이다.

2. $n+n$의 상태는 (a) 단핵체 (b) 이배체 (c) 1차 균사체 (d) 다핵체 (e) 이핵체로 설명될 수 있다.

3. 식물의 뿌리와 균류사이의 공생관계를 일컫는 용어는 (a)지의류 (b) 균근 (c) 병원체 (d) 기생근 (e) 진균독공생이다.

4. 자낭균류의 생활사에 포함되는 것은?
   (a) 반수체와 이배체 엽상체 사이에서 세대교번을 한다.
   (b) 두꺼운 접합포자낭을 형성한다.
   (c) 낭 안에서 8개의 반수체 자낭포자를 만든다.
   (d) 담자기과를 형성하기 위해 균사가 얽혀진다.
   (e) 다른 단계에서 자낭포자, 유주자, 분생자를 만든다.

5. 담자균류에 관한 설명 중 틀린 것은?
   (a) 유주자를 생산하는 이배체 엽상체를 가진다.
   (b) 생식포자는 담자포자이다.
   (c) $n+n$ 균사를 가진 2차 균사체를 형성한다.
   (d) 버섯, bracket fungi, 말불버섯이 이 그룹에 속한다.
   (e) 담자균류는 식용인 종과 독성이 있는 종을 포함한다.

6. 아래 균류 중 균사체를 가지지 않는 균류는?
   (a) 검은빵곰팡이 (b) 효모 (c) 분해자인 cup fungus
   (d) 재배버섯 (e) 푸른곰팡이

7. 균류는 (a) 진핵세포이고 opisthokonts이다. (b) 원핵세포이고 opishokonts이다. (c) 편모가 있고 이핵체이다. (d) 원핵세포이고 병원체이다. (e) 셀룰로오스 세포벽을 가진 타가영양생물이다.

8. 접합균류에 관한 설명 중 틀린 것은?
   (a) 단순한 수중 균류이다.
   (b) 이들의 생식포자는 접합포자라 한다.
   (c) 유성생식과 무성생식 둘 다 한다.
   (d) 검은빵곰팡이는 이 그룹을 대표한다.
   (e) 다핵체 균사를 가진다.

9. 글로메로균문은 (a) glomerospore라 부르는 유성세포에 의해 생식한다. (b) 극관공이라 부르는 구조에 의해 인식된다. (c) 지의류를 형성하는 남조류와 연관된 일부 종을 포함한다. (d) 인간의 질병을 유발하는 기회주의적 병원체를 포함한다. (e) 나무뿌리와 나뭇가지형 내생균근을 형성한다.

10. 항아리균류를 제외하고 균류는 일반적으로 무엇으로 포자를 퍼트리는가?
    (a) 물의 흐름 (b) 균사의 분열 (c) 분아
    (d) 공기로 운반되는 포자 (e) 편모를 가진 유주자

## 심화 학습문제

1. 수중 조류인 파래속(*Ulva*)과 *Allomyces*의 생활사는 어떻게 유사한가? 이들의 유사성을 제안하는 가설은 무엇인가?

2. 생물학자들은 많은 균근 균류가 pH에 민감하다는 것을 발견해 왔다. 인간이 야기 시킨 환경문제가 균류에게는 파멸적일 수도 있다는 것을 증명하고 식물 파트너에게 어떤 영향을 미치는가?

# 27

# 식물계: 비종자 식물

**이끼로 덮힌 바위.** 오레곤주 콜롬비아 골주강, 엘로와 폭포

## 핵심 개념

생물학자들은 윤조식물로 알려진 수중 녹조류 조상종으로 부터 식물이 진화했으리라 추정한다.

식물에서 육상생활에 적응하기 위하여 물손실을 예방하기 위한 왁스성분의 각피, 다세포성 배우자낭, 기공, 유관속조직을 획득하였다.

식물은 다세포성 배우체세대와 포자체 세대의 세대교번을 한다.

이끼류와 다른 선태류는 유관속조직이 없고 진정한 뿌리, 줄기, 잎을 형성하지 않는다.

석송류와 고사리에서는 물과 용해된 물질을 식물체에 수송하는 리그닌이 두꺼워진 유관속조직이 진화하였다.

약 4억5천만 년 전 지구의 해양에는 물고기, 연체동물, 갑각류 등의 동물들이 많은 미시조류만큼이나 다양한 종이 존재하였고, 바위 해안을 따라 물에는 큰 해초가 서식하였다. 아마 때로는 동물이 물에서 육지로 나오게 되었으나 종자, 열매, 초본도 없는 육지에는 먹이가 거의 없었으므로 영구적으로 머물지는 않았었다.

그 다음 3,000만 년 동안, 지질학상(표 21–1참고)으로는 고생대의 실루리아기에 대응되는 시기로 식물은 육지에 풍부하게 출현하여 육지를 점령하였다. 그들은 어디로부터 왔을까? 비록 오늘날에 현생하는 식물이 크기, 형태, 서식처가 엄청난 다양성을 가지고 존재한다 할지라도(사진 참조), 그들 모두는 하나의 공통조상(고대 녹조류)에서 진화되었다고 생각된다. 생물학자들은 현대 녹조류는 현대 식물과 생화학적 그리고 대사과정의 특징의 많은 부분을 공유하기 때문에 이 유연관계를 추정한다. 녹조류와 식물 모두는 동일한 광합성색소 가지고 있으며, 여분의 탄수화물을 녹말로 저장하며, 세포벽의 주요 구성요소로써 셀룰로오스를 가지고 있다. 덧붙여, 식물과 몇몇 녹조류는 세포질분열 동안 세포판의 형성을 포함하는 세포분열을 한다(10장 참조).

육상식물은 다세포성 생명체로 좀개구리밥처럼 작은 크기에서부터 살아있는 가장 거대한 식물인 세쿼이어에 이르기까지 다양하다. 식물계는 얼음으로 뒤 덮인 극지방의 툰드라에서부터 풍부한 열대우림, 거친 사막, 습기있는 둑에 이르기까지 다양한 서식지에서 살아가는 수십만 종으로 구성되어 있다. ■

## 27.1 식물의 적응

### 학습목표

1 육지에서 살아가는 생물들이 직면한 환경적인 도전에 대해 논의하고, 이러한 도전에 직면한 식물들이 가지는 적응현상을 기술하라.

2 어떤 원생생물에서 식물이 진화했으며, 이를 지지하는 증거를 기술하라. 식물의 어떠한 특성이 그렇게 다양한 환경에 서식할 수 있게 하였을까?

식물은 대기에 노출된 부분이 왁스성분인 큐티클에 의해 덮여져 있는 것이 조류와 구분되는 중요한 점이다. **큐티클(cuticle)**은 증발에 의한 식물조직의 고사 또는 건조를 방지하는데 도움을 주기 때문에 육지에 살기 위해서는 꼭 필요하다. 습기 있는 서식처에 적응한 대부분 식물은 매우 얇은 왁스 층을 가지고 있는 반면에 건조한 환경에 적응한 대부분 식물은 두껍고 딱딱한 큐티클을 가진다(또한, 많은 사막 식물은 수분 손실을 최소화하기 위해 표면적이 감소된 잎을 가진다).

식물은 $CO_2$ 형태로 대기 중으로부터 광합성에 필요한 탄소를 얻는다. $CO_2$가 과당 같은 유기물질로 고정되기 위해서는, 먼저 녹색식물세포 안에 있는 엽록체 속으로 확산되어야 한다. 잎과 줄기의 외부 표면은 큐티클로 덮여져 있기 때문에 대기와 세포 내부로 가스교환은 거의 일어날 수 없다. 가스교환을 하기 위해서는 **기공(stomata)**이라 불리는 작은 구멍을 거의 모든 식물의 잎과 줄기의 표면에 가진다. 반면 조류에는 기공이 없다.

대부분 식물은 **배우자낭(gametangia)**이라 불리는 다세포성 성기관을 가지는 반면에 조류의 배우자낭은 단세포성이다(**그림 27-1**). 각 식물의 배우자낭은 연약한 배우자(난자, 정자세포)를 보호하기 위해 둘러싸고 있는 불임성의(비생식) 세포층을 가진다. 식물에서 수정된 난자는 자성배우자낭 내에서 다세포성 배(어린 식물)로 발생한다. 그러므로 **배(embryo)**는 발생동안 보호받는다. 조류에서는 수정된 난자가 그것의 배우자낭으로부터 벗어나 발생한다. 어떤 조류에서 난자는 수정 전에 방출되고, 또 다른 조류에서는 수정된 난자가 방출된다

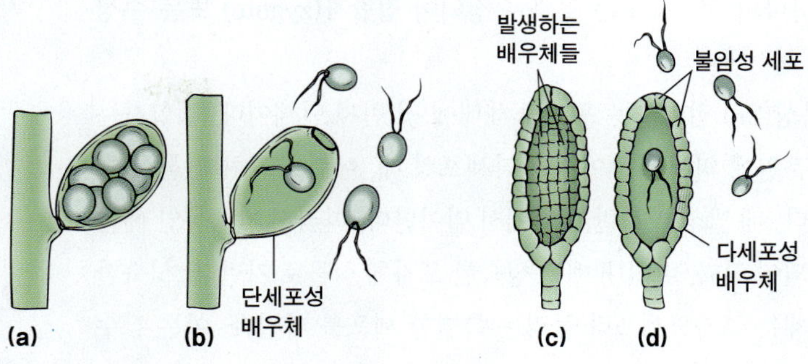


**그림 27-1 조류와 식물의 일반적인 생식구조.**

**(a, b)** 조류(algae). 배우자는 일반적으로 단세포이다. 배우체가 유출되면 단지 원래 세포의 벽만이 남는다. **(c, d)** 식물. 배우자는 다세포이다. 그러나 단지 안쪽 세포들이 배우자가 된다. 배우자는 불임성 세포의 방어적인 층에 의해 둘러싸여 있다.

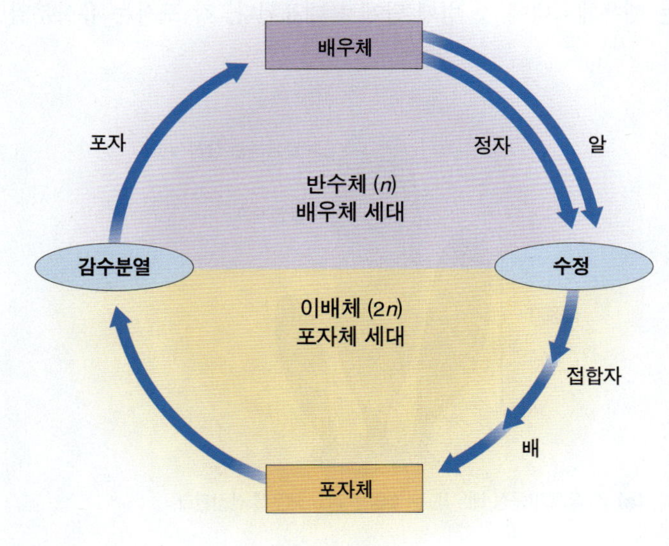


**그림 27-2 기본식물의 생활사.**

식물은 반수체 배우자 시기와 이배체 포자체 시기가 있는 세대가 번갈아 나타난다. 모든 식물은 이 주기가 변형되어 있다. 식물그룹에 따라서 반수체 또는 이배체 세대가 매우 감소되어 나타나기도 한다.

### 27.1.1 식물 생활사는 단상과 복상 세대가 번갈아 나타난다

식물은 다세포성 단상($n$)시기와 다세포성 복상($2n$)시기로 살아가는, 분명하게 정의된 세대 교번을 한다(**그림 27-2**). 생활사 중 단상($n$)시기는 단상 포자가 유사분열을 하여 단상($n$) 배우체가 되기 때문에 **배우체 세대(gametophyte generation)**라고 불린다. 2개의 배우자가 융합하면, **포자체 세대(sporophyte generation)**로 불려지는 복상($2n$) 시기가 시작된다. 포자체 세대는 감수분열의 과정에 의해 단상($n$) 포자를 생산한다. 이 포자는 배우체 세대에 첫 번째 시기로 대표된다.

더 자세하게 세대교번을 살펴보자. 단상($n$) 배우체는 **장정기(antheridia; 웅성배우자낭)**를 만들어내어 정자를 만들고, **장란**

기(archegonia; **자성배우자낭**)는 각각 하나의 난자를 만든다(▮**그림 27-3**). 정자세포는 다양한 방법으로 자성배우자낭에 도달하며, 하나의 정자세포는 알과 수정되어 **접합자(zygote)** 또는 수정란를 형성한다.

복상($2n$) 접합자는 포자체 세대에 첫 번째 단계이다. 접합자는 유사분열에 의해 나누어지고 다세포성 배, 어린 포자체 식물로 발생한다. 배 발생은 장란기 내에서 일어난다. 따라서 발생동안 배는 보호되어 진다. 마침내 배는 성숙한 포자체 식물로 자란다. 성숙한 포자체는 포자모세포라 불리는 특별한 세포를 가진다. 이는 감수분열에 의해 나누어져 단상($n$) **포자(spore)**를 형성한다.

**정자세포와 난자의 수정 ⟶ 접합자 ⟶ 배 ⟶ 성숙한 포자체식물 ⟶ 포자체 세포 ⟶ 감수분열 ⟶ 포자**

조류와 곰팡이는 감수분열 또는 유사분열에 의해 포자를 만들어내는 반면 모든 식물 포자는 감수분열에 의해 만들어진다. 포자는 배우체세대에 첫 번째 단계로 대표된다. 각 포자는 유사분열을 계속하여 다세포성 배우체를 만들어낸다. 그리고 생활사를 계속한다. 그러므로 식물은 단상($n$) 배우체 세대와 복상($2n$) 포자체 세대가 번갈아 나타나는 세대교번을 가진다.

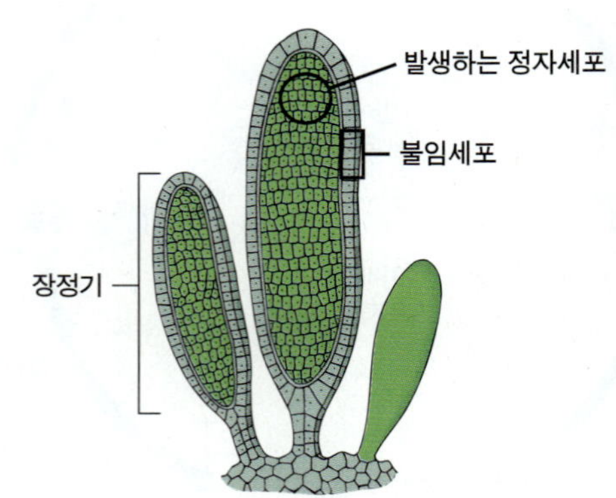


**(a)** 각 장정기(웅성 배우체)는 수많은 정자 세포를 생산한다.

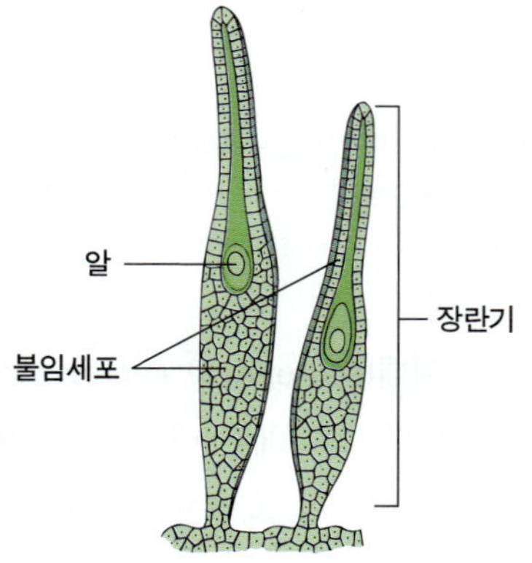


**(b)** 각 장란기(자성 배우체)는 하나의 난자를 생산한다.

**그림 27-3 식물배우자.**
이끼의 배우체를 일반화한 그림이다.

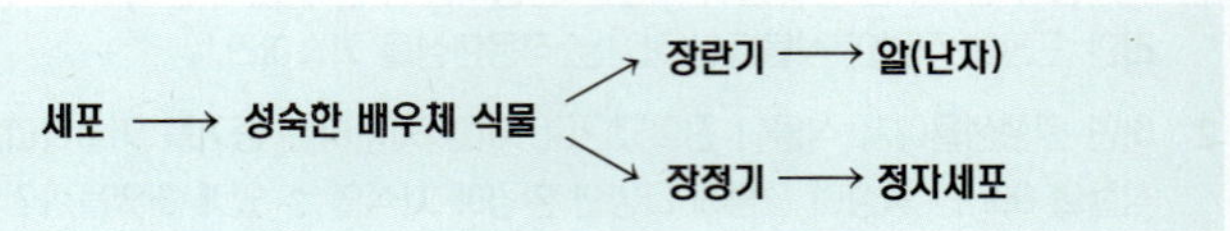


## 27.1.2 식물에는 4개 주요 그룹이 있다

최근 초미세구조적, 분자학적 데이터에 의하면 아마도 식물은 **윤조식물(charophyte)** 또는 **굴대말(stonewort)**이라 불리는 녹조류의 그룹으로부터 유래하였다고 할 수 있다(그림 25-16d). 특히 DNA와 RNA 염기서열의 분자적 비교에서 윤조식물은 식물과 가깝게 연관되어 있다는 강력한 정보를 제공한다.

식물계는 선태식물, 비종자 유관속식물, 종자식물의 2그룹인 겉씨식물(나자식물)과 속씨식물(피자식물 또는 현화식물)의 4개 주요 그룹으로 구성되어 있다(▮**그림 27-4**; ▮**표 27-1**). 솔이끼류와 다른 선태식물은 식물체를 통하여 용해된 영양분, 물, 필수 무기물질을 수송하는 체계인 분화된 유관속이 없는 작은 비유관속 식물이다. 그러한 물질수송계가 없으므로, 선태식물은 확산과 삼투에 의존하여 필요한 물질을 얻는다. 확산과 삼투에 의존하는 것은 선태식물의 크기가 제한됨을 의미한다. 만약, 선태식물이 더 크다면

**표 27-1**

| **식물계** |
|---|
| **배우체 세대가 우점적인 비유관속식물(선택식물)** |
| 선태식물문(솔이끼) |
| 태문(우산이끼) |
| 각태문(뿔이끼) |
| **포자체 세대가 우점적인 유관속 식물** |
| 비종자식물 |
| 석송문(석송류) |
| 고사리문(고사리) |
| 종자식물 |
| 종자가 노출된 식물(겉씨식물) |
| 겉씨식물문(침엽수) |
| 소철문(소철류) |
| 은행문(은행) |
| 매마등문(마황류) |
| 열매안에 종자가 쌓여있다 |
| 속씨식물문(속씨식물 혹은 현화식물) |
| 쌍떡잎식물강(쌍떡잎) |
| 외떡잎식물강(외떡잎) |

**요점**

**이 분기도는 현재까지의 과학적인 증거에 근거하여 현생 식물 들 사이의 가상의 진화적 유연관계를 예시하고 있다. 식물의 주요 4개 그룹은 선태식물, 비종자 유관속식물 그리고 겉씨식물과 속씨식물의 종자식물이다.**

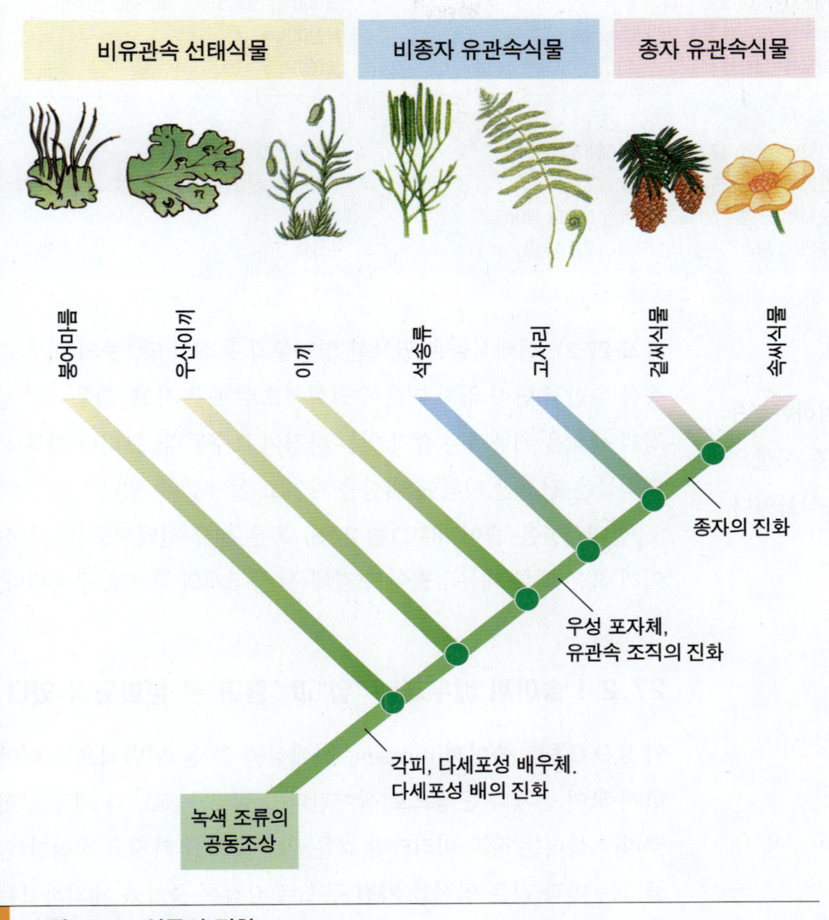


**그림 27-4 식물의 진화.**

이 분기도는 새로운 발견과 증거에 의해 변화될 여지가 있다. 비록 비유관속식물, 비종자 유관속식물 그리고 종자식물의 배열은 넓게 인정되고 있지만 붕어마름, 우산이끼와 이끼가 진화된 순서는 여전히 풀리지 않았고, 솔잎란(whisk fern)의 정확한 위치는 여전히 불명확하다.

세포의 일부는 필요한 물질을 충분히 얻을 수 없을 것이다. 선태식물은 종자를 형성하지 않기 때문에 비종자식물로 알려져 있으며, 일차적으로 단상($n$) 포자로 생식하고 산포한다. 장의 후반에 논의되겠지만 최근 분자적 증거와 화석상의 증거는 선태식물이 육지에 이주한 최초의 식물 중 하나일 것이라는 것을 암시한다.

식물의 다른 세 그룹(고사리, 겉씨식물, 속씨식물)은 유관속 조직을 가지므로, 유관속 식물로 알려져 있다. 2개의 유관속 조직은 물과 무기물질 수송을 위한 **물관부(xylem)**와 설탕과 같은 용해된 유기물질의 수송을 위한 **체관부(phloem)**로 구성되어 있다. 유관속 식물의 진화에 있어서 중요한 단계는 수송과 지지의 작용을 하는 세포벽을 튼튼하게 하는 중합체인 **리그닌(lignin)**을 생산하는 능력이다(32장을 보라: 리그닌을 포함하는 식물세포벽의 화학물질). 리그닌의 단단해지는 성질은 식물의 키가 크게 자라는 것을 가능하게 하였고(빛을 가로막는 것을 최대한 하기 위해) 상관(landscape)을 우점하였다. 식물의 성공적인 육상의 점령은 육상동물에게 서식처와 식량을 제공함으로써 동물의 진화를 이끌어 내었다.

석송류와 고사리류(솔잎란, 쇠뜨기를 포함하는)는 선태식물과 같이 포자로 생식하고 분산하는 비종자 유관속식물이다. 비종자 유관속식물은 4억4천만 년 전~3억5천9만 년 전 사이인 고생대의 실루리아기와 데본기 사이에 나타나 다양해졌다. 석송류와 고사리는 4억2천만 년 전 보다 훨씬 뒤로 거슬러 올라갈 수 있고, 과거 지질 시대의 지구의 우점종 식물로써 매우 중요하다. 화석상의 증거는 이 식물의 많은 종들이 거대한 나무의 크기였음을 알 수 있게 한다. 대부분 살아남은 석송류와 고사리류들은 작다.

겉씨식물은 종자로써 생식하는 유관속식물이다. 겉씨식물은 줄기 위에 또는 구과 안에 노출(보호되지 않는)된 종자를 만든다. 생식과 산포의 일차적인 수단으로써 종자를 가진 식물이 데본기의 마지막 약 3억 5천9만 년 전에 최초로 나타났다. 이러한 초기의 종자식물인 겉씨식물은 많은 다양한 종으로 분화되었다.

가장 최근에 나타난 식물 그룹은 약 1억3천년전 중생대의 크레타세우스 초기에 나타났던 속씨식물(현화식물)이다. 겉씨식물처럼 속씨식물은 종자를 형성하여 생식한다. 그러나 속씨식물은 열매 안에 싸여진 종자를 생산한다.

**복습**

- 식물이 육지에서 생존하려 했을 때 가장 중요한 환경적인 도전은 무엇인가?
- 이 때 그들은 무엇을 소유하여 적응하였는가?
- 식물은 녹조류의 어느 그룹으로부터 유래되었다고 생각되는가?
- 식물에서 세대교번은 무엇인가?

## 27.2 선태식물

**학습목표**

3 다른 식물들과 구별되는 선태식물의 특징을 요약하라.

4 선태식물의 3개 문(phyla)의 이름과 특징을 간단히 기술하라.

**표 27-2**

**비종자식물의 주요 그룹 비교**

| 식물그룹 | 생활사의 우점기 | 대표속 |
|---|---|---|
| **비유관속: 포자로 생식(선태식물)** | | |
| 솔이끼(선태식물문) | 배우체: 잎이 있는 식물 | 솔이끼속, 스파그눔속, 피스코미트렐라속 |
| 우산이끼(태문) | 배우체: 엽상체 혹은 잎이 있는 식물 | 우산이끼속 |
| 뿔이끼(각태문) | 배우체: 엽상체 식물 | 뿔이끼속 |
| **유관속: 포자로 생식** | | |
| 석송류(석송문) | 포자체: 뿌리, 근경, 직립줄기, 잎(소엽) | 석송속, 부처손속 |
| 고사리(고사리문) | 포자체: 뿌리, 근경, 잎(대엽) | 고사리속, 십자고사리속, 만강홍속, 뿔고사리 |
| 솔잎란(송엽란식물문) | 포자체: 근경, 직립줄기; 진정한 뿌리와 잎이 없다 | 솔잎난속 |
| 쇠뜨기(속새문) | 포자체: 뿌리, 근경, 직립줄기, 잎(감소된 대엽) | 속새속 |

5 이끼의 생활사를 도식화하고 배우체 세대와 포자체 세대를 비교하라.

**선태식물**(bryophyte 그리스어에서 "이끼식물"을 의미하는 단어)은 솔이끼(선류), 우산이끼(태류), 뿔이끼의 16,000종 이상으로 구성된다. 선태식물은 유일하게 살아있는 비유관속식물이다(▮ 표 27-2). 선태식물은 필요한 영양분과 용해된 당, 물의 내부 수송을 위한 수단이 없기 때문에 전형적으로 매우 작고, 활동적인 성장과 생식을 위해서는 습기 있는 환경이 요구된다. 그러나 일부 선태식물은 건조한 지역에 내성을 가지고 살아갈 수 있다.

선태식물은 솔이끼(▮ 그림 27-5) 혹은 선류(선태식물문), 우산이끼 혹은 태류(태문), 뿔이끼(각태문) 등 3개의 문으로 구성된다.

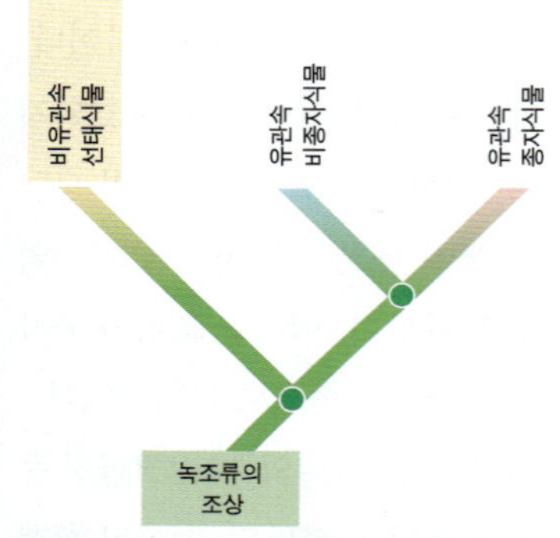


## 27.2.1 솔이끼 배우체는 "잎"과 "줄기"로 분화되어 있다

약 9,900종의 **솔이끼**(mosses, 선태식물 문)는 일반적으로 빽빽하게 모여 군체나 군생으로 살아간다(그림 27-5a). 각 개체는 헛뿌리라 불리는 작고 머리카락 같은 흡수 구조를 가지고 직립한다. 줄기는 잎과 같은 엽신을 가진 구조로 각각은 중늑을 제외하고는

**(a)** 두껍게 무리 지어 자라는 솔이끼(*Polytrichum commune*) 배우체의 확대 사진. 솔이끼는 특히 일본에서 바위를 뒤덮으며 자란다.

**(b)** 편평하고, 리본모양의 소엽은 일반적인 우산이끼(*Marchantia polymorpha*) 배우체의 특징이다. 우산이끼는 열대에서 극지역까지 습기 있는 흙에서 자란다.

**(c)** 일반적인 붕어마름(*Anthoneros natans*)의 성숙한 포자체(배우체로부터 돌출된 뿔 모양)를 가진 배우체.

**그림 27-5 선태식물**

일반적으로 분화되지 않은 세포들이 하나의 층을 이뤄 구성된다. 솔이끼는 유관속 조직이 없기 때문에, 실제 진정한 의미의 뿌리, 줄기, 잎을 가지지 않는다.

세대교번은 솔이끼의 생활사에서 뚜렷하게 나타난다(**그림 27-6**). ① 녹색이끼의 배우체는 종종 식물의 끝부분에 배우자낭을 만들어 낸다. 많은 솔이끼 종들은 성이 분리되어 있어 웅성체는 장정기를, 자성체는 장란기를 만들어 낸다. 또 다른 솔이끼 종들은 동일 식물체 안에 장란기와 장정기를 함께 만들어 내기도 한다.

② 정자세포 중의 하나는 장란기 내에서 난자와 수정을 한다. 편모가 있는 정자세포들은 장정기에서 장란기로 빗방울이 튀는 것처럼 흐르는 물에 의해 수송된다. 빗방울이 웅성 배우체의 끝에 떨어지면, 정자세포는 장정기로부터 방출된다. 또한 정자를 적재한 물방울이 공중으로 튀어 가까운 자성식물의 끝에 갈 수 있다. 한편, 곤충이 정자를 포함한 물방울을 묻히면 우연히 먼 거리로 옮겨 갈 수도 있다. 자성체 위에 떨어진 물방울 속의 정자세포는, 정자 세포를 안내하고 유혹하기 위해 화학물질을 분비하는 장란기로 헤엄 쳐 가서 난자와 융합을 한다. 수정의 결과로써 형성된 복상($2n$) 접합체는 ③ 유사분열을 거쳐 다세포성 배로 그리고 성숙한 포자체로 된다④. 이 포자체는 자성 배우체의 끝에서 자라 나와, 자성배우체에 붙어 영양분을 얻는다(**그림 27-7**). 포자체는 처음에는 녹색이고 광합성을 하지만, 성숙하면 황갈색이 된다. 포자체는 3개의 주요 부분으로 구성되어 있다: 족부, 포자체가 배우체에 붙어 있고, 배우체로부터 광물질과 영양분을 흡수한다 병 혹은 줄기(stalk); 삭과(capsule)는 포자모세포를 갖고 있다.

포자모세포는 감수분열을 하여 단상($n$) 포자를 형성한다(그림 27–6 ⑤). 포자가 성숙하면, 삭과가 열려 포자를 방출한다. 만약 이끼 포자가 자랄 수 있는 장소에 떨어지면, 포자는 발아하여, **원사체(protonema)**라 부르는 필라멘트형의 세포들로 자란다 ⑥. 필

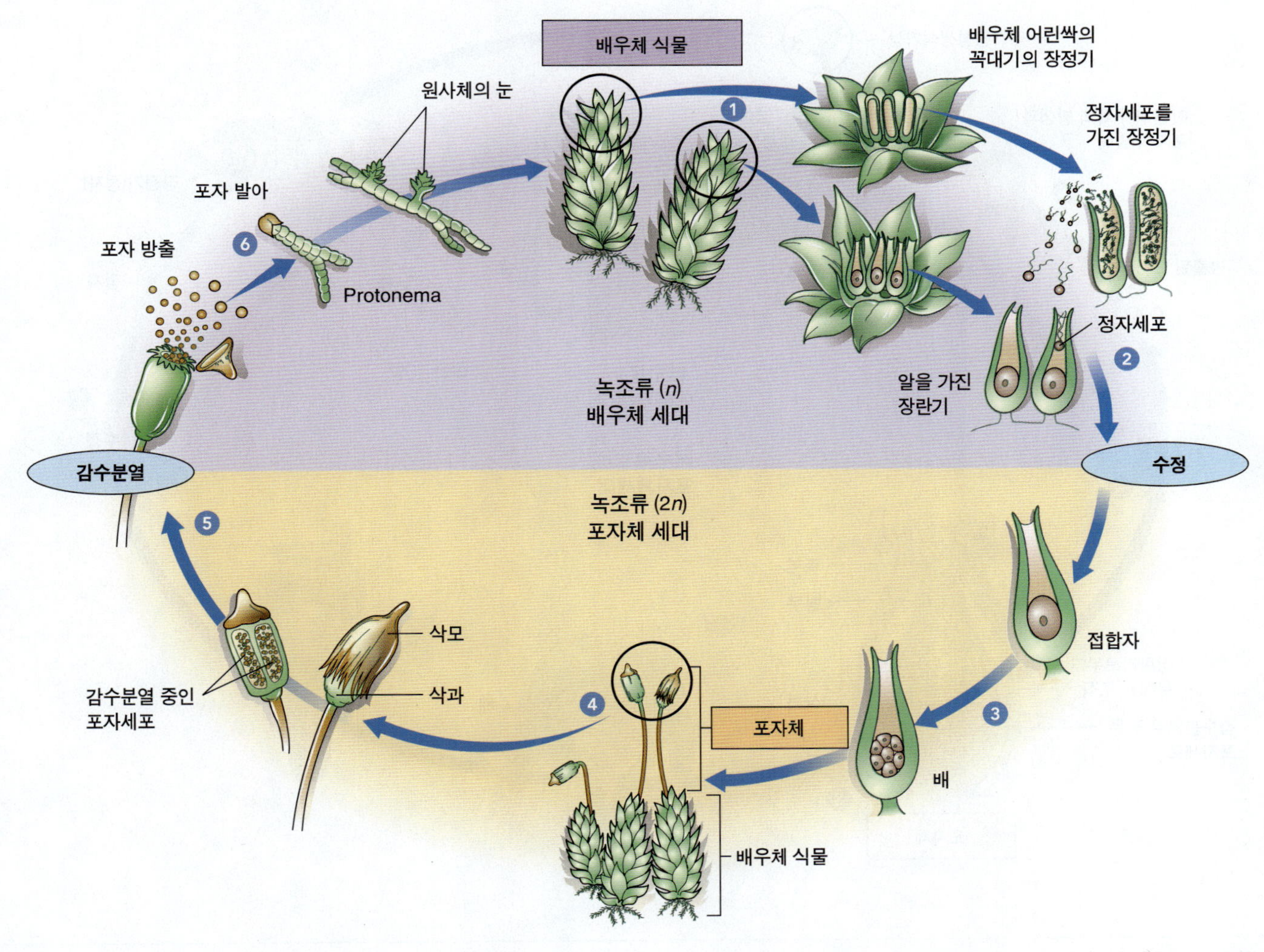


**그림 27-6 솔이끼의 생활사.**

배우체 세대는 솔이끼의 생활사에서 대부분을 차지한다. 유성생식이 일어난 후, 포자체는 배우체로부터 자라나온다. 자세한 설명은 본문을 참고하라.

**그림 27-7 솔이끼의 포자체.**

삭과, 줄기, 족부로 구성된 이끼의 포자체는 배우체의 꼭대기로부터 자라 나온다. 포자는 각 포자체의 꼭대기에 삭과내에서 만들어진다. 이 사진은 그늘진 곳과 습기 있는 토양에서 잘 자라는 솔이끼(*Polytrichum communce*)이다.

라멘트형의 녹조류와 외견상 닮은 원사체는 눈을 형성하고, 각각은 녹색 배우체로 자라 생활사를 계속한다.

솔이끼에서는 단상($n$)의 배우체 세대는 복상($2n$) 포자체와 독립하여 살아갈 수 있기 때문에 지배적인 세대(본체)로 생각된다. 반대로 포자체는 배우체에 붙어 영양분을 얻는 의존적인 생활을 한다. 그들이 자라는 환경에서 솔이끼는 눈에 잘 띄지 않지만 중요한 구성 요소로 토양을 형성하는데 중요한 역할을 담당한다. 왜냐하면 솔이끼는 밀도가 높은 군생으로 빽빽하게 서로 묶여져 자라기 때문에 그 장소에 흙을 붙들어 침식되는 것을 막는다.

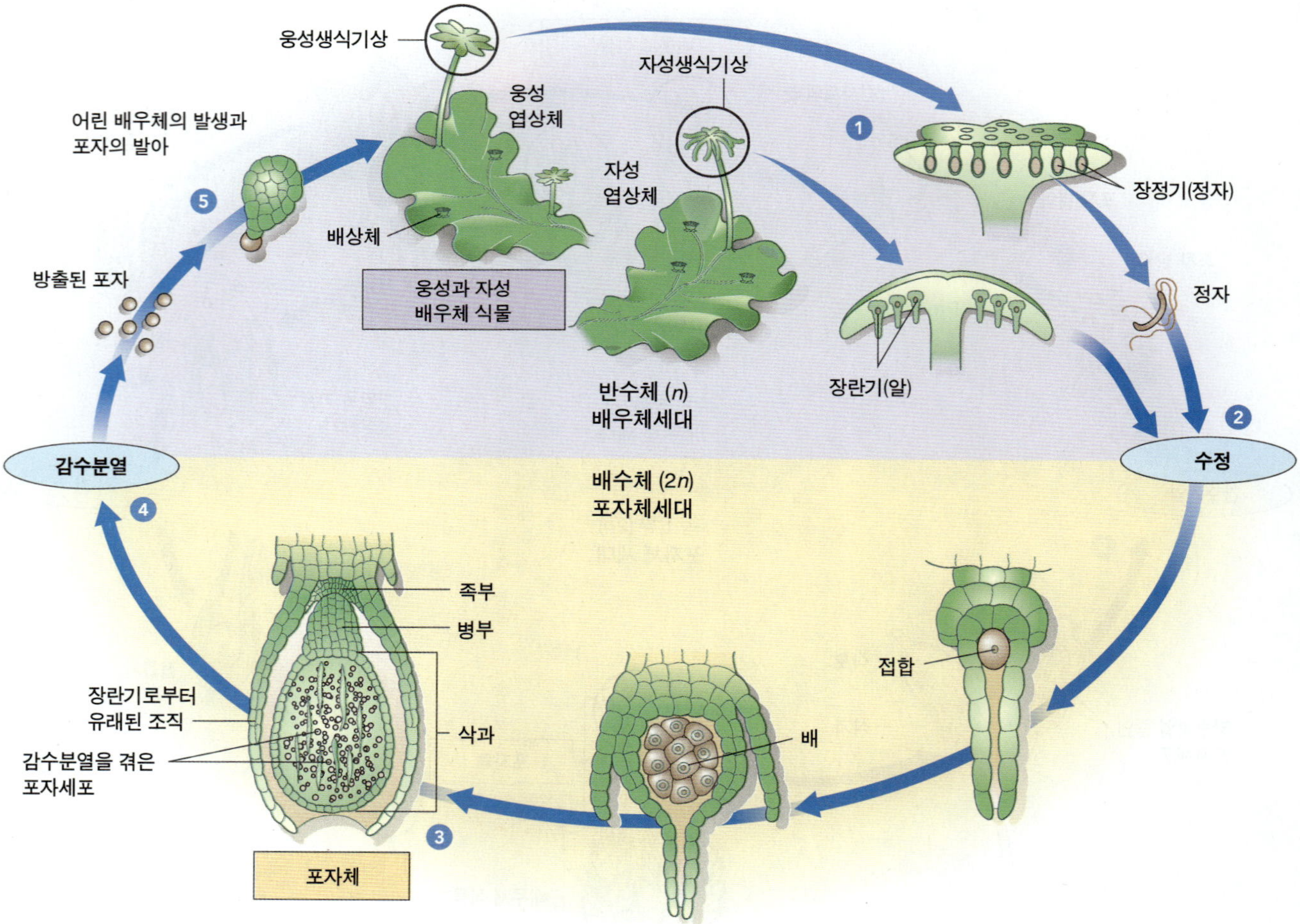

**그림 27-8 일반적인 우산이끼(*Marchantia polymorpha*)의 생활사.**

웅성과 자성 엽상체로 분리되어 나타나는 배우체 세대가 우점적 세대이다. 자루(우산모양의 구조)는 정자세포를 생산하는 장정기를 가진 웅성생식기상과 난자세포를 생산하는 자성생식기상(단지 1개만 보여진다)이다. 자세한 내용은 본문을 참고하라.

"이끼"란 이름은 실제 이끼류가 아닌 식물에 종종 오용된다. 예를 들어 순록이끼는 극지방의 툰드라의 식생에서 우점적인 지의류이고, 스페인이끼는 현화식물이며, 석송류는 고사리의 근연군(본 장의 뒷부분에서 논의됨)이다.

### 27.2.2 우산이끼 배우체는 엽상체 모양 혹은 잎 모양이다

**우산이끼**(liverwort, 태문)은 배우체 세대가 우점하는 비유관속 식물로 약 6,000종으로 구성되어 있다. 일부 우산이끼의 배우체는 잎, 줄기, 뿌리로 분화하지 않은 **엽상체(thallus)**라 부르는 편평하고 소열편의 구조를 가진다. 일반적인 우산이끼인 *Marchantia polymorpha*는 엽상체 형태이다(그림 27-5b). 우산이끼 엽상체의 아래 부분에는 토양에 식물을 고정시키는 머리카락 같은 헛뿌리가 있다. 외관상 솔이끼류와 닮은 엽상의 우산이끼 무리는 분화되지 않은 하나의 세포층으로 구성된 잎 모양의 엽신과 "줄기", 더 발달한 헛뿌리를 가진다. 솔이끼류와 뿔이끼류 그리고 다른 식물들과는 달리 우산이끼는 기공이 없다.

우산이끼는 무성생식과 유성생식을 모두 한다(**그림 27-8**). ❶에서 볼 수 있는 것과 같이 그들의 유성 생식에서는 단상($n$) 배우체에서 장란기, 장정기를 만든다. 일부 우산이끼에서 이 배우자낭은 자성 생식기상과 웅성 생식기상으로 불리는 자루를 가진 구조를 만든다. 자성 생식기상은 장란기를, 웅성 생식기상은 장정기를 가진다. ❷ 물방울이 튀어서 수정이 일어나는 장소에서 정자세포는 장란기로 수송된다. 접합체가 다세포성 배로 발달한 결과 성숙한 포자체가 된다❸. 우산이끼 포자체는 보통 구형이고 배우체에 부착된다. ❹ 포자체의 삭에서 포자형성 세포는 반수체 포자를 생성한다. ❺ 포자는 녹색 배우체로 발달되고 이 생활환은 계속된다.

일부 우산이끼는 접시모양 구조인 배상체(우산이끼 엽상체로 곧바로 되는)에서 만들어지는 **무성아(gemma)**라 불리는 조직의 작은 알갱이를 형성하여 무성적으로 생식한다. 무성아의 분산은 튀는 물방울과 작은 동물에 의해 이루어진다. 무성아가 발아할 수 있는 장소에 떨어지면 새로운 우산이끼 엽상체로 자란다. 또한 엽상체가 가지를 뻗어 성장하여 무성적으로 생식할 수도 있다. 무성아와 엽상체 가지 뻗기는 두 배우체의 융합이 일어나지 않기 때문에 무성생식이다.

### 27.2.3 뿔이끼 배우체는 눈에 띄지 않는 엽상체 식물이다

**뿔이끼**(hornwort 각태문<phylum Anthocerotophyta>)는 엽상체형 우산이끼와 그 배우체가 외견상 무척 닮아 있고, 약 100여종의 선태식물로 작은 그룹을 이룬다. 뿔이끼는 휴경지, 길가와 같은 교란된 서식처에서 발견된다.

솔이끼, 우산이끼들은 세포마다 많은 디스크 모양의 엽록체를 가지는 반면 뿔이끼는 각 세포 안에 하나의 큰 엽록체를 가짐으로써 식물세포보다 조류의 세포와 더 비슷하다.

또한, 일반적인 뿔이끼인 붕어마름(*Anthoceros natans*)은 장란기와 장정기가 웅성 생식기상과 자성생식기상에 달리기보다 배우체의 엽상체에 파묻혀 있다. 바늘 모양 같은 포자체는 수정과 발생 후에 배우체의 엽상체(가시 또는 뿔 모양을 형성하므로 뿔이끼라는 이름을 가진다)에서 돌출한다(그림 27-5c). 하나의 배우체는 가끔 다수의 포자체를 만든다. 감수분열은 각 **포자낭(sporangium)** 내에서 또는 포자 상자 내에서 일어나서, 포자가 형성된다. 포자낭 끝에서 찢어져 열려 포자를 방출한다. 각 포자는 새로운 배우체 엽상체로 자랄 수 있다.

### 27.2.4 선태식물은 실험 연구에 이용된다

과학자들은 식물 호르몬, **광주기(photoperiodism)**를 포함하는 식물학의 많은 기초 현상을 연구하는 실험 모델로써 선태식물을 이용한다. *Physcomitrella patens*는 특히 현화식물과 비교할 수 있는 유전자 특징 때문에 식물진화 연구를 위한 실험용 생명체로써 중요하다. 실험용 생물인 *Physcomitrella patensv*와 선태식물은

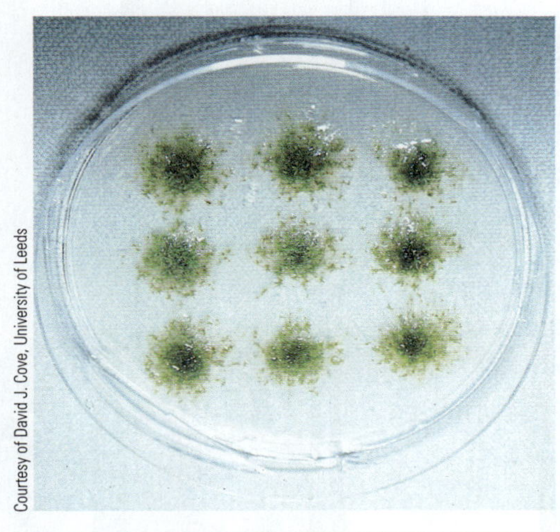


**그림 27-9 연구용 유기체로써 이끼.**

연구자는 페트리접시에 이끼류인 *Physcomitrella patens*에서 유전적 교차에 의해 만들어진 자손을 접종하였다. 연구자는 배양 실험을 통해 비타민 요구에 대한 그들의 표현형을 테스트할 것이다 (이끼가 현재 자라는 배양액은 부모 균주에서 요구되는 모든 비타민이 보충 되어져 있다).

인공배지에서 쉽게 자라고, 매우 작기 때문에 많은 공간을 요구하지 않는다(▮ **그림27-9**).

### 27.2.5 선태식물의 진화는 고대 식물의 화석상의 증거와 살아있는 식물의 구조와 분자적인 증거에 근거한다

식물은 단계통 그룹이다–즉, 모든 식물은 공통 조상인 고생대 녹조류로부터 진화했다고 생각된다. 화석상의 증거로는 선태식물이 조상 식물로 나타나는 데, 이는 공통식물조상으로부터 분화된 식물의 첫 번째 그룹임을 알 수 있다.

가장 오래된 완전한 화석식물은 약 4억2천5만년전으로 보고되었다. 이 화석은 현대의 뿔이끼와 형상이 많이 닮아있다. 그러나 그 화석의 포자는 4억7천년된 바위에서 발견된 것과 실제 같았다. 2003년도, 과학자들은 오만에서 발견되었던 고대 포자와 연관된 작은 뿔이끼를 닮은 식물의 일부 화석을 보고하였다. 이 발견은 뿔이끼 같은 식물은 육지에 이주한 가장 최초의 식물이었음을 제안한다.

최근의 형태학적 구조와 분자적 증거는 뿔이끼가 오늘날 살아있는 식물의 가장 고대의 그룹일 것이라는 가설을 지지한다. 선태식물에서부터 현화식물에 이르기까지 수많은 식물 종으로부터의 핵, 엽록체, 미토콘드리아의 DNA연구는 초기 식물조상은 2개의 계보(하나는 뿔이끼로부터 내려오고 다른 하나는 다른 식물로부터 유래되어 내려오는)에서 유래했음을 제안한다.

**복습**

- 이끼의 일반적인 생활사를 아래의 용어를 사용하여 도식화하라: 장란기, 접합자, 배, 삭과, 장란기, 정자세포, 난자세포, 정자모세포, 포자와 원사체
- 이끼, 우산이끼, 뿔이끼를 어떻게 구별할 수 있는가?

## 27.3 비종자 유관속식물

**학습목표**

6 조류와 고사리 및 비종자 유관속식물의 특징을 논의하라.
7 비종자 유관속식물의 2개 문(phyla)의 이름과 특징을 간단히 기술하라.
8 고사리의 생활사를 도식화하고 포자체 세대와 배우체 세대를 비교하라.
9 동형포자와 이형포자 식물의 일반적인 생활사를 비교하라.

조류와 선태식물에는 없지만, 비종자 유관속식물에서 발견되는 가장 중요한 적응은 수송과 지지의 역할을 담당하는 특수화된 유관속 조직(물관부, 체관부)이 있다. 수분, 용해된 무기물질, 용해된 당이 식물의 꽤 먼 거리 모든 부분으로 수송될 수 있기 때문에 선태식물보다 유관속식물이 더 큰 크기로 자랄 수 있다. 고사리와 고사리 유연군들 모두는 유관속조직을 가지는 진정한 줄기와 진정한 뿌리와 잎을 가진다.

주요 광합성 기관인 잎의 진화가 중점적으로 연구되어 왔다. 잎에는 2가지 기본 형태인 서로 독립적으로 진화되어 온 **소엽(microphyll)**과 **대엽(megaphyll)**이 있다: (▮ **그림 27-10**). 일반적으로 작



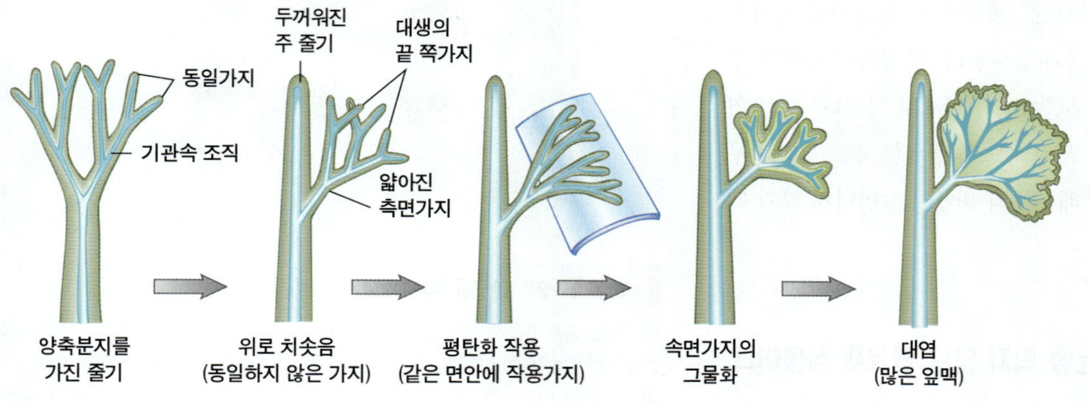


**그림 27-10 소엽과 대엽의 진화.**
차상분지(b)는 똑같이 2개로 분지되는 분지법이다. 두꺼운 가장자리(b) 가까운 분지 사이의 공간이 엽록소를 포함한 세포로 채워지게 되는 진화적 과정이다.

고 하나의 유관속 가닥을 소유하는 소엽은 줄기 조직에서 작게 돌출된 유관속으로부터 진화되었다고 생각된다. 살아있는 식물로는 유일하게 석송류만 소엽을 가진다. 그에 비해, 대엽은 오늘날 우리가 알고 있는 것처럼 줄기 분지로부터 진화해 왔다고 생각된다. 잎을 형성하기 위해 점차 조직을 채워나가므로 분지의 체계로부터 진화한 대엽은 하나 이상의 유관속 가닥을 가진다. 다음 장에서 논의할 솔잎난을 제외한 고사리, 속새, 겉씨식물, 현화식물은 대엽을 가진다.

최근에는 4천만년 전 고생대에 비해 대기 중의 $CO_2$농도가 점차 감소하였다. $CO_2$농도의 감소로 식물은 가스 교환을 위해 기공을 가진 편평한 식물로 발달하였다. 비종자 유관속식물의 2개 주요 그룹이 있다: 이끼류와 고사리. 생물학자들은 다른 문으로 분류되기에 충분히 구별되는 속새와 솔잎난을 인식하고 있다. 그러나 정자구조에서의 유사성과 DNA비교와 같은 많은 종류의 증거는 고사리를 다시 분류해야 한다는 결론에 도달했다. 그림 27-4에서 보여지듯 속새와 솔잎난을 포함하는 고사리는 단계통군이고 종자식물의 가장 가까운 유연군이다.

## 27.3.1 석송류는 근경과 짧고 직립하는 줄기를 가진 작은 식물이다

속새류처럼, **석송류**(club mosses, 석송문〈phylum Lycophyta〉)는 현재는 거의 멸종했지만 커다란 크기를 가진 수억 년 전에 중요한 식물이었다(**▮ 그림 27-11a**). 고대 속새류와 같이 크고 나무 같은 식물은 현재 석탄 퇴적의 주요 공헌자들이다. *Lycopodium sp.*의 종들처럼(**▮ 그림 27-11b**) 오늘날 살아있는 석송류는 약 1,200종으로, 작고 (25 cm보다 더 작다) 온대 삼림지에서 주로 발견되는 관심을 끄는 식물이다. 석송류는 진정한 뿌리인, 근경과 직립하는 공기 줄기 그리고 작은 비늘 같은 잎(소엽)을 가진다. 포자낭은 줄기를 따라서 생식 부위에서 흩어져 있거나, 혹은 줄기의 끝의 포자낭수에 무리 지어 있는 생식 잎에 솔방울처럼 달린다.

석송류는 상록이고 크리스마스 화관과 다른 장식에 종종 쓰이므로. 일부지역에서는 너무 많이 수확함으로써 멸종 위기에 처해 있다.

## 27.3.2 고사리류는 포자를 형성하는 유관속식물의 다양한 그룹이다

비록 소수의 고사리류가 수중 서식지에 적응되었다 할지라도, 11,000종의 대부분 **고사리**(ferns〈고사리문 phylum Pteridophyta〉)는 육상식물이다. 고사리는 열대에서부터 극지방에 걸쳐 서식하며 열대 우림에서는 대부분 종이 나무 가지에 높은 곳에 자리 잡고 살아간다(**▮ 그림 27-12a**). 온대지역에서는 일부 고사리가 들판, 낭떠러지에 바위 갈라진 틈에 살고, 심지어 사막

**(a)** *Lepidodendron* 종의 복원. 이 고대 이끼류는 40 m 크기의 나무였다. *Lepidodendron*의 수많은 화석은 특히 영국과 미국의 중부에 석탄층에 존재하였다.

**(b)** 석송속(*Lycopodium*)종의 포자체, 이끼 종류는 작고 상록성인 인편형의 잎(소엽)을 가진다. 포자는 솔방울 모양으로 뭉쳐져 있는 생식 잎 위에 포자낭에서 생산되는데, 다른 종에서는 줄기를 따라 분산되어 있기도 하다.

**그림 27-11 석송류.**

에서도 발견되지만, 주로 소택지, 늪지, 습기 있는 삼림지, 강둑에 서식한다.

고사리의 생활사는 분명하게 정의된 세대교번을 포함한다(**그림 27-12c**). 고사리는 크고, 눈에 잘 띄는 포자체 세대를 나타낸다. **그림 27-13** ❶에서 보는 것과 같이 고사리 포자체는 수평으로 뻗은 지하 줄기 또는 근경(rhizome)과, 엽상체(frond)라 불리는 잎을 가지며 진정 뿌리로 구성되어 있다. 어린 엽상체는 땅에서 처음으로 올라올 때, 코일처럼 감겨 바이올린의 끝 모양과 닮아 있어, 고사리싹(fiddlehead)이라는 이름을 가진다(그림 27-13). 자라면서 감겨져 있던 고사리 싹이 잎 모양으로 펼쳐진다. 고사리 잎은 일반적으로 복엽(즉, 엽병이 여러 개 소엽으로 나뉘어 지는)이다. 잎, 뿌리, 근경은 모두 유관속 조직을 갖는다. 일반적으로 엽상체에서 포자낭이 만들어지고, 포자모세포가 감수분열을 거쳐 단상($n$)의 포자를 만든다. 많은 고사리에서, 포자낭은 포자낭군이라 불리는 덩어리를 이루어 달린다.

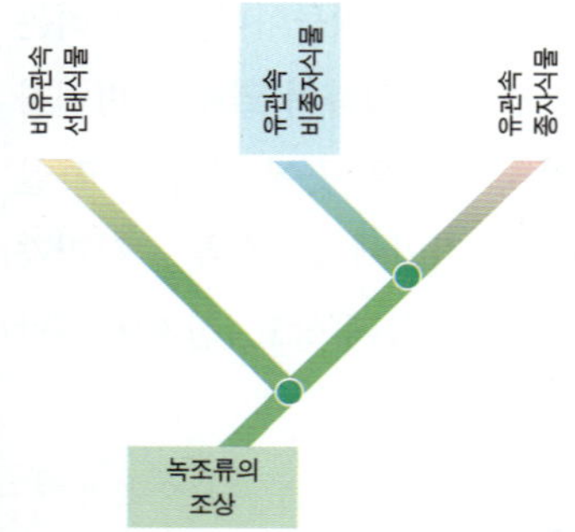


❷포자낭에서 포자모세포는 감수분열을 통해 반수체 포자를 형성한다. ❸포자낭이 열릴 때, 포자가 배출되어 발아하여, 유사분열을 통하여 성숙된 배우체로 자란다.

포자체와 닮지 않은 성숙한 고사리배우체는 작고(손톱의 반 크기보다 작은) 녹색이며 심장형 구조로 땅에서 편평하게 자란다. ❹ 전엽체(prothallus)라 불리는 고사리 배우체는 유관속조직이 없고, 가늘고 머리카락 같은 헛뿌리로 흡수한다.(그림 26-14 ❺). 일반적으로 전엽체는 아래쪽에 장란기와 장정기 모두 만들어낸다. 장정기는 수많은 정자세포를 만들어내는 반면, 장란기는 하나의 알(난자)을 만든다. 수송매개체로써 물을 사용하는 원시적인 수정방법을 가진다.

편모를 가진 정자세포는 전엽체 아래 쪽 물의 표면을 따라 장란기의 목 부위로 헤엄을 쳐서 하나의 난자와 수정된다. ❻수정된 복상($2n$) 접합자는 유산분열에 의해 다세포성 배로 자란다. 생활사 중 이 시기에는 포자체 배가 배우체에 붙어 의존적인 생활을

**(a)** 십자고사리 속의 한 종인 크리스마스 고사리(*Polystichum acrostichoides*)는 크리스마스에 녹색을 띠어 장식으로 쓰인다. 이 고사리는 테네시 주에 있는 Great Smoky Mountains에서 촬영한 것이고 0.6 m정도까지 자라는 엽상체를 가진다.

**(b)** 만강홍 속의 일종인 작은모기 고사리(*Azolla caroliniana*)는 전형적인 고사리와 닮아있지 않는 자유 유영하는 수중 고사리이다. 비록 각 개체식물은 단지 1.3 cm정도 밖에 자라지 않지만, *Azolla* 개체군은 때때로 연못을 가로질러 매우 두껍게 자라기 때문에, 소문에 의하면 모기유충을 질식시킨다. 매사추세츠주에서 촬영한 것이다.

**(c)** 뿔고사리(*Platycerium bifurcatun*)는 오스트레일리아 열대우림의 고유종이고 다른 장소에서도 널리 재배되고 있다. 자연에서 뿔고사리는 다른 유기체에 (나무 둥치) 붙어서 자라지만 유해성을 나타내지는 않는 착생식물이다. 개체의 잎은 길이가 0.9 m까지 자란다.

**그림 27-12** 고사리류.

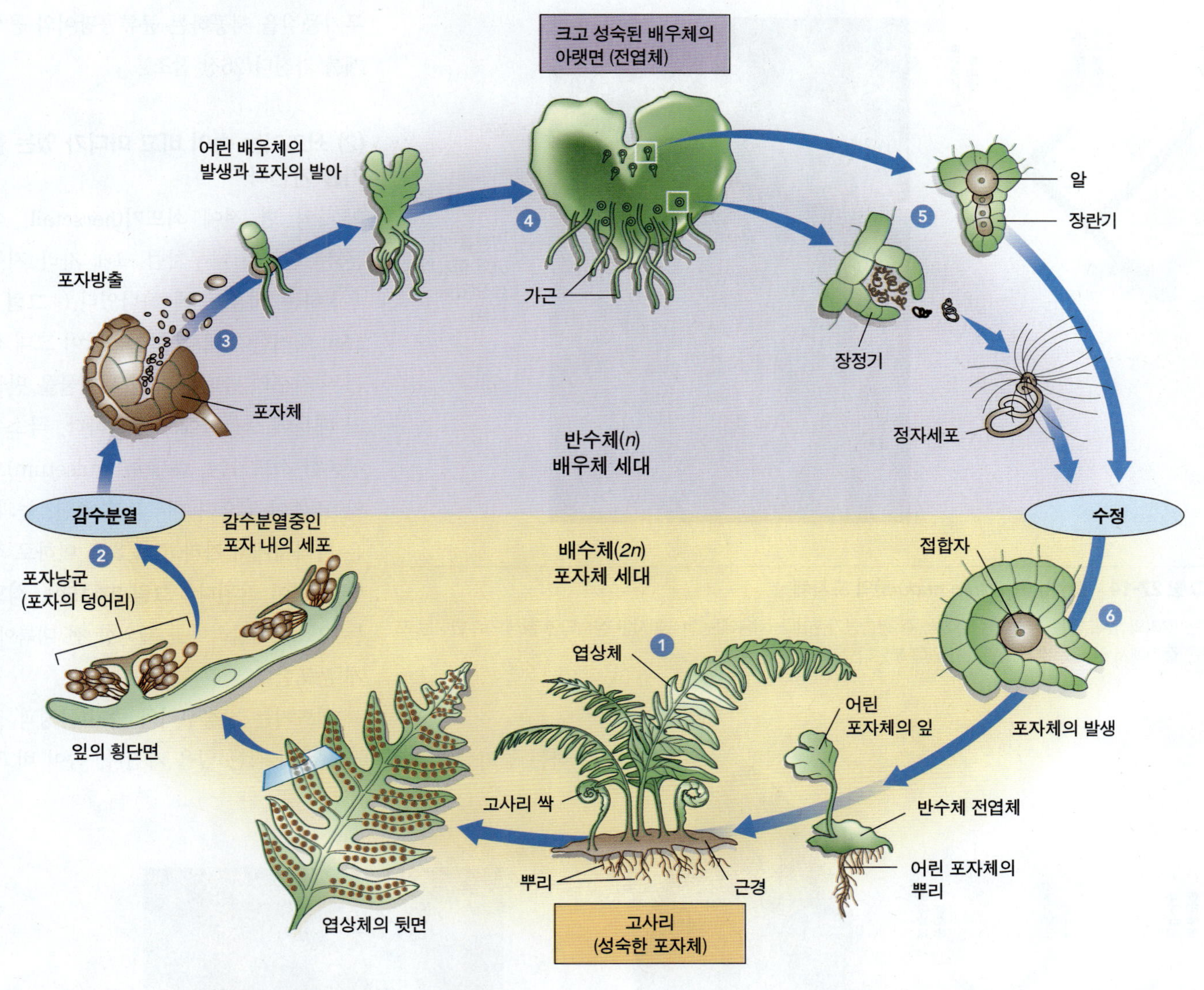


**그림 27-13 고사리의 생활사.**

배우체(전엽체)와 포자체(잎을 가진)사이에 분명하게 나누어진 세대 교번을 주목하라. 자세한 내용은 본문을 참고하라.

한다. 그러나 배가 성숙되면, 전엽체는 시들어 죽고, 포자체는 독립적인 생활을 시작한다.

고사리 생활사는, 근경, 뿌리, 엽상체를 가지는 생활사 중 대부분을 우점하는 복상(2*n*)의 포자체와 단상(*n*)의 배우체(전엽체) 사이를 번갈아 나타낸다. 포자체는 배우체 보다 더 클 뿐 아니라, 대부분의 기간을 지속하기 때문에(대부분 고사리는 다년생) 생활사 중 대부분을 우점한다. 반면 배우체는 생식 후 곧 죽는다.

### (1) 솔잎란은 가장 퇴화된 고사리로써 분류되었다

**솔잎란**(whisk ferns, 고사리 문)의 약 12종만이 현재 존재할 뿐, 화석의 여러 멸종한 종에서 보인다. 열대와 아열대에 주로 서식하는 솔잎난은 상대적으로 구조가 단순하고 유관속 줄기를 갖지만 진정 뿌리와 잎이 없다. 대표적인 솔잎란(*Psilotum nudum*) 은 수평으로 자라는 땅 아래 근경과 수직으로 자라는 공기 중의 줄기 모두를 가진다(**그림 27-14**).줄기가 분지할 때마다, 항상 똑같이 반쪽으로 나누어지는 **차상분지**를 한다. 식물학자들은 이를 원시적인 형질이라고 생각한다.

솔잎난속(*Psilotum*)의 직립 하는 줄기는 녹색이고 광합성을 하는 주요기관이다. 포자낭은 직립형이고 공기 중의 줄기에 붙어있으며, 포자모세포를 가지며, 감수분열을 거쳐 단상(*n*)의 포자를 형성한다. 분산된 포자는 발아하여, 단상(*n*) 전엽체를 형성한다. 솔잎란의 전엽체는 지하에서 광합성을 하지 않으므로 당과 필수

**그림 27-14 솔잎난(*Psilotum nudum*)의 포자체.**

줄기는 뿌리와 잎이 없는 유관속 식물에서 주 광합성기관이다. 처음에는 녹색이지만 성숙되면 황색으로 변하는 포자낭은 줄기에서 곧바로 짧은 측면가지 위에 붙는다.

무기물질을 제공하는 균류곰팡이와 공생관계를 가진다(26장 참조).

### (2) 쇠뜨기는 속이 비고 마디가 있는 줄기를 가진다

약 3억 년 전에 **쇠뜨기**(horsetail, 석송문)는 현생의 나무처럼 크게 자라 지구를 우점하는 식물 중에 하나였다.(**그림 27-15a**) 이러한 고대 석송류와 같이 고대 쇠뜨기는 지구의 광대한 석탄 퇴적물을 만들었기 때문에 오늘날에도 중요하다. 극소수의 생존한 쇠뜨기는, 속새속(Equisetum)으로 약 15종이 있으며 대부분 축축한, 늪과 같은 서식처에서 자라고, 1.3 m 이하로 작지만 구별이 잘된다(**그림 27-15b**). 쇠뜨기는 오스트레일리아를 제외한 전 대륙에 넓게 분포한다.

쇠뜨기는 진정뿌리와 줄기(근경과 직립하는 공기상의 줄기 둘 모두)와 작은 잎을 가진다. 속이 비고 마

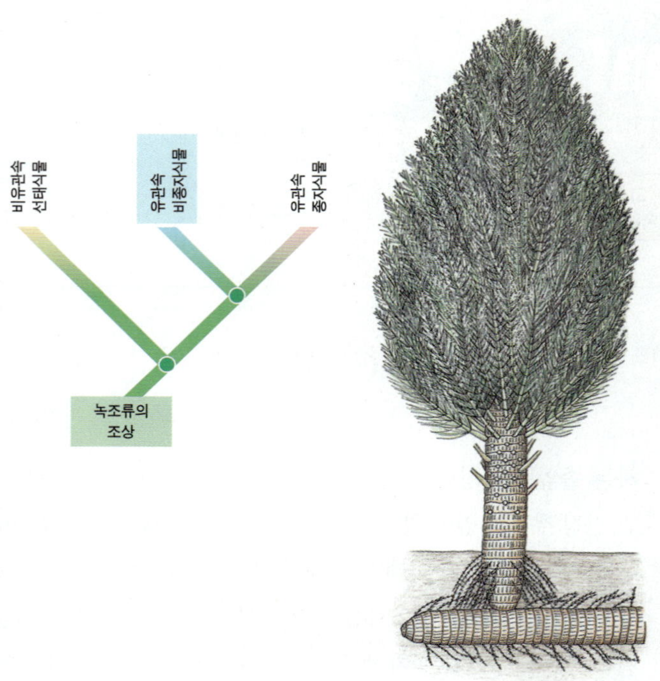


**(a)** *Calamites* 종(sp.)의 복원. 이 고대 속새류는 많은 현생의 나무만큼인 20 m정도로 키가 크다. *Calamites*는 뿌리와 공기 슈트가 기원하는 땅속의 근경을 가진다.

**(b)** 속새류인 *Equisetum telematia*는 유라시아, 아프리카, 북아메리카에 넓게 분포하고 솔방울 모양 같은 포자낭을 가진 분지되지 않은 생식슈트들이 고도로 분지된 영양슈트와 분리되어있다. 어떤 속새류에서는 생식슈트와 영양슈트는 분리되지 않는다.

**그림 27-15 속새.**

디가 있는 줄기는 이산화규소가 채워져 있어, 모래투성이와 같이 거칠다. 축소된 대엽으로 해석되는 작은 잎은 각 마디(잎이 붙는 줄기 부위)에 윤행하고 융합되어 있다. 녹색줄기는 광합성의 주요기관이다.

속새류의 각 생식 가지 끝에서 솔방울 모양의 **포자낭(strobilus)**을 만들어 낸다. 포자낭은 우산 같은 구조의 여러 개 자루로 각각은 공통의 축 주위에 원형으로 5–10개 포자낭을 만들어낸다. 속새류의 생활사는 고사리 생활사와 많은 점에서 유사하다. 속새류는 포자체가 눈에 잘 띄는 식물이다. 반면에 배우체는 작고 소열편을 가진 전엽체인데 바늘머리 모양이며, 크기가 직경 약 1 cm정도이다. 포자체와 배우체는 둘 다 광합성을 하고, 성숙할 때까지 독립 영양생활을 한다. 고사리류처럼, 속새류는 편모를 가 진 정자세포가 헤엄쳐 난자에게로 가기 위해 매개체로 물이 필요하다.

### 27.3.3 일부 고사리류와 석송류는 이형포자이다

이제까지 식물의 생활사를 살펴보았을 때, 식물은 감수분열의 결과로써 단지 1가지 모양의 포자를 만들어 낸다. **동형포자(homospory)**는 선태식물, 속새, 솔잎란, 대부분의 고사리, 석송류의 특징이다. 그러나 어떤 고사리와 석송류에는 2가지 다른 모양의 포자인 소포자와 대포자를 생산하는 **이형포자(heterospory)**를 보여준다: **그림 27-16**은 이형포자 식물의 전형적인 생활사를 예시하고 있다.

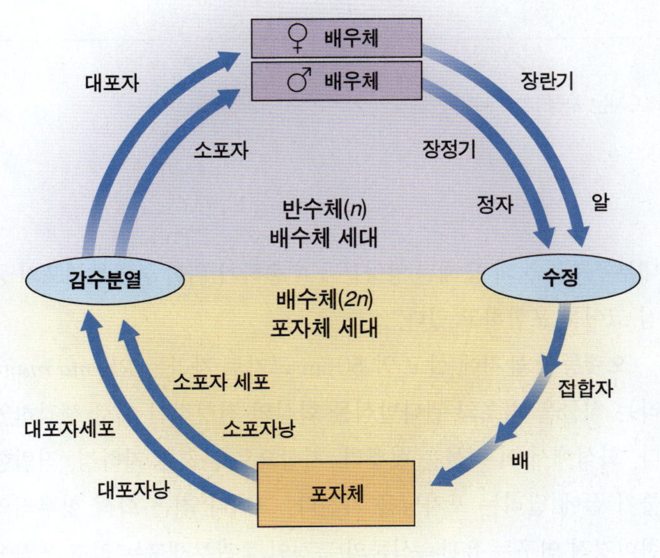


**그림 27-16** 이형포자의 기본 생활사.
소포자와 대포자의 두 형태의 포자가 이형포자 식물의 생활사 동안 만들어진다.

작고 약한 석송류인 부처손(Spike moss, *Selaginella* sp.)은 이형포자 식물의 예이다(**그림 27-17**). ❶에서 보인 바와 같이 각 포자낭 수는 일반적으로 2종류의 포자낭 즉, 소포자낭과 대포자낭을 만든다. ❷ 소포자낭은 소포자모세포를 만드는 포자낭이고, 감수분열을 거쳐 미세한 단상(*n*) **소포자(microspores)**를 형성한다. ❸ 각각의 소포자는 장정기 내에서 정자세포를 만들어 웅성배우체로 된다. ❹ 대포자낭은 대포자세포(대포자모세포라고도 불림)를 만든다. 대포자모세포가 감수분열을 한 후 그들은 단상(*n*)의 **대포자(megaspore)**를 형성하고, 장란기 내에서 난자를 만들어 자성 배우체로 발생한다. ❺ 부처손에서 소포자로부터 웅성 배우체대포자로부터 자성배우체의 발생은 포자체에 저장된 양분을 사용하여 각각의 포자 벽 내에서 일어난다. ❻ 수정은 새로운 자성배우체의 발생을 일어나게 한다.

결과적으로 다른 비종자 유관속식물의 배우체와 달리 웅성과 자성 배우체는 완전히 독립되어 있지 않다. 종자진화의 선구자인 이형포자의 발달은 식물진화에 있어 중요한 발달과정이다. 이형포자는 오늘날 현존하는 가장 성공적인 두 식물군(겉씨식물, 속씨식물)에서 발견되었고, 모두 종자를 생산한다(27장).

### 27.3.4 비종자 유관속식물은 실험연구에 이용된다

많은 비종자 유관속 식물은 생리학, 생장과 발생과 같은 식물학의 어떤 현상을 연구하기 위한 실험 모델로써 이용되었다. 고사리와 다른 비종자 유관속식물은 어떻게 **정단분열조직(apical meristem)**이 식물 조직을 만들어내는지 연구하기에 유용하다. 정단 분열조직은 뿌리와 슈트의 정단에 위치하고 그곳에서 생장, 세포분열, 신장, 분화가 일어난다.

고사리류와 다른 비종자 유관속 식물은 정단분열조직의 꼭대기 중앙에 하나의 큰 *정단세포*(apical cell)를 가진다. 이 정단세포는 모든 세포의 근원으로 유사분열에 의해 결국에는 뿌리와 슈트를 구성한다. 정단세포는 잘 정돈된 방식으로 분열을 하고, 계속적으로 나누어져 작은 딸세포를 생성하여, 슈트나 뿌리의 다른 부분으로 자라나므로 성숙된 세포의 기원을 추적할 수 있다.

### 27.3.5 비종자 유관속식물은 4억2천만 년 전에 나타났다

현재, 가장 오래된 것으로 알려진 초기 유관속식물의 거대화석은

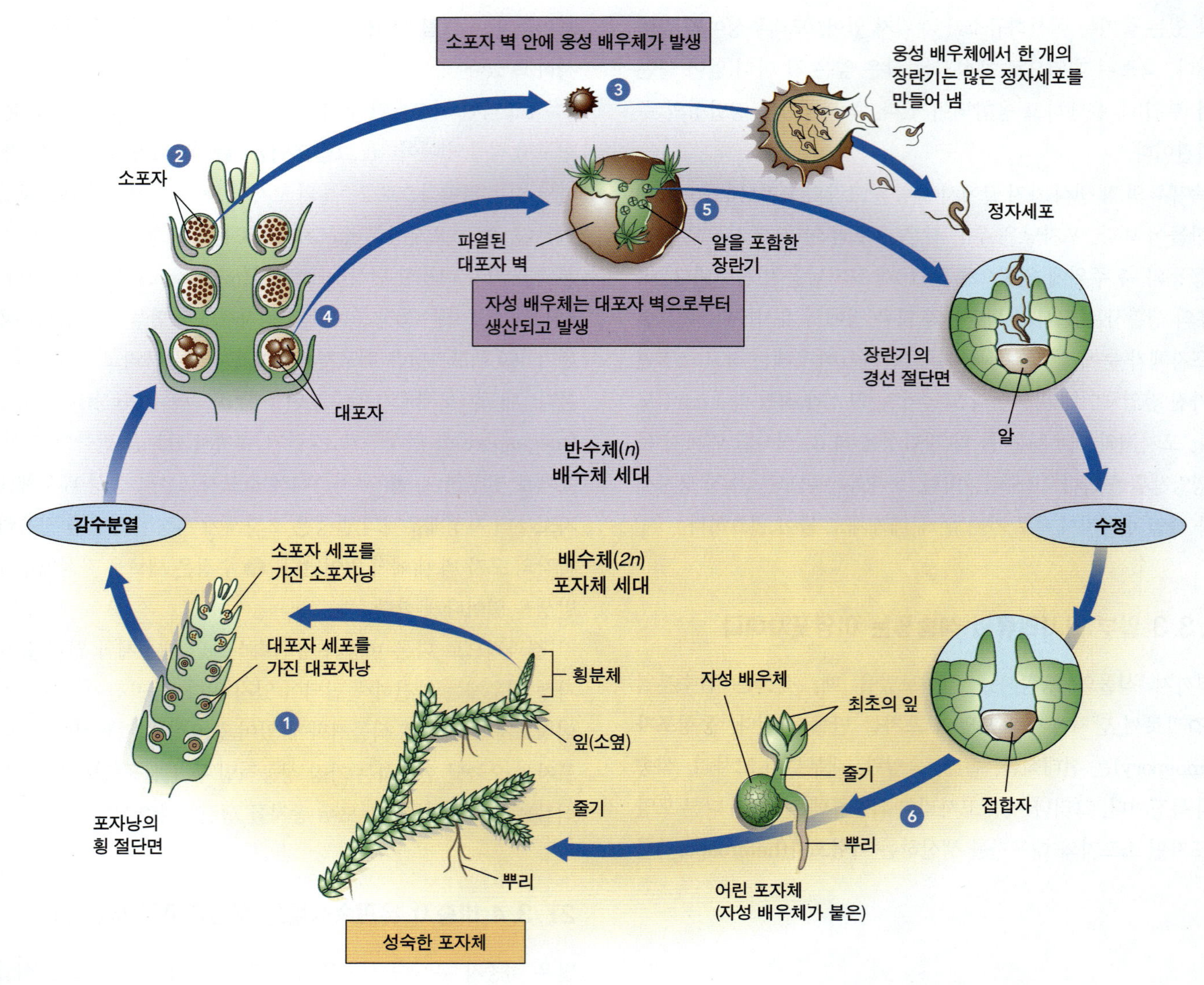


**그림 27-17 부처손 속(*Selaginella* 종)의 생활사.**

부처손 속의 식물은 하나의 포자낭에서 2가지 형태의 포자를 생산하는 이형포자식물이다. 대포자는 자성 배우체로 발생하고, 소포자는 웅성 배우체로 된다. 자세한 내용은 본문을 참고하라.

유럽에서 발견되었으며, 이는 실루리아기의 중기(4억2천만 년 전) 퇴적물로부터 나온 것이다(식물 거대화석은 뿌리, 줄기, 잎, 생식 구조 등의 식물전체가 화석화된 것이다).

가장 오래된 유관속 식물은 라이니아문(Rhyniophyta)으로 등록되었고, 화석기록에 따르면 4억2천만 년 전에 나타나 약 3억 8천만 년 전에 멸종되었다. 라이니아속 식물(*Rhynia gwynne-vavghanii*)은 지하의 지하경으로부터 차상 분지된 직립줄기로 구성되며 잎이 없고 겉모양은 솔잎란과 닮은 초기 유관속 식물의 한 예이다(**그림 27-18**). Rhynia는 진정뿌리가 없고 흡수성이 있는 헛뿌리를 가진다. 포자낭은 짧은 가지의 끝에서 달린다. 지하경의 내부구조는 물과 용해된 영양분을 수송하기 위한 물관부세포의 중심 코어를 포함하고 있다.

오랫동안 늪지에 살고 약 50 cm 크기로 자라는 *Rhynia major*라는 식물을 최초의 관다발식물 화석의 전형적인 예로 생각하였다. 화석에서 이 식물은 헛뿌리, 차상으로 분지한 지하경, 직립한 줄기 끝에 달리는 포자낭을 가진다. 그러나 최근 화석 헛뿌리의 현미경적 연구는 유관속식물의 특징인 물관부세포는 없고 조직에 중심코어가 있다는 것을 제시하고 있다. 이러한 이유로 인해 *R. major*는 새로운 속인 *Aglaophyton*속으로 재분류되었고, 더 이상 라이니아 속으로 생각하지 않는다(**그림 27-19**).

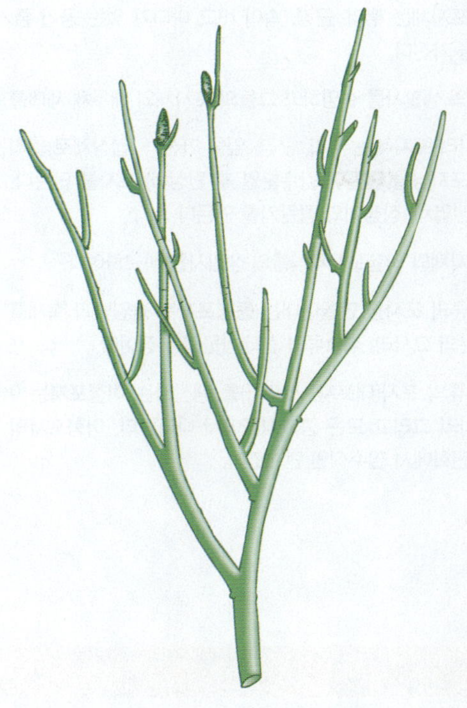

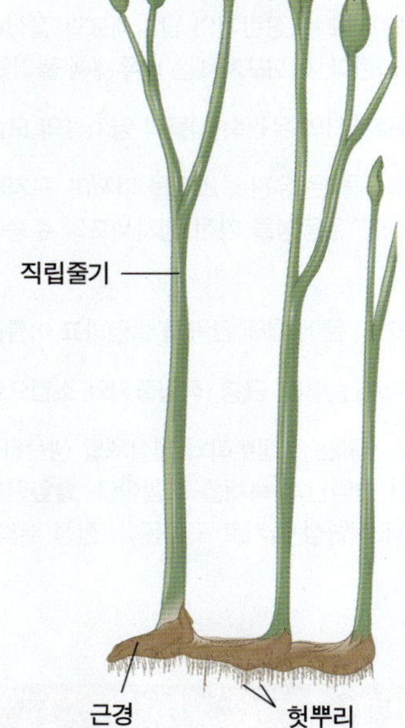


**그림 27-18** 라이니아속 식물(*Rhynia gwynne-vaughanii*)의 복원.
지구 최초의 유관속식물의 하나인 잎이 없는 식물로서 현재는 멸종되었다. 18 cm크기로 자란다.

**그림 27-19** *Aglaophyton major*의 복원.

**복습**

- 고사리는 조류와 선태식물 모두에서 없는 어떤 적응현상을 가지고 있나?
- 다음 중 고사리의 포자체세대의 한 부분은 어느 것인가?
  엽상체, 정자세포, 난세포, 포자낭, 포자낭군, 포자, 전엽체, 근경, 장정기, 장란기, 접합체
- 생활사에서 어떻게 이형포자가 변형되는가?

## 핵심 용어와 요약

**학습목표**

1 땅에서의 생물체의 환경적인 도전과 이 도전에 어떻게 적응하는지 설명하라.

- 식물은 수분손실을 방지하기 위해 왁스성분의 **큐티클**과 광합성에 필요한 가스교환을 위한 기공을 가진다.
- 식물의 생활사는 다세포성 단상($n$) 배우체로 생활사의 한 부분을 보내고 다세포성 복상($2n$) 포자체로 한 부분을 보내는 **세대교번**을 한다. **포자체 세대**에 첫 번째 단계는 **접합자**이다. 접합자는 배우체에 의해 영양분이 제공되고 보호되며, 다세포성 **배**로 발생한다. 성숙한 포자체 식물은 포자모세포를 만들고 감수분열로 단상의 포자를 형성한다(배우체세대).
- 대부분의 식물은 배우체를 둘러싸서 보호하는 불임의 다세포성의 **배우자낭**을 만든다. 장정기는 정자세포를 만들고, **장난기**는 난자를 만든다.
- 고사리와 다른 유관속식물은 물과 용해된 영양분미네랄을 수송하기 위한 물관부와 용해된 당을 수송하기 위한 **체관부**를 가진다.

2 자손으로 되었다고 가정되는 원생생물의 이름을 말하고 그 증거를 설명하라.

- 식물이 **윤조식물**이라 불리는 녹조류의 한 그룹으로부터 유래하였을 것이라고 본다. 그 근거는 2종류 식물의 DNA와 RNA 염기서열의 분자적 비교에서 윤조식물은 식물과 가깝게 연관되어 있다는 강력한 정보에 의한 것이다.

3 녹조류와 다른 식물들과 구분되는 선태식물의 구분되는 특징을 요약하라.

- 다른 육상식물과 다르게 선태식물은 비유관속식물이고 물관부와 체관부가 없다. 선태식물은 배우체 세대가 우점적인 유일한 식물이다. 그들의 포자체는 배우체에 붙어있고, 영양분도 배우체에 의존한다.

4 선태식물의 3가지 계통에 대하여 간략하게 설명하고 이름을 말하세요.

- 이끼 배우체는 편모를 가진 원사체로부터 자라 나온 녹색식물이다.
- 우산이끼 배우체는 잎 또는 엽상체이다.

- 뿔이끼는 엽상체 배우체를 가진다.

5 이끼의 생활사를 설명하고 이들의 배우체와 포자체 세대를 비교하여라.

- 수정 동안 정자세포는 장란기의 난자세포와 접합하고 이끼 포자체로 발달한 배로 자란다. 이끼포자체는 배우체에 붙어있다.

6 조류와 선태식물로부터의 유관속 식물과 양치류의 모습을 구분하여라.

- 비종자 유관속 식물은 유관속 조직을 가지며, 포자체 세대가 우점한다. 고사리의 생식은 운동성을 가진 정자세포의 수송매개체로써 물이 필요하다.

7 유관속 식물의 2가지 문에 대해 간략히 설명하고 이름을 말하세요.

- **석송류**의 포자체는 뿌리, 근경, 직립줄기와 **소엽**으로 구성된다.
- **고사리류**의 포자체는 진정뿌리와 엽상체를 생산하는 근경으로 구성되어 있다. 또한 솔잎난과 속새를 포함한다. **솔잎란** 포자체는 차상으로 분지된 근경과 직립성 줄기로 구성된다. 진정 뿌리와 잎은 없다. **속새류** 포자체는 뿌리, 근경, 속이 비고 마디가 있는 공기 줄기, 축소된 **대엽**을 가진다.

8 양치류의 생활사를 설명하고 그들의 포자체와 배우체 세대를 비교하여라.

- 고사리 포자체는 뿌리, 근경, 잎을 가진다. 엽상체로 불리는 그들의 잎은 포자낭을 만들어 감수분열 후 단상($n$) 포자를 만든다. 고사리 배우체(전엽체) 장정기와 장란기를 만든다.

9 동형포자체와 이형포자체식물의 생활사를 비교하여라.

- 1종류의 포자를 만들어내는 **동형포자**는 솔잎난과 속새를 포함하는 대부분의 고사리, 석송류와 선태식물의 특징이다.
- 2종류의 포자(대포자, 소포자)를 생산하는 **이형포자**는 어떤 석송류와 고사리 그리고 모든 종자식물에서 나타난다. 이형포자의 진화는 종자의 진화에서 필수적인 단계였다.

## 연습문제

1. 지배적인 배수체 세대를 가지는 비유관속식물은 어느 것인가?
(a) 양치류 (b) 솔잎란 (c) 석송류 (d) 쇠뜨기 (e) 붕어마름

2. 자성 배우자낭, 또는 __________ 은 난자를,; 웅성 배우자낭, 또 __________ 는 정자세포를 생산한다.
(a) 장정기; 장란기 (b) 장정기; 대엽 (c) 대포자낭; 장정기
(d) 장란기; 장정기 (e) 대포자낭; 대엽

3. 선태식물은 (a) 이끼, 우산이끼, 뿔이끼를 포함한다. (b) 솔잎란, 쇠뜨기, 석송류를 포함한다. (c) 유관속계가 없는 작은 식물이다. (d) a 와 c 모두 (e) b와 c 모두

4. 아래의 것 중 식물의 특징이 아닌 것은 ?
(a) 큐티클 (b) 단세포성 배우자낭 (c) 기공
(d) 다세포성 배(embryo) (e) 세대교번

5. 비종자 유관속 식물은 물과 용해된 미네랄을 수송하기 위해서 __________ 을 가지고 용해된 당을 수송하기 위해서 __________ 을 가진다.
(a) 큐티클; 물관부 (b)체관부; 기공 (c) 체관부; 물관부
(d) 기공; 큐티클 (e) 물관부; 체관부

6. 이 식물은 유관속이 있는 줄기를 가지지만 진정 뿌리와 잎이 없다.
(a) 이끼 (b) 석송류 (c) 쇠뜨기 (d)솔잎란 (e) 뿔이끼

7. 녹색의 배우자낭을 갖는 이끼 식물은 (a) 배우체 세대이다. (b)포자체 세대이다. (c)원사체라 부른다. (d) 하나의 큰 엽록체를 가진 세포를 가진다. (e) b 와 c 모두

8. 고사리에 대한 아래의 문장 중에 사실이 아닌 것은 어느 것인가?
a) 고사리는 난자를 포함하는 장란기로 물을 통해 수영하는 이동성 있는 정자세포를 가진다.
b) 고사리는 세계에서 가장 일반적인 고사리 형태이다.
c) 고사리는 선태식물의 가정 경제학적으로 중요한 그룹이다.
d) 고사리 포자체는 근경, 뿌리, 엽상체로 구성된다.
e) 고사리의 다양성은 열대지방에서 매우 높다.

## 심화 학습문제

1. 선태식물은 조류에 결여되어 있는 어떠한 형질을 획득함으로써 진화하였는가?

2. **자료 분석.** 그림 27.4.모식도에 따르면, 가장 먼저 진화한 식물은 어느 것인가?

# 28

# 종자식물

M. F. Merlet/Science Photo Library/Photo Researchers, Inc.

**종자가 튀어 나오는 목련의 열매.**
태산목의 (*Magnolia grandiflora*)는
현화식물이고 종자는 열매에 싸여있다.

## 핵심 개념

종자식물은 겉씨식물(나자식물)과 속씨식물(피자식물)을 포함한다.

겉씨식물은 포자체로부터 만들어진 구과(솔방울)에서 노출된 종자를 생산한다.

구과식물은 4개의 현생하는 겉씨식물문 중에서 가장 다양하고 수가 많다.

속씨식물은 심피 내에 닫혀진 배주(밑씨)를 만들어낸다; 수정, 밑씨로부터 종자의 발생, 심피의 자방(씨방)은 열매로 되는 과정이 나타난다.

속씨식물은 하나의 문으로 구성되어 있고 영양적 구조와 생식적 구조 모두에서 광장한 다양성이 존재하며 육지에 우점하고 있다.

겉씨식물과 속씨식물은 고대 종자가 없는 유관속식물로부터 진화하였다.

우리는 27장에서 단상($n$)의 생식단위 배우체로서 포자라는 방법으로 생식을 하는 선태식물과 양치식물, 그리고 그들 유연군에 관한 식물에 초점을 맞추어 논의했다. 가장 성공적이고 널리 퍼진 식물이 포자를 만들어 내어, 그들의 중요한 생식 및 산포의 방법은 보호하는 종피에 의해 둘러싸인 영양조직과 배와 관련한 포자체로 구성된 **종자**(이는 육상생활을 위한 중요한 적응현상으로 대표된다)에 의해서였다. 각 종자는 자성배우체인 수정된 난세포와 이들을 둘러싼 조직으로부터 발달한다. 종자식물의 2개의 그룹인 겉씨식물과 속씨식물(현화식물)은 식물계에서 가장 진화적 복잡성을 나타내고 육상 환경에서 가장 우점 식물이다.

종자들은 3가지 주요 이유로 포자보다 생식적으로 더 뛰어나다. 첫 번째로, 포자가 하나의 세포인데 반해, 종자는 미성숙한 뿌리, 줄기, 그리고 하나 혹은 그 이상의 이미 형성된 잎을 가지는 다세포성 어린 식물을 포함한다. 두 번째로, 종자는 풍부한 영양 공급을 받을 수 있다. 발아 후에 식물 배는 자족할 수 있을 때 까지 종자 내에 저장된 영양분에 의해 성장한다. 포자는 하나의 세포이기 때문에 포자로 부터 발생한 식물이 생존하기 위해 보유한 영양분은 적다. 세 번째로, 종자는 매우 두껍고 단단한, 예를 들면 리마콩과 같은 몇 몇 식물에서 다세포성 **종피**(seed coat)에 의해 보호된다. 포자처럼, 종자도 오랜 기간 생존하기 위해 물질대사의 비율을 감소시켜서 상태가 유리할 때 발생할 수 있다.

종자와 종자식물은 인간 문명의 발달과 밀접하게 연관되어 있다. 일찍이 선사시대부터 인간은 종자를 모았고 식량으로 사용했다. 식물의 발아뿐만 아니라 인간에게도 영양분을 주는 종자 내에 저장된 영양분은 단백질, 지방, 탄수화물, 비타민의 요소를 응축하고 있다. 종자

는 저장이 용이하다(만약 종자가 건조상태로 유지되어 있다면); 이것은 수확량이 풍부한 기간 동안 그들을 수집하고 필요할 때를 위해 저장하는 것을 가능하게 한다. 편리하게 혹은 오랜 기간 저장될 수 있는 식량은 몇 몇 되지 않는다. 비록 인간이 소비하는 대부분의 종자가 현화식물에 의해 생산되지만, 잣나무 일종(*Pinus edulis*)인 어떤 겉씨식물의 종자는 먹을 수 있다. ■

## 28.1 종자식물의 개요

### 학습목표

1 겉씨식물과 속씨식물의 특징을 비교하라.

27장에서 당신은 일부 비종자 유관속식물은 이형포자임을 배웠다. 그러나 모든 종자식물은 이형포자이고 2종류의 포자를 만들어낸다: 소포자와 대포자. 사실 이형포자 형성은 종자생산의 요구조건이다. 종자식물에서 각 종자는 난세포의 수정이 일어나는 대포자낭과 그들을 둘러싼 구조인 **밑씨(ovule, 배주)**로부터 발달한다. 종자식물은 또한 포자체 조직이 대포자낭을 둘러싸고 에워싼 층인 **주피(integument)**를 가진다. 종피는 수정 후에 외피로부터 발달한다.

종자식물은 밑씨(수정되지 않은 종자)가 씨방(ovary, 씨방은 하나 혹은 그 이상의 밑씨를 포함하는 구조이다) 벽에 의해 둘러싸여 있는지 없는지에 기초하여 2개의 그룹으로 나누어진다. 종자식물의 2개의 그룹은 **겉씨식물(gymnosperm, 나자식물)**과 **속씨식물(angiosperm, 피자식물)**이다(▮ **표 28-1**).

짐노스펌(gymnosperm)이란 단어는 그리스말의 "벌거벗은, 드러난 종자"로부터 유래되었다. 겉씨식물은 완전히 드러나거나 구과의 인편 안에서 생겨난 종자를 생산한다. 다시 말해, 겉씨식물의 밑씨는 씨방 벽으로 둘러싸이지 않았다. 소나무, 가문비나무, 전나무, 솔송나무, 그리고 은행나무는 겉씨식물의 예들이다.

안지오스펌(angiosperm)이란 단어는 "그릇, 혹은 상자에 쌓여진 종자"로 번역되는 그리스 표현법으로부터 유래했다. 속씨식물은 열매(성숙한 씨방) 내에 그들의 종자를 만들어 내는 현화식물이다. 그러므로 속씨식물의 밑씨는 보호된다. 현화식물은 매우 다양하며, 옥수수, 참나무, 수련, 선인장, 벼과, 야자, 그리고 미나리아재비를 포함한다.

겉씨식물과 속씨식물 둘 다 유관속 조직을 지닌다: 물과 용해된 영양물질의 유도 작용을 위한 **물관부(xylem, 목부)**와 용해된 당의 유도 작용을 위한 **체관부(phloem, 사부)**. 겉씨식물과 속씨식물 둘 다, 그들의 삶 일부는 복상($2n$) 포자체 상태로, 그리고 일부는 단상($n$) 배우체 상태로 지내는 **세대교번**을 하는 생활사를 가진다. 포자체 세대는 각 그룹에서 우점 상태이고, 배우체세대는 상당히 크기가 감소하고 전체적으로 포자체 세대에 의존한다. 우리가 고찰했던 식물들(선태류, 양치식물, 그리고 그 유연군들)과는 달리 겉씨식물과 속씨식물은 독립생활을 하는 배우체를 가지지 않는다(27장 참조). 대신에 자성 배우체는 포자체 세대에 붙어있으며 영양적으로 의존한다. 모든 겉씨식물과 속씨식물은 이형포자(heterosporous)이고 두 형태의 포자인 소포자와 대포자를 만든다.

### 복습

- 겉씨식물과 속씨식물의 종자를 어떻게 구별하는가?
- 밑씨는 무엇인가?

**표 28-1**

**겉씨식물과 속씨식물의 비교**

| 특성 | 겉씨식물 | 속씨식물 |
|---|---|---|
| 생장형태 | 목본, 아관목 | 목본, 초본 |
| 물관부에서 수송세포 | 헛물관 | 물관요소, 헛물관 |
| 생식구조 | 구과 | 꽃 |
| 수분 매개자 | 바람 | 동물 또는 바람 |
| 수정 | 난자와 정자 ⟶ 접합자: 미황류의 중복수정 | 중복수정: 난자와 정자 ⟶ 접합자:<br>2개 극핵과 정자 ⟶ 배젖 |
| 종자 | 구과의 인편에 노출 | 열매 내에 쌓여 있음 |
| 종의 수 | 약 840 | 300,000이상 |
| 지리적 분포 | 전세계 | 전세계 |

**그림 28-1** 일몰 때의 Bristlecone pine.

*Pinus aristata*는 유타, 네바다, 캘리포아니아의 산맥 지역에서 발견되었는데, 이는 세계에서 가장 오래된 나무이다.

## 28.2 겉씨식물

### 학습목표

**2** 소나무의 생활사에서의 단계를 알아보고, 포자체 세대와 배우체세대를 비교한다.
**3** 겉씨식물의 특징을 요약한다.
**4** 겉씨식물의 4가지 문의 이름을 알고 간단히 설명한다.

겉씨식물은 식물계에서 흥미로운 구성원 중 몇 몇을 포함한다. 예를 들어 캘리포니아의 세쿼이아 국립공원에 위치한 General Sherman Tree로 알려진 거대 세쿼이아(*Sequoiadendron giganteum*)는 지구상에서 가장 크고 육중한 생물 중 하나이다. 이것은 키가 82 m이고, 지상부 위쪽 1.5 m 위치의 둘레가 23.7 m이다. Mendocino tree로 알려진 해안 아메리카 삼나무(*Sequoia sempervirens*)라는 또 다른 겉씨식물은 2000년에 112 m로 측정된 지구상에서 가장 큰 나무이다. 캘리포니아의 화이트 산맥의 bristlecone pine(*Pinus aristata*)는 가장 오래된 나무의 하나로, 나이테 분석에 의해 4,900년 된 것으로 측정되고 있다(**그림 28-1**).

겉씨식물은 보통 4가지 다른 진화적인 계열로 구분되는 4개의 문으로 나누어진다(**그림 28-2**). 그 수가 630여종인 겉씨식물의 가장 큰 문은 일반적으로 구과식물로 불리는 소나무문(Coniferophyta 문)이다. 겉씨식물의 두 문인 은행나무(Ginkgophyta 문)와 소철류(Cycadophyta 문)는 과거에 더 중요했던 그룹의 진화상 잔존물로 나타낸다. 겉씨식물의 4번째 문인 마황류(Gnetophyta 문)는 다른 겉씨식물에서는 발견되지 않는 어떤 특징을 공유한 몇 종류의 특이한 식물의 집단이다.

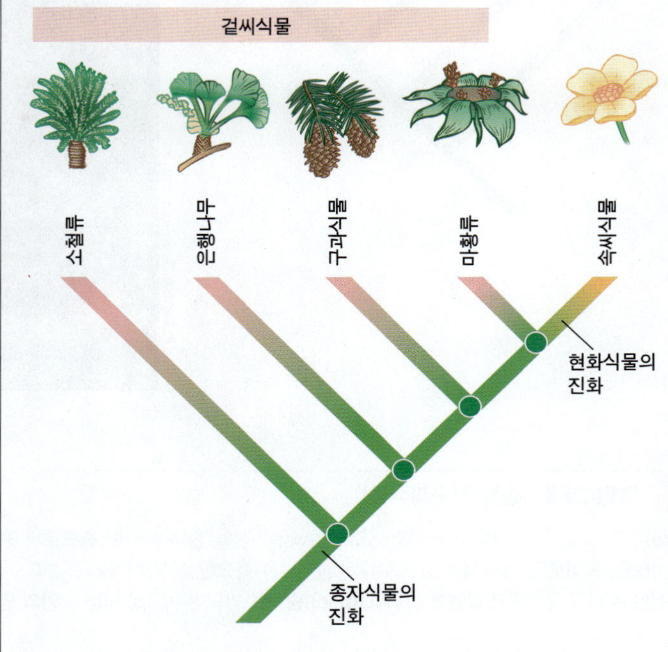


**그림 28-2** 겉씨식물과 속씨식물의 진화.

이 분기도는 현생 종자식물 간의 계통학적 유연관계를 보여주는 것이다. 이것은 구조적, 분자적 비교의 증거에 기초한다. 문의 배열은 훗날 분석방법의 변화로 인해 명확한 유연관계의 정립이 이루어 지면 바뀔수 있다.

### 28.2.1 구과식물류는 구과(솔방울)에서 종자를 생산하는 목본식물이다

소나무, 가문비나무, 솔송나무, 전나무를 포함하는 구과식물(**conifer**, Coniferophyta 문)은 겉씨식물 중 가장 흔한 그룹이다(**그림 28-3a**). 그들은 해마다 2차 조직(목재와 나무껍질 33장 참조) 부가물을 만들어내는 목본의 나무이거나 관목이다 초본 구과식물은 없다. 목본(2기 물관부)은 헛물관(**tracheid**, 가도관)으로 구성되어 있는데, 이 헛물관은 물과 용해된 영양무기물들이 하나의 세포에서 다른 세포들로 이동하는 벽공을 가진 가늘고 긴 세포이다.

많은 구과식물들은 균류나 곤충에 의한 공격으로부터 식물을 보호하기 위해 몇 가지 유기물질로 구성된 점성의 맑은 혹은 반투명한 물질인 **수지(resin)**를 생산한다. 수지는 뿌리, 줄기, 잎의 구석구석까지 펼쳐진 관상의 강인 수지 도관에 모아진다. 수지는 수지 도관내의 세포에서 생산되고 분비된다.

대부분의 구과식물은 **침엽(needle)**이라고 불리는 잎을 가지는데, 이는 일반적으로 길고 폭이 좁고 단단하며 질기다(**그림 28-**

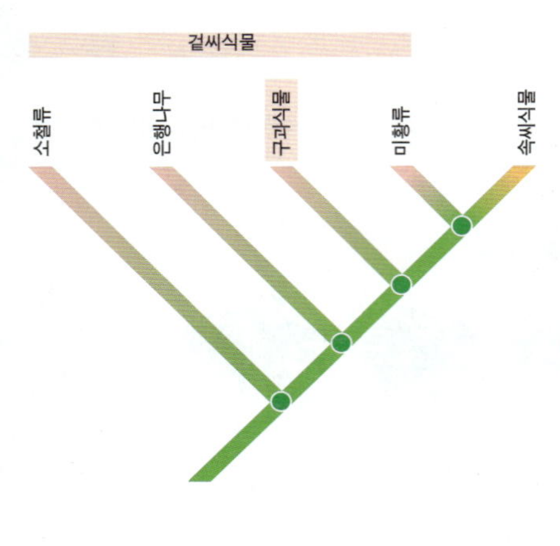

(a)

(b)
(c)

**그림 28-3 송백류(구과식물).**

**(a)** 콜로라도 푸른 가문비나무(*Picea pungens*)는 상록 송백류의 한 종으로써 콜로라도, 와이오밍, 뉴멕시코 고유종이다. 송백류는 중요한 장식용 식물로서, 이 사진은 뉴저지 공원에서 촬영한 것이다. **(b, c)** 송백류 잎의 변이. **(b)** 바늘 모양의 잎을 가진 백송(*Pinus strobus*)의 잎. **(c)** 작고 비늘 모양의 잎을 가진 서양측백(*Thuja occidentalis*).

3b). 소나무는 종에 따라서 2개에서 5개의 침엽을 가진다. 서양측백(*Thuja occidentalis*)과 같은 소수의 구과식물은 잎이 비늘처럼 생겼으며, 줄기를 덮고 있다(**그림 28-3c**). 대부분의 구과식물은 상록이며, 일년 내내 잎을 지니고 있다. 아메리카삼나무, 낙엽송, 미국남부 소택지산 낙엽송과 같은 단지 몇 종류만이 낙엽성이고 식물의 생장기가 끝날 무렵에 침엽이 떨어진다.

대부분의 구과식물은 **자웅동주(monoecious)**이다. 이것은 그들이 같은 식물에서 다른 위치에 분리된 웅성과 자성 생식부분을 가진다는 것을 의미한다. 이들 생식부분은 일반적으로 구화(strobili)에 달리고 일반적으로 구과라고 부른다. 그리하여 구과를 만들어낸다는 의미의 구과식물(*conifer*)라는 이름으로 불린다.

대략 550종의 구과식물은 넓은 지역을 차지하는데, 북극에서부터 열대지역에까지 이르며, 알래스카, 캐나다, 북유럽, 시베리아의 숲에서 우점식생이다. 그 외에도 그들은 남반구의 특히 습한 지역, 온대의 산지, 남아메리카의 열대지역, 오스트레일리아, 뉴질랜드, 말레이시아에 중요 수종이다. 중국 남서쪽에는 구과식물이 60종 이상 있는데 지구상에 구과식물종의 다양성이 가장 큰 지역이다. 캘리포니아, 뉴칼레도니아(오스트레일리아의 동쪽에 위치한 섬), 중국 남동쪽, 일본 또한 구과식물 종의 대단한 다양성을 가진다.

생태학적으로, 구과식물은 동물과 다른 생물에 음식과 피난처를 제공하고 그들의 뿌리는 뿌리내린 장소의 토양을 지탱하고 토양 침식을 막는데 도움을 준다. 인간은 구과식물을 목재(건축재료 뿐만 아니라 종이 생산), 의약품(예를 들어 주목으로부터 항암약제인 탁솔 생산), 테레빈유, 송진으로 사용한다. 그들의 매혹적인 외관 때문에, 전나무, 가문비, 소나무, 히말라야 삼목 같은 구과식물은 풍경화 디자인과 크리스마스트리의 장식, 그리고 화환을 위해 재배된다.

### (1) 소나무는 전형적인 구과식물의 생활사를 나타낸다

구과식물에서 가장 큰 속인 소나무 속은 약 100종 정도이다. **그림 28-4**의 ①을 보면 소나무는 성숙한 포자체이다. 소나무는 이형포자이고 그러므로 개별적인 구과에서 소포자와 대포자를 만들어낸다. 웅성 구과는 길이가 보통 1 cm이거나 더 작으며, 자성 구과보다 더 작고 일반적으로 이른 봄에 낮은 가지에서 만들어진다. 더욱 흔한, 나무에 연중 달려있는 목질의 자성 구과는 보통 나무의 위쪽 가지에서 발견되며 생식 후에 종자를 생산한다. 자성 구과는 크기에서 상당히 다르다. 캘리포니아의 사탕소나무(*Pinus lambertiana*)는 세상에서 가장 큰 자성 구과를 만드는데, 그 크기가 60 cm에 달한다.

화분구과라고도 불리는 우성구과 각각은 아래쪽에 포자낭을 생산하는 잎처럼 생긴 구조인 **포자엽(sporophyll)**으로 구성되어

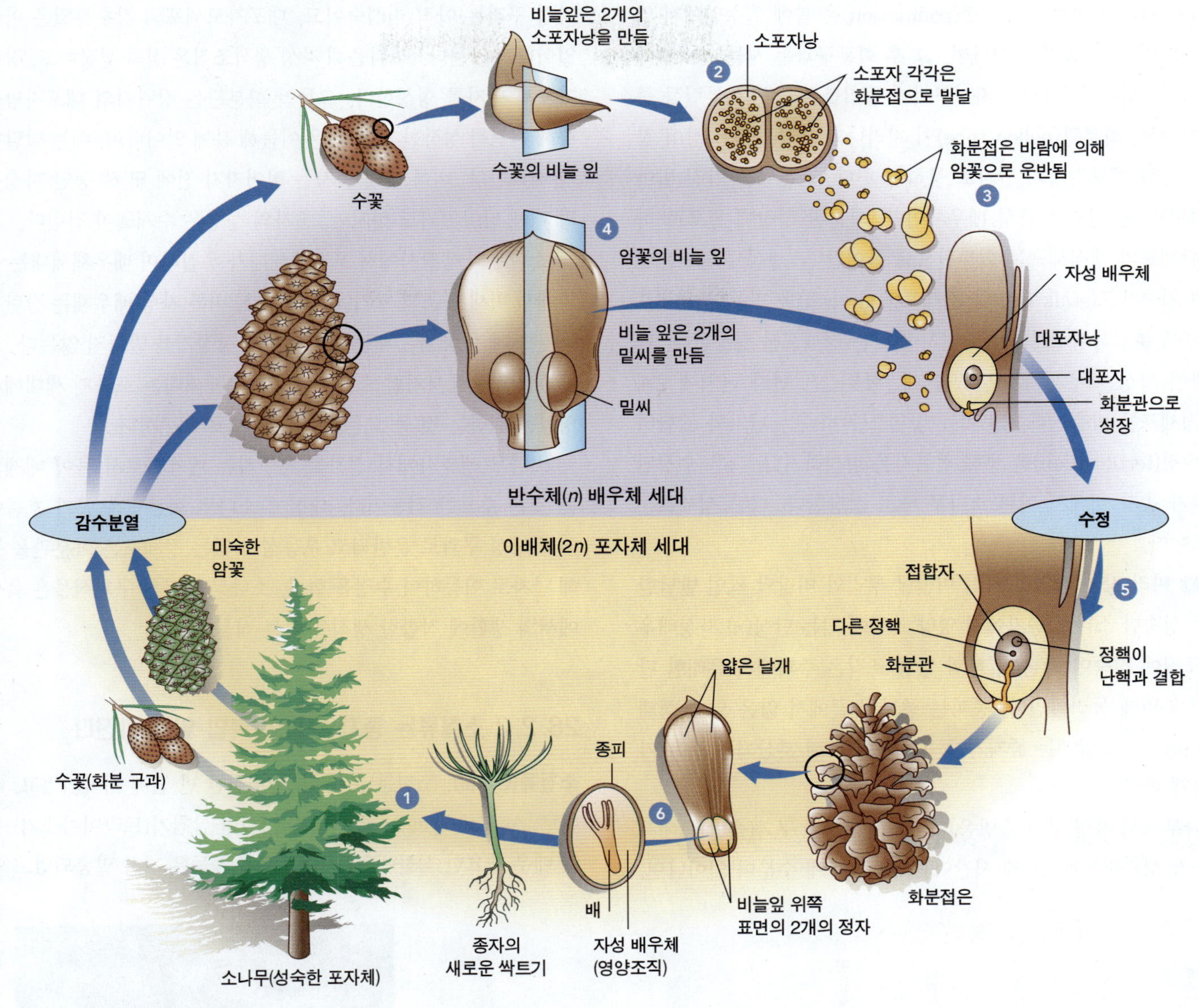


**그림 28-4 소나무류의 생활사.**
비종자 유관속식물의 상위에 잇는 겉씨식물의 주요한 1가지 이점은 바람으로 운반되는 화분립의 생산이다.
자세한 내용은 본문을 참고하라.

있다. 각 포자 엽의 기부에는 2개의 **소포자낭**(microsporangia)이 있고, 이것은 다수의 **소포자(모)세포**(microsporocyte)를 포함하고 있다. 그림 28-4의 ❷는 각각의 소포자세포는 감수분열을 한 뒤에 4개의 단상($n$)의 소포자를 형성한다. 소포자(**microspore**)는 발달한 후에, 매우 작아진 웅성 배우체가 된다. 화분립(**pollen grain**)이라 불리는 각각의 미성숙한 웅성 배우체는 4개의 세포로 구성되는데, 이들 중 2개는—생식세포와 관세포—생식에 포함된다. 다른 두 세포는 곧 퇴화한다. 각 화분립에서 2개의 큰 공기 주머니는 바람을 이용한 산포를 위하여 공기 중에 떠다닐 수 있게한다. ❸ 화분립의 많은 수가 웅성 구과로부터 떨어지며 바람의 흐름에 따라 몇몇 미성숙한 자성구과로 운반된다.

종자구과라고도 불리는 자성구과는 변형된 분지체계라고 식물학자들은 생각하였다. ❹ 각 구과의 비늘은 그 뒷면에 2개의 **대포자낭**(megasporangia)을 갖는다. 각각의 대포자낭 내에서 **대포자(모)세포**(megasporocyte)가 감수분열을 통하여 4개의 단상($n$) 대포자(**megaspore**)를 만들어낸다. 이들 중 하나가 유사분열을 거듭하여 자성배우체로 발달하며, 장란기의 각각에 난자를 생산한다. 다른 3개의 대포자는 아무런 기능이 없으며 곧 퇴화한다.

밑씨가 화분을 받을 준비가 되었을 때, 밑씨는 화분립이 닿는 부위를 열어서 끈적거리는 작은 물방울을 만들어낸다. 자성

구과로 화분이 이동하는 **수정**(pollination)은 봄에 일주일에서 열흘 정도의 기간 동안 일어나며, 그 후 화분구과는 시들고 나무에서 떨어진다. 끈적거리는 자성구과에 들러붙은 많은 화분립들 중의 하나는, **화분관**(pollen tube)이 자라나와 화분관의 성장이 장란기 동안 대포자낭의 난자로 통하게 한다. 화분관을 가진 발아된 화분립은 성숙한 웅성 배우체이다. 화분관 성장에 필요로 하는 관세포와 생식세포는 화분관으로 들어간다. 생식세포는 분열하여 자루세포(stalk cell)와 체세포(body cell)를 만든다 체세포는 후에 분열하여 2개의 움직이지 못하는 정세포를 형성한다. 화분관이 자성 배우체에 도달했을 때, 화분관은 난자 근처에 2개의 정세포를 방출한다. ⑤ 이들 정세포중 하나는 난자와 결합하는 **수정**(fertilization)을 통해 접합자를 형성하거나, 혹은 수정된 난자가 종자 내에서 어린 소나무 배로 성장한다. 다른 정세포는 퇴화한다.

⑥ 여러 장의 떡잎을 가진 미발달 뿌리와 미발달 싹인 발달한 배는 성숙한 소나무 종자에서 영양 조직이 되는 단상($n$) 자성배우체 조직에 깊숙이 박힌다. 배와 영양 조직은 주피에서 유래한 단단한 종피에 둘러싸인다. 종피는 종자의 끝에서 얇은 날개 형태로 퍼진다. 이 날개는 종자가 공기흐름에 의해 분산되는 것을 가능하게 한다.

나무에서 자성 구과(솔방울)가 달리고 난 후 구과(솔방울)에서 종자가 성숙하는데 는 꽤 시간이 걸린다. 봄에 수분이 일어나면, 자성 구과는 아직 미성숙이고, 대포자모세포의 감수분열은 아직 일어나지 않는다. 그 다음해 자성 생식조직은 점차 성장하고, 장란기에서 난자를 형성한다. 그동안 화분관은 장란기의 대포자낭을 향해 천천히 성장한다. 수정은 이듬해 봄에 일어나며, 배는 발달하기 시작한다. 비록 몇몇 종자는 떨어지기 전에 몇 해 동안 자성구과 내에 남아있기도 하지만, 종자의 성장은 수개월이 걸린다.

소나무의 생활사에서 포자체세대가 우점하며 배우체세대는 구과에서 미세 구조의 크기에만 한한다. 비록 자성 배우체는 장란기를 만드나 웅성 배우체는 줄어들어서 장정기를 만들지 않는다. 모든 종자식물에서처럼 소나무에서 배우체세대는 포자체 세대에서 영양을 취하는 것 등 모든 것이 전적으로 의존한다.

소나무 생활사에서 정자를 운반하는 매개자로서 물이 배제되는 것은 주요한 적응이다. 대신에 소나무 화분립은 공기 흐름에 의해 자성 구과로 운반되고 운동성이 없는 정세포는 화분관을 통해 난자로 이동하여 수정을 한다. 소나무와 다른 구과식물은 육상에서의 생활에 적합한 생식을 하는 식물이다.

### 28.2.2 소철류는 종자 구과와 복합 잎을 가진다

**소철류**(Cycad, 소철문)는 대략 2억5천만 년 전에 시작되었고, 때때로 "Age of Cycads"로 언급 되어졌던 삽첩기(트라이아스기) 동안 매우 중요한 식물이었다. 대부분의 종들은 지금 멸종되었고 약

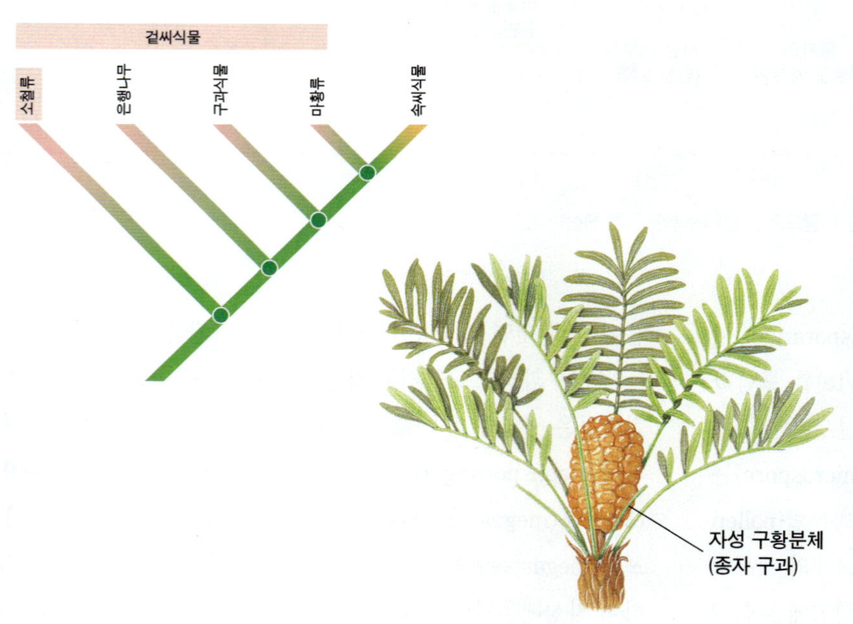


**(a)** 플로리다 arrowroot(*Zamia integrifolia*)의 암그루는 종자구과를 만든다. 이 식물은 미국에서 서식하는 단 하나의 고유종 소철류로서, 플로리다에서 발견된다. *Zamia*와 같은 대부분의 소철류는 크기가 작다.

**(b)** 남아프리카에 서식하는 소철류(*Encephalartos transvenosus*)의 암그루는 줄기가 약 9 m의 높이에 달하고 야자수를 닮았다. 이 식물의 거대한 종자구과는 길이가 0.8 m이다.

**그림 28-5 소철류.**

140종에 달하는 적은 수의 소철류가 살아있으며 종려나무와 고사리나무(tree fern)를 닮았으며, 튼튼한 트렁크모양의 줄기와 복합엽을 가진 열대와 아열대 식물이다(**그림 28-5**). 많은 소철류가 멸종될 지경에 이르렀는데, 우선 이들은 장식용으로서 인기가 있어서 야생으로부터 모아져 수집가들에게 팔리기 때문이다.

소철류의 생식은 소철이 자웅이주(dioecious)이고, 그러므로 자성 식물에 종자구과가 있고 웅성 식물에 화분구과가 있는 것을 제외하고는 소나무의 생식과 유사하다. 그들의 종자 구조는 화석 기록에서 발견되는 최초의 종자의 구조와 거의 같다. 또한 소철류는 많은 털 모양의 편모를 지닌 각각의 운동성 있는 정세포의 원시 특징을 유지하고 있다. 장정기에서 장란기로 헤엄을 치는 정세포인 이들 운동성 있는 정세포는 소철류 조상으로부터 남겨진 기관이다. 그러나 소철류의 화분립은 공기나 곤충에 의해 자성 식물의 구과로 운반된다. 화분립은 발아하고 화분관으로 성장한다. 정세포는 이 관의 끝에서 방출되며, 헤엄쳐서 난자에 도달한다.

## 28.2.3 은행은 그 문에서 현존하는 단 하나의 종이다

**은행**(Ginkgo, 은행나무 문)은 현존하는 단 한 종인 은행나무(Ginkgo biloba)에 의해 대표된다(**그림 28-6**). 중국 동부의 고유종이며, 비록 이것의 종자를 식용으로 하는 중국과 일본에서 수세기동안 재배되고 있지만, 단지 두 곳에서 야생상태로 자라는 것이 발견되었다. 은행나무는 현존하는 나무 중에서 가장 오래된 속(그리고 종)이다. 2억만 년 된 은행나무 화석이 발견되었으며 이는 현재의 은행나무와 유사하다.

오늘날 은행나무는, 단단하고 공기 오염에 다소 저항력이 있기 때문에, 공원과 시내 가로를 따라, 북아메리카와 유럽에서 흔히 심겨진다. 은행잎은 낙엽성이고, 가을에 떨어지기 전에 아름다운 노란색이 된다.

소철류처럼 은행은 수그루(웅성나무)와 암그루(자성나무)를 가지는 자웅이주이다. 은행나무는 공기로 운반되는 화분립을 생산하기 때문에 필요하지는 않지만 진화적 흔적인 편모를 가진 정세포를 가지고 있다. 은행 종자는 구과 내에서 있는 것보다 더욱 완벽하게 나출되어있다. 암그루(자성나무)가 육질의 바깥쪽 껍질에서 썩은 버터 같은 악취가 나는 냄새를 방출하는 종자를 생산하기 때문에 수그루가 일반적으로 식재된다. 사람들이 종자를 식용으로 하는 중국과 일본에서는 암그루가 일반적으로 더 많다.

은행은 수세기동안 중요한 의학적 식물이다. 잎으로부터는 뇌로부터 혈액 흐름을 증가시키는 신경 작용을 강화하는 물질을 추출한다. 여러 연구는 은행이 알츠하이머병으로부터 괴로워하는 노년층 사람들에게서 기억력을 개선할 것이라고 암시한다.

## 28.2.4 마황류는 3종류의 희귀한 속을 포함한다

**마황류**(**gnetophytes**, phylum Gnetophyta)는 3가지 다른 종류의 속(*Gnetum*, *Ephedra*, 그리고 *Welwitschia*)에 약 70종으로 구성되어있다. 마황류는 나머지 다른 겉씨식물보다도 더 진화된 특징들을 공유한다. 예를 들어, 마황류는

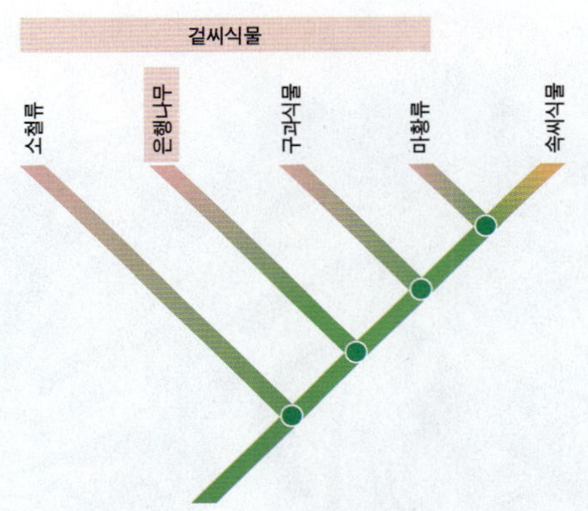

**(a)** 은행나무 암그루의 가지를 확대한 것으로, 드러나 있는 종자와 특유의 부채형 잎을 볼 수 있다.

**(b)** 영국 북부지역 한 정원의 은행나무 (*Ginkgo biloba*).

**그림 28-6** 은행나무류, 혹은 은행나무.

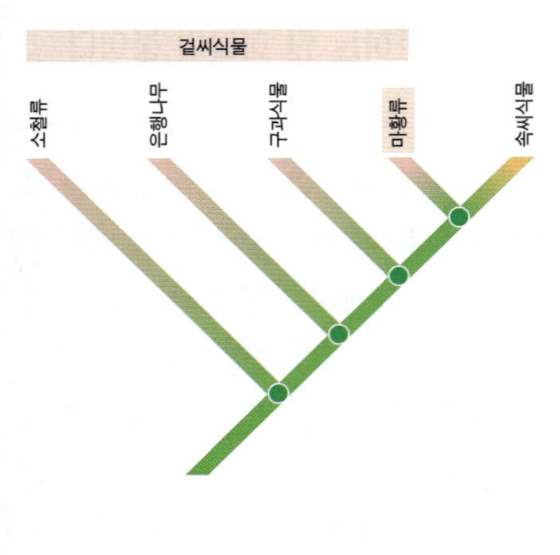

**(a)** 마황류(*Gnetum gnemon*)의 잎은 현화식물류의 잎과 유사하다. 나출된 종자를 주목하라.

**(b)** Joint fir(*Ephedra*)의 수 그루는 화분 구과가 마디에 주렁주렁 달린다. *Ephedra*의 대부분의 종들은 자웅이주이고, 수 그루와 암 그루를 가진다. 19세기 유럽의 개척자들이 Mormon tea라고 불리는 음료를 만드는데, 미국 남서부 사막지대에서 서식하는 이 종을 사용하였다.

**그림 28-7** 마황류(gnetophytes).

**(c)** *Welwitschia mirabilis*는 남서아프리카 사막에서 서식하는 마황류이다. 이들은 바다로부터 육지로 이동해온 수분이 많이 함유된 안개에 의존해 산다. 나미비아의 나미브 사막에서 찍은 사진이다.

진화된 물관요소라고 불리는 더 효과적인 물-통로 세포를 그들의 물관부에 가지고 있다(32장 참조). 현화식물 또한 그들의 물관부에 물관요소를 가지고 있다. 그러나 겉씨식물은 마황류를 제외하고는 물관요소가 없다. 또한 마황류의 몇몇에 의해 만들어진 구과의 모임이 현화식물의 꽃의 모임과 닮아 있으며, 마황류의 생활사에서 어떤 항목은 현화식물의 생활사와 유사하다.

마황류속(Gnetum)은 열대의 덩굴식물, 관목, 그리고 현화식물과 유사한 광엽(폭이 넓은 잎)을 가진 교목을 포함한다(**그림 28-7a**). *Ephedra* 속의 종들은 사막, 그리고 다른 건조한 기온과 열대 지역에서 발견되는 많은 관목과 덩굴식물을 포함한다. *Ephedra*의 몇 몇 종은 작은 잎을 가진 마디로 나뉜 녹색 줄기를 소유하고 있어서 속새와 유사하다(**그림 28-7b**). 일반적으로 관절 전나무라고 불리는 *Ephedra*는 수세기 동안 약으로 사용되어왔다. 아시아산 *Ephedra*은 심장을 자극하고 혈압을 올리는 에페드린의 재료이다. 에페드린은 체중—조절 약물치료와 초본의 에너지—촉진제로 처방전 없이 팔린다. 에페드린을 함유한 약품의 과용이나 상습적인 복용으로부터 여러 명이 죽었다고 기록되고 있다.

마황류의 세 번째 속으로 *Welwitschia*는 남서 아프리카의 사막에서 발견된 단 한 종만을 포함한다(**그림 28-7c**). *Welwitschia* 의 몸체의 대부분—긴 주근—은 지하에서 자란다. 이것의 짧고 넓은 줄기는 지름이 0.9 m 이상인 얇은 원형을 형성하고, 여기서 2개의 리본처럼 생긴 잎이 뻗어나간다. 이들 2개의 잎은 식물이 살아있는 동안 줄기로부터 계속 자라나, 그들의 끝은 보통 바람에 의해 부서지고 찢어져서 수많은 잎을 가진 것처럼 보인다. 각 잎은 길이가 약 2 m까지 자란다. *Welwitschia*가 생식을 할 때, 이것은 원형과 같은 줄기의 가장자리를 둘러싸는 구과를 형성한다.

## 복습

- 소나무 생활사에서 우점 세대는 무엇인가? 겉씨식물의 수정은 어떻게 일어나는가?
- 겉씨식물과 다른 식물 간의 형태학적 차이점은 무엇인가?
- 겉씨식물의 4가지 그룹은 무엇인가?
- 은행나무와 소철과 식물은 무엇으로 구분되는가? 마황류는 무엇인가?

## 28.3 현화식물

**학습목표**

5 현화식물의 특징을 요약한다.

6 현화식물의 생활사를 도식화하고 중복수정을 설명한다.

7 현화식물의 두 강인 쌍떡잎식물(쌍자엽식물)과 외떡잎식물(단자엽식물)을 비교한다.

8 현화식물의 진화적 적응을 논한다.

**현화식물(flowering plant)** 혹은 속씨식물(**angiosperm**, phylum Anthophyta)은 오늘날 중요성에 있어서 겉씨식물보다 훨씬 뛰어나며, 가장 성공한 식물이다. 속씨식물은 거의 모든 생육지에서 적응했고, 적어도 300,000종을 가지는 지구상의 우점 식물이다. 현화식물은 초본의 제비꽃부터 크고 육중한 유칼리나무까지 크기와 형태에서 아주 다양하다. 예를 들어 튤립과 장미 같은 현화식물은 크고 뚜렷한 꽃을 가지는데 반해, 벼과나 참나무 같은 식물은 작고 눈에 띄지 않은 꽃을 만들어낸다.

현화식물은 꽃을 만들어 유성생식을 하고, 뒤에서 논의할 독특한 중복수정과정을 하며, 열매에 종자를 가진 유관속 식물이다. 열매는 발생하는 종자를 보호하며, 흔히 그들의 산포(36장 참조)를 돕는다. 현화식물은 그들의 물관부에서 **물관요소(vessel element)**라고 불리는 효과적인 물-유도 세포를 가지며, 그들의 체관부에서 **체관요소(sieve tube member)**라고 불리는 효과적인 당-유도 세포를 가진다(32장 참조).

현화식물은 우리의 생존이 그들에게 사실상 의존하기 때문에 인간에게 매우 중요하다. 우리의 주요 음식 농작물의 대부분이 쌀, 밀, 옥수수, 그리고 보리와 같은 곡류농작물을 포함하는 현화식물이다. 참나무, 벚나무, 그리고 호두와 같은 목질의 현화식물은 중요한 재목을 제공한다. 현화식물은 면과 아마포와 같은 섬유와, 디기탈리스와 코데인 같은 약을 우리에게 준다. 고무, 담배, 커피, 초콜릿, 그리고 향수의 아로마 기름과 같은 다양한 생산물이 현화식물로부터 나온다. 식물의 경제적 중요성을 다루는 식물학의 한 분야인 경제식물학은 대부분 현화식물을 다룬다.

### 28.3.1 속씨식물은 외떡잎식물 강과 쌍떡잎식물 강으로 나누어진다

전통적으로 속씨식물 문은 2 개의 강으로 나뉜다: 외떡잎식물(단자엽식물 강)과 쌍떡잎식물(쌍자엽식물 강) (**그림 28-8**). 쌍떡잎식물은 외떡잎식물(적어도 90,000)보다 더 다양하고 더 많은 종(적어도 200,000)을 포함한다. **표 28-2**는 두 강의 일반적인 특징을 비교한 것이다.

**외떡잎식물(monocot, 단자엽식물)**은 야자, 벼과, 혹은 난, 붓꽃, 양파, 그리고 백합을 포함한다. 외떡잎식물은 대부분이 평행맥(주요 맥이 다 평행)의 길고 좁은 잎을 가진 초본 식물이다. 외떡

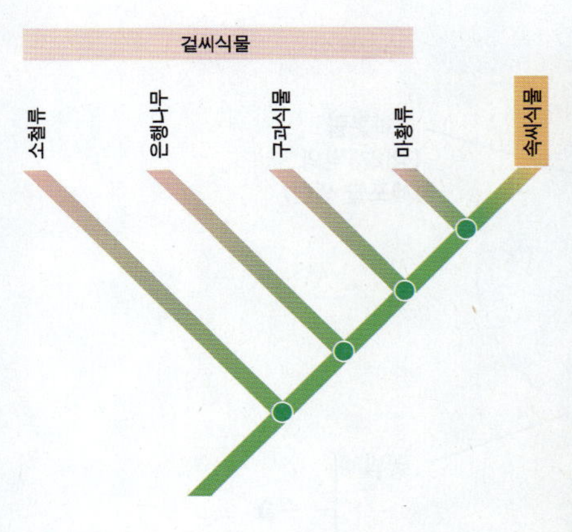


**그림 28-8** 현화식물.

**(a) 외떡잎식물.** 연령초의 일종인 *Trillium erectum*처럼 대부분의 외떡잎식물은 꽃부분이 3의 배수로 되어있다. 3개의 녹색 꽃받침, 3개의 붉은색 꽃잎, 여섯 개의 수술, 그리고 3개의 암술머리 (복합의 암술은 3개의 심피가 합쳐져서 구성되어있음)로 되어 있음을 주목하라.

**(b) 쌍떡잎식물.** 이 사진에 보이는 *Tacitus*처럼 대부분의 쌍떡잎식물은 꽃부분이 4 혹은 5의 배수로 되어있다. 5개의 꽃잎, 10개의 수술, 5개의 독립된 암술, 5개의 꽃받침을 가지지만, 녹색 배경에 의해 겨우 육안으로 볼 수 있다.

잎식물 꽃의 꽃 부분은 보통 3이나 3의 배수이다. 예를 들어, 꽃은 3장의 꽃받침, 3장의 꽃잎, 6개의 수술, 그리고 3개의 융합된 심피로 구성된 복자예를 가진다(이들 꽃부분은 짧게 논의). 외떡잎식물의 종자는 하나의 **떡잎(cotyledon)**을 가지거나, 미성숙 종자 잎, **배젖(endosperm)**, 영양조직이 보통 성숙된 종자에 존재한다.

**쌍떡잎식물(dicots, 쌍자엽식물)**은 참나무, 장미, 겨자, 선인장, 월귤나무, 그리고 해바라기를 포함한다. 쌍떡잎식물은 초본(예를 들어 토마토), 혹은 목본(예를 들어 히코리 나무)일 것이다. 그들의 잎은 여러 가지 모양을 가지지만 보통은 외떡잎식물의 잎보다 폭이 넓고 그물맥(잎맥이 그물과 유사)을 가진다. 꽃부분은 보통 4 혹은 5 혹은 그것의 배수로 되어있다. 2개의 떡잎은 쌍떡잎식물 종자에 존재하고 배젖은 종자발생동안 2개의 떡잎에 의해 흡수되어서 보통 성숙한 종자에는 결여되어있다.

## 28.3.2 꽃은 유성생식과 관련되어 있다

꽃은 보통 화경, 혹은 **꽃자루(peduncle)**의 끝부분에 원형으로 배열된 4부분–꽃받침, 꽃잎, 수술, 그리고 심피–로 구성된 생식 슈트이다(**그림 28-9**). 꽃자루는 하나의 꽃 혹은 꽃의 모임으로 알려진 **화서(inflorescence)**에서 끝난다. 꽃자루의 끝은 커져서 일부 혹은 모두를 만드는 **꽃턱(receptacle)**을 형성한다.

4개의 꽃부분 모두는 생식과정에서 중요하나, 단지 수술(웅성 기관)과 심피(자성 기관)만이 배우자를 만들어낸다. 4가지 부분 모두를 가지는 꽃을 **완전화(complete)**라고 말하며, 반대로 **불완전**

Darwin Dale/Photo Researchers, Inc.

(a)

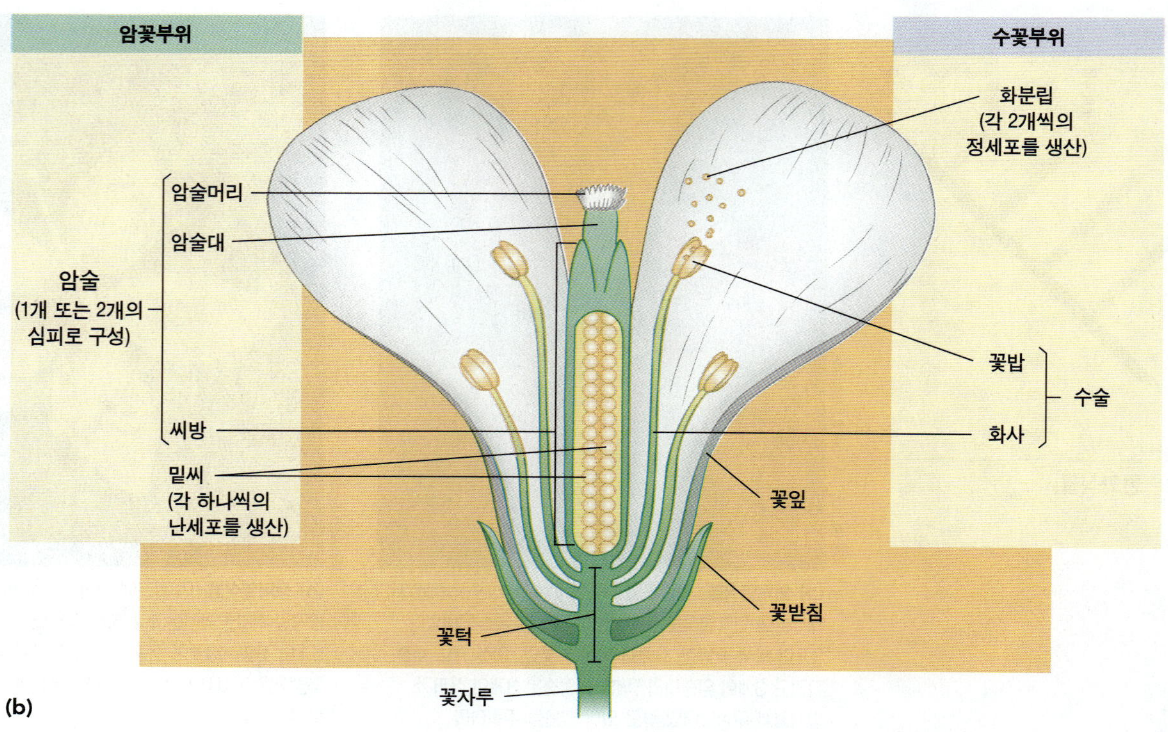


**그림 28-9 꽃의 구조.**
**(a)** 애기장대(*Arabidopsis thaliana*)의 꽃. **(b)** '전형적인' 꽃의 절단그림은 기본적인 꽃의 구조를 상세하게 보여준다. 4개의 꽃받침(그림에서는 2장만 보여짐), 4개의 꽃잎(그림에서 2장만 보여짐), 6개 수술과 1개의 긴 암술. 수술의 4개는 길고, 2개는 짧다. 화분립는 꽃밥 내의 낭안에서 발생한다. 애기장대에서 암수복합체는 많은 배주를 포함하는 2개의 심피로 구성된다. 이 꽃은 완전화이고 갖춘꽃이다.

**표 28-2**

**쌍떡잎식물강과 외떡잎식물강의 특징비교**

| 특징 | 외떡잎 | 쌍떡잎 |
|---|---|---|
| 꽃 | 주로 3 | 주로 4 또는 5 |
| 화분점 | 1개 홈 또는 구멍 | 3개 홈 또는 구멍 |
| 잎맥 | 평행맥 | 그물맥 |
| 줄기 횡단면의 유관속 | 흩어지거나 혹은 더 복잡한 배열 | 원모양의 배열 |
| 뿌리 | 수염뿌리 | 주근 |
| 종자 | 1개의 떡잎을 가진 배 | 2개의 떡잎을 가진 배 |
| 2차 성장(목재와 나무껍질) | 존재하지 않음 | 종종 존재 |

**화(incomplete)**는 이들 4부분 중 하나 혹은 그 이상이 결여되어 있다. 수술과 심피 둘 다를 가지는 꽃을 **양성화(perfect)**라고 말하고, 반대로 **자웅이화(imperfect)** 꽃은 수술 혹은 심피만을 가진다.

꽃 슈트 부분에서 가장 밑과 가장 바깥쪽에 윤생으로 배열한 **꽃받침(sepal)**은 외양이 잎처럼 생겼고, 흔히 녹색이다(그림 28-9b). 꽃받침은 꽃이 봉오리일 때 다른 꽃 부분을 덮고 보호한다. 개화할 때 꽃받침은 젖혀져서 더 예쁜 꽃잎을 드러낸다. 하나의 꽃에서 꽃받침 모두를 총칭하여 **꽃받침부(calyx)**라 한다.

꽃받침 위에 윤생하는 넓고 편편하며 얇은 형태(꽃받침과 잎처럼)의 **꽃잎(petal)**으로 구성되어 있으나, 형태가 다양하고 흔히 밝은 색깔을 띤다. 꽃잎은 동물 수분매개자를 꽃으로 유인하는 중요한 역할을 한다(36장 참조). 때때로 꽃잎은 융합하여 관을 형성(예를 들어 병꽃나무속 식물)하거나, 다른 화관의 형태(예를 들어 snapdragons, 2개 입술모양)를 형성한다. 꽃의 꽃잎은 총칭하여 **화관(corolla)**으로 부른다.

꽃잎의 바로 안쪽에 **수술(stamen)**이 돌려나 있다(그림 28-9b). 각 수술은 **수술대(filament)**라고 불리는 가는 줄기와, 감수분열이 일어나 소포자를 형성하여 화분립을 만드는 주머니처럼 생긴 **꽃밥(anther)**으로 구성되어있다. 각 화분립은 튼튼한 바깥쪽 벽에 둘러싸이는 2개의 세포를 만들어낸다. 하나의 세포는 결국 나뉘어져서 2개의 웅성 배우자, 혹은 정세포를 형성하고, 다른 하나는 정세포가 밑씨에 도달하는데 이용하는 화분관을 만들어낸다.

대부분의 꽃의 중앙에는 하나, 혹은 수개의 자성생식기관인 **심피(carpel)**가 모여 있다. 심피는 종자로 발달 가능한 밑씨를 만들어낸다. 꽃의 심피는 떨어져있거나, 하나의 구조로 붙어 있다. 꽃의 자성부분은 또한 **암술(pistil)**이다. 하나의 암술은 하나의 심피(단자예)혹은 합생된 심피(복자예)로 구성된다(**그림 28-10**). 각 암술은 일반적으로 3부분을 가진다: 화분립이 닿는 **암술머리(stigma)** 화분관이 자라는 목처럼 생긴 구조인 암술대(style); 하

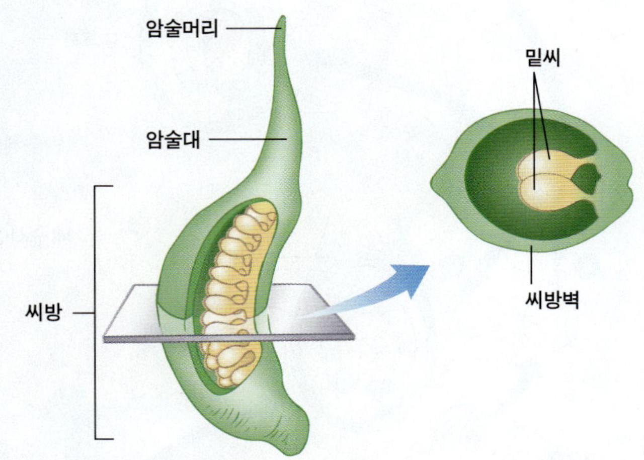

**(a) 단일형 암술.** 1개의 심피로 구성되어있다.

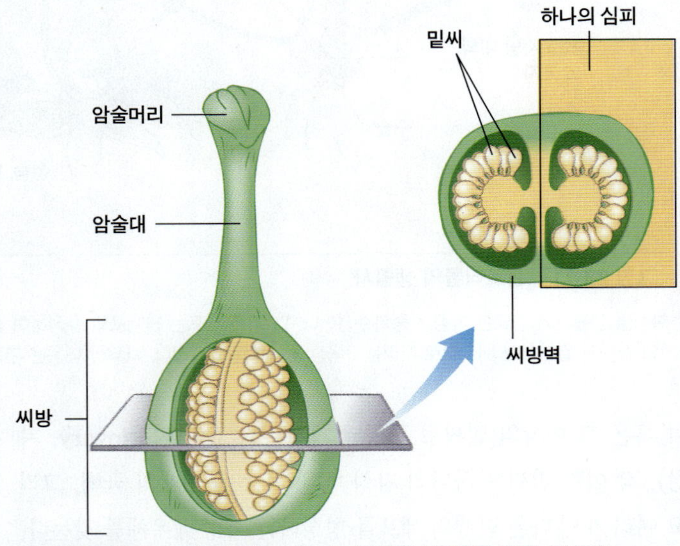

**(b) 복합형 암술.** 2개의 심피를 가진다. 1개의 암술을 가진 대부분의 꽃은, 암술이 복합적이고, 2개 혹은 그 이상의 융합된 심피들로 구성되어있다.

**그림 28-10 단일형 암술과 복합형 암술.**

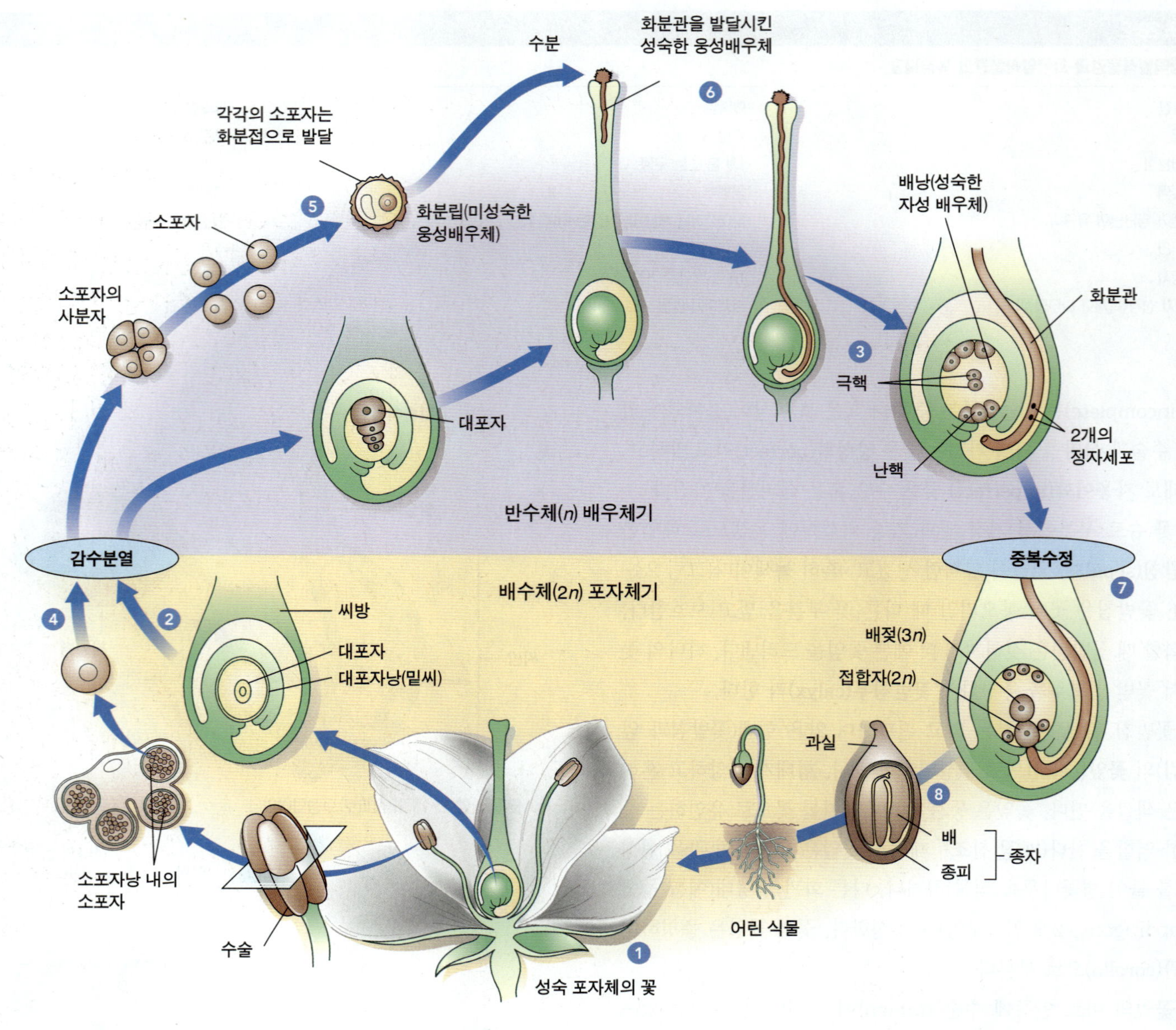


**그림 28-11** 현화식물의 생활사.

현화식물 생활사의 중요한 특징은 중복수정이다. 1개의 정세포는 난세포와 수정하여 접합자를 형성하고, 다른 정세포는 2개의 극핵과 결합하여 배젖으로 자라는 3핵성의 세포를 형성한다. 자세한 내용은 본문을 참고하라.

나 혹은 그 이상의 밑씨로 구성된 커지는 구조의 **씨방(ovary, 자방)**. 각 어린 밑씨는 하나의 자성 배우자(난자), 2개의 극핵, 그리고 여러 개의 다른 단생의 세포를 형성하는 자성 배우체를 갖는다. 수정 후에, 밑씨는 종자로 발달하고 씨방은 열매가 된다.

## 28.3.3 현화식물은 중복수정을 한다

현화식물은 세대교번을 하는데, 포자체 세대는 크고 독립영양을 하며 배우체 세대는 크기가 작고 영양학적으로 포자체에 종속한다. 겉씨식물과 약간의 유관속식물처럼, 현화식물은 이형포자이고, 2종류의 포자를 생산한다: **그림 28-11**의 ❶을 보면 소포자와 대포자. 유성 생식은 꽃에서 일어난다.

❷씨방 내의 각 어린 밑씨는 하나의 대포자 모세포를 가지며, 감수분열 후 4개의 단상($n$)의 대포자를 만든다. 이들 중 3개는 보통 퇴화되고, 다른 하나는 유사분열을 거쳐 ❸**배낭(embryo sac)**이라 불리는 성숙한 자성 배우체로 발달한다. 가장 많이 연구된 배낭의 형태는 8개의 단상($n$) 핵을 가진 7개의 세포를 갖는다. 난세포를 포함하는 이들 세포 중 6개는 각각 하나의 핵을 가지고

있으며, 가운데 세포는 **극핵**(**polar nuclei**)이라 불리는 2개의 핵을 가지고 있다. 난자와 2개의 극핵을 가진 가운데 세포는 수정에 직접 참여를 한다. 배낭 내의 다른 5개의 세포는 보기에는 수정 과정에 직접적 참여는 하지 않고 소멸된다. 그러나 이것은 추측되는 것으로 *조세포*(synergid, 난자와 가깝게 붙어있는 2개의 세포)는 소멸되는데, 그들은 화분관 성장의 방향에 영향을 미치는 화학물질을 방출한다.

꽃밥의 소포자낭이나 각 화분낭은 소포자모세포를 갖고, ❹이들은 수많은 감수분열 후 4개의 반수체 소포자를 형성한다. ❺각 소포자는 화분립(꽃가루)이라 불리는 미성숙한 웅성 배우체로 발달한다. 화분립은 매우 작다 각각 2개 *관세포*(tube cell)와 *생식세포*(generative cell)로 구성된다.

꽃가루 주머니(화분낭)는 쪼개져서 열리고 화분을 방출하기 시작한다. 화분립은 바람, 물, 곤충, 동물 수분매개자에 의해 주두로 옮겨진다(36장 참조). ❻주두에 화합성을 가지면, 꽃가루(화분립)는 발아한다. 관세포가 화분관을 만들고 아래로, 그리고 씨방으로 암술대를 타고 내려가 씨방에 도달한다. 꽃가루관(화분관)을 가진 발아된 꽃가루(화분립)는 성숙한 남성 배우체이다. 다음으로, 생식세포는 나누어져서 정자세포라 불리는 운동성이 없는 웅성 배우자를 형성한다. 정자세포는 화분관을 따라 이동하고 배낭으로 흘러들어간다. 두 정자세포는 수정에 직접 참여한다.

현화식물에서는 유성생식동안에 생물의 세계에서는 어느 곳에서도 일어나지 않는 이상한 일들이 일어난다. ❼ 2개의 정자세포가 배낭으로 들어가서, 둘 다 수정에 관여한다. 하나의 정자세포는 난자와 결합하여 접합자를 형성하고, 유사분열에 의해 성장하여 종자 내에서 다세포성 배로 발달한다. 단 하나의 정자세포는 중앙세포의 2개의 단상($n$) 극핵($2n$)과 결합하여 3배체($3n$) 세포를 형성하고, 유사분열에 의해 성장하여 배가 자라는데 자양분을 주는 지질, 단백질, 탄수화물이 충분한 영양조직 **배젖**(**endosperm**)으로 발달한다. 2개로 분리된 핵융합을 수반하는 이러한 수정과정을 **중복수정**(**double fertilization**)이라 부르고 아래 2가지 예외를 제외하면 현화식물이 가지는 독특한 것이다(중복수정은 겉씨식물인 *Ephedra nevadensis*와 *Gnetum gnemon*에서 보고되었다. 현화식물 중복수정과 다른 점은 배젖이라기보다는 첨가된 접합자가 만들어진다. 이 두 번째 접합자는 후에 소실된다).

### 28.3.4 종자와 열매는 수정 후에 발달한다

중복수정에 이어 뒤따르는 성장과 발달의 결과, 보호 작용을 하는 종피에 의해 둘러싸인 각 종자는 어린 식물 배와 영양조직(배젖)을 갖는다. 외떡잎식물에서 배젖은 지속적으로 남아있으며 성숙한 종자에 영양분을 제공한다. 대부분의 쌍자엽에서는 배젖의 영양분을 사용하여 떡잎(자엽)에 영양분을 저장한다.

수정 이후(그림 28-11의 ❽)에 밑씨가 발달하여 종자가 되며, 종자를 둘러싸는 씨방 벽은 극적으로 커져 **열매**(**fruit**)로 된다. 어떤 식물들은 씨방과 관련된 다른 조직 또한 커져서 열매를 형성한다. 열매는 2개의 목적을 가진다: 하나는 종자의 성장과 성숙에 따르는 건조로부터 보호하고 다른 하나는 종자의 산포에 도움을 준다(36장 참조). 예를 들어 민들레 열매는 공기 흐름에 의해 열매가 운반될 수 있도록 깃털장식을 가진 관모를 가진다.

### 28.3.5 현화식물은 육상생활에서의 성공을 설명할 수 있도록 잘 적응하였다

현화식물이 진화적으로 잘 적응되었다는 것은 그들의 생태학적인 우점과 엄청난 종 다양성으로 설명할 수 있다. 겉씨식물과 공유한 생식과 분산의 수단으로 종자의 생산은 중요하며, 비종자 식물의 적응력을 뛰어넘는 것이다. 닫힌 심피는 종자를 둘러싼 열매를 만드는 심피와, 중복수정의 과정은 생식의 성공 가능성을 증가시킨다. 곤충, 새, 박쥐 등의 같은 종에서 하나의 꽃에서 다른 꽃으로 화분을 매개하는 상호의존적 다양성의 진화는 속씨식물 성공의 또 다른 이유이다. 타가 수정에 의한 화분 운반은 유전물질을 섞이게 하고, 자손들의 유전적 다양성을 촉진한다.

꽃, 열매, 종자를 포함하는 그들의 높은 성공적인 생식 이외에도, 현화식물의 성공에 기여하는 뚜렷한 특징을 지니고 있다. 생각해보면 대다수의 현화식물은 그들의 물관부에 헛물관 이외에도, 물관요소라고 불리는 효과적인 물-유도 세포를 가진다. 이와 대조적으로, 대부분의 모든 비종자 유관속식물과 겉씨식물의 물관부는 오직 헛물관으로만 구성되어있다. 대부분의 현화식물은 또한 그들의 체관부에 체관요소라고 불리는 효과적인 탄수화물-유도 세포를 가지고 있다. 현화식물과 마황류를 제외하고는 유관속식물은 물관요소와 체관요소가 없다.

현화식물의 폭이 넓어진 잎은 광합성을 하기 위해 빛을 흡수하는데 매우 효과적이다. 춥거나 건조한 날씨가 계속되는 동안에는 이들 잎을 떨어뜨려 수분의 손실을 줄인다. 약간의 현화식물은 생존이 거의 불가능한 서식지에도 살아 갈 수 있었다. 현화식물의 줄기와 뿌리는 영양분과 물의 저장을 위하여 변형되는데 이러한 특징들은 현화식물이 살기 어려운 환경에서 사는 것을 도와준다. 그러나, 현화식물에서 가장 결정적으로 진화적으로 성공한 것은 아마도 포자체세대의 전적응성일 것이다. 군으로서, 현화식물은 새로운 서식지와 변화하는 환경에 쉽게 잘 적응한다. 이러한 적응성은 현화식물의 여러 종에서 나타나는 엄청난 다양성에서 증거를 찾을 수 있다. 예를 들어 선인장은 사막 환경에 눈에 띄게 잘 적응하였다. 선인장 줄기는 물을 저장한다 잎(가시)은 증산작용(물의 증발로 인한 손실; 33장 참조)을 하는 표면적을 감소시킨다. 그리고 가시는 또한 갈증을 느끼는 초식성 동물로부터 보호할 것이다 두껍고 왁스질의 큐티클은 물의 손실을 감소시킨다. 반면에 수련은 젖은 환경에 잘 적응한다. 왜냐하면 이것은 산소가 부족한 물과 진흙에서 사는 줄기와 뿌리에 충분한 산소를 공급하는 공기 채널을 가지고 있기 때문이다.

### 28.3.6 진화적 관점에서 본 꽃의 진화

어떻게 꽃이 진화했을가? 20장을 상기해 보면, 진화는 새로운 구조나 기관이 이전에 존재한 구조나 기관의 변형에 의해 만들어진다. 과학적 증거는 꽃의 4 기관–꽃받침, 꽃잎, 수술, 심피–가 크게 변형된 잎으로부터 만들어졌다는 일반적 해석을 지지한다. 꽃부분과 잎의 발생단계 및 꽃과 엽성 줄기의 유관속 조직의 배열을 비교함으로써도 증거가 확보되었다.

꽃받침은 꽃의 4 기관에서 잎과 가장 유사하고, 식물학자들은 꽃받침은 특수하게 변형된 잎이라는 것에 동의한다. 비록 많은 현화식물의 꽃잎이 외관은 잎처럼 생겼지만, 식물학자들은 일반적으로 꽃잎이 불임이 되어버린 잎처럼 생긴 변형된 수술로 본다. 원예종의 장미나 동백나무는 이러한 가설을 지지하는 증거를 제공한다. 약간의 변이체에서 수술이 꽃잎으로 변형되어, 많은 수의 꽃잎을 가진 화려한 꽃이 되기도 한다.

열대지방 나무들은 잎처럼 생긴 수술과 심피를 가지는데, 수술과 심피가 잎이나 잎과 같은 기관들로부터 기원했다는 것을 지지한다. 예를 들어, 상록수와 관목으로 남아시아, 오스트레일리아, 남미의 고유종인 *Drimys*의 심피를 생각해보면, 이 심피는 잎과 유사하게 생겼는데 주맥을 따라 안쪽으로 덮여있어, 밑씨를 둘러싸고, 잎의 가장자리의 전체 길이를 따라 유합되어 있다(■ 그림 28-12).

근본적인 질문은 이들 잎과 닮은 수술과 심피가 진화의 진행 동안 보전된 원시적 기관인지, 아니면 원시적인 수술과 심피와 닮지 않은 매우 특수화된 기관인지이다. 이 질문을 연구한 많은 식물학자들은 수술과 심피가 잎으로부터 유래되었다고 결론을 내렸다.

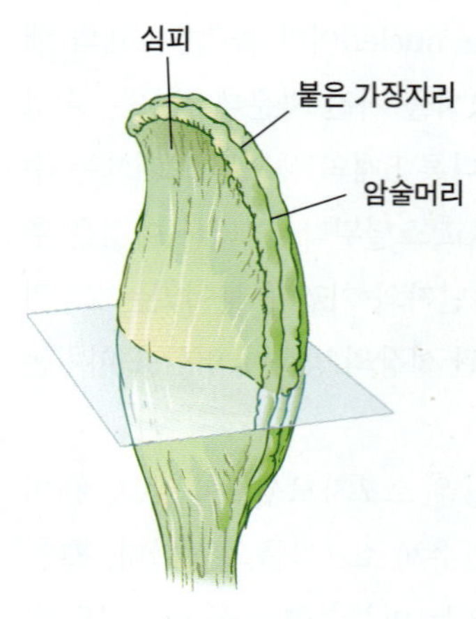


**(a)** 심피는 접혀진 잎과 유사하게 생겼는데 밑씨가 만들어지는 심피의 위쪽 표면은 닫혀있다.

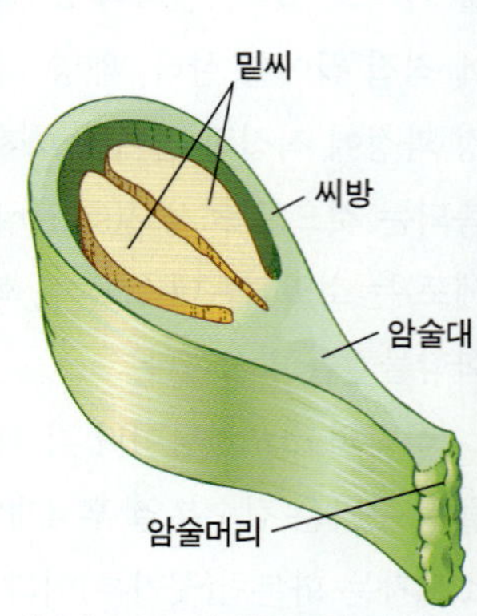


**(b)** **(a)** 부분의 선을 따라 절단한 심피의 절단면.

**그림 28-12** *Drimys piperita*의 심피.

그러나 모든 식물학자가 수술과 심피가 매우 변형된 잎에서 기원했다는 것을 수용하는 것은 아니다.

속씨식물 진화가 1억 3천만년보다 더 많이 진행되는 동안, 꽃의 구조는 다양한 꽃의 기관들이 함께 유합하거나 크기와 수에서 감소하였다. 어떤 종에서 꽃의 구조를 매우 복잡하게 변화시켰고, 다른 종들에서는 매우 단순하게 변화시켰다. 그렇게 다양한 속씨식물들의 꽃의 구조를 해석하는 것은 때때로 어렵다. 그러나 이것은 중요하다. 왜냐하면 정확한 해석은 계통을 반영한 분류체계를 정리하는데 아주 필요하기 때문이다.

**복습**

- 겉씨식물과 현화식물의 비생산적인 적응은 어떻게 다른가?
- 겉씨식물의 생활사는 현화식물과 어떻게 다른가?
- 현화식물의 두 강은 무엇이며 그들 둘을 어떻게 구별할 수 있는가?
- 겉씨식물에서 수분작용은 어떻게 일어나는가? 현화식물에서는?
- 겉씨식물과 현화식물에서 수정은 어떻게 다른가?

## 28.4 종자식물의 진화

**학습목표**

9 비종자 유관속식물로부터의 겉씨식물의 진화와 겉씨식물로부터 속씨식물로의 진화를 알아본다.

고대 비종자 유관속식물에서 유래한 그룹의 하나인 **원겉씨식물** (progymnosperm)은 지금은 멸종하였다. 원겉씨식물은 그들의

(a) 원겉씨식물. 약 3억7천만년 전에 존재 했던 *Archaeopteris*는 현재의 종자식물의 일반적인 구조적 특징을 몇몇 가지고 있으나 종자를 생산하지 않았다.

(b) 종자고사리. *Emplectopteris*는 양치식물처럼 잎에 종자를 만든다. 종자고사리는 3억6천만년 전부터 2억5천만년 전에 존재했다.

**그림 28-13 종자식물의 진화.**

가까운 조상들에게 없는 2개의 파생된 특징을 가진다: 잎이 대엽이고, 목재조직이 현생 겉씨식물과 유사한 2기 물관부조직이다. 그러나 원겉씨식물은 그들 조상의 원시 특징을 보유하고 있었다: 그들은 종자가 아닌 포자에 의해 번식하는 점이다. 아르카에오프테리스(*Archaeopteris*)는 약 3억7천만 년 전에 살았던 원겉씨 식물이다(**그림 28-13a**). 이 원겉씨식물이 가장 최초로 알려진 현대나무라는 것을 증명하였다.

포자식물과 종자식물 사이의 중간적인 생식구조를 가지는 여러 원겉씨식물의 화석이 발견되었다. 예를 들어, 소포자에서 화분립으로의 진화와 대포자낭에서 밑씨로의 진화는 원겉씨식물 화석에서 추적할 수 있다. 종자를 생산하는 식물은 3억 5천 9만년 보다 더 오래 전인 후기 데본기 동안에 출현했다. 화석기록은 종자식물의 각각의 그룹들은 외관상으로 여러 번 독립적으로 진화했다는 것을 나타낸다.

앞에서 언급한 것처럼, 은행나무의 화석은 2억만 년 된 암석에서 발견되었고, 겉씨식물의 다른 그룹들은 1억6천만년에서 1억만 년 전에 출현하였을 것이다. 비록 겉씨식물은 오래된 그룹이지만, 겉씨식물 진화의 정확한 경로에 대해 의문이 제기되었다. 화석기록에 위하면 아마도 원겉씨식물에서 구과식물과 멸종된 식물인 **종자고사리**(seed fern, 양치류처럼 생긴 잎을 가진 종자를 생산하는 나무)가 출현하였다고 추정한다(**그림 28-13b**). 종자고사리에서 아마 지금은 멸종된 여러 겉씨식물군 뿐만 아니라 소철류와 은행을 차례로 발생시켰다. 비록 분자정보는 마황류가 구과식물과 가깝다는 것을 나타내지만 그 기원은 명백하지는 않다.

## 28.4.1 현화식물의 진화에 대한 우리의 이해는 최근에 굉장한 성과를 거두었다

현화식물은 가장 최근에 진화한 그룹이다. 화석기록은 비록 불완전하지만, 현화식물이 겉씨식물로부터 유래되었다는 것을 나타낸다. 대략 1억 8천만년인 쥐라기 중반에 여러 겉씨식물 계통은 현화식물을 상기시키는 특징을 가지고 존재했다. 이들 진화된 겉씨식물은 넓고, 확장된 잎을 가졌고, 닫혀진 밑씨와 종자를 가지는 변화된 잎을 가진 특징을 가진다. 또한 딱정벌레가 이들 식물을 방문한 것에 대한 증거를 보여주는데, 생물학자들은 아마도 식물과 동물 수분매개자 사이의 **공진화(coevolution)**의 시작이라고 제안했다(36장).

고식물학자(식물화석을 연구하는 생물학자)들이 직면한 하나의 중요한 과제는, 고대 겉씨식물이 현화식물로 되는 진화의 직접적인 라인인지 결정하는 것이다. 구조적 정보에 기초하여, 대부분 식물학자들은 현화식물이 한번에 만들어졌으며, 그것은 겉씨식물로부터 현화식물로 진화는 단 하나의 라인이라고 생각한다. 마황류는 겉씨식물그룹인데, 몇 몇 식물학자들은 마황류가 현화식물과 가장 가깝다고 생각 한다. 구조적 유사성뿐만 아니라 분자적 정보도 이 결정을 지지한다. 마황류는 도관을 가지고, 장란기가 없으며, 꽃과 같은 복합적인 구과를 지니고 있고, 중복수정을 하는 것에서 속씨식물과 유사하다. 그러나 또 다른 분자적 정보는 마황류와 속씨식물이 가깝다는 것을 반박한다. 다양한 겉씨식물문과 속씨식물간의 유연관계를 명백하게 설명해 줄 연구가 필요하다.

화석기록에서 나타난 가장 오래된 현화식물 흔적은 약 1억2천 5백만 년에서 1억4천5백만 년 된 쥐라기와 하부 백악기 암석에서

**그림 28-14 가장 오래된 속씨식물의 화석.**

*Archaefructus*의 이 화석은 심피가 줄기에서 나오는 것을 보여준다. 중국 남동부에서 발견되었다. 1억2천5백만년 전의 것으로 추정된다.

심피로 해석되는 작은 꼬투리 모양 열매의 닫힌 밑씨이다(**그림 28-14**). 가장 오래된 꽃 화석은 약 1억 천8백만 년에서 1억2천만 년 정도이다. 현생 속씨식물의 구조적, 분자적 정보는 물론 화석 기록에 기초하였을 때, 최초 현화식물은 교란된 서식환경에 적응한 작고, 잡초 같은 관목이거나, 초본성 식물이라고 생각된다. 그들은 아마도 쉽게 화석화되지 않는 연약한 식물일 것이다. 만일 이것이 사실이면, 초기 속씨식물의 화석이 적은 이유가 설명된다: 그들이 진화했을 당시 환경은 여러 차례 교란되었을 것이며, 화석으로서 남겨질 수 없었다.

식물학자들은 속씨식물의 급속한 변화가 초기 속씨식물이 저지대로 몰려들 때 까지는 일어나지 않았다고 가정한다. 9천만 년 전 후기 백악기동안 속씨식물은 다양해졌고 지구의 우점식물로 겉씨식물을 대체하기 시작했다. 현화식물 잎, 줄기, 꽃, 열매, 종자의 화석은 수없이 많고 다양하다. 현화식물이 후기 백악기에 매장된 겉씨식물과 양치류 화석보다 수적으로 많다는 것은 현화식물이 출현한 이래 빠르게 적응했다는 것을 나타낸다. 염색체수에서 변화가 생기면 수많은 속씨식물이 만들어 질 수 있다(20장 동소적 진화 참조).

### (1) 속씨식물은 3개의 계통군으로 구성된다

최근의 구조적 특징과 분자학적 비교에 근거한 분지분석은 속씨식물강사이에 명확환 유연관계 정립에 도움을 주었다. 이들 증거는 속씨식물 기저부의 3개 계통군은 핵심 속씨식물의 분지 전에 진화했음을 가리킨다(**그림 28-15a**). 기저부의 속씨식물은 모든 다른 현화식물의 조상으로 여겨지는 약 170종으로 구성된다.

기저부 속씨식물의 가장 오래 존재하는 계통군은 하나의 생존하는 식물인 *Amborella trichopoda*(**그림 28-15b**)로 대표된다. 남태평양의 섬인 뉴카레도니아에 자생하는 아관목인 *Amborella*는 모든 현화식물의 조상종에 가장가까운 생존하는 유연군이다. 수련과 그 유사군은 기저부 속씨식물의 두 번째 계통군을 형성한다(**그림 28-15c**). 이 계통군은 수중에 또는 습지 초본 식물의 약 70종을 포함한다. 두 번째로 오래 생존하는 가계일 것이다. 세 번째 계통군을 형성하는 팔각(Star anise)과 그 유연군은 대부분 온대기후에서 발견되는 아관목, 나무, 덩굴의 약 100여종으로 구성된다. 팔각은 향신료와 아니스오일의 원료이므로 경제적으로 중요하다(**그림 28-15d**). 팔각은 유행성 독감으로서 알려진 타미플루(Tamiflu)를 만드는데 이용된다.

### (2) 핵심 속씨식물은 목련강, 외떡잎식물강과 쌍떡잎식물강으로 구성된다

대부분 속씨식물은 3개의 아계통군(목련강, 외떡잎식물강, 쌍떡잎식물강)으로 나뉘어지는 **핵심 속씨식물** 계통군에 속한다. 목련강은 목련, 월계수와 후추 유연군의 종을 포함한다(**그림 28-15e**). 비록 목련강이 쌍떡잎식물로 전통적으로 분류되었더라도 DNA염기서열 비교와 같은 분자적 증거는 목련강이 외떡잎식물도 쌍떡잎식물강도 아님을 가리킨다. 열대 또는 온대지역에 자생하는 목련강은 아보카도, 후추, 육두구 같은 경제적으로 중요한 식물을 포함한다.

그림 28-15a에 목련강, 외떡잎식물강, 쌍떡잎식물강은 하나의 분지점으로부터 분화했음을 보여주고 있다. 이들 아계통군사이에 정확한 유연관계는 아직 밝혀지지 않았다.

**복습**

- 이전의 겉씨식물과 종자 양치류의 구분되는 특징은 무엇인가?
- 가장 오래된 것으로 알려진 화석 속씨식물의 중요한 특징을 기술하라.
- 외떡잎은 기저부 또는 핵심 속씨식물로 고려되는가? 이를 설명하시오.

### 요점

속씨식물에는 3개의 기저부 속씨식물과 3개의 핵심 속씨식물, 합해서 6개의 계통군이 있다.
단자엽과 쌍자엽 계통에는 가장 많은 수의 종이 존재한다.

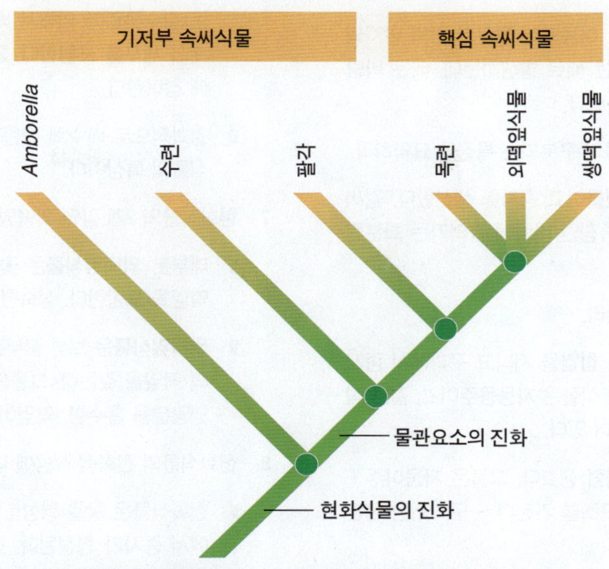


**(a)** 현화식물의 유연관계에 대한 이 가설은 화석과 분자적 증거에 근거하고 있다. *Amborella*, 수련, 팔각은 속씨식물 계통에서 일찍 분지되어 나타나는 조상종이 있는 현생하는 식물이다. 이 계통군에서 목련강, 외떡잎식물강, 쌍떡잎식물강이 분지하였다.

Stephen McCabe, Arboretum University of California Santa Cruz

**(b)** *Amborella trichopoda*, 기저부 속씨식물

Rod Planck/Photo Researchers, Inc.

**(c)** 수련(*Nymphaea*), 기저부 속씨식물

Robert and Ann Simpson/Visuals Unlimited

**(d)** 팔각(*Illicium verum*), 기저부 속씨식물

Sinclair Stammers/Photo Researchers, Inc.

**(e)** 목련(*Magnolia grandiflora*), 핵심 속씨식물

**그림 28-15** 현화식물의 진화.

## 핵심 용어와 요약

### 학습목표

1 겉씨식물과 속씨식물의 특징을 비교하라.

- 종자식물의 2개 그룹은 겉씨식물과 **속씨식물**이다. **겉씨식물**은 구과의 인편에서 또는 완전히 노출되어 종자를 생산한다 씨방벽은 겉씨식물의 밑씨를 둘러싸고 있지 않다. 속씨식물은 현화식물이고 성숙한 씨방 내에서 종자를 생산한다.

2 소나무의 생활사를 추적하고 포자체와 겉씨식물 세대를 비교하여라.

- 소나무는 성숙한 포자체이다. 소나무 배우체들은 매우 작고 포자세대에 영양을 의존한다. 소나무는 이형포자이고 분리된 구과에서 소포자와 대포자를 만든다.

- 웅성 구과는 **화분립**(미성숙 웅성 배우체)로 발달되는 **소포자**를 만들어 내는데, 화분립은 공기의 흐름에 의해 자성구과로 운반된다.
- 자성 구과는 **대포자**를 만드는데, 4개의 대포자 중 하나가 **밑씨** 내에 자성 배우체를 만든다.
- **수분** 후 자성구과는 화분이 **화분관**으로 이동되어 장란기 안의 난자의 대포자를 통해 자란다. **수정** 후 접합자는 배로 발생하는데, 배는 바람으로 산포하는데 적응한 종자에 싸여져 있다.

3 녹조류와 다른 식물들과 구분되는 선태식물의 구분되는 특징을 요약하라.

- 선태식물과 달리 **겉씨식물**은 유관속 식물이고 종자를 생산한다. 겉씨식물은 비종자 유관속 식물에는 없는 특징인 바람에 흘러가는 화분립을 생산한다.

4 겉씨식물의 4개 문의 이름을 말하고 요약하라.

- 겉씨식물에서 가장 큰 문인 **구과식물**은 **침엽**을 지니고 구과에서 종자를 만드는 목본식물이다. 대부분의 구과 식물은 **자웅동주**이고, 같은 식물체에 웅성 구과와 자성 구과로분리되어 있다.
- **소철류**는 겉모습이 야자 또는 양치류처럼 생겼다. 그들은 **자웅이주** – 각기 다른 식물체에 웅성과 자성 생식구조를 가진다 – 구과처럼 생긴 구조 내에서 화분과 종자를 만든다.
- 이 문에서 현존하는 단 한종인 은행(*Ginkgo biloba*)은 낙엽성, 자웅이주 목본이다. 자성**은행나무**는 가지 위에 육질의 종자를 생산한다.
- **마황류**는 물관부에 있는 물관요소라는 효과적인 물-유도 세포처럼 속씨식물이 가진 얼마간의 특징을 공유한다.

5 다른 식물과 현화식물의 차이점은 요약하여라.

- **현화식물**(속씨식물)은 유관속 식물의 문을 구성하며 **열매**에 둘러싸인 종자를 생산한다. 그들은 가장 다양하며 식물에서 가장 성공한 그룹이다.
- **꽃받침**, **꽃잎**, **수술**, **심피**로 구성된 꽃은 유성생식 기능을 한다. 겉씨식물과 달리, 현화식물의 밑씨는 **씨방**으로 둘러싸여있다. 수정 후에 밑씨는 종자가 되고 씨방은 열매로 발달한다.

6 현화식물의 생활환과 중복수정에 대해 설명하여라.

- 포자체세대는 현화식물이다 배우자체는 크기가 매우 작고 영양적으로 포자체 세대에 의존한다. 현화식물은 이형포자이고 꽃 안에서 소포자와 대포자를 만든다.
- 각각의 소포자는 화분립으로 발달한다. 각각의 4개의 대포자 중 하나는 감수분열에 의해서 **배낭**으로 발달한다. 배낭은 8개의 핵을 가진 7개의 세포를 포함한다. 2개의 극핵을 가진 난세포와 중심세포는 수정에 참여한다.
- 결과적으로 배수체 접합자와 3배체 **배젖**을 형성하는 **중복수정**은 현화식물의 특징이다.

7 현화식물의 2개 강인 외떡잎식물과 쌍떡잎식물을 비교하라.

- 대부분 **외떡잎식물**은 꽃부분이 3의 배수이고, 그들의 종자는 하나의 **떡잎**을 포함한다. 성숙한 종자에서 영양조직은 배젖이다.
- **쌍떡잎식물**은 보통 꽃부분이 4 혹은 5의 배수이고, 그들의 종자는 2 개의 떡잎을 갖는다. 그들의 성숙한 종자에서 영양기관은 보통 배젖에서 영양분을 흡수한 떡잎이다.

8 현화식물의 진화적 적응에 대해 설명하라.

- 현화식물은 꽃을 형성함으로써 유성생식을 한다. 중복수정 후 과실 안에서 종자가 형성된다. 현화식물은 물을 효과적으로 전달하기 위하여 물관부에 **물관요소**를 가지고 있고, 체관부에는 탄수화물을 효과적으로 전달하기 위한 **체관요소**를 가지고 있다. 바람, 물, 곤충 또는 다른 동물은 많은 현화식물의 화분립을 옮긴다.

9 유관속식물로부터 겉씨식물의 진화를 요약하고 겉씨식물로부터 현화식물의 진화과정을 추적하라.

- 종자식물은 **비종자 유관속** 식물로부터 생겨났다. **원겉씨식물**은 대엽과 "현대" 물관부 조직을 가진 비종자 유관속식물이다. 원겉씨식물은 아마도 **종자고사리**의 기원이었을 뿐만 아니라, 차례로 소철류와 은행나무를 발생시켰을 것이다.
- 마황류와 현화식물의 특별한 유연관계는 불명확하다.
- 현화식물은 아마도 넓고 확장된 잎과 닫혀진 심피와 같은 특별한 특징을 가진 원시 겉씨식물로부터 유래되었을 것이다. 현화식물은 아마 단 한번 발생하였다.

## 연습문제

1. 수정 후에 __________ 는 열매로 발달하고, __________ 는 종자로 발달한다.
(a) 씨방 ; 밑씨 (b) 극핵 ; 밑씨 (c) 씨방 ; 배젖
(d) 밑씨 ; 씨방 (e) 밑씨 ; 극핵

2. 현화식물에서 자성 배우체는 또한 (a) 극핵 (b) 꽃밥 (c) 배낭 (d) 배젖 (e) 포자엽 이라 부른다.

3. 웅성 생식구조로부터 자성 생식구조로 화분립의 이동은 (a) 수분 (b) 수정 (c) 배낭 발달 (d) 종 자 발달 (e) 열매 발달 로 알려져 있다.

4. 현화식물의 이 강은 야자, 벼과, 난초를 포함한다. (a) 쌍떡잎식물 (b) 마황류 (c) 소철류 (d) 외떡잎식물 (e) 구과 식물

5. 대부분 구과식물은 __________ 로서 같은 식물체에서 다른 위치에 웅성과 자성 생식부 분을 가진다. (a) 불완전화 (b) 자웅이화 (c) 자웅동주 (d) 자웅이주 (e) 완전화

6. 이 현생 쌍떡잎식물은 아마도 모든 현화식물의 조상과 가장 가까운 유연관계에 있다.
(a) *Amborella* (b) *Archaeopteris* (c) *Gnetum*(마황속)
(d) 수련 (e) *Archaeanthus*

7. 암술은 세 부분으로 구성되어있다 :
(a) 주두, 암술대, 꽃밥 (b) 꽃밥, 필라멘트, 밑씨
(c) 주두, 암술대, 씨방 (d) 씨방, 밑씨, 꽃받침
(e) 화관, 수술, 꽃받침

8. 미성숙한 소나무의 수컷 배우체는 a) 밑씨 b) 수술 c) 구과 d) 화분립 e) 극핵 이라 부른다.

9. 구과식물, 소철류, 은행, 그리고 마황류를 총칭하여 (a) 양치류군 (b) 겉씨식물 (c) 속씨식물 (d) 쌍떡잎식물 (e) 비종자 유관속식물 이라고 부른다.

10. 종자식물이 아래 보기의 구조에서 지니지 않는 것은?
(a) 외피에 의해 둘러싸인 밑씨 (b) 소포자와 대포자
(c) 유관속 조직 (d) 크고, 독립영양 포자체
(e) 크고, 독립영양의 배우체

## 심화 학습문제

1. 겉씨식물의 구과가 웅성 혹은 자성만을 가지는 것과 대조를 이루어, 현화식물 대부분 꽃은 웅성과 자성 생식구조 둘 다 가진다. 어떻게 양성적인 꽃이 현화식물을 유리하게 했는지 설명하라.

2. 비종자 식물(27장 참조)과 종자식물의 생활사는 어떻게 다른가? 기본적인 방법에서 무엇이 유사한가?

29

# 동물계: 동물 다양성 입문

Charles V. Angelo/Photo Researchers, Inc.

**관해면(*Callyspongia vaginalis*).**
자주색에서부터 푸른색, 회색을 띠는 이 동물은 플로리다에서 멕시코에 이르는 카리브해의 산호초 군락에 흔히 발견된다.

## 핵심 개념

동물은 다세포성 진핵세포생물이며 종속영양생물이다.

생물학자들은 동물을 몸체의 구조(체형)와 초기 발생단계의 특징에 따라 분류한다.

분자적인 자료들은 좌우대칭형 동물을 3개의 주요 진화적 가지로 나눌 수 있음을 보여 준다: 선구동물에 속하는 두 그룹- 촉수담륜동물(편형동물, 연체동물, 환형동물 등)과 탈피동물(선형동물, 절지동물 등)-과 후구동물(극피동물, 척삭동물).

스펀지(해면동물문)는 깃세포(또는 금세포)를 가지며, 진정한 조직이 없고, 헐겁게 결합된 세포들로 이루어져 있다는 점이 특징적이다.

자포동물문에 속하는 동물들(히드라, 해파리, 말미잘)은 방사대칭성이며, 이배엽성이고, 쏘는 침이 있는 소기관을 갖는 자세포가 있다는 점이 특징적이다.

유즐동물문에 속하는 동물들(빗해파리)은 이축방사대칭형이며, 이배엽성이고, 여덟 줄의 섬모열과 끈적한 접착 세포를 가지고 있다는 점이 특징적이다.

동물 계통은 급격하고도 흥미진진하게 변화하는 연구 분야이다. 생물학자들은 150만종 이상의 종을 지금까지 기록하고 명명해 왔다. 매년 15,000~20,000여종 정도의 신종이 발표되고 있다. 수백만 종이 여전히 기록되지 않은 미발굴종으로 남아 있다. 흥미롭게도 지구상에 존재했었던 동물종들 중 99%가 멸종한 것으로 추산되고 있다. 생물학자들은 현재 지구상에 서식하고 있는 동물들을 **동물계(kingdom Animalia)**로 분류하며 대략 35개의 문으로 나누고는 있지만, 문과 강들 간의 상대적인 계통학적 위치와 관련해서는 여전히 논쟁 중에 있다. 계통 분석에 새로운 자료가 추가되었을 때, 계통분류학자들이 주장하던 기존의 동물 계통수가 폐기되고 새롭게 재작성 되기도 한다.

대부분의 동물종들이 쉽게 구별되긴 하지만 어떤 종은 명확하게 동정되지 않는다. 초기 자연과학자들은 해면이 이곳 저곳으로 이동하지 않아 식물이라고 생각했었다. 어떤 사람들은 아직도 해면이나 산호같이 분류학적으로 분명한 바다 동물을 식물이라고 생각하는 오류를 범하기도 한다(사진 참조). 운동성은 동물로 분류되기 위한 필수조건은 아니다.

이 장에서 우리는 진화적인 유연관계를 결정하고 동물들을 분류하기 위하여 생물학자들이 사용하는 기준 몇 가지에 대해 논의한 다음 동물계의 진화의 역사에서 초기에 분화된 3개의 문을 기술할 것이다. 30장과 31장에서 우리는 동물을 2개의 주요 진화적 가지인 선구동물과 후구동물로 나누어 논의할 것이다. 본 장에서는 여러가지 현존하는 가설들이 제시되어 질 것이다. 생물학자들은 기존에 알려진 동물 계통도를 과감히 포기하고, 새로운 자료들을 도입하여 지속적으로 이를 업그레이드 하고 있다는 사실을 명심하라. ■

## 29.1 동물의 특징

### 학습목표

1 대부분의 동물들에게서 공통적으로 나타나는 몇 가지 특징들을 나열할 수 있다.

동물은 매우 다양하여 동물에 대한 어떤 정의를 내린다 해도 우리는 이에 대한 예외를 찾을 수 있다. 그럼에도 불구하고 다음의 특징들은 대부분의 동물들이 공유하고 있다.

1. 동물은 다세포성 진핵생물이다.
2. 동물은 **종속영양생물(heterotrophs)**이다. 소비자로서 천연의 물질과 에너지를 얻기 위해 생산자에 의존한다. 대부분의 동물은 먹이를 섭취한 다음, 대개 소화계 내에서 그 음식물을 소화한다.
3. 동물의 몸을 이루고 있는 세포는 특수한 기능을 수행할 수 있도록 분화되어 있다. 매우 단순한 동물을 제외하고 모든 동물에서 세포는 조직을 형성하기 위하여 조직화되어져 있고, 다시 조직은 기관을 형성하기 위하여 조직화된다. 단순한 체형을 갖는 많은 동물에서는 가스 교환, 물질 대사, 노폐물 배출과 같은 생명 활동은 환경에서 동물체내로, 또한 동물체내에서 환경으로 일어나는 직접적 확산 작용에 의존한다. 반면에 크고 복잡한 동물들은 이러한 생명 활동을 수행하는 분화된 기관계와 메커니즘이 진화되었다.
4. 동물은 다양한 몸의 체형구조(body plan)를 지닌다. '체형'은 몸의 기본적인 구조와 기능적인 디자인을 포함하는 개념이다. 동물의 체형과 생활 방식은 먹이의 섭취와 생식의 양태와 방식에 따라 적응되어 나타난다.
5. 대부분의 동물들은 생활사 중 어떤 시기에는 이동이 가능하다. 몇 가지 동물들(예, 스펀지와 산호)은 유생(미성숙 형태) 때에는 이동성이 있으나, 성체가 되면 **고착성**(sessile, 다른 것들의 표면이나 땅에 단단하게 부착되어 있는 형태)이 된다(이 장의 시작 페이지의 사진 참조).
6. 대부분의 동물들은 신경계와 근육계를 갖고 있어 환경에서 받는 자극에 대해 빠르게 반응할 수 있다.
7. 대부분의 동물들은 이배체로, 크고 운동성이 없는 난자와 작고 편모를 가진 정자에 의해 유성생식을 한다. 반수체인 정자는 반수체인 난자와 수정되어 **접합체(zygote, 수정란)**를 형성한다.
8. 동물은 배발생과정을 통하여 접합체가 일련의 체세포 분열인 **난할(cleavage)**을 거치게 된다. 난할을 하는 동안 접합체는 **포배기(blastula)**라 일컬어지는 속이 빈 공 모양의 세포 형태로 발달한다. 포배기의 세포는 *배엽*(germ layers)이라 불리는 특수한 조직층을 형성하고 분할하는 과정인 **낭배형성기 (gastrulation)**를 거친다. 어떤 동물들은 바로 성체로 발달하기도 하지만, 대부분의 동물들은 성체와는 전혀 다른 모습으로 보일 수 있는 생식적으로 미숙한 형태의 **유생(larva)**으로 발달한다(▌**그림 29-1**). 유생은 서식처, 이동 방식, 먹이 습성 등 여러 가지 면에서 성체와는 다르다. 유충은 전형적으로 **변태 (metamorphosis)** 과정을 겪게 되는데 변태란 유형(juvenile form)인 미성숙 동물을 성체로 전환시키는 일련의 발생 과정이다.

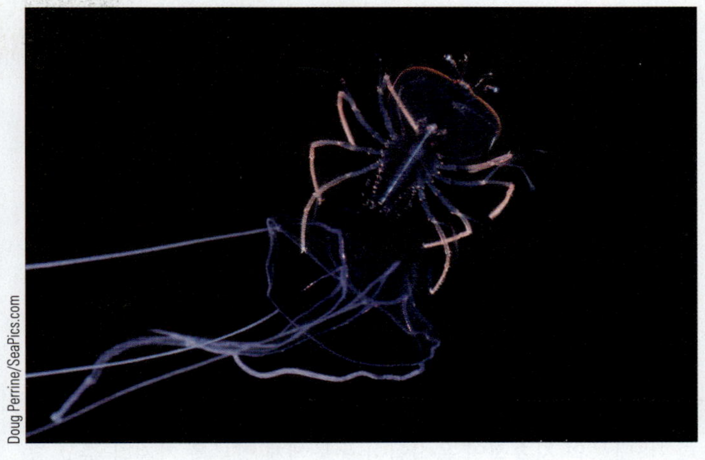
Doug Perrine/SeaPics.com

**그림 29-1 유생.**

해파리 위에 올라타 이동하고 있는 가시가 무성한 바닷가재 유생(*Panulirus* sp.). 밤에 대양에서 찍은 사진(하와이).

### 복습

- 수세기 동안 과학자들은 스펀지를 식물로 분류해 왔다. 생물학자들이 스펀지를 동물로 분류하는 데 사용한 기준은 무엇인가? (힌트: 영양분 섭취 방식과 유생 단계를 생각해 보라.)

## 29.2 서식처에 대한 적응

### 학습목표

2 해양, 담수, 육상에 서식하는 생물들이 갖는 이점과 불리함을 비교해 보아라.

화석학적 증거는 동물이 지금으로부터 약 6억년 전 선캄브리아기에 얕은 바다의 환경에서 진화하였음을 보여주고 있다(21장 참조). 지금은 거의 모든 환경에 동물이 분포되어 있지만 동물문의 대다수가 여전히 해양 환경에 분포하고 있다.

### 29.2.1 해양 서식지는 많은 이점을 제공한다

바닷물의 부력이 거주 동물을 지지해주고 바닷물의 부피가 크기 때문에 수온의 변화가 적어 비교적 안정적인 온도 환경을 제공한다. 대다수 무척추동물의 체액은 바닷물과 삼투농도가 같아 담수에서보다 체액과 염의 균형을 쉽게 유지할 수 있다. 주로 미생물과 원생생물로 이루어진 플랑크톤(plankton)은 물에 흩어져 떠다니는 부유성 생물의 특징을 지니며 다른 많은 수서 동물의 먹이의 원천이 된다.

해양에서의 생활을 위해서는 몇 가지 감수해야 할 것들이 있다. 바닷물의 지속적인 움직임이 동물에게 양분을 가져다 주고 그들의 노폐물을 멀리 씻어가지만 해양성 생물들은 그들을 쓸어가 버릴 수 있는 바닷물의 움직임과 해류를 극복할 수 있어야 한다. 오징어, 어류, 해양 포유류는 헤엄을 매우 잘 치고 자유롭게 움직일 수 있고 그들이 원하는 위치에 머물러 있을 수 있다. 그런데 대부분의 무척추동물과 어린 척추동물은 유영을 잘 하지 못하기 때문에 여러 가지 다른 방식으로 바다의 조류와 해류에 적응하여 왔다. 일부 고착성 동물들은 바위와 같은 안정한 구조물에 영구히 붙어산다. 다른 은신처로는 바다의 바닥을 덮고 있는 모래나 침니 속을 들 수 있다. 많은 무척추동물들이 몸의 크기를 작게 유지하면서 플랑크톤성 생물로 적응해 왔다.

### 29.2.2 일부 동물들이 담수 서식처에 적응하였다

바다의 경우와 비교했을 때에 매우 적은 종류의 동물들이 담수에 서식한다. 담수는 동물의 조직액에 비해 저장액 형태(낮은 염 농도)를 띠고 있어 물이 삼투압에 의하여 동물의 체내로 들어오는 경향이 있다. 담수산 종들은 염도를 유지하기 위해 과잉의 물을 제거하는 기작을 보유해야만 한다. 이러한 삼투조절(osmoregulation)은 에너지를 필요로 한다. 담수는 바닷물에 비해 훨씬 더 불안정한 환경을 제공하며 일반적으로 먹이를 적게 함유하고 있다. 산소 함유량과 온도도 매우 다양하며 물속에 있는 침전물들 때문에 탁도가 증가하고 심지어 물의 부피도 변화가 심하다.

### 29.2.3 육상에서의 서식은 주요 적응들을 필요로 한다

육상에서의 서식은 담수에 서식하는 것 보다 훨씬 더 어렵고 많은 적응들을 요구한다. 화석 기록에 기초하여 많은 생물학자들은 최초의 공기 호흡 육상 동물은 약 4억 4천 4백만년전 실루리아기에 출현한 전갈과 유사한 절지동물이었을 것으로 추정하고 있다. 육상 환경에 서식한 최초의 척추동물인 양서류는 그로부터 약 3천만년 후인 데본기의 후반기가 되어서야 출현했다.

모든 육상 생물들에게 닥치는 주된 문제는 건조이다. 물은 지속적으로 증발을 통하여 사라지고 다시 채우는 것이 종종 어려울 때가 많다. 체액의 손실을 최소화하도록 적응된 몸 보호막은 육상 동물이 갖는 이러한 문제를 해결해 주었다(▮ **그림 29-2**). 육상 동물의 안쪽 깊숙한 곳에 호흡기의 표면이 위치하는 것 역시 체액의 손실을 막아 주는데 도움이 된다. 따라서 수서 동물의 아가미가 전형적으로 외부로 노출되어 있지만 육상 동물의 폐와 기관(곤충류의 호흡기)은 내부에 있다.

육상에서의 생식은 배우자와 발달 단계에 있는 자손들을 건조로부터 보호하는 데에 어려움을 준다. 수서 동물들은 전형적으로 물속에서 수정이 일어날 수 있는 장소에 배우자들을 뿌린다. 주변에 물이 일종의 발생 과정에서 매우 예민한 배아들을 보호해 주는 효율적인 충격 흡수자로서 역할을 담당한다. 대부분의 양서류를 포함하는 몇몇 육상 동물들은 생식을 위해 수서 환경으로 돌아가 유생 단계를 물속에서 보낸다.

내부 수정의 진화는 지렁이, 달팽이, 곤충, 파충류, 새, 포유류를 포함하는 많은 육상 동물들이 건조의 위험으로부터 벗어나도록 해 주었다. 수컷의 몸으로부터 교미를 통하여 직접적으로 암컷의 몸으로 정자를 전달하기 때문에 지속적으로 정자들은 습기가 충분한 환경에 둘러 싸여 있게 된다. 육상에서의 생식과 관련한 다른 중요한 적응 중 하나는 많은 종들의 난자(알)를 둘러싸고 있는 딱딱하고 방어 가능한 껍질(패각)이다. 암컷에 의하여 분비

E. R. Degginger/Photo Researchers, Inc.

**그림 29-2 육상생활에의 적응.**

녹색 이구아나(*Iguana iguana*)의 투박하고 뾰난 표피는 비늘이 나있고, 방수가 된다. 가죽처럼 질긴 알은 배아의 건조를 막는다.

되어지는 이러한 패각은 발생중인 배아가 마르는 것을 방지해 준다. 육상 생식에 대한 대체적인 적응은 촉촉한 모체 내에서 배아의 발생을 수행하는 것이다.

육상 서식처의 극단적인 온도는 또 다른 어려움이다. 뒤 장들에서 체온을 유지하기 위한 행동적, 생리적 적응들에는 어떤 것들이 있는지 살펴 볼 것이다.

**복습**

- 담수와 육상 서식처들에 비해 해양 환경이 서식처로서 갖는 이점은 무엇인가?
- 동물이 생활하기에 육상 환경이 갖는 어려움은 무엇이 있는가?

## 29.3 동물의 계통수 작성

**학습목표**

3 생물학자들이 동물의 구조적 특징(몸의 대칭성, 배엽의 수, 체강의 유형의 차이)과 초기 발생 양식을 어떤 방식으로 활용하여 동물의 문(phyla)간 계통유연관계를 규명하는지를 알 수 있다.

4 분자계통학자들이 동물 계통에 기여한 3가지의 주요 사항을 파악하고, 좌우대칭성 동물의 3가지 주요 진화적 분지를 이해한다.

기본적인 동물의 체형은 진화의 역사를 살펴볼 때 매우 보존적이다. 생물학자들은 구조와 초기 발생 단계에서의 유사성과 차이점에 근거하여 동물군간에 계통유연관계를 규명하여 왔다. 체형의 주요 형질들에서의 차이가 동물의 계통유연관계를 규명하는 데에 중요한 단서를 제공해 준다. 생물학자들은 몸의 대칭성, 배엽의 수, 체강의 유형, 발생 양식에서의 차이를 비교한다. 그 외에도 생물학자들은 동물의 계통에 대해 훨씬 더 명확히 이해할 수 있도록 해주는 분자적인 기법들을 도입하여 이용하고 있다.

### 29.3.1 동물은 체형에서 2가지 유형의 대칭성을 나타낸다

**대칭성**(symmetry)은 몸의 축에 대한 몸의 구조적 배열을 말한다. 대부분의 해면들은 대칭성이 없으며 반으로 잘랐을 때 잘라진 2개의 반쪽이 서로 유사하지 않다. 대부분의 다른 동물들은 방사대칭형 또는 좌우대칭형이다.

자포동물문(해파리, 말미잘, 그들의 근연종들), 유즐동물문(빗해파리), 성체 극피동물(불가사리와 불가사리의 근연종들)에 속하는 동물들은 **방사대칭성**(radial symmetry)이다. 방사대칭형에서는 체형이 바퀴나 혹은 실린더의 형태를 띠며 유사한 구조들이 중심축을 따라 규칙적으로 배열되어져 있다(▮ **그림 29-3a, b**). 중심축을 관통하여 자른 어떤 경우에도 나누어진 두 부분은 거울상을 가지고 있다. 방사대칭형의 동물들은 환경에서 모든 방향으로부터 동등하게 자극을 수용한다.

많은 방사대칭형 동물들은 방사대칭성을 변화시켜왔다. 예를 들면 말미잘과 빗해파리는 실제적으로 **이축방사대칭성**(biradial symmetry)을 가지고 있는데 이것은 단지 두 단면의 경우만이 몸을 유사한 두 부분으로 나눌 수 있는 특수화된 몸의 형태를 띠고 있다.

대부분의 동물들은 **좌우대칭성**(bilateral symmetry)을 띠고 있으며 그렇지 않은 경우에도 적어도 유생단계에서만은 좌우대칭성를 띤다. 좌우대칭형 동물들의 경우 오른쪽과 왼쪽으로 나누는 단지 하나의 단면(몸의 가운데 부분을 관통하는 단면)만이 나누어진 두 부분이 거울상을 형성할 수 있도록 해 준다(▮ **그림 29-3c, d**). 좌우대칭형이 진화함에 따라, 감각구조들이 머리 부위로 집중되어지는 형태의 발달인 **두화**(cepalization)라고 하는 진화적 경향을 갖게 되었다. 많은 동물군에서 머리에 신경세포가 집중된 뇌가 형성되어 있고, 뇌로부터 동물의 뒤쪽 끝으로 신경삭이 확장되어진 형태를 띤다. 좌우대칭과 두화는 이동성을 위한 적응으로 간주되어진다. 동물의 머리 끝 쪽은 맨 먼저 환경을 접하는 곳이고 위험에 반응하거나 먹이를 잡는 최상의 조건을 갖춘 곳이다.

좌우대칭형 동물들에서 몸의 구조를 파악하기 위하여 몇 가지의 기초적인 용어들과 방향성들을 규정하는 것이 도움이 된다. 동물의 뒤쪽을 **배면**(**등쪽**, dorsal)이라고 하고 아래쪽을 **복면**(**배쪽**, ventral)이라고 한다. **앞쪽**(anterior) 또는 **머리쪽**(cephalic)은 동물의 머리 끝쪽을 의미한다. **뒤쪽**(posterior) 또는 **꼬리쪽**(caudal)은 꼬리 끝쪽을 의미한다. 만약 한 구조가 몸의 중앙선 쪽에 위치하는 경우 **중앙**(medial)이라고 부른다. 만약 몸의 한쪽 면에 어떤 구조가 있다면 **측면**(lateral)이라고 부른다; 예를 들면, 인간의 귀는 코에 대해 측면에 위치한다. 인간의 해부적 구조에서 **상위**(superior)라는 용어는 몸의 머리 끝쪽이나 관심있는 어떤 지점의 위에 위치하는 구조를 일컫는다. **하위**(inferior)라는 용어는 발쪽이거나 관심있는 어떤 지점의 아래에 위치하는 것을 의미하기 위해 사용 한다.

좌우대칭형 동물은 3개의 축을 가지고 있고 각각은 다른 두 축에 대하여 직각을 이루고 있다: 머리에서 꼬리 쪽으로 이어지는 앞쪽–뒤쪽 축, 등에서 배쪽으로 이어지는 등쪽–배쪽 축, 옆쪽에서 다른 옆쪽으로 이어지는 왼쪽–오른쪽 축. 우리는 특정한 부분들로 몸을 나누는 3개의 단면들, 혹은 섹션들을 구분할 수 있다. **수직종단면**(**시상면**, sagittal plane)은 몸을 오른쪽과 왼쪽 두 부

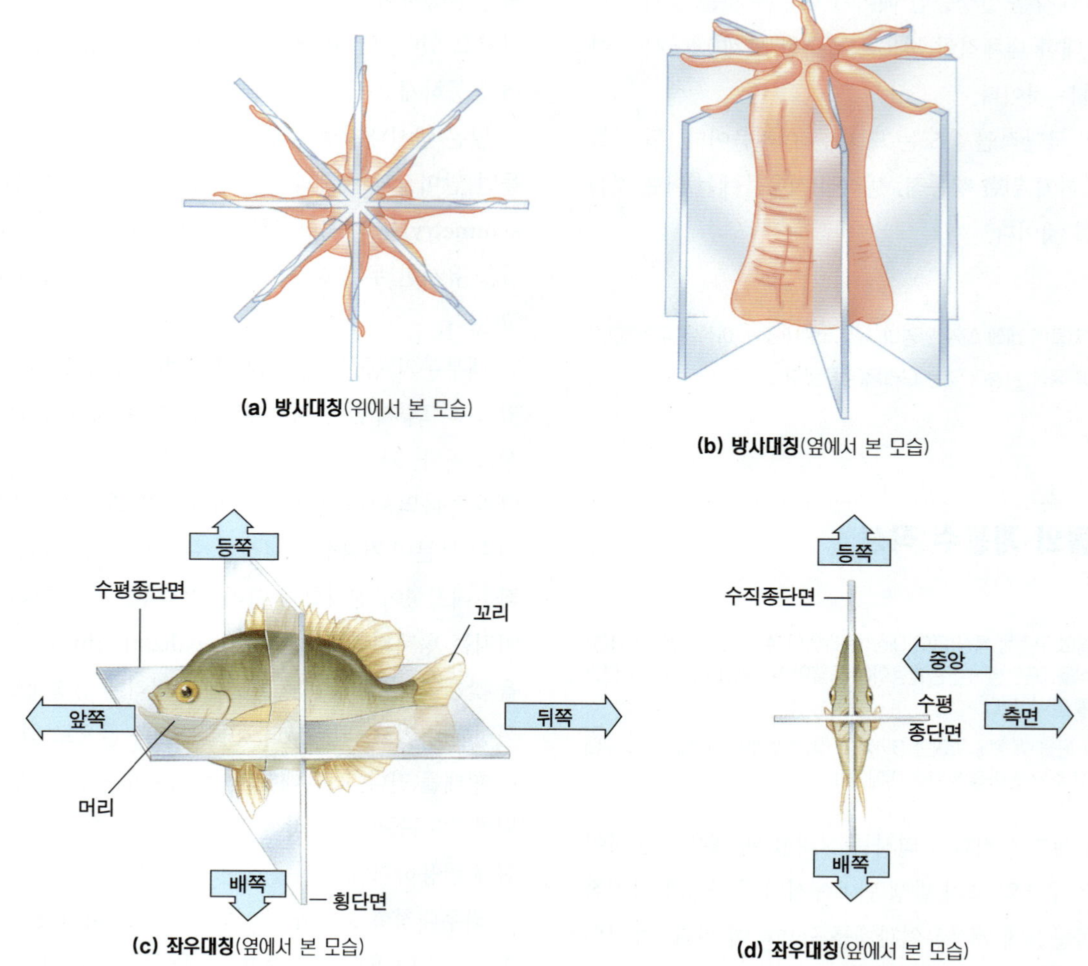


**그림 29-3 방사대칭과 좌우대칭.**

**(a, b)** 방사대칭형에서 중심축을 통과하는 여러 개의 단면들을 그릴 수 있는데, 각각의 단면은 생물체를 2개의 거울상으로 나눈다. **(c, d)** 좌우대칭형에서 동물의 머리끝을 앞쪽(anterior)이라 하고, 그 반대 끝을 뒤쪽(posterior)이라 한다. 동물에는 이외에도 등쪽(dorsal)과 배쪽(ventral)도 있다. 또한 그림은 생물체의 내부구조를 연구하기 위해 단면화할 수 있는 다양한 방식을 보여주고 있다. 수직종단면(시상면, sagittal section; lengthwise vertical cut)은 동물의 몸체를 좌우로 나눈다. 수평종단면(전액면, frontal or longitudinal cut; lengthwise horizontal)은 몸체의 배와 등으로 양분한다. 이러한 단면과 관련된 용어와 개념은 이 책 전반에 걸쳐 조직과 기관의 구조와 배열을 설명하기 위해 사용되었다.

분으로 나눈다. 수직종단면은 앞쪽으로부터 뒤쪽을 지나는 동시에 등쪽에서 배쪽으로 지나가는 단면이다. **수평종단면(전액면, frontal plane)**은 좌우대칭형 몸을 등쪽과 배쪽 부분으로 나눈다. **횡단면(transverse section or cross section)**은 몸의 축에 대해 직각으로 자르는 것으로 몸을 앞쪽과 뒤쪽으로 나눈다.

## 29.3.2 동물의 체형은 조직의 발생 수준과 관련되어 있다

스펀지는 몇 가지 유형의 세포로 구성되어 있지만 특정 기능을 수행하기 위해 함께 작용할 수 있도록 밀접하게 연결되어 있는 유사한 세포들의 집단인 **조직(tissue)**의 형태로 분화되어 있지 않다. 해면류(스펀지)를 제외하고, 모든 동물의 초기 발생단계에서 세포들은 **배엽(germ layers)**을 형성한다. **외배엽(ectoderm)**은 몸의 바깥쪽을 덮는 피부 조직 및 신경 조직의 형성과 관계가 있다. **내배엽(endoderm)**은 장과 다른 소화 기관을 형성한다.

생물학자들은 외배엽과 내배엽으로 된 2개의 배엽을 가지는 자포동물과 유즐동물을 **이배엽성(diploblastic)**이라고 부른다. 이 외의 다른 동물들은 **삼배엽성(triploblastic)**이다. 이들은 세 번째 배엽으로 **중배엽(mesoderm)**을 가진다. 중배엽은 근육, 골격구조, 순환계(존재한다면)를 포함하는 대부분의 다른 몸 구조의 형성에 관여한다.

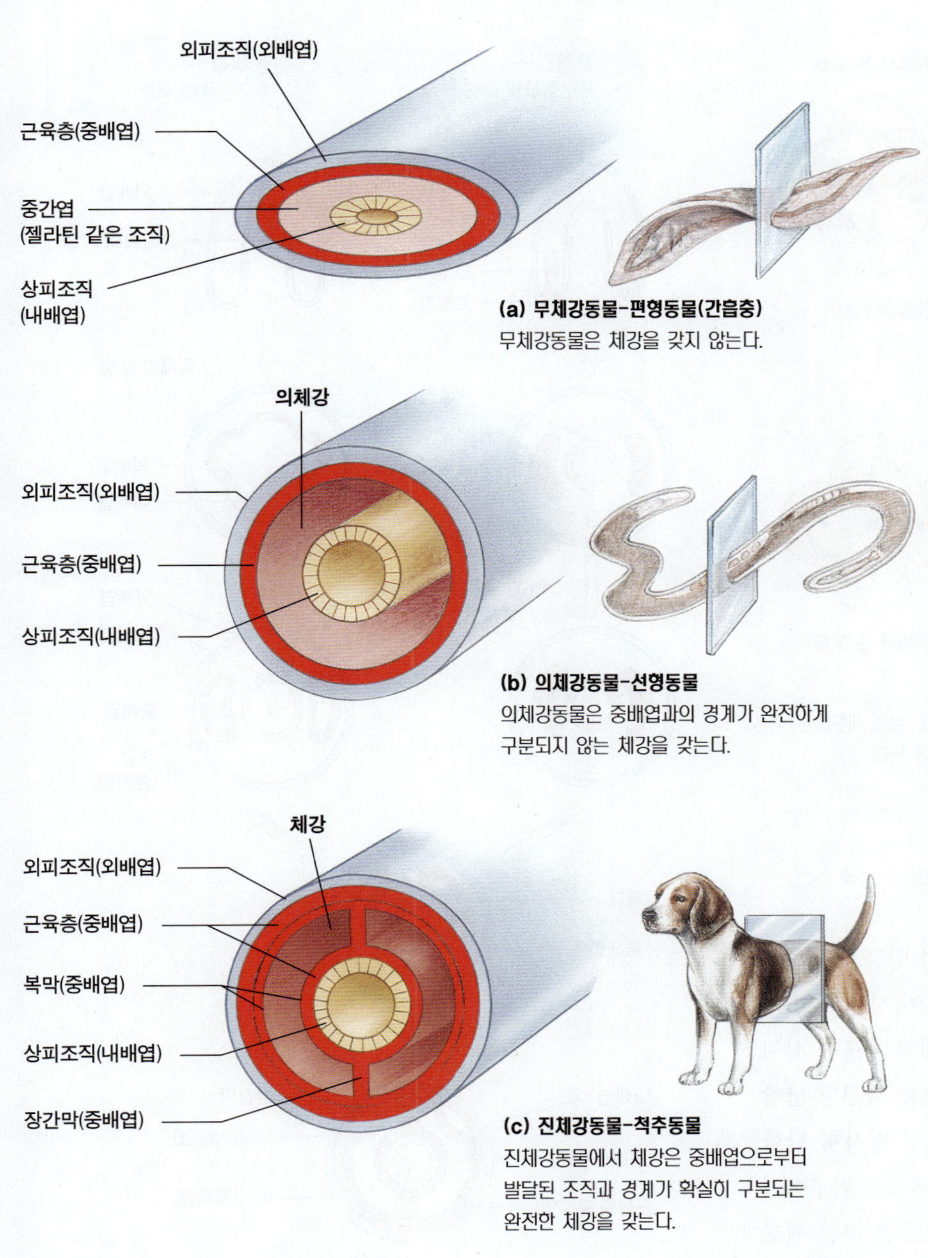

**(a) 무체강동물-편형동물(간흡충)**
무체강동물은 체강을 갖지 않는다.

**(b) 의체강동물-선형동물**
의체강동물은 중배엽과의 경계가 완전하게 구분되지 않는 체강을 갖는다.

**(c) 진체강동물-척추동물**
진체강동물에서 체강은 중배엽으로부터 발달된 조직과 경계가 확실이 구분되는 완전한 체강을 갖는다.

**그림 29-4** 삼배엽성 동물의 3가지 기본 체형.
각각의 조직들이 유래한 배엽이 괄호 안에 표기되어 있다. 외배엽은 파란색, 중배엽은 빨간색, 내배엽은 노란색.

## 29.3.3 생물학자들은 체강의 유형에 근거하여 동물을 그룹짓는다

전통적으로 생물학자들은 삼배엽성 동물들을 **체강(body cavity or coelom)**의 존재와 유형에 근거하여 분류해 왔다. 체강이란 몸의 체벽과 소화관 사이에 존재하는 액체로 충만한 공간을 의미한다(**그림 29-4**). 편형동물(편형동물문, phylum Platyhelminthes)과 끈벌레(유형동물문, phylum Nemertea)는 삼배엽성이지만 단단한 몸을 가지고 있다; 즉 그들은 체강이 없다. 그들은 **무체강동물**(acoelomates, a, '없음'; coelom, '체강')이라고 불린다.

대부분의 동물들에서 체강은 중배엽성 조직으로 완전히 둘러 싸여져 있다. 그러한 체강을 *진체강*이라 한다. 진체강을 가지고 있는 동물들을 **체강동물**(coelomates)이라고 한다. 체강은 **관 속의 관 체형(tube-within-a-tube body plan)**을 형성하면서 체벽을 소화관 또는 장과 구별하는 공간이다. 바깥쪽 관을 형성하는 체벽은 외배엽으로부터 발달한 조직으로 덮여져 있다. 내배엽으로부터 유도된 조직은 안쪽의 소화관을 형성하며 그것은 입과 항문을 통하여 양쪽 말단이 열려져 있는 형태를 띠고 있다.

몇몇(전형적으로 작은) 동물들에서 체강은 중배엽으로 완전히 둘러싸여져 있지 않다; 이러한 경우를 '가짜 체강'이라는 뜻을 가진 **의체강**(pseudocoelom)이라고 부른다. 선형동물(회충)과 윤형동물과 같은 의체강을 지닌 동물들을 **의체강동물**(pseudocoelomates)이라고 하고 생물학자들은 이전에는 이들을 하나의 독립된 그룹으로 분류하였다. 최근의 증거에 따르면 의체강 동물은 단계통군이 아니며 아마도 진체강을 가진 하나 이상의 동물군들로부터 단순화 과정을 거쳐 진화했을 것으로 생각된다.

## 29.3.4 좌우대칭동물은 발생상의 차이에 의해 2가지 주요 그룹으로 나뉜다

체강을 가지고 있는 동물들은 2개의 주요 진화적 가지를 형성한다: 연체동물, 환형동물, 절지동물을 포함하는 **선구동물**(Protostomia)과 불가사리, 성게와 같은 극피동물과 척삭동물을 포함하는 **후구동물**(Deuterostomia). 초기 발생의 양식에서의 기본적인 차이가 선구동물과 후구동물을 구분해준다.

선구동물과 후구동물의 발생에서의 중요한 차이 중 하나는 처음 몇 번의 배아 세포 분할인 난할 양식이다. 많은 선구동물에서

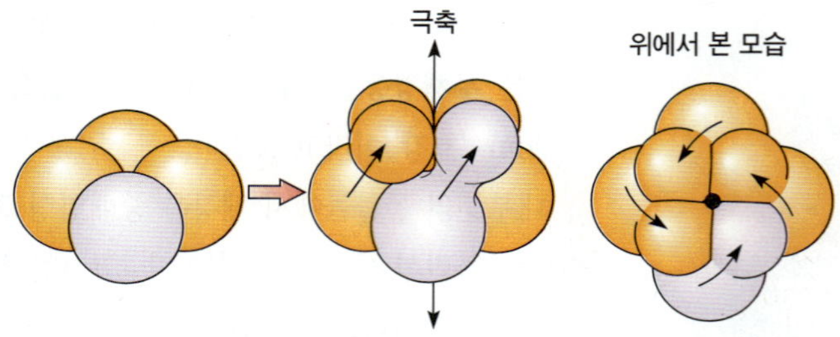


**(a) 나선형 난할은 선구동물의 특징이다.** 나선형 배열에서는 상층 세포들이 하층 세포들 사이의 한 가운데에 놓이게 된다.

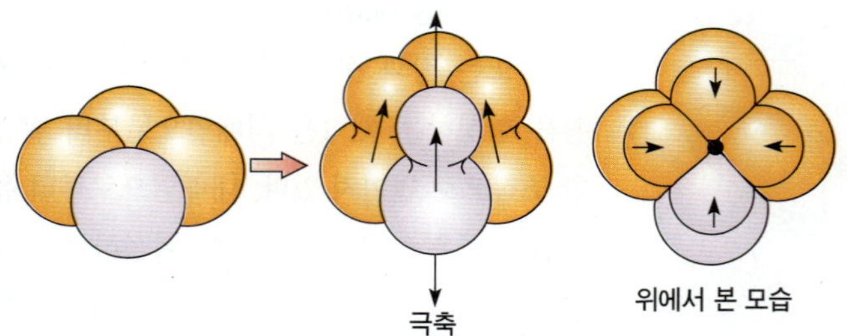


**(b) 방사형 난할**은 후구동물의 배아에서 관찰되는 특징인데, 초기 분열 단계에서는 세포들이 극의 축과 평행하거나 직각을 갖는다. 상층 세포들은 일직선으로 하층 세포의 정중앙 위에 쌓아 올라간 형태를 지니게 된다.

**그림 29-5** 나선형 난할과 방사형 난할.

난할의 형태는 (a)와 (b)에서 자주색 세포들의 위치를 살펴봄으로써 알 수 있다.

초기에 세포 분할은 극축(난자의 장축)에 대각선 방향으로 일어난다. 그 결과 세포의 나선형 배열이 형성되는데 이 경우 어떤 하나의 세포는 그것의 위쪽이나 아래쪽에 있는 2개의 세포들 사이에 놓이게 된다(그림 29-5a). 이러한 분할 양식을 **나선형 난할**(spiral cleavage)이라 부른다. 후구동물의 특징인 **방사형 난할**(radial cleavage)에서는 초기 분할이 극축에 평행으로 이루어지거나 혹은 직각으로 이루어진다. 결과적으로 세포들은 다른 세포의 바로 아래나 혹은 위에 놓이게 된다(그림 29-5b).

선구동물에서 각 배아 세포의 발달상의 운명은 전형적으로 매우 일찍 결정된다. 예를 들면 환형동물의 배에서 처음 4세포기의 세포들이 나누어졌을 때 각 세포는 단지 4분의 1 유생 상태로 발달한다. 이러한 경우를 우리는 **결정 난할**(determinate cleavage)이라고 부른다. 후구동물의 난할은 대개 비결정적이다. 예를 들어 불가사리의 배에서 최초 4세포기 세포들이 분리되어 진다면 각 세포는 비록 작지만 하나의 완전한 유생을 형성할 수 있다. 결정 난할을 수행하는 한 배아의 포배기 때에 소수의 세포들을 제거한다면, 다리와 같은 몇 가지 구조물들이 발생되지 않는다. 대조적으로 **비결정 난할**(indeterminate cleavage)을 수행하는 포배기의 배아로부터 소수의 세포들을 제거한다면 다른 세포들이 이를 보상해주어

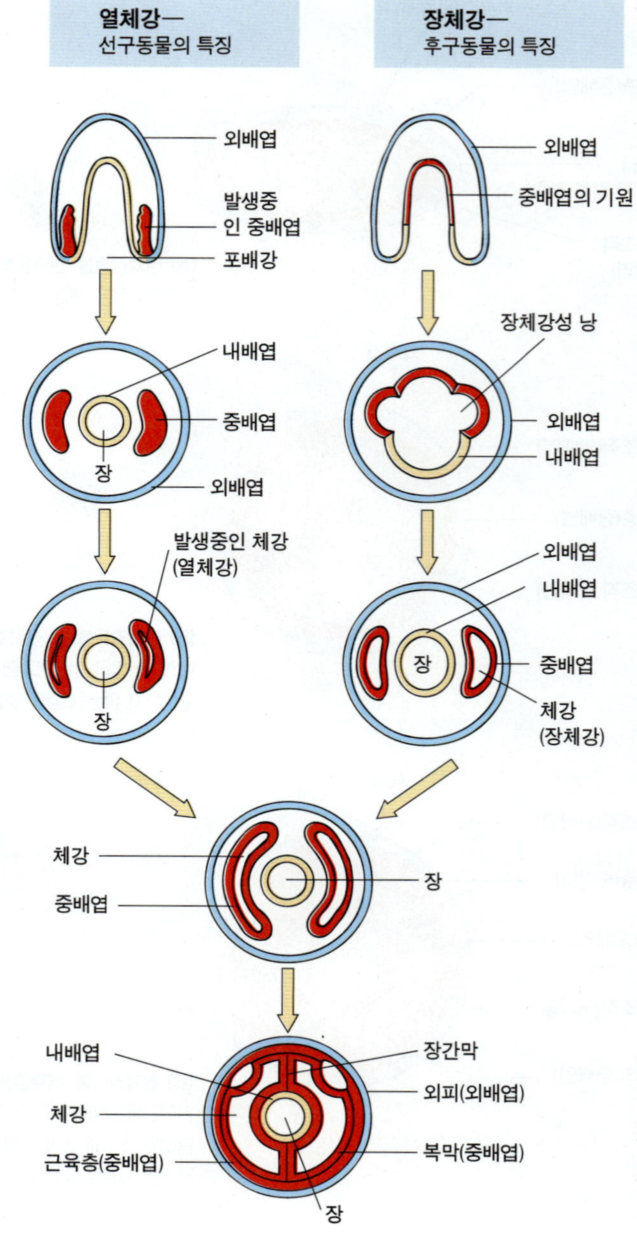


**그림 29-6** 체강 형성의 2가지 유형.

체강은 배아의 장 양면에서 갈라져 생성되는 중배엽의 부분으로부터 기인한다. 선구동물에서는 전형적으로 중배엽(붉은색)이 나뉘어져 있는 열체강적 과정에 의해 체강이 형성된다. 양쪽으로 나뉘어져 있는 중배엽의 확장을 통해 체강이 될 공간이 형성된다. 후구동물의 특징인 장체강은 중배엽이 장으로부터 나와 주머니 모양의 낭을 형성한다. 이런 주머니 속의 공간이 체강이 되는 것이다. 외배엽은 푸른색으로, 내배엽은 노란색으로 나타내었다. 맨 윗줄은 발생중인 배의 수직종단면(시상면)을, 그외 그림은 횡단면을 보여 주는 것이다.

배아는 정상적으로 발달하게 된다.

낭배형성기 동안 일단의 세포들이 안쪽으로 함입되어 배아의 원장이 되는 하나의 낭을 형성한다. 바깥쪽으로 열려 있는 부분

을 **원구**(**blastopore**)라고 부른다. 대부분의 선구동물에서 원구는 입으로 발달한다. 선구(protostome)라는 단어는 그리스어로 '첫 번째, 입'을 의미한다. 후구동물에서 원구는 입의 형성과 무관하며 일반적으로 항문 형성과 관련되어 있다. 발생 과정의 후반기에 형성되는 두 번째의 열린 부분이 입으로 발달한다. 후구(deuterostome)는 '두 번째, 입'을 의미한다.

신뢰성이 적긴 하지만 선구동물과 후구동물의 발생과정상 나타나는 또 하나의 다른 차이는 체강이 형성되는 방식이다. 대부분의 선구동물에서 중배엽이 갈라지고 그 갈라진 틈이 하나의 강(비어있는 넓은 공간)으로 넓어져 뒤에 체강이 된다(**그림 29-6**). 이런 방식으로 생성되는 체강을 열체강이라고 한다. 후구동물에서의 중배엽은 발생 단계에서 장의 '바깥쪽 돌출부' 형태로 형성된다. 이런 방식으로 형성된 체강을 **장체강**(**enterocoel**)이라고 부른다. '바깥쪽 돌출부'는 종국적으로 떨어져 나가 하나의 낭을 형성하는데 이 낭 내의 공간이 체강이 된다.

## 29.3.5 생물학자들은 구조적 차이에 근거하여 주요 동물군을 분류해 왔다

앞 장에서 논의한 것처럼 생물학자들은 구조적 차이와 발생 양식에 근거하여 진화적 유연관계를 규명해 왔다. 현재까지 제시된 동물의 계통유연관계와 관련된 가설들이 **그림 29-7**에 나타나있다. 생물학자들은 구조적 비대칭성과 단순한 체형에 근거하여 해면동물을 동물 계통수의 기저부를 형성하는 동물군으로 보고 있으며, 이를 **측생동물**(Parazoa, *para* '나란히'와 *zoa* '동물')로 분류하고 있다. 동물문으로는 유일하게 해면동물문(phylum Porifera)이 여기에 속한다. 스펀지의 세포들은 헐겁게 연결되어 있고 진정한 의미의 조직을 형성하지 못한다. 다른 동물들은 진정한 조직들을 가지고 있으며 **진정후생동물**(Eumetazoa, *eu*, '진정'; *meta*, '후'; *zoa*, '동물')로 분류된다. 따라서 생물학자들은 동물계를 2개의 주요 진화적 가지인 측생동물과 진정후생동물로 분류한다.

동물의 계통수에서 진정후생동물 가지는 방사대칭성을 띠는 **방사대칭형동물**(**Radiata**) 과 좌우대칭성을 띠는 **좌우대칭형동물**(**Bilateria**)로 나뉜다. 좌우대칭형동물들은 외배엽, 내배엽, 중배엽으로 된 뚜렷이 구별되는 3개의 배엽을 가진다. 역사적으로 생물학자들은 무체강동물이 가장 단순한 좌우대칭형동물이고, 의체강동물, 진체강동물 순으로 진화해 온 것으로 생각했었다. 또한 진체강동물은 다시 선구동물그룹과 후구동물그룹으로 나뉜다. 이러한 전통적인 동물 계통수와 진화와 관련된 가설은 분자적인 자료들에 근거한 계통수들에 의해 심각한 도전에 직면해 있다.

## 29.3.6 분자 자료들이 동물의 계통유연관계의 이해를 증진하는 데 기여하고 있다

분자계통학자들은 동물군의 계통유연관계를 규명하기 위해 분자적 기법들을 사용하고 있다. 지금까지 분자계통학자들은 생물학자들이 구조와 발생 양식에 근거하여 구축해 놓은 상당수의 계통수가 유효하다는 것을 입증해 주었다. 그러나 분자적 자료들은 몇 가지 전통적인 견해에 도전장을 내밀었다. 예를 들면, *언제* 다양한 동물 문(phyla)들이 분화되었는지 그 시기와 관련된 부분이 가장 큰 논쟁거리가 되고 있다.

분자계통학자들은 동물의 체형이 대개 단순한 형태에서 복잡한 형태로 진화해 왔을 것이라는 데에 대체적으로 동의하고 있다. 그러나 중요한 예외들이 있다. 예를 들면 생물학자들은 전통적으로 편형동물과 끈벌레를 체강이 없다는 이유를 근거로 동물 진화에서 초기에 출현한 매우 단순한 형태의 동물로 생각해 왔다. 하지만 분자적인 자료에 근거한 결과들은 이 동물들이 생각했던 것보다는 훨씬 더 복잡한 동물들이며, 진화의 과정에서 구조적으로 단순화 과정을 거친 것으로 나타났으며, 계통학자들은 이 동물의 계통학적 위치를 재조정하고 있다.

바로 앞 섹션에서 언급한 것처럼 생물학자들은 체강동물을 선구동물과 후구동물로 나누어 분류하였다. 계통과 관련하여 진화하고 있는 가설에 근거하여 많은 계통분류학자들은 이제 선구동물을 2개의 가지들로 대별하고 있다: **촉수담륜동물**(**Lophotrochozoa**)과 **탈피동물**(**Ecdysozoa**) (**그림 29-8**; **표 29-1**). 촉수담륜동물이라는 이름은 이 그룹에 속하는 2개의 주요 동물군인 촉수동물(lophophorate phyla)과 담륜동물(Trochozoa)에서 유래하였다. 촉수동물에 속하는 문들(태형동물문, 추형동물문, 완족동물문)은 입 주변을 둘러싸고 있는 촉수의 섬모환으로 된 촉수관을 가지는 것이 특징이다. 담륜동물은 촉수담륜동물에 속하는 2개의 주요 동물 문인 연체동물과 환형동물이 갖는 유생적 특징인 담륜자 유생에서 비롯되었다. 탈피동물이라는 이름은 이 그룹에 속하는 동물들이 *탈피*(molt 또는 ecdysis)를 한다는 공통적 특징을 지닌다는 데에서 유래한 것이다.

촉수담륜동물에는 편형동물, 유형동물(끈벌레), 연체동물, 환형동물, 촉수동물그룹, 윤형동물이 속한다. 탈피동물에는 선형동물과 절지동물이 속한다. 분자적 자료에 근거한 이러한 계통수는 좌우대칭형동물을 3가지의 주요 진화적 가지로 나눈다: 촉수담륜

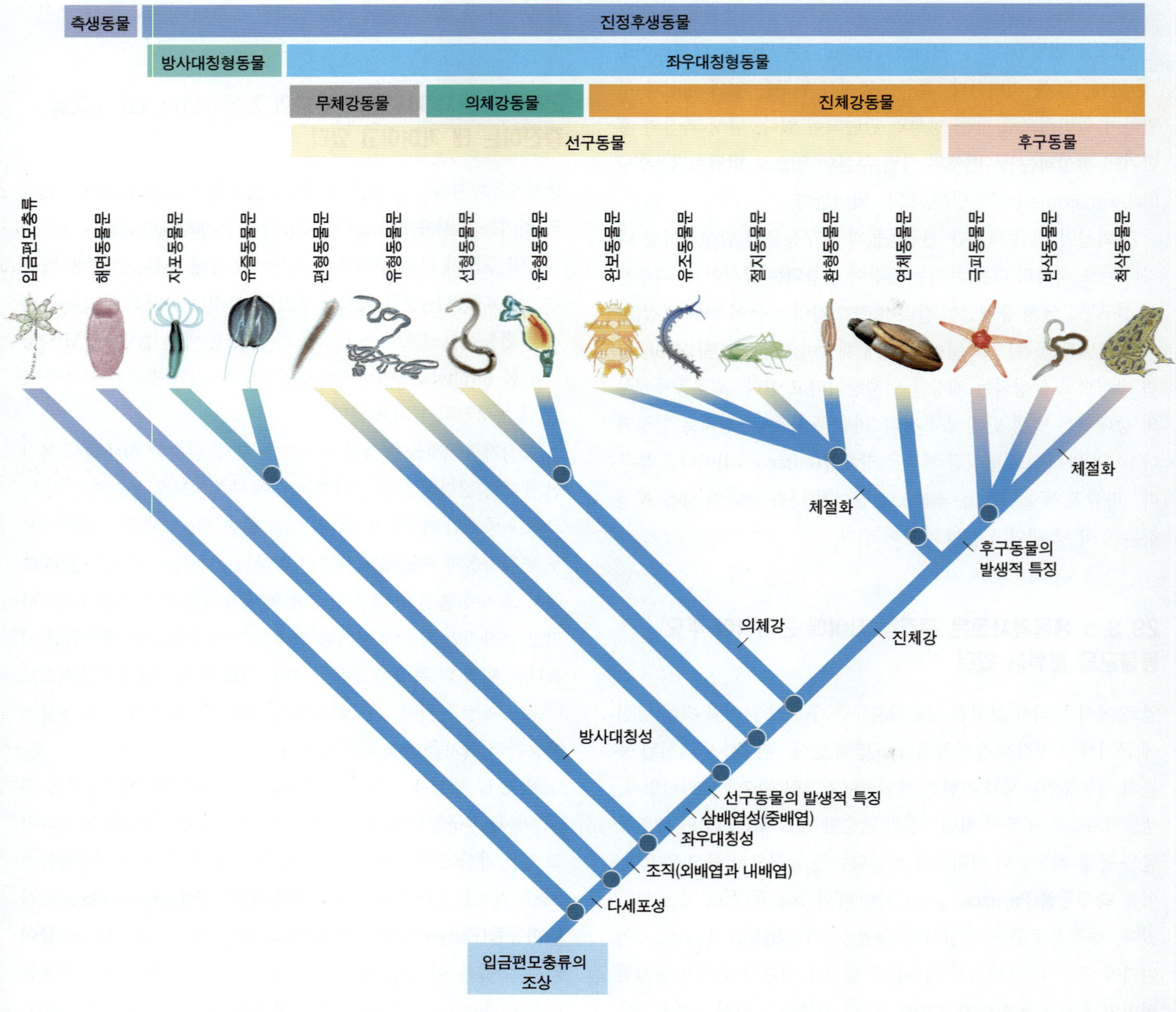


**그림 29-7 형태적 구조에 근거한 주요 동물문의 진화적 유연관계.**

좌우대칭형 동물들은 체강의 유형(무체강, 의체강, 진체강)을 포함하여 몇 가지 기준에 따라 그룹을 지을 수 있다. 위의 분기도에서 색깔로 가지와 그에 해당하는 특징들을 정리해 놓은 것을 참조하면서 각 그룹에 어떤 동물문들이 속하는 지 살펴보자. 가지 위에 표기는 주요한 특징들이 출현한 시점을 보여준다.

동물, 탈피동물, 후구동물.

수백만년에 걸친 동물의 기본 체형 형성에 작용하는 진화적 힘들이 놀라운 동물 체형의 다양성을 생성해 내었다. 이것들 중 1가지 중요한 혁명적 변화가 **체절화(segmentation)**이다. 체절은 연속적인 몸의 구획 형성에 기여하는 특정 구조가 반복되는 체형을 일컫는다. 개개의 구획들은 독립적으로 조절되어 질 수 있으며, 이것은 몸의 다양한 부분들이 다양한 기능을 수행할 수 있도록 각자 특수화될 수 있다는 의미를 내포한다. 체절화의 가장 극명한 예 중 하나가 지렁이다. 그러나 이어지는 장들에서 논의되겠지만 절지동물과 척추동물에서도 이러한 체절화가 존재한다. 따라서 체절화된 동물들은 좌우대칭형동물의 3가지 주요 그룹인 촉수담륜동물, 탈피동물, 후구동물 각각에서 모두 관찰된다. 분자적인 자료들은 체절화가 독립적으로 세 번 일어났음을 보여준다. 이러한 관점이 그림 29-8에 반영되어 나타나 있다. 환형동물과 절지

표 29-1

**동물계의 개괄**

| 주요 동물 그룹과 문 | 체형의 구조적 특징 | 주요 특징 |
|---|---|---|
| **측생동물** | | |
| 해면동물문(스펀지) | 비대칭성; 세포들이 헐겁게 배열되어 있음; 포낭을 가짐; 몸체 중심에 빈 공간과 출수공을 지님 | 금세포(또는 깃세포)를 가짐; 수서성이며 주로 해양성임 |
| **방사대칭형 동물** | | |
| 자포동물문(히드라, 해파리, 산호) | 방사대칭성; 이배엽성; 한쪽만 개방된 형태의 위수강을 지님 | 자포를 발사할 수 있는 자세포를 가진 촉수가 있음; 폴립형과 메두사형의 2가지 형태를 지님; 몇몇 종은 군체를 형성하기도 함; 주로 해양성임 |
| 유즐동물문(빗해파리) | 이방사대칭성; 이배엽성; 입과 항문으로 개방되는 위수강을 지님 | 머리빗과 유사하며 8개의 섬모열을 가짐; 점착성 세포를 가진 촉수가 있음; 해양 포식자임 |
| **선구동물: 촉수담륜동물 가지** | | |
| 편형동물문(플라나리아, 촌충류, 흡충류) | 좌우대칭성; 삼배엽성; 단순기관계를 가짐; 한쪽으로만 개방되는 위수강을 지님 | 체강이 없음; 일부 종은 두화됨; 일부 종은 자유 생활하는 육식성임; 대부분인 기생충임 |
| 유형동물문(끈벌레라고도 알려진 주둥이벌레) | 좌우대칭성; 삼배엽성; 기관계를 가짐; 완전소화관을 가짐* | 주둥이(길고 근육질로 된 관으로 먹이 포획을 위해 밖으로 뻗어 나올 수 있음); 주둥이를 둘러싸고 있는 문강이 유일한 체강으로서의 공간임; 주로 해양 육식성임 |
| 연체동물문(조개, 달팽이, 오징어) | 좌우대칭성; 삼배엽성; 기관계를 가짐; 완전소화관을 가짐 | 대개 등쪽이 패각으로 덮여 있는 부드러운 몸체를 가짐; 평평한 근육성의 발을 가짐; 외투막이 내장낭을 덮고 있음; 대부분이 이빨이 연속되어 벨트의 형태를 띠는 치설을 가짐 |
| 환형동물문(일부 해양 갯지렁이, 육상 지렁이, 거머리) | 좌우대칭성; 삼배엽성; 기관계를 가짐; 완전소화관을 가짐 | 체절화된 몸을 가짐; 대부분이 기어갈 때 끄는 힘을 제공해 주는 강모를 지님 |
| 촉수동물그룹들(완족동물문, 추형동물문, 태형동물문) | 좌우대칭성; 삼배엽성; 기관계를 가짐; 완전소화관을 가짐 | 촉수관(lophophore)이 입을 둘러싸고 있음; 물속의 먹이를 걸러 먹음; 주로 고착성임; 해양성 동물임 |
| 윤형동물문 | 좌우대칭성; 삼배엽성; 기관계를 가짐; 완전소화관을 가짐 | 앞쪽 끝에 섬모환을 가짐; 세포의 수가 일정함; 현미경적 크기의 수서생물임 |
| **선구동물: 탈피동물 가지** | | |
| 선형동물문(회충) | 좌우대칭성; 삼배엽성; 기관계를 가짐; 완전소화관을 가짐 | 원통형이며 실과 같은 몸을 가짐; 의체강임; 토양이나 수서 퇴적층에 광범위하게 분포함; 분해자로서 중요한 역할 담당; 대부분이 포식자임; 일부 종은 기생성임 |
| 절지동물문(지네, 거미, 게, 바다가재, 곤충) | 좌우대칭성; 삼배엽성; 기관계를 가짐; 완전소화관을 가짐 | 체절화된 몸을 가짐; 외골격임; 쌍으로 된 관절이 있는 부속지를 가짐; 곤충과 대부분의 갑각류들은 복안을 가짐; 곤충은 기체 교환을 위해 기관을 가짐 |
| **후구동물** | | |
| 극피동물문(불가사리, 성게) | 유충은 좌우대칭성; 섬모; 성체는 5축방사형; 삼배엽성; 완전소화관을 가짐 | 골편으로 된 내골격을 가짐; 이동, 섭식, 기체 교환을 위해 수관계를 이용함; 관족을 가짐; 해양성임 |
| 반삭동물문 | 좌우대칭성; 삼배엽성; 기관계를 가짐; 완전소화관을 가짐 | 입 주위에 섬모환을 가짐; 몸이 세 부분으로 나뉨(주둥이, 목, 몸통); 지렁이와 유사한 모양의 해양성 동물임 |
| 척삭동물문(멍게, 창고기, 척추동물) | 좌우대칭성; 삼배엽성; 기관계를 가짐; 완전소화관을 가짐 | 척삭을 가짐; 등쪽에 관신경삭을 가짐; 생활사의 일부 시기에 새공 또는 인두열을 가짐; 체절화된 몸을 지님 |

*완전소화관은 먹이를 섭취하는 입과 노폐물을 배설하는 항문을 가짐

동물이 다른 계통군(clade)으로 제시되어 있다. 이와는 대조적으로 전통적인 관점에서는 그림 29-7과 같이 환형동물과 절지동물을 근연 관계로 본다.

계통유연관계를 결정하기 위한 몇 가지 준거와 동물의 체형에 관하여 간단하게 논의하였다. 우리는 이제부터 대표적인 동물 문들을 살펴보려고 한다. 이장의 나머지 부분에서 동물 진화

## 요점

**분자적인 자료에 근거하여 좌우대칭형동물들이 3개의 주요 클레이드(분기군)로 나뉘어지는 것을 보여주는 분기도: 촉수담륜동물, 탈피동물, 후구동물**

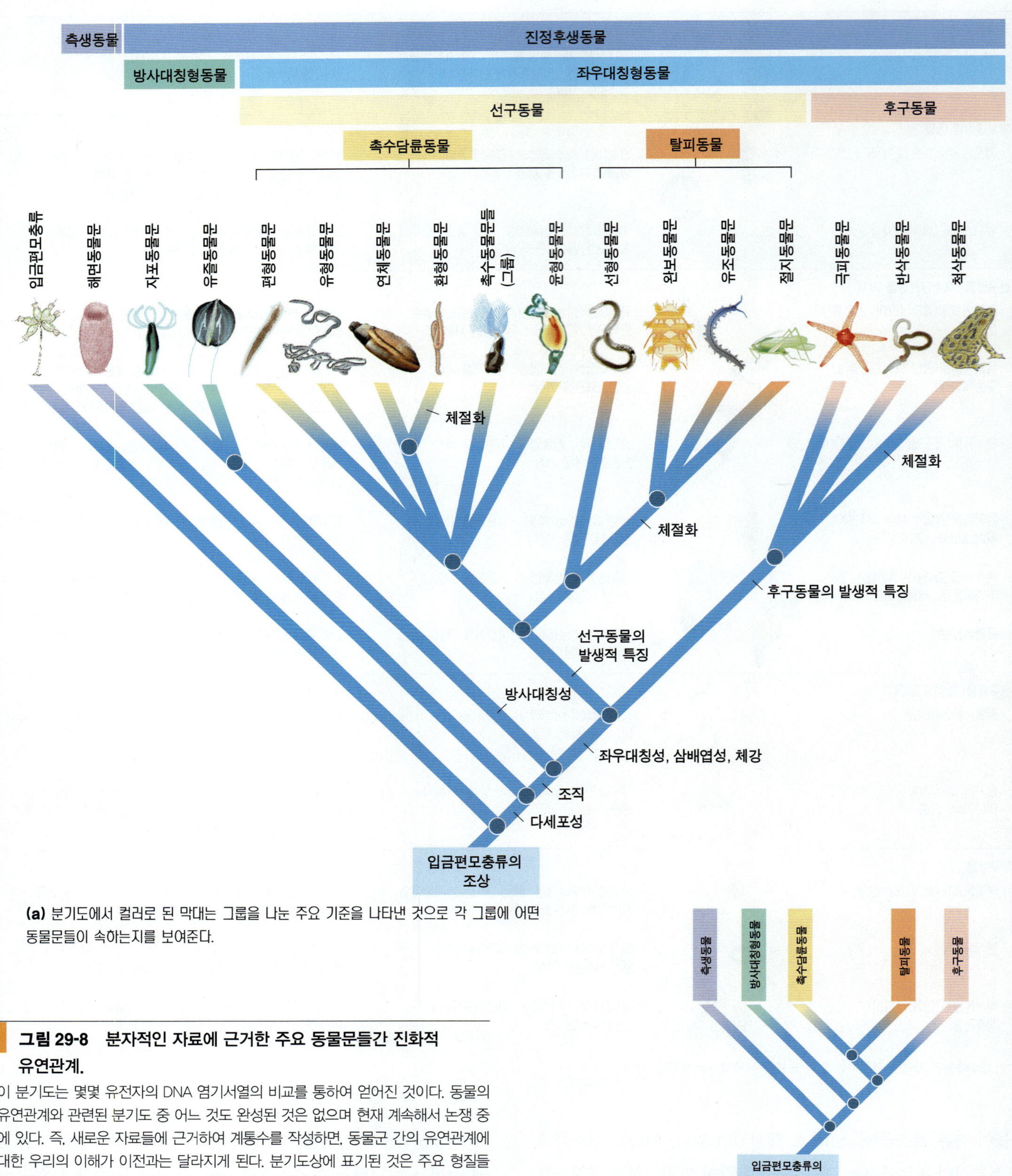


**(a)** 분기도에서 컬러로 된 막대는 그룹을 나눈 주요 기준을 나타낸 것으로 각 그룹에 어떤 동물문들이 속하는지를 보여준다.

**(b)** 분자적인 자료에 근거한 다섯 가지 주요 동물군의 클레이드.

**그림 29-8 분자적인 자료에 근거한 주요 동물문들간 진화적 유연관계.**

이 분기도는 몇몇 유전자의 DNA 염기서열의 비교를 통하여 얻어진 것이다. 동물의 유연관계와 관련된 분기도 중 어느 것도 완성된 것은 없으며 현재 계속해서 논쟁 중에 있다. 즉, 새로운 자료들에 근거하여 계통수를 작성하면, 동물군 간의 유연관계에 대한 우리의 이해가 이전과는 달라지게 된다. 분기도상에 표기된 것은 주요 형질들이 출현한 때를 명기한 것이다. 단순화된 분기도가 **(b)**에 제시되어 있는데, 이 분기도의 변형된 형태들이 29장과 30장의 그림들에서 하나의 아이콘처럼 사용되어졌다.

의 초기에 나타난 두 그룹인 측생동물(Parazoa)과 방사대칭형동물(Radiata)을 기술하려고 한다. 그림 29-8의 분기도(계통수)는 동물의 주요 문들 간 계통유연관계를 보여주는 현재의 계통수 중 하나를 나타낸 것이다.

**복습**

- 대칭성의 유형에 따른 동물의 분류는 어떻게 이루어질까?
- 선구동물과 후구동물 사이에 존재하는 차이는 무엇인가?
- 좌우대칭형동물의 3가지 주요 진화적 가지에는 무엇이 있으며, 그들 간의 차이는 무엇인가?

## 29.4 측생동물: 해면동물

**학습목표**

**5** 해면동물문의 동물들만이 가지는 독특한 특징들을 말할 수 있다.

측생동물문의 유일한 구성원인 해면동물(스펀지)은 다른 동물들의 출현을 가능하게 한 진화의 선상에서 초기에 분화되었다. 최초로 알려진 동물 화석이 중국에서 발견된 약 6억년 전의 지층에서 발견된 스펀지 화석이다. 그들은 매우 오랫동안 독자적으로 진화해왔기 때문에 다른 동물들과는 매우 다르다.

### 29.4.1 깃세포들은 해면동물의 특징이다

생물학자들은 약 10,000종의 해면동물들을 동정하여 **해면동물문(phylum Porifera)**에 포함시켰다. 해면동물(porifera)이라는 이름은 '구멍을 가진 것'을 의미하는 것으로 쉽게 스펀지(sponge)라고 기술한다. 스펀지의 몸체에는 조그마한 구멍들이 뚫려있다. 스펀지는 주로 해양에 사는 수서성 동물로서 높이가 1-200 cm정도의 크기인 동물이다. 많은 것들이 비대칭성이지만 모양은 매우 다양하여 평평한 것에서부터 공모양, 컵모양, 부채모양, 꽃병모양 등이 있다. 살아있는 스펀지는 녹색, 오렌지, 빨간색, 노란색, 파란색, 자주색과 같은 밝은 색깔을 띠거나 하얀색 혹은 진흙색을 띠기도 한다(**그림 29-9**). 어떤 종들은 특정한 색을 갖는 박테리아나 조류가 공생하여 독특한 색깔을 가지기도 한다.

스펀지들은 미세융모들의 깃으로 둘러싸인 단일 편모를 가진 원생동물인 금편모조류로부터 진화해왔을 가능성이 크다(그림 25-25 참조). 스펀지들은 **깃세포(collar cells)** 혹은 **금세포(choanocytes)**를 가지며 금편모조류와 놀랄 만큼 유사한 편모세포들을 가지고 있다. 분자생물학자들은 금편모조류가 티로신인산화효소(tyrosine kinases)라고 알려진 수용체 단백질을 가지고 있음을 밝혀내었는데 이것은 다세포 동물 세포들의 특징이다. 이 발견은 세포가 다른 세포들과 상호작용하는 데에 필수적인 기작 몇 가지가 금편모조류에서 진화하였음을 보여 주는 것이다.

스펀지 유생은 편모를 가지고 있고 대체로 수영할 수 있다. 성체 스펀지들은 몇몇 단단한 물체에 부착하기 때문에 고착성인 것으로 오랫동안 기재되어져 왔다. 하지만 생물학자들은 몇몇 종들의 성체들이 발과 유사한 부속지들을 확장시킴으로써 서서히 움직인다는 것(하루에 약 4 mm 이동)을 관찰하였다.

단순한 스펀지의 경우, 물은 수백 개의 조그마한 구멍(ostia)을 통하여 들어와 중심의 비어있는 공간(cavity)인 **해면위강(spongocoel)**—소화강은 아님—을 지나, 스펀지의 열려 있는 끝 부분, 즉 **출수공(osculum)**을 통하여 밖으로 흘러 나간다. 대부분의 유형의 스펀지들에서 체벽은 굉장히 많이 접혀져 있어 이로 인해 생기는 복잡한 관들의 구조는 먹이를 잡는 데에 필요한 넓은 표면적을 제공한다. 비록 스펀지들이 다세포성이지만 세포들 간은 느슨하게 연결되어 있고, 진정한 조직을 형성하지 않는다. 그렇지만, 스펀지를 구성하는 몇몇 유형의 세포들에서는 업무의 분담이 이루어진다. 영양, 지지, 수축, 혹은 생식을 위해 특수화된 세포들이 바로 그것이다. 표피세포들은 스펀지의 외층을 형성하며 관들을 일렬로 세워준다. *소공세포*(porocytes)라고 불리는 특수화된 관모양의 세포들은 단순한 스펀지의 구멍을 만들어 준다. 이러한 세포들이 수축을 통하여 구멍의 직경을 조절한다.

깃세포들은 어떤 스펀지들의 내층을 형성한다. 각 세포는 편모의 기저부를 둘러싸고 있는 작은 하나의 깃을 가지고 있다. 깃은 원형질막이 확장된 것이며 미세융모들로 구성되어 있다. 이러한 세포들은 음식과 산소를 세포로 가져오고 이산화탄소와 다른 노폐물들을 방출하기 위한 물의 흐름을 생성해 낸다. 깃세포들이 또한 음식물 입자들을 걸러내고 잡아먹는다. 이와 더불어 몇몇 복잡성이 증가된 스펀지들의 깃세포들은 매 분마다 스펀지의 부피와 동일한 양의 물의 부피를 뿜어낼 수 있다!

스펀지의 외세포층과 내세포층 사이에는 젤라틴과 유사한 층이 존재하는데 이것을 *메조힐*(mesohyl)이라고 한다. 메조힐은 **골편(spicules)**이라고 하는 가느다란 못 모양의 뼈 조각들에 의해 지지된다. 메조힐 안에서 돌아다니는 아메바 세포들이 골편을 분비한다. 골편은 탄산칼슘(calcium carbonate, 실리카)로 이루어져 있거나 *해면질(spongin)*이라고 알려진 섬유성 단백질 물질로 구성되어져 있다. 메조힐에서 다른 아메바 세포들은 소화와 음식 전달에 중요한 역할을 한다.

스펀지들은 *걸러 먹는 섭식 형태*(suspension feeders)를 취하며, 이것은 물속에 있는 어떤 먹이들도 잡아먹을 수 있도록 적응된 섭식 형태이다. 물이 몸을 통해 순환하면서 음식물은 금세포의 접착성 깃들에 붙잡히게 된다. 음식물 입자들은 깃세포 내에서 소화되거나 표피세포로의 영양분 수송을 위해 아메바 세포로 이동된다. 소화되지 않은 음식물은 출수공을 통하여 바깥으로 배출되며 물속으로 방출된다.

가스교환과 노폐물의 방출은 개별 세포들의 안쪽과 바깥쪽으로 일어나는 확산작용에 의하여 일어난다. 비록 스펀지의 세포가 민감하여 자극에 반응할 수 있을지라도 스펀지는 특수화된 신경세포를 가지고 있지 않아서 총체적으로 반응하는 것이 불가능하다. 스펀지의 행동 양식은 몸을 통하여 흐르는 물의 흐름을 조절하고 음식물을 포획하는 것과 같은 기초적으로 필요한 대사 작용들로만 제한되어져 있다.

스펀지는 무성생식과 유성생식 둘 다를 이용하여 생식을 한다. 무성생식에서 하나의 작은 단편이나 작은 아체가 부모 스펀지로부터 떨어져 나가서 하나의 새로운 스펀지가 된다. 그러한 단편들 여러 개가 부모 스펀지에 부착되어져 있을 경우 하나의 군체를 형성하게 된다. 대부분의 스펀지들은 **자웅동체(hermaphrodites)**이며 이것은 난자와 정자 둘 다를 동일한 개체가 생성할 수 있음을 의미하는 것이다. 어떤 아메바 세포들은 정자 세포로 발달하며, 다른 아메바 세포들은 난세포로 발달한다. 그렇지만 자웅동체 스펀지들은 대개 다른 시기에 난자와 정자를 생성하고 다른 스펀지들과 탁아 수정을 한다. 이들은 물속에 성숙한 정자들을 방출하여 같은

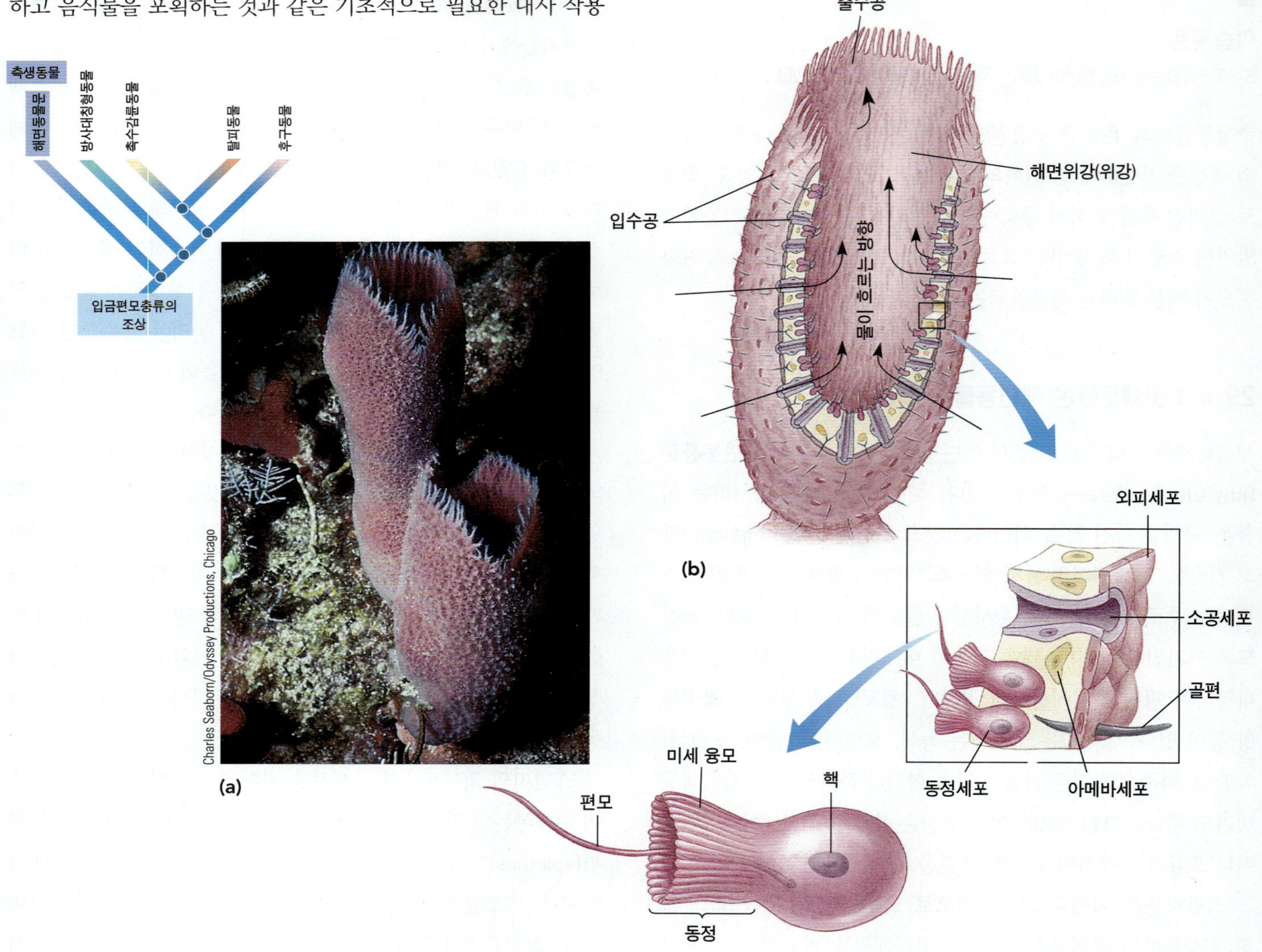


**그림 29-9** 해면의 구조.

카리브해에 사는 관해면(Spinosella plicifera)으로 산호초 군락에 붙어산다. **(b)** 간단한 해면의 단면도로 기관의 모습을 보여주고 있다. 물은 입수공을 통해 들어와 해면위강을 거쳐 출수공을 통해 빠져나간다. 동정세포가 물속의 작은 먹이를 유인하여 잡는다.

종의 다른 스펀지가 이 정자들을 받아들일 수 있도록 한다.

수정과 초기 발생은 젤리와 유사한 메조힐에서 이루어진다. 접합자(수정난)는 편모를 가진 유생으로 발달하고, 이 유생들은 넘쳐나는 물의 흐름을 따라 부모를 떠나게 된다. 잠시 동안 수영하여 다니다가 이러한 유생들은 단단한 물체를 발견하면 거기에 부착하여 고착형 생활사로 들어가게 된다.

스펀지는 상처를 입었을 때 스스로 복구시키고 손실된 부위를 재생시키는 놀랄만한 능력을 가지고 있다. 스펀지 세포들이 분리되어졌을 때 분리된 세포들은 부착될 지점을 인지할 수 있어서, 응집하여 하나의 완전한 스펀지를 다시 만들어 낸다.

**복습**

- 금세포가 중요한 이유는 무엇인가? 스펀지에서 금세포의 기능은 무엇인가?
- 스펀지의 세포들은 어떤 방식으로 특수화되어져 있는가?

**표 29-2**

**자포동물문의 주요 강들**

| 강과 대표적인 동물들<br>동물들 | 특징 |
|---|---|
| **히드로충강**<br>히드라, 혹해파리, 고깔해파리 | 주로 해양성이나 일부는 담수에 사는 종도 있음; 대부분의 종에서 폴립과 메두사 단계가 교번(히드라는 오직 폴립형); 일부는 군체를 형성 |
| **해파리충강**<br>해파리 | 주로 해양성; 일반적으로 근해 연안에 서식, 자유 유영하는 메두사형이 압도적임; 폴립 단계는 종종 간략화됨 |
| **입방해파리강**<br>박스해파리 | 열대지역이나 아열대 지역의 수서환경에 서식함; 폴립 형태를 가지기도 하나 대부분 메두사형이 압도적임; 위에서 볼 때 사각형의 모양을 띰; 활동적으로 먹이를 사냥함; 흐릿한 상만을 얻는 복안을 가짐 |
| **산호충강**<br>말미잘, 산호, 부채꼴산호 | 해양성; 단 폴립이나 군체 폴립; 대부분 메두사 단계가 없음; 소화를 위한 면적을 증가시키기 위해 조그만 방으로 소화관 강이 분획되어 있음; 고착성 |

## 29.5 방사대칭동물: 방사대칭성을 갖는 동물과 이배엽성동물

**학습목표**

6 자포동물문의 구별되는 특징을 파악하고, 이 문에 속하는 4개의 주요 강들을 기술하고 각 강에 속하는 동물들의 예를 제시할 수 있다.

7 유즐동물문의 구별되는 특징을 말할 수 있다.

스펀지를 제외한 모든 동물들이 진정후생동물(Eumetazoa)로 분류된다는 것을 기억하라. 방사대칭성을 가지고 있는 동물들을 방사대칭동물이라고 하는데 이 동물들은 진화를 시작한 최초의 진정후생동물들인 것으로 규정된다. 생물학자들은 현재 자포동물과 유즐동물을 방사대칭동물로 분류하고 있다. 그러나 각 그룹내에서 동물문들간 유연관계는 여전히 논쟁이 되고 있다.

### 29.5.1 자포동물은 독특한 자세포를 가지고 있다

10,000종 남짓되는 **자포동물문**(Cnidaria–발음은 'ni-dah'-ree-ah')에 속하는 종들의 대부분은 해양성이다. 방사형으로 대칭을 이루고 있는 자포동물의 체형은 입을 가진 속이 빈 낭으로 이루어져 있으며 한쪽 끝에 촉수를 가진다. 생물학자들은 자포동물을 3개의 주요 강으로 나눈다(▮ 표 29-2). **히드로충강**(Hydrozoa)은 히드라와 혹히드라(*Obelia*) 및 고깔해파리와 같은 히드라충류를 포함하며, **해파리강**(Scyphozoa)은 해파리류를, **입방해파리강**(Cubozoa)은 박스해파리를, **산호충강**(Anthozoa)은 말미잘과 산호를 포함한다. 어떤 자포동물들은 홀로 서식하기도 하지만 산호를 포함한 다른 많은 자포동물들은 군체를 형성한다.

자포동물들은 폴립형과 메두사형으로된 2가지의 체형을 가진다(▮ 그림 29-10). 히드라로 대표되는 **폴립형**(polyp)은 전형적으로 촉수로 둘러싸여 있고 등 쪽에 입을 가진다. **메두사형**(medusa) 혹은 해파리형에서는 아래쪽에 오목하게 들어간 부분이 입 표면 위쪽으로 볼록한 부분이 입의 반대쪽 표면이다. 어떤 자포동물들은 생활사의 어떤 단계에서는 폴립형을, 어떤 단계에서는 메두사형을 갖는다. 고깔해파리와 몇 가지 다른 자포동물들은 군체를 형성하는데 폴립형을 가지거나 메두사형을 갖는다.

자포동물은 **자세포**(cnidocytes–그리스어로 '바다의 가시'라는 뜻)라는 특수한 세포로부터 그 이름이 기원하였는데 이것은 쏘는 소기관들을 가지고 있다. 자세포들은 주로 표피층에 있는데 특히 촉수 위에 많이 분포해 있다. 자세포는 쏘는 '실캡슐' 즉 **자포**(nematocysts)를 가지고 있다(▮ 그림 29-11). 자극을 받으면 자포는 꼬여지고 움푹 들어가 있는 실을 방출한다. 자포에서 방출되는 실들중 어떤 것들은 점착성이 있다. 다른 유형들은 먹이를 두르는 긴 코일 형태를 띠고 있다. 세 번째 유형은 작은 갑각류와 같은 먹이 동물을 마비시키는 단백질성 독소를 주사할 수 있는 가시 또는 돌기를 가지고 있다. 각 자세포들은 작고 돌출되어져 있는 방아쇠인 *자모*(cnidocil)를 그것의 외표면 위에 가지고 있다. 접촉이나 물속에 용해되어 있는 화학물질과 같은 자극이 자포로 하여금 그것의 실을 발사하도록 자극한다.

자포동물들은 먹이를 잡아 입으로 밀어 넣기 위해 촉수를 사용한다. 입은 **위수강(gastrovascular cavity)**으로 연결되어 있으며 위수강에서 소화가 일어난다. 입은 위수강으로 열려있는 유일한 구멍으로써 음식의 섭취는 물론 노폐물의 방출 시에도 모두 입을 이용해야만 한다. 가스교환과 노폐물의 방출은 확산에 의하여 일어난다. 체벽은 충분히 얇아서 세포가 표면으로부터 멀리 떨어져 있지 않다.

방사대칭형동물
측생동물
자포동물문
유즐동물문
촉수담륜동물
탈피동물
후구동물
입금편모충류의 조상

스펀지에 비해서는 훨씬 더 고도로 조직화되어 있는 자포동물은 이배엽성이다; 즉 그들은 2개의 명백한 조직층들을 가지고 있다. 외벽은 몸을 덮는 보호막인 바깥쪽의 **표피(epidermis)**를 형성한다. 내벽은 안쪽 **위층(gastrodermis)**을 형성하는데 위층은 위수강의 경계를 지어주며 소화기능을 수행한다. 이러한 얇은 층들이 젤라틴 성분의 주로 비세포성인 **간층질(mesoglea 또는 mesogloea)**에 의하여 분리되어진다.

자포동물은 체벽에서 감각세포를 수축세포와 샘(gland) 세포에 연결시켜주는 신경망(nerve net)을 형성하는 신경세포를 지닌다. 빛을 감지하는 광수용체와 같은 감각기관은 몸의 모서리 근처에 위치한다. 하나의 감각 기관에 의하여 포착된 자극은 모든 방향으로 거의 동일하게 전달된다. 신경세포는 신경삭이나 뇌를 형성할 정도로 조직화되어 있지는 않다.

표피와 위층 모두 수축을 위한 특수한 세포들을 가지고 있다(그러나 진정한 근육세포들은 아니다). 표피 세포에 존재하는 수

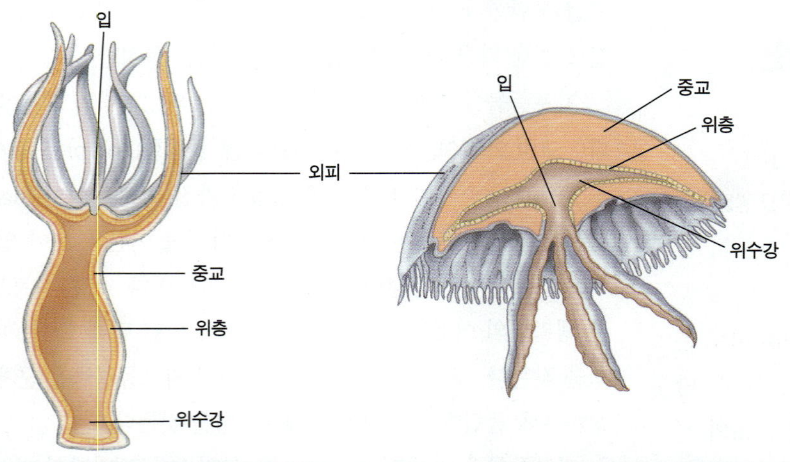


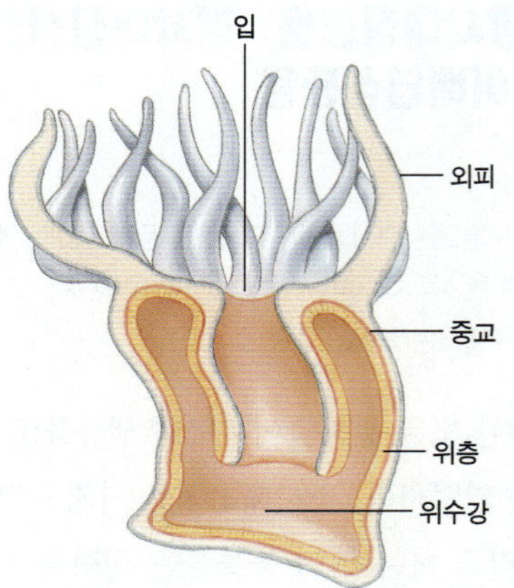

**(a) 히드로충강(폴립형).**
그림의 히드로충류(*Gonothyraea loveni*)는 폴립들이 군체를 이루고 있다. 그 위에 도식화한 그림은 하나의 폴립만을 그린 것이다.

Brian Parker/Tom Stack & Associates

**(b) 해파리충강(메두사형).**
이 해파리(*Chrysaora fuscescens*)는 다른 해파리들처럼 자세포를 지닌 촉수를 이용하여 물속에 떠다니는 작은 동물성플랑크톤을 잡아 입으로 가져간다.

**(c) 산호충강(폴립형).**
산호 폴립(*Montastrea cavernosa*)들이 섭식을 위해 촉수를 뻗치고 있다.

**그림 29-10 자포동물의 폴립과 메두사형.**

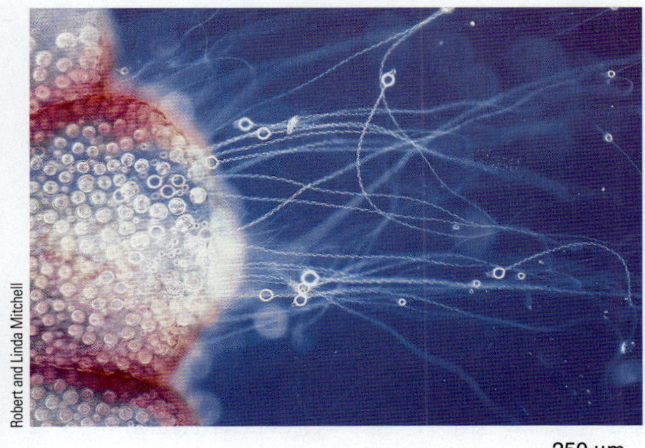


(a) 고깔해파리의 분출되는 자포를 광학현미경으로 본 모습.

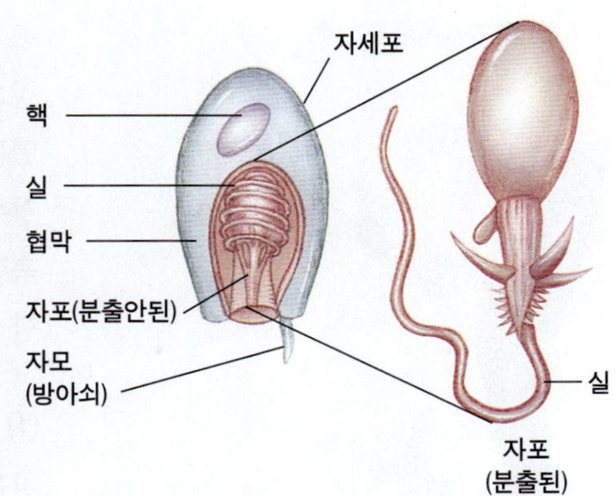


(b) 분출하지 않고 장전된 자포의 모습과 분출된 자포의 모습. 자모(또는 방아쇠)는 물리적 자극의 수용체로서 다른 물체의 접촉을 감지해서 자포를 방출하게 한다.

**그림 29-11 자포동물의 폴립.**

자포동물의 자세포가 자극을 받으면 자포가 방출되어 뿜어져나가 먹이에 침투한다. 일부 자포들은 먹이를 고정시키는 독성물질을 분비한다.

**그림 29-12 히드라, 담수 히드로충류.**

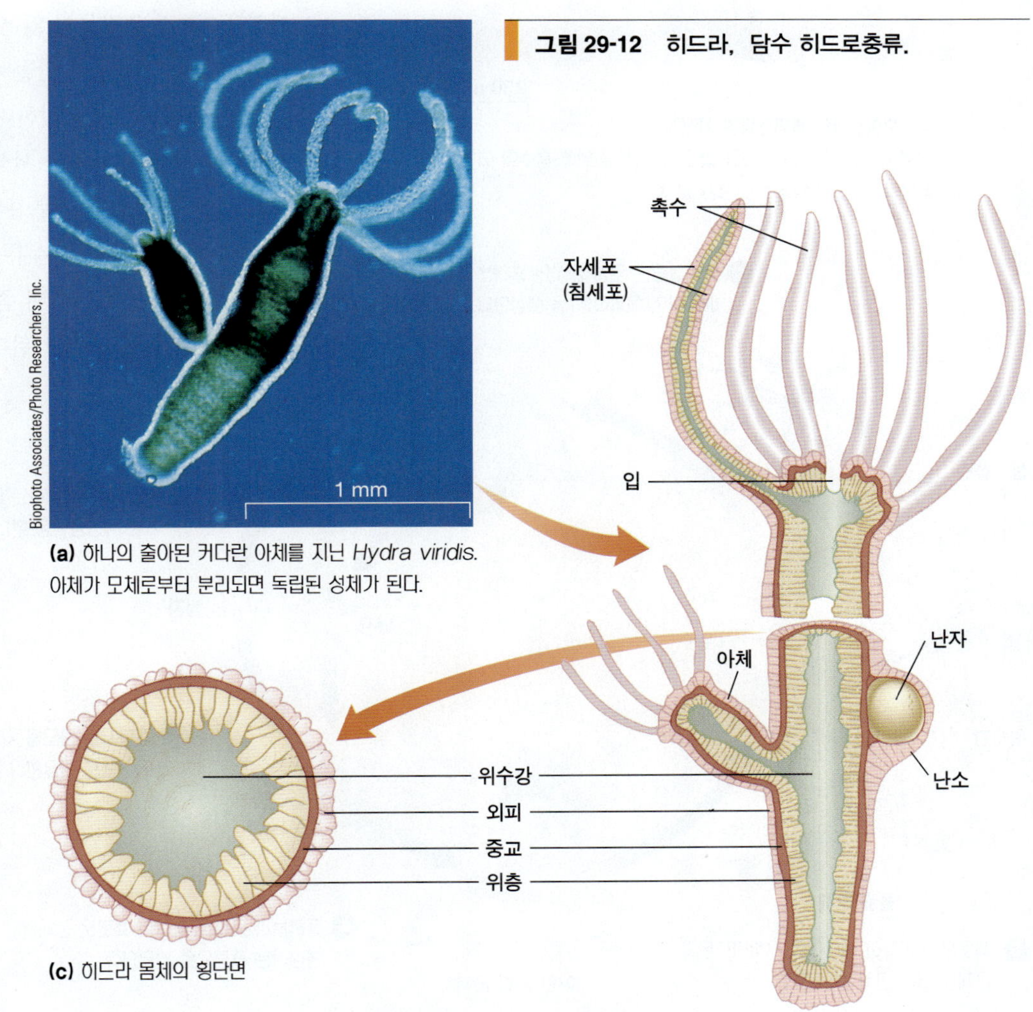


(a) 하나의 출아된 커다란 아체를 지닌 *Hydra viridis*. 아체가 모체로부터 분리되면 독립된 성체가 된다.

(b) 히드라를 수직종단면으로 잘라 내부구조를 보여주고 있다. 출아법에 의한 무성생식은 그림의 왼쪽에서, 난소에 의한 유성생식은 오른쪽에서 볼 수 있다. 수컷 히드라는 정자를 생성하는 정소를 발달시킨다.

(c) 히드라 몸체의 횡단면

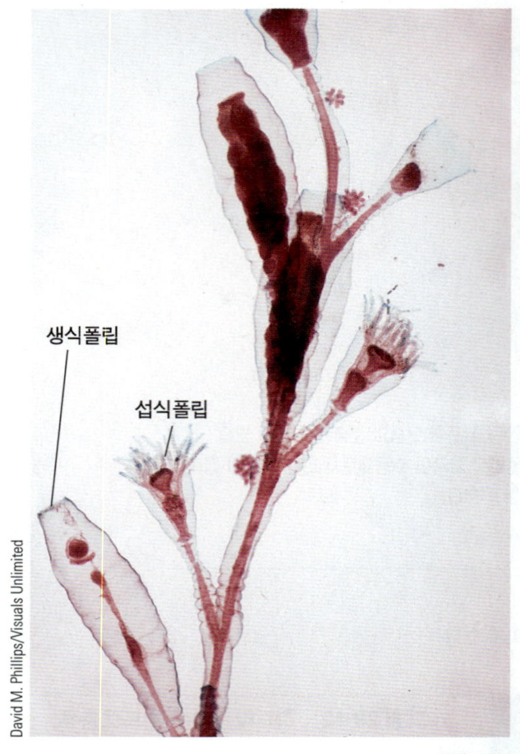


**(a) 혹히드라의 광학현미경 사진.**
일부 폴립은 촉수를 가지고 있으며, 섭식을 위해 특수화 되어 있으나, 다른 폴립들은 그렇지 않다.

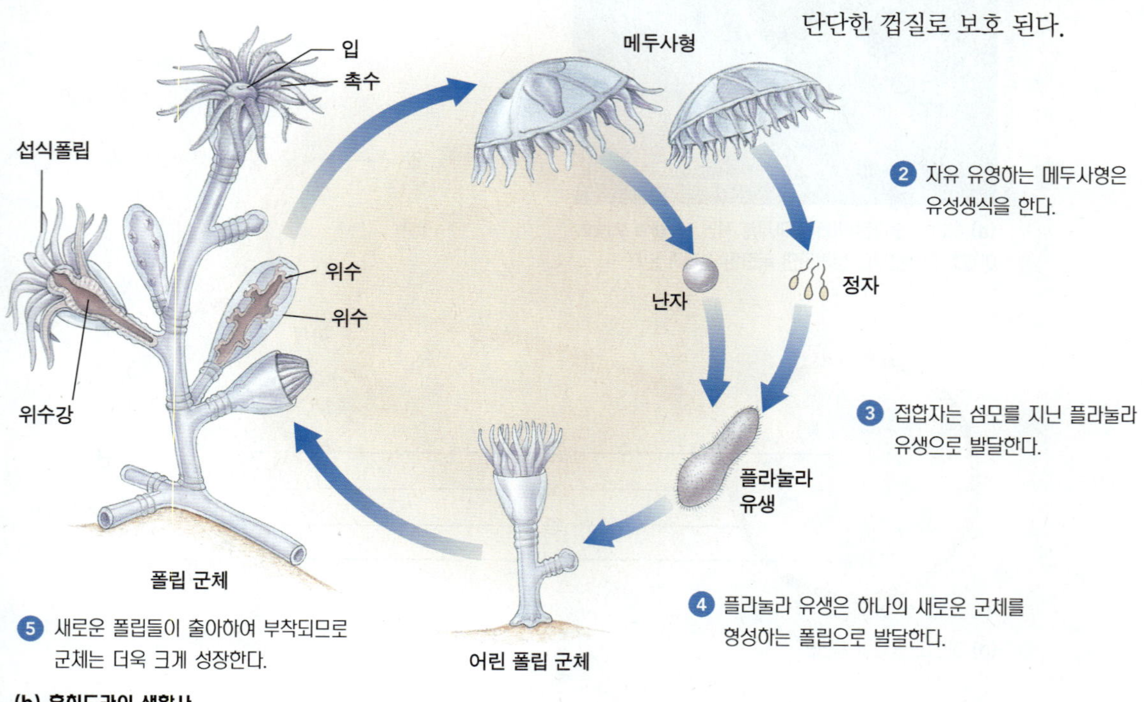


**(b) 혹히드라의 생활사 .**

**그림 29-13** 혹히드라(*Obelia*), 해양성 군체 히드로충류.

축 섬유들은 일직선으로 뻗어 있고 위층에서의 수축섬유들은 원형으로 뻗어 있다. 이러한 두 세트의 수축 세포들은 물이 가득 차 있는 위강에서 작용하여 몸을 지지해 주고 움직임을 만들어 주는 **정수 골격**(hydrostatic skeleton)을 형성한다. 수축 세포들의 수축함으로 히드라는 짧아질 수도 있고 길어질 수도 있으며 몸을 굽힐 수도 있다(그림 39-2 참조).

### (1) 히드로충강은 단독 형태와 군체 형태 모두를 가진다

처음 생물학을 공부하는 학생들이 흔히 접하게 되는 자포동물은 연못에서 단독으로 생활하는 매우 작은 **히드라**(Hydra)이다(**그림 29-12**). 육안으로 보았을 때 히드라는 다 낡아빠진 한 조각의 실처럼 보인다. 히드라가 가지는 엄청난 재생 능력 때문에, 생물학자들은 그리스 신화에 나오는 머리 하나를 자르면 두개의 머리가 새롭게 솟아나는 매우 많은 머리를 가진 신화 상의 괴물의 이름을 따라 '히드라'라고 명명하였다. 히드라는 몇 조각으로 나누어졌을 때, 각 조각들이 잃어버린 나머지 모든 부분들을 재생하여 완전한 하나의 동물을 만들 수 있다.

히드라는 담수에 서식하며 전형적으로 바위, 수서 식물 혹은 그것의 기저부에 부착하여 서식한다. 히드라는 환경 조건이 적합한 시기 동안 출아에 의한 무성생식을 한다. 그러나 가을이나 연못물이 고이게 되었을 때에는 유성생식을 통해 수컷과 암컷으로 분화된다. 접합체는 겨울 내내 좀 더 좋은 환경조건이 조성될 때까지 단단한 껍질로 보호 된다.

많은 히드로충류들은 수백 혹은 수천 개체들로 이루어진 군체를 형성한다. 하나의 군체는 출아에 의해 무성적으로 생성된 하나의 단일 폴립에서 시작된다. 아체(bud)는 모체로 부터 분리되지 않고 부착된 채로 남아 추가적인 아체들을 계속 형성한다. 서로 다른 몇몇 유형의 개체들이 하나의 동일한 군체를 형성하기도 하는데 이 경우 군체 는 섭식, 생식, 방어를 위하여 특수화된 개체들로 구성된다.

몇몇 해양 자포동물은 유성생식 단계와 무성생식 단계의 교번이 매우 자주 일어난다. 자포 동물의 세대교번은 유성형과 무성형들 모두 배수체라고 하는 점에서 식물의 세대 교번과는 차이가 있다. 군체를 이루는 해양 히드라인 흑히드라의 생활사가 유성과 무성 단계들의 교번을 잘 보여주고 있다(**그림 29-13**).

### (2) 해파리강에는 해파리가 포함된다

해파리강에 속하는 해파리들 중에는 메두사 단계가 우세한 체형이다. 해파리강의 메두사는 일반적으로 히드로충강의 메두사 단계에 비해 크기가 크고, 몸에 견고함을 부여해 주는 두껍고 점도가 있는 간충질을 가지고 있다. 해파리강에서 폴립 단계는 거의 무시할만한 수준이며 심지어는 존재하지 않는 경우도 있다. 가장 대형 해파리인 *Cyanea*는 직경이 2 m이상에 달하며 촉수의 길이가 30 m에 이른다. 가장 커다란 무척추동물 중 하나인 오렌지색과 파란색이 섞인 이 '괴물'은 북대서양에서 수영하는 사람들에게 위협적 존재이다.

### (3) 입방해파리강은 박스해파리를 포함한다

위에서 바라보았을 때, 입방해파리류들은 박스 모양의 사각형 모양을 띈다. 입방해파리류는 4개의 촉수나 촉수군을 가진다. 빠르게 유영하는 해파리류로서 흐릿한 상을 형성하는 복안을 갖으며 활동적으로 먹이를 사냥한다. 북 호주의 연안에서 발견되며, 바다말벌(*Chironex fleckeri*)의 경우 3 m이상에 달하는 긴 촉수를 갖기도 한다. 바다말벌은 인간에게 호흡 불능이나 심장 마비 등을 일으키는 독소를 가진다. 바다말벌의 촉수와 접촉하여 몸의 대부분을 쏘이게 되면 죽음에 이르기도 한다.

### (4) 산호충류는 폴립으로만 이루어져 있다

산호충강에 속하는 말미잘과 산호는 개체 혹은 군체로된 폴립들을 가지지만 자유 유영할 수 있는 메두사 단계를 가지지 않는다. 폴립은 알과 정자를 생성하며 알이 수정되면 작고 섬모가 달린 **플라눌라(planula)** 유생으로 발달한다.

산호충류는 위수강을 수직으로 된 칸막이들이 많이 조그마한 공간들로 나눈다는 점에서 히드라충류와는 다르다. 칸막이들은 소화를 위한 표면적을 증가시켜 말미잘이 게와 같이 커다란 동물들을 소화시킬 수 있도록 해 준다. 비록 산호가 먹이를 포획할 수 있을지라도 많은 열대 종들은 영양분 섭취를 위하여 광합성 조류(*황록기생조류*, zooxanthellae)에 의존한다. 이 조류는 산호의 소화강에 분포하는 세포 내에 서식한다(25장과 그림 53-11 참조). 산호와 황록기생조류 사이의 관계는 공생관계이고 상호 이익을 취한다. 그 조류는 산호에게 산소 및 탄소와 질소 화합물을 공급한다. 교환에 있어서는 산호는 조류에게 암모니아와 같은 노폐물을 공급한다. 그 노폐물로부터 조류는 자신과 산호를 위한 질소성 화합물들을 만들어 낸다.

따뜻하고 얕은 바다 바닥의 대부분은 밝은 색을 띠는 산호나 말미잘로 덮여 있다. 산호초는 수백만개의 산호 군체와 조류(주로 산호 붉은 조류)로 구성되어 있다. 살아 있는 산호 군체는 산호초의 가장 위쪽 영역에만 서식하면서 죽은 산호들로 형성된 바위 위에 계속해서 산호를 추가해 간다. 산호초는 모든 생태계 구성원 중 가장 생산성이 높은 생물 중 하나이다. 종 다양성 면에 있어서 열대 우림 지역과 맞먹는다(그림 55-14 참조). 산호초 하나는

Photo by Ove Hoegh-Guldberg/Centre for Marine Studies, University of Queensland

**그림 29-14 사슴뿔 모양을 가진 석산호.**

석산호(*Acropora*)는 호주의 그레이트 배리어 리프(오스트레일리아 Queensland 주 동쪽 해안에 해안과 나란히 위치한 세계 최대의 산호초)에 있는 헤론 섬에서 찍은 것이다.

3,000종 이상의 물고기와 다른 해양 생물을 위한 서식처를 제공할 수 있으며 해양 생물의 4분의 1이 산호초에 의존하는 것으로 추정된다.

지난 수 년 동안 많은 산호초들, 특히 해안가의 산호초들이 인간 활동에 의해 심각한 훼손을 겪어왔다. 인간 활동이란 과도한 어류 남획, 건축 재료를 위한 산호초 채굴, 산업 화학물질로 인한 연안 수질 오염, 잘려진 산으로부터 아래쪽으로 휩쓸려 내려온 흙으로 인한 산호의 매몰 등을 의미한다. **산호 표백현상(coral bleaching)**은 산호 세포에 서식하는 색깔을 지닌 공생조류(황색기생조류)의 스트레스로 인한 죽음 때문에 일어난다(그림 29-14). 조류가 없다면 산호는 영양 결핍이 되어 죽게 된다. 산호 표백현상을 일으키는 것으로 의심되는 환경적 요인들은 비정상적으로 높거나(지구 온난화와 관련됨) 낮은 온도, 오염, 염도의 변화, 질병, 높은 양의 자외선(오존층의 파괴와 관련됨)을 포함한다.

**그림 29-15 유즐동물(빗해파리).**

유즐동물들은 자유유영을 하고, 발광을 하며, 스스로 생식할 수 있는 자웅동주이다. 바다 다래(sea gooseberry; *Pleurobrachia* sp.)는 먹이 사냥에 쓰이는 점착성 세포가 있는 2개의 긴 촉수를 가지고 있다.

## 29.5.2 빗해파리는 먹이를 잡는 점착성의 접착 세포를 지닌다

**유즐동물문(Phylum Ctenophora)**에 속하는 빗해파리 100여종은 모두 해양성이다. 깨지기 쉬우며 발광성을 지니고 있고 크기는 완두콩만큼 작은 것도 있고 토마토보다 큰 것도 있다. 유즐동물의 바깥쪽 표면에는 빗처럼 생긴 8줄의 섬모가 존재한다(그림 29-15). 이러한 빗 구조의 섬모들로 인해 물속을 움직일 수 있다. 감각기관은 균형을 유지하는 기능을 하고 방향성 감지를 돕는다. 어떤 유즐동물은 2개의 촉수를 가진다. 유즐동물은 자포동물의 특징인 쏘는 자포를 가지고 있지 않다. 대신 먹이를 잡을 수 있도록 점착성 있는 접착 세포를 가지고 있다.

유즐동물은 이축방사대칭인데 이는 2가지 서로 다른 방식으로 몸의 축을 관통하여 자름으로서 동일한 반쪽을 얻을 수 있음을 의미한다. 유즐동물이 갖는 방사대칭적 특성과 섭식을 위한 촉수 구조로 인해 유즐동물의 체형은 자포동물의 메두사형과 어느 정도 유사성이 있다. 유즐동물은 또한 자포동물처럼 두꺼우면서 젤리 형태로 된 간충질에 의하여 분리되는 2개의 세포층으로 구성되어 있다. 이러한 유사성 때문에 생물학자들은 유즐동물을 자포동물과 근연한 것으로 분류한다. 하지만 발생과정은 사뭇 다른데, 자포동물과는 달리 유즐동물은 소화계가 음식물을 취할 수 있는 한쪽 끝에 위치한 하나의 입과 다른 쪽 끝에 물과 노폐물을 방출하는 2개의 항문 구멍을 가지고 있다. 따라서 유즐동물과 자포동물 사이에서 나타나는 유사성들은 해양이라고 하는 유사한 환경에 서식하면서 지니게 된 수렴진화의 결과물인 것으로 생각된다. 그렇다면, 유즐동물은 분기도 상에서 어디에 위치시켜야 할까(그림 29-8)? 계통분류학자들이 새로운 자료들을 축적하고 있으므로 장래에 이 의문점을 해소할 수 있을 것이다.

### 복습

- 자포동물과 스펀지는 어떤 점에서 차이가 나는가?
- 혹히드라(*Obelia*)의 생활사를 그려라.
- 유즐동물이 자포동물 차이점과 유사점은?

## 핵심 용어와 요약

### 학습목표

1 대부분의 동물들에게서 공통적으로 나타나는 몇 가지 특징들을 나열할 수 있다.

- **동물계(kingdom Animalia)**에 속하는 구성원들은 진핵세포성, 다세포성, **종속영양적(heterotrophic)** 생물이며, 특이적인 기능을 수행할 수

있도록 특수화된 세포들을 지니고 있다.

- 동물들은 다양한 체형(body plan)을 갖는다. 체형은 몸의 기본 구조이자 기능적 디자인을 일컫는다.
- 대부분의 동물들은 생활사 중 특정 시기에 이동성을 가지며, 외부의 자극에 대해 적응적으로 반응하고, 유성생식을 한다.
- 유성생식에서, 정자와 난자는 융합하여 하나의 **접합자(수정란, zygote)**를 형성하며, **난할(cleavage)**이 이어진다. 여러 번에 걸친 세포 분열을 통해 속이 빈 공모양의 세포 시기인 **포배기(blastula)**로 발달한다. 포배기는 **낭배형성기(gastrulation)**를 거쳐 배아 조직들을 형성한다.

2 동물의 조상형이된 원생생물의 이름을 말하고 그 증거를 제시 할 수 있다.

- 해양 환경은 비교적 안정, 부력, 풍부하고 준비된 먹이들을 제공한다. 물의 양과 염도는 담수에 비해 훨씬 더 안정적으로 유지된다.
- 담수는 상대적으로 불안정한 환경과 빈약한 먹이를 제공한다. 담수는 세포액에 비해 상대적으로 저장액이기 때문에 조직 내로 물이 흘러 들어오게 되어, 담수산 동물들은 삼투조절을 해야 한다.
- 육상동물은 건조를 이겨내야 하고, 온도 변화를 해결해야 하며, 배우자와 배를 보호해야 한다.

3 생물학자들이 동물의 구조적 특징(몸의 대칭성, 배엽의 수, 체강의 유형의 차이)과 초기 발생 양식을 어떤 방식으로 활용하여 동물의 문(phyla)간 계통유연관계를 규명하는지를 알 수 있다.

- 생물학자들은 자포동물과 유즐동물이 **방사대칭성(radial symmetry)**이라는 특징을 공유하고 있기 때문에 근연한 관계에 있다고 생각한다. 대부분의 다른 동물들은 **좌우대칭성(bilateral symmetry)**을 띠고 있으며 그렇지 않은 경우에도 적어도 유생단계에서만은 좌우대칭성을 띤다. 감각구조들이 머리 부위로 집중되어지는 형태의 발생인 **두화(cepalization)**가 좌우대칭동물과 함께 진화되어 왔다.
- 생물학자들은 조직의 발달 수준과 체강의 유무에 따라 동물의 계통유연관계를 규명해 왔다. **배엽(germ layers)**은 몸의 바깥쪽을 덮는 피부 조직 및 신경 조직의 형성과 관련된 바깥쪽 배엽 즉 **외배엽(ectoderm)**, 장과 다른 소화 기관 형성에 관여하는 안쪽 배엽 즉 **내배엽(endoderm)**, 대부분의 다른 몸의 구조를 형성하는 가운데 배엽 즉 **중배엽(mesoderm)**을 포함한다.
- 좌우대칭동물들은 전통적으로 **무체강동물**(acoelomate; 체강이 없음), **의체강동물**(pseudocoelomate; 중배엽에 의해 구분되지 않는 체강), **진체강동물**(eucoelomate; 중배엽에 의해 둘러싸여 구분되는 체강)을 가진다.
- 체강동물의 2가지 주요 진화적인 가지들은 **선구동물**(Protostomia; 연체동물, 환형동물, 절지동물)과 **후구동물**(Deuterostomia; 극피동물과 척삭동물)이다. 선구동물에서 원구는 입으로 발달하고 후구동물에서 원구는 대개는 항문이 된다.
- 선구동물의 초기 세포 분할은 극축(난자의 장축)에 대각선 방향으로 일어나는 **나선형 난할(spiral cleavage)**이 일어나며, 후구동물은 초기 세포 분할이 극축에 평행으로 이루어지거나 혹은 직각으로 이루어지는 **방사형 난할(radial cleavage)**이 일어나며, 그 결과 세포들은 다른 세포의 바로 아래나 위에 놓이게 된다.
- 선구동물의 난할은 각 배아 세포의 발생학적 운명이 조기에 결정되는 **결정 난할(determinate cleavage)**을, 후구동물의 난할은 초기 발생 단계에서 각 세포의 운명이 훨씬 유동적인 **비결정 난할(indeterminate cleavage)**을 수행한다.

4 분자계통학자들이 동물 계통에 기여한 3가지의 주요 사항을 파악하고, 좌우대칭동물의 3가지 주요 진화적 분지를 이해한다.

- 분자계통학자들은 동물의 체형이 대개 단순한 형태에서 복잡한 형태로 진화해 왔을 것이라는 것을 포함하여 형태적 구조에 근거하여 작성한 계통수의 대부분이 유효하다는 것을 입증해 주었다.
- 분자계통학자들은 "단순한 것에서 복잡한 것으로"라고 하는 개념에 대한 중요한 예외들을 제시하였다. 예를 들면, 분자적인 자료에 근거한 결과들은 편형동물과 끈벌레가 생각했던 것보다는 훨씬 더 복잡한 동물들로부터 진화해 왔으며, 역으로 진화의 과정에서 구조적으로 복잡한 것에서 단순화되는 과정을 거친 것으로 나타났다. 분자적인 자료들은 의체강동물이 자연 분류군이 아니며, 아마도 진체강동물로부터 진화한 것일 수도 있음을 제시하고 있다.
- 많은 생물학자들은 분자적인 자료에 근거하여 이제 선구동물을 2개의 계통군으로 대별하고 있다: **촉수담륜동물(Lophotrochozoa)**과 **탈피동물(Ecdysozoa)**. 촉수담륜동물에는 편형동물, 유형동물(끈벌레), 연체동물, 환형동물, 촉수동물그룹(입 주변을 둘러싸고 있는 촉수의 섬모환으로 된 촉수관을 가지는 것이 특징), 윤형동물 등이 속한다. 탈피동물에는 선형동물과 절지동물이 포함된다. 따라서 좌우대칭형동물의 3가지 주요 진화적 계통군은 촉수담륜동물, 탈피동물, 후구동물이다.

5 해면동물문의 구별되는 특징들을 말할 수 있다.

- **해면동물문**(Phylum Porifera)은 스펀지로 구성되며 편모가 달린 **깃세포(collar cells)** 또는 **금세포(choanocytes)**로 특징 지워지는 동물이다. 스펀지는 진정후생동물의 자매군인 **측생동물(Parazoa)**의 유일한 구성원이다.
- 스펀지의 몸은 물이 들어가는 조그마한 구멍들을 가진 하나의 낭이다. 중심에 비어있는 공간(cavity)인 **해면위강(spongocoel)**과 한쪽 끝에 물이 나갈 수 있도록 열려 있는 **출수공(osculum)**을 가진다. 스펀지의 세포들은 느슨하게 연결되어져 있으며 진정한 조직을 형성하지 않는다.

6 자포동물문의 구별되는 특징을 파악하고, 이 문에 속하는 4개의 주요 강들을 기술하며 각 강에 속하는 동물들의 예를 제시할 수 있다.

- **자포동물문**(Phylum Cnidaria)은 방사대칭형이며, 이배엽성이고, **자포(nematocysts)**라고 불리는 쏘는 소기관을 가지고 있는 세포인 **자세포(cnidocytes)**에 의하여 특징 지워진다. **위수강(gastrovascular cavity)**은 입과 항문 둘 다의 기능을 담당하는 하나의 열린 구멍을 가지고 있다. 신경세포들은 불규칙적이고, 수축세포와 샘(gland) 세포를 감각세포와 연결시켜주는 방향성이 없는 **신경망(nerve nets)**으로 이루어져 있다.
- 많은 자포동물의 생활사는 고착형 **폴립(polyp)** 단계와 자유 유영하는 **메두사(medusa)** 단계를 가진다.
- 자포동물문은 4개의 주요 강으로 구성된다. 히드라, 히드라충류, 고깔해파리를 포함하는 **히드로충강(Class Hydrozoa)**은 전형적으로 폴립형이며 단독으로 생활하거나 군체를 이룬다. 해파리가 속하는 **해파리강(Calss Scyphozoa)**은 일반적으로 메두사형이다. **입방해파리강(Class Cubozoa)**에는 박스해파리가 속하며, 흐릿한 상을 맺는 복안

을 가진다. 말미잘과 산호가 속하는 **산호충강(Class Anthozoa)**은 폴립형이고 단독으로 생활하거나 군체를 이룬다. 산호충류는 위수강의 조직화 정도에서 히드로충류와 다르다.

**7** 유즐동물문의 구별되는 특징을 말할 수 있다.

- **유즐동물문(Phylum Ctenophora)**은 부서지기 쉬우며, 발광하는 해양 포식자로서 이축방사대칭성을 지니며 빗 모양의 섬모를 8줄의 지닌 빗해파리로 구성된다. 유즐동물은 이배엽성이며 점착성 접착 세포들을 가진 촉수를 지니고 있다.

## 연습문제

1. 유즐동물은 (a) 고착성의 경향이 있다, (b) 단지 하나의 개구(opening)만 있는 소화계를 갖는다, (c) 좌우대칭성을 띤다, (d) 촉수에는 점착성 접착 세포들이 있는 것이 특징적이다, (e) 자유 유영하는 폴립들이다.
2. 다음 중 육상생활에 대한 적응으로 볼 수 없는 것은?
   (a) 내부 수정
   (b) 알을 둘러싼 단단한 껍질
   (c) 체온 유지를 위한 적응
   (d) 몸의 깊은 곳까지 가스 교환을 하기 위한 표면
   (e) 위치를 유지하는 능력
3. 난할 과정 중 동물은 (a) 변태를 수행한다, (b) 유생이 된다, (c) 일련의 체세포 분열을 수행하여 포배기가 된다, (d) 배수체가 된다, (e) 유성생식을 한다.
4. 측생동물은 (a) 체강동물이다, (b) 자포동물을 포함한다, (c) 방사대칭성을 가진 모든 동물들을 포함한다, (d) 진정한 조직으로 이루어져 있지 않다, (e) 의체강을 갖는다.
5. 산호는 (a) 체강동물이다, (b) 특정한 조류와 함께 공생관계를 형성한다, (c) 폴립 단계가 결핍되어 있다, (d) 환경적 스트레스에 뚜렷한 저항성을 나타낸다, (e) 좌우대칭성을 가진다.
6. 깃세포(금세포)는 (a) 해면동물문, (b) 자포동물문, (c) 체강동물, (d) 촉수담륜동물, (e) 탈피동물의 특징이다.
7. 선구동물은 (a) 나선형 난할, (b) 비결정 난할, (c) 장체강, (d) 방사대칭성, (e) 의체강을 포함하는 독특한 체형에 의하여 특징 지워진다.
8. 다음 중 어느 것이 후구동물의 예인가?
   (a) 촉수담륜동물 (b) 산호 (c) 척수동물
   (d) 플라나리아 (e) 의체강동물
9. 다음 중 동물의 특징을 규정하는 것과 관련이 없는 것은?
   (a) 종속영양성 (b) 다세포성 (c) 진핵세포성
   (d) 체강의 존재 (e) 난할을 수행하는 접합체 형성
10. 진정한 체강은 (a) 편모, (b) 외배엽, (c) 수축층, (d) 내배엽, (e) 중배엽에 의하여 완전히 둘러싸여 구별된다.
11. 해양 히드로충류인 혹히드라(Obelia)는 (a) 주로 메두사 형태로 관찰된다, (b) 자세포가 없다, (c) 난자와 정자를 생성하는 생식 폴립을 가진다, (d) 지금까지 알려진 가장 큰 해파리 중 하나이다, (e) 생활사 중에 유성생식 단계와 무성생식 단계를 교번한다.
12. 다이어그램의 가지들에 이름을 붙여라. 그림 29-8b를 사용하여 여러분의 답이 맞는지 확인하여라.

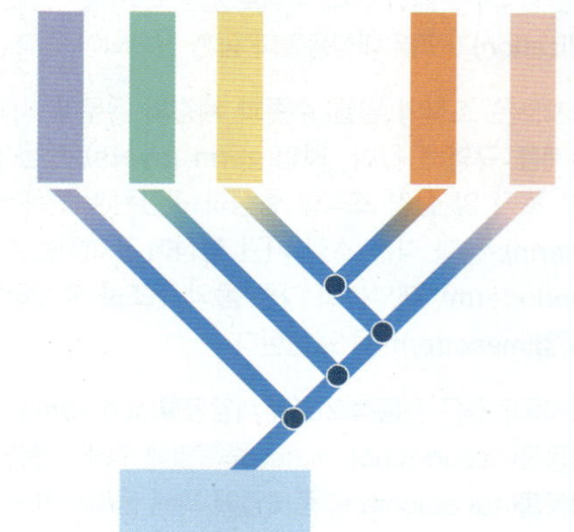

## 심화 학습문제

1. 몇몇 국제적 모니터링 프로젝트들이 산호초 파괴에 대한 이해를 증진하기 위해 관련 자료를 수집하고 있다. 왜 산호초를 보호하는 행동을 취하는 것이 중요할까?

4. **진화적 연계.** 생물학자들은 전통적으로 동물군의 계통유연관계를 규명하는데 체강의 유형을 사용해왔다. 분자계통학자들은 이와 관련된 전통적인 견해들에 어떤 방식으로 도전장을 내밀고 있는가?

30

# 동물계: 선구동물

Marty Snyderman/Visuals Unlimited

**털복숭이 불벌레**(fireworm, *Herodice carunculafa*). 불벌레는 지렁이의 일종으로 길이가 약 30 cm 정도에 달하는 체절화된 동물이다. 얕은 바다에 사는데, 주로 산호 군락, 거북말층, 또는 바위밑에 산다. 불벌레의 강모는 독을 지니고 있으며 피부를 찢을 수 있고 심한 화상을 일으킨다.

## 핵심 개념

체강의 진화는 두화, 관 속의 관 체형, 구획화, 체절화 등과 같이 체형에 중대한 변혁을 가져왔다.

선구동물은 2가지의 주요 진화적 가지(클레이드)인 촉수담륜동물과 탈피동물로 구성된 단계통군이다.

다양성과 수적인 측면에서 가장 성공적으로 진화한 선구동물은 연체동물과 절지동물이다.

곤충의 괄목할 만한 생물학적 성공은 복잡한 체형과 생활사의 진화라고 할 수 있다. 외골격, 체절화, 특수화된 관절형 부속지, 비행 능력, 변태 등을 예로 들 수 있다.

29장에서 동물계를 소개하고, 측생동물(스펀지), 방사대칭동물인 자포동물과 유즐동물에 관해 논하였다. 동물의 계통과 관련해서 순수하게 형태상의 구조적 특징에 근거한 동물 계통과 분자적 자료에 근거한 동물 계통의 공통점과 차이점을 이야기했다. 2가지 접근 방식 모두 좌우대칭동물이 '선구동물'과 '후구동물' 두 그룹으로 구성됨을 보여주었다. 나아가 분자적 자료들은 선구동물이 촉수담륜동물과 탈피동물로 구성된다고 보고 있다. 촉수담륜동물, 탈피동물, 후구동물로 이루어진 3가지의 계통군(클레이드)들은 때로 *상문*(superphyla)으로 취급되기도 한다.

본 장에서는 지구상에서 가장 친숙하면서도 가장 수가 많은 동물군인 좌우대칭동물에 관해 논하고자 한다. 동물의 99%가 좌우대칭동물이다. 이러한 다양성은 해양, 담수, 육상 환경에서 우리가 상상할 수 있는 거의 모든 서식처에 적응하여 살아가면서 획득된 것이다. 사진의 털복숭이 불벌레는 좌우대칭동물에서 나타나는 이런 다양성의 한 예이다.

좌우대칭동물의 놀랄만한 성공은 먹이의 포획, 포식자로부터의 탈출, 생식 등에 용이성을 증대시키는 적응적 진화 때문이라고 할 수 있다. 두화, 중추신경계, 근육, 체강, 관 속의 관 체형, 몸의 구획화 등이 이들의 주요 적응들이다. 몸집이 큰 동물들의 경우 가스 교환, 노폐물 분비, 영양분 및 다른 물질들의 내부 이동을 위한 몸의 체계를 갖추게 되었다. 이 장에서는 촉수담륜동물과 탈피동물에 속하는 몇몇 문들의 생명의 역사, 계통유연관계, 체형에서 나타난 혁명적 변화, 진화에 초점을 맞추고자 한다. ■

## 30.1 체강의 중요성

### 학습목표

1 체강의 진화적 중요성에 대한 구체적인 예를 제시할 수 있다.

체강(coelom)은 가장 중요한 초기 동물의 적응들 중 하나로 29장에서 설명했듯이 체강은 소화관과 외벽 사이에 있는 중배엽으로 완전히 둘러싸인 액체로 가득 찬 공간이다. 선캠브리아기 동안 동물은 작고 매우 단순한 형태였다. 체강의 진화는 좀 더 크고, 복잡한 동물의 진화로 가는 중요한 단계였다.

체강의 진화는 관 속의 관 체형(tube-within-a-tube body plan)인 새로운 몸의 형태를 만들어 냈다. 내부의 관인 소화관과 외부의 관인 체벽은 끝부분에서만 연결되어 있다. 전형적으로 소화관의 한쪽 끝에는 입이, 다른 한쪽 끝에는 노폐물을 방출하는 항문이 있다. 체강이 소화관 벽의 근육과 체벽의 근육들 사이를 분리해주기 때문에 소화관은 독립적으로 몸의 움직임에 따라 음식물을 이동시킬 수 있다.

의체강은 중배엽으로 둘러싸이지 않은 체강이라는 것을 기억하자. 무체강동물과 비교했을 때, 체강동물과 의체강동물(체강동물에 비해 상대적으로 작은 이점을 지님)은 또 다른 주요 이점들을 가지고 있다. 일정한 압력 상태에서 액체가 채워진 닫힌 구획(구획의 연속)의 형태를 띠는 체강의 구조적 특성으로 인해, 체강은 수축된 근육이 액체관을 상대로 미는 구조인 유체 정역학적 골격(hydrostatic skeleton)을 제공할 수 있다. 본 장의 시작하는 페이지에 있는 사진인 불벌레를 포함한 많은 체강동물들은 유체 정역학적 구조로 인해 무체강 동물에 비해 움직임의 범위가 매우 커지게 되었다. 체강의 다양한 모양과 구획의 진화는 동물들이 수영하고, 기고 또는 걷는 구조로 특수화될 수 있는 기회를 제공했다. 먹이를 잡고, 천적으로부터 도망치기 위해 재빠르게 이동할 수 있는 동물들은 살아남을 수 있는 확률이 그만큼 높아진다. 유체 정역학적 골격은 또한 부드러운 조직으로 이루어진 동물의 몸의 형태를 갖출 수 있도록 해준다.

체강의 진화는 내부 기관들이 발달할 수 있는 공간을 제공해 주었다. 대부분의 체강 동물들은 잘 발달된 순환계, 배설계, 신경계를 가진다. 많은 내부 기관들은 체강으로 인해 몸의 외벽과는 독립적으로 움직일 수 있다. 예를 들면 심장의 박동은 체강이 제공하는 심장 주위의 공간으로 인해 가능하다. 또한 액체로 가득 찬 체강은 충격을 완화함으로써 내부 기관을 보호해 준다. 체강은 생식선이 발달할 수 있는 공간을 제공해 준다. 새를 포함한 많은 동물들의 번식 기간동안 생식선은 성숙한 배우자들이 가득 차기 시작하면서 체강 내에서 그 크기가 커진다.

일부 동물들에서, 체강 내 액체는 음식, 산소, 노폐물과 같은 물질들을 수송하는 데 도움을 준다. 체강의 액체에 의해 적시어진 세포는 물질들을 교환할 수 있다. 세포는 영양분과 산소를 체강의 액체로부터 받으며, 노폐물을 체강으로 버린다. 일부 체강동물은 체강 내액으로부터 직접 노폐물을 제거하는 분비 구조를 가지고 있다.

## 30.2 촉수담륜동물

### 학습목표

2 선구동물성 체강동물의 특징을 규정하고, 여기에 속하는 두 주요 진화적 가지들에 대하여 기술한 다음, 각 가지에 해당하는 동물의 예를 제시할 수 있다.

3 유형동물문과 편형동물문의 구별되는 특징을 말하고, 편형동물에 속하는 주요 강들을 서술하되 각 강에 속하는 동물의 예를 들 수 있다.

4 두화(cephalization-중요 기관의 머리 집중화 경향)의 적응적 이점을 기술할 수 있다.

5 연체동물문의 독특한 특징을 기술하고, 논의한 연체동물의 강들에 관하여 예를 들어 설명할수 있다.

6 환형동물문의 구별되는 특징을 기술하고, 논의한 연체동물의 강들에 관하여 예를들어 설명할수 있다.

7 촉수동물에 속하는 문들의 구별되는 특징을 기술할수 있다.

**촉수담륜동물(Lophotrochozoa)**은 유형동물(끈벌레), 연체동물, 환형동물, 그리고 촉수동물문들, 윤형동물을 포함한다(그림 29-8 참조). 29장에서 언급했던 것처럼 *촉수담륜동물(Lophotrochozoa)*이라는 이름은 2가지 주요 동물군들, 촉수동물과 담륜동물의 이름으로부터 유래한 것이다. *촉수동물*(Lophophorata)은 촉수동물문들을 포함하는 동물군인데 이 동물군은 특징적으로 입 주위에 촉수로 된 섬모환인 촉수관(lophophore)을 가지고 있다. 담륜동물은 담륜자 유생 시기를 갖는다는 특징으로 인해 유래한 이름인데 연체동물과 환형동물이 이 그룹에 속하는 대표적인 두 동물군이다.

### 30.2.1 편형동물은 좌우대칭형 무체강동물이다

**편형동물문(Phylum Platyhelminthes)**에 속하는 동물들은 좌우대칭성을 지니며, 평평하고, 확장된 무체강 동물의 특성을 가진다. 이러한 부드러운 몸체를 가진 동물들은 화석 증거를 거의 남기지 않기 때문에 그들의 진화 역사를 알 수 있는 단서를 찾기가 쉽지 않다.

**표 30-1**

**편형동물문의 강**

| 강과 대표적인 동물들 | 특징 |
|---|---|
| 와충강<br>플라나리아류 | 주로 자유 유영을 하며 해양성임; 몸은 섬모가 달린 외피로 둘러싸여 있음; 전형적인 육식성임; 미세한 무척추동물을 먹이로 삼음 |
| 흡충강과 단생강<br>흡충류 | 이 강에 속하는 모든 기생충들은 척추동물과 무척추동물 전체에 걸쳐 폭넓게 숙주로 삼음; 중간 숙주가 필요한 경우도 있음; 성체는 숙주에 부착하기 위한 흡반을 가지고 있음 |
| 촌충강<br>촌충류 | 척추동물을 숙주로 삼는 기생충; 대개 하나 혹은 그 이상의 중간 숙주들을 가진 복잡한 생활사를 갖음; 숙주에 달라붙기 위해 전형적으로 흡반이나 고리들을 가짐; 기생충의 한 마디를 의미하는 편절 내에서 알이 생성되고, 알들이 분산되어 퍼뜨려 짐; 소화계나 신경계가 없음 |

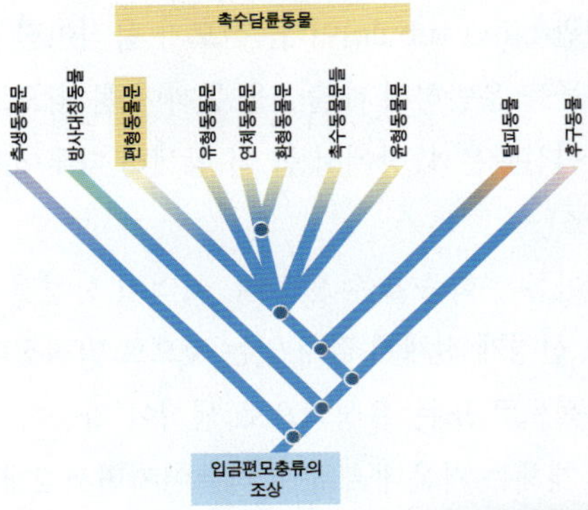

그럼에도 불구하고 생물학자들은 편형동물문에 4개의 강을 설정하고, 약 20,000여종의 생물들을 귀속시켰다. **와충강**(Class Turbellaria)에는 자유 생활하는 편형동물들인 플라나리아와 그 인접 분류군들이 속한다. **흡충강**(Class Trematoda)과 **단생강**(Class Monogenea)은 내부 혹은 외부 기생충인 흡충류들을 포함한다. **촌충강**(Class Cestoda)에는 성체로서 척추동물의 내부에 기생하는 기생충인 촌충류가 속한다(▮ **표 30-1**).

편형동물은 무체강동물인데, 체강동물로 구성된 촉수담륜동물 그룹에 이 분류군을 포함시키는 것에 의문을 가질 수 있다. 분자 자료(특히 18S 리보솜 RNA 염기서열)는 편형동물이 단계통군이 아니라는 것을 보여주었다. 무체강으로 알려진 편형동물들은 와충강에 속하는 1개의 목으로 분류되는 동물들이며, 그외의 다른 편형동물들은 이와는 상당히 다르다. 무체강의 특성을 가지고 있는 편형동물들은 방사대칭동물이 좌우대칭동물로 진화하는 과정의 공통 조상과 매우 밀접한 연관이 있을 것으로 생각된다. 다른 편형동물들은 체강 동물과 보다 밀접하게 연관되어 있을 것으로 보인다. 편형동물의 체형은 진화의 과정에서 복잡성을 획득한 이후에 다시 단순화 과정을 거쳐 형성되었을 것으로 추정된다. 생물학자들은 이러한 새로운 결과들을 감안했을 때 편형동물의 계통적 위치에 대한 생각이 바뀌어야 한다고 생각하고 있다.

편형동물은 좌우대칭동물이며 앞쪽과 뒤쪽 끝이 뚜렷하게 구분된다. 명백하게 **두화**(cephalization: 중요 기관의 머리 집중화 경향)의 양상을 보인다. 단순한 뇌와 쌍으로 된 감각기관들이 앞

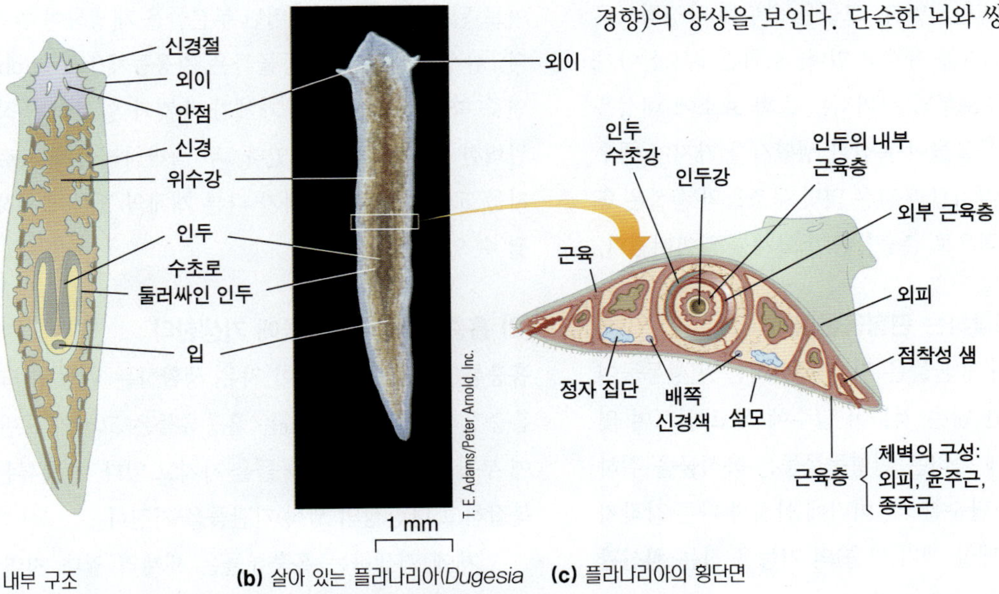

**(a)** 내부 구조

**(b)** 살아 있는 플라나리아(*Dugesia dorotocephala*)의 광학현미경 사진. 돌출된 귓바퀴(외이)는 먹이를 찾는데 쓰인다.

**(c)** 플라나리아의 횡단면

**그림 30-1** 흔히 발견되는 플라나리아, *Dugesia*.

쪽 끝에 집중되어 있다. 머리를 가진 동물은 일반적으로 앞쪽으로 움직인다. 몸이 환경과 처음으로 만나는 부분에 감각기관이 집중되어 있어 그 동물이 먹이를 발견하거나 재빨리 적을 감지할 수 있기 때문이다.

편형동물은 삼배엽성이어서 3가지의 분명한 조직층들을 가지고 있다. 외배엽에서 유래한 바깥쪽의 외피, 내배엽으로부터 유래한 안쪽의 내피 외에 편형동물은 중배엽으로부터 발생한 중간 조직층을 가진다. 편형동물은 순환이나 가스교환을 위한 기관을 가지고 있지 않다. 이러한 기능들은 체벽을 통한 확산에 대부분 의존한다. 몇몇 기관의 활동이 서로 조화를 이루며, 간단한 기관계의 모습을 띠기도 하는데 소화계와 신경계가 그 예이다. 자포동물에서처럼 소화계는 단지 하나의 열린 구멍만을 갖는 **위수강**(gastrovascular cavity)으로 이루어져 있으며, 흔히 여러 갈래로 가지를 치고 있다.

편형동물은 전형적으로 하나의 간단한 **신경계**(nervous system)를 지닌다. '뇌'는 머리 부위에 **신경절**(ganglia)이라고 불리는 두 부위의 신경조직으로 구성되어 있다. 많은 종들에서 신경절은 몸의 앞쪽에서 뒤쪽으로 뻗어있는 두 신경삭들과 연결되어 있다. 이 신경계는 때때로 '사다리 신경계'로 일컬어진다. 왜냐하면 일련의 신경들이 사다리의 가로 막대처럼 2개의 신경삭을 연결해주기 때문이다.

흡충류와 촌충류와 같은 기생성 편형동물들은 기생성 생활사에 맞게 고도로 적응되고 변형되었다. 그들은 숙주에 안정적으로 부착하기 위해 흡반이나 고리를 가지고 있다. 소화관에서 살아가는 편형동물의 몸체는 숙주로부터 분비되는 소화 효소에 내성을 갖는다. 많은 기생성 편형동물들이 복잡한 생활사를 가지며 매우 많은 수의 알을 낳는다. 감각기관과 같은 몇몇 구조들의 손실은 또 다른 적응 형태이다. 대표적으로 촌충들은 소화계를 잃어버렸다.

### (1) 플라나리아는 자유 생활하는 편형동물이다

와충강에 속하는 대부분의 동물들은 자유 생활하는 편형동물이다. 대부분은 해양성이지만 많은 것들이 담수에 살고 있으며 몇몇은 육상형이다. 와충강에 속하는 편형동물들은 음식물을 취하는 데 쓰이는 근육성 인두, 단순한 뇌, 머리에 안점과 다른 감각기관들, 삼투조절과 대사 노폐물 제거(방출)의 기능을 하는 **원신관**(protonephridia), 생식기관 등을 가진다.

**플라나리아류**(planarians)는 전 세계에 걸쳐 연못과 물의 흐름이 빠르지 않은 하천에서 발견되는 와충강에 속하는 편형동물이다. 흔히 발견되는 미국 플라나리아인 *Dugesia*는 길이는 약 15 mm이며, **외이**(auricle)라고 불리는 상하로 회전하는 귀와 횡으로 된 눈을 가지고 있다(**그림 30-1**). 외이는 실질적으로 먹이를 찾는 데에 중요한 역할을 하는 화학 수용체 기관으로 작용한다.

플라나리아류는 육식성이며, 점액성의 분비물로 작은 동물들을 잡아 먹는다. 소화계는 하나의 개구, 관모양의 근육성 **인두**(pharynx)(소화관의 첫 번째 부분), 가지를 친 위수강으로 구성된다. 플라나리아는 인두를 입 밖으로 돌출시켜 먹이를 빨아들이는 데 사용한다. 길게 고도로 가지를 친 위수강은 음식물을 몸의 구석구석으로 분배하고 각 세포는 확산작용을 통해 영양분을 공급받는다.

비록 노폐물의 방출이 확산작용에 의해 주로 이루어질지라도 몇몇 대사 노폐물들은 원신관에 의해 방출된다. 원신관은 액체의 균형, 또는 삼투조절이라는 기능을 일차적으로 수행한다. 원신관은 섬모를 가진 수집 세포인 **불꽃비늘줄기**(flame bulbs)의 끝에 위치하는 맹관(blind tubule)이다. 섬모가 움직이면서 관 구조를 통하여 노폐물을 운반하며 배출공을 통하여 몸 밖으로 방출한다. 삼투조절과 원신관은 47장에서 좀 더 상세히 다루어질 것이다(그림 47-2 참조).

플라나리아류는 학습할 수 있으며, 기억이 신경절 내에 국한되어 있지 않고 신경계 전체에 걸쳐 있는 것으로 밝혀졌다. 플라나리아류는 무성적으로 또는 유성적으로 생식이 가능하다. 무성생식에서 하나의 개체는 가운데 부분이 나누어지면서 2개의 플라나리아로 된다. 각각은 잃어버린 부분들을 재생하여 완전한 생체가 된다. 유성생식에서 이 동물들은 **자웅동체**(hermaphrodites)이다. 연중 따뜻한 달에는 한 개체가 수컷과 암컷의 생식 기관 모두를 완벽한 세트로 가지고 있다. 두 플라나리아가 서로 교잡하여 정자를 교환함으로써 난자가 다른 개체의 정자에 의해 교차 수정이 될 수 있도록 한다.

### (2) 흡충류는 다른 동물에 기생한다

**흡충류**(flukes)의 체형이 자유 생활하는 편형동물과 닮아있지만 흡충강과 단생강에 속하는 흡충류들은 고리와 흡반과 같은 숙주에 부착하기 위한 구조물들을 가지고 있다. 흡충류는 또한 극도로 복잡하고 다산성의 생식 기관들을 가진다.

인체에 기생하는 흡충류들은 세계의 열대 지역에 넓게 분포하는 주혈흡충류, 아시아 지역 특히 인간의 분변을 작물의 거름으로 사용하는 지역에서 흔히 발견되는 간흡충류를 포함한다. *Schistosoma* 속에 속하는 주혈흡충류는 열대 지역에서 사는 약 2억 명의 사람들을 감염시킨다. 주혈흡충과 간흡충 모두 무성생식

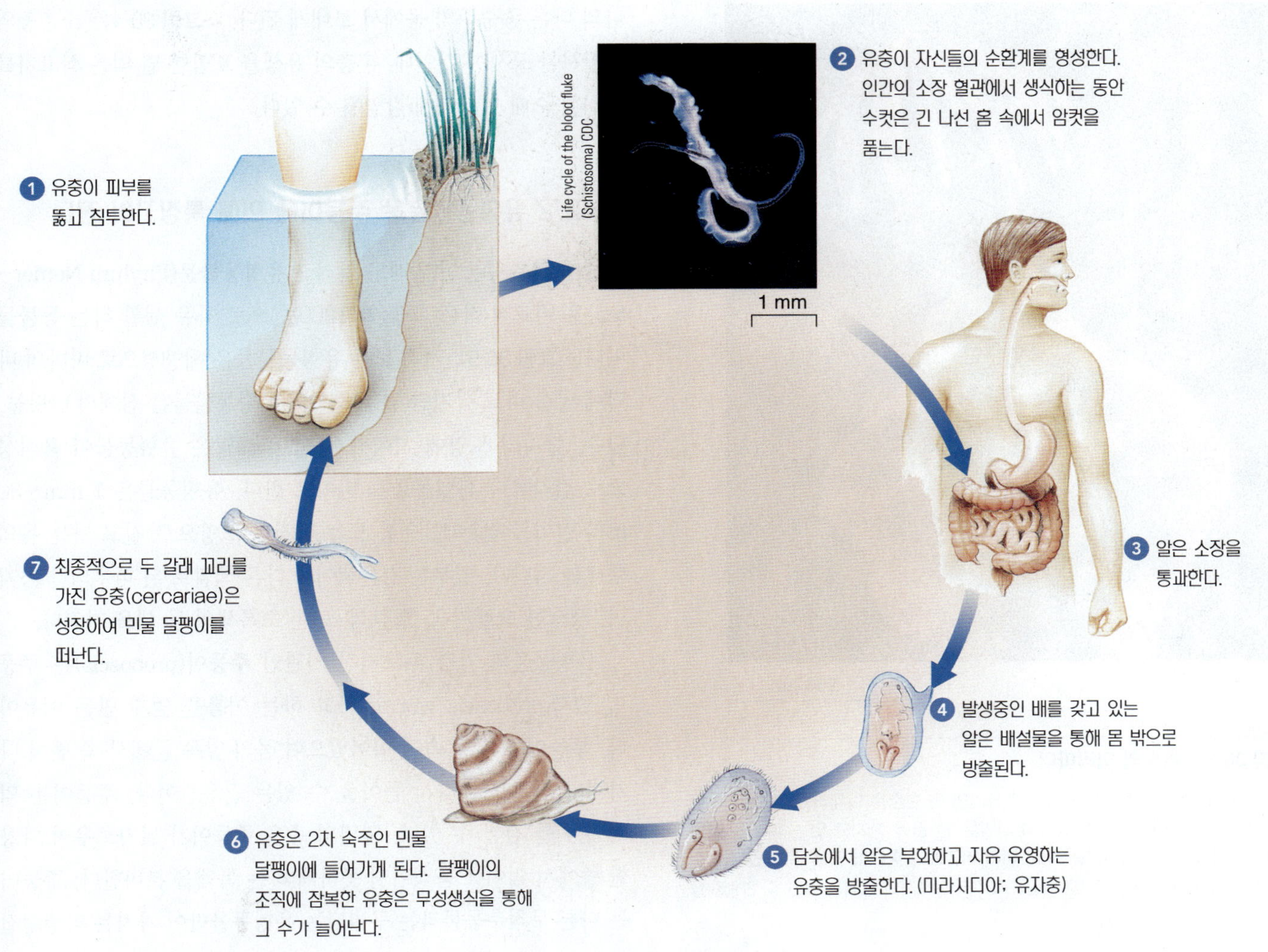


**그림 30-2 주혈흡충(*Schistosoma*)의 생활사.**

광학현미경 사진은 상대적으로 작은 크기의 암컷을 감싸고 있는 수컷 성충을 보여준다.

과 유성생식 단계의 교번, 하나 혹은 그 이상의 중간 숙주(예, 달팽이와 물고기)들에 기생하는 것 등을 포함하여 매우 복잡한 생활사를 지닌다(**그림 30-2**). 중간 숙주로 사용되는 수서 달팽이류는 댐이 건설될 때 형성되어지는 늪지대와 연못, 논에서 번성한다.

### (3) 촌충류는 척추동물의 내장에서 서식한다

촌충강에 속하는 5천 종 이상의 성체들이 인간을 포함한 거의 모든 종류의 척추동물들의 내장에서 기생충으로 활동한다. 촌충은 길고 편평한 리본과 같은 동물로 기생성 생활양식이 놀랄만큼 특수하게 발달된 동물군이다. 촌충류의 여러 적응 형질들 중에서 '머리' 또는 **머리마디(두절, scolex)** 위의 흡반이나 고리와 같은 구조물이 숙주의 내장에 부착하여 기생하는 것을 가능하게 해준다(**그림 30-3**).

촌충류의 생식적 적응 능력은 타의 추종을 불허한다. 촌충의 몸은 **편절(proglottids)**이라고 불리는 긴 사슬모양의 체절들로 이루어져 있다. 각 편절은 암컷과 수컷의 생식기관을 모두 가지며 10만 개의 알까지 포함할 수 있는 완전한 생식 기구를 가진다. 한 마리의 촌충이 2,000개의 편절을 가지고 있으므로 그 생식 능력은 경이적이라고 할 수 있다. 한 마리의 촌충은 1년에 6억 개의 알을 생산할 수 있다. 촌충의 머리로부터 가장 멀리 떨어져 있는 편절은 가장 많이 성숙한 알을 포함하며 이러한 체절들은 숙주의 몸으로부터 분변을 통해 뿌려진다.

촌충류는 입과 소화계를 가지고 있지 않으며 숙주로부터 소화된 음식물이 촌충의 체벽을 통해 흡수되어 진다. 촌충은 또한 감각기관이 결핍되어 있다. 몇몇 촌충들은 복잡한 생활사를 가지는데 유생단계를 중간 숙주의 몸에서 보내고 성체 단계의 생활은 하

**그림 30-3 촌충의 머리마디.**

*Acanthrocirrus restrisrostris*라는 조그만 크기의 이 촌충은 따개비를 먹고 사는 물새의 장에서 성숙한다. 갈고리(hook)의 다발을 맨 끝에 가지고 있는 피스톤 같은 구조물은 머리쪽으로 당겨지기도 하고, 머리 바깥에 돌출되어 있을 수도 있으며 숙주의 조직 속에 파묻혀 있기도 한다. 갈고리 아래로 4개의 강력한 흡반 중 2개를 볼 수 있다.

1 소가 풀과 함께 접합자를 섭취한다. 소나 수송아지의 근육에서 유충이 부화하여 포낭으로 둘러 싸인다.

2 포낭으로 싸인 유충이 있는 근육을 확대한 모습

포낭에 쌓인 유충

3 인간이 감염된 소고기를 먹게 되면 소화효소가 포낭을 녹여 유충이 자유롭게 된다.

4 인간의 소장에 붙게된 후에 유충은 성숙하여 성충이 된다.

5 성숙한 편절은 배설물을 통해 숙주를 빠져나와 터지면서 접합자를 방출한다.

6 풀에 붙어 있는 접합자의 확대 모습

접합자

**그림 30-4 소에 기생하는 촌충류의 생활사.**

나의 다른 종숙주의 몸에서 보내게 된다. **그림 30-4**는 소촌충의 생활사를 묘사한 것인데, 촌충의 유생을 포함한 덜 익은 쇠고기를 섭취했을 때 인간에게 감염될 수 있다.

## 30.2.2 유형동물문은 주둥이에 의해 특징지어 진다

끈벌레 혹은 주둥이 벌레로 알려진 **유형동물문(Phylum Nemertea)**은 비교적 작은 그룹(약 1200종)으로 자유 생활 하는 동물들이다(**그림 30-5**). 거의 모든 유형동물들은 해양성으로 바다의 바닥에 굴을 파고 살지만 일부 소수의 유형동물들은 심해의 바닷물, 담수, 습지의 토양에 서식하기도 한다. 많은 유형동물이 육식성으로 갑각류나 환형동물을 먹이로 한다. 유형동물은 1 mm~30 m의 길이를 갖는데, 원통 또는 납작한 모양으로 길고 가는 몸의 형태를 지닌다. 일부는 검은색이나 다른 색깔로 된 띠무늬를 가지며, 생생한 오렌지색, 빨간색, 또는 초록색의 몸 색을 가진다.

유형동물의 가장 두드러진 기관인 **주둥이(proboscis)**는 *주둥이 벌레*(proboscis worms)라고 하는 이름을 얻게 만든 이유이다. 주둥이는 길고 속이 비어있으며 몸의 앞쪽 끝에서 쭉 뻗어 나가거나 안쪽으로 다시 돌아올 수 있는 근육관이다. 주둥이는 먹이 주위를 감쌀 수 있다. 몇몇의 종은 주둥이가 날카로우며 다양한 종에서 먹이를 움직이지 못하게 하는 독액을 분비한다. 주둥이는 다른 무척추동물과는 구별되는 유형동물만이 가지는 파생형질(derived character)이다.

유형동물은 진화적으로 흥미로운 동물이다. 왜냐하면 생물학자들은 유형동물은 관 속의 관 체형과 순환계를 갖게 된 최초의 동물일 것이라고 생각하기 때문이다. 유형동물은 심장이 없고 근육성 혈관의 수축과 몸의 움직임에 의하여 피가 순환된다. 비록 유형동물은 무체강동물이지만 주둥이를 둘러싸고 있는 체강형 공간인 **문강(rhynchocoel)**을 가지는데 선구동물의 체강처럼 배 발생 과정에서 분화된 것이라고 생각된다(29장 참조). 생물학자들은 현재 문강을 체강형 동물의 조상이 가졌던 체강의 흔적으로 보고 있다. 이와 함께 최근에 도출된 분자적인 증거들 때문에 생물학자들은 이제 유형동물을 촉수담륜동물로 분류하고 있다.

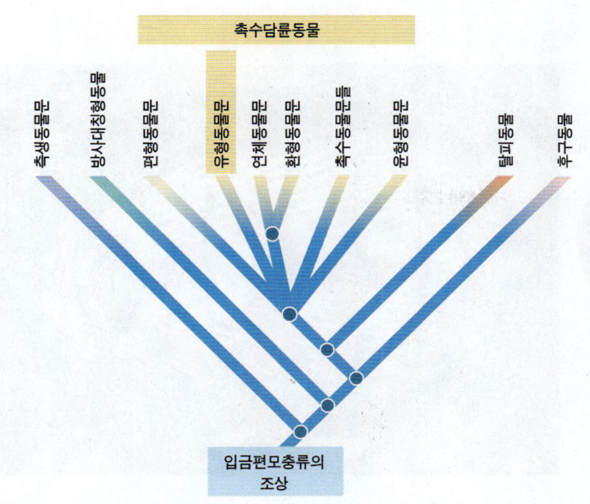


**그림 30-5** 유형동물(주둥이벌레 혹은 끈벌레).

**(a)** 파나마 태평양 연안에 있는 주둥이벌레(*Lineus*)

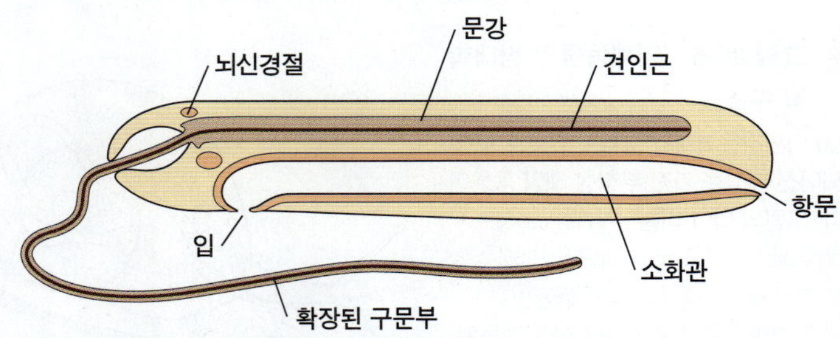


**(b)** 전형적인 유형동물의 측면 모습. 관속에 관이 들어 있는 것과 같은 형태의 체형을 가지며 입에서 항문까지 뻗어 있는 완전한 소화관을 주목하라.

## 30.2.3. 연체동물은 근육성 발, 내장기관, 외투막을 가진다.

**연체동물문**(Phylum Mollusca)은 조개, 굴, 달팽이, 민달팽이, 문어, 촉수를 포함한 길이가 평균 9 m−16 m에 달하는 무척추동물 중 가장 큰 거대 오징어 등을 포함한다. 지금까지 5만 종 이상의 현서종과 3만 5천종 이상의 화석종(종 수면에서 절지동물에 이어 두 번째)이 기재되었다. 이 장에서 8개의 강 중 4개의 강에 대해 논의할 것이며, 대표적인 연체동물에 대한 상세 내용이 **그림 30-6**과 **표 30-2**에 있다.

대부분의 연체동물이 해양성이지만 많은 달팽이와 조개들은 담수에 서식하며 달팽이와 민달팽이의 몇몇 종들은 육상에도 서식한다. 연체동물은 단계통군인 선구동물의 진화적 역사속에서 아마도 초기에(체강의 진화가 일어난 직후에, 체절화가 일어나기 전에) 진화한 동물일 것으로 추정하고 있다. 연체동물은 겉으로 드러나는 외양에서는 엄청나게 큰 차이가 날지라도 대부분은 다음과 같은 6가지의 공통된 특징들을 공유하고 있다.

1. 주로 탄산칼슘으로 구성된 등 쪽의 패각에 의하여 덮힌 부드러운 몸체
2. 아래쪽에 위치하며 이동을 위해 사용되는 넓고 편평한 근육성 **발**(foot)
3. 발 위에 위치하는 집적된 몸의 기관(내장)인 **내장 뭉치**(visceral mass)
4. 대개 패각을 분비하는 분비샘(gland)이 들어있으며 내장 뭉치를 덮고 있는 하나의 얇은 조직층인 **외투막**(mantle). 외투막은 내장 뭉치위에 위치하면서 외투강을 형성하게 되는데, 외투강에는 일반적으로 아가미와 다른 구조물들이 있다.
5. **치설**(radula)이라고 불리는 강판과 같은 구조를 가지는데, 입에 있는 이빨의 벨트를 지칭한다(치설은 조개나 조개의 근연 분류군과 같은 여과섭식성 연체동물에서는 존재하지 않는다).
6. 체강은 심장과 배설기관(후신관 metanephridia) 등의 기관으로 둘러싸여 작게 축소되어 있다. 주된 체강은 혈액을 포함하고 있는 하나의 공간인 **혈체강**(hemocoel)이다. 다음에 나오는

**표 30-2**

**연체동물문의 주요 강**

| 강과 대표적인 동물들 | 특징 |
|---|---|
| 다판강<br>군부 | 8개로 나누어진 횡근판으로 구성된 패각을 가진 원시적인 해양 동물; 두부가 축소; 이동을 위한 넓은 발 |
| 복족강<br>달팽이, 민달팽이, 갯민숭달팽이 | 해양, 담수 또는 육상 전 영역에 서식; 많은 종들이 나선형으로 꼬인 패각을 지님; 비틀린 내장; 촉수와 눈을 군가진 발달된 두부 |
| 이매패강<br>조개, 굴, 홍합 | 해양 또는 담수 환경에 서식; 측면으로 몸이 압축되어 있는 형태; 등 쪽에서 두 부분으로 나누어진 패각; 손도끼처럼 생긴 발-이 때문에 부족강이라고 함; 부유물질을 걸러 먹는 부유물성식자(suspension feeder) |
| 두족강<br>오징어, 문어 | 해양에 서식; 포식자; 촉수로 변형된 발; 흔히 빨판을 가짐; 잘 발달된 눈; 패쇄형 순환계 |

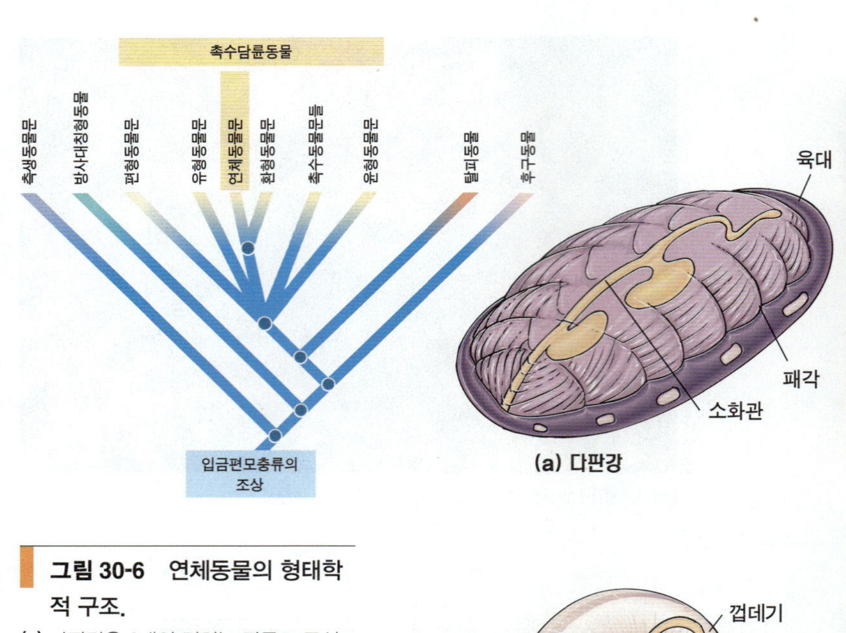


(a) 다판강

Kjell B. Sandved

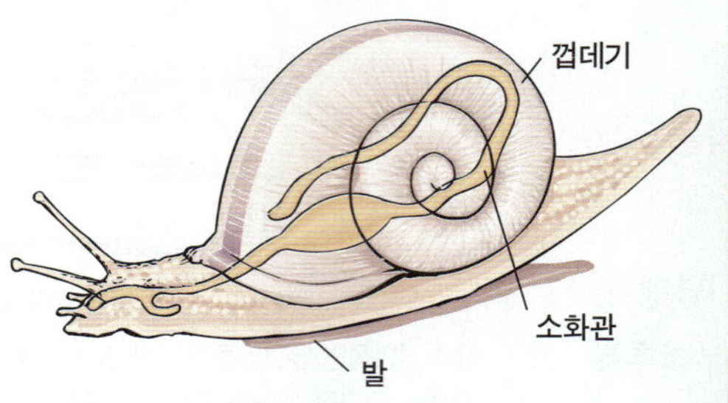


(b) 복족강

E. R. Degginger/Dembinsky Photo Associates

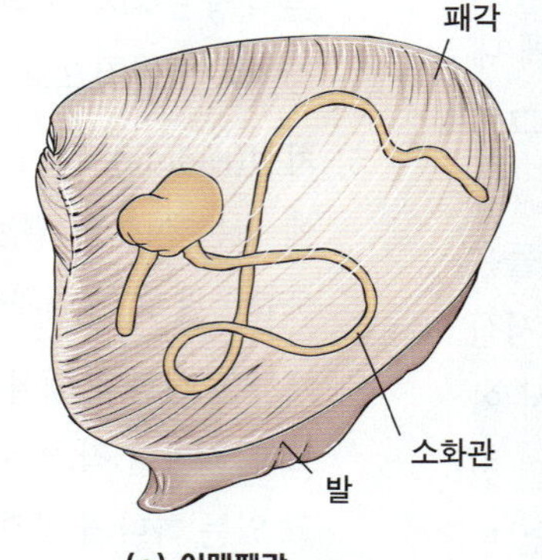


(c) 이매패강

Tom McHugh/Photo Researchers, Inc.

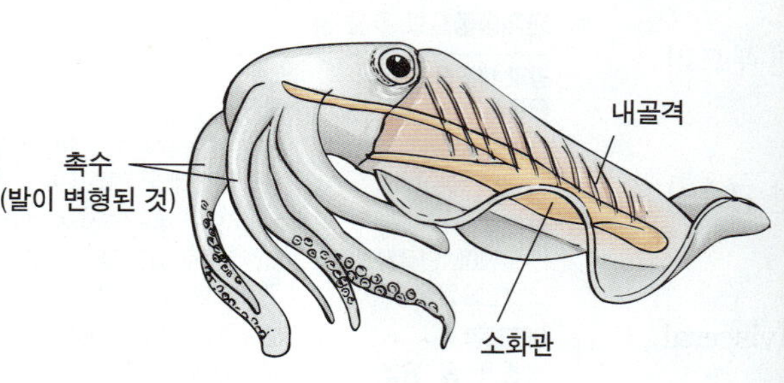


(d) 두족강

Jeffrey Rotman/Peter Arnold, Inc.

**그림 30-6 연체동물의 형태학적 구조.**

**(a)** 다판강은 8개의 겹치는 판들로 구성되어진 패각을 가진 부착성 해양 동물이다. 그림의 바다 비늘군부(*Tonicella blineata*)는 미국 북서 태평양 연해 수역에 서식한다. **(b)** 넓고 평평한 복족류의 발은 이동 생활방식에 적응된 것이다. 그림의 담수산 달팽이(*Pomacea bridgesi*)는 진흙 속에 구멍을 파고 산다. **(c)** 말목 모양의 조개(*Tresus capax*)의 압축된 몸은 북태평양 진흙에서 굴을 파고 사는데 적응된 것이다. 조개의 패각은 그 길이가 20 cm까지 자란다. **(d)** 오징어 몸은 수영을 위해 유선형이다. 잠재적인 침입자의 눈에 띄지 않기 위해 오징어는 배경 색깔과 잘 섞일 수 있는 색으로 변한다. 이 짧은 지느러미 오징어(*Sepioteuthis lessoniana*)는 외투막의 길이가 수컷은 27 cm까지, 암컷은 31 cm까지 자라며 북대서양에 서식한다.

개방순환계의 논의를 보라).

연체동물은 복잡한 기관계를 갖는다. 소화계는 하나의 관으로 이루어져 있는데 종종 꼬여 있으며 입, 구강, 식도, 위, 장, 항문으로 구성되어 있다. 구강 내에 위치하는 연체동물의 치설은 입 밖으로 돌출되어 바위의 표면이나 해저로부터 먹이를 긁어내는데 사용된다. 때때로 치설은 먹이 동물의 패각에 구멍을 뚫는데 사용되기도 하며 식물의 조각들을 떼어내는데 사용된다.

대부분의 연체동물은 **개방순환계**(open circulatory system)를 가지며 개방순환계에서는 **혈림프**(hemolymph)라고 불리는 혈액이 직접 조직을 적신다. 심장 박동은 혈액을 단일한 대동맥으로 뿜어내며 대동맥은 다시 여러 개의 혈관들로 가지를 친다. 종국적으로 혈액은 "굴"이라고 불리는 커다란 공간으로 된 네트워크(혈체강 또는 혈강)로 흘러들어가며 그곳에서 혈액이 조직을 직접 적신다. 혈강의 혈액은 아가미로 보내져 산소를 재충전한 후 심장으로 간다. 연체동물의 혈액 흐름은 다음과 같다.

**심장 ⟶ 대동맥 ⟶ 작은 혈관 ⟶ 혈액굴(혈체강) ⟶ 혈관을 통해 아가미로 ⟶ 심장**

개방순환계에서 혈압은 낮아지는 경향이 있으며 조직들은 그리 효과적으로 산소를 얻지 못한다. 대부분의 연체동물들은 낮은 대사속도를 가지고서 느리게 움직이는 동물들이기 때문에 이러한 유형의 순환계가 적합하다. 활동적인 두족류(오징어와 문어를 포함하는 강)는 **폐쇄순환계**(closed circulatory system)를 갖는데 이 경우에 혈액은 완전한 회로로 이어진 혈관을 통하여 흐른다.

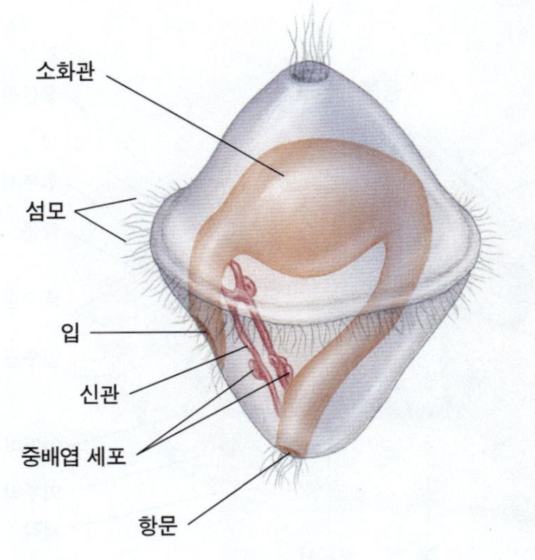


**그림 30-7 담륜자 유생.**

해양 연체 동물의 첫 유생 단계인 담륜자 유생은 환형동물에서 나타나는 특징이기도 하다. 입 바로 위에 섬모 세포로 이루어진 특징적인 띠가 있는데 유영기관으로 작용하며 어떤 종에서는 부유하는 음식물들을 모으는 역할을 하기도 한다.

대부분의 해양 연체동물은 하나 또는 그 이상의 유생 단계를 거친다. 첫 번째 유생단계는 전형적으로 **담륜자 유생**(trochophore larva)인데 담륜자 유생은 자유 유영하며 가운데 부분에 섬모로 된 두 줄을 가진 팽이 모양의 유생이다(**그림 30-7**). 많은 연체동물(조개와 같은 이매패류와 달팽이와 같은 복족류)에서 담륜자유생은 **부유자패 유생**(veliger larva)으로 발달하며 이것은 패각, 발, 외투막을 가지고 있다. 부유자패 유생은 연체동물의 독특한 특성이다.

### (1) 군부는 연체동물의 조상형과 유사하다

**군부**(chiton)는 여러 개의 판을 가지고 있다는 데서 그 이름이 유래한 **다판강**(Class Polyplacophora)에 속한다. 군부는 움직임이 매우 느린 해양성 동물로 납작한 체형을 지니고 있다(그림 30-6a). 군부의 가장 두드러진 특징은 등 쪽의 8개의 판들로 이루어진 패각인데 각 패각들은 독립적이지만 서로 일부분이 겹쳐져 있다. 머리는 축소되어 있으며 눈과 촉수는 없다.

군부는 암석이 많은 조간대에서 서식하며, 넓고 편평한 발을 움직이거나 바위 위에 단단히 부착하기 위하여 사용한다. 기층에 대항하여 외투막을 누르고 외투막의 안쪽 모서리를 들어 올림으로써 군부는 부분적인 진공상태를 형성할 수 있다. 생성된 진공흡입력은 군부가 붙어 있는 자리에서 강력하게 부착할 수 있도록 만들어 준다. 먹이를 뜯어 먹기 위하여 치설을 사용하는데 군부는 이를 이용해 조류나 다른 조그마한 생물들을 바위나 패각에서 긁어 떼어 낼 수 있다.

### (2) 복족류는 연체동물 중에서 가장 큰 그룹이다

달팽이, 민달팽이, 그들의 인접 분류군들을 포함하는 **복족강**(Class Gastropoda)은 연체동물문에서 가장 크고 다양한 그룹이다(그림 30-6b). 지금까지 약 7만 종 이상의 현서종이 기록된 복족강은 곤충강 다음으로 동물계에서 두 번째 큰 강(Class)이다. 대부분의 복족류는 해수에서 서식하지만 일부 종들은 기수, 담수, 육상에서 서식하기도 한다. 우리가 생각하기에 달팽이는 대부분 하나의 나선형으로 꼬인 패각을 가지며, 패각 안쪽으로 몸을 집어넣을 수 있다고 생각하지만 꽃양산조개류(limpets)와 같은 복족류들은 편평한 원추형의 뚜껑처럼 생긴 패각을 가지고 있다. 정원 민달팽이나 아름다운 해양 민달팽이와 같은 복족류들은 **나새류**(nudibranchs)로 불리는데 패각이 없다(**그림 30-8**).

많은 복족류들은 촉수를 가진 잘 발달된 머리를 가지고 있다.

**그림 30-8  복족류의 일종인 나새류.**

피낭동물(*Clavelina huntsmani*)을 먹고 있는 나새류에 속하는 갯민숭달팽이(*Chromodoris porterae*)

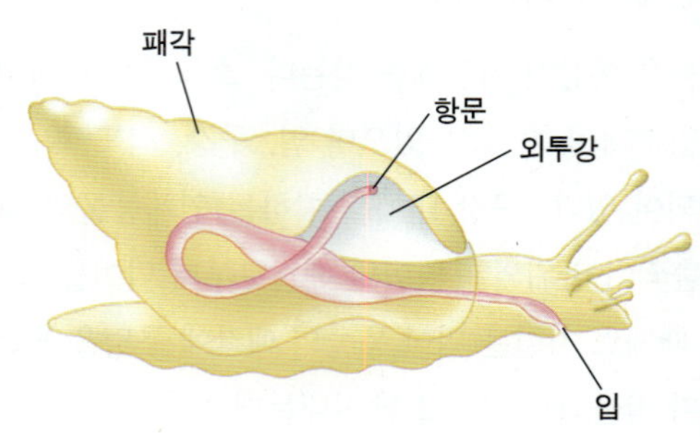


**그림 30-9  복족류에서의 배 비틀림.**

좌우대칭형 유생이 발달을 거듭함에 따라, 내장은 머리를 기준으로 180도 꼬인다. 소화관이 꼬여 있어 항문은 몸 뒤쪽이 아닌 입 근처에 위치한다.

2개의 단순한 눈이 머리의 돌출부 위에 위치한다. 복족류는 넓고 편평한 발을 이용해 기어 다닌다. 대부분의 육상 달팽이들은 아가미를 가지고 있지 않은 대신 외투막에 고도로 발달된 혈관이 자리하고 있으며 허파로서의 기능을 담당한다. 생물학자들은 이렇게 폐를 가지고 있는 정원 달팽이나 민달팽이를 **유폐류(pulmonate)**라고 부른다.

내장 뭉치의 꼬임 현상인 **비틀림(torsion)**은 복족류의 독특한 특징이다. 내장 뭉치의 비틀림은 패각의 꼬임과는 무관하다. 좌우 대칭인 유생이 발달하면서 내장 뭉치의 한쪽은 다른 쪽보다 더 빨리 성장한다. 이런 고르지 않은 성장은 내장 뭉치를 회전하게 만든다. 내장과 외투막은 머리를 기준으로 할 때 180도까지 꼬여있다. 그 결과 소화관은 U자 모양을 띄게 되었고, 항문은 머리와 아가미 위쪽에 위치하게 되었다(그림 30-9). 다음에 이어지는 성장은 등 쪽의 성장이고, 대개는 나선형 꼬임을 일으킨다. 비틀림 때문에 몸 내의 공간이 극도로 부족하게 되고 이로인해 아가미, 후신관(배설관), 생식선은 몸의 한쪽 부분에만 존재한다. 일부 생물학자들은 복족류에서 나타나는 비틀림을 잠재적인 포식자로부터 물러설 때에 먼저 머리를 패각의 안쪽으로 넣게 함으로써 포식자로부터 머리를 보호하도록 만드는 적응적 산물로 보고 있다. 특별한 비틀림이 없다면 발이 먼저 뒤로 물러서게 된다.

### (3) 전형적으로 이매패류는 갯벌에 굴을 파고 산다

**이매패강(Class Bivalvia)**은 조개, 굴, 홍합, 가리비와 인접 분류군을 포함한다(그림 30-6c). 전형적으로 이매패강에 속하는 종들의 부드러운 몸체는 횡으로 납작하며, 등쪽에 연결부가 있고 배쪽으로 열려있는 두 부분으로 된 하나의 패각으로 완전히 덮혀 있다(그림 30-10). 이러한 구조는 갯벌에서 이동하고 굴을 파기 위해 배쪽으로 손도끼 모양의 발을 내밀기 용이하게 해준다. 패각은 2개의 **판(valves)**으로 되어 있는데 이 판은 탄력성 있는 인대로 서로 연결되어 있다. 이 인대가 늘어나면 패각이 열린다. 패각에 붙어있는 크고 강한 폐각근은 패각을 닫는데 이용된다.

이매패 패각 안쪽에 있는 진주층은 외투막의 상피세포에 의하여 얇은 종이장처럼 분비되는 탄산칼슘으로 만들어진다. 진주의 어머니(mother-of-pearl)로 알려져 있는 이 물질은 보석과 단추

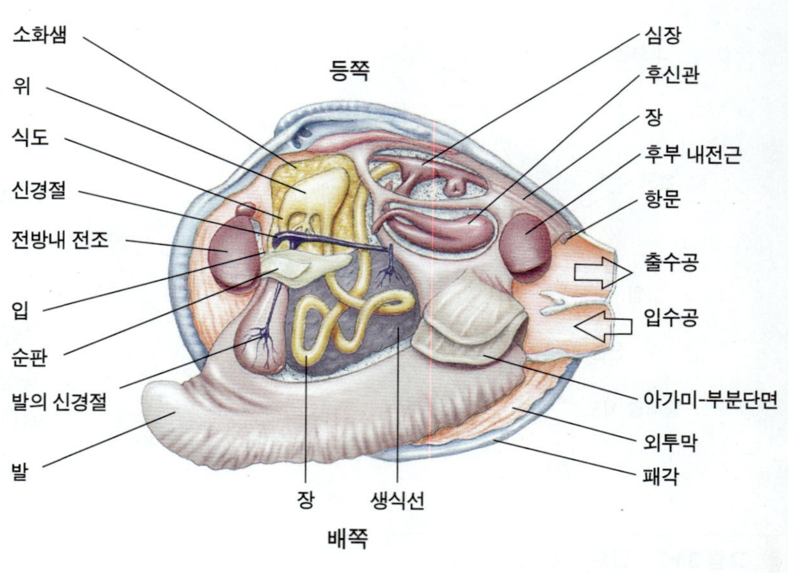


**그림 30-10  조개 내부의 해부학적 구조.**

이매패류의 두 패각은 등쪽의 경첩과 같은 구조물로 이어져 있고, 배쪽으로는 열려있다

를 만드는 데 가치 있게 쓰인다. 조그만 외부 물질이 패각과 외투막 사이에 끼어들게 되면 삽입된 그 입자 둘레로 외투막을 덮고 있는 상피세포가 농축된 탄산칼슘 층을 분비한다. 많은 굴과 조개류가 이런 방식으로 진주를 생성한다.

굴에서처럼 일부 이매패류는 접착 기면에 영구히 부착되어있다. 다른 이매패류는 안전한 거주지를 찾을 목적으로 바위나 혹은 나무에 서서히 구멍을 뚫고 들어간다. 부두 말뚝과 다른 해양 시설에 손상을 주는 좀조개인 Teredo는 집에서도 발견이 된다. 가리비와 같은 일부 이매패는 큰 폐각근(인간이 먹는 가리비의 부분)이 수축과 이완을 반복하여 수축은 2개의 패각이 함께 열리고 닫히게 함으로써 빠르게 헤엄치는 것을 돕는다.

조개와 굴은 해수에서 먹이 입자들을 포획하는 여과섭식성 동물이다. 그들은 **입수관(incurrent siphon)**이라고 불리는 외투막의 확장 부위를 통하여 물을 안으로 흡수한다. 물은 **출수관(excurrent siphon)**을 경유하여 방출된다. 물이 아가미를 지나갈 때 아가미에서 분비되는 점액이 물 속의 먹이 입자들을 걸러낸다. 섬모는 먹이를 입 쪽으로 이동시킨다. 굴은 1시간에 30 L이상의 물을 거를 수 있다. 여과섭식성 동물들처럼 이매패류들은 치설이 없으며 연체동물 중 치설이 없는 유일한 그룹이다.

#### (4) 두족류는 왕성한 활동을 하는 포식동물이다

대부분의 연체동물과는 대조적으로 머리 쪽에 발을 가지고 있는 **두족강(Class Cepalopoda)**에 속하는 종들은 빠르게 유영하는 포식성 동물들이다(그림 30-6d 참조). 두족류의 입은 촉수로 둘러 싸여져 있거나 여러 개의 팔(문어는 8개, 오징어는 10개, 격실을 가진 앵무조개는 90개)에 의해 둘러싸여져 있다. 큰 머리에는 이미지를 생성하는 잘 발달된 눈이 있다. 발생 방식이 다르긴 하지만 두족류의 눈은 척추동물의 눈과 구조적으로 유사하고, 매우 유사한 방식으로 기능을 수행한다. 문어는 패각이 없으며 오징어의 패각은 극단적으로 축소되어 몸 안쪽에 위치한다.

앵무조개(*Nautilus*)는 세월이 흐르면서 매년 새롭게 만들어진 격실들이 모여 많은 격실을 가지며 꼬여진 패각을 갖는다. 매년 앵무조개는 가장 최근에 만들어진 가장 큰 격실 속에서 살게 된다. 앵무조개는 공기와 유사한 혼합된 가스를 다른 격실에 분비할 수 있으며, 격실 내부의 가스의 양을 조절함으로써 바다 속에서 깊이 조절을 할 수 있다.

오징어, 문어, 뼈오징어의 촉수는 먹이를 잡아 움켜쥐기 위하여 흡반으로 덮여있다. 치설 외에도 입은 먹이를 죽여 부수는데 사용하는 2개의 강한 뿔 모양의 부리를 가지고 있다. 외투막은 두껍고 근육성이며, 깔때기 모양의 **수관(siphon)**이 끼워져 있다. 물을 체내 공간 안에 채우고, 수관을 통해 물을 내뿜음으로써 두족류는 강한 제트기 같은 추진력을 갖게 된다. 오징어와 뼈오징어는 효율적인 수영을 위해 적응된 유선형의 몸을 가진다.

속도가 빠른 것 외에도 두족류는 고래나 뱀장어와 같은 천적으로부터 벗어나는 데에 유용하게 사용할 수 있는 2가지 중요한 적응 형태가 있다. 하나는 색을 빠르게 변화시켜 적을 혼란시킬 수 있는 능력이다. 색소 미립자를 포함하는 피부 세포인 색소세포(chromatophores)의 확장과 수축작용에 의해 두족류는 엄청나게 다양한 색깔들을 나타낼 수 있다. 또 다른 방어 기제는 진하고, 검은 액체를 만들어 내는 **먹물 주머니(ink sac)**인데, 위급한 상황에서 두족류들은 검은 보호막을 치듯 검은 먹물을 내뿜는다. 적들은 순간적으로 시야가 가리게 되고 혼란스러워져 멈추어 서게 된다. 먹물은 일부 포식자들의 화학수용체를 불활성화시켜, 포식자는 먹잇감을 전혀 감지하지 못하도록 만든다.

문어는 게나 다른 절지동물을 타액선(침샘)에서 독성 분비물로 잡아 죽임으로써 먹이로 삼는다. 낮 시간동안 문어는 보통 바위틈에 숨어 있다가 저녁이 되면 먹이를 사냥하러 나온다. 8개의 팔에 엄청난 완력이 내재되어 있음을 거의 알 수 없도록 문어의 움직임은 물이 흐르듯 유연하다.

작은 크기의 문어들은 수족관에서 잘 살아가기 때문에 상당히 많은 연구가 이루어져 있다. 작은 문어들은 비교적 지능이 뛰어나 자극들을 구분하여 반응을 나타내는 능력을 지녀 연구자들은 학습과 기억을 연구하는 데에 유용한 동물 모델의 하나로 사용하고 있다. 문어들이 갖는 고도의 적응 가능한 행동들은 다른 무척추동물들에게서 나타나는 정형화된 행동 양식들에 비해 척추동물의 행동양식과 훨씬 더 많이 닮아 있다(51장 참조).

### 30.2.4 환형동물은 체절화된 동물이다

체절화된 동물인 **환형동물문**(Phylum **Annelida**)에 속하는 종들

**표 30-3**

**환형동물의 주요 강**

| 강과 대표적인 동물들 | 특징 |
|---|---|
| 다모강<br>모래충, 관갯지렁이 | 주로 해양성; 각 체절은 많은 강모를 가진 1쌍의 측지를 가짐; 잘 발달된 두부; 분리된 성; 담륜자 유생 |
| 빈모강<br>지렁이 | 육상 및 담수성; 체절에 강모가 매우 빈약; 두부의 발달이 결여; 자웅동체 |
| 질강<br>거머리 | 대부분 담수에 서식하며 피를 빨아먹는 기생충임; 부속지와 강모가 없음; 뛰어난 근육질 빨판 |

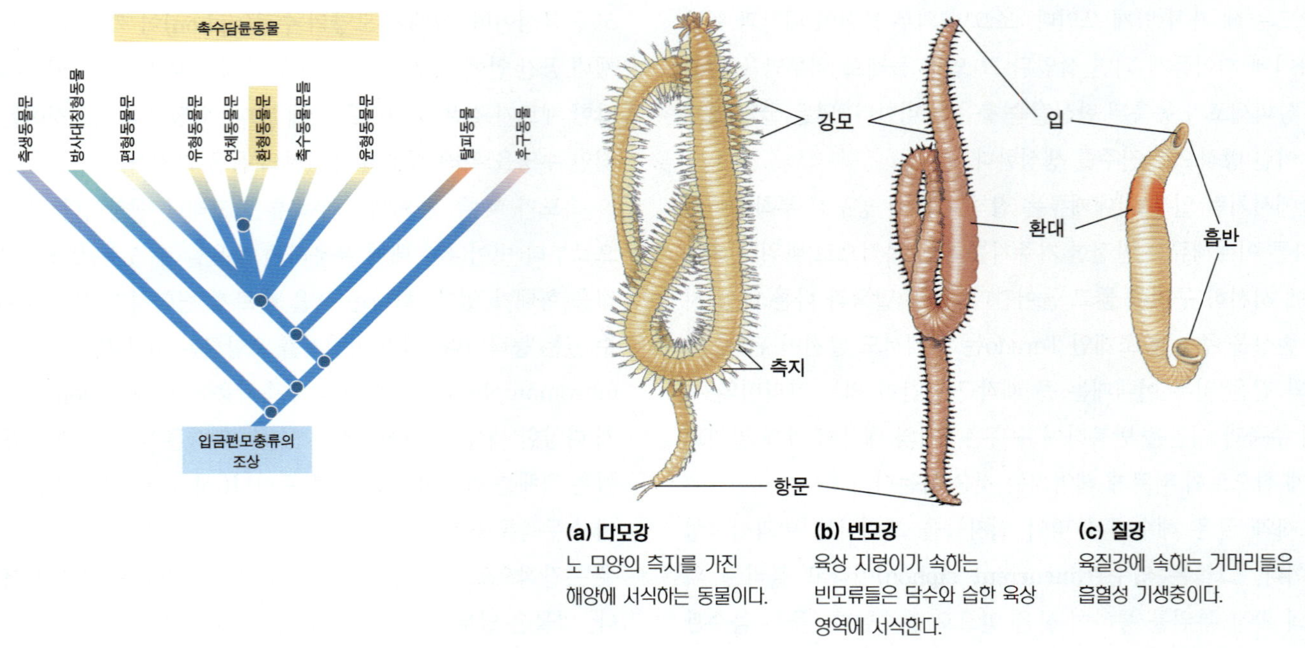


(a) 다모강
노 모양의 측지를 가진 해양에 서식하는 동물이다.

(b) 빈모강
육상 지렁이가 속하는 빈모류들은 담수와 습한 육상 영역에 서식한다.

(c) 질강
육질강에 속하는 거머리들은 흡혈성 기생충이다.

**그림 30-11 환형동물의 주요 3가지 강.**

은 100개 이상의 환상 체절로 나누어져 있는 관모양의 좌우대칭형 구조를 가지고 있다. 15,000종 정도로 구성된 환형동물문은 3개의 주요 강으로 이루어져 있다: 해양과 담수산 종인 다모류(polychaetes), 육상 지렁이류인 빈모류(oligochaetes), 거머리류(leaches)(▮ **표 30-3**, ▮ **그림 30-11**).

고리 모양이란 의미의 *Annelida*란 말은 환형동물의 몸을 구성하는 연속된 일련의 고리, 즉 체절을 지칭한다. 환형동물의 체벽과 많은 내장 기관들이 체절화되어 있다. 소화관과 어떤 신경들과 같은 일부 구조들은 여러개의 연속적인 체절을 거쳐 지나면서 몸의 길이를 따라 확장되어 있으나 배설기관과 같은 구조들은 각각의 체절마다 반복되어 나타난다. 다모류와 빈모류에서 체절은 **격막(septa)**이라고 불리는 횡으로 구획을 나누어주는 구조물에 의해 다른 체절과 안쪽에서 분리되어 있다.

**체절화(segmentation)**의 이점 중 하나는 동물의 이동을 용이하게 한다는 것이다. 체강은 체절로 세분화되고, 각 체절은 자기 본연의 근육을 가지고 있다. 이러한 배열은 몸의 한 부분이 늘어날 때, 다른 부분이 독립적으로 줄어드는 것을 가능케 한다. 환형동물의 유체정역학적 골격도 이동에 있어 중요하다. 다모류와 빈모류의 모든 체절에서 나타나는 **강모(setae; 단수 seta)**라 불리는 강한 털과 같은 구조는 종주근과 환형근의 반복적인 수축에 의해 이 동물들이 움직일 때 끄는 힘을 제공해 준다.

환형동물의 신경계는 보통 1쌍의 신경절로 이루어진 단순한 뇌와 배 쪽의 신경삭으로 구성되어 있다. 1쌍의 신경절과 옆쪽의 신경들은 각 체절에서 반복되어져 있다. 환형동물은 크고 잘 발달된 체강, 폐쇄순환계, 입부터 항문까지 이어지는 완전한 소화관을 가지고 있다. 호흡은 피부(cutaneous)를 통해 이루어지거나 아가미에 의해 수행된다. 전형적으로 1쌍의 후신관(배설관)은 각 체절 모두에서 나타난다(47장에 자세히 기술).

### (1) 대부분의 다모류는 측지(parapodia)를 가지는 해양성 동물이다

**다모강(Class Polychaeta)**은 바다에서 자유 유영하거나, 해안가 인근의 진흙 속에 땅을 파고 살거나, 그들 자신이 분비하여 만든 관이나 또는 다른 동물의 패각이나 모래와 같은 단단한 물질들을 점액질을 이용하여 뭉쳐 만든 관에 서식하는 해양 동물들 모두를 아우른다. 전형적으로 각 체절은 1쌍의 노와 같은 모양의 부속지인 **측지(parapodia; 단수 parapodium)**를 지니고 있는데, 측지는 이동과 가스교환 기능을 수행한다. 이러한 다육질의 구조는 많은 뻣뻣한 강모를 갖게 만든다(polychaete란 이름은 많은 뻣뻣한 털과 같은 강모들을 지니고 있다는 데에서 유래한다(본 장의 맨 앞 도입부에 있는 불벌레를 보아라). 대부분의 다모류는 눈과 촉각을 가진 잘 발달된 머리를 가진다. 머리는 촉수를 가지기도 한다.

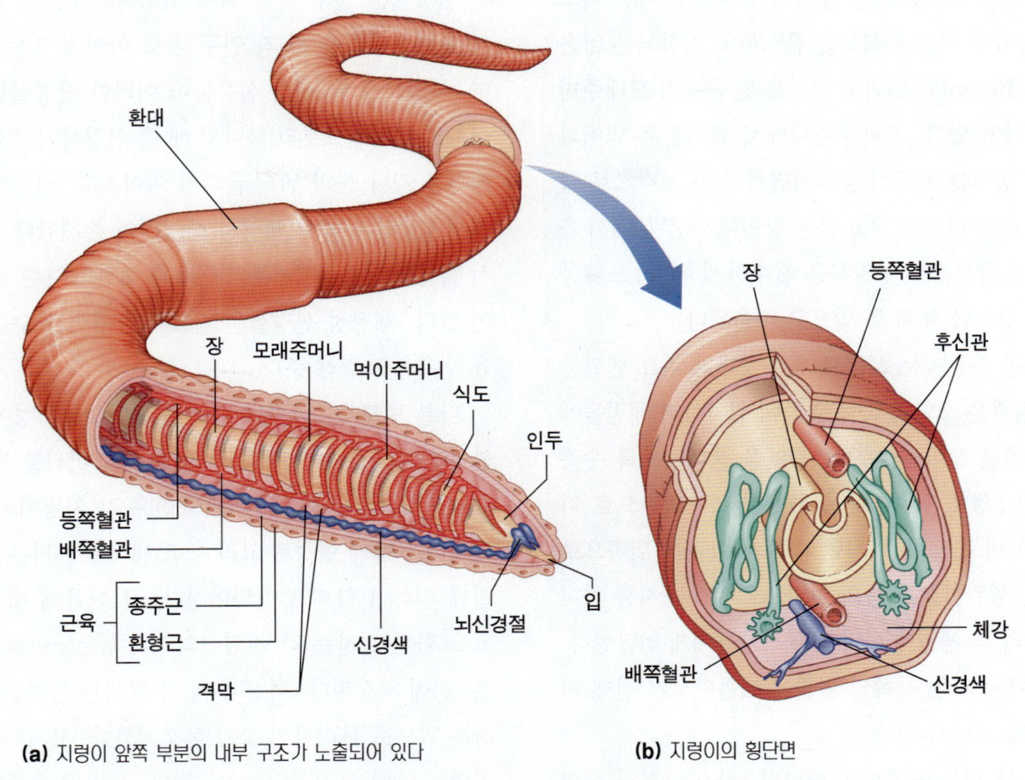


**(a)** 지렁이 앞쪽 부분의 내부 구조가 노출되어 있다

**(b)** 지렁이의 횡단면

**그림 30-12** 지렁이의 형태학적 구조.

다모류는 발생과정에서 연체동물과 유사한 자유 유영하는 담륜자 유생 시기를 거친다.

많은 다모류 종들은 수정을 보다 확실하게 하는 행동적 패턴을 진화시켜왔다. 자연 환경에서 일어나는 주기적인 변화 또는 사이클에 반응하여, 거의 한 종의 모든 암컷과 수컷 다모류들이 동시다발적으로 배우자를 체외로 방출한다. 예를 들면 남태평양의 산호초에 서식하는 *Palolo*속의 다모류의 90% 이상이 일 년 중 어느 하루 밤중에 2시간 이내에 알과 정자를 방출한다. 이러한 동물들에서는 계절적 주기가 생식 시기를 제한하며, 달의 사이클이나 조류 등이 생식시기를 결정하는데 깊은 연관성이 있다. *Palolo*속의 다모류 종들의 알과 정자를 낳는 몸의 뒤쪽 부분은 몸체로부터 잘려 떨어져 나온다. 이것은 표면에 와서 터짐으로써 배우자를 방출하게 된다.

### (2) 육상 지렁이류(빈모류)는 기름진 땅을 유지하는데 도움을 준다

**빈모강**(Class Oligochaeta)에 속하는 3,000여종 남짓한 종들은 거의 절대적으로 담수나 육상의 습지에 서식하고 있다. 이러한 빈모류들은 측지가 매우 적다. 체절당 매우 적은 수의 털들을 가지고 있으며(빈모강이라는 이름은 체절에 털이 거의 없다는 것에서 유래한다), 머리가 빈모류처럼 잘 발달되어 있지 않다. 모든 빈모류는 자웅동체이다.

가장 흔하게 발견되는 육상 빈모류 중 하나인 *Lumbricus terrestris*는 길이가 약 20 cm 정도 된다. 빈모류는 100개 이상의 체절을 가지며 격막의 위치는 두드러진 홈을 통해 외견상 확인 된다(**그림 30-12**).

빈모류의 몸은 상피세포로부터 분비되는 얇고 투명한 큐티클층에 의하여 건조로부터 어느 정도 보호된다. 상피의 선세포에 의하여 분비되는 점액은 몸 표면을 뒤덮는 부가적인 보호층을 형성한다. 체벽은 환상근으로 이루어진 외층과 종주근으로 이루어진 내층을 가진다.

빈모류는 매 24시간마다 자신의 무게 만큼에 해당하는 흙과 영양분이 풍부한 부식성 식물을 섭취하는 독특한 먹이 습성을 갖는다. 빈모류는 비옥한 토양의 형성을 촉진시키며 또한 유지한다. 빈모류의 움직임으로 인해 토양이 뒤섞이며 공기가 침투할 수 있고 빈모류가 만들어 내는 질소 노폐물과 더불어 토양을 비옥하게 만들어 준다.

빈모류는 복잡한 소화계를 가지고 토양의 먹이들을 가공한다. 먹이가 근육성 **인두**(pharynx)를 통하여 삼켜지고 나면 **식도**(esophagus)를 통과하게 되는데 식도는 음식물이 저장되는 얇은 벽으로 된 **먹이주머니**(crop)와 두꺼운 벽으로 된 근육성 **모래주머니**(gizzard)로 변형되어 있다. 모래주머니에서 음식물은 먹이와 함께 섭취된 모래 알갱이들 속에서 움직이면서 작은 조각으로 갈린다. 소화계의 나머지는 하나의 길고 곧은 장인데 이 부분에서 음식물을 화학적으로 소화시키고 영양분을 흡수하게 된다. 노폐물은 장으로부터 나와 항문을 통해 몸 밖으로 배출된다.

효율적이고 폐쇄된 순환계는 세로로 뻗은 2개의 주요 혈관들로 구성된다. 등쪽 혈관은 소화관 바로 위쪽에 위치하며 체절들에서 혈관들로부터 혈액을 모아 앞쪽으로 혈액을 뿜어내도록 수축된다. 식도 부위에서 5쌍의 혈관들은 등쪽에서 복부혈관으로 피를 뿜어낸다. 소화관 바로 밑에 위치한 배쪽의 혈관은 뒤쪽으로 피를 운송한다. 작은 혈관들은 배쪽의 혈관으로부터 가지를 치며 피를 체벽 뿐만 아니라 각 체절에 다양한 구조물들에게 전달한다. 이러한 구조물들 내에서 피는 등쪽의 혈관에 되돌아오기 전에 미세한 모세관들을 통해 흐르게 된다.

가스 교환은 촉촉한 피부를 통해 일어난다. 산소는 혈장(피의 액체 부분)에 있는 호흡 색소 헤모글로빈에 의해 전달된다. 배설계는 거의 모든 몸의 체절에서 반복적으로 나타나며 쌍으로 된 후신관으로 이루어져 있다.

신경계는 인두 바로 위에 위치하는 1쌍의 **뇌신경절**(cerebral ganglia; **단순한 뇌**)과 인두 바로 아래에 있는 신경절로 구성된다. 환상으로 된 신경 섬유들이 이러한 신경절들을 이어준다. 아래쪽의 신경절로부터 하나의 배 쪽 신경삭이 뻗어 나가 소화관 아래쪽을 지나 몸의 뒤쪽 끝까지 이어진다. 신경삭을 따라 각 체절에서 1쌍의 접합된 체절성 신경절이 존재한다. 신경들은 측면에서 체절성 신경절에서부터 근육과 체절의 다른 구조물들에까지 뻗어 있다. 체절성 신경절은 빈모류가 기어갈 수 있도록 체벽의 근육 수축을 조절해 준다.

다른 빈모류들처럼 지렁이들은 암수동체성이다. 교잡하는 동안 두 지렁이들은 서로 반대 방향으로 머리를 두면서 함께 배 쪽 표면을 밀착시킨다. 밀착된 표면은 각 지렁이의 *환대*(clitellum; 표피에 두텁게 형성된 고리 구조)에서 분비되는 두터운 점액성 물질에 의하여 함께 접착되어진다. 그 다음에 정자가 서로 교환되고 교환된 정자는 각 지렁이의 *수정낭*(seminal receptacles; 작은 낭)에 저장된다. 며칠 후에 각 환대는 끈적끈적한 액체를 함유하는 막으로 둘러싸인 고치를 분비한다. 고치가 앞쪽으로 미끄러지면서 알이 그 안에 놓이게 된다. 고치가 수정낭의 열려진 구멍 위를 통과할 때에 정자가 첨가되어진다. 고치가 지렁이의 머리 위를 지나 독립적으로 떨어져 나갈 때 열려진 구멍 부위가 조여져 닫힘으로써 결과적으로 하나의 실로 된 형태의 캡슐이 형성되도록 해준다. 수정된 알들은 이 캡슐 안에서 조그마한 지렁이들로 발달하게 되는데, 이러한 복잡한 생식 양상은 육상생활을 위한 하나의 적응 현상이라고 할 수 있다. 고치는 손상을 입기 쉬운 배우자들과 아직 어린 지렁이들이 건조되어 죽는 것을 방지해 준다.

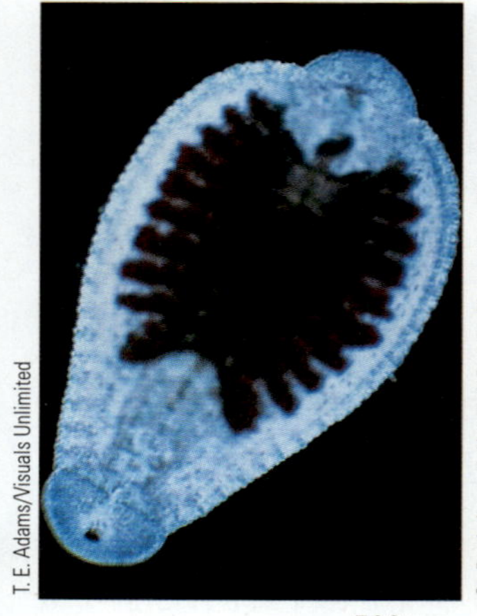


T. E. Adams/Visuals Unlimited

St. Bartholomew's Hospital/Science Photo Library/Photo Researchers, Inc.

**(a)** 포유동물을 먹이로 하는 흡혈 거머리(*Helobdella stagnalis*)의 광학현미경 사진. 거머리의 부풀어 오른 몸의 내부 소화관(어두운 부분)은 섭취한 피로 가득 채워져 있다.

**(b)** 의료용 돌거머리(*Hirudo medicinalis*)를 외상이나 질병에 의한 조직 내 혈액의 축적, 즉 혈종을 치료하는데 사용하는 모습을 보여 주고 있다.

**그림 30-13 거머리류.**

### (3) 많은 거머리들은 흡혈성 기생충이다

**질강**(Class Hirudinea)에 속하는 대부분의 거머리 종들은 담수에 서식하나, 어떤 종들은 바다 또는 육상의 습지 지역에 서식하기도 한다. 알려진 거머리 종들 중 약 75%가 흡혈성 기생충들이다. 몇몇 거머리 종들은 비흡혈성 포식자들로서 지렁이나 달팽이와 같은 작은 무척추동물들을 잡아먹는다. 거머리들은 강모나 측지를 가지지 않는다는 점에서 다른 환형동물들과는 차이가 있다.

거머리들은 앞쪽과 뒤쪽 양 끝에 근육질성 흡반을 가진다. 대부분의 기생성 거머리들은 척추동물 숙주에 붙어서 피부를 물어뜯은 다음 상당한 양의 피를 빨아 먹는다. 빨아들인 피는 소화관에 있는 작은 주머니에 저장한다. 먹이주머니에 있는 분비선에서 분비되는 항혈액응고제인 히루딘(hirudin)은 거머리가 액상의 피를 먹는 것을 가능하게 해준다. 30분 이내에 거머리는 몸 무게의 10배 가까이 되는 혈액을 흡혈할 수 있다. 어떤 거머리들은 몇 달에 걸쳐서 아주 천천히 먹은 음식물을 소화시키기 때문에 매년 약 두어 차례 정도만 음식을 섭취하기도 한다.

거머리는 예로부터 독을 지닌 동물에 쏘였거나 물렸을 때 이로 인해 부어 오른 부위로부터 피를 뽑아내는데 사용되어 왔다. 19세기 내내 거머리들은 많은 질병의 원인이라고 생각되는 '나쁜 피'를 제거하는데 넓게 사용되어졌다. 거머리들은 현대 의학에서도 상처, 병, 또는 수술의 결과로 초래되는 몸의 조직 내에 축적된 잉여의 피와 액체를 제거하기 위해 사용되고 있다(**그림 30-13**). 거머리는 손상을 입은 부위 근처에 붙어 상처를 낸 후 히루딘을 분비한다. 히루딘은 피가 응고 되는 것을 막아줌과 동시에 이미 응고된 피를 녹여 준다.

## 30.2.5 촉수동물에 속하는 동물문들은 섬모환으로 된 촉수를 가진다

촉수동물들은 소수의 예외를 제외하고는 해저 밑바닥 삶에 적응된 해양동물이다. 진체강동물 중에서도 촉수동물들은 **촉수관(lophophore)**을 가진다는 점에서 다른 진체강동물들과는 구분된다. 촉수관은 입 주변을 둘러싸고 있는 섬모환으로 된 촉수를 의미한다. 촉수관은 물속에서 부유성 입자(먹이)들을 포획할 수 있도록 특수화되어 있다. 촉수동물들은 명백히 구분되는 머리를 가지고 있지 않다.

생물학자들은 **촉수동물문들(lophophorate phyla)** – 완족동물문(Phylum Brachiopoda), 추형동물문(Phylum Phoronida), 태형동물문(Phylum Bryozoa) – 의 계통학적 위치에 대해 논쟁을 벌이고 있다. 몇 가지 구조적 유사성 때문에 전통적으로 촉수동물문들은 단계통성이며, 후구동물의 자매군으로 인식되어 왔다. 하지만 완족동물과 태형동물은 키틴으로 구성된 강모를 가지고 있고, 이는 환형동물과 일부 다른 촉수담륜동물에서도 나타나는 특징이다. 아직까지도 논쟁이 되고 있는 것은 사실이지만, 분자적인 자료들에 근거했을 때 촉수동물들은 촉수담륜동물에 속하는 것으로 여겨진다.

**완족동물류(brachiopods)**, 또는 조개사돈류는 차가운 물에 서식하는 단독 생활하는 해양성 동물이다. 완족동물은 몸이 2개의 패각으로 덮여있다는 점에서 조개나 다른 이매패류 연체동물과 닮아 있다(**그림 30-14a**). 그러나 그들은 딱딱한 패각이 아래 위

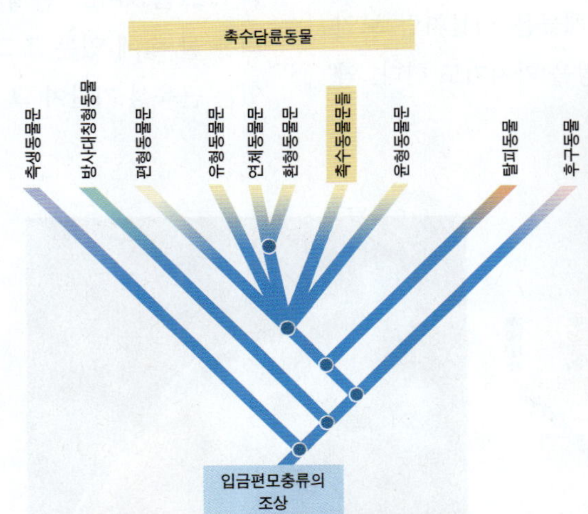

**(a) 완족동물문(Phylum Brachiopoda)**
다른 완족류와 같이 북방형 완족류(*Terebraulina septentrioalis*)도 외관상으로 조개와 많이 닮았다.

**(b) 추형동물문(Phylum Phoronida)**
추형동물에서 보이는 단일 촉수관의 모습. 이 동물의 길이는 20cm이나, 직경은 단지 3mm에 불과하다.

**(c) 태형동물문(Phylum Bryozoa)**
대부분의 태형동물들처럼 그림의 담수산 태형동물(*Cristatella mucedo*)는 무성생식 중 하나인 출아법에 의해 군집을 형성한다.

**그림 30-14 대표적인 촉수동물들.**

로 있는 이매패류 연체동물과는 달리, 양 측면으로 덮여져 있다. 각각의 패각은 가운데를 중심으로 대칭적이지만 두 패각의 크기는 대개 다르다. 완족동물은 패각으로 둘러싸인 몸통 아래로 길게 뻗은 자루를 접착하는 기면에 부착한다. 촉수관의 섬모가 왔다 갔다 하면서 조금 열린 패각의 틈 사이로 먹이를 포함하는 물을 가져온다. 오늘날에는 불과 현서종이 350종 정도에 불과하지만 완족동물은 고생대에 매우 풍성하고도 다양한 종들이 서식했었다고 알려져 있다. 고생물학자들은 약 3만 여종의 완족동물의 화석종을 기록하고 있다.

**추형동물류**(phoronids)는 전 세계적으로 단지 20여종만이 서식하고 있다고 알려져 있다. 일부 추형동물들은 침전되는 관을 분비하여 그 속에 숨어 산다(**그림 30-14b**). 추형동물은 먹이를 잡기 위해서는 관 밖으로 촉수관을 내뻗는다. 추형동물의 크기는 매우 다양하여 2 cm에서 20 cm정도의 길이를 갖으나, 직경은 1–3 mm에 불과하다.

'이끼벌레'라고도 불리는 **태형동물**(Bbryozoa)은 무성출아법에 의해 고착성 군체를 형성한다(**그림 30-14c**). 하나의 군체는 수백 만개의 개체들로 이루어져 있으며 군체들은 식물처럼 보인다. 다른 태형동물 군집들은 산호충의 외양을 가지기도 한다. 약 5,000종의 현서종이 알려져 있다.

### 30.2.6 윤형동물은 섬모관을 갖는다

우리에게 그리 익숙하지 않은 무척추동물들 중에는 **윤형동물문**(**Phylum Rotifera**)이 있는데 이를 흔히 수레바퀴 동물(wheel animal)이라고도 부른다. 다른 원생동물들보다 크기가 더 작은 현미경적 크기의 수서성인 이 동물은 다세포성 동물이다. 현재까지 2,000종 이상이 기재되어 있다. 대부분 담수에서 서식하지만 일부는 해양환경에서 살거나 습지에서 서식한다. 윤형동물문은 이전에는 의체강류에 속하는 동물군으로 분류되었으나 현재는 많은 생물학자들이 윤형동물이 체강을 가진 동물들로부터 진화한 매우 진화된 동물군으로 생각하고 있다(그림 29–7과 그림 29–8 참조). 윤형동물이 큐티클 층을 가지고 있기 때문에, 선형동물과 절지동물이 속하는 탈피동물과 함께 분류하는 생물학자들도 있으나, 다른 생물학자들은 이를 촉수담륜동물로 분류한다.

윤형동물은 앞쪽 끝에 특징적인 섬모관부를 가진다. 윤형동물이 유영하면서 음식물을 섭취하는 동안 급격한 섬모 운동이 일어나게 되는데 이때 마치 바퀴가 돌아가는 것 같은 모습을 연출한다.(**그림 30-15**). 윤형동물은 섬모운동으로 인해 입 쪽으로 이끌려온 물 속에 있는 조그마한 생물들을 잡아먹는다. 입의 앞쪽에 있는 근육성 기관이 그 음식물을 잘게 부순다. 완전한 소화관 끝

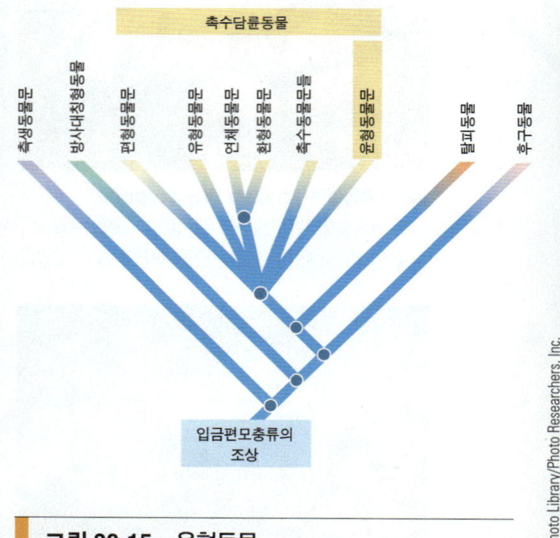


**그림 30-15 윤형동물.**

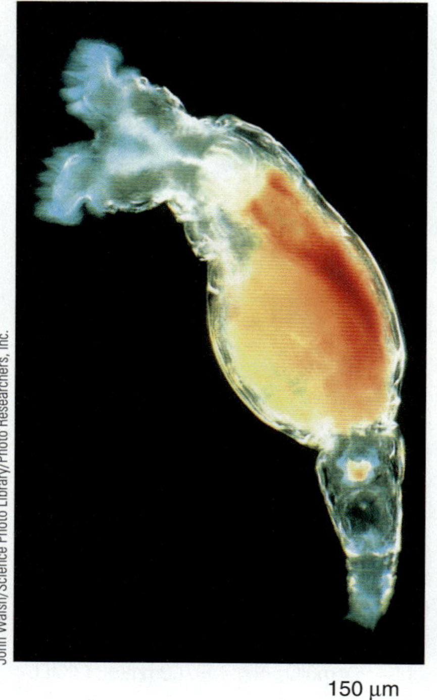


**(a)** 포낭을 형성하여 겨울철을 넘기는 남극산 윤형동물(*Philodina gregaria*)의 광학 현미경 사진.

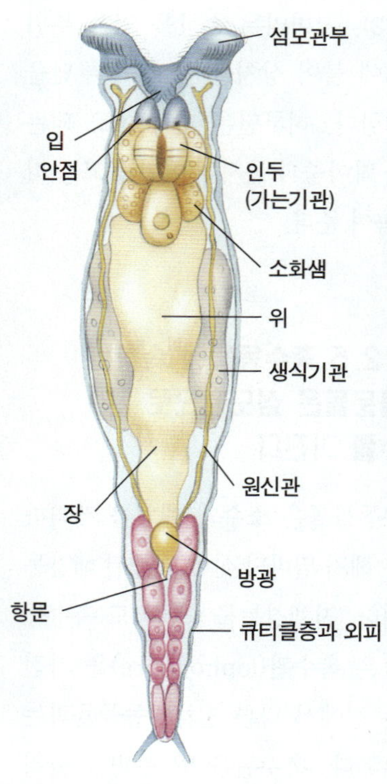


**(b)** 윤형동물의 해부학적 구조를 보여주는 종단면 그림. 섬모 운동을 통해 입안으로 조류와 같은 먹이들을 끌어들인다.

쪽에는 하나의 항문이 있으며 이 항문을 통하여 노폐물이 배출된다. 윤형동물은 하나의 뇌와 안점을 포함한 감각기관으로 이루어진 하나의 신경계를 가진다. 불꽃 세포로 된 원신관은 체내로부터 잉여의 물을 제거해 주고 대사과정을 통해 만들어진 노폐물들을 또한 방출해 준다.

생물학자들은 몇몇 다른 무체강동물과 같이 윤형동물이 "세포 항존성"를 지닌다는 것을 발견했다. 한 종에 속하는 개체들은 정확히 동일한 수의 세포를 갖는다. 몸의 각 부분은 정교하게 정해진 수의 세포들을 가지며 하나의 특징적인 양상으로 배열되어 있다. 세포 분열은 배 발생 이후에는 일어나지 않으며, 체세포 분열도 일어나지 않는다. 세포의 크기가 커지면서 성장이 일어난다. 생물학 연구에서 도전해야할 도전해야 할 과제들 중 하나가 이러한 비분열성 세포들과 대부분의 동물에서의 분열성 세포들 사이에 차이점을 알아내는 것이다. 여러분이 생각하기에 윤형동물이 암에 걸릴 수 있겠는가?

**복습**

- 좌우대칭과 두화의 이점은 무엇인가?
- 생물학자들이 유형동물을 촉수담륜동물로 분류하는 근거는 무엇인가?
- 복족류의 생활양식이 두족류의 생활양식과 어떻게 다른가? 특징적인 각각의 생활양식에 대하여 각 동물군에서 진화된 적응들이 무엇인지 규명하여라.
- 다음에 나오는 동물문들 각각에 대해 2가지씩 구별되는 특징들을 기술하여라. (a) 연체동물 (b) 환형동물 (c) 선형동물

## 30.3 탈피동물

**학습목표**

8 선형동물문의 독특한 특징들을 서술할 수 있다.

9 절지동물문의 독특한 특징을 기술하고, 절지동물의 아문들과 강들 사이의 차이를 설명하고, 각 그룹에 속하는 동물들의 예를 제시할 수 있다.

10 곤충들이 엄청난 생물학적 성공을 거둔데 기여한 요소들이 무엇인지 설명할 수 있다.

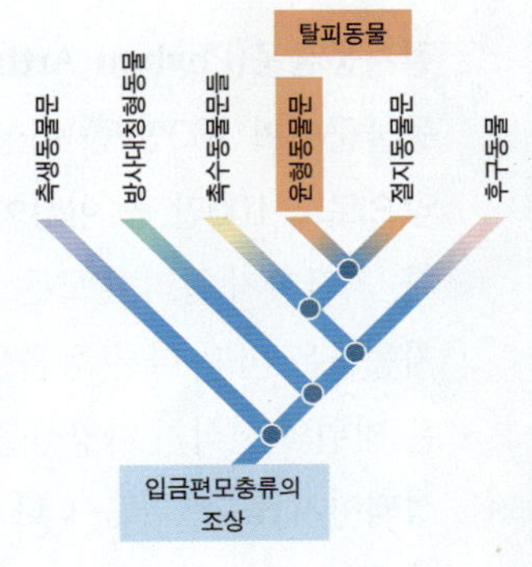


**탈피동물**(Ecdysozoa)은 선형동물(회충)과 절지동물을 포함한다. 탈피동물은 상피조직에서 분비되어 몸을 덮고 있는 비세포성 큐티클(cuticle)에 의하여 특징지워진다. 탈피동물이라고 하는 이름은 **탈피**(ecdysis 혹은 molting) 과정을 가지고 있다는 데서 비롯되었다. 탈피하는 동안 탈피동물들은 큐티클을 벗는다. 탈피동물의 분류학적 유효성은 여러 유형의 데이터들에 의해 입증되어져 왔다. 그 중에 가장 눈에 띄는 연구는 2001년에 300개 이상의 리보솜 RNA 유전자들과 138개의 형태 형질들을 분석하여 이루어진 것이다.

### 30.3.1 회충은 생태적으로 매우 중요하다

**선형동물문**(Phylum Nematoda)에 속하는 **회충**(roundworm)은 아주 작은 생물들의 분해자나 포식자로써 생태학적으로 중요한 역할을 수행한다. 많은 토양 선형동물들은 박테리아를 잡아먹는다. 선형동물들은 토양과 해양이나 담수의 침전물들에서 엄청나게 많은 수로 광범위하게 분포되어져 있다. 거의 20,000여종에 가까운 종들이 기재되었고 많은 종들이 여전히 미 기록된 상태로 남아있다. 선형동물은 개체의 수적인 측면에서 곤충과 맞먹는다. 한 삽 분량의 흙에는 이러한 주요 현미경적 크기의 동물들이 몸부림치기도 하며, 꼬여있기도 하고, 풀려있기도 한 상태로 수백만 개체 이상이 들어 있다. 자유 유영하는 토양 선충인 예쁜꼬마선충(*Caenorhabditis elegans*)은 발생의 유전적 조절을 연구하는 생물학자들에게는 연구를 위한 중요한 모델 생물이다(17장 참조).

길쭉하고 원통형이며 실과 같이 생긴 선형동물의 몸은 뾰족한 양 말단을 가지고 있으며, 거칠고 유연성이 있는 큐티클로 덮여있다(▌그림 30-16). 바로 아래쪽에 있는 상피조직으로부터 분비되는 두터운 큐티클은 선형동물의 몸의 형태를 만들어 주고 약간의 보호 작용도 한다. 상피조직은 별도의 구별된 세포들로 구성되

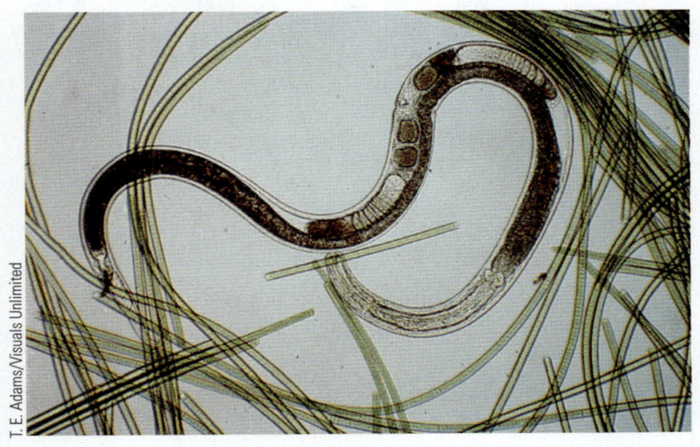


**그림 30-16 자유생활 하는 선형동물들의 광학현미경 사진.**
먹이인 시아노 박테리아(Oscillatoria)의 군집 속에서 유영하는 미동정된 수중 선충의 모습.

어 있지 않다는 점이 특이하다.

선형동물은 유체정역학적 골격으로서 기능을 하는 액체로 충만한 의체강을 가진다. 그것은 근육 수축의 힘을 갇혀 있는 액체로 전달해 준다. 의체강에서 액체의 움직임은 영양분의 전달과 분배에 있어 중요하다. 끈벌레처럼 선형동물은 좌우대칭성을 보이며 하나의 완전한 소화관을 가지고 있고 3개의 분명한 조직층과 명백한 기관계를 가진다. 그러나 그들은 특수한 순환 구조가 없다. 성은 대개 분리되어 있으며 수컷이 일반적으로 암컷보다 작다.

전통적으로 생물학자들은 선형동물을 의체강동물로 지렁이와 같은 몸 구조, 잘 발달된 머리의 부재와 같은 특징들로 인해 하나의 독립적인 문으로 분류했다. 하지만 분자적 증거들은 선형동물이 하나의 단계통군이 아니며 체형에 있어서 훨씬 더 복잡한 동물들로부터 단순화 과정을 거치면서 진화해 왔다고 제시하고 있다. 계통분류학자들은 오늘날 선형동물을 탈피동물로 분류하고 있다(그림 29-8참조). 절지동물과 다른 탈피동물과 같이 선형동물은 주기적으로 큐티클을 벗는 탈피를 한다.

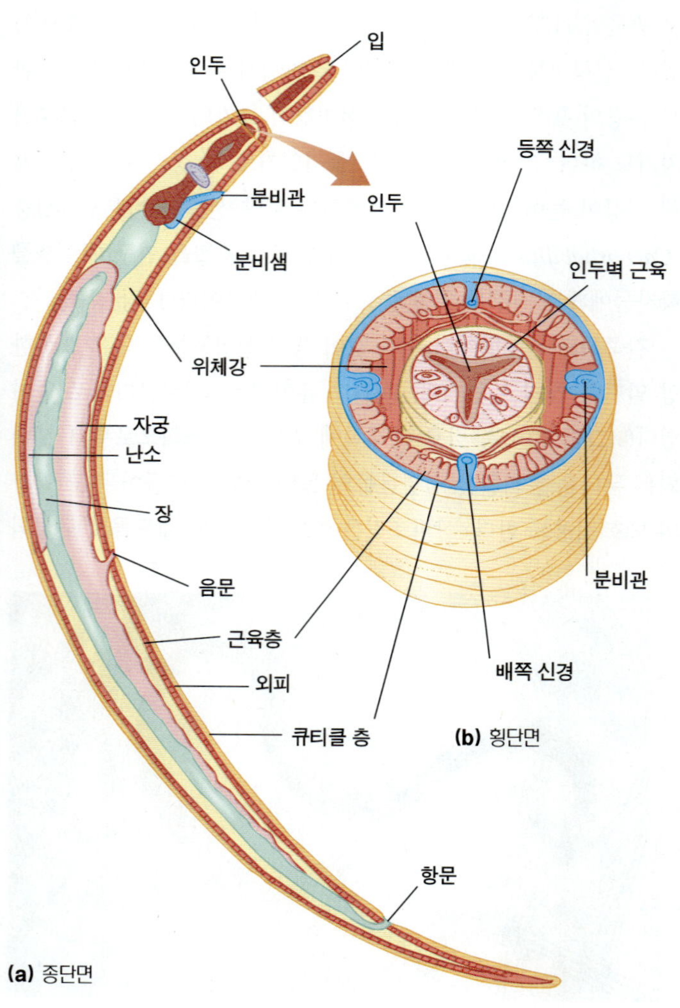


**그림 30-17** 회충(*Ascaris*)

**(a)** 입에서 항문까지 뻗어있는 완전한 소화관을 주목하라. **(b)** 회충의 전반적인 횡단면은 관속에 관이 들어 있는 형태의 몸 구성을 보여준다. 몸을 덮고 있는 방어용 큐티클 층은 수분 증발을 방지해 준다.

대부분의 선형동물들이 자유 생활을 하지만 다른 선형동물들은 식물이나 동물에 중요한 기생 동물들이다. 50종 이상의 회충이 인체 기생충인데, 예로 회충(*Ascaris lumbricoides*), 십이지장충(hookworms), 요충(pinworms), 선모충(trichina worms) 등을 들 수 있다. 흔한 장내 기생충인 **회충(*Ascaris*)**은 약 25 cm 길이의 하얀색 벌레이다. 회충은 인체의 장에서 성체 시기를 보내며 그들은 거기에서 부분적으로 소화된 음식물들을 섭취한다(**그림 30-17**). 대부분의 기생충이 그렇듯이 회충은 종의 생존을 담보하기 위해 증식을 위한 엄청난 노력을 수행한다. 성숙한 암컷은 하루에 200,000개의 알을 생산한다.

**십이지장충(hookworms)**은 장의 내벽에 고리를 걸고 피를 빠는데 이 경우 심각한 조직 손상을 야기하며 혈액의 손실을 초래한다. **요충(pinworms)**은 어린 아이에게서 발견되는 가장 흔한 기생충이다. 작은 크기의 요충의 알은 흔히 요충이 묻은 손으로 음식을 먹음으로써 감염된다. **선모충(trichina worms)**은 다양한 동물들의 내부에 서식하는데 돼지, 쥐, 곰 등이 그 예이다. 인간은 전형적으로 요리되지 않은, 감염된 고기를 먹음으로써 감염된다. 유생은 골격근 속에서 포낭을 형성한다.

### 30.3.2 절지동물은 관절이 있는 부속지와 키틴질로 된 외골격이 특징이다.

**절지동물문(Phylum Arthropoda)**은 가장 생물학적으로 성공한 동물군이며 100만 종 이상이 이 그룹에 포함된다. 생물학자들은 앞으로도 100만 종 이상이 추가로 발견될 것이라고 예측하고 있다. 지금까지 알려진 모든 동물들의 80% 이상이 절지동물이다! 절지동물은 어떤 다른 동물문들에 속하는 종들보다도 엄청나게 넓은 범위의 서식처 다양성을 가지고 있으며 매우 다양한 종들로 구성되어져 있다. 다음에 나오는 적응들이 절지동물의 성공에 기여한 주요 원인들이다:

1. 환형동물의 경우와 마찬가지로 절지동물의 몸은 체절화되어 있다. 체절성(segmentation)은 몸 부분의 특수화에 대한 기회를 제공하기 때문에 진화적인 관점에서 매우 중요하다. 절지동물군에서 체절은 그것들에 의하여 만들어진 모양, 근육, 부속지들

에 의해 특수한 기능을 수행할 수 있도록 특수화되어져 있다.

2. 키틴질과 단백질로 이루어진 단단한 **외골격(exoskeleton)**은 전체 몸과 부속지를 덮고 있다. 외골격은 천적으로부터 보호해 주는 갑옷과 같은 외투 역할을 해주며 수분의 과잉 손실을 방지해 준다. 그것은 또한 바로 아래에 있는 부드러운 조직들을 지지해 주는 역할도 한다. 절지동물은 효과적으로 움직일 수 있는데 그 이유는 외골격의 안쪽 표면 부위에 별도의 구별되는 근육이 부착하여 몸과 부속지의 접합부를 조정하기 때문이다. 외골격의 단점은 절지동물의 외부 성장을 위해 주기적으로 탈피해야 하는 데에 있다. 탈피는 이전에 사용하던 외골격을 벗는 과정이며 좀 더 크게 성장하는 과정이다. 벗겨진 외골격은 전체적으로 대사상의 손실을 수반하며, 이로 인해 탈피(molting)는 일시적으로 절지동물이 천적에게 공격당하기 쉬운 상태에 처하게 만드는 원인이 된다.
3. 절지동물문이라는 이름의 유래(arthropod는 '관절화된 다리'를 의미)가 된 쌍으로 된 관절이 있는 부속지(paired, jointed appendages)는 여러 다른 기능들을 수행하도록 변형되어 있다. 이것들은 수영을 하는데 쓰이는 노(swimming paddles)나, 걷는 다리, 먹이를 잡아 다루는 입 부분, 감각구조, 또는 정자를 전달하기 위한 기관 등 다양한 기능을 수행한다.
4. 환형동물의 것과 닮아 있는 절지동물의 신경계는 하나의 '뇌'(뇌신경절)와 신경절을 가진 배 쪽 신경삭으로 구성된다. 몇몇 절지동물들에서는 연속된 신경절이 함께 접합되어져 있다. 절지동물들은 다양한 매우 효과적인 감각기관들을 가지고 있다. 많은 절지동물들이 듣기 위한 기관들을 가지고 있으며 맛을 보고 접촉을 하는 것과 관련된 감각기인 **촉각(antennae)**을 갖는다. 대부분의 동물들과 많은 갑각류들은 많은 **낱눈(ommatidia)**들로 이루어진 **겹눈(compound eyes)**을 가진다(그림 42-17 참조). 겹눈은 상을 형성할 수 있으며 움직임을 감지하는 데에 특별히 적응되어 있다.

절지동물은 개방순환계(open circulatory system)를 가지고 있다. 등쪽에 위치한 관 속의 관 모양의 심장이 등쪽의 동맥 속으로 혈림프(hemolymph)를 뿜어내며, 등쪽의 동맥들은 다시 더 작은 동맥들로 가지를 친다. 동맥의 혈림프는 모여서 혈체강을 만들게 되는 커다란 공간 속으로 흘러간다. 종국적으로 혈림프는 혈체강벽에 나있는 소공(ostia)이라고 불리는 열린 구멍을 통해 심장으로 다시 들어가게 된다.

외골격은 가스교환을 위한 특수한 호흡계 진화의 필요성을 대두시키면서 체벽을 통해 산소와 이산화탄소가 확산되기 위한 경계선 역할을 한다. 대부분의 수서성 절지동물은 가스교환의 기능을 하는 아가미를 가진다. 반면에 많은 육상형 절지동물들은 내부에서 가지를 치는 **기관**(tracheae 또는 trachea tubes)이라 불리는 공기가 소통하는 관 체계를 갖는다. 다른 육상절지동물들은 납작한 판과 같은 **책허파(book lungs)**를 가진다.

체강은 조그마한 공간이며 생식계의 기관에 의하여 주로 채워져 있다. 절지동물의 소화계는 육상 지렁이의 것과 유사한 하나의 관으로 이루어져 있다. 배설 구조는 강에 따라 다양한 편이다.

### (1) 절지동물의 진화와 분류는 논쟁 중에 있다

절지동물과 밀접하게 연관되어져 있다고 생각되는 2가지 동물로 유조동물과 완보동물이 있다(**그림 30-18**). 절지동물처럼 유조동물과 완보동물은 두꺼운 큐티클층을 가지고 있어 성장을 위해서는 탈피를 거쳐야 한다. 몸은 두 동물은 절지동물과 같이 체절화되어 있으며, 순환계가 매우 유사하다.

발톱벌레라고도 불리는 지렁이와 유사하게 생긴 **유조동물문(Phylum Onychophora)**은 절지동물 계통으로부터 초기에 분지되어져 나온 것으로 생각되어진다. 유조동물은 쌍으로 된 부속지를 가지나, 부속지에 관절은 없다. 절지동물에서처럼 유조동물의 턱은 부속지로부터 분화된 것이다. 일부 생물학자들은 완보동물(물곰벌레)을 절지동물에 근연한 것으로 위치시킨다(그림 2-12 참조). **완보동물문(Phylum Tardigrada)**으로 분류되어지는 이러한 작은 동물들은 갈라지지 않은 발톱이 있는 다리들을 가진다.

**(a) 유조동물.** 부드러운 몸체와 연속되는 관절이 없는 다리가 특징이다. 멸종된 대부분의 유조동물들은 바다에 살았으나 현존하는 유조동물들은 습도가 높은 숲에서 서식한다.

**(b) 완보동물.** 물곰벌레라고 흔히 알고 있는 완보동물은 이끼류의 표면에 수분으로 이루어진 막과 같이 일반적으로 수분이 촉촉하게 있는 곳에서 서식한다.

**그림 30-18 유조동물과 완보동물.**

이 동물들은 절지동물에 속하진 않지만 절지동물과 매우 가까운 계통유연관계를 가진다.

표 30-4

**현존하는 절지동물의 아문**

| 아문과 강 | 몸의 구획 | 부속지: 촉각, 구기부 | 부속지: 다리 | 가스교환 | 발생 | 주요 서식지 |
|---|---|---|---|---|---|---|
| **다지아문**<br>순각강(지네류)<br>배각강(노래기류) | 두부와<br>체절화된 몸통 | 단지형, 한쌍의 촉각,<br>구기부: 큰턱, 작은턱 | 순각강: 체절당<br>한쌍 배각강:<br>대개 체절당 두쌍 | 기관 | 직접 | 육상 |
| **협각아문**<br>퇴구강(투구게)<br>거미강(거미, 전갈,<br>응애) | 두흉부, 복부 | 단지형, 촉각 없음,<br>구기부: 협각,<br>턱부위의 보조 다리 | 퇴구강: 5쌍의<br>걷는 다리, 거미강:<br>두흉부에 4쌍의<br>걷는 다리 | 퇴구강: 아가미<br>거미강: 서폐,<br>기관 | 직접, 응애와<br>진드기 제외 | 주로 육상 |
| **갑각아문**<br>연갑강(바다가재,<br>게, 새우, 등 각류)<br>만각강(따개비류)<br>요각강(요각류) | 두부, 흉부,<br>복부 | 이분지형, 두쌍의 촉각,<br>큰턱, 두쌍의 작은 턱<br>(먹이를 다루기 위한) | 전형적으로<br>체절당 한쌍 | 아가미 | 보통, 유생단계<br>(나우플리 우스 유생) | 해양, 혹은 담수<br>일부는 육상 |
| **육각아문**<br>곤충강(메뚜기,<br>개미, 벌, 바퀴벌레,<br>딱정벌레, 파리) | 두부, 흉부,<br>복부 | 단지형, 형쌍의 촉각,<br>구기부: 큰턱, 작은턱 | 흉부에 3쌍의<br>걷는 다리 | 기관 | 전형적으로<br>유생단계를 거치며,<br>대부분 완전변태 | 주로 육상 |

절지동물의 화석 증거들은 절지동물의 출현 시기가 선캄브리아기까지 거슬러 올라간다는 것을 보여준다. 절지동물의 진화 역사의 초기에(5억 4천만년전보다 이전) 절지동물은 몇 가지 그룹으로 분화되었다. 절지동물은 캄브리아기의 동물 종의 폭발적 출현기(Cambrian radiationexplosion 또는 Cambrian Big Bang)동안 급격하게 진화하였다. 이것은 버제스혈암(Burgess Shale)과 다른 고대 지역들에서 발굴된 많은 다양한 화석들에 의하여 입증되어지고 있다.

우리는 최근 들어 급격하게 증가하고 있는 분자와 다른 유형의 자료들에 근거하여 5가지 주요 절지동물군을 여기에서 논의할 것이다: 멸종한 삼엽충류, 현존하는 다지류(Myriapoda), 협각류(Chelicerata), 갑각류(Crustacea), 육각류(Hexapoda)(표 30-4). 분류학자들은 이들을 아문이나 강 준위의 분류군으로 보고 있다. 이 책에서는 이러한 그룹들을 아문으로 분류하고자 한다. 절지동물과 다른 선구동물과의 관계와 절지동물 내에서의 주요 분류군 간의 계통유연관계로 논쟁 중에 있다.

### (2) 삼엽충은 초기 절지동물이다

가장 최초로 진화한 절지동물들 중에서 **삼엽충(trilobites)**은 5억년 전 보다 이전인 고생대의 얕은 바다에 서식했다. 약 2억 5천만년 전경에 멸종한 것으로 알려진 이 절지동물은 바다의 바닥에 살거나 진흙 속에 들어가 살았다. 대부분 3 −10 cm의 크기를 가졌지만 몇몇 종들은 거의 1 m에 달하는 길이를 가지고 있었다.

단단하고 체절화된 외골격에 의하여 덮여 있는 삼엽충의 몸은 납작한 타원형이었으며 세 부분으로 나뉘어져 있었다: 1쌍의 촉각과 1쌍의 겹눈을 갖는 앞쪽의 머리부분, 흉부, 뒤쪽의 배(그림 30-19; 21장의 도입부 참조). 이러한 부분들을 직

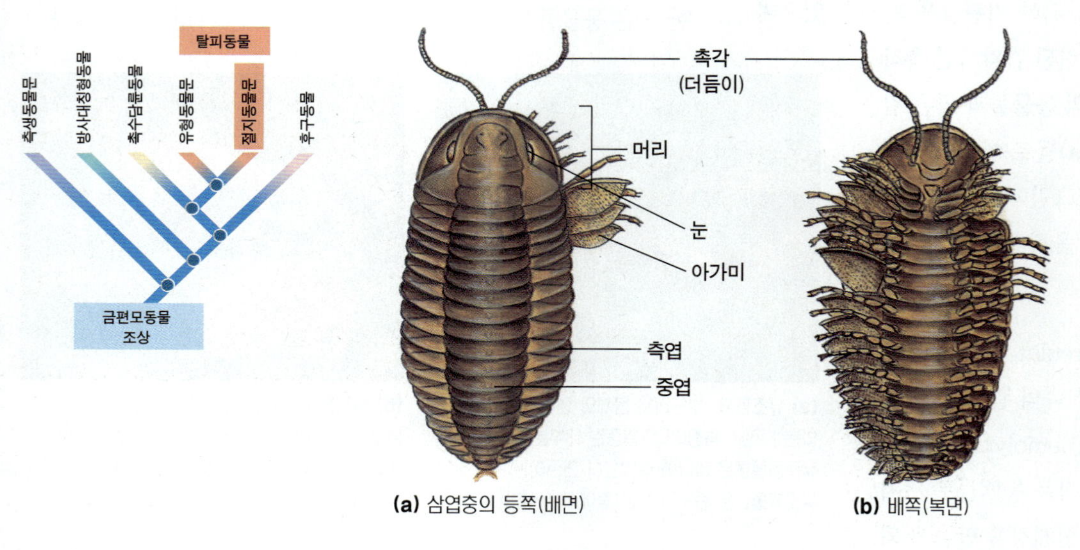


**그림 30-19** 삼엽충아문.

생물학자들은 이 멸종한 해양 절지동물을 절지동물문에 속하는 동물 중 가장 원시적인 동물로 여기고 있다.

각으로 위에서 내려다보면, 2개의 등 쪽 홈이 세로로 뻗어 있어 몸을 하나의 중엽과 2개의 측엽으로 나누어 준다(trilobite라는 이름은 몸을 이렇게 3개의 세로로 된 부분으로 나눌 수 있다는 의미를 내포한다). 각각의 체절은 기저부에서부터 뻗어 있는 2개의 관절화된 가지들로 이루어진 부속지인 1쌍의 체절화된 **이분지형 부속지**(biramous appendages)를 가진다. 삼엽충에서 각 부속지는 하나의 안쪽 걷는 다리와 아가미를 가진 하나의 바깥쪽 가지로 구성된다.

### (3) 다지아문은 지네류와 노래기류를 포함한다

**다지아문**(Subphylum Myriapoda)에 속하는 종들은 **단지형 부속지**(uniramus appendage), 턱과 유사한 **대악**(mandible), 1쌍의 촉각으로 특징지워 진다. 지네류(**순각강**, Class Chilopoda)와 노래기류(**배각강**, Class Diplopoda)는 육상형이며 전형적으로 온대 지방이나 적도 지역의 토양에서 돌이나 나무 아래에서 발견된다. 이러한 동물들은 하나의 머리와 많은 체절(각 체절은 단지형 다리를 가짐)로 이루어진 하나의 몸통을 가진다는 점에서 유사하다(▮ 그림 30-20).

지네류(수 백개의 다리를 가진)는 머리 뒤쪽에 있는 체절들 각각에 1쌍의 다리를 가진다. 대부분의 지네류는 그들의 이름만큼 많은 다리를 가지고 있지는 않다. 전형적으로 30개 남짓 정도의 다리를 가지고 있으며 극소수의 종들만이 100개 혹은 그 이상의 다리를 가지고 있다. 지네류의 다리는 길고 빠르게 달릴 수 있도록 만들어져 있다. 지네류는 육식성이어서 다른 동물들을 잡아먹는데 대개는 곤충류를 먹이로 한다. 크기가 큰 지네류들은 뱀, 쥐, 개구리들을 먹기도 한다. 머리 바로 뒤 쪽에 있는 몸통의 첫 번째 체절 위에 독발톱이 있어 지네류는 이를 이용해 먹이를 잡아 죽인다.

노래기류('수 천개의 다리를 가진')는 대부분의 몸의 체절에 2쌍의 다리를 가진다. 노래기류는 지네류만큼 재빠르지는 않으며 대부분의 종들이 땅 위에서 매우 느리게 기어갈 수 있다. 그러나 노래기류는 흙이나 썩은 나무들을 뚫고(밀어내고) 지나갈 수 있는 강력한 힘을 가지고 있다. 노래기류는 일반적으로 초식성이며 살아 있거나 죽어 있는 식물들 모두를 먹는다.

Dwight Kuhn

**(a)** 지네류(돌지네, *Lithobius* sp.) 순각강(class chilopoda)에 속함. 지네류는 체절당 한 쌍의 부속지를 가진다.

John R. MacGregor/Peter Arnold, Inc.

**(b)** 노래기류(*Diplopoda pachydesmus*), 배각강에 속함. 노래기류는 체절당 두 쌍의 부속지를 가진다.

**그림 30-20** 다지아문.

### (4) 협각류는 촉각이 없다

**협각아문**(Subphylum Chelicerata)은 퇴구류(투구게)와 거미류를 포함한다. 협각류의 몸은 하나의 두흉부(cephalothorax; 머리와 흉부가 융합됨)와 하나의 배로 이루어져 있다. 협각류는 촉각이 없는 유일한 절지동물이다. 그들은 씹는데 쓰이는 큰 턱을 가지고 있지 않다. 대신에 입의 바로 앞쪽에 위치하는 첫 번째 쌍의 부속지가 **협각**(chelicerae; 단수형 chelicera)으로 되어 있는데 이 협각은 송곳니와 같은 음식물의 섭식에 사용하는 부속지이다. 두 번째 쌍의 부속지는 **다리수염**(pedipalp)이다. 협각과 다리수염은 다양한 그룹들에서 서로 다른 기능을 수행하도록 변형되어졌다. 예를 들면 음식물을 다루기, 이동, 방어, 교잡 등이 그것이다. 두흉부에 있는 4쌍의 다리는 걷기 위해 특수화되어져 있다.

대부분의 모든 **퇴구류**(merostomes)는 멸종되었다. 유일하게 투구게만이 살아남았고 투구게는 3억 5천만년 이상 동안 변하지 않고 형질을 유지해 왔다. 북아메리카 해안을 따라 흔하게 발견되는 퇴구류의 한 종인 투구게(*Limulus polyphemus*)는 말발굽 모양이다(▮ 그림 30-21a). 길고 뾰족한 꼬리는 이동에 사용되어지며 방어나 공격을 위해 사용하지는 않는다. 투구게는 모래로 된 해저

Milton H. Tierney Jr./Visuals Unlimited

**(a)** 퇴구강에 속하는 유일하게 생존하고 있는 동물들은 투구게와 근연관계에 있는 극히 일부의 종이다. 주기적으로 투구게(*Limulus polyphemus*)들은 교미 때가되면 해변으로 돌아와 교미를 하는데 사진은 수컷들이 하나의 암컷을 차지하기 위해 경쟁하고 있는 모습이다.

Steve Maslowski/Visuals Unlimited

**(b)** 흑거미(*Latrodectus mactans*) 암컷이 거미줄에서 휴식을 취하고 있다.

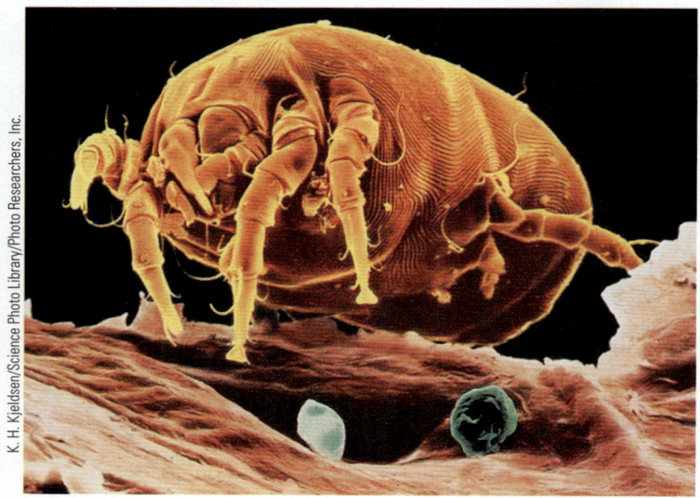
K. H. Kjeldsen/Science Photo Library/Photo Researchers, Inc.

100 μm

**(c)** 집먼지진드기의 주사전자현미경 사진. 집에서 흔히 서식함. 이 진드기의 잔해는 집먼지 속에 섞여 알레르기를 일으키는 원인이 된다.

**그림 30-21 협각아문.**

바닥에서 발견할 수 있는 연체동물이나 벌레들 또는 다른 무척추동물들을 먹이로 삼는다.

**거미류(arachnids)**는 거미, 전갈, 진드기, 응애를 포함한다(**그림 30-21b, c**). 6만 5천종 남짓한 거미류 종들의 대부분은 육식성이며 곤충류나 다른 조그마한 절지동물류들을 먹이로 삼는다. 거미류의 몸은 두흉부와 배로 이루어져 있으며 관절화된 6쌍의 부속지를 가진다. 거미에서는 첫 번째 쌍인 협각이 송곳니와 같은 구조를 가지며 먹이를 뚫기 위해 사용한다. 몇몇 거미 종들은 협각을 먹이에 독을 주입하는 데 사용하기도 한다. 거미는 다리수염이라고 하는 두 번째 쌍의 부속지를 가지는데 이것은 음식을 붙잡아 씹는데 사용한다. 많은 거미류(arachnids)에 속하는 종들은 생식(정자를 전달하고 구애행동을 나타내는데 필요)을 위한 또는 먹이의 맛을 보기 위한 감각기관으로 변형된 다리수염을 가진다. 전갈은 그들의 매우 큰 다리수염을 먹이를 붙잡기 위한 집게로 사용한다. 협각류들은 걷기 위해 나머지 4쌍의 부속지를 사용한다.

전형적으로 거미는 8개의 눈을 가지는데 두흉부의 앞, 등쪽 모서리를 따라 각각 4개씩 두 줄로 배열되어 있다. 눈은 움직임을 포착하고 물체의 위치를 파악하며 몇몇 종들의 경우에는 상대적으로 분명한 상을 형성한다.

거미류(arachnids)에서 가스교환은 기관이나 책허파 또는 둘 다에 의하여 일어난다. 책허파는 책의 쪽과 같은 15–20개의 납작한 판으로 이루어져 있으며 그것은 가느다란 혈관을 포함하고 있다. 공기는 배에 있는 기공을 통해 몸으로 들어가서 그 판들 사이를 순환한다. 공기가 그 판에서 혈관 위로 지나갈 때 산소는 혈액으로 확산되고 이산화탄소는 혈액을 빠져 나와 공기 중으로 확산되어 나간다. 4쌍의 책허파는 가스교환을 위한 엄청나게 많은 표면적을 제공한다.

거미는 방적돌기(spinnerets)라고 불리는 기관에 의해 실로 뽑아지는 탄력성 있는 단백질인 실크를 분비하는 배 부분에 독특한 샘(gland)들을 가진다. 실크는 방적돌기로부터 나올 때에는 액체 상태이지만 그것이 몸을 떠나면서 단단해 진다. 거미는 실크를 집을 짓거나, 고치 속에 알을 넣어 두기 위해 사용하며 몇몇 종에서는 먹이를 잡는 거미줄을 치는데 사용하기도 한다. 많은 거미들은 한 종 내의 개체들 사이에서 의사소통을 하는 수단으로써 또는 안전선으로써 실크로 된 흔적샘을 그어 놓는다. 흔적샘을 통해 다른 거미는 성을 알 수 있고 거미줄을 쳐 놓은 거미의 성숙 정도를 파악할 수 있다.

전갈뿐만 아니고 모든 거미들은 먹이를 잡는데 유용한 독샘을 가지고 있지만 단지 소수의 종만이 인간에게 해를 주는 독을 생산한다. 미국내에서 가장 넓게 분포하고 있는 독성 거미는 흑거미(black widow *Latrodectus mactans*; 그림 30-21b)이다. 흑거미 독은 신경으로부터 근육으로 정보를 전달하는 것을 방해하는 신경독이다.

**(a)** 물에 떠다니는 나무에 매달린 만각강에 속하는 조개삿갓류(*Lepsa fascicularis*). 자루를 가진 조개삿갓류는 미국의 서해안을 따라 조간대의 바위에 다량으로 서식한다.

**그림 30-22** 갑각아문.

**(b)** 해면게(*Criptodromia octodenta*), 오스트레일리아에서 찍은 사진으로 게의 등위에 위장술의 한 형태로 살아있는 해면이 덮여있다.

일부 응애(mites)는 유기물질들을 분해함으로써 토양의 비옥도를 높이는데 기여하지만 많은 응애들이 심각한 유해성 절지류이다. 그들은 곡식을 먹으며 가금류나 애완동물에 전염병을 옮기고 우리 인간의 몸에 서식한다. 어떤 응애는 개나 다른 가축 동물들에 옴을 일으킨다. 빨간 응애의 유생형태인 chiggers(빨간 벌레)는 피부에 붙어 소화액을 분비하여 염증을 일으켜 옴이 옮은 빨간 자국을 남긴다.

응애 보다는 큰 진드기류(ticks)는 개, 사슴을 포함한 많은 동물에 기생한다. 그들은 록키산맥 반점열(Rockey mountain spotted fever), 텍사스 소떼 열(Taxas cattle fever), 반복하여 재발하는 열병, 라임병(lyme disease)을 전염시킨다.

### (5) 갑각류는 해양 먹이 사슬에서 필수적 구성원이다

**갑각아문**(subclass **Crustacea**)은 바다가재, 게, 새우, 따개비와 그 인접 분류군들을 포함한다(**그림 30-22**). 고생물학자들은 갑각류 화석이 캄브리아기까지 거슬러 올라가 발견된다고 하는데 이것은 5억 5천만년 전 이전을 의미하는 것이다. 최근의 연구 결과에 따르면 갑각류는 육각아문과 단계통군을 형성한다(23장 참조).

많은 갑각류들은 조류와 유기 퇴적물의 1차 소비자들이다. 셀 수 없는 수십억 종류의 현미경적 크기의 갑각류들이 주로 해양의 위층에서 자유롭게 떠다니는 해양성 동물프랑크톤의 일부를 차지한다. 갑각류는 물고기나 수염 고래와 같은 다른 해양 동물의 먹이가 된다.

갑각류의 독특한 특징은 *노플리우스 유생*(nauplius larva)이다. 이 유생은 대개 알에서 부화한 후 첫 번째 단계를 의미한다. 이 유생은 가장 앞쪽에 3쌍의 부속지만을 가지고 있다. 갑각류는 또한 큰 턱, 이분지형 부속지, 2쌍의 촉각에 의하여 특징 지워진다. 그들의 촉각은 접촉과 맛을 보기 위한 감각기관으로 작용한다. 대부분의 성체 갑각류들은 겹눈을 가지며 많은 갑각류들이 중력을 감지하는 감각기관인 **평형낭(statocysts)**을 갖는다(그림 42-6 참조).

단단한 **대악(mandibles)**은 음식물을 씹고 잘게 부수는 데에 사용되어지며 세 번째 쌍의 부속지에 해당한다; 그들은 아래 쪽 입의 각 부분에 존재한다. 대악의 뒤쪽으로 2쌍의 부속지가 있는데 제1, 제2 **소악(maxillae)**이 바로 그것이다. 이 소악은 음식물을 다루고 붙잡는데 사용한다. 몇 가지 다른 부속지의 쌍들이 존재하는데, 이 중 일부는 걷기에 용이하게 변형되어 있고, 일부는 수영을 하거나 정자를 전달하는 일을 위해, 일부는 알과 어린 개체를 운반하기 위해, 일부는 감각 기능을 수행하기 위해 특수화되어 있다.

갑각류들은 수서성인 유일한 절지동물군이며, 전형적으로 가스교환을 위해 아가미를 가지고 있다. 머리에 위치하고 있는 2개의 커다란 샘들(glands)이 대사 후 생성된 노폐물들을 방출하며 염의 균형을 잡아준다. 대부분의 갑각류들은 독립적인 성을 가지고 있다. 교잡하는 동안 수컷은 암컷에게 정자를 전달하기 위한 특수화된 부속지를 사용한다. 새롭게 부화된 동물들은 성체를 닮았거나, 성체의 몸으로 발달되기 이전에 연속적인 일련의 유생단계를 거치면서 지속적인 탈피를 한다.

유일한 고착성 갑각류인 따개비는 갑각아문의 다른 구성원들

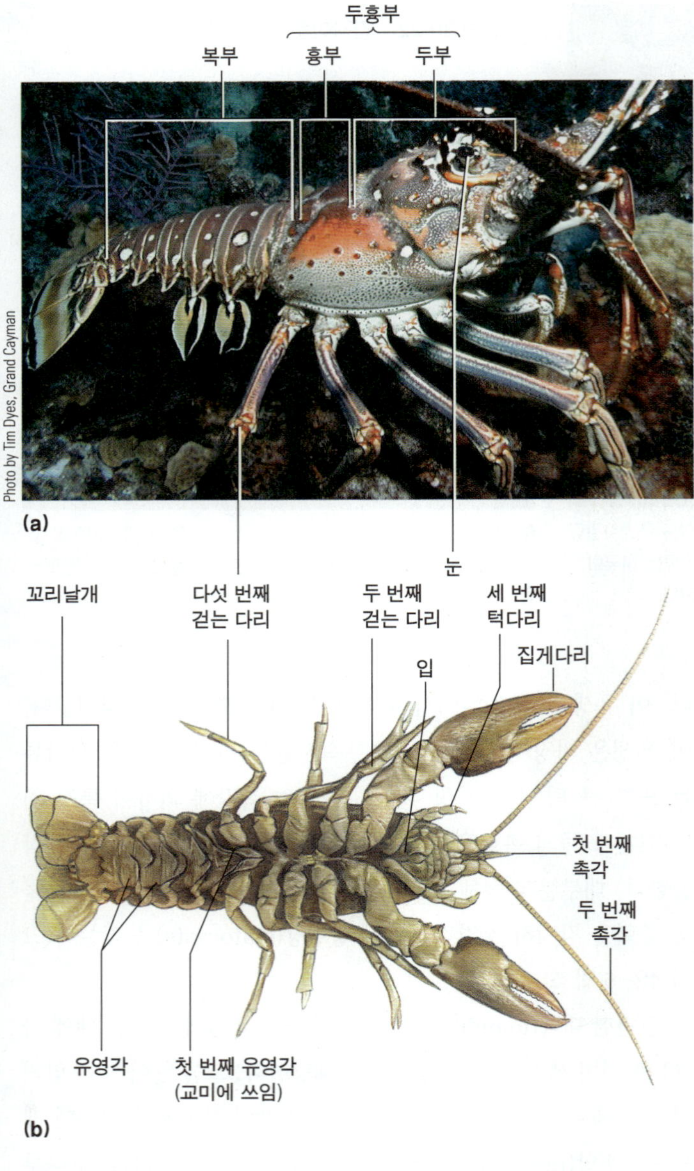


**그림 30-23 바닷가재의 해부학적 구조.**

**(a)** 다른 십각류와 같이 바닷가재의 일종인 닭새우(*Panulirus argus*)는 다섯 쌍의 걷는 다리를 가진다. 첫 번째 걷는 다리 1쌍은 집게다리 형태로 변형되었다. **(b)**바닷가재의 배쪽 그림

과는 판이하게 다른 외부 형태적 구조를 가지고 있다. 그들은 복합적인 컵 모양의 석회질성 패각을 분비하여 그 안에서 살아가는 해양 여과섭식성 동물들이다(그림 30-22a 참조). 따개비의 유생은 몇 번의 탈피 과정을 거치는 자유 유영 형태이다. 그들은 종국적으로 고착형이 되며 성체로 발달하게 된다. 19세기 박물학자인 **루이스 애거씨즈**(Louis Agassiz)는 따개비를 "석회석으로 만들어진 집에서 머리 위에 세워진 입 쪽으로 음식물을 몰아가는 한 마리의 작은 새우와 같이 생긴 동물이다"라고 묘사하였다. 해양의 선원들에게 어려움을 주는 따개비들은 엄청난 수로 배의 밑바닥에서 번성할 수 있다. 그들의 존재는 30% 이상까지 배의 속도를 감소시킬 수 있다.

**등각류**(Isopods)는 대개 5-15 mm 길이를 갖는 매우 작은 해양 갑각류인데 해양의 밑바닥에 서식한다. 이 그룹에는 공벌레와 쥐며느리 같은 친숙한 육상동물도 포함된다. 주로 현미경적 크기를 가지고 있는 요각류(copepods)는 갑각류에서 가장 큰 그룹이다. 해양 요각류들은 동물성 플랑크톤 중에 가장 풍성한 구성원이다.

갑각류에서 가장 큰 목인 **십각목**(Decapoda)은 바닷가재, 가재, 게, 새우 등을 포함하여 10,000종 이상을 내포한다. 대부분의 십각류는 해양성이지만 가재, 몇몇 새우, 소수의 게들과 같은 몇몇 극소수의 십각류들은 담수에 서식한다. 일반적으로는 갑각류, 구체적으로는 십각류가 그 동물의 다양한 부위들에서 부분적으로 놀랄 만큼 특수화되고 분화된되어진 것을 보여준다. 바닷가재에서 몸의 서로 다른 부분의 부속지들의 형태와 기능이 현저하게 차이가 난다(**그림 30-23**).

바닷가재 머리의 5개의 체절과 흉부의 8개의 체절은 하나의 두흉부로 융합되어 있으며 그 위쪽과 옆쪽은 **두흉갑**(carapace)라고 하는 칼슘염을 함유하는 키틴질로 구성된 덮개로 둘러싸여 있다. 2쌍의 촉각은 화학 수용체와 감촉할 수 있는 감각기관으로 작용한다(대악은 짧고 강해 음식물을 잘게 부수고 물어뜯는데 사용된다). 대악의 뒤쪽에는 2쌍의 보조적인 섭식을 위한 부속지가 존재한다: 제1, 제2 소악. 흉부에 있는 첫 번째 3개의 체절의 부속지는 턱다리로 음식물을 잘게 잘라 입 쪽으로 전달하는데 도움을 준다. 흉부의 네 번째 체절에는 1쌍의 커다란 **집게다리**(chelipeds)가 있으며, 나머지 4개의 흉부 체절에는 걷는 다리가 있다.

첫 번째 배의 체절에 있는 부속지들은 생식계 부분이며 수컷에서는 정자를 전달하는 기능을 한다. 다음에 이어지는 배의 체절은 쌍을 이룬 **유영각**(swimmerets)들을 가지고 있는데 유영각이란 작은 노와 같은 구조로써 일부 십각류에서는 유영하는 데에 사용되고 모든 종들의 암컷에서 알을 보유하는데 사용된다. 여섯 번째 배의 부속지는 각 가지들이 하나의 커다란 편평한 구조로 구성되어 있으며 배의 편평한 뒤쪽 끝과 함께 뒤쪽으로 수영할 때에 사용하는 꼬리 날개를 형성한다.

### (6) 곤충류는 육각아문에 속한다

백만 종 이상이 기재된(아마도 최소한 백만 종 이상이 기재가 덜된 것으로 추정됨) **육각아문**(Subphylum Hexapoda)에 속하는 **곤충**

## 표 30-5

### 곤충강의 일부 목

**목, 종 수, 특징, 대표적인 성충들**

**불완전변태하는 곤충(알 → 유충 → 성충)**

**매미목(43,000)**

진딧물, 멸구, 매미충, 매미, 깍지벌레, 2쌍의 막성 날개; 부리 형태로 되어 뚫기도 하고 흡입할 수도 있도록 형성된 구기; 식물에 기생; 식물의 병을 운반하는 매개체

버팔로 나무매미충
*Stictocephala bubalus*

**잠자리목(6,000)**

잠자리, 실잠자리, 2쌍의 긴 막성 날개; 저작구기; 큰 복안; 활발한 포식자; 유충의 형태는 성충과 매우 다름

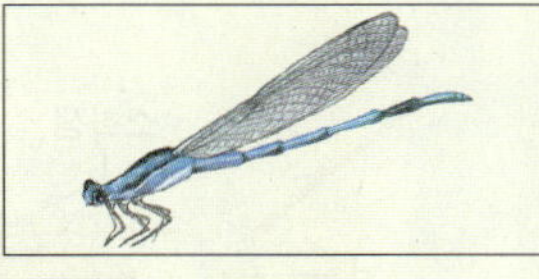

실잠자리
*Ischnura* sp.

**메뚜기목(20,000)**

메뚜기, 귀뚜라미, 앞날개는 가죽같고, 뒷날개는 막성; 저작구기; 대부분 초식성; 일부 종은 농작물피해의 원인; 일부는 육식동물

실포크형 꼬리를 가진 수풀철써기
*Scudderia furcata*

**바퀴목(3,700)**

바퀴벌레, 앞날개는 가죽같고, 뒷날개는 막성; 저작구기; 달리는데 적응된 다리

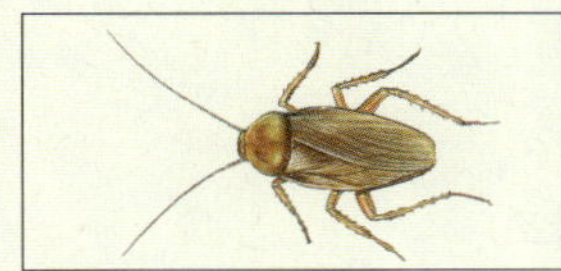

미국바퀴벌레
*Periplaneta americana*

**흰개미목(2,000)**

흰개미, 2쌍의 날개, 혹은 날개 없음; 날개는 교미 후 생식 형태로 바뀌면서 떨어져 없어짐; 저작구기; 사회성 곤충; 큰 군체를 형성; 나무를 먹음

동양땅속흰개미
*Reticultermes flavipes*

**이목(300)**

흡혈이, 날개 없음; 뚫고 흡입할 수 있는 구기; 포유류의 페외기생충; 머리와 몸에 기생하는 이, 음부에 기생하는 사면발이는 인간에 기생한다; 발진티푸스의 매개체

사람의 머리와 몸에 기생하는 이
*Pediculus hunamus*

**노린재목(68,000)**

빈대, 소금쟁이, 뒷날개는 막성; 앞날개는 크기가 작음; 부리형태의 뚫고 흡입할 수 있는 구기; 대부분 초식성; 일부는 기생성

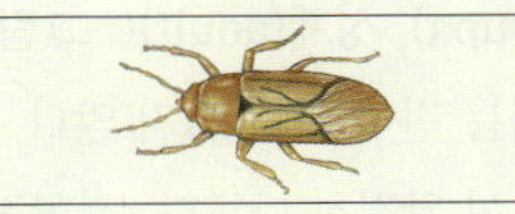

빈대
*Blissus leucopterus*

**완전변태하는 곤충들(알 → 유충 → 번데기 → 성충)**

**나비목(140,000)**

나방, 나비, 보통 2쌍의 막성, 화려한 비늘을 가진 날개; 흡입구기; 유충은 식물을 먹는 벌레 같은 풀쐐기이다; 성충은 꽃의 화밀을 빤다; 중요한 수분 매개체

긴꼬리산누에나방
*Aetias lina*

**파리목(150,000)**

집파리, 모기, 비행은 오직 앞날개의 기능; 뒷날개는 퇴화되어 작고 곤봉모양을 가진 평형곤(halteres)으로 변형됨–날 때 균형 잡는 역할 담당; 대개는 흡입하기에 적합하게 적응된 구기(일부는 뚫기에 적합함); 유충은 가축과 음식에 손상을 주는 구더기(파리), 모기의 경우는 장구벌레; 성충은 수면병, 황열, 말라리아 같은 질병을 옮김

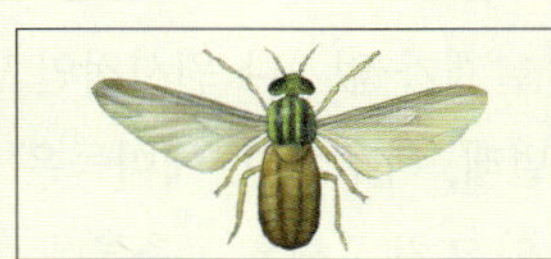

사슴파리
*Chrysops vittatus*

**벼룩목(1,750)**

메벼룩, 날개 없음; 뚫고 흡입할 수 있는 구기; 들러붙거나 점프하는데 적합하게 적응된 다리; 새나 포유류에 기생; 림프절 페스트와 티푸스의 매개체

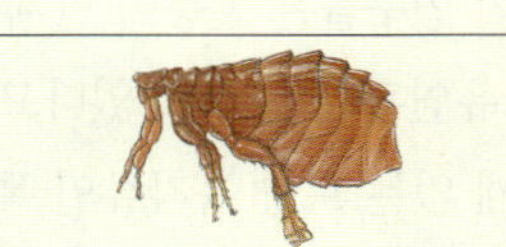

개벼룩
*Ctenocephalides canis*

**딱정벌레목(350,000)**

딱정벌레, 바구미, 앞날개는 막성, 뒷날개를 덮어 보호하도록 변형됨(때때로 부재); 저작구기; 곤충 중에서 가장 큰 목; 대부분이 초식성, 일부는 수서성

콜로라도 감자 딱정벌레
*Leptinotarsa decemlineata*

**벌목(190,000)**

개미, 벌, 장수말벌, 보통 2쌍의 막성 날개; 구기는 저작하거나 화밀을 핥아먹도록 변형되어 있음. 많은 종들이 사회성 곤충들임; 일부는 침으로 쏘기도 함; 중요한 수분 매개충

얼굴흰점말벌
*Vespula maculata*

**무변태 곤충들(알 → 미성숙 상태 → 성충)**

**좀목(320)**

좀, 날개 없음; 뜯고–씹을 수 있는 구기; 복부 뒤쪽으로부터 뻗어 나간 2–3개의 "꼬리"; 죽은 잎들에서 서식; 책 속의 전분을 먹음

좀
*Lepisma saccharina*

**강**(Class Insecta)은 다양성, 지리적인 분포, 종의 수, 개체 수의 관점에서 우리 행성에서 가장 번성한 동물군이다(▮ 표 30-5).

그들은 크기 면에서는 부족할지도 모르지만 단순히 숫자적인 면으로만 보아도 엄청나다. 우리가 지구상에 존재하는 모든 곤충들의 무게를 합한다면 그 무게는 나머지 모든 육상동물들의 무게를 합한 것을 초과할 것이다. 일차적으로 곤충들은 육상에 서식하지만 일부 곤충 종은 담수에, 소수의 종이 해양에, 일부 종들은 조간대에 서식한다.

원시적이며 날개가 없는 종으로 가장 초기의 화석으로 남아있는 육각류는 지금으로부터 3억6천만년 전인 데본기까지 거슬러 올라간다. 2억8천6백만년 전보다 이전인 석탄기의 육각류 화석은 날개가 없거나 원시적인 날개를 가진 종 둘다를 나타낸다. 바퀴벌레, 하루살이, 매미들은 석탄기부터 오늘날까지 비교적 변하지 않고 생존해온 곤충류에 속한다. 최근까지 생물학자들은 곤충이 단계통군이라고 생각해 왔고 다지류(지네류와 노래기류)와 밀접하게 연관되어 있다고 생각해 왔다. 최근에 분자적이고 발생학적인 연구들은 곤충이 단계통군이 아니며 갑각류와 훨씬 더 가까운 유연관계를 갖고 있다고 제시하였다. 분자계통학자들은 또한 날개 없는 토양 육각류인 **톡토기**(springtails)가 곤충과는 독립적으로 진화해 왔을지도 모른다고 제안하고 있다.

우리는 곤충을 관절(articulated = jointed)과 기관(tracheated)을 갖는 **육각류**(hexapods)로 정의한다. 곤충의 몸은 명백하게 구분되는 세 부분으로 구성된다: 머리, 가슴, 배(▮ 그림 30-24). 곤충류가 갖는 단지형(분지되지 않은) 부속지들은 성체의 흉부로부터 뻗어 나온 3쌍의 다리와 많은 목에서 1쌍 혹은 2쌍의 날개들을 포함한다. 1쌍의 촉각이 머리에서 돌출되어 있으며 감각기관들은 홑눈과 겹눈 둘다를 포함한다. 그들이 갖는 복잡한 구강 부위는 큰 턱과 작은 턱을 포함하는데 이것은 뚫고, 씹고, 빨고, 휘감는 행동들을 위해 적응되어져 있다.

곤충의 기관계는 그들의 다양성 증가를 위해 중요한 기여를 해왔다. 공기는 체벽에 있는 조그마한 구멍인 **기문**(spiracles)을 통하여 기관으로 들어간다. 산소는 직접적으로 내장 기관으로 전달된다. 비록 그들이 개방순환계를 가지고 있을지라도 이러한 효과적인 산소 운반체계는 비행과 같은 활동들을 위해 필수적인 고도로 빠른 대사 속도를 지니도록 해 주었다.

배설은 2개 혹은 그 이상의 말피기관에 의하여 수행되는데 **말피기관**(Malpighian tubules)은 혈액으로부터 대사노폐물을 받아 농축시키고 다시 장으로 보낸다. 말피기관은 물 보존 기능을 수행하므로 육상절지동물에게 그 중요성이 매우 크다(그림 47-4 참조).

**요점**

모든 동물들 중 가장 성공적인 곤충류는 관절을 가지며, 기관호흡을 하고, 6개의 다리를 가진다.

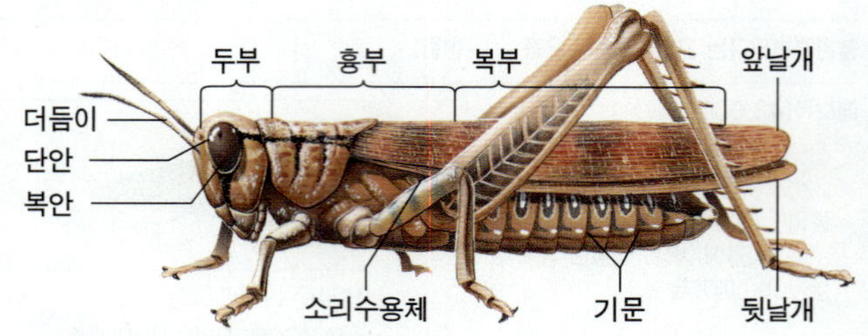

**(a)** 외부형태. 세 쌍의 체절화된 다리 주목.

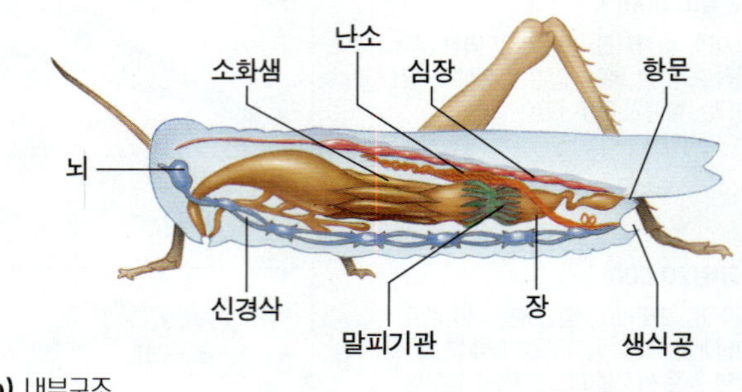

**(b)** 내부구조.

**그림 30-24** 메뚜기의 해부학적 구조.

암수가 나누어져 있으며 수정은 내부에서 일어난다. 여러 번의 탈피가 발생 과정에서 일어난다. 탈피과정 사이의 미성숙한 단계를 **영**(instars)이라고 부른다. 좀류와 같은 날개가 없는 원시적인 곤충들은 직접적이거나 단순한 발생과정을 거친다: 막 부화된 유생들 형태가 성체의 형태와 닮아 있다. 메뚜기와 바퀴 같은 다른 곤충들은 **불완전변태**(incomplete metamorphosis)를 수행하는데 유충은 성체와 많은 부분이 닮아 있으나 날개나 생식 구조가 결핍되어 있다. 유충은 좀 더 성체로 발달하면서 일련의 탈피과정을 거친다.

벌, 나비, 벼룩 등을 포함하는 대부분의 곤충들은 **완전변태**(complete metamorphosis)를 수행하는데 이 경우는 4가지의 분명한 단계의 생활사를 거친다: **알**(egg), **유충**(larva), **번데기**(pupa), **성체**(adult)(▮ 그림 30-25). 벌레와 같은 모양의 유충은 성체는 전혀 닮아 있지 않다. 예를 들면 나비의 유충은 나비와는 체형이 완전히 다르다. 전형적으로 하나의 곤충 유충으로 그 생애의 대부분을 보내게 된다. 유충은 번데기 과정을 거치는데, 이 단계에서 먹는것과 탈피하는 것을 멈추고 보호막으로 둘러싸인 고치 내에서, 또는 땅 아래에 굴을 파고 살아간다. 번데기는 아무것도

**그림 30-25 폴리페무스 나방의 완전변태.**

이 나방(*Antheraea polyphemus*)은 거대 명주 나방류 중 하나이다.

먹지 않으며 그 자신을 보호할 수 없다. 유충 단계 동안 축적되어 저장된 에너지는 몸을 재구성하는데 소모한다. 하나의 성체가 되었을 때 기능할 수 있는 날개와 생식기관을 가지게 된다.

벌, 개미, 흰개미와 같은 몇몇 종들은 군집이나 혹은 몇 가지 서로 다른 유형의 개체들(각각은 몇 가지 특별한 기능들을 하도록 적응되어짐)로 구성되어진 사회로서 존재한다. 일부 곤충 사회를 이루는 구성원들은 "춤"이나 외부 환경으로 분비되는 물질인 **페로몬(pheromone)**에 의하여 서로 의사 소통을 한다. 사회성 곤충과 그들의 의사 소통 방식은 51장에서 다룰 예정이다.

**곤충의 생물학적 성공에 기여한 적응.** 곤충의 성공 비결은 무엇일까? 단단한 외골격이 곤충의 천적으로부터 보호해 주고 수분의 손실을 막는데 도움을 준다. 체절화가 움직이는 이동성과 유연성을 담보해 주고 몸의 부분적 특수화를 가능하게 해 준다. 예를 들어 머리화와 고도로 발달된 감각기관은 공격과 방어에서 중요하다. 곤충의 체형은 괄목할 만한 많은 종류의 생활양식으로 적응되도록 매우 많은 방식으로 변형되고 특수화 되어져 왔다. 관절화된 부속지들은 다양한 유형의 섭식, 감각 기능, 서로 다른 유형의 이동 방식(걷기, 점프하기, 수영하기)을 위해 특수화되어 왔다. 예를 들어 메뚜기의 구기부는 잎을 물어뜯고, 씹는데 적응되었다. 나비와 나방의 구기부는 꽃으로부터 즙액을 빨도록 적응되었고, 모기의 구기부는 피를 빨도록 적응되었다. 진딧물과 멸구는 식물을 찔러 식물 즙액을 먹도록 특수화된 구기부를 가지고 있다.

곤충이 성공하는데 기여한 또 다른 적응은 비행 능력이다. 땅위나 아래에서 기어 다니는 다른 육상 무척추동물과는 달리 많은 곤충들은 매우 빠르게 날 수 있다. 그들의 날개와 조그마한 몸의 크기는 곤충들이 넓은 분포 지역을 갖도록 하는데 일조했고 많은 예들에서 보듯이 그들의 즉각적인 생존을 가능하게 만들어 주었다. 예를 들면 연못이 말랐을 때 성체 수서곤충들은 다른 서식처로 날아갈 수 있다.

곤충의 생식 능력은 놀라움을 금치 못할 정도이다. 이상적인 조건하에서 초파리(*Drosophila*)는 1년에 25세대를 생산할 수 있다! 곤충의 알은 두꺼운 막에 의하여 보호되어지며 몇몇 알들은 그 외에도 보호를 위한 알집으로 덮여있다. 곤충의 생활사를 서로 다른 단계로 나눔으로써 변태는 종 내의 경쟁을 감소시킨다. 유충의 형태는 다른 생활양식을 갖는데 그로 인해 음식이나 서식처에 대해 성체와 경쟁하지 않는다.

곤충들은 공격과 방어를 위해 많은 흥미로운 적응들을 가지고 있다(그림 7-8 참조). 우리는 벌과 말벌의 침을 잘 알고 있는데 이것은 특수화된 알을 낳는 구조(산란관)이다. 많은 곤충들은 그들의 서식처의 배경과 거의 흡사한 **은폐색(cryptic coloration)**을 가지며, 어떤 것들은 죽은 가지나 나뭇잎 같이 보인다. 다른 것들은 독성이 있는 곤충들을 모방하는데 이러한 의태는 보호 작용을 한다. 다른 것들은 움직이지 않음으로써 죽은 것처럼 위장한다.

곤충들은 촉각적, 청각적, 시각적, 화학적 신호에 의하여 의사소통을 한다. 예를 들면 어떤 개미 종들은 페로몬을 지나온 길을 표시하기 위하여 사용하고 위험을 경고하기 위하여 사용하기도 한다. 다른 곤충들은 짝을 유도하기 위하여 페로몬을 사용하기도 한다.

**곤충이 인간에게 미치는 영향.** 모든 곤충들이 음식물 때문에 인간과 경쟁하는 것은 아니며, 곤충 때문에 몸을 움츠리거나, 울화가 치밀거나 혹은 상처를 입는다 할지라도, 모든 곤충이 다 해롭기만 한 것은 아니다. 벌, 말벌, 딱정벌레를 포함하여 곤충들은 작물과 과일 나무의 꽃에 충매 작용을 한다. 일부 곤충은 인간에게 해로운 다른 해충을 제거해 준다. 예를 들면 사마귀는 모기를 잡아먹는다. 그리고 일부 유기농업을 하는 농부들과 가정의 정원사들은 무당벌레를 구입하는데 무당벌레들은 진딧물과 다른 해충들을 식물로부터 제거하는데 탁월한 능력을 가진다. 곤충들은 많은 먹이망의 주요한 구성원이다. 많은 조류, 포유류, 양서류, 파충류, 그 외 몇몇 어류들은 곤충을 주된 먹이로 삼는다. 많은 딱정벌레와 파리 유충은 부식 퇴적물들을 먹는다. 그들은 죽은 식물과 동물 및 그들이 배출하는 노폐물들을 분해하고, 영양분을 재순환시키도록 만들어 준다.

많은 곤충이 만드는 산물들은 인간에게 유용하다. 벌은 초, 윤활유 또는 그 외 다른 산물들을 만들기 위해 사용되는 벌 왁스뿐만 아니라 꿀을 만든다. 도료는 나무의 즙액을 먹고 사는 일정 크기의 곤충들에 의해서 분비되는 랙(lac)으로부터 만들어 진다. 그리고 누에가 일함으로써 우리에게 아름다운 섬유를 제공해 준다.

부정적인 측면을 살펴보면 곤충은 매년 수십억 달러 어치의 농작물을 파괴한다. 흰개미는 건축물을 파괴하고 옷좀나방은 의류에 손상을 입힌다. 불개미는 인간을 물어서 고통을 주며 또한 그들이 만들어 놓은 커다란 흙더미로 인해 풀을 베는 기계나 다른 농사 장비들에게 해를 주어 경제적 손실을 야기한다.

흡혈파리, 이, 벼룩 그 외에 다른 곤충들은 인간과 가축들에게 고통을 주며 병을 전이시킨다. 모기는 황열과 말라리아의 벡터로서 사용된다(그림 25-10참조). 몸 이는 발진티푸스를 일으키는 리케차를 옮긴다. 집파리는 때때로 장티푸스 열과 이질을 옮긴다. 체체파리는 아프리카 수면병을 옮기며 벼룩은 림프절 페스트의 벡터로 사용된다.

### 복습

- 선형동물에서 의체강은 어떤 기능을 수행하는가?
- 4가지 주요 절지동물의 특징을 쓰고, 각각의 특징들이 어떻게 절지동물의 생물학적 성공에 기여했는지를 설명하여라.
- 다지류는 협각류와 어떤 점에서 다른가?
- 바닷가재의 부속지인 소악, 집게다리, 유영각의 기능은 무엇인가?
- 곤충을 정의하고, 곤충의 성공에 기여한 4가지 적응은 무엇인지 설명하여라.

## 핵심 용어와 요약

### 학습목표

1 체강의 진화적 중요성에 대한 구체적인 예를 제시할 수 있다.

- **체강(coelum)**은 체외벽과 소화관 사이가 중배엽에 완전히 둘러싸여 경계가 구분되는 액체로 가득 찬 공간이다. 체강은 **관속의 관 체형(tube-within-a-tube body plan)**을 갖게 만들어 준다. 체외벽이 바깥쪽 관이고, 소화관이 안쪽관에 해당한다.
- 체강은 일정한 압력 하에 액체가 들어 있는 폐쇄 공간으로서 근육의 수축을 통해 액체가 들어있는 관에 일정한 힘을 가할 수 있어 **유체정역학적 골격(hydrostatic skeleton)**으로써 기능을 수행할 수 있다.
- 체강은 내장기관을 위한 공간과 분비샘이 발달할 수 있는 공간을 제공해 주었다. 물질을 전송하거나 내장기관을 보호하는데 도움을 준다.

2 선구동물성 체강동물의 특징을 규정하고, 여기에 속하는 두 주요 진화적 가지에 대하여 기술한 다음, 각 가지에 해당하는 동물의 예를 제시할수 있다.

- 선구동물의 특징은 나선형 난할, 결정성 난할, 원구로부터 입의 발생이다.
- 선구동물은 촉수담륜동물과 탈피동물이라는 2개의 주요 가지로 나뉜다. **촉수담륜동물(Lophotrochozoa)**은 편형동물, 유형동물, 연체동물, 환형동물, 촉수동물문들, 윤형동물을 포함한다. **탈피동물(Ecdysozoa)**은 선형동물(회충)과 절지동물을 포함한다.

3 유형동물문과 편형동물문의 구별되는 특징을 말하고, 편형동물에 속하는 주요 강들을 서술하되 각 강에 속하는 동물의 예를 들수 있다.

- **유형동물문**(Phylum Nemertea; 끈벌레)은 먹이를 잡고 방어를 하는데 사용하는 근육성 관인 **주둥이(proboscis)**에 의해 특징 지워지는 촉수담륜동물 그룹이다. 체강이 줄어들어 있다; 주둥이로 둘러싸인 공간인 **문강(rhynchocoel)**으로 이루어져 있다. 유형동물은 관 속의 관 체형, 입과 항문을 가진 하나의 완전한 소화관, 하나의 순환계를 지닌다.

- **편형동물문**(Phylum Platylminthes)은 좌우대칭성, **두화(cephalization)**, 3가지 명백한 조직층, 잘 발달된 기관들을 지닌 무체강 동물이다. 많은 편형동물들은 **자웅동체(hermaphrodites)**로 하나의 동물이 정자와 난자 모두를 생산한다. 편형동물은 사다리형 신경계를 가지는데 전형적으로 몸의 앞뒤로 뻗어 있는 2개의 신경삭에 연결되어 있는 2개의 **신경절(ganglia)**로 구성된 하나의 단순한 뇌와 감각기관으로 구성되어 있다. 그들은 **원신관(protonephridia)**이라고 하는 대사노폐물을 방출하고 삼투조절을 담당하는 기관을 갖는다.

- 편형동물은 4개의 강을 가진다; **와충강(Class Turbellaria)**은 자유 생활하는 편형동물로 구성되는데 플라나리아가 여기에 속한다. **흡충강(Class Trematoda)**과 **단생강(Class Monogenea)**은 기생성 **흡충류(flukes)**들을 포함하며, 기생성 존충류들이 **존충강(Class Cestoda)**을 구성한다. 기생성 흡충류와 존충류는 전형적으로 숙주에 부착하기 위해 흡반과 고리 구조를 가지며, 많은 수의 알을 생산하고 중간 숙주를 갖는 복잡한 생활사를 지닌다.

4 두화(cephalization)의 적응적 이점을 기술할 수 있다.

- 편형동물은 두화가 일어난 초기 동물로 생각된다. 두화란 몸의 앞쪽 끝에 감각기관과 신경세포(단순한 뇌)가 집중되는 쪽으로 진화하는 현상을 일컫는다. 머리화는 좌우대칭형 동물이 먹이를 찾거나 적을 감지하는데 효율성을 증가시켜 준다.

5 연체동물문의 구별되는 특징을 기술하고, 언급한 연체동물의 강들에 관하여 예를 들어 설명할 수 있다.

- **연체동물문**(Phylum Mollusca)에 속하는 구성원들은 부드러운 몸체를 지닌 동물들이며 대개는 패각으로 덮여 있다. 연체동물은 이동을 위해 배 쪽의 **다리(foot)**를 가지고 있고 **내장 뭉치(visceral mass)**를 덮고 있는 **외투막(mantle)**이 있으며 몸의 기관들이 집중되어 있는 형태를 가진다.

- 연체동물은 **폐쇄순환계(closed circulatory system)**를 가진 두족류를 제외하고는 **개방순환계(open circulatory system)**를 가진다. 연체동물은 후신관이라고 불리는 쌍으로 된 배설관을 갖는다. 줄과 같은 치설은 여과 섭식성을 지닌 이매패류를 제외하고는 모든 그룹에서 먹이를 긁어내는 역할을 수행한다. 전형적으로 해양 연체동물들은 자유유영하는 섬모를 가진 **담륜자 유생(trochophore larva)**시기를 갖는다.

- **다판강(Class polyplacophora)**은 부착성 해양 **군부**(chitons)들을 포함하는데 이것은 끝 쪽이 겹쳐진 8개의 판들로 구성된 패각들을 가지고 있다. **복족강(Class Gastropoda)**은 연체동물에서 가장 큰 그룹으로서 달팽이, 민달팽이, 그 외 인접 분류군들을 포함한다. 복족류에서 몸은 **뒤틀림(torsion)**을 가지고 있는데 내장뭉치의 꼬임 현상이다. 뒤틀림은 패각의 꼬임현상과는 무관하다. **이매패강(Class Bivalvia)**은 수서성 조개, 가리비, 굴을 포함한다. 등 쪽으로 연결된 두 부분으로 이루어진 하나의 패각이 이러한 여과 섭식성 동물의 몸체를 덮고 있다. **두족강(Class Cephalopoda)**은 오징어, 문어, 앵무조개를 포함한다. 두족류는 활동적인 포식성 유영자이다. 큰 머리 부위에 위치하는 촉수들이 입 주위를 덮고 있다.

6 환형동물문의 구별되는 특징을 기술하고, 예를 들면서 논의한 연체동물의 강들에 관하여 말할 수 있다.

- **환형동물문**(Phylum Annelida)은 체절성 동물이며 많은 수서 동물들, 육상 지렁이, 거머리를 포함한다. 환형동물은 외부적으로나 내부적으로 **체절화(segmentation)**된 매우 긴 몸체를 가지고 있다. 그들이 가지고 있는 커다란 구획이 지어진 체강은 유체정역학적 골격으로 작용한다.

- **다모강(Class Polychaeta)**은 **측지(parapodia)**라고 불리는 부속지에 의해 특징 지워지는 해양성 동물로 이루어진다. 측지는 가스교환과 이동을 위해 사용된다. 측지는 **강모(setae)**라 불리는 털과 같은 구조를 많이 가지고 있다. **빈모강(Class Oligochaeta)**은 육상 지렁이로 구성되는데 체절 당 소수의 짧은 강모들을 가지는 것이 특징이다. 몸은 **격막(septa)**에 의하여 내부적으로 분리되어진 100개 이상의 체절들로 나누어진다. **질강(Class Hirudinea)**에는 거머리가 속하는데 강모나 부속지가 없는 것이 특징이다. 기생성 거머리는 숙주에 부착하기 위해 흡반을 가지고 있다.

7 촉수동물에 속하는 문들의 구별되는 특징을 기술할 수 있다.

- **촉수동물문들(lophophorate phyla)**은 촉수관을 가지고 있는 해양동물들로서 **완족동물(brachiopods)**, **추형동물(phoronids)**, **태형동물(bryozoans)**을 포함한다. **촉수관(lophophore)**이란 입 주위를 둘러싸고 있는 촉수들의 환상 구조를 의미하는데 물속에 있는 부유성 입자를 포획하기 위해 특수화되었다.

8 선형동물문의 구별되는 특징들을 서술할 수 있다.

- **선형동물문**(Phylum Nematoda)은 **회충류(roundworms)**라고도 하는데 좌우대칭성, 3가지의 조직층, 하나의 완전한 소화관을 가진 의체강동물이다. 선형동물의 몸은 질긴 **큐티클(cuticle)**로 덮여 있는데 이것은 건조를 방지하는데 도움을 준다. 인체 기생성 선형동물들은 **회충**(*Ascaris*), **십이지장충**(hookworms), **선모충**(trichina worms), **요충**(pinworms)을 포함한다.

9 절지동물문의 구별되는 특징을 기술하고, 절지동물의 아문들과 강들 사이의 차이를 설명하고, 각 그룹에 속하는 동물들의 예를 제시할 수 있다.

- **절지동물문**(Phylum Arthropoda)은 **쌍으로 된 관절이 있는 부속지(paired, jointed appendages)**를 가진 체절화된 동물들로 구성되는데 키틴이라고 하는 갑옷과 같은 **외골격(exoskeleton)**을 가지고 있다. **탈피(molting)**는 절지동물이 성장하기 위해 필수적인 과정이다. 절지동물은 **혈림프(hemolymph)**를 뿜어내는 하나의 등 쪽 심장을 지닌 개방순환계를 가지고 있다. 수서형들은 아가미를 가지나 육상형들은 **기관(trachea)**이나 또는 **책허파(book lung)**를 갖는다.

- **삼엽충(trilobites)**은 단단하면서 체절화된 패각에 의해 덮여 있는 멸종된 해양 절지동물이다. 각 체절은 1쌍의 이분지형 부속지를 갖는다. 이분지형 부속지란 바깥쪽 아가미 분지와 안쪽 걷는 다리로 이분지된 구조를 갖는다는 의미이다.

- **다지아문**(Subphylum Myriapoda)은 지네류가 속하는 **순각강(Class Chilopoda)**과 노래기가 속하는 **배각강(Class Diplopoda)**을 포함하며, 이 아문에 속하는 구성원들은 **분지되지 않은 단일형 부속지(unbranched uniramous appendage)**와 1쌍의 촉각을 가진다.

- **협각아문**(Subphymum Chelicerata)은 **퇴구류**(merostomes; 투구게)와 **거미류**(arachnids; 거미, 응애, 그들의 인접분류군)를 포함한다. 협각류의 몸은 두흉부와 배로 구분된다. 6쌍의 관절화된 부속지

를 가지는데 그 중 4쌍은 걷는 다리이다. 부속지의 첫 번째 쌍이 **협각(chelicerae)**이며 두 번째 쌍은 **다리수염(pedipalp)**이다. 이러한 부속지는 먹이를 다루거나 이동, 방어 또는 교잡을 위해 적응되어져 있다. 협각류들은 촉각과 큰 턱을 가지지 않는다.

- **갑각아문**(Subphylum Crustacea)은 바닷가재, 게, 새우, 공 벌레, 따개비를 포함한다. 이들의 몸은 두흉부와 배로 이루어져 있으며 전형적으로 5쌍의 걷는 다리를 갖는다. 갑각류는 맛과 접촉을 감지하는 2쌍의 **촉각(antennae)**을 갖는다. 세 번째 부속지는 씹는데 사용하는 **큰턱(mandibles, 대악)**이며 큰턱의 뒤쪽에 위치하는 2쌍의 작은턱 **(maxillae; 소악)**은 먹이를 다루고 붙잡는데 사용한다.
- **육각아문**(Subphylum Hexapoda)은 **곤충강**(Class Insecta)을 포함한다. 곤충류는 분지되지 않은 부속지를 가지며 1쌍의 촉각을 갖는다. 곤충은 **체절화되어 있는 기관을 가진 육각류**(articulated, tracheated hexapod)이며 몸은 머리, 가슴, 배로 구성되어 있다. 곤충류는 가스교환을 위해 기관을 가지며 배설을 위해 **말피기관**(Malpighian tubules)을 갖는다.

**10** 곤충들이 엄청난 생물학적 성공을 거둔데 기여한 요소들이 무엇인지 말할 수 있다.

- 곤충류의 생물학적 성공은 다양한 형태로 변화가 가능한 외골격, 체절화, 특수화된 관절이 있는 부속지, 비행 능력, 고도로 발달된 감각기관, **변태**(metamorphosis; 종 내의 경쟁을 감소시켜줌), 효과적인 생식 전략, 방어와 공격을 위한 효과적인 기작, 의사소통 능력을 포함한 다양한 적응들의 결과이다.

## 연습문제

1. 다음 중 연체동물문에 속하는 것은 ?
   (a) 복족류와 갑각류 (b) 빈모류와 다모류 (c) 협각류와 태형동물
   (d) 갑각류와 유형동물 (e) 복족류와 두족류

2. 다음 중 탈피동물에 속하는 것은?
   (a) 연체동물 (b) 환형동물 (c) 선형동물
   (d) 유형동물 (e) 촉수동물

3. 삼엽충은 (a) 초기 연체동물이다, (b) 유조동물문에 속한다, (c) 측지와 강모가 특징이다, (d) 초기 절지동물이다, (e) 환형동물과 절지동물 사이에 진화적 연결 고리이다.

4. 담륜자 유생은 (a) 절지동물, (b) 자포동물, (c) 편형동물, (d) 연체동물, (e) 갑각류의 특징이다.

5. 두화는 (a) 좌우대칭성과 함께 진화하였다, (b) 소화계의 발달을 의미한다, (c) 방사대칭성과 관련이 있다, (d) 배설기관의 집중화를 포함한다, (e) 절지동물에서 최초로 진화하였다.

6. 다음 중 절지동물의 특징이 아닌 것은?
   (a) 외골격 (b) 담륜자 유생 (c) 쌍으로 된 관절이 있는 부속지
   (d) 키틴 (e) 체절화

7. 곤충의 완전변태 과정을 설명한 것으로 옳은 것은?
   (a) 알 ⟶ 미성숙 형태 ⟶ 성체
   (b) 알 ⟶ 담륜자 유생 ⟶ 부유자패 유생 ⟶ 성체
   (c) 알 ⟶ 번데기 ⟶ 유충 ⟶ 성체
   (d) 알 ⟶ 유충 ⟶ 번데기 ⟶ 성체
   (e) 성체 ⟶ 유충 ⟶ 알 ⟶ 번데기

8. 거미는 (a) 큰 턱과 작은 턱, (b) 배에 있는 6 쌍의 걷는 다리, (c) 1 쌍의 촉각, (d) 이분지형 부속지, (e) 협각과 다리수염이 특징이다.

9. 촌충은 (a) 해면동물문, (b) 자포동물문, (c) 편형동물문, (d) 유즐동물문, (e) 체강동물문에 속한다.

10. 다음 중 촉수동물에 대한 진술로 잘못된 것은?
    (a) 태형동물을 포함한다
    (b) 일부는 패각을 가지며 연체동물과 약간 닮아 있다
    (c) 앞쪽 끝에 촉수로 된 섬모환이 특징적인 구조이다
    (d) 주로 해양성 동물이다
    (e) 구성원 중 일부는 체절화되어 있고, 기관을 갖는 육각류들이다.

11. 유형동물(주둥이 벌레)의 특징이 아닌 것은?
    (a) 큰 체강 (b) 관 속의 관 체형 (c) 완전한 소화관
    (d) 먹이를 포획하기 위한 근육관 (e) 순환계

12. 다음 중 육각아문에 속하는 것은?
    (a) 곤충류 (b) 투구게류 (c) 갑각류
    (d) 지네류 (e) 거미류

## 심화 학습문제

1. 어떤 면에서 선형동물이 절지동물과 유사한가? 차이점은 무엇인가?

2. **진화적 연계.** 체강이 발달하면서 생성된 중요한 적응들에 대해 논의하여라.

# 31

# 동물계: 후구동물

© Ed Robinson/Tom Stack & Associates

**대표적인 후구동물.** 연필성게 (*Heterocentrotrus mammilatus*)로 알려진 극피동물과 노란 꼬리를 가진 클라운 래스(clown wrasse)와 무리시아이돌(Moorish idol)과 같은 물고기를 포함하는 척삭동물을 보여주는 해양 서식환경.

## 핵심 개념

극피동물과 척삭동물은 다양성, 종수, 개체수면에서 가장 성공적인 후구동물이다.

극피동물의 성체는 방사대칭성, 수관계, 관족, 가시 돋힌 피부와 같은 특징을 지닌다.

생활사 중 일부 시기에, 척삭동물은 척삭, 등쪽의 관으로 된 신경삭, 인두열, 근육성 항문 뒤 꼬리를 갖는다.

척추동물의 공유파생형질은 척추, 두개, 신경능선세포, 연골이나 뼈로 된 내골격 등이다.

턱과 지느러미는 턱을 가진 어류의 성공에 기여한 주요 적응이었다.

다리, 수분의 손실을 방지하는 체표면, 껍질과 양막을 지닌 양막란은 육상 척추동물의 성공에 기여한 주요 적응이었다.

어류, 도마뱀, 매, 사람과 불가사리의 공통점은 무엇인가? 여러분은 불가사리 성게, 연잎성게 등이 속하는 극피동물을 인간을 포함한 척추 동물이 속하는 척삭동물로 함께 묶이는 것을 의아하게 생각할지 모른다. 이 두 동물군은 비록 외양과 행동 면에서 매우 다를지라도, 최근의 공통조상을 공유하는 밀접한 유연관계를 가진 동물임이 여러 형태적 자료와 분자적 자료에 의해 뒷받침되고 있다.

30장에서 2가지 주요 선구동물 그룹인 촉수담륜동물과 탈피동물에 관해 논하였다. 이 장에서는 동물계의 세 번째 주요 가지인 후구동물에 대해 설명하려고 한다. 후구동물은 극피동물과 척삭동물을 포함한다. 척삭동물의 가장 큰 아문은 우리에게 가장 친숙한 동물인 어류, 양서류, 파충류, 조류, 포유류를 포함하는 척추동물아문이다. 사진 속에서 연필성게는 극피동물이고, 어류는 척삭동물이다. ■

## 31.1 후구동물이란?

### 학습목표

1 후구동물의 공유파생형질을 파악한다.

동물계의 세 번째 주요 그룹인 **후구동물(Deuterostomia)**은 **극피동물**(echinoderms; 불가사리, 성게, 연잎성게 등)과 사람을 포함하여 다른 **척추동물**(vertebrates; 척추를 가진 동물들)들을 아우르는 **척삭동물(chordates)**을 포함한다. 생물학자들은 벌레처럼 생긴 해양성의 작은 동물군인 **반삭동물(hemichordates)**을 후구동물에 포함시킨다. 반삭동물 중 가장 친숙한 동물은 진흙이나 모래 속에 묻혀서 살아가는 동물인 **장새류(acorn worms)**이다. 반삭동물은 입 주위에 특징적인 섬모환을 가진다. 특징적인 파생형질은 세 부분으로 이루어진 몸인데, 주둥이, 깃세포, 몸통으로 나뉜다.

후구동물은 5억3천만 년 전 보다 그 이전에(선캄브리아기 동안) 하나의 공통조상으로부터 진화했다. 이러한 동물들은 몇 가지의 **파생형질(공유파생형질 synapomorphies**, 후구동물의 공통 조상에게는 존재하지 않았던 진화적으로 새롭게 얻어진 형질들)을 공유한다. 후구동물을 규정하는 형질은 발생학적인 양상의 유사성이다(29장 참조). 예를 들면 후구동물은 나선형 분할이 아닌 방사형 분할이 특징이다. 후구동물의 난할은 부정형으로, 선구동물의 경우보다 발생 과정의 후반부에서 세포의 운명이 정해진다. 후구동물은 원구가 입으로 발생하지 않으며, 원구가 오히려 항문이 된다. 그리고 입은 배의 앞쪽 말단에 두 번째로 열려진 구멍으로부터 발달한다. 인두열은 후구동물의 또 다른 특징이지만 현존하는 극피동물은 이 형질을 잃어버렸다.

**복습**

- 후구동물이 가지는 3가지 공유파생형질은 무엇인가?

## 31.2 극피동물

**학습목표**

2 극피동물의 3가지 공유파생형질을 파악하고, 극피동물의 주요 강들에 대해 알아본다.

**극피동물문(Phylum Echinodermata)**은 동물계에서 가장 많이 분화된 체형을 갖는 동물 중 하나이다. 극피동물의 유생은 좌우대칭형이고 섬모가 있으며 자유 유영한다. 발생하는 동안 몸의 형태가 재구성되며 성체는 몸의 중심축을 중심으로 다섯 부분으로 배열되는 **오방사대칭형(pentaradial symmetry)**을 나타낸다.

극피동물의 가장 독특한 파생 형질인 **수관계(water vascular system)**는 이동, 섭식, 가스 교환 작용을 하는 유체로 가득 찬 관들로 이뤄진 망이다. 수관계의 가지들은 물이 채워졌을 때 확장되는 여러 개의 작은 **관족(tube feet)**을 만들어 낸다. 각각의 관족은 주 수로로부터 물을 받는다. 둥근 근육성 낭인 **팽대부(ampulla)**는 발의 기부에 있고 물을 저장하였다가 관족을 움직이는 데 사용된다. 관족은 판막에 의해 다른 기관과 구분된다. 판막이 닫히면 팽대부는 수축하고 관족으로 물이 흘러 들어가게 해서 그것을 확장하게 한다. 발의 기부에는 반대 방향으로 누르는 흡입 구조가 있어 어느 것에나 부착할 수 있다.

또 다른 극피동물이 가지고 있는 독특한 형질은 얇고 섬모로 뒤덮인 상피 조직으로 둘러싸인 내부 골격 구조인 **내골격(endoskeleton)**을 가진다는 것이다. 내골격은 탄산칼슘으로 된 판과 침으로 이루어져 있다. 이 그룹의 동물들은 *극피동물*(Echinodermata)이라고 이름 붙여졌는데, 그 뜻은 '가시투성이 피부'라는 뜻으로, 내골격에서 바깥쪽으로 나온 가시들에서 따온 것이다. 어떤 그룹은 **차극(pedicellariae)**이라고 부르는 가시가 변형된, 집게발과 비슷한 것을 몸 표면에 지니고 있다. 극피동물의 독특한 이 구조들은 부유하는 파편으로부터 동물의 표면을 지켜준다.

극피동물은 잘 발달된 체강을 가지고 있고, 체강의 유체는 물질을 운반한다. 극피동물의 구조가 다른 동물군과 다르더라도 완전 소화계는 가장 두드러진 체계이다. 다양한 호흡구조는 여러 강에서 나타나며, 배설 기관이 없다. 신경계는 단순하며 일반적으로 하나의 신경 고리로 이루어져 있는데 그 신경 고리로부터 신경들이 뻗어나와 있다. 극피동물은 뇌가 없다. 성은 보통 분리되어 있으며 일반적으로 난자와 정자가 물속으로 방출되어 수정이 이루어진다.

극피동물은 캠브리아기 초기에 좌우대칭형인 조상형으로부터 진화했을 것으로 생각된다. 이들은 고생대 중기에 그 다양성이 최고조에 이르렀고, 2억5천1백만 년 전 중생대가 시작될 때까지 쇠퇴하여, 오늘날까지 5개의 주요 그룹만이 현존하고 있다 (**그림 31-1**): 바다백합과 깃별나리류 등을 포함하는 바다나리강(Crinoidea), 불가사리를 포함하는 불가사리강(Asteroidea), basket star와 brittle star를 포함한 거미불가사리강(Ophiuroidea), 성게와 연잎성게를 포함한 성게강(Echinoidea), 해삼을 포함하는 해삼강(Holothuroidea)이 있다. 모든 극피동물들은 해양환경에서 서식하며, 바다의 모든 깊이에서 찾아볼 수 있다. 생물학자들은 지금까지 약 7,000여종의 현서종과 13,000여종 이상의 멸종된 종을 보고하였다.

### 31.2.1 바다나리강의 동물들은 여과섭식자이다

현존하는 극피동물 중 가장 오래된 **바다나리강(Class Crinoidea)**은 깃별나리류와 바다백합을 포함한다(그림 31-1a 참고). 바다나리류가 매우 많이 멸종한 걸로 알려졌지만 비교적 적지 않은 수의 종이 현존하고 있다. 깃별나리류는 종종 긴 시간동안 같은 곳에 머물지만 운동성은 있다. 바다백합은 고착성이며 줄기로 해양 바닥에 붙어산다.

바다나리류는 물에 떠다니는 먹이를 먹는다. 다른 모든 극피동물들은 입이 기저부 쪽인 몸 중심의 아래쪽에 있다. 그러나 바다나리의 **구부(oral surface)**는 몸 중심의 위쪽 면에 있다. 여러 가지 친 깃털 달린 팔들이 위쪽으로 뻗어 있다. 깃이 난 팔에는 작은 촉수 같은 모양을 한 여러 개의 관족이 있고, 현미경적 크기의 생물들을 포획하기 위해 점액질로 덮여 있다.

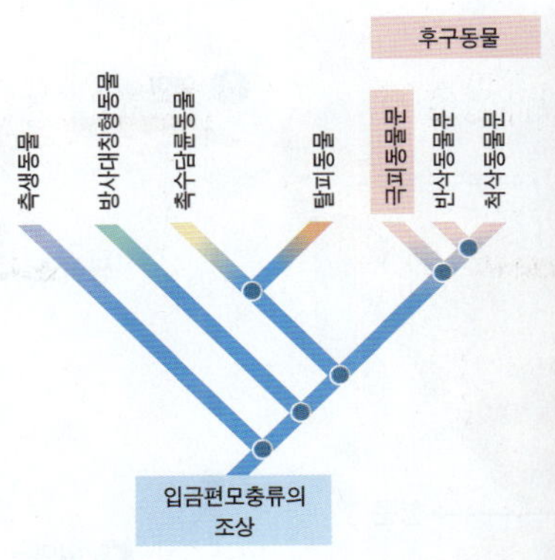


## 31.2.2 불가사리강에 속하는 대부분의 종들이 먹이를 포획한다

불가사리는 **불가사리강**(Class Asteroidea)에 속한다(그림 31-1b 참고). 몸은 5개 내지 20개 이상의 팔에서 나온 중심판으로 이루

**그림 31-1 극피동물.**

**(a) 바다나리강(Crinoidea)** 극피동물 중 가장 원시적인 바다나리(깃갯고사리)는 산호나 암반의 표면에 부착하기 위해 가느다란 부속지를 이용한다. 이 종은 기어다닐 수도 있고 포식자를 피해 이주할 수도 있다.

**(b) 불가사리강(Asteroidea)** 거품산호 위의 오렌지색과 붉은색을 띠는 불가사리(Orange and red sea star, *Fromia monilis*)

**(c) 거미불가사리강(Ophiuroidea)** 미국 동북부의 Maine주의 Muscongus bay에서 찍은 거미불가사리(Daisy brittle star, *Ophiopholis aculeata*)의 사진

**(d) 성게강(Echinoidea)** 납작하고 둥근 몸체를 가진 연잎 성게(Sand dollar, *Dendraster excentricus*)는 대양의 바닥을 파고 들어가 살기에 적합하다.

**(e) 해삼강(Holothuroidea)** 산란을 위해 몸을 세우고 있는 해삼의 일종(Sea cucumber, *Thelonota* sp.)

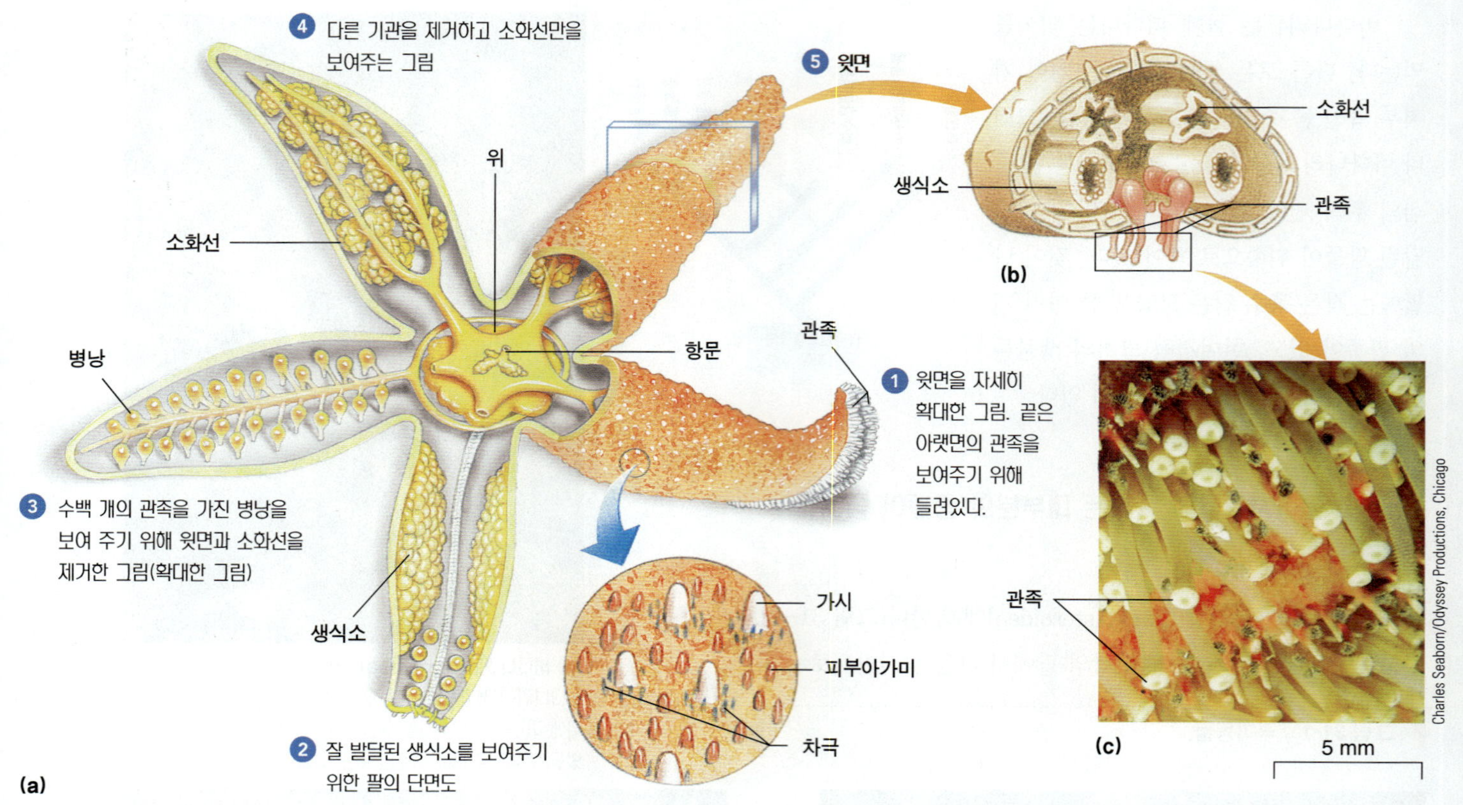


**그림 31-2 불가사리의 구조.**

**(a)** 위에서 본 모습. 각각의 팔은 유사한 구조를 가지고 있으나, 이해를 돕기 위해 각각의 팔들의 절개면에 각기 서로 다른 다양한 단계(stage)들을 나타내었다. 두 부분으로 된 중앙에 위치한 위장은 위쪽에 항문과 아래쪽에 입을 나누는 중심판 기능을 한다. **(b)** 팔과 관족의 횡단면. **(c)** 불가사리 관족의 광학현미경 사진.

어져 있다(**그림 31-2**). 팔의 아랫면에는 수백 쌍의 관족이 있다. 입은 원판의 아래쪽 중앙에 있다. 내골격은 팔이 움직일 수 있도록 하는 석회질판들로 이루어져 있다. 민감한 피부의 아가미는 체벽이 작게 신장한 것으로 가스 교환을 수행한다.

대부분의 불가사리는 육식성 포식자로 갑각류, 연체동물, 환형동물을 먹이로 하며, 심지어는 다른 극피동물들을 먹기도 한다. 가끔씩 작은 물고기를 잡아 먹기도 한다. 불가사리의 수관계를 이용한 움직임은 빠른 움직임에는 적합하지 않아 움직임이 느리거나 거의 정지해 있는 조개와 같은 동물들을 주된 먹이로 삼는다.

조개나 다른 이매패 연체동물을 공격하기 위해 불가사리는 이매패류의 위로 올라타서 경첩(hinge)의 반대편 쪽의 모서리를 벌린다. 관족으로 먹이를 감싸 안고 얇고 유연한 위를 입 밖으로 내어 닫혀있거나 약간 벌려진 조개의 패각 사이 틈으로 미끄러지듯 집어넣는다. 불가사리는 조개의 연한 부분을 소화시킬 수 있도록 조개의 패각 안으로 지속적으로 걸쭉한 수프 형태의 효소를 분비한다. 부분적으로 소화된 먹이는 불가사리의 몸으로 들어가 각각의 팔에 위치한 분비샘으로부터 분비되는 효소에 의해 추가적인 소화 작용이 일어난다.

불가사리는 순환계는 잘 발달되지 않아 물질을 순환시키는 데에 거의 도움이 되지 않는다. 대신 순환계 기능은 커다란 체강을 채우고 내조직을 적셔주는 체강액에 의해 일어난다. 물질대사를 통해 만들어지는 노폐물은 확산 작용에 의해 관족과 피부 아가미를 가로질러 바깥쪽으로 보내진다. 신경계는 입을 원형으로 둘러싸고 있는 하나의 신경 조직 고리와 이것으로부터 각 팔로 뻗어나간 하나의 신경으로 구성된다.

### 31.2.3 거미불가사리강은 극피동물 중 가장 큰 강이다

**거미불가사리강**(Class Ophiuroidea)에 속하는 basket star와 brittle star는 극피동물 중 개체수와 종수에서 가장 큰 동물군이다(그림 31-1c 참고). 이 동물들은 팔이 달린 중앙판으로 이루어진 몸을 가졌다는 점에서는 불가사리와 닮았지만, 팔이 길고 가늘며 중앙판으로부터 더욱 뚜렷이 드러나 있다는 점에서는 차이가 있다. 거미불가사리류는 팔을 이용하여 노를 젓거나 유영하여 불가사리보다 더 빨리 움직일 수 있다. 관족은 흡반이 없고, 이동을 위해 사용하지 않는다. 대신에 먹이를 수집하고 다루는데 이용하며, 미각과 같은 감각 기능도 지니고 있는 것으로 생각된다.

### 31.2.4 성게강에 속하는 동물들은 움직일 수 있는 가시를 가진다

**성게강**(Class Echinoidea)에 속하는 성게와 연잎성게는 팔이 없다(그림 31-1d와 이 장의 도입부 사진 참고). 골격판은 편평하고 합쳐져서 **피각**(test)이라고 불리는 딱딱한 패각을 형성한다. 연잎성게의 편평한 몸은 작은 먹이 입자가 있는 모래를 파는데 적합하게 적응된 것이다. 연잎성게는 성게보다 더 작은 가시를 가진다.

성게의 몸은 가시로 뒤덮여 있으며 몇몇 종에서는 살을 뚫고 들어갈 수 있어 제거하기 어려울 정도이다. 이러한 가시들은 매우 위협적이다. 열대 해안에서 수영하는 사람들은 종종 신발을 신도록 주의를 받게 된다. 왜냐하면 이러한 살아 있는 성게들이 풍부하게 존재하는 해안가를 거닐 때에 찔릴 수 있기 때문이다. 성게는 관족을 사용해 이동한다. 그들은 또한 움직일 수 있는 가시로 스스로를 밀어 낼 수 있다. 많은 성게들이 조류를 뜯어 먹고 살며, 석회질 이빨로 바다 바닥을 긁는다.

### 31.2.5 해삼강의 동물들은 길다란 모양을 가지며, 느린 움직임을 보인다

**해삼강**(Class Holothuroidea)에 속하는 동물들은 바다오이라고 하는 별칭에 걸맞게 어떤 종은 크기와 형태가 오이와 비슷하다. 길다란 모양의 해삼의 몸은 유연한 근육성 낭으로 되어 있다(그림 31-1e 참고). 입은 보통 변형된 관족인 원형의 촉수로 둘러 싸여져 있다. 내골격은 체벽에 끼여 있는 미소판으로 구성된다. 순환계는 다른 극피동물보다 훨씬 더 발달되었고 주로 산소를 운반하며 영양분도 운반한다.

해삼은 주로 바다 바닥을 기어 다니는 동물로 가끔씩 진흙 속에 묻혀 있으며 매우 느리게 움직이는 동물이다. 어떤 것들은 자신의 촉수로 풀을 뜯어 먹는데 반해 대부분의 다른 것들은 물속에서 촉수를 뻗어 물의 흐름에 따라 들어오는 먹이를 기다린다. 조류나 다른 작은 먹이들은 점액질의 촉수에 잡힌다.

일부 해삼에서 나타나는 흥미로운 점은 환경이 좋지 않을 때, 소화관, 호흡구조, 생식선들을 몸 밖으로 돌출시켜 빼내는 습관을 가지고 있다는 것이다. 환경 조건이 좋아지면 잃어버린 부위는 다시 재생된다. 더욱 흥미로운 사실은 일부 해삼이 자극을 받거나 공격을 받게 되면 그 즉시 적에게 항문을 통해 붉은 관을 발사한다. 이러한 독특한 무기는 끈적끈적하여 상대방을 심각한 혼란에 빠뜨린다. 어떤 관은 유독성 물질을 방출하기도 한다.

**복습**

- 극피동물의 3가지 파생형질은 무엇인가? 각각을 기술하여라.
- 불가사리가 바다나리와 어떻게 다른가? 성게와는 어떻게 다른가?

## 31.3 척삭동물의 형질

**학습목표**

3 척삭동물의 5가지 공유파생형질을 기술할 수 있다.

생물학자들은 **척삭동물문**(Phylum Chordata)을 피낭류라고 불리는 해양동물들로 구성된 미삭동물아문(Urochordata), 창고기라고 불리는 해양동물을 포함하는 두삭동물아문(Cephalochordata), 척추를 가지는 척추동물아문(Vertebrata)으로 된 3개의 아문으로 나눈다. 이러한 현존하는 척삭동물군들 중 미삭동물류는 가장 초기에 진화하였다(**그림 31-3**).

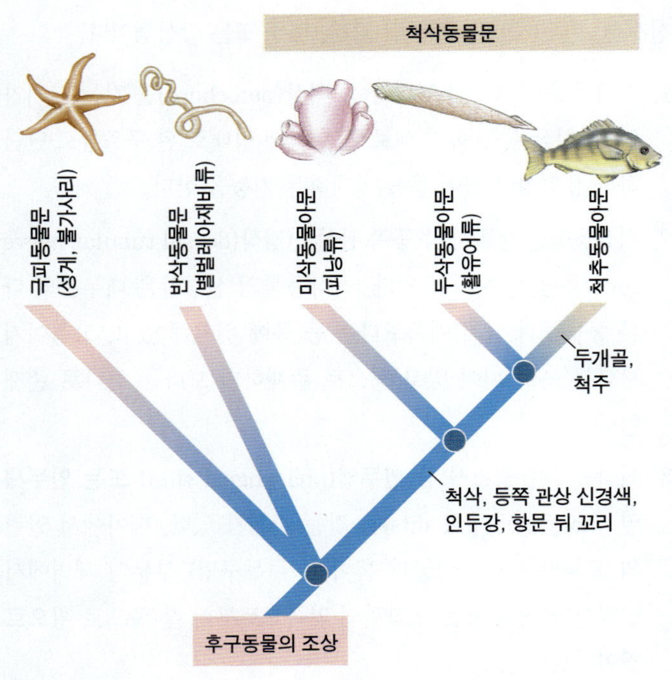


**그림 31-3 척삭동물의 진화적 유연관계.**

형태 형질 및 분자적 특성을 근거로 작성한 척삭동물을 포함한 후구동물의 계통유연관계.

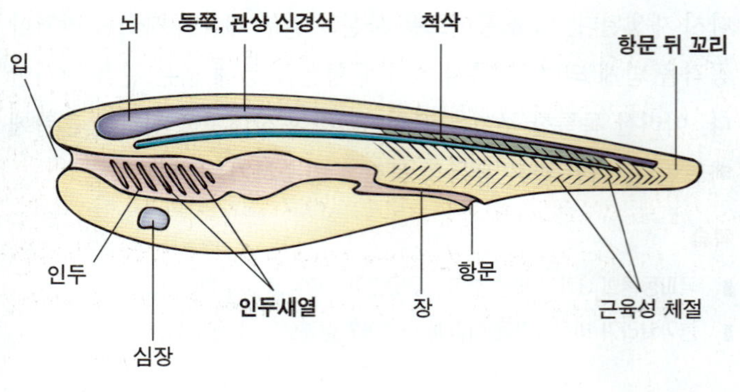


**그림 31-4 일반화된 척삭동물의 몸 구조.**

척삭, 등쪽 관상 신경삭, 인두(아가미)에 있는 구멍(어류의 경우 '새열'이라고 함), 항문 뒤 꼬리를 주의 깊게 살펴보자.

척삭동물은 좌우대칭, 관속의 관 체형, 3개의 잘 발달된 배엽을 가진 후구동물성 체강동물이다(**그림 31-4**). 전형적으로 그들은 내골격과 배 쪽 심장을 가진 폐쇄된 순환계를 갖는다. 척삭동물은 체절화된 몸을 가지고 있지만 특수화가 너무 두드러져서 체형의 기초적 체절이 명백히 드러나지 않는다. 예를 들어 척추동물에서 몸의 체절화가 명백하지 않을지라도 근육과 신경이 체절적으로 조직화되어져 있다.

척삭동물을 규정하는 5가지 공유파생형질은 척삭, 등 쪽 관상 신경삭, 인두(새)열, 항문 뒤 꼬리, 내주 또는 갑상샘이다.

1. 척삭동물은 그들의 생활사 중 **척삭(notochord)**을 갖는 시기가 있다. 척삭은 등 쪽의 세로로 긴 막대 형태로 된 구조물로 단단하나 유연성이 있어 몸을 지지하는 기능을 한다.
2. 척삭동물은 생활사 중 **등쪽 관상 신경삭(dorsal tubular nerve cord)**을 갖는 시기가 있다. 척삭동물의 신경삭은 대부분의 다른 동물들과 달리 배쪽보다는 등 쪽에 위치해 있고, 고형이기보다는 속이 비어 있고 쌍으로 존재하기 보다는 하나로 존재한다.
3. 척삭동물은 생활사 중 **인두열(pharyngeal slits; 또는 인두새열 pharyngeal gill slits)**을 갖는 시기가 있다. 배아에서 일련의 교차하는 아가미궁과 홈이 인두(목구멍) 부분의 체벽에서 발달한다. 인두낭은 소화관의 앞쪽으로부터 홈 쪽으로 횡으로 뻗어나간다.

   초기 척삭동물은 현존하는 많은 척삭동물과 마찬가지로 여과섭식자였을 것으로 추정된다. 인두낭과 인두열의 배열은 물이 입을 통해 들어가게 하고, 이때 장속에는 작은 먹이들이 농축되고, 인두열을 통해서는 체내로부터 물만 빠져나가게 한다. 이러한 활동을 수행하는 인두새열과 아가미궁은 어류와 다른 수서척추동물에서는 가스 교환을 위한 구조물로 변형되어져 있다. 초기 척추동물 진화에 있어서 앞쪽 아가미궁은 진화하여 턱으로 변한다.
4. 척삭동물은 항문의 뒤쪽으로 뻗어 있는 부속지인 근육성의 **항문 뒤 꼬리(postanal tail)**를 가진 유생이나 배아를 갖는다.
5. 또 다른 척삭동물의 파생형질로서 **내주(endostyle)** 또는 내주의 변형체인 갑상샘이 있다. 내주는 인두의 아래쪽에 위치한 홈인데, 점액질을 분비하여 인두를 통해 지나가는 바닷물 속에 있는 먹이 입자들을 포획하는 네트와 같은 기능을 수행한다.

**복습**

- 척삭이란?
- 인두열의 중요성은?

## 31.4 무척추동물성 척삭동물

**학습목표**

**4** 무척추동물성 척삭동물아문을 기술할 수 있다.
**5** 척삭동물의 진화를 논할 수 있다.

무척추동물성 척삭동물에는 피낭류와 창고기가 포함된다. 생물학자들은 피낭류를 미삭동물아문으로, 창고기를 두삭동물아문으로 분류한다.

### 31.4.1 피낭류는 흔한 해양성 동물이다

**미삭동물아문(Urochordata)**을 구성하는 **피낭류(tunicates)**는 바닷물총(sea squirts)−또는 **해초류(ascidians)**−과 인접분류군을 포함한다. 피낭류의 유생은 일반적인 척삭동물의 특징을 가지며 외관상으로는 올챙이와 비슷하다. 길쭉하게 확장된 몸은 새열이 있는 인두를 가지며, 긴 근육성 꼬리에는 척삭과 등 쪽에 관상 신경삭이 있다. 어떤 피낭류(*미충류, appendicularians*)는 일반적인 동물플랑크톤으로 척삭동물의 특징을 갖고 있고 유영 능력이 있다.

대부분의 피낭류는 흔히 알려진 *바다물총*(sea squirts)이라는 해초류이다(해초강, Class Ascidiacea)이다. 바다물총의 유생은 어떤 시기에는 유영을 하다가 그 이후에는 바다의 바닥에 고착하여 살게 되는데 이 때에 꼬리와 척삭 그리고 많은 신경계를 잃게 된다. 바다물총의 성체는 통 모양으로 다른 척삭동물과 달리 고착성 해양 동물이다. 진정으로 그들은 흔히 스폰지 혹은 자포동물로 오인된다(**그림 31-5**). 단지 인두열과 유생 때의 구조가 바다물총이 척삭동물이라는 것을 말해준다.

바다물총의 성체는 부드럽고 투명한 가죽처럼 질긴 보호막인 **피낭**(tunic)이 발달되어 있다. 흥미롭게도 피낭은 셀룰로오스와 같은 탄수화물로 이루어져 있다. 피낭은 두 군데가 개방되어 있는데 물과 먹이가 들어오는 입수관과 물과 노폐물, 배우자가 밖으로 나가는 출수관이 그것이다. 바다물총은 자극을 받을 때 출수관에서 물을 강하게 방출하는 모습에서 이름이 붙여졌다.

피낭류는 여과섭식자로 인두를 통해 들어오는 물로부터 플랑크톤을 섭취한다. 먹이 입자는 인두의 길이가 확장된 홈인 *내주*(endostyle) 세포에서 분비되는 점액질에 의해 포획된다. 인두의 섬모성 세포는 먹이를 실은 점액질이 식도로 들어가도록 움직인다. 인두로 들어가는 많은 양의 물은 인두열을 지나 **심방**(atrium)으로 들어가 출수관을 통해 밖으로 나간다.

피낭류의 어떤 종은 하나의 공통된 피낭과 출수관을 공유하는 커다란 군체를 형성한다. 군체 형태는 종종 출아법에 의해 무성적으로 증식한다. 성의 형태는 보통 자웅동체를 이룬다.

### 31.4.2 창고기는 척추동물과 근연관계에 있다

두삭동물아문의 대부분의 종이 *Branchiostoma* 속인데, 일반적으로 알려진 것이 **창고기(lancelets 혹은 amphioxus)**이다. 창고기는 반투명한 물고기 모양으로 5~10 cm 정도의 길이이고 양쪽 말단이 뾰족하다. 창고기는 천해에 넓게 분포하고 있으며 자유롭게 유영하며 살거나 하조간대 근처의 모래에 굴을 파고 산다. 세계의 어떤 지역에서는 창고기가 매우 중요한 식량으로 사용된다. 중국의 한 수산회사는 일년에 35톤 (약 10억 마리)의 창고기를 잡아들인다.

척삭동물의 특징들은 창고기에서 고도로 발달되어 있다. 척삭은 앞쪽 끝('머리': 여기서 Cephalochordata란 명칭이 유래함)에

**그림 31-5 미삭동물의 몸의 구조.**

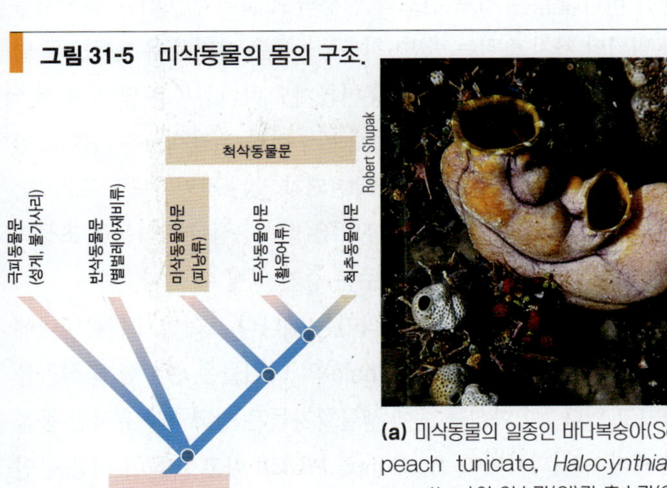

**(a)** 미삭동물의 일종인 바다복숭아(Sea peach tunicate, *Halocynthia auratium*)의 입수관(위)과 출수관(옆).

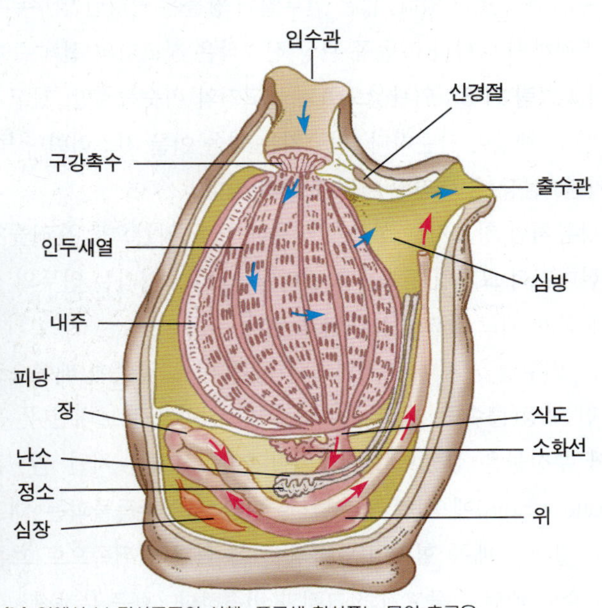

**(b)** 옆에서 본 미삭동물의 성체. 푸른색 화살표는 물의 흐름을, 붉은색 화살표는 양분의 흐름을 보여준다.

**(c)** 유영하는 미삭동물의 유생(*Distaplia occidentalis*)

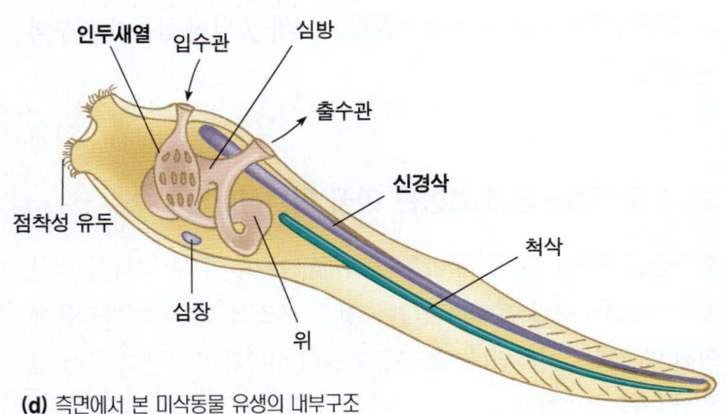

**(d)** 측면에서 본 미삭동물 유생의 내부구조

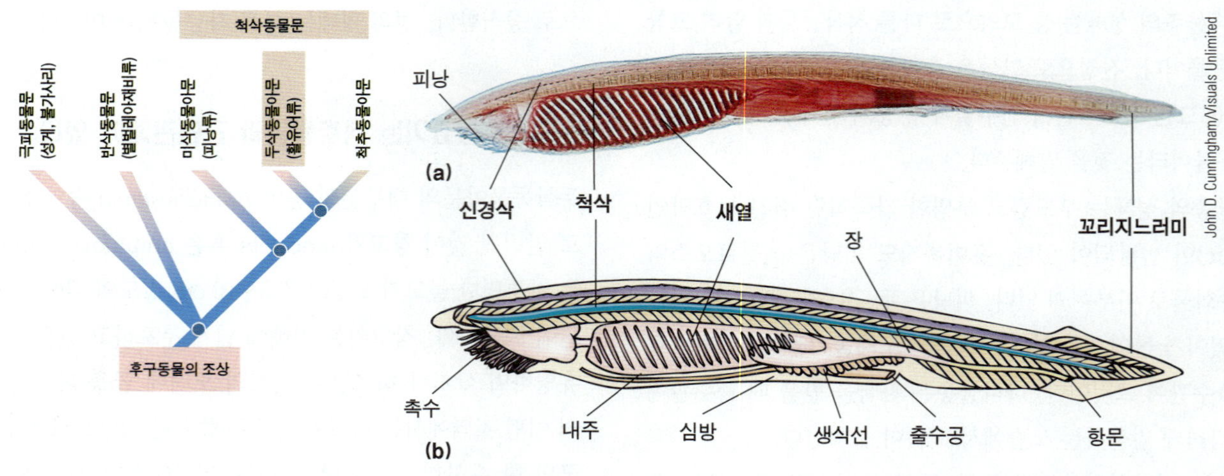


**그림 31-6 두삭동물의 몸의 구조.**

**(a)** 창고기, *Branchiostoma*(활유어)의 사진. 두드러진 인두의 아가미 구멍(새열)에 주목 **(b)** 내부구조를 보여주는 종단면

서 뒤쪽 끝까지 뻗어 있다. 많은 인두열의 쌍들은 커다란 인두부위에서 뚜렷하게 나타나고 등쪽 관상 신경삭은 창고기의 전체로 뻗어있다(**그림 31-6**). 외관상으로는 물고기와 비슷하지만, 창고기는 훨씬 더 체형이 단순하다. 창고기는 쌍을 이룬 지느러미나 턱, 감각기관, 심장, 두드러진 머리나 뇌가 없다.

피낭류처럼 창고기는 섬모를 사용해 물을 입안으로 흘러들게 해서 현미경적 크기의 생물들을 걸러낸다. 먹이 입자는 인두의 점액질에 붙게 되고 장으로 보내지게 된다.

물은 인두열을 지나 전두엽에서 항문 바로 앞쪽에 배쪽으로 열려 진 구멍(출수공, atriopore)을 지닌 심방으로 보내진다. 물질대사 부산물은 심방으로 개방되어 있는 섬모를 지닌 *원신관*(protonephridia)에 의해 방출된다. 다른 무척추동물과는 대조적으로 혈액은 배쪽 혈관의 앞쪽과 등쪽 혈관의 뒤쪽으로 흐른다. 이 순환 패턴은 물고기의 그것과 비슷하다. 최근 분자적 · 형태적 연구는 창고기가 척추동물의 현존하는 가장 가까운 유연관계를 지니는 동물이라고 제시한다. 1가지 유사성의 예가 창고기의 신경삭인데, 이것은 척추동물의 전뇌와 중뇌에 상응하는 분화된 영역을 가진다.

## 31.4.3 척삭동물의 계통은 아직 미완성이다

척추동물아문과 두삭동물아문이 자매군이며, 이 두 그룹이 최근 공통조상으로부터 유래하였다는 것은 구조적, 분자적 자료들에 의해 일관되게 지지된다. 그 공통조상이 피낭류의 유생과 닮아 있을 것이라 여겨진다.

최근에 가장 연구가 많이 된 해초류에 속하는 피낭류인 바다물총 *Ciona intestinalis*의 유전체의 염기서열이 일부 결정되었다. 이 유전체 정보에 의하면, 바다물총은 대부분의 척추동물들이 가지는 유전자들을 단순화된 형태로 한 벌씩만을 가지고 있다. 예를 들면 바다물총은 세포 신호와 발생의 조절에 관여하는 유전자를 한 벌씩만 가지고 있는 반면, 척추동물들은 이러한 유전자를 두 벌 혹은 그 이상을 가지고 있다. 흥미롭게도 바다물총은 몇 가지 척추동물의 구조와 발생 과정을 위해 필수적인 유전자들을 가지고 있었다(비록 이러한 유전자들이 발현되지 않는 것일지도 모르지만). 이러한 유전체 정보는 바다물총의 유전적 구성이 척삭동물 조상의 그것과 일치한다는 것을 보여주는 증거가 될 수 있다.

캄브리아기까지 거슬러 올라가는 캐나다 브리티시 콜롬비아에 있는 버제스 혈암(Burgess Shale)의 바위들은 풍부한 화석들을 가지고 있다. 이 화석들 중에 생물학자들은 창고기와 유사한 동물인 피카이아(피카이아 속: Genus *Pikaia*) 라고 그들이 이름 붙인 화석동물을 발견하였다. 이 동물은 척삭을 가지고 있었으며 이동이 가능하도록 척삭에 부착된 근육들을 가지고 있었다. 약 4 cm정도의 길이인 피카이아는 꼬리 지느러미를 가지며, 물속의 먹이를 여과 섭식하였을 것으로 보여진다. 생물학자들은 피카이아를 초기의 척삭동물로 간주하고 있다.

중국의 초기 캄브리아기 화석 발굴 터인 **Chengjiang**이라는 지역에서는 잘 보존된 화석들이 많이 발견되기로 유명한데, 이곳에서 약 5억3천만 년 전의 고운 알갱이들로 구성된 바위들이 부드러운 몸체를 지닌 동물들을 매우 섬세하게 보존해 왔다. 대표적인 예로 *Yunnanozoon*, *Haikouella*, *Haikouichthys*를 들 수 있다.

일부 생물학자들은 *Yunnanozoon*을 피카이아와 닮은 생명체로서 초기 척삭동물의 일종으로 보는 반면, 다른 생물학자들은 그것이 반삭동물의 일원일 것으로 보고 있다.

*Haikouella*로 명명된 동물의 화석은 약 2–3 cm의 길이를 가지며, 신경삭과 척삭, 아가미, 근육성 체절, 뇌를 가지고 있었다. 대부분의 생물학자들은 보고된 *Haikouella* 종을 초기 척삭동물로 보고 있다. *Haikouichthys*는 2.5 cm 길이의 물고기 모양의 동물로 척추동물에서 발견되는 몇가지 특징들을 가지고 있어 일부 연구자들은 이를 초기 척추동물이라고 간주하고 있다.

**복습**

- 피낭류 유생, 피낭류 성체, 창고기에서 척삭동물의 주요 파생 형질들이 얼마나 명백하게 나타나는가?
- 동물 유전체의 염기서열을 결정하는 것이 척삭동물 그룹 간에 유연관계를 규명하는데 어떤 도움을 주는가?

## 31.5 척추동물의 도입

**학습목표**

**6** 척추동물의 4가지 공유파생형질을 기술할 수 있다.

약 48,000종에 달하는 척추동물은 곤충에 비해 다양성이 떨어지고, 그 수도 적지만 엄청나게 다양한 생활방식에 대한 그 놀라운 적응 만큼은 곤충에 뒤지지 않는다. 척추동물은 척삭동물의 기본적인 특징들을 가지는 것 이외에도 다른 그룹에서는 발견되지 않는 척추동물만이 공유하는 많은 공유파생형질을 가지고 있다.

### 31.5.1 척주는 가장 중요한 척추동물의 특징이다

척추동물은 몸의 골격 축을 형성하고 있는 **척주(vertebral column)**를 가지고 있다는 점에서 여타의 척삭동물과 다르다. 이런 유연한 지지대인 척주가 척삭 둘레로 발달하고 대부분의 척추동물 종에서 배 발달 과정 중 척삭을 척주로 대체하게 된다. 척주는 **척추뼈(vertebrae)**라고 불리는 연골성 혹은 골질로 된 체절로 구성되어 있다. 척추뼈의 등쪽 돌출부는 세로로 연결되어 있는 신경삭을 덮고 있는 부위이다. 척주의 앞쪽에 연골성 혹은 뼈로 된 두개골(cranium)이 신경삭의 앞쪽 끝 확장 부위인 뇌를 덮어 보호한다.

두개골과 척주는 **내골격(endoskeleton)**의 일부분이다. 많은 무척추동물에게서 보이는 생명력이 없는 외골격과는 달리 척추동물의 내골격은 동물과 함께 성장하는 살아있는 조직이다. 대부분의 척추동물에서 골격은 콜라겐 단백질을 만드는 섬유소로 된 조직인 뼈를 주성분으로 하여 이루어져 있다. 뼈의 단단한 구성은 주 성분이 인산칼슘으로 이루어진 복합 수산화인회석에서 비롯된다.

척추동물의 많은 공통 형질들은 **신경능선세포(neural crest cell)**라 불리는 일단의 세포군으로부터 분화하였다. 유일하게 척추동물에서만 관찰되는 이러한 세포들은 발달 초기에 나타나 배아의 여러 부분으로 이동해 나간다. 신경능선세포는 신경, 머리근육, 두개골, 턱을 포함한 많은 구조들의 기원이 되거나 이것들의 발달에 영향을 미친다.

무척추동물은 명백하게 구분되는 머리 위에 신경세포와 감각기관이 집중되어 있는 현상인 **머리화(cephalization)**의 진화적 경향성을 가진다는 것을 기억하라. 척추동물의 진화는 두드러진 머리화에 의해 특징 지워진다. 뇌가 커지고 정교해지면서 뇌의 다양한 부위가 서로 다른 기능을 수행하도록 특수화 되었다. 12쌍의 두개골 신경들(cranial nerves)은 뇌로부터 시작하여 다양한 몸의 기관으로 뻗어 있다. 척추동물은 잘 발달된 감각기관인 눈, 균형감각을 유지시켜주고 몇몇 척추동물에서는 듣는 데 사용되기도 하는 귀, 냄새를 맡고 맛을 보는 기관인 코가 머리에 집중되어 있다.

대부분의 척추동물들은 2쌍의 부속지를 가지고 있다. 물고기 지느러미는 물속에서 안정감을 주도록 만들어 주는 부속지이다. 쌍으로 된 가슴지느러미와 배지느러미는 조정 간으로 사용된다. 생물학자들은 육상에서의 이동을 용이하게 하는 관절화된 부속지들이 폐어의 엽상(나누어진) 지느러미로부터 진화했을 것으로 추정하고 있다.

척추동물은 헤모글로빈을 함유한 피와 배 쪽에 심장을 가진 폐쇄순환계를 지닌다. 척추동물의 완전한 소화관은 특수화된 부위들과 커다란 소화샘(간과 췌장)을 가진다. 관 없는 샘인 수 개의 복잡한 **내분비샘(endocrine glands)**이 호르몬을 분비한다.

### 31.5.2 척추동물 계통은 여전히 연구 중이다

척추동물의 진화적 유연관계는 주요한 연구의 초점중 하나이다. 생물학자들은 척추동물과 창고기를 하나의 공통 조상으로부터 분화된 자매군으로 생각하고 있다. 초기에 진화한 "척추동물"은 **무악어류**(agnathans: a, 없다; gnathos, 턱)였다: 먹장어(칠성장어가 그 뒤를 이어 출현하였다). 일부 생물학자들은 먹장어를 **먹장어강**(Class Myxini)으로, 칠성장어를 **두갑강**(Class

**표 31-1**

**현존하는 척추동물 강들**

| 강 | 예 | 특징 |
|---|---|---|
| 먹장어강 | 먹장어류 | 턱이 없고 쌍으로된 부속지가 없는 해양 어류; 척삭이 이들이 지닌 유일한 축 지지체; 척추가 없어 일부 생물학자들은 두개동물로는 분류하지만 척추동물에는 포함시키지 않기도 한다. |
| 두갑형 | 칠성장어류 | 턱이 없고 연골성 골격을 지닌 담수 및 해양에 서식하는 어류; 완전한 두개와 원시적인 척추를 가짐; 작은 유생으로 부화 |
| 연골어강 | 상어, 가오리, 홍어 | 턱을 가지며, 연골성 골격을 지닌 담수 및 해산어류; 척삭은 성체에서 척추로 대체됨; 아가미; 방패비늘; 2쌍의 지느러미; 난생, 난태생 또는 태생(일부의 종에서만); 잘 발달된 감각기관(측선을 포함하여) |
| 조기강 (ray-finned fishes) | 농어, 연어, 다랑어, 송어 | 상경골어류, 담수 및 해양성, 아가미, 부레, 일반적으로 난생 |
| 총기강 (lobe-finned fishes) | 실러캔스 | 경골어류, 해양성, 물고기들의 야행성 포식자; 7개의 엽상의 지느러미 |
| 폐어강 | 폐어 | 경골어류로 담수에 서식; 사지동물과 구조와 위치면에서 매우 유사하며, 크기가 비슷한 4개의 부속지를 가짐 |
| 양서강 | 도롱뇽, 개구리, 두꺼비, 무족영원류 | 사지동물; 일반적으로 수서생활을 하는 유생에서 육상생활을 하는 성체로의 변태가 일어남. 가스 교환은 허파 또는 피부를 통해 이루어짐. 2심방 1심실, 체순환과 폐순환 |
| 파충강 | 거북이, 도마뱀, 뱀, 악어 | 단단한 비늘을 가진 양막류, 주로 육상생활을 하고, 지상에서 생식을 하기에 적합하게 적응(체내수정, 단단한 껍질, 양막); 폐를 가짐; 심실은 부분적으로 나누어져 있음 |
| 조강 | 지빠귀, 펠리컨, 독수리, 오리, 펭귄, 타조 | 깃털을 가진 양막류; 앞쪽의 다리는 날개로 변형됨; 탄탄한 유선형의 몸체; 폐를 가짐; 4실의 심장; 온혈동물; 복잡한 소리를 낼 수 있음 |
| 포유강 | 단공류(오리너구리), 유대류(캥거루류), 태반류(고래, 쥐, 인간) | 털을 가진 양막류, 암컷은 유선을 통해 새끼에게 양분을 공급; 폐의 격막을 통해 공기를 안과 밖으로 이동시킴; 4실의 심장; 매우 발달된 신경계; 온혈동물; 대부분 태생 |

*동양막류의 분류는 표 31-20에서 볼 수 있다.

**Cephalaspidomorphi)**으로 분류한다.

그러나 먹장어는 완전한 척추동물로서 인정받기에는 어려움이 있어 이러한 분류는 논란이 되고 있다. 먹장어가 두개골을 비롯해 척추동물의 특성을 많이 갖고 있긴 하지만 척추뼈의 흔적이 없다. 척삭이 먹장어의 유일한 축성 지지대이다. 두개골에 근거하여, 많은 생물학자들은 현재 척추동물과 먹장어를 묶어서 두개동물(Craniata)이라고 칭하고 있다. 그들은 먹장어류를 다른 모든 두개동물의 자매군으로 보고 있다. 그러나 최근의 분자적 자료 분석은 먹장어가 척추동물에 속함을 지지해 준다.

먹장어류를 척추동물에 포함시키면 현존하는 척추동물들은 10개의 강으로 분류할 수 있다: 어류로 이루어진 6개 강과 사지류(4개의 다리를 가짐)로 이루어진 4개 강(**표31-1**, **그림 31-7**). 일부 생물학자들은 이 그룹들을 2개의 상강(Superclasses)으로 대별하기도 한다: **어류상강(Superclass Pisces)**과 **사지상강(Superclass Tetrapoda)**. 이러한 분류 체계에서, 어류들은 먹장어류, 칠성장어류외에 턱 있는 어류 4개 강을 포함한다: 연골어강(Class Chondrichthyes), 조기강(Class Actinopterygii), 총기강(Class Actinistia), 폐어강(Class Dipnoi).

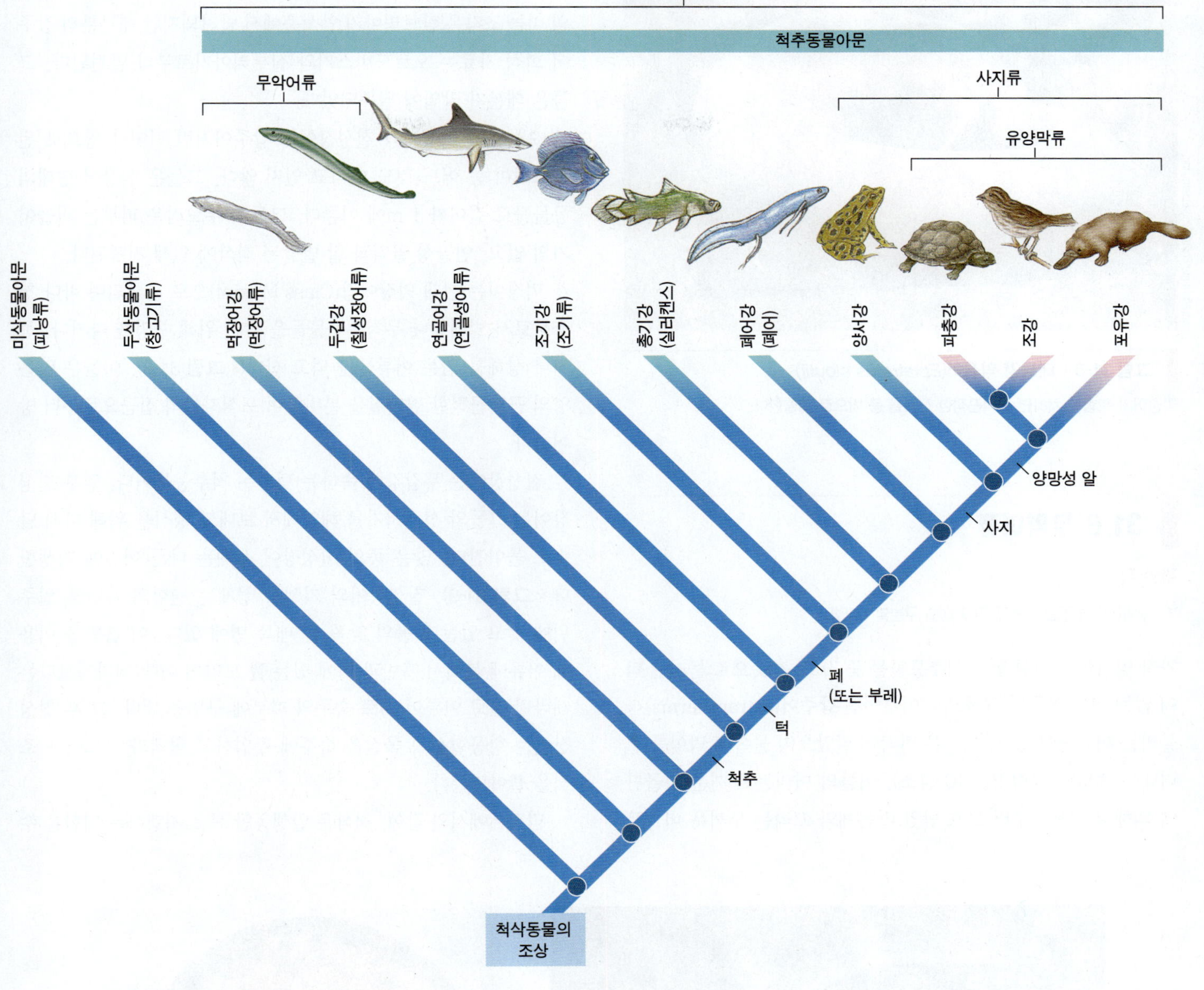


**그림 31-7 척추동물군간의 계통유연관계를 보여주는 하나의 분기도.**

생물학자들은 먹장어류가 진정한 척추동물에 속하는지에 대해 의견 일치를 보지 못하고 있다. 분기도에서 양막류의 관계성은 매우 단순화해서 나타내었다. 그림 31-20은 이 그룹에 대한 보다 자세한 관계들을 보여준다. 몇 가지 주요 형질들의 진화를 분기도 상에 표기하였다. 이 분기도는 척추동물 다양성의 진화와 수서 환경과 육상 환경에 척추동물의 적응을 이해하는데 기본틀을 제공한다. 새로운 자료들이 추가로 수집되고 연구된다면 분기도의 세부적인 사항들은 변할지도 모른다.

사지육상동물 즉 **사지류(tetrapods)**는 개구리, 두꺼비, 도롱뇽을 포함하는 양서강(Class Amphibia), 도마뱀, 뱀, 거북, 악어 등이 속하는 파충강(Class Reptilia), 조류가 속하는 조강(Class Aves), 포유류가 속하는 포유강(Class Mammalia)으로 나누어 진다. 이 후에 다루겠지만 많은 분기학자들은 조류를 분리된 강으로 보지 않고, 대신에 파충류와 함께 묶는다. 파충강, 조강, 포유강은 육상 생활에 완전히 적응한 동물들로서 양막류(amniotes)라고 불리는 하나의 단일 계통군으로 묶인다.

**복습**

- 척추동물이 나머지 다른 척삭동물과 구별되는 파생형질은 무엇인가?

Tom McHugh/ Photo Researchers, Inc.

**그림 31-8 태평양 먹장어(*Eptatretus stoutii*).**
먹장어가 위험에 처하면 끈적끈적한 진액을 몸 밖으로 배출한다.

## 31.6 무악어류

### 학습목표

**7** 무악어류의 주요 그룹들 간 차이를 구분할 수 있다.

가장 일찍이 알려진 몇몇 척추동물들 중 작고, 갑옷으로 둘려진 턱이 없는 몇몇 어류의 그룹으로 이루어진 **갑주어(ostracoderms)**라 불리는 어류군이 있다. 이들은 바닥에 살았으며 물속의 먹이를 걸러내어 먹었다(그림 21-10 참조). 이들의 머리는 두꺼운 경골판에 의해 천적으로부터 보호 받았고 몸체와 꼬리는 두꺼운 비늘로 덮여 있었다. 대부분의 갑주어는 지느러미가 거의 없었다. 갑주어의 비늘 조각은 캄브리아기 암석층에서 발견되지만 대부분의 갑주어 화석 자료는 오르도비스기와 실루리아기로부터 발견된다. 그들은 데본기 말엽에 멸종되었다.

오늘날의 먹장어와 칠성장어도 갑주어처럼 턱이나 쌍으로 된 지느러미 중 어느 것도 가지고 있지 않다. 그들은 뱀장어 형태의 동물들로 길이가 1 m에 이른다. 그들의 부드러운 피부는 비늘이 거의 없고, 연골성 골격과 잘 발달된 척삭에 의해 지탱된다.

먹장어는 현재 먹장어강(Class Myxini)으로 분류되며 바다 청소부로서 벌레류나 무척추동물들을 잡기 위해 구멍을 파거나, 죽거나 상해를 입은 어류들을 먹고 산다(**그림 31-8**). 이들은 많은 양의 끈적끈적한 점액질을 분비하여 포식자들의 접근으로부터 방어한다.

칠성장어는 두갑강에 속하는 턱없는 척추동물이다. 일부 칠성장어는 그들의 성체시기를 해양에서 보내고 생식을 위해 다시 담수로 돌아간다. 많은 종의 칠성장어 성체는 다른 어류에 기생한다(**그림 31-9**). 칠성장어의 기생성 성체는 원형의 흡반을 입주위에 갖고 있는데 몸의 앞쪽 끝 배쪽 면에 있다. 이 흡반을 이용해 어류에 붙어서 흡반과 혀에 있는 뿔 모양의 이빨(뼈라기보다는 케라틴 질로 이루어짐)로 숙주의 피부에 구멍을 낸다. 그 후 칠성장어는 항응혈성의 물질을 숙주에 주입하고 혈액과 부드러운 조직을 빨아먹는다.

먹장어에서와 같이, 척삭은 일생동안 몸을 지탱하는 역할을 수

Tom Stack/Tom Stack & Associates

**(a)** 구흡반을 이용하여 잉어를 공격하는 세 마리의 칠성장어류

Courtesy of Dr. Kiyoko Uehara

**(b)** 칠성장어(*Estosphenus japonicus*) 성체의 구흡반. 줄과 같은 이빨을 주목

**그림 31-9 칠성장어류.**

행하며, 척주로 대체되지는 않는다. 그러나 칠성장어는 척추뼈의 흔적기관을 가지며, 등쪽으로 척수를 둘러싸며 뻗어있는 *신경궁*(neural arches)이라 불리는 연골성 체절들을 가지고 있다.

**복습**

- 칠성장어와 먹장어는 갑주어와 어떤 면이 닮아 있는가?
- 먹장어는 다른 어류와 어떤 차이가 있는가?

## 31.7 턱과 다리의 진화: 악구어류와 양서류

**학습목표**

8 턱이 있는 악구어류와 초기 사지류의 진화 과정을 추적해 보고, 악구어류와 양서류의 주요 분류군을 파악할 수 있다.

화석 증거를 보면, 실루리아기 후기와 데본기 동안 어류는 턱과 쌍으로 된 지느러미를 갖도록 진화하였다는 것을 보여준다. 악구어(턱이 있는 어류)의 초기 두 그룹은 현재 멸종된 극어류(acanthodians)와 판피어류(placoderms)이다. 극어류는 쌍을 이룬 가시와 가슴지느러미, 꼬리지느러미를 가지고 갑옷을 두른 어류들이었으며, 판피어류는 쌍을 이룬 지느러미를 지니고 갑옷 입은 어류들이었다(**그림 31-10**). 턱을 지닌 척추동물의 성공은 갑주어류의 멸종을 초래했을 것으로 추정된다.

약 3억7천만년 전에 어떤 어류의 지느러미가 다리로 진화하면서 다른 유형의 이동 방식이 가능하게 되었다. 이러한 어류들은 먹이를 찾기 위해 낮은 물속이나 습지에서의 이동이 가능하게 되었다. 최초의 사지류인 양서류가 처음 육상으로 올라왔을 때 전혀 새로운 서식지와 먹이에 대한 기회를 얻게 되었다.

**(a)** *Climatius*, 가시가 있는 피부로 덮여진 조기류, 가슴지느러미와 배지느러미 사이에 다섯쌍의 부속지느러미가 있고 큰 지느러미 가시를 가진다. *Climatius*는 길이가 8 cm에 달하는 작은 물고기이다.

**(b)** *Dinichthys*, 길이가 8 m에 달하는 거대한 판피류(대부분의 판피류는 길이가 약 20 cm). 이 어류의 흉부는 골질로 덮여 있으나 몸체의 나머지 부분과 꼬리는 골질로 덮여있지 않다.

**그림 31-10 초기의 악구 어류.**

조기류와 판피류는 데본기에 번성하였다.

### 31.7.1 연골어강의 동물들은 연골어류이다

**연골어강**(Class Chondrichthyes)에 속하는 동물들은 연골어류들로 데본기에 성공적인 해양성 동물로 진화하였다. 이 강은 단계통군이며, 상어, 가오리, 홍어 등을 포함한다(**그림 30-11, 그림 31-12a**). 대부분의 종들은 해양에 서식하지만, 몇몇 종들은 담수환경에 적응하여 서식하기도 한다. 고래를 제외하고 현존하는 가장 큰 척추동물은 상어이다. 고래상어(Rhincodon)는 길이가 15 m가 넘는 초대형 어류이다.

대부분의 가오리와 홍어는 느리고, 편평한 형태이며 부분적으로 모래에 묻혀 산다. 그들의 거대한 가슴지느러미는 바닥을 따라 움직일 수 있는 추진력을 제공해 주며, 그들은 해저에 서식하는 홍합류와 조개류를 먹고 산다. 노랑가오리는 채찍모양의 꼬리를 가

**(a)** 푸른점 가오리(*Taeniura lymma*). 가오리류는 일반적으로 조개류를 먹고 사는 저서성의 물고기이다.

**(a)** 호주에서 찍은 백악상어(*Carcharodon carcharias*)의 사진. 인간에게 매우 위험한 상어로 알려져 있다. 이 상어는 실제 배쪽만 희고 몸체의 나머지 부분은 갈회색이거나 청회색이다.

**그림 31-11 연골어류.**

**그림 31-12 상어류**

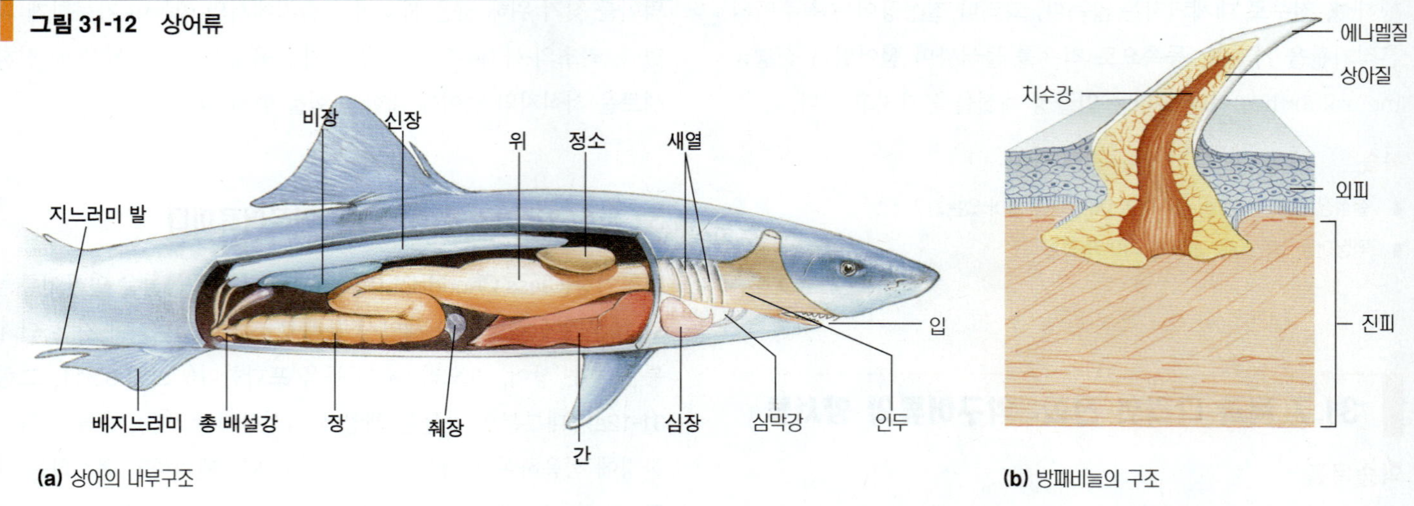


**(a)** 상어의 내부구조

**(b)** 방패비늘의 구조

지고 있는데 심한 상처를 입힐 수 있는 가시가 꼬리의 기부에 있다. 전기가오리는 전기를 내는 기관을 머리 양쪽에 가지고 있다. 이것은 근육이 변형된 것들로 꽤 큰 어류들, 심지어는 수영하는 사람들까지 기절시키기 충분할 정도의 전류를 낼 수 있다.

연골어류들은 자신들의 연골성 배아 때 골격을 그대로 가지고 있다. 이 골격은 뼈로 바뀌지는 않지만, 칼슘염의 침착으로 인해 단단해진다. 모든 연골어류들은 쌍을 이룬 턱과 2쌍의 지느러미를 가진다. 피부는 **방패비늘(placoid scales)**을 갖고 있다. 각 비늘은 이빨과 같은 구조로 에나멜성의 외층과 치질(dentine)로 된 내층으로 구성되어 있다(**그림 31-12b**). 입의 안쪽은 크지만 이빨로서의 역할을 담당하는 유사한 비늘을 갖고 있다. 다른 척추동물들의 이빨은 이 비늘과 상동기관이다. 상어의 이빨은 살에 박혀 있으며 턱뼈에 붙어 있지 않고, 새로 난 이빨은 계속 발달하여 기능하는 이빨 뒤쪽에 줄지어 있다가 어떤 이빨 하나를 잃게 되면 그 이빨을 대신하기 위하여 그쪽으로 이동한다.

상어의 몸은 유영하기에 적합하다. 몸의 형태와 지느러미, 그리고 순식간에 유영할 수 있는 능력으로 인해 몸을 위로 띄워 올릴 수 있다. 상어는 자신의 큰 간에 상당량의 기름을 비축한다(일부 상어들은 체중 중 30%이상이 간의 무게이다). 지방과 기름은 어류의 전체적인 밀도를 감소시키고 부력이 생기게 한다. 그렇다 할지라도 몸이 물보다 밀도가 대단히 높기 때문에 활발하게 유영하지 않으면 상어는 가라앉기 쉽다.

대부분의 상어는 유선형의 포식자로 활발히 유영하면서 갑각류와 연체동물뿐만 아니라 다른 물고기들을 잡아먹는다. 가장 큰 고래가 그렇듯이 가장 큰 상어와 가오리는 여과 섭식성 동물로서 물속의 플랑크톤을 걸러 먹는다. 그들이 입으로 물을 한번에 크게 들이마시면, 물은 인두를 지나 새열을 통해 나오게 되는데 먹이 입자는 체와 같은 구조에 의해 걸러진다.

포식성의 상어는 피 냄새에 이끌리는데, 그 이유로 상처 입은 수영자나 작살로 잡은 물고기를 잡고 가는 스킨 다이버들은 상어의 표적이 된다. 책과 영화는 흔히 상어를 괴물과 같은 동물로 적대적으로 묘사를 하는데, 사실 대부분의 상어는 사람을 공격하기 위해 자신들의 영역을 벗어나지는 않는다. 사실상 350종 가까이 알려진 상어 중 사람을 공격하는 것은 30종도 안된다.

상어는 복잡한 뇌와 척추뼈에 의해 보호받는 척수를 갖고 있다. 그들의 잘 발달된 감각기관은 물속에서 먹이를 찾아내는데 매우 효율적이다. 상어는 다른 동물들을 후각이나 시각을 통해 감지하기 전에 먼저 전기적 작용에 의해 감지한다. 상어의 머리에 있는 **전기수용체(electroreceptor)**는 동물의 근육 활동에 의해 생성된 약한 전류까지도 감지할 수 있다. 모든 어류에서 발견되는 **측선기관(lateral line organ)**은 몸의 양쪽 면을 따라 나 있는 홈으로서, 바깥쪽으로 개방된 많은 작은 구멍을 가진다. 측선기관에 있는 감각 세포들은 물의 파동이나 물속의 다른 움직임들에 매우 민감하여 포식자나 먹이의 존재에 대해 상어가 민첩하게 반응할 수 있도록 한다(그림 42-7 참조).

연골어류는 폐가 없으며 다섯 쌍 내지는 일곱 쌍의 아가미를 가진다. 물은 입으로 들어가 아가미를 지나 새열을 통해 나오는데, 이를 통해 물에 녹아있는 신선한 산소가 끊임없이 공급된다. 활발히 유영하는 상어는 활발한 가스 교환에 자신의 움직임이 좌우된다. 주로 해양 바닥에서 시간을 보내는 상어와 가오리, 홍어는 턱과 인두의 근육을 이용하여 물을 아가미 위로 펴 올린다.

상어의 소화관은 구강과 위를 연결하는 긴 인두, 짧고 곧은 장,

많은 척추동물의 특징인 몸 아래쪽이 개구된 **총배설강**(cloaca) 등으로 이루어진다(그림 31-12a). 간과 췌장은 소화즙을 소장으로 분비한다. 총배설강은 소화 후 발생한 노폐물과 비뇨계로부터 물질대사를 통해 생성된 노폐물을 모두 수용한다. 암컷에서는 총배설강이 생식기관으로서 기능을 수행하기도 한다.

성은 분리되어 있고, 체내 수정을 한다. 성숙한 수컷은 각각의 꼬리지느러미에 길쭉하고 홈이 있는 부분이 있는데, **기각**(clasper)이라고 한다. 기각은 정자를 암컷의 총배설강으로 이동시킬 때 사용되어진다. 난자는 암컷의 수란관 상부에서 수정 되어진다. 수란관 부분은 폐각샘(shell gland)으로 변형되는데 수정란 둘레를 보호하는 물질을 분비한다.

홍어와 상어의 일부 종은 알을 낳는 **난생**(oviparous)이지만 상어의 많은 종은 **난태생**(ovoviviparous)이다. 난태생이란 새끼가 알로 둘러 싸여져 모체 내에서 자라나는 것을 말한다. 발생하는 동안, 새끼는 모체로부터 오는 물질의 공급에 의존하기보다는 자신들의 발육을 위해 저장되어 있는 난황에 의존한다. 새끼는 알에서 부화한 후 태어난다.

상어의 소수 종은 **태생**(viviparous)이다. 자궁에서 배가 발생하는 것뿐만 아니라 모체의 혈액으로부터 영양분의 대부분이 공급된다. 영양분은 각각의 배를 둘러싼 난황낭과 자궁에 있는 혈관 사이에서 이동되어진다.

### 31.7.2 조기류는 현대 경골어류의 기원이다

화석 기록에 의하면 경골어류는 연골어류보다 먼저 나타나는 것으로 보이지만 두 그룹 다 데본기의 같은 시기에 진화하였을 것으로 보여 진다. 두 그룹은 많은 특징들을 공유(지속적인 이빨의 교체와 같은)하지만 중요한 사항에서 차이를 나타내기도 한다.

대부분의 경골어류들은 많은 척추뼈와 함께 경골에 의해 특징지어진다. 경골은 연골보다 더 장점을 가지는데 확실한 지지대가 되어주고 매우 효과적인 칼슘 저장소가 되어준다. 대부분의 종들은 중앙에 쌍을 이룬 유연한 지느러미를 가졌고, 연골과 뼈로 이루어진 긴 지느러미 줄기에 의해 지지된다. 몸은 골질성 피부 비늘이 겹쳐져 덮여 있다. **측경골판**(operculum)은 머리에서부터 후부쪽으로 확장되며 아가미를 보호한다.

대부분의 상어와 달리 경골어류는 일반적으로 난생이다. 그들은 엄청난 수의 알을 낳으며 체외수정을 한다. 예를 들면, 개복치의 경우 3억 개 이상의 알을 낳는다. 물론, 대부분의 알과 치어들은 다른 동물들의 먹이가 된다. 생존가능성은 어떤 행동적 적응들에 의해 높아진다. 예를 들면, 많은 종의 어류들은 자신의 알을 위해 보금자리를 만들고 또 보호한다.

데본기 동안 경골어류는 2개의 주요 그룹으로 나뉘어졌는데 **육기강**(Class Sarcopterygii)과 **조기강**(Class Actinopterygii)인 **조기류**(ray-finned fishes)이다. 최초의 육기류 화석은 약 4억년전 데본기로 거슬러 올라간다. 이 어류들은 폐와 살 같은 엽상 지느러미에 의해 특징지어진다. 이 유연한 지느러미는 많은 뼈와 근육으로 이루어진 중앙의 부속지이며 몸을 지탱할 수 있다.

초기 육기류는 2개의 독립적인 계통을 따라 진화하였다: **폐어류**(lungfishes; **폐어강**, Class Dipnoi)와 **총기류**(lobe-finned fishes; **총기강**, Class Actinistia). 폐어류는 오늘날까지 열대아프리카, 오스트레일리아, 남아메리카의 강에 살고 있다.

조기류는 두 갈래의 중요한 적응방산을 이루었다. 첫 번째는 고생대 후기 동안 일어났는데 현재는 대부분 멸종한 어류들의 그룹이다. 두 번째 방산은 중생대 초기 동안 시작하였는데 현대 경골어류의 기원이 된다. 현대 경골어류의 조상은 폐를 가졌는데, 총기류와 폐어류에 의해 이

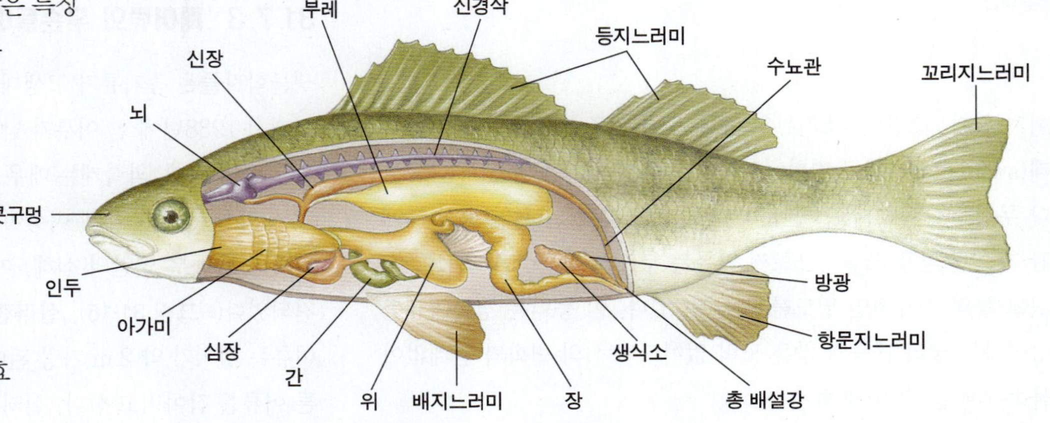


**그림 31-13** 대표적인 경골어류인 농어.

부레는 물고기가 몸의 밀도를 변화시키는 것을 가능하게 하고 주어진 깊이에서 정지상태를 유지하게 하는 역할을 하는 유체 역학적 기관이다. 가슴지느러미와 배지느러미는 쌍을 이룬다.

**(a)** 가시복(*Diodon hystrix*)은 공기 또는 물을 들여 마셔 몸을 팽창시킨다. 이것은 잠재적인 포식자를 막기 위한 전략이다. Virgin island에서 촬영

**(b)** 앵무새고기(*Scarus gibbus*)는 산호를 먹고사는데, 소화관에서 산호를 갈아서 산호에 있는 조류를 추출한다. 이 종은 희고 고운 모래를 배출하는데 전 세계에 존재하는 많은 백색 모래사장을 만드는데 기여한다. 앵무새고기는 암컷으로 일생을 시작하여 후에 수컷이 된다.

**(c)** 잎 모양으로 신장된 체벽을 가진 호주잎해마(Austrailian leafy sea dragon, *Phyllapteryx taeniolatus*)는 주변의 바다속 거대 식물인 켈프처럼 위장한다.

**그림 31-14** 현재의 경골어류.

어져 왔다. 그런데, 조기류의 폐는 부력을 조절하는 공기낭인 **부레(swim bladder)**로 변형되었다(**그림 31-13**). 뼈와 근육은 물보다 무겁고, 부레가 없으면 그 어류는 가라앉게 된다. 혈액과 부레간 가스 교환을 조절함으로써 어류는 부레의 가스량을 조절할 수 있고 몸의 전체적인 밀도를 바꿀 수 있다. 이 능력은 경골어류를 상어와는 달리 근육의 많은 노력 없이도 수심의 변화와 관계없이 물속에서 뜰 수 있게 해준다.

어떤 다른 척추동물군보다도 경골어류는 종수가 많다. 생물학자들은 담수산과 해산 경골어류 약 49,000여 현서종을 보고하였는데 이들은 색깔과 모양이 매우 다양하다(**그림 31-14**). 경골어류의 크기는 최근에 보고된 약 8 mm의 송어 치어(*Paedocypris* 속)에서부터 길이는 4 m이고 무게는 약 1,500 kg에 달하는 바다 개복치(그림 20-14c 참고)까지 있다.

경골어류의 다양성은 *Hox* 유전자의 발현에 기인한다. 초기 척삭동물들은 하나의 *Hox* 유전자 다발을 가진다. 사지동물은 4개의 다발을 가진다. Zebrafish는 7개의 *Hox* 유전자 다발을 가진다. 조기류의 방산이 일어나는 동안 전체 염색체가 두 배로 복제되었고 그 결과 *Hox* 유전자 다발이 하나 혹은 그 이상 추가되게 되었다. 이 *Hox* 유전자들이 다양한 조기류 종의 진화를 위한 유전 물질을 제공할 수 있었다.

### 31.7.3 폐어류의 후손들이 육상으로 이동했을까?

생물학자들은 총기류가 고생대 말엽에 멸종되었다고 생각해왔다. 그래서 1938년에 한 어부가 남아프리카의 연안에서 총기류 한 마리를 잡았을 때, 과학계는 매우 흥분하였다. 이후, 이 거대한 "살아있는 화석" 종 200개체 이상이 코모로섬(Comoro island)과 아프리카의 남동부 연안의 심해, 마다가스카르와 인도네시아에서 발견되었다(**그림 31-15**). **실러캔스(coelacnths)**로 알려져 있는 이 어류는 길이가 약 2 m 가량 된다. 실러캔스는 야행성 포식자로 다른 어류를 잡아먹고 산다. 실러캔스가 확실한 육상 척추동물의 기원을 나타내는 대표적인 동물군으로 살아있는 화석종이라는 것은 소수의 학자들이 형태학적 자료를 근거로 이 가설에 의문을 갖기 시작한 1980년대까지만 해도 매우 유력한 학설이었다. 이들은 화

**그림 31-15** 다이버와 함께 유영하는 실러캔스.

오랫동안 생물학자들은 총기류(lobe finned fishes, *Latimeria*)가 양서류의 조상이라고 생각했었다.

석과 현존하는 폐어들의 외부 콧구멍의 구조를 보았을 때 실러캔스보다는 폐어가 육상 척추동물의 조상일 가능성을 제시하였다. 폐어와 육상 척추동물 사이의 또 다른 형태적 유사성은 이빨의 에나멜질, 유사한 구조와 위치를 가진 비슷한 크기의 네 다리이다(폐어의 지느러미 또한 엽상의 다리임을 상기하라)(**그림 31-16**).

1990년대 동안 폐어에 대한 가설은 미토콘드리아 DNA의 비교를 통해 지지를 얻었다. 최근에 바다 속 연구를 통해 실러캔스는 지느러미를 느린 수영을 하는데 사용한 반면, 폐어들은 바다의 바닥을 "걷기"위해 사용한다는 것이 밝혀졌다. 생물학자들은 사지류의 조상이 실러캔스가 아니라 폐어라고 하는 데에 일반적으로 동의하고 있다. 최근 *Hox* 유전자 분석에 따르면, 폐어의 엽상 지느러미와 사지류의 다리의 발생에 동일한 유전자가 관여하는 것을 보여주어 폐어의 사지류 기원설에 더욱 힘을 더해 주고 있다.

진화의 과정에서 과연 어떤 환경이 네 다리를 가진 사지류의 진화를 촉진시켰을까? 다음은 사지류의 진화를 설명해 주는 한 가설이다. 데본기 동안 주기적으로 빈번하게 일어난 가뭄으로 인해 습지의 수위가 낮아지거나 완전히 마르게 되었다. 엽상형 지느러미를 가진 어류들은 그런 악조건 속에서도 살아남을 수 있는 굉장한 장점을 가졌을 것이다. 그들은 육상으로 올라오기 위해 놀라울 만큼 전적응 되어졌다. 그들은 공기 호흡을 위한 폐를 가졌었고, 튼튼한 살집을 가진 지느러미는 그들이 얕은 물을 따라 "걷는 것"을 가능하게 해 주었을 것이다. 이 지느러미들은 어류의 무게를 지탱할 수 있어서 마른 땅위에도 올라갈 수 있도록 해 주었으며 다른 연못이나 개울로 옮겨 갈 수도 있게 해주었을 것이다.

보다 더 최근의 가설로는 사지류의 조상은 전적으로 수생 환경 속에서 다리의 진화가 일어났다고 보고 있다. 폐어에 비해 훨씬 더 발생학적으로 사지류의 다리와 유사한 다리를 가지고 있었던 사지류의 조상형 동물은 엽상지느러미를 가진 오늘날의 폐어와 같은 그들의 조상들보다 훨씬 더 효율적으로 얕은 물속에서 움직이거나 수생 식물의 밀도가 높은 곳에서 기어 다닐 수 있었을 것이다. ***틱탈릭크*(*Tiktaalik*)**가 바로 이러한 어류와 사지류의 중간 전이형 동물이었다(**그림 31-17**). 생물학자들은 *틱탈릭크*가 3억7천5백 만 년 전( 데본기)에 지구상에 서식한 비늘과 지느러미를 가진 물고기라고 생각하고 있다. *틱탈릭크*는 움직일 수 있는 목과 폐를 지탱해 주는 갈비뼈 등과 같은 사지류의 특징들을 지니고 있다.

앞서 기술한 바와 같이 폐어는 가스 교환을 위한 폐를 가지고

**그림 31-16** 남아메리카의 폐어(*Lepidosiren paradoxus*).

폐어는 데본기와 석탄기에 번성했다. 남아메리카의 폐어는 목구멍 한 쪽에 쌍으로 된 폐를 지녀 그들이 서식하는 강이 말라도 오랜 기간을 생존할 수 있다.

**그림 31-17** *틱탈릭크(Tiktaalik)*.

2.75 m까지 자라는 이 물고기는 다리와 유사한 지느러미들을 가지며, 다른 사지동물의 특징들을 가지고 있다.

있다. 아가미로는 대기의 호흡에 이용하는 것이 불가능하기 때문에 폐의 존재는 매우 중요하다. 육상의 생명체는 폐 이외에도 대기중에서 중력을 극복할 수 있는 강한 척추와 근육을 필요로 한다. 육상에서의 생활은 건조에 대항할 수 있는 특수한 표피나 기작의 획득도 필수적인 사항이 되었다. 먹이를 찾거나 포식자로부터 생명의 위협에서 벗어나기 위해서는 공기를 통해 전달되는 소리를 들을 수 있는 귀의 발달도 선행되어야 했다. 이러한 적응에도 불구하고 사지류 진화 초기에는 생식을 위해 다시 수환경으로 돌아와야만 했을 것이다, 하지만 시간이 지나면서 사지류는 생식의 부분까지도 육상환경에 적응하게 되었다. 육지를 경험한 초기 척추동물은 매우 성공적이어서 그들의 계통은 양서류, 이후에는 파충류, 조류, 포유류로 이어지게 되었다.

### 31.7.4 양서류는 최초의 성공적인 육상척추동물이다

생물학자들은 현존하는 **양서류(양서강, Class Amphibia)**를 3개의 목(order)으로 구분한다: **유미목(Urodela)**, 꼬리가 존재(visible tail)한다는 의미의 이름인 이 목은 모든 동물이 긴 꼬리를 가지고 있으며 도룡뇽, 머드퍼피, 영원류등이 포함된다; **무미목(Anura)**, 꼬리가 없는(no tail) 목으로 개구리, 두꺼비가 포함된다. 이들의 다리는 뛰어오르기에 적합하게 되어있다; **무족목(Apoda)**, 다리가 없으며(no feet) 벌레 같은 무족 영원이 포함된다(**그림 31-18**). 성체 양서류들의 육지동물로의 진화는 상당히 성공적이었으며 건조한 환경에서 살 수 있게 되었을지라도 대부분의 종들은 생식을 위해 수환경으로 돌아가야만 한다. 정자와 난자는 일반적으로 물속에서 방출된다.

양서류는 **변태(metamorphosis)**라고 불리는 복잡한 과정을 거쳐 유생에서 성체가 된다. 대부분의 개구리와 두꺼비의 배아는 **올챙이(tadpoles)**라고 부르는 유생단계로 발달한다. 올챙이들은 꼬리와 아가미를 가지고 있으며 주로 수생식물을 먹이로 섭취한다. 그 후 올챙이들은 변태를 거치게 된다. 이 과정은 갑상샘(thyroid gland)에서 분비되는 호르몬에 의해 조절된다. 변태의 과정에서 아가미와 새열은 사라지며 꼬리는 재흡수되고, 다리가 생겨난다. 소화관은 짧아지고 먹이 선호도는 초식성에서 육식성으로 전환된다; 입은 보다 커지고, 혀는 발달되며, 고막과 눈꺼풀이 나타난다; 눈의 렌즈의 형태가 변화한다. 또한 많은 생화학적 변화들이 전적으로 수중생활에만 의존했던 생활 방식에서 벗어나 수륙양서 생활로의 전환을 가능하게 했다.

머드 퍼피 *Necturus*처럼 일부 도룡뇽들은 완전 변태를 거치지 않는다. 자손을 번식할 수 있는 성체가 되었을 때조차도 유생적 특징을 가지고 있다. 이것이 20장에서 언급했던 **유형진화(paeodmorphosis)**의 한 예이다(그림 20-15 참조). 이러한 유형의 발생은 도룡뇽을 완벽한 육지생활 보다는 오히려 습지에 남아있도록 하였다.

양서류의 색깔은 매우 밝고 자극적이다. 밝은 색깔로 변하는 종은 대부분 독을 지니고 있다(그림 31-18a). 그들의 독특한 색깔은 일상적으로 양서류를 접하지 않는 포식자들에게 위협을 준다. 또한 어떤 개구리는 그들 스스로 색을 바꾸어 위장할 수 있다.

성체의 양서류들은 호흡을 위한 가스 교환을 원시적인 허파에 전적으로 의존하지는 않는다. 비늘이 없고 혈관들이 풍부하게 뻗어 있는 촉촉한 분비샘을 가진 피부가 호흡 표면으로서 기능을 한다. 피부 사이의 거대한 점액선은 가스교환 시 중요한 몸의 표면을 축축하게 유지하도록 도와준다. 또한 점액은 양서류의 천적으로부터 탈출을 쉽게 할 수 있도록 피부를 미끄러지게 한다. 어떤 양서류들은 천적에게 치명적인 독을 분비하는 분비선을 피부 내

**(a)** 독을 지닌 붉은 화살 개구리(*Dendrobates pumilio*)

**(b)** 점박이 도룡뇽(*Ambystoma maculatum*)은 대부분의 시간을 땅속에서 지낸다. 이른 봄에 이 도룡뇽들은 생식을 위해 숲이 우거진 물웅덩이에 모여든다.

**그림 31-18 현대 양서류.**

부에 가지고 있다.

양서류의 심장은 3개의 방으로 나누어져 있다: 2개의 **심방**(atria)은 혈액을 받아들이고 1개의 **심실**(ventricle)은 혈액을 동맥을 통해 펌프질하여 내보낸다. 1쌍의 순환 혈관은 부분적으로 풍부한 산소를 가진 혈관과 부족한 산소를 가진 혈관으로 나눌 수 있다. 혈액은 몸의 다양한 기관과 조직에 **체순환**(systemic circulation)을 통해 흐른다. 그 후 심장으로 다시 돌아온 혈액은 **폐순환**(pulmonary circulation)을 통해 산소를 재충전하는 곳인 폐와 피부로 옮겨진다. 풍부한 산소를 가진 혈액은 심장으로 다시 돌아가고 그것은 체순환으로 다시 펌프질하여 내보낸다. 심장의 비교해부학적 특징과 다양한 척추동물들의 순환계 특징은 43장에서 논의하기로 하자.

**복습**

- 진화적인 관점에서 볼 때 다음 네 어류의 중요성은 무엇인가? (1) 판피어류 (2) 폐어류 (3) 조기류 (4) 틱탈릭크
- 어떠한 변화들이 양서류에서와 같이 올챙이가 가지는 수서생활 양식을 성체에서 나타나는 육상생활 양식으로 전환시키는 데 일조했을까?

## 31.8 척추동물의 도입

**학습목표**

9 육상생활을 위한 3가지의 척추동물 적응들을 파악한다.

10 파충류와 조류에 대해 이해하고, 파충류의 단일 계통군에 조류를 포함시키는 논거를 제시할 수 있다.

11 단공류, 유대류, 태반성 포유류를 비교하여 설명할 수 있고, 각 그룹에 속하는 동물들의 예를 제시할 수 있다.

양서류로부터 파충류의 진화는 육지에 잘 적응하도록 하기 위해서 많은 변화를 거쳐야 했다. 파충류를 척추동물로서 육지생활에 완벽히 적응하도록 한 **양막성 알**(amniotic egg)로의 진화는 매우 중요한 사건이다. 이 알은 배아를 둘러싸 액체로 가득 찬 낭을 형성하는 막인 **양막**(amnion)을 가진다. 양막은 외부환경으로부터 독립성을 허용해 주면서 그 배아가 자신의 고유한 연못을 갖도록 해준다. 배아의 촉촉한 상태를 유지해 주는 것 이외에도 양막의 유동액은 발생하는 배들을 보호해주는 충격 흡수자로서의 역할을 한다.

양막성 알의 진화는 생물학자들이 양막류라고 부르는 육상척추동물들–파충류, 조류, 포유류–의 성공에 매우 중요하다. **양막류**(amniotes)는 단계통군이다. 왜냐하면 이러한 동물들은 양막을 가지는 하나의 공통된 조상을 가지고 있기 때문이다(그림 30–17).

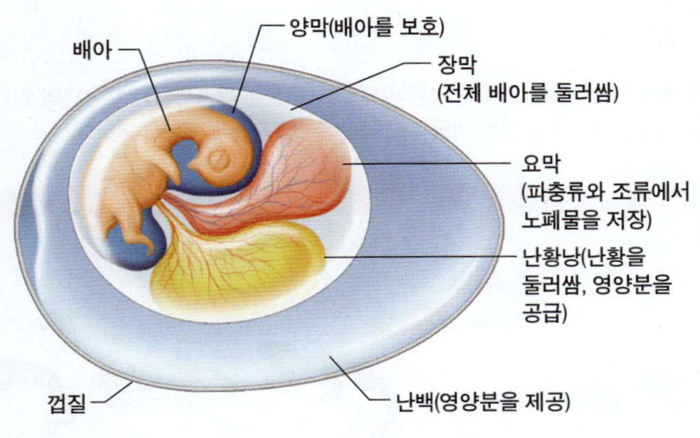


**그림 31-19 양막란.**

양막은 배아를 둘러싸고 있는 보호막이다. 다른 배아 외의 막으로는 난황낭, 요막, 장막들이 있다.

양막 외에도 양막성 알은 3개의 다른 독특한 여분의 배 막(스스로 발생하는 몸의 부위가 아님)을 가진다: 난황낭, 알껍질, 요막(**그림 31-19**). 이러한 막들은 발생하는 배아를 보호하고, 영양물을 저장(*난황낭*)하며, 가스교환을 수행(*알껍질*과 *요막*)하고, 부산물을 저장(*요막*)한다. 비록 대부분의 현 포유동물들은 알을 낳지 않을지라도 그들의 배들은 양막을 가지고 있고 다른 여분의 배 막들을 가진다.

육지생활의 또 다른 중요한 적응은 수분의 손실을 최소화하도록 몸을 덮는 구조이다. 하지만 그러한 몸을 덮는 구조는 몸의 표면에서 일어나는 가스교환을 심각하게 감소시킨다. 양막류는 산소와 이산화탄소의 교환을 위해 효율적인 허파와 순환계를 가지고 있다. 양막류는 또한 수분 보존을 위한 생리학적 구조를 가진다. 예를 들어, 분비 대사 과정에서 배설물의 수분 손실을 최소화하기 위해 신장 작용에 의해 혈액으로부터 여과된 많은 수분이 세뇨관과 방광에서 재흡수된다.

### 31.8.1 양막류의 계통이 바뀌고 있다

최근까지, 생물학자들은 양막류를 3개의 강인 파충강, 조강, 포유강으로 나누었다. 그러나 분기적 분석에 따르면 파충강이 단계통군이 아니라는 것을 보여준다. 파충강의 공통조상으로부터 유래한 모든 자손들을 포함하지 않고 일부만을 포함하기 때문에 이것은 측계통군이라는 것이다(그림 23–7 참조). 비록 현대 조류에 대하여 편리함을 위해 독립적으로 다루긴 하겠지만, 양막류에 대한 우리의 논의는 이와 같은 분기론적 관점을 반영한 것이다.

생물학자들은 초기 양막류가 도마뱀과 비슷한 형태를 가지고

**요점**

쌍궁류 파충류들은 조류의 기원이 되었고, 단궁류 파충류들은 포유류의 기원이 되었다. 현존하는 조류를 포함한 쌍궁류의 다섯 주요 가지들을 주목하라.

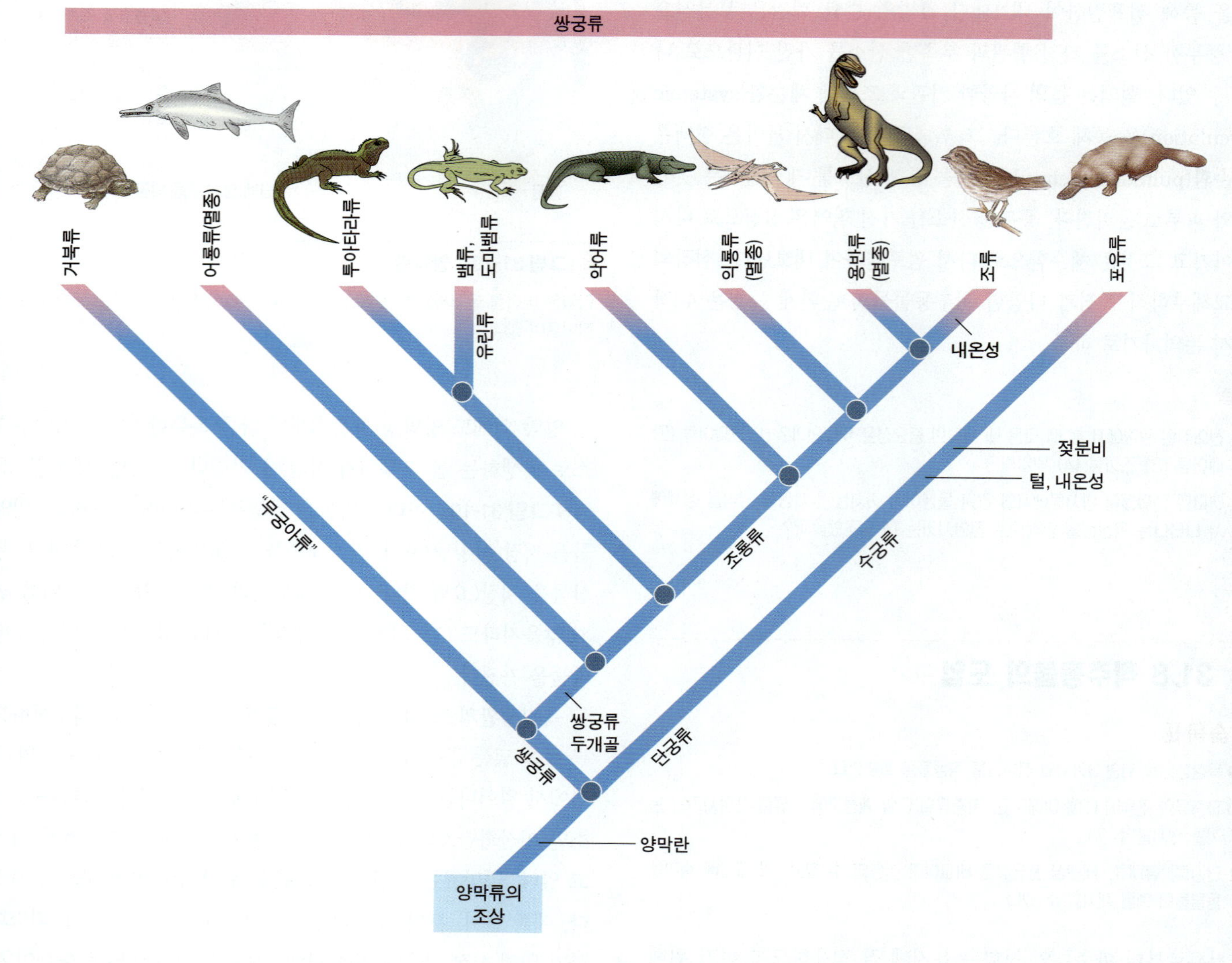


**그림 31-20 일부 양막류의 진화적 유연관계.**

이 분기도는 파충류, 조류, 포유류간의 진화적 유연관계를 보여준다. 이러한 관계들은 현재 여전히 연구가 진행 중에 있으며, 재해석될지도 모른다.

있다고 생각하고 있다. 약 2억 9천만년 전 석탄기 말기까지 양막류는 엄청난 적응방산을 거치면서 2개의 가지로 나뉘어졌다: **쌍궁류**(diapsids)와 **단궁류**(synapsids) (**그림 31-20**, **표 31-2**). 쌍궁류에서 *diapsid*라 함은 여기에 속하는 동물들이 갖는 두개골의 특징인 측두골에서 나타나는 2쌍의 개구(openings)을 의미한다. 단궁류의 두개골은 단지 한쌍의 측두골 개구를 갖는다. 쌍궁류는 대부분의 멸종된 파충류를 포함하여 현존하는 모든 파충류 그룹을 아우른다. 요즈음은 분기론적 분석에 근거하여 생물학자들은 조류 역시 쌍궁류로 분류한다. 단궁류에는 멸종된 수궁류와 포유류가 포함된다.

극히 최근까지 계통분류학자들은 세 번째 가지로 **무궁아류**(anapsids)를 언급했었다. 이 동물들은 두개골에 측두골 개구를 갖고있지 않다. 거북은 유일하게 현존하는 무궁아류의 일종으로 여겨지고 있으나 분자계통학적 분석의 결과에 의하면 이들은 쌍궁류에 속하는 것으로 나타났다.

두 번째로 커다란 양막류의 적응 방산은 약 6천6백만 년 전에 끝나게 되는 중생대기간 동안 일어났다. 사실상 중생대는 파충류의 시대로 알려져 있을 만큼 이 시기에 파충류는 가장 우점적인 육상동물이었다(21장 참조). 이 시기에 그들은 엄청나게 다양한 생태학적 생활상의 변화가 폭발적으로 일어나게 된다(그림 21-12, 그림 21-13, 그림 21-14 참조). 일부 파충류는 공중을 날고, 일부는 해양성이 되었으며, 많은 종들이 육상 서식처를 가득 채우게 되었다. 주요 그룹들 중에는 날 수 있는 파충류인 **익룡류**(pterosaurs), *Tyrannosaurus*와 *Diplodocus*를 포함하는 **용반류**(saurischian dinosaurs), *Triceratops*를 포함하는 **조반류**(ornithischian dinosaurs)가 있었다.

일부 공룡류는 지구상에서 이제껏 육상생활을 했던 가장 큰 동물 중에 하나이다. 명백하게 사회적 집단을 형성하여 이동하였으며, 어린 새끼들을 돌보았다. 화석적 증거는 적어도 몇몇 공룡류들이 **내온성동물**(endotherms)이였다는 것을 보여준다. 이는 그들이 외부환경의 온도변화에도 불구하고 그들의 체온을 유지하기 위해 대사 에너지를 이용했다는 것을 의미한다. 또한 내온성 동물은 더욱 많은 활동을 할 수 있도록 하는 이점을 지니고 있었다. 공룡류와 다른 초기 파충류들의 자연사와 진화에 대한 것은 21장에서 상세히 논의하였다.

파충류는 거의 2억년 동안 지배적인 육상동물로 존재했다. 그 후 중생대 말기로 오면서 모든 공룡류와 익룡류를 포함하는 많은 종들이 화석 기록으로부터 사라졌다. 사실 모든 동물종의 반 이상이 이 시기에 멸종하였다(21장 참조). 이러한 대멸종의 결과로 생존하는 종보다 멸종한 파충류들이 더 많아지는 결과가 초래되었다.

## 31.8.2 파충류는 많은 육상 적응을 한다

파충류의 많은 형질들이 육상생활에 대한 적응들이다. 암컷 파충류는 배가 발생하는 동안 건조의 위협으로부터 보호하고자 가죽처럼 질긴 알껍질을 분비한다. 수컷의 정자는 이 껍질을 관통할 수 없어 체내 수정은 껍질이 형성되기 전 암컷의 체내에서 일어나게 된다. 이 과정에서, 수컷은 정자를 암컷의 생식기관에 전달하기 위해 교미기관(penis)을 사용한다. 배가 발생함에 따라 보호 껍질 내부에 양막을 형성하고 배 주위를 감싼다.

또 다른 육상 생활로의 적응은 건조의 위협으로부터 파충류의 몸을 보호하기 위해 딱딱하고 건조한 각질의 비늘이다. 적으로부터 파충류를 보호해주는 이 갑옷 비늘은 일정한 시기별로 비늘갈이를 한다. 건조해진 파충류의 피부는 효율적인 가스교환을 어렵게 만든다. 파충류의 폐는 양서류의 낭 모양의 폐보다 더욱 발달되어 있다. 양서류의 폐는 여러 개의 방으로 나뉘어져 있어, 가스교환 시 폐의 표면적을 크게 증가시켜준다. 대부분 파충류들은 3개의 방으로 이루어진 심장을 가지며 양서류의 심장보다 더 효율적이다. 하나의 심실은 비록 불완전할지라도 하나의 구획된 공간으로 이루어져 있어 산소가 풍부한 혈액과 산소가 빈약한 혈액을 구분해 준다. 이것은 몸의 조직들에 산소를 공급하는 것을 용이하게 해 준다. 악어의 경우에는 구획이 완전하며 4개의 방으로 이루어진 심장을 가진다.

어류와 양서류와 같이, 파충류는 일반적으로 체온조절을 위한 대사 기작이 없다. 이는 파충류가 주위 환경의 온도에 영향을 받아 체온이 조절되는 **변온성(외온성, ectothermic)** 동물이라는 것을 말해 준다. 어떤 파충류들은 주위의 온도보다 더 높은 체온을 유지하도록 만드는 행동적 적응 양상을 가진다. 예를 들면, 여러분은 체온을 상승시키고 대사율을 증가시키기 위해 태양 아래에서 햇볕을 쬐고 있는 도마뱀을 관찰할 수 있다. 이것은 도마뱀이 활동적으로 먹이를 잡을 수 있도록 한다. 파충류의 체온이 내려가면, 그들의 대사율은 낮아지고 행동은 둔해진다. 이는 변온동물인 파충류가 왜 차가운 기후보다 따뜻한 기후에서 성공적으로 생존해왔는지를 설명한다.

많은 파충류들은 육식동물이다(고기를 먹는 동물들). 보통 5개의 발톱을 가진 1쌍의 다리는 달리기와 기어오르기에 유리하게 적응되어 있고 그들의 잘 발달된 감각기관은 먹이의 위치를 알 수 있게 한다.

## 31.8.3 현서 파충류는 4개의 그룹으로 나눌 수 있다

조류를 제외한다면, 생물학자들은 현존하는 파충류를 4가지 주요 목(orders)으로 나눈다(일부 학자들은 이 그룹을 강으로 간주하기도 한다). 무궁아류는 땅거북류, 거북류, 테라핀 거북류들은 거북목(Order Testudines)에 속한다. 도마뱀, 뱀, 지렁이도마뱀은 뱀목(Order Squamata)에 속하며, **투아타라류(tuataras)**는 훼두목(Order Rhynchocephalia)에 속한다. 또한 크로커다일, 엘리게이터, 카이만, 인도산 턱이 긴 악어 등은 악어목(Order Crocodilia)에 속한다(**그림 31-21**).

### (1) 거북류는 보호 껍질을 갖는다

**거북목(Testudines)**에 속하는 종들은 하나의 보호 껍질로 둘러싸여져 있는데 이것은 딱딱한 비늘로 덮여진 골판으로 구성되

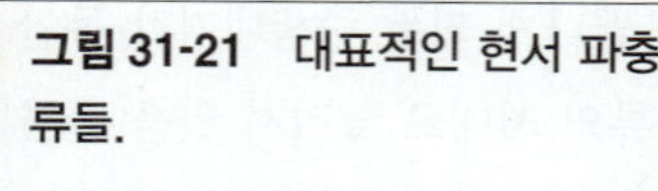

**그림 31-21** 대표적인 현서 파충류들.

**(a)** 청바다 거북(*Chelonia mydas*)의 노 형태의 부속지는 유영하기에 적합하다.

**(b)** 에메랄드 나무 보아뱀(*Corallus canina*)은 열대지역인 남아메리카의 숲에 서식한다. 보아뱀은 서식하는 나무를 봄처럼 벗어나는 일이 없으며, 먹이의 위치를 추적하기 위해 움푹 들어간 열을 민감하게 감지하는 기관을 가지고 있다.

**(c)** 투아타라류(*Sphenodon punctatus*)는 길이가 60 cm 이상 되는 야행성 포식자이다. 투아타라류에는 두 종이 보고되어 있으나, 모두 멸종위기에 처해 있다.

**(d)** 나일 거북(*Crocodilus niloticus*)이 가죽성 알로부터 빠져나오고 있다.

어 있다. 일부 육상종은 그들의 머리와 다리를 완전하게 그 껍질 안으로 집어넣을 수 있다. 성체 거북의 크기는 약 8 cm에서 거대한 해양종에 이르기까지 다양한데, 거대한 해양종의 경우 크기는 2 m이상에 달하며, 무게는 450 kg이상에 이른다. 생물학자들은 대개 육상종을 땅거북류(tortoises)라고 하며, 수서 생활을 하는 종을 거북류(turtles)라 부르고, 담수산을 때로 테라핀류(terrapins)라 부른다.

### (2) 도마뱀류와 뱀류는 가장 현대적인 파충류이다

**뱀목(Order Squamata)**에 속하는 도마뱀, 뱀, 지렁이도마뱀은 현대 파충류에서 가장 흔한 종이다. 이러한 동물들은 길게 옆으로 늘어져 마치 지붕 위에 늘어진 지붕널처럼 연속적으로 겹쳐져 있는 모양의 비늘을 가진다. 이 유연성 있는 갑옷은 주기적으로 허물을 벗는다. 도마뱀의 무게는 1 g도 되지 않는 게코(geckos)에서부터 무게가 100 kg정도인 인도네시아 코모도왕도마뱀(komodo dragon)까지 있다. 그 크기와 모양이 매우 다양하다. 풀뱀(실제로는 도마뱀임)과 같은 몇몇 도마뱀들은 다리가 없다.

뱀의 특징은 유연성이다. 자신의 턱 지름보다 더 큰 동물들을 삼키는데 있어 끝을 알 수 없을 만큼 늘어날 수 있는 느슨하게 연결된 턱 구조를 가지고 있다. 파이톤(phyton)의 경우 퇴화된 뒷다리 뼈를 가지고 있긴 하지만, 일반적으로 뱀은 다리가 없으며, 몸이 길쭉하게 확장되어 있다(그림 18-14를 참조) (비록, 사지류 모두가 4개의 다리를 지니는 것은 아니지만, 모두가 네 발을 지닌 조상형으로부터 진화해왔음을 기억하라). 눈은 투명한 비늘에 의해 덮여 있어 눈꺼풀을 움직일 수 없다. 또한 밖으로 열려진 외이, 고막, 중이관이 없다.

뱀은 갈라진 혀를 촉각과 후각의 보조 감각기관으로 이용된다. 혀를 내미는 행위는 공기와 땅으로부터 화학물질을 감지하기 위해서이다. 혀끝에서 냄새를 감지한 후 냄새의 근원을 알아내는 열린 감각기관이 입천장에 위치한다. 또한 살무사와 일부 보아뱀은 머리 양옆에 온혈성 먹이의 체온을 감지하는 돌출된 **오목기관(pit organ)**을 가진다(그림 42-3참조). 이러한 감각기관은 작은 야행성 동물들의 위치를 파악하고 사냥하는데 유리하게 한다.

왕뱀(king snakes), 파이톤, 보아뱀과 같은 일부 뱀들은 먹이를 빠르고 강하게 휘감아 호흡을 할 수 없도록 꽉 죄어 죽인다. 다른 뱀들은 독샘과 연결된 속이 빈 이빨인 어금니를 가지고 있다. 뱀이 먹이를 물었을 때 그 독은 어금니를 통하여 독이 먹이로 뿜어진다. 어떤 뱀들의 독은 적혈구 파괴를 야기시킨다; 산호뱀과 같은 일부 뱀들은 신경의 기능을 방해하는 신경독을 지니고 있다. 미국의 독사에는 방울뱀(rattle snakes), 북아메리카산 독사(copperheads), 북아메리카 남부의 입이 흰 물뱀(cottonmouths), 아메리카산 작은 독사인 산호뱀(coral snakes) 등이 있다. 산호뱀을 제외한 모든 뱀은 살무사류이다.

지렁이도마뱀은 굴을 파고 사는 습성의 적응 양태를 가진다. 길쭉하게 확장된 몸체를 가지며, 다리가 없고, 피부 안쪽에 눈이 숨겨져 있다. 대부분이 15 cm보다 작다. 유일하게 한 종이 미국에서 발견되어 보고되었다.

#### (3) 투아타라는 외견상 도마뱀과 닮아 있다

**투아타라류(tuataras)**는 뉴질랜드 연안에서 떨어진 작은 섬에서 두 종이 서식하고 있는 것으로 보고되었다. 투아타라는 언뜻 이구아나처럼 보이지만 확실하게 차이가 나는 몇 가지 형질들을 가진다. 예로 투아타라는 양쪽 끝이 오목한 척추뼈를 갖는 유일한 양막류이다. 이러한 유형의 척추뼈는 어류와 일부 양서류에서만 존재하기 때문에 독특한 특징이라고 할 수 있다.

#### (4) 악어류는 확장된 두개골을 갖는다

**악어목(Order Crocodilia)**에 속하는 현서종들은 조류를 제외한다면 조룡류 중에서 유일하게 아직까지 살아남은 종이다(그림 20-18 참조). 이 진화적 계보는 중생대를 점유했던 공룡류의 대부분의 기원이 되었다. 현대 악어류는 세 그룹을 포함한다: (1) 아프리카, 아시아, 아메리카의 크로커다일, (2) 미국 남부와 중국, 중앙아메리카의 카이만의 엘리게이터, (3) 남아시아의 인도산 턱이 긴 악어. 대부분 종들은 다양한 먹이들을 잡아먹으며 늪지대, 강에서 살거나 또는 해안을 따라 서식한다.

악어는 생존하는 파충류 중 가장 크며 그의 몸길이는 약 7 m가 넘는 것도 있다. 두개골격은 수서생활에 적응되어져 있다. 크로커다일은 입을 다물었을 때도 볼 수 있는 아래턱 위의 커다란 네 번째 이빨과 길고 가느다란 코에 의해 엘리게이터(alligator) 혹은 카이만(caiman)으로부터 구별된다.

### 31.8.4 조류는 정말 공룡인가?

비록 조류의 뼈는 쉽게 깨지고 분해될지라도, 고생물학자들은 소수의 초기 조류 화석을 발견하였다. 최초의 조류는 공룡류와 매우 유사하였으며, 이빨(현대 조류에는 없음), 긴 꼬리, 두터운 벽을 가진 뼈를 가지고 있었다.

분기론적 분석은 새가 용반류(saurischians)에 속하는 공룡, 특히 이족 보행을 하며 육식성이었던 **수각류(theropods)**로부터 진화해 왔다는 것을 보여 준다(그림 21-15 참조). 사실상 대부분의 생물학자들은 새를 수각류의 일종으로 분류하고 있다. 대부분의 멸종한 수각류들은 발톱달린 3개의 발가락을 지닌 2개의 앞발을 이용하여 이동하였으며, 긴 꼬리를 가지고 있었다. 멸종한 수각류와 현대의 새는 3개의 발가락을 가진 발과 얇은 벽을 가진 비어있는 뼈를 공통적으로 가지고 있다. 둘 다 **도약기(furcula** 또는 **wishbone**: 새의 가슴 뼈 앞에 있는 Y자 형의 창사골)를 가진다. 화석 증거들은 일부 멸종된 수각류들이 깃털을 가지고 있었음을 보여준다. 구조적 자료와 분자적 자료들에 근거하여 많은 생물학자들이 이제는 새를 살아있는 공룡으로 널리 인정하고 있다.

조류 진화 초기의 새의 일종인 *시조새(Archaeopteryx*; '고대의 날개'란 의미)는 비둘기 정도의 크기였다. 이 속에 속하는 화석종들은 약 1억 5천만년전의 지층인 Bavaria의 중생대 석회질 층에서 발견되었다. 현존하는 새와는 달리 시조새의 턱뼈는 파충류형 이빨을 가지고 있었고 깃털로 덮인 하나의 긴 파충류형 꼬리를 가지고 있었다(**그림 31-22a**). 각 시조새 날개에는 3개의 기능을 수행하는 갈고리 발톱을 가진 손가락이 있다. 현대의 새처럼, 시조새는 날개, 깃털, **도약기(furcula)**를 가지고 있다. 시조새의 깃털은 현대 조류의 것들과 매우 흡사하다. 생물학자들은 시조새 그 자체가 현대 조류의 기원 종인지 아니면 시조새가 다른 조류들과 함께 공통 조상을 공유하는 새의 한 분지에 불과한지에 대한 명확한 해답을 갖고 있지 않다.

백악기 시대의 암석에서는 또 다른 원시적 새들의 화석이 발견된다. 북아메리카에 서식했던 *Hesperornis*는 이빨을 가진 수서성 다이빙 새들이었는데 흔적적인 날개와 수영에 필요한 넓고 물갈퀴가 있는 발을 가지고 있다. *Ichthyornis*도 이빨을 가지며 갈매기 정도의 크기를 가진 비행하는 새이다. 백악기 말엽에 이르러서는 완전한 현대 조류가 출현하였고, 몇 종의 현대 조류 그룹의 초기 형태가 이 시기에 출현하였다.

### 31.8.5 일부 공룡류는 깃털을 가졌다

새는 현존하는 동물 중 유일하게 깃털을 가지고 있다. 그러나 최근에 분자적, 화석적 증거들은 깃털들이 새가 진화하기 전 공룡에

**(a)** 시조새에 대한 해석 중 하나는 그들이 날개와 깃털을 이용하여 최소한의 행능력을 가진 기어오르는 동물이었을 것으로 본다. 다른 해석은 시조새가 주로 육지에서 생활하였으며 작은 곤충을 잡기위해 날개를 사용하였고 체온을 보호하기 위해 깃털이 이용되었다고 본다.

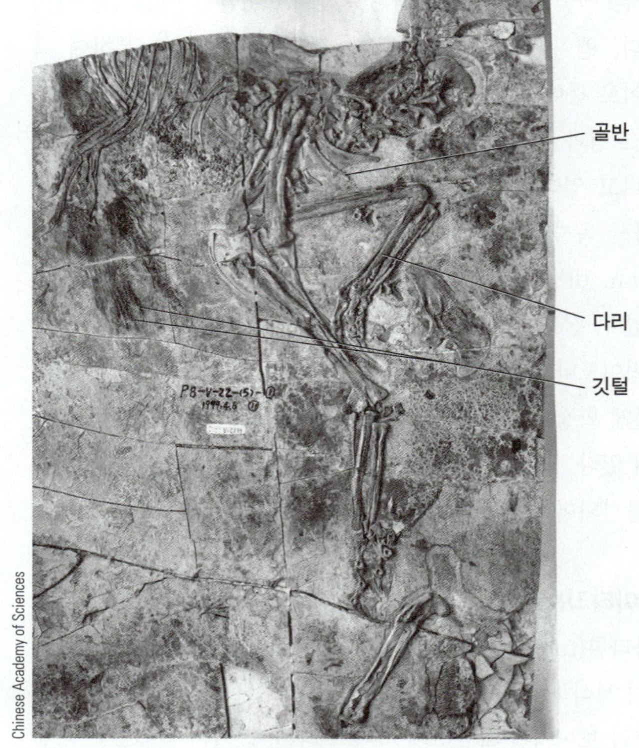


**(b)** *Caudipteryx*는 공룡과 새의 특징을 모두 나타낸다. 이 *Caudipteryx* 화석의 머리부분은 잘려나갔으나 골격 구조는 잘 보존되어 있다. 발, 골반의 형태와 방향성은 공룡과 유사한 점이 있으나, 깃털을 비롯한 새와 같은 특징도 가진다.

**그림 31-22 시조새(*Archaeopteryx*)와 익룡(*Caudipteryx*).**

서 이미 진화되었다는 것을 보여 준다. 생물학자들은 깃털의 초기 기능을 설명하는 몇 가지 가설들을 제시하였다. 깃털은 체온을 보존하기 위한 적응의 한 형태였을지도 모른다. 방열기능을 하는 깃털들은 그들이 보다 더 활동적으로 움직일 수 있도록 해준 내온성(endothermy, 일정한 체온을 유지하는 능력)의 진화에 기여했을지도 모른다. 깃털들은 구애의식이나 또는 변장을 하는 데에 중요한 역할을 담당했을 수도 있다.

중국, 미국, 캐나다의 고생물학자들은 중국의 Yixian 지층에서 초기 백악기(1억2천8백만 년 전부터 1억2천4백만 년 전 까지)로부터 일련의 놀라운 화석들을 발견하였다. 그들은 매우 단순한, 관상 구조에서부터 복잡한 현대의 형태들에 이르기까지 깃털의 진화를 입증하는 수많은 수각류 공룡 화석들을 발견하였다. 거기에서 발견된 깃털을 가진 공룡중 하나인 익룡(*Caudipteryx*)인데 이것은 칠면조의 크기였다. 익룡은 꼬리와 앞다리 위에 잘 보존된 복잡한 깃털들의 자국을 가지고 있었다. 그것의 뼈는 많은 새들의 특징들을 보여준다(그림 31-22b). 화석증거와 최근의 분자자료의 분석을 통해서 생물학자들은 깃털의 진화가 새 또는 비행능력의 진화 이전에 육상에 서식했던 두 발을 가진 공룡류에서 일어났을 것으로 결론지었다.

북경에 있는 고대 인류학 및 척추동물 고생물학 연구소의 Xing Xu와 Zhonghe Zhou가 이끈 고생물학자들의 팀은 2003년에 깃털을 가진 새로운 공룡 한 종을 보고하였다(*Microraptor gui*). 이 종은 앞다리와 뒷다리에 비대칭적으로 깃털을 가지고 있었다. 현대의 조류는 비행하기 위하여 비대칭적 깃털들을 사용한다. 약 1억2천6백만 년 전에 서식했던 이러한 조그마한 공룡들은 아마도 초기 조류들과 공존했을 것으로 보여진다. 그들의 조그마한 몸체와 몸의 구조는 비행이 활강으로부터 진화해 왔다는 가설을 지지해준다; 새의 조상은 나무를 기어 올라갔으며 활강을 위해 그들의 깃털이 있는 다리를 사용했다.

### 31.8.6 현대 조류는 비행에 적합하도록 적응하였다

현대 새는 약 9,000종이 있고, 이것은 약 23개의 단계통군으로 분류된다. 조류는 넓고 다양한 서식지에서 살며 모든 대륙, 대부분의 섬, 심지어 바다 한가운데에서 관찰할 수 있다. 새는 다양한 그룹이다(그림 31-23). 현존하는 새들 중에서 가장 큰 새는 아프리카 타조로 크기는 2 m, 무게는 136 kg에 이른다. 아메리카의 대머리 수리는 날개의 길이가 3 m에 달한다. 가장 작은 새로 알려진 쿠바의 헬레나 허밍새는 6 cm보다 작은 길이를 가지며 4 g보다도 작은 무게를 갖는다.

그들의 파충류 조상처럼, 현대 새는 알을 낳으며 그들의 다리에 파충류형 비늘을 가진다. 새는 비행에 유리하도록 특수하게 진화되어왔다. 그들의 깃털은 매우 가볍지만 유연하며 강하다. 그리고 편평한 표면을 공기 중에 노출시킨다. 깃털들은 또한 몸을 보호하고 물과 열의 손실을 감소시켜준다. 새의 앞다리는 비행을 위하여 적응되어진 날개이다. 뒷다리는 걷고 수영하거나 높은 곳에 올라가는데 이용한다.

깃털과 날개 외에도 조류는 비행을 위한 많은 다른 적응들을 가지고 있다. 그들의 몸은 군더더기가 없으며 유선형으로 되어 있고 많은 뼈들의 융합이 날기 위해 필요한 견고함을 제공해 준다. 그들의 뼈는 강하지만 매우 가볍다. 많은 뼈들이 비어 있으며 커다란 공기가 들어갈 수 있는 공간을 제공해 준다. 조류의 턱은 가볍고 이빨대신에 하나의 가볍고 뼈로 된 부리를 가진다. 가슴뼈는 넓고 용골형이어서 커다란 비행 근육들의 부착을 가능하게 해 준다.

조류는 일부 뼈 내부와 내부 기관들 사이에 공간들을 점유하는 **공기주머니(air sacs)**라 불리는 얇은 벽으로 확장된 효율적인 허파를 갖는다. 조류는 독특하게 호흡계를 통해 공기의 일방향(one-way) 흐름을 갖는다(454장 참조). 조류는 4개의 방으로 이루어진 심장과 1쌍의 혈액순환 회로를 가진다. 혈액은 조직에 산소를 운반한 후 체순환으로 다시 혈액이 보내지기 전에 허파에서 산소를 재충전한다. 매우 효율적인 호흡계와 순환계가 높은 대사율을 얻기에 충분한 산소를 가진 세포들을 제공한다. 이것은 비행 시 요구되는 엄청난 근육 운동을 위해서 필수적이다. 대사활동에 의해 발생되는 열의 일부분은 체온을 일정하게 유지하는데 이용된다. 조류는 내온성으로 추운 기후에서 활동하는 것이 가능했다.

조류는 질소 배설물을 주로 반 고체상태의 요산으로 배출한다. 이는 조류가 일반적으로 방광을 가지지 않기 때문이다. 이러한 고체성 배설물은 총배설강으로 이동한다. 조류는 자주 배설물을 몸 밖으로 밀어낸다. 이러한 적응적 기작은 몸의 무게를 가볍게 유지하는데 도움을 준다.

조류는 다양한 환경에 적응해왔으며, 다양한 조류 종들이 부리, 발, 날개, 꼬리, 행동패턴들에 있어서 매우 다양한 형태들을 지닌다. 그러나 모든 새들이 날 수 있는 것은 아니다. 펭귄 같은 일부 새들은 수영하기에 적합한 작은 노모양의 날개를 가진다. 주조류는 크고 날수 없는 조류 중 한 그룹으로 타조류, 화석조류, 키위류를 포함한다. 이러한 조류들은 흔적적인 날개만을 가지지만 달리는데 사용하는 잘 발달된 다리를 가진다.

조류의 부리는 새가 먹는 먹이의 유형에 따라 특수하게 적응되어 있다. 모든 조류는 자주 먹어야 하지만(조류는 높은 대사율을 필요로 하며 일반적으로 많은 지방을 저장하지 않음), 새의 먹이에 대한 선택권은 종 사이에서 널리 다양하다. 대부분 조류는 고에너지 먹이인 종자, 과일, 벌레, 연체동물, 절지동물을 섭취한다. 딱새와 일부 다른 종들은 주로 곤충을 먹는다. 올빼미와 매는 설치

Alan G. Nelson/Dembinsky Photo Associates

**(a)** 공작의 전형적인 특징을 잘 보여주고 있는 수컷 공작 (*Pavo cristatus*).

Gary Meszaros/Dembinsky Photo Associates

**(b)** 여러 마리의 물고기를 잡은 대서양의 퍼핀 (*Fratercula arctica*).

*Smithsonian*, Vol. 31, Feb. 2001/Tom Blagden

**(c)** 태어난 지 8~9주된 두 마리의 어린 숲황새(*Mycteria americana*)가 남부 캐롤라이나에 있는 그들의 둥지에서 깃털을 정리하고 있는 모습.

**그림 31-23 현대 조류.**

비록 조류들이 다양하지만, 대부분의 조류들은 비행에 매우 적합하게 되어 있고 기본적인 구조가 유사하다.

류와 토끼 등 크기가 작은 포유동물을 먹는다. 독수리는 죽은 동물들을 먹는다. 사다새류, 갈매기류, 제비갈매기류와 물총새류는 물고기를 잡아먹으며 일부 매류는 뱀과 도마뱀을 잡아먹는다.

새의 소화계의 독특한 특징은 식도 아래에 음식을 일시적으로 저장하는 장소인 팽창된 주머니 모양의 소화관의 부분인 **모이주머니(crop)**이다. 위는 위액을 분비하는 **전위(proventriculus)**와 음식을 잘게 부수는 두꺼운 근육성 **모래주머니(gizzard)**로 나뉘어져 있다. 조류는 음식물을 기계적으로 부수기 위해 모래주머니에서 "이빨"로 작용하는 작은 자갈 조각을 삼킨다.

조류는 파충류보다 큰 뇌와 잘 발달된 신경계를 가진다. 조류는 시각에 대한 의존성이 크며 그들의 눈은 다른 척추동물의 눈보다 상대적으로 크다. 청각 역시 잘 발달되어 있다.

소리를 잘 내지 않는 파충류와는 달리 조류는 많이 지저귄다. 대부분 짧고 간단한 소리를 내는데 이는 위험, 먹이에 대한 감지, 무리짓기, 어린 새와 부모 새 사이의 상호작용을 알리는 것이다. 노래는 일반적으로 소리 내기보다 좀 더 복잡하며 수컷에 의하여 주로 행해진다. 노래는 배우자를 유혹하거나 지키는데 관여하고 자신의 영역을 지키거나 주장을 내세우는데 필요하다.

조류의 가장 흥미 있는 행동 양상은 매년 이동한다는 것이다. 물떼새와 북극제비갈매기 같은 일부 조류는 알래스카에서 남아메리카 파타고니아까지 비행하여 갔다가 매년 돌아오는데 약 40,250 km를 비행한다. 조류의 이동과 비행은 51장에서 다룰 것이다.

많은 조류들이 아름답고 튀는 색깔들을 지닌다. 색깔은 부분적으로 깃털의 발생과정동안 침착되는 색소에 기인하며 또한 특정 파장의 빛의 반사와 굴절에 부분적으로 기인한다. 많은 조류들, 특히 암컷은 깃털에 의한 보호색을 지닌다. 밝은 색은 배우자에게 호감을 얻는데 도움이 되기 때문에 수컷이 주로 지닌다.

## 31.8.7 포유류는 털과 젖샘이 특징적이다

포유류(포유강, Class Mammalia)의 뚜렷한 파생형질은 몸을 외부로부터 보호해 주는 털; 어린 새끼들에게 모유를 제공하는 **젖샘(mammary glands)**; 앞니, 송곳니, 작은 어금니, 어금니로의 이빨의 분화; 음파를 진동시키는 3개의 중이골(추골, 침골, 등골)등을 포함한다. 근육성의 **횡격막(diaphragm)**은 허파로의 공기 유입 · 유출을 도와준다. 조류처럼 포유류는 내온성 동물이다. 그러나 생물학자들은 포유동물이 새와는 독립적으로 내온성을 획득했을 것으로 생각하고 있다. 외부로부터 몸을 보호하는 털로 덮힘, 4개의 방으로 된 심장, 순환계와 폐의 분리는 체온을 일정하게 유지하는 것을 향상시켰다. 핵이 없는 적혈구는 효과적인 산소 운반자로서의 역할을 수행한다.

포유류의 성공에 심대하게 기여한 것은 다른 동물들에 비하여 고도로 잘 발달된 복잡한 신경계이다. 뇌는 유달리 크고 복잡하며, **대뇌피질(cerebral cortex)**이라고 불리는 회색의 바깥부분이 있다.

수정은 항상 내부에서 일어나며 알을 낳는 원시적인 단공류를 제외하고는 포유류는 태생이다. 대부분의 포유류는 발생 중인 배와 모체사이의 교환기관인 **태반(placenta)**이 발달되어 있다. 태반을 통하여 배아는 영양분과 산소를 공급받으며 노폐물을 혈액으로부터 제거한다. 포유류는 발생 동안 어린 새끼를 몸 안에 지니고 있음으로써 포식자에 의해 그들의 새끼가 처할 위험으로부터 보호한다. 또한 어린 새끼에게 먹이를 주고 돌봄으로써 부모들은 어린 새끼를 보호하고, 먹이를 구하는 방법과 포식자로부터 몸을 보호하는 방법을 가르친다.

포유류의 다리는 걷고, 달리고, 기어오르고, 수영하고, 파고, 나는 등 여러 가지 다양하게 적응되어 있다. 4개의 다리를 가진 포유류는 현존하는 양서류보다 다리가 몸 아래쪽에 달려있어 속도와 민첩성을 제공해준다.

### (1) 새로운 화석의 발견이 포유류의 초기 진화에 관한 이해의 폭을 넓혀주고 있다

포유류는 약 2억 년 전보다 더 이전의 삼첩기에 단궁형 파충류의

Painting by John C. Germann, Department of Library Services, American Museum of Natural History

**그림 31-24 수궁류(*Lycaenops*).**

수궁류는 단궁형(synapsid) 파충류이다. *Lycaenops*는 코요태 정도 크기의 육식동물로 이첩기 말엽에 남아프리카에서 서식했다.

일종인 **수궁류(therapsids)**로부터 진화되었다. 수궁류는 분화된 이빨을 가진 개와 같은 육식동물로서 다리는 달리는데 적응 되어져 있다(**그림 31-24**). 화석의 기록으로 보면 초기 포유동물은 쥐 혹은 뒤쥐 크기만큼이나 작았다는 것을 알 수 있다. 일부는 내온성이었으며, 어떤 것들은 털을 가지고 있었던 것으로 추정된다.

파충류가 지구를 지배하던 1억6천만 년 동안 어떻게 포유류는 파충류와 공존하며 생존할 수 있었을까? 포유류의 여러 적응들이 초기 포유류들로 하여금 지구상에 성공적으로 정착하는 것을 가능하게 해 주었다. 가장 중요한 적응으로는 두드러지지 않는 피부이다. 그들은 **나무거주성(arboreal, 목본성)**의 특징을 지녔으며, 파충류가 활동하지 않는 밤에 곤충, 열매, 파충류의 알과 같은 먹이를 구하는 **야행성(nocturnal)**이었다. 초기 포유류의 눈이 매우 작은데 반해, 청각과 후각은 매우 잘 발달되어 있었다.

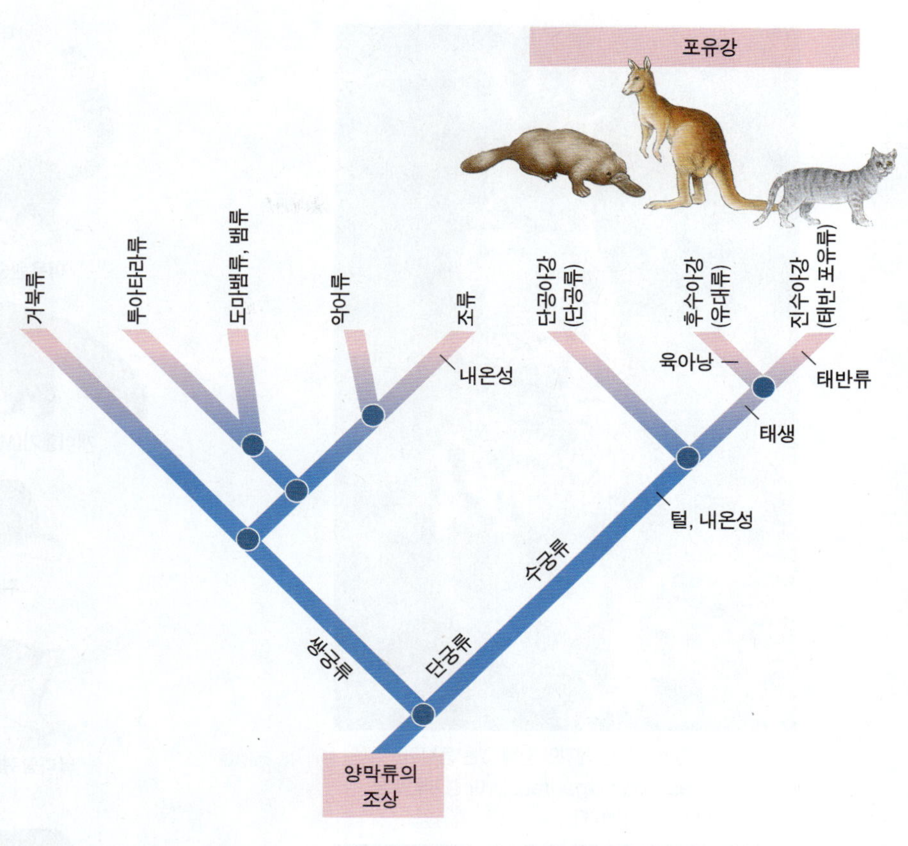


**그림 31-25 포유류의 진화.**

포유류는 진화에 대한 현대적 해석 중 하나를 보여주는 분기도.

많은 파충류들이 멸종되어감에 따라, 포유류는 새롭게 형성된 생태학적 니체(niche)에 삶의 방식을 적응시켜 나갔다. 이 시기 동안 많은 나무들을 포함하여 현화식물들은 새로운 서식처들, 식량원, 포식자로부터의 은신처를 제공해 주는 적응 방산을 수행하였다. 포유류의 몸은 더욱 커졌고 매우 다양하게 진화되어 갔다. 신생대 초기(5천5백만 년 전보다 그 이전)동안 포유류는 적응방산을 수행하여 나가 폭넓게 분포하게 되었으며, 매우 다양한 생태학적 생활방식들로 적응되어졌다.

## (2) 현대 포유류는 3개의 아강으로 나누어진다

백악기 말엽까지 포유류는 3개의 주요 그룹으로 진화되었다(**그림 31-25**). 오늘날 포유류들은 지구 곳곳 널리 분포되어 있다. 그들은 상공, 민물, 해수, 육지에서 흔히 발견된다. 포유류는 약 2.5 g인 작은 피그미 땃쥐(pigmy shrew)에서부터, 136,000 kg에 달하는 현존하는 포유동물 중 가장 큰 동물 중의 하나인 청고래에 이르기까지 다양하다.

현대의 포유류는 3개의 아강(subclass)으로 구분된다; 단공아강(Subclass **Holotheria**)은 알을 낳는 포유류 또는 단공류를 포함한다; 후수아강(Subclass **Metatheria**)은 유대류, 또는 주머니를 지닌 동물을 포함한다; 진수아강(Subclass **Eutheria**)은 태반 포유류를 포함한다.

단공류는 단공아강에서 유일하게 생존하는 목이다. 한 속은 오리너구리(*Ornithorhynchus*)와 가시개미핥기 또는 가시두더지(*Tachyglossus*)를 포함한다(**그림 31-26**; 그림 1-16과 그림 23-5 참조). 이러한 동물들은 오스트레일리아와 타스마니아에서 볼 수 있다; 또한 가시개미핥기 3종 중 2종이 뉴기니아에서 서식하

**그림 31-26 가시개미핥기.**

알을 낳는 단공류인 가시개미핥기(*Tachyglossus aculeatus*)

**(a)** Joey로 알려져 있는 새끼와 함께 있는 동부의 회색캥거루(*Macropus giganteus*). 이 캥거루의 본 서식지는 오스트레일리아이다.

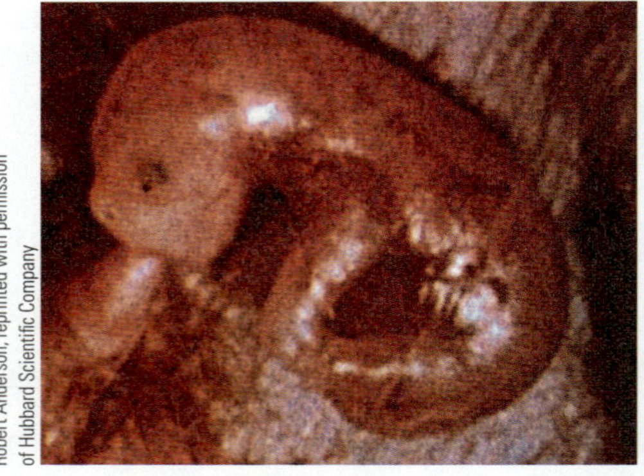


**(b)** 태어난 직후의 캥거루. 유대류는 배아기 상태로 태어나, 모친의 주머니에서 안전하게 자란다.

**그림 31-27 유대류.**

**그림 31-28 태반류와 유대류의 수렴진화.**
한 그룹에 속하는 표유류들은 각기 다른 그룹의 포유류들과 짝을 이뤄 유사성을 보임을 알 수 있다. 이들은 생활방식 및 구조적 특징 모두에서 유사성을 나타낸다.

고 있다. 암컷은 알을 낳은 후 복부에 있는 작은 주머니로 옮겨놓거나 둥지에서 따뜻하게 유지시킨다. 알이 부화한 후 그들은 모체의 유선을 통해 분비되는 모유를 먹인다. 다른 포유동물과 달리 젖꼭지가 없다.

가시가 무성한 개미핥기는 먹이로 개미와 흰개미를 긴 부리와 점액성의 긴 혀를 이용하여 잡아 먹는다. 오리너구리는 강둑을 따라 굴속에서 살며 담수성 무척추동물을 먹는다. 오리너구리의 물갈퀴가 있는 발과 편평한 비버 같은 꼬리는 수영하는데 도움을 준다.

**유대류(marsupials)**는 캥거루나 주머니쥐처럼 주머니를 가진 포유동물이다(**그림 31-27a**). 배의 발생은 유동액과 난황에 의해 영양분이 공급되는 모체의 자궁 안에서 시작된다. 몇 주 후, 아직 덜 발달된 어린 새끼가 태어난다. 많은 종들의 어린 새끼는 주머

McMurray Photography

**(a)** 탄자니아에서 찍은 누(*Connochaetes taurinus*)의 모습. 동부와 남부 아프리카의 넓은 지역에 살며 발달된 평원에 있는 영양인 누는 건조한 계절시 먹이와 음식을 찾기 위해 이동한다.

Michio Hoshino/Minden Pictures

**(c)** 북극곰(*Ursus maritimus*)은 육지에서 사는 동물 중 가장 큰 육식동물로 주로 바다표범을 먹는다.

James D. Watt/Animals Animals

**(b)** 혹등고래(*Megaptera novaeangliae*) 두 마리가 물위로 뛰어오르는 보기드문 사진.

**그림 31-29 태반류.**

니 형태인 **육아낭(marsupium)** 안으로 들어가 그곳에서 그들의 발생을 완벽히 마친다. 어린 유대류는 그들의 입을 어미의 젖꼭지와 접촉시켜 모유에 의해 영양분을 공급받는다(**그림 31-27b**).

한 때, 유대류는 아마도 세계의 여러 곳에 분포했을 것이다. 그러나 오늘날은 태반포유류와의 경쟁에서 많이 밀려나 있다. 현재 유대류는 대부분 오스트레일리아와 중남부 아메리카에 살고 있다. 한 종류의 유대류 종만이 미국에서 분포하고 있는데 이들은 고양이 크기의 버지니아 주머니쥐(*Didelphis virginiana*)이다. 오스트레일리아는 태반 포유류가 그곳으로 이동하기 이전에 지리적으로 3개의 다른 나머지 부분과 격리되어 있어서 유대류들이 지배적인 포유동물로 남게 되었다(18장의 대륙 이동에 관한 논의 참조). 오스트레일리아의 유대류는 그 밖의 태반 포유류의 진화와 병행하여 적응방산을 겪었다. 따라서 오스트레일리아와 인접한 섬들에서 살고 있는 유대류는 북아메리카산 태반동물인 여우, 곰, 토끼, 두더지, 날 다람쥐, 심지어는 고양이들이다(**그림 31-28**).

발생중인 배와 그것의 모체 사이의 교환이 이루어지는 기관인 태반의 발달이 특징적인 **태반 포유류(placental mammals)**는 대부분 우리에게 매우 친숙한 동물들이다(**그림 31-29**). 태반은 배아의 막과 모체의 자궁벽 둘 다로부터 형성된다. 그것 안에서 배의 혈관은 모체의 혈관에 매우 가까이 위치하여 물질들이 확산에 의하여 교환되어질 수 있다(두 순환계는 일반적으로 섞이지 않는다). 태반은 배아가 완전히 발생할 때까지 어미의 몸 안에서 태아가 생존할 수 있도록 해준다.

태반 포유류는 유대류보다 좀 더 성숙한 단계로 태어난다. 게다가 일부 종 사이의 어린 새끼들은 태어나자마자 걸을 수 있고 태어난 몇 분 후 다른 어린 새끼들과 교류하기 시작한다. 현존하는 태반동물은 약 19개의 목으로 구분된다. **표 31-2**에서 이 목들 중 몇 가지에 대한 간단한 요약을 보여주고 있다. 돌고래류, 고래류, 물개류와 같은 수서성 포유류는 육상형 조상으로부터 진화하였다는 것을 기억하라(그림 18-4 참조).

**복습**

- 어떤 척추동물의 적응들이 육상생활을 위하여 중요한가?
- 조류와 파충류를 단계통군으로 분류하는 논증들은 무엇이 있는가?
- 어떤 양막류가 내온성인가? 내온성이 갖는 몇 가지 이점들은 무엇인가?
- 포유류의 3가지 주요 그룹들에는 어떤 것들이 있으며 이들의 차이는 무엇인가?

**표 31-2**

**현서 태반 포유류의 몇 가지 목들**

**목, 대표 종, 몇 가지 특징**

**식충목**(두더지, 고슴도치, 뾰족뒤쥐)
야행성; 곤충을 먹음; 대부분 원시적인 태반포유류. 뾰족뒤쥐는 생존하는 가장 작은 포유류; 무게가 5 g 이상인 것도 있음

아프리카 고슴도치

**박쥐목**(박쥐)
비행하기에 적합; 신장된 손가락에서부터 몸과 다리까지 늘어난 피부가 날개를 형성; 전파를 탐지함으로써 비행; 자주 고음을 내고 방해물로부터 돌아오는 메아리를 통해 비행. 곤충과 과일을 먹거나 다른 동물의 피를 먹음

박쥐

**식육목**(고양이, 개, 늑대, 여우, 곰, 수달, 밍크, 족제비, 스컹크)
잘게 자를 수 있는 날카롭고 뾰족한 이와 어금니를 가짐; 후각 발달; 복잡한 사회 상호관계를 가짐; 가장 빠르고 강하고 영리한 동물

늑대

**빈치목**(나무늘보, 개미핥기, 아르마딜로)
이빨이 퇴화되었거나 없음. 나무늘보는 나뭇가지에 매달려 아래위로 느리게 이동하는 동물; 나무늘보의 보호색으로 털 표면에 있는 녹색의 녹조류를 가짐. 아르마딜로는 골질의 등껍질에 의해 보호; 곤충과 작은 무척추동물을 먹음

줄무늬 아르마딜로

**설치목**(다람쥐, 비버, 쥐, 생쥐, 햄스터, 호저 기니아 돼지)
날카로운 앞니로 가는 동물. 이빨을 계속 갈기 때문에 닳지만 계속 자람

날다람쥐

**토끼목**(토끼, 산토끼, 새앙토끼)
설치류처럼 날카로운 앞니를 가짐. 일반적으로 긴 뒷다리는 점프하기에 알맞음. 대부분 긴 귀를 가짐

새앙토끼

**영장목**(여우원숭이, 원숭이, 유인원, 인간)
고도로 발달된 뇌와 눈을 가짐. 갈고리 발톱 대신 손톱. 좌우대칭의 엄지. 앞을 향해있는 눈

둥근 꼬리 여우 원숭이

**기제목**(말, 제브라, 맥, 코뿔소)
초식동물. 발굽이 있고 뒷발의 발가락수는 홀수개를 가지는데 1개 혹은 3개. 이빨은 씹는데 유리하게 적응되어 있음. 대개 긴 다리를 가진 큰 동물

맥

**소목**(소, 양, 돼지, 사슴, 기린)
수는 대게 2개. 가끔 4개인 경우도 존재. 대부분 뿔을 가짐. 초식동물; 위에는 셀룰로오스를 분해하는 세균이 있어 소목의 동물들이 초식동물로서 생활이 가능하게 함. 대부분 되새김질을 하는 반추동물

아메리카 고라니

**장비목**(코끼리)
가장 큰 육상동물; 무게 7톤 이상; 큰 머리; 넓은 귀; 자유자재로 움직이는 길고 근육성의 코. 두껍고 잘 늘어나는 피부. 2개의 상아는 엄니(뻐드렁니)처럼 자람

아메리카 코끼리

**바다소목**(바다소, 마나티)
초식동물. 앞 지느러미를 가진 물속에 사는 포유류. 인어 이야기의 근원

마나티

**고래목**(고래, 돌고래, 물돼지)
넓고 노 같은 앞다리(앞지느러미)로 물속의 생활에 적응. 대부분 피부아래 두꺼운 지방층을 소유. 어떤 것은 부유하는 먹이를 먹음. 수컷은 새끼를 물속에서 돌봄. 매우 지능적

바다사자

## 핵심 용어와 요약

### 학습목표

1 후구동물의 공유파생형질을 파악한다.

- **후구동물(Deuterostomes)**은 극피동물, 반삭동물, 척삭동물을 포함한다. **반삭동물(Hemichordates**; 장새류)은 해양성 후구동물이며 몸이 세 부분으로 나누어져 있다: 주둥이, 깃, 몸통.

2 극피동물의 3가지 공유파생형질을 파악하고, 극피동물의 주요 강들에 대해 알아보자.

- **극피동물문(Phylum Echinodermata)**은 가시로 된 '피부', **수관계(water vascular system)**, **관족(tube feet)**, **내골격(endoskeleton)**을 가진 해양성 동물들을 포함한다. 유생은 좌우대칭형이며 성체의 대부분이 **5방사대칭형(pentaradial symmetry)**이다.
- **바다나리강(Class Crinoidea)**은 바다백합과 깃별나리류를 포함한다. 바다나리류의 **구부(oral surface)** 위쪽으로 돌려져 있으며 몇몇 바다나리류는 고착형이다.
- **불가사리강(Class Asteroidea)**은 불가사리류로 구성된다. 그들은 5개 혹은 그 이상의 팔들을 가진 중심판을 가진다. 그들은 이동을 위해 관족을 사용한다.
- **거미불가사리강(Class Ophiuroidea)**은 불가사리와 닮았지만 중심판으로부터 명백하게 뻗어 나온 좀 더 길고 가느다란 팔을 가진 brittle stars를 포함한다. 그들은 이동을 위해 그들의 팔을 사용한다. 그들의 관족은 흡반이 없으면 이동에 사용되지 않는다.
- **성게강(Class Echinoidea)**은 바다성게와 연잎성게를 포함한다. 성게류는 팔이 없으며 단단한 껍데기를 가진다. 또한 가시로 덮여 있다.
- **해삼강(Class Holothuroidea)**은 바다오이라 불리는 해삼으로 이루어진 강으로 신장된 유연한 몸체를 지닌 동물이다. 입은 촉수로서 작용하는 환상의 변형된 관족에 의하여 둘러 싸여져 있다.

3 척삭동물의 5가지 공유파생형질들을 기술하여라.

- 척삭동물문은 3개의 아문으로 구성된다: 미삭동물아문, 두삭동물아문, 척추동물아문. 척삭동물의 생활사에서 일부 시기에 척삭동물은 유연하면서도 지지대의 역할을 하는 **척삭(notochord)**, **등쪽 관상 신경삭(dorsal, tubular nerve cord)**, **인두(새)열[pharyngeal (gill) slits]**, **근육성 후방항문꼬리(muscular postanal tail)**를 가진다.

4 무척추동물성 척삭동물아문들을 기술하여라.

- **미삭동물아문(Subphylum Urochordata)**에 속하는 **피낭류(tunicates)**는 여과 섭식성이면서 **피낭(tunics)**을 가진 해양성 동물이다. 유생은 전형적인 척삭동물의 특징들을 지니며 자유유영한다. 대부분의 그룹들의 성체는 고착형 여과 섭식자들이다.
- **두삭동물아문(Subphylum Cephalochordata)**은 작고 체절화된 어류와 같은 동물로서 척삭동물의 특징들을 나타내는 **창고기류(lancelets)**를 포함한다.

5 척삭동물의 진화를 논하여라.

- 미삭류(피낭류)는 아마도 최초로 진화한 척삭동물일 것으로 추정된다.
- 두삭동물아문과 **척추동물아문(Subphylum Vertebrata)**은 하나의 최근 공통조상으로부터 분기된 **자매군(sister group)**이다.

6 척추동물의 4가지 공유파생형질들을 기술하여라.

- 척추동물은 몸의 주요 골격 축을 형성하는 **척주(vertebral column)**를 지니며 **두개(cranium)**라고 불리는 **뇌상자(brain case)**를 가진다. **신경능선세포(neural crest cells)**는 두개와 턱을 포함한 많은 구조들의 발달의 기원이 되거나 영향을 끼친다. 척추동물은 놀랄만한 머리화를 이루었으며 복잡한 뇌, 움직임을 위해 **내골격(endoskeleton)**에 부착된 근육들을 지닌다.

7 무악어류의 주요 그룹들 간 차이를 구별할 수 있다.

- 최초로 알려진 척추동물 중에 몇 가지가 **갑주어류(ostracoderms)**라고 불리는데, 지금은 멸종한 무악어류이다.
- 현존하는 **무악어류(agnathans)**는 **두갑강(Class Cephalaspidomorphi)**에 속하는 칠성장어류와 **먹장어강(Class Mixini)**에 속하는 먹장어류이다. 일부 계통분류학자들은 먹장어류가 척추뼈의 흔적이 없기 때문에 먹장어류를 척추동물로 생각하지 않는다. 그들은 척추동물과 먹장어류를 합해 **두개동물(craniates)**로 분류한다. 그러나 분자적인 자료들은 먹장어류를 척추동물로서 분류한다. 턱과 쌍으로 존재하는 지느러미가 먹장어류와 칠성장어류에 공통으로 존재하지 않는다. 먹장어류는 해양의 청소부로서의 기능을 하며 방어기작으로서 점액성 물질을 분비한다. 많은 칠성장어류들은 다른 어류의 기생생물들이다.

8 턱이 있는 악구어류와 초기 사지류의 진화 과정을 추적해 보고, 악구어류와 양서류의 주요 분류군을 파악할 수 있다

- 연골성 어류인 **연골어강(Class Chondrichthyes)**은 상어, 가오리, 홍어를 포함한다. 이러한 어류는 턱을 가지며 2쌍의 지느러미와 **방패비늘(placoid scales)**을 갖는다. 홍어와 상어의 일부 종들은 **난생(oviparous)**이다. 즉 알을 낳는다. 상어의 많은 종들은 **난태생(ovoviparous)**인데 그들의 태아는 모체에서 배양되는 알에 의해 둘러싸여져 있다. 소수의 상어 종들이 **태생(viviparous)**인데 태아는 모체의 자궁에서 발달하며 모체의 혈액으로부터 영양분을 공급받는다.
- 경골어류는 3개의 강으로 나뉘어진다: 조기류가 속하는 **조기강(Actinopterygii)**, 실러캔스가 속하는 **총기강(Actinista)**, 폐어류가 속하는 **폐어강(Dipnoi)**.
- 데본기 동안 경골어류는 2가지의 진화적 가지의 기원이 되었다: **조기류(ray-finned fishes)**라고 부르는 조기강과 **엽상지느러미를 가진 어류(lobe-finned fishes)**인 **육기강(Sarcopterygii)**.
- 조기류는 현대 경골어류의 기원이 되었다. 이 어류들에서 폐가 부력을 조절하기 위한 공기낭인 **부레(swim bladder)**로서 변형되었다.
- 육기류가 **폐어(lungfishes, 폐어강 Class Dipnoi)**와 **실러캔스(coelacanths, 총기강 Class Actinistia)**의 기원이 되었을 것이다. 생물학자들은 폐어가 육상동물인 **사지류(tetrapods)**의 기원이 되었을 것으로 생각하고 있다. ***틱탈릭크(Tiktaalik)***는 어류와 사지류의 중간 전이 단계의 어류이다.
- **양서강(Class Amphibia)**은 도롱뇽, 개구리와 두꺼비, 벌레와 같은 무족영원류를 포함한다. 대부분의 양서류들은 생식을 위해 물로 돌아온다. 개구리의 배는 **올챙이(tadpoles)**로 발달하고 그것은 성체가 되기 위해 **변태(metamorphosis)**를 수행한다.

- 양서류는 가스교환을 위하여 폐뿐만 아니라 촉촉한 그들의 피부를 사용한다. 그들은 3개의 방을 가진 심장을 가지며 **체순환(systemic circulation)**과 **폐순환(pulmonary circulation)**을 갖는다.

9 육상생활을 위한 3가지의 척추동물 적응들을 파악한다.

- **양막류(amniotes)**라 불리는 육상 척추동물은 파충류, 조류, 포유류를 포함한다. 알 껍질을 가진 양막성 **알(amniotic egg)**의 진화는 육상생활에 대한 중요한 하나의 적응이었다. **양막(amnion)**은 배를 둘러싸고 있는 유동액으로 충만한 낭을 형성하는 막이다. 양막류는 물의 손실을 감소시켜주는 몸의 덮개를 갖는다. 그들은 또한 물을 보존하는 생리적 기작을 갖고 있다.

10 파충류와 조류에 대해 이해하고, 파충류의 단일 계통군에 조류를 포함시키는 논거를 제시할 수 있다.

- 전통적으로 규정하고 있는 **파충강(Class Reptilia)**은 측계통적이다. 그것은 공룡류, 거북류, 도마뱀류, 뱀류, 악어류를 포함한다. 생물학자들은 양막류를 2개의 주요 진화적 가지로 나눈다: 쌍궁류(diapsids)와 단궁류(synapsids). **쌍궁류(diapsids)**는 바다거북, 투아타라, 어룡류, 유린류(뱀, 도마뱀), 악어류, 익룡류, 용반류, 조류를 포함한다. **단궁류(synapsids)**는 포유류의 기원이 된 **수궁류(therapsids)**의 조상이다.
- 많은 생물학자들은 현재 조류를 깃털 달린 공룡으로 인식하고 있다; 그들은 조류를 대부분의 파충류들과 함께 쌍궁류(diapsids)로 분류한다.
- 조류를 제외한다면, 생물학자들은 현존하는 파충류는 4가지 주요 그룹으로 나눌 수 있다: 1) 땅거북류, 거북류, 테라핀 거북류들을 포함하는 거북류, 2) 도마뱀, 뱀, 지렁이도마뱀을 포함하는 뱀류, 3) 투아타라류(tuataras)가 속하는 훼두류, 4) 크로커다일, 엘리게이터, 카이만, 인도산 턱긴 악어를 아우르는 악어류.
- 파충류에서 수정은 내부에서 일어나며 대부분의 파충류들은 알을 둘러싸고 있는 질긴 보호 껍질을 분비한다. 배아는 수분을 유지해주는 양막을 포함한 보호막을 발달시킨다. 파충류는 단단한 비늘을 가진 마른 피부, 여러 개의 방을 가진 폐, 산소가 풍부한 혈액과 산소가 빈약한 혈액을 어느 정도 구별해 줄 수 있는 3개의 방으로 된 심장을 갖는다.
- 조류는 깃털, 날개, 공기가 들어갈 수 있는 공간을 가진 가볍고 속이 빈 뼈 등과 같은 강력한 비행을 위한 여러 적응들을 가지고 있다. 조류는 4개의 방으로 된 심장과 매우 효율적인 폐를 가지고 있으며, 요산의 형태로 고체성 대사 노폐물을 밖으로 분비한다. 조류는 내온성(endotherms)이어서 일정한 체온을 유지한다. 그들은 잘 발달된 신경계와 뛰어난 시각과 청각을 가지고 있다.

11 단공류, 유대류, 태반성 포유류를 비교하여 설명할 수 있고, 각 그룹에 속하는 동물들의 예를 제시할 수 있다.

- **포유류(mammals)**는 **털(hair)**, **젖샘(mammary glands)**, **분화된 이빨(differentiated teeth)**, 3개의 **중이골(middle-ear bones)**을 가진다. 그들은 일정한 체온을 유지하며 고도로 발달된 신경계와 하나의 근육성 **횡경막(diaphragm)**을 갖는다.
- **단궁아강(Subclass Holotheria)**에 속하는 **단궁류(monotremes)**는 오리너구리와 가시가 무성한 개미핥기를 포함한다. 단궁류는 알을 낳는다.
- **유대류(marsupials; 후수아강, Subclass Metatheria)**는 캥거루와 주머니쥐와 같은 주머니를 가진 포유류를 포함한다. 태아는 배아 단계에서 태어나서 모체의 육아낭에서 그들의 발달을 완성하게 된다. **육아낭(marsupium)**에서 그들은 젖샘을 통하여 분비되는 모유로 영양분을 섭취한다.
- **태반 포유류(placenta mammals; 진수아강, Subclass Eutheria)**는 모체와 배아 사이에서 물질 교환을 위해 발달된 기관인 **태반(placenta)**이 특징적이다.

## 연습문제

1. 다음 중 피낭류에서 발견되는 특징을 모두 고른다면?
   (a) 척삭 (b) 관족 (c) 항문새열 (d) 2쌍의 부속지 (e) 척주
2. 다음 중 조류의 특징이 아닌 것은?
   (a) 속이 빈 뼈대 (b) 내온성 (c) 양막
   (d) 높은 대사 속도 (e) 다리에 파충류성 비늘
3. 다음 중 어떤 특징이 양서류와 관련된 것인가?
   (a) 외투막 (b) 방패비늘 (c) 3개의 방으로 된 심장
   (d) 부레 (e) 양막
4. 진화의 순서를 반영하여 다음에 나오는 동물들을 순서대로 바르게 배열한 것은?
   1. 폐어류 2. 공룡류 3. 양서류 4. 조류
   (a) 3-1-2-4 (b) 1-3-2-4 (c) 2-1-3-4 (d) 1-2-3-4
5. 다음은 오리너구리에 대한 설명이다. 옳지 않은 것은?
   (a) 유대류로 분류한다.
   (b) 알을 낳는다.
   (c) 배아 단계에서 척삭을 갖는다.
   (d) 배아 단계에서 인두(새)열을 갖는다.
   (e) 포식자이다.
6. 다음 중 후구동물이 아닌 것은?
   (a) 극피동물 (b) 척삭동물 (c) 반삭동물 (d) 절지동물 (e) 먹장어
7. 척주는 (a) 모든 척삭동물의 공유파생형질이다 (b) 척삭동물의 몸의 골격축을 형성한다 (c) 연골성 또는 경골성 체절로 구성되어져 있다 (d) 창고기에서 잘 발달되어 있다. (e) 앞서 나온 답 중 3가지가 옳다.
8. 다음 중 불가사리와 관련된 특징이 아닌 것은?
   (a) 관족 (b) 수관계
   (c) 5개 또는 그 이상의 팔을 가진 중심판
   (d) 가시가 나 있는 골격 (e) 척수

14. 양막류는 (a) 양서류, 파충류, 조류, 포유류를 포함한다 (b) 담수에 특별히 잘 적응되어 있다 (c) 전형적으로 물을 보존하기 위한 생리학적 기작을 지닌다 (d) 전형적으로 암모니아를 배설한다 (e) 양서류의 기원이 되었다.

15. 파충류는 (a) 건조하고 비늘이 있는 피부를 갖는다 (b) 양막류이다 (c) 조류와 포유류의 기원이 되었다 (d) a, b, c (e) a와 c

## 심화 학습문제

1. 극피동물과 척삭동물을 후구동물로서 함께 그룹핑하는 것을 지지해 주는 공유파생형질들을 기술하면서 이들 간의 유연관계를 논하여라.

2. 여러분이 흥미로운 새로운 동물 한 종을 발견했다고 가정해보자. 이 동물은 등쪽 관상신경삭, 두개골, 촉촉한 피부, 2개의 심방과 하나의 심실을 지닌 심장을 가지고 있다. 이 동물을 어떻게 분류할 것인가? 분류를 위해 거친 각 단계들을 설명하여라.

32

# 식물의 구조, 생장, 분화

Runk/Schoenberger from Grant Heilman

**떡갈나무 종자.** 거대한 떡갈나무 (*Quercus prinus*)도 사진 속에서 보는 것과 같은 작은 유모에서 자란 것이다

## 핵심 개념

식물은 생장, 생식 및 수명이 다양하다.

식물의 세포, 조직, 기관의 구조는 기능과 관련이 있다.

유관속 식물체는 세 종류의 조직계로 구성되어 있다: 기본조직계, 유관속 조직계, 표피조직계.

대부분의 식물들은 1기 생장 동안 지상부와 지하부를 발달시킨다.

목본성 식물은 1기 생장과 부피 생장을 하는 2기 생장을 한다.

약 330,000종의 식물 중에서 현화식물(속씨식물)은 90%를 차지한다. 이들 현화식물의 특징은 관다발을 가지는 유관속 식물로서, 꽃을 피우고, 중복수정을 하며, 배젖이 있고, 과육에 의해 둘러싸인 종자를 가지고 있다는 것이 특징이다(28장 참조).

떡갈나무와 그 열매인 도토리를 중심으로 식물의 구조와 기능에 대해 살펴보자. 다람쥐들이 땅 속에 묻어둔 도토리는 새로운 도토리나무로 자란다. 도토리는 주변 토양에서 수분을 흡수한다. 뿌리를 내면서 발아가 시작된다. 뿌리가 내리면서 더 많은 물을 흡수하게 되고 어린 유모를 지탱해 준다. 작은 지상부가 흙을 밀고 흙 밖으로 나오기 시작한다. 이 시점의 어린 떡갈나무를 유묘(seedling)라고 하며 아직은 종자 속에 들어 있는 양분에 의존한다.

어린 줄기가 성장하고 작은 잎들이 발달하여 넓어지기 시작하면서 광합성을 하게 된다. 어리 식물은 더 자라고 줄기의 끝부분은 가지가 벌어지기 시작한다. 뿌리도 생장이 일어나 길이가 길어진다. 시간이 지남에 따라 나무는 재와 수피를 형성하고 성숙한 줄기에서 뿌리에 이르기까지 부피가 늘어난다. 뿌리와 줄기의 생장은 식물이 살아가는 동안 계속 진행된다.

수년이 지나면, 떡갈나무는 생식이 가능할 만큼 성숙하게 된다. 떡갈나무는 봄에 암꽃과 수꽃이 따로 핀다. 아주 작은 수꽃은 가늘게 늘어진 송충이 모양의 버들가지처럼 모여 있으며 암꽃은 크기가 작고 한 송이씩 달려 있다. 수꽃의 화분이 바람에 의해 암꽃에 도달하면, 정핵은 난세포와 수정을 하여 도토리를 만든다. 도토리 속에는 저장된 양분과 함께 작은 떡갈나무의 배(embryo)가 들어 있다.

이장에서는 현화식물의 외부 구조 및 이들 식물체의 세포, 조직, 조직계 – 생장 패턴에 대해서 살펴본다. ■

## 32.1 식물의 구조와 수명

### 학습목표

1 초본식물과 목본식물을 구별할 수 있다.

2 일년생 식물, 이년생 식물, 다년생 식물의 차이점과 각각의 예를 설명할 수 있다.

3 식물에서 2종류의 생활 전략의 차이점을 비교할 수 있다.

식물의 크기는 지구상에서 제일 작은 현화식물인 부유성 개구리밥(*Wolffia microscopica*)에서 제일 큰 식물인 오스트리아 고무나무(*Eucalyptus*)에 이르기까지 매우 다양하다(**그림 32-1**). 지구에는 약 300,000여 종 이상의 현화식물들이 존재하고 있으며, 이들은 다양한 환경에 적응하며 살아왔다. 대부분의 식물들은 뿌리, 줄기, 잎의 기본 구조를 가지고 있다.

식물은 초본성과 목본성으로 나눌 수 있다. 초본식물은 목질화된 부위가 없다. 온대성 기후에 분포하는 초본식물의 지상부는 생장기가 끝나면 모두 죽는다. 이와는 반대로 목본식물인 교목과 관목의 지상부 중 일부는 살아남는다. 형태학적으로 초본과 목본을 정의하면 목본식물은 단단하고 목질화된 2차조직을 가지고 있지만, 초본식물들은 2차조직이 없다.

**일년생**(annual) 초본성 식물에는 옥수수, 제라늄, 금잔화 등이 있다. 이들은 일년 동안 성장하면서 자손을 번식하고 죽음을 맞이한다. 당근, 양배추, 디지털리스 등은 초본성 **이년생**(biennials) 식물로 이들은 두 해에 걸쳐 생활사를 완성한다. 첫 해 식물체에 여분의 탄수화물을 저장해 두었다가 그 다음해에 꽃을 피우고 종자를 생산한 후 생활사를 마친다. **다년생**(perennials) 식물은 초본성과 목본성으로 구분하며 이들은 두 해 이상 생존한다. 온대 기후에 분포하는 초본성 다년생 식물로는 붓꽃, 대황, 양파, 아스파라거스 등이 있으며, 이들의 지상부는 겨울이 되면 죽지만, 지하부는 휴면 상태로 지내다가 이듬해 봄에 다시 새로운 지상부를 형성한다. 이와는 반대로 우기와 건기의 구별이 뚜렷한 열대 기후의 경우, 건기 동안에는 지상부는 죽고 지하부는 휴면 상태로 지내다가 우기가 오면 다시 지상부를 발달시킨다. 그 외의 열대 식물 중 난과 같은 것들은 초본성 다년생 식물로 여러 해 동안 살아가기도 한다.

목본성 식물은 모두 다년생으로 이들 중에는 수백 년 혹은 수천 년 동안 생존한 식물도 있다. 온대 목본식물의 지상부는 겨울을 휴면 상태로 보낸다. 이들 대부분의 다년생 목본성 식물은 **낙엽성**(deciduous)이다. 즉 겨울이 오기 전에 자신이 가지고 있는 잎들을 모두 떨어뜨리고, 그 다음 해 봄에 새로운 잎을 가진 새로운 줄기를 형성한다. 또 다른 형태의 목본성 다년생 식물들은 **상록수**(evergreen)로서 특정한 시기에만 잎을 떨어뜨리는 것이 아니라 오랜 기간에 걸쳐 잎을 떨어뜨리기 때문에 우리들이 볼 때는 항상 잎이 존재하는 것처럼 보인다.

### 32.1.1 식물은 다양한 생존 전략을 가지고 있다

목본성 다년생 식물은 수백 년을 살아가지만, 초본식물 중에는

Carlyn Iverson

**(a)** 그림에서 좀 큰 녹색 식물은 부유성 수중 식물인 개구리밥(*Spirodela*)이다. 이들 지름은 약 1 cm 정도이다. 개구리 등 주위로 개구리밥 보다 훨씬 작은 녹색의 개구리밥(*Wolffia*)은 지름이 1.5 mm정도이다. 이 식물은 부유성 풀로서 현화 식물 중에서 가장 작은 것으로 알려져 있다.

Gunter Ziesler/Peter Arnold, Inc.

**(b)** 이 나무 사진은 오스트리아의 Walpole Noralup 국립 공원에 있는 red tingle tree(*Eucalyptus jacksonii*)이다. 이 나무는 서부 오스트리아의 희귀한 고유종으로 둘레가 26 m, 높이가 75 m에 달하는 거대한 식물이다.

**그림 32-1 다양한 현화 식물**

겨우 몇 주 혹은 몇 달밖에 살지 못하는 것도 있다. 생물체의 생활사가 가지고 있는 특징들 중에서 개체가 생존하여 성공적으로 자손을 번식할 수 있는 **생활사 전략(life history strategy)**들에 관한 내용들이 밝혀지고 있다. 생활사가 긴 식물들은 환경에 적응할 수 있는 전략을 가지고 있으며, 생활사가 짧은 식물들은 생식이 성공적으로 일어날 수 있는 전략을 가지고 있다.

식물이 생활하기에 적합한 환경이면, 식물은 자신이 이용할 수 있는 공간을 최대로 이용한다. 그러면 식물이 처한 환경은 밀집되어, 부분부분에 새로운 식물들이 들어갈 수 있는 공간이 열린다. 식물이 죽으면 빈 공간은 재빨리 다른 식물에 의해 채워지지만 이전과 같은 종으로 채워지는 것은 아니다. 따라서 성숙한 다년생 식물은 잘 살지만, 어린 다년생이나 일년생의 식물들은 그렇지 않는 경우도 있다. 이런 환경에서 생활사가 긴 식물은 토양의 일부를 차지하여 여러 해에 걸쳐 종자를 계속 생산해 낸다. 열대 우림 지역의 경우, 경쟁은 대부분의 어린 식물들이 안정화되는 것을 막고 목본성, 목본성 다년생 식물들이 우세하게 일어나게 한다. 이들 다년생들은 많은 양의 에너지를 목재 조직을 만드는데 사용 하지만 이 투자된 에너지는 그들이 오랜 기간 동안 번성하고 생식하도록 한다.

**요점**

식물의 진화과정에서 지하부와 지상부는 각각 흙과 대기에서 필요한 성분을 얻기에 적합하도록 발달되었다.

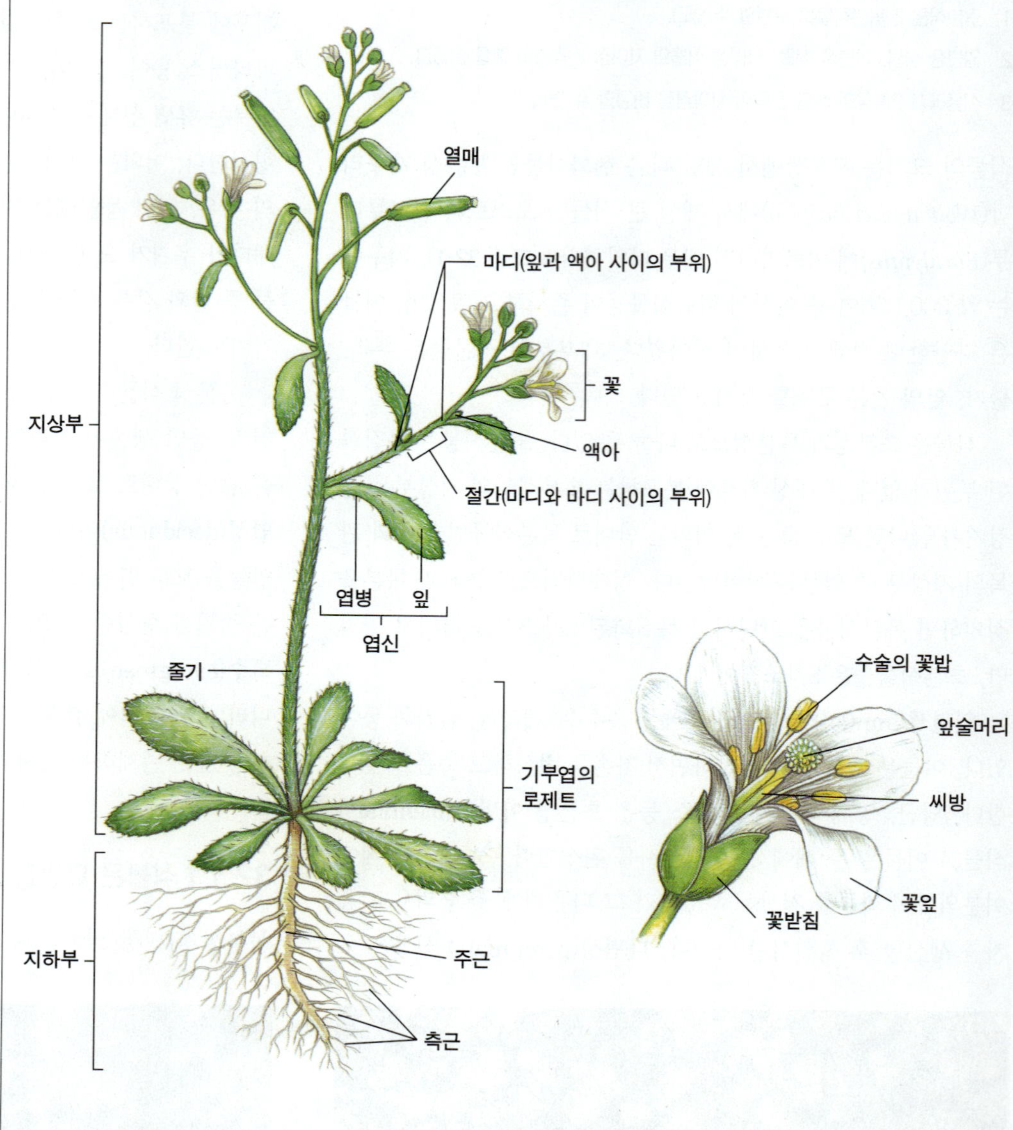


**그림 32-2 식물체의 구성.**

식물은 땅 속의 지하부와 땅 위의 지상부로 구분할 수 있다. 꽃과 열매가 달려있는 지상부는 광합성을 한다. 지하부는 물과 무기 양분을 흡수하며 식물체를 지지해 준다. 그림의 애기장대(*Arabidopsis thaliana*)는 십자화과 식물로서 생물학 연구에 많이 이용되고 있는 모델 식물이다. 애기장대는 북아프리카와 유라시아가 원산지로 지금은 귀화하여 캘리포니아와 미국의 동부에까지 분포하고 있다.

대부분의 토양은 식물이 살아가기에 알맞지 않다. 상대적으로 생존하기에 부적합한 환경에서는 식물들이 밀집하여 자라지 않는다. 어린 식물들은 크고 안정화된 식물들과 경쟁하지 않고 짧은 생활사를 통하여 자손을 늘려간다. 이들은 환경이 적합할 때 빨리 자라서 성숙한다. 식물의 모든 에너지가 종자를 생성하는 쪽으로 모아지고 종자를 생성하고 나면 식물은 죽는다. 사막의 경우, 우기가 시작되면 목본성 다년생 식물들보다 일년생 식물들이 우세하게 나타난다.

종들은 그들 나름대로의 생활사 전략을 가지고 있다. 다양한 환경에 적응하는 식물도 있고 안정적인 환경에만 적응하는 식물들도 있다. 생활사가 긴 목본성 다년생 식물들은 다양한 생활사의 전략을 가진 식물들 중 하나이다. 개체 생태학에서 생활사의 전략을 살펴볼 것이다(52장).

**복습**

- 금잔화는 초본인가? 목본인가? 일년생인가? 아니면 다년생인가?
- 당근은 초본인가? 목본인가? 일년생인가? 아니면 다년생인가?
- 떡갈나무는 초본인가? 목본인가? 일년생인가? 아니면 다년생인가?

## 32.2 식물체

**학습목표**

4 유관속 식물에서 양분과 물을 흡수하는 지하부와 광합성을 하는 지상부의 기능을 설명하여라.

5 유조직, 후각조직, 후벽조직의 구조와 기능을 설명하여라.

6 유관속 조직계의 구조와 기능을 설명하여라

7 표피 조직계의 구조와 기능을 설명하여라.

현화식물이나 그 외의 여러 유관속 식물들은 일반적으로 **지상부**(shoot system)와 **지하부**(root system)로 나뉜다(그림32-2). 지하부는 대부분 땅 속에 있으며 지상부는 땅 위에 있다. 지상부에는 잎이 달린 줄기와 현화식물의 경우에는 꽃과 열매가 여기에 속한다.

일반적으로 식물은 어둡고 습한 지하 환경과 건조한 지상 환경 노출되어 있다. 식물은 2가지 환경 모두에서 살아가는데 필요한 물질을 얻기 때문에 지상부와 지하부 모두가 필요하다. 뿌리는 망상구조처럼 토양 속으로 뻗어서 식물체가 고정될 수 있도록 닻과 같은 역할을 하며 토양 속에 들어 있는 무기 양분을 흡수한다. 잎은 광합성 기관으로 줄기에 규칙적 혹은 불규칙적으로 붙어 있으면서, 광합성에 필요한 빛과 이산화탄소를 흡수한다.

### 32.2.1 식물체는 세포와 조직으로 구성되어 있다

다른 생물과 마찬가지로 식물의 구조적, 기능적 단위도 세포이다. 식물은 진화하면서 다양한 종류의 세포를 형성하였으며, 이들 세포는 식물체 각 부위의 특이한 기능에 맞게 분화되었다.

동물세포처럼 식물세포들도 모여서 **조직**(**tissue**)을 형성한다. 1종류의 세포들로 이루어진 *단일 조직*(simple tissue)과 그 이상의 세포들로 이루어진 *복합조직*(complex tissue)이 있다.

유관속 식물의 조직은 3종류의 조직계로 나눌 수 있다(그림 32-3). 각 조직계는 2종류 이상의 조직으로 구성되어 있다(표 32-1). 식물을 구성하는 조직계 중에서 대부분을 차지하는 **기본 조직계**(**ground tissue system**)는 광합성, 저장 및 지지와 같은 다양한 기능을 한다. **유관속 조직계**(**vascular tissue system**)는 식물 전체에 분포하여 여러 종류의 물질을 운반하는 일을 한다. 운반하는 물질로는 물, 물 속에 녹에 있는 무기염류, 당 등이 있다. 또한

표 32-1

**현화 식물의 조지계, 조직, 및 세포**

| 조직계 | 조직 | 세포 | 조직의 주 기능 |
|---|---|---|---|
| 기본 조직계 | 유조직 | 유조직세포 | 저장, 분비, 광합성 |
| | 후각조직 | 후각세포 | 지지 |
| | 후벽조직 | 후벽세포(후벽이형 또는 섬유) | 지지, 강도 |
| 유관속 조직계 | 물관부 | 헛물관 | 물과 무기 양분 운반, 지지 |
| | | 물관요소 | 물과 무기 양분 운반, 지지 |
| | | 물관부 유조직 세포 | 저장 |
| | | 섬유(후벽세포) | 지지, 강도 |
| | 체관부 | 체관요소 | 용액 속에 들어 있는 당 운반, 지지 |
| | | 반세포 | 체관 요소의 기능 조절 |
| | | 체관부 유조직세포 | 저장, 체관 요소로 당을 가지고 있음 |
| | | 섬유(후벽세포) | 지지, 강도 |
| 표피 조직계 | 표피 | 표피세포 | 식물체를 덮고 있는 보호기능 |
| | | 공변세포 | 기공 조절 |
| | | 모상체 | 다양한 기능 |
| | 주피 | 코르크세포 | 식물체를 덮고 있으며 보호 기능 |
| | | 코르크 형성층 | 분열 |
| | | 코르크 유조직세포 | 저장 |

요점

식물 전체에 걸쳐 식물 조직계는 서로 연결되어 있다. 예를 들면, 잎의 유관속 조직계는 줄기의 유관속 조직과 서로 연결되어 있다.

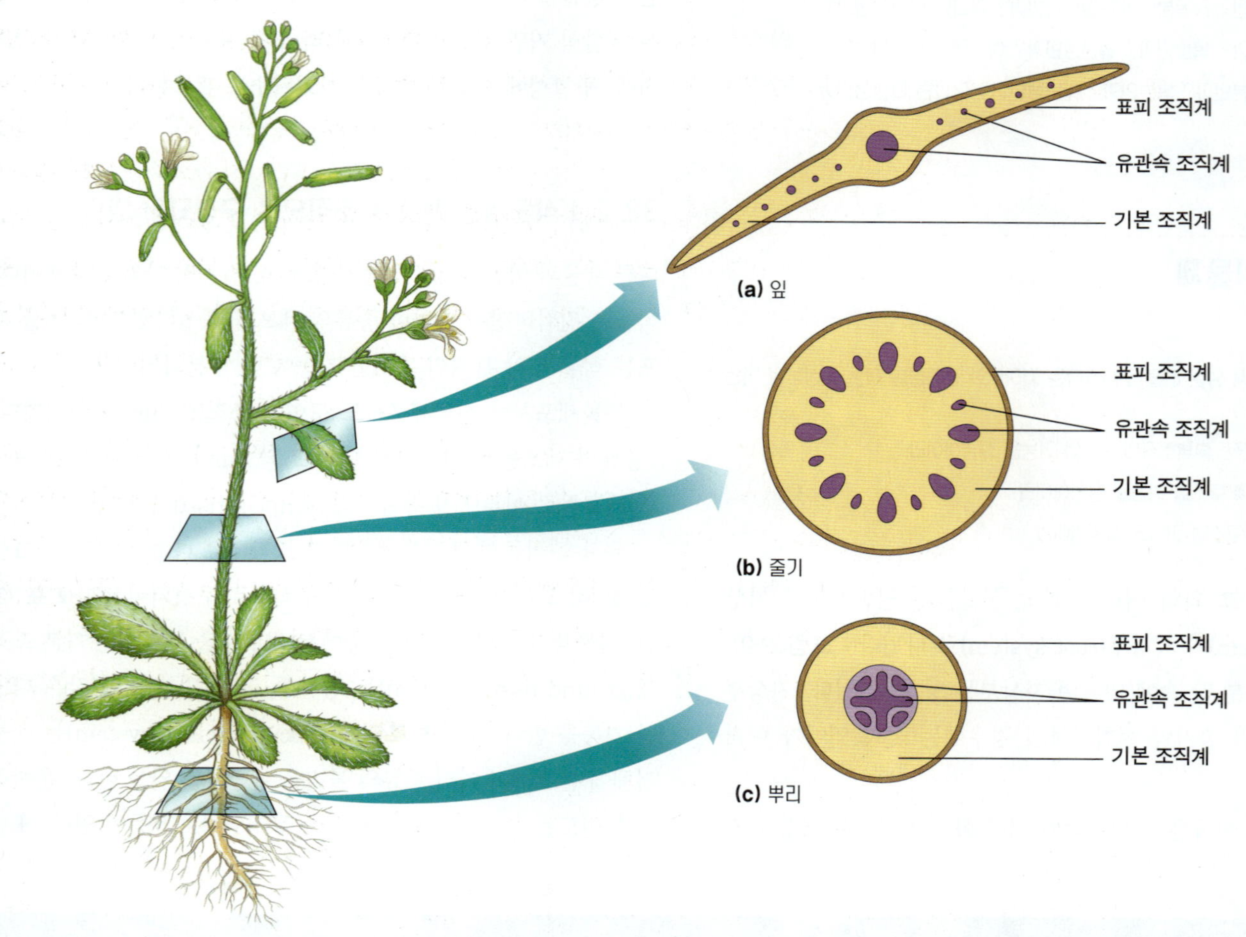


**그림 32-3 식물을 구성하는 세 3종류의 조직계.**

쌍떡엽식물인 애기장대의 **(a)** 잎, **(b)** 줄기, **(c)** 뿌리에 분포하는 기본 조직계, 유관속 조직계 및 표피 조직계.

식물체에 전반적으로 퍼져서 지지하는 역할을 한다. **표피 조직계 (dermal tissue system)**는 식물 표면 전체를 덮고 있다.

뿌리, 줄기, 잎, 꽃 및 열매는 3종류의 조직계로 이루어진 **기관 (organ)**이다. 기관의 조직계들은 식물체 전체에 걸쳐 서로 연결되어 있다. 예를 들어, 잎의 유관속 조직은 줄기의 유관속과 연결되어 있으며, 줄기의 유관속들은 뿌리의 유관속과 연결되어 있다.

## 32.2.2 기본 조직계는 3종류의 단일 조직으로 구성되어 있다

초본식물의 기본 조직계는 유조직, 후각조직, 후벽조직으로 구성되어 있다(▮ **표** 32-2). 이들 조직들은 세포벽에 따라 구별할 수 있다. 세포벽은 식물 세포를 둘러싸고 있으며, 식물체를 지지해 주는 역할을 한다(4장). 생장하는 세포들은 얇은 1차 세포벽(primary cell wall)을 형성하며 이들은 세포의 크기가 증가됨에 따라 늘어난다. 세포가 더 이상 생장하지 않으면, 세포들은 두껍고 강한 2차 세포벽(secondary cell wall)을 1차 세포벽 안쪽에 형성한다. 즉 2차 세포벽은 원형질막과 1차 세포벽 사이에 놓이게 된다(그림 4–29).

식물에서 세포벽은 중요한 역할을 가지고 있다. 세포벽은 생장과 관련이 있다. 1차 세포벽은 신장성으로 인하여 세포의 크기가 증가할 수 있게 된다. 과학자들은 식물 세포벽에서 **신호전달**

## 표 32-2

### 기본 조직계의 세포들

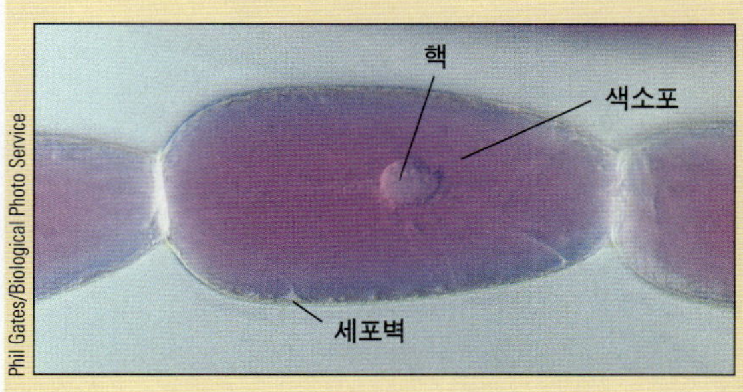


**유조직세포**

*설명*

살아 있음, 활발히 대사 중, 얇은 1차 세포벽

*기능*

저장, 분비, 광합성

*분포와 그림 설명*

식물체 전체에 분포하고 있음; 그림은 큰자주 양달개비(*Trades-cantia virginiana*)의 수술 털의 LM. 큰 액포는 자주색을 띠고 있으며, 핵은 액포 안 쪽에 들어 있는 것이 아니라 액포 위에 놓여 있음.

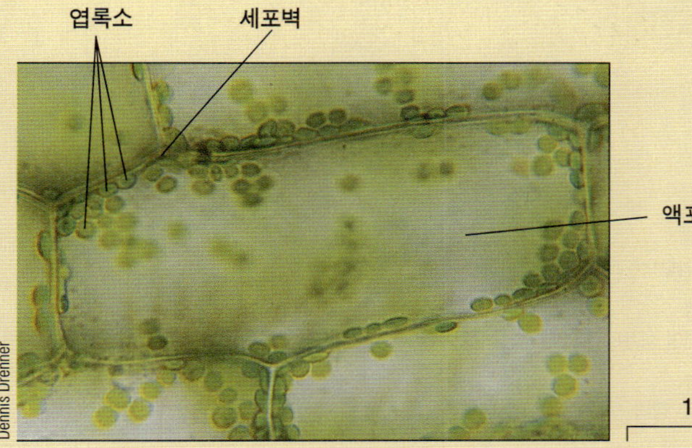


**유조직세포**

*설명*

살아 있음, 활발히 대사 중, 얇은 1차 세포벽

*기능*

저장, 분비, 광합성

*분포와 그림 설명*

식물체 전체에 분포하고 있음; 그림은 검정말(*Elodea*) 잎 세포의 LM. 크고 투명한 액포를 얇은 층의 세포질이 둘러싸고 있으며, 세포질 속에는 많은 엽록체가 들어 있음.

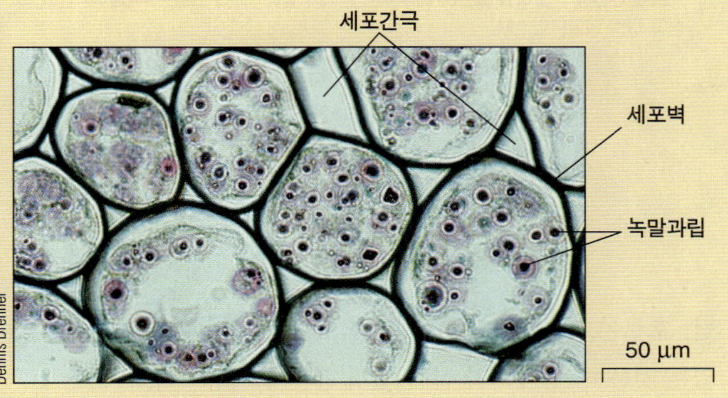


**유조직세포**

*설명*

살아 있음, 활발히 대사 중, 얇은 1차 세포벽

*기능*

저장, 분비, 광합성

*분포와 그림 설명*

식물체 전체에 분포하고 있다. 그림은 미나리아재비(*Ranunculus*) 뿌리 횡단면의 LM; 세포 내에 녹말과립이 들어 있음.

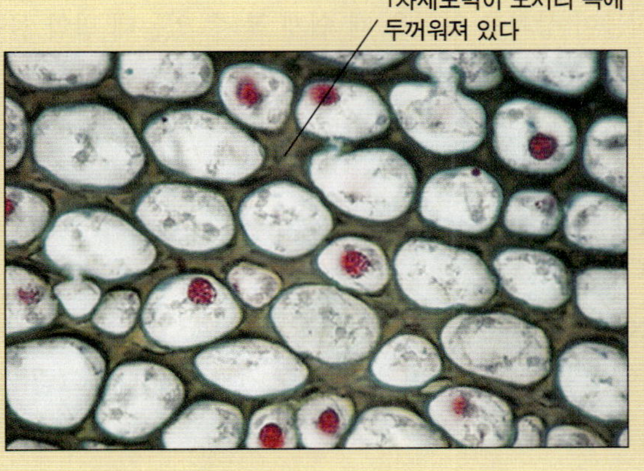


**후각조직 세포**

*설명*

살아 있음, 비후와된 1차 세포벽

*기능*

지지

*분포와 그림 설명*

줄기의 표피 아래에 분포; 그림은 엘더베리(*Sambucus*) 줄기 횡단면의 LM. 비후화된 세포벽이 세포의 모서리를 중심으로 발달하여, 세포 내용물의 형태가 전반적으로 구형으로 보인다.

## TABLE 32-2

**계속**

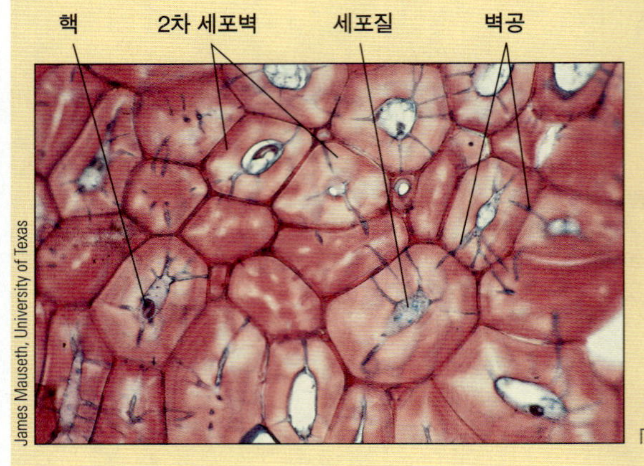


**후벽이형(후벽조직 세포)**

*설명*

세포가 완전히 성장하고 나면 살아 있는 것도 있지만 죽은 것도 있다; 2차 세포벽, 2차 세포벽에 벽공(pit)이 거의 없다.

*기능*

강도; 후벽이 풍부한 조직은 단단하며 유연성이 떨어짐

*분포와 그림 설명*

호두와 코코넛에 껍질; 체리와 배의 벽공(pit); 그림은 체리(*Prunus avium*) 공의 횡단면에 있는 살아 있는 후벽세포의 LM.

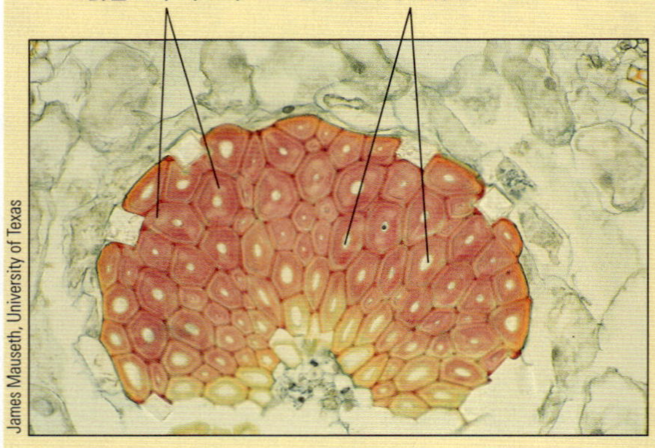


**섬유(후벽조직 세포)**

*설명*

완전히 성장하고 나면 죽음; 2차 세포벽, 후벽이형보다 공의 수가 적음.

*기능*

지지, 장력

*분포와 그림 설명*

식물체 전반에 분포하고 있으며 대부분은 줄기와 잎에 있음; 그림은 *Agave* 잎의 섬유 다발 횡단면의 LM.

(signal transduction)이 일어난다고 인식한다. 왜냐하면, 세포벽에 분포하는 탄수화물과 단백질 분자들이 세포의 안과 밖에 있는 다른 분자들과 연결되어 있기 때문이다. 또한 세포벽은 병원체의 감염에 대한 1차 방어벽이다.

### (1) 유조직세포는 얇은 1차 세포벽을 가지고 있다.

유조직세포로 구성된 **유조직계**(parenchyma tissue)는 식물체 전체에 걸쳐 가장 흔하게 있다(**그림 32-4a**). 사람들이 먹는 감자나 사과는 유조직이며 이들은 다양한 기능을 가지고 있다.

유조직세포는 광합성, 저장, 그리고 분비 기능 등의 많은 기능을 가지고 있다. 광합성을 하는 유조직은 엽록체를 가지고 있지만, 광합성을 하지 않는 유조직은 엽록체가 없고 무색이다. 유조직에 저장된 물질로는 녹말 입자, 기름 덩어리 및 염(가끔은 결정 형태로 보임) 등이 있다. 유조직에서 분비되는 물질로는 송진, 탄닌, 호르몬, 꿀 등이 있다. 유조직이 이런 다양한 기능을 가질 수 있는 것은 이들 세포가 살아 있기 때문에 가능하다.

유조직세포는 다른 종류의 세포들로 분화할 수 있는 능력이 있다. 특히 식물이 상처를 입었을 때 쉽게 볼 수 있는데 만약 물을 운반하는 물관부세포가 손상을 받으면, 며칠 내에 주위에 있는 유조직세포가 새로운 물관부세포로 분화된다.

### (2) 후각세포는 불규칙적으로 비후화된 1차 세포벽을 가지고 있다.

**후각조직**(collenchyma)은 후각세포로 구성된 단일 조직으로, 유연하지만 지지의 기능을 하며 목질화된 기관은 없다(**그림 32-4b**).

대부분 신장된 후각세포들은 세포가 성숙하였을 때 살아 있다. 후각세포의 1차 세포벽은 두껍지는 않지만, 세포의 가장자리 부분은 약간 두껍다. 후각조직은 식물체 전반에 걸쳐 균일하게 분포하지 않고 줄기 표면에 길게 퍼져 있거나, 잎맥을 따라 분포하고 있다. 전형적인 후각조직으로는 셀러리 줄기가 있다.

### (3) 후벽세포는 1차 세포벽과 비후화된 2차 세포벽을 가지고 있다

식물에서 구조적 지지를 위하여 분화된 단일 조직으로 **후벽조직**(sclerenchyma)이 있다. 후벽조직은 1차 세포벽과 2차 세포벽을 가지고 있다. 후벽조직은 그리스어로 '단단한'이라는 의미이다. 후벽조직세포의 2차 세포벽은 비후화가 많이 진행되어 단단하고 강하다. 따라서 후벽조직은 크기도 증가하지 않으며 신장이 일어나지 않는다. 기능적으로 완전히 성숙이 진행되고 나면 후벽조직세포들은 식물체를 지탱하는 역할을 하게 되는데, 이때 대부분의 세포들은 죽은 상태이다.

식물체에서 후벽조직들은 여러 곳에 분포한다. 후벽조직세포에는 후벽이형과 섬유가 있다. **후벽이형**(sclereids)은 식물체에서 여러 가지 모양으로 존재한다. 딱딱한 땅콩껍질이나 배의 석세포도 후벽이형의 한 예이다. 배를 먹을 때 잔 모래같이 느껴지는 것은 후벽이형 세포들이 모여서 덩어리를 형성한 것이다. **섬유**(fibers)는 길고 끝부분이 가늘다. 현화식물에서는 재, 내피, 그리고 잎맥부분에 분포한다(■ 그림 32-4c).

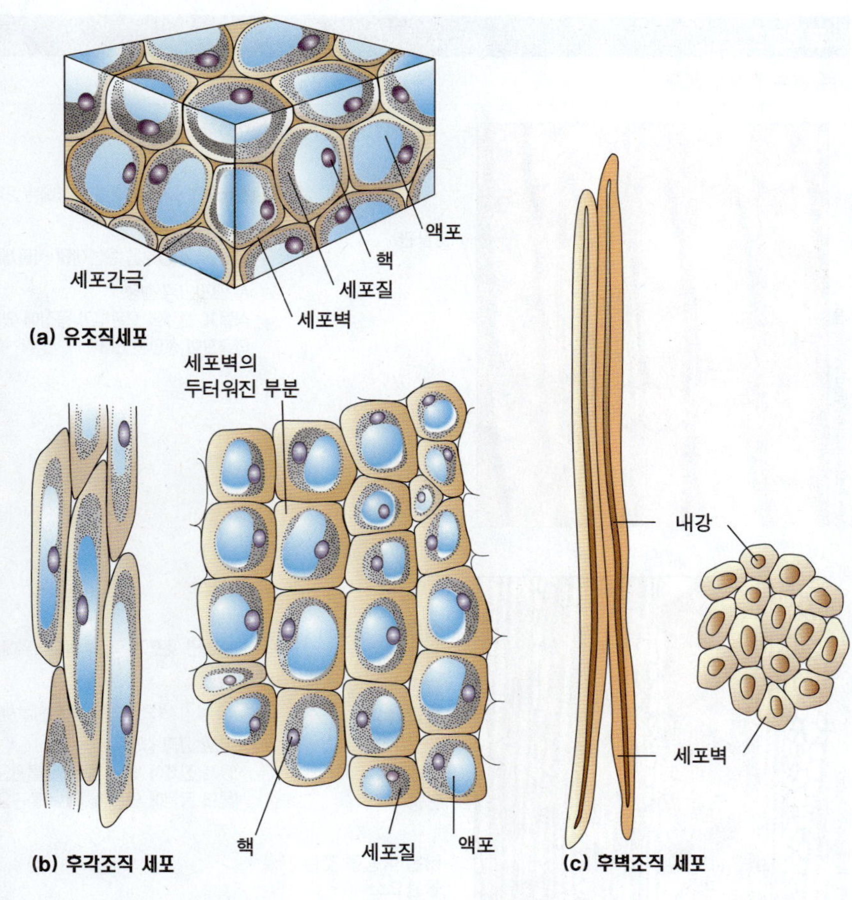


**그림 32-4 유조직, 후각조직, 후벽조직의 다양한 세포들.**

(a) 유조직세포의 입체형. 유조직세포는 식물체 내에서의 기능에 따라서 모양과 크기가 다양하다. (b) 후각조직 세포의 횡단면(왼쪽)과 종단면. 세포가 횡단으로 신장되어 있으며 세포의 모서리 부분이 불규칙적으로 비후화 되어 있는 것을 볼 수 있다. (c) 후벽조직 세포(섬유)의 횡단면(왼쪽)과 종단면. 다자란 섬유는 대부분은 죽은 세포들로서 핵이나 세포질 부분이 거의 없다. 내강은 세포질로 차있던 공간이다.

### (4) 3종류의 단일 조직들은 세포벽의 화학 성분이 다르다

유조직, 후각조직, 후벽조직은 세포벽의 화학적 성분에 따라 구별할 수 있다. 우선 식물 세포벽을 구성하는 주된 성분을 살펴보자. 세포벽의 주성분은 셀룰로오스, 헤미셀룰로오스, 펙틴 및 리그닌이다. 지구상에 가장 풍부한 중합체인 **셀룰로오스**(cellulose)는 식물 세포벽 건량의 40%에서 60%를 차지하고 있다. 3장에서 다루었듯이, 셀룰로오스는 포도당이 $\beta$-1,4 결합에 의해 연결된 중합체 다당류(polysaccharide)이다. 각각의 셀룰로오스 분자들은 수천 개의 포도당 단위체로 이루어져 있으며 이들이 결합한 형태는 편편한 리본과 같은 사슬을 형성하고 있다. 이들 사슬들이 40개에서 70여 개가 수소 결합에 의해 평행하게 배열되어 결합하고 있다. 이런 상태를 **미세원섬유**(cellulose microfibril)로 전자 현미경으로 관찰하면 얇은 선으로 보인다(그림 3-10a).

미세원섬유는 헤미셀룰로오스와 펙틴에 의해 단단하게 결합된다. **헤미셀룰로오스**(hemicellulose)는 다당류 중합체로 셀룰로오스보다 물에 더 잘 녹는다. 헤미셀룰로오스의 화학적인 조성은 종에 따라 다르다. 헤미셀룰로오스는 $\beta$-1,4 의 포도당 골격 구조에 5탄당인 *크실로오즈(xylose)* 사슬이 붙어 있는 *크실로글루칸(xyloglucan)*으로 구성되어 있다. 헤미셀룰로오스는 셀룰로오스와 이름은 비슷하지만, 화학 구조에서 차이가 난다. 이에 비해 **펙틴**(pectin)은 다당류 복합체로 이들을 구성하는 단위체들이 헤미셀룰로오스에 비해 단순하다. 펙틴 단위체는 포도당에서 유도된 6탄당인 *$\alpha$-갈락투론산($\alpha$-galacturonic acid)*이다.

2차 세포벽의 경우 목재(wood)에서 중요한 성분은 **리그닌**(lignin)이다. 2차 세포벽의 건량 중에서 35%에 해당하는 것이 리그닌으로 화학적 구조는 완벽하게 밝혀지지는 않았다.

세포벽의 화학적인 조성을 조사해 본 결과 유조직, 후각조직,

표 32-3

**유관속 조직계 세포**

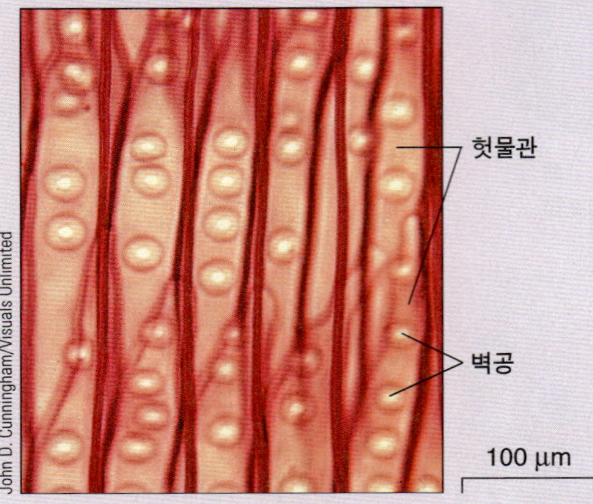


**헛물관**

*설명*

성숙하면 세포가 죽고 벽공에는 2차 세포벽이 없음

*기능*

물과 무기 양분을 운반하며 식물체를 지지함

*분포와 그림 설명*

식물체 전체의 물관부가 응집해 있는 곳에서 발생; 그림은 스트로부스 소나무(*Pinus strobus*)목재 헛물관의 종단면 LM

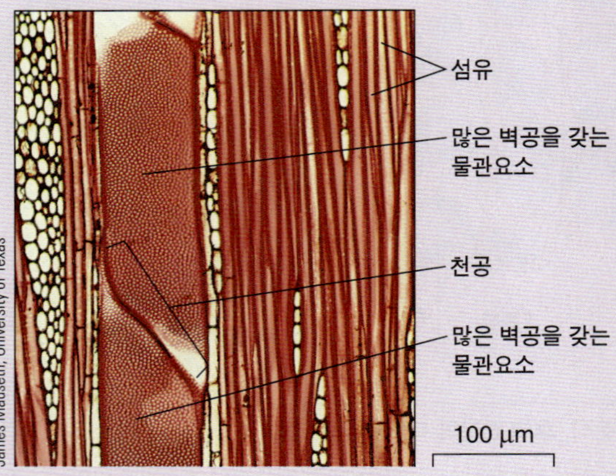


**물관요소**

*설명*

성숙하면 세포가 죽고; 말단부위에 천공이 있음; 벽공에는 2차 세포벽이 없음

*기능*

물과 무기 양분을 운반하며 식물체를 지지함

*분포와 그림 설명*

식물체 전체에 있는 물관부. 물관요소가 헛물관에 비하여 물의 전도 능력이 뛰어남; 그림은 쌍떡잎 식물의 목재에 있는 두 개의 물관요소 횡단면의 LM.

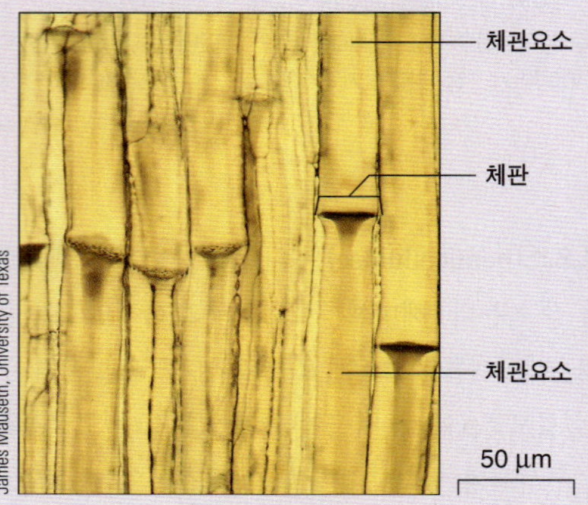


**체관요소**

*설명*

성숙 시에 살아 있기는 하지만 핵이나 그 외 세포소기관이 거의 없음; 말단부위에 체판을 형성한다

*기능*

당을 운반

*분포와 그림 설명*

식물체 전반에 있는 체관부에 분포; 그림은 호박(*Cucurbita*) 엽병의 체관요소가 모여 있는 횡단면의 LM

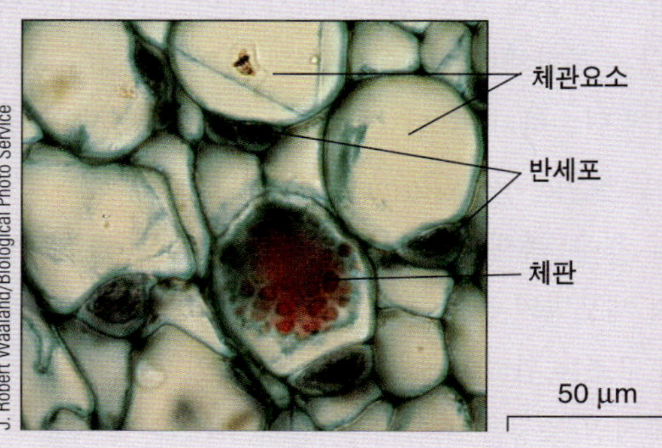


**반세포**

*설명*

살아 있음. 체관요소와 세포질이 연결되어 있다

*기능*

체관요소가 당을 운반하는 기능을 도와줌

*분포와 그림 설명*

식물체 전체에 걸쳐 체관부에 있음; 그림은 호박(*Cucurbita*) 엽병의 체관부 종단면의 LM.

후벽조직의 세포에 대한 화학적인 조성을 다음과 같이 일반화 할 수 있을 것이다. 유조직의 얇은 1차 세포벽은 셀룰로오스와 헤미셀룰로오스, 그리고 펙틴을 함유하고 있다. 유세포와 후각세포들은 1차 세포벽을 가지고 있지만 이들의 화학적인 조성은 동일하지 않다. 특히 후각세포들의 세포벽 모서리는 유조직세포의 세포벽에 비해 헤미셀룰로오스와 펙틴의 함량이 높다. 두터운 2차 세포벽을 가지고 있는 후벽세포들은 셀룰로오스와 헤미셀룰로오스 및 펙틴을 가지고 있지만 다른 세포벽들에 비해 리그닌의 함량이 높은 것이 특징이다.

## 32.2.3 유관속 조직은 2종류의 복합 조직으로 이루어져 있다

기본조직으로 둘러싸여 있는 유관속 조직계는 물관과 체관의 두 복합조직으로 이루어져 있다. 이들은 식물체 전체에 필요한 물질을 운반하는 역할을 한다. 체관부와 물관부(▮ 표 32-3)는 식물체 전체에 퍼져있으며 이들은 서로 연결되어 있다(물관부와 체관부의 물질 운반에 대해서는 34장에서 다룬다).

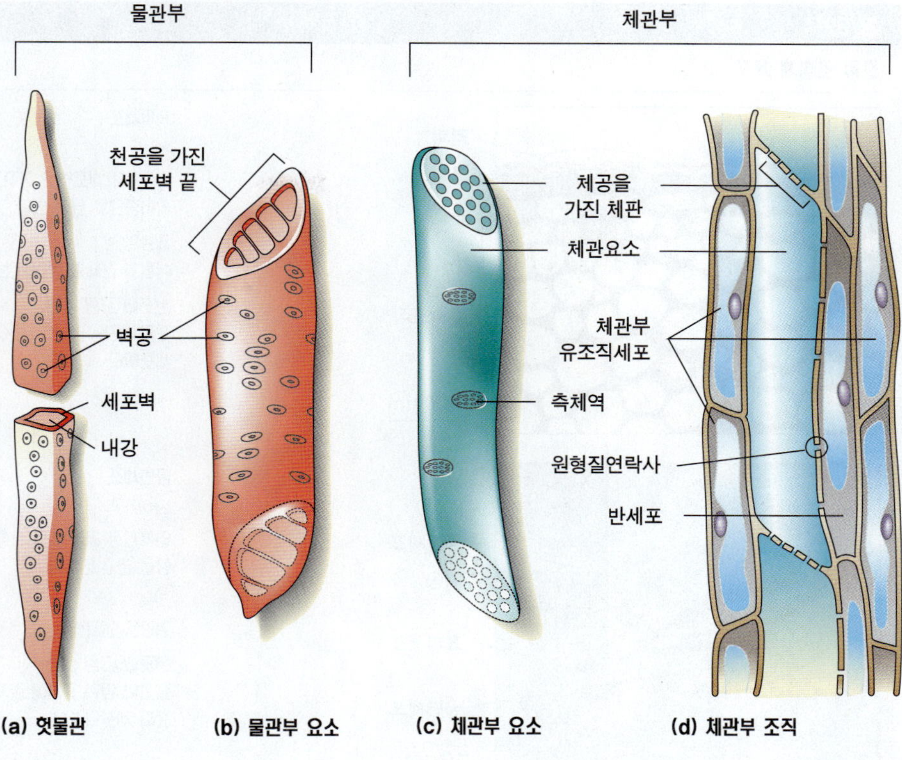


**그림 32-5 물관목부와 체관사부 조직의 여러 가지 세포.**

**(a)** 헛물관(물관부 세포)의 구조. 횡단면을 보면 세포가 텅 비어 있는 것처럼 보인다. 세포가 성숙하면 헛물관은 대부분은 죽어 있는 상태이다. **(b)** 물관부 요소(물관부 세포)의 구조. 물관부 요소의 말단은 다양하게 열려 있는데, 이 열려 있는데 이것을은 천공이라 하며 종에 따라 차이가 난다. **(c)** 체판이 보이는 체관요소.. 체판이 있다. **(d)** 체관부 조직의 횡단면으로 체관요소, 반세포, 그리고 체관부 유조직세포를 볼 수 있다. 섬유세포는 볼 수 없다.

### (1) 물관부의 수송 세포는 헛물관과 물관요소이다

**물관부**(xylem)는 뿌리에서 줄기와 잎으로 물과 무기염류들을 운반하고, 식물체를 구조적으로 지지하는 역할을 한다. 현화식물의 경우, 물관부은 4종류의 세포들로 이루어진 복합조직이다. **헛물관**(tracheid)과 **물관요소**(vessel element)는 물과 무기 양분을 운반한다. 이들 세포와 더불어 물관부는 저장 기능이 있는 *물관부 유조직세포*(xylem parenchyma)와 지지 기능을 하는 섬유로 이루어 진다.

헛물관과 물관요소는 물을 수송하기 쉽게 고도로 분화되어 있다. 이들 세포들이 성숙하면 세포는 죽어 속이 빈 큰 구멍을 형성하며 세포벽만 남는다. 소나무 같은 겉씨식물과 고사리 같은 관다발식물에서는 헛물관이 주로 물을 수송하는데 이들 세포는 길이가 길고 끝이 가늘게 되어 있다(▮ **그림 32-5a**). 물은 뿌리에서 지상부로 헛물관의 *벽공*(pit)을 통하여 운반된다. 헛물관의 벽공은 2차 세포벽이 발달하지 않은 얇은 세포벽이다.

헛물관이 상대적으로 적은 현화식물의 경우 물의 전달 능력을 효율적으로 하기 위하여 물관요소라는 세포가 존재한다(▮ **그림 32-5b**). 물관요소의 지름은 일반적으로 헛물관보다 크다. 또한 물관요소는 가운데가 비어 있는 원기둥의 형태로 세포의 말단 부분이 뚫려 있는데 이것을 *천공*(perforation)이라 한다. 물관요소들은 동전을 쌓은 것처럼 쌓여 있기 때문에 한 물관요소에서 다음 물관요소로 물의 이동이 신속하게 진행된다. 쌓여 있는 물관요소들을 **물관**(vessel)이라고 하며 이것은 마치 수도관처럼 생겼다. 물관요소는 측면에도 구멍이 뚫려 있어서 물의 수송이 측면으로도 일어난다.

### (2) 체관요소는 체관부의 수송 세포이다

**체관부**(phloem)는 광합성 과정에서 형성된 탄수화물을 식물 전체로 운반하며 지지하는 역할도 한다. 현화식물의 경우, 체관부은 체관부요소, 반세포, 섬유 및 체관 유조직 세포의 4종류로 이

표 32-4

**표피 조직계 세포**



표피세포

*설명*

얇은 1차 세포벽을 가지고 있으며 상대적으로 덜 분화되어 있다. 바깥 세포벽은 두껍고 각피층으로 덮여 있다.

*기능*

식물체 전체를 덮어서 보호하는 역할을 한다. 식물이 수분 손실을 줄여 준다.

*분포와 그림 설명*

표피세포는 한 층으로 이루어져 있으며 그림은 아이비(*Hedera helix*) 줄기에 있는 표피 세포이다.



공변세포

*설명*

엽록체가 들어 있으며 세포가 쌍을 이루고 있다. 쌍을 이룬 세포가 모양을 조절하면서 기공을 열고 닫는다.

*기능*

기공을 열고 닫는다.

*분포와 그림 설명*

줄기와 잎의 표피에 존재. 그림은 큰자주 달개비(*Tradercantia virginia*) 잎의 표피 세포의 LM.



모용

*설명*

털 또는 표피세포가 바깥으로 도출된 것. 단세포 혹은 다세포, 크기와 모양이 다양하다.

*기능*

다양함. 흡수, 분비, 배출, 보호, 수분 소실을 줄임

*분포와 그림 설명*

표피. 쐐기풀(*Solanum carolinense*) 잎의 SEM. 이들 잎은 동물의 조직을 파고들어 통증을 유발하는 털을 가지고 있다.



코르크 세포

*설명*

이들 세포는 성숙되고 나면 죽는다. 세포벽은 수분의 유입을 차단한다.

*기능*

수분의 소실을 막고 병원균에 의해 감염되는 것을 막아 준다.

*분포와 그림 설명*

많은 세포를 형성하며 대부분은 표피 아래에 분포한다. 오래된 줄기나 뿌리에서는 표피의 역할을 대신하기도 한다. 제라늄(*Pelargonium*) 줄기의 횡단면 LM.

루어진 복합 조직이다(**그림 31-5c, d**). 섬유는 대부분 초본식물의 체관부에 많이 분포하는 것을 볼 수 있는데 이들은 식물체를 지지하는 역할을 한다.

양분은 물에 녹은 용액의 상태로 운반되며, 이들은 자연 상태에서 고도로 분화된 세포들 중 하나인 **체관요소(sieve tube elementmember)**를 통하여 운반된다. 인접해 있는 체관요소 사이는 서로 연결되어 하나의 커다란 **체관(sieve tube)**을 형성한다. 체관요소의 말단 부위는 체판이 존재하는데, 이 체판에는 구멍이

뚫려 있어 인접해 있는 세포들 사이의 세포질이 이 부분을 통해 연결되어 있다. 체관부 요소는 세포가 성숙되었을 때에도 살아 있는 상태이긴 하지만, 핵, 미토콘드리아, 리보솜과 같은 세포소기관이 사라지거나 다른 세포들에 비해 상대적으로 적다.

체관요소는 핵이 없이도 기능을 하는 일부 원핵세포 중 하나로 보인다. 일반적으로 이들 세포는 일년 이상을 살지 못한다. 그러나 예외적으로 야자 세포는 100년 이상 살아가는 것도 있다.

체관요소의 옆에는 **반세포(companion cell)**가 존재한다. 반세포는 체관요소의 기능을 도와준다. 이들 세포는 살아 있는 세포로 핵을 가지고 있는데 이 핵은 반세포뿐 아니라 체관요소의 기능에도 관여 한다. 반세포와 체관요소 사이에는 엄청난 수의 **원형질연락사(plasmodesmata)**가 뚫려 있어 이 곳을 통하여 두 세포의 세포질이 서로 연결되어 있다. 반세포는 체관 요소가 당을 식물의 다른 부위로 운반하는데 중요한 역할을 한다.

## 32.2.4 표피 조직계는 2종류의 복합조직으로 이루어져 있다

표피 조직계는 표피와 주피로 이루어져 있으며 이들은 식물체 전체를 덮어 보호하는 기능을 한다(▮ 표 32-4). 초본 식물의 경우, 표피계는 단층의 세포로 이루어져 있는데 이것을 표피라고 한다. 목본성 식물의 경우는, 초기에는 표피를 형성하지만 표피 안쪽에 목본성 조직이 형성되어 식물이 커질수록 표피는 떨어진다. 주피는 많은 세포층이 두껍게 발달된 조직으로, 표피 아래에 분포하는데 표피가 벗겨져 떨어지면 표피를 대신하여 새로운 보호층으로 작용하게 된다. 오래된 목본성 식물의 줄기와 뿌리에서 표피를 대신하는 주피는 외피를 형성한다.

### (1) 초본 식물의 가장 바깥쪽에 분포하는 것은 표피이다

**표피(epidermis)**는 살아 있는 세포들로 상대적으로 미분화된 복합조직이다. 이들 세포들 중에는 분화가 많이 된 공변세포와 밖으로 돌출된 모상체도 있다. 대부분의 식물에서 표피는 단층의 편평세포들로 덮여 있다(▮ 그림 32-6). 표피세포는 엽록체가 없는 투명한 층으로 빛이 줄기나 잎의 내부 조직에 도달할 수 있게 해 준다.

식물의 지상부–줄기, 잎, 꽃, 열매–에서 가장 절실히 요구되는 것 중 하나는 수분 손실을 조절하는 능력이다. 식물 지상부에 있는 표피세포들은 **큐티클(cuticle)**이라는 왁스층을 세포벽 바깥쪽에 분비하는데 이들이 식물의 표면에서 일어나는 수분의 손실을 억제한다.

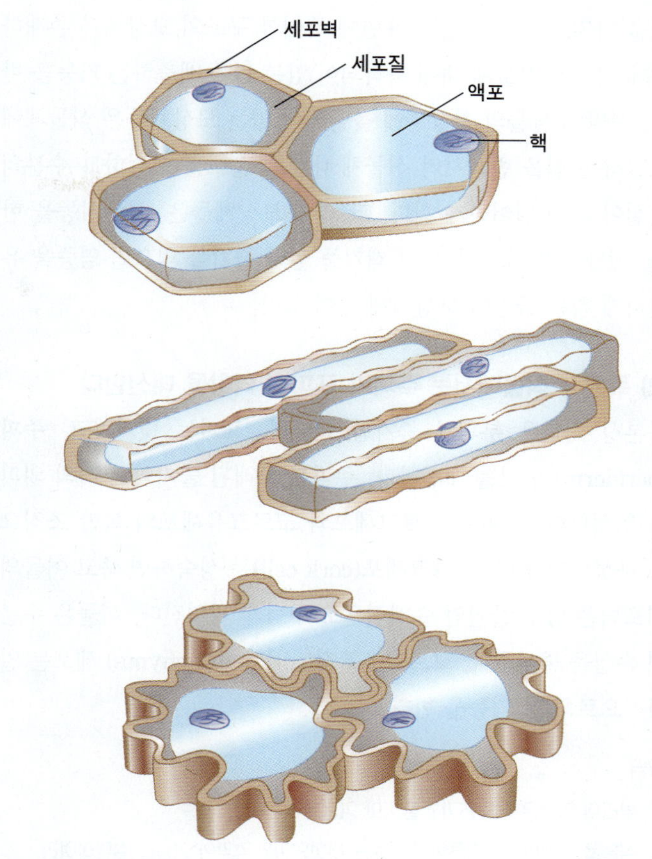


**그림 32-6 세포의 형태: 표피세포.**

식물의 여러 부위에 존재하는 표피세포. 세포의 모양은 불규칙적이며, 세포가 서로 밀착되어 분포한다.

이산화탄소의 확산은 **기공(stomata)**을 통해 촉진된다. 기공은 표피세포에 나 있는 미세한 통로로, 이들은 2개의 **공변세포(guard cell)**에 의해 둘러 싸여 있다. 이산화탄소, 산소, 그리고 수증기를 포함한 대부분의 기체는 확산에 의해 기공을 통과한다. 일반적으로 기공은 광합성이 진행되는 낮에 열림으로써 기공을 통한 수분 손실이 일어나기도 하지만 역으로 증발에 의해 식물체의 온도를 조절하기도 한다. 밤에는 기공을 닫는다. 건조한 상태에서, 잎은 수분을 보유하면서 자체의 온도를 조절하고, 또한 기체의 교환도 필요하다. 그 결과 건기에는 낮에 기공을 닫는다. 기공에 대해서는 33장에서 더 자세히 살펴볼 것이다.

표피에는 그 외에도 밖으로 돌출된 특수한 구조의 털을 가지고 있는데 이것을 **모상체(trichomes)**라 한다. 모상체는 크기와 모양이 다양할 뿐 아니라 기능도 다양하다. 뿌리털은 분지 되지 않은 모상체로 식물이 물과 무기 양분을 더 효율적으로 흡수하기 위해 뿌리 표피의 표면적을 증가시킨다. 해안가와 같은 염 환경에서 내성을 가지는 식물은 잎의 표면에 특이한 구조의 모상체가 존재하는데 이것은 식물체 내에 축적되어 있는 염을 배출하는 기능을 한다. 사막 식물들의 지상부에 돌출되어 있는 모상체들은 식물체에 도달하는 빛을 반사시켜 식물체 내부의 온도를 조절하고 수분의 손실이 적게 일어나게 한다. 그 외의 모상체들은 보호 기능을 한다. 예를 들면 초식 동물이 쐐기풀 잎과 줄기를 먹으면 염증을 유발하게 하는 물질이 모상체에 들어 있다.

### (2) 목본성 식물에서는 주피가 표피의 역할을 대신한다

목본성 식물은 부피가 증가함에 따라, 표피는 벗겨지고, **주피**(periderm)가 이를 대신한다. 주피는 오래된 줄기와 뿌리의 외피를 형성한다. 주피는 코르크세포와 코르크유세포의 복합 조직으로 구성되어 있다. **코르크세포**(cork cell)는 성숙하면 죽고 이들의 세포벽은 방수 물질인 슈베린으로 두텁게 채워진다. 이들은 수분의 손실을 줄여준다. **코르크유조직**(cork parenchyma) 세포는 일차적으로 저장 기능을 한다.

#### 복습

- 뿌리의 기능은 무엇인가? 줄기의 기능은?
- 식물을 구성하는 3종류의 조직계는 무엇인가? 각각의 기능을 설명하여라.
- 유조직, 후각조직, 후벽조직을 구성하는 세포의 구조와 기능을 어떻게 다른가?
- 물관부와 체관부의 기능은 무엇인가?
- 표피와 주피의 유사점과 차이점은 무엇인가?

## 32.3 식물의 분열조직

#### 학습목표

**8** 식물에서 생장의 의미와 동물에서 생장의 의미를 설명하여라.
**9** 1기 생장과 2기 생장을 구별하여라.
**10** 정단분열조직과 측생분열조직을 구별하여라.

식물의 생장은 세포분열, 세포 신장(세포의 길이가 길어짐), 세포 분화의 세 단계를 거쳐 진행된다. 세포분열은 생장에 있어서 중요한 요소로 세포분열 결과 세포 수가 증가한다. 새롭게 형성된 세포들은 세포질이 성장하고 액포가 물로 채워지면서 신장된다. 액포가 물로 채워짐으로써 이들이 세포벽을 미는 압력을 형성하게 되고, 이것에 의해 세포가 신장하는 것이다. 양파 뿌리세포의 경우, 액포의 크기가 신장하는 동안에 30에서 150배 정도 증가한다. 또한 이들 세포들은 다양한 세포들로 **분화**(differentiation) 즉 특수화된다. 이들 세포들은 식물체를 구성하고 다세포 생물체에 필요한 여러 기능을 수행하게 된다. 분화가 진행되는 동안 세포 신장에 이어 지속적으로 세포의 크기가 증가하는 것은 아니다. 하지만 이것은 조직의 형성에 중요한 역할을 하므로 생장과 발달의 관점에서 중요하게 여겨진다.

식물과 동물의 차이점 중 하나가 생장이 일어나는 위치이다. 어린 동물이 생장할 때에는 몸 전체에서 일어나지만 이들 생장이 모두 같은 속도로 진행되지는 않는다. 그러나 식물의 생장은 **분열조직**(meristem)이라고 하는 특수한 부분에서만 세포분열을 한다. 분열조직을 이루는 세포들은 세포분열에 의하여 새로운 세포를 형성한다. 분열조직의 세포들은 분화되지 않는다.

식물은 2종류의 분열조직 생장을 한다. **1기 생장**(primary growth)은 줄기와 뿌리의 길이가 증가하는 것을 의미한다. 모든 식물에서 1기 생장이 나타나며, 초본 식물이나 유묘식물, 목본성 관목과 교목의 부드러운 지상부와 지하부에서 식물체를 형성하는 중요한 역할을 한다. **2기 생장**(secondary growth)은 식물의 부피가 증가하는 것을 의미한다. 대부분의 경우 2기 생장은 겉씨식물과 목본성 쌍떡잎식물에서만 나타난다. 2기 생장에 의해 재와 수피 조직이 형성되며 이들은 교목과 관목을 형성한다. 일부 일년생

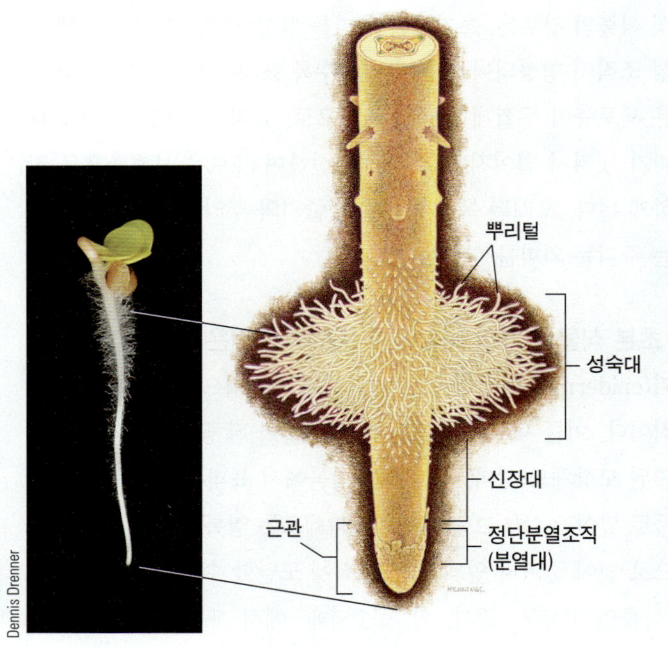


**그림 32-7 뿌리 끝.**

근관이 뿌리 정단분열조직(세포가 분열하여 세포의 수가 증가되는 곳)을 보호하고 있다. 정단분열조직 위의 세포 신장대는 세포가 신장하여 분화한다. 왼쪽의 식물은 어린 무(*Raphanus sativus*)로 신장대에서 뿌리털이 나는데 거의 5 cm 정도이다.

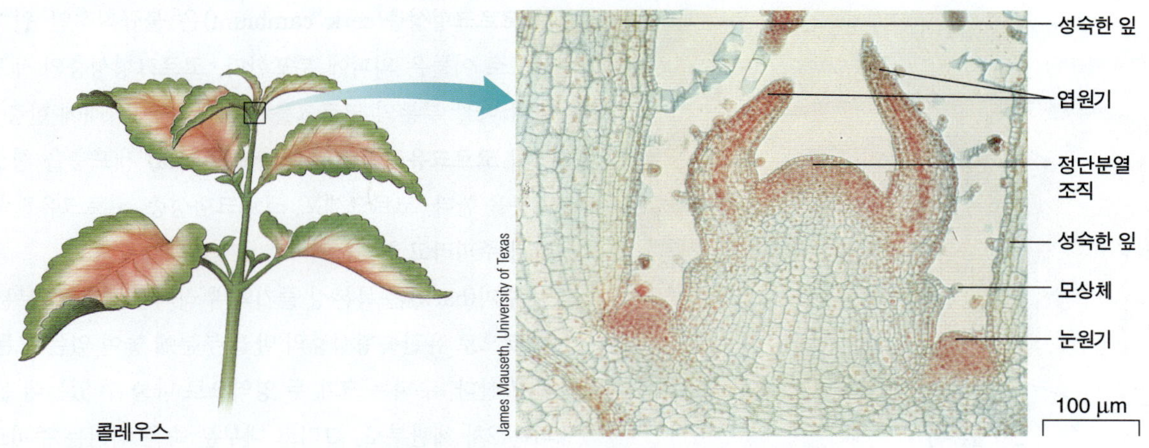


**그림 32-8 줄기의 끝.**

광학현미경으로 본 콜레우스(*Coleus*) 줄기 정단의 횡단면. 줄기 정단분열조직, 엽원기, 눈원기를 볼 수 있다.

식물 중 제라늄과 해바라기는 눈에 띄게 두드러진 물관부와 수피는 없지만 제한된 지역에서 2기 생장이 일어난다.

### 32.3.1 1기 생장은 정단분열조직에서 일어난다

1기 생장은 줄기의 눈을 포함한 지상부와 지하부의 끝에 있는 **정단분열조직**(apical merisrem)의 활성 결과에 따라 나타난다. 1기 생장은 뿌리 끝을 조사해 보면 쉽게 관찰할 수 있다(**그림 32-7**). 뿌리 끝은 보호층의 세포인 **근관**(root cap)으로 덮여 있다. 근관 바로 윗부분이 뿌리의 정단분열조직으로 분열 세포들로 이루어져 있다. 매우 작고 주사위 모양인 분열조직 세포들은 항상 크기가 작다. 왜냐하면 이들은 끊임없이 분열하고 있기 때문이다(분열조직에서, 딸세포는 신장이 진행되고 다시 이둘 중 하나 혹은 둘 모두 다시 분열하기 시작한다).

분열조직 윗부분은 신장대로서 이 부분에서는 분열하고 난 세포들의 길이 생장이 일어난다. 이들 세포들은 더 이상 분열하지 않고 길이를 신장하여 뿌리 끝이 토양을 밀고 더 깊이 들어 갈 수 있게 한다. 신장대에서 일부의 세포가 분화되기 시작한다. 물관부와 체관부로 분화하고 있는 미성숙한 세포들이 나타난다. 이들 조직계들은 끊임없이 분화하고 발달하여 식물체의 일차 조직(표피, 물관, 체관, 기본 조직)을 이룬다. 마지막으로 신장대 다음 부위는 대부분의 세포들이 완전히 분화되어 생장이 완성되었으며 이 부분에서 뿌리털이 나타나기 시작한다.

정단아와 같은 지상부의 정단은 뿌리 끝과 구조적으로 매우 다른 차이를 보여준다(**그림 32-8**). 휴면기 동안에는 일정하게 배열된 분열조직 세포들이 식물의 지상부 정단에 분포하고 있다. **엽원기**(leaf promordia; 잎이 될 부분)와 **아원기**(bud primoridia; 눈이 될 부분)는 지상부의 분열조직에서 형성된다. 작은 엽원기는 지상부의 정단분열조직을 보호하고 있다. 지상부의 정단분열조직에 의해 형성된 세포들이 신장됨에 따라, 정단분열조직은 밀려올라 온다. 연이은 세포분열은 줄기조직을 형성하고 새로운 잎과 아원기를 형성한다. 줄기 끝에서 멀어질수록, 미성숙한 세포들은 성숙한 식물의 세 조직으로 분화된다.

### 32.3.2 2기 생장은 측생분열조직에서 일어난다

1기 생장과 더불어, 교목과 관목은 2기 생장을 한다. 이들 식물들은 1기 생장에 의하여 길이를 늘인 후, 2기 생장에 의해 부피를 증가한다. 부피가 증가하는 것은 **측생분열조직**(lateral meristem)에 있는 세포들이 분열한 결과이다. 측생분열조직에 있는 세포들은 더 이상 신장이 일어나지 않으며 줄기 끝을 제외한 줄기와 뿌리의 길이 방향으로 분포하고 있다. 측생분열조직으로는 유관속형성층과 코르크형성층이 있다. 이들 분열 조직들은 2기 생장에 의해 2차 조직을 형성한다. 2차 조직으로는 2차물관부와 2차 체관부 및 주피가 있다(**그림 32-9**).

**유관속형성층**(vascular cambium)은 줄기와 뿌리 속에 길고, 얇으면서 연속적인 원기둥 형태의 분열 세포층이다. 유관속형성층은 목본성 식물의 재와 수피 사이에 분포한다. 유관속형성층의 세포들은 분열하여 이차2차 물관부(목부)와 세포들과 2차 체관부(내피)를 형성한다.

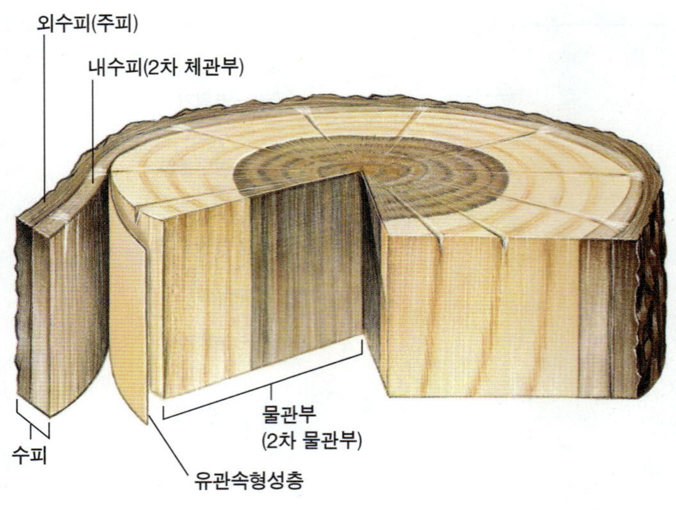


**그림 32-9** 2기 생장.

물관부와 수피 사이에 있는 유관속형성층은 얇은 세포층으로서 2차 유관속조직을 형성한다. 2차 물관부는 물관부를 형성하고, 2차 체관부는 수피의 안쪽을 형성한다. 코르크형성층은 주피를 형성하며, 외수피의 바깥 조직은 식물이 2차 생장을 하는 동안에 표피를 대신하게 된다.

**코르크형성층**(cork cambium)은 불규칙적인 원기둥 형태의 세포로 이들은 외피에 분포한다. 코르크형성층의 세포들은 분열하여 바깥 부분의 코르크를 형성하고 그 아래에 한층 혹은 그 이상의 **코르크유조직**(cork parenchyma) 세포층을 형성하여 저장 기능을 한다. 코르크세포, 코르크형성층, 코르크유관속 전체를 묶어서 주피라고 한다.

**수피**(bark)는 목본성 줄기와 뿌리의 가장 바깥 부분을 덮고 있는 것으로 유관속형성층의 바깥 부분에 놓여 있는 모든 식물 조직을 말한다. 수피는 크게 두 영역으로 나눌 수 있는데 살아 있는 내피는 2차 체관부로, 그리고 대부분 죽은 외피는 주피로 이루어져 있다. 더 자세한 내용은 34장과 35장에서 다룬다.

### 복습

- 식물 분열조직의 기능은 무엇인가? 동물의 생장도 분열조직이 관여하는가?
- 1기 생장과 2기 생장은 무엇인가?
- 정단분열조직과 측생분열조직이란 무엇인가?

## 핵심 용어와 요약

### 학습목표

**1** 초본식물과 목본식물을 구분하여라.

- 식물은 초본식물과 목본식물로 구별할 수 있다. 온대기후에서, 초본식물의 지상부는 말라 죽지만, 목본식물의 지상부는 계속 존재한다.

**2** 일년생 식물, 이년생 식물, 다년생 식물을 구분하고 각각의 예를 들어보아라.

- 옥수수, 제라늄, 금잔화는 **일년생** 식물이다. 이들은 일년 내에 종자가 생장하여 생식하고 죽는다. 당근은 **이년생**으로 이년에 걸쳐 생활사가 일어난다. 아스파라거스는 초본성 **다년생** 식물이며 목본성 다년생 식물들은 여러 해 동안 살아간다.

**3** 식물의 생존 전략을 제시하여라.

- 식물은 생존과 생식을 위하여 다양한 생존 전략을 가지고 있다.
- 열대 우림지역에 사는 식물들이 장기적인 스트레스에 노출되어 경쟁하는 것을 막기 위하여 우기에만 종자가 발아하여 개체로 생장할 수 있게 한다.

**4** 유관속 식물에서 뿌리에서 줄기로 양분과 물을 흡수하고 광합성 산물을 운반하는 부위에 대하여 설명하여라(700쪽).

- 전형적인 유관속 식물은 지하부와 지상부로 나뉜다. **지하부**는 식물이 살아가는데 필요한 물과가 무기물을 흡수하며 식물을 지탱하는 역할을 한다.
- **지상부**는 빛을 이용하여 이산화탄소와 산소, 수분을 교환한다. 지상부는 잎(광합성을 하는 기관)이 달려 있는 줄기와 생식기관이 포함된다. 지상부에 미발달 된 눈은 나중에 줄기로 발달한다.
- 식물체를 뿌리, 줄기, 잎, 꽃, 열매 등의 **기관**으로 구분은 하지만 이들은 구성하는 조직들은 서로 연결되어 있다. 식물은 기본조직, 유관속조직, 표피조직으로 구성되어 있다.

**5** 기본 조직계–유조직, 후각조직, 후벽조직–를 설명하여라.

- **기본조직계**는 다양한 모양과 기능을 가지고 있는 3종류의 조직으로 이루어져 있다. **유조직**계는 살아 있는 유세포로 이루어져 있다. **1차 세포벽**이 얇은 유세포는 광합성을 하고, 물질을 저장하거나 분비하는 기능이 있다.
- **후각조직**은 후각세포로 이들의 세포벽은 불규칙적으로 비후화된 1차 세포벽으로 이루어져 있다. 이들은 식물체를 지지해주는 역할을 한다.
- **후벽조직**은 **후벽이형**이나 **섬유**와 같은 후벽세포로 이루어져 있다. 후벽세포는 1차 세포벽과 **2차 세포벽**이 있으며 세포가 성숙하고 나면 죽어서 식물체를 지지해 주는 역할을 한다.

**6** 유관속 조직계의 구조와 기능을 설명하여라.

- **유관속 조직계**는 식물체에 양분을 공급하며 지지의 역할을 한다.
- **물관부**는 물과 무기 양분을 운반한다. **헛물관**과 **물관요소**는 물관부를 구성하는 세포들이다.
- **체관부**는 당을 운반하는 복합 조직이다. **체관요소**들로 구성된 체관부는 **반세포**들의 도움을 받는다.

**7** 표피조직계를 설명하여라.

- **표피조직계**는 식물의 표면에 분포하여 식물체를 보호한다.

■ **표피**는 초본식물을 덮고 있는 복합조직으로 왁스를 분비하여 수분의 손실을 줄인다. **기공**은 식물과 외부 환경과의 기체 교환이 일어난다. **모상체**는 세포 밖으로 돌출되어 있으며 모양과 크기가 다양할 뿐 아니라 기능도 다양하다.

■ **주피**는 목본식물을 덮고 있는 복합조직이다.

8 식물에서 생장의 의미와 동물에서 생장의 의미를 설명하여라.

■ 식물의 생장은 동물과 달리 분열조직에서 일어난다. 분열조직에서 세포가 분열하고 신장하며 분화가 일어난다.

9 1기 생장과 2기 생장을 구별하여라.

■ **1기 생장**은 뿌리와 줄기의 길이가 늘어나는 것이다. 1기 생장은 모든 식물에서 일어난다.

■ **2기 생장**은 줄기나 뿌리의 부피가 증가하는 것이다. 2기 생장은 이미 형성된 줄기와 뿌리를 따라서 분열 조직들이 긴 원기둥 모양으로 분포하고 있다.

10 정단분열조직과 측생분열조직의 차이점을 설명 하여라.

■ 줄기와 뿌리의 끝에 있는 **정단분열조직**에 의해 1기 생장이 일어난다.

■ **측생분열조직**은 유관속형성층과 코르크형성층에서 2기 생장이 일어난다.

## 연습문제

1. 유세포의 세포벽은?
   (a) 세포벽의 모서리에 많은 양의 펙틴이 있다.
   (b) 목질화가 심하게 일어나 있지만 헤미셀룰로오스나 펙틴은 없다.
   (c) 헤미셀룰로오스나 펙틴이 있기는 하지만 셀룰로오스가 주 성분이다.
   (d) 동일한 양의 셀룰로오스나 헤미셀룰로오스를 가지고 있다.
   (e) 헤미셀룰로오스나 펙틴은 함유하고 있지만 목질화가 일어나지 않는다.
2. 식물에서 저장, 분비, 광합성이 일어나는 곳은?
   (a) 후각조직 (b) 물관 요소 (c) 측생분열조직
   (d) 후벽조직 (e) 유조직
3. 후벽이형과 섬유는 식물의 어느 조직인가?
   (a) 유조직 (b) 후각조직 (c) 후벽조직
   (d) 물관부조직 (e) 표피조직
4. 유관속 조직계에 대한 설명이다. 옳지 않은 것은?
   (a) 물관부와 체관부는 식물 전체에 퍼져 있다.
   (b) 물관부는 물과 물에 용해된 무기 양분을 수송할 뿐 아니라 지지하는 역할도 한다.
   (c) 체관부 내에는 4종류의 세포가 있다.; 체관요소, 반세포, 헛물관, 물관요소
   (d) 체관 효소는 핵이 없다.
   (e) 물관요소는 속이 비었고 끝부분은 천공이 있거나 완전 뚫려 있다.
5. 2기 생장에 관여하는 2개의 측생분열조직은 무엇인가?
   (a) 코르크형성층과 정단분열조직
   (b) 정단분열조직과 코르크유조직
   (c) 유관속형성층과 정단분열조직
   (d) 유관속형성층과 코르크형성층
   (e) 코르크형성층과 코르크유조직
6. 1차 생장을 한 식물의 바깥쪽은 __________ 으로 둘러 싸여 있고, 2차 생장을 한 식물의 바 깥쪽은 __________ 으로 둘러 싸여 있다.
   (a) 각피; 코르크유조직 (b) 주피; 체관부 (c) 표피; 주피
   (d) 표피; 후각조직 (e) 셀룰로오스; 리그닌
7. 체관요소에서 용액 상태의 당을 운반할 때 무엇의 도움을 받는가?
   (a) 코르크세포 (b) 후벽조직 (c) 유조직
   (d) 공변세포 (e) 반세포
8. 물관부에서 물과 미량원소의 운반을 담당하는 곳은 물관요소와 더불어 어디에서 일어나는가?
   (a) 체관요소 (b) 모상체 (c) 후각조직 (d) 코르크 세포 (e) 체관
9. 지지의 역할을 담당하는 기본 조직은?
   (a) 유조직과 후각조직 (b) 후각조직과 후벽조직
   (c) 후벽조직과 유조직 (d) 유조직과 물관부
   (e) 물관부와 체관부
10. 식물의 길이를 신장시키는 1기 생장은 __________ 에서 일어난다.
   (a) 코르크형성층 (b) 정단분열조직 (c) 유관속형성층
   (d) 측생분열조직 (e) 주피

## 심화 학습문제

1. 식물의 후벽조직은 사람에 있어서 뼈와 같이 지주 역할을 한다. 그러나 후벽조직은 죽은 조직인 반면에 골조직은 살아있는 조직이다. 식물에서 죽은 조직이 세포를 지지해준다는 것이 어떤 이점이 있겠는가? 또 어떤 불이익이 있다고 생각하는지 설명해 보라.
2. **진화적 연계.** 현화식물의 물관부는 가도관과 물관요소로 이루어져 있다. 현화식물보다는 덜 진화된 소나무는 가도관만을 가지고 있다. 물관부의 구조적 차이를 이용하여 두 식물군의 차이점을 설명하여라.

33

# 잎의 구조와 기능

**단풍나무**(*Acer rubrum*) 잎이 빛을 효율적으로 잡기 위해 어떻게 배열되어 있는지 보여주고 있다.

## 핵심 개념

잎의 구조는 광합성의 1차적 기능을 반영한다.

기공의 개폐는 낮 동안의 광합성을 위한 이산화탄소의 이용에 영향을 미친다.

증산은 식물의 수분 수송을 촉진하고 고온으로부터 잎을 보호한다.

잎의 탈리는 낙엽성 잎의 계절적인 제거이다.

어떤 잎은 광합성과 증산 외에 특수한 기능을 위해 변형된다.

식물은 효율적인 햇빛 수집기와 에너지 변환장치 기관을 가지고 있는데, 이것을 잎이라고 한다.

식물은 많은 자원을 잎을 만드는데 할당한다. 한 그루의 큰 단풍나무는 매년 47 $m^2$의 잎을 생산하고, 잎의 무게는 113 Kg 이상이다. 그렇게 많은 잎을 생산하는 대사적 비용은 높지만 잎은 나무의 생존에 필수적이다. 잎은 방사에너지를 탄수화물 분자의 화학에너지로 전환시키는 생물학적 과정인 **광합성(photosynthesis)**에 필수적인 햇빛을 수집한다. 그리고 식물은 다른 모든 유기화합물을 합성하기 위한 출발 물질로서 그리고 자신의 대사과정에 필요한 에너지를 제공하기 위한 연료로서 이들 분자를 이용한다. 여름 한철 동안 여기에 보여주고 있는 적단풍 나무의 잎은 약 454 Kg의 이산화탄소를 설탕이나 다른 유기화합물로 고정한다.

잎은 대다수 식물의 주요 광합성 기관이며, 잎의 구조는 광합성의 1차적 기능을 위해 고도로 적응되어 있다. 대부분의 잎은 빛 에너지를 최대로 흡수하고, 이산화탄소와 산소와 같은 가스의 효율적인 내부 확산이 일어날 수 있는 얇고 편평한 모습이다. 줄기에 질서정연하게 배열함으로써 잎은 태양의 방사선을 효율적으로 잡는다.

광합성의 요구를 충족시키는 잎의 동일한 구조적 적응은 또한 상당한 수분 증발의 손실을 야기한다. 그러나 잎은 수분 소실의 감소나 조절을 도와주는 몇 가지 특징을 가지고 있는데 가장 중요한 것은 잎 표면을 덮고 있는 얇고 투명한 왁스 층이다. 구조적 적응은 경쟁적 요구들 사이의 절충이며, 그리고 광합성을 최적화하는 일부 특징은 실제로 수분 소실을 촉진한다. 식물은 광합성을 위한 가스 교환을 허용하는 작은 구멍을 가지고 있다. 그러나 이들 작은 구멍은 또한 수증기로서 대기 속으로 물을 달아나게 한다. 그래서 잎 구조는 광합성과 수분 보유 사이의 거래를 나타낸다. ■

## 33.1 잎의 형태와 구조

### 학습목표

1 잎의 형태, 단엽과 복엽을 포함하는 줄기에 붙는 잎의 배열 및 맥계의 다양성을 논할 수 있다.

2 잎의 주요 조직(표피, 광합성 기본조직, 물관부, 체관부)을 묘사하고, 잎 횡단면 모식도에서 이들을 표시할 수 있다.

3 외떡잎(단자엽) 식물과 쌍떡잎(쌍자엽) 식물의 잎의 해부학적 구조를 비교할 수 있다.

4 광합성 기능에 대한 잎의 구조를 관련 지을 수 있다.

잎은 가장 다양한 식물 기관이다. 그래서 식물학자들은 잎의 모양, 가장자리, 잎맥의 양상 및 잎이 줄기에 붙는 방법 등을 묘사하기 위해 특수한 용어를 개발해야 했다. 각 잎은 식물 종의 특징이기 때문에 많은 식물은 그들의 잎만으로 동정할 수 있다. 잎은 원형, 침 모양, 비늘 모양, 원통형, 심장 모양, 팬 모양, 가늘고 긴 모양 등 다양한 모습을 볼 수 있다. 잎은 크기에 있어서도 라피아 야자(*raphia palm*)의 잎과 같이 20 m 이상 자라는 것에서 잎이 너무 작아 16개의 잎을 연결한 것이 2.5 cm에 불과한 water meal 잎까지(그림 32-1a) 다양하다.

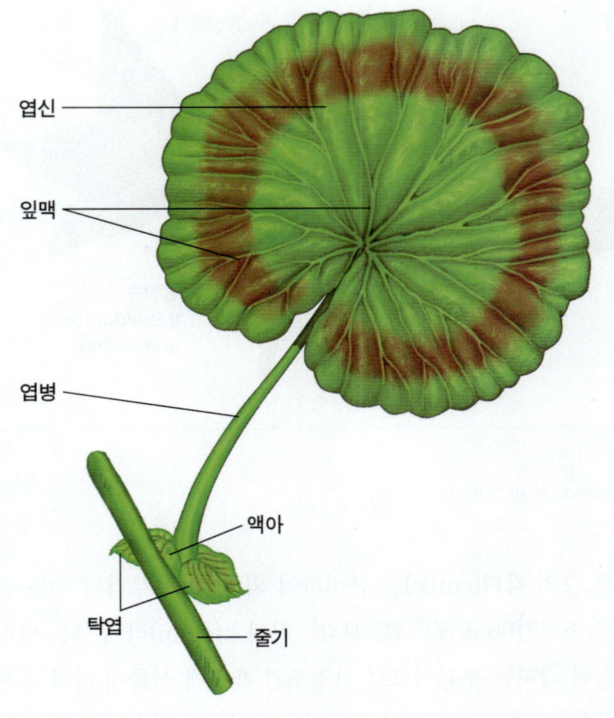


**그림 33-1 잎의 구성부분.**

양아욱 잎은 엽신, 엽병, 그리고 엽병 기부에 2개의 탁엽으로 구성되어 있다. 엽액에는 액아를 보여주고 있다.

잎의 넓고 편평한 부분은 **엽신(blade)**이며, 줄기에 엽신을 부착시키는 대는 **엽병(petiole)**이다. 일부 잎은 엽병의 기부에 대개 쌍으로 존재하는 잎과 같이 돌출한 **탁엽(stipules)**을 가지고 있다(**그림 33-1**). 일부 잎은 엽병이나 탁엽을 가지지 않는다.

잎은 *단엽*(1개의 엽신을 가진다) 또는 *복엽*(2개 이상의 소엽으로 나누어진 하나의 엽신을 가진다)일 수 있다(**그림 33-2a**). 가끔 어떤 식물이 하나의 복엽으로 된 것인지 여러개의 단엽을 가진 작은 줄기로 이루어졌는지 말하기 어려울 때가 있다. 어떤 식물이 단엽 또는 복엽을 가지는지 결정하는 1가지 쉬운 방법은 엽액(줄기와 엽병 사이의 각도)에 발달하는 액아를 관찰하는 것이다. 액아가 잎의 기부에 형성된다면 단엽 또는 복엽이다. 그러나 액아는 소엽의 기부에서는 결코 발달하지 않는다. 또한 복엽의 소엽은 하나의 평면(복엽은 책상 위에 평편하게 펼칠 수 있다)에 놓인 반면 단엽은 대개 줄기 위의 한 평면에 배열되지 않는다. 잎은 3가지 가능한 방법으로 줄기 위에 배열한다(**그림 33-2b**). 너도밤나무나 호도나무와 같은 식물은 각 **마디(node)**에 하나의 잎을 가진 **호생 잎 배열**(alternate leaf arrangement)을 가진다(마디는 하나 또는 그 이상의 잎이 부착된 줄기 부위이다). 단풍나무나 서양물푸레나무에서 나타나는 것처럼 **대생 잎 배열**(opposite leaf arrangement)에서는 각 마디에 2개의 잎이 자란다. 개오동나무의 한종인 catalpa에서 나타나는 것처럼 **윤생 잎 배열**(whorled leaf arrangement)에서는 각 마디에 3개 이상의 잎이 자란다.

엽신은 1차 **맥(vein**; 유관속 조직의 가닥)이 대개 다른 1차 맥과 평행하게 배열하는 *평행맥계*(일반적으로 외떡잎 식물의 특징)이거나 잎맥이 그물과 같이 분지되어 있는 *망상맥계*(일반적으로 쌍떡잎 식물의 특징 **그림 33-2c**)를 나타낸다. 그물맥은 몇 개의 주맥이 한 곳에서 방사상으로 분지하는 *장상맥계*(palmately netted) 또는 측맥이 **주맥(midvein)**의 전 길이를 따라 분지하는 *우상맥계*(pinnately netted)를 나타낼 수 있다.

### 33.1.1 잎의 구조는 표피조직, 광합성을 하는 기본조직 및 유관속 조직으로 구성된다

잎은 여러 가지 조직으로 구성된 복합조직이며, 모든 조직은 광합성을 최적화 하도록 조직되어 있다(**그림 33-3**). 엽신은 표피층에 의해 덮여 있는 상부표면과 하부표면을 가지고 있다. **상부표피(upper epidermis)**는 상부표면을 덮고 있고, **하부표피(lower**

**그림 33-2 잎의 형태.**

여기에 나타낸 모든 잎은 유럽과 아시아가 원산인 초본 단자엽인 우산잔디를 제외하고 모두 북미산 목본 쌍자엽이다.

epidermis)는 하부표면을 덮고 있다. 이들 층에 있는 대부분의 세포는 엽록체가 없으며 비교적 투명하다. 잎 표피 세포의 1가지 흥미로운 특징은 잎의 외측면의 세포벽이 내측면 세포벽보다 다소 두껍다는 것이다. 이 외측 비후는 식물이 상처나 수분 소실에 대한 부가적인 보호를 제공한다.

잎은 많은 표면적이 대기에 노출되어 있기 때문에 잎 표면으로부터 증산에 의한 수분 소실은 피할 수 없다. 그러나 표피 세포는 납질 층의 **각피**(cutile)를 분비하여 외측벽으로부터의 수분 손실을 감소시킨다(표 32–4를 보라). **각피소**(cutin)라 부르는 납질로 구성된 각피는 부분적으로 환경조건 때문에 식물에 따라 두께가 다양하다. 고온 건조한 기후에 적응된 식물의 잎은 매우 두꺼운 각피를 가지고 있다. 잎의 상부 표피(온도가 높은)는 그늘진 하부 표피(온도가 낮은)보다 일반적으로 두꺼운 각피를 가진다.

많은 잎의 표피는 **모상체**(trichome)이라 부르는 다양한 털과

**요점**

잎은 식물에서 발견되는 3가지 조직계를 모두 포함하고 있다: 상부 및 하부 표피의 표피조직계; 엽육조직으로 대표되는 기본조직계; 잎맥에 있는 물관부와 체관부로 나타나는 유관속조직계.

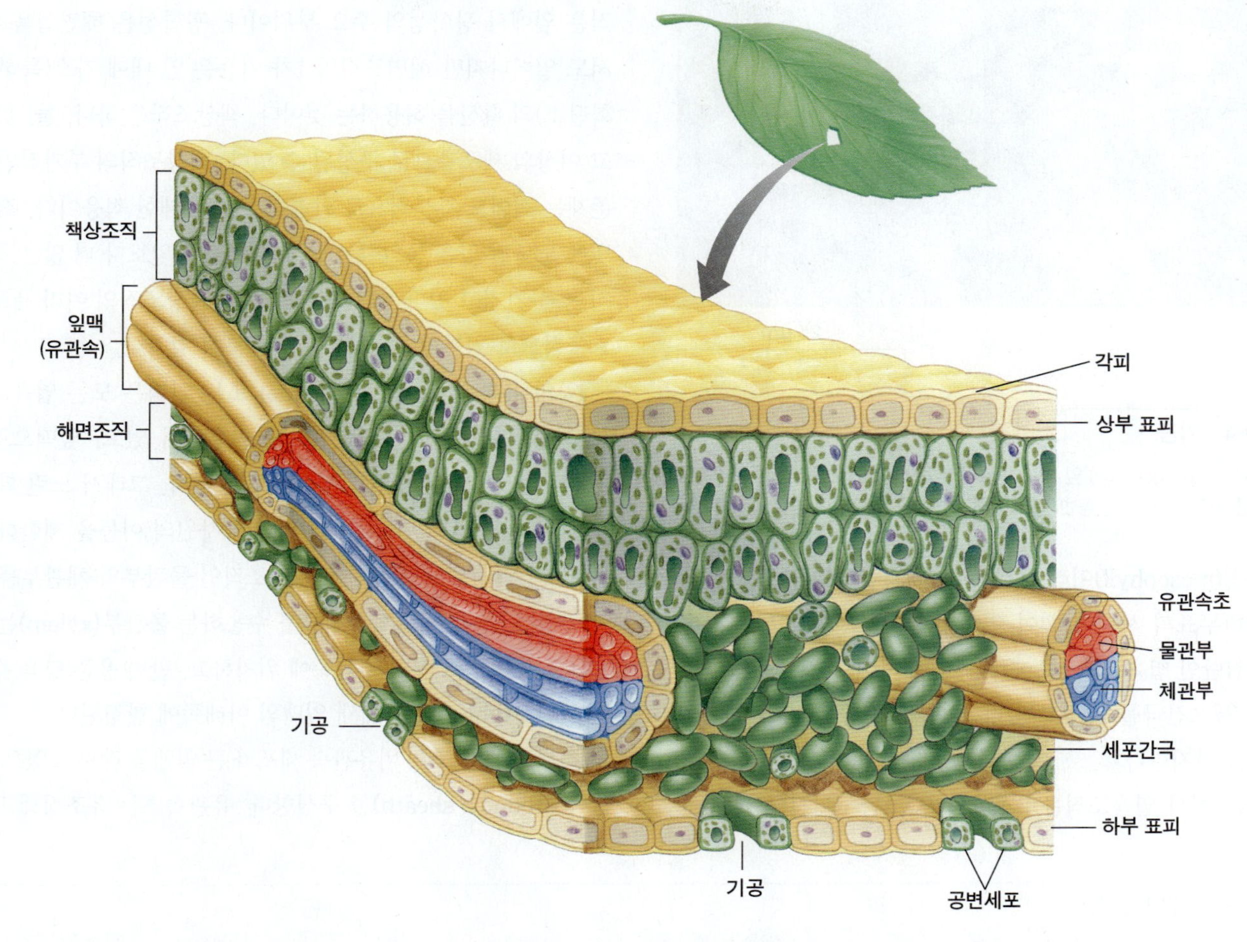


**그림 33-3 전형적인 엽신의 조직.**

상부표피와 하부표피는 엽신을 덮고 있다. 엽육이라고 하는 광합성 기본조직은 책상조직과 해면조직 층으로 배열한다. 잎맥은 모든 엽육에 뻗어 있다.

같은 구조로 덮여 있다(표 32-4를 보라). 일부 식물의 모상체는 잎 주변의 공기 습도층을 유지함으로서 잎 표면을 통한 수분 손실의 감소를 도와주고, 햇빛을 반사시킴으로써 식물체가 과열되는 것을 방지한다. 일부 모상체는 식물을 먹고 사는 초식 동물을 제지하기 위해 쏘는 듯한 자극제를 분비한다. 또한 모상체로 덮인 잎은 곤충들이 이동하거나 섭식을 어렵게 한다. 다른 모상체는 염분 토양에서 흡수한 과도한 염분을 배출한다.

잎 표피는 가스 교환을 위해 작은 구멍 구조인 **기공(stomata)**을 가진다. 각 기공은 **공변세포(guard cell)**라 부르는 2개의 특수화된 세포에 의해 형성된다(**그림 33-4**). 공변세포는 엽록체를 가진 유일한 표피세포이며, 기공의 개폐를 조절한다.

기공은 수평으로 배열된 잎의 하부표피에 특히 많으며($mm^2$ 당 평균 약 100개의 기공), 많은 종에서는 하부표피에만 위치하고 있다. 예를 들면 사과나무 잎의 하부표피는 $mm^2$ 당 거의 400개의 기공을 가지는 반면 상부표피에는 기공이 없다. 이러한 적응은 하부표피에 있는 기공은 직사광선으로부터 그늘져 있어서 상부표피에 있는 기공보다 온도가 낮기 때문에 수분손실을 감소시킨다. 한편 수련과 같은 수생식물의 잎은 상부표피에만 기공을 가진다.

공변세포는 다른 모든 표피세포와 구조적으로 다른 **부세포(subsidiary cell)**라 부르는 특수한 표피세포와 결합되어 있다. 부세포는 기공의 개폐 동안 공변세포의 내 · 외로 이동하는 물과 이온의 저장소로 제공된다(이 장의 후반에 논의).

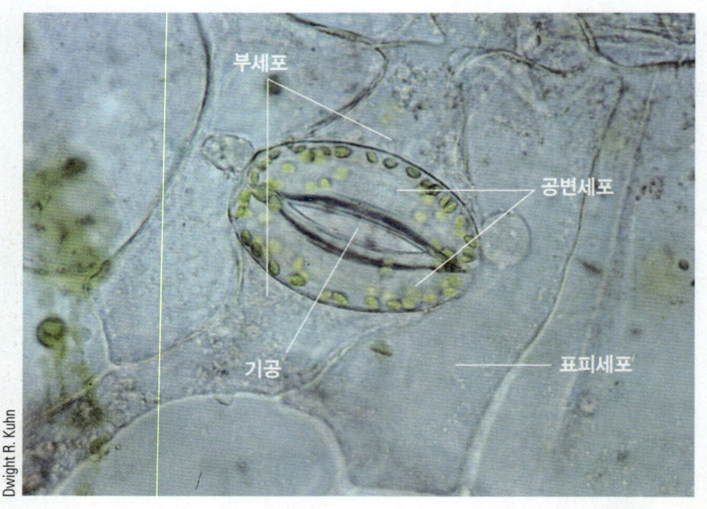


**그림 33-4 기공.**

자주닭의장풀(*Zebrina pendula*) 잎 표피의 열린 기공의 광학현미경 사진. 공변세포에는 엽록체를 가지고 있고, 각 공변세포의 내측 벽이 더 두꺼운 것에 주목하라.

**엽육조직**(mesophyll)이라 부르는 잎의 광합성 기본조직은 상부표피와 하부표피 사이에 끼여 있다. 엽록체를 가지고 있는 유조직세포 집단인 엽육세포는 느슨하게 배열하여 가스교환을 촉진하는 많은 세포간극을 가지고 있다. 이들 세포간극은 잎 체적의 70% 이상을 차지한다.

많은 식물에서 엽육조직은 2개의 층으로 나누어진다. 상부표피 쪽은 원주형 세포가 **책상엽육조직**(palisade mesophyll)이라 부르는 층에서 서로 조밀하게 쌓여있다. 아래쪽의 세포는 **해면엽육조직**(spongy mesophyll)이라 하는 층에 보다 느슨하고 불규칙적으로 배열한다. 두 층은 다른 기능을 가지고 있다. 책상엽육조직은 잎에서 광합성의 주요 부위이다. 광합성은 해면엽육조직에서도 일어나지만 해면조직의 1차 기능은 잎 내에 가스(특히 이산화탄소)의 확산을 허용하는 것이다. 책상조직은 하나, 둘, 셋 또는 그 이상의 세포층으로 구성될 수 있다. 책상조직의 부가적인 층의 존재는 적어도 부분적으로 환경적 조건에 대한 적응이다. 직접 햇빛에 노출된 잎은 동일한 식물체의 그늘진 잎보다 더 많은 책상조직 층을 가지고 있다. 직사광선의 빛은 책상조직의 여러 세포층을 효율적으로 침투할 수 있을 만큼 충분히 강하다.

잎의 **유관속**(vascular bundle) 또는 잎맥은 모든 엽육조직으로 확장된다. 분지는 광범위하게 이루어져 있고, 잎맥으로부터 2개 또는 3개 이상 떨어진 엽육세포는 없다. 그래서 느린 확산 과정은 엽육세포와 잎맥 사이의 필요한 자원의 이동을 제한하지 않는다. 각 잎맥은 2종류의 유관속 조직인 물관부와 체관부를 포함하고 있다. 물과 용존 영양염류를 수송하는 **물관부**(xylem)는 대개 상부표피 쪽으로 잎맥의 위쪽에 위치하고, 반면 용존 당을 수송하는 **체관부**(phloem)는 대개 잎맥의 아래쪽에 한정된다.

하나 또는 수층의 비유관속 세포가 큰 잎맥을 감싸고 있으며, **유관속초**(bundle sheath)를 구성한다. 유관속초는 유조직세포와 후

**그림 33-5 유관속초 확장.**

밀(*Triticum aestivum*) 잎 횡단면 주맥의 광학현미경 사진. 상부표피와 하부표피 양쪽으로 확장되는 유관속초를 보여주고 있다. 형광현미경을 이용한 사진.

벽세포로 구성된다(32장을 보라). 유관속초는 종종 상부표피에서 하부표피까지 엽육조직을 통해 확장되는 **유관속초 확장(bundle sheath extension)**이라 부르는 지주를 형성한다(**그림 33-5**). 유관속초 확장은 유조직세포, 후각세포 또는 후벽세포로 구성될 수 있다.

### (1) 쌍떡잎식물과 외떡잎식물 잎의 구조는 다르다

쌍떡잎식물의 잎은 대개 넓고 편평한 엽신과 엽병으로 구성된다. 앞에서 언급한 것처럼 쌍떡잎식물의 잎은 전형적으로 망상 맥계를 가진다. 대조적으로 외떡잎식물의 잎은 종종 엽병이 없으며, 잎은 폭이 좁고 잎의 기부가 줄기를 감싸는 엽초를 형성한다. 평행 맥계는 외떡잎식물의 잎의 특징이다.

쌍떡잎식물과 일부 외떡잎식물은 잎의 내부 구조에서도 다르다(**그림 33-6**). 비록 대부분의 쌍떡잎식물과 외떡잎식물의 잎은 책상조직과 해면조직 모두를 가지지만 일부 외떡잎식물(옥수수와 다른 초본류)의 잎은 뚜렷한 책상조직과 해면조직으로 분화된 엽육조직을 갖지 않는다. 쌍떡잎식물의 잎은 망상 맥을 가지기 때문에 엽신의 횡단면은 종종 횡단면과 종단면 양쪽의 잎맥을 보여준다. 한편 평행 맥계를 가진 외떡잎식물 잎의 횡단면에 나타나는 모든 잎맥은 고른 간격을 나타낸다.

쌍떡잎식물과 어떤 외떡잎식물 잎의 공변세포에도 차이가 나타난다(**그림 33-7**). 이들의 잎의 공변세포는 강낭콩 같은 모양이지만 일부 외떡잎식물 잎(잔디, 갈대, 사초속)은 아령 모양의 공변세포를 가진다. 이 구조적 차이는 세포가 기공을 개폐하기 위해 어떻게 팽창하고 수축하는가에 영향을 준다.

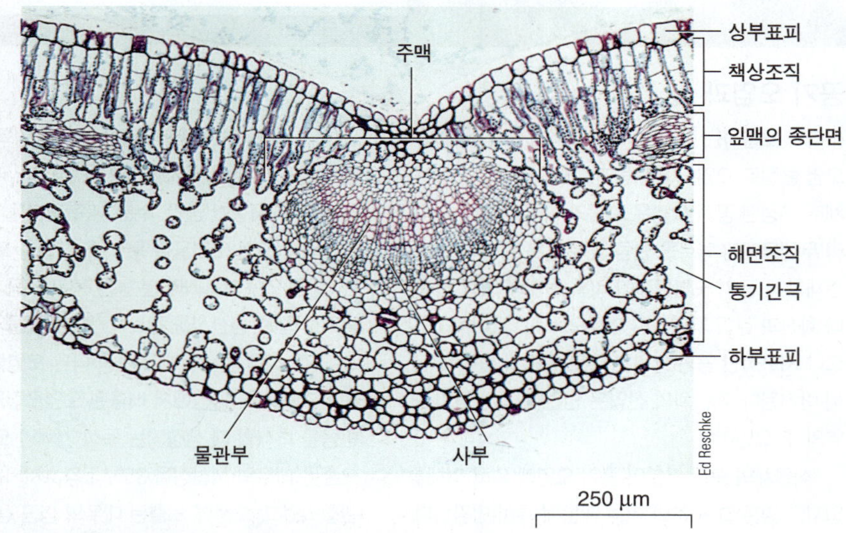


**(a) 쌍떡잎식물 자엽.** 쥐똥나무(*Ligustrum vulgare*) 잎의 횡단면 일부의 광학현미경 사진. 엽육조직은 뚜렷한 책상조직과 해면조직을 가지고 있다.

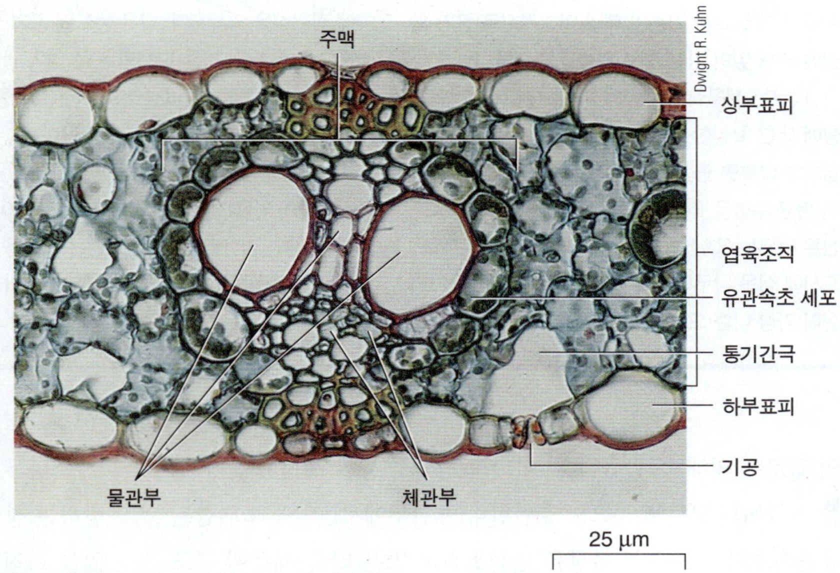


**(b) 외떡잎식물.** 옥수수(*Zea mays*) 잎의 횡단면 일부의 광학현미경 사진. 옥수수 잎은 뚜렷한 책상조직과 해면조직 부위가 없다.

**그림 33-6 쌍떡잎식물과 외떡잎식물 잎의 횡단면.**

## 33.1.2 잎의 구조는 기능과 관련되어 있다

잎의 구조는 광합성의 1차 기능과 어떻게 관련되어 있는가? 잎의 표피는 비교적 투명하고, 광합성 기본조직인 엽육조직이 위치하고 있는 잎의 내부로 빛이 투과되도록 한다. 잎 표면의 기공은 대기와 잎 내부 조직 사이의 가스교환을 조절한다. 광합성의 원료인 이산화탄소는 기공을 통해 잎 내부로 확산되고, 광합성 동안 생성된 산소는 기공을 통해 빠르게 잎 밖으로 확산된다. 기공은 또한 공기 오염 물질을 포함한 다른 가스를 잎 내부로 들어가게 한다 (초점: "공기 오염과 잎"을 보라).

광합성에 요구되는 물은 토양으로부터 얻고, 물관부에서 잎으로 수송되어 엽육조직으로 확산되고 엽육세포의 표면을 적신다. 세포 사이의 간극이 많은 엽육세포의 느슨한 배열은 엽육세포의 표면으로 이산화탄소의 확산을 빠르게 하고 거기에서 이산화탄소는 세포속으로 확산되기 전에 수막에서 용해된다.

잎맥은 광합성 기본조직에 물과 무기염류(뿌리로부터 물관부

초점

## 공기 오염과 잎

우리가 호흡하는 공기는 특히 도시에서 종종 많은 오염 물질로 오염되어 더럽다. 기체, 액체 또는 고체로 구성된 공기 오염은 사람과 다른 생물뿐 아니라 무생물에게 해로울 만큼 높은 농도로 대기 속에 존재한다. 공기 오염물질이 비록 번개에 의한 화재나 화산과 같이 자연적인 과정으로 야기될 수도 있으나 지구적인 공기 오염은 주로 인간의 활동에 의해 야기된다. 자동차와 산업은 인간에 의한 공기 오염의 주 요인이다.

식물체의 모든 부분이 공기 오염에 의해 피해를 입지만 잎은 그 구조와 기능 때문에 특히 민감하다. 표피에 있는 수천개의 미세한 기공은 대기와 가스 교환을 허용하고, 잎 속으로 오염물질을 확산시킨다. 사람의 가스 교환 기관인 폐와 마찬가지로 공기 오염에 의해 잎이 가장 많은 영향을 받는다.

나무는 생물학적 수명에 미치는 공기 오염의 영향에 대한 확실한 증거를 제시하고 있다. 미국 삼림협회에 따르면 공기 오염이 적은 시골에 심은 나무의 평균 수명은 150년이다. 가장 이상적인 도시에 심은 나무는 60년 밖에 생존하지 못하고, 일반적인 도시에 심은 나무의 평균 수명은 32년이다. 공기의 질이 가장 나쁜 도심에 심은 나무의 수명은 평균 7년에 불과하였다. 공기 오염이 도시에 생육하는 나무의 짧은 수명의 유일한 요인은 아니다. 뿌리 성장을 위한 부적절한 공간, 수분 부족 및 빗물에 씻긴 도로나 인도의 오염물질 등 다른 요인을 포함한다.

많은 연구에서 대부분 높은 농도의 공기 오염은 농작물의 총 생산성을 감소시킨다는 것을 제시하고 있다. 생산성 손실에서 가장 나쁜 오염물질은 햇빛이 자동차나 공장에서 배출된 오염물질들 사이의 반응을 촉매할 때 생성되는 독성 기체인 오존이다. 오존은 대두의 생산성을 35%나 감소시키는 것으로 관찰되었고, 오존에 노출된 대두의 평균 생산성 감소는 15%이다. 식물에서 오존은 아마도 세포막의 투과성을 변화시키는 엽육세포에 피해를 주기 때문에 광합성을 억제한다. 낮은 농도의 공기 오염에 노출은 종종 어떤 다른 피해의 증상 없이 광합성의 감소를 야기시킨다. 잎의 손상과 다른 명확한 증상은 높은 농도의 공기 오염에서 나타난다.

공기 오염이 다른 환경적인 스트레스(낮은 수온, 장기간의 가뭄, 곤충, 세균, 곰팡이 및 바이러스성 질병 등)와 결합될 때 공기 오염은 식물을 죽게 한다. 미국 북동부 삼림에서 적단풍의 반 이상이 1970년대 중반 이후 고사하였으며, 미국과 캐나다 동부의 단당풍 또한 고사하고 있다. 아직 살아 있는 많은 나무들은 점진적인 악화와 잦은 고사로 특징되는 삼림쇠퇴의 증상을 보이고 있다. 삼림쇠퇴의 일반적인 증상은 활력과 성장의 감소이지만 일부 식물은 침엽수 잎의 황화현상과 같은 특징적인 증상을 나타낸다. 삼림쇠퇴는 높은 곳에서 생육하는 대부분의 나무는 정상적인 범위가 제한적이고 그래서 낮은 온도와 바람에 보다 민감하기 때문에 높은 곳에서 보다 현저하다.

많은 요인들이 나무의 건강을 해치는데 상호작용할 수 있으며, 한 가지 요인으로 최근의 삼림쇠퇴를 설명할 수 없다. 산성비, 오존 및 납, 카드뮴, 구리와 같은 중금속과 같은 인간에 의해 유도된 여러 가지 오염물질이 결부되어 왔다. 발전소, 제련소, 정련소 및 자동차는 이들 오염물질을 생산한다. 곤충들과 가뭄이나 추운 겨울과 같은 기후 요인 또한 중요하다.

그래서 삼림쇠퇴는 많은 스트레스의 조합으로 나타난다. 한 가지 또는 그 이상의 스트레스가 나무를 약화시킬 때 추가적인 스트레스는 나무를 충분히 고사시킬 수 있다.

---

의 경로에 의해)를 공급할 뿐 아니라 광합성 동안 생성된 용존 당을 식물체의 모든 부분으로 운반한다(체관부에서). 잎맥과 결합된 유관속초와 유관속초 확장은 엽육조직의 많은 간극 때문에 구조적으로 약한 잎을 자체 무게에 의한 붕괴로부터 보호하기 위한 부가적인 지지 역할을 한다.

### (1) 잎은 그 환경에서 식물의 생존을 돕기 위해 적응되어 있다

식물이 적응된 특별한 환경은 잎의 구조에 반영된다. 비록 수생식물과 건조한 조건에 적응된 식물이 모두 광합성을 수행하고 동일한 기본적 잎 내부구조를 가지지만 이들의 잎은 다른 환경 조건에서 생존할 수 있도록 변형 된다. 예를 들어 수련의 잎은 엽신이 물 표면에 충분히 뜰 수 있도록 긴 엽병을 가지고 있다. 엽육조직의 많은 세포간극은 부엽의 엽신을 뜨게 한다. 엽병과 물속에 잠긴 다른 부분은 통기를 위한 내부 시스템을 가지고 있으며, 이 통로를 통해서 부엽은 물속에 잠긴 줄기와 뿌리까지 산소를 운반하여 산소의 공급이 원활하지 못한 환경에서 생육한다.

소나무, 가문비나무, 전나무, 미국삼나무, 서양삼나무 등을 포함하는 침엽수와 중요한 목본성 나무 및 관목류의 잎은 밀납의 침엽을 가진다. 대부분의 침엽수는 어떤 계절 동안이 아니라 연중 잎을 생성하고 소실하는 상록이다. 침엽수는 지구 육지의 많은 부분에서 특히 북반구 산림과 숲에서 우점하고 있다. 이들의 침엽은 연간 가장 건조한 시기인 겨울에 생존을 도와주는 구조적 적응을 가지고 있다(겨울은 눈이 많은 지역에서도 토양 온도가 낮을 때 뿌리는 토양으로부터 수분을 흡수할 수 없기 때문에 건조하다). 게다가 침엽의 여러 가지 구조적 특징은 많은 사막 식물에서도 발견된다.

**그림 33-8**은 소나무 침엽의 횡단면을 나타내고 있다. 침엽은 엽신이 두껍다는 것을 주목하라. 상대적으로 두꺼운 침엽은 공기에 노출된 표면적을 줄여 수분 손실을 감소시킨다. 두꺼운 밀납 각피와 함몰 기공을 포함한 다른 특징은 가스 교환을 하는 동안 수분 손실을 최소화하여 수분 보유를 도운다. 그래서 침엽은 침엽수가 겨울 동안 나타나는 건조한(낮은 상대 습도) 바람에 견딜 수

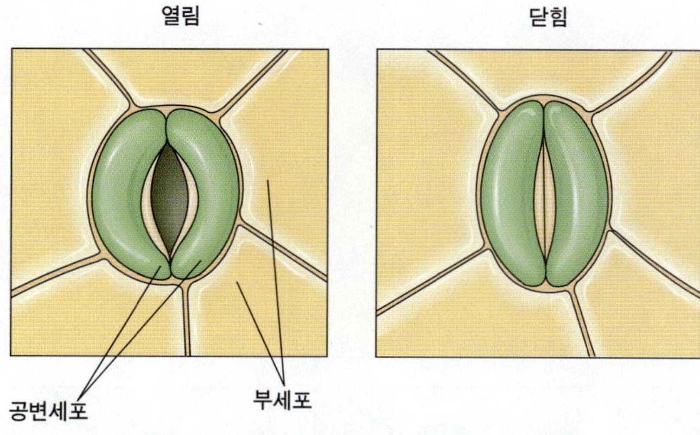


**(a)** 쌍떡잎식물과 많은 외떡잎식물 잎의 공변세포는 강낭콩 모양이다.

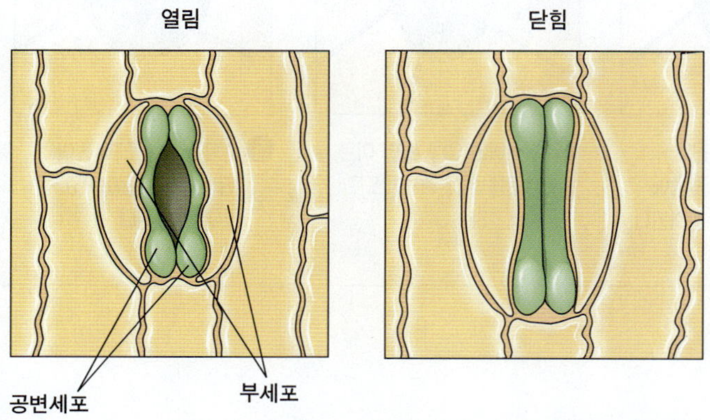


**(b)** 일부 외떡잎식물 잎의 공변세포(잔디, 갈대, 사초속)는 가운데가 가늘고 양 끝이 두껍다. 공변세포는 부세포라고 하는 특수한 표피세포와 연관되어 있다.

**그림 33-7 다양한 공변세포.**

있도록 도와준다. 봄에 기온이 상승하면 토양 수분은 다시 이용할 수 있게 되고 침엽은 빠르게 광합성을 재개한다.

**복습**

- 잎은 수분을 저장하기 위해 어떻게 적응되어 있는가?
- 잎의 광합성 기본조직을 무엇이라 부르는가? 2가지 하부 층상조직은 무엇인가?
- 유관속에 있는 2종류의 유관속조직은 무엇인가? 어느 유관속조직이 대개 유관속의 위쪽에 위치하고 있는가?
- 잎은 재료를 수송하고, 광합성 산물을 제거하기 위해 어떻게 조직되어 있는가?

## 33.2 기공의 개폐

**학습목표**

**5** 기공을 여는데 청색광의 역할을 설명할 수 있다.
**6** 기공의 개폐를 수반하는 생리적 변화의 개요를 설명할 수 있다.

기공은 대개 광합성을 위해 이산화탄소가 요구되는 낮 동안에 열리고 광합성이 중단되는 밤에 닫히는 조절 가능한 구멍이다(흥미로운 예외에 대해 9장에 있는 CAM 광합성 절을 보라). 기공의 개폐는 각 기공을 감싸고 있는 두 공변세포 모양의 변화로 조절된다. 주변 세포로부터 공변세포로 물이 들어갈 때 공변세포는 팽압이 증가하고(팽창) 휘게 되어 기공은 열리게 되고, 물이 공변세포에서 빠져 나갈 때 공변세포는 수축하고 기공은 닫힌다. 공변세포의 내외로 물을 이동시키는 것은 무엇인가?

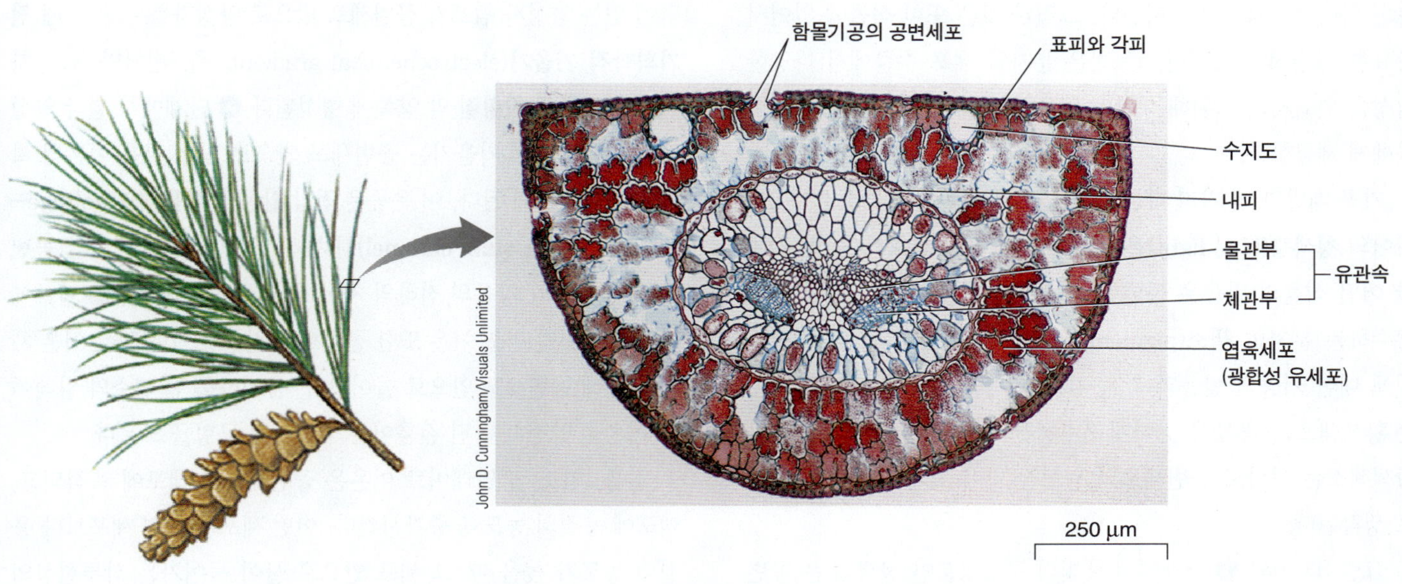


**그림 33-8 소나무 침엽 횡단면의 광학현미경 사진.**

두꺼운 밀납 각피와 함몰기공은 소나무(*Pinus*)가 겨울동안 침엽을 유지할 수 있게 하는 2가지 구조적인 적응이다.

**요점**

공변세포 내에 삼투적으로 활성을 가지는 이온들($K^+$과 $Cl^-$)의 축적은 양성자($H^+$) 기울기에 의해 야기된다.

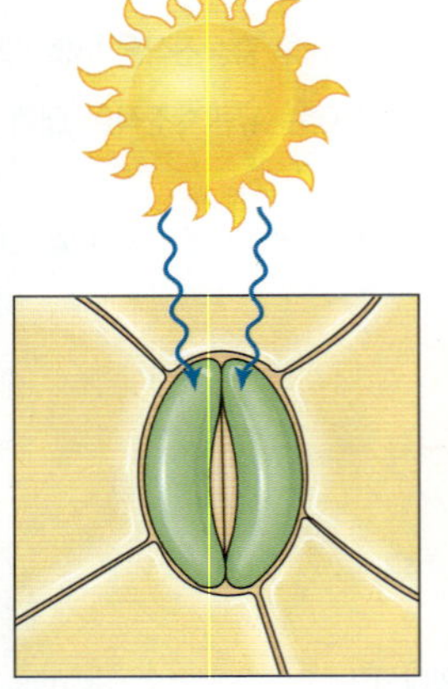

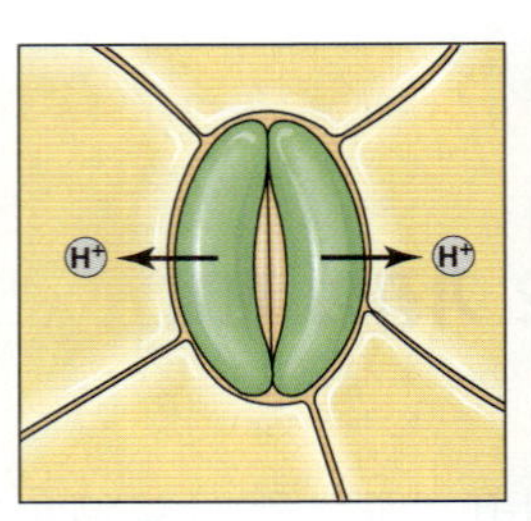


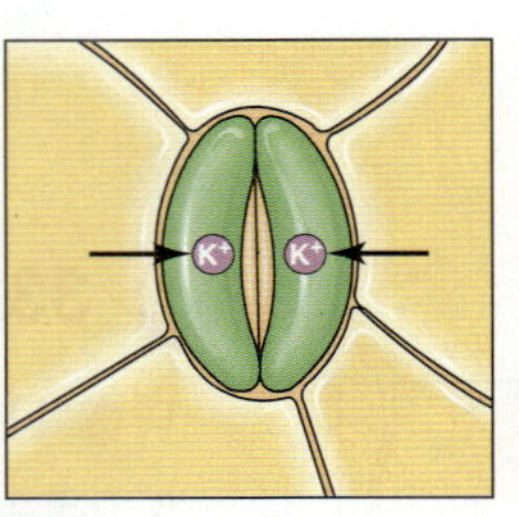


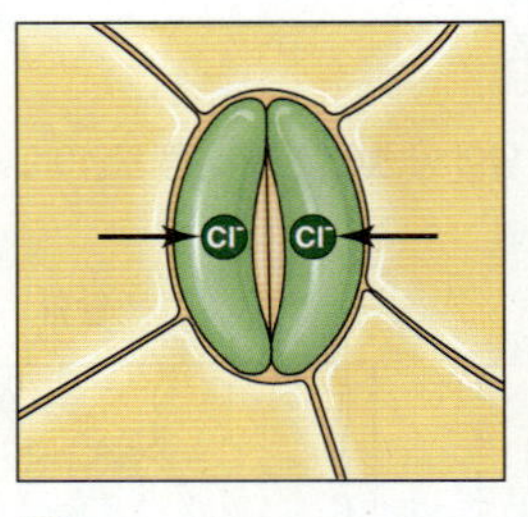


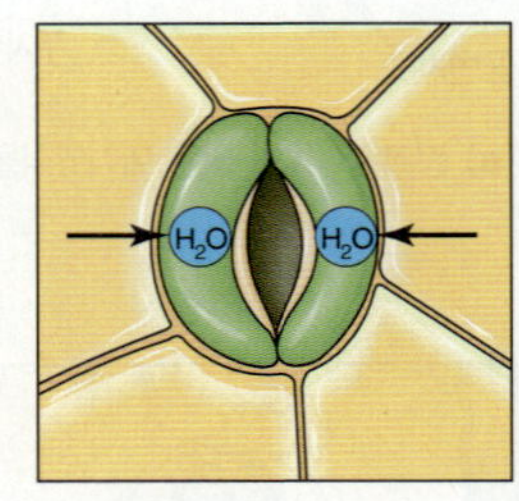


1 청색광은 양성자 펌프를 활성화 시킨다.

2 양성자($H^+$)는 공변세포 밖으로 이동하고, 전기화학적 기울기를 형성한다.

3 칼륨이온($K^+$)은 전압-활동성 이온채널을 통해 공변세포 안으로 들어간다.

4 염소이온($Cl^-$) 또한 이온통로를 통해 공변세포로 들어간다.

5 삼투현상에 의해 물이 공변세포로 들어가고, 기공은 열린다.

**그림 33-9** 기공개폐의 기작.

## 33.2.1 청색광은 기공 개방의 방아쇠이다

많은 실험과 관찰 자료는 기공 운동의 복잡성을 설명한다. 기공의 개방은 식물이 빛을 감지할 때 일어난다. 빛은 에너지의 형태라는 것을 이미 알고 있고, 식물은 빛을 흡수하여 광합성 과정을 통해 화학에너지로 전환시킨다. 그러나 빛은 또한 식물에 있어서 중요한 환경적 신호이다. 즉 빛은 분자와 세포 수준에서 다양한 활성을 변화시키기 위해 식물이 이용하는 환경에 관한 정보를 식물에게 제공한다.

기공 개방과 몇 가지 다른 식물 반응에서 파장이400-500 nm 사이의 **청색광(blue light)**은 하나의 환경적인 신호이다. 빛에 대한 어떤 식물의 반응은 특별한 생물학적 반응을 하기 전에 빛을 흡수하는 분자인 **색소(pigment)**를 반드시 포함한다. 다른 색의 빛에 대한 기공의 반응과 같은 자료는 기공 개폐에 포함된 색소는 황색색소(청색 빛을 강하게 흡수하는 황색색소)임을 제시한다. 황색색소는 아마도 공변세포의 원형질 막에 위치하고 있는 것으로 생각된다.

그림 33-9의 1 단계에서 햇빛의 구성성분인 청색 빛은 공변세포 원형질 막에 위치한 양성자 펌프의 활성을 개시시킨다. 청색광은 또한 말산의 합성과 전분의 **가수분해(hydrolysis)**를 자극한다. 2 단계에서 양성자 펌프는 공변세포 밖으로 양성자를 능동적으로 수송하기 위해 ATP 에너지를 이용한다. 수송된 양성자($H^+$)는 공변세포에서 생성된 말산이 양성자($H^+$)와 음전하를 띤 말레이트 이온 형태로 이온화 될 때 만들어진다. 공변세포의 원형질 막에 있는 양성자 펌프가 공변세포 밖으로 양성자를 수송할 때 **전기화학적 기울기(electrochemical gradient)** 즉, 전하와 농도 차이가 공변세포 원형질 막 양쪽에 형성된다. 3 단계에서 결국 양성자의 전기화학적 기울기는 공변세포 안으로 많은 칼륨 이온의 확산을 촉진시키게 된다. 이 운동은 **전압 활동성 칼륨채널(voltage-activated potassium channel)**를 통해 일어나고, 어떤 전압(공변세포 원형질 막 양쪽의 전하의 차이)을 얻을 때 열린다. 4 단계에 나타난 것처럼 염소 이온 또한 공변세포 원형질 막에 있는 이온 채널을 통해 공변세포 안으로 들어간다. 음전하를 띤 염소와 말레이트 이온은 양전하를 띤 칼륨이온의 전기적 균형을 도운다.

칼륨, 염소 및 말레이트 이온은 공변세포의 액포에 축적되고, 액포에 용질의 농도를 증가시킨다. 어떤 세포가 주변 세포보다 용질의 농도가 높을 때 그 세포 안으로 물이 들어가는 삼투현상의 논의를 회상할 수 있다(5장). 그래서 5 단계에서 물은 삼투작용에 의해 주변의 표피세포로부터 공변세포 안으로 들어간다. 공변세포의 팽압의 증가는 뚜꺼운 안쪽 세포벽이 외측벽만큼 확장되지 않기 때문에 모양을 변화시키고, 기공 개방을 일으킨다.

**청색광이 ATP 합성효소를 활성화시킨다 ⟶ 양성자 펌프는 공변세포 밖으로 $H^+$을 이동 ⟶ 전압이 활성화된 이온채널을 통해 공변세포 안으로 $K^+$과 $Cl^-$ 능동 수송 ⟶ 공변세포 속으로 삼투작용에 의한 물의 확산 ⟶ 공변세포의 모양 변화와 기공 열림**

늦은 오후나 초저녁이 되면 기공이 닫히지만 열리는 과정의 정확한 역과정은 아니다. 최근의 연구는 공변세포에 있는 칼륨이온의 농도가 낮 동안에 느리게 감소한다는 것을 증명하였다. 그러나 공변세포 내에 삼투적으로 다른 활성 기질인 설탕의 농도가 낮 동안에 증가하여 기공 개방을 유지하고, 저녁이 될 수록 느리게 감소한다. 이 설탕은 공변세포 엽록체에 저장된 전분의 가수분해로 생성된다. 저녁이 되면 설탕이 전분(삼투적으로 불활성인)으로 되돌아가 공변세포 내에 설탕의 농도는 감소하고, 물은 삼투작용에 의해 빠져나가고 공변세포는 팽압을 잃어 기공은 닫히게 된다.

### 33.2.2 다른 요인들 또한 기공 개폐에 영향을 미친다

식물은 비록 빛 또는 어둠이 기공의 개폐를 일으키지만 이산화탄소의 농도를 포함하는 다른 환경 요인 또한 기공개폐에 관계한다. 잎 내에 낮은 이산화탄소 농도는 어둠에서조차 기공이 열리도록 유도한다. 기공 개방에 대한 빛과 이산화탄소 농도의 효과는 밀접한 관계가 있다. 빛이 있을 때 일어나는 광합성은 잎 내부의 이산화탄소의 농도를 감소시키고 기공의 개방을 자극한다. 기공 개폐에 영향을 미치는 다른 환경 요인은 탈수(수분 스트레스)이다. 계속된 가뭄 동안 기공은 낮에도 여전히 닫혀 있다. 기공의 개폐는 호르몬 특히 식물 호르몬 엡시스산(ABA)의 조절을 받는다(표 37-1을 보라).

또한 기공의 개폐는 시간을 측정하는 어떤 방법으로 내부 생물학적 시계의 조절하에서 나타난다. 예를 들어 식물을 연속적인 어둠에 두면 기공은 매일 거의 같은 시간에 개폐를 계속한다. 약 24시간 주기를 따르는 이런 생물학적인 리듬은 일주기성 리듬으로 알려져 있다. **일주기성 리듬(circadian rhythms)**의 다른 예는 37장에 나타내었다.

**복습**

- 청색광이 어떻게 기공 개방을 자극하는가?
- 기공이 열렸을 동안 공변세포 내에서 어떤 생리적 변화가 일어나는가? 기공이 닫혀있을 동안은 어떤 변화가 일어나는가?

## 33.3 증산과 일액현상

**학습목표**

**7** 증산과 식물에 미치는 증산의 영향을 논할 수 있다.

**8** 증산작용과 일액현상을 구별할 수 있다.

각피와 같은 잎의 적응에도 불구하고 토양으로부터 흡수하는 물의 약 99%는 잎에서 증산에 의해 소실되고 약간은 줄기에서 소실된다. 식물체의 지상부로부터 증발에 의한 수분의 소실을 **증산(transpiration)**이라 한다.

각피는 증산에 의한 수분 소실을 감소시키는데 매우 효율적이다. 식물체에서 소실되는 수분의 단지 1-3%만이 각피를 통해 직접 증산되는 것으로 추정된다. 대부분의 증산은 열린 기공을 통해 일어난다. 광합성을 위한 가스교환에 매우 효율적인 수많은 기공은 또한 증발에 의한 수분의 소실을 야기한다. 또한 해면조직의 느슨한 세포배열은 수분이 증발할 수 있는 세포 내의 많은 표면적을 제공한다.

몇 가지 환경 요인들이 증산율에 영향을 미친다. 온도가 높을 때 식물 표면으로부터 더 많은 물이 소실된다. 빛은 부분적으로 기공의 개방을 자극하고, 잎의 온도를 높이기 때문에 증산율을 증가시킨다. 바람과 건조한 공기는 증산을 증가시키지만 습한 공기는 공기가 이미 포화되어 있거나 수증기를 함유하기 때문에 증산을 감소시킨다.

증산은 특히 건조지역의 농부들에게는 낭비로 보일 수 있으나 적응의 가치를 가진 필연적 과정이다. 증산은 식물체에서 물의 이동을 책임지고 있으며, 증산이 없으면 물은 토양으로부터 잎까지 도달할 수 없게 된다(장력-응집력 모델을 논의한 34장을 보라). 증산에 의한 수분 소실은 많은 수생식물에게 부수적인 이익을 제공할 수 있다. 사람의 땀과 같이 증산은 식물의 잎과 줄기를 냉각시킨다. 수분이 액체 상태에서 증기로 통과할 때 많은 양의 열을 흡수한다. 물 분자가 수증기로 식물체를 빠져 나갈 때 열을 운반한다. 그래서 증산의 냉각 효과는 특히 직접적인 햇빛에 의한 과열로부터 식물체를 보호할 수 있다.

증산의 두 번째 이익은 전 식물체로 필수 무기염류를 공급하는 것이다. 식물이 증산하는 물은 처음에 토양으로부터 흡수되고, 토양에서는 순수한 물로 존재하는 것이 아니라 용존 무기염류의 묽은 용액으로 존재한다. 물과 용존 무기염류는 잎을 포함하는 전 식물체의 물관부에서 수송된다. 증산 동안 물은 식물체로부터 대기로 이동하지만 무기염류는 식물조직에 남는다. 많은 이들 무기염류는 식물의 성장에 요구된다. 증산은 식물이 충분한 필수 무기염류를 제공하기 위한 충분한 물을 흡수하게 하는 것으로 주장되어 왔으며, 증산율이 충분히 높지 않으면 식물은 요구되는 자신의 무기염류를 충족시킬 수 없다.

그러나 어떤 환경 하에서 과다한 증산은 식물에 해로울 수 있다. 뜨거운 여름철 낮에 식물은 종종 토양으로부터 흡수할 수 있는 것보다 더 많은 물을 증산에 의해 잃게 된다. 이들 세포는 팽압을 잃게 되고 식물은 시들게 된다. 만일 식물이 밤 동안 회복한다면 토양으로부터 수분의 흡수와 미미한 증산의 조화때문에 그 식물은 일시적인 시듦을 경험한 것으로 말한다. 대부분의 식물은 질병의 영향이 없다면 일시적 시듦으로부터 회복하지만 가뭄이 지속될 경우에는 토양이 시듦으로부터 회복할 수 있는 충분한 수분을 함유할 수 없기 때문에 식물은 영구적으로 시들게 되고 결국 죽게 된다.

증산은 **수문학적 순환(hydrological cycle)**—바다와 육지에서 대기로, 그리고 바다와 육지로 되돌아가는 물의 순환—의 중요한 부분이다(그림 54-11을 보라). 잎과 줄기로부터 증산으로 증발된 물은 대기에서 구름을 형성하고, 궁극적으로 강우를 야기시킨다. 그래서 증산은 궁극적으로 강우를 야기 시킨다. 예견할 수 있는 것처럼 숲의 나무는 증산에 의해 대기 속으로 엄청난 양의 수분을 방출한다. 연구자들은 아마존 열대 우림에 내리는 강우의 적어도 1/2은 증산과 강우에 의해 계속하여 재순환 한다고 결론지었다.

Ed Reschke/Peter Arnold, Inc.

**그림 33-10 일액현상.**

사진은 딸기(*Fragaria*) 복엽이다. 많은 사람들은 이른 아침 일액현상을 이슬로 잘못 알고 있다.

### 33.3.1 어떤 식물은 액체 상태의 물을 배출 한다

많은 잎은 액체의 물이 배출되는 특별한 구조를 가지고 있다. **일액현상(guttation)**으로 알려진 이 액체 상태의 수분 소실은 증산이 거의 일어나지 않고, 이용 가능한 토양 수분이 높을 때 일어난다. 일액현상은 전형적으로 기공은 닫히지만 물은 삼투현상에 의해 뿌리 속으로 계속 이동하기 때문에 밤에 일어난다. 사람들은 종종 이른 아침 잎 가장자리에 맺힌 물방울이 일액현상이 아닌 이슬로 잘못 생각한다(**그림 33-10**). 차가운 밤 공기의 응축에 의한 이슬과 달리 일액현상에 의한 물방울은 식물체 내에서 유래한다(일액현상에 대한 기작은 34장에서 논의한다).

**복습**

- 증산은 무엇인가? 잎의 구조는 증산과 어떻게 관련되어 있는가?
- 환경적 요인들(햇빛, 온도, 습도, 바람)이 증산률에 어떻게 영향을 미치는가?
- 증산과 일액현상은 어떻게 다른가?

## 33.4 잎의 탈락

**학습목표**

9 잎의 탈리를 정의하고, 일어나는 이유를 설명하고, 탈리가 진행되는 생리적, 해부학적 변화를 기술할 수 있다.

모든 나무는 잎을 떨어뜨린다. 예를 들어 많은 침엽수는 연간 소수의 침엽을 탈락시킨다. 그러나 쌍떡잎식물의 잎은 일년에 한 번—온대기후에서는 겨울이 접어들 때 그리고 뚜렷한 우기와 건기를 가진 열대기후에서는 건기의 초기에—색이 변하고 **탈리(abscise)**한다. 온대지역 숲에서 넓은 잎을 가진 대부분의 목본식물은 저온의 겨울에 생존하기 위해 자신의 잎을 탈락시킨다. 겨울 동안 광합성 장치를 포함한 식물의 대사는 느려지거나 일시적으로 정지한다.

낙엽의 다른 이유는 식물체의 수분 요구와 관련되어 있으며, 생리적으로 건조해지는 겨울에 명확하다. 앞에서 언급한 것처럼 지면이 차가워질 때 뿌리에 의한 수분의 흡수는 억제된다. 땅이 얼게 되면 흡수는 일어나지 않는다. 넓은 잎이 겨울동안 식물체에 붙어 있으면 식물은 증산에 의해 수분이 계속 소실되지만 소실된 물은 토양으로부터 흡수된 물로 보충되지 않는다.

**그림 33-11** 이층대.

이 은단풍(*Acer saccharinum*) 가지 종단면의 광학현미경 사진은 엽병 기부의 이층대를 보여주고 있다. 아린으로 보호되고 있는 액아가 엽병 위에 뚜렷하다.

잎의 탈락은 많은 생리적 변화를 수반하는 복잡한 과정으로서 모두 식물 호르몬 특히 **에틸렌(ethylene)**의 농도 변화에 의해 개시되고 조절된다. 간략하게 이 과정을 요약하면, 가을이 다가오면 당, 아미노산 및 많은 필수 무기염류(질소, 인산, 칼륨 같은)는 변형되어 잎에서 식물의 다른 부위로 수송된다. 엽록소는 분해되어 **카로티노이드(carotinoid)**(오렌지색의 카로틴과 황색의 크산토필)와 잎 세포의 엽록체에 있는 일부 보조색소로 전환된다. 보조색소는 항상 잎에 존재하지만 녹색의 엽록소에 의해 피복 되어 있다. 게다가 **안토시아닌(anthocyanin)**이라고 하는 적색의 수용성 색소가 일부 식물의 잎 표피세포의 액포에 축적될 수 있다. 안토시아닌은 자외선에 의한 잎의 손상을 보호할 수 있다. 카로티노이드와 안토시아닌의 다양한 조합은 온대지역에서 현란한 색깔의 가을 풍경을 만든다.

## 33.4.1 많은 잎에서 탈리는 엽병 기부 부근의 이층대에서 일어난다

엽병이 줄기로부터 떨어지는 부위는 주변 조직과 구조적으로 다르다. **이층대(abscission zone)**라고 하는 구조적으로 독특한 이 부위는 주로 세포벽이 얇은 유세포로 구성되어 있으며, 섬유세포가 거의 없기 때문에 구조적으로 약하다(**그림 33-11**). 코르크 세포의 보호층이 이층대의 줄기 측면에 발달한다. 이들 세포는 밀납을 가지고, 세포벽에 방수 물질이 침적된다. 효소가 이층대에서 **중간벽층**(middle lamella; 인접한 세포의 1차벽을 결합하는 접착제)을 용해시킨다(그림 4-29를 보라). 일단 이 과정이 완성되면 몇 개의 물관부 세포만이 잎을 줄기에 지탱하게 되고, 약한 바람에도 잎은 떨어지게 된다. 보호층의 코르크는 남아서 탈리 부분을 봉합하고 엽흔을 남긴다.

비록 이층대의 구조와 탈리와 관련된 생리적 변화가 잘 알려져 있다고 해도 식물학자들은 이층대의 발달과 잎 탈리의 생리적 발달에 대한 유전자의 역할을 최근에서야 조사하였다. 예를 들면 식물학자들은 유전자미세배열(DNA microarray) 분석법을 이용하여 겨울이 다가올 때만 잎에서 발현되는 약 35개의 유전자를 동정하였다(그림 15-13에 나타낸 것처럼 유전자미세배열 1개의 슬라이드 글라스나 칩 위에 얹어 둔 수백 개의 다른 DNA 분자를 포함한다). 이들 유전자의 일부는 분해되는 단백질과 다른 분자에 포함된 분해효소를 코드한다. 다른 유전자는 아직 기능을 확인하지 못하고 있다.

**복습**

- 왜 온대지역에 생육하는 많은 목본 식물이 가을에 자신의 잎을 떨어뜨리는가?
- 잎이 탈락하는 동안 어떤 생리적 변화가 일어나는가?
- 이층대란 무엇인가?

**(a)** 선인장(*Mammilaria*)의 잎은 초식자를 억제하기 위해 가시로 변형되었다.

**(b)** 가시오이(*Echinocystis lobata*)의 덩굴손은 주변 물체를 감아 덩굴이 기어오르는 것으로서 을 도와주는 덩굴손은 잎이나 줄기가잎이 변형된 것이다.

**(c)** 중첩된 아린은 눈을 보호하기 위해 변형된 잎이다. 사진은 단풍나무(*Acer*) 가지의 정아와 두 개의 액아를 보여주고 있다.

**(d)** 양파(*Allium cepa*)와 같은 인경의 잎은 물과 양분의 저장을 위한 육질이다.

**(e)** 어떤 식물은 광합성 뿐 만 아니라 수분 저장을 위해 위해 변형된 두껍고 즙이 많은 잎을 가진다. 즙이 많게 변형된 염주식물(*Senecio rowleyanus*)의 다육엽은 표면적을 최소화하기 위해 구형을 이루어 물을 저장한다.

**그림 33-12** 잎의 변형.

## 33.5 잎의 변형

### 학습목표

**10** 적어도 변형된 잎의 4가지 예를 열거하고, 각각의 기능을 들 수 있다.

비록 광합성이 잎의 주 기능이지만 어떤 잎은 다른 기능을 위한 특별한 변이를 가진다. 어떤 식물은 초식 동물을 방해하기 위한 특수한 잎을 가진다. 딱딱하고 뾰족한 변형된 잎인 **가시(spine)**는 선인장과 같은 많은 사막 식물에서 발견된다(**그림 33-12a**). 선인장에서 광합성의 주 기관은 잎이 아니라 줄기이다. 가시는 동물들이 즙이 많은 줄기 조직을 먹는 것을 방해한다.

덩굴식물은 줄기가 자신의 무게를 지탱할 수 없는 기는 식물이며, 종종 덩굴이 식물이 성장해 가는 구조물에 부착을 도와주는

**덩굴손(tendril)**을 가지고 있다. 완두, 오이, 호박과 같은 많은 덩굴식물의 덩굴손은 잎이 특수화된 것이다(▮ **그림 33-12b**). 그러나 담쟁이덩굴, Virginia creeper, 포도와 같은 일부 덩굴손은 가지가 특수화된 것이다.

휴면중인 목본 식물의 겨울눈은 **아린(bud scales)**에 의해 덮여 있는데, 아린은 상처, 동결, 건조로부터 눈의 정교한 분열조직을 보호하는 변형된 잎이다(▮ **그림 33-12c**).

잎은 또한 물과 양분의 저장을 위해 변형된다. 예를 들어 **인경(bulb)**은 크고 즙이 많은 잎이 부착된 짧은 지하경이다(▮ **그림 33-12d**). 양파와 튤립은 인경을 형성한다. *Crassula arborescens, Aloe barbadensis, Senecio rowleyanus*와 같은 건조한 환경에 적응된 많은 식물은 수분 저장을 위한 다육잎을 가지고 있다(▮ **그림 33-12e**). 이들 잎은 녹색이고 광합성 기능도 가지고 있다.

어떤 잎은 유성생식(그림 28-15를 포함한 28장의 꽃의 진화에 대한 논의를 보라) 또는 무성생식(그림 36-22를 보라)을 위해 변형된다.

## 33.5.1 식충식물의 변형된 잎은 곤충을 포획 한다

식충 식물은 곤충을 잡는 식물이다. 대부분의 식충식물은 어떤 필수 영양소 특히 질소가 결핍된 척박한 토양에서 자란다. 이들 식물은 곤충과 다른 작은 동물을 소화함으로써 자신의 필요한 양분의 일부를 충족시킨다. 식충식물의 잎은 자신의 동물 먹이의 유인과 포획 및 소화에 적응되어 있다.

일부 식충식물은 수동적인 덫을 가지고 있다. 예를 들어 주전자 식물의 잎은 빗물을 수집할 수 있는 주머니 모양을 하고 있고, 식물에 의해 분비된 산을 포함하고 있다(▮ **그림 33-13**). 어떤 주머니는 상당히 크다 예를 들어 열대지역에 있는 주머니 식물은 1 L 또는 그 이상의 액체를 담을 만큼 크다. 주머니의 당이나 냄새로 유인된 곤충은 가장자리를 구부리게 되어 안으로 빠진다. 주머니에 빠진 곤충이 반복적으로 탈출을 시도해 보지만 미끄러운 측면과 주머니의 가장자리 둘레를 아래로 향해 줄지어 있는 딱딱한 털에 의해 기어 다닐 수 없게 된다. 곤충은 결국 빠지게 되고, 신체가 분해되어 흡수된다. 비록 대부분의 곤충이 주머니 속에서 죽게 되지만 많은 미생물의 군집뿐만 아니라 몇몇 곤충의 유충(파리, 각다구, 모기 종류)은 실제로 주머니 속에서 살고 있다. 이들 곤충들은 곤충의 사체로부터 자신의 먹이를 얻고, 주머니 식물은 잔

**그림 33-13 전형적인 포충엽 식물.**

30.5 cm까지 자라는 이 식물(*Sarracenia purpurea*)의 포충엽은 북미 동부의 산성 습지에 널리 분포하고 있다. 어린 포충엽은 녹색이지만 나이가 들면 적색으로 변한다. 포충엽 속에 죽은 풍뎅이를 보여주고 있다.

재물을 소화한다. 어떻게 이들 곤충이 주머니 속의 산성 환경에서 살아가는지는 밝혀지지 않았다.

파리지옥 풀은 능동적인 덫을 가진 식충식물이다. 이 식물의 엽신은 작은 곰 덫과 유사하다(그림 1-3). 양쪽 엽신에 3개의 작고 강한 털이 있다. 만일 곤충이 내려 앉아 2개의 털을 스치거나 동일한 털을 빠르게 두 번 연속적으로 스치게 되면 덫의 스프링은 놀라울 정도로 빠르게 닫는다. 엽신의 가장자리를 따라 돋아 있는 가시는 곤충의 탈출을 방지하기 위해 서로 밀접하게 맞추어진다. 덫의 표면에 있는 소화선은 자신에 대해서 압박하는 곤충에 대한 반응으로 효소를 분비한다. 곤충이 죽고 소화된 후 덫은 다시 열리고 소화되지 않은 찌꺼기를 버린다.

**복습**

- 다음 변형된 잎의 각각의 1차적 기능은 무엇인가? 가시, 덩굴손, 아린
- 인경의 기능은 무엇인가? 다육잎의 기능은?
- 포충식물 잎의 특수한 특징은 어떤 것이 있는가?

## 핵심 용어와 요약

### 학습목표

1 단엽, 복엽을 포함한 잎의 형태, 줄기에 붙는 잎의 배열 및 맥계의 다양성을 기술하시오.

- 잎은 전형적으로 넓고 편평한 **엽신**, 자루와 같은 **엽병**으로 구성되어 있다. 어떤 잎은 **탁엽**이라고 하는 엽병 기부에 작은 잎과 같은 돌기를 가진다.
- 잎은 단엽(하나의 엽신을 가진) 또는 복엽(엽신이 2개 이상의 소엽으로 나누어진)을 이룬다.
- 줄기에서 잎의 배열은 호생(각 마디에 하나의 잎), 대생(각 마디에 2개의 잎) 또는 윤생(각 마디에 3개 이상의 잎) 배열을 한다.
- 잎은 평행맥계 또는 망상맥계를 가진다. 망상맥계는 한 곳에서 여러개의 주맥이 방사상으로 배열한 장상맥계 또는 주맥의 전 길이를 따라 잎맥이 갈라지는 우상맥계를 나타낸다.

2 잎의 주요 조직(표피, 광합성 기본조직, 물관부, 그리고 체관부)을 기술하고, 잎 횡단면 모식도에 이들 명칭을 기재하시오.

- 엽신의 상부 및 하부 표면은 **표피**에 덮여 있다. 식물이 건조한 육상에서 생존할 수 있도록 납질의 **각피**가 표피를 피복하고 있다.
- **기공**은 광합성에 필요한 가스 교환을 일으키는 표피에 있는 작은 구멍이다. 각 기공은 **부세포**라고 하는 특수한 표피 세포와 결합된 2개의 공변세포에 의해 싸여 있다. 부세포는 기공의 개폐 동안 그 모양이 변함으로서 **공변세포** 내.외로 이동하는 물과 이온의 저장소로 제공된다.
- **엽육조직**은 광합성적 유세포로 구성되어 있다. 엽육조직은 1차적으로 광합성 기능을 수행하는 **책상조직**과 주로 가스 교환 기능을 수행하는 **해면조직**으로 나누어진다.
- **잎맥**은 잎에 필수 무기염류와 물을 수송하는 **물관부**와 광합성에 의해 생성된 당을 식물체의 다른 부위로 수송하는 **체관부**를 가지고 있다.

3 쌍떡잎식물과 외떡잎식물 잎을 비교 설명하시오.

- 외떡잎식물 잎은 평행맥계를 가진 반면 쌍떡잎식물 잎은 망상맥계를 가진다.
- 일부 외떡잎식물(옥수수와 다른 화본과 초본) 잎은 명확한 책상조직과 해면조직 층으로 분화된 엽육조직을 가지지 않는다.
- 일부 외떡잎식물(화본과 초본, 갈대, 사초과 초본)의 잎은 아령 모양의 공변세포를 가지고 있다.

4 잎의 구조를 광합성 기능과 관련하여 설명하시오.

- 잎의 구조는 1차적으로 **광합성** 기능을 위해 적응되어 있다. 대부분의 잎은 태양 방사에너지의 수집에 상당히 효율적인 넓고 편평한 엽신을 가진다.
- 기공은 일반적으로 광합성 동안 필요한 가스교환을 위해 낮 동안에는 열리고, 광합성이 일어나지 않을 때 수분을 보전하기 위해 밤에는 닫힌다.
- 투명한 표피는 광합성이 일어나는 잎의 중앙부로 빛이 투과되게 한다.
- 엽육조직의 세포간극은 엽육세포 안으로 물과 이산화탄소, 그리고 바깥으로 산소가 빠르게 확산되도록 한다.

5 기공을 여는데 청색광의 역할을 설명하시오.

- 태양광의 구성요소인 **청색광**은 공변세포의 원형질 막에 위치한 **ATP 합성효소**의 활성을 자극한다. 또한 청색광은 말산의 합성과 전분의 **가수분해**를 자극한다.

6 기공 개폐를 수행하는 생리적 변화의 개요를 기술하시오.

- 양성자($H^+$)는 공변세포 밖으로 수송되고, 양성자는 말산이 이온화될 때 생성된다. 양성자가 공변세포를 빠져 나갈 때 공변세포 원형질 막 양 쪽에 **전기화학적 기울기**(전하와 농도 차)가 생성된다.
- 전기화학적 기울기는 공변세포 안으로 **전압-활동성 칼륨채널**을 통해 칼륨이온의 흡수를 야기시킨다. 염소이온 또한 이온 통로를 통해 공변세포 안으로 흡수된다. 삼투적으로 활성적인 이들 이온은 공변세포의 액포속에 용질의 농도를 증가시킨다. 공변세포 속으로 물의 삼투이동 결과 팽압의 증가가 야기되고, 기공은 열리게 된다.
- 낮의 진행시에 칼륨이온은 느리게 공변세포를 빠져나가고, 전분은 당으로 **가수분해**되어 공변세포 내에 농도가 증가한다. 삼투적으로 활성적인 용질인 당의 농도가 감소한 결과로서 물이 공변세포를 빠져 나갈 때 기공은 닫힌다. 당은 전분으로 전환되고, 삼투적으로 불활성 된다.

7 증산과 식물에 있어서 그 영향을 기술하시오.

- **증산**은 식물체의 지상부로부터 증발에 의한 수분소실이다. 증산은 1차적으로 기공을 통해 일어난다.
- 증산율은 온도, 바람 및 상대 습도와 같은 환경요인에 의해 영향을 받는다.
- 증산은 식물에게 해로울 수도 있고 이로울 수도 있다. 즉 수분 보유의 필요성과 광합성을 위한 이산화탄소의 요구 사이에 균형을 나타낸다.

8 증산과 일액현상을 구별하시오.

- 어떤 식물의 잎에서 액체 상태의 물이 방출되는 **일액현상**은 이용할 수 있는 토양 수분이 풍부하고 증산이 일어나지 않을 때 특별한 구조를 통해 일어난다. 반대로 증산은 주로 기공을 통해 일어나고 수증기 상태로 소실된다.

9 잎의 탈리를 정의하고, 일어나는 이유를 설명하고, 탈리가 진행되는 생리적, 해부학적 변화를 기술하시오.

- 잎의 **탈리** 현상은 온대 기후에서 겨울이 다가올 때 또는 건기와 우기가 있는 열대기후의 건기의 초기에 종종 나타나는 잎의 소실이다.
- 탈리는 잎이 떨어지기 전에 나타나는 생리적, 해부학적 변화를 포함한 복잡한 과정이다. 줄기에서 엽병이 떨어지는 부위인 **탈리층**이 발달한다. 당, 아미노산 및 많은 필수 무기염류는 잎으로부터 식물체의 다른 부위로 수송된다. 엽록소는 분해되어 **카로티노이드**와 **안토시아닌**으로 전환된다.

10 적어도 변형된 잎의 4가지 예를 들고, 각각의 기능을 기술하시오.

- **가시**는 초식자를 방해하기 위해 적응된 잎이다. 어떤 **덩굴손**은 다른 구조물을 붙잡기 위해(약한 줄기를 지지하기 위해) 변형된 잎이다. **아**

**린**은 미세한 분열조직 또는 휴면아를 보호하기 위해 변형된 잎이다. **인경**은 저장을 위해 특수화된 즙이 많은 잎을 가진 지하경이다. 건조한 환경에 적응된 많은 식물은 수분 저장을 위한 즙이 많은 잎을 가진다. 식충식물은 곤충을 포획하기 위해 변형된 잎을 가지고 있다.

## 연습문제

1. 잎의 중앙에 있는 광합성적 기본조직은 ________ 라고 한다.
   (a) 각피 (b) 엽육 (c) 이층대 (d) 부세포 (e) 책상 및 해면 기공

2. 증산이 일어나지 않을 때 화본과 초본과 같은 식물은 ________ 에 의해 과다한 물을 배출한다.
   (a) 일액현상 (b) 일주 리듬 (c) 이층
   (d) 공변세포 안으로 칼륨이온의 흡수, 공변세포 밖으로 수송이온의 배출
   (e) 광합성

3. 해면조직의 1차적인 기능은 ______________ 이다.
   (a) 잎 표면으로부터의 수분 손실의 감소 (b) 공변세포 모양의 변화
   (c) 잎 자체의 무게로 인한 붕괴로부터 잎을 보호하기 위한 지지
   (d) 잎 내부에서 가스의 확산 (e) 초식자의 방해

4. 잎의 계절적인 탈락은 ________ 으로 알려져 있다.
   (a) 숲 감소 (b) 증산 (c) 이층 현상 (d) 일액현상 (e) 휴면

5. 잎맥의 ________ 은 물과 용존 영양염류를 수송하는 반면 ________ 은 광합성 동안 잎에서 생성된 당을 수송한다.
   (a) 물관부; 체관부 (b) 물관부; 유관속초 (c) 체관부; 물관부
   (d) 체관부; 잎맥 (e) 유관속; 유관속초

6. 대부분의 기공은 대개 잎의 ________ 에 있다.
   (a) 상부표피 (b) 하부표피 (c) 각피 (d) 해면조직 (e) 책상조직

7. 가스교환은 2개의 ________ 로 구성된 현미경적인 구멍을 통해 일어난다.
   (a) 부세포 (b) 이층세포 (c) 엽육세포 (d) 공변세포 (e) 탁엽

8. 식물이 토양으로부터 흡수하는 대부분의 물은 ________ 과정에 의해 소실된다.
   (a) 일액현상 (b) 일주 리듬 (c) 이층 (d) 증산 (e) 광합성

9. 줄기가 기어오르도록 변형된 잎은 ________ 이라 하는 반면, 휴면 목본식물의 겨울눈을 덮고 있는 변형된 잎은 ________ 라고 한다.
   (a) 침 아린 (b) 아린 덩굴손 (c) 덩굴손 아린
   (d) 덩굴손 침 (e) 포충엽 침

10. 해부학적으로 엽병이 줄기에서 탈락하는 부위인 이층대는 ________________ (으)로 구성된다.
    (a) 섬유세포가 거의 없는 벽이 얇은 유세포
    (b) 벽이 두꺼운 코르크 유세포
    (c) 섬유다발과 후각세포 띠
    (d) 견고하고 뾰족한 탁엽
    (e) 함몰기공을 가진 표피세포

## 심화 학습문제

1. 잎 횡단면의 현미경 사진을 관찰하고, 상부표피와 하부표피를 구별하라고 했을 때 어떻게 이것을 결정할 수 있는가?

2. (a) 물관부는 잎의 상부 표피쪽에 위치해 있는 반면 체관부는 하부 표피쪽에 위치해 있으며, (b) 잎의 유관속 조직은 줄기 유관속과 연결되어 있다고 했을 때 잎의 유관속 배열을 설명할 수 있는 한가지 가능한 줄기 유관속 배열을 제시하라.

34

# 줄기와 식물 수송

**바오밥 나무.** 아프리카, 마다가스카르, 호주가 원산지인 바오밥(*Adansonia digitata*)은 거대한 줄기에 많은 양의 물과 전분을 저장한다. 바오밥 나무의 키는 비교적 작지만(18 m까지 자란다) 줄기의 직경은 9 m에 달한다. 크기를 참조하기 위해 나무를 두르고 있는 아이들과 함께 나미비아에서 촬영하였다.

## 핵심 개념

줄기의 1차 조직(표피, 피층, 수, 물관부 및 체관부)은 줄기 정단분열조직에서 발달한다.

줄기의 2차 조직(재와 수피)은 두 측부분열조직인 관다발형성층과 코르크형성층에서 발달한다.

수분 포텐셜의 개념은 식물체 안으로, 체내에서 그리고 외부로의 수분 흐름의 방향을 설명한다.

장력-응집력 모델에 따르면 증산에 의해 잎으로부터 물이 증발될 때 줄기를 통해 물을 끌어 올린다.

압류설에 따르면 체관부액에 수송된 설탕은 당이 체관부에 선적되는 공급원으로부터 당이 체관부에서 제거되는 수용원으로 수송된다.

유관속 식물의 영양체(유성 생식이 아닌)는 잎, 줄기, 뿌리의 세 부분으로 구성되어 있다. 이 장에서 다룰 줄기는 식물체의 뿌리와 잎을 연결하고, 비록 많은 식물이 땅속줄기를 가지지만 대개 지상부에 위치한다. 줄기는 로프와 같은 덩굴에서 거대한 나무 둥치에 이르기까지 다양한 형태를 나타낸다. 줄기는 재 조직이 없는 초본성과 목본성(재와 수피의 많은 견고한 조직을 가진)이 있다.

줄기는 3가지 주요 기능을 수행한다. 첫째, 대부분 식물의 줄기는 잎과 생식 구조를 지지하고, 줄기에 부착한 잎의 배열은 각 잎이 광합성에 이용하는 빛의 흡수를 최대로 할 수 있도록 한다. 생식 구조(꽃과 과일)는 곤충, 새, 공기의 흐름이 쉽게 접근할 수 있는 줄기 부위에 위치하여 꽃에서 꽃으로 화분을 전달하여 종자와 과일의 분산을 돕는다.

둘째, 줄기는 내부 수송을 제공한다. 줄기는 토양으로부터 흡수된 무기염류와 물을 뿌리로부터 잎과 다른 식물 부위로 수송한다. 또한 줄기는 광합성에 의해 잎에서 생성된 당을 뿌리와 식물의 다른 부위로 수송한다. 유관속계는 식물체의 모든 부분으로 연결되어 있고, 뿌리, 줄기, 잎 및 생식 구조에서 수송이 일어난다.

셋째, 줄기는 새로운 살아있는 조직을 생성한다. 줄기는 식물이 살아있는 동안 끊임없이 성장하고, 새로운 잎이나 생식구조를 가진 줄기로 발달하는 눈을 생산한다. 지지, 수송 및 새로운 줄기조직 생성의 주 기능 외에 일부 식물의 줄기는 무성생식을 위해 변형되거나(36장을 보라) 광합성에 의해 당을 생성할 수 있도록 변형된다. 또한 일부 줄기는 전분을 저장하기 위해 특수화 된다(사진을 보라). ■

## 34.1 목본 식물 가지의 줄기 외부구조

**학습목표**

1 목본 가지의 외부 특징을 설명한다.

비록 줄기는 구조와 성장에 있어서 큰 차이를 나타내고 있지만 모두 배 줄기(shoot)인 **눈(bud)**을 가지고 있다. **정아(terminal bud)**는 줄기의 선단에 위치한 배와 같은 줄기이다. 휴면(활발하게 성장하지 않는)중인 정아는 잎이 변형된 **아린(bud scale)**에 덮여 보호되고 있다(그림 33-12c). **측아(lateral bud)**라고도 부르는 **액아(axillary bud)**는 식물 잎의 엽액(leaf axil)에 위치하고 있다(그림 33-1). 엽액은 잎이 부착된 줄기와 엽병 사이의 상각이다. 정아와 액아가 성장할 때 잎이나 꽃 또는 둘 다를 가지는 가지를 형성할 수 있다. 각 잎이 부착된 줄기 부위는 **마디(절, node)**라 부르고, 두 연속되는 마디 사이의 부위는 **절간(internode)**이다.

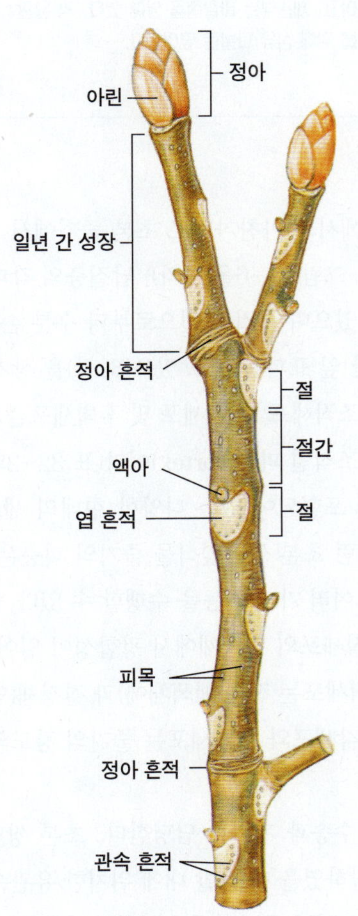


**그림 34-1 겨울철 목본 가지의 외부 구조.**

목본 가지의 나이는 아린 흔적의 수로 결정할 수 있다(측지는 세지 않는다). 이 가지는 몇 년 생인가?

줄기의 구조적 특징을 설명하기 위해 **그림 34-1**에 나타낸 것처럼 잎이 떨어지는 쌍떡잎식물 나무의 목본 가지를 이용할 수 있다. 아린은 정아를 덮고 있으며, 휴면하는 동안 정교한 정단분열조직을 보호한다. 눈이 성장을 재개할 때 정아를 덮고 있는 아린은 떨어지고, 아린이 부착해 있던 줄기 위에 **아린흔(bud scale scar)**을 남긴다. 온대지역의 목본 식물은 매년 성장하는 계절의 말기에 정아를 형성하기 때문에 가지에 남아 있는 아린흔의 수는 가지의 나이를 나타낸다. **엽흔(leaf scar)**은 가지에 잎이 부착했던 곳을 나타내는데 엽흔의 양상은 줄기에 잎의 배열-호생, 대생 또는 윤생-을 결정하는데 이용할 수 있다(그림 33-2b). 줄기에서 잎으로 확장되는 유관속(통도) 조직은 엽흔 내에 **관속흔(bundle scar)**을 형성한다. 액아는 엽흔의 위쪽에서 발견할 수도 있다. 또한 목본 가지의 수피는 목본 줄기의 내부로 산소를 확산시키는 느슨하게 배열된 세포 부위인 **피목(lenticel)**을 가지고 있다. 피목은 가지의 수피에 미세한 반점처럼 보인다.

**복습**

- 정아와 액아의 차이점은 무엇인가?
- 아린의 기능은 무엇인가? 피목의 기능은?
- 목본 식물 가지의 나이를 어떻게 알 수 있는가?

## 34.2 줄기 성장과 구조

**학습목표**

2 초본 외떡잎식물과 쌍떡잎식물의 횡단면에 대해 기재하고, 각 조직의 기능을 묘사할 수 있다.

3 2종류의 측부 분열조직의 이름과 각 분열조직으로부터 형성되는 조직을 설명할 수 있다.

4 목본 식물에서 1기 생장부터 2기 생장까지 변화의 개요를 설명한다.

식물은 2가지 다른 형태의 성장을 한다고 하는 32장을 상기해 보라. **1기 생장(primary growth)**은 식물체의 길이를 증가시키고, 뿌리와 shoot의 선단에 위치한 **정단분열조직(apical meristem)**과 줄기의 눈에서 일어난다. **2기 생장(secondary growth)**은 줄기와 뿌리 내에 위치한 **측부분열조직(lateral meristem)**의 활동에 의해 식물의 직경(둘레)을 증가시킨다. 측부분열조직에 의해 형성된 새로운 조직은 정단분열조직에 의해 형성된 1기 조직과 구별하기 위해서 2기 조직이라 부른다.

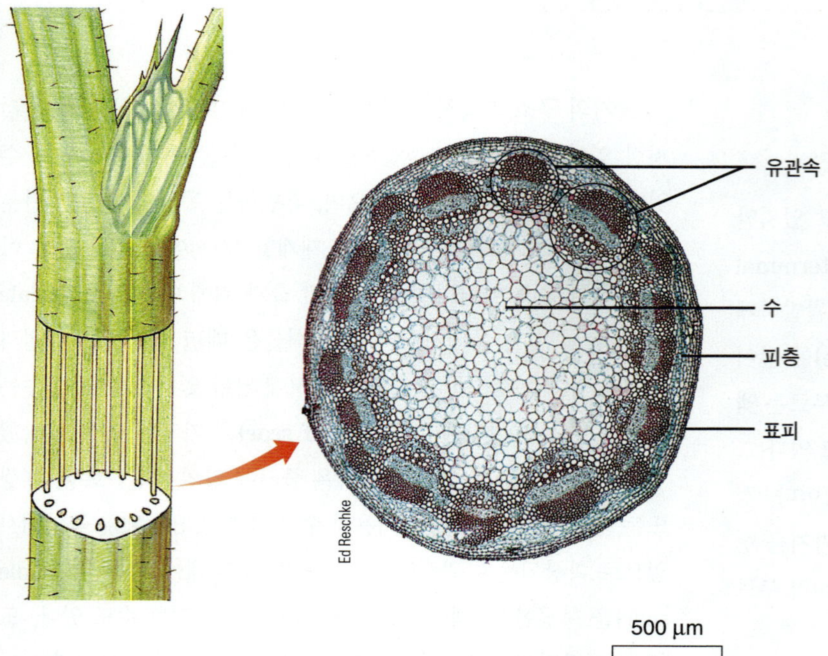


**(a)** 해바라기(*Helianthus annuus*) 줄기의 횡단면. 중앙의 수를 환상으로 감싸며 배열하고 있는 유관속을 보여준다.

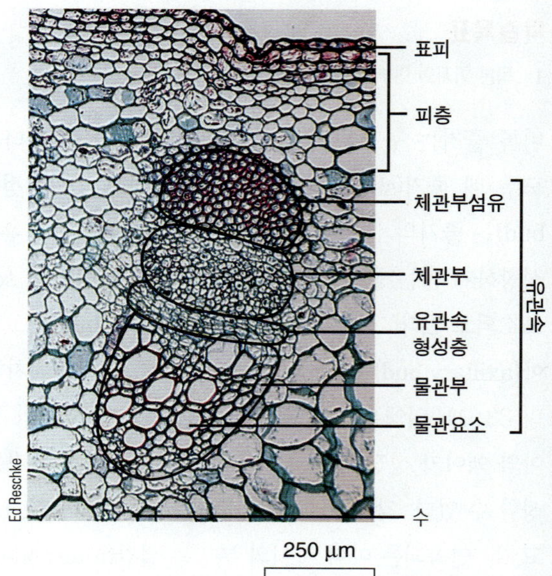


**(b)** 한 개의 유관속의 확대. 물관부는 줄기의 안쪽으로 위치하고, 체관부는 바깥쪽을 향해 있다. 각 유관속은 부가적인 지지를 위해 섬유 다발로 덮여있다.

**그림 34-2 초본 쌍떡잎식물 줄기의 광학현미경 사진.**

모든 식물은 1기 생장을 하며, 일부 식물은 1기 생장과 2기 생장을 한다. 1기 생장만 하는 줄기는 초본류이고, 반면 1기 및 2기 생장을 하는 줄기는 목본류라는 것을 상기하라. 목본식물은 줄기와 뿌리의 선단에서 1기 생장에 의해 길이가 증가하는 반면 선단에서 뒤쪽으로 떨어진 오래된 줄기와 뿌리는 2기 생장에 의해 직경이 증가한다. 즉 2기 생장은 재와 수피를 첨가(줄기의 비후를 야기)하는 동시에 1기 생장(줄기의 길이 증가)을 계속한다.

## 34.2.1 초본 외떡잎식물과 쌍떡잎식물 줄기는 내부 구조가 다르다

비록 줄기에서 상당한 구조적 변이가 나타나지만 줄기는 모두 외측의 보호하는 외피(표피 또는 주피), 하나 또는 그 이상의 기본조직과 유관속조직(물관부와 체관부)을 가지고 있다. 우선 초본 쌍떡잎식물과 외떡잎식물 줄기의 구조를 살펴보자.

### (1) 초본 쌍떡잎식물 줄기의 유관속은 횡단면에서 환상으로 배열한다

어린 해바라기 줄기는 1기 생장을 보여주는 대표적인 초본 쌍떡잎식물 줄기이다(**그림 34-2**). 외측을 덮고 있는 **표피(epidermis)**는 잎과 초본류 뿌리에서와 마찬가지로 초본 줄기에서 보호 기능을 가진다(표 32-4와 그림 32-6을 보라). 납질층의 **각피(cuticle)**는 줄기 표피를 덮고 있으며 줄기 표면으로부터 수분 손실을 감소시킨다. (각피는 또한 잎 표피를 덮고 있음(32장)을 상기하라.)

표피 안쪽은 유조직세포, 후각세포 및 후벽세포를 포함하고 있는 원통형의 기본 조직인 **피층(cortex)**이다(표 32-2와 그림 32-4를 보라). 피층에 포함되어 있는 다양한 형태의 세포로부터 예견할 수 있는 것처럼 초본 쌍떡잎식물 줄기의 피층은 광합성, 저장 및 지지와 같은 여러 가지 기능을 수행할 수 있다. 줄기가 녹색이라면 피층 유조직세포의 엽록체에서 광합성이 일어날 수 있다. 또한 피층의 유조직세포는 전분(백색체에)과 결정체(액포에)를 저장한다. 피층의 후각세포와 후벽세포는 줄기의 강도와 구조적 지지를 제공한다.

유관속 조직은 수송과 지지를 담당한다. 초본 쌍떡잎식물 줄기의 횡단면을 관찰하였을 때 다발 내에 위치한 유관속 조직은 환상으로 배열한다. 그러나 종단면에서 관찰하면 이들 다발은 줄기의 전 길이를 따라 긴 가닥으로 확장되고, 뿌리와 잎의 유관속 조직과 연결되어 있다.

각 유관속은 뿌리에서 잎으로 물과 양분(무기염류)을 수송하는

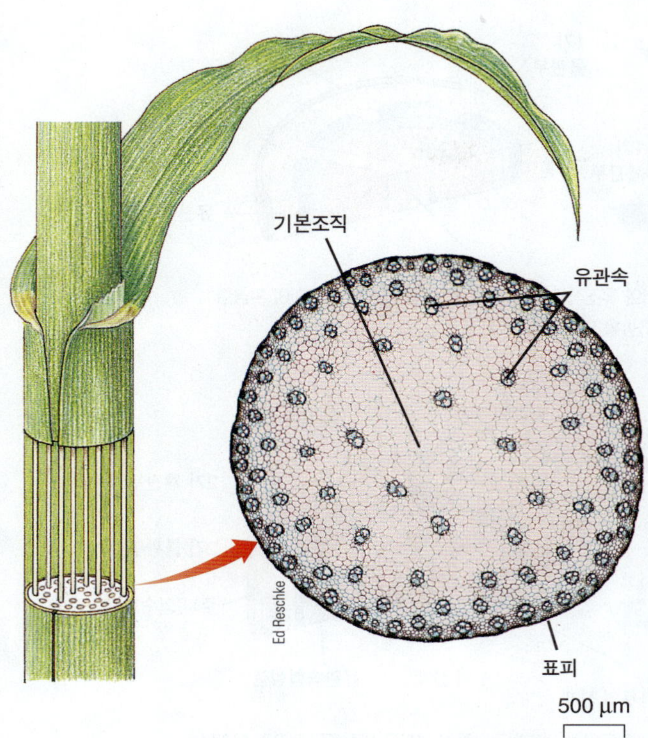


(a) 옥수수(*Zea mays*) 줄기의 횡단면은 유관속이 기본조직 전체에 산재되어 있음을 보여준다.

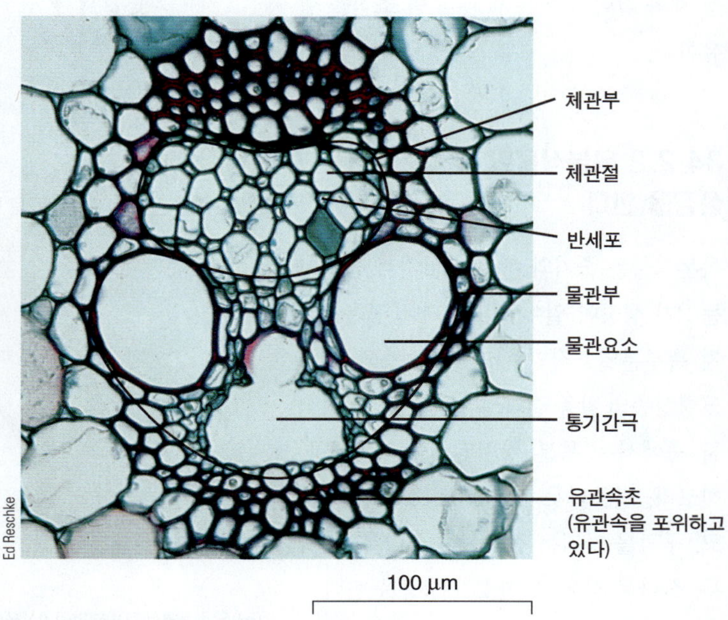


(b) 유관속의 확대. 통기간극은 처음 형성되었던 물관부 요소가 나중에 붕괴된 자리이다. 모든 유관속은 부가적인 지지를 위해 후벽세포의 유관속초로 포위되어 있다

**그림 34-3 외떡잎식물 줄기의 광학현미경 사진.**

**물관부**(xylem)와 용해된 당을 수송하는 **체관부**(phloem)를 포함하고 있다(표 32-3과 그림 32-5를 보라). 물관부는 유관속의 안쪽에 위치하고, 체관부는 바깥쪽에 위치하고 있다. 일부 초본 줄기에는 물관부와 체관부 사이에 끼인 이차 성장을 담당하는 측부 분열조직인 *관다발형성층*(vascular cambium)이라고 하는 한 층의 세포가 있다(뒤에 논의).

대부분의 줄기는 지상의 식물체를 지지하기 때문에 뿌리보다 훨씬 견고하다. 물관부에 있는 헛물관과 물관요소의 두꺼운 벽은 식물체의 지지를 도운다. 또한 섬유는 대개 체관부에 더 많지만 물관부와 체관부 양쪽에 나타난다. 이들 섬유는 초본 줄기에 상당한 강도를 더해준다. 해바라기와 다른 초본 쌍떡잎식물 줄기의 체관부는 **체관부 섬유관**(phloem fiber cap)이라고 하는 유관속의 바깥쪽을 향해 있는 섬유 다발을 포함하고 있다. 이 체관부 섬유관은 모든 초본 쌍떡잎식물에 존재하는 것은 아니다.

**수**(pith)는 일차적으로 저장 기능을 하는 크고 벽이 얇은 유조직세포로 구성된 초본 쌍떡잎식물 줄기의 중심부에 있는 기본 조직이다. 다발 내의 유관속 조직의 배열 때문에 유관속 사이의 피층과 수는 확실하게 구분할 수 없으며, 이 유관속 사이의 유조직 부분을 **사출수**(pith ray)라고 한다.

### (2) 외떡잎식물 줄기의 유관속은 산재되어 있다

각피를 가진 표피가 옥수수의 초본 줄기와 같이 외떡잎식물 줄기를 덮고 있다. 초본 쌍떡잎식물 줄기와 같이 유관속 조직은 줄기의 전 길이를 따라 연결되어 있다. 횡단면에서 유관속은 안쪽에 물관부, 바깥쪽에 체관부를 가진다. 그러나 초본 쌍떡잎식물과 대조적으로 외떡잎식물의 유관속은 환상으로 배열하는 것이 아니라 줄기 전체에 산재되어 있다(**그림 34-3**). 각 유관속은 후벽세포를 지지하는 유관속초에 포위되어 있다. 외떡잎식물의 줄기는 뚜렷하게 구별되는 피층과 수 부분을 갖지 않는다. 유관속조직이 매몰된 기본조직은 초본 쌍떡잎식물 줄기의 피층 및 수와 동일한 기능을 수행한다.

외떡잎식물 줄기는 2기 생장을 유도하는 측생 분열조직(관다발형성층과 코르크형성층)을 갖지 않는다. 외떡잎식물은 1기 생장만 하고 재와 수피를 형성하지 않는다. 비록 나무와 유사한 야자수와 같은 일부 외떡잎식물은 상당한 크기를 가지지만 이들은 유조직세포의 분열 신장에 의한 1기 생장의 변형된 형태이다. 대나무나 야자수와 같은 일부 외떡잎식물의 줄기는 이들 식물을 견고하게 하고, 외관상 재와 같이 보이는 많은 후벽 조직을 함유한다.

### 34.2.2 목본식물의 줄기는 2기 생장을 한다

목본식물은 줄기와 뿌리의 굵기가 증가하는 2기 생장이 일어난다. 2기 생장은 2가지 측부분열조직인 관다발형성층과 코르크형성층의 활동 결과로 일어난다. 현화식물 중에서는 목본 쌍떡잎식물(사과나무, 히코리, 단풍나무 같은)만 2기 생장을 하고, 구과를 가지는 겉씨식물(소나무, 전나무, 삼나무 같은) 또한 2기 생장을 한다.

**관다발형성층**(vascular cambium)의 세포는 분열하여 1기 물관부를 대신하는 2기 물관부(재)와 1기 체관부를 대신하는 2기 체관부(내수피)의 2가지 통도조직과 지지조직을 생성 한다. 1기 물관부와 1기 체관부는 영구히 물질을 수송할 수 없기 때문에 긴 수명을 가지는 식물에서 대치된다.

**코르크형성층**(cork cambium)이라 부르는 외측의 측부분열조직 세포는 분열하여 코르크세포와 코르크유조직을 형성한다. 코르크형성층과 코르크형성층이 생성하는 조직을 통칭하여 **주피**(periderm; **외수피**)라 하고, 주피는 표피와 대치되어 그 기능을 대신한다(표 32-4의 마지막 LM을 보라).

**(a)** 2기 생장이 시작될 때 유관속 사이의 유조직(사출수)에서 유관속형성층이 발달하여 환상의 분열조직(횡단면에서 청색 원으로 나타낸)을 형성한다.

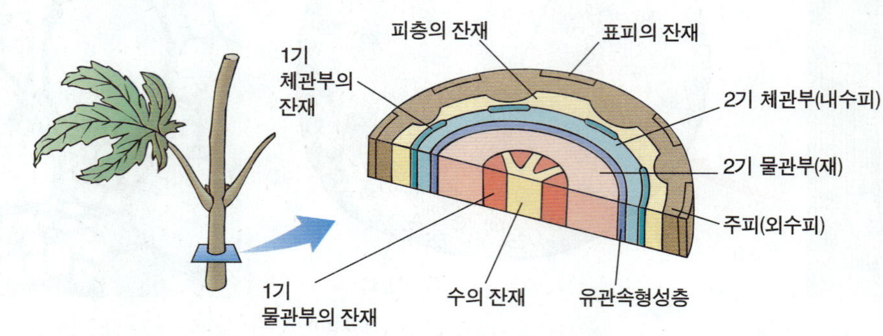


**(b)** 유관속형성층이 분열하기 시작하여 안쪽으로 2기 물관부를 형성하고 바깥쪽으로 2기 체관부를 형성한다.

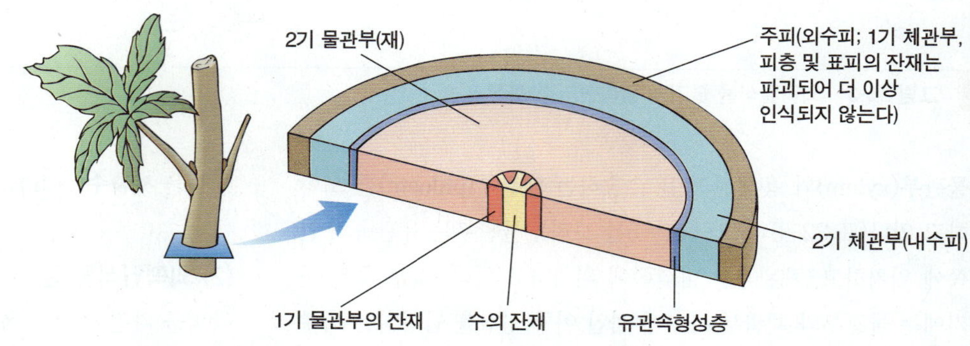


**(c)** 어린 목본 줄기. 유관속형성층은 2기 체관부보다 2기 물관부를 훨씬 더 많이 생성한다.

**그림 34-4 2기 생장의 발달.**

관다발형성층과 형성층이 생성하는 조직의 횡단면을 나타내고 있다. 코르크형성층은 나타나 있지 않다. (그림들은 공간적 제약 때문에 크기가 다르게 나타났다; 수와 1기 물관부는 실제로는 세 그림 모두 동일한 크기이지만 a에서 c로 갈수록 이들 조직을 나타내는 크기가 수축되는 것으로 나타나 있다.)

#### (1) 관다발형성층은 2기 물관부와 2기 체관부를 생성한다

목본 쌍떡잎식물 줄기의 1기 조직은 초본 쌍떡잎식물 줄기의 1기 조직과 유사하게 조직되어 있으며, 유관속의 물관부와 체관부 사이에 얇은 세포층인 관다발형성층을 가지고 있다. 일단 2기 생장이 시작되면 줄기의 내부 구조는 상당히 변화된다(**그림 34-4**). 비록 관다발형성층이 초기에는 연속적인 원주상의 세포가 아니지만(유관속이 사출수에 의해 분리되기 때문에) 2기 조직의 생성이 시작될 때 연결된다. 이 연속성은 각 사출수의 유조직세포가 분열능력을 보유하고 있기 때문에 발달한다. 이들 세포는 각 유관속에 있는 관다발형성층 세포와 연결되고, 그래서 관다발형성층의 완전한 환상을 형성한다.

관다발형성층 세포는 분열하여 두 방향으로 딸세포를 생성한다. 분열하는 관다발형성층으로부터 형성된 세포는 환상의 관다

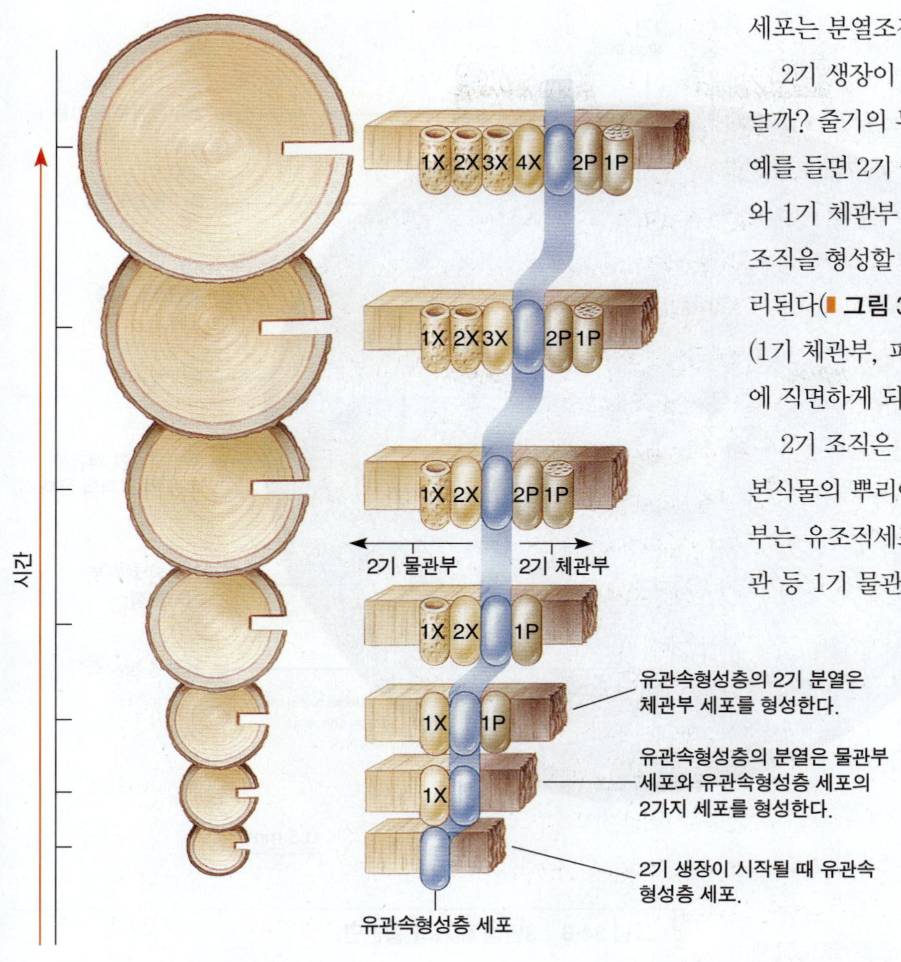


**그림 34-5** 2기 물관부와 체관부의 발달.

분열하고 있는 관다발형성층 세포의 방사면을 나타낸 그림을 연구하기 위해 아래에서 시작하여 위로 이동한다. 관다발형성층(청색 세포)은 두 방향에서 분열하여 안쪽으로 2기 물관부(X), 바깥쪽으로 2기 체관부(P)를 형성한다. 생성된 순서대로 번호가 메겨진 이들 세포는 물관부와 체관부를 구성하는 성숙한 세포 형태를 만들기 위해 분화한다. 2기 물관부가 축적됨으로써 관다발형성층은 바깥으로 이동하고, 목본 줄기의 직경이 증가한다.

발형성층 안쪽(2기 물관부 또는 재가 되도록) 또는 바깥쪽(2기 체관부 또는 내수피가 되도록)에 위치한다(**그림 34-5**). 관다발형성층 세포가 절선면(안쪽 또는 바깥쪽)으로 분열할 때 딸세포의 하나는 분열조직으로 남는다 즉 관다발형성층 부분으로 남는다. 다른 한 세포는 여러번 반복하여 분열할 수 있으나 결국에는 분열을 멈추고 성숙한 2기 조직으로 발달한다. 그래서 관다발형성층은 형성층이 생성하는 2가지 조직인 재와 내수피 사이에 끼인 얇은 세포층이다(**그림 34-6**).

줄기가 원주상으로 증가할 때 관다발형성층의 세포 수 또한 증가한다. 이것은 관다발형성층 세포의 방사 분열(정상적인 분열 방향에 대해 직각 방향으로 분열)에 의해 일어난다. 이 경우에 두 딸세포는 분열조직으로 남는다.

2기 생장이 발달하면 줄기의 원래 1기 조직에 어떤 일이 일어날까? 줄기의 두께가 증가할 때 원래 1기 조직의 방향이 변한다. 예를 들면 2기 물관부와 2기 체관부는 각 유관속 내에 1기 물관부와 1기 체관부 사이에 놓이게 된다. 따라서 관다발형성층이 2기 조직을 형성할 때 각 유관속의 1기 물관부와 1기 체관부는 서로 분리된다(**그림 34-7**). 2기 생장의 원주 바깥에 위치하는 1기 조직(1기 체관부, 피층, 표피)은 2기 생장에 의해 생성된 기계적 압력에 직면하게 되고 점차 압착되거나 찢어져 떨어져 나가게 된다.

2기 조직은 기능적으로 1기 조직을 대신한다. 2기 물관부는 목본식물의 뿌리에서 잎까지 물과 무기염류를 수송한다. 2기 물관부는 유조직세포와 섬유세포 외에 물을 수송하는 도관절과 헛물관 등 1기 물관부에서 발견되는 동일한 형태의 세포를 가지고 있다. 2기 물관부에 있는 다른 세포 형태의 배열은 각 종의 독특한 재의 특성을 결정한다.

2기 체관부는 잎에서 만든 당을 이용하거나 저장하는 장소(뿌리와 같은)로 수송한다. 비록 1기 체관부보다 대체적으로 2기 체관부에서 보다 많은 섬유가 존재하지만 1기 체관부에서 발견되는 동일한 형태의 세포(사관절 세포, 동반세포, 유조직세포 섬유)가 2기 체관부에서 또한 발견된다.

2기 물관부와 2기 체관부는 목본식물체의 수직 방향으로 물과 무기염류 및 당을 수송하지만 물질은 또한 수평적으로 즉 횡으로도 이동해야 한다. 횡적인 이동은 목본 식물의 줄기와 뿌리의 중심으로부터 방사상으로 배열한 유조직세포의 고리인 **방사조직(rays)**을 통해 일어난다(그림 34-6을 보라). 종종 2기 물관부에서 2기 체관부까지 연결된 방사조직은 관다발형성층에 의해 형성된다. 물과 무기염류는 2기 물관부에서 2기 체관부까지 방사조직을 통해 횡으로 수송된다. 마찬가지로 방사조직은 2기 물관부에서 2기 체관부까지 용존 당의 횡적인 수송과 나무의 중심 또는 심재로 노폐물의 수송 통로를 만든다(뒤에 논의).

### (2) 코르크형성층은 주피를 형성한다

대개 피층 외측에 있는 유조직세포로부터 발달하는 코르크형성층은 표피의 기능을 대신하는 **주피(periderm)**를 생성한다. 코르크형성층 세포는 분열 능력을 유지하고 있다. 코르크형성층은 연속적인 원주상의 분열세포(관다발형성층과 유사한)이거나 보다 깊은 피층 유조직세포로부터 형성되는 활모양으로 중첩된 일련의 분열조직 세포이다. 코르크형성층의 변이와 분열율은 일부 나무의 외수피가 왜 갈라지고(참나무), 거칠고 균일하지 못하며(히코리), 비늘 모양(노르웨이 소나무) 또는 매끄럽게 벗겨지는지를 설명한다. 관다발형성층에서와 같이 코르크형성층은 두 방향—코르크형성층 내 · 외측—으로 새로운 조직을 만들기 위해 분열한다. 코르크형성층 외측에 만들어진 코르크세포는 성숙하면 죽게 되고 방수 역할을 하는 목전소와 납질층을 가진 벽을 갖는다. 이러한 코르크세포는 기계적 상처나 약한 화재, 곤충이나 곰팡이에 의한 공격, 극단적인 온도나 수분 소실에 대해 목본줄기를 보호한다. 코르크형성층은 안쪽으로 종종 물과 전분립을 저장하는 코르크피층을 만든다. 코르크피층은 단지 한 세포층 내지 수개의 세포층으로 코르크세포층보다 훨씬 얇다.

수
1기 물관부
2기 물관부의 연륜
2기 물관부(재)
유관속형성층
2기 체관부
주피와 2기 체관부, 피층 및 표피의 잔재
확장된 체관부 방사조직
물관부 방사조직
Carolina Biological Supply Company/ Phototake-NYC
0.5 mm

**그림 34-6** 3년생 줄기의 횡단면.

참피나무(*Tilia americana*) 줄기 횡단면의 광학현미경 사진. 2기 물관부(재)와 2기 체관부(내수피) 사이의 관다발형성층을 주목하라.

코르크세포는 물과 기체에 대해 불투과성이지만 목본줄기의 살아있는 내부 세포는 산소가 요구되고 주변 대기와 가스교환이 일어나야 한다. 2기 생장으로 줄기가 비후할 때 초본 줄기의 가스교환을 담당하는 기공을 포함한 표피는 탈락하고, 기공은 가스교환이 가능한 피목에 의해 대치된다(**그림 34-7**).

### (3) 재와 관련된 일반 용어는 식물 구조에 근거한다

여러분이 다른 형태의 목재를 관찰한다면 일부 나무는 2가지 다른 색을 띠는 재를 가지고 있음을 알 수 있다(**그림 34-8**). 즉 물과 용존 영양염류가

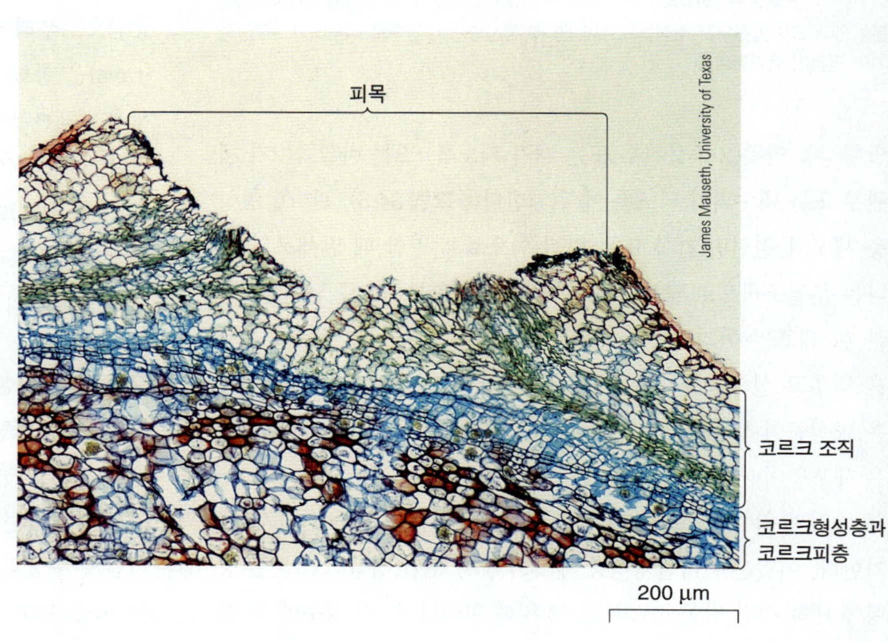


**그림 34-7** 피목을 보여주는 줄기 주피의 광학현미경 사진.

표피는 피목에 느슨하게 배열한 코르크 세포의 증식에 의해 파열되었다. 옥양목(*Aristolochia elegans*) 줄기의 수피.

## 초점

### 연륜 분석과 기후 변화

온대 기후에서 나이테 수의 계산은 나무의 나이를 결정한다. 각 연륜의 폭은 강우량과 기온을 포함한 지역의 기후 조건에 따라 변한다. 종종 연륜의 변이는 한가지 환경요인에 지배될 수 있으며, 큰 지질연대의 다른 종의 연륜에서 유사한 양상을 나타낸다. 예를 들어 미국 남서부의 나무는 연 강수량의 변화로 야기된 유사한 연륜 양상을 가진다. 적절한 강수량을 가진 해는 폭이 넓은 연륜을 만들고, 가뭄이 든 해에는 훨씬 좁은 연륭을 생성한다.

수천년을 거슬러 올라가는 연속적인 연륜을 연구하는 것이 가능하다. 우선 가능한 한 먼 과거 시대의 연륜의 시료를 연대순으로 조합한다 (그림을 보라). 연륜의 시료를 얻기 위해 재의 작은 심을 오래된 나무 줄기에서 채취한다. 가장 오래된 연륜 (나무의 중심부 쪽의)을 주택의 오래된 목재 조각이나 더 나이가 많은 나무의 가장 어린 (바깥쪽의 연륜) 연륜과 일치시킨다. 그 지역의 연대 조합은 연속적으로 점점 더 오래된 목재 조각, 선사시대 주거지에서 발견되는 목재에서까지 연륜을 중복 조합시킴으로서 얻을 수 있다. 가장 오래된 연대 조합은 거의 9000년 전으로 거슬러 올라가는 미국 서부에 있는 브리스틀 소나무이다.

**연륜연대학**(dendrochronology)은 연륜의 육안 및 현미경적 차이를 연구하는 학문으로서, 여러 분야에서 광범위하게 이용되어 왔다. 연륜 분석은 남서부 미국 원주민의 선사시대 유적 연대 추정에 광범위하게 이용되어 왔다. 예를 들면 Mesa Verde 국립공원에 있는 암벽 궁전은 1073년으로 거슬러 올라간다. 연륜 분석은 심각한 가뭄이 원래의 주거지였던 그들의 주택을 포기하도록 했다는 것을 나타낸다. 또한 연륜 분석은 생태학(시간에 따른 산림 군집 변화를 연구하는), 환경과학(나무 성장에 대한 공기 오염의 영향을 연구하는) 및 지질학(지진이나 화산 폭발 연대를 추정하는)을 포함한 다른 분야에서도 유용하다.

기후학자들에게 과거 기후 양상을 연구하기 위한 연륜 자료의 이용이 점차 증가하고 있다. 고지대에 생육하는 어떤 나무의 연륜의 폭은 연간 온도 변화에 민감하고, 이들 나무의 연륜은 추운 해에는 좁고 따뜻한 해에는 넓다. 긴 연속적인 시간을 가로지른 연륜의 연구는 연구자들이 지구적인 온도 변화의 자연적인 양상을 결정하는데 도움을 준다. 이 정보는 특히 지구적인 기후에 대한 인류의 영향에 관한 관계 때문에 중요하다. 과학자들은 일반적으로 지구는 최근 수세기 동안 따뜻해져 왔다는 것에 동의하고 있으며, 최근 온난화의 많은 부분은 자연적인 기후 변화라기보다 인류에 의한 결과라는 사실을 의심하지 않는다.

이 중대한 의문에 대한 해답을 찾는데 도움을 주기 위해 유럽 과학자들은 약 10,000년 전 마지막 빙하기 이래 북유럽과 아시아에 걸친 연간 온도 구축을 도와줄 10,000년 간의 주요 연대학을 구축하고 있다.

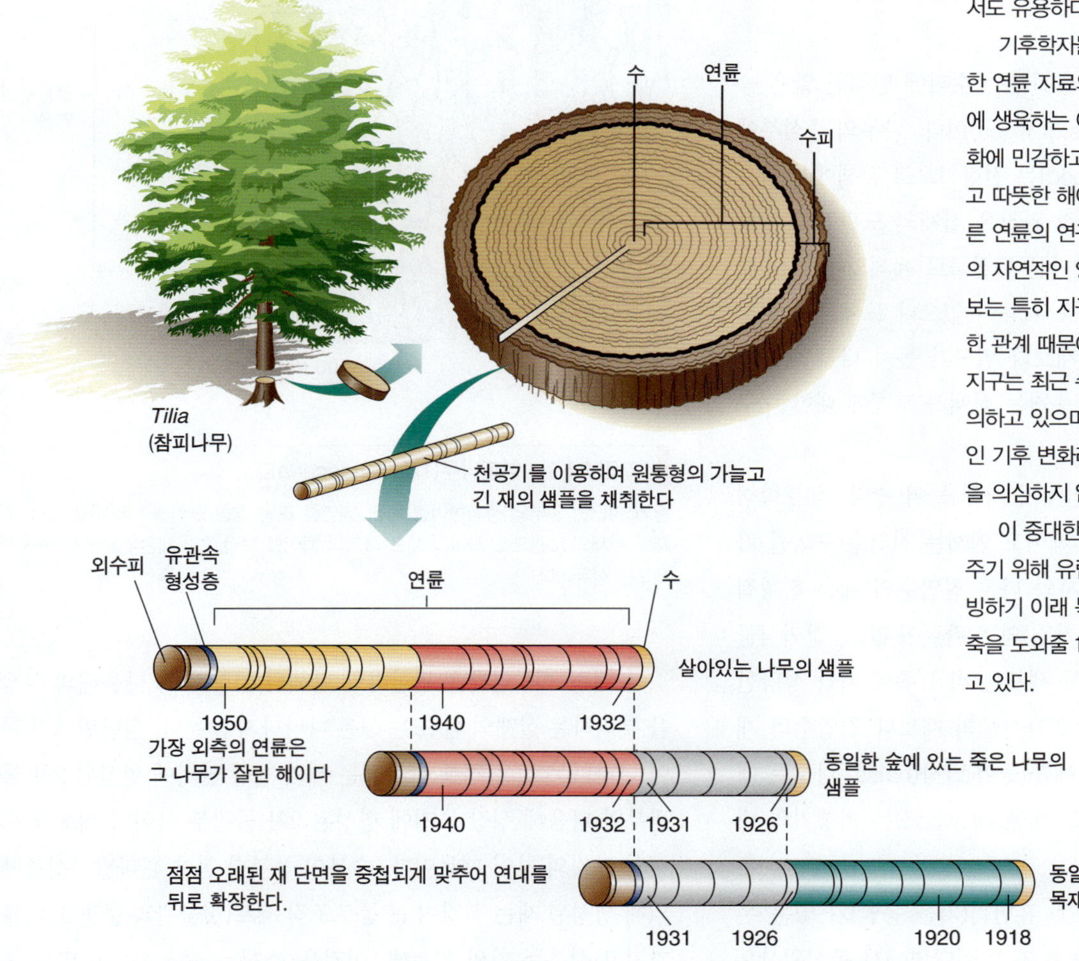


**나무 연륜 계산.**

수목연대학은 동일 지역의 점진적으로 오래된 목재를 이용하여 개발되었다. 연대를 알기 위해 모르는 연대의 목재 샘플의 연륜을 조합함으로써 샘플의 연대를 정확하게 계산할 수 있다. 한때 지루하고 힘든 일이었던 연륜을 조합하는 일을 현재는 컴퓨터가 하고 있다.

**그림 34-8 심재와 변재.**

오래된 나무의 재는 진한 중앙의 심재와 외측의 변재로 구성된다. 변재는 물과 용존 영양염을 수송하는 기능적인 물관부이다. 심재에 있는 연륜은 매우 명확하다.

수송되는 부분인 기능적인 2차 물관부는 수피에 인접한 얇은 층의 어리고 밝은 색의 재인 *변재*(sap wood)이다. 나무의 중심부에 있는 오래된 재인 *심재*(heartwood)는 전형적으로 갈색에서 붉은 색을 띠고 있다. 심재의 현미경적 관찰은 심재의 도관절과 헛물관이 색소, 탄닌, 고무, 수지 및 다른 물질들로 폐쇄되어 있는 것을 보여준다. 그래서 심재는 수송 기능이 없으나 노폐물의 저장 장소로 기능을 한다. 심재는 변재보다 밀도가 높아 나무의 구조적 지지를 수행한다. 또한 일부 증거는 심재가 부패에 대한 내구성을 제시하고 있다.

대부분의 사람들이 경재와 연재에 대해 들어 왔다. 해부학적으로 말해서 경재는 현화식물의 재이고 연재는 침엽수(구과를 가지는 겉씨식물)의 재이다. 소나무와 다른 침엽수의 재는 전형적으로 섬유(두꺼운 2차 세포벽을 가진)와 도관절이 없고, 겉씨식물의 통도 세포는 헛물관이다. 이들 세포는 비록 종에 따라 상당한 변이가 존재하지만 일반적으로 현화식물의 재보다 침엽수의 재가 연하게 하는 점에서 다르다. 예를 들어 발사(balsa) 나무는 매우 가벼운 *경재*(hardwood)이고, *연재*(softwood)는 비행기의 내장재로 이용된다.

자라는 시기와(봄과 여름 동안) 휴면기(겨울 동안)가 있는 온대 기후에서 생육하는 목본 식물은 재의 횡단면에서 동심원상으로 나타나는 *연륜*(나이테, annual rings)을 가진다. 온대 지역에서 나무의 나이를 알아보기 위해 간단히 연륜을 센다. 열대 지역에서는 환경적인 조건, 특히 계절 또는 연간 강우량의 양상이 연륜의 유무를 결정하고, 연륜은 대부분 열대 나무의 나이를 결정하는 신뢰할 수 있는 방법이 아니다.

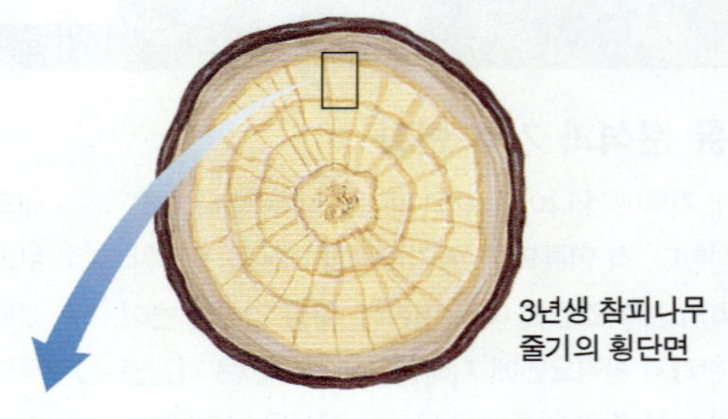


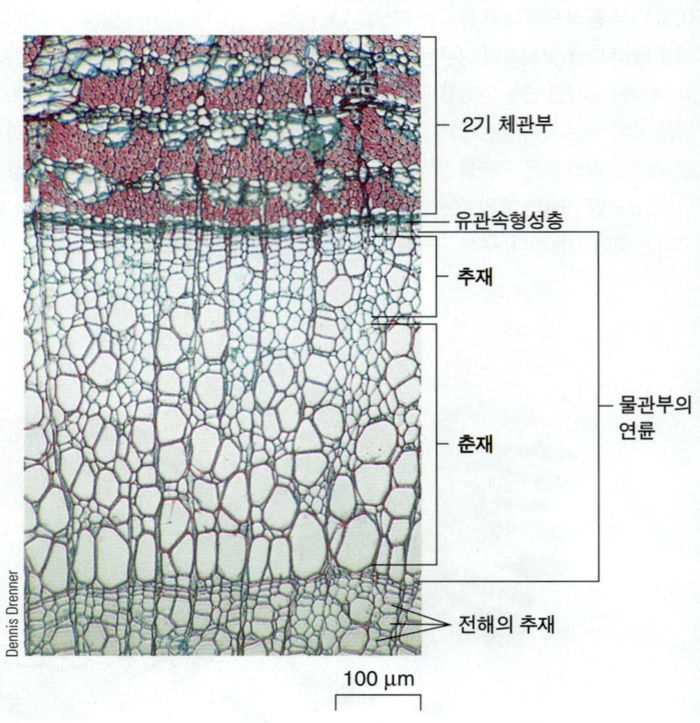


**그림 34-9 참피나무(*Tilia americana*).**

줄기 횡단면 일부의 광학현미경 사진. 일연륜 또는 성장 증식을 나타내고 있다. 춘재와 추재의 도관요소 사이의 세포 크기의 차이를 보라. 2기 체관부에 있는 분홍색 세포는 섬유이다.

확대경으로 연륜을 관찰하면 한해의 성장과 그 다음해의 성장을 분리하는 실제의 환 또는 선은 나타나지 않는다. 횡단면에서 환이 나타나는 것은 진행되고 있는 해의 성장 말기에 형성된 2차 물관부와 다음해 성장 초기에 형성된 2차 물관부 사이의 세포벽 두께와 크기의 차이 때문이다. 수분이 풍부한 봄에 관다발형성층에 의해 생성된 재는 직경이 큰 통도조직 세포(헛물관과 물관요소)를 가지고 섬유는 거의 없는데, 이것을 *춘재*(spring wood) 또는 *초재*(early wood)라 한다. 수분이 부족한 여름에 형성된 재는 *추재*(summer wood) 또는 *만재*(late wood)라 하고, 직경이 작은 통도 세포와 많은 섬유를 가지고 있다. 한 해의 춘재와 다음해의 추재 사이에 세포 크기의 차이는 연륜의 모습으로 나타난다(**그림 34-9**). 옛날 나무의 연륜을 연구함으로서 과거의 기후에 대한 많은

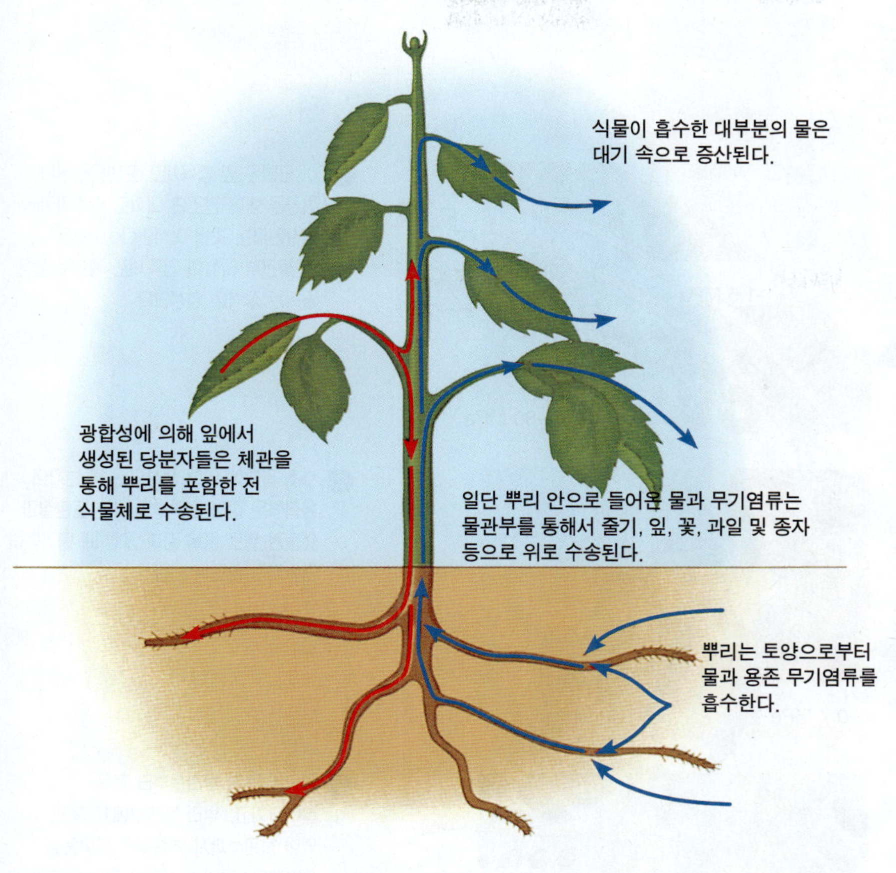


**그림 34-10 유관속 식물에서 수송의 개관.**

물관부 수송은 그림의 오른쪽에 설명하고 있으며(아래쪽에서 출발하여 위쪽으로 수송된다), 체관부 수송은 왼쪽에 표시하였다.

정보를 얻을 수 있다(초점을 보라: 연륜 분석과 지구 기후).

목본줄기가 일년 이상 둘레가 증가할 때 줄기에 붙은 가지는 살아있는 한 줄기와 함께 자란다. 가지가 죽으면 더 이상 줄기와 같이 자라지 않는다. 가끔 줄기의 둘레가 증가할 때 죽은 가지의 기부를 포위하게 된다. 매몰된 죽은 가지의 기부 부위는 *괭이*(knot)라 한다. 괭이는 재뿐만 아니라 수피를 포함할 수 있다. 재에 있어서 괭이의 존재는 장식적 목적을 제외하면 상업적 가치를 떨어뜨린다.

줄기의 구조와 1기 및 2기 생장을 논의해 왔으며, 지금부터는 식물체의 유관속계의 내부 수송을 알아보자.

### 복습

- 쌍떡잎과 외떡잎 식물 줄기 횡단면에 있는 유관속조직 배열은 어떻게 다른가?
- 관다발형성층과 코르크형성층의 차이점은 무엇인가? 관다발형성층으로부터 생성되는 조직은 무엇인가? 코르크형성층에서 발달하는 조직은 무엇인가?
- 2기 생장이 일어날 때 줄기의 1기 조직은 어떻게 되는가?
- 목본 줄기에서 연륜은 어떻게 생성되는가?

## 34.3 식물체에서 수송

### 학습목표

5 식물에 있어서 수분 수송 경로를 설명할 수 있다.

6 수분 포텐셜을 정의한다

7 물관부에서 물과 무기염류의 수송을 설명하기 위한 기작으로서 장력-응집력 및 근압을 설명할 수 있다.

8 식물에서 당의 수송 경로를 설명할 수 있다.

9 체관부에서 당 수송의 압류설 가설을 설명할 수 있다.

이제부터는 식물의 유관속계에서 내부 수송을 다룬다(**그림 34-10**). 뿌리는 토양으로부터 물과 무기염류를 흡수한다. 일단 뿌리 내부에 흡수된 이들 물질은 줄기, 잎, 꽃, 과일 및 종자 등의 위쪽으로 수송된다. 광합성에 의해 잎에서 만들어진 당은 용액상태로 지하 뿌리까지 포함한 전 식물체로 수송된다. 물과 무기염류는 뿌리에서 식물체의 다른 부위로 물관부를 통해 수송되는 반면 용존 당은 체관부를 통해 **전위(translocated)**된다.

순환계가 없는 식물의 물관부 수송과 체관부 전위는 동물의 물질 이동과 다르다. 물관부에서 수송되는 물과 무기염류는 한 방향으로만 이동하는 반면 용존 당의 전위는 분리된 체관부 세포에서 상승 및 하강이 일어날 수 있다. 또한 물관부 수송과 체관부 전위는 펌프 기관이나 심장에 의한 것이 아니라 자연의 물리적 과정에 의해 주로 유도되기 때문에 동물의 내부 순환과 다르다.

식물 유관속 조직의 연속적인 계에서 어떻게 물질이 정확하게 이동하는가? 먼저 식물체를 통한 물의 수송을 알아보고, 용존 당의 전위는 뒤에 논의한다.

**표 34-1**

**일부 식물의 물관부와 체관부의 수송율**

| 식물 | 물관부에서 최대 수송율 (cm/min) | 체관부에서 최대 수송율 (cm/min) |
|---|---|---|
| 침엽수 | 2 | 0.8 |
| 목본 쌍떡잎식물 | 73 | 2 |
| 초본 쌍떡잎/외떡잎식물 | 100 | 2.8–11 |
| 초본 덩굴식물 | 250 | 1.2 |

출처: J.D. Mauseth, Botany: An introduction to Plant Biology, 2nd ed. Philadelphia, Saunders College Publishing, 1995.

참고: 물관부와 체관부에서의 수송율은 각 일반적인 그룹 내의 다른 식물로부터 단지 비교를 위한 목적으로 이용되었다.

요점

증산작용이 장력–응집력의 원동력이다.

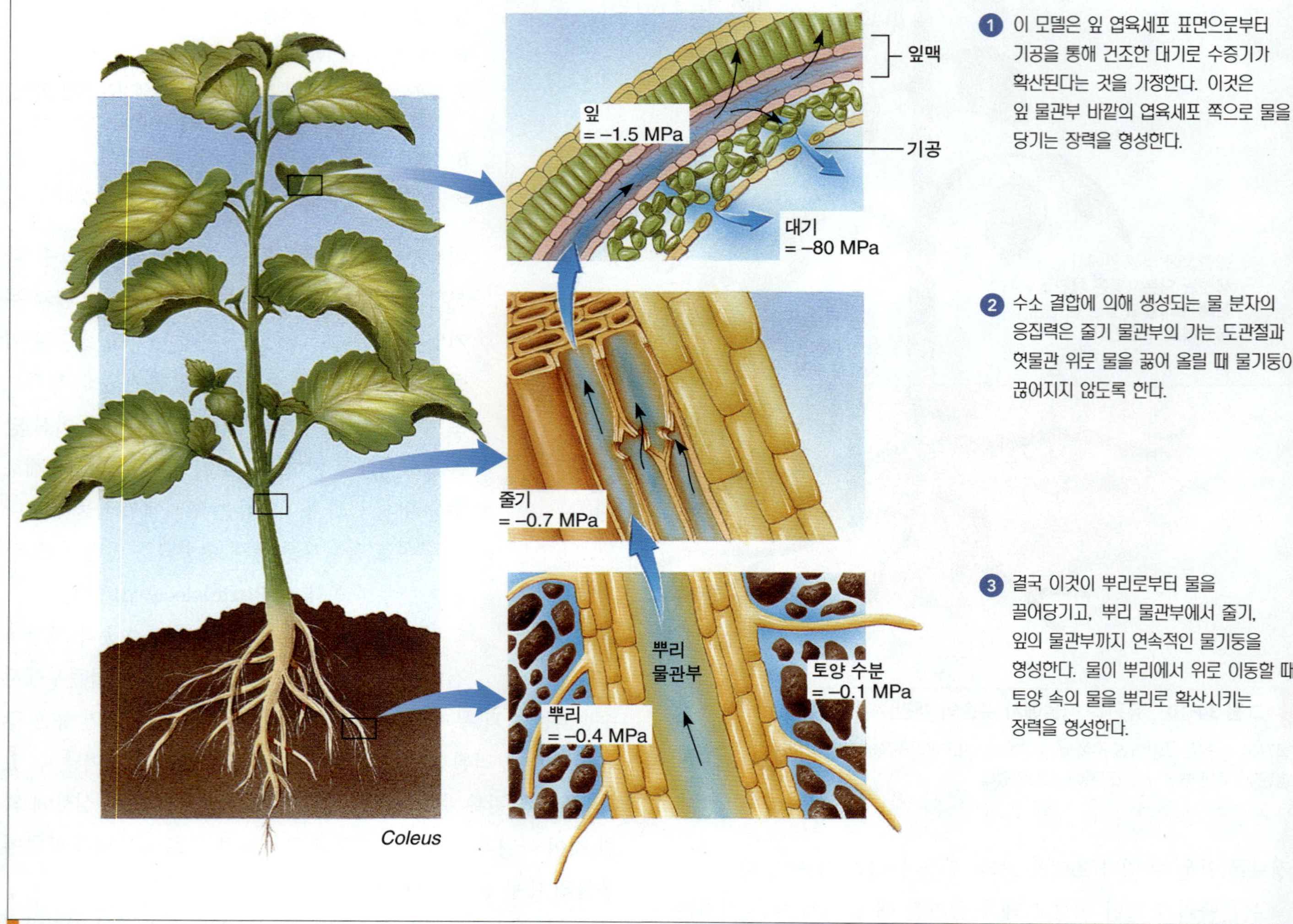


**그림 34-11** 장력–응집력 모델.

## 34.3.1 물과 무기염류는 물관부에서 수송된다

물은 먼저 토양으로부터 뿌리로 수평적으로 이동하고 물관부에 도달할 때까지 몇 가지 조직을 통과한다. 물이 일단 뿌리 물관부의 헛물관이나 도관절로 이동하면 뿌리에서 줄기, 잎까지 이들 속이 빈 죽은 세포의 연속적인 망을 통해 상승 이동한다. 영양염류는 수동적으로 물과 함께 운반된다. 식물은 물 수송에 자신의 어떤 에너지도 소비하지 않고, 자연의 물리적 과정의 결과로 이동한다. 물관부 수액의 수송은 식물체의 물질 이동 중 가장 빠르다(▮ 표 34-1).

물이 어떻게 식물 꼭대기까지 이동하는가? 이것은 식물의 아래쪽에서 밀어 올리든가 식물 꼭대기에서 끌어올리는 것이다. 2가지 기작이 다 존재하지만 최근의 증거는 대부분의 물은 식물 꼭대기에서 끌어당김으로서 물관부를 통해 수송된다는 것을 나타낸다.

### (1) 물의 이동은 수분퍼텐셜의 차이로 설명할 수 있다

어떻게 물이 이동하는가를 이해하기 위해 물의 **자유에너지**(free energy; 7장을 보라)로 정의되고 있는 **수분퍼텐셜**(water potential)을 소개하는 것이 도움이 된다. 수분퍼텐셜은 **삼투현상**(osmosis)에 의한 세포의 수분 흡수 능력을 측정하기 때문에 식물 생리에서 중요하다(5장을 보라). 수분퍼텐셜은 또한 세포로부터 물의 증발력 측정을 제공한다.

순수한 물의 수분퍼텐셜은 직접 측정할 수 없기 때문에 관례적으로 0 메가파스칼(megapascals, MPa)로 한다(메가파스칼은 약 10 대기압의 압력 단위이다). 그러나 다른 상황에서 물 분자의 자유에너지 차이를 측정하는 것이 가능하다. 용질이 물에 용해될 때 물의 자유에너지는 감소한다. 이것은 용해된 용질이 수분퍼텐셜을 음수로 낮춘다는 것을 의미한다. 물은 높은 수분퍼텐셜(낮은 음) 부위에서 낮은 수분퍼텐셜(높은 음) 부위로 이동한다.

토양의 수분퍼텐셜은 토양이 얼마나 많은 물을 함유 하는가에 따라 변한다. 토양이 극도로 건조할 때 토양의 수분퍼텐셜은 매우 낮다(매우 높은 음). 토양에 수분이 있을 때 토양의 수분퍼텐셜은 용존 무기염류가 묽은 농도로 존재하기 때문에 여전히 음의 값을 가지지만 높다.

또한 뿌리 세포의 수분퍼텐셜은 용해된 용질이 존재하기 때문에 음의 값이다. 뿌리는 토양이 극도로 건조되지 않는 한 토양의 물보다 더 많은 용해된 물질을 함유한다. 이것은 정상적인 조건하에서 뿌리의 수분퍼텐셜은 토양의 수분퍼텐셜보다 더 높은 음의 값을 가진다는 것을 의미한다. 그래서 물은 토양으로부터 뿌리 속으로 삼투현상에 의해 이동한다.

### (2) 장력–응집력 모델에 의해 물을 줄기로 끌어 올린다

1896년 아일랜드 식물학자인 **헨리 딕슨**(Henry Dixon)은 중력에 반하는 물의 상승을 설명하기 위해 장력–응집력 모델을 제안하였다. 비록 초기에는 관련 학계에서 많은 비판에 직면했지만 이 모델은 시련의 시기를 극복했다. 증산–응집력 모델로도 알려진 장력–응집력 모델에 따르면 물은 식물체의 꼭대기에서 생성된 장력의 결과 식물체 위로 끌어올려진다(**그림 33-11**). 빨대를 통해 액체를 마실 때 형성되는 것과 유사한 이 장력은 증산의 증발 압력에 의해 생긴다. **증산**(transpiration)은 식물체로부터 수증기의 증발이라는 33장을 상기하라. 증산에 의한 대부분의 수분 소실은 잎과 줄기 표면에 존재하는 많은 작은 구멍(기공)을 통해 일어난다. 장력은 대부분의 증산이 일어나는 잎에서부터 줄기와 뿌리까지 확장된다. 증산으로 물이 소실된 잎으로 줄기 물관부의 물을 끌어당겨 뿌리 물관부로부터 줄기 물관부까지 물을 끌어 올린다. 물이 위로 끌어당겨질 때 토양으로부터 여분의 물이 뿌리 속으로 빨려들어 온다. 그래서 수분 이동의 경로는 다음과 같다:

**토양 ⟶ 뿌리 조직(표피, 피층, 내피 등) ⟶ 뿌리 물관부 ⟶ 줄기 물관부 ⟶ 잎 물관부 ⟶ 잎 엽육조직 ⟶ 대기 ⟶ 포와**

이러한 물의 상승 견인은 전 식물체의 물관부 물기둥이 끊어지지 않을 때만 가능하다. 물은 물 분자의 **응집력**(cohesiveness) 때문에 물관부의 수주가 끊어지지 않게 한다. 물 분자는 응집력 즉 많은 **수소결합**(hydrogen bond) 때문에 분자들 간에 강하게 결합된다는 2장을 상기하라. 또한 수소결합에 의한 물관부 세포벽과 물분자의 **흡착력**(adhesion)이 물기둥이 끊어지지 않도록 유지하는 중요한 요소이다. 그래서 물의 응집과 흡착 특성은 끊어지지 않는 물기둥을 형성하여 물관부를 통해 물을 끌어올릴 수 있게 한다.

장력–응집력 기작 때문에 물관부에서 물의 이동은 수분퍼텐셜의 용어로 설명할 수 있다. 대기는 극도의 음의 수분퍼텐셜을 가진다. 예를 들어 50%의 상대습도를 가진 공기는 −100 MPa의 수분퍼텐셜을 가지고, 90%의 상대습도의 습한 공기조차 −13 MPa의 음의 수분퍼텐셜을 가진다. 그래서 음의 값이 적은(토양) 것에서 식물체를 경유하여 가장 큰 음의 값(대기)까지 수분퍼텐셜의 기울기가 존재한다. 이 기울기가 실제로 물을 토양으로부터 식물체로 끌어올린다.

비록 장력–응집력 모델이 19C 말에 처음 제시되었으나 1990년대 말과 2000년대 초까지 이 기작을 지지하기 위한 결론적인 실험적 증거를 얻지 못했다. 그 당시 몇몇 연구 집단은 물관부 내에 존재하는 큰 음압을 직접 측정을 했으며, 뿌리, 줄기 및 잎 물관부 내의 수분퍼텐셜 구배가 관찰된 물의 이동을 설명하는데 적합하다는 것을 제시하였다.

장력–응집력의 힘은 가장 큰 식물에서 수분의 상승을 설명하는데 충분한가? 식물학자들은 수 년 동안 이 문제를 연구하였으며, 2004년 세계에서 가장 키가 큰 8 그루(모두 삼나무, *Sequoia sempervirens*) 중 5 그루의 연구에서 증산에 의해 생성된 장력은 최고 130 m까지 물을 끌어올리기에 충분한 힘이라는 것을 계산하였다. 켈리포니아(Humboldt Redwoods State Park)에 있는 현존 식물 중 최고로 알려진 나무의 키가 약 113 m이기 때문에 장력–응집력 모델은 수분 수송을 쉽게 설명할 수 있다. 현재 대부분의 식물학자들은 대부분의 식물에서 물관부 수송의 우세한 기작으로 장력–응집력 모델을 들고 있다.

### (3) 근압은 뿌리로부터 줄기로 물을 밀어 올린다

수분 수송에 있어서 덜 중요한 기작인 **근압**(root pressure)은 토양으로부터 식물체의 뿌리로 이동한 물을 식물의 꼭대기 쪽으로 물관부를 통해 밀어 올린다. 근압은 토양으로부터 능동적으로 흡수한 무기이온을 물관부로 펌프하여 물관부의 수분퍼텐셜을 감소시키기 때문에 생긴다. 그래서 물은 뿌리 주변 세포로부터 물관부 세포로 이동한다. 결국 물은 토양과 뿌리 세포 사이의 수분퍼텐셜 차이 때문에 삼투현상에 의해 뿌리 속으로 이동한다. 뿌리 조직에

**요점**

체관부에서 용질은 공급원에서 수용원으로 이동한다.

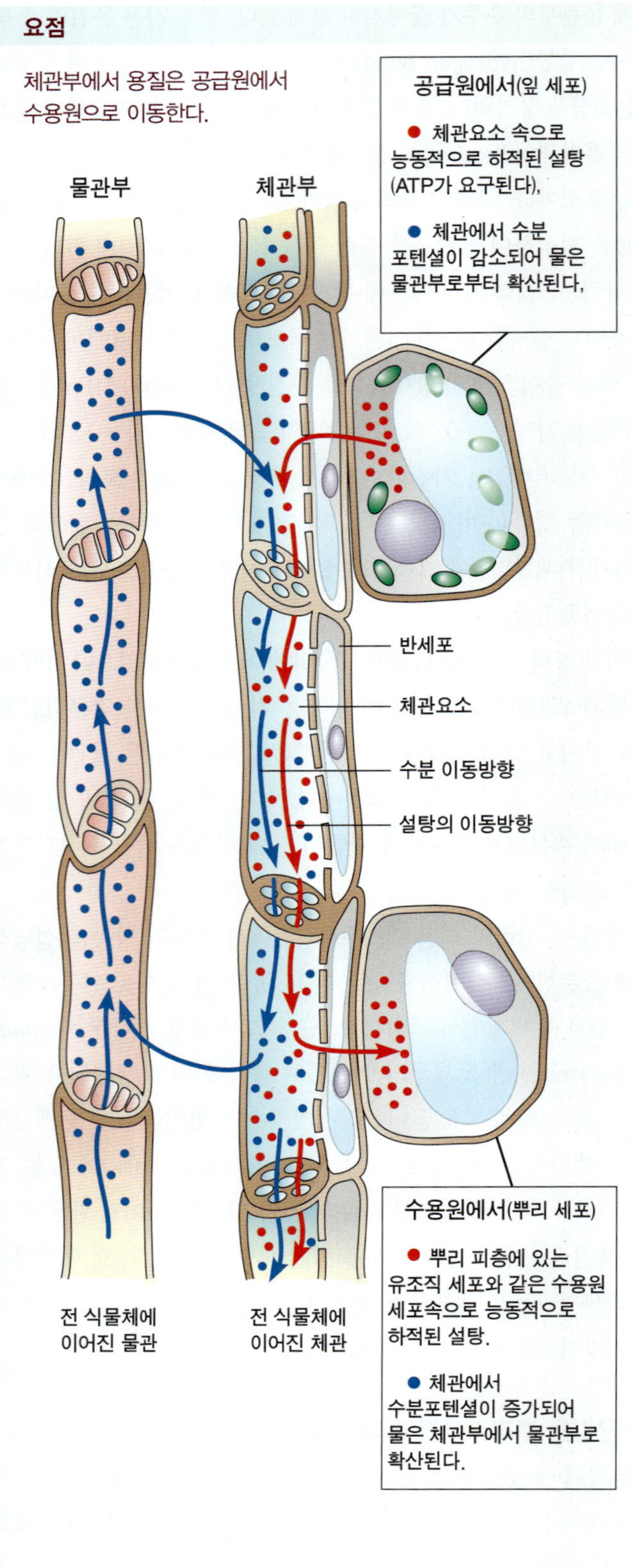


**그림 34-12 압류설.**

당은 공급원에서 체관요소로 능동적으로 선적된다. 결과적으로 물은 물관부에서 체관요소로 확산된다. 수용원에서 당은 능동적 또는 수동적으로 하적되고, 물은 체관요소에서 물관부로 확산된다. 공급원에서 수용원까지 체관 내의 압력기울기는 팽압이 높은 압력 부위인 공급원으로부터 낮은 압력 부위인 수용원까지 전좌를 야기시킨다.

물의 축적은 뿌리 물관부를 통해 경엽부(shoot)로 물을 밀어 올리는 양의 압력(+0.2 MPa)을 생성한다.

잎에 있는 특수한 구멍을 통해 액체의 물이 밀려나오는 현상인 **일액현상**(**guttation**; 33장을 보라)은 근압의 결과이다. 그러나 근압은 해안의 삼나무와 다른 키가 큰 나무의 꼭대기까지 물의 상승을 설명하기에는 부족하다. 근압은 키가 작은 식물 특히 토양의 수분 함량이 높은 봄에 영향을 발휘하지만 키가 큰 나무에서 100 m 또는 그 이상까지 물을 상승시킬 수는 없다. 게다가 근압은 여름에는(토양속에 물이 충분하지 않을 때) 인지할 수 있을 만큼 형성되지 않지만 물의 이동은 무더운 여름 낮 동안에 가장 크다.

## 34.3.2 용액의 당은 체관부에서 전위된다

광합성 동안 생성된 당은 체관부에 실리기 전에 포도당 한 분자와 과당 한 분자가 결합된 이당류인 설탕으로 전환되어(그림 3-8b) 식물체의 다른 부위로 전위된다. 설탕은 체관부에 운반된 주된 광합성 산물이다. 체관부 수액의 전위는 물관부의 수송만큼 빠르지 않다(표 34-1).

체관부 조직 내의 액체는 상 · 하 양방향으로 이동한다. 설탕은 과다한 당이 공급되는 부위(대개 잎)인 공급원(source)으로부터 뿌리, 정단분열조직, 과일 및 종자와 같이 당이 이용되거나 저장(불용성 전분으로) 되는 부분인 수용원(sink)까지 각 체관에서 전위된다.

### (1) 압류설은 체관부에서 전류를 설명 한다

현재 실험적 증거는 독일 과학자인 **어네스트 뮹크**(**Ernst Münch**)에 의해 1926년에 처음 제시된 **압류설**(**pressure-flow hypothesis**)에 의해 체관부에서 용해된 당의 전위를 지지한다. 압류설은 용질(용존 당과 같은)은 압력기울기, 즉 압력의 차이에 의해 체관부에서 이동한다는 것을 설명한다. 압력기울기는 당이 체관부에 선적되는 공급원과 당이 체관부에서 제거되는 수용원 사이에 존재한다.

공급원에서 용존 당은 생성된 잎의 엽육세포에서 반세포로 이동하여 체관부의 체관요소로 선적된다. 이 선적은 ATP가 요구되는 과정인 능동수송에 의해 일어난다(**그림 34-12**). ATP는 체관요소의 양성자를 퍼내기 위한 에너지를 공급하고, 그 결과 형성된 양성자 기울기가 체관요소에서 공동수송(cotransport)으로 당과 양성자를 다시 퍼 들인다(5장에서 논의된 공동수송 참조). 그래서 당은 체관요소에 축적된다. 공급원의 체관요소에서 용해된 당의 증가는(주변 세포보다 2-3배 많은 농도) 그 세포의 수분퍼텐셜을

## 핵심 실험

**질문:** 체관액을 오염시킬 수 있는 비체관 세포를 자르지 않고 체관액을 어떻게 연구할 수 있는가?

**가설:** 진디물 주둥이를 하나의 체관에 침투시키기 위해 이용할 수 있다.

**실험:** 진디물이 줄기의 체관 속으로 주둥이를 삽입시키게 한 후 연구자들은 먹이를 먹고 있는 진드기를 이산화탄소로 마취시키고, 레이저를 이용하여 주둥이를 절단하였다. 주둥이는 체관부에 남게 되고 미세한 파이프와 같은 기능을 한다.

**(a)** 줄기에서 먹이를 먹고 있는 진딧물.

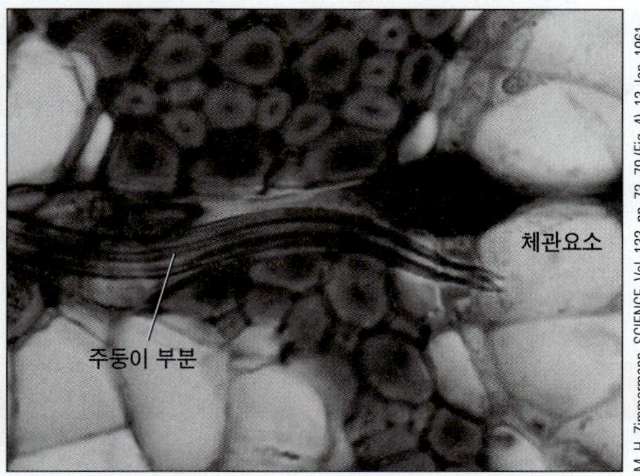


**(b)** 진딧물 주둥이 부위가 침투해 있는 체관요소를 보여주고 있는 체관부 세포의 광학현미경 사진.

**결과와 결론:** 수일 동안 시간당 약 1 $mm^3$의 체관액이 각 주둥이로부터 스며 나왔다. 그래서 연구자들은 체관액을 수집하여 구성성분을 분석할 수 있었다.

**그림 34-13 체관액 수집과 분석.**

1950년대 진디물을 연구하는 곤충 생리학자들에 의해 처음 사용된 이 방법은 체관부 전류를 연구하는 식물 생리학자들에 의해 빠르게 적용되었다.

감소시킨다. 결국 물은 삼투현상에 의해 물관부 세포로부터 체관으로 이동하고, 그 내부에 **팽압(turgor pressure)**을 증가시킨다. 그래서 공급원에서 체관부 선적은 다음과 같다.

> **양성자 펌프는 체관요소 밖으로 $H^+$를 이동 ⟶ 당은 체관요소로 능동적으로 수송 된다 ⟶ 물관부로부터 체관요소로 물이 확산 된다 ⟶ 체관 내에 팽압이 증가 한다**

수용원(sink)에서 당은 여러 가지 기작에 의해(능동과 수동 양쪽의) 체관요소로부터 빠져 나간다. 당의 소실로 수용원에 있는 체관요소의 수분퍼텐셜은 증가한다(음의 값이 적어진다). 그래서 물은 삼투현상에 이해 체관요소에서 빠져 나와 주변 세포로 들어가고, 이 물의 대부분은 다시 물관부로 확산되어 위쪽으로 수송된다. 이 물의 이동은 수용원에서 체관부 안쪽의 팽압을 감소시킨다. 그래서 수용원에서 체관부 하적은 다음과 같다.

> **당은 체관요소 밖으로 수송 된다 ⟶ 물은 체관요소에서 빠져나와 물관부 안으로 확산 된다 ⟶ 체관 내의 팽압이 감소한다**

그래서 압류설은 압력기울기에 의해 체관부에서 용해된 당의 이동을 설명한다. 물과 용해된 당이 압력기울기에 따라 흐를 때 체관부에서 전류를 야기시키는 공급원과 수용원 사이에 당 농도의 차이가 존재한다. 이 압력기울기는 물이 호스를 통해 흐르는 만큼 체관부를 통해 당 용액을 밀어낸다.

체관부에서 용해된 당의 실질적인 전류는 대사에너지를 요구하지 않는다. 그러나 공급원에서 당의 선적과 수용원에서 당의 능동적 하적은 당을 능동수송으로 세포막을 통과시키기 위해 ATP로부터 유래되는 에너지가 요구된다.

비록 압류설이 체관부 전류에 대한 최근의 자료를 적절하게 설명한다고 해도 이 복잡한 과정에 관해 연구되어야 할 부분이 많이 남아 있다. 체관부 전류는 식물에서 연구하기 어렵다. 체관부 세포는 압력을 받고 있기 때문에 전류를 관찰하기 위해 체관부를 절단하면 압력이 해제되고 체관절의 함유물(체관액)이 스며 나와 필연적으로 다른 절단된 세포의 함유물과 혼합된다. 1950년대에 식물학자들은 체관액 오염을 피할 수 있는 독특한 연구장치를 개발했다: 진드기는 먹이를 얻기 위해 체관부 속으로 주둥이 부위를 찔러 넣는 작은 곤충이다(▮ 그림 34-13). 구멍이 난 체관부의 압력은 진드기의 주둥이 부위를 통해 진드기의 소화계로 당액을 유도한다. 진드기 주둥이 부위가 레이저 빔에 의해 몸에서 절단될 때 당액은 체관부의 압력에 비례하여 주둥이 부위를 통해 계속 흐르게 된다. 이 비율이 측정되었으며, 다른 환경조건-다양한 빛의 강도, 어둠, 무기염류 부족-의 체관부 수송에 대한 효과를 규명할 수 있다.

전류된 물질의 확인과 비율 또한 절단된 진드기 주둥이 부위를 이용하여 결정할 수 있다. 이 기술은 대부분의 식물에서 설탕이 체관부에 수송된 주 또는 유일한 탄수화물 임을 증명하였으나 일부 식물은 라피노오스(raffinose), 당알코올(sugar alcohols), 소르비톨(sorbitol) 같은 다른 당을 수송한다. 체관부에 수송되는 부수적인 물질은 식물 호르몬, ATP, 아미노산, 칼륨이온과 다른 무기이온 및 질병을 유발하는 식물 바이러스를 포함할 수 있다.

**복습**

- 물관부와 체관부에서 수송의 방향이 어떻게 다른가?
- 수분퍼텐셜은 무엇인가? 물의 이동과 수분퍼텐셜은 어떻게 연관되어 있는가?
- 장력-응집력 모델이 키가 큰 나무에서 수분 상승을 어떻게 설명하는가?
- 체관부에서 당의 수송을 압류설이 어떻게 설명하는가?

## 핵심 용어와 요약

**학습목표**

1 목본 가지의 외부 구조를 기술하시오.

- 목본 가지는 줄기의 외부 구조를 나타낸다. **눈(bud)**은 미발달된 배와 같은 어린 싹이다. **정아**는 줄기 끝에 위치하고 있는 반면 **액아(측아)**는 엽액에 위치하고 있다. 휴면아는 **아린**에 의해 덮여 보호되고 있다. 눈이 성장을 재개할 때 눈을 덮고 있던 아린이 탈락되어 **아린흔**을 남긴다.
- 각 잎이 붙어 있는 줄기 부위를 **마디(절)**라하고, 두 연속적인 마디 사이의 줄기 부위는 **절간**이라 한다. **엽흔**은 각 잎이 줄기에 부착되었던 곳을 나타낸다. **관속흔**은 유관속이 줄기에서 잎까지 확장된 엽흔내 부위이다.
- **피목**은 목본 줄기의 내부로 산소를 확산시키기 위해 느슨하게 배열된 세포 부위이다.

2 초본 쌍떡잎과 외떡잎 줄기 횡단면에서 각 조직의 명칭을 기재하고 기능을 기술하시오.

- 초본 줄기는 표피, 유관속 조직 그리고 기본조직 또는 피층과 수를 가진다. **표피**는 수분을 보존하는 **각피**로 덮인 보호층이다. **기공**은 가스 교환을 가능케 한다. **물관부**는 물과 용존 영양염류를 수송하고, **체관부**는 용해된 당과 적은 양의 호르몬, ATP, 아미노산, 칼륨 이온 같은 무기 이온 및 바이러스와 같은 다른 물질을 수송한다. **피층**과 **수**, 그리고 **기본 조직**은 일차적으로 저장 기능을 수행한다.
- 비록 초본 줄기는 모두 동일한 기본적인 조직을 가지고 있지만 조직의 배열은 상당히 다르다. 초본 쌍떡잎 줄기는 환상으로 배열된 유관속과 명확한 피층과 수를 가지고 있다. 외떡잎 줄기는 기본조직에 산재된 유관속을 가지고 있다.

3 2가지 측부 분열조직을 말하고, 각각으로부터 발달하는 조직을 기술하시오.

- **관다발형성층**은 2기 물관부(재)와 2기 체관부(내수피)를 생성하는 측생분열조직이다.
- **코르크형성층**은 코르크 유조직과 코르크 세포로 구성된 **주피**를 생성한다. 코르크 세포는 목본 줄기에서 표피의 기능을 대신한다. 코르크 유조직은 목본 줄기에서 일차적으로 저장 기능을 수행한다.

4 목본줄기에서 1기 생장에서 2기 생장까지 추이의 개요를 기술하시오.

- **2기 생장**(2기 조직인 재와 수피를 생산)은 일부 현화식물(목본 쌍떡잎)과 구과를 가지는 모든 겉씨식물에서 나타난다.
- 2기 생장 동안 1기 물관부와 1기 체관부 사이에서 발달한 관다발형성층은 2기 물관부(안쪽으로)와 2기 체관부(바깥으로)를 형성하기 위해 두 방향으로 분열한다. 원래의 유관속 내의 1기 물관부와 1기 체관부는 2기 생장이 진행될 때 분리된다.

5 식물에서 수분 수송의 경로를 기술하시오.

- 물과 용존 영양염류는 토양으로부터 뿌리조직(표피, 피층 등)으로 이동한다. 뿌리 물관부에서 물과 영양염류는 뿌리 물관부에서 줄기 물관부, 잎 물관부까지 위로 이동한다. 잎의 잎맥으로 수송된 물의 대부분은 대기 속으로 증산된다.

6 수분퍼텐셜을 정의하시오.

- **수분퍼텐셜**은 물의 **자유에너지**의 측정이다. 순수한 물은 0 메가파스칼의 수분퍼텐셜을 가지는 반면 용해된 용질을 가진 물은 음의 수분퍼텐셜을 가진다.
- 물은 높은 수분퍼텐셜 부위(낮은 음의 값)에서 낮은 수분퍼텐셜 부위(음의 값이 높은)로 이동한다.

7 물관부에서 물과 용존 영양염류의 상승을 설명하는 기작으로서 장력-응집력 및 근압의 역할을 설명하시오.

- **장력-응집력 모델**은 가장 큰 식물에서도 물의 상승을 설명할 수 있다. **증산작용**은 식물의 꼭대기에 장력을 일으킨다. 이 장력은 약간 음의 수분퍼텐셜인 토양과 뿌리에서 높은 음의 수분퍼텐셜을 가진 대기까지 형성된 수분 포텐셜 구배의 결과이다. 물의 응집력과 흡착력의 결과로서 물기둥이 끊어지지 않고 식물체를 통해 끌어당겨진다.

- 토양으로부터 영양염류의 능동적인 흡수의 결과로 토양으로부터 뿌리 속으로 수분의 이동에 의해 야기되는 **근압**은 작은 식물에서 특히 토양에 수분이 많을 때 수분 상승의 설명을 도운다. 근압은 물관부를 통해 물을 밀어 올린다.

8 물관부에서 물과 용존 영양염류의 상승을 설명하는 기작으로서 장력-응집력 및 근압의 역할을 설명하시오.

- 용존 당은 체관부를 통해 공급원(여분의 당이 생성되는 부위, 대개 잎)에서 수용원(뿌리, 정단분열조직, 과일, 종자와 같이 당이 이용되거나 저장되는 부위)으로 위 · 아래로 **전위**된다.

9 체관부에서 당 전류의 압류설 가설을 설명하시오.

- 체관부에서 물질의 이동은 **압류설**에 의해 설명된다. 반세포는 공급원(source)에서 체관 속으로 능동적으로 당을 선적하고, 이 과정에는 ATP가 요구된다. ATP는 체관요소 밖으로 양성자를 퍼내기 위한 에너지를 공급한다. 양성자기울기는 체관요소 속으로 양성자 역행의 공동수송에 의해 당의 흡수를 일으킨다. 그래서 체관요소 내에 당이 축적되고, **삼투현상**에 의해 체관 속으로 물의 이동이 일어난다.
- 반세포는 수용원(sink)에 있는 체관으로부터 능동적 방법과 수동적 방법으로 당을 하적한다. 결국 물은 삼투현상에 의해 체관으로부터 빠져나오고, 체관 내의 **팽압**(유체역학적 압력)이 감소한다.
- 공급원과 수용원 사이의 물질의 흐름은 공급원의 체관부에서 물이 들어가고 수용원의 체관부에서 물이 빠져 나옴으로써 생성된 팽압기울기에 의해 일어난다.

## 연습문제

1. 줄기의 3가지 주기능은 __________ 이다.
   (a) 지지, 수송, 광합성 (b) 지지, 토양에 고정, 살아있는 새로운 조직의 생성 (c) 수송, 살아있는 새로운 조직의 생성, 유성생식 (d) 수송, 무성생식, 유성생식 (e) 지지, 수송, 살아있는 새로운 조직의 생성
2. 목본 식물에서 물질의 횡적인 수송은 __________ 에서 일어난다.
   (a) 아린 (b) 피층 (c) 방사조직 (d) 피목 (e) 수 방사조직
3. 액아는 __________ 에 위치해 있다.
   (a) 줄기 끝 (b) 뿌리위와 같은 비정상적인 곳 (c) 두 연속적인 마디 사이 (d) 잎이 부착해 있는 줄기와 잎 사이의 상부 모서리 (e) 피목의 느슨하게 배열된 세포 내
4. 일액현상을 설명하는 물관부에서 수분 수송기작은 다음 중 어느 것인가?
   (a) 압류설 (b) 장력-응집력 (c) 근압
   (d) 공변세포 속으로 칼륨이온의 능동 수송 (e) 증산
5. 수분퍼텐셜은?
   (a) 세포막을 가로지르는 양성자 구배의 형성이다.
   (b) 체관부에서 당 수용액의 수송이다.
   (c) 물관부와 체관부 양쪽에서 물의 수송이다.
   (d) 공급원에서 당을 제거하고, 체관 밖으로 물의 이동을 야기시킨다.
   (e) 특별한 상황에서 물의 자유에너지이다.
6. 용존 당이 공급원과 수용원에 존재하는 압력기울기에 의해 이동하는 체관부 수송 기작은 다음 중 어느 것인가?
   (a) 압류설 (b) 장력-응집력 (c) 근압
   (d) 공변세포 속으로 칼륨의 능동 수송 (e) 일액-증산 가설
7. 다음 진술 중 틀린 것은?
   (a) 1기 생장은 식물의 길이 증가이다
   (b) 1기 생장은 정단분열조직과 측생분열조직에서 일어난다
   (c) 모든 식물은 1기 생장을 가진다
   (d) 초본식물 줄기는 1기 생장을 하는 반면 목본 식물 줄기는 1기 생장과 2기 생장을 가진다
   (e) 눈은 정단분열조직을 갖고 있는 배싹이다
8. 외떡잎 줄기의 기본조직은 초본 쌍떡잎 줄기의 __________ 과 __________ 과 동일한 기능을 수행한다.
   (a) 물관부; 체관부 (b) 코르크형성층; 관다발형성층
   (c) 표피; 주피 (d) 1기 목부; 2기 목부 (e) 피층; 수
9. 재의 횡단면에서 각 연륜은 __________ 의 일년 동안의 생장을 나타낸다.
   (a) 1기 물관부 (b) 2기 물관부
   (c) 교대되는 1기 물관부 또는 2기 물관부 (d) 1기 체관부
   (e) 2기 체관부
10. 다음 중 어느 것이 증산과 물의 응집력 및 흡착력 증발에 의한 물관에서의 물의 수송 기작인가?
   (a) 압류설 (b) 장력-응집력 (c) 근압
   (d) 공변세포 속으로 칼륨의 능동 수송 (e) 일액-증산 가설

## 심화 학습문제

1. 가구를 만드는데 있어서 경재가 연재보다 바람직한 이유는 무엇인가? 경재와 연재 사이의 구조적인 차이점을 근거로 설명하시오.
2. 2기 생장이 시작될 때 어떤 세포는 분열조직이 되어 분열하기 시작한다. 성숙한 헛물관은 이것을 할 수 있는가? 체관요소는? 그 이유를 설명하시오.

35

# 뿌리와 무기영양

**저장근.** 당근(*Daucus carota*)은 2년생 식물(2년간 사는 식물)이다. 첫해는 영양분이 다육질의 근계에 저장되고, 2년째는 묘가 신장되어 꽃이 핀다. 당근과 기타 근채류는 인류 식량에 주요한 근원이 된다.

## 핵심 개념

뿌리는 식물을 토양에 고착시켜주고, 물과 무기물을 흡수하고, 이들을 나머지 부분으로 수송하고 탄소화합물과 물을 저장한다.

뿌리의 1차 조직(표피, 피질, 내피, 내초, 물관, 체관)은 뿌리정단분열조직에서 유래한다. 목본의 2차조직(목재부와 수피)은 측부분열조직에서 유래한다.

내피는 에너지를 필요로 하는 능동수송을 통하여 토양액에 있는 무기이온을 흡수한다.

대부분의 뿌리들은 토양내 세균과 균류와 관련을 맺고 있다

토양은 기후, 바람, 물, 생물체 등과 접하면서 변형된 지각의 상층으로써 식물이 필요로 하는 대부분의 필수원소들을 포함하고 있다.

지하의 근계는 흔히 지상 부위보다 더욱 넓게 자란다. 예를 들어 곡류 뿌리는 깊이가 2.5 m로 자라고, 줄기 주위에 1.2 m로 퍼진다. 사막에 살고있는 위성류(*Tamarix*)의 뿌리는 50 m의 지하수까지 파고든다. 4개월 자란 호밀(*Secale cereale*)에서 뿌리털을 제외한 뿌리의 전체 길이는 50 m 이상으로 자란다. 식물 뿌리의 길이와 넓이는 종에 따라 매우 다양하고, 동일종이라도 개체에 따라 다르다.

뿌리는 다양한 기능을 수행한다. 첫째, 식물을 토양에 단단히 고착시켜준다. 둘째, 뿌리는 물을 흡수하고, 중요한 유기분자 합성에 필요한 질산염, 인산염 및 황산염 같은 무기물을 용해한다. 이어서 용해된 무기물은 식물 뿌리의 물관을 통해서 이동한다.

셋째 뿌리는 주요한 저장기관으로 기능한다. 당근(사진 참조), 고구마, 카사바 등의 뿌리는 주요 식량원이 된다. 잎에서 광합성으로 생성된 잔여 당류(보통 녹말 또는 서당)는 체관을 통해 뿌리로 이동하여 저장된다. 어떤 건조한 지역의 식물들은 물을 저장하는데 적합한 저장근을 가지고 있다. 어떤 종의 뿌리는 이와 같은 기능 이외의 기능을 수행하기도 한다. ■

## 35.1 뿌리 구조와 기능

### 학습목표

1 주근계와 수근계간의 차이점을 구별하여라.

2 쌍떡잎식물과 외떡잎식물 일차근을 절단하여 명칭을 기재하고, 각 조직의 기능을 기술하여라.

3 토양에서 다양한 뿌리조직을 통해 물과 무기이온의 이동을 조사하고, 심플라스트와 아포플라스트 간의 차이점을 설명하여라.

4 뿌리에서 2기 생장의 구조를 토론하여라.

5 최소한 3종류의 일반적인 기능이 아닌 뿌리의 기능에 관해서 설명하여라.

근계는 주근계와 수근계의 2 유형으로 발달한다(▮ 그림 35-1). 주근계는 어린 식물에서 신장하는 **유근(radicle)** 또는 배 뿌리(embryo root)에서 형성된 하나의 주가 되는 뿌리이며, 여기서 다양한 크기의 측근이 형성된다. **주근(taproot)**은 쌍떡잎 식물과 겉씨식물의 특징이다. 좋은 예로 민들레는 주근계로 되어 있는 초본 식물이다. 그러나 대부분 성숙한 목본은 주근 외에 뿌리에서 가지를 치고 아래로 생장하는 측근과 함께 커다란 근계를 형성한다.

수근계는 줄기 끝에서 발달하는 동일한 크기의 많은 뿌리와 뿌리에서 가지를 치는 다양한 크기의 측근을 가지고 있다. **수근(fibrous root)**은 수명이 짧은 유근의 기부에서 발생되며 나중에는 줄기의 기저부에서 생성된다. 수근계의 뿌리는 원래 있던 뿌리가 발달하는 것이 아니라 줄기에서 나오기 때문에 이것을 **부정근(adventitious root)**이라 한다. 양파, 왕바랭이 및 기타 외떡잎식물들은 수근계를 가지고 있다.

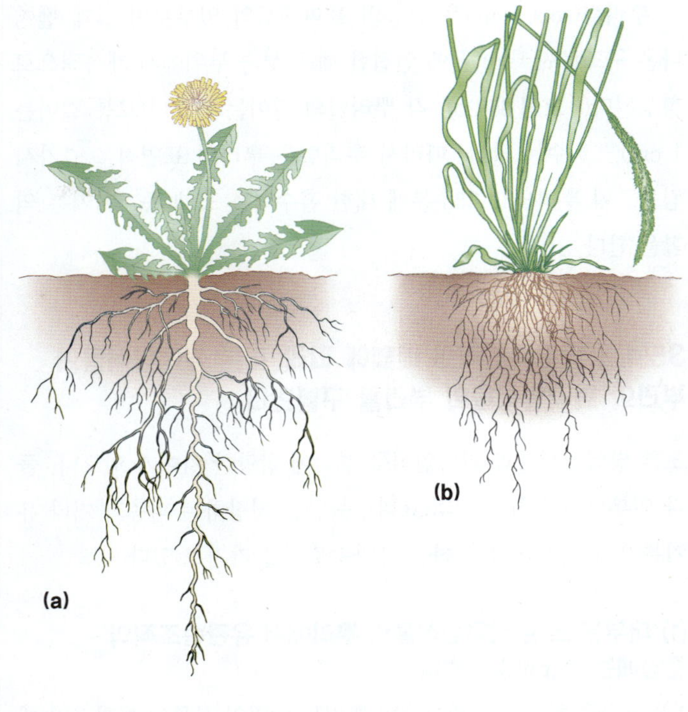


**그림 35-1 근계.**

(a) 주근계는 종자의 배 뿌리에서 발달한다. (b) 수근계의 뿌리는 부정근이고, 줄기 조직에서 발달한다.

## 35.1.1 뿌리는 뿌리골무와 뿌리털을 가지고 있다

각 뿌리 끝은 **뿌리골무(root cap)**로 덮여 있는데, 이것은 뿌리의 연약한 **정단분열조직(apical meristem)**을 보호하는 기능을 수행한다(▮ 그림 35-2a). 뿌리가 토양을 밀면서 생장할 때 뿌리골무의 유세포는 토양입자와의 마찰로 인해 벗겨지면서 정단분열조직에서 유래하는 새로운 세포로 대치된다.

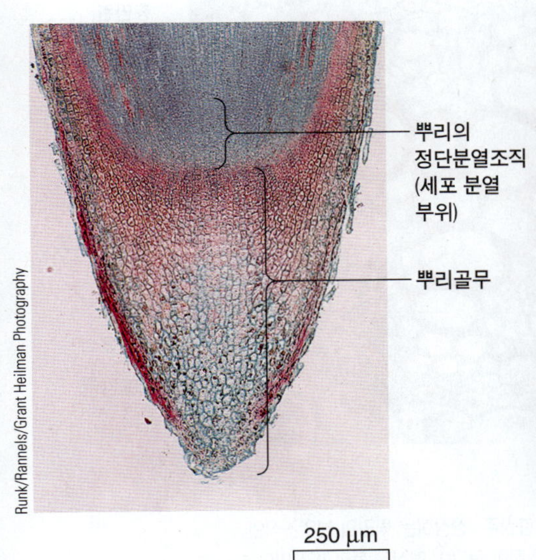


**(a) 뿌리골무.** 참나무(*Quercus*) 뿌리 끝의 광학현미경 사진. 뿌리의 정단분열조직은 뿌리골무에 의해 보호된다.

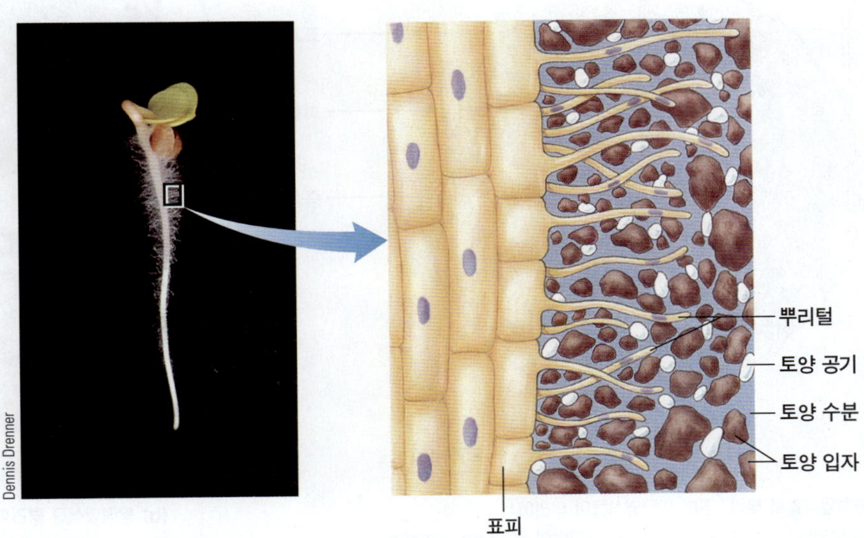


**(b) 뿌리털.** 하나의 뿌리 표피세포가 신장하여 하나의 뿌리털을 형성한다. 무(*Raphanus sativus*) 유식물의 뿌리털 길이는 약 5 cm이다.

**그림 35-2 뿌리 고유의 구조.**

**뿌리털**(root hair)은 단층의 표피세포의 일부분이 길게 뻗어 나온 구조로써 뿌리 끝에 인접한 세포 성숙 부위에서 계속적으로 형성된다(■ 그림 35-2b). 각 뿌리털의 길이는 짧으나(보통 길이는 1 cm), 그 수는 많다. 따라서 뿌리털은 뿌리의 표면적을 증가시킴으로써 뿌리의 토양수분에 대한 흡수력을 크게 증가시키는 역할을 한다.

## 35.1.2 유관속조직의 배열에 따라 초본 쌍떡잎식물의 뿌리와 외떡잎식물의 뿌리를 구별한다

초본 쌍떡잎식물과 외떡잎식물 뿌리에 상당한 차이가 있으나, 둘 다 외부를 보호하는 외피(표피), 녹말을 저장하는 피층과 기타 유기분자 및 통도작용을 하는 유관속조직을 가지고 있다.

### (1) 대부분 초본 쌍떡잎식물의 뿌리에서 유관속조직의 중앙에는 수(pith)가 없다

1차 생장을 하는 미나리아재비 뿌리는 쌍떡잎 식물의 전형적인 예다(■ 그림 35-3). 초본 쌍떡잎식물의 뿌리는 보호기능을 하는 **표피**(epidermis)로 둘러싸여 있다. 뿌리털은 뿌리의 표피세포가 변형된 것이다.

뿌리로 들어가는 대부분의 물은 세포를 통과해 들어간다기 보다는 세포벽을 따라 이동한다. 세포벽의 주요 구성물인 섬유소는 스펀지같이 물을 잘 흡수한다. **피층**(cortex)은 주로 조밀하게 밀집된 **유조직세포**(parenchyma cell)로 구성되어 있다. 뿌리 피층의 주요 기능은 저장이다. 피층을 형성하는 유세포를 현미경으로 관찰하면 녹말을 저장하는 많은 전분체(그림 35−3b)가 나타난다.

일반적으로 뿌리의 피층에는 물 흡수와 뿌리의 산소호흡을 위하여 커다란 세포간극(세포 사이)이 존재한다.

뿌리의 표피에서 피층으로 들어가는 물과 용해된 무기물은 아포플라스트와 심플라스트의 2가지 경로로 이동된다. **심플라스트**(symplast)란 세포질이 세포사이의 **원형질연락사**(plasmodesmata ■ 그림 35-4)를 통해 연결되어 있는 총체적 구조를 지칭한다. 어떤 무기물질들은 표피에서 심플라스트를 통해 이동한다. 대부분의 물과 용해된 무기물은 내피에 도달할 때까지 심플라스트를 경유하지 않는다. 즉 이들은 대부분 아포플라스트를 통해 이동하는데, **아포플라스트**(apoplast)에서의 물이나 무기물의 이동이란 세포벽의 빈공간을 통해서 자유롭게 이동하는 것을 말한다.

피층의 안쪽 층인 **내피**(endodermis)는 뿌리 내부에서 물관부로 들어가는 무기물의 이동을 조절한다. 내피는 피층과 구조적으로 다르다. 내피세포는 조밀하게 배열되어 있고, 이들 세포들의 방사면(측면)과 횡단면(상하)의 벽 중앙에 **카스파리띠**(Casparian strip)라는 특이한 띠같은 부위가 존재한다(■ 그림 35-5). 카스파리띠는 지방성 물질로 방수성인 **코르크질**(suberin)을 함유하고 있

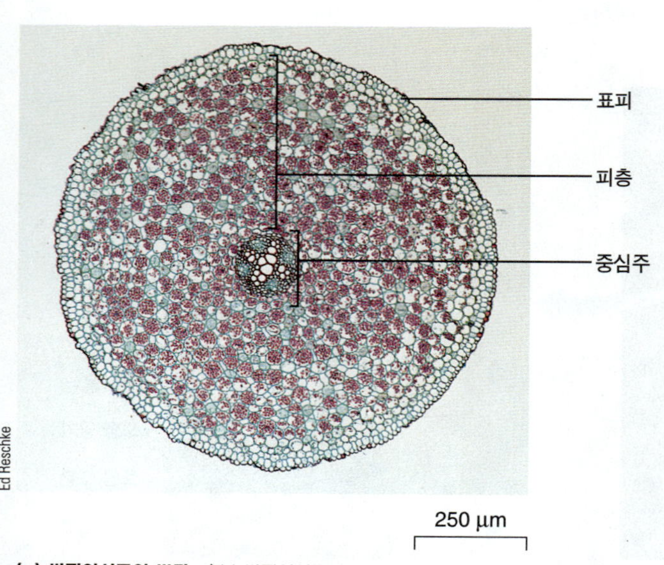


**(a) 쌍떡잎식물의 뿌리.** 초본 쌍떡잎식물의 뿌리에서 피층의 부위는 넓다. 뿌리 가운데에 X자-모양의 물관부에 주목하라.

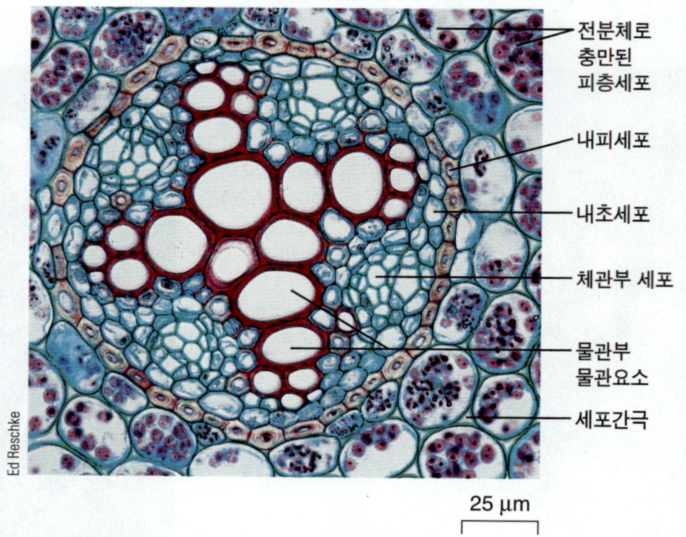


**(b) 쌍떡잎식물 뿌리의 중심주.** 성장하는 뿌리의 분열조직인 한 층의 수초가 관다발조직의 단단한 핵심을 둘러싸고 있다.

**그림 35-3 초본 쌍떡잎식물 뿌리 횡단면의 광학현미경 사진.**
사진은 미나리아재비(*Ranunculus*)의 뿌리이다.

**그림 35-4 뿌리에서 물과 용해된 영양 무기물의 이동 경로.**

물과 용해된 영양 무기물은 서로 이어지는 세포벽의 간극(아포플라스트)을 통하거나 또는 원형질연락사를 통해서 세포질과 세포질간극(심플라스트; 합포체)을 이동한다. 내피에 도달한 물과 영양 무기물은 내피세포의 원형질막을 통과해야만 내피세포의 세포질로 들어갈 수 있고 뿌리 중앙으로 계속 이동될 수 있다. 카스파리띠는 물과 영양무기물이 인접하고 있는 내피세포 간의 세포벽을 따라 이동하는 것을 막아준다.

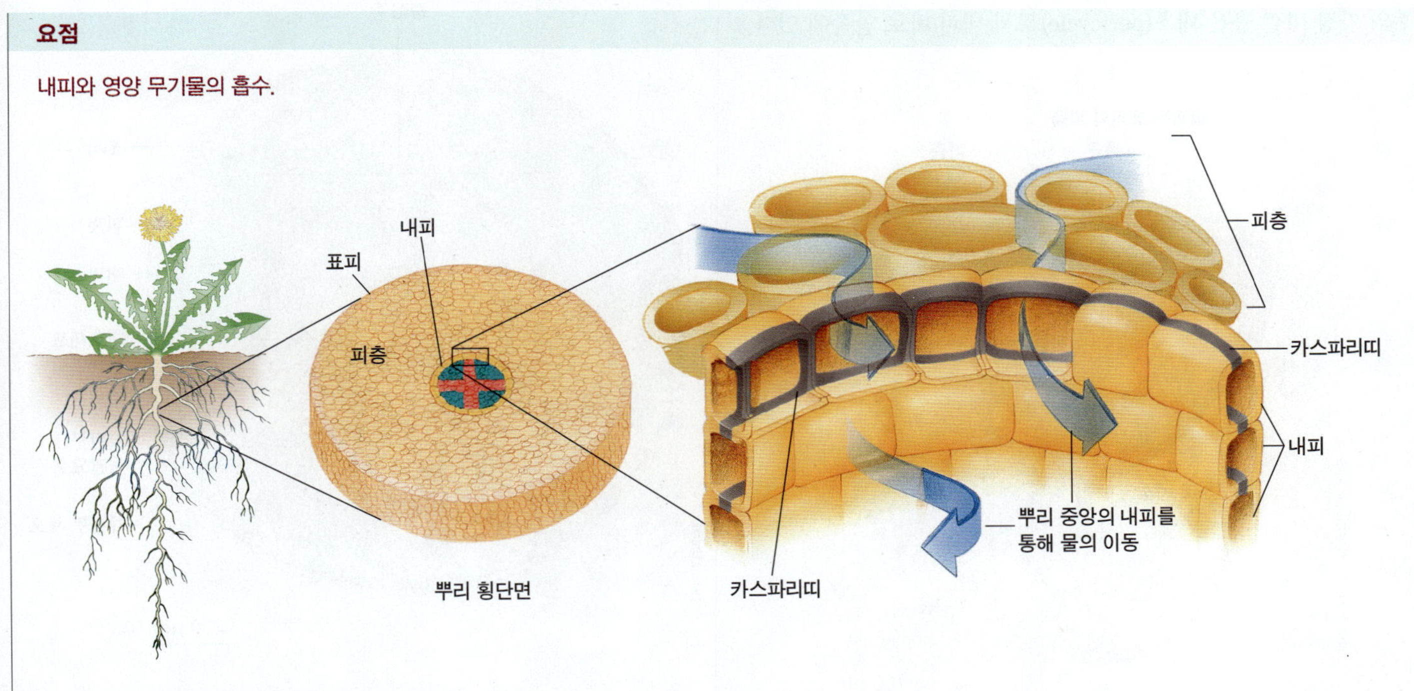


**그림 35-5 내피와 영양 무기물의 흡수.**

물이 내피의 세포벽을 따라 중심주로 들어가는 것을 막아주는 방사면의 벽과 횡단면의 벽 주위에 있는 카스파리띠를 주목하라. 물과 용해된 무기물이 관다발 내로 도달하려면 내피세포의 원형질막을 통과해야만 한다.

다(34장에서 코르크질이 코르크세포 벽에 있는 방수성 물질이라는 것을 상기하라).

내피에 도달하기 전까지 대부분의 물과 용해된 무기질은 아포플라스트에서 이동하므로 뿌리세포의 원형질막을 통과하지 않거나 세포질 내로 들어가지 않는다. 그러나 내피세포의 방사면과 횡단면의 벽에 있는 방수성인 카스파리띠는 물과 무기물의 이동을 막는다. 물질이 그 안쪽으로 더 들어가기위해서는 세포질을 통과해서 이동해야 한다. 물은 내피세포 내로 삼투압에 의해 들어가는데, 이것은 내피세포의 원형질막 지질이중층을 직접적으로 가로질러 일어나거나 물의 수송을 촉진하는 원형질막의 운반체 단백질 **아쿠아포린**(aquaporin)을 거쳐서 일어난다.

용해된 무기물의 이온은 내피세포의 원형질막에서 운반체 단백질을 통해 활발하게 운반되고 있다. **운반체-중계형 능동수송**(carrier-mediated active transport)에서 무기 이온은 토양의 용액 내의 저농도 상태 부위에서 식물세포 내의 고농도의 상태부위까지 농도구배에 역행하여이동한다. 뿌리의 세포가 유기호흡을 위한 당과 산소를 요구하는 이유 중의 하나는 ATP 형태로 세포 에너지를 소모하면서 능동수송을 하기 때문이다. 내피에서 물과 무기 이온은 뿌리의 물관부로 들어가서 식물체의 여러 다른 부위로 수송된다.

쌍떡잎식물의 1차 뿌리의 중앙에 유관속조직의 중앙부위, 즉, **중심주**(stele 또는 vascular cylinder)가 있다(그림 35-3a). 중심주의 가장 바깥 층은 **내초**(pericycle)로서 내피 바로 안쪽에 있다. 내초는 단층의 유조직 세포로 구성되어 있고, 이 내초에서 곁뿌리가 발생한다(**그림 35-6**).

중심주에서 가장 중앙의 **물관부**(xylem)에는 2개, 3개, 4개 혹은 그 이상의 확장 부위 혹은 "목부완"을 가지고있다(그림 35-3b 참조). **체관부**(phloem)는 물관부완 사이에 위치하고 있다. 식물의 다른 부위에서와 마찬가지로 뿌리의 물관부의 **헛물관**(tracheid)과 **물관요소**(vessel element)가 물과 용해된 무기 영양물을 수송하고, 체관부의 **체관부요소**(sieve tube element)가 용해된 당(설탕)을 운반한다.

물이 내피세포를 통해 지나간 후 뿌리 물관부로 들어간다. 물이 토양에서 뿌리 중앙까지 수평적으로 도달하는 과정은 다음과 같다:

**뿌리털/표피 ⟶ 피층 ⟶ 내피 ⟶ 내초 ⟶ 뿌리 물관부**

일단 물관부에 도달한 다음에는 물과 무기 영양분은 뿌리 물관부에서 줄기 물관부를 향하여 위쪽방향으로 수송되어 식물 전체로 이동한다.

체관부를 통한 당의 이동은 2가지 방향성을 갖는다. 잎에서 광합성에 의해 형성된 당은체관부를 통해 뿌리로 이동하여 뿌리 생장에 이용되거나 혹은 녹말의 형태로 저장된다. 또한 녹말형태로

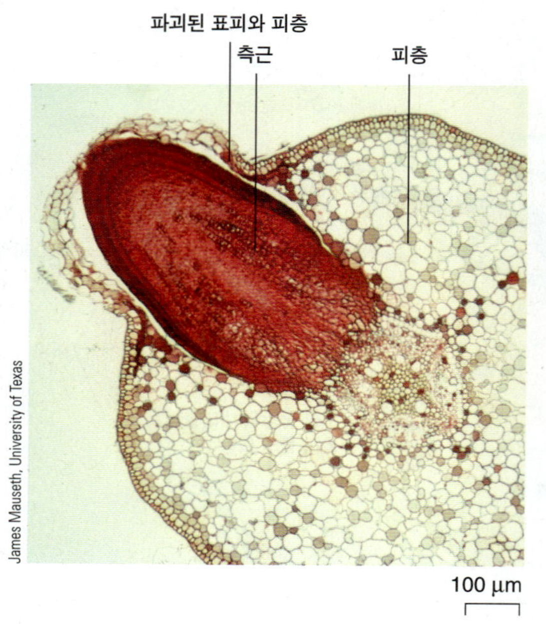


**그림 35-6 측근의 광학현미경 사진.**

측근은 내초에서 기원한다.

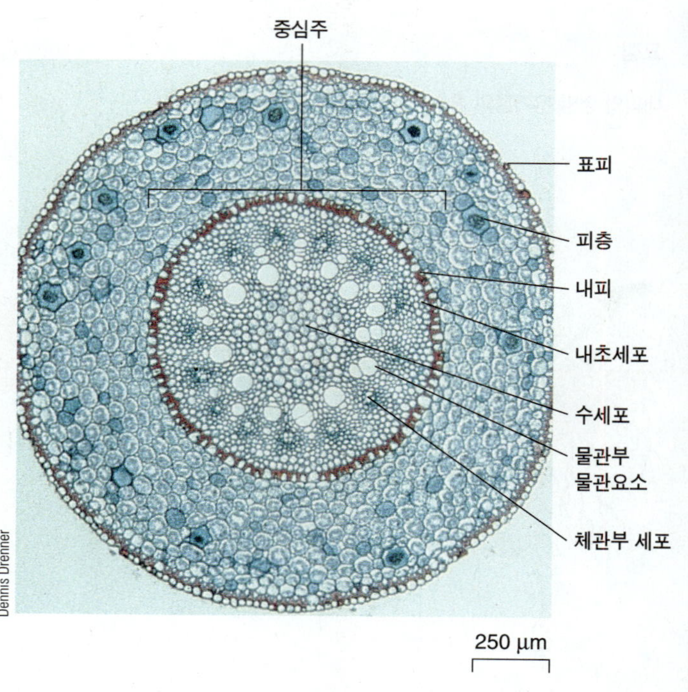


**그림 35-7 외떡잎식물 뿌리 횡단면의 광학현미경 사진.**

청미래덩굴(*Smilax*) 뿌리를 보여준다. 초본 쌍떡잎식물 뿌리와 같이 외떡잎식물 뿌리에서도 피층의 부위는 넓다.

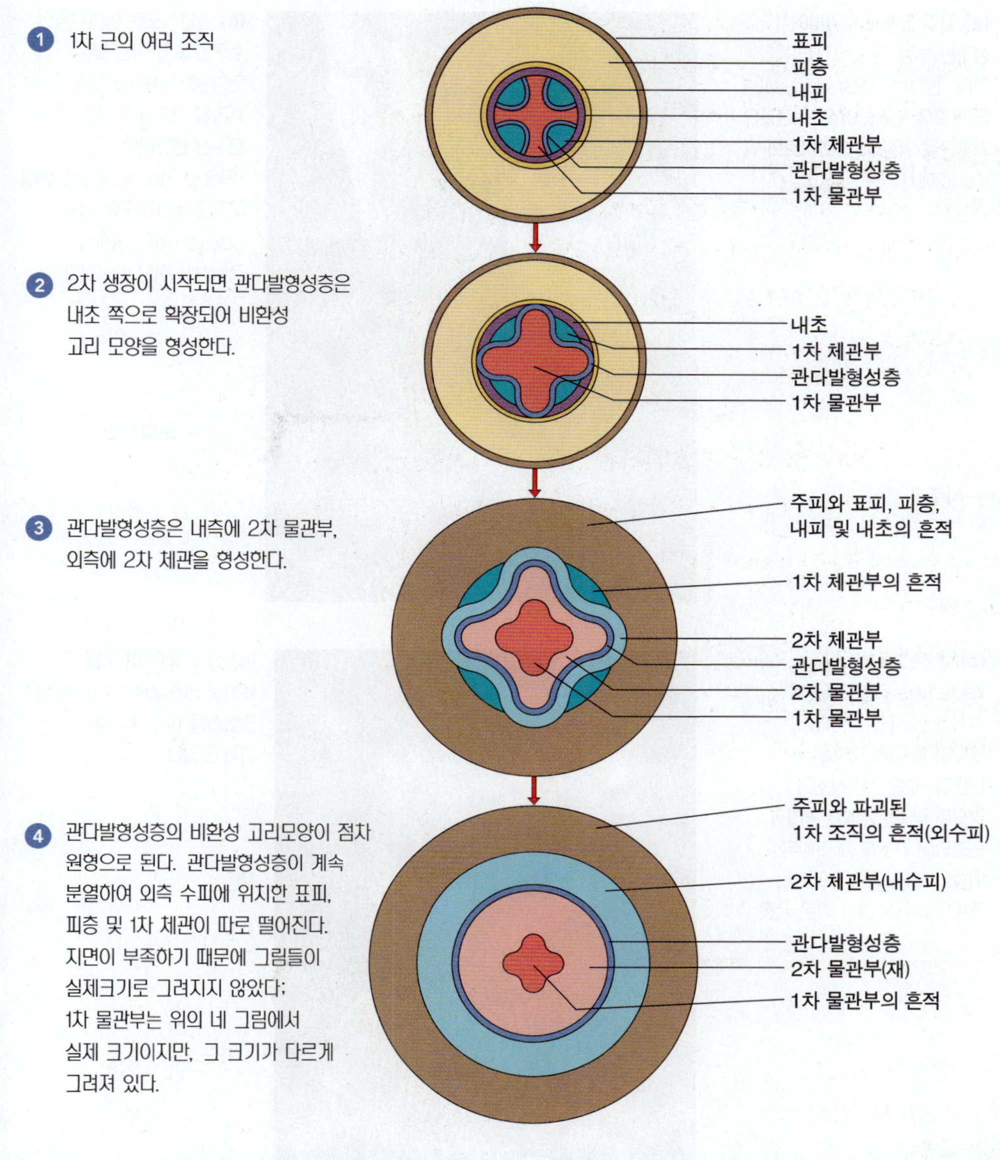


**그림 35-8 1차 근에서 2차 유관속조직의 발달.**

지면이 부족하기 때문에 그림들이 실제크기로 그려지지 않았다; 1차 물관부는 위의 네 그림에서 실제 크기이지만, 그 크기가 다르게 그려져 있다.

뿌리에 저장되어 있던 당은 체관부를 통하여 식물체의 타 부위로 수송되어 성장에 이용된다.

*관다발형성층*(vascular cambium)은 물관과 체관 사이에 있으며, 목본식물의 2차 조직을 형성한다. 이것은 관다발의 안쪽 핵심부를 가지고 있기 때문에 1차 성장하는 쌍떡잎 식물의 뿌리는 **수(pith)**를 결여하고 있다.

### (2) 외떡잎식물의 뿌리에서는 물관부가 중앙 조직을 형성하지 않는다

외떡잎식물과 쌍떡잎식물의 뿌리는 내부구조에 상당한 차이가 있다. 초본 쌍떡잎식물의 뿌리와 달리 외떡잎식물의 뿌리의 물관부는 중앙에 위치하는 것이 아니라 수(pith) 주위에 체관부와 물관부가 서로 독립적이면서 교대로 위치하고 있다(그림 35-7).

## 35.1.3 목본식물의 뿌리는 2기 생장을 한다

줄기가 2기 생장하는 식물은 뿌리도 2기 생장을 수행한다. 뿌리의 2기 조직은 줄기에서와 같이 뿌리 끝에서 좀 떨어진 곳에서 채관부형성층과 코르크형성층인 두 측부 분열조직의 분열결과로 생긴다. 목본성의 뿌리는 상당히 굵으며 목재부위와 수피를 모두 갖는다. 온대지역의 목본식물은 뿌리와 줄기의 횡단면에서 나이테를 형성한다.

뿌리에서 2기 생장이 시작되기 전에 **관다발형성층(vascular cambium)**은 1기 물관부와 1기 체관부 사이에 있다(그림 35-8 1). 2기 생장이 시작되면 관다발형성층은 내초쪽으로 뻗어나가서 물관부완 반대쪽에 관다발형성층을 발달시킨다. 이러한 결과로 내초는 관다발형성층의 각 부분을 연결하게 되고 관다발형성층이 연속적이고 비환상의 고리모양으로 된다(그림 35-8 2). 관다발형성층은 2기 조직으로 분열하여 결국 원통형의 관다발형성층이 되고, 관다발형성층은 계속 분열하여 내측에 2기 물관부(목재부), 외측에 2기 체관부(내수피)를 형성한다(그림 35-8 3, 4). 계속된 분열로 뿌리는 점점 굵어지고, 관다발형성층은 계속 외측으로 밀려난다.

뿌리가 굵어짐에 따라 표피, 피층, 내피 및 1기 체관부는 점차 파괴된다. 뿌리 표피는 **코르크형성층**(cork cambium 표 31-4에서 주피의 현미경사진에서 보여준 마지막 그림)에 의해 생성된 코르크세포와 코르크유조직으로 구성된 **주피(periderm)**로 대치된다. 뿌리의 코르크형성층은 내초에서 기원된다.

**(a)** 지주근은 줄기 기부에서 생기는 부정근으로 지지기능을 한다. 판다너스(*Pandanus*)는 공기 중에 노출되어 있는 정교한 지주근을 가진다. 하와이의의 Kauai에서 찍은 사진.

**(b)** 일반적으로 열대우림의 수목은 얕고 가끔 젖은 토양을지지해주는 버팀 뿌리를 가지고 있다. 호주산 반얀나무 (*Ficus macrophylla*)인데 미국 플로리다 Florida주 Sarasota의 Selby 정원에서 찍은 사진이다.

**(c)** 흰 맹그로브(*Laguncularia racemosa*)는 호흡근을 가지고 있는데, 그림에서 보듯이 축축한 진흙에서 나온다. 호흡근은 산소가 결핍된 무기토양에서 뿌리가 노출되어 산소를 제공해주는 역할을 한다. 멕시코의 Isla del Carmen에서 찍은 사진.

**(d)** 난 종류인 이 식물 (*Phalaenopsis hybrid*)은 광합성을 하는 기근을 가지고 있다.

**그림 35-9 특수화된 뿌리.**

## 35.1.4 어떤 뿌리는 변형적인 기능을 가지도록 특수화 된다

부정근은 흔히 줄기의 마디에서 생긴다. 보통 공기 중에서 발달하는 부정근은 고착, 흡수, 통도 혹은 저장 기능에 적합하다. **지주근**(prop root)은 가지 혹은 수직경으로 발달하고식물이 바로 서도록 토양 아래로 성장하는 부정근이다(**그림 35-9a**). 지주근은 쌍떡잎식물보다는 외떡잎식물에서 볼수 있다. 옥수수와 수수와 같은 외떡잎 식물은 지주근이 생성하는 초본식물이다. 붉은 맹그러브, 반얀나무 및 판다너스와 같은 많은 열대성과 아열대성의 쌍떡잎 목본들도 또한 지주근을 생성한다.

많은 열대우림수의 뿌리는 두께가 2~3 cm의 균개(mat) 의 표면에 모여있다. 뿌리의 균개는 썩은 낙엽에서 나오는 무기 영양분을 거의 모두 흡수한다. 부픈 기부 혹은 받침대인 **버팀뿌리**(buttress root)는 나무가 바로 서고 얕은 뿌리가 넓게 분포하는 것을 도와준다(**그림 35-9b**).

홍수나 침수된 습지에서는 공기중으로 **호흡근**(pneumatophore)을 발생시켜 필요한 산소를 조달한다 (▮ **그림 35-9c**). 다른 식물에 붙어 자라는 식물인 덩굴식물과 **착생식물(epiphyte)**은 수피, 가지 혹은 생장하는 식물의 표면에 고착하는 공기중의 뿌리를 가지고 있다. 어떤 착생성 난초류는 광합성을 하는 뿌리를 가지고 있다(▮ **그림 35-9d**). 또한 착생성의 뿌리는 공기중의 수분을 흡수한다.

**복습**

- 주근계의 이점은 무엇인가? 수근계의 이점은 무엇인가?
- 꽃피는 식물의 1차 뿌리를 횡단면으로 잘라 어떻게 그것이 쌍떡잎인지 혹은 외떡잎인지를 알 수 있을 것인가?
- 심플라스트는 무엇인가? 아포플라스트는 무엇인가?
- 초본의 쌍떡잎식물의 뿌리는어떻게 2기 조직으로 발달하는가?
- 다음 사항의 각 기능은 무엇인가: (a)지주근, (b)버팀뿌리, (c)호흡근

## 35.2 다른 종과 연관되는 뿌리

**학습목표**

6 뿌리와 다른 생물체간의 상리공생 관계를 표로 만들어 설명하여라.

대부분의 식물 뿌리는 토양의 균근균(*mycorrhizal fungi*)이나 근세균(*rhizobial bacteria*)과 **상리공생(mutualistic)** 관계를 맺고 있다. 이러한 상리공생 관계는 토양에 부족한 필수무기질을 식물체가 활용할 수 있게 해준다.

### 35.2.1 균근은 뿌리로의 필수무기질의 유입을 촉진한다

지하에서의 뿌리와 곰팡이균 간의 이러한 공생적 연관을 **균근(mycorrhizae)**이라고 하는데, 이것은 식물의 뿌리에서 균류로의 물질(광합성에 의해 생산된 탄소화합물)의 이동을 가능하게 한다. 그와 동시에 인과 같은 필수영양 무기물은 균류에서 뿌리로 이동한다. 실처럼 가는 곰팡이가 땅속에서 뻗어나가면서 식물의 뿌리가 미치지 못하는 부위에 있는 영양소를 추출하여 식물의 뿌리로 제공한다. 일부 균근에서는 균류의 균사체가 뿌리를 둘러싸는 반면에 어떤 것은 뿌리세포내로 침투하여 **수지상체(arbuscules)**를 형성한다(▮ **그림 35-10**). 균근이 없을 때는 균류도 식물도 성장하지 못한다.

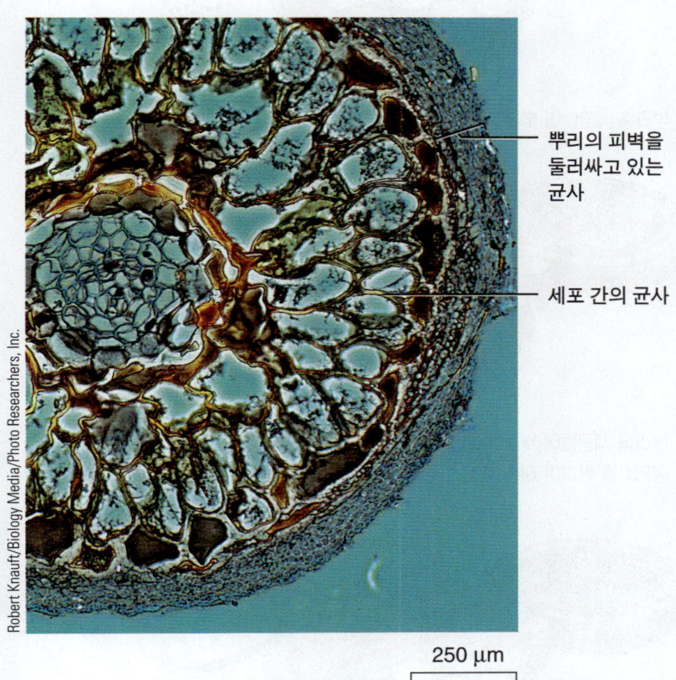


**(a)** 외생균근의 광학현미경 사진으로써, 뿌리 주위의 피벽(sheath)에 형성되는 균근계를 볼 수 있다. 균사가 뿌리의 피층세포 사이로 침투하고 있지만 세포질 내로 들어가지는 않는다.

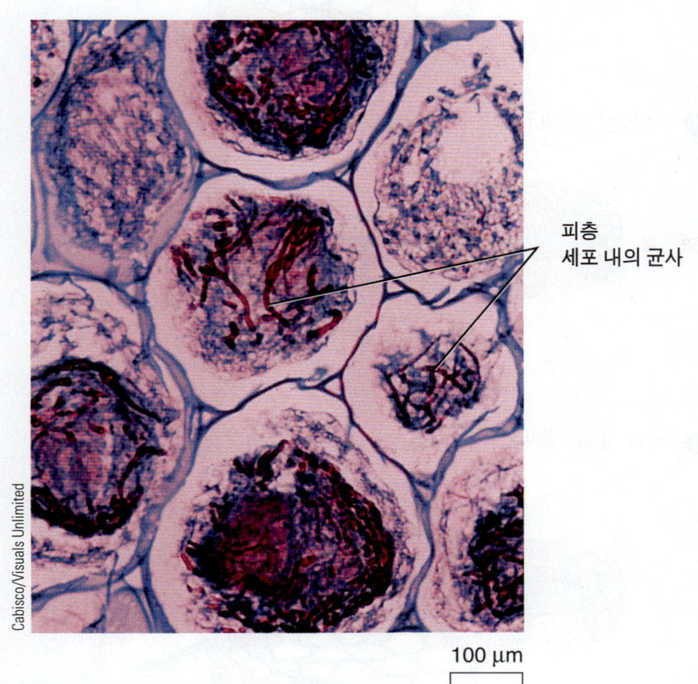


**(b)** 내생균근의 광학현미경 사진으로써, 균사가 피층의 세포 내로 침투하여 분지상의 흡기(흡수기관) 형태의 균사를 형성하는데, 균사는 세포 내에서 영양물을 주고 받는다. 대부분 유관속식물의 뿌리는 내생균근과 공생하고 있다.

**그림 35-10 균근.**

균근은 토양의 무기물을 뿌리에 공급하여 식물 생장에 도움을 준다.

## 35.2.2 근세균은 콩과식물의 뿌리에서 질소를 고정한다

총괄적으로 근세균(*rhizobia*)이라고 불리는 질소고정 세균은, 토끼풀, 완두콩, 콩과 같은 콩과식물의 뿌리와 연관되어 있다. 수백만 마리의 근세균을 담고 있는 **뿌리혹**(nodule)은 뿌리에서 발달한다.

균근에서와 같이 질소 고정 박테리아와 식물의 뿌리 간은 상리공생한다. 식물은 박테리아에게 광합성 산물을 주는 반면 박테리아는 대기중의 질소를 암모니아($NH_3$)로 전환하여 식물에게 제공한다.

근세균에 의해 생산되는 *뿌리혹 인자*(*nod factor*)가 뿌리혹 형성의 최초 신호분자로 작용한다. 이 뿌리혹 인자는 콩과 식물의 뿌리털 세포가 그 세균의 존재를 인지하게 만든다. 뿌리혹 인자는 식물의 뿌리털 세포의 원형질막에 있는 수용체에 결합한다. 이 결합은 뿌리털 세포 내에서 유전자 발현과 대사작용의 변화를 유도하는 복잡한 신호전달과정을 촉발하여 뿌리혹을 생성한다(▮ 그림 35-11)

**복습**

- 균근균이란 무엇인가?
- 근세균이란 무엇인가?
- 균근과 뿌리혹의 유사점과 차이점은 무엇인가?

## 35.3 토양 환경

**학습목표**

7 토양의 형성에서 날씨, 생물체, 기후 및 지세의 역할에 관해서 설명하여라.

8 토양의 4가지 구성성분의 목록을 만들고, 각각의 생태학적 의의를 설명하여라.

9 뿌리가 어떻게 양전하를 띤 무기물을 양이온교환과정에 의해 흡수하는지를 기술하여라.

① 뿌리는 뿌리혹 세균을 유인하는 화합물을 분비한다.

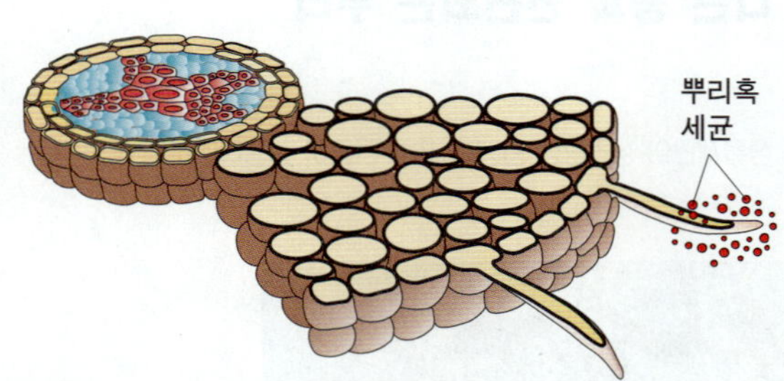


② 뿌리혹 세균들이 뿌리털 주변에 모인다.

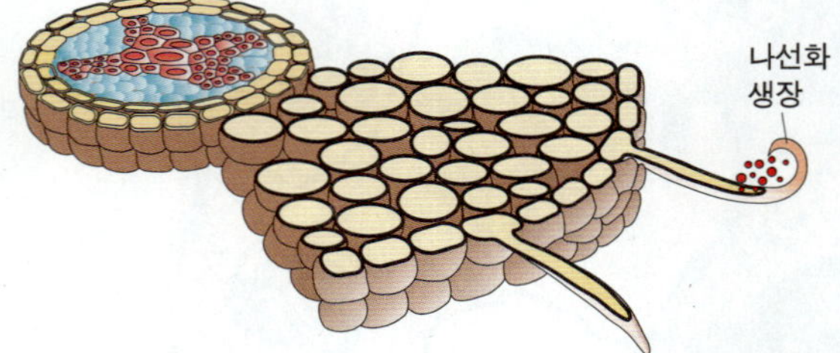


③ 뿌리혹 세균은 뿌리털이 그들을 둘러싸도록 하는 화합물을 분비한다.

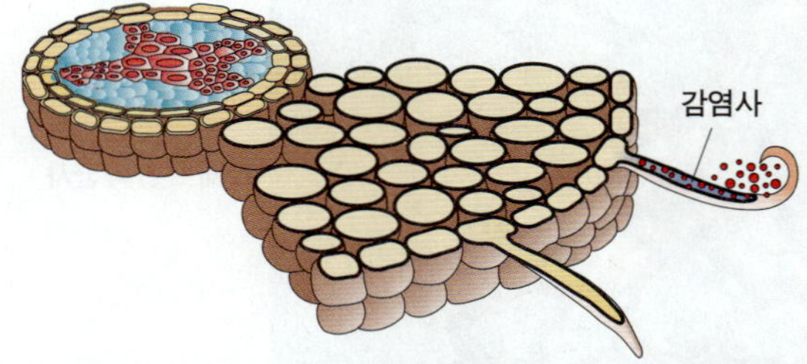


④ 뿌리혹 세균들이 뿌리털 세포 내로 침투하여 세포의 아래쪽으로 뻗어 있는 감염사를 통하여 이동한다.

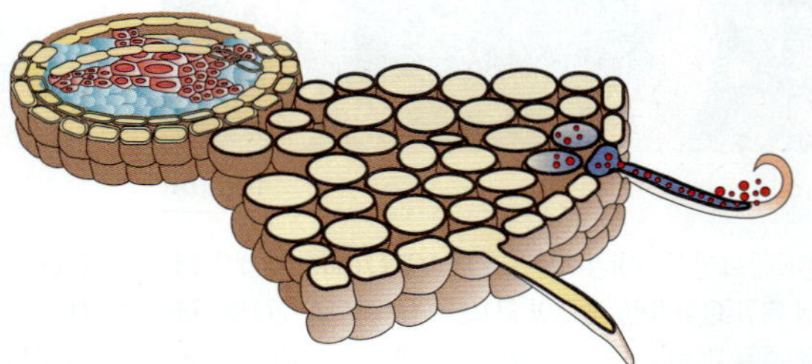

⑤ 뿌리혹 세균은 감염사로부터 피층의 세포 내로 이동한다; 각 세균은 막에 의해 둘러 싸인다.

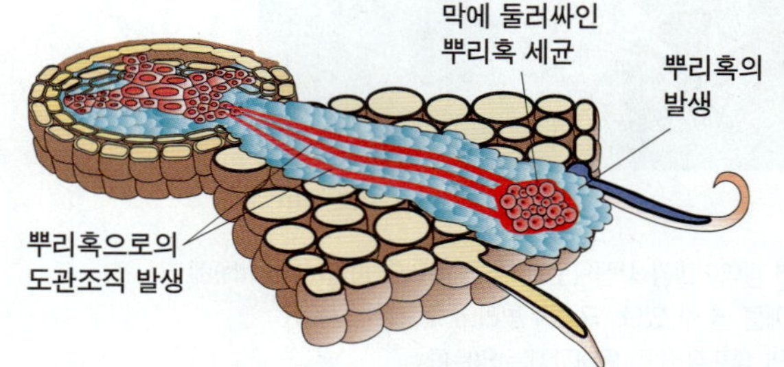


⑥ 뿌리혹 세균에 의해 생산되는 화합물은 세포분열과 뿌리혹 생성을 유도한다.

**그림 35-11** 뿌리혹 세균과 콩과식물 간의 공생형성 과정.

10 대량영양소와 미량영양소간의 차이점을 설명하여라.

11 식물생장에서 무기물의 감소와 토양 침식의 악영향에 관해 설명하여라.

이제 뿌리가 있는 토양의 환경에 관해서 검토해보자. **토양(soil)**은 날씨, 바람, 물 및 생명체의 자연적인 작용으로 변형되는 비교적 얇은 지각층에 있다. 엄청나게 많은 종류의 생명체가 토양에 정착하여 그로부터 서식처와 먹이를 얻는다. 대부분의 식물은 토양에 고착되어 물과 무기 영양물을 공급받는다. 식물 성장에 필요한 대부분의 무기 원소는 직접 토양에서 얻어진다. 대부분의 식물은 토양 없이는 살아남을 수 없고, 우리는 식물을 음식으로 섭취하기 때문에 인간도 토양 없이는 살아남을 수 없다.

대부분 토양은 생물학적, 화학적 및 물리적 풍화과정에 의해 암석(근원이 되는 성분이라 함)이 점차 작은 입자로 쪼개져서 형성된다. 암석의 **풍화(weathering process)**에 작용하는 중요한 2가지 요소는 기후와 생물체이며, 이 2가지 요소는 함께 작용한다. 토양에서 살고 있는 식물 뿌리와 다른 생물체는 호흡을 통해 이산화탄소($CO_2$)를 생성하고, 이산화탄소는 토양에서 확산되어 토양수와 반응하여 탄산($H_2CO_3$)을 형성한다.

또한 지의류[1]와 같은 토양의 생물체는 다른 유형의 산을 만들어 낸다. 암석표면에 자라는 지의류가 산을 분비하여 암석표면을 침식하면 틈이 생긴다 이 틈으로 물이 침투된다. 침투된 물이 온대 기후에 있게 되면 겨울 동안에 얼고 녹는 과정을 되풀이 하면서 틈은 점점 커져서 암석은 보다 작은 조각으로 깨지게 된다. 이어서 작은 식물은 자라서 뿌리는 보다 큰 조각으로 깨진 틈으로 들어가서 암석은 더욱 부서진다.

토양의 형성은 산과 계곡의 유무와 같은 표면 특성인 지형의 영향을 받는다. 가파른 언덕은 흔히 충분한 토양을 가지지 못하는데, 그 이유는 가파른 언덕에서 암석들이 중력에 의해 경사면을 계속 따라 내려오기 때문이다. 반면에 경사가 심하지 않는 언덕은 흔히 두꺼운 토양층을 형성한다.

석토가 점점 미세한 광물로 쪼개지고 유기물이 토양 내에 축적되는 일들은 오랜 시간, 때로는 수천 년에 걸쳐 일어난다.

## 35.3.1 토양은 무기물, 유기물, 공기 및 물로 포함하고 있다

토양은 4가지의 특징적인 성분–무기물 입자(토양의 약 45%를 차지), 유기물(약 5%), 물(약 25%) 및 공기(약 25%)로 구성되어 있다. 식물, 동물, 균류 및 미생물은 토양과 상호작용하고, 무기물은 생물학적 과정을 통해 끊임없이 토양에서 생물체로 순환된다. 죽은 생물체의 무기물은 다시 박테리아와 기타 토양 생물체에 의해 토양으로 돌아간다.

풍화된 암석에서 나오는 무기물 입자는 식물을 고착시키는데 필요할 뿐만 아니라 필수적인 무기물을 제공하며 또한 물과 공기가 머물 수 있는 공간을 제공해준다. 암석에 따라 다른 종류의 광물을 가지고 있기 때문에 그 조성과 화학적 성질이 다양하다.

토양의 질은 토양의 특성에 따라 식물 생장에 영향을 미친다. 토양 중에서 점토는 모든 토양 입자 중에서 표면부위가 가장 크기 때문에 구성성분의 특성을 측정하는데 매우 중요하다. 각 점토 입자는 표면이 음전하를 띠고 있어 **양이온(cation)**을 끌어 당겨 결합한다. 점토 입자는 식물 생장에 필수적인 칼륨($K^+$), 마그네슘($Mg^{2+}$)과 같은 많은 양이온을 보유한다. 수소이온($H^+$)을 분비하는 뿌리는 양이온 교환으로 알려진 과정으로 양전하를 띤 다른 무기이온과 교환된다. 식물 뿌리는 유리된 이온과 물을 흡수하여 토양입자 주위에 얇은 막을 형성한다(**그림 35-12**).

그와 반대로 **음이온(anion)**은 보통 점토의 음전기에 의한 척력에 의해 점토에 부착되지 못하고 토양용액에 남아있게 된다. 질산염($NO_3^-$)은 보통 토양 속에서 흘러가는 물에 의해 쓸려 다닌다.

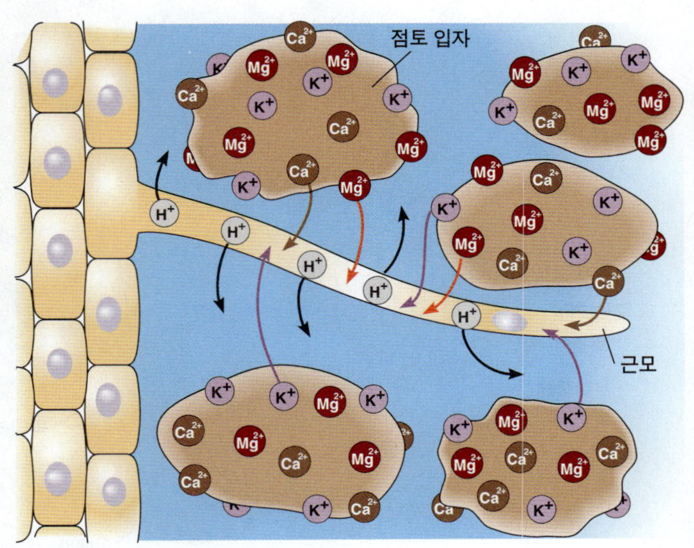


**그림 35-12 양이온 교환.**

점토입자는 표면이 음전하를 띠고 있어 양전하를 띠는 영양 무기질의 양이온과 결합한다. 뿌리는 양이온 교환에 이용되는 양자($H^+$)를 분비하여 양이온 교환을 촉진한다.

[1] 지의류는 균류와 광영양생물(광합성을 하는 생물체)로 구성된 2 중 생물체이다(26장)

### (1) 토양의 유기물은 토양 생물체의 노폐물과 잔존물로 구성된다

토양의 유기물은 여러 가지 분해단계에 따라 찌꺼기(토양 표면에 죽은 잎과 가지), 배설물(동물의 똥), 죽은 식물, 동물, 미생물의 잔존물로 구성되어 있다. 유기물은 토양에 사는 미생물, 특히 박테리아와 균류에 의해 분해된다. 분해 중에 필수적인 무기물 이온은 토양으로 방출되어 토양입자에 결합되거나 혹은 식물 뿌리에 의해 흡수된다.토양에서 부분적으로 부패되는 유기물이 있는 부분을 **부식토(humus)**라 한다. 부식토는 많은 유기화합물의 혼합물로써 영양무기이온과 결합하여 물을 함유한다.

### (2) 토양 부피의 약 50%는 토양입자 사이의 공극으로 구성되어 있다

토양과 토양입자 주위에는 상이한 크기의 많은 토양 공간(pore space; 공극)이 있다. 토양은 전체 부피의 약 50%가 토양입자 사이의 공간으로 되어 공기와 수분이 다양한 비율로 채워져 있다.

물은 보통 적은 공간에 있고, 공기는 큰 공간에 있다. 비가 오랫동안 온 후 거의 모든 토양 공간은 물로 채워져 있으나, 커다란 토양공간에서 물을 빠르게 빼면 공기는 대기에서 공간으로 들어간다.

토양공기는 보통 상이한 비율로 있다 하더라도 대기의 기체와 동일하다. 토양 생물체의 호흡의 결과로 토양 공기는 대기의 공기에 비해 산소가 적고 이산화탄소가 많다. 토양에서 중요한 기체는 토양 생물체가 유기호흡에 필요한 산소($O_2$), 질소를 고정하는 세균이 이용하는 질소($N_2$), 토양 분해에 관여하는 이산화탄소($CO_2$)가 있다. 앞에서 언급한 바와 같이 유기호흡에서 생성되는 이산화탄소는 물에 용해되어 탄산이 형성되고, 약산은 토양이 형성되는 과정에서 토양의 붕괴과정을 촉진한다.

## 35.3.2 토양에 살고있는 생물체는 복잡한 생태계를 형성한다

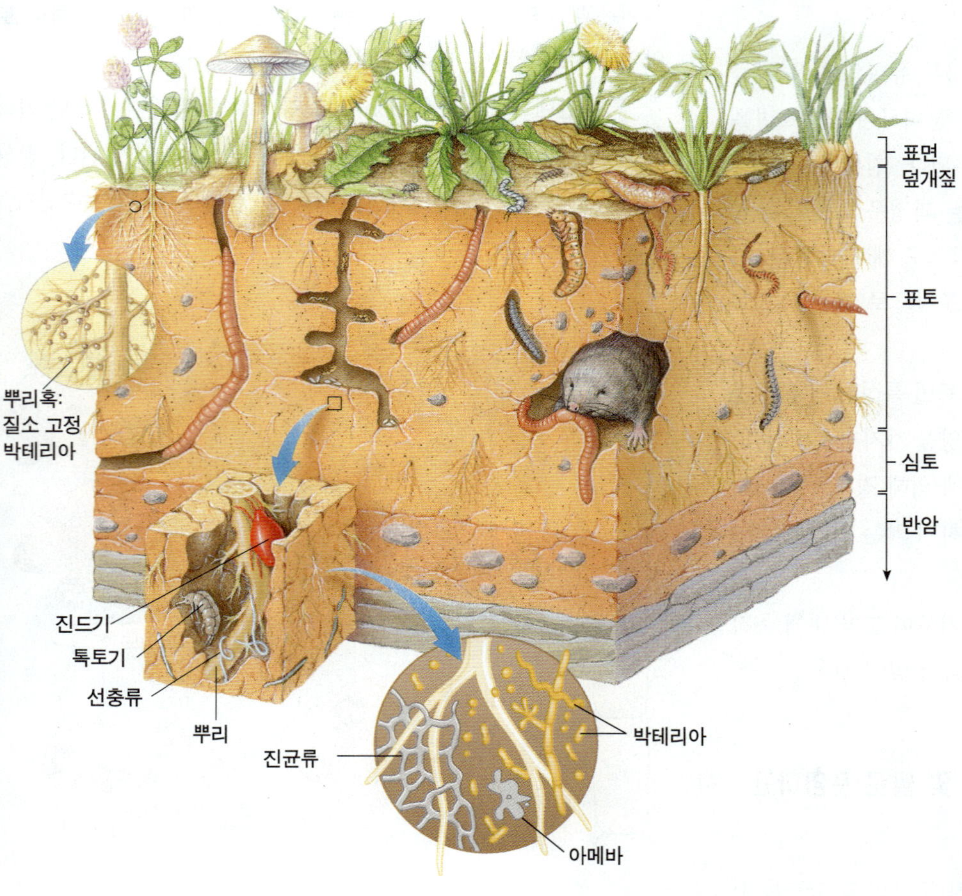

농사에 비옥한 토양은 찻숟가락 1개 분량 안에 박테리아, 균류, 조류, 원생동물, 현미경적 크기의 선충을 포함하여 수백만의 미생물이 있다. 또한 생물체에는 식물 뿌리, 지렁이, 곤충, 두더지, 뱀, 마모트(groundhog)를 포함해서 토양의 생태계를 이룬다(**그림 35-13**). 대부분 토양 1 g당 수 백 만개의 박테리아들이 있다. 과학자들은 토양 생물체를 약 17만종으로 동정하고 있으나, 아직 동정되지 않은 것도 수천 종이 있다.

선충은 토양에서 살고 있는 생물체중에서 가장 중요한 생물체의 일부이다. 지렁이는 토양을 섭취하여 부식토에서 에너지와 기본물질을 얻으며. 지렁이의 소화관을 통과한 토양배설물은 토양표면 근처에 축적된다. 이와 같은 방법으로 깊은 층에 있는 무기물이 상층으로 나온다. 지렁이가 사는 굴은 토양을 숨쉬게 해주고, 선충의 노폐물과 시체가 부패되어 나오는 유기물이 토양에 더해진다.

토양에 사는 개미의 수는 많고, 숨쉬기를 도와주는 굴과 방을 만든다. 개미 집단



**그림 35-13** 비옥한 토양에서의 생명의 다양성.

식물, 조류, 원생동물, 균류, 세균, 지렁이, 편형동물, 선충, 곤충, 거미, 진드기 및 두더지나 마모트와 같은 굴을 파는 동물들이 토양에서 서식한다.

과 군락은 먹이의 일부를 토양 표면에 모이게 해서 유기물의 증가를 돕는다. 또한 많은 개미는 땅속에 종자를 묻어두어 식물 생식에 절대 필요하다.

## 35.3.3 토양의 pH는 토양의 특성과 식물생장에 영향을 미친다

대부분의 토양 pH는 4~8범위에 있으나 일부 토양은 이 범위 밖에 있다. 캘리포니아 Mendocino County의 Pygmy 산림은 강한 산성(pH 2.8~3.9)으로 되어 있다. 그런데 캘리포니아의 죽음의 계곡은 pH 10.5로 강한 알카리성이다.

무기물들의 용해성이 pH에 따라 달라지기 때문에 식물은 토양의 pH에 영향을 받는다. 불용성인 물질은 식물에 의해 흡수될 수 없다. 예를 들어 알루미늄과 망간은 낮은 pH의 토양용액에서 더 잘 녹기 때문에 식물에 의해 잘 흡수된다. 인산칼슘 같은 무기염은 식물생장에 필수적인데, 높은 pH의 토양수분에서는 잘 용해되지 않기 때문에 식물에 잘 흡수되지 못한다. 식물생장에 필요한 토양의 최적 pH는 6.0~7.0인데, 대부분의 필수 무기물이 이 pH 범위에서 식물에 의해 이용될 수 있기 때문이다.

## 35.3.4 대부분 식물은 토양에서 무기물을 얻는다

원소의 90% 이상이 지구상에서 자연적으로 생겨난 것인데, 탄소 및 희귀한 금을 포함한 60% 이상을 식물조직에서 볼 수 있다. 이 모든 원소들이 식물생장에 필수적이라고는 보지 않고 19개의 원소가 식물생장에 필수적인 것으로 알려져 있다(▮ 표 35-1). 이 원소 중에서 10개는 상당히 많은 양(건조중량으로 0.05% 이상)이 요구되는 **대량영양소(macronutrient)**이며 탄소, 수소, 산소, 질소, 칼륨, 칼슘, 마그네슘, 인, 황 및 규소가 여기에 포함된다. 나머지 9개는 식물생장과 발생에 필요한 미량(건조중량으로 0.05% 이하)이 요구되는 **미량영양소(micronutrient)**이며 염소, 철, 붕소, 망간, 나트륨, 아연, 구리, 니켈 및 몰리브덴이 여기에 포함된다.

19개의 원소 중에서 탄소, 산소, 수소, 질소인 4개의 원소는 직·간접적으로 토양의 물과 대기 중의 기체에서 얻는다. 탄소는 광합성에 의해 이산화 탄소로부터, 산소는 대기의 산소($O_2$)와 물($H_2O$)에서 얻는다. 물은 또한 식물에게 수소를 공급한다. 식물은 질소를 토양의 질산염 형태로 흡수하나, 질소염의 질소는 궁극적으로 대기의 질소에서 얻어진다.

나머지 15개의 필수 원소는 토양에 용해된 무기물 이온에서 얻

**표 35-1**

**대부분의 식물이 필요로 하는 원소의 기능**

| 원소 | 흡수 | 주요 기능 |
|---|---|---|
| **대량 영양소** | | |
| 탄소 | $CO_2$ | 탄수화물, 지질, 단백질 및 핵산 분자의 구성요소 |
| 수소 | $H_2O$ | 탄수화물, 지질, 단백질 및 핵산 분자의 구성요소 |
| 산소 | $CO_2$, $H_2O$ | 탄수화물, 지질, 단백질 및 핵산 분자의 구성요소 |
| 질소 | $NO_3^-$, $NH_4^+$ | 단백질, 핵산, 엽록소, 어떤 조효소의 구성요소 |
| 칼륨 | $K^+$ | 삼투압과 이온 균형; 기공 개폐; 효소 활성제(40개 이상의 효소에 대하여) |
| 칼슘 | $Ca^{2+}$ | 세포벽; 막 투과성에 관련; 효소 활성제; 2차전달자 |
| 마그네슘 | $Mg^{2+}$ | 엽록소에 존재; 탄수화물 대사에서 효소 활성제 |
| 인 | $HPO_4^{2-}$, $H_2PO_4^-$ | 핵산, 인지질, ATP(에너지 전이 화합물)에 존재 |
| 황 | $SO_4^{2-}$ | 어떤 아미노산과 비타민에 존재 |
| 규소 | $SiO_3^{2-}$ | 세포벽에 존재 |
| **미량 영양소** | | |
| 염소 | $Cl^-$ | 이온 균형; 광합성에 관련 |
| 철 | $Fe^{2+}$, $Fe^{3+}$ | 광합성에 관련된 효소와 전자 전달분자의 일부, 호흡, 질소 고정 |
| 붕소 | $H_2BO_3^-$ | 불명확; 막 운반과 칼슘 이용에 관련 |
| 망간 | $Mn^{2+}$ | 호흡과 질소 대사에 관련된 효소의 일부; 광합성에 요구 |
| 나트륨 | $Na^+$ | 광합성에 관련; 삼투압과 이온 균형에서 칼륨과 치환 |
| 아연 | $Zn^{2+}$ | 호흡과 질소 대사에 관련된 효소의 일부 |
| 구리 | $Cu^+$, $Cu^{2+}$ | 광합성에 관련된 효소의 일부 |
| 니켈 | $Ni^{2+}$ | 질소 대사에 관련된 효소의 일부(urease) |
| 몰리브덴 | $MoO_4^{2-}$ | 질소 대사에 관련된 효소의 일부 |

어진다. 이들 원소들은 토양을 형성하는 모암에서 기원하는 용해된 무기이온에서 얻어진다. 탄소, 수소 및 산소는 지질, 탄수화물, 핵산 및 단백질과 같은 생물학적으로 중요한 분자의 성분이며 질소는 단백질, 핵산 및 엽록소의 구성원소이다.

칼륨은 식물체에 많은 양이 필요하지만 식물세포에 있는 유기화합물의 성분으로 발견되지는 않는다. 대신 칼륨은 유리된 $K^+$로 존재하고 삼투압작용에 의한 세포의 팽압 유지에 주요한 생리학적인 기능을 한다. 세포질에 있는 $K^+$은 물이 삼투현상에 의해 원형질막을 통과하여 세포 내로 유입되게 한다. 또한 칼륨은 기공개폐에 관련한다(32장 참조).

칼슘은 인접한 식물세포벽간의 결합층에서 주요한 구조적인 역할을 한다. 또한 칼슘이온($Ca^{2+}$)은 식물에서 막투과성 조절과 **2차 전달자(second messenger)**로서 여러 가지 세포신호반응과 같은 생리학적인 기능을 한다(6장 참조).

마그네슘은 엽록소 분자의 한 구성원소이다. 인은 핵산, 인지질(세포막의 필수성분) 및 ATP와 같은 에너지 전달분자에서 볼 수 있으므로(인산의 형태로서) 식물체에 매우 중요하다. 황은 아미노산과 비타민의 구성요소이다. 많은 식물의 세포벽과 세포간극에는 실리콘이 축적된다. 어떤 종에서 실리콘은 생장, 수정능 및 세포벽을 강화시킨다.

염소와 나트륨은 미량원소로 세포 팽압의 균형유지에 필요하다. 염소와 나트륨 이온은 광합성에 있어서도 필수적인 원소이다. 6개의 미량영양소(철, 망간, 아연, 구리, 니켈 및 몰리브덴)는 효소활성인자로 작용하는데 흔히 조효소라 하는 다양한 식물효소와 관련되어 있다. 세포벽에 존재하는 붕소는 핵산 대사와 세포 생장에 관여한다.

### (1) 생물학자들은 원소가 필수적이라는 것을 어떻게 측정하는가?

토양 자체가 많은 원소를 포함하고 있고 매우 복잡하기 때문에 토양에서의 무기양분에 대한 실험을 하는 것은 불가능하다. 이와 같이 필수원소를 결정하는유용한 방법의 하나는 용해된 무기염류와 산소가 함유된 물에서 식물을 키우는 **수경재배(hydroponics)**이다. 또한 수경재배는 과학적인 이용 외에도 상업적으로 이용된다.

어떤 원소가 필수원소임을 시험하려면 그 원소가 제외된 영양용액에서 키우면 된다. 이와 같은 조건하에서 생장된 식물이 정상적으로 발달하지 않거나 혹은 생활사가 완성하지 못하면 이 원소는 필수적이다. 그 원소가 필수적인가를 입증하기 위해서는 또 다른 부수적인 판단기준이 적용된다. 예를 들어 그 원소가 물질대사에 직접적인 영향을 끼쳐야 하며, 다양한 식물에서도 필수적이어야 한다.

## 35.3.5 토양은 관리소홀로 손상될 수 있다

토양은 인류 식량에 결정적으로 중요한 천연자원이다. 인류의 영향으로 무기양분의 고갈, 토양의 침식 및 염의 축적이 생기고 이것은 토양의 여러 문제를 초래하거나 악화시킨다.

### (1) 무기양분의 고갈은 경작하고 있는 토양에서 생길 수 있다

자연생태계에서 식물이 토양으로부터 흡수한 필수적인 무기물들은 식물이나 동물이 죽거나 분해됨으로써 토양으로 재순환된다. 농작물을 수확하는 농업활동은 이러한 순환을 억제한다. 따라서 오랫동안 비료를 주지 않은 채 경작된 토양은 황폐화되고 만다.

필수성분요소(물, 광선혹은 약간의 필수원소)의 공급부족은 식물생장을 제한한다. 이 현상을 **제한자원(limiting resources)**이라고도 한다. 대부분 식물에서 제한자원인 3가지 원소는 질소, 인, 칼륨이다. 농토의 생산력을 유지하고 식물생장을 제한하는무기질을 보충하기 위해 비료를 주기적으로 공급해야 한다.

### (2) 토양침식은 지표로부터의 토양의 소실이다

지표에서 **토양침식(soil erosion)**은 물, 바람, 얼음, 기타 요인으로 유발된다. 물과 바람은 토양의 이동에 매우 효과적이다. 강우는 토양입자를 흩어놓고, 흐르는 물은 흐트러진 입자를 휩쓸어 간

**그림 35-14** 들판에서의 토양 침식.

작물이 자라고 있지 않은 토지는 호우로 인해 토양의 침식이 발생한다. 수량에 따라서는 빗물이 수로를 만들 수 있으므로 순식간에 커다란 도랑이 될 수 있다.

다(■ 그림 35-14). 토양 침식은 자연적인 과정이지만 인류에 의해 크게 촉진될 수 있다.

토양침식은 국 · 내외적으로 문제이지만 흔히 중요한 뉴스거리는 되지 않는다. 미국농무부(USDA)는 토양침식으로 인해 매년 미국에서 약 46억 톤의 농경지와 방목장의 표토가 소실되고 있는 것으로 추정하고 있다. 토양침식은 필수적인 무기물과 유기물이 제거되는 것이기 때문에 토지의 비옥함을 감소시킨다. 이러한 소실로 침식된 농지의 생산성은 감소하고소실된 영양분을 보충하기 위해서 비료를 공급해야 한다.

### (3) 염은 관개가 부적절하게 시행되는 토양에 축적된다

관개는 건조하거나 반건조한 경작지의 농업생산성을 향상시키지만 가끔 토양에서의 염의 축적을 유발하는 **염화현상(salinization)**을 초래하기도 한다. 자연상태에서는 흐르는 빗물과 강의 침전물이 흘러 염을 용해시킨다. 그러나 토양에 있고 육지에서 강으로 흐르지 않는 관개수가 증발할 때 염은 토양에 축적한다. 염분이 있는 토양은 생산성이 감소되고, 극심한 경우에는 농작물에 부적합한 토양이 된다.

대부분의 식물은 염분이 있는 토양으로부터 그들이 필요로하는 물을 모두 얻을 수는 없다. 왜냐하면 삼투압 현상 때문에 뿌리의 물이 토양으로 빠져 나오기 때문이다. 대부분의 식물이 이 조건하에서 살아남을 수 없다는 것은 분명하다(그림5–14 참조).

#### 복습

- 토양의 4가지 성분은 무엇이며, 각각의 성분은 식물에 어떻게 중요한가?
- 양이온 교환은 무엇인가?
- 암석에서 토양으로의 침식이 어떻게 일어나는가?
- 대량영양소와 미량영양소는 무엇인가?
- 토양에서 영양 무기물은 어떻게 소실되는가?

## 핵심 용어와 요약

#### 학습목표

1 주근계와 수근계간의 차이점을 구별하여라.

- **주근계**는 1개의 주근(유묘의 뿌리에서 형성된 것)으로 많은 측근이 존재한다.
- **수근계**는 줄기 끝에 동일한 크기로 발달하는 많은 **부정근**을 가지고 있다. 측근은 부정근에서 가지를 친다.

2 쌍떡잎식물과 외떡잎식물의 일차근을 절단하여 명칭을 기재하고, 각 조직의 기능을 기술하여라.

- 일차근은 표피, 기본조직(피층, 어떤 뿌리에서는 수) 및 유관속조직(물관부와 체관부)으로 구성되어 있다. 각 근단은 **뿌리골무**로 덮여있고, 뿌리의 **정단분열조직**을 보호한다.
- **표피**는 뿌리를 보호한다. 표피세포에서 일시적으로 사는 **뿌리털**은 토양과 접해있는 뿌리로서, 뿌리의 표면적을 증가시킨다. 뿌리털은 물과 용해된 무기물의 흡수를 도와준다.
- **피층**은 녹말을 저장하는 유조직세포로 구성된다. 피층에서 가장 내부층인 내피는 무기물이 뿌리의 목부로 이동하는 것을 조절한다. 내피세포는 방사벽과 횡단벽 주위에 있는 **카스파리띠**를 가지고 있고, 이 대는 물과 용해된 무기물을 투과하지 못한다. 무기물은 운반체 막단백질을 통해 내피세포의 세포질을 활발하게 운반하고 있다. 내초, 물관부 및 체관부는 모여서 뿌리의 **중심주** 혹은 원통형의 **관다발**을 형성한다.
- **내초**에서는 측근과 측부분열조직이 발달한다. 물관부는 물과 용해된 무기물을 통도한다. 체관부는 용해된 당을 조절한다.
- 초본 쌍떡잎식물에서 뿌리의 물관부는 중앙에 단단한 원통형으로 된다. 반대로 외떡잎식물의 뿌리 중앙에는 물관부와 체관부의 유관속이 교대로 환으로 둘러싸는 **수**로 구성되어 있다. 외떡잎식물의 뿌리는 **관다발형성층**이 없으므로 2기 생장을 하지 않는다.

3 토양에서 다양한 뿌리조직을 통해 물과 무기이온의 이동을 조사하고, 심플라스트와 아포플라스트간의 차이점을 설명하여라.

- 토양에서 뿌리로 이동하는 물과 용해된 무기 이온은 다음과 같은 조직을 통해 이동한다: 근모/표피 ⟶ 피층 ⟶ 내피 ⟶ 내초 ⟶ 뿌리의 물관부.
- 물과 용해된 무기물은 2개의 과정 즉 **아포플라스트**(연결된 다공성의 세포벽을 따라) 혹은 **심플라스트**을 통해 한 세포에서 다른 세포로)로 피층을 따라 이동한다.

4 뿌리에서 2기 생장의 구조를 토론하여라.

- 겉씨식물과 목재의 쌍자엽식물의 뿌리는 2차 조직이 발달한다(목재와 수피). 2차 조직은 2개의 측부분열조직인 유관속형성층과 코르크형성층활성으로 인해서 형성된다. 유관속형성층은 2기 물관부(목재)와 2기 체관부(내수피)를 형성한다. **코르크형성층**은 **주피**(외수피)를 형성한다.

5 일반적이지 않은 기능을 수행하는 변형된 4종류의 뿌리에 관해서 설명하여라.

- **지주근**은 가지 혹은 수직상태로 발달하고, 식물의 수직상태를 지지하기 위해 토양 아래쪽으로 생장한다.부푼 기부 혹은 받침대인 **버팀뿌리**는 얕은데 있는 어떤 열대우림수를 지지해준다.
- **호흡근**은 물에 잠긴 뿌리에 산소를 흡입하도록 도움을 주는 숨쉬는 기근이다.
- 어떤 착생식물은 광합성을 하는 뿌리, 습기를 흡수하는 뿌리로 변형되거나 혹은 기생식물이면 숙주를 조직에 침투시켜 영양물을 흡수한다.

6 뿌리와 다른 생물체간의 상리공생관계를 표로 만들어 설명하여라.

■ 균근은 뿌리와 균류간의 상호공생관계를 가지고 있다.

■ **뿌리혹**은 수백만 마리의 **rhizobia**(질소를 고정하는 박테리아)가 서식하는 구조로서 콩과식물의 뿌리가 부풀어 형성된 것이다.

7 토양의 형성에서 날씨, 생물체, 기후 및 지형의 역할에 관해서 설명하여라.

■ 토양 형성에 영향을 미치는 요인에는 모암석(암석 유형), 기후, 생물체, 지나간 시간 및 지세 등이 있다. 대부분 토양은 **풍화과정**에 의해 모암이 점차 작은 입자로 쪼개져서형성된다.

■ 식물, 조류, 균류, 선충, 곤충, 거미 및 박테리아는 토양을 형성하는 것만 아니라 무기물을 순환한다.

■ 토양의 형성은 지역 표면 특성인 지형에 따라 영향을 받는다. 가파른 언덕은 토양이 거의 없거나 혹은 전혀 없고, 반면에 경사가 심하지 않는 언덕은 흔히 토양이 깊게 형성되어 있다.

8 토양의 4가지 구성성분의 목록을 만들고, 각각의 생태학적 의의를 설명하여라.

■ 토양은 무기염류, 유기질, 공기 및 물로 구성되어 있다. 토양은 식물을 고착시키고 필수적인 무기물을 제공해준다. 유기물은 토양의 보수력을 증가한다. 생물체가 분해될 때 토양에 필수적인 영양 무기질을 방출한다. 토양의 공기는 유기호흡에 이용하는 토양미생물에 산소를 제공해준다. 토양 수분은 식물과 기타 생물체에 물과 용해된 무기물을 제공한다.

9 뿌리는 양이온교환 과정으로 양전하를 띤 무기물을 어떻게 흡수하는지를 기술하여라.

■ 양전하를 띤 무기물 이온은 점토 입자의 외부 표면의 음전하에 이끌려서 점토입자와 강력하게 결합한다. 양성자($H^+$)를 분비하는 뿌리는 **양이온 교환**으로 뿌리에서 흡수되는 유리 상태의 양전하를 띤 무기이온과 교환한다.

10 대량영양소와 미량영양소간의 차이점을 설명하여라.

■ 식물은 보통 생장에 필수적인 19개의 원소를 요구한다. 10개는 **대량영양소**로서 탄소, 수소, 산소 질소, 칼륨, 칼슘, 마그네슘, 인, 황 및 실리콘이 있다. 9개는 **미량영양소**로서 염소, 철, 붕소, 망간, 나트륨, 아연, 구리, 니켈, 몰리브덴이 있다.

11 식물생장에서 무기물의 감소와 토양 침식의 악영향에 관해 설명하여라.

■ 무기물의 감소는 경작하는 토양에서 일어난다. 자연상태에서는 무기물이 순환되나 농작물(토양에서 분해되지 않는)의 수거로 인해서는 순환이 억제되기 때문이다.

■ **토양 침식**은 물과 바람과 같은 작용으로 육상에서 토양이 이동하는 것이다. 토양 침식은 필수적인 무기물과 유기물은 토양의 일부가 제거되어 생기기 때문에 침식은 토양의 비옥함이 소실되어 생긴다.

## 연습문제

1. 식물의 정상적인 부분이 아닌 곳에서 나는 뿌리는 (a) 수근 (b) 부정근 (c) 주근 (d) 세균근 (e) 균근이다

2. 줄기와 달리 뿌리는 (a) 절과 절간 (b) 뿌리골무와 절간 (c) 액아와 뿌리털 (d) 정단아와 액아 (e) 뿌리골무와 뿌리털을 형성한다.

3. 내피세포의 방사면과 횡단면주위에 있는 방수부위는 (a) 카스파리대 (b) 내초 (c) 아포플라스트 (d) 심플라스트 (e) 호흡근이다

4. 다음 진술들 중에서 토양에 관해 옳은 것은 어느 것인가?
   (a) 구멍의 간격에는 항상 약 50%의 공기와 50%의 물로 채어져 있다
   (b) 농사에 비옥한 토양에서는 티스픈 1개에 수백만개의 살아있는 미생물이 함유되어 있을 것이다
   (c) 토양의 특성은 토양 pH에 의해 측정되고 있다
   (d) 토양의 유기물에는 배설물, 죽은 동물, 식물 및 미생물의 잔존물이 내포되어 있다
   (e) 토양 형성은 지역의 기후 또는 지형학과는 아무런 영향이 없다

5. 초본 쌍떡잎식물의 뿌리 중앙은 __________ 로 구성되고, 외떡잎식물의 뿌리 중앙은 __________ 로 구성되어 있다.
   (a) 수; 피층 (b) 물관부; 체관부 (c) 체관부; 물관부
   (d) 물관부; 수 (e) 수; 물관부

6. 목본식물의 뿌리에서 (a) 뿌리 중앙에는 물관부가 존재하지 않는다 (b) 피층은 뿌리조직의 대부분을 구성한다 (c) 관다발 형성층은 2차 물관부와 2차 체관부를 만든다 (d) 내초는 정단분열조직을 만든다 (e) 2차 생장은 관다발 형성층이 없어도 생긴다

7. 아포플라스트란 (a) 뿌리에서 유관속 주위에 있는 세포층 (b) 내피 바로 안쪽에 있는 세포층 (c) 수분이 식물세포벽을 통해 이동하는 연결계 (d) 유관속조직이 내포된 뿌리의 중심주 (e) 많은 세포에서 원형질연락사에 의해 연결된 세포질의 연결체다.

8. 뿌리털은 (a) 약한 뿌리의 정단분열조직을 덮어 보호한다 (b) 뿌리의 흡수력을 증가한다 (c) 밀납질의 각피를 분비한다 (d) 뿌리가 아래로 생장하도록 방향을 잡아준다 (e) 잎에서 생성된 여분의 당을 축적한다

9. 옥수수, 수수, 붉은 망그러브, 반얀은 (a) 지주근 (b) 버팀뿌리 (c) 호흡근 (d) 저장근 (e) 뿌리혹을 갖는 식물이다.

10. 토양의 균류와 대부분의 뿌리간에 존재하는 상리공생관계는 (a) 균근 (b) 호흡근 (c) 뿌리혹 (d) 뿌리혹 세균 (e) 부식토다.

## 심화 학습문제

1. **진화적 연계.** 키는 60 cm, 직경이 30 cm인 공선인장은 길이가 3 m 이상인 뿌리를 가지고 있다. 그러나 모든 식물의 뿌리는 토양에서 5-15 cm 깊이에 있다. 이와 같이 얕은 뿌리계가 사막식물에게 어떤 가능한 적응력을 줄 수 있을까?

2. 일단 2차 생장이 일어나면 뿌리의 그 부분은 더 이상 흡수기능을 수행하지 못하는데, 그 이유를 설명하여라? 2차 생장하는 뿌리를 가진 식물체에서는 물과 용해된 무기물의 흡수가 어디에서 일어나는가?

36

# 속씨식물의 생식

Dr. Jeremy Burgess/Science Photo Library/Photo Researchers, Inc.

**별꽃식물의 꽃.** 이 식물(*Stellaria media*)은 유럽이 원산지이지만 북미에도 널리 퍼져있는 일년생 잡초다. 하나의 꽃은 5개의 꽃받침과 깊게 골이 파인 5개의 꽃잎, 3–4개의 수술, 1개의 암술로 구성되어 있다.

## 핵심 개념

꽃은 속씨식물의 유성생식 기관이다.

전형적인 꽃은 윤생환으로 배열된 4 가지 하위기관인 꽃받침, 꽃잎, 수술 그리고 심피로 구성되어 있다.

화분은 동물이나 바람과 같은 다양한 요인에 의해 암술머리로 옮겨진다.

종자는 밑씨(배주)가 성숙한 것이며, 과육은 씨방(자방)이 성숙한 것이다.

많은 영양기관(뿌리, 줄기, 잎)은 무성생식을 할 수 있도록 진화했다.

꽃 피는 식물, 즉, **속씨식물(angiosperm)**은 약 300,000종으로 이루어진 가장 크고 성공적인 식물군이다. 꽃의 생물학적 기능은 유성생식을 수행하는 것이다. 꽃의 색, 모양 및 향기는 정자세포를 포함하고 있는 화분이 이 식물체에서 저 식물체로 옮겨가는 가능성을 높인다. 식물의 유성생식은 감수분열과 생식세포(**배우자세포: gamete**, 난자와 정자)의 융합을 통해서 일어난다. 배우자세포의 결합, 즉, *수정*은 꽃의 씨방에서 일어난다.

많은 종류의 속씨식물은 무성생식도 한다. 무성생식은 보통 꽃, 종자 및 과실의 형성을 통하지 않고, 대신에 영양체(줄기, 뿌리, 또는 잎)의 일부가 생장하고 떨어져 나옴으로써 이루어진다. 무성생식은 한 모식물체에서 이루어지고, 감수분열 혹은 배우자 세포의 융합을 필요로 하지 않으며, 무성생식을 통해서 나온 자손은 모식물체와 유전적으로 거의 동일하다[1].

본 장에서는 속씨식물의 유성생식과 무성생식의 다양한 측면 즉 수분에서 중요한 역할을 하는 꽃과 관계된 적응, 종자와 과실의 구조 및 분산, 다양한 무성생식의 유형에 관해서 고찰하고자 한다. 유성생식과 무성생식의 진화적인 이득과 불리한 점을 고찰할 것이다. ■

## 36.1 속씨식물의 생활사

### 학습목표

1 꽃을 도해하여 각 부위의 명칭을 기재하고, 각 부위의 기능을 설명하여라.

2 난자와 화분이 형성되는 위치를 설명하여라.

27, 28장에서 속씨식물과 기타 식물은 **세대교번(alteration of generation)**을 한다는 것을 배웠는데, 이들 식물은 생활사의 일

부를 다세포의 반수체 상태에서 또는 다세포의 이배체 상태에서 보낸다. **배우체 세대**(gametophyte generation)에 있는 반수체의 세포가 체세포분열로 배우자 세포를 생성한다. 두 배우자 세포가 **수정**(fertilization) 중에 융합하면 **포자체 세대**(sporophyte generation)가 시작된다. 포자체 세대는 감수분열로 반수체 포자를 만든다. 각 포자는 잠재적으로 배우체식물로 되어 순환은 계속된다.

속씨식물에서 이배체의 포자체 세대는 크며 영양적으로 독립적이다. 꽃에 위치한 반수체의 배우체 세대는 미세하고 영양적으로 포자체에 의존하고 있다.

Darwin Dale/Photo Researchers, Inc.

(a)

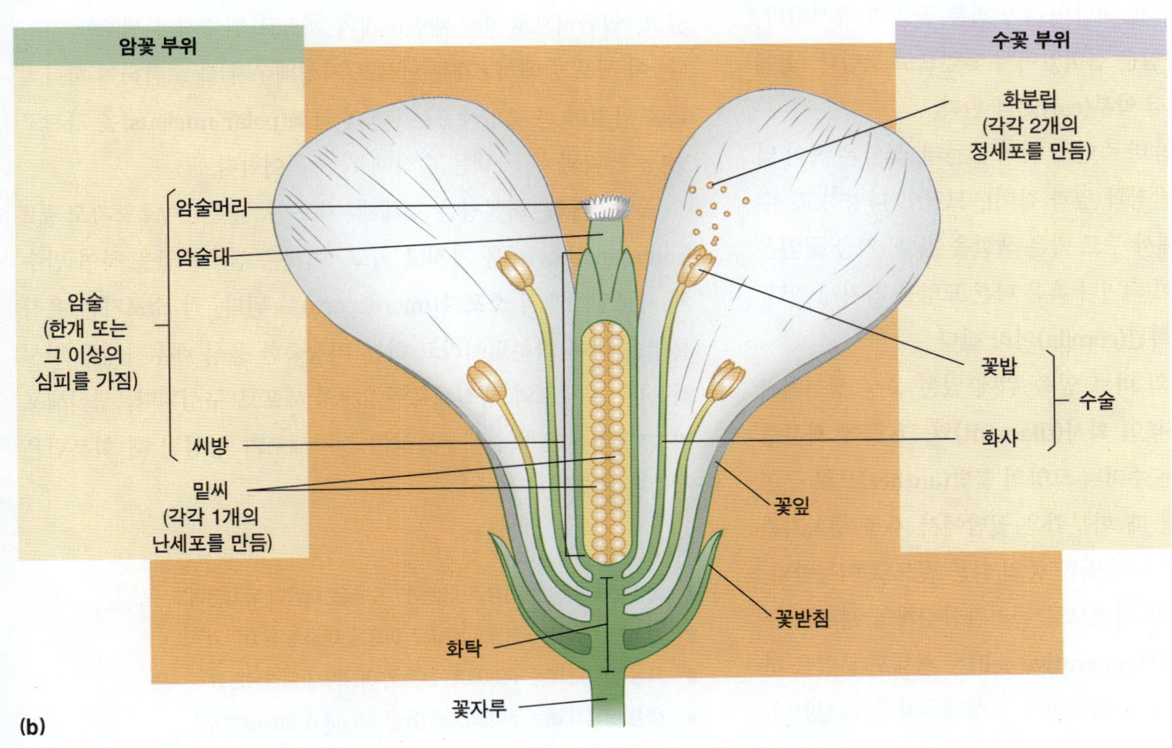


(b)

**그림 36-1 꽃의 구조.**

**(a)** 애기장대(*Arabidopsis thaliana*) 꽃. **(b)** 애기장대의 꽃의 단면도. 각 꽃은 4개의 꽃받침(2개가 보인다), 4개의 꽃잎(2개가 보인다), 6개의 수술 및 1개의 암술로 되어있다. 4개의 수술은 길고, 2개는 짧다(실제로 보이는 것은 긴 것이 2개, 짧은 것이 2개). 화분립은 꽃밥에서 발달한다. 암술은 많은 밑씨들로 된 2개의 심피로 구성되어 있다.

### 36.1.1 꽃은 정단분열조직에서 발달한다

식물은 꽃을 피울 시기를 어떻게 알게 되는가? 식물이 영양기관에서 생식기관을 발달시키는 시기의 선택은 생식적 성공을 위해 아주 중요하다. 예를 들어 식물이 꽃을 늦게 피워 겨울이 되기 전에 종자를 충분히 맺지 못하면 어떤 일이 일어나는가? 온도 및 일광길이와 같은 다양한 환경요인들이 적절한 시기를 결정하며, 상이한 종은 상이한 환경요인에 반응하도록 적응되어 있다. 이러한 환경적 신호는 다양한 식물호르몬과 발달경로와 상호작용한다.

최근에 생물학자들은 애기장대(*Arabidopsis*)라는 모델식물을 이용하여 개화를 개시하는 발달경로상의 분자적 수준에서의 연구에 집중해왔다. 개화를 유도하는 환경조건은 많은 유전자들의 활성화나 불활성화를 야기한다. *개화유전자자리C*(*Flowering Locus C*; *FLC*) 유전자는 어떤 전사인자에 대한 유전자로서 개화를 억제한다. 또 다른 유전자 *개화유전자자리 D(FLD)*는 *FLC*가 위치하고 있는 염색질 부위의 히스톤 단백질에서 아세틸기를 제거하는 단백질을 암호화하고 있다. 탈아세틸기반응이 일어나면 *FLC*유전자는 전사되지 않으며(그 전사억제단백질이 만들어지지 않으며) 줄기정단분열조직이 영양생장단계에서 생식생장단계로 전환된다(37장 참조).

### 36.1.2 꽃의 하위기관들은 각자의 고유한 기능을 가진다

꽃은 영양 생식줄기로써 그 끝에 보통 꽃받침(악편), 꽃잎(화판), 수술, 암술의 4개의 하위기관을 윤생환으로 배열하고 있다(**그림 36-1**; 그림 28-11참조). 4개의 하위기관은 보통 꽃의 주변부에서 가운데 방향으로 (꽃의 기부에서 위쪽으로) 다음과 같은 순서로 형성되어 있다:

**꽃받침 ⟶ 꽃잎 ⟶ 수술 ⟶ 암술**

꽃의 어떤 하위기관 혹은 모든 하위기관이 붙어 있는 부위를 **화탁(receptacle)**이라고 한다. 4개의 화부는 모두 생식과정에서 중요하나, 수술(웅성기관)과 심피(자성기관)는 생식과 직접 관계가 있고, 꽃받침과 꽃잎은 직접적으로 관계가 없는 보호기관이다.

**꽃받침(sepal)**은 꽃에서 가장 바깥쪽과 가장 아래쪽에 있고, 꽃눈이 생길 때 꽃 부위를 둘러싸고 보호해준다. 꽃받침은 잎과 같은 모양으로 주로 녹색이다. 백합의 꽃받침은 꽃잎과 유사하다. 꽃눈에서 꽃이 필 때 꽃받침은 접혀있어서 꽃잎으로 보인다. 꽃에서 모든 꽃받침을 총칭해서 **악부(calyx)**라 한다.

**꽃잎(petal)**은 꽃받침의 바로 안쪽 위에 있는데, 꽃잎은 폭이 넓고, 평평하고, 얇으나(꽃받침과 잎과 같이), 모양이 다양하고, 수분매개체를 유인하기 위해서 주로 밝은 색깔을 띤다. 가끔 꽃잎은 융합되어 하나의 관 모양이 되거나 혹은 다른 모양을 가지게 된다. 꽃에서 꽃잎을 총칭해서 **화관(corolla)**이라 한다.

**수술(stamen)**은 꽃잎의 바로 안쪽 위에 있는 웅성 생식기관이다. 각 수술은 얇은 자루인 **화사(filament)**와 그 끝에 **화분립(pollen grain)**이 생성되는 주머니 모양의 **꽃밥(anther)**으로 구성되어 있다. 유성생식을 할 때 화분립은 꽃밥에서 자성 생식기관(심피)으로 이동하는데, 보통 동일한 종의 다른 꽃으로 이동한다. 처음에 각 화분립은 단단한 외벽으로 둘러싸인 2개의 세포로 구성된다. 한 세포인 **생식세포(generative cell)**는 체세포 분열을 하여 편모가 없는 정자세포라 하는 2개의 웅성배우자를 형성한다. 다른 한 세포인 **화분관세포(tube cell)**는 **화분관(pollen tube)**으로서 이 관을 통하여 정세포는 밑씨로 들어간다.

대부분 꽃의 가장 중앙 혹은 꼭대기에는 1개 혹은 그 이상의 자성 생식기관인 **심피(carpel)**가 있다. 심피에는 **밑씨(ovule; 배주)**가 있고, 밑씨는 앞으로 종자로 발달하는 구조이다. 꽃에서 심피는 서로 갈라져 있거나 혹은 단일구조로 붙어있다. 꽃에서 자성 부위를 **암술(pistil)**이라 하는데, 단심피(한개의 단순한 암술) 혹은 한 집단의 유합심피(복합 암술)로 구성되어 있다. 각 암술은 3부분으로 구성되어 있다: 즉 화분이 앉는 **암술머리(stigma)**, 화분관이 자라면서 통과하는 **암술대(style)**, 1개 이상의 밑씨가 있어서 장차 과실로 발달하는 단지 같은 구조로 된 **씨방(ovary)**이다.

### 36.1.3 자성 배우자체는 씨방, 웅성 배우자체는 꽃밥에서 형성된다

27, 28장에서 다루어 졌던 것처럼, 속씨식물과 기타 식물은 이형포자를 형성하는데, 대포자와 소포자가 바로 그것들이다(**그림 36-2**).

씨방 내에 있는 어린 밑씨는 배수성 세포로 된 대포자 모세포를 포함하고 있는데, 이 세포가 감수분열하여 반수체의 **대포자(megaspore)**를 형성한다. 보통 대포자 중에서 3개는 퇴화되고 기능적인 4번째 대포자는 유사분열하여 **배낭(embryo sac)**이라 하는 다세포의 자성 배우자체를 형성한다. 배낭은 밑씨 내에 파묻혀 있고, 일반적으로 반수체인 8개의 핵으로 된 7개의 세포를 가진다. 이 세포 중에서 6개는 난세포(자성배우자)를 포함하여 하나의 핵을 가지며 큰 중앙세포는 2개의 **극핵(polar nucleus)**을 가지고 있다. 난자와 두 극핵은 수정에 직접 관여한다.

꽃밥 내의 화분낭은 2배체 세포인 많은 *미소포자모세포*(microsporocyte)를 가지고 있고, 이것은 감수분열을 하여 반수체 세포인 4개의 **소포자(microspore)**로 된다. 각 소포자는 유사분열을 하여 화분립이라고 하는 미성숙한 웅성 배우자체를 형성하는데, 관세포와 생식세포인 2개의 세포로 구성된다. 생식세포가 분열하여 2개의 비운동성의 정자세포가 형성될 때 화분립은 성숙을 완료한다.

**복습**

- 꽃받침과 꽃잎은 어떻게 다른가? 이들은 어떻게 유사한가?
- 심피는 수술과 어떻게 다른가? 이들은 어떻게 유사한가?
- 자성 배우자체는 무엇이며, 그들은 어디에서 형성되는가?
- 웅성 배우자체는 무엇이며, 그들은 어디에서 형성되는가?

요점

현화식물의 세대 변화에서 자성 배우자체와 웅성 배우자체는 그 크기가 미세하며 포자식물들에 영양적으로 의존한다.

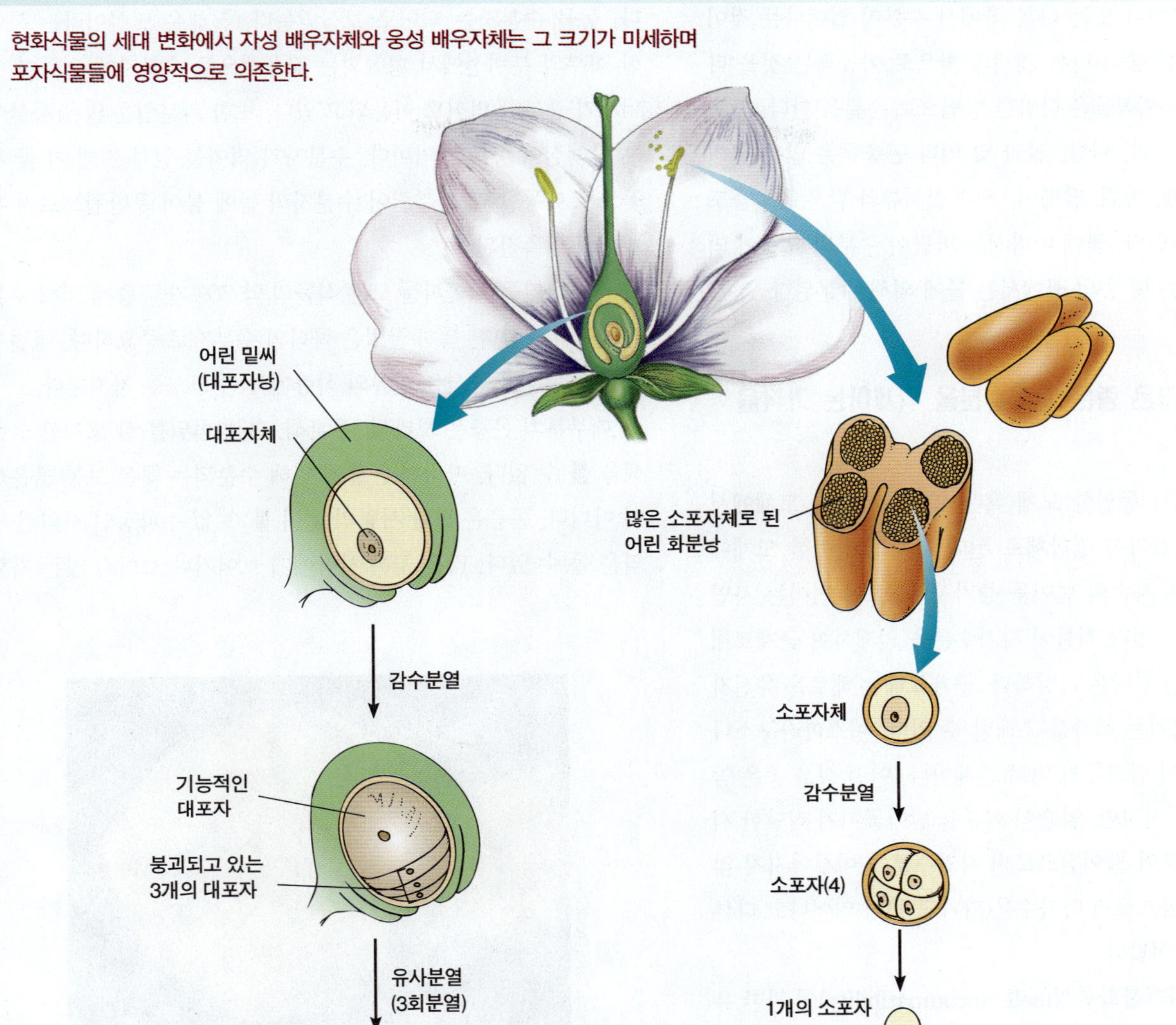


**그림 36-2 자성 배우자체와 웅성 배우자체의 발달.**

(*왼쪽*) 자성 배우자체 또는 배낭은 밑씨 내에서 발달한다. (*오른쪽*) 미성숙한 웅성 배우자체 또는 화분립은 화분낭 내에서 발달한다. 각 웅성 배우자체는 생식세포가 유사분열하여 2개의 정자세포가 형성됨으로써 완전히 성숙한다.

## 36.2 수분

### 학습목표

3 상이한 방법(곤충, 새, 박쥐 및 바람에 의하여)으로 수분되는 꽃을 특징짓는 진화 적응을 비교하여라.

4 공진화를 정의하고, 식물과 동물 수분자가 서로의 진화에 미치는 영향에 관해 설명하여라.

수정이 일어나기 전에 화분립은 꽃밥에서 암술머리까지 이동한다. 화분립이 꽃밥에서 암술머리까지 이동하는 것을 **수분**

(pollination)이라 한다. 자가수분은 하나의 동일한 식물 개체에서 화분을 낸 그 꽃이나 또는 다른 꽃에서 수분이 일어나는 것이다. 화분립이 동일한 종의 다른 개체의 꽃으로 이동되는 것을 타가수분이라 한다. 속씨식물은 다양한 방법으로 수분을 한다. 딱정벌레, 꿀벌, 파리, 나비, 나방, 말벌 및 기타 곤충들은 많은 꽃의 수분을 매개한다. 새, 박쥐, 달팽이, 작은 설치류와 같은 동물들도 식물의 수분을 매개한다. 꽃에 따라서는 바람이 수분의 요인이 되는 반면에 물에 사는 몇 종의 꽃에서는 물에 의해 수분된다.

### 36.2.1 식물의 많은 종은 자가수분을 억제하는 기작을 갖는다

식물의 유성생식에서 동일한 모체 혹은 2개의 상이한 모체에서 2개의 배우자가 융합하여 접합체로 된다. 2개의 상이한 모체에서 배우자의 조합은 자손의 변이를 증가시키고, 이 변이는 자연선택적 이점을 줄 수 있다.식물이 자가수분을 억제하여 **근계교배(inbreeding)**를 막는 기작은 다양하다. 근계교배는 해로운 유전자들을 자손에 집약시키는 결과를 초래할 수 있다. 아스파라구스나 버드나무는 숫그루와 암그루가 따로 존재한다. 어떤 식물 종은 암술과 수술을 모두 가지지만, 암술이 화분을 받아들이기 적당한 시기 전이나 후에 화분이 떨어짐으로써 자가수분이 이루어지지 않도록 한다. 이렇게 함으로써 타가수분(타가교배)이 일어나고 다른 개체간의 교배가 일어난다.

종에 따라서는 **자가불화합성(self-incompatibility)**에 관한 유전자를 가지고 있는데, 이것은 화분이 같은 식물개체의 같은 꽃이나 그 개체의 다른 꽃에서 수정을 할 수 없는 유전적인 현상이다. 즉, 식물 개체가 자신의 화분을 구별하여 거부반응을 나타낸다. 자가불화합성에 관한 유전자는 보통 암술머리와 암술대에서 화분관의 생장을 억제한다. 자기불화합성은 보통 재배종에서보다 야생종에서 많이 발생하는데, 따라서 화분이 유전적으로 상이한 개체에서 왔을 때만 생식이 보장된다.

### 36.2.2 속씨식물과 동물의 수분자는 공진화된다

동물 수분자와 동물에 의해 수분되는 식물은 오랜 시간에 걸쳐 서로 밀접하고 상호의존적인 관계를 형성하기 때문에 서로 어떤 물리적이고 행동적인 특성의 진화에 영향을 미친다. 이러한 상호간의 적응을 **공진화(coevolution)**라고 한다.

동물에 의해 수분되는 꽃은 꽃잎(눈에 보이는 유인제)과 냄새(후각의 유인제)로 수분자를 유인하는 다양한 특징을 가지고 있다. 동물 수분자는 먹이로 보상받는다. 꿀샘은 밀선이라는 특이한 화부의 분비선에서 형성되는 당용액으로 수분자에 의하여 에너지가 풍부한 먹이로 이용되고 있다. 또한 화분립은 많은 동물에게 단백질이 풍부한 먹이다. 수분자가 먹이를 얻기 위해 이 꽃 저 꽃으로 이동할 때 화분립이 수분자의 몸에 붙어 운반됨으로써 유성생식이 촉진된다.

생물학자들은 꽃피는 모든 식물의 약 70%가 곤충에 의해 수분된다고 추정한다. 특히 꿀벌은 곡식의 수분자로 중요하다. 꿀벌에 의해서 수분된 곡식은 인류의 식량에서 약 30%를 차지한다.

대부분의 곤충은 보라색, 푸른색, 황색 범위를 잘 보지만 붉은색을 볼 수 없다. 따라서 곤충에 의해 수분되는 꽃은 보통 붉은색이 아니다. 곤충은 또한 사람의 눈이 볼 수 없는 파장인 자외선 영역을 볼 수 있다. 많은 꽃은 사람에게 보이거나 보이지 않는 자외

Thomas Eisner, Cornell University

**(a)** 눈으로에 볼 수 있는 꽃은 황색으로 보인다.

Thomas Eisner, Cornell University

**(b)** 자외선 하에서 보이는 이 같은 꽃의 색은 영상은 곤충의 눈이 그 꽃을 어떻게 인식하는지에 대한 단서를 제공한다. 연한 파랑색 꽃잎이 꿀벌에게는 자주색으로 보이지만, 진한 파랑색인 안쪽의 부위는 황색으로 보인다.

**그림 36-3 충매화의 자외선 표식.**

선 반점을 가지고 있어서 곤충이 화분과 밀선이 있는 꽃 중앙으로 방향을 잡도록 해준다(**그림 36-3**).

곤충은 발달된 감각으로 냄새를 맡고, 곤충에 의해 수분되는 많은 꽃은 사람에게 즐겁거나 혹은 불쾌한 강력한 냄새를 가지고 있다. 예를 들어 사육식물은 파리에 의해 수분되고, 파리가 산란하는 썩은 고기와 같은 냄새를 피운다. 파리는 산란하기 위하여 이 꽃 저꽃으로 움직이며 화분을 이동시킨다.

벌새와 같은 조류도 중요한 수분자이다. 조류에 의해 수분되는 꽃은 보통 붉고, 오렌지 혹은 황색인데, 왜냐하면 새들은 이 가시광선에서 잘 볼 수 있기 때문이다. 조류는 후각이 잘 발달되어 있지 않기 때문에 조류에 의해 수분되는 꽃은 보통 향기가 없다.

밤에만 활동하는 박쥐는 특히 열대 지방에 있는 중요한 수분자다. 박쥐에 의해 수분되는 꽃은 밤에 피고, 꽃잎은 흐릿한 흰색을 띠고 보통 강한 냄새를 내는 발효성 과실을 갖는다. 밀선을 먹이로 하는 박쥐는 꽃 냄새에 의하여 유인된다 박쥐는 밀선에 긴 혀를 내밀어 핥아 먹는다. 박쥐가 이 꽃 저 꽃으로 이동할 때 화분립이 이동한다.

식물에서 향기가 나는 꽃잎과 수분자를 유인하는 밀선의 특수화가 진화되는 시기에 동물 수분자도 동시에 진화된다. 특수화된 몸의 부위와 행동이 동물에 적응하여 밀선과 화분 립을 얻도록 수분을 돕는다. 예를 들어 공진화는 털이 많은 몸체를 가진 호박벌을 선택하여 거기에 잘 달라 붙는 화분립이 한 꽃에서 다른 꽃으로 잘 운반될 수 있도록 하였다.

**그림 36-4　이 난초 꽃은 꿀벌을 의태하여 수분을 도모한다.**

이 난(*Ophrys scolopax*)은 암컷 꿀벌과 유사한 꽃으로 발달하고, 수컷 꿀벌이 끌릴 수 밖에 없는 향을 생산함으로써 수컷 꿀벌을 유인한다. 이 난의 원산지는 남부 유럽이다.

식물과 동물의 행동도 가끔 엉뚱하고 복잡한 방법으로 공진화되었다. 예를 들어 어떤 난초(*Ophrys*)는 색깔과 모양이 암컷 벌과 유사하다(**그림 36-4**). 또한 이 꽃은 암컷 꿀벌에서 나는 유사한 향기를 풍겨서 수컷을 유인한다. 이 난초꽃과 암컷 꿀벌은 너무 닮아 수컷 꿀벌은 이 꽃과 교미를 시도한다. 잘못된 교미행동을 하는 중 보통 화분낭이 꿀벌 등에 붙는다.

생물학자들은 현화식물이 진화하는 과정에 벌새에 의해 수분되는 꽃들이 곤충에 의해 수분되는 꽃으로부터 생겼다고 생각하는데, **그림 36-5**의 실험결과는 이러한 생각을 뒷받침해준다. 아마도 위의 두 종은 곤충에 의해 수분되는 공통조상으로부터 기원했을 것이다.

### 36.2.3 어떤 속씨식물은 바람에 의해 화분이 산포된다

잡초, 돼지풀, 단풍나무 및 참나무와 같은 속씨식물은 바람에 의해 수분된다. 풍매화는 작고 눈에 띄지 않는 보잘 것 없는 꽃이 핀다. 풍매화는 작고, 향기가 없는 꽃잎이고, 밀선은 없다. 일부 종은 크고, 깃털모양으로 된 암술머리, 바람으로 운반되는 화분립을 붙잡기 위한 구조를 가지고 있다. 풍매된 화분은 바람이 부는 대로 이동하기 때문에 화분립은 시행착오를 거쳐 동일한 꽃의 암술머리에 도달하게 된다. 풍매화는 화분립이 적절하게 암술머리에 닿지 못하고 도중에 버려져서 많은 양의 화분립을 생산한다.

**복습**

- 어떤 꽃은 황색의 꽃잎, 좋은 향기 및 당밀선을 가지고 있다. 이 꽃은 어떻게 수분될 수 있는가?
- 어떤 꽃은 작고, 꽃잎이나 향기, 밀선이 없는 꽃을 가지고 있다. 이 꽃은 어떻게 수분될 수 있는가?
- 공진화란 무엇인가?

## 36.3 수정한 후 종자와 과실이 발달된다

**학습목표**

5 수분과 수정 간의 차이점을 구별하여라.

6 속씨식물에서 배발생의 단계를 밝히고, 종자의 주요 부위에 관해서 목록을 만들고 설명하여라.

## 핵심 실험

**질문:** 꽃색깔을 결정하는 단일 유전자의 돌연변이가 동물 수분자에 영향을 줄 수 있을까?

**가설:** 하나의 돌연변이에 의해 꽃색깔이 변한다면 그 꽃에 대한 수분자의 선호도가 바뀔 수 있다.

**실험:** *Mimulus lewisii*는 연분홍색 꽃을 피우며 호박벌에 의해 수분된다; 근연종인 *M. cardinalis*는 진한 주황색 꽃을 피우며 벌새에 의해 수분된다. 두 종의 동일좌위 대립형질은 각 종의 꽃색깔을 결정한다.

연구자들은 주황색꽃 대립형질을 *M. cardinalis*에서 *M. lewisii*로 이전 시킴으로써 연한 주황색 꽃잎을 갖는 *M. lewisii*를 생산하였다. 연구자들은 또한 연분홍색 대립형질을 *M. lewisii*에서 *M. cardinalis*로 이전시킴으로써 진분홍색 꽃잎을 갖는 *M. cardinalis*를 제조하였다.

야생형 *M. lewisii*

야생형 *M. cardinalis*

변이형 *M. lewisii*

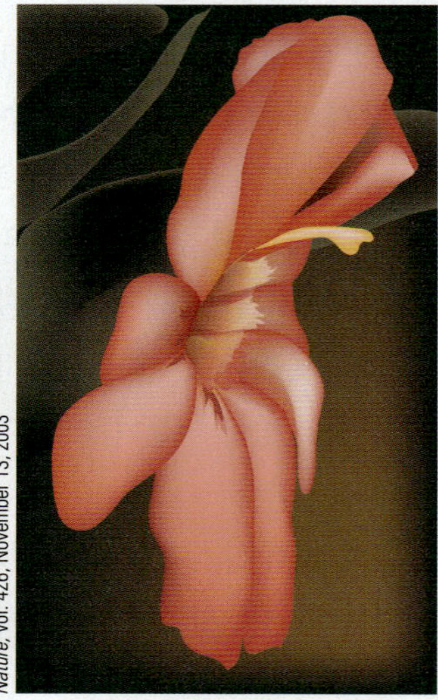

변이형 *M. cardinalis*

**결과와 결론:** 연한 주황색꽃을 갖는 변이체 *M. lewisii*는 비변이체 *M. lewisii*와는 달리 많은 벌새의 방문을 받았다. 진분홍색꽃을 갖는 변이체 *M. cardinalis*는 비변이체 *M. cardinalis*와는 달리 많은 호박벌의 방문을 받았다. 따라서, 꽃색깔을 결정하는 단 하나의 유전자의 변이는 동물 수분자의 종류를 바꾸어 놓았다.

**그림 36-5 수분자의 선택이 어떻게 진화해 왔을 지에 대한 연구.**

7 꽃에 관련하여 밑씨, 씨방, 종자 및 과실 간의 관계를 설명하여라.

8 단과, 취과, 다중과, 부과를 구별하고, 종자와 과실의 분산 방법을 예를 들어 설명하여라.

화분립이 꽃밥에서 암술머리로 운반되면 2개의 화분립 세포중 하나인 화분관 세포는 화분관을 만들고, 이 화분관은 화주를 관통하면서 아래쪽으로 가서 씨방의 밑씨 속으로 들어간다.

일단 화분관이 밑씨 속으로 들어가면 유인신호가 중지된다. 이러한 결과로서 1개의 화분관이 각 배낭으로 들어간다. 화분립의 2번째 세포는 분열하여 2개의 웅성배우자(정세포)를 형성하고 이 세포들은 화분관을 따라 이동하여 밑씨 속으로 들어간다(**그림 36-6**).

### 36.3.1 중복수정은 속씨식물의 독특한 특징이다

밑씨 내 난세포는 1개의 정세포와 융합하여 배 식물체로 발달할 수 있는 접합자(수정란)를 형성하여 종자가 생긴다. 밑씨의 중앙세포에서 2개의 극핵은 2번째의 정세포와 융합하여 종자에서 영양과 호르몬을 제공하는 조직인 3배체($3n$)의 **내배유(endosperm)**가 되어 발달하여 배 식물을 둘러싸게 된다. 이와 같이 2개의 독립적인 세포융합이 일어나는 과정을 **중복수정(double fertilization)**이라 한다. 중복수정은 속씨식물에서만 발견되는 특징이다.

중복수정이 일어난 후 밑씨는 종자로 발달하고, 밑씨를 둘러싸고 있는 씨방은 과육으로 발달한다(28장 참조).

## 36.3.2 종자에서 배발생은 질서정연하게 진행된다

속씨식물은 수정후 발달하는 **종자(seed)** 내에 영양물질을 갖춘 어린 식물인 배를 형성한다. 종자 내의 영양물질은 식물의 배를 발아시키는데 이용될 뿐만 아니라 사람을 포함한 동물에 의해 섭취된다.

속씨식물에서 수정란은 분열하여 다양한 방법으로 다세포인 배를 형성한다. 다음은 쌍자엽 식물의 배 발생을 설명한 것으로, 쌍자엽 식물과 단자엽 식물의 배 발생은 초기에 유사하다.

수정란의 제1분열로 형성된 2개의 세포(기저세포와 정단세포)는 배의 극성 혹은 방향성을 확립한다. 밑씨의 바깥 쪽을 향해 있는 커다란 **기저세포(basal cell)**는 일반적으로 다세포로 된 **배병(suspensor)**으로 발달하여 배를 고정시키고 배유로부터 영양의 흡수를 돕는다. 밑씨의 안쪽에 위치한 **정단세포(apical cell)**는 배로 발달한다.

처음에 정단세포가 분열하여 전배(proembryo)가 형성된다(▌**그림 36-7**). 세포는 계속 분열하여 작은 구상배로 발달한다. 이 시기에 조직의 분화가 시작된다. 쌍자엽 식물에서 2개의 자엽(종자의 잎)이 형성되기 시작할 때를 심장기라 한다. 이 시기를 지나 배는 어뢰기로 발달 신장하여 성숙한 배의 성장이 지속된다. 흔히 배가 신장하면서 굽은 모양을 형성할 때 배병이 눌려서 파괴됨으로써 보이지 않게 된다.

## 36.3.3 성숙한 종자는 배의 식물과 저장 물질을 함유한다

성숙한 종자는 밑씨의 제일 바깥층인 **외피(integument, 주피)**에서 유래된 단단한 보호구조인 **종피(seed coat)**안에 배 식물과 저장물(자엽 혹은 배유에 저장된 것)을 포함하고 있다.

종자 내에서 성숙한 배는 배상태의 짧은 뿌리인 **유근(radicle)**과 하나이거나 두개의 **떡잎(cotyledon; 자엽)**으로 구성된다(▌**그림 36-8**). 외떡잎식물은 1개의 떡잎, 쌍떡잎식물은 2개의 떡잎

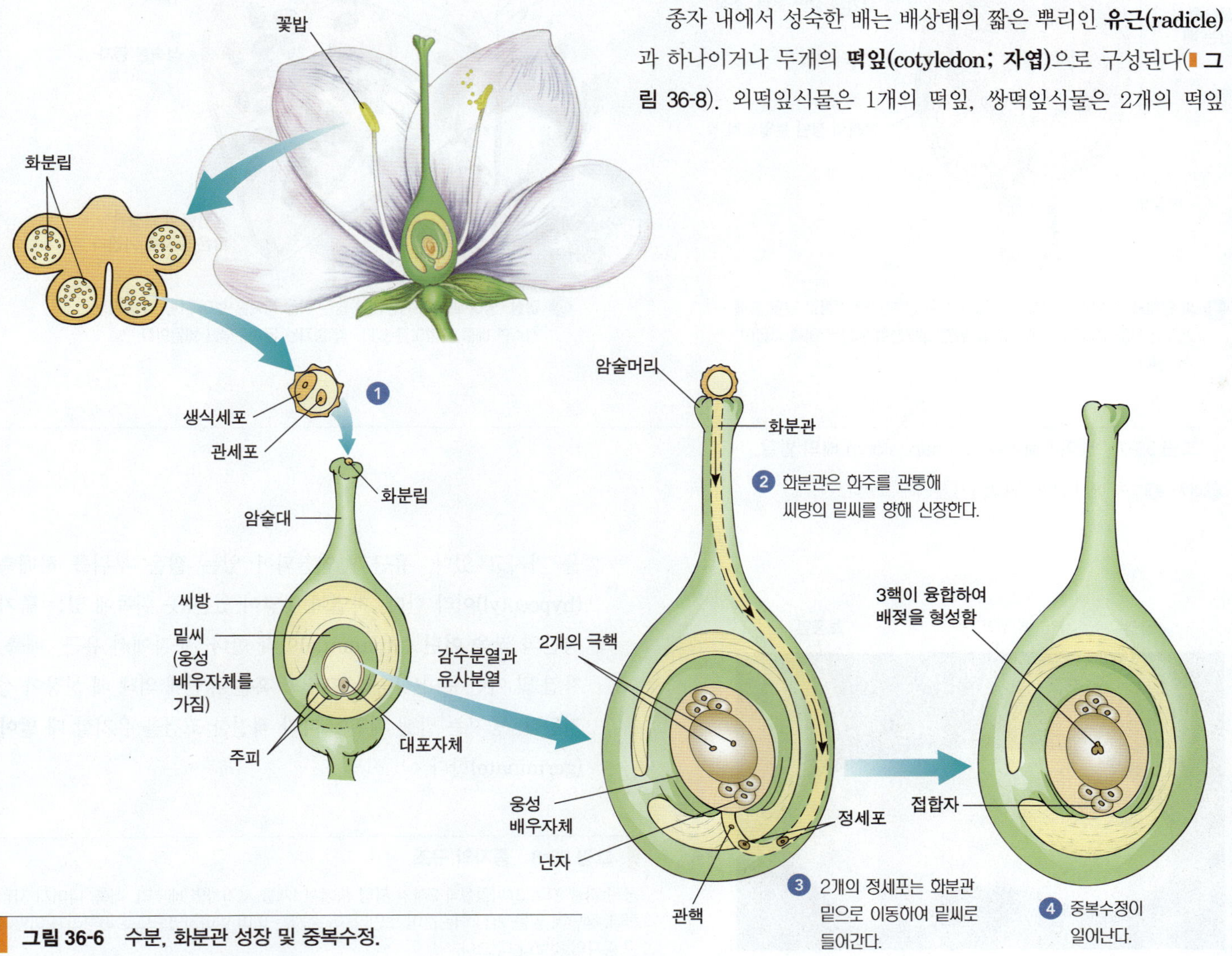


**그림 36-6** 수분, 화분관 성장 및 중복수정.

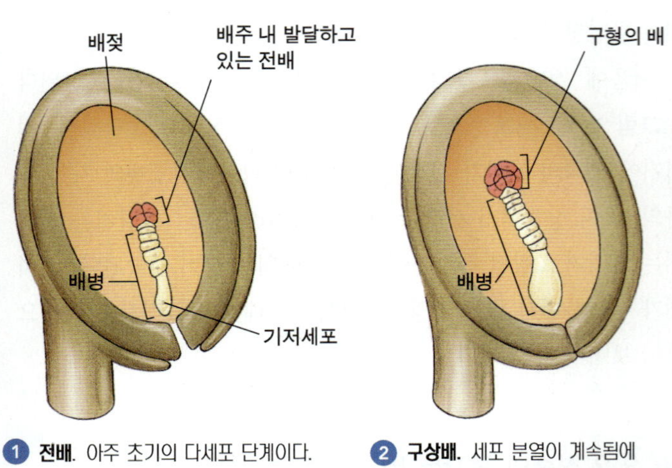


**1 전배.** 아주 초기의 다세포 단계이다.

**2 구상배.** 세포 분열이 계속됨에 따라 배가 둥근 공 모양이 된다.

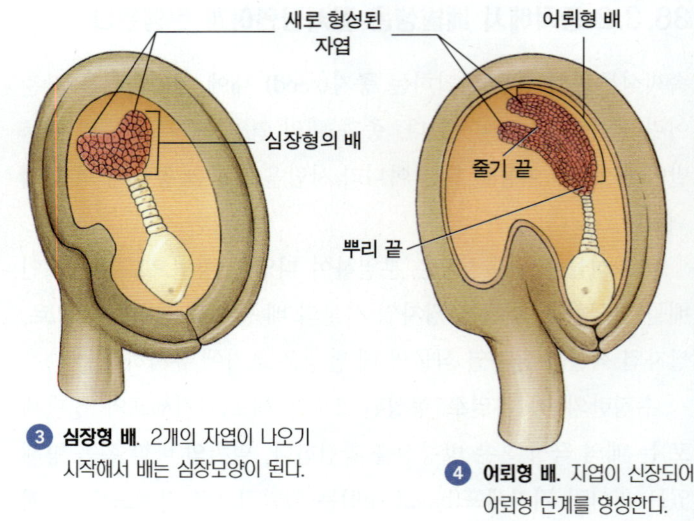


**3 심장형 배.** 2개의 자엽이 나오기 시작해서 배는 심장모양이 된다.

**4 어뢰형 배.** 자엽이 신장되어 어뢰형 단계를 형성한다.

발달하고 있는 종피
성숙하고
있는 배
줄기의 정단 분열 조직
2개의 자엽
뿌리의 정단 분열조직
배젖의 흔적

**5 씨 안에서 성숙해가는 배.** 배유에 저장된 양분은 배 성장과 발달 중에 거의 완전히 고갈된다. 배 식물을 위한 대부분의 양분은 이제 자엽에 저장된다.

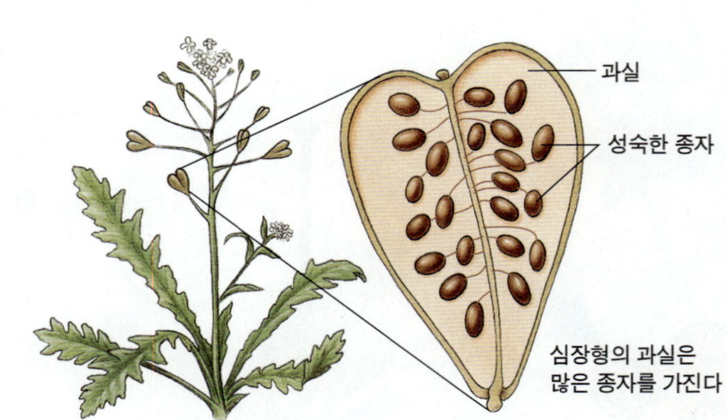


**6 과실.** 냉이 과실의 종단면은 많은 작은 종자를 보여주며, 각 종자는 성숙한 배를 포함하고 있다. 각 종자는 밑씨로부터 발달한다.

**그림 36-7 냉이(Capsella bursapastoris) 배의 발달.**

1에서 5까지 에서 밑씨를 씨방에서 분리해 그렸다.

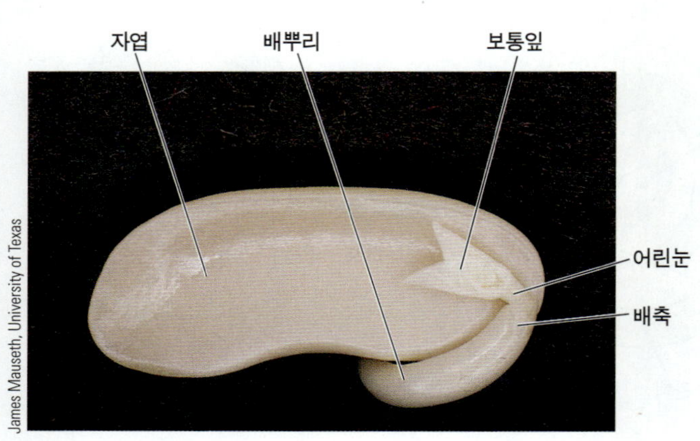


을 가지고 있다. 유근과 연결되어 있는 짧은 부위를 **하배축(hypocotyl)**이라 한다. 자엽이 맞닿아 있는 곳 위쪽에 있는 줄기 정단의 싹을 **어린 눈(plumule)**이라 한다. 종자에서 유근, 배축, 자엽 및 어린 눈이 성숙한 후 건조 혹은 휴면에 의해 배 성장이 정지된다. 종자는 발생 계획에 따라 적절한 조건을 유지할 때 **발아(germinate)**한다.

**그림 36-8 종자의 구조.**

콩 종자를 자르고 씨껍질과 2개의 자엽 중에서 1개를 제거하면 배뿌리, 배축, 나머지 자엽 하나, 정단에 잎을 가진 어린눈이 보인다. 이 종자는 이미 발아하였으므로 배뿌리가 미발아된 종자의 것보다 더 크다.

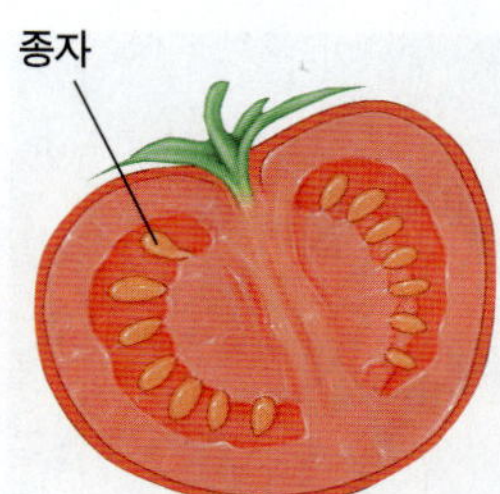


**장과(단과)**
다육질의 과실로서 과벽이 전체적으로 연하다.

토마토(*Lycopersicon lycopersicum*)

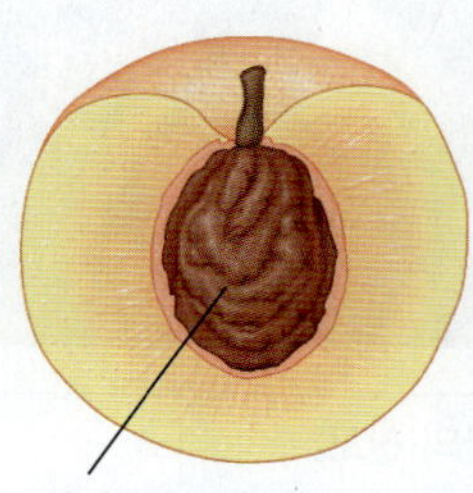
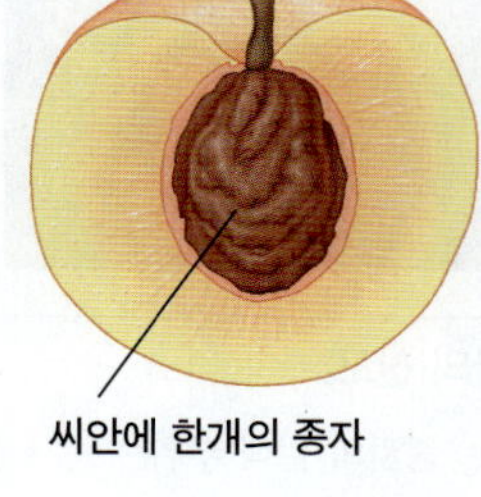


**핵과(단과)**
다육질의 단과로서 과실의 내벽이 단단한 석질이다.

복숭아(*Prunus persica*)

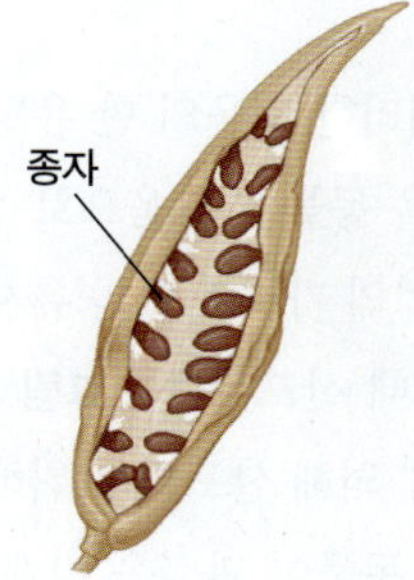


**골돌(단과)**
건과로서 봉합선을 따라 열개하여 종자를 방출한다; 단일 심피의 씨방으로부터 과실이 형성된다.

밀크위드(*Asclepias syriaca*)

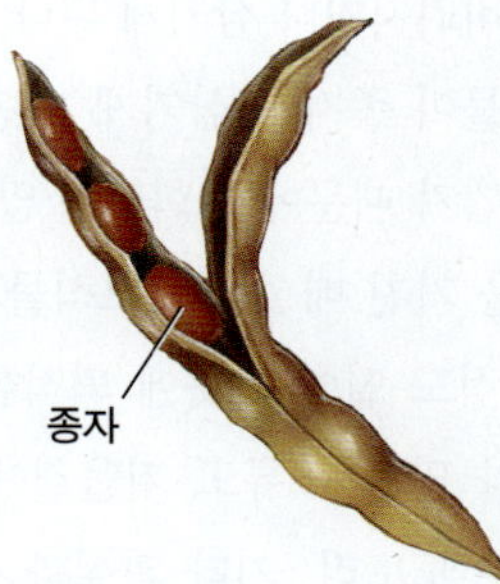


**콩과(단과)**
건과로서 두 봉합선을 따라 열개하여 종자를 방출한다; 단일 심피의 씨방으로부터 과실이 형성된다.

강낭콩(*Phaseolus vulgaris*)

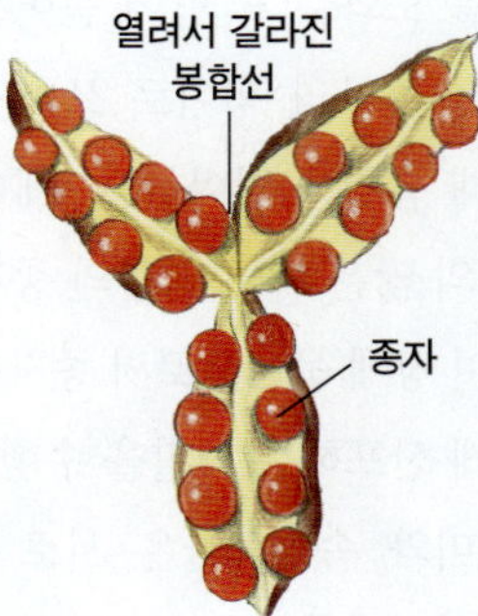


**삭과(단과)**
건과로서 2개 이상의 봉합선이나 구멍을 통해 열개함으로써 종자를 방출한다; 2개 이상의 심피로 된 씨방으로부터 형성된다.

붓꽃(*Iris*)

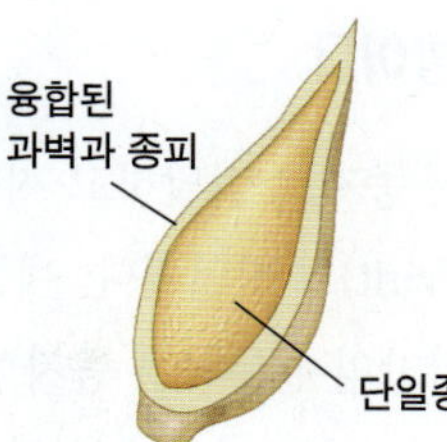


**곡류(단과)**
육질이 없는 건과로서 과벽이 씨껍질과 붙어있다.

밀(*Triticum*)

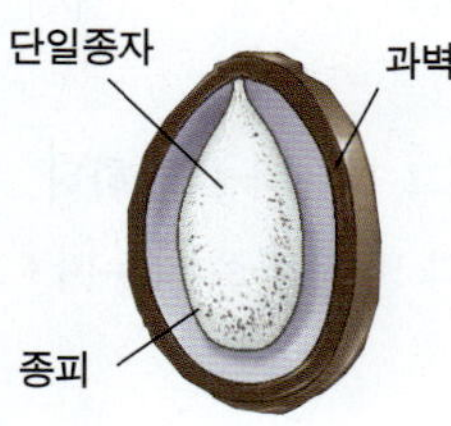


**수과(단과)**
건과로서 과벽이 씨껍질로부터 분리되어 있다.

해바라기(*Helianthus annuus*)

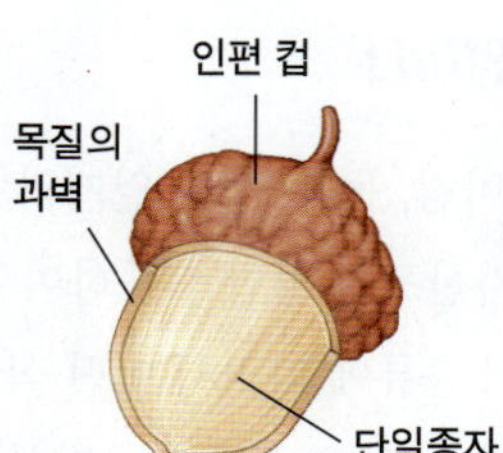


**견과(단과)**
건과로서 석질의 껍질을 가지며, 흔히 크기가 크고, 성숙 시에도 열개하지 않는다.

참나무(*Quercus*)

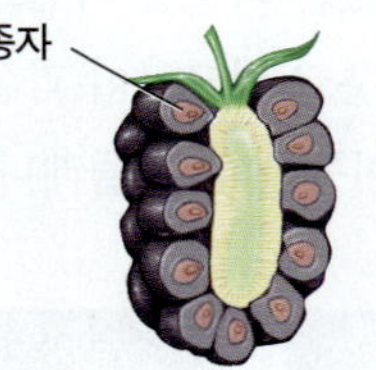


**취과**
몇 개에서부터 많은 수에 이르는 암술을 가진 단일화로부터 과실이 발달한다(즉, 심피가 하나의 암술로 융합되지 않았다.

검은딸기(*Rubus*)

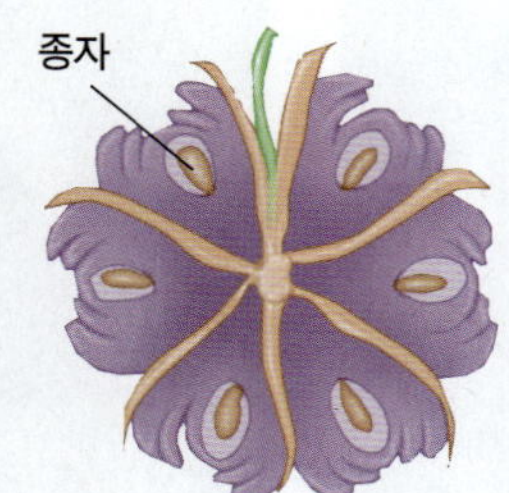


**다화과**
한 무리의 꽃의 씨방으로부터 발달한다.

뽕나무(*Morus*)

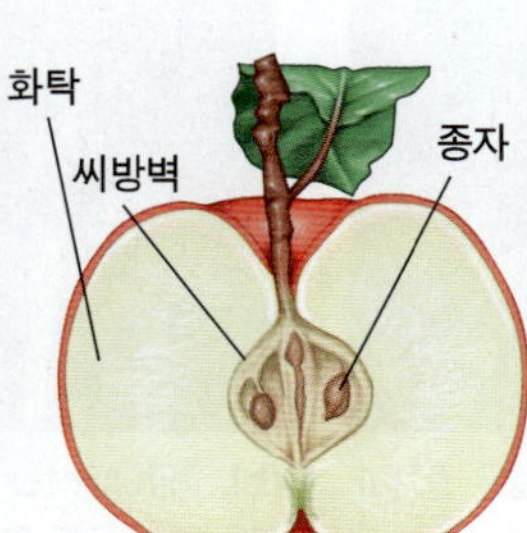


**부과**
화탁이나 화통과 같은 비씨방성 조직으로 구성되어 있다.

사과(*Malus sylvestris*)

**그림 36-9 과실의 유형.**
종자의 구조와 종자 산포 기작에 근거하여 과실은 단과, 취과, 다화과, 부과의 4군으로 나눈다.

## 36.3.4 과실은 성숙하고 익은 씨방이다

중복수정이 밑씨에서 일어난 후, 밑씨는 종자로 발달하고 씨방은 종자(바로 언급)를 둘러싸고 있는 **과실(fruit)**로 발달된다. 예를 들어 완두콩의 꼬투리는 과실이고, 꼬투리안의 완두콩은 종자이다. 과실은 1개 이상의 종자를 포함하고있다. 일부 난초과의 과실은 수천 개에서 수백만 종자에 이른다 과실은 종자를 둘러싸서 보호하고 가끔 종자산포를 돕는다.

과실은 꽃의 구조와 배열에 따라서 그 형태가 다양하다. 과실은 4가지 기본형으로 단과, 취과, 다화과 및 부과로 나누며 **그림 36-9**에 요약되어 있다.

Marion Lobstein

**그림 36-11 개미에 의한 식물종자의 산포.**

양귀비과의 혈근초(*Sanguinaria canadensis*) 종자의 갈색 부위는 종자 본체이고, 흰 부위는 지방체이다. 종자의 크기를 나타내기 위해 참나무 잎의 주맥에 놓았다.

## 36.3.5 종자 산포는 고도로 다양하다

속씨식물에서 다양한 종자와 과실은 바람, 동물, 물과 열개의 파열로 산포된다. 식물들은 효과적인 종자산포의 방법을 통하여 지리적인 서식범위를 확장해 왔다. 식물의 종류에 따라서 어떤 식물은 종자가, 또 어떤 식물은 과실이 산포된다. 많은 식물의 종자산포는 바람에 의한다. 단풍나무와 같이 날개가 있는 과실을 가짐으로써 바람에 의한 산포에 적응되어 있다. 가벼운 깃털모양이 과실이나 종자에 붙어 있으면 대개 상당한 거리를 이동한다. 민들레나 유액분비식물의 종자(**그림 36-10a**)는 이러한 적응의 한 유형이다.

일부 식물은 그들의 종자나 과실을 동물의 도움으로 산포하기 위해 특이한 구조를 가지고 있다. 우엉의 가시와 이와 유사한 과실은 동물의 털에 박혀 동물이 이동할 때 산포된다(**그림 36-10b**). 다육질인 먹을 수 있는 과실도 동물에 의해 산포되기 위해 적응된 것이다. 동물이 과실을 먹게 되면 종자는 버려지거나 삼키게 된다.

동물이 종자를 삼키게 되면 종피는 두껍기 때문에 소화되지 않고, 소화관을 거친 배설물은 모식물체에서 어느 정도 떨어진 곳에 퇴적한다.다람쥐와 많은 조류도 겨울철에 땅에 묻어둔 도토리, 기타 과실과 종자의 산포를 도와준다. 땅에 묻어둔 많은 종자는 동물의 먹이로 쓰이지 않고 다음해 봄철에 발아한다. 개미도 수백 종의 많은 다른 식물의 종자를 수집하여 땅에 묻음으로써 종자를 광범위하게 산포하는 역할을 수행한다.

개미와 속씨식물은 서로 도움을 주며 살아간다. 개미는 씨를 묻음으로써 그 식물의 생식적 성공을 보장하고, 식물은 개미에게 먹이를 제공

John Serrao/Visuals Unlimited

**(a)** 밀크위드(*Asclepias syriaca*) 종자의 깃털은 종자가 바람에 날려 산포되게 한다.

DPA/Dembinsky Photo Associates

**(b)** 우엉(*Arctium minus*)의 가시(갈고리 과실)는 새의 깃털, 포유동물 모피 또는 인간의 옷 등에 붙어서 모식물체로부터 떨어져 나간다.

**그림 36-10 종자(과실)의 산포.**

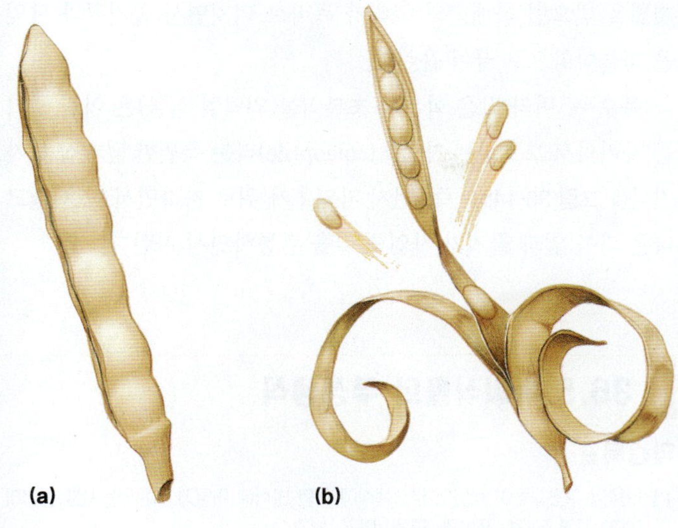


**그림 36-12 폭발적 열개.**

(a) 벌어지기 전의 황새냉이(*Cardamine pratensis*)의 과실. (b) 과실이 폭발력에 의해 열리면서 종자들이 식물로부터 꽤 멀리 흩뿌려진다.

한다. 개미가 수집하고 저장하는 종자들은 흔히 *지방체(elaiosome, oil body)*라고 불리는 특별한 구조를 포함하고 있다(**그림 36-11**). 지방체가 개미에 의해 먹이로 사용된 후 발아를 위해 필요한 여러 성분들이 풍부한 개미의 쓰레기 처리장에 버려짐으로써 발아와 유묘의 생장이 촉진될 뿐만 아니라 지상의 동물에 의한 섭취를 피할 수 있게 된다.

일부 과실은 바람, 동물 혹은 물의 도움 없이 산포되고 있다. 이들 과실은 가끔 폭발적으로 힘차게 종자를 방출한다(**그림 36-12**). **팽압(turgor pressure)**의 변화나 건조에 의한 압력이 갑자기 과실을 터지게 한다. 봉선화와 갓류의 식물 과실은 폭발적으로 종자를 1m 이상으로 산포시킨다.

**복습**

- 수분과 수정 간의 차이점은 무엇인가?
- 쌍떡잎식물의 배발생의 주요 단계는 무엇인가?
- 과실은 무엇인가?
- 다음의 과실은 어떻게 나누는가?
- 동물산포 종자와 과실의 특성은 무엇인가?

## 36.4 발아와 초기 생장

**학습목표**

**9** 종자발아에 미치는 내부적 외부적 요인들의 영향을 요약하여라.

각 종자는 밑씨로부터 발생하고 배식물과 영양분을 포함하고 있다. 종자가 싹을 틔우는 과정인 **발아(germination)**와 성숙한 식물로 되는 어린 식물의 생장은 식물의 성장과 발달측면에서 매우 중요하다. 어떤 종이 발아하는 조건은 어린 식물을 열악한 환경조건으로부터 보호하는 진화적 적응을 대변하는 것이다.

어떤 종자도 물의 흡수 없이는 발아하지 못한다. 성숙한 종자 내의 배는 수화되고 배의 수분은 물질대사가 활발하게 일어나기 위해서 필요하다. 마른 종자가 물을 흡수하는 과정을 **침윤(imbibition)**이라고 한다. 침윤에 의해 마른 종자는 몸집의 크기가 몇 배나 늘어난다 (**그림 36-13**).

발아과정은 많은 ATP 에너지를 필요로 하기 때문에 세포호흡을 하기 위해 많은 산소를 필요로 한다. 온도 또한 발아에 영향을 주는 중요한 환경적 요인이다. 대부분의 식물 종은 25℃에서 30℃사이의 온도를 필요로 한다. 온대기후에 적응된 식물 종은 종자가 가을이 아니라 봄에 발아할 수 있도록 긴 기간의 낮은 온도를 필요로 한다.

상추씨와 같이 아주 작은 종자는 발아를 위해 빛을 필요로 하기도 한다. 작은 종자는 충분한 양의 영양분을 가지지 못하기 때문에 종자가 땅속에서 발아한다면 어린 식물은 땅표면까지 자라지 못할 것이다.

### 36.4.1 어떤 종자는 바로 발아하지 못한다

성숙한 종자는 흔히 휴면상태로 존재하기 때문에 생장조건이 좋지 않으면 바로 발아하지 못한다. 어떤 종자는 모든 외적 조건이

**그림 36-13 침윤.**

침윤 전과 후의 얼룩 콩(*Phaseolus vulgaris*) 종자. 건조한 종자는 발아하기 전에 물을 흡수한다.

충족되더라도 유전적 조절을 받는 내적 요인에 의해 발아하지 못한다. 많은 종류의 사막 식물의 종자는 발아를 억제하는 호르몬인 *엽산*(abscisic acid)을 다량으로 함유하고 있기 때문에 발아하지 못한다(37장 참조). 빗물은 종자내의 엽산을 씻어 냄으로써 발아를 유도할 뿐만 아니라 발아후 어린 식물이 자랄 수 있는 환경을 조성한다.

콩과 식물과 같은 종자는 수분과 산소가 들어가지 못할 정도로 아주 단단하고 두꺼운 씨껍질을 가짐으로써 휴면을 유도한다. *난절법*(scarification)은 씨껍질을 칼이나 산과 같은 화학물질을 이용하여 상처를 냄으로써 이러한 문제점을 해결할 수 있다. 종자가 동물의 소화관을 통과하거나 토양세균에 의해 부분적으로 분해되는 것과 같은 일은 자연에서 일어나는 난절법의 일종이다.

### 36.4.2 쌍떡잎과 외떡잎 식물은 각각 특징적인 초기생장 유형을 보인다

종자로부터 처음 나타나는 식물체 부위는 배뿌리이다. 뿌리가 땅을 뚫고 자랄 때 뿌리골무는 발생하는 마찰로부터 뿌리끝의 분열조직을 보호한다. 종자로부터 발생하는 두 번째 부위는 줄기로써 줄기끝의 분열조직은 떡잎의 바로 아래쪽의 하배축이 고리모양을 만듦으로써 보호된다(▮ **그림 36-14a**). 식물체과 땅위로 솟아나와 햇볕을 받으면 하배축의 고리가 똑바로 펴지면서 줄기끝과 떡잎을 하늘방향으로 끌어 올린다.

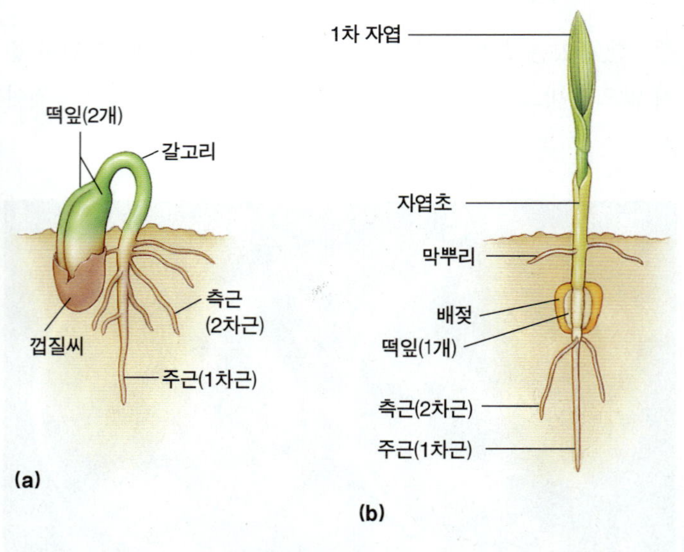


**그림 36-14 발아와 발아종자의 성장.**

**(a)** 쌍떡잎 식물 강낭콩. 종자줄기의 갈고리 구조는 땅을 뚫고 자라는 줄기 정단을 보호한다. 줄기가 땅 표면으로 나오면 갈고리 구조는 똑바로 펴진다. **(b)** 외떡잎 식물 옥수수. 자엽초가 먼저 땅을 뚫고 나온다. 줄기와 잎은 자엽초 끝을 뚫고 나와 자란다.

옥수수, 벼와 같은 화본과 초본식물(외떡잎 식물)은 어린 줄기를 둘러싸서 보호하는 **자엽초(coleoptile)**라는 특별한 덮개집을 가진다(▮ **그림 36-14b**). 즉, 먼저 자엽초가 위로 자라면서 땅을 뚫고 나온 다음 잎과 줄기가 자엽초 끝을 관통하면서 자란다.

## 36.5 속씨식물의 무성생식

**학습목표**

11 다음의 구조체들이 식물의 무성생식에 의한 번식에 어떻게 이용되는지를 설명하여라: 근경, 괴경, 포복경, 구경, 인경, 뿌리순.

12 무수정생식은 어떻게 생기는지를 설명하여라.

속씨식물은 변형된 줄기(근경, 괴경, 인경, 구경, 포복경)를 통하여 다양한 종류의 무성생식을 한다. **근경(rhizome)**은 수평 지하경으로 다육질이거나 혹은 비다육질로 되어있다. 다육질의 근경은 녹말과 같은 물질을 저장하는데 이용되고 있다(▮ **그림 36-15a**). 근경은 뿌리와 유사하나 비늘 같은 잎, 싹, 마디, 마디사이의 존재에 의해 알수 있듯이 사실은 줄기이다. 근경으로 무성생식을 하는 식물의 예로 붓꽃, 대나무, 생강과 많은 풀들이 있다.

어떤 근경들은 끝 부분이 매우 비후된 구조의 **괴경(tuber)**을 형성하여 저장기관의 역할을 한다. 괴경과 모식물체가 분리되면 흔히 모식물체는 죽고, 괴경으로부터 새로운 식물체가 형성된다. 괴경을 형성하는 식물의 예로서 감자와 토란속(*Caladium* sp.)이 있다(▮ **그림 36-15b**). 감자의 눈은 측아로서, 괴경이 고구마와 당근과는 달리 지하경이라는 증거가 된다.

**인경(bulb)**은 다육질의 잎이 짧은 줄기에 부착된 변형된 지하의 싹(눈)이다(▮ **그림 36-15c**). 인경은 구형(둥근 모양)이며 변형된 잎이 종이 같이 얇은 비늘을 형성하고 있다. 백합, 튤립, 양파 및 수선화는 인경을 형성하는 식물들이다.

**구경(corm)**은 겉모습이 인경과 유사하지만 매우 짧은 직립의 지하줄기이다(▮ **그림 36-15d**). 새로운 구경에서 흔히 측아가 생긴다. 모구경이 죽으면 자구경이 떨어져서 분리하여 식물체가 생긴다. 구경을 형성하는 정원식물에는 크로커스, 글라디올라스와 시클라멘이 있다.

**포복경(stolon)** 혹은 **덩굴줄기(runner)**는 땅위에 있는 수평적인 줄기로 땅 표면을 따라 자라고, 긴 절간을 갖는 것이 특징이다(▮ **그림 36-15e**).

**(a) 지하경.** 붓꽃은 지하경이라고 불리는 수평으로 자라는 땅밑 줄기를 가진다. 지하경에서 발달하는 싹으로부터 새로운 땅위 줄기가 생긴다.

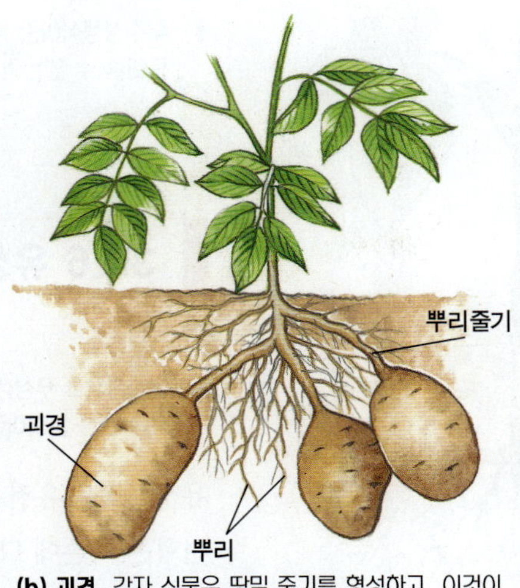


**(b) 괴경.** 감자 식물은 땅밑 줄기를 형성하고, 이것이 그 끝에서 크게 성장하여 괴경(감자)이 된다.

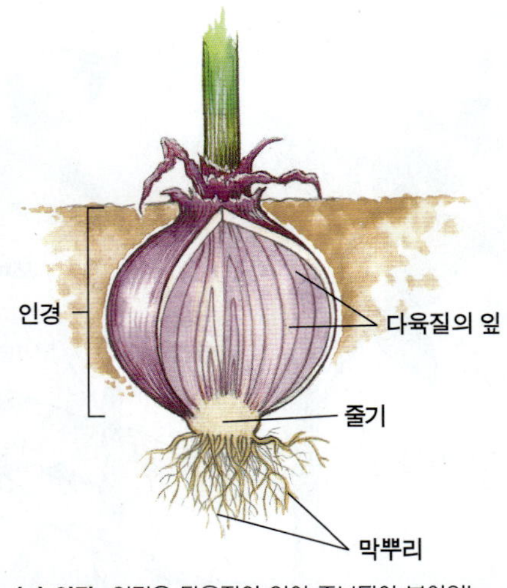


**(c) 인경.** 인경은 다육질의 잎이 중복되어 붙어있는 짧은 땅밑 줄기다. 인경의 대부분은 잎으로 되어있다.

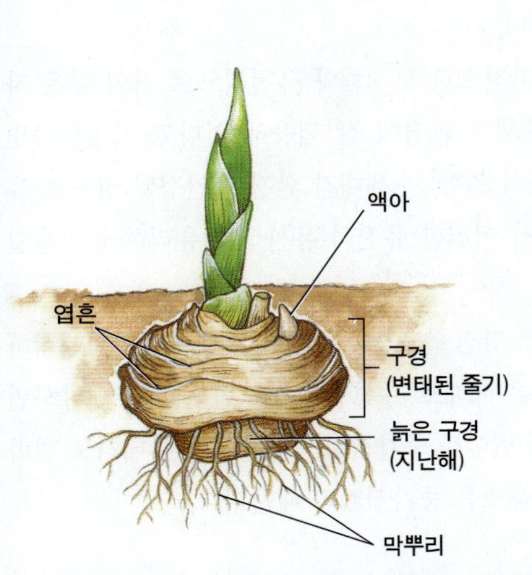


**(d) 구경.** 구경은 얇은 인편으로 둘러싸여 있으면서 거의 전부가 줄기 조직으로 된 땅밑 줄기다.

**(e) 포복경.** 양딸기는 포복경을 형성하여 무성생식한다. 새로운 식물(어린싹과묘와 뿌리)은 모든 마디에서 생긴다.

**그림 36-15 변형된 줄기.**

일부 식물은 무성생식으로 뿌리에 있는 부정아에서 발달되는 지상경인 **뿌리순(sucker)**을 생성한다(**그림 36-16**). 각 뿌리순은 모식물체가 죽으면 추가적인 뿌리를 내어 독립된 식물로 성장한다. 뿌리순을 생성하는 식물의 예로서 검은 구주콩, 서양배나무, 사과나무, 벚나무, 검은 벚나무, 사시나무들이 있다. 유타의 Wasatch 산에 있는 아스펜(*Populus tremuloides*) 군체는 단일 개체의 뿌리순에서 형성된 47,000 그루의 나무를 가지고 있다 이 군락의 생물체는 거의 43 핵타르에 걸쳐있다.

### 36.5.1 무수정생식은 정세포에 의한 수정없이 종자를 형성한다

때로는 속씨식물이 감수분열, 배우자의 융합에 의하지 않고 종자내에 배를 형성하기도 한다. 이 과정을 **무수정생식(apomixis)**이라 한다. 예를 들어 두 반수체 배우자의 결합에 의해 형성된 배수체 접합자가 아닌 밑씨내의 반수체 세포로부터 배가 발생될 수 있다. 무수정생식에 의해 생성된 종자는 배가 모계의 것과 유전적으로 유사하기 때문에 무성생식의 한 유형이다. 그러나 무성생식

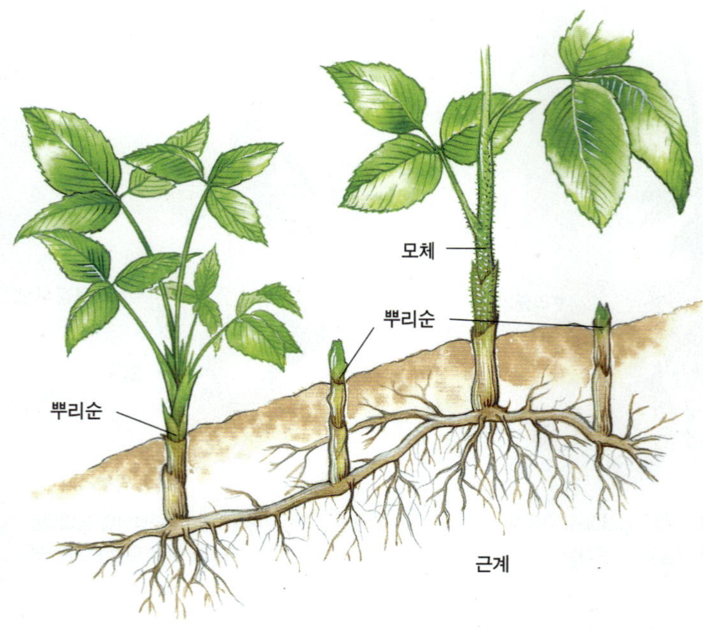


**그림 36-16 여러 발생 단계에 따른 뿌리순.**

모든 뿌리순은 근계를 통하여 서로 연결되어 있다.

방법에 비해 무수정생식에 의해 생성된 종자는 유성생식과 관련되어 있는 종자의 산포방법에 의해 퍼뜨려질 수 있다는 장점이 있다. 무수정생식은 속씨식물의 40과 이상의 다양한 종에서 발생한다. 무수정생식에 의해 생성된 식물의 예로서 민들레, 감귤속 나무, 검은 딸기, 마늘과 기타 풀들이 있다.

식물학자들은 무수정생식에 의한 무성생식에 관여하는 유전자들을 찾아내는데 많은 노력을 하고 있다. 만일 과학자들이 이런 유전자를 고수확을 내는 품종의 곡물에 전이할 수 있다면 이들 고품종이 유성생식동안 일어나는 유전적 재조합 때문에 사라지거나 약화되는 일을 막을 수 있을 것이다.

**복습**

- 근경과 괴경이 무성생식에서 어떻게 관여하고 있는가?
- 구경과 인경의 유사점과 차이점은 무엇인가?
- 무수정생식이란 무엇인가? 무수정생식은 식물이 살아남을 수 있도록 어떻게 도와줄 수 있는가?

## 36.6 유성생식과 무성생식의 비교

**학습목표**

12 유성생식과 무성생식의 차이점에 관해 설명하고, 각각이 진화상 이로운 점과 불리한 점을 논의하여라.

유성생식은 유전학적으로 양친과 다른 자손이 생기므로 양친의 표현형은 자손에 그대로 보존되지 않는다. 자손의 유전적인 다양성은 특히 불안정하거나 변화하는 환경에서 선택적으로 유리할 수 있다. 예를 들면, 지구상의 온난화 현상으로 매년 온도가 증가되면 유성생식하는 식물(그러므로 유전적으로 다양성이 있다)의 몇 개체는 그들의 양친이나 다른 자손보다 그 조건에 더 적합하게 살아남을 수 있을 것이다.

무성생식은 유전학적으로 모개채와 유전적으로 거의 같은 자손을 생산한다. 모개체가 환경에 잘 적응해 있다고 가정한다면(즉 적절한 대립형질의 조합) 수세대간 환경이 안정된 상태로 유지되고 있는 조건에서 이러한 유전적 유사성은 유리하게 작용할 수 있을 것이다

무성생식의 명확한 장점에도 불구하고 기본적으로 무성생식하는 대부분의 식물 종은 때때로 유성생식으로 번식한다. 왜냐하면 유성생식은 유전적인 변이를 증가시켜서 안정된 가운데서도 변화하는 환경에 대한 적응력을 증가시키기 때문이다.

**복습**

- 식물의 유성생식과 무성생식은 어떻게 다른가?
- 유성생식의 적응적 이점은 무엇인가?

## 핵심 용어와 요약

**학습목표**

1 꽃을 도해하여 각 부위를 기재하고, 각 부위의 기능을 설명하여라.

- **꽃받침**은 꽃이 필 때 화부를 덮어 보호한다. **꽃잎**은 동물 수분자를 꽃으로 유인할 때 중요한 역할을 한다.
- **수술**은 화분립을 생성한다. 각 수술은 가느다란 자루(**화사**)와 주머니 같은 구조(**꽃밥**)로 구성된다.
- **심피**는 자성 생식단위이다. **암술**은 단심피 혹은 집단으로 융합된 심피로 구성되어 있다. 각 암술은 3개의 부위로 구성되어 있다 화분립이 수분되는 **암술머리**: 화분관이 자라는 **화주**: 1개 이상의 밑씨가 있는 **씨방**

2 난자와 화분립이 형성되는 꽃의 위치를 설명하여라.

- 화분은 꽃밥의 화분낭 내에서 형성된다. 각 **화분립**은 2개의 세포로 구성된다. 1개는 2개의 정세포를 생성하고 다른 1개는 **화분관**을 형성한다.
- 여러 다른 핵을 포함해서 1개의 난자세포와 두개의 **극핵**이 밑씨에서 형성된다. 난세포와 극핵은 수정에 직접 참여한다.

3 상이한 방법(곤충, 새, 박쥐 및 바람에 의하여)으로 수분되는 꽃의 특성을 결정하는 진화적응을 비교하여라

- 충매화는 흔히 황색 혹은 청색이고, 향기가 있다. 조매화는 흔히 황색, 오렌지 혹은 붉은색이고, 강한 냄새는 나지 않는다.박쥐에 의해 수분된 꽃은 흔히 어두운 백색의 꽃잎으로 향기가 난다. 풍매화는 흔히 꽃잎이 작거나 혹은 아예 결여되어 있고, 향기나 밀선을가지고 있지 않다. 풍매화는 많은 화분을 생산한다.

4 공진화를 정의하고 식물과 동물 수분자가 서로의 진화에 미치는 영향에 관해 예를 들어 설명하여라.

- **공진화**는 상호의존적인 관계를 맺고 서로의 진화과정에 영향을 주는 상이한 2 종(속씨식물과 동물 수분자)간의 상호 적응을 의미한다. 예를 들면, 크고 화려한 꽃잎과 향기를 가지는 꽃이 있는 반면에 꿀벌은 화분립이 잘 달라붙을 수 있는 털을 가진다.

5 수분과 수정간의 차이점을 구별하여라

- **수분**은 화분립이 꽃가루에서 암술머리까지 이동하는 것이다. 수분한 후 배우자 융합인 수정이 일어난다.
- 속씨식물은 **중복수정**을 한다. 밑씨에 있는 난자는 1개의 정세포와 융합하여 접합자(수정란)를 형성하고 종자에서 다세포의 **배**로 발달한다. 2개의 극핵은 2번째 정세포와 융합하여 영양조직인 3배체의 **배유**를 형성한다.

6 속씨식물에서 배발생 단계를 밝히고, 종자의 주요 부위에 관해서 목록을 만들어 설명하여라.

- 쌍떡잎 식물의 배는 종자에서 질서정연하게 전배에서 구상배, 심장기, 어뢰기로 발달한다.
- 성숙한 종자는 발아할 때 어린 배와 영양조직(배유 혹은 자엽에 저장)을 가진다. 질기고 단단한 씨껍질이 씨를 둘러싸고 보호한다.

7 밑씨, 씨방, 종자 및 과실간의 관계를 설명하여라.

- 밑씨는 종자로 발달하는 가능성이 있는 구조인 반면에 씨방은 과실로 발달하는 가능성이있는 구조이다.

8 단과, 취과, 다중과, 부과를 구별하고, 종자와 과실의 분산 방법을 예를 들어 설명하여라.

- **단과**는 1개의 심피 혹은 여러 개의 심피가 융합된 단일 암술에서 발달한다. **취과**는 분리된 많은 씨방을 가진 단일화에서 발달한다. **다화과**는 보통 화축에 근접하여있는 많은 꽃의 씨방에서 발달한다. **부과**에서는 씨방조직 이외의 다른 식물조직이 과실을 형성한다.

9 종자발아에 영향을 주는 내적인 요인과 환경적 요인에 대해 요약하여라.

- 발아는 씨가 싹을 틔우는 과정이다. 배의 성숙도, 화학적 억제제의 유무, 단단하고 두꺼운 씨껍질의 유무 등이 내적 요인이다.
- 산소, 물, 온도, 빛 등이 환경적 요인이다. 씨가 발아하기 위해서는 침윤에 의해 물을 흡수해야 한다.

10 근경, 괴경, 포복경, 구경, 인경에 대해 요약하여라.

- 근경, 괴경, 인경, 구경 및 포복경은 무성생식을 하는 특이한 줄기이다. **근경**은 수평적인 지하경이다. 괴경은 양분저장에 필요한 신장된 지하경이다. **인경**은 짧은 줄기에 붙어있는육질의 저장잎을 가진 변형된 지하의 싹이다. **구경**은 짧고, 종이 같은 비늘에 덮여있는 직립지하경이다. **포복경**은 긴 절간을 가진 수평적인 지상경이다.
- 뿌리는 부정아에서 발달된 **뿌리순**을 생성한다. 뿌리순에는 뿌리가 생겨 새로운 식물이 생긴다.

11 무수정생식은 어떻게 생기는지를 설명하여라.

- **무수정생식**은 유성생식에 의하지 않고 종자와 과실을 형성한다.

12 유성생식과 무성생식의 차이점에 관해 설명하고, 각각의 진화적 이득과 불이익에 대하여 논의하여라.

- 유성생식은 2 배우자의 결합에 의해 일어난다. 유성생식에서 생긴 자손들은 유전적으로 다양하다. 무성생식은 배우자의 융합 없이 자손이 생긴다. 자손은 모식물체와 유전적으로 동일하다.
- 양친의 유전자형이 유성생식의 자손에서는 보존되지 않는다. 유성생식에서 생긴 자손 중 에서 유전적인 다양성은 불안정 혹은 변화하고 있는 환경에서 선택적인 이점이 있다. 또한 유전적인 다양성은 개체로 하여금 새로운 환경을 활용할 수 있는 기회를 줄 수 있다. 그러나 유성생식은 암수배우자가 융합하기 때문에 비용이 크다.
- 무성생식에서는 모개체의 유전자형이 보존되고 있다. 유전적인 유사성으로 수 세대 동안 환경이 안정된 상태(변화되지 않는)로 진행되면 선택적 이점이 있다. 무성생식에서 모든 개체는 자손이 생길 잠재력이 있다. 대부분의 식물은 무성생식의 현저한 이점에도 불구하고, 주로 유성생식으로 그들의 유전적인 변이를 증가시킨다.

## 연습문제

1. 속씨식물의 종자에서 1개의 정세포와 2개의 극핵이 융합하여 형성되는 영양조직을 무엇이라 하는가?
(a) 유아 (b) 배유 (c) 자엽 (d) 배축 (e) 유근

2. 속씨식물에서 1개의 정세포는 1개의 난세포와 융합하고, 1개의 정세포는 2개의 극핵과 융합하는 과정을 무엇이라 하는가?
(a) 공진화 (b) 발아 (c) 중복수정 (d) 무수정생식 (e) 수분

3. 보통 꽃 주변에서 안쪽까지 환상윤으로 배열하는 순서는 어느 것인가?
(a) 꽃받침 ⟶ 꽃잎 ⟶ 심피 ⟶ 수술
(b) 수술 ⟶ 심피 ⟶ 꽃받침 ⟶ 꽃잎
(c) 꽃받침 ⟶ 꽃잎 ⟶ 수술 ⟶ 심피
(d) 꽃잎 ⟶ 심피 ⟶ 수술 ⟶ 꽃받침
(e) 심피 ⟶ 수술 ⟶ 꽃잎 ⟶ 꽃받침

4. 수정한 후 밑씨는 __________ 으로 발달하고, 씨방은 __________ 으로 발달한다.
(a) 과실; 종자 (b) 종자; 과실 (c) 꽃받침; 화관
(d) 화관; 꽃받침 (d) 골돌; 협과

5. 하나의 꽃이 가지는 꽃잎을 총체적으로 무엇이라 부르는가?
(a) 화탁 (b) 삭과 (c) 심피 (d) 자엽 (e) 화관

6. 한 꽃의 많은 씨방에서 발달하는 과실을 __________ 라 하고, 반면에 많이 갈라진 꽃의 씨방에서 발달하는 과실을 __________ 라 한다.
(a) 다화과부과 (b) 단과부과 (c) 취과다화과
(d) 부과취과 (e) 단과다화과

7. 배유가 결핍된 성숙한 종자에서 자엽의 기능은 무엇인가?
(a) 종자를 둘러싸서 보호한다 (b) 종자 산포를 도와준다
(c) 배의 뿌리를 흡수한다 (d) 영양물을 저장한다
(e) 밑씨내에서 배에 붙는다

8. 사과, 딸기, 배는 어떤 종류의 과실인가?
(a) 부과 (b) 단과 (c) 다화과 (d) 취과 (e) 콩과

9. 암술을 구성하고 있는 부분들은 무엇인가?
(a) 암술머리, 화주 및 수술 (b) 약과 화사
(c) 꽃받침과 꽃잎 (d) 암술머리, 화주 및 씨방
(e) 유근, 배축 및 유아

10. 수평하게 지하에 있는 줄기 또는 다육질이 아니고 흔히 특수화된 무성생식이라 부르는 줄기는 무엇인가?
(a) 포복경 (b) 인경 (c) 구경 (d) 지하경 (e) 괴경

## 심화 학습문제

1. 다음 상황들 중에서 유성생식이나 무성생식중 어떤 유형의 생식이 더 유리할 것인가? 그 이유는 무엇인가?
(a) 다년생 식물 (b) 일년생 식물
(c) 기후변화의 폭이 아주 적은 곳에 적응한 식물

2. 본 장에서 배운 바를 응용하여 왜 초본이 서식하는 들판이나 평야에 설치된 전화선용 전신주밑에 흔히 나무묘목이 자라는지를 설명해 보아라

37

# 식물의 생장과 발달

Dwight R. Kuhn

**원추천인국(*Rudbeckia hirta*).** 이 식물은 0.9 m 정도까지 자라는데, 밤의 길이가 짧아지는 봄과 초여름에 꽃이 핀다.

## 핵심 개념

식물의 생장과 발달은 내적인 환경 변화와 외부에서 오는 자극에 영향을 받는다.

식물은 빛이나 중력 혹은 접촉 등의 외부 자극에 직접적인 생장 반응을 보이거나 굴성을 보이기도 한다. 굴성에 대한 연구는 식물의 외부 환경과 호르몬과 같은 내부 환경 사이의 연계에 대해 설명이 가능하도록 한다.

호르몬은 식물의 발달을 통합하고 조절하는 화학신호이다.

식물호르몬은 여러 종류 중에서 옥신, 지베렐린, 시토키닌, 에틸렌, 앱시스산이 대표적이다.

식물은 빛의 색깔별로 다른 수용체를 가지고 있다. 피토크롬은 적색광과 원적색광을 흡수하여 개화시기와 같은 식물의 발달 과정에 영향을 미친다.

식물이 살아가면서 많은 변화를 겪게 되지만 결국 식물의 생장과 발달을 조절하는 것은 유전자에 의한 것이다. 만약 잎의 모양이나 꽃의 색깔 혹은 뿌리의 형태와 같은 특정 형질에 대한 유전자가 존재하지 않으면 그 형질들은 발현되지 않는다. 그러나 이들 형질에 대한 유전자를 가지고 있다면 이들은 발현될 것이다. 형질의 발현은 유전자가 개체의 외부 형태를 결정짓는 것으로 이들은 다른 유전자의 신호에서부터 환경적인 자극에 이르기까지 다양한 요소에 의해 결정된다. 어린 식물에서 세포들의 위치는 발달 과정 동안에 유전자의 발현에 중대한 영향을 미친다. 이웃하는 세포에서 방출되는 화학적인 신호들에 의해 식물체 내에서 그들의 위치를 인식할 수 있게 해 준다. 세포가 놓여 있는 환경은 세포가 궁극적으로 어떤 세포가 될 것인지를 결정한다.

식물의 생장과 반응은 호르몬에 조절을 받는다. 호르몬은 식물 조직 내에 매우 적은 농도로 존재하는 유기 복합체로서 세포들 사이의 특이적인 화학신호로 작용한다. 낮의 길이, 강우와 온도의 변화와 같은 환경적인 신호는 식물의 생장과 발달의 전 과정에서 중요할 뿐 아니라 유전자의 발현에도 중요하다.

예를 들면 생식 기관의 형성은 환경에 의해 조절되며(특히 온대 기후에서), 식물이 외부 환경의 자극을 받으면 영양 생장을 멈추고 생식 생장을 하기 시작한다. 대부분의 현화식물들은 계절적인 변화를 인식할 수 있고 밤과 낮의 길이에 민감하게 반응한다. 그 밖에도 온도에 따라 생식기관을 발달시키는 식물도 있다. 따라서 식물은 주위 환경에서 정보를 얻고, 이 정보에 의해 생장과 발달을 한다. 이 장에서는 식물의 생장과 발달에 대해 살펴 볼 것이다. ■

## 37.1 굴성

**학습목표**

1 굴광성, 굴지성, 굴촉성을 설명하여라.

식물은 빛이나 중력, 접촉과 같은 외부 자극에 의해 반응하는 움직임을 보여준다. 이러한 식물의 움직임은 외부 자극이 주어지는 방향에 의존한다. 이와 같은 방향성 있는 생장 반응을 **굴성(tropism)**이라고 하며 굴성의 결과 식물의 특정 부위의 위치가 변한다. 굴성은 비가역적이며 자극이 주어지는 방향으로 자라는 양성 굴성과 자극의 반대 방향으로 자라는 음성 굴성이 있다.

**굴광성(phototropism)**은 빛에 의해 식물이 방향성 생장을 하는 것이다(그림 37-1). 생장하는 줄기의 끝부분은 양성 굴광성으로 빛의 방향으로 굽어 자란다. 햇살이 비치는 창가에 화분을 두면 이러한 현상을 관찰할 수 있다. 이러한 생장은 줄기와 잎이 광합성에 적합한 빛을 받을 수 있는 기회를 높여 준다. 굴광성에 의해 줄기가 굽는 반응은 500 nm보다 더 짧은 청색광에 의해 촉진된다(33장에서 청색광은 기공이 열리도록 조절한다는 것을 상기하라).

Runk/Schoenberger/Grant Heilman

**그림 37-1 굴광성.**

옥수수(*Zea mays*) 유묘의 줄기는 빛을 향하여 자라는데 이것을 양성 굴광성이라 한다. 빛을 향하여 줄기가 굽는 것은 빛을 향해 있는 줄기보다 반대편에 있는 줄기가 더 많이 신장하기 때문이다.

식물이나 생물체는 빛에 생물학적으로 반응하기 위하여, 빛에 민감한 물질인 광수용기(photoreceptor)를 가지고 있으며 이들이 빛을 흡수한다. 청색광을 흡수하여 굴광성의 반응을 촉진하는 광수용기와 기공의 개폐와 같은 청색광 반응을 하는 광수용기는 노란색 색소인 **포토트로핀(phototropin)**이다. 포토트로핀은 광에 활성화되는 **인산화효소(kinase)**로서 인산기를 전이하는 효소이다. 이들은 청색광에 반응하여 인산화된다. 따라서 인산화는 청색광에 의한 신호전달 중에서 첫 번째 반응 단계이다.

중력의 방향에 대해 반응하여 생장하는 것을 **굴지성(gravitropism)**이라 한다. 대부분 식물의 줄기 끝부분은 지구의 중심에서 벗어나 멀리 떨어져 자라는 음성 굴지성이다. 반면에 뿌리들은 양성 굴지성을 나타낸다(그림 37-2). 근관은 뿌리에서 중력을 인식하는 부위이다. 근관을 제거하더라도 뿌리는 계속 자라지만 중력을 감지하는 능력은 소실된다. 근관을 구성하는 세포들은 녹말을

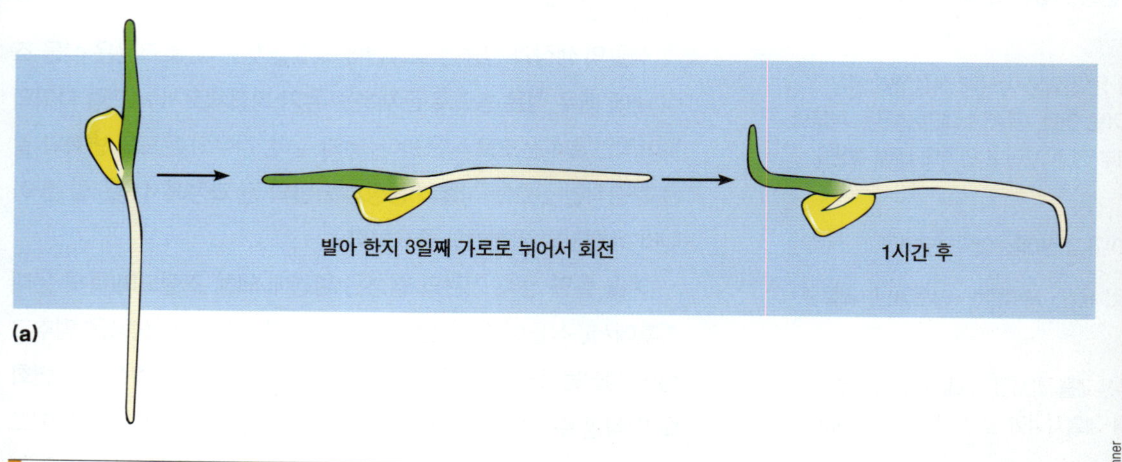



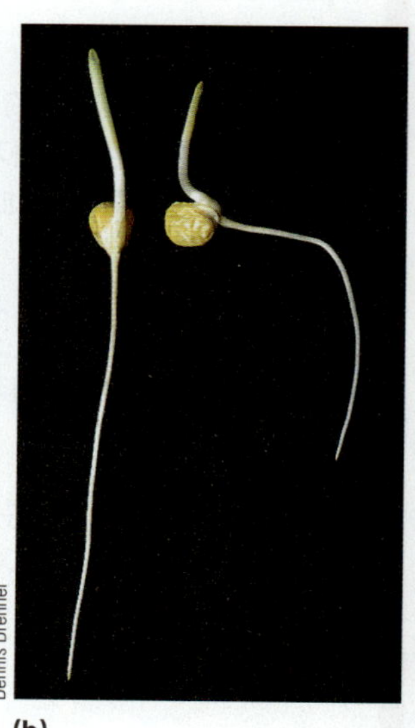



Dennis Drenner

**그림 37-2 굴지성.**

(a) 옥수수 유묘를 발아 3일째 되는 날 가로로 눕혀서 회전 시켰다. 1시간이 지난 후 뿌리와 어린 싹이 굽어지는 것을 볼 수 있었다. (b) 24시간이 지난 후(오른쪽 유모), 새로운 뿌리는 아래로 향하고(양성 굴지성), 새로운 어린 싹은 위로 자라는 것을 볼 수 있었다(음성 굴지성). 왼쪽 사진은 같은 시기에 발아시킨 대조군 이다.

함유하고 있는 **녹말체(amyloplast)**를 가지고 있다. 이들 녹말체들은 각 세포에서 중력 방향으로 분포하며 중력에 대한 식물 반응의 초기 개시자일 것으로 생각되고 있다. 식물이 들어 있는 화분을 옆으로 눕혀서 뿌리의 위치를 변화시키면, 녹말체는 세포내에서 새로운 부위로 이동을 하는데 이 방향이 항상 중력을 향하고 있다. 중력에 대한 반응이 빠른 시간에 일어나는데 이 반응에 옥신이 관여한다. 녹말체들이 중력에 대해 반응하고 있지만 아직도 굴지성에 대한 이들의 역할에 대해서는 의문점이 남아 있다. 애기장대 중에서 근관에서 녹말체를 형성하지 못하는 돌연변이의 경우 옆으로 눕혀 놓더라도 역시 굴광성이 일어난다. 이것은 뿌리가 중력에 반응할 때 전분체가 필요 없다는 것을 의미한다. 지금도 중력에 대한 식물의 반응에 대해 연구하고 있는 중이다.

**굴촉성(thigmotropism)**은 식물이 단단한 물체와 접촉할 때와 같이 기계적인 자극에 대한 식물의 생장을 의미한다. 덩굴손이나 줄기가 다른 물체를 감거나 말려 올라가는 것은 굴촉성의 한 예이다. 이렇게 함으로써 포도나무와 같은 덩굴성 식물이 자신을 지탱할 수 있는 것이다(그림 33-13b).

**복습**

- 굴광성은 무엇인가? 청색광은 어떻게 굴광성을 유도하는가?
- 굴광성과 굴지성은 어떻게 다른가?

## 37.2 식물호르몬과 발달

**학습목표**

2 옥신을 예로 하여 식물호르몬의 일반적인 작용 기작을 설명하여라.

3 굴지성의 초기 연구 방법에 대해여 설명하여라.

4 옥신, 지베렐린, 시토키닌, 에틸렌, 앱시스산이 식물의 생장과 발달에 미치는 영향을 설명하여라.

5 식물호르몬과 브라시놀라이드, 자스몬산, 살리실산, 시스테민, 올리고사카린의 기능을 요약하여라.

**식물호르몬(plant hormone)**은 식물의 생장과 발달을 조절하는 화학적 신호를 유발한다. 식물호르몬과 이들의 영향에 대한 연구는 아직까지도 무궁하다. 왜냐하면 이들 호르몬은 매우 적은 양($10^{-6}$ M)으로도 식물에게 영향을 주기 때문이다. 1종류 이상의 호르몬이 중첩되어 영향을 미치기도 하기 때문에 특정 반응을 유발하는 호르몬을 결정하기란 어렵다. 또한 특정 농도에서 반응을 유발하던 호르몬이 농도를 달리하면 그 반응을 억제하기도 한다.

식물호르몬은 동물호르몬과 여러 면에서 다르다. 예를 들면 식물호르몬은 식물의 특정 부위에서만 생성되는 것이 아니며 생성된 곳에서 먼 곳으로 운반되기도 한다.

여러 해에 걸쳐 생물학자들은 식물호르몬을 다섯 그룹으로 나누어 연구하였다. 옥신, 지베렐린, 시토키닌, 에틸렌, 앱시스산. 최근에는 이와 더불어, 브라시놀라이드, 자스몬산, 살리실산, 시스테민, 올리고사카린 등의 알려지지 않는 물질에 대해서도 관심을 가지고 있다(▮ 표 37-1은 이 장에서 다루고 있는 식물호르몬과 신호 물질을 요약하여 제시하고 있다).

### 37.2.1 식물호르몬은 신호전달에 의해 반응한다

최근의 식물호르몬에 대한 연구는 분자유전학적 기술, 특히 애기장대(*Arabidopsis*)의 돌연변이를 이용하여 접근하고 있다. 여러 개체의 돌연변이들을 이용하면 호르몬 합성, 호르몬 운송, 신호 수용, 또는 신호전달에 대한 여러 정보를 얻을 수 있다. **신호**

**표 37-1**

**식물호르몬과 신호 물질**

| 호르몬 | 합성 장소 | 주 기능 |
|---|---|---|
| 옥신(예, IAA) | 줄기의 정단 분열조직, 어린 잎, 종자 | 줄기 신장, 정단우성, 뿌리 형성, 열매 성장 |
| 지베렐린(예, $GA_3$) | 어린 잎과 줄기의 정단 분열조직, 종자의 배 | 종자 발아, 줄기 신장, 개화, 열매 성장 |
| 시토키닌(예, zeatin) | 뿌리 | 세포분열, 탈리 지연, 정단우성 억제, 꽃의 형성, 배 발달, 종자 발아 |
| 에틸렌 | 줄기의 마디, 성숙하는 과일, 손상받거나 노화된 조직 | 과일 성숙, 환경 스트레스에 대한 반응, 종자 발아, 종자의 정단 갈고리 유지, 잎과 꽃의 노화와 탈리 지연 |
| 앱시스산 | 색소체가 들어 있는 모든 세포(잎, 줄기, 뿌리) | 종자의 휴면, 수분 스트레스에 대한 반응 |
| 브라시노스테로이드<br>(예, 브라시노라이드) | 어린싹(잎과 잎눈), 종자, 과일 | 빛에 의한 유전자 발현, 세포분열, 줄기 신장, 꽃 발달, 잎의 노화 |
| 자스모네이트(예, 자스몬산) | 잎? 대부분의 조직 | 포식자(초식 동물) 병원균에 대한 방어 개시 |
| 살리실산 | 상처부위(감염부위) | 병원체에 대한 저항 |
| 시스테민 | 상처부위(초식동물이나 병원균의 감염) | 초식 동물이나 병원균의 대항하는 물질을 합성 유도 |
| 올리고사카린 | 잘 알려져 있지 않음 | 정상적인 세포의 생장과 발달에 관여, 병원체에 대한 방어 기능 |

**요점**

식물호르몬은 연속적인 효소 반응을 포함한 신호전달과정을 통하여 유전자를 활성화 시킨다.

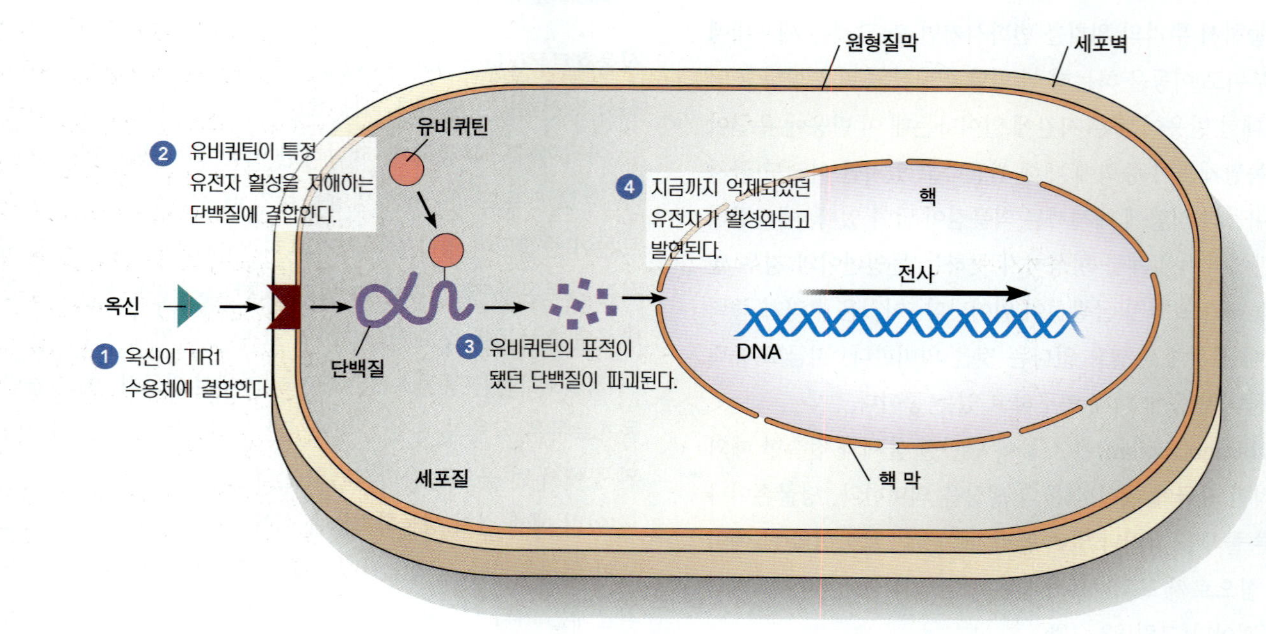


**그림 37-3** 옥신 호르몬의 작용 기작.

**전달**(signal transduction) 동안 수용체는 외부 신호를 내부 신호로 전환하여 세포내 반응을 유발한다. 이들 돌연변이들은 생물학자들이 호르몬의 합성에 관여하는 유전자를 복제하고 밝혀냄으로써 가능해 졌다. 돌연변이의 표현형에 대한 연구는 생장과 발달을 포함한 특이한 생리적 활성과 돌연변이 유전자 사이의 관계를 밝혀 낼 수 있게 해준다.

다음과 같은 연구 방법을 이용하여 생물학자들은 식물호르몬의 일반적인 반응에 대하여 밝혀내었다. 식물호르몬은 원형질막의 **효소-연결 수용체**(enzyme-linked receptor)와 결합한다. 호르몬이 수용체와 결합하면 효소반응이 시작된다.

유전자 발현에 신속한 변화를 유발하는 것으로 알려진 옥신 호르몬을 예로 살펴보자(**그림 37-3**). 1 단계에서 보면, 원형질막에 옥신과 결합하는 3차원적 모양의 수용체가 존재한다. 옥신이 수용체와 만나면 유비퀴틴(ubiqutin)이 유전자 발현을 억제하는 억제단백질과 결합하는 것을 촉진한다(2 단계). 유비퀴틴이 단백질에 결합할 때 마다, 세포는 이 분자들을 제거한다(3 단계). 그 결과 억제단백질에 의해 억제 되었던 유전자가 활성화되어 세포가 생장하고 발달하는 것이다.

옥신 수용체는 2005년 두 팀의 연구진들에 의해서 규명되었다. 수송 *저해제 반응 1*(TIR 1) 단백질 수용체는 **F-box 단백질**이다. F-box는 짧은 아미노산 서열로 이루어져 있으며 유비퀴틴을 단백질과 결합을 촉매하여 이 단백질들이 빨리 제거 되도록 한다. 흥미로운 것은 모든 동물과 식물, 그리고 균류에서 유비퀴틴이 발견되지만 박테리아에서는 나타나지 않고 있다. 이는 유비퀴틴 꼬리가 진핵 생물의 초기 진화에서 유래되어 다양화 된 것으로 생각된다. 식물은 약 700 종류의 F-box를 가지고 있지만 그들의 구체적인 역할에 대해서는 아직 잘 알려져 있지 않다. 앞으로 식물호르몬과 수용체인 F-box 분자에 대한 연구에 의해 밝혀질 것이다.

### 37.2.2 옥신은 세포 신장을 촉진한다

진화를 설명하는 자연 선택설로 가장 잘 알려진 **다윈**(Charles Darwin)은 세상에 옥신의 존재를 가장 먼저 알린 사람이기도 하다. 1870년대 **다윈**과 그의 아들 **프랜시스**는 양성 굴광성에 대한 실험을 하였다. 이들은 발아한 카나리아 유묘를 이용하여 실험을 하였다. 카나리아 유묘가 처음으로 토양을 뚫고 올라 올 때는 자엽초가 줄기를 둘러싸서 보호하고 있다. 이들 자엽초에 한 방향에서만 빛을 비추면, 이들은 빛을 향하여 굽는다.

## 핵심 실험

**질문:** 자엽초의 어느 부분이 굴광성 성장에 의한 것일까?

**가설:** 빛에 반응하여 빛 쪽으로 굽어 자라는 데에는 자엽초의 끝부분이 필요할 것이다.

**실험:** 카나리아 자엽초의 끝부분을 그대로 둔 경우, 덮개를 싸서 빛을 차단한 경우, 끝부분을 제거한 경우, 그리고 끝부분을 제외한 다른 부위를 둘러싸서 빛을 차단한 경우로 나누어 실험을 하였다. 둘러싼 부위들은 모두 빛을 투과 시키지 못한다.

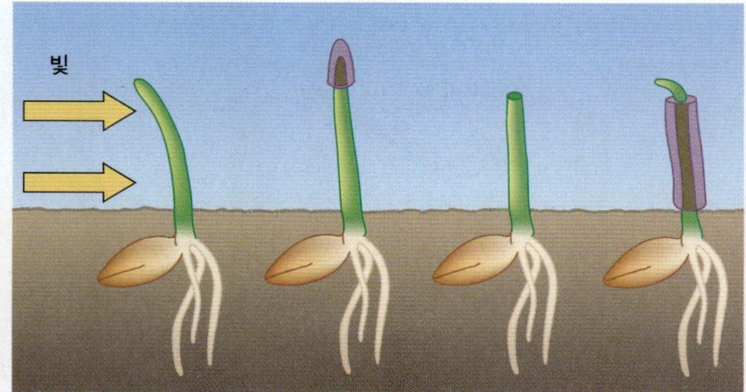


**결과와 결론:** 빛을 한 방향에서 비춰주면 그대로 둔 자엽초와 줄기만 둘러싼 경우는 빛이 있는 방향으로 굽어 자란다. 그러나 끝 부분을 둘러싼 경우와 제거한 경우는 빛이 오는 방향으로 굽지 않았다. 다윈은 유묘의 끝부분에서 생긴 물질이 아래로 이동하면서 식물이 굽어 자라게 된다고 결론 지웠다.

**그림 37-4 다윈의 굴광성 실험.**

**다윈** 부자는 여러 방법으로 식물이 굽어지는 현상에 대해 알아보려 노력하였다(**▮ 그림 37-4**). 우선 자엽초가 토양 밖으로 나오면 이들의 끝부분을 싸두었다. 그들은 자엽초 끝부분을 싸두더라도 줄기가 굽을 것이라 예상을 하였으나 식물은 굽어 자라지 않았다. 또한 자엽초 끝부분을 제거하였을 때도 줄기가 굽는 현상이 나타나지 않았다. 그러나 자엽초의 아래 부분을 빛을 차단하는 물질로 싸두었을 때는 줄기가 굽는 현상을 볼 수 있었다. 이 실험을 통하여 **다윈**은 무엇인지는 모르지만 특정 물질이 자엽초의 윗부분에서 아랫부분으로 이동을 하여 줄기를 굽게 한다고 결론을 내렸다.

1920년대 네덜란드의 젊은 과학자 **웬트**(Frits Went)는 귀리의 자엽초에서 굴성호르몬을 분리하였다. 그는 자엽초의 끝부분을 제거하여 얇은 한천 위에 올려 놓았다. 시간이 지난 뒤 이 한천 조각을 끝부분이 잘려 나간 자엽초에 올려놓으면 자엽초가 굽지 않고 정상적으로 생장을 하는 것이었다. 그런데 이 한천 조각을 끝부분이 잘려 나간 자엽초의 가장 자리 한편에 올려놓고 암처리를 하면 정상적으로 자라는 것이 아니라 굽어서 자라는 것이었다(**▮ 그림 37-5**). 이 실험에 의하면 잘린 자엽초의 끝부분에서 물질이 한천 조각으로 확산된 후 이것이 다시 끝이 잘려 나간 자엽초로 이동한 것을 볼 수 있다. **웬트**는 이 물질을 **옥신**(auxin: 그리스어로 커짐 또는 증가란 의미)이라 이름을 붙였다. 옥신의 화학적 구조에 대한 정제와 설명은 1930년대 중반 캘리포니아 기술연구소의 **사이만**(Kenneth Thimann)에 의해 밝혀졌다.

옥신은 자연 상태에 존재하지만 인위적으로 합성할 수 도 있다. 옥신 중에서 가장 대표적인 것은 **인돌초산**(indoleacetic acid, IAA)이다. 식물에서 옥신의 이동은 극성 혹은 단방향성이다. 옥신은 이들이 생성된 줄기의 정단 분열조직에서 뿌리로 이동한다. 어린잎이나 종자에서도 옥신을 합성한다.

옥신은 줄기와 자엽초 세포의 신장을 촉진한다. 세포의 산성화에 의해 세포의 가소성이 증가하고, 세포 내부의 팽압이 벽을 밀어서 신장 된다.세포 신장에 대한 옥신의 영향은 굴광성을 설명할 수 있게 해 준다. 식물을 한 방향에서만 빛을 비추면 옥신을 빛의 반대 방향으로 이동하는 극성 이동을 한다. 빛의 반대 방향에 있는 줄기의 옥신 농도가 빛의 방향에 있는 줄기에 비해 높기 때문에 농도가 높은 세포가 더 많이 신장하고 그 결과 줄기가 빛을 향해 굽는

## 핵심 실험

**질문:** 자엽초의 생장에 관여하는 물질은 무엇이며, 식물체에서 분리할 수 있을까?

**가설:** 자엽초의 생장에 반응하는 물질은 자엽초의 끝부분에서 분리할 수 있을 것이다.

**실험:** 자엽초의 끝부분을 한천 조각 위에 일정시간 두었다 **(a)**. 한천 조각을 끝부분이 제거된 자엽초 위에 올려놓았다. 이어서 그림에서처럼 한 쪽으로 기울지 않도록 하여 암실에 방치하였다 **(b)**.

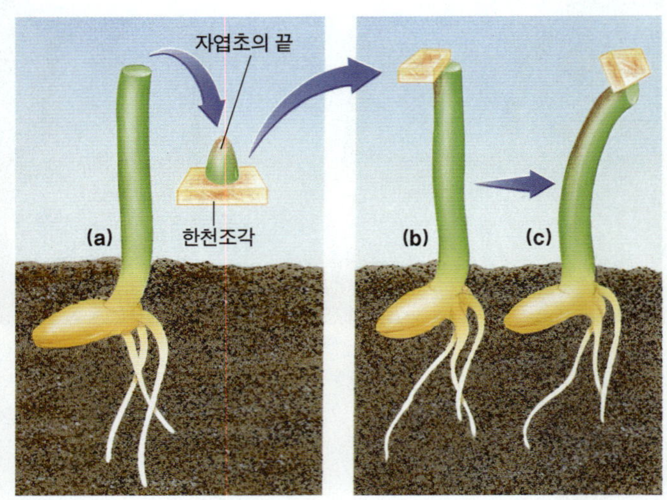


**결과와 결론:** 자엽초가 굽어졌는데 **(c)**, 이는 화학물질이 원래 자엽초 끝에 있던 화학물질이 한천 조각으로 옮겨진 후 끝부분이 제거된 자엽초로 운반되어 굽어 자라도록 했다는 것을 말해준다.

**그림 37-5 자엽초로부터 옥신의 분리.**

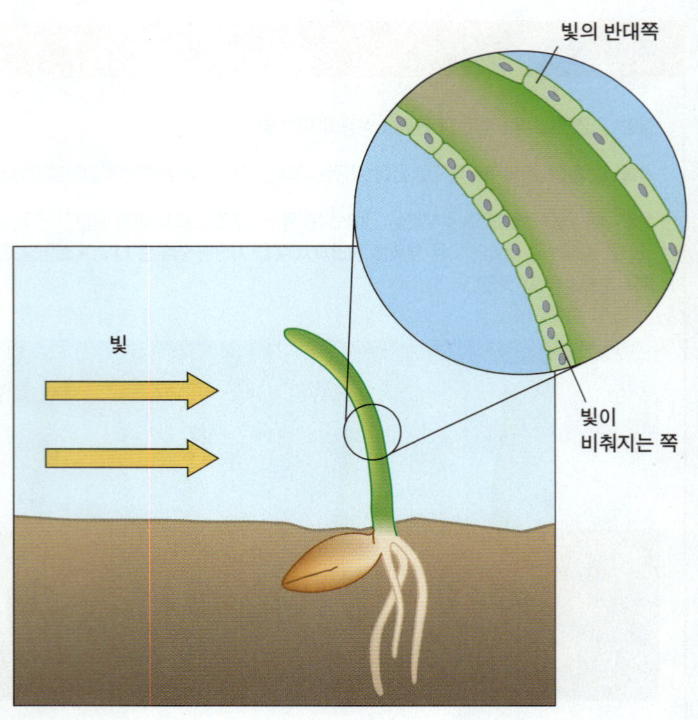


**그림 37-6 굴광성과 옥신의 불균등 분포.**

옥신은 빛의 반대 방향에 있는 줄기의 가장자리를 따라 이동하고 이로 인하여 음지 쪽에 있는 세포가 신장한다. 그 결과 줄기나 자엽초가 빛을 향하여 굽는 것이다.

다(▌그림 37-6). 옥신은 굴지성과 굴촉성에도 관여하고 있다.

그 외에도 옥신은 식물의 여러 반응에 관여한다. 예를 들면, 대부분의 식물들은 생장하는 동안에 곁가지를 형성하지 않는다. 초기의 식물들의 생장은 측아에서보다 정단분열조직에서 일어나므로 대부분 정아를 형성하게 된다. 식물의 이런 현상을 **정단우성** (apical dominance)이라고 하며 정단분열조직에 의해 측아의 형성이 억제된다. 정단우성이 강하게 나타나는 식물의 경우 정단분열조직에서 생성된 옥신이 정단분열조직 가까이 있는 측아의 형성을 억제한다. 정단분열조직을 잘라내면 옥신이 제거되어 가지에서 측아가 발달하기 시작한다. 그러나 정단우성은 재빨리 안정화되어 또 다른 가지의 측아 발달을 저해한다. 최근의 연구에 의하면 에틸렌과 시토키닌도 정단우성에 관여하는 것으로 보인다. 여러 생리적인 활성과 함께 이들 호르몬의 상대적인 비율이 정단우성의 중요한 요인으로 보인다.

종자의 발달에서 옥신은 열매의 생장을 촉진한다. 옥신을 수정되지 않은 꽃에 처리를 하면 씨방이 커지면서 씨가 없는 열매를 형성한다. 씨 없는 토마토는 이런 방법으로 만들어진다. 그러나 과일의 발달에는 옥신 외에 다른 호르몬들도 관여를 한다.

**그림 37-7 옥신과 잘린 줄기에서의 뿌리의 발달.**

(왼쪽) 인동덩굴(*Lonicera fragrantissma*)을 잘라서 고농도의 옥신에 처리하였더니 부정근(막뿌리)이 많이 발달하였다. (중앙) 저농도의 옥신에 처리하였더니 부정근이 덜 발달 하였다. (오른쪽) 옥신이 들어 있지 않는 물에 넣은 대조군을 살펴보았더니 부정근이 발달하지 않았다.

인공적으로 만든 옥신은 IAA와 유사하다. 합성된 옥신인 나프탈렌 아세트산은 무성 생식 중 줄기 꺾꽂이를 할 때 자른 줄기에서 뿌리의 생장을 촉진한다(▮ **그림 37-7**).

### 37.2.3 지베렐린은 줄기의 신장을 촉진한다

1920년대 일본의 생물학자들은 어린 벼가 급격하게 생장하다가 가늘어지면서 약해져서 넘어져 죽는 질병에 대해 연구하였다. '키다리병' 이라고 이름 붙은 이 병의 원인은 곰팡이(*Gibberella fujikuroi*)에 의한 것으로 이들은 **지베렐린(gibberellin)**이라는 화학물질을 생성한다. 2차 세계대전 전까지는 일본에 의해 행해진 이 흥미로운 연구에 대해 유럽이나 북미의 과학자들은 별다른 관심을 가지지 않았다. 1950년대부터 1960년대 동안 미국과 영국의 연구에 의하면 지베렐린은 곰팡이에 의해 감염된 식물뿐 아니라 건강한 식물에서도 생산된다는 것이다.

지베렐린은 정상적인 식물에서 여러 반응에 관여하는 것으로 알려지기 시작했다. '키다리병'의 증상은 식물 조직에서 지베렐린의 농도가 비정상적으로 높을 때 나타나는 현상이다. 이 때의 지베렐린은 식물과 곰팡이 모두에서 생성되는 것이다. 오늘날 자연계에는 수십 여종 이상의 지베렐린이 존재하고 있지만 이들 중 대부분은 불화성화된 전구체로 지베렐린을 합성하지 못한다.

지베렐린은 줄기의 생장을 촉진한다. 지베렐린을 식물에 처리하면, 줄기가 매우 빨리 신장하는 것을 볼 수 있다. 하나 혹은 그 이상의 돌연변이에 의해 난쟁이 병에 걸린 옥수수나 완두에 지베렐린을 처리하면 정상적인 식물들로 자란다. 줄기는 짧고 생산량이 많은 밀 품종은 지베렐린에 대한 반응을 감소시켜 줄기를 짧게 만든 것이다. 이들 품종들은 줄기를 신장하는데 쓰는 양분을 줄이고 곡물 생산량을 증가하는데 양분을 쓴다. 지베렐린은 **추대(bolting)**에도 관여한다. 추대는 대부분의 식물에서 개화를 시작할 때 화경이 급격히 신장하는 것을 말한다(▮ **그림 37-8**).

지베렐린은 줄기의 신장 뿐 아니라 분열하는 세포를 자극하여 세포를 신장함으로써 줄기의 신장을 유도하기도 한다. 지베렐린에 의한 줄기의 신장 기작은 옥신에 의한 것과는 다르다. IAA에 의한 세포의 신장은 세포벽의 산성화에 의한 것이지만, 지베렐린에 의한 세포 신장은 세포벽의 산성화가 일어나지 않는다. 생물학자들은 지베렐린이 어떻게 세포벽을 변형하여 세포의 신장을 유발하는지에 대한 밝혀내지 못하고 있다.

지베렐린은 식물의 여러 생식 과정에도 관여한다. 이들은 특히 장일식물의 개화를 촉진한다. 게다가, 2년생 식물이 개화를 하려면 저온처리를 하여야 하지만 저온처리를 하지 않는 대신 지베렐린을 처리하면 개화를 유도할 수 있다. 옥신과 마찬가지로 지베렐린은 열매의 성숙에도 관여한다. 지베렐린을 여러 품종의 포도에 처리하면 큰 열매를 얻을 수 있다.

Robert Lyons/Visuals Unlimited

▮ **그림 37-8 지베렐린과 줄기 신장.**

대부분의 2년생 식물과 마찬가지로 국화과 식물의 일종인 *Gaillardia pulchella*는 생장 첫해에는 로제트 형으로 겨울을 나고(*왼쪽*), 그 다음해 개화를 한다(*오른쪽*). 이 식물은 0.6 m 정도 자란다.

일부 식물의 발아에도 지베렐린이 영향을 미친다. 보리 종자의 발아에 대한 전통적인 연구에 의하면, 배에서 방출된 지베렐린은 $\alpha$-아밀라아제의 합성을 촉진한다. 이 효소는 내배유에 들어 있는 녹말을 가수분해하여 배(embryo)가 포도당을 흡수할 수 있게 해 준다. 여러 종자에 있어서 저장된 녹말을 $\alpha$-아밀라아제가 분해하여 배가 이용할 수 있는 형태로 전환하지만 이 반응이 지베렐린에 의해 조절되는 것은 곡류와 초본 식물에서만 볼 수 있다. 새롭게 발아하는 초본 종자에서 저장된 양분을 가수분해하는 것과 더불어 지베렐린은 양배추나 담배가 발아 할 때 필요한 저온이나 빛의 역할을 대신 해 주기도 한다. 즉 발아할 때 춘화처리가 필요한 종자나 빛이 필요한 종자에 있어서, 지베렐린을 처리하면 이런 전처리 없이도 발아를 시작한다.

### 37.2.4 시토키닌은 세포 분열을 촉진한다

1940년에서 1950년대에 걸쳐 연구자들은 조직배양(tissue culture) 기술(초점: "세포배양과 조직배양"을 보라)을 통해 식물세

초점

## 세포배양과 조직배양

세포는 식물에서 분리하여 살균 처리된 화학 영양 배지에서 생장할 수 있다. 조직 배양 실험의 초기에는 식물세포들은 살아 있는 상태였지만 세포분열을 하지 못했다. 그후 코코넛 배유액과 같은 물질을 첨가시킴으로써 세포가 분열을 하였다. 1950년 대 후반에 이르러, 여러 식물에서 분리한 식물세포들을 성공적으로 조직 배양할 수 있게 되었다. 조직 배양 결과 분화가 되지 않는 세포 덩어리를 형성 할 수 있었는데 이것을 **칼루스(callus)**라 한다.

1958년 코넬대학의 식물 생리학자인 스튜워드(F.C. Steward)는 당근 뿌리에서 유도한 칼루스 세포에서 정상적인 당근 식물체를 만드는데 성공하였다(그림 17-2). 이런 실험을 통하여 하나의 세포 속에는 식물 전체의 모든 특징을 가지고 있는 청사진이 들어 있다는 것이 밝혀졌다. 그의 동료들은 완전한 식물체는 하나의 세포에서 시작되며, 고유한 유전자는 특정 시기에 발현한다는 것을 보여 주었다.

스튜워드의 선구적인 연구에 이어, 다양한 세포들을 이용하여 많은 식물들을 조직배양하는데 성공하였다. 단일 세포 뿐 아니라 다른 조직이나 기관의 일부(뿌리의 정단 분열 조직이나 어린 배)를 가지고 조직배양을 성공하여 하나의 완전한 식물 개체를 얻을 수 있었다. 세포와 조직 배양 기술은 식물의 생장과 발달에 관한 여러 의문들을 해결해 주고 있다. 이러한 기술들은 더 많은 가능성을 보여 줄 것이다. 조직배양을 이용하면, 하나의 세포에서 유전적으로 동일하거나 그 보다 더 나은 식물체들을 많이 얻을 수 있다. 이 방법은 난과 아프리카 바이올렛에서 아메리카삼나무에 이르기까지 여러 종에 걸쳐 실험되어지고 있다.

또한 조직배양 동안에 세포의 유전적 조성을 변형하여 새로운 개체를 얻을 수도 있다.이 방법은 유전공학자들에게 유용하다. 특히 쌀과 같은 곡물들이 더 많은 양분을 함유한 종을 만들어 낼 수 있게 한다(그림 15-17b 참조).

포의 분열을 유도하는 물질을 찾는데 많은 노력을 기울였다. 그 결과 세포는 야자의 배유액 속에 들어 있는 물질 없이는 분열하지 않는다는 것을 발견하였다. 야자의 배유액은 복잡한 화합물질이기 때문에 그 시대에는 세포분열을 유도하는 이 물질을 동정하지 못했다. 그 후 활성 물질이 청어 정자의 오래된 DNA 시료에서 동정되었다. 이 물질은 세포질 분열을 유도하기 때문에 **시토키닌(cytokinin)**이라 명명하였다.1963년 처음으로 자연 상태의 식물 시토키닌인 제아틴을 옥수수에서 분리해 냈는데 그 이후 다른 식물에서도 이와 유사한 분자들이 분리되었다. 또한 인위적으로 시토키닌을 합성하기도 하였다. 시토키닌은 분자적으로 DNA와 RNA의 일부분인 염기 중에서 아데닌과 유사한 구조를 가지고 있다.

시토키닌은 세포분열과 상대적으로 덜 분화된 어린 식물의 분화를 촉진한다. 식물 조직배양 배지에는 시토키닌이 반드시 필요하며 배지 속의 세포들이 분열하기 위한 필수 물질이다. 조직배양 동안에, 뿌리나 줄기와 같은 식물의 기관이 형성되려면 시토키닌은 옥신과 상호작용을 해야 한다(**그림 37-9**). 예를 들어, 담배의 조직배양에서 옥신에 대한 시토키닌의 비율이 높으면 뿌리가 형성되고, 그 반대인 경우에는 줄기가 발달한다.

시토키닌과 옥신은 정단 휴면에도 관여하여 서로 길항작용을 한다. 즉 옥신은 측아의 형성을 억제하는 반면 시토키닌은 측아를 발달시킨다.

시토키닌은 노화를 지연시키기도 한다. 모든 살아 있는 세포들

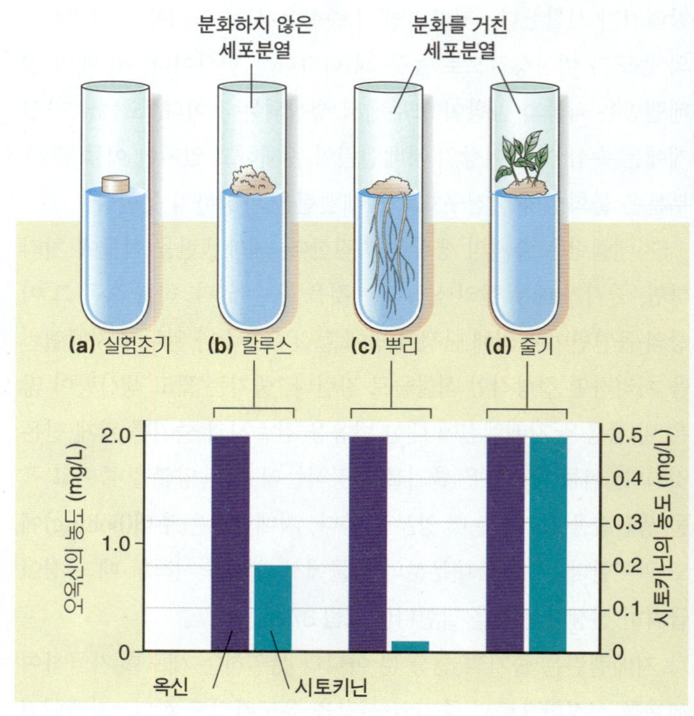


**그림 37-9 조직배양에서 옥신과 시토키닌의 상호 작용.**
조직배양 배지에 옥신과 시토키닌의 양을 다르게 처리하면 생장 반응이 배지마다 다르게 나타나는 것을 볼 수 있다. **(a)** 처음에 담배 줄기의 속에서 무균 처리된 작은 조각을 영양배지에 넣었다. **(b)** 한천 영양배지는 옥신 2.0 mg/L와 시토키닌 0.2 mg/L에 처리하면 칼루스라고 하는 분화되지 않는 조직 덩어리를 얻을 수 있다. **(c)** 시토키닌에 비해 옥신의 상대적인 비율을 **(b)**에 비해 높게 처리한 (즉 옥신 2.0 mg/L, 시토키닌 0.02 mg/L) 배지에 칼루스를 놓으면 뿌리의 생장이 촉진된다. **(d)** **(c)**와 반대로 옥신 2.0 mg/L, 시토키닌 0.5 mg/L의 배지에 칼루스를 넣으면 줄기의 생장을 촉진한다.

(그림 37-10). 생물학자 중 일부는 이런 방법을 통하여 곡물의 수명과 생산량을 증가시킬 수 있을 것이라 생각하고 있다.

**그림 37-10 시토키닌 합성과 노화 지연.**

왼쪽의 담배(*Nicotiana tabacum*)는 시토키닌을 많이 생성하게 만들고 오른쪽은 정상적인 상태로 두었다. 대조군은 노화가 일어나 오래된 잎들이 말라 죽어 가는 것을 볼 수 있다. 품종에 따라 다르지만 일반적으로 담배는 0.9 m에서 3 m정도 자란다.

들도 자연적인 **노화(senescence)** 과정을 거친다. 식물의 노화는 꽃의 줄기와 같이 식물 부위에서 촉진된다. 식물은 뿌리에서 지속적으로 시토키닌을 식물 전체에 공급한다. 그러나 잘려진 줄기의 경우 시토키닌의 공급원이 없어져 노화가 진행되는 것이다. 대부분의 종에서 잘려진 줄기와 잎에 시토키닌을 뿌리면 이 잎은 녹색으로 남아 있지만 시토키닌을 뿌리지 않은 잎은 노란색으로 변하여 말라죽는다.

식물호르몬들이 식물의 생장과 발달의 여러 방면에 영향을 미치지만, 특히 시토키닌은 조직 배양에서 보다 상업적으로 더 많이 이용된다. 심지어 1995년 위스콘신 대학의 분자생물학자들은 정상적인 노화 과정 동안에 활성화되는 유전자의 프로모터와 시토키닌 합성에 관여하는 효소를 암호화하는 유전자를 결합하였다. 형질전환된 담배 잎은 DNA 재조합에 의해 시토키닌을 많이 함유하고 있으며 이 식물은 다른 식물에 비해 더 오래 살며 광합성도 오래 지속되었다

## 37.2.5 에틸렌은 잎의 탈리와 과일의 성숙을 자극한다

20세기 초반, 과학자들은 **에틸렌(ethylen; $C_2H_4$)** 가스가 식물의 생장에 여러 영향을 미친다는 것을 알게 되었다. 1934년 이후 식물이 에틸렌을 생성한다는 것이 밝혀졌다. 식물에서 진행되는 여러 반응들은 천연의 식물호르몬들에 의해 영향을 받는다. 에틸렌은 세포의 신장을 저해하고 종자의 발아와 정단휴면을 촉진하며 상처가 나거나 다른 병원균에 의해 감염된 식물의 반응에도 관여한다.

에틸렌은 노화나 과일의 성숙에도 중요한 역할을 한다. 과일이 성숙되면서 에틸렌을 생성하는데 이들은 과일의 성숙을 촉진한다. 과일이 성숙하면 더 많은 에틸렌을 방출하게 되고 이들은 또 더 많은 과일들을 성숙하게 한다. 옛말에 '썩은 사과 하나가 사과 상자 속에 들어 있는 모든 사과를 못 먹게 한다.' 라는 말이 있다. 사과가 많이 성숙하면 썩게 되고 이때 많은 양의 에틸렌을 방출하게 되며 이로 인해 주위의 나머지 사과들도 성숙하게 만드는 것이다. 에틸렌은 많은 양의 바나나나 토마토를 동시에 성숙시킬 때도 이용된다. 이들 과일은 녹색일 때 따서 저장해 두었다가 식료품 가게에 팔기 바로 전에 에틸렌을 처리하는 것이다(그림 37-11).

자연적인 환경에서 자라는 식물은 비, 우박, 바람과 같은 기후에 노출되어 있으며 주위에 생활하는 동물들과도 접촉하게 된다. 이런 기계적인 자극들이 식물의 생장과 발달에 영향을 주어 온실

**그림 37-11 에틸렌과 과일의 숙성.**

그림에서 제시된 토마토는 같은 시기에 수확 한 것이다. 오른쪽 상자의 토마토는 3일 동안 100 ppm의 에틸렌을 처리한 것이다.

**그림 37-12 앱시스산과 종자 발아.**

앱시스산을 생성하지 못하는 돌연변이 옥수수(*Zea mays*)에서 대부분은 옥수수 낟알로 있지만, 그 중에서 일부는 발아를 하여 뿌리를 생성하는 것도 있다(*화살표*).

에서 자라는 식물들에 비해 야생의 식물들이 키도 작고 더 튼튼하게 클 수 있게 한다. 위와 같은 기계적인 자극에 의해 식물이 자라는 것을 **접촉형태형성**(thigmomorphogenesis)이라고 하며 이것은 에틸렌에 의해 조절된다. 에틸렌이 식물에 미치는 영향을 살펴보면, 줄기의 신장을 저해하고 후벽세포나 후각세포들의 세포벽을 후벽화 한다. 이런 변화들은 식물체를 키가 작고 튼튼하게 키워 기계적인 자극에 견뎌낼 수 있게 하는 것이다.

에틸렌은 잎의 탈리(abscission)를 유도하는 호르몬이다. 그러나 탈리는 실제로 에틸렌과 옥신의 길항작용에 의해 영향을 받는다. 잎에 노화가 일어나면, 잎 속에 있는 옥신이 감소하면서 엽병의 끝에 있는 탈리층의 세포들이 에틸렌을 생성하기 시작한다.

## 37.2.6 앱시스산은 종자의 휴면을 촉진한다

1963년 두 연구팀에서 **앱시스산**(abscisic acid)을 발견하였다. 이름과 달리, 앱시스산은 대부분의 식물에서 탈리에는 관여하지 않는다. 대신에 종자의 **휴면**(dormancy)과 식물의 스트레스에 대한 반응에 관여한다. 환경 스트레스 호르몬인 앱시스산은 수분 스트레스에 대한 식물조직의 반응을 유발한다(에틸렌은 식물의 기계적인 스트레스나 상처에 대한 스트레스에 반응한다).

식물학자들은 식물이 수분 스트레스에 노출되었을 때 앱시스산의 역할에 대해 잘 알고 있다. 식물이 건조한 환경에 오래 노출되면 앱시스산의 농도가 증가한다. 잎에 앱시스산의 농도가 증가하면 기공이 닫힌다. 식물은 기공을 닫아서 증발로 인한 수분 손실을 막아 생존율을 높일 수 있는 것이다. 공변세포 내에서 앱시스산의 신호가 증가하는 방법에 대해 알려지면서 식물학자들은 가뭄에 저항력이 있는 곡물이나 식물을 개발하려고 한다.

종자는 겨울을 나기 위하여 앱시스산을 이용하면 휴면의 상태를 보낸다. 대부분의 종자 속에는 앱시스산이 고농도로 존재하며 앱시스산은 발아하기 전까지는 종자 내에 머문다. 앱시스산을 합성하지 못한 옥수수 돌연변이는 종자가 형성되면서 발아가 시작된다(**그림 37-12**).

종자의 휴면에는 앱시스산 외에도 지베렐린이 관여한다. 지베렐린은 휴면을 타파한다. 종자가 겨울을 나는 동안에 앱시스산의 농도는 감소하고 지베렐린의 농도는 증가한다. 시토키닌 또한 종자의 휴면 타파에 영향을 미친다. 앞서 살펴본 내용을 보더라도 식물은 휴면 타파와 같은 한 현상에 대해 1종류의 호르몬만이 관여하는 것이 아니라 여러 개의 호르몬이 복합적으로 관여한다.

## 37.2.7 그 밖의 신호 분자들이 식물의 방어를 포함한 식물의 생장과 발달에 영향을 미친다.

생물학자들은 새로운 식물호르몬이나 호르몬유사 신호분자를 계속 발견하고 있다. 이들 대부분의 신호분자들은 식물에 병을 유발하는 생물체나 곤충에 대한 방어 반응에 관여한다. 이제부터 브라시놀라이드, 자스몬산, 살리실산, 시스테민, 올리고사카린을 중심으로 살펴본다.

### (1) 브라시놀라이드는 식물성 스테로이드이다

동물에서는 스테로이드 호르몬의 중요한 역할에 대해서 많이 알려져 있는 반면에 식물에서는 이제야 그들 호르몬의 역할에 대해서 이해하기 시작했다. **브라시놀라이드**(BRs, brassinolide)는 오랜 기간에 걸쳐 식물에 들어 있는 스테로이드로 보고되고 있다. 이들은 식물의 생장과 발달에 관여한다. 브라시놀라이드를 합성하지 못하게 한 돌연변이 애기장대는 생식력이 감소된 난쟁이 식물로 자란다. 그러나 이 식물에 브라시놀라이드를 처리하면 정상적인 개체로 생장한다. 이들 돌연변이에 대한 연구에 의하면 브라시놀라이드는 세포분열, 세포 신장, 광 유도 분화, 종자 발아, 유관속 발달과 같은 발달 과정에 영향을 주는 것으로 생각되고 있다.

브라시놀라이드의 신호전달 경로의 일부분은 특이하다. 브라시놀라이드가 식물세포의 원형질막에 있는 수용체와 결합하여(세포 내로 들어가 세포질이나 핵에 수용체를 가지고 있는 동물세포의 스테로이드와 달리) 세포 내의 유전자 발현을 자극하는 신호를 촉진한다.

### (2) 자스몬산는 지방산 유도물질이다

**자스몬산**(jasmonate)은 화분발달, 뿌리 생장, 과일 성숙, 그리고 노화와 같은 과정에 영향을 미친다. 이들 식물호르몬은 해충이나 감염을 유발하는 식물체에 대응하여 생성한다. 자스몬산는 초식 곤충에 의한 식물의 저항력을 증가시키는 효소의 합성을 촉진하다.

20여 종류의 자스몬산이 밝혀져 있다. 생물학자들은 (아직 밝혀지지는 않고 있지만) 자스몬산의 신호전달 경로에 대한 연구를 하고 있다. 흥미로운 것은 자스몬산의 신호전달 경로에 옥신과 같이 유비퀴틴이 관여하고 있다는 것이다(그림 37-3). 옥신의 신호전달 경로와 같이 유비키틴이 자스몬산에 의해 아직 밝혀지지 않은 전사억제인자들을 제거함으로써 유전자가 발현된다.

### (3) 살리실산은 페놀 화합물이다

수 세기 동안 미국인들은 두통이나 그 밖의 통증이 있을 때 버드나무(*Salix*) 껍질을 씹어 먹었다. **살리실산**(salicylic acid)은 버드나무 껍질에서 처음으로 추출되었는데 이들은 화학적으로 아스피린(acetylsalicylic acid)과 관련이 있다. 최근의 연구에 의하면, 이 물질은 식물이 해충이나 바이러스에 의한 감염되었을 때에 대한 방어 수단으로 보인다. 식물이 외부에서 공격을 받으면, 살리실산의 농도가 증가하여 식물 전체에 퍼진다. 이 살리실산이 세포수용체와 결합을 하면, 감염에 대응하여 싸울 수 있는 단백질 생성에 관여하는 유전자가 작동하게 되는 것이다.

또한 식물은 살리실산을 이용하여 주위 식물에게 신호를 보낸다. 담배 식물은 담배 모자이크 바이러스에 감염되면 대기 중으로 휘발성 형태의 살리실산인 살리실리산 메틸 혹은 노루발풀 향의 오일을 방출한다. 주위에 있는 건강한 식물체가 대기 중의 화학 신호를 받으면, 이들은 담배 모자이크 바이러스에 대항하는 항바이러스성 단백질을 합성하기 시작한다.

### (4) 시스테민은 작은 폴리펩티드이다

대부분의 동물 호르몬이 폴리펩티드로 이루어져 있음에도 불구하고 식물에서 폴리펩티드 형태의 호르몬이 발견된 것은 1991년 이후였다. 18개의 아미노산으로 구성된 **시스테민**(systemin)은 곤충에 의해 식물이 상처를 입으면 식물체 전체로 퍼진다. 시스테민은 매우 저농도(1/1조)에서도 방어 능력이 있는 것으로 보인다. 시스테민은 단백질분해효소 저해제의 생성을 촉진하여 곤충의 소화를 방해하고 송충이나 다른 초식 곤충에 의해 잎이 손상 받는 것을 방어할 수 있다. 시스테민의 발견은 식물에서 폴리펩티드를 조절하는 연구에 있어서 혼란스러운 부분으로 앞으로 계속적인 연구가 필요하다.

### (5) 올리고사카린은 당 잔여물로 이루어져 있다

**올리고사카린**(oligosaccharin)은 당분자로 분지된 짧은 탄수화물 골격 구조를 가진 화합물이다. 세포 속에는 아주 적은 양이 들어 있으며 옥신과 같은 호르몬 보다 더 낮은 농도(1/100~1,000)에서도 활성을 가진다. 여러 종류의 올리고사카린은 각기 다른 기능을 가지고 있다. 이들 중 일부는 피토알렉신의 합성을 촉진하는데, 이 **피토알렉신**(phytoalexin)은 식물이 곰팡이와 같은 미생물에 감염되었을 때 방출되는 물질이다. 그 외에 개화를 억제하고 영양 생식을 유도하는 올리고사카린도 있다.

## 37.2.8 개화-촉진 신호에 관련된 물질들에 대한 연구에 많은 진전을 보이고 있다

*Nicotiana silvestris*는 장일식물의 담배이고 *Nicotiana tobacum*는 중일식물의 담배이다. 장일식물의 담배를 중일식물의 담배와 접목시킨 후 밤의 길이를 짧게 하면 두 식물 모두 개화한다(**그림 37-13**). 중일식물의 담배는 정상적인 상태보다 더 빨리 꽃을 피운다.

이 실험에서 개화를 촉진하는 물질이 장일식물의 담배에서 유도되어 이것이 접목된 부위를 지나 중일식물의 담배로 운반된 것을 알 수 있다. 이런 개화 촉진물질은 **플로리겐**(florigen)으로 알려져 있다. 손상 받지 않은 식물에서 플로리겐은 잎에서 생성되며 체관을 따라 줄기의 정단분열조직으로 이동한다. 그 후 플로리겐은 영양 생식에서 생식기관을 발달시킨다. 즉 꽃으로 발달될 분열 조직을 형성한다.

장일식물의 담배를 중일식물의 담배와 접목시킨 후 밤의 길이를 길게 하면 두 식물 모두 꽃이 피지 않는다. 이러한 상태가 계속 지속되면 중일식물은 정상적인 상태에서도 꽃을 피우지 않는다. 이 경우에는 장일식물의 담배에서 개화를 억제하는 물질을 생성하여 중일식물로 이동한 것으로 생각된다.

생물학자들은 아직 모든 개화촉진물질들(플로리겐)이나 개화

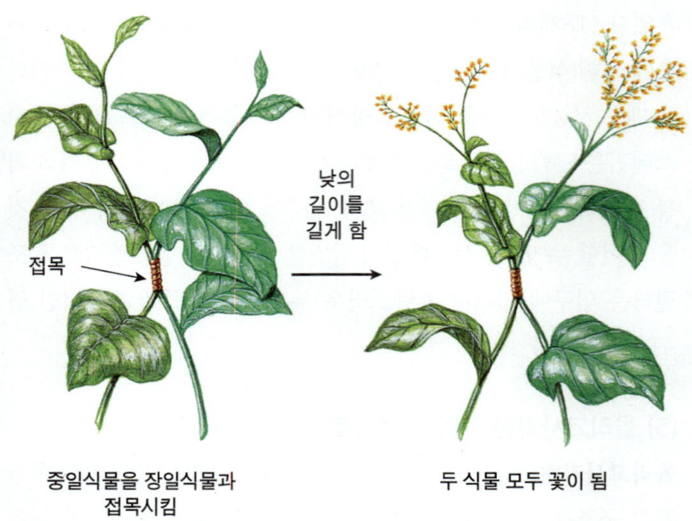


**그림 37-13 개화 촉진 물질 존재에 대한 증거.**

장일식물의 담배(*Nicotiana silvestris*)와 중일식물의 담배(*N. tabacum*)를 접목시켜 낮의 길이를 길게 하고 밤의 길이를 짧게 처리하면 두 식물 모두에서 꽃이 핀다. 중일식물의 꽃은 정상적인 상태보다 더 빨리 핀다. 이 실험을 통해 개화를 촉진하는 물질이 장일 식물에서 중일식물로 이동한 것을 알 수 있다.

억제물질들의 화학적인 성질을 밝히거나 분리해 내지는 못하고 있다. 그러나 2005년, 식물학자들은 애기장대를 이용하여 플로리겐의 신호의 중요한 부분을 밝혀냈다. *개화유전자자리 T* (*FT*)가 잎에서 활성화되어, mRNA 전사가 시작된다. 잎에서 생성된 *FT* mRNA는 물관을 따라 정단분열조직으로 이동하여 그 곳에서 FT 단백질로 번역된다. FT 단백질은 전사요인과 작용하여 개화와 관련된 유전자를 발현 시킨다.

### 복습

- 옥신은 어떻게 신호를 수용하고 전달하여 세포 활성을 변화시키는가?
- 옥신은 굴광성에 어떻게 관여하는가?
- 다음 반응에 관여하는 호르몬은 무엇인가? (1) 종자 발아, (2) 줄기 생장, (3) 과일의 성숙, (4) 잎의 탈리, (5) 종자의 휴면
- 살리실산이 곤충과 바이러스에 대응하여 어떻게 식물을 보호하는가?

## 37.3 빛 신호와 식물 발달

### 학습목표

6 빛과 어둠의 양을 조절하여 개화를 어떻게 조절하야 하는지 설명하여라.

7 피토크롬의 신호전달을 간단히 설명하고 개화 과정에서 피토크롬의 역할을 설명하여라.

8 일주기성 리듬을 설명하고 그 예를 들어라.

9 피토크롬과 크립토크롬을 구별하여라.

**광주기성**(photoperiodism)은 식물이 밤과 낮의 상대적인 길이에 반응하는 현상이다. 많은 식물에 있어서 지상부의 정단분열조직에서 개화가 시작되는 것은 광주기성에 의한 여러 물리적인 활동 중 한 현상이다. 식물은 영양시기에서 개화시기로 전이가 될 때 광기주성이 어떻게 영향을 주느냐에 따라 크게 단일식물, 장일식물, 중일식물, 중성식물의 4그룹으로 나눌 수 있다.

**단일식물**(short-day plants 혹은 **장야 식물**, long-night plants)은 밤의 길이가 임계암기보다 같거나 더 길어지면 꽃이 핀다(그림 37-14a). 단일식물에는 질적 단일식물과 양적 단일식물이 있다. 질적 단일식물은 낮의 길이가 짧을 때만 개화된다. 그에 비추어 양적 단일식물은 낮의 길이가 짧아짐으로써 개화가 촉진

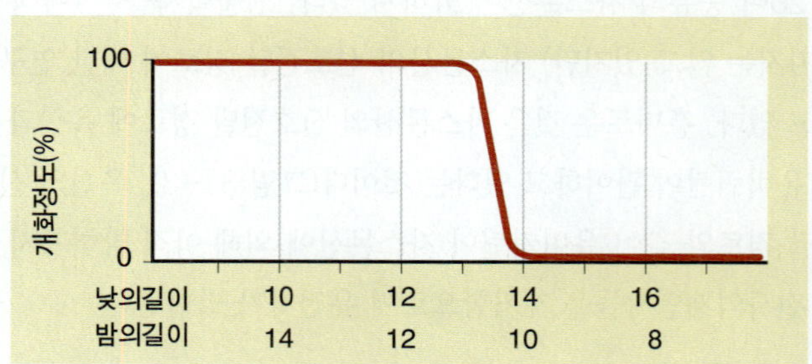


**(a) 단일식물**은 24시간 중 밤의 길이가의 임계치와 같거나 그 이상일 때 개화한다.

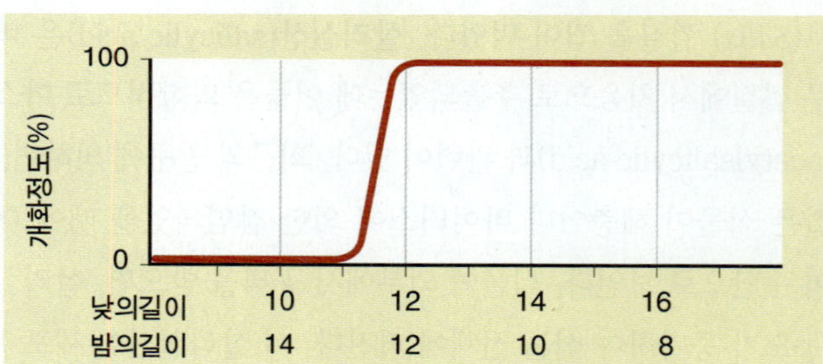


**(b) 장일식물**은 24시간 중 밤의 길이가 임계치와 같거나 그 보다 짧아 질 때 개화한다. 임계치는 종에 따라 다양하다. 단일식물이 장일식물에 비하여 낮의 길이가 더 긴 것을 볼 수 있다.

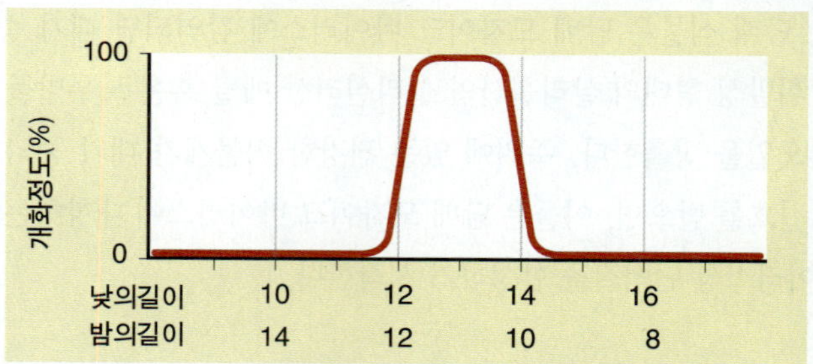


**(c) 중일식물**은 일정 시간의 밤의 길이가 필요하다. 이 요구 시간보다 밤의 길이가 더 길거나 짧으면 꽃이 피지 않는다.

**그림 37-14 단일식물, 장일식물, 중일식물의 광주기 반응.**

된다. 단일식물의 개화는 낮의 길이가 짧아짐과 동시에 일정 기간동안 지속되는 밤의 길이가 길어져야지만 시작된다. 최소한 요구되는 임계암기는 식물 종에 따라 차이가 나지만 대부분은 12시간에서 14시간 정도이다. 단일식물로는 도꼬마리와 포인세티아가 있는데 이들은 일반적으로 늦여름이나 가을에 꽃이 핀다. 이 중에서 포인세티아는 북반구에서 10월에 개화하기 시작하여 8주에서 10주정도 꽃이 핀다.그러므로 이들은 전통적으로 크리스마스를 연상하게 한다.

**장일식물**(long-day plants 혹은 **단야식물** short-night plants)은 밤의 길이가 임계암기보다 짧거나 같아지면 꽃이 핀다(**그림 37-14b**). 질적 장일식물은 낮의 길이가 길어야만 꽃이 피지만, 양적 장일식물은 낮의 길이가 길어짐으로 개화가 촉진한다. 시금치나 원추천인국, 연구용으로 많이 이용되는 애기장대는 늦봄이나 여름에 피는 장일식물이다. 이들 식물은 봄이나 초여름 밤의 길이가 짧아지는 것을 인식하여 꽃을 피운다.

**중일식물**(intermediate-plants)은 낮과 밤의 길이가 같아질 때 꽃이 핀다(**그림 37-14c**). 사탕수수와 콜레우스는 중일식물이다. 이들 식물은 밤의 길이가 너무 길거나 혹은 너무 짧아지면 꽃이 피지 않는다.

**중성식물**(day-neutral plants)은 낮이나 밤의 길이에 있어서 계절적인 영향을 받지 않는 대신 다른 요인들에 의해 개화가 자극을 받는 식물들이다. 오이, 해바라기, 옥수수, 양파는 중성식물들이다. 이들 식물들은 대부분 낮의 길이가 일년 동안 거의 변화가 없는 열대 지방에서 자생하던 식물들이다. 이에 반하여 단일식물, 장일식물, 중일식물은 온대 기후나 중위도에 분포하던 식물들이다.

식물학자들은 개화에 대한 빛의 다양한 영향에 대해 연구를 하였다. **그림 37-15**는 여러 빛이 장일식물과 단일식물의 개화에 어떻게 관여하는지를 보여주고 있다.

## 37.3.1 피토크롬은 낮의 길이를 인식한다

광주기성과 빛에 대한 다양한 생물 반응은 **피토크롬**(phytochrome)이 관여한다. 피토크롬은 청록색의 색소 단백질로 5가지 종류가 있으며 이들 각각은 다른 유전자에 의해 암호화 된다. 피토크롬 단백질 복합체들은지금까지 모든 유관속 식물에 존재하고 있는 것으로 조사되었다. 피토크롬은 phyA, phyB, phyC, phyD, phyE의 5가지로 이것들은 모두 애기장대에서 분류 동정되었다.

애기장대에서 phyA를 암호화하는 특정 유전자의 발현을 억

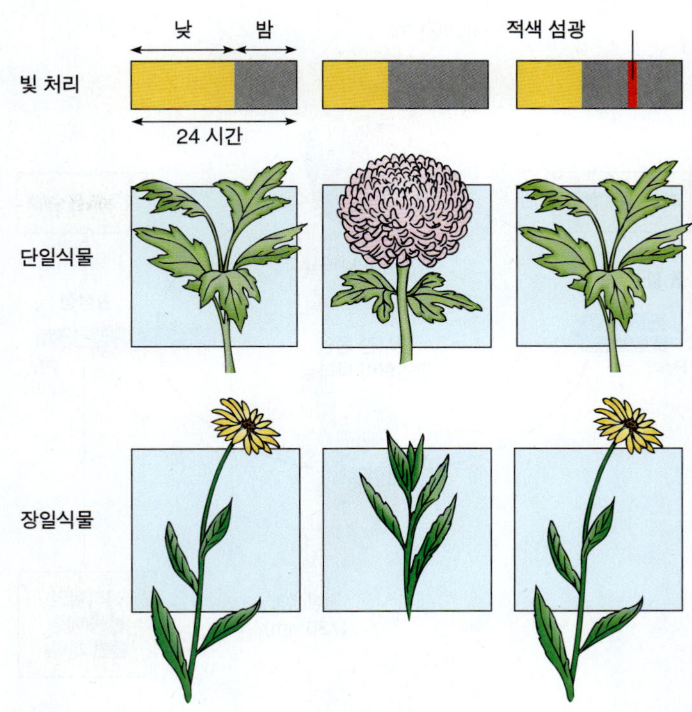


**그림 37-15 단일식물과 장일식물의 광주기 반응.**

단일식물은 밤의 길이가 길어지면 개화를 하지만(*위 중간*), 똑같이 밤의 길이가 길더라도 중간에 적색의 섬광에 1번 노출되면 개화하지 않는다(*오른쪽 위*). 장일식물의 경우는 밤의 길이가 길어진 상태에서는 개화하지 않지만(*아래쪽 가운데*), 밤 동안에 적색의 섬광이 비춰지면 개화를 한다(*오른쪽 아래*).

제하면 다양한 돌연변이 개체들이 만들어지고 이들을 기초로 하여 피토크롬에 대한 많은 지식들이 밝혀졌다. 개개의 피토크롬이 생성되지 않게 한 식물체에서 물리적인 반응을 연구한 결과 생물학자들은 각각의 피토크롬들은 자기만이 가지고 있는 독특한 기능과 함께 다른 피토크롬과 함께 작용하여 반응을 유발하는 기능도 있다는 것을 밝혔다. PhyB는 식물 생활사의 전 과정에 걸쳐 영향을 주지만 다른 형태의 피토크롬들은 생활사 중에서 특정 단계의 한정된 범위 내에서 작용하는 것을 볼 수 있었다. PhyA와 phyB는 개화에 있어서 서로 길항작용을 한다. 장일식물의 경우, phyB는 개화를 억제하지만 phyA는 개화를 유도한다. 장일식물에서 phyB 유전자를 돌연변이 시키면, 정상적인 상태보다 빨리 개화를 유도할 수 있다. 반대로 장일식물에서 개화를 지연시키거나 억제하려면 phyA를 암호화하는 유전자를 제거하나 감소시키는 돌연변이를 형성하면 된다.

피토크롬은 2가지 형태로 존재하는데 이들은 특정 영역의 파장을 흡수하면 상호 전환이 가능하다. Pr(적색광-흡수 피토크롬)은 상대적으로 단파장(660 nm)의 적생광을 흡수한다. 적색광을 흡수한 피토크롬은 Pfr(원적색광-흡수 피토크롬)의 형태로 변하는

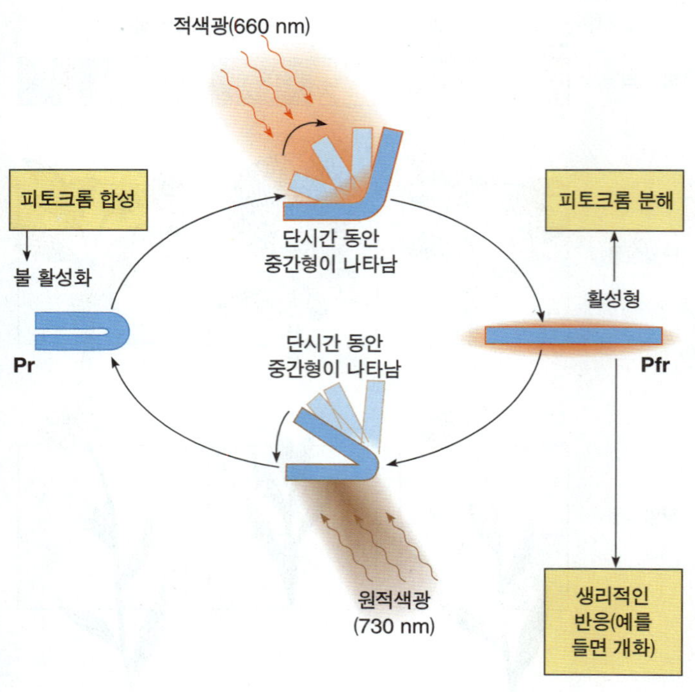


**그림 37-16 피토크롬.**

피토크롬은 Pr과 Pfr의 두 형태로 존재하며, 이들은 상호 전환된다. 적색광(660 nm)은 Pr을 Pfr로 전환하며, 원적색광(730 nm)은 Pfr을 Pr로 전환시킨다.

데 이것은 상대적으로 장파장(730 nm)의 원적색광을 흡수한다(▮ **그림 37-16**). Pfr이 원적색광을 흡수하면 원래의 상태인 Pr로 전환된다. Pfr은 피토크롬의 활성형으로 개화와 같은 생리적인 반응을 촉진하거나 저해한다.

적색광과 원적색광을 흡수하는 색소는 낮과 밤 동안 어떤 일을 하는 것일까? 태양 빛은 가시광선, 자외선, 적외선의 스펙트럼으로 구성되어 있다. 태양광은 원적색광보다 적색광을 더 많이 가지고 있기 때문에 식물이 빛에 노출되면 Pfr의 양이 증가하고 밤 동안에는 Pfr의 농도가 서서히 감소한다.

식물에 있어서 피토크롬은 중요하다. 식물이 낮과 밤의 길이를 인식하는 것은 식물이 한 계절에서 그 다음 계절로의 변화를 측정하는 가장 좋은 방법이다. 식물 발달 단계에서 이 방법은 특히 일년 동안 계절의 변화에 따라 기후가 규칙적으로 변해 가는 환경에서 생존에 중요한 역할을 한다.

### 37.3.2 음지를 싫어하는 식물들이 빛을 포획하기 위해서는 피토크롬은 중요한 역할을 한다

식물은 자신의 주위에 식물이 근접해 있다는 것을 인식할 수 있을까? 식물은 자신의 주위에 식물이 존재하고 있다는 것을 인식할 뿐 아니라 경쟁자일지도 모르는 이들 식물에 대응하여 생장과 발달을 조절함으로써 반응하기도 한다. 작은 초본에서 큰 관목에 이르기까지 이 모든 식물들은 빛에 대하여 경쟁하는데 이것을 **음지회피성**(shade avoidance)이라고 한다. 식물은 주위에 다른 식물들이 인접하여 둘러싸면 더 빨리 자란다. 음지회피성 식물은 가능한 태양에 수직으로 생장하는데 이것은 생존에 대한 반응이다.

1970년대 이후 생태학자들은 음지회피성을 촉진시키는 환경요인을 발견하였다. 식물은 적색광과 원적색광의 비율 변화를 인식하여 주위의 식물을 인식한다. 이웃해 있는 식물들은 원적색광에 비하여 적색광을 더 많이 흡수한다(8장에서 언급한 것처럼 녹색색소인 엽록소는 적색광을 흡수하여 광합성을 한다). 따라서 식물 개체가 밀집된 지역에서는 적색광에 대한 원적색광의 비율(r/fr)이 감소한다. 원적색광의 상대적인 양이 증가하게 되면 빛이 많은 환경으로 나아가기 위한 음지회피성 식물들 내의 일련의 반응들이 촉진된다. ▮ **그림 37-17**은 유입되는 태양 빛이 감소되지 않는 가운데 원적외선을 증가함으로써 흥미로운 결과를 보여주고 있다. 이 반응 결과 식물들은 음지회피성을 형성한다.

식물이 줄기를 신장하기 위하여 많은 자원을 사용하려면, 이들은 새로운 잎이나 가지, 저장 조직, 또는 생식 조직으로의 자원 분배를 줄여 나간다. 그러나 주위 식물에 의해 그늘에 놓인 음지

**그림 37-17 유색 뿌리 덮개와 식물의 생장.**

적색의 뿌리 덮개는 원적외선을 토양에서 토마토로 반사한다. 많은 원적회선을 흡수한 식물은 주위의 다른 식물들과 다르게 반응할 것이다. 이 토마토들은 지상부가 더 발달하거나 열매가 빨리 성숙할 것이다. 특수하게 제작된 뿌리 덮개의 색들은 딸기와 같은 식물의 생산량, 맛, 그리고 양분의 함량까지도 조절한다.

회피성 식물이 신속하게 줄기의 길이를 증가하는 것은 이익이다. 왜냐하면 이웃한 식물보다 자연광을 더 많이 볼 수 있어 더 빨리 생장할 수 있다.

## 37.3.3 피토크롬은 광-발아와 같은 식물의 빛에 대한 여러 반응에 관여한다.

피토크롬이 태양 빛을 흡수함으로 발아가 시작되는 종자가 있다. 빛을 필요로 하는 종자들은 적색광이 들어 있는 빛에 노출되어야 한다. 종자가 적색광에 노출되면 Pr이 Pfr로 전환되어 발아가 시작된다. 큰 종자들은 발아 할 때 빛이 필요 없지만 작은 열대성 기후의 종들은 발아할 때 빛이 필요하다. 종자가 발아시 빛이 필요한 이유는 생존율을 높이기 위하여 최적 시기에 발아하기 위한 적응이다. 이른 봄 동안, 적색광을 포함한 태양 빛은 낙엽이 떨어진 활엽수의 가지를 지나 토양에 도달한다. 봄 기온이 따뜻해지기 시작하면, 토양 속에 들어 있는 종자들이 적색광을 흡수하여 발아하기 시작한다. 새롭게 발아한 유묘들은 생장 초기 동안에 주위의 키 큰 나무들과 태양 빛에 대해 경쟁하지 않고 생장할 수 있다.

피토크롬에 의해 영향을 받는 생리적인 반응으로 잎의 수면 운동, 지상부의 휴면, 잎의 탈리, 꽃, 열매, 잎의 색소 형성을 들 수 있다.

## 37.3.4 피토크롬은 신호전달에 의해 작동한다

피토크롬에 의해 유도되는 반응들은 단기간에 매우 빨리 진행되는 것이 대부분이지만 오랜 기간에 걸쳐 느리게 진행되는 것도 있다. 단기간에 일어나는 반응은 세포막에서 일어나는 가역적인 반응으로 이들에 의해 세포 내의 이온 균형에 영향을 미친다. 예를 들어, 적색광은 식물 세포막에 있는 $K^+$이온의 채널을 열어 팽압을 조절함으로써 물질의 이동이 가능하게 한다. 반대로 원적색광은 $K^+$이온 채널을 닫히게 한다. 피토크롬은 많은 유전자들의 전사 과정을 선택적으로 조절함으로써 느린 반응들을 유도하기도 한다. 즉 피토크롬은 광합성 과정에 이용되는 루비스코 효소의 작은 단위체를 형성하는 유전자의 전사과정을 활성화한다.

피토크롬은 빛을 흡수하는 수용체가 포함되어 있는 단백질로 이루어져 있다. 생물학자들은 피토크롬의 일부인 광수용기가 빛을 흡수하면 피토크롬을 구성하고 있는 큰 단백질들의 형태의 변화를 초래할 것으로 생각하였다. 바꾸어 말하면, 이러한 변화들은 하나 혹은 그 이상의 신호전달 과정을 자극한다.

피토크롬에 대한 중요한 연구 중 하나로 식물이 빛을 쬐어 주더라도 마치 빛이 없는 상태와 같이 반응하는 돌연변이를 가지고 연구가 진행되고 있다. 연구자들은 세포질에 존재하던 피토크롬이 핵 속으로 이동하면서 활성을 가지게 되고 활성화된 피토크롬은 전사인자를 활성화하며 유전자의 발현에 영향을 미친다고 설명한다. 활성화된 전사인자가 유전자의 프로모터(promotor)에 결합하면 단백질을 합성하는 전사과정을 개시하거나 억제한다. 생물학자들은 피토크롬의 신호전달에 관여하는 전사인자인자들 중의 하나인 **PIF-3**

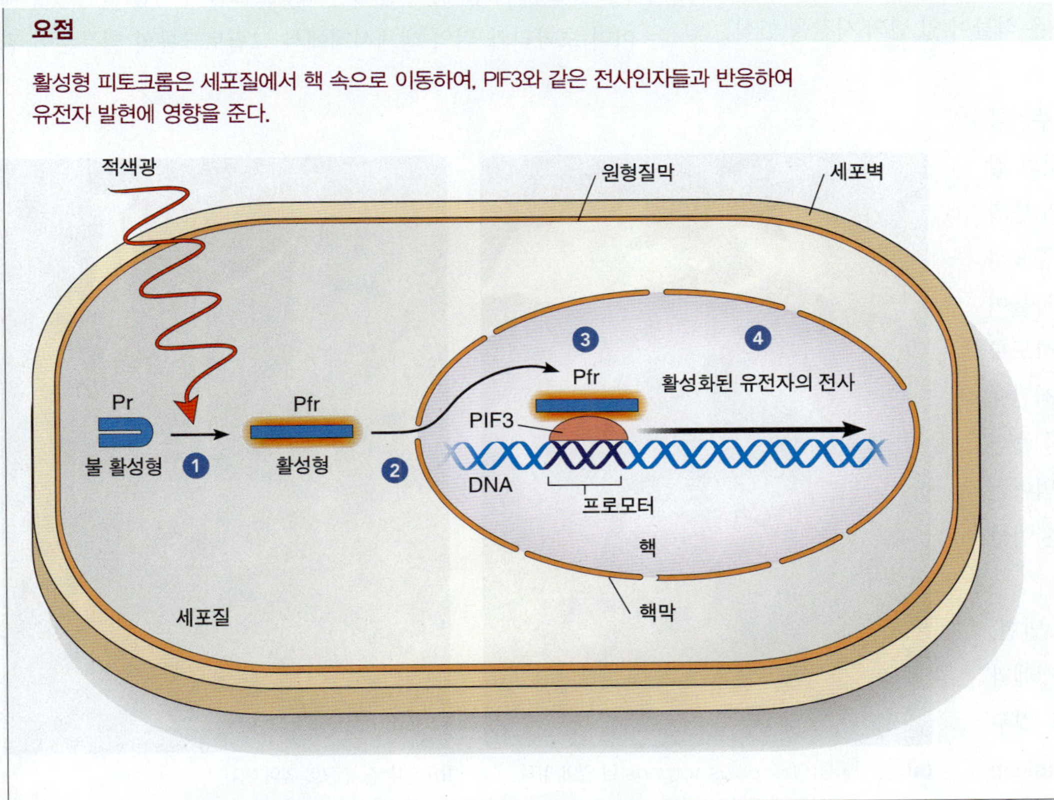


**그림 37-18 피토크롬의 신호 전달.**
번호 붙인 단계별로 교재에 설명되어 있다.

(phytochrome-interacting factor)을 동정하였다.

PIF-3이 관여하는 피토크롬의 신호전달 과정은 **그림 37-18**과 같다. ❶ 세포질 속에 있던 불활성 피토크롬(Pr)이 적색광을 흡수하여 활성 피토크롬(Pfr)이 되면, ❷ 이들은 핵 속으로 이동한다. ❸ 핵 속에서 피토크롬은 전사인자인 PIF-3과 결합하며 이 때 PIF-3은 이미 프로모터와 결합되어 있는 상태이다. ❹ 이 부분을 활성화 하거나 불활성화 하여 식물체가 빛에 대한 반응을 할 수 있도록 유도한다.

이 신호전달은 Pfr-PIF3 복합체가 원적색광을 흡수하면 멈추게 된다. Pfr이 Pr로 전환되면, 이들은 PIF3에서 분리된다. 지금까지 설명한 내용이 신호전달 전체를 설명할 수 있는 것은 아니다. 생물학자들은 피토크롬에 의해 빛에 반응하는 유전자의 발현이 PIF-3가 아닌 다른 경로가 있을 것이라고 생각한다.

## 37.3.5 빛은 활동일주기에 영향을 준다

식물, 동물, 균류, 원핵생물, 균류 등 모든 생물들은 내부에 24시간을 주기로 하는 생체시계를 가지고 있다. 24시간은 지구 축을 중심으로 지구 자전의 주기이다. **활동일주기(circadian rhythm)**라고 알려진 이 주기는 생물체가 하루의 시간을 인식할 수 있게 해 준다. 이와는 대조적으로 광주기성은 식물이 일 년의 시간을 인식할 수 있게 해 준다.

식물이나 생물들이 왜 활동일주기를 보이는 것일까? 해가 뜨고 지는 것과 같이 24시간에 걸쳐 나타나는 환경의 변화들은 생리적인 활성이나 행동에 중요하다. 연구자들은 활동일주기는 생물들이 매일 반복되는 활동들을 동시에 하도록 하여 하루 중 생물들이 출현하는 시간대가 같아지도록 한다는 것이다. 예를 들면 충매화가 수분 매개체인 곤충이 먹이를 구하는 낮에 꽃을 피우지 않는다면 이들의 생식은 실패하게 될 것이다.

식물의 활성일주기는 유전자 발현, 광주기의 시기, 광합성율, 기공 개폐와 같은 현상에 영향을 준다. 콩이나 일부 식물에서 볼 수 있는 **수면 운동(sleep movements)**은 일주기성의 또 다른 예이다(**그림 37-19**). 콩은 낮에 광합성을 하는 동안 빛을 최대로 흡수하기 위해 가능한 태양 빛에 수직으로 잎을 펼쳐 놓고 있다가 밤이 되면 잎을 접는다. 수면 운동의 생물학적 중요성에 대해서는 아직까지 밝혀지지 않고 있다.

**(a)** 정오 때 콩(*Phaseolus vulgaris*)의 잎의 위치.

**(b)** 한밤 중의 콩의 잎의 위치.

**그림 37-19 수면 운동.**

동일한 조건의 환경에 식물을 두면 20에서 30시간 주기로 일주기성이 반복된다. 자연 상태에서 해가 뜨고 지는 것은 생체시계를 매일 24시간을 주기로 주기가 반복되게 한다. 식물의 생체시계를 돌연변이가 일어나 작동하지 못한다면 무슨일이 일어날까? 2005년에 영국의 캠브리지 대학의 생물학자들은 애기장대의 생체시계에 돌연변이를 유발하여 이를 밝혀내었다. 돌연변이 애기장대는 엽록소의 함량이 적고 생장이 느려서 생체시계가 정상적으로 작동하는 애기장대와의 경쟁에서 밀리는 것을 볼 수 있었다.

식물은 적색광을 흡수하는 피토크롬과 청색광을 흡수하는 **크립토크롬(crytochrome)**의 광수용기를 가지고 있다. 이들은 생체시계를 재설정하는데 관련이 있는 것으로 생각되고 있다. 예를 들면, 피토크롬을 구성하고 있는 단백질의 일부 아미노산 서열이 초파리, 균류, 포유류 및 박테리아에 걸쳐 동일하게 나타난다. 이런 분자적인 증거들은 피토크롬이 생체 시계의 역할을 한다는 것을 강하게 지지해 준다. 크립토크롬이 생체시계에 관여하는 단백질이라는 것도 이와 같다. 식물에서 크립토크롬이 처음 밝혀졌을 때는 이미 초파리와 쥐의 생체시계에서 크립토크롬의 일부분이 관여하고 있다고 보고된 상태였다. 두 광수용기는 식물에서 생체시계를 설정하는데 관여한다. 연구자들은 피토크롬과 크립토크롬이 유사한 반응을 조절하기 위하여 상호작용한다는 것을 밝혔다.

**복습**

- 피토크롬은 무엇인가? 피토크롬의 역할을 2가지 제시하여라.
- 피토크롬의 신호전달에 어떤 단계가 있는가?
- 크립토크롬이 관여하는 과정은 ?

## 핵심 용어와 요약

### 학습목표

1 굴광성, 굴지성, 굴촉성을 설명하여라.

- **굴광성**은 빛의 방향에 반응하는 식물의 생장이다. **굴지성**은 중력의 영향을 받아 식물이 생장하는 것이다. **굴촉성**은 단단한 물체와의 접촉에 대한 식물의 생장이다.

2 옥신을 예로 들어 식물호르몬의 일반적인 작용 기작을 설명하여라.

- 식물은 호르몬을 생성하고, 생성된 **호르몬**에 반응한다. 호르몬은 유기화합물로 생장과 발달을 조절하는 반응들을 이끌어내는 매우 특이적인 화학 신호로 작용한다.
- 식물호르몬은 원형질막의 **효소-연결 수용체**와 결합한다. 호르몬이 수용체와 결합하면 효소 반응이 시작된다. 옥신의 경우 원형질막에 있는 옥신 수용체와 결합한다. 옥신이 수용체와 결합하면 **유비퀴틴(ubiqutin)**이 유전자 발현을 억제하는 repressor 단백질과 결합하는 것을 촉진한다. 유비퀴틴이 단백질에 결합할 때 마다, 세포는 이 분자들을 제거한다. 그 결과 억제 단백질에 의해 억제 되었던 유전자가 활성화되어 세포가 생장하고 발달하는 것이다.

3 초기 옥신에 대한 실험을 굴광성과 연결하여 설명하여라.

- **다윈**과 그의 아들은 1870년대에 유묘를 이용하여 굴광성 실험을 하였다. 자엽초의 끝부분을 싸 둔 경우, 식물은 굽어 자라지 않았다. 또한 자엽초 끝부분을 제거하였을 때도 줄기가 굽는 현상이 나타나지 않았다. 그러나 자엽초의 아래 부분을 빛을 차단하는 물질로 싸두었을 때는 줄기가 굽는 현상을 볼 수 있었다. 이 실험을 통하여 **다윈**은 무엇인지는 모르지만 특정 물질이 자엽초의 윗부분에서 아랫부분으로 이동을 하여 줄기를 굽게 한다고 결론을 내렸다.
- 1920년대 네덜란드의 젊은 과학자 **웬트(Frits Went)**는 자엽초의 끝부분을 제거하여 얇은 한천 위에 올려놓았다. 시간이 지난 뒤 이 한천 조작을 끝부분이 잘려 나간 자엽초에 올려놓으면 자엽초가 굽지 않고 정상적으로 생장을 하는 것이었다. 그런데 이 한천 조작을 끝부분이 잘려 나간 자엽초의 가장 자리 한편에 올려놓고 암처리를 하면 정상적으로 자라는 것이 아니라 굽어서 자라는 것이었다. **웬트**는 이 물질을 **옥신**이라 이름을 붙였다.

4 옥신, 지베렐린, 시토키닌, 에틸렌, 앱시스산이 식물의 생장과 발달에 미치는 영향을 설명하여라.

- **옥신**은 세포신장, 굴성, **정단우성**(정단분열조직에 의한 측아의 억제), 그리고 과실의 발달에 관여한다. 또한 옥신은 자른 줄기에서 발근을 촉진한다.
- **지베렐린**은 줄기 신장, 개화, 그리고 발아에 관여한다.
- **시토키닌**은 세포 분열과 분화를 활성화시키고, **노화**를 지연시킨다. 그리고 정단우성에서 옥신, 에틸렌과 상호 작용한다. 시토키닌은 **조직배양**에서 세포분열을 야기한다.
- **에틸렌**은 과일의 성숙, 정단우성, 잎의 탈리, 상처 치유, 상처에 대한 반응, **접촉형태형성**(바람과 같은 물리적인 스트레스 요인에 대한 발생상의 반응), 그리고 노화에 관여한다.
- **앱시스산**은 환경적인 스트레스에 대한 호르몬으로 수분 스트레스에 의한 기공의 개폐와 종자의 휴면에 관여한다.

5 브라시놀라이드, 자스몬산, 살리실산, 시스테민, 올리고사카린에 대해 설명하여라.

- **브라시놀라이드**라고 알려진 식물 스테로이드는 세포분열이나 세포신장과 같은 식물의 생장과 발달에 관여한다.
- **자스몬산**은 꽃가루의 발달, 뿌리 생장, 과일의 성숙, 그리고 노화와 같은 식물의 여러 가지 과정에 관여한다. 이 물질은 해충이나 질병을 유발하는 유기체가 있을 때 생산된다.
- **살리실산**은 병원균과 해충에 대한 식물의 방어를 돕는 저항성을 유발한다.
- **시스테민**은 식물에서 폴리펩티드 호르몬으로 곤충의 소화를 방해하는 자연 방어 기작을 자극한다.
- 짧게 분지된 당분자의 **올리고사카린**은 개화를 억제하고 영양기관의 생장을 자극한다.

6 밤과 낮의 길이를 조절함으로써 개화를 유도할 수 있는 방법을 설명하여라.

- **광주기성**은 식물이 밤과 낮의 상대적인 길이에 반응하는 현상이다. 많은 식물에 있어서 개화는 광주기성에 의존한다. **단일식물**은 꽃이 피는 늦여름이나 가을의 밤의 길이를 인식한다. **장일식물**은 봄이나 이른 여름에 밤의 길이가 짧아짐을 인식하고 개화한다. **중일식물**은 낮과 밤의 길이가 같아질 때 꽃이 핀다.

7 피토크롬의 신호전달을 간단히 설명하고 개화에서 피토크롬을 역할을 설명하여라.

- **피토크롬**은 광주기에서 광수용기로 다섯 종류의 청록색의 색소들로 구성되어 있으며 각각의 피토크롬은 흡수한 빛의 파장에 따라 **Pr**과 **Pfr**의 형태를 띤다. Pfr은 활성형이며 개화나 **음지회피성**, 광발아와 같은 생리적인 반응을 촉진하거나 저해한다.
- 피토크롬의 **신호전달 경로**는 세포질의 불활성형 피토크롬이 적색광을 흡수하여 활성형인 Pfr로 전환되고 이것이 핵 속으로 이동하면서 시작

된다. 핵으로 이동한 Pfr은 전사인자 PIF3와 결합하여 광에 반응하는 유전자의 전사 과정을 활성화하거나 억제한다.

8 활동일주기를 예를 들어 설명하여라.

▮ **활동일주기성**은 식물이나 다른 생물체들이 생장이나 활성이 거의 24시간을 주기로 반응하는 것으로 이들은 태양이 뜨고 지는 것에 따라 재설정된다. 식물에서 일주기성은 기공개폐와 수면운동이 있다.

9 피토크롬과 크립토크롬을 구별하여라.

▮ 피토크롬과 **크립토크롬**은 모두 광수용기로 생체시계의 역할을 한다. 피토크롬은 적생광을 흡수하는 반면 크립토크롬은 청색광을 흡수한다.

## 연습문제

1. 식물에 가지치기를 하여 무성하게 만들려고 할 때 정단우성을 억제하여야 한다. 다음 중 정단우성을 억제하는 호르몬은?
(a) 옥신 (b) 자스몬산 (c) 시스테민 (d) 에틸렌 (e) 앱시스산

2. 식물호르몬인 ________ 은 노화를 지연시킨다. 반면에 식물호르몬 ________은 노화를 촉진한다.
(a) 시토키닌; 옥신 (b) 옥신; 시토키닌 (c) 시토키닌; 에틸렌
(d) 앱시스산; 에틸렌 (e) 지베렐린; 옥신

3. 가뭄에 대항하여 식물체를 보호하는 스트레스 호르몬은 ________ 이다.
(a) 옥신 (b) 지베렐린 (c) 시토키닌 (d) 에틸렌 (e) 앱시스산

4. 피토크롬에 대한 설명 중 틀린 것은?
(a) 피토크롬은 광주기성의 주된 광수용기다.
(b) 피토크롬은 5개의 청록색 단백질로 이들은 각기 다른 유전자에 의해 암호화되어 있다.
(c) 대부분 우리가 알고 있는 피토크롬의 기능에 대한 지식은 돌연변이 옥수수 식물에 기초한다.
(d) 피토크롬의 구성원으로는 Pr과 Pfr 2가지 형태가 존재한다.
(e) 피토크롬은 식물이 빛을 얻기 위해 경쟁해야 할만큼 가까이에 있는 식물을 감지하는것을 돕는다.

5. 식물이 빛의 존재와 지속성을 인식할 수 있는 3종류의 광수용기는 무엇인가?
(a) 피토크롬, 크립토크롬, 일주기성
(b) 엽록소, 광합성, 광주기성
(c) 피토크롬, 광주기성, 엽록소
(d) 피토크롬, 크립토크롬, 포토트로핀
(e) 포토트로핀, 광합성, 광주기성

6. 빛의 방향에 대한 식물의 생장 적응을 ________ (이)라고 부른다. 반면에 덩굴손은 ________ 의 예이다.
(a) 굴광성 굴지성 (b) 광주성 경성 운동 (c) 굴광성 굴지성
(d) 굴광성 굴촉성 (e) 광주성 굴촉성

7. 피토크롬에서 신호 변환 과정을 순서대로 나타낸 것은?
1. 적색광 2. 광-수용 유전자의 활성화(또는 비활성화) 3. Pfr이 핵까지 이동 4. Pr에서 Pfr으로의 변환 5. 프로모터 위치와 결합하여 Pfr-PIF3 복합체 형성.
(a) 1-3-5-4-2 (b) 1-5-3-2-4 (c) 1-2-3-4-5
(d) 1-4-3-2-5 (e) 1-4-3-5-2

8. 조직 배양하는 동안 식물의 생장에 옥신과 상호 작용하는 호르몬은?
(a) 플로리겐 (b) 지베렐린 (c) 시토키닌 (d) 에틸렌 (e) 앱시스산

9. 종자가 휴면을 유지하도록 하는 호르몬은?
(a) 옥신 (b) 지베렐린 (c) 시토키닌 (d) 에틸렌 (e) 앱시스산

10. 식물이 밤과 낮의 길이에 따라 반응하는 것을 무엇이라고 하는가?
(a) 정단우성 (b) 추대 (c) 굴지성 (d) 광주기성 (e) 굴성

## 심화 학습문제

1. **진화적 연계.** 줄기가 양성 굴광성을 가지고 있고 뿌리가 양성 굴지성을 가지고 있으므로 인한 생물학적 장점은 무엇인가?

2. 단일식물 중 개화를 하려면 최소 임계 암기가 14시간인 식물이 있다. 이 식물이 다음과 같은 환경에 놓일 때 이 식물이 개화를 할 것인지 아니면 개화를 하지 않을 것인지를 예측해 보라.
(a) 식물은 15시간의 빛을 주고 9시간 암처리를 하였다.
(b) 식물을 9시간 빛을 주고 15시간 암처리를 하였다.
(c) 식물을 9시간 빛을 주고 15시간 암처리를 하였는데 암처리 중간에 10분 정도 적색광을 쬐어 주었다.

# 38

# 동물의 구조와 기능: 개요

Fritz Polking/Dembinsky Photo Associates

**몸집이 크다고 해서 반드시 세포가 큰 것은 아니다.** 캐이먼 악어(*Caiman yacare*)의 세포와 악어의 머리에 앉아 있는 횃불나비(*Dryas julia*)의 세포는 그 크기가 거의 같다. 캐이먼 악어는 자신의 유전자가 아주 많은 세포로 구성되게끔 특수화되었기 때문에 나비보다 더 큰 몸집을 가진다.

## 핵심 개념

구조와 기능은 모든 조직화의 단계 중에서 밀접하게 연결되어 있다.

복잡한 동물에서 조직의 주된 형태는 상피, 결합, 근 및 신경이다.

조직과 기관은 복잡한 동물의 11개의 주된 기관계를 형성한다.

항상성 기작은 비교적 안정된 내적 환경을 유지하는 자동적 몸의 경향에 대한 책임이다.

온도조절은 항상성에 공헌한다.

동물의 집단은 근본적으로 다른 구조를 가지고 극적으로 다양하다. 예를 들면, 악어와 나비가 크기뿐만 아니라 몸 형체와 생활사가 얼마나 다른지 상상해보라(위 그림). 그들의 차이에도 불구하고 아직, 동물 군들은 수많은 특징을 공동으로 갖고 있다. 이 특징들 중의 하나가 그들이 갖는 상대적으로 큰 체구이다.

왜 대부분의 동물들은 박테리아, 원생생물 및 균류보다 몸집이 큰가? 많은 생물학자들은 군집 내에서의 기능적인 역할이라는 의미의 *생태적 지위*(ecological niche)와 연관 짓는다. 동물들은 경쟁자인 박테리아나 원생생물보다 몸집이 더 크고, 동물의 크기는 세포의 크기가 아닌 세포의 수에 의해 결정된다.

1장에서 우리는 다세포 생물체의 조직화 수준을 토의하였다. 세포는 조직 형성을 조직화하고, 조직은 심장과 위와 같은 기관을 형성하기 위하여 연합한다. 조직과 기관의 집단은 복잡한 생물체의 기관계를 형성한다. 10억여 개의 세포가 복잡한 동물체의 조직, 기관, 기관계를 형성하기 위하여 조직화된다. 구조와 기능은 모든 수준에서 밀접하게 연결되어 있다.

세포, 조직, 기관 및 기관계 등은 함께 작용하여 체내의 적절한 조건을 유지하여야 하므로 그들은 서로 협동한다. 이리하여 비교적 일정한 내부 환경을 유지하려는 경향을 **항상성(homeostasis)**이라 하며, 항상성을 유지하는 과정을 항상성 기작이라 한다.

이 장에서는 동물에 특징적인 조직의 종류와 기능에 초점을 맞추었다. 그리고 고등한 동물의 기관계를 소개하고 체온의 조절을 예로 하여 항상성의 중요한 개념을 알아본다. ■

## 38.1 조직

### 학습목표

1 4종류의 주요한 동물조직(상피, 결합, 근육 및 신경조직)의 일반적인 구조와 기능을비교한다.

2 상피조직의 주요한 종류를 서술하고 그 기능을 설명한다.

3 결합조직의 중요한 형을 비교하고 그 기능을 요약한다.

4 근육조직의 3가지 종류와 그 기능을 대조한다.

5 뉴런의 구조와 그 기능을 설명한다.

다세포 생물에서 세포는 특별한 기능을 수행하게끔 특수화된다. **조직**(tissue)은 특수한 기능을 가지는 매우 유사한 세포집단으로 구성된다. 생물학자들은 구조와 기원에 따라 동물의 조직을 상피, 결합, 근육 그리고 신경조직으로 분류한다.

## 38.1.1 상피조직은 체 표면과 체강의 내벽을 덮고 있다

**상피조직**(epithelium epitherial tissue)은 체 표면과 체강의 내벽을 덮고 있다. 상피조직은 피부의 바깥층과 소화관, 호흡관, 배설관 및 생식관의 내벽을 형성한다. 상피조직은 상피세포들이 꼭 맞물리게 결합하여 연속적인 세포층을 형성하고 있다. 상피의 한쪽 면은 전형적으로 노출되어 있고, 다른 쪽 표면은 **기저막**(basement membrane)에 붙어 있다. 몸을 출입하는 모든 물질은 적어도 한 층의 상피조직을 통과해야 한다. 여러 종류의 상피조직의 투과성은 동물과 외부 환경 사이는 물론 몸의 서로 다른 부분 사이의 물질교환을 조절한다.

상피조직은 보호, 흡수, 분비 및 감각 등 매우 다양한 기능이 있다. 피부의 상피 층 즉 **표피**(epidermis)는 몸 전체를 덮으며 외상, 화학물질, 박테리아 및 체액 상실로부터 피부를 보호한다. 소화관의 상피조직은 영양분과 물을 체내로 흡수해 들인다. 어떤 상피세포들은 호르몬, 효소 또는 땀과 같은 세포 분비물을 분비하는 **샘**(gland)으로 특수화되었다. 또 다른 상피세포들은 환경으로부터 정보를 수용하는 감각수용기로 특수화되었다.

상피세포는 그 모양에 따라 3가지로 구분할 수 있다. **편평 상피세포**(squamous epithelial cell)는 얇고 납작하며, **입방**(cuboidal) 상피세포는 정육면체를 취하는 짧은 실린더 모양이다. **원주**(columnar) 상피세포는 옆에서 보면 원주형 또는 실린더 모양으로 핵은 세포의 기부 가까이에 위치한다.

**표 38-1**은 중요한 상피조직의 종류와 몸에서의 위치 및 그 기능을 요약한 것이다. 상피조직은 구성 세포층의 수에 따라 구분되기도 한다. **단층상피**(simple epithelium)는 한 층의 상피 세포로 구성되어 있다. **중층상피**(stratified epithelium)는 두 층 또는 그 이상의 상피세포 층으로 구성되어 있다. **위중층 상피**(pseudostratified epithelium)의 세포들은 부당하게 층으로 된 것 같이 보인다. 호흡기도의 많은 부분은 섬모를 가지는 위중층 상피가 배열되어 있다.

상피세포로 구성된 선은 땀, 젖, 점액, 왁스, 침, 호르몬 또는 효소 등의 생성물을 만들어 분비하도록 특수화되어 있다(**그림 38-1**). 체강과 몸의 통로를 덮고 있는 상피조직은 전형적으로 점액을 분비하도록 특수화한 **배상세포**(goblet cell)를 가진다.

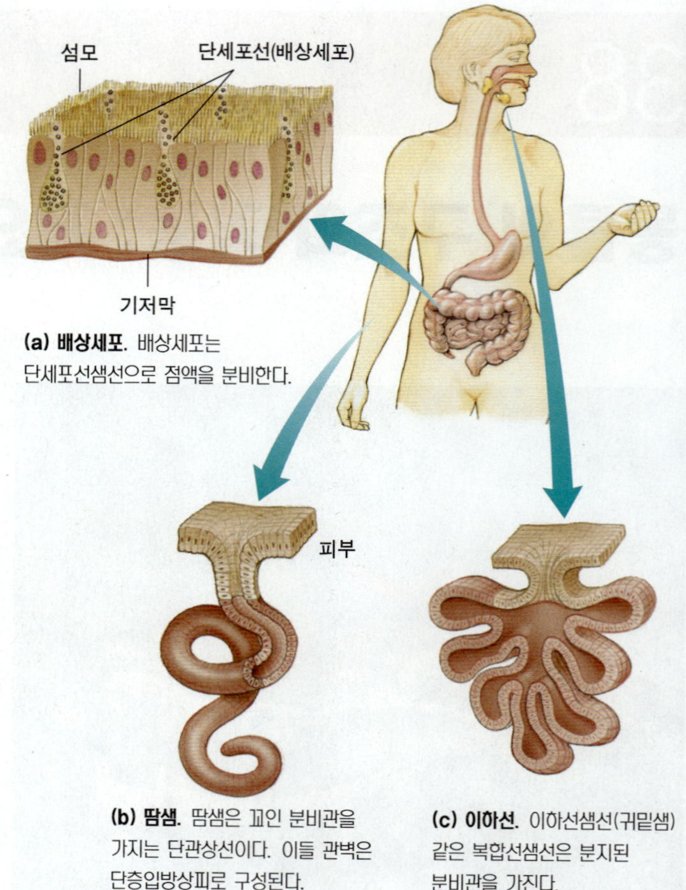


**(a) 배상세포.** 배상세포는 단세포선샘선으로 점액을 분비한다.

**(b) 땀샘.** 땀샘은 꼬인 분비관을 가지는 단관상선이다. 이들 관벽은 단층입방상피로 구성된다.

**(c) 이하선.** 이하선샘선(귀밑샘) 같은 복합선샘선은 분지된 분비관을 가진다.

**그림 38-1 분비샘.**
하나의 선 조직은 하나 혹은 그 이상의 상피세포로 구성된다.

**상피막**(epithelial membrane)은 하나의 얇은 상피조직 판과 그 아래에 있는 한 층의 결합조직 층으로 구성된다. 외피성 막은 점막과 장막으로 구분된다. **점막**(mucous membrane)은 소화관과 호흡기처럼 체외로 열리는 체강 벽에 배열한다. 상피 층은 점액을 분비하여 조직을 매끄럽게 하고 조직이 건조하지 않도록 보호한다.

**장막**(serous membrane or serosa)은 체외로 열리지 않는 체강 벽에 배열한다. 이것은 한 층의 얇은 소성 결합조직 층위에 있는 단층 편평 상피로 구성된다. 이 막의 층은 체강으로 액을 분비한다. 장막의 예로서 폐를 둘러싸는 흉강에 배열된 흉막, 심장을 둘러싸는 위심강의 위심막 및 복강을 둘러싸는 복막을 들 수 있다.

## 38.1.2 결합조직들은 합쳐져서 몸의 다른 구조를 지지한다

몸의 대부분의 기관은 **결합조직**(connective tissue)으로 된 골격

표 38-1

**상피조직**

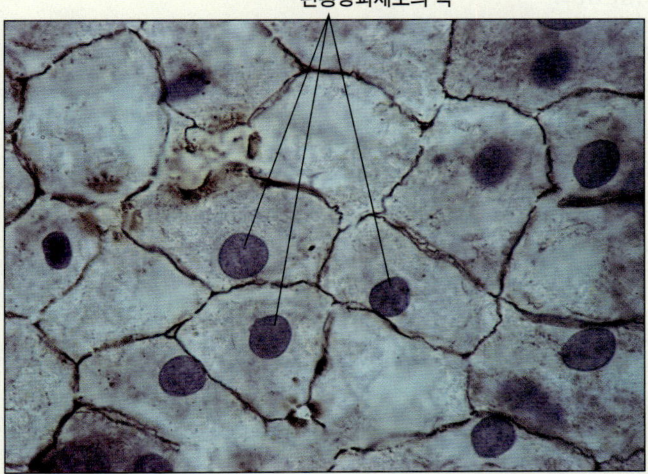


단층편평상피의 광학현미경 사진

**단층편평상피**

*주요한 위치*

폐의 폐포(기낭); 혈관벽

*기능*

보호가 필요없는 곳에서의 물질의 통로; 확산은 수송의 주요한 형태

*일반적인 특징*

세포가 납작하고 단층으로 배열

25 μm

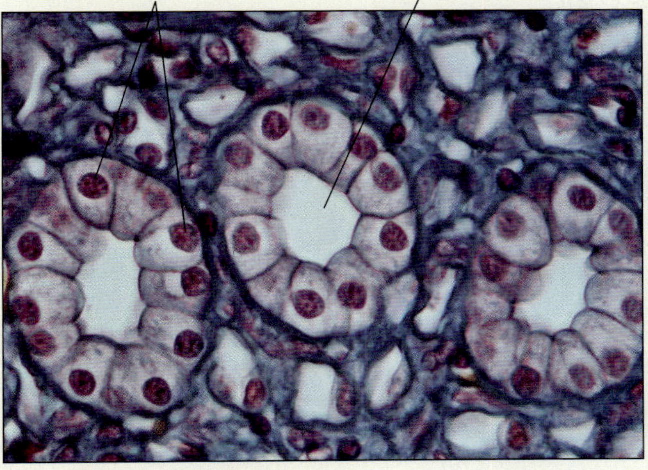


단층입방상피의 광학현미경 사진

**단층입방상피**

*주요한 위치*

신장의 세뇨관벽; 선의 분비관

*기능*

분비와 흡수

*일반적인 특징*

세포는 단층으로 배열; 광학현미경으로 본 세뇨관의 횡단면; 각각의 세포는 측면에서 볼 때 입방형; 일부는 흡수를 위한 미세융모를 가짐

25 μm

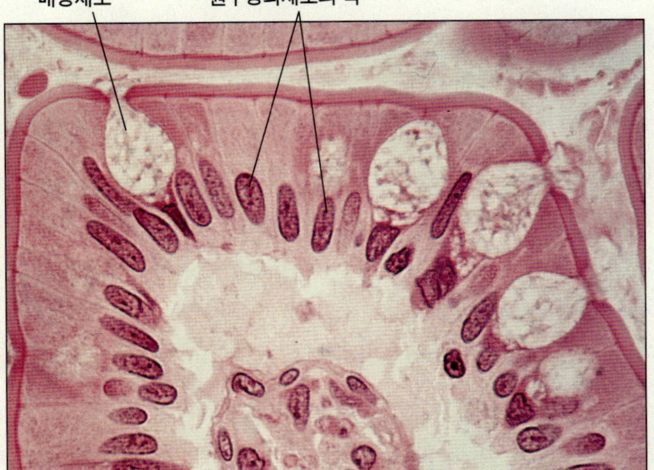


단층원주상피의 광학현미경 사진

**단층원주상피**

*주요한 위치*

소화관벽과 상부 기도의 벽

*기능*

분비, 특히 점액분비; 흡수; 보호; 점액층의 운동

*일반적인 특징*

원주형의 세포가 단층으로 배열; 배상세포에서는 분비 소포가 보임

골지체가 매우 발달함; 종종 섬모를 가짐

25 μm

**표 38-1**

**계속**

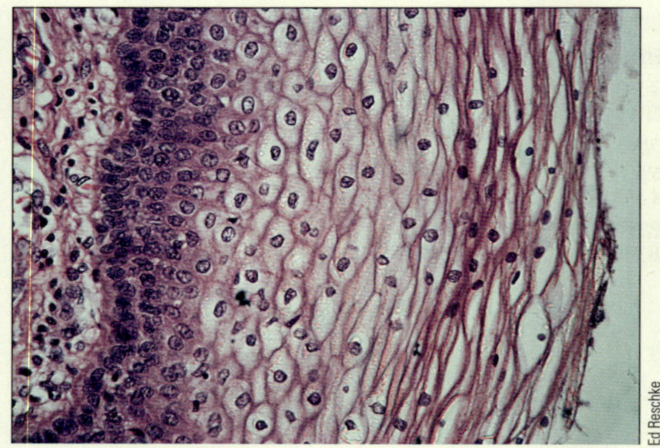


다층편평상피의 광학현미경 사진

**다층편평상피**

*주요한 위치*

피부; 구강벽; 질벽

*기능*

보호 기능뿐임; 물질 흡수나 통과기능은 전혀 없음; 바깥 층은 끊임없이 탈락되어 아래 층의 세포로 대체됨

*일반적인 특징*

여러 세포층으로 아래층의 세포만이 원주상피로서 대사활동이 활발함; 아래 층의 세포들이 분열하여 노쇠한 세포들을 위층으로 밀어 올리면서 납작해짐

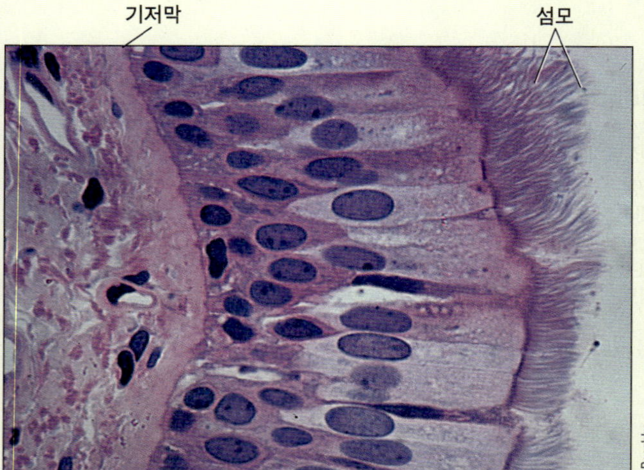


위중층원주섬모상피의 광학현미경 사진(Ed Reschke 촬영)

**위중층상피**

*주요한 위치*

일부 호흡기의 통로; 많은 선의 분비관

*기능*

분비; 보호; 점액의 이동

*일반적인 특징*

섬모를 가지고 점액을 분비하며, 미세융모를 가짐; 모든 세포들이 동일한 높이를 가지지 않는 다는 점을 제외하면 원주상피와 비슷하다. 모든 세포들이 동일한 기저막에 접하지만 다층상피처럼 보임

을 가져 기관을 지지하고 충격을 완화시켜 준다. 전형적으로 결합조직은 상대적으로 소수의 세포를 가지고, 그 세포들은 구성세포에서 분비되는 **세포간질(intercellular substance)**에 묻혀있다. 각 결합조직의 성질과 기능은 부분적으로 세포의 구조와 세포간질의 특성에 의해 결정된다.

결합조직은 전형적으로 3종류의 섬유 즉 콜라겐섬유, 탄력섬유 및 망상체 섬유를 함유한다. **콜라겐섬유(collagen fiber)**는 가장 흔하고 많은 형태로서 모든 동물의 몸에서 가장 풍부한(총 단백질량의 약 25%에 달한다) 섬유성 단백질인 **콜라겐(collagen)**으로 구성된다(그림 3-22b 참조). **탄력성 섬유(elastic fiber)**는 분지를 하고 다시 합쳐져 그물 구조를 이룬다. 탄력섬유는 **엘라스틴(elastin)**이라는 단백질로 구성되어 있으며 신장해야만 하는 구조물들의 주요한 성분이다.

**망상체 섬유(reticular fiber)**는 매우 작은 섬유로 분지된 섬유로서 결합조직을 이웃 조직에 연결시키는 섬세한 그물 구조를 형성하며 보통 염색된 슬라이드에서는 볼 수 없다. **섬유아세포(fibroblast)**는 단백질과 탄수화물 복합체인 기질의 섬유를 생산하는 결합조직 세포들이다. 섬유아세포는 발생 중인 조직에서 특히 활발하며 상처 치유에 매우 중요하다. 조직이 성숙함에 따라 섬유아세포의 수는 감소되고 활성이 떨어진다.

중요한 결합조직으로는 (1) 소성 및 조밀 결합조직 (2) 탄력성 결합조직 (3) 망상 결합조직 (4) 지방조직 (5) 연골조직 (6) 골조직 (7) 혈액, 림프 및 혈구세포를 생산하는 조직을 들 수 있다(■ 표 38-2).

표 38-2

**결합조직**

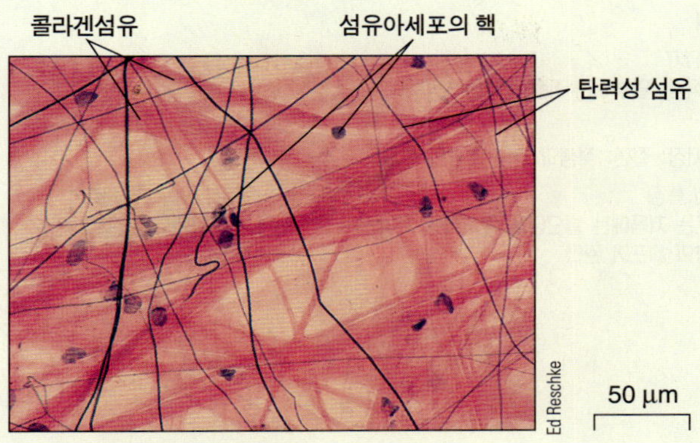

**소성 결합조직의 광학현미경 사진**

**소성 결합조직**

*주요한 위치*

피하 조직층과 같이 탄성을 필요로 하는 지지층(피부의 진피 아래의 조직층)

*기능*

지지; 체액과 염의 저장

*일반적인 특징*

반유동성 기질에 파묻힌 섬유아세포에서 만들어진 섬유와 여러 종류의 다른 세포들이 뒤섞여 있다

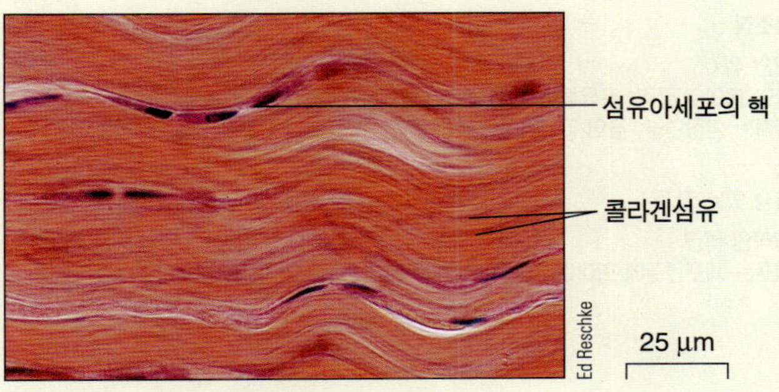

**조밀 결합조직의 광학현미경 사진**

**조밀 결합조직**

*주요한 위치*

건; 인대; 피부의 진피

*기능*

지지; 기계적인 힘의 전달

*일반적인 특징*

콜라겐섬유들이 규칙적으로 또는 불규칙적으로 배열됨

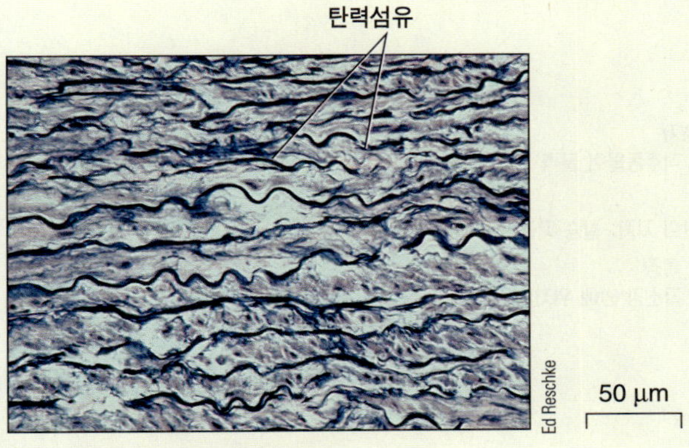

**탄력성 결합조직의 광학현미경 사진**

**탄력성 결합조직**

*주요한 위치*

폐조직과 큰 동맥처럼 팽창하였다가 반드시 원래의 크기로 수축하는 구조

*기능*

탄력성을 제공

*일반적인 특징*

탄력섬유들이 분지하여 섬유아세포들과 섞여 있다

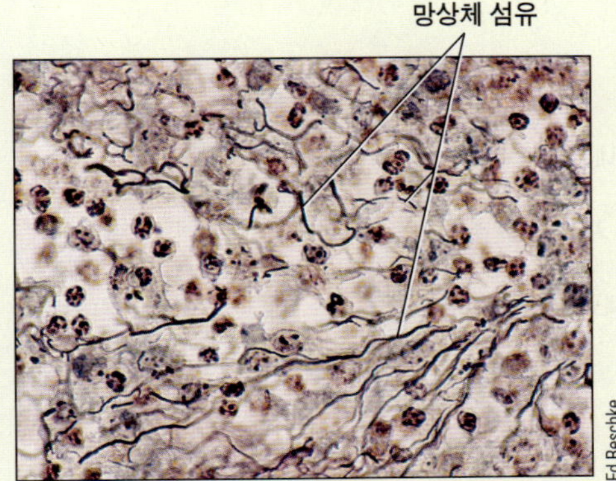

**망상 결합조직의 광학현미경 사진**

**망상 결합조직**

*주요한 위치*

간, 림프절, 비장의 외곽 구조

*기능*

지지

*일반적인 특징*

망상체 섬유들이 뒤엉켜 있다

표 38-2

**계속**

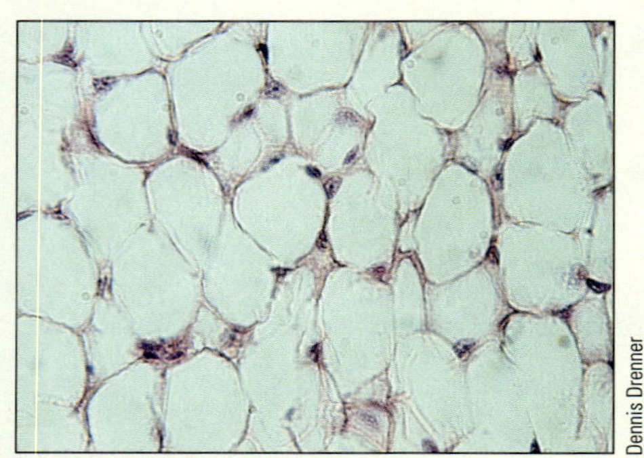

지방조직의 광학현미경 사진

**지방조직**

*주요한 위치*

피하 조직층; 일부 내부기관의 주변부

*기능*

영양분 저장; 절연; 젖샘과 같은 기관의 지지

*일반적인 특징*

지방세포는 처음에는 별모양을 취하다가 지방립이 축척되면서 마지막으로 전형적인 고리모양의 세포가 된다

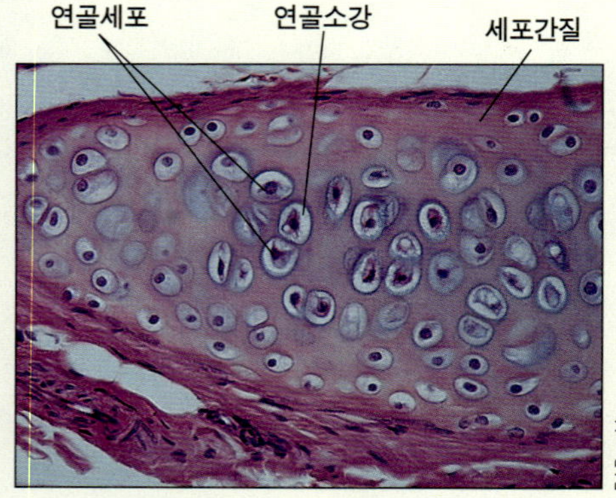

연골조직의 광학현미경 사진

**연골조직**

*주요한 위치*

상어와 홍어의 골격; 포유류와 다른 척추동물의 골단부; 호흡관 벽을 지지하는 환상연골; 코의 끝; 외이

*기능*

신축성 있는 지지

*일반적인 특징*

골세포는 세포간질에 의하여 서로 분리되어 있고 연골소강 안에 있다

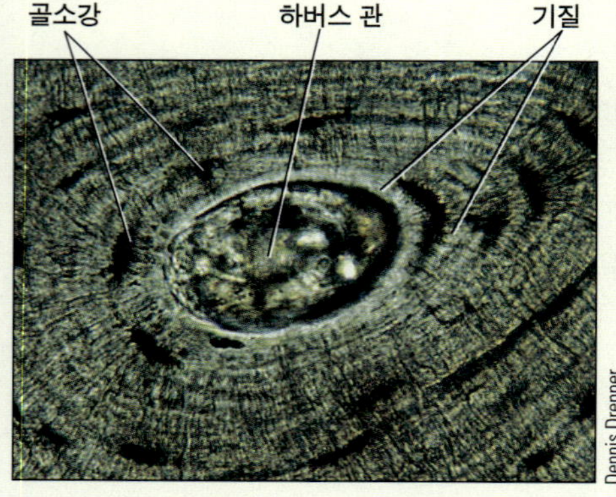

골조직의 광학현미경 사진

**골조직**

*주요한 위치*

대부분의 척추동물의 골격 구조를 형성한다

*기능*

내부 기관의 지지; 칼슘 저장; 골격근의 부착장소를 제공

*일반적인 특징*

골세포는 골소강 안에 위치함; 치밀골에서 골소강은 하버스관을 중심으로 동심원상으로 배열한다

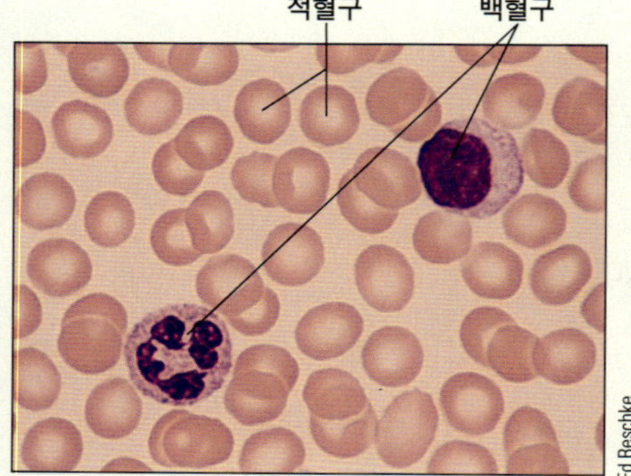

혈액의 광학현미경 사진

**혈액**

*주요한 위치*

순환계의 심장과 혈관의 내부

*기능*

산소, 영양분, 노폐물 및 기타 물질의 수송

*일반적인 특징*

액상의 세포간질에 혈구세포들이 분산되어 있다

**소성 결합조직**(loose connective tissue)은 몸에서 가장 널리 분포하는 결합조직이다. 소성 결합조직은 비록 반액상의 기질이지만 모든 방향으로 배열되는 섬유로 구성되어 조직이나 기관이 움직일 때 유연성을 제공한다.

**조밀 결합조직**(dense connective tissue)은 매우 강한 조직이며, 콜라겐 섬유가 주성분이다. 근육을 골격에 붙여주는 **힘줄**(tendon, **건**)과 골격을 서로 연결하는 **인대**(ligament)는 규칙성 조밀 결합조직이다.

**탄력성 결합조직**(elastic connective tissue)은 평행하게 배열하는 탄력섬유의 다발로 이루어진다. 이들 조직은 팽창하였다가 원래의 크기로 되돌아가는 폐 조직과 굵은 동맥의 벽에 위치한다.

**망상 결합조직**(reticular connective tissue)은 주로 서로 얽혀있는 망상체 섬유로 구성되어 있다. 간, 비장 및 림프절과 같은 여러 기관을 지지하는 내부 구조를 형성한다.

**지방조직**(adipose tissue)의 세포들은 지방을 저장하였다가 에너지원이 필요할 때 에너지원으로 지방을 방출한다. 지방조직은 피하 층과 내부기관의 충격을 완화시켜주는 조직에 분포한다.

척추동물의 지지 골격은 연골조직 단독으로, 또는 연골조직과 골 조직의 2종류로 구성되어 있다. **연골**(cartilage)은 모든 척추동물의 배시기의 지지골격이다. 대부분의 척추동물에서 연골조직은 발생 중에 골 조직으로 치환된다. 연골은 단단하지만 탄력이 있다. **연골세포**(chondrocyte)는 그 주변에 딱딱하고 탄력성 있는 기질을 분비하고 기질에 파묻혀 기질을 보강시키는 콜라겐섬유를 분비한다. 연골세포는 **연골소강**(lacunae)에 자리를 잡는다. 연골소강 속의 연골세포들은 살아 있으며 기질을 통해 확산되는 영양분과 산소를 공급받는다. 연골조직에는 신경, 림프관 및 혈관이 없다.

척추동물의 주요한 골격조직인 **골조직**(bone)은 기질 물질로 구성된다는 점에서 연골조직과 유사하다. **골세포**(osteocyte)는 골소강(lacunae) 안에 갇혀 있다. 골세포는 기질을 분비하고 유지한다(**그림 38-2**). 그러나 골조직은 연골과는 달리 혈액을 공급하기 위한 관상조직이 많이 발달해 있다. 골세포는 그의 긴 원형질 돌기를 갖는 미세한 관에 의하여 골세포끼리 또는 모세혈관과 통하고 있다. 전형적인 골조직은 바깥층의 **치밀골**(compact bone)과 안층의 **해면골**(spongy bone)로 구성된다. 치밀골은 방추형의 **골단위**(osteon)라 부르는 방추체 모양의 단위로 구성된다. 각 골단위에서 골세포들은 기질에서 형성된 **골층판**(lamellae)이라는 동심원상의 층 구조로 배열된다. 동심원의 중앙에는 모세혈관과 신경이 지나가는 **하버스 관**(Haversian canal)이 있다. 대부분의 골조직은 중앙에 큰 **골수강**(marrow cavity)이 있어 골수라는 해면조직을 가진다.

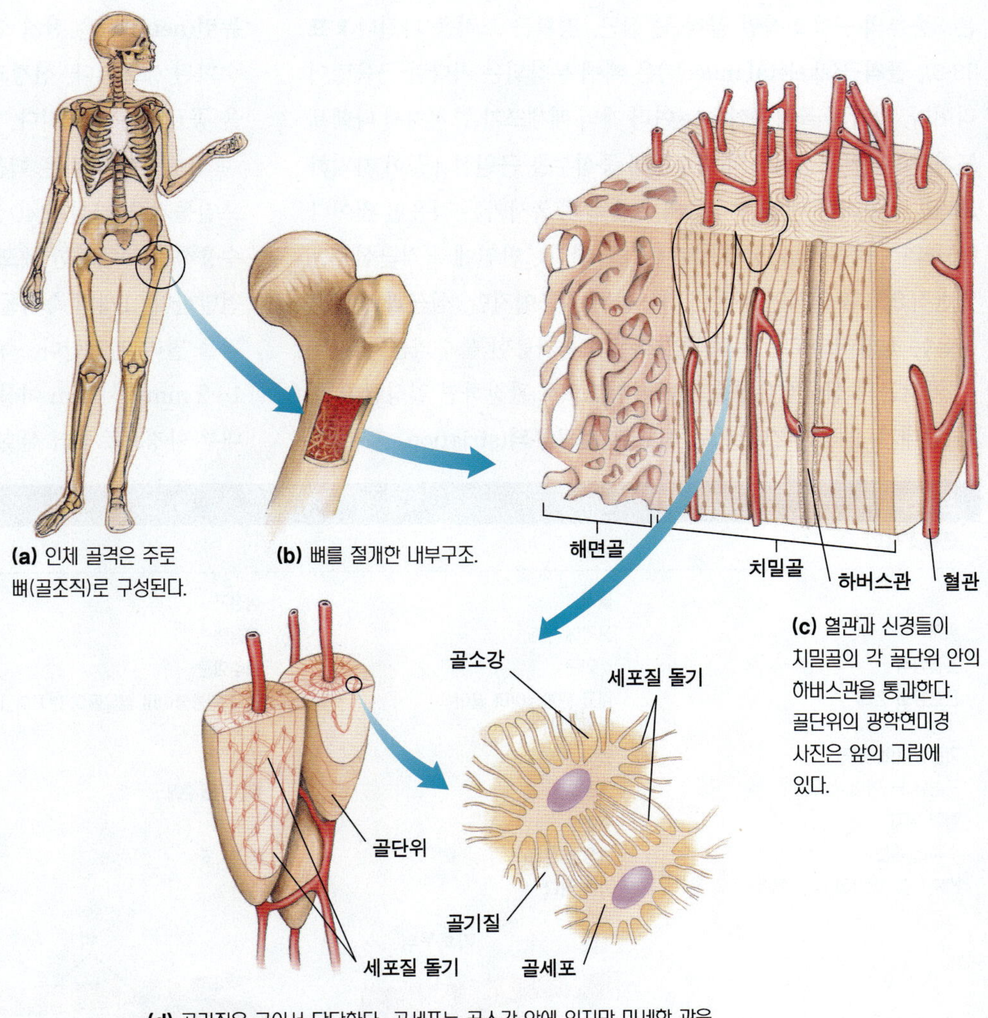

**(a)** 인체 골격은 주로 뼈(골조직)로 구성된다.

**(b)** 뼈를 절개한 내부구조.

**(c)** 혈관과 신경들이 치밀골의 각 골단위 안의 하버스관을 통과한다. 골단위의 광학현미경 사진은 앞의 그림에 있다.

**(d)** 골기질은 굳어서 단단하다. 골세포는 골소강 안에 있지만 미세한 관을 통해 뻗어 나온 세포질 돌기에 의해 서로 연결된다.

**그림 38-2 뼈.**

**혈액**(blood)과 **림프**(lymph)는 순환하는 조직이다. 포유류에서 혈액은 액상인 비세포성 부분인 **혈장**(plasma)과 **적혈구**(red blood cell, erythrocyte), **백혈구**(white blood cell, leukocyte) 및 **혈소판**(platelet)으로 구성된다(43장 참조).

### 38.1.3 근육조직은 수축을 위하여 특수화되었다

대다수 동물의 운동은 **근육조직**(muscle tissue)을 이루는 세포들의 수축으로 일어난다. 각각의 근육세포는 그 길이 때문에 **근섬유**(muscle fiber)라 한다. 근 섬유는 다수의 가늘고 길며 평행 하는 **근원섬유**(myofibril)라는 수많은 수축단위를 포함하고 있다. **미오신**(myosin)과 **액틴**(actin)이라는 2종류의 주 단백질이 근원섬유의 주성분인데, 근섬유의 수축에 중요한 역할을 한다.

어떤 무척추동물들은 골격근과 평활근을 가진다. 척추동물들은 3종류의 근육조직인 골격근, 심근, 평활근 조직을 가진다(▮ 표 38-3). **골격근**(skeletal muscle)은 뼈에 부착되는 커다란 근육덩어리이다. 각각의 골격근섬유는 여러 개의 배세포가 합쳐져서 다핵세포가 된다. 골격근섬유의 대부분의 중심부를 근원섬유들이 차지하고 있다. 이러한 배열은 수축의 효율을 증폭시키는 적응인 것이다(근육의 수축은 제38장에서 다루기로 한다). 반면에 골격근섬유는 일반적으로 수의적인 조절이 가능한 수의근이지만, 심근과 평활근섬유는 정상적으로는 수의적인 조절이 불가능한 불수의근이다.

골격근과 심근섬유들을 광학현미경으로 관찰하면 일정한 명대와 암대가 일정한 간격으로 배열된 **가로무늬**(striation, 횡문)가 있고, 이들은 수축할 때 상대적인 길이가 달라진다.

**심근**(cardiac muscle)은 심장의 주요한 조직인데, 심근 섬유들은 끝과 끝이 서로 연결되어 있어 복잡한 그물을 형성한다. 각각의 심근 섬유에는 한두 개의 핵이 있다. 심근조직에는 특수화된 접합인 *추간판*(intercalated discs)이 있는데 여기서 심근섬유들이 서로 접합한다.

**평활근**(smooth muscle)은 소화관, 자궁, 혈관 및 많은 다른 내부 기관의 벽에 분포한다. 평활근의 수축은 기관이 일부 기능을 수행하도록 한다. 각각의 평활근 섬유들은 방추형이며 중앙에 1개의 핵을 가진다.

### 38.1.4 신경조직은 근육과 샘을 조절한다

**신경조직**(nervous tissue)은 뉴런과 신경세포로 구성되어 있다. **뉴런**(neuron)은 전기 화학적인 신호를 받아 전달하기 위하여 특수화된 세포이다. **신경교 세포**(glial cell)는 뉴런을 지지하고 영양을 공급하는 세포이다.

전형적인 뉴런은 핵을 가지는 **세포체**(cell body)와 2종류의 세포질돌기를 가진다(40장 참조). **수상돌기**(dendrite)들은 자극을 수용하는 특수화한 세포질돌기로서 수용한 자극을 신경 세포체에 전달한다. 1개의 **축색돌기**(axon)는 신경 세포체로부터 나오는 충격을 멀리 전달한다. 축색돌기는 보통 길고 하나이며, 그 길이가 1~2 mm에서 1 m 이상까지 변이가 있다. 어떤 뉴런은 외부 혹은 내부 환경으로부터 신호를 받아 척수와 뇌로 전달한다. 다른 뉴런

**표 38-3**

**근육조직**

| | 골격근 | 심장근 | 평활근 |
|---|---|---|---|
| 위치 | 골격에 부착 | 심장벽 | 위, 장관의 벽 등 |
| 조절방식 | 수의근 | 불수의근 | 불수의근 |
| 근섬유의 형태 | 길고 원통형이며 끝이 뭉툭하다 | 길고 원통형이며 섬유들이 분지하고 서로 융합 | 길고 방추형이며 끝이 뾰족하다 |
| 가로무늬의 유무 | 있다 | 있다 | 없다 |
| 근섬유 당 핵의 수 | 여러개 | 1개 또는 2개 | 1개 |
| 핵의 위치 | 주변부 | 중앙부 | 중앙부 |
| 수축의 속도 | 가장 빠르다 | 중간속도 | 가장 느리다 |
| 반복수축(피로)에 대한 저항 | 가장 작다 | 중간 | 가장 크다 |

핵 가로무늬

골격근섬유

핵 추간판

심장근섬유

핵

평활근섬유

초점

## 달갑지 않은 조직: 암

새로이 성장한 **신생물(neoplasm)** 혹은 **종양(tumor)**은 비정상적인 세포의 덩어리이다. 종양은 **양성(benign)**이거나 **악성(malignant)**인데, 양성종양은 천천히 자라는 경향이 있고, 구성세포들은 흩어지지 않고 함께 존재한다. 양성종양은 뚜렷한 경계를 가지는 덩어리를 만들기 때문에 외과적으로 보통 제거될 수 있다.

**악성종양(malignant neoplasm)** 혹은 **암(cancer)**은 양성종양보다 더 빠르고 침략적으로 자란다. 사실 대개의 암세포들은 행동 상 2가지의 결함이 있는데, 그 하나는 급속한 증식이며 다른 하나는 인접세포와 비정상적인 관계를 맺는다는 점이다.

결합조직이나 근육조직으로부터 발생한 암을 **육종(sarcoma)**이라 한다. 상피조직에서 유래한 암을 **암종(carcinoma)**이라고 한다. 대부분 사람의 암은 상피조직에서 시작된다.

암으로 죽는 것은 암세포들이 혈관이나 림프관을 통해 신체의 다른 부위로 이주하는 현상인 **전이(metastasis)**에 기인한다. 일단 다른 신체 부위로 전이가 일어나면 증식을 하고 새로운 악성종양을 형성하여 침투된 조직의 정상적인 기능을 방해할 수 있다.

종양세포는 새 모세혈관을 발달시키기 위하여 인접 혈관을 자극하는 화학물질을 분비한다. 이들 혈관은 비정상적인 세포 덩어리로 들어가도록 자라난다. 종양은 새로운 혈관으로부터 영양분을 공급받아 빠르게 자라기 시작한다. 새로 만들어진 혈관은 스며들기 쉬운 벽을 가지기 때문에 전이의 중요한 통로가 된다. 악성종양세포들은 이러한 혈관 벽을 통해 혈액으로 들어가 새로운 부위로 전달된다.

현재 암에 걸려 살아남을 수 있는 중요한 방법은 조기 진단, 수술, 호르몬 요법, 방사선 치료법 및 약물로 세포분열을 억제시키는 화학 요법 등을 복합적으로 이용하여 치료하는 것이다. 새로운 혈관의 발달을 억제하는 약물을 포함한 많은 새로운 치료가 개발 중에 있다. 최근에 발견된 만성 염증과 암 사이의 분자 연결도 또한 암 치료에 대한 새로운 접근을 고무시킨다. 실제로 암은 아주 밀접하게 관련된 수백 가지의 질병들의 복합체이기 때문에 아마도 특이한 암의 유형에 따라 치료법이 개발되지 않으면 안 된다.

어떤 유전자의 **대립유전자(allele)**는 **암유발원(carcinogen)**에 대한 개인의 내성 수준에 영향을 미칠 수 있다. 80 % 이상의 암이 그 환경에서 배출되는 발암물질에 의하여 유발된다고 생각된다. 암 발생의 위험을 감소시킬 수 있는 권장 사항은 다음과 같다.

1. 금연을 하라. 흡연은 80 % 이상의 폐암의 원인이 되며, 다른 암의 유발에 대한 위험성이 높다.
2. 햇볕에 너무 오래 노출시키지 마라.
3. 과일과 채소를 포함한 건강식을 하여라.
4. X-선에 불필요한 노출을 피하라.
5. 여성들은 매달 유방 검진을 받아야 하며 정기적인 유방 촬영과 매년 Pap 검사와 사람 파필로마 바이러스(HPV) 검사를 받아야 한다. 특정 HPV 품종은 자궁경부암을 유발하고 백신은 현재 가능하다.
6. 남성들은 고환을 정기적으로 검사를 받아야 하고, 50세 이후는 매년 전립선 검사를 받아야 한다.
7. 50세 초반에, 남성과 여성 모두는 결장-직장암(colo-rectal cancer) 검진을 받아야 한다. 폴립(악성종양이 될 수 있는 양성종양)을 발견하여 제거함으로써 암을 예방할 수 있다

**폐암의 주사전자현미경 사진**
암세포는 빠르게 증식하고 정상조직에 침투하여 그 정상적인 기능을 방해한다. 암세포 덩어리(핑크색)들이 사람 폐의 기낭(폐포)에 침투한 상태이다. 사진 중앙의 폐포에 많은 악성 세포들이 자리잡고 있으며, 종양의 주된 종양으로부터 떨어져 나온 암세포들을 다른 폐포에서도 볼 수 있다. 암세포의 표면에 있는 미세융모로 인하여 마치 솜털처럼 보인다.

들은 정보를 중계하고 처리하거나 저장하며, 또 다른 뉴런은 뇌와 척수로부터 받은 신호를 근육과 선으로 전달한다. 뉴런들은 **시냅스(synapse)**라는 연접부에서 정보를 넘긴다. **신경(nerve)**은 결합조직으로 감긴 매우 많은 뉴런들로 구성된다.

이 장에서는 정상 조직에 초점을 맞추어 다루었으며, 비정상적인 조직은 "초점: 달갑지 않은 조직: 암" 부분을 참조하기 바란다.

### 복습

- 상피조직과 결합조직 사이에 구조와 기능의 주요한 차이점은 무엇인가?
- 허파의 기낭의 내벽은 어떤 조직으로 되어 있는가?
- 지방조직의 구조는 어떻게 그 기능을 위하여 적응되어있는가? 몸의 어디에서 발견되는가?
- 근육조직의 3종류 사이에는 어떤 차이가 있는가? 각 종류의 구조는 어떻게 그 기능을 위하여 적응되어 있는가?
- 뉴런은 그 기능을 위하여 어떻게 독특하게 적응되어 있는가?

## 38.2 기관과 기관계

### 학습목표

6 고등동물의 기관계를 간단하게 설명하고, 기관계의 항상성 작용을 요약하시오.

7 항상성을 정의하고, 음성 되먹임과 양성 되먹임의 기작을 비교하시오.

조직들은 **기관(organ)**을 형성하기 위하여 협조한다. 동물의 기관

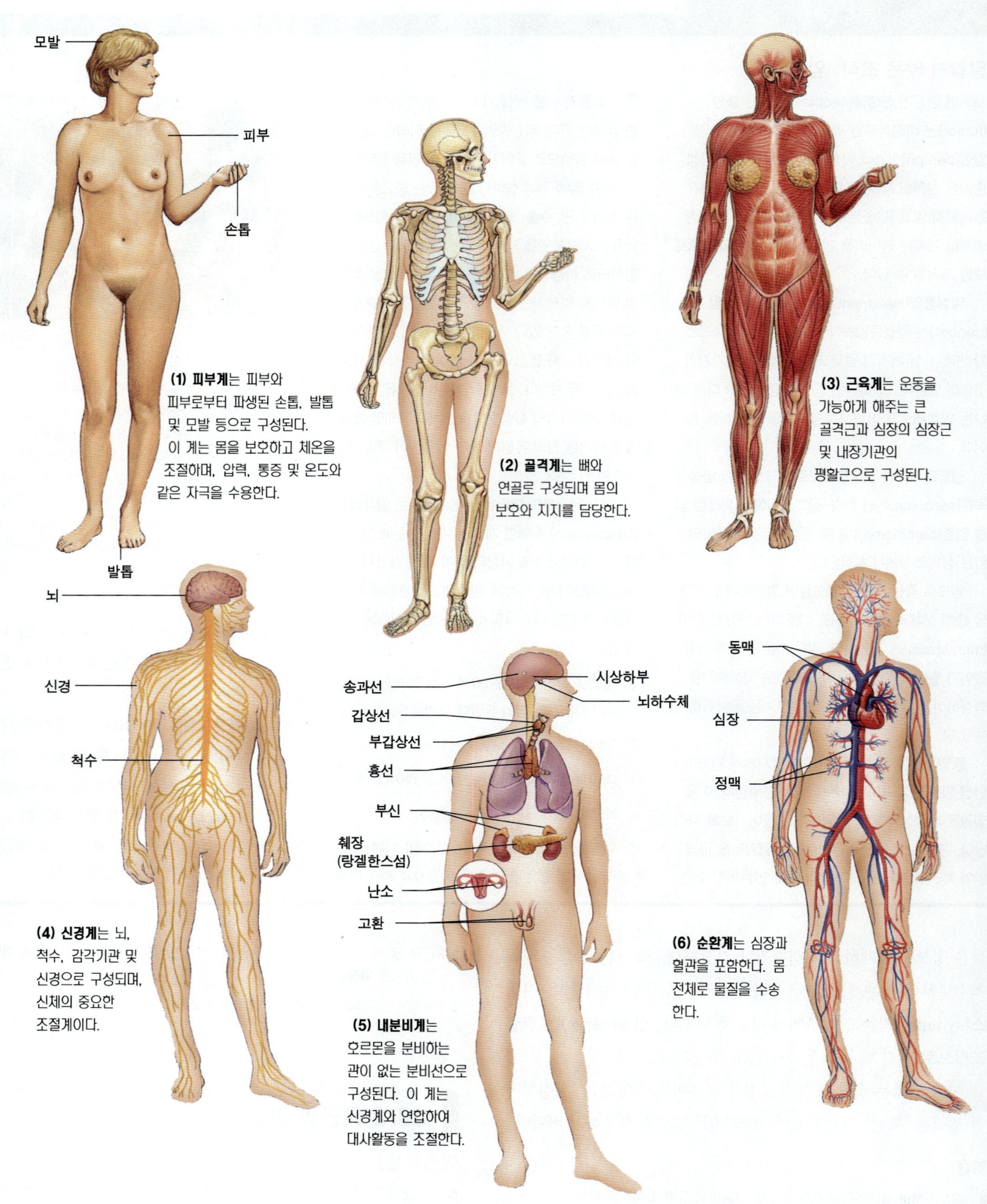


**그림 38-3** 인체의 11가지 주요 기관계.

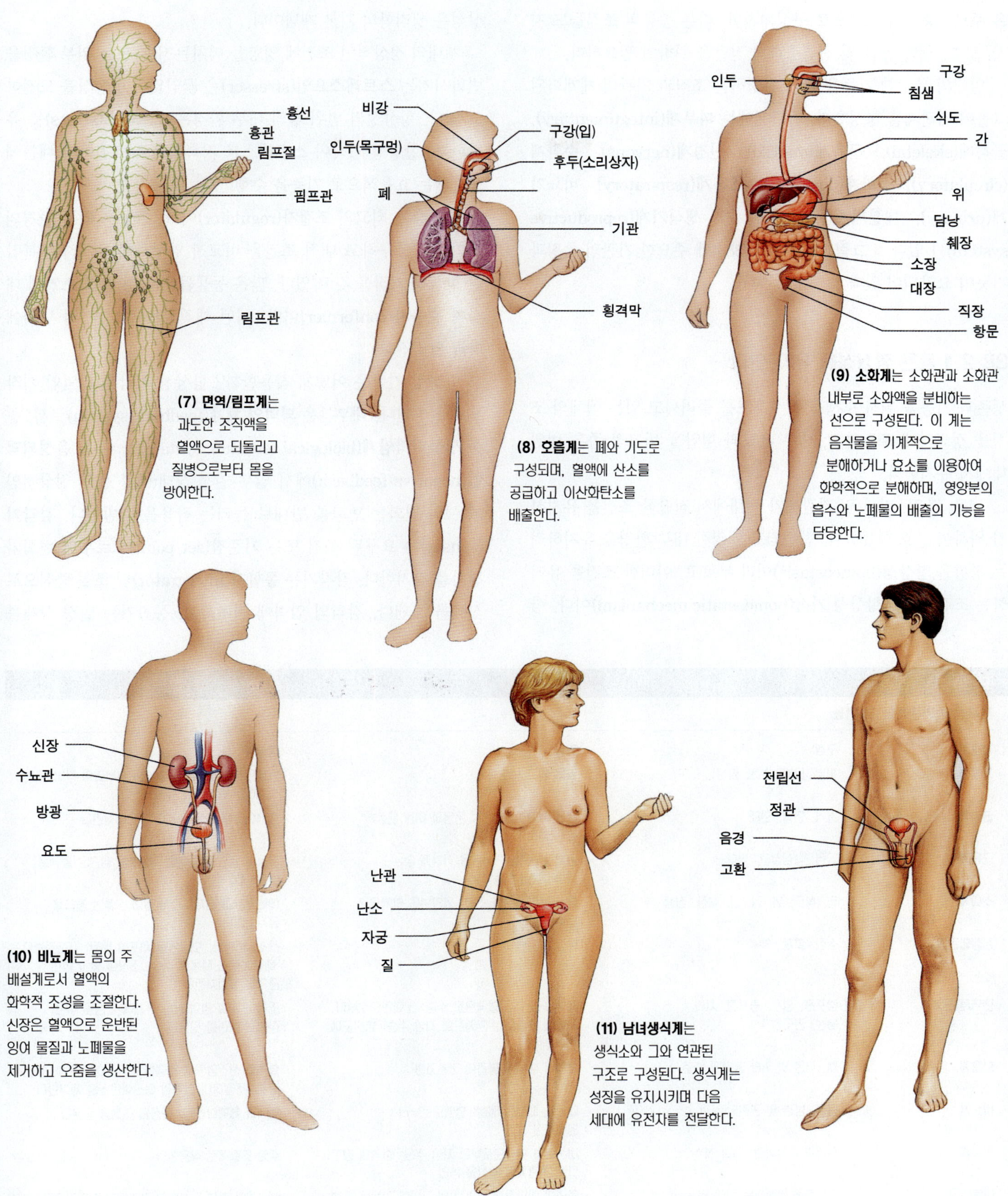


**(7) 면역/림프계**는 과도한 조직액을 혈액으로 되돌리고 질병으로부터 몸을 방어한다.

**(8) 호흡계**는 폐와 기도로 구성되며, 혈액에 산소를 공급하고 이산화탄소를 배출한다.

**(9) 소화계**는 소화관과 소화관 내부로 소화액을 분비하는 선으로 구성된다. 이 계는 음식물을 기계적으로 분해하거나 효소를 이용하여 화학적으로 분해하며, 영양분의 흡수와 노폐물의 배출의 기능을 담당한다.

**(10) 비뇨계**는 몸의 주 배설계로서 혈액의 화학적 조성을 조절한다. 신장은 혈액으로 운반된 잉여 물질과 노폐물을 제거하고 오줌을 생산한다.

**(11) 남녀생식계**는 생식소와 그와 연관된 구조로 구성된다. 생식계는 성징을 유지시키며 다음 세대에 유전자를 전달한다.

은 주로 1종류의 조직으로 구성되지만, 다른 종류의 조직들도 지지, 보호, 혈액 공급 및 신경충격의 전달을 위하여 필요하다.

일련의 특수한 기능을 함께 수행하는 조직과 기관의 체계화된 그룹이 기관계를 형성한다. 기관계에는 **피부계**(integumentary), **골격계**(skeletal), **근육계**(muscle), **신경계**(nervous), **순환계**(circulatory), **소화계**(digestive), **호흡계**(respiratory), **비뇨기계**(urinary), **내분비계**(endocrine) 및 **생식기계**(reproductive system)가 있다. **그림 38-3**와 **표 38-4**에 주요한 기관의 특징과 기능이 요약되어 있다.

### 38.2.1 몸은 항상성을 유지 한다

생존과 기능을 위하여 생물체는 세포를 둘러싸고 있는 액체의 조성을 정교하게 조절하고, 내부 온도와 혈압을 비교적 좁은 범위 내에서 유지한다.

세포, 조직, 기관 및 기관계가 체내에서 적당한 조건을 유지하기 위하여 상호 협동한다. 안정되고 일정한 내부 환경을 유지하려는 경향을 **항상성**(homeostasis)이라 부르고, 이러한 조건을 유지하는 조절과정이 **항상성 기작**(homeostatic mechanism)이다. 항상성은 생리학의 기본 개념이다.

체내의 정상적인 조건에 영향을 미치는 내부 또는 외부 환경을 변화시켜는 **스트레스요인**(stressor)은 끊임없이 항상성을 도전하고 있다. 항상성의 범위 밖의 내부 환경은 **스트레스**(stress)를 유발한다. 항상성 기작이 스트레스를 지속적으로 조절하기 때문에 생물체는 효율적으로 기능을 수행한다.

포유류는 최고의 **조절자**(regulator)이다. 그들은 외부 환경의 변화에도 불구하고 내적 조건을 비교적 일정하게 유지하는 복잡한 항상성 기작을 갖고 있다. 많은 동물들은 특정 환경 조건에 대하여 **순응자**(conformer)이다. 어떤 내적 상태는 환경의 변화에 따라 달라진다.

항상성 기작은 어떻게 작용할까? 항상성 기작은 되먹임 기작으로 설명된다. 대부분은 **되먹임 체계**(feedback system)로서, 종종 **생물되먹임계**(biological feedback system)라 한다. **음성되먹임**(negative feedback)에서 일부 일정 상태(예를 들면 정상적인 체온)의 변화는 변화를 반대로 돌리는 작용을 격발한다. **감각기**(sensor)는 요구된 조건 또는 **기준점**(set point)으로부터 변화와 편차를 감지한다. 감각기는 **통합기**(intergrator)인 조절 중심으로 신호를 보낸다. 감각의 입력에 기초하여, 통합기는 일정 상태를

**표 38-4**

**포유류의 기관계와 그 기능**

| 기관계 | 구성 | 기능 | 항상성 |
|---|---|---|---|
| 피부계 | 피부, 모발, 손톱, 땀샘 | 몸을 덮고 보호 | 땀샘은 체온을 조절; 피부는 외부와의 장벽으로 작용하여 항상성을 유지시킨다 |
| 골격계 | 골격, 연골, 인대 | 몸을 지지하고 보호; 운동과 이동 운동; 칼슘 저장 | 혈액의 칼슘량을 일정하게 유지시킨다 |
| 근육계 | 골격근; 심장근; 평활근 | 골격을 움직임; 이동을 가능케 함; 내부물질의 이동 | 운동에 필요한 활력을 제공(예; 심근은 혈액을 순환시킴) |
| 소화계 | 입, 식도, 위, 장, 간, 췌장, 침샘 | 음식물의 섭취와 소화; 영양분을 혈액으로 흡수 | 에너지원과 신체 구성물질의 적절한 공급을 유지시킨다 |
| 심장혈관계 | 심장, 혈관, 혈액 | 물질의 운반 | 산소, 영양분, 호르몬을 세포에 배달; 세포로부터 배설계로 노폐물의 수송; 조직의 물과 염의 균형을 유지시킨다 |
| 면역/림프계 | 림프관, 림프, 림프절, 지라, 흉선, 편도선 | 체액을 모으고 혈액으로 수송; 소화관으로부터 지방의 흡수와 순환계로의 지방 수송; 병원균에 대한 방어 | 조직의 물과 염의 균형 유지에 도움을 주고; 질병의 방어를 도운다 |
| 호흡계 | 폐, 기관 및 기타 공기의 통로 | 혈액과 외부 환경간의 가스교환 | 혈액의 산소함량을 적절하게 유지하고 혈액의 pH를 조절하며 혈액의 이산화탄소를 제거한다 |
| 비뇨계 | 신장, 방광 및 관련되는 관 | 대사 노폐물을 배설; 혈액으로부터 잉여물질 제거 | 혈액과 체액의 양과 조성의 조절을 도운다 |
| 신경계 | 신경과 감각기관; 뇌와 척수 | 내·외부 환경으로부터 자극 수용; 충격의 전도; 다른 기관계의 활성을 통합 | 주요 조절계로 작용한다 |
| 내분비계 | 호르몬을 분비하는 관이 없는 선(예; 뇌하수체, 부신, 갑상선)과 조직 | 혈액의 화학적 조성과 몸의 다양한 기능을 조절 | 신경계와 함께 대사활성을 조절하고 여러가지 물질의 혈액 내 함량을 조절한다 |
| 생식계 | 고환, 난소 및 관련되는 구조 | 유성생식 | 성징의 유지 |

**요점**

음성되먹임계에서, 통합부의 반응은 감각기 입력의 반대이다.

항상성

스트레스

1 스트레스는 기준점으로부터 편차를 야기한다.

2 감각기는 기준점으로부터 변화를 감지한다.

3 감각기는 통합부 (조절 중심부)로 신호를 보낸다.

4 통합부는 효과기를 활성화시킨다(항상성 기작전).

5 정상 조건(기준점)으로 회복된다.

**그림 38-4 음성되먹임 기작.**

회복하는 항상성 기작을 활성화시킨다(▮ **그림 38-4**). 반응은 부적절한 변화를 상쇄하고, 일정 상태를 회복시킨다.

집과 우리 몸체의 온도 조절이라는 2가지의 특이적 예를 검토하여보자. 당신의 집에서, 당신은 온도 자동 조절 장치를 특정 온도에 맞추어 놓는다. 방안의 온도가 떨어지면, 온도 자동 조절 장치의 온도계가 기준점으로부터 변화나 편차를 알아내는 감지자로 작용한다(▮ **그림 38-5a**). 온도계는 신호를 통합기 또는 조절 중심으로 작용하는 온도 자동 조절 장치로 보낸다. 온도 자동 조절 장치는 감지의 입력을 기준점과 비교한다. 온도 자동 조절 장치는 이 체계의 **효과기(effector)**인 난로로 신호를 보낸다. 효과기는 원하는 조건으로 회복에 도움을 주는 기구, 기관 또는 공정이다. 난로는 방의 온도를 기준점으로 되돌리는 수정된 반응인 열 출력을 증가시킨다. 온도계는 더 이상 기준점으로부터의 변화를 감지하지 못하고, 온도 자동 조절 장치와 난로는 꺼진다. 사람의 체온 조절도 비슷하다(▮ **그림 38-5b**)

체내에는 역시 **양성되먹임계(positive feedback system)**도 일부 존재한다. 양성 되먹임에서는 안정 상태를 벗어나는 것이 변화를 더 강화시키는 일련의 변화를 유도한다. 많은 양성되먹임 기작이 유익하지만, 이 기작은 항상성을 유지시키지 않는다. 아기가 분만되는 동안 양성되먹임 회로가 일어난다. 심한 출혈 후 순환계의 쇼크를 더 심하게 하는 경우처럼 어떤 양성되먹임의 결과는 항상성의 와해를 유발하여 죽음에 이르기도 한다.

항상성 기작은 생명을 지탱하는 생리적 범위 내에서 내부 환경을 유지한다. 모든 기관계들이 이러한 조절과정에 참여하지만, 신경계와 내분비계가 중요한 역할을 한다. 여러분들이 동물의 생리

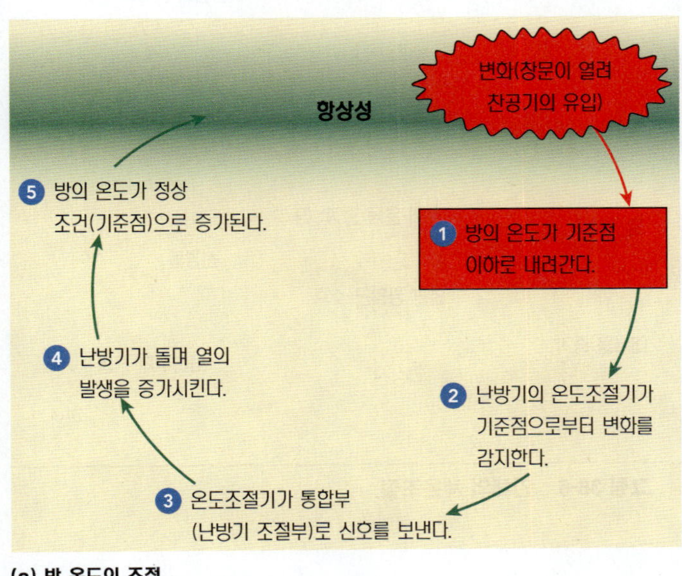


**(a) 방 온도의 조절**

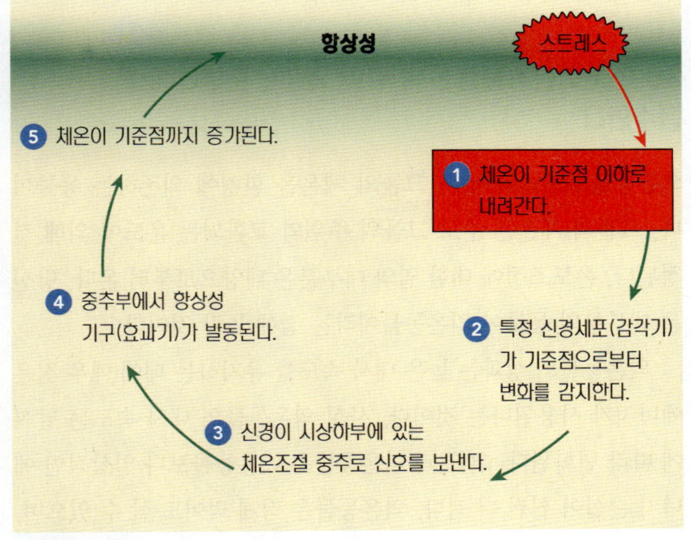


**(b) 체온의 조절**

**그림 38-5 온도 조절의 음성되먹임 조절.**

**(b)**의 모식도를 굉장히 단순화시켰다는 점을 주목하시오. 그림 38-9에서 보다 상세히 보여준다.

적 과정들의 연구를 계속하면, 생물의 안정상태(steady state)를 유지하기 위하여 여러 기관계들이 상호작용하는 여러 방법들을 익히게 될 것이다. 다음 항에서 우리는 체온을 조절하는 몇몇 항상성 기작을 다룬다.

**복습**

- 각 기관의 중요한 기능은 무엇인가?
- 음성되먹임 기작과 양성되먹임 기작 간의 기본적 차이는 무엇인가?
- 아래의 기관계들은 어떻게 항상성 유지를 돕는가? (a) 호흡계 (b)비뇨기계 (c)내분비계 (표 38-4 참조)

## 38.3 체온을 조절하기

**학습목표**

**8** 외온동물의 경비와 성과를 비교하시오.

**9** 내온동물의 경비와 성과를 설명하고, 동물이 극한의 온도변화에 대한 대응으로 사용하는 전략을 묘사하시오.

대다수의 동물들은 체온을 조절하기 위하여 정교한 항상성 기작을 가진다. **체온조절(thermoregulation)**은 주위 환경의 변화에도 불구하구 일정한 범위 안에서, 체온을 유지하는 공정이다. 체온은 열이 생성되는 속도와, 외부 환경으로 열이 소실되는 속도, 혹은 외부 환경으로부터 열을 얻는 속도에 의해 결정된다. 동물이 활용할 수 있는 체온 유지의 전략 때문에 동물은 서식할 수 있는 환경을 제한 받을 수 있다. 각 동물의 종은 최적 온도 범위를 가진다.

### 38.3.1 외온동물들은 주위의 환경으로부터 열을 흡수한다

**외온동물(ectotherm)**은 그들의 체온을 환경에 의존하는 동물이다. 그들의 체온은 주로 그들의 주위와 교환되는 온도에 의해 결정된다. 온도조절에 대한 열의 대부분은 태양으로부터 온다. 당신은 대부분의 동물이 외온동물이라는 점에 놀랄 것이다.

외온동물의 성과는 높은 대사 속도를 유지하는 데에 매우 적은 에너지가 사용된다는 것이다. 사실 외온동물의 대사 속도는 날씨에 따라 변화된다. 그 결과 외온동물은 내온동물보다 일상적인 에너지 손실이 훨씬 더 적다. 외온동물은 적게 먹어도 살 수 있으며, 먹이에서 얻는 에너지를 성장과 생식에 할애할 수 있다. 그러나 일상적이고 계절적인 온도조건에 의해 활동이 제한될 수도 있다.

많은 외온동물들은 체온을 조절하기 위하여 행동적 전략을 이용한다. 그 예로 도마뱀은 밤에는 땅 속에 굴을 파고 들어가 몸을 따스하게 하고, 낮에는 햇볕에 최대의 신체 표면적을 노출시켜서 일광욕하여 주위의 환경으로부터 열을 흡수한다. 많은 동물들은 겨울 동안에 따듯한 기후로 이주한다.

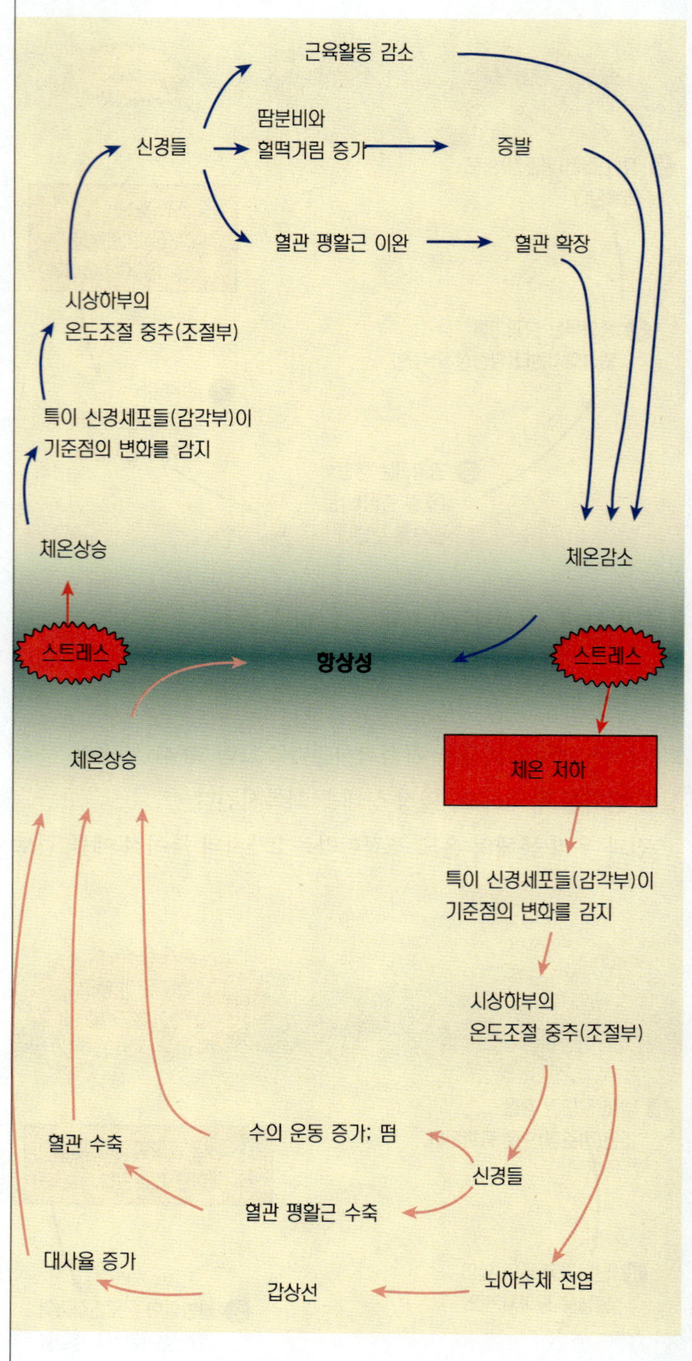


**그림 38-6 인체의 체온조절.**

### 38.3.2 내온 동물들은 대사과정을 통하여 열을 얻는다

일부의 어류(예. 다랑어와 상어)와 곤충류는 물론 조류와 포유류는 외부 온도의 변화에도 불구하고 체온을 유지하는 **내온동물(endotherm)**이다. 내온성의 가장 중요한 성과는 외온 동물보다 6배나 높은 대사 속도이다. 그들의 일정한 체온은 같은 환경에서 서식하는 외온동물이 가능한 것보다 높은 효소 활성도를 허용한다. 내온 동물은 내적과 외적 자극에 대하여 더 빠르게 반응하고 겨울의 낮은 온도에서조차 활동할 수 있다. 그러나 내온 동물은 비활동적일 때 온도조절을 위하여 높은 에너지 비용을 지불해야 한다. 가령 우리는 잠을 자고 있을 때조차도 체온을 유지해야만 한다.

내온 동물들은 온도 항상성을 유지하기 위하여 다양한 생리적인 기작을 가진다. 이들은 열 발생을 조절하고, 환경과의 열 교환을 조절한다. 이들 체열의 대부분은 자신들의 대사과정으로 생성된 것이다(8장의 전자수송과 열 항의 "초점"을 참조).

포유류에서는 뇌의 시상하부와 척수에 체온을 조절하는 수용기를 가진다. 대사활동으로 생성된 열은 직접 혹은 간접적으로 대사율을 증가시키는 호르몬(예. 갑상선호르몬)에 의하여 증가될 수 있다. 열 발생은 근육을 수축시켜 증가시킬 수 있으며, 날씨가 추우면 많은 동물들은 몸을 떪으로써 열을 발생시킨다. 조류와 다수의 포유류들은 체온이 상승하면 헐떡거리며, 일부 포유류들은 땀을 흘린다. 이러한 과정은 땀과 같은 **증발(evaporation)**을 위한 액체를 제공한다. 몸으로부터 주위 환경으로 열이 전달되어 **증발냉각(evaporative cooling)**을 일으키게 된다.

사람의 경우 체온에 관련된 정보는 시상하부의 체온조절 중추로 보내지고, 체온이 정상치보다 높아지면 시상하부가 신경을 통하여 신호를 땀샘과 혈관 벽의 평활근에 보내어 체온이 낮아지도록 한다. 체온이 정상치보다 낮아지면 효과기로 신호를 보내어, 열의 손실을 최소화하고 열을 발생시켜 체온이 높아지도록 한다 (그림 38-6).

### 38.3.3 많은 동물들은 생리적으로 환경의 온도변화에 반응한다

동물들은 **순화(acclimatization)**라 부르는 과정인 계절 변화에 순응한다. 잘 알려진 예로는, 겨울에 개의 외피가 더 두꺼워지는 현상을 들 수 있다. 가을과 겨울 동안 수온이 내려가면 송어의 효소계의 활성이 감소되어 송어가 최저의 대사치에서도 활동할 수 있게 한다.

추위에 의하여 스트레스를 받으면 많은 동물들은 체온이 정상치보다 낮아지는 적응성 저체온증인 **둔마상태(torpor)**를 유발한다. 체온은 시상하부에서 체온의 기준점이 감소되어 낮아진다. 휴면의 상태가 되면 대사는 극적으로 위축된다. 심장박동과 호흡율이 감소되어 동물들은 외부 자극에 덜 반응하게 된다.

**동면(hibernation)**은 겨울의 추위와 먹이 고갈에 반응하는 장기간의 휴면이다. **하면(estivation)**은 온도가 높은 기간 동안 먹이나 물의 결핍으로 생기는 휴면이다. 하면 동안 일부 포유류들은 굴을 파고들어 생활한다. 선인장 쥐는 겨울의 추위와 먹이 부족에 반응하여 동면상태로 들어간다. 여름에 먹이나 물이 부족하면 선인장 쥐는 하면(여름잠)에 들어간다.

**복습**

- 외온동물은 체온을 어떻게 조절하는가? 외온 기구의 경비와 성과는 무엇인가?
- 내온 기구의 경비와 성과는 무엇인가?
- 인간의 체온은 어떻게 조절되는가? 답을 설명하기위한 그림을 그려라.
- 순화란 무엇인가? 예를 들어보라.
- 동면과 하면은 어떻게 다른가?

## 핵심 용어와 요약

**학습목표**

1 4종류의 중요한 동물의 조직의 구조와 기능을 비교하시오: 상피조직, 결합조직, 근육조직 및 신경조직.

- **조직**은 하나 혹은 그 이상의 기능을 수행하기 위하여 연합한 비슷하게 특수화된 세포의 집단들로 구성된다.
- **상피조직(상피)**은 체 표면을 덮거나 체강의 내벽을 덮는 세포의 연속층을 형성한다.
- **결합조직**은 기질에 흩어져 있는 섬유들로 구성된 **세포간질**에 의해 분리된 비교적 적은 수의 세포로 구성된다.
- **근육조직**은 수축을 위해 특수화된 세포들로 구성되며, 각각의 세포는 근원섬유라는 많은 수축 단위를 가지는 근 섬유이다.
- **신경조직**은 늘어나 있어 신호의 전달을 위해 특수화된 세포인 뉴런과 뉴런에 영양분을 공급하고 지지하는 **신경교세포**로 구성된다.

2 상피조직의 주요한 종류를 설명하고, 그들의 기능을 설명하시오.

- 상피세포는 모양에 따라 **편평 상피**, **입방 상피** 및 **원주상피**로 구분된다.
- 상피조직은 **단층**, **중층** 및 **위중층상피**로 구분된다.
- 단층편평상피세포는 혈관, 허파의 기낭 벽에서 볼 수 있다. 그것은 확산에 의해서 물질의 교환을 수행한다. 단층입방상피세포와 단층원주상피세포는 통로의 내벽에 서 볼 수 있으며 분비와 흡수를 위해 특수화되어 있다. 중층편평상피세포는 피부의 외층과 몸으로 가는 통로의 내벽을 형성하여 보호의 기능을 한다. 위중층상피세포는 역시 통로의 내벽에서 볼 수 있으며 그 속의 조직을 보호한다.
- **상피막**은 얇은 상피조직과 그 아래의 결합 조직층으로 구성된다. **점막**은 몸 바깥으로 열리는 체강의 내벽을 덮는다. **장막**은 몸 바깥으로 열리지 않은 체강의 내벽을 덮고 있다.

3 결합조직의 중요한 종류들을 비교하고, 그리고 그 기능을 요약하시오.

- **소성 결합조직**은 반액체 기질에 여러 방향으로 뻗어나간 섬유로 구성되어 있다. 이 유연한 조직은 신경, 혈관, 및 근육의 덮개를 형성하고 있다. **조밀 결합조직**은 강하나 소성 결합조직보다는 유연성이 적다. 그것의 콜라겐은 한정된 양상으로 배열되어 있다. 조밀 결합 조직은 뼈와 근육을 연결하는 건과 뼈와 뼈를 연결하는 **인대**를 형성한다.
- 평행인 탄력성 섬유의 묶음으로 구성된 **탄력성 결합조직**은 허파 조직과 대동맥의 벽에서 발견된다. 망상 섬유의 상호 연결로 구성된 **망상 결합 조직**은 많은 기관의 지지 골격 형성한다.
- 지방세포로 구성된 **지방조직**은 피하 조직에서 소성 결합조직을 따라 발견된다.
- **연골**은 견고한 기질 안에 있는 **연골소강**에 있는 **연골세포**로 구성되어 있다. **골세포**는 뼈의 기질을 분비하고 유지한다. 연골과 다르게, 뼈는 매우 관이 발달되어 있다. 연골과 뼈는 척추동물의 골격을 형성한다.
- **혈액**과 **림프**는 다른 부위와 통신교환을 하는 다양한 부위에 도움을 주는 순환 조직이다. 혈액과 림프의 세포간 물질은 다른 조직들보다 액체성이다.

4 3종류의 근육조직과 그들의 기능을 비교하시오.

- **골격근**은 횡문(가로무늬)을 가지며 수의적인 조절을 받는다.
- **심근**은 횡문을 가지며 불수의적으로 수축을 한다.
- **평활근**은 불수의적으로 수축을 한다.

5 뉴런의 구조와 그 기능의 관계를 설명하시오.

- 길게 늘어난 뉴런들은 정보의 수신과 전달을 위해 적응되어있다. **수상돌기**는 신호를 받아 그들을 **세포체**로 전달한다. **축색돌기**는 세포체로부터 신호를 다른 뉴런 또는 근육 또는 선으로 전달한다. **시냅스**는 뉴런들 간의 접합부이다.

6 고등동물의 기관계를 간단하게 설명하라.

- 조직과 **기관**은 상호 협동하여 **기관계**를 형성한다. 고등동물에서 10종류의 기관계(**피부계**, **골격계**, **근육계**, **소화계**, **순환계**, **호흡계**, **비뇨기계**, **신경계**, **내분비계** 및 **생식계**)가 상호 협동하여 살아있는 유기체를 형성한다(표 38-4에 요약).

7 항상성을 정의하고, 그리고 음성되먹임계와 양성되먹임게를 비교하시오.

- **항상성**은 균형된 내적 환경이나 안정 상태이다. 이런 조건을 유지하는 조절 과정이 항상성 기작이다.
- 항상성은 실질적으로 **음성되먹임계**에 의해 유지되는 역동적인 평형이다. 스트레스가 일부 안정 상태의 변화를 야기하면, 반응은 변화가 반대가 되도록 격발된다. **감각기**는 원하는 조건 또는 **기준점**으로부터 변화나 편차를 감지한다. 감각기는 조절 중심부 또는 **통합기**로 신호를 전달한다. 감각기의 출력에 기초하여, 통합기는 하나 또는 그 이상의 **효과기**를 활성화시키고, 효과기는 안정 상태를 회복시키는 기관이나 공정이다.
- **양성되먹임계**에서는 안정 상태를 벗어나는 것이 변화를 더 강화시키는 일련의 변화를 유도한다.

8 외온동물의 경비와 성과를 설명하시오.

- 동물들은 주위의 온도가 변하여도 특정 한계 내에서 체온을 유지하는 공정인**체온조절**을 위하여 구조적, 행동적 및 생리적인 전략을 가진다. **외온동물**의 체온은 외부 환경의 온도에 많이 의존한다. 많은 외온성 동물이 체온을 맞추기 위하여 행동적 전략을 사용한다.
- 외온조절 방법의 성과는 높은 대사율을 유지하기 위하여 에너지를 거의 사용하지 않는다는 점이다. 결과적으로, 외온동물은 음식을 거의 먹지 않고 생존할 수 있다. 단점은 활동력이 매일 또는 계절의 온도조건에 의해 제한될 수 있다는 점이다.

9 내온조절 방법의 경비와 성과를 설명하고, 그리고 내온동물이 온도 변화에 적응하기 위하여 사용하는 전략을 설명하시오.

- **내온동물**들은 좁은 범위 안에서 체온을 조절하는 항상성 기작을 가진다.
- 내온조절 방법의 가장 중요한 성과는 높은 물질대사 속도이다. 단점은 높은 에너지 경비이다.
- **순화**는 계절 변화에 대한 적응과정이다.
- **동면**은 겨울의 추위에 반응하는 장기간의 둔마상태이다. 하면은 무더운 여름 동안 먹이나 물이 부족하여 유발되는 둔마상태이다.

## 연습문제

1. 특수한 기능을 수행하는 아주 밀접하게 연합된 세포 집단은?
   (a) 기관 (b)계 (c) 기관계 (d) 조직 (e) 클론

2. 혈액과 체액의 부피와 구성을 조절하는 항상성 기능을 가지는 계는?
   (a) 피부 (b) 근육 (c) 생식 (d) 비뇨기 (e) 외분비

3. 호르몬을 분비하는 선을 구성하는 계는?
(a) 피부계 (b) 골격계 (c) 신경계 (d) 내분비계 (e)외분비계

4. 섬유아 세포와 많은 세포간 기질을 갖고 있는 조직은 ________ 이다
(a) 결합 조직 (b) 근 조직 (c)신경 조직
(d)위중층 상피 (e) 단층 편평 상피

5. 단단하고 탄성이 있는 기질을 가지면서 혈관이 없는 조직은?
(a) 피부조직 (b) 골조직 (c) 신경조직 (d) 중층상피 (e) 연골조직

6. 수축하고 가로무늬근을 가지고 불수의적인 조직은?
(a) 결합조직 (b) 평활근 (c) 골격근 (d) 위중층 (e) 심근

7. 많은 항상성 기능은 ________ 에 의해 유지된다.
(a) 음성 되먹임계 (b) 양성 되먹임계 (c) 기준점
(d) 스트레스 (e) 외분비선

8. 근육조직에서 수축성의 요소는?
(a) 근원섬유 (b) 탄성 (c) 콜라겐
(d) 골소강 (e) 스트레스 단백질

9. 단단히 합쳐 세포층을 형성하는 세포로 구성되는 조직은?
(a) 근육조직 (b) 신경조직 (c) 결합조직
(d) 상피조직 (e) 망상 조직

## 심화 학습문제

1. **진화적 연계.** 줄진환적 관점으로부터 많은 동물이 외온동물인 것에 무슨 이유라고 생각하는가? (힌트: 외온조절 방법의 성과는 무엇인가?)

2. 만약에 결합 조직이 세포간 물질이 없다면 결합 조직은 무엇과 같을 것인가? 몸체에 세포간 물질이 없다면 무슨 효과가 일어나겠는가?

39

# 보호, 지지, 운동

**날고 있는 메뚜기.** 메뚜기 (*Tropidacris dux*)는 뒷다리의 강력한 근육을 사용하여 공기 중으로 발진한다. 곤충의 근육은 외골격에 붙어있다.

## 핵심 개념

동물에서 보호, 지지, 운동을 위하여 많은 구조와 과정이 진화되었다.

상피세포 피막은 아래의 조직을 보호하고 감각, 호흡 등에 맞도록 특수화되어 있다.

정수골격, 외골격, 내골격 등의 골격계는 몸을 지지하고 보호하며 움직이는데 중요한 기계적 힘을 전달한다.

근육은 수축하는데 대부분의 동물에서 몸의 부분들을 당기어 움직이게 한다.

ATP 에너지는 근수축시 근 필라멘트가 미끄러지는데 이용된다.

우리는 38장에서는 동물의 조직, 기관, 계 등을 다루어 이 장과 이후 장들에서 수행할 학습 기초를 쌓았다. 이 장에서는 상피, 골격 및 근육 등 기능에서 서로 관련이 깊은 구조물에 초점을 맞춘다. 우리는 동물계를 살펴보면서 (29~31 장 참조) 이들 구조물에 대해 여러 가지 동물군의 적응 면에서 많이 언급하였다. 예를 들어 단단한 곤충의 외골격이 이들 동물들이 생물학적으로 성공한데 대해 어떻게 기여하였는지를 토의하였다. 이 장에서 우리는 이 기관계들을 몇 개 동물군으로 나누어 비교하고 포유류에서의 구조와 기능에 초점을 맞춘다.

동물의 *상피*(epithelial covering)는 그 아래에 있는 조직을 보호하는 것 외에 기체교환, 노폐물 분비, 온도 조절 또는 독물질이나 점액 등과 같은 물질을 분비하도록 특수화되어 있다. 많은 동물은 또한 *골격계*(skeletal system)의 보호를 받는다. 액체로 채워진 격실, 껍질 또는 뼈 등과 같은 골격계는 몸을 지지하고 내부 기관을 보호한다. 척추동물에서 뼈는 칼슘을 저장하고 혈액 내 칼슘 항상성을 유지하는데 중요하다.

골격계와 *근육계*(muscular system)는 함께 작용하여 움직임을 만든다. 근육 조직은 수축하도록 특수화 되었다. 한 자리에 고착하여 촉수로 주위를 휩쓰는 것이 있기는 하지만 운동은 대부분 동물의 특징이다. 사실 빠른 움직임은 대부분 동물이 먹이를 찾고 약탈자로부터 피하는 등 생존에 중요하다. 동물은 기어가거나, 걷거나, 달리거나, 도약하거나, 유영하거나 비행을 한다(사진 참조). 이동에 관여하는 근육은 골격에 고정되어 있고, 뼈는 사람과 대부분의 척추동물에서 신체 여러 부분을 움직이는데 필요한 힘을 전달하는 지레 역할을 한다.

근육은 움직임과 항상성 유지에 필요한 생리적 활동에 모두 동력원이 된다. 많은 동물은 심장에 의해 펌핑되고 완만한 압박으로 압력이 유지되는 관에 들어있는 순환 체액을 갖고 있다. 대부분은 연동 운동으로 음식을 밀어내는 소화계를 갖고 있다. 복잡한 동물은 근육, 골격, 신경, 순환, 호흡 및 내분비계 등의 기관계가 통합적인 상호작용을 하여 효과적으로 운동을 한다. ■

## 39.1 상피

**학습목표**

1 무척추동물과 척추동물의 외부 상피의 구조와 기능을 비교한다.

2 척추동물 피부의 구조와 기능을 연관시킨다.

상피조직은 동물 몸의 외부 및 내부 표면을 덮어 몸 주위에 보호막을 형성한다. 무척추동물과 척추동물의 상피는 몸을 보호한다. 이러한 피막은 분비나 기체교환을 위해 특수화 되어있고 보통 환경으로부터 오는 신호를 받는 수용체를 갖고 있다.

### 39.1.1 무척추동물의 상피는 분비나 기체교환의 기능을 한다

많은 무척동물은 외부 상피가 보호하거나 지지하는 층들을 분비하도록 특수화 되어있다. 곤충과 많은 다른 동물에서 분비된 물질은 **큐티클**(cuticle)이라 불리는 외부 피막을 형성한다. 산호, 연체동물 등과 같은 동물들은 주로 탄산 칼슘으로 이루어진 각을 분비한다. 많은 종에서 상피는 윤활액이나 점착물을 분비하는 분비세포를 포함하고 있다. 일부 종의 분비 세포들은 종간의 통신이나 흔적 표시를 위해 방향성 분비물을 방출한다. 다른 종에서는 분비 세포가 공격이나 방어에 이용되는 독성 분비물을 생산한다.

### 39.1.2 척추동물의 피부는 보호와 온도조절 기능을 한다

척추동물의 **피부계**(integumentary system)는 피부와 그로부터 발생한 구조물들을 포함한다. 척추동물의 피부에서 파생된 구조물들은 매우 다양하다. 물고기는 뼈나 이빨과 같은 비늘을 갖고 있다. 양서류는 점액으로 덮여 있고 비늘이 없는 피부를 갖고 있으며 일부 종들은 독선을 갖추고 있다. 파충류는 표피 비늘을 갖고 있고 포유류는 털이 있으며, 조류는 모피보다 효과적으로 절연 역할을 하는 깃털을 갖고 있다.

포유류의 피부에서 파생된 구조물에는 손가락-손톱, 발톱, 털, 땀샘, 피지선 등과 압력, 온도, 통증 등에 관여하는 여러 가지의 감각수용기 등이 있다.

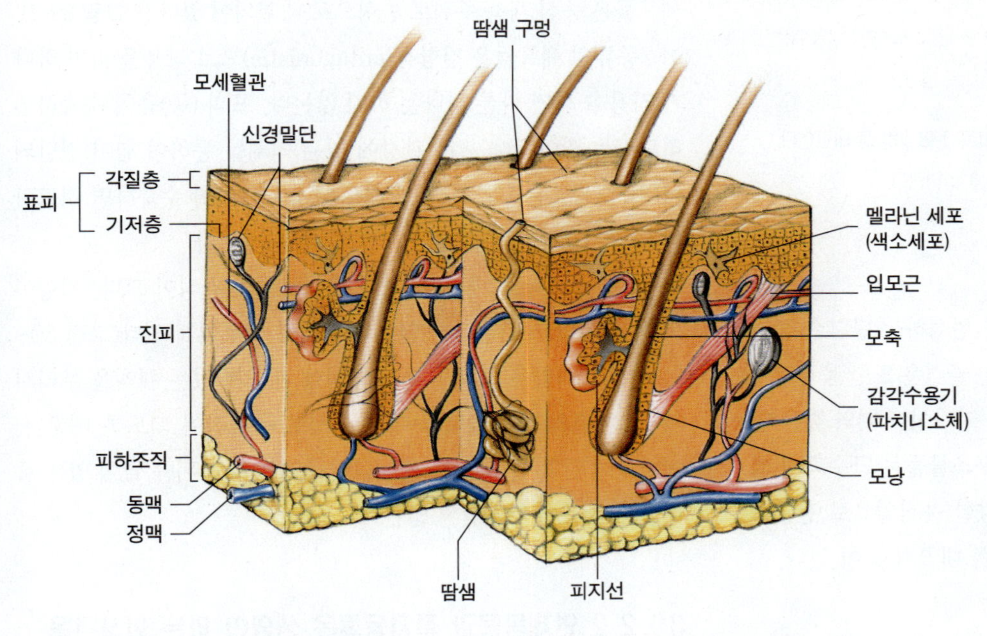


**그림 39-1 사람의 피부.**

사람과 다른 포유류의 표피계는 피부와 피부에서 유래된 털과 손톱 등과 같은 구조물로 이루어진 복잡한 기관계이다. 기저층은 한 층의 상피세포로 이루어져 있다.

사람 피부의 유선은 짧은 도관을 통해 모낭으로 연결되어 있다. **모낭**(hair follicle)은 피부 표면 아래에 있는 털의 일부분이다. 유선은 지방과 왁스의 혼합물인 **피지**(sebum)를 분비하여 해로운 박테리아의 성장을 억제한다.

피부는 종에 따라 다양하지만 모든 척추동물 피부의 기본 구조는 같다. 피부의 외층인 **표피**(epidermis)는 척추동물 몸 안에 있는 민감한 조직과 좋지 않은 외부 환경 사이의 경계면이다. 표피는 몇 개의 층으로 이루어져 있다. 가장 깊은 곳에 있는 것이 **기저층**(stratum basale)이고 가장 외면에 있는 것이 **각질층**(stratum corneum)이다 (그림 39-1). 기저층과 진피층에 있는 색소 세포에서는 피부 색깔을 나타내는 색소인 **멜라닌**(melanin)이 생산된다.

표피세포는 체표면으로 이동하면서 정교하게 감겨진 **케라틴**(keratin)이라는 단백질을 합성하여, 피부는 상당한 기계적 세기와 유연성을 갖게 된다. 케라틴은 비수용성 물질이기 때문에 체표면에서 확산에 대한 장벽 역할을 한다. 표피세포는 각피층을 지나면서 죽는다. 이들은 피부 바깥 표면에 도달하면 점차 사라지기 때문에 지속적으로 대체되어야 한다.

상피 아래에는 주로 콜라겐 섬유로 이루어진 조밀한 섬유성 결체조직인 **진피**(epidermis)가 있다(그림 39-1). 콜라겐은 피부의 탄력성과 유연성을 갖게 하는 역할을 한다. 진피에는 피부세포에 영양을 공급하도록 혈관이 분포하고 있으며, 촉각, 통각, 및 온도감각 등의 감각수용기들이 분포하고 있다. 또한 모낭과 피지선(대부분의 포유동물)이 진피에 분포한다. 조류와 포유류에서 진피는 피하조직 층에서 끝난다. **피하조직**(subcutaneous tissue)은 주로 지방조직으로 구성되어 있어서, 외부 온도에 대해 몸을 보호하는 차단벽 역할을 한다.

**복습**

- 무척추동물과 척추동물의 외부 상피의 같은 점과 다른 점은 무엇인가?
- 척추동물 피부의 구조는 특수한 기능과 어떤 관계가 있는가?
- 케라틴 때문에 사람 피부는 어떤 성질을 갖게 되는가?
- 멜라닌의 기능은 무엇인가?

## 39.2 골격계

**학습목표**

3 정수골격, 외골격, 내골격 등 다른 종류의 골격계의 구조와 기능을 비교한다.
4 척추동물 골격의 주된 부분과 각 부분을 이루는 뼈를 설명한다.
5 전형적인 장골의 구조를 설명한다.
6 척추동물 골격의 주된 형태를 비교한다.

상피 피막 이외에 많은 동물은 몸의 뼈대를 형성하는 단단한 **골격계**(skeletal system)에 의해 보호되고 있다. 골격은 또한 움직임에도 관여한다. 복잡한 동물에서 근육은 보통 키틴이나 뼈와 같은 단단한 구조물에 작용을 한다. 이러한 골격 구조물들은 근수축에 의해 생성된 기계적 힘을 동물이 만드는 다양한 움직임으로 전달하고 변형시킨다. 골격에는 정수골격, 외골격, 내골격 등이 있다.

### 39.2.1 정수골격에서 체액은 힘을 전달하는데 사용된다

부드러운 몸을 갖고 있는 많은 무척추동물은 액체로 채워진 몸의 구획으로 이루어진 **정수골격**(hydrostatic skeleton)을 갖고 있다.

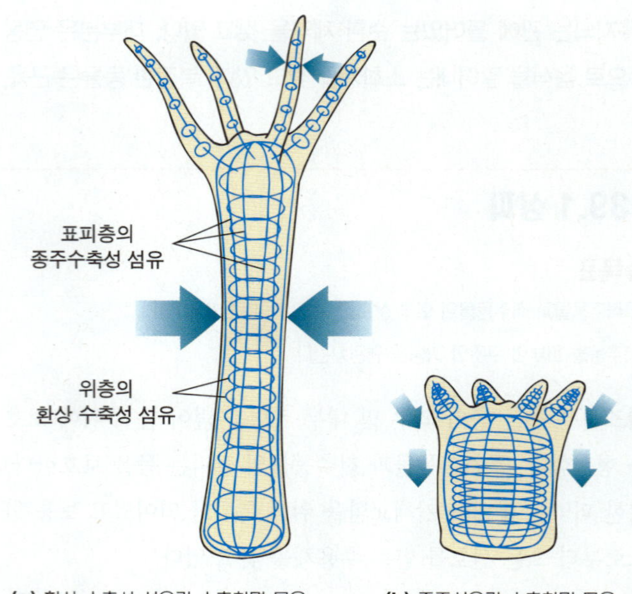


**(a)** 환상 수축성 섬유가 수축하면 몸은 길어진다.

**(b)** 종주섬유가 수축하면 몸은 짧아진다.

**그림 39-2 정수골격.**
히드라에서 체벽이 수압에 대응하여 수축성섬유들이 수축함으로써 장관강의 액체들이 힘을 전달한다. 히드라의 세로로 배열된 수축성 세포들은 체축 주위에 환상으로 배열된 세포와 길항적이다.

히드라와 다른 극피동물에 있는 2개 층의 세포들은 수축을 할 수 있다. 바깥 표피층에 있는 세포들은 종으로, 내층 (위층)에 있는 세포들은 중심 체축 주위로 환형으로 배열되어 있다 (**그림 39-2**). 이 2종류의 세포들은 **길항적**(antagonistic)으로 작용을 하여 하나가 작용을 하면 다른 하나는 하지 않는다. 표피 (종)층이 수축하면 히드라는 짧아진다. 위수관강에 있는 액체를 통하여 힘이 전달되어 히드라는 두껍게 된다. 반대로 내층 (환형)이 수축하면 히드라는 얇아지고 액체 내용물은 길도록 힘을 가한다.

환형동물은 정수골격이 보다 복잡하여 가전성이 크다. 지렁이의 몸은 격막으로 분리된 일련의 체절로 이루어져 있다(그림 30-12 참조). 격막은 체강 부분과 체강에 채워져 있는 체액을 분리시켜 각 체절의 정숙골격이 대체로 서로 독자적이 되도록 해준다. 이리하여 앞쪽 끝에 있는 환상근이 수축하여도 뒤쪽 끝에 있는 종주근의 작용이 방해받지 않는다.

### 39.2.2 연체동물과 절지동물은 생명이 없는 외골격을 갖고 있다

대부분 동물의 경우 골격은 생명이 없는 각, 즉 **외골격**(exoske-

**그림 39-3 탈피.**
주기매미(*Magicicada*)는 성숙하는데 13년이 걸린다. 이 후 흙에서 나와 나무에 올라가서 외골격을 벗고 나오는 탈피를 한 후 번식 한다.

**leton)**으로 외피 (외부 상피세포 층 세포) 위에 축적된다. 연체동물의 외골격은 체벽으로부터 뻗어져 나온 얇은 상피조직 층인 외투막에 의해 분비되는 탄산칼슘 각이다. 외골격은 보호, 비상시 퇴각 등에 관여한다.

절지동물의 외골격은 보호뿐만 아니라 힘을 전달하는 역할도 한다. 절지동물의 외골격은 다당류인 **키틴(chitin)**을 포함하고 있는 생명이 없는 큐티클을 갖고 있다.

단단한 절지동물 외골격의 단점은 성장을 방해하는 것이다. 성장에 적응하기 위하여 절지동물은 **변태(molt)**를 해야 한다. 즉, 외골격은 떨어져 나가고 새롭고 더 큰 것으로 대체되는데 이러한 과정을 *탈피*(ecdysis)라 한다(▮ 그림 39-3). 변태동안 동물은 약하여 약탈자의 공격을 받기 쉽다.

### 39.2.3 내골격은 성장할 수 있다

**내골격(internal skeleton)**은 칼슘이 함유된 조직 (연골이나 뼈)의 판이나 축으로 이루어져 있다. 내골격은 살아있는 조직이기 때문에 동물과 함께 전체적으로 성장한다. 극피동물의 외골격은 몸을 덮고 있는 체벽 조직에 칼슘염 침골과 판이 묻혀서 이루고 있다. 이러한 내골격은 지지와 보호 역할을 하는 내부 껍질을 형성한다. 많은 극피동물 내골격은 외부 표면으로 삐죽 나와 있는 가시모양의 돌기를 지니고 있다.

척추동물의 내부 골격은 지지, 보호 및 힘의 전달 기능을 한다. 연골어류(상어와 가오리)는 연골로 구성된 골격을 갖고 있으나 대부분의 척추동물에서는 골격이 주로 뼈로 이루어져 있다. 많은 뼈들은 근육의 힘을 전달하는 지레계를 이룬다.

### 39.2.4 척추동물의 골격은 2개의 주된 구분이 있다

척추동물의 골격은 축과 부속지 골격 등 2개의 주된 구분으로 나눌 수 있다(▮ 그림 39-4). **중축골격**(axial skeleton)은 몸 중심축을 따라 위치해 있는데 **두개골**(skull), **척주**(vertebral column), **늑골**(rib), **흉골**(sternum)로 이루어져 있다. **부속지 골격**(appendicular

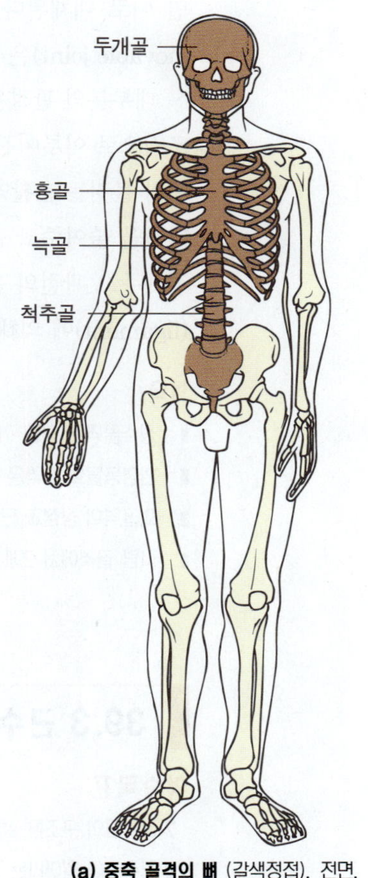

**(a) 중축 골격의 뼈** (갈색정접), 전면.

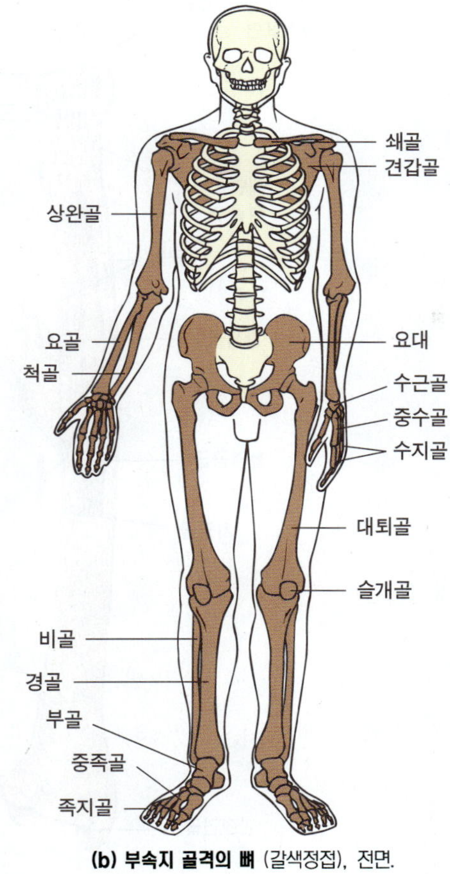


**(b) 부속지 골격의 뼈** (갈색정접), 전면.

**그림 39-4 사람의 골격계.**

skeleton)은 **사지**(limbs 팔과 다리)의 뼈, **흉대**(pectoral girdle) 그리고 **요대**(pelvic girdle) 등으로 이루어져 있다.

### (1) 장골은 치밀골과 해면골로 이루어져 있다

전완 2개의 뼈 중 하나인 요골은 전형적인 장골이다 (**그림 39-5**). 다른 뼈처럼 요골은 결체조직막으로 건과 인대가 붙어 있는 **골막**(periosteum)으로 덮혀 있다. 골막은 새로운 뼈 층을 만들어내어 뼈의 직경을 크게 한다. 장골의 주된 축은 **골간**(diaphysis)이라 하며 양쪽 끝을 **골단**(epiphysis)이라 한다. 어린이에게서 연골의 판인 **골간단**(metaphysis)은 골간과 골단 사이에서 있다. 골간단은 성숙되면 사라지는 성장 중심으로, 희미한 **골단선**(epiphyseal line)이 된다. 장골은 **골수**(bone marrow)가 들어있는 중심강을 포함하고 있다. 황골수는 주로 지방 결체조직으로 이루어져 있고 일부 뼈에서 발견되는 적골수는 적혈구를 생산한다.

요골은 매우 조밀하고 단단하며 얇은 **치밀골**(compact bone)의 외층을 갖고 있다. 치밀골은 높은 강도를 갖고 있는 뼈의 표면 근처에 주로 있다. 치밀골은 **골단위**(osteon) 또는 **하버스관**(Haversian system)이라 불리는 서로 맞물려있는 방추형단위로 이루어져 있다 (그림 37-2 참조). **골세포**(osteocyte)는 골단위 내에서 **소강**(lacuna)이라 불리는 작은 강에 있다. 소강은 중심 하버스관 주위에 동심원으로 배열되어 있다. 골조직에 영영분을 공급하는 혈관은 **하버스관**(Haversian canal)을 관통하여 지나간다. 골세포들은 *골소관*(canaliculli)이라 불리는 좁은 관을 통해 실과 같이 확장된 세포질로 연결되어 있다.

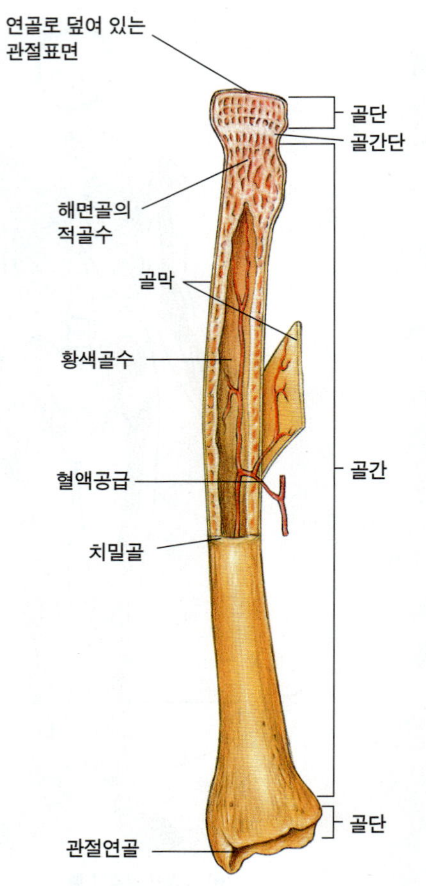


**그림 39-5 전형적인 장골.**
장골은 얇은 치밀골 외피와 골수를 포함하고 있는 해면골로 이루어져 있다.

### (2) 관절은 뼈 사이의 연결부위이다

**관절**(joint)은 2개 또는 그 이상의 뼈가 연결되는 부위이다. 관절이 있기 때문에 유연성이 증가하고 움직임이 용이하게 된다. 관절의 분류 방법 중 움직일 수 있는 정도에 따라 분류하는 방법이 있다. 사람 두개골의 뼈 사이에서 발견되는 봉합선은 **부동관절**(immovable joint)이다. 봉합선에서는 뼈들이 한 층의 얇은 밀집 섬유성 결체조직으로 결합되어 있어서 이 조직은 성인이 되면 뼈로 대체된다. 척추골 사이에 있는 **약한 운동관절**(slightly movable joint)은 연골로 이루어져 있으며 충격을 흡수한다.

대부분의 관절은 **자유 운동관절**(freely movable joint)로 결체조직으로 이루어진 관절포에 싸여 있다. 또 **활액**(synovial fluid)이라 불리는 윤활액을 분비하는 막이 정렬되어 있어 관절 운동 시 마찰을 줄여주고 충격을 흡수한다. 관절포는 일반적으로 뼈를 연결해주고 관절의 움직임을 제한하는 섬유성 결체조직 띠인 **인대**(ligament)에 의해 강화되어 있다.

**복습**

- 정수골격은 어떤 기능을 하는가?
- 환형동물의 중격은 정수골격의 효율성에 어떻게 기여를 하는가?
- 외골격의 장점과 단점을 설명하시오.
- 사람 골격에서 2개의 주된 구분은 무엇인가? 각 구분을 설명하시오.

## 39.3 근수축

**학습목표**

7 골격근의 구조를 설명한다.
8 근수축이 일어나는 과정을 차례로 나열한다.
9 근수축을 위한 에너지원으로 글리코겐, 크레아틴인산 및 ATP의 역할을 비교한다.
10 골격근의 길항작용을 포함하여 근육의 일을 설명한다.

동물계에서 근육조직(muscular system)은 기계적 힘과 이동 물체 다루기, 혈액의 순환, 소화관을 통한 먹이의 이동, 기타 많은 생명 과정 등에 필요한 움직임을 발생한다. 간단한 신체 구조를 갖고 있는 동물은 근육조직을 갖고 있지 않으나 모든 진핵세포는 수축 단백질인 **액틴**(actin)을 갖고 있다. 미세섬유(그림 4-26 참조)의 주요 구성성분인 액틴은 아메바 운동, 표면에의 세포부착 등 많은 세포과정에 중요하다.

### 39.3.1 무척추동물의 근육은 집단간에 다양하다

이 장 앞부분에서 히드라와 다른 자포동물의 정수골격의 수축성 세포들을 논의하였다. 편형동물과 대부분의 다른 동물군에서 근육은 명확한 층이나 띠로 특수하게 조직화 되어있다. 일부 무척추동물문은 골격근과 평활근을 갖고 있다. 대합조개와 같은 쌍각류의 연체동물은 2 종류의 근육으로 껍질을 열고 닫는다. 느리고 지속적인 수축을 할 수 있는 평활근은 2개의 껍질을 한번에 수일 또는 수 주일간 단단히 닫힌 상태를 유지하는데 이용된다. 빠르게 수축하는 횡문근은 수영하거나 연체동물이 위협을 받아 껍질을 빨리 닫는데 이용된다. 절지동물의 근육은 소화관벽 조차 횡문근이다.

### 39.3.2 척추동물의 근육은 서로 길항적으로 작용한다

**골격근**(skeletal muscle)은 근육을 뼈에 고정시키는 질긴 끈인 **건**(tendon)을 당김으로써 움직임을 만든다. 이는 뼈를 당기는 작용으로 이어진다. 골격근이나 건은 관절을 가로질러 지나가 각 관절의 다른 쪽에 있는 뼈에 붙어있다. 근육이 수축하면 근육은 연결되어 있는 뼈를 관절에서 연관된 다른 뼈 방향으로 또는 멀리 당긴다.

근육은 수축만 하기 때문에 당길 수만 있고 밀지는 못한다. 근육은 서로 길항적(antagonistical)으로 작용한다. 즉 하나의 근육 움직임은 다른 근육 움직임에 의해 반대로 될 수 있다. 예를 들어 이두박근이 팔을 구부리고 삼두박근이 수축하면 근육이 뻗게 된다(그림 39-6). 따라서 이두박근과 삼두박근은 길항적으로 작용한다.

특정 움직임을 만들어내는 근육을 **작용근**(agonist)이라 하고 반대의 움직임을 만들어내는 근육을 **길항근**(antagonist)이라 한다. 작용근이 수축하면 길항근은 이완한다. 일반적으로 움직임은 함께 작용하는 근육들에 의해 이루어져 여러 개의 작용근과 여러 개의 길항근은 움직임에 관여한다. 하나의 움직임에서 작용근으로 작용하는 근육은 다른 움직임에서는 길항근으로 작용한다.

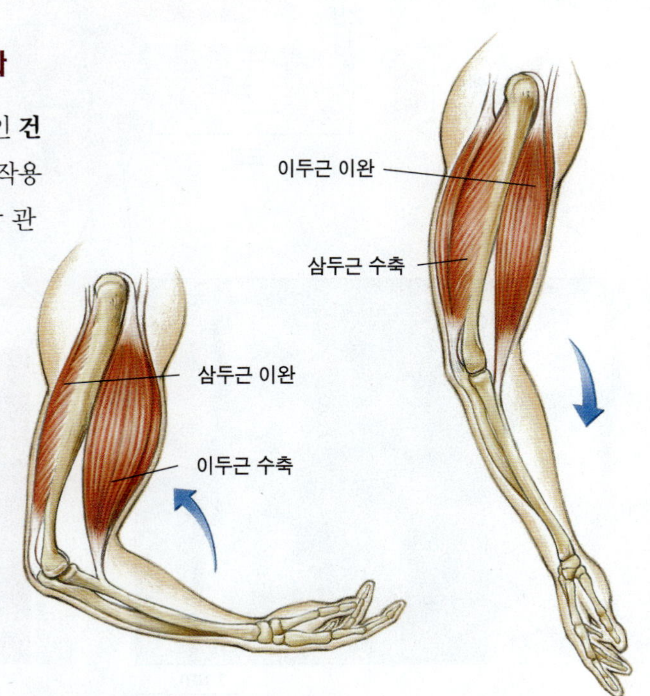


**(a) 굴곡.** 이두근이 수축하면 팔은 구부러진다. **(b) 신장.** 삼두근이 수축하면 팔은 신장된다.

**그림 39-6 근육의 작용.**
이두근과 삼두근은 서로 길항적으로 작용한다.

### 39.3.3 척추동물의 근육은 수천 개의 근섬유로 이루어져있다

무척추동물에서 골격근은 가장 풍부한 조직이다. **근섬유**(muscle fiber)라고 불리는 길쭉한 세포는 결체조직에 의해 싸여 다발을 이루고 있다.

가로무늬근은 핵을 많이 갖고 있는 긴 세포이다(그림 39-7). 근섬유의 원형질막인 **근초**(sarcolemma)는 세포 안쪽으로 확장되어 **T-소관**(T-tubule)을 형성한다. 근섬유의 세포질을 **근형질**(sarcoplasm), 소포체를 **근소포체**(sarcoplasmic reticulum)라고 한다.

실과 같은 구조인 **근원섬유**(myofibril)는 근섬유 내에서 길이로 발달되어 있다. 이들은 보다 작은 구조인 **근 필라멘트**(muscle filament)로 이루어져있다. 근섬유에는 미오신과 액틴 필라멘트 등 2가지 종류의 필라멘트가 있다. **미오신 필라멘트**(myosin filament)는 주로 미오신 단백질로 이루어진 굵은 필라멘트이다.

**요점**

골격근 섬유는 근필라멘트로 이루어진 근원섬유를 포함하는 세포이다; 근필라멘트는 근절이라는 반복되는 단위를 구성한다.

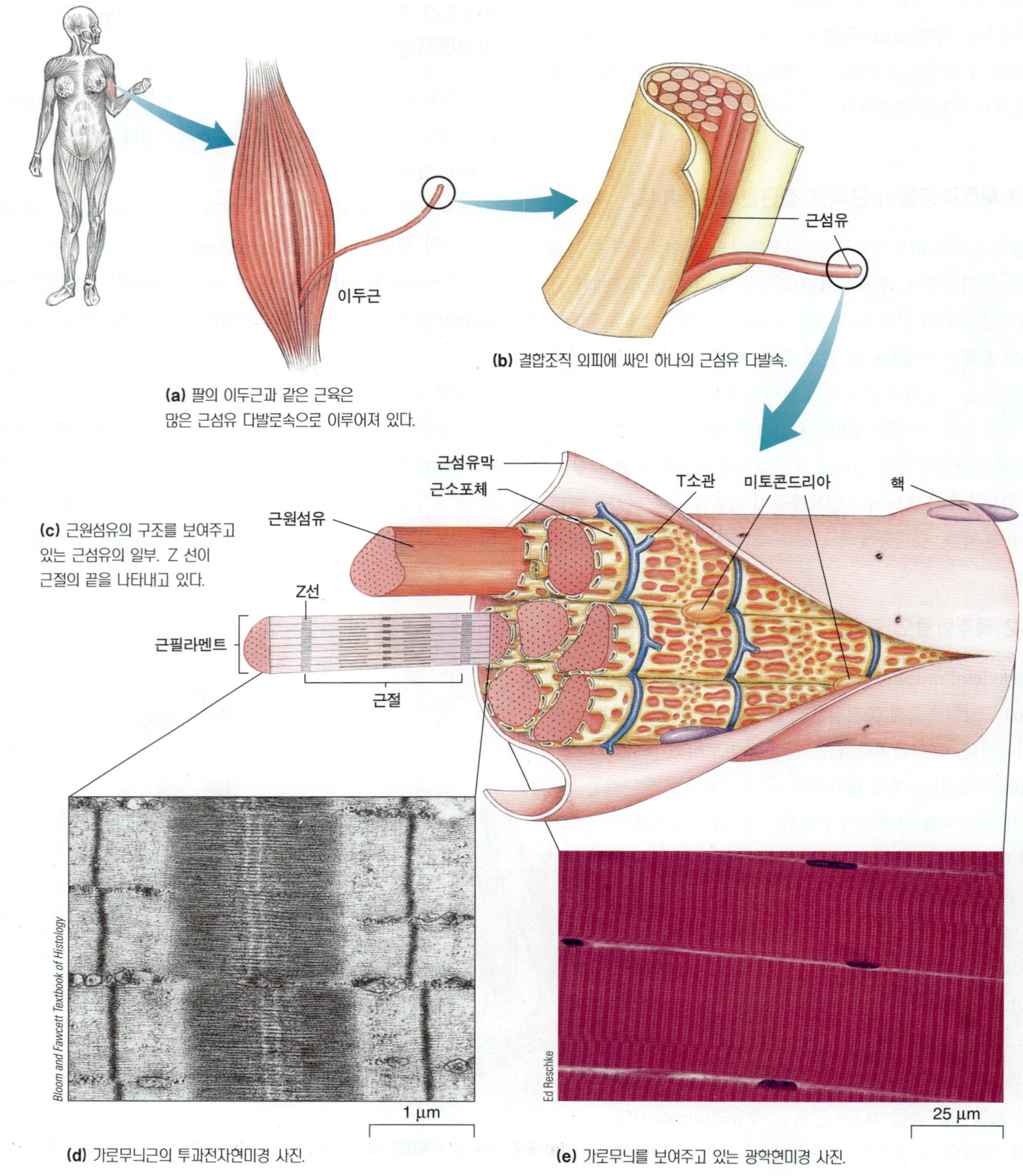


**그림 39-7 근육의 구조.**

골격근과 심근에서 필라멘트가 규칙적으로 중복되어 있어 가로무늬가 보인다. 근원섬유는 액틴과 미오신으로 이루어진 실 같은 구조이다.

가는 **액틴 필라멘트(actin filament)**는 주로 액틴 단백질로 이루어져 있다 이들은 또한 액틴 필라멘트와 미오신 필라멘트간의 상호작용을 조절하는 **트로포미오신(tropomyosin)**과 **트로포닌 복합체(troponin complex)**를 포함하고 있다.

미오신과 액틴 필라멘트는 근수축의 기본단위인 **근절(sarcomere)**이라 불리는 반복된 단위를 이룬다. 근절은 **Z 선(Z line)**이라 불리는 필라멘트에 의해 끝과 끝이 연결되어 근원섬유를 이룬다. 각 근절에는 미오신 필라멘트와 액틴 필라멘트가 부분적으로 중첩되어 있어 골격근의 특징인 가로지르는 띠가 나타난다 (그림 39-7, **그림 39-8**). 띠들은 A, H, I 라는 문자로 나타낸다.

액틴 필라멘트로 이루어진 **I 대(I band)**는 Z 선에 바로 인접하여 근절의 양쪽 끝에 위치해 있다. **A 대(A band)**는 넓고 어두운 부위로 미오신과 액틴 필라멘트로 이루어져 있다. A 대 내에는 미오신 필라멘트로만으로 이루어진 좁고 밝은 부위인 **H 대(H zone)**가 있으며 액틴 필라멘트는 이 부위까지 확장되어 있지 않다.

## 39.3.4 액틴과 미오신 필라멘트가 서로 미끄러지면서 수축이 일어난다

근 수축은 근절이 수축하여 근섬유가 짧아지면서 일어난다. I 대와 H 대의 길이가 감소하나 액틴이나 미오신필라멘트 자체의 길이에는 변화가 없다. 근육의 수축 기전에 대한 학설인 **활주설(sliding filament theory)**은 1950년대에 두 명의 영국 생물학자의 **H. 헉슬리(Hugh Huxley)**와 **A. 헉슬리(Andrew Huxley)**가 제안하였다.

**운동단위(motor unit)**는 뇌나 척수로부터 근육으로 신호를 전달한다. 운동뉴런이 신호를 전달할 때 신경전달물질인 **아세틸콜린(acetylcholine)**을 운동신경과 각 근섬유사이의 작은 공간인 **시냅스간극(틈)(synaptic cleft)**으로 방출한다. 아세틸콜린은 각 근섬유에 있는 수용체와 결합하여 근초를 **탈분극(depolarization)**시키며 이것으로 근섬유에서 **활동전위(action potential)**가 발생하게 된다.

활동전위는 근초를 따라 T-소관막계로 이동한다. T-소관이 탈분극하면 근소포체의 칼슘채널이 열려 저장되어 있던 칼슘이온이 근원섬유로 방출된다. 칼슘이온은 액틴필라멘트 위의 트로포닌 복합체에 있는 단백질에 결합하여 트로포닌의 형태를 변화시킨다. 이러한 변화로 트로포닌이 트로포미오신을 액틴필라멘트 위의 활성부위로부터 밀어 낸다 (**그림 39-9**). 이러한 활성부위는 *미오신-결합부*라고도 하는데 이것이 노출되는 것이다.

각 미오신 분자의 한쪽 끝은 2개의 구형 구조가 있어 두부를 이룬다. 미오신 분자의 둥근 두부는 미오신 필라멘트 몸체로부터 멀리 뻗어있다. 각 미오신 분자에는 또한 긴 꼬리가 있는데 다른 미오신 꼬리와 결합하여 굵은 필라멘트의 몸체를 형성한다.휴식 시 (수축하지 않을 때) ATP는 미오신에 결합되어 있다. 미오신은 ATP를 분해하여 ADP와 무기인산 ($P_i$)으로 분리하는 효소인 **ATP가수분해효소(ATPase)** 활성이 있다. 미오신은 ATP의 화학에너지를 활주 필라멘트의 기계적 에너지로 전환한다.

근수축에 대한 모델에 따르면 ADP와 Pi는 처음에는 미오신 두부에 붙어 있다. 미오신 두부 (여전히 ADP와 Pi가 붙어있는 상태에서)는 에너지가 주입된 상태가 된다. 미오신 두부가 액틴필라멘트의 노출된 활성화부위에 결합을 하면 미오신과 액틴필라멘트를 연결하는 **가교(cross bridge)**가 형성된다. 그러면 무기인산 ($P_i$)은 방출되고 미오신 두부는 형태적 변화를 한다. 미오신 두부는 45도 정도 구부러지는데 이와 같은 운동력은 액틴필라멘트를 근절의 중심에 보다 가깝게 당긴다. 가교의 운동 동안 ADP는 방출된다.

미오신이 액틴으로부터 분리되기 전에 새로운 ATP가 미오신 두부에 결합해야 한다. 충분한 칼슘 이온이 있으면 주기는 새로이 시작한다.

1. 운동신경에서 방출된 아세틸콜린이 근섬유의 수용체와 결합하여 탈분극과 활동전위를 유발시킨다.
2. 활동전위가 T-소관을 따라 퍼지면서 근소포체에서 칼슘이온의 방출을 자극한다.
3. 트로포닌은 칼슘이온과 결합하면 형태가 변하고 이것은 액틴필라멘트의 활성 부위를 노출시킨다.
4. 미오신에 결합되어 있던 ATP가 분해되어 미오신 두부는 활성화 상태가 된다. 미오신 두부는 노출된 액틴의 활성 부위에 결합하여 가교를 형성한다.
5. 미오신 두부로부터 $P_i$가 방출되고 운동이 일어나도록 한다.
6. 액틴필라멘트가 근절의 중심부로 당겨지는 운동이 일어나고 ADP가 방출된다.
7. 미오신 두부는 ATP와 결합하고 충분한 칼슘이 있으면 액틴으로부터 분리되고 3단계부터 수축과정이 반복된다.운동신경으로부터 신경자극이 오지 않으면 근섬유는 휴식상태로 되돌아간다. 칼슘이온은 ATP를 필요로 하는 과정인 능동수송에 의해 근소포체 안으로 다신 펌프되어 들어간다. 칼슘이온이 없으면 액틴필라멘트의 활성화부위는 다시 트로포미오신-트로포

**요점**

근육은 액틴과 미오신 필라멘트가 서로 미끄러져 지나면서 수축한다. 각 필라멘트의 길이는 변하지 않는다.

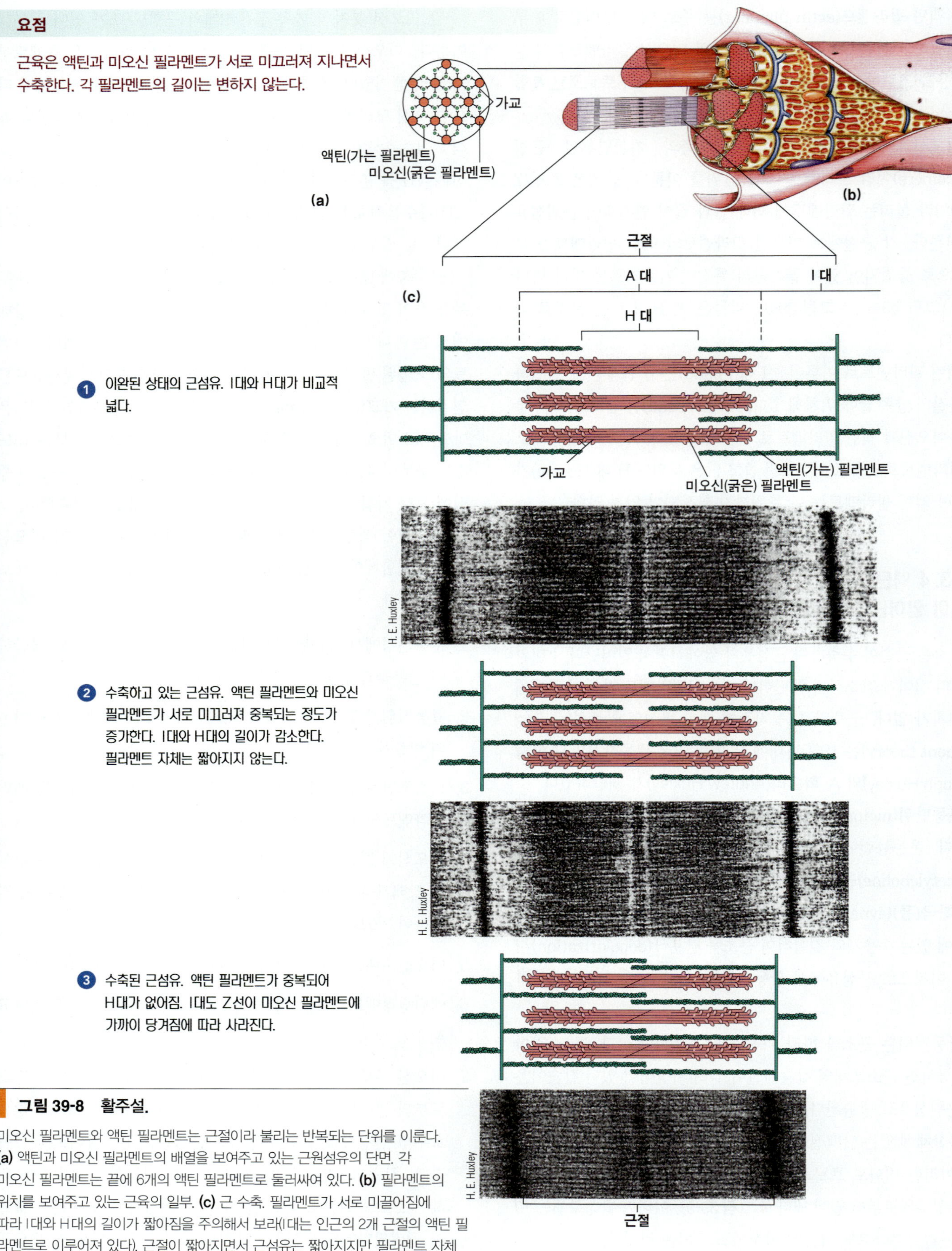


1 이완된 상태의 근섬유. I대와 H대가 비교적 넓다.

2 수축하고 있는 근섬유. 액틴 필라멘트와 미오신 필라멘트가 서로 미끄러져 중복되는 정도가 증가한다. I대와 H대의 길이가 감소한다. 필라멘트 자체는 짧아지지 않는다.

3 수축된 근섬유. 액틴 필라멘트가 중복되어 H대가 없어짐. I대도 Z선이 미오신 필라멘트에 가까이 당겨짐에 따라 사라진다.

**그림 39-8 활주설.**

미오신 필라멘트와 액틴 필라멘트는 근절이라 불리는 반복되는 단위를 이룬다. **(a)** 액틴과 미오신 필라멘트의 배열을 보여주고 있는 근원섬유의 단면. 각 미오신 필라멘트는 끝에 6개의 액틴 필라멘트로 둘러싸여 있다. **(b)** 필라멘트의 위치를 보여주고 있는 근육의 일부. **(c)** 근 수축. 필라멘트가 서로 미끌어짐에 따라 I대와 H대의 길이가 짧아짐을 주의해서 보라(I대는 인근의 2개 근절의 액틴 필라멘트로 이루어져 있다). 근절이 짧아지면서 근섬유는 짧아지지만 필라멘트 자체는 짧아지지 않는다.

## 요점

ATP에너지가 근수축을 일어나게 한다. 근수축이 일어나는 동안 미오신 두부는 액틴 필라멘트를 따라 근절의 중심 부위로 이동하여 근육이 짧아진다.

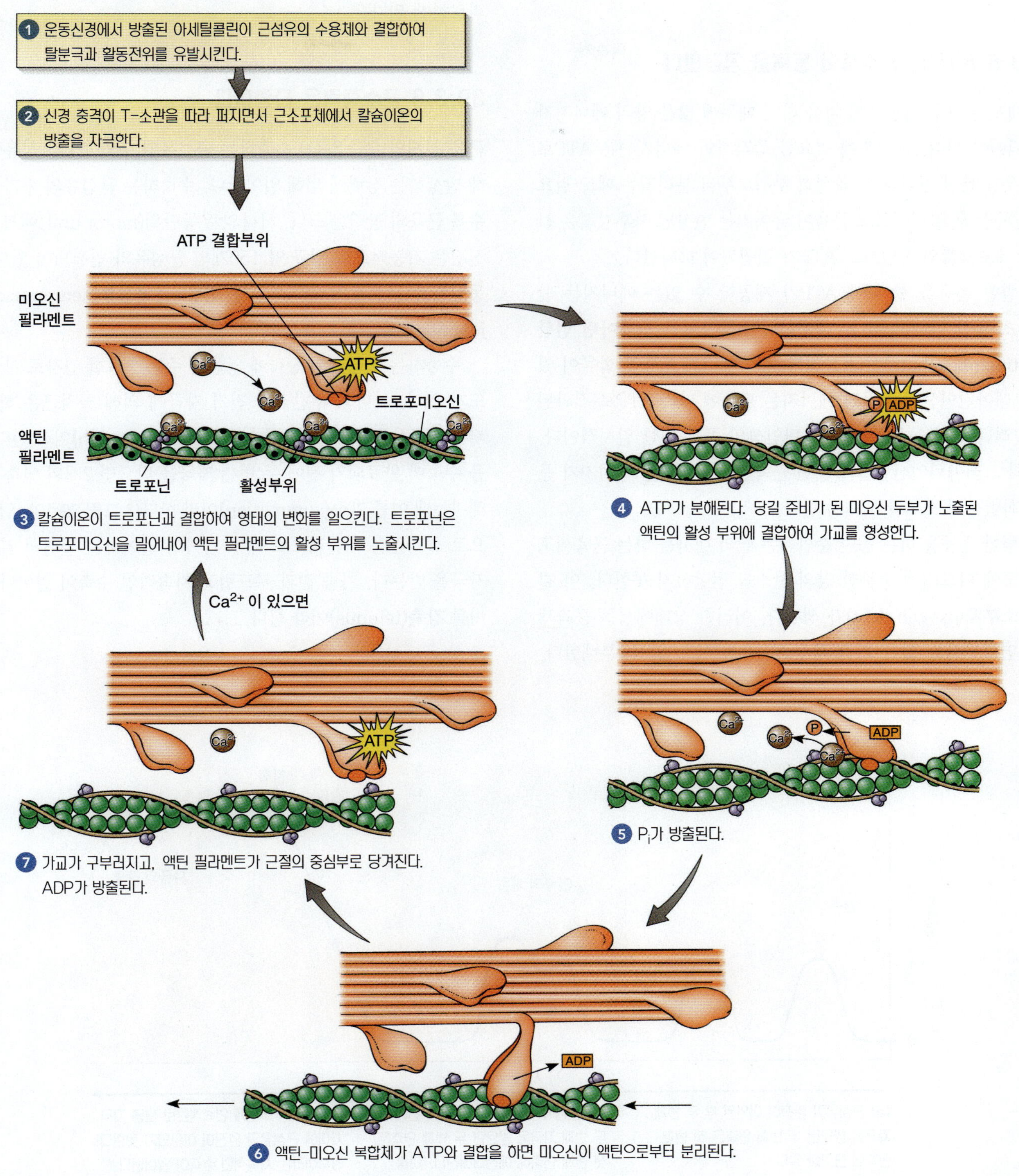


**그림 39-9 근수축: 액틴과 미오신의 상호작용 모델.**

액틴 필라멘트가 근원섬유의 근절 중심으로 미끄러질 때 수축이 일어난다. 7 단계 이후 칼슘이온이 있으면 3 단계부터 반복된다. 칼슘이온이 없으면 근육은 이완한다.

닌 복합체에 의해 덮힌다. 액틴 필라멘트는 원래 위치로 미끄러지고 근육은 이완된다. 이러한 일련의 일들은 1천분의 수 초(sec) 사이에서 모두 일어난다.

## 39.3.5 ATP는 근수축의 동력을 공급한다

근육세포는 자주 격렬하게 일을 하기 때문에 많은 양의 에너지가 공급되어야 한다. 근수축에 필요한 즉각적인 에너지원은 ATP로 가교 운동 뿐만 아니라 각 활성화 부위로부터 분리되는 데도 필요하다. 사망 후 일시적으로 근육이 굳어지는 현상인 사후강직은 사망 후 세포호흡의 중단으로 ATP가 결핍되어 나타난다.

격렬한 운동을 할 때에 ATP가 제공할 수 있는 에너지는 단지 수초 동안 만 가능하다. 다행히 근육세포에는 **크레아틴 인산(creatine phosphate)**이라 불리는 예비 에너지 저장 화합물이 있다. 크레아틴인산에 저장된 에너지는 필요에 따라 ATP로 전환된다. 그러나 강한 운동 시 크레아틴인산의 공급 또한 일시적이다. ATP와 크레아틴인산이 고갈되면 근육세포는 이러한 에너지가 풍부한 화합물이 재보급 되어야 한다.

격렬한 운동을 하는 동안 순환계는 빨리 대사를 하는 근육세포의 요구에 따르기에 충분한 양의 산소를 전달하지 못한다. 이 결과 **산소부채(oxygen debt)**가 생긴다. 이러한 상태에서는 근육세포는 연료분자를 짧은 기간 무산소적으로(산소 없이) 분해한다. 젖산발효는 무산소적으로 ATP를 만들어내지만 많은 양을 만들지는 못한다(그림 8-13 참조). ATP가 결핍되면 수축력이 약해지고 피로해진다. 노폐물인 **젖산(lactic acid)**의 축적으로 근육은 피로하게 된다.

## 39.3.6 근수축력은 다양하다

근육 전체의 수축은 (1) 수축하는 근섬유의 수와 (2) 각 섬유에 의해 발생하는 장력에 의해 일어난다. 수축하는 근섬유의 수가 많을수록 근육의 장력은 크다. 하나의 운동단위(motor unit)에서 운동신경은 기능적으로 평균 약 150개의 근섬유와 연결되어 있다. 운동신경과 근섬유의 연결부위를 **신경-근연접부(neuromuscular junction)**라 한다.

수축하는 근섬유의 장력에 영향을 주는 중요한 인자로 자극 빈도가 있다. 하나의 수간적인 전기 자극에 의해 골격근은 하나의 빠른 수축을 하는데 이를 **단순 연축(simple twitch)**이라 한다. 처음 수축이 완료되기 전에 두 번째 자극을 받으면 2개의 연축은 더해지는데 이를 **가중(summation)**이라 한다(**그림 39-10**). 일반적으로 골격근은 시간적으로 매우 가까이 일어나는 일련의 분리된 자극을 받는다. 가중 결과 부드럽고 지속적인 수축이 일어나는데 이를 **강축(tetanus)**이라 한다.

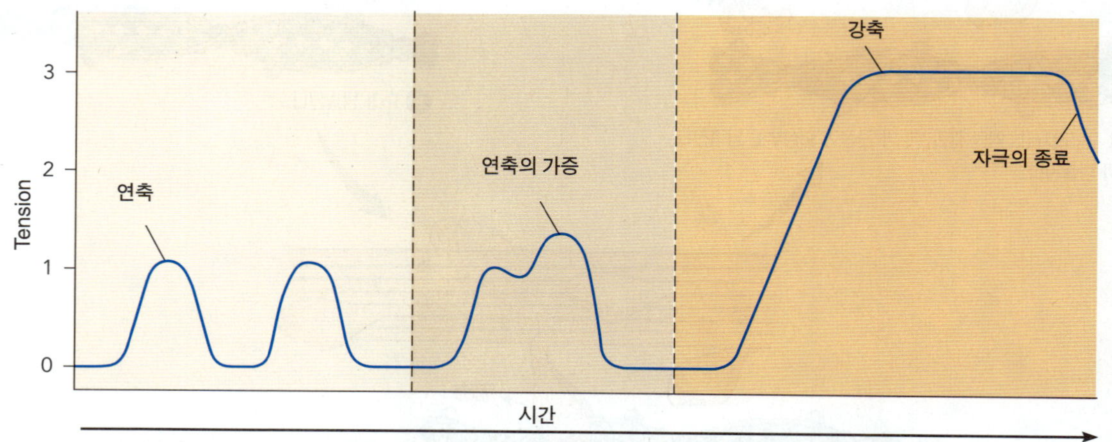


**그림 39-10** 가중과 강축

## 39.39.7 평활근, 심근, 골격근은 특별한 방법으로 반응한다

골격근, 평활근, 심근 등 3 종류의 척추동물 근육이 표 39-1에서 있다. 이 3가지 종류의 근육은 칼슘이온 농도의 증가에 반응하여 굵은 미오신 필라멘트를 따라 미끄러지는 가는 액틴 필라멘트를 갖고 있다. 이 근육들은 수축하는 데에 ATP를 사용한다. 그러나 각 종류의 근육은 특정 유형의 반응에 맞도록 분화되어 있다. 평활근이나 심근은 수의적으로 조절되지 않는다.

**평활근(smooth muscle)**은 뼈에 붙어있지 않고 관을 형성하여 지렁이 체벽에 있는 근육조직처럼 압착한다. 평활근은 종종 단순한 신장에 반응하여 수축하고 그 수축은 지속되는 경향이 있다. 지속적으로 소동맥벽을 수축하여 혈압조절과 같은 일을 수행하도록 잘 적응되어있다. 평활근은 천천히 수축하지만 횡문근보다 더 많이 짧아질 수 있어 평활근은 최고로 압착한다.

평활근은 액틴과 미오신필라멘트가 근원섬유 즉 근절로 조직화되어있지 않아 가로무늬가 없다. 평활근 조직의 섬유는 간극 연접부로 연결되어 있어 하나의 단위로 기능을 한다 (5장 참조). 이러한 연접은 전기신호를 섬유간에 빨리 건너가도록 해준다. 평활근 수축은 골격근의 수축 (활주필라멘트 기전에 의해 일어남)과 기본적으로 유사하지만 평활근의 가교는 붙어있는 상태를 오래 유지한다. 이러한 이유로 높은 수준의 힘을 유지하는 데에 적은 ATP를 필요로 한다.

**심근(cardiac muscle)**은 주기적으로 수축하고 이완하여 수축을 할 때마다 혈액을 밀어낸다. 심근이 수축한 상태를 유지한다면 큰 재난일 것이다. 평활근섬유처럼 심근섬유도 간극연접(개재판)에 의해 전기적으로 연결되어 있다.

### 복습

- 골격근 섬유를 설명하시오. 이 섬유에서 2가지 종류의 필라멘트는 무엇인가?
- 근섬유가 수축할 때 어떤 일이 생기는가? (아세틸콜린 분비부터 시작하고 가교운동을 포함하시오)
- 근수축시 ATP의 역할을 무엇인가? 크레아틴 인산과 글리코겐의 기능은 무엇인가?

## 핵심 용어와 요약

### 학습목표

1 무척추동물과 척추동물의 외부 상피의 구조와 기능을 비교한다.

- 무척추동물과 척추동물의 **상피조직**은 그 아래의 조직을 보호하고 감각이나 호흡 기능에 맞게 특수화되어 있다. 외부 상피는 윤활액, 접착액, 방향물질, 또는 독성 물질을 분비하도록 특수화되어 있다.
- 많은 무척추동물의 외부상피는 보호기능을 하는 **큐티클**이나 각을 분비하도록 특수화되어 있다.
- 척추동물의 **피부계**는 피부와 그로부터 발생하는 구조물을 포함한다. 사람에게서 이 계는 피부, 손톱, 머리카락, 땀샘, 유선, 감각 수용기 등을 포함하고 있다.

2 척추동물 피부의 구조와 기능을 연관시킨다.

- 조류의 깃털과 포유류의 머리카락은 체온을 일정하게 유지하는데 기여한다.
- 상피조직은 **단층**, **중층** 및 **위중층상피**로 구분된다.
- 포유류의 피부는 몸이 외부 환경과 상호작용함에 따라 닳거나 찢어지는 것으로부터 보호한다. 표피의 가장 외면 층인 **각질층**은 죽은 세포들로 이루어져 있다. 이 세포들은 케라틴으로 채워져 있어 피부에 기계적 힘이 주어지고 수분 손실을 줄인다. 표피의 **기저층**에 있는 세포는 분열하여 피부 표면쪽으로 위로 밀고 올라온다. 이러한 세포들은 성숙해지고 납작하게 되며 **케라틴**을 생산하다 결국에는 죽어 탈락된다.
- **진피층**은 밀집되고 섬유성 조직으로 이루어져 있다. 조류와 포유류에서 진피층은 주로 지방으로 이루어진 **피하층** 위에 놓여있다.

3 정수골격, 외골격, 내골격 등 다른 종류의 골격계의 구조와 기능을 비교한다.

- **골격계**는 몸을 지지하고 보호하며, 근육에 의해 생성된 기계적 힘을 전달한다.
- 자포동물, 편형동물, 환형동물 등 부드러운 몸을 갖고 있는 많은 무척추동물은 닫힌 몸의 격실에 있는 액체가 수축세포나 근육에 의해 생성된 힘을 전달하는데 이용되는 **정수골격**을 갖고 있다.
- **외골격**은 연체동물과 절지동물의 특징이다. 일부 **키틴**으로 이루어진 절지동물의 골격은 관절로 연결되어 유연성을 갖고 많은 생활양식에 적응되어 있다. 이러한 생명력이 없는 골격은 성장하지 않아 절지동물은 주기적으로 **변태**할 필요가 있다.
- 극피동물과 척삭동물의 **내골격**은 살아있는 조직으로 이루어져 있어 성장할 수 있다.

4 척추동물 골격의 주된 부분과 각 부분을 이루는 뼈를 설명한다.

- 척추동물의 골격은 **중축 골격**과 **부속지 골격**으로 이루어져 있다.
- 축 골격은 **두개골**, **척주**, **늑골** 및 **흉골**로 이루어져 있다.
- 부속지 골격은 **사지**, **견대** 및 **요대**로 이루어져 있다.

5 전형적인 장골의 구조를 설명하고 연골내 골화와 막내 골화를 구별한다.

- 일반적인 장골은 내부의 **해면골**을 에워싸고 있는 **치밀골**의 얇은 외층과 골수를 포함하고 있는 중심강으로 이루어져 있다.

6 척추동물 골격의 주된 형태를 비교한다.

- **관절**은 2개 이상 뼈의 접합부위이다. **인대**는 뼈를 연결해주는 결체조직 띠이며 관절의 움직임을 제한한다.
- 두개골의 봉합선은 움직이지 못하는 **부동 관절**이다. 척추골간의 관절은 **약한운동 관절**이다. **자유운동 관절**은 **활막액**을 분비하는 막으로 면을 이루고 있는 관절포에 의해 둘러싸여 있다.

7 골격근의 구조를 설명한다.

- **근육계**는 대부분의 무척추동물문과 척추동물에서 발견된다. 근육조직이 수축함에 따라(짧아지면) 신체의 일부를 당겨 그 부분을 움직인다. 근육에는 **골격근**, **평활근**, **심근** 등이 있다.
- 척추동물 골격근은 근육을 뼈에 붙여주는 결합조직 끈인 건을 당긴다. 근육이 수축하면 건은 하나의 뼈를 이와 연관된 다른 뼈 방향으로 또는 멀리 움직인다.
- 골격근은 서로 **길항적**으로 작용한다. 특정 움직임을 만들어내는 근육을 **작용근**이라 하고, 반대의 움직임을 만들어내는 근육을 **길항근(antagonist)**이라 한다.
- 이두근과 같은 골격근은 수백 개의 **근섬유**로 이루어진 기관이다. 각 섬유는 보다 작은 **근필라멘트** 즉 **필라멘트**로 이루어진 실과 같은 **근원섬유**로 이루어져 있다. 골격근 섬유의 가로무늬는 **액틴 필라멘트**와 **미오신 필라멘트**의 중복을 반영한다. **근절**은 액틴(가는)과 미오신(굵은) 필라멘트의 수축 단위이다.

8 근수축이 일어나는 과정을 차례로 나열할 수 있다.

- 운동신경에 의해 분비되는 **아세틸콜린**은 근섬유 표면위의 수용체와 결합한다. 이것은 근초의 **탈분극**과 **활동전위**의 전도를 유발한다. 활동전위는 **T 소관**을 통해 퍼져서 **근소포체**로부터 칼슘이온을 방출시킨다.
- 칼슘이온은 액틴 필라멘트에 있는 **트로포닌**과 결합하여 트로포닌의 형태를 변화시킨다. 트로포닌은 **토로포미오신**을 액틴 필라멘트의 홀성 부위로부터 밀어낸다.
- ATP가 미오신에 붙는다 ATP는 분해 되고 미오신 두부는 고에너지 상태가 된다. 활력을 얻은 미오신 두부는 액틴필라멘트의 노출된 활성부위에 결합하여 미오신과 액틴 필라멘트를 연결하는 **가교**를 형성한다
- 미오신이 액틴에 결합한 후 인산이 방출되고 가교가 구부러진다. 액틴 필라멘트는 근절의 중심 쪽으로 당겨진다. 이것이 근 운동력이고, 이때 ADP가 방출된다.
- 미오신 두부는 새로운 ATP와 결합하면 액틴으로부터 분리된다. 칼슘이온 농도가 높은 상태로 유지되어 있는 한 새로운 ATP는 분해 되고 위에서 서술한 단계들이 반복된다. 미오신은 새로운 활성부위에 다시 붙어 필라멘트가 서로 당기게 하고 근육은 계속 짧아진다.

9 근수축을 위한 에너지원으로 글리코겐, 크레아틴인산 및 ATP의 역할을 비교할 수 있다.

- ATP는 근수축에서 즉각적인 에너지원이다. ATP 분해로 나오는 에너지는 미오신을 뒤로 끌기 위한 에너지를 제공한다. 근육조직은 **크레아틴인산**이라는 중간 단계의 에너지 저장 화합물을 갖고 있다. **글리코겐**은 근섬유에서 저장되어 있는 연료이다.

10 골격근의 길항작용을 포함하여 근육의 일을 설명한다.

- 근육 전체의 수축은 (1) 수축하는 근섬유의 수와 (2) 각 섬유에서 발생하는 장력에 의해 일어난다.
- **운동단위**는 하나의 운동신경의 자극을 받는 모든 골격근 섬유로 이루어져 있다. 운동보충은 운동신경을 활성화시키는 뇌로부터 오는 신호에 의해 일어난다. 보충되는 운동단위의 수가 클 수록 수축이 강해진다.
- 골격근이 짧은 전기자극에 의해 활성화되면 **단순 연축**이 일어난다. 처음 수축이 완료되기 전에 두 번째 자극을 받으면 2개의 연축이 더해지는데 이러한 과정을 가중이라 한다. 일반적으로 골격근은 시간적으로 매우 가까이 일어나는 일련의 분리된 자극을 받는다. 가중 결과 부드럽고 지속적인 수축이 일어나는데 이를 **강축**이라 한다.
- **근긴장**은 근육의 부분적인 수축상태를 말한다.

## 연습문제

1. 장골의 얇은 층은 (a) 치밀골 (b) 해면골 (c) 골단 (d) 해면모양의 뼈 (e) 주로 연골세포로 이루어져 있다.
2. 내골격은 (a) 일반적으로 죽은 조직으로 이루어져 있다 (b) 막힌 결실에 있는 액체의 특징이 있다 (c) 극피동물의 전형이다 (d) 절지동물의 전형이다 (e) 동물이 변태하도록 요구한다.
3. 근육세포에서 비축될 수 있는 에너지 저장 화합물은 (a) 크레아틴인산 (b) ATP (c) 트로포닌 (d) 미오신 (e) 미오글로빈이다.
4. 다음 중 뼈들을 연결시켜주는 것은?
   (a) 건 (b) 인대 (c) 파골세포 (d) 활액막 (e) 평활근
5. 다음 중 중축골격이 아닌 것은?
   (a) 두개골 (b) 척주 (c) 요대 (d) 흉곽 (e) 흉골
6. 칼슘이온은 근소포체에서 방출된다. 그 이후 어떤 일이 일어나는가?
   (a) 아세틸콜린이 방출된다
   (b) 액틴 필라멘트의 활성화 부위가 노출된다
   (c) 필라멘트가 서로 미끄러져 근섬유는 짧아진다
   (d) 미오신이 활성화된다
   (e) $P_i$가 방출되어 가교가 구부러진다.
7. 느린 산화 섬유는 (a) 백섬유이다 (b) ATP에 의존하지 않는다 (c) 미토콘드리아가 별로 없다 (d) 대부분의 에너지를 해당과정에서 얻는다 (e) 미오글로빈이 풍부하다.
8. 미오신은 액틴에 결합하여 가교를 형성한다. 다음에 어떤 일이 생기는가? (a) 아세틸콜린이 방출된다 (b) 칼슘이온이 활성부위의 노출로 이끄는 과정을 자극한다 (c) 필라멘트가 서로 미끄러지고 근섬유

는 짧아진다. (d) 미오신이 활성화된다 (e) ADP와 $P_i$가 방출되고 가교가 구부러진다.

9. 글리코겐은 (a) 액틴에 의해 만들어진다 (b) 격렬한 활동 1초 내에 고갈된다 (c) 장기 에너지 저장 형태이다 (d) 가교가 형성될 때 합성된다 (e) 크레아틴 비축이 사용되기 전에 고갈된다.

10. 다음 중 어느 계가 가장 가까이 함께 기능을 하는가?
(a) 피부/골격 (b) 피부/소화 (c) 근육/상피
(d) 골격/근육 (e) 상피/근육

## 심화 학습문제

1. 근육이 때로는 작용근으로 작용하고 다른 때는 길항근으로 작용하는 등 기능을 바꿀 수 있다는 것이 왜 중요한가?

2. 골격과 근육조직의 기능적 관계를 요약하시오.

40

# 신경신호

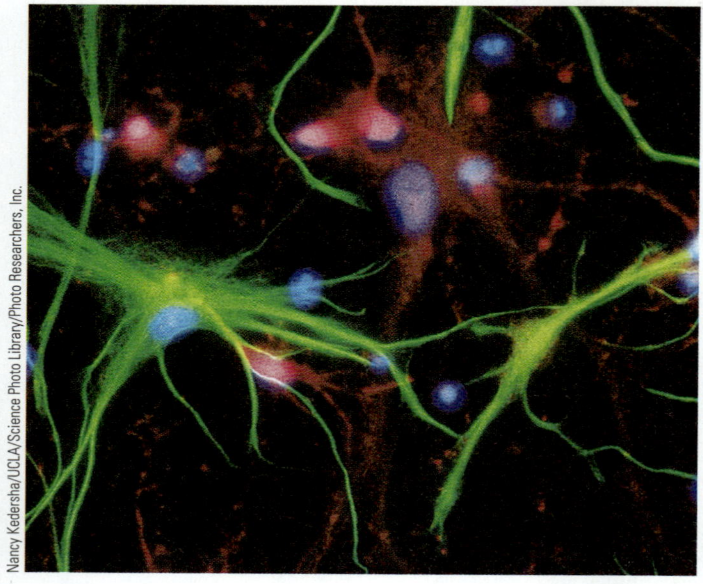

Nancy Kedersha/UCLA/Science Photo Library/Photo Researchers, Inc.

**포유류의 척수로부터의 몇몇 성상세포 (초록색)의 면역형광 광학현미경 사진.** 더 작은 세포들(붉은색)은 뉴런이다. 뉴런의 세포체는 핑크색으로 보인다. 푸른 점들은 다른 신경교 세포들의 핵이다.

## 핵심 개념

신경 신호전달은 수용과, 전환, 통합, 그리고 효과기에 의한 활동을 수반한다.

뉴런은 자극을 받고 신호를 전달하도록 분화되어있다. 교세포는 뉴런을 보호하고 영양을 공급하고 신경 신호전달을 변경할 수 있는 지지 세포이다.

뉴런의 휴지막전위는 세포외기질에 비례한 세포 내 특정 이온의 농도의 차이와 이러한 이온에서 원형질막의 선택적 투과도에 의해 유지된다.

역치에서 뉴런의 원형질막의 탈분극은 활동전위와 축색돌기를 따른 탈분극 파장을 따라 이동하는 전기적 신호를 유발한다.

뉴런은 시냅스에서 신경전달물질을 방출함으로써 다른 세포에 신호를 전달한다.

어떤 기관에 의해 탐지될 수 있는 체내 혹은 외부세계의 변화들을 자극이라 한다. 해면동물을 제외한 모든 동물들에서 자극에 대한 반응은 뉴런들의 회로망에 의한 신경 신호전달 활동에 달려있다. 이러한 세포들은 신경신호의 전달을 위해 특화되어 있으며, 신경신호는 전기적 신호와 화학적 전달이다.

대부분의 동물들에서, 뉴런과 보조세포들은 신경계로 조직되며, 이는 컴퓨터처럼 정보를 받아들이고 통합하며 이에 반응한다. 동물들이 자극에 어떻게 반응하는가 하는 것은 바로 그들의 뉴런들이 어떻게 조직되고 서로서로 연관되는가에 달려있다. 척추동물 뇌에서 하나의 뉴런은 수천 개의 다른 뉴런들과 기능적으로 연결된다. 내분비계는 신경계와 함께 작용하여 여러 행위들과 생리적 절차들을 조절한다. 내분비계는 일반적으로 비교적 느리고 지속적인 조절작용을 하는 반면에 신경계는 전형적으로 신속하지만 단기적인 반응을 나타낸다.

최근 연구들은 오래 동안 신경계의 기능을 바라보던 시선에 도전장을 냈다. 가장 대표적으로 20세기 초반에 노벨수상자인 **가잘 (Santiago Ramony Cajal)**이 제안한 포유동물의 뇌는 태어난 후 새로운 뉴런의 생성을 하지 못한다는 개념은 태어날 때부터 뇌세포는 모두 만들어져 있다는 생각과 함께 거의 한 세기 동안 받아들여졌다. 두 번째 오래 동안 이어져온 개념으로는 교세포(glial cell)로 뇌의 대부분의 일반 세포들은 단순히 뉴런을 보조하고 지지하는 역할을 한다는 것이다. 하지만 최근 들어 위의 두 개념 들이 최근에 잘못되었음이 밝혀졌다.

다른 활발한 연구 분야는 신경전달 물질로서 뉴런이 다른 뉴런에 신호할 때 화학적 전달자가 사용된다는 것이다. 50여가지 이상의 화학물질이 뉴런과 교세포의 정보교환에 중요하다는 것이 밝혀졌다. 연구자들은 신경전달물질이 결합하는 수용체 역시 연구를 하였다. 이 단원에서는 어떻게 정보를 뉴런과 교세포에 의해 주고 받는지에 초점을 둘 것이다. 41장에서는 신경계, 그리고 42장에서는 감각 수용체에 대해 살펴본다. ■

## 40.1 정보의 흐름은 신경계를 따라 일어난다

### 학습목표

1 신경계를 통한 정보흐름을 추적하며, 신경 신호에 관련된 4가지 단계인 수용, 전달, 통합, 효과기에 의한 작용을 이해한다.

수천 개의 자극이 끊임없이 동물들에게 쏟아지며, 따라서 이들의 생존은 이 자극들을 식별하여 무시하거나 적절히 반응하는데 달려있다. 몸안의 자극은 배고픔, 혈압의 변동과 같은 내적 신호를 포함한다. 외적 자극으로는 온도의 변화 빛, 향기, 또는 움직임으로 포식자나 먹이의 존재를 나타내 주기도 한다. 해면동물을 제외한 모든 동물들의 자극에 대한 적절한 반응은 **뉴런(neuron)** 간의 의사소통인 **신경신호(neural signaling)**에 달려있다. 대부분의 동물들에서, 신경신호는 수용, 전달, 통합, 그리고 효과기의 작용(근육이나 분비선)등의 4가지 과정이 관련된다.

**수용(reception)**은 자극을 탐지하는 과정으로 뉴런과 눈이나 귀처럼 특수화된 감각 기관이 담당한다(**그림 40-1**). **전달(transmission)**은 뉴런간의 메시지 전달 과정으로, 한 뉴런에서 다른 뉴런으로 혹은 한 뉴런에서 근육이나 분비선으로 전달한다. 척추동물에서, 신경 메시지는 수용기에서 뇌와 척수로 구성된 **중추신경계(central nervous system, CNS)**로 전달된다. CNS로 정보를 전달하는 뉴런을 **감각뉴런(sensory neuron)**, 또는 **구심성뉴런(afferent neuron)**이라고 부른다.

구심성뉴런은 일반적으로 **연합뉴런(interneuron, association neuron)**으로 정보를 전할하고 이는 입출력을 통합한다. 아마도 99%정도의 대부분의 뉴런이 연합뉴런이다. 연합뉴런의 세포체와 축색돌기는 CNS내에 위치한다. **통합(integration)**은 유입된 정보의 분류와 해석, 그리고 적절한 반응을 결정하는 것에 관계한다. 신경 메시지는 **원심성뉴런(efferent neuron)** 또는 **운동뉴런(motor neuron)**에 의해 CNS에서 효과기(근육이나 분비선)로 전달된다. 효과기의 작용(action by effector)이란 자극에 대한 실제적 반응이다. 감각수용기와 구심성뉴런 그리고 원심성뉴런은 **말초신경계(peripheral nervous system, PNS)**의 일부이다. 요약하면, 정보는 다음의 순서로 신경계를 통해 흐른다:

**감각수용기에 의한 수용 ⟶ 구심성뉴런에 의한 전달 ⟶ CNS에서 연합뉴런에 의한 통합 ⟶ 원심성뉴런에 의한 전달 ⟶ 효과기의 작용**

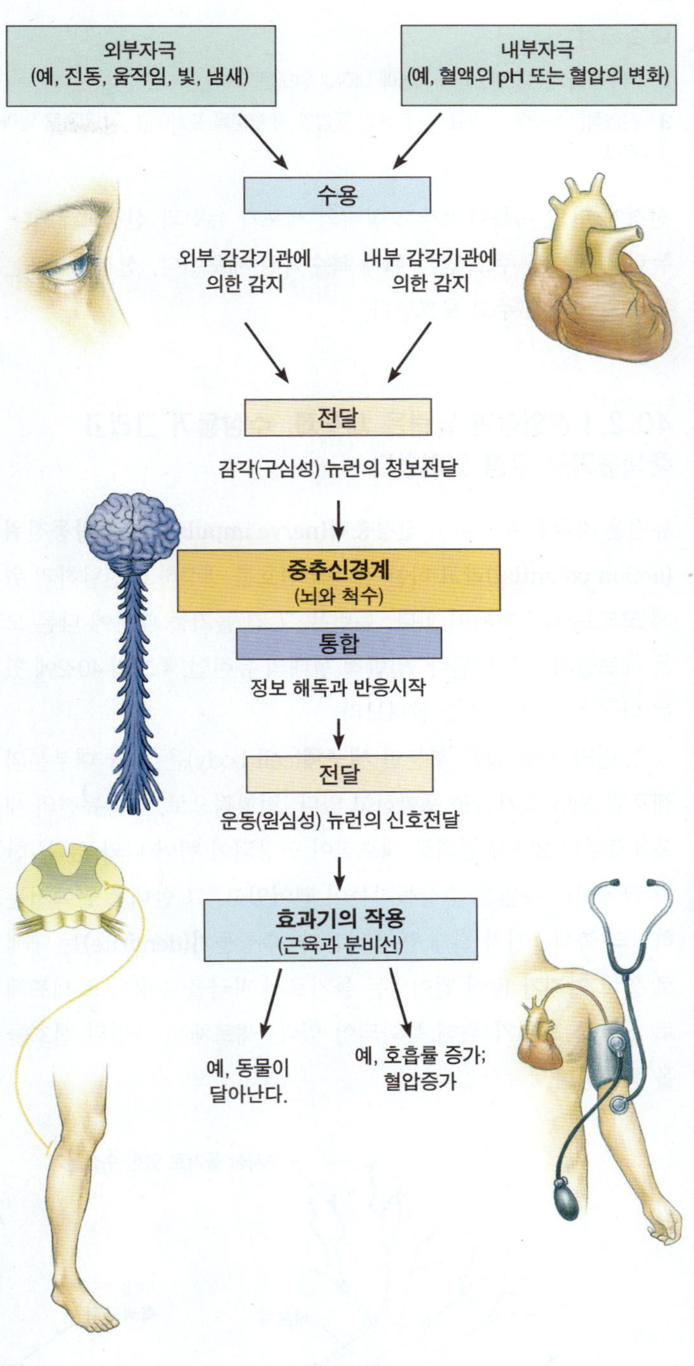


**그림 40-1 자극에 대한 반응.**
외부 세계에서든 신체 내부에서든 자극이 생기면, 반드시 정보는 수용되고 중추신경계로 전달되어 해석된 후, 효과기로 전달되어 근육이나 분비샘이 어떤 활동을 실행한다.

### 복습

- 당신이 수영을 하는 중 이라 가정하자. 이때 갑자기 상어지느러미가 당신을 향하여 움직여 오는 것을 발견하였다. 당신이 도망치기 전에 당신의 신경계 내부에선 어떤 과정들이일어나야만 할까?
- 신경신호가 중추신경계에서 통합된 후의 일어나는 일들은 무엇인가?

## 40.2 뉴런과 신경교 세포

**학습목표**

2 척추동물 신경교세포들의 기능에 대하여 알아본다.

3 전형적인 뉴런을 그리고, 수초 등을 포함한 각 부분을 표시하고, 각 기능을 알아본다.

신경계 만의 독특한 2가지 형태의 세포가 뉴런과 신경교세포다. 뉴런은 정보를 주고 받기 위해 특수화된 세포이다. 신경교세포는 뉴런을 지지해 주고 보호한다.

### 40.2.1 전형적인 뉴런은 세포체, 수상돌기 그리고 축색돌기로 구성 되어있다

뉴런은 자극을 수용하고 **신경충격**(nerve impulse) 혹은 **활동전위**(action potential)라고 하는 전기적 신호를 생성하고 전달하기 위해 고도로 특수화되어 있다. 뉴런은 그 긴 돌기들 때문에 다른 모든 세포들과는 구별된다. 일반적 형태의 뉴런인, **그림 40-2**에 있는 다극 뉴런의 구조를 살펴보라.

뉴런의 가장 넓은 부분인 **세포체**(cell body)은 핵과 대부분의 세포질, 세포소기관을 포함하고 있다. 전형적으로, 다극뉴런의 세포체로부터 2가지 형태로 세포질이 연장되어 뻗어 나와 있다. 한 쪽 끝에서는 수많은 수상돌기들이 뻗어있고, 그 반대쪽 끝에서는 하나의 축색돌기가 길게 뻗어 나온다. **수상돌기**(dendrite)는 대체로 짧고 가지가 많이 뻗어있는 돌기로서 자극을 수용하고 세포체로 신호를 보내기 위해 특화되어 있다. 세포체는 유입된 신호들을 통합한다.

비록 직경은 극히 작지만, **축색돌기**(axon)의 길이는 1 m 정도 또는 그 이상이며, 부대 축색(axon collatral)이라 부르는 가지를 형성하며 나뉘기도 한다. 축색돌기는 신경 흥분은 세포체로부터 다른 뉴런으로, 또는 근육이나 분비선으로 전도한다. 그 말단부에서 축색돌기는 나뉘어 많은 말단가지(terminal branch)를 형성하고 이들은 **시냅스말단**(synaptic terminal)으로 끝난다. 시냅스 말단에서는 **신경전달물질**(neurotransmitter)을 방출하는데, 이들은 한 뉴런에서 다음 뉴런으로 혹은 뉴런에서 효과기로 신호를 전달하는 화학물질이다. 시냅스말단과 또 다른 뉴런(혹은 효과기)사이의 이음부는 **시냅스**(synapse)라고 한다. 대체로, 이들 두 세포의 세포막 사이에는 작은 공간이 존재한다.

척추동물에서는 CNS 외부의 많은 뉴런들의 축색돌기들이 절연피복으로서 **수초**(myelin sheath)를 형성하는 일련의 슈반세포로 둘러싸여 있다. **랑비에 결절**(node of Ranvier)라고 하는 수초들 사이의 틈은 연속되는 슈반세포들 사이에 나타난다. 축색돌기는 이러한 지점들에서는 수초들에 의해 절연되지 않는다. 직경이 2 μm이상인 축색돌기는 수초를 가지고 있어 유수신경이라 한다. 직경이 이보다 작은 것들은 일반적으로 무수신경이다.

#### (1) 새로운 뉴런들은 중추신경계에서 생성된다

단원의 시작부에서 기술한 신경 발생에 대한 **가잘**(Cajal)의 중추신경계에서 새로운 뉴런의 생성은 일어나지 않는다는 패러다임은 최근 과학에 의해 검증됨에 따라 변하게 되었다.

1980년대, 붉은털 원숭이 뇌 연구에서 원숭이 뇌에서 어떠한 새로운 뉴런도 발견되지 않았음을 통해 **가잘**의 개념으로 생성된 이 명제는 확고히 여겨지게 된다.

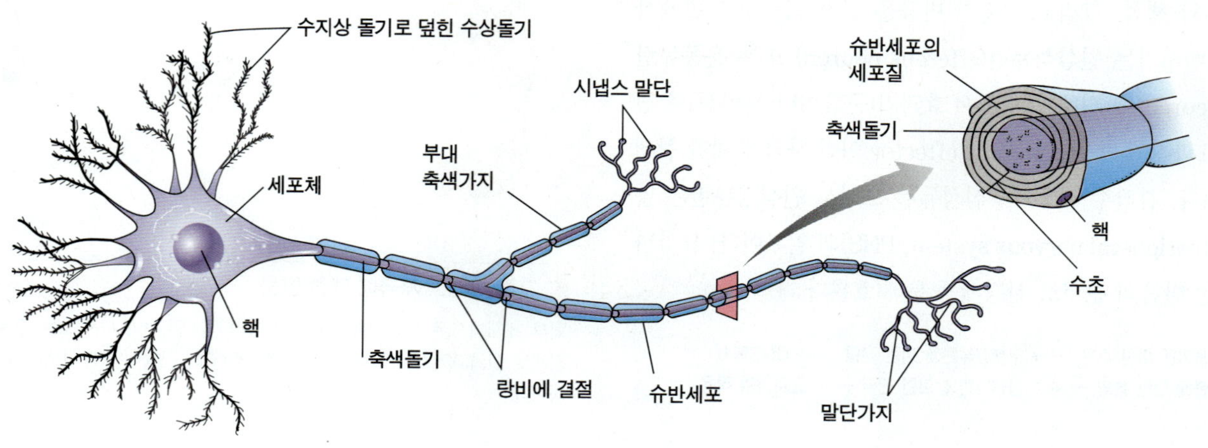


**그림 40-2** 다극 뉴런의 구조.

세포체는 대부분의 세포소기관을 포함하고 있다. 많은 수상돌기들과 하나의 축색돌기가 세포체로부터 뻗어있다. 슈반세포는 자신의 기질막으로 뉴런을 젤 성분의 롤 모양으로 축색돌기를 둘러싸서 수초를 형성한다.

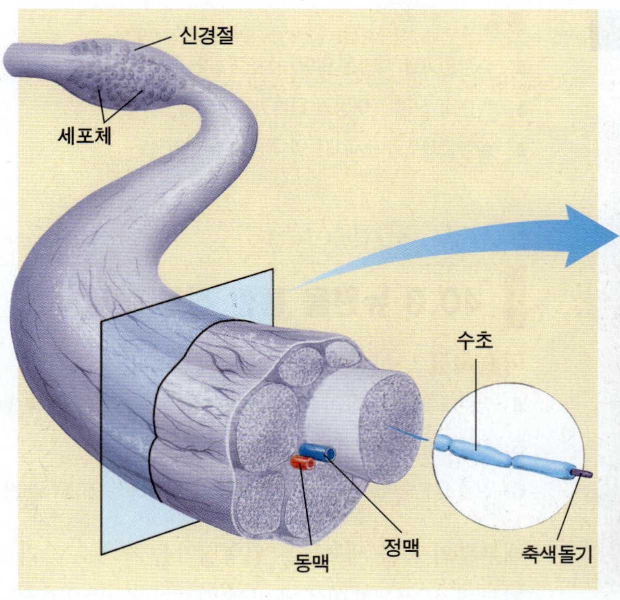


**(a)** 하나의 신경은 결합조직으로 함께 묶여진 축색축색돌기 다발들로 구성된다. 신경에 묶인 축색축색돌기들의 세포체는 함께 묶여 신경절을 이룬다.

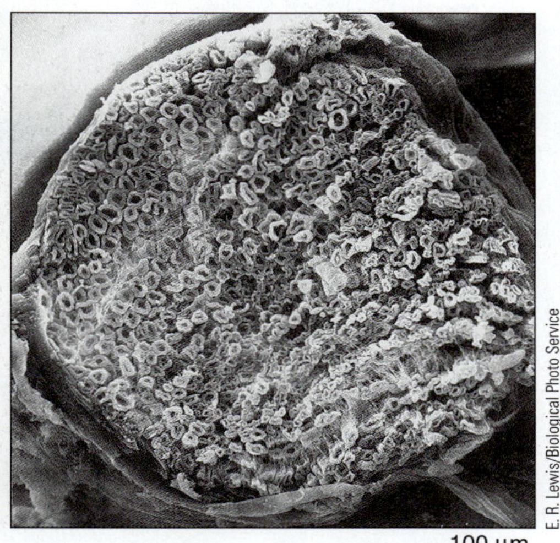


**(b)** 황소개구리의 유수 구심성 신경을 전자현미경(SEM)으로 본 횡단면.

**그림 40-3** 신경의 구조.

그러나 과학에서 명제란 대부분 절대적이지 않다. 25여년 이상 록펠러대학의 **노테봄**(Fernando Nottebohm)은 신경연구를 통한 새 울음소리를 연구하였는데 새는 매일 새로운 뉴런을 뇌 중심에서 생성하는 것을 발견한 것이다. 그의 발견은 단번에 포유동물이 아닌 조류에 국한된 현상으로 치부해 버렸다. 그러나 다른 연구자, 특히 **굴드**(Elizabeth Gould)에 의해 추가적인 데이터인 영장류에서의 뉴런의 증식을 증명해 보임으로써 **가잘**의 개념이 잘못되었음을 알리게 된다. 그녀와 연구팀은 스트레스가 뇌의 손상과 뉴런의 세포분열을 억제함도 밝혀내었다. 그들은 쥐를 이용하여 하루 3시간가량 어미로부터 새끼를 떼어놓아 스트레스를 가하였다. 이 쥐들은 스트레스의 극복을 배우지 못하여 그렇지 않은 대조군에 비해 뇌의 특정 영역에서 적은 새로운 뉴런을 가지고 있었다. 앞선 연구에서 뇌에서의 새로운 뉴런을 발견하지 못한 것은 아마도 실험에 사용된 동물의 스트레스의 수준과 신경생성의 억제였다. 신경생물학자들은 포유류의 성체 뇌에서 적어도 몇몇 부분에서는 일정하게 신경생성이 일어나는 것에 이제는 동의한다. 패더라임이 변한 것이다.

### (2) 축색돌기는 신경과 역으로 이루어져 뭉쳐있다

**신경**(nerve)은 수백 개의 혹은 심지어 수천 개의 축색돌기들이 묶여서 결합조직에 의해 싸여있다(**그림 40-3**). 개개의 축색돌기를 케이블 속의 전화선 가닥에 대응하면 수초와 결합조직은 절연체에 대응한다. CNS 내에서는 축색돌기 다발은 신경이라기보다는 **역**(tract)이나 **경로**(pathway)라고 부른다. CNS 외부에서, 뉴런의 세포체는 대개 함께 모아져 덩어리를 이루는데 **신경절**(**ganglia**)이라 부른다. CNS내부에 있을 때는 신경절 보다는 일반적으로 핵(nucleus)이라고 부른다.

## 40.2.2 신경교세포는 대사활동과 구조적 지지를 지원 한다

때때로 신경교세포들은 집합적으로 **신경교**(**neuroglia**)라고도 부르는데 이는 문자적으로 "신경 접착제"를 뜻한다. 최근까지 신경교세포는 뉴런을 단순 지지와 보호를 하는 수동적인 세포로 생각되었다.

더욱 정교한 기술을 통해 연구자들은 신경교세포의 정보 교환과 주요 조절 기능을 발견하기 시작하였다. 사람의 CNS의 약 90%에 달하는 세포가 신경교세포이다. 뇌 부피에 50%정도로 보는데 뉴런과 같이 광범위하게 가지를 치지 않기 때문이다. 척추동물 CNS의 교세포에는 4가지 주요 형태가 있는데, 성상교세포, 소

**표 40-1**

**교세포의 기능**

| 교세포의 종류 | 기능 |
|---|---|
| 성상교세포 | 물리적으로 뉴런을 지지 |
| | 영양물질을 뉴런에 제공 |
| | 초과된 $K^+$를 제거, 그 결과 CNS에서 세포외액의 구성을 조절하는데 도움을 준다. |
| | 뇌-혈관 장벽을 형성하기 위한 혈관을 유도 |
| | 시냅스 형성을 유도, 시냅스의 활동을 강화 |
| | 기억과 학습에 중요한 역할을 하는 것으로 추정 |
| | 배아 발생 중 뉴런의 위치를 지시함 |
| 소교세포 | 성장인자들의 분비 |
| | 박테리아의 식세포 작용 |
| 휘돌기교세포 | CNS에서 뉴런 주위의 미엘린 수초를 형성 |
| 상의세포 | CNS의 강 내벽을 구성 |
| | 뇌척수액 생성에 도움을 줌 |
| | 신경 줄기 세포로써 작용함 |

교세포, 휘돌기교세포, 그리고 상의세포 이다(**표 40-1**).

**성상교세포(astrocyte)**는 별 모양의 신경교세포로서 뉴런에 물리적 지지와 양분을 공급 한다. 성상교세포는 CNS에서 칼륨과 여분의 신경전달물질을 제거함으로써 세포외액의 조성을 조절한다. 이와 같은 작용은 정상 뉴런의 자극에 대한 흥분을 유지하도록 돕는다. 어떤 성상교세포들은 이들의 긴 **돌기**(process; 세포질 연장부)를 뇌의 혈관에 붙인다. 이에 대응하여, 혈관을 따라 늘어선 내피세포가 밀착연접부(5장 참조)를 형성하여 혈관 속의 많은 물질들이 뇌 조직 속으로 들어오는 것을 막는다. 이 장벽이 *뇌-혈관 장벽*(blood-brain barrier)이다.

**소교세포(microglial cell)**는 최근 밝혀진 바에 의하면 뉴런으로부터의 신호에 반응할 수 있으며 상처나 질병에 반응을 매개하는데 중요한 작용을 한다. 소교세포는 뇌가 손상 되었을 때 증식한다. 소교세포는 혈관 근처에서 발견되었다. 감염된 동안 이 세포들은 작용할 장소로 이동하여 박테리아와 세포 잔해와 같은 부유물들을 식세포작용으로 제거하게 된다.

**휘돌기교세포(oligodendrocyte)**는 CNS에서 뉴런을 감싸는 신경교세포로서, 뉴런을 둘러싼 절연초를 형성한다. 이 피복은 수초로 구성되는데, 신경교세포의 원형질 막에 있는 흰색의 지방질성 물질이다. 이것은 우수한 전기절연체이므로, 이것이 있으면 신경 흥분 전달속도를 높여준다.

**상의세포(ependymal cell)**는 CNS의 내강면을 따라 존재하는 섬모성 교세포이다. 상의세포는 뇌와 척수를 보호하고 있는 뇌척수액의 생성을 돕는다(41장에서 논의함).

**복습**

- 수상돌기와 시냅스 말단, 수초의 기능은 무엇인가?
- 뉴런과 신경은 어떻게 다른가?
- 성상교세포와 소교세포의 기능이 무엇인가?

## 40.3 뉴런을 통한 정보 전달

**학습목표**

4 뉴런이 어떻게 휴지전위를 발현하고, 유지하는가에 대하여 알아본다.

5 차등전위와 활동전위에 대해 알아본다.

6 신경 흥분충격의 연속전도와 도약전도의 차이에 대하여 알아본다.

대부분의 동물 세포들은 원형질막을 경계로 각기 다른 전위를 가지는데 이는 세포외액에 비해 내부가 좀 더 음으로 대전되어 있다. 원형질막은 **분극**(polarized)되어 있다고 하는데, 이것은 한쪽 면이나 극은 다른 쪽 면과 전위가 다른 것을 의미한다. 이런 식으로 전위가 분리되어 있으면, 막 안팎으로 전위차가 생기게 된다. 원형질막 안팎의 이러한 전위차는 전압경사를 만들게 된다. 전압은 두 지점 사이를 흘러 채워지는 힘을 말한다. 이렇게 막을 가로질러 측정된 전압을 **막전위(membrane potential)**라고 한다. 이 양쪽의 전하가 동시에 일어나야만 이들은 작용할 수 있게 된다. 뉴런이나 근육과 같이 흥분성 세포들은 막전위가 재빨리 변화할 수 있으며, 그런 변화들은 다른 세포에게 신호를 전달한다.

### 40.3.1 뉴런의 세포막은 휴지전위가 있다

휴지상태(흥분상태가 아닌)의 뉴런이나 근육세포의 막전위를 **휴지전위(resting potential)**이라고 한다. 휴지전위는 일반적으로 밀리볼트(mV) 단위로 나타낸다 (mV = 1/1000 V). 전압은 전하입자가 두 지점 사이를 흘러가게 만드는 힘이다.전기적 신호를 생성할 수 있는 다른 세포들처럼, 뉴런은 막전위가 약 70 mV이다. 관습적으로 이것은 −70 mV로 표현하는데 왜냐하면 원형질막에 가까이 있는 세포가 세포외액에 비해 음으로 대전되어 있기 때문이다(**그림 40-4**).

한 전극은 세포 내부에 위치시키고 두 번째 전극은 세포 외부에 놓은 후, 이들을 매우 민감한 전압계나 오실로스코프로 연결하면, 세포막 안팎의 전위를 측정할 수 있다. 만일 두개의 전극을 모두 세포외표면에 놓으면, 이들 간의 아무런 전위차도 측정되지 않는다. 세포막의 같은 면에 있는 모든 지점들은 같은 전위를 가진다. 그러나 그중 한 전극이 세포를 침입하면 전압이 0에서 −70 mV로 변한다.

2가지 주요 요인이 막전위의 크기를 결정하는데 이는 (1)세포 외액에 비해 세포 내에 있는 특정한 이온의 농도 차이와 (2)이러한 이온에 대한 원형질막의 선택적 투과성이다. 뉴런의 내부와 이들을 둘러싼 세포외액에서의 이온 분포는 신체의 대다수의 다른 세포들과 비슷하다. $K^+$의 농도는 세포 외부보다 내부가 10배 정도 더 높다. 대조적으로, $Na^+$농도는 내부보다 외부가 10배정도 더 높다.

휴지상태의 원형질막 내외에서 이러한 이온의 불균형 분포는 선택적 이온통로와 이온펌프의 작용으로 일어난다. 척추동물의 뉴런(그리고 골격근 섬유)에서, 휴지전위는 주로 농도기울기에 따른 이온의 확산에 달려있다.

이온은 막 단백질에 의해 형성된 이온통로(이온채널)를 통한 확산에 의해 원형질막을 건너간다. 농도가 높은 지역에서 더 낮은 지역으로의 이온의 순 이동이 일어난다(5장의 확산에 대한 논의 참조). 대개 이러한 이온통로는 특정 부류의 이온만 통과시킨다. 뉴런에는 3 부류의 이온통로가 있는데 수동 이온통로, 전압-활성화 이온통로, 그리고 화학적-활성화 이온통로들이다. **수동 이온통로(passive ion channel)**는 $Na^+$, $K^+$, $Cl^-$, 그리고 $Ca^{2+}$과 같은 특정이온의 흐름을 허용한다(그림 40-4를 보라). 전압-활성화 이온통로와 화학적-활성화 이온통로와 달리, 수동 이온통로는 문에 의해 통제되지 않는다.

칼륨통로는 원형질막의 이온통로 중에 가장 일반적 형태의 수동 이온통로며, 뉴런은 다른 부류의 이온들보다 칼륨에 대해 투과성이 더 높다. 사실, 휴지 뉴런에서 막은 $Na^+$보다 $K^+$에 100배 이상 투과성이 더 높다. 뉴런 밖으로 배출된 나트륨이온은 쉽게 세포 내로 되돌아오지 못하지만, 뉴런 안으로 펌프된 $K^+$는 확산되어 나갈 수 있다. 칼륨이온은 그 농도기울기를 따라 수동 이온통로를 통해 누출된다. 이러한 양으로 대전된 이온들이 뉴런 밖으로 확산해 나가기 때문에, 이들은 세포내부의 전하에 비해 세포외부의 세포외액에 양전하를 높이게 된다. 막 안팎의 전기적기울기의 협력적 변화도 이온의 흐름에 영향을 준다. 이런 전기적기울기는 양으로 대전된 칼륨이온이 세포내부로 되돌아가게 만든다.

전기적기울기 때문에 유입되는 $K^+$과 농도기울기 때문에 유출되는 $K^+$ 같은 막전위는 칼륨에 대한 **평형전위(equilibrium potential)**이다. 어떤 특정 이온에 대한 평형전위는 상반되는 화학적 그리고 전기적 흐름이 동일하여 항정상태(stady 이며, 그래

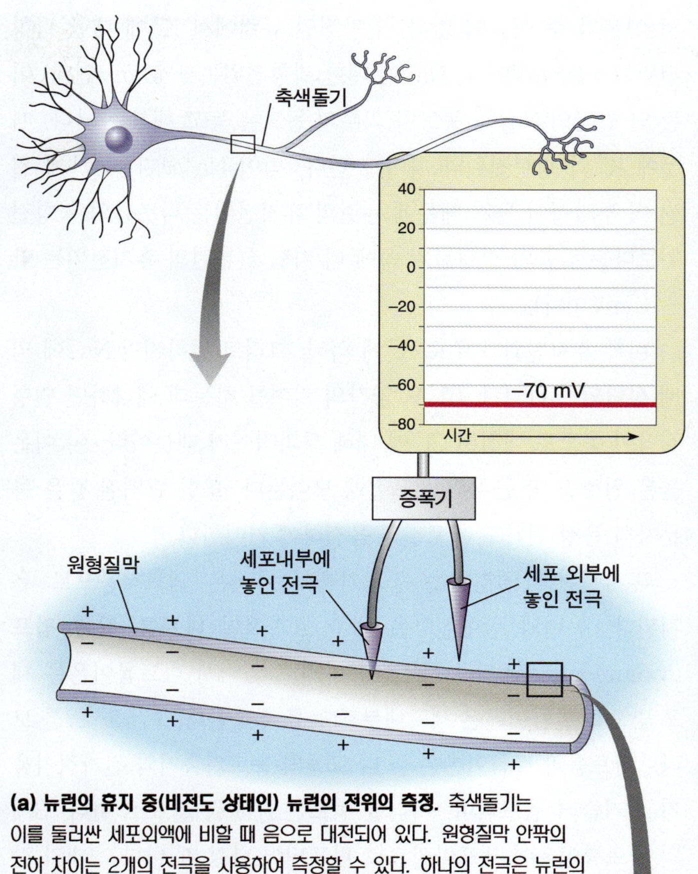


**(a) 뉴런의 휴지 중(비전도 상태인) 뉴런의 전위의 측정.** 축색돌기는 이를 둘러싼 세포외액에 비할 때 음으로 대전되어 있다. 원형질막 안팎의 전하 차이는 2개의 전극을 사용하여 측정할 수 있다. 하나의 전극은 뉴런의 바로 안쪽에 위치시키고, 다른 하나는 원형질막의 바로 바깥쪽에 놓는다.

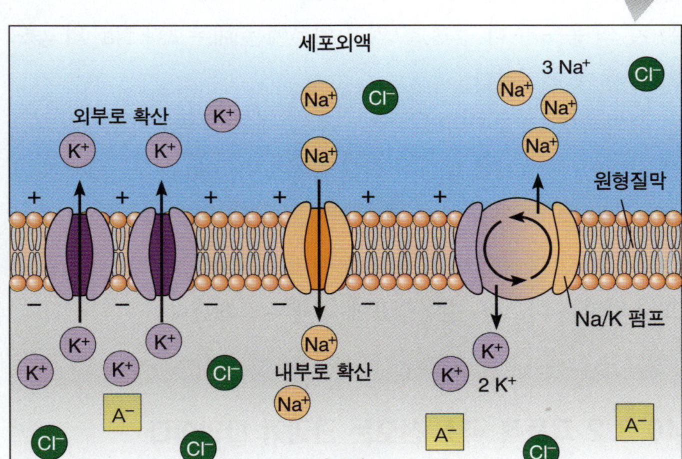


**(b) 뉴런 막의 투과성.** 나트륨이온이 칼륨이온보다 막 투과성이 낮다. 칼륨이온은 농도경사를 따라 밖으로 확산되어 나오며, 주로 이들 때문에 세포막의 전압차가 생긴다. 원형질막의 나트륨-칼륨펌프는 나트륨을 세포 밖으로 그리고 칼륨을 안으로 능동 수송한다. 원형질막은 음전하를 띠는 염소이온에도 투과성이 있어서, 이들이 음성 대전에 약간 기여한다. 단백질과 같은 큰 음이온($A^-$)도 또한 음성 대전에 기여한다.

**그림 40-4 휴지전위.**

서 이온의 순 이동이 없다. 일반적인 뉴런에서 $K^+$에 대한 평형전위는 −80 mV이다. $Na^+$에 대한 평형전위는 +40 mV인데, 이는 막 안팎의 $Na^+$의 농도차(외부의 농도는 높고 내부는 낮다) 때문에 $K^+$의 평형전위와 차이가 난다. 막이 $Na^+$보다는 $K^+$에 훨씬 더 투과성이 높기 때문에 뉴런의 휴지전위는 나트륨의 평형전위보다는 칼륨의 평형전위 쪽에 더 가깝다(뉴런의 휴지전위는 약 −70 mV이다).

비록 휴지전위가 주로 $K^+$에 의해, 그리고 덜하지만 $Na^+$에 의해 성립되긴 하지만, $Cl^-$도 약간의 기여를 하는데 왜냐하면 원형질막이 음으로 대전된 $Cl^-$에 대해 투과적이기 때문이다. 이 이온들은 원형질 막 근처의 세포질에 모여든다. 또한 단백질 같은 큰 분자의 음성 전하도 세포질의 음전하에 기여한다.

휴지전위를 결정하는 농도기울기는 이온 펌프작용으로 유지된다. 뉴런의 원형질막은 매우 효과적인 **나트륨-칼륨 펌프**(sodium-potassium pump)를 가지고 있어서 나트륨이온은 세포 밖으로 칼륨이온은 세포내부로 능동 수송한다(그림 5-17를 보라). 나트륨과 칼륨이온은 둘 다 그들의 농도기울기와 전기적기울기를 거슬러 펌프되며, 이러한 펌프는 ATP를 필요로 한다. 3개의 나트륨이온이 세포바깥으로 펌프되어 나갈 때 마다, 2개의 칼륨이온이 펌프되어 들어온다. 따라서 들어오는 것 보다 더 많은 양이온이 나가게 된다. 나트륨-칼륨이온펌프는 외부보다 내부에는 $K^+$의 농도가 더 높게, 그리고 외부에는 내부보다 $Na^+$의 농도가 더 높게 유지한다.

요약하면, 휴지전위의 발현은 주로 세포 외부로의 $K^+$의 확산에 달려있다. 그러나 일단 뉴런이 항정상태(steady state)에 도달하면, 세포 내로의 확산이 세포 외부로의 확산보다 많다. 이 상황은 2개의 $K^+$이 세포 내로 들어올 때마다 3개의 $Na^+$이 밖으로 펌프되 나가는 나트륨-칼륨펌프에 의해서 상쇄된다.

### 40.3.2 차등적 국소 신호는 크기가 다양하다

뉴런은 흥분성 세포이다. 이들은 자극에 반응하여 이를 신경충격으로 바꾸는 능력이 있다. 전기적, 화학적, 그리고 기계적 자극은 나트륨이온에 대한 막 투과성을 증가시켜 휴지전위를 변경시킨다.

자극이 주어져서 막전위가 휴지수준보다 덜하게 음성 대전되면 (0에 가까워지면), 막은 **탈분극(depolarized)**되었다고 한다. 탈분극은 뉴런이 신경 충격을 전달하도록 만들기 때문에 이를 흥분성이라고 표현한다. 반대로, 만일 막전위가 휴지 전위보다 더 음성으로 대전되면, 막은 **과분극(hyperpolarized)**된다. 과분극은 뉴런이 신경 충격을 일으키는 능력을 감소시키므로 억제성이라 표현한다.

자극은 원형질막의 비교적 작은 부분에 전위변화를 일으킨다. 차등성 전위는 국소적 반응으로서 단지 매우 짧은 거리만을 신호하는 기능을 하는데, 왜냐하면 이는 그 근원지점에서 수 밀리미터 내에서 사라지기 때문이다. **차등전위(graded potential)**는 국소적이므로 크기가 매우 다양한데, 예를 들면 주어진 자극의 강도에 의해 전위도 다양해진다. 더 강한 자극은 막전위의 변화와 투과성의 변화가 더 크다.

### 40.3.3 활동전위는 $Na^+$의 유입과 $K^+$의 유출에 의해 일어난다

빠르고 막전위의 큰 변화를 일으킬 만큼의 자극이 충분히 강력하면, 특정 수준에서 탈분극이 일어나게 되는데 이를 **역치수준(threshold level)**이라 한다. 이때 뉴런은 **활동전위(action potential; 신경충격)**를 일으킨다. 활동전위는 전기적 흥분으로 축색돌기를 따라 재빨리 이동하여 시냅스 말단에 도달한다. 모든 세포들이 차등성 전위를 일으킬 수 있지만, 오직 뉴런과 근육세포 그리고 다른 몇몇 세포 형태(내분비계와 면역계의 특정 세포들)만 활동전위를 일으킬 수 있다.

1940년대의 일련의 실험들에서, 선구적 연구자들인 **호지킨**(Alan Hodgkin)과 **헉스리**(Andrew Huxley)는 오징어에서 발견한 커다란 축색돌기에 전극을 삽입하였다. 다양한 이온농도에 따른 전압의 변화를 측정함으로써, 그들은 뉴런 내부로의 $Na^+$의 이동과 뉴런 밖으로의 $K^+$의 이동이 활동전위를 일으키는 것을 밝혔다. 1963년에 **호지킨**과 **헉스리**가 이 연구로 노벨 생리 · 의학상을 받았다.

이제는 축색돌기와 세포체의 원형질막에 있는 특수한 **전압-매개성(활성화) 이온통로(채널)**(voltage-gated[activated] ion channel)가 전압의 변화에 의해 조절되는 것을 알게 되었다. 이러한 통로들은 **패치고정법**(patch clamp technique)이라는 기술을 사용하여 연구해왔다. 이 기술을 사용하여, 생물학자들은 전체 막이 아니라 매우 작은 구획의 원형질막 간의 물질 흐름을 측정할 수 있다. 측정된 막 조각은 매우 작아서 그 안에 하나의 통로가 들어 있을 것이다.

막의 통로들과 이들이 어떻게 기능하는지 연구하는데 있어서, 생물학자들은 신경계에 영향을 끼치는 특정한 독소를 사용했다. 예를 들면, **테트로도톡신(tetrodotoxin, TTX)**은 전압활성화 나트

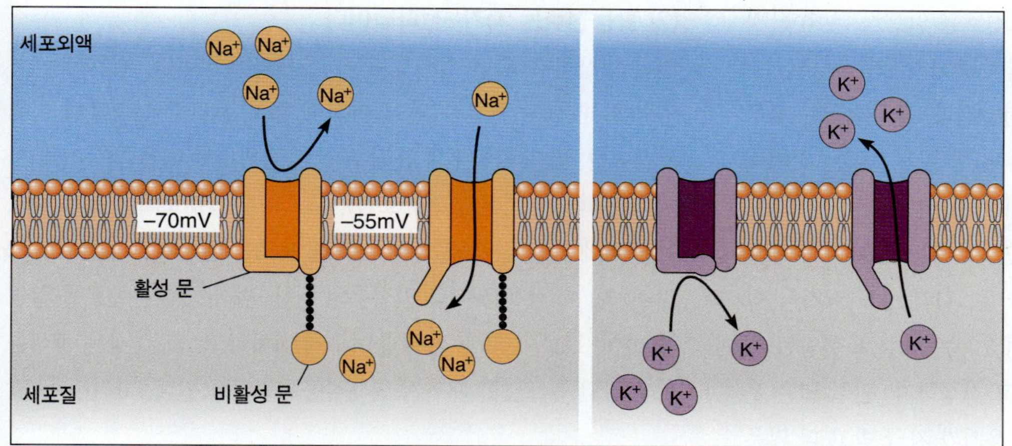


**(a) 나트륨 채널.** 휴지상태에서 전압-활성화 나트륨 채널은 닫혀있다. 전압이 역치수준에 도달하면, 전압-활성화 문이 열리고 나트륨이 세포 안으로 통과해 들어오도록 한다. 특정시간이 경과하면, 이러한 문들이 닫히고 채널을 막는다. 비활성화 문들은 뉴런이 휴지 상태일 때 열린다; 이러한 문들은 탈분극에 반응하여 천천히 닫힌다. 이온 채널은 2개의 문이 모두 열려있는 단기간 동안 만 열린다.

**(b) 칼륨 채널.** 탈분극에 반응하여 천천히 열리는 활성화 문을 가지고 있다. 이 채널은 비활성화 문이 없다.

**그림 40-5 전압-활성화 이온채널들.**

륨통로를 차단하여 $Na^+$의 흐름을 막는다. TTX와 그 외의 독소들을 사용하여, 연구자들은 통로 단백질을 밝힐 수 있었다. TTX는 별미로 식용되는 일본 복어에서 추출한다. 소량의 TTX는 혀를 얼얼하게 하지만, 많이 복용하면 호흡을 막을 수 있다.

연구자들은 전압-활동성 이온통로가 전하가 대전되어 문으로서 작용하는 구역이 있음을 확인했다. 전압-활동성 $Na^+$ 통로에는 2종류의 통로가 있는데 활성형 통로와 비활성형 통로이다(**그림 40-5a**를 보라). 전압-활성화 $K^+$ 통로에는 단 하나의 문만 있다(**그림 40-5b**).

활동전위는 전압이 **역치수준**(**threshold level**)이라는 특정 임계점에 도달할 때 발생한다. 대부분의 뉴런의 세포막은 약 15 mV에 의해, 즉 약 −55 mV까지 전압이 올라가면 활동전위가 생기지 않은 상태로 탈분극 될 수 있다. 그러나 탈분극의 정도가 −55 mV를 넘으면 역치수준에 도달하여 활동전위가 발생한다. 뉴런막은 재빨리 전위가 0에 도달하거나 심지어 +35 mV나 그 이상으로 순간적인 극성 반전으로서 **지나치기**(**overshoot**)가 일어나기도 한다. **그림 40-6a**는 한쪽 전극을 축색돌기 안쪽에 그리고 다른 하나를 밖에 두고 기록한 활동전위를 보여준다.

휴지전위에서, $Na^+$활성문은 닫혀서 $Na^+$가 이들을 통과해 뉴런으로 들어갈 수 없다(**그림 40-6b, ❶**). 전압이 역치수준에 도달하면, 통로(채널)를 구성하는 단백질이 형태를 바꾸어 활성 통로를 열리게 한다(**그림 40-6b, ❷**). 이 통로의 문이 열리면, $Na^+$이 통로를 통해 흘러 들어와서 뉴런의 내부는 원형질막 외부의 세포외액에 비해 양으로 대전된다. 휴지 뉴런에서 열리는 비활성 통로의 문은 탈분극에 반응하여 서서히 닫힌다. $Na^+$-통로는 활성문과 비활성문 모두가 열리는 짧은 시간 동안만 열려있게 된다.

특정 시간이 지나서 나트륨 통로의 문이 닫히면, 막은 다시 나트륨에 비투과적으로 된다. 이 비활성이 **재분극**(**repolarization**) 과정을 시작하게 한다. 전압-매개성 칼륨이온 통로는 재분극에 대응하여 천천히 열린다. 칼륨이온 통로가 열리면, 칼륨이 뉴런 밖으로 새어나온다(**그림 40-6b, ❸**). 이와 같이 세포내 $K^+$가 감소하면 막 내부를 다시 비교적 음성 상태로 되돌리게 되어, 막을 재분극 시킨다. 칼륨통로는 휴지전위가 회복될 때까지 열려있게 된다(**그림 40-6b, ❹**). 탈분극파가 뉴런의 막을 따라 이동해감에 따라, 보통의 분극상태가 그 뒤를 따라 재빨리 재설정된다. 탈분극과 재분극의 전 과정은 1 msec 내에 일어난다.

1 msec동안 또는 탈분극 된 동안, 축색돌기는 **절대 불응기**(**absolute refractory period**)에 있게 되어 아무리 강한 자극이 주어져도 또 다른 활동전위를 전달할 수 없게 된다. 이것은 전압-매개성 $Na^+$ 통로가 불활성화 되기 때문이다. 이 통로의 문들이 재설정되기 전에는 이 통로들은 다시 열릴 수 없다. 충분한 $Na^+$ 통로의 문이 재설정되면, 뉴런은 **상대적 불응기**(**relative refractory period**)에 들어가며 이는 추가로 몇 msec 동안 지속된다. 이 기간동안 축색돌기는 충격을 전달할 수 있지만, 이의 역치수준은 높아진다(즉, 더욱 음성이어야 한다). 비록 불응기로 인한 제한이 있긴 하지만, 대부분의 뉴런은 매초 수백 번의 충격들을 전달할 수 있다.

요약하면, 뉴런의 활동은 다음과 같이 진행된다:

**휴지상태 ⟶ 자극이 탈분극을 일으킴 ⟶ 활동전위 ⟶ 재분극 그리고 휴지상태로 돌아감**

### (1) 활동전위는 실무율에 의한 반응이다

어떤 자극이든 너무 약해서 원형질막을 역치수준까지 탈분극 시키지 못하는 것은 뉴런을 흥분시키지 못한다. 이는 단지 자극 점에서 몇 mm 이내에서 사라져가는 국소신호를 일으킬 뿐이다. 자극이 충분히 강해서 막을 결정적인 역치 수준까지 탈분극 시킬 수 있을 때에만 축색돌기를 따라 충격이 전달된다. 활동전위는 **실무반응**(all–or–none response)인데, 왜냐하면 활동전위는 일어나거나 일어나지 않거나 둘 중의 하나이기 때문이다.

만일 실무반응의 법칙이 유효하다면, 우리는 감각의 강도수준 차이를 어떻게 설명할 수 있을까? 이는, 감각 강도가 자극 받는 뉴런의 수와 자극 방출 빈도에 달려있다는 사실로 설명된다. 예를 들어, 당신의 손에 화상을 입었다고 가정하자. 만일 넓은 부위에 화상을 입었다면, 더 많은 통각 수용기가 자극 받고 더 많은 뉴런이 탈분극된다. 또한 각 뉴런은 단위 시간당 더 많은 활동전위를 전달한다.

### (2) 활동전위는 자가–전파적이다

일단 발생하게 되면 활동전위는 자가–전파적이다. 탈분극동안, 영향을 받은 막 부분은 막이 여전히 휴지 전위인 인접부에 비해 양성이다. 막의 활동부와 휴지부 간의 전위차는 이온들이 이들 사이를 흘러가게 만든다(전류흐름). $Na^+$의 인접부로의 흐름은 막의 한 구역에 있는 전압–활성화 나트륨 통로를 열리게 유도한다(**그림 40-7**). 이 작용은 다음 인접부의 전압–매개성 이온통로를 열리게 하여, $Na^+$이 그 부위에 들어오게 허락하고, 그 과정은 축색돌기의 말단에 도달할 때까지 연쇄작용처럼 반복된다. 따라서 는 **탈**

**그림 40-6 활동전위동안 전압–활성화 이온채널들의 상태.**

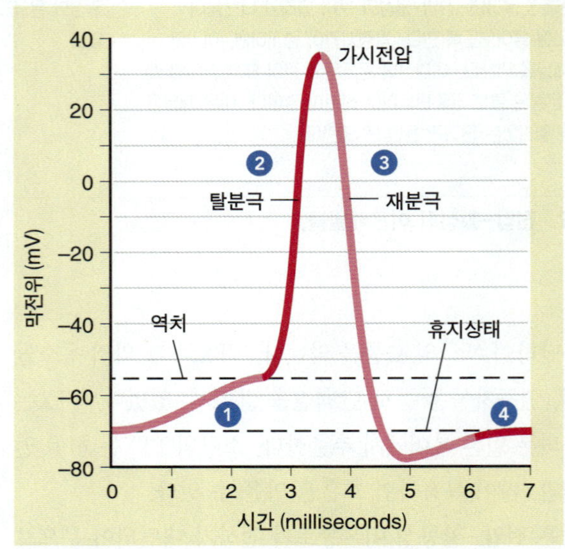


**(a) 활동전위.** 축색축색돌기가 −55 mV 정도로 탈분극 되면, 활동전위가 발생한다. (수치는 신경세포들 마다 다양하다.)

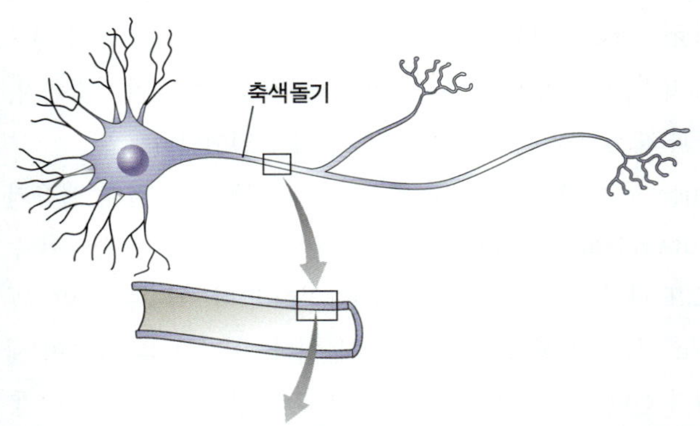


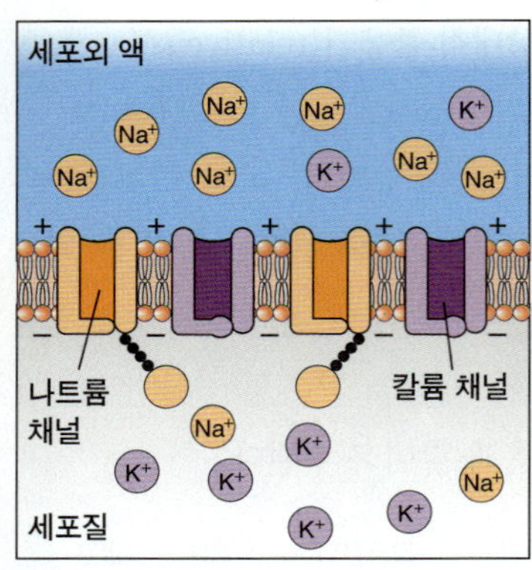


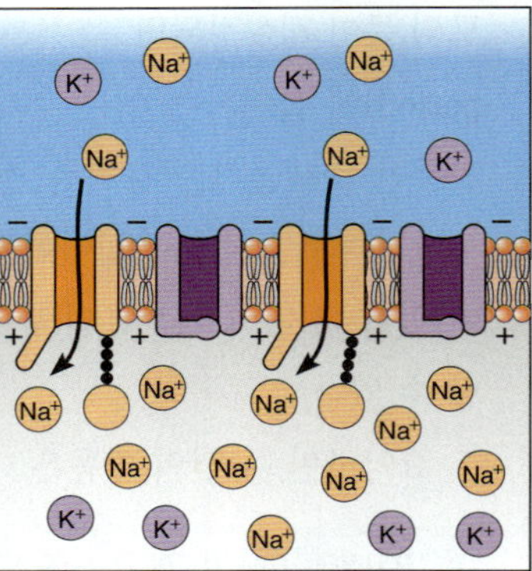

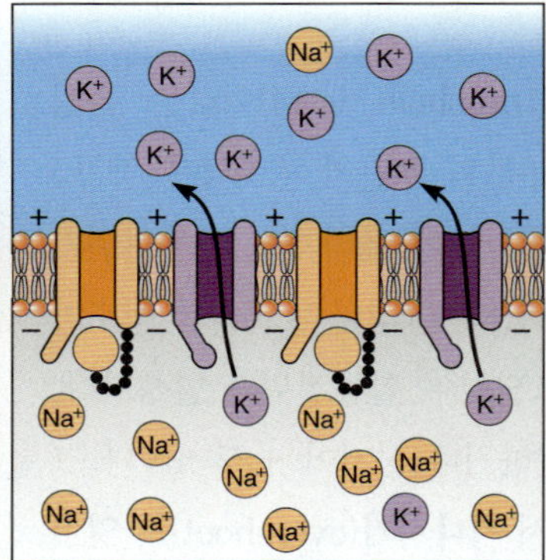

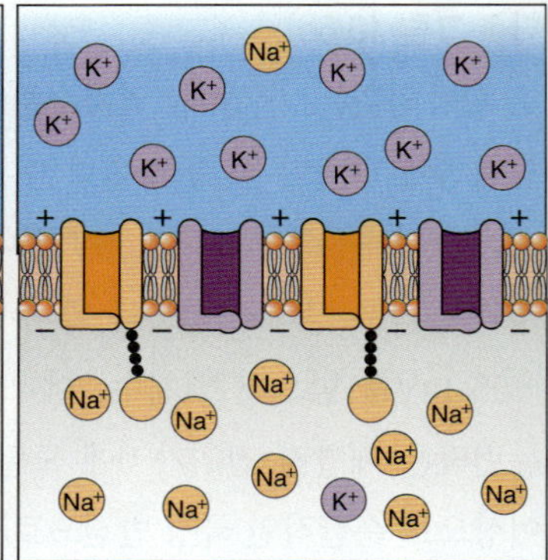

**1 휴지 상태.** 전압에 의해 활성화되는 나트륨 채널과 칼륨 채널이 닫혀있음.

**2 탈분극.** 역치에 도달되면, 전압–활성화 나트륨 채널이 열리고, 나트륨이온이 뉴런 안으로 들어가서 탈분극을 더욱 크게 일으킨다. 활동전위가 생성된다.

**3 재분극.** 전압–활성화 나트륨 채널은 닫힌다:. 전압–활성화 칼륨채널 열림; 칼륨 양이온($K^+$)이 세포 밖으로 확산되면서 세포 내부는 음전하를 다시 띄게 된다.

**4 휴지상태로 돌아간다.** 전압–활성화 나트륨 채널과 칼륨 채널 닫힌다.

**(b)** 원형질막에 있는 이온 채널의 상태는 뉴런의 상태를 결정한다.

**분극 파**(wave of depolarization)이며, 축색돌기의 길이를 따라 전달해 내려간다. 활동전위는 자가 전파적이고, 각 뉴런의 종류에 따라 일정한 속도로 이동한다. 신경 충격의 전도는 때때로 화약 선적이 타는 것과 비교된다. 일단 화약이 그 선적 한쪽 끝에서 발화하게 되면, 불꽃은 그 바로 앞의 화약입자를 발화시켜서 끊임없이 다른 쪽 끝으로 타들어 간다. 전기배선 내의 전자의 흐름이나 빛의 속도에 비하면, 신경충격은 다소 느리게 이동한다. 대개의 축색돌기는 매초 약 1 m에서 10 m 정도의 속도로 충격을 전달한다. 방금 묘사한 순조롭고 단계적인 충격전도는 **연속전도(continuous conduction)**라고 부르며, 무수신경에서 일어난다. 무수 축색돌기에서 전달 속도는 축색돌기의 직경에 비례한다. 직경이 더 큰 축색돌기는 직경이 작은 것보다 더 빨리 전달한다. 이는 직경이 큰 축색돌기가 그 길이를 따라 흐르는 이온에 대해 저항이 더 적게 일어나기 때문이다.



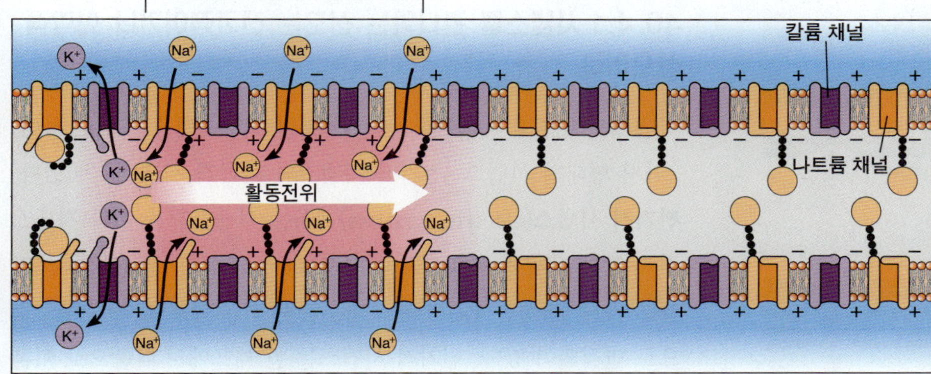


**1** 활동전위는 탈분극파로서 전달되어 축색돌기를 따라 흐른다. 탈분극 지역에서, 나트륨이온이 세포 내로 확산해 들어간다.

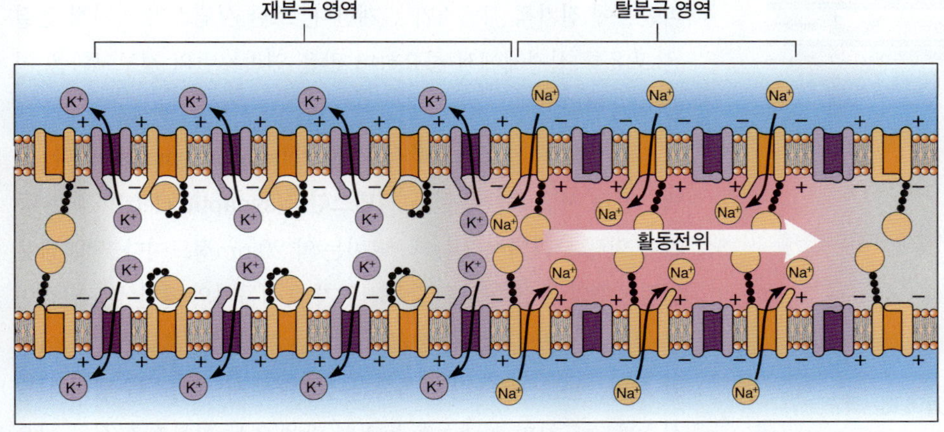


**2** 축색돌기를 따라서 활동전위가 진행해 나가면, 재분극이 재빨리 이를 뒤따른다.

**그림 40-7 축색돌기에서의 활동전위의 전달.**
뉴런의 수상돌기(혹은 세포체)가 충분히 자극을 받으면 세포막이 활성화 수준까지 탈분극 된다.

### (3) 유수 신경은 충격을 빨리 전달한다

척추동물은 전달속도를 높이는 다른 전략을 세웠는데, 바로 유수 뉴런이다. 수초는 이들이 감싸고 있지 않은 랑비에결절을 제외하고 축색돌기를 둘러싼 효과적인 전기 절연체로 작용한다. 축색돌기 원형질막은 단지 랑비에결절에서만 주변의 세포외액과 직접적으로 접촉되고, 전압-매개성 나트륨과 칼륨 이온 통로는 거기에 집중해 있다. 막을 넘는 이온 이동은 그 결절에서만 일어난다. 활동 결절에서의 이온 활동은 이온의 확산을 일으켜서 축색돌기를 따라 다음 결절을 탈분극 시키기 때문에, 활동전위는 한 랑비에결절에서 다음 결절 부위로 도약한다(그림 40-8). 이런 형태의 충격 전달을 **도약전도(saltatory conduction**-라틴어의 saltus는 건너뛴다는 의미를 가진다)라고 한다.

유수신경에서는, 연속된 랑비에결절 간의 거리가 전달속도에 영향을 준다. 마디들이 멀리 떨어져 있을수록 축색돌기의 반드시 탈분극 되어야 하는 부분이 적어져서 충격을 빨리 전도한다. 도약전도를 사용하여, 유수 축색돌기는 가장 빠른 무수 축색돌기 보다 50배 정도까지 더 빠르게 충격을 전도할 수 있다. 도약전도는 연속전도에 비해 또 다른 이점이 있다. 이는 에너지를 더 적게 사용한다. 이온은 결절에서만 원형질막을 이동하므로, 나트륨과 칼륨 이온이 더 적게 교체된다. 그 결과, 나트륨-칼륨 펌프는 충격이 전도되는 매번 마다 휴지상태를 복구시키기 위해 많은 ATP를 사용할 필요가 없다.

**요점**

도약전도는 하나의 랑비에결절로부터 다음 유수 뉴런으로 나트륨 이온의 급격한 확산이 일어난다. 활동전위가 결절에서 결절로 뛰어 넘어 나타난다.

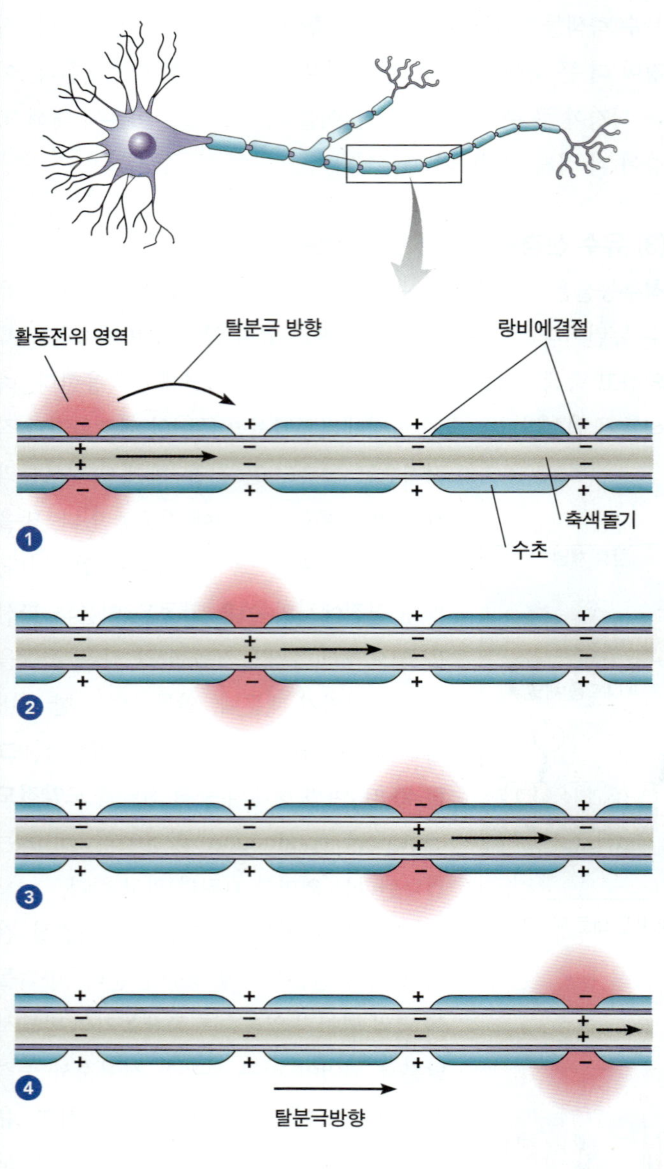


**그림 40-8 도약 전도.**

순서대로 나열된 모식도(1에서 4단계)는 유수 뉴런에서 활동전위의 전달을 그린 것이다.

**복습**

- 이온채널과 나트륨-칼륨 펌프가 휴지전위를 어떻게 만들어 내는가?
- 뉴런이 역치수준을 초과할 때 발생하는 일련의 사건들은 무엇인가?
- 전압-매개성 이온통로의 작용 기구에 대하여 설명하라.
- 활동전위와 차등전위와는 어떻게 다른지 설명하라.
- 연속전도와 비교하여 도약전도의 이점이 무엇인지 설명하라.

## 40.4 시냅스를 통한 신경신호

**학습목표**

7 이 장에서 알게 된 신경전달물질의 작용들을 알아본다.

8 시냅스 전달에서 일어나는 사건들을 추적하고 그 설명을 보조해줄 모식도를 그린다.

9 흥분성 신호와 억제성 신호, 그리고 그 영향을 비교한다.

**시냅스**(synapse)는 두 뉴런 사이나 뉴런과 효과기 사이의 접합부이다. 특정 시냅스에서 끝나는 뉴런을 **시냅스전 뉴런**(presynaptic neuron)이라 부르고, 반면에 그 시냅스에서 시작하는 뉴런을 **시냅스후 뉴런**(postsynaptic neuron)이라 한다. 이러한 개념은 특정 시냅스 내에서 비교적인 것임을 주의하라. 한 시냅스의 입장에서 시냅스후 뉴런인 것이 연속적으로 다음 시냅스에서는 시냅스전 뉴런일 수 있다.

### 40.4.1 시냅스를 건너가는 신호는 전기적이거나 화학적 신호이다

시냅스전 뉴런과 시냅스후 뉴런이 통신하는 방법을 기초로 하여, 2가지 형태의 시냅스–전기적 시냅스와 화학적 시냅스–가 있다. **전기적 시냅스**(electric synapse)에서는 시냅스전 뉴런과 시냅스후 뉴런이 매우 가까이 분포하여(서로 2 nm이내) 간극연접부(5장을 보라)를 형성한다. 두 세포 내부는 단백질 통로에 의해 물리적으로 연결되어 있다. 전기적 시냅스는 한 세포에서 다음으로 이온흐름을 허용하여, 충격이 직접 그리고 빠르게 시냅스전에서 시냅스후 뉴런으로 전달되게 한다. 여러 무척추동물과 척추동물의 도피반응에 전기적 시냅스가 관계한다. 또한 시냅스의 전기적 연결은 포유류 신경계에서 중요하며 많은 연합뉴런의 정보교환은 이를 이용한다.

대부분의 시냅스는 **화학적 시냅스**(chemical synapse)이다. 시냅스전과 시냅스후 뉴런은 **시냅스간극**(synaptic cleft)이라는 공간에 의해 분리되어 있는데, 넓이는 약 20 nm정도이다. 탈분극은 원형질막의 특징이므로, 활동전위가 축색돌기의 말단에 도달하면 그 틈을 건너뛸 수 없다. 전기적 신호는 화학적 신호로 변환되어야만 한다. 신경전달물질은 화학적 전달자로서 시냅스를 넘어 신경신호를 전도하며 시냅스후 뉴런의 막에 있는 화학적 활성화 이온통로에 결합한다. 이것의 결합은 특정 이온채널을 열게(또는 닫히게) 하여 시냅스 후의 막투과도를 바꾸는 역할을 한다. 시냅스후 뉴런이 역치까지 탈분극되면, 뉴런은 활동전위를 전달한다.

표 40-2

**신경전달물질들**

| 신경전달물질 | 구조 | 작용 위치 | 작용 |
|---|---|---|---|
| 아세틸콜린 | $H_2C-\overset{\overset{O}{\parallel}}{C}-O-CH_2-CH_2-N^+-[CH_3]_3$ | CNS, 신경-근 접합부 | 골격근에 흥분작용; 심근에 억제작용; 다른 위치에 흥분 또는 억제작용 |
| **생물성 아민류** | | | |
| 노르에피네프린 | 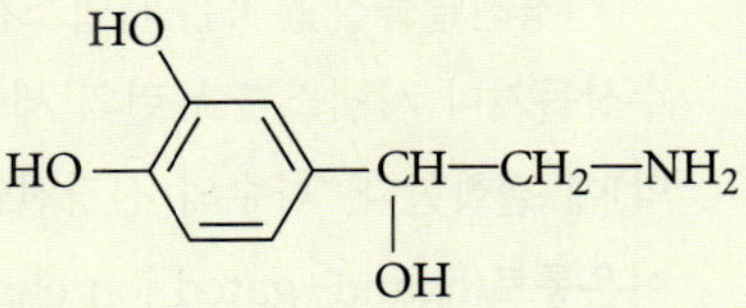 HO, HO-(벤젠 고리)-$\underset{\underset{OH}{\vert}}{CH}-CH_2-NH_2$ | CNS, PNS | 흥분 또는 억제 작용; 뇌에 집중되어 감정에 영향을 줌 |
| 도파민 | 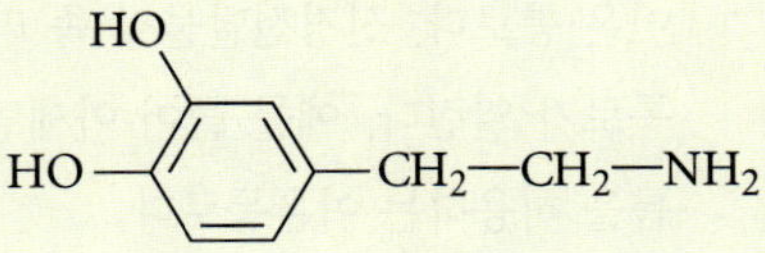 HO, HO-(벤젠 고리)-$CH_2-CH_2-NH_2$ | CNS | 뉴런의 흥분과 억제간의 균형유지를 도움; 운동기능에 중요함 |
| 세로토닌 (5-하이드록시트립타민, 5-HT) | 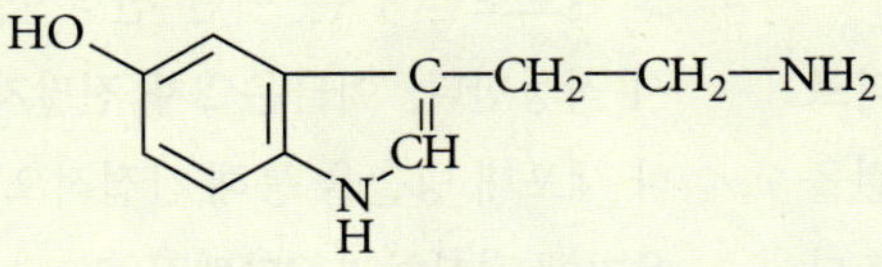 HO-(인돌 고리)-$\overset{\parallel}{C}-CH_2-CH_2-NH_2$, CH, N, H | CNS | 근육활동 조절 경로에 흥분작용; 감각에 관련된 경로에 억제효과; 음식 섭취 조절을 도움; 감정에 영향 줌 |
| **아미노산** | | | |
| 글루탐산 | $H_2N-\underset{\underset{COOH}{\vert}}{CH}-CH_2-CH_2-COOH$ | CNS, 무척추동물의 신경-근 접합부 | 척추동물 뇌에서의 주요 흥분성 학습과 기억에 작용; 무척추동물의 신경-근접합부의 흥분작용 |
| 아스파르트산 | $H_2N-\underset{\underset{COOH}{\vert}}{CH}-CH_2-COOH$ | CNS | 흥분작용; 기억과 학습기능 |
| 글리신 | $H_2N-CH_2-COOH$ | CNS | 억제작용 |
| 감마-아미노부티르산 (GABA) | $H_2N-CH_2-CH_2-CH_2-COOH$ | CNS, 무척추동물의 신경-근 접합부 | 억제작용 |
| **신경펩티드** | | | |
| 엔도르핀 엔케팔린 | Tyr—Gly—Gly—Phe—Met (Methionine enkephalin) | CNS, PNS | 내생 아편물질; 통증을 전달하는 구심성 신경섬유에 있는 아편성수용체에 결합하여 P물질 방출을 저해 함 |
| P물질 | Arg—Pro—Lys—Pro—Gln—Gln—Phe—Phe—Gly—Leu—Met | CNS, PNS | 통증신호 전달 경로를 활성화시킴 |
| **기체 신경전달물질** | | | |
| 산화질소 | NO | 대부분의 뉴런? | 역행 전달자; 다른 신경전달물질과 반대방향으로 신호전달, 즉, 시냅스후 뉴런에서 시냅스전 뉴런으로 전달 |
| 일산화탄소 | CO | 대부분의 뉴런? | 아마도 신경조절인자 일듯 |

## 40.4.2 뉴런은 다른 세포에 신호하기위해 신경전달물질을 이용한다

다양한 화학 합성물 신경전달물질로서의 기능이 잘 알려졌으며 뉴런에 의해 화학 메시지로서다른 뉴런 또는 근육 또는 분비선 세포에 신호하는데 이용된다. 신경전달물질을 분류하는데 몇 가지 그룹으로 나뉘게 되는데 아세틸콜린, 생물성 아민, 아미노산, 신경펩티드, 그리고 기체 신경전달물질로 나뉜다(**▮ 표 40-2**).

**아세틸콜린(acetylcholine)**은 분자량이 작은 신경전달물질로서 운동뉴런에서 방출되어 근육을 수축시킨다. 아세틸콜린은 또한 뇌와 자율신경계에 있는 어떤 뉴런들에서도 방출된다(41장을 보라). 이런 신경전달물질을 방출하는 세포들을 **콜린성 뉴런(cholinergic neuron)**이라 부른다.

**노르에피네프린**(norepinephrine)을 방출하는 뉴런은 **아드레날린성 뉴런**(adrenergicneurons)이라고 부른다. 노르에피네프린과 신경전달물질 **도파민(dopamine)**은 카테콜아민(catecholamine)이다. 카네콜아민과 신경전달물질 **세로토닌**(serotonin)은 **생물성 아민류**(biogenic amines)라 불리는 화합물 부류에 속한다. 생물성 아민류는 정서에 영향을 주며, 주로 우울증이나 주의력 결핍장애(attention deficit disorder, ADD)와 정신분열증(schizophrenia) 등을 포함한 몇몇 정서장애가 이들의 불균형과 관련 있다.

몇 가지 아미노산들이 신경전달물질로 역할을 한다. 뇌에서의 주된 흥분성 신경전달물질은 **글루탐산**(glutamate)이다. 1종류의 글루탐산 수용기는 펜시클리딘("angel dust")을 포함한 몇몇 정신성 약품의 표적이 된다.

**글리신**(glycine)과 변형 아미노산의 일종인 **γ-아미노부티르산(gamma-aminobutyric acid, GABA)**은 뇌와 척수의 뉴런을 억제하는 신경전달물질이다. 불안을 감소시키는 약으로서 벤조디아제핀(예, 디아제팜[발륨]과 알프라졸람[Xanax]) 그리고 바르비탈염(예, 페노바르비탈)은 GABA의 작용을 강화한다.

**엔도르핀(endorphin)**이나 **엔케팔린(enkepharin)** 같은 신경펩티드는 신경조절물질로서의 주요 기능을 가지는 것으로 여겨진다. 신경전달분자들은 장기 변화를 자극하여 시냅스 기능을 높이거나 억제하게 된다. β-엔도르핀 같은 엔도르핀들과 엔케팔린들은 신체에서 내분비되는 오피오디드(마취제)이다. 몰핀이나 코데인같은 아편성 약들은 강력한 진통작용으로 정신을 잃지않고 고통을 줄일 수 있다. 엔도르핀이나 엔케팔린은 오피오이드 수용체에 붙게 되는데 (아편성 물질이 붙는 수용체와 같음), 이는 통증전달을 막게 된다. 아편성 물질들은 통증물질(P물질)을 포함하는 다른 신경전달물질의 효과를 조절한다(통증에 대해서는 42단원에서 다룬다).

최근 많은 연구의 초점이 되고 있는 신호분자인, **일산화질소(nitric oxide, NO)**는 가스이다. NO는 역행전달자로 기능한다고 보는데, 다른 신경전달물질과는 반대로 시냅스후 뉴런에서 시냅스전 뉴런으로 정보를 전달하는 것을 의미한다. 일산화탄소(CO)도 기체성 신경전달물질로 밝혀졌다.

### 40.4.3 신경전달물질은 시냅스후 세포의 수용기와 결합한다

신경전달물질은 **시냅스소포**(synaptic vesicle)라 부르는 막으로 싸인 주머니에 담겨 시냅스말단에 저장된다(**그림 40-9a**). 활동전위가 시냅스말단에 도달할 때마다, 전압활성화 칼슘통로가 열린다. 그러면 세포외액에서 시냅스말단으로 칼슘이온이 흘러들어간다. $Ca^{2+}$은 시냅스소포가 시냅스전 뉴런의 막과 융합하게 하여 세포외배출작용에 의해 신경전달물질을 시냅스간극으로 방출한다(**그림 40-9b**).

신경전달물질 분자는 시냅스간극을 확산해가서 특정 수용기의 수상돌기나 시냅스후 뉴런의 세포체(또는 수용기 세포의 원형질막)에 결합한다. 다수의 신경전달물질 수용기는 **리간드-매개성 이온통로**(ligand-gated ion channels)로 알려진 화학적 활성화 이온 통로다. 신경전달물질 즉 리간드가 수용기와 결합하면 이온통로가 열린다. 예를 들어 아세틸콜린 수용기는 $Na^+$와 $K^+$의 흐름을 허용하는 이온통로다.

세로토닌 같은 어떤 신경전달물질은 다른 메커니즘을 거쳐서 작동한다. 이들은 **2차 전달자(second messenger)**의 생산이나 세포내 방출을 통해 간접적으로 작용한다. 신경전달물질이 수용기에 결합하면 **G단백질**(G protein)이 활성화된다. 그러면 G단백질이 시냅스후 뉴런막 내의 아데닐산 고리화효소(adenylate cyclase)를 활성화 시킨다. 아데닐산 고리화효소는 ATP를 **고리형-AMP(cyclic AMP, cAMP)**로 변환시키고 이것은 2차전달자로서 작용한다(6장과 48장 참조). 고리형-AMP는 단백질을 인산화하여 $K^+$ 통로를 닫는다.

시냅스후 뉴런의 재분극이 빨리 일어나야 한다면, 과잉된 신경전달물질은 시냅스간극에서 제거되어야 한다. 어떤 신경전달물질은 효소에 의해 불활성화 된다. 예들 들면, 초과 아세틸콜린은 그 화학적 구성성분인 콜린과 아세트산염으로 아세틸콜린에스테라아제 효소에 의해 분해 된다. 예를 들면 생물성 아민류 같은 또 다른 신경전달물질은 **재흡수**(reuptake)의 과정으로 시냅스말단으로 능동수송된다. 이런 신경전달물질은 소포에 다시 싸여서 재활용된다.

다수의 약물들이 신경전달물질들의 재흡수를 억제한다. 예를 들면, 어떤 항우울제는(선택적 세로토닌 재흡수 억제제, SSRIs, fluoxetine[Prozac]) 세로토닌 재흡수를 억제함으로 작용하여, 시냅스간극에서의 세로토닌의 농도를 증가시킨다. 코카인은 도파민의 재흡수를 억제한다.

### 40.4.4 활성화된 수용기는 흥분성이나 억제성 신호를 보낼 수 있다

1개의 시냅스후 뉴런은 여러 종류의 신경전달물질 수용기를 가질

요점

대부분의 시냅스의 활동전위는 두 뉴런 사이의 틈을 가로질러 이동하지 못한다. 이 문제는 화학적 신호로 해결한다.

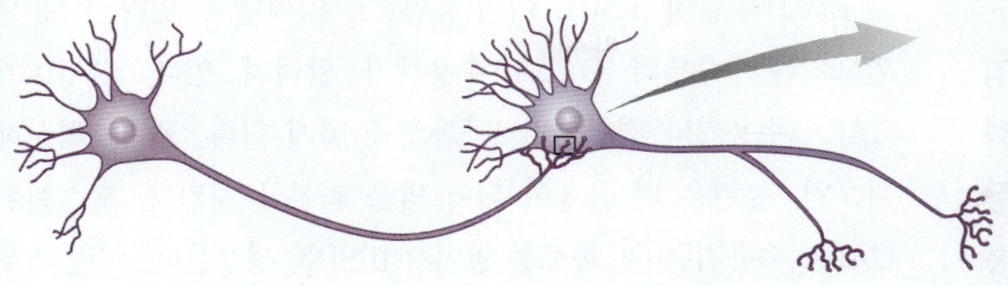

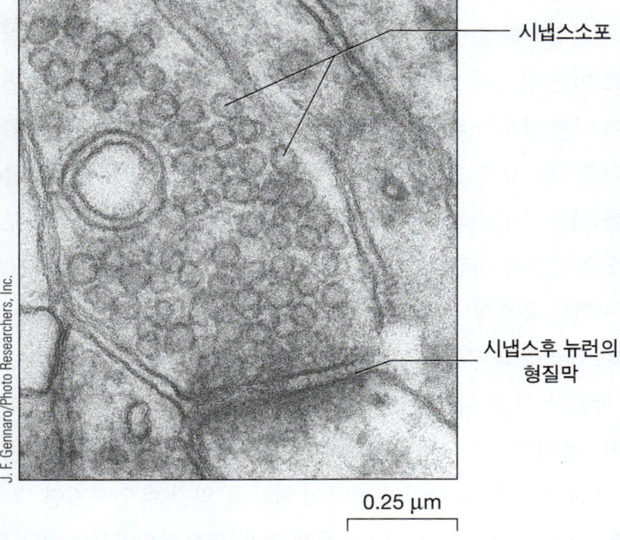


**(a)** 시냅스 말단에 시냅스소포가 가득한 것을 볼 수 있는 TEM 사진.

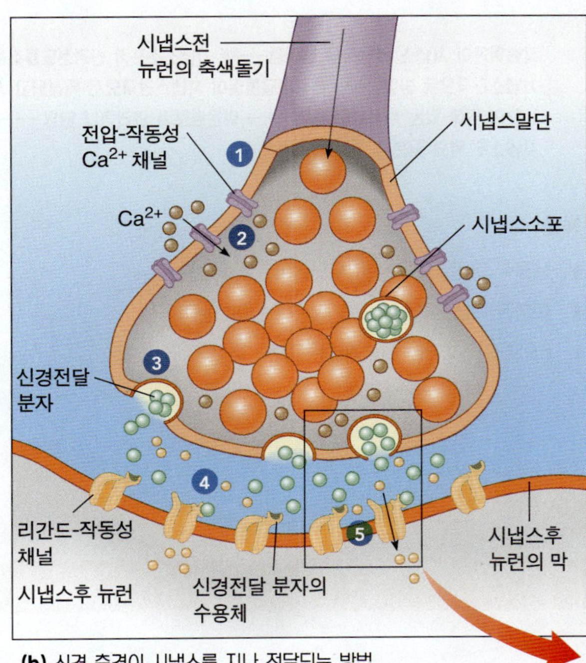


**(b)** 신경 충격이 시냅스를 지나 전달되는 방법.

1. 시냅스전 뉴런의 끝에 있는 시냅스말단으로 활동전위가 도달된다.
2. 막의 칼슘이온채널이 열림, 칼슘이온이 세포외액에서 시냅스 말단으로 유입된다.
3. 칼슘이온은 시냅스소포가 원형질막과 융합하도록 하여 시냅스간극으로 신경전달 물질을 방출한다.
4. 신경전달물질은 시냅스후 뉴런의 세포막에 있는 수용기와 결합한다.
5. 반응 결과, 그 수용기들은 이온채널이 열리거나 닫히게 하여, 탈분극이나 과분극을 일으킨다. 탈분극이 역치에 도달하면, 활동전위가 시냅스후 뉴런에서 발생된다.

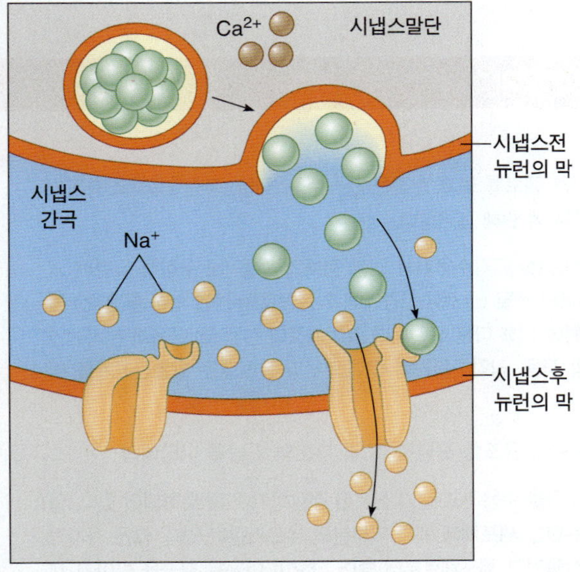


**(c)** 신경전달 물질이 수용체에 결합한다. 결합물질에 의해 채널이 열리게 되고 그 결과 탈분극이 일어난다.

**그림 40-9 시냅스전달.**

수 있다. 그 수용기 중 일부는 흥분성이고 일부는 억제성 일 수 있다. 결합하는 시냅스후 수용체의 종류에 따라, 동일한 신경전달물질이 다른 효과를 가질 수 있다. 예를 들면, 아세틸콜린은 골격근에서 흥분성 효과를 가지고 심장근에서는 억제성 효과를 가진다.

신경전달물질이 수용기와 결합하면, 이들은 직접 또는 간접적으로 이온 통로에 영향을 준다. 이온이 재분배되고 막전위가 변화하여 막이 탈분극 된다. 충분히 강력하다면, 국부적 탈분극은 활동전위를 일으킬 수 있다. 예를 들어, 신경전달물질 분자가 나트륨통로를 여는 수용기와 결합하면, 나트륨이온이 유입되어 막을 부분적으로 탈분극 시킨다. 뉴런이 흥분하기 쉬운 쪽으로 일어난 막전위 변화를 **흥분성 시냅스후 전위**(EPSP, excitatory postsynaptic potential)라고 부른다. 막전위가 −70 mV에서 −60 mV로 변하게 할만한 양의 나트륨 이온이 유입되었다고 하자. 그러면 이는 역치수준에서 −5 mV밖에 떨어져 있지 않다. 이런 상황 하에서는, 비교적 약한 추가적인 자극이 $Na^+$을 약간 유입시키면 그 뉴런은 흥분할 수 있게 된다. 주목할 점은 활동전위와는 달리 시냅스후 전위가 단계적으로 반응한다는 것이다.

어떤 신경전달물질–수용기 결합은 시냅스후 막을 과분극 시킨다. 막전위는 더욱 음성이 된다. 이런 작용들은 뉴런이 역치수준에서 더 멀어지게 하기 때문에, 이런 방향으로의 전위 변화를 **억제성 시냅스후 전위**(IPSP, inhibitory postsynaptic potential)라고 한다. 예를 들어, 만일 막전위가 −70 mV에서 −80 mV로 변하면, 막은 역치수준에서 더 멀어져서, 뉴런을 흥분시키기 위해서는 더 강력한 자극이 필요하다.

EPSP와 같이 IPSP도 여러 방법으로 일어날 수 있다. IPSP를 일으키는 2종류의 GABA 수용체가 알려져 있다. GABA가 $GABA_B$수용기와 결합하면 $K^+$통로를 열게 한다. $K^+$가 확산해 나오면, 뉴런은 더 음성이 되어 막을 과분극 시킨다. 활성화된 $GABA_A$수용기는 $Cl^-$통로를 열어서 IPSP를 생성한다. 이런 경우에 음이온의 유입으로 막이 과분극 된다. 비록 기작은 다르지만, GABA의 억제성 효과는 두 경우 모두 같다.

요약하면, 활동전위가 시냅스전 뉴런의 끝에 위치한 시냅스말단에 도달할 때 다음의 일들이 일어난다:

**칼슘이온이 시냅스 말단으로 들어감 ⟶ 시냅스소포가 신경전달물질을 시냅스간극으로 방출 ⟶ 신경전달물질이 시냅스간극으로 확산되고 시냅스후 뉴런의 막에 있는 수용체와 결합 ⟶ 이온통로가 열리거나 닫힘 ⟶ 시냅스후 막의 탈분극 또는 과분극**

**복습**

- 생물적 아민들의 기능은 무엇인가? 글루탐산은?
- 화학적 시냅스에서는 어떤 작용이 일어나는가?
- EPSP와 IPSP는 어떻게 다른가?

## 핵심 용어와 요약

### 학습목표

**1** 신경계의 다음 정보를 보고 신경신호인 수용, 전달, 통합, 그리고 효과기의 작용의 절차에 관해 설명하라.

- 신경신호는 (a) 감각수용기에 의한 정보의 **수용** (b) **구심성 뉴런**에 의한 CNS로의 **전달** (c) 중추**신경계**에 있는 연합뉴런에 의한 **통합** (d) **원심성 뉴런**에 의해 다른 뉴런이나 효과기로의 전달 (e) 근육과 분비선인 **효과기**의 작용. 감각수용기와 CNS외부의 뉴런들은 **말초신경계**를 이룬다.

**2** 일반적인 뉴런의 구조를 설명하고, 각 부분의 기능을 나타내라.

- **뉴런**은 자극을 수용하고 전기 신호를 전달하기 위해 특화되어 있다. 일반적인 뉴런은 **세포체**에 핵과 대부분의 세포기관이 있다. 많은 가지가 뻗은 **수상돌기**가 세포체로부터 뻗어 나오며 이들은 자극을 받아서 세포체에 신호하도록 특화되어있다.
- 1개의 긴 **축색돌기**가 세포체로부터 뻗어 나오며, **부대축색**이라는 가지를 형성한다. 축색돌기는 신호를 **시냅스말단**에서 끝이 나는 **말단가지**로 전달한다. 축색돌기는 대개 절연역할을 하는 수초로 둘러싸여 있다. 말초신경계에서 수초는 슈반세포에 의해 형성 된다. 중추 신경계에서 수초는 다른 신경교세포에 의해 형성된다. **랑비에결절**은 연속적으로 분포하는 슈반세포들 사이에 있는 수초의 틈이다. **신경**은 수백 개의 축색돌기들이 묶여서 결합조직에 의해 싸여있으며, 이러한 말초 **신경계** 뉴런의 세포체의 덩어리가 신경절이다.

**3** 신경교세포의 주요 유형을 말하고 각 유형별 기능을 설명하라.

- **신경교세포**는 뉴런을 보조한다. **성상교세포**는 뉴런의 물리적 지지역할과 CNS의 세포 외액 구성성분 조절을 과량의 칼륨이온 흡수를 통해 이뤄진다. 이들은 하나에서 다른 뉴런으로의 정보교환을 한다. 성상교세포는 또한 시냅스를 유도하거나 안정되게 한다.
- **휘돌기교세포**는 CNS에 뉴런을 둘러싸는 수초를 형성하는 신경교세포며, **슈반세포**는 PNS에서 축색돌기 주위에 수초를 만든다.
- **소교세포**는 포식세포이다.
- **상의세포**는 CNS의 강 내벽을 구성하고 뇌척수액의 형성에 기여한다. 또한 이 세포는 신경줄기세포의 역할을 한다.

4 뉴런이 휴지전위를 만들고 유지하는 방법을 설명하라.

- 뉴런은 정보를 전달하기 위해 축색돌기를 통해 전기적 신호를 사용한다. 충격을 전달하지 않은 뉴런인 휴지뉴런의 원형질막, 이는 **분극**되어 있다. 원형질막의 내표면은 외부에 비해 음으로 대전되어 있다.
- **휴지전위**는 막을 경계로 하는 약 –70 mV의 전압차이다. 휴지전위의 크기는 (1) 세포 외액에 비할 때 세포내의 특정한 이온들(주로 $Na^+$와 $K^+$)의 농도차이와 (2) 이러한 이온에 대한 원형질막의 선택적 투과성에 의해 결정된다.
- 이온들은 특정 **수동 이온채널**을 통해 통과한다. $K^+$은 $Na^+$가 새어 들어가는 것보다 더 빨리 새어 나올 수 있다. $Cl^-$이온은 원형질막의 내표면을 따라 모여 있다. 원형질막을 통과할 수 없는 단백질 같은 커다란 음이온들도 음성 대전에 기여한다.
- 휴지전위를 이루는 전기적 기울기는, ATP를 사용하는 **나트륨–칼륨 펌프**에 의해 유지되는데, 이는 지속적으로 2개의 칼륨이온을 안으로 수송해 올 때마다 3개의 나트륨이온을 밖으로 수송해 내보낸다.

5 차등성 전위와 활동전위를 각각의 생성과 전달을 묘사하면서 설명하라.

- 자극이 일어나서 막전위의 음성도가 적어지면 막은 **탈분극**된다. 막전위가 휴지전위보다 더 음성으로 되면 막은 **과분극**된다.
- **차등성 전위**는 국소전위로서 주어지는 자극에 따라 크기가 다르다. 차등성전위는 그 발생지점의 수 mm 내에서 사라진다.
- 만일 막내외의 전압이 **역치수준**라고 부르는 임계점에 도달하면, **전압–활성화 이온채널**이 열리고, $Na^+$가 뉴런 안으로 들어오게 하고, **활동전위**가 발생한다. 활동전위는 **탈분극파**로 축색돌기를 따라 이동한다.
- 활동전위는 **실무율**을 따르며, 개별 충격의 크기에 따르는 차이는 존재하지 않는다. 막전위는 역치수준을 넘어서 활동전위를 전달하거나, 아니면 그렇지 않거나 둘 중의 하나가 된다. 일단 시작되면, 활동전위는 자가–전파적이다.
- 활동전위가 축색돌기를 따라 이동하여 가면서 **재분극**이 뒤따라 일어난다. 축색돌기는 탈분극 동안 **절대불응기**라는 다른 활동전위를 전달할 수 없는 시간에 들어간다. $Na^+$채널을 통제하는 문들이 충분하게 재설정되면, 뉴런은 **상대적불응기**에 들어가는데, 이 시간에는 역치가 좀 더 높아진다.

6 연속전도와 도약전도를 비교하라.

- **연속전도**는 무수뉴런에서 일어나는데, 축색돌기의 모든 원형질막이 관련된다.
- **도약전도**는 연속전도보다 훨씬 빠르며, 유수뉴런에서 일어난다. 축색돌기가 수초로 싸여있지 않으며 $Na^+$채널이 집중되어 있는 지역인 랑비에결절에서 그다음 결절로 탈분극이 도약한다.

7 이 장에서 밝히고 있는 신경전달물질의 작용을 설명하라.

- 두 뉴런 사이, 또는 뉴런과 효과기 사이의 접합부는 **시냅스**이다. 비록 전기적 시냅스가 존재하긴 하지만, 대부분의 시냅스는 화학적이다. 시냅스 전달은 일반적으로 **시냅스전 뉴런**의 시냅스말단에서 **시냅스 소포**로부터 **신경전달물질**의 방출하는데 달려있다.
- **아세틸콜린**은 근육의 수축을 일으킨다.
- **생물성 아민류**에는 **노르에피네프린**과 **세로토닌** 그리고 **도파민** 등이 있다. 이러한 신경전달물질은 정서를 조절하는데 중요한 역할을 한다. 도파민은 또한 운동기능에 있어서 중요하다.
- 뇌에서 주요 흥분성 신경전달물질인 **글루타민**, 그리고 광범위한 억제성 신경전달물질인 **GABA**를 포함한 여러 아미노산도 신경전달물질로 기능한다.
- 신경펩티드는 **엔도르핀**(예를 들면 $\beta$–endorphin)과 **엔케팔린** 등이 있다. 이러한 신경펩티드들은 오피오이드(아편)이다.
- **산화질소**는 시냅스후 뉴런에서 시냅스전 뉴런으로 다른 뉴런과는 반대방향으로 신호를 전달하는 기체성 신경전달물질이다.

8 시냅스 전달에서 일어나는 사건들을 조사하고, 설명을 보충하기위한 모식도를 그려라.

- 칼슘이온은 시냅스소포가 시냅스전 막과 융합하도록 하여 신경전달물질을 시냅스간극으로 방출한다. 신경전달물질은 **시냅스간극**으로 확산하여 시냅스후 뉴런의 특정한 수용기에 결합한다.
- 대다수의 신경전달물질 수용기는 **리간드–매개성 이온채널**을 형성하는 단백질이다. 그밖에는 **고리형–AMP** 같은 **2차 전달자**를 통해 작용한다.

9 흥분성신호와 억제성 신호를 그 작용과 함께 비교하라.

- 신경전달물질이 수용기에 결합하면, 수용기의 종류에 따라 **흥분성 시냅스후 전위** 또는, **억제성 시냅스후 전위**를 일으킬 수 있다. EPSP는 뉴런을 흥분시키도록 한다.

## 연습문제

1. 전위가 역치수준에 도달하면 가장 먼저 일어나는 일은 다음 중 어느 것인가?
   (a) 특정한 전압–활성화 이온채널이 열린다. (b) $K^+$채널이 닫힌다
   (c) 막이 과분극 된다 (d) 신경전달물질이 방출 된다
   (e) 시냅스에서 신경전달물질 재흡수가 일어난다

2. 유입되는 신호를 합계하는 과정은 (a) 수용 (b) 전달 (c )통합 (d) 효과기의 작용 (e) 구심성 뉴런 전달 과정이다.

3. 몇 가지 신경전달물질 수용체는 (예를 들어 세로토닌 수용체) (a) 전위차에 의해 활성화되는 이온채널이다. (b) 염소이온의 유입을 허용하여 막의 탈분극을 이끌어낸다. (c) 2차 전달자 역할을 한다. (d) 신경전달물질의 재흡수를 저해한다.

4. 수초는 CNS외부의 축색돌기 주변을 (a) 축색돌기 (b) 뉴런의 세포체 (c) 수상돌기 (d) 슈반세포 (e) 시냅스 말단 가 감싸서 만들어진다.

5. 다음 중 뉴런의 휴지전위에 관여하지 않는 것은 어느 것인가? (a) 나트륨-칼륨 펌프 (b) 이온 채널 (c) 막 내외의 이온 농도 차이 (d) 특정 이온에 대한 투과성 차이 (e) 차등성 전위

6. IPSP는 (a) 시냅스전 뉴런을 흥분 시킨다 (b) 시냅스후 뉴런을 흥분 시킨다 (c) EPSP의 영향을 취소시킨다 (d) 많은 양의 신경전달물질을 방출 한다 (e) 시냅스후 세포체에서 방출 된다.

7. 활동전위는 (a) 신경절 (b) 축색돌기 (c) 수상돌기 (d) 세포체 (e) 랑비에 마디 에 의해서 시냅스 말단까지 전달된다.

8. 신경전달물질은 (a) 작용기 (b) 신경세포체 (c) 수상돌기 (d) 신경절 (e) 시냅스 말단에서 분비된다.

9. 상대적 불응기 동안 (a) IPSP가 발생 한다 (b) 오피오이드 신경전달물질이 방출 된다 (c) 전압-활성화 나트륨 채널이 비활성화 된다 (d) 축색돌기가 충격을 전달할 수는 있지만 역치수준은 보다 높아진다(더욱 음성이어야 한다) (e) 축색돌기는 활동전위를 전달할 수 없다.

10. 이 도표에 이름을 표시하라.

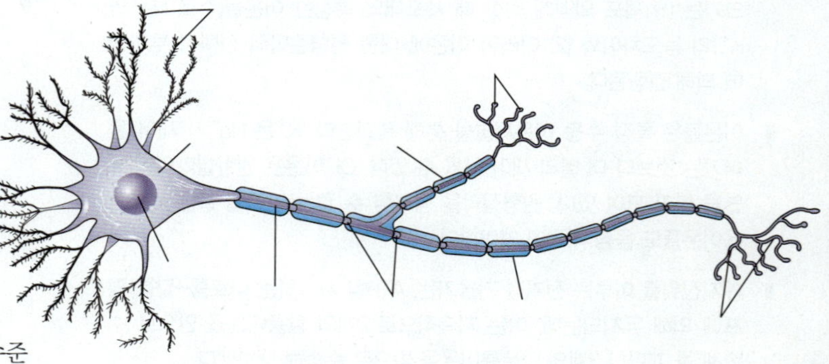

## 심화 학습문제

1. 신경계가 항상성 유지를 돕는 몇 가지 특수한 방법들을 토의하라.

2. **자료 분석.** 각각에 따른 결과가 EPSP 혹은 IPSP 인지를 서술하라. (a) $Na^{+}$가 시냅스후 뉴런에 들어간다. (b) $K^{+}$가 시냅스후 뉴런 밖에 확산된다. (c) $Cl^{-}$가 시냅스후 뉴런에 들어간다.

41

# 신경조절

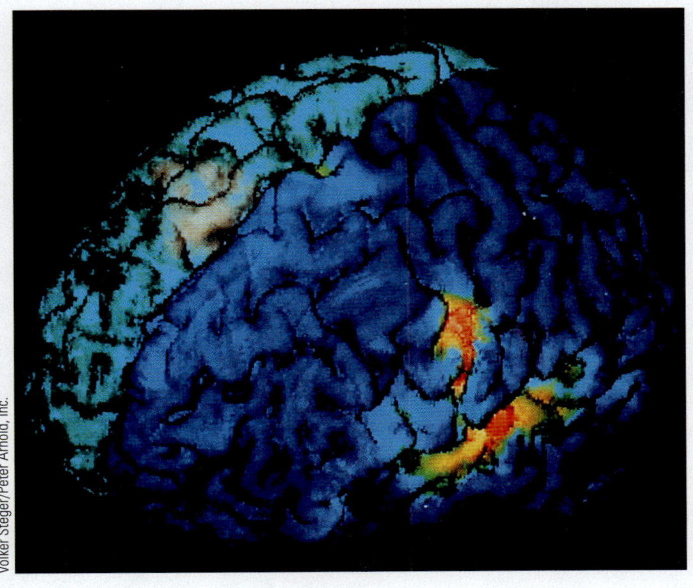

Volker Steger/Peter Arnold, Inc.

뇌의 기능적 자기공명사진(fMRI). 이 사진에서 붉은색은 말하기 동안 가장 활성화되는 영역을 나타내며, 노란색은 중간 정도의 활성화를 나타낸다.

## 핵심 개념

척추동물의 신경계는 중추신경계(뇌와 척수)와 말초신경계(감각수용기와 신경세포)로 구성된다.

비록 뇌의 다른 부분들이 다양한 척추동물 군에서 특수화 되어있다고 할지라도 뇌는 같은 방법으로 발달하며 같은 기본적인 구조를 지닌다.

감각령은 감각기관으로부터 유입되는 신호를 수용한다. 운동령은 자발적인 움직임을 조절한다. 연합령은 감각령과 운동령을 연결하며 사고, 학습, 언어, 기억, 판단, 그리고 성격을 담당한다.

복잡한 신경계에서는, 외부 환경의 자극에 대해 적절히 대응하기 위해 수백만 개의 뉴런이 서로 함께 작용한다. 뉴런들이 어떻게 서로 상호작용 하는가 하는 것이 지금까지 집중적인 연구의 초점이 되어왔는데, 우리는 신경계의 복합적인 기능들을 허용하는 기작에 대해 이제 겨우 이해하기 시작하고 있다.

신경생물학자들은 신경 기능의 기작을 연구하기 위해 다양한 방법들을 사용한다. 예를 들면, 영상진찰방법이 개선되어 뇌 연구가 혁신되었다. 기능적 자기공명영상(fMRI)이라는 창을 통해 연구자들은 뇌의 기능을 관찰할 수 있게 되었다(그림 참조). 임무를 수행하는 동안, 뇌의 어떤 영역이 활성화되고, 산소가 공급된 혈액 흐름이 그 영역에 증가한다. 기능적 MRI는 매우 짧은 자극에 반응해서 일어나는 변화도 탐지할 수 있다. 예를 들면, 단지 30 msec 동안 지속되는 시각 자극이 뇌를 활성화 시키는 것을 fMRI로 탐지할 수 있다.

이 장에서 우리는 동물들의 다양한 신경계를 비교한다. 그리고 사람의 뇌의 기능을 중점적으로 척추동물 신경계의 구조와 기능을 살펴본다. 또한, 정보 처리와 관련된 메커니즘과 같은 최첨단 신경생물학을 살펴본다. ■

## 41.1 척추동물 신경계의 조직화

### 학습목표

1 척추동물 신경계의 가장 큰 두 부분으로 설명하라.

어떤 동물의 반응 가능 범위는 그 뉴런의 수, 그리고 뉴런이 신경계에서 편성된 방법에 주로 달려있다. 동물군이 발전함에 따라 신경계가 상당히 복잡하게 되었다. 인간의 뇌는 약 $9 \times 10^{10}$개의 뉴런을 가지고 있다. 코끼리와 다른 큰 포유류의 경우 상당히 많은 수의 뉴런을 가지고 있다. 어느 정도의 조직화된 뉴런들은 학습능력과 행동의 유연성을 결정하는데 중요하다.

척추동물의 신경계는 주로 두 부분을 가지는데 **중추신경계**

(central nervous system, CNS)와 **말초신경계**(peripheral nervous system, PNS) 이다 (그림 41-1). CNS는 뇌 복합체를 구성하며 등쪽의 관 모양으로 생긴 척수와 연결된다. 중앙 통제역할을 하는 이 기관은 유입되는 정보를 통합하고 적절한 반응을 결정한다.

PNS는 감각수용기(예: 촉각, 청각, 시각 수용기)와 통신회선인 신경으로 구성된다. 몸의 여러 부분은 뇌신경에 의해 두뇌와 연결되며 척수신경에 의해 척수와 연결된다. 이러한 신경에 있는 구심성 뉴런은 상황에 변화를 지속적으로 CNS에 전달한다. 그러면 원심성 뉴런은 CNS로 부터의 "결정"을 적절한 근육과 분비선에 전달하여 항상성 유지에 필요한 조정을 한다.

편의상 PNS는 체성부와 자율부로 나눈다. 앞으로 외부 환경의 변화와 관련되어 있는 대부분의 수용기와 신경들은 체성부이다. 내부 환경을 조정하는 부분은 자율부이다. 이 두 부분은, 수용기로부터 CNS로 메시지를 전달하는 구심성 신경과 다시 CNS로부터 반응을 실행해야 하는 조직으로 정보를 전달하는 원심성 신경을 모두 가진다. 자율부에는 교감신경과 부교감신경의 2종류의 원심성 경로가 있다.

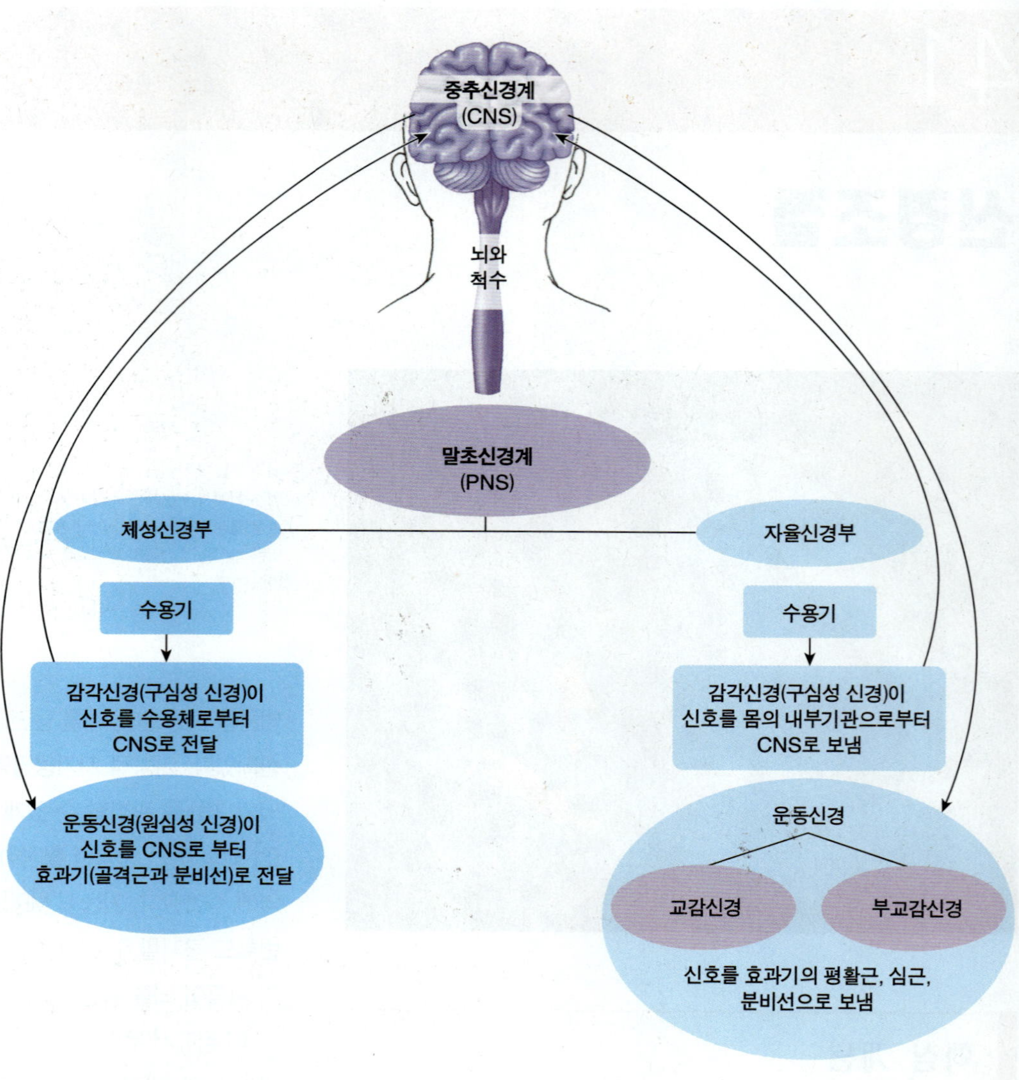


**그림 41-1** 척추동물 신경계의 구성.

**복습**

- CNS의 주요 구성요소들은 무엇인가?
- PNS의 주요 구성요소들은 무엇인가?

## 41.2 척추동물 뇌의 발달

**학습목표**

2 척추동물에서 전뇌, 중뇌, 후뇌로부터 분화된 기본적인 뇌의 영역을 추적한다.

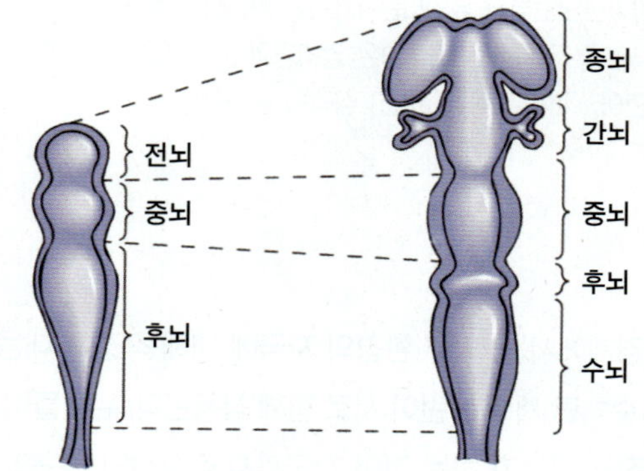


**그림 41-2** 척추동물 신경계의 초기 발생.

척추동물 배의 초기 발생에서, 신경관의 전단부는 전뇌, 중뇌, 그리고 후뇌로 분화한다. 이러한 초기 발생은 최종적으로 세분되어 성체 뇌의 특수한 구조를 이룬다.

요점

척추동물 종류에 따라 뇌의 서로 다른 부위들이 특수화되어 있지만, 대뇌와 소뇌의 크기가 커지며 복잡해지는 진화적 경향을 가진다.

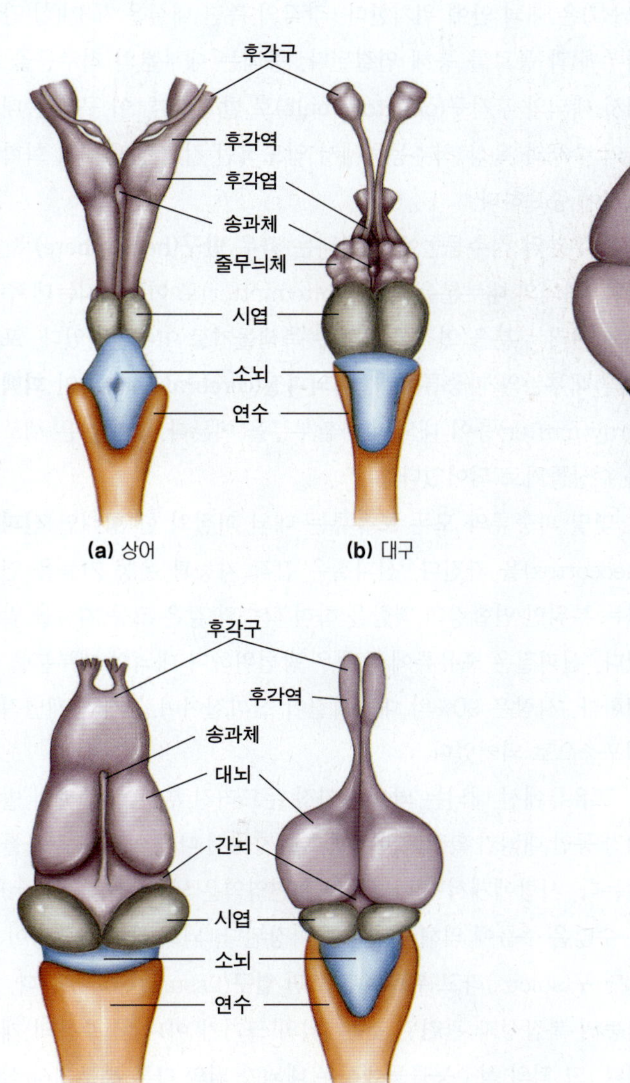


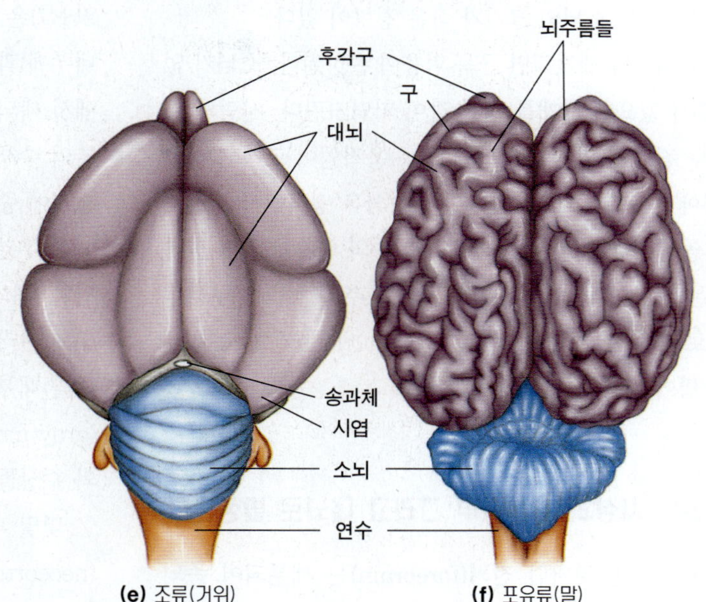


**그림 41-3 척추동물 뇌의 진화.**

6가지 척추동물강 구성원의 뇌를 비교하면 기본적 유사성과 진화경향성이 드러난다(뇌의 크기에 맞게 그린 것은 아니다). 뇌의 각기 다른 부분들이 다양한 그룹들로 특수화된 것을 주목하라. 상어의 뇌에서 넓은 후각구**(a)**는 이 포식자의 고도로 발달된 후각에 필수적이다. **(b–f)** 진화의 과정 동안, 대뇌와 소뇌는 더 커지고 복잡해진다. 포유류에서**(f)**, 대뇌는 뇌의 가장 두드러진 부분이며, 대뇌의 얇은 외층인 대뇌피질은 고도로 뇌회되어(주름지어) 그 표면적을 월등히 높인다.

다양한 척추동물 문마다 각기 다른 부분이 특화되어 있으며, 복잡성이 증가하는 경향으로 발전하며 특히 대뇌와 소뇌가 그러하다.

척추동물의 초기 배아에서는 뇌와 척수가 하나의 **신경관**(neural tube)이라는 조직으로부터 분화 된다. 전방에서, 이 신경관은 확장되어 뇌로 발달한다. 후방에서는 척수가 된다. 뇌와 척수는 연결된 상태로 남아 있으며 이들의 공동에서 통신한다. 뇌가 분화되기 시작함에 따라 후뇌, 중뇌, 전뇌의 세 부분의 돌출부를 볼 수 있다(**그림 41-2**).

## 41.2.1 후뇌는 연수와 뇌교 그리고 소뇌로 발생 한다

**후뇌**(hindbrain)는 세분되어 **소뇌**(cerebellum)와 **뇌교**(pons)가 되는 **후뇌** (metencephalon), 그리고 **연수**(medulla)**가** 되는 **수뇌**(myelencephalon)가 있다. 연수, 뇌교, 그리고 중뇌는 **뇌간**(brain stem)을 구성하는데 뇌의 길게 확장된 부분으로서 대뇌를 지지하는 버팀목 같이 생겼다.

뇌의 가장 후방부에 있는 연수는 척수와 연결되어 있다. **제4뇌실**(fourth ventricle)인 공동이 척수의 중심관과 중뇌를 가로지르는 통로와 연결되어 있다. 연수의 벽은 두꺼우며 주로 척수를 뇌의 여러 부분과 연결하는 신경역(축색돌기 다발)을 구성한다. 연수가 호흡, 심장 박동률, 그리고 혈압을 조절하는 중추를 포함하고 있다. 연수에 있는 또 다른 반사 중추는 삼키기, 기침, 구토와 같은 활동을 조절한다.

소뇌는 근육활동을 조정하며 근육 긴장, 자세, 평형을 주관한다. 그 크기와 모양은 척추동물 문마다 다양하다(**그림 41-3**). 여러 동물들의 소뇌 발달은 근육활동의 범위와 복잡성과 개략적인 관련이 있어서, 뇌 부분의 크기가 동물 종의 행동에 있어 중요한 부분과 상관이 있다는 원리를 반영한다. 어류, 조류 그리고 포유류에서는 소뇌가 고도로 발전되어 있는 반면, 원구류 어류나 양서류, 그리고 파충류에서는 소뇌의 크기가 작은 경향이 있다.

소뇌가 손상되거나 제거되면 근육 협응이 손상된다. 소뇌가 없는 새는 날 수가 없으며 날개를 경련 같이 퍼덕거린다. 사람의 소뇌가 타격이나 질병에 의해 손상되면 근육 움직임이 조정되지 않는다. 포유류에서는, 뇌교라는 커다란 신경섬유 덩어리가 뇌간의 앞쪽 표면에 돌출부를 형성한다. 뇌교는 척수와 연수를 뇌의 상부와 연결시키는 교량이다. 이것은 호흡조절 중추와, 대뇌로부터의 충격을 소뇌로 중계하는 핵을 포함한다(**핵**(nucleus)은 CNS내에 있는 세포체 덩어리이다).

### 41.2.2 전뇌는 시상과 시상하부 그리고 대뇌로 발생한다

**표 41-1**에서 나타낸 것처럼 **전뇌(forebrain)**는 세분되어 종뇌(telencephalon)와 간뇌를 형성한다. **간뇌(diencephalon)**는 시상과 시상하부로 발생한다.

모든 척추 동물 문에서, **시상(thalamus)**은 운동과 감각 메시지의 중계 중추이다. 포유류에서 감각 메시지(후각 수용기로부터의 메시지는 제외)는 대뇌의 감각령에 중계되기 전에 시상으로 전달된다.

시상의 아래 부분에 놓여있는 **시상하부(hypothalamus)**는 제3내실의 바닥을 형성한다. 시상하부는 후각 중추를 포함하고 있으며 내장(내부 장기)을 조절하기 위한 주요 통합 중추이다. 이는 연수와 척수에 있는 중추에 정보를 입력하여 심장박동률, 호흡 그리고 소화계 기능과 같은 활동을 조절한다. 파충류, 조류, 포유류에서는 시상하부가 체온을 조절한다. 또한, 식욕과 수분 균형을 조절하며 정서적, 성적 반응에 관계한다. 48장에서 논의 되듯이, 시상하부는 신경과 내분비계를 연결하여 특정 호르몬을 생산한다.

종뇌는 **대뇌(cerebrum)**로 발생하고, 측면 뇌실(제1뇌실과 제2뇌실)은 대뇌 안에 위치한다. 각각의 측면 내실은 제3내실(간뇌 내부에)과 통로를 통해 연결된다. 종뇌는 대부분의 척추동물 군에서 대뇌와 후각구(olfactory bulb)로 발생한다. 이 구조는 대부분의 수생과 육상 척추동물에서 압도적인 감각인 냄새의 화학적 감지에 중요하다.

대부분의 척추동물에서 대뇌는 좌우 **반구(hemisphere)**로 나뉜다. 대뇌의 대부분은 **백질**(white matter)로 이루어지는데 주로 뇌의 여러 부분을 연결하는 유수 축색돌기로 이루어져있다. 포유류와 대부분의 파충류에서, **대뇌피질(cerebral cortex)**인 **회백질**(gray matter)층이 대뇌의 바깥부분을 이룬다. 회백질은 세포체와 수상돌기로 되어있다.

몇몇 파충류와 모든 포유류는 대뇌 피질의 한 형태인 **신피질**(neocortex)을 가진다. 신피질은 감각 기능과 운동 기능을 연결하는 부위인 연합령의 역할을 하며 학습과 같은 고등 기능을 맡고 있다. 신피질은 포유류에서 매우 광범위하며 대뇌의 대부분을 구성한다. 사람은 90%의 대뇌피질이 신피질이며, 6개의 개별적인 세포층으로 되어있다.

포유류에선 대뇌는 뇌에서 가장 두드러진 부분이다. 배아 발생기간 동안 대뇌가 확장되어 뒤쪽으로 자라서 다른 여러 뇌 구조들을 덮는다. 사람에게서 대뇌피질의 표면영역은 **뇌회**(convolution)라는 수많은 주름에 의해 엄청나게 확장된다. 뇌회 사이의 고랑이 얕으면 **구**(sulcus)라고 부르며 깊으면 **열구**(fissure)라고 부른다. 뇌 기능의 복잡성과 관련된 것은 (뇌의 크기가 아니라) 주름의 개수이다. 그 외의 척추동물들에서는 대뇌가 뇌의 다른 부분에서 실행되는 여러 기능들을 책임진다. 더우기, 척추동물의 대뇌는 잘 발

**표 41-1**

**중추신경계(CNS) 구조의 분화**

| 초기 배아 분할 | 세부 분할 | 성체의 파생기관 | 공동 |
|---|---|---|---|
| 뇌 | | | |
| 전뇌 | 종뇌 | 대뇌 | 측면 뇌실(제1, 2뇌실) |
| | 간뇌 | 시상, 시상하부, 송과체 | 제3뇌실 |
| 중뇌 | 중뇌 | 어류와 양서류의 시엽, 상구와 하구 | 대뇌 수관 |
| 후뇌 | 후뇌 | 소뇌, 뇌교 | |
| | 수뇌 | 연수 | 제4뇌실 |
| 척수 | | 척수 | 중심관 |

달된 연합 기능을 가진다.

**복습**

▮ 척추동물 뇌의 어떤 구조가 배아기의 전뇌로부터 유래하는가?

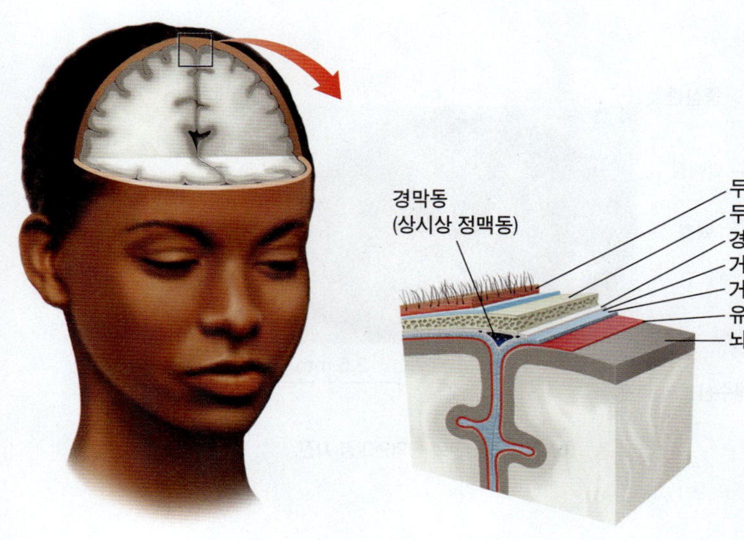


**(a) 뇌의 상부를 통한 정면의 단면.** 2개의 경막층 사이로 모이는 커다란 혈액동을 주목하라. 뇌를 지나온 혈액은 그러한 혈액동으로 흘러들어 간 후, 목의 넓은 경정맥으로 순환해 간다.

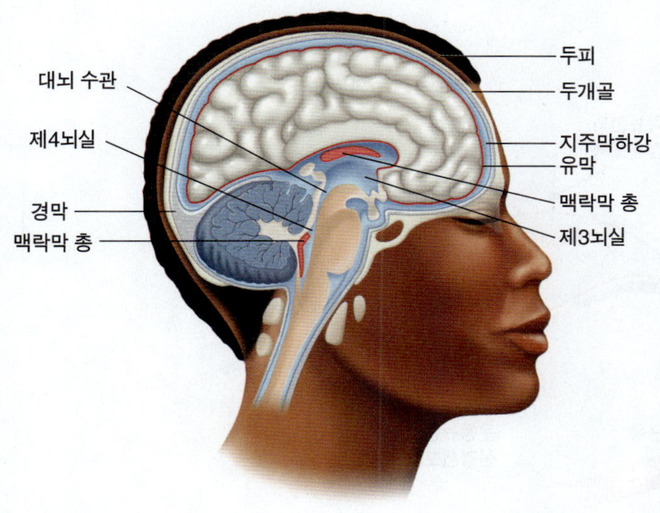


**(b) 뇌의 단면.** 뇌척수액은 뇌와 척수에의 충격을 완화한다. 뇌실 벽에서 생산되는 이 수액은 뇌실과 지주막하강 공간을 따라 순환한다. 이것은 지속적으로 생산되고 지속적으로 경막동의 혈액으로 재흡수 된다.

**그림 41-4 뇌와 척수의 보호.**

중추신경계는 두개골과 뇌척수막들 그리고 뇌척수액(CSF) 등으로 잘 보호되어 있다.

## 41.3 인간 중추신경계

**학습목표**

3 사람의 척수의 구조와 기능을 설명하라.

4 사람의 대뇌의 구조와 기능을 설명하라.

5 수면-각성 주기를 설명하고, REM 수면과 non-REM 수면을 비교 대조하라.

6 대뇌변연계의 작용을 설명하라.

무르고 연약한 사람의 뇌와 척수는 아주 잘 보호되어 있다. 뼈로 둘러 쌓여 있으며 **뇌척수막**(meninge)이라는 3층의 결합조직으로 덮여있다. 세 겹의 뇌 척수막층은 튼튼한 외부의 **경막**(dura mater), 중간의 **거미막**(arachnoid), 그리고 얇고 혈관이 있는 **유막**(pia mater)인데 뇌와 척수 조직에 가까이 밀착되어있다(▮ **그림 41-4**). 수막염은 이러한 막이 감염되어 염증을 일으키는 병이다.

거미막과 유막 사이에는 **뇌척수액**(cerebrospinal fluid, CSF)을 포함하고 혈액과 뇌 사이에 영양소와 노폐물 교환을 위한 매질의 역할을 한다.

### 41.3.1 척수는 뇌에 출입하는 충격을 전달한다

척수관은 뇌의 기저로부터 두 번째 요추까지 뻗어있다. **척수**(spinal cord)를 절단하면 H 모양으로 생긴 회백질 영역으로 둘러싸인 작은 **중심관**(central canal)이 드러난다(▮ **그림 41-5**). 회백질은 대량의 세포체, 수상돌기, 무수 축색돌기, 그리고 신경교 세포로 구성된다.

백질은 회백질 바깥 부분에 있는데 **역**(tract)이나 **경로**(pathway)로 불리는 다발로 배열된 유수 축색돌기로 구성된다. **상행로**(ascending tract)는 충격을 뇌로 전도한다. 예를 들어, 백질의 측면과 후면에 있는 척수 시상로는 피부의 감각뉴런으로부터 통각과 온도 정보를 전달한다. 피라밋로는 **하행로**(descending tract)로서 대뇌로부터 척수의 다양한 지점에 있는 운동 신경으로 충격을 전달한다. 척수신경은 이 장의 후반부에서 설명한다.

뇌를 출입하는 정보를 전달할 뿐만 아니라, 척수는 많은 반사 활동을 조절한다. **반사작용**(reflex action)은 간단한 자극에 대해 비교적 고정된 반응 양식이다. 그 반응은 예측가능하며 자동적이고 의식적 사고를 요하지 않는다. 예를 들면 호흡과 같은, 신체의 많은 활동들이 반사작용에 의해 조절된다.

비록 대부분의 반사작용이 훨씬 더 복잡하긴 하지만, 자극에 대해 반응하는데 있어 단지 3가지 형태의 뉴런만으로 구성된 신경회로가 필요한 **도피반사**(withdrawal reflex)를 살펴보자(▌**그림 41-6**). 당신이 갑자기 불꽃에 손이 닿았다고 가정하자. 거의 즉각적으로 당신에게 무슨 일이 일어났는지 의식하기도 전에, 당신의 손을 피하게 된다. 이런 찰나적인 순간에 피부에 있는 통각 수용기의 감각뉴런으로부터 척수로 메시지가 전달된다.

척수에 있는 조직에서 그 메시지는 감각뉴런으로부터 연합뉴런으로 전달된다. 마지막으로 그 메시지는 적절한 운동뉴런으로

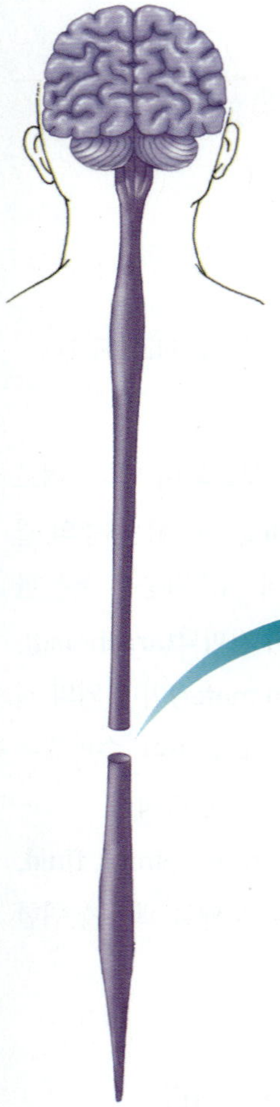

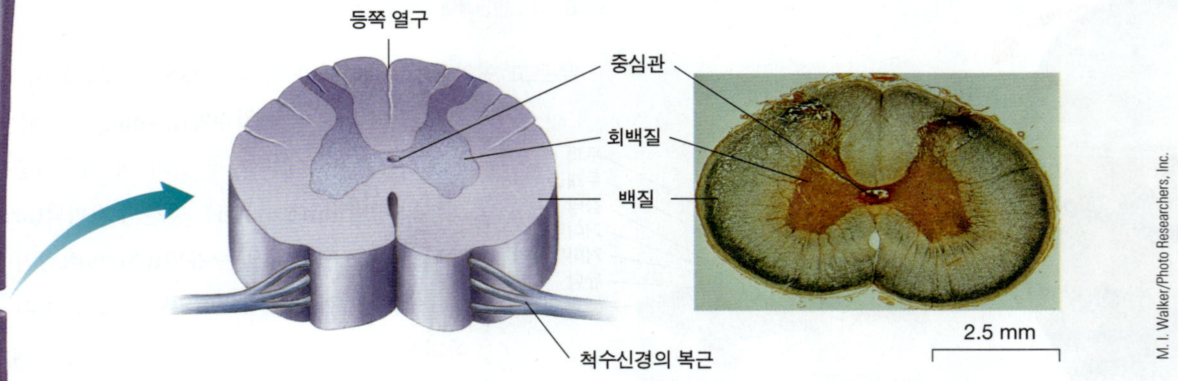

등쪽 열구
중심관
회백질
백질
척수신경의 복근
2.5 mm
M. I. Walker/Photo Researchers, Inc.


**(a)** 척수의 횡단면.

**(b)** 척수 횡단면의 광학현미경 사진.

▌**그림 41-5** 척수의 구조.

척수는 회백질과 백질로 구성된다.

**요점**

반사작용은 자극에 대한 협동적이고 무의식적인 운동이다.

감각뉴런과
연합뉴런 간의 시냅스
감각뉴런의
신경세포체
연합뉴런
1
수용기
3
4
5
근육
2
감각뉴런
운동뉴런의
신경세포체


1 **수용.** 감각수용기는 감각뉴런에게 신호를 보낸다.

2 **전달.** 감각뉴런이 신호를 중추신경계로 전달한다.

3 **통합.** 연합뉴런은 정보를 통합한다.

4 **전달.** 적절한 운동 뉴런이(붉은색) 근육으로 신경충격을 전달한다.

5 **효과기의 작용수용기의 활동.** 근육이 수축하면서 불꽃으로부터 손을 떼게 한다(실제 반응).

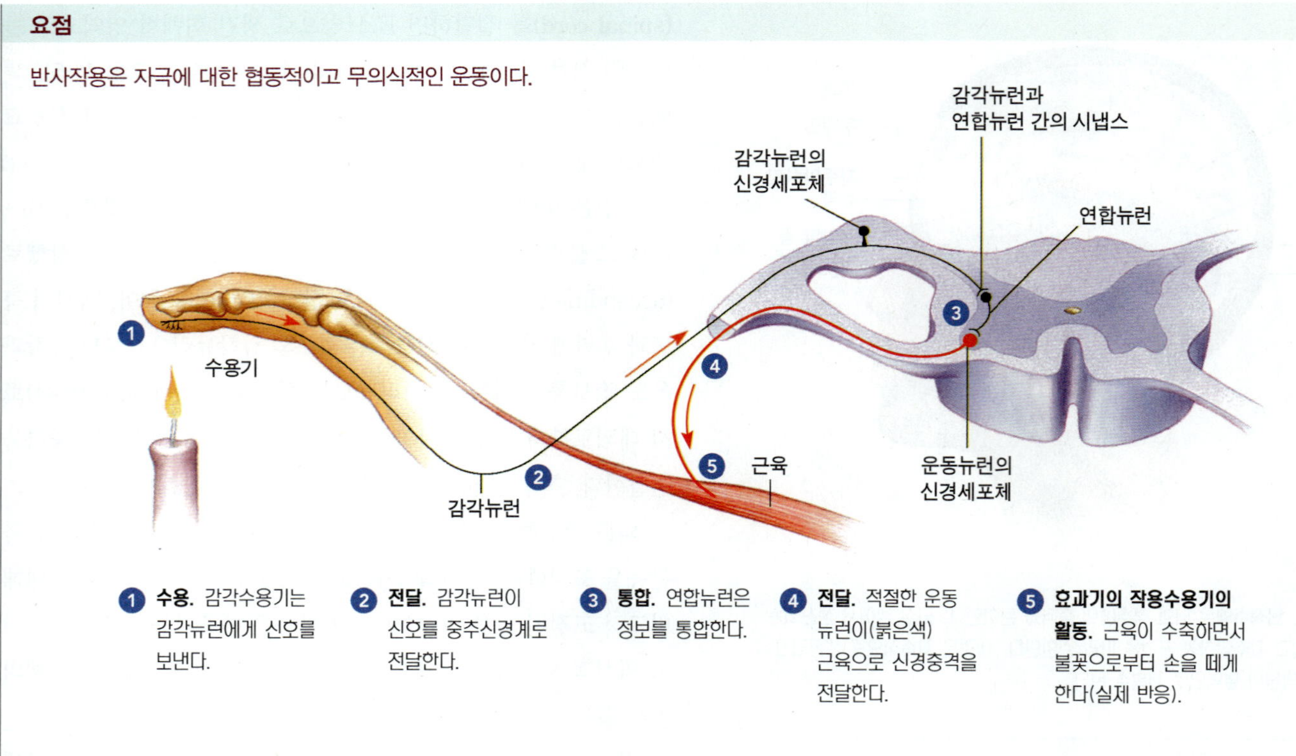

▌**그림 41-6** 도피반사.

전달되며 이는 한 그룹의 근육이 수축하여 팔을 몸의 중심선 쪽으로 움직이도록 반응하면 손을 난로로부터 피하게 된다. 사실 감각, 연합 그리고 운동 신경에 있는 여러 뉴런들이 그러한 작용에 참여하며 복잡한 전환 과정이 관련된다. 일반적으로 우리는 이러한 모든 근육 반응이 존재함을 의식조차 하지 못한다. 요약하면, 신호는 다음의 순서로 도피반사를 통해 전달된다 :

**피부에서 감각 수용체에 의한 수용 ⟶ 감각뉴런이 신호를 전달함 ⟶ CNS 연합뉴런이 정보를 통합함 ⟶ 휴지상태 운동뉴런이 신호를 전달함 ⟶ 근육 수축**

반사 경로가 활성화 되는 동시에, 또한 하나의 메시지가 척수를 따라 올라가서 뇌의 의식영역에 보내진다. 당신이 팔을 뜨거운 난로로부터 피할 때, 무슨 일이 일어났는지 의식하고 통각을 느낀다. 그러나 이러한 의식은 반사 반응부분이 아니다.

## 41.3.2 사람의 뇌에서 가장 두드러진 부분은 대뇌이다

사람 뇌의 구조와 기능은 **표 41-2**에 요약되어 있으며 **그림 41-7**과 **41-8**에 있다. 다른 포유류에서와 같이 사람의 대뇌피질은 좌우 **대뇌반구**(cerebral hemisphere)로 구성되며 기능적으로는 세 영역으로 나뉜다. (1) **감각령**(sensory area)은 감각기관으로부터 유입되는 신호를 수용한다. (2) **운동령**(motor area)은 자발적인 움직임을 조절한다. (3) **연합령**(association area)은 감각령과 운동령을 연결하며 사고, 학습, 언어, 기억, 판단, 그리고 성격을 담당한다. 당신은 양전자 방사 단층 촬영(PET) 사진을 통해 대뇌에서의 일부 기능적인 위치를 있는 볼 수 있을 것이다(**그림 41-9**).

연구자들은 대뇌피질에 표시를 하여 각기 다른 기능을 담당하는 영역을 나타낼 수 있게 되었다. **후두엽**(occipital lobe)은 시각중추를 포함한다. 이 영역을 자극하면 심지어 머리 뒷 부분에 타격을 가하여도 빛을 감지하도록 할 수 있으며, 이 부분을 제거하면 볼 수 없게 된다. 청각중추는 귀 바로 위쪽에 있는 뇌의 **측두엽**(temporal lobe)에 위치하며 이 부분을 타격하면 소리를 감지한다. 양쪽의 청각령을 모두 제거하면 소리를 듣지 못하게 된다. 하나만 제거하면 다른 쪽 귀는 들을 수 있지만 양쪽 귀 모두의 청각 민감도를 떨어뜨린다.

**표 41-2**

**사람의 뇌**

| 구조 | 설명 | 기능 |
|---|---|---|
| 뇌간 | | |
| 연수 | 척수와 연속됨; 주로 척수로부터 뇌의 나머지 부분으로 지나는 신경으로 구성됨 | 심박수, 호흡, 혈압을 조절하는 생명중추(뉴런 세포체 다발)을 포함; 삼키기, 기침, 구토 조절의 중추를 포함 |
| 뇌교 | 뇌간 전면에 돌출형성 | 뇌의 여러 부분을 서로 연결함; 호흡과 수면 중추를 포함 |
| 중뇌 | 뇌교의 바로 윗부분 | 시각과 청각 반사중추 (예, 동공반사, 눈깜짝 반사, 귀의 소리크기 적응) |
| 시상 | 뇌간의 최상부에 위치 | 척수와 대뇌 사이의 정보 이행을 위한 감각 중계 중추; 시상의 뉴런들은 대뇌의 적절한 뉴런으로 메시지를 전달하기 전에 모든 입력되는 감각정보(후각 제외)를 분류하고 해석함 |
| 시상하부 | 시상의 바로 아래에 있음; 신경조직 줄기가 뇌하수체를 시상하부와 연결 | 체온, 식욕, 지방 대사와 특정 감정의 조절 중추를 포함; 뇌하수체의 조절 |
| 소뇌 | 뇌의 두 번째 큰 부위 | 근육협동과 섬세한 움직임을 위한 반사중추 |
| 대뇌 | 사람의 뇌에서 가장 크고 두드러진 부위; 세로균열이 대뇌를 좌우 반구로 나누며, 각각은 전두엽, 두정엽, 측두엽 그리고 후두엽으로 나뉨 | 지능, 기억, 의식 그리고 언어의 중추; 또한 지각기능과 운동기능을 조절 |
| 대뇌피질 (외측 회백질) | 뇌회(주름)를 따라 배열되어 표면적을 증가시킴; 기능적으로 대뇌피질은 다음으로 나뉨<br>1. 운동령<br>2. 감각령<br>3. 연합령 | <br><br>수의근의 움직임 조절<br>눈, 귀, 압각과 촉각 수용기로부터 입력되는 정보 수용<br>지능, 기억, 언어, 감정 부위; 입력되는 감각정보 해석 |
| 백질 | 뇌의 여러 지역을 연결하는 유수 축색돌기로 구성됨; 이러한 축색돌기는 다발(역)으로 배열되어감 | 다음을 연결함:<br>1. 같은 반구 내의 뉴런들<br>2. 좌반구와 우반구<br>3. 뇌의 다른 부분들과 척수를 대뇌와 연결 |

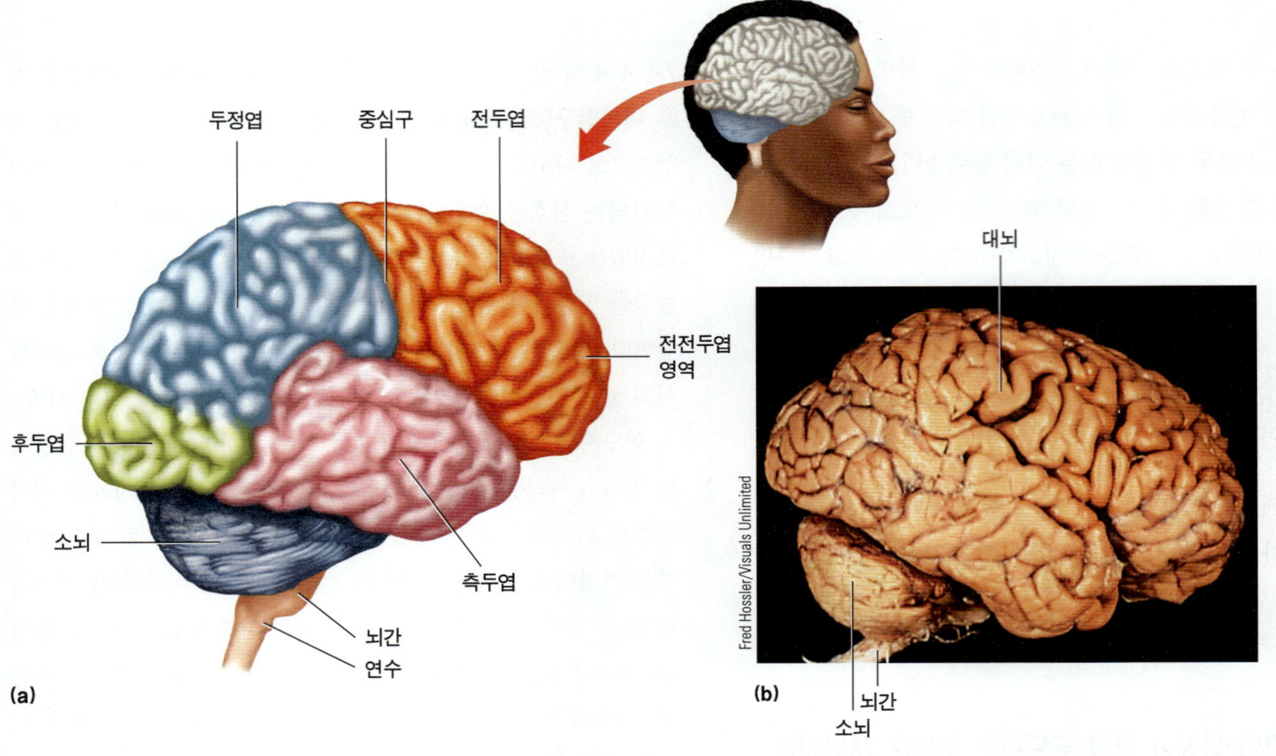


**그림 41-7 사람의 뇌.**

사람의 뇌. 외측면. 간뇌와 뇌간의 일부는 대뇌로 덮여 있다. **(a)**그림과 **(b)**사람 뇌의 사진을 비교하며 보라.

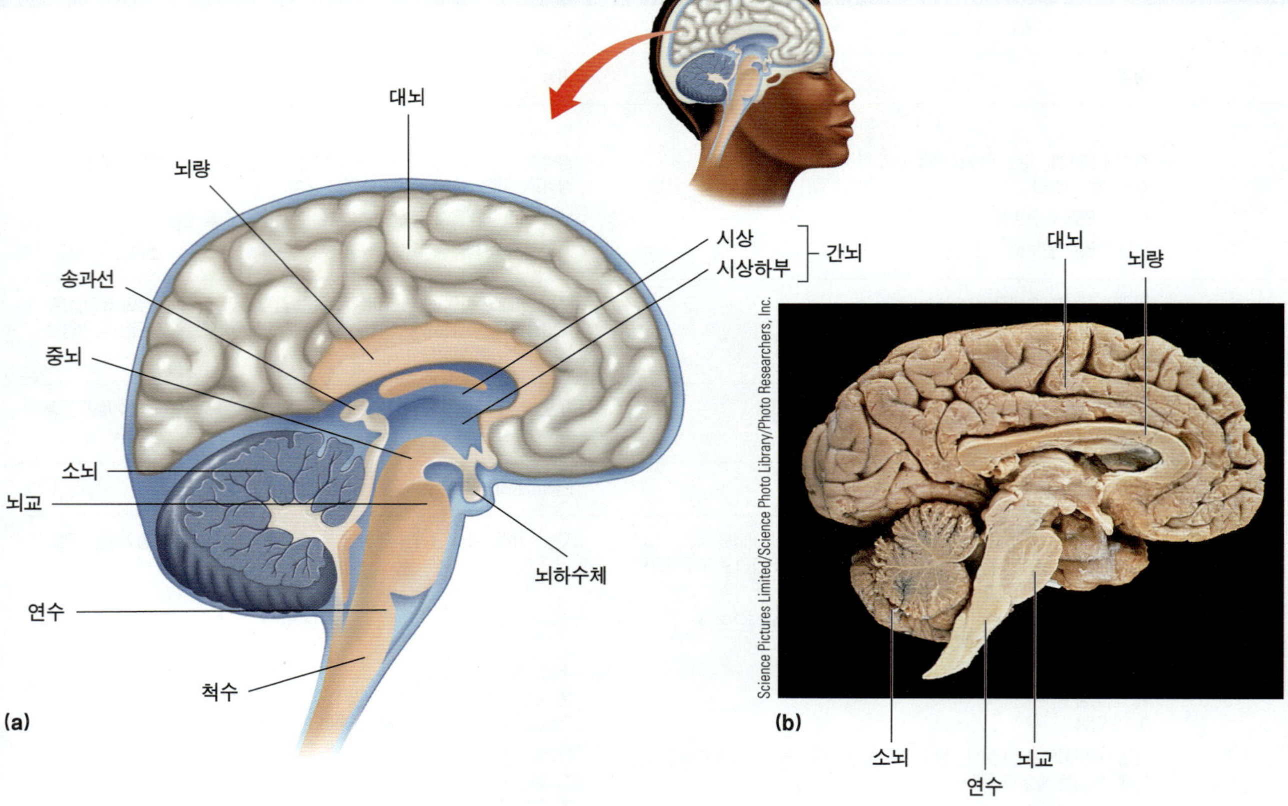

**그림 41-8 사람의 뇌에서의 정중 절단 단면.**

뇌의 절반을 잘라내어, 정상적으로는 대뇌에 의해 덮여있는 구조들을 노출시켰다. 모식도**(a)**와 사람의 뇌의 사진**(b)**을 비교해 보라.

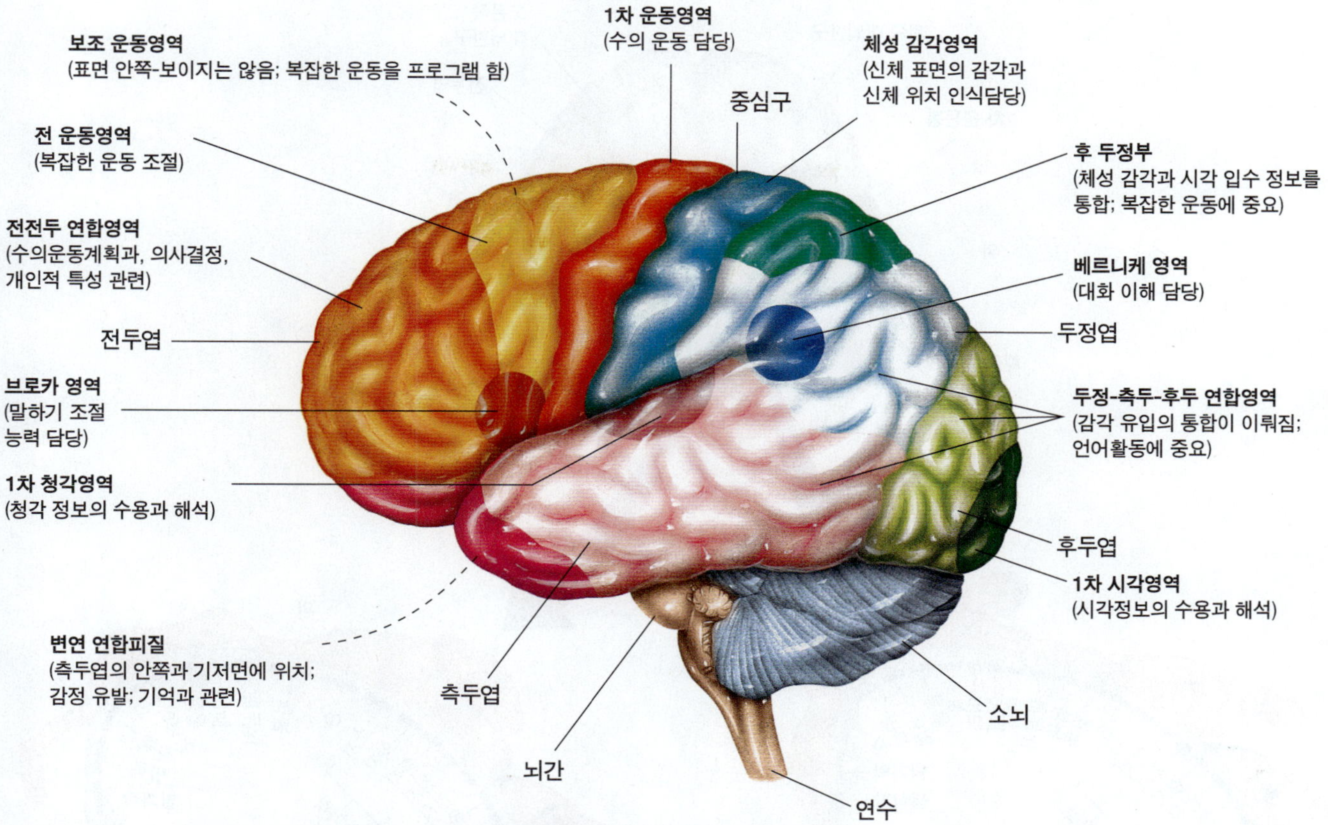

보조 운동영역
(표면 안쪽-보이지는 않음; 복잡한 운동을 프로그램 함)
1차 운동영역
(수의 운동 담당)
체성 감각영역
(신체 표면의 감각과
신체 위치 인식담당)
중심구
전 운동영역
(복잡한 운동 조절)
후 두정부
(체성 감각과 시각 입수 정보를
통합; 복잡한 운동에 중요)
전전두 연합영역
(수의운동계획과, 의사결정,
개인적 특성 관련)
베르니케 영역
(대화 이해 담당)
전두엽
두정엽
브로카 영역
(말하기 조절
능력 담당)
두정-측두-후두 연합영역
(감각 유입의 통합이 이뤄짐;
언어활동에 중요)
1차 청각영역
(청각 정보의 수용과 해석)
후두엽
1차 시각영역
(시각정보의 수용과 해석)
변연 연합피질
(측두엽의 안쪽과 기저면에 위치;
감정 유발; 기억과 관련)
측두엽
소뇌
뇌간
연수


**(a)** 대뇌피질의 다양한 영역들은 각각 신경 처리의 특별한 종류들을 담당한다(뇌의 측면 사진).

MAX
MIN
듣기
보기
말하기
생각하기


Courtesy of Washington University School of Medicine, St. Louis

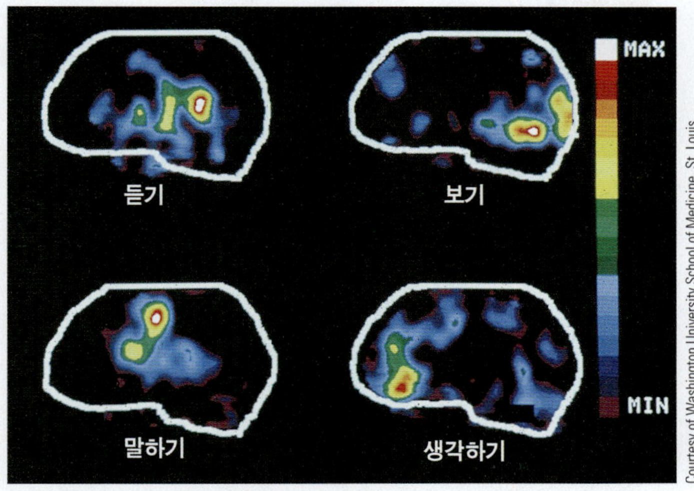

**(b)** 양전자 방사 단층 촬영(PET)에서 개별적인 다양한 일을 수행할 때 밝게 보이는 뇌의 특정 영역을 관찰하였다. 뇌의 구체적제적인 영역이 더 활동적일 때, 더 많은 피가 그 영역으로 흐른다. PET 사진은 혈류의 정도를 감지한다. 따라서 PET 사진은 구체적인 일을 할 때 뇌의 사진을 나타낸다.

**그림 41-9** 대뇌의 기능적 영역.

각각 반구의 꼭대기 중심부에서 측면으로 갈라져있는 고랑은 **중심구**(central sulcus)라고 부른다. 이 고랑은 부분적으로 전두엽(frontal lobe)과 **두정엽**(parietal lobe)을 분리한다. 전두엽은 중요한 운동영역과 연합 영역을 가진다. **전전두엽 피질**(prefrontal cortex)는 각각의 전두엽에 있는 연합영역이며 이 각각의 전두엽은 정보를 평가하고 판단과 결정을 내리며, 계획을 짜고, 반응을 조직화하는 것에서 중요하다. 전두엽에 있는 운동령은 골격근을 조절한다. 두정엽에 있는 **체성 감각령**(somatosensory area)은 피부에 있는 감각기관으로부터 열, 추위, 촉각 그리고 압각에 관한 정보를 받아들인다. 이 부위는 몸의 자세를 통하여 정보를 받아들이기도 한다.

뇌에서 신체 부위를 담당하는 운동령의 크기는 근육의 양에 비례하는 것이 아니라 관련된 움직임의 복잡성에 비례한다. 그러므로 손과 얼굴을 조정하는 영역은 비교적 크다는 것을 예측할 수 있다(**그림 41-10**). 감각령과 그것이 수용하는 피부의 민감도 사이에도 유사한 관계가 있다. 뇌와 신체를 연결하는데 있어서 몸의 반대쪽 부분을 한쪽 부분의 뇌가 담당하는 신경 교차가 있을 뿐 아니라 대뇌 피질의 상부가 신체 하부를 조절하는 또 다른 "반전"이 있다.

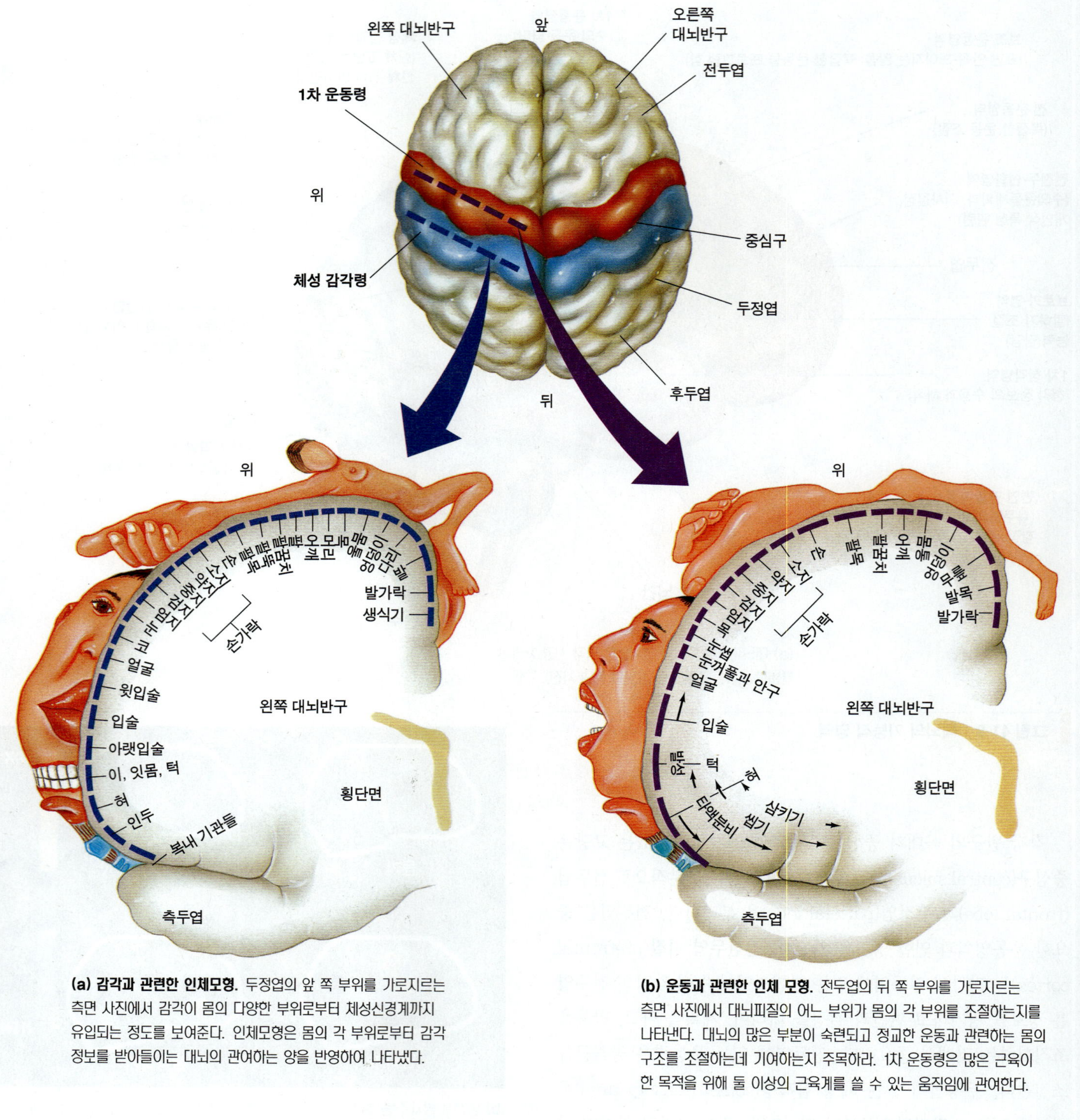


**(a) 감각과 관련한 인체모형.** 두정엽의 앞 쪽 부위를 가로지르는 측면 사진에서 감각이 몸의 다양한 부위로부터 체성신경계까지 유입되는 정도를 보여준다. 인체모형은 몸의 각 부위로부터 감각 정보를 받아들이는 대뇌의 관여하는 양을 반영하여 나타냈다.

**(b) 운동과 관련한 인체 모형.** 전두엽의 뒤 쪽 부위를 가로지르는 측면 사진에서 대뇌피질의 어느 부위가 몸의 각 부위를 조절하는지를 나타낸다. 대뇌의 많은 부분이 숙련되고 정교한 운동과 관련하는 몸의 구조를 조절하는데 기여하는지 주목하라. 1차 운동령은 많은 근육이 한 목적을 위해 둘 이상의 근육계를 쓸 수 있는 움직임에 관여한다.

**그림 41-10** 1차 운동령과 1차 감각령의 지도.

기능을 알고 있는 모든 영역을 알아보면 이들은 쥐의 대뇌 피질의 전부를 차지하며 나머지 피질영역은 연합령이다. 대체로 연합령은 뇌에 도달하는 다양한 모든 충격들을 통합하여 적절한 반응을 결정한다. 연합령의 기능이 손상되면 특정한 종류의 상징을 인식하는 능력이 손실되는데 사물의 기능은 기억하고 이해할 수 있지만 그 사물의 이름은 잊어버린다.

대뇌의 백질은 대뇌피질의 밑에 있다. 백질의 신경섬유들이 피질을 서로서로 연결하며 신경계의 다른 부분들도 연결한다. **뇌량**

(corpus callosum)은 백질로 된 커다란 띠로서, 좌우 반구를 연결한다(그림 41-8).

대뇌 백질의 깊숙한 부분에 한 쌍의 핵(회백질)으로 이루어진 **대뇌 기저핵**(basal ganglia)이 있다. 이러한 핵은 움직임을 조절하는데 중요한 역할을 한다. 대뇌 기저핵은 중뇌에 위치하는 **흑색질**(substantia nigra)로 신호를 전달한다. 대뇌 기저핵으로 뻗어 있는(돌출된) 뉴런에서 감각-운동 조정에 필수적인 신경전달물질인 **도파민(dopamine)**이 생성되는데 이러한 도파민은 운동기능에 관련된 억제성 뉴런과 흥분성 뉴런 간의 균형유지를 돕는다. 흑색질로부터 나오는 그 외의 뉴런들은 시상에 있는 핵에 신호하여 차례로 정보를 운동 피질에 중계하도록 한다. 흑색질 뉴런은 시상이 신경전달물질인 **γ-아미노부티르산(gamma-aminobutyric acid, GABA)**을 방출하도록 신호한다. 이러한 영역이 어떻게 하여 함께 운동기능을 조절하는지는 아직 완전히 이해하지 못 하고 있다.

### 41.3.3 뇌 활동은 수면-각성 패턴으로 주기를 가진다

뇌의 여러 부분에 있는 수 천 개의 활동 뉴런에 의해 발산되는 전위, 또는 "뇌파"를 측정하고 기록함으로서 뇌 활동을 연구할 수 있다. 이러한 전기적 활동은 뇌파계라고 부르는 장치로 기록이 가능하다. **뇌전도(electroencephalogram, EEG)**라고 부르는데, 이러한 전기적 활동을 측정하기 위해서는 두피의 여러 부분에 전극을 붙인 후 대뇌피질의 활동을 측정한다. EEG는 뇌가 지속적으로 활동한다는 것을 보여준다. 가장 표준적인 활동을 나타내는 것은 **알파-파**(alpha wave)인 것 같은데, 이는 매초 열 번의 비율로 규칙적으로 발생한다(그림 41-11).

알파-파는 피 실험자가 조용히 눈을 감고 휴식상태일 때 주로 후두엽의 시각령에서 발생한다. 눈을 뜨면 알파-파는 사라지고 좀 더 빠르고 불규칙적인 파가 나타난다. 당신이 이 생물학책을 읽는 동안, 당신의 뇌는 **베타-파**(beta wave)를 방출한다. 베타-파는 빠른 주파수를 가지며, 정보처리와 같은 고조된 정신활동을 나타내는 것으로 생각된다. 수면상태 동안 뇌는 좀더 긴 파장이며 증폭이 큰 파장을 방출한다. 수면의 특정 단계와 연관된 느리고 긴 파장은 **델타-파**(delta wave)와 **세타-파**(theta wave)로 부른다. 꿈을 꾸는 동안에는 파장이 불규칙하게 동요한다.

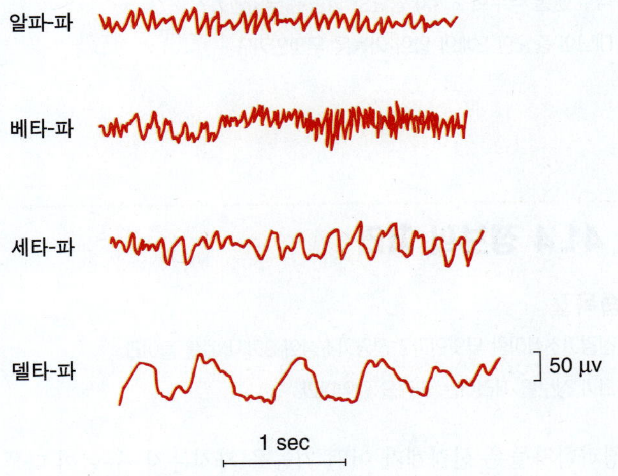


**그림 41-11 뇌에서의 전기적 활동을 보여주는 뇌전도.**

휴식 상태의 특징인 규칙적인 파장은 알파-파라고 한다. 정신 활동 중에는 빠르고, 낮은 진폭의 베타-파가 압도적이다. 다양한 단계의 수면 중에 만들어진 기록은 세타-파와 델타-파로서 주파수가 낮고 진폭이 매우 크다.

#### (1) 수면은 2가지 중요한 단계를 가진다

**수면(sleep)**은 의식이 변경되어 대뇌 피질의 전기적 활동이 감소하는 기간이며, 다시 깨어 날 수 있다. 수면은 **non-REM**과 **REM**의 크게 두 단계를 알아 볼 수 있다. REM은 rapid eye movement의 머릿글자이다. non-REM수면은 때때로 보통 수면이라고 불리는데 이 동안에는 물질대사율이 감소하고 호흡이 느려지며 혈압이 떨어진다. 느린 파장이며 진폭이 큰 파장(세타-파와 델타-파)이 non-REM수면에 특징이다. 이러한 전기적 활동은 대뇌가 뇌의 다른 부분으로부터의 충격파가 없을 때 자발적으로 발생하는 것으로 생각된다.

90분 정도마다, 수면자는 잠시 동안 REM단계에 들어간다. 전체수면 시간의 약 1/4를 차지하는 이 단계 동안, 안구가 감긴 눈꺼풀 밑에서 재빨리 움직인다.

#### (2) 시상하부와 뇌간은 수면-각성 주기를 조절한다

연구자들은 쥐를 사용하여, 시상하부에 있는 *시삭전핵 영역*(preoptic area)을 자극하면 non-REM수면을 한다는 것을 알아냈다. 시삭전핵은 신체의 생체시계에 가장 중요한 것으로 보이는 **교차상핵(suprachiasmatic nucleus)** 근처에 위치한다. 교차상핵은 눈의 망막으로부터 빛과 어둠의 지속에 대한 정보를 수용하여 외관상으로는 이 정보를 시삭전핵으로 전달한다.

**멜라토닌(melatonin)**은 송과체(pineal gland)에서 분비되어지는 호르몬으로써 또한 수면 각성주기를 조절하는 역할을 한다. 이 분비샘에서는 밤 동안 분비되는 멜라토닌의 양이 낮에 분비되는 멜라토닌 양보다 10배 이상 많다. 우리가 시간이 다른 지역으

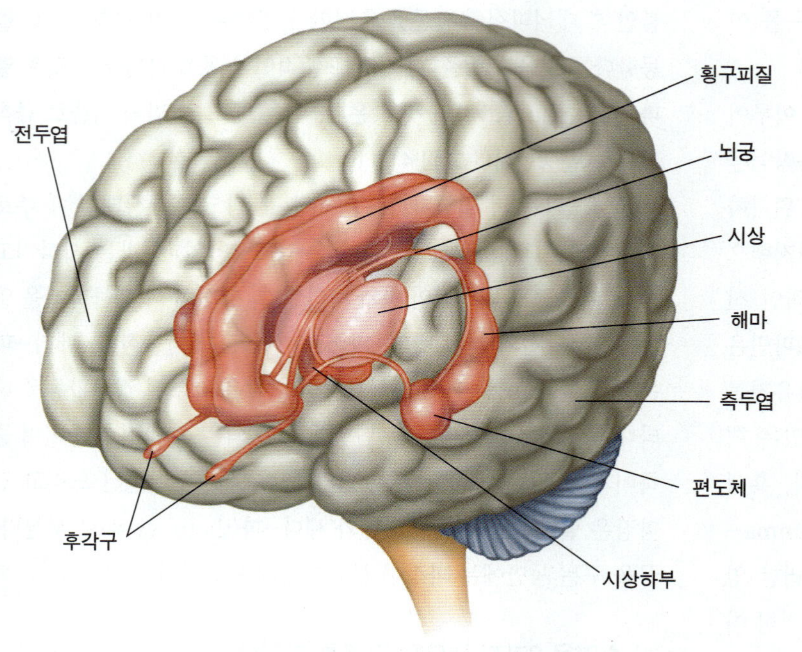


**그림 41-12 대뇌변연계.**

대뇌변연계는 뇌간을 둘러싼 전뇌의 고리구조로 구성되며 복잡한 신경 통로에 의해 연결되어있다. 대뇌변연계는 동기유발과 행동의 감정적인 측면을 조절하는데 매우 중요하다.

로 이동하여 몸이 빛-어둠주기에 더 이상 적응 할 수 없게 되면, 시차라고 부르는 피로감과 육체적, 정신적 저하감이 생긴다. 비록 조류, 포유류와 많은 다른 동물들이 수면-각성 주기를 가지지만 신경생리학자들은 왜 수면이 필요한 것인지 아직 알지 못한다. REM수면은 학습과 기억을 처리하는데 중요한 역할을 한다.

### 41.3.4 대뇌변연계는 행동의 정서적 측면에 영향을 준다

모든 포유류에 존재하는 **대뇌변연계**(limbic system)는 행동의 정서적 측면에 영향을 끼치고 보상을 평가하며, 동기부여에 있어서 중요하다. 대뇌변연계는 또한 성행동, 생체리듬, 그리고 자율신경 반응에 관여한다. 뇌의 활동계인, 대뇌변연계는 일부의 대뇌(일부의 전두엽, 측두엽, 해마와 편도체), 일부의 시상 그리고 시상하부, 중뇌의 여러 핵들, 그리고 이러한 구조물들을 연결하는 신경 경로들을 포함한다(**그림** 41-12). 대뇌변연계는 내분비계와 신경계의 자율 신경계의 분화에 관여한다.

**해마**(hippocampus)는 언어와 감정 기억의 형성과 검색 기능을 한다. 그것은 우리의 경험을 부류에 따라 나누게 하고 유사한 기억끼리 저장한다. **편도체**(amygdale)는 들어오는 감각 정보를 통과시킴으로써 감정적 요구와 생존에 관한 흐름에 따라 이를 해석한다. 감정은 우리가 자발적으로 경험하는 감을 느끼는 상태이다. 이는 마음과 몸 모두를 포함한다. 사람은 두려움이나 화, 슬픔, 기쁨과 같은 감정을 표현하는 능력을 가진 채 태어난다. 두려움을 인식할 때 편도체는 뇌의 다른 부분으로 정보를 전달함으로써 그에 관한 반응을 승인한다. 대뇌변연계의 이러한 부분은 두려움이나 공격에 대한 경험에 중요하다. 편도는 정신적 쇼크의 경험 다음의 가능한 위험에 대하여 과도 민감해지게 된다.

대뇌변연계의 구조는 유아의 생후 첫 해 동안 돌보아준 사람과 함께 형성된 긴밀한 유대감을 기초로 한다. 유아와 돌보아준 사람 사이의 형성된 안정적인 애정 관계의 발달은 어린 아이와 다른 인간 사이에서의 미래의 감성과 사회성의 모든 관계의 기초가 된다. 어린 아이와 돌보아준 사람 사이의 초기 애정 관계의 질은 뇌의 발달과 미래 행동에 영향을 미친다. 건강한 애정 관계는 아이가 감정을 표현하도록 하고 감정을 어떻게 조절하는지 배우는 기초를 제공한다. 또한 애정관계는 개개인이 나중에 삶에서 정신적인 쇼크를 받았을 때 어느 정도로 상처 받기 쉬운지를 결정한다.

**복습**

- 사람의 CNS는 어떻게 보호 되는가? 뇌척수액의 기능은 무엇인가?
- 척추 동물 척수의 2가지 중요한 기능은 무엇인가?
- 대뇌의 중요한 2개의 엽의 기능은 무엇인가?

## 41.4 정보의 처리

**학습목표**

**7** 신경가소성이란 무엇인가? 신경가소성의 3가지 예를 들어라.
**8** 뇌가 정보를 처리하는 과정을 요약하라.

신경과학자들은 신경계가 어떤 기능을 가지는지-뉴런이 다른 뉴런과 어떻게 신호를 주고 받는지 연결되는지 심장 박동수와 호흡, 수면 패턴과 같은 기초적인 기능을 수행하는지 또한 우리가 어떻게 학습하고 기억하는지에 관해 이해하기 시작하는 중이다. 흥미로운 질문은 이러한 기능이 **배선**(hard-wired)에 의한 것인지, 미리 준비되어 있는 것인지에 관한 것이다. 심지어 매우 단순한 신경계를 지닌 동물도 학습을 할 수 있다. 그들은 보상과 관련된 행동을 반복하고 고통을 일으키는 행동을 피함으로써 학습한다. 이러한 행동의 변화는 **신경가소성(neural plastasity)**, 즉 경험에 반응하여 변화하는 신경계의 능력으로 인해 가능한 것이다. 그런 변화는 구조와 기능을 수정케 한다. 배선으로 한 번에 생각되는 뇌의 다양한 부분은 변화가 가능하며 융통성이 있음이 이제 밝혀졌다. 인간의 자동차 운전 능력에서 신경가소성에 관한 유사한 예는 걷고 자전거 타고 야구공을 잡는 것을 배우는 것을 포함한다. 처음 우리는 매우 성가시지만 당신의 행위의 연습으로 인해 점점 더 부드러워지고 정교해지게 된다. 어떤 일이 일어나는 동안 뇌에서 반드시 변화가 일어난다. 비슷하게도 언어를 배우고 문제를 해결하고 과학적인 실험을 수행하는 능력은 신경가소성에 달려있다.

캐나다의 심리학자인 **헵(Donald O. Hebb)**는 1949년도에 2개의 뉴런이 즉시 활동하는 시냅스(전시냅스와 후시냅스)에 의해 연결 되어 있을 때 시냅스는 강화된다는 가설을 제시했다. 1973년 영국의 연구인, **블리스(T.V.P Bliss)**와 **로모(T.J Lomo)**는 **헵**의 가설을 뒷받침하는 실험적 증거를 밝혔다. 토끼의 뇌를 관찰했을 때, 높은 강도의 전기적 자극으로 해마(정보를 기억으로 전환하는 부위) 그 결과 오랜 시간동안 시냅스의 강화가 일어났다. 우리는 "함께 자극되고 함께 이어지는 뉴런"에 관한 **헵**의 원리를 신뢰할 수 있다.

## 41.4.1 학습은 정보를 저장하고 그것을 회복하는 일을 포함한다

**학습(learning)**은 우리가 경험의 결과로 정보를 습득하는 과정이다. 학습이 일어나기 위해서는 우리는 반드시 경험한 것을 기억할 수 있어야 한다. **기억(memory)**은 정보가 암호화 되고 저장되며 검색되는 과정이다.

절차상 기억이라고도 하는 **잠재적 기억**(implicit memory)은 예를 들어 자전거를 타는 것과 같이, 지각적이거나 운동 기술에 관한 무의식적인 기억이다. 잠재적 기억은 어떤 것을 하기 위하여 "어떻게"에 관한 것이고 그것이 반복되어지기까지 반복되는 행동을 수반한다. **명시적 기억**(explicit memory)은 사람, 장소 또는 사물에 관한 사건적인 기억에 관여하며 정보를 의식적으로 회상하는 것이 필요하다. 해마는 명시적 기억을 상기해내고 형성하는데 매우 중요하다.

### (1) 정보 처리는 단기-기억과 장기-기억을 수반한다

매 순간 당신은 수 천 가지의 감각정보에 노출되는데 대부분의 감각 자극은 기억하기에는 중요하지 않음으로 걸러진다.

우리가 기억할 정보를 선택할 때 정보 처리는 단지 몇 분간만 지속되는 **단기-기억**(short-term memory)과 몇 년 동안까지도 지속되는 **장기-기억**(long-term memory) 2가지 모두를 수반한다.

일반적으로 우리는 단기-기억에서 한 번에 단지 일곱 토막의 정보(토막은 단어, 음절, 또는 숫자와 같은 어떤 단위)만을 유지할 수 있다. 단기-기억은 몇 분 동안 정보를 회상할 수 있다. 예를 들어 우리가 전화번호를 찾아 볼 때 우리는 그것을 단지 다이얼을 돌릴 동안만 기억한다. 한 시간이 지난 후에 다시 같은 번호를 필요로 하게 되면, 우리 대부분은 그것을 다시 찾아야 할 것이다. 반향회로가 단기-기억에 관계된다는 가설이 있다.

해마는 일시적으로 새로운 정보를 보유하고 냄새, 소리 그리고 다른 정보들을 포함하여 하나의 경험에 대한 다양한 측면들을 통합할 것이다. 해마에 의존하는 **기억의 강화(memory consolidation)**는 기억이 오랜 기간 동안 저장되게 해준다. 강화는 유전자의 표현과 단백질합성을 포함하며 시냅스에서의 새로운 신경 접합에 달려 있다. 뇌는 기억을 강화하기 위하여 시간을 필요로 한다.

장기-저장에 대한 정보가 선택되면, 뇌는 그 자료를 암송하고 유사한 기억과 관련 지워서 장기-기억에 저장한다. 우리는 뇌에서 이미 저장된 다른 지식과 함께 새로운 정보를 통합한다. 어떤 사람이 뇌진탕이나 전기 충격 요법을 치료받고 있다면 그 사건 직전에 발생한 기억은 완전히 상실 될 수도 있다. 이것을 *역행성 기억상실*(retrograde amnesia)이라고 한다. 해마가 손상되면 단기-기억은 손상되지 않으며 환자는 여전히 과거에 저장된 정보를 회상할 수 있다. 그러나, 새로운 단기-기억은 더 이상 장기-기억으로 전환 되지 못 한다.

기억은 어디에 저장 되는가? 포유류의 대뇌피질이 광범위하게 파괴되면, 정보는 손실된 조직의 범위에 다소 비례하여 유실된다. 그러나 "기억은행"이라고 불릴만한 특수한 영역은 찾을 수 없다. 오히려, 기억은 뇌의 여러 감각령에 저장되는 것 같다. 예를 들면, 시각 기억은 후두엽에 있는 시각 중추 내에 저장되며, 청각 기억은 측두엽에 저장되는 것이다. 과학자들은 기억은 대뇌 피질의 연합령, 편도와 해마, 그리고 시상과 시상하부 등을 포함하는 뇌의 여러 지역에서 통합되는 것으로 생각하고 있다. 측두엽에 있는 베르니케 영역(Wernicke's area)은 복잡한 사고 과정에 있어 매우 중

**요점**

글루탐산이 NMDA 수용체에 결합하면, $Ca^{2+}$이 시냅스후 뉴런으로 들어가 장기기억강화(LTP)를 일으키도록 하는 세포 내 신호전달계를 활성화시킨다.

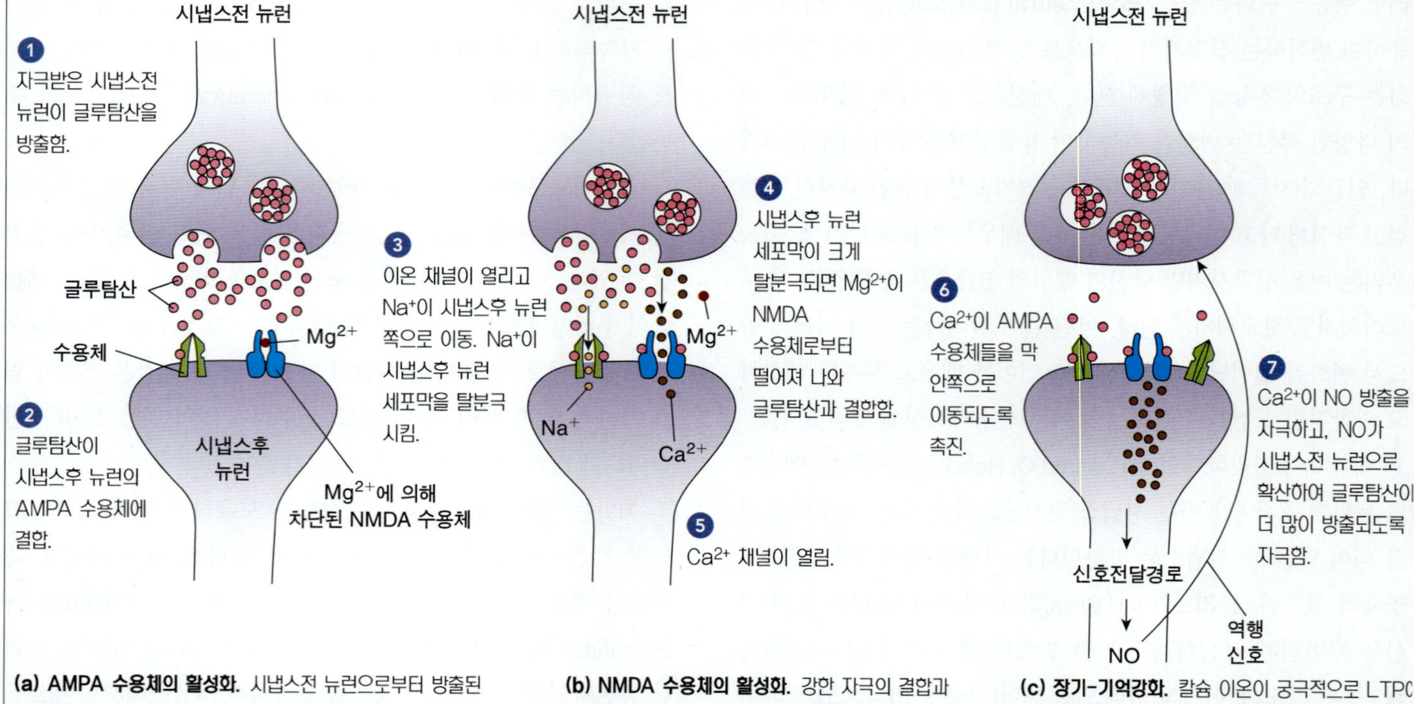


**(a) AMPA 수용체의 활성화.** 시냅스전 뉴런으로부터 방출된 글루탐산은 시냅스후 뉴런의 AMPA 수용체에 결합한다.

**(b) NMDA 수용체의 활성화.** 강한 자극의 결합과 결합한 글루탐산이 NMDA 수용체를 활성화시킨다.

**(c) 장기-기억강화.** 칼슘 이온이 궁극적으로 LTP에 관여하는 변화를 유도하는 통로를 활성화시킨다.

**그림 41-13 장기-기억강화(LTP) 기작에 관해 제안된 모델.**

요한 연합령으로 밝혀졌다. 이 영역은 단어의 인식과 해석에 관한 언어 기능의 중요한 중추이다. 이 연합령 내에 있는 뉴런은 복잡한 반향을 가능케 하는 고도로 복합적인 경로를 형성하고 있다.

## (2) 학습 동안의 신경 생리학적 변화

단기-기억은 시냅스후 뉴런의 신경전달물질 수용체에서의 변화와 관련한다. 이들 변화는 시냅스 연결을 강화한다. 그 수용체는 2차 전달자(예를 들면, cAMP)에 의해 원형질막에서 이온 채널에 연결된다.

어떤 유형의 학습에 있어서, 시냅스전 말단이나 시냅스후 뉴런에서 변화가 일어나서 충격 전달을 영구히 강화하거나 억제한다. 어떤 경우에는 특정 뉴런이 신경전달물질에 대해 좀더 민감하게 변한다. 뉴런은 일반적으로 흥분하여 활동전위를 전달하고 각 활동전위가 방출시키는 신경전달물질의 양은 증가하거나 감소한다.

뉴런을 전기적으로 반복하여 자극하면 시냅스에서 기능적 변화가 일어난다고 했던 것을 기억하라. 전기 충격을 자주 반복하면 시냅스후 뉴런에서 장기적으로 증가된 반응을 보인다. 이런 시냅스 결합 강도가 증가하는 것을 **장기-강화(LTP, long-term potentiation)**라고 한다(강화는 강하게 하거나 더욱 효력 있게 만드는 것을 의미한다). (**그림 41-13**). 반면에 뉴런의 주어지는 자극의 빈도가 줄어들면 그들의 시냅스 결합의 강도가 장기적으로 줄어드는데 이를 **장기-억제(LTD, long-term depression)**, 또는 **시냅스 억제**(synaptic depression)라고 한다. 정보 저장과 망각은 LTP와 LTD에 의해 야기되는 시냅스 결합의 강화나 약화에 의한 것으로 보인다. LTP와 LTD의 유도는 2종류의 수용체의 활성화를 요구한다. NMDA 수용체와 AMPA 수용체. 시냅스후 뉴런에서 원형질막에 존재하는 이 수용체들은 뉴런 안으로의 칼슘 이온 통과를 조절한다. NMDA 수용체는 칼슘 채널을 열게 함으로써 글루탐산이라는 신경전달물질에 반응한다. 그러나 시냅스후 뉴런이 휴지막전위에 있을때 NMDA 이온 채널은 마그네슘에 의해 봉쇄된다.

### (3) 장기-기억은 유전자 발현을 수반한다

장기-기억에서는 유전자 발현과 단백질 합성이 일어난다. 이 과정은 더 느리지만 오래 지속되는 시냅스 결합에 변화를 일으킨다. 장기 기억은 활성화 된 수용기가 G단백질과 연계되는 것에 달려 있다. 고리형AMP(cAMP)는 2차 전달자의 역할을 한다. 고리형AMP(cAMP)의 농도가 높아지면 단백질인산화효소를 활성화 시키고 이는 핵으로 들어가서 유전자 발현과 단백질 합성을 일으킨다. 이 과정에서, 단백질인산화효소는 **CREB**(cyclic AMP response element binding protein)로 알려진 조절단백질(전사인자)을 인산화 한다. 다음으로 CREB는 특정 유전자에 전사과정을 작동시킨다. CREB는 초파리나 쥐를 포함한 여러 동물들에게서 기억 경로의 신호 분자로 보인다. 학습과 기억에 관련 된 이 분자나 과정들은 동물 발전 과정 중에 고도로 보존되어 있다.

### (4) 경험은 발달과 학습에 영향을 미친다

쥐와 다른 실험 동물들을 통한 많은 연구들에서, 신경가소성(neural plsticity)은 풍부한 환경 조건에 달린 것으로 밝혀졌다. 평범한 케이지에서 기본적 필요요소들만 제공하고 키운 쥐와는 달리, 풍부한 환경에서 키운 쥐에게는 다른 쥐들과의 사회적 상호작용의 기회뿐만 아니라 장난감이나 다른 자극을 줄 수 있는 물체들도 주었다. 복잡한 환경에서 키워진 동물들은 그럼 이점을 주지 않은 동물들 보다 시냅스 결합이 증가하였으며 정보를 좀더 빨리 검색하고 기억할 수 있다. 풍부한 환경에서 키운 쥐는 해마에서 뉴런의 숫자가 엄청나게 증가하였고 실험군 쥐가 대조군 쥐 보다 매우 빨리 미로를 배웠다.

## 41.4.2 언어는 이해와 표현을 포함한다

언어는 우리가 물체를 상징하고 생각을 전달하기 위한 단어를 사용하는 의사소통의 한 형태이다. 대부분의 사람들은 언어를 담당하는 뇌의 부위가 좌반구에 위치한다고 한다. 측두엽에 위치한 **베르니케 영역**(Wernicke's area)은 언어를 이해하는데 중요한 중심이다(그림 41-9). 이 영역은 우리가 말하고 쓰는 말 모두를 번역하고 인식하는데 도움을 준다. 베르니케 영역은 또한 말의 순서와 선택을 형식화하고 **브로카 영역**(Broca's area)에 정보를 제공하는데 도움을 준다. 좌측 전두엽에서 운동령 근처에 위치한 브로카 영역은 우리가 말하는 능력을 조절한다. 브로카 영역은 언어를 처리하고 말하기를 이해하는데 중요하다.

**복습**

- 신경가소성은 무엇인가?
- 정보는 어떻게 처리되는가? 단기-기억이 적응할 수 있는 방법은?

## 41.5 말초신경계

**학습목표**

**9** 말초신경계의 구성을 설명하고, 자율부와 체성부를 비교하라.

**10** 자율계에서 교감부와 부교감부를 비교하고, 심장이나 창자와 같은 특정 기관에서 이러한 신경계가 영향을 끼치는 예를 제시하라.

말초신경계(PNS)는 감각 수용기를 CNS와 연결하는 신경들, 그리고 CNS를 효과기(근육과 분비선)와 연결하는 신경들로 구성된다. 신체가 외부 환경의 변화에 반응하도록 돕는 부분은 PNS의 체성계 부분이다. 내부적 변화에도 불구하고 항상성을 유지하도록 하는 신경과 수용기는 자율신경계를 이룬다.

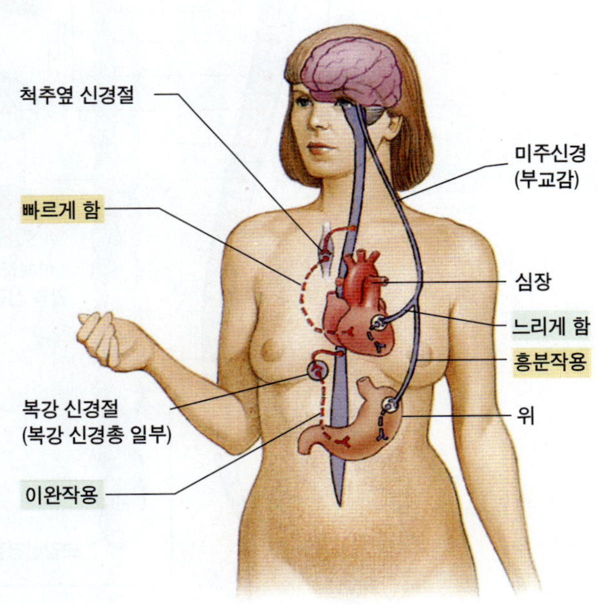


**그림 41-14 심장과 위의 이중 신경지배.**

교감신경은 심장 박동수를 증가시키는 반면 부교감신경인 미주신경은 심장박동을 느리게 한다. 반대로, 교감신경은 위와 장의 수축을 느리게 하는 한편 미주신경은 소화기관의 수축을 자극한다. 교감신경은 붉게 나타내고, 절후신경절 섬유는 점선으로 나타내었다.

**요점**

**대부분의 기관들은 교감신경과 부교감신경의 지배를 받는다.**

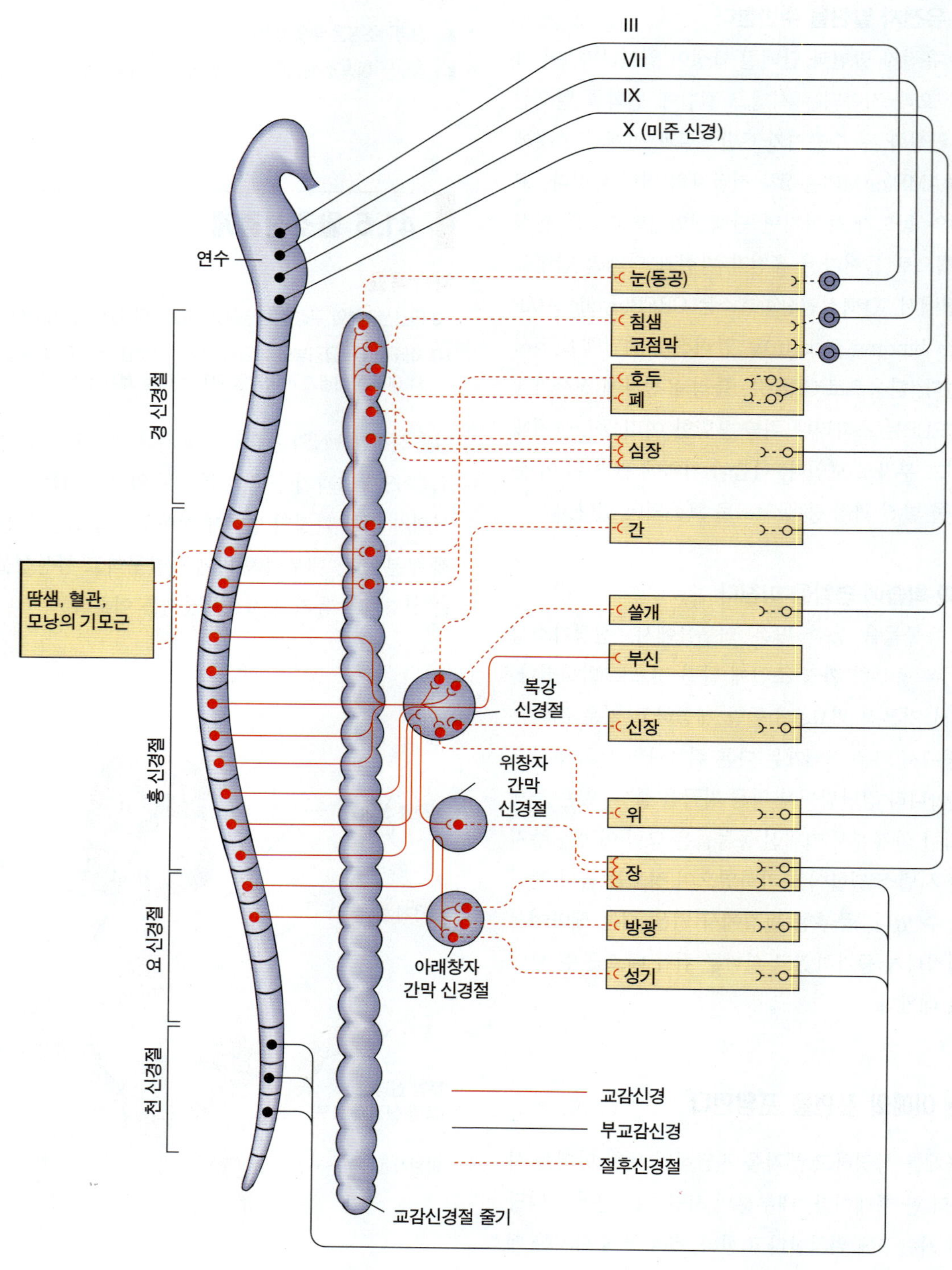


**그림 41-15** 교감신경계와 부교감신경계.

복잡하게 보이지만, 이 도표는 굉장히 단순화된 것이다. 붉은색 선은 교감신경을 표시하고, 검은색 선은 부교감신경을, 그리고 점선은 절후신경절 신경을 표시한다.

### 41.5.1 체성부는 외부 환경에 대해 신체가 적응하도록 돕는다

신경계의 **체성부**(somatic division)는 외부환경의 변화에 반응하는 수용기, CNS에 그러한 변화에 대한 정보를 지속적으로 알려주는 감각뉴런, 그리고 몸의 자세와 균형을 유지하도록 돕는 골격근의 위치를 조정하는 운동뉴런들을 포함한다. 포유류에서는 뇌에서 12쌍의 **뇌신경**(cranial nerve)이 뻗어 나온다. 이들은 특히 머리부위의 정보를 전달하는데, 일반적 감각수용기로부터의 정보뿐만 아니라, 특수한 감각수용기로부터 냄새, 시각, 듣기, 그리고 맛감각에 관한 정보를 전한다. 예를 들어, 뇌신경 II는 시신경으로써 망막으로부터의 신호를 뇌에 전달한다.

사람은 척수로부터 31쌍의 **척수신경**(spinal nerve)이 뻗어 나온다. 이들은 근원하는 척수열의 일반적 위치에 따라 이름 지으며, 목에 8쌍, 흉부에 12쌍, 허리에 5쌍, 엉치뼈에 5쌍, 꼬리에 1쌍의 척수신경으로 구성되어 있다.

### 41.5.2 자율부는 체내 환경을 조절한다

**자율부**(autonomic division)는 체내 환경에 항상성을 유지하도록 돕는다. 예를 들면, 심장 박동율을 조절하고 일정한 체온을 유지하도록 돕는다. 자율계는 의지적인 지시 없이 자율적으로 작동한다. 이들의 효과기는 민무늬근, 심근, 그리고 분비선이다. 체성계와 같이 이들은 기능적인 반사경로로 조직되어 있다. 내장 내부의 수용기는 구심성신경을 경유하여 정보를 CNS에 전달한다. 이 정보들은 다양한 수준으로 통합된다. 그 후, 원심성뉴런을 따라 적절한 근육이나 분비선으로 결정이 전달된다.

자율부의 원심성뉴런과 구심성뉴런은 뇌신경이나 척수 신경 내에서 볼수 있다. 예를 들면, 뇌신경 X인 미주신경의 구심성 신경 섬유는 가슴과 상복부에 있는 여러 기관으로부터의 정보를 CNS로 전달한다. 또한 원심성섬유는 뇌로부터의 신호를 심장, 위, 소장, 그리고 여러 기관들로 전달한다.

자율부의 원심성 부분은 **교감계**(sympathetic system)와 **부교감계**(parasympathetic system)로 세분된다. 이 2부류의 신경 모두가 여러 기관에 신경을 전달한다. 일반적으로, 교감계와 부교감계는 대립적으로 작용한다 (**그림 41-14, 41-15**). 예를 들면, 심장 박동율은 교감신경으로부터의 메시지에 의해 빨라지고 부교감신경에 의해 느리게 된다. 대개의 경우 교감신경은 기관들을 자극하여 에너지를 가동하도록 하며 특히, 스트레스에 반응하는 반면에 부교감신경은 주로 차분하고 평온한 활동 동안 에너지를 보존하고 회복하도록 영향을 끼친다.

체성계가 하나의 원심성뉴런을 사용하는 것과는 달리, 자율계는 CNS와 효과기 사이에 2개의 뉴런이 중계한다. 첫 번째 뉴런은 절전뉴런(preganglionic neuron)이라고 하며 그 세포체와 수상돌기는 CNS 내부에 있다. 말초신경의 일부로써 이것의 축색돌기 말단이 절후뉴런(postganglionic neuron)과 시냅스를 맺는다. 절후뉴런의 수상돌기와 세포체는 CNS 외부에 있는 신경절에 있다. 축색돌기는 효과기나 그 근처에서 끝난다. 교감신경절은 쌍으로 존재하며, 이들이 연결된 교감신경절 줄기(paravertebral sympathetic ganglion chain)를 목에서 복부까지 척수의 양측면에서 볼 수 있다. 일부 교감신경 절전뉴런은 이러한 신경절에서 끝나는 것이 아니라 대동맥과 주요 동맥에 가까운 복부에 있는 곁신경절(collateral ganglia)까지 뻗어간다. 부교감 절전뉴런은 이들이 자극하는 기관의 내부나 근처에 있는 말단신경절(terminal ganglia)에서 절후뉴런과 시냅스를 맺는다.

교감계와 부교감계는 효과기와 맺는 시냅스에서 이들이 방출하는 신경전달물질에도 차이가 있다. 부교감계의 절전뉴런과 절후뉴런은 모두 아세틸콜린을 분비한다. 교감계의 절후뉴런은 노르에피네프린을 방출한다(그러나 절전 교감신경은 아세틸콜린을 분비한다).

**복습**

- PNS의 기능은 무엇인가?
- 체성부와 자율부 사이의 차이점은 무엇인가?
- 교감계와 부교감계의 구조와 기능에 있어서 차이점은 무엇인가?

## 핵심 용어와 요약

**학습목표**

1 척추동물의 신경계의 가장 크게 두 부분으로 설명하라.

- 척추동물의 신경계는 **중추 신경계**와 **말초 신경계**로 구성된다. CNS는 뇌와 등쪽에 관모양의 **척수**로 구성된다. PNS는 감각 수용기와 신경들로 구성된다.

2 척추동물에서 전뇌, 중뇌, 후뇌로부터 분화된 기본적인 뇌의 영역을 추적하라.

- 척추동물의 초기 배아에서, 뇌와 척수가 **신경관**으로부터 분화 된다. 신경관의 전단부는 **전뇌**, **중뇌**, **후뇌**로 분화한다.
- **후뇌**는 세분되어 **후뇌**와 **수뇌**가 된다. 수뇌는 생명중추와 그 외의 반사중추를 포함하는 **연수**로 발생한다. **제4뇌실**은 연수에 있는 공동으로서 척수의 중심관과 연결된다. 후뇌는 근육의 긴장, 자세, 평형을 맡은 **소뇌**와 뇌의 여러 부분을 연결하는 **뇌교**로 발생한다.
- 연수, 뇌교, 그리고 중뇌는 **뇌간**을 구성한다.
- **전뇌**는 세분되어 **종뇌**와 **간뇌**를 형성한다. 간뇌는 **시상**과 **시상하부**로 발생한다. 시상은 운동과 감각 정보의 중계 중추이다. 시상하부는 자율 기능을 조절하는데, 신경계와 내분비계를 연결하고, 체온, 식욕, 수분 균형을 조절하며, 일부 정서적, 성적 반응들에 관여한다.
- 종뇌는 **대뇌**와 **후각구**로 발생한다. 대부분의 척추동물에서 대뇌는 좌우 **반구**로 나뉜다. 어류와 양서류에서 대뇌는 주로 유입되는 감각정보를 통합한다. 조류에서, 선조체는 날거나 노래하는 등의 복잡한 행동 패턴을 조절한다.
- 포유류에서는, **신피질**이 **대뇌 피질**의 대부분을 차지하며, 대뇌는 복잡한 연합 기능을 가지고 있다.

3 사람 척수의 구조와 기능을 설명하라.

- 사람의 뇌와 척수는 뼈와 3개의 **뇌척수막-경막**, **거미막**, 그리고 **유막**으로 보호되는 한편, **뇌척수액**에 의해 충격이 흡수된다.
- 척수는 뇌와 신경충격을 주고 받으며, 여러 **반사작용**을 조절한다. 척수는 뇌에 정보를 전달하는 **상행로**와 뇌로부터의 정보를 가져오는 **하행로**로 구성되며, 척수의 회백질에는 반사 중추로 기능하는 여러 핵들을 포함한다.
- **도피반사**는 감각, 연합, 운동뉴런 등의 감각수용기와 근육 등의 효과기가 관련된다.

4 사람의 대뇌의 구조와 기능을 설명하라.

- 사람의 대뇌 피질은 **회백질**로 이루어지며, 주름이나 **뇌회**를 형성한다. 주름 사이의 깊은 고랑은 **열구**라고 부른다.
- 대뇌는, 유입되는 감각 정보를 수용하는 **감각령**, 자발적 움직임을 조절하는 **운동령**, 그리고 감각령과 운동령을 연결하고 학습, 언어, 사고와 판단을 담당하는 **연합령**으로 기능적으로 나뉜다. 대뇌는 **전두엽**, **두정엽**, **측두엽**, 그리고 후두엽으로 구성된다.
- 대뇌의 **백질**은 대뇌피질 아래에 있다. **뇌량**은 백질로 된 커다란 띠로서, 좌우 반구를 연결한다. **대뇌 기저핵**은 백질 내부에 있는 **핵** 다발로서 운동기능에 중요한 중추이다.

5 수면-각성 주기를 설명하고, REM수면과 non-REM수면을 비교 대조하라.

- 수면-각성의 뇌활동 주기는 시상하부와 뇌간이 조절한다. **알파-파** 패턴은 휴식상태의 특징이며, **베타-파**는 고조된 정신 활동 패턴이며, 느린 주파수에 진폭이 큰(**델타-파**와 **세타-파**) non-REM수면이 있다.
- 대뇌 피질의 전기적 활동과 대사율은 **non-REM수면** 동안 느려진다. **REM수면**은 꿈을 꾸는 것이 특징이다.
- 신체의 주 생체시계는 빛과 어둠에 관한 정보를 수용하여, 외관상으로는 수면을 조절하는 다른 핵으로 정보를 전하는 것으로 보인다. 수면중추가 활성화 되면, 이들은 **세로토닌**을 방출하는 것으로 생각된다.

6 대뇌변연계의 작용을 설명하라.

- **대뇌변연계**는 행동의 정서적 측면, 동기부여, 성행동, 자율 반응, 그리고 생체 리듬등에 영향을 준다. **해마**는 정보의 분류와 기억 통합에 중요한 역할을 한다. **편도체**는 수용되는 정보를 평가하며 위험에 대해 신호한다.

7 신경가소성과 시냅스가소성을 관련시키고, 신경가소성의 3가지 예를 제시하라.

- 행동의 변화는 경험에 대해 반응함으로써 변화하는 신경계의 능력인 **신경가소성**의 변화에 의해 가능한 것이다. 그 예로는 걷거나 자전거를 타거나 새로운 언어를 말하는 것을 포함한다. **시냅스가소성**은 학습하고 기억하는 것을 포함하는 시냅스를 변화시키는 신경계의 능력이다. 시냅스가소성은 신경가소성의 주요한 형태로 나타난다.

8 뇌가 정보를 처리하는 방법을 요약하라.

- **학습**은 우리가 경험의 결과로 정보를 습득하는 과정이다. **기억**은 정보가 암호화 되고 저장되며 검색되는 과정이다. **잠재적 기억**은 지각적 기술이나 운동 기술에 관한 무의식적인 기억이다. **명시적 기억**은 사람, 장소 또는 사물에 관한 사건적인 기억에 관여한다.
- **단기-기억**은 전화번호와 같은 정보 등을 몇 분 동안 기억하는 것이다. 정보들은 단기 기억에서 **장기-기억**으로 전환될 수 있다.
- 학습과 기억은 시냅스에서 장기적인 기능의 변화를 수반한다. **장기-강화**로 알려진 그러한 변화는 시냅스후 뉴런이 활동전위에 대한 민감도가 증가하는 것이다. **장기-억제**는 시냅스 결합강도가 장기적으로 저하되는 것이다. 장기-기억 저장은 유전자의 활성화도 수반한다. 전사인자인 CREB는 기억 회로에서 중요한 신호전달 물질이다. 뇌의 물리화학적 구조는 환경적 경험에 의해 변경될 수 있다.

9 말초신경계의 구성을 설명하고, 자율부와 체성부를 비교하라.

- 말초신경계는 감각 수용기와, **뇌신경**과 **척수신경**과 그 신경가지들을 포함하는 신경들로 구성된다. PNS의 **체성부**는 외부환경의 변화에 반응한다. **자율부**는 체내 활동을 조절한다.

10 자율계에서 교감부와 부교감부를 비교하고, 심장이나 창자와 같은 특정 기관에서 이러한 신경계가 영향을 끼치는 예를 제시하라.

- **교감계**는 신체가 스트레스 상황에 대응하도록 한다. **부교감계**는 신체 기관들이 에너지를 보존하고 회복하도록 영향을 준다.
- 여러 기관들이 교감과 부교감신경에 의해 신경전달을 받으며 이들은 반대방향으로 기능한다. 예를 들면, 교감계는 심박률을 증가시키는 반면, 부교감계는 감소시킨다.

## 연습문제

1. 다음 중 척수의 기능이 아닌 것은 어느것 인가?
   (a) 여러 반사작용을 조절　(b) 정보를 뇌로 전달
   (c) 뇌로부터의 정보를 전달　(d) 수면-각성 주기를 조절
   (e) 도피반사를 조절

2. 도피반사에서, 신호는 수용될 때 (a) 운동뉴런에서 CNS에 있는 연합뉴런으로 (b) CNS의 연합뉴런에서 구심성 뉴런으로 (c) CNS의 구심성 뉴런에서 운동뉴런으로 (d) 감각뉴런에서 CNS의 연합뉴런으로 (e) 감각뉴런에서 PNS의 연합뉴런으로 신호가 전달된다.

3. 자세, 근육긴장, 그리고 평형을 유지하게 하는 부분은 뇌의 어느 곳인가?
   (a) 대뇌　(b) 연수　(c) 소뇌　(d) 신피질　(e) 시상

4. 사람의 뇌는 (a) 뇌막, 뇌척수액, 두개골에 의해 (b) 뇌막과 두개골만으로 (c) 경막과 제4뇌실에 의해 (d) 유막과 두개골에 의해 (e) 거미막, 유막, 뇌척수액과 신경절에 의해 보호된다.

5. 자율기능과 체온을 조절하는 뇌부위는 어느 곳인가?
   (a) 대뇌　(b) 시상하부　(c) 소뇌　(d) 뇌교　(e) 시상

6. 사람 뇌의 연합령은 (a) 대뇌피질 (b) 연수 (c) 뇌실 (d) 해마 (e) 뇌막 에 집중해 있다.

7. 잠재적 기억은 (a) 단기 기억 (b) 장기기억 (c) 사람, 장소, 또는 사물에 관한 사건적 기억 (d) 지각적이거나 운동 기술에 대한 무의식적 기억 (e) 장기 억제(LTD)에 의한 학습 을 말한다.

8. 장기 강화(LTP)는 (a) 주로 뇌신경 10번에 의한다. (b) 시냅스 강도의 장기적 증가이다. (c) 단기 기억과 관련된다. (d) 시냅스 강도의 장기적 감소이다. (e) 주로 REM수면동안 일어난다.

9. 시각령은 (a) 두정부 (b) 시상 (c) 후두부 (d) 대뇌변연계 (e) 전두엽 부위에 위치한다.

10. 당신이 이러한 문제들을 풀고 있는 동안, 당신의 뇌가 발산하고 있는 두드러진 파장유형은 어느 것인가?
    (a) REM　(b) 알파　(c) 세 타　(d) 델타　(e) 베타

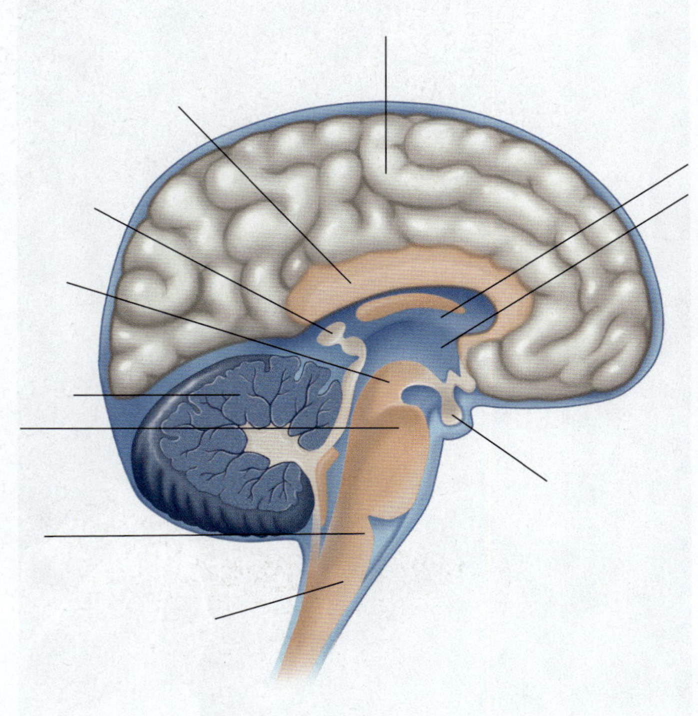

## 심화 학습문제

1. 당신이 위험에 처했을 때 변연계의 적응 기능은 무엇인가?

2. **진화적 연계.** 척추동물 뇌의 발달에 대한 일반적인 경향은 어떠한가?

# 42

# 감각계

Merlin D. Tuttle/Bat Conservation International/Photo Researchers, Inc.

**박쥐는 에코에 의하여 안내된다.** 이 캘리포니아 잎코 박쥐(*Macrotus califonicus*)는 곤충의 위치를 감지했다.

## 핵심 개념

감각수용기는 내부, 외부 환경의 변화에 관한 정보를 탐지하는 기관이다.

감각처리가 발생하는 과정은 감각의 수용, 에너지 전환, 신호 전달, 그리고 뇌에서의 해석을 포함한다.

기계적수용기는 접촉과 압력, 중력, 당김, 또는 움직임에 반응한다.

대부분의 동물들은 운동과 자세를 감지하는 기계적수용기를 가지고 있다. 척추동물에서 내이의 전정기관은 평형을 유지하는데 도움을 준다.

척추동물에서 내이의 달팽이관 안에 위치하는 코르티기관은 청각수용기를 가지고 있다.

모든 유기체는 음식과 물과 공기에 있는 화학물질을 탐지하는 미각과 후각을 감지하는 화학수용기를 가지고 있다.

거의 대부분의 유기체는 빛에 반응한다. 척추동물에서 망막은 광수용기 세포인 간상세포와 추상세포를 가지고 있다.

돌고래가 딸깍하는 소리를 내는 것을 들어본 적 있는가? 박쥐, 돌고래, 그리고 몇몇 다른 척추동물들은 멀리에 있는 물체들을 생체 탐지기라고 불리기도 하는 반향정위(echolocation)에 의해 탐지할 수 있다. 반향정위는 레이더와 유사하게 작동하지만 전파보다는 음파를 사용한다. 예를 들면, 박쥐가 고음의 소리를 보내면 물체에 부딪쳐 반향되어 돌아온다. 박쥐는 반향에 재빨리 반응하여 능숙하게 장애물을 피하고 먹이를 잡을 수 있다 (그림을 보라).

동물에게 환경에 대한 정보를 보냄으로써 감각수용기는 그 동물과 외부 세계를 연계시킨다. 동물이 가진 감각수용기의 유형과 유입되는 감각정보를 뇌에서 감지하는 방법에 의해 그 동물이 주변을 인식하는 방법을 결정한다.

우리는 시각, 청각, 후각, 미각, 촉각에 매우 친숙하지만 이와 다른 감각들도 있다. 사실, 촉각은 압력과 고통, 온도를 감지하는데 사용되는 복합 감각이다. 일부 감각수용기는 감각의 균형과 근육의 장력 그리고 자세와 연결하여 우리가 우리 몸의 지각을 가지게 해준다. 새와 일부 다른 동물들은 자기 영역에 관한 변화를 감지할 수 있다. 상어와 가오리, 그리고 다른 여러 종류의 물고기들은 전기 영역을 감지한다.

이번 장에서는 우리는 어떻게 감각계가 기능하는지에 관하여 먼저 살펴보게 될 것이다. 그리고 우리는 감각수용기의 중요한 유형을 소개할 것이다. 이후 청각과 감각수용기에 중점을 두면서 여러 감각수용기에 관해 논의 하자. ■

## 42.1 감각수용기는 어떻게 작동하는가

**학습목표**

1 다섯 종류의 감각수용기를 이들이 변환하는 에너지의 종류에 따라 구별하라.

**감각수용기(sensory receptor)**는 내부나 외부 환경의 변화에 대한 정보를 감지한다. 이러한 수용기는 특수화된 뉴런 종말, 또는 뉴런과 가까이 접촉해 있는 특화된 세포들로 구성된다. 세포의 다양한 유형을 따라 있는 감각수용기들은 복잡한 눈, 귀, 코, 미뢰와 같은 **감각기관(sensory organ)**을 구성한다. 사람의 미뢰를 예로 들면 침으로 인해 용해된 화학 물질을 감지하는 변형된 상피세포로 구성된다. 감각 유입, 에너지 전환, 신호의 전달과 뇌에서의 해석을 포함하는 다양한 단계를 통하여 감각 처리과정이 일어난다. 작은 변이를 포함하여 모든 감각계가 어떻게 작동되는지를 알아보자.

### 42.1.1 감각수용기는 정보를 받는다

감각수용기는 외부 혹은 내부 환경으로부터 자극을 받는다. 수용의 과정에서 그들은 일부 자극으로부터 작은 양의 에너지를 흡수한다. 각각의 다른 종류의 감각수용기는 특히 특별한 하나의 에너지 형태에 민감하다. 인간의 눈에서 광수용기 세포는 극도로 희미한 광선에도 자극을 받는다. 그리고 맛 수용기도 미량의 화학 복합체에 의해 영향을 받는다.

### 42.1.2 감각수용기는 에너지를 전환한다

감각수용기는 신경계에서 정보의 흐림인 전기적 신호를 자극의 에너지로 전환한다. 이러한 과정을 **에너지 변환**(energy trasduction)이라고 한다. 자극을 받지 않았을 때, 감각수용기는 세포의 안팎 사이의 전하량의 차이에 의해 형성된 휴지기 상태를 유지한다. (40장 참조) 전환은 자극이 감각수용기의 원형질막에서 이온채널(이온통로)의 열림과 닫힘에 관여하게 한다. 원형질막의 이온에 대한 투과성이 변화된다.

**수용기전위(receptor potential)**의 기능은 중추신경계(CNS)에서 정보를 제공하는 활동전위를 유발시키는 것이다. 만약 수용기가 개별 세포에 존재하면 수용기전위는 시냅스를 가로 질러 이동함으로써 감각뉴런의 위치 붙는 신경전달물질을 방출하도록 자극한다(▌**그림 42-1**). 감각뉴런은 그것의 역치에 도달하기 위하여 충분히 탈분극 되었을 때에 활동전위가 발생한다.

많은 수용기들은 개별 세포보다 뉴런에 의해 분화된다. 이러한 뉴런에서 에너지를 전환하는 원형질막의 분화된 위치는 활동전위를 발생시키지 않는다. 수용기전위에 의해 발생한 전류는 활동전위를 발생시키는 축삭돌기를 따라 흐른다.

40장에서 논의된 바 있듯이 구심성 뉴런으로 알려진 **감각뉴런(sensory neuron)**은 수용기로부터 CNS로 정보를 이동시킨다. 활동전위는 CNS에서 감각뉴런의 수상돌기를 따라 이동한다.

**자극(예: 빛에너지) ⟶ 수용기가 자극 에너지를 전기에너지로 변환 ⟶ 수용기전위 ⟶ 감각뉴런에서 활동전위 ⟶ CNS에서 받아들인 신호**

### 42.1.3 감각의 입력은 많은 단계에서 통합 되어진다

감각의 통합은 수용기 그 자체에서 시작된다. 예를 들어 다양한 자극에 의해 발생한 수용기전위는 더하여져서 통합된다. 통합은 척수와 뇌의 다양한 위치에서 발생한다.

#### (1) 감각수용기는 자극에 순응한다

비록 주어진 자극이 동일한 강도로 지속되고 있다 해도, 많은 감각뉴런들은 초기의 반응 비율을 유지하지 않는다. **감각순응(sensory adaptation)**이라고 부르는 이러한 과정은 2가지 이유에서 발생한다. 첫째, 자극이 지속되는 동안에 수용기의 민감도는 감소하여 더 작은 수용기전위를 생성한다(그러면 감각뉴런의 활동전위 빈도가 감소한다). 둘째, 그 수용기가 자극하는 신경경로에 있는 시냅스에 변화가 일어난다. 예를 들어, 일련의 계속되는 활동전위에 대응하여 시냅스전 말단의 신경전달물질 분비가 감소할 수 있다.

통각이나 냉각 수용기와 같은 어떤 수용기들은 매우 천천히 적응하므로 자극이 지속되는 한 계속하여 활동전위를 일으킨다. 다른 수용기들은 재빨리 적응하여 그 동물이 불쾌하거나 중요하지 않은 지속적인 자극들을 무시할 수 있게 만든다. 감각적응은 동물들이 무시해도 좋은 배경적이고 중요하지 않은 자극과 새롭고 중요하여 주목할 필요가 있는 자극들을 분별할 수 있게 해준다.

#### (2) 감각 인지는 암호화된 메시지의 전달에 달려있다

당신이 푸른 하늘을 보거나, 도넛을 맛보거나, 또는 피아노로 연주되는 선율을 듣고 있는지 어떻게 알게 되는가? 모든 활동전위는 질적으로 동일하며 이들 모두는 다 유사한 활동전위를 전달하도록 한다. 자극을 구별하는 능력은 감각수용기 자체와 뇌가 같이 담당한다. 우리는 서로 다른 감각수용기로 부터의 자극을 구별할 수 있는데, 왜냐하면 각 감각수용기의 세포들이 뇌의 특정한 부분

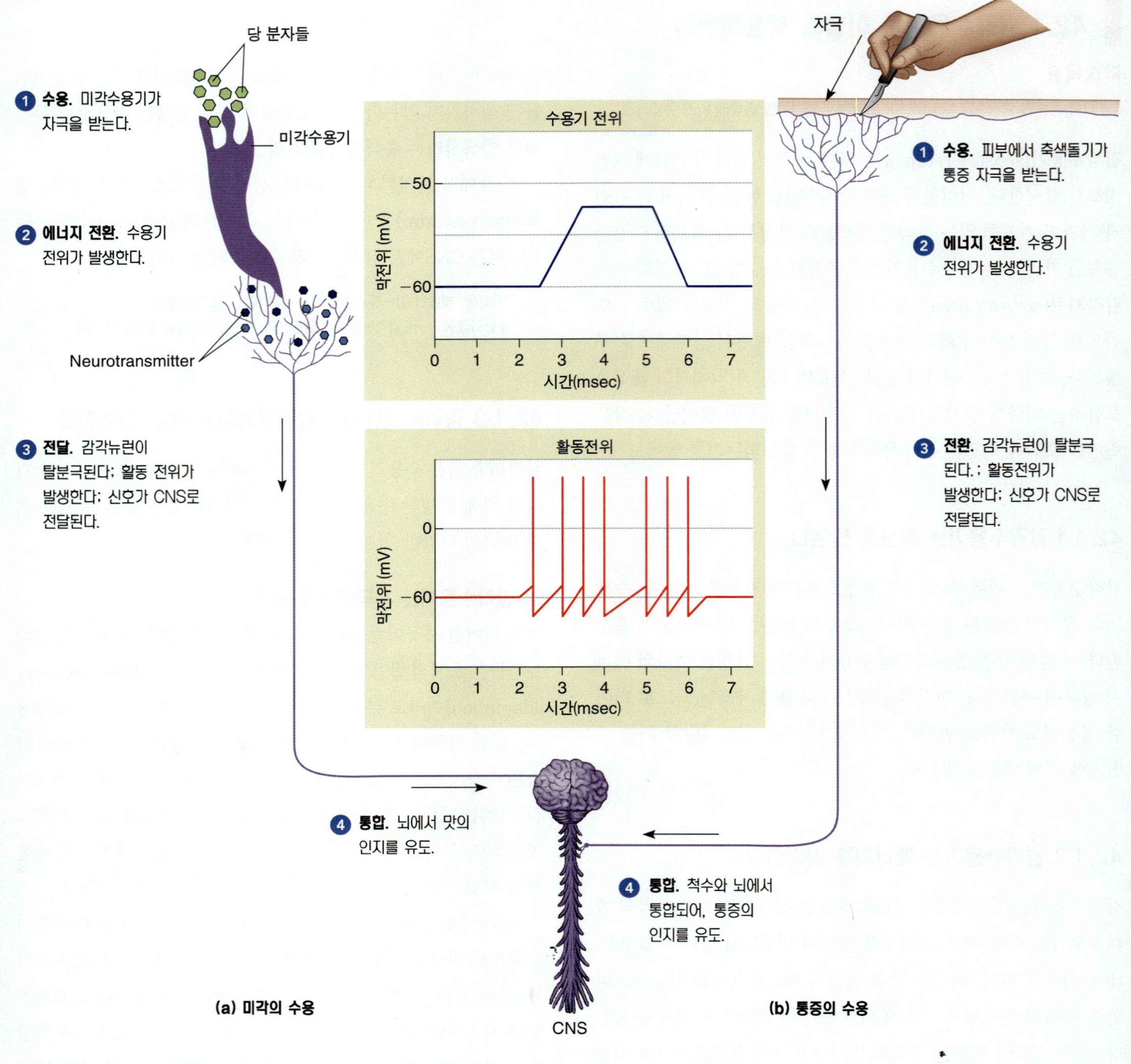


**그림 42-1　감각수용기는 어떻게 작동하는가**

감각수용기는 자극을 받는다; 자극 에너지를 전기에너지로 변환한다. 그리고 그 결과 수용기전위를 발생시킨다. 활동전위는 감각뉴런에서 발생되어 그 신호를 CNS에 전달하며, CNS에서 통합된다.

의 특수한 뉴런과 연결되어 있기 때문이다. 하나의 수용기는 대개 빛이나 소리 등의 한 가지 형태의 자극에만 반응하기 때문에, 뇌는 어떤 특정한 수용기로부터의 메시지를 특정 형태의 자극이 일어난 것으로 해석한다(예, 반짝이는 색채).

자극을 받으면, 감각수용기는 일종의 암호 메지지라 할 수 있는 신경섬유에 의해 전달되는 활동전위를 일으킨다. 이 암호화된 메시지는 후에 뇌에서 해독된다. 감각수용기로 부터의 신호들은 (1) 전달하는 신경섬유의 전체 개수, (2) 활동전위와 그 표적을 전달하는 특수한 신경섬유, (3) 하나의 신경섬유에 지나가는 활동전위의 전체 개수와, (4) 하나의 신경섬유에 지나가는 활동전위의 빈도에서 다양하다. 자극의 강도는 자극동안 감각뉴런에 의해 작용하는 활동전위의 빈도에 의해 암호화된다. 강력한 자극은 약한 자극보다 수용기의 막을 크게 탈분극 시키고 그 감각뉴런이 활동전위를 더 빈번히 일으킨다. 이것은 차등성 반응 때문으로서, 수용기전위의 정도가 다양할 수 있다.

소리강도의 차이는 각 뉴런에 의해 전달되는 활동전위의 빈도뿐만 아니라 활동전위를 전달하는 뉴런의 숫자에도 달려있다. 감각수용기가 다른 암호를 보내는 방법과 이들을 뇌가 분석하고 해석하여 다양한 감각인지를 판별하는 방법은 아직 완전히 이해하지 못하고 있다.

감각인지는 뇌에서 일어난다. 메시지의 해석과 감각인지 종류는 어떤 연합 뉴런이 메시지를 받는가에 달려 있다. 뇌를 인공적으로(예, 전기적) 자극하면 감각인지가 일어난다. 한편, 많은 감각 메시지들이 전혀 감각인지를 일으키지 않는다. 예를 들어 어떤 화학수용기는 신체의 내부 변화들을 감지하지만 결코 우리가 의식하지 못한다.

**복습**

- 수용기전위는 무엇인가?
- 감각적응의 기능은 무엇인가?
- 어떻게 감각정보가 통합되어지나?

## 42.2 감각수용기의 유형

**학습목표**

2 그들이 반응하는 자극의 위치와 그들이 변환하는 에너지의 종류에 따라 감각수용기를 분류하시오.

감각수용기는 이들이 반응하는 자극의 원천에 따라서도 분류할 수 있다. **외부수용기**(exteroceptor)는 외부 환경으로부터의 자극을 수용하여 그 동물이 세계를 알고 탐험하며, 음식을 찾고, 짝을 발견하여 유인하고, 친구를 인식하며 적을 탐지할 수 있도록 한다. **내부수용기**(interoceptor)는 신체 기관 내에 있는 감각수용기로서 pH, 삼투압, 체온, 그리고 혈액의 화학성분 조성의 변화들을 감지한다.

우리는 또한 감각수용기를 전환하는 에너지의 종류에 기초를 두고 이들을 분류 할 수 있다(▮ 표 42-1). 온도수용기는 열과 한기에 반응 한다. 전기수용기는 전위차의 차이를 느낀다. 일부 전기수용기는 지구의 자기장을 감지하는데 충분히 민감하다. 통각수

**표 42-1**

**변환시키는 에너지 유형에 따른 수용기 분류**

| 수용기 유형 | 유효한 자극 | 예시 |
|---|---|---|
| 온도수용기 | 열 | 흡혈곤충과 진드기의 온도수용기; 독사의 오목기관; 많은 동물들의 피부와 혀에 있는 신경말단과 수용기 |
| 전기수용기와<br>전자기수용기 | 전기수용체; 수용기는 전기적 전위차를 인지한다;<br>전자기 수용기는 자기 영역을 탐지한다. | 많은 물고기와 일부 양서류가 항해 시 사용하는 수중 전하 흐름;<br>방위 측정과 이주에 사용되는 자기 영역 |
| 고유수용기<br>(통증수용기) | 기계적자극; 강한 접촉, 압력; 열, 극한 온도;<br>화학적 손상과 같은 물리적 힘 | 피부와 다른 조직에 위치하는 뉴런의 말단 |
| 기계적수용기 | 기계적자극; 당기기나 밀기의 결과에 따른 모양의 변화 | 촉각수용기(자유신경말단, 메르켈 원판, 마이스너 소체, 루피니 소체, 파치니소체); 접촉과 압력에 반응<br>고유수용기; 움직임과 신체 위치에 반응<br>근방추; 근육 수축에 반응<br>골지건기관; 건의 당김에 반응<br>관절수용기; 인대의 움직임에 대한 반응<br>무척추동물의 평형낭; 중력에 반응하는 유모세포를 지님<br>어류의 측선기관; 물에서의 진동을 감지; 물의 파장과 흐름에 반응<br>전정계<br>소낭과 통낭에서의 유모세포; 중력과 직가속도에 반응<br>세반고리관에서의 유모세포; 각가속도에 반응<br>달팽이관의 코르티기관의 유모세포; 소리 파장의 압력에 대한 반응 |
| 화학수용기 | 특정 화합물 | 미뢰; 후각상피 |
| 광수용기 | 광 에너지 | 안점; 절지동물의 복안에서의 개안; 척추동물 망막의 간상체와 추상체 |

용기는 물리적인 것과 온도와 손상을 줄 수 있는 다른 자극에 반응한다. 기계적수용기는 촉각, 압력, 중력, 늘임과 운동과 같은 물리적인 에너지를 변환한다. 이러한 수용기들은 물리적인 힘을 전기적인 신호로 바로 변환한다.

화학수용기는 어떤 화학 화합물의 에너지를 변환하고, 광수용기는 빛 에너지를 변환한다.

**복습**

- 감각수용기들을, 변환하는 에너지를 유형별로 5가지 이름을 명기하고 각기 특정 기능은 무엇인지 설명하라.

## 42.3 온도수용기

**학습목표**

3 온도수용기의 3가지 기능을 나타내어라.

**온도수용기(thermoreceptor)**는 열과 한기에 반응한다. 모기, 진드기, 또 다른 피를 빨아 먹고 사는 절지동물들은 온도수용기를 온혈동물을 찾는데 사용한다.

피부와 혀에 온혈성이고 자유신경말단(아마도, 특별히 분화된 수용체)을 지닌 포유류는 외부 환경의 변화에 따라 온도를 감지한다. 시상하부에 위치한 온도수용기는 내부의 온도 변화를 감지하고, 몸 표면의 수용기로부터 정보를 수용하고 통합한다. 그러면 시상하부는 몸의 일정한 온도를 유지하기 위하여 항상성을 유지하는 기작을 개시한다.

**복습**

- 모기와 뱀, 포유류에서 온도수용기의 기능은 무엇인가?

## 42.4 전기수용기와 전자기수용기

**학습목표**

4 전기수용기와 전자기수용기의 기능을 설명하시오.

**전기수용기(electroreceptor)**는 전위차를 감지한다. 물고기의 다양한 군은 전기적 기관이나 특별히 분화된 근육, 혹은 전기적 신호를 발산하고 반향하는 신호를 받는 신경세포를 가진다. 이러한 메카니즘은 시각과 청각 활동이 열악한 어두운 물에서 특히 유용하다.

전기수용기는 또한 의사소통에도 중요한 것으로 보인다. 예로 들어 배우자를 인식하는 것으로 수컷과 암컷은 서로 다른 전기적 방전 주파수를 가진다. 전기가오리나 전기뱀장어와 같이 아주 소수의 물고기는 먹이나 포식자를 기절시키는 강력한 충격(수 백 볼트 이상인)을 전달할 수 있는 전기적 기관을 그들의 머리에 가진다.

일부 **전자기수용기**(electromagnetic receptor)라고 불리는 전기수용기는 지구의 자기장을 감지한다. 상어, 가오리 혹은 홍어가 지구의 자기장 영역중 하나를 가로질러 수영할 때 전기적 흐름이 발생하는 변화를 감지함으로써 이러한 정보를 뇌에서 통합하여 동물이 스스로 정방향을 향하도록 도와준다. 철새와 바다거북 역시 항해 시 자기장을 사용하는 동물의 예로 잘 알려져 있다(51장에서 좀 더 논의하도록 한다).

## 42.5 통각수용기

**학습목표**

5 통각 수용기의 기능을 설명하고 글루탐산과 P물질의 기능에 관해 확인하시오.

**통각수용기(nociceptor)**라 불리는 통증 수용기는 거의 모든 조직에서 발견되는 특정 감각뉴런의 자유신경말단(수상돌기)이다. 통각수용기의 주요 3가지 타입이 현재까지 알려져 있다. 기계적 통각수용기는 잘리거나 충돌하거나 꼬집히는것과 같은 강한 촉각 자극에 반응한다. 온도 통각수용기는 양극단의 온도에 반응한다(45℃이상 또는 5℃이하의 온도). 다른 통각수용기는 어떤 화학물질을 포함한 다양한 자극에 반응한다.

자극을 받을 때, 통각수용기는 감각뉴런을 통하여 척수에 있는 연합뉴런에 신호를 전달한다. 감각뉴런은 **글루탐산**이라는 신경 전달 물질 뿐만 아니라 글루탐산의 활동을 강화하고 지속시켜주는 **P 물질(substance P)**을 포함한 여러 종류의 신경펩티이드를 분비한다. 연합뉴런은 척수의 반대편에 신호를 전달한 뒤 통증을 인지하는 시작점인 사상으로 신호를 올려 보낸다. 시상으로부터의 자극은 두정엽과 통증의 감각적인 면을 형성시키는 대뇌변연계의 지역을 포함한 여러 다른 피질영역으로 보내진다. 통증 신호가 대뇌에 도착할 때 우리는 통증을 완전히 인지할 수 있고 상황을 평가 할 수 있다.

## 42.6 기계적수용기

**학습목표**

6 다음 각 수용기에 대해 설명하라: 기계적수용기, 촉각수용기, 통각수용기, 고유수용기, 평형낭, 유모세포, 그리고 측선기관.

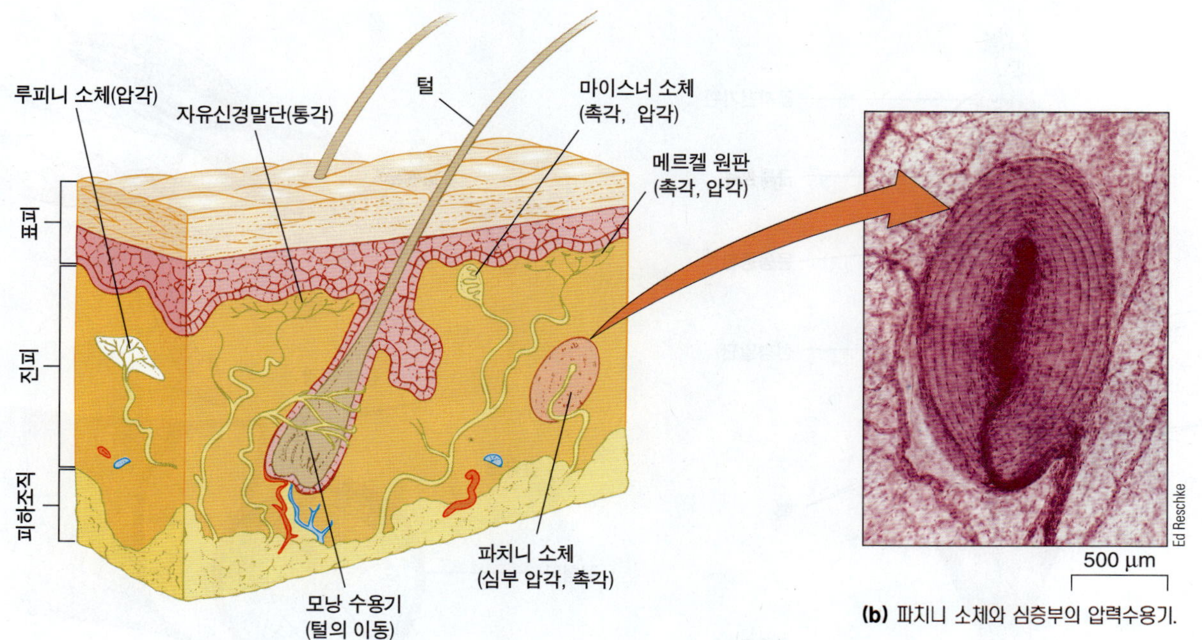


**(a)** 사람의 피부에 대한 이 모식적 단면도는 접촉과 압력에 반응하는 몇몇 기계적수용기를 보여주고 있다. 또한 통증에 반응하는 자유신경말단도 보인다.

**(b)** 파치니 소체와 심층부의 압력수용기.

**그림 42-2 사람 피부에서의 감각수용.**

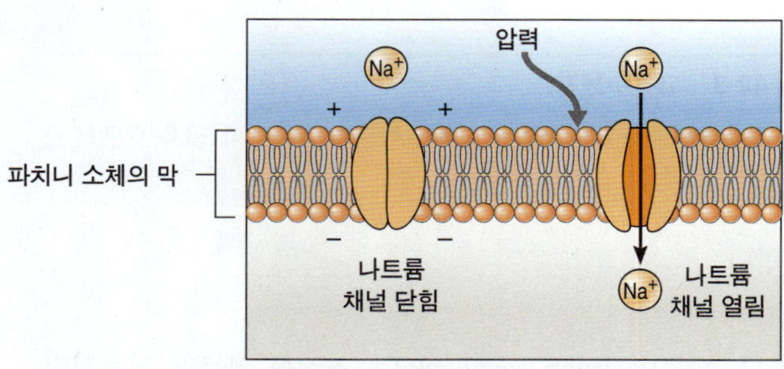


**(c)** 이러한 수용기에 기계적 힘이 감지되면, $Na^+$채널이 열려서 축색돌기의 탈분극을 일으킨다.

7 평형유지에 있어서 반고리관의 기능과 소낭과 통낭의 기능을 비교하라.

8 음파가 귀의 구조물들을 통과하는 길을 추적하고, 코르티기관이 청각수용기로 어떻게 기능하는지 설명하라.

**기계적수용기**(mechanoreceptor)는 이들이 물리적으로 당겨지거나 눌린 결과 형태에 변화가 생길 때에 활성화 된다. 그것들은 기계적 에너지를 전달하고 동물들이 느끼고 듣고 평형을 유지할 수 있도록 해 준다. 이 수용기들은 외부 환경에서 물체의 형태, 재질, 무게 그리고 지형적 관계에 대한 정보를 제공한다.

어떤 기계적수용기는 그 생물이 중력에 대하여 몸의 위치를 유지하도록 한다 (사람에서는 머리가 위로, 다리가 아래로, 개의 경우 등이 위로, 배가 아래로). 보통의 위치로부터 옮겨졌을 때, 동물은 빠르게 자신의 몸을 정상의 방위 상태로 취하기 위해 조정한다. 복잡한 동물에서, 수용기는 몸의 자세와 움직임에 따라 CNS로 끊임없이 정보를 보낸다. 또한 어떤 기계적수용기는 내부기관을 조정하는데 영향을 준다. 예를 들면, 이들은 위에 음식이 있는지, 직장에 분변이 있는지, 방광에 소변이나 자궁에 태아가 있는지 등에 대한 정보를 제공한다.

## 42.6.1 촉각수용기는 피부에 위치한다

가장 단순한 기계적수용기는 피부에 있는 자유신경종말이다. 이러한 신경종말들은 신체 표면에 닫는 물체에 의해 자극 받으면 촉각, 압각, 그리고 통각을 탐지한다.

수천 개의 좀더 특수화된 촉각(접촉)수용기들이 또한 피부에 위치한다(**그림 42-2**). **메르켈 원판**(Merkel disc)은 촉각과 압각을 감지한다. 이들은 천천히 적응하여 우리가 그 물체가 피부에 계속 닿아있다는 것을 알 수 있게 한다. 마이스너 소체, 루피니 소체, 그리고 파치니 소체의 3가지 종류의 기계적수용기가 피부에 피막으로 싸여 있는 신경종말을 가진다. **마이너스 소체**(Meissner corpuscle)는 가벼운 촉각과 압각에 민감하며 재빨리 적응한다. **루피니 소체**(Ruffini corpuscle)는 매우 천천히 적응하는데, 강하고 지속적인 촉각과 압각을 알려준다.

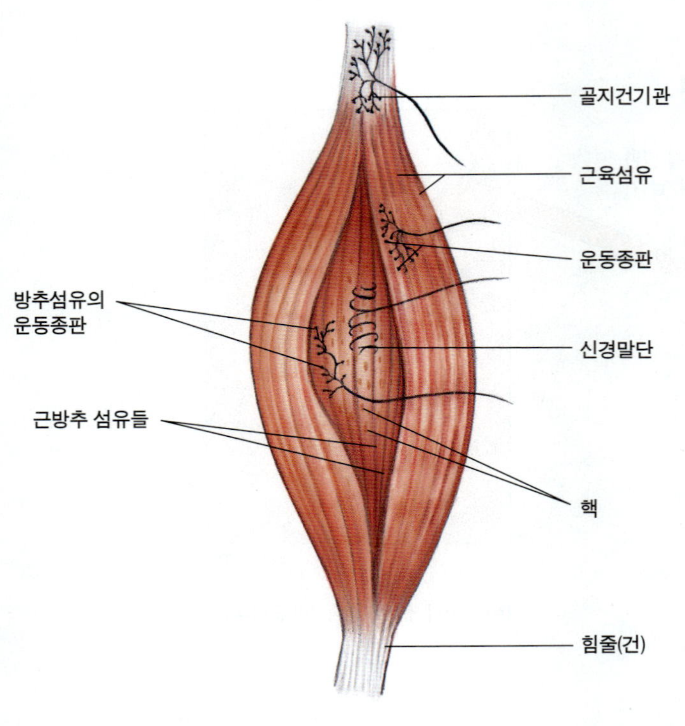


**그림 42-3** 고유수용기.

근방추는 특수화된 근육섬유가 연장되어 다발로 구성 된 것이다. 골지건기관은 근육의 신장과 이에 연관된 신장에 반응한다.

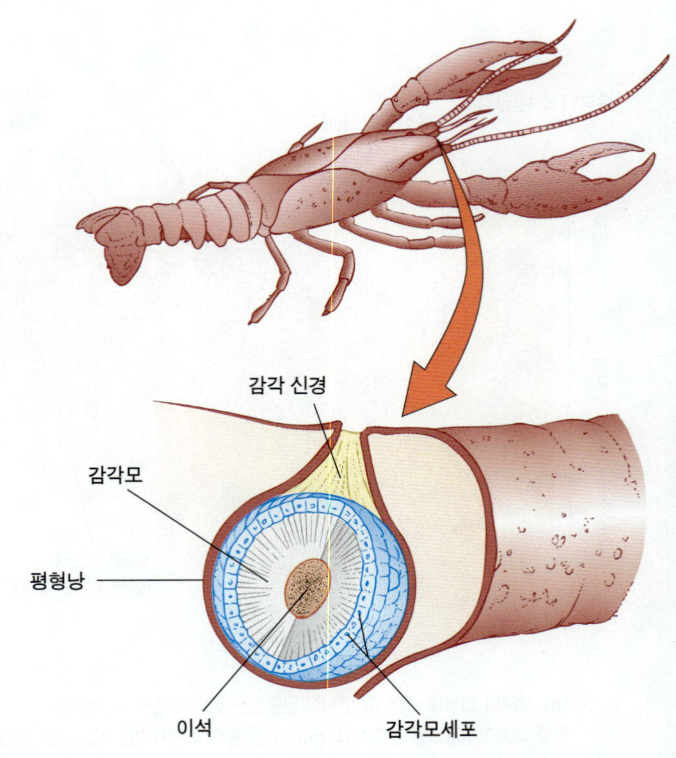


**그림 42-4** 평형낭.

많은 무척추동물은 평형낭을 가지는데, 이는 중력적인 힘을 감지하고 중력에 의한 신체의 정위에 관한 정보를 제공하는 수용기이다.

**파치니 소체**(Pacinian corpuscle)는 조직을 빠르게 이동시키는 심부 압각에 민감하다. 이것은 특히 진동하는 자극에 민감하다. 파치니 소체는 결합 조직층으로 둘러싸인 신경종말로 구성되어 있다. 압력이 주어지면 이 조직층이 이동하게 되고 그러면 축색돌기를 자극한다.

### 42.6.2 고유수용기는 근육 움직임을 조정하는 것을 돕는다

**고유수용기**(proprioceptor)는 근육, 힘줄 그리고 관절 내에 있는 기계적수용기로서 신체 전체적으로 그 동물의 몸체 정위에 따라 팔, 다리, 머리, 그리고 다른 신체 부분의 위치를 인지하도록 해준다.

척추동물은 3가지 형태의 주요 고유수용기를 가진다. **근방추**(muscle spindle)는 근육 움직임을 탐지하며 (**그림 42-3**), **골지건기관**(Golgi tendon organ)은 수축하는 근육과 뼈에 붙은 근육의 힘줄의 신축에 반응하고, **관절수용기**(joint receptor)는 인대의 움직임을 탐지한다. 고유수용기로 부터의 신호는 하나의 움직임에 관련된 개별 근육들이 조화롭게 수축하는지 확인하는데 중요하며, 그러한 수용기 없이는 복잡하고 숙련된 행동은 불가능 할 것이다. 이러한 기관들은 또한 균형을 유지하는 것에 중요하다.

### 42.6.3 많은 무척추동물들이 평형낭이라는 중력수용기를 가진다

여러 무척추동물들—해파리에서부터 가재 등—은 **평형낭**(statocyst)이라고 부르는 중력수용기를 가지고 있다. 평형낭은 근본적으로 감각섬모(진짜 섬모는 아니지만)를 가진 감각모세포라는 수용기가 놓여있는 표피가 감싸여 있는 것이다 (**그림 42-4**). 이 낭 속에는 한두개의 **이석**(statolith)을 가지고 있는데 이것은 모래알이나 탄산칼슘의 미세한 알갱이로서 평형낭 세포에서 분비되는 접착물질에 의해 붙어 있다. 보통 이 입자는 중력에 의해 아래로 당겨져서 감각모세포를 자극한다. 이 동물이 위치를 바꾸면, 이석의 위치 또한 변하게 되고, 다른 감각모세포들을 자극한다. 각각의 감각모세포는 그 동물이 중력에 대해 특정한 위치로 있을 때, 최대로 반응한다. 기계적 변위가 일어나면 수용기전위와 활동전위가 일어나서, CNS에 위치변화를 알린다. 흥분하는 감각세포가

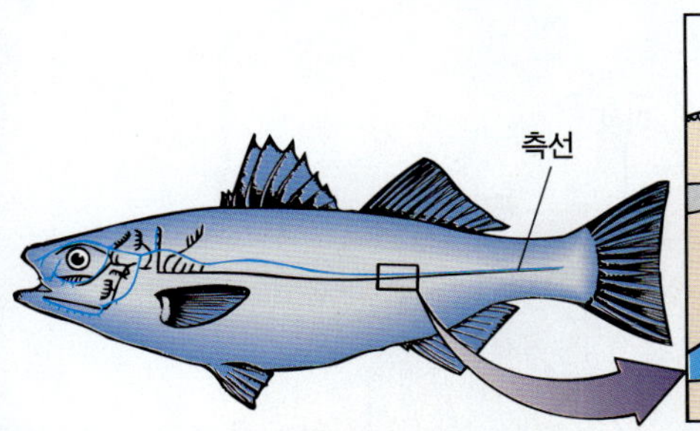


(a) 측선기관은 몸의 길이를 따라 뻗은 관 조직이다.

측선관의 구멍
팽대정
피부
측선신경

(b) 이 관들은 외부 환경에의 수많은 구멍이 있다.

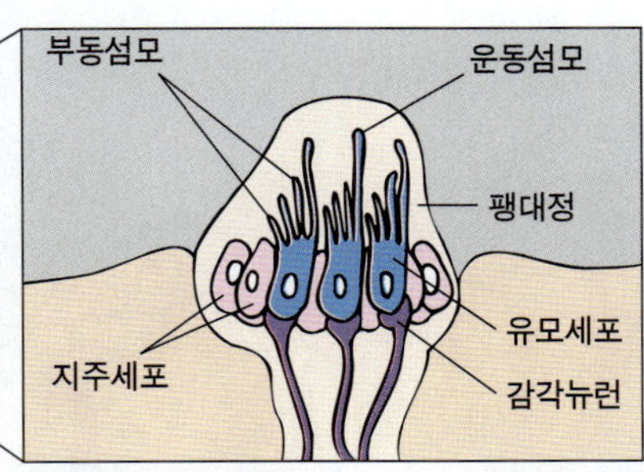


(c) 수용기세포는 유모세포이다. 각각의 유모세포는 아교질 팽대정으로 덮여있는 부동섬모와 운동섬모를 가지고 있다. 이 유모세포들은 파도, 물결, 또는 수중의 다른 교란들을 감지하여, 그 물고기에게 장애물이나 움직이는 물체들을 알려준다.

**그림 42-5** 측선기관.

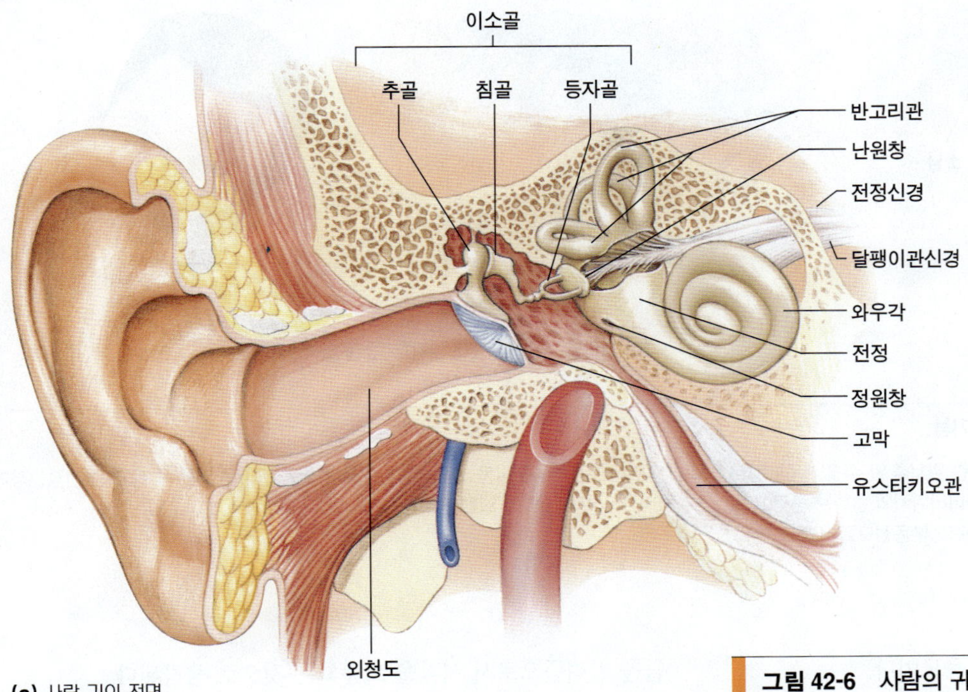


(a) 사람 귀의 전면.

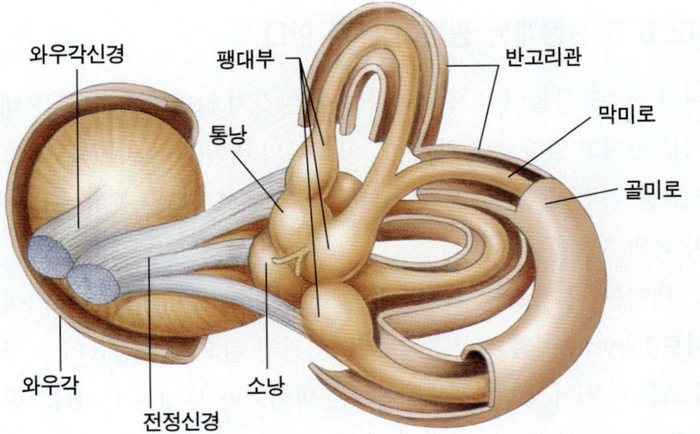


(b) 전정기관. 전정기관은 소낭, 통낭, 그리고 반고리관들로 이루어진다. 통낭과 소낭은 여기서 보여주는 배면에서 가장 잘 보인다.

**그림 42-6** 사람의 귀.

"인지" 됨으로써, 그 동물은 "아래" 쪽이 어디인지 알게 되고 또한 모든 비정상적인 정위를 바로잡을 수 있다.

## 42.6.4 유모세포는 부동섬모를 가지는 특색이 있다

척추동물의 **유모세포**(hair cell)는 움직임을 탐지하는 기계적수용기이다. 이들은 어류의 측선기관에 있는 감각수용기로서 물의 유동을 탐지하고, 자세와 평형 유지, 그리고 듣기에 관여한다 (**그림 42-5**). 척추동물의 유모세포의 표면에는 일반적으로 하나의 긴 **운동섬모**(kinocilium)와 다수의 보다 짧은 **부동섬모**(stereocilia)가 있는데, 부동섬모는 한쪽 편의 유모세포에서 다른 편으로 갈수록

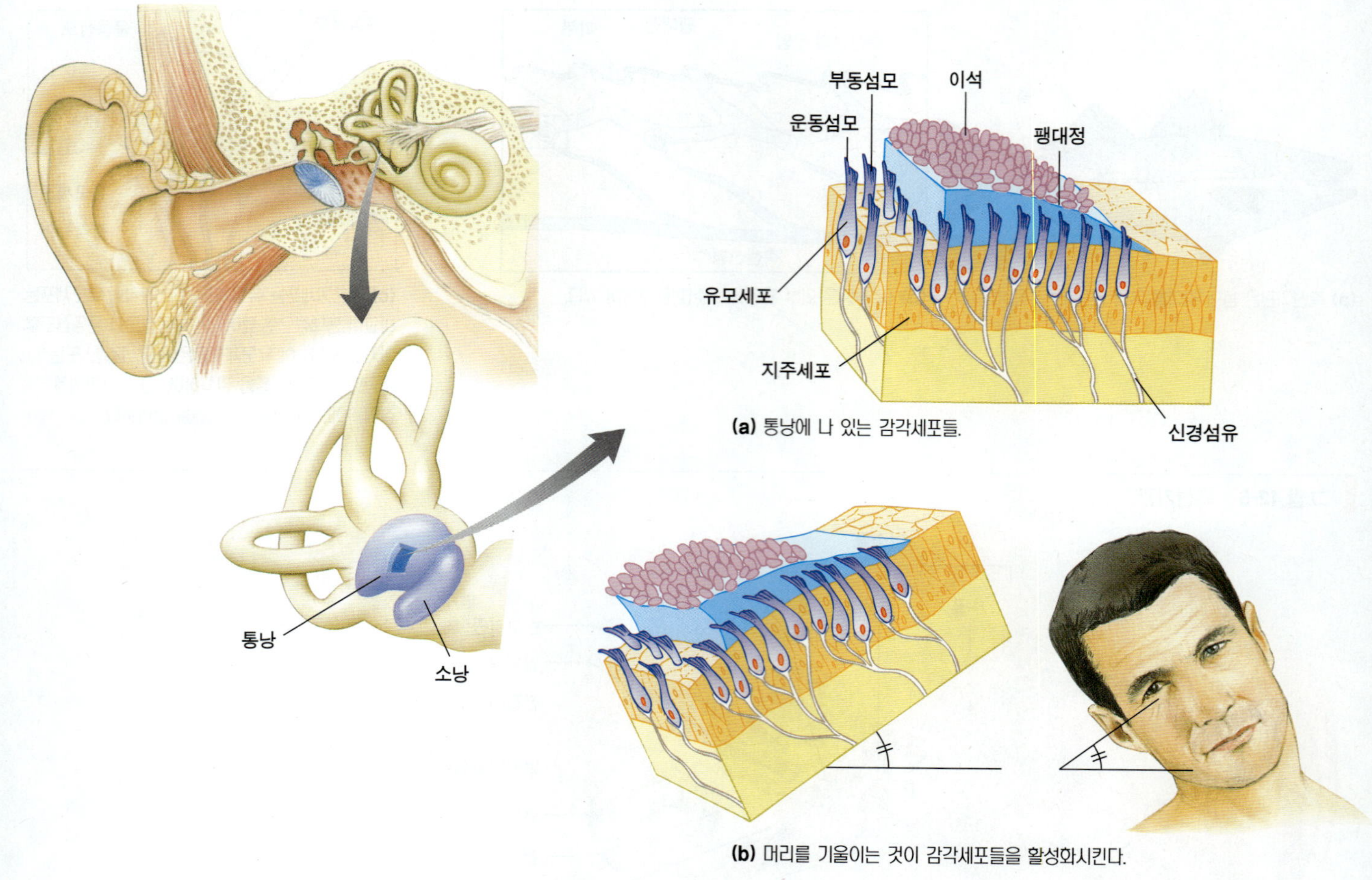


**(a)** 통낭에 나 있는 감각세포들.

**(b)** 머리를 기울이는 것이 감각세포들을 활성화시킨다.

**그림 42-7 평형 유지에서 소낭과 통낭의 기능.**

소낭과 통낭은 선형가속을 감지하여, 우리가 지면에 대한 위치를 알 수 있게 한다. **(a)**에 있는 이석과 유모세포들과 **(b)**의 것을 비교해보라. 머리위치의 변화는 중력에 의해 팽대정을 일그러뜨리게 되고, 이는 차례로 유모세포의 부동섬모를 비틀게 된다. 유모세포는 신경전달물질을 방출함으로써 반응한다. 충격은 속귀 신경(전정신경과 와우각 신경)을 따라 뇌로 전달된다.

길이가 증가하는 섬모처럼 뻗어 있는 미세융모이다.

부동섬모에 대한 기계적 자극이 가해지면 전압 변화를 일으킨다. 한쪽 방향으로 기계적 자극이 주어지면 탈분극되고 신경전달물질이 분비되는 반면에, 그 반대 방향으로 주어지는 기계적 자극은 과분극을 일으킨다. 그러나 유모세포는 축색돌기가 없고 스스로 활동전위를 생성하지 않는다. 오히려 그것은 연관된 뉴런들을 탈분극시키는 신경전달물질을 방출한다.

## 42.6.5 측선기관은 어류의 시각을 보충 한다

어류와 수중 양서류의 **측선기관**(lateral line organ)은 물의 진동을 탐지한다(그림 42–5). 이 기관은 그 동물에게 진행 도중에 있는 장애물과 먹이, 적, 그리고 동료 물고기 떼 같은 움직이는 물체들을 알려줌으로서 시각을 보충하는 것으로 생각된다.

## 42.6.6 전정계는 평형을 유지 한다

여러 척추동물들이 비록 외이나 중이는 갖지 않더라도, 모두들 내이를 가지고 있다 (**그림 42-6**). 포유류의 내이(inner ear)는 유모세포를 가진 평형기관을 포함하는데 이 유모세포는 중력에 대하여 몸의 자세를 감지한다.

내이는 골미로 내부에 맞춰 들어가 있는 막미로를 포함하여 **미로**(labyrinth)라고 부르는 상호 연관된 관으로 소낭들의 복합 구조물로 되어 있다. 포유동물들은 막미로가 두개의 주머니처럼 생긴 공동—**소낭**(saccule)과 **통낭**(utricle)—그리고 3개의 **반고리관**(semicircular canal)으로 구성되어 있다. 소낭과 통낭 그리고 반고리관을 함께 **전정기관**(vestibular apparatus)라 부른다(그림 42-6b). 이러한 기관들이 파괴되면 평형감각을 상당히 잃게 된다.

소낭과 통낭의 감각 세포는 측선기관에 있는 유모세포와 유사하다(**그림 42-7**). 이 유모세포에서 뻗어 나온 부동섬모는 작은 탄산칼슘으로 된 **이석**(otolith)이라 불리는 곳 위치하여 있는 아교질성의 팽대정이 덮고 있다. 소낭과 통낭 내의 유모세포는 다른 면에 놓여 있다.

일반적으로, 이석은 중력에 의해 당겨져서 부동섬모에 압력을 주고, 이러한 자극은 충격을 일으켜 그들의 기저에 있는 감각신경섬유를 통해 뇌로 보내진다. 머리가 기울어지거나 선형가속 (신체가 직선으로 이동할 때의 속도 증가)이 있으면, 이석은 다른 세포에 있는 부동섬모를 눌러서 휘게 만든다. 운동섬모 쪽으로 부동섬모가 휘면 유모세포를 탈분극 시킨다. 반대방향으로 휘는 것은 유모세포를 과분극 시킨다. 그러므로, 움직임의 방향에 따라서 유모세포는 더 많거나 적게 신경전달물질을 분비한다. 뇌는 이런 신경 메시지를 해석하여 그 동물이 머리의 위치에 상관없이 그 자세를 알게 해준다.

회전가속이라 부르는 회전운동에 관한 정보는 3개의 반고리관이 제공한다. 각각의 반고리관은 속이 빈 링으로 통낭과 연결되며, 다른 2개에 대해 직각을 이루고 **내림프**(endolymph)라고 부르는 액으로 채워져 있다.

각각의 반고리관이 통낭으로 연결되는 한쪽 구멍에는 작게 구형으로 팽창된 **팽대부(ampulla, 병낭)**가 있다. 각 팽대부 내부에는 통낭과 소낭의 유모세포 집단과 비슷한, **팽대부능**(crista, 크리스타)이라 부르는 유모세포들이 있다. 이석들은 존재하지 않는다. 팽대부능의 유모세포에 있는 부동섬모는 반고리관의 내림프의 움직임에 의해 자극된다(**그림 42-8**).

머리부분이 회전하면, 반고리관 안에 있는 액의 움직임이 지연된다. 섬모는 액과 연관하여 움직이고, 그 흐름에 의해 자극된다. 이 자극은 회전 인식 뿐만 아니라 그에 대응하는 반사적 움직임도 생성한다. 이러한 반사는 눈과 머리가 원래 회전에 반대방향으로 움직이도록 한다. 3개의 반고리관이 서로 다른 평면에 놓여 있기 때문에, 어떤 방향으로 머리가 움직이든지 적어도 하나의 반고리관은 액이 이동하도록 자극한다.

## 42.6.7 청각수용기는 달팽이관에 위치한다

**달팽이관**(cochlea)은 나선형의 관으로 달팽이 껍질을 닮았다(**그림 42-9**). 달팽이관들 중에 **전정관**(vestibular canal)과 **고실관**(tympanic canal)은 달팽이관의 끝 부분에서 서로 연결되며 **외림프**(perilymph)라고 부르는 액으로 채워져 있다. 가운데 관인 **달팽이관**(cochlear duct)은 내림프로 채워지며, 청각기관인 **코르티기관(organ of Corti)**을 담고 있다.

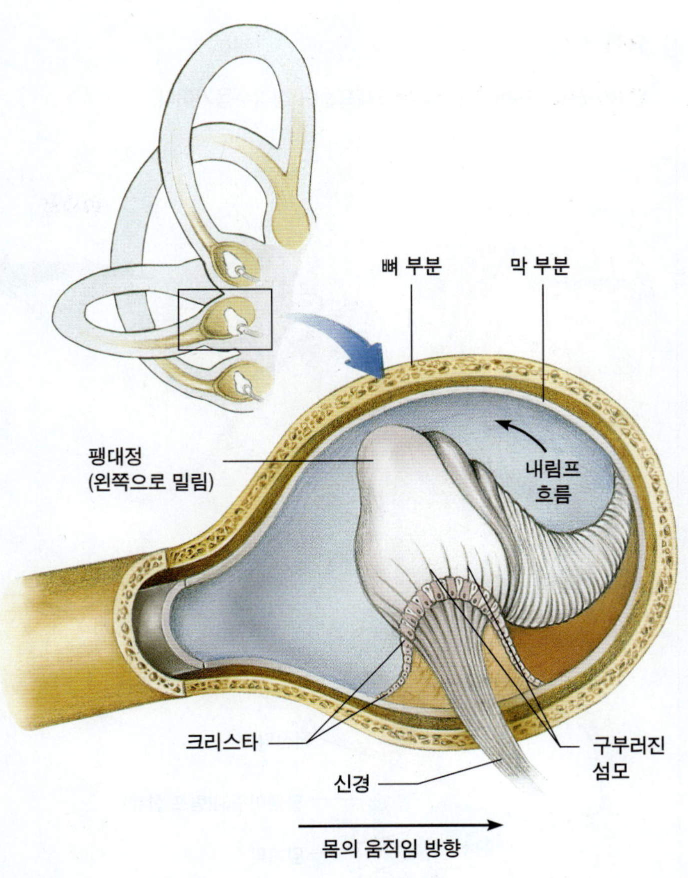


**그림 42-8 반고리관과 평형.**

머리의 회전율이 변하면, 반고리관의 팽대내부의 내림프가 팽대부정을 일그러뜨린다. 유모세포의 부동섬모가 구부러지고, 감각뉴런의 활동전위 빈도를 증가시킨다. 전정신경을 통해 뇌로 정보가 전달된다.

각 코르티기관에는 약 18,000개의 유모세포가 담겨 있는데 몇 개의 열로 배열되어 달팽이관의 감긴 길이를 따라 뻗어 있다. 각 유모세포에는 달팽이관을 따라 뻗은 부동섬모가 놓여 있다. 이 유모세포는 **기저막**(basilar membrane)에 놓여 있으며, 기저막은 고실관과 달팽이관 사이에 있다. 위에 놓여서 코르티기관의 유모세포와 닿아있는 것은 또 다른 막으로서, **덮개막**(tectorial membrne)이라고 한다.

육상 척추동물들은 공기의 음파가 달팽이관 액의 파동압으로 변형된다. 예를 들어, 사람의 귀에서는 음파가 **외청도**(external auditory canal)를 지나서 **고막(tympanic membrane)** 또는 이

요점

달팽이관의 코르티기관 내 유모세포들이 청각수용기이다.

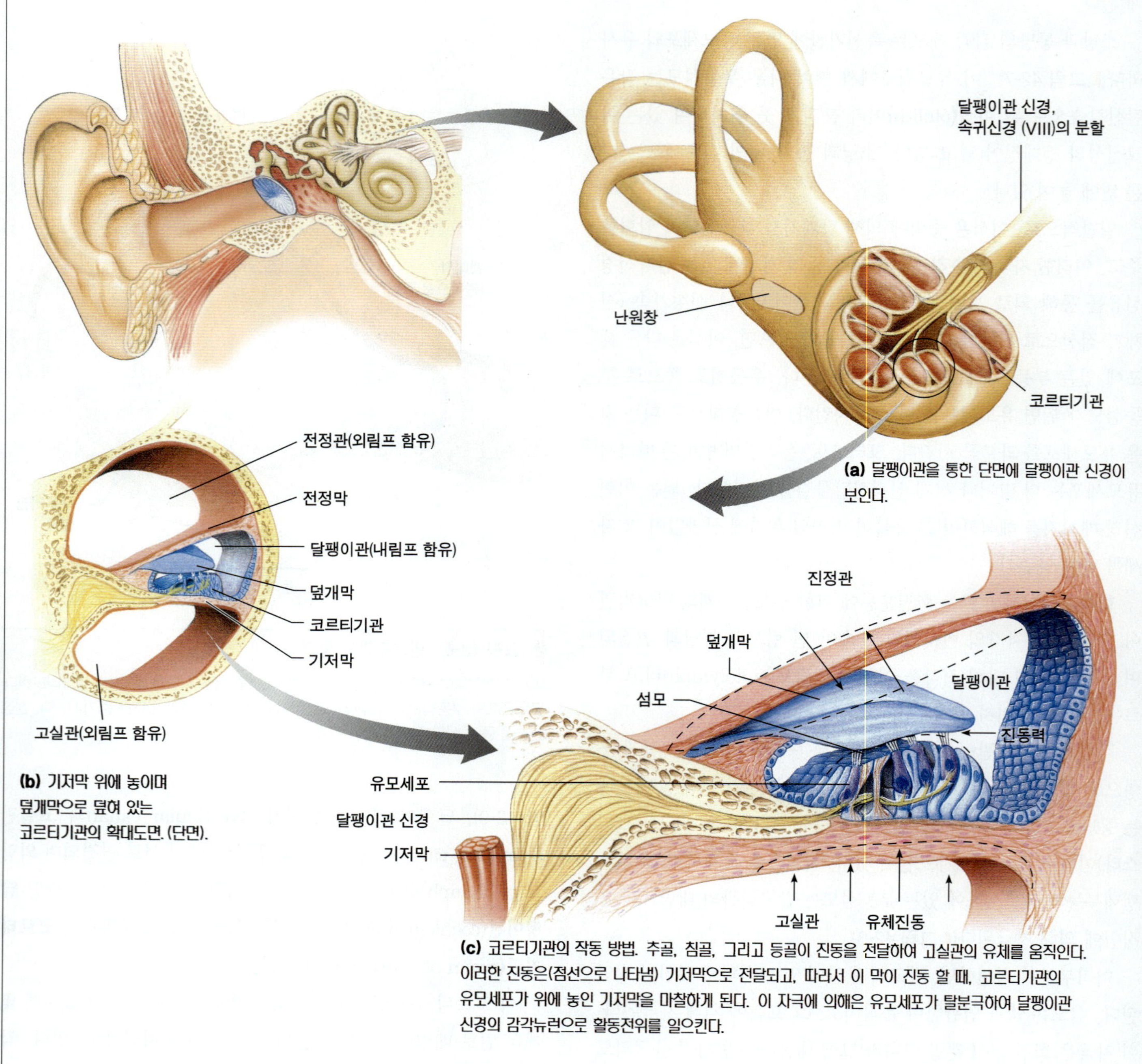


**(a)** 달팽이관을 통한 단면에 달팽이관 신경이 보인다.

**(b)** 기저막 위에 놓이며 덮개막으로 덮여 있는 코르티기관의 확대도면. (단면).

**(c)** 코르티기관의 작동 방법. 추골, 침골, 그리고 등골이 진동을 전달하여 고실관의 유체를 움직인다. 이러한 진동은(점선으로 나타냄) 기저막으로 전달되고, 따라서 이 막이 진동 할 때, 코르티기관의 유모세포가 위에 놓인 기저막을 마찰하게 된다. 이 자극에 의해은 유모세포가 탈분극하여 달팽이관 신경의 감각뉴런으로 활동전위를 일으킨다.

**그림 42-9** 달팽이관(청각 기관).

막(외이와 중이를 나누는 막)이 진동하게 된다. 이런 진동은 3개의 소골-**추골(malleus)**, **침골(incus)**, 그리고 (그 모양 때문에 hammer, anvil, stirrup 등으로도 불리는) **등자골(stapes)**에 의해 중이를 지난다.

추골은 고막과 닿아 있으며, 등골은 달팽이관의 얇은 막부위인 **난원창(oval window)**에 닿아 있다. 인두(목구멍 부위)와 함께 중이를 연결하는 **유스타키오관(eustachian tube)**은 대기와 중이 사이의 압력의 평형을 유지하는데 도움을 준다.

추골, 침골 그리고 등자골은 3개의 상호 연관된 지렛대로서 진동을 증폭하는 역할을 한다. 추골의 아주 작은 움직임이 침골에서 더 큰 움직임이 되고, 등자골에서 매우 큰 움직임이 된다. 진동은 난원창을 지나 전정관에 있는 액으로 간다. 만일 음파가 공기에서 직접 난원창으로 전달되면, 많은 에너지가 손실될 것이다. 중이는 공기 중의 음파를 달팽이관에 있는 액으로 전달된 파동압으로 연결하는 기능을 한다.

액체는 압축될 수 없으므로, 압력이 달아날 수 있는 도피판이 없다면 난원창은 전정관에 있는 액을 움직이게 할 수 없다. 이것은 고실관 끝에 있는 막으로 된 **정원창**(round window)이 해결해 준다. 파동압은 3개의 관을 나누는 막을 압박하여 고실관으로 전달되고 정원창이 볼록하게 된다. 이러한 진동에 의해 기저막이 움직이면, 코르티기관의 부동섬모가 위에 놓여 있는 덮개막을 마찰하게 된다. 이 접촉에 의해 부동섬모가 굽혀지면, 유모세포의 원형질막에 있는 이온채널들이 열린다. 칼슘이온들이 유모세포 안으로 들어가고 글루탐산 방출을 일으키는데 이 글루탐산은 각각의 유모세포에 시냅스를 형성하고 있는 감각뉴런상의 수용체에 결합한다.

그리하여 감각뉴런의 탈분극을 일으킨다. 감각뉴런의 축색돌기는 모여서 속귀신경 (뇌신경 VIII; 또한 청신경이라고도 함)의 구성요소인 **달팽이 신경**(cochlear nerve)을 형성한다.

청각에 관련해 일어나는 사건들을 연속적으로 요약하면 다음과 같다:

**음파가 외청도에 들어옴 ⟶ 고막 진동 ⟶ 추골, 침골, 등자골이 진동 증폭 ⟶ 난원창 진동 ⟶ 진동이 액을 통해 전달됨 ⟶ 기저막 진동 ⟶ 코르티기관의 유모세포가 자극됨 ⟶ 달팽이 신경이 뇌로 신호를 전달**

소리는 음조와 크기 그리고 음색에서 질이 다르다. **음높이**(pitch)는 음파의 주파수, 또는 매 초당 진동수에 달려 있는데 헤르츠(Hz)로 표시된다. 저주파 진동은 낮은 음높이로 감지되는 반면, 고주파 진동은 고음으로 감지된다. 60 Hz가 넘는 주파수는 기저막의 길이를 따라 불균일한 진동을 일으킨다. 주어진 주파수의 소리들은 달팽이 액에 공명파를 일으켜서 기저막의 특정부위가 진동하게 한다. 고주파는 달팽이관의 기부 근처에 있는 유모세포들이 탐지 하는 반면, 저주파는 달팽이관의 끝부분 근처에 있는 유모세포가 감지한다. 뇌는 자극 받는 특정한 유모세포들로부터 소리의 음높이를 추정한다.

사람의 귀는 각 개인마다 다양하긴 하지만, 약 20에서 20,000 Hz 사이의 주파수에 있는 소리들을 탐지하도록 설정되어 있으며 특히, 1,000에서 4,000 Hz 사이의 소리에 대해 이보다 더 낮거나 높은 소리보다 더욱 민감하다(**그림 42-10**). 가청 음파에너지를 가시광파 에너지와 비교한다면, 귀는 눈보다 10 배는 더 민감하다. 개는 40,000 Hz 이상의 소리를 들을 수 있으며 박쥐는 100,000 Hz만큼 높은 주파수를 감지할 수 있다.

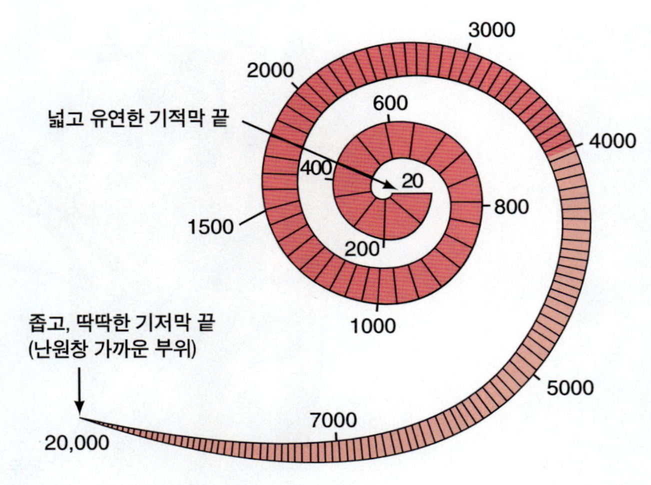


**그림 42-10 음조의 구분.**

달팽이관 내에서는 코일처럼 꼬인 기저막을 볼 수 있다. 기저막의 각각의 다양한 부분들에서 특정 주파수에 진동을 한다. 좁고 딱딱한 기저막의 끝에서 높은 주파수의 음이 반응하는 반면에, 넓고 유연한 기저막의 끝은 낮은 주파수에 반응한다. 음조정은 헤르츠(Hz)로 표시되는 음파의 진동수에 달려있다. 사람의 귀는 1,000에서 4,000 Hz 사이에서 가장 민감하다.

**복습**

- 당신이 옷을 입거나 어둠 속에서 잠자리를 찾아가는 것과 같은 행동을 수행하는데 관여하는 감각수용기는 무엇인가?
- 유모세포는 어떻게 작동하는가?
- 이석이란 무엇이며, 평형을 유지하는 데 있어 그들의 역할은 무엇인가?
- 듣기에 관계하는 사건들의 순서는 무엇인가?

## 42.7 화학수용기

**학습목표**

9 미각과 후각수용기의 구조와 기능을 비교하라.

2종류의 고도로 민감한 화학수용 시스템이 **미각**(gustation)과 **후각**(olfaction)이다. 이러한 화학적 감각은 동물계 전반에서 발견되며, 동물들이 먹이, 물 그리고 공기에 있는 화학물질을 탐지할 수 있게 한다. 동종의 그러한 화학적 단서들을 탐지하고 평가함으로써 동물들은 먹이를 발견하고, 짝짓기 그리고 포식자를 피하거나 할 수 있다. 화학수용기는 또한 같은 종끼리 정보를 교환하는데 중요한 수단으로 사용된다.

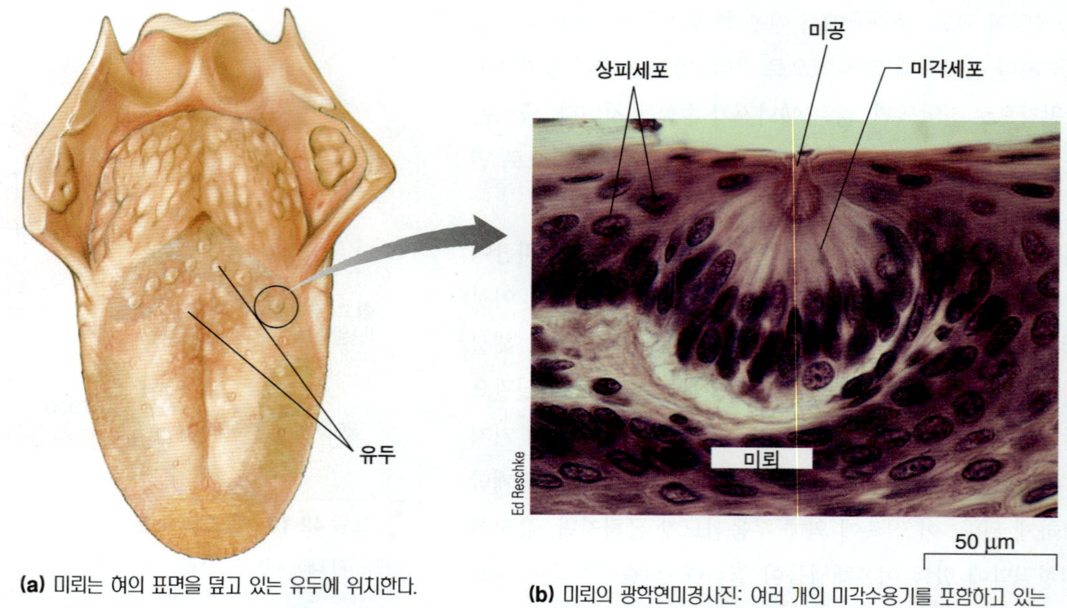


**(a)** 미뢰는 혀의 표면을 덮고 있는 유두에 위치한다.

**(b)** 미뢰의 광학현미경사진: 여러 개의 미각수용기를 포함하고 있는 상피세포낭. 하나의 미각 수용기 세포는 하나의 맛 범주 이상에 반응할 것이다.

**그림 42-11** 미뢰.

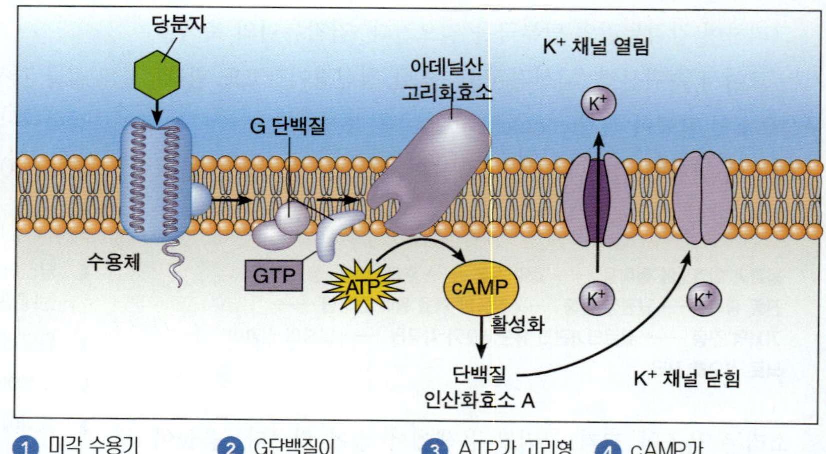


1 미각 수용기 세포의 원형질막에 있는 수용체에 과당이 결합한다.
2 G단백질이 활성화되고 아데닐산고리화효소를 활성화 시킨다.
3 ATP가 고리형 AMP(cAMP)로 전환된다.
4 cAMP가 단백질인산화효소를 활성화시키고, 그에 의해 $K^+$채널을 닫는다.

**(c)** 당 분자가 신호전달 과정을 활성화시켜 $K^+$의 투과성의 감소를 가져온다. 막은 탈분극되고 감각뉴런 내 활동전위가 생성된다.

육상 척추동물들은, 냄새 감지가 공기를 통해 후각수용기에 도달하는 기체물질과 관련된다. 맛에 대한 감각은 입에서 물(또는 침)에 녹은 물질들과 관계된다. 수중 동물들은 이러한 구분이 애매하다. 메기가 물을 냄새 맡겠는가 아니면 맛을 보겠는가?

## 42.7.1 미각수용기들은 용해된 음식물 분자들을 탐지한다

포유류들은 입에 있는 **미뢰**(taste bud)로 맛을 감각한다. 사람은 주로 입에 있는 작은 돌기, 혹은 유두에서 미뢰가 발견된다. 수천 개의 미뢰 각각은 타원형의 상피피막으로서 지주세포 사이에 흩어져 있는 약 100개의 미각수용기 세포들을 포함하고 있다(**그림 41-11**).

각 미각수용기 세포의 원형질막 말단에는 미세융모가 있어서 침으로 적셔지는 혀 표면에 있는 미공까지 뻗어있다. 미각수용기는 침에 녹아있는 화학 물질들을 탐지한다. 예를 들면, 단맛으로 인식되는 어떤 물질들은 G단백질이 관련되는 하나의 신호전달 과정을 활성화시킨다(그림 42-11c). 아데닐산고리화효소(adenylate cyclase)의 활동이 증가하면, 고리형-AMP(cAMP)의 농도가 증가한다. 단백질인산화효소가 활성화되어 $K^+$채널을 인산화하여 닫는다. 이렇게 $K^+$투과성이 감소하면, 수용기전위가 탈분극 된다. 그러면 미각수용기 세포와 시냅스를 맺고 있는 감각뉴런에 활동전위가 발생한다. 하나의 감각뉴런이 여러 개의 미뢰와 신경이 연결될 수 있다.

전통적으로, 단맛, 신맛, 짠맛, 그리고 쓴맛의 4개의 기본적인 맛을 인식해 왔다. 2000년에 생리학자들은 다섯 번째의 맛인 글루탐산 맛을 보고했다. 1908년, 일본인 생리학자 **이케다**(Kikunae Ikeda)가 처음 제시한 것으로 글루탐산이 특정 숙성된 치즈, 간장, 멸치, 그리고 몇몇 해산물의 짭짤한 풍미를 가진 우마미(umami)

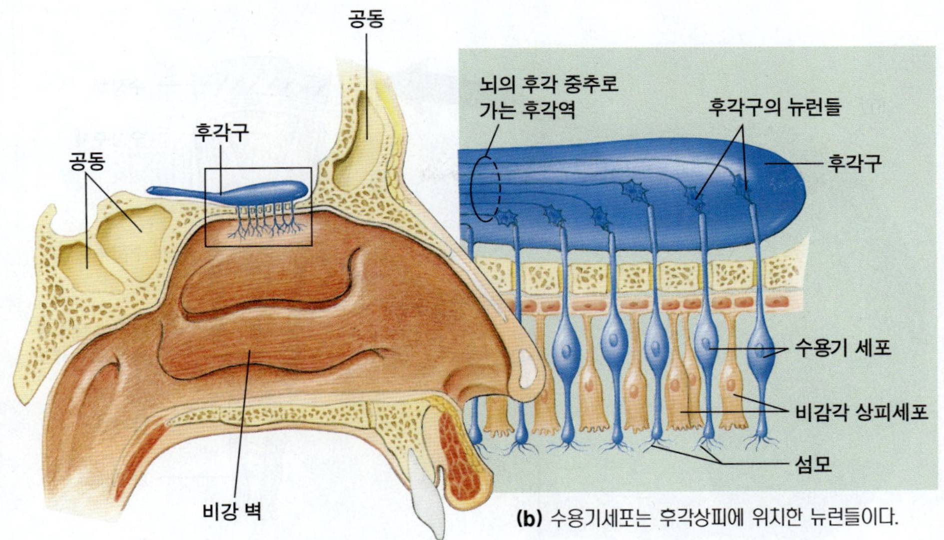

(a) 냄새는 비강 천정에 있는 수천 개의 화학수용기가 맡고 있다.

(b) 수용기세포는 후각상피에 위치한 뉴런들이다.

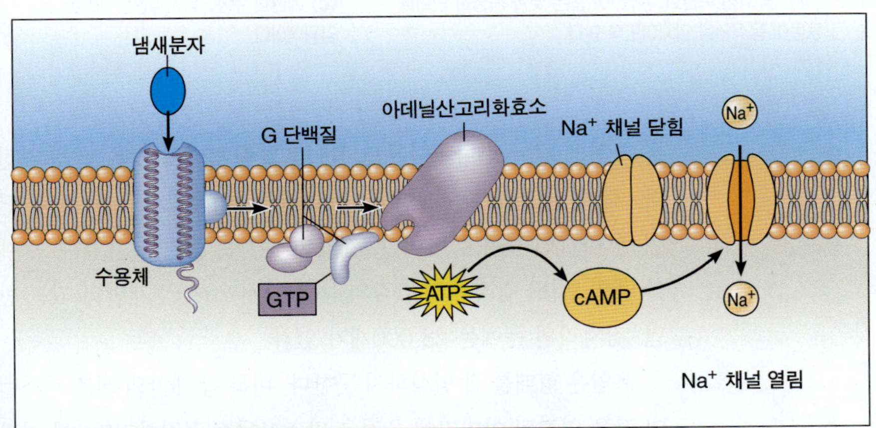

1 냄새분자가 후각세포의 원형질막에 있는 수용체에 결합한다.
2 G단백질이 활성화되며, 아데닐산고리화효소를 활성화시킨다.
3 ATP로부터 고리형 AMP(cAMP)가 생성된다.
4 닫혀있던 나트륨 채널이 열리고, 세포로 유입된 나트륨이온들이 탈분극을 일으킨다.

(c) 냄새분자가 신호전달 과정을 활성화시켜 $Na^+$의 투과성을 높이게 된다. 막이은 탈분극이 되고 그 결과 활동전위가 뇌로 전달된다.

**그림 42-12 음조의 구분**

라고 부르는 맛을 내는 화합물이라는 것을 밝혔다.

### 42.7.2 후각상피는 냄새를 감지한다

육상 척추동물들에서는, **후각(olfaction)**의 감지는 코의 상피에서 일어난다. 사람의 경우, **후각 상피(olfactory epithelium)**은 비강의 천정에 있다(**그림 42-12**). 이것은 그 끝에 섬모를 가진 약 1억 개의 후각 수용기 세포를 가지고 있다. 길고 부동인 섬모가 비강낭 하의 상피표면에 있는 점액층으로 뻗어 있다. 섬모에 있는 수용기 분자들은 점액에 용해된 화합물들과 결합한다. 각 수용기세포의 반대쪽 끝은 축색돌기가 있어서 뇌까지 직접 뻗어 있다. 이러한 축색돌기들은 후각신경(제1뇌신경)을 구성하는데, 이것은 뇌의 후각구까지 뻗어 간다. 후각구로부터 정보가 후각피질로 전달되며, 후각 피질은 변연계 내에 있고 정서적 행위에도 연관되는 뇌의 한 부분이다(후각은 종종 감정과 기억들에 연관이 있다).

어떤 분자가 후각수용기 세포의 섬모에 있는 수용기와 결합하면, 신호전달 과정이 시작된다(그림 42-12c 참조). G단백질이 활성화되고, 고리형-AMP의 합성이 일어나서 원형질막에 있는 여러 채널들을 열게 한다. 이러한 채널들은 $Na^+$과 그 외의 양이온들이 세포로 유입되게 하여 탈분극이 일어나는데, 이것이 수용기전위 이다. 냄새가 나는 물질의 분자수가 강도를 결정하게 되며, 이에 따라서 수용기전위의 크기를 결정한다. 각 냄새들은 몇 가지 성분의 화학 물질들로 구성되며, 수용기의 각 종류 별로 특정한 성분과 결합한다. 활성화되는 수용기들의 조합에 의해 어떤 냄새를 우리가 인지하게 될지 결정한다.

**복습**

■ 미뢰와 후각 수용기 세포의 신호전달 과정의 유사점은 무엇인가? 다른 점은? 무엇인가?

## 42.8 광수용기

**학습목표**

10 척추동물 눈의 각 구조의 기능을 설명하라.

11 사람의 시각에서 일어나는 사건들을 설명하라. 2종류의 광수용기를 비교하고, 설명의 일부로 신호전달 경로를 설명하라.

대부분의 동물들은 빛 에너지를 흡수하기 위해 색소를 사용하는

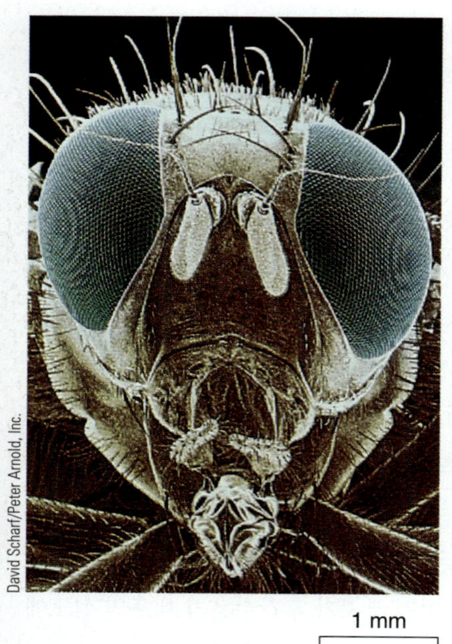


**(a)** 전자현미경으로 본 지중해 과일 파리 (*Ceratitis capitata*)의 볼록하게 두드러진 복안.

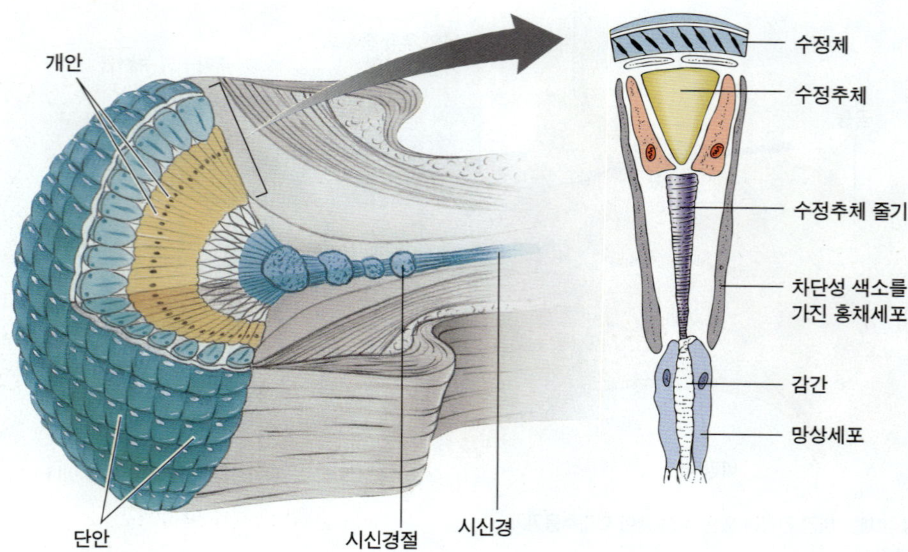


**(b)** 여러 개의 개안을 가진 복안의 구조. 이 눈은 빛과 음영의 변화를 탐지하여, 그 동물이 움직임을 감지하도록 한다.

**(c)** 개안의 구조. 봉상감간은 개안의 감광핵이다.

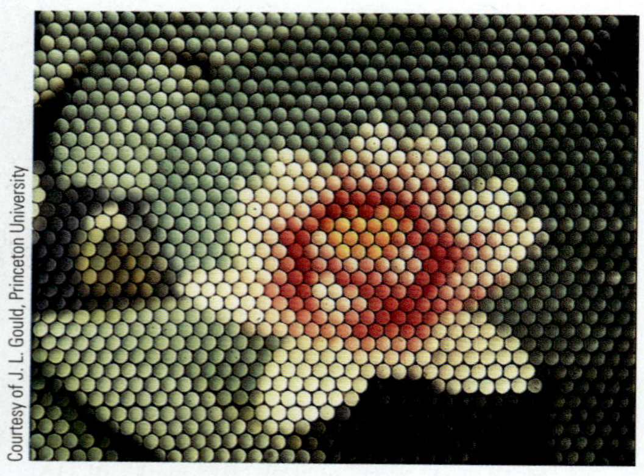


**(d)** 벌의 눈에 비친 꽃. 이 사진은 벌이 꽃을 어떻게 보는지에 대한 대략적인 시뮬레이션을 얻기 위한 시각장치를 사용하여 찍은 것이다. 그러나, 벌은 붉은색보다는 자외선을 보게 되며, 원형은 수직으로 길어진 타원형으로 볼 것이다.

**그림 42-13 복안.**

광수용기를 가지고 있다. **로돕신(rhodopsin)**은 두족류 연체동물, 절지동물, 그리고 척추동물들의 눈에서 볼 수 있는 광색소이다. 빛 에너지는 이러한 색소를 가진 광감성 수용기세포를 자극하여 색소 분자들에 화학적 변화들을 일으켜 수용기전위를 발생시킨다.

## 42.8.1 무척추동물에는 복안이 있다

갑각류와 곤충들에서 볼 수 있는 **복안**(compound eyes)은 구조적으로 그리고 기능적으로 척추동물의 눈과는 다르다. 복안의 표면은 다면체 같아서 다이아몬드 같이(**그림 42-13**) 많은 면을 가진다. 각 **단안(facet)**은 **개안(ommatidium)**이라고 부르는 시각 단위 중 하나인 볼록 각막이다. 개안의 숫자는 종마다 다양하다. 예를 들면, 어떤 갑각류의 각각의 눈은 단지 20개의 개안이 있는 반면, 잠자리의 눈에는 28,000개가 있다.

복안은 형태를 잘 인식하지 못한다. 비록 각 개안의 렌즈 시스템이 작은 역전된 이미지에 초점을 맞추기에는 적절하지만, 이 기관을 통해 실제로 영상으로서 인식된다는 증거는 거의 없다. 그러나, 모든 개안들이 함께 복합적인 이미지, 또는 **모자이크**(mosaic)상을 생성한다. 시각장의 좁은 부채꼴 영역의 빛을 한 점으로 모아 들이는 각 개안은 사실 그 영역의 평균 세기를 추출한다. 이 모든 광점들은 함께 모여서 모자이크 그림을 형성 한다(그림 42-13d).

복안은 우리의 눈과 다르다. 이들은 적색에서 자외선 범위의 빛 파장에 민감하다. 따라서, 곤충들은 자외선의 빛을 잘 볼 수 있으며, 이들 세상의 색채는 우리와 매우 다르다. 꽃들은 자외선을 매우 다양하게 반사하므로, 우리의 눈에는 같은 색상인 꽃도 곤충들에게는 엄청나게 다를 수 있다(그림 36-5를 참조).

## 42.8.2 척추동물의 눈은 선명한 영상을 만들어낸다

사람과 몇몇 다른 척추동물의 머리 전방에 눈이 위치하므로, 양 눈이 같은 물체에 초점을 맞출 수 있다. 양 눈에 들어오는 중첩된 정보는 2개의 망막(감광 영역)을 동시에 자극하는 같은 시각 정보가 된다. 이러한 **양안시**(binocular vision)는 거리와 깊이 판단에 중요한 요소가 된다. 척추동물의 눈은 카메라에 비유할 수 있다. 조절 렌즈는 각기 다른 거리에 초점을 맞출 수 있으며 **홍채**(iris)라고 부르는 조리개는 **동공**(pupil)이라는 빛이 들어오는 구멍의 크기를 조절한다(**그림 42-14**). **망막**(retina)은 카메라에 사용되는 감광 필름에 대응한다. 망막의 바깥 부분은 **맥락막 층**(choroid layer)으로, 검은 색소로 채워진 세포판이며 여분의 빛을 흡수하고 이 같은 작용은 내부적으로 반사되는 빛이 영상을 흐리게 하는 것을 막아준다(카메라도 또한 내부가 검게 되어 있다). 맥락막에는 망막을 부양하는 혈관이 많다.

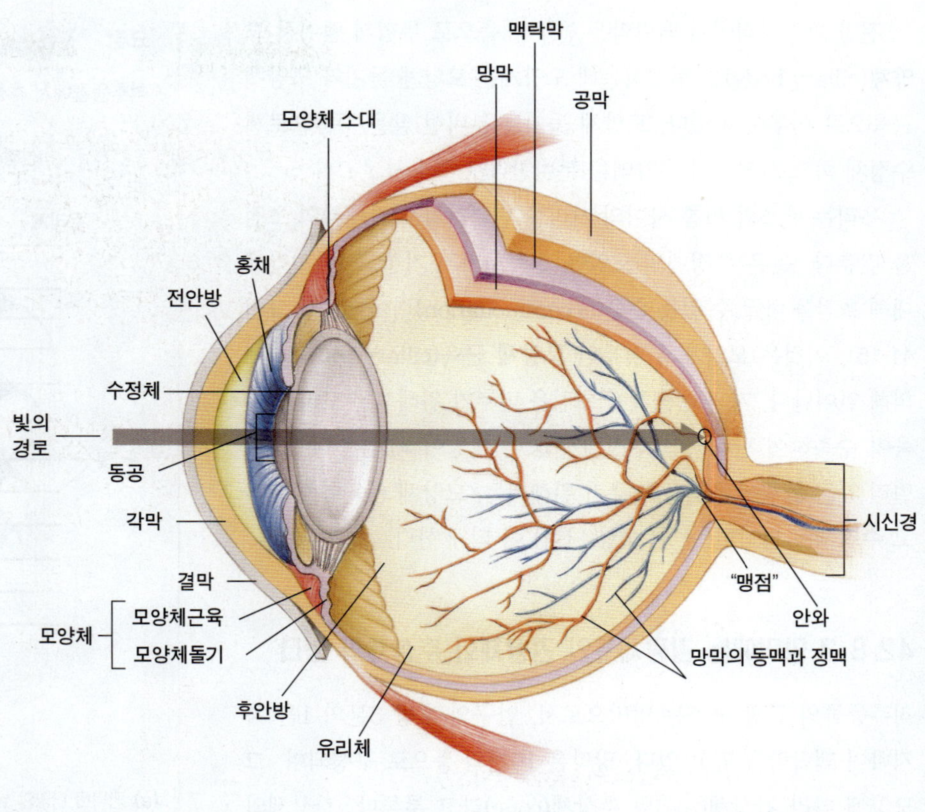


**그림 42-14 사람 눈의 구조.**

빛은 사람의 눈을 통과해 망막에 있는 광수용 세포로 간다. 이 측면도에서, 눈의 내부구조를 보기 위해 시상면을 따라 부분적으로 절단한 것이다.

안구의 외피는 **공막**(sclera)이라고 부르며 튼튼하고 불투명한 곡선으로 된 결합조직 판으로서 내부구조들을 보호하고 안구를 단단하게 유지하는 것을 돕는다. 눈의 앞 표면에서 이 막은 얇고 투명한 **각막**(cornea)이 되며 이곳을 통해 빛이 들어간다. 각막은 빛을 모아주는 고정된 렌즈의 역할을 한다.

눈의 수정체는 홍채 바로 뒤에 있는 투명하고 탄력적인 구형이다. 수정체는 유입되는 광파를 굴절시켜 망막에 초점을 맞게 한다. 각막의 곡선형 표면과 안구 속에 굴절성을 가지는 액체가 또한 이를 돕는다. 각막과 수정체 사이에 있는 **전안방**(anterior cavity)은 **수양액**(aqueous fluid)이라는 묽은 액체로 채워져 있다. 수정체와 망막 사이의 더 넓은 **후안방**(posterior cavity)은 좀 더 점착성 액체인 **유리체**(vitreous body)로 채워져 있다.

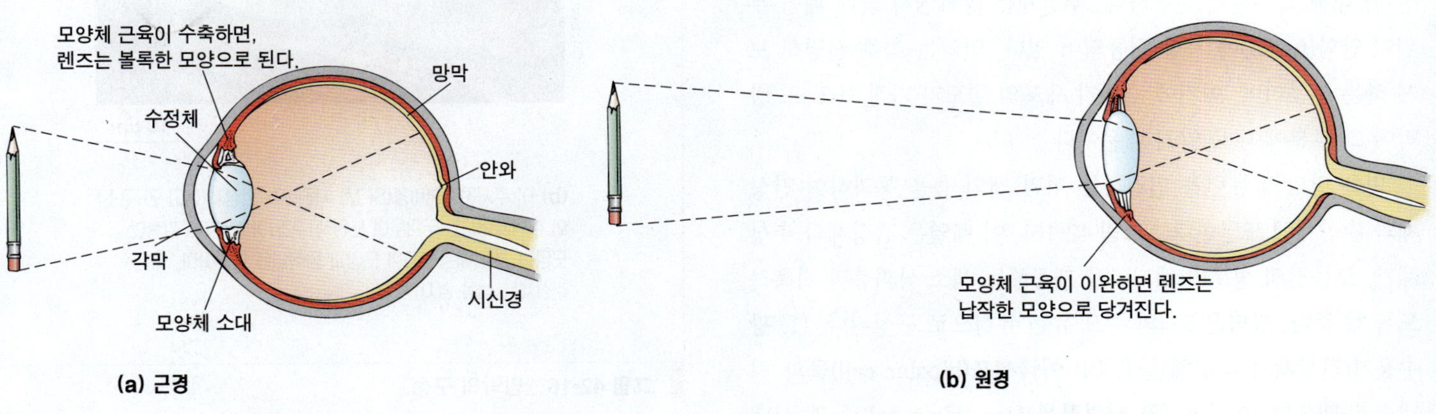


**그림 42-15 원근 조절.**

눈이 가까운 영상(**a**)과 멀리 있는 영상(**b**)에 대하여 초점을 변화시키는 방법.

전방 가장자리에서 맥락막은 안구 내측으로 두껍게 뻗어서 **모양체**(ciliary body)를 형성하는데 모양체는 모양체 돌기와 모양체 근육으로 이루어져 있다. 모양체 돌기는 분비선 같은 주름으로서 수정체 쪽으로 뻗어서 수양액을 분비한다.

우리는 렌즈와 필름 사이의 거리를 변화시켜서 카메라의 초점을 맞춘다. 눈은 수정체의 모양을 변화시켜서 가깝고 먼 시각에 대해 초점을 바꿀 수 있는 **순응**(accommodation)력이 있다(**그림 41-15**). 이것은 모양체의 일부인 **모양체 근육**(ciliary muscle)에 의해 일어난다. 가까운 물체에 초점을 맞추기 위해서는 모양체 근육이 수축하여 탄력적인 수정체가 둥근 모양이 되게 한다. 좀더 멀리 있는 물체에 초점을 맞추기 위해서는, 모양체 근육이 이완하고 수정체는 납작한(난형) 모양(난형) 이 되게 한다.

### 42.8.3 망막에는 감광세포인 간상체와 추상체가 있다

척추동물의 감광 구조는 망막으로서, 안구의 후방 3분의 1을 차지하며 맥락막을 덮고 있다. 망막은 10개의 층으로 구성되며, 그 모양에 따라 **간상체**(rod)와 **추상체**(cone)라고 부른다. 간상체와 추상체 모두 원형질막이 주름져서 흡광성 광색소를 담고 있는 막원반 더미를 이룬다. 사람의 눈은 약 1억2천5백만 개의 간상체와 6백5십만 개의 추상체를 가지고 있다. 간상체는 어두운 빛에서 작동하여 우리가 형체와 움직임을 탐지하게 만들어 준다. 이들은 색상에는 민감하지 않다. 간상체는 망막의 가장자리에 훨씬 많으므로, 어두운 빛에서는 물체를 볼 때 약간 그 옆쪽을 볼 때(그 상이 간상체에 맞추어지므로) 더욱 잘 볼 수 있다.

추상체는 강도가 높은 빛에 반응하며, 우리가 섬세한 세부를 인지하도록 한다. 추상체는 색각을 맡고 있으며, 빛의 파장 차이(색상)에 대해 특수하게 민감하다. 추상체는 망막에서 작게 패인 부위인 **안와**(fovea)에 가장 집중되어 있다. 안와는 아주 선명히 보게 하는 부분이며, 여기에 수용기 세포의 밀도가 가장 높고 또 망막이 그 부분에 더욱 얇기 때문이다.

빛은 망막의 뉴런을 연결하는 여러 개의 층을 통과하여 간상체와 추상체에 도달한다(**그림 42-16**). 이 배열은 간상체와 추상체가, 로돕신의 성분인 레티날을 제공하는 색소 상피층과 접촉하도록 해 준다. 망막은 5개의 주요 뉴런 유형으로 구성된다. (1) **광수용기**(간상체와 추상체)들은 (2) **이극세포**(bipolar cell)들과 시냅스를 맺으며, 이들은 (3) **신경절세포**(ganglion cell)들과 시냅스 연결을 이룬다. 광수용기 세포부터 정보를 받아서 이극세포로 보내는 (4) **수평세포**(horizontal cell)들과 이극 세포로부터의 정

**요점**

척추동물에서 추상체와 간상체가 망막에서의 광수용기이다.

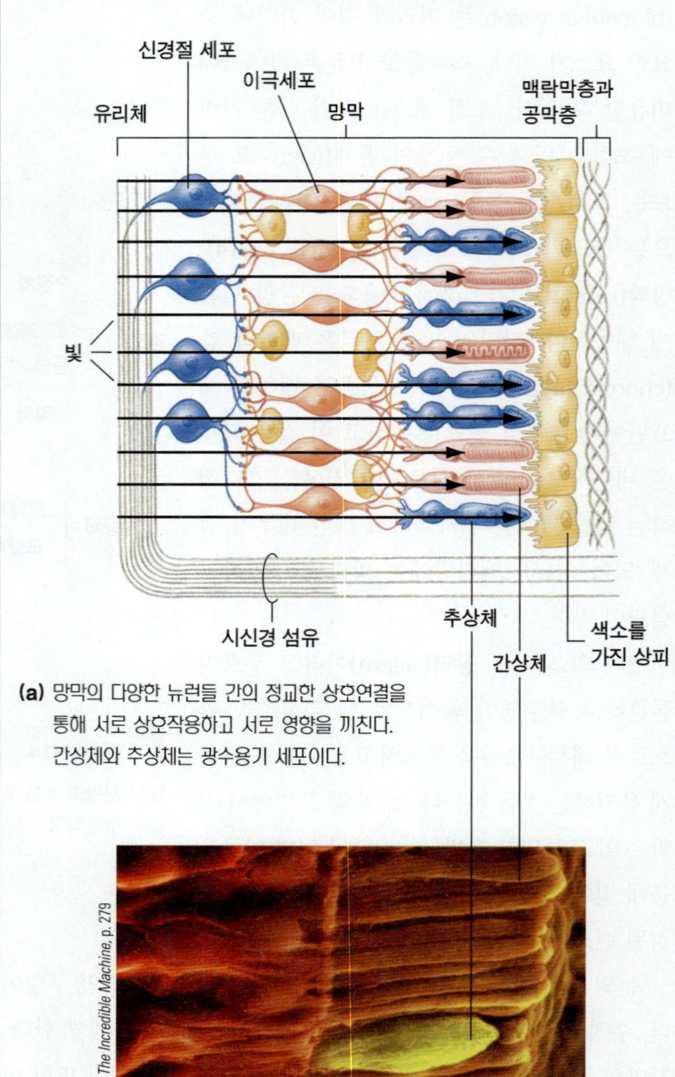


**(a)** 망막의 다양한 뉴런들 간의 정교한 상호연결을 통해 서로 상호작용하고 서로 영향을 끼친다. 간상체와 추상체는 광수용기 세포이다.

**(b)** 이 주사전자현미경(SEM) 사진에서 간상체(붉고 긴 구조)와 추상체(짧고, 두꺼우며 노란색 구조)가 보인다. 길쭉한 모양의 간상체는 물체의 모양과 움직임을 감지하며, 짧은 추상체는 색을 감지한다.

**그림 42-16** 망막의 구성.

보를 받아서 다시 이극세포로 혹은 신경절 세포로 신호를 보내는 (5) **아마크린 세포(amacrine cell)** 등의 2종류의 측면 연합뉴런들이 있다(**그림 42-17**).

시각 경로를 간단히 요약하면 다음과 같다:

> **빛이 각막을 통과 ⟶ 수양액 통과 ⟶ 수정체 통과 ⟶ 유리체 통과 ⟶ 망막(광수용기 세포)에 상이 맺힘⟶ 이극세포에 신호함 ⟶ 신경절 세포에 신호함 ⟶ 시신경이 신호를 시상에 전달 ⟶ 대뇌피질의 시각령에 의해 통합**

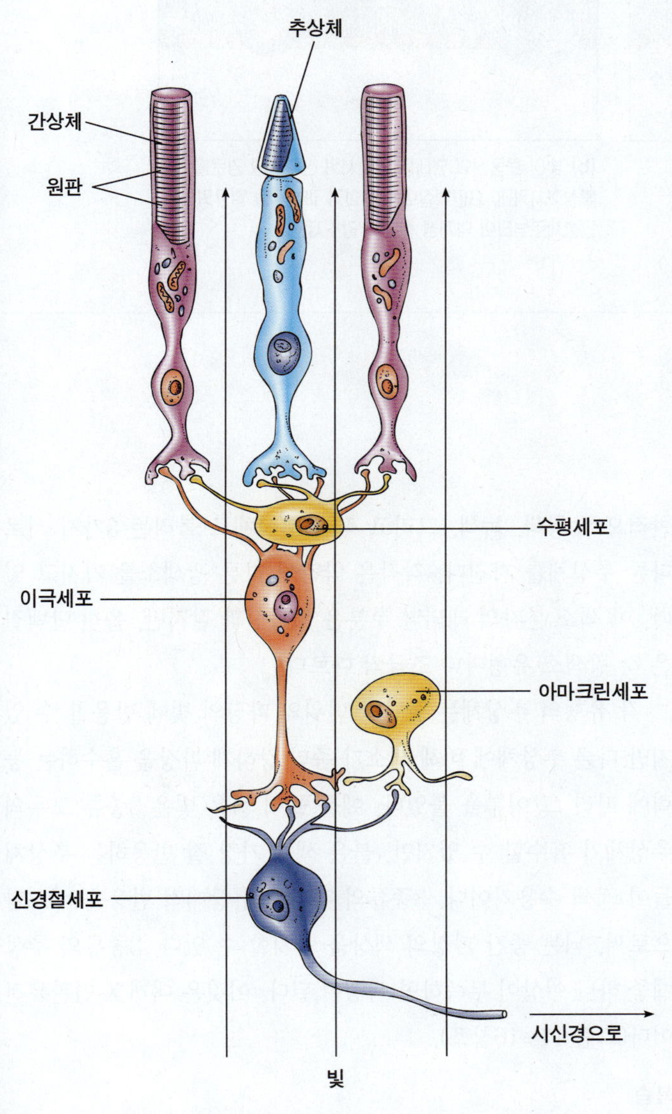


**그림 42-17 망막에서의 신경경로.**

광수용기 세포(간상체와 추상체)는 망막의 뒤에 위치한다. 이들은 이극세포와 수평세포들과 시냅스를 맺는다. 이극세포는 신경절 세포와 무축색 세포와 시냅스를 맺는다. 신경절 세포의 축색돌기는 시신경을 구성한다.

### (1) 로돕신의 화학적 변화로 간상체가 빛에 반응 한다

어떻게 빛이 환경자극에 관한 정보를 뇌에 전달하여 그림으로 전환시키는 신경신호로 변환되는 것일까? 간상세포는 너무나 빛에 민감하여 하나의 광자에도 반응할 수 있다. 간상세포 내에 있는 로돕신과 또한 이것과 매우 관련 깊은 추상체에 있는 광색소에 의해 볼 수 있게 된다. 로돕신은 비타민A의 알데히드인 *레티날*(retinal)과 화학적으로 결합되어 있는 큰 단백질인 *옵신*(opsin)으로 구성되어 있다. 레티날의 이성질체는 *cis*형으로 접힌 형태와 *trans*형으로 직선형 2가지가 있다.

어두울 때, 옵신은 *cis*형의 레티날과 결합한다. 고리형-GMP (cGMP: cyclic guanosine monophosphate, cAMP와 유사한 분자)가 비특이성 채널들을 열어서 $Na^+$과 다른 양이온이 간상세포 안으로 유입되게 한다(**그림 42-18**). 이것은 간상세포를 탈분극 시키고, 신경전달물질 글루탐산을 방출한다. 글루탐산은 이극세포의 막을 과분극 시켜서 메시지를 전달하지 않게 한다. 막에 있는 이온채널들은 대개 열리고 막이 탈분극 되어 지속적으로 신경전달물질을 전달하게 되는 다른 뉴런들과 광수용기는 다르다는 것을 주의하라. 어두울 때 세포 내로 지속적으로 유입되는 이온들을 *암전류*(dark current)라고 부른다. 광수용기와 또한 이극세포의 또다른 특징은 이들이 활동전위를 일으키지 않는다는 것이다. 이들의 신경전달물질 방출은 차등성이며 탈분극의 정도에 따라 조절된다.

빛이 로돕신에 닿으면, 빛은 변환된다. 이 절차는 3단계로 볼 수 있다.

1. 빛이 로돕신을 활성화시킨다. 빛이 *cis*-레티날을 *trans*-레티날로 변환시킨다. 이런 형태의 변화로 인해 로돕신이 모양을 바꿔서 그의 화합물인 옵신과 레티날로 분해 된다. 이것이 시각의 빛에 관계된 절차이다.
2. 로돕신은 신호변환 경로의 일부이다. 이것의 모양이 변하면 **트랜스듀신(transducin)**이라고 부르는 G단백질과 결합한다. 트랜스듀신은 에스테르가수분해효소를 활성화시켜서 cGMP를 GMP로 가수분해하여 cGMP의 농도를 낮추어 준다.
3. 간상체 내의 cGMP 농도가 감소하면, 간상체의 $Na^+$채널이 닫히기 시작한다. 간상체로 들어가는 양이온이 줄어들고, 간상체는 좀더 음성이(과분극)된다. 이 간상체는 신경전달물질을 더 적게 방출한다. 그러므로 빛은 간상체로부터의 신경신호를 감소시킨다.

글루탐산의 방출은 대개 이극세포의 막을 과분극시키므로, 글

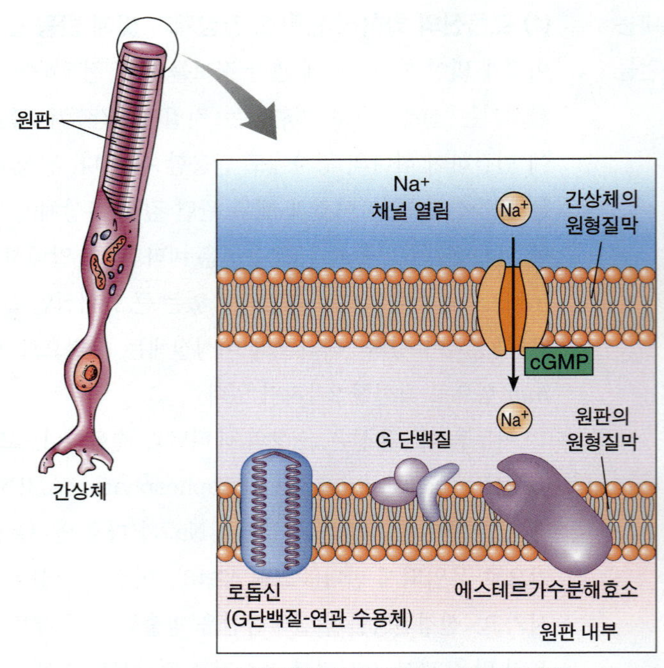


(a) 어둠에서, 나트륨채널이 열린다. 간상체가 탈분극되 된고 억제성 신경전달물질인 글루탐산을 방출한다. (그림에는 없음)

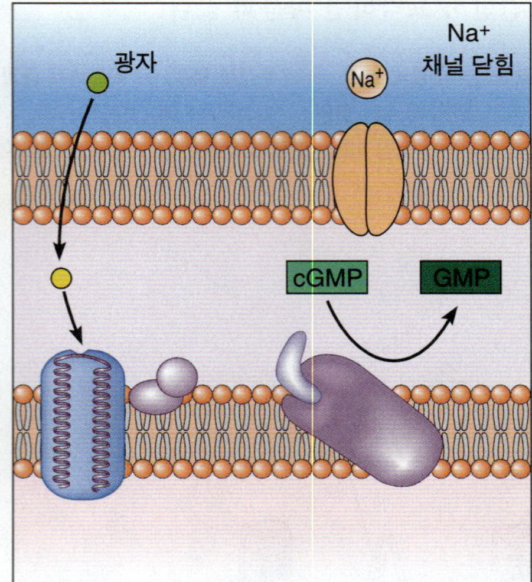


(b) 빛이 로돕신의 형태를 변화시켜 신호변환 경로를 활성화시키면, G단백질의 활성화가 과분극을 일으켜 간상체로부터의 억제성 신호를 감소시킨다.

**그림 42-18 시각의 생화학.**

간상체의 원판은 기질막으로 싸여 있다. 간상체는 어두움에서는 탈분극; 빛에서는 과분극된다.

루탐산의 방출이 감소하면 이극세포는 탈분극된다. 탈분극된 이극세포는 신경전달물질 방출이 증가하여 일반적으로 신경절세포를 자극한다.

우리가 밝은 햇빛에서 어두운 방으로 들어가거나, 어두운 방에서 밝은 빛으로 나갈 때, 우리는 우리 눈이 적응 할 때까지 잠시 동안 보이지 않는다. 어두운 방에서의 시각은 간상체에 의한다. 그러나 밝은 빛에 노출되면, 간상체내의 로돕신은 완전히 활성화되게 된다. 효소가 로돕신이 빛에 반응할 수 있도록 복구함으로써 **암순응**(dark adaptation)이 일어난다. 희미한 불빛에서 시각은 간상세포에 의존한다. 반대로 말하면 어두운 곳에서 밝은 곳으로 이동한다면 당신의 눈은 굉장히 미감해 지고 빛 때문에 "맹인"처럼 느낄 것이다. 광학색소의 붕괴와 눈의 민감도가 떨어지면서 **명순응**(light adaptiation)이 일어나게 된다.

### (2) 색각은 3가지 서로 다른 종류의 추상체가 담당 한다

여러 무척추동물과 각 척추동물문의 몇몇 동물들은 색각을 가지고 있다. 색채 인식은 추상체에 의한다. 사람과 여러 영장류는 일반적으로 청색, 녹색, 그리고 적색 추상체로 불리는 3가지 서로 다른 추상체를 가진다. 각각은 약간씩 다른 광색소를 가지고 있다. 이 색소 분자의 레티날 부분은 로돕신과 같지만, 옵신 단백질은 각 광색소 유형마다 조금씩 다르다.

각 유형의 추상체는 상당한 범위의 파장의 빛에 반응할 수 있지만 다른 추상체에 비해 색소가 좀더 강하게 파장을 흡수하는 능력에 따라 그 이름을 붙였다. 예를 들어 붉은 빛은 3종류 모두의 추상체가 흡수할 수 있지만, 붉은 색에 가장 잘 반응하는 추상체들이 적색 수용기이다. 3종류의 추상체의 상대적 반응을 비교함으로써, 뇌는 중간 파장의 색상을 탐지할 수 있다. 3종류의 추상체중 하나 이상이 부족하면 색맹이 된다. 이것은 대개 X 연관유전이다(그림 11-16참조).

**복습**

- 빛이 로돕신을 비추게 되면 무슨 일이 일어나는가? (신호 전달경로의 설명을 포함할 것.)
- 망막에서 신경신호의 순서는 무엇인가?

## 핵심 용어와 요약

### 학습목표

1 다섯 봉담읍 와우리 수원대학교 IT대학 4층 409호 종류의 감각수용기를 이들이 변환하는 에너지의 종류에 따라 구별하라.

- **감각수용기**는 뉴런의 말단이나 뉴런들과 밀접히 접속된 특수화된 수용기 세포들이다. **감각기관**은 감각수용기와 부속 세포들로 구성된다.
- 감각수용기는 에너지를 흡수하여 그 에너지를 전기적 에너지로 변환하여–**에너지 변환**–, 막의 탈분극이나 과분극이 되는 **수용기전위**를 생성한다. 수용기전위는 **차등성 반응**이다.
- 감각수용기는 암호화된 신호로 바뀌어 감각뉴런을 통해 중추신경계로 전달되게 된다. **감각적응**은 자극이 지속됨에도 감각뉴런에서 활동전위의 빈도가 감소, 자극에 대한 반응이 줄어 드는 것이다.

2 감각수용기를 자극에 반응하는 위치와 변환하는 에너지 타입에 따라 분류하시오.

- 감각수용기를 반응 위치에 따라 분류할 수 있다. **외부수용기**는 외부 환경으로부터의 자극을 받아들인다. **내부감각수용기**는 신체내부의 pH, 삼투압, 체온 그리고 혈액의 화학조성 변화 등을 감지한다.
- 감각수용기가 변환하는 에너지 타입별로 구분할 수 있다. 온도수용기는 열과 추위에 반응하고 전기수용기는 전위차를 느낀다. 어떤 전자기수용기는 지구의 자기장을 감지할 수 있다. 통각 수용기는 기계적, 온도 그리고 손상 입힐 수 있는 다른 자극들에 반응한다. 기계적수용기는 기계적 에너지– 접촉, 압력, 중력, 신장 또는 움직임에 반응한다. 화학수용기는 특정 종류의 화학 물질을 변환하며 광수용기는 빛 에너지를 변환시킨다.

3 온도수용기의 3가지 기능을 밝히라.

- **온도수용기**는 열에너지를 변환시킨다. 이들은 열과 추위에 반응한다. 일부 기생충들은 이 온도수용기를 이용해 온 혈성 숙주를 찾는다.

4 전기수용기와 전자기수용기에 대해 설명하라.

- **전기수용기**, 전기적 자극에 반응하며 육식 물고기가 먹이를 감지할 때 사용된다.
- 일부 전기수용기는 지구의 자기장까지 감지할 수 있을 정도로 민감한 것들이 있는데 이를 **전자기수용기**라 한다. 일부 동물들은 자기장에 대한 정보를 자신의 방향성에 이용한다.

5 통각수용기의 기능을 설명하고 글루탐산과 P물질의 역할을 밝히라.

- **통각수용기**는 강한 촉각 자극, 과도한 온도, 그리고 특정 화학물질에 반응하는 몇몇 감각뉴런의 자유신경말단으로서 통각을 수용한다.
- 감각뉴런은 **글루탐산**과 **P물질**의 분비로 통증 신호를 전달한다. P물질은 글루탐산의 작용을 높여주고 연장시켜준다.

6 다음 기계적수용기를 비교하라: 촉각수용기, 통각수용기, 고유수용기, 평형낭, 유모세포, 측선기관.

- **기계적수용기**는 기계적 에너지를 변환하는데, 동물들이 느끼고, 듣고, 평형을 유지 할 수 있게 해준다. 기계적수용기는 접촉, 압력, 중력, 신장, 또는 움직임에 반응한다. 이들은 기계적으로 밀거나 당겨서 그 결과 형체가 변하였을 때 활성화 된다.
- 피부의 **촉각수용기**는 털의 위치가 기계적으로 이동하거나 또는 그 수용기 세포 자체의 이동에 대해 반응한다. 예를 들어, **파치니소체**는 접촉과 압력에 반응한다.
- **통각수용기**는 강한 촉각 자극, 과도한 온도, 그리고 특정 화학물질에 반응하는 몇몇 감각뉴런의 자유신경말단으로서 통각을 수용한다.
- **고유수용기**는 그 동물이 몸의 정위와 신체 부분의 위치를 인식하도록 한다. **근방추**, **골지건기관**, 그리고 **관절수용기**는 지속적으로 신축과 움직임에 반응한다.
- **평형낭**은 단순 평형기관으로 여러 무척추동물에게서 발견되는 중력수용기이다. 평형낭은 내부가 기계적 수용체인 섬모로 싸인 공간으로 구성되어 있다. 그 공간 안에는 **평형석**을 포함하고 있는데 모래알갱이 또는 칼슘탄산염으로 동물의 움직임에따라 위치가 변한다. 평형석이 움직임에 따라 감각섬모가 자극을 받는다.
- 척추동물의 **유모세포**는 움직임을 탐지하는데, 어류의 측선기관, 전정계, 반고리관, 그리고 달팽이관에서 볼 수 있다. 각 유모세포는 실질섬모인 하나의 긴 **운동섬모**와 액틴필라멘트를 가지는 미세융모인 **부동섬모**를 가진다.
- **측선기관**은 어류와 일부 양서류에게 움직이는 물체와 그 진행 경로에 있는 물체에 환한 정보를 제공하여 시각을 보충한다.

7 평형유지에 있어서 반고리관의 기능과 소낭과 통낭의 기능을 비교하라.

- 척추동물의 **내이**는 유액으로 채워진 공동과 평형을 유지하는 관으로 된 **미로**로 구성된다. 미로의 윗부분에 있는 **전정계**는 **소낭 통낭**, 그리고 **반고리관**으로 구성된다.
- 소낭과 통낭은 **이석**을 담고 있으며 이것은 머리가 기울어지거나 신체가 직선방향으로 이동할 때 위치가 이동된다. 이석이 유모세포를 자극하면 신호를 뇌로 전달하고 동물은 중력의 방향을 인식하게 된다.
- 반고리관은 뇌에 회전 운동에 관해 알려 준다. 각 **팽대부** 내부의 **팽대부능**이라는 유모세포 집단은 각각의 관을 채우고 있는 유액인 **내림프**의 이동에 의해 자극된다.

8 음파가 귀의 구조물들을 통과하는 길을 추적하고, 코르티기관이 청각수용기로 어떻게 기능하는지 설명하라.

- 육상 척추동물의 **달팽이관**내에 있는 **코르티기관**은 청각수용기를 포함하고 있다.
- **외청도**를 통과한 음파는 **고막**을 진동시킨다. 이소골인 **추골**, **침골**, **등자골**이 중이를 따라 진동을 증폭하며 전달한다.
- 진동은 **난원창**을 통과해서 전정관내에 있는 유액으로 간다. 파동압은 달팽이관을 3개의 관으로 나누는 막을 압박한다.
- **정원창**이 부불의 오르는 것은 압력 탈출구와 같은 역할을 한다. 파동압은 **기저막**에 움직임을 일으킨다. 이러한 움직임은 코르티기관의 유모세포가 그위에 놓인 **덮개막**을 긁어서 자극되게 한다.
- 신경 충격은 각 유모세포의 아래에 놓인 뉴런의 수상돌기에서 일어나며, 신경 충격은 **달팽이 신경**에 의해 뇌에 전달된다.

9 미각과 후각수용기의 구조와 기능을 비교하고 서비골 기관의 기능을 설명하시오.

- **화학수용기**는 특정 종류의 화학 물질을 변환하며 **미각**과 **후각**을 가능하게 한다.
- 척추동물에 있어 미각수용기는 **미뢰**에 있는 특수화된 상피세포이다. **후각상피**는 **후각신경** 섬유로서 뇌에까지 연결되는 축색돌기를 가진 특수화된 후각 세포들을 포함하고 있다.
- 미각수용기 세포나 후각 수용기 세포에 분자가 결합하면 G단백질이 관련된 신호 변환 절차가 시작된다.

10 단안과 복안, 그리고 척추동물의 눈을 비교대조하라.

- **광수용기**는 빛에너지를 변환하며 안점과 눈에서 감각수용기로서의 역할을 수행한다.
- 곤충과 갑각류의 **복안**은 **개안**이라는 시각 단위로 구성되는데, 이들이 모여서 **모자이크**상을 생성한다.
- 척추동물의 눈은 수동 카메라에 비유할 수 있다.

11 척추동물의 눈의 각 구조와 그 기능을 설명하라.

- 사람의 눈에서는 빛이 **각막**을 통과해서 수정체에 의해 초점이 모아지고, **망막**에 상을 생성한다. **홍채**는 유입되는 빛의 양을 조절한다.

12 사람의 시각에서 일어나는 사건들을 설명하라. 2종류의 광수용기를 비교하고, 설명의 일부로 신호 변환 경로를 설명하라.

- 망막에는 광수용기 세포가 있는데, **간상체**는 어두운 빛에서 기능하여 흑백 영상을 생성하며, **추상체**는 밝은 빛에서 기능하며 색각을 담당한다.
- 또한, 망막에는 **신경절세포**에 신호를 전달하는 **이극세포**가 있다. 2종류의 부대 연합뉴런이 정보를 통합하는데, **수평세포**는 간상체와 추상체로부터 정보를 수용하여 이극세포로 신호를 보내고, **아마크린세포**는 이극세포로부터 신로를 받아서 다시 이극세포나 신경절세포로 신호한다.
- 어두울때, 간상체의 원형질막에 있는 이온 채널들은 열리고 세포들은 탈분극되어 신경전달물질 글루탐산을 방출하고, 이것은 이극세포막이 과분극되어 신호를 보내지 않게 한다.
- 빛이 간상체에 있는 로돕신에 닫으면, **로돕신** 분자의 레티날 부분의 모양이 변형되어 G단백질인 **트랜스듀신**이 관련된 신호변환절차를 시작한다. 트랜스듀신은 cGMP를 가수분해하는 에스테르가수분해효소를 활성화 시켜서 그 농도를 낮춘다. 그 결과, 이온채널은 닫히고 막은 과분극된다. 간상체에서 방출하는 글루탐산이 감소하고, 더 적은 신호가 전달된다. 그 결과, 이극세포는 탈분극되고 신경절 세포를 자극하는 신경전달물질을 방출한다.

## 연습문제

1. 내부감각수용기는 (a) 항상성유지를 돕는다 (b) 피부에 위치하고있다 (c) 광수용기이다 (d) 신속히 적응한다 (e) 흡수된 에너지는 바로 활동전위로 전환된다.

2. 다음 중 척추동물의 내이에 위치하지 않은 것은?
(a) 전정계 (b) 달팽이관 (c) 추골, 침골, 등자골
(d) 코르티기관 (e) 통낭

3. 감각수용기는 자극으로부터 에너지를 흡수한다. 그 다음 과정은 (a) 신경전달물질을 방출한다 (b) 활동전위를 전달한다 (c) 에너지를 변환한다 (d) 수용기전위를 전달한다 (e) 감각 적응이 일어난다.

4. 파시니 소체는 (a) 기계적수용기다 (b) 열에 반응한다 (c) 압력에 반응한다. (d) a, b 그리고 c (e) a 와 c

5. 다음 수용기들중 유모세포를 가지지 않는 것은?
(a) 측선기관 (b) 소낭 (c) 통낭 (d) 반고리관 (e) 간상체

6. 청각수용기는 (a) 통낭 (b) 코르티기관 (c) 전정계 (d) 소낭 (e) 반고리관 에 위치한다.

7. 듣는 과정에서, 기저막이 진동한다. 그 다음 일어나는 사건은?
(a) 고실의 막이 진동 한다
(b) 중이에 뼈들이 진동을 증폭하고 진동을 일으킨다
(c) 달팽이 신경이 충격을 코르티기관으로 전달한다
(d) 코르티기관의 유모세포들이 자극된다
(e) 진동이 화학수용기로 전도된다.

8. 다음 중 회전운동에 관해 뇌에 알려주는 것과 관련된 것은?
(a) 반고리관 (b) 소낭 (c) 림프 (d) 이석 (e) 통낭

다음 중 에 대한 사실이 아닌 것은?
(a) 환경에서의 자극들을 탐지한다
(b) 자극 에너지를 전기적 에너지로 변환한다
(c) 수용기전위를 생성한다
(d) 차등성 반응을 생성한다
(e) 감각 자극을 해석한다.

9. 다음 중 바르게 짝지어 지지 않은 것은?
(a) 기계적수용기–접촉, 압력 (b) 전기적수용기–전위
(c) 광수용기–빛 (d) 화학수용기–중력
(e) 통각수용기–극도의 온도

10. 사람의 시각경로에서 빛이 각막을 통과한 후, 빛은 (a) 신경절 세포를 자극 한다 (b) 수정체를 통과한다 (c) 시신경을 통하여 신호를 보낸다 (d) 수평세포가 탈분극 된다 (e) 간상체를 과분극 시킨다

## 심화 학습문제

1. **진화적 연계.** 줄옵신으로 알려진 단백질은 이제까지 연구된 광수용기의 모든 광 민감성 수용체에 존재한다. 이것은 아메바나 편형동물, 갑각류 그리고 코끼리 등과 같이 다른 종의 기관과의 연관성에서 무엇을 의미하는 것일까?

2. 만일 모든 뉴런들이 같은 형태의 메시지를 전달한다면, 우리는 어떻게 소리와 빛을 구분할 수 있을까? 우리는 어떻게 극심한 통증과 가벼운 통증을 구별할 수 있을까? 어떻게 이러한 구별에 적응성이 있을까?

# 43

# 내부 운반

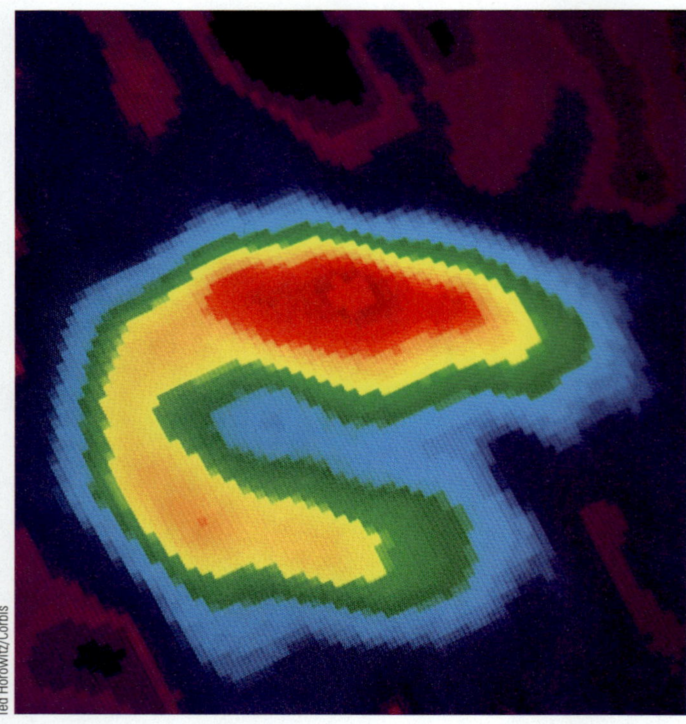


**사람 심장의 좌심방을 시각화하는 PET 스캔.** PET 스캔은 심근조직의 포도당 농도에 의해 대사활동을 측정하며, 심장의 상태에 관한 정보를 제공한다. (파란색, 녹색, 노란색, 붉은색의 순서로 더 활동적인 부분이다.)

## 핵심 개념

순환계는 혈액, 심장, 그리고 혈액이 순환하는 공간인 혈관계로 구성된다.

절지동물과 대부분의 연체동물의 순환계는 개방순환계로, 혈액이 직접 조직에 닿는다.

일부 무척추 동물과 모든 척추동물은 순환계는 폐쇄순환계이고, 혈액은 연속적인 혈관의 회로를 흐른다.

척추동물의 순환계는 영양소, 산소, 노폐물, 호르몬을 수송하며, 액체의 균형, 적절한 pH, 체온의 유지를 돕고, 질병에 대항하여 몸을 방어한다.

육상 척추동물의 진화 과정에서, 순환계의 구조가 적응하여, 산소가 풍부한 혈액을 산소가 부족한 혈액과 분리시켰다. 온혈 조류와 포유류는 네 개의 방으로 구성되는 심장과 이중 순환계에 의해 산소가 풍부한 혈액을 산소가 부족한 혈액으로부터 완전히 분리시킨다.

림프계는 간질액을 혈액으로 돌려보냄으로써 액체의 항상성 유지를 돕는다.

대부분의 세포는 연속적인 영양소 및 산소의 공급과 노폐물의 제거를 필요로 한다. 아주 작은 동물들의 경우, 이러한 대사 요구는 단순히 **확산(diffusion)**에 의해 충족된다. 확산은 입자가 무작위적인 운동에 의해, 고농도에서 저농도로 이동하는 현상이다. 한 분자는 적어도 1 msec 안에 1 μm를 확산할 수 있으므로, 미시적인 거리에서는 확산이 적합하다. 몇 개의 세포층으로 이루어진 무척추 동물의 경우, 확산은 세포의 내 · 외부로 물질을 퍼뜨리기에 효과적인 수단이다. 그러므로 많은 소형 수생 무척추 동물들은 순환계가 없다. **간질액(interstitial fluid 또는 조직액)**은 세포 사이의 액체로써 세포를 담고 있어, 산소와 영양소 그리고 노폐물의 확산을 위한 매질로 작용한다.

확산에 소요되는 시간은 확산이 일어날 거리의 제곱에 비례한다. 산소 공급원으로부터 10 μm 떨어져 있는 세포가 확산에 의해 산소를 공급 받기 위해서는 50 msec가 걸리지만, 1000 μm(1 mm) 떨어져 있는 세포는 몇 분이 필요하므로, 확산에만 의존한다면 생존이 불가능하다. 여러 층의 세포로 이루어지는 동물에서는 특화된 **순환계(circulatory system)**가 산소, 영양소, 호르몬 등의 물질을 모든 세포를 둘러싸는 간질액으로 공급하고, 대사 노폐물을 제거한다. 순환계는 물질들이 이동해야 하는 확산 거리를 감소시킨다. 대부분의 동물에서, 순환계는 신체의 다른 모든 기관계들과 상호작용한다.

많은 연구가 **심혈관계(cardiovascular system)**라 알려져 있는 사람의 순환계에 집중되고 있는데, 심혈관 질환은 미국과 대부분의 산업사회에서 주요 사망 원인이기 때문이다. 심혈관 질환의 주요 위험 인자는 혈액 내 콜레스테롤과 저-밀도지질단백질(low-density lipoprotein; LDL)의 증가이다. 대조적으로, 고-밀도지질단백질(high-density lipoprotein; HDL)은 과도한 콜레스테롤을 혈액과 조직으로부터 제거하는 역할을 하는 것으로 보인다. 간을 비롯한 특정 기관의 세포들은 HDL과 결합하여 콜레스테롤을 제거하여, 필요한 화합물을 합성하는데 사용한다.

연구자들은 생쥐에서 HDL 수용체를 암호화하는 유전자를 찾았다. 만약 이 유전자가 제거되었을 때, 콜레스테롤 수치는 두 배 이상 증가하였다. 지질 수송과 대사에 관여하는 새로운 수용체들과 기작들이 발견되어, 심혈관 질환에 대한 새로운 약품과 치료법의 표적이 되고 있다. ■

## 43.1 순환계의 유형

**학습목표**

1 순환계를 갖지 않는 동물과, 개방순환계나 폐쇄순환계를 가진 동물의 내부 수송을 비교할 수 있다.

해면동물, 자포동물(해파리), 유즐동물(빗해파리), 편형동물, 선충동물(회충) 등은 특화된 순환 구조가 없다. 자포동물의 경우, 중앙의 위수강은 소화기관뿐 아니라 순환계의 역할도 한다(**그림 43-1a**). 자포동물은 이완과 수축을 통해 몸을 움직임으로써, 위수강(gastrovascular cavity) 내부의 내용물이 섞고 영양소의 분배를 촉진한다.

플라나리아의 납작한 몸 구조로 인해 확산에 의한 효과적인 기체교환이 가능하다(**그림 43-1b**). 위수강 내부의 가지 구조로 인해 모든 세포가 영양소와 가까이 접할 수 있다. 또한 자포동물처럼 체벽 근육의 수축에 의해 위수강의 체액이 휘저어져서 순환이 촉진된다.

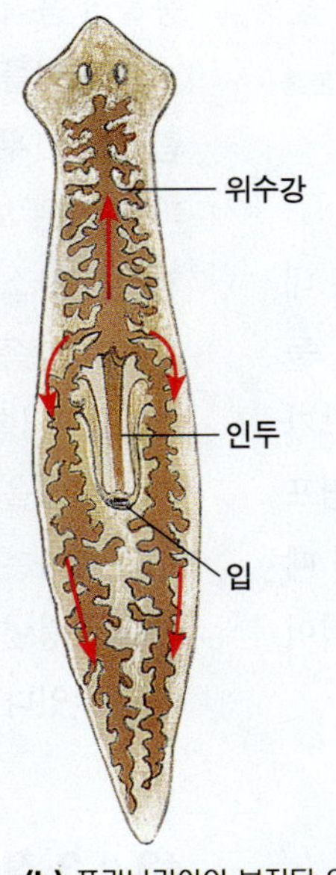


**(a)** 히드라 등의 자포동물은 산소와 영양소를 체내의 안쪽 세포층과 접해있는 위수강을 통해 순환시킨다. 영양소는 바깥 세포층까지 짧은 거리를 확산한다.

**(b)** 플라나리아의 분지된 위수강은 영양소가 대부분의 체세포에 접근할 수 있도록 해준다.

**그림 43-1 순환계를 갖지 않는 무척추동물들.**

큰 동물들은 효율적으로 물질들을 공급하기 위해 순환계를 필요로 한다. 순환계는 일반적으로 다음과 같은 요소로 구성된다: (1) **혈액(blood)**, *혈장*(plasma)이라 불리는 액체 속에 산재해 있는 세포와 세포단편으로 이루어진 결합조직 (2) **심장(heart)**이라 부르는 펌프 기관 (3) 혈액이 순환하는 공간인 **혈관(blood vessel)**계. 순환계는 개방형과 폐쇄형의 2종류로 나뉜다.

### 43.1.1 많은 무척추 동물은 개방순환계를 가진다

절지동물과 대부분의 연체동물은 심장으로부터 끝이 열린 혈관으로 혈액이 흘려보내지는 **개방순환계(open circulatory system)**를 가진다. 이 동물들의 혈액과 간질액은 구분되지 않으며 통틀어서 **혈림프(hemolymph)**라 부른다. 혈림프는 끝이 열린 혈관으로부터 빠져나와 동(sinus)이라 불리는 큰 공간을 채우며, 동은 **혈체강(hemocoel**, blood cavity)을 형성한다. 혈림프는 체내의 세포와 직접적으로 닿아있다. 혈액은 심장의 열린 부분을 통하거나(절지동물), 아가미와 연결된 끝이 열린 혈관을 통해(연체동물) 순환계로 다시 들어간다.

대부분의 연체동물이 가지는 개방순환계의 경우 심장은 보통 3 개의 방으로 나눠져 있다(**그림 43-2a**). 2 개의 심방은 아가미로부터 혈림프를 받아들이고, 하나의 심실은 산소가 풍부한 혈림프를 혈체강의 커다란 동에 연결된 혈관으로 분출한다. 체내의 세포들을 거친 혈림프는 아가미와 연결된 혈관으로 들어가 산소를 재충전한 후 심장으로 돌아간다.

절지동물과 일부 연체동물은 산소를 수송하는 구리를 함유하는 혈림프 색소인 **헤모시아닌(hemocyanin)**을 가진다. 산소와 결합한 헤모시아닌은 파란색을 띠므로 이 동물들의 혈림프가 푸른색을 띤다. 절지동물에

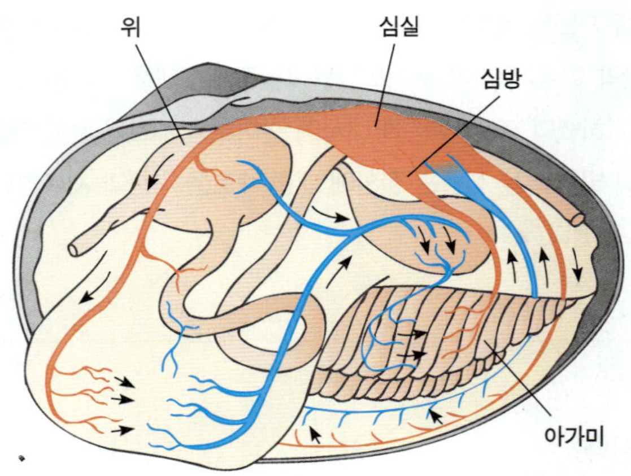


**(a)** 대부분의 연체동물에서 혈림프는 아가미로 통하는 혈관으로 들어가, 아가미에서 산소를 재충전한 후, 심장으로 되돌아간다.

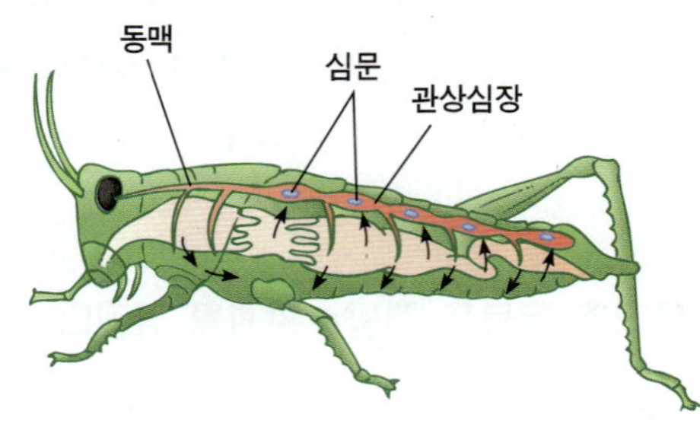


**(b)** 절지동물에서는 관상의 심장이 혈체강의 동으로 통하는 동맥으로 혈액을 분출한다. 순환을 마친 후, 혈림프는 심장 벽의 심문을 통해 심장으로 다시 들어간다.

**그림 43-2 개방순환계.**

연체동물과 절지동물에서 심장은 혈체강의 동까지 이어지는 동맥으로 혈액을 분출한다. 혈림프는 혈체강을 통해 순환한다.

서 관상의 심장은 혈체강의 동으로 연결된 동맥으로 혈림프를 내보낸다(**그림 43-2b**). 혈림프는 혈강을 통해 순환한 후 심장을 둘러싸는 심낭강으로 돌아온다. 혈림프는 역류 방지를 위한 밸브가 있는 작은 구멍인 심문(ostia)을 통해 심장으로 들어간다. 혈림프의 순환율은 곤충이 이동할 때 증가한다. 즉, 동물이 활동적일 때 연료를 위한 영양소를 더 많이 필요로 하는데, 동물의 움직임이 효과적인 순환을 돕는다.

## 43.1.2 일부 무척추 동물은 폐쇄순환계를 가진다

환형동물과 일부 연체동물(두족류) 및 극피동물들은 **폐쇄순환계(closed circulatory system)**를 가진다. 이러한 동물들에서 혈액은 혈관의 연속적인 회로를 통해서 흐른다. 가장 작은 혈관인 모

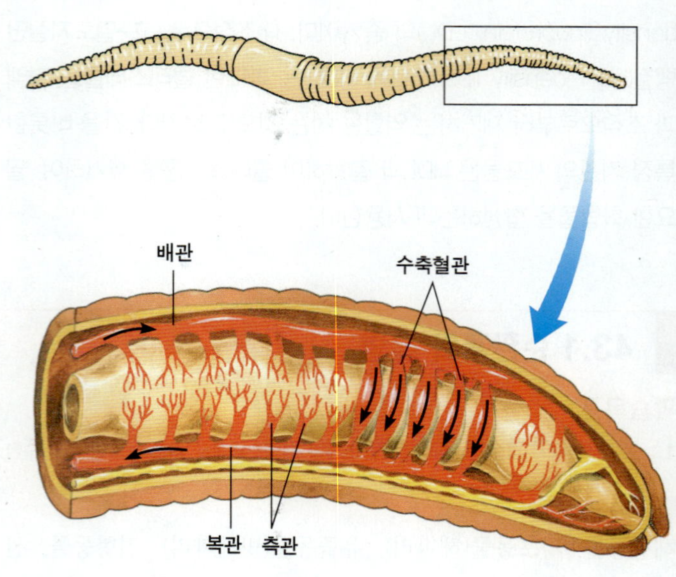


**그림 43-3 지렁이의 폐쇄 순환계.**

혈액은 연속적인 혈관계를 통해 순환한다. 5쌍의 수축성 혈관이 배관으로부터 복관으로 혈액을 수송한다.

세혈관(capillary)은 기체, 영양소, 노폐물이 혈관 내의 혈액과 세포를 둘러싼 간질액 사이에서 확산될 수 있을 정도로 충분히 얇은 벽을 갖는다.

기본적인 폐쇄순환계는 유형동물에서 발견된다. 이 순환계는 완전한 혈관망으로 구성되어 있으나 심장은 없다. 혈액의 흐름은 동물의 움직임과 혈관 벽의 수축에 의존한다.

지렁이를 비롯한 여러 환형동물들은 폐쇄순환계를 갖는다(**그림 43-3**). 두 주요 혈관은 체내에서 세로로 길게 뻗어있다. 복관과 배관은 모든 체절에서 측관에 의해 연결되어 있다. 측관의 가지들은 산소화가 일어나는 장소인 표면으로 혈액을 전달한다. 지렁이의 앞쪽 부분에서 5쌍의 수축성 혈관이 배관과 복관을 연결한다. 이러한 5쌍의 혈관과 배관 및 체벽에 존재하는 근육의 수축은 혈액을 순환시킨다. 지렁이는 척추동물처럼 혈액 속에 산소를 운반하는 붉은 색소인 **헤모글로빈(hemoglobin)**을 가진다. 그러나 지렁이의 헤모글로빈은 적혈구에 들어있지 않고, 혈장에 용해되어 있다.

## 43.1.3 척추동물은 폐쇄순환계를 가진다

모든 척추동물은 근육으로 된 심장을 갖고 있어, 폐쇄순환계로 혈액을 분출한다. 가장 작은 혈관인 **모세혈관(capillary)**은 매우 얇은 벽을 가져, 혈액과 간질액 사이의 물질 교환이 가능하다. 척

척추동물의 순환계는 심장과 혈관 및 혈액, 림프, 림프관과, 관련된 조직인 흉선, 이자, 간 등으로 구성된다. 순환계는 여러 기능을 수행한다:

1. 소화계나 저장소로부터 각 세포로 영양소를 운반
2. 호흡계(아가미 또는 폐)로부터 각 세포로 산소를 운반
3. 세포로부터 대사노폐물을 배설기관으로 운반
4. 내분비샘으로부터 표적기관으로 호르몬을 운반
5. 체액의 균형 유지를 도움
6. 체내의 대사열을 분산시켜, 온혈동물의 체온 유지를 도움
7. 적정 pH의 유지를 도움
8. 미생물의 침입에 대항한 신체 방어

**복습**

- 히드라, 편형동물, 지렁이, 곤충 및 개구리에서 영양소와 산소가 어떻게 체내의 세포까지 운반되는가?
- 개방순환계와 폐쇄순환계는 어떻게 다른가?
- 척추동물에서 순환계의 다섯 가지 기능은 무엇인가?

## 43.2 척추동물의 혈액

**학습목표**

**2** 혈장, 적혈구, 백혈구, 혈소판의 구조와 기능을 비교한다.

**3** 혈액응고 과정을 단계별로 요약한다.

척추동물의 혈액은 옅은 노란색의 액체인 **혈장**(plasma)과, 혈장에 부유하는 적혈구와 백혈구 및 혈소판으로 구성된다(**그림 43-4**; **표 43-1**). 사람의 순환하는 전체 혈액의 부피는 성인 여성은 5 L, 성인 남성은 5.5 L이다. 혈액 부피의 약 55%는 혈장이며, 나머지 45%는 혈액 세포들과 혈소판으로 구성된다.

### 43.2.1 혈장은 혈액의 액체 성분이다

혈장은 약 92%의 물과 7%의 단백질, 그리고 염류를 비롯하여, 기체, 영양소, 노폐물, 호르몬 등의 다양한 물질들로 구성된다. 혈액이 모세혈관을 통과하는 동안 물질들이 끊임없이 혈장의 안팎으로 이동한다.

혈장은 고유한 성질과 기능을 갖는 여러 종류의 **혈장 단백질**(plasma protein)을 함유하는데, **피브리노겐**(fibrinogen), $\alpha$-, $\beta$-, $\gamma$-**글로불린**(globulin), **알부민**(albumin) 등이 있다. 피브리노겐은 응고 과정에 관여하는 단백질들 중 하나이다. 혈액 응고에 관여하는 단백질들을 혈장으로부터 제거하고 남은 액체는 **혈청**(serum)이라 한다. $\alpha$-글로불린은 몇몇 호르몬과 호르몬을 운반하는 단백질들, 혈액 응고에 관여하는 프로트롬빈, 지방과 콜레스테롤을 운반하는 고밀도지질단백질(HDL) 등을 포함한다. $\beta$-글로불린은 지방과 콜레스테롤을 운반하는 또 다른 지질단백질들과 비타민과 무기염류를 운반하는 단백질들을 포함한다. **$\gamma$-글로불린**(gamma globulin)은 홍역이나 간염과 같은 질병에 대한 면역을 제공하는 여러 종류의 항체들을 포함한다. 정제된 인간 $\gamma$-글로불린은 특정 질병에 대한 치료 및 예방 목적으로 사용되기도 한다.

**표 43-1**

**혈액의 세포성분**

| | 정상 범위 | 기능 | 증상 |
|---|---|---|---|
| 적혈구 | 남자: 4.2–5.4 백만/μL<br>여자: 3.6–5.0 백만/μL | 산소 운반; 이산화탄소 운반 | 너무 적으면: 빈혈증<br>너무 많으면: 적혈구증가증 |
| 혈소판 | 150,000–400,000/μL | 혈액응고에 필수적 | 혈액응고장애; 출혈; 멍이 잘 듦 |
| 백혈구 | 5000–10,000/μL | | |
| 호중구 | 백혈구의 약 60% | 식세포작용 | 세균 감염, 염증, 골수성 백혈병에 의해 증가 |
| 호산구 | 백혈구의 1%–3% | 알레르기 반응에 관여 | 알레르기 반응; 기생충 감염에 의해 증가 |
| 호염기구 | 백혈구의 1% | 부적절한 혈액응고 방지에 관여할 것으로 추정 | |
| 림프구 | 백혈구의 25%–35% | 항체 생산; 외부에서 침입한 세포 파괴 | 감염성 단핵증의 경우 비정상적인 백혈구가 존재; 림프구성 백혈병이나 바이러스 감염에 의해 증가 |
| 단핵구 | 백혈구의 6% | 대식세포로 분화 | 단핵구성 백혈병과 균류 감염에 의해 증가 |

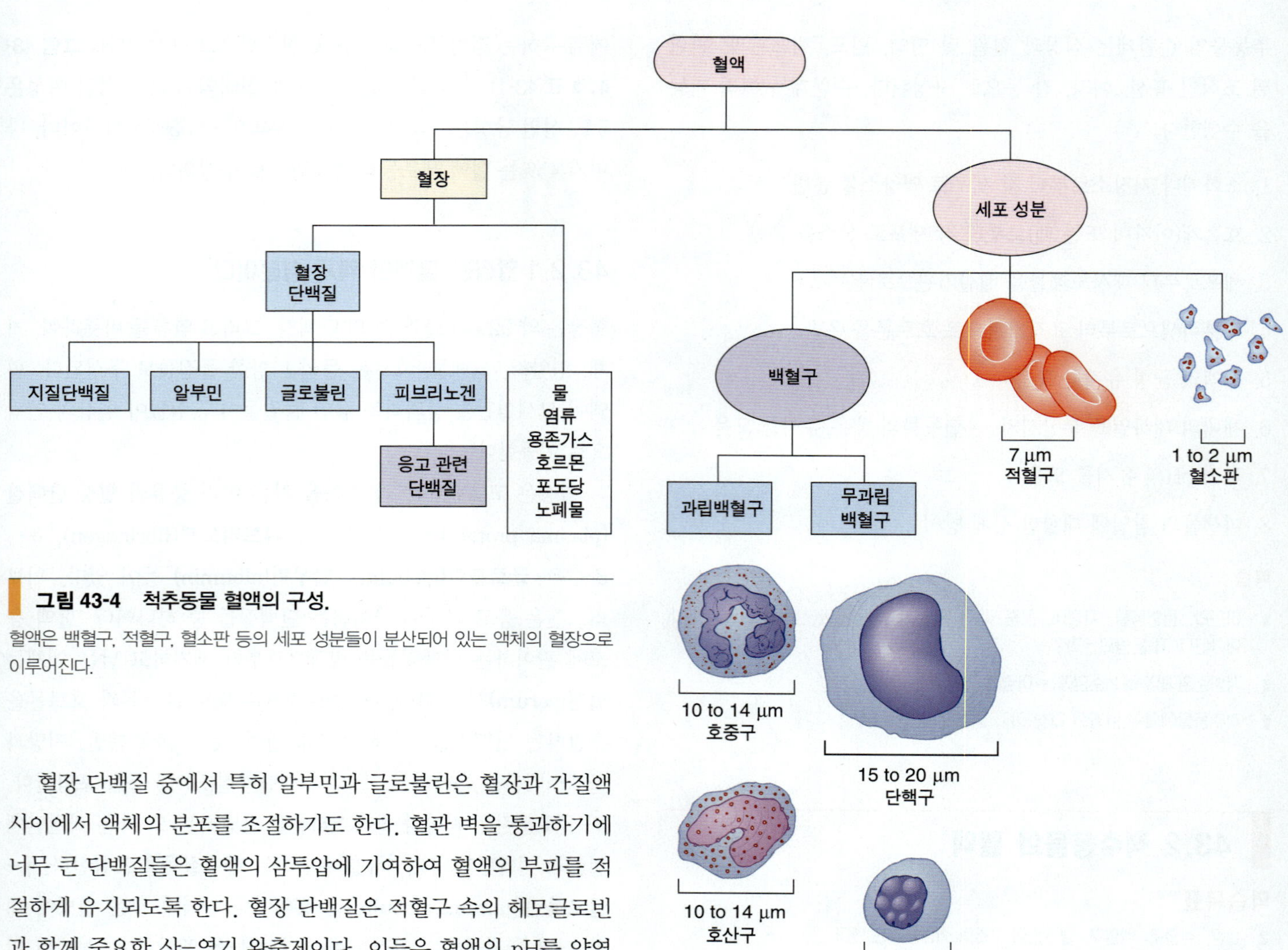


**그림 43-4 척추동물 혈액의 구성.**
혈액은 백혈구, 적혈구, 혈소판 등의 세포 성분들이 분산되어 있는 액체의 혈장으로 이루어진다.

혈장 단백질 중에서 특히 알부민과 글로불린은 혈장과 간질액 사이에서 액체의 분포를 조절하기도 한다. 혈관 벽을 통과하기에 너무 큰 단백질들은 혈액의 삼투압에 기여하여 혈액의 부피를 적절하게 유지되도록 한다. 혈장 단백질은 적혈구 속의 헤모글로빈과 함께 중요한 산-염기 완충제이다. 이들은 혈액의 pH를 약염기성인 7.4 부근의 좁은 범위 내에서 유지한다.

### 43.2.2 적혈구는 산소를 운반한다

**적혈구**(erythrocyte 또는 red blood cell; RBC)는 산소운반을 위해 매우 특화되어 있다. 포유동물을 제외한 대부분의 척추동물에서 적혈구는 핵을 가지고 있다. 예를 들어, 조류의 적혈구는 크고 둥근 핵을 가지고 있다. 포유동물의 경우는 적혈구의 발달과정에서 핵이 없어진다. 포유동물의 적혈구는 유연하고 양면이 오목한 원반모양을 가지며, 직경이 7~8 μm, 두께가 1~2 μm이다. 적혈구 내부의 탄성구조는 원반모양을 유지하게 하고, 자신의 직경보다 가는 혈관을 통과할 때 변형될 수 있게 한다. 적혈구의 원반모양은 부피에 대한 표면적의 비를 높여, 효율적인 산소와 이산화탄소의 확산이 세포 안팎으로 일어나게 한다. 성인 인간은 약 30조개의 적혈구가 혈액 속에서 순환하며, μL당 약 500만 개가 존재한다.

적혈구는 추골, 흉골, 늑골, 두개골, 장골 등 뼈의 적(색)골수에서 생성된다. 발달중인 적혈구는 산소-운반 색소이며 척추동물의 혈액을 붉게 만드는 헤모글로빈을 매우 많이 생산한다. 사람 적혈구의 수명은 약 120일 정도이다. 혈액이 간과 지라를 통과하는 동안 식세포들이 수명이 다한 적혈구를 제거한다. 사람의 몸에서 초당 약 240만개 이상의 적혈구가 파괴되고, 같은 수의 적혈구가 골수에서 생산되어 대체된다. 적혈구의 생산을 조절하는 호르몬인 **적혈구생성소**(erythropoietin)는 산소의 감소에 반응하여 신장에서 방출된다.

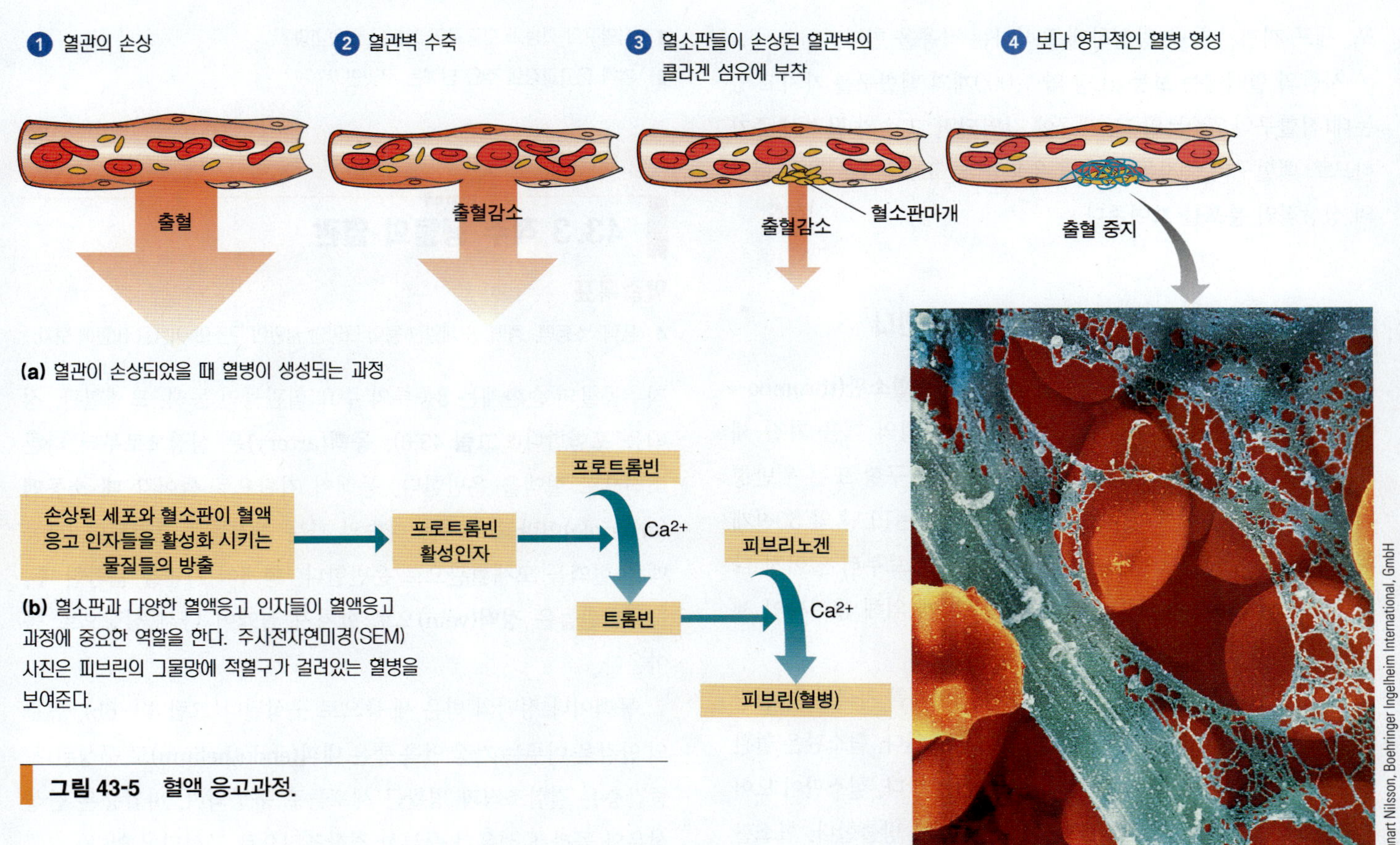


**(a)** 혈관이 손상되었을 때 혈병이 생성되는 과정

**(b)** 혈소판과 다양한 혈액응고 인자들이 혈액응고 과정에 중요한 역할을 한다. 주사전자현미경(SEM) 사진은 피브린의 그물망에 적혈구가 걸려있는 혈병을 보여준다.

**그림 43-5 혈액 응고과정.**

## 43.2.3 백혈구는 질병을 일으키는 생물로부터 몸을 방어한다

**백혈구**(leukocytes 또는 white blood cells; WBC)는 해로운 세균이나 다른 미생물에 대항하여 몸을 방어하도록 특화되어있다. 백혈구는 아메바처럼 독립적인 운동이 가능한 세포이다. 일부 종류의 백혈구는 혈관벽을 통과해 조직으로 들어간다. 사람의 혈액은 다섯 종류의 백혈구를 가지는데, 과립형과 무과립형으로 분류되며, 적골수에서 생산된다(**그림 43-4**).

**과립백혈구**(granular luekocyte)는 큰 엽상의 핵과 세포질 내의 명확한 과립을 갖는다. 3종류의 과립백혈구가 있는데, 호중구, 호산구, 호염기구이다. 혈액 내의 주요 식세포인 **호중구**(neutrophil)는 세균을 찾아 포식한다. 호중구는 또한 상처나 감염 이후에 요구되는 청소를 담당하여 죽은 세포를 포식한다.

**호산구**(eosinophil)는 산성염료인 에오신에 의해 밝은 적색으로 염색되는 큰 과립을 가진다. 이들의 리소좀은 산화효소나 과산화효소 등의 효소를 포함하여, 외래 단백질 등의 독성을 제거할 수 있다. 호산구의 수는 알레르기(allergy) 반응이나 기생충(예, 촌충)의 침입이 있을 때 증가한다.

**호염기구**(basophil)는 염기성 염료에 의해 짙은 푸른색으로 염색되는 과립을 가진다. 호산구와 같이 이들도 알레르기 반응에 관여한다. 호염기구는 리소좀을 갖지 않는다. 호염기구의 세포질에 존재하는 과립들은 혈관을 확장시키고 모세혈관의 투과성을 높여주는 물질인 **히스타민**(histamine)을 포함하고 있다. 호염기구는 조직 손상이나 알레르기 반응 때 히스타민을 방출한다. 일부 과립들은 혈관 내에서의 부적절한 혈액응고를 방지하는 항응고제인 **헤파린**(heparin)을 포함하고 있다.

**무과립백혈구**(agranular leukocyte)는 크고 명확한 과립을 갖지 않으며 둥근 모양의 핵을 가진다. 무과립백혈구에는 림프구와 단핵구의 2종류가 있다. 일부 **림프구**(lymphocyte)는 항체 생산에 특화되어 있는 반면, 다른 림프구는 박테리아나 바이러스 같은 외부 침입자를 직접 공격한다(44장 참조).

**단핵구**(monocytes)는 가장 큰 백혈구로 직경이 20 μm에 달한다. 단핵구는 혈액 속에서 약 24시간 순환한 후, 순환계를 떠나 조직에서 발달이 완성된다. 단핵구는 매우 커져서 거대 청소부 세포인 **대식세포**(macrophage)가 된다. 조직에서 발견되는 모든 대식세포는 이러한 경로를 통해 발달한다. 대식세포는 세균, 죽은 세포, 세포 찌꺼기 등을 왕성하게 포식하는 작용을 한다.

사람의 혈액에는 보통 μL당 약 7,000개의 백혈구를 가지고 있는데(적혈구의 700분의 1), 세균에 감염되면 그 수가 급격히 증가하므로 백혈구의 숫자는 진단에 유용하다. 표 43-1은 각 백혈구의 정상적인 분포를 보여준다.

### 43.2.4 혈소판은 혈액 응고과정에 작용한다

포유류를 제외한 대부분의 척추동물의 혈액은 **혈소판(thrombocyte 또는 platelet)**이라고 불리는 작은 타원형의 핵을 가진 세포를 함유하고 있다. 포유류의 혈소판은 작은 구형 또는 원반형의 세포질 조각으로 핵이 없다. 사람의 혈액에는 μL당 약 30만개의 혈소판이 있다. 혈소판은 골수의 거대 세포로부터 떨어져 나와 형성되며, 온전한 세포가 아니라 세포막에 의해 둘러싸인 세포질 조각이다.

혈소판은 혈액응고 작용을 하며, 또한 면역계를 자극한다. 혈관이 절단되면 혈소판이 응축되어 혈액 손실을 줄인다. 혈소판은 혈관이 절단된 부위의 거친 가장자리에 달라붙어 봉한다. 혈소판이 모이기 시작할 때, 다른 혈소판들을 유인하는 물질을 방출한다. 혈소판들은 점착성으로 변해 혈관 벽의 콜라겐 섬유에 부착된다. 상처가 난 후 5분 이내에 혈소판 마개 또는 일시적인 혈병을 형성한다.

일시적 혈병이 형성되는 시기에, 보다 강하고 영구적인 혈병이 생기기 시작한다. 이 과정은 30종류 이상의 화학물질들이 상호작용하는 매우 복잡한 과정이다. 혈병이 생성되는 일련의 과정은 혈액 속의 응고 인자들 중 하나가 손상된 조직에 접촉하면서 유발된다. **혈우병(hemophilia)**은 이러한 혈액응고에 인자들 중 하나가 유전자 돌연변이에 의해 결손되어 생기는 유전질환이다(16장 참고).

**프로트롬빈(prothrombin)**은 혈장 단백질로 간에서 생산되며, 생산과정에서 비타민K를 필요로 한다. 혈액 응고인자, 칼슘 이온, 혈소판에서 방출된 물질들이 존재할 때, 프로트롬빈은 **트롬빈(throbin)**으로 전환된다. 트롬빈은 가용성 혈장 단백질인 **피브리노겐(fibrinogen)**이 불용성의 **피브린(fibrin)**으로 전환되는 과정을 촉매 한다. 피브린은 긴 실 구조로 중합체를 이뤄 혈관의 손상된 표면에 부착되어 혈병 형성을 위한 그물망을 형성한다. 이러한 그물망에 혈구 세포들과 혈소판이 엉겨 혈병을 강화시킨다(▮ **그림 43-5**).

**복습**

- 주요 혈장 단백질들의 기능은 무엇인가?
- 적혈구의 기능과 호중구의 기능은 무엇인가?
- 혈액 응고과정의 주요 단계는 무엇인가?

## 43.3 척추 동물의 혈관

**학습목표**

**4** 동맥, 소동맥, 정맥, 모세혈관 등의 다양한 혈관의 구조와 기능을 비교해 보자.

척추동물의 순환계는 3종류의 주요 혈관들인 동맥, 모세혈관, 정맥을 포함한다(▮ **그림 43-6**). **동맥(artery)**은 심장으로부터 다른 조직으로 혈액을 운반한다. 동맥이 기관으로 들어갈 때 **소동맥(arteriole)**이라고 불리는 다수의 가는 가지들로 분지된다. 소동맥은 혈액을 모세혈관으로 운반한다. 혈액이 기관을 순환한 후, 모세혈관들은 **정맥(vein)**으로 합쳐져 혈액이 다시 심장으로 돌아온다.

동맥이나 정맥의 벽은 세 층으로 구성된다(그림 43-6b). 혈관의 안감을 이루는 가장 안쪽 층은 **내피(endothelium)**로 구성된다. 중간층은 결합조직과 평활근 세포들로 구성되며, 바깥층은 탄성섬유와 콜라겐 섬유가 풍부한 결합조직으로 구성되어 있다.

기체나 영양소는 동맥과 정맥의 두꺼운 벽을 통과할 수 없다. 혈액과, 세포를 둘러싸는 간질액 사이의 물질교환은 한 겹의 세포층으로 이루어진 모세혈관 벽을 통해 일어난다. 모세혈관망은 체내의 모든 세포의 주변에 닿을 만큼 넓게 퍼져있다. 체내의 모세혈관 길이의 총 합은 96,000 km 이상으로 추정된다.

소동맥 벽의 평활근은 **혈관수축(vasoconstriction)**과 **혈관확장(vasodilation)**을 통해, 소동맥의 반지름을 변화시킬 수 있다. 이러한 변화는 혈압 유지와 특정 조직을 지나는 혈액의 부피 조절을 도와준다. 혈액의 흐름인 혈류의 변화는 조직의 대사적 요구에 반응하는 신경계나 몸 전체의 요구에 의해 조절된다. 예를 들어 조직의 대사가 활발할 때는 많은 영양소와 산소가 요구된다. 운동 중에는 골격근 내부의 소동맥이 확장되어, 근육 조직의 혈류량이 10배 이상 증가한다.

소동맥과 소정맥을 직접 연결하는 작은 혈관을 **후소동맥(metarteriole)**이라 한다. 진정 모세혈관은 후소동맥으로부터 분지되며 다시 후소동맥으로 통합된다(▮ **그림 43-7**). 진정 모세혈관은 또한 서로 연결되어 있다. 진정 모세혈관이 후소동맥으로부터 분지되는 곳에는 평활근 세포인 *모세관전 괄약근*(precapillary sphincter)이 지속적으로 열리고 닫힘으로써, 조직의 여러 부위에 혈액을 순차적으로 공급한다. 이러한 모세관전 괄약근은 동맥

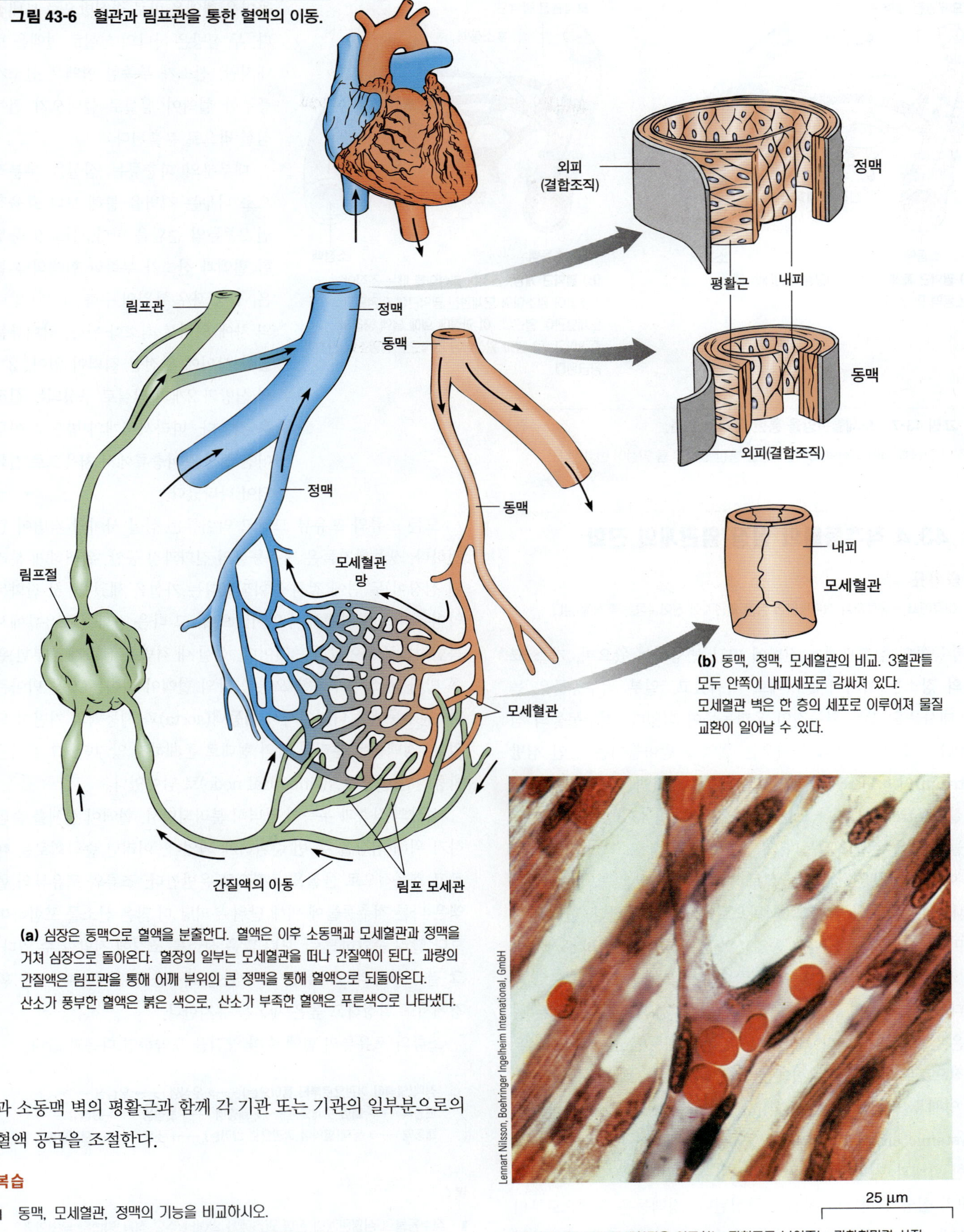


**(a)** 심장은 동맥으로 혈액을 분출한다. 혈액은 이후 소동맥과 모세혈관과 정맥을 거쳐 심장으로 돌아온다. 혈장의 일부는 모세혈관을 떠나 간질액이 된다. 과량의 간질액은 림프관을 통해 어깨 부위의 큰 정맥을 통해 혈액으로 되돌아온다. 산소가 풍부한 혈액은 붉은 색으로, 산소가 부족한 혈액은 푸른색으로 나타냈다.

**(b)** 동맥, 정맥, 모세혈관의 비교. 3혈관들 모두 안쪽이 내피세포로 감싸져 있다. 모세혈관 벽은 한 층의 세포로 이루어져 물질 교환이 일어날 수 있다.

**(c)** 거의 한 줄로 모세혈관을 이동하는 적혈구를 보여주는 광학현미경 사진.

과 소동맥 벽의 평활근과 함께 각 기관 또는 기관의 일부분으로의 혈액 공급을 조절한다.

**복습**

- 동맥, 모세혈관, 정맥의 기능을 비교하시오.
- 항상성을 유지하기 위해 소동맥은 어떻게 작용하는가?

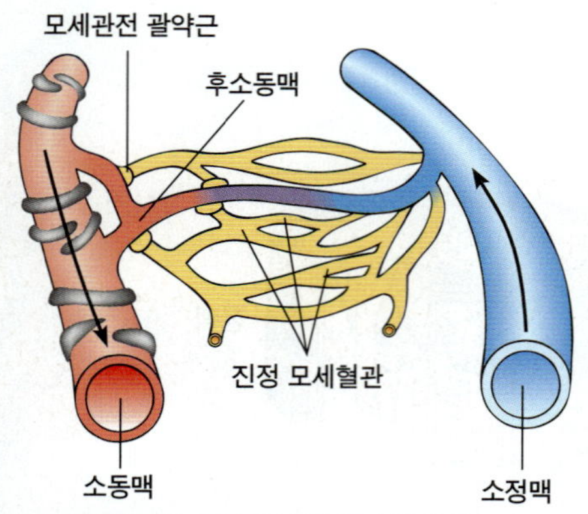


**(a) 괄약근 폐쇄.** 조직이 비활성화 상태일 때는 후소동맥 만 열린다.

**(b) 괄약근 개방.** 조직이 활성화될 때는 조직의 산소압이 감소하여 모세관전 괄약근이 이완되고 모세혈관이 열린다. 이 과정에 의해 혈액 공급이 증가하고, 그 결과 활성화된 조직으로 영양소와 산소가 공급된다.

**그림 43-7 모세혈관망을 통한 혈액의 흐름.**

조직이 활성화 되면 조직의 모세혈관망을 통한 혈액 흐름 양상이 변화한다.

## 43.4 척추동물의 심장 혈관계의 진화

**학습목표**

**5** 어류에서 포유류까지 척추동물의 심장 혈관계의 진화과정을 추적해 본다.

척추동물의 심혈관계는 진화에 따라 변형되어 왔으며, 가스 교환의 장소는 아가미에서 폐로 바뀌었고, 일부 척추동물은 높은 대사율을 갖는 활동적인 온혈동물이 되었다. 척추동물의 심장에는, 조직으로부터 돌아오는 혈액을 받아들이는 방인 **심방**(atrium)이 하나 또는 2개 있고, 동맥으로 혈액을 내보내는 방인 **심실**(ventrcle)이 하나 또는 2개 있다(**그림 43-8**). 일부 척추동물들은 방을 추가로 갖는다.

어류의 심장은 1심방 1심실로 되어있다. 심방은 혈액을 심실로 보내며, 심실은 단일회로의 혈관으로 혈액을 분출한다. 혈액은 아가미의 모세혈관을 지나는 동안 산소화 된다. 아가미의 모세혈관을 지난 혈액은 압력이 낮아 다른 기관들을 매우 느린 속도로 지난다. 어류의 수영 운동이 순환을 돕는다. 심장으로 돌아오는 혈액은 산소 함량이 낮다. 얇은 벽을 갖는 정맥동(sinus venosus)은 조직으로부터 돌아오는 혈액을 받아 심방으로 보낸다.

양서류에서 혈류는 **폐순환**(pulmonary circulation)과 **체순환**(systemic circulation)이라는 2종류의 순환을 한다. 산소가 풍부한 혈액과 부족한 혈액은 분리되어 유지된다. 양서류의 심장은 2개의 심방과 하나의 심실로 구성된다. 정맥동은 정맥으로부터 돌아온 산소가 부족한 혈액을 모아 우심방으로 보낸다. 폐로부터 돌아온 혈액은 바로 좌심방으로 보내진다. 두 심방은 하나의 심실로 혈액을 보내지만, 산소가 부족한 혈액은 산소가 풍부한 혈액이 심실로 들어오기 전에 심실 밖으로 분출된다.

대부분의 파충류는 심실을 부분적으로 나누는 격벽을 통해 보다 효율적인 2종류의 순환을 한다. 산소가 풍부한 혈액과 산소가 부족한 혈액의 혼합은, 심장 좌우 부위의 수축 시기와 압력의 차에 의해서 최소화 된다. 악어류는 심실 사이에 완전한 격벽이 있어, 2개의 심방과 2개의 심실로 구성되는 심장을 갖는다. 따라서 4개의 방으로 이루어진 심장은 파충류에서 처음으로 진화되어 나타났다.

모든 조류와 포유류 그리고 악어류는 심실 사이의 격벽이 완전하다. 생물학자들은 척추동물의 진화과정 동안, 완벽하게 분리된 심장이 두 번에 걸쳐 진화되었다는 가설을 세웠다. 첫 진화는 악어류와 조류 계통에서 일어났으며, 그 다음 진화는 포유류에서 독립적으로 일어났다는 것이다. 심실 내 격벽은 산소가 풍부한 왼쪽 방과 산소가 부족한 오른쪽 방의 혈액이 섞이는 것을 막아준다. 원추동맥은 나뉘어져서 **대동맥**(aorta)과 폐동맥의 기반이 되었다. 정맥동은 분리된 방의 형태로 존재하지 않지만, 그 흔적은 박동원인 *동방결절*(sinoatrial node)로 남아있다.

심장의 좌측과 우측이 완벽히 분리되면서, 혈액이 신체를 순환하기 위해 심장을 두 번 순환하게 되었다. 이러한 순환회로는 빠르고 효율적으로 물질을 조직으로 운반한다. 조류와 포유류의 혈액은 다른 척추동물에 비해 단위 부피당 더 많은 산소를 포함하며 보다 빨리 순환하므로, 보다 많은 산소를 조직에 전달할 수 있다. 그 결과 조류와 포유류는 보다 높은 대사율을 유지하며, 추운 환경에서도 일정하고 높은 체온을 유지한다.

조류와 포유류의 혈액 순환 양식을 요약하면 다음과 같다.

**정맥(혈액이 기관으로부터 돌아오는) ⟶ 우심방 ⟶ 우심실 ⟶ 폐동맥 ⟶ 폐의 모세혈관 ⟶ 폐정맥 ⟶ 좌심방 ⟶ 좌심실 ⟶ 대동맥 ⟶ 동맥(혈액이 기관으로 나가는) ⟶ 소동맥 ⟶ 모세혈관**

**복습**

- 척추동물의 심혈관계의 진화 과정에서 일어난 주요 적응 방법은 무엇인가?

### 요점

일부 척추동물이 활동적인 육상 온혈동물로 진화하는 과정에서, 네 개의 방으로 구성되는 심장과 이중순환계는 산소가 풍부한 혈액을 산소가 부족한 혈액으로부터 분리시키기 위해 진화한 중요한 적응 방법이다.

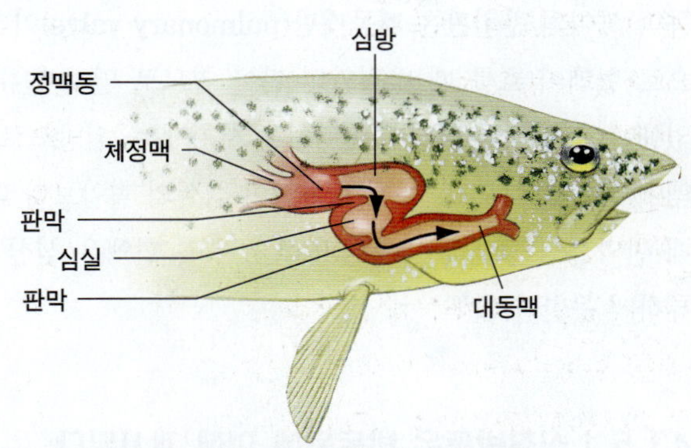


**(a) 어류.** 1 심방 1 심실인 어류의 심장은 단일 순환회로를 구성한다.

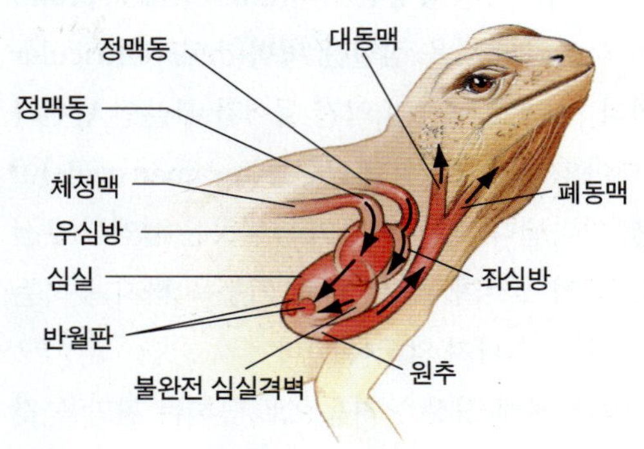


**(c) 파충류.** 파충류의 심장은 2 심방 2 심실로 구성된다. 대부분의 파충류는 심실을 분리시키는 벽이 불완전하기 때문에, 오른쪽과 왼쪽 방의 혈액이 일부 섞인다. 악어의 경우 완벽한 격벽을 가지며 심장은 네 개의 방으로 구성된다.

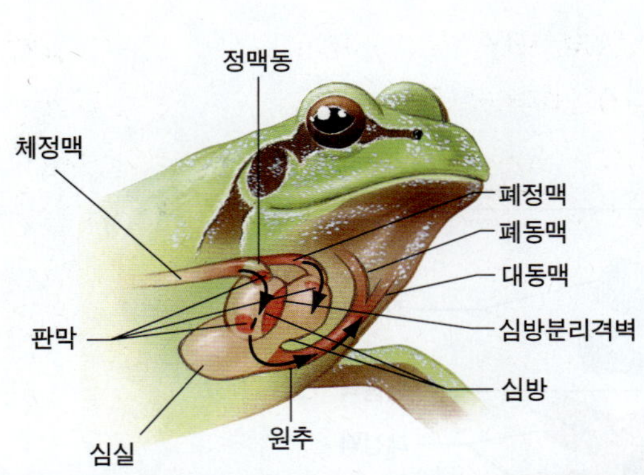


**(b) 양서류.** 양서류의 심장은 2 심방 1 심실로 구성되며 혈액은 이중 순환계를 통해 흐른다.

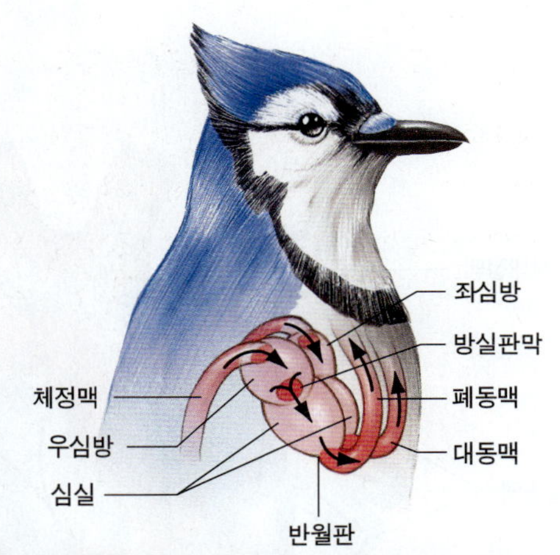


**(d) 조류와 포유류.** 조류와 포유류의 심장은 2 심방 2 심실로 구성되며 산소가 풍부한 혈액이 산소가 부족한 혈액으로부터 분리된다.

**그림 43-8** 척추동물 심장혈관계의 진화.

## 43.5 사람의 심장

### 학습목표

6 사람 심장의 구조와 기능을 기술한다.

7 심장주기의 과정을 추적하고, 이와 관련된 정상적 심음에 대하여 알아본다.

8 심박출량을 정의하고, 심박출량이 조절되는 방법과, 심박출량에 영향을 주는 요소를 알아본다.

주먹보다 그리 크지 않고 약 450 g 미만의 무게가 나가는 사람의 심장은, 평균 수명동안 약 25억 번을 뛰며, 약 3억 L의 혈액을 분출하는 중요한 기관이다. 신체의 변화하는 요구에 따라, 심장은 분당 5 L ~ 20 L 이상의 혈액을 내보낼 수 있다.

심장은 흉골 바로 아래 흉강에 위치한 속이 빈 근육성 기관이다. 심장의 벽은 주로 콜라겐 섬유로 된 틀에 심근이 부착되어 구성되며, 심장은 질긴 결합조직 주머니인 **심낭막**(pericardium)으로 둘러싸여 있다. 매끄러운 내피층이 심낭막의 안쪽 면과 심장의 바깥 표면을 덮고 있다. 이 두 표면 사이는 작은 **심낭강**

(perocardial cavity)이며, 액체로 채워져 있어서 심장이 뛸 때 마찰을 최소화 시킨다.

우심방 · 우심실과 좌심방 · 좌심실은 **격벽**(septum)에 의해 분리되어 있다. 심방 사이의 격벽을 **심방간 격벽**(interatrial septum)이라고 하며, 심실 사이의 격벽을 **심실간 격벽**(interventricular septum)이라고 한다. 심방간 격벽의 약간 들어간 부분인 **난원와**(fossa ovalis)는, 태아의 심장에 있었던 **난원공**(foramen ovale)이라는 구멍의 위치를 나타낸다. 태아 심장의 난원공은 혈액이 우심방에서 좌심방으로 직접 흐르게 하여, 아직 기능을 하지 못하는 폐로 혈액 흐름이 거의 일어나지 않도록 한다.

혈액의 역류를 막기 위해 심장은 자동으로 닫히는 판막을 갖는다(**그림 43-9**). 우심방과 우심실 사이의 판막은 **우측 방실판막**[right atrioventricular(AV) valve] 또는 **삼첨판**(tricuspid valve)이라고 한다. 그리고 좌심방 좌심실 사이의 판막인 **좌측 방실판막**[left atrioventricular(AV) valve]는 **승모판**(mitral valve) 또는 **이첨판**(bicuspid valve)이라고도 한다. 조직으로부터 돌아온 혈액이 심방을 채우면, 혈압에 의해 방실판막이 열려, 혈액이 심실을 채우게 된다. 반면 심실이 수축할 때는 방실판막이 닫히게 된다.

**반월판**(semilunar valve)은 반달 모양의 판막인데, 좌심실과 대동맥 사이의 반월판은 **대동맥판**(aortic valve)이고, 우심실과 폐동맥 사이의 반월판은 **폐동맥판**(pulmonary valve)이다. 심실 밖으로 혈액이 흐를 때 반월판의 판이 옆으로 밀려 혈류의 저항을 없애준다. 그러나 심실이 이완하는 시기에는, 심방으로부터 온 혈액이 심실을 채우고, 동맥의 혈압이 심실의 혈압보다 더 높다. 이때 판막들이 동맥을 가로질러 펼쳐지고, 혈액은 심실 쪽으로 역류하지 못한다.

### 43.5.1 심장박동은 박동원에 의해 개시된다

사람의 몸에서 조심스럽게 심장을 떼어내어 영양소와 산소가 함유된 용액에 보관하면 몇 시간 동안 박동이 유지된다. 이는 심근의 수축이 심근 자체 내에서 자발적으로 개시되고, 어떠한 신경

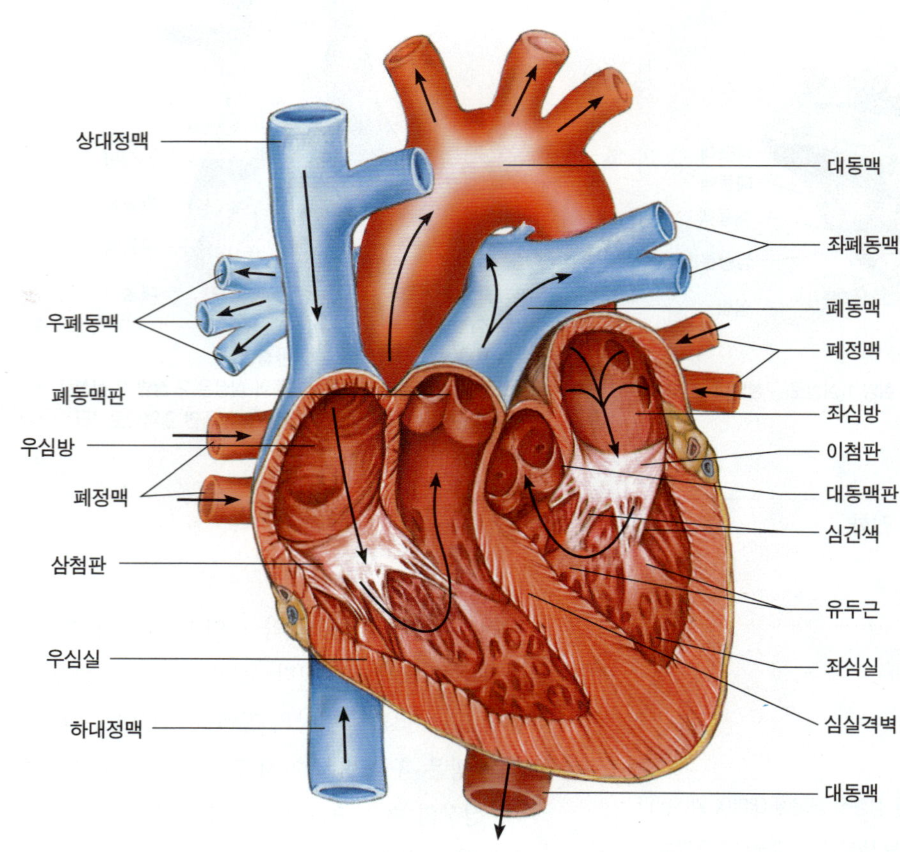


**그림 43-9 판막을 보여주는 사람 심장의 단면도.**

좌우 심방은 혈액을 받고, 좌우 심실은 혈액을 동맥으로 보낸다. 화살표는 혈액의 흐름을 나타낸다.

의 공급과 상관없이 독립적으로 일어나기 때문에 가능하다(**그림 43-10**).

심근세포의 말단은 **개재판**(intercalated discs)이라는 밀집된 띠에 의해 연결 되어있다(**그림 43-10b와 c**). 각 판은 2개의 세포가 구멍을 통해 연결되어 있는, 일종의 *간극결합*(gap junction; 5장 참조)이다. 이러한 결합은 생리학적으로 매우 중요한데, 활동전위의 전도에 아주 낮은 저항을 갖기 때문이다. 이온은 간극 결합을 쉽게 통과해, 전체 심방(또는 전체 심실)의 근육이 하나의 거대 단위로 동시에 수축할 수 있다.

골격근의 활동전위는 일반적으로 1–2 msec 정도 지속되는데 반해, 심근의 활동전위는 훨씬 긴 수백 msec동안 지속된다. 전압개폐성 $Ca^{2+}$ 채널은 심근섬유의 탈분극 동안 열린다. $Ca^{2+}$의 유입은 탈분극 시간을 길게 유지하는데 기여한다. $K^+$ 채널은, 세포가 휴지전위 상태일 때는 열려있지만, 탈분극 동안에는 닫히고, 막의 $K^+$ 투과도를 낮춤으로써 역시 탈분극 시간을 증가시킨다.

특화된 전도계가 규칙적이고 효과적인 리듬의 심장박동을 만들어 낸다. 박동은 **동방결절**(sinoatrial node; SA node)이라고도 불리는 **박동원**(pacemaker)에 의해 개시된다. 동방결절은 상대정맥이라는 굵은 정맥 근처의 우심방 후벽에 위치하는 특화된 작은 심근 덩어리이다. 동방결절에서 활동전위는 주로 $Ca^{2+}$ 채널이 열려 생성된다. 동방결절 섬유의 말단은 일반 심방 근섬유와 융합되어, 활동전위는 양 심방으로 전파되어 심방의 수축을 일으킨다.

한 집단의 심방 근섬유는 활동전위를 우심방의 격벽 하단부에 위치하는 **방실결절**(atrioventricular node; AV node)로 직접 전달한다. 여기서 전도는 일시적으로 지연되어, 심실의 수축이 시작되기 전에 심방의 수축이 끝나도록 한다. 활동전위는 방실결절로부터 **방실섬유속**(AV bundle)를 구성하는 특화된 근섬유로 전파된다. 방실섬유속은 갈라져서 각 심실 속으로 분지된다. 각 가지의 섬유는 더 갈라져 작은 푸르키네섬유(*Purkinje fiber*)를 형성한다. 푸르키네섬유의 말단에 도달한 자극은 심실의 일반 심근섬유로 전파된다.

**동방결절 ⟶ 심방 근섬유(심방수축) ⟶ 방실결절 ⟶ 방실섬유속 ⟶ 좌우가지 ⟶ 푸르키네섬유 ⟶ 심실 근섬유(심실수축)**

각 수축의 파동이 심장을 통해 퍼져나가면서, 전류는 심장을 둘러싸는 조직과 몸의 표면으로 흐른다. 의사는 심장의 반대쪽 체표면에 전극을 위치시키고, 전기적 활성을 증폭시켜 기록할 수 있다. 이렇게 얻어지는 그래프를 **심전도**(electrocardiogram; ECG 또는 EKG)라 한다. 비정상적인 심전도는 심장 또는 심장주기의

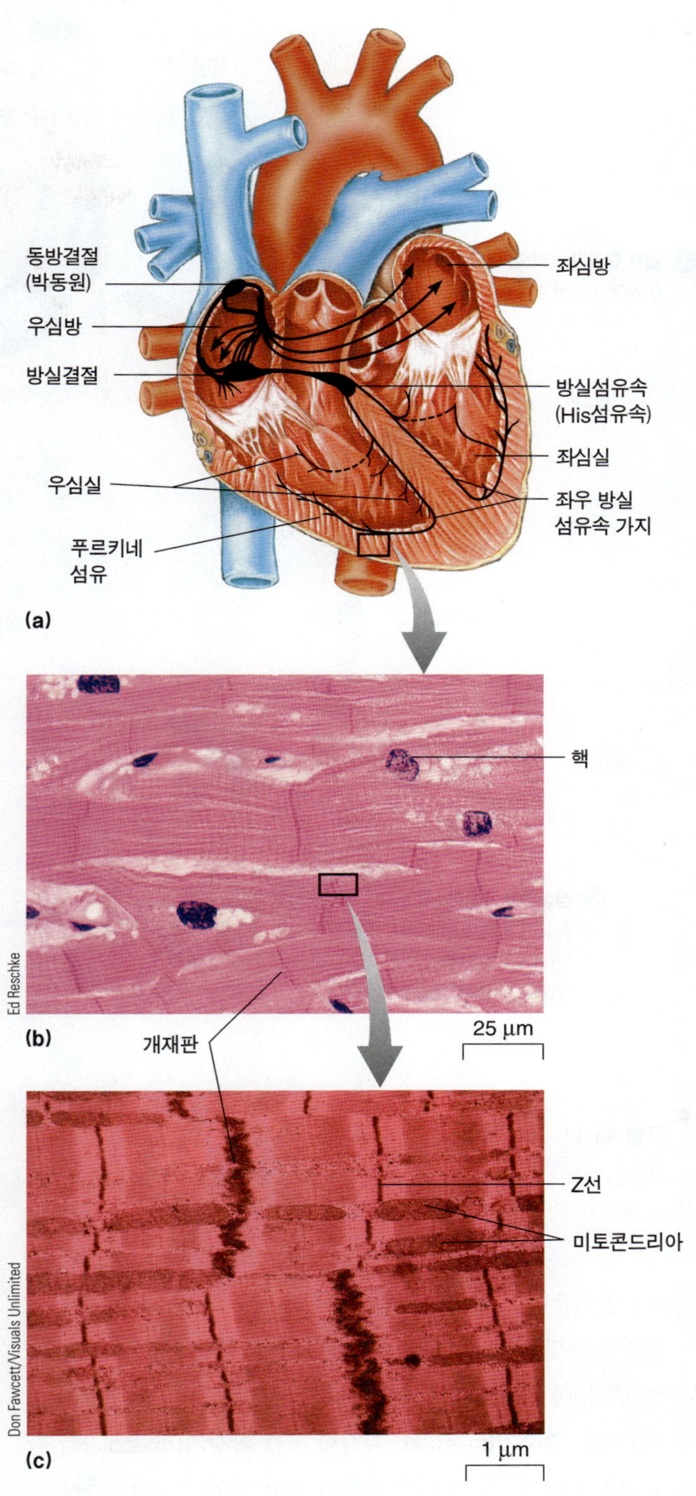


**그림 43-10 심장의 전도계.**

**(a)** 동방결절이 박동을 개시한다. 활동전위는 심방의 근섬유를 통해 퍼져나가, 심방수축을 일으킨다. 활동전위는 심실로 전파되기 전에 방실결절에서 잠시 지연된다. **(b)** 광학현미경으로 본 심근. **(c)** 투과전자현미경(TEM)으로 본 심근.

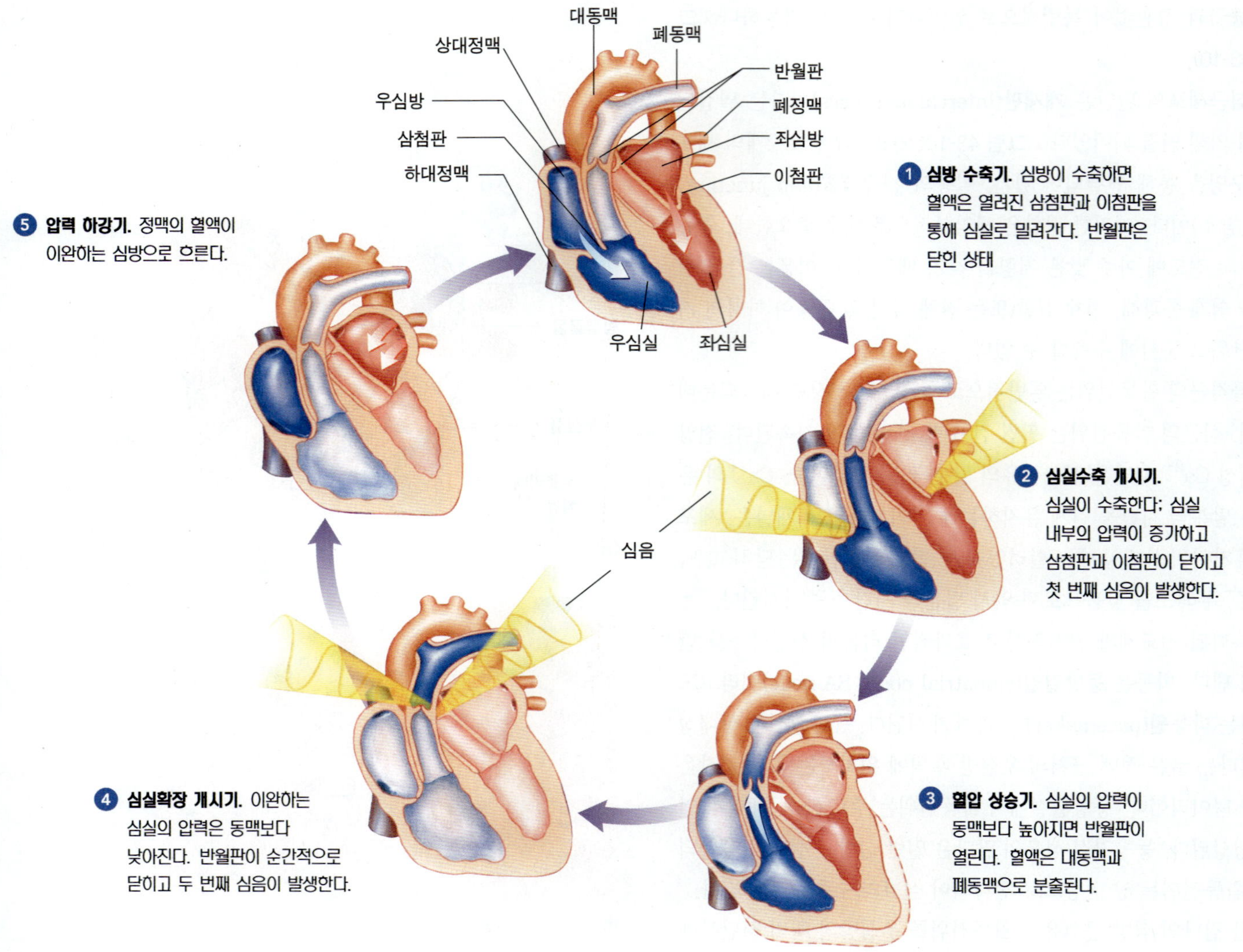


**그림 43-11 심장주기.**

심장주기는 양쪽 심방의 수축과 뒤이어 일어나는 양쪽 심실의 수축을 포함한다. 하얀 화살표는 혈액이 흐르는 방향을 나타낸다; 점선은 수축이 일어날 때 변화하는 크기를 의미한다.

이상을 알려준다.

심장은 분당 약 70회 뛴다. 1회의 완전한 심장박동은 약 0.8초가 소요되는데 이를 **심장주기(cardiac cycle)**라 한다. 심장주기 중 수축할 때를 **수축기(systole)**, 확장할 때를 **확장기(diastole)**라 한다. **그림 43-11**은 한 번의 심장주기 동안 일어나는 사건들을 순차적으로 보여준다.

손목에 있는 요골동맥이나 목의 경동맥에 손가락을 올려놓아 1분간 뛰는 맥박수를 세어 심장의 (심)박동률(heart rate)을 측정할 수 있다. **동맥맥박(arterial pulse)**은 동맥에서 번갈아 일어나는 확장과 수축이다. 좌심실이 대동맥으로 혈액을 분출할 때마다, 탄력적인 대동맥의 벽은 혈액을 받아들이기 위해 확장한다. 이 확장은 파동을 형성하여 대동맥과 대동맥으로부터 분지하는 동맥까지 이동한다. 이러한 압력의 파도가 지나가면, 탄력적인 동맥의 벽은 원래 크기로 재빨리 회복된다.

## 43.5.2 신경계는 심장박동을 조절한다

심장은 독립적으로 뛸 수 있지만, 박동률은 신경계와 내분비계에 의해 섬세하게 조절되고 있다(**그림 43-12**). 일부 혈관의 벽과 심장의 방의 벽에 있는 감각수용기는 혈압변화에 민감하다. 자극이 주어지면, 수용체는 뇌의 연수에 있는 **심장중추(cardiac center)**들로 정보를 전달한다. 이들 심장중추들은 동방결절을 통과하는 두

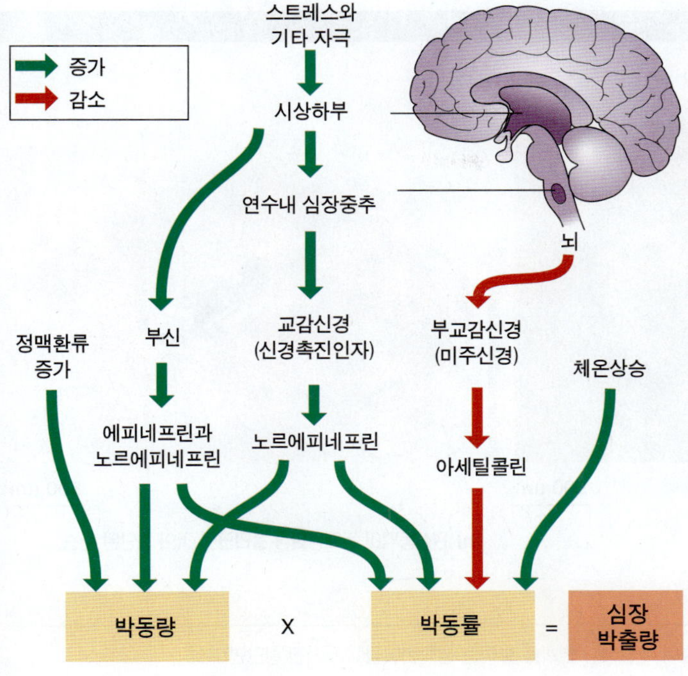


**그림 43-12** 심박출량에 영향을 미치는 요인들.

세트의 자율신경집단인 부교감신경과 교감신경을 관장한다.

부교감신경과 교감신경들은 박동률에 대해 상반된 효과를 가진다(그림 41-17 참조). 부교감신경은 박동을 늦추는 아세틸콜린(acetylcholine)이라는 신경전달물질을 방출한다. 아세틸콜린은 막의 $K^+$ 투과도를 증가시켜 탈분극 속도를 느리게 한다. 교감신경은 박동률을 빠르게 하고 수축력을 증가시키는 노르에피네프린을 분비한다. 노르에피네프린은 탈분극 동안 $Ca^{2+}$ 채널이 열리는 것을 활성화한다.

육체적, 감정적인 스트레스에 반응하여, 부신이 에피네프린과 노르에피네프린을 분비해 박동률을 증가시킨다. 체온의 상승도 박동률을 높여준다. 열이 나는 동안 심장은 분당 100회 이상 박동한다.

### 43.5.3 박동량은 정맥환류에 좌우된다

한 번의 박동에 의해 심실에서 분출되는 혈액의 양을 **박동량**(stroke volume)이라 한다. 박동량은 주로 정맥에서 심장으로 전달되는 혈액의 양인 **정맥환류**(venous return)에 의해 좌우된다. **스탈링의 심장법칙**(Starling's law of the heart)에 의하면, 정맥에서 심장으로 전달되는 혈액이 증가하면, 심장은 보다 많은 혈액을 분출한다. 심장에 채워지는 혈액이 너무 많으면, 심근섬유는 보다 많은 혈액을 동맥으로 보내기 위해 더 많이 팽창하고 더 큰 힘으로 수축한다. 스트레스에 의해 교감신경에 의해 분비되는 노르에피네프린과 부신에서 분비되는 에피네프린도 심근섬유의 수축력을 증가시킨다.

### 43.5.4 박출량은 몸의 요구에 따라 달라진다

박동량과 분당 좌심실의 박동수를 곱하면 **(심)박출량(cardiac output; CO)**이 산출된다. 박출량은 1분간 좌심실로부터 분출되어 대동맥으로 유입되는 혈액의 양이다. 예를 들어, 휴식 중인 성인의 심장은 분당 72회 박동하고, 각 수축 당 약 70 mL의 혈액이 분출된다.

박출량 = 박동량 × 박동률(1분당 심실의 수축횟수)

= 70 mL/박동량 × 72회 박동량/분

= 5,040 mL/분(약 5 L/분)

박출량은 박동량이나 박동률의 변화에 따라 달라진다(그림 43-12참조). 박동량이 증가하면, CO가 증가한다. 몸의 변화하는 요구에 따라, CO는 크게 변화한다. 스트레스나 심한 운동을 하는 동안, 정상적인 심장은 CO를 5배 증가시켜, 분당 20-30 L의 혈액을 분출할 수 있다.

**복습**

- 심박출량에 영향을 주는 요인들은 어떤 것이 있는가?
- 심장의 전도 과정에서 일어나는 일들은 어떤 순서로 일어나는가?
- 심장은 어떻게 조절되는가?

## 43.6 혈압

**학습목표**

9 혈압을 결정하고 조절하는 요인을 알고, 여러 종류의 혈관에서 혈압을 비교한다.

**혈압**(blood pressure)은 혈관 내벽에 작용하는 혈액의 압력이다. 혈압은 박출량(CO), 혈액량 및 혈류저항에 의해 결정된다(**그림 43-13a**). CO가 증가하면 혈류가 증가해 혈압이 높아지는 반면, CO가 감소하면 혈류가 감소해 혈압이 낮아진다. 혈액량이 출혈 등에 의해 감소하면 혈압이 떨어지고, 혈액량이 증가하면 혈압도 올라간다. 혈류에 대한 저항이 증가하면 혈압은 올라간다. **말초저항**(peripheral resistance)은 혈액의 점성과, 혈액과 혈관 사이의 마찰에 의해 발생하는 저항이다. 건강한 사람의 혈액은 점성이 상

## 심혈관계 질환

미국과 대부분의 다른 산업 국가에서의 사망률 중 1위는 심혈관계 질환에 의한 것이다. 대부분의 사망은 동맥이 손상되고 염증이 생기며, 혈관벽에 지질이 침착되어 가늘어 지는 **동맥경화(atherosclerosis)**의 합병증에 기인한 것 이다. 이는 거의 모든 동맥에 발생할 수 있지만, 대동맥과 관상동맥 및 뇌동맥에서 주로 발생한다. 뇌동맥에 발생하면 뇌로 전달되는 혈액이 감소한다. 이 상태는 일반적으로 뇌일혈이라고 하는 **뇌혈관사고(cerebrovascular accident; CVA)**를 야기한다.

동맥경화는 "나쁜" 콜레스테롤이라고 알려진 저밀도지질단백질(LDL)의 증가로 동맥벽에 염증이 야기될 때 발생한다(44장에서 논의될 염증은 인체가 감염과 상처에 대항하는 중요한 반응의 하나이다). LDL은 산화되어 혈관벽에 흡착된다. 이들은 복잡한 여러 가지 단계를 자극하여 염증을 야기 시킨다. 동맥 아래에 위치하는 평활근 섬유는 동맥 내부로 이동하여 세포외기질의 구성성분을 만든다. 근섬유와 세포외기질성분들은 동맥의 손상부위위에 섬유상 덮개를 형성한다.

동맥경화성 플라크가 생성됨에 따라 동맥에 혈액이 채워질 때, 동맥은 신장력을 잃어버리게 되고, 그림에서처럼 점차로 폐색된다. 폐색된 혈관으로 인해 조직으로 수송되는 혈액이 감소하고 **허혈(ischemia)** 현상이 생긴다. 이제 조직은 충분한 산소와 영양분의 공급을 받지 못하게 된다.

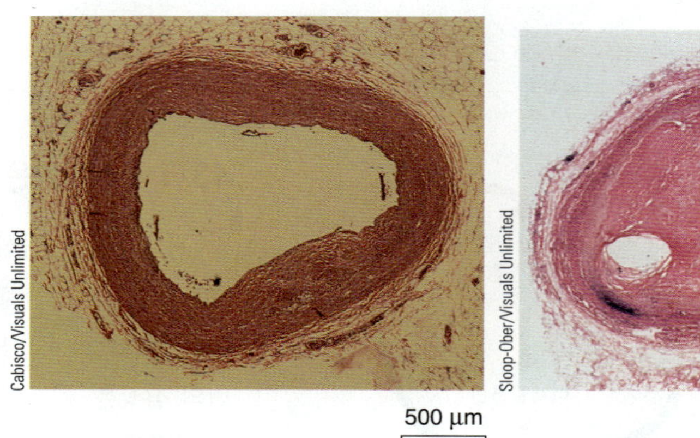


**(a)** 정상 관상동맥.

**(b)** 관상동맥이 동맥경화성 플라크로 거의 차단된 모습.

**동맥경화의 진행.** 동맥경화로 일어난 변화를 보이는 광학현미경(LM) 사진(횡단면).

**허혈성 심질환(ischemic heart disease)**에서는 보다 많은 산소를 요구하는 운동이나 감정적 스트레스가 **협심증(angina pectoris)**과 같이 엄청난 고통을 야기한다. 니트로글리세린 알약이나 니트로글리세린 패치는 정맥을 확장시키고 정맥환류를 감소시켜 준다. 심박출량은 낮아지게 되어 심장에 무리가 덜 가게 되며 요구되는 산소량도 줄어들게 된다. 니트로글리세린은 또한 관상동맥을 조금 확장시켜 보다 많은 혈액이 심근에 공급되도록 한다. 칼슘이온 채널 저해제(cacium ion channel blocker)들은 심근섬유로 들어오는 칼슘의 유입을 저해하여 심장활동을 저하시킨다. 또한 이 저해제들은 관상동맥을 확장시킨다.

**심근경색증(myocardial infarction; MI)** 또는 심장마비는 심혈관계 질환으로 야기되며, 매우 심각하며 대부분 치명적이다. 심근경색증은 관상동맥으로 공급되는 혈액이 갑자기 감소할 때 발생한다. 산소를 빼앗긴 심근은 수 분 내에 죽게 되는데 이를

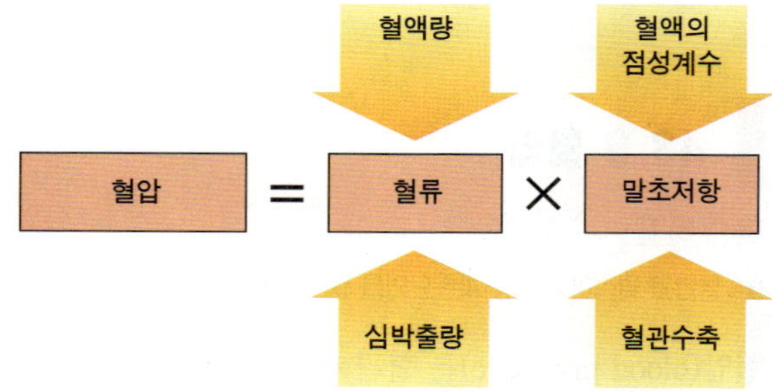


**(a) 혈압은 혈류와 혈류에 대한 저항에 좌우된다.** 여러 인자가 혈류와 저항에 영향을 준다.

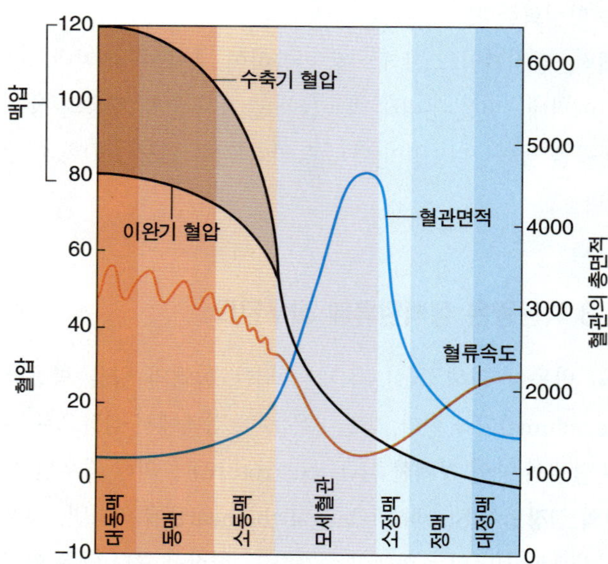


**(b) 혈압은 혈관의 종류에 따라 다르다.** 수축기와 확장기의 동맥 혈압의 변화를 보여준다. 정맥의 혈압은 심장 근처에서 0 이하(대기압 이하)로 떨어진다.

**그림 43-13 혈압.**

그래프 상에서의 면적은 혈액과 접촉하는 혈관의 표면적을 나타낸다.

**경색 (infarct)** 이라 한다. 심근경색은 미국에서 죽음과 장애를 발생시키는 주된 원인이 되고 있다. 염증이 동맥경화판 위의 섬유 종을 터트리게 되면 혈액 공급의 갑작스런 감소가 발생한다. 혈소판은 거친 동맥벽에 점착되어 응고되기 시작한다.

심장내 혹은 혈관내 형성된 응고물인 **혈전(thrombus)**은 관상동맥의 적절한 지류를 막을 수 있다. 혈액이 심근으로 흘러가는 것을 방해하거나 완전히 막게 된다. 관상동맥 협착(coronary occlusion)이라 불리는 이러한 혈류의 차단은 심근의 넓은 부위로 혈액이 흘러드는 것을 막게 되고 심장은 박동을 멈출 것 이다. 이것이 **심장정지(cardiac arrest)**를 일으키고, 바로 죽음이 뒤따를 수 있는 것이다. 그러나 만약 심장의 작은 부분만이 영향을 받을 경우 심장은 그 기능을 유지할 수 있다. 산소를 빼앗긴 지역에 있는 세포들은 죽게 되고 반흔조직에 의해 대치되게 된다.

국소빈혈의 증상은 **심실세동(ventricular fibrillation)**이라 불리는 태아성 부정맥을 유도할 수 있는데, 이는 실제로 배출되는 혈액 없이 빠르게 심실이 수축하는 상태를 말한다. 맥박이 멈출 수 있고 혈압은 갑자기 떨어질 수 있다. 심장정지의 약 65%가 심실세동에 의한 것이다. 심실세동을 치료하는 가장 효과적인 방법은 전기 충격을 이용한 **제세동(defibrillation)**이다. 충격은 심장에서 근육 섬유를 탈분극시키게 되고 그렇게 해서 수축이 다시 시작하게 하는 것이다.

진행성 심혈관 질환을 가진 환자들은 관상동맥 우회 수술(coronary bypass surgery)로 치료될 수 있는데, 이것은 다른 지역에 있는 정맥을 협착된 관상동맥 주변으로 이식하는 방법이다. 새롭게 위치된 혈관들은 손상 받은 지역으로 충분한 혈액을 공급하게 된다. 다른 방법으로는 관상동맥 성형술(coronary angioplasty)이 있는데, 이는 협착된 관상동맥 내로 작은 풍선을 삽입하는 것이다. 풍선을 부풀려서 동맥벽 내의 침착을 파괴하여 혈관을 넓혀주는 것이다.

심혈관질환을 예방하고 치료하는 방법으로는 항-염증 약물과 스타틴 계열의 콜레스테롤 강하제들을 이용한다. C-반응성 단백질(C-reactive protein; CRP)이라 불리는 염증의 분자적 지표물질은 심장 질환의 위험률을 인식하는데 이용된다. 심 혈관 질환을 인지하게 하는 몇 가지 주요 위험 인자가 알려져 있는데 다음과 같다:

1. 혈중 **고농도의 LDL-콜레스테롤 수준**은 총 열량, 총 지질, 포화 지방 그리고 콜레스테롤이 풍부한 식습관과 관련이 있다.
2. **고혈압.** 혈압이 높을수록 위험률은 더 높아진다. 안지오텐신 II라는 호르몬이 비정상적으로 높은 수치를 보이면 고혈압을 일으킬 것으로 생각되며 또한 염증을 자극할 것이라 생각된다.
3. **흡연.** 동맥경화로 진행할 위험성은 비 흡연자보다 흡연자에서 두 배에서 여섯 배가량 높으며, 매일 피우는 담배의 수와도 비례해서 높아진다. 담배 연기의 구성성분들은 산화제들이 동맥벽에서 변화된 LDL의 산화를 증가시킴으로서 염증을 일으키도록 만든다.
4. **당뇨병**은 포도당의 비정상적인 대사로 인한 내분비 질환이다. 신체 내에서는 지방 대사로의 이행이 일어나 순환하는 지방이 현저하게 증가되어 동맥경화를 유도하게 된다.
5. **생리적 비활성.** 미국 성인의 1/4이 앉은 채 일하고 있고 규칙적인 운동이 부족하다. 생리적 비활성은 매년 미국에서 심장 질환과 관련된 약 500,000건의 죽음 중 1/3 이상에서 원인이 되고 있다. 운동은 혈액 내에 중성지방(triglyceride)과 콜레스테롤의 농도를 감소시킨다(이들 지질들은 심장 질환과 관련되어 있다). 동시에 운동은 심장질환에 대항하는 고밀도지질단백질(HDL)의 농도를 증가시킨다.
6. **비만**은 콜레스테롤 수치에 영향을 줄 수 있고 고혈압과 당뇨병의 위험률도 높여준다.

심혈관 질환의 발병 위험은 나이와도 관계가 있다. 현재 연구되고 있는 다른 가능한 위험 요소들로는 유전적 소인, 호르몬 수치, 스트레스 그리고 행동양식 그리고 식이 인자들이 있다.

당히 일정하게 유지되므로 혈압에 미치는 영향은 크지 않다. 보다 중요한 것은 혈액과 혈관벽 사이의 마찰이다. 혈관의 길이와 직경은 혈액과 접촉하는 표면적을 결정한다. 혈관의 길이는 변하지 않지만, 직경은 특히 소동맥에서 변한다. 혈관 직경의 조그마한 변화가 혈압에는 큰 변화를 가져온다. 혈관의 수축은 혈압을 높이고, 혈관의 팽창은 혈압을 낮춘다.

동맥의 혈압은 수축기 동안에 올라가고, 확장기 동안에 떨어진다. 미국 국립보건원은 정상 혈압을 수축기에서는 120 mm Hg 이하, 확장기에서는 80 mmHg 이하로 규정하고 있다. 수축기 혈압은 첫 번째 숫자로 나타내고, 확장기 혈압은 두 번째 숫자로 나타낸다.

### 43.6.1 혈압은 혈관의 종류에 따라 다르다

혈압은 큰 동맥에서 가장 높고, 심장에서 멀어질수록, 작은 동맥과 모세혈관으로 갈수록 감소한다(**그림 43-13b**). 혈액이 정맥으로 유입될 때, 혈압은 매우 낮으며 거의 0에 가깝다. 정맥은 혈관의 저항이 매우 낮기 때문에, 아주 낮은 압력 하에서도 흐름이 혈류의 속도가 유지된다. 정맥의 직경은 동맥보다 크고 벽에는 약간의 평활근이 있다. 정맥을 지날 때의 혈류의 흐름은 몇 가지 요인에 의존하는데, 정맥을 압축하는 골격근의 운동 등이 있다. 대부분의 정맥의 직경은 2 mm 이상이며, 혈액의 역류를 방지하는 판막을 지녀, 중력에 대항하여 혈액이 흐를 수 있다(**그림 43-14**).

### 43.6.2 혈압은 정교하게 조절된다

혈압이 떨어지면 혈관에 연결된 교감신경이 혈관수축을 자극하여 혈압이 다시 증가하게 된다. 일부 동맥의 벽과 심장의 벽에 있는 **압수용기**(baroreceptor)는 혈압 변화에 민감하다. 혈압의 증가에 의해 압수용기가 팽창되면, 뇌의 연수에 있는 심장 중추와 혈관운동신경 중추에 신호가 전달된다. 심장 중추는 부교감 신경을 자극하여 심박동을 늦춰 혈압을 낮추고, 혈관운동신경 중추는 소동맥을 수축시키는 교감신경을 억제한다. 이 작용이 혈관을 확장시키고 혈압을 낮춘다. 이러한 신경 반사들은 정상 혈압을 유지하기 위해, 상보적인 방법으로 지속적으로 작용한다.

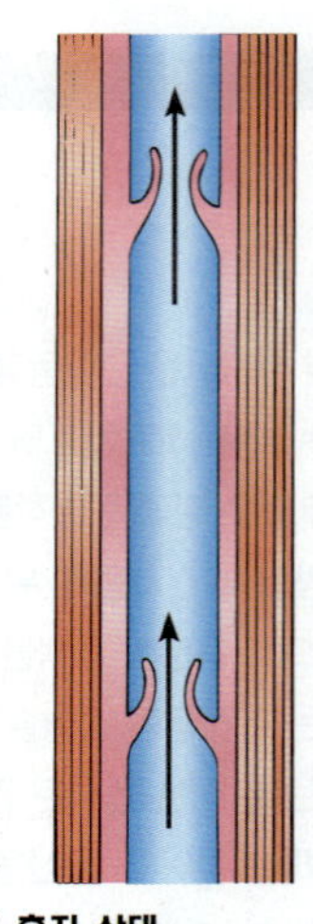

**(a) 휴지 상태.**

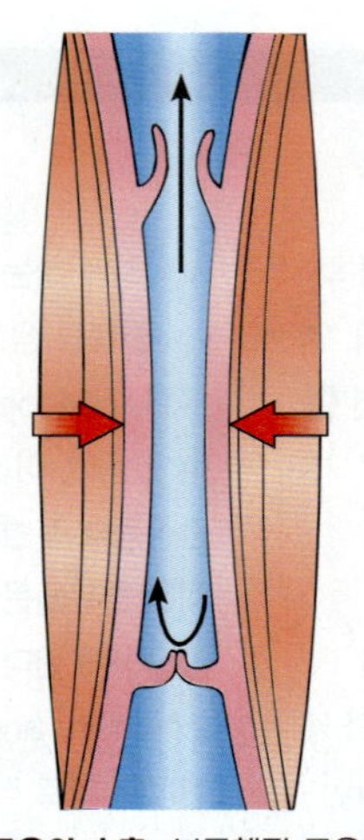

**(b) 근육의 수축.** 불룩해진 근육이 정맥을 압박해 혈액을 심장 쪽으로 밀어낸다. 아래쪽 판막은 역류를 방지한다.

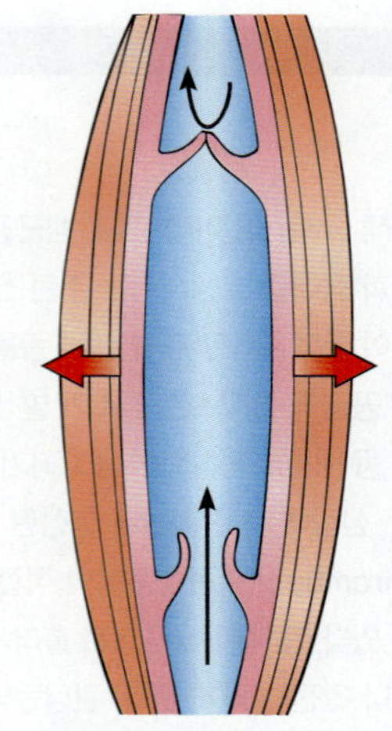

**(c) 근육의 이완.** 정맥은 확장되고 아래쪽으로부터 혈액을 채운다. 위쪽의 판막이 역류를 방지한다.

**그림 43-14 정맥혈의 흐름.**

골격근의 수축은 정맥을 통한 혈액의 흐름을 돕는다.

몇몇 호르몬들도 혈압 조절에 관여한다(47장, 48장 참조). 혈압의 저하에 반응하여, 신장은 **레닌-안지오텐신-알도스테론 경로**(renin-angiotensin-aldosterone pathway)을 활성화시키는 **레닌**(renin)을 분비한다. 레닌은 혈장단백질(안지오텐시노겐)에 작용하여 강력한 혈관수축제인 **안지오텐신 II**(angiotensin II)를 생산하는 일련의 반응을 유발한다. 안지오텐신 II는 또한 부신에 의한 **알도스테론**(aldosterone)의 합성과 분비를 증가시켜 혈압을 유지하는데 간접적으로 작용한다. 알도스테론은 신장의 $Na^+$ 재흡수를 증가시켜 더 많은 체액을 유지하도록 함으로써 혈액량을 증가시킨다.

신체가 탈수상태가 되면, 혈액의 삼투 농도가 증가되어, 뇌하수체 후엽이 **항이뇨호르몬**(antidiuretic hormone; ADH)를 분비한다. ADH는 신장의 물 재흡수를 증가시켜(소량의 진한 오줌이 생성된다), 혈액량과 혈압이 증가하고 항상성이 회복된다.

혈액량이 증가하면, 심방은 $Na^+$의 배출을 증가시키는 **심방나트륨이뇨펩티드**(atrial natriuretic peptide; ANP)를 분비해 혈관의 확장과 혈압의 감소를 일으킨다.

**복습**

- 말초저항이란 무엇인가? 말초저항은 혈압에 어떻게 영향을 주는가?
- 혈압은 모세혈관에서 낮다. 이 사실이 어떻게 순환하는 체액을 유지하도록 돕는가?

## 43.7 순환 경로

**학습목표**

10 혈액이 순환하는 각 부분들을 차례로 나열하면서 폐순환과 체순환을 통한 혈액의 흐름을 추적해 본다.

물고기를 제외한 대부분의 척추동물은 이중 순환계를 가진다. (1) 폐순환은 심장과 폐를 연결하고, (2) 체순환은 심장과 신체의 모든 조직을 연결한다. **그림 43-15**에서 이 순환의 일반적인 양상을 추적할 수 있다.

### 43.7.1 폐순환은 혈액을 산소화 시킨다

혈액은 조직으로부터 심장의 우심방으로 되돌아온다. 산소가 적고, 이산화탄소가 많은 이 혈액은 우심방으로부터 분출되어 폐순환으로 보내진다. 심장에서 나오는 폐동맥간(pulmonary trunk)은 **폐동맥**(pulmonary artery)들로 분지해 양쪽 폐로 혈액을 전달한다. 이들은 산소가 빈약한 혈액을 운반하는 유일한 동맥이다.

폐 안에서, 폐동맥은 점점 더 작은 혈관으로 분지하고, 최종적으로 폐포를 둘러싸는 폐 모세혈관망을 형성한다. 혈액이 폐 모세혈관을 순환하는 동안, 이산화탄소는 혈액으로부터 확산되어 폐포로 들어간다. 산소는 폐포로부터 혈액으로 확산되어, 심장의 좌심방으로 되돌아오는 **폐정맥**(pulmonary vein)으로 들어올 때까지 혈액은 산소로 충전된다. 폐정맥은 산소가 풍부한 혈액을 운반하는 유일한 정맥이다.

요약하면, 혈액이 폐순환을 통해 흐르는 순서는 다음과 같다.

> **우심방 ⟶ 우심실 ⟶ 폐동맥 ⟶ 폐모세혈관(폐의) ⟶ 폐정맥 ⟶ 좌심방**

### 43.7.2 체순환은 혈액을 조직으로 운반한다

체순환으로 들어가는 혈액은 좌심실로부터 분출되어 가장 큰 동맥인 **대동맥**(aorta)으로 나간다. 대동맥으로부터 분지되는 동맥들은 인체의 모든 부위로 혈액을 수송한다. 주요 분지로는, 심장 벽 자체로 가는 **관상동맥**(coronary artery), 뇌로 가는 **경동맥**(carotid artery), 어깨부분으로 가는 **쇄골하동맥**(subclavian artery), 내장으로 가는 **장간막동맥**(mesenteric artery), 신장으로 가는 **신동맥**(renal artery), 그리고 다리로 가는 **장골동맥**(iliac artery) 등이 있다(**그림 43-16**). 이들 각각의 동맥들은 점점 더 작은 혈관으로 나뉘어 분지된다. 궁극적으로 혈액은 각 조직 혹은 기관 내의 모세혈관망으로 흘러 들어간다.

뇌 내부의 모세혈관망으로부터 되돌아오는 혈액은 **경정맥**(jugular vein)을 통해 흐른다. 어깨와 팔에서 돌아오는 혈액은 **쇄골하정맥**(subclavian vein)으로 들어간다. 이들 정맥들과, 몸의 상체 부분에서 돌아오는 혈액들은 거대한 정맥으로 합쳐져, 우심방으로 보내진다. 사람의 경우 이 정맥을 **상대정맥**(superior vena cava)이라 한다. 신장의 **신정맥**(renal vein), 다리의 **장골정맥**(iliac vein), 간의 **간정맥**(hepatic vein), 그리고 하체로부터 돌아오는 다른 정맥들은 혈액을 **하대정맥**(inferior vena cava)으로 모으고, 하대정맥은 다시 혈액을 우심방으로 수송한다.

체순환을 통한 혈액의 순환의 예로서, 심장으로부터 오른쪽 다리로 그리고 다시 심장으로 되돌아오는 혈액을 추적해보자:

> **좌심방 ⟶ 좌심실 ⟶ 대동맥 ⟶ 우측 ⟶ 총장골동맥 다리의 더 작은 동맥들 ⟶ 다리의 모세혈관들 ⟶ 다리의 작은 정맥들 ⟶ 총장골정맥 ⟶ 하대정맥 ⟶ 우심방**

대부분의 어류, 양서류, 파충류에서 심장 근육은 스폰지처럼 흡수성을 가져서, 혈액이 심장의 방들을 거쳐 가는 동안 직접 산소를 받는다. 그러나 조류와 포유류에서 심장의 벽들은 너무 두꺼워서, 모든 근섬유가 확산에 의해 영양분과 산소를 공급받을 수 없다. 대신에 심근이 자체적인 혈관 체계를 가진다. 인간의 경우 **관상동맥**(coronary artery)이 심장 벽의 내부에 모세혈관망을 형성한다. **관상정맥**(coronary vein)들은 합쳐져서, 혈액을 우심방으로 보내는 거대한 정맥인 **관상정맥동**(coronary sinus)이 된다.

혈액은 일반적으로 동맥으로부터 모세혈관 그리고 정맥을 거

**요점**

심장의 오른쪽 부분은 산소가 부족한 혈액을 받아들여 폐순환으로 분출한다. 심장의 왼쪽 부분은 산소가 풍부한 혈액을 받아들여 체순환으로 분출한다.

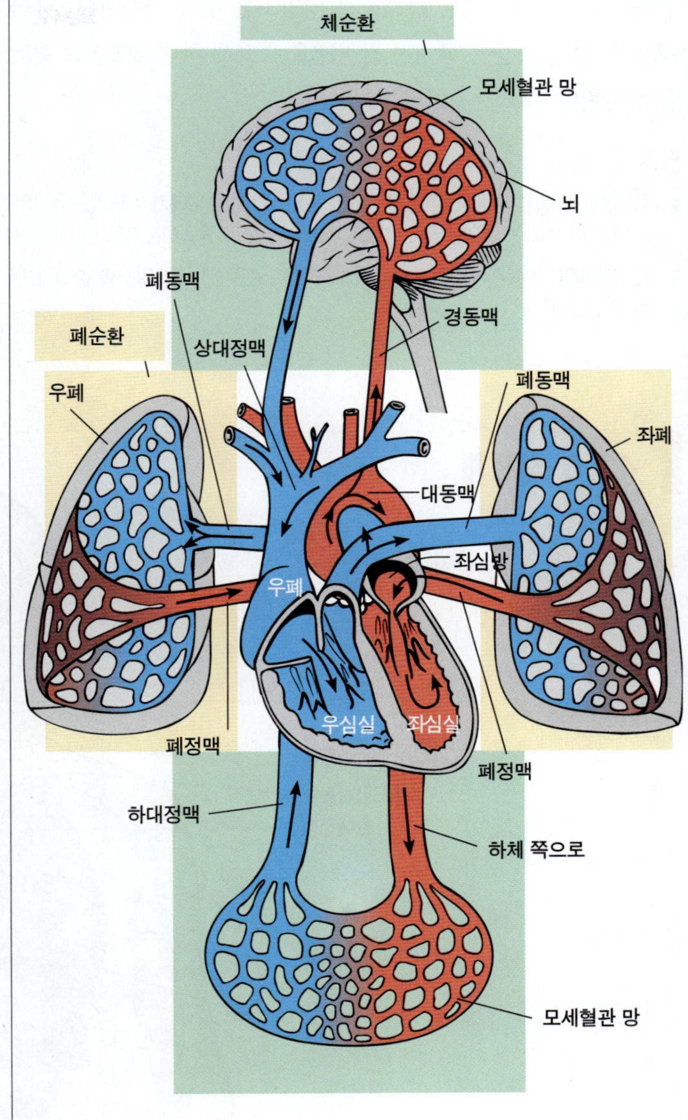


**그림 43-15 체순환과 폐순환.**

간단하게 도식화된 그림에서 붉은색은 산소가 풍부한 혈액을, 푸른색은 산소가 부족한 혈액을 나타낸다. 녹색 바탕은 체순환을 강조한 것이고, 노란 바탕은 폐순환을 강조한 것이다.

쳐 심장으로 흘러가는데, **간문맥계**(hepatic portal system)는 예외이다. 간문정맥은 심장으로 직접 되돌아오지 않고, 장으로부터 간으로 영양소를 운반한다. 간 내부에서 간문정맥은 광범위한 미세 혈액동(blood sinus)의 망을 형성한다. 혈액이 간의 동(sinus)을 흐르는 동안, 간세포는 영양소를 취해 저장한다. 궁극적으로, 간의 동들은 합쳐져 간정맥을 형성해 하대정맥으로 혈액을 전달한다.

**복습**

- (1)하대정맥에서 대동맥으로 가는 동안 또는 (2) 신정맥에서 신동맥으로 가는 동안 어떤 순서로 적혈구들이 혈관과 심장의 방들을 통과하는가?
- 간문맥계의 기능은 무엇인가? 다른 대부분의 순환 경로와 혈관의 순서가 어떻게 다른가?

## 43.8 림프계

**학습목표**

**11** 림프계의 구조와 기능을 설명하라.

혈액 순환계 외에도 척추동물들은 부수적인 순환계인 **림프계**(lymphatic system)를 갖는다(그림 43-17). 림프계는 (1) 간질액을 모아 혈액으로 되돌리고, (2) 병원체에 대항하여 인체를 방어하는 면역반응을 가동시키고, (3) 소화관으로부터 지방을 흡수한다.

이 장에서는 첫 번째 기능에 초점을 맞출 것이다. 면역은 44장에서, 지방의 흡수는 46장에서 다룬다.

### 43.8.1 림프계는 림프관과 림프조직으로 구성된다

림프계는(1) 간질액으로부터 형성된 맑고 물 같은 체액인 **림프**(lymph)를 통과시키는, **림프관**(lymphatic vessle, 또는 간단히 lympatic이라 함)의 광범위한 망과,(2) 다수의 림프구가 있는 일종의 결합조직인 **림프조직**(lymph tissue)으로 구성되어 있다. 림프조직은 작은 조직 덩어리로 이루어진 **림프절**(lymph node)과 **림프소절**(lymph nodule)들로 구성된다. 림프조직으로 주로 이루어진 편도선, 흉선 그리고 비장도 림프계의 일부이다.

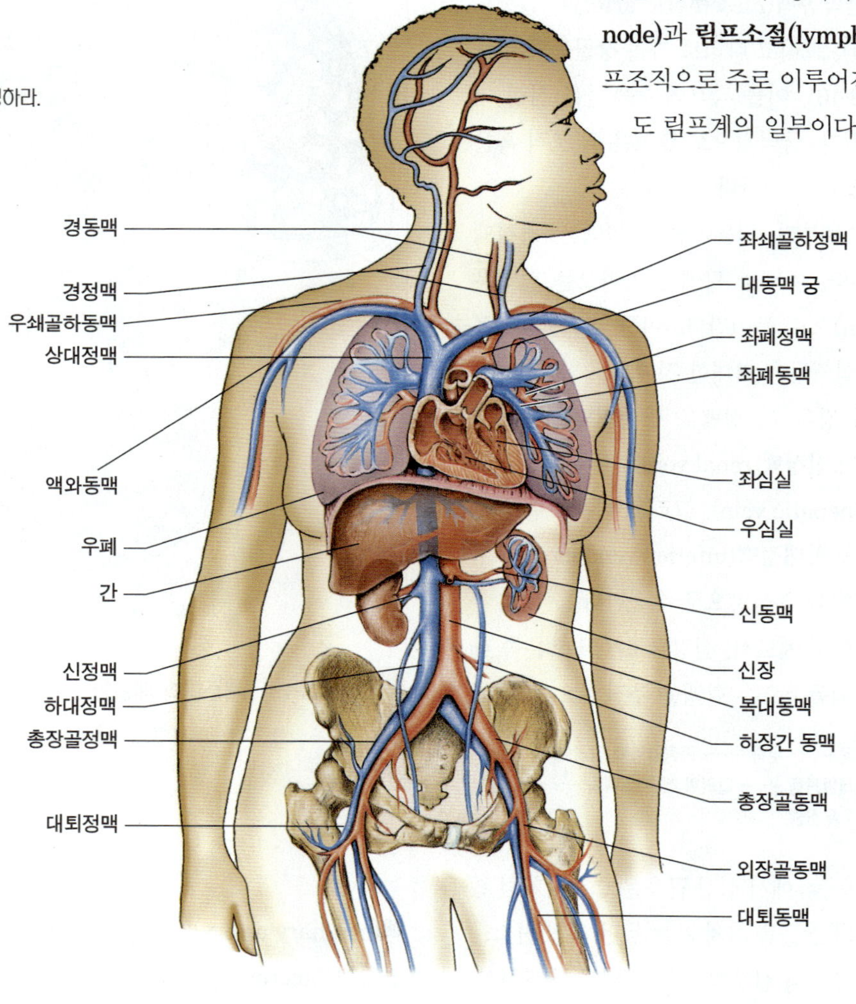

**그림 43-16 인체의 일부 주요 동맥과 정맥을 통한 혈액순환.**
산소가 풍부한 혈액을 운반하는 혈관은 붉은색이고, 산소가 부족한 혈액을 운반하는 혈관은 푸른색이다.

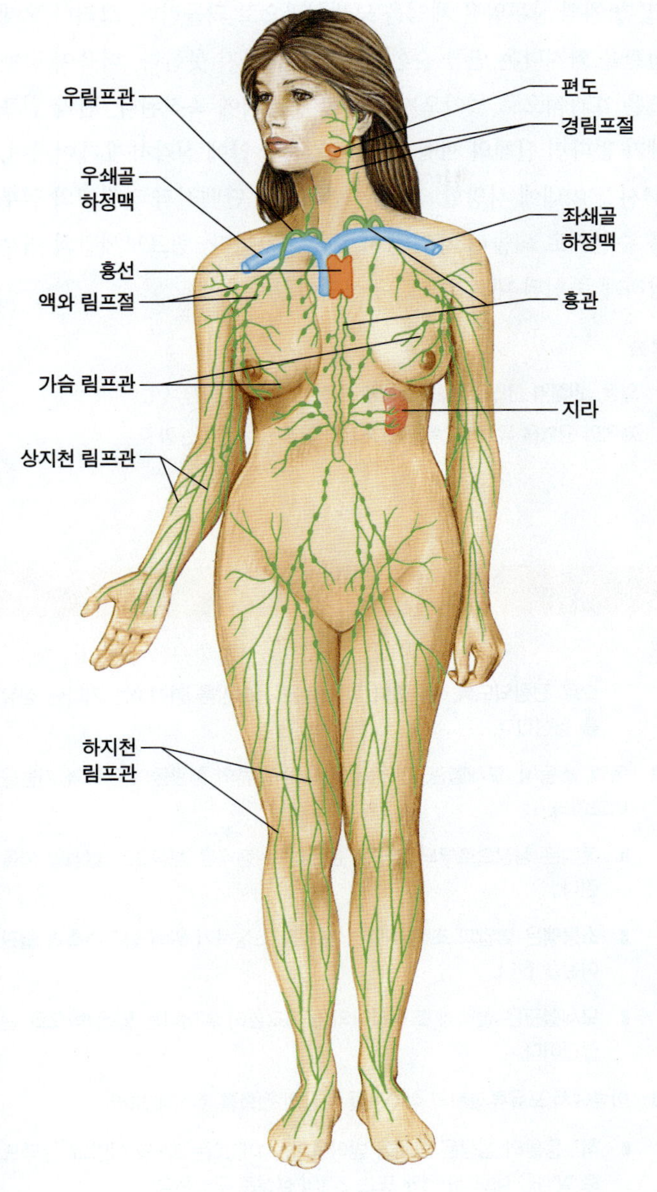


**그림 43-17** 인간의 림프계.

림프관은 몸의 대부분의 조직에 뻗어 있는 반면, 림프절은 특정 부분에만 모여 있다. 우림프관은 인체의 오른쪽 윗부분의 사분의 일로부터 림프를 받아들인다. 흉관은 나머지 부분들로부터 림프를 받아들인다.

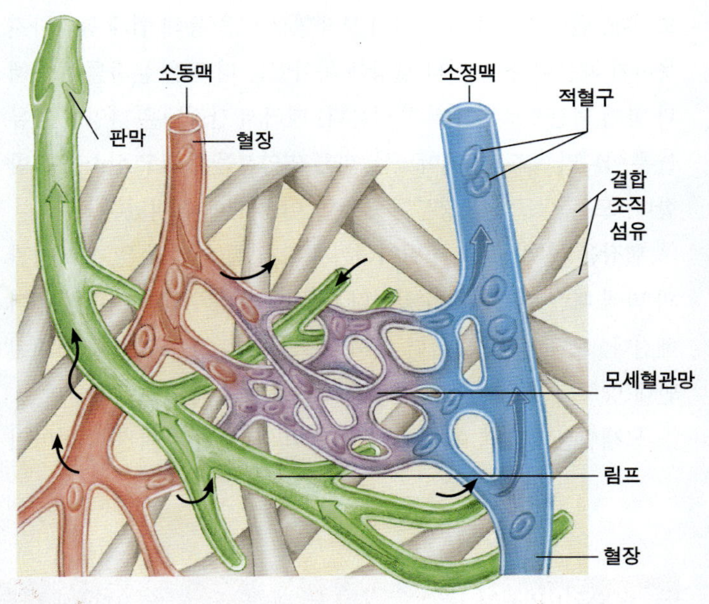


**그림 43-18** 림프모세관.

림프모세관들은 조직으로부터 과다한 간질액을 받아들인다. 모세혈관의 양쪽 끝은 혈관에 연결되는 반면, 림프모세관의 끝이 막혀있다. 화살표는 흐름의 방향을 나타낸다.

시작 부분의 "끝이 막힌" 림프계의 모세관들은 인체의 거의 모든 조직에 퍼져있다(그림 43-18). 림프모세관들은 합쳐져서 보다 큰 림프관(림프 정맥으로 간주할 수도 있는)을 형성한다. 림프 동맥은 없다.

간질액은 림프모세관으로 들어가 림프가 된다. 림프는 림프관으로 전달되는데 특정 부위에서 림프절로 흘러든다. 림프가 림프절을 순환할 때, 식세포는 세균과 기타 해로운 물질들을 걸러낸다. 그 후에 림프는 림프절로부터 나오는 림프관을 흐른다. 림프관은 림프를 신체 모든 부위로부터 어깨 부위로 흘러 보낸다. 이들 관(vessle)들은 좌측의 **흉관(thoracic duct)**과 우측의 **우측림프관(right lymphatic)**을 경유하여 쇄골하정맥에서 순환계와 합쳐진다.

**편도선(tonsil)**은 구강과 기도를 덮고 있는 하부 림프조직 덩어리다[이들이 커질 때, 코의 뒤쪽 인후의 편도선은 **아데노이드(adenoid)**라 불린다]. 편도선은 입과 코를 통해 몸으로 들어오는 세균이나 다른 외부 물질을 파괴함으로써 감염으로부터 호흡계를 보호한다. 불행하게도 편도선은 때때로 세균이 침입으로 인해 편도선 자체가 감염되기도 한다.

## 43.8.2 림프계는 체액의 항상성에 중요한 역할을 한다

혈액이 모세혈관망으로 들어갈 때는 상대적으로 혈압이 높다. 따라서 일부 혈장은 모세혈관을 빠져나가 조직으로 들어간다. 일단 혈액이 혈관에서 빠져나오면 **간질액(interstitial fluid)** 혹은 조직액으로 불린다. 이들은 적혈구나 혈소판을 가지고 있지 않으며 소수의 백혈구만을 가지고 있다. 단백질 함유량은 혈장의 약 1/4 정도인데, 단백질들이 너무 커서 모세혈관 벽을 통해 쉽게 통과하지 못하기 때문이다. 그러나 혈장에 녹아있는 더 작은 분자들은 체액과 함께 혈관으로부터 빠져 나온다. 따라서 간질액은 다양한 염류들뿐 아니라 포도당, 아미노산, 다른 영양분들 그리고 산소를 포함한다. 모든 세포들은 양분이 풍부한 이 액체에 잠겨있다.

혈장을 혈액으로부터 밀어내는 주요한 힘(*여과압*)은, 모세혈관의 벽에 대한 혈압인 정수압이다. 간질액의 삼투압이 여과압에 더해진다. 모세혈관으로부터 액체가 소실되는 것을 막아주는 주된 반대 방향의 힘은 혈액의 삼투압으로 체액의 삼투압보다 크다.

모세혈관의 정맥 쪽 말단에서 혈액의 정수압은 훨씬 더 낮아지고, 혈액의 삼투압은 체액을 모세혈관으로 되돌린다. 그러나 모세혈관을 빠져나온 만큼 순환계로 되돌아가지 못한다. 더욱이 단백질은 효과적으로 돌아오지 못하고 간질액에 축적된다. 만약 림프계가 없다면 신체의 체액 균형은 몇 시간 안에 심각하게 깨어지며, 24시간 이내에 사망할 것이다. 림프계는 단백질과 간질액의 일부를 순환계로 되돌려 체액의 균형을 유지한다. 림프모세관의 벽은 약하게 중첩된 내피세포로 구성되어있다.

### 복습

- 혈장, 간질액 그리고 림프 사이의 관계는?
- 체액의 균형을 유지하도록 림프계가 어떻게 도움을 주는가?

## 핵심 용어와 요약

### 학습목표

1 순환계가 없는 동물과, 개방순환계를 갖는 동물과, 폐쇄순환계를 갖는 동물들을 비교해보라.

- 해면동물, 자포동물, 그리고 편형동물과 같은 무척추동물은 **확산**에 의존하는 내부수송을 한다. 보다 큰 동물의 경우는 **혈액**과 **심장** 그리고 혈액이 순환하는 **혈관** 등으로 구성되는 특화된 **순환계**를 필요로 한다. 모든 동물에서, 세포 사이의 조직액인 간질액은 인접한 세포에 산소와 영양분을 공급한다.
- 절지동물과 대부분의 연체동물의 혈액은 조직이 직접 잠겨있는 **혈체강**으로 흘러들어가는 **개방순환계**를 갖는다.
- 일부 무척추동물과 모든 척추동물은 연속되는 혈관들의 회로를 통해 혈액이 흐르는 **폐쇄순환계**를 갖는다.
- 척추동물의 순환계는 **동맥**, **모세혈관**, **정맥**의 혈관계로 혈액을 분출하는 근육성 심장으로 구성된다. 이 순환계는 영양분, 산소, 노폐물, 호르몬 등을 운반하고, 체액의 균형, 적정 pH 유지와 체온 유지를 돕고, 질병에 대항하여 우리의 몸을 방어한다.

2 혈장, 적혈구, 백혈구, 그리고 혈소판의 구조와 기능을 비교해 보라.

- **혈장**은 물, 무기염류, 혈액에 의해 운반되는 물질들, 그리고 알부민, 글로불린, 피브리노겐 등의 **혈장단백질**로 이루어져 있다.
- **적혈구**는 산소와 이산화탄소를 운반한다. **적혈구**는 산소와 결합하는 붉은 색소인 **헤모글로빈**을 대량 생산한다.
- **백혈구**는 질병에 대항하여 우리의 몸을 방어한다. **림프구**와 **단핵구**는 무과립성 백혈구이며, **호중구**, **호산구**, **호염기구**는 과립성 백혈구이다.
- **혈소판**은 손상된 혈관을 막아주고 혈액응고에 관여하는 물질들을 방출한다.

3 혈액응고 과정을 요약하라.

- 손상된 세포와 혈소판이 혈액응고인자를 활성화하는 물질을 분비한다. 프로트롬빈으로부터 전환된 **트롬빈**은, **피브리노겐**이 불용성의 **피브린**으로 전환되도록 촉매한다. 피브린은 응고망을 형성하는 기다란 섬유를 형성한다.

4 동맥, 소동맥, 모세혈관, 정맥 등의 여러 종류의 혈관들의 구조와 기능을 비교하라.

- 동맥은 심장으로부터 혈액을 운반하고, 정맥은 심장으로 혈액을 되돌린다.
- **소동맥**은 혈압과 조직의 혈액 분포를 조절하기 위해 **혈관수축**과 **혈관이완**을 한다.
- 모세혈관은 혈액과 조직사이의 물질교환이 일어나는 얇은 벽으로 된 혈관이다.

5 어류에서 포유류까지의 척추동물 심장의 진화를 추적해 보라.

- 척추동물의 심장은 혈액을 받아들이는 1개 또는 2개의 **심방**과, 동맥으로 혈액을 내보내는 1개 또는 2개의 **심실**로 구성된다.
- 어류의 심장은 1심방 1심실을 가지며 단일순환계를 구성한다.
- 육상척추동물의 경우, 산소가 풍부한 혈액이 산소가 결핍된 혈액으로부터 분리되는 복잡한 순환계를 갖는다. 이로 인해 높은 대사율을 유지하여, 육상동물의 활동적인 생활양식을 지탱할 수 있다.
- 양서류는 2개의 심방과 1개의 심실을 가지며, 산소가 풍부한 혈액과 산소가 결핍된 혈액이 부분적으로 분리되는 2개의 순환계를 갖는다. 대부분의 파충류는 산소가 풍부한 혈액과 결핍된 혈액의 혼합을 최소화할 수 있도록, 부분적으로 분리된 심실을 갖는다.
- 4개의 방으로 나뉜 조류와 포유류의 심장은 산소가 풍부한 혈액과 산소가 결핍된 혈액을 분리시킨다.

6 인간 심장의 구조와 기능을 설명하라(심장의 전도계를 포함하여 답하라).

- 심장은 **심낭막**으로 싸여 있으며 혈액의 역류를 막는 판막을 가지고 있다. 우심방과 우심실 사이의 판막은 **방실판** 또는 **삼첨판**이라 한다. 좌심방과 좌심실 사이의 판막은 **승모판**이다. **반월판**은 심장에서 나가는

혈액이 역류하는 것을 방지한다. 심근섬유들은 **개재판**에 의해 연결되어 있다

- **동방결절** 또는 **박동원**이 심장박동을 개시한다. 특수화된 전기 전도계가 심장박동을 조절한다.

7 심장주기의 구성과 이에 따른 심음에 대해 설명하라.

- 번의 심박동이 **심장주기**를 형성한다. **수축기** 동안 수축이 일어나며, **확장기** 동안 확장이 일어난다. 심실수축기의 초기에 방실판이 닫히면서 저음의 "쿵"소리가 나고, 심실확장기의 초기에 짧고 큰, "닥"소리가 난다.

8 심박출량을 정의하고, 심박출량이 어떻게 조절되고, 어떤 인자들에 의해 영향을 받는지 설명하라.

- **심박출량**은 **박동량**에 심장 박동수를 곱한 값이다. 박동량은 **정맥환류량**과 신경신호 그리고 에피네프린, 노르에피네프린 등의 호르몬의해 좌우된다.
- **스탈링의 심장법칙**에 의하면, 정맥으로부터 더 많은 혈액이 심장으로 운반될수록, 심장은 더 많은 혈액을 분출한다.
- 심박동수는 주로 신경계에 의해 조절되며, 호르몬이나 체온에 의해서 영향을 받는다.

9 혈압을 결정하고 조절하는 인자를 밝히고, 여러 종류의 혈관에서의 혈압을 비교하라.

- **혈압**은 혈관 내벽에 가해지는 혈액의 힘이다. 혈압은 동맥에서 가장 높고, 혈액이 모세혈관을 따라 흐르면서 감소한다.
- 혈압은 심박출량, 혈류량 및 혈류에 대한 저항에 의해 좌우된다. **말초저항**은 혈류에 대한 저항으로, 혈액의 점성 및 혈액과 혈관벽 사이의 마찰에 의해 생긴다.
- 혈압 변화에 민감한 **압수용체**는 뇌의 연수에 있는 심장중추와 혈관운동중추로 신호를 보낸다. 혈압이상승하게 되면, 심장중추는 부교감신경을 자극하여 박동률을 낮추고, 혈관운동중추는 혈관의 수축을 유도하는 교감신경을 저해한다. 이러한 과정을 통해 혈압이 낮아진다.
- **안지오텐신 II**는 혈압을 높이는 호르몬이다. **알도스테론**은 혈류량과 혈압에 영향은 미치는 염류의 배출을 조절한다.

10 폐순환과 체순환을 통한 혈액의 흐름을 추적하라.

- **폐순환**은 심장과 양쪽 폐를 연결한다 **체순환**은 심장과 조직들을 연결한다.
- 폐순환에서, 우심실은 양쪽 폐로 가는 **폐동맥**으로 혈액을 분출한다. 혈액은 폐의 모세혈관을 순환한 후, **폐정맥**을 통해 좌심방으로 돌아온다.
- 체순환에서, 좌심방은 대동맥으로 혈액을 분출하고, 대동맥은 동맥들로 분지하여 여러 기관들로 향한다. 혈액은 여러 기관의 모세혈관망을 통과한 후 정맥으로 흘러, **상대정맥** 또는 **하대정맥**을 거쳐 우심방으로 돌아온다.
- **관상동맥**은 심장근육에 혈액을 공급한다.
- **간문맥계**는 간에 영양분이 풍부한 혈액을 순환시킨다.

11 림프계의 구조와 기능에 대해 설명하라.

- **림프계**는 간질액을 모아서 혈액으로 되돌려, 체액의 항상성을 유지하는데 중요한 역할을 한다. 림프계는또한 질병으로부터 몸을 방어하고, 소화관으로부터 지질을 흡수한다.
- **림프관**은 간질액으로부터 형성되는 맑은 액체인 **림프**를, 어깨부분에 있는 **가슴관**과 **오른쪽 림프관**으로 수송한다 이러한 림프관은 림프를 혈액 순환계로 돌려보낸다.
- **림프절**은 세균과 유해 물질을 림프 밖으로 걸러주는 작은 조직 덩어리다.

## 연습문제

1. 혈액의 흐름을 가정 정확히 나열한 것은?
   (a) 폐정맥 ⟶ 폐동맥 ⟶ 우심실
   (b) 폐동맥 ⟶ 좌심방 ⟶ 좌심실
   (c) 폐동맥 ⟶ 폐모세혈관 ⟶ 폐정맥 ⟶ 좌심방
   (d) 좌심실 ⟶ 대동맥 ⟶ 폐동맥
   (e) 폐동맥 ⟶ 폐모세혈관 ⟶ 폐정맥 ⟶ 우심방

2. 우심방과 우심실 사이의 판막은 (a) 승모판 (b) 반월판막 (c) 삼천판 (d) 폐동맥판막 (e) 대동맥판 이다

3. 혈압을 결정하는 요소는 (a) 심박출량 (b) 말초 저항 (c) 혈류량 (d) a, b, c (e) b, c 이다

4. 혈액응고 과정은 (a) 트롬빈 ⟶ 프로트롬빈 피브리노겐 ⟶ 피브린 (b) 프로트롬빈 ⟶ 트롬빈 피브린 ⟶ 피브리노겐 (c) 프로트롬빈 ⟶ 트롬빈 피브리노겐 ⟶ 피브린 (d) 혈액응고인자 혈소판 트롬빈 ⟶ 피브리노겐 (e) 프로트롬빈 ⟶ 트롬빈피브리노겐 ⟶ 혈소판 이다

5. 심장 주기는 (a) 한 번의 심실 박동으로 구성된다 (b) 수축기를 포함한다 (c) 박동량에 심박동수를 곱한 값이다 (d) 확장기를 포함한다 (e) 수축기와 확장기를 포함한다

6. 개방순환계는 (a) 편형동물에서 발견된다 (b) 일반적으로 혈강을 포함한다 (c) 모세혈관이 열려있는 연속적인 혈관 회로를 가지고 있다 (d) 척추동물의 특징이다 (e) 일반적으로 2개의 방으로 나누어진 심장을 갖는 동물에서 발견된다

7. 다음중 산소 운반과 가장 관련된 것은?
   (a) 적혈구 (b) 혈소판 (c) 호중구 (d) 호염기구 (e) 림프구

8. 노르에피네프린은 (a) 박동률을 낮춘다 (b) 부교감신경에 의해 심근에서 분비된다 (c) 심근의 $K^+$ 채널을 연다 (d) 박동량을 감소시킨다 (e) 심근의 $Ca^{2+}$ 채널을 연다

9. 지질단백질은 (a) 주로 과립성 백혈구에 의해 운반된다 (b) 콜레스테롤을 운반한다 (c) 혈액응고 장애와 연관이 있다 (d) 혈소판과 관련이 있다 (e) 적혈구에 저장된다

10. 혈액응고와 가장 밀접히 관련된 것은?
(a) 적혈구 (b) 혈소판 (c) 호중구 (d) 호염구 (e) 림프구

11. 척추동물의 순환계의 기능이 아닌 것은?
(a) 적정 pH를 유지하도록 돕는다
(b) 영양분, 산소, 대사노폐물을 운반한다
(c) 체액의 균형을 유지하도록 돕는다
(d) 헤모시아닌을 생성한다.
(e) 내부 방어를 제공한다.

12. 림프는 (a) 간질액 (b) 혈장 (c) 혈장과 단백질 (d) 림프절에서 방출되는 액체 (e) 안지오텐신 에 의해 형성된다.

## 심화 학습문제

1. 심장으로 가는 신경이 잘렸을 경우, 심박동수가 약 분당 100회로 증가한다. 이러한 현상은 심박동수의 조절에 비추어 볼 때 무엇을 나타내는가?

2. 심혈관 질환의 유발과 관련 있는 변경 가능한 5개의 위험인자를 써라. 동맥경화증의 과정에 있는 질병을 쓰고, 동맥경화증과 허혈성 심질환사이의 관계에 대해 설명해 보라.

# 44

# 면역계: 내부방어

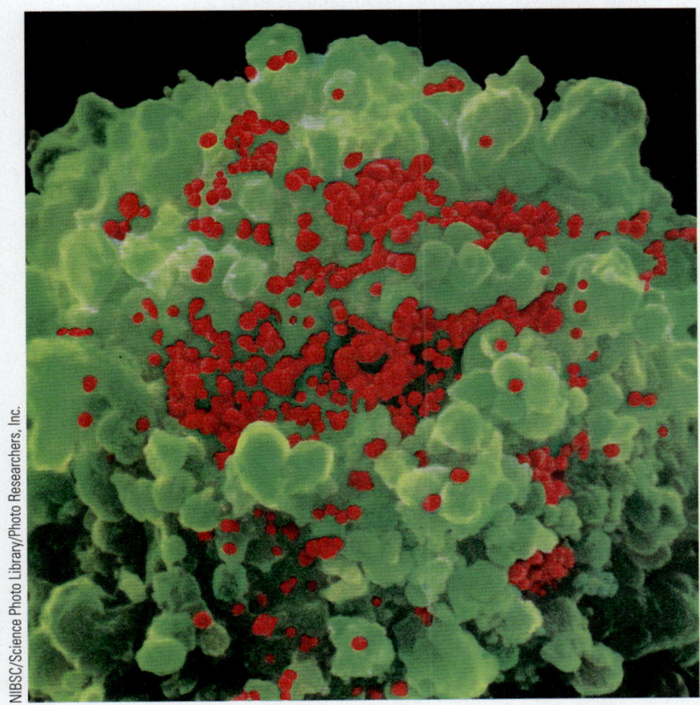

NIBSC/Science Photo Library/Photo Researchers, Inc.

**사람 면역결핍 바이러스(HIV)에 감염된 T세포.** 위의 컬러화된 주사전자현미경(SEM) 사진에서, 면역계의 T세포(녹색)가 HIV바이러스(붉은색)에 의해 감염되었다.

## 핵심 개념

비특이적 면역반응은 전반적으로 병원체, 일부 독성물질, 및 암세포에 대해 즉각적으로 보호한다.

특이적 면역반응은 체액성 면역과 세포성 면역을 포함한다.

세포성 면역은 특정 T세포가 활성화되며, 바이러스에 감염된 세포 또는 기타 병원체를 파괴시키는 단백질을 분비한다.

체액성 면역은 특정 B세포가 활성화되며, 증식하고 항체를 생산하는 형질세포로 분화한다.

때로는 면역계가 알레르기 반응과 같이 과민하게 반응을 나타내며, 자신의 조직에 대항하는 면역반응인 자가면역병을 야기한다.

**면역계(immune system)**는 공기, 음식물, 물 및 성교 시 그리고 상처받은 피부 등을 통해 체내로 침투한 **병원체(pathogen)**와 특정 독소를 인지하고 반응하여 그들을 제거하여 몸을 보호한다. 병원체는 일부 바이러스, 박테리아, 균류 및 원생동물 등이다. immune이란 "안전(safe)" 하다는 의미로서, 천연두와 기타 심각한 감염으로부터 회복된 사람은 다시 같은 질병에 걸리지 않으며, 안전하다는 의미이다.

때로 병원체가 신체의 내부방어를 극복하면, 질병에 걸린다. 일부의 질병 및 특정 유전자의 돌연변이는 면역 기능을 저해하거나 손상시킨다. HIV는 T세포를 감염시켜 AIDS를 유발한다(사진 참조).

면역계는 알레르기 반응에서와 같이 과도하게 반응하여, Rh 불일치성으로 인해 태아를 위험하게 하거나 이식조직을 파괴한다. 특정 면역반응은 자신의 조직에 대항하므로 자가면역병이 야기된다.

면역반응은 세포간의 소통 또는 **세포신호(cell signaling)**를 필요로 한다. 면역계의 세포는 직접 자기의 세포막 분자를 통해 소통하며, 간접적으로는 전령분자를 방출한다. 면역계의 복잡한 신호계를 이해하는 것이 면역학 연구의 주된 초점이다. 면역학자의 가장 큰 업적은 질병을 예방하는 백신개발과 성공적인 조직과 기관 이식술 개발이다. ■

## 44.1 비특이적 면역과 특이적 면역: 개요

### 학습목표

1 비특이적 면역반응과 특이적 면역반응을 구별한다.

2 척추동물과 무척추동물의 면역반응을 비교한다.

**면역반응**(immune response)은 2가지 유형인 비특이적과 특이적 면역반응이 있다(▮ 그림 44-1). **비특이적 면역반응**(nonspecific immune response)은 선천성 면역이라 하며, 대부분 병원체의 체내 침투를 막고, 빠르게 병원체를 파괴한다. 예를 들면, 피부는 병원체에 대한 방어막으로써 이의 침투를 저지한다. 또한 식세포 작용은 체내로 침투하는 세균을 파괴한다.

**특이적 면역반응**(specific immune response)은 후천성 면역반응(adaptive 또는 acquired immune response)이라 하며, 특정 거대분자에 매우 특이적이다. 면역계의 세포가 특이적으로 인지하는 외부 분자를 **항원**(antigen)이라 한다. 단백질은 가장 강력한 항원이며, 일부 다당류와 지질도 항원이 된다. 특이적 면역반응은 특정 항원에 의해 지시되며, 특정 항원을 인지하고 결합하는 매우 특수 단백질인 **항체**(antibody)를 생산한다. 특이적 면역반응은 **면역학적 기억**(immunological memory)에 의해, 재차 동일한 유해 분자가 체내로 침투하면 보다 효과적으로 반응한다.

### 44.1.1 면역계는 위험신호에 반응한다

내부방어는 *자기*(self)와 *비자기*(nonself)를 구별할 수 있는 동물의 능력에 달려있다. 동물세포는, 다른 종의 세포 또는 심지어 동종내의 다른 개체와는 다른 세포막 단백질을 갖고 있다. 한 동물의 면역계는 먼저 자신의 세포를 인지하고, 외부항원을 구별할 수 있다. 병원체 박테리아의 막은 10개~1,000개 이상의 특정 거대분자를 갖고 있다.

일반적으로 면역계는 무해한 외부분자에 대해서는 반응하지 않는다. **위험모델**(danger model)은 면역계가 직접 병원성 항원을 인지하는 것이 아니라, 손상된 조직의 세포막에서 분비된 단백질과 같은 위험신호에 반응한다는 가설이다. 즉, 내부방어는 외부분자를 동정하는 능력과 손상된 조직으로부터의 화학적 정보에 반응하는 능력 등, 복합적인 인자들에 달려있다.

### 44.1.2 무척추동물은 주로 비특이적 면역반응을 나타낸다

많은 무척추동물은 자기와 비자기 물질을 구별하는 능력을 갖고 있다. 해면동물의 세포는 세포표면에 특이 당단백질을 가지고 있어서, 그들 고유의 종을 인식할 수 있다. 자포동물(cnidarians) 역시 이식조직을 거부하며 이종조직을 파괴한다. 체강 내에 아메바성의 **식세포**(phagocyte)를 가지고 있는 무척추동물은 식세포작용을 통하여 박테리아 및 기타 이물질을 파괴시킨다. 연체동물에서, 혈액림프(혈액) 내의 구성성분들은 식세포작용을 증대시킨다.

모든 다세포성 개체(식물 포함)내에서 800여 종류의 **항균성 펩티드**(antimicrobial peptide)가 밝혀져 있으며, 이는 병원체를 불활성화 시키거나 사멸시킨다. 곤충에 항원을 주입하면, 많으면 15종류의 상이한 항균성 펩티드(10개 내외의 아미노산으로 구성)가

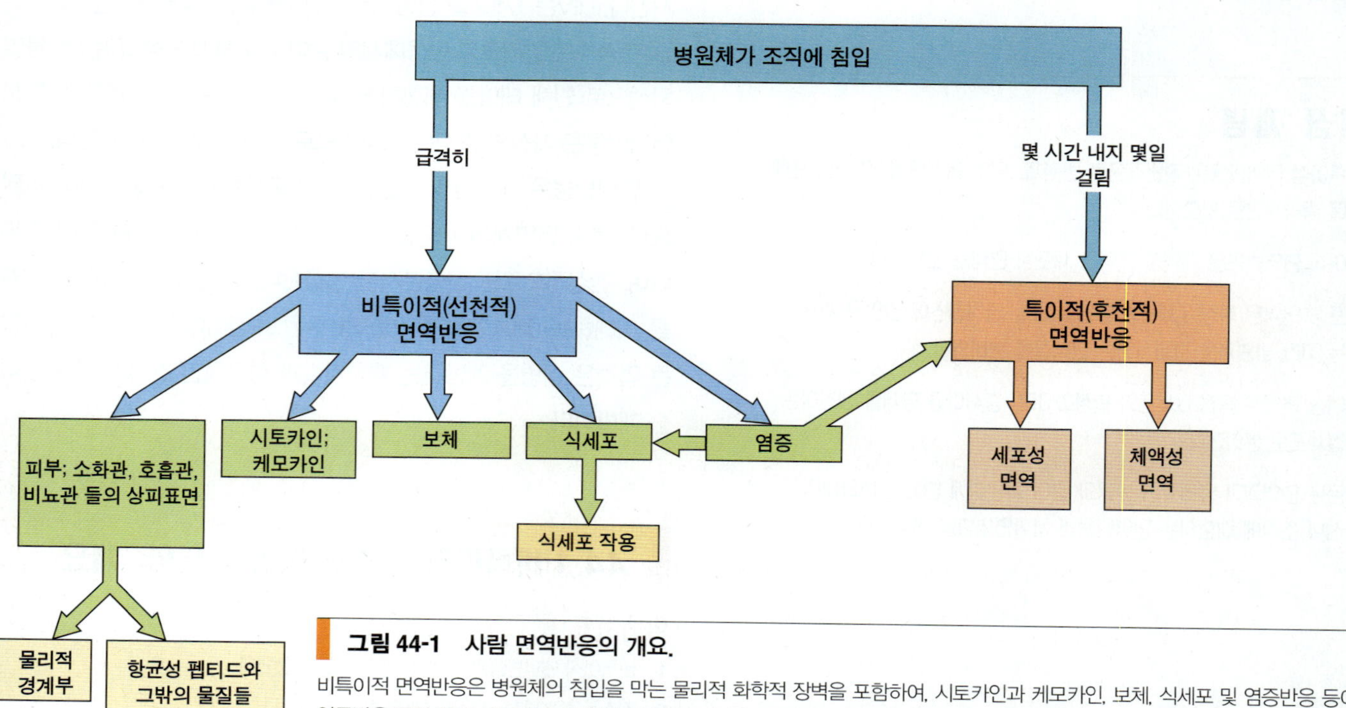


**그림 44-1 사람 면역반응의 개요.**

비특이적 면역반응은 병원체의 침입을 막는 물리적 화학적 장벽을 포함하여, 시토카인과 케모카인, 보체, 식세포 및 염증반응 등이 있다. 염증반응 동안 특정 세포들에 의해 분비된 시토카인은 세포성 면역과 체액성 면역과 같은 특이적 면역반응을 활성화시킨다.

수 시간 내에 생산되며 확산된다. 어떻게 동물은 항균성 펩티드와 기타 면역학적 방어물질을 생산할 수 있는가? 동물의 세포막은 특정 병원체의 분자형태를 인식할 수 있는 수용체를 갖고 있으며, 그 신호전달에 의해 항균성 펩티드를 생산한다.

### 44.1.3 척추동물은 비특이적 및 특이적 면역반응을 나타낸다

척추동물은 다양한 비특이적 면역반응을 수행한다. 특이적 면역반응을 수행하기 위해 특수화된 **림프구(lymphocyte)**와 림프절을 포함하는 림프계는 척추동물인 악구류에서 처음 진화 되었다.

**복습**

- 비특이적 면역반응과 다른 특이적 면역반응의 2가지 주된 방법은 무엇인가?
- 척추동물의 면역반응은 무척추동물의 반응과 어떻게 다른가?

## 44.2 비특이적 방어반응

**학습목표**

3 물리적 · 화학적 장벽, Toll-유사 수용체, 식세포와 자연살해세포의 활성, 시토카인과 보체계 구성 단백질, 염증반응을 포함한 비특이적 면역반응을 이해한다.

물리 · 화학적 장벽은 대부분의 병원체가 신체 내로 침입하는 것을 차단한다. 동물의 첫 방어선은 외부 환경과 접하고 있는 표피이다. 음식물로부터 들어온 미생물은 화학적 장벽인 위의 산과 효소에 의해 주로 파괴된다. 또한 포유동물을 포함한 많은 동물의 피부상피에서 생산된 펩티드인 **디펜신(defensin)**은 화학적 장벽이다. 타액에서 발견되는 디펜신은 다양한 박테리아와 균류를 죽인다.

흡입공기를 통해 체내로 들어온 병원체는 코털에 의해 여과되거나 호흡기 통로에 위치한 점액에 일단 걸리게 되면 식세포에 의해 파괴된다. 점액은 화학적으로 침입자를 파괴하는 뮤신(mucin)을 함유하고 있다. 수많은 조직과 눈물 및 기타 체액에는 **리소자임(lysozyme)**이 존재하며, 그람-양성 박테리아의 세포벽을 공격한다.

만약 병원체가 외부장벽을 돌파하게 되면, 그들의 화학적 특성은 기타 비특이적 방어반응을 활성화시켜 침입자를 항상 신속히 제거한다. 비특이적 면역반응은 식세포 및 기타 특정 세포의 수용체 단백질인 **Toll-유사 수용체(Toll-like receptors)**에 의해 활성화된다. Toll-유사 수용체는 병원체-연관 분자양상들(**pathogen-associated molecular patterns; PAMPs)**을 인식한다. PAMPs의 예로, 특정 바이러스의 이중나선 RNA와 그람 양성균의 펩티도글리칸(peptidoglycan) 등이 있다. PAMPs에 의해 활성화되면, Toll-유사 수용체는 식세포를 활성화 시킨다.

비특이적 면역반응은 식세포와 자연살해세포를 포함한 여러 가지 세포의 활성에 달려있으며, 또한 시토카인과 보체계 단백질을 포함한 수많은 분자가 내포된다. 이러한 세포의 활성과 분자의 농도는 비특이적 면역반응의 주된 특성인 염증반응을 나타낸다.

### 44.2.1 식세포와 자연살해세포는 병원체를 파괴한다

백혈구 세포의 가장 일반적 형태인 **호중구(neutrophil)**와 대식세포는 체내의 주된 식세포이다. 호중성구는 20개 정도의 박테리아를 식세포작용한 다음 죽는다.

**대식세포(macrophage)**는 단핵구로부터 발달하며, 살아있는 동안 약 100개의 박테리아를 식세포작용 한다(**그림 44-2**). 일부 대식세포는 신체조직을 돌아다니며, 손상된 세포나 박테리아를 포함한 이물질을 식세포작용하거나 항바이러스 물질을 방출한다. 기타 대식세포는 한 곳에 머물면서 지나가는 박테리아를 파괴한다. 예를 들면, 허파의 공기주머니는 많은 수의 대식세포가 있으며 흡입공기를 통해 들어온 이물질을 파괴한다.

척추동물의 대식세포는 특정 PAMPs를 인식하는 Toll-유사 수용체를 갖고 있으며, 시토카인을 생산하여 반응한다. 예를 들면, 그람-음성 세균의 리포다당류에 자극을 받으면, 대식세포는 염증반응을 증가시키는 분자를 방출한다.

박테리아는 식세포의 공격을 저지할 수 있는가? 일부 박테리아는 세포벽 또는 캡슐을 가지고 있어서 리소자임 효소의 작용에 대해 저항한다. 식세포의 리소좀 막을 파괴하는 효소를 방출하는 박테리아도 존재한다. 강력한 리소좀 효소는 세포질 내로 유출되어 결국 식세포는 파괴될 수도 있다.

**자연살해세포(natural killer cells; NK세포)**는 크며 과립성 림프구로서 골수에서 기원하며, 순환하는 림프구의 약 10%를 차지한다. NK세포는 암세포와 일부 형태의 바이러스에 감염된 세포에 활성을 나타낸다. NK세포는 특이적(항체 매개) 및 비특이적 과정을 통해 표적세포를 파괴한다. NK세포는 시토카인 뿐만 아니라 표적세포를 파괴하는 **퍼포린(perforin)**과 **그랜자임(granzyme)** 효소를 방출한다. 퍼포린은 표적세포의 원형질막에 구멍을 만들어 그랜자임이 세포내로 들어가게 한다. 그랜자임은 **세포자살(apoptosis)**에 의해 세포의 파괴를 야기하는 계단식 반응을 활성화 시킨다. NK세포의 활성은 여러 가지 시토카인에 의해 촉진된

**그림 44-2 식세포작용.**

주사현미경 사진의 대식세포는 효과적인 전사이다.

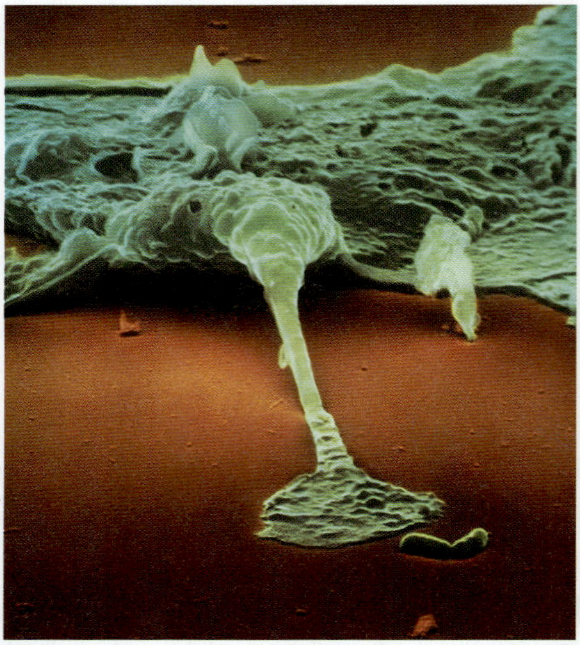


Lennart Nilsson, Boehringer Ingelheim International GmbH

**(a)** 체내에 침입하여 이미 증식하는 대장균을 향해 위족을 뻗고 있는 대식세포.

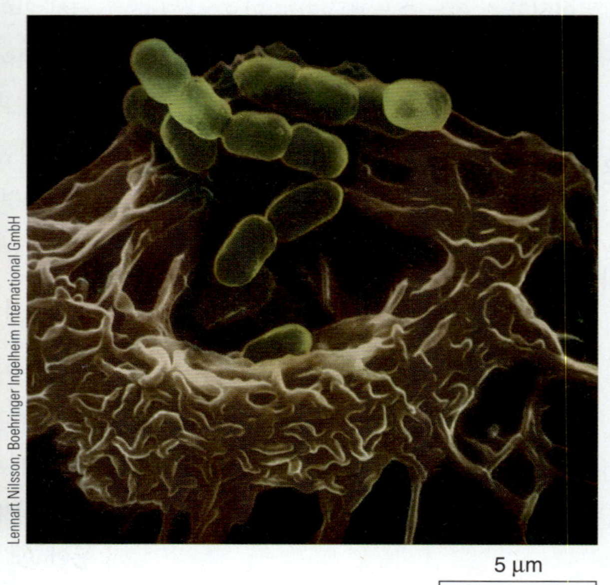


Lennart Nilsson, Boehringer Ingelheim International GmbH

**(c)** 대식세포는 덫에 걸린 세균을 자신의 원형질막을 통해 유입시킨다. 대식세포의 원형질막이 세균 전체를 덮고 강력한 리소좀 효소는 세균을 파괴한다.

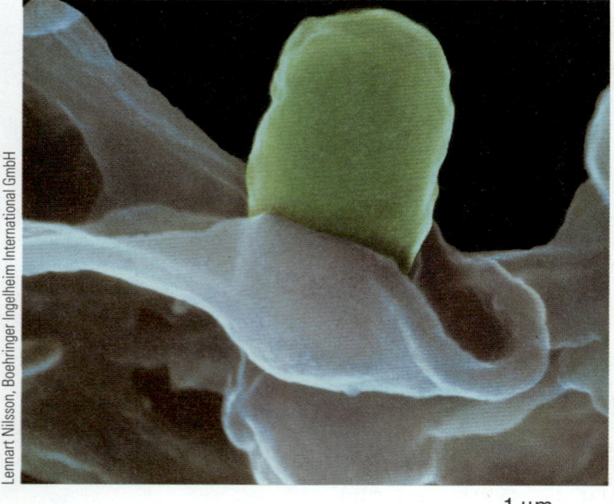


Lennart Nilsson, Boehringer Ingelheim International GmbH

**(b)** 위족의 덫에 걸린 세균.

다. NK세포의 수가 많아지게 되면 일부 암에 대한 저항성이 높아진다. 심리적 스트레스는 NK세포의 활성을 감소시켜, 암세포의 성장이 증가되는 것으로 생각된다.

## 44.2.2 시토카인과 보체는 면역반응을 매개한다

면역계의 세포는 수많은 조절성 및 항균성 펩티드와 단백질을 분비한다. 비특이적 방어계의 중요한 용해성 분자 그룹은 시토카인과 보체이다.

### (1) 시토카인은 중요한 신호분자이다

**시토카인(cytokine)**은 비특이적 및 특이적 면역반응이 일어나는 동안 신호전달자로 작용한다. 예를 들면, 대식세포와 같은 비특이적 세포에서 생산된 시토카인은 특이적 면역반응에 관여하는 림프구를 활성화시킬 수 있다.

시토카인은 면역반응의 강도 및 기간의 조절을 돕는다. 또한 세포의 증식과 치료 및 활성과 같은 수많은 생물학적 과정을 조절하는 중요한 역할을 수행한다. 시토카인은 표적세포의 특이적 세포막 수용체와 결합한다. 시토카인은 자가분비제(autocrine agent) 및 인접분비제(paracrine agent)로 작용할 수 있다(48장 참조). 대량으로 생산되면, 일부 시토카인은 내분비제로 작용하여, 혈액을 순환하여 먼 곳의 조직에게 영향을 미친다. 3가지 그룹의 대표적인 시토카인에는 인터페론, 종양괴사인자, 인터류킨 및 케모카인 등이 있다.

바이러스 또는 기타 세포내 기생충에 감염되면, 특정 세포는 **인터페론(interferon; IFN)**을 분비하여 반응한다. Type I 인터페론은 대식세포 또는 섬유아세포에서 만들어진다. Type I 인터페론은 바이러스의 증식과 세포감염을 저해하며, 항바이러스 작용을 갖는 자연살해세포를 활성화 시킨다. Type II 인터페론은 면역세포의 활성을 증폭시키며, 또한 대식세포를 자극하여 암세포 및 바이러스에 감염된 숙주세포를 파괴한다.

**종양괴사인자(Tumor necrosis factor; TNF)**는 대식세포와 T 림프구에서 분비된다. TNF는 면역세포를 자극하여 염증반응을 개시하며, 암세포를 죽일 수 있어 암환자의 면역치료를 가능케 하고 있다. 때로는 *Salmonellatyphi*와 같은 그람-음성 박테리아에 감염되면, 다량의 TNF와 기타 시토카인이 방출되어, 고열과 순환계의 비정상적 기능을 동반한 치사상태인 패혈증성 쇼크가 유발된다. 따라서 시토카인은 때로는 해로운 효과를 나타낸다.

**인터류킨(interleukin)**은 주로 대식세포와 림프구에서 분비되어 림프구와 체내의 기타 세포 사이의 상호작용을 조절한다. 인터류킨-1(IL-1)은 TNF와 함께 작용하여 염증을 매개하며, IL-2는 NK 세포와 T세포를 자극하여 인터페론 감마(IFN-gamma)를 생산하게 한다. 일부 인터류킨은 광범위의 효과를 나타낸다. 예를 들면, 감염기간 동안 IL-1은 시상하부내의 체온조절 장치를 재조정하여 **발열(heat)**과 이에 따른 증상을 수반하게 된다.

**케모카인(chemokine)**은 면역계의 다양한 세포를 유도하고, 활성화 시키며 이동을 지시한다. 일부 케모카인은 감염에 반응하여 생산되며, 염증반응의 주된 중개자역할을 한다.

### (2) 보체는 병원체를 파괴한다

**보체(complement)**는 혈장과 기타 체액에 존재하는 20여 종의 단백질로 구성된다. 일반적으로 보체단백질은 불활성 상태로 존재하지만, 일부 병원체 및 항원-항체 결합은 보체계를 활성화 시킨다. 식세포에 의해 생산된 시토카인 또한 보체를 활성화시켜, 병원체를 파괴한다. 활성화된 보체단백질은 4가지 비특이적 작용을 수행한다. (1) 병원체의 세포벽을 분해한다. (2) 식세포의 식세포작용을 촉진한다. (3) 백혈구를 감염부위로 모이도록 유인한다. (4) 면역계의 특이 수용체와 결합하여, 조절물질을 방출하여 염증반응을 증가시킨다.

## 44.2.3 염증반응은 보호반응이다

**염증반응(inflammatory response; inflammation)**은 병원체의 침입 또는 육체적 손상 후 즉시 일어난다(**그림 44-3**). 조직손상은 혈장내의 응고인자를 활성화 시킨다. 응고인자는 분자적 계단식 정보전달을 개시하여 혈관확장과 모세혈관의 투과성을 증가시키는 브라디키닌(bradykinin)과 같은 펩티드를 생산한다. 염증반응은 또한 보체계를 활성화 시킨다.

염증조직으로 이동한 호중성구는 케모카인을 포함한 시토카인들을 분비한다. 대식세포와 **비만세포(mast cell)**도 역시 감염 또는 손상된 조직에 대해 신속히 반응하게 된다. 비만세포는 손상 또는 감염 부위내의 혈관확장과 모세혈관의 투과성을 증가시키는 **히스타민(histamine)**, 시토카인, 및 기타 화합물을 방출한다. 비만세포와 대식세포는 호중성구를 유인하며 추가적으로 이들을 활성화시키는 신호분자를 방출한다. 차례로, 호중성구는 림프구를 유인하는 신호를 보낸다.

염증의 임상적인 특징은 발열(heat), 발적(redness), 부종(edema) 및 통증(pain)이다. 염증반응의 3가지 주요한 과정은 혈관확장, 모세혈관의 투과성 증가 및 식세포 작용 증가이다.

비록 염증반응은 주로 국부적인 반응으로써 시작하지만, 때로는 몸 전체가 관련된다. 발열은 염증반응의 흔한 증상이며, 일부 미생물의 복제와 성장을 방해하며 식세포작용을 증가시킨다. 발

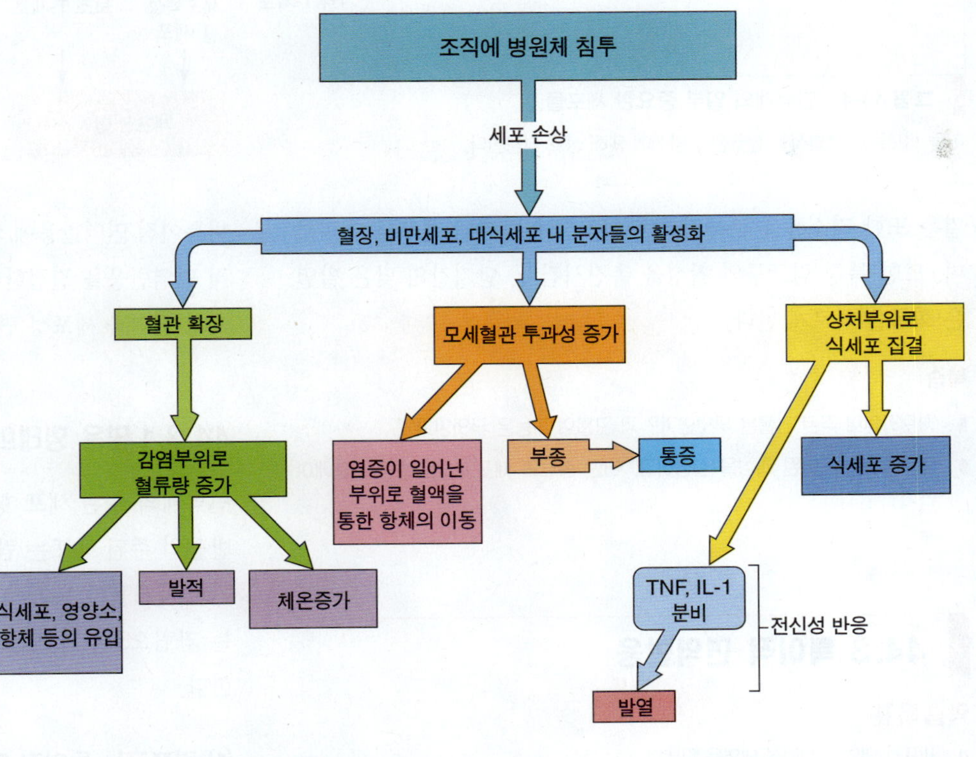


**그림 44-3** 염증반응.

**요점**

면역계의 2가지 주 세포군은 림프구(T-세포와 B-세포)와 항원표출세포(대식세포와 수지상 세포)이다.

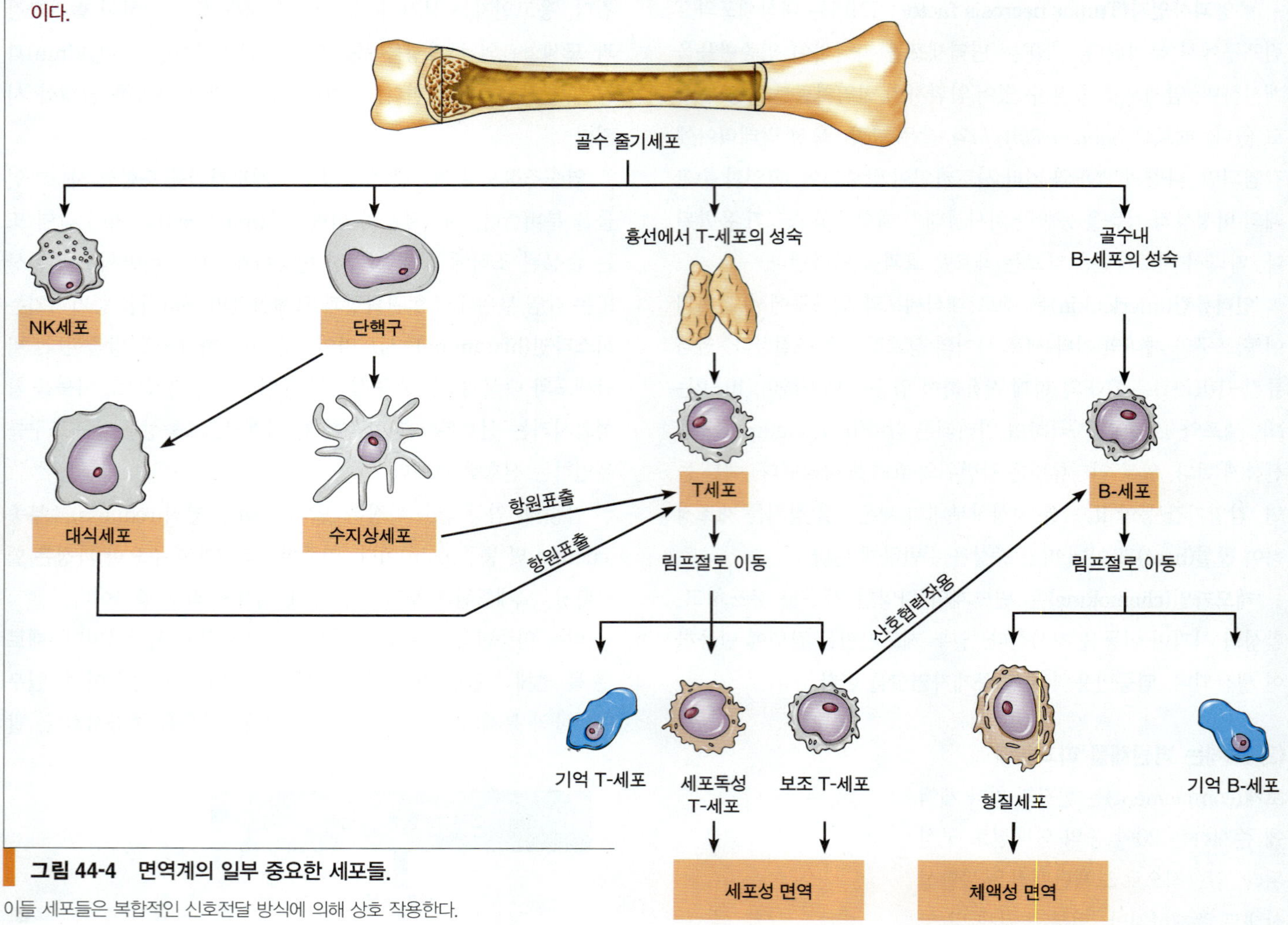

**그림 44-4 면역계의 일부 중요한 세포들.**

이들 세포들은 복합적인 신호전달 방식에 의해 상호 작용한다.

열은 또한 리소좀을 분해시켜 바이러스에 감염된 세포를 파괴하며, 또한 특정 림프구의 활성을 촉진시킨다. 단기간의 낮은 발열은 회복을 빠르게 한다.

**복습**

- 시토카인의 주된 그룹은 무엇인가? 각 그룹의 기능은 무엇인가?
- 염증반응에 포함된 과정을 설명하고, 어떤 종류의 세포가 염증반응을 매개하는가?

## 44.3 특이적 면역반응

**학습목표**

4 세포성 면역과 체액성 면역을 구별한다.

5 주요한 면역계 세포를 기술하고, 주조직적합성 복합체의 기능을 요약할 수 있다.

비특이적 면역반응에 의해 감염의 확산을 막는 동안, 신체는 특이적 면역반응을 결집한다. 특이적 면역의 2가지 주된 형태에는 체액성 면역과 세포성 면역이 있다.

### 44.3.1 많은 형태의 세포가 특이적 면역에 관계한다

면역계의 주된 세포 형태를 나타낸다(**그림 44-4**). 특이적 면역반응의 주된 세포는 림프구와 항원제공세포이다. 식세포와 많은 기타 세포들도 특이적 면역반응에 참여한다. **호산구(eosinophil)**는 과립으로부터 시토카인과 기생충을 파괴시키는 독소를 방출한다.

#### (1) 림프구는 특이적 면역반응의 주된 전사이다

림프구의 주된 3가지 형은 T림프구, B림프구 및 NK세포이다.

NK 세포는 바이러스에 감염된 세포와 암세포를 죽인다. **T림프구**(T lymphocyte; 또는 **T세포**)는 **세포성 면역**(cell-mediated immunity)을 담당한다. T세포는 감염부위로 이동하여 침입한 병원체에 감염된 세포뿐만 아니라, 이식조직 또는 기관의 외부세포를 공격한다. T세포는 또한 돌연변이에 의해 변형된 세포인 암세포를 파괴한다.

**B 림프구**(B lymphocyte 또는 **B세포**)는 **체액성 면역**(antibody-mediated immunity)을 담당한다. B세포는 성숙하여 특이 항체를 생산하는 **형질세포**(plasma cell)가 된다. 항체는 특이항원과 결합하여 그들을 중화시키거나 파괴될 수 있도록 표시를 한다.

모든 림프구는 골수내의 줄기세포로부터 발생한다. B세포는 성체의 골수에서 발달이 완성된다. T세포는 **흉선**(thymus gland)에서 성숙한다. 많은 수의 성숙한 림프구는 비장, 림프절, 편도선 및 기타 림프조직을 포함하는 2차 림프기관에 머물러 있다.

매일 수백만 개의 B세포가 골수에서 만들어진다. B세포는 수용체와 결합한 항원과 접촉하게 되면 활성화된다. 특정 T세포에 의해 활성화되면, B세포는 빠르게 분열하여 동일한 세포들인 클론을 형성하며 분화하여 특정 항체를 생산하는 형질세포가 된다. 하나의 형질세포는 시간당 천만 개 이상의 항체를 생산할 수 있다. 항체는 원래 B세포를 활성화시킨 항원과 결합한다. 일부 활성화된 B세포는 형질세포로 되지 않고, 대신 **기억 B세포**(memory B cell)가 된다. 기억 B세포는 감염이 극복된 후에도 소량의 항체를 지속적으로 생산한다.

골수에서 림프조직으로 이동하는 동안 T세포는 흉선에서 변화되어, 면역능력을 갖는 세포가 되며, 특이 세포막 수용체가 발달하고, 이 세포만 선택적으로 분열한다. 이와 같은 형태를 양성 선택(positive selection)이라 한다.

자기 항원과 반응한 T세포는 세포자살된다. 이러한 형태를 음성 선택(negative selection)이라 한다. 90% 이상의 발달중인 T세포는 음성 선택되며, 나머지 T세포는 분화하여 흉선을 떠나 여러 부위의 림프조직에 정착하거나 또는 감염조직에 대하여 면역반응을 개시한다. 단지 적합한 T세포를 선택함으로써, 흉선은 T세포가 체내의 자기 항원과 이물질 항원을 구별할 수 있도록 보증한다.

흉선 내에서 대부분 T세포는 출생 바로 직전과 출생 후 첫 몇 달 동안 분화한다. 만약 분화 전에 흉선이 제거되면, 세포성 면역은 발달할 수 없으며, 만약 분화 후에 제거되면, 세포성 면역은 덜 심각하게 손상된다.

T세포는 특이 항원을 인식하게 하는 **T-세포 수용체**(T-cell receptor; TCR)에 의해 구별된다. 2가지주요한 형태의 T세포 집단인 세포독성 T세포와 보조 T세포는 흉선에서 발달된다. **세포독성 T세포**(T cytotoxic($T_C$) cell)는 원형질막에 CD8이라 불리는 당단백질을 갖고 있기 때문에 CD8 세포로 알려져 있다. 세포독성 T세포는 세포막에 외부항원을 갖고 있는 세포를 인지하여 파괴한다. 이들의 표적세포로는 바이러스에 감염된 세포, 암세포 및 외부 이식조직이 포함된다.

**보조 T세포**(T helper ($T_H$) cell)는 CD4 세포로도 알려져 있으며, 조절 세포이다. 이들은 B세포와 대식세포를 활성화 시키는 시토카인을 분비한다. 감염 후, 세포독성과 보조 및 **기억 T세포**(memory T cell)는 체내에 남게 된다.

### (2) 항원표출세포는 보조 T세포를 활성화 시킨다

대식세포, 수지상세포 및 B세포는 **항원표출세포**(antigen-presenting cells; APCs)로써, 외부항원뿐만 아니라 그들 고유의 세포막 단백질을 세포막에 제시한다. 항원표출세포는 패턴 인식 수용체가 병원체의 PAMPs를 인지하게 되면 활성화 된다. 일단 활성화되면, 항원표출세포는 병원체를 삼키고, 전부는 아니지만 대부분 박테리아의 항원은 리소좀 효소에 의해 분해된다. 외부 항원의 단편은 고유 형태의 자기분자(class II MHC)와 결합되어 있으며, 이는 결국 항원표출세포의 세포막에 함께 제시된다. 활성화된 항원표출세포는 제시된 항원과 함께 추가적인 신호분자인 **보조-촉진분자**(co-stimulatory molecules)를 발현한다. 항원표출세포는 T세포에게 항원을 제공한다.

대식세포는 박테리아에 의해 자극받게 되면, B세포와 특정 T세포를 활성화시키는 인터류킨을 분비하여 발열과 같은 비특이적 면역반응을 촉진 시킨다.

**수지상세포**(dendritic cell)의 이름은 신경세포의 수상돌기와 같이 긴 세포질돌기 때문에 유래되었다. 대식세포와 같이 수지상세포는 단핵구로부터 발달한다. 수지상세포는 전략적으로 피부, 소화기, 호흡기, 비뇨기계 및 질 통로와 같은 환경과 접촉하고 있는 신체내의 모든 조직에 위치한다.

병원체가 조직을 감염시키면, 수지상세포는 PAMPs에 의해 활성화되며 식세포작용 또는 수용체-매개에 의한 세포내섭취(endocytosis) 작용에 의해 병원체 또는 그들의 생산물을 포획한다. 림프절과 림프관내에서 발현되는 케모카인의 안내에 따라, 수지상세포는 림프절로 이동하며, 성숙하게 된다. 대식세포와 같이 수지상세포는 항원을 분해하여 그 단편들을 이들의 세포막에 제시한다. 항원제시와 함께 보조-촉진 분자들은 항원에 반응할 수 있는 특이 T세포를 유인하고 활성화시킨다. 따라서 수지상세포는 T세포에게 항원의 운반과 분해 및 이를 제공하기 위해 특수화되어 있다.

### 44.3.2 주조직적합성 복합체는 자기를인식한다

척추동물의 면역계는 대개 세포막 단백질군인 **주조직적합성 복합체(major histocompatibility complex; MHC)**에 의해 자기와 비자기를 구별할 수 있다. 사람의 경우, MHC는 **HLA 항원(human leukocyte antigen)** 군이라 불리며, 이 유전자는 유전적 다형성을 갖는다. 집단 내에서, 각 MHC 유전자 좌에 수많은 대립유전자를 갖게 되며, 때로는 40개 이상의 대립유전자를 갖기 때문에, 각 개인은 일반적으로 다르게 암호화된 세포막 단백질을 갖게 된다. 수많은 가능한 조합에 의해, 일란성 쌍둥이를 제외한 두 사람은 세포막에 동일한 MHC 단백질을 갖고 있지 않다. 보다 가까운 두 친척은, 공통의 MHC 유전자를 갖게 된다. 각 개인의 MHC 단백질은 생화학적인 지문이라 할 수 있다.

MHC 유전자는 화학적 구조, 기능 및 조직분포도에서 차이가 있는 MHC 항원(MHC antigen) 또는 자기-항원을 암호화한다. 제1군(class I MHC)은 대부분의 유핵세포에서 발견되며 자기와 비자기를 구별한다. 이들은 바이러스 또는 외부세포(외부 이식조직)에 의해 생산된 외부항원과 결합하며, 외부항원-MHC 복합체는 세포막에 제시되어 세포독성 T세포에 인식된다.

제2군(class II MHC)은 주로 B세포, 대식세포 및 수지상세포에서 발현된다. 외부항원과 결합한 MHC 항원은 보조 T세포를 자극한다. 제3군(class III MHC)은 TNF와 보체계의 구성성분을 내포한다.

**복습**

- 세포성 면역과 체액성 면역의 차이점은?
- 2가지 형태인 항원표출세포의 기능은 무엇인가?
- 중요한 2가지 T세포는 무엇이며, B세포의 기능은 무엇인가?

## 44.4 세포성 면역

**학습목표**

6 세포성 면역을 순차적으로 기술할 수 있다.

T세포와 APCs(수지상세포와 대식세포)는 세포성 면역에 관여한다(**그림 44-5**). T세포는 바이러스에 감염된 세포, 암세포 및 외

**요점**

세포독성 T-세포(TC)와 항원표출세포(APC)들이 세포성 면역을 담당한다.

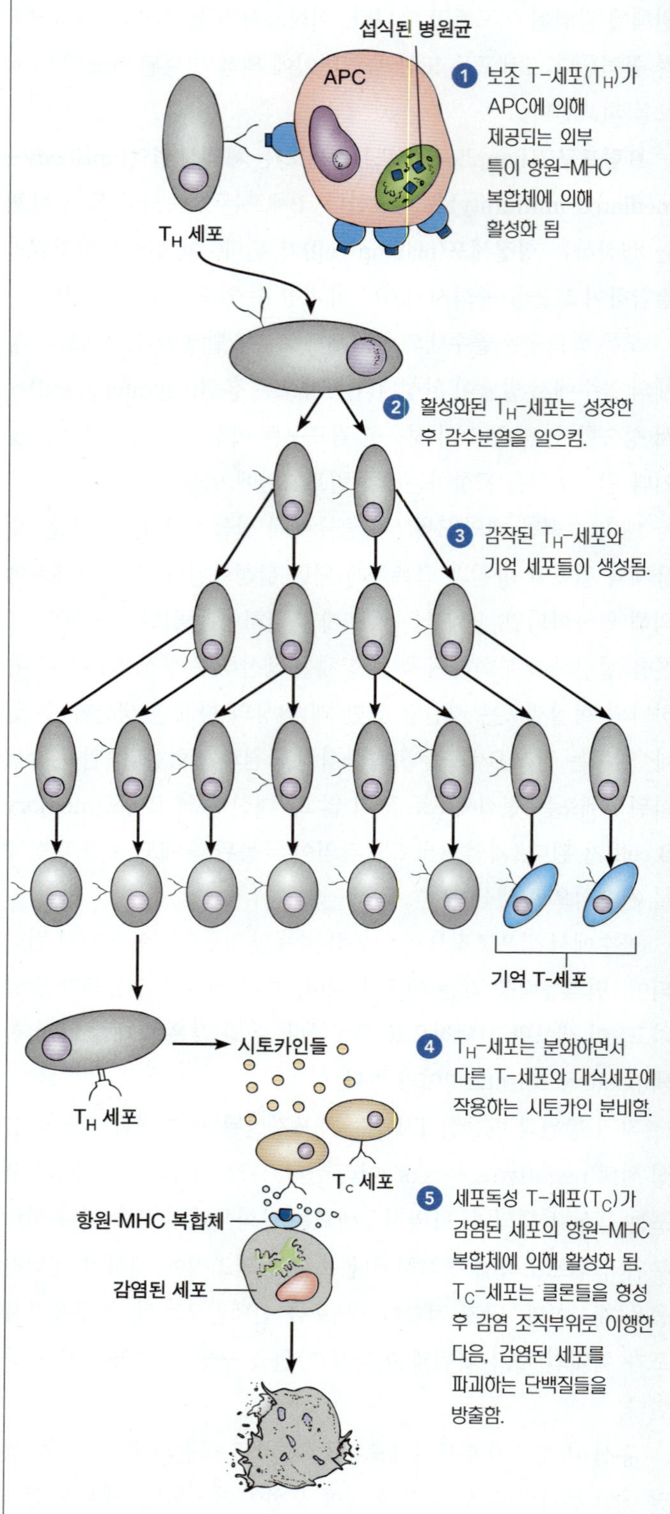


**그림 44-5** 세포성 면역.

부 이식조직을 파괴한다. 세포독성 T세포는 특정 형태의 항원과 결합하는 5만개 이상의 동일한 수용체(T-cell receptors; TcR)을 갖고 있다. 세포독성 T세포는 외부항원-제1군 MHC 복합체로 제시된 항원을 인지한다.

어떻게 T세포는 표적세포를 알 수 있는가? T세포의 수용체는 수지상세포의 세포막에 적절히 제시된 제1군 MHC와 결합된 항원을 인식하고 활성화된다. 대략, 만개의 T세포 중 1개 미만의 세포만이 동일한 항원과 특이성을 갖고 있으며 반응한다. 세포독성 T세포의 활성은 항원제시와 함께, 적어도 2가지 보조-촉진 신호와 인터류킨 신호를 필요로 한다.

일단 활성화되면, 세포독성 T세포는 크기가 커지고 수많은 세포독성 T세포 클론이 된다. 활성화된 세포독성 T세포는 세포성 보병을 구성하는 효과세포로써, 림프절을 떠나 감염부위로 향하며, 표적세포의 세포막에 존재하는 항원과 접촉한지 수초 내에 표적세포를 파괴한다. 세포독성 T세포는 표적세포의 원형질막에 구멍을 내는 퍼포린과 그랜자임을 분비하여, 표적세포의 세포자살을 유도한다. 세포독성 물질을 방출한 후, T세포는 새로운 표적을 찾게 된다.

세포성 면역의 요약 순서는 다음과 같다:

**신체 세포내 바이러스 침입 ⟶ 감염된 세포 표면에 외부항원-MHC class I 복합체 제시 ⟶ 복합체에 의한 특정 세포독성 T세포의 활성화 ⟶ 세포독성 T세포의 클론 생산 ⟶ 감염부위로 세포독성 T세포의 이동 ⟶ 세포독성 T세포는 표적세포의 파괴를 촉진하는 단백질 방출**

보조 T세포는 외부항원-제2군 MHC 복합체로 제시된 항원을 인지한다. 활성화된 보조 T세포는 보조 T세포 클론이 된다. 일부 보조 T세포는 감염부위로 대식세포를 유인하여 세포내 병원체의 파괴를 촉진한다. 다른 기능은, 주로 체액성 면역을 촉진한다.

**복습**

- 세포성 면역에서, 세포독성 T세포의 기능은?
- 세포성 면역에서, 보조 T세포의 기능은?

## 44.5 체액성 면역

**학습목표**

**7** 병원체에서의 항원-항체 복합체의 효과를 포함한 체액성 면역을 순차적으로 요약한다.

**8** 항체의 기본구조와 기능과 항체 다양성의 원리를 이해한다.

B세포는 체액성면역을 담당한다. 정해진 B세포는 한가지의 특이 항체를 수없이 생산한다. 항체분자는 항원과 결합할 수 있는 세포막 수용체로서 작용한다. 단지 하나의 B세포는 특정 항원과 결합할 수 있는 수용체를 세포막에 제시한다. B세포 내부에서 항

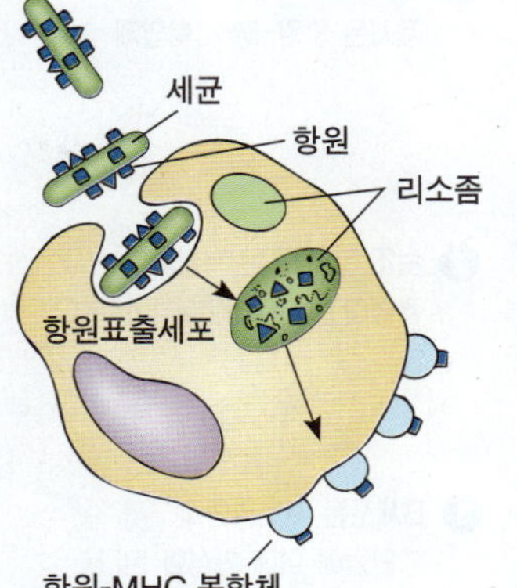


**1a** 항원표출세포(APC)가 세균을 탐식하여 분해시킨 후, 분해된 외부 항원조각을 주조직적합성 복합체 II(MHC II)와 결합하여 그 세포막 표면에 제시한다.

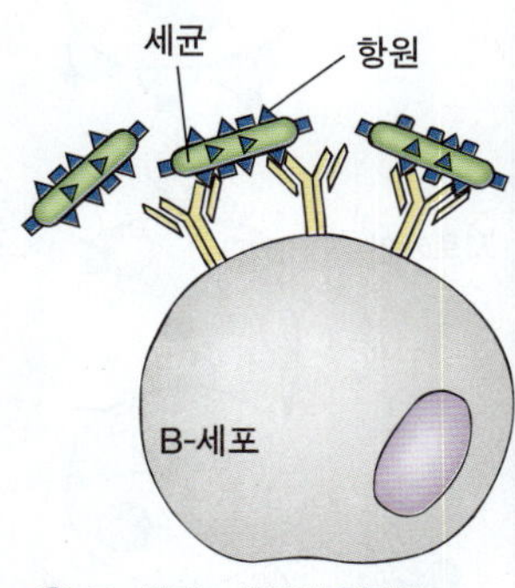


**1b** B-세포는 세균의 표면에 존재하는 외부 항원과 독자적으로 결합한다. 그러나 B-세포는 보조 T-세포의 자극이 오기 전까지는 독자적으로 활성화되지 않는다.

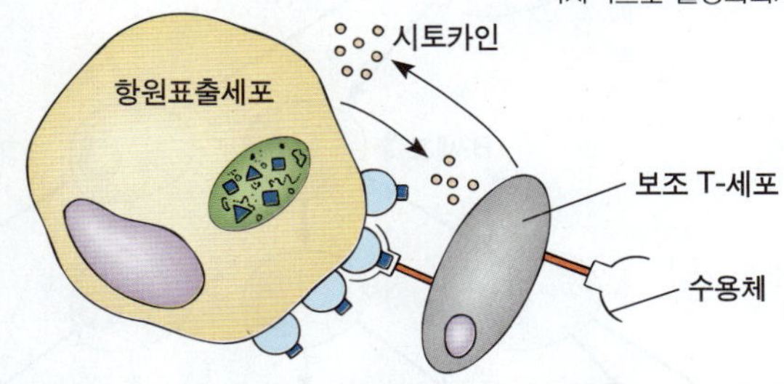


**2** 보조 T-세포는 그 수용체가 APC가 제시하는 외부 항원-MHC복합체와 결합한 후 활성화된다. 2종류의 세포들로부터 분비되는 시토카인들을 통해 신호계가 작동한다.

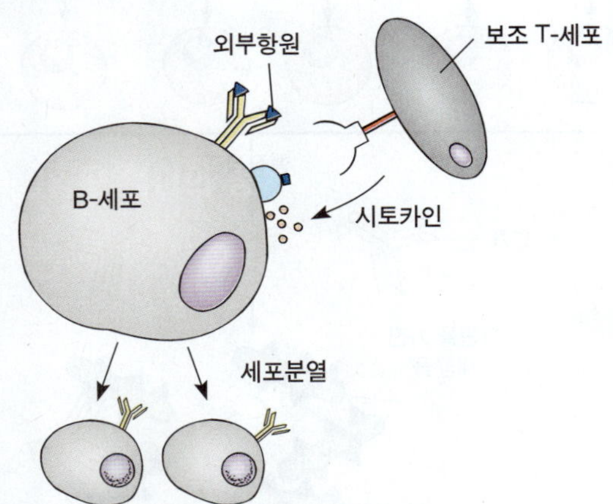


**3** 활성화된 보조 T-세포는 B-세포 세포막에 제시된 항원-MHC 복합체를 인식한다. 보조 T-세포는 B-세포를 활성화 시키는 시토카인을 분비한다. 그 후 활성화된 B-세포는 세포분열을 개시하며, 그 항원에 대한 항체를 생산하는 클론세포들을 만든다.

**그림 44-6 B-세포의 활성화.**

원은 펩티드 단편으로 분해되어, 제2군 MHC II와 함께 세포막에 제시된다.

대부분의 경우, B세포의 활성은 항원표출세포와 보조 T세포에 의해 이루어진다(그림 44-6). 보조 T세포는 B세포의 분열과 항체생산을 자극한다. 보조 T세포의 수용체는 단독으로 존재하는 항원을 인식할 수 없지만, 항원표출세포의 세포막에 제시된 제2군 MHC와 복합체를 이룬 항원을 인식한다. 다양한 화학적 신호가 세포 사이에서 주고받는다. 예를 들면, 항원표출세포는 보조 T세포를 활성화 시키는 IL-1을 분비한다.

B세포는 T세포에게 항원표출세포로 작용한다. 활성화된 보조 T세포는, B세포 세포막에 존재하는 외부항원-MHC 복합체와 결합한다. 활성화된 보조 T세포는 시토카인을 방출하며 B세포를 활성화시킨다.

일단 활성화되면 B세포는 유사분열에 의해 커지며 동일한 세포클론이 된다(그림 44-7). 특정 항원에 반응한 B세포의 세포분열을 *클론 선택*(clonal selection)이라 한다. 클론성 B세포는 성숙하여 특정항원에 대한 항체를 분비하는 형질세포가 된다. 각 클론의 B세포는, 고유한 B세포를 활성화 시킨 특정 항원에 대한, 특수

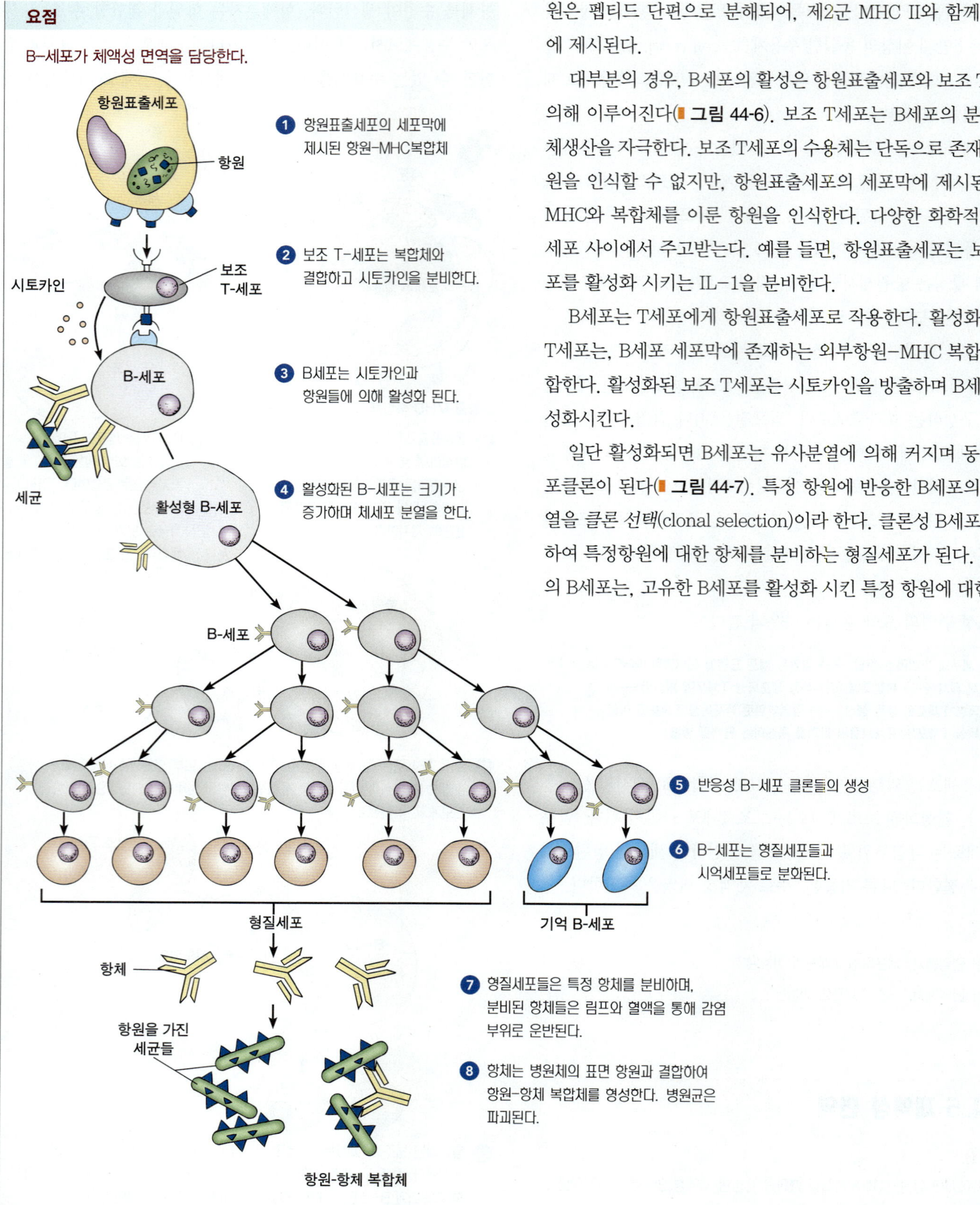


**그림 44-7 체액성 면역.**

특정 항원이 B세포 표면의 면역글로불린 수용체와 결합하면, 특정 B세포가 활성화된다. 일반적으로, B세포는 근처의 보조 T세포에서 분비된 시토카인 자극을 필요로 하며, 일단 활성화되면 분열하여 B-세포 클론들이 되고, 이들은 분화하여 항체를 생산하는 형질세포가 된다. 형질세포는 림프조직에 남아있지만 항체는 혈액이나 림프를 통해 감염부위로 운반된다. 감염이 극복되면, 기억 B세포는 조직에 남는다.

화된 항체를 생산한다. 중요한 점은, 클론의 특이성은 B세포가 항원을 만나기도 전에 이미 결정되어 있다는 점이다.

T세포와 달리, 대부분의 형질세포는 림프절을 떠나지 않는다. 단지 분비된 항체만이 림프조직을 빠져나와 림프와 혈액을 통해 감염부위로 이동한다. 분비된 항체는 수용성의 당단백질로써 활성화된 B세포의 수용체이다.

체액성 면역의 요약 순서는 다음과 같다.

**신체 내 병원체 침입 ⟶ APC의 병원체 식작용 ⟶ APC 표면에 외부항원-MHC 복합체 제시 ⟶ 보조 T세포는 외부항원-MHC 복합체와 결합 ⟶ 활성화된 보조 T세포는 동일한 항원을 제시한 B세포와 상호작용 ⟶ B세포의 활성화 ⟶ B세포 클론 ⟶ B세포는 분화하여 형질세포 전환 ⟶ 형질세포는 항체분비 ⟶ 항체는 병원체와 복합체 형성 ⟶ 병원체 파괴**

일부 활성화된 B세포는 형질세포로 분화되지 않고 대신 기억 B세포가 된다.

### 44.5.1 전형적으로 항체는 4개의 폴리펩티드 사슬로 이루어져 있다

**면역글로불린(immunoglobulin; Ig)**이라고 불리는 항체분자는 2가지 중요한 기능을 갖고 있다. 항체는 항원과 결합하며 결합된 항원을 파괴하는 과정을 활성화한다. 예를 들면, 항체는 식세포작용을 촉진한다. 중요한 점은 항체는 직접 항원을 파괴하지 않지만, 파괴할 항원을 분류한다.

면역글로불린 분자의 기본구조는 1960년대 **포터**(R. Porter)와 **에델만**(G. Edelman)의 연구결과에 의해 밝혀졌다. **포터**는 식물성 효소인 파파인(papain)을 사용하여 Ig 분자를 단편으로 분리하였으며 처음으로 Ig는 Y자-형이라고 제안하였다.

항체분자의 2개의 단편은 항원과 결합하기 때문에 *항원결합조각*(antigen-binding fragment; Fab)이라 한다. 면역계의 세포와 상호작용하는 단편을 *결정체조각*(fragment crystaline; Fc)이라 한다. 많은 면역계의 세포는 Fc 수용체를 갖고 있다.

전형적으로 항체는 2개의 항원결합조각을 통해, 2개의 항원분자와 결합할 수 있으며 결국 **항원-항체 복합체(antigen-antibody complexes)**를 형성한다(**그림 44-8**). Y자형의 꼬리부분인 Fc 부분은 식세포와 같은 면역계의 세포와 상호작용하거나, 또는 보체계의 분자와 결합한다.

항체분자는 4개의 폴리펩티드 사슬로 구성되어있다: 2개의 동일한 긴 사슬은 *H-사슬*(heavy chain)이라 하고, 2개의 동일한 짧은 사슬은 *L-사슬*(light chain)이라 한다. 각 사슬은 변위부위

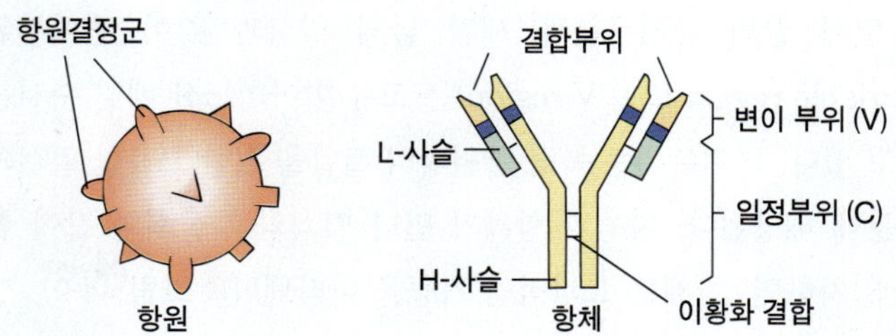


**(a)** 항체 분자는 2개의 L-사슬(light chain)과 2개의 H-사슬(heavy chain)로 구성되어 있으며 이황화 결합으로 연결도어 있다. 사슬의 일정부위(C)와 변이부위(V)가 표시되어 있다.

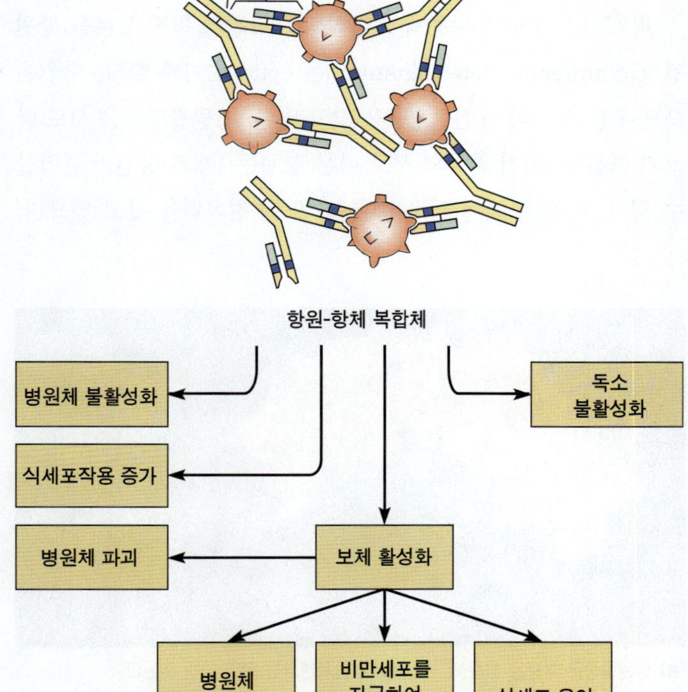


**(b)** 항체의 Fab 부위는 항체와 결합한다. Fc 부위는 면역체계의 세포와 결합한다. 항원-항체 복합체는 즉시 병원체를 불활성화 시키고, 식세포작용을 증가시킨다. 그리고 보체계를 활성화 시킨다.

**그림 44-8 항체의 구조와 기능.**

항체는 항원과 결합하여 항원-항체 복합체를 형성한다.

와 일정부위를 갖고 있다. 특정 Ig 종류에서 H-사슬의 **일정부위(constant region 또는 C region)**는 아미노산 배열순서가 일정하다. C 부위는 열쇠의 손잡이부분으로 생각되며, 항체분자 Y 부분의 꼬리 부분이다.

열쇠 끝의 융기부분과 새긴 금의 양상과 같이 **변이부위**(variable region 또는 V region)는 고유한 아미노산 배열 순서를 갖고 있다. 변위부위는 특정 항원과의 결합을 위한 고유한 열쇠의 부분에 해당된다. 항원과 항체가 만나 열쇠와 자물쇠와 같이 함께 일치하면, 항체는 효과적인 기능을 나타낸다(▌**그림 44-9**). 항상 1개의 항원은 이들의 표면에 수없이 많은 상이한 항원결정군을 가지고 있다. 항원 중에는 수백 개의 항원결정군을 갖는 것도 있다. 이러한 항원결정군은 서로 다르기 때문에 1개의 항원에 몇 개의 서로 다른 형태의 항체가 결합될 수 있다.

항체 또는 T세포 수용체에 인식되는 항원의 특정 부분을 **항원결정군**(antigenic determinant 또는 epitope)이라 한다. 항원은 표면에 많은 수의 항원결정군을 갖고 있다. 항원결정군은 서로 다르기 때문에, 여러 종류의 서로 다른 항체는 1개의 항원과 결합할 수 있다. 특정 항체는 서로 다른 힘 또는 친화력을 갖고 있으며, 다른 항원과 결합할 수 있다. 면역반응이 일어나는 동안, 보다 높은 친화력을 갖는 항체가 생성된다.

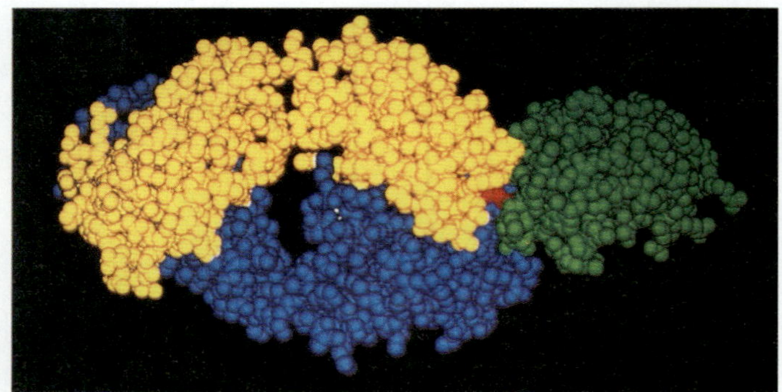

**(a)** 항원결정군 부분은 붉은색으로 보이며 항체분자의 홈에 들어 맞는다.

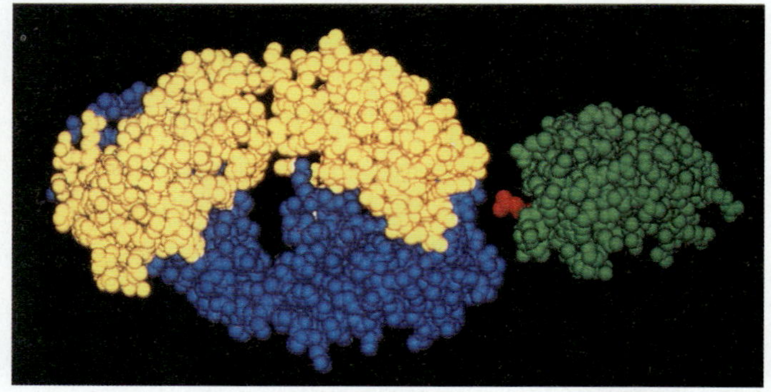

**(b)** 항원-항체 복합체를 구조 별로 서로 분리시켰다.

**그림 44-9 항원-항체 복합체.**

항원-항체 복합체의 구성성분은 그들의 분자구조를 컴퓨터 합성한 그림에서와 같이 서로에게 맞춤형이다. 항원인 리소자임은 녹색, 항체의 H-사슬은 파란색, L-사슬은 노란색이다.

## 44.5.2 항체는 5가지 종류의 군이 있다

항체는 H-사슬의 일정부위내의 고유한 아미노산 순서의 차이에 의해 IgG, IgM, IgA, IgD, 및 IgE의 5 종류로 나뉜다. 사람의 경우, 항체의 약 75%는 혈장 내 감마 글로불린 부분인 **IgG**에 속하게 된다. IgG와 **IgM**은 일부 기능적 특성을 공유하며, 대식세포와 작용하여 보체계를 활성화시킨다. 이들은 혈액을 통해 옮긴 박테리아, 바이러스 및 일부 진균류와 같은 수많은 병원체에 대항한다. IgM은 면역반응에 의해 사람에서 최초로 만들어지는 항체이다. IgG는 태반을 통과하는 항체이며, 태아와 신생아를 보호한다.

**IgA**는 점액, 눈물, 타액, 및 모유에 존재하며 박테리아와 바이러스가 상피세포의 표면에 부착하지 못하도록 한다. 또한 전략적으로 호흡기 통로, 소화관 비뇨관 및 생식관으로 분비되며 흡입공기와 섭취한 음식물을 통해 들어온 병원체를 방어한다. IgD는 혈장내에 극미량 존재하며, IgM과 함께 B세포의 표면에 있는 중요한 면역글로불린이다. **IgD**는 B세포의 성숙에 중요한 역할을 하며, 항원과 결합한 후 B세포의 활성화를 돕는다.

**IgE** 역시 혈장내 미량으로 존재하며, 히스타민과 같은 강력한 신호분자를 함유한 비만세포와 결합한다. 항원이 비만세포의 IgE와 결합하면 히스타민이 방출된다. 히스타민은 염증을 포함한 많은 알레르기 증상을 개시한다. IgE는 또한 침입하는 기생충에 대한 면역에도 관여한다.

## 44.5.3 항원-항체 결합은 기타 방어기작을 활성화시킨다

항체는 병원체 표면에 있는 항원과 결합함으로써, 병원체를 외부물질로 표지한다. 일반적으로 여러 개의 항체들은 여러 개의 항원과 결합함으로써, 항원-항체 복합체인 응집을 만든다. 항원과 항체의 조합은 여러 가지 방어반응을 활성화 시킨다.

1. 항원-항체 복합체는 병원체 또는 병원체 독소를 불활성화 시킨다.
2. 항원-항체 복합체는 병원체를 섭취할 수 있도록 식세포를 자극한다.
3. IgG와 IgM 그룹의 항체는 주로 보체계를 통해 작용한다. 항체

가 병원체의 특정항원과 결합하면, 보체 단백질은 병원체를 파괴한다. IgG 분자는 대부분의 면역세포에서 발현되는 Fc 수용체와 결합하는 Fc 단편을 가지고 있다. 항체분자의 Fc 부분이 식세포의 Fc수용체와 결합하고 있는 병원체와 결합하면, 병원체는 보다 쉽게 파괴된다.

### 44.5.4 면역계는 수백만 개의 서로 다른 항원에 반응한다

면역계는 어떻게, 심지어 진화 되는 동안 한 번도 만나지 못한 새로이 돌연변이 된 바이러스에 의해 생산되는, 모든 가능한 항원을 인지할 수 있는가? 1950년대에 스위스 바젤 면역학연구소의 **제른**(N. Jerne), 미국 시카고대학의 **탈마지**(D.Talmage)와 호주 멜보른 소재 Walter and Eliza Hall 연구소의 **버넷**(F.M. Burnet) 등이 **클론선택설**(clonal selection)이라는 가설을 제창하였다. 이 가설은 이미 림프구는 기존에 항원과 우연히 만났으며, 림프구는 세포막에 항원에 대한 특이 수용체를 갖고 있다는 것을 제안하고 있다(**제른**과 **버넷**는 노벨 생리학 · 의학상을 수상하였다).

항원은 림프구의 일치하는 세포막 수용체와 결합하게 되면, 림프구를 활성화시키게 되고, 동일한 수용체를 갖는 클론세포를 만들게 된다. 이 가설의 한 가지 중요한 문제점은, 각 유전자는 상이한 특이성을 갖는 한 가지 항체를 암호화하는, 수백만 개의 구별되는 항체유전자를 반드시 가지고 있어야 된다는 점을 제안하고 있다. 비록 각 사람의 세포는 수많은 양의 DNA를 갖고 있지만, 각 수백만 개의 가능한 특이 항체분자를 암호화하는 서로 다른 유전자를 제공하기에는 충분하지 않다.

1965년 스위스 취리히 대학 생화학 연구소의 **드라이어**(W.J. Dreyer)와 미국 앨라배마 대학의 **베네트**(J.C.Bennett)는 면역글로불린의 일정부위와 변이부위는 2개의 독립적인 유전자에 의해 암호화된다는 것을 제안하였다. 그들의 가설은 한 가지 유전자는 1개의 폴리펩티드를 암호화한다는 잘 알려진 가설에 모순되기 때문에, 처음에는 수많은 생물학자들에 의해 거부되었다. 하지만 **드라이어**와 **베네트**는 그들의 가설을 입증할만한 기술이 그 당시에는 없었다. 1976년 MIT의 **도네가와**(S.Tonegawa)와 동료들은 면역글로불린의 일정부위와 변이부위를 암호화하는 별개의 유전자가 있다는 것을 입증하였다. 또한 **도네가와**는 3개의 독립적인 유전자군은 면역글로불린을 암호화하며, 각 유전자군은 변이부위를 암호화하는 수 많은 DNA 단편을 포함하고 있다는 것을 보여 주었다. B 세포가 분화하는 동안 이러한 DNA 단편의 조합은 항체의 다양성에 관여한다. **도네가와**는 그의 위대한 업적에 의해 1987년 노벨 생리학의학상을 수여 받았다.

현재 미분화된 B세포에 수많은 변이부위와, 하나 또는 그 이상의 결합부위 및 하나 또는 그 이상의 일정부위를 나타내는 유전자 부위가 존재한다는 것이 알려져 있다(**그림 44-10**). 이러한 DNA 부위의 재조합은 엄청난 수의 가능한 조합을 만들 수 있으므로, 수백만 개의 서로 다른 형태의 B세포 및 T세포가 만들어진다. 우연히, 이들 중 하나의 세포는 체내에 침투한 병원체를 파괴하는 적절한 항체를 생산한다.

항체의 다양성에 대한 추가적인 예를 들면, 다양한 부위의 면역글로불린을 암호화하는 성숙한 B세포의 DNA는 쉽게 돌연변이 된다. 따라서 이러한 체세포 돌연변이는 약간씩 다른 항체를 암호화하는 유전자를 만든다.

T세포 수용체의 다양성도 이와 유사한 유전적 기작에 의해 설명될 수 있다. 비록 일생동안 단지 비교적 소수 형태의 항체와 T세포가 사용되지만, 면역계의 엄청난 다양성은 체내에 침투할 수 있는 대부분의 해로운 항원을 공격할 수 있도록 준비되어 있다.

### 44.5.5 단일클론 항체는 매우 특이적이다

1975년 이전에는, 항체를 얻는 유일한 방법은 동물에 면역을 하여 혈액을 채취하는 것이었지만, 이후에는 1개의 B세포로부터 클로닝된 세포에서 생산되는 동일한 항체들인 **단일클론 항체**(**monoclonal antibody**)를 만드는 방법이 개발되었다.

단일클론 항체를 생산하는 방법은 특정 항원을 생쥐에 주사한 다음, 항원에 대한 항체를 생산하는 생쥐의 B세포를 분리하여 다른 생쥐로부터 얻은 림프구 종양(lymphoma) 세포를 함께 배양액에 섞은 다음, 세포의 융합을 유도시킨다. 이러한 2가지 모계 세포의 특성을 갖고 있는 융합된 잡종세포를 **하이브리도마**(**hybridoma**)라 한다. 하이브리도마는 영구히(암세포의 특성) 배양될 수 있으며, 지속적으로 항체(B세포의 특성)를 분비하게 된다.

이후, 특정 항체를 생산하는 잡종세포를 선별하고, 각 세포를 클로닝 한다. 클로닝 된 세포들은 많은 양의 특정 항체를 분비하며, 이들 클론에서 생산된 각각의 항체를 단일클론 항체라고 한다. 각 형태의 단일클론 항체는 한 가지 항원결정군에 대해서만 특이적이다.

또한 단일클론 항체를 생산하기 위하여 DNA 재조합 기술이 이용된다. 단일클론 항체는 다양한 진단검사 및 치료에 사용되고 있다. 예를 들면, hCG 호르몬에 특이적인 단일클론 항체는 자가 임

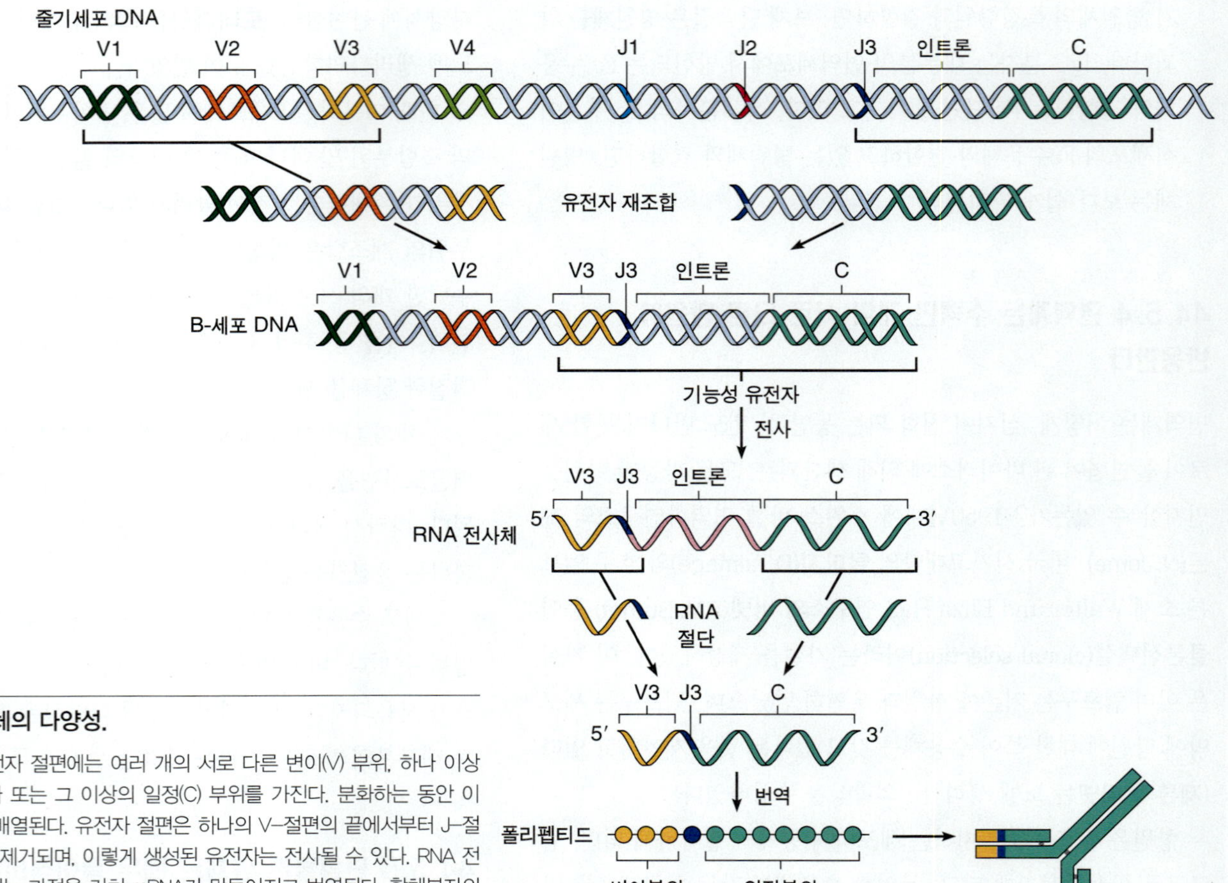


**그림 44-10 항체의 다양성.**

미분화된 세포에서 유전자 절편에는 여러 개의 서로 다른 변이(V) 부위, 하나 이상의 결합(J) 부위 및 하나 또는 그 이상의 일정(C) 부위를 가진다. 분화하는 동안 이런 유전자 절편들은 재배열된다. 유전자 절편은 하나의 V-절편의 끝에서부터 J-절편의 하나가 개시될 때 제거되며, 이렇게 생성된 유전자는 전사될 수 있다. RNA 전사체는 인트론이 제거되는 과정을 거쳐 mRNA가 만들어지고 번역된다. 항체분자의 각 폴리펩티드 사슬은 이런 과정을 통해 만들어진다.

신진단에 사용되며, 단일클론 항체인 허셉틴(herceptin)은 유방암의 치료제로 사용된다. 여러 가지 단일클론 항체는 임상적으로 암을 치료하는데 사용되고 있다.

**복습**

- 항체는 어떻게 항원을 인식하는가?
- 병원체에 영향을 미치는 항원-항체 복합체의 3가지 방법은 무엇인가?

## 44.6 면역학적 기억

**학습목표**

9 면역학적 기억의 원리를 설명하고, 1차 면역반응과 2차 면역반응을 구분할 수 있다.

10 능동면역과 수동면역을 비교할 수 있다.

기억 B 및 T세포는 신체가 효과적인 면역반응을 개시하도록 하며 질병에 대한 면역을 제공한다. 기억 T세포는 전략적으로 허파, 간, 신장 및 소화관 등과 같은 많은 비림프성 조직에 존재한다. 이러한 부위에서 감염이 많이 일어나므로, T세포는 이곳에 미리 위치하여 신속히 대응한다. 항원에 반응하여, 이러한 T세포는 인터페론과 침입한 세포를 죽이는 기타 물질을 생산하는 세포독성 세포로 빠르게 전환된다.

### 44.6.1 2차 면역반응은 1차 반응 보다 효과적이다

항원과 처음으로 접촉하면 **1차 반응**(**primary response**)이 촉진된다. 항원을 동물에 주사하면 3-14일경 혈장 내에 특이항체가 나타난다. 항원을 주사하면, 잠시의 잠복기가 나타나며 이 기간 동안 항원이 인식되며 적절한 림파구는 클론을 형성하기 시작한다. 이후, 대수기인 며칠 동안 최고점에 도달할 때까지 항체의 농도가 급격히 증가한다(**그림 44-11**). 결국, 감소기가 나타나게 되며 이 시기에 항체의 농도는 감소하여 매우 낮게 된다. IgM은 1차 반응기에 합성되는 중요한 항체이다.

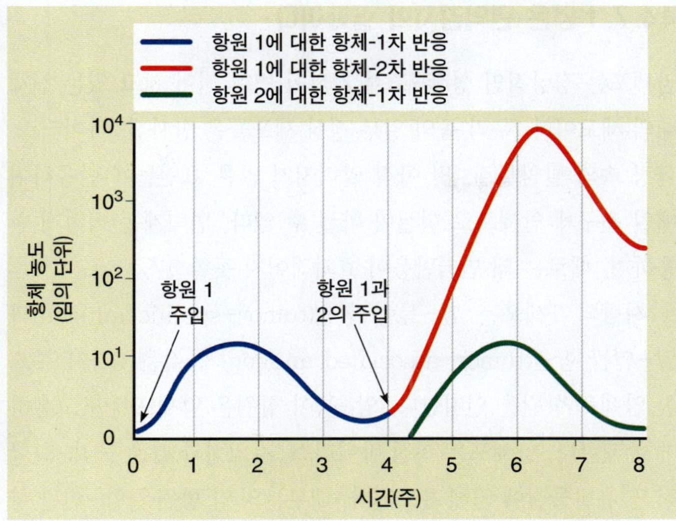


**그림 44-11 면역학적 기억.**

항원 1을 주사한 날을 0일이라 하고, 면역반응은 항원에 대한 항체의 농도를 측정함으로써 분석한다. 주사 후 4주에는 1차 면역반응이 잠잠해졌다. 이 시기에 새로운 단백질인 항원 2를 항원 1과 함께 다시 주사하였다. 2차 면역반응은 1차 반응보다 급속하게 일어났으며, 훨씬 증가되었다. 2차 반응은 항원 1에 대해서만 특이적으로 나타났으며, 항원 2에 대해서는 새롭게 1차 반응이 일어났다.

동일한 항원을 또 다시 주사하면, 심지어 1년 후에라도, **2차 반응**(secondary response)이 일어난다. 기억 B세포 및 기억 T세포는 수년 동안 유지되며, 2차 반응은 매우 짧은 잠복기를 갖기 때문에 1차 반응에 비해 보다 신속하게 일어난다. 2차반응의 자극은 1차 반응에 비해 매우 소량의 항원이 필요하지만 보다 많은 양의 항체가 생성된다. 또한 항체의 친화력은 일반적으로 매우 높다. 2차반응의 주된 항체는 IgG이다.

대부분의 사람들은 단지 한 번의 홍역과 수두에 걸린다. 만약 재차 접촉하게 되면, 면역계는 신속히 반응하여 병원체가 증식하여 질병의 증상을 나타내기 전에 병원체를 파괴한다. 두 번째 예방백신 주사는 2차 반응을 촉발시켜 면역학적 기억을 증강시킨다.

## 44.6.2 능동면역은 예방주사에 의해 유도된다

항원에 노출된 후 발달되는 면역을 **능동면역**(active immunity)이라 하며, 능동면역은 자연적으로 또는 인위적으로 유도될 수 있다(▮ 표 44-1). 능동면역은 백신접종에 의한 **예방주사**(**immunization**)에 의해 인공적으로 유도할 수 있다. 효과적인 백신이 체내에 들어오면, 면역계는 활발하게 항체를 생성하는 세포와 기억세포 클론을 발달시킨다.

최초로 만들어진 우두 바이러스인 바시니아(vaccinia)에 대항하는 백신은, 1796년 영국의 의사인 **제너**(**Edward Jenner**)에 의해 만들어졌다. 백신이란 용어는 죽음을 초래하는 천연두에 대항하기 위해 사람에게 **제너**가 백신주사를 실시함으로써 유래되었다.

대부분의 백신은 병원체 전체, 약화되거나 죽은 병원체, 또는 병원체의 단백질로 구성되며, 가능한 부작용을 감소시키는 백신을 만들기 위해 다양한 접근방법이 사용된다. 예를 들면, 단지 항원의 극히 일부분에 해당되는 합성펩티드를 이용한 백신을 디자인하거나, 병원체의 유전물질의 일부에서 만들어지는 **DNA 백신**(**DNA vaccines**) 또는 RNA 백신 개발에 대한 접근방법이 있다.

## 44.6.3 수동면역은 차용면역이다

**수동면역**(passive immunity)은 항체를 몸에 주사하는 것이다. 항체를 포함하고 있는 혈청은 사람 또는 다른 동물로부터 얻어진다. 인간 이외의 혈청은 항원으로 작용될 수 있고 또한 혈청병을 일으키는 면역반응을 자극할 수 있기 때문에 좋지 못한 점이 있다.

수동면역은 차용면역이며, 이의 효과는 오래 지속되지 못한다. 따라서 특정 질병에 대해 일시적이지만 신체의 방어를 증가

표 44-1

**능동면역과 수동면역**

| 면역의 종류 | 생성시기 | 기억세포의 발달 | 면역기간 |
|---|---|---|---|
| 능동면역 | | | |
| 자연적 유도 | 우연히 병원체가 몸 안으로 침입한 후(홍역에 걸린 사람으로부터 재채기를 당한 경우) | 예 | 수년 |
| 인위적 유도 | 백신 면역 후 | 예 | 수년 |
| 수동면역 | | | |
| 자연적 유도 | 모체를 통해 발생 중인 태아에게 항체가 옮겨진 후 | 아니오 | 수개월 |
| 인위적 유도 | 항체를 주사한 후 | 아니오 | 수개월 |

시키기 위해 사용된다. 수동면역에서 몸은 면역반응을 활발하게 시작하지 못하고, 기억세포를 만들지 못하고, 병원체에 대한 항체를 생산하지 못한다. 일단 주사된 항체가 분해되면, 수동면역은 사라지게 된다.

임신한 여성은 자연적인 수동면역에 의해, 생산된 항체를 발생 중인 아기에게 제공한다. 이러한 모체의 IgG 항체는 태반을 통과하여 태아 및 신생아에게 방어계를 제공한다. 모유를 먹는 아기는 주로 IgA 형태의 면역글로불린을 지속적으로 공급받게 된다.

**복습**

- 면역학적 기억의 원리는 무엇인가?
- 수동면역과 능동면역은 어떻게 다른가?

## 44.7 면역계와 질병

**학습목표**

**11** 암세포와 HIV에 대한 신체의 반응을 설명할 수 있다.

면역계는 일반적으로 우리 몸에 침입하는 병원체를 매우 효과적으로 방어한다. 그러나, 유전적 돌연변이, 영양실조, 수면부족, 기존의 질병, 스트레스 및 바이러스성 병원체 등을 포함한 많은 요인들은 면역기능을 손상시킬 수 있다.

### 44.7.1 암은 면역감시의 실패이다

암세포는 정상적인 성장-조절 기작이 변형 되어 지고 있는 신체 내의 세포이다. 우리 몸의 일부 정상 세포들은 방사선, 바이러스, 환경 속의 발암물질, 및 아직 알려지지 않은 요인들에 반응하여 매일 전구체 암세포로 형질이 바뀔 수 있다. 면역계는 어떻게 반응하며, 때로는 왜 면역반응이 효과적이지 못할까?

사람의 T세포는 *암-특이 항원*(tumor-specific antigen)과 *암-연관 항원*(tumor-associated antigen)과 같은 2가지 주요한 암세포 항원을 인지한다. 암-특이 항원은 암세포에만 고유하게 존재한다. 암세포는 특정 바이러스, 자외선과 같은 물리-화학적 암 유발물질에 의해 유도된다. 대부분의 암 항원은 암-연관 항원으로써 암세포에만 고유하게 존재하는 것이 아니라, 태아시기의 발생과정 동안 그들은 정상세포에서 발현된다. 일부 암-연관 항원은 출생 후에는 발현되지 않지만, 일부는 매우 낮은 수준으로 발현된다. 또한 고 농도의 암-연관 항원은 면역계를 자극한다. 암유전자는 암-연관 항원을 암호화 한다(17장 참조).

암세포의 항원은 세포성 및 체액성 면역반응을 유도한다. NK 세포와 대식세포는 암세포를 파괴한다. 대식세포는 암의 성장을 저해하는 TNF를 포함하는 시토카인을 생산한다.

수지상세포는 T세포에게 항원을 제공하여, T세포가 인터페론을 생산하도록 자극한다. 세포독성 T세포는 암세포를 직접 공격

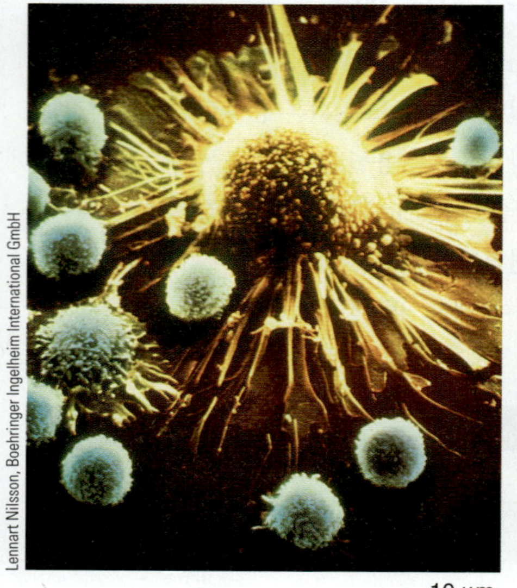


**(a)** 수많은 세포독성 T-세포($T_C$) 들이 큰 암세포를 둘러싼다. $T_C$-세포는 암세포의 세포막 표면에 존재하는 암세포 고유의 항원이나 일부 변형된 항원을 비자기로 인식한다.

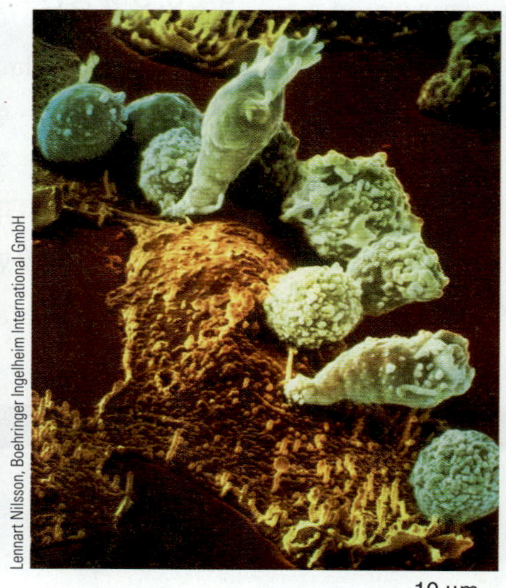


**(b)** 일부 $T_C$-세포는 암세포를 화학적으로 공격하면서 길게 신장되며 암세포의 원형질막을 분해한다.

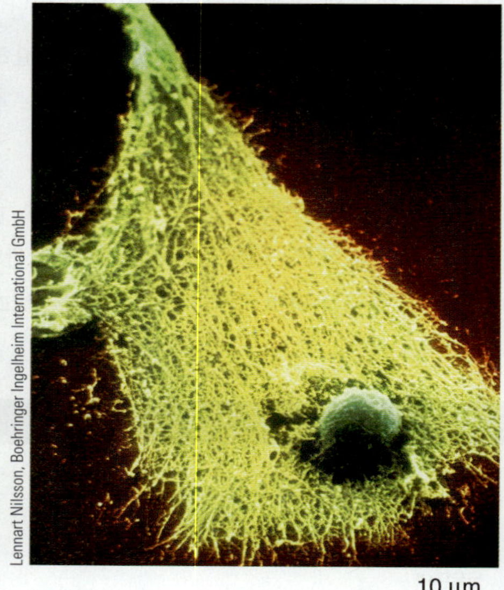


**(c)** 파괴된 암세포. 단지 붕괴된 섬유성 세포골격 단백질만 잔존한다.

**그림 44-12** 암세포 파괴 과정을 보여주는 주사전자현미경(SEM) 사진.

하며, 또한 대식세포와 NK세포를 유인하고 활성화하는 인터류킨을 생산 한다(▮ **그림 44-12**).

때로는 암세포는 면역계를 피하여 빠르게 증식하며, 일부 암세포는 세포독성 T세포를 방해할 수 있다. 일부 암세포는 제1군 MHC 분자의 발현을 급격히 감소시킨다. 세포독성 T세포는 제1군 MHC 분자와 결합된 항원만을 인지하기 때문에, 이들이 낮은 농도로 발현되면 암세포는 파괴되지 않는다. 일부 암세포는 세포독성 T세포의 활성화에 필요한 보조-촉진 분자를 생산하지 않는다.

화학요법이나 방사선치료와 같은 통상적인 치료법은 암세포뿐 아니라 정상세포까지 파괴한다. 암세포를 효과적으로 치료하기 위해서, 치료전략은 반드시 보다 특이적이어야 하거나, 심지어 특정 암세포에 맞추어야 한다. Herceptin은 약 30%의 전이성 유방암의 세포막에 과도하게 존재하는 성장인자의 수용체와 결합하여 세포의 증식을 자극하는 성장 인자들의 활성을 저해한다. 또한 혈관형성 저해제는 암세포에 필요한 혈관의 발행을 저해하며, 비록 암을 치료하지는 못하지만 암세포의 성장을 느리게 한다.

현재 암-연관 항원에 대해 세포성 면역반응을 촉진하는 백신을 개발 중이다. 또한 암 환자로부터 분리한 수지상세포로부터 만들어진 암 백신을 사용하면, 효과적으로 환자의 암세포를 인식한다. DNA **미세배열분석법(microarray)**은 암세포의 유전자 발현 양상 분석에 사용된다.

## 44.7.2 면역결핍증은 유전 또는 획득될 수 있다

면역기능의 일부 구성요소가 없거나, 기능을 하지 못하면 감염에 대한 감수성이 증가하는 상태인 **면역결핍증(immunodeficiency disease)**에 걸릴 수 있다. *중증면역결핍복합병*(severe combined

Lennart Nilsson, Boehringer Ingelheim International GmbH

1 μm

**(a)** HIV바이러스 소립자가 보조 T-세포를 공격한다.

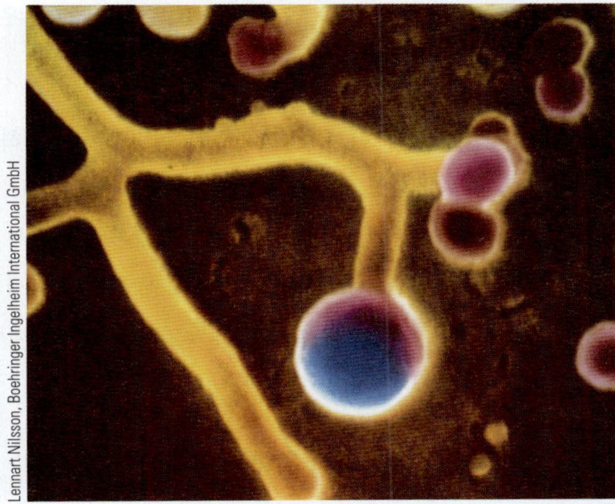
Lennart Nilsson, Boehringer Ingelheim International GmbH

0.25 μm

**(b)** HIV바이러스 소립자가 $T_H$ -세포의 미세융모의 가지 끝에서부터 나타난다.

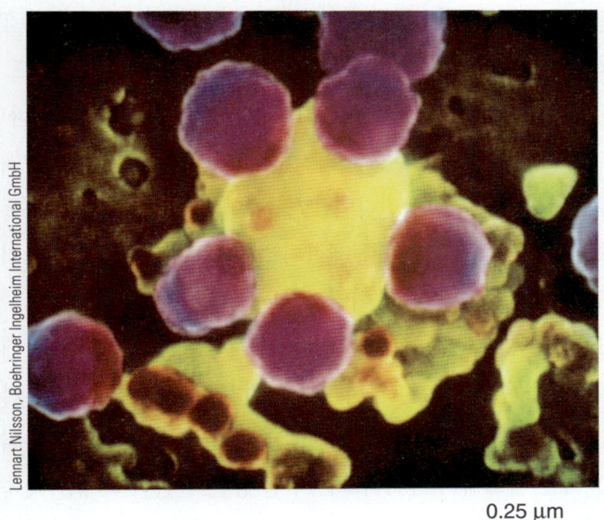
Lennart Nilsson, Boehringer Ingelheim International GmbH

0.25 μm

**(c)** 미세융모보다 세포질이 더 확장된 형태의 수포로부터 바이러스 소립자가 출현하는 모습을 확대시킨 것.

**그림 44-13 보조 T-세포를 감염 중인 사람 면역결핍 바이러스(HIV).** 이 주사전자현미경 사진에서 HIV는 푸른색, 보조 T($T_H$)-세포는 연녹색이다.

immunodeficiency syndrome; SCID)은 X 염색체와 열성 상염색체의 질병으로 세포성 면역에 심각한 영향을 미치며, 복합적으로 감염된다. SCID를 가지고 태어난 아기는 일반적으로 2살이 되기 전에 죽게 된다. *디죠지증후군*(Digeorge syndrome)은 흉선이 줄어들거나 없어져 환자는 T세포가 결여된다. 이 질병을 가지고 태어난 아기는 심각한 바이러스성 감염에 걸리기 쉬우며, 골수나 태아의 흉선 조직이식이 필요하다.

세계적으로, 어린이들의 경우 후천성 면역결핍의 원인은 단백질성 영양부족 때문이다. 단백질의 결핍은 T세포의 수뿐만 아니라 항체의 생산능력도 감소시켜 감염의 위험이 증가된다. 후천성 면역결핍의 다른 중요한 원인은 암 환자에게 적용한 화학요법이다.

### 44.7.3 HIV는 후천성 면역결핍의 주원인이다

**사람면역결핍 바이러스**(human immunodeficiency virus; HIV)는 **후천성면역 결핍증**(acquired immune deficiency syndrome; AIDS)의 원인이다. 레트로바이러스의 일종인 HIV는 RNA 바이러스로서 역전사효소를 이용해 RNA를 주형으로 DNA를 만든다. HIV는 주로 감염자와의 성관계를 통해 감염되며, 감염된 혈액이나 혈액 구성성분들에 직접 노출되면서 전파된다.

#### (1) HIV는 숙주의 면역계를 파괴한다

점막에서 HIV의 표적이 되는 첫 번째 세포는 수지상세포이다. 성병 또는 기타 감염으로 인한 염증반응이 자궁경부 또는 직장의 점막에서 일어나면, 많은 수의 수지상세포가 생기며 HIV감염의 위험성을 증가시킨다. 수지상세포는 HIV를 자궁경부나 직장으로부터 림프절까지 운반한다. HIV는 주 표적인 보조 T세포(CD4 T세포)의 표면에 존재하는 단백질인 CD4와 결합한 다음, 세포 내로 들어가 결국 T세포를 파괴한다(**그림 44-13**). 시간이 지나면, HIV는 보조 T세포의 수를 급격히 감소시켜서 감염에 대한 저항능력을 심각하게 손상시킨다. HIV를 공격하는 주세포인 세포독성 T세포는 바이러스의 복제를 제한하고 질병의 진행을 지연시키지만, 결국 대부분의 경우 바이러스가 싸움에서 승리한다.

HIV가 몸에 침입하면, 면역반응이 시작된다. 몇 주 동안 대부분의 사람들은 증상이 나타나지 않지만 감염자의 약 15%는 가벼운 감기증상이 나타난다. HIV에 감염된 일부 세포들은 파괴되지 않고, 이들 세포내의 바이러스는 수년 동안 천천히 복제를 계속한다. 시간이 지나면 림프선이 붓고, 식은 땀, 고열, 체중감소 등의 증상이 점점 진행된다(**그림 44-14**).

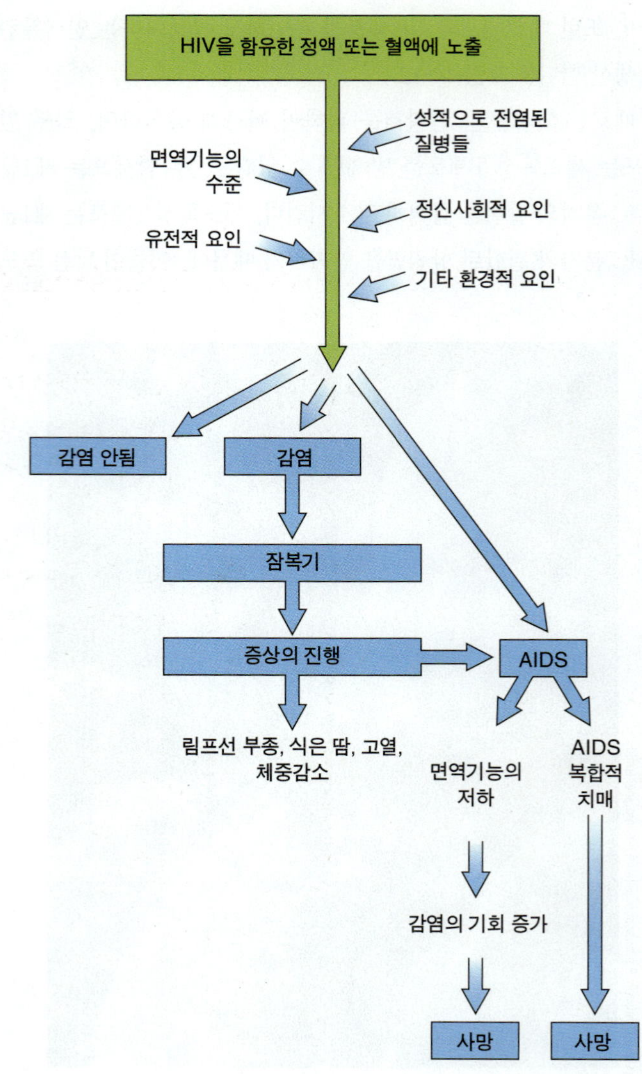


**그림 44-14** HIV의 감염 과정.

HIV가 내포된 혈액이나 정액에 노출되면 AIDS에 걸리게 된다. 비록 노출된 사람 모두가 감염되지는 않더라도 자주 접촉하게 되면 감염의 위험은 증가한다. 수많은 요인들이 AIDS바이러스에 노출된 사람의 발병 여부를 결정한다.

AIDS환자의 약 1/3정도에서, 바이러스는 신경계에 침입하여 치매 복합체(*AIDS dementia complex*)가 야기되어, 점진적으로 인식력, 움직임, 행동장애 증상을 나타내고 결국엔 혼수상태에서 죽는다. 환자들은 예상치 못한 감염이나 드물게 암에 걸려서 죽게 된다. 예를 들면, 내피세포 암인 카포시 육종(Kaposi's sarcoma)에 의해 피부에 자줏빛 반점이 나타나게 된다.

#### (2) 효과적인 치료법을 개발하기 위해 활발한 연구가 진행 중이다

HIV 감염을 치료하기 위해 만들어진 첫 번째 약인 **AZT(azidothymidine)**는 AIDS의 증상이 시작되기 이전의 단계를 연장시킬 수 있다. AZT는 레트로 바이러스가 DNA합성을 위해 사용하는 효소인 역전사효소의 활성을 저해함으로써 HIV의 복제를 막는다. DNA의 생산 없이는 바이러스가 숙주세포의 DNA와 자신의 유전물질을 통합시킬 수 없다. 그러나 불행하게도 바이러스가 DNA를 만드는데 사용하는 역전사효소는 약 2,000개 뉴클레오티드에 1개 정도의 실수를 나타내며 또한 부적절하게 통합된다. 이와 같은 돌연변이에 의해 AZT에 대한 저항성을 가진 바이러스 종이 진화된다.

**단백질분해효소 저해제(protease inhibitor)**는 바이러스의 분해효소를 저해하며, 복제된 바이러스가 새로운 세포에 침입을 할 수 없게 한다. 단백질분해효소 저해제는 AZT와 또 다른 역전사효소 저해제들과 함께 복합적으로 사용될 수 있다. 3가지의 복합적인 치료는 많은 AIDS환자들에게 매우 효과적이고 우연한 감염도 방지하여 생명을 연장시키고 있다.

AIDS 전파의 억제를 위해서는 HIV의 확산을 막는 효과적인 백신이 필요하다. 효과적인 백신은 면역반응에 필요한 중요한 세포가 바이러스에 의해 파괴되지 않아야 한다. 한편 돌연변이가 매우 높은 비율로 일어나기 때문에 새로운 항원을 가진 새 바이러스 종이 빠르게 진화되므로, 개발된 백신은 새로운 항원에 대해서는 효과적이지 않기 때문에 쉽게 쓸모가 없게 된다. 백신 개발의 또 다른 어려운 점은, AIDS에 대한 효과적인 동물모델이 없다는 것과 백신을 검사를 위하여, 인체실험을 하는데 있어서 윤리적이고 실용적인 어려움이 있다.

**복습**

- 신체는 어떻게 암으로부터 자신을 방어하는가?
- HIV는 어떻게 신체를 감염시키고, 그 영향은 무엇인가?
- HIV에 대한 백신 개발이 어려운 이유는 무엇인가?

## 44.8 유해한 면역반응

**학습목표**

12 조직이식 거부반응의 면역학적 원리를 요약하고, Rh불일치성, 알레르기 반응, 그리고 자가면역병과 같은 과민반응 시 일어나는 현상들을 이해한다.

자기와 비자기를 구별하는 면역계의 능력은 때때로 임상적 중재를 방해한다. **과민성반응(hypersensitivity)**은 일반적으로 무해한 항원에 과도하게 반응하여, 지나치게 생체에 대해 피해를 나타내는 면역반응인 알레르기 반응을 일으킨다. 부적절하게 유도되거나 효과적이지 못한 면역반응은 질병을 야기한다.

### 44.8.1 이식거부반응은 이식된 조직에 대한 면역반응이다

피부의 일부는 동일 신체 내에서의 다른 부위 또는 일란성 쌍둥이에게 성공적으로 이식될 수 있다. 하지만, 한 개인으로부터 떼어낸 피부가 쌍둥이가 아닌 다른 몸에 이식되면 거부를 당한다. 왜? 동일 개체나 일란성 쌍둥이로부터 얻은 조직은 동일한 MHC 대립유전자와 MHC 항원을 가지기 때문에, 이들 조직들은 일치한다.

각 MHC 유전자에 대한 많은 대립 유전자들이 있기 때문에, 정확히 일치하는 조직을 찾기 어렵다. 조직 공여자로부터 얻은 조직이나 기관이, 쌍둥이가 아닌 다른 숙주에게 이식되었을 때, 일부 MHC 항원들이 서로 다를 것이다. 숙주의 면역계는 이식조직을 외부항원으로 간주하여, **이식거부반응(graft rejection)**이라 불리는 면역반응을 시작한다. T세포는 이식된 조직을 공격하여, 1주일 내에 파괴할 수 있다.

**공여자 조직을 수여자에게 이식 ⟶ $T_C$ 세포가 이식된 세포의 MHC항원을 외부 물질로 인식 ⟶ $T_C$ 세포는 이식거부반응인 면역반응 시작 ⟶ $T_C$ 세포는 이식된 세포 파괴**

조직을 이식하기 전에, 환자와 공여자의 조직은 최대한 일치해야 한다. 만약 모든 MHC항원이 적합하다면 이식조직은 첫 해에 약 95%가 살아남을 수 있다. 불행히도 많은 사람들이 여분의 부위를 제공해 줄 쌍둥이 형제를 가질 수 있는 행운이 없기 때문에, 완벽히 일치하는 조직을 찾는 것은 매우 어렵다.

조직의 일치성이 약간 부족한 조직을 이식할 경우, 이식거부반응을 억제시키기 위해 면역억제 제재를 사용한다. 불행히도, 이런 제재들은 이식거부반응을 줄이긴 하지만, 이식 받은 환자는 폐렴쌍구균이나 다른 감염에 더 취약해지고 종양의 성장 위험성이 증가된다.

수천 명의 환자는 장기이식을 필요로 하고 있지만, 공여자의 수가 부족하기 때문에 동물의 조직과 장기를 사람에게 이식하는 기술을 개발하고 있다. 동물 공여자와 사람 수용자 간에 장기의 크기차이, 질병의 전염에 대한 위험, 이식거부반응 등의 문제점이 있다. 따라서, 사람 수여자의 면역반응을 자극시키는 항원을 생산하지 않는, 유전자를 조작한 돼지와 기타 동물을 개발하는 방법을 연구하고 있다. 이러한 동물들은 클로닝 될 수 있으며, 심장, 신장 및 기타 장기들을 공여하는데 사용될 수 있다.

외부 이식조직이 숙주에 의해 수용되는, 면역학적으로 특권을 갖는 몇 부위가 있다. 예를 들면, 각막은 이들과 연계된 혈관이나 림프관이 없고 대부분의 림프구가 미치지 못하기 때문에 각막이

식은 성공률이 매우 높다. 또한, 이식된 각막 내의 항원들이 순환계로 가는 길을 찾지 못해 면역반응을 자극할 수 없다.

### 44.8.2 Rh 불일치성으로 인해 과민반응이 나타난다

붉은털원숭이(Rhesus monkey)의 혈액에서 각 **Rh인자(Rh factor)**라고 불리는 40종 이상의 Rh항원으로 구성된 Rh계가 발견되었다. 이 인자들 중 가장 중요한 것이 **항원 D(antigen D)**이다. 미국에 거주하는 서양유럽인 자손들의 약 85%가 Rh-양성(Rh-positive)이로써, 그들의 적혈구 표면에는 항원D가 있다. ABO혈액과는 달리, Rh-음성인 사람들은 선천적으로 항원D에 대한 항체를 생산하지 못하지만, 그들이 Rh-양성인 혈액에 노출되면 그들은 anti-D항체를 생산할 수 있게 된다.

몇 가지 종류의 모체와 태아 혈액형의 불일치가 알려져 있지만, 그 중 **Rh-불일치성(Rh incompatibility)**이 가장 중요하다(**그림 44-15**). 만약 모체가 Rh 음성이고 태아의 아버지가 Rh 양성이면, 태아는 아버지의 D 대립유전자를 갖게 되어 Rh 양성이 된다. 대개 모체와 태아의 혈액은 섞이지 않고 이들 두 순환계 사이의 영양원, 산소, 그리고 다른 기질의 교환은 태반을 통해서 일어난다.

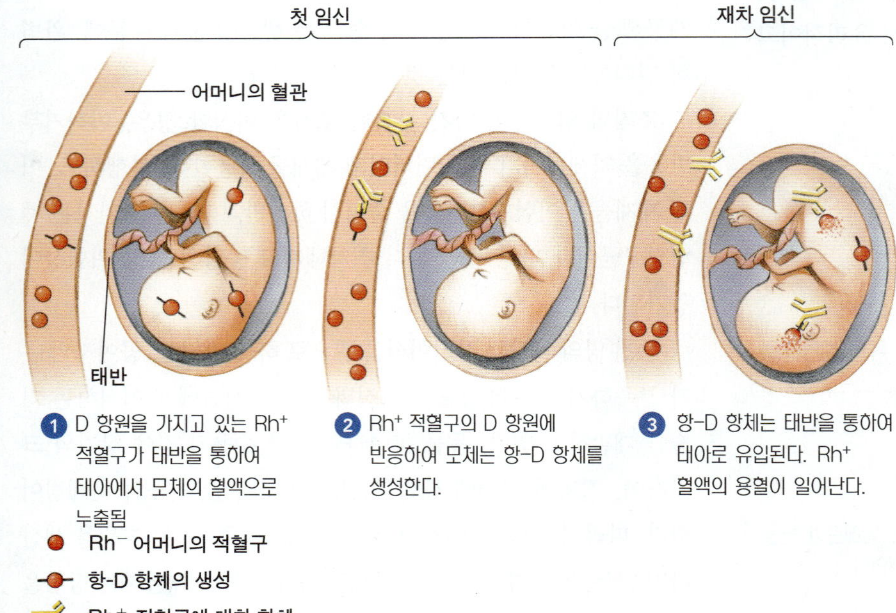


**그림 44-15 Rh 불일치성.**

$Rh^-$의 여성이 $Rh^+$의 자녀를 가지게 되면 모체의 면역체계는 민감해진다. 재차 임신하면, 모체는 태아 $Rh^+$ 적혈구의 세포막 항원 D에 대한 항체를 만들며, 항체는 태반을 통해 전달되어 태아의 적혈구를 파괴한다.

그런데, 임신말기나 출산과정에서 소량의 태아 혈액이 일부 결손된 태반을 통해 유출될 수 있다.

항원 D를 가진 태아의 적혈구 세포가 모체의 백혈구를 활성화시켜 항원 D에 대한 항체를 만들도록 자극한다. 만약 그 여성이 다시 임신을 하면 그녀의 감작된 백혈구가 anti-D항체를 만들어서 태반을 가로질러 태아의 혈액으로 들어간다. 태아의 적혈구 표면의 항원 D분자와 항체가 결합하면 용혈현상을 일으키며, 산소의 운반능력이 감소되고 방출된 헤모글로빈이 분해되어 뇌를 포함한 여러 기관에 손상을 준다. **태아적아세포증(erythroblastosis fetalis)**이라 불리는, 이 질환에서 대부분의 태아의 적혈구는 파괴되며 태아는 사망한다.

흔히, Rh-음성의 여성들은, 출산 직후 RhoGAM으로 알려진 anti-D항체로 치료를 받는다. 이 항체는 모체의 혈액에서 Rh-양성의 태아의 적혈구는 신속히 제거되므로, 모체의 백혈구는 감작하지 못한다. 그 결과, 그녀가 다시 임신이 되더라도 그녀의 혈액에서는 아기에게 해를 끼치는 anti-D는 없다.

### 44.8.3 알레르기 반응은 통상 환경항원에 의해 일어난다

**알레르기 반응(allergic reaction)**은 **알레르기 항원(allergen)**이라 불리는 평범한 항원에 대한 항체를 만들어 생기는 과민증으로, 이 항원은 평소에는 면역반응을 자극하지 않는다. 작은 먼지나 꽃가루와 같은 평범한 환경 요인들은 일부 사람들에게서 알레르기 반응을 유발시킨다. 알레르기 반응은 제1형 과민반응(hypersensitivity)이라고도 한다. 수많은 알레르기 반응에 의해 독특한 IgE 면역글로불린이 만들어진다.

개쑥갓 꽃가루(ragweed pollen)에 반응하여 고초열을 나타내는, 일반적인 알레르기 반응에 대해 살펴보자 (**그림 44-16**).

단계 ①: 꽃가루에 접촉하면 감작(sensitization) 된다. 대식세포는 알레르기 항원을 분해하고, 그 단편을 T세포에게 제공한다. 활성화된 T세포는 B세포가 꽃가루에 특이적인 IgE를 생산하는 형질세포가 되도록 자극한다. 단계 ②: 이 항체들은 비만세포의 수용체에 결합한다. 각각의 IgE 분자는 Fc 부분을 통해 비만세포의 Fc 수용체와 결합하고, Fab의 변이부위는 개쑥갓

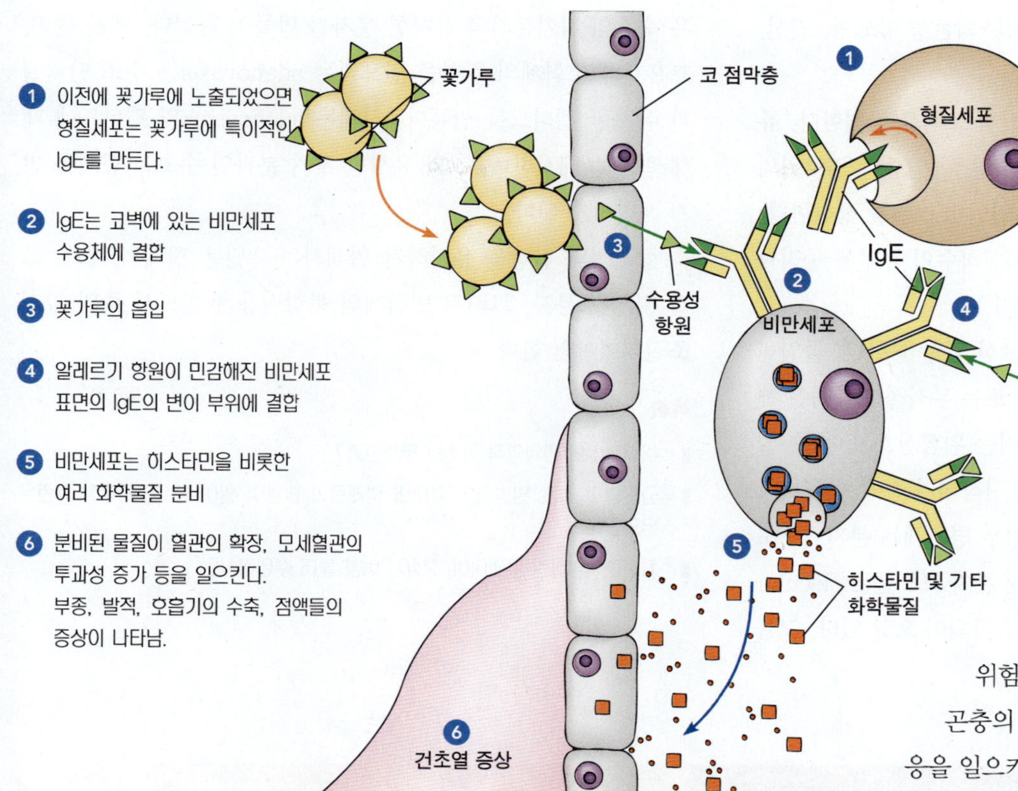


**그림 44-16 알레르기 반응.**

꽃가루는 일반적으로 알레르기 반응의 원인이 된다.

꽃가루의 알레르기 항원과 결합한다. 단계 ❸: 과민해진 알레르기에 걸린 사람이, 미세한 꽃가루를 흡입하면, 단계 ❹: 알레르기 항원분자는 감작된 비만세포의 세포막에 존재하는 IgE 항체에 빠르게 결합한다. 단계 ❺: 알레르기 항원분자는 비만세포를 자극하여 염증반응을 야기하는 히스타민과 세로토닌과 같은 화학물질로 채워진 과립을 방출한다. 단계 ❻: 혈관이 확장되고, 모세혈관의 투과성이 증가되어 부종과 홍반이 일어난다. 이러한 반응으로 인해 감염자의 비강은 팽창되고 자극을 받게 되어, 콧물이 흐르고, 재채기와 눈물이 나게 되고 불안감을 느끼게 된다.

장기간의 알레르기 반응은, 비만세포에 의해 방출된 화합물에 의해 유인된 호중구에 의해 일어난다. 호중구는 염증부위로 이동하며, 알레르기 반응을 지속시키는 화합물을 방출한다.

**알레르기성 천식**(allergic asthma)은 폐의 미세기관지에서 알레르기항원–IgE의 반응이 일어나는 것이다. 비만세포는 평활근을 수축시키는 물질을 방출하고, 때로는 폐의 기도가 몇 시간 동안 수축되어 호흡을 힘들게 한다. 임상적으로 IgE에 대한 항체가 알레르기성 천식의 치료제로 검사되고 있다.

일부의 경우, 특정 음식이나 약은 알레르기 항원으로 작용하여, 소화관의 벽 내에서 작용을 나타내, 복통과 설사를 일으킨다. 흡수된 알레르기 항원은 몸의 여러 부위에 존재하는 비만세포로 하여금 과립을 방출하게 한다. 피부에서 알레르기 항원–IgE 반응이 일어나면, 비만세포에서 방출된 히스타민은 **발진**(hives)을 야기한다.

**전신과민증**(systemic anaphylaxis)은 위험한 알레르기 반응으로써, 페니실린과 곤충의 독 또는 특정 음식에 대해 알레르기 반응을 일으키는 것이다. 이러한 물질들이 체내에 들어오면 수 분 후, 온 몸에 알레르기 반응이 확산된다. 비만세포는 순환계로 다량의 히스타민과 다른 화합물을 방출한다. 이들 화합물들은 극도로 혈관을 확장시키고 투과성을 증가시킨다. 따라서 혈액으로부터 많은 혈장을 잃어버리게 되며 수 분 안에 쇼크를 받게 되고 죽을 수도 있다. 이 경우 쇼크약제를 투여함으로써 그 증세를 경감시킬 수 있다.

알레르기 반응의 증상은 **항히스타민제**(antihistamines)로 치료한다. 이 제재는 히스타민의 표적이 되는 세포의 동일한 수용체에 대해 서로 경쟁한다. 항히스타민제가 수용체와 결합하면 히스타민이 결합되는 것을 막을 수 있고, 히스타민의 유해한 작용으로부터 보호된다. 그러나 비만세포는 히스타민 이외에도 알레르기 증상을 야기하는 다른 물질들을 방출하기 때문에, 그 효과는 완벽하지 못하다.

### 44.8.4 자가면역병은 자신의 조직을 공격한다

발생하는 동안, 관용이 확립되어 림프구는 자신의 조직항원은 공격하지 않는다. 그러나 일부 림프구는 자동 활성화되어 자신의 조직에 대해 면역반응을 개시한다. 이와 같은 자동 활성화는 **자가면역**(autoimmunity) 또는 **자가면역병**(autoimmune disease)이라고 하는 과민반응을 야기하여 T세포가 자기조직에 대해 작용한다. 자기관용이 실패하여 나타나는 이러한 질병에는 류마티스성 관절염, 복합경화증, 전신홍반성 낭창, 인슐린-의존성 당뇨병, 건선, 및 피부경화증 등이 있다.

자가면역병에서, 항체와 T세포는 자신의 조직을 공격한다. **류마티스성 관절염**(rhematoid arthritis)의 경우, 염증반응 부위의 T세포는 염증반응을 촉진시키는 인터류킨인 IL-15를 생산한다. **다발성 경화증**(multiple sclerosis)은 뇌와 척수의 뉴런을 둘러싸는 수초를 만드는 신경교 세포를 공격한다.

유전적 위험인자는 자가면역병에 중요한 역할을 한다. 돌연변이는 비정상적인 세포자살을 야기하거나 또는 부적절하게 죽은 세포를 제거함으로써, 면역계를 활성화시키는 위험신호가 될 수 있다. 또 다른 중요한 인자는 자가면역병이 시작되기 전에 종종 나타나는 바이러스 또는 세균의 감염이다. 일부 병원체는 분자적으로 유사한 단백질을 합성하여 숙주를 속이는 분자 모조품(molecular mimicry)이라고 알려진 전술을 가지고 진화되어 오고 있다. 그들은 숙주의 자기분자와 유사한 분자를 만들어 속인다. 예를 들면, 호흡계와 소화계의 질환을 일으키는 adenovirus는 수초 단백질과 유사한 펩티드를 만든다. 신체는 adenovirus의 펩티드에 대해 반응을 개시하며, 그와 유사한 자기 분자인 수초는 공격을 받기 시작하게 된다.

항상성과 건강을 유지하기 위해서는 수많은 형태의 세포, 조절 및 신호분자, 그리고 면역계의 복합작용은 반드시 주의 깊게 조절되어야만 한다.

### 복습

- 이식거부의 면역학적 기초는 무엇인가?
- 고초열과 같은 일반적인 형태의 알레르기 반응이 일어나는 면역학적 사건은 무엇인가?
- 자가면역병이란 무엇이며, 2가지 예를 들어 설명하시오.

## 핵심 용어와 요약

### 학습목표

1 비특이적 면역반응과 특이적 면역반응을 구분하라.

- 신체는 **병원체**, 독성물질 및 기타 해로운 물질에 대하여 자기 자신을 방어한다. **면역학**은 내부 방어반응을 연구하는 학문이다. **면역반응**은 외부 물질 또는 유해한 거대분자를 인식하여 이들을 제거하기 위해 반응한다. **비특이적 면역반응**은 전반적으로 병원체, 일부 독성물질과 약제, 및 암세포에 대해 즉각적으로 보호한다.
- **특이적 면역반응**은 면역학적으로 기억을 한다. **항원**분자는 면역계의 세포에 의해 이종 또는 위험물질로 인식된다. **항체**는 매우 특이적인 단백질로서 특정 항원을 인식하고 결합한다. 또한 **면역학적 기억**에 의해, 재차 동일한 유해 분자가 체내로 침투하면 보다 효과적으로 반응한다.

2 척추동물과 무척추동물의 면역반응을 비교하라.

- 무척추동물은 물리적 장벽(표피, 피부 점액막), **식세포작용**, **항균성 펩티드**, 용해성 분자와 같은 비특이적 면역반응에 의존하여 병원체를 파괴한다.
- 척추동물은 비특이적과 특이적 면역반응을 모두 사용한다.

3 물리적 · 화학적 장벽, 시토카인과 보체계를 구성하는 수용성 분자, 식세포, 자연살해세포,염증반응을 포함한 비특이적 면역반응을 설명하라.

- 척추동물의 비특이적 면역반응은 피부와 호흡기 · 소화기를 따라 분비된 점액 등과 같은 물리적 방벽을 포함한다. 병원체가 이런 일차적인 방어를 무너뜨리면, 다른 비특이적 방어가 활성화된다.
- 만약 병원체가 외부장벽을 돌파하게 되면, 비특이적 방어는역반응은 식세포 및 기타 특정 세포의 수용체 단백질인 **Toll-유사 수용체**에 의해 활성화된다. Toll-유사수용체는 병원체-연관 분자양상을 인식한다.
- **호중성 백혈구**와 **대식세포**를 포함하는 **식세포**는 세균을 파괴한다. **자연살해세포**는 바이러스에 감염된 세포와 외부유래의 세포, 및 암세포와 같이 변형된 세포들을 파괴한다.
- 시토카인은 세포 사이의 상호작용을 조절하는 신호성 단백질로써, 인터페론, 인터류킨, 케모카인, 그리고 종양괴사인자 등이 있다. **인터페론**은 바이러스의 복제를 저해하고 자연살해세포를 활성화시킨다. 인터류킨은 림프구와 몸의 다른 세포들 사이의 상호작용을 조절하는 것을 돕는다. 케모카인은 면역계의 특정세포를 유인하고, 활성화시키고, 이동을 지시한다. **종양괴사인자**는 암세포를 죽이고, 염증반응을 개시하도록 면역계 세포를 자극한다.
- **보체** 단백질은 병원체의 세포벽을 녹이고, 병원체를 감싸고, 식세포작용을 강화시키고, 그리고 백혈구를 감염부위로 유인한다. 이러한 작용은 염증반응을 증가시킨다.
- 병원체가 조직 내로 침투하면, 병원체는 3가지 주요과정을 수반하는 **염증반응**을 유발시킨다: 혈관확장 모세혈관의 투과성을 증가시켜 체액과 항체가 순환계를 벗어나 조직 내로 들어가게 한다 식세포 작용을 증가시킨다. 조직손상에 대한 반응에서 염증반응을 중재하는 혈장내 몇 가지 형태의 분자들이 활성화된다. **비만세포**는 **히스타민**과 다른 화합물을 방출하여 혈관확장과 모세혈관의 투과성을 증가시킨다.

4 세포성 면역과 체액성 면역을 구분하라.

- **세포성 면역**에서, 특정 T세포가 활성화 된다. T세포는 바이러스 또는 기타 병원체에 감염된 세포를 파괴시키는 단백질을 분비한다.
- **체액성 면역**에서, 특정 B세포가 활성화 된다. B세포는 증식하여 항체를 생산하는 형질세포로 분화한다.

5 주요한 면역계 세포를 기술하고, 주조직적합성 복합체의 기능을 요약하라.

- 특이적 면역반응에서 2가지 중요한 형태의 세포는 림프구와 항원표출세포이다. 림프구는 골수의 줄기세포로부터 발생된다. **T세포**는 세포성 면역을 담당하는 림프구이다. **흉선**은 T세포에게 자기와 비자기를 구분할 수 있는 능력을 갖추게 함으로써 면역능력을 부여한다. T세포의 3가지 형태는 **세포독성 T세포**, **보조 T세포**, 그리고 **기억 T세포**가 있다. T세포는 **T세포 수용체**에 의해 구별된다.

- B세포는 체액성 면역을 담당하는 림프구이다. B세포는 **형질세포**로 분화되어 항체를 생산한다. 일부 활성화된 B세포는 **기억 B세포**가 되어, 감염이 극복된 후 지속적으로 항체를 생산한다.

- **항원표출세포**는 자신의 세포막 단백질뿐만 아니라 외부 항원을 제시한다. 수지상세포, 대식세포 및 B세포는 중요한 항원표출세포이다. **수지상세포**는 피부나 몸의 여러 조직에 위치하여 환경과 상호작용을 하며 항원의 공정, 수송, 및 제공을 위해 특수화되어 있다.

- 면역반응은 MHC 단백질을 암호화하는 그룹 유전자인, **주조직적합성 복합체**에 의존한다. 제1군 MHC유전자는 대부분의 유핵세포의 표면에서 나타나는 당단백질을 자기항원으로 암호화한다. 제2군 MHC유전자는 면역계의 항원제공세포에서 나타나는 당단백질을 암호화한다. 제3군 MHC유전자는 보체계와 종양괴사인자의 성분을 암호화한다.

6 세포성 면역을 순차적으로 기술하라.

- 세포성 면역에서, 특정 T세포는 감염된 세포의 세포막 표면에 있는 외부항원-MHC 복합체에 의해 활성화된다. 또한, 보조-촉진 신호와 인터류킨을 필요로 한다. 활성화된 세포독성 T세포는 증식하여 단일 클론을 형성하게 된다. 이러한 세포들은 감염부위로 이동하여 병원체에 감염된 세포를 파괴시킨다. 활성화된 보조 T세포는 단일 클론을 형성하며, 시토카인을 분비하여 B세포와 대식세포를 활성화시킨다.

7 병원체에서의 항원-항체 복합체의 작용을 포함한 체액성 면역을 순차적으로 요약하시오.

- 체액성 면역에서, B세포는 항원과 결합하면 활성화된다. 활성화되기 위해서는 세포막 표면에 노출된 외부항원-MHC 복합체를 가지는 항원표출세포(수지상세포 또는 대식세포)와 인터류킨을 분비하는 보조 T세포가 필요하다.

- 활성화된 B세포는 증식하여, 세포성 클론이 되며, 분화하여 형질세포가 된다. 형질세포는 자신을 활성화 시키는 특정항원에 반응하여, **면역글로불린**인 특정 항체를 만든다. 항체는 특정 항원과 결합하여 **항원-항체 복합체**를 형성하면, 병원체를 불활성화 시키고, 식세포작용을 촉진시키며, 보체계를 활성화 시킨다.

8 항체의 기본구조와 기능을 기술하고, 항체 다양성의 원리를 설명하라.

- 전형적으로 항체는 Y-모양을 하고 있다 두개의 팔모양은 항원과 결합한다. 1개의 항체분자는, 2개의 동일한 H-사슬과 2개의 짧은 L-사슬을 가진 4개의 폴리펩티드 사슬로 이루어져 있다. 각 사슬은 **일정부위**와 **변위부위**를 가지고 있다.

- B세포의 분화가 일어나는 동안에 DNA절편의 재배열이 항체의 다양성을 일으키는 주요인이다 수백만 개의 서로 다른 형태의 B세포와 T세포가 생산된다.

9 면역학적 기억의 원리를 설명하고, 1차 면역반응과 2차 면역반응을 대조해 보라.

- 감염이 제거된 후, 기억 B세포와 기억 T세포는 체내에 남게 되어 장기간의 면역성을 나타낸다.

- 특정 항원에 처음으로 노출되면 **1차 면역반응**이 자극된다. 동일 항원에 대해 재차 노출되면 **2차 면역반응**이 일어나며, 1차반응보다 더 신속하고 보다 더 강력하게 나타난다.

10 능동면역과 수동면역을 각 예를 들어 비교하라.

- **능동면역**은 항원에 대한 노출의 결과로 일어난다 질병에서 회복한 후 자연적으로 생기거나 백신으로 예방접종을 함으로써 인공적으로 유도될 수 있다.

- **수동면역**은 한 개체가 다른 사람 또는 동물로부터 생산된 항체를 제공받았을 때 일어나는 일시적인 상태이다.

11 암세포와 HIV에 대한 신체의 반응을 설명하라.

- NK세포, 대식세포, T세포, 그리고 면역계의 다른 세포들은 암세포의 항원을 인식하고 그들에 대해 면역반응을 개시한다. 암세포는 직접적으로 세포독성 T세포를 봉쇄하거나 세포독성 T세포의 제 I 군 MHC분자를 감소시킴으로써 면역체계를 교묘히 빠져나간다.

- **후천성면역결핍증**은 레트로바이러스인 **사람면역결핍바이러스**에 의해 야기된다. HIV는 보조 T세포를 파괴시켜서 심하게는 면역성을 손상시키고, 환자에게 기회성 감염에 대한 위험을 증가시킨다.

12 조직이식 거부반응의 면역학적 원리를 요약하고, Rh불일치성, 알레르기 반응, 그리고 자가면역병과 같은 과민반응시 일어나는 현상들을 설명하라.

- 이식된 조직은 MHC 항원을 가지고 있기 때문에, T세포는 이식조직을 파괴하는 면역반응인 **이식거부반응**을 일으킨다.

- Rh-음성인 여성이 Rh-양성인 아기를 출산할 때, D항원에 대한 항체를 생산한다. 재차 임신 하면 **Rh 불일치성**이 일어날 수 있다.

- **알레르기반응** 시, **알레르기 항원**은 비만세포의 수용체에 결합되는 IgE를 생산하도록 자극한다. 비만세포는 염증반응과 다른 알레르기 반응을 야기하는 히스타민과 기타 분자들을 방출한다. **전신과민증**은 신속하고, 광범위한 알레르기 반응으로써, 사망을 초래할 수 있다.

- **자가면역병**에서, 신체는 자신의 조직에 대해 면역학적으로 반응한다.

## 연습문제

1. 비특이적(선천성) 면역반응은?
   (a) 염증반응 (b) 항원-항체 복합체 (c) 면역글로불린 작용
   (d) 보체와 기억 T세포 (e) 기억 B세포

2. 시토카인은?
   (a) 핵산 조절 (b) 염증반응 방지 (c) 인터페론과 인터류킨 포함
   (d) 면역글로블린 (e) 인터류킨과 보체단백질 포함

3. CD4라 불리는 세포막 표지 인자를 갖는 세포는?
(a) NK세포 (b) 세포독성 T세포 (c) 보조 T세포
(d) B세포 (e) 형질세포

4. 주조직적합성 복합체(MHC)는?
(a) 세포막 단백질의 한 군을 암호화한다
(b) 특정 항체를 암호화한다
(c) 주로 알레르기 반응에서 중요하다
(d) 대식세포로부터 보체의 방출을 억제한다
(e) Y-모양의 분자로 구성된다

5. 다음 중 보체의 작용이 아닌 것은?
(a) 식세포작용 강화 (b) 염증반응 강화 (c) 병원체를 감싼다
(d) 바이러스 방출의 용해 (e) 알레르기 항원 방출 촉진

6. 다음의 세포들 중 항원제공세포인 것은?
(a) NK세포와 단핵구 (b) 대식세포와 형질세포
(c) 수지상세포와 대식세포 (d) 비만세포와 B세포
(e) 기억 T세포와 기억 B세포

7. 면역글로불린 A는?
(a) 알레르기 반응에서 비만세포와 결합한다
(b) NK 세포와 결합한다
(c) 병원체가 상피 표면에 부착되는 것을 막는다
(d) 주로 B세포 표면에서 발견된다
(e) 주로 T세포에서 발견된다

8. HIV는?
(a) 레트로바이러스 (b) 세포독성 T세포를 파괴
(c) 주로 B세포에 의해 공격받는다 (d) a, b, c 모두
(e) 맞는 답 없음.

9. 알레르기 반응에서는?
(a) 신체는 면역결핍이다
(b) 알레르기 항원은 IgE에 결합된다
(c) 보조 T세포는 히스타민을 방출한다
(d) 알레르기 항원은 이식거부 반응을 촉진한다
(e) 비만세포는 불활성화 된다

10. 다음의 세포들 중 특히 암세포를 파괴하는 것은?
(a) NK세포 (b) 형질세포 (c) 호중성 백혈구
(d) 세포독성 B세포 (e) 비만세포

11. 다음 순서 중 체액성 면역을 가장 정확히 서술한 것은?
(1) B세포는 분열하여 클론이된다 (2) 항체 생성 (3) 세포는 분화하여 형질세포를 형성 (4) 활성화된 보조 T세포는 동일한 항원 복합체로 제시된 B세포와 상호작용 (5) B세포 활성화
(a) 1 → 2 → 3 → 4 → 5 (b) 3 → 2 → 1 → 4 → 5
(c) 4 → 5 → 3 → 2 → 1 (d) 4 → 5 → 1 → 3 → 2
(e) 4 → 3 → 1 → 2 → 5

12. 전형적인 항체 분자는?
(a) APCs에 의해 활성화 된다
(b) 4개의 동일한 H-사슬과 4개의 동일한 L-사슬을 가진다
(c) IgG와 IgD란 성분을 갖고 있다
(d) 식세포작용을 억제한다
(e) Y-모양을 가진다

## 심화 학습문제

1. MHC 항원을 소유하는 장점과 단점은 무엇인가? MHC 항원을 갖고 있지 않을 때의 결과에 대해 어떻게 생각하는가? 이들의 면역반응을 비교하라.

2. 특이성, 다양성, 그리고 기억은 면역계에 있어 중요한 특징이다. 특정한 예를 들고, 이러한 특징이 각각 어떻게 중요한지 설명하라.

45

# 기체 교환

Skip Moody/Dembinsky Photo Associates

**환기.** 흰꼬리 사슴 (*Odocoileus virginianus*)과 다른 육상 척추동물은 공기를 들이마심으로써 폐를 환기시킨다.

## 핵심 개념

공기는 물보다 높은 농도의 공기를 갖고 호흡표면 위로 물을 이동시키는 것보다 공기를 이동시키는데 에너지를덜 필요로 한다.

기체교환에 대한 적응으로는 습기가 있는 체표면, 수서동물의 아가미, 기관, 육상동물의 폐 등이 있다.

표유류에서 산소와 이산화탄소는 폐포와 혈액 사이에서 확산에 의해 교환된다 특정 기체의 압력이 확산의 방향과 속도를 결정한다.

호흡색소는 산소와 결합하여 산소를 수송한다. 척추동물 혈액의 산소 대부분은 산화헤모글로빈으로 수송되며 이산화탄소는 중탄산이온으로 수송된다.

대부분의 동물 세포는 세포 호흡을 하기 위하여 지속적인 산소 공급을 필요로 한다. 포유류의 뇌세포는 산소 공급이 수 분간만 끊어져도 회복할 수 없는 손상을 입게 된다. 또한 동물세포는 이산화탄소를 제거해야 한다. 동물과 환경 사이의 기체교환을 **호흡(respiration)**이라 한다. 호흡에는 유기체 호흡과 세포호흡이 있다. **유기체 호흡(organismic respiration)** 시 산소는 외부로부터 흡수되어 개개의 세포로 배달되며, 동시에 세포호흡 시 발생한 이산화탄소는 외부로 배출된다. 미토콘드리아에서 일어나는 **유산소 세포호흡(aerobic cellular respiration)**에서 시트르산 회로가 진행되기 위해서는 산소가 필요하다. 산소는 미토콘드리아 전자전달 사슬(8장)의 최종 전자 수용체 역할을 한다. 이산화탄소는 세포호흡의 대사 산물로서 생산된다.

해면동물, 히드라, 편형동물과 같이 작은 수서성 동물의 기체교환은 농도가 높은 곳에서 낮은 곳으로, 즉 농도 경사를 따라 수동적으로 입자 (원자, 이온 또는 분자)가 이동하는 단순 **확산(diffusion)**에 의해 일어난다. 대부분의 세포는 주위 환경과 직접 접촉하여 있다. 주위의 물에 녹아있는 산소는 세포 내로 확산되어 들어가고 이산화탄소는 세포 밖의 물로 확산되어 나간다. 따라서 특수한 호흡구조를 필요로 하지 않는다.

그러나 산소는 조직에서 느리게 확산하기 때문에, 두께가 1 mm가 넘는 동물에서는 생명을 유지 할 정도로 세포층을 충분히 빨리 확산하지 못한다. 산소를 세포나 수송계로 전달하고 이산화탄소를 배출하기 위해서는 아가미나 폐와 같이 특수화된 호흡구조가 필요하다. 그와 같은 호흡계는 순환계와 함께 작용하여 높은 대사속도를 유지하는데 필요한 산소를 효과적으로 섭취하고 수송한다. 폐를 갖고 있는 동물은 공기를 호흡하면서 환기를 수행한다(사진 참조). ■

## 45.1 공기나 물에서의 기체교환 적응

**학습목표**

1 공기 중 기체교환과 물속 기체교환의 장단점을 비교한다.

공기 중 기체교환은 물속에서의 기체교환에 비해 장점을 갖고 있다. 공기는 물보다 훨씬 높은 농도의 산소를 포함하고 있으며, 산소는 물속 보다 공기 중에서 훨씬 빨리 확산된다. 또한 공기를 기체교환이 일어나는 호흡 표면위로 이동 시킬 때 필요한 에너지는 물을 이동시키는 것보다 적게 든다. 그 이유는 공기의 밀도와 점도가 낮기 때문이다.

아가미는 물속에서의 기체교환에 적응되어 있는 반면, 곤충의 기관과 척추동물의 폐는 공기 중 기체교환에 적응되어 있는 호흡 구조이다. 호흡 표면은 마르는 것을 방지하기 위하여 습기를 유지해야 하고, 산소와 이산화탄소는 이들 호흡 표면의 세포들을 적시고 있는 체액에 녹는다. 동물이 살고 있는 곳이 육지이건 물이건 기체교환은 습기가 있는 표면을 가로질러 일어난다.

**복습**

- 물속에서의 기체교환보다 공기중에서의 기체교환이 유리한 점들은 어떤 것인가?

## 45.2 호흡표면의 종류

**학습목표**

2 체표면, 기관, 아가미, 폐 등 기체교환에 대한 적응을 설명한다.

호흡구조는 습기가 있어야 할 뿐만 아니라 확산이 쉽게 일어날 수 있도록 얇은 벽을 갖고 있어야 한다. 호흡구조에는 일반적으로 호흡기체의 수송과 교환이 용이하도록 혈관이 풍부하게 공급되어 있다. 동물의 체표면, 기관, 아가미, 폐 등(▮ **그림 45-1**) 4개의 주된 호흡표면이 동물에서 사용되고 있으며 일부 동물은 이러한 적응들을 조합하여 이용한다.

### 45.2.1 체표면은 기체교환에 적응되어 있다

나새류 연체동물, 대부분의 환형동물 및 일부 양서류를 포함한 많은 동물의 기체교환은 전체 몸 표면을 통해 일어난다. 이러한 동물들은 작기 때문에 표면 대 부피의 비가 크다. 이들은 또한 대사율이 낮아 세포가 필요로 하는 산소의 양이 적다.

**(a) 체표면.** 작은 다세포 동물은 체표면을 통해 기체를 교환한다.

**(b) 기관.** 곤충과 일부 다른 절지동물은 기관을 통해 기체를 교환한다.

**(c) 아가미.** 대부분의 수서 동물은 몸에서 뻗어있는 얇은 구조인 아가미를 통해 기체를 교환한다. 아가미는 외부에 있거나 내부에 있다.

**(d) 허파.** 허파는 육상 생물들의 기체교환에 대한 적응구조이다.

**그림 45-1** 기체교환에 대한 적응.

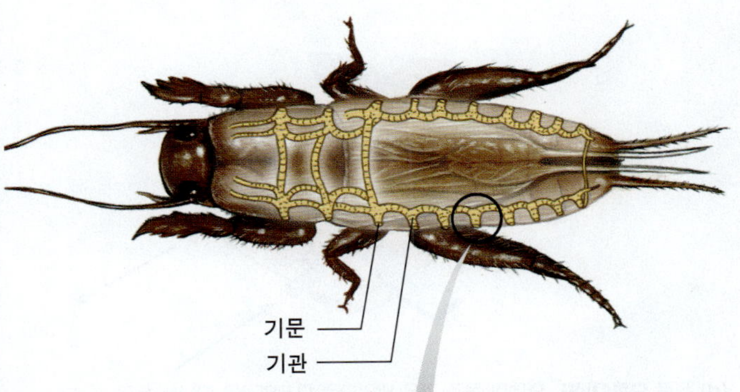


**(a) 기문과 기관의 위치.** 공기는 기문이라 불리는 구멍을 통해 기관계로 들어간다.

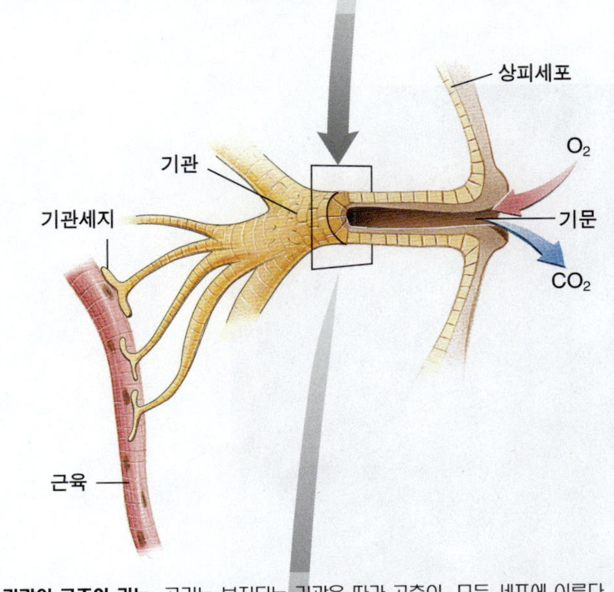


**(b) 기관의 구조와 기능.** 공기는 분지되는 기관을 따라 곤충의 모든 세포에 이른다.

**(c) 땅강아지 기관의 주사전자현미경 사진.** 주름들은 기관 주위를 에워싸고 있는 긴 나선의 일부로서, 진공청소기의 플라스틱 호스를 용수철이 강화하듯이 기관벽을 강화시킨다. 기관벽은 키틴으로 이루어져 있다.

**그림 45-2** 기관.

## 45.2.2 절지동물의 기관계는 공기를 직접 세포로 운반한다

절지동물의 개방순환계는 비교적 비효율적이어서 활동적인 동물에게는 충분한 산소를 공급하지 못하기 때문에 특수화된 호흡계가 필요하다. 곤충과 일부 절지동물(지네, 노래기, 일부 진드기, 일부 거미)의 호흡계는 **기관**(tracheae)으로 이루어져 있다(**그림 45-2**). 공기는 체 표면을 따라 분포하고 있는 **기문**(spiracle)이라고 불리는 일련의 20개의 작은 구멍을 통해 기관으로 들어간다.

몸 안에 들어온 공기는 몸의 모든 부분에 뻗쳐 있는 기관계를 지나간다. 기관은 체액으로 채워진 기관세지에서 끝난다. 기체는 이 체액과 체세포 사이에서 교환된다.

## 45.2.3 수서 동물의 아가미가 호흡표면이다

수성 동물에서 주로 발견되는 **아가미**(gill)는 체 표면으로부터 확장되어 있고 습기가 있는 얇은 구조물이다. 많은 동물에서 아가미의 외면은 물에 노출되어 있는 반면, 내면은 혈관망과 접촉하고 있다.

여러 가지의 아가미가 일부 환형동물, 수서 연체동물, 갑각류, 어류 및 양서류에서 발견된다. 연체동물의 아가미는 주름이 접혀 있어 호흡 표면을 크게 한다. 대합조개, 다른 이매패 조개와 단순 척삭동물의 아가미는 먹이를 끌어들이고 분류하도록 적응되어 있다.

척삭동물의 아가미는 보통 내부에 있다. 인두에 일련의 틈새가 있고 아가미는 이러한 아가미 틈의 가장자리를 따라 위치해 있다(그림 31–4 참조). 경골어류의 약한 아가미는 **아가미 덮개**(operculum)에 의해 보호되고 있다.

경골어류의 아가미는 많은 **필라멘트**(filament)가 있어 기체교환을 위한 표면적이 크다(**그림 45-3a, b**). 필라멘트는 물쪽으로 뻗어 나와 있어 지속적으로 물이 이들 위를 지나간다. 모세혈관망은 아가미 필라멘트로 혈액을 공급하고 혈액과 물 사이의 산소와 이산화탄소의 확산을 촉진시킨다. 혈액은 물의 움직임과는 반대방향으로 흐르는데 이를 **역류교환계**(countercurrent exchange system)라 한다. 이러한 배열로 혈액과 물이 접촉하고 있는 부위 면을 따라 혈액과 물 사이의 산소농도 차가 최대화된다 (**그림 45-3c**).

만약 혈액과 물이 같은 방향으로 흐르는 동류교환이라면 혈액(낮음)과 물 (높음)의 산소농도의 차이가 처음에는 매우 크나 끝쪽

**(a) 아가미의 위치.** 아가미는 골질의 판인 아가미 덮개 아래에 있는데, 이 그림에서는 아가미 덮개가 생략되어 있다. 아가미는 인두 강의 측벽을 형성 한다.

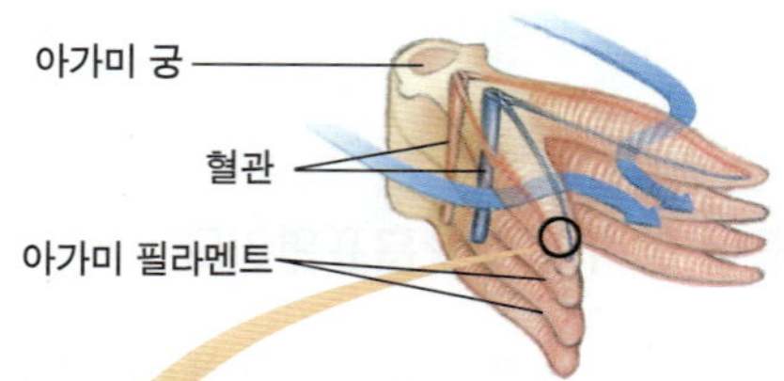


**(b) 아가미의 구조.** 각 아가미는 2줄의 나뭇잎 같은 아가미 필라멘트가 붙어있는 연골성 아가미 궁으로 이루어져 있다. 물이 아가미 필라멘트를 지나 흐를 때 혈액은 필라멘트 내에서 순환한다.

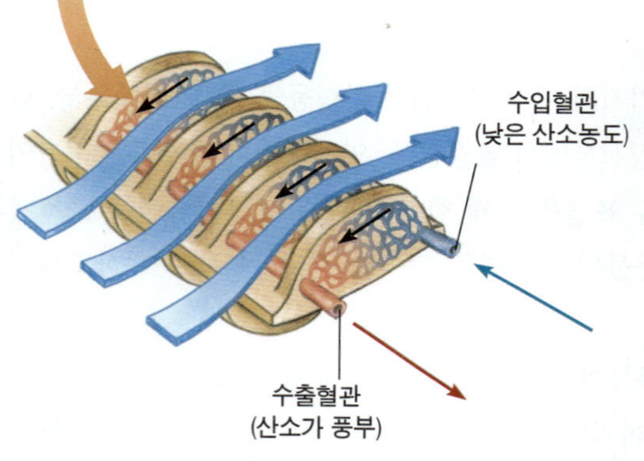


**(c) 역류 흐름.** 각 아가미 필라멘트에는 모세혈관이 풍부한 작은 확장된 구조물이 많이 있다. 모세혈관으로 들어오는 혈액에는 산소가 부족하다. 모세혈관을 지나는 혈액은 물의 방향과 반대로 흐른다. 이러한 역류교환계는 혈액에 산소를 효과적으로 쉽게 한다.

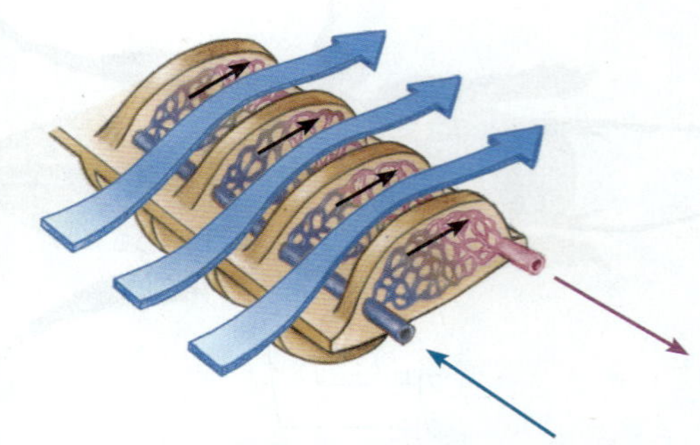

**(d) 동류 흐름(가설).** 혈액이 물과 같은 방향으로 모세혈관을 지나는 동류 교환계라면 훨씬 적은 양의 산소가 물에서 혈액으로 확산될 것이다.

**(e) 연어의 아가미.**

**그림 45-3 경골어류의 아가미.**

에서는 매우 작다(그림 45-3d). 물의 산소 농도는 혈액의 산소 농도가 증가함에 따라 감소하게 된다. 두 액체의 농도가 같게 되면 평형에 도달하여 순수 산소 확산은 멈춘다. 물에 녹아있는 산소의 약 50%만이 혈액으로 확산되어 들어갈 수 있다.

그러나 역류교환계에서는 산소가 적은 혈액이 산소가 결핍된 물과 접촉하게 된다. 그러면 모세혈관을 흐르는 혈액이 점차 산소가 풍부하게 됨에 따라 점차적으로 산소 농도가 높아지는 물과 접촉하게 된다. 따라서 이러한 확산 경사로 산소는 모든 모세혈관을 통하여 물에서 아가미로 이동하게 된다. 높은 확산 속도가 유지되기 때문에 물에 있는 많은 산소(80% 이상)가 혈액으로 확산될 수 있다.

## 45.2.4 육상 척추동물은 폐를 통해 기체를 교환한다

**폐**(lung)는 체 표면이 내부로 성장하거나 인두와 같은 체강 벽으로부터 발생하여 생기는 호흡구조물이다. 예를 들어 거미의 **책허파**(book lung)는 복부벽에 둘러싸여 있다. 이러한 폐는 혈림프로 채워진 일련의 얇고 평행하게 배열된 조직 판(책의 면처럼)으로 이루어져 있다(그림 45-1d). 조직의 판들은 빈 공간에 의해 분

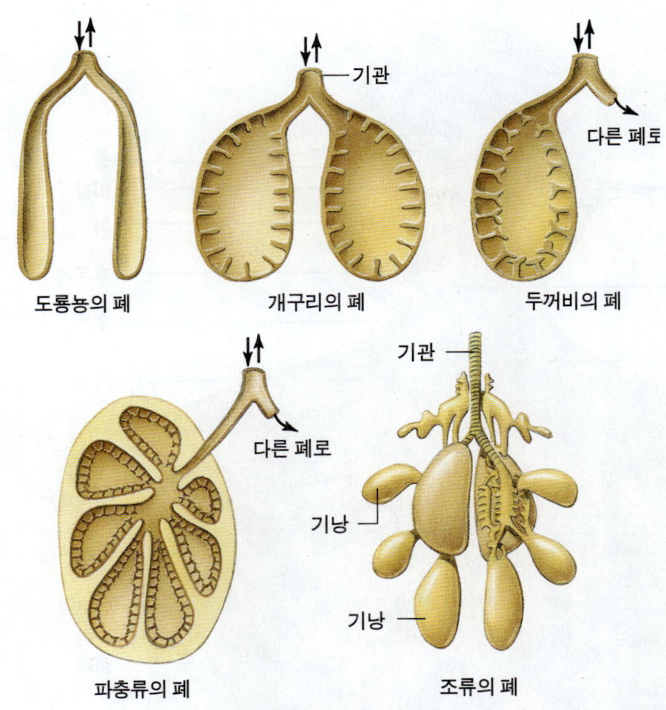


**그림 45-4 척추동물 폐의 진화.**

폐의 표면적은 척추동물 진화과정에서 증가하여 왔다. 도롱뇽의 폐는 단순한 주머니이다. 다른 양서류와 파충류는 작은 융기나 주름들이 있어 표면적이 넓어진다. 조류는 폐와 기낭으로 이루어진 정교한 체제를 갖고 있다. 포유류의 폐는 수백만 개의 폐포를 갖고 있어 기체교환에 유용한 표면적이 크게 증가되어 있다(그림 45-7 참조).

리되어 있는데, 이 공간에는 기문을 통해 외부로부터 들어온 산소가 있다.

오스트레일리아의 페어는 환경의 조건에 따라 아가미나 폐 중 선택하여 사용할 수 있다. 아프리카와 남미 페어의 아가미는 나이가 들면서 퇴화되기 때문에 성체는 표면으로 올라와서 전적으로 폐를 통해 기체교환을 해야 한다. 대부분의 경골어류는 폐가 없으나, 거의 모두 폐와 상동인 **부레(swim bladder)**를 갖고 있다(31장 참조). 어류는 부레의 기체양을 조절하여 부력을 조절할 수 있다.

일부 양서류는 폐를 갖고 있지 않다. 예를 들어 미주도롱뇽(폐가 없는)은 기체교환이 인두나 얇고 축축한 피부를 기로질러 일어난다. 양서류의 기체교환은 주로 체표면에서 일어나지만 양서류 대부분이 폐를 갖고 있다(**그림 45-4**). 도롱뇽의 폐는 모세혈관이 풍부하게 공급되어 있는 길고 단순한 2개의 낭으로 이루어져 있다.

대부분 파충류의 폐는 단순한 낭으로 되어 있는데 벽에 주름이 있어 기체교환을 위한 표면이 증가되어 있다. 그러나 기체교환이 효과적으로 일어나지 않아 장기간의 활동을 지속할 수 있을 정도의 충분한 산소를 공급하지 못한다.

조류는 살아있는 척추동물 중 가장 효과적인 호흡계를 갖고 있다. 작고 밝으며 붉은 폐에 **기낭(air sac)**이 몸의 모든 부위에 걸쳐 있으며(보통 9개), 일부 뼈의 빈 공간에 연결되어 있기도 한다(**그림 45-5**). 기낭은 공기를 호흡계로 끌어들이는 작용을 한다. 호식 시 기낭이 붕괴되어 공기가 밖으로 강제로 밀려나간다.

조류의 호흡계는 공기가 허파에서 한쪽 방향으로만 흐르고, 2개의 주기를 통해 새로운 공기로 대체한다. 몸으로 들어가는 공

기관
기낭들
폐

**(a) 조류의 호흡계 구조.** 조류의 호흡계는 폐와 기낭을 포함하고 있다.

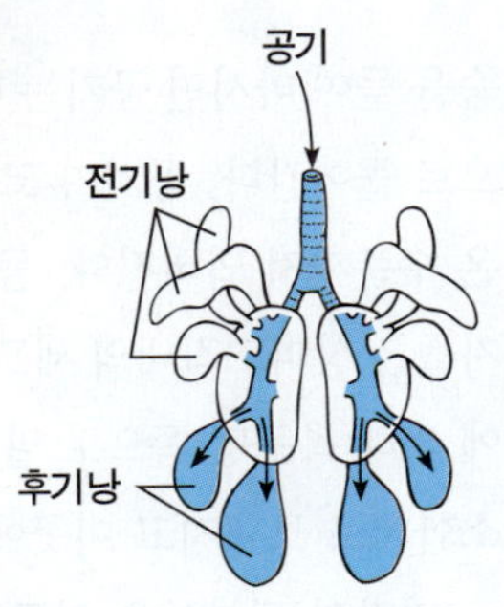


**(b) 1차 흡식.** 조류가 흡식함에 따라 새로운 공기가 후기낭 (파란색)과 폐 (나타나 있지 않음)의 일부로 흘러 들어간다.

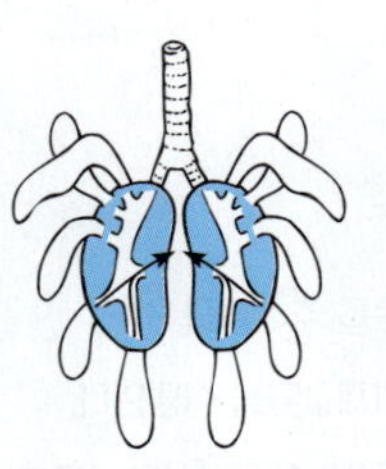

**(c) 1차 호식.** 조류가 호식함에 따라 이 공기들은 폐로 들어간다.

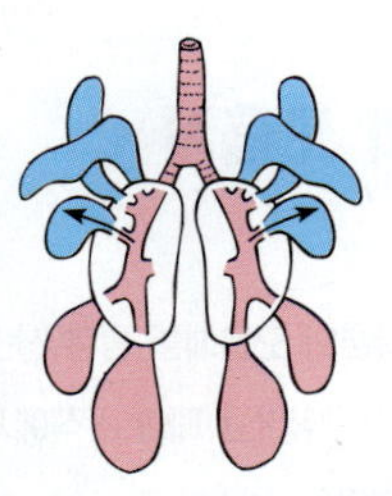

**(d) 2차 흡식.** 두 번 째 흡식 시, 첫 번째 호흡에서 들어온 공기의 대부분은 전기낭으로 이동한다. 두 번째 흡식의 공기는 후기낭으로 흘러 들어가고 (분홍색) 일부는 폐로 들어간다.

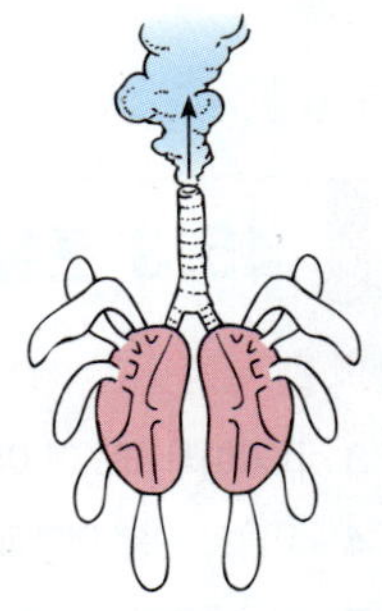

**(e) 2차 호식.** 두 번째 호식시, 첫 번째 흡식의 공기 대부분이 몸을 떠나고 두 번째 흡식의 공기가 폐로 들어간다.

**그림 45-5 조류의 기체교환.**

조류는 폐에서 공기가 한 방향으로만 흘러 가도록 흡식과 호식이 2차례 일어나는 호흡과정을 갖고 있다.

기는 후기낭과 이 기낭에 가장 가까이 있는 폐 부위로 들어간다. 조류가 호식을 할 때 공기는 폐로 들어간다. 두 번째 호흡에서 공기는 폐로부터 전기낭으로 흘러간다. 마지막으로 두 번째 호식에서 전기낭에 있던 공기는 두 번째 흡식 시 들어왔던 공기가 폐로 들어감에 따라 몸을 떠난다. 따라서 공기는 흡식과 호식을 통해 신선한 공기를 취한다.

조류의 폐에는 양쪽 끝이 열려 있는 매우 작고 가는 벽으로 이루어진 **부기관지**(parabronchi)가 있다. 기체교환은 이들 관의 벽을 가로질러 일어난다. 혈액은 폐에서 부기관지를 지나는 공기의 흐름과 반대 방향으로 흐른다. 이러한 배열은 어류의 아가미에 있는 역류 교환과 원칙적으로 비슷하여, 혈액으로 들어가는 산소의 양을 증가시켜준다. 그러나 조류의 모세혈관은 부기관지 길이를 따라 배열되어 있지 않고 부기관지에 대해 수직으로 배열되어 있다. 그래서 이와 같은 배열을 역류 대신 *교차류*(crosscurrent)라 부른다.

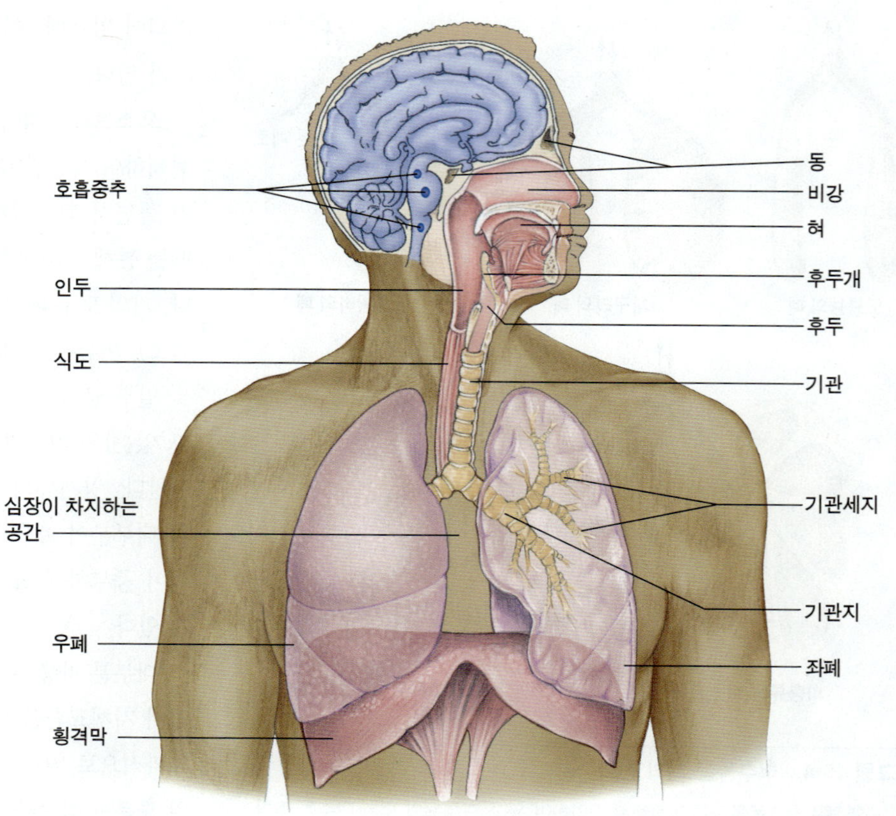


**그림 45-6 사람의 호흡계.**

한쪽 폐의 내부 그림에서 광범위한 공기의 이동계가 보인다. 근육인 횡격막은 흉강 바닥을 이룬다. 뇌의 호흡중추는 호흡속도를 조절한다.

**복습**

- 왜 올챙이에서는 특수한 호흡구조가 필요하고 편형동물인 경우는 그렇지 않은가?
- 지렁이, 메뚜기, 어류, 조류의 기체교환이 어떻게 다른가?
- 역류교환계는 어떻게 물고기의 아가미와 혈액 사이의 기체교환 효율을 증가시키는가?

## 45.3 포유류의 호흡계

**학습목표**

3 비공에서 폐포에 이르는 사람의 호흡계를 통한 산소 경로를 추적한다.
4 사람의 호흡 역학과 조절을 요약하고 폐와 조직에서의 기체교환을 설명한다.
5 헤모글로빈의 산소 운반 역할을 설명하고, 산소-헤모글로빈 해리곡선을 결정하고 영향을 주는 인자들을 알 수 있다.
6 이산화탄소가 혈액에서 운반되는 기작을 요약한다.
7 심해 잠수 시 너무 빨리 떠오를 때 일어나는 갑작스런 감압이나 과도호흡의 생리적 영향을 설명한다.

포유류의 호흡계는 폐와 비공에서 폐에 이르는 일련의 관으로 이루어져 있다 (**그림 45-6**). 복잡한 폐는 표면적이 매우 크다. 다음 절에서는 사람의 호흡계를 중점적으로 다룬다.

### 45.3.1 기도는 공기를 폐로 전도한다

숨을 들여 마시면 공기는 **비공**(nostril)을 지나 **비강**(nasal cavity)으로 들어간다. 공기가 코를 지나가면서 여과되고 습기를 받고 체온 수준까지 덥혀진다. 들여 마신 먼지, 박테리아와 다른 외부 입자들은 상피조직내의 세포에서 생산되는 점액에 의해 잡히고 섬모에 의해 목구멍 쪽으로 밀려나간다. 이와 같이 하여 외부입자들은 소화계로 보내지고 이곳에서 물질들이 효과적으로 처리된다.

비강의 뒷부분은 **인두**(pharynx)로 연결된다. 우리가 코나 입을 통해 숨을 마시면 공기는 인두로 들어간다. 인두 바닥은 아담의 사과로 불리는 **후두**(larynx)에 연결된다. 후두에는 성대가 있어 음성상자로 알려져 있기도 하다. 음식을 삼킬 때 **후두개**(epiglittis)가 저절로 후두를 닫아, 음식과 액체가 기도가 아닌 식도로 들어가도록 한다.

공기는 이 후두에서 **기관**(trachea)으로 들어간다. 기관 벽은 연골 고리에 의해 붕괴가 방지된다. 기관은 2개의 **기관지**(bronchus)로 갈라지고 이들은 폐로 연결된다. 기관과 기관지의 내면에는 섬모가 있는 세포가 포함된 점막이 있다. 코와 인두를 지난 중간 크기의 입자는 이곳에서 붙잡힌다. 이러한 입자들이 포함되어 있는 점액은 섬모에 의해 계속하여 인두로 밀려 나간다. 인두에서는 주기적으로 연하가 일어난다.

## 45.3.2 기체교환은 폐의 폐포에서 일어난다

폐는 흉강을 차지하고 있으며, 크고 해면 모양을 하고 있는 1쌍의 기관이다. **흉막**(pleural membrane)은 폐를 덮고 있으며 흉강의 내면을 이룬다. *흉막강*(pleural cavity)은 흉막사이의 공간이다. 흉막강에 있는 액체의 얇은 막은 폐와 체벽 사이에서 윤활작용을 한다.

폐 안에서 기관지는 갈라져서 작고 많아진다. 이러한 가지들은 각 폐에서 100만개 이상의 매우 작은 **기관세지**(bronchiole)를 이룬다. 각 기관세지는 매우 작은 기낭의 집단인 **폐포**(alveolus)에서 끝난다(**그림 45-7**). 각 폐에는 300만개 이상의 폐포가 있어서 내부 표면적이 대략 테니스 코트 면적 정도이다. 각 폐포에는 한 층의 매우 얇은 상피세포들이 배열되어 있다. 기체는 폐포벽을 통해 자유로이 확산하여, 둘러싸고 있는 모세혈관으로 들어간다. 폐

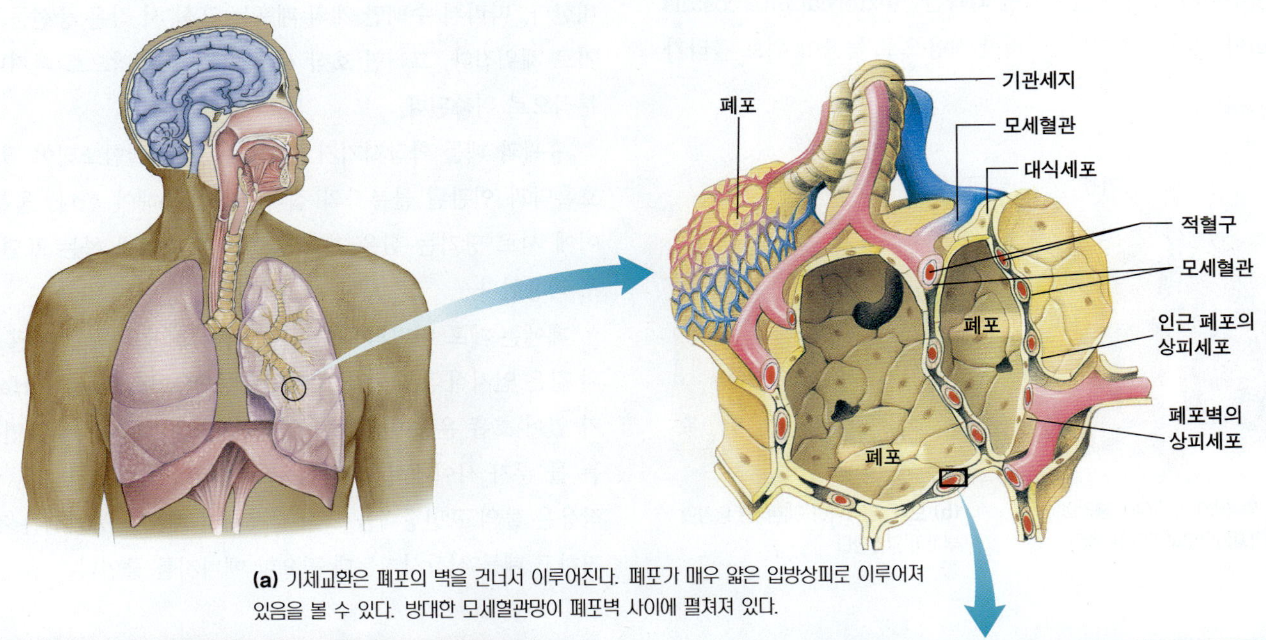


**(a)** 기체교환은 폐포의 벽을 건너서 이루어진다. 폐포가 매우 얇은 입방상피로 이루어져 있음을 볼 수 있다. 방대한 모세혈관망이 폐포벽 사이에 펼쳐져 있다.

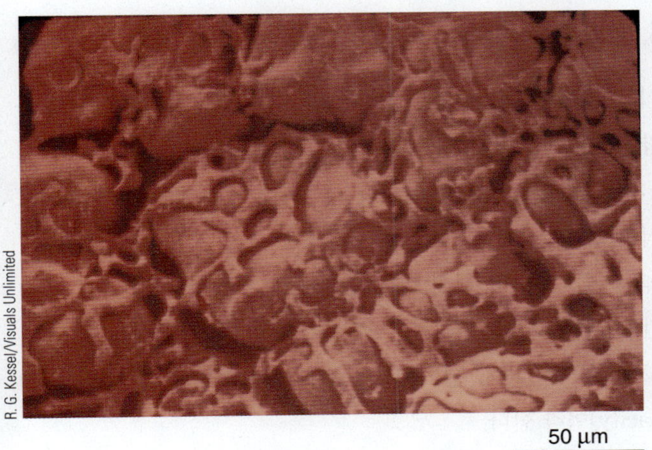


**(b)** 여러 개의 폐포를 에워싸고 있는 모세혈관망이 보이는 채색 주사전자현미경 사진.

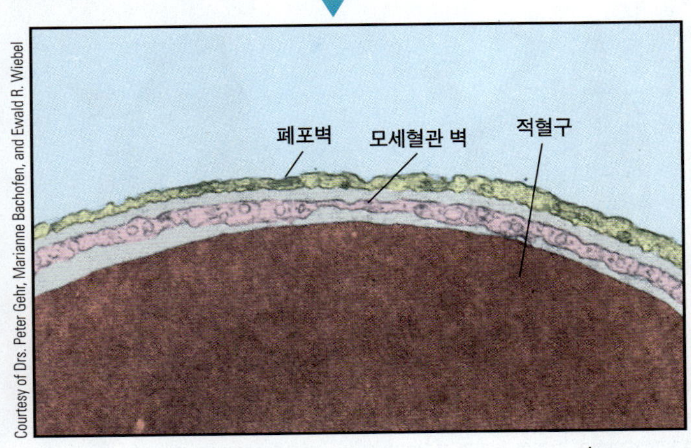


**(c)** 모세혈관과 폐포벽의 일부분을 나타내고 있는 채색 투과전자현미경사진. 모세혈관 내 어두운 구조가 적혈구의 일부분이다. 폐포의 벽이 모세혈관 벽 바로 위에 보인다. 산소가 폐포 내 공기에서 적혈구로 확산되는 거리가 매우 짧음을 알 수 있다.

**그림 45-7** 폐포의 구조.

포 벽의 상피와 모세혈관벽 등 단지 2개의 얇은 세포층들이 혈액으로부터 폐포에 있는 공기를 분리한다.

## 45.3.3 환기는 호흡에 의해 이루어진다

호흡은 외부로부터 공기를 폐로 이동시키고, 다시 폐로부터 공기를 내보내는 기계적 과정이다. 공기를 들여 마시는 것을 **흡식(inhalation)**, 공기를 내보내는 것을 **호식(exhalation)**이라 한다.

흡식 시 흉강의 바닥을 이루고 있는 둥근 천장 모양의 **횡격막(diaphragm)** 수축으로 흉강의 부피가 증가한다. 횡격막은 수축하면 아래로 움직여 흉강의 부피가 증가한다(▮ **그림 45-8**). 강제 흡식 시 많은 부피의 공기가 들어오면 *외늑간근*(external intercostals muscle)이 역시 수축한다. 이러한 작용으로 늑골이 위로 올라가서 역시 흉강의 부피가 증가한다. 폐는 흉강의 벽에 붙어있기 때문에 흉강의 부피가 증가하면 각 폐 내의 공간이 역시 증가한다. 폐의 공기는 현재 보다 많은 공간을 갖게 되는데 이 움직임이 일어나기 위해서는 폐의 공기압력이 몸 바깥 공기의 압력보다 2–3 mmHg 정도 작아야 한다. 이러한 압력차이 결과 바깥의 공기가 호흡 기도를 통해 들어와서 2개의 압력이 다시 같을 때까지 폐를 채운다.

횡격막이 이완하면 호식이 일어난다. 흉강의 부피가 감소하면 폐의 압력이 증가하여 대기압보다 2–3 mmHg 높게 된다. 수백만 개의 팽창된 공기 주머니에서 공기가 일부 빠져 들여 마셨던 공기를 밀어낸다. 압력은 정상으로 되돌아오고 폐는 다른 흡식을 준비한다. 따라서 수백만 개의 폐포는 흡식 시 작은 풍선들처럼 공기로 채워진다. 그러면 호식 시 공기는 폐포 밖으로 빠져나가 부분적으로 위축된다.

흉곽과 폐를 확장시키기 위해서는 탄성 결합조직이 필요하며 호흡막과 연관된 물분자의 접착력을 극복해야 한다. 물분자 사이에 서로 당기는 힘은 폐가 늘어나지 못하게 하는 표면장력으로 작용한다.

폐에는 폐포 내면의 특수화된 내피세포에 의해 분비된 청정제와 같은 인지질 혼합물인 폐 **계면활성제(pulmonary surfactant)**가 있어 호흡 운동에 필요한 일의 양이 줄어든다. 폐 계면활성제는 물 분자 사이에서 퍼져 이들의 점착력을 감소시킨다. 이러한 작용은 물의 표면장력을 크게 감소시켜 폐포가 붕괴되는 것을 방지하고 폐를 신장시키는데 필요한 에너지를 줄인다.

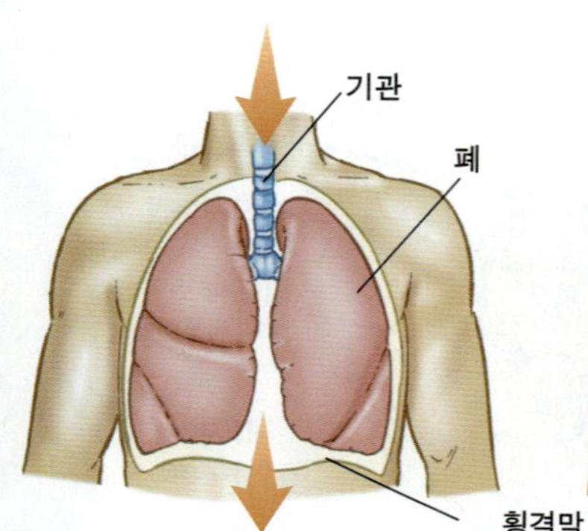


**(a) 흡식.** 횡격막이 수축하여 흉강의 부피를 증가시킴으로써 공기는 폐로 들어간다.

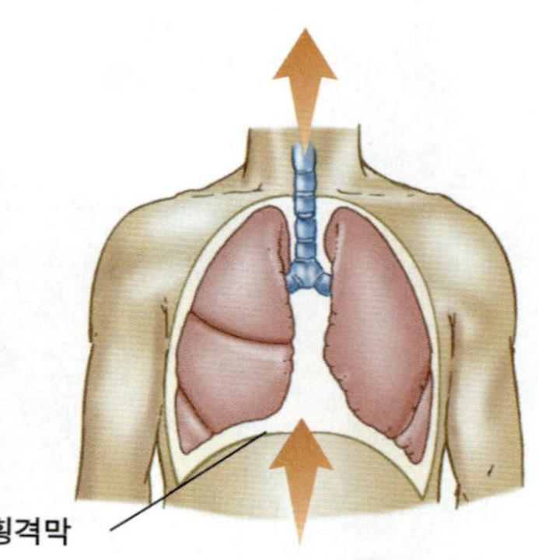

**(b) 호식.** 횡격막이 이완하면 흉강의 부피가 감소한다.

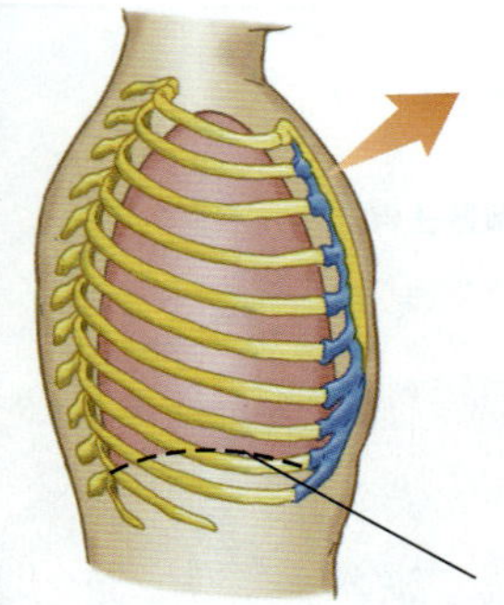


**(c) 강제적 흡식.** 외늑간근이 수축하여 늑골의 전단이 올라가면, 가슴의 전 후 크기가 증가하여 흉강의 부피가 증가한다.

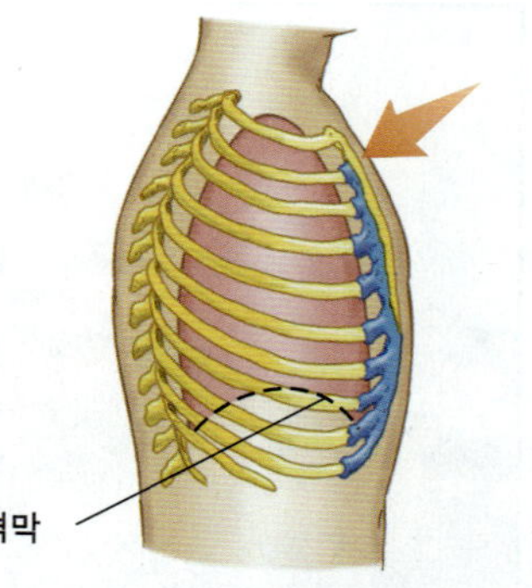

**(d) 강제적 호식.** 내늑간근이 수축하여 늑골이 아래로 내려 밀면, 흉곽이 내려앉아 흉강의 부피가 감소한다.

**그림 45-8 호흡 운동의 역학.**
흡식과 호식시 횡격막의 위치가 변하면 흉강의 부피가 변한다.

## 45.3.4 호흡량은 측정할 수 있다

휴식 시 호흡을 할 때 폐로 들어가고 나오는 공기의 양을 **1회 호흡용량(tidal volume)**이라 한다. 정상 1회 호흡용량은 약 500 mL이다. **폐활량(vital capacity)**은 사람이 최대한 폐를 채운 후 최대로 호식할 수 있는 양이다.

숨을 쉴 때마다, 탁한 공기를 폐에서 완전히 비우지 않고 신선한 공기를 채우기 때문에 폐활량은 1회 호흡 용량보다 크다. 정상 호식 후 폐에 남아있는 공기의 부피를 **잔기량(residual capacity)**이라 한다.

## 45.3.5 기체교환은 폐포에서 일어난다

호흡계는 산소를 폐포로 전달하는 역할을 하는데, 산소가 그대로

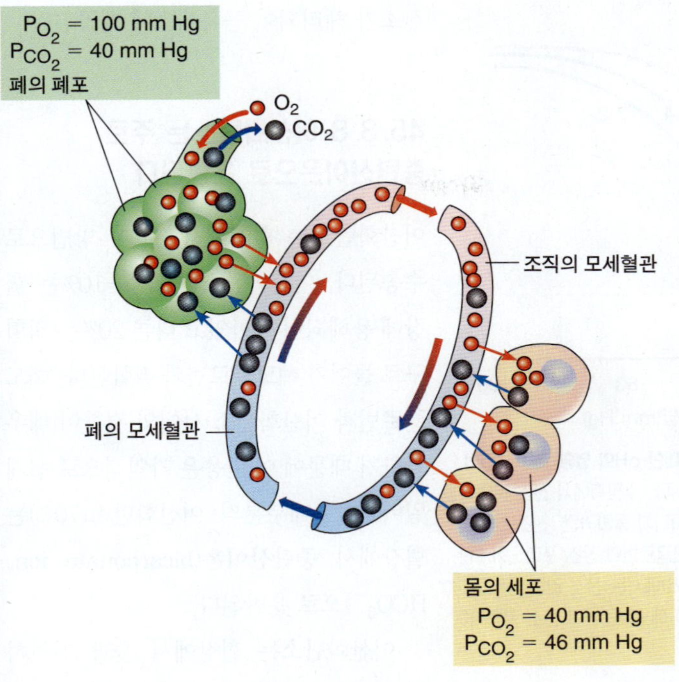


**그림 45-9 폐와 조직에서의 기체교환.**

폐포의 산소 농도가 폐 모세혈관의 것보다 크기 때문에 산소는 폐포에서 혈액으로 확산되어 들어간다. 혈액의 이산화탄소 농도가 폐포의 것보다 크기 때문에 이산화탄소는 모세혈관을 떠나 폐포로 확산되어 들어간다. 조직에서는 혈액의 산소 농도가 높아 모세혈관을 떠나 세포로 확산되어 들어간다. 이산화탄소는 세포에 더 많이 농축되어 있어 세포로부터 혈액으로 확산되어 들어간다. 조직에서 기체가 교환되기 전과 후의 산소와 이산화탄소 분압 차이를 주목해 볼 필요가 있다.

폐에 남아있다면 몸의 모든 다른 부분은 곧 죽게 될 것이다. 순환계가 폐포와 체세포 사이를 연결한다. 각 폐포는 모세혈관을 따라 폐포 공기 가까이에 운반된 혈액으로 산소를 싣는 보급소 역할을 한다 (**그림45-9**).

산소 분자는 산소가 보다 농축되어 있는 폐포로 부터 산소가 덜 농축되어 있는 폐모세혈관의 혈액으로 단순 확산에 의해 이동한다. 동시에 이산화탄소는 보다 농축되어 있는 혈액으로부터 덜 농축되어 있는 폐포로 이동한다. 각 기체는 한 층의 폐포 내면 세포와 한 층의 모세혈관 내면 세포를 지나 확산된다.

세포내 산소농도는 조직에 들어가는 모세혈관의 것보다 낮고 이산화탄소의 농도는 모세혈관보다 세포가 더 높다. 따라서 혈액이 뇌나 근육과 같은 조직의 모세혈관을 지나 순환할 때 산소는 혈액으로부터 세포로 단순 확산에 의해 이동하는 한편 이산화탄소는 세포로부터 혈액으로 이동한다.

기체의 방향과 확산 속도를 결정하는 인자는 특정 기체의 압력이다. **달톤의 부분압 법칙**(Dalton's law of partial pressure)에 따르면 기체 혼합물의 총 압력은 개개 기체 압력의 합이다. 각각의 기체는 혼자 존재하는 것처럼 다른 기체와는 별개로 **부분압**(**partial pressure**)을 나타낸다. 해면에서 기압은 (지구 대기압)은 760 mm 높이의 수은 기둥을 지지할 수 있다. 산소는 대기의 약 21%를 차지하고 있어 대기압 중 산소의 몫은 0.21 × 760 = 160 mmHg로 대기 산소의 부분압이라 하며 $P_{O_2}$로 나타낸다. 대기 중 이산화탄소의 부분압은 0.3 mmHg로 $P_{CO_2}$로 나타낸다.

### 45.3.6 기체교환은 조직에서 일어난다

동맥혈의 산소 부분압은 약 100 mmHg이다. 조직의 $P_{O_2}$는 0-40 mmHg의 범위에 있다. 그러나 모든 산소가 혈액을 떠나는 것은 아니다. 혈액은 조직 모세혈관을 너무 빨리 지나가기 때문에 평형에 도달하지 못한다. 그 결과 폐로 돌아가는 정맥혈의 산소분압은 약 40 mmHg가 된다.

### 45.3.7 호흡색소는 산소운반 능력을 증가시킨다

복잡한 동물은 산소와 가역적으로 결합하고 혈액의 산소 운반 능력을 증가시켜주는 **호흡색소**(**respiratory pigment**)를 갖고 있다.

**헤모글로빈**(**hemoglobin**)과 **미오글로빈**(**myoglobin**)은 동물에서 가장 공통적으로 존재하는 호흡색소이다. 미오글로빈은 근섬유에서 발견되는 헤모글로빈의 한 형태이다. 헤모글로빈은 척추동물 혈액에서 발견되는 유일한 형태의 색소로, 환형동물, 선충류, 연체동물, 절지동물 등 많은 무척추동물에도 존재한다.

헤로글로빈은 글로빈 단백질에 결합되어 있는 철-포르피린, 즉 헴으로 이루어진 관련된 혼합물들의 일반적인 이름이다. 헤모글로빈은 산소와 결합하면 밝은 적색을 띠고, 산소가 없으면 어두운 적색을 띠어 정맥혈은 자주색이다.

헤모글로빈의 단백질 부분은 4개의 폴리펩티드로 이루어져 있는데 보통 2개의 $\alpha$ 사슬과 2개의 $\beta$ 사슬로 되어있으며, 이들 사슬에는 헴 (철-포르피린) 환이 각각 붙어있다 (그림 3-22a 참조). 철 원자는 각 헴 고리의 중심에 결합되어 있다. 산소 분자는 각 헴의 철 원자에 붙을 수 있다. 산소는 폐 (또는 아가미)에서 적혈구 세포로 확산되어 들어가 헤모글로빈 (Hb)과 결합하여 **산화헤모글로빈** ($HbO_2$)을 형성한다. 산소와 헤모글로빈사이의 화학결합이 약하기 때문에 이 반응은 쉽게 가역적으로 일어난다.

헤모글로빈에 의해 운반될 수 있는 최대 산소량을 **산소운반용**

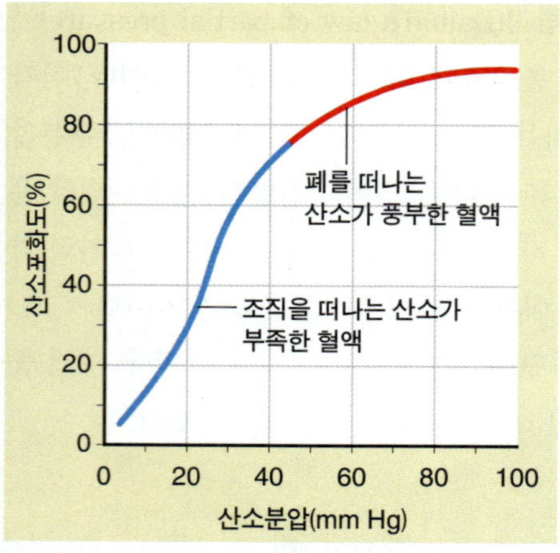


**(a) 정상적인 산소-헤모글로빈 해리 곡선.** 산소 분압과 헤모글로빈의 산소포화도 비율의 관계를 보라. 산소는 폐에서 헤모글로빈과 결합하고 조직에서 헤모글로빈으로부터 해리된다.

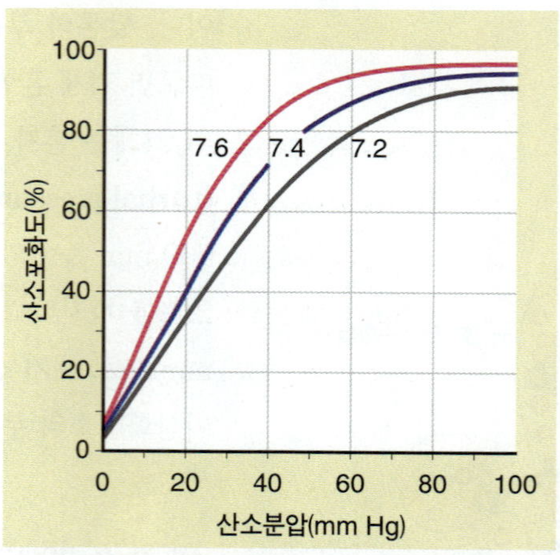


**(b) 산소-헤모글로빈 곡선에 대한 pH의 영향 (보어 효과).** 사람 혈액의 정상 pH는 7.4이다. 수평축에서 산소 분압이 40인 곳에서 위로 곡선들을 지나쳐 올라가면, 산소 분압이 같더라도 3개의 곡선간에 헤모글로빈의 산소 포화도가 다른 것을 알 수 있다. 높은 pH(7.6)에서는 산소 결합 능력이 증가하고, pH가 낮으면 (7.2) 헤모글로빈의 산소 결합력이 감소하여 산소가 이탈된다.

**그림 45-10** 산소-헤모글로빈 해리 곡선.

**량**(oxygen-carrying capacity)이라 하고, 헤모글로빈에 결합하는 실제 산소량을 **산소 함량(oxygen content)이**라 한다. 산소운반용량에 대한 산소 함유량 비를 헤모글로빈의 **퍼센트 산소 포화도**(percent $O_2$ saturation)라 한다. 퍼센트 포화도는 산소 농도가 가장 높은 폐 모세혈관에서 가장 높다. 산소가 적은 조직의 모세혈관에서는 산화헤모글로빈이 분리되어 산소를 방출한다. 따라서 헤모글로빈의 퍼센트 포화도는 낮다. **그림 45-10a**의 **산소-헤모글로빈 해리곡선**(oxygen-hemoglobin dissociation curve)은 이러한 관계를 설명하고 있다. 산소의 농도가 증가함에 따라 산소와 결합하고 있는 헤모글로빈의 백분율 비가 점차적으로 증가하게 된다. 헤모글로빈과 결합하거나 산소헤모글로빈으로부터 방출되는 산소의 능력은 퍼센트 산소 포화도외에 pH, 이산화탄소 농도, 온도 등 몇 가지 인자의 영향을 받는다.

호흡하는 조직에서 만들어진 이산화탄소는 혈장에서 물과 반응하여 탄산 ($H_2CO_3$)을 형성한다. 따라서 이산화탄소의 농도가 증가하면 혈액의 산도가 증가한다 (pH가 감소한다). 산화헤모글로빈은 정상 pH보다 산성에서 쉽게 산소를 해리한다. pH 변화에 의한 산소해리곡선의 이동을 **보어 효과**(Bohr effect)라 한다 (**그림 45-10b**). 활발한 근육에서 방출된 젖산도 혈액의 pH를 낮추어 산소-헤모글로빈 해리곡선에 비슷한 영향을 미친다-보다 많은 산소가 해리되어 근육세포에 제공된다.

## 45.3.8 이산화탄소는 주로 중탄산이온으로 운반된다

이산화탄소는 혈액에서 3가지 방법으로 수송된다. 이산화탄소의 약 7-10%는 혈장에 용해되어 녹아있고 다른 20%는 적혈구로 들어가 헤모글로빈과 결합한다. 헤모글로빈과 이산화탄소 사이의 결합이 매우 약하기 때문에 이 반응은 가역적으로 쉽게 일어난다. 대부분의 이산화탄소(70%)는 혈장에서 **중탄산이온**(bicarbonate ion, $HCO_3^-$)으로 운반된다.

이산화탄소는 혈장에서 물과 천천히 결합하여 탄산을 형성한다. 이 과정은 **탄산무수화효소**(carbonic anhydrase)라는 효소의 작용으로 적혈구세포 내에서는 훨씬 빨리 진행된다 (**그림 45-11**). 탄산은 해리되어 수소이온과 중탄산이온이 된다.

탄산에서 방출된 대부분의 수소이온은 효과적으로 완충작용을 하는 헤모글로빈과 결합한다. 많은 중탄산이온은 혈장으로 확산되어 들어간다. 음전하를 띤 중탄산이온이 적혈구 밖으로 이동함에 따라 혈장 내 염소 이온 ($Cl^-$)이 적혈구내로 확산되어 들어와 중탄산이온을 대신하는데 이 과정을 **염화물 이동**(chloride shift)이라 한다. 폐포 모세혈관에서는 이산화탄소가 혈장에서 나와 폐포로 확산되어 들어간다. 이곳에서는 이산화탄소의 농도가 낮기 때문에 위의 반응은 반대로 일어난다.

## 45.3.9 호흡은 뇌의 호흡중추에 의해 조절된다

호흡은 뇌간에 있는 **호흡중추**(respiratory center)에 의해 조절되는 규칙적이고 불수의적인 과정이다(그림 44-6 참조). 연수 등 쪽에 있는 일단의 신경세포들이 기본적인 호흡 리듬을 조절한다. 이러한 신경세포들은 횡격막과 외늑간근에 일련의 신경 충격을 보내어 이들을 수축시킨다. 수초 후 이들 신경세포들은 불활성화되고 근육이 이완되어 호식이 일어난다. 활성과 비활성 주기는 반복적으로 일어나 휴식 시 사람은 1분에 약 14번 숨을 쉬게 된다.

이산화탄소의 농도는 호흡속도를 조절하는 가장 중요한 화학

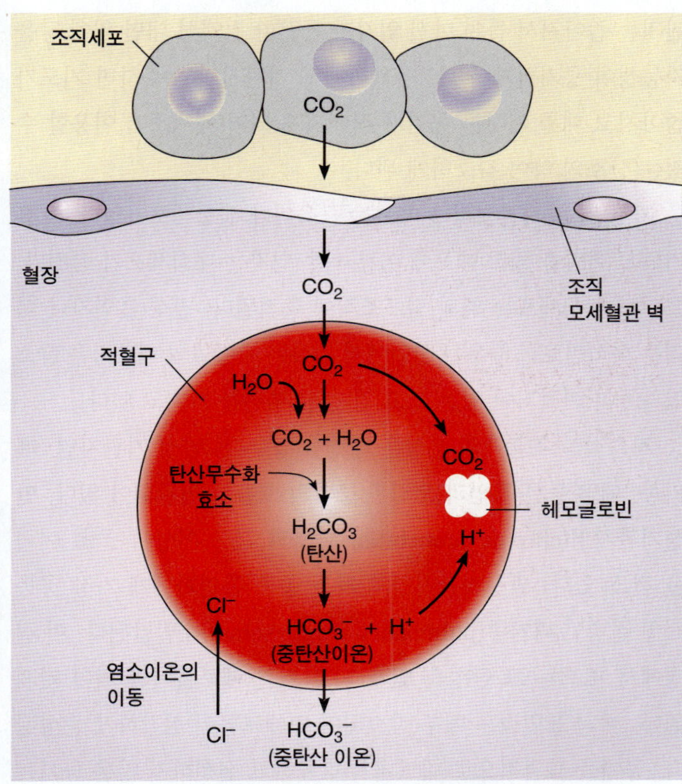


**(a)** 조직에서는 이산화탄소($CO_2$)가 세포로부터 혈장으로 확산되어 들어간다. 대부분의 이산화탄소는 적혈구내로 들어가는데 이곳에는 이산화탄소를 빨리 탄산으로 전환하는 탄산무수화효소가 들어있다. 탄산은 해리되어 중탄산과 수소이온을 형성한다. 중탄산이온이 혈장으로 이동하여 나옴에 따라 염소이온이 대체한다. 헤모글로빈은 수소이온과 결합하여 pH 감소를 억제한다.

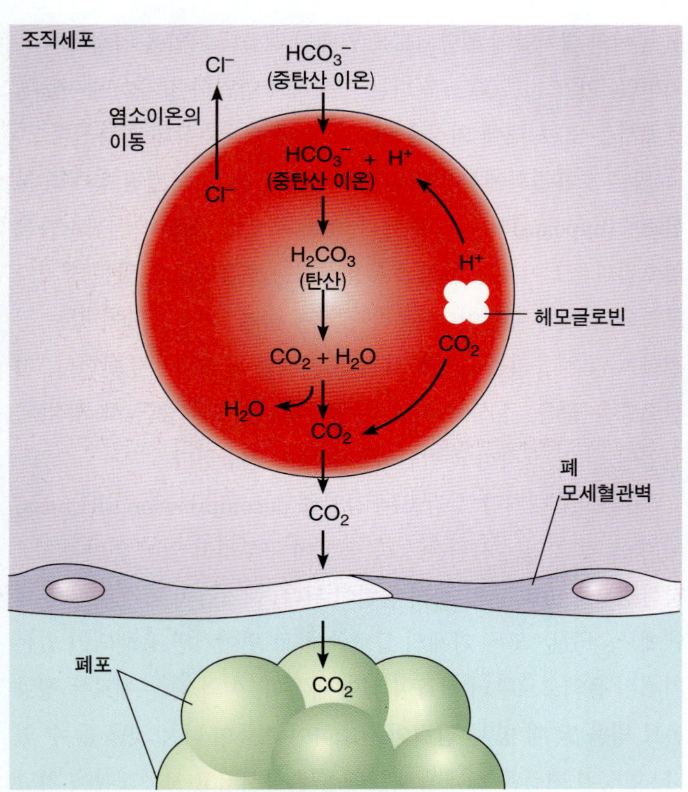


**(b)** 폐에서는 이산화탄소가 혈장에서 폐포로 확산되어 들어간다. 중탄산 이온은 혈장에서 적혈구내로 확산되어 들어간다. 헤모글로빈에서 방출된 수소이온은 중탄산 이온과 결합하여 탄산을 이룬다. 탄산으로부터 생성된 이산화탄소는 혈액을 떠나 폐포로 확산되어 들어간다.

**그림 45-11** 이산화탄소의 운반.

적 자극이다. 연수나 대동맥과 경동맥 벽에 각각 있는 *대동맥소체*(aortic body)와 *경동맥소체*(carotid body)라는 특수한 **화학수용기(chemoreceptor)**는 동맥혈의 이산화탄소 농도 변화에 민감하게 반응하여, 자극을 받으면 신경충격을 호흡중추로 보내어 호흡 속도를 증가시킨다.

흥미롭게도 산소 농도는 일반적으로 호흡조절에서는 중요한 역할을 하지 않는다. 산소분압이 크게 감소할 때에만 대동맥과 경동맥의 화학감수체가 흥분되어 신호를 호흡중추로 보낸다.

호흡이 불수의적인 과정이긴 하지만 의식적으로 자극하거나 억제하여 호흡중추의 작용에 잠시 영향을 줄 수 있다. 예를 들어 우리는 숨을 멈추어 호흡을 억제할 수 있다. 그러나 무한정 숨을 멈출 수는 없다. 왜냐하면 우리는 궁극적으로 숨을 쉬어야 한다는 강한 충동을 느끼게 되기 때문이다.

물에 빠지거나 담배를 피우거나 전기 쇼크, 심장마비 등으로 인해 숨이 멈춘 사람들은 때로는 호흡 반사가 다시 시작될 때까지 입과 입 인공호흡법으로 유지된다. **심폐기능 소생법(cardiopulmonary resuscitation, CPR)**은 호흡과 심장이 정지된 조난자를 돕는 방법이다. 심폐기능 소생법은 즉각 실시해야 한다. 왜냐하면 호흡 정지 약 4분 이내에 뇌에 비가역적 손상이 나타나기 때문이다.

## 45.3.10 높게 날거나 깊이 잠수하면 항상성이 붕괴된다

고도가 높을수록 대기압은 감소한다. 공기 중의 산소 농도는 21%로 유지되기 때문에 산소의 부분압은 대기압에 따라 감소한다. 사람이 고지대로 이동할 때 시간이 지남에 따라 적혈구의 수를 크게 증가시켜 적응한다. 고지대에서 공기 중으로부터 충분한 산소를 얻는 것은 문제가 더 커진다. 고도로 나는 제트기는 약 2,000

m 높이의 대기압에 해당되도록 밀폐된 객실의 기압을 일정하게 유지한다. 만약 11,700 m를 나는 비행기의 압력이 갑자기 줄어들면 조종사는 30초 내에 의식을 잃고 1분 내에 혼수상태에 빠진다.

많은 호흡질환에서 나타나는 얕은 호흡은 산소 결핍 상태인 **저산소증**(hypoxia)의 원인이 된다. 빠르고 얕은 호흡도 저산소증을 일으킨다. 그 이유는 일회 호흡용량에는 호흡기도에 있는 공기가 포함되어 있기 때문이다. 우리가 얕게 숨을 쉬면 기도에 있는 신선하지 않은 공기를 제거하지 못하고 폐를 환기시키지 못한다. 저산소증은 졸음, 정신적 피로, 두통, 때로는 도취증(병적 쾌감)의 원인이 되고, 생각하고 판단하는 능력이 손상된다.

갑작스런 대기압의 감소는 **감압증**(decompression sickness, 이 병을 겪고 있는 사람은 통증 때문에 구부리고 있어 일반적으로 잠함병으로 알려져 있다)의 원인이 된다. 대기압이 혈액과 다른 체액에 녹아있는 모든 기체의 압력 이하로 떨어지면 용해되어 있는 기체는 용액으로부터 거품이 되어 나온다. 이와 같은 예로는 청량음료 병을 딸 때 병 내 압력이 감소하여 거품이 나는 것을 들 수 있다. 형성된 거품은 체내에서 조직을 손상시키고 모세혈관을 차단하며 혈류를 방해할 수 있다. 이러한 감압증의 효과로는 통증, 현기증, 마비, 의식불명 그리고 사망 등이 있다.

**복습**

- 포유류에서 공기는 어떤 순서로 호흡 구조물을 지나가는가?
- 호흡색소의 기능은 무엇인가? 이들은 어떻게 작용하는가?
- 폐포의 공기 조성이 대기의 조성과 다른 이유를 설명하시오.
- 운동시 호흡 빈도가 증가하고 호흡이 깊어지는 생리적인 기전은 무엇인가? 왜 이러한 증가가 필요한가?

## 45.4 오염된 공기의 호흡

**학습목표**

8 폐를 보호하는 방어기전을 설명하고 오염된 공기가 호흡계에 미치는 영향을 설명한다.

숨을 쉴 때 몇 가지 보호기전으로 해로운 물질로부터 폐를 보호한다. 비공 주위에 있는 털, 코와 인두 내면을 이루고 있는 섬모 점막층, 기관과 기관지의 섬모-점액 이 들여 마신 공기 중에 있는 입자를 잡는다. 더러운 공기를 마실 때 가장 빠른 보호 반응의 하나가 **기관지 수축**(bronchial constriction)이다. 이 과정에서 기관지는 좁아져서 들여 마신 입자가 끈끈한 점액성 내면 위에 닿을 가능성이 증가하게 된다. 불행하게도 기관지기 수축하면 기도가 좁아지고 폐를 지나는 공기가 적어지게 되어 체세포가 이용할 수 있는 산소의 양이 감소하게 된다.

가장 작은 기관세지나 폐포는 근육이나 섬모세포가없다. 호흡기의 방어망을 뚫고 폐포에 이른 외부 입자는 대식세포가 삼킨다. 그러면 대식세포는 폐의 림프조직에 축적된다. 만성 흡연자나 더러운 화석연료를 때우는 산업에서 일하는 사람들의 폐조직은 탄소 입자들이 퇴적되어 있는 크고 검게 된 부위를 가지고 있다.

지속적인 호흡계의 손상은 질병을 낳는다. 만성 기관지염, 폐기종, 폐암 등은 흡연과 오염된 공기의 호흡과 연관되어 있다. **만성기관지염**(chronic bronchitis) 환자의 75% 이상이 골초 이력을 갖고 있다. 만성기관지염 환자는 종종 흡연가에게 가장 공통적인 질병인 **폐기종**(pulmonary emphysema)이 발달된다. 이 질병에서 폐포는 그 탄성을 잃게 되고 인근 폐포사이의 벽이 파괴된다. 폐의 표면적은 매우 감소되어 기체교환이 심각하게 손상된다. 공기를 효과적으로 내보내지지 못하고 신선하지 않은 공기는 폐에 축적된다.

폐기종 환자는 매번 숨을 쉴 때마다 애쓴다. 이를 보상하기 위하여 우심실은 보다 힘들게 펌프를 하여 비대해진다. 폐기종 환자는 종종 심부전으로 사망하게 된다.

기도가 막히는 대부분의 **만성폐쇄성 폐질환**(chronic obstructive pulmonary disease, COPD) 환자는 만성기관지염과 폐기종을 함께 갖고 있다. 천식도 만성폐쇄성 폐질환의 원인이 된다. 천식을 갖고 있는 사람은 흡식 자극에 대해 기관지가 지나치게 수축하고 기도가 일반적으로 감염되어 있다.

흡연는 또한 **폐암**(lung cancer)의 주된 원인이다. 담배연기의 타르에 있는 40가지 이상의 물질이 암의 원인인 것으로 알려졌다. 이러한 발암성 물질들은 호흡기도의 내면을 이루고 있는 세포를 자극하여 대사균형을 바꾼다. 정상세포는 빨리 증식하고 주위 조직으로 침투하는 암세포로 전환된다.

**복습**

- 사람의 호흡계는 흡식시 들어온 먼지를 어떤 기작으로 제거하는가?
- 더러운 공기가 너무 많이 들어왔을 때, 이를 제거하는 기작이 제대로 작동하지 못하면 어떤 일이 일어날가?

## 핵심 용어와 요약

### 학습목표

1 공기 중 기체교환과 물속 기체교환의 장단점을 비교한다.

- 공기는 물보다 높은 농도의 산소 분자를 포함하고 있다. 산소는 물속보다 공기 중에서 빨리 확산된다. 공기는 물보다 밀도가 낮고 점도가 낮아서 공기가 기체교환 표면을 지나는데 필요한 에너지가 적다.
- 육상동물은 호흡표면이 마르는 것을 방지하는데 적응되어 있다.

2 체표면, 기관, 아가미, 폐 등 기체교환에 대한 적응을 설명한다.

- 작은 수서 생물은 특수한 호흡구조를 필요로 하지 않고 확산에 의해 기체를 교환한다.
- 대부분의 환형동물을 포함한 일부 무척추동물과 일부 척추동물 (많은 양서류)은 체표면을 통해 기체를 교환한다.
- 곤충과 일부 다른 절지동물에서 공기는 체표면을 따라 있는 기문이라는 구멍을 통해 **기관**망으로 들어간다. 기관은 갈라져서 몸의 모든 부위로 확장된다.
- **아가미**는 주로 수서 동물에서 발견되는 축축하고 얇은 체표면의 돌기이다. 척삭동물의 아가미는 보통 내부에 있어 아가미 틈의 가장자리를 따라 위치해 있다. 경골어류의 아가미는 **아가미 덮개**에 의해 보호된다. 경골어류의 **역류교환계**는 혈액으로의 산소 확산과 혈액 밖으로의 이산화탄소 확산을 최대화 한다.
- 동물은 활발하게 호흡표면을 통해 공기나 물을 이동시키는 과정인 환기를 한다.
- 육상척추동물은 **환기**하는 **폐**를 갖고 있다. 대부분의 어류는 폐를 갖고 있지 않으나 상동의 부레를 갖고 있어 부력을 얻는다. 양서류와 파충류의 폐에는 주름이 있어 호흡 표면적이 증가되어 있다.
- 조류의 폐는 주름상자로 작용하여 공기를 호흡계로 끌어들이는 **기낭**이라 불리는 확장된 부분이 있다. 공기는 외부로부터 후기낭, 폐, 전기낭의 순으로 한 방향으로 흘러 다시 몸 밖으로 나온다. 기체교환은 폐의 **부기관지**의 벽을 통해 일어난다. 혈류가 부기관지에 직각인 형태로 교차로 배열된 혈관 때문에 혈액으로 들어가는 산소의 양이 증가한다.

3 비공에서 폐포에 이르는 사람의 호흡계를 통한 산소 경로를 추적한다.

- 포유동물의 호흡계는 폐와 기도계를 포함하고 있다. 공기는 **기공**, **비강**, **인두**, **후두**, **기관**, **기관지**, **기관세지** 및 **폐포**의 순으로 지나간다. 각 폐는 흉막강을 차지하고 있고 **흉막**으로 덮여 있다.

4 사람의 호흡 역학과 조절을 요약하고 폐와 조직에서의 기체교환을 설명한다.

- 호흡시 **횡격막**은 수축하여 체강을 확장시킨다. 폐의 막성 벽은 체벽과 함께 밖으로 이동하여 폐 내 압력을 감소시킨다. 몸 밖의 공기는 기도를 통해 몸으로 들어오고 체내공기 압력이 대기압과 같을 때까지 폐를 채운다.
- **일회 호흡용량**은 호흡시 폐를 들어가고 나오는 공기의 양이다. **폐활량**은 폐가 최대로 채워진 후 뱉어 낼 수 있는 최대 부피이다. 정상 호식 후 폐에 남아있는 공기의 부피를 **잔기량**이라 한다.
- 연수와 뇌교에 있는 **호흡 중추**는 호흡을 조절한다. 이들 중추는 이산화탄소 증가에 민감한 화학수용기의 자극을 받는다. 이들은 또한 수소이온과 매우 낮은 산소 농도에 대하여 반응한다.
- 산소와 이산화탄소는 폐포와 혈액사이에서 확산으로 교환된다. 특정 기체의 압력이 확산의 방향과 속도를 결정한다.
- **달톤의 부분압 법칙**에 따르면 기체혼합물의 총 압력은 개개 기체 압력의 합이다. 따라서 기체 혼합물에서 각 기체는 마치 하나의 기체만 있는 것처럼 분압을 나타낸다. 대기 중 산소의 부분압은 해수면에서 160 mmHg이다.

5 헤모글로빈의 산소 운반 역할을 설명하고, 산소–헤모글로빈 해리곡선을 결정하고 영향을 주는 인자들을 알 수 있다.

- **헤모글로빈**은 척추동물 혈액에 있는 호흡색소이다. 사람 혈액에 있는 산소의 99%가 **산소헤모글로빈($HbO_2$)**로 운반된다.
- 헤모글로빈에 의해 수송될 수 있는 산소의 최대량이 **산소운반용량**이다. 헤모글로빈에 결합한 실제 산소량을 **산소 함량**이라 한다. **퍼센트 산소 포화도**는 산소농도가 가장 큰 폐 모세혈관에서 가장 높다.
- 산소–헤모글로빈 해리곡선은 산소농도가 증가함에 따라 산소와 결합하는 헤모글로빈의 양이 점차적으로 증가함을 보여준다. 이 곡선은 pH, 온도, 및 이산화탄소 농도의 영향을 받는다.
- 산소헤모글로빈은 이산화탄소 농도가 증가하면 보다 쉽게 해리된다. 그 이유는 이산화탄소가 물과 결합하여 탄산을 만들어내고 이것은 pH를 낮추기 때문이다. pH의 변화에 의한 산소–헤모글로빈 해리곡선의 이동을 **보어 효과**라 한다.

6 이산화탄소가 혈액에서 운반되는 기작을 요약한다.

- 혈액의 이산화탄소 중 약 60%는 중탄산이온으로 수송된다. 약 20%는 헤모글로빈과 결합을 하고 다른 10%는 혈장에 녹는다.
- 이산화탄소는 물과 결합하여 탄산을 형성한다. 이 반응은 **탄산무수화효소**가 촉매한다. 탄산은 중탄산이온 ($HCO_3^-$)와 수소이온 ($H^+$)으로 해리된다.
- 헤모글로빈은 수소와 결합하여 혈액의 완충작용을 한다. 많은 중탄산이온은 혈장으로 확산되어 들어가고 염소이온에 의해 대체 된다. 이러한 교환을 **염화물 이동**이라 한다.

7 과도호흡은 폐포와 혈액의 이산화탄소 농도를 감소시킨다. 정상 혈압을 유지하기 위해서는 어느 정도 농도의 이산화탄소가필요하다.

- 호흡시 **횡격막**은 수축하여 체강을 확장시킨다. 폐의 막성 벽은 체벽과 함께 밖으로 이동하여 폐 내 압력을 감소시킨다. 몸 밖의 공기는 기도를 통해 몸으로 들어오고 체내공기 압력이 대기압과 같을 때까지 폐를 채운다.
- 고도가 증가할수록 대기압 (지구 대기의 압력)은 감소하고 혈액으로 산소가 적게 들어간다. 이러한 상황은 의식불명과 죽음에 이르게 할 수 있는 산소결핍 상태인 **저산소증**에 이르게 할 수 있다. 대기압이 빠르게 감소하면 **감압증**이 유발될 수 있는데, 너무 빨리 부상하는 잠수자에게서 공통으로 일어나는 현상이다.

8 폐를 보호하는 방어기전을 설명하고 오염된 공기가 호흡계에 미치는 영향을 설명한다.

▮ 코, 인두, 기관, 기관지의 섬모 점막층은 흡기의 입자를 걸러낸다.

▮ 오염된 공기를 마시면 **기관지 수축**이 일어나고 점액분비가 증가하며 섬모세포가 손상을 입고 기침을 하게 된다. 오염된 공기를 마시거나 담배연기를 마시면 만성 기관지염, 폐기종 및 폐암을 유발할 수 있다.

## 연습문제

1. 호흡색소는 (a) 산소와 가역적으로 결합한다 (b) 주로 척추동물에서 발견된다 (c) 모두 산소와 결합하는 헴(포르피린)을 갖고 있다 (d) 기낭으로 확산된다 (e) 폐포벽에 결합한다.

2. 다음 어느 것의 농도가 호흡 빈도를 조절하는데 가장 중요한가? (a) 염소이온 (b) 산소 (c) 중탄산이온 (d) 질소 (e) 이산화탄소

3. 다음 중 서로 잘 어울리는 것은?
(a) 경골어류—아가미 덮개 (b)곤충—폐포 (c) 조류—기문
(d) 포유류—아가미 필라멘트 (e) 상어—진피성 아가미

4. 호흡은 (a) 역류교환 (b) 세포호흡 (c) 환기 (d) 확산 (e) 체표면을 통한 기체교환 의 예이다.

5. 혈액의 산소는 주로 (a) 헤모글로빈과 결합하여 (b) 중탄산이온으로 (c) 탄산으로 (d) 혈장에 용해되어 (e) 이산화탄소와 결합하여 수송된다.

6. 휴식 시 호흡에서 폐를 들어오고 나가는 공기의 양을 (a) 폐활량 (b) 잔기량 (c) 폐용량 (d) 부분압 (e) 일회호흡량이다.

7. 조류에서 공기의 숨쉬기의 정확한 순서는 (a) 전기낭 ⟶ 후기낭 ⟶ 폐 (b) 후기낭 ⟶ 폐 ⟶ 전기낭 (c) 부기관지 ⟶ 후기낭 ⟶ 전기낭 (d) 후기낭 ⟶ 폐포 ⟶ 전기낭 (e) 후기낭 ⟶ 모세혈관 ⟶ 세포 이다.

8. 기관은 (a) 습기가 있는 표면을 갖고 있다 (b) 혈관이 발달되어 있다 (c) 분지되어 모든 세포에까지 뻗어있다 (d) 많은 척추동물의 특징이다 (e) a, b, c

9. 폐기종은 (a) 만성 폐쇄성 폐 질환으로 이끌 수 있다 (b) 흡연가에게 공통이다 (c) 폐포벽의 탄력손실 특징이 있다 (d) a, b, c가 맞다 (e) a, b가 맞다

10. 그림에 명칭을 기입하시오. 답을 확인하기 위하여 그림 45-6을 이용하시오.

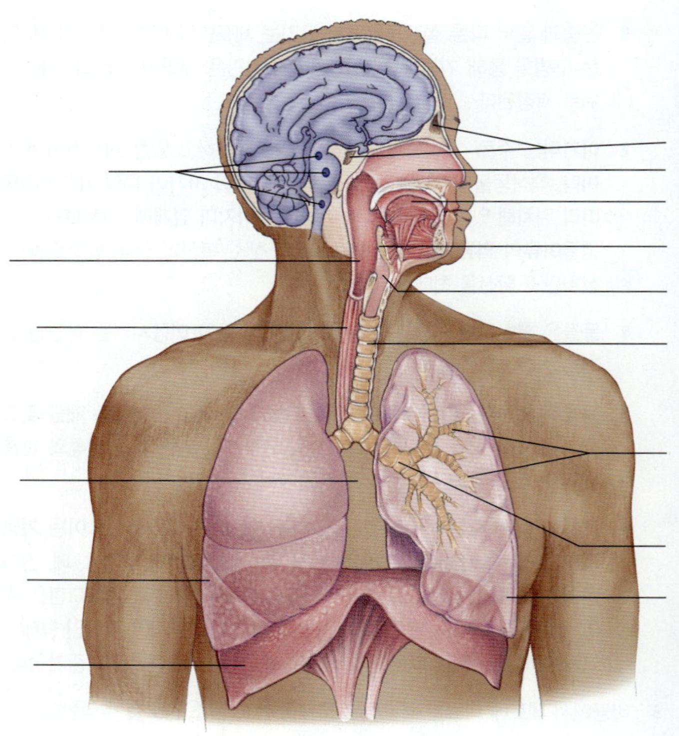

## 심화 학습문제

1. **자료 분석.** 그림 45-10b를 참조하시오. 격렬한 근육운동은 산소-헤모글로빈 해리곡선에 어떤 영향을 미치는가?(힌트: 근육활성은 pH에 어떤 영향을 미치는가? 이 개념에 대한 자료가 필요하면 39장을 참조하시오)

2. **진화적 연계.** 1쌍의 단순하고 풍선 같은 폐 대신 수백만 개의 폐포를 갖는 장점은 무엇인가?

46

# 먹이의 처리과정과 영양

McMurray Photography

**영양소의 섭취.** 점박이 하이애나 (*Crocuta crocuta*)와 일부 육식 조류가 죽은 코끼리 주위에 모여있다. 동아프리카에서 찍은 사진.

## 핵심 개념

동물의 적응 중 많은 경우 영양섭취 방법과 연관되어 있다.

먹이 처리과정에는 섭취, 소화, 흡수, 배설이 있다.

척추동물 소화계의 여러 부분은 특정 기능을 할 수 있도록 특수화되어 있다 부속선(간, 이자, 침샘)은 소화에 중요한 체액과 효소를 분비한다.

대부분의 동물은 기본적으로 같은 영양소를 필요로 한다: 탄수화물, 지질, 단백질, 비타민, 무기물

해면동물과 수염고래는 물에 떠 있으면서 먹이입자를 상식한다. 기린은 잎을 먹고 영양은 풀을 먹는다. 개구리, 사자 그리고 일부 곤충들은 다른 동물을 잡아먹는다. 먹이와 섭취 기전이 다양하여도 모든 동물은 **타가영양생물(heterotroph)**로 다른 유기체가 만들어낸 유기분자로부터 에너지와 영양을 획득해야 한다. 이들의 먹이와 음식을 획득하는 방법 그리고 처리하고 사용하는 방법이 이 장의 초점이다.

**영양소(nutrient)**는 신체의 기관계 기능을 위한 에너지원으로서, 성장과 조직 회복의 재료로 사용된다. 영양소를 획득하는 것이 생명에 중요하기 때문에 개개의 동물과 생태계는 먹이의 섭취 및 사용 과정인 **영양(nutrition)**이라는 명제를 중심으로 구성되어 있다. 동물의 구조와 생활 양식은 각각의 독특한 먹이 획득 방식에 적응되어 있다. 예를 들어 가공의 약탈자이자 청소부인 점박이 하이에나(*Crocuta crocuta*)는 뼈와 가죽 등 코끼리 시체 전체를 먹어버릴 수 있는 굳센 턱을 갖고 있으며 버리는 영양소는 별로 없다.

모든 동물은 무기물, 비타민, 탄수화물, 지질 및 단백질 등의 동일한 기본 영양소를 필요로 한다. 탄수화물, 지질 및 단백질 등은 모두 에너지원으로 사용될 수 있다. 이들 영양소 중 어느 것이나 너무 많이 먹으면 체중이 증가하고 너무 적게 먹거나 불균형의 식사를 하면 **영양이상(malnutrition)**이 생기고 사망하게 된다. 영양이상은 음식을 필요한 양보다 적거나 많이 섭취한 결과이다. 사람에게서 영양부족 (특히 단백질 결핍)과 비만 (과영양 결과)은 심각한 건강문제가 되고 있다. 음식물의 처리과정과 영양소에 대한 연구가 지속적으로 활발히 이루어지고 있다. ■

## 46.1 순환계의 유형

### 학습목표

1 섭취, 소화, 흡수, 배출 (또는 배설) 등의 먹이 처리과정을 설명하고 자포동물(히드라)의 소화계를지렁이나 척추동물의 것과 비교한다.

**섭식**(feeding)은 먹이를 선택하고 획득하며 섭취하는 것이다. 섭취는 음식물을 소화 강 내로 넣는 과정이다. 척추동물을 포함한 많은 포유동물에서 섭취는 음식을 입안으로 넣고 삼키는 과정을 포함한다. 대부분의 동물은 섭취한 음식을 처리하는 특수화된 소화계를 갖고 있다. 음식물이 분해되는 과정을 **소화**(digestion)라 한다. 동물은 다른 유기체가 자기 자신에 맞게 만든 거대 분자를 먹기 때문에 이들 분자를 분해하고 필요에 따라 개조해야 한다. 소화 과정에서 복잡한 유기 화합물은 보다 작은 분자로 분해 된다.

아미노산 및 기타 영양소는 **흡수**(absorption) 과정을 통하여 소화관의 내벽을 통과하여 혈액으로 들어간다. 이후 이들은 순환계에 의해 체내 세포로 운반되고 세포내에서 동물이 필요로 하는 단백질이나 다른 복잡한 유기화합물의 합성에 이용될 수 있다. 소화나 흡수가 되지 않는 음식물은 **배출**(egestion) 또는 **배설**(elimination) 과정을 통하여 몸 밖으로 방출된다.

### 46.1.1 동물은 영양물 섭취 방식에 적응되어 있다

동물은 일반적으로 먹는 음식의 종류에 따라 초식동물, 육식동물, 잡식동물로 분류 된다(**그림 46-1**).

생산자를 직접 먹는 동물을 **초식동물**(hervibore) 즉 1차 소비자라 한다. 초식동물이 섭취한 먹이의 대부분은 효과적으로 소화되지 않고 거의 변하지 않은 채 노폐물로 배출된다. 따라서 초식동물은 필요한 영양소를 얻기 위하여 많은 양의 먹이를 섭취해야 한다.

동물은 식물세포벽의 셀룰로오스를 소화시키지 못하기 때문에 식물 물질로부터 영양분을 추출하는 등의 많은 적응이 진화되어 왔다. 흰개미, 소, 말 등 많은 초식동물은 소화관에서 서식하고 있는 박테리아와 공생관계를 갖고 있다. 예를 들어 새김질하는 반추동물(소, 양, 사슴, 기린)의 위는 4개의 방으로 나뉘어져 있다. 첫 2개의 방에 서식하는 박테리아는 셀룰로오스를 소화시켜 일부를 설탕으로 쪼개어 숙주와 박테리아 자신이 이용하게 된다. 박테리아의 대사 과정에서 지방산이 생성되고 일부는 동물에 의해 흡수되어 중요한 에너지원으로 작용한다. 충분히 씹지 않은 먹이를 새김질감이라 하는데 입으로 역류되어 다시 씹힌다.

초식동물은 때때로 식육성의 **육식동물**(carnivore)에 의해 먹히고 육식동물은 서로 먹기도 한다. 많은 육식동물 (생태계에서 2차 및 고위의 소비자)은 약탈자로서 먹이를 잡아서 죽이도록 적응되었다. 육식동물은 희생물을 잡아서 살아있는 상태 통째로 삼킨다(그림 46-1d). 어떤 동물은 먹이를 먹기 전에 마취시키고 으깨거나 갈기 찢는다.

육식성 포유류는 싸울 때 먹이를 찔러 죽이도록 잘 발달된 송곳니를 갖고 있다. 위의 소화액은 단백질을 분해하며, 고기는 식물성 먹이보다 쉽게 소화되므로 이들의 소화관은 초식동물보다 짧다.

돼지나 사람, 일부 어류와 같은 **잡식동물**(omnivore)은 식물과 동물 모두를 소비한다. 지렁이는 동물 및 식물성 물질이 들어있는 흙을 많이 섭취한다. 흰긴수염고래는 가장 큰 동물로, 수영을 하면서 매우 작은 조류와 동물들을 걸러내는 **여과섭식자**(suspension feeder)이다.

동물은 또한 섭취하는 기전에 따라 분류할 수 있다. 많은 잡식동물은 물에 떠 있는 먹이입자들을 물로부터 제거하는 부유 섭식자이다. 연체동물 중 이매패류와 같은 동물은 물을 여과한다. 흰긴수염고래는 작은 갑각류를 여과하기 위하여 입 천정에 매달려있는 여러 줄의 단단한 판(고래수염)을 이용한다.

일부 동물은 찌르고 빨아서 액체를 섭취한다. 모기는 피부를 찌르고 혈액을 빨아먹을 수 있는 구조를 가지고 있다. 꽃가루와 과즙을 섭취하는 새들은 긴 부리와 혀를 가지고 있다. 부리의 모양, 크기 및 굽어진 정도는 특정 형태의 꽃을 섭취하도록 특수화 되어있다. 과즙을 섭취하는 박쥐는 혀가 길고 이의 수가 적다.

육식동물을 포함한 많은 동물은 큰 조각의 먹이를 섭취한다. 이러한 섭취 적응의 형태로는 발톱, 송곳니, 독샘, 촉수 및 이빨 등이 있다. 새의 부리와 많은 척추동물의 이빨은 자르고 찢고 씹도록 특수화 되어있다.

### 46.1.2 일부 무척추동물은 하나의 구멍이 있는 소화강을 갖고 있다

가장 단순한 무척추동물인 해면동물은 소화계를 전혀 갖고 있지 않다. 해면동물은 주위의 물로부터 미세한 유기물을 여과하여 먹이를 섭취한다. 개개의 세포는 먹이 입자를 식세포작용하고, 소화는 식포 내에서 일어나는 *세포내*(intracellular)소화이다. 노폐물은 순환하고 있는 물로 배출된다.

Darwin Dale/Photo Researchers, Inc.

**(a)** 초식동물인 도토리 바구미(*Circulio.*)의 인상적이고 긴 코는 도토리를 먹고 또한 그 안에 알을 낳기 위하여 구멍을 만들 수 있도록 적응되어 있다. 알이 부화되어 나오는 애벌레는 도토리 씨앗의 내용물을 먹는다.

Tom McHugh/Photo Researchers, Inc.

**(b)** 초식동물인 팬더(*Ailuropoda melanoleuca*)의 크고 납작한 이빨, 잘 발달된 턱과 턱 근육은 섬유질이 많은 풀을 가는데 적응되어 있다.

Carmela Lesczynski/Animals Animals/Earth Scenes

**(c)** 육식성인 긴코 나비고기(*Forcipiger longirostris*)의 입(왼쪽)은 작은 벌레들과 갑각류를 산호초의 단단한 곳으로부터 뽑아내는데 적응되어 있다.

Frans Lanting/Minden Pictures

**(d)** 육식성 뱀(*Dromicus*)이 도마뱀(*Tropiduris.*)을 질식시키고 있다.

**그림 46-1　먹이 섭취와 처리과정에 대한 적응.**

대부분의 동물은 소화관을 갖고 있다. 히드라나 해파리와 같은 극피동물과 편형동물은 하나의 구멍이 있는 중앙 소화관인 위관강을 갖고 있다. 극피동물은 침이 있는 세포와 촉수로 작은 수서동물을 포획한다(**그림** 46-2a). 입은 위관강으로 열려있다. 이러한 소화관의 벽에 있는 세포는 단백질을 분해하는 효소들을 분비한다. 소화는 식포내에서 세포내소화가 계속되며, 소화된 영양소는 다른 세포로 확산되어 들어간다. 소화되지 않은 먹이 입자들은 몸의 수축 작용으로 입을 통해 배출된다.

자유롭게 사는 편형동물은 섭취하기도 전에 먹이의 소화를 시작한다. 이들은 인두를 입을 통해 밖으로 확장하여 소화효소를 먹

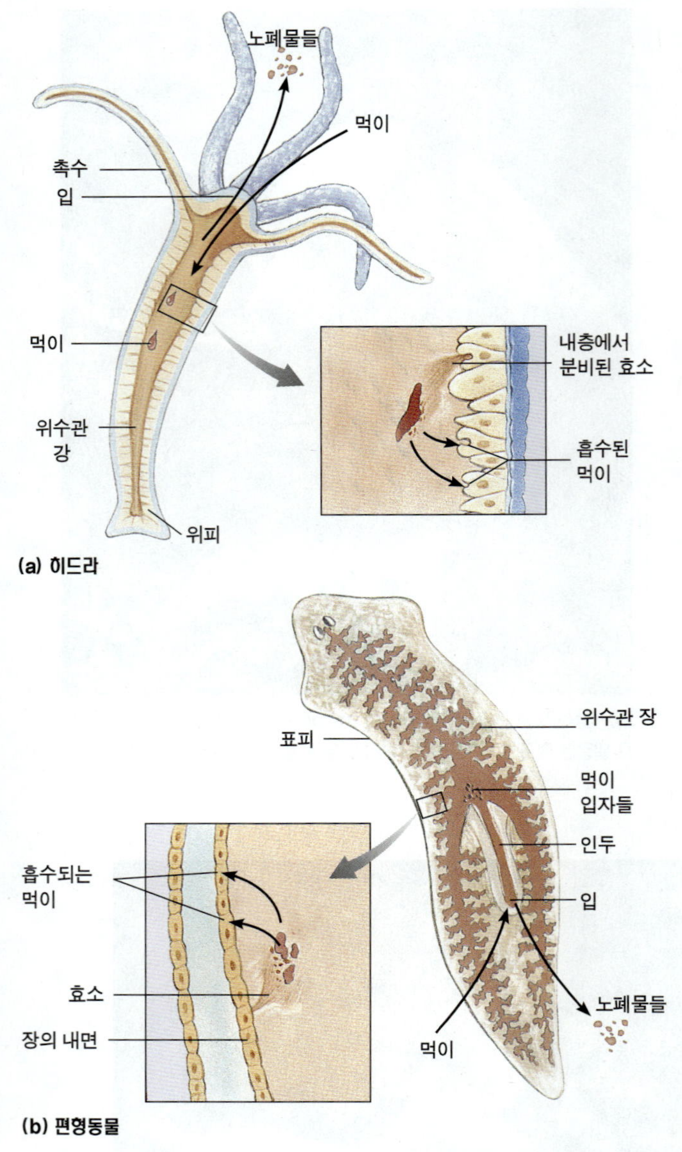


**그림 46-2 단순한 무척추동물의 소화계.**

(a) 히드라와 (b) 편형동물(플라나리아)은 입과 항문 역할을 하는 하나의 구멍이 있는 소화관을 갖고 있다.

이에 분비한다(▮ **그림 46-2b**). 섭취를 하면 먹이는 가지가 난 위수강으로 들어가고 효소들은 계속 소화를 한다. 부분적으로 소화된 먹이 조각은 위장관벽에 있는 세포에 의해 식세포작용 되고 소화는 식포내에서 완료된다.

### 46.1.3 대부분의 소화계는 2개의 구멍을 갖고 있다

대부분의 무척추동물과 모든 척추동물은 관 안에 관이 있는 구조를 하고 있다. 체벽은 외관을 형성하고 있다. 내관은 2개의 구멍

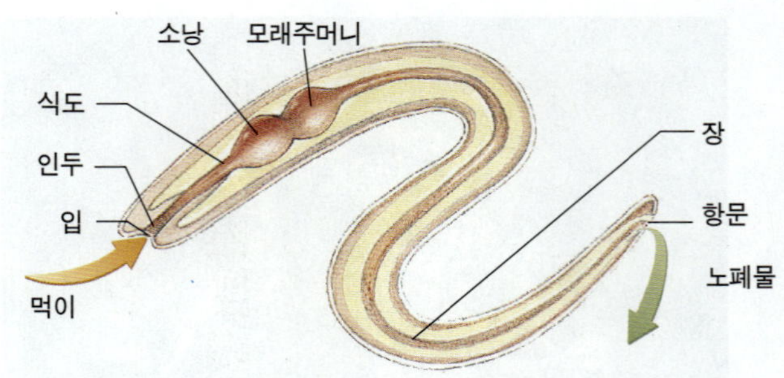


**그림 46-3 2개의 구멍이 있는 소화관.**

대부분의 복잡한 동물처럼 지렁이는 입으로부터 항문에 이르는 완전한 소화관을 갖고 있다. 소화관의 다양한 부위들은 각기 다른 소화 처리 기능을 수행하도록 특수화되어 있다.

이 있는 소화관으로 때로는 완전한 소화계로 불린다(▮ **그림 46-3**). 음식은 입을 통해 들어가고 소화되지 않은 먹이는 항문을 통해 배출된다. **운동성(motility)**이란 소화관의 섞임 운동과 추진 운동을 뜻한다. 대부분 소화관의 특징인 추진 활성을 **연동운동(peristalsis)**이라 하는데 음식을 한쪽 방향으로 밀어낸다. 2개의 구멍을 갖고 있는 소화관에서 관의 여러 부위들은 특수한 기능을 수행하도록 적응되어 있다.

**복습**

- 육식동물은 어떻게 영양소 섭취방법에 적응되었는가?
- 지렁이의 먹이처리 과정은 편형동물의 것과 어떻게 다른가?

## 46.2 척추동물의 소화계

**학습목표**

2 사람의 소화계에서 관련된 기관의 구조와 기능을 설명하면서 섭취된 음식의 경로를 추적 한다.

3 탄수화물, 단백질, 지질의 소화단계를 설명한다.

4 소화관 표면을 증가시키는 구조적 적응을 설명한다.

5 지질의 흡수를 다른 영양소의 흡수와 비교한다.

척추동물 소화관의 여러 부위들은 특수한 기능들을 수행하도록 특수화되어 있다 (▮ **그림 46-4**). 먹이는 다음의 특수한 부위들을 차례로 지나간다.

**먹이 ⟶ 인두 (목구멍) ⟶ 식도 ⟶ 위 ⟶ 소장 ⟶ 대장 ⟶ 항문**

척추동물은 소화관으로 소화액을 분비하는 부속선을 갖고 있다. 이들로는 간, 이자 등이 있고, 육상 척추동물은 침샘을 갖고 있다.

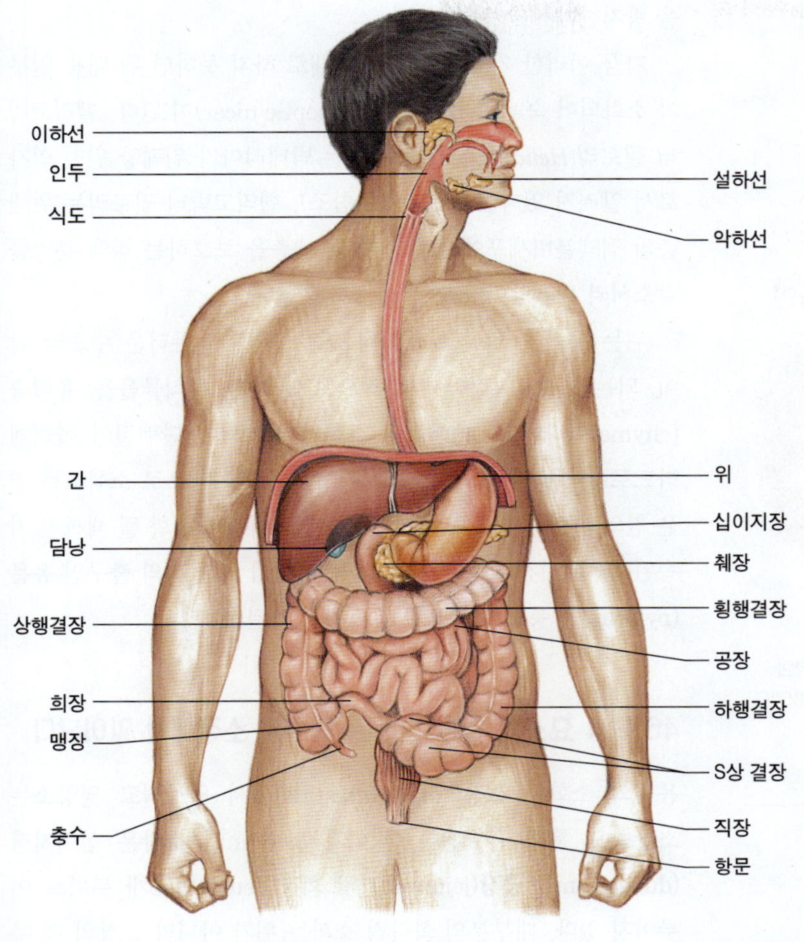


**그림 46-4 사람의 소화계.**

사람의 소화관은 입에서 항문에 이르는 길고 감겨져 있는 관이다. 소장은 십이지장, 공장 및 회장으로 이루어져 있다. 대장은 맹장, 결장, 직장 및 항문을 포함한다. 간, 이자 및 침샘 등 3종류의 부속 분비선들을 찾아보자.

## 46.2.1 음식의 처리는 입에서 시작된다

입은 섭취와 소화과정이 시작되는 곳이다.

우리가 고기와 빵을 이로 물어뜯고, 갈고, 씹으면서 기계적 소화가 시작된다. 사람의 이빨은 크기와 모양이 다르고 특수한 기능을 하도록 특수화 되어 있다. 끌 모양의 **앞니**(incisor)는 물어 끊는데 이용되며, 길고 날카로운 **송곳니**(canine)는 먹이를 찢는데 적응되어 있고, **작은 어금니**(premolar)와 **큰어금니**(molar)의 납작한 표면은 부수고 가는데 특수화 되어 있다. 각각의 이는 몸에서 가장 단단한 물질인 **에나멜**(enamel)로 덮혀 있다(그림 46-5). 대부분의 이는 조성과 굳기 면에서 뼈와 비슷한 **상아질**(dentin)로 이루어져 있다. 상아질 아래에는 혈관, 림프관 및 신경을 포함하고 있는 부드러운 조직인 **치수강**(pulp cavity)이 있다.

음식은 이에 의해 기계적으로 분해되는 동안 침에 의해 축축하게 된다. 음식 분자들의 일부는 녹아서 우리가 음식의 맛을 느끼게 한다(42장에서 미뢰 참조). 3쌍의 **침샘**(salivary gland)에서는 매일 1리터의 침을 구강으로 분비한다. 침에는 녹말을 당으로 분해하여 화학적 효소를 시작하는 **아밀라제**(amylase)가 포함되어 있다.

## 46.2.2 인두와 식도는 음식을 위로 전한다

입에 들어온 음식은 씹히고 **식괴**(bolus)라는 덩어리로 된 후 삼켜져서 **인두**(pharynx)를 지나 **식도**(esophagus)로 들어간다. 인두 즉 목구멍은 근육성 관으로 소화계 뿐만 아니라 호흡계 통로 역할을 한다. 연하 시 기도로 나 있는 구멍은 **후두개**(epiglottis)라는 조직에 의해 닫힌다.

식괴는 연동 운동의 파동에 의해 인두와 식도를 지나 위로 밀려간다(그림 46-6).

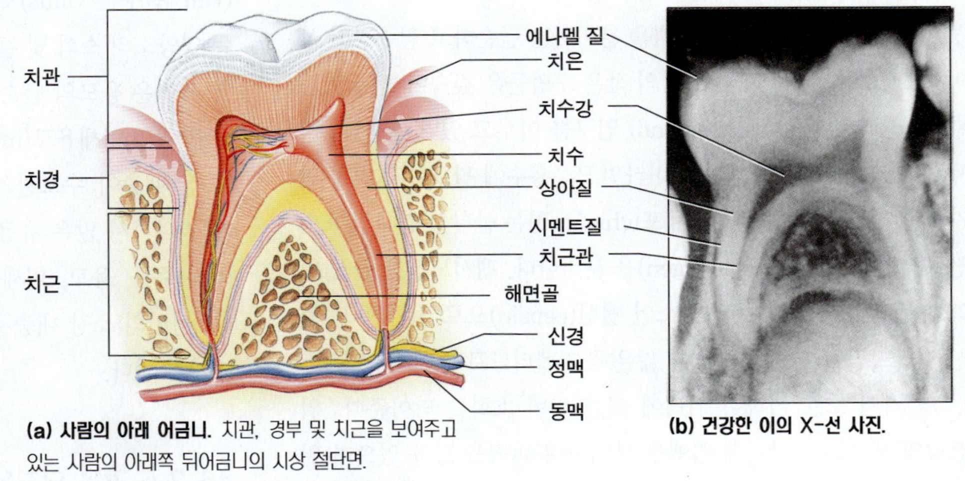


**(a) 사람의 아래 어금니.** 치관, 경부 및 치근을 보여주고 있는 사람의 아래쪽 뒤어금니의 시상 절단면.

**(b) 건강한 이의 X-선 사진.**

**그림 46-5 이의 구조.**

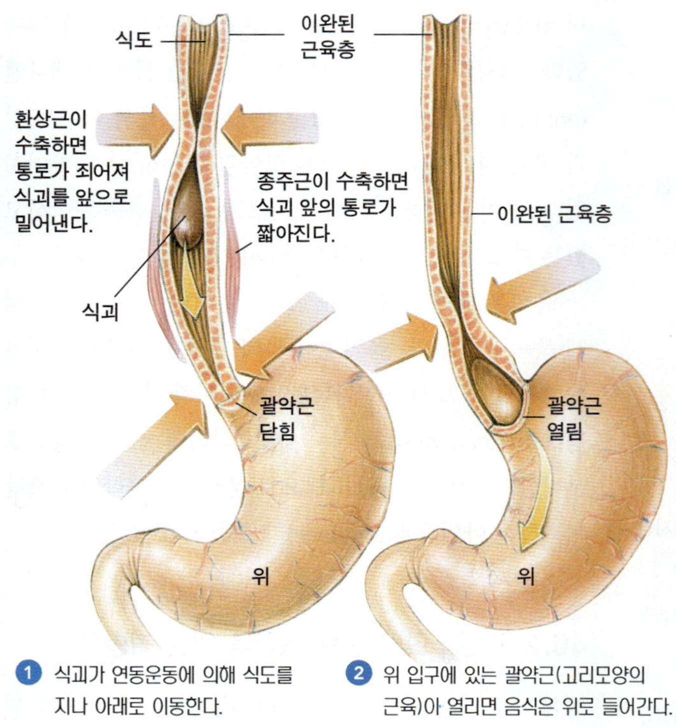


**그림 46-6** 연동운동.

## 46.2.3 위에서 기계적 소화와 효소에 의한 소화가 일어난다

크고 근육성인 **위**(stomach)의 입구는 보통 식도 아래쪽 끝에 있는 고리형 근육에 의해 닫혀있다. 연동 파동이 식도를 따라 내려오면 근육은 이완되어 식괴가 위로 들어오도록 한다(**그림 46-7**). 위벽 내면은 주름져 있는데 이를 **주름**(rugae)이라 한다.

위의 내면은 많은 양의 점액을 분비하는 단순하고 원주형인 상피세포로 이루어져 있다. 위벽의 작은 구멍들은 깊숙이 뻗어 있는 수백만 개의 **위선**(gastric gland) 입구를 이루고 있다. 위선의 **벽세포**(parietal cell)는 염산과 비타민 $B_{12}$ 흡수에 필요한 내인성 인자들을 분비한다. 위선의 **주세포**(chief cell)는 불활성 상태의 효소 전구체인 **펩시노겐**(pepsinogen)을 분비한다. 펩시노겐은 산성 위액과 접촉하면 위의 주된 효소인 **펩신**(pepsin)으로 전환된다. 펩신은 단백질을 분해하여 보다 짧은 폴리펩티드로 전환시킨다.

몇 가지 보호 기작이 위액에 의한 위벽 소화를 막아준다. 위 점막의 세포는 알칼리성 점액을 분비하여 위벽을 덮고 있으며 위액을 중화시킨다. 더욱이 내층의 상피세포는 서로 단단히 꼭 맞게 붙어있어 위액이 이들 사이로 새어 조직 아래로 들어가는 것을 방지한다.

가끔 이러한 기작이 기능을 제대로 하지 못하면 위 내층 일부가 소화되어 숙폐 즉 **소화성 궤양**(peptic ulcer)이 된다. *헬리코박터 필로리(Helicobacter pylori)*라는 박테리아가 위궤양 원인 인자로서 알려져 있다(그림 24-19 참조). 헬리코박터 필로리는 위내층의 점액분비세포에 감염하여 위 내층을 보호하는 점액 분비를 감소시켜 위궤양이나 암에 이르도록 한다.

위는 음식을 휘젓고 화학적으로 소화시켜 두터운 수프와 같이 되는데 이와 같이 부분적으로 소화된 음식물을을 **유미즙**(chyme)이라한다. 단백질의 소화가 시작되어 단백질이 폴리펩티드로 분해된다. 녹말이 작은 다당류와 맥아당으로 소화되는 것은 침의 아밀라제가 위의 산성 pH에 의해 불활성화 될 때까지 지속된다. 수 시간 후 유미즙은 연동 파동에 의해 위의 출구인 **유문**(pylorus)을 통해 소장으로 뿜어져 방출된다.

## 46.2.4 효소에 의한 분해는 대부분 소장에서 일어난다

음식의 소화는 **소장**(small intestine)에서 완료되고 영양소는 소장벽을 통해 흡수된다. 길이가 5–6 m인 소장은 **십이지장**(duodenum), **공장**(jejunum) 및 **회장**(ileum)의 3개 부위로 이루어져 있다. 대부분의 화학적 소화는 위가 아니라 소장의 첫 부위인 십이지장에서 일어난다. 간의 담즙과 이자의 효소는 십이지장으로 분비되어 유미즙에 작용한다. 십이지장의 내층에 있는 상피세포에 의해 생산된 효소들이 주요 영양소의 최종 소화단계를 촉매한다.

소장의 내층은 수백만 개의 작은 손가락 같은 돌기인 장 **융모**(villi, 단수는 villus)로 인해 부드럽게 보인다(**그림 46-8**). 융모는 영양소의 소화 및 흡수를 위하여 소장의 표면적을 증가시킨다. 장 표면은 융모의 단순원주 상피세포 표면에 있는 세포질 주름인 수천 개의 **미세융모**(microvilli)에 의해 더욱 확장된다.

장 내층이 수도관의 내면처럼 편평하다면 음식은 장을 빠르게 지나가서 많은 유용한 영양소가 흡수되지 않을 것이다. 소장벽의 주름, 융모, 미세융모는 소장 표면적을 약 600배 증가시킨다. 성인의 소장 내층 주름을 펴고 늘리면 표면은 대략 테니스장 크기가 된다.

## 46.2.5 간은 담즙을 분비한다

간은 내장 기관 중 가장 크고, 복잡한 기관의 하나로 횡격막 바로

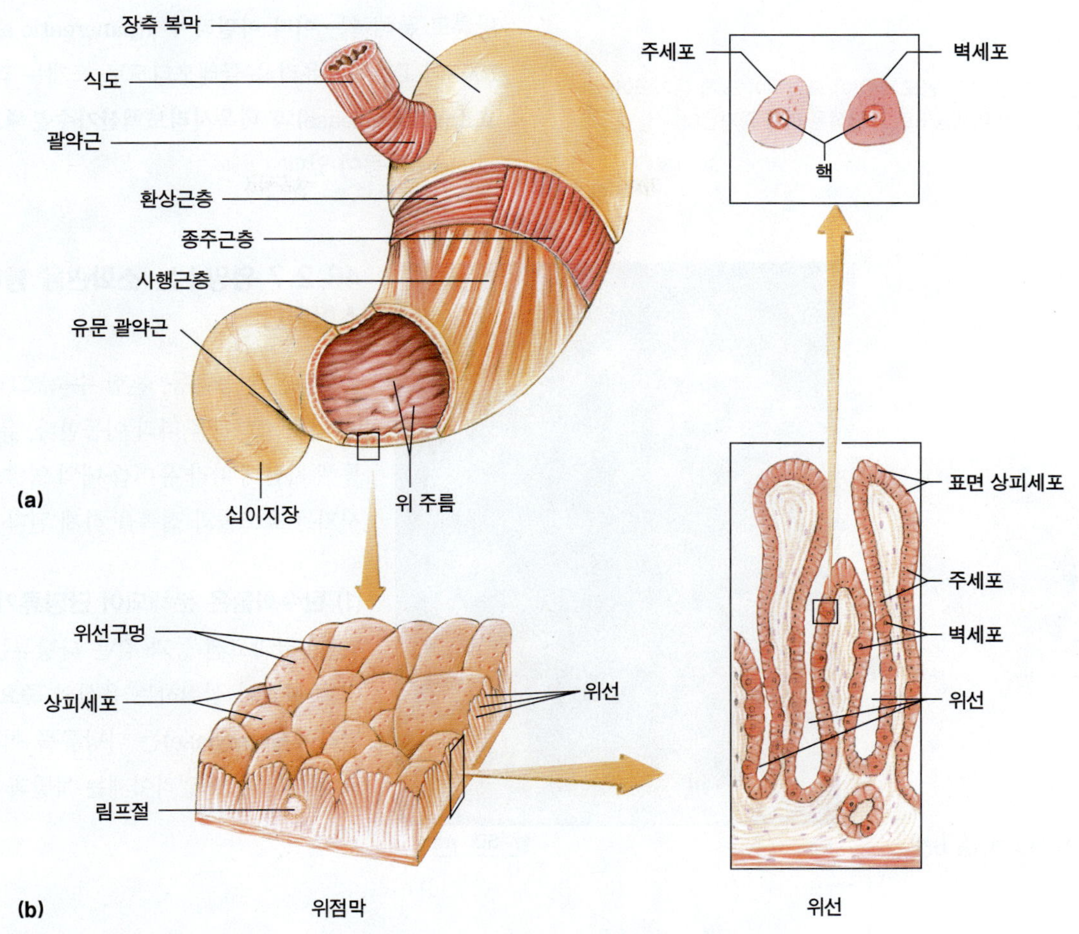


**그림 46-7 위의 구조.**

음식이 식도에서 위로 들어가면 기계적, 화학적 소화가 일어난다. **(a)** 근육층과 주름이 보이도록 위벽을 차례차례 벗겨 내었다. **(b)** 위 내면과 위선.

아래 복무 상부 오른쪽에 위치해 있다 (**그림 46-9**). 간은 담즙을 분비하는데 담즙은 청정제와 같은 작용을 하여 지방을 기계적으로 소화시킨다. 담즙은 물, 담즙염, 담즙색소, 콜레스테롤, 염류 및 레시틴 (인지질 일종)으로 이루어져 있다. 담즙에는 소화효소가 없기 때문에 담즙은 음식물의 효소에 의한 소화는 하지 않는다. 담즙은 배 모양의 담낭에 저장되어 있는데 이곳에서 담즙을 농축하고, 필요할 때 십이지장으로 분비한다. 하나의 간 세포는 500가지 이상의 특수한 대사활성을 수행한다. 간의 음식처리에 관한 기능들은 다음과 같다:

1. 지방의 기계적 소화에 중요한 **담즙(bile)**을 분비한다.
2. 영양소를 혈액으로부터 제거하거나 혈액에 가함으로써 항상성 유지를 돕는다.
3. 여분의 포도당을 글리코겐으로 전환하여 저장한다.
4. 여분의 아미노산을 지방산과 요소로 전환한다.
5. 철과 일부 비타민을 저장한다.
6. 알콜과 기타 약 및 독물질을 무독화한다.

## 46.2.6 이자는 소화효소들을 분비한다

**이자(pancreas)**는 긴 분비선으로 소화효소와 혈액의 포도당 수준 조절을 돕는 호르몬을 분비한다. 이들 효소 중에는 폴리펩티드를 디펩티드로 소화시키는 **트립신(trypsin)**과 **키모트립신(chymotrypsin)**, 지방을 분해하는 **이자 리파아제(pancreatic lipase)**, 셀룰로오스를 제외한 거의 모든 형태의 탄수화물을 이

**요점**

소장의 내면에는 수백만 개의 융모가 있어 표면적이 크게 증가되어 있다. 융모에 있는 상피세포의 미세융모로 표면적은 더욱 증가된다.

당류로 분해하는 **이자 아밀라아제**(pancreatic amylase), 핵산인 RNA와 DNA를 유리 뉴클레오티드로 쪼개는 **리보핵산가수분해효소**(ribonuclease)와 **데옥시리보핵산가수분해효소**(deoxyribonuclease) 등이 있다.

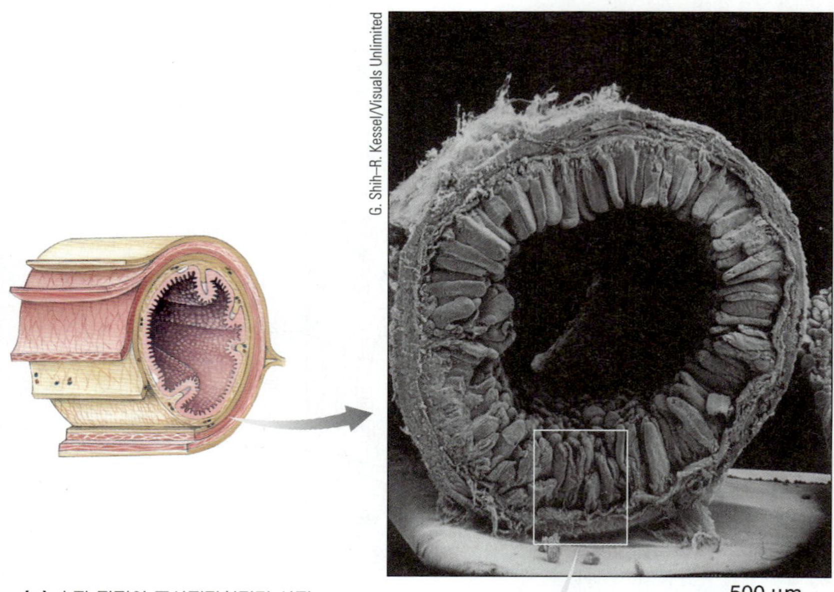


**(a)** 소장 단면의 주사전자현미경 사진.

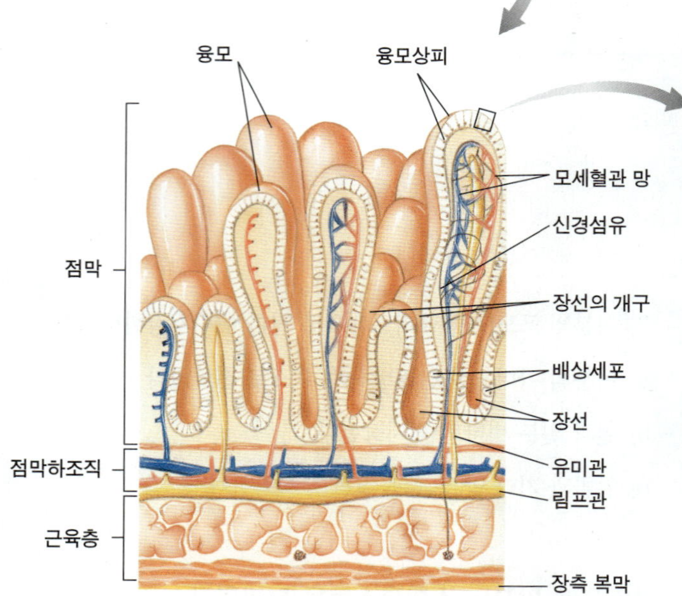


**(b)** 소장벽 일부의 현미경적 구조. 혈관과 림프관이 보이도록 일부 융모가 절개되어 있다.

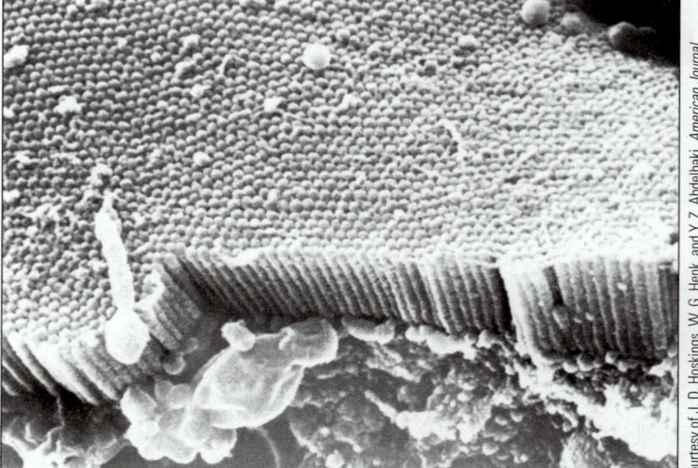


**(c)** 미세융모를 보여주고 있는 소장 내면 상피세포 표면의 주사전자현미경 사진. 상피가 수직으로 절단되어 있어 측면과 윗면이 함께 보인다.

**그림 46-8** 융모와 미세융모.

## 46.2.7 영양소는 소화관을 통해 이동하면서 소화된다

유미즙은 연동운동, 혼합 수축, 그리고 융모의 운동에 의해 소화관을 따라 이동한다. 유미즙이 소화관을 통해 지남에 따라 유미즙 내의 영양소는 이들을 소화시키는 효소들과 접촉을 하게 된다 (**표 46-1**).

### (1) 탄수화물은 분해되어 단당류가 된다

녹말, 글리코겐 등과 같은 다당류는 사람과 대부분의 동물들이 섭취하는 음식의 중요한 성분이다. **아밀라아제**(amylase)는 다당류를 이당류인 맥아당으로 분해한다. 아밀라아제는 녹말과 글리코겐에 있는

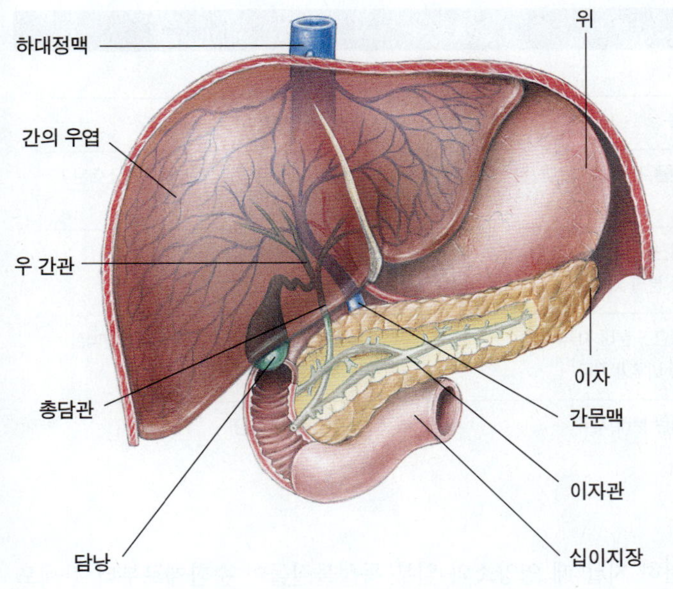


**그림 46-9 간과 이자.**
담낭은 간으로부터 오는 담즙을 저장한다. 담즙을 담낭과 십이지장으로 전달하는 관이 보인다. 이자를 노출시키기 위하여 위를 옮겨 놓았다.

$\alpha$-배당결합을 쪼갤 수 있지만 셀룰로오스에 있는 $\beta$-배당결합은 쪼개지 못한다(그림 3-9, 3-10 참조).

이당류는 소장 내층을 이루는 세포에 의해 생산되는 효소들에 의해 단당류로 분해한다. 예를 들어 **말타아제**(maltase)는 맥아당을 두 분자의 포도당으로 분해한다(그림 3-8a 참조).

### (2) 단백질은 분해되어 아미노산이 된다

몇 가지의 단백질 가수분해 효소가 소화관으로 분비되어 폴리펩티드 사슬에 있는 하나 또는 둘 이상의 특정 부위 펩티드 결합을 분해한다. 트립신은 이자에서 불활성 상태로 분비된 후 엔테로키나제에 의해 활성화된다. 이와 같이 활성화된 트립신은 다른 트립신과 함께 키모트립신, 카르복시펩티다제 등을 활성화시킨다.

펩신, 트립신, 키모트립신 등은 단백질이나 폴리펩티드 내부의 특정 펩티드 결합을 끊는다. 카르복시펩티다제는 폴리펩티드 사슬의 끝에서 자유 카르복실기 말단을 갖는 아미노산을 제거한다. **디펩티다아제**(dipeptidase)는 십이지장에서 분비되며, 남아있는 작은 펩티드를 아미노산으로 분해한다.

### (3) 지방은 분해되어 지방산과 모노아실글리세롤이 된다

지질은 보통 거대한 덩어리 형태의 중성지방(또는 트리글리세리드라 함)으로 섭취한다. 이들은 주로 십이지장내에서 이자의 리파아제에 의해 분해된다. 많은 다른 단백질처럼 리파아제는 수용성이지만 그 기질은 그렇지 않다. 따라서 효소는 지방 덩어리의 표면에 있는 지방분자만 공격할 수 있다. 담즙은 계면활성제와 같은 작용을 하여 지방의 표면장력을 감소시킨다. **유화작용**(emulsification)이라 불리는 이들의 작용으로 큰 지방덩이가 보다 작은 방울로 분해된다. 유화작용은 이자의 리파아제에 노출되는 표면적을 크게 증가시켜 지질의 소화 속도를 증가시켜준다.

장의 환경은 지질을 글리세롤과 지방산으로 완전한 가수분해하기에 적절하지 않다. 따라서 지질의 소화산물은 글리세롤과 지방산뿐만 아니라 모노아실 글리세롤과 디아실글리세롤이 포함된다. 소화되지 않은 중성지방은 그대로 남아 일부는 소화되지 않은 상태로 흡수된다.

**표 46-1**

**소화과정의 요약**

| | 탄수화물 | 단백질 | 지질 |
|---|---|---|---|
| 입 | 다당류<br>↓ 침샘 아닐라아제<br>맥아당과 작은 다당류 | | |
| 위 | 산성 pH가 침의 아밀라아제를 불활성화 시킬 때 까지 작용계속 | 단백질<br>↓ 펩신<br>짧은 폴리펩티드 | |
| 소장 | 소화되지 않은 다당류<br>↓ 이자 아밀라아제<br>맥아당과 다른 이당류<br>↓ 말타아제, 수크라아제, 락타아제<br>단당류 | 폴리펩티드<br>↓ 트립신, 카이모트립신<br>작은 폴리펩티드와 펩티드<br>↓ 카르복시펩티다아제, 펩티다아제, 디펩티다아제<br>아미노산 | 지방덩어리<br>↓ 담즙<br>유화된 지방 방울<br>↓ 이자의 리파아제<br>지방산과 글리세롤 |

표 46-2

**소화를 조절하는 호르몬**

| 호르몬 | 합성장소 | 표적세포 | 작용 | 방출 자극 인자 |
|---|---|---|---|---|
| 가스트린 | 위(점막) | 위(위선) | 위선을 자극하여 펩시노겐 분비 | 음식에 의한 위 팽창; 부분적으로 소화된 단백질이나 카페인 등의 물질 |
| 세크레틴 | 십이지장(점막) | 이자<br>간 | 중탄산나트륨의 분비 자극<br>담즙 분비 자극 | 십이지장에 대한 산성 유미즙의 작용 |
| 콜레시스토키닌 (CCK) | 십이지장(점막) | 이자<br>방광 | 소화효소 분비 자극<br>담즙 비우기 자극 | 십이지장의 지방산과 일부 소화된 단백질 |
| 포도당-의존성 인슐린자극 펩티드(GIP) | 십이지장(점막) | 이자 | 인슐린 분비 자극 | 십이지장의 포도당 |

## 46.2.8 신경과 호르몬들이 소화를 조절한다

대부분의 소화효소는 음식이 소화관에 존재할 때만 생산된다. 침샘의 분비는 전적으로 신경계의 통제를 받지만 다른 소화액의 분비는 신경과 호르몬의 조절을 받는다. 소화관 벽에는 밀집된 신경망이 있다. 이들은 소위 장신경계로, 소화계의 기관들에 연결되어 있는 교감신경과 부교감신경이 절단된다 해도, 많은 운동 및 분비활성을 조절한다.

**가스트린**(gastrin), **세크레틴**(secretin), **콜레시스토키닌**(cholescystokinin, CCK), **포도당-의존성 인슐린자극 펩티드**(glucose-dependent insulinotropic peptide, GIP) 등의 호르몬은 소화계의 작용을 조절한다(**표 46-2**). 이들 호르몬은 소화관 특정 부위 점막의 내분비세포에서 분비된다.

## 46.2.9 흡수는 주로 소장의 융모를 통해 일어난다

물, 단당류, 염류, 알코올, 일부 약 등은 위벽을 통해 흡수될 정도로 충분히 작다. 영양소의 흡수는 주로 장 융모에서 일어난다. 그림 46-8에 예시된 바와 같이 융모의 벽은 하나의 상피세포층으로 이루어져 있다. 융모 안에는 모세혈관망과 **유미관**(lacteal)이라 불리는 중심 림프관이 있다.

흡수는 단순확산, 촉진확산, 능동수송 등의 조합으로 일어난다. 포도당과 아미노산은 장 내층을 지나 확산되지 못하기 때문에 능동수송에 의해 흡수되어야 한다.

아미노산과 포도당은 **간문맥**(hepatic portal vein)을 통해 직접 간으로 수송된다. 이러한 정맥은 간에서 모세혈관과 비슷한 방대한 작은 혈관망으로 갈라진다. 영양소가 풍부한 혈액이 간을 천천히 지날 때 영양소와 일부 독성물질들이 순환계로부터 간세포로 흡수된다.

지질 소화의 산물은 다른 과정과 경로를 통해 흡수된다. 유리지방산과 모노아실글리세롤은 소장내벽의 상피세포로 들어간 후 활면소포체에서 트리아실글리세롤로 다시 조립된다. 트리아실글리세롤은 콜레스테롤 및 인지질과 함께 **카일로미크론**(chylmomicron)이라 불리는 단백질로 덮힌 지방 덩어리로 포장된다.

카일로미크론은 간질액으로 분비된 후 융모의 유미관(림프관)으로 들어간다. 카일로미크론은 림프에 의해 쇄골하정맥으로 수송되어 이곳에서 림프와 그 내용물들이 혈액으로 들어간다. 흡수된 지방의 약 90%가 이와 같이 간접적인 방법으로 혈액순환에 들어간다. 버터에 있는 짧은 사슬 지방산과 같은 것들은 혈액으로 직접 흡수된다.

## 46.2.10 대장은 노폐물을 배출한다

식물 음식에 있는 셀룰로오스와 같이 소화되지 않은 물질은, 흡수되지 않은 유미즙과 아울러 **대장**(large intestine)으로 들어간다 (그림 46-4 참조). 소장은 대장 말단에서 7 cm쯤 되는 부위에서 대장과 연결되며 그 사이는 작은 막힌 구조물 형태의 **맹장**(cecum)이 있다. **충수**(vermiform appendix)는 맹장의 말단에서 삐져나와 있다. 토끼와 같은 잡식동물은 크고 기능이 있는 맹장을 갖고 있어 이곳에서 박테리아가 셀룰로오스를 소화시키는 동안 음식을 머물게 한다. 사람의 경우 맹장과 충수의 기능은 알려져 있지 않으며 이들의 구조는 일반적으로 흔적기관으로 생각되고 있다.

맹장에서 대장의 마지막 부위인 **직장**(rectum)에 이르기까지 대장을 **결장**(colon)이라 한다. 대장은 맹장, 상행결장, 횡행결장, 하행결장, S자-형 결장, 직장 그리고 노폐물의 배설공인 **항문**(anus) 등으로 이루어져 있다.

유미즙이 천천히 대장을 지나면서 물과 나트륨은 흡수되고 점차 정상 변의 밀도를 띠게 된다. 대장에 서식하고 있는 박테리아는 음식의 마지막 찌꺼기의 영양을 공급받고 숙주에게는 비타민 K와 일부 비타민 B들을 생산하여 이득을 준다. 배출과 배설은 구별되어야 한다. 배출은 소화관에서 흡수되지 않아 대사활동에 관여하지 않는 물질인 소화노폐물을 제거하는 과정이다. 반면에 배설은 대사 노폐물을 제거하는 과정으로 포유류에서는 주로 신장과 폐의 기능이다. 그러나 대장은 담즙을 배설하지 않는다.

**복습**

- 스테이크 한 덩이를 먹었을 경우 이것이 소화계를 지나는 경로의 구조들을 순서대로 나열하시오. 각 구조물에서 어떤 일이 일어나는가?
- 융모의 기능은 무엇인가?
- 카일로미크론이란 무엇인가?

## 46.3 영양소

**학습목표**

6 섭취하는 탄수화물, 지질, 단백질의 영양학적 필요조건을 요약하고 흡수 후 포도당, 지질, 아미노산 의 어떻게 되는지 추적한다.

7 비타민, 무기염류, 파이토케미칼의 영양학적 기능을 설명한다.

적절한 양의 필수 영양소는 대사과정에 필요하다. 동물은 탄수화물, 지질, 단백질, 비타민 및 미네랄 등을 필요로 한다. 영영학자들은 영양에 중요한 *파이토케미칼(phytochemical)*이라 불리는 식물 복합체를 연구하고 있다. 물은 엄격한 의미에서 영양소로 고려되고 있지 않지만 몸에 필요한 식품 구성성분이다. 충분한 양의 액체를 섭취하여 요, 담, 변 및 호흡으로 잃는 것을 대체해야 한다.

### 46.3.1 탄수화물은 에너지를 제공한다

당과 녹말은 보통 사람 식품에서 주된 에너지원이다. 대부분의 탄수화물은 다당류인 녹말과 셀룰로오스 형태로 섭취된다(3장 참조).

탄수화물이 풍부한 음식을 과다하게 섭취하면 간세포는 글리코겐으로 가득 채워지고 여분의 포도당은 지방산과 글리세롤로 전환된다. 간세포는 이들을 트리아실글리세롤로 전환하여 저장하기 위해 지방조직으로 보낸다.

섬유질을 섭취하면 혈액 속의 콜레스테롤 농도를 감소시키고 심장질환과 당뇨병의 위험을 낮추는 것과 관련이 있다. **섬유질**(fiber)은 셀룰로오스와 다른 소화되지 않는 탄수화물의 복합물이다. 사람은 과일, 야채, 전곡을 먹음으로써 식이 섬유를 섭취한다.

### 46.3.2 지질은 에너지를 제공하며 생체 분자를 만드는데 이용된다

세포는 섭취한 지질을 연료, 세포막의 구성성분으로 그리고 스테로이드 호르몬과 담즙염과 같은 지질 복합체를 만들기 위해 이용한다. 지질의 약 98%는 중성지방 (트리글리세리드)의 형태로 섭취된다. 중성지방은 화학적으로 3개의 지방산이 결합된 글리세롤이다(3장에서 트리아실글리세롤은 화학적으로 3분자의 지방산이 글리세롤 분자에 결합한 것임을 상기하라. 그림 3-12b 참조). 중성지방은 수소 원자로 완전히 채워져 포화되어 있거나 이들의 지방산이 단일불포화(하나의 이중결합 포함) 또는 복합불포화(2개 이상의 이중결합 포함) 되어 있기도 하다.

3가지 불포화지방산인 리놀레산, 리놀레닉산, 아라키돈산은 필수 지방산이어서 사람은 식품에서 획득해야 한다. 이들과 충분한 양의 비지질 영양소가 주어진다면 신체는 필요한 모든 지질 혼합물(지방, 콜레스테롤, 인지질, 프로스타글란딘 등 포함)을 만들 수 있다. 콜레스테롤이 많은 식품으로는 계란 노른자, 버터 및 고기가 있다.

지질의 수송은 복잡하다. 카일로미크론이 소장에서 신체의 세포로 지질을 수송한다. 카일로미크론이 혈액을 순환할 때 **지단백 리파아제**(lipoprotein lipase)는 중성지방을 분해한다. 지방산과 글리세롤은 세포에 의해 흡수될 수 있다. 카일로미크론의 잔여물은 주로 콜레스테롤과 단백질로 이루어져 있으며 간에서 흡수된다.

간에서 콜레스테롤과 트리아실글리세롤은 다시 포장된다. 이들은 단백질에 결합되어 **지방단백질**(lipoprotein)이라고 불리는 큰 분자 복합체로 운반된다. 일부 혈장 콜레스테롤은 **고밀도 지방단백질**(high-density lipoprotein; HDL, 좋은 콜레스테롤)에 의해 운반되기도 하지만, 대부분은 **저밀도 지방단백질**(low-density lipoprotein; LDL, 나쁜 콜레스테롤)에 의해 운반된다. LDL이 콜레스테롤을 세포로 수송한다. 세포에 의해 LDL이 흡수되려면 지질단백질 표면에 있는 단백질(아포지방단백질 B)은 세포의 원형질막에 있는 **LDL 수용체(LDL receptor)** 단백질과 결합해야 한다. LDL이 결합한 후에 세포 내로 들어가면 LDL에 있는 콜레스테롤과 다른 구성 성분들이 사용될 수 있다. 콜레스테롤 수준이 높으면 HDL이 여분의 콜레스테롤을 모아서 간으로 수송한다. HDL은 심혈관 질환의 위험을 낮춘다.

### 46.3.3 단백질은 효소와 세포의 구성성분으로 이용된다

단백질은 세포의 필수적인 구성성분이고 효소의 역할을 하며 헤모글로빈이나 미오신과 같이 필요한 물질을 만드는데 이용된다.

섭취한 단백질은 소화관에서 아미노산으로 분해된다. 영양에서 중요한 20가지 아미노산 중 약 9(어린이는 10)가지는 사람이 합성하지 못하거나 적어도 신체가 필요로 하는 양을 충족시키지 못한다. 식품으로 공급되어야 하는 이들을 **필수아미노산(essential amino acid)**이라 한다 (3장 참조).

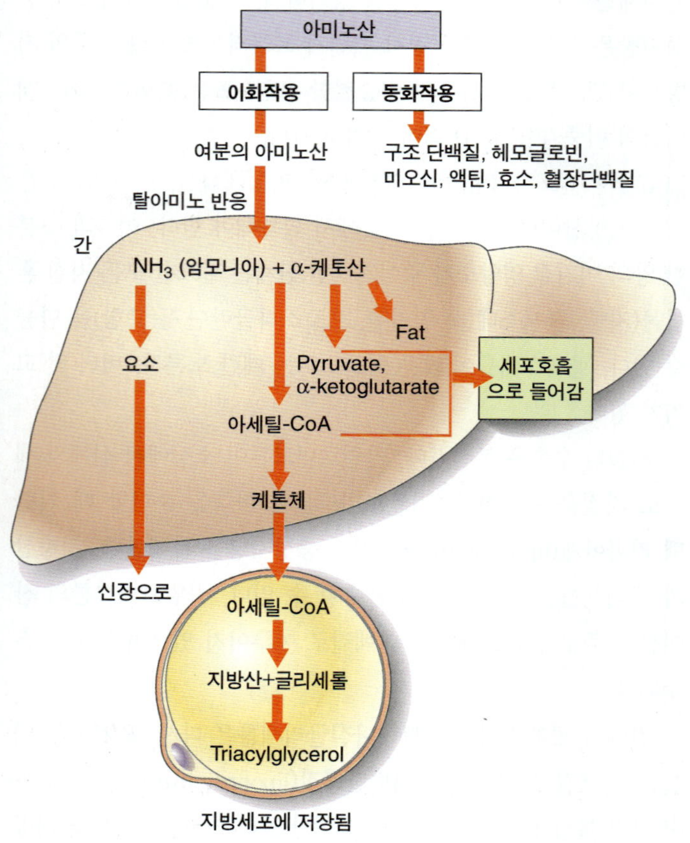


**그림 46-10 신체가 단백질을 이용하는 방법.**

간은 단백질 대사에서 중심적인 역할을 한다. 아미노산의 탈아미노 반응과 아미노기의 요소로 전환 등이 이곳에서 일어난다. 또한 많은 단백질이 간에서 합성된다. 과다한 아미노산은 지방으로 전환될 수 있기 때문에 고단백식품은 체중을 증가시킨다.

가장 적절하게 아미노산이 들어있는 완전 단백질에는 달걀, 우유, 고기, 물고기 등이 있다. 젤라틴, 콩과 같은 일부 식품은 단백질 함량이 높다. 그러나 이들은 모든 필수아미노산을 포함하고 있지 않거나 적절한 비로 포함하고 있지 않다. 대부분의 식물 단백질은 하나 또는 그 이상의 필수아미노산이 결핍되어 있다.

혈액에서 순환하고 있는 아미노산은 세포에 의해 흡수되어 단백질 합성에 사용된다. 간에서 이들은 탈아미노화 된다. 즉 아미노기가 제거된다(**그림 46-10**). 탈아미노반응 과정에서 암모니아가 아미노기로부터 형성된다. 암모니아는 고농도에서 유독하므로 요소로 전환되어 배설된다. 아미노산의 나머지 탄소사슬 (케토산이라 함)은 탄수화물이나 지질로 전환되어 연료로 사용되거나 저장된다.

### 46.3.4 비타민은 정상 대사에 필수적인 유기 복합 혼합물이다

**비타민(vitamin)**은 정상적인 생화학적 기능을 위해 식품에 비교적 적은 양이 요구되는 유기 혼합물이다. 많은 비타민이 조효소의 (구성)성분이다 (7장 참조). 비타민은 2개의 주요 그룹으로 나뉜다. **지용성 비타민(fat-soluble vitamin)**은 지방에 녹는 것으로 비타민 A, D, E, 및 K 등이 있다. **수용성 비타민(water-soluble vitamin)**에는 비타민 B와 C가 있다. **표 46-3**에 대부분의 비타민 (공급)원, 기능, 그리고 비타민 결핍 영향 등이 나타나 있다.

### 46.3.5 무기물은 무기영양소이다

무기물은 음식과 물에 녹아있는 염분의 형태로 섭취된다(**표 46-4**). 하루에 100 mg 또는 그 이상이 요구되는 필수 무기물에는 나트륨, 염소, 칼륨, 칼슘, 인, 마그네슘 및 황 등이 있다. 철, 구리, 요오드, 불소, 셀레니움 등과 같은 것들은 하루에 100 mg 이하 필요로 하는 **미량원소(trace element)**이다.

무기물은 신체 조직과 체액의 구성성분으로 필요하다. 소금(혈장에서 약 0.9%) 양은 신체의 체액 평형을 유지하는 데 절대로 중요하다. 왜냐하면 염분은 매일 땀, 요, 변 등으로 신체로부터 유실되어 식품섭취로 대체 되어야 하기 때문이다. 소금은 혈액과 다른 체액에서 많은 양을 필요로 하고 결핍되면 탈수현상이 생긴다. 철은 식품에서 가장 결핍되기 쉬운 무기물이다. 사실 철 결핍이 세계에서 가장 널리 퍼진 영양 문제 중 하나이다.

표 46-3

**비타민**

| 비타민과 미국 RDA* | 작용 | 결핍 효과 | 공급원 |
|---|---|---|---|
| 지용성 | | | |
| 비타민 A, 레티놀 5000† | 레티날로 전환; 정상 시각에 필수; 레세포의 정상적인 성장과 분화에 필수; 생식; 면역 | 성장지체; 야맹증; 전세계 2억 5천만명의 어린이가 비타민 A 결핍으로 인한 맹목의 위험에 처해 있다. | 간, 강화 우유, 당근과 브로콜리와 같은 황녹 야채 |
| 비타민 D, 칼시페롤 400 IU | 소화관에서의 칼슘과 인산 흡수를 촉진; 정상 성장과 골 유지에 필수 | 약해진 뼈; 골 기형; 어린이의 구루병, 성인의 골연화증 | 물고기 기름, 달걀 난황, 강화 우유, 버터, 강화 우유, 버터, 마아가린 |
| 비타민 E, 토코페롤 30 IU | 항산화제; 불포화지방산과 세포막을 보호함 | 불포화지방산의 이화작용이 증가하여 세포막 유지에 가능한 만큼 충분하지 않다; 정상 성장의 방해; 신경 손상 | 야채 기름, 견과(호두); 잎줄기 채소 |
| 비타민 K, 약 80 mcg‡ | 혈액응고 단백질 합성 | 혈액응고 시간 지연 | 장 박테리아에 의해 정상적으로 공급됨; 잎줄기 채소, 콩과 식물 |
| 수용성 | | | |
| 비타민 C, 아스코르브산 60 mg | 콜라겐 합성; 항산화제; 일부 호르몬과 신경전달물질의 합성에 필요; 면역기능에 중요 | 괴혈병(상처 치료가 매우 느리고 상처자국이 약해지고 쪼개진다; 모세혈관이 허약해짐; 골이 자라지 않거나 적절히 치료되지 않음) | 밀감속, 딸기, 토마토, 잎줄기 채소, 양배추 |
| *B-복합 비타민들* | | | |
| 비타민 $B_1$, 티아민 1.5 mg | 활성형은 많은 효소계에서 조효소이다; 탄수화물과 아미노산 대사에 중요 | 각기병(약화된 심근, 비대해진 오른쪽 심장, 신경계와 소화관 질환); 알코올중독자에 공통 | 간, 효모, 전 곡류와 강화 곡류, 고기, 녹색 잎줄기 채소 |
| 비타민 $B_2$, 리보플라빈 1.7 mg | 세포호흡에 필수적인 조효소 (예를 들면 FAD)를 만드는데 사용됨 | 피부염, 입끝이 갈라지고 염증이 생김; 착란 | 간, 우유, 달걀, 녹색 잎줄기 채소, 강화 곡류 |
| 니아신 20 mg | 중요 조효소($NAD^+$와 $NADP^+$)의 구성성분; 세포호흡에 필수 | 니코틴 결핍증후군(피부염, 설사, 정신 박약증상, 근육약화, 피로) | 간, 닭, 참치, 우유, 녹색 잎줄기 채소, 강화 곡류 |
| 비타민 $B_6$, 피리독신 2 mg | 유도체는 아미노산 대사 중 많은 반응에서 조효소이다. | 피부염, 소화관 장애; 경련 | 고기, 전 곡류, 콩과식물, 녹색 잎줄기 채소 |
| 판토텐산 10 mg | 조효소A의 구성 성분 (세포대사에 중요) | 결핍은 매우 드물다. | 고기, 전 곡류, 콩과식물 |
| 엽산 400 mg | 핵산 합성과 적혈구 성숙에 필요한 조효소 | 빈혈의 한 종류; 특정 출생결함; 심혈관질환의 위험 증가; 알코올중독자, 흡연자, 임신부에 결핍. | 간, 콩과식물, 암녹색 잎이 많은 야채, 오렌지 쥬스 |
| 비오틴 30 mcg | 대사에 중요한 조효소 | — | 장박테리아 의해 생산; 간; 쵸콜렛, 난황 |
| 비타민 $B_{12}$, 2.4 mcg | 대사에 중요한 조효소; 코발트를 포함 | 일종의 빈혈 | 간, 고기, 생선 |

*RDA는 권장 음식 허용량으로, 국립 연구평의회의 음식과 영양 위원회에 의해 확정됨. 건강한 성인이 좋은 영양을 유지하기 위한 양.

†국제 단위(International Unit): 특정 생물학적 효과를 내기 위한 양으로 물질 활성의 척도로 국제적으로 받아들여지고 있다.

‡mcg = microgram

### 46.3.6 항산화제는 산화체를 막는다

산소가 이용되는 모든 과정에서는 자유 라디칼, 과산화물, 슈퍼옥시드 등과 같이 반응성이 높은 분자인 **산화체(oxidant)**들이 만들어진다. **자유 라디칼(free radical)**, 하나 또는 그 이상의 짝 지워지지 않은 전자를 갖고 있는 분자나 이온 등은 이온화 복사, 담배연기, 다른 형태의 공기오염 등에 의해 만들어지기도 한다. 산화체는 전자를 잡아채어 DNA, 단백질, 불포화지방산 등을 손상시킬 수 있다. DNA의 손상은 암을 유발하는 돌연변이의 원인이 될 수 있고, 불포화지방산의 손상은 세포막을 손상시킬 수 있다. 자유 라디칼은 LDL 콜레스테롤을 산화시켜 동맥경화증에 기여하는 것으로 생각되고 있다. 오랜 기간 신체의 산화적 손상은 노화 과정과 관련이 있다.

세포는 자유 라디칼과 기타 반응성 분자를 파괴하는 **항산화제(antioxidant)**를 갖고 있다. 조직의 항산화제는 슈퍼옥시드 디스뮤타제, 카탈라제, 퍼옥시다제, 글루타치온 등과 같은 효소를 포함한다. 이들의 반응에는 셀레니움, 아연, 망간, 구리 등과 같은 무기물이 필요하다. 비타민 C, 비타민 E, 베타 카로틴 등과 같은 비타민은 강한 항산화 활성을 갖고 있다. 비타민 A와 E는 자유 라디칼로부터 막을 보호한다.

**복습**

- 복합 탄수화물은 어떻게 신체에 영향을 미치는가?
- 포도당의 기능은 무엇인가? 필수아미노산의 기능은 무엇인가?
- 저밀도 지방단백질의 기능은 무엇인가?

표 46-4

**중요한 무기물과 기능**

| 무기물 | 기능 | 공급원; 주석 |
|---|---|---|
| 칼슘 | 뼈와 이의 주된 무기물; 정상 혈액응고, 근육 기능, 신경 기능, 세포 활성 조절에 필수 | 우유와 다른 낙농제품, 물고기, 녹생 잎이 많은 채소; 뼈는 칼슘저장고로 작용 |
| 인 | 다른 무시물보다 많은 기능을 수행; 뼈의 구조적 성분; AIP, DNA, RNA, 인지질의 성분 | 고기, 낙농제품, 시리얼 |
| 황 | 많은 단백질과 비타민의 성분 | 고기, 물고기, 콩과식물, 견과 |
| 칼륨 | 세포내 주된 양이온; 근수축과 신경 흥분성 영향 | 과일, 채소, 곡류 |
| 나트륨 | 질액의 주된 양이온; 체액평형에 중요; 신경전달 | 많은 음식, 식염; 평균 미국인 식품에 너무 많이 포함된; 지나친 양은 고혈압에 관여할 것임 |
| 염소 | 간질액의 주된 음이온; 채액 평형과 산-염기 평형에 중요 | 많은 음식, 식염 |
| 마그네슘 | 정상 근육과 신경 기능에 필요 | 견과; 전곡류, 잎이 많은 채소 |
| 구리 | 몇 가지 효소의 구성 성분; 헤모글로빈 합성에 필수 | 간, 달걀, 물고기, 전소맥 밀가루, 콩 |
| 요오드 | 갑상선호르몬의 성분 (대사속도를 증가시키는 호르몬); 결핍시 갑상선종에 걸린다 (비정상적인 갑상선 비대) | 해산물 식품, 요오드화염, 요오드가 풍부한 땅에서 자란 야채 |
| 망간 | 많은 효소들을 활성화시킴 | 전곡류 시리얼, 난황, 녹색 채소. 장에서 잘 흡수되지 않음 |
| 철 | 헤모글로빈, 미오글로빈, 중요한 호흡효소 (치토크름), 산소운반과 세포호흡에 필수적인 다른 효소의 성분; 결핍시 빈혈이 생기고 인식기능에 장애가 생긴다. | 식품에서 가장 결핍되기 쉬운 무기물. 좋은 공급원: 육류(특이 간), 견과류, 난황, 콩류, 마른 과일 |
| 불소 | 뼈와 이의 성분; 이가 썩는 것을 예방; 지나치면 이가 얼룩진다. | 어류; 천연에서 나타나지 않는 지역에서는 시에서 공급하는 물에 첨가할 수 있다 (염소첨가) |
| 아연 | 적어도 70가지 효소의 보조인자; 특정 단백질의 합성 조절을 도움; 조직의 성장과 회복에 필요; 결핍시 인지기능이 장애 | 육류, 우유, 요구르트; 일부 해산물 식품 |
| 셀레니움 | 항산화제(과산화물을 분해하는 퍼옥시다제의 부분) | 해산물 식품, 달걀, 간, 마늘, 버섯 |

## 46.4 에너지 대사

### 학습목표

8 기초대사율과 총대사량율을 대조한다.

9 영양부족과 영양과다 등의 영양장애의 효과를 설명한다.

10 음식섭취와 에너지 항상성에 대하여 현재 알려져 있는 가설을 요약한다. (렙틴, 신경펩티드 Y 등의 역할을 포함한다)

단위 시간 당 신체에서 방출되는 에너지의 양은 **대사율**(metabolic rate)의 척도가 된다. 신체에서 소비되는 에너지의 대부분은 궁극적으로 열로 전환된다. 대사율은 하루에 소비되는 열에너지의 킬로칼로나 표준 정상 수준의 이상 또는 이하의 백분률로 나타낸다.

**기초대사율** (basal metabolic rate, BMR)은 연료 분자 분해 결과 신체에서 열이 방출되는 속도이다. 기초대사율은 생활의 기초경비 즉, 휴식 시 에너지가 사용되는 속도이다. 이 에너지는 심장수축, 호흡, 신장 기능 등과 같은 신체기능을 유지하는데 요구된다. 개인의 **총대사율**(total metabolic rate)은 기초대사율의 합으로 하루 종일 활동을 수행하는데 사용되는 에너지이다. 예를 들어 노동자는 일의 성격상 운동량이 포함되지 않고 규칙적으로 운동을 하지 않는 경영진보다 훨씬 큰 총대사율을 갖고 있다.

### 46.4.1 영양부족은 심각한 건강문제를 유발한다

수백만명의 사람들이 충분히 먹지 않거나 균형있는 식품을 먹지 못하고 있다. 영양부족을 겪는 사람들은 약하고 쉽게 피곤하고 매우 쉽게 감염될 수 있다. 필수아미노산, 철, 칼슘, 비타민 A 등이 공통적으로 결핍되는 영양소인데, 필수아미노산이 식품에서 가장 흔하게 결핍된다. 수백만명의 사람들이 단백질 결핍으로 인하여 건강상태가 좋지 않고 질병에 대한 낮은 저항력으로 고통을 받는다. 이들은 감염에 대항하여 싸우는데 필요한 항체 (단백질)와 세포를 만들어 내지 못하기 때문에 단백질 부족을 겪는 어린이에게는 홍역, 백일해, 수두 등과 같은 일반적인 어린이 질병이 종종 치명적이 된다.

어린 어린이에게 단백질이 심각하게 부족하면 단백 결핍성 소아영양 **실조증 (kwashiorkor)**이라는 병에 걸린다. 이 아샨티 (서부 아프리카) 단어는 "첫 번째-두 번째"를 뜻하는 아프리카어이다. 어린 동생이 태어나면 첫 번째 아이가 어머니의 젖을 먹지 못하는 상태를 말한다. 단백 결핍성 소아영양 실조증 콰시오르코르에 걸린 손위 어린이는 단백질이 결핍된 녹말성 곡물식이나 카사바 식품을 접하게 된다. 성장이 부진하고 근육이 소모되며 부종이 나타난다 (부푼 배꼽으로 나타나듯이). 어린이는 대사 장애와 함께 무감각해지고 빈혈증을 보인다 (**그림 46-11**). 필수 아미노산이 없으면 소화효소들이 만들어지지 못하여 섭취한 단백질을 소화시키지 못한다.

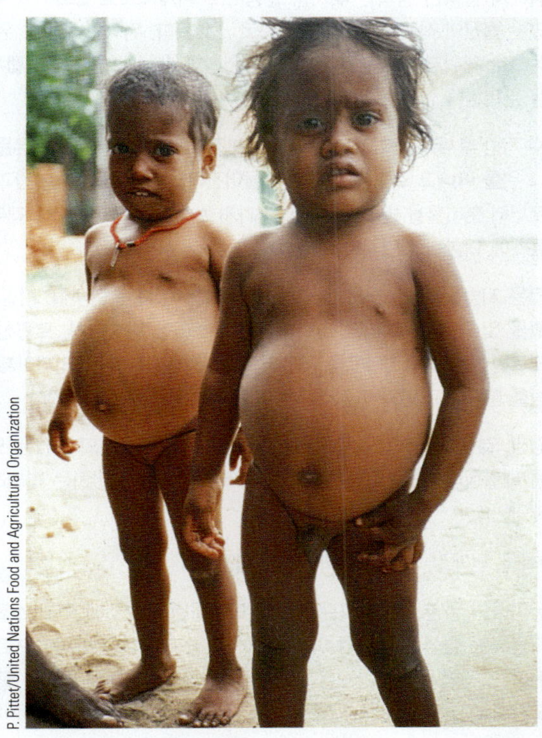
P. Pittet/United Nations Food and Agricultural Organization

**그림 46-11 단백질 결핍.**
수백만 명의 어린이들이 심각한 단백질 부족으로 인하여 생기는 단백질 결핍성 소아영양 실조증에 걸려있다. 체액 불균형에서 오는 부어 오른 배꼽이 눈에 띈다.

## 46.4.2 비만은 심각한 영양문제이다

영양이상은 영양과다의 결과로도 나타난다. 신체 지방이 지나치게 축적되는 **비만**(obesity)은 풍요로운 사회에서 점차 커지고 있는 문제로 심각한 영양장애의 형태이다. 비만은 심장질환, 당뇨병, 골관절염, 유방암 및 결장암과 같은 일부 암의 주된 위험 인자이다. 예를 들어 잘 알려진 프래밍햄 연구에서 2,000명 이상의 남자들을 대상으로 조사하였는데 이들은 20%가 과체중이고 어떤 원인이든 질환으로 사망할 확률이 훨씬 높다.

비만은 지방세포의 크기 증가나 지방세포의 수 증가 또는 두 가지 모두의 결과이다. 성인에서 지방세포의 수는 유아와 유년시절 동안 저장된 지방의 양에 의해 주로 결정된다. 일생에서 일찍이 과식을 하면 비정상적으로 많은 양의 지방세포들이 형성된다. 인생 후반에 지방세포는 지나친 지질로 완전히 채워지거나 크기가 줄어들지만 항상 그곳에 있다. 이와 같이 증가된 지방세포를 갖는 사람들은 정상적인 수를 갖고 있는 사람보다 비만에 걸릴 위험이 훨씬 큰 것으로 생각되고 있다.

비만 원인에 대한 연구에 있어서 생물학자들은 신호경로에 초점을 맞추고 있다. 연구자들은 비만 표현형을 유발하는 유전자 (*ob* 유전자)를 분리하였다. 이 유전자에 돌연변이가 일어난 쥐는 어떤 체중 조절 물질이 부족하여 뚱뚱하게 된다. 이들 쥐에서 관찰된 지방 조직의 증가는, 체중이 정상인보다 45.5 kg 또는 더 많은 병적인 비만과 유사한 증후군의 일부이다.

정상 *ob* 유전자 산물인 렙틴이라는 호르몬을 쥐에 주입하면 비만 쥐나 정상 쥐의 체중이 감소한다. 연구자들이 렙틴을 비만 쥐에 주입하면 이들 쥐의 식욕이 감소하고 에너지 사용이 증가한다. 이들은 주로 체지방이 줄어들어 체중이 감소한다(**그림 46-12**).

© 1995 Amgen Inc.

**그림 46-12 렙틴의 효과.**
렙틴을 처리하기 전 (*왼쪽*)과 후 (*오른쪽*)의 *Ob* 유전자 돌연변이 쥐.

지방조직과 위에서 만들어지는 렙틴은 뇌의 중추에 에너지 저장 상태에 대한 신호를 보낸다. 뇌는 섭식 행동과 에너지 대사를 조절한다. *ob* 유전자가 사람에게서 확인되어 진화동안 보존되었음을 가리킨다. 불행히도 대부분의 비만인 사람은 렙틴 작용에 대해 저항성을 갖고 있다. 세포 신호전달계에 이상이 있거나 렙틴이 혈액-뇌 장벽을 지나 수송되지 않는다.

지난 수년간 과학자들은 음식 섭취와 에너지 항상성 조절을 돕는 몇 가지 유전자 돌연변이와 신호 분자들이 동정하였다. 이러한 신호 분자들은 유전적, 신경, 내분비 기전을 포함하는 복잡한 조절 경로를 형성한다. 렙틴과 인슐린은 장기 조절인자로 신체의 지방 저장을 안정화시킨다. 에너지 섭취가 적게 되면 신체의 지방조직은 감소하여 렙틴과 인슐린 분비가 억제된다.

단식을 하거나 굶주릴 때처럼 렙틴 수준과 음식 섭취가 적으면, 시상하부에서 신경전달물질인 **신경펩티드 Y(neuropeptide Y, NPY)**의 분비가 증가한다. 이 신경펩티드는 식욕을 증가시키고 대사가 느리게 일어나도록 하여 에너지 저장 항상성에 기여한다. 사람이 먹거나 먹는 것을 중지시키는 신호를 보내는 몇 가지 식욕 조절물질이 있다. 위가 비어 있으면 *그렐린(ghrelin)*이라는 펩티드 호르몬을 분비하여 식욕을 자극한다. 위장관도 포만 신호를 보내어 음식물 섭취를 억제하는 오베스타틴, 콜레시스토키닌 등의 호르몬을 분비한다. 연구자들은 식욕억제제로 사용하기 위하여 이러한 신호분자들을 시험하고 있다.

뇌, 특히 시상하부는 렙틴, 인슐린, 기타 산호분자들로부터의 정보를 처리하고 이들과 혈액에 순환하는 영양소의 양과 같은 정보들을 통합한다. 뇌는 섭식행동과 대사를 조절하는 신호를 보내어 저장된 지방과 연료 대사의 항상성이 유지되도록 한다.

**복습**

- 에너지 균형을 설명하는 등식을 쓰고 어느 방향이든 식이 변할 때 어떤 일이 일어나는지 설명하시오.
- 렙틴의 기능은 무엇인가?

## 핵심 용어와 요약

**학습목표**

1 섭취, 소화, 흡수, 배설 또는 배출 등을 포함하는 먹이 처리과정을 설명하고 자포동물(히드라)의 소화계를 지렁이나 척추동물의 것과 비교한다.

- **영양**은 음식을 섭취하여 이용하는 과정이다.
- **섭식**은 음식의 선택, 획득 및 **섭취** 과정이다. 음식을 기계적으로 화학적으로 분해하는 과정이 소화이다. 영양소는 흡수에 의해 소화관의 내면을 지나 혈액으로 들어간다. 소화되지 않고 흡수되지 않은 음식은 신체로부터 **배출**된다.
- 극피동물과 편형동물에서 음식은 **위수관강**에서 소화된다. 이 강은 입과 항문역할을 하는 하나의 구멍을 갖고 있다.
- 보다 복잡한 무척추동물과 모든 척추동물에서는 소화관이 각 말단에 구멍을 갖는 완전한 관이다. 먹이가 관을 지나면서 소화가 일어난다.
- 관의 여러 부분이 특수화되어 특수 기능을 수행한다. 척추동물에서는 음식이 입, 인두, 식도, 위, 소장, 대장 및 항문의 순서로 지나간다.

2 사람의 소화계에서 관련된 기관의 구조와 기능을 설명하면서 섭취된 음식의 경로를 추적한다.

- 탄수화물의 기계적 소화와 효소적 소화는 입에서 시작된다. 포유동물의 이는 물어 뜯는 앞니, 음식을 찢는 **송곳니**, 부수고 가는 **작은어금니**와 **큰어금니** 등을 포함한다. 세 쌍의 **침샘**은 녹말을 소화시키는 **침샘 아밀라제**라는 효소를 포함하는 침을 분비한다.
- 음식을 삼키면 음식은 **인두**와 **식도**를 지나 추진된다. **음식물 덩어리**는 **연동운동**에 의해 소화관을 따라 이동한다. 소화관의 섞임과 추진 운동을 **운동성**이라 한다.
- **위**에서 음식은 강력한 휘저음 운동으로 기계적으로 소화되고 위액에 있는 **펩신**의 작용에 의해효소적으로 소화된다. 위벽의 **주름**은 위가 음식으로 채워지면 확장된다. **위선**은 염산과 펩신의 전구체인 **펩시노겐**을 분비한다.
- 수 시간 후 **유미즙**이라고 불리는 부분적으로 소화된 수프는 **유문**을 지나 위를 떠나고 **소장**으로 뿜어져 들어간다. **십이지장**에서는 간과 이자로부터 분비물을 받고 그 자체 몇 가지 소화효소를 생산하여 대부분의 효소에 의한 소화가 일어난다.
- 간은 지방을 유화시키는 **담즙**을 생산한다. **이자**는 단백질, 지질, 탄수화물 및 RNA와 DNA를 소화시키는 효소들을 방출한다. **트립신**과 **키모트립신**은 폴리펩티드를 디펩티드로 분해한다. **이자 리파아제**는 지방을 분해하고 **이자 아밀라제**는 복합 탄수화물을 소화시킨다.
- **맹장**, **결장**, **직장** 및 **항문**으로 이루어진 **대장**은 소화되지 않은 노폐물을 배출한다. 또한 비타민 K와 일부 비타민 B를 생산하는 박테리아를 배양한다.

3 탄수화물, 단백질, 지질의 소화단계를 설명한다.

- 유미즙의 영양소는 소화관을 지나 이동하면서 효소에 의해 소화된다. 다당류는 침샘과 이자의 아밀라제에 의해 이당류인 맥아당으로 소화된다. 소장에서 말타아제는 맥아당을 탄수화물의 주된 소화 산물인 포도당으로 분해한다.
- 단백질은 위에서는 펩신에 의해, 십이지장에서는 이자액에 있는 효소에 의해 분해된다. 중간 소화 산물인 펩티드와 디펩티드는 **디펩티다아제**에 의해 분해된다. 단백질 소화의 최종 산물은 아미노산이다.

- 지질은 담즙염에 의해 유화된 다음 이자의 **리파아제**에 의해 분해된다.

4 소화관 표면을 증가시키는 구조적 적응을 설명한다.

- 소장 표면은 소장벽, 소장 **융모**, **미세융모**에 의해 크게 확장되어 있다.

5 지질의 흡수를 다른 영양소의 흡수와 비교한다.

- 영양소는 장 융모의 얇은 벽을 지나 흡수된다. 아미노산과 포도당은 **간문맥**에 의해 간으로 수송된다.
- 지방산과 모노아실글리세롤은 장 내면에 있는 상피세포로 들어가서 다시 트리아실글리세롤로 재조립된다. 이들은 콜레스테롤과 인지질을 포함하는 방울로 포장되고 얇은 단백질 막으로 덮힌다. **카일로미크론**이라 불리는 이 지질방울은 림프계에 의해 혈액순환계로 수송된다.

6 섭취하는 탄수화물, 지질, 단백질의 영양학적 필요조건을 요약하고 흡수 후 포도당, 지질, 아미노산의 어떻게 되는지 추적한다.

- 균형 잡힌 식품을 위해서 사람과 다른 동물은 탄수화물, 지질, 단백질, 비타민 및 무기물이 필요하다.
- 대부분의 탄수화물은 녹말과 셀룰로오스 등의 다당류의 형태로 섭취된다. **복합 탄수화물**을 다당류라 한다. 섬유질은 주로 셀룰로오스와 다른 소화되지 않는 탄수화물의 혼합물이다. 탄수화물은 주로 연료로 사용된다. 혈액의 포도당 농도는 세심하게 조절된다. 과다한 포도당은 글리코겐으로 저장되고 또한 지방으로 전환될 수 있다.
- 지질은 연료, 세포막의 구성성분으로서 그리고 스테로이드호르몬과 다른 지질 물질을 합성하는데 이용된다. 대부분의 지질은 트리아실글리세롤의 형태로 섭취된다. 지방산은 아세틸 조효소 A의 분자로 전환되어 연료로 사용된다. 과다한 지방산은 트리아실글리세롤로 전환되어 지방으로 저장된다.
- 단백질은 효소로 작용하고 세포의 필수 구조적 성분이다. **필수아미노산**의 최선 분포는 동물 음식의 완전한 단백질에서 발견된다. 과다한 아미노산은 간세포에 의해 탈아미노화 된다. 아미노기는 요소로 전환되어 요로 배설된다. 나머지 케토산은 탄수화물로 전환되고 연료로 사용되거나 지질로 전환되어 지방세포에 저장된다.

7 비타민, 무기염류, 파이토케미칼의 영양학적 기능을 설명한다.

- **비타민**은 많은 생화학적 과정에서 소량 필요로 하는 유기 화합물이다. 대부분 조효소 구성분으로 작용한다. **지용성 비타민**에는 비타민 A, E, E 등이 있고 **수용성 비타민**에는 비타민 B와 C가 있다.
- **무기물**은 음식과 물에 녹아있는 염으로 섭취되는 무기 영양소이다. **미량원소**는 하루에 100 mg 이하 요구되는 무기물이다.

8 영양부족과 영양과다 등의 영양장애의 효과를 설명한다.

- 수백만의 사람들은 영양부족을 겪고 있다. 필수 아미노산은 식품에 자주 결핍되는 영양소이다.
- **비만**은 과다한 양의 지방이 지방조직에 축적되는 심각한 영양문제이다. 활동으로 소비하는 것보다 많은 에너지를 킬로칼로리 형태로 취하면 체중이 증가한다.

9 음식섭취와 에너지 항상성에 대하여 현재 알려져 있는 가설을 요약한다. (렙틴, 신경펩티드 Y 등의 역할을 포함한다)

- 연구자들은 음식 섭취와 에너지대사를 조절하는 복잡한 경로를 이루고 있는 신호분자들을 밝히고 있다. 호르몬인 **렙틴**은 체지방질량에 비례하여 지방세포에 의해 생산되는 것 같다. 이것은 뇌에 에너지 저장 상태에 대하여 뇌로 신호를 보낸다. 시상하부에서 생산되는 신경전달물질인 **신경펩티드 Y**는 렙틴 수준과 음식 섭취양이 적으면 식욕을 증가시키고 대사를 느리게 한다.

## 연습문제

1. 부수고 가는데 적합한 이는 (a) 앞니 (b) 송곳니 (c) 작은 어금니와 큰어금니 (d) 앞니와 작은 어금니 (e) 송곳니와 어금니이다.

2. 위선에서 펩시노겐의 분비를 자극하는 호르몬은 (a) 세크레틴 (b) 위액 억제 펩티드 (c) 가스트린 (d) 콜레시스토키닌 (e) 물질 P이다.

3. 대부분의 비타민은 (a) 무기 화합물이다 (b) 조효소 구성성분이다 (c) 연료로 이용된다 (d) 전해질이다 (e) 잡식동물을 제외한 초식동물과 육식동물에 의해 이용된다.

4. 다음 중 부속 소화선은 어느 것인가?
(a) 침샘 (b) 이자 (c) 간 (d) a, b, c (e) a, b

5. 펩신을 생산하는 곳은?
(a) 간 (b) 위 (c) 이자 (d) 십이지장 (e) 침샘

6. 아밀라제는 (a) 간 (b) 이자 (c) 침샘 (d) 간과 이자 (e) 이자와 침샘 에 의해 생산된다.

7. 소장의 표면적은 (a) 벽의 주름 (b) 융모 (c) 미세융모 (d) a, b, c, 가 맞다 (e) a와 b만 맞다. 에 의해 증가한다.

8. 신경펩티드 P는 (a) 식욕을 증가시킨다 (b) 대사를 증가시킨다 (c) 돌연변이 *ob* 유전자에 의해 암호화 된다 (d) 이자에 의해 생산되는 호르몬이다 (e) 담즙 생산을 감소시킨다.

9. 다음 중 단백질의 소화 순서를 알맞게 기술한 것은?
1. 디펩티드 2. 아미노산 3. 단백질 4. 폴리펩티드 5. 글리세롤
(a) 4, 3, 1, 2 (b) 3, 4, 1, 2 (c) 3, 4, 1, 5
(d) 4, 3, 5, 1, 2 (e) 2, 1, 4, 5

10. 그림에 명칭을 기입하시오.

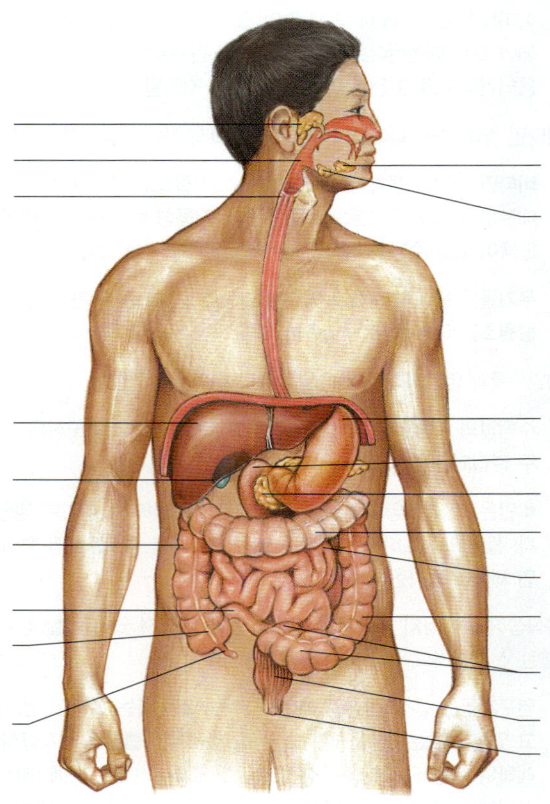

## 심화 학습문제

1. 단백질 가수분해 효소는 왜 불활성화 형태로 만들어지는가?

2. 연구자들은 체중 조절을 돕는 생화학적 경로를 밝혀내고 있다. 이들의 일이 어떻게 비만 치료에 이용될 수 있을까?

# 47

# 기체 교환

McMurray Photography

**대부분의 육상동물은 수원 근처 지역에서 서식한다.** 얼룩말과 누(남아프리카산 암소 비슷한 영양일종) 그리고 다양한 새들이 탄자이아의 응고롱고로 분화구에 있는 호수에서 모여 들어 물을 마시고 있다.

## 핵심 개념

삼투조절은 생물체가 물과 염의 농도를 조절하는 과정이며, 체액이 너무 희석되거나 농축되지 않게 한다.

배설계는 삼투조절과 대사 노폐물의 폐기에 대한 기능으로 진화되었다.

담수, 해수, 및 육상 동물들은 다양한 환경의 도전을 직면하기 위해서 다른 적응을 갖는다.

척추동물 신장은 물과 전해질의 균형을 유지하고 대사노폐물을 배설한다.

네프론은 척추동물 신장의 기능적 단위이다.

세포와 지구상에서 가장 풍부한 분자인 물은 생물의 형체를 이루고 지구상 생물의 분포를 정한다. 물은 대부분의 대사 반응이 일어나는 매개체이며, 동물 체액의 삼투 및 이온 조성은 항상성 한계 내에서 유지되어야 한다.

바다에서 살고 있는 많은 작은 동물들은 먹이와 산소를 해수로부터 직접 섭취하고 노폐물을 주위 해수로 배출한다. 보다 크고 복잡한 동물과 대부분의 육상동물에서는 세포외액이 내부 바다의 역할을 한다. 육상동물은 물을 지속적으로 보존해야 할 필요가 있다. 사진의 동물들처럼 대부분의 동물은 체액을 보충할 수 있는 물 공급원이 필요하기 때문에 종종 수원에 가까운 지역에서 서식한다.

동물에서 전해질과 체액의 항상성을 유지하는 두 과정은 삼투조절과 배설이다. ■

## 47.1 체액 유지와 전해질 균형

### 학습목표

1 삼투조절과 배설과정이 체액과 전해질의 항상성에 어떻게 공헌하는지를 설명하라.

세포 안에 있는 **세포내액**(intracellular fluid)이 대부분의 체액을 담당한다. 세포 바깥에 있는 **세포외액**(extracellular fluid)은 **간질액**(interstitial fluid, 세포 사이의 액체), 림프, 및 혈장을 포함한다. 주로 물인 혈액은 척추동물에서 영양분, 기체노폐물, 및 다른 물질들을 몸 전체로 수송한다. 간질액은 혈장으로부터 형성되며 세포를 담구고 있다. 여분의 물은 체 표면으로부터 증발하거나 특수환 구조물에 의해 분비된다.

**전해질**(electrolyte)은 수용액에서 이온으로 되는 무기 이온, 산, 및 염기와 같은 화합물이다. 전해질은 체액의 매우 중요한 용질이다. 많은 항상성 기전이 체액과 전해질 평형을 유지하기 위하여 작동한다.

두 수용액의 농도가 같다면, 그들은 서로에 대해 등장성이다. 용액 '가'가 용액 '나'보다 용질의 농도가 높다면, 용액 '가'는 용액 '나'에 대하여 고장성이다. 용액 '나'는 '가'에 대하여 저장성이다. 용액의 총 용질 농도가 물 이동의 방향을 결정한다. 용액의 삼투압은 낮은 용질 농도 수용액으로부터 순 물의 이동을 방지하는 높은 농도의 수용액을 가두어 두고 있는 선택적 투과성인 막에 작용하는 압력이다.

1종류의 용질이 녹아 있을 때, **오스몰**(osmol)은 생성된 입자의 수로 나눈 수용액의 몰과 같다. 예를 들면, 포도당 1종류만을 녹인 1 몰 포도당 수용액은 1 오스몰이다. 1 몰 NaCl 수용액은 $Na^{+}$와 $Cl^{-}$ 2종류를 생성하기 때문에, 2 오스몰이다. 2종류의 이온이 수용액의 삼투압에 영향을 미친다. 밀리 오스몰은 오스몰의 1,000분지 1이다. **오스몰라리티**(osmolarity)는 수용액의 리터당 오스몰의 수로 정의 된다. 같은 오스몰라리티 수용액이 등장성이다.

**삼투조절**(osmoregulation)은 물과 염의 농도를 조정하는 과정으로 생물체의 체액이 너무 희석되거나 농축되지 않게 된다. **배설**(excretion)은 대사 노폐물을 버리는 과정이다. 배설계는 대사 노폐물의 폐기와 삼투조절 두 기능으로 진화되었다. **배설계**(excretory system)는 과분의 물과 무기이온, 대사 노폐물, 및 나쁜 물질을 버린다. 호르몬이 삼투조절 과정에 중요한 역할을 한다.

**복습**

- 삼투조절이란 무엇인가?
- 배설이란 무엇인가?

## 47.2 대사노폐물

**학습목표**

2 암모니아, 요산, 및 요소를 배설하는 경비와 성과를 비교하라.

대사노폐물은 항상성을 파괴할 만한 농도로 축적되지 않도록 배설되어야 한다. 대부분 동물의 주된 대사노폐물은 물, 이산화탄소 및 질소를 포함하고 있는 **질소노폐물**(nitrogenous waste)이 있다. 이산화탄소는 주로 호흡에 의해 배출된다(45장 참조). 육상동물에서는 물이 호흡구조를 통해 제거되기도 한다. 신장과 같은 배설기관은 대부분의 물과 질소노폐물을 배설한다.

질소노폐물에는 암모니아, 요산, 요소가 있다. 아미노산과 핵산은 질소를 포함하고 있음을 상기하자. 아미노산의 대사 중 질소를 포함하고 있는 아미노기는 제거되어 (탈아미노 반응이라 알려진 과정) **암모니아**(ammonia)로 전환된다. 그러나 암모니아는 매우 독성이 크다. 일부 수서 동물은 자신의 조직에 암모니아가 유독한 농도로 쌓이기 전에 주위의 물로 배설한다. 사람을 포함한 많은 동물은 암모니아를 독성이 약한 요산이나 요소로 전환한다.

**요산**(uric acid)은 암모니아로부터 만들어지거나 핵산으로부터 뉴클레오티드의 분해로 만들어진다. 요산은 물에서는 불용성이며, 액체의 손실이 별로 없이 결정성 반죽으로 배설할 수 있도록 결정을 형성한다. 이것은 곤충, 일부 파충류 및 조류를 포함한 많은 육상동물에게는 물을 보존하는 중요한 적응이다. 또한 요산은 독성이 없어 안전하게 저장할 수 있음으로, 닫혀있는 알에서 발생을 하는 동물에게는 적응 이점이 있다.

**요소**(urea)는 양서류와 포유류의 주된 질소노폐물로, 간에서 **요소회로**(urea cycle)라고 알려진 일연의 반응에 의해 암모니아와 이산화탄소로부터 합성된다. 요소는 암모니아보다 훨씬 독성이 약하고 조직에 손상 없이 고농도로 축적될 수 있다는 장점을 갖고 있어 보다 농축된 형태로 배설될 수 있다. 그러나 요소는 용해도가 높아 물에 녹기 때문에 배설하는 데에는 요산을 배설하는 것보다 많은 물이 필요하다.

**복습**

- 질소노폐물의 기본적인 형태로는 어떤 것이 있는가? 각 종류의 노폐물을 배설하는 동물의 예를 드시오.
- 요산의 형태로 질소노폐물을 배설하는 성과는 무엇인가? 요소의 형태일 때는?

## 47.3 무척추동물의 삼투조절과 배설

**학습목표**

3 삼투순응동물과 삼투조절동물을 비교하라.

4 원신관, 후신관, 말피기관을 묘사하고, 그들의 기능을 비교하라.

바다는 안정된 환경이며, 염분의 농도가 많이 변하지 않는다. 해면동물과 자포동물의 세포내액과 체액의 전해질 농도는 바닷물과 매우 비슷하여, 이들 동물은 특별한 배설 구조물이 필요 없다. 노폐물은 세포로부터 외부 환경으로 단순하게 확산되고 해류에 의해 제거되기 때문에, 그들은 노폐물을 배설하는 데에 거의 에너지를 소모하지 않는다. 물이 괴어져 있고 해류가 노폐물을 제거

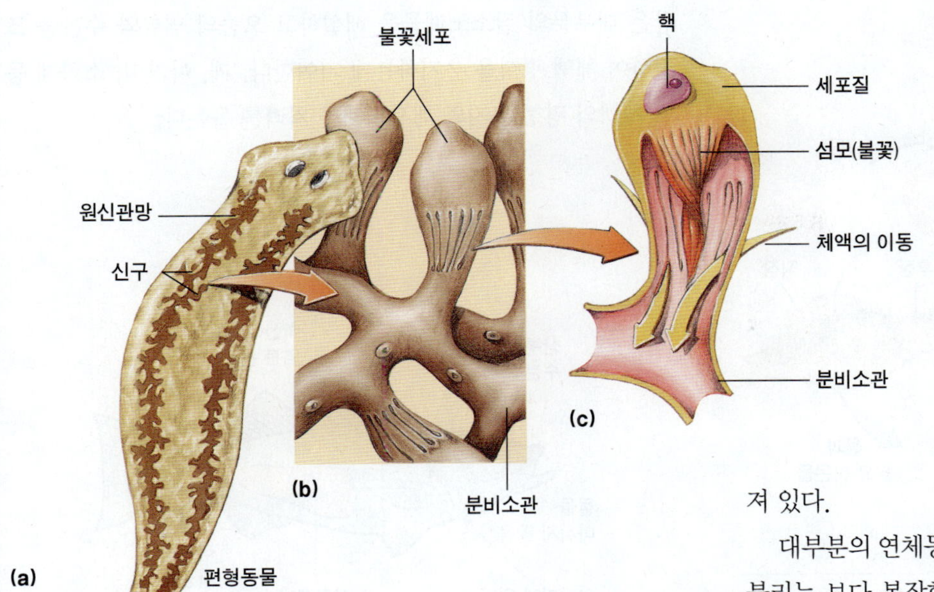


**그림 47-1 편형동물의 원신관.**

**(a)** 주로 삼투조절 기능을 하는 플라나리아 원신관은 분지되는 관으로 이루어진 구조물이다. **(b)** 장액이 불꽃세포로 들어가고 일련의 관을 통해 지나간다. 과다한 체액은 신구를 통해 몸을 떠난다. **(c)** 하나의 불꽃세포.

하지 않을 때에, 산호초와 같은 수 환경은 노폐물의 축적에 의해 손상을 입는다.

대부분 해양 무척추동물의 체액은 주위 해수와 삼투 평형상태에 있다. 이러한 동물을 **삼투순응동물**(osmoconformer)이라고 한다. 왜냐하면 이들 체액의 농도는 해수의 변화에 따라 변하기 때문이다.

강어귀 등에서 서식하는 많은 무척추동물(척추동물도 마찬가지)은 이들 환경의 염분 농도 변화에 관계없이 적정 조직 내 염분 농도를 유지하는 **삼투조절동물**(osmoregulator)이다. 탈수는 육상동물에게 끊임없는 위협이 된다. 이들 동물 체액의 농도는 주위 공기의 농도보다 높기 때문에 체표면이나 호흡표면을 통한 증발에 의해 물이 손실되거나 노폐물 제거시 물을 잃을 수 있다. 동물이 육지로 이동함에 따라 자연선택에 의해 물을 보존하는 구조와 공정이 진화되었다. 배설계는 혈액과 체액의 염과 다른 물질의 농도의 선택적인 맞춤에 의해 체액과 전해질 항상성을 유지하는 데에 도움을 준다.

## 47.3.1 신관은 삼투조절과/또는 배설에 맞게 특수화되었다

**신관**(nephridial organ)은 편형동물 등과 같은 많은 무척추동물에서 진화된 삼투조절기구이다. 편형동물과 선형동물의 대사노폐물은 확산에 의해 체표면을 통해 나가지만 **원신관**(protonephridia)도 갖고 있다(**그림 47-1**). 신관기관은 내부 구멍이 없는 소관들로 이루어져 있다. 이들의 확장된 맹관은 **불꽃세포**(flame cell)로 이루어져 있다.

대부분의 연체동물과 환형동물은 후신관(metanephridia)으로 불리는 보다 복잡한 신관을 갖고 있다. 후신관은 양쪽 끝이 열려 있는 소관이다. 소관의 안쪽 끝은 섬모가 있는 깔때기처럼 체강으로 열려 있고(**그림 47-2**) 바깥쪽 끝은 신구를 통해 외부로 열려 있다.

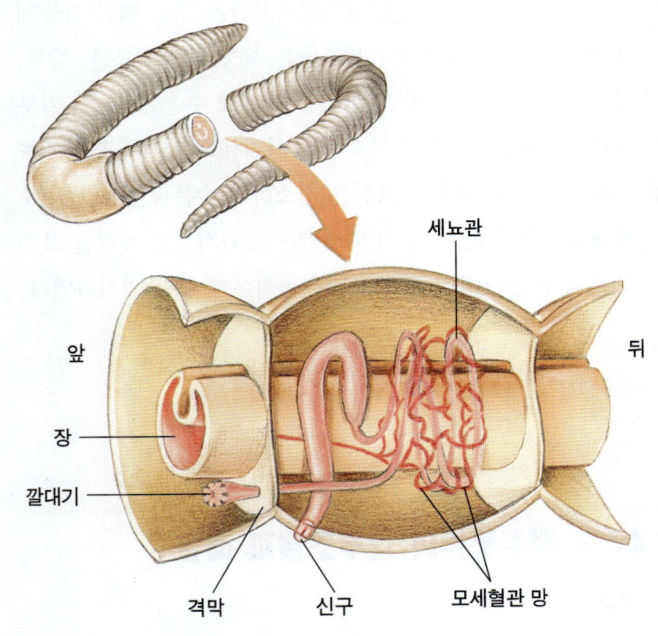


**그림 47-2 지렁이의 후신관.**

후신관은 섬모가 있는 깔대기 모양의 체강으로 통하는 입구, 감겨져 있는 세뇨관, 바깥으로 통하는 신구로 이루어져 있다. 그림의 3차원적 내부 구조는 3개의 체절 부분을 보여주고 있다.

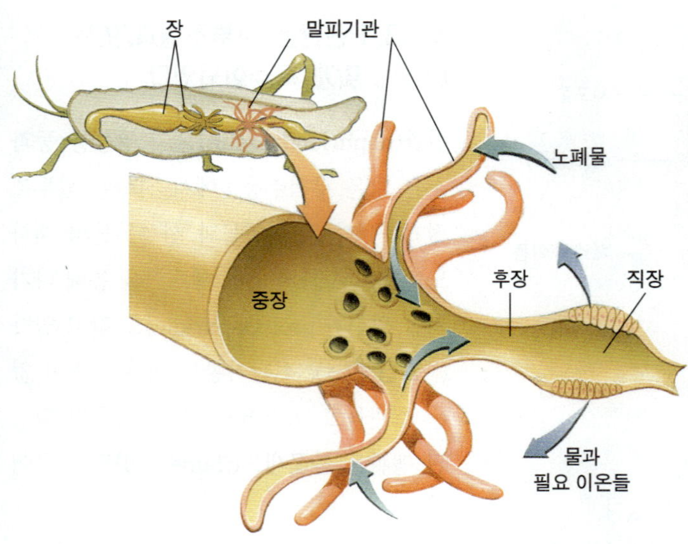


**그림 47-3** 곤충의 말피기관.

가느다란 말피기관은 혈강까지 확장되어 있는 맹관을 갖고 있다. 이들은 요산과 일부 이온을 혈림프에서 관의 강 내로 옮긴다. 물은 확산으로 이들 물질을 따라 이동한다. 노폐물은 장 내로 버려진다. 직장(후장의 일부)의 상피 내면은 능동적으로 대부분의 물과 필요한 이온들을 재흡수 한다.

### 47.3.2 말피기관은 수분을 보존한다

곤충과 거미의 배설계는 수 백 개의 **말피기관**(Malpighian tubule)으로 이루어져 있다 (**그림 47-3**). 말피기관은 내장 벽이 가늘게 신장된 것이다. 말피기관벽의 세포들은 능동적으로 요산, 칼륨, 기타 물질들을 혈림프로부터 말피기관 강 내로 수송한다. 물, 일부 염류, 다른 용질들은 직장의 특수화된 상피세포에 의해 혈림프로 재흡수된다. 주된 노폐물인 요산은 최소한의 수분과 함께 반건조된 반죽으로 배설된다. 곤충의 배설계는 효과적으로 체액을 보존하기 때문에 곤충이 육상 환경에서 성공하는데 크게 기여하였다.

**복습**

- 신관과 말피기관의 비슷한 점과 다른 점은 무엇인가?

## 47.4 척추동물의 삼투조절과 배설

**학습목표**

5 다양한 서식지에서의 척추동물의 성공과 척추동물의 신장의 기능을 연관 지으시오.

6 담수어, 해양경골어류, 상어, 해양포유류, 육상척추동물들의 삼투조절에 대해 적응을 비교하시오.

척추동물의 주된 삼투조절 및 배설기관은 신장(kidney)이다. 신장은 대부분의 질소노폐물을 배설하고 오줌의 염류와 수분을 조절하여 체액 평형을 유지하는데 기여한다. 폐, 아가미, 소화계 등도 체액의 평형 유지와 대사노폐물 처리를 돕는다.

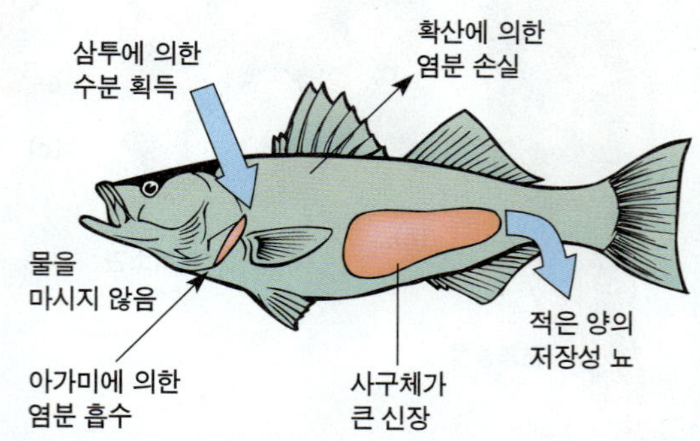


**(a) 담수어는 저장성 환경에 살고 있다.** 물이 끊임없이 삼투현상에 의해 몸으로 들어가고 염분은 확산되어 나간다. 이러한 어류는 많은 양의 묽은 오줌을 배설하고 아가미를 통하여 염분을 능동적으로 흡수한다.

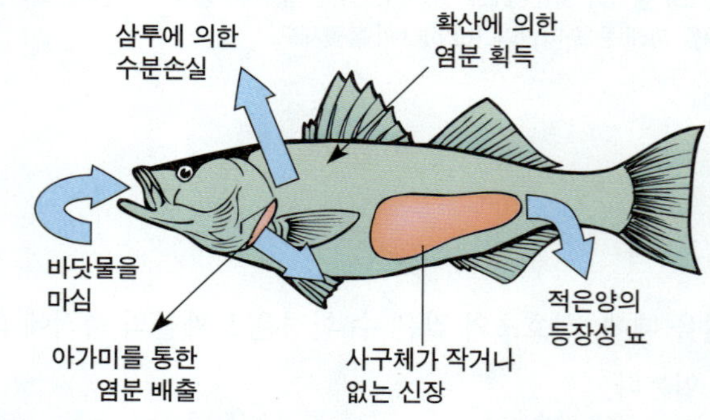


**(b) 해양 어류는 고장성 환경에 살고 있다.** 이들은 삼투현상에 의해 물을 잃게 된다. 이들이 마시는 해수와 확산에 의해 염분이 몸 안으로 들어온다. 이것을 보상하기 위하여 어류는 물을 마시고 염분을 배설하며 적은 양의 오줌을 생산한다.

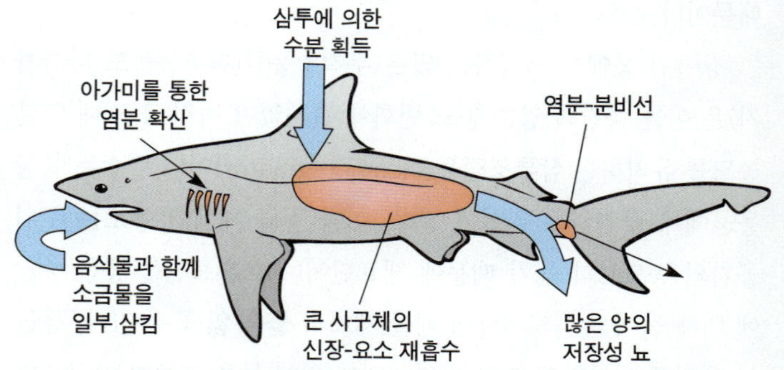


**(c) 연골 어류(상어와 가오리).** 반면에 상어의 신장은 충분히 높은 농도의 요소를 재흡수하여 조직이 주위 외부 환경에 대해 고장성이 된다. 결과적으로 물은 삼투현상에 의해 상어 몸 안으로 들어간다. 많은 양의 묽은 오줌이 배설된다.

**그림 47-4** 어류의 삼투조절.

### 47.4.1 담수 척추동물은 과다한 수분을 제거해야 한다

담수어류는 물이 몸 안으로 들어오는 것을 지연시키기 위하여 비늘과 점액분비물로 싸여있다. 그러나 물은 지속적으로 들어온다. 담수어류의 신장은 많은 양의 묽은 오줌을 배설하도록 적응되어 있다 (▮ 그림 47-4a). 신장은 혈액을 여과하여 오줌을 생산하는 모세혈관 덩어리인 큰 사구체를 갖고 있다. 담수어류는 주위 담수로 염분을 잃어버리는 경향이 있다. 이를 보상하기 위하며 염을 물로부터 몸 안으로 능동적으로 수송하는 특수한 아가미가 진화되어있다.

대부분의 양서류는 적어도 반수성이어서 이들의 삼투조절 기전은 담수 어류의 것과 유사하다. 이들은 또한 많은 양의 묽은 오줌을 만들어낸다. 개구리는 오줌와 피부를 통하여 하루에 자기 체중의 1/3에 해당하는 양의 물을 잃는다. 피부에 있는 특수한 세포에 의한 염 능동수송으로 피부와 오줌을 통한 염 손실이 보상된다.

### 47.4.2 해양 척추동물은 잃어버린 체액을 대체해야 한다

해양 경골어류는 삼투현상에 의해 물을 잃고 염은 체내로 들어온다. 이러한 체액의 손실을 보상하기 위하여 많은 해양 경골어류는 바닷물을 먹는다(▮ 그림 47-4b). 이들은 아가미에 있는 특수화된 세포를 통해 물을 유지하고 염을 배설한다. 신장을 통해서는 매우 적은 양의 오줌이 배설되며, 모세혈관 덩어리인 사구체가 매우 작거나 없다.

해양 연골어류(상어와 가오리)는 다른 삼투조절 적응으로 외부 환경의 염분농도를 견디어 낸다. 이들은 요소를 축적하고 요소에 대해 내성이 있다(▮ 그림 47-4c). 즉, 이들의 조직은 대부분의 다른 동물에게는 유해할 정도의 요소 농도에서도 기능을 할 수 있도록 적응되어 있다. 체액에 요소가 높은 농도로 있기 때문에 체액이 해수보다 약간 고장액이 되어 물이 몸 안으로 들어오게 된다. 이들의 잘 발달된 신장은 많은 양의 오줌을 배설한다. 과다한 염분은 신장을 통해 배설되고 많은 종에서는 직장의 염선(salt gland)에 의해 배설된다.

### 47.4.3 육상 척추동물은 수분을 보존 해야 한다

양서류 성체는 일반적으로 습기가 있는 환경에서 서식한다. 이들은 요소를 배설하고 일부 수분을 방광으로부터 재흡수한다. 유양막류(amniotes, 파충류, 조류, 포유류)는 육상에서의 생활에 보다 더 효과적으로 적응되어있다. 유양막류의 피부는 증발에 의한 수분 손실을 최소화하고 있으며 많은 유양막류는 물을 거의 필요로 하지 않는 요산을 배설한다.

조류(birds)와 포유류는 비교적 많은 부피의 질소노폐물을 만들어낸다. 이들은 수분을 보존하기 위하여 매우 효과적인 신장을 포함하여 여러 가지 적응을 보여주고 있다. 극단적인 예로 사막에

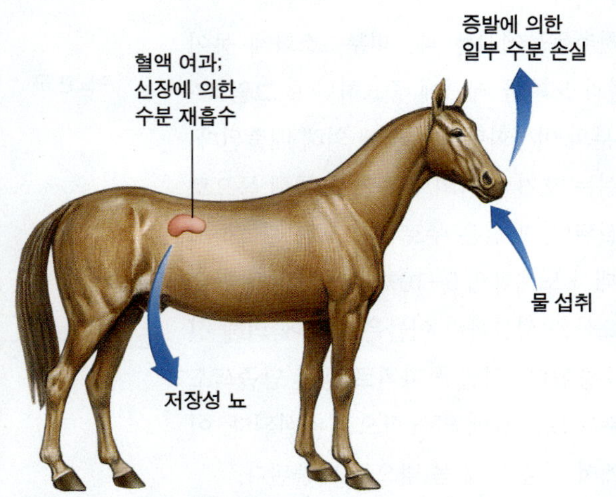


**(a)** 척추동물의 신장은 재흡수를 통해 물을 보존한다. 새와 포유류는 농축된 오줌을 생성할 수 있다.

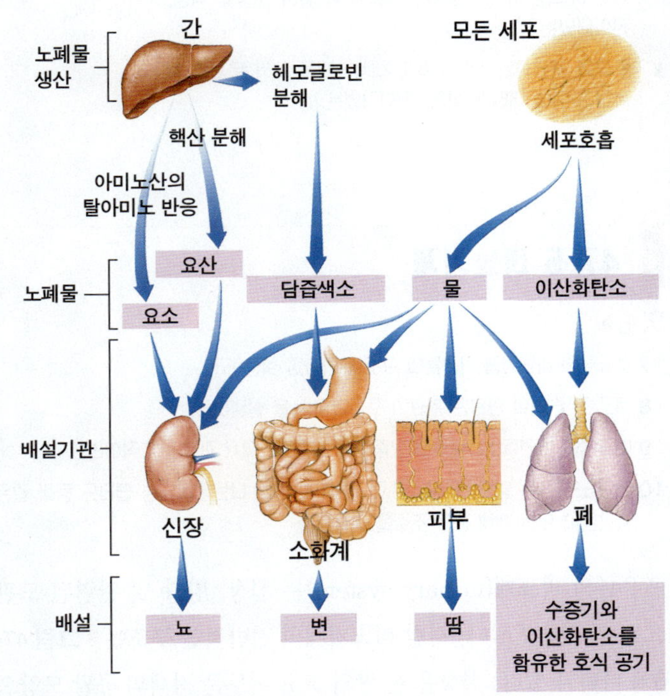


**(b)** 사람과 기타 육상 포유류의 노폐물 제거 과정. 물을 보존하기 위하여 적은 양의 고장성 오줌이 생산된다. 질소노폐물은 간에서 만들어져 신장으로 수송된다. 모든 세포는 세포 호흡 시 이산화탄소와 물을 생산한다.

**그림 47-5 육상 척추동물의 배설기관.**

서식하는 캥거루쥐는 대부분의 물을 자신의 물질 대사로부터 얻는다. 이들의 신장은 매우 효과적이어서 오줌으로 체액 손실은 거의 없다.

조류는 질소를 요산으로 배설하고 총배설강과 장에서 물을 효과적으로 재흡수하여 물을 보존한다. 이들의 신장은 매우 농축된(고장성) 오줌을 생산한다.

육상척추동물에서는 폐, 피부, 소화계 등이 삼투조절과 노폐물 제거에 중요하다 (**그림 47-5**). 대부분의 이산화탄소는 폐에 의해 배출된다. 물은 내쉬는 호기 공기의 수증기를 통해 몸으로부터 유실된다. 땀샘은 주로 체온조절 관계하지만 모든 대사 노폐물의 5–10%를 배설한다. 간은 요소와 요산을 생산하며 이들은 혈액에 의해 신장으로 수송된다. 적혈구 파괴로 생긴 담즙색소의 대부분은 보통 간에 의해 장으로 배설된다. 이들은 장에서 변을 통해 몸 밖으로 배출된다.

**복습**

- 해양어류는 어떤 종류의 삼투조절 문제에 직면하고 있는가? 이들은 이러한 문제를 해결하기 위해 어떻게 적응, 진화되었는가?
- 조류와 포유류는 삼투조절과 대사노폐물 제거 문제를 해결하기 위해 어떻게 적응, 진화되었는가?

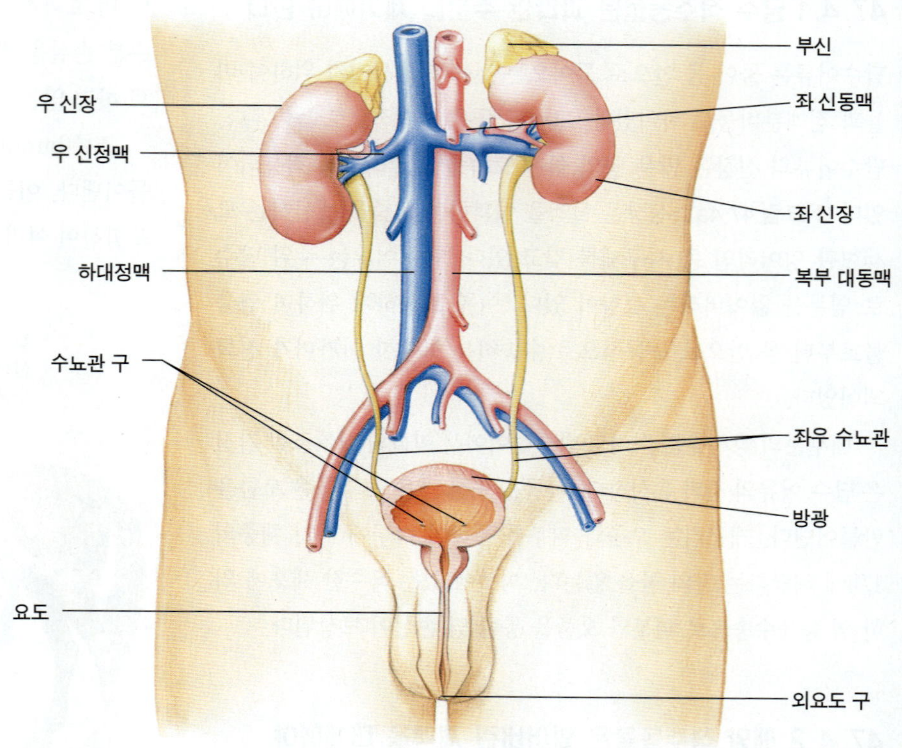


**그림 47-6 사람의 비뇨기계.**

신장은 요를 생산한 다음 수뇨관을 통해 방광으로 옮겨져 임시 저장된다. 요도는 방광에서 몸 바깥으로 요를 내보낸다.

## 47.5 비뇨기계

**학습목표**

7 포유류의 비뇨기계 기관들의 구조와 기능을 설명하라.
8 네프론 및 이와 연관된 혈관의 구조와 기능을 설명하라.
9 여과액이 보먼주머니로부터 오줌로서 배출되기까지 과정을 추적하라.
10 항이뇨호르몬, 알도스테론, 안지오텐신 II, 심방 나트륨이뇨성 펩티드 등과 같은 호르몬에 의한 체액 평형 조절을 기술하라.

포유류의 **비뇨계**(urinary system)는 신장, 방광 및 관련된 도관으로 이루어져 있다. 사람 비뇨기계의 전반적인 구조는 **그림 47-6**에 나타나 있다. 신장은 한 쌍의 크고 어두운 적색의 콩팥 모양으로 크기는 주먹 정도이다. 각 신장은 결합조직인 피막으로 덮어 있다(**그림 47-7**). 신장의 바깥부분을 **신장피질**(renal cortex)이라 하고, 안쪽 부분을 **신장수질**(renal medulla)이라 한다. 신장 수질에는 **신장추체**(renal pyramid)라 불리는 8–10개의 추모양의 구조물이 있다. 각 추체의 끝이 **신장유두**(renal papilla)이다. 각 유두는 몇 개의 구멍, 즉 **수집관**(collecting duct)이 있다.

요가 수집관으로부터 신장의 유두를 지나 깔대기 모양의 방인 **신우**(renal pelvis)로 흘러 들어간다. 요는 다시 신장을 **방광**(urinary bladder)과 연결해 주는 관인 **수뇨관**(ureter)으로 흘러 들어간다. 방광은 800 mL까지의 요를 담을 수 있는 능력이 있는 놀라운 기관이다.

**배뇨**(urination) 시 요는 방광으로부터 몸 바깥으로 유도하는 관인 **요도**(urethra)를 지나 흘러나간다. 이상을 요약하면 요는 다음 구조들을 따라 흘러간다.

**신장 (신우를 통해) ⟶ 수뇨관 ⟶ 방광 ⟶ 요도**

### 47.5.1 네프론은 신장의 기능적 단위이다

신장의 기본적인 기능은 체액 균형의 조절과 대사 노폐물의 배설에 의한 항상성 유지에 대한 도움이다. 신장은 **네프론**(nephron)이라

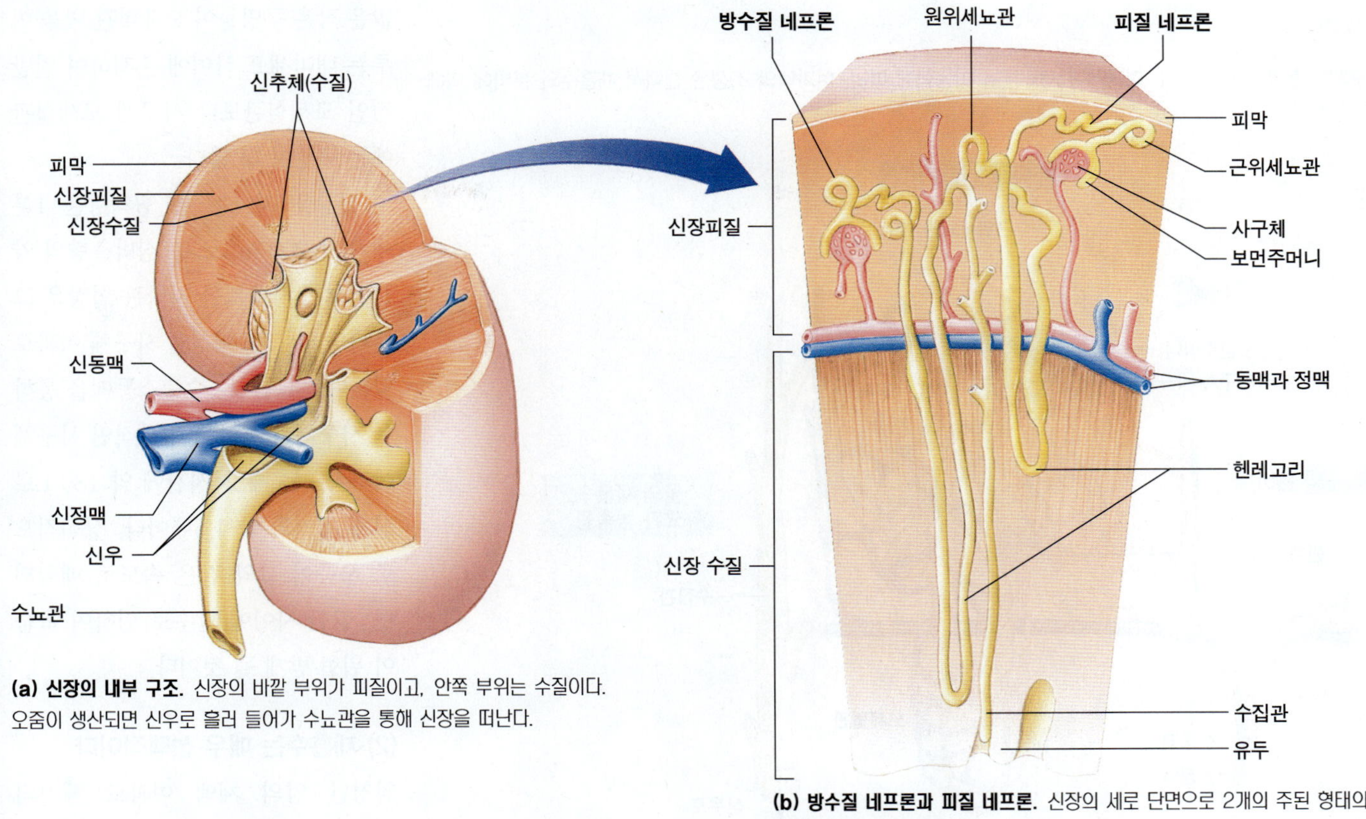


**(a) 신장의 내부 구조.** 신장의 바깥 부위가 피질이고, 안쪽 부위는 수질이다. 오줌이 생산되면 신우로 흘러 들어가 수뇨관을 통해 신장을 떠난다.

**(b) 방수질 네프론과 피질 네프론.** 신장의 세로 단면으로 2개의 주된 형태의 네프론을 보여주고 있다.

**그림 47-7 신장의 구조.**

불리는 기능적 단위로 이루어져 있는데 신장마다 약 100만 개 이상이 있다. 네프론에는 컵 모양의 **보먼주머니(Bowman's capsule)**가 있고, 여기에 길고 일부 감겨져 있는 **세뇨관(renal tubule)**이 연결되어 있다. 보먼주머니 내에는 **사구체(glomerulus)**라고 알려진 모세혈관 덩어리가 있다. 세뇨관은 보먼주머니로부터 여과액을 전도하는 **근위세뇨관(proximal tubule)**, 길고 머리핀 모양 부분인 **헨레고리(loop of Henle)**, 여과액을 수집관으로 전도하는 **원위세뇨관(distal convoluted tubule)** 등 3가지 주된 부위로 이루어져 있다. 따라서 여과액은 다음 구조들을 지나간다.

**보먼주머니 ⟶ 근위세뇨관 ⟶ 헨레고리 ⟶ 원위세뇨관 ⟶ 수집관**

혈액은 신동맥에 의해 신장으로 수송되는데, 신동맥의 작은 가지들이 **수입소동맥(afferent arteriole)**을 형성하므로 혈액은 수입소동맥을 통해 사구체를 이루는 모세혈관으로 들어간다. 혈액이 사구체를 지나갈 때 혈장 일부는 보먼주머니로 여과된다.

일반적인 순환 경로에서는 혈액이 모세혈관을 지나 정맥으로 가지만, 신장의 혈액 순환은 예외적이다. 왜냐하면 사구체 모세혈관에서 나가는 혈액은 **수출소동맥(efferent arteriole)**으로 흘러가기 때문이다. 각 수출소동맥은 혈액을 사구체로부터 멀리 운반한다. 수출소동맥은 세뇨관을 에워싸는 두 번째 모세혈관망인 관주위 **모세혈관(peritubular capillary)**이 되어 혈액이 이곳으로 흐른다.

혈액은 첫 번째 모세혈관 즉 사구체를 지나면서 여과된다. 관주위 모세혈관은 세뇨관으로부터 혈액으로 되돌아오는 물질을 받아들인다. 관주위 모세혈관은 작은 정맥으로 이어지고 결국은 **신정맥(renal vein)**으로 연결된다. 요약하면 혈액은 다음 순서로 신장을 순환한다.

**신동맥 ⟶ 수입소동맥 ⟶ 사구체 모세혈관 ⟶ 수출소동맥 ⟶ 관주위 모세혈관 ⟶ 작은 정맥 ⟶ 사신정맥**

**요점**

사구체는 혈액을 여과한다. 여과액이 세뇨관을 이동함에 따라, 여과액의 조성은 선택적 재흡수와 분비에 의해 맞추어진다.

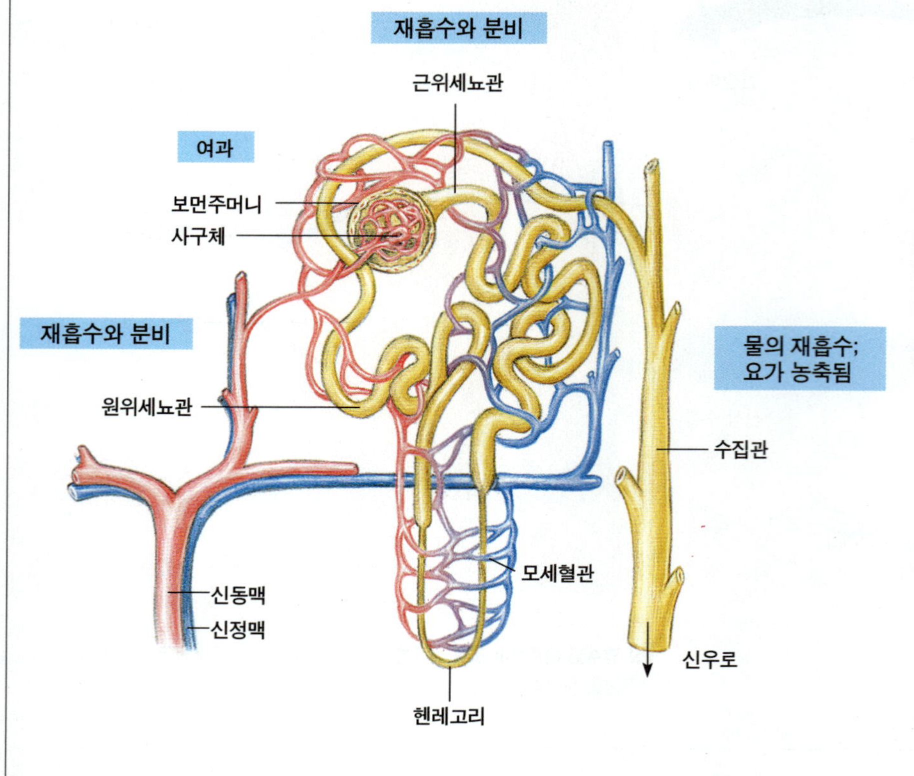


**그림 47-8** 여과, 재흡수 및 분비가 일어나는 부위들.

## 47.5.2 요는 여과, 재흡수 및 분비에 의해 만들어진다

비뇨기계에서 배설되는 **오줌(urine)**은 여과, 재흡수, 및 분비 등 3가지 과정을 통해 생산 된다(**그림 47-8**).

### (1) 이온과 작은 분자의 여과는 비선택적이다

혈액이 높은 압력을 받으면서 사구체모세혈관을 흘러가면 혈장의 10% 이상이 보먼주머니 내로 밀려들어 가며 이를 **여과(filtration)**한다.

몇 가지 요소가 여과에 관여한다. 첫째가 사구체 모세혈관 내의 정수 혈압이다. 사구체 모세혈관 내의 정수 혈압은 다른 어떤 모세혈관의 것보다 높다. 이러한 높은 압력은 수출소동맥의 직경이 수입소동맥의 것보다 작아서 수출소동맥에서 혈액의 유출에 대한 큰 저항이 있기 때문이다. 둘째가 넓은 표면적이다. 사구체 모세혈관은 매우 많이 감겨 있어 넓은 표면적을 형성하고 있다. 세 번째 인자는 사구체 모세혈관의 높은 투과도이다. 유공이라 불리는 많은 작은 구멍들이 모세혈관 벽을 이루는 내피세포 사이에 존재하여 일반적인 모세혈관보다 사구체 모세혈관에는 구멍이 더 많다.

신장을 지나는 총 혈액량은 1분에 약 1,200 mL로 총 심박출량의 약 1/4이다. 사구체를 지나는 혈장은 그 부피의 약 10% 이상을 사구체 여과로 잃는다. 나머지는 수출소동맥을 통하여 사구체를 떠난다. 정상적인 사구체 여과속도는 매 24시간에 약 180 L로 신체 체액의 약 4.5배이다. 상식적으로 오줌이 그와 같은 속도로 배설되면, 잠깐 사이에 탈수로 인하여 목숨이 위협 받게 될 것이다.

### (2) 재흡수는 매우 선택적이다

엄청난 양의 체액 여과로 제기되는 항상성에 대한 위협은 **재흡수(reabsorption)**로 피할 수 있다. 여과액의 약 99%는 세뇨관을 통해 혈액으로 재흡수되고, 24시간에 약 1.5 L 만이 오줌으로 배설된다. 신장은 재흡수를 통하여 혈액 성분을 정확하게 조절한다. 노폐물, 과다한 염분 및 기타 물질들은 여과액에 남아있으면서 요로 배설되고 포도당과 아미노산과 같이 필요한 물질들은 혈액으로 되돌아온다. 각 세뇨관은 하루에 178 L 이상의 물, 1,200 g의 염분, 250 g의 포도당을 재흡수한다. 물론 이들 대부분은 여러 차례 재흡수 된다.

대부분의 여과액(약 65%)은 근위세뇨관을 지나면서 재흡수 된다. 포도당, 아미노산, 비타민, 및 기타 영양 가치가 있는 물질들은 이곳에서 모두 재흡수 된다. 나트륨, 염소, 중탄산염, 칼륨 등을 포함한 대부분의 이온은 일부가 재흡수 된다. 이러한 이온들의 일부는 능동적으로 수송되며 다른 것들은 확산에 의해 재흡수된다. 재흡수는 여과액이 헨레고리와 원위세뇨관을 지나면서 계속된다. 그리고 여과액은 신우로 이어지는 수집관을 지나면서 더 농축된다.

보통 포도당, 아미노산 등과 같이 몸에 유익한 물질들은 세뇨관에서 재흡수 된다. 특정 물질의 혈액 내 농도가 높으면 세뇨관은

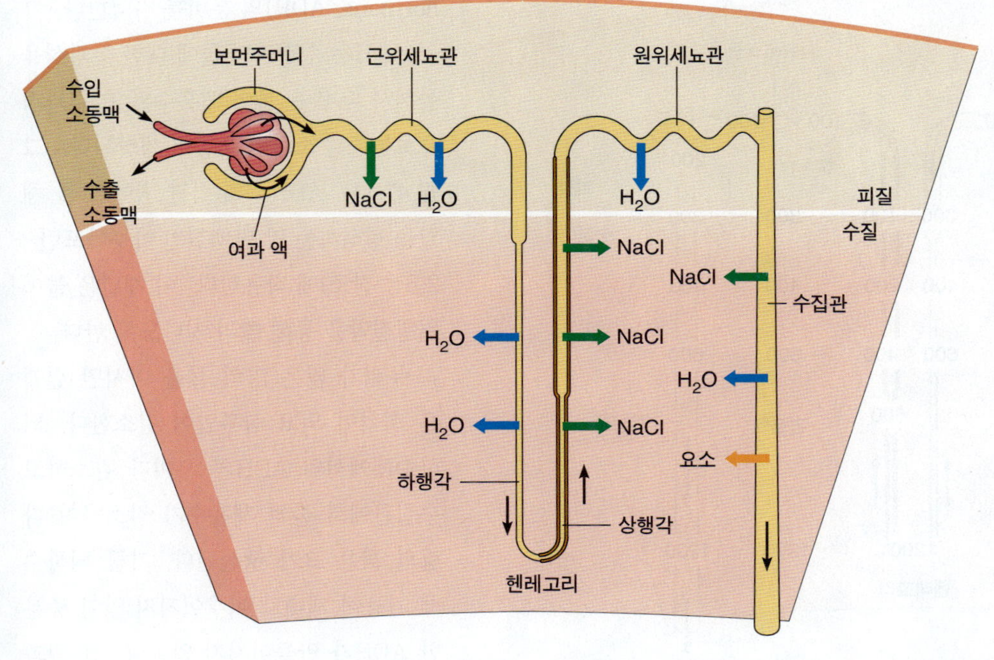


**그림 47-9 물, 이온 및 요소의 신장 세뇨관과 수집관을 통한 이동.**

물은 헨레고리의 하행각 밖으로 나가고 관 안쪽의 여과액은 보다 농축된다. 상행각의 두꺼운 테두리는 물에 대한 투과성이 거의 없다. NaCl은 상행각 아래 부분(얇은)으로부터 확산되어 나간다. 상행각의 위 부분(두꺼운)에서는 NaCl이 능동적으로 간질액 쪽으로 수송된다. 간질액에 NaCl이 더 있을수록 보다 많은 물이 하행각 밖으로 이동한다. 이 결과 헨레고리 안쪽의 여과액은 더 농축되어 염분이 더 빠져나가게 된다. 이러한 과정들은 양성 되먹임의 한 예가 된다. 일부 요소는 수집관을 통해 간질액 쪽으로 이동하여 나온다. 수집관의 물은 삼투적으로 빠져 나와 고장성의 간질액으로 들어간다.

그 물질을 모두 재흡수하지 못할 것이다. 물질이 재흡수될 수 있는 최대 속도를 **세뇨관 수송 최고치 (tubular transport maximum, Tm)**라 한다. 예를 들어 1 분에 125 mg의 포도당이 세뇨관에 들어간다면 대부분이 재흡수된다. 그러나 당뇨병 환자의 경우 혈액 내 포도당 농도가 Tm(포도당 농도가 1분에 320 mg을 초과한다)을 초과하게 된다. 초과한 포도당은 재흡수 되지 못하여 오줌으로 배설된다(당뇨). 오줌에 당이 있는 것은 이 질병의 증거가 된다(48장 참조).

### (3) 일부 물질은 혈액으로부터 여과액으로 능동적으로 배설된다

세뇨관 **분비(secretion)**는 물질이 세뇨관 상피세포를 통하여 재흡수되는 방향과는 반대 방향으로 이동한다. 분비는 주로 원위세뇨관 부위에서 일어난다. 칼륨, 수소이온, 암모니아 이온 및 크레아틴(대사 노폐물)과 같은 유기이온 등은 여과액으로 분비된다. 페니실린 등과 같은 약은 보통 분비를 통해 혈액으로부터 제거된다.

## 47.5.3 오줌은 세뇨관을 지나면서 농축된다

신장은 매우 농축된 오줌을 생산할 수 있기 때문에 우리는 한정된 액체를 섭취하여 생존할 수 있다. 사람 혈액의 몰삼투압 농도는 1리터에 약 300 mOsm이며, 신장은 약 1400 mOsm/L의 오줌을 생산할 수 있다. 여과액이 신장 세뇨관의 여러 부위를 지나면서 염이 재흡수되어 염의 농도 경사가 확립된다(**그림 47-9와 47-10**). 이 경사는 오줌을 농축시키는데 이용된다.

헨레고리의 2개의 가지를 통해 액체의 역류가 있음을 주목하시오. 하행지를 따라 아래로 흘러가는 여과액은 상행지를 통해 위로 움직이는 여과액과 반대방향으로 흐른다. 이러한 역류 기전은 수질 간질액의 높은 염분 농도 유지를 돕는다. 요소는 내부 수질의 높은 용질 농도에 기여하고 오줌의 농축과정을 돕는다. 여과액이 수집관을 따라 아래로 이동을 하면서 물은 삼투적으로 간질액으로 지나가고 이곳의 모세혈관에 의해 수집된다. 매우 많은 물이 수집관을 떠나기 때문에 많이 농축된 오줌이 생산될 수 있다. 고장성의 오줌은 물의 농도가 낮아 물을 보존하는데 기여한다.

## 47.5.4 오줌은 물, 질소 노폐물 그리고 염으로 이루어져 있다

여과액이 신우에 도달할 때면 그 조성은 정확하게 조절되어 있다. 조절된 여과액은 **오줌(urine)**이라고 불리는데 대략 96%의 물, 2.5%의 질소노폐물(주로 요소), 1.5%의 염분 그리고 요의 독특한 색과 냄새에 기여하는 담즙색소 등과 같은 기타 미량의 물질 등으로 이루어져 있다.

## 47.5.5 호르몬들이 신장의 기능을 조절한다

신장은 체액의 부피와 전해질 농도를 유지시킨다. 신장은 혈액의 $Na^+$와 $K^+$ 농도를 좁은 범위 내에서 유지하도록 도움을 주고 혈

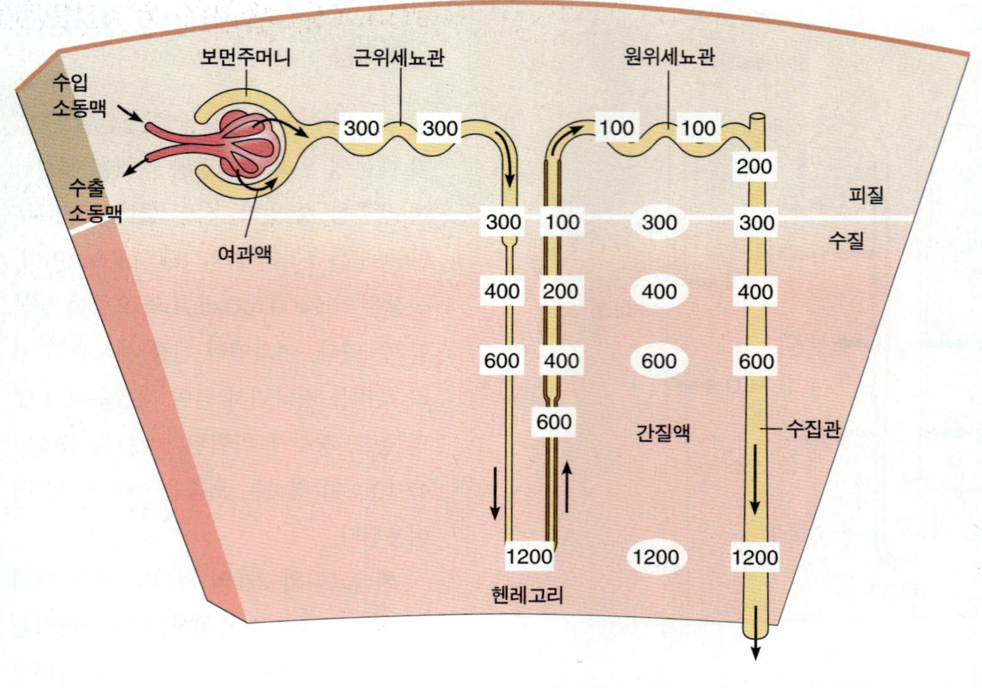


**그림 47-10 여과액이 네프론을 이동하면서 농축되는 과정.**

이 그림은 매우 농축된 요가 형성되는 동안 주로 $Na^+$와 $Cl^-$ 등으로 이루어진 이온들의 상대적 농도를 보여주고 있다. 숫자는 여과액의 염분 농도를 리터 당 밀리오스몰로 나타낸 것이다. 신우 근처의 매우 높은 고장성 간질액은 물을 수집관 내의 여과액으로부터 삼투현상으로 끌어낸다. 상행각의 두꺼운 테두리는 이 부위가 물을 잘 통과시키지 않는다는 것을 가리킨다.

액의 pH를 조절한다. 몇 가지 호르몬들이 신장의 항상성 기능을 조절한다(표 47-1).

### (1) 항이뇨호르몬은 물의 재흡수를 증가시킨다

생산되는 요의 양은 신체가 물을 유지해야 하는지 또는 제거해야 하는지의 필요에 따른다. 시상하부의 수용체는 이러한 삼투 변화에 반응하여 뇌하수체 후엽에 작용하여 **항이뇨호르몬(antidiuretic hormone, ADH)**의 분비를 자극한다.

ADH는 수집관의 물에 대한 투과성을 높혀서 더 많은 물이 재흡수된다. 결과적으로농축된 소량의 오줌이 생산된다(그림 47-11). ADH는 수집관 벽에서 물 채널을 형성하는 막 단백질인 아쿠아포린-2(5장 참조)에 작용한다. 이 채널은 물이 원형질막을 통해 빨리 지나도록 한다.

우리가 많은 양의 물을 마시면 혈액은 희석이 되고 삼투압이 감소한다. 뇌하수체에서의 ADH의 분비가 감소하고 수집관에서 물의 재흡수가 감소하여 다량의 묽은 요가 생산된다. 가끔 뇌하수체 기능이 제대로 이루어지지 않아 충분한 ADH가 만들어지지 않는다. 그 결과 상태를 *요붕증*(diabetis insipidus)이라 한다. 이러한 상태는 신장이 후천적으로 ADH에 대해 반응하지 않을 때에도 생긴다. 요붕증에서 물은 수집관으로부터 효과적으로 재흡수되지 않아 많은 양의 요가 생성된다. 요붕증이 심한 사람은 하루에 약 28.5 L의 요를 배설하여 심한 체내 수분 손실을 겪게 된다. 이 병에 걸린 사람은 탈수가 되고 체액 손실을 상쇄하기 위하여 거의 계속하여 물을 마셔야 한다.

### (2) 레닌-안지오텐신-알도스테론 경로는 나트륨의 재흡수를 증가시킨다

나트륨 농도는 몇 가지 호르몬에 의해 정확하게 조절되고 있다.

**표 47-1**

**호르몬의 신장 기능 조절**

| 호르몬 | 근원 | 표적 조직 | 작용 | 분비 자극 인자 |
|---|---|---|---|---|
| 항이뇨호르몬 | 시상하부에서 생산됨: 뇌하수체 후엽에서 분비 | 수집관 | 수집관의 물에 대한 투과도를 증가시켜 물의 재흡수를 증가시키고 배설을 감소시킨다. | 액체를 적게 섭취하면 혈액부피가 감소하고 혈액의 삼투압이 증가한다; 시상하부의 수용체가 뇌하수체 후엽을 자극한다. |
| 알도스테론 | 부신(피질) | 원위세뇨관과 수집관 | 나트륨 재흡수를 증가시킨다. | 안지오텐신 II (혈압이 감소할 때) |
| 안지오텐신 II | 안지오텐신 I 으로부터 만들어짐 | 혈관과 부신 | 혈관을 수축시켜 혈압이 오르게 한다; 알도스테론의 분비를 자극한다. | 혈압 감소가 레닌의 분비를 유발한다; 레닌은 안지오텐시노겐을 안지오텐신 I 으로 전환하고 안지오텐신 I 은 ACE에 의해 안지오텐신 II로 전환된다. |
| 심방 나트륨이뇨성 펩티드(ANP) | 심방 | 수입소동맥; 수집관 연적 | 수입소동맥을 이완시킨다; 수집관의 나트륨재흡수를 억제한다; 알도스테론의 분비를 억제한다. | 증가된 혈액 부피로 인한 심장의 신장 |

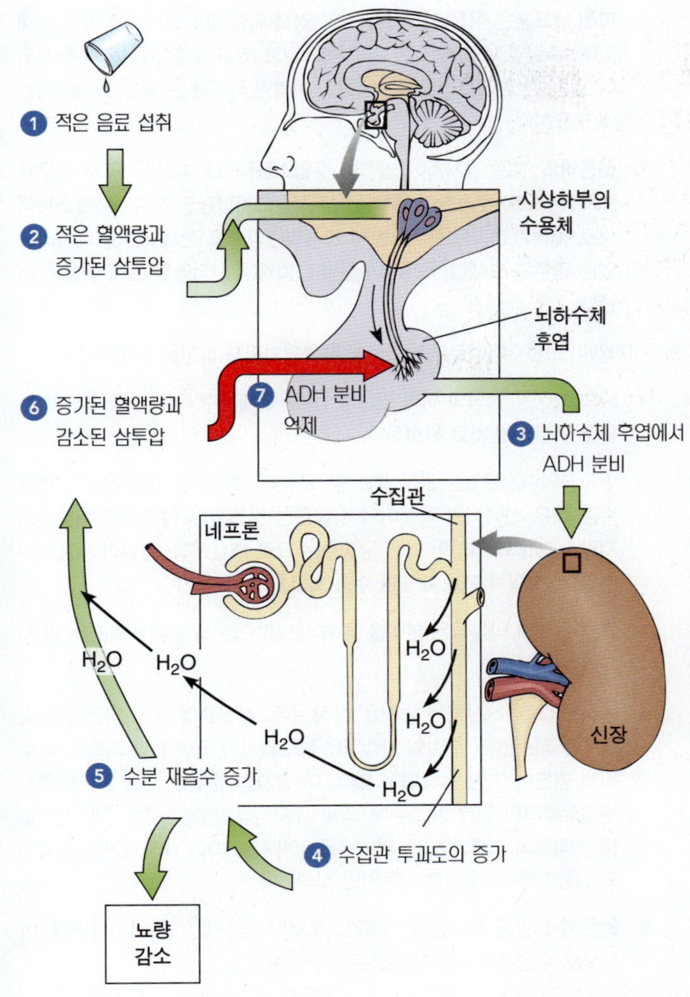


**그림 47-11 항이뇨호르몬(ADH)에 의한 오줌 양의 조절.**

우리 몸이 탈수되면 항이뇨호르몬은 수집관의 물에 대한 투과도를 증가시킨다. 보다 많은 물이 재흡수되고 소량의 농축된 요가 생산된다.

부신 피질에서 분비되는 **알도스테론(aldosterone)**은 원위세뇨관과 수집관을 자극하여 나트륨의 재흡수를 증가시킨다. 실험동물에서 부신을 제거하면 나트륨이 너무 많이 배설되어 세포외액이 심각하게 고갈된다. 알도스테론에 의한 나트륨 농도와 혈압 조절의 기전을 요약하면 다음과 같다.

**혈액 부피 감소 ⟶ 혈압 감소 ⟶ 방사구체 세포에서 레닌 분비 ⟶ 안지오텐시노겐 ⟶ 안지오텐신 I ⟶ 안지오텐신 II ⟶ 혈관 수축 및 알도스테론 분비 자극 ⟶ 알도스테론 분비 ⟶ 알도스테론이 나트륨 재흡수를 증가시킴 ⟶ 혈압 증가**

### (3) 심방 나트륨 이뇨성 펩티드는 나트륨의 재흡수를 억제한다

심장에서 만들어지는 호르몬인 **심방 나트륨이뇨성 펩티드(atrial natriuretic peptide, ANP)**는 나트륨 배설을 증가시키고 혈압을 감소시킨다. ANP에 의한 혈압과 나트륨의 조절 순서는 다음과 같다.

**혈액 부피 증가 ⟶ 혈압 증가 ⟶ 심장의 심방 신장 ⟶ 심방에서 ANP 분비 ⟶ 직접 나트륨 재흡수를 억제하고 알도스테론의 분비를 억제하며 이것은 다시 나트륨 재흡수를 억제한다.⟶ 오줌의 양 증가⟶ 혈액 부피 감소 ⟶ 혈압 감소**

**복습**

- 다음의 각 현상과 관련이 있는 포유류의 구조는 각각 무엇인가? (a) 요소 형성 (b) 오줌 형성 (c) 오줌의 일시적 저장 (d) 몸 밖으로 오줌 배설
- 다음 연상과 관련이 있는 네프론의 부위는? (a) 여과 (b) 재흡수 (c) 분비
- 여과액이 보먼주머니에서 방광으로 이동하는 과정에 있는 구조를 순서대로 나열하시오.
- 혈액이 네프론으로 들어가서 나오는 과정에서 관계있는 혈관을 순서대로 나열하시오.
- 오줌의 부피는 어떻게 조절되는가?
- 레닌-안지오텐신-알도스테론 경로의 작용은 무엇인가?

## 핵심 용어와 요약

**학습목표**

1 삼투조절과 배설의 공정이 체액과 전해질의 항상성에 어떻게 공헌을 하는지 설명하라.

- **삼투조절**은 항상성을 유지하기 위해 체액의 삼투압을 활발하게 조절하는 것이다. **배설**은 몸에서 대사 노폐물을 제거하는 과정이다. **배설계**는 삼투조절과 대사 노폐물의 배설을 통하여 체액의 농도를 조절함으로써 항상성 유지를 돕는다.

2 암모니아, 요산, 요소를 배설하는 성과와 경비를 비교해 보라.

- 동물 대사의 주된 노폐물에는 물, 이산화탄소와 암모니아, 요소, 요산 등을 함유하는 **질소노폐물**이 있다. **암모니아**는 유독하여 주로 수서 동물에 의해 배설된다.
- **요소**와 **요산**은 암모니아보다 훨씬 덜 유독하나 합성을 하는데 에너지가 필요하다. 요소를 분비하는 데는 물이 필요하다. 요산은 반고체 반죽 상태로 배설될 수 있는데 수분–보존 적응한 결과이다.

3 삼투순응동물과 삼투조절동물을 비교하시오.

- 대부분의 해양 무척추동물은 **삼투순응동물**이어서 체액의 염분농도는 해수의 염분 농도에 따라 변한다. 일부 해양 무척추동물, 특히 해안가에서 서식하는 동물은 주위의 염도 변화에도 불구하고 적정 염분 농도를 유지하는 **삼투조절동물**이다.

4 원신관, 후신관, 말피기관을 묘사하고, 그들의 기능을 비교하시오.

- 원신관, 후신관 등을 포함하는 신관은 삼투조절과 노폐물 제거 기능을 한다.
- 대부분의 환형동물과 연체동물은 양쪽 끝이 열려 있는 **후신관**이라 불리는 소관을 갖고 있다. 액체가 소관을 통해 이동할 때 필요한 물질들은 소관을 에워싸고 있는 모세혈관으로 재흡수된다.
- **말피기관**은 곤충의 내장 벽이 길게 신장된 것이다. 이들의 맹관은 혈체강에 들어 있다. 소관의 세포들은 요산과 기타 다른 물질들을 혈림프로부터 소관으로 능동수송하고 물은 확산에 의해 따라간다. 소관의 내용물들은 장을 지나고 물과 일부 용질들은 직장의 특수화된 상피세포에 의해 재흡수된다.

5 척추동물 신장의 기능을 다양한 서식처에서의 척추동물의 성공과 관련시키시오.

- 척추동물의 **신장**은 질소 노폐물을 배설하고, 오줌의 염과 물의 농도를 맞춤으로써 체액 균형 유지에 도움을 준다.

6 담수어, 해양경골어류, 상어, 해양포유류, 육상척추동물들이 삼투조절 문제에 대해 어떻게 적응하였는지 비교하시오.

- 담수어류는 물을 삼투적으로 섭취하고 다량의 묽은 요를 배설한다.
- 해양 경골어류는 삼투적으로 물을 잃는다. 이들은 해수를 마시고 아가미를 통해 염분을 배설함으로서 보상한다. 매우 적은 양의 요를 생산한다. 상어나 기타 해양 연골어류는 많은 양의 요소를 유지하고 있어 아가미를 통해 물을 삼투적으로 들여 올 수 있다. 이러한 물은 많은 양의 요를 배설하는데 사용될 수 있다. 해양 포유류는 먹이와 함께 해수를 섭취한다. 이들은 농축된 요를 생산한다.
- 육상척추동물은 물을 보존해야 한다. 내온성동물은 높은 대사속도가 갖고 있으며 많은 양의 질소노폐물을 만들어낸다. 이들은 신장을 포함하여 다양한 수분 보존 적응을 하고 있다.

7 포유류의 비뇨기계 기관들의 구조와 기능을 설명하시오.

- 신장은 비뇨기계의 핵심기관으로 사람과 기타 척추동물에서 주된 배설계이다. 포유류의 신장은 요를 생산하고 이것은 **수뇨관**을 통해 **방광**에 저장된다. 배뇨시 요는 **요도**를 통해 몸으로부터 배설된다.
- 신장의 바깥 부분을 **신장피질**이라 하고 안쪽 부분을 **신장수질**이라 한다. 신장 수질에는 8–10개의 **신장추체**가 있다. 각 추체의 끝이 **신장유두**이다. 요가 생산됨에 따라 **수집관**으로 흘러 들어가고 이는 **신장유두**를 통해 깔대기–모양의 방인 **신우**로 들어간다. 각 신장은 기능적 단위인 **네프론**을 백만 개 이상 갖고 있다.

8 네프론 및 이와 연관된 혈관의 구조와 기능을 설명하시오.

- 각 **네프론**은 **사구체**라 불리는 모세혈관 덩어리로 이루어져 있다. 사구체는 길고 나선형의 세뇨관에 연결되어 있는 **보먼주머니**에 의해 둘러싸여 있다. 세뇨관은 **근위세뇨관**, **헨레고리**, **원위세뇨관**으로 이루어져 있다.
- **피질 네프론**은 작은 사구체를 갖고 있고 피질이나 외부 수질에 위치해 있다. **수질옆 네프론**은 큰 사구체를 갖고 있고 수질 깊이까지 확장되어 있는 긴 헨레고리를 갖고 있다. 이러한 네프론은 요를 농축시키는데 중요하다.
- **신동맥**의 작은 가지들이 혈액을 **수입소동맥**으로 이것은 다시 사구체 모세혈관으로 수송한다. 혈액은 사구체 모세혈관으로부터 **수출소동맥**으로 들어가고 이것은 두 번째 모세혈관망으로 신세뇨관을 에워싸고 있는 **관주위 모세혈관**으로 이동한다. 혈액은 신정맥을 통해 신장을 떠난다.

9 여과액이 보먼주머니로부터 요로서 배출되기까지 과정을 추적하시오.

- 요의 형성은 혈장의 **여과**, 필요한 물질의 **재흡수**, 칼륨과 수소이온 등 일부 물질의 **분비**로 완성된다.
- 여과액의 약 99%는 신장 세뇨관으로부터 혈액으로 재흡수된다. 재흡수는 매우 선택적인 과정이어서 유용한 물질들은 혈액으로 재흡수되지만 노폐물과 과다한 다른 물질들은 요로 배설된다. 물질이 재흡수될 수 있는 최대 속도를 **세뇨관 수송 최고치**라 한다.
- 일부 물질과 약물들은 분비를 통해 세뇨관으로 능동수송 되어 요의 일부가 된다.
- 농축된 요를 생산하는 능력은 신장 수질 간질액의 높은 염분과 요소 농도에 의존한다. 수질의 간질액은 농도경사가 있어 헨레고리 바닥 주위의 염분이 가장 농축되어 있다. 이 경사의 일부는 세뇨관의 다양한 부위로부터의 염분 재흡수에 의해 유지된다. 헨레고리는 2개 가지를 통한 액체의 역류가 있다 여과액은 하행지를 따라 내려가면서 농축되고 상행지를 따라 위로 이동하면 희석된다.
- 물은 수집관을 지나면서 여과액으로부터 삼투에 의해 빠져나간다. 이것으로 수집관에서 요가 농축된다.
- 여과액으로부터 간질액으로 확산된 물의 일부는 수출소동맥으로부터 확장된 모세혈관계인 **직혈관**을 통해 제거된다.
- **오줌**은 질소 노폐물, 과다한 염분 및 몸에 의해 필요로 하지 않는 기타 물질들이 들어있는 용액이다.

10 항이뇨호르몬, 알도스테론, 안지오텐신 II, 심방 나트륨이뇨성 펩티드 등과 같은 호르몬에 의한 체액 평형 조절을 기술하시오.

- 몸이 물의 보존이 필요할 때, 뇌하수체 후엽은 **항이뇨호르몬**의 분비를 증가시킨다. 뇌하수체 후엽은 혈액의 삼투농도 증가 (탈수에 의해 일어남)에 대한 반응한다. 항이뇨호르몬은 수집관의 물에 대한 투과도를 증가시킨다. 그 결과 더 많은 물이 재흡수되어 소량의 요가 생산된다.
- 레닌–안지오텐신–알도스테론 경로와 심방성 나트륨 배설 증가 펩티드는 길항적으로 작용한다. 혈압이 감소하면 **방사구체 장치**의 세포들은 **레닌**을 분비하고 이것은 **안지오텐신 II**의 생산 경로를 활성화시킨다. 이 호르몬은 알도스테론의 분비를 촉진시킨다. **알도스테론**은 나트륨의 재흡수를 증가시키고, 안지오텐신 II는 동맥을 수축시키고, 이 둘의 작용에 의해 혈압이 상승한다.
- 혈압이 상승하면 심방 나트륨이뇨성 펩티드는 나트륨의 배설을 증가시키고 알도스테론의 분비를 억제한다. 이러한 활성은 혈압을 낮춘다.

## 연습문제

1. 곤충과 새의 주된 질소 노폐물은 (a) 요소 (b) 요산 (c) 암모니아 (d) 이산화탄소 (e) 질산염이다

2. 다음 중 맞지 않는 짝은?
(a) 원신관/편형동물 (b) 후신관/환형동물 (c) 불꽃세포/편형동물 (d) 말피기관/연체동물 (e) 신장/척추동물

척추동물 신장의 주된 기능적 단위(들)는 (a) 신관 (b) 네프론 (c) 보우만낭 (d) 안테나선 (e) 말피기관이다.

3. 체액이 너무 묽게 되거나 너무 농축되는 것을 방지하여 체액의 항상성을 유지하는 과정을 (a) 배설 (b) 배출 (c) 삼투조절 (d) 사구체 여과 (e) 세뇨관분비 라 한다.

4. 다음 구조들을 여과액이 지나가는 순서에 알맞게 배열하여라.
(1) 기부세뇨관 (2) 헨레의 환 (3) 수집관 (4) 말부세뇨관 (5) 보먼주머니
(a) 5,4,3,2,1 (b) 3,4,2,5,1 (c) 1,5,2,3,4
(d) 5,4,2,3,1 (e) 5,1,2,3,4

5. 액체의 손실을 보상하기 위하여 많은 해양 경골어류는 (a) 요소를 축적한다 (b) 포도당을 분비하는 선을 갖고 있다 (c) 저단백 식품을 먹는다 (d) 많은 양의 고장성 요를 배설한다. (e) 해수를 마신다.

6. 다음 중 정상적으로 오줌에 없는 것은?
(a) 요소 (b) 포도당 (c) 염 (d) 물 (e) 담즙 색소의 흔적

7. 알도스테론은 (a) 뇌하수체 후엽에서 분비된다 (b) 나트륨 재흡수를 감소시킨다 (c) 혈압 증가로 분비가 증가한다 (d) 안지오텐신을 안지오텐신 II로 전화하는 효소이다 (e) 안지오텐신 II에 반응하여 분비가 증가한다.

8. 수입소동맥은 혈액을 (a) 신동맥 (b) 수출소동맥 (c) 신정맥 (d) 사구체의 모세혈관 (e) 관주위모세혈관 으로 보낸다.

9. 다음 중 어느 것이 여과 공정에 공헌하지 않는가?
(a) 사구체 모세혈관에서 높은 혈압
(b) 여과를 위한 넓은 표면적
(c) 사구체 모세혈관의 투과성
(d) 세포관 벽의 상피 세포의 능동 수송
(e) 족세포

10. 다음 중 항이뇨 호르몬에 대한 것으로 옳지 않은 것은?
(a) 뇌하수체 후엽에서 분비된다
(b) 물의 재흡수를 증가시킨다
(c) 몸의 삼투압이 증가하면 분비가 증가
(d) 요의 부피를 증가시킨다
(e) 많은 물을 마시면 분비가 감소한다.

## 심화 학습문제

1. 포도당은 왜 보통 요에 존재하지 않는가? 왜 당뇨병을 갖고 있는 사람의 요에는 존재하는가? 왜 당뇨병환자의 요 양이 증가할 것이라고 추측하는가?

2. **진화적 연계.** 캥거루 쥐의 식품은 건조한 씨로 이루어져 있고 물을 마시지 않는다. 어떠한 형태의삼투조절 적응이 이 동물의 생존에 도움을 주는가?

# 48

# 내분비 조절

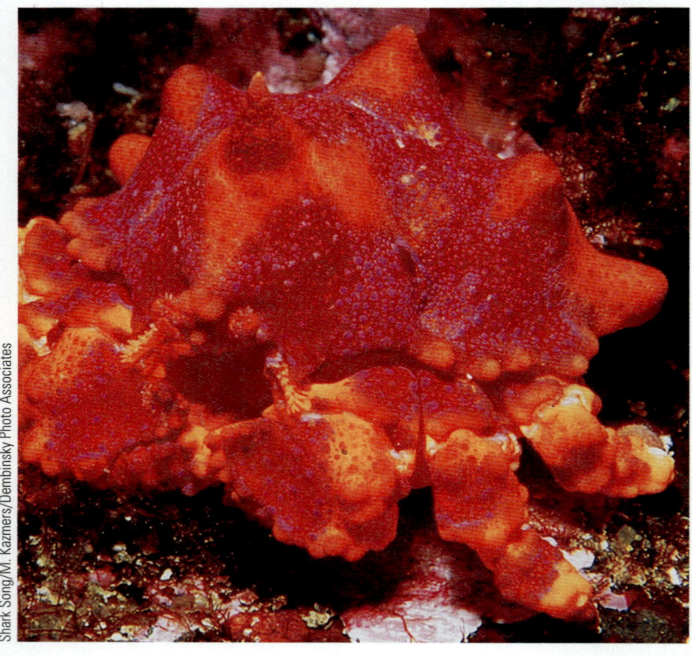
Shark Song/M. Kazmers/Dembinsky Photo Associates

**어린 북태평양 킹크랩(*Lopholithodes mandtii*)은 주위환경과 유사하게 색을 바꾼다.** 세포내 색소분포 변화는 호르몬에 의해 조절된다.

## 핵심 개념

내분비샘들과 내분비 조직들은 호르몬을 분비하여 생리반응을 조절한다.

내분비계와 신경계는 밀접히 작용하여 생리반응과 항상성을 조절한다.

내분비작용은 음성되먹임 조절계에 의해 조절된다.

크기가 작고 지용성인 호르몬은 표적세포 안으로 들어가 유전자발현을 일으킨다. 친수성 호르몬은 세포 표면에 위치한 수용체에 결합하여 신호전달을 개시한다.

무척추동물의 많은 호르몬은 신경에서 분비되는 신경호르몬들이다.

척추동물에서 시상하부와 뇌하수체는 같이 작용하여 성장, 대사, 생식, 스트레스 반응 등을 조절한다.

나비의 유충은 나비가 된다. 갑각류의 색의 변화는 그 주위배경과 조화를 이루기 위해서이다. 소녀는 숙녀로 자란다. 성인은 만성적인 스트레스에 대처한다. **내분비계(endocrine system)**는 생리적 과정과 대사의 조절, 체액평형, 성장, 및 생식 등의 조절작용을 담당한다. 내분비계의 조직과 기관은 호르몬이라고 불리는 화학전달 물질을 분비하여 신호를 전달한다.

내분비 활성을 연구하는 **내분비학(endocrinology)**은 매우 활발하며 흥미로운 생명의학 연구 분야의 하나이다. 현재 내분비학에서 가장 활발하게 연구되고 있는 부분은, 수용체의 특성을 이해하고 신호전달에 관련된 분자들을 밝히는 호르몬의 작용기작이다. 리간드가 밝혀져 있지 않은 "orphan" 핵 수용체에 대한 연구도 활발하다.

이 장에서는 다양한 호르몬의 작용에 대해 알아보고 호르몬의 과다생산과 결핍이 어떻게 정상적인 기능을 방해하는지에 대해 알아 본다. ■

## 48.1 내분비 조절의 개요

### 학습목표

1 세포에 의해 사용되는 화학적 신호의 3가지의 주된 유형을 기술하고, 내분비 신호의 유형을 비교한다.

2 음성되먹임 조절계에 의한 내분비 작용의 조절에 대해 요약한다.

3 4가지 호르몬의 화학적 그룹을 확인하고, 각 그룹에 대해 2가지씩 예를 든다.

내분비계는 세포, 조직, 기관의 다양한 집합체이며, **호르몬(hormone)**을 생산하고 분비하는 **내분비샘(내분비선)(endocrine gland)** 들과 다양한 신체 활동을 조절하는 화학적 전달자를 포

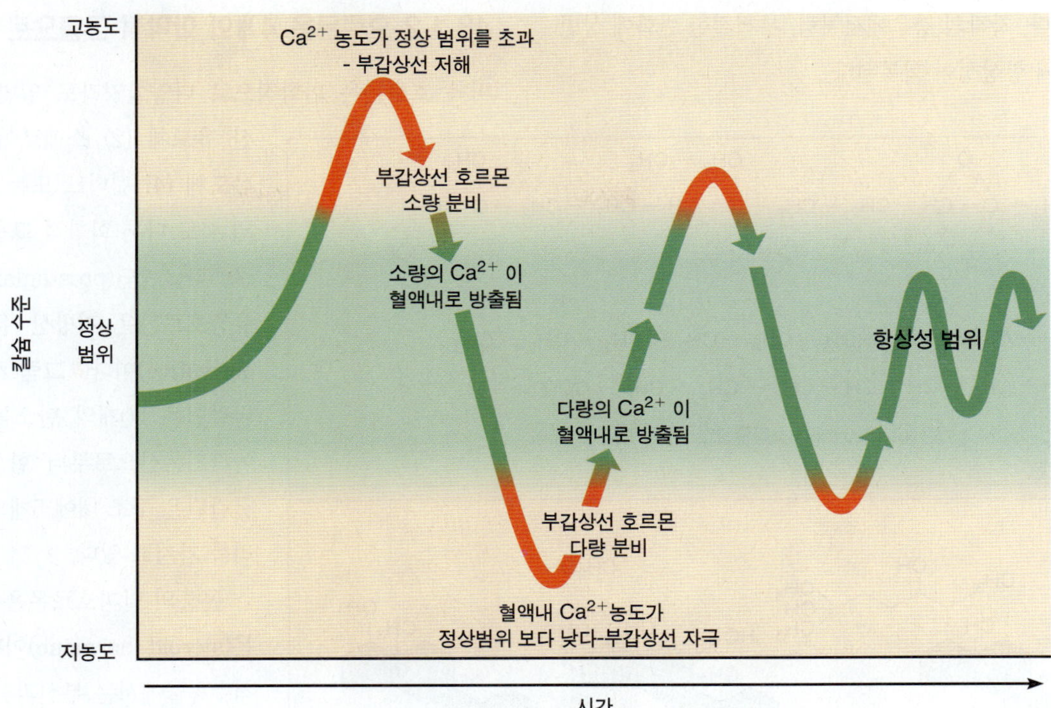


**그림 48-1** 음성되먹임 조절.

혈액 내 칼슘의 농도가 너무 높거나 낮으면, 음성되먹임 기작에 의해 칼슘 항상성이 유지된다. 부갑상선 호르몬은 뼈에서의 칼슘 방출과 신장에서의 칼슘 재흡수를 촉진한다.

함한다. 호르몬은 그리스어인 "to excite"에서 유래하였다. 호르몬은 특이 조직을 흥분, 자극, 또는 변화시킨다. 내분비샘은 도관내로 분비물을 분비하는 땀샘과 위산과 같은 **외분비샘(exocrine gland)**과는 다르다. 내분비샘은 도관이 없으며 호르몬을 세포 사이의 간질액 또는 혈액으로 방출한다.

현재까지 약 10개의 분별되는 내분비샘을 확인하였다. 최근에 연구자들은 소화관, 심장, 및 신장에서 호르몬이나 호르몬과 유사한 물질을 방출하는 세포를 동정하였다. 이제 내분비학은 다양한 기관, 조직 및 세포에서 생산되는 화학적 전달자의 생산과 작용의 기작을 연구한다.

## 48.1.1 음성되먹임 조절계가 내분비활성을 조절한다

비록 적은 양이지만, 50개 이상의 서로 다른 호르몬은 항상 척추동물의 혈액 내에서 순환하고 있다. 스테로이드 호르몬과 갑상샘 호르몬은 혈장단백질과 결합하여 운반된다. 수용성인 펩티드 호르몬은 혈장에 녹아 운반되어 **표적세포(target cell)**와 결합한다. 호르몬들 일부는 간에서 불활성화 되고 제거되며, 이들을 분비하는 신장에 의해서도 제거된다.

호르몬의 생산은 신경계와 다른 내분비샘에 의해 조절된다. 대부분의 내분비 작용은 **음성되먹임 기작(negative feedback mechanism)**에 의해 조절된다.

척추동물 목에 위치하는 부갑상샘은 어떻게 음성되먹임이 작용하는지에 대한 좋은 본보기가 된다(**그림 48-1**). 부갑상선은 혈액의 칼슘농도를 조절한다. 칼슘농도가 항상성의 한계 범위를 벗어나면, 신경과 근육은 적절한 기능을 할 수 없다. 예를 들면, 칼슘농도가 충분히 높지 않으면, 뉴런은 자발적으로 흥분하여 근육 경련을 야기한다. 칼슘의 농도가 항상성에서 크게 벗어나면 (매우 높거나 낮을 때), 음성되먹임 기작에 의해 칼슘 농도는 원래 항상성의 상태로 되돌아간다.

혈장 내 칼슘 농도의 감소는 부갑상선에 신호를 보내어 보다 많은 부갑상선 호르몬을 방출시킨다. 이 호르몬은 혈액 내 칼슘의 농도를 증가시킨다. 칼슘 농도가 정상적인 범위 이상으로 증가하면, 부갑상선은 호르몬의 방출을 늦춘다. 이러한 두 반응이 음성되먹임 기작에 의해 일어나는 것이다. 칼슘농도의 증가는 부갑상선 호르몬의 방출을 감소시킨다. 반면 칼슘의 감소는 호르몬 분비의 증가를 유도한다. 각각의 경우에서처럼, 부적절한 변화에 상반되게 반응함으로써 항상성이 회복된다.

(a) 지방산 유도-호르몬

유충호르몬

$CH_3 - CH_2 - C(O)(CH_3) - CH - CH_2 - CH_2 - C(CH_2 - CH_3) = CH - CH_2 - CH_2 - C(CH_3) = CH - COOCH_3$

프로스타글란딘

$CH = CH - CHOH - CH_2 - CH_2 - CH_2 - CH_2 - CH_3$

$CH_2 - CH = CH - CH_2 - CH_2 - CH_2 - COO^-$

(b) 스테로이드 호르몬

탈피 호르몬 (엑디손)

코르티졸

에스트라디올 (중요한 에스트로겐)

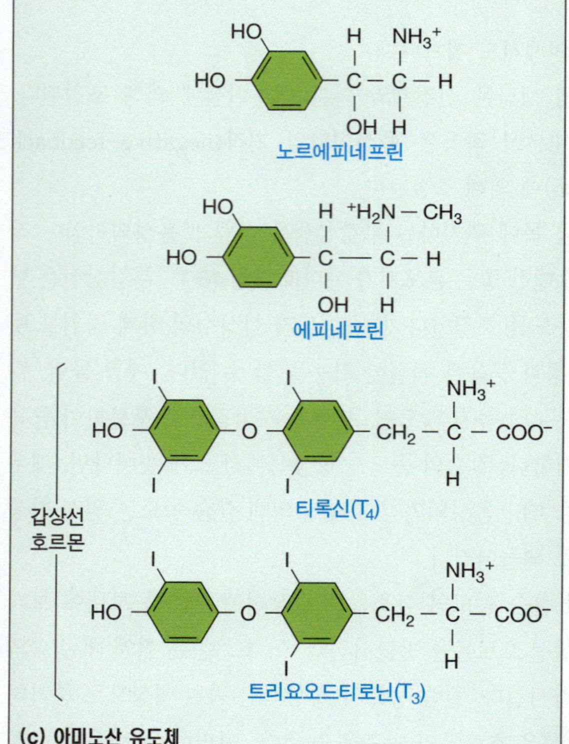


(d) 펩티드 호르몬

옥시토신: H – Cys – Tyr – Ile – Glu N – Asp N – Cys – Pro – Leu – Gly – $NH_2$ (Cys — S ... S — Cys)

항이뇨호르몬: H – Cys – Tyr – Phe – Glu N – Asp N – Cys – Pro – Arg – Gly – $NH_2$ (Cys — S ... S — Cys)

**그림 48-2** 호르몬을 구성하는 화학적 그룹.

## 48.1.2 호르몬은 4개의 화학적 그룹으로 나눈다

비록 호르몬은 화학적으로 다양할지라도 일반적으로 (1) 지방산 유도체 (2) 스테로이드 (3) 아미노산 유도체 (4) 펩티드 또는 단백질의 4 종류의 서로 다른 화학적 그룹으로 나눈다. 프로스타글란딘(prostaglandin)과 곤충의 유충호르몬은 **지방산 유도체(fatty acid derivative)**이다(**그림 48-2a**). 프로스타글란딘은 20개의 탄소를 가진 지방산인 아라키돈산으로부터 합성된다. 프로스타글란딘은 구조 내에 5개의 탄소를 가진 고리를 가지고 있다.

곤충의 탈피호르몬은 **스테로이드 호르몬(steroid hormone)**이다(**그림 48-2b**). 척추동물에서는 부신피질, 정소, 난소, 그리고 태반은 콜레스테롤로부터 합성되는 스테로이드 호르몬을 분비한다. 스테로이드 호르몬의 예로써, 코르티솔은 부신피질에서 분비되며, 남성호르몬인 테스토스테론은 정소에서 분비되며, 여성호르몬인 프로게스테론과 에스트로겐은 난소에서 만들어진다. 동화작용의 스테로이드로써 알려져 있는 합성 호르몬은, 때때로 운동선수에 의해 남용되기도 한다(초점 "동화스테로이드 및 그 밖의 남용되는 호르몬들" 참조).

화학적으로 가장 단순한 호르몬은 **아미노산 유도체(amino acid derivative)**들이다 (**그림 48-2c**). 갑상선호르몬($T_3$ 및 $T_4$)은 아미노산인 티로신과 요오드에서 합성된다. 부신수질에서 생산되는 에피네프린(아드레날린)과 노르에피네프린(노르아드레날린)은 티로신으로부터 유도된다. 멜라토닌은 아미노산인 트립토판에서 합성된다.

수용성인 **펩티드 호르몬(peptide hormone)**은 가장 큰 호르몬 그룹이다. (내분비학자는 이 그룹에 단백질호르몬을 포함). 옥시토신과 항이뇨 호르몬 (ADH)은,

초점

## 동화스테로이드 및 그 밖의 남용되는 호르몬들

미국에서 어림잡아 1백만명은 청년기에 한번정도는 대사작용 스테로이드로 알려진 합성호르몬을 남용하고 있다. 그리고 알려지지 않은 수는 사람 성장호르몬(hGH)과 조혈촉진인자를 포함하는 다른 호르몬을 남용하고 있다. 동화스테로이드는 합성 안드로겐(남성 호르몬)이며 1930년에 움직임에 방해를 주는 질병인 근육위축 환자를 예방하기 위해 개발되었다. 1950년에 동화스테로이드는 프로 운동선수에게 인기 있게 되었다. 운동선수는 근력, 체력, 지구력, 진취력 증가가 필요하기 때문이다. 사실, 운동선수의 성과는 아마도 높게 나타날 것이다. 적어도 약물작용에 의한 도취감과 훈련 동안의 의욕증가 부분에 있어 향상될 것이다.

다른 호르몬과 같이 순환하는 스테로이드의 농도는 생체에서 정교히 조절되므로, 동화스테로이드의 사용은 정상적인 생리적 과정을 방해한다. 짧은 기간 동안의 사용과 비교적 낮은 농도에서는 동화스테로이드는 마음과 행동에서 중요한 영향을 줄 것이다. 고농도 사용자의 경험으로는 건망증, 혼동과 같은 정신장애를 일으키기도 하고 종종 자신이 쉽게 혼란케 되는 것을 발견할 수 있다. "스테로이드 흥분상태"는 정신불안정과 관계하거나 예측할 수 없는 격노, 과격, 이성이 없는 행동 등 많은 사용자로부터 나타난다.

동화스테로이드는 혈압을 높이거나 간에 손상을 주거나 저밀도 지방단백질 농도 증가, 심혈관 질환의 위험을 야기한다. 청년기에서 이 스테로이드 호르몬은 심한 여드름과 뼈에서 성장판이 조기에 닫힘으로 인해 성장을 방해하는 원인이 된다. 이러한 호르몬의 남용은 성기능을 감소시키고 생식 불능에 이를 수도 있다. 오랜 기간 동안 이 약물은 생체에 남을 것이다. 그들의 대사(분해물)는 6개월 이상 뇨에서 나타날 것이다.

그것의 심각한 부작용은 1960년에 알려져 동화스테로이드 사용이 논쟁의 대상이 되었다. 1973 올림픽에서 그것의 사용을 금지했다. 그것은 세계적으로 특히 아마추어나 프로 스포츠 기관에서 금지되었다. 그러나, 미국 의약시행 행정기관에 따르면 수백만-달러 암거래 시장에서는 이 합성호르몬이 유통된다. 그것은 주사제거나 알약 형태이다.

전형적인 동화스테로이드 사용자는 남성(95%) 운동선수(65%)이고, 축구선수, 역도선수, 또는 레슬링 선수 등에서도 종종 있다. 놀랄만한 것은 비록 약 10%에 불과하지만 남자고등학생들이 동화스테로이드를 사용했다는 것이다. 또한 이 학생들의 1/3은 고등학교 팀은 아니었다. 이들 청년들은 표면으로 나타나는 근육을 부풀리고 지구력을 키우기 위해 호르몬을 사용한다. 대부분의 동화스테로이드 사용자는 그들의 몸의 표현을 현실적으로 인식하는데 어려움이 있다. 그들은 근력을 극적으로 증가시킨 후에는 행복하지 않다.

일부 사람들은 또한 사람 성장호르몬(GH)이나 조혈촉진인자를 비롯한 다른 호르몬들을 남용하고 있다. 동화스테로이드와 같이 사람의 GH는 근력 발달에 도움이 되지만, 말단비대증의 원인이 된다. 조혈촉진인자는 적혈구의 농도를 증가시킨다. 산소운반의 증가가 운동선수의 경기력을 10%이상 올릴 수는 있지만, 비정상적 고농도의 적혈구는 심각한 심혈관 문제를 야기시킬 수 있다. 조혈촉진인자의 남용이 몇몇 운동선수들을 사망시키는 원인이 되기도 했다.

---

시상하부의 신경내분비 세포에서 생산되며 짧은 **신경펩티드(neuropeptide)**이다. 신경펩티드는 뉴런에 의해 생산되는 신호전달 분자의 큰 그룹이다. 옥시토신과 ADH는 각각 9개의 아미노산으로 구성되어 있다(**그림 48-2d**). 7개의 아미노산은 두 호르몬에서 동일하지만, 이들 호르몬의 작용은 전혀 다르다. 글루카곤, 세크레틴, 부신피질자극호르몬(ACTH) 및 칼시토닌은 약간 길며 약 30개의 아미노산으로 구성되어 있는 보다 긴 펩티드 호르몬이다.

췌장의 랑게르한스섬에서 분비되는 인슐린은, 2개의 펩티드 사슬이 이황화결합으로 연결된 작은 단백질이다. 성장호르몬, 갑상샘자극 호르몬, 그리고 생식소자극 호르몬 모두는 뇌하수체 전엽에서 분비되며, 분자량이 25,000 또는 그 이상인 거대 단백질이다.

**복습**

- 표적세포란 무엇인가?
- 신경계와 내분비계가 어떻게 같이 작용하는가?
- 음성되먹임 조절은 어떻게 이루어 지는 것인가?
- 혈액 내 칼슘농도가 정상 수준보다 낮아질 때 생체는 어떻게 반응하는가?
- 호르몬의 4가지 중요한 화학군은 무엇인가?

## 48.2 내분비 신호의 종류

**학습목표**

4 내분비 신호의 4가지 종류를 비교한다.

표적세포들의 호르몬 신호는 전형적 내분비신호, 신경내분비 신호, 자가분비 신호 및 인접분비 신호의 4종류로 나눌 수 있다. **전형적 내분비 신호(classical endocrine signaling)**인 경우, 호르몬들이 내분비샘에서 분비되고 혈액에 의해 표적세포로 운반된다(**그림 48-3a**). 스테로이드 호르몬과 갑상선 호르몬은 혈장 단백질에 결합되어 운반되며, 수용성인 펩티드 호르몬들은 혈장에

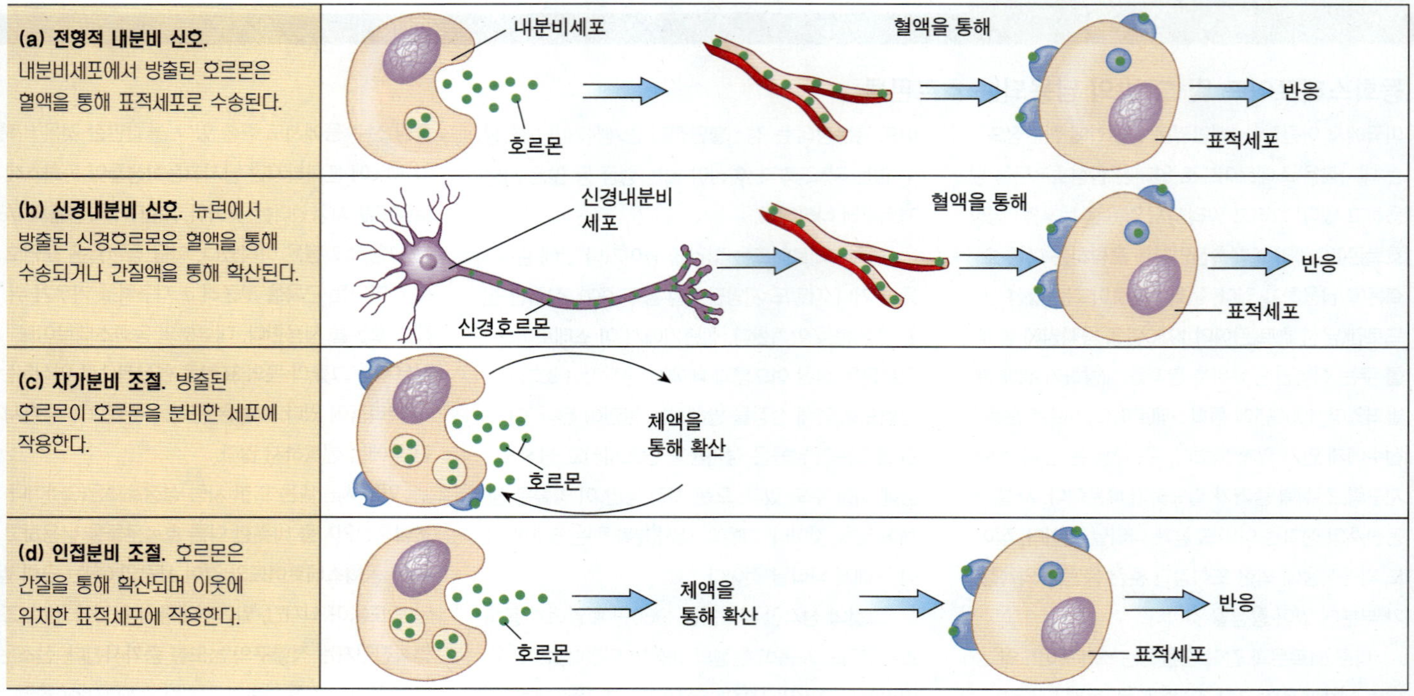


**그림 48-3** 내분비 신호의 유형.

녹은 상태로 운반된다. 호르몬들은 혈액으로부터 나와 간질액으로 이동된다.

## 48.2.1 신경호르몬은 혈액으로 운반된다

**신경내분비 세포**(neuroendocrine cell)라고 알려진 일부 뉴런은 신경계와 내분비계 사이의 연결에 있어서 중요하다. 신경내분비 세포에서 생산된 **신경호르몬**(neurohormone)은 축색으로 운반되며 간질액으로 방출된다. 전형적으로, 이들은 모세혈관으로 확산되며 혈액에 의해 운반된다(**그림 48-3b**). 무척추동물의 내분비계는 주로 신경내분비이다. 척추동물에서, 시상하부는 여러 가지 신경호르몬들을 생산하며, 이들은 여러 가지 호르몬을 분비하는 뇌하수체와 연결시킨다.

## 48.2.2 일부 국소조절자도 호르몬에 포함된다

**국소조절자**(local regulator)는 세포 사이 간질액으로 확산되어 이웃에 있는 세포에 작용하는 신호 분자이다. **자가분비 신호**(autocrine signaling)에서, 호르몬 또는 기타 조절자는 이들 호르몬을 분비하는 세포에 직접 작용한다(**그림 48-3c**). 예를 들면, 여성 호르몬인 에스트로겐은 전형적인 호르몬으로서의 기능뿐만 아니라 자가분비 효과를 나타내어 추가적인 에스트로겐의 분비를 촉진한다. 때로는 에스트로겐은 **인접분비 신호**(paracrine signaling)이라고 알려진 국소조절자의 형태로서 인접세포에 작용한다(**그림 48-3d**).

이런 국소조절자에는 성장인자, 히스타민, 산화질소 및 프로스타글란딘과 같은 화학적 매개자를 포함한다.

전형적으로 펩티드인 50여종의 **성장인자**(growth factor)들이 세포분열을 자극하고 특정 세포들의 정상적 분화를 자극한다. **히스타민**(histamine)은 비만세포에 저장되어 있으며 상처, 감염, 알레르기 작용에 반응하여 방출된다. 히스타민은 혈관의 팽창과 모세혈관의 투과성을 증가시키는 원인이 된다. **일산화질소**(NO)도 국소조절자로서 혈관 내피세포를 포함한 여러 세포에서 방출된다. 일산화질소는 평활근의 이완을 촉진하여 혈관이 확장된다(6장 참조).

**프로스타글란딘류**(prostaglandins PGs)는 대부분 조직의 세포에서 방출되는 지방산의 변형체이다. 프로스타글란딘은 인접분비 조절자로써 인접한 세포에 작용한다. 비록 아주 소량이라도, PG는 다양한 범위의 신체작용에 영향을 미친다. PG는 cAMP의 농도를 조절하며, 다른 호르몬과의 상호작용을 통하여 다양한 대사활성을 조절한다.

PG가 주로 작용하는 조직은 근육이다. 작용하는 PG에 따라 근육의 수축과 이완이 일어난다. 그래서 일부는 혈압을 낮추는 반면 혈압을 높이기도 한다. 시상하부의 온도조절 중추에서 합성된 PG는 고열을 야기한다. 사실상, 아스피린 및 이부프로펜과 같은 비스테로이드성 항염약제는, PG의 합성을 저해시킴으로써 고열과 염증을 감소시킨다.

**복습**

- 신경내분비 신호는 무엇인가?
- 국소조절자는 무엇인가?
- 자가분비 신호와 인접분비 신호는 어떻게 다른가?
- 프로스타글란딘의 2가지 작용은 무엇인가?

## 48.3 호르몬의 작용기작

**학습목표**

5 cAMP와 같은 2차전달자를 포함시켜, 작은 지용성 호르몬과 친수성 호르몬들의 작용 기작을 비교한다.

세포 사이 간질액에 있는 호르몬은 표적세포에 도달하여 수용체에 결합하기 전까지는 인지되지 않은 상태로 존재한다. 호르몬 수용체는 거대 단백질 또는 당단백질이다. 수용체 결합부위는 자물쇠와 비슷하고 호르몬들은 서로 다른 열쇠와 비슷하다. 맞는 수용체에 결합하는 호르몬만이 세포의 대사활동에 영향을 줄 수 있다.

수용체는 지속적으로 합성되고 분해된다. 수용체의 수는 **수용체 발현증가**(receptor up-regulation)와 **수용체 발현감소**(receptor down-regulation)에 의해 조절된다. 예를 들어, 호르몬의 농도가 어떤 기간 동안 높은 상태로 유지되면 세포는 세포 표면에 발현된 수용체의 수를 감소시킨다. 발현감소는 호르몬에 대한 표적세포의 민감도를 감소시켜 결과적으로 호르몬의 작용능력이 줄어든다. 수용체 발현증가는 호르몬의 농도가 아주 낮을 때 일어난다. 세포 표면에 발현된 수용체 수의 증가는 세포에 미치는 호르몬의 영향을 증가시킨다.

**요점**

스테로이드 호르몬과 갑상선 호르몬은 분자 크기가 작고, 지용성 분자들 이므로 형질막을 통과해 특정 유전자를 활성화시키거나 억제시킨다. 합성된 단백질이 호르몬 작용의 결과로 나타나는 것이다.

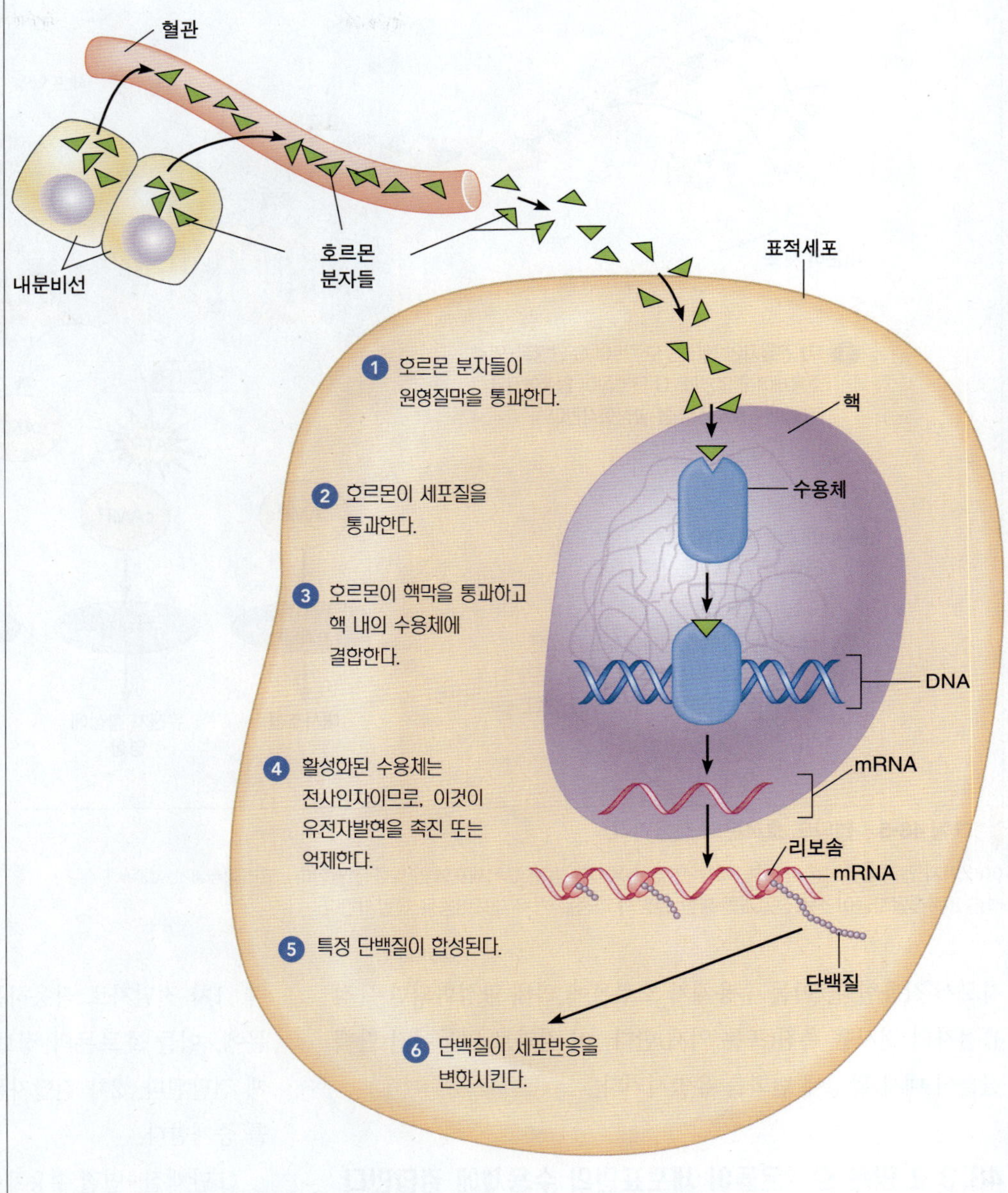


**그림 48-4** 스테로이드 호르몬과 갑상선 호르몬의 작용기작.

### 48.3.1 일부 호르몬은 세포 내부로 들어가 유전자를 활성화 시킨다

스테로이드 호르몬과 갑상선 호르몬은 비교적 크기가 작고, 지용성(소수성) 분자이기 때문에 쉽게 표적세포의 원형질막을 통과한다. 세포질 또는 핵 내의 단백질 수용체가 이들 호르몬과 결합하여 호르몬–수용체 복합체를 형성한다(**그림 48-4**). 예를 들어, 갑상선 호르몬은 핵 내의 수용체와 결합하는데 이 수용체는 전사인

**요점**

펩티드 호르몬이 형질막의 수용체와 결합한다. 수용체는 2차 전달자를 통해 호르몬 신호를 세포내 신호로 전환시킨다.

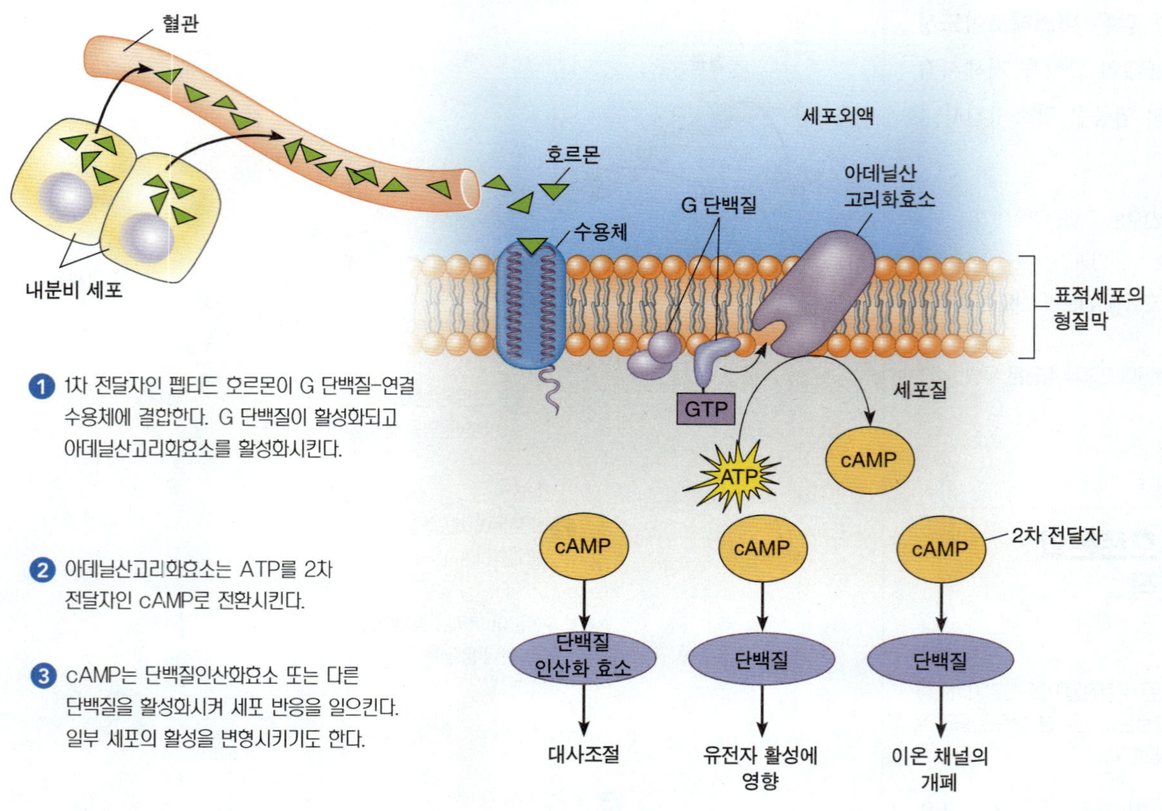


**그림 48-5 펩티드 호르몬의 작용기작.**

여러 가지 펩티드 호르몬이 G-단백질-연결 수용체를 통해 표적세포에 신호를 전달한다. 고리형AMP(cAMP)나 다른 2차 전달자들이 신호전달계를 통한 일련의 과정을 거쳐 세포반응을 유발시킨다.

자로서 작용한다. 이들 수용체가 호르몬에 의해 활성화되면 특정 유전자의 전사를 촉진(또는 억제)한다. 이 결과로 만들어진 단백질들이 대사 활성에 변화를 유발시키다.

## 48.3.2 많은 호르몬들이 세포표면의 수용체에 결합한다

펩티드 호르몬은 친수성이기 때문에 원형질막의 지질 이중층에 용해되지 않고 또한 표적세포 내로 들어가지 못한다. 그 대신에 원형질막에 위치한 수용체에 결합한다. 2가지 중요한 수용체가 G 단백질-연결 수용체와 효소-연결 수용체이다(6장 참조).

### (1) G 단백질-연결 수용체를 통한 신호전달

**G 단백질-연결 수용체**(G protein-linked receptor)는 막단백질로서 **신호전달**(signal transduction)을 개시한다. 즉, 외부의 호르몬 신호를 내부의 신호로 바꾸어 세포의 작용에 영향을 미친다. 1차 전달자로 작용하는 호르몬은 세포로 들어갈 수 없기 때문에, 이들 호르몬의 정보가 **2차 전달자**(second messenger)에게 전달된다. 2차 전달자는 작용을 수행하는 효과분자에게 정보를 중계한다.

G 단백질-연결 수용체는 내재성 조절 단백질군에 속하는 **G 단백질**(G protein)을 활성화시킨다(▮ **그림 48-5**). 여기서 G는 ATP와 구조가 유사한 **구아노신 삼인산**(GTP)를 의미한다. 불활성 상태에서 G 단백질은 **구아노신 이인산**(GDP)과 결합한다.

수용체-호르몬 복합체가 형성된 후에 G 단백질은 GDP를 방출하고 GTP와 결합한다. 그러면 G 단백질에 입체형태의 변화가 일어나서 G 단백질은 원형질막의 세포질 쪽에 위치한 **아데닐릴산 고리화효소**(adenylyl cyclase)와 결합한다. 아데닐산 고리화효소는 ATP로부터 cAMP로의 전환을 촉매한다. G 단백질은 호르몬-수용체 복합체와 신호를 생성하는 효소를 연계하면서 신호를 증폭시키고 많은 2차 전달물질들을 만들어낸다. G 단백질의 한 형태인 $G_s$는 아데닐산고리화효소를 자극하고, 다른 형태인 $G_i$는 이 효소를 저해한다.

cAMP는 **단백질인산화효소** A(protein kinase A; PKA)를 활성화시킨다. 각 단백질인산화효소는 특정 단백질을 인산화 시킨다. 단백질이 인산화되면, 그 단백질의 기능이 변하여 대사작용에 영향을 주는 연쇄반응을 개시하게 된다. PKA의 기질은 세포 종류에 따라 다양하므로, 이 효소의 효과도 다르게 일어난다.

일부 G 단백질은 인지질을 2차 전달자로 사용한다. 호르몬-수용체 복합체는 G 단백질을 활성화시키며, 활성화된 G 단백질은 세포막에 결합된 효소인 포스포리파아제 C(PLC)를 활성화한다(그림 6-9를 보라). 이 효소는 세포막의 인지질을 분해하여 **이노시톨-3 인산**(inositol triphosphate; $IP_3$) 및 **디아실글리세롤**(diacylglycerol; DAG)을 생산시킨다. 두 물질 모두 2차 전달자로 작용한다. DAG는 세포막에 남아 칼슘이온과 함께 작용하여 **단백질인산화효소** C(protein kinase C; PKC)를활성화시키다. 이 효소도 여러 종류의 단백질을 인산화 시킨다. $IP_3$는 소포체에 위치한 칼슘채널을 개방하여 칼슘이온을 세포질로 방출한다. **칼슘이온**은 **칼모듈린**(calmodulin) 단백질과 결합한다. 활성화 된 칼모듈린은 다시 여러 단백질을 인산화시킨다.

**복습**

- 호르몬의 작용에서 수용체와 2차 전달자의 역할은 무엇인가?
- 스테로이드 호르몬과 펩티드 호르몬의 작용기작은 어떻게 다른가?
- 2차 전달자로서 cAMP를 사용하는 호르몬의 작용기작은 무엇인가?

## 48.4 무척추동물의 내분비계

**학습목표**

**6** 무척추동물 호르몬의 4가지 기능을 확인하고, 곤충발생에서 호르몬의 조절을 설명한다.

무척추동물에서 호르몬은 내분비샘보다는 주로 뉴런에서 분비된다. 이러한 **신경호르몬**(neurohormone)들은 히드라, 편형동물 및 환형동물의 재생, 곤충의 탈피 및 변태, 갑각류 색의 변화를 조절하고 또한 다른 그룹에서는 성장, 발생, 생식행동 및 대사율 등을 조절한다.

곤충은 내분비샘과 신경내분비 세포를 가지고 있다. 다양한 호르몬들은 서로 상호작용을 하여 생식, 물질대사, 성장 및 형태형성과 탈피 등과 같은 발생의 조절에 관여한다. 곤충의 발생에서 호르몬 조절은 종에 따라 다양한 양상을 나타낸다. 일반적으로 온도변화와 같은 환경적 요인은 뇌의 신경 내분비세포를 활성화 시킨다.이들 세포는 **뇌호르몬**(brain hormone; BH 또는 **엑디손**, ecdysiotropin)이라 불리는 신경호르몬을 만든다. 뇌호르몬은 축색돌기 아래로 수송되어 한 쌍의 **측심체**(corpora cardiaca, ▮ 그림 48-6)에 저장된다. 측심체에서 방출된 뇌 호르몬은 **전흉선**(prothoracic gland)을 자극하여 **엑디손**(그림 48-2b)이라 불리는 **탈피호르몬**(molting hormone; MH)을 생산한다. 탈피호

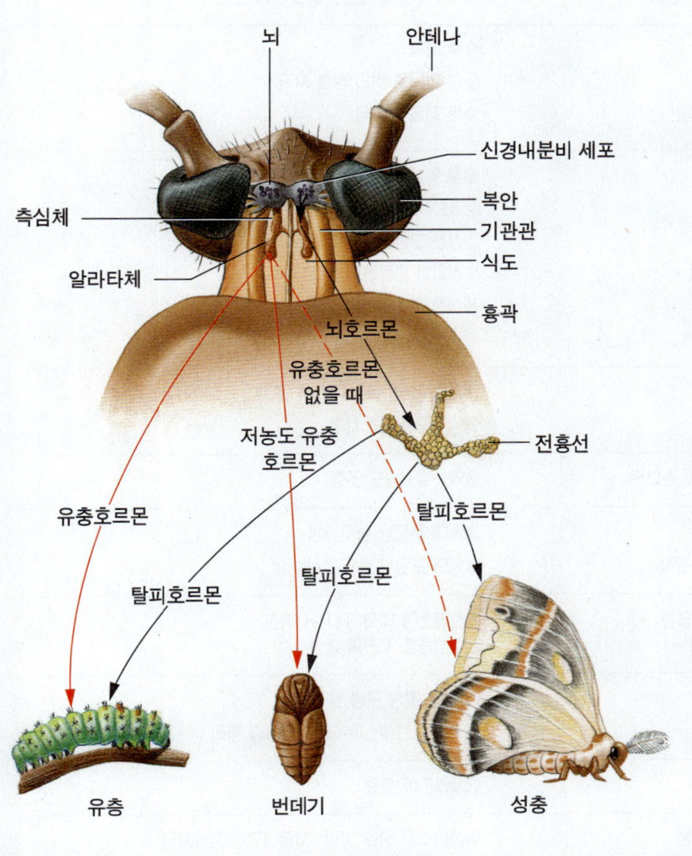


1 신경내분비세포는 측심체에 저장되는 뇌호르몬(BH)을 분비한다.

2 방출된 BH는 성장과 탈피를 촉진하는 탈피 호르몬(MH)을 분비하는 전흉선을 자극한다.

3 미성숙한 곤충에서 알라타체는 유충 호르몬(JH)를 분비하여 각 유충의 탈피과정에서 변태를 억제한다.

4 유충호르몬 없이 탈피호르몬이 작용하면 성체형성 과정인 변태가 일어난다.

**그림 48-6 곤충의 성장과 탈피조절.**

곤충의 성장은 호르몬에 의해 조절된다. 미성숙한 곤충에서 유충 단계를 거쳐 성체가 된다. 그림에서와 같이 곤충의 머리를 절개해 보면 뇌에 위치한 한 쌍의 분비선인 알라타체와 측심체를 볼 수 있다.

르몬은 성장과 탈피를 촉진한다.

미숙한 곤충에서 쌍으로 된 내분비샘인 **알라타체(corpora allata)**는 **유충호르몬(juvenile hormone; JH)**을 분비한다. 이 호르몬은 각 유생의 탈피과정 동안 변태를 억제하여 유생의 크기를 증가시키고, 탈피 후에도 곤충이 미성숙 상태인 유생으로 남아있게 한다. 유충호르몬의 농도가 감소하면, 변태가 일어나며, 곤충은 번데기로 변한다. 유충호르몬이 없으면 번데기는 탈피하여 성체가 된다. 알라타체의 분비활성은 신경계에 의해 조절되며, 유충호르몬의 양은 연속적인 탈피과정 동안 감소한다.

### 복습

- 무척추동물 호르몬의 4가지 작용은 무엇인가?
- 곤충에 있어서 유충 호르몬의 기능은 무엇인가?

## 48.5 척추동물의 내분비계

### 학습목표

7 척추동물의 내분비샘의 중요성을 확인하고, 그들 호르몬의 작용을 설명한다.
8 시상하부와 뇌하수체의 통합에 의한 수 많은 조절기능의 기작을 설명한다.
9 갑상선과 부갑상선 호르몬의 작용과 조절 및 기능이상에 대해 설명한다.
10 인슐린과 글루카곤의 차이점을 이해하고, 당뇨병과 저혈당증에 대해 설명한다.
11 스트레스 반응을 포함하여 부신호르몬의 작용과 조절기작을 설명한다.

척추동물 호르몬은 성장, 발생, 생식, 대사율, 체액 균형, 혈액 항상성 및 스트레스 극복과 같은 다양한 활성을 조절한다. 비록 일부 호르몬의 작용이 생물 종 그룹에 따라 다를 수도 있지만, 대부분의 척추동물은 비슷한 내분비샘을 가지고 있다. 척추동물의 주

**표 48-1**

**내분선과 그 분비 호르몬들**

| 내분비선 | 호르몬 | 표적 조직 | 주요 생리기능 |
|---|---|---|---|
| 시상하부 | 촉진 및 억제 호르몬 | 뇌하수체 전엽 | 뇌하수체 전엽 호르몬들의 분비 조절 |
| 뇌하수체 후엽<br>(시상하부에서 만들어진 호르몬의 저장과 방출) | 옥시토신 | 자궁 | 수축 자극 |
| | | 유선 | 도관 안으로 젖의 방출 자극 |
| | 항이뇨호르몬(ADH) | 신장(수집관) | 수분 재흡수 자극 |
| 뇌하수체 전엽 | 성장 호르몬(GH) | 전신 | 골격 및 근육의 성장 자극 |
| | 프로락틴 | 유선 | 젖 생산 촉진 |
| | 갑상선 자극호르몬(TSH) | 갑상선 | 갑상선 호르몬의 분비 자극 |
| | 부신피질 자극호르몬(ACTH) | 부신피질 | 부신피질 호르몬의 분비 자극 |
| | 여포 자극호르몬(FSH) | 생식선 | 생식선 기능과 성장 자극 |
| | 황체호르몬(LH) | | |
| 갑상선 | 타이록신($T_4$), 트리요오드 타이로신($T_3$) | 전신 | 대사율 자극; 에너지 대사 조절 |
| | 칼시토닌 | 뼈 | 혈액 -칼슘농도 저하 |
| 부갑상선 | 부갑상선 호르몬 | 뼈, 신장, 소화관 | 혈액 -칼슘농도 조절 |
| 이자 | 인슐린 | 전신 | 혈액내 포도당 농도 감소 |
| | 글루카곤 | 간, 지방조직 | 혈액의 포도당 농도 증가; |
| 부신 수질 | 에피네프린과 노르에피네프린 | 골격근; 혈관; 간;<br>지방조직 | 스트레스에 대처; 대사율 촉진,<br>심장박동률 촉진과 혈압상승 |
| 부신 피질 | 무기질코르티코이드 | 세뇨관 | 나트륨, 칼륨 균형 유지 |
| | 당질코르티코이드 | 전신 | 장기간 스트레스에 대처; 혈당량 증가 |
| 송과선 | 멜라토닌 | 시상하부 | 생체리듬에 중요 |
| 난소 | 에스트로겐 | 전신; 자궁 | 여성의 2차 성징 발달; 자궁내막의 성장자극 |
| | 프로게스테론 | 자궁; 가슴 | 자궁내막의 발달 자극 |
| 정소 | 테스테스테론 | 전신; 생식구조 | 남성의 2차 성징 발달; 정자형성 촉진; |

요 호르몬들의 종류와 생리적 기능을 ▮ **표 48-1**에 제시하였고, 사람의 주요 내분비선을 ▮ **그림 48-7**에 도시하였다.

## 48.5.1 항상성은 호르몬의 정상적 농도에 의존한다

장애나 질환이 내분비샘에 영향을 미치게 되면, 호르몬 분비에 이상이 생긴다. 만약 **분비저하**(hyposecretion)가 일어나면, 표적세포에 필요한 자극이 감소한다. **분비과다**(hypersecretion) 시에는, 과도한 자극이 표적세포에 영향을 미친다. 일부 내분비장애에서는 분비되는 호르몬 양은 적당하지만, 표적세포의 수용체가 적절한 기능을 하지 못한다. 따라서, 표적세포는 호르몬에 반응하지 못하게 된다. 비정상적인 분비장애는 항상성에 영향을 미치며 결과적으로 대사기능 이상과 임상 증후군을 예측할 수 있다 (▮ **표 48-2**).

## 48.5.2 시상하부는 뇌하수체를 조절한다

대부분의 내분비 활동은 해부학적 또는 생리학적으로 신경계와 내분비계를 연결하는 **시상하부**(hypothalamus)에 의해 직간접적으로 조절된다. **뇌하수체**(pituitary gland)는 뇌하수체 줄기에 의해 시상하부와 연결되어 있다. 시상하부위 신경은 혈액 내 호르몬과 뇌의 기타 부위 입력신호에 반응하여 생리과정을 조절하는 여러 가지 신경호르몬들을 분비한다.

뇌하수체에서의 호르몬 분비는 다른 분비샘에서의 호르몬 분비를 조절하기 때문에 뇌하수체는 우리 몸의 주 분비샘으로 여겨진다. 비록 크기가 큰 완두콩 만하며 무게가 단지 0.5 g 밖에 되지 않지만, 뇌하수체는 적어도 7종의 펩티드호르몬을 생산, 분비하여 온 몸의 작용에 영향을 미친다. 사람의 뇌하수체는 2개의 주된 부위인 전엽과 후엽으로 구성된다. 일부 척추동물에서는 중엽이 존재한다.

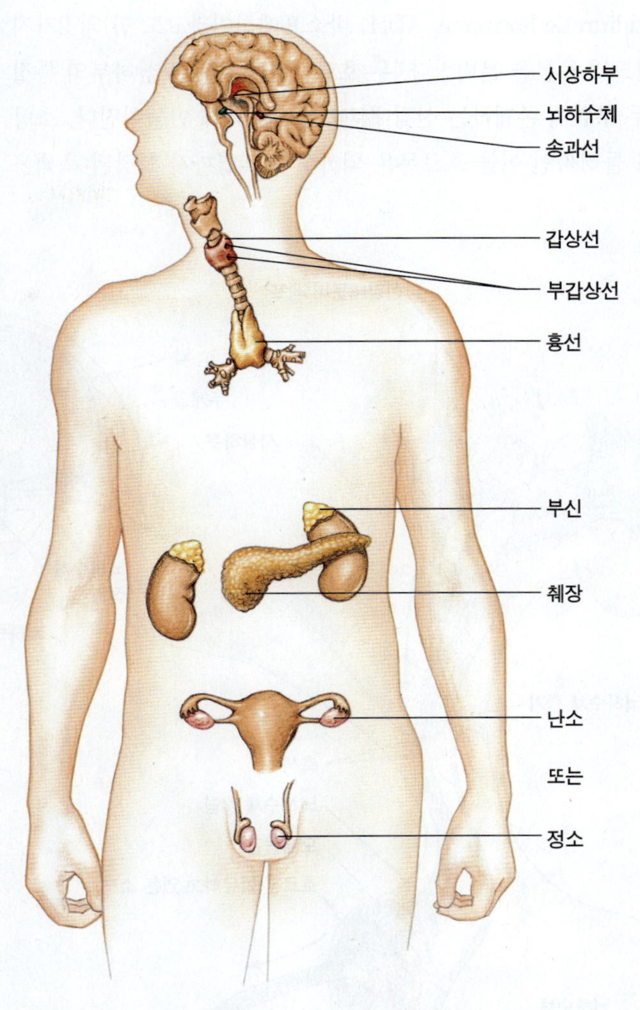


**그림 48-7 사람의 내분비선.**

각 내분비선에서 만들어지는 호르몬과 그 작용은 본문에 상세히 설명함.

## 48.5.3 뇌하수체 후엽은 시상하부에서 생산된 호르몬을 방출한다

뇌하수체 **후엽**(posterior lobe)의 발생은 뇌 조직에서 발생한다. 이 신경내분비 기관은 **옥시토신**(oxytocin)과 **항이뇨호르몬**

**표 48-2**

**내분비 기능 이상에 의한 결과**

| 호르몬 | 과소분비 | 과다분비 |
|---|---|---|
| 성장호르몬 | 뇌하수체성 왜소증 | 거인증(어린시절), 말단비대증(성인) |
| 갑상선 호르몬 | 크레틴병(어린 시절); 점액수종, 성인의 기능 저하증; 음식의 요오드 결핍은 과소분비와 갑상선종을 유발 | 갑상선 기능항진증: 증가된 대사율, 신경과민, 민감; 갑상선종; 그레이브스 병 |
| 부갑상선 호르몬 | 신경의 무의식적 이행, 경련, 근강직성 경련: 사망 | 뼈의 약화, 골절: 결석 |
| 인슐린 | 당뇨병 | 저혈당증 |
| 부신피질 호르몬 | 애디슨 병 | 쿠싱 병 |

(antidiuretic hormone, ADH; 바소프레신이라고도 함)의 2가지 펩티드 호르몬을 분비한다. 두 호르몬은 실제로 시상하부의 특정한 두 부위에 존재하는 신경내분비세포에 의해 만들어진다. 소낭으로 둘러싸인 이들 호르몬은 뇌하수체 후엽까지 확장된 축색을 따라 밑으로 이동 한다(그림 48-8). 신경자극을 받을 때까지 소낭은 축색의 말단부위에 저장된다. 자극이 오면, 이들 호르몬은 주위 모세혈관으로 방출되어 확산된다.

혈액 내 옥시토신의 농도는 임신 말기에 증가하여, 태아출산에 필요한 강력한 자궁수축을 자극한다. 옥시토신은 때때로 분만의 개시와 속도를 높이기 위해 임상에서 투여하기도 한다. 출생 후 신생아가 엄마 젖을 빨면 감각신경은 뇌하수체에 신호를 보내 옥시토신을 방출한다. 옥시토신은 유선 주위의 평활근 수축을 자극하여 모유가 잘 분비되게 한다. 옥시토신은 자궁의 수축을 촉진하기 때문에 산모가 모유 수유를 하면 자궁의 크기가 원래의 크기로 빨리 회복된다.

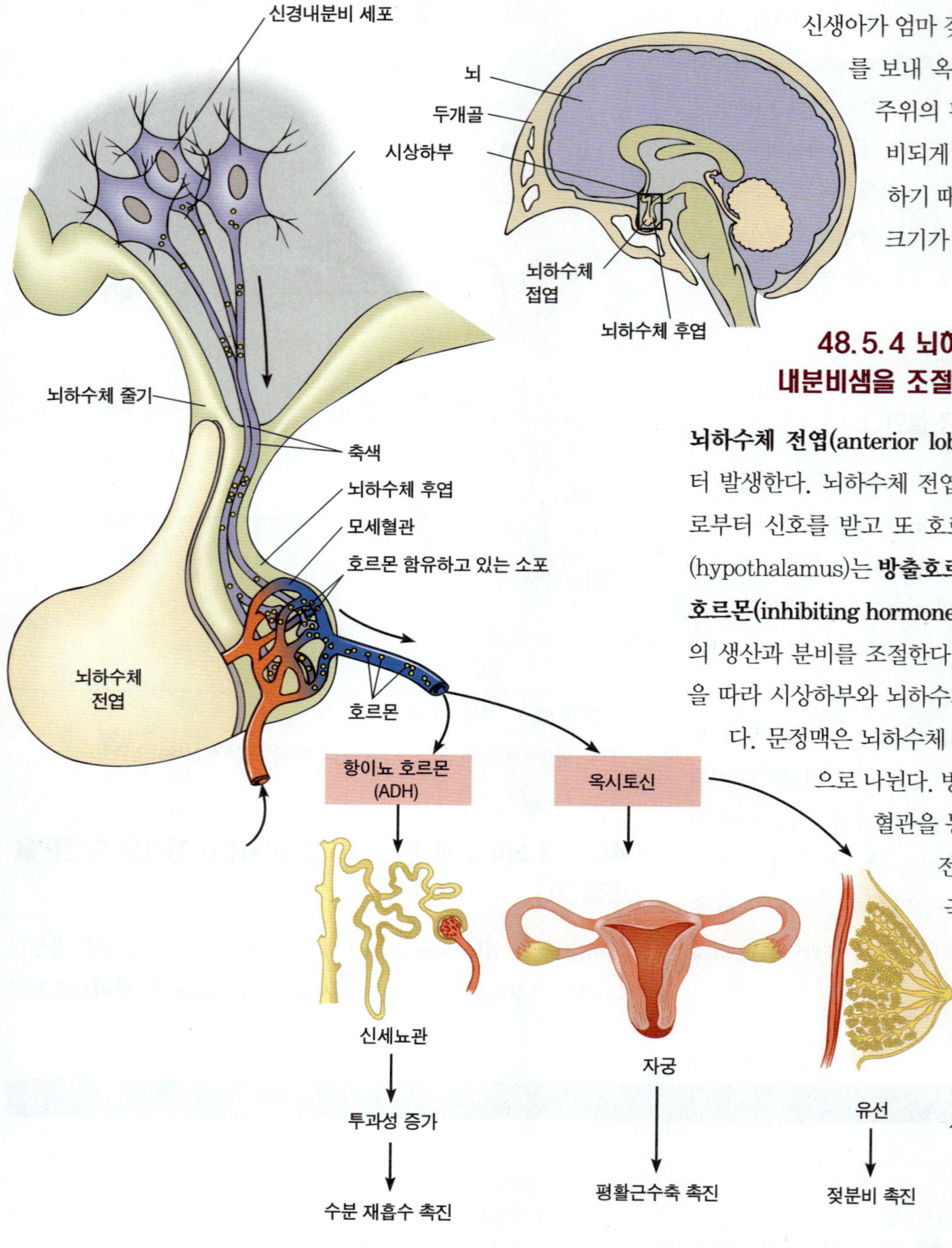

**그림 48-8 뇌하수체 후엽 호르몬의 합성과 분비.**

뇌하수체 후엽에서 분비되는 호르몬이 합성되는 곳은 시상하부의 신경내분비 세포이다. 뉴런의 신경축색이 뇌하수체의 후엽까지 연결되어 있다. 호르몬은 소낭으로 싸여 신경축색을 통해 운반되고 신경축색의 말단부위에 저장된다. 필요할 때 호르몬이 혈액으로 분비되어 순환계를 따라 수송된다.

### 48.5.4 뇌하수체의 전엽은 성장 및 기타 내분비샘을 조절한다

**뇌하수체 전엽**(anterior lobe)의 신경세포가 아닌 상피세포로부터 발생한다. 뇌하수체 전엽은 전형적인 내분비샘으로서 혈액으로부터 신호를 받고 또 호르몬을 혈액으로 방출한다. *시상하부*(hypothalamus)는 **방출호르몬(releasing hormone)** 및 **방출억제호르몬(inhibiting hormones)**을 분비하여, 뇌하수체 전엽 호르몬의 생산과 분비를 조절한다. 시상하부의 신경호르몬은 모세혈관을 따라 시상하부와 뇌하수체 전엽을 연결하는 문정맥을 통과한다. 문정맥은 뇌하수체 전엽 내에서 다시 2가닥의 모세혈관으로 나뉜다. 방출호르몬 및 억제호르몬은 이들 모세혈관을 통과하여 전엽의 조직으로 들어간다.

전엽은 프로락틴과, 멜라닌색소-자극 호르몬, 성장호르몬뿐 만 아니라 다른 분비샘을 자극하는 호르몬을 분비한다(그림 48-9). **프로락틴**(prolactin)은 유선 세포를 자극하여 젖 생산을 촉진시킨다. **멜라닌색소포-자극 호르몬**(melanocyte-stimulating hormone; MSH)은 어류와 양서류, 파충류에서 피부 색의 변화를 촉진하여 보호색을 만드는 역할을 한다. 사람에서 MSH는 식욕을 억제하여 에너지와 체중 조절에 중요하다.

### (1) 성장호르몬은 단백질 합성을 촉진한다

키가 작은 아이들은 주기적으로 부모와 함께 키를 측정하며, 언제 부모만큼 키가 클 것인지를 간절히 기다린다. 키가 얼마가 될지는 유전자뿐만 아니라 식이요법과 호르몬 균형을 포함한 수많은 요인들에 의한다.

**성장호르몬**(growth hormone; GH 또는 somatotropin)은 조직의 성장을 촉진하기 때문에 **동화호르몬**(anabolic hormone)이라고도 부른다. GH가 골격성장에 미치는 많은 효과는 간접적이다. GH는 다른 조직세포와 간세포(그 밖의 세포들)를 자극하여 **인슐린-유사 성장인자**(insulin-like growth factor; IGF)들을 분비하게 한다. 이러한 성장인자들은 (1) 뼈 성장부위 내의 연골의 성장을 자극하는 골격계의 길이성장을 촉진하고, (2) 단백질 합성과 기타 동화과정을 촉진함으로써 조직의 성장 및 기관의 크기를 증가시킨다.

성장호르몬은 성장기의 아이뿐만 아니라 성인의 경우에도 온종일 주기적으로 분비된다. 성장호르몬의 분비는 시상하부에서 방출되는 **성장호르몬-방출 호르몬**(growth hormone-releasing hormone; GHRH) 및 **성장호르몬-억제 호르몬**(growth hormone-inhibiting hormone; GHIH 또는 somatostatin)에 의해 조절된다. 혈액 내 고농도의 GH는 시상하부로 하여금 억제호르몬인 GHIH를 분비하여, 뇌하수체에

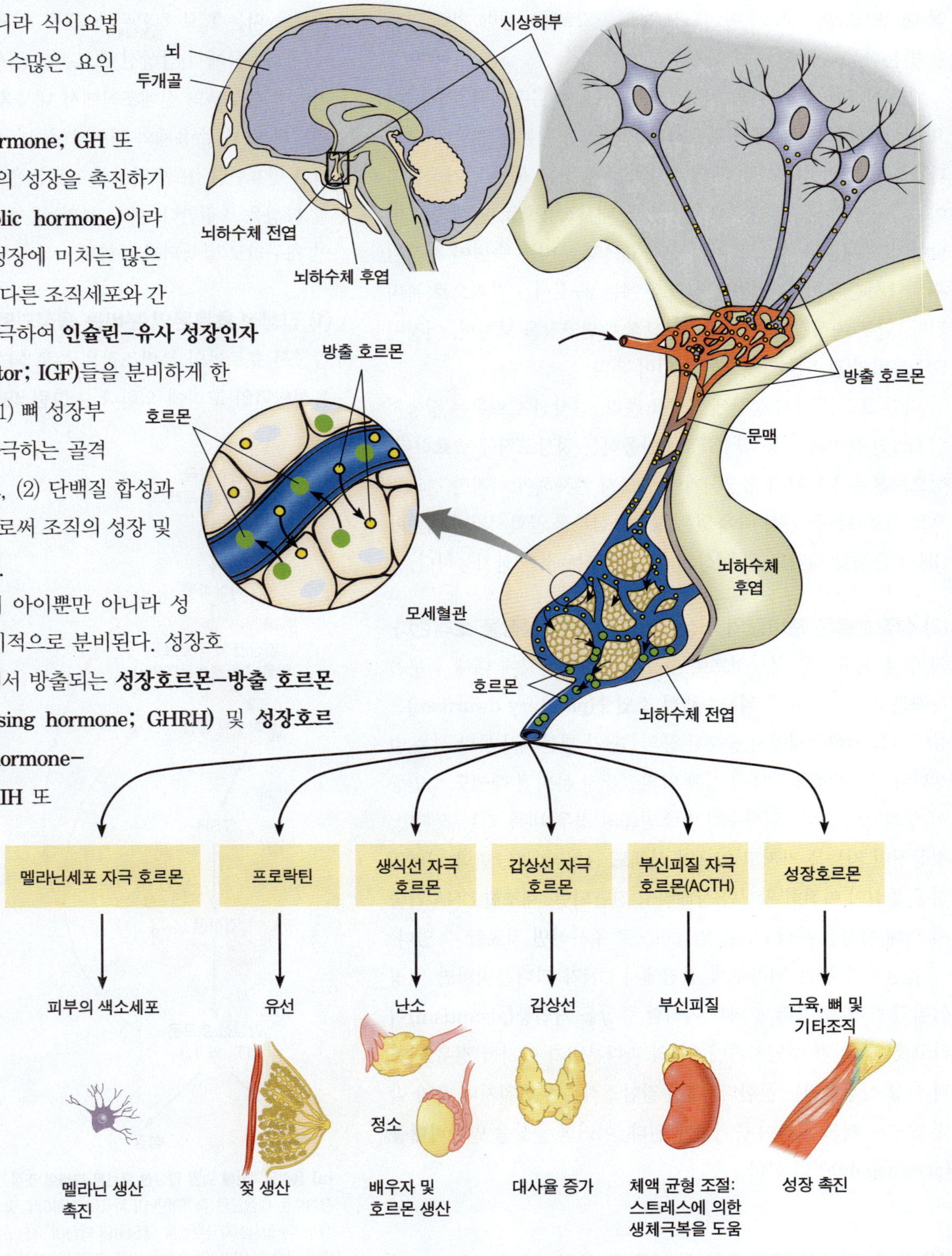

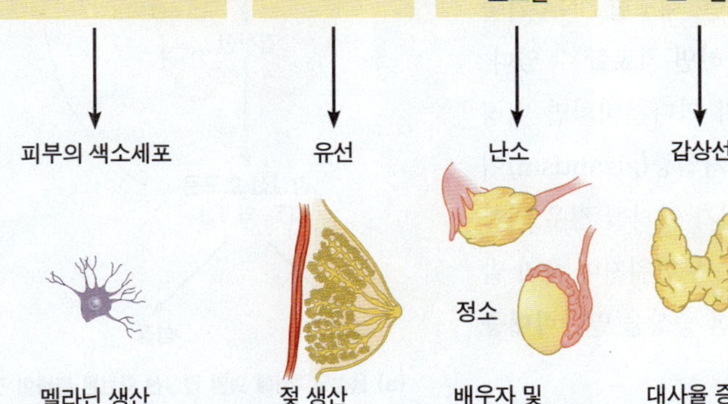


**그림 48-9 뇌하수체 전엽 호르몬의 합성과 분비**

시상하부는 방출 또는 억제 호르몬을 분비하며, 분비된 호르몬은 문맥을 통해 뇌하수체 전엽으로 수송된다. 이들 호르몬들은 뇌하수체 전엽에 위치한 세포를 자극하여 뇌하수체 전엽 호르몬의 분비를 촉진 또는 억제한다. 전엽 호르몬은 다양한 표적세포에 작용한다.

서 GH의 방출을 늦추게 한다. 반대로 혈액 내 낮은 GH 농도는 시상하부를 자극하여 GHRH를 분비를 유도하며, 이는 뇌하수체를 자극하여 보다 많은 GH의 방출을 촉진한다. GH 분비는 혈액 내 포도당의 농도와 아미노산 농도, 스트레스 등에 의해 영향을 받는다.

연구에 의하면 아이의 키가 크려면 충분한 수면, 적절한 식이요법 및 규칙적인 운동이 필요하다고 알려져 왔는데 많은 연구결과가 이를 뒷받침한다. GH의 분비는 운동하는 동안 증가하는데 이는 운동하는 동안 근육세포의 빠른 대사작용으로 인해 혈당이 낮아지기 때문일 것으로 여겨진다. GH의 분비는 숙면이 시작된 후 약 1시간 후에 분비되며, 식사 후에는 2-4 시간 간격으로 분비된다. 일부 애정결핍 아동은 비정상적 수면양상을 보이며, 이것이 GH 분비의 감소를 가져오는 원인이 된다.

다른 호르몬 역시 성장에 영향을 준다. 갑상선 호르몬은 정상적인 GH의 분비와 기능 및 IGFs에 반응하는 정상조직에 필요하다. 성호르몬은 청년기의 성장시기에 반드시 존재해야 하지만 결과적으로 성호르몬은 긴뼈 내에 있는 성장중심부를 골화시키기 때문에 GH가 존재할 지라도 더 이상의 키가 자라는 것은 불가능하다.

**(2) 성장호르몬 분비량의 이상은 비정상적인 성장을 초래한다**

왜 일부 사람들은 정상적으로 성장하지 못하는지에 대해 의문을 가져본 적이 있는가? **뇌하수체성 소인증**(pituitary dwarfism)은 유아시절 뇌하수체에서 충분한 양의 GH가 생산되지 못할 경우 발생한다. 그 외에도 간에서 적은 양의 IGF가 분비될 때에도 소인증이 생기기도 한다. 뇌하수체성 소인증의 경우 비록 키는 작지만, 정상적인 지능을 가지고 있으며 신체도 균형적이다. 만약 긴뼈의 성장 중심이 여전히 활성화 상태라고 진단되면, 재조합 DNA 기술에 의해 합성된 사람 GH를 임상적으로 주사하면 치료할 수 있다.

유년시기 동안 뇌하수체 전엽에서 GH가 과다분비되면 비정상적인 큰 키로 자라게 되며 이러한 증상을 **거인증**(gigantism)이라고 한다. 만약 성인시기에 GH의 과다분비가 야기될 경우 키가 더 이상 성장하지는 못한다. 대신 결합조직은 두꺼워지며 손과 발 및 안면의 뼈의 직경이 증가하게 된다. 이러한 증상을 **말단비대증**(acromegaly)이라 한다.

## 48.5.5 갑상선 호르몬은 대사율을 증가시킨다

**갑상선**(thyroid gland)은 목에서 기관지의 앞과 후두의 아래에 위치한다. 2종류의 갑상선 호르몬인 **티록신**(thyroxine; $T_4$)과 **트리요오드티로닌**(triiodothyronine; $T_3$)이 아미노산 티로신과 요오드로부터 합성된다. 티록신은 각 분자에 4개의 요오드 원자가 있으며 $T_3$는 3개를 가지고 있다. 대부분의 표적조직에서 $T_4$는 보다 활성을 띠는 $T_3$로 전환된다 (그림 48-2c).

척추동물에서 갑상선 호르몬은 정상적인 성장과 발생에 필수적이며 대부분의 신체조직에서 대사율을 증가시킨다. $T_3$는 표적세포의 핵 내 수용체와 결합하여 효소와 단백질의 합성을 유도하거나 억제한다. 또한 갑상선 호르몬은 세포의 분화에 필요한 단백질 합성을 조절한다. 예를 들면, 올챙이는 티록신이 없으면 성체인 개구리로 발생되지 못한다.

**(1) 갑상선 호르몬의 분비는 음성되먹임 기작에 의해 조절된다**

갑상선 호르몬의 분비조절은 주로 뇌하수체 전엽과 갑상선 간의 음성되먹임 고리에 의한다 (**그림 48-10**). 혈액 내 갑상선 호르

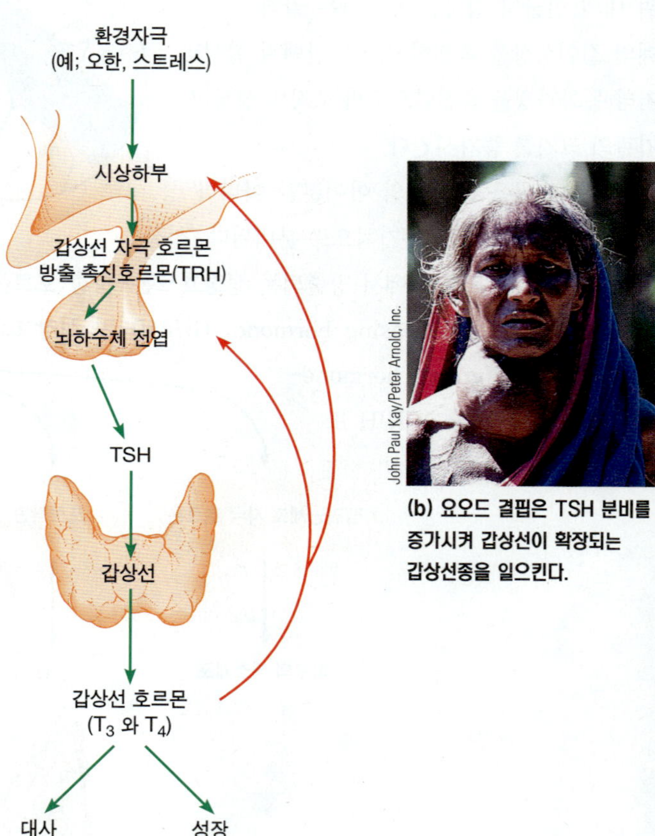


**(b) 요오드 결핍은 TSH 분비를 증가시켜 갑상선이 확장되는 갑상선종을 일으킨다.**

**(a) 음성되먹임에 의한 갑상선 호르몬 분비의 조절.** 갑상선 호르몬의 농도가 정상수준 이상으로 증가하면 이 자극이 시상하부 및 뇌하수체 전엽에 전달되어 TRH 및 갑상선자극호르몬 (TSH)의 합성이 제한되고, 따라서 갑상선에서는 이와 같은 음성되먹임 억제에 의해 호르몬의 생산을 억제한다. 녹색 화살표는 자극을 나타내며, 적색 화살표는 억제를 나타낸다.

**그림 48-10 갑상선 호르몬의 분비 조절.**

몬의 농도가 정상보다 더 높으면, 뇌하수체 전엽은 **갑상선 자극 호르몬** (thyroid-stimulating hormone; TSH)의 분비를 감소시킨다:

> **갑상선 호르몬의 농도 증가 ⟶ 뇌하수체 전엽에서 소량의 TSH 분비 ⟶ 갑상선 호르몬 분비감소 ⟶ 항상성**

갑상선 호르몬의 농도가 감소하면, 뇌하수체는 보다 많은 TSH를 분비한다. TSH는 cAMP에 의해 작용하여 갑상선 호르몬의 합성과 분비를 촉진시키고 또한 갑상선 자체의 크기증가를 촉진한다. TSH의 효과는 다음과 같이 요약할 수 있다:

> **갑상선 호르몬의 농도 감소 ⟶ 뇌하수체 전엽에서 다량의 TSH 분비 ⟶ 갑상선 호르몬 분비 증가 ⟶ 항상성**

### (2) 갑상선의 기능이상은 질병을 유발한다

유아기와 유년기 동안 심각한 **갑상선 기능저하증**(hypothyroidism)은 대사율이 낮아지고, 정신지체와 육체적 발달이 지연되는 상태인 **크레틴병**(cretinism)을 초래한다. 초기에 진단되어 갑상선 호르몬으로 치료하면 크레틴병의 발생을 막을 수 있다.

항상 잠을 자고 싶은 성인은 적은 에너지를 가지고 있으며, 정신적으로 느슨하거나 또는 혼돈상태인 갑상선 기능저하증의 고통을 겪게 된다. 갑상선 기능이 거의 없으면, 기본적인 대사율은 약 40% 정도 감소되고, 환자는 정신과 육체가 느리게 되는 **점액수종**(myxedema)에 걸린다. 갑상선 기능저하증은 소실된 만큼의 호르몬을 경구투여 함으로써 쉽게 치료할 수 있다.

**갑상선 기능항진증**(hyperthyroidism)은 비정상적 성장을 야기하지 않지만 대사율을 60% 또는 그 이상으로 증가시킨다. 이러한 대사작용의 증가로 인해 영양분이 빠르게 사용되어, 배고픔과 먹고 싶은 충동을 일으킨다. 그렇지만 빠르게 대사 중인 세포의 요구를 충족시키지 못하기 때문에 체중이 감소한다. 가장 흔한 갑상선 기능항진증의 원인은 **그레이브스 병**(Grave's disease)이라고 하는 자동면역 질환이다. TSH 수용체에 대한 비정상적 항체가 생성되어 TSH 수용체에 결합함으로써 수용체가 활성화된다. 따라서 갑상선 호르몬의 생산량이 증가한다.

갑상선의 비정상적인 비대 또는 **갑상선종**(goiter)은 호르몬의 분비과다 또는 분비저하에 연관성이 있다(그림 48-10b). 또 다른 분비저하의 원인은 요오드 섭취의 결핍이다. 요오드가 없으면,

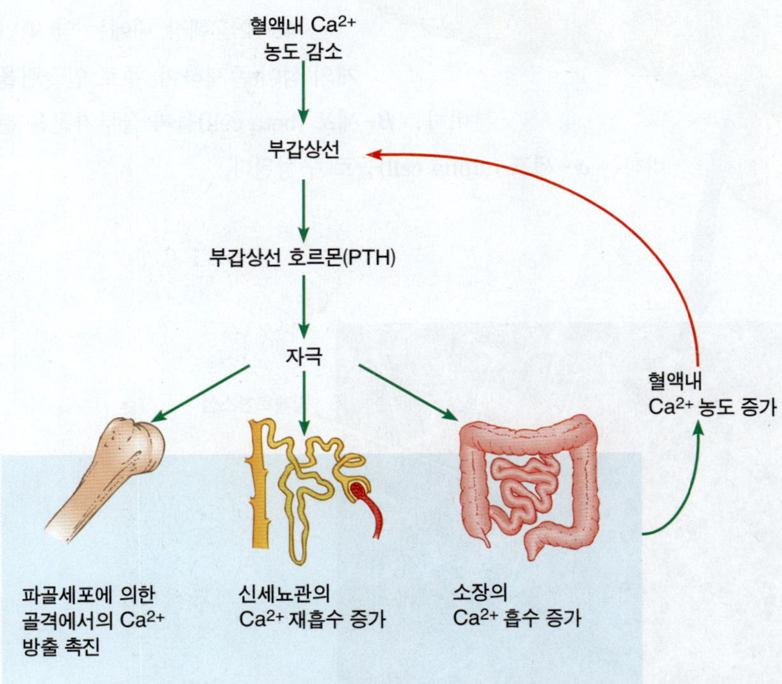


**(a) 칼슘 농도가 매우 낮을 때.** 부갑상선은 부갑상선 호르몬(PTH)을 분비한다. PTH는 항상성 기작을 자극하여 칼슘 농도를 회복시킨다.

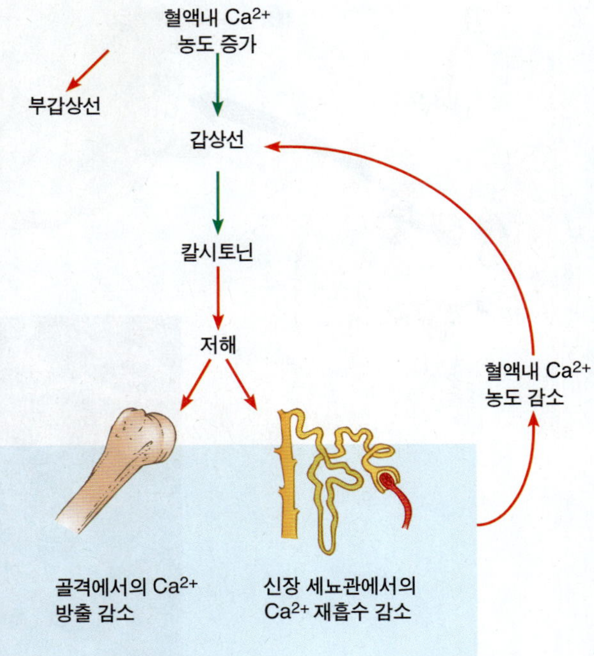


**(b) 칼슘 농도가 매우 높을 때.** 부갑상선은 저해되고 갑상선으로부터 칼시토닌이 분비된다. 칼시토닌은 뼈에서 칼슘의 방출을 억제하고 신장에서 칼슘 이온의 재흡수를 감소시킨다.

**그림 48-11 칼슘 항상성의 조절.**

녹색화살표는 촉진, 적색 화살표는 억제를 나타낸다.

갑상선은 호르몬 합성을 할 수 없으므로, 혈액내 호르몬의 농도는 감소하게 된다. 이를 보충하기 위해, 뇌하수체 전엽은 갑상선의 성장을 자극하는 대량의 TSH를 분비한다.뇌하수체 전엽에서는 갑상선의 성장을 자극하는 TSH의 양을 많이 분비하며, 때때로 갑상선은 거대하게 만든다. 그러나 필요한 성분이 여전히 없기 때문에 갑상선 호르몬의 생산을 증가시키지는 못한다. 해산물은 풍부한 요오드 성분을 가지고 있으며, 또한 식탁용 소금에도 요오드를 첨가한다. 사실상, 요오드화된 소금 덕택에, 갑상선종은 미국과 다른 선진국에서는 거의 사라졌다. 그러나 세계의 다른 나라에서는 수만 명이 쉽게 예방할 수 있는 질병으로 인하여 아직도 고통 받고 있다.

## 48.5.6 부갑상선은 칼슘 농도를 조절한다

**부갑상선**(parathyroid gland)은 전형적으로 갑상선을 둘러싸고 있는 결합 조직 내에 위치한다. 부갑상선은 체액과 혈액 내 칼슘 농도를 조절하는 폴리펩티드인 **부갑상선 호르몬**(parathyroid hormone; PTH)을 분비한다(▮ 그림 48-11a). 부갑상선 호르몬은 G 단백질-결합 수용체와 cAMP의 작용을 뼈에서 칼슘의 방출을 촉진하고 신세뇨관에서 칼슘의 재흡수를 증가시킨다. 또한 비타민 D를 활성화하여 소장에서 칼슘의 흡수량을 증가시킨다.

**칼시토닌**(calcitonin)은 갑상선에서 분비되는 펩티드 호르몬으로 부갑상선 호르몬에 대한 반대 작용을 한다(▮ 그림 48-11b). 칼슘의 농도가 보통 농도 이상으로 증가하면 칼시토닌이 방출되어 골격으로부터 칼슘의 방출을 빠르게 억제한다.

## 48.5.7 췌장 세포는 포도당 농도를 조절한다

**췌장**(pancreas, 또는 **이자**)은 소화효소의 분비뿐 아니라 중요한 내분비샘으로 작용한다. 췌장 호르몬인 인슐린과 글루카곤은 췌장 전체에 흩어져 있는 **랑게르한스섬**(islets of Langerhans) 이라고 하는 작은 세포집합체의 세포에서 분비된다(▮ 그림 48-12). 췌장 내에는 약 백만 개의 섬이 존재하며, 주로 인슐린을 분비하는 ***β*-세포** (beta cell)들과 글루카곤을 분비하는 ***α*-세포** (alpha cell)들로 구성된다.

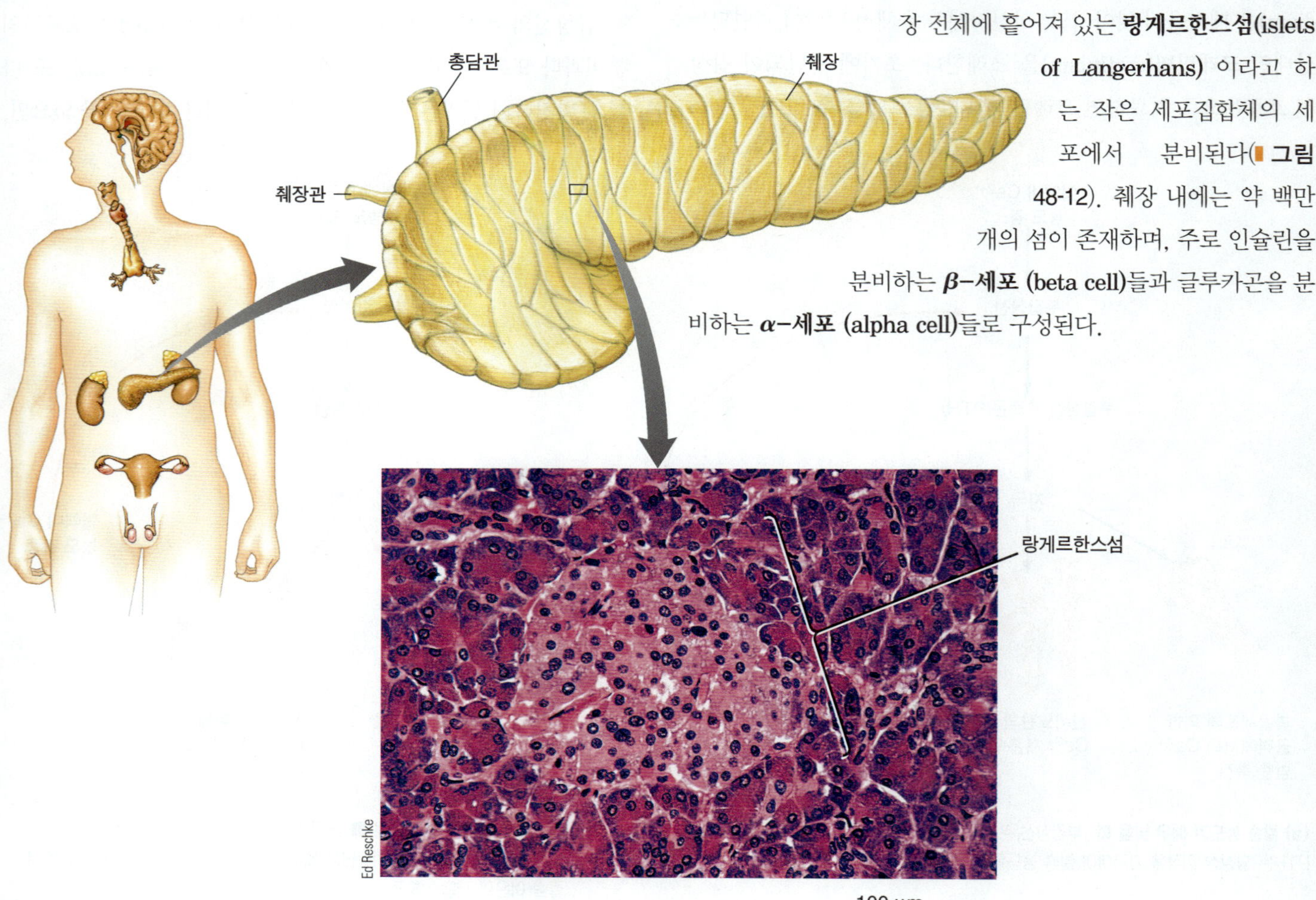


**그림 48-12 랑게르한스섬.**
췌장에 흩어져있는 내분비세포 덩어리인 랑게르한스섬(광학현미경 사진)은 인슐린과 글루카곤을 분비한다.

### (1) 인슐린은 혈중 포도당의 농도를 낮춘다

**인슐린(insulin)**은 동화호르몬으로서 연료 분자들의 저장을 촉진한다. 인슐린은 간, 근육, 및 지방세포를 포함하는 수많은 조직세포를 자극하여 촉진확산에 의해 혈액으로부터 포도당을 유입한다(5장을 보라). 포도당이 근육세포 내로 들어오면, 포도당은 즉시 연료로 사용되거나 글리코겐의 형태로 저장된다. 인슐린은 또한 간세포에서 포도당의 방출을 억제한다. 그러므로 인슐린의 활성은 혈액 내 포도당 농도를 낮추게 한다.

인슐린은 지방과 단백질대사의 조절을 돕는 역할을 한다. 인슐린은 연료로써 지방산의 사용을 감소시키는 대신 지방조직에 지방산의 저장을 촉진한다. 인슐린은 단백질 대사에 동화효과를 나타내어 전체적으로 단백질의 증가를 가져오게 한다. 인슐린은 원형질막 내의 아미노산 운반자들의 수를 증가시킴으로써 단백질 합성을 촉진시키며, 따라서 세포 내로 어떤 아미노산의 수송이 촉진된다. 인슐린은 또한 전사와 번역을 촉진한다.

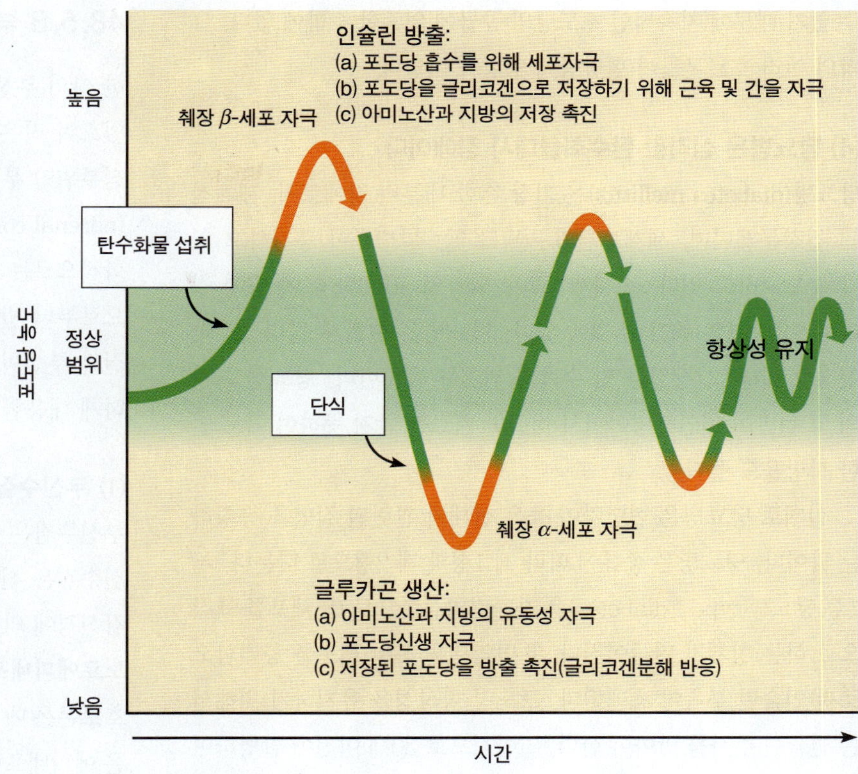


**그림 48-13 포도당 농도의 조절.**

인슐린과 글루카곤은 서로 길항작용을 하여 혈당량을 조절한다.

### (2) 글루카곤은 혈중 포도당의 농도를 증가시킨다

**글루카곤(glucagon)**의 효과는 인슐린과 반대이다. 글루카곤의 주된 작용은 혈당량을 증가시키는 것이다. 글루카곤은 간세포를 자극하여 글리코겐을 포도당을 전환시키는 *글리코겐분해반응*(glycogenolysis)을 촉진시킨다. 글루카곤은 또한 다른 대사산물로부터 포도당을 생성하는 반응인 *포도당신생*(gluconeogenesis)을 촉진한다. 글루카곤은 지질의 분해를 촉진하여 지방산을 활성화시키고 트리아실글리세롤의 합성을 억제한다.

### (3) 포도당 농도가 인슐린과 글루카곤의 분비를 조절한다

인슐린과 글루카곤의 분비는 혈액내 포도당의 농도에 의해 직접적으로 조절된다(**그림 48-13**). 식후, 소장에서 포도당이 흡수되어 혈당량이 높아지게 되면, β-세포가 자극되어 인슐린의 분비를 증가한다. 그리고 혈액 내 포도당이 세포 내로 유입되어 농도가 낮아지면 인슐린의 분비는 감소된다.

**혈당량 증가 ⟶ β-세포에서 인슐린 분비 ⟶ 혈당량 감소 ⟶ 항상성**

몇 시간 동안 아무것도 먹지 않으면, 혈당량은 떨어지기 시작한다. 만약 정상적인 공복시의 혈당량인 90 mg/100 ml에서 70 mg/100 ml로 감소하면, α-세포는 글루카곤의 분비를 증가시킨다. 포도당이 간세포의 소에서 방출되면 혈당량은 정상으로 되돌아온다:

**혈당량 감소 ⟶ α-세포에서 글루카곤 분비 ⟶ 혈당량 증가 ⟶ 항상성**

α-세포가 혈당량을 감지하는 방법은 α-세포 세포질 내에 포도당의 농도를 감지하는 것이다. 일반적으로 혈당량이 높으면 α-세포 내의 포도당의 농도가 높고 따라서 글루카곤의 분비는 저해된다.

주목할 점은 음성되먹임 기작에 의해, 인슐린과 글루카곤은 길항적으로 작용하여 정상적인 범위로 혈당량을 유지시킨다는 것이다. 포도당의 농도가 높아지면 인슐린이 방출되어 정상적인 수준으로 되돌리며, 포도당의 농도가 떨어지면 글루카곤이 작용하여 포도당의 농도를 다시 높인다. 왜 일정한 혈당량의 유지가 중요한가? 뇌세포는 통상 연료로서 포도당 이외의 다른 영양분을 사용할 수 없기 때문에 지속적인 포도당의 공급에 의존할 수밖에 없다. 그 밖의 여러 호르몬들이 혈당량에 영향을 미친다.

### (4) 당뇨병은 심각한 탄수화물대사 장애이다

**당뇨병**(diabetes mellitus)은 가장 흔한 내분비 장애로서, 세계적인 건강문제이며, 세계보건기구(WHO)는 발병률이 증가하고 있다고 보고하고 있다. 전세계적으로 약 1억 5000만명 이 병에 걸리며 이 숫자는 증가 추세에 있다. 당뇨병은 혈관계 질병, 실명, 신경성 질병, 신장질환 및 수족의 괴저를 유발한다. 당뇨병 환자의 약 절반이 원인불명이어서 적절한 치료를 받지 못하여 이로 인한 사망율도 높다.

실제로 당뇨병은 혈당량이 높은 상태와 관련된 질병을 통칭하는 말이다. 당뇨병은 종류에 따라 제 1형과 제 2형으로 나눈다. *제 1형 당뇨병*(type 1 diabetes)은 자가면역질환으로 $\beta$-세포를 표적으로 하는 항체가 만들어진다. T 면역세포가 $\beta$-세포를 공격함으로써 인슐린 부족이 초래된다. 포도당 항상성을 유지하기 위해서는 인슐린 주사를 맞아야 한다. 일반적으로 30세 이전에 발병하며 유전자 요인과 환경적 인자들이 복합적으로 작용한다.

당뇨병의 약 90% 정도는 제 2형 당뇨병에 속한다. 제2형 당뇨병은 서서히 발생하며 과체중인 사람들에게서 주로 나타난다. 제 2형 당뇨병에서 혈액 내 인슐린의 농도는 정상 (또는 정상치 이상)이지만, 표적세포가 인슐린을 사용하지 못함으로 **인슐린 저항성**(insulin resistance)을 나타낸다. 근육세포에서 인슐린 저항성의 주 원인은 포도당운반체(glucose transporter)가 합성되지 않거나 제 기능을 제대로 하지 못하기 때문에 발생한다.

많은 제 2형 당뇨병 환자들은 식이요법과 체중감소, 규칙적인 운동을 통해 혈당량을 정상 수준으로 유지할 수 있다. 만약 이러한 접근 방법이 효과적이지 못할 경우, 인슐린 분비 촉진과 인슐린의 작용을 촉진하는 약제로 치료할 수 있다. 제 2형 당뇨병 환자의 30%는 궁극적으로 인슐린 주사를 필요로 한다.

2가지 유형의 당뇨병 모두에서 탄수화물, 지방, 단백질의 대사 이상 및 전해질의 불균형과 같은 유사한 대사장애가 나타난다.

제 2형 당뇨병의 극적인 증가는 오래 앉아 일하는 생활습관과 비만증의 증가에 의한 결과에서 오는 인류 건강의 문제점으로 야기되고 있다. 연구자들은 당뇨병의 원인 규명과 치료법 개발에 몰두하고 있다. 일부 연구팀들은 교육과 생활양식의 변화에 초점을 두고 있는 반면에, 일부 연구자들은 당뇨병과 관련된 유전자들이나 탄수화물 대사와 관련된 신호분자들 탐색에 전념하고 있다.

## 48.5.8 부신은 스트레스 극복을 돕는다

한 쌍의 **부신**(adrenal gland)은 신장의 위쪽 끝 부분과 접촉하고 있으며 작은 황색의 조직 덩어리이다(그림 48-14). 각 샘은 중심부위인 **부신수질**(adrenal medulla)과 큰 바깥부위인 **부신피질**(adrenal cortex)로 구성되어 있다. 비록 부신수질과 피질은 해부학적으로는 연결되어있지만, 배아에서는 서로 다른 유형의 조직으로부터 발생하며, 명백히 다른 분비샘의 기능을 한다. 부신수질과 부신피질은 모두 대사조절을 도우며 스트레스에 대해 강력하게 대응한다.

### (1) 부신수질은 경보반응을 개시한다

부신수질은 신경 내분비샘으로서 교감신경계와 연결되어 있다. 부신수질은 신경조직으로부터 발생하였고, 그 호르몬의 분비는 교감신경에 의해 조절된다. 부신수질은 **에피네프린**(epinephrine)과 **노르에피네프린**(norepinephrine)을 분비한다. 화학적으로 이들 호르몬은 매우 유사하다. 부신수질에서 방출되는 호르몬의 대부분은 에피네프린이다. 노르에피네프린은 중추신경계 내의 일부 세포 및 교감신경에 의해 방출된 신경전달물질과 유사하게 작용한다.

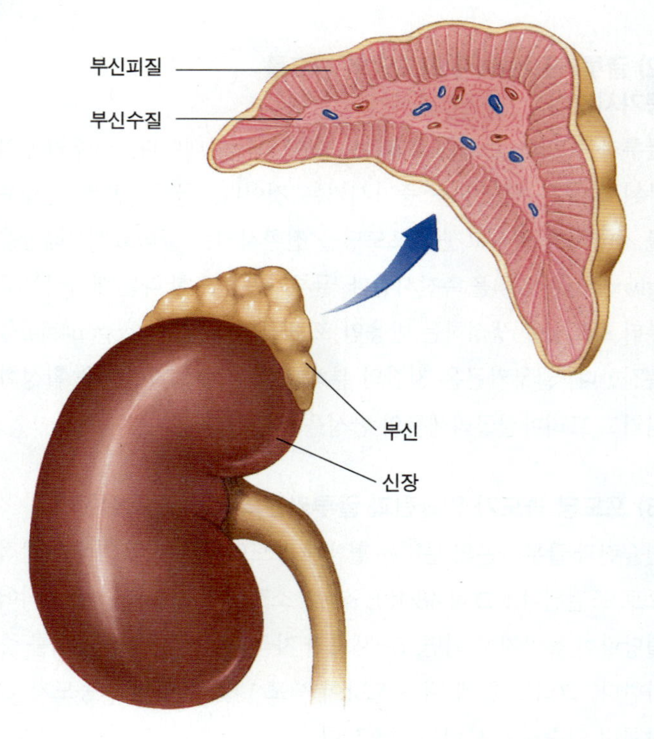


**그림 48-14 부신.**

부신은 신장의 바로 위쪽에 위치한다. 분비선의 구조는 안쪽의 부신수질과 바깥쪽의 부신피질로 구성되어있다.

정상상태에서, 소량의 에피네프린과 노르에피네프린이 신경조절에 의해 지속적으로 분비된다. 근심과 걱정이 일어나면, 교감신경으로 아세틸콜린이 방출되어 부신수질을 자극하여 에피네프린과 노르에피네프린의 방출을 개시한다.

스트레스 상황에서, 부신수질 호르몬은 경보반응을 개시하여 신속하게 생각하고, 싸움 및 도망 반응을 할 수 있도록 대사율을 100%까지 증가시킨다. 이런 작용에 필요한 기관으로 혈액이 공급되도록 혈액 공급 통로를 변경한다. 뇌와 근육, 심장으로 가는 혈관은 확장되는 반면 피부와 신장으로 가는 혈관은 수축된다. 피부로 가는 혈관이 수축됨으로써 출혈이 일어날 경우 혈액의 손실을 막는 이점이 있다(놀라거나 흥분시 갑자기 창백해지는 것으로도 설명할 수 있다). 이와 동시에, 심장박동은 빨라진다. 부신수질 호르몬은 혈액 내 포도당과 지방산의 농도를 높임으로써, 필요한 여분의 에너지 원료를 제공한다.

### (2) 부신피질은 만성 스트레스로부터 오는 신체의 극복을 돕는다

모든 부신피질 호르몬들은 간에서 콜레스테롤로부터 합성된 스테로이드 호르몬이다. 부신피질에서 스테로이드가 합성되지만 충분한 양으로 분비되는 것은 성호르몬 전구체와 무기질코르티코이드, 당질코르티코이드의 3종류 호르몬이다.

남성과 여성 모두의 부신피질에서 안드로겐과 같은 성호르몬 전구체가 분비된다. 성호르몬 전구체는 각각 생식소에서 남성호르몬인 **테스토스테론**(testosterone)과 여성호르몬인 **에스트라디올**(estradiol)로 전환된다. 테스토스테론은 정소에서 생산되기 때문에 부신피질에서의 안드로겐의 생산은 남성에서 별로 중요하지 않다. 하지만 여성에서는 부신피질에서 생산되는 안드로겐이 혈액내 대부분의 테스토스테론을 제공한다.

중요한 **무기질코르티코이드**(mineralocorticoid)는 **알도스테론**(aldosterone)이다. 알도스테론은 염의 평형을 조절함으로써 체액평형 조절을 돕는다. 알도스테론에 반응하여 신장은 나트륨을 많이 흡수하고, 칼륨을 많이 방출한다. 이 결과로 나트륨의 농도가 증가하고 세포외액의 부피가 증가하여 혈액량이 증가하고 혈압이 상승하게 된다.

부신에서 알도스테론이 충분히 생성되지 않는다면 많은 양의 나트륨이 오줌으로 방출된다. 물은 나트륨과 함께 삼투압에 의하여 우리 몸을 떠난다. 그리고 혈액양은 현저히 줄어들고 환자는 낮은 혈압으로 죽게 된다.

**코르티솔**(cortisol)은 *히드로코르티손*(hydrocortisone)이라고도 부르며, 인간의 부신피질의 활성형 당질코르티코이드의 약 95%이다(그림 48-2b). 코르티솔은 스트레스에 반응하여 세포에 충분한 에너지를 공급한다. 코르티솔의 기본적인 작용은 간세포에서 포도당생합성을 유도하는 것이다. 코르티솔은 포도당의 생성을 위하여 아미노산의 수송을 촉진함으로써 영양분의 공급을 원활하게 한다. 지방산은 포도당으로 전환이 가능하기 때문에 지질의 활용도 촉진한다. 이런 작용으로 포도당과 글리코겐이 간에서 생성되고 혈액 내 포도당의 농도 상승을 가져온다. 따라서, 부신피질은 부신수질에 대한 중요한 보완 체계를 공급하고 스트레스를 겪을 때 몸이 에너지를 필요로 하는 포도당을 공급한다.

스트레스는 시상하부에서의 **코티코트로핀 방출인자**(corticotropin-releasing factor, CRF)의 분비를 자극한다. 이 호르몬은 뇌하수체 전엽에서 **부신피질자극호르몬**(adrenocorticotropic hormone, ACTH) 분비를 자극한다. ACTH는 당질코르티코이드와 알도스테론의 분비를 조절한다. ACTH는 효과가 우수하여 수 분내로 코르티솔의 농도를 20배까지 증가시킬 수 있다. 스트레스가 없을 때는 혈액내의 높은 코르티솔 농도는 시상하부로부터의 CRF 분비와 뇌하수체로부터의 ACTH 분비를 모두 억제한다.

부신 피질의 파괴에 의한 알도스테론과 코르티솔 분비의 감소는 **에디슨 병**(Addison's disease)을 야기 시킨다. 코르티솔의 감소는 충분히 포도당을 합성할 수 없기 때문에 몸이 혈액에서 포도당의 농도가 조절되도록 한다. 코르티솔 결핍 환자는 스트레스를 극복할 능력을 상실한다. 만약, 코르티솔의 양이 급격히 감소한다면 비록 가벼운 증상의 스트레스지만 죽음을 야기할 수도 있다.

병이나 약물들의 원인에 의해 당질코르티코이드의 양이 비정상적으로 많아지면 **쿠싱병**(Cushing's diease)을 일으킨다. 이런 상태에서 지방은 몸의 하부로부터 운반되고 주요부에 축적된다. 부종은 환자의 얼굴이 만월상태가 되게 한다.

**복습**

- 시상하부는 왜 신경과 내분비계를 연결하는 역할을 하는가? 뇌하수체 전엽과 후엽의 역할은 무엇인가?
- 어떻게 갑상선과 부갑상선 호르몬이 조절되는가?
- 혈당의 농도를 조절하는 인슐린과 글루카곤의 상반되는 작용은 무엇인가? 인슐린 저항성이란?
- 에피네프린과 노르에피네프린의 작용은 무엇인가? 어떻게 부신수질이 조절되는가?
- 어떻게 부신은 스트레스로 인한 생체극복을 돕는 작용을 하는가?

## 핵심 용어와 요약

### 학습목표

1 내분비계와 신경계의 기능을 비교하고, 두 시스템이 신체기능을 조절하기 위해 같이 작용하는 경우를 설명하시오.

- **내분비계**는 내분비샘, 세포 및 호르몬을 분비하는 조직으로 구성되어 있다. 대부분의 내분비신호 반응은 느리게 일어나지만 오래 지속된다. 내분비계는 다양한 종류의 세포에 영향을 미친다.
- 신경계는 전기적, 화학적 신호를 전달하므로 신호전달이 빠르다. 뉴런은 다른 뉴런과 근육세포, 분비샘 등에 신호를 전달한다. 신경계는 내분비계의 작용을 조절한다.

2 음성되먹임기작에 의한 내분비샘의 조절을 요약하시오.

- 호르몬 분비는 일반적으로 **음성되먹임계**에 의해 조절된다. 호르몬은 균형 상태에 변화가 일어나면 분비되어 변화에 상반된 반응을 개시한다. 이 과정을 통해 항상성이 회복된다.

3 호르몬을 화학적 특성에 따라 4 가지 그룹으로 나누어 보시오.

- 호르몬은 지방산 유도체와 스테로이드, 아미노산 유도체, 펩티드와 단백질로 구별된다. 프로스타글란딘과 곤충의 유충호르몬은 **지방산 유도체**이다. 부신피질, 난소, 정소에서 분비되는 호르몬과 곤충의 탈피호르몬은 **스테로이드 호르몬**이다.
- 갑상샘호르몬과 에피네프린은 **아미노산 유도체**이다. 항이뇨호르몬(ADH)과 글루카곤은 **펩티드 호르몬**이다.

4 4 종류의 내분비 신호계를 설명하시오

- 호르몬은 도관이 없는 **내분비샘**에서 분비되는 화학적 전달자로 정의된다. 호르몬은 혈액에 의해 수송되고 **표적세포**의 세포막 또는 세포내 수용체와 결합한다.
- **신경내분비 세포**는 **신경호르몬**을 분비하는 신경세포이다. 신경호르몬은 축색돌기 아래로 수송되어 분비되며, 혈액에 의해 운반된다.
- **자가분비 신호**의 경우 호르몬은 세포 간질액으로 분비되어 호르몬을 분비한 세포 자체에 직접 작용한다. **측분비 신호**는 호르몬이 간질액을 통해 확산되어 인접한 표적세포에 작용한다.
- 일부 **국소조절자**도 호르몬에 포함된다. 세포분열과 성장을 촉진하는 **성장인자**와 많은 대사과정 조절에 관여하는 **프로스타글란딘**이 여기에 속한다.

5 스테로이드 호르몬과 친수성 호르몬의 차이점을 설명하시오.

- 스테로이드 호르몬과 갑상샘 호르몬은 소수성 분자이므로 원형질막을 통과하여 표적세포내의 수용체와 결합한다. 호르몬–수용체 복합체는 mRNA의 전사를 활성화 또는 억제한다.
- 펩티드 호르몬은 친수성이기 때문에 표적세포 안으로 들어가지 못하고 표적세포 원형질막에 위치한 수용체에 결합한다. 많은 호르몬은 **G 단백질–연결 수용체**와 결합한다.
- 대부분의 펩티드 호르몬은 1차전령이며, 칼슘 또는 **cAMP**와 같은 **2차 전령**을 통해 작용한다. G 단백질–연결 수용체는 **G 단백질**을 활성화시킨다. G 단백질은 효소를 촉진 또는 저해하여 2차전령에 영향을 미친다.
- 많은 2차 전달자는 단백질인산화효소의 활성을 촉진한다.
- **이노시톨삼인산**(**$IP_3$**)과 **디아실글리세롤**(**DAG**)은 2차 전달자로서 칼슘 농도를 증가시키고 효소를 활성화시킨다. 칼슘이온은 칼모듈린과 결합하여 다른 효소에 영향을 미친다.

6 무척추 동물 호르몬의 4 가지 기능을 확인하고, 곤충발생에서 호르몬 조절을 설명하라.

- 많은 무척추 동물의 호르몬은 **신경호르몬**으로서 내분비샘이 아닌 신경세포에서 분비된다. 무척추동물 호르몬과 신경호르몬은 대사, 성장, 발생, 재생, 탈피, 변태, 생식 및 행동의 조절을 돕는 역할을 한다.
- 호르몬은 곤충의 발생을 조절한다. 일부 환경적인 요인에 의해 자극을 받은 곤충 뇌의 신경내분비 세포는 **뇌 호르몬**을 분비한다. BH는 전흉선을 자극하여 성장과 탈피를 촉진시키는 **탈피호르몬**을 생산한다.
- 미성숙한 곤충에서, **알라타체**는 각 유충의 탈피기에서 변태를 억제하는 **유충호르몬**을 분비한다 유충 호르몬의 양은 탈피가 연속됨으로써 감소한다.

7 척추동물의 내분비샘과 분비되는 호르몬의 작용을 설명하라.

- 척추동물 호르몬은 성장, 발생, 생식, 염과 체액의 균형, 대사의 많은 양상을 조절한다.
- 내분비 질환은 호르몬의 **과소분비** 또는 **과다분비**의 결과이다.

8 시상하부와 뇌하수체가 조절 기능을 통괄하는 기작을 설명하라. 시상하부와 뇌하수체 호르몬의 작용을 설명하라.

- 신경과 내분비계 조절은 **뇌하수체**의 활성을 조절하는 **시상하부**에서 통합된다.
- 신경호르몬인 **옥시토신**과 **항이뇨호르몬**은 시상하부에서 생산되고 뇌하수체 **후엽**에서 분비된다. 옥시토신은 자궁의 수축과 유선에서 젖 분비를 자극한다. ADH는 신장관에서 물의 재흡수를 촉진한다.
- 시상하부는 **방출호르몬**과 **억제호르몬**을 분비하여 뇌하수체 **전엽**에서의 호르몬 합성을 조절한다.
- 뇌하수체 전엽은 프로락틴, 멜라닌색소포–자극 호르몬, 성장호르몬 및 기타 내분비샘을 자극하는 호르몬을 분비한다. **멜라닌색소포–자극 호르몬**은 식욕을 억제하며, 에너지와 체중 조절에 중요하다. **프로락틴**은 유선 세포를 자극하여 젖 생산을 촉진시킨다.
- **성장호르몬**은 단백질 합성을 촉진하여 신체 성장을 촉진하는 **동화호르몬**이다. GH는 간에서 **인슐린 유사 성장인자**의 생산을 촉진하여 골격과 일반 세포의 성장을 촉진한다.

9 갑상샘과 부갑상샘 호르몬의 작용과 조절기작, 기능이상에 대해 설명하라.

- **갑상샘**은 **갑상샘호르몬**인 **티록신** 또는 $T_4$와 **트리요오드티로닌** 또는 $T_3$를 분비한다. 갑상샘호르몬은 대사율을 촉진한다.
- 갑상샘 분비의 조절은 주로 뇌하수체 전엽과 갑상샘 간의 음성되먹임 기작에 의해 영향을 받는다.
- 유년기에 티록신의 과소분비는 **크레틴병**을 초래하며, 성인에서는 **점액수종**에 걸린다. 갑상샘종은 갑상샘이 비정상적으로 비대해지며, 호

르몬의 분비과다 또는 분비저하에 연관성이 있다. 가장 흔한 갑상샘 기능항진증의 원인은 자가면역병인 **그레이브스 병**이다.

- **부갑상샘**은 **부갑상샘호르몬**을 분비하여 혈액내 칼슘농도를 조절한다. 부갑상샘 호르몬은 뼈에서 칼슘의 방출을 촉진함으로써 칼슘농도를 증가시키며, 신세뇨관에서의 칼슘 재흡수를 촉진하고, 작은창자에서 칼슘의 재흡수를 증가시킨다.
- **칼시토닌**은 갑상샘에서 분비되어 부갑상샘호르몬에 대해 상반된 작용을 한다.

10 인슐린과 글루카곤 작용의 차이점을 설명하시오.

- 췌장내 **랑게르한스섬**은 **인슐린**과 **글루카곤**을 분비한다. 인슐린과 글루카곤의 분비는 포도당의 농도에의해 직접 조절된다.
- 인슐린은 세포를 자극하여 혈액으로부터 포도당을 흡수하여, 혈액내 포도당의 농도를 낮춘다.
- 글루카곤은 글리코겐을 포도당으로 분해하여 혈액내 포도당의 농도를 높인다. 또한 다른 영양분으로부터 포도당의 생성을 촉진한다.

11 스트레스에 대한 대응을 포함하여 부신 호르몬의 작용을 설명하시오.

- **부신**은 스트레스에 대한 대응을 돕는 호르몬을 분비한다.
- 부신수질은 **에피네프린**과 **노르에피네프린** 호르몬을 분비하여, 심장박동, 대사율, 근육수축의 강도를 증가시킨다. 또한 싸움-도망 반응에 필요한 기관으로 혈액의 이동을 돕는다. 부신수질의 호르몬 분비는 신경계에 의해 조절된다.
- **부신피질**은 성호르몬, **알도스테론**으로 대표되는 **무기질코르티코이드** 및 **코르티솔**로 대표되는 **당질코르티코이드**를 분비한다. 알도스테론은 신장의 신세뇨관에서 나트륨의 재흡수율을 증가시키고, 칼륨의 배출을 촉진한다. 코르티솔은 포도당의 생성을 촉진한다.

## 연습문제

1. 다음 중 2차전령을 활성화시키는 것은?
(a) 호르몬-수용체 복합체 (b) 칼슘 이온 (c) 이노시톨삼이산
(d) cAMP (e) 디아실글리세롤

2. 다음 중 내분비샘에 대한 설명으로 옳지 않은 것은?
(a) 호르몬 분비
(b) 도관을 가짐
(c) 생산물은 일반적으로 혈액을 이용해 수송됨
(d) 음성되먹임에 의해 조절됨
(e) 실험용 동물에서 내분비샘이 제거되면, 결핍증상을 나타냄.

3. 하나의 세포는 세포간질액을 통해 생산물을 확산하여 인접한 세포에 작용한다. 이러한 작용양상을 무엇이라 하는가?
(a) 신경내분비 분비 (b) 자가분비 조절 (c) 인접분비 조절
(d) 전형적인 내분비 조절 (e) 펩티드 호르몬 기능

4. 맞게 짝지어지지 않은 것은?
(a) 신경호르몬 곤충의 뇌 호르몬 (b) 칼슘 칼모듈린
(c) 뇌하수체 후엽 방출 호르몬 (d) 뇌하수체 전엽 성장 호르몬
(e) 갑상샘 과소분비 크레틴병

5. 측분비 조절자 중에서 지방산에서 유래하고 여러 신체기관에서 발견되는 것은?
(a) 프로스타글란딘 (b) 갑상샘호르몬 (c) 성장인자
(d) 동화 스테로이드 (e) G 단백질

6. 스테로이드 호르몬은?
(a) 친수성
(b) 뇌하수체 후엽에서 분비
(c) 일반적으로 G 단백질과 cAMP를 통해 작용
(d) 일반적으로 핵내의 수용체에 결합하고 전사를 조절
(e) (a), (c)만 정답

7. 적절한 순서로 배열하라.
(1) 혈당농도 증가 (2) 알파세포 자극 (3) 항상성 유지 (4) 저혈당 상태 (5) 글루카곤 분비 증가
(a) 1, 2, 3, 5, 4 (b) 5, 4, 2, 1, 3 (c) 1, 2, 5, 4, 3
(d) 4, 2, 5, 1, 3 (e) 4, 5, 1, 2, 3

8. 알도스테론은?
(a) 뇌하수체 후엽에서 방출
(b) 안드로젠
(c) 갑상샘자극호르몬에 의해 분비촉진
(d) 에피네프린을 노르에피네프린으로 전환하는 효소
(e) 나트륨 재흡수 증가

9. 코르티솔의 작용은?
(a) 혈당 감소 (b) 스트레스에 대한 대응
(c) 신세뇨관에서 물의 투과성 증가 (d) 아미노산의 흡수 촉진
(e) 혈액내 칼슘농도 증가

10. 인슐린 저항성과 관련되어 있는 것은?
(a) 랑게르한스섬에서 인슐린 분비 감소
(b) 제1 형 당뇨병 (인슐린 의존형)
(c) 표적세포 수용체의 기능 결함
(d) 저혈당증
(e) 글루카곤의 과다분비

11. 맞게 짝지어지지 않은 것은?
(a) 갑상샘 칼시토닌
(b) 랑게르한스섬 글루카곤
(c) 뇌하수체 후엽 옥시토신
(d) 뇌하수체 전엽 코르티솔
(e) 부신수질 에피네프린

12. 에피네프린의 작용은?
(a) 포도당 사용 감소
(b) 심박출량 증가
(c) 뇌혈관 수축
(d) 염증 감소
(e) 지방 이용 증가

## 심화 학습문제

1. 일정한 혈당을 유지하는 것이 왜 중요한가? 이 장에서는 탄수화물 대사에 영향을 미치는 몇 가지 호르몬이 언급되었다. 왜 하나 이상의 호르몬을 갖는 것이 중요한가? 이들 호르몬들은 어떻게 상호작용하는가?

2. 내분비계에서 수용체는 어떻게 특이성을 전달하는가? 2차 전달자를 포함해서 호르몬의 작용이 복합적일 때의 장점은 무엇인가?

# 49

# 생식

나새류(*Chrpmpdoris*)의 교배 장면.

## 핵심 개념

대부분의 동물은 정자와 난자의 융합에 의해 유성생식을 하지만, 일부 동물은 무성생식 또는조건에 따라 유성생식과 무성생식을 한다.

척추동물의 생식소(정소 또는 난소)는 배우자와 생식호르몬을 만든다.

사람과 기타 포유동물에서, 생식은 시상하부, 뇌하수체 및 생식소에서 생산된 호르몬에 의해 조절된다.

여성 호르몬은 임신가능(배란)을 위해 매월 월경주기를 조절한다.

2차 난모세포가 수정되어, 발생이 시작되면 배아는 자궁벽에 착상한다. 발생중의 배아, 황체, 및 후기 태반에서 분비되는 호르몬은 임신을 유지시킨다.

생식능력과 그 종을 영속시키는 능력은 생명체의 기본적인 특징이다. 사진은 정자와 난자를 생산하는 수컷과 암컷의 기관을 함께 갖고 있는, 암수한몸인 나새류의 교배장면이다. 이들은 자가수정을 하지 않으며, 두 개체는 교배하여 정자를 교환하고 산란한다.

본 장에서는 동물 생식의 몇몇 주요 특징들과 유성생식의 진화적 이점에 대해 요약한다. 또한 사람의 생식과 그 호르몬 조절에 초점을 두고 알아보도록 한다. 마지막으로 임신과 성병들에 대하여 살펴보기로 한다. ■

## 49.1 무성생식과 유성생식

**학습목표**

1 무성생식과 유성생식의 장점을 비교하고, 각 생식양상의 특수한 예를 기술한다.

### 49.1.1 무성생식은 효과적인 전략이다

**무성생식**(asexual reproduction)에서 돌연변이를 제외하고 자손은 부모의 것과 동일한 유전적 특징을 갖는다. 해면동물, 자포동물, 일부 편형동물과 환형동물을 포함한 많은 무척추동물들은 무성생식을 할 수 있다. 일부 동물은 특정 조건하에서는 무성생식을 하기도 한다. 무성생식은 고착성 동물의 적응 기작이다. 이동성의 동물에는, 집단의 밀도가 낮고 교배가 용이하지 않을 때 유용하다.

무성생식에서 단일 부모는 쪼개지고, 눈(bud)을 만들거나, 또는 분절에 의해 2개 또는 그 이상의 자손을 만든다. 해면동물과 자포동물은 **출아**(budding)에 의해 생식을 하는 동물에 속한다. 부모 신체의 일부분이 그 본체로부터 분리되어 새로운 개체로 발생한다(**그림 49-1**). 때때로 눈(bud)은 군체에 부착된 상태에서 독립적인 개체가 되기도 한다.

**그림 49-1 출아법에 의한 무성생식.**

히드라 몸의 한 부분이 밖으로 자라나 분리되어 새로운 개체로 발생한다. 모체의 눈(bud)은 단지 생식만을 위한 특성이 있는 것은 아니다. 또한 난자가 보이는 것으로 보아(*왼쪽*) 유성생식법도 한다는 것을 증명한다.

오래 전에 굴양식 자들은 불가사리를 죽이기 위해 반으로 잘라 바다에 다시 던졌는데, 굴을 잡아먹는 불가사리의 수가 두 배가 된다는 것을 알게 되었다. 일부 편형동물, 유형동물, 환형동물들에서 나타나는 이러한 재생 능력은 생식방법 중의 하나이며, **분절증식**(fragmentation)이라 한다.

**단위생식**(parthenogenesis)은 미수정란이 성체로 발생하는 무성생식의 형태이며, 성체는 전형적으로 반수체이다. 단위생식은 특히 꿀벌과 말벌과 같은 곤충 및 기타 절지동물에서 일어난다. 또한 일부 무척추동물 및 선충류, 복족류, 어류, 양서류, 파충류 등을 포함하는 척추동물에서도 일어난다.

비록 소수의 종은 단지 단위생식에 의해 생식을 하지만, 대부분의 종은 유성생식이 어려운 시기에는 무성생식을 한다. 단위생식은 여러 세대에 걸쳐 일어날 수 있으며, 특정시기에는 유성생식을 하여 정자를 생산하는 수컷으로 발생하며, 암컷과 교미하여 난자를 수정시킨다. 일부 종에서, 단위생식은 조건이 좋을 때 개체 수를 빠르게 늘리는 방법으로 사용된다.

### 49.1.2 대부분의 동물은 유성생식을 한다

동물에서의 **유성생식**(sexual reproduction)은 전형적으로 두 다른 개체가 필요하며, 2개 형태의 **배우자**(gametes)인 정자와 난자의 생산과 융합을 내포한다. 수컷은 **정자**(sperm)를, 암컷은 알 또는 **성숙난자**(ovum)를 제공한다. 난자는 전형적으로 크고, 비운동성이며, 배아 발생을 위한 영양분을 저장한다. 정자는 항상 작고 운동성이며, 긴 편모 를 진동시켜 앞으로 나아갈 수 있다. 정자와 난자가 결합하면 수정란 또는 **접합자**(zygote)가 형성된다. 접합자는 양부모와 비슷하지만, 각 부모와 동일하지는 않은 새로운 개체로 발생된다. 척추동물에서 유성생식 과정은 시상하부, 뇌하수체, 및 생식소에서 분비되는 호르몬에 의해 조절된다.

많은 수중동물은 체외수정을 한다(**그림 49-2a**). 교미중인 암수는, 항상 물속에 정자와 난자를 동시에 방출한다. 배우자는 단지 단 기간만 살 수 있고, 많은 수는 유실되며, 일부는 포식자에게 먹히지만, 수많은 배우자가 방출되기 때문에 종 존속을 위한 충분

**(a) 체외수정.** 많은 수생동물들처럼 이들 산란중인 개구리들은 체외수정을 한다. 암컷은 많은 알의 덩어리들을 낳고, 동시에 수컷은 암컷 위에서 정자들을 흩뿌린다.

**(b) 체내수정.** 체내 수정은 일부 어류, 수서 파충류, 조류, 포유류 및 사자와 같이 대부분의 육상동물들의 수정 방법이다.

**그림 49-2 체외수정과 체내 수정.**

한 수의 정자와 난자는 만난다.

**체내수정**(internal fertilization)은 우연히 일어나는 경우가 매우 적다. 일반적으로, 수컷은 암컷의 체내에 직접 정세포를 전한다. 암컷의 축축한 조직은 정자의 이동에 필요한 수분배지를 제공해주고, 배우자는 체내에서 융합한다(**그림 49-2b**).

**자웅동체**(hermaphroditism)는 한 개체가 정자와 난자 모두를 생산하는 유성생식 형태이다. 촌충과 같은 자웅동체 동물은 자가수정이 가능하다. 지렁이는 보다 전형적인 자웅동체동물로서, 두 마리의 지렁이는 교미하여 각각 서로 수정을 시키는 상호 교차수정이 일어나게 된다. 일부 자웅동체 종은, 자가 수정을 피하기 위해 다른 시기에 정소와 난소를 발생시킨다.

### 49.1.3 유성생식은 유전적 다양성을 증가시킨다

무성생식은 실제 빠르고 가장 효과적인 생식 방법이다. 반면, 유성생식은 배우자를 생산하야 되며 교배자를 찾아야 되기 때문에 에너지 소비면에서 보다 많은 비용이 든다. 또한 새로운 개체를 만들기 위해 2개의 세포가 필요하기 때문에 효과적이지 못하다. 그러면 왜 대부분의 동물은 유성생식을 할까?

유성생식은 동종 구성원 사이에서의 유전적 다양성을 증가시키는 장점을 갖는다. 각 자손은 한 개체 유전자의 복제라기보다는, 양친이 기증한 특정 유전자 조합의 산물이며, 부모보다 생존에 적합한 자손을 만든다. 또한 자손은 이배체이므로, 돌연변이에 의해 1개의 복제가 손상 받을 경우를 대비하여, 지원 복제를 갖고 있다.

유성생식에서 일부 유익한 돌연변이는 집단을 통해 퍼져나갈 수 있다. 한편, 유해한 돌연변이는 항상 일어나며 서로 다른 돌연변이를 가지고 있는 동물들이 교배를 하면, 자손들은 다양한 수와 조합의 돌연변이를 물려받게 되어 선택적으로 집단 내에서 도태된다.

**복습**

- 출아, 분절증식, 단위생식을 어떻게 구별할 수 있는가?
- 유성생식과 비교하여 무성생식의 장점과 단점은 무엇인가?

## 49.2 남성의 생식

**학습목표**

1 남성 생식계 각 기관의 구조와 기능을 설명한다.

2 정자형성과정을 포함하여, 세정관에서 만들어진 정세포가 남성의 생식계를 통해 체외로 방출되는 과정을 이해한다.

3 남성의 생식을 조절하는 내분비계에 대해 설명할 수 있다.

남성은 정세포를 생산하는 능력을 가지고 있으며, 정자를 여성의 생식관 내로 전달한다. 난자와 결합한 정자는 유전자를 제공하며 자손의 성 을 결정한다.

### 49.2.1 정소는 배우자와 호르몬을 생산한다

사람 및 기타 척추동물들에서 **정자형성과정**(spermatogenesis)은

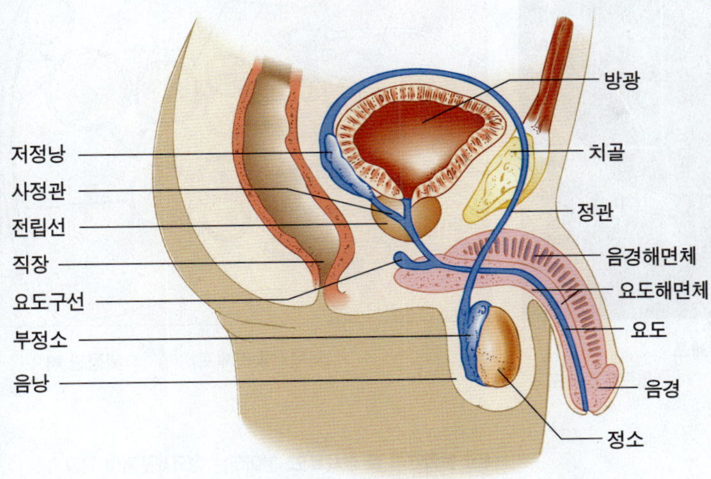


**(a)** 남성의 음낭, 성기, 및 골반 부분의 내부단면 구조.

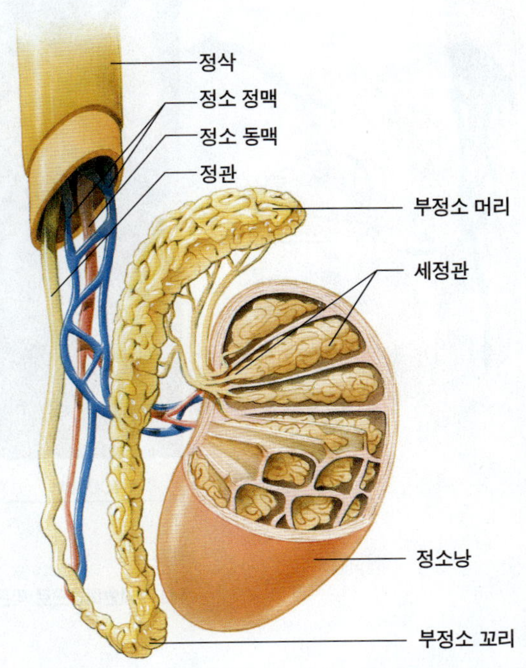


**(b)** 정소, 부정소 및 정관의 구조와 정소내 세정관의 배열상태를 나타낸 단면도.

**그림 49-3** 남성의 생식계.

남성의 생식소 또는 **정소**(testes)에서 일어난다(▌그림 49-3a). 정자형성은 각 정소내의 아주 복잡하게 얽힌 강소인 **세정관**(seminiferous tubule)내에서 일어난다(▌그림 49-3b). 정자형성은 세정관벽 내에서, **정원세포**(spermatogonia)로부터 시작된다(▌그림 49-4).

이배체 세포인 정원세포는 유사분열에 의해 분열되어 더 많은 정원세포를 만든다. 이들 중 일부는 커져 **제1 정모세포**(primary spermatocytes)가 되고, **감수분열**(meiosis)을 거쳐 반수체인 배우자가 된다. 많은 동물들에 있어서 배우자 생산은 단지 봄이나 가을에만 일어나지만, 사람은 특별한 번식기가 없다. 성인 남성에 있어, 정자형성은 지속적으로 진행되며 매일 수백만 개의 정자가 생산된다.

각 제1 정모세포는, 첫 번째 감수분열을 거쳐 **제2 정모세포**(secondary spermatocyte)를 만든다(▌그림 49-5). 두 번째 감수분열에서는, 각 2개의 2차 정모세포는 2개의 **정세포**(spermatid)가 된다. 4개의 정세포는 원래 제1 정모세포로 부터 생성된 것이다. 각 반수체인 정세포는 성숙한 정자로 분화되며, 그 과정은 다음과 같다.

**정원세포(이배체) ⟶ 제1 정모세포(이배체) ⟶ 2개의 제2 정모세포(반수체) ⟶ 4개의 정세포(반수체) ⟶ 4개의 성숙 정자(반수체)**

각 성숙한 정자는 머리와 중편 및 편모로 구성된다(▌그림 49-6). 머리는 거의 전체가 핵으로 구성되어 있다. 핵의 일부분은 정자가 난자를 침투할 수 있게 도와주는 효소를 함유한 **첨체**(acrosome) 낭으로 의해 덮여있다.

정자의 중편에 위치한 미토콘드리아는, 편모의 움직임을 위한 에너지를 제공한다. 진핵세포 정자의 편모는 전형적으로 9+2의 미세소관 배열을 가진다. 정자는 발생하는 과정동안 세포질의 대부분은 제거되는데, **세르톨리세포**(sertoli cell)의 식세포작용에 의해 제거된다. 세르톨리세포는 발생중의 정세포에 영양분을 제공하며, 호르몬과 기타 신호분자들을 분비한다.

각 세르톨리세포는 세정관의 외부막에서 내강까지 걸쳐 있고, 세정관의 외부막내에서 밀착결합에 의해 서로 연결되어 있다. 또한 세르톨리세포는 정자형성을 방해하는 유해한 물질들이 관내로 들어오는 것을 막고 또한 정자가 관을 통과하여, 면역반응을 자극시킬 수도 있는 혈액 내로 유입되는 것을 차단하는 혈액–정소 장

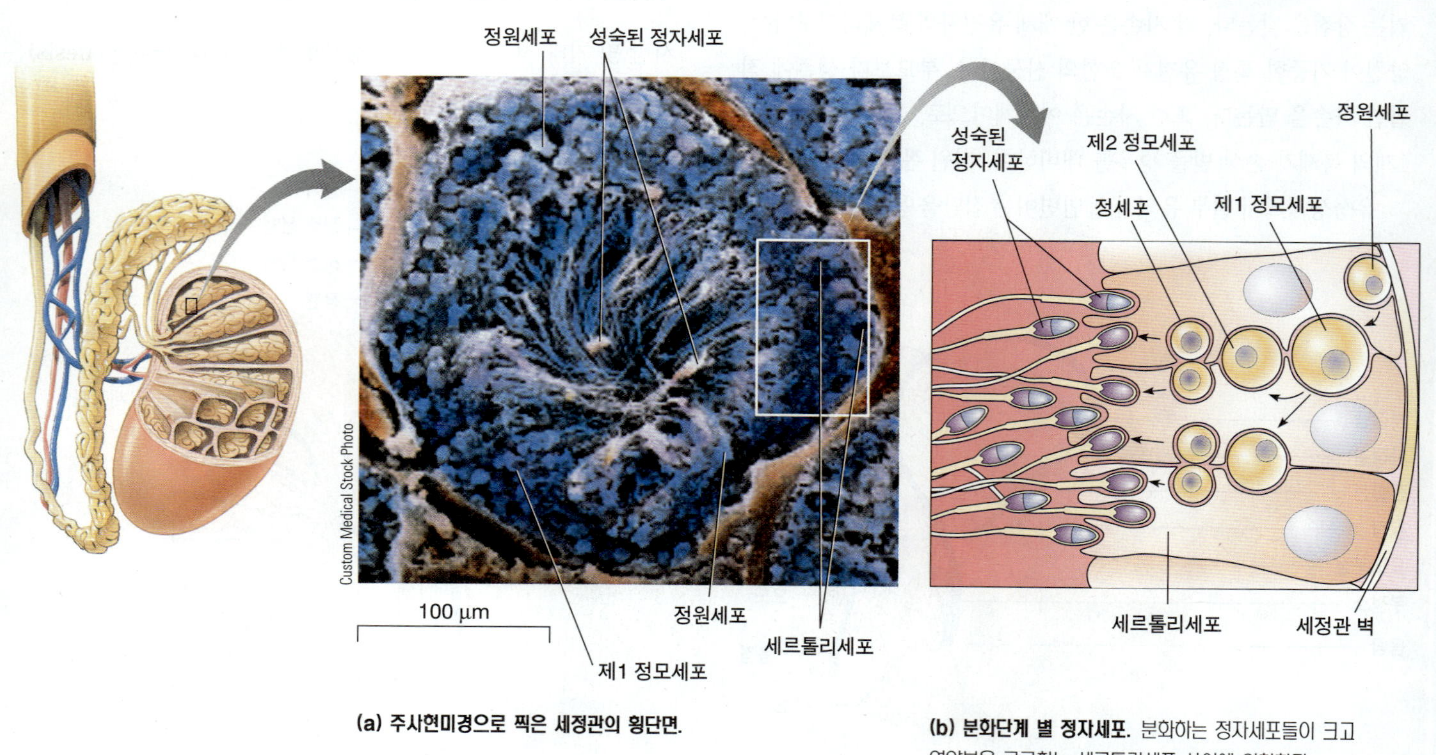


**(a) 주사현미경으로 찍은 세정관의 횡단면.**

**(b) 분화단계 별 정자세포.** 분화하는 정자세포들이 크고 영양분을 공급하는 세르톨리세포 사이에 위치한다.

**그림 49-4** 세정관내에서의 정자형성.

벽을 형성한다. 세르톨리세포 간의 밀착결합은 또한 발생중인 여러 단계의 정세포들을 분리하는 구획을 형성한다.

사람의 정자는 체온에서는 발생되지 않는다. 비록 정소는 남성 배아의 복강 내에서 발생하지만, 약 출산 2개월 전에 **음낭(scrotum)**으로 내려온다. 음낭은 체온보다 낮은 온도에서 정자가 유지될 수 있도록 식혀주는 장치로써의 기능을 한다. 만약 정소가 음낭으로 내려오지 못할 경우 수술 또는 호르몬 처리에 의해 교정되지 못하면, 세정관은 결국 퇴화되고 자손을 생산할 수 없는 **불임(sterile)**이 된다.

제1 정모세포

정소 내의 정원세포는 여러번의 체세포 분열을 한다. 일부는 커져 제1 정모 세포가 된다.

제1 감수분열

제1 정모세포

제2 정모세포

제2 감수분열

정세포

성숙한 정자세포

**그림 49-5** 정자형성 과정.

제1 정모세포(2*n*)에 존재하는 4개의 염색체는 감수분열을 거쳐 제2 정모세포, 정세포 및 성숙한 정자세포에서는 염색체가 2개인 반수체(*n*)의 상태로 됨을 주목하라.

## 49.2.2 일련의 관들은 정자를 저장하고 수송한다

정자는 각 정소의 세정관을 떠나, 비교적 큰 코일성의 관인 **부정소(epididymis)**로 이동하여, 성숙을 마치고 저장된다. 사정이 되는 동안, 정자는 각 부정소를 지나 **정관(sperm duct, vas deferens)**으로 간다. 정관은 음낭으로부터 골반강까지 뻗어있다.

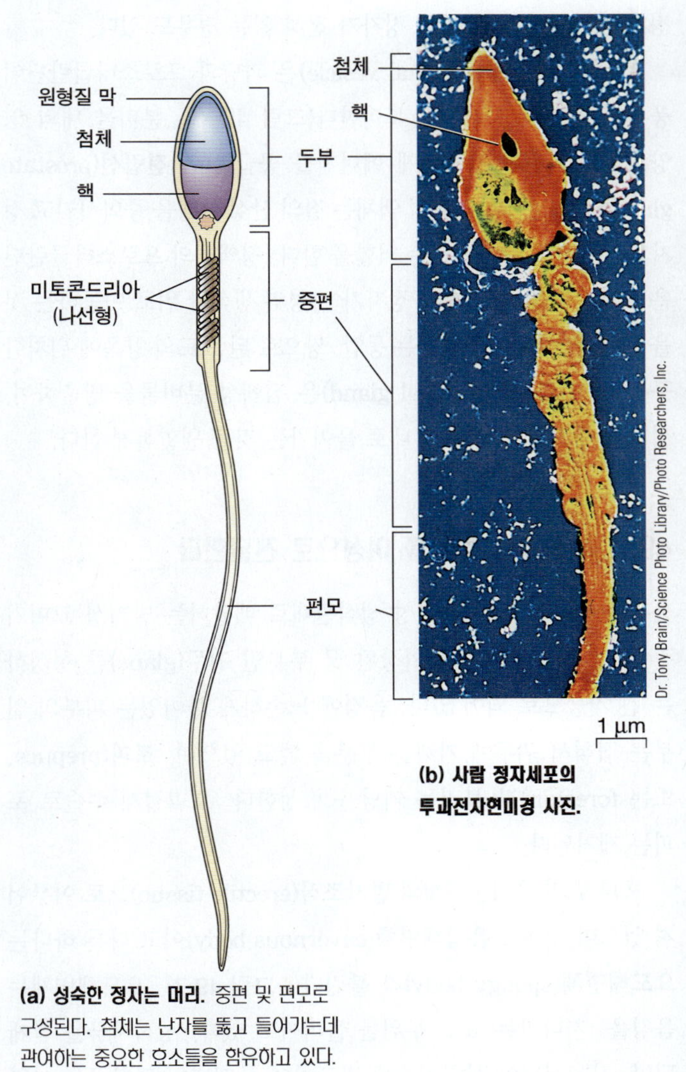


**(a) 성숙한 정자는 머리,** 중편 및 편모로 구성된다. 첨체는 난자를 뚫고 들어가는데 관여하는 중요한 효소들을 함유하고 있다.

**(b) 사람 정자세포의 투과전자현미경 사진.**

**그림 49-6** 성숙한 정자의 구조.

각 정관은 짧은 **사정관**(ejaculatory duct)으로 이어진다. 사정관은 전립선을 지나가며 **요도**(urethra)로 열려있다. 요도를 통해 소변과 정액은 각각 다른 시기에 성기를 통해 체외로 방출된다. 정자는 다음 구조를 따라 순서대로 이동한다.

**세정관 ⟶ 부정소 ⟶ 정관 ⟶ 사정관 ⟶ 요도 ⟶ 체외방출**

### 49.2.3 부속선은 정액의 액체 성분을 만든다

정자는 정관을 통해 수송될 때, 3가지 부속선에서 분비된 분비물과 섞인다. 최고조의 성적 흥분 시 약 3 ml (2억개 정자)의 **정액**(semen)이 사정된다. 만일 정액 ml 당 정자의 수가 3,500만개 이하면 생식능이 손상되고, 정자 수가 ml 당 2천만 개 이하로 감소하면 항상 불임으로 간주되다. 때로 정액 내에는 많은 수의 비정상적 정자가 발견되며, 이따금 정자가 전혀 없는 경우도 있다.

쌍으로 된 **정낭**(seminal vesicle)은 과당과 프로스타글란딘이 풍부한 액체를 정관내로 분비한다(그림 49-3). 분비물 내의 영양소들은 사정된 정자에게 에너지를 공급한다. **전립선**(prostate gland)에서 분비된 염기성 액체는 질의 산성 환경을 중화시키고 정자의 운동성을 증가시키는 역할을 한다. 정액내의 프로스타글란딘은 자궁수축을 촉진시켜, 정자가 여성의 생식관 위로 이동하는 것을 돕는다. 성적자극이 있는 동안, 쌍으로 된 요도의 양쪽에 위치한 **구부요도선**(bulbourethral gland)은 점액성 분비물을 방출하여, 성기를 매끄럽게 하며 질 내로 들어가는 것을 원활하게 한다.

### 49.2.4 성기는 정자를 여성으로 전달한다

**음경**(penis)은 정자를 여성 생식관내로 배달하는 발기성 교미기관이다. 음경은 커지면 확장된 끝 부분인 **귀두**(glans)를 형성하는 긴 기둥으로 되어 있다. 음경에 느슨하게 붙어있는 피부의 일부는 접혀서 귀두에 가까운 부분을 덮고 있으며, **포피**(prepuce, 또는 foreskin)라 불리는 기낭을 형성한다. 포피절제 수술로 포피는 제거된다.

포피 밑의 음경은 3개의 **발기조직**(erectile tissue)으로 이루어져 있으며, 2개는 **음경해면체**(cavernous body)이고 다른 하나는 **요도해면체**(spongy body)라 불린다(**그림 49-7**). 요도해면체는 음경을 지나가는 요도 부위를 둘러싸고 있다. 성적자극을 받게 되면, 자율신경이 산화질소를 방출하여 동맥벽의 평활근을 이완시킨다. 산화질소는 cGMP 신호전달기작의 부분을 매개한다. 동맥벽의 평활근이 이완되면 동맥은 팽창되며, 혈액은 발기조직의

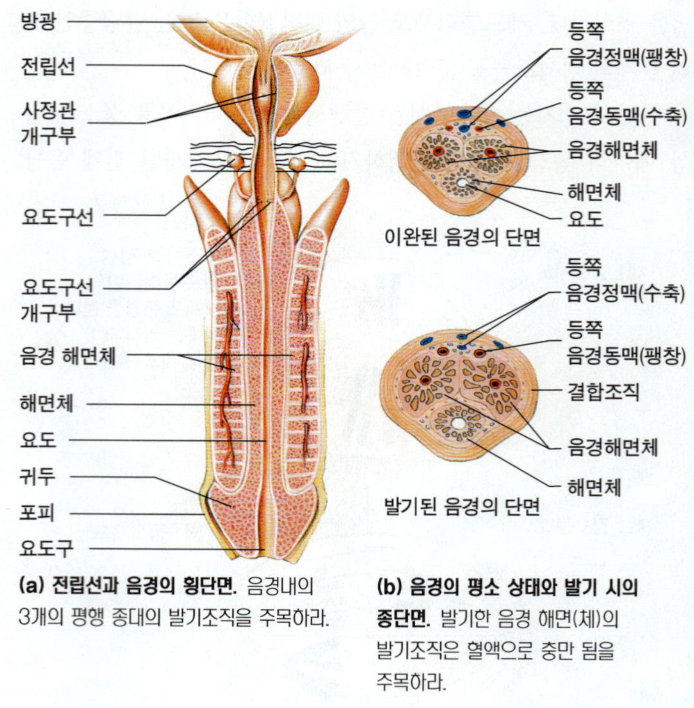


**(a) 전립선과 음경의 횡단면.** 음경내의 3개의 평행 종대의 발기조직을 주목하라.

**(b) 음경의 평소 상태와 발기 시의 종단면.** 발기한 음경 해면(체)의 발기조직은 혈액으로 충만 됨을 주목하라.

**그림 49-7** 음경의 내부 구조.

수많은 혈관 내로 지나가게 되고 발기조직은 팽창한다. 동맥의 팽창으로 인하여, 음경의 정맥은 압축되며, 혈액의 유출이 늦추어진다. 따라서 보다 많은 혈액이 음경으로 유입됨으로써, 발기조직은 혈액으로 충만하게 된다. 사람의 음경은 뼈가 없지만, 박쥐, 설치류, 일부 영장류와 같은 포유동물에서는 뼈가 있다.

### 49.2.5 테스토스테론은 복합적인 효과를 나타낸다

**테스토스테론**(testosterone)은 남성호르몬인 **안드로겐**(androgen)의 대표적 호르몬이다. 이 호르몬은 정소의 세정관 사이에 있는 **간질세포**(interstitial cell)에서 생산되는 스테로이드성 분자이다. 테스토스테론은 직접적으로 근육과 뼈에 영향을 주며, 약 13세 남성의 성장에 중요한 역할을 한다(**표 49-1**). 또한, 생식기관의 성장을 촉진하며 남성의 **1차성징**(primary sex characteristics) 발현에 관여한다. 또한 사춘기에 수염과 체모 및 근육발달, 굵은 목소리를 야기하는 성대의 길이 신장과 두꺼워짐 등의 **2차성징**(secondary sex characteristics) 발현에도 기능을 한다. 테스토스테론은 정상적인 성적 욕구에 필요하다.

뇌 세포에서 테스토스테론은 주된 여성호르몬인 에스트라디올(estradiol)로 전환된다. 이 전환의 의미는 아직 잘 모른다.

## 표 49-1

### 주요 남성 호르몬

| 내분비선과 호르몬 | 특이적표적조직 | 특이작용 |
|---|---|---|
| **시상하부** | | |
| 생식소자극호르몬-방출호르몬 (GnRH) | 뇌하수체 전엽 | FSH와 내의 방출 촉진 |
| **뇌하수체전엽** | | |
| 여포자극호르몬(FSH) | 정소 | 세정관의 발달을 자극; 정자형성 촉진 |
| 황체호르몬(LH) | 정소 | 간질세포 자극에 의한 테스토스테론의 분비촉진 |
| **정소** | | |
| 테스토스테론 | 모든조직 | 출생전: 1차생식의 발생과 음낭으로 정소의 이동 촉진 |
| | | 사춘기: 급성장 촉진; 생식기관들의 발달과 이차성징의 발현 촉진 |
| | | 성인: 이차성징유지; 정자형성 촉진 |
| 인히빈 | 뇌하수체 전엽 | FSH 분비 저해 |

### 요점

시상하부, 뇌하수체 전엽 그리고 정소에서 분비되는 호르몬들이 음성되먹임 조절계 상호작용에 의해 남성의 생식 기능을 조절한다.

1. 시상하부가 생식선자극 호르몬-방출 호르몬 (GnRH)을 분비하여, 뇌하수체 전엽을 자극한다.
2. 뇌하수체 전엽이 여포자극호르몬(FSH)과 황체형성호르몬(LH)을 분비한다.
3. FSH는 세르톨리세포에 작용하여 안드로겐 결합 단백질(ABP) 및 정자 형성에 필요한 신호 분자들의 분비를 자극한다. LH는 간질세포를 자극하여 테스토스테론을 분비시킨다.
4. 테스토스테론은 세르톨리세포를 자극하여 정자형성을 촉진한다.
5. 테스토스테론은 2차 성징을 유지시키도록 한다.

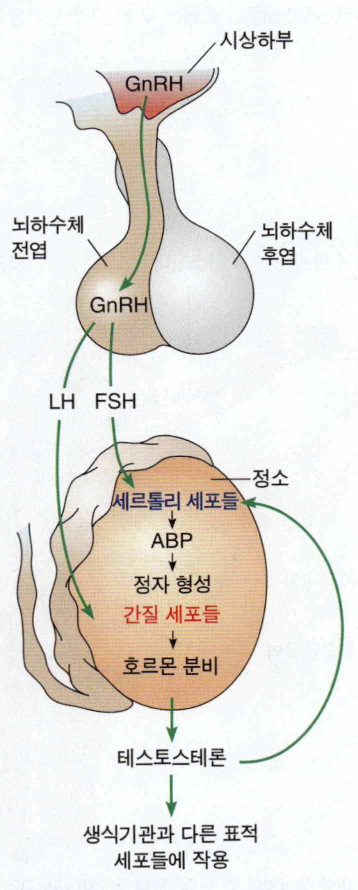


**(a) 호르몬 작용의 개요.**

시상하부
GnRH
뇌하수체 전엽
뇌하수체 후엽
GnRH
FSH 만
LH
FSH
인히빈
세르톨리
ABP
정자 형성
간질 세포들
호르몬 분비
테스토스테론
생식기관과 다른 표적 세포들에 작용

**(b) 음성되먹임 조절계가 호르몬의 농도를 조절한다.**

6. 테스토스테론은 시상하부에서의 GnRH 분비를 감소시키고, 뇌하수체에서의 FSH와 LH분비를 억제한다.
7. 인히빈 은 FSH분비를 억제한다.

**그림 49-8 남성 생식의 조절.**

녹색은 촉진을 붉은색은 억제를 나타낸다.

## 49.2.6 시상하부, 뇌하수체 및 정소는 남성의 생식을 조절한다

남성호르몬의 작용과 조절에 대해 알아보기로 하자(그림 49-8). 남자 아이가 약 10살 정도 되면 시상하부는 **생식소자극 호르몬 방출촉진 호르몬(gonodotropin-releasing hormone; GnRH)**의 분비를 시작 한다 ❶. 성인에서, GnRH는 2시간마다 분비되며, 뇌하수체 전엽을 자극하여 **여포자극 호르몬(FSH)**과 **황체형성 호르몬(LH)**을 분비 시킨다 ❷. FSH와 LH는 2차 전달자로인 cAMP를 이용한다. FSH는 세르톨리세포를 자극하여 정자형성과정에 필요한 **안드로겐 결합 단백질(androgen-binding protein; ABP)**과 기타 신호분자들을 분비 시킨다 ❸. LH는 간질세포를 자극하여 테스토스테론을 분비하도록 한다.

FSH, LH, 및 테스토스테론은 모두 직접 또는 간접적으로 테스토스테론 분비와 정자형성을 촉진한다. 정소 내에서, 고농도의 테스토스테론은 정자형성과정에 필요하다. FSH는 세르톨리세포를 자극하여 ABP를 생산하고, ABP는 테스토스테론과 결합하여 이를 세정관에 집중시킨다 ❹. 테스토스테론은 또한 남성의 2차 성징을 유지 시킨다 ❺.

생식 호르몬의 농도는 음성되먹임 기작에 의해 조절된다. 테스토스테론은 주로 LH 분비를 억제한다(그림 49-8b). 테스토스테론은 시상하부에 작용하여, LH의 합성과 분비에 관한 GnRH의 작용을 차단시킴으로써, 뇌하수체에서 FSH와 LH의 분비를 감소시킨다 ❻. FSH의 분비는 세르톨리세포에 의해 분비되는 **인히빈(inhibin)**에 의해 억제 된다 ❼. FSH 그 자체는 인히빈의 분비를 촉진시킨다.

테스토스테론이 부족하면 불임이 된다. 만약 남성이 **거세(castration)**되면, 즉 사춘기 이전에 정소가 제거되면, 테스토스테론이 분비되지 않고 내시가 되며 2차 성징이 발달되지 않는다. 만약 거세를 사춘기 이후에 하게 되면, 부신에 의한 남성 호르몬의 분비가 증가하여 남성다움은 유지된다.

**복습**

- 음경발기의 생리적인 기초는 무엇인가?
- 정소의 기능은 무엇인가?
- 남성 생식계를 통해 세정관에서 몸 밖으로 정자가 사정되는 경로를 추적하라.
- 테스토스테론의 작용은 무엇인가? 남성생식의 내분비조절에 대해 설명하라.

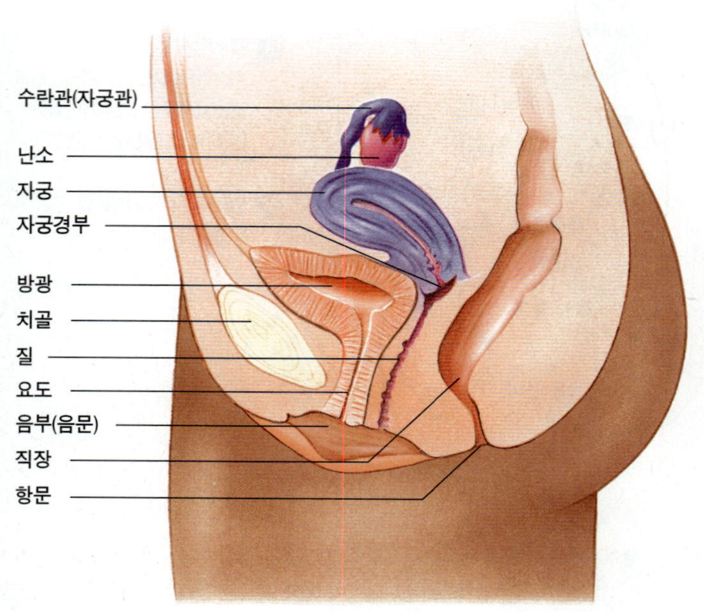

**(a) 여성 골반을 중간으로 자른 단면.** 질과 자궁의 위치에 주목하라.

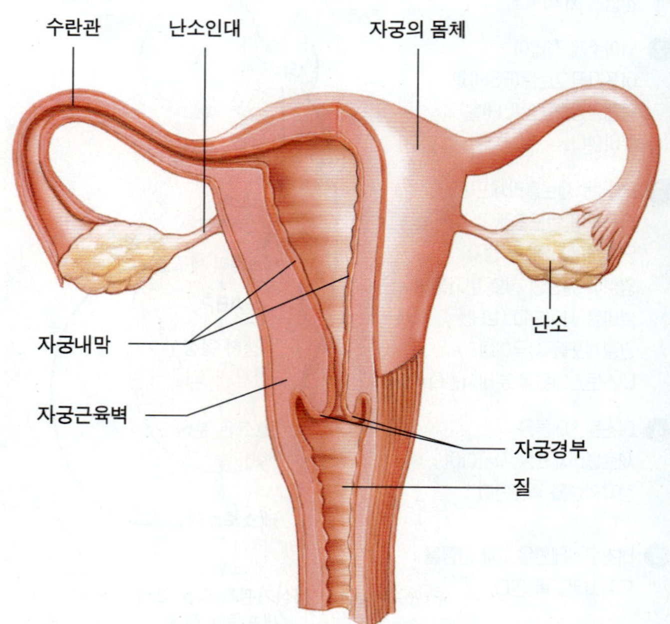

**(b) 여성 생식계의 앞 모습. 일부 기관의 내부구조가 보인다.** 결합조직인 인대는 생식기관을 제자리에 있도록 고정시켜준다.

**그림 49-9** 여성 생식계.

## 49.3 여성의 생식

### 학습목표

5 여성의 생식계에 속하는 각 기관의 구조와 기능을 한다.

6 난자의 발생과 수정 전까지 여성의 생식계를 거치며 일어나는 과정을 추적한다.

7 여성의 생식을 조절하는 내분비계를 설명하고, 또한 배란과 월경과 같은 여성의 월경주기에서 일어나는 중요한 현상을 확인한다.

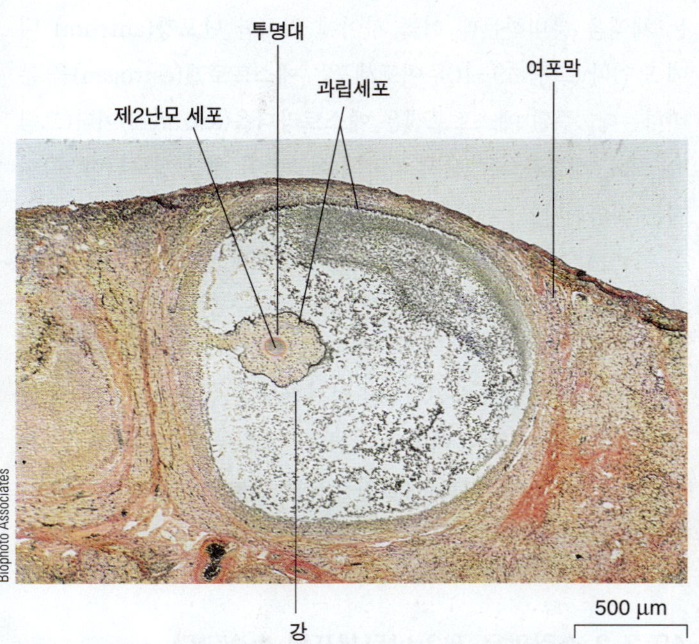


**(a) 발생 중인 여포의 광학현미경 사진.** 제 2 난모세포는 투명대와 과립세포에 둘러싸여 있다. 과립세포를 둘러싸고 있는 결합조직세포는 난포막 세포층을 형성한다.

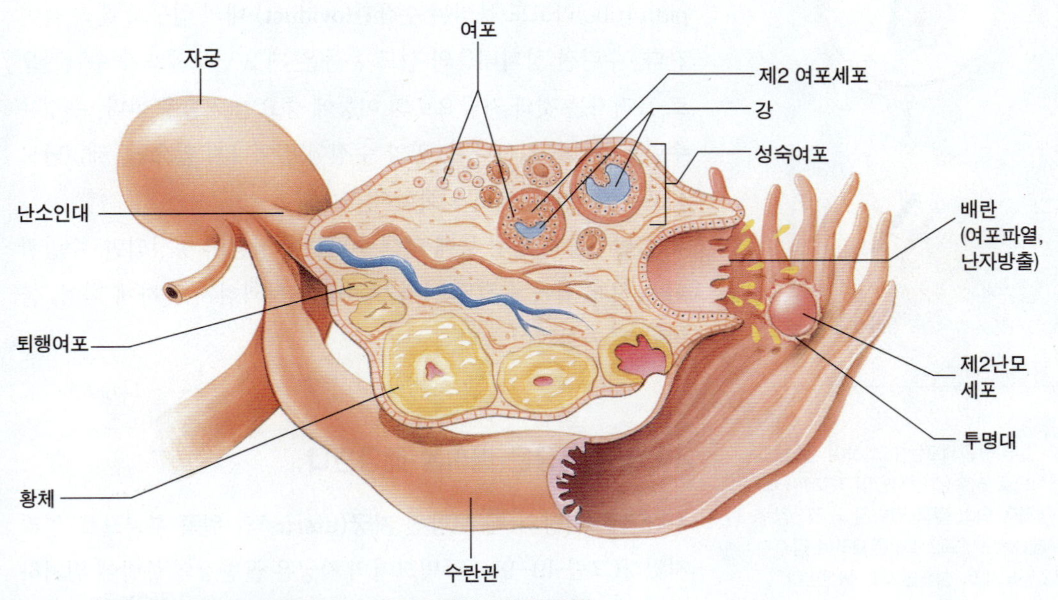


**(b) 난소 내의 여포.** 다양한 발생단계에 있는 여포는 난소에 분산되어 있다.

**그림 49-10 난소에서 여포의 발생.**

여성의 생식계는 미성숙 배우자인 난자를 생산하며, 성교과정에 의해 방출된 정자를 받아들임으로써 임신동안 배아에 영양분을 제공하고 키우며, 출산 및 젖을 생산한다. 이 과정은 시상하부, 뇌하수체, 및 난소에서 분비되는 호르몬의 상호작용에 의해 조절된다.

### 49.3.1 난소는 배우자와 성호르몬을 생산 한다

여성의 생식소인 난소(ovary)는 배우자와 성호르몬을 생산한다. 난소는, 골반강의 측벽 가까이에 위치하며 여러 개의 인대에 의해 위치가 고정된다(**그림 49-9**). 내부적으로 난소는 여러 성숙단계의 산재된 난자를 갖고 있는 결합조직으로 구성 된다.

**난자생성과정**(oogenesis)은 자궁 내에서 시작되며, 출생 전에 이미 수십 만 개의 **난원세포(oogonia)**가 난소 내에 존재한다. 여성의 모든 난원세포는 배 발생동안 형성되며, 출생 후에 새로운 난원세포는 형성되지 않는다. 출생 전의 발생단계 동안 난원세포는 크기가 증가하여 **제1 난모세포**(primary oocyte)가 된다. 출생 후 그들은 제1 감수분열의 전기에 들어가며, 이 단계에서 아동기에서 성인이 될 때까지 휴지기 상태로 존재한다.

제1 난모세포와 그 주위를 둘러싸고 있는 **과립세포**(granulosa cell)는 **여포**(follicle)를 형성한다(**그림 49-10**). 과립세포는 난모세포 주위에서 보호성의 방어벽을 형성하는 밀착결합에 의해 연결된다. 사춘기가 시작되면, 몇 개의 여포는 매달 FSH에 반응하여 성숙하기 시작한다. 여포가 성장하면, 과립세포는 증식하여 여러 층을 형성한다. 과립세포를 둘러싸고 있는 결합조직세포는 분화하여 **난포막세포**(theca cell) 층을 형성한다.

여포가 성숙하면 제1 난모세포는 1차 감수분열을 완성하며, 생성된 2개의 반수체 세포는 크기가 다르다(**그림 49-11**). **제1 극체**(polar body)인 작은 세포는, 나중에 분열하여 2개의 극체를 형성하지만 결국 분해된다. 큰 세포는 **제2 난모세포**(secondary oocyte)로써, 2차 감수분열이 진행되지만 수정이

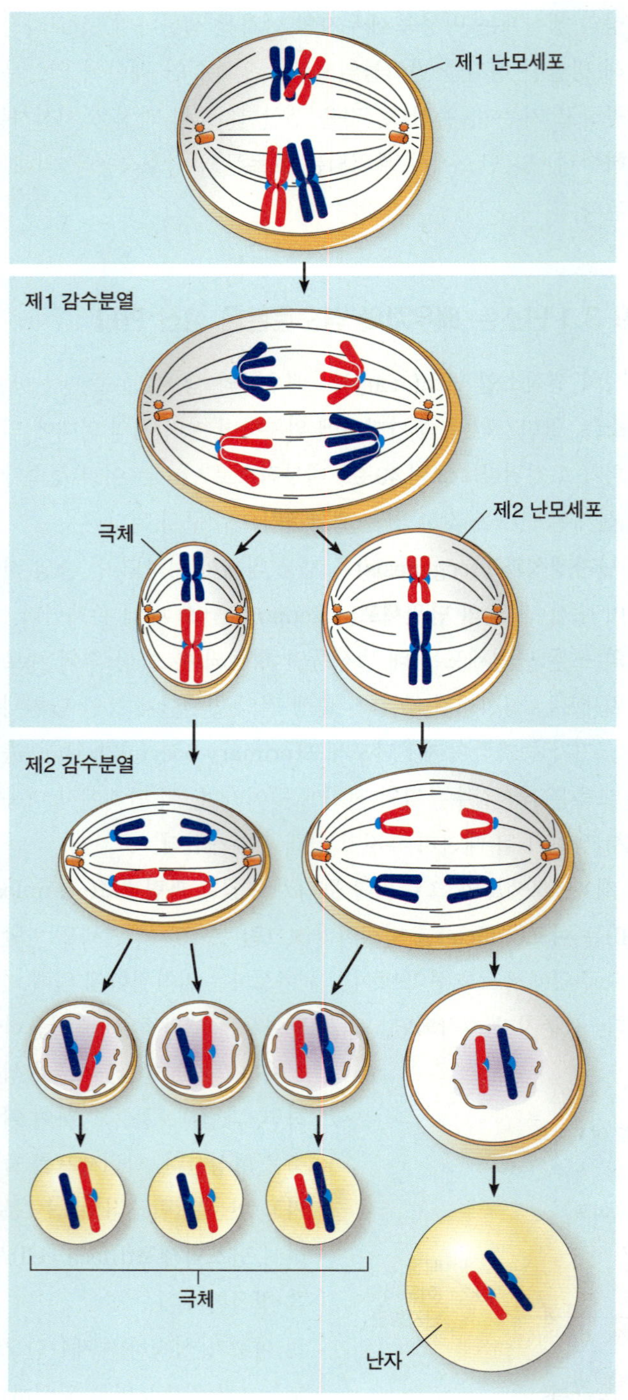


**그림 49-11** 난자형성 과정.

출생 전의 난원세포는 여러 번 유사분열을 한다. 일부 난원세포는 분화하여 제1 난모세포가 되면 감수분열을 한다. 단지 1개의 기능적으로 성숙한 난자만이 각 제1 난모세포로부터 생성되며, 나머지 3개의 세포들은 극체로 되며 결국 퇴화된다. 2차 감수분열은 수정이 되면 완성된다. 4개의 염색체는 제1 난모세포($2n$)에 존재하며 감수분열은 2개의 염색체를 가진 반수체인 극체($n$), 제2 난모세포, 성숙난자를 생산한다.

될 때까지 중기 2단계에서 머무른다. 제2 감수분열이 지속되면 1개의 성숙난자와 제2 극체가 형성된다. 세포질이 거의 없는 불필요한 염색체를 갖고 있는 극체는 결국 제거된다. 그 순서는 다음과 같다.

> **난원세포(이배체) ⟶ 제1 난모세포(이배체) ⟶ 제2 난모세포(반수체) + 제1 극체(반수체) ⟶ 성숙난(반수체) + 제2 극체(반수체)**

난모세포는 발달하면서, **투명대**(zona pellucida)라 불리는 당단백질 층에 의해 여포와 분리된다. 여포가 발달하면서, 여포세포는 체액을 분비하는데 이들 사이에 위치한 **난포강**(antrum) 내에 모인다 (그림 49-10). 여포세포는 **에스트로겐**(estrogen)을 분비하는데, 주된 에스트로겐은 **에스트라디올**(estradiol)이다(그림 48-2b). 전형적으로 단지 하나의 여포만이 매달 성숙되며, 나머지는 퇴화된다.

여포는 성숙함에 따라 난소 표면에 가깝게 이동하며, 결국 난소 표면 위로 불룩하게 튀어나온다. 여포세포는 단백질 가수분해 효소를 분비하여 난소벽의 작은 부위를 분해한다. **배란**(ovulation) 되는 동안, 제2 난모세포는 난소벽을 뚫고 골반강으로 나오게 된다. 난소에 남아 있는 여포의 부분은, 에스트로겐과 **프로게스테론**(progestrone)을 분비하는 일시적인 내분비선인 **황체**(corpus luteum)로 발달한다.

### 49.3.2 수란관은 제2 난모세포를 수송한다

배란 후 거의 즉시, 제2 난모세포는 나팔관(**uterine tube**, fallopian tube)라고도 불리는 **수란관**(**oviduct**) 내의 입구로 흘러 들어간다. 수란관 상피내층의 섬모 운동은 제 2 난모세포가 수란관으로 흘러가는 것과 자궁으로의 이동에 중요한 역할을 한다. 수정은 수란관내에서 일어나며, 만약 수정이 일어나지 않으면, 제2 난모세포는 수란관내에서 퇴화한다.

골반염증과 성병 등에 의해 수란관에 상흔이 형성되면, 수란관이 막히게 되어 수정된 난자가 자궁을 통과하지 못하게 되며, 불임이 될 가능성이 높다.

### 49.3.3 자궁은 배아를 배양한다

수란관은 서양의 배 모양인 **자궁**(uterus)의 위쪽 부분으로 열려져있다(그림 49-9b). 주먹크기의 자궁은 골반강의 중앙에 위치하며, 평활근과 상피내층으로 이루어진 **내막**(endometrium)은 매달 가임을 준비하기 위해 두꺼워진다. **자궁내막염**(endometriosis)은 자궁층의 조직 단편들이 수란관이나 난소 등과 같은 다른 지역으로 이동함으로써 발생하는 고통스런 질환이다. 자궁내막염은 상흔을 야기하며, 불임을 유발할 수 있다.

제2 난모세포가 수정되면, 배아는 내막에 착상하며 모체혈관에 의해 운반된 영양분과 산소를 공급받아 성장하며 발생한다. 수정이 일어나지 않으면, 내막은 탈락하고 방출되는데 이 과정을 **월경**(menstruation)이라 한다.

자궁의 아랫부분인 **자궁경부**(cervix)는 질 내로 약간 확장되어 있으며, 여성에서 흔히 암이 발병되는 부위이다.

### 49.3.4 질은 정자를 수용한다

**질**(vagina)은 자궁에서부터 체외로 이어지는 탄력성 있는 근육성의 관이다. 질은 성교동안 정자를 받아들이는 저장소 역할과 출생 통로의 역할을 한다(그림 49-9).

### 49.3.5 외음문은 외부생식기이다

여성의 외부생식기인 **외음문**(vulva)은 여러 가지 구조를 포함하고 있다. 입술과 같이 접혀있는 **소음순**(labia minora)은 질과 요도 입구를 둘러싸고 있다(**그림 49-12**). 소음순에 의해 가려진 부분이 질의 **전정**(vestibule)이며, 전정선은 윤활성 점액을 분비한다. **처녀막**(hymen)은 질 입구주위의 경계를 형성하는 얇은 고리 모양의 조직이다.

위쪽 부분의 소음순은 합쳐져 발기성 조직인 **음핵**(clitoris)의 포피를 형성한다. 신경말단이 많은 음핵은 접촉, 압력, 온도에 민감하다. 소음순의 외부는 **대음순**(labia majora)으로써 소음순 보다 더 두껍다. **치구**(mons pubis)는 음핵 위의 지방조직 무더기로, 사춘기에 치구와 대음순은 거친 음모로 덮여있다.

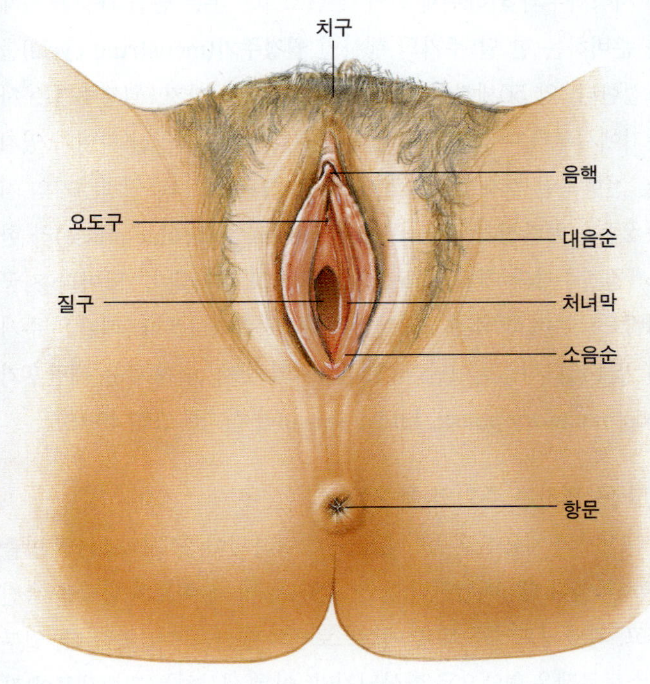


**그림 49-12** 여성 외부 생식기의 구조.

종합적으로, 보여진 구조(항문 제외)들을 음부라 한다.

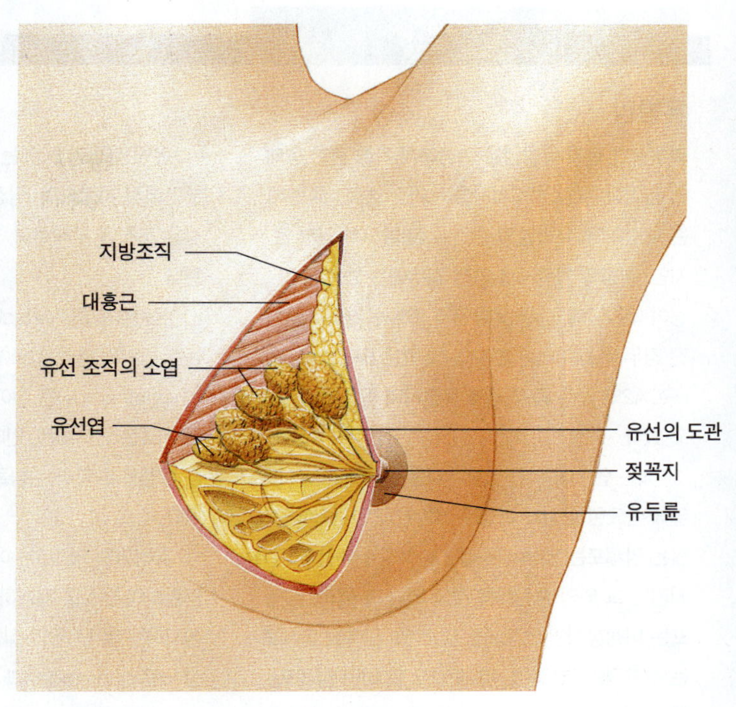


**그림 49-13** 성숙여성 유방의 구조.

유방은 선 조직의 엽을 포함한다. 엽은 선세포의 다발인 유선엽으로 구성된다.

### 49.3.6 유방은 젖의 분비 기능을 한다

각 유방은 15-20개의 엽으로 구성된 분비조직이다. 엽 주위에 있는 지방조직의 양은 유방의 크기를 결정하고 부드럽게 만든다. 선세포는 **유선엽**(alveolus)라고 불리는 포도송이와 같은 다발을 이루고 있다(**그림 49-13**). 각 다발로부터 나오는 관은 각 엽에서 파생된 1개의 관에 연결되어 있어, 젖꼭지 표면에 15-20개의 작은 개구부를 만든다.

**수유**(lactation)는 영아의 영양분 제공을 위한 젖의 생산이다. 임신동안, 에스트로겐과 프로게스테론은 유방이 커지도록 자극한다. 출산 후 몇일 동안 유선은 저지방의 젖당과 단백질을 함

초점

## 유방암

피부암과 달리 유방암은 여성에서 가장 흔한 형태의 암이다. 유방암의 치사율이 가장 높고, 두 번째는 폐암이다. 유방암의 원인은 잘 밝혀져 있지 않지만, 질병의 가족사를 가진 경우에는 높은 위험성이 나타난다. 대략 유방암의 10%는 가족사를 가진 경우이고, 이러한 환자의 약 반은 *BRCA1* 또는 *BRCA2*와 같은 종양 억제 유전자의 돌연변이를 갖고 있다.

최근 연구에 의하면 방추사를 형성하고 유사분열에 중요한 중심체 변형은 유방암과 연관되어있다. 많은 암세포는 염색체복제와 분리에 실패율을 증가시키는 그 외의 중심체를 갖고 있다.그 결과, 암세포는 비정상적인 염색체를 갖고 있다. 특정 암세포는 추가적인 염색체를 갖고 있고 또 어떤 암세포는 염색체가 부족하다(비정상적인 중심체는 전립선암의 약 20% 정도). 염색체를 보호하는 캡인 텔로미어의 문제점은 이수체를 유도할 수 있다.

유방암의 약 50%는 가슴의 바깥쪽의 위쪽 사분면에서 시작하며, 악성 종양은 자라 가슴내벽의 깊은 조직에 부착하며, 결국 암은 림프계로 전이된다.

유방절제술(mastectomy)과 방사선치료는 유방암의 흔한 치료 방법이다. 화학요법(chemotherapy)은 전이를 막는데 유용하다. 최근 암 치료는 인터페론, 인터루킨, 단일클론항체와 같은 물질을 포함하는 생물학적 반응 조절자를 사용한다.

유방암의 약 1/3은 에스트로겐에 의존적이다. 암환자의 난소를 제거하면 증상이 경감되고, 몇 달 심지어는 몇 년 동안 질병을 진정시킬 수 있다. 합성 약품인 tamoxifen과 raloxifene은 에스트로겐의 수용체를 차단하기 때문에 유방암 환자의 치료에 효과적이다.

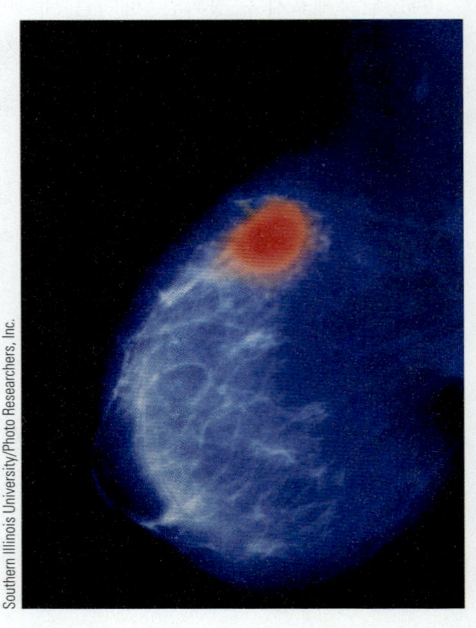
Southern Illinois University/Photo Researchers, Inc.

**유방 X선 촬영을 통한 유방암 부위**
암은 밀집한 덩어리(*푸른색*)이다. 건강한 섬유성 조직(*빨간색*)은 선상구조를 유지한다.

유한 액체인 **초유**(colostrum)를 생산하다. 출산 후, **프로락틴**(prolactin)은 젖 생산을 자극한다. 아기가 젖을 빨면, 뇌하수체 후엽은 유선엽에서 관으로 젖의 주입을 자극하는 **옥시토신**(oxytocin)을 방출한다.

모유로 젖을 먹이면, 옥시토신은 자궁이 임신되지 않은 상태의 크기로 수축시키는 것을 자극함으로써 자궁회복을 촉진시킨다. 모유는 항체를 포함하고 있어 설사, 귀와 호흡기 감염, 병원성 감염 등에 낮은 발병률을 나타낸다.

### 49.3.7 여성 생식계는 시상하부, 뇌하수체, 난소의 상호작용에 의해 조절된다

여성의 생식조절은 많은 호르몬과 기타 신호분자를 포함하기 때문에 매우 복잡하며, 남성과는 달리 여성의 성 호르몬은 한 달 주기로 변한다. **표 49-2**는 중요 여성 생식 호르몬의 작용을 나타낸다.

사춘기에 에스트로겐은 성 기관과 신체의 성장 및 유방의 발달과 골반의 확장, 여성의 몸매를 만들기 위한 근육과 지방의 특유한 발달과 분배를 포함하는 2차성징의 발달에 관여한다.

시상하부와 뇌하수체 전엽 및 난소 호르몬은 임신 가능한 신체를 준비하는 한 달 주기의 행사인 **월경주기**(menstrual cycle)를 조절한다. 약 50세경인 폐경기(menopause)까지, 월경주기는 사춘기에서부터 매달 그 과정을 반복한다. 비록 다양한 차이가 있지만, 전형적인 월경주기는 28일이다(**그림 49-14**). 월경주기의 처음 2주는 **배란전기**(preovulatory phase, follicular phase)라 한다. 월경주기의 첫날은 월경의 시작으로 나타내며, 달마다 자궁내막으로부터 혈액과 조직이 질을 통해 흘러나온다. 배란은 주기의 약 14일 째에 일어난다. 월경주기의 셋째, 넷째 주는 **배란후기**(postovulatory phase, luteal phase)라 한다(**그림 49-15**).

#### (1) 배란전기는 주기의 첫 2주이다

배란전기의 처음 5일 동안 GnRH가 방출되어, FSH와 LH의 방출을 자극한다 ❶. 배란전기 동안, FSH는 몇 개 여포의 발달을 촉진하고, 과립세포의 증식 및 에스트로겐의 생산을 촉진한다 ❷. 일부 에스트로겐은 혈액으로 확산되지만, 이를 생산하는 과립세포에 자가분비 작용을 하며, 인접한 과립세포에는 타가분비 효과를 나타낸다. 에스트로겐은 과립세포의 증식을 촉진한다. 과립세포에 의

**표 49-2**

**주요 여성 생식호르몬**

| 내분비선과 호르몬 | 주요 대상 조직 | 주요작용 |
|---|---|---|
| **시상하부** | | |
| 생식선자극호르몬-방출호르몬(GnRH) | 뇌하수체 전엽 | 여포자극호르몬과 황체호르몬의 방출 자극 |
| **뇌하수체 전엽** | | |
| 여포자극호르몬 | 난소 | 여포의 발달과 에스트로겐 분비 자극 |
| 황체호르몬 | 난소 | 배란과 황체 발달 자극 |
| 프로락틴 | 유방 | 젖 생산 자극(유방이 에스트로겐과 프로게스테론에 의해 준비된 후) |
| **뇌하수체 후엽** | | |
| 옥시토신 | 자궁 | 수축자극, 프로게스테론 방출 자극 |
| | 유선 | 유선 도관으로의 젖의 주입을 자극 |
| **난소** | | |
| 에스트로겐(여포 세포와 황체의 샘세포에 의해 분비) | 모든조직 | 사춘기때의 성기관의 성장 자극 제 2차 성징의 발달 |
| | 생식기관 | 성숙 유도, 임신을 위한 내막 준비를 자극; 자궁 경부의 점액의 희석과 알칼리화 |
| 프로게스테론(황체에 의해 주로 분비) | 자궁 | 임신을 위한 내막의 준비를 완성 |
| 인히빈 | 뇌하수체 전엽 | 여포자극호르몬 분비 억제 |

해 분비된 다량의 에스트로겐은 난포막세포에서 분비된 LH의 작용에 의해 촉진된다. LH는 난포막세포의 증식 및 안드로겐 생산을 자극한다. 안드로겐은 과립세포내로 확산되어 에스트로겐으로 전환된다 ❸. 에스트로겐은 자궁내막의 성장을 자극하여, 내막은 두껍게 되기 시작하고 새로운 혈관과 선이 발달된다 ❹.

월경주기의 첫 주 후, 단지 하나의 여포만이 지속적으로 발달하게 된다. 과립세포는 LH와 FSH에 민감하게 된다. 발달된 여포는 충분한 양의 에스트로겐을 분비하여, 혈중 에스트로겐의 농도 증가를 야기한다. 비록 에스트로겐의 농도는 아직 낮지만, 뇌하수체에서 FSH의 분비를 억제하며 또한 시상하부에서 GnRH의 분비를 감소시킨다 ❺. 추가적으로 과립세포는 주로 FSH의 분비를 억제하는 호르몬인 인히빈을 분비한다❻. 이러한 음성되먹임 기작의 결과 FSH의 농도는 낮아진다.

배란 전기의 마지막 시기에 에스트로겐의 농도는 최고로 높으며, 뇌하수체 전엽에서 LH를 분비하도록 신호를 보낸다 ❼. 이것이 양성되먹임 기작이다. 월경주기의 중간 시점에서 분비된 LH의 갑작스런 폭증은 여포의 최종성숙과 배란을 촉진한다 ❽.

**요점**

난소와 자궁에서 일어나는 일련의 월경 조절은 생식선자극 호르몬과 난소호르몬들에 의해 조절된다.

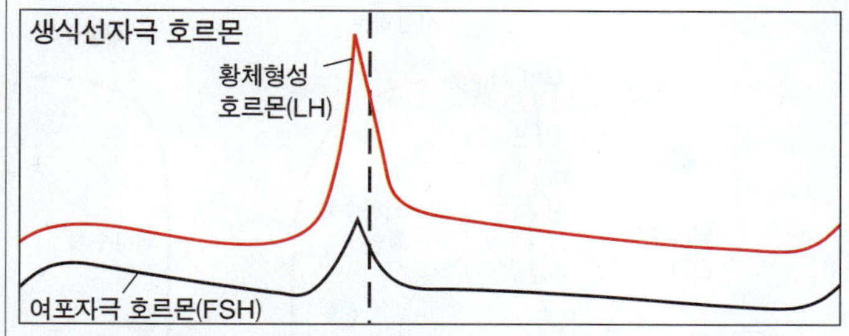


**(a) 뇌하수체 생식선자극 호르몬(GnRH)들의 농도.** FSH와 LH 농도의 최고점이 배란 직전임(점선)을 주목하라

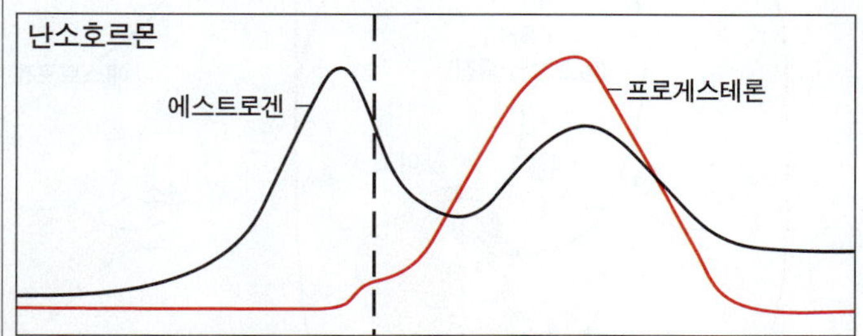


**(b) 난소호르몬들의 농도.** F에스트로겐의 농도는 배란전기 후반부에 최고치에 이른다. 주로 황체에서 분비되는 프로게스테론은 배란후기에 최고치에 도달한다.

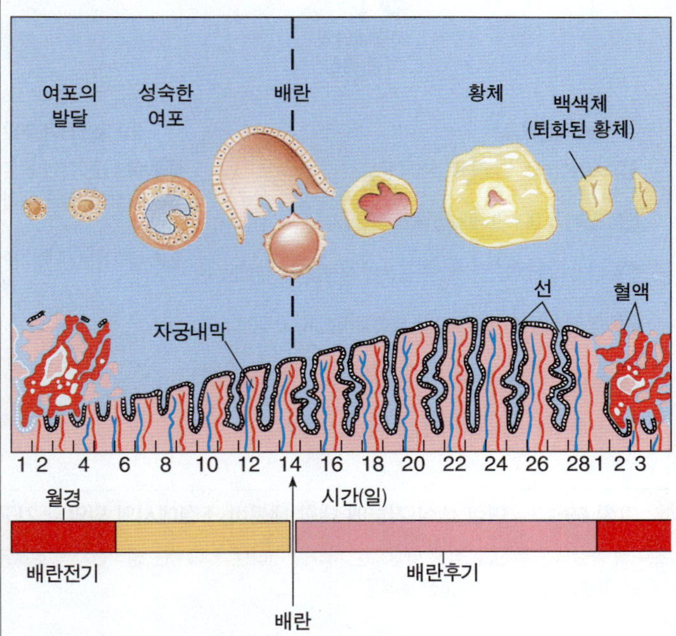


**(c) 배란과 월경주기.** 호르몬의 농도는 난소와 자궁에서 일어나는 변화와 상관관계를 갖는다. 수정이 되면 황체는 지속적으로 에스트로겐과 프로게스테론을 분비하며, 이 경우 월경은 일어나지 않는다.

**그림 49-14 월경주기의 내분비 조절.**

수정이 일어나지 않으면, 월경은 약 28일의 주기를 반복한다. 월경주기는 호르몬의 농도 변화와 밀접하게 관련됨을 주목하라.

**요점**

시상하부, 뇌하수체 전엽과 난소가 되먹임계를 통해 월경주기를 조절하는 호르몬을 분비한다.

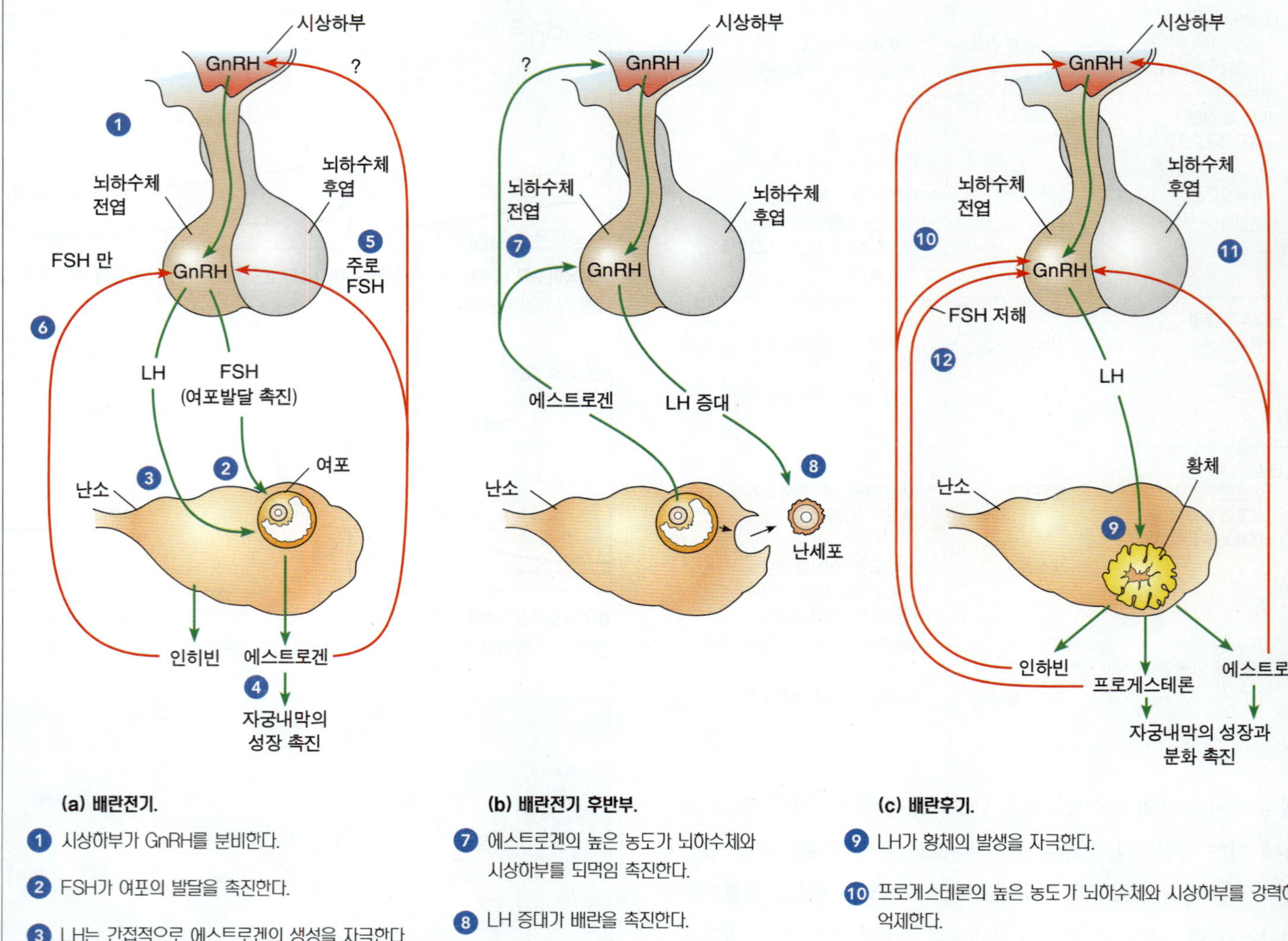


**(a) 배란전기.**

1 시상하부가 GnRH를 분비한다.

2 FSH가 여포의 발달을 촉진한다.

3 LH는 간접적으로 에스트로겐의 생성을 자극한다.

4 에스트로겐이 자궁내막을 두껍게 되도록 자극한다.

5 에스트로겐은 뇌하수체와 시상하부를 되먹임 억제한다.

6 인히빈이 뇌하수체로부터의 분비를 억제한다.

**(b) 배란전기 후반부.**

7 에스트로겐의 높은 농도가 뇌하수체와 시상하부를 되먹임 촉진한다.

8 LH 증대가 배란을 촉진한다.

**(c) 배란후기.**

9 LH가 황체의 발생을 자극한다.

10 프로게스테론의 높은 농도가 뇌하수체와 시상하부를 강력히 억제한다.

11 에스트로겐이 뇌하수체와 시상하부를 되먹임 억제한다.

12 인히빈이 뇌하수체에서의 FSH 분비를 억제한다.

**그림 49-15 여성 생식 기능에 대한 내분비 조절에서의 되먹임 기구.**

초록색 화살표는 촉진을, 적색 화살표는 저해를 나타낸다. GnRH, 생식선자극 호르몬 방출 호르몬; FSH, 여포자극 호르몬; LH, 황체형성 호르몬.

여포의 과립세포는 에스트로겐의 생산 및 농도를 일시적으로 감소시킨다.

### (2) 황체는 배란후기 동안 발달된다

제2 난모세포가 난소로부터 배란되면, 배란후기가 시작된다. LH는 황체의 발달을 자극한다. 황체는 다량의 프로게스테론과 에스트로겐 및 인히빈을 분비한다 9. 이들 호르몬은 자궁이 임신을 위해 준비를 지속적으로 할 수 있도록 자극한다. 프로게스테론은 자궁내막에 있는 매우 작은 선에서 영양분이 풍부한 액체를 분비하도록 자극한다.

배란후기 동안, 혈중 고농도의 프로게스테론은 에스트로겐과 함께 GnRH, FSH, 및 LH의 분비를 억제한다 ⑩, ⑪. 프로게스테론은 주로 시상하부에 작용할 것으로 생각된다. 인히빈은 뇌하수체에 작용하여 FSH의 분비를 더욱 억제한다 ⑫. 결국 배란후기에는, FSH와 LH의 농도가 낮아져, 새로운 여포가 발달되지 못한다.

만약 제2 난모세포가 수정되지 못하면, 황체는 약 8일 후 퇴화하기 시작한다. 황체의 퇴화는 LH의 감소에 의하며 또한, 황체는 LH에 민감하지 못하게 될 것으로 추정된다.

황체에서 프로게스테론과 에스트로겐의 분비가 멈추게 되면, 결과적으로 자궁내막의 소동맥은 수축되고 산소공급이 감소된다. 새로운 주기의 시작을 알리는 월경은 세포들이 죽고, 손상된 동맥의 파열과 출혈에 의해 시작된다. 저 농도의 에스트로겐과 프로게스테론은 뇌하수체 전엽을 저해하기 위해서는 불충분하기 때문에, FSH와 LH의 분비가 다시 증가된다.

**복습**

- 난자형성과정과 정자형성과정의 차이점은? 남성은 왜 수많은 정자를 생산하며, 여성은 적은 수의 난자를 생산하는지 설명하시오.
- 황체의 기능은 무엇인가? 난자가 수정되지 않을 경우, 황체의 운명은?
- 여성에 있어서 FSH와 LH, 에스트로겐 및 프로게스테론의 특이적인 작용은 무엇인가?

## 49.4 성적 반응

**학습목표**

8 성적반응 시 일어나는 생리적 변화를 설명한다.

**성교**(coitus, copulation) 동안, 남성은 질의 위쪽 끝 부분으로 정액을 집어넣는다. 성적 자극은 2가지 기본적인 생리적 반응인 (1) 생식기 및 기타 신체 부위에서 혈액의 증가와 (2) 근육의 긴장이 증가한다. 혈류가 증가되는 동안, 음경과 음핵내의 발기조직 뿐만 아니라, 신체의 다른 조직은 혈액으로 충만 된다. 성적반응은 **성적흥분기**(sexual excitement), **고조기**(plateau), **극치기**(orgasm), **해소기**(resolution phase)의 4가지 단계를 포함한다.

생리적으로, 성적흥분기는 근육의 긴장과 혈류의 증가이다. 남성에서 음경 발기는 성적흥분의 첫 번째 반응이다. 여성에서 혈류의 증가는 질, 음핵, 및 유방에서 일어나며, 질의 상피세포는 끈적끈적한 질 액을 분비한다. 질 액은 효과적인 성적 자극의 첫 번째 반응이다. 흥분단계에서, 질은 음경을 받아들이기 위해 길어지고 확장된다.

만약 성적인 자극이 지속되면, 성적 흥분은 고조기에서 상승된다. 혈류증가와 근육 긴장은 현저하게 증가하며, 남성과 여성 모두 혈압이 증가되고 심장박동율과 호흡은 가빠진다. 성교는 항상 고조기 단계에서 시작된다. 여성의 경우, 음핵의 자극은 극치기를 유도하는 성적흥분을 높이는데 중요하다. 비록 극치기는 단지 몇 초간만 지속되지만, 그것은 성적 긴장과 방출인 최고 절정의 단계이다. 남녀 모두, 극치기는 골반판과 생식기 근육의 주기적인 수축에 의해 나타난다. 남성의 경우, 극치기는 음경으로부터 정액의 사정에 의해 나타난다. 정액의 사정은 여성에게는 극치기를 동반하지 않는다. 해소기는 극치기 후에 나타나며, 신체가 자극전의 상태로 되돌아가는 편안한 상태이다.

**복습**

- 성적반응 주기 동안에 일어나는 생리적인 변화는 무엇인가?

## 49.5 수정과 초기발생

**학습목표**

9 사람의 수정과 초기 발생과정을 설명하고, 임신을 조절하는 호르몬의 작용을 요약한다.

**수정**(fertilization)은 정자와 난자의 융합과정이다. 수정과 이어서 임신을 확립하는 것을 **임신**(conception)이라 한다. 여성의 생식관내로 사정된 정자는, 약 48–72 시간 동안 수정 능력을 유지한다. 배란된 난자는 약 12–24 시간 내에서만 수정능이 유지된다. 매우 규칙적인 28일의 월경주기인 경우, 수정은 배란중기 경의 성관계에 의해 가장 되기 쉽다. 하지만, 많은 여성들은 규칙적인 월경주기를 갖고 있지 않으며, 심지어 규칙적인 여성도 여러 요인들에 의해 불규칙적인 월경주기가 야기된다.

질과 자궁경부내의 조건이 적당하면, 사정된 정자는 5분 내에 수란관 위쪽의 수정부위에 도착하기 시작한다. 에스트로겐의 농도가 높아지는 배란의 시기에, 경부 점액의 경도가 얇아져 정자는 질을 통해 자궁으로 통과한다. 배란 후, 프로게스테론의 농도가 증가하면, 자궁경부의 점액은 진하고, 끈적하여 정자뿐만 아니라 발생중인 배아에 유해한 박테리아의 진입을 막는다. 일단 정자가 자궁으로 들어가면, 부분적으로 정액내 프로스타글란딘의 유도에 의해 자궁벽은 수축하며 정자의 수송을 돕는다. 정자 고유의 운동성은 난자로의 접근과 수정에 중요하다.

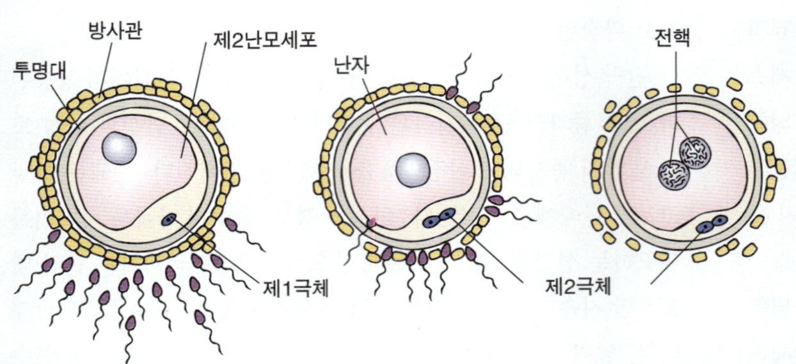


**(a)** 정자는 제2 난모세포를 둘러싸고 있는 여포세포(방사관) 층을 분산시키는 효소를 방출한다.

**(b)** 정자가 들어간 후, 제2 난모세포는 두 번째 감수분열을 완성하여, 하나의 성숙 난자와 극체를 생산하다.

**(c)** 정자와 난자의 전핵이 결합하여, 배수체의 염색체를 가진 접합자를 형성한다.

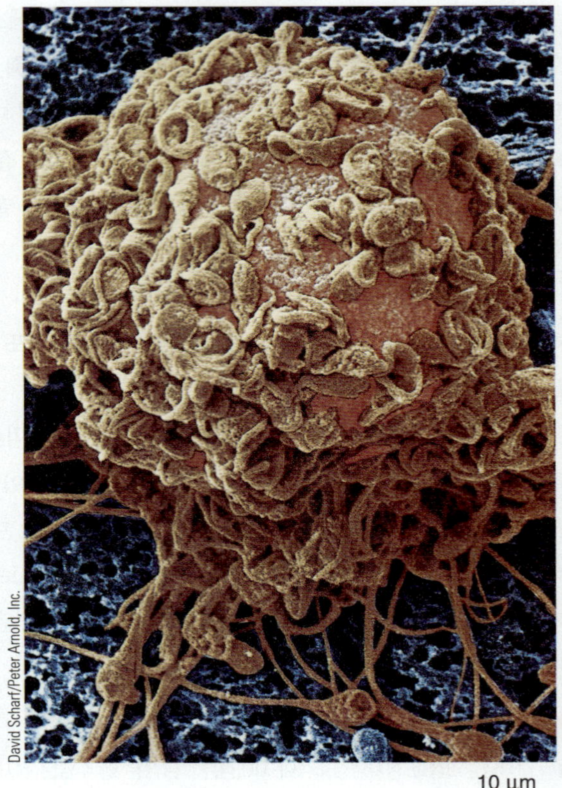


10 μm

**(d)** 성숙난자를 둘러싸고 있는 사람의 정자세포를 주사전자현미경으로 찍은 사진.

**그림 49-16  수정.**

정자가 난자와 만나면, 첨체내에 개구부가 발달되어 2차 난모세포를 둘러싸고 있는 투명대를 분해하여 통로를 만드는 효소가 방출된다. 1개의 정자가 2차 난모세포에 들어간 직후, 다른 정자의 진입을 막는 변화가 일어난다. 수정중인 정자의 편모는 난자내로 들어가면 항상 소실된다(**그림 49-16**). 정자의 침입은 난자의 제2 감수분열을 완성시키도록 자극한다. 반수체인 정자의 두부는 팽창하여 **웅성전핵**(male pronucleus)을 형성하며, **자성전핵**(female pronucleus)과 융합하여 배수체의 핵을 가진 접합자를 형성한다.

수정 시, 단지 1개의 정자만이 필요한데, 왜 수 백만 개의 정자가 사정될까? 수많은 정자는 질내의 산성 pH 또는 백혈구와 대식세포에 의한 식세포작용에 의해 죽는다. 단지 수백 개만이 정확히 수란관을 가로질러 제2 난모세포 근처에 도달한다. 만약 제2 난모세포가 수정되면, 발생은 배아가 수란관내층의 섬모작용에 의해 자궁으로 천천히 이동함으로써 시작된다. 자궁으로 들어갈 때, 배아는 약 32개의 세포들로 구성된 공 모양이며, 약 3일 동안 자유롭게 부유한 후, 수정된 지 약 7일 후에는 두꺼운 자궁내막에 착상하게 된다(**그림 49-17**).

배아 주위에서 발달하는 막은, 황체의 지속적인 기능을 할 수 있도록 신호를 주

**그림 49-17  수정 후 자궁의 변화.**

임신이 되면 월경주기는 중단된다. 황체는 퇴화되지 않고 월경도 일어나지 않는다. 대신 자궁의 벽은 더욱 두꺼워져, 배아가 착상하여 발생한다.

는 호르몬인 **사람 융모막성 생식소자극 호르몬**(human chorionic gonadotropin; hCG)을 분비한다. 소변 또는 혈액내 hCG의 존재는 초기 임신검사에 사용된다. 에스트로겐과 프로게스테론의 농도는 임신기에 높게 유지된다. 첫 2 개월 동안, 황체는 임신을 유지에 필요한 거의 모든 에스트로겐과 프로게스테론을 분비한다. 이 시기동안, 자궁조직과 배아를 둘러싸고 있는 막은 함께, 모체와 발생중인 배아 사이의 교환기관인 **태반**(placenta)을 형성한다. 약 3개월 후, 황체에서 분비되는 호르몬의 양은 저하되며, 태반은 다량의 에스트로겐과 프로게스트로겐을 분비한다.

에스트로겐과 프로게스테론은 임신 유지에 필수적이다. 에스트로겐은 근육을 포함하여 자궁벽의 발달을 자극하고 분만 시에 태아를 밀어내는데 필요하다. 프로게스테론은 자궁수축을 저해시켜, 태아가 조속하게 밀려나오지 못하게 한다. 이들 호르몬은 또한 FSH와 LH를 저해하기 때문에, 새로운 여포가 발달하지 못하게 되고 월경 주기는 임신동안 중단된다.

**복습**

- hCG의 기능은 무엇인가?
- 임신을 유지시키는 프로게스테론과 에스트로겐의 작용은 무엇인가?

## 49.6 출산 과정

**학습목표**

**10** 분만과정을 요약한다.

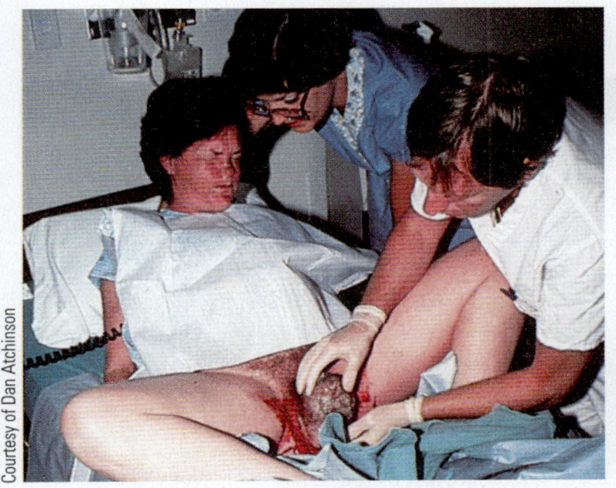


**(a)** 모체는 복부 근육에 힘을 주어 태아를 밖으로 밀어내도록 한다. 머리 전체가 보일 때, 의사나 산파는 천천히 잡으면서 아이를 바깥 세상으로 인도한다.

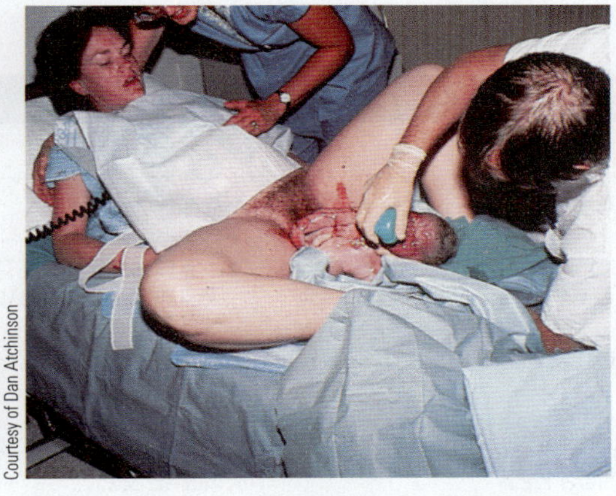


**(b)** 일단 머리가 나오기 시작하면 보통 몸의 나머지 부분은 쉽게 따라 나온다. 의사는 천천히 태아 입과 인두의 양막액, 점액, 그리고 혈액을 제거한다. 이때 태아는 보통 생애의 첫 숨을 쉰다.

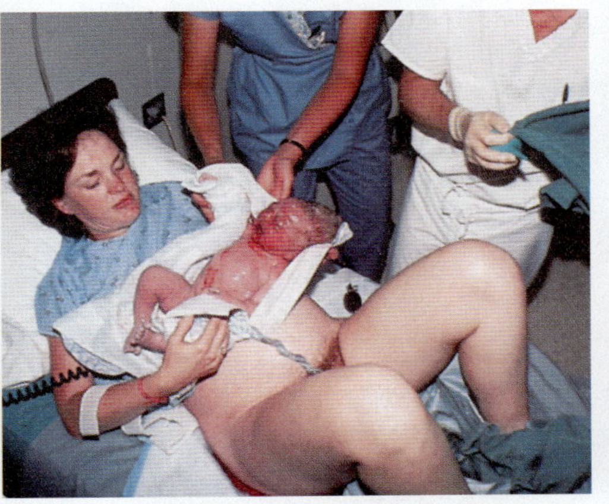


**(c)** 태아는 아직 모체에 연결된 제대혈관을 통한 태반과 연결되어 있다.

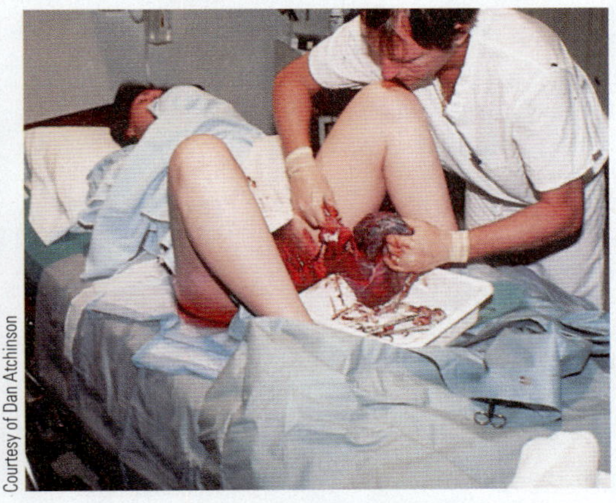


**(d)** 이러한 3단계 분만의 고통을 통해 태반이 나온다.

**그림 49-18 수정 후 자궁의 변화.**

임신이 되면 월경주기는 중단된다.

정상 임신기간은 약 38주이며, 임신 첫째 날로부터 또는 마지막 월경주기의 첫째 날로부터 약 40주 정도 된다. 임신의 종결과 출산과정을 개시하는 것을 **분만**(parturition)이라 한다.

임신 말기에, 자궁근육 신축성의 증가 및 에스트로겐의 농도 증가에 의해 강하게 자궁이 수축된다. 자궁내 일련의 긴 불수의적인 수축인 **진통**(labor)은, 자궁수축이 매 10–15분 간격으로 일어날 때 시작된다. 진통은 3 단계로 구분된다. 1 단계는, 전형적으로 약 12시간 지속되며, 자궁수축은 태아를 자궁경부로 이동시키며 자궁경부의 최대 지름이 10 cm 정도 열리게 한다. 한편, 자궁경부는 얇아지게 되어 태아머리가 이곳을 통해 나올 수 있게 된다. 진통의 첫 단계 동안, 양막은 항상 파괴되어 약 1 리터 정도의 양수가 질을 통하여 흘러나온다. 2 단계 동안, 태아는 자궁경부와 질을 통과하여 분만된다(그림49-18). 출생 시, 아기는 여전히 탯줄에 의해 태반과 연결되어 있다. 탯줄을 묶어 잘라냄으로써 엄마로부터 아이는 분리된다. 탯줄의 덩어리는 아무것도 남지 않을 때까지 점차적으로 오그라들게 되며, 상흔이 형성되며 배꼽(naval)이 된다. 3 단계 동안, 태반과 태아막이 배출되며, 이 시기를 집합적으로 **산후**(afterbirth)라고 한다.

진통 시기에, 산부인과에서는 자궁의 수축을 증가시키기 위해, 옥시토신 또는 프로스타글란딘을 투여하거나, 보조적으로 특수한 핀셋이나 진공장치를 사용한다. 일부 여성의 경우, 골반뼈 사이가 너무 좁거나 아기의 위치가 정상 분만을 방해할 경우, 복부와 자궁벽을 절개하여 아기를 분만 **제왕 절개수술**(cesarean section)한다.

**복습**

- 분만과정을 개시하는 에스트로겐과 옥시토신의 역할은 무엇인가?

## 49.7 출산 조절방법들

**학습목표**

11 몇 가지 피임법(불임수술, 응급피임 등)의 장점, 단점, 효율 및 작용양상을 비교한다.

사람이 성생활을 영위하며 임신은 원치 않거나, 성행위를 통한 질병의 예방을 위해 **피임**(contraception) 방법이 필요하다. 현재 다양한 피임제가 있지만, 아직 이상적인 피임제는 개발 중이다. 흔히 사용되는 남성의 피임방법은 콘돔이다. 피임약 개발에 있어서, 가장 고려되어야 할 점은 안전성, 유효성, 비용, 편의성, 그리고 쉬운 사용법 등이 있다. 암의 위험, 피임이 실패하여 여성이 임신하게 되는 경우의 선천적 결함, 영구적인 불임, 그리고 월경의 비정상과 같은 부작용은 최소화되어야 한다.

일부 흔히 사용되고 있는 출산조절 방법들을 **그림 49-19**와

**표 49-3**

**출산 조절 방법**

| 방법 | 실패율 | 작용 양식 | 장점 | 단점 |
|---|---|---|---|---|
| 경구피임제 | 0.3; 5 | 배란 저해; 자궁내부와 자궁경관의 점액에 영향을 주고 착상 방지. | 높은 효과; 월경 주기 조절; 자궁내막증과 난소암 방지 | 여성의 일부는 불쾌함을 느낌; 35세 이상의 흡연 여성은 사용해서는 안됨. |
| 주사용 피임제 (Depo-provera Lunelle) | 약 1 | 배란 저해 | 효과; 영속성 | 피임용구 사용 중단 후 6-12개월 동안 불규칙한 월경과 수정능을 보임. |
| 자궁내 피임장치 (IUD) | 1; 1 | 염증성 반응을 자극하여 착상을 방지. | 지속적인 보호; 여러해 동안 높은 효과 | 쥐내림(cramp): 월경 흐름이 증가; 자연스러운 배제; 골반염증성 질병과 불임의 위험성 증가; 아이가 없는 여성에게 권하지 않음. |
| 살 정자제 (foams, jellies, creams) | 3; 20 | 화학적으로 정자 죽임 | 합병증이 알려져 있지 않음; 효과를 증가시 키기위하여 diaphram이나 콘돔을 사용할 수 있음. | 사용하기 불편; 성교전에 적용해야함. |
| 피임용 질격막 (젤리) | 3; 14 | 자궁경부로의 경로를 격막이 기계적으로 차단; 젤리는 살 정자제 | 합병증 없음 | 성교전에 삽입하여야 하고, 시간이 지난 후에도 남아있다. |
| 콘돔 | 2.6; 14 | 기계적으로 정자의 질 출입을 방해 | 합병증 없음; HIV를 포함하는 STD를 방지 | 남성의 감각을 조금 줄임; 억제할수 있음 |
| 월경주기(Rhythm) | 13; 19 | 수정기간 동안 절제 | 합병증 알려지지 않음 | 매우 확실하지 않은 방법 |
| 삽입 중지 (성교 중지) | 9; 22 | 사정 전 남성 음경 삽입 중지 | 합병증 없음 | 확실하지 않음; 사정전 액에 존재하는 정자는 임신이 되기에 충분. |
| Sterilization | | | | |
| 난관결찰술 | 0.04 | 자궁관으로부터 방출되는 난자 방해 | 가장 확실한 방법 | 외과적 수술 요구; 영구적이므로 생각 |
| 정관절제술 | 0.15 | 정관으로부터 방출되는 정자 방해 | 가장 확실한 방법 | 외과적 수술 요구; 영구적이므로 생각 |
| 가능성(피임않음) | 약 90 | | | |

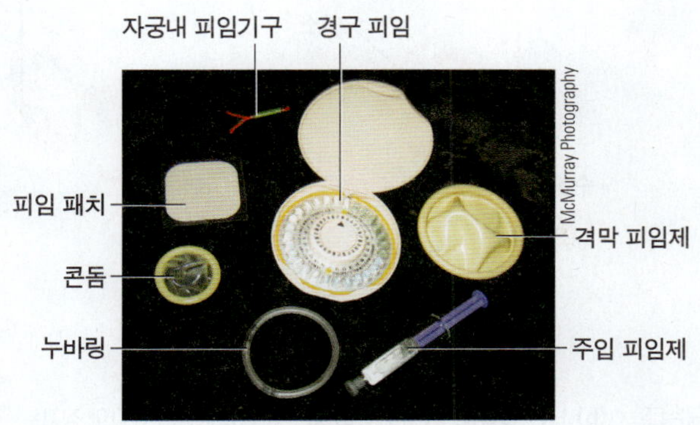


**그림 49-19 일반적으로 사용하는 피임도구.**

콘돔은 흔히 사용되는 남성의 피임방법이다.

**표 49-3**에 제시하였다. 주목할 점은, 자궁내 피임장치(IUD) 뿐만 아니라 일부 경구피임제는 수정을 차단하지 못하지만, 자궁벽 내에 배의 착상은 차단한다.

## 49.7.1 대부분의 호르몬성 피임제는 배란을 차단한다

경구 피임제, 주사용 피임제, 및 피임 패취는 **호르몬성 피임제(hormone contraceptives)**이다. 많은 여성이 경구피임제를 사용하며 정확히 사용되면 99.7% 피임효과가 있으며, 월경주기 조절을 위해서도 사용된다. 가장 흔히 사용되는 것은 프로게스틴(합성 프로게스테론)과 합성 에스트로겐 혼합물이다. 이는 프로게스틴과 합성 에스트로겐의 혼합물이다(천연 호르몬은 즉시 간에서 파괴되지만, 합성 호르몬은 화학적으로 변형되어 효과적으로 흡수되며, 서서히 이화된다). 전형적으로, 여성은 매일 3주 동안 한 알을 복용하며, 그 후 한 주간은 호르몬 사용을 중지하며 대신 설탕을 섭취하여 월경이 일어나게 한다.

경구 피임제들은 배란을 억제시킨다. 배란 후기에 혈중 난소 호르몬의 농도가 유지되면, 여체는 속임수에 넘어가 임신이 일어난 것처럼 반응한다. 즉, 내하수체선이 저해되어 배란을 자극하는 LH가 생산되지 않는다.

피임패취(Ortho Evra)는 피부를 통해 에스트로겐과 프로게스틴을 전달한다. 사용법은 3주 동안 패취를 붙인 다음, 4주째에 제거하며, 이 때 호르몬이 제거되기 때문에 항상 월경이 일어난다. 에스트로겐과 프로게스틴을 방출하는 누바링(NuvaRing; 피임링)은 얇고 유연성의 플라스틱 링으로써, 여성은 고무 밴드처럼 펴서 매달 질내로 삽입하여 사용한다.

주사용 프로게스틴(Depo-Provera)은 3 개월마다 근육 내에 삽입한다. 주사용 피임제는 뇌하수체의 기능을 억제함으로써 배란을 막으며, 또한 자궁경부의 점액을 두껍게 하여 정자가 난자에 도달하는 것을 어렵게 한다.

## 49.7.2 자궁내 피임장치는 널리 사용된다

**자궁내 피임장치(intrauterine device; IUD)**는 세계에서 가장 널리 사용되는 가역적인 피임법으로써, 99%정도의 피임효과가 있다. IUD의 단점은 확률은 낮지만, 자궁경련과 하혈이다. Copper T380(ParaGard)은 10년 동안 교체하지 않고 사용된다. 최신 IUD인 미레나(Mirena)는 작은 T-자형의 플라스틱 장치로써, 자궁의 내막으로 매우 소량의 프로게스틴을 방출한다.

IUD의 작용양상은 잘 모르지만, 구리나 호르몬은 IUD로부터 서서히 방출되어, 명백히 배아의 착상을 방해한다. 또한, 백혈구는 자궁내 피임장치를 이 물질로 반응하여 이동하며, 정자에 해로운 독성물질을 생산한다. 미레나는 자궁경부의 점액을 두껍게하여, 정자가 자궁으로 이동하는 경로를 차단한다.

## 49.7.3 기타 흔한 피임법은 격막과 콘돔이 있다

**피임용 격막(contraceptive diaphragm; 다이아프램)**은 물리적으로 정자가 질에서 자궁경부로의 이동을 막는다. 막은 살정 젤리 또는 크림으로 덮여있고, 성교 바로 직전에 삽입한다. 남성용 피임장치인 **콘돔(condom)**은 물리적으로 정자가 생식관내로 들어갈 수 없게 한다. 라텍스 콘돔은 후천성 면역결핍증 및 기타 성병의 감염을 막는 피임기구이다.

## 49.7.4 응급 피임의 이용

**응급 피임(emergency contraception)**은 강간 희생자 및 무방비 상태의 성관계 후에 사용하는 피임법이다. 가장 흔한 형태의 응급 피임제는 프로게스틴 필(progestin pills, Plan B) 또는 프로게스틴-에스트로겐 필이다. 응급 피임필은 때로 사후복용 경구 피임제(morning-after pills)로 불리며, 무방비 상태의 성관계 후 5일간 복용하면, 수정 또는 배란을 차단하여, 약 89% 임신 가능성을 감소시킨다.

많이 사용하지 않지만, 무방비 상태의 성관계 후 1주일 이내에 구리 IUD를 삽입하는 응급피임 방법이 있으며, 99% 임신방지 효과가 있다.

## 49.7.5 불임수술은 개인적으로 자손을 생산할 수 없다

**불임수술**(sterilization)은 피임법 사용을 원하지 않거나 실패에 영향을 받지 않는 유일한 방법이다. 여성 불임수술은 가장 인기 있는 피임법이다.

### (1) 남성 불임수술은 정관절제술에 의한다

**정관절제술**(vasectomy)은 국부마취제를 사용하여, 각 음낭의 일부를 절개한 다음, 각 수정관을 잘라내고, 수정관이 다시 서로 붙지 못하도록 그 끝 부분을 봉합한다(▮ **그림 49-20a**). 정관절제술은 테스토스테론의 분비와 이동에 영향을 미치지 않기 때문에, 남성미에 영향을 미치지 않는다. 비록 정자생산은 느리지만 지속적으로 생산되고, 정소의 대식세포에 의해 파괴되며, 사정되는 정액의 전체 양은 변화가 없다.

수정관의 끝은 재 봉합할 수 있으며, 약 70% 남성 불임을 회복할 수 있지만, 일부의 경우 자신의 정자에 대한 항체가 발달하여, 재 봉합수술을 한 후에도 불임이 나타난다. 정관절제술의 재 봉합에 대한 대안으로써 정자은행에 정자를 동결로 저장한 후, 필요시 임신을 위하여 사용할 수 있다.

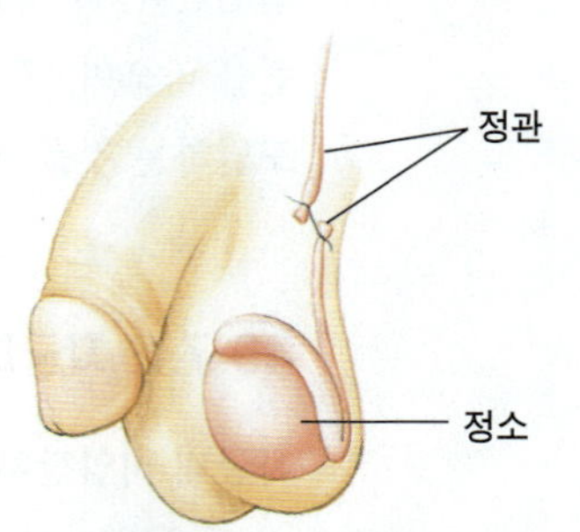

**(a) 정관절제술.** 각 정관의 옆을 자르고 묶는다.

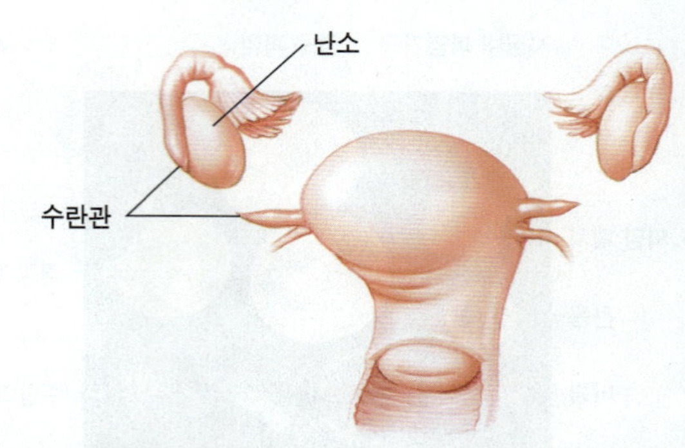

**(b) 난관 결찰술.** 각 수란관을 자르고 봉합시키면 난자와 정자는 만날 수 없다.

**그림 49-20 불임 수술.**

### (2) 난관결찰술에 의한 여성불임

일반적으로 **난관결찰술**(tubal sterilization)은 복부를 작게 절개하고, 복강경으로 위치를 파악한 다음 수란관을 봉합하거나 소작한다(▮ **그림 49-20b**). 때로는 관을 제거한다. 현재 난관결찰술은 절개 없이 행해진다. 호르몬 균형과 성적 행위는 불임술에 의해 영향을 받지 않는다.

## 49.7.6 자연유산 또는 유도유산

**유산**(abortion)은 임신의 종결을 의미하며, 결국 배아 또는 태아는 사망한다. **자연유산**(spontaneous abortion 또는 miscarriage)은 중재 없이 일어나며, 유산된 배아는 주로 비정상적이다. **유도유산**(induced abortion)은 출산조절이나 질병치료 수단으로써 수행되며, **치료유산** (therapeutic abortion)은 모체의 건강을 유지하기 위해서 또는 수정란이 비정상적으로 자라고 있는 것으로 추정될 때 수행된다.

임신 첫 일삼분기 동안 나타나는 유산은 흡입방법 또는 임신의 지속성을 방해하거나 출산을 유도하는 약제를 사용하여 수행한다.

약제들은 임신을 억제하는데 사용된다. RU-496(mifepritone)은 자궁 내 프로게스테론 수용체와 경쟁적으로 결합하지만, 수용체를 활성화시키지는 않는다. 프로게스테론의 정상적 활동이 차단되기 때문에, 자궁내막은 파괴되고 자궁수축이 일어며 배아의 착상이 억제된다. 암 치료제로 사용되는 methotrexate의 작용은 RU-496과 비슷하며, 임신을 방해하는데 사용된다. 프로스타글란딘은 자궁의 수축을 유도하여 배아를 방출하는데 사용될 수 있다.

첫 일삼분기 이후의 유산은 주로 태아결함 또는 모체의 질병 때문에 시행되며, 가장 많이 사용되는 방법은 확장 및 배출이다. 자궁경부를 확장시킨 후, 핀셋으로 태아를 제거한 다음 자궁 내에 남아있는 내용물을 흡입기를 이용하여 제거한다. 프로스타글란딘은 이삼분기의 유산과정에서 태아의 배출을 유도하는데 사용된다.

**복습**

- 호르몬 피임의 3가지 종류는?
- 응급피임이란?

# 49.8 반성 전염 질병

**학습목표**

12 일반적인 반성 전염성 질병을 알아보고 그 증상과 효과 및 치료법을 설명한다.

성병이라고 불리는 **반성 전염 질병**(sexually transmitted diseases; STDs)은 감기 다음으로 가장 유행하는 전염성 질병이다. 세계건강보건기구는 매년 2억 5천만 명 이상이 **임질**

표 49-4

**몇 가지 흔한 성병**

| 질병과 원인 생물체 | 질병의 진행과정 | 치료 |
|---|---|---|
| 사람의 유두종바이러스(HPV; HPV의 약 30종류는 생식기관을 감염시킬 수 있다) | 어떤 종류는 비정상적인 Pap smears를 유발시키고 자궁경부암과 관련이 있음; 다른 종류는 생식기 혹을 유발시킴. | 면역조절제: 인터페론 |
| 클라미디아(*chlamydia trachomatis*, 세균) | 배뇨작용으로 심하게 나타나거나, 또는 무증상; 남성 비임균 요도염의 가장 흔한 원인; 성적 파트너가 다수인 15-30세 남성이 가장 위험함. | 항생제 |
| 임질(*Neisseria gonorrhoeae*, 임질균) | 세균독이 감염부위의 홍조와 부종을 유발할 수 있음; 남성에서의 증상은 배뇨시 통증과 성기에서 고름 배출; 감염된 여성의 60% 정도는 초기에 무증상; 불임을 유발하면 부정소(남성)나 나팔관, 난소(여성)까지 퍼질 수 있음; 골반 또는 다른 부분의 광범위한 감염과 더불어 심장판막, 뇌막과 관절의 손상을 유발시킬 수 있음. | 항생제 |
| 매독(*Treponema pallidum*, 스피로헥타속 세균) | 세균이 감염부위 주위의 피부에 난 상처를 통해 안으로 들어오며 림프와 혈액의 순환을 따라 온몸으로 퍼짐; 감염 시작 초기의 성병(작고 무통의 궤양)이 형성되고 약 한달 후 나음; 이 시기에 전염성이 강함 제 2기에는 광범위한 발진과 감기와 같은 증상이 나타날 수 있음; 세균으로 가득한 비늘 모양의 상처가 생기고 전염성 높음; 다음으로 나타나는 잠복기는 20년 동안 지속 될 수도 있음; 점차적으로 gummae라 불리는 상처가 생겨 체표를 덮거나 간, 뼈 또는 비장을 손상시킬 수 있음; 심각한 뇌손상 유발 가능; 치료하지 않으면 5-10%가 사망. | 페니실린 |
| 생식기 포진(단순포진 제 2형 바이러스) | 생식기에 작고 통증을 주는 물집이 생김; 자궁경부 궤양으로 악화될 수 있음; 감기에 걸린 것 같은 증상이 나타날 수 있음; 주기적으로 재발함; 태아나 신생아에게 위험. | 효과적인 치료법 없음; 몇가지 약은 발병을 줄여주고 증상의 고통을 감하기도 함 발병을 막기 위해 약물치료를 할 수 있음 |
| 트리코모나스(원생동물) | 가려움증, 배출, 쓰라림을 포함한 증상; 더러운 좌변기 시트와 타월을 통해 감염; 남성에서는 증상이 없을 수 있음. | Metronidazole(항생제) |
| 효모 감염 (생식기 칸디다증: *Candida albocans*) | 염증, 쓰라림, 고름; 특히 여성에게서 흔함; 남성에서 드물다. | 항진균제 |
| 후천성 면역 결핍증(AIDS) (인간면역 결핍바이러스(HIV)로 알려진 RNA 종양 바이러스에 의해 유발) | 감기 증상과 유사; 림프선 부종, 열, 발한, 체중 감소; 면역력 저하, 폐렴, 희귀한 형태의 암. | 효과적 치료법 없음; 몇 가지 약들이 증상을 약화시키고 수명연장 |

(gonorrhea)에 감염되고, 5천만 명 이상이 **매독(syphilis)**에 감염될 것으로 추정하고 있다.

여성의 1/4과 남성의 1/5은 **생식기 포진(genital herpes)**에 감염되어 있다. 가장 흔한 STD는 **클라미디아(chlamydia)**로써 **골반염증질병(pelvic inflammatory disease; PID)**을 야기하며, 여성의 생식기관을 감염시켜 불임이 되게 한다. 일부 흔한 STDs가 **표 49-4**에 설명되어 있다.

**복습**

- 미국에서 가장 흔한 STD는 무엇인가?
- PID란 무엇인가?

## 핵심 용어와 요약

**학습목표**

1 무성생식과 유성생식의 장점을 비교하고, 각 생식양상에 대한 구체적인 예를 설명하라.

- **무성생식**에서 부모세대의 한 개체는 자신과 동일한 유전자를 자손에게 물려준다(돌연변이 제외). 에너지 면에서 효율적이며, 안정된 환경에서 가장 성공적인 생식법이다.
- **출아법**은 부모의 몸 일부가 자라나와 본체와 분리된다. **분절증식**에서는 모체가 여러 조각으로 나누어지는데, 각 조각은 새로운 개체로 발생할 수 있다. **단위생식**은 미수정란이 성체로 발생하는 것이다.
- **유성생식**은 정자와 난자가 융합함으로써 자손을 생산한다. 정자와 난자가 융합되면 수정란 또는 **접합자**가 형성된다. 유성생식은 유전적 다양성을 증진시킬 수 있고, 특히 안정적이지 못하고 변화하는 환경에 효과적으로 적응할 수 있다.
- **체외수정**은 암컷과 수컷이 난자와 정자를 동시에 수중에 배출한다. 체내 수정은 수컷이 암컷의 체내로 정자를 전달한다.
- **자웅동체**의 한 개체는 정자와 난자를 모두 생산한다.

2 남성의 생식계에 속하는 각 기관의 구조와 기능을 설명하라.

- 남성의 생식계는 정자와 테스토스테론을 생산하는 정소, 일련의 수정관, 생식부속선 및 음경 등이 포함된다.
- **정소**는 **음낭**에 존재하며 정자를 생산하는 **세정관**을 갖고 있다. 테스토스테론은 정소 내의 **간질세포**에서 분비된다. 세르톨리세포는 신호전달물질과 정자에 영양분을 제공하는 액체를 생산한다.
- 정자는 **부고환**과 **정관**에서 완전히 성숙하여 저장된다. 사정 시, 정자는 정관에서 **사정관**을 통과하며 **요도**를 통해 음경을 지난다.
- 한 번 사정 시, 정액은 **정낭**과 **전립선**에서 나온 분비물에 부유된 약 2억 마리의 정자를 함유한다. **구부요도선**은 점액을 분비한다.
- 음경은 요도를 둘러싸는 2개의 **음경해면체**와 한개의 **요도해면체**인 3개의 기둥 모양의 발기조직으로 이루어져 있으며, 조직이 충혈 되면 음경은 발기된다.

3 세정관에서 만들어진 정자세포가 생식계를 통해 체외로 방출되는 과정을 추적하라.

- 정자형성은 세정관 내에서 일어난다. **정원세포**는 유사분열하여, 일부는 분화하여 **제 1 정모세포**가 되며, 제 1 감수분열을 한다. 이 결과, 2개의 **2차 정모세포**가 만들어지며, 제 2 감수분열을 통해 각각 2개의 **정세포**가 형성된다. 각 정세포는 분화하여 1개의 성숙정자가 된다. 정자의 두부는 핵 및 난자 침투에 필요산 효소를 함유하고 있는 **첨체**로 이루어져 있다.
- 정자는 세정관 ⟶ 부고환 ⟶ 수정관 ⟶ 사정관 ⟶ 요도를 통과한다.

4 남성 생식의 내분비계 조절에 대해 설명하라.

- 테스토스테론은 남성의 **1차 성징**과 **2차 성징**을 확립하고 유지시킨다.
- 남성 생식의 내분비계 조절은 시상하부, 뇌하수체, 정소에서 이루어진다. 시상하부에서는 **생식소자극 호르몬 방출호르몬**을 분비하며, 뇌하수체의 전엽을 자극하여 **여포자극 호르몬**과 **황체형성 호르몬**과 같은 생식소 호르몬을 분비시킨다.
- 여포자극 호르몬, 황체형성 호르몬, 테스토스테론 등은 직간접적으로 정자생성을 촉진한다. 황체형성 호르몬은 정소의 간질세포를 자극하여 테스토스테론을 생산시킨다. 여포자극 호르몬은 세르톨리세포를 자극하여 (1) **안드로겐 결합 단백질**을 생산하며, 이는 테스토스테론과 결합하여 테스토스테론을 농축시키는 역할을 한다. (2) 또한 **인히빈**을 생산시켜 여포자극호르몬의 분비를 억제한다.

5 여성의 생식계에 속하는 각 기관의 구조와 기능을 설명하라.

- **난소**는 배우자와 **에스트로겐**과 **프로게스테론**을 생산한다. 수정은 **수란관**에서 이루어진다.
- **자궁**은 배아가 발생하는 장소이다. 자궁 내부의 상피층은 **자궁내막**이라 하며 임신위해 매달 두꺼워진다. 자궁의 하단부인 **자궁경부**는 질까지 확장된다.
- **질**은 성교동안 음경을 받아들이는 부위로서 분만관의 하단부이다. **외음문**은 **대음순**, **소음순**, 질의 **전정**, **음핵** 및 **치구**를 포함한다.
- 유방은 영아를 위해 젖을 생산하는 **수유**를 담당한다. 각 유방은 15–20의 선상 조직엽으로 구성되어 있다. 선세포는 **유선엽**내에 정열되어 있다. **프로락틴**은 젖 생산을 촉진시키며, **옥시토신**은 젖을 빨면 유선엽에서 수유관으로 젖 방출을 촉진한다.

6 난자의 발생과정과 수정 전까지 생식계를 거치며 일어나는 과정을 추적하라.

- **난자생성과정**은 난소에서 일어난다. 난원세포는 분화하여 **제1 난모세포**가 된다. 제1 난모세포에 둘러싸고 있는 **과립세포**는 **여포**를 형성한다
- 여포가 성장하면, 과립세포를 둘러싸고 있는 결합조직세포는 분화하여 **난포막세포** 층을 형성한다. 여포가 성숙하면, 제1 난모세포는 제1 감수분열을 하여 1개의 **제2 난모세포**와 한개의 제1 **극체**가 된다.
- **배란** 동안, 제2 난모세포는 난소에서 방출되어, 쌍으로 이루어진 수정부위인 **수란관**의 한쪽으로 유입된다. 난소 내에 남아있는 여포의 일부는 일시적 내분비선인 **황체**로 발달된다.

7 여성생식의 내분비계 조절을 설명하고, 또한 여성의 월경주기(배란과 월경)에서 일어나는 중요한 현상을 확인하라.

- 여성의 생식을 조절하는 내분비계는 시상하부, 뇌하수체, 난소가 포함된다. 월경주기의 첫째날은 출혈로 시작된다. 배란은 보통 28일을 주기로 일어나며, **월경주기**의 중간인 약 14일 경에 일어난다.
- 배란전기 동안, 시상하부에서 분비된 **생식소자극 호르몬 방출호르몬**은 뇌하수체를 자극하여 FSH와 LH의 분비를 촉진시킨다. FSH는 여포의 발달을 촉진시키며, 과립세포를 자극하여 에스트로겐을 생성시킨다. LH는 난포막세포의 증식과 후에 에스트로겐으로 전환되는 안드로겐의 생성을 촉진한다. 에스트로겐은 여성의 1차 및 2차 성징을 일으키며 또한 자궁내막의 발달을 촉진시킨다.
- 첫 주후, 단지 하나의 여포만이 계속해서 발달된다. 에스트로겐은 비교적 저농도 에서도 음성 피드백 기작에 의해 FSH의 분비를 억제한다. 과립세포는 또한 인히빈을 생성하여 FSH의 분비를 억제시킨다.
- 배란전기의 후기 동안, 에스트로겐의 농도가 최고조를 이루고 뇌하수체 전엽에서 LH를 분비하는 신호를 전달한다. LH는 여포의 최종성숙과 배란을 촉진시킨다.
- **배란후기** 동안, LH는 황체의 발달을 촉진시킨다. 황체는 프로게스테론과 에스트로겐을 분비하며, 이들은 자궁이 임신을 위해 최종준비를 하도록 한다. 또한 배란후기에는 프로게스테론은 에스트로겐과 함께 GnRH, FSH 및 LH의 분비를 억제시킨다.
- 미수정 시, 황체는 퇴화하고 에스트로겐과 프로게스테론의 혈중농도가 감소하며 월경이 일어난다.

8 성적반응 시 일어나는 생리적 변화를 설명하라.

- 혈관확장과 근육의 긴장성이 증가하는 것은 성적자극에 대한 생리적 반응이다. 성적반응의 단계는 **성적흥분기**, **고조기**, **극치기**, **해소기**의 4가지 단계를 내포한다.

9 사람의 수정과 초기 발생과정을 설명하고, 임신을 조절하는 호르몬의 작용을 요약하라.

- **수정**은 제2 난모세포와 정자의 융합으로 접합자를 형성하는 과정이다. 수정과 임신확립과정을 함께 **임신**이라 한다.
- 제2 난모세포가 수정되면, 발생이 시작되며 배아는 자궁에 착상한다. 배아 주변부에서 발생된 막은 **사람 융모막성 생식소자극 호르몬(hCG)**을 분비하여 황체를 유지시키는 기능을 한다. 임신 첫 2–3개월 동안, 황체는 임신유지에 필요한 다량의 에스트로겐과 프로게스테론을 분비한다. 임신 3개월 이후에는, 모체와 태아 사이의 물질교환을 담당하는

기관인 **태반**이 이 기능을 수행한다.

10 분만과정을 요약하라.

▮ 에스트로겐, 옥시토신, 프로스타글란딘 등의 성호르몬은 출산과정인 **분만**을 조절한다. 진통은 3가지 단계로 나뉘며, 아기는 진통의 두 번째 단계에서 분만된다.

11 불임수술, 응급피임 등의 몇 가지 피임법에 대한 장점, 단점, 효율 및 작용 양상을 비교하라.

▮ 효과적인 **피임**에는 경구피임, 프로게스틴 주사 등의 호르몬 조절법, **자궁내 피임장치**, **콘돔**, **피임용 질격막**, 그리고 **정관 절제술**과 **난관 결찰술**과 같은 불임수술 등이 있다. 응급피임은 강간이나 예상치 못한 성관계 이후에 원치 않는 임신을 방지할 목적으로 사용된다.

▮ **자연유산**은 중재 없이 자연적으로 일어나며, **치료유산**을 포함한 **유도유산**은 모체의 건강유지 또는 배아가 비정상적일 경우에 수행되며, 유산은 출산조절의 수단으로도 수행된다.

12 일반적인 반성전염성 질병을 알아보고 그 증상과 효과 및 치료법을 설명하라.

▮ 일반적으로 흔한 **반성 전염 질병**에는 **클라미디아**, **임질**, **매독**, **골반염증질병**, **생식기 포진**, 및 **HIV** 등이 있다(표 49–4 참조).

## 연습문제

1. 다음의 단계들을 바른 순서로 나열하라.
(1) 정원세포 (2) 정세포 (3) 제1 정모세포 (4) 2차 정모세포 (5) 정자
(a) 2,1,3,4,5 (b) 5,1,3,4,2 (c) 4,3,1,2,5
(d) 1,4,3,2,5 (e) 1,3,4,2,5

2. 다음 중 무성생식의 예가 아닌 것은 ?
(a) 출아 (b) 체외수정 (c) 분절증식 (d) 단위생식
(e) 조직의 일부로부터 재생에 의한 새로운 개체 형성

3. 자궁내막은?
(a) 자궁의 근육층 (b) 배란 전에 가장 두껍다
(c) 배아가 착상하는 장소 (d) 질의 막
(e) FSH에 의해 직접 영향을 받는다.

4. 배란 후 2차 난모세포는?
(a) 난소 (b) 황체 (c) 자궁경부 (d) 수란관 (e) 질로 유입된다.

5. 황제는?
(a) 난자에 둘러싸임 (b) 수정시 퇴화
(c) 배란 전기에 발달 (d) 프로스타글란딘에 의해 유지됨
(e) 일시적인 내분비선으로 작용.

6. 다음 중 테스토스테론과 관계없는 것은?
(a) 2차성징 유지 (b) 1차성징의 원인 (c) 주된 남성호르몬
(d) 단백질성 호르몬 (e) 정자형성에 필요.

7. 정자의 경로를 가장 바르게 묘사한 것은?
(1) 세정관 (2) 정관 (3) 부정소 (4) 사정관 (5) 요도
(a) 3,1,2,4,5 (b) 1,3,2,4,5 (c) 5,4,2,3,1
(d) 1,3,4,2,5 (e) 3,1,4,2,5

8. 세정관은?
(a) 정자형성 장소 (b) 정액의 대부분을 생산
(c) 정관과 직접 연결됨 (d) 음경해면체 내에 존재
(e) 구부요도선으로부터 액체 수용.

9. 다음 중 반수체인 세포는?
(a) 제 1 난모세포 (b) 난원세포 (c) 제 2 난모세포
(d) 황체 (e) 여포세포

10. 다음 중 호르몬성 피임제가 아닌 것은?
(a) 주사용 프로게스틴 (b) 피임용 격막 (c) 주사용 프로게스틴
(d) 출산 조절 패취 (e) 경구 피임제

11. 자궁수축을 강하게 촉진시키는 것은?
(a) 프로게스테론 (b) FSH (c) LH (d) 인히빈 (e) 옥시토신.

12. 배란 후기 동안 최고조에 이르는 호르몬은?
(a) 프로게스테론 (b) 에스트로겐 (c) FSH
(d) LH (e) 테스토스테론.

## 심화 학습문제

1. 만약 배란 후, 황체가 형성되지 않으면 어떤 현상이 일어나는가?

2. 배란 직전에 고농도로 존재하는 호르몬은? 월경주기의 어느 시기에, 자궁내막이 배아를 착상시키기 위해 준비되는가? 자궁내막을 두껍게 촉진하는 호르몬은?

# 50

# 동물발생

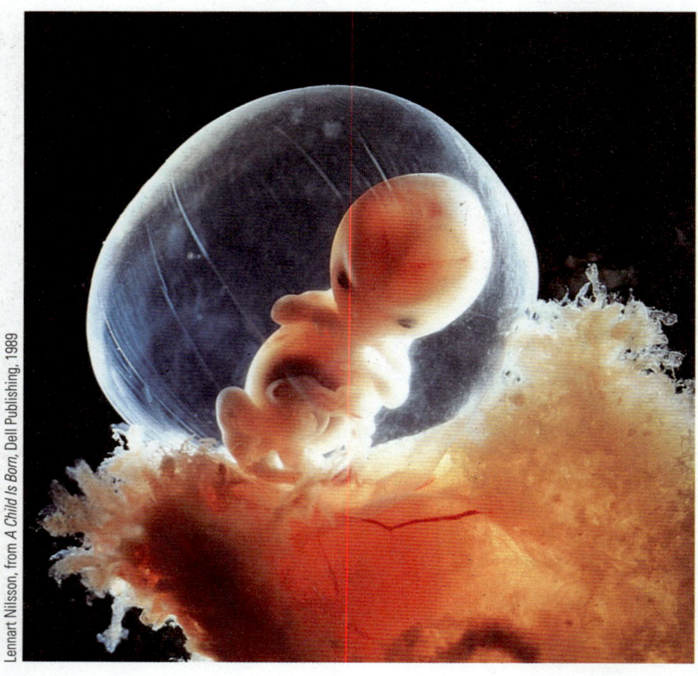


**발생 7주째 사람의 배아.** 배아의 길이는 2 cm 정도임

## 핵심 개념

형태발생은 세포분열과 성장뿐만 아니라 세포결정과 세포분화 및 패턴형성과 형태형성이 요구된다.

수정과정은 정자와 난자의 접촉과 인식을 포함하며, 정자의 난자 관입, 수정난의 활성화 및 정자와 난자 전핵의 융합을 조절한다.

난할은 성장없이 일어나는 일련의 빠른 세포분열과정으로써, 발생을 위한 세포성 기본원칙을 제공한다.

낭배형성은 외배엽, 중배엽 및 내배엽을 확립하는 과정이며, 각 배엽은 특정 형태의 조직이 된다.

신경형성은 중추신경계의 기원이 되며, 기관 발생 과정 중 가장 먼저 일어난다.

배외막(양막, 장막, 요막, 난황주머니)은 육지에서 생식을 위한 적응현상으로, 육상 척추동물에서 진화되어 왔다.

발생(development)은 한 개체의 일생동안 일어나는 모든 변화를 내포한다. 이 장에서는 주로 수정란인 접합자 형성과, 이어서 수반되는 출산이나 부화 전까지의 모든 발생과정에 관해 다루고 있다.

어떻게 1개의 세포인 접합자가 뼈, 근육, 뇌 등의 기관을 가지는 복잡한 동물로 발생할 수 있을까? 접합자는 유사분열에 의해 분열되며, 이어서 일련의 규칙적인 세포분열을 통해 **배아(embryo)**로 발생한다. 동물의 경우, 성장(크기의 증가)은 주로 세포 수의 증가에 의하지만, 지방세포와 같이 세포크기의 증가에 의해서도 일어난다. 비록 발생초기 배아는 성장하지 않지만, 후기 세포분열은 전형적으로 성장에 관여한다. 중요한 점은 세포분열은, 환경신호와의 상호작용을 통한 유전적 프로그램의 조절을 통해 이루어진다. 또한 형태발생의 기본적인 과정은 세포결정, 세포분화 및 패턴형성과 형태형성 등이다. 사진은 사람 배아이며, 태반(오른편 밑쪽의 큰 솜털 덩어리)도 보여준다. ■

## 50.1 형태발생

### 학습목표

1 세포결정과 세포분화 및 패턴형성과 형태형성 등을 분석한다.

2 선별적 유전자 발현과 핵의 등가성 관계를 설명한다.

배 발생이 진행되면서, 세포분열을 통한 세포의 수 증가는 발생의 기본 원칙이다. 일부 세포들은 **세포분화(cell differentiation)** 과정을 통해 생화학적 및 구조적으로 특수화되며, 특정한 기능을 수행하는 세포가 된다. 세포의 분화는 특정 분화경로를 점진적으로 약속하며, 특정 유전자 활성의 변화가 일어나는 과정인 **세포결정**(cell determination)을 통해 이루어진다. **핵의 등가성**(nuclear equivalence)의 원칙은, 대부분의 경우, 세포결정이나 세포분화 과정모두 유전정보의 결실이 수반되지 않는다. 모든 동물의 분화된 세포들의 핵은 접합자와 동일한 유전정보를 가지고 있지만, 각 분화된 세포는 서로 다른 유전정보가 발현된다. 사실상, 개체의 클로닝은 핵의 등가성 원리에 기초한다.

세포분화 과정동안, 세포는 세포내외의 다양한 여러 인자들에 의해 영향을 받아, 특정 유전자 활성의 발현 변화가 일어난다. 세포는 **유전자발현차이**(differential gene expression)로 인하여 화학적, 행동, 및 구조적으로 변화가 일어난다. 이러한 과정을 거쳐, 배는 특수한 기능을 수행하는 200개 이상의 세포로 구성된 개체로 발생한다. 그러나, 모든 세포가 분화하는 것은 아니다. 일부 **줄기세포**(stem cell)는 비교적 미분화된 상태로 남아있으며, 다양한 세포로 분화될 수 있는 능력을 갖고 있다.

세포분화 만으로는 발생을 설명할 수 없다. 분화된 세포는 반드시 다세포 동물의 특징인 복잡한 조직이나 기관의 모양을 갖추며, 점차적으로 조직화된다. 이러한 **형태형성**(morphogenesis)과정은, 세포간 신호전달, 특정세포의 모양 변화, 정교한 세포이동, 세포외 기질과의 상호작용, 심지어 일부 세포의 세포자살(apoptosis) 또는 세포예정사(programmed cell death) 등을 요구 하는 일련의 단계인 **패턴형성**(pattern formation)과정을 거쳐 이루어진다.

**복습**

- 세포결정과 세포분화 중 일반적으로 어느 것이 먼저 일어나는가?
- 선별적 유전자 발현과 핵의 등가성 관계를 연관지워 보라.

## 50.2 수정

**학습목표**

3 세포결정과 세포분화 및 패턴형성과 형태형성 등을 분석한다.

4 선별적 유전자 발현과 핵의 등가성 관계를 설명한다.

**수정**(fertilization)은 편모를 가진 운동성의 정자가, 보다 큰 비운동성의 난자와 융합하여 **접합자**(zygote) 또는 수정란을 형성한다. 수정의 유전학적 중요성은 포유동물 및 여러 다른 동물들에 있어서 이배체 염색체수의 회복뿐만 아니라 자손의 성을 결정한다. 수정은 또한 발생을 시작하도록 난자를 자극하며, 활성화시킨다.

수정은 종에 따라 차이를 보이지만, 일반적으로 4가지 단계로 구성된다. (1) 정자와 난자의 만남과 인식, (2) 정자 또는 정자핵의 난자관입, (3) 난자의 활성화, (4) 정자와 난자의 핵 융합.

### 50.2.1 수정의 첫 번째 단계는 접촉과 인식이다

비운동성의 난자는 원형질막 및 수정에 있어서 중요한 1개 또는 그 이상의 외부 막으로 둘러 쌓여있다. 포유동물 난자는 비세포성의 두꺼운 막인 **투명대**(zona pellucida)로 둘러 쌓여있으며, 투명대는 또한 난포에서 유래된 과립세포 층에 의해 둘러 쌓여있다.

외부 막은 동종간의 수정을 촉진시키며, 특히 체외수정에서는 이종간의 수정을 막는 역할을 한다. 성게 난자의 원형질막 외부는 정자와 접촉하는 2개의 비세포성 층이 존재한다. 즉, 매우 얇은 **난황막**(vitelline envelope)이 있고, 그 바깥에 두꺼운 당단백질성 **젤리층**(jelly coat)이 있다. 성게 정자는 바닷물에 방출되면 운동성을 나타내며, 성게 난자 부근에 도달했을 때 더욱 운동성이 증가한다. 성게 난자의 외부막 중 하나는, 동종의 정자를 유인할 수 있는 주화성물질을 분비한다.

성게 정자는 젤리막과 접촉하면, **첨체반응**(acrosomal reaction)이 일어난다. 첨체를 둘러쌓고 있는 막과 원형질막은 융합하여 소낭을 형성하며(그림 49-6), 각 소낭 사이의 틈이 확장된다. 바닷물로부터 칼슘이온이 첨체내로 유입되면, 첨체는 팽창하고 붕괴되기 시작한다. 첨체에서 방출된 단백질 분해효소는 젤리막과 난황막을 분해시켜 통로를 낸다. 만약 정자와 난자가 동종이라면, 첨체돌기에 존재하는 종특이성 결합 단백질인 **빈딘**(bindin)은 난황막에 위치한 종 특이적 빈딘 수용체와 결합한다.

포유동물 정자는 사정 직후 난자에 붙거나 수정할 능력이 없다. 따라서, 수정을 하기 전에는 여성 생식관을 거치면서 일어나는 성숙과정인 **수정능획득**(capacitation) 과정을 반드시 거쳐야 한다. 사람의 경우 수정능획득은 수 시간에 걸쳐 일어나며, 정자는 점차 운동성이 증가하게 되고 난자와 만나게 되면 첨체반응을 할 수 있는 능력을 갖게 된다. 포유동물의 수정은 정자와 투명대내에 존재하는 종특이성 당단백질과의 상호작용이 필요하다.

### 50.2.2 정자 진입의 조절

성게의 경우, 첨체와 난황막이 접촉하면, 효소는 정자두부 주위의 일부 난황막을 용해한다. 난자의 원형질막은 미세융모로 덮여있

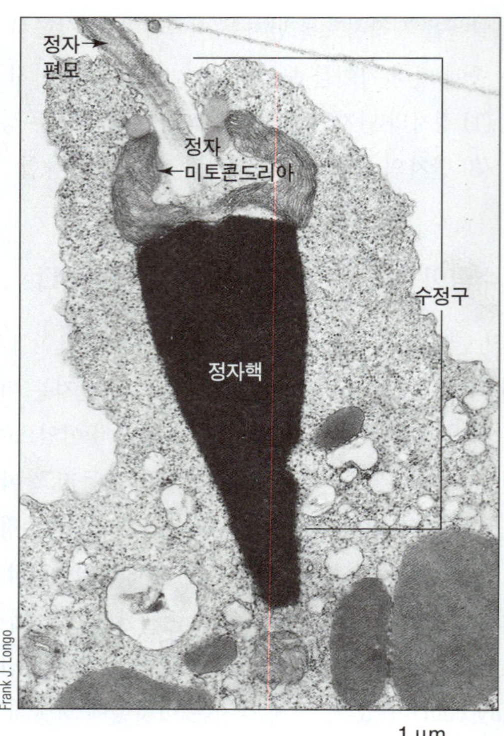


**그림 50-1 수정.**

정자가 성게난자로 들어갈 때에 수정구를 형성한 모양을 찍은 투과전자현미경 사진.

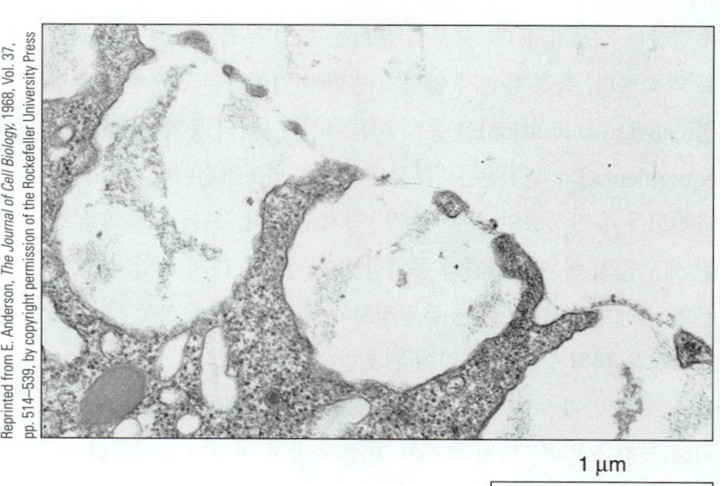


**그림 50-2 표층반응.**

수정 직후 성게난자의 원형질막에서 3개의 표층 과립이 세포 외로 방출되는 것을 찍은 투과전자현미경 사진. 표층과립에서 방출된 물질은 다정자 수정을 막기 위해 견고한 수정막을 형성하는 느린 차단 반응을 개시한다.

으며, 여러 개의 미세융모는 정자의 두부를 둘러싸기 위해 확장된다. 정자와 난자의 원형질막이 융합되면, 정자를 난자로 당기는 역할을 하는 **수정구(fertilization cone)**가 형성된다(▮ **그림 50-1**).

1개 이상의 정자와 난자의 수정을 **다수정(polysermy)**이라 하며, 자손은 여분의 염색체 집합을 가지게 되며 일반적으로 발생도중 죽는다. 다수정은 *빠른 차단*(fast blocks)과 *느린 차단*(slow blocks)에 의해 방지된다. 빠른 차단은, 난자의 원형질막을 탈분극 시켜 추가적인 정자와의 융합을 막는 것이다. 미수정란의 세포질은 비교적 외부에 비해 상대적으로 음전하를 띄고 있지만, 정자와 융합하면 수초 내에 난자 원형질막의 이온 채널이 열리게 되어 양전하의 칼슘이온이 막을 통해 유입되어 난자는 탈분극 된다.

다수정의 느린 차단인 **표층반응(cortical reaction)**은 몇 분이 걸리지만, 추가적인 정자의 진입을 완벽히 차단한다. 정자와 난황막 수용체간의 결합이 이루어지면 난자 소포체에 저장된 칼슘이온이 세포질로 방출된다. 칼슘이온의 농도 증가로 인하여 난자의 원형질막 바로 밑에 존재하는 수천 개의 막성 표층과립이 원형질막과 융합되고, 표층과립에 존재하는 효소와 여러 가지 단백질 등이 원형질막과 난황막 사이의 공간으로 방출된다(▮ **그림 50-2**). 일부 효소들은 두 막을 연결시키는 단백질을 용해시키며, 또한 표층과립 성분이 추가적으로 방출되어 두 막사이의 공간이 넓어지게 되고, 또한 삼투압이 증가되어 주변의 물을 이 공간 내로 유입된다. 따라서 난황막은 원형질막으로부터 멀어지게 되며, 일부 표층과립성분에 의해 단단한 수정막이 형성되어, 추가적인 정자의 유입이 차단된다.

포유류는 수정막은 형성되지 않지만, 표층과립에서 방출된 효소들이, 투명대내에 존재하는 정자와 결합하는 단백질을 변화시켜 추가적인 정자가 결합하지 못하게 된다.

모든 종이 다수정을 이러한 방식으로 차단하는 것은 아니다. 도룡뇽의 경우, 비록 몇 개의 정자가 난자로 진입하지만 오직 하나의 정핵만이 난핵과 융합하고 나머지는 퇴화된다.

### 50.2.3 수정에 의한 난자의 활성화

난자 세포질 내로 방출된 칼슘이온은 표층반응 외에도 일련의 대사변화를 야기하는 활성화 프로그램을 개시시킨다. 정자가 유입된지 수분 내에 유기호흡의 증가와 함께 일부 모계 유래성의 효소 및 기타 단백질의 활성화가 이루어지며, 단백질합성이 폭발적으로 일어난다. 또한, 난자의 핵은 감수분열이 완료되도록 자극된다.

일부 종은 정자가 침투하지 않아도 난자의 원형질막에 혈액으로 칠하고 바늘로 찌르거나, 칼슘을 주입함으로써 난자를 인공적으로 활성화시킬 수 있다. 이러한 반수체의 난자들은 수정을 하지 않아도 일부 *단성생식*의 발생단계까지 진행되지만(49장 참조), 발생을 완료하지는 못한다. 난자 활성화의 특수한 기작은 자연적으로 단성생식을 하는 종에서 진화되어 왔다.

### 50.2.4 정자와 난자 전핵 융합 및 배수체 복원

정자는 난자 내로 진입된 후, 난자 내에서 형성된 미세소관계에 의해 난자핵 쪽으로 이동할 것으로 생각된다. 정자의 핵은 팽창하여 **웅성전핵**(male pronucleus)을 형성한다. 난자는 감수분열이 완성되는 동안 **자성전핵**(female pronucleus)이 된다. 이후 반수체인 웅성전핵과 자성전핵은 융합하여 배수체인 접합자를 형성하면, 첫 번째 세포분열을 준비하기 위하여 DNA를 합성한다.

**복습**

- 어떤 기작에 의해 단지 1개의 동종 정자에 의해 수정이 되는가?
- 어떤 기작에 의해 질적(동종 정자에 의한 수정) 및 양적(단정자 수정) 수정 모두를 조절할 수 있는가?

## 50.3 난할

**학습목표**

5 접합자로부터 초기 난할과정, 상실배와 포배형성까지의 초기발생의 일반화된 양상을 추적한다.

6 난황의 양과 분포의 중요성에 주의하여 극피동물 또는 창고기, 양서류, 조류의 난할을 포함한 초기발생을 대조한다.

접합자는 새로운 개체내의 모든 종류의 세포를 만들 수 있는 **전능성**(topipotent) 세포이다. 성숙난자는 정자에 비해 매우 크기 때문에, 대부분의 접합자의 세포질과 소기관은 난자에서 기인하지만, 정자와 난자는 항상 동일한 수의 염색체를 제공한다.

수정직후 접합자는 각 세포주기 동안 성장 단계 없이 빠른 유사분열인 **난할**(cleavage)을 한다. 따라서 난할과정 동안 세포의 수는 증가하지만 배아의 크기는 증가하지 않는다. 접합자는 처음 분열하여 2개의 세포를 가진 배아를 형성하고, 이후 각각의 세포들은 유사분열과 분열을 하여 4개의 세포가 된다. 반복적인 분열에 의해 세포 수가 증가되면, 배아를 구성할 수 있는 **할구**(blastomeres)가 된다. 약 32 세포단계의 고형의 공과 같은 할구를 **상실배**(morula)라고 한다. 결국 64개에서 수백 개의 할구를 형성하게 되면 **포배**(blastula)라고 하며, 일반적으로 포배는 액체로 채워진 내부공간을 가진 **할강**(blastocoel)을 갖고 있다.

### 50.3.1 난황에 의한 난할양상

많은 동물의 난자들은 배아 발생의 양분으로써 단백질, 인지질, 지방의 혼합물인 **난황**(egg yolk)을 갖고 있다. 난황의 양과 분포는 배아의 필요에 의하며, 동물 종에 따라 다양하다. 포유류 난자는 배아가 대부분의 발생기간 동안 모체로부터 영양분을 공급받기 때문에 매우 적은 양의 난황을 갖는다. 반면 조류와 파충류의 난자는 부화 시기까지 필요한 충분한 난황을 가지고 있다. 극피동물의 난자는 자생 가능한 유생이 될 때까지의 배아에 필요한 양분의 난황만을 갖고 있다.

대부분의 무척추동물과 단순 척삭동물은, 난자의 세포질에 비교적 적은 양의 난황이 고르게 분포된 **등황란**(isolecithal)을 가진다. 등황란은 난자 전체가 완전히 나눠지는 **완전난할**(holoblastic cleavage)을 하며, 이러한 난자의 난할은 방사형이나 나선형으로 이루어진다. 방사형 난할은 척삭동물과 극피동물 같은 *후구동물*(deuterostomes)의 특징이며, 나선형 분할은 일반적으로 환형동물과 연체동물 같은 *전구동물*(protostomes)의 배아에서 발견 된다(그림 29–5).

**방사형 난할**(radial cleavage)에서, 첫 번째 분열은 수직으로 일어나고 난자를 동일한 2개의 세포로 나눈다. 두 번째 난할분열 또한 수직으로 일어나고 첫 번째 분열에 대해 직각으로 일어나 동일한 4개의 세포가 된다. 세 번째 분열은 수평으로 일어나 8개의 세포가 된다. 즉 제 3 난할면을 기준으로 윗부분에 4개, 아랫부분에 4개가 위치한다. 이런 방사형 난할 양상은 극피동물과 창고기에서 일어난다(**그림 50-3**, 50-4).

**나선형 난할**(spiral cleavage)은, 첫 두 번의 분열 이후 세포질 분열면은 극축에 대해 대각선이다(**그림 50-5**). 밑쪽에 위치한 세포 사이와, 위에 위치한 각 세포와 함께 세포들이 나선형으로 배열된다. 이러한 유형은 환형동물과 연체동물의 특징이다.

다수의 척추동물 난자는 **식물극**(vegetal pole)인 세포의 한쪽 끝에 집중된 많은 양의 난황을 가진 **단황란**(telolecithal)이다. 식물극의 반대쪽인 **동물극**(animal pole)은 대사활동이 활발하다. 양서류의 난자는 적당한 단황란인 **중황란**(mesolecithal)이다. 비록 난할은 방사형이고 완전난할이지만, 식물반구에서의 분열은 활성

**요점**

불가사리의 난할은 방사형이며 완전난할이다.

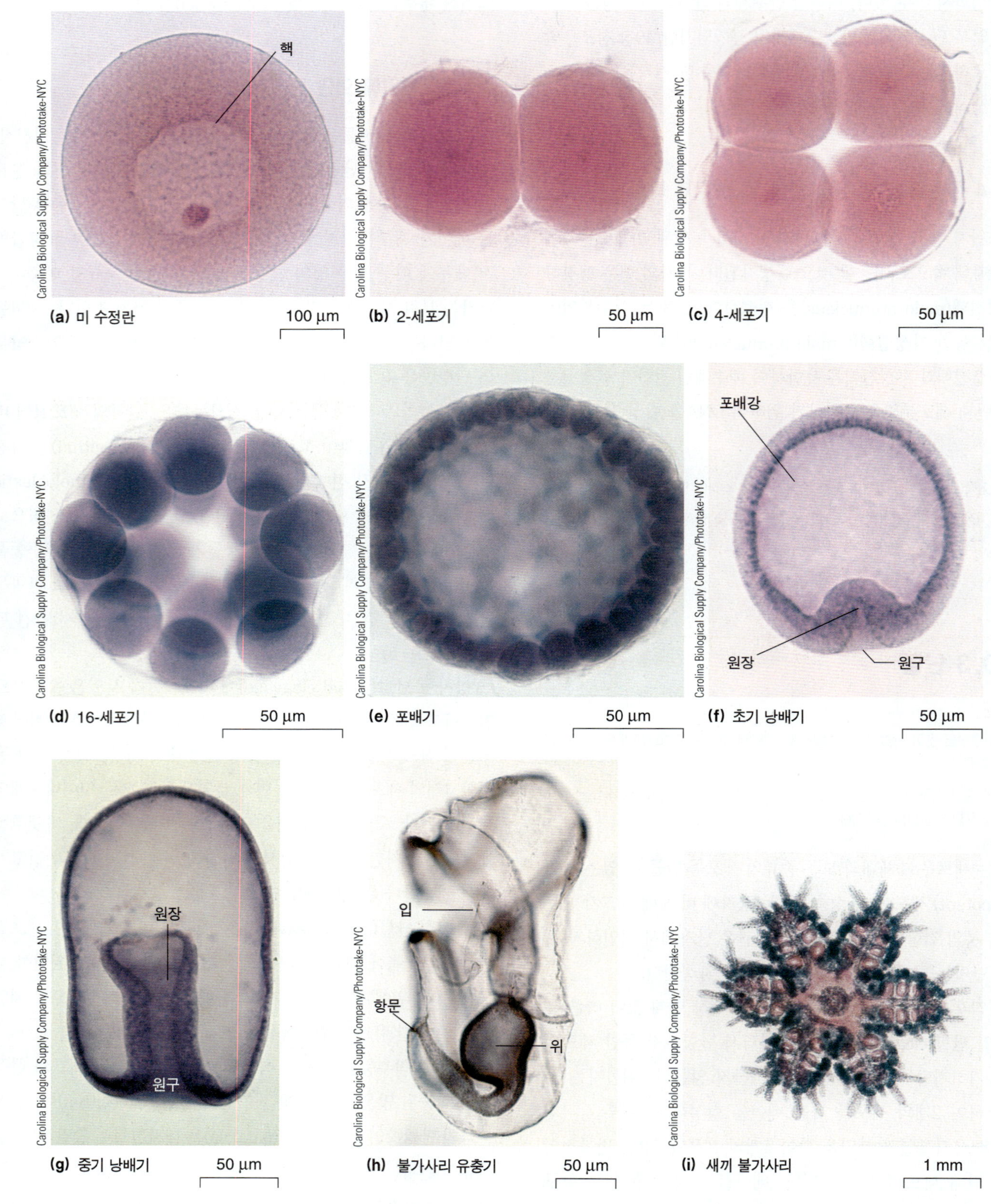


(a) 미 수정란 (b) 2-세포기 (c) 4-세포기 (d) 16-세포기 (e) 포배기 (f) 초기 낭배기 (g) 중기 낭배기 (h) 불가사리 유충기 (i) 새끼 불가사리

**그림 50-3** 광학현미경을 통해 본 불가사리의 발생.

**그림 50-3** 계속

(a) 등황란은 균일하게 분배된 소량의 난황을 가진다. (b–e) 난할양상은 방사형이고 완전난할이다 (난자 전체가 세포들로 분할된다). (f, g) 낭배형성 시, 3배엽층의 형성. 원구는 발생중인 장 체강인 원장의 개구부이다. (h) 불가사리 유충에서 기관들의 원기를 명백하게 볼 수 있다. (i) 불가사리 새끼 모든 사진은 동물극이 위쪽에 위치하는 측면에서 본 것이며, (c)와 (i)는 위쪽에서 본 것이다. 불가사리 유충은 좌우대칭이지만, 상이한 성장이 방사형 대칭의 불가사리 새끼를 만든다는 것을 유념하라

이 없는 난황으로 인해 느리게 일어난다. 그 결과 포배는 다수의 작은 세포들로 이루어진 동물반구와 소수의 큰 세포들로 이루어진 식물반구로 구성된다(▮ 그림 50-6). **포배강(blastocoel)**은 동물극 쪽에 위치하게 된다.

파충류와 조류의 단황란은 식물극에 대부분의 난황이 존재하며, 동물극은 단지 소량의 세포질만을 가진다. 난자의 난황은 결코 분할되지 않는다. 세포분열은 동물극의 조그만 세포질 부분인 **배반(blastodisc)**에서만 일어난다(▮ 그림 50-7). 이러한 유형의 난할을 **불완전난할(meroblastic cleavage)**이라 한다. 조류와 일부 파충류에서, 할구들은 포배강 공간을 기준으로 2 층으로 나뉘지며, 위쪽의 *상배엽* 층과 아래쪽은 평평한 세포들의 얇은 층인 *하배엽* 층을 형성된다.

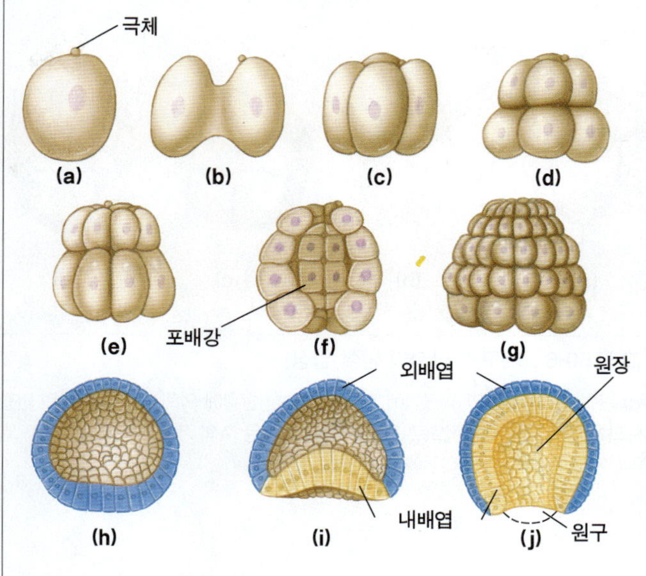


**그림 50-4 창고기의 난할과 낭배형성.**

불가사리와 같이 창고기의 난할도 방사형이고 전할이다. 배를 측면에서 본 것이다 (a) 극체를 가진 성숙난자. (b–e) 2, 4, 8, 16 세포기. (f) 배를 절단해서 관찰한 포배강. (g) 포배. (h) 포배의 절단면. (i) 초기 낭배형성에서 나타난 식물극의 함입개시. (j) 후기 낭배형성. 함입은 완료되고, 포배강이 형성된다.

## 50.3.2 난할에 의한 발생결정인자 분배

특정 종의 난할 양상은 난황과 여러 가지 인자들에 의해서 좌우된다. **모자이크 발생(mosaic development)**은 주로 접합자 세포질 내에 중요한 성분들이 불균등하게 분포하고 있기 때문이다 (17장 참조). 따라서 세포질의 발생결정인자들은 난할기간 동안 각기 다른 새로운 세포들에 분포되며, 각 세포의 발생 과정을 결정한다. 반면, 포유류는 균등한 세포질을 가지고 있으며 등가 분열이 일어나는 난할에 의해 개별 세포가 되며, 전체적으로는 자가조절 양상으로 배아가 발생되는 **조절발생(regulative development)**을 한다. 대부분 동물의 발생양상은 위의 2가지 경우의 연속선상간 내 한 지점에 놓여있다.

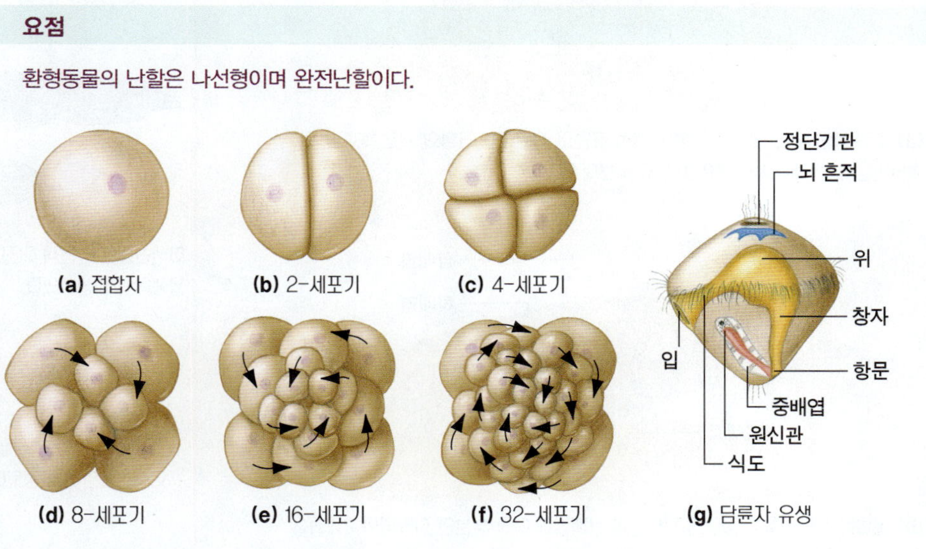


**그림 50-5 환형동물의 나선형 난할.**

(a–f) 동물극의 위쪽에서 본 것이다. 연속적인 난할은 그림과 같은 나선형 양상으로 나타난다. (g) 전형적인 담륜자 유생. 담륜자 유생의 위쪽 반구는 성충의 앞부분 끝 쪽으로 발생하고 나머지 성충 부위는 아래쪽 반구에서 발생한다.

일부 종들에 있어서, 미수정 난자내의 발생결정인자의 분포는 접합자에 이르기까지 유지된다. 그 밖의 종들에 있어서 정자

### 요점

개구리 알은 단황란이며 난할이 방사형이며 완전난할이지만, 식물극에 난황에 의해 난할이 느리게 진행된다.

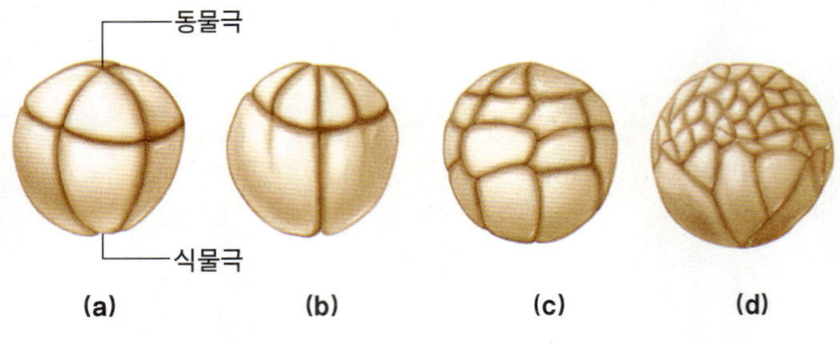


**그림 50-6 개구리 난자의 난할 양상.**

**(a–d)** 난할은 전할이지만 식물극에 집중된 거대한 난황에 의해 식물극 반구의 난할은 느리게 진행된다. 결과적으로 동물극에 비해 적은 수의 세포들이 식물극에서 발생하게 된다. 위의 배들은 측면에서 본 것이다.

### 요점

조류 배의 난할은 배반에서만 일어난다(불완전난할).

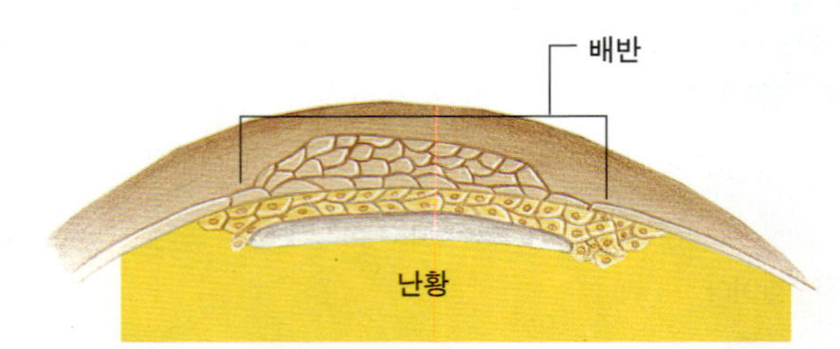


**(a)** 초기 배반형성. 배반은 난황의 위쪽 표면의 작은 디스크형의 세포질이다. 이 절단면은 배반 내부와 표면의 세포들을 보여준다.

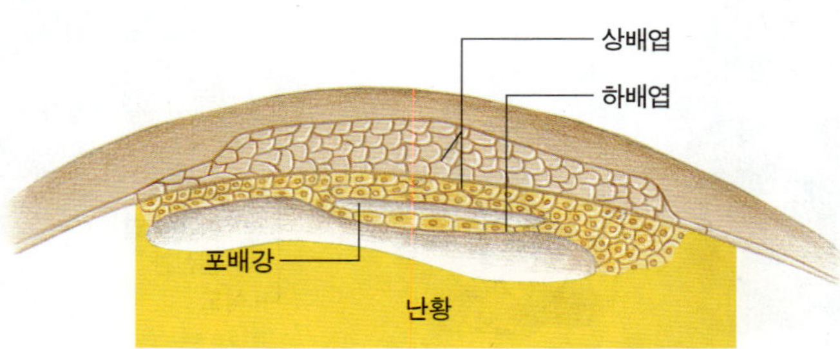


**(b)** 배반은 포배강을 기준으로 윗부분의 상배엽과 아래 부분인 하배엽의 2개의 조직층으로 분리된다.

**그림 50-7 조류 배의 난할.**

### 핵심 실험

**질문:** 개구리 알의 발생이 세포질 결정요소들에 의한 영향을 받을까?

**가설:** 제 1난할이 정상적으로 반으로 갈라져 배의 좌우 반씩 차지하는 회색신월환이 결정적인 세포질 결정요소들의 위치일 것이다.

**실험:** 연구자들은 첫 번째 난할 결과로 만들어진 2개의 할구를 분리하여 각각이 발생되도록 하였다.

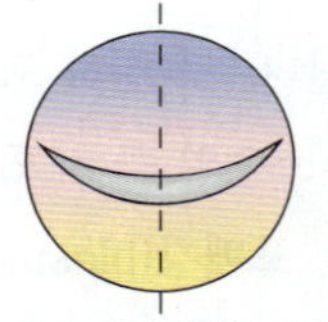

첫 번째 난할(대조군)

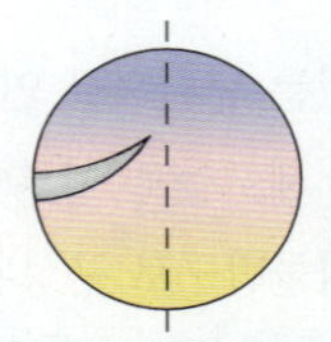

첫 번째 난할(실험군)

**(a)** 제 1난할이 정상적으로 이루어지게 하고, 각 할구가 회색신월환의 반을 갖게 분리하였다

**(b)** 실험적으로 하나의 세포만 회색신월환을 갖게 변화시켰다.

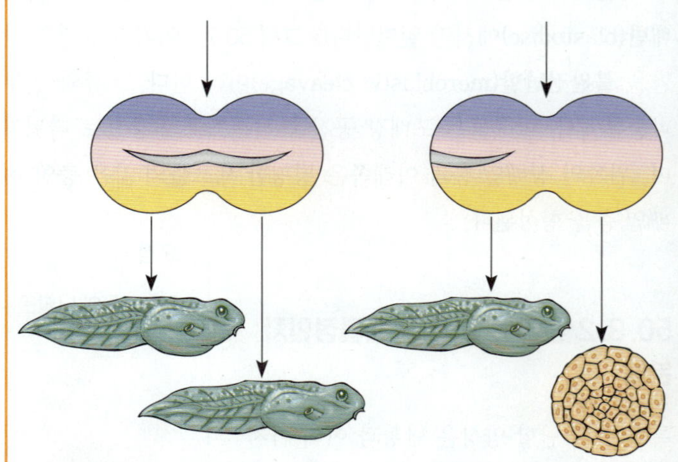

회색신월환을 반씩 가진 각 할구는 정상 올챙이로 발생하였다.

회색신월환을 가진 할구 만이 정상적으로 발생하였지만, 회색신월환을 갖지 않은 할구는 형성되지 않은 세포형태로 나타났다

**결과와 결론:** 회색신월환을 전부 또는 일부를 가진 할구 만이 올챙이로 발생되므로, 회색신월환이 수정란에서의 필수적인 발생 결정요소의 존재부위라고 할 수 있다.

**그림 50-8 개구리 발생에서 세포질 결정인자들.**

침투는 세포질의 재배열을 개시한다. 예를 들면, 양서류 난자의 수정은 표층 세포질의 일부를 이동시키는 원인이 된다. 세포질이 동은 난자 표층이 검은 색소과립을 갖고 있기 때문에 쉽게 관찰된다. 세포질의 재배열 결과, 밝은 회색세포질을 띠는 초승달 모양의 부위는 정자가 침투한 정반대 지점에 위치한다. **회색신월환(gray crescent)** 부위는 성장인자와 기타 발생결정인자를 함유

한다. 첫 번째 난할은 회색신월환을 양분하며, 처음에는 각 할구에 반씩 분포된다. 회색신월환의 위치에 따라 장차 발생할 배아의 좌우가 확립된다. 난할이 진행되면서 회색신월환의 물질들이 특정 할구로 분배되고, 회색 신월환이 함유된 부분은 배아의 등쪽 부분이 된다.

만약 개구리의 첫 번째 2개의 할구가 실험에 의해 나눠지면 각 할구는 완전한 올챙이로 발생한다 (**그림 50-8a**). 첫 번째 분열면이 바뀌게 되어 둘 중 하나의 세포에 회색신월환이 없는 세포는 정상적으로 발생하지 않는다 (**그림 50-8b**).

### 50.3.3 난할은 발생의 기본원칙 제공

난할은 연속적인 발생을 위한 기본원칙으로써, 접합자를 다수의 작은 세포로 나눈다. 난할의 최종 단계에서, 포배를 구성하는 작은 세포들은 이동하기 시작하며 이후의 발생단계에 필요한 위치에 배열된다. 세포막 단백질들은 세포들을 인식하여 부착시키며, 부착된 세포들의 조직형성을 결정한다.

**복습**

- 방사형 난할과 나선형 난할은 어떻게 다른가?
- 파충류와 조류에서 볼 수 있는 단황란의 특징적인 난할의 형태는 무엇인가?
- 초기 발생에 영향을 미치는 세포질의 중요성은 무엇인가?

## 50.4 낭배형성

**학습목표**

7 발생과정에서 낭배형성의 중요성을 확인하고, 극피동물 또는 창고기, 양서류 및 조류의 낭배형성 과정들을 비교 설명한다.

포배기 후, 3개의 층으로 이루어진 배인 **낭배**(gastrula)가 형성되는 과정을 **낭배형성**(gastrulation)이라 한다. 초기 발생은 다음의 단계를 진행 한다:

**접합자 ⟶ 초기 ⟶ 난할기 ⟶ 상실배 ⟶ 포배 ⟶ 낭배**

낭배형성기에 세포들은 배열하여 3개의 층인 **배엽**(germ layer)을 형성한다. 3개의 배엽 중, 최외각 층은 **외배엽**(ectoderm), 내부층은 **내배엽**(endoderm), **중배엽**(mesoderm)은 외배엽과 내배엽 사이에 발생한다. 낭배 형성 시, 추가적인 세포분열이 일어나며 배엽은 복잡한 조합과정을 통해 확립된다. 다수의 세포는 이전의 세포간 접착을 끊고, 인테그린(integrin)들과 기타 원형질막 단백질을 통한 세포외 기질물질 간의 복잡한 상호작용을 포함한 접착과정과 세포인식을 통해 새로운 세포간 접착을 형성한다(4장 참조). 많은 세포들은 특히 액틴 미세섬유의 분포변화를 통해 세포골격의 변화가 이루어진다. 이러한 세포내부 구조물의 변화를 통해 세포들의 모양이 변화하며 특수한 방향성을 갖고 움직이게 된다. 이러한 이동을 통해, 많은 세포들은 배아 내부에서 새로운 위치를 차지하게 된다. 장차, 배엽의 각 부분은 배의 특정 부분으로 발달한다.

### 50.4.1 난황의 양에 의해 영향을 받는 낭배형성의 패턴

극피동물과 창고기에서 일어나는 낭배형성의 간단한 형태는 그림(50−3f, g와 그림50−4i, j)에 예시되어 있다. 낭배형성은 식물극의 세포그룹이 연속적으로 모양의 변화가 일어날 때 시작되며, 먼저 포배벽의 부분이 편평하게 된 다음 안으로 구부러짐으로써 일어난다(함입: invagination). 함입된 벽은 결국 반대쪽 벽과 만나고 할강은 제거된다.

함입에 의한 낭배형성은, 마치 일부 공기가 빠진 고무공의 한쪽 벽을 반대쪽 벽까지 손가락으로 쑥 밀어 넣는 것처럼 세포층이 안으로 접히는 현상이다. 이와 유사한 방법으로 배는 이중벽으로 전환되며, 컵 모양의 구조를 갖게 된다. 새로운 내부의 벽면은 **원장**(archenteron)이 되며, 장차 발생될 내장의 공간을 형성한다. 원장의 바깥쪽 입구인 **원구**(blastopore)는 장차 후구동물의 항문이 되는 지점이다.

이와 같은 단순한 형태의 낭배형성은 양서류 배에서는 일어나지 않는다. 왜냐하면, 양서류 포배기의 식물반구 세포는 다량의 난황으로 둘러싸여 있기 때문에, 식물극 내부로의 이동이 차단된다. 반면, 동물극의 세포들은 배의 표면 아래로 이동하고, 회색신월환에서 유래된 지역에 도달하면 배의 내부로 이동하기 시작한다. 이와 같이 안쪽으로의 이동은 첫째 플라스크 또는 병 모양으로 세포의 형태가 바뀌면서 이루어지고(대부분의 세포덩어리는 실제 표면 아래에 위치), 이후, 표면 위의 다른 세포들과의 남아있는 연결고리가 차단되면서 배의 내부 쪽으로 침투한다. 배의 표면에 있는 이 지점을 **원구배순부**(dorsal lip of the blastopore)라 하고, 그것의 측면에 놓여있는 움푹 들어간 보조개 모양의 C자에 의해 구분 된다(**그림 50-9**). 이 과정이 지속되면서, 원구는 복부측면이 고리모양이 되고, 원구배순은 유사한 이동을 한다. 난황으로 채워진 세포들은 원구배순에 의해 둘러싸인 공간을 채우고 난황전을 형성한다.

표면으로부터 이동해온 세포에 의해 모든 면의 경계가 형성

**요점**

낭배형성을 통해 3종류 배엽인 내배엽, 외배엽 및 중배엽이 형성된다.

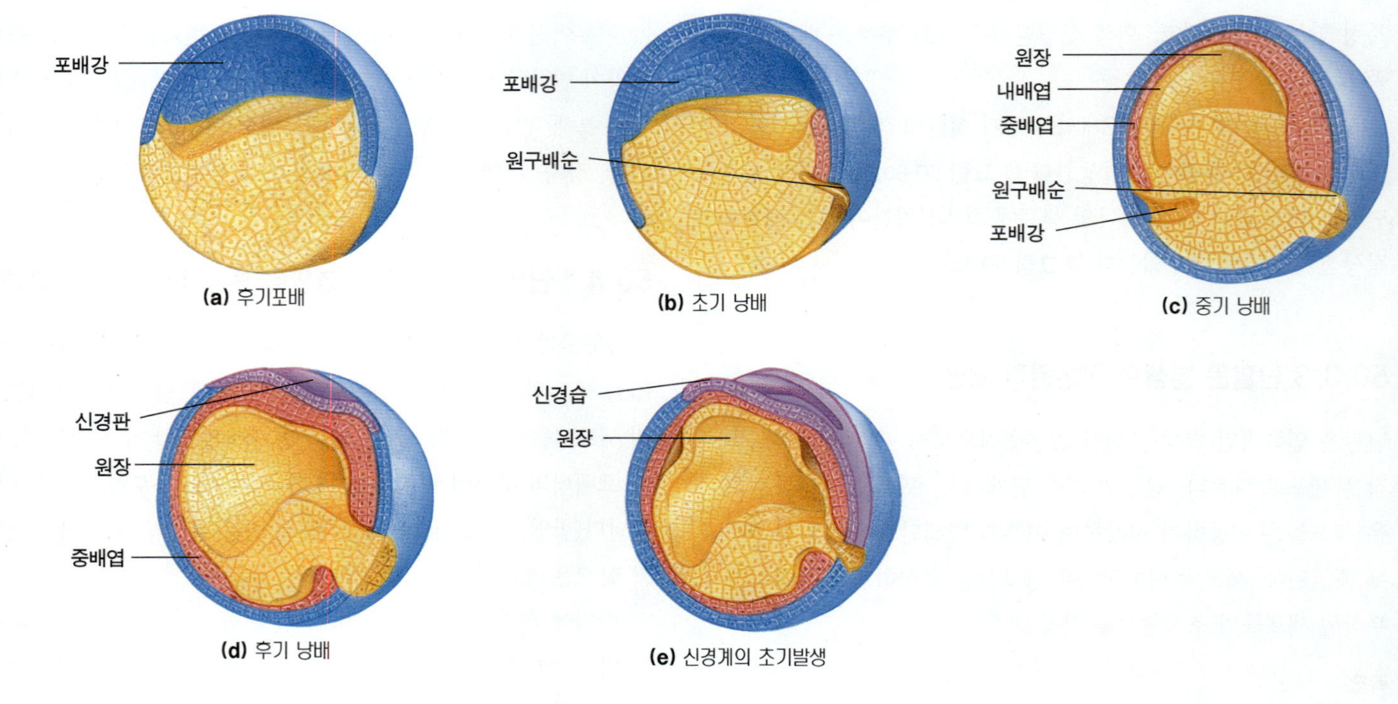


**그림 50-9 개구리 배의 낭배형성.**

그림의 배는 배엽층 형성을 보여주기 위한 종단면이다.

되면 원장이 형성된다. 원장은 처음에는 좁은 틈이지만 배의 앞쪽 끝으로 점차 확장됨으로 인해, 할강은 점차 작아지고 결국 사라진다.

비록 세부적인 것은 약간 다르지만, 조류의 낭배형성은 양서류와 근본적으로 유사하다. 위층을 구성하는 세포들(상배엽)은 중앙으로 이동하여 두꺼워진 세포성 지역을 형성하며, 이 부위를 **원조**(primitive streak)라 한다. 원조는 길게 신장하며 발생이 진행되면서 좁아지게 된다. 원조의 중심부가 좁고 길쭉한 홈을 형성하게 되면 이를 **원조구**(primitive groove)라 한다. 원조는 역동적인 구조로써, 원조를 구성하는 세포는 상배엽으로부터 내부로 이동하면서 원조구의 내부로 들어간 다음, 할강의 내부에서는 측면 또는 앞쪽으로 빠져 나가며 지속적으로 변화한다(▮ **그림 50-10**). 조류의 원조구는 양서류, 창고기, 극피동물 배의 원구(blastopore)와 기능적으로 동등하다. 하지만 조류의 배는 원장에 해당되는 강(cavity)을 갖고 있지 않다.

원조의 앞 끝에서는, 장차 **척삭**(notochord: 모든 척삭 배아에서, 바로 위 부위의 외벼엽을 신경계가 되도록 명령을 내리고 배아를 좌우로 나누는 등쪽 부위에 위치한 막대기 모양의 중배엽)으로 형성될 운명인 세포들은, **헨센결절**(Hensen's node)이라고 알려진 두터운 부위로 집중된다. 헨센결절 세포들은 내부로 들어가고 그 후 상배엽의 바로 아래 부분인 결절로부터 좁은 통로를 형

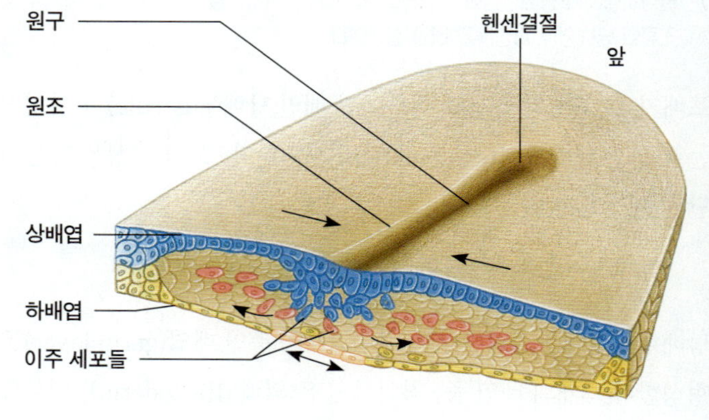


**그림 50-10 새 종류의 낭배형성.**

세포가 원조를 향해 이동하고, 원조구 내부로 이동하며 또한 세포들이 원조구의 측면 및 내부의 앞쪽으로 이동하여 3층의 배엽을 형성한다. 하배엽으로 이동한 세포는 결국 내배엽이 된다.

성하고, 신장되면서 앞쪽으로 이동한다.

다른 형태의 중배엽을 형성할 세포는 상배엽(외배엽 형성)과 하배엽 사이에 있는 원조로부터 측면 또는 앞쪽으로 이동한다. 기타 세포들은 하배엽 세포를 대치하며 측면으로 이동하여 내배엽을 형성한다. 대치된 세포들은 배외막의 일부를 형성한다.

**복습**

- 원장이란? 성게, 양서류 및 조류에서 원장이 형성되는가?
- 어떻게 난황의 양과 분포가 낭배형성에 영향을 미치는가?

## 50.5 기관형성

**학습목표**

8 기관형성을 정의하고, 각 배엽의 운명을 요약한다.

9 척추동물 신경계의 초기발생을 추적한다.

**기관형성**(organogenesis, organ formation) 과정 중, 3 배엽에 존재하는 세포들은 지속적으로 패턴형성과정을 통하여 특정구조를 형성한다. 외배엽은 결국 피부의 바깥층(표피) 및 신경계와 감각기관을 형성한다. 소화기관 (간, 췌장, 허파)을 형성하는 조직은 모두 내배엽기원이다. 골격조직, 근육, 순환계, 배설계, 생식계는 모두 중배엽에서 유래된다(**표 50-1**, 그림 17-1).

척삭, 뇌, 척수는 초기 척추동물 배아에서 첫 번째로 발생하는 기관 중의 하나다(**그림50-11**, 그림 50-9d, 9e). 첫째, 척삭은 세포가 모여 원통의 막대기 모양을 하며, 배의 길이를 따라 앞쪽으로 성장한다. 비록 척삭의 일부잔재는 척추사이에 위치한 연골디스크로 남아 있지만, 결국 척추 뼈가된다.

**표 50-1**

**낭배형성에서 형성된 배엽의 운명.**

| 배엽 | 운명 |
|---|---|
| **외배엽** | 신경계와 감각기관 |
| | 피부의 표피와 그와 연관된 구조(머리카락, 손톱 등) |
| | 뇌하수체 |
| **중배엽** | 척삭 |
| | 골격(뼈와 연골) |
| | 근육 |
| | 순환계 |
| | 배설계 |
| | 생식계 |
| | 피부의 안쪽층(내피) |
| | 소화관과 호흡계의 부분에서 발생하는 구조의 외층 |
| **내배엽** | 호흡계의 내층에서 발생하는 구조와 소화관의 내층 |

발생중인 척삭은 다른 중요한 기능을 갖고 있다. 즉, 척삭 중배엽의 일부분을 배의 다른 부위로 이식하면, 척삭은 위쪽의 외배엽을 두껍게하며 중추신경계의 전구체인 **신경판(neural plate)** 형성을 야기한다. 특정 세포를 자극하거나 또는 이들과 인접한 세포의 분화에 영향을 미치는 이러한 현상을 **유도(induction)**라 한다(17장 참조). 한편, 신경판 세포의 유도는 발생중인 척삭 세포와 외배엽 세포와의 직접적인 세포와 세포의 접촉을 필요로 하지는 않지만, 일부 형태의 신호분자의 확산에 의해 유도된다. 중요한 점은 척삭에서 분비된 신호분자는 외배엽 세포의 운명을 결정하기 때문에, 세포의 위치는 특정조직을 유도 한다는 것이다.

신경판 세포들은 모양이 변하고, 아래쪽으로 이동하고 함몰하여 **신경구(neural groove)**를 형성한다. 신경구 각 측면에 위치한 세포들은 **신경습(neural folds)**을 형성한다. 세포모양의 지속적

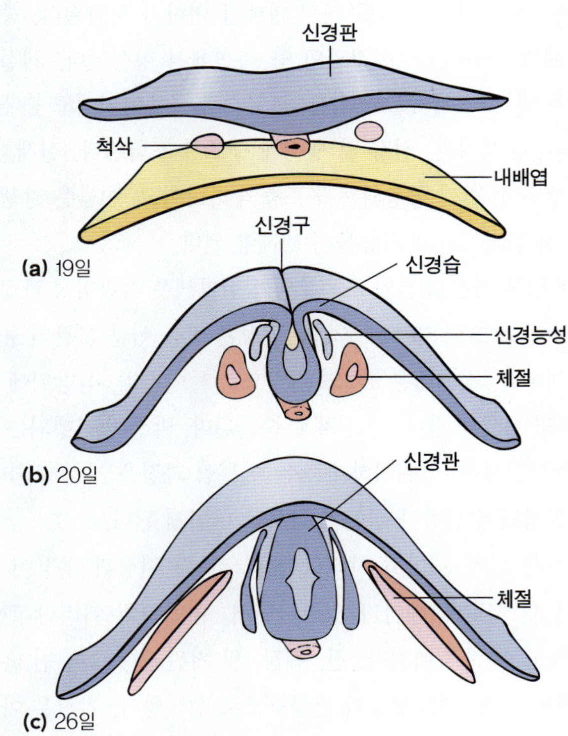


**그림 50-11 사람 신경계의 발생.**

**(a)** 약 19일. 신경판은 신경습의 측면에서 얕은 구를 형성하기 위해 만입한다. **(b)** 약 20일. 각 신경습은 서로 합쳐진다. 외배엽 유래의 신경제 세포는 배의 내부로 이동하여 감각신경이 된다; 체절은 중배엽성 세포들의 덩어리로서 장차 척추 또는 근육계 및 진피 등과 같은 조직이 된다. **(c)** 약 26일. 신경습은 합쳐져 원주형의 신경관을 형성하며, 장차 배의 앞쪽 끝에서는 뇌가 되며, 뒤쪽에서는 척수가 된다.

인 변화가 일어나 신경습이 만나, 융합되면 내부에 빈 공간을 갖는 **신경관**(neural tube)을 형성한다. 이 과정 동안 신경관은 외배엽 표면 바로 아래에 위치하게 된다. 신경관의 윗부분인 외배엽은 표피를 형성한다. 신경관의 앞쪽 부분은 성장하여 장차 뇌로 분화하고, 나머지 부분은 척수로 발생한다.

다양한 운동신경은 발생중인 뇌와 척수로부터 형성되어 나오지만, 감각신경은 별개의 기원이 있다. 신경습이 융합하여 신경관을 형성할 때, 신경조직의 일부로 알려진 **신경제세포**(neural crest)는 신경관의 각 측면에 위치한 외배엽에서 발생된다. 신경제세포는 그들의 원래 위치로부터 아래로 이동하여 척수신경의 배근신경절과 절후교감신경을 형성한다. 배근신경절 내 감각 세포들로부터 나온 수상돌기는 성장하여 감각기관으로 자라 나오고, 축색돌기는 척수내로 들어간다. 기타 신경제세포는 배내에서 다양한 부위로 이주하여, 특정 감각기관의 부분이 되며, 체내의 거의 모든 색소형성세포를 형성한다. 또한 뇌의 일부를 형성한다. 즉, 안면과 턱 및 뇌의 연골과 뼈 귀와 얼굴 진피 결합조직 감각신경과 말초 신경계의 기타 부분 자율신경계의 신경절 등이다. 신경계가 발생되면, 다른 기관도 역시 형태가 변하기 시작된다. 중배엽성의 **체절**(somite)은 신경관의 양 측면에서 형성된다. 체절은 뼈와 근육 및 기타 체축을 구성한다. 골격과 근육이외에도 중배엽성 구조는, 순환기관, 신장 및 생식계 구조가 포함된다. 실제, 혈관과 심장은 첫 번째 형성되는 구조중의 하나이고, 이들은 발생과정 동안 지속적으로 그 기능을 수행해야 된다.

4개의 방을 가진 조류와 포유류의 심장발생은 기관형성 과정의 좋은 예이다 (**그림 50-12**; 43장). 심장은 쌍을 이룬 혈관의 융합으로 발생한다. 정맥혈은 1개의 심방으로 들어가며, 심방위에 위치한 1개의 심실을 지나, 배 전체로 순환된다. 발생이 진행되는 동안, 심방은 심실 위에 위치하게 하는 뒤틀림 과정을 거치게 되며, 격막이 형성되어 심방과 심실은 좌우로 나뉘게 된다.

소화관은 먼저 체벽이 자라고 접힘으로써 전장과 후장이 분리되면서 형성되며, 배아가 성장하면서, 내배엽의 이러한 관들은 성장하고 매우 길어진다. 간, 췌장, 및 기관지는 속이 빈 홈의 형태로 생성되며, 장으로부터 관상구조로 성장한다. 기관은 아래로 성장함에 따라 쌍을 이룬 폐아가 되고, 장차 허파로 발생한다. 전장의 가장 앞쪽부분은 인두가 된다. 인두가 밖으로 주머니형성이 연속되면서 형성된 **인두주머니**(pharyngeal pouch)는 측면에서 발육된다. 인두주머니는 위쪽 외배엽인 **인두고랑**(branchial groove)로부터 형성된 내부낭 세트와 합쳐진다. 고랑 사이에서 형성된 활 모양의 조직을 **인두궁**(branchial arch)이라 하며, 턱과

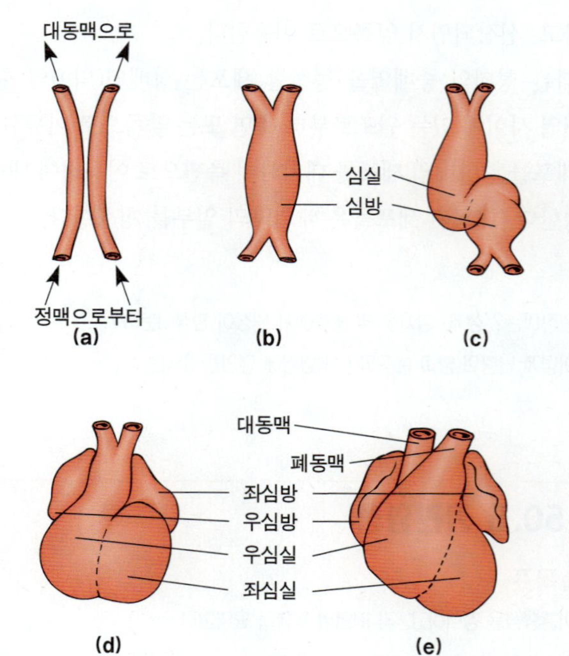


**그림 50-12 조류와 포유류 심장의 형성.**

심장의 형성은 2개의 혈관이 융합함으로써 형성되며, 먼저 정맥으로부터 온 혈액이 아래에 위치한다. 발생중인 심장은 심방이 심실의 위쪽으로 위치하도록 꼬여지게 되고, 결국 4개의 방으로 나뉘어진 심장이 된다.

목 및 얼굴의 혈관요소와 신경, 및 골격이 된다.

물고기와 일부 양서류에서, 인두주머니와 인두고랑은 합쳐지고, 인두로부터 바깥쪽으로 연속적인 관을 형성하며, 호흡기관 기능을 갖는 아가미가 된다. 육상 척추동물에서는 각 인두고랑은 조직의 얇은 막에 의해 인두주머니와 분리되어있으며, 이 구조는 육상 생활에 더 적절한 기관이 된다. 예를 들면, 중이강과 인두에 부속된 유스타키오관은 인두주머니에서 유래된다.

**복습**

- 신경관형성에 있어서 어떻게 세포분열, 성장, 세포분화 및 형태형성이 상호작용하는가?
- 신경제세포의 발생학적 중요성은 무엇인가?
- 각 배엽은 장차 어떠한 성체의 구조로 발달되는가?

## 50.6 배외막

**학습목표**

**10** 장막, 양막, 요막 및 난황낭의 기원과 기능을 이해한다.

육상척추동물은 4종류의 **배외막**(extraembryonic membrane)인 장막, 양막, 요막, 난황낭이 을 갖고 있다(**그림 50-13**). 비록 배

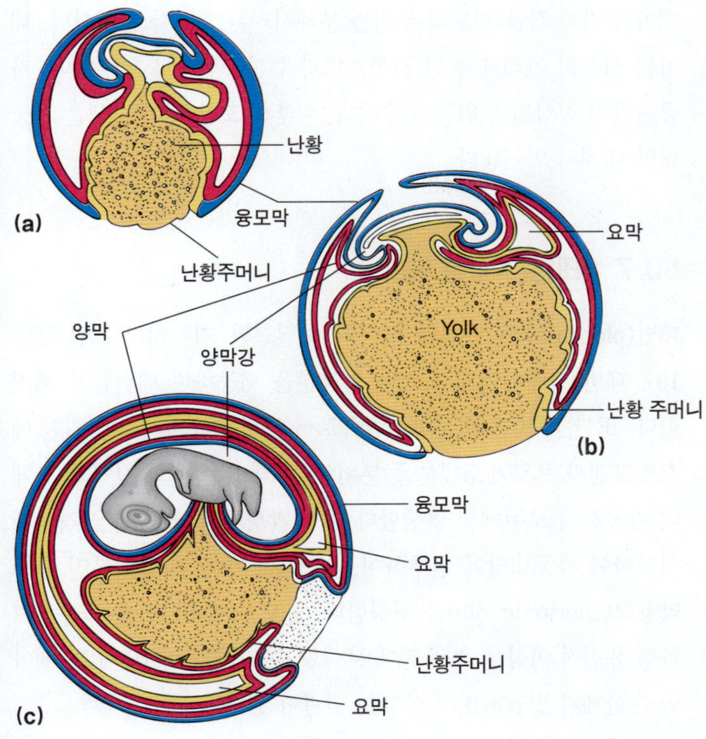


**그림 50-13** 배외막.

닭의 배외막 형성. **(a)** 발생 4일. **(b)** 발생 5일. **(c)** 발생 9일. 막의 각 부위는 2개 배엽이 결합됨으로 발생한다. 융모막과 양막은 내배엽과 외배엽의 측면이 융합함으로써 형성되며, 배 전체로 확장되고 융합된다. 요막은 확장된 주머니 모양으로써, 장 밖으로 접힘으로써 형성된다. 요막과 난황낭은 내배엽과 중배엽으로부터 발생한다.

외막은 생식층에서 발생되지만, 부화 또는 출생 시 없어지므로 배아 그 자체는 아니다. 배외막은 육상생활을 위한 배 발생의 적응 현상이며, 배아를 건조하지 않게 보호하고, 영양분과 산소를 공급하며 배설물의 제거를 돕는다.

가장 바깥쪽의 막인 **장막**(chorion)은 배아 전체를 둘러싼다. 조류와 파충류에서, 장막은 난각 바로 아래에 위치하며 가스교환을 위한 주요기관이다. 또한 장막은 사람과 대부분의 포유류에서도 비슷한 기능을 한다.

**양막**(amnion) 또한 배아 전체를 둘러싼다. 배아와 양막 사이의 공간인 양막강은 막에 의해 분비된 양수로 채워진다. 육상척추동물의 배아는 양수 내에서 발생하기 때문에 **양막류**(amniotes)이다. 양수 내에서, 배아는 건조되지 않고 운동 할 수 있다. 또한 양수는 충격을 흡수하고, 배아가 양막과의 흡착을 방지하는 완충 역할을 한다. 현재 임상에서는, *양수검사*를 실시하여 선천성기형을 야기할 것으로 보이는 생화학적 또는 염색체이상을 분석 한다(그림 16-11).

**요막**(allantois)은 발생 소화관에서 파생되며, 파충류와 조류에서는 질소 배설물을 저장한다. 사람에서, 요막은 매우 작고 기능은 없지만, 요막혈관은 탯줄형성에 관여한다. 난황이 풍부한 알을 가진 척추동물의 **난황낭**(yolk sac)은 난황을 둘러싸고 있으며 난황을 서서히 소화시켜 배가 이용하도록 한다. 난황낭은 난황병에 의해 배아와 연결되어 있으며, 난황이 적거나 없는 포유류 배아에서도 발생한다. 난황난의 벽은 일시적으로 혈구세포 형성에 관여한다.

**복습**

- 육상 척추동물 배아에서 장막과 양막의 역할은 무엇인가?
- 조류와 포유동물에 있어서, 장막과 난황낭의 기능적 차이는 무엇인가?

## 50.7 사람의 발생

**학습목표**

**11** 수정, 영양세포와 내세포집단의 운명, 착상 및 태반의 역할을 이해한다.

**12** 출산전후를 대조하고, 출산 시 또는 출산 직후에 일어나는 여러 가지 변화를 알아본다.

**13** 노화과정에 일어나는 일부 해부학적 및 생리학적 변화를 이해한다.

수정으로부터 아기의 출생 때까지, 사람의 **임신기간**(gestation period)은 평균 266일(38주 또는 약 9달)이다(**표 50-2**). 흔히 수

**표 50-2**

**사람의 배 발생에서의 중요한 현상들.**

| 수정후 시간 | 현상 |
|---|---|
| 24시간 | 배가 2세포기에 도달 |
| 3일 | 상실배가 자궁에 닿는다. |
| 7일 | 포배기세포 착상하기 시작 |
| 2.5주 | 척삭과 신경판이 형성; 심장으로 될 조직이 분화; 난황주머니와 장막에서 혈구가 생성 |
| 3.5주 | 신경관 형성; 최초의 눈과 귀; 인두낭 형성; liver bud분화; 호흡계와 갑상선이 발생이 막 시작; heart tubes가 융합, 굽어지고, 박동하기 시작; 혈관이 놓인다. |
| 4주 | 사지싹(lim bud)이 나타남; 뇌 형성의 3개 기본적인 분열 |
| 2달 | 근육분화; 배는 운동이 가능해짐; 정소인지 난소인지 생식선을 구별할 수 있음; 뼈가 경화하기 시작; 대뇌피질 분화; 기본적인 혈관 최종위치 추정 |
| 3달 | 외부형태에 의해 성을 구별할 수 있음; 척삭퇴화; 림프선 발생 |
| 4달 | 얼굴이 사람으로 보이기 시작, 대뇌의 엽이 분화; 눈, 귀, 코가 더 일반적으로 보임 |
| 9달 | 솜털이 태아를 덮고 후에 탈모한다; 뉴런에 수초가 싸기 시작한다; 신체의 현저한 성장 |
| 266일 (임신 후로부터) | 출생 |

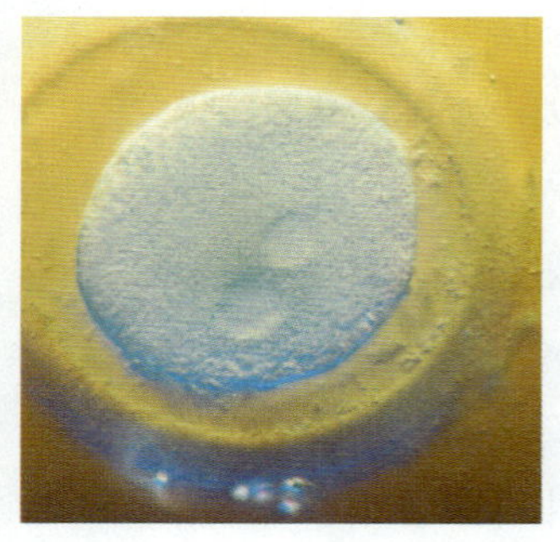


**(a)** 융합 전의 여성과 남성 전핵

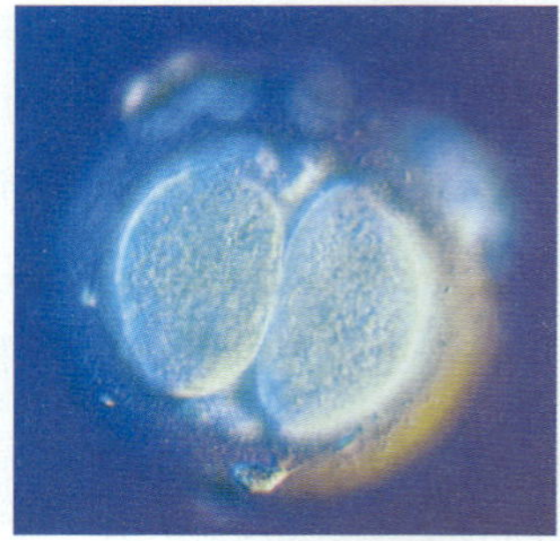


**(b)** 2-세포기

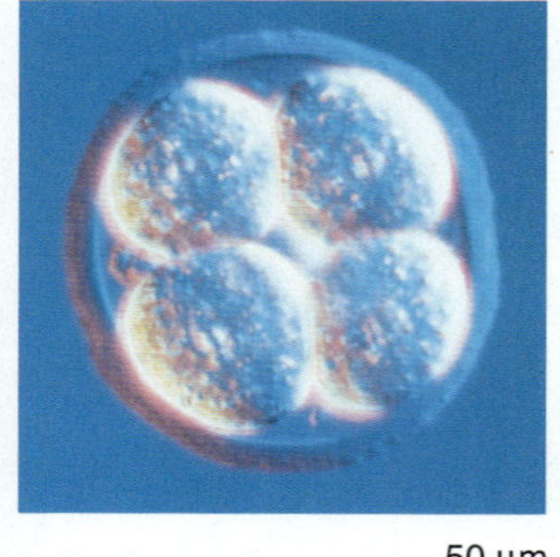


**(c)** 8-세포기

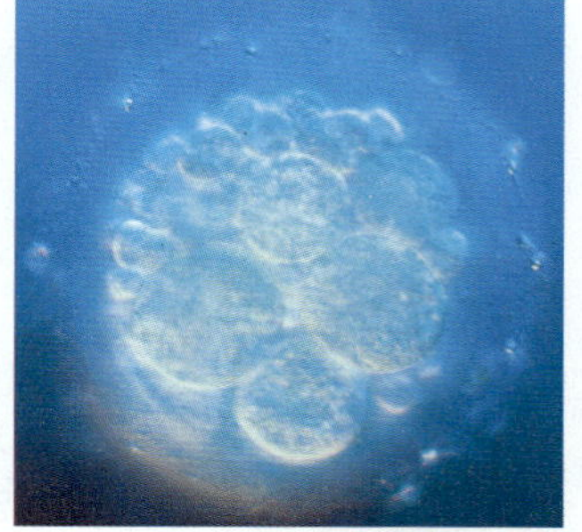


**(d)** 난할이 지속되어 상실배가 형성됨

**그림 50-14 사람 배아의 난할.**

정시간을 알기 어렵기 때문에, 산부인과 의사들은 보통 모체의 마지막 생리주기의 시작 날짜를 계산하여 임신시기를 정한다. 이 계산에 의하면, 평균 임신기간은 280일(40주)이다.

수정은 수란관에서 일어나고, 24시간 내에 사람의 접합자는 2개 세포의 배로 나뉜다(**그림 50-14**). 난할은 배가 섬모운동에 의해 수란관을 따라 이동하면서 지속된다.

발생 5일 경의 배아는 자궁내로 들어가고, 배아를 둘러싸고 있는 막인 투명대는 용해된다. 이후 며칠 동안 배는 자궁강을 자유롭게 떠다니며, 영양은 자궁의 분비선에서 분비되는 액으로부터 공급받는다. 배아 세포들은 배열하여, 포유류에서는 **배반포(blastocyst)**라고 불리는 포배를 형성한다. 바깥층의 세포인 **영양세포(trophoblast)**는 결국 배아를 둘러싸는 장막과 요막이 된다. 작은 세포덩어리인 **내세포집단(inner cell mass)**은 배반포강 내로 나와 있으며, 장차 배아의 구조가 된다.

배아 발생 약 7일경, 배아는 **자궁내막에 착상(implantation)**하기 시작한다(**그림 50-15**). 자궁내막과 접촉한 영양세포들은 작은 배아가 자리 잡을 정도의 부위를 분해시키는 효소를 분비한다. 배아는 서서히 아래에 놓인 결합조직과 혈관조직으로 침투하며, 자궁내막의 침식된 부위는 치유된다. 이후의 모든 배아 발생은 자궁내막 내에서 일어난다.

### 50.7.1 태반은 교환기관이다

**태반(placenta)**은 모체와 배아의 물질교환 기관이다(그림 50-15). 태반은 태아에게 산소와 영양분을 제공하며 배설물을 제거한다. 또한, 태반은 내분비기관으로써 임신을 유지시키기 위한 에스트로겐과 프로게스테론을 분비한다. 태반은 배의 장막과 모체의 자궁조직 모두에서 발생한다. 초기발생에서, 장막은 급격하게 성장하여 자궁내막에 침투하며, 손가락같이 생긴 돌기부인 **융모막융모(chorionic villi)**를 형성한다. 융모막 절취기술을 사용하여 특정 유전적 이상을 출생 전에 분석할 수 있다(그림 16-12). 배아의 순환계가 발달하면서 융모는 혈관이 된다.

사람의 배아가 성장함에 따라, **탯줄(umbilical cord)**이 발생하고 태반과 배아는 연결된다(**그림 50-15**). 탯줄은 2개의 제대동맥과 제대정맥을 갖고 있다. 제대동맥은 융모 내에서 발생한 수많은 모세관망에 의해 배아와 연결된다. 융모의 혈액은 제대정맥을 통해 배아로 돌아온다.

태반은 융모가 발생하는 장막 부분과 융모 밑에 위치한 자궁조직으로 구성된다. 융모막융모의 모세혈관에 있는 태아 혈액은 융모 사이의 조직 내에 있는 모체혈액과 가깝게 접촉한다. 이 두 혈액순환은 물질확산 또는 능동수송을 할 수 있는 막에 의해 항상 분리되어 있다. 모체와 태아 혈액은 태반 또는 다른 장소에서도 섞이지 않는다.

태반은 여러 가지 호르몬을 생산한다. 배아 착상 시기에서부터, 영양포세포들은 **사람 태반 생식소자극호르몬(human chorionic gonandtropin; hCG)**을 방출하여, 황체에 임신이 시작되었다는 신호를 보내면(49장 참조), 황체는 커져 많은 양의 에스트로겐과 프로게스테론을 방출한다. hCG는 자궁내막과 태반의 지속적인 발생을 자극한다.

hCG이 없다면, 황체는 퇴화되고 배아는 유산되며 월경 시 흘러나와, 여성들은 아마 임신된 사실 조차 모르게 된다. 만약 황체가 임신 약 11주 전에 제거되면, 배아는 저절로 유산된다. 임신 11주 후에는, 태반은 임신 유지를 위한 충분한 양의 에스트로겐과 프로게스테론을 독자적으로 생산한다.

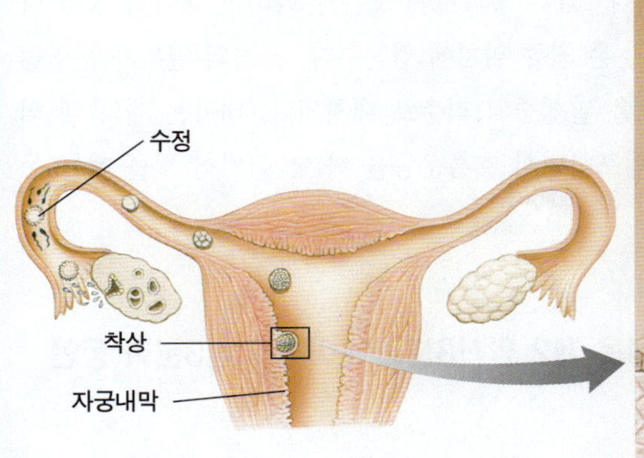


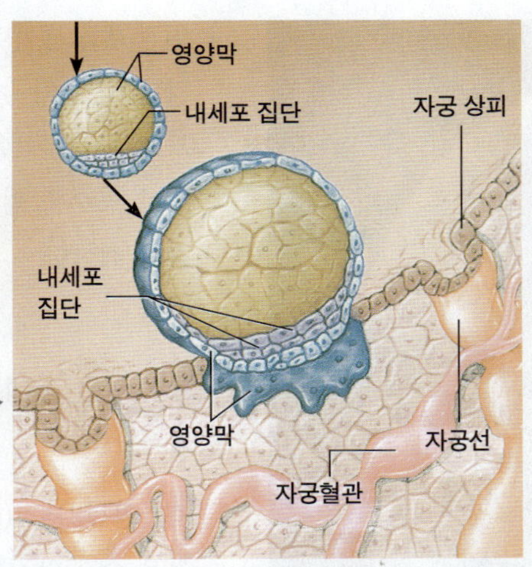


**(a) 7일.** 수정 후 약 7일 째, 배반포는 자궁벽을 따라 적당한 자리로 이동하여 착상을 시작한다. 영양세포층의 세포들은 증식하고 자궁내막으로 침투한다.

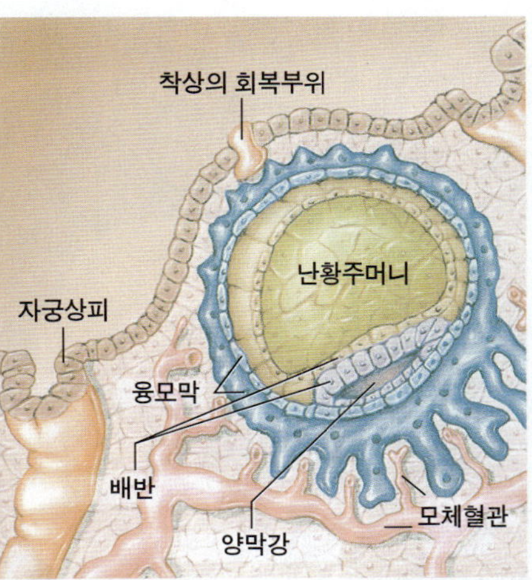


**(b) 10일.** 수정 후 약 10일 째, 영양세포층에서 융모막이 형성된다.

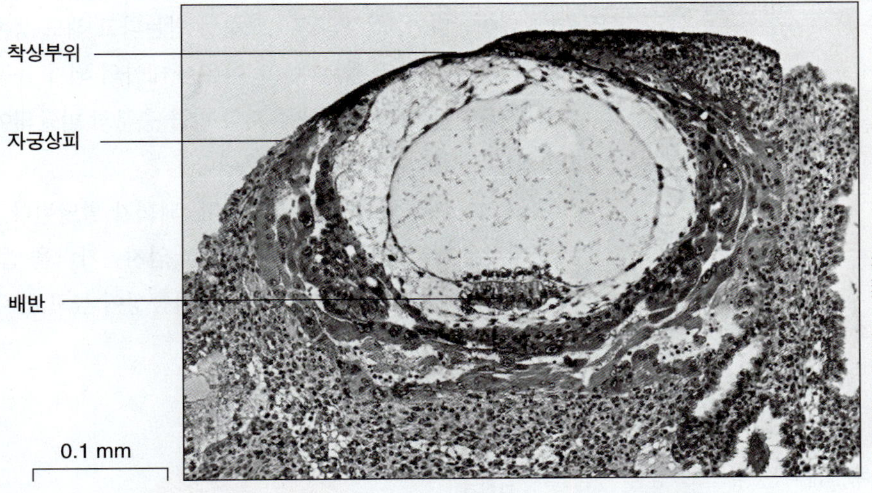


**(c) 12일.** 광학현미경 사진이 수정 후 약 12일 째에 착상된 배반포를 보여준다.

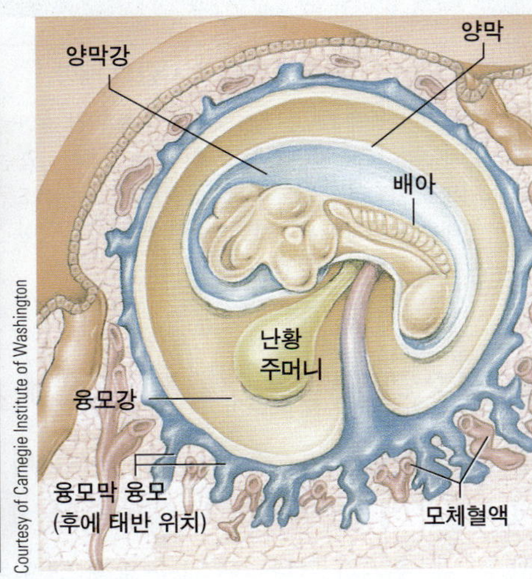


**(d) 25일.** 25일 후 배아와 모체의 혈관 사이에 밀접한 연결이 형성된다. 배아가 필요로 하는 산소와 영양분들이 모체의 혈액으로부터 공급된다. 융모막의 특정 영역이 곧 태반으로 될 것이라는 것을 주목하라.

**(e) 45일.** 약 45일 째, 배아와 함께 그 막은 탁구공 크기 만하고 모체는 여전히 자신의 임신을 깨닫지 못한다. 양막은 배아를 둘러싸서 완충작용을 하는 양수로 가득 차게 된다. 난황낭은 탯줄과 연결되어 있다. 혈액 순환은 탯줄과 태반을 통하여 이루어진다.

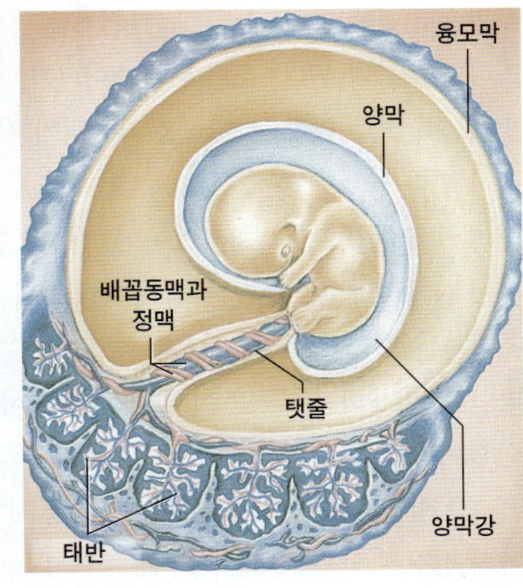


**그림 50-15** 자궁내 착상과 초기 발생.

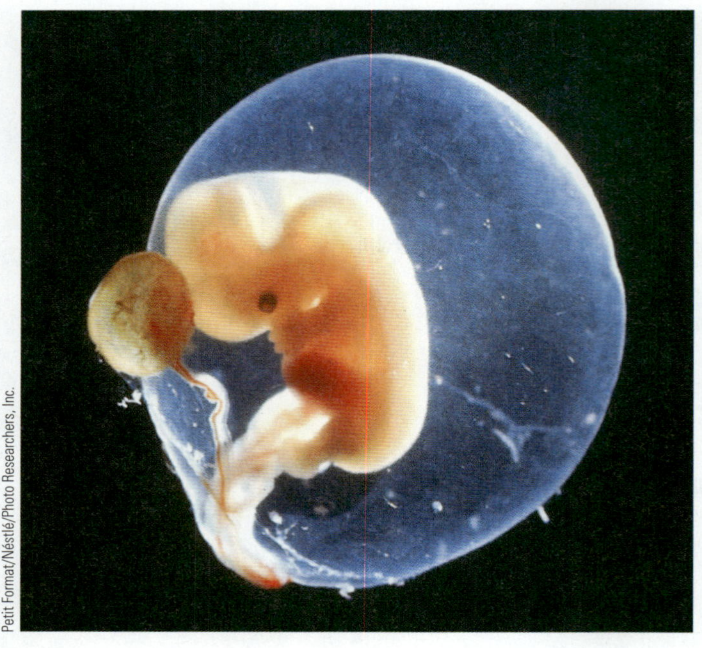


**그림 50-16** 발생 2개월 째 사람의 배아.

양막은 투명한 액이 가득찬 낭으로 5.5주 째 인간 배아를 둘러싸고 있으며 이 시기의 인간 배아는 1 cm 길이가 된다. 이 시기에는 사지와 눈의 발달이 명확해지다. 탯줄에 의해 연결되어 있는 왼쪽에 있는 풍선 같은 구조물이 난황낭이다. 이 시기의 배아는 매우 빠른 속도로 발생이 진행된다는 것을, 이 장의 첫 번째 그림(7주째의 배아)과 비교를 해보면 알 수 있을 것이다.

### 50.7.2 기관발생은 첫 3개월 동안에 시작된다

낭배형성은 발생 2–3주 사이에서 일어나며, 이후 척삭이 형성되어 신경판 형성을 유도하며, 신경관이 발생하고, 발생 5주쯤 전뇌, 중뇌, 후뇌가 나타난다. 1주 또는 그 이후, 전뇌는 밖으로 성장하며, 대뇌반구의 원기를 형성한다.

발생 3.5주 후, 심장은 자동으로 박동하기 시작한다. 인두주머니, 인두고랑, 인두궁은 발생중인 인두부위에서 형성된다. 인두판에서, 1개 관의 세포는 기관원기를 형성하기 위해 아래로 자라나와 폐아가 된다. 소화계는 뻗어나가, 간, 방광, 및 췌장으로 발생된다. 4주 말쯤, 사지싹은 분화하기 시작하며, 결국 팔과 다리가 된다.

발생 2개월, 모든 기관의 발생이 지속된다(**그림 50-16**). 근육이 발달하고 배아는 움직일 수 있다. 뇌는 일부 기관의 기능을 조절하는 자극을 보내기 시작하고, 일부 간단한 반사 신경이 나타난다. 발생의 첫 두 달 이후, 배아는 **태아(fetus)**로 불린다(**그림 50-17**).

**제1 임신3분기**(first trimester: 발생 첫 3개월)말에 이르면 태아의 신장은 약 56 mm, 몸무게는 약 14 g 정도가 되며, 작지만 인간의 모습이다. 외부 생식기 구조는 분화하여 태아의 성을 나타내며, 귀와 눈은 최종 위치에 접근한다. 골격의 일부가 분명히 드러나고 척삭은 발생중의 척추로 대치된다. 태아는 폐의 내 외부로 양수를 펌프하면서 호흡운동을 하며, 심지어 젖을 빠는 동작을 취한다.

### 50.7.3 발생은 제2 임신3분기와 제3 임신3분기 동안 지속된다

제2 임신3분기(4–6개월) 동안, 청진기로 태아의 심장 박동소리를 들을 수 있다. 태아는 양막강 내에서 자유롭게 움직이며, 5개월째에 엄마는 태동을 느낄 수 있다.

태아는 마지막 임신3분기(7–9개월) 동안, 빠르게 성장하여 최종에는 조직과 기관의 분화가 이루어진다. 만약 24주(전체 40주 중)에 태어난다면, 최상의 의료도움을 받는다고 해도 생존 가능성은 약 50%에 지나지 않는데, 그 이유는 태아의 뇌가 율동적인 숨쉬기 운동 같은 생명 기능을 유지할 만큼 충분히 발달되어있지 않고, 신장과 폐도 미성숙하기 때문이다.

7개월째, 대뇌는 빠르게 성장하며, 뇌회가 발달된다. 잡고 빠는 반사작용이 나타나고 태아는 자신의 엄지손가락을 빨 수도 있다. 약 28주에 태어난 아기는 사망할 가능성이 높고 심각한 결함

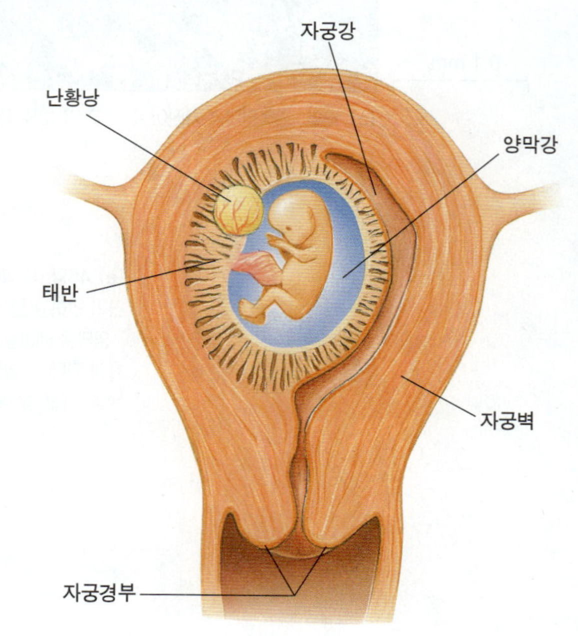


**그림 50-17** 10주된 사람의 태아.

자궁벽 안쪽의 태아의 위치를 유념하라.

**표 50-3**

**배아에 있어 환경적 영향들**

| 인자 | 예와 영향 | 설명 |
|---|---|---|
| 영양 | 심한 단백질 부족은 결손이 두배가 됨, 뇌세포 수가 작고, 학습능력이 영구적으로 침해될 수 있다; 엽산의 결핍은 이분척추(열린 척추), 같은 중추신경계 결손과 저 체중 출산과 관련되어 있다. | 성장률은 주로 배아 세포에 의한 순수 단백질 합성율에 의해 결정된다. |
| 약물들 | 많은 약물들, 아스피린조차도 태아의 발생에 영향을 준다. | |
| 과량의 비타민 | 비타민 D는 필수적이지만 과량은 정신지체를 일으킬 수 있다; 과량의 비타민A와 K 또한 해로울 수 있다. | 비타민 공급은 정상적으로 임산부를 위해서 처방되지만 추천된 용량만 복용해야한다. |
| 탈리도마이드수면제 (thalidomide) | 경도의 진정제로서 유럽에서 판매되는 thalidomide는 20세기에 1950년 1950년 이후에 출생한 7000명 이상의 아기에게 있어 심각한 기형의 원인이 되었다; 주된 결손은 해표상지증(phocomelia)으로 극도로 짧은 사지를 가진 때때로는 손가락과 발가락이 없는 아기가 출생되는 상태를 말한다. | 이 기형을 유발시키는 물질은 혈관과 신경의 발달을 방해한다; 가장 위험한 때인 사지가 발생하는 4-5주 째 복용되었을 때; thalidomide는 나병과 어떤 종양들 (e.g., 골수종)의 치료에 이용되었고 임상적 시도로는 AIDS의 일부 합병증과 다른 종양들의 치료에 유용한지가 시도되고 있다. |
| Accutane (isotretinoin) | 비타민 A의 합성유도체인 Accutane는 cystic acne의 치료에 이용된다. 임신동안 Accutane을 섭취한 여성은 뇌, 머리 그리고 안면, 흉선(면역기능을 방해), 혹은 심장의 심각한 기형을 가진 아이를 중 하나의 경우를 지닌 아이를 가진다. | 비록 accutane이 임신한 여성을 보호하기 위해 극도로 제한되어 시판된다고는 해도 몇몇 아이는 accutane 노출로 야기된 선천성 결손을 가진채 매년 태어난다 |
| 병원체들 | | |
| 풍진 | 풍진(독일홍역) 바이러스는 태반을 가로질러서 배아에게 감염된다; 정상적 대사와 세포이동을 방해한다; 백내장, 귀머거리, 심장기형 그리고 정신지체를 수반하는 증상을 일으킨다; 풍진이 임신 첫 달에 걸리면 위험율이 아주 높다 | 풍진은 1963-1965년에 미국에서 유행했는데 약 20,000명의 태아가 죽고 30,000명의 유아가 심각한 결손을 가지고 태어났다; 예방주사는 가능하지만 임신전 몇 달 전에 투여되어 져야만 한다. (약 50%); 달이 갈수록 그 위험율은 낮아진다. |
| HIV(에이즈 바이러스) | HIV는 출생전, 출생동안, 모유 수유동안 엄마로부터 아기로 전이될 수 있다. | 43장의 AIDS에 대한 언급을 보라 |
| 매독 | 매독은 감염된 엄마의 약 40%에서 태아로 전이된다; 태아는 죽거나 결손과 생식기 매독을 가지고 태어난다. | 임신한 여성은 기본적으로 산전검사로 매독검사를 한다; 대부분의 경우는 항체로 안전하게 검사될 수 있다. |
| 이온화 방사선 | 임신한 여성이 X-선이나 다른 형태의 방사능에 노출되었을 때, 유아는 선천성 결손과 백혈병에 걸릴 높은 위험율을 가진다. | 방사능은 선천성 기형의 가장 기본적인 원인 중 하나다. |
| 오락성, 그리고/혹은 남용되는물질 | | |
| 알콜 | 여성이 임신동안 심하게 술을 마시면 아기는 태아알콜증후군(fetal alcohol syndrome; FAS)을 가지고 태어나는데, 육체적 장애와 정신과 육체적 지체를 포함한다; 저체중 출산과 구조적 비정상이 매일 두잔의 음주로도 발생할 수 있다; 때때로 과민성과 학습 무력이 발생하기도 한다. | 태아알콜증후군은 미국에서 예방할 수 있는 정신지체의 주된 원인이다. |
| 담배 흡연 | 담배 흡연은 모체의 헤모글로빈의 일부가 일산화탄소와 결합하기 때문에 태아에게 가는 산소의 양을 줄인다; 아마 성장을 지연시킬수 있고 정교한 형태의 손상을 일으킬 수 있다. | 흡연하는 엄마는 평균 몸무게 보다 낮은 체중을 가진 아기를 분만하고 자연유산, 사산, 그리고 신생아 사망률이 높다; 여러 연구들은 또한 모체의 흡연과 자손의 낮은 지적 발달과의 관계가 있을 것으로 지적했다. |
| 코카인 | 태아 동맥의 압축을 일으키고 지체된 발달과 저 체중 출산을 일으킨다; 심각한 경우에 정신적으로 지체될 수 있고, 심장결손과 다른 의학적 문제를 가질 수도 있다. | 코카인 이용자들은 알콜과 함께 남용한다 그래서 분리된 효과를 보기 어렵다. |
| 헤로인 | 사망률과 미성숙률이 높다; 저체중아 출산 | 살아있는 유아는 중독되어 태어나고 수 주 혹은 수 개월 동안 치료되어야 한다. |

을 갖고 태어난다. 임신의 37주전에 태어난 유아는 조산아로 간주되며, 의료관리를 잘하면 생존가능성이 높지만 장기적으로는 건강상에 문제가 있을 수 있다. 출생 시, 평균 만삭 아기의 무게는 약 3 kg, 전체 신장은 약 52 cm로 정도이다.

### 50.7.4 하나 이상의 기작이 다중출산이 되게한다

때때로, 2 세포기 배아의 세포가 분리되며, 분리된 각 세포는 완전한 개체로 발생한다. 또한 내세포집단이 분리되어, 두 집단의 세포가 형성되며 그 각각은 독립적으로 발생한다. 이들 세포들은 동일한 유전자 쌍을 가지기 때문에 형성된 개체의 각각은 아주 비슷하며, **일란성 쌍둥이(monozygotic, identical twin)**라 한다. 아주 드물게는 2개의 내세포집단이 완전히 분리되지 못해, 물리적으로 부착되어있는 결합쌍둥이(conjoined twins)로 발생되는데 통상 하나 혹은 그 이상의 신체 부위가 붙어있다.

**이란성 쌍둥이**(dizygotic, fraternal twins)는 두개의 난자가 배란될 때 발생되며, 각각은 서로 다른 정자에 의해 수정된다. 각 접합자는 고유의 유전적 자질을 가지고 있고 생성된 개체들은 동일하지 않으며, 이들은 같은 성이 아닐 수도 있다. 이와 유사하게 세쌍둥이도 서로 일란성일 수도 있고 이란성일 수도 있다. 쌍둥이 출생률은 증가하고 있으며, 수정을 촉진시키는 약제가 널리 쓰이고 있기 때문으로 보고 있다.

## 50.7.5 환경적 인자들이 배아에 영향을 끼친다

**출생전발생**(prenatal development)은 다양한 환경요인들에 의해 영향을 받는다. 출생전의 생명체는 완전하게 형성된 아기보다 환경변화에 더욱 민감하다. 비록 모체와 태아의 혈액은 직접 섞이지 않지만 확산 및 다양한 기작들에 의해서, 영양분, 약물, 병원균 그리고 가스와 같은 많은 물질들이 태반을 통해 이동된다.

발생에 미치는 몇 가지 환경적 영향은 **표 50-3**에 기재되어 있다. 이들 중의 일부 약제 및 기타물질은 형태형성을 방해하여 기형을 초래하기 때문에 **기형유발인자**(teratogen)라고 한다. 흡연, 알콜 섭취, 영양부족 등, 수많은 인자들은 다수의 유아사망을 초래하는 저 체중 출산의 원인이 된다. 출생결함은 유전적 혹은 환경적 인자 또는 2가지 모두에 의해 일어날 수 있다.

일반적으로 배아구조의 발생은 발생초기(첫 3개월)에 일어나며, 세포이동 또는 세포 분열이 방해되면 정상적 모양이나 크기의 형성이 방해되어 영구적인 기형이 발생된다. 배아는 이 기간 환경적 인자들에 대해 가장 민감하다.

현재 자궁속 배아의 일부 결함은 진단할 수 있으며, 일부의 경우, 출산 전에도 치료가 가능하다. 양수검사와 융모막융모 검체물은 일부 결함을 알아내기 위해 사용된다(16장 참조). 초음파 영상기술은 태아의 위치를 결정하고 결함을 진단하는데 도움을 주며, 태아에는 해가 없다는 증거가 있다. 특별한 형태의 자기공명영상(MRI)과 고해상도 삼차원 초음파 영상 같은 새로운 방법들이 현재 개발되고 있다(**그림 50-18**).

## 50.7.6 신생아는 새로운 환경에 적응해야만 한다

중요한 변화들이 출생 후 일어난다. 출생 전 태아는 모체의 태반을 통해 산소와 영양분을 공급받지만, 신생아는 자신의 소화계와 호흡계가 그 기능을 해야만 한다. 순환계 또한 몇 가지 주요 변화가 일어난다.

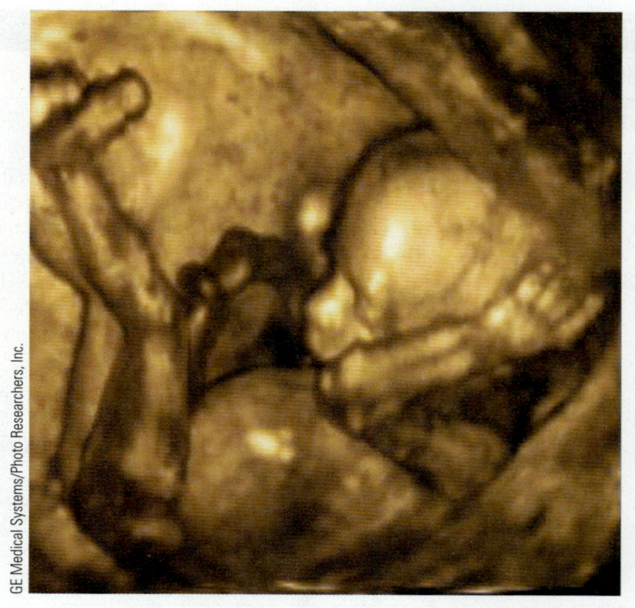
GE Medical Systems/Photo Researchers, Inc.

**그림 50-18** 사람 태아(10주–20주)의 삼차원적 초음파 이미지.
증폭된 세밀한 연조직을 주목하라.

정상적으로, **신생아**(neonate)는 수초 내로 숨을 쉬며, 30초 내에 운다. 만일 마취제가 모체에 투여되었으면 태아도 마취되었을 수도 있어, 태아는 호흡과 다른 활동들이 저하될 수도 있다. 일부 유아는 몇 분이 지나도 호흡을 시작하지 못할 수 있다. 이 때문에 많은 여성이 약물사용을 최소화하는 분만법을 요구한다.

신생아의 최초 호흡은, 탯줄이 잘린 후 혈액 내 이산화탄소의 축적에 의해 시작될 것으로 생각된다. 이산화탄소는 수질 내 호흡중추를 자극하며, 그 결과 폐가 팽창되며 혈관이 확장된다. 다량의 우심실 혈액은 확장된 폐의 혈관을 통해 흐른다.

## 50.7.7 노화는 불변의 과정이 아니다

인간의 생활사는 유아, 소아, 청소년, 청년, 중년 그리고 노년의 단계를 통해 진행한다. 발생은 **노화**(aging)를 포함하여, 개체 내에서 지속적으로 일어나는 생물학적 변화를 포함한다. 노화 과정의 변화로 인하여, 노인의 기능은 감소된다. 인체 내 다양한 기관계의 기능감퇴는 노인에게서 뚜렷하지만, 일찍 시작될 수도 있다.

노화과정은 개체 간 또는 체내의 다양한 부분에서 똑같이 일어나지 않는다. 일반적으로 신체 내 기관들은 시간적으로 또는 서로 다른 비율로 기능이 감퇴된다. 평균적으로 30–75세의 남자는, 미뢰의 64%, 신장 내 사구체의 44%, 척추신경 내 축색의 37%가 퇴행된다. 신경자극은 10% 늦게 전달되고, 뇌로 공급되는 혈액은

20% 감소되고, 사구체 여과율은 31% 줄고, 폐활량은 44% 정도가 감소된다. 하지만, 이러한 기능감소 중 일부는 운동과 식이요법과 같은 생활양식을 변화시킴으로써 극복할 수 있다. 비록 여성은 남성보다 약 8년 정도 더 오래 살지만, 역시 그 기능은 감퇴된다.

노화과정 그 자체에 대해 잘 모르지만, 현재 선충류, 초파리, 및 마우스 등을 이용하여 노화현상 및 수명연장에 관련된 유전자 및 단백질에 관한 연구가 진행되고 있다.

### 50.7.8 스트레스에 대한 항상성 반응은 노화되면서 감퇴 한다

유전성과 환경 스트레스의 복합작용 등으로 인하여 노화가 일어난다. 노화를 일으키는 유전적 프로그램이 있는지, 또는 그 과정에 포함된 유전자가 그때의 상황에 따를 것인지에 대한 의문점이 있지만, 후자일 것으로 보인다.

확실하게, 일부 유전적으로 프로그램된 발생과정은 노화 과정과 연관되어있는 것처럼 보인다. 일반적으로 세포가 분화할 때 세포분열을 멈추는 세포들은, 일생동안 분열을 계속하는 세포에 비해 노화의 변화를 쉽게 나타낸다. 유전적 프로그램은 중요한 세포의 세포분열 및 영양공급을 멈추도록 하기 때문에, 체내 특정 부위는 정상적인 기능을 잃기 시작할 것으로 가정된다. **세포노화(cellular aging)**의 1가지 모델에서, 정상 사람의 세포는 계속 배양하면, 결국 분열능력을 잃어버린다. 또한 노인 환자로부터 얻어진 세포들은 젊은 사람의 세포들보다 더 적은 횟수로 분열한다. 세포노화는 대부분 정상 인간 체세포가 활성 말단소체복원효소(telomerase)를 생산하는 능력을 잃어버리도록 프로그램된 사실과 관련되어 있는 것으로 보인다.

유전적으로 프로그램된 세포의 죽음, 즉 세포자살은 발생과정에서 수반되는 필수적인 기작이며, 노화과정에서도 역할을 할 것으로 보인다. 그러나 대부분 노화가 세포예정사를 유도하는 유전적 프로그램의 직접적인 결과로 생각되지는 않는다. 하지만 세포예정사의 조절 실수는, 치매 또는 심장 발작이나 심장 마비에 따르는 일부 세포죽음 등과 같은 어떤 퇴행적 조건이 될 수도 있다.

연구자들은 다양한 스트레스에 직면했을 때 신체의 복구 또는 유지에 영향을 미치는 유전자를 조사하고 있다. 다른 생명과정과 같이, 노화는 어떤 환경적 영향에 의해 촉진될 수 있으며, 각 개체간 유전적 차이 때문에 다양할 수도 있다. 적어도 노화는 엄격한 칼로리 제한으로 지연될 수 있다. 노화는 호르몬의 변화, 자가면역 반응을 포함하는 면역 체계의 다양한 비정상적 기능, 세포 내에 특정 노폐물의 축적, 콜라겐 같은 거대분자의 분자적 구조의 변화, 그리고 X ray 또는 우주선의 지속적 노출로 인한 DNA 손상 등으로 인해 젊은 나이에도 촉진될 수 있다는 증거가 있다. 현재 연구자들은 다양한 연구를 통해 노화를 촉진하는 기작보다는 수명을 최대로 증가시키는 연구를 진행하고 있다.

#### 복습

- 어떻게 배반포가 형성되며 착상이 이루어지는가?
- 어떻게 태반이 형성되며, 그 기능은 무엇인가?
- 신생아가 출산직 후에 반드시 적응하는 것은 무엇인가?
- 각 삼분기 동안 일어나는 것은 무엇인가: 뇌회(대뇌의 표면주름)의 발달 사지의 발달 모체는 태동을 느낌?
- 노화과정에 일어나는 변화는 무엇인가?
- 노화 연구에 이용되는 모델동물에는 어떠한 것이 있는가?

## 핵심 용어와 요약

#### 학습목표

1 세포결정과 세포분화, 패턴형성과 형태형성의 관계를 분석하라.

- **세포운명**은 세포분화를 야기하는 일련의 분자적 사건으로써, 세포는 특수화되고 특별한 기능을 수행한다. 비교적 미분화된 세포는 **줄기세포**이다.
- **형태형성**은 세포는 신호분자에 의해 소통하고, 이동하며, 모양이 변하고, 세포사 등을 포함하는 **패턴형성**을 통하여 이루어진다.

2 핵의 등가성과 선별적 유전자 발현을 연계하라.

- 세포결정과 세포분화 과정에서 유전자의 변화는 없다(핵의 등가성 원리). 하지만, 다양한 종류의 분화된 세포는 서로 다른 유전자 부분집합을 발현한다(선별적 유전자 발현).

3 수정에 관련된 4가지 과정을 기술하라.

- 정자와 난자를 덮고 있는 외부막과의 접촉과 인식.
- 정자의 진입은 이종간 수정뿐만 아니라 난자에 한개 이상의 정자에 의해 수정되는 **다수정**을 방지하기 위해 조절된다.
- 수정은 난자를 활성화시켜, 초기 발생에서 일련의 과정을 시작하게 한다.
- 정자와 난자의 전핵은 융합하며 DNA 합성을 시작한다.

4 극피동물의 수정과정을 기술하고, 포유동물 수정과의 차이점을 지적해 보라.

- 극피동물 난자의 외부막은 **난황막**과 **젤리층**이며, **투명대**는 포유동물 난자를 둘러싸고 있다.
- 난자와 접촉하면, 정자의 두부에서는 **첨체반응**이 일어나며, 난자 외부막의 침투를 촉진시킨다. 포유동물에서는, 난자를 수정시킬 수 있는 정자의 능력을 획득하는 성숙과정인 **수정능획득**이 일어난 다음, 첨체반응이 일어난다.
- 성게의 수정은 다수정의 빠른차단(원형질막의 탈분극)과 다수정의 느린차단인 표층반응 이후에 이루어진다. 포유동물에서는 투명대의 변화로 인하여 다수정이 방지된다.

5 접합자로부터 초기 난할과 상실배와 포배형성 까지, 초기 배 발생의 일반화된 패턴을 추적하라.

- 접합자는 성장기 없이 일련의 빠른 세포분열인 난할을 한다. 중요한 점은, 난할을 통해 수많은 작은 세포인 할구가 형성된다.
- 난할은 고형의 공과 같은 세포 덩어리인 **상실배**를 형성한 다음, 내부공간을 가진 공모양의 세포인 **포배**가 된다.

6 특히 난황의 양과 분포의 중요성에 대해 관심을 가지고, 극피동물 또는 창고기와 양서류 및 조류의 난할을 포함한 초기 발생을 조명하라.

- 대부분의 무척추동물과 단순한 척색동물에서 볼 수 있는 **등황란**은 고르게 분포된 **난황**을 갖고 있다. 이들은 난자의 전체가 분열되는 **완전난할**을 한다.
- 양서류의 **약단황란**은, **식물극**에 난황의 농도가 높기 때문에, 난할이 천천히 일어나며 따라서 적은 수의 큰 세포를 형성하게 되지만, **동물극**에서는 많은 수의 작은 세포가 형성된다.
- 대부분의 난황이 한쪽 끝에 있는 파충류와 조류의 강단황란은 난할이 **배반**에서만 한정되며 **불완전난할**을 한다.
- 접합자가 비교적 균등한 세포질을 갖고 있는 동물의 배는 **조절발생**을 한다. **모자이크발생**은 세포질 구성성분이 불균등하게 분포하고 있기 때문이다. 양서류 접합자에서 볼 수 있는 **회색신월환**은 배의 체축을 결정한다.

7 발생과정에서 낭배의 중요성을 확인하고, 극피동물 또는 창고기, 양서류 및 조류의 낭배형성 과정을 비교하라.

- **낭배형성**은 외부층인 **외배엽**, 내부층인 **내배엽**, 그리고 외배엽과 내배엽 사이의 층인 **중배엽**의 3가지 **배엽**을 형성하는 과정으로써, 기본적인 신체의 틀을 형성하는 과정이다.
- 일부 그룹에서 형성되는 소화관의 전구체를 **원장**이라 하며, 원장이 외부로 열린 부분은 **원구**가 된다.
- 성게와 창고기의 낭배형성 과정에서, 포배벽에서 함입한 세포는 궁극적으로 반대편 벽과 만나 원장을 형성한다.
- 양서류에서, 식물극에서의 함입은 큰 난황을 가지고 있는 세포 때문에 방해를 받는다. 반면, 동물극의 세포는 난황이 풍부한 세포 위쪽까지 내려와 함입하여, **원구배순부**를 형성한다.
- 조류에서, 함입은 **원조**에서 일어나며, 원장은 형성되지 않는다.

8 기관형성을 정의하고, 각 배엽의 운명에 대하여 요약하라.

- **기관형성**은 기관을 형성하는 과정이다.
- 외배엽은 신경계, 감각기관 및 피부의 바깥층(표피)이 된다.
- 중배엽은 척삭, 골격, 근육, 순환계 및 피부의 내층(진피)이 된다.
- 내배엽은 소화관 계통이 된다.

9 척추동물 신경계의 초기발생을 살펴보라.

- 발생중인 **척삭**은 외배엽이 분화하여 중추신경계가 되도록 **유도**하는 중요한 역할을 한다.
- 뇌와 척수는 **신경관**으로부터 발생된다.

10 장막, 양막, 요막 및 난황낭의 기원과 그 기능에 대하여 알아보자.

- **장막**과 **양막**은 외배엽과 중배엽으로부터 발생된다. **요막**과 **난황낭**은 내배엽과 중배엽에서 발생된다.
- 장막은 가스교환에 사용된다. 양막은 액체낭으로써 배를 둘러싸고 있으며 습도를 유지하며, 또한 충격을 흡수하는 역할을 한다. 요막은 질소 배설물을 저장한다. 난황낭은 난황을 분해시켜 배아가 이용하도록 한다.

11 수정과정, 영양세포와 내세포집단의 운명, 착상 및 태반의 역할을 포함한 초기 사람발생의 일반적인 과정을 묘사하라.

- 수정은 수란관에서 일어난다.
- 난할은 배가 수란관의 아래쪽으로 이동하면서 일어난다.
- 자궁내에서 배아는 **배반포**로 발달된다. 배반포의 바깥쪽에는 장막과 양막이 될 **영양세포**로 구성되며, 내부에는 적절한 배의 구조가 될 부분인 **내세포집단**으로 구성된다. 배반포는 자궁내막에 **착상**한다.
- **탯줄**은 배를 모체와 태아의 순환을 통한 교환기관인 **태반**과 연결된다. 태반은 배의 장막과 모체조직으로부터 발생된다.

12 출산 시 또는 출산 직후, 신생아가 독자적으로 살 수 있도록 하는 여러 가지 변화를 기술하고, 출산전과 출산후의 생활을 조명해 보라.

- 수정 시점으로부터 **출산전**까지 사람의 발생은 약 266일이 걸린다. 기관형성은 **제1 임신3분기**동안 시작된다. 발생 첫 2 개월 후의 배아를 **태아**라고 부른다. 조직의 성장과 세밀한 구별은 제2 임신3분기와 제3 임신3분기 사이에 지속된다.
- **신생아**는 특히 호흡계와 소화계가 반드시 빠르게 적응해야만 한다.

13 노화과정에 일어나는 일부 해부학적 및 생리학적 변화를 기술하라.

- **노화**과정에서 스트레스에 대한 항상성 반응이 현저하게 감소된다.
- 모든 신체계는 노화와 함께 감소되지만, 같은 비율로 감소되지는 않는다.

## 연습문제

1. 첨체반응의 주된 기능은?
   (a) 난자의 활성화 (b) 정자의 운동성 증가
   (c) 종간 수정 방지 (d) 정자에 의한 난자의 외부막 침투 용이
   (e) 정자와 난자 전핵의 융합 야기

2. 성게 수정과정의 순차적인 순서는?
   1. 난자와 정자 전핵의 융합 2. DNA 합성 3. 단백 질합성 증가 4. 세포질내로 칼슘의 방출.
   (a) 4,3,1,2 (b) 3,2,4,1 (c) 2,3,1,4
   (d) 1,2,3,4 (e) 4,1,2,3.

3. 형태형성을 야기하는 직접적인 기작은?
   (a) 선별적 유전자 발현 (b) 패턴형성 (c) 핵의 등가성
   (d) 세포분화 (e) 세포결정

4. 성게에서 다수정의 빠른차단 방식?
   (a) 난자 원형질막의 탈분극 (b) 표층과립의 외세포작 용 필요
   (c) 수정막 (d) 젤리층의 경화

5. 태아와 모체 모두에서 구성된 조직은?
   (a) 탯줄 (b) 태반 (c) 양막 (d) 요막 (e) 난황낭.

6. 발생 약 7일경, 사람의 배아는?
   (a) 자궁벽에 착상
   (b) 영양분과 산소를 얻기 위해 완전하게 발달된 태반 형성
   (c) 장막 생식선자극호르몬 방출
   (d) a와 c
   (e) a, b, 및 c.

7. 발생중인 척삭에서 방출되는 물질들은 위쪽의 외배엽이 신경판 형성을 야기한다. 이러한 현상을 무엇이라 하는가?
   (a) 활성화 (b) 결정 (c) 유도 (d) 착상 (e) 모자이크 발생.

8. 포유류의 배아의 발생은 어디로부터 이루어지는가?
   (a) 영양세포 (b) 탯줄 (c) 내세포집단 (d) 배반포 전체 (e) 난황낭

9. 다음 중 서로 일치하지 않는 것은?
   (a) 내배엽: 소화관계 (b) 외배엽: 순환계 (c) 중배엽: 척삭
   (d) 중배엽: 생식계 (e) 외배엽: 감각기관.

10. 다음 중 척추동물의 기관형성에 관한 내용 중 사실이 아닌 것은?
    (a) 척삭, 뇌, 척수는초기 배발생에서 생성되는 첫 번째 기관 중의 하나이다
    (b) 발생중인 척삭은 위쪽의 외배엽이 분화하여 신경판이 되도록 한다
    (c) 신경습은 만나 융합하여 4개의 방을 가진 심장을 형성한다
    (d) 일부 신경제세포는 분화하여 신경이 된다
    (e) 중배엽의 집합체인체절은 신경관의 양쪽에 형성된다.

11. 조류 배의 원조구는 양서류 배의 다음 중 무엇과 기능적으로 같은가?
    (a) 난황전 (b) 원장 (c) 할강 (d) 회색신월환 (e) 원구.

12. 성개 배의 난할은?
    (a) 나선형 (b) DNA 합성을 포함하지 않음
    (c) 세포질분열을 포함하지 않음 (d) 완전난할
    (e) 식물극에서 일어나지 않음

## 심화 학습문제

1. 거의 200년 동안, 과학자들은 난자 또는 정자 세포가 완전하게 형성된 작은 미소체(전성설), 또는 무정형의 접합자로부터 구조가 점진적으로 발달한다는 후성설(epigenesis)이 맞는지에 대하여 논쟁하였다. 이러한 관점을 현재의 발생학적 관점에 관련하여 조명하라.

2. 태반 발생의 적응 가치는 무엇인가?

51

# 동물의 행동

E. S. Ross

**모래 말벌이 구멍으로 들어가고 있다.**
말벌은 생식의 성공을 보장하는 행동의 복잡한 일습을 어떻게 수행하는지를 어떻게 인지하는가?

## 핵심 개념

유전적, 발생적, 및 생리학적 과정을 포함하고 있는 행동의 직접적인 원인은 동물이 특이적 행동을 어떻게 수행하는지를 설명한다. 궁극적인 원인은 특정 행동이 왜 일어났는지를 진화적으로 설명할 수 있다.

행동의 용량은 유전되나, 행동은 환경 연습에 반응하여 변화되고, 이를 학습 행동이라 한다.

사회는 적응된 방법으로 일을 같이 하는 동종 개체들의 집단이다.

성적 선택에서, 생식적 장점을 갖고 있는 개체는 같은 종의 같은 성의 개체들보다 우선적으로 선택된다.

혈족 선택은 가까운 친척들의 성공적인 생식을 통하여 모든 적응을 증가시키는 자연 선택의 한 형태이다

모래 말벌(*Philanthus sp.*)은 또는 벌(또는 갑충)은 한 마리를 잡아서, 독을 쏘아, 모래에 파여 있는 굴 안으로 마비된 먹이 곤충을 놓는다(사진 참조). 그리고는 말벌은 그 먹이에 산란하고, 먹이는 그 알에서 부화된 유충(larva)에 의하여 산 채로 먹힌다. 때때로 모래 말벌은 가을에 동면할 번데기가 될 때까지 먹이를 재 비축하기 위해 숨겨져 있는 굴로 돌아간다. 그 새끼들은 한 번도 해보지 않았지만 각각의 단계를 정확하게 수행하면서 이 행동을 반복할 것이다.

동물의 **행동(behavior)**은 보통 그 주위 환경의 자극에 대한 반응으로서, 무엇을 하며 어떻게 하는가 이다. 개는 꼬리를 흔들고, 새는 노래를 부르며, 나비는 휘발성의 성 유인제를 방출할 것이다. 행동은 생물학적 구조만큼, 해부학적 또는 생리학적으로도 주어진 종의 특징만큼이나 다양하다. 그 형태학과 생리학처럼 동물의 행동은 표현형과 그 암호인 유전자형에 대한 **자연선택(natural selection)**의 산물이다. 그러므로 동물 행동의 레퍼토리는 특정 환경에서 생존할 수 있도록 갖춘 일련의 적응이다.

생물학자들이 동물 자연 환경이나 또는 실험실에서 행동을 연구하고자 할 때, 그들은 반드시 동물이 그들이 살고 있는 방법으로부터 무엇을 분리할 수 없는지를 고려하여야 한다. **행동 생태학(behavioral ecology)**은 진화적 관점으로부터 자연 환경에서의 행동에 대한 연구이다. 20년 이상 동안, 행동 생태학은 동물 행동을 연구하는 생물학자들의 주된 접근이었다. 이 접근에 들어가기 전에, 동물 행동의 연구는 **동물 행동학(ethology)**이라 불렸고, 이 용어는 아직도 때때로 동물 행동 연구의 전체를 언급할 때에 사용된다.

이 장에서, 우리는 동물의 행동이 생식의 성공과 종의 존속에 어떻게 공헌하는지를 고려할 것이다. 우리는 학습의 형태를 토의하고 이주, 먹이획득, 및 사회적 행동을 포함하는 행동의 일부 중요 형태에 대하여 양상과 원인에 초점을 맞출 것이다. 우리는 성적 선택과 도움 주는 행동도 탐구할 것이다. ■

## 51.1 행동과 적응

**학습목표**

1 행동의 직접적인 원인과 궁극적인 원인을 구별하고, 궁극적 원인의 개념과 경비-성과 분석을 특별한 행동이 적응적인지를 결정하는 데에 적용할 수 있다.

행동의 수용능력은 유전되지만 많은 유전된 행동들은 경험에 의해 수정될 수 있다. **학습**(learning)이 경험으로부터 오는 행동의 꾸준한 변화에 관여한다. 모래 말벌의 생식 행동과 같은 복잡한 행동 등을 고려해 볼 때, 우리는 왜 그들이 그렇게 행동하는지, 또 어떻게 그 임무를 완성하는지에 대해 관심을 가질 수밖에 없다. 초기의 동물 행동학자들은 "어떻게" 라는 의문에 좀 더 초점을 맞추었었다. 이런 의문들은 동물들이 특정 행동을 수행할 수 있도록 하는 유전학적, 발생학적 및 생리학적 과정들처럼 즉각적 원인인 **직접적 원인**(proximate causes)을 제기한다.

최근 생물학자들은 간접적 원인(제1원리, **궁극적 원인** ultimate causes)을 제기하는 원근화법이며 물어보는 의문인 "왜"라는 관점을 덧붙이고 있다. 진화적인 설명을 할 수 있는 이런 의문은 왜 독특한 유사한 과정들이 진화되었는지를 반문하고 있다. 근본적으로 고려할 때는 행동 패턴에는 **경비**(cost)와 **성과**(benefit)가 있다. 간접적 원인을 연구할 때 우리는 특정한 행동의 적응적 가치가 무엇인지를 묻게 된다. 행동을 이해하기 위해서는 직접적 원인과 궁극적 원인의 양쪽을 고려할 필요가 있다.

행동생태학자들은 특정 행동을 이해하기 위하여 **비용-성과 분석**(cost-benefit analysis)을 사용한다. 이익은 개체의 번식 성공도인 **직접적응도**(direct fitness)에 기여한다. 이것은 생육할 수 있는 새끼의 수로 측정할 수 있다. 물론 생식은 진화적으로 성공하기 위한 가장 주요한 요인이다. 많은 행동들은 손실도 역시 가지고 있다. 예를 들어 어미가 새끼를 위해 먹이를 사냥하고 있을 때 새끼들이 포식자에 의해 죽임을 당할 수 있다. 이익이 손실보다 크다면 행동은 적응적이라고 말한다.

그러므로 행동의 궁극적인 원인은 각 동물의 유전자가 장래의 세대로 이어지게 하는 확률을 높이는 것이다. 어떤 반응들은 개체를 죽음으로 이끌 수 있는 반면에, 후손이 생산을 많이 하거나, 또는 후손이나 다른 혈족들의 생존 등을 통해 유전자가 존속할 수도 있다.

**복습**

- 모래 말벌의 행동은 어떤 방식으로 적응되었는가?

## 51.2 유전자와 환경의 상호작용

**학습목표**

2 동물의 행동에서 유전, 환경 및 성숙의 상호작용을 묘사할 수 있다.

초기 생물학자들은 **선천성**(nature)과 **후천성**(nurture)에 대해 토론해왔고, 유전자들의 상태적 중요성을 환경적 실험과 비교하였다.즉 유전자의 상대적인 중요성을 환경 경험과 비교하는 것이다. 그들은 **본능행동**(innate behavior)은 유전적으로 프로그램 된 것으로, **학습행동**(learned behavior)은 환경 경험에 반응하면서 수정된 것으로 정의한다. 행동 생태학자들은 진정으로 양분하여 비교하는 것은 좋지 않다는 인식을 갖고 있다. 모든 행동은 유전을 기초로 하고 있다. 심지어는 학습행동을 수용할 수 있는 능력조차 유전된다. 그러나 행동은 동물이 살고 있는 환경에 의해 수정되며, 행동은 유전과 환경간의 상호작용에 의한 산물이다. 그러므로 행동은 경험으로 수정될 수 있는 유전된 구조에서부터 시작한다.

네덜란드의 행동생물학자인 **틴벌겐**(Niko Tinbergen)은 모래 말벌의 행동을 연구하였다. 그는 말벌이 굴을 찾는 실마리에 대한 실험을 행하여, 벌이 굴을 찾는 실마리는 표지의 종류보다는 형태에 의존한다는 것을 발견하였다(▮ **그림 51-1**). **틴벌겐**의 발견은 모래 말벌의 경계표시 학습(landmarking learning)이 둥지 찾기에 중요하다는 사실을 보여주고 있다.

유전자와 환경간의 상호작용은 많은 척추동물에서 연구되었다. 모란잉꼬(*Agapornis*)의 여러 종들은 외모뿐만 아니라 행동에 있어서도 다르다. 어떤 종은 둥지를 짓기 위해 작은 나무껍질을 옮길 때 부리를 이용한다. 다른 종은 엉덩이의 깃털 아래로 둥지를 만들 재료를 옮긴다. 잡종은 깃털 아래에 재료를 집어넣으려고 시도하기도 하고, 그러고는 부리로 옮기려고 노력하기도 하는 등 이러한 행동들을 여러 번 반복했다. 결국 새들의 대부분은 부리를 이용하여 재료를 옮겼으나, 이 행동을 완벽하게 수행하는 데는 3년이 걸렸다. 그리고 새들의 대부분은 깃털 아래에 재료를 집어넣는 이 무의미한 시도를 계속하였다. 이 연구는 재료를 옮기는 방법은 유전되지만 다소 융통성이 있다는 것을 암시하고 있다(잡종은 아마 장기간에 걸친 번식 시작의 지연 때문에 극적으로 감소된 적응도를 경험하였을 것이다).

### 51.2.1 행동은 생리적 준비상태에 의존한다

행동은 몸의 모든 계와 관계가 있지만, 신경계와 내분비계에 의해 주로 영향을 받는다. 이 행동 능력은 계들의 발달과 기능을 지배하는 유전적 특징에 의존하고 있다. 동물이 어떤 행동 패턴을 보이기 전에 그 행동을 연출하기 위한 생리학적인 준비가 되어있어야 한다. 예를 들면, 번식 행동은 보통 조류나 대개의 포유동물에서는 그들의 혈액에 어느 정도 농도의 스테로이드 성호르몬이 없다면 나타나지 않는다. 인간의 아기는 근육과 신경이 충분히 발달될 때까지는 걸을 수 없다. 이러한 생리적 준비 상태는 끊임없는 환경과의 상호작용에 의하여 그들 자신 스스로 생겨나는 것이다. 새의 혈액에서 성호르몬의 수준은 계절적인 낮의 길이의 변이에 따라 다르다. 인간의 아기의 근육은 나이뿐만 아니라 경험과 함께 발달한다.

실험실 실험에서, 고립되고 성숙한 수컷 새의 노래 소리를 듣는 음향 경험을 겪지 못한 새는, 결국에는 아주 어설프게 발달했지만 흰머리참새의 노래를 인식한다. 어린 흰머리참새가 다른 종인 딸기참새와 사회적으로 상호 교류할 수 있는 기회를 가졌을 때, 자기 종 특유의 노래보다 오히려 딸기참새의 노래를 배우게 된다. 이 현상은 다른 새들과 사회적으로 상호 교류하지 않고 다른 참새의 노래를 그냥 듣기만 했을 때도 일어난다. 이 실험을 통해 조사자들은 흰머리참새가 노래에 대해 경험하지 않은 유전적 패턴을 가지고 부화되더라도 사회 및 청각적 자극이 특이한 노래를 하는 능력의 발달에 중요하게 작용한다는 사실을 밝혔다.

**핵심 실험**

**질문:** 말벌이 먹이를 가지고 식량을 공급하기 위하여 돌아올 때, 말벌은 그의 굴을 어떻게 알아내는가?

**가설:** 말벌은 굴의 위치를 알아내는 데에 시각적 실마리를 사용할 것이다.

**실험:** ❶ 말벌이 굴에 있는 동안에, **틴벌겐**은 굴의 입구에 솔방울을 원형으로 놓았다.

❷ 말벌이 먹이확보를 위해 나간 동안에, **틴벌겐**은 솔방울을 새로운 위치에 놓았다.

❸ 두 번째 실험에서, **틴벌겐**은 굴 주위에 있는 솔방울 그대로 두었으나, 말벌의 부재 때에 삼각형으로 재배열하였다. 근처에 돌로 원을 만들었다.

**결과:** ❶ 말벌이 굴을 나올 때, 말벌은 주위를 돌면서 솔방울의 원형과 반응하고, 정해진 방향으로 날아간다. 먹이를 갖고 돌아왔을 때에, 말벌은 솔방울의 가운데로 날아간다.

❷ **틴벌겐**이 솔방울을 원형으로 재배치하면, 말벌은 솔방울의 관계 속에서 굴의 위치를 학습하였기 때문에, 말벌은 새로운 원형의 가운데로 날아간다.

❸ **틴벌겐**이 돌로 솔방울을 대체하면, 말벌은 돌의 원형 가운데로 굴의 위치를 결정한다.

**결론:** 말벌은 굴의 위치를 알아내기 위하여 시각적 실마리를 사용한다. 말벌은 솔방울 그 자체보다 솔방울의 배열에 반응한다. 경계표시 학습은 굴의 위치를 파악하는 데에 중요하다.

**그림 51-1 틴벌겐의 말벌이 굴의 위치를 어떻게 알아내는지를 판명하는 실험.**

## 51.2.2 많은 행동 패턴은 운동 프로그램에 의존한다

우리는 조정된 일련의 근육운동에 대한 자동적인 의존으로 생각하는 많은 행동들을 이제 **운동프로그램**(motor program)이라고 부른다. 갓 태어난 가젤의 보행과 같은 운동 프로그램은 주로 선천적으로 나타나나, 아기가 걷는 것과 같은 다른 프로그램은 학습적 요인이 훨씬 더 크다.

**그림 51-2 유럽회색기러기거위의 알-굴리기 행동.**

이 고정된 행동에서 거위는 목을 빼고 부리를 이용해서 알을 둥지로 가져온다. 만약 인위적으로 거위가 알에 닿거나, 그걸 뒤로 빼고 있을 때 알을 치워버린다 해도 알이 아닌 어떤 것을 둥지로 가져오는 것처럼 그 행동을 완성하기 위하여 이 행동을 계속한다.

척추동물에서 운동프로그램의 좋은 고전적인 예는 유럽회색기러기거위의 계란 굴리기이다(**그림 51-2**). 간단한 감각 자극에 의해 한번 활성화되면, 알-굴리기 행동은 감각 되먹임에 상관없이 마치기 위하여 계속된다. 여기에는 간단한 융통성이 거의 없다. 행동생물학자들은 이 행동을 고정행동양식(fixed action pattern; FAP)이라 부른다. FAP는 특정 행동 반응을 유발하는 간단한 신호인 **신호자극(sign stimulus)** 또는 **해발인(releaser)**에 의해 유발될 수 있다. 나무로 만들어진 알은 회색기러기거위의 알 굴리기 행동을 유발하도록 하는 신호자극이 된다.

1951년에 수행된 고전적인 실험에서, **틴벌겐**은 수컷 큰가시고기의 공격적 성격은 고기의 형태보다 복부의 색상에 의한 것임을 밝혔다(**그림 51-3**).

### 복습

- 행동능력은 유전되고, 학습에 의해서 수정될 수 있다는 사실을 보여주는 예를 제시하라.
- 생리적 준비상태가 본능 행동에 어떻게 영향을 끼치는가? 그것은 어떻게 학습 행동에 영향을 끼치는가?

## 51.3 경험으로부터의 학습

### 학습목표

3 둔감화, 각인, 고전적 조건지우기, 자발적 조건지우기 및 통찰학습의 적응적 유의성에 대해 토의한다.

많은 유전된 행동이 경험에 의해 변화될 수 있다. **학습(learning)**은 경험으로부터 결과가 나타난 행동의 지속적인 변화이다. 새로운 상황에 대한 새로운 반응을 학습하는 수용력은 적응적이고, 동물에게 환경의 변화에서 생존할 수 있게 한다.

### 핵심 실험

**질문:** 무엇이 큰가시고기 수컷의 공격적 행동을 유발하는가?

**가설:** 큰가시고기 수컷의 붉은 복부 표면이 다른 큰가시고기 수컷의 공격적 행동을 유발하는 신호자극이다.

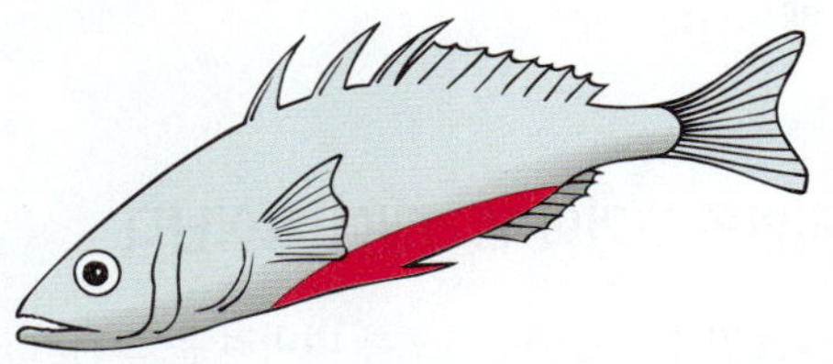

**실험:** **틴벌겐**은 큰가시고기 수컷에게 2 종류의 모형을 제시해 보았다. 하나는 붉은색 복부를 가지지 않는 비교미기 수컷의 큰가시고기와 유사한 모형이고, 다른 하나는 붉은색 복부를 가지며 큰가시고기와 모양이 다른 모형이었다.

**결과:** 수컷 물고기는 복부에 붉은 색이 없을 때에 다른 큰가시고기 수컷에 진짜에 가까운 모형을 공격하지 않았으나, 붉은 복부 표면이 있고 닮지 않은 모형을 공격하였다.

**결론:** 큰가시고기 수컷의 공격적 행동은 다른 수컷 물고기의 붉은 복부에 의해 유발된다. 붉은 복부는 공격적 행동에 대한 신호자극이다.

**그림 51-3 큰가시고기 수컷의 공격적 행동에 대한 틴벌겐의 실험.**

학습은 경험 때문에 끊임없이 일어나는 행동의 변화임을 기억하자. 새로운 상황에 적절히 반응하는 것을 배우는 능력은 적응적이어서, 동물로 하여금 그들의 환경이 변화할 때 살아남을 수 있게 한다. 학습능력은 편향되어 있다. 생존에 가장 중요한 정보가 가장 쉽게 학습된다. 동일한 쥐로 실험해 보면 이익을 얻기 위해 지렛대를 미는 인공적인 작업을 배우는 데는 12회의 시도가 필요하였지만, 자신을 병들게 하는 음식을 피하는 데는 한 번의 경험만으로 학습한다. 불쾌한 경험에 반응하는 그러한 빠른 학습은 **경고색**(warning coloration)을 근거로 하여 형성된다.

### 51.3.1 동물은 엉뚱한 자극에 익숙해진다

**둔감화**(habituation)는 벌도 없고 보상도 없는 그런 반복되는 적절하지 않은 자극을 무시하게 되는 것을 학습하는 것이다. 도시의 공원에 모여든 비둘기는 해치지 않는 사람들을 반복해서 만남으로써 그 사람들이 그들에게 위험하지 않다는 것을 배우게 되고 그에 따라 행동한다.

### 51.3.2 각인은 초기의 임계기에 일어난다

어미 오리는 초원에서 텀블링하도록 내버려 둔 크기가 거의 동일한 자기의 어린 무리를 알아차린다. 다른 오리에 속하는 어린것들로부터 자기의 어린것을 구분할 수 있다. 이는 매우 놀라운 일이다(**그림 51-4**). 어미 오리에게 어린것들을 어느 정도까지 정확히 구별할 수 있는 능력이 있긴 하지만,무엇보다 어미들은 어린것을 기억해야 할 책임이 있다. 어린 오리의 생존은 다른 오리로부터 감독 제공자인 어미를 구별해 내는 능력을 빨리 학습하는 데에 달려있다.

J. H. Dick/VIREO

**그림 51-4** 각인.

부모-자식간의 결속은 일반적으로?아주 일찍부터 형성된다. 어린 동물들은 그들이 어미에게 각인이 된다.

**각인**(imprinting)은 초기 경험에 기초한 사회적 학습의 한 형태로 조류는 물론 다수의 포유동물에서 많이 연구된 바 있다. 이것은 **임계기**(critical period)라는 시기에 일어나며 이 시기는 주로 출생(부화) 후 몇 시간 혹은 며칠이다. 오스트리아의 의사이며 초기 행동생물학자인 **로렌츠**(Konard. Lorenz)는 갓 부화된 새는 그가 보게 되는 첫 번째 움직이는 것(심지어는 인간이나 색깔이 있는 원이나 불빛과 같은 무생물까지)을 각인한다는 사실을 알아냈다. 비록 각인의 과정은 유전적으로 결정되어 진 것이긴 하지만 새는 특별한 동물 또는 물체에 반응하는 것을 학습한다.

### 51.3.3 고전적 조건지우기에서 반사는 새로운 자극과 관련을 갖게 된다

**고전적 조건지우기**(classical conditioning)에서 연합은 정상적인 신체적 기능과 새로운 자극 간에 형성된다. 만약 여러분이 개나 고양이의 행동을 관찰하다 보면, 여러분은 저녁 시간에 병 따는 소리가 동물의 주의를 끌 수 있다는 사실을 알 수 있을 것이다. 러시아의 생리학자 **파블로프**(Ivan. Pavlov)는 20세기 초에 개에게 음식을 주기 직전에 종을 울리면 개는 종소리와 음식 간에 어떤 연관성이 형성된다는 사실을 밝혀내었다. 결국(**그림 51-5**), 음식이 없을 때 종이 울려도 개는 침을 흘렸다.

**파블로프**는 생리학적으로 의미 있는 자극(이 경우는 음식)을 **무조건 자극**(unconditioned stimulus, 조건화되지 않은 자극)이라 불렀다. 보통 그에 대체된 아무 연관이 없는 자극(종소리)은 **조건자극**(conditioned stimulus)이다. 왜냐하면 보통 개는 종소리에는 침을 흘리지 않지만 연관이 분명하게 학습된 것이기 때문이다. 이것은 또한 잊을 수도 있다. 만약 종소리가 더 이상 음식이라는 신호를 나타내지 않는다면 결국 개는 종소리에 반응하는 것을 멈춘다. **파블로프**는 이 과정을 **소멸(extinction)이**라 불렀다. 고전적 조건반사는 적응적일 수 있다. 예를 들면, 동물이 특별한 지역에서 포식자로부터 위협을 받으면, 그것은 장소와 위험을 연관시키고 장래에 그 장소를 피하게 한다. 이런 경우에, 동물은 보상을 기대하기보다 음성 자극에 대하여 회피를 학습한다.

### 51.3.4 자발적 조건지우기에서 자발적 행동은 강화된다

**자발적 조건지우기**(operant conditioning)에서는 동물은 보상을

## 핵심 실험

**질문:** 동물은 친숙한 신호와 연계함으로써 새로운 자극에 대하여 특정 방법으로 반응하는 것을 학습할 수 있는가?

**가설:** 개는 종 소리에 의해 침을 흘리는 조건반사를 할 수 있다.

**실험:** **파블로프**는 개에게 먹이를 제시하였고 (무조건 자극), 개가 침을 흘리는 것을 (무조건 반응) 관찰하였다. 그는 개에게 먹이를 주기 직전에 종을 울렸다 (조건 자극). 그는 수회에 걸쳐 반복하였다. 그리고 그는 먹이 없이 종을 울렸다.

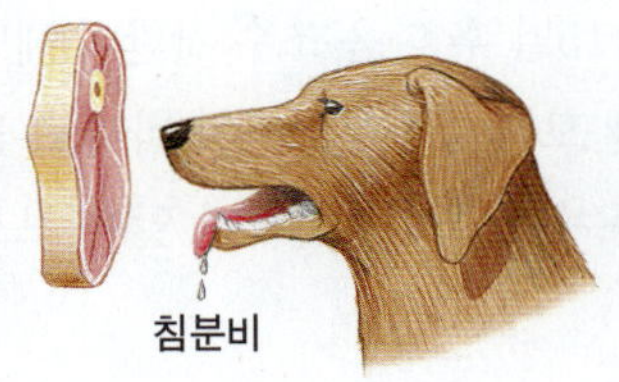


무조건 자극(먹이)이 주어질 때 개는 침을 흘리기 시작한다.

개에게 먹이가 주어질 때마다 종(조건 자극)을 울려 먹이와 종간의 간계가 형성되도록 몇 차례고 반복한다.

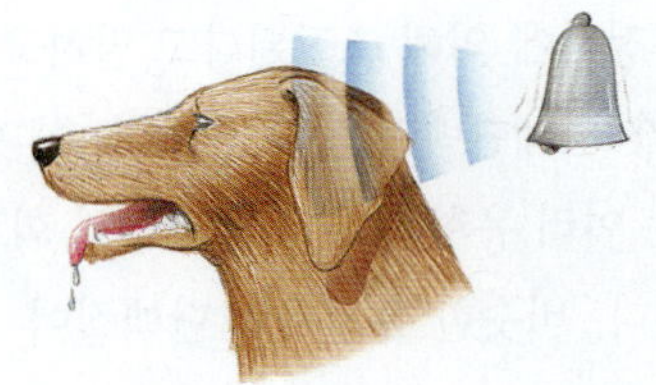

결국 개는 종소리만 듣고도 침을 흘린다.

**결과:** 개는 종소리만으로도 침을 흘리는 조건 반사를 한다.

**결론:** 종(조건 자극)이 먹이(무조건 자극)와 쌍을 이루었을 때, 동물은 그들 사이의 연계를 형성한다. 동물은 종소리(조건 반응)만으로도 침을 흘린다.

**그림 51-5** 고전적 조건지우기: 파블로프의 개

받거나 벌을 피하기 위해 무언가를 한다. 자발적 조건지우기는 편형동물, 곤충류, 거미류, 조류 및 포유류 등 많은 동물들에서 연구되어 왔다. 전형적인 실험실 실험에서 쥐를 움직일 수 있는 막대기가 있는 우리 안에 가둔다. 쥐가 우연하게 막대기를 누르는 행동을 했을 때 작은 음식 뭉치가 말려 내려 쥐에게 운반되었다. 그로 인해 쥐는 막대기를 누름으로써 양성적으로 강화되었다. 결국 쥐는 연관을 학습하게 되고 막대를 눌러 음식을 얻게 되었다.

### 51.3.5 동물 인식은 논쟁 중이다

**인식(cognition)**은 지식을 얻는 과정이며 그것은 사고, 정보 처리,

**그림 51-6** 인식.

벽에 걸려있는 음식에 다다르는 어려운 문제에 봉착할 때 침팬지는 자기가 올라가서 음식에 다다를 수 있을 때까지 상자를 쌓아 올린다. 사전의 어떤 경험이 침팬지로 하여금 이 새로운 환경에 적응하도록 했을까?

학습, 추리, 및 고려, 지각, 자아의 각성을 포함하고 있다. 인식은 사람이 수준 높은 정신 기능을 수행하는 것을 허용한다. 예를 들면, 우리는 어려운 결정을 할 수 있으며 수학 문제를 포함한 문제를 풀며 계획을 세우고 언어를 발달시키고 이해한다. 동물이 인간 생각 과정과 얼마나 근접할 수 있느냐는 뜨겁게 논쟁되어 왔고, 이것은 많은 연구의 초점이다. 가장 논쟁적인 쟁점 중의 하나가 어떤 동물이 자기-각성의 분별력을 갖고 있느냐이다.

어떤 동물은 **통찰학습(insight learning)**로 불리는 인식을 갖고 있다. 인식은 새로운 문제를 해결하기 위해 서로 다른 자극을 연관시킬 수 있는 과거의 경험을 적용하는 능력이다. 침팬지는 전에 학습한 작업간의 새로운 연관을 형성하여 문제를 해결한다 (**그림 51-6**). 영장류는 특별히 통찰학습에 능숙하지만 다수의 다른 포유동물들과 몇몇의 조류들도 이 능력을 어느 정도까지는 가지는 듯하다.

### 51.3.6 놀이를 통하여 행동을 연습할 수 있다

아마 당신은 새끼 고양이가 아무런 부상도 당하지 않고 썩은 잎을 덮치거나, 육식동물의 목을 무는 연습을 한다거나, 뒤 발톱으로 자신과의 형제인 동료를 쳐서 창자를 꺼내는 등의 행동을 보

았을 것이다. 많은 동물들, 특히 어린 조류나 포유류는 그들이 놀 때 성체들의 행동 패턴을 연습한다. 그들은 도망가는 행동, 먹이를 죽이는 행동 또는 성 행동을 위한 능력을 모방으로써 연습하여 개선시킨다.

어떤 조사자들은 어린 동물의 **놀이**(play)는 단순한 장난이라고 말한다. 돌고래는 단순히 기쁨만을 위해 노는 것처럼 보인다. 청백돌고래를 연구한 결과, 그들은 자신의 지느러미를 이용해 물을 소용돌이치게 하고, 비누방울을 불어 공기의 고리나 나선 모양을 만드는 놀이 능력을 갖고 있음을 알았다. 놀이 행동은 주로 조류나 포유류에서만 발견된다. 돌고래는 장기간에 걸쳐 보다 복잡한 놀이 행동을 발전시켜왔다. **놀이행동**(play behavior)의 간접적 원인에 대한 많은 가설은 연습, 운동을 연합시키는 학습 및 사회적 기술의 학습을 포함한다. 물론 아직 밝혀지지는 않았지만 여러 가지 다른 설명도 있을 수 있다.

**복습**

- 각인은 어떻게 적응적인가?
- 조작적 조건반사는 어떻게 적응적인가?

## 51.4 생물학적 리듬과 이주

**학습목표**

4 생물학적 리듬의 예를 들고, 신뢰할 수 있는 몇 가지 기작들을 설명하라.

5 이주의 비용과 이익을 분석하고, 방향성 정위와 항로결정을 구별하라.

생물학자들은 여러 종류의 **생물학적 리듬**(biological rhythm) 즉 일주기, 월주기 및 연주기 등을 식별하였다. 인간을 포함한 많은 동물들 간에는 체온의 변동 및 호르몬 분비와 같은 생리학적 순환이 주기적으로 반복된다. 예를 들어, 인간의 체온은 전형적으로 일간 곡선으로 나타난다. 생물학적 리듬은 많은 행동 즉 활동, 수면, 섭식 및 음주 및 이주를 포함한 여러 행동들을 조절한다.

### 51.4.1 생물학적 리듬은 행동에 영향을 끼친다

많은 식물들의 활동과 같이 많은 동물들의 행동은 활동의 일주기인 **일주기 리듬**(circadian rhythm)의 주위에서 형성되는 것 같다. 꿀벌 및 비둘기와 같은 **주행성**(diurnal) 동물은 낮에 가장 활동적이다. 대개의 박쥐, 나방 및 고양이는 **야행성**(nocturnal) 동물로서 밤에 가장 활동적이다. 많은 모기 및 꽃발게와 같은 **여명행성**(crepuscular) 동물은 새벽 또는 땅거미 칠 때 또는 양쪽 모두에서 가장 활동적이다.

어떤 동물의 생물학적 리듬은 **월주기**(lunar cycle)를 반영하고 있다. 조석주기, 월주기 및 연주기의 조합으로 북아메리카의 태평양 연안에 기식하는 작은 어류인 색줄멸(grunion)은 생식행동이 조절된다. 색줄멸은 4월부터 6월 사이에 일 년 중 가장 높은 조수의 간만이 일어날 때에 사나흘 동안 밤에 떼를 지어 우글우글 한다. 정확히 조수의 간만이 가장 높을 때 이 어류는 해변에서 떼를 지어 꿈틀거리며, 알과 정자를 모래사장에 뿌린다. 그리고 그들은 다음 파도 때에 바다로 돌아간다. 15일 후 다음 조수 간만이 해변에 닿을 때 어린 어류들은 축축한 모래에서 부화하여 바다로 들어갈 준비를 마친다. 이 동시화는 수서 포식자로부터 알을 보호하는 역할을 한다.

많은 생물학적 리듬은 **생물시계**(biological clock)의 역할을 하는 내부의 **주기기작**(timingmechanism)에 의하여 조절된다. 주기기작은 단순히 환경신호에 반응하는 것이 아니라, 독자적으로 생물학적 리듬을 유지시킬 수 있다. 그러한 내부의 시계는 약간의 박테리아는 물론 거의 모든 진핵생물에서 확인되었다. 분자생물학자들은 이 생물시계는 유전자에 의해 조절된다고 말하고 있다. 초파리에는 7개의 유전자가 시계단백질을 생산한다. 이 단백질은 신경계의 안과 밖에 있는 여러 유형의 세포의 되먹임 회로에서 상호 작용하는 것으로 보인다. 비슷한 유전자와 단백질이 포유류를 포함한 많은 동물군에서 확인되었다. 중요한 시계는 중추 신경계의 특정 지역에 위치하고 있다. 포유류에서, 주시계(어미시계, master clock)는 시상하부에 있는 **시교차상핵**(suprachiasmatic nuclues, SCN)에 위치하고 있다. SCN은 신경 펩티드로 뇌에 있는 내분비선인 **송과샘**(pineal gland)으로 주기적인 신호를 보낸다. 그에 반응하여 송과샘은 생물학적 주기에 중요한 호르몬인 멜라토닌을 분비한다.

### 51.4.2 이주는 생물학적 리듬, 생리 및 환경간의 상호작용과 관계가 있다

**이주**(migration)는 한 지역에서 다른 지역으로 하는 주기적인 장거리 운동이다. 많은 이주는 지구력과 항로결정 등 놀라운 행동과 관계가 있다. 왜 동물들은 철따라 이주를 하는 것일까? 이주의 궁극적 목적은 계절적으로 덜 안락한 지역으로부터 생식과 생존을 유지하기에 보다 나은 지역으로 옮김으로써 얻는 이익과 관계있다.

이주의 흥미로운 예는 수백만 마리의 황제나비(*Danaus plexippus*)가 매년 엄청난 거리를 여행하는 것이다. 이 나비는 캐나다와 북미 대륙으로부터 멕시코까지 2,500 km나 되는 거리를 여행한다. 그들의 1년을 주기로 하는 극적인 이주는 암컷이 산란할 흰 유액이 나는 식물인 milweed가 있느냐 없느냐에 달려있다. 부화하면서 유충은 유액 식물의 잎을 먹는다. 추운 지역에서 이 식물은 늦가을에 죽고 따뜻한 봄이 오면 다시 자란다. 그래서 이 나비의 월동의 목적은 역시 온도와 습도에 의해서 결정된다. 이주는 풍부한 먹이, 얼지 않는 온도, 및 적당한 습도가 있는 공기 등의 성과를 남긴다. 그러므로 황제나비의 이주에 대한 투자가 겨울 생활에서 생존 확률을 증가시키는 것이다.

이주의 직접적인 원인은 이주를 하도록 생리학적 반응을 유발하는 특정 환경으로부터 오는 신호와 관계가 있다. 예를 들어, 이주하는 새 중에는 송과샘이 낮의 길이의 변화를 알아차려 불안정한 행동을 일으키는 호르몬을 방출한다. 새는 날아갈 준비와 장기간 비상할 준비가 증대되었음을 보여준다.

이주하는 동물들은 어떻게 길을 찾는가? **방향성 정위(directional orientation)**는 특정 방향으로 여행하는 것을 말한다. 목적지를 향해 똑바로 날아가기 위해서는 방향 감각이나 **나침판 감각(compass sense)**이 요구된다. 많은 동물들이 방위를 정하기 위하여 태양을 이용한다. 왜냐하면 태양은 매일 하늘을 가로질러 움직이고, 동물들은 시간 감각을 가지고 있다. 생물시계는 시간을 감지하고 일주기를 조절한다. **항로결정(navigation)**은 보다 더 복잡하여 나침판 감각과 위치를 인식하는 **지도 감각(map sense)** 양자를 모두 필요로 한다. 항로의 결정은 특정 목적지에 도달할 필요가 있을 때 방향전환을 위해 사용되는 신호와 관계된다. 또, 항로결정을 할 때 동물은 방향은 물론 거리와 시간에 대한 정보를 통합하여야 한다.

북캐롤라이나대학교의 해양 생물학자 **로만(Kenneth Lohmann)**은 큰 탱크 중앙에 있는 쇠고리 사슬에 연결된 끌채를 새끼 거북에게 달았다(**그림 51-7**). 쇠고리 사슬에 연결된 컴퓨터는 거북의 헤엄치는 운동을 기록하였다. **로만**은 빛과 자장을 조종하여 이 요인들이 거북의 이주에 중요하다는 사실을 밝혔다. 거북이들은 **로만**이 자장의 방향을 반대로 바꿀 때까지 계속 동쪽으로 헤엄쳤다. 거북이들은 현재 실제로는 서쪽인 새로운 자장의 동쪽을 향하여 헤엄의 방향을 반대로 바꿨다. 최근의 연구는 어린 거북이들이 자장 방향 선택을 위해 파도의 방향을 사용한다는 사실을 제안하였다. 어떤 생물학자들은 거북이들 특히 암컷들이 알을 낳기 위해 동일한 바로 그 해변으로 돌아오는 데 후각을 사용한다고 제안하였다. 이와 비슷하게 연어의 성체는 그들이 부화되었던 동일한 바로 그 강으로 돌아가는 길을 찾기 위해 다른 강의 독특한 냄새를 이용한다.

**그림 51-7 불빛과 자장에 의한 항로결정.**

거북이의 항로결정을 연구하기 위해 Kenneth Lohmann은 이 갓 부화한 새끼처럼 장수거북에 그들의 헤엄 방향을 기록할 수 있게끔 컴퓨터와 연결된 올가미를 채웠다.

코넬대학교의 **엠렌(Stephen Emlen)**은 어린 멧새의 일종인 *Passerina cyanea*가 북극성의 위치를 참고 지점으로 하여 별자리를 학습한다는 사실을 밝혔다(북반구에 있는 다른 별들은 북극성 주위를 회전하는 것처럼 보인다). **엠렌**이 천문관에 만들어진 하늘의 별자리를 바꿨을 때 새들은 바뀐 별들의 양상을 학습하였고 그 후 인위적으로 바뀐 방향으로 날아가려고 시도하였다. 이 연구와 다른 연구들에서 새는 유전적으로 별자리의 양상을 학습할 수 있는 능력을 가지고 있고 또 이주하는 동안 그들 자신의 방향 결정에 별자리 양상을 사용한다는 사실을 밝혔다. 조사자들은 어떤 종류의 새들은 하늘이 흐려져 별을 볼 수 없을 때조차도 항로결정을 할 수 있다고 밝혔다. 그들은 이 새들이 항로결정을 위하여 지구의 자장을 이용한다고 가정하였다.

**복습**

- 왜 어떤 종에 대해서는 주행성이지만, 다른 종에 대해서는 야행성 또는 여명행성이 되는 것이 적응적인가?
- 방향성정위와 항로결정 간에는 어떠한 차이가 있는가?

## 51.5 먹이획득

**학습목표**

6 최적 먹이획득이 적응적이라는 가설을 설명하라.

섭식 행동 또는 **먹이획득(foraging)**은 먹이를 골라 모으고 포획하는 것은 물론 먹이의 위치를 파악하고 선택하는 것을 의미한다. 어떤 행동 생태학자들은 먹이를 찾기 위해 사용되는 기작은 물론 어떤 종류의 먹이를 선택하고 탐색하는 행동의 경비와 성과에 대하여 연구하였다. 포식자가 특정 종의 먹이를 찾는데 여러 번의 성공을 경험하면서 그들은 숨어있는 먹이를 찾는 데 도움을 주는 단서들의 집합인 *탐색상*(search image)을 발전시킨다.

왜 회색 곰이 북극 땅다람쥐가 굴을 파고 나오는 것을 지켜보는 데 몇 시간을 소모하면서 아메리카 순록과 같은 큰 먹이를 모른 채 할까? 아메리카 순록은 곰을 배고프게 내버려두고 도피할 확률이 높지만, 곰은 다람쥐가 땅을 파고 나오는 것을 기다리는 데 노력을 들이는 것이 보상받을 확률이 높기 때문에 에너지 면에서 더 효율적이다. 이것이 바로 동물이 먹이를 얻기 위한 가장 효율적인 방법인 **최적먹이획득(optimal foraging)**의 좋은 예이다. 동물들이 단위 먹이획득 시간당 얻는 에너지를 극대화할 때, 그들은 번식 성공도를 최대화할 수 있다. 효율적이거나 최적의 전략을 수립할 때에는 먹이를 찾을 때 포식자를 피하는 것과 같은 많은 요인들을 고려하여야만 한다.

사자는 *사자무리*(prides)라는 기본적인 사회 단위로서 살고 또 먹이를 구한다. 집단은 전형적으로 혈연관계가 있는 여러 마리의 암컷, 그들의 새끼 및 혈연관계가 없는 여러 마리의 수컷으로 구성된다. 사자의 행동은 탄자니아의 Serengeti 국립공원에서 미네소타 대학의 **패커(Craig Packer)**와 그의 연구팀에 의해 집중적으로 연구되었다. **패커**는 21개 집단의 각각에서 적어도 한 마리의 암컷을 잡아 라디오 목걸이를 하여 몇 년 동안 그들을 추적하였다. 사자는 먹이가 풍부한 계절에 이 지역으로 이주해 온 아프리카산 영양, 가젤 및 얼룩말 등을 사냥한다. 그리고 이 사자 무리들이 건조기에 다시 이주해 나갈 때에는 이러한 먹이의 양이 줄어들기 때문에, 사자는 주로 혹 산돼지와 남아프리카 들소만을 먹는다.

**패커**는 먹이가 풍부할 때는 먹이 확보 집단의 크기가 매일 섭취하는 먹이의 양에 거의 영향을 끼치지 않는다는 사실을 밝혔다. 사자가 개별적으로 사냥을 하든, 작은(2–4마리의 암컷) 또는 큰(5–7마리의 암컷) 집단으로 사냥을 하던 간에, 먹이는 충분하여 개별적으로 또는 집단으로 포획한다. 그러나 먹이가 별로 없는 계절에 사자는 혼자 사냥을 하든지 아니면 큰 집단으로 사냥을 할 때 훨씬 성공할 확률이 높다(**그림 51-8**). 그럼에도 불구하고, 라디오 목걸이를 한 사자로부터 얻은 Packer의 자료는 전형적으로 암컷들은, 비록 이 접근이 먹이획득 효율을 감소시킨다 해도 그들이 할 수 있는 한 최대한 큰 집단으로 먹이를 확보한다는 것을 보여주고 있다. 그러므로 선택압력이 어린것들을 강해지도록 보호하여, 최대로(혼자) 먹이를 확보하기보다는 큰 집단에 대항하여 세력권을 방어한다.

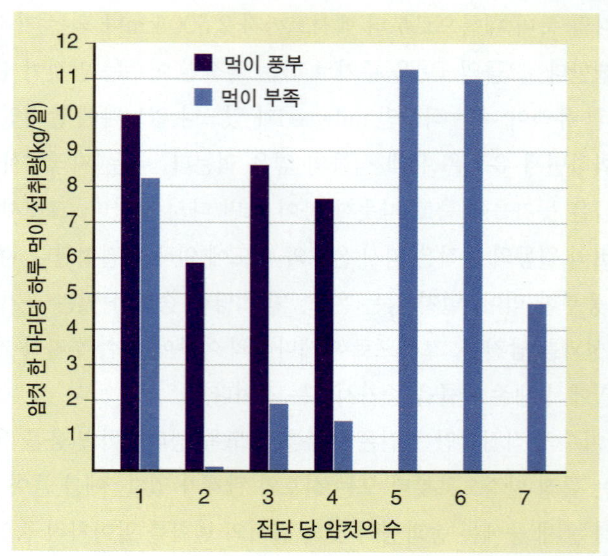


**그림 51-8 사자의 최적 약탈과 집단의 크기.**

먹이가 부족할 때는 최적 약탈양은 집단의 크기와 관련이 있다; 사자는 홀로 또는 5–7마리 정도의 큰 집단일 때 가장 성공적으로 사냥을 한다. 집단의 크기를 관찰하면 최적 방어로 얻는 성과가 최적 약탈로 얻는 성과보다 더 낫다는 사실을 알 수 있다. (C.Packer 등(1990)의 자료에 기초함)

**복습**

- 최적 먹이획득이란 무엇인가?
- 최적 먹이획득은 어떻게 적응적인가?

## 51.6 집단에서의 의사소통과 삶

**학습목표**

7 경비와 성과라는 용어로서 사회행동을 분석하고 동물의 의사소통의 양식을 설명한다.

8 우성순위의 개념을 설명하고, 그 적응적 유의성과 사회기능을 설명한다.

9 행동권과 세력권간의 차이를 구별하고, 세력권의 경비와 성과를 설명한다.

단순하게 한 개체 이상이 존재한다고 해서 행동이 사회적이라는 것을 의미하지는 않는다. 물리적 환경의 많은 요인들이 동물을 **집단(aggregation)**으로 합쳐 모으지만, 그들이 경험한 상호작용은 부수적일 수 있다.

우리는 보통 동일한 종의 두 개체 또는 그 이상의 동물이 상호작용을 하고 있을 때 **사회적 행동(social behavior)**으로 정의할 수 있다. 많은 동물들은 집단으로 생활하면서 이익을 얻는다. 어떤 곤충들은 협동과 분업으로 정교한 집을 만들고, 대량생산의 방법에 의하여 어린 개체를 양육한다. 어류의 무리는 포식자를 혼란시키는 경향이 있어 그 무리 내의 개체들은 외톨이의 어류보다 포식자들에게 약하지 않게 보일 수 있다(그림 52-1b 참조).

사회적 먹이획득은 많은 동물 종에서 보편적으로 사용되는 적응전략이다. 늑대들의 한 무리는 홀로 사냥할 때보다 사냥의 성공률이 높다. 어떤 종의 매와 같은 다수의 맹조들 간에는 집단 수렵을 통하여 보다 빨리 먹이를 찾을 수 있다.

사회행동은 그러한 행동을 생산하는 유전자를 영속시키는 기회를 높인다. 그러나 사회적 행동은 역시 경비도 안겨준다. 함께 살아간다는 것은 먹이와 서식처를 위한 경쟁을 증가시키고, 포식자를 매혹시키는 위험을 증가시키며, 질병을 전파할 위험을 증가시킨다는 것을 의미한다.

## 51.6.1 의사소통은 사회적 행동에 필수적이다

두 동물이 서로 인식할 수 있는 신호를 교환할 수 있을 때만 한 동물이 다른 동물의 행동에 영향을 줄 수 있다(▮ **그림 51-9**). **의사소통(communication)**은 동물이 다른 생물 사이의 행동을 바꿀 수 있는 행동을 할 때 가장 명백하다. 동물들은 다음과 같은 목적으로 의사소통을 하기도 한다. 같이 집단으로 묶기 위하여, 위험을 경고하기 위하여, 사회적 지위를 신호하기 위하여, 받아들여지는 자발적 행위를 지적하거나 돌봄을 제공하기 위하여, 같은 종의 구성원을 확인하기 위하여, 성적 성숙이나 준비를 나타내기 위하여 동물은 정보 교환을 한다. 의사소통은 꿀벌의 정교한 춤처럼 먹이를 발견할 때에도 중요하다. 동물들은 서로에게 정보를 전하기 위해 청각, 시각, 촉각, 화학적 또는 전기적 신호를 이용한다.

### (1) 시각신호는 빠르게 전달될 수 있다

시각신호는 빠르고 많은 양의 정보를 교환하며, 신호를 보내는 동물의 위치를 가리킨다. 색상과 같은 동물 자체의 몸이 시각 메세지로 제공될 수도 있다. 수많은 종들이 사회적 신호로 제공되는 시각적 과시를 가지고 의사소통을 한다.

### (2) 청각 신호 어둠 속에서 전달될 수 있다

대부분의 동물은 어두울 때에 시각적 신호를 가지고 효과적으로 의사소통을 할 수 없다. 그러나 동물은 낮과 마찬가지로 밤에도 들을 수 있다. 청각신호는 시각신호보다 장거리로 전달될 수 있다. 소리는 동시에 모든 방향으로 움직일 수 있고, 청각신호는 급격히 종료될 수도 있다. 청각 신호로 의사소통을 하는 대부분의 동물은 짧고 단순한 소리인 **부르짖음(call)**을 사용한다. 새와 포유류에서, 수컷은 그들의 존재와 사회적으로 상호작용하고 싶은 뜻을 노래로 알린다. 일부 새들은 조화에 의해 특별한 소리에 반응한다.

인간 이외의 포유류 중에서 청백돌고래만이 의사소통에 소리를 이용한다고 알려졌다. 이 돌고래들은 똑같은 소리를 모방하고 내뱉음으로써 같은 종의 다른 돌고래가 내는 휘파람소리에 반응할 수 있다. 범고래(orc, 전에는 식인 상어로 알려졌다)는 소리와 노래로 의사소통을 한다. 주어진 사회집단인 무리의 일원은 음조

R. Lindholm/Visuals Unlimited

**(a)** 청개구리의 일종인 수컷은 소리를 내어 짝에게 위치를 알린다.

April Ottey, Chimpanzee and Human Communication Institute, Central Washington University

**(b)** 언어로 정보교환: 위에 있는 침팬지 타투가 아래의 와슈에게 음식이라는 신호를 보내고 있다. 와슈는 인간으로부터 미국식 신호 언어를 배운 첫 침팬지이다. 그 후 와슈는 다른 침팬지들에게 어떻게 신호하는지를 가르쳤다.

**그림 51-9 동물의 정보교환.**

와 그것의 지속 기간에 변이가 있지만 평균 12개의 다른 울음소리를 가지며 이는 감정 상태를 반영하는 것 같다.

**(3) 어떤 동물들은 냄새로써 의사소통을 한다**

개나 늑대는 주로 방뇨함으로써 자신의 세력권을 표시한다. 영양, 사슴 및 고양이는 그들의 근처에 있는 눈에 잘 띄는 물체에 안면선(facial gland)에서 나오는 분비물을 문지르고 땅위에 방뇨한다. **페로몬(pheromone)**은 같은 종의 구성원들 간에 정보를 전하기 위해 주위 환경으로 분비하는 화학적 신호이다. 많은 동물들은 위험, 세력권의 소유 및 짝짓기 등의 의사소통을 위해 페로몬을 사용한다.

페로몬은 많은 종에서 반대의 성을 유혹하고 성을 인식하는 데 매우 중요하다. 많은 곤충의 암컷 은 수컷을 유혹하는 페로몬을 생산하며, 이 화학적 신호는 많은 사회성 곤충의 생식을 지배한다. 꿀벌에서 어떤 지방산은 밀랍샘으로부터 분비된 탄화수소와 섞여 이 혼합물이 벌집에 접촉되었을 때 일벌로 전달된다. 이 혼합물은 같은 꿀벌 통에 사는 모든 벌들을 확인하는 페로몬의 역할을 한다. 다른 벌통의 꿀벌이 들어오려고 시도를 하면, 보초를 서는 벌은 쏘며 심지어는 침입 벌을 죽이기까지도 한다.

척추동물에서 페로몬은 성주기, 짝의 선택을 포함한 생식 행동에 영향을 끼치며 아울러 세력권 방어에 역할을 한다. 수컷 영원이 암컷에게 구애를 할 때 수컷은 물에 페로몬을 방출하여 다른 수컷을 물리친다. 세 마리의 수컷으로부터 방출된 페로몬은 다른 수컷들을 물리치는 데 충분하다. 포유류 중에는 생리학적으로 짝짓기 할 준비가 되어 있는 배란시기의 암컷이 질 분비물의 일부로 페로몬을 방출한다. 이 화학적 냄새가 수컷에게 감지되면 성적 관심이 증가한다. 수컷 쥐의 냄새가 암컷 무리들에게 감지되었을 때, 암컷 쥐의 생식 주기가 동시화 된다.

## 51.6.2 동물은 사회적 조직으로부터 성과를 얻는다

봄에 종이말벌의 암컷은 동면으로부터 깨어나 함께 둥지를 짓기 시작한다. 초기의 구축 과정에서 암컷들 간에 서로의 몸과 다리를 물어뜯고 싸우는 다툼이 일어난다. 결국에는 하나의 말벌이 우성으로 출현한다. 그 이후에는 그 우성의 말벌은 거의 도전 받지 않는다. 이 여왕 말벌은 거의 대부분의 시간을 둥지를 돌보는 데 사용하고 스스로 먹이 구하러 가지는 않는다. 그리고 이 여왕 말벌은 다른 벌들이 돌아올 때 가지고 온 먹이로부터 자신이 필요로 하는 만큼의 먹이를 먹는다.

그러고는 여왕벌은 자기의 가족을 돌보는 데 관심을 가지기 시작한다. 여왕벌은 항상 둥지 안에 있으면서 다른 말벌에게 달려들어 봉실에 산란하는 것을 막을 수 있고, 입을 크게 벌려 위협한다. 그녀의 뛰어난 우성 때문에 이 여왕벌은 보복 없이 다른 말벌들을 물어뜯을 수 있다.

둥지의 다른 말벌은 순위가 낮은 말벌보다 높은 말벌에 사회적 지위를 부여하는 **우성 순위(dominance hierarchy)**로 조직화된다. 순위가 낮은 벌은 아래와 같이 높은 것에 종속된다.

여왕벌 ⟶ 말벌 A ⟶ 말벌 B ⟶ . . . 말벌 M ⟶ 말벌 N

우성순위가 일단 형성되면 싸우는 일은 거의 없어진다. 도전이 있으면 하위 계급의 말벌들은 여왕벌의 공격 행동을 억제시키기 위해 순종하는 태도를 보인다. 많은 종에서 수컷과 암컷은 분리된 우성 체계를 가진다. 예를 들어, 수컷은 물론 암컷 침팬지는 우성순위를 정착시키고 있다. 어떤 암컷들은 분명히 공격행동을 통해서 우성이 되는 반면, 다른 어떤 암컷들은 어미의 지위 덕에 높은 지위를 얻게 된다.

많은 어류와 무척추동물처럼, 어떤 산호초 어류는 성을 바꿀 수 있다. 크고 가장 우성인 개체는 언제나 수컷이고, 그의 세력권 안에서 남아 있는 어류들은 모두 암컷이다. 만약 수컷이 죽으면 가장 우성인 암컷이 새로운 수컷이 된다. 수컷에게 어떤 상해가 닥친다면 다음 서열의 암컷이 성전환을 하여 책임을 위탁받고 집단의 세력권을 보호할 것이다. 가장 우성인 어류가 언제나 암컷인 다른 종류의 어류들에서는 전혀 반대의 행동을 보인다. 이런 종에서 크기는 알 생산을 극대화하기 위한 기능으로 이용되며, 이는 공격적인 방어를 하기 위한 기능보다 더 중요하다.

우성을 확립하고 나면, 수컷들은 거드름 피우거나, 울부짖거나, 뛰거나 격렬하게 싸울 때 더 많은 에너지를 소비한다. 아주 참을성 있는 수컷은 우성을 확보할 것이고, 보다 많은 짝짓기의 기회를 가질 것이며, 그의 유전자를 영속시킬 것이다.

사회적 지위는 뇌 구조를 포함한 많은 기관과 기관계에 영향을 미친다. 최근의 연구는 우월적 수컷 쥐는 하부순위 쥐나 대조군보다 해마에 보다 많은 새로운 신경을 갖고 있는 것을 보여주었다.

## 51.6.3 많은 동물은 세력권을 방어한다

대부분의 동물들은 그들이 거의 떠나지 않는 지리학적 구역인 **행동권(home range)**을 가진다. 동물들은 행동권에 있는 모든 것과 익숙하기 때문에 지형을 통과하고 먹이를 찾는 데에 경쟁자들, 포식자 및 먹이를 극복하는 이점을 가지고 있다. 어떤 동물들은 **세**

**력권제**(territoriality)를 보여준다. 그들은 행동권의 일부인 **세력권**(territory)을 방어하며 이따금 같은 종의 다른 개체나 다른 종의 개체로부터도 방어한다. 많은 종들은 한 해에 주어진 얼마 동안만, 종종 번식기간 동안만, 세력권을 갖는 반면에, 다른 종들은 일 년 내내 세력권을 갖는다. 세력권제는 방어할 수 있는 지역에서 확실히 존재하는 필요한 자원의 이용가치와 뚜렷한 상관관계가 있다.

세력권제에 드는 경비는 세력권의 역할 담당, 세력권 방어 및 그것을 위한 싸움과 관계되는 위험 등에 소모되는 시간과 에너지 등이다. 이점은 세력권 내에서의 먹이에 대한 독점과 보다 큰 번식 성공도 등이다.

**복습**

- 생물의 단순한 집합으로부터 조직화된 사회를 어떻게 구별할 수 있는가?
- 동물은 우월성을 어떻게 결정하는가? 우성순위에서 우성인 개체에 어떤 비용과 성과가 생기는가? 하위의 개체에는?
- 세력권제란 무엇인가? 이것의 성과는 무엇인가?

## 51.7 성 선택

**학습목표**

**10** 성 선택을 정의하고, 여러 종류의 다른 교접체계와 부모 보호에 대해 이해한다.

**성 선택**(sexual selection)은 성공적인 교접을 위한 자연선택의 1종류이다. 동물의 능력은 교접을 위한 경쟁에서 다양하다. 수컷에서 크기와 같은 어떤 유전적 장점을 가진 개체는 교접할 기회를 더 많이 갖고 그들의 유전자를 다음 세대에 전달하며, 성과가 좋은 형질은 시간이 지남에 따라 집단에서 더 일반적으로 된다. 따라서 성 선택은 어떤 개체가 동종과 동성의 다른 개체보다 우월한 생식적 장점으로 나타난다.

수컷의 번식 성공도는 그가 얼마나 많은 암컷을 임신시키느냐에 달려있다. 암컷은 많은 수컷들 중에서 성적으로 상대를 선택할 수 있는 기회를 가진다. 암컷의 번식 성공도는 생식할 수 있는 기간 동안 얼마나 많은 알을 낳을 수 있느냐, 그들을 수정시키는 정자의 우수성 및 어린것이 생식 연령까지 얼마나 생존할 수 있느냐에 달려있다. 동물의 번식 성공도는 그것의 직접 적응도의 척도이다. 우리는 이성 선택과 동성 선택을 구분할 수 있을 것이다.

### 51.7.1 동물들은 우량한 양질의 동료를 찾는다

동성 선택에서, 동성의 개체는 교미를 위하여 능동적으로 경쟁한다. 수컷은 수컷이 다수인 집단에서 전형적으로 제한된 수의 수세적인 암컷에 대하여 경쟁한다. 경쟁은 육체적 전투를 형성하기도 한다. 예를 들면, 비비와 코끼리 물개와 같은 많은 종들에서, 가장 큰 동물이 장점을 갖고 있다.

수컷은 종종 더 미묘한 방법으로 우월성을 정립한다. 많은 수컷은 우월성을 정립하기 위하여 정성 들여 만든 장식용 전시물을 사용하기도 한다. 예를 들면,수컷 사슴은 정교하게 가지진 뿔을 과시하기도 한다. 가장 눈부신 깃털과 밝은 색깔을 가진 수컷 새는 경쟁적 수컷에 대하여 심리적 장점을 가질 수도 있다.

몇몇 연구가 우성 순위에서 계급이 높은 수컷이 계급이 낮은 수컷보다 더 자주 교미할 수 있음을 확인시켜 주고 있다. 그러나 예외는 일부 종 안에서 생식적 행동의 복잡성을 보여주고 있다. 예를 들면, 명확한 우월 순위를 갖고 있는 비비들 사이에서 순위가 낮은 수컷이 순위가 높은 수컷만큼 자주 암컷과 교미를 한다. 연구자들은 우성의 수컷이 생식능력이 있는 수정기인 발정기에 접어든 암컷과 더 자주 교미하는 것을 관찰하였다.

### 51.7.2 동물들은 양질의 짝을 선택한다

암컷은 자주 몇몇 수컷으로부터 성적 동반자를 선택할 수 있는 기회를 갖는다. 이성 선택에서, 암컷은 육체적 형질이나 승리한 구혼자에 의해 제공된 자원을 근거로 하여 그들의 짝을 선택한다. 육체적 형질은 전형적으로 양질의 유전이나 건강함이다. 많은 종에서, 우월성에서 다른 수컷과 조우한 수컷의 성공은 암컷에 대한 그의 양질을 가리키며, 그리고 암컷은 승리한 수컷이 자기에게 구혼하기를 허락한다. 일부 낮은 순위의 수컷은 암컷을 유혹하기 위해 변형된 전략을 발달시킨다. 즉, 수컷은 자신의 후손이 아닐지라도 암컷의 어린것을 보호함으로써 암컷의 흥미를 확보할 수도 있다.

어떤 종의 암컷은 수컷의 장식물의 과시를 근거로 짝을 고르기도 한다. 귀뚜라미나 다른 많은 곤충들 중 구애를 하는 수컷은 그 장래의 짝에게 먹이 같은 것을 선물로 제공한다.

곤충, 조류 및 박쥐들의 많은 종에서 수컷은 암컷을 차지하기 위한 경쟁 터인 **집단 구혼장**(lek)이라 부르는 작은 과시 지역으로 모인다. 감수성이 빠른 암컷이 나타나면 수컷들은 암컷의 주의를 끌기 위해 자신들을 과시하고 경쟁한다. 우성의 수컷은 중심의 위치를 차지하고 그래서 대부분의 암컷으로부터 선택을 받는다. 암컷은 수컷을 선택하고 그와 교미를 하고 그리고는 집단 구혼장을 떠난다. 수컷은 다른 암컷들에게 구애하기 위해 남는다.

**구애 의식**(courtship ritual)은 수컷이 정말 수컷임을 그리고

**(a)** 대형 군함조의 일종인 *Frigata minor*의 수컷은 구애 의식의 일부로서 목에 있는 붉은 주머니를 부풀리는 과시행동을 한다. (태평양의 크리스마스 섬에서 찍은 사진).

**(b)** 백로의 일종인 *Egretta rufescens*가 교미 춤을 추고 있다.

**그림 51-10 구애 의식.**

정교한 구애 의식은 동종에서 잠재적 짝을 결정하는 데에 도움을 주고, 잠재적 짝으로 다른 개체에게 평가되는 기회를 개개의 동물에게 부여한다.

같은 종의 일원임을 확인시킨다. 이 의식은 암컷에게 수컷을 평가할 수 있는 많은 기회를 준다. 어떤 종에서는 구애행동이 둥지를 짓거나 배란을 유발하는 신호로서 필요하다. 구애 의식은 몇 초, 몇 시간 또는 며칠이 걸리기도 하며 종종 일련의 행동 양식과도 관계있다(**그림 51-10**). 수컷이 하는 첫 번째 과시는 암컷의 반발행동을 드러내게 한다. 이어서 이것은 수컷이 추가 행동을 하게하고, 이것은 그 쌍이 교미를 위한 생리학적 준비가 될 때까지 계속된다. 특정 신호가 구애 의식을 종간의 생식적 격리 기작으로 작용할 수 있게 한다(그림 20-3 참조).

## 51.7.3 성 선택은 일부다처 교접 체계에게 유리하다

대부분의 종에서 수컷은 정자를 제공하는 것을 제쳐놓고, 그들의 자식에게 부모로서의 투자를 거의 하지 않는다. 수컷은 많은 암컷을 임신시킴으로써 번식 성공도를 높이고, 그들의 유전자가 많은 자손들에게 전파될 확률을 높인다. 그러므로 성 선택은 번식기(breeding season)에 수컷이 많은 암컷의 알을 수정하게끔 하는 교접 체계인 **일부다처(polygyny)**가 유리하다.

일처다부 알려진 교접 체계에서는 암컷이 여러 수컷과 짝짓기를 한다. 이익은 여러 수컷으로부터 선물을 받는다는 것, 또는 새끼를 돌보는 데 여러 수컷을 이용할 수 있다는 점 등이다. 탄자니아에 있는 Gombe 국립공원의 **구달**(Jane Goodall)의 연구센터에서 모은 자료에 의하면 암컷 침팬지는 실질적으로 일처다부제이다. 암컷은 자신이 속한 집단의 수컷과 짝짓기를 하나, 수컷들이 모두 교미 중일 때에는 이웃 군집으로 슬그머니 사라져서 덜 친한 수컷과 교미하기도 한다. 아마도 성적 랑데부는 근친교배를 방지할 것이다.

조사자들은 또한 많은 수컷과 교미하는 것은 유아살해에 대비하여 보험을 드는 것과 같다고 제안하고 있다. 수컷들은 그들이 교미했던 어미의 새끼들에게는 공격적이지 않다. 최근의 연구는 다수와 짝을 지은 암컷이 보다 생식적이고 보다 많은 후손을 생산하다는 것을 보여주었다.

일처다부와 일부다처는 종종 같은 종에서 일어나기도 한다. 교미 후, 큰 물 방게의 암컷은 한 꾸러미의 알을 수컷의 등에 붙인다(**그림 51-11a**). 수컷은 부화될 때까지 알을 돌본다. 그리고 암컷은 다른 수컷과 교미를 하고 새로운 복란들을 그 상대의 등에 붙인다. 그러나 만약 수컷이 알을 붙일 여분의 공간이 더 있다면 그 수컷은 다른 암컷과 교미할 수 있다.

분명한 점은 대부분의 종에서 후손의 아버지가 확실하지 않다는 것이다. 그러나 다른 수컷의 후손을 키운다는 것은 유전적으로 불리하여, 일부 종에서는 수컷은 **배우자 감시(mate guarding)**에 찬성하여 배우자 추적을 타협하였다. 수컷은 교미 후에 그 암컷이 다른 수컷과 또다시 교미할 수 없도록 암컷을 감시한다. 배우자 감시 행동은 암컷이 수용적이고 다른 수컷에 의해 수정될 지도 모

David M. Dennis/Animals Animals

**(a)** 알을 등에 달고 있는 대형 물방게(Belostomatidae) 수컷.

M. Reardon/Photo Researchers, Inc.

**(b)** 악어의 암컷이 갓 부화한 새끼를 입에 물고 자신의 보금자리로부터 남아프리카의 성 루시아 호수로 옮기고 있다.

Dominique Braud/Dembinsky Photo Associates

**(c)** 울새의 성체는 어린것을 먹여 살리는데 많은 노력을 기울인다.

McMurray Photography

**(d)** 치타(*Acinonyx jubatus*)의 암컷이 자신이 직접 잡아 죽여온 톰슨 영양을 새끼들이 먹고 있는 것을 지켜보고 있다.

**그림 51-11 어린것의 돌봄.**

새끼들에게 쏟는 부모의 투자가 어린 것이 살아남을 확률을 높인다.

를 알들을 가지고 있을 때 행해지는 것 같다. 예를 들어 우성인 수컷 아프리카 코끼리는 암컷이 수정 가능한 알을 가질 가능성이 높은 때인 발정기에만 암컷을 감시하여 지킨다. 교미가 이미 행해진 후 발정의 전 · 후에는 낮은 계급의 어린 수컷 코끼리도 암컷과 교미할 수 있다. 배우자 감시의 높은 비용은 우성의 수컷이 다른 암컷과 짝짓기 할 수 있는 기회를 잃는다는 점이다.

성 선택은 많은 암컷을 수정시키고 많은 새끼를 생산하는 수컷에게 유리하다. 이런 이유 때문에 한 수컷이 교미기에 한 암컷과만 교미하는 교접체계인 **일부일처(monogamy)**가 흔하지 않다. 포유류의 10 % 이하만 일부일처이다.

연구자들은 일부일처는 조류에는 흔한 일이라고 장기간에 걸쳐 생각해왔다. 왜냐하면 많은 종들이 교미나 새끼의 양육에 협동적인 행동을 보여주는 안정적 관계인 **부부 결속(pair bonds)**을 형성하기 때문이다. 그러나 후손들 중 일부는 그들을 돌보고 있는 수컷보다 다른 수컷이 어버이라는 것을 보여주는 유전적 증거도 있다. 예를 들어, DNA 검사 결과 북미산 파랑새 중에서 15% 20%의 새끼들은 다른 수컷이 어버이였다. 분명히, 암컷은 혼외교미를 하였다. 보다 큰 유전적 변이성을 가진 새끼를 생산해 내는 것이 최소한 그들 중 일부의 생존 기회를 높여준다. 일부 연구자들은 동물들이 부부 결속(부부)을 형성하는 사회적 일부일처와 유전적(성적) 일부일처로 구분하였다.

일부일처는 전형적으로 몇몇 종에서 수컷이 새끼를 먹이고 보호할 필요가 있을 때 생겨난다. 예를 들어, 캘리포니아 쥐는 사회적으로는 물론 유전적으로 일부일처임을 보여주고 있다. 새끼는 생존을 위해 어버이의 체열을 필요로 하고, 어버이 또한 번갈아 그들을 따뜻하게 해준다.

### 51.7.4 어떤 동물은 그들의 어린것을 돌본다

**부모 투자(parental investment)**는 각각의 부모가 후손을 생산하고 양육하는 데에 들이는 공헌이다. 대부분의 동물들은 그들의 새끼를 돌보는 데 시간과 에너지를 투자하지 않는다. 왜냐하면 보호에 드는 손실이 이익보다 크기 때문이다. 생산될 수 있는 새끼 수의 감소와 다른 포식자들로부터 새끼를 보호하는 데 드는 위험 부담 등이 그 손실의 예이다. 부모 투자에서 얻는 성과는 각 새끼들이 생존할 확률을 높이는 것이다.

Courtesy Dr. Bryan D. Neff

**그림 51-12 짝짓기의 사기 행각.**

큰 성체 수컷 개복치(*Lepomis macrochirus*)가 암컷(중앙)에게 구혼한다. 암컷 역을 하는 다른 수컷(오른쪽)이 암컷에 가까이서 헤엄친다. 큰 성체 물고기는 침입자가 경쟁 수컷인 줄을 알아채지 못한다. 침입자는 갓 낳은 알의 20%를 수정시키고 헤엄쳐 도망간다.

자연선택은 새끼들이 생존하는 이익이 또 다른 새끼를 낳는 기회를 감소시키는 손실보다 더 큰 종에서 부모 보호를 갖기 쉽도록 한다. 이 상황은 암컷이 새끼를 적게 생산하거나 번식기 동안 단 한 번만 생식을 하는 종에서 일어난다. 친권보호(parental care)는 자포동물(해파리), 윤형동물, 연체동물 및 전갈 같은 무척추동물의 성공적인 생식에 중요한 부분을 차지한다. 새끼를 돌보는 것은 척추동물에서 흔한 일이다(▮ **그림 51-11b-d**).

Western Ontario 대학의 행동 생태학자인 **네프(Bryan D. Neff)**는 수컷 블루길은 후손이 진정으로 그들의 것인지에 대한 확실성 정도에 따라 보호투여 수준을 맞추는 것을 최근에 보였다. 그는 블루길이 시각과 후각 실마리를 이용하여 친권을 확인하고, 인지된 친권의 정도에 따라 친권 보호 수준이 달라짐을 증명하였다(▮ **그림 51-12, 51-13**).

**복습**

- 성 선택이란 무엇인가? 배우자 선택에 여향을 끼치는 요인들은 무엇인가?
- 어떤 조건하에서 성 선택이 일부다처(또는 일처다부) 교접 체계가 유리한가? 왜 일부일처는 흔하지 않는가?
- 구애 의식의 이점들은 무엇인가?
- 왜 수컷보다 암컷이 그들의 새끼를 돌보는데 많은 투자를 하는가? 경비, 성과 및 적응도의 견지에서 설명하라.

## 51.8 도움 행동

**학습목표**

**10** 이타주의에 대하여 포괄적 적응도의 개념과 혈족선택을 연관시킨다.

야생 칠면조와 많은 종들에서, 하위 순위 수컷이 우월한 수컷이 짝을 유혹하는 데에 도움이 주나, 하위 순위 수컷은 생식을 할 수 없다. 동물의 기본적인 진화 지침이 그들 유전자의 영속이라면, 우리는 일부 동물이 다른 개체를 도우는 데에 시간과 에너지를 소모하는 이유에 대하여 경탄하여야 한다.

### 51.8.1 이타적 행동은 포괄적 적응도에 의해서 설명될 수 있다

**이타주의(altruism)**로 알려진 협동적인 행동의 한 형태에서, 한 개체는 잠재적 보상 없이 그들 자신보다 다른 개체에 성과가 있는 것처럼 보이는 방법으로 행동한다. 사실, 이타주의의 수혜자가 성과를 얻는 동안에, 구원자는 적응도 경비를 경험한다. 만약 동물의 반응이 이타적 행동을 하지 않는 개체들과 연관해서 번식 성공

## 핵심 실험

**질문:** 수컷 개복치가 자기가 보호하는 알과 후손의 유전적 부모가 자기가 아니라는 것을 인지하면, 개복치는 보호지불의 수준을 조정할 것인가?

**가설:** 행동 생태학자 **네프**는 수컷 개복치는 인지된 부권의 수준에 따라 친권 보호의 수준을 조정할 것이라고 가설을 세웠다.

**실험:** **네프**박사는 시각과 후각 시작 신호를 조작하였다. 실험1에서, **네프**박사는 침입자 수컷을 조작하였다. 그는 침입자가 들어 있는 두 개의 투명한 용기를 34 친권자(성체 수컷)의 둥지 옆에 놓고, 배란하는 동안에 방치하였다. 빈 용기는 20개의 대조 둥지 주위에 놓았다. 물고기 배란 후에, 잠재적 알 포식자(투명한 플라스틱 용기에 들어있는 작은 물고기)가 제시되었고, 친권자들의 방어 행동이 관찰되었으며, 두 실험군과 대조군에 대하여 정량화하였다. 실험 2에서, **네프**박사는 친권자의 둥지 20개로부터 알의 3분의 1을 제거하고 다른 둥지의 알로 대체하였다. 대조 친권자의 둥지 15 군데에서 거짓 알 교환을 수행하였다. 친권 방어 행동이 알 부화 전후에 관찰되었다.

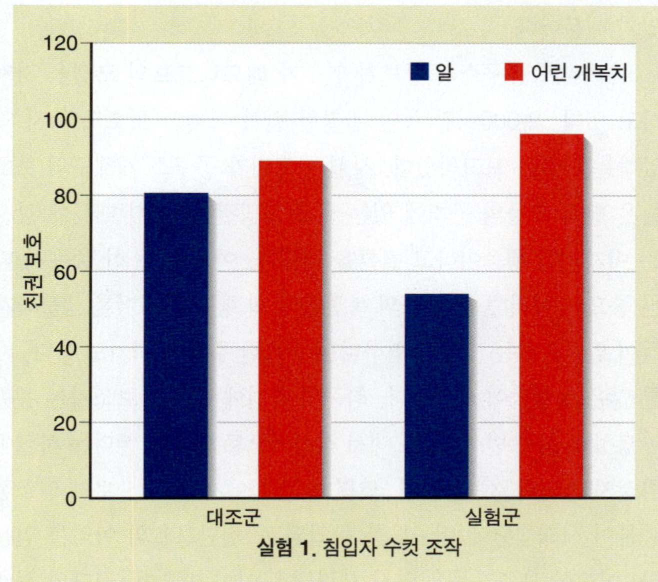


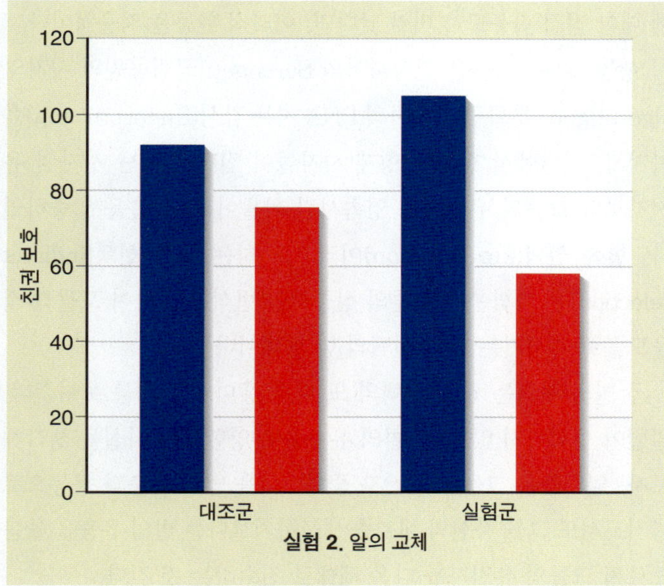


**결과:** 실험 1: 친권자들은 알에 보호 수준을 감소시켰다. 실험군 수컷의 여덟이 둥지를 떠났고, 실험군의 알 방어는 대조군과 비교하여 의미심장하게 낮아졌다. 그러나 알의 부화 후, 친권 보호는 두 집단 사이에 차이가 없었다. 실험 2: 알 시기 동안, 실험군과 대조군의 친권 보호 수준의 차이가 없었다. 그러나 부화 후, 실험군 친권자들은 보호의 수준을 의미심장하게 낮추었다.

**결론:** 수컷 개복치는 인지된 부권 수준에 따라 친권 보호를 맞춘다. 실험 1에서. 친권자들은 알이 침입 수컷에 의해 수정되었다고 인지하였을 때 보호를 덜 한다. 알의 부화 후, 후각 실마리는 후손은 정말로 자신의 것이라는 것을 가리키고, 친권자들은 보호의 수준을 증가시킨다. 실험 2에서, 친권자들은 알이 교체되었어도 알을 보호한다. 그러나 부화 후, 후손으로부터의 후각 실마리가 후손들이 친권자 자신들의 것이 아니라는 것을 가리키면, 친권자들은 보호를 덜 한다.

**그림 50-13 친권 보호에 대한 결정.**

도를 감소시킨다면, 진정한 이타적 행동은 어떻게 적응성이 있겠는가? 1964년에 **헤밀턴**(William. D. Hamilton)은 그럴 듯한 설명을 제시하였다. 그는 진화가 부모로부터 자식으로 바로 직접 전해진 유전자와 가까운 혈족을 통해 간접적으로 전해져 내려온 유전자 사이에는 진화의 구별이 안 된다는 것을 제시하였다.

헤밀턴에 따르면 자연선택은 혈족을 돕는 동물에게 유리하다. 왜냐하면 혈족의 어린것은 보조자의 대립유전자를 가지고 있기 때문이다. 포괄적 **적응도**(inclusive fitness)는 직접 적응도(동물들이 새끼에게 영속시키는 대립유전자의 수로 측정 되어질 수 있는)와 간접 적응도(혈족들의 새끼들에게 영속시키도록 돕는 대립유전자)의 총합이다.

우리는 도움의 혈족들로부터 얻을 수 있는 잠재적인 유전적 이득을 **혈연도 계수**(coefficient of relatedness)에 의해 측정할 수 있다. 혈연도 계수는 두 개체가 최근의 공동의 조상으로부터 물려받은 희귀한 대립유전자를 유전시키는 확률이다. 혈연관계가 없는 두 동물의 혈연도 계수는 0인 반면에, 양친과 자식들 사이의 혈연도 계수는 0.5이며, 이는 그들의 유전자의 반은 같다는 것을 의미한다. 형제의 혈연도 계수 역시 0.5이며, 첫 번째 사촌 사이에 대한 계수는 0.125이다. 혈연도 계수가 높으면 높을수록, 동물들은 혈족을 더 도와준다.

**헤밀턴**은 이타 행동을 진작시키는 대립유전자가 집단 내에서 어떻게 빈도를 증가시킬 수 있는가를 보여주는 수학 모델을 발달시켰다. **헤밀턴** 법칙에 따르면, 간접 적응도 성과가 이익을 본 동물에 대하여 높으면, 수혜자가 이타자의 가까운 혈족이라면, 이타 동물에 대한 직접 적응도 경비가 낮다면, 이타적 활동은 적응적이다.

행동 생태학자들은 탄자니아의 Serengeti 국립공원의 사자와 Ngorongoro 분화구의 사자의 DNA 지문 감식(fingerprinting)을 가지고, 집단에서 협동한 형제 사자들이 집단을 떠난 사자의 유전자보다 그들의 유전자를 영속시킬 확률이 더 높음을 입증하였다. **혈족 선택(kin selection)**이라고도 하는 **간접 선택(indirect selection)**은 가까운 혈족들의 성공적인 번식을 통하여 포괄적 적응도를 증가시키는 자연 선택의 한 형태이다.

꿀벌의 사회는 간접 선택의 또 다른 흥미로운 예를 보여준다. 일벌이 생식하지 않으나, 벌의 유충을 부양한다는 사실을 생각해 보자. 일벌들은 그들의 유전자 중의 3/4을 벌의 유충과 공통으로 가지고서도 그들 자신의 새끼를 생산하기보다는 벌의 유충을 돌봄으로써 그들의 유전자를 다음 세대로 전수하는 것 같다.

어떤 조류(플로리다 까마귀와 같은)들 간에서는, 생식을 할 수 없는 개체가 새끼의 사육을 돕는다. 어버이는 물론 이런 추가의 보조자가 지키는 둥지는, 어버이만 지키는 둥지보다 동일한 수의 알일 경우 더 많은 새끼를 생산한다. 이런 생식력이 없는 보조자는 주로 간접선택을 통해 그들의 유전자를 영속시킴으로써 그들의 생물학적 성공을 증가시키는 가까운 혈족들이다. 보조자는 짝이나 세력권 부족과 같은 제한 요인으로 인해 그들의 새끼를 생산하지 못하게 될 수도 있다.

## 51.8.2 도움 행동을 다르게 설명할 수도 있다

어떤 행동생태학자들은 협동행동에서의 혈연선택의 역할에 의문을 제기하고 있다. 혈연선택의 고전적인 예들 중 하나는, 포식자를 감시하는 것과 위험이 닥칠 때 먹이를 찾고 있는 다른 집단 구성원에게 경고를 하는 망보기이다. 최근까지 생물학자들은 보초가 그들의 혈족에게 이득이 되는 모험 행동에 사심 없이 종사하는 포식에 대하여 보다 큰 위험에 처해 있는 것으로 생각하였다. 이 설명은 프레리 도그와 땅 다람쥐 등의 몇몇 종에서 설득력이 있다. 그러나 최근의 연구는 다른 종들에서의 감시행동에 대한 반대의 가설을 제시하고 있다.

미국의 생물학자인 **베드니코프(Peter. A. Bednekoff)**는 어떻게 감시 행동이 이기적인 행동의 결과인가를 설명하는 모델을 개발하였다. **베드니코프**는 어떤 종에서 보초는 그들 집단의 다른 개체들보다 더 위험하다는 증거가 없다는 것을 관찰했다. 그는 그 반대가 사실일지 모르고 보초가 실제적으로 이익일 수 있다고 제안했다. 포식자를 먼저 감지함으로써 보초는 보다 쉽게 도망갈 수 있기 때문이다.

아프리카 몽구스의 망보기 연구가 **베드니코프**의 모델을 지지하고 있다. 2,000시간 동안 관찰한 결과 어떠한 보초도 죽지 않았다는 사실을 보고하였다. 사실 아프리카 몽구스 개체군의 보초들은 빨리 그들의 근처에 있는 굴로 도망갈 수 있기 때문에 감시는 이기적인 행동이라고 결론을 내렸다. 이 연구는 한 종에서 다른 종으로 여러 동물 종들의 복잡한 사회 행동의 의미를 생물학자들이 일반화하는 것은 위험하다는 중요한 주의가 되기도 한다. 다른 많은 설명들이 가능하다. 최근의 발견에 의하면 보조자는 종종 안정성과 최종 번식성공도에서 직접적으로 이익을 본다는 사실이 밝혀지고 있다. 예를 들어, 몇몇 종들 간에서 피하는 보다 연소한 동물이 사회집단에 머물도록 묵인되고, 집단보호의 이익을 얻는다. 이러한 보조자들은 역시 세력권을 이어 받으며, 집단의 선배가 죽으면 짝짓기를 한다.

## 51.8.3 일부 동물은 혈연관계가 없는 개체를 돕는다

다른 개체와 혈연관계가 없는 동물은 때때로 싸움에서 비혈족(혈연관계가 없는 개체)을 돕고, 돌보거나, 먹이조차도 분배한다. Rutgers 대학의 진화생물학자인 **트리버(Robert. L. Triver)**는 1971년에 **호혜적 이타주의(reciprocal altruism)**의 가설로 이런 행동을 설명하였다. 이 가설에 따르면, 한 동물이 즉각적인 성과 없이 비혈족을 도우나, 얼마 후에, 도움을 받은 동물은 빚을 갚는다. 최초의 조력자는 이와 같은 방법으로 순 적응도 성과를 경험한다. 피를 먹은 흡혈 박쥐는 보금자리를 공유하는 배고픈 박쥐를 위하여 피를 게워낸다. 만약 한 박쥐가 과거에 피를 게워낸 이웃과 피를 공유하지 않으면, 사기꾼은 아마도 미래에 도움을 받지 못할 것이다.

**복습**

- 혈족 선택은 이타적 행동의 진화를 어떻게 설명하는가?
- 어떤 다른 가설들로서 협동행동을 설명할 수 있는가?

## 51.9 고도로 조직화된 사회

**학습목표**

12 곤충의 사회와 척추동물의 사회를 비교하고, 척추동물 개체군의 문화적 변이의 예를 들 수 있다.

고도로 조직화한 사회의 특징은 협동 및 서로 다른 성, 연령군 또는 계급으로 된 동물들 간의 노동의 분업을 포함한다. 복잡한 정보전환 체계는 사회의 조직화를 강화한다. 구성원들은 함께 어울려 집단에 들어오려는 외부의 침입자들에 의한 시도를 저지하는 경향이 있다.

### 51.9.1 사회성 곤충은 정교한 사회를 형성한다

일부 곤충들은 노동의 협동과 분배에 의해 정교한 둥지를 건설하고 대량 생산 방법으로 어린것을 키운다. 벌, 개미, 말벌, 및 흰개미는 가장 조직화된 곤충 사회를 형성한다(앞의 3개는 필연적으로 동일한 목인 벌목에 속한다). 곤충 사회는 사회 상호작용에 열쇄가 되는 신호 자극의 복합한 체계에 의해 함께 결속하고, 그들의 행동은 확실히 견고하게 되는 경향을 갖는다.

꿀벌 사회의 구성은 일반적으로 여왕벌에서 분비되는 페로몬에 의해서 조절된다. 이 페로몬은 일벌(모두 암컷)들이 새로운 여왕벌을 기르는 것을 억제하고 일벌들의 난소의 발달을 억제한다(**그림 51-14**). 만약 여왕벌이 죽거나, 집단이 너무 커져 이 페로몬의 억제효과가 사라지면, 일벌들은 몇몇의 유충에게 특별한 먹이를 먹이기 시작하여 새로운 여왕벌의 발달을 촉진시킨다.

여왕벌은 그 전의 교미에서 얻은 정자 세포를 수정낭에 저장한다. 만약 여왕벌이 산란할 때 알을 수정하기 위해 정자를 방출하면 그 결과로 생겨난 새끼들은 암컷이다. 만약 그렇지 않으면 수컷이다. 수컷은 미수정란으로부터 단위생식으로 발달하며 반수체이다. 수벌은 반수체이기 때문에 그의 정자 세포의 각각은 모두 같은 염색체를 가지고 있다. 즉 정자 생산 때에는 감수분열이 일어나지 않는다. 여왕벌은 이 정자를 일생동안 보관하고 일벌들을 생산하기 위하여 이것을 사용한다.

꿀벌 통의 일벌들은 반수체인 아버지에서 태어난 자매보다도 더 가깝게 서로 관련되어 있다. 사실 그들은 3/4정도의 유전자를 공통으로 가지고 있다(하나의 수벌로부터 번식된 여왕벌을 가정하면,그들은 여왕벌의 염색체의 반과 수벌 염색체의 모두를 공유한다). 그 결과, 그들은 그들 자신의 자식보다도 더 서로 가깝다(일벌의 자손들은 일벌 어미의 1/2 만큼의 유전자만을 공통으로

Treat Davidson/Photo Researchers, Inc.

**그림 51-14 복잡한 사회의 유지.**

수많은 일벌들이 여왕벌을 에워싸고 있다. 일벌들은 여왕벌로부터 나오는 분비액을 계속 핥고 있다. 벌통 전체에 전해진 이 분비액은 일벌들의 난소의 활동을 억제한다.

가진다.) 새로운 여왕벌은 또한 그들의 자매이다. 그러므로 일벌들은 자신의 자식을 낳기보다는 이런 개체를 기름으로써 그들의 유전자를 다음 세대에 전한다.

일벌들 중에서 노동의 구분은 대개 나이에 의해 결정된다. 가장 어린 일벌은 벌의 유충을 양육하는 역할을 한다. 양육 벌이 된지 약 1주 후에는 일벌들은 밀랍을 생산하고, 밀랍으로 된 봉실을 만들어 지킨다. 나이가 더 많은 일벌들은 먹이획득자로서 먹이를 구해 집으로 화밀과 화분을 가져온다. 대부분의 일벌들은 42일의 고령으로 죽는다.

꿀벌은 포유류가 아닌 동물들 중에서 알려진 가장 정교한 의사소통 방법을 갖고 있다. 그들은 춤으로 부르는 고정된 일련의 몸의 운동을 수행한다. 춤은 먹이로 향한 꿀벌의 비상을 소규모로 서로에게 상기시킨다. 정찰 꿀벌이 풍부한 화밀원의 위치를 발견할 때에는, 분명하게 먹이, 벌통 및 태양간의 각도를 관찰한다. 그러고 나서 꿀벌은 벌통과 관련지어 이 먹이원의 방향과 거리를 의사소통 한다(**그림 51-15**). 만약 먹이의 공급처가 50 m 안에 있다면 정찰 꿀벌은 **원형춤**(round dance)을 추는데, 이는 일반적으로 다른 벌들을 흥분시켜 그들이 화밀을 발견할 때까지 벌통으로부터 모든 방향으로 짧은 거리를 날아오르도록 한다. 그러나 만약 먹이가 멀리 있다면, 정찰 벌은 **꼬리흔들기춤**(waggle dance)을 추는데 이는 8자 모양을 따른다.

1940년대에 독일의 동물학자 **프리쉐**(Karl von Frisch)는 꿀벌의 의사전달에 대하여 처음으로 연구를 시작했다. 그는 꼬리흔들기춤이 방향과 거리에 대한 정보를 알려준다는 것을 발견했다. 벌

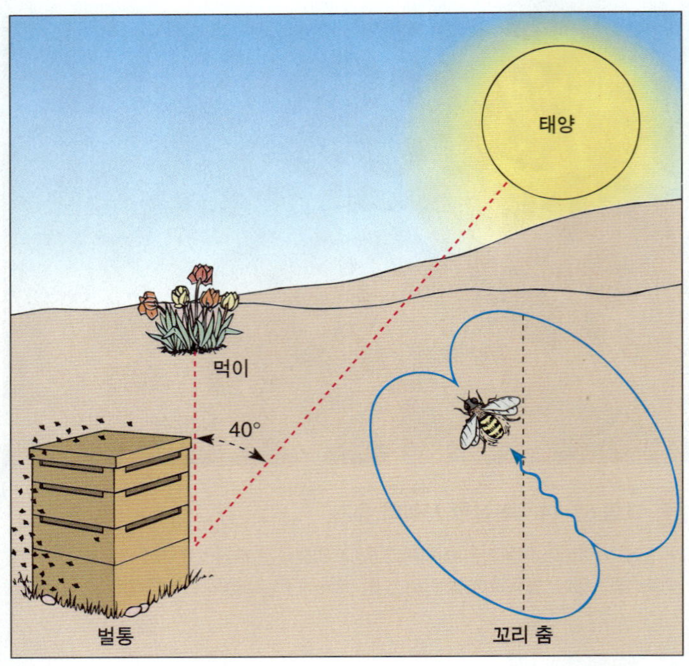


**그림 51-15 꿀벌의 엉덩이 춤.**

정찰 벌들은 몸을 위로 향하여 엉덩이 춤을 추어 먹이가 태양을 기준으로 하여 왼쪽으로 40도 각도의 위치에 있다는 것을 알린다. 이는 먹이의 존재 각도를 태양과 관련 지워서 나타낸다는 사실을 알려준다. 이 엉덩이 춤은 벌통 안에서 행해진다.

은 전형적으로 벌통 안에서 벌집의 수직 표면에서 춤을 춘다. 8자의 부분을 직선으로 달리는 동안, 엉덩이를 흔드는 횟수는 거리를 나타낸다. 운동의 정위는 태양의 위치를 기준으로 해서, 먹이의 방향을 가리킨다. 예를 들어, 만약 벌이 직선 위로 춤을 추면, 화밀원은 태양을 향해 존재한다. 만약 벌이 벌집의 수직 표면의 왼쪽으로 40도 방향으로 춤을 추면, 화밀원은 벌통과 태양간의 선의 왼쪽으로 40도의 위치에 있다.

먹이획득자인 벌은 벌집의 수직 표면 위에서 어두운 벌통에서 춤을 춘다. 청중은 어떻게 춤을 보겠는가? 연구자들은 벌이 춤을 춤에 따라 소리를 내는 것을 보였다. 청각 신호는 명확하게 춤을 추는 벌의 위치에 대한 정보를 명확하게 교환한다.

## 51.9.2 척추동물의 사회는 비교적 융통성이 있는 편이다

척추동물의 사회는 보통 꿀벌이나 개미에서와 같은 육체적으로나 행동적으로 특수화된 계급 같은 것이 없다. 하나의 예외는 사회적 곤충의 그것에 아주 닮은 사회적 구조를 갖고 있는 설치류인 남아프리카의 털 없는 두더지 쥐에서 찾을 수 있다. 비록 대부분의 척추동물의 사회는 곤충의 사회보다 단순해 보이지만, 그들은 역시 보다 더 융통성이 있다. 척추동물의 사회는 변이가 심하고 잠재 행동의 **가소성**(plasticity)이 있어서 효과적으로 환경의 도전을 받으면 행동을 수정할 수 있다.

척추동물 행동의 가소성은 조류와 포유류의 종에서 문화가 전달을 가능하게 만든다. **문화**(culture)는 집단의 다른 구성원으로부터 배운 개체군에서 공통적으로 발견되는 행동으로 정의되며 또한 세대에서 다른 세대로 전해진다. 문화는 유전학적으로 유전되지는 않는다. 예를 들어, 사회는 모방 또는 교육과 같은 사회적 학습에 의해서 유지된다.

교육은 사회 학습의 효율적인 형태이다. 나이든 동물이 젊은것을 가르칠 수 있다면, 중요한 정보 한 세대에서 다음 세대로 신속하게 전달될 수 있다. 캠브리지대학의 Alex.Thornton과 Katherine McAuliffe는 보조 몽구스들이 먹이 포획을 위한 기술을 어린것에게 가르친다는 것을 최근에 보고하였다. 전갈과 같은 먹이는 실질적으로 위험하다. 어린 몽구스들은 그들 자신의 먹이를 찾거나 잡을 수 없으므로 먹이를 잡을 수 있는 조력자를 인도할 구걸 요청 소리를 지른다. 조력자는 먹이를 효과적으로 다룰 수 있도록 어린 것들을 점검하고 잔소리한다. 어린 것들이 성숙해 감에 따라, 이들의 구걸 요청은 변한다. 실제로 조력자는 교육을 변화시키고, 더 넓은 범위의 기술을 연습할 기회를 어린것에게 제공한다. 조력자는 젊은것을 살아있는 먹이까지 점진적으로 교육시킨다.

인간이 아닌 영장류에 대한 최근의 연구가 어떤 그룹들은 지역 관습을 개발하고 그들의 자식에게 그것을 가르친다는 사실을 밝혔다. 7개의 침팬지 연구지역의 연구자들에 의해서 제공된 자료를 사용하여, 동물행동학자들은 문화적 다양성으로 여겨지는 39개의 침팬지의 행동을 밝혔다. 이런 행동들은 도구사용, 구애의식 및 깃털손질기법과 같은 다양한 방법을 포함하고 있다. 이런 각각의 지역 관습들의 각각은 개체군내에서 다른 침팬지로부터 배운 것이고, 관습들은 다른 개체군 사이에 변이가 있었다. 예를 들어, Sassandra-N'zo 강의 서쪽에 사는 침팬지들은 호두를 깨기 위해 돌망치를 사용하였다. 연구가들은 어미 침팬지가 이 행동을 새끼에게 가르치는 것을 사진으로 찍었다. 바로 몇 마일 떨어진 강의 동쪽 지역에서 침팬지는 비록 그들이 할 수 있지만 열매를 깨지 않는다. 침팬지가 새로운 개체군으로 이주하여 합류할 때, 그들은 이전의 문화에서 배움 지식을 전수할 수 있다. 이러한 식으로 관습은 한 개체군에서 다른 개체군으로 확산된다.

연구자들이 침팬지 개체군간의 문화적 다양성에 대한 연구를 계속함에 따라, 우리의 가장 가까운 친지들에 대해서도 더욱 더 학습할 수 있고, 그러한 행동을 학습할 수 있는 능력은 자연 선택의 산물임을 기억하는 것이 중요하다. 유지되는 행동들은 계속 주위의 동물들에게 적응적이었다. 비인간 영장류의 문화에 대한 연구가 인류 문화의 진화 기원의 진상을 간파할 수 있게 해 줄 거라고 생각하였다. 이러한 인류 사회는 구어와 문어를 통해 문화가 상징적으로 전수되는 것을 기반으로 하고 있다.

### 51.9.3 사회생물학은 적응이라는 관점에서 인간의 사회행동을 설명한다

**사회생물학(sociobiology)**은 자연선택을 통한 사회적 행동의 진화에 대해 집중 연구한다. 1975 년에 발간된 "Sociobiology : The new synthesis" 란 명저에서 **윌슨(Edward. O. Wilson)**은 사회적 행동의 진화에 대한 알기 쉬운 견해를 제공하기 위하여 개체군 유전학, 진화 및 동물 행동의 원리를 접목시켰다. **윌슨**의 연구는 행동생태학의 발전에 영향을 주었고, 이 장에서 논의되었던 어린 개체를 돌보는 어버이의 투자와 같은 많은 개념들이 사회생물학자들에 의해 이룩된 업적에 기초를 두고 있다. 다윈과 과거의 많은 생물학자들처럼, **윌슨**과 다른 사회생물학자들은 인간의 행동 또한 진화론적 측면에서 연구될 수 있다고 제안했다.

사회생물학자들이 알고 있듯이, 인간은 문화를 통해 그들의 삶의 방식을 벌이나 비비들의 무리가 몇 백 세대를 거쳐 이루는 유전적 진화를 몇 년 안에 아주 바꿀 수 있다. 변화시킬 수 있는 이 능력은 실제 유전적으로 결정되어있으며 엄청난 선물이다. 우리가 문화를 어떻게 사용하는가와 문화로무엇을 이룰 수 있느냐는 선물이 아니라, 우리 자신의 복지와 다른 종의 복지가 달려있는 책임이다.

**복습**

- 혈족 선택은 이타적 행동의 진화를 어떻게 설명하는가?
- 어떤 다른 가설들로서 협동행동을 설

## 핵심 용어와 요약

**학습목표**

1 행동의 직접적 원인과 궁극적 원인을 구별하고, 특별한 행동이 적응적인지를 결정하는 과정에 궁극적 원인의 개념과 경비-성과를 적용하라.

- 행동은 일반적으로 환경으로부터의 자극에 대한 반응에서 행하는 무엇과 어떻게 행할 것이냐 이다. 행동의 **직접적 원인**은 동물이 특정 행동을 수행할 수 있도록 하는 유전적, 발생학적 및 생리학적 과정과 같은 즉각적인 원인이다. 직접적 원인은 어떻게 라는 의문에 해답을 줄 수 있다. **궁극적 원인**은 왜 어떤 행동이 일어나는지에 대한 진화론적인 설명이다.
- 행동이 적응적인지 어떤지를 결정하기 위하여 **경비-성과 분석**을 사용할 수 있다. 성과는 생활력이 있는 새끼의 수에 의해서 측정되는 동물의 번식성공도인 **직접적 적응도**에 기여한다. 성과가 비용보다 클 때 행동은 적응적이다.

2 동물의 행동에서 유전, 환경 및 성숙의 상호작용을 설명하라.

- 행동은 유전자(**본능 행동**)와 환경요인의 상호작용으로부터 일어난다. 행동의 능력은 유전되지만, 행동은 주위의 경험에 반응하여 수정된다. 이 행동은 **학습행동**이다.
- 보행과 우리가 자동적이라 여기는 많은 다른 행동들은 **운동 프로그램**이며 조정된 일련의 근육운동이다.
- **고정행동양식(FAP)**은 단순한 감각 자극에 의해 일단 활성화되면 감각성 피드백에 관계없이 완성할 때까지 계속하는 자동 행동이다. FAP는 학습하지 않은 독특한 **신호자극** 또는 **해발인**에 의해서 유발된다.

3 둔감화, 각인, 고전적 조건지우기, 자발적 조건지우기 및 인식의 적응적 유의성을 설명하라.

- 학습은 경험으로부터 나타나는 행동의 변화이다. 익숙은 반복되는 부적절한 자극을 무시하는 학습의 한 형태이며, 동물은 먹이를 찾고 다른 생활 활동에 초점을 맞출 수 있다.
- **각인**은 발육 초기의 임계기 동안에 자식이 어미를 인식할 수 있도록 어버이-자식 결속을 확립시킨다.
- **고전적 조건지우기**에서, 연합은 정상적인 신체 기능과 새로운 자극 간에 형성된다. 이 형태의 학습은 동물이 2개의 자극 간에 연합할 수 있도록 한다.
- **자발적 조건지우기**에서, 동물은 양성 강화를 받아들이거나 징벌을 피하기 위하여 행동을 학습한다. 이 형태의 학습은 어린 청어 갈매기가 먹이를 얻기 위하여 쪼기 행동을 완수하는 행동을 포함해서 여러 자연 상황에서 중요하다.
- **인식**은 지식을 얻는 과정이며 그것은 사고, 정보 처리, 학습, 추리, 및 고려, 지각, 자아의 각성을 포함하고 있다. **통찰학습**은 새로운 문제를 해결하기 위하여 여러 가지 다른 자극들을 포함하는 과거 경험을 적용하는 능력이다.
- 놀이의 기능은 어린 동물에게 성체의 행동패턴을 학습하고 연습하기 위한 기회를 부여하는 것이다.

4 생물학적 리듬의 예를 들고, 신뢰할 수 있는 기작들을 설명하라.

- 생물의 대사 과정과 행동이 환경의 주기적 변화와 동조화 되는 것은 적응적이다. 여러 종에서 생리적 과정과 매일 매일의 활동성의 주기인 **일주기**를 따른다.

- **주행성** 동물은 낮에, **야행성** 동물은 밤에, **여명행성** 동물은 새벽과 해질 무렵에 가장 활동적이다. 어떤 생물학적 리듬은 **월주기** 또는 달의 상의 변화에 기인하는 조수의 변화를 반영한다.
- 많은 생물학적 리듬은 **생물시계**로 작용하는 내부의 리듬 메커니즘에 의하여 조절된다. 포유류에서 주시계는 시상하부의 **시교차상핵**에 위치한다.

5 이주의 비용과 이익을 분석하고, 방향성 정위와 항로결정을 구별하라.

- **이주**는 한 지역에서 다른 지역으로 향하는 주기적인 장거리 여행이다. 이주의 근인은 환경 변화에 의해 유발되는 생리적 반응과 관계가 있다.
- **방향정위**는 특수한 방향으로 여행하는 것을 말하며 방향 감각인 **나침판 감각**을 요구한다. 많은 이주성 동물은 그들 자신을 정위하기 위하여 태양을 이용한다.
- **항로결정**은 위치를 인식하기 위하여 나침판 감각과 **지도 감각**의 양자를 필요로 한다. 밤에 항해하는 새들은 그들을 안내자로서 별을 이용한다. 새들과 많은 다른 동물들은 역시 지구의 자장을 이용하여 항로를 결정한다.

6 최적징발행동은 적응적이라는 가설을 설명하라.

- 먹이를 얻기 위해 동물이 세우는 가장 효율적인 전략인 **최적징발**은 때때로 번식 성공도를 높인다.

7 비용과 이익의 견지에서 사회적 행동을 분석하고, 동물 의사전달의 양식을 설명하라.

- 사회 조직화는 사회의 구성원에게 더 큰 생식적 성공을 보장한다. **사회적 행동**은 동일한 생물종의 구성원들 간에 일어나는 적응적인 상호작용이다.
- 동물의 **의사소통**은 인식할 수 있는 신호를 상호 교환하는 관계이다. 의사전달의 신호는 청각, 시각, 전기적 또는 화학적 신호일 수 있다. **페로몬**은 종 내의 구성원들 간에 정보를 전달하는 화학적 신호이다.

8 우성순위의 개념을 적어도 하나의 예를 들어 설명하고, 그 적응적 유의성과 사회적 기능을 논하라.

- **우성순위**는 보다 우성인 멤버가 집단 내에서 가지는 계급으로 공공연한 공격 행동을 하지 않으면서 하위 계급의 멤버로부터 이익(먹이나 짝과 같은)을 얻는다.

9 행동권과 세력권을 비교하고, 세력권제의 비용과 이익을 논하라.

- 생물은 종종 그들이 다른 곳으로 떠나지 않고 필요한 방어도 하지 않는 지리적 지역인 행동권에서 서식한다. **행동권** 내에서 방어되는 지역을 **세력권**이라 하고 그 방어 행동은 세력권제이다. 사자와 같은 어떤 동물들은 집단 **세력권제**에 종사한다. 세력권제의 경비는 세력권을 방어하는데 소모되는 시간과 에너지 및 세력권을 위해 싸우는 위험들이다. 성과는 세력권에서 먹을 권리와 개체군 구성원들 간의 투쟁을 줄이는 것들이다.

10 성 선택을 정의하고, 여러 종류의 교접 체계와 부모 보호를 설명하라.

- 자연선택의 일종인 **성 선택**은 개체가 배우자를 두고 경쟁하는 그들의 능력에 차이가 있을 때 일어난다.
- **배우자 선택**은 우성, 선물, 장식물 및 구애행동 과시에 의하여 영향을 받을 수 있다. 동물의 수컷은 암컷을 두고 경쟁하는 작은 지역인 집단 **구혼장**에 모인다. **구애 의식**은 수컷이 동종의 멤버임을 보장하며 동시에 암컷이 수컷의 우월성을 평가하게 하는 것을 보장한다.
- 성 선택은 종종 한 개체의 수컷이 여러 개체의 암컷과 교미하는 교접계인 **일부다처**를 선호한다. **일처다부**에서 한 개체의 암컷은 여러 마리의 수컷과 교미한다. 번식기에 하나의 짝과 교미하는 **일부일처**는 보편적이 아니다.
- 많은 종들에서 수컷은 특히 암컷이 왕성한 생식 능력이 있을 때 **배우자 감시**를 하고, 다른 수컷이 암컷의 알을 수정시키지 못하도록 한다.
- **부부 결속**은 교미와 새끼를 기르는 협력 행동을 포함한 암컷과 수컷간의 안정적 관계이다. 알과 후손의 돌봄에서 부모 투자는 새끼가 살아남을 수 있는 확률을 높인다. 부모 보호에 높은 투자를 하는 것은 전형적으로 수컷 보다 암컷에 이익이 된다.

11 이타주의에 포괄적 적응도와 혈족 선택의 개념을 연계하라.

- **이타주의**는 한 개체가 그들 자신보다 다른 개체에 성과가 있는 방법으로 행동을 보여주는 협동적인 행동의 한 형태이다. **포괄적 적응도**는 한 개체의 직접적 적응도와 간접적 적응도(혈족의 후손 수)의 합이다. 이 개념은 포괄적 적응도가 보조자 자신의 대립유전자를 종속시킬 수 있기 때문에 자연 선택은 혈족을 도우는 동물을 선호한다는 것을 제의한다.
- 헤밀톤의 법칙에 따르면, 간접 적응도 성과가 이익을 본 동물에 대하여 높으면, 수혜자가 이타자의 가까운 혈족이라면, 이타 동물에 대한 직접 적응도 경비가 낮다면.이타적 활동은 적응적이다.
- **혈족 선택**은 가까운 혈족들의 성공적인 생식을 통해서 포괄 적응도를 증가시키는 자연선택의 한 형태이다. 어떤 형태의 협동적 행동은 보조자의 직접적 적응도를 증가시킬 수도 있다.
- 호혜적 **이타주의**로 알려진 협동의 한 형태에서 보조자가 직접적으로는 이익을 얻지 못하지만 뒤에 보조자를 돕는 동물에 의해서 도움을 받는다.

12 사회성 곤충의 사회와 척추동물의 사회를 비교하고, 척추동물의 개체군에서 문화적 다양성의 예를 드시오.

- **사회**는 적응성이 있는 생활양식으로 함께할 수 있는 동종의 개체로 된 집단이다.
- 척추동물의 사회는 곤충의 사회보다는 훨씬 융통성이 있다. 어떤 종의 새와 포유동물의 종은 한 세대에서 다음 세대로 전달되는 개체군에 공통적인 학습행동인 **문화**를 발달시킨다. 문화의 상징적인 전수는 인간 사회에서도 중요하다.

## 연습문제

1. 회색기러기가 존재하지 않는 알을 자신의 둥지로 굴리는 이유를 이해하기 위해서는 다음의 어느 것을 탐구하여야 하는가?

(a) 근인 (b) 간접적 원인 (c) 페로몬
(d) 호르몬 요인 (e) 사회적 학습

2. 적응의 관점에서 자연환경에서의 행동에 관한 현대의 연구는 다음의 어느 것인가?
(a) 생태학 (b) 행동생물학 (c) 행동 생태학
(d) 진화 생태학 (e) 행동과학

3. 짝 선택은 최소한 무엇에 의해 영향을 받는가?
(a) 사슴 뿔과 같은 정교한 전시물 (b) 우월성
(c) 집단 구혼장에서 경쟁 (d) 구애 행동
(e) 수컷의 신뢰도

4. 보상이 없는 것처럼 보이는 행동, 즉, 개체가 자기 자신보다 타자에게 성과를 주는 행동을 나타내는 행동을 무엇이라 하는가?
(a) 상호주의 (b) 이타주의 (c) 호혜적 이타주의
(d) 포괄적 적응도 (e) 도움 행동

5. 포괄적 적응도는 무엇의 한 형태인가?
(a) 동물이 자손에게 전해주는 유전자만 고려한다.
(b) 자연선택은 혈연자를 돕는 동물을 선호한다.
(c) 세력권제를 설명해준다.
(d) 사회적 행동의 한 형태이다.
(e) 상호 이타주의 의 한 형태이다.

6. 최적 먹이 확보에서
(a) 동물은 언제나 사회적 집단으로 사냥한다.
(b) 동물은 가장 효율적인 방법으로 먹이를 얻는다.
(c) 동물은 선택되는 것을 좀처럼 감당하지 못 할 수도 있다.
(d) 다섯에서 일곱 동물의 집단이 가장 성공적이다.
(e) 동물은 혼자 사냥할 때 전형적으로 가장 성공적이다.

7. 행동 양상은 무엇에 의해 유도되는가?
(a) 운동 프로그램 (b) 신호 자극 (c) 릴리서
(d) a, b, 및 c (e) b와 c

8. 주위 환경으로부터 오는 신호에 대한 한 개체의 반응은 다음의 어느 것인가?
(a) 행동 (b) 문화 (c) 간접적 행동 (d) 릴리서 (e) 운동프로그램

9. 문화는
(a) 무척추 동물 집단에서 일반적이다.
(b) 동종 내에서 다양하지 않다.
(c) 인류가 공유하고 있는 파생 특성이다.
(d) 영장류에서 강한 유전적 구성 요소를 갖고 있다.
(e) 집단의 다른 구성원으로부터 배워지고 집단의 구성원과 공유된 행동이다.

10. 혈족 선택은?
(a) 포괄적응도를 증가시킨다.
(b) 비혈족의 유전자를 영속시키는 한 방법이다.
(c) 이주의 몇몇 형태를 설명해준다.
(d) 전형적인 배우자 감시이다.
(e) 장식물 과시와 집단구혼장의 사용

## 심화 학습문제

1. **진화적 연계.** 그림 5-11을 보고, 먹이 부족 시기 동안에 주간 사냥의 끝에서 가장 허기진 집단을 동정하라. 이들 집단은 그들이 하는 것처럼 사냥을 하는 이유를 설명할 수 있는 가설을 세우시오.

2. 행동 생태학자들은 젊은 호랑이 도롱뇽이 동종을 먹는 동물(식인)이 될 수 있고 다른 도롱뇽을 게걸스럽게 먹어치울 수도 있다는 것을 증명하였다. 연구자들은 식인 도롱뇽은 그들 자신의 사촌보다 혈연관계가 없는 도롱뇽을, 동기간보다 사촌을 선호하는 것을 관찰하였다. 이장에서 배운 것을 기초로 하여 이러한 행동을 설명하라.

52

# 생태학 개론: 개체군 생태학

Jim Brandenburg/Minden Pictures

**멕시코 양귀비의 개체군.** 멕시코 양귀비(*Eschscholzia mexicana*)가 자갈이 많은 사막 경사면에서 번성하고 자란다.

## 핵심 개념

군개체군은 밀도, 분산, 출생률과 사망률, 성장률, 생존률, 연령구조의 용어로 기술될 수 있다.

개체군 크기의 변화는 출생률, 사망률, 이입, 이출에 의해 야기된다.

개체군 크기는 밀도에 의존 요인과 비의존 요인에 의해 영향을 받는다

한 개체군의 생활사 특성은 개체들이 생존하고 생식하는 능력에 영향을 주는 적응특성을 반영한다.

메타개체군은 2 개 이상의 지역 개체군 사이에서 발생하는 산포 특성을 갖는다.

인구는 주로 국가 발달 수준 차이에 따라 각국 별로 차이가 있다.

생태학(ecology)은 생명체와 물리적인 환경이 거대하고 복잡한 관계로 엮어진 망에서 어떻게 상호 작용을 하는지를 연구하는 과학이다. 생물학자들은 생물체 간의 상호작용을 **생물적 요소**(biotic factor)라 부르고, 생물체와 살아있지 않은 물리적인 환경 요인 사이의 상호작용을 **무생물적 요인**(abiotic factor)이라 부른다. 이들은 강우량, 온도, pH, 바람 및 화학적 영양분 등이다. 생태학자들은 지구상의 생명의 분포와 생명체 풍부도(abundance), 특별한 종들의 생태학적 역할, 군집 내에서 종간의 상호관계 및 생물권의 건강을 유지하는 데 있어서 생태계의 중요성과 같은 현상을 설명하기 위해 가설을 세운다. 그리고 그들은 이러한 가설을 검증한다.

생태학의 초점은 과학자들이 어떤 질문을 하고, 대답하고자 하느냐에 따라 지역적 혹은 세계적일 수 있고, 특이적이거나 또 일반적일 수 있다. 생태학은 진화와 모든 다른 생물학 분야와 명백한 관계를 갖고 있는, 생물학에서 가장 넓은 분야이다. 또한, 그것의 보편성은 전통적으로 생물학의 부분이 아닌 주제까지 포함한다. 특히 생태학자들이 지구의 무생물적 환경을 조사할 때, 지구과학, 지질학, 화학, 해양학, 기후학 및 기상학은 생태학에 매우 중요하다. 왜냐하면 인간은 지구의 복잡한 생명 망의 일부분이며, 경제학과 정치학까지 포함한 모든 인간 활동이 생태학과 밀접한 관계를 가지고 있기 때문이다. 생태학과 밀접하게 관련되어 있는 과학적인 학문인 **환경과학**(environmental science)은 인간이 어떻게 환경과 상호 작용하는지에 대해 초점을 맞추고 있다.

개체는 어떤 규정된 공간에 동시에 함께 사는 동종의 구성원들로 이루어진 무리, 즉, **개체군**(population)에 속한다. 그 공간의 경계는 특정한 연구를 수행하는 생태학자에 의해서 정의된다. 개체군 생태학자는 어떻게 개체군 내에서 개체가 살아가는가와, 그들의 군집에

서 다른 종 혹은 물리적인 환경과 상호 작용하는지 알아보기 위해서 멕시코 양귀비(사진 참조)의 개체군으로도 연구할 수 있다.

이 장에서 우리는기능계로서의 개체군 연구에 초점을 두고 생태학적 원리에 대한 연구에 대해 알아보는 것을 시작으로 인간개체군(인구)에 대한 것까지 살펴보기로 하겠다. ■

## 52.1 개체군의 특징

### 학습목표

1 개체군의 밀도와 분산을 정의하고, 개체군 분산의 중요한 유형을 설명하라.

**개체군 생태학**(population ecology)은 어떤 지역에서 발견되는 특정한 종의 개체수와 개체군의 동태를 연구한다. **개체군 동태**(population dynamics)는 개체수가 시간이 지나면서 증가하거나 감소하는 양상과 원인 등 개체군의 변화를 연구하는 학문이다. 개체군 생태학자들은 모든 개체군의 공통적인 특징을 찾아내기 위해서 노력한다. 그들은 개체군 내의 개체들이 먹이나 다른 자원을 놓고 경쟁하는 모습, 포식, 질병 및 다른 환경 압박이 개체군에 미치는 영향과 같이 개체군과 환경의 상호작용에 대해 연구한다.

생물학자들이 흥미로워 하는 개체군의 또 다른 특징은 그들의 번식 성공도와 실패도(즉, 멸종, extinction), 진화 및 유전, 그리고 개체군이 군집과 생태계의 정상적인 기능에 미치는 영향 등이다. 임학, 농경학(작물학) 및 야생 생물 관리와 같은 응용 학문에서, 생물학자들은 숲, 농작물, 사냥 및 낚시와 같은 경제적인 중요성으로서 개체군을 관리하기 위해 개체군생태학을 이해하여야만 한다. 멸종될 위기에 처한 종들의 개체군 동태에 대한 지식은 그들의 멸종을 막기 위한 노력에 있어서 중요한 역할을 한다. 개체군생태학의 지식은 경제적으로나 건강에 심각한 영향을 미칠 수준까지 해충 개체군이 증가하지 않도록 하는데 도움을 준다.

### 52.1.1 밀도와 분산은 개체군의 중요한 특징이다

개체군의 크기의 개념은 그 개체군의 경계가 명확할 때만 그 의미를 가진다. 예를 들어, 100헥타르의 1,000마리 쥐와 1헥타르의 1,000마리 쥐들 간의 차이를 생각해 보라. 이따금 개체군이 너무 커버려 연구할 수가 없다. 그런 개체군은 그 일부를 표본 추출 하거나, 혹은 밀도라는 말로 개체군을 표현함으로써 연구될 수 있다. **개체군 밀도**(population density)는 어떤 주어진 시간에서 단위 면적 또는 단위 용적 당 어떤 종의 개체수이다.

개체군의 개체들은 종종 서로에 대해 특징적인 공간 간격, 즉, **분산**(dispersion) 패턴을 나타낸다. 개체들은 무작위 분포, 집중분포, 또는 균일 분포를 보인다. **무작위 분포**(random distribution)는 다른 개체들의 존재와는 상관없이 개체군 내의 개체들이 어떤 지역의 전체에 걸쳐서 배치되는 것이다(▮ 그림 52-1a). 분포의 세 가지 중요한 유형 중에 무작위 분포는 자연계에서는 아주 드물고 가장 관찰하기 어렵기 때문에 어떤 생태학자들은 이것의 존재에 대해 의문을 가진다. 아마도 가장 일반적인 공간 분포는 **집괴성**(patchness) 또는 **집중분포**(aggregated distribution)라고도 부르는 **집중분포**(clumped dispersion)인데, 이것은 개체들이 서식처의 특정 지역에 집중될 때 일어난다. 집중분포는 종종 환경에서 자원의 패치 분포로부터 초래된다. 동물들 간에는 가족 집단과 배우자의 존재로, 그리고 식물들 간에는 제한된 종자의 분산 또는 무성생식으로 인하여 집중분포가 일어난다. 사회성 동물이 그들의 연합으로부터 많은 이익을 얻듯이, 집중분포는 때때로 유리할 수도 있다. 예를 들어, 많은 어류의 종들은 적어도 그들 생활환의 일부 동안, 조밀한 떼를 지어 다닌다. 어쩌면 떼를 짓는 것이 특정 개체에 대한 포식의 위험을 줄일 수 있을지도 모르기 때문이다(▮ 그림 52-1b).

**균일 분포**(uniform distribution)는 개체가 주어진 서식처의 무작위적인 점유로부터 예상될 수 있는 것보다 훨씬 더 고른 간격을 두고 일어난다.

상대적으로 동질적인 환경에서 둥지를 트고, 서로 다소 동일한 거리를 두고 각자의 둥지를 두는 바다 새의 둥지는 균일 분포의 한 예다(▮ 그림 52-1c). 이러한 균일 분포는 우리에게 무엇을 말하고자 하는 것일까? 이 경우 균일 분포는 둥지를 트는 세력권의 결과로서 일어날지도 모른다. 이 새들이 각자의 둥지로부터 서로 쪼아 공격하는 성향을 가진다면 이러한 공격적인 상호작용은 각 새들로 하여금 그들의 둥지를 근처에서 둥지를 트는 다른 새가 닿지 않는 곳에 두도록 할 것이다. 균일 분포는 또한 개체들 간의 경쟁이 심할 때 일어난다. 즉, 식물의 뿌리나 낙엽이 근처 식물들의 생장을 방해하는 유독한 물질을 생성한다거나 또는 동물들이 새끼를 양육하거나 짝짓기 세력권을 형성할 때 이러한 균일 분포가 일어난다.

어떤 개체군은 연령이 다르면 공간 배치의 유형이 달라진다. 예를 들어, 플로리다의 어떤 잡목 군집에서 같은 연령의 모래 소나무들은 햇빛에 대해 서로 경쟁하기 때문에 시간이 지남에 따라 분포양상이 달라진다. 즉, 어린 소나무는 무작위 분포 또는 집중

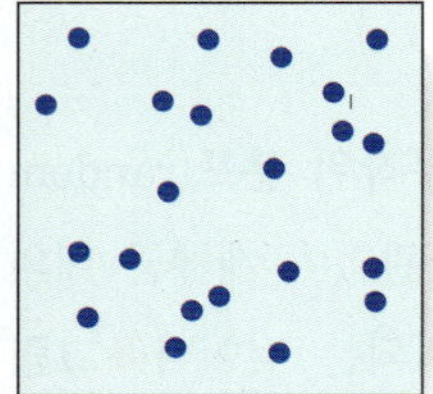

**(a) 무작위 분포**는 자연상태에서 거의 일어나지 않지만 비교를 위해 그림으로 나타내었다.

Andrew G. Wood/Photo Researchers, Inc.

**(b) 집중 분포**의 예를 보이는 어떤 물고기의 군영행동. 그림은 푸른줄무늬 참돔의 일종인 Lutjanus kasmira로 하와이에서 촬영. 이 외래종은 30cm까지 자라며, 하와이 연안에서 자생종을 밀어내고 있다.

Robert Hernandez/Photo Researchers, Inc.

**(c) 균일분포**는 남아프리카 해안에 둥지를 트는 곶가마우지(*Morus capensis*)의 특징이다. 이 새들은 상당히 일정한 간격을 두고 균일하게 둥지를 튼다.

**그림 52-1 개체군 내에서 개체들의 분산.**

**표 52-1**

**플로리다의 모래 소나무 개체군의 분포.**

| 조사된 나무 수 간* | 밀도(/m$^2$) | 분포형 |
|---|---|---|
| 전부 (산 · 죽은 개체) | 0.16 | 무작위 분포 |
| 산 개체만 | 0.08 | 균일 분포 |

*Laessel, A.M. "Spacing and Competition in Natural Stands of Sand Pine." Ecology, Vol. 46, 1965, pp. 65–72.로부터 적용. 자료는 화재 후 51 년 동안 수집.

분포를 하지만 식물들이 나이가 듦에 따라 균일 분포로 전환되기도 한다. 불이 난 후 씨앗의 분산과 토양 상태에 따라, 묘목들은 무작위 분포 또는 약간 집중분포를 나타내는 빽빽한 상태로 자란다. 그러나 시간이 지나면서 아주 조밀한 나무들의 대부분은 그늘과 경쟁으로 인해 죽게 되고, 살아남은 나무들은 균일 분포를 하게 된다(▮ 표 52-1).

**복습**

- 개체군의 밀도와 분산의 차이는 무엇인가?
- 집중분포의 생물학적 장점은 무엇인가? 또 단점은 무엇인가?

## 52.2 개체군 크기의 변화

**학습목표**

2 개체군의 변화를 일으키는 4종류의 요인(출생률, 사망률, 이입 및 이출)을 설명하라.

3 내적 자연증가율과 환경수용력을 정의하고, J-형과 S-형의 성장곡선의 차이를 설명하라.

과학의 목표는 독립적인 관찰들 간에 내재하는 공통적인 유형을 발견하는 것이다. 앞에서 언급한 바와 같이, 개체군 생태학자들은 서로 다른 많은 개체군들에 있어서 공통적으로 일어나는 일반적인 과정을 이해하고 싶어 한다. 그래서 그들은 하나의 개체군의 동태를 묘사하는 방정식에 기초를 둔 수학적 모델을 개발하였다. 개체군 모델은 개체군에 대한 설명을 완벽하게 할 수는 없으나, 복잡한 작용을 해명하는데 도움이 된다. 게다가, 수학적인 모델링은 개체군에 대한 실험적 연구들을 서로 비교할 수 있게 해주는 틀을 제공함으로써 과학의 과정을 촉진시키는 역할을 한다. 즉, 우리는 모델 검증을 통해 그 모델이 실험적 데이터와 일치하는지를 확인할 수 있다. 모델과 일치하지 않는 데이터는 특히 유용하다. 왜냐하면 이러한 데이터는 자연의 체계가 인간이 그것을 설명하기 위해서 개발한 수학적인 모델과 어떻게 다른지를 질문하게끔 하기

때문이다. 결국 관찰과 실험을 통하여 더 많은 지식이 축적됨에 따라, 모델은 정교해지고 더 정확해진다.

해바라기, 코끼리, 또는, 인간의 개체군 크기는 시간이 흐름에 따라 변한다. 포괄적으로 볼 때, 이 변화는 궁극적으로 두 가지 요인에 기인하는데, 개체들이 새끼를 낳는 비율인 **출생률**(natality, 개체 당 평균 출생률)과 개체가 죽는 비율인 **사망률**(mortality, 개체 당 평균 사망률)이 바로 그것이다. 인간의 경우 보통 출생률과 사망률은 매년 1,000명당 출생자나 사망자의 수로써 표현된다.

개체군 크기의 변화율을 결정하기 위해서, 우리는 시간의 변화도 고려하여야 한다. 방정식 (1)에서 $\Delta N$은 개체군에서 개체수의 변화, $\Delta t$는 시간의 변화, $N$은 개체군에서 개체의 수, $b$는 출생률 그리고 $d$는 사망률을 나타낸다.

$$(1)\ \Delta N/\Delta t = N(b - d)$$

**성장률($r$)**은 개체 당 개체군의 변화율(증가 또는 감소)을 의미하는데, 이것은 출생률에서 사망률을 뺀 것이다:

$$(2)\ r = b - d$$

예를 들어, 10,000명인 가상의 인간 개체군에서 매년 200명의 출생자(즉 1,000명당 20명의 출생자)와 매년 100명의 사망자(즉, 1,000명당 10명의 사망자)가 있다고 가정하자:

$r = 20/1000 - 10/1000 = 0.02 - 0.01 = 0.01$, 또는 연 당 1%

방정식 (1)을 변형하면 개체군이 특정 순간에 성장하는 비율, 즉 개체군의 순간 성장률($dN/dt$)이 된다(기호 $dN$과 $dt$는 각각 $N$과 t의 수학적인 미분을 의미하는 것이지 곱하기의 의미로 쓰인 것이 아니며, $dN$에서의 $d$나 $dt$는 사망률 $d$와 혼동되어서도 안 된다). 미분 계산법을 사용하여, 이 성장률을 다음과 같이 표현할 수 있다.

$$(3)\ dN/dt = rN$$

여기에서 N은 현존하는 개체군의 개체수이고, t는 시간이며, r은 개체 당 성장률이다.

$r = b - d$이기 때문에, 만약 개체군 내의 개체들이 죽는 것보다 더 빨리 태어난다면, $r$은 양의 값이고, 개체군 크기는 증가한다. 또, 개체군 내의 개체들이 태어나는 것보다 더 빨리 죽는다면, r은 음의 값이고, 개체군 크기는 감소한다. 만약, $r = 0$이라면, 출생과 사망은 동등하고, 계속되는 생식과 사망에도 불구하고 개체군 크기는 변동하지 않고 안정된다.

## 52.2.1 이산은 어떤 개체군의 성장률에 영향을 미친다

출생률과 사망률 외에, 개체군간의 개체들의 이동을 나타내는 **이산(dispersal)**은 소규모 지역에서 개체군의 변화를 관찰할 때 고려되어야 한다. 이산에는 두 가지 유형, 즉 이입과 이출이 있다. **이입(immigration)**은 개체가 개체군으로 유입될 때 일어나며, 그로 인해 개체군의 크기가 증가한다. **이출(emigration)**은 개체가 개체군에서 유출될 때 일어나는데, 이것은 개체군의 크기를 감소시킨다. 소규모 지역에서의 개체군의 성장률을 계산하기 위해서는 개체 당 출생률 ($b$), 사망률 ($d$), 이입율 ($i$) 및 이출율 ($e$)을 고려해야 한다. 개체 당 성장률은 출생률에서 사망률을 뺀 것과 이입 율에서 이출율을 뺀 것을 합한 것과 동등하다.

$$(4)\ r = (b - d) + (i - e)$$

예를 들어, 어떤 해의 인구 10,000명의 개체군에 200명의 출생자(관례대로 1,000명당 20명), 100명의 사망자(1,000명당 10명), 10명의 이입자(1,000명당 1명), 100명의 이출자(1,000명당 10명)가 있다면 그 개체군의 성장률은 다음과 같이 계산된다.

$r = (20/1000 - 10/1000) + (1/1000 - 10/1000)$
$r = 0.001$, 또는 연 당 1%

## 52.2.2 각 개체군은 특유의 내적증가율을 가진다

자원이 풍부하고 개체군 밀도가 낮은 이상적인 조건 하에서 어떤 종의 개체군이 증가할 수 있는 최대율은 **내적 증가율(intrinsic rate of increase, $r_{max}$)**로 알려져 있다. 종이 다르면 내적 증가율도 다르다. 특정 종의 내적 증가율은 여러 가지 요인들에 의해 영향을 받는다. 이러한 요인에는 생식을 시작할 수 있는 나이, **수명(life span**, 개체의 생존기간)중에서 개체가 생식할 수 있는 기간, 평생의 생식기간 및 개체가 번식의 각 기간 동안 생산할 수 있는 새끼의 수와 같은 것들이 포함된다.

일반적으로, 흰긴수염고래와 코끼리 같은 큰 종들은 매우 작은 내적 증가율을 가지는 반면, 미생물들은 매우 큰 내적 증가율을 가진다. 이상적인 조건(즉, 무한한 자원을 가진 환경) 아래서, 어떤 박테리아는 매 20분마다 이분법으로 번식할 수 있다. 이 성장률에서는 한 개체의 박테리아는 열 시간 만에 10억 마리 이상의 개체군으로 증가할 수 있다.

만약 시간에 대한 개체군 크기를 그린다면, 그래프는 지수형 **개체군 성장 (exponential population growth)**의 특징인 J자형을

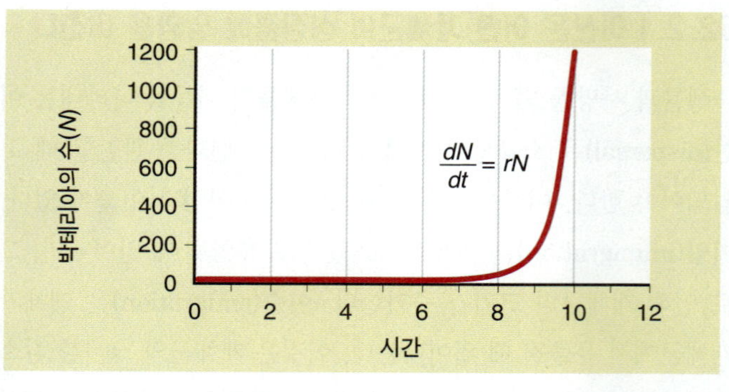


**그림 52-2 개체군의 지수적 성장.**

박테리아가 20분마다 분열할 때, 그 수는 지수적으로 증가한다. 지수적 개체군 성장 곡선은 특징적인 J자형을 보인다. 박테리아나 다른 생물체들이 지수적으로 번식하는 이상적인 조건은 자연상태에서는 거의 없으며, 이러한 조건이 정말 일어난다면 짧은 기간 동안만 존속된다.

가진다. 이것은 최적 조건이 일정한 개체 당 성장률을 가능하게 할 때 나타나는 가속적인 개체군 성장률이다 (**그림 52-2**).

## 52.2.3 어떤 개체군도 지수형으로 무한정 증가할 수는 없다

일반적인 개체군들은 짧은 기간 동안은 지수형 성장을 나타낸다. 지수형 성장은 특정 곤충에서 그리고 박테리아 배양과 원생생물 배양에서 실험적으로 증명되어왔다(끊임없는 영양 공급과 불필요한 노폐물들을 제거함으로써). 그러나 환경은 한계가 있기 때문에 생물은 그들의 내적 증가율대로 무한하게 번식할 수는 없다. 이러한 환경적 제한요인에는 질병과 포식에 의한 강제적인 것들뿐만 아니라 이용할 수 있는 먹이, 물, 은신처 및 다른 필수적인 자원의 부족 등이 포함된다.

개체군 성장률은 거의 0까지 감소할 수도 있다. 이렇게 성장률이 제로가 되는 상황은 개체군을 지탱하는 환경의 한계수준이나 그 근처에서 일어난다. **환경수용력(carrying capacity, *K*)**은 이론상으로 그 환경에 변화가 없다는 가정 아래 특정 환경에서 무기한으로 유지될 수 있는 가장 큰 개체군을 의미한다. 자연계에서 환경수용력은 동적이고 환경변화에 반응하여 변화된다. 예를 들어, 장기간에 걸친 가뭄은 어떤 지역에서 자라는 식생의 양을 감소시키고, 이어서 이 변화는 그 환경에서의 사슴과 다른 초식동물의 환경수용력을 낮출 수 있다.

환경 제한에 의해 조절되는 개체군을 장기간에 걸쳐 그래프로 나타낼 때, 곡선은 특징적인 S자형이다. 곡선은 초기에 개체군의 지수형 증가를 보이다가(환경적 한계가 거의 없을 때, 처음에는 J자형 곡선이 나타난다) 환경수용력에 도달하면 평평하게 된다(**그림 52-3**). **로지스트형 개체군 성장(logistic population growth)**이라 부르는 S자형 성장곡선은 로지스트형 방정식이라는 수정된 성장 방정식이다. 개체군 성장의 로지스트형 모델은 계속적으로 번식하는 개체군에서 개체군 성장을 설명하기 위하여 개발되었다.

로지스트형 모델은 작은 개체수부터 큰 개체수로 까지 증가하면서 최종적으로는 환경에 의해 제한되는 개체군을 묘사한다. 그러므로 로지스트형 방정식에는 환경수용력을 계산에 넣는다.

$$(5)\ dN/dt = rN[(K - N)/K]$$

방정식의 일부가 방정식 (3)과 같다는 것을 주의해야 한다. 부가된 요소$[(K - N)/K]$는 개체군 크기가 그것의 환경수용력에 근접함에 따라 성장이 감소되는 것을 반영한다. 개체수($N$)가 작을 때, 개체군 성장률은 환경에 의해 억제되지 않는다. 왜냐하면$[(K - N)/K]$가 거의 1의 값을 가지기 때문이다. 그러나 개체군이 환경수용력($K$)에 접근하기 시작할수록, $[(K - N)/K]$의 값은 0에 접근하기 때문에 성장률은 감소한다.

비록 S자형 곡선이 대부분의 개체군의 시간에 따른 변화 양상을 지나치게 단순화한 것이지만, 자연계에서 연구된 여러 개체군뿐만 아니라 실험실에서 연구된 일부 개체군들을 적절하게 표현하고 있다. 예를 들어, 1930년대에 러시아의 생태학자 **가우스(G. F. Gause)**는 시험관에서 짚신벌레의 한 종인 *Paramecium caudatum* 개체군만을 배양하였다. 그는 매일 제한된 양의 먹이(박테리아)를 제공하고, 축적되는 대사 노폐물을 제거하기 위해서 이따금씩 성장 배지를 보충하였다. 이러한 조건에서, *P. caudatum* 개체군은 처음에는 지수형으로 증가하였으나 그 성장률은 곧 0으로 감소하였고, 개체군의 크기는 평형에 도달하였다(**그림 53-4**, 가운데 그래프).

**복습**

- 다음의 요인들은 개체군의 크기에 어떠한 영향을 미치는가? (1) 출생률 (2) 사망률(3) 이입 (4) 이출
- 내적자연증가율과 환경수용력의 측면에서 J-형 성장곡선은 S-형 성장곡선과 어떻게 다른가?
- 한 세균 개체군은 새로운 영양배지로 보충되는 시험관에서 자라고 다른 개체군은 새롭게 보충되지 않는 시험관에서 자라고 있을 때 두 세균 개체군의 장기간 성장에 대한 성장곡선그래프간에 있어서 주요한 차이점은 무엇이겠는가?

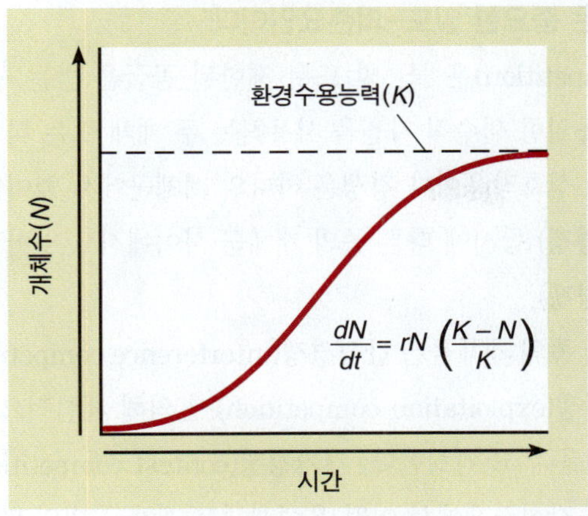


**그림 52-3 환경 수용력과 로지스트형 개체군 성장.**

많은 실험실 연구에서 개체군의 지수적 성장은 환경 수용력 (K)에 가까워질수록 느려진다. 그래프를 그렸을 때 로지스트형 개체군 성장의 모델은 특징적인 S자형 곡선을 나타낸다.

## 52.3 개체군의 크기에 영향을 미치는 요인들

**학습목표**

4 밀도-의존요인과 밀도-비의존요인의 영향을 비교하고, 각각의 예를 들어라.

어떤 자연 메커니즘들은 개체군 크기에 영향을 미친다. 개체군 크기에 영향을 미치는 요인들은 밀도-의존요인과 밀도-비의존요인의 두 범주로 나뉠 수 있다. 이 두 종류의 요인은 각 종마다 중요도가 달라지지만, 대부분의 경우, 복잡한 방법으로 상호 작용하여 개체군의 크기를 결정한다.

### 52.3.1 밀도-의존요인이 개체군의 크기를 조절한다

때때로 개체군 내의 개체들에 미치는 환경요인의 영향은 그 개체군의 밀도 또는 웅집(빽빽이 참, crowding)에 따라 다르다. 만약 개체군 밀도의 변화가 어떤 환경요인이 그 개체군에 영향을 미치는 방식에 변화를 준다면, 그 환경 요인은 **밀도-의존요인(density-dependent factor)**이라 부른다.

개체군 밀도가 증가할수록 밀도-의존요인은 사망률을 증가시키거나 출생률을 감소시킴으로써 개체군의 성장을 느리게 한다. 개체군 밀도가 증가할수록 개체군 성장에 대한 밀도-의존요인의 효과는 증가한다. 또한, 밀도-의존요인은 개체군 밀도가 감소할 때, 사망률의 감소나 출생률의 증가에 의해 개체군 성장에 영향을 줄 수도 있다. 밀도-의존요인은 환경수용력에 가까운 비교적 일정한 크기로 개체군을 조절하는 경향이 있다 (그러나, 환경수용력은 빈번하게 바뀐다는 것을 명심해야 한다). 밀도-의존요인은 **음성되먹임계(negative feedback system)**의 좋은 예이다 (▮ 그림 52-4).

포식, 질병 및 경쟁은 밀도-의존요인의 예들이다. 개체군 밀도가 커질수록, 포식자는 먹이가 되는 종의 개체를 찾기가 더 쉬워진다. 개체군 밀도가 높을 때, 개체군의 개체들은 서로 더 자주 만나게 되고, 병을 전염시키는 생물체의 이동 기회가 증가하게 된다. 개체군 밀도가 증가할수록 생활공간, 먹이, 은신처, 물, 무기물 및 햇빛과 같은 자원을 두고 경쟁을 하게 된다.

결국, 개체군 중의 상당수는 자원을 충분하게 공급받지 못하는 상태에 이르게 될지도 모른다. 보다 큰 개체군 밀도에서, 밀도-의존요인은 개체군이 더 성장하는 것을 억제하여 사망률을 올리거나 출생률을 낮춘다. 반면 개체군 밀도가 감소될 때는 반대의 효과가 일어난다. 포식자는 하나의 먹이 개체를 만날 가능성이 낮아지며, 기생자는 숙주에서 다른 숙주로 전달될 가능성이 낮아지고, 생활공간과 먹이와 같은 자원에 대한 개체군의 구성원들 간의 경쟁은 감소된다.

#### (1) 밀도-의존요인은 개체군이 시간에 따라 어떻게 주기적으로 변동하는지를 설명할 수도 있다

레밍(나그네쥐)은 추운 북반구 지역에서 발견되는 작달막한 꼬리

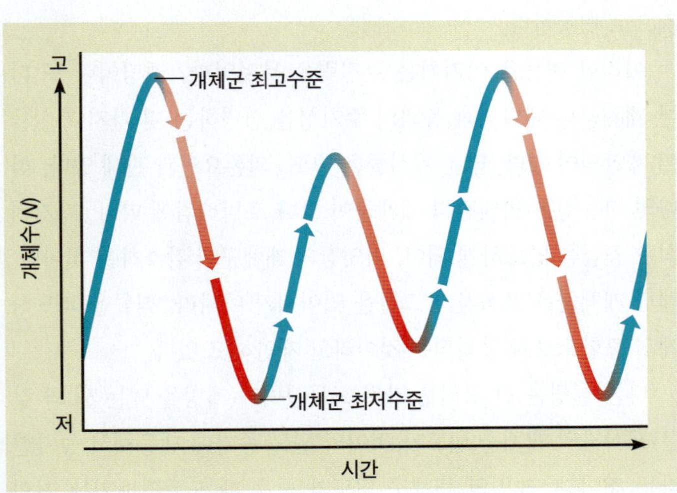


**그림 52-4 밀도의존 요인과 음성 되먹임.**

개체군의 개체수가 증가할 때, 밀도의존요인은 개체군의 감소를 야기시킨다. 개체군의 개체수가 감소할 때, 밀도의존요인의 감퇴는 개체군을 증가시킨다.

**그림 52-5 나그네쥐.**

갈색 나그네쥐 (*Lemmus trimucronatus*)는 북극 툰드라에서 산다. 나그네쥐의 개체군이 수십년 동안 연구되어 왔지만, 툰드라 생태계의 안정에 대한 나그네쥐 개체군 진폭의 순환 특징과 그들의 영향에 대해서는 여전히 잘 알려져 있지 않다. 이 종은 알래스카 동쪽에서부터 허드슨만까지 분포한다.

를 가진 작은 설치류 동물이다(**그림 52-5**). 그들은 사초와 풀을 먹는 초식동물이다. 레밍 개체군은 대발생 또는 붕괴(boom or bust)로 묘사되는 3-4년 주기로 변동하는 것으로 잘 알려져 있다. 즉, 개체군이 극적으로 증가하고 그러다가 붕괴한다 개체군의 최고 수준은 개체군 주기에서 낮은 수준보다 100 배나 높을 수도 있다. 눈덧신토끼와 홍뇌조와 같은 다른 개체군들 또한 주기적으로 변동한다.

이러한 변동을 야기하는 추진력은 무엇일까? 레밍이나 또 다른 개체군의 대발생과 붕괴의 주기성을 설명하는 몇 가지 가설들이 제안되어 왔다. 많은 가설들은 밀도-의존요인과 관계 있다. 하나의 가능성은 먹잇감의 개체군이 보다 조밀해짐에 따라, 자기의 식량 공급을 압도하게 되어, 먹잇감의 개체군이 감소하는 것이다. 레밍 개체군은 포식자가 그들을 먹어서가 아니라, 식물을 과도하게 소모함으로써 붕괴되는 것이라고 제안하고 있다.

다른 설명은 긴 꼬리를 가진 도둑갈매기(레밍을 먹는 새)와 같은 포식자의 개체군 밀도가 먹이의 밀도 증가에 대응해서 증가한다는 것이다. 레밍의 개체군 밀도가 낮을 때 도둑갈매기는 거의 번식을 하지 않고, 반면에 레밍의 개체군의 밀도가 높을 때는 대부분의 도둑갈매기들이 번식하며, 또한 복란수(egg per clutch)도 평소보다 많다. 더 많은 포식자가 먹이가 되는 동물을 많이 소비할수록, 먹이 개체군은 감소한다. 이후, 그 지역 내의 먹이가 줄어들게 되면, 포식자의 개체군은 감소한다(일부는 그 지역을 벗어나 이산되고, 거의 새끼를 생산하지 않는다).

### (2) 경쟁은 중요한 밀도-의존요인이다

**경쟁**(competition)은 물, 빛 또는 제한된 공급을 받는 생활공간과 같은 동일한 필수적 자원을 사용하는 두 개체 또는 더 많은 개체들 간의 상호작용이다. 경쟁은 하나의 개체군에서 일어날 수 있고(**종내 경쟁**) 동시에 다른 종의 개체군 사이에서도 일어날 수 있다(**종간 경쟁**).

동일한 종의 개체들은 **간섭경쟁**(interference competition) 또는 **소비경쟁**(exploitation competition)에 의해 제한적으로 공급되는 자원을 두고 경쟁한다. **경기경쟁**(contest competition)이라고도 하는 간섭경쟁에서 어떤 우성개체는 개체군 내의 다른 개체들을 희생시켜 제한된 자원이지만 충분한 양을 획득한다. 즉, 우성개체는 다른 개체가 자원에 접근하는 것을 활발하게 간섭한다. **쟁탈경쟁**(scramble competition)이라고도 하는 **소비경쟁**에서, 개체군 내의 모든 개체들은 높은 개체군 밀도에서는 그들 중 어느 개체도 충분한 양을 공급받지 못하기 때문에 제한된 자원을 다소 동등하게 공유한다. 소비경쟁이 일어나는 종의 개체군은 종종 시간에 따라 변동하며, 항상 개체군 크기가 0으로 떨어질 수 있는 위험이 있다. 반면에, 간섭경쟁이 일어나는 종은 성공적으로 경쟁할 수 없는 개체들의 죽음에 의해서 개체군 크기가 상대적으로 약간 감소되는 것을 볼 수 있다.

홍뇌조 간에 일어나는 종내 경쟁은 간섭경쟁과도 관계있다. 홍뇌조 개체군이 작아서 그들이 그다지 공격적이지 않을 때, 대부분의 어린 새들은 섭식 세력권(동일한 종의 다른 개체로부터 방어하는 영역)을 확립할 수 있다. 그러나 개체군이 크면, 새들이 세력권에 비해 많기 때문에 세력권을 확립하기가 어렵고, 새들은 훨씬 더 공격적이 된다. 세력권을 가지지 못한 새들은 종종 포식과 기아로 죽는다. 미시간주 슈피리어 호수에서 가장 큰 섬인 로열 섬의 무소 개체군은 프리비로프 섬(앞에서 논의)의 순록 개체군과 비슷한 소비경쟁의 훌륭한 예다. 겨울에 호수가 얼 때, 큰 포유동물이 그 위로 걸을 수 있다는 점에서 로열 섬은 대부분의 섬들과는 다르다. 그러나 가장 짧은 보행 거리가 24㎞나 되기 때문에 이러한 이동은 흔치 않다. 1900년 즈음, 작은 무소 무리는 얼어 있는 슈피리어 호수의 얼음을 가로질러 건너 처음으로 그 섬에 도착했다. 1934년까지, 그 섬의 무소 개체군은 약 3,000마리로 증가되었고, 먹을 수 있는 모든 식생을 거의 소비했다. 이러한 먹이 자원의 부재에서, 1934년에 대규모의 기아가 발생하였다. 60여 년 후인 1996년에 다시 높은 밀도로 증가된 후, 80%에 달하는 무소의 생명을 유사한 형태로 앗아갔다. 그럼으로, 부족한 자원에 대한 소비경쟁은 극적인 개체군 변동을 초래할 수 있다.

## 핵심 실험

**질문:** 자연서식지에서 개체군의 크기에 대한 밀도의존요인의 영향은 무엇인가?

**가설:** 도마뱀이 거미 개체군의 크기를 감소시킨다.

**실험:** Spiller와 Schoener는 야외조사를 수행하였는데, 오른쪽 사진은 거기서 사용한 울타리 중의 하나를 보여주고 있다. 거미와 곤충들은 울타리 안과 밖으로 자유롭게 이동할 수 있으나, 도마뱀은 그렇지 않다. 어떤 울타리는 도마뱀을 포함하고 있고 어떤 것은 도마뱀을 포함하고 있지 않다. 연구자들은 그 울타리 안의 거미의 수를 4.5년간 정기적으로 세었다. 초기의 실험결과에 의하면 울타리 자체는 거미의 수에 아무런 영향이 없었다.

Courtesy of Thomas W. Schoener

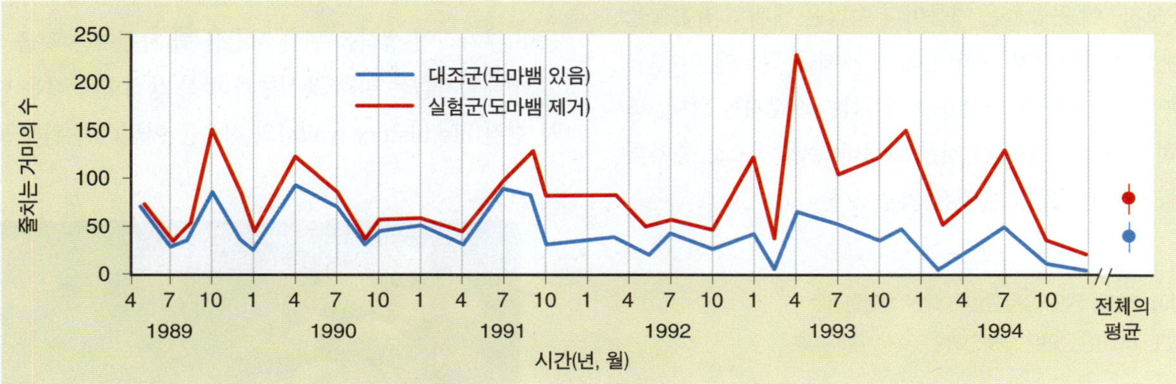


**결과와 결론:** 도마뱀이 있거나 (대조군, 파란색) 도마뱀이 없는 (빨간색) 각 울타리 속의 거미 수의 평균을 나타내는 그래프는 도마뱀이 없는 곳의 거미의 수가 일관되게 더 많다는 것을 보여준다. 도마뱀은 거미를 포식하거나 먹이가 되는 곤충에 대해 거미와 경쟁함으로써 또는 이 두 가지 경쟁의 조합을 통해서 거미 개체군의 크기를 조절할 수 있을 것이다.

**그림 52-6** 밀도의존요인의 상호작용.

### (3) 밀도-의존요인의 영향을 자연계에서 평가하기 어렵다

인간을 제외한 대부분의 밀도의존 연구는 모든 밀도의존 (그리고 밀도-비의존 용인) 요인이 실험적으로 조절되는 실험실에서 수행되어 왔다. 그러나 자연 상태에서 개체군은 끊임없이 변화하는 복잡한 상황에 노출되어 있다. 그 결과로, 자연계의 군집 내에서 다른 밀도-의존요인의 상대적인 영향을 평가하기는 어렵다.

캘리포니아대학교 데이비스 캠퍼스의 생태학자들은 도마뱀이 서식하는 열대지방의 섬에서 거미가 거의 발견되지 않는 반면, 도마뱀이 없는 섬에서는 더 많은 거미와 거미의 종들이 발견되었다고 기록했다. 실험적으로 이 관찰을 연구하기 위해 **스필러**(D. Spiller)와 **쉐너**(T. Schoener)는 식생(주로, 해양성 포도 관목림)을 몇 개의 구역으로 할당하여 그들 중 몇 개에, 도마뱀이 통과하지 못하게 스크린으로 둘러쌓았다(**그림 52-6**). 그 구획의 일부에는 도마뱀이 전혀 없게 하고, 울타리로 둘러싼 각 대조군의 구역에는 각각 약 9마리의 도마뱀을 넣었다. 거미줄을 치는 9종류의 거미 종들이 울타리로 둘러싼 땅에서 발견되었다. 거미는 1989년에서 1994년까지 약 30배가되었다. 여기서 보고된 4년 반 동안의 관찰로, 거미 개체군의 밀도는 도마뱀이 있는 울타리로 둘러싼 구획보다 도마뱀이 없는 구획에서 더 높다는 사실을 알 수 있었다. 게다가, 도마뱀이 없는 구획에는 더 많은 거미 종이 존재하였다. 따라서, 도마뱀이 거미 개체군을 조절한다고 결론지을 수 있었다.

그러나 이렇게 비교적 간단한 실험이 포식(도마뱀이 거미를 먹는다)과 종간 경쟁 (먹이가 되는 곤충을 두고 도마뱀과 거미가 경쟁한다. 즉, 거미와 도마뱀 모두 곤충을 먹는다)의 두 가지 밀도-의존요인의 조합을 설명할 수 있을지도 모른다. 이 실험으로, 거미 개체군의 크기를 결정하는 데 있어서 두 가지 밀도-의존요인의 영향을 분리해서 평가할 수는 없다. 다만 그 이외의 추가적인 증거들이 이 지역에서 경쟁과 포식 양쪽 모두의 영향을 뒷받침하고 있다.

### 52.3.2 밀도-비의존요인은 일반적으로 무생물적이다

개체군의 크기에 영향을 미치지만 개체군 밀도의 변화에 영향을 받지 않는 환경 요인을 **밀도-비의존 요인(density-independent factors)**이라 한다. 그러한 요인은 전형적으로 무생물적이다. 개체군 크기를 줄이는 임의적인 기후 변동은 밀도-비의존 요인으로 역할을 한다. 이들은 예상치 못한 방법으로 종종 개체군 밀도에 영향을 미친다. 예를 들어, 치명적인 된서리, 심한 눈보라, 허리케인 또는 화재는 개체군 크기와 상관없이 취약한 개체군에는 심하게 불규칙적으로 감소를 야기할 수도 있다. 그러므로 주로 밀도-비의존적이라고 생각할 수 있다.

극지방의 환경에서 모기 개체군에 영향을 끼치는 밀도 독립요인을 생각해 보자. 이 곤충들은 여름마다 수많은 세대의 자손들을 생산하고, 계절의 마지막에 달하면 높은 개체군 밀도에 이른다. 먹이의 결핍이 모기에 대한 제한 요소가 되는 것 같지는 않다. 또한, 번식을 하는 연못도 부족한 것은 아니다. 폭발적으로 증가하는 모기 개체군에 제동을 거는 것은 겨울이다.

**복습**

- 개체군 성장에 영향을 밀도-의존요인의 예는 무엇인가?
- 3 종류의 밀도-비의존 요인은 무엇인가?

## 52.4 생활사의 특징

**학습목표**

5 일회생식과 반복생식을 비교하라.

6 *r*전략과 *K*전략을 보이는 종들과 어느 전략의 범주에도 잘 들어맞지 않는 종들을 구별하라.

7 I형, II형 및 III형의 생존곡선을 설명하고, 어떻게 생명표와 생존곡선이 사망률과 생존을 나타내는지를 설명하라.

한 번의 생식 노력에 막대한 에너지를 소비하는 종을 **1회 생식(semelparous)**이라 부른다. 대부분의 곤충, 무척추동물, 많은 식물 및 어류의 일부 종들은 1회 생식형(semelparity)을 나타낸다. 예를 들어, 태평양 연어는 깨끗한 물에서 부화하여, 성숙할 때까지 살아갈 바다로 헤엄쳐 장거리 여정에 들어간다. 성체 연어들은 바다에서 알이 부화한 동일한 강 또는 계류로 다시 헤엄쳐 온다. 연어는 산란 후에 죽는다.

용설란은 건조한 열대지역이나 아열대지역에 공통적으로 존재하는 1회 생식 식물이다. 용설란의 두껍고 다육질인 잎은 줄기의 기부에 로제트 모양으로 웅집한다. 100년에 한번 꽃을 피운다고 잘못 알려져 있기 때문에 흔히 100년 식물(century plants)이라 부르는 용설란은 10년 정도 자란 후에 꽃을 피울 수 있고, 그 후 식물체 전체가 죽는다 (그림 52-7).

많은 종들은 **반복생식(iteroparous)**을 하고, 일생 동안 반복된 번식 주기(즉, 여러 번식기 동안의 생식)를 나타낸다. 반복생식형(iteroparity)은 대부분 척추동물, 다년생의 초본식물, 관목 및 교목에서 일반적이다. 일생의 전반 또는 후반으로의 생식 시기의 조절은 반복 생식형의 중요한 측면이고, 거래 관계(trade off)와 관계가 있다. 일생 중 어린 시기에 생식하는 것은 생존의 가망성이 줄어든다는 것을 의미하고 있어(개체는 그 자신의 성장 대신에 생식을 위해 에너지를 소비하기 때문이다) 후반기의 생식 잠재력을 감소시키는 결과이다. 반면, 일생에서 후반에 생식하는 것은 개체들이 부가적인 생식을 위한 시간을 덜 가진다는 것을 의미한다.

생태학자들은 일회 생식형과 반복 생식형과 같은 다양한 **생활사 형질(life history traits)**의 적응을 이해하기 위해 노력을 하고

**그림 52-7 1회 생식.**

용설란는 한번 꽃을 피우고 나서는 죽는다. 용설란은 짧은 줄기 주위에 로제트형으로 정렬된 칼 모양의 잎들을 가진 다육식물이다. 그림은 잎이 61 cm까지 자라는 *Agavae shawii*이다. 용설란의 화경이 3 m가 넘는 길이임에 주목하라.

있다. 종들의 생활사 형질의 일부인 생식율, 성숙한 나이 및 **생산력**(fecundity, 새끼를 생산할 수 있는 잠재력)과 같은 적응 모두 생물체의 생존과 생식에 영향을 미친다. 개체군의 장래 세대에 유전적인 공헌을 하여 성공적으로 생식하도록 하는 개체의 능력을 **적응도(fitness)**라 부른다 (19장의 적응도에 대한 논의를 상기하라).

비록 많은 서로 다른 생활사가 존재할지라도, 몇몇 생태학자들은 최종적으로 두 가지 전략, 즉 $r$-선택종과 $K$-선택종을 인정하고 있다. $r$-선택과 $K$-선택의 다음 설명을 읽고 나면, 이 개념들이 비록 유용하다 할지라도, 대부분의 생활사를 너무 단순화하고 있다는 것을 알 수 있을 것이다. 많은 종들은 $r$-선택과 $K$-선택 중의 하나로 분류될 수 없는 형질을 가질 뿐만 아니라, $r$-선택과 $K$-선택 형질의 조합된 결과다. 게다가 종 내의 몇몇 개체군은 $r$-선택의 특징을 나타낼 수도 있는 반면, 다른 환경의 다른 개체군은 $K$-선택 형질을 보일 수도 있다.

***r* 선택(*r* selection)**의 개념으로 설명되는 개체군은 높은 개체군 성장률에 기여하는 형질을 가지고 있다. $r$은 개체 당 성장률을 표시한다는 것을 상기하자. 그러한 생물체들은 높은 $r$을 가지기 때문에, 이들은 ***r* 전략종(*r* strategists)** 또는 ***r*-선택종(*r*-selected species)**으로 알려져 있다. 작은 체구, 초기에 성숙하고, 짧은 수명, 많은 수의 한 배의 새끼, 약하거나 혹은 어버이의 보살핌이 전혀 없는 경우 등이 많은 $r$-전략종의 전형적인 특징이다. 이들은 불안정하고 일시적이거나 아니면 장기간 생존할 가망성을 예측할 수 없는 환경에서 발견되는 기회주의자들이다. $r$-전략종의 최상의 예는 모기와 같은 곤충과 민들레와 같은 흔한 잡초들이다.

***K*선택(*K*-selection)**의 개념으로 설명되는 개체군에서, 형질은 개체수 ($N$)가 환경수용력 ($K$)에 가까운 환경에서 생존의 기회를 극대화한다. ***K*전략종(*K* strategists)** 또는 ***K*-선택종(*K*-selected species)**이라 부르는 개체들은 다수의 새끼를 생산하지 않는다. 그들은 특징적으로 발육이 느리고, 후기에 생식하고, 큰 체구, 낮은 번식률 및 긴 수명을 가진다. $K$-전략종은 상대적으로 일정하고 안정된 환경에서 발견되며, 여기서 그들은 높은 경쟁능력을 가진다. 아메리카 삼나무(redwood)는 $K$-전략종으로 분류된다. $K$-전략종의 동물들은 전형적으로 어버이가 어린 새끼를 보살피는 데 투자를 한다. 예를 들어, 황갈색 올빼미(*Strix aluco*)는 인근의 아주 명확한 세력권에서 쌍을 이루는 양쪽 멤버와 일생의 성적 연합(pair bond)을 하고 사냥하는 K-전략종이다. 그들의 생식은 그들의 세력권에 존재하는 자원 특히 먹이 공급에 의해 조절된다. 평년에는 새의 30%가 전혀 번식하지 않는다. 만약 먹이의 공급이 처음에 존재하던양보다 더 제한된다면, 번식을 하는 그들 중 다수는 그들의 알을 부화시키는 데 실패한다. 올빼미들은 좀처럼 생리학적으로 가능한 최대수로 산란하지 않고 번식을 종종 그들이 의존하고 있는 설치동물의 개체군이 커지는 계절의 후반까지 늦춘다. 그러므로 황갈색 올빼미의 행동은 개체가 보다 훌륭한 번식 성공도를 보증해 주고, 환경수용력 또는 그에 가까운 안정한 개체군이 되게 한다. 황갈색 올빼미 개체군이 환경수용력보다 초과한다는 징후인 기아는 거의 일어나지 않는다.

### 52.4.1 생명표와 생존곡선은 사망률과 생존을 나타낸다

생명표(life table)는 그들의 수명이 남아 있는 동안 서로 다른 시점에서 같은 나이의 개체 집단인 개체군 또는 동령개체군(cohort)의 사망률과 생존 자료를 제시하기 위해서 만든다. 보험회사가 보험증권에 대한 정책의 비용을 부담할 수 있는 충분한 보험료를 지불하게 하기 위하여 고객의 나이와 생존 가능성간의 관계를 계산하는 데 처음으로 생명표를 사용하였다. 생태학자들은 다양한 개체군의 표본조사법과 연령의 판정 기법으로 판단한 자료를 기초로 하여 동물과 식물에 대해서 그러한 생명표를 만들었다.

▮ **표 52-2**는 530마리의 회색 다람쥐 동령(개체)군에 대한 생명표를 보여준다. 처음 두 개의 세로 행은 연령단위(년)와 각 연령

표 52-2

**회색 다람쥐(*Sciurus carolinensis*) 530 개체의 령단위 생명표**

| 연령구간 (년) | 연령구간 초기의 생존수 | 연령구간 초기의 생존 비율 | 연령구간 내 사망 비율 | 연령구간 사망률 |
|---|---|---|---|---|
| 0–1 | 530 | 1.000 | 0.747 | 0.747 |
| 1–2 | 134 | 0.253 | 0.147 | 0.581 |
| 2–3 | 56 | 0.106 | 0.032 | 0.302 |
| 3–4 | 39 | 0.074 | 0.031 | 0.418 |
| 4–5 | 23 | 0.043 | 0.021 | 0.488 |
| 5–6 | 12 | 0.022 | 0.013 | 0.591 |
| 6–7 | 5 | 0.009 | 0.006 | 0.666 |
| 7–8 | 2 | 0.003 | 0.003 | 1.000 |
| 8–9 | 0 | 0.000 | 0.000 | — |

Smith, R.L. and T.M. Smith. Elements of Ecology, 4th ed. San Francisco, Benjamin/Cummings Science Publishing, 1998의 자료 인용함.

구간의 시작점에서 살아 있는 동령군 내의 개체수를 나타낸다(야외에서 생태학자들에 의해 수집된 실제 자료). 세 번째 세로 행의 값 (즉, 각 연령구간의 시작점에서 살아있는 비율)은 두 번째 세로 행의 각 숫자를 원래 동령군의 회색 다람쥐의 숫자인 530으로 나눔으로써 계산된다. 네 번째 세로 행의 값(각 연령구간에서 사망한 비율)은 세 번째 세로 행의 값을 이용하여 계산된다. 현 연령구간의 시작점의 생존자로부터 다음 연령구간 시작점의 생존자를 뺌으로써 계산된다. 예를 들어, 구간 0–1 에서 사망한 비율은 1.000 − 0.253 = 0.747 이다. 각 연령구간에서의 사망률인 마지막 세로 행은 연령구간(네 번째 세로 행) 동안 사망한 비율을 연령구간(세 번째 세로 행)의 시작점에서 살아있는 비율로 나누어줌으로써 계산된다. 예를 들어, 연령구간 1–2의 사망률은 0.147 ÷ 0.253 = 0.581이다.

**생존력(survivorship)**은 개체군 또는 동령군 내의 각 개체가 특정한 나이에 생존할 수 있는 확률이다. 어떤 개체가 출생부터 생존 가능한 최고의 나이까지, 나이에 대한 생존 개체수의 대수를 취함으로써 **생존곡선(survivorship curve)**을 만든다. **그림 52-8**은 생태학자들이 인정하는 세 종류의 중요한 생존곡선을 나타내고 있다.

아메리카 들소와 사람이 좋은 예가 되는 Ⅰ형의 생존곡선에서는, 어린 나이와 생식 연령에서 생존 가능성이 높다. 생존 가능성은 나이가 증가함에 따라서 급속하게 감소하고, 사망률은 생의 후

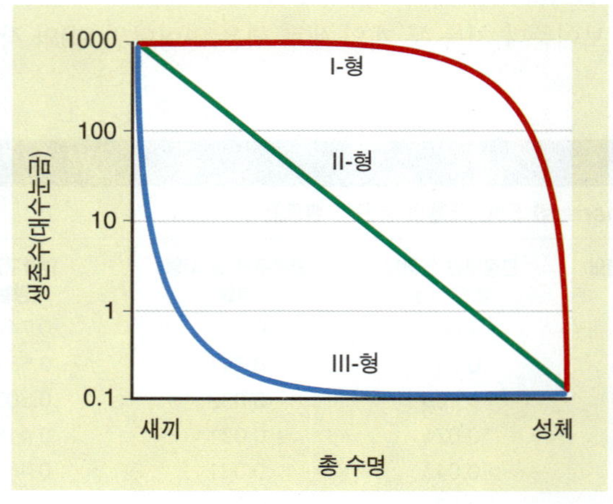


**그림 52-8 생존곡선.**

이 곡선들은 나이가 많은 개체에서 사망률이 가장 높은 종 (Ⅰ–형), 각 나이별로 균등한 사망률을 가지는 종 (Ⅱ–형), 그리고 어린 개체에서 가장 높은 사망률을 가지는 종 (Ⅲ–형)의 이상적인 생존곡선을 나타낸다. 대부분 생물들의 생존은 이 곡선과 비교하여 해석한다.

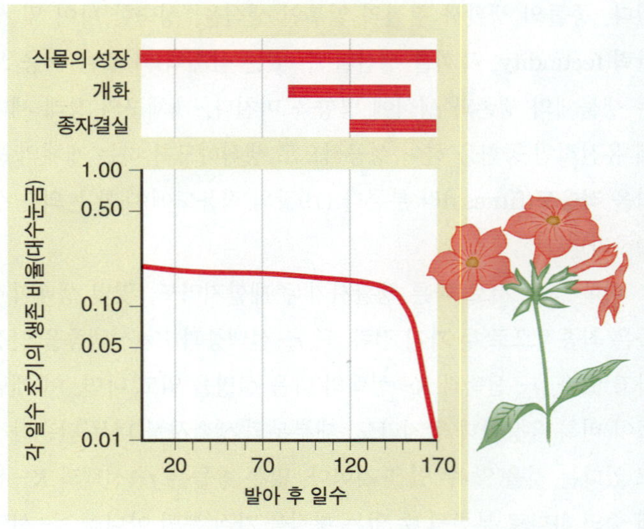


**그림 52-9 Drummond 플록스 개체군의 생존곡선.**

Drummond 플록스 (Phlox drummondii)는 종자의 발아 후에 Ⅰ–형의 생존을 나타낸다. 그래프 위쪽의 막대들은 Drummond 플록스의 생활사에서 다양한 단계를 보여준다. 자료는 미국 텍사스 주 닉슨 시에서 1974 년과 1975 년에 수집되었다. y축의 생존은 1.000이 아닌 0.296에서 시작되는데, 이것은 발아에 앞선 종자 휴면기 동안의 사망이 계산되었기 때문이다 (숫자는 나타내지 않았음).

기에 집중되어 있다. **그림 52-9**는 경작지로부터 벗어난 후 미국 남서부 지역에서 광범위하게 분포하게 된 동부텍사스의 1년 생 자생종인 드룸몬드 플록스(*Drummond phlox*) 자연개체군의 생존곡선을 보여준다. 드룸몬드 플록스의 유묘는 대부분 살아 남아서 생식을 하기 때문에, 이 전형적인 1년 생 식물은 발아 후 Ⅰ형의 생존곡선을 나타낸다.

Ⅲ형의 생존곡선에서, 사망률의 확률은 생의 초기에 가장 높고, 초기의 죽음을 피한 개체들은 그 후에 높은 생존 확률을 가진다. 즉, 생존 확률은 나이가 증가함에 따라서 증가한다. Ⅲ형의 생존곡선은 굴에서 특징적으로, 어린 굴은 정착하여 신비한 껍질을 분비하기 전에 세 단계의 자유 유영성의 유생 단계를 거친다. 이러한 유생들은 포식자들에게 공격받기 쉬워서 성체까지 생존하는 개체는 드물다.

Ⅰ형과 Ⅲ형의 중간에 있는 Ⅱ형의 생존곡선은 생존 확률이 연령에 따라 변하지 않고 일정한 비율로 감소한다. 직선으로 감소하는 생존곡선의 결과로 모든 연령 군에서 사망 확률은 거의 같다. 이러한 경향은 근본적으로 연령에 대하여 편향성이 없는 아주 임의의 사건들에 의한 사망에서 기인한다. 비록 연령과 생존 간의 관계가 거의 없다고 할지라도, 몇 종의 도마뱀들은 Ⅱ의 생존곡선을 나타낸다.

**복습**

- 1회생식형과 반복생식형의 장점은 무엇인가? 단점도있는가?
- 어린이의 친성보호는 왜 $K$ 전략자에 공통된 특징인가?

## 52.5 메타개체군

**학습목표**

8 메타개체군을 정의하고, 소스 서식처와 수용부서식처를 구별하라.

자연 환경은 다양한 서식처 패치가 있는 **경관**(landscape)을 구성한다. 예를 들어, 숲을 생각해보자. 숲이라는 경관은 서로 다른 고도, 온도, 강수량의 수준, 토양의 수분, 토양의 형 및 속성들로 모자이크 식으로 분포하고 있다. 각 종들은 자신들만의 서식처를 요구하고 있기 때문에, 이러한 물리적 속성상에서의 이질성은 서로 다른 생물체가 다양한 경관의 구역을 차지하는 형태로 반영된다(그림 52-10). 어떤 종들은 서식처 범위가 매우 좁은 반면, 다른 종들은 광범위한 서식처 분포를 가진다.

개체군 생태학자들은 많은 종들이 하나의 경관 전체에 걸치는 거대한 개체군으로는 분포하지 않는다는 것을 발견하였다. 대신에, 뚜렷한 여러개의 서식처 구역에 분포하는 **지역개체군**(local population)으로 존재한다. 각 지역개체군은 출생, 사망, 이출 및 이입의 비율과 같은 그것만의 독특한 인구통계학적 특징을 가진다. 개체의 간헐적인 이산 (이출과 이입)에 따라 여러 개의 지역개체군으로 나누어지는 개체군을 **메타개체군**(metapopulation)이라고 한다. 예를 들어, 그림 52-10b의 산지 사면에 있는 붉은 떡갈나무의 다양한 지역개체군(초록색 구역)을 주목하자.

이러한 종의 공간분포는 서로 다른 서식처가 부적당한 곳에서부터 적합한 곳까지 다양하게 그 적합성에 변이성이 있기 때문에 생긴다. 적합한 서식처는 그곳에 살고 있는 개체들의 생존 가능성과 번식 성공도가 증가하는 생산성이 훨씬 높은 서식처이다. **공급원서식처**(source habitat)라고 부르는 좋은 서식처는 지역의 번식 성공도가 지역 사망률보다 높은 지역이다(공급원은 서식처와 그 서식처에 살고 있는 개체군 모두를 가리킨다). **공급원개체군**(source population)은 덜 적합한 장소와 소스서식처의 잉여개체가 이산하여 정착하고 번식해야 할 다른 서식처를 찾아 정착하는 개체들보다 높은 개체군 밀도를 가진다.

서식처의 질이 낮은 곳에서 살고 있는 개체들은 죽거나 만약 그들이 산다고 하더라도 낮은 번식 성공도를 가지게 될 것이다. **수용부서식처**(sink habitat)라고 하는 좋지 않은 서식처는 지역 번식 성공도가 지역 사망률보다 낮은 장소이다(수용부는 서식처와 그 서식처에 살고 있는 개체군 모두를 가리킨다). 다른 지역으로부터 이입되지 않는다면 **수용부개체군**(sink population)은 멸

**(a)** 미국 스모키 산 국립공원 Deep Creek계곡의 이른 봄 풍경은 경관의 이질성을 보여준다. 모든 식생이 짙은 녹음을 띄는 여름에 그 경관은 동질성을 나타낸다.

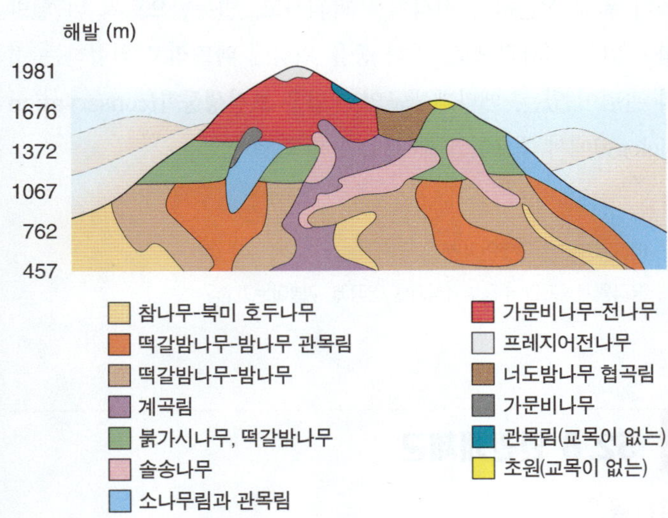


**(b)** 스모키 산 국립공원 서쪽 사면의 전형적인 식생 분포는 패치들로 나뉘어 있는 경관이다. 떡갈밤나무(*Quercus prinus*)는 참나무의 일종이다; 밤나무 관목은 나무들이 폭넓게 산재되어 있는 떡갈밤나무 숲 내의 지역으로, 사면 아래에는 월계수(*Kalmia*) 관목이 두텁게 성장하여 피복하고 있다. 협곡림은 낙엽성의 나무들로 혼재되어 있다.

**그림 52-10 경관의 모자이크 속성.**

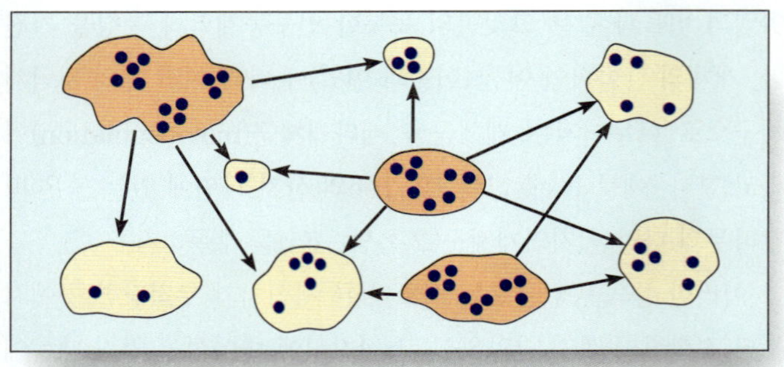


**그림 52-11** **가상의 메타개체군에 있어 공급원 개체군과 수용부 개체군.**

서식하고 있는 패치 내의 국소 개체군들이 공동으로 메타개체군을 형성하고 있다. 공급원 서식처는 개체들이 이주하여 수용부 서식처 집합을 형성한다. 메타개체군은 서식처의 패치가 점유되고 비어있게 되는 변하기 쉬운 양상으로으로 존재한다.

종할 때까지 감소한다. 만약 지역개체군이 멸종된다면, 나중에 수용부서식처로부터 개체들이 비어있는 서식처로 다시 이주할 수도 있다. 그렇게 되면, 공급원과 수용부 서식처는 이산에 의해서 서로 연결된다(**그림 52-11**).

메타개체군은 인간이 경관을 바꾸고, 집, 공장 및 농지를 만들기 위해 현존하는 서식처를 파괴하고, 벌목함으로써 더 일반화되었다. 결과적으로, 특히 종을 위험에 빠뜨리고 위협하는 것과 관련이 있는, 메타개체군의 개념은 **보전생물학**(conservation biology)에서 중요한 연구 분야가 되고 있다.

**복습**

- 메타개체군은 무엇인가?
- 공급원서식처와 수용부서식처를 어떻게 구별하는가?

## 52.6 인간개체군

**학습목표**

**9** 인구성장의 역사를 요약하라.

개체군 생태학의 개념들은 인간개체군(인구)에 적용될 수 있다. **그림 52-12**을 살펴보면, 약 10,000년 전 농업의 발달 이후 인구는 전 세계적인 증가를 보여주고 있다. 그림 52-2로 돌아가서, 두 곡선을 비교해 보자. 그림 52-12에서 나타난 개체군의 지수형 성장의 특징적인 J자형 곡선은 우리 인구가 10억 명씩 증가하는 데 걸리는 시간이 줄어들었다는 것을 반영하고 있다.

영국의 성직자이며 경제학자인 **맬서스**(T. Malthus 1766-1834)는 인구가 무한히 증가할 수 없을 것이라는 것을 인정한 최초의 사람이다(17 장 참조). 그는 인구의 성장이 언제나 바람직한 것은 아니며(그가 살던 시대 사람들의 믿음과 오늘날의 많은 사람들의 믿음과도 상반되는), 인구는 식량 공급보다 훨씬 빠른 속도로 증가할 것이라는 것을 지적하였다. 그는 인구 성장의 불가피한 귀결점은 기근, 질병 및 전쟁이라고 주장하였다.

세계 인구는 2002~2003년에 약 8천만이 증가하여서 2003년에는 60억 3천만 명에 도달하였다. 이러한 변화는 출생률(b)의 증가에 의한 것이 아니다. 사실상 지난 200년 동안 세계 출생률은 실제로 감소하였다. 대신 인구의 증가는 식량 생산량의 증가, 의학의 발달, 공중위생의 향상에 따른 세계 인구의 대다수의 삶의 질이 향상된 것에서 일차적으로 기인하는 사망률(d)의 극적인 감소에 기인한다. 예를 들어, 1920년에서 2000년까지 멕시코의 사망률은 약 1,000명당 40명에서 1,000명당 4명으로 떨어진 반면, 출생률은 약 1,000명당 40명에서 1,000명당 24명으로 감소하였다.

인구는 반환점에 도달하였다. 비록 현 인구가 계속 증가할지라도 세계인구의 개체 당 증가율($r$)은 1960년대 중반 연간 2.2%의 최고점에서 2001년에 연간 1.3%로 감소되었다. 유엔과 세계은행

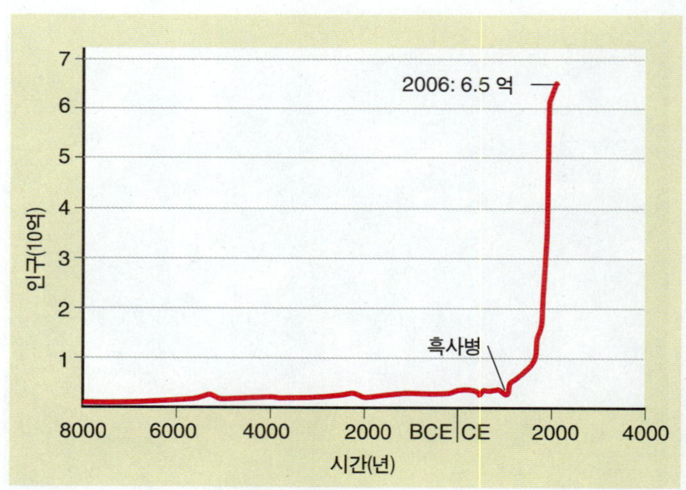


**그림 52-12** **인간 개체군(인구)의 성장.**

지난 1,000년 동안 인구는 거의 지수적으로 증가되어왔다. 인구 전문가들은 인구가 21세기에는 안정되어 다른 종에서 관찰되는 S자형 곡선을 형성할 것으로 예측하고 있다(흑사병이란 14세기에 유럽과 아시아에 창궐한, 파괴적인 질병 즉 선 페스트를 말한다).

의 인구전문가들은 성장률이 0이 될 때까지 천천히 감소를 지속할 것이라고 발표했다. 따라서 인구의 지수형 증가는 끝날 것이고 J자형 곡선은 S자형 곡선으로 대체될 것이다. 출생률과 사망률이 같아지는 지점($r = 0$)인, 개체군의 제로 성장(zero population growth)이 21세기 말경에 나타날 것이라고 발표하였다.

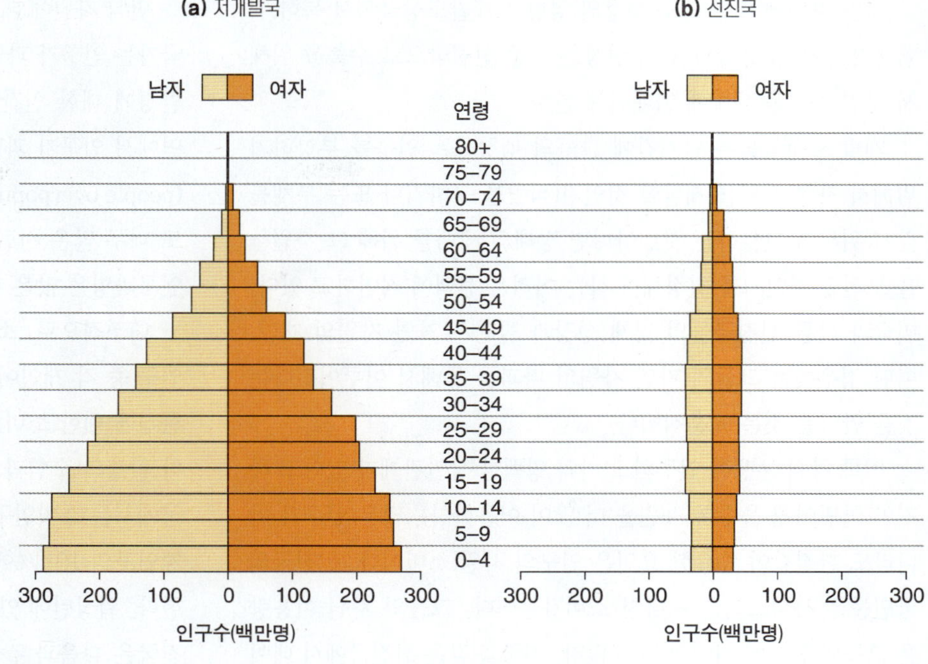


**그림 52-13 연령구조표.**

이 연령구조표는 (a) 저개발국과 (b) 선진국의 것을 나타내며, 저개발국가들은 선진국들에 비해 어린 세대가 아주 높은 비율을 보인다. 결과적으로, 저개발국가들은 선진국들보다 매우 높은 인구성장이 예측된다. (미국 인구통계국의 자료에서 인용함)

## 52.6.1 국가의 연령구조는 미래의 인구성장 예측에 도움이 된다

장래의 인구 성장을 예측하기 위해서, 인구의 각 연령군의 사람수와 비율인 **연령구조**(age structure)를 이해하는 것이 중요하다. 출생에서 사망에 이르는 각 연령군의 남성과 여성의 숫자는 **연령구조표**(age structure diagram)로 나타낼 수 있다.

연령구조표의 전체적인 모양은 인구의 증감을 보여준다(**그림 52-13**). 후진국의 연령구조 표는 피라미드형이다. 인구 중에서 가장 높은 비율을 차지하는 군은 생식전 연령군(즉, 0–14살)이므로 장래의 인구 성장의 가능성은 높다. 이 아이들이 모두 성장했을 때, 그들은 다음 세대의 부모가 될 것이고, 이 부모의 그룹은 이전의 그룹보다 훨씬 크기 때문에 강력한 **인구 성장력**(population growth momentum)이 존재한다.

대조적으로, 인구가 천천히 증가하거나, 안정적이거나 혹은 감소하는 국가들의 연령 구조표에서의 보다 얇은 하층 부위는 소수의 인구가 다음 세대의 부모가 된다는 것을 가리킨다. 인구가 성장하지도 감소하지도 않는 안정된 상태의 연령구조 표는 생식전 연령층과 생식 연령층의 인구가 거의 같은 것으로 나타난다. 역시, 인구가 급격하게 증가하고 있는 국가보다 인구의 대부분이 고령 즉 생식후 연령층이다. 유럽의 많은 나라들이 안정된 인구를 가지고 있다. 감소하고 있는 인구에서, 생식전 연령층은 생식 연령층 또는 생식후 연령층보다 작다. 이에 속하는 예의 국가로는 러시아, 벵글라데시, 불가리아들 들 수 있다.

전 세계적으로 인구의 29%가 15세 이하이다. 이러한 사람들이 생식 연령이 되었을 때, 그들은 성장률을 크게 증가시킬 잠재력을 가지고 있다. 출생률이 증가하지 않더라도, 많은 사람들이 생식 가능하기 때문에 성장률은 전적으로 증가할 것이다.

## 52.6.2 환경파괴는 인구의 성장 및 자원의 소모와 관계있다

인구성장, 자연 자원의 이용 및 환경파괴간의 관계는 복잡하나, 우리는 두 가지 유용한 일반론을 제기할 수 있다. 먼저, 비록 각 개인의 생존에 필수적인 자원이 모자랄지라도, 급격한 인구 증가(개발도상국에서처럼)는 한 국가의 토양, 삼림 및 다른 자연 자원들을 소모하여 고갈시키게 될 것이다. 둘째, 선진국에서는 개인의 자원 요구도가 생존을 위하여 필요한 양보다 훨씬 더 크다. 기본적으로 필요한 것보다 욕구를 채우기 위해서 보다 부유한 국가들의 국민들은 자원을 소모하고 과도한 소비와 "사용 후 버리는" 생활습관으로 지구의 환경을 파괴한다.

급격한 인구 성장은 자연 자원의 과도한 개발의 원인이 된다. 예를 들어, 많은 가난한 사람들이 산야의 사면이나 열대 우림과 같은 농사에 적합하지 않은 땅에 곡식을 길러야 할 것이다. 비록 이러한 행동들이 식량의 필요에 대한 단기간의 해결책은 될 수 있겠지만, 농사를 위해 이러한 땅들의 나무가 베어지고 그들의 농업 생산력이 급속도로 감소되고 극심한 환경 파괴가 발생하게 되면, 장기간의 해결책은 못 된다.

자연 자원에 대한 인구 성장의 영향은 개발도상국에서 특히 위험하다. 개발도상국의 경제 성장은 종종 선진국으로 수출을 위해서 자연 자원을 개발에 얽매이게 한다.

개발 도상국들은 단기간에 그들의 팽창하는 인구를 부양하기 위해서 자연 자원을 개발할 것인지(식량을 구하거나 또는 부채를 갚기 위하여 지불하는 것), 아니면 장래의 세대를 위해 그 자원들을 보전할 것인지를 결정해야 하는 어려운 선택에 직면하고 있다. 미국과 다른 선진국들의 경제 성장과 발전은 자연 자원의 개발, 어떤 경우에는 그들의 자연 자원의 파괴를 통해서 이루어졌다는 것을 안다는 것은 교훈적이다.

비록 자원 논쟁이 인구의 크기와 명백한 상관관계가 있다고 하지만(국민이 많을수록 자원을 더 많이 이용한다), 많은 인구가 아니라도 한결같이 중요한 요인은 인구의 자원 소비이다. 선진국의 국민들은 사치스러운 지나친 소비자들이다. 그들의 자원 이용량은 그들의 인구에 비해서 너무 많다. 미국과 같은 선진국에서 태어나는 한 명의 어린이는 개발도상국에서 태어난 12명 이상의 어린이들보다 환경과 자원 고갈에 더 큰 영향을 미친다. 많은 자연자원들은 선진국들의 자동차, 에어컨, 일회용 기저귀, 휴대폰, DVD, 컴퓨터, 의복, 운동화, 가구, 보트 및 다른 생활 편의품을 제공하기 위해서 필요하다. 그럼으로, 미국과 다른 선진국에 의한 자원의 불균등하고 막대한 소비는 개발도상국들에서의 인구 팽창 이상으로 자연 자원과 환경에 영향을 미친다.

만약 자원에 대한 요구 수준이 환경에 대한 파괴로 이어진다면, 국가는 인구가 과밀하게 된다. 또, 우리가 개발도상국과 선진국의 환경에 대한 인간 간섭을 비교해본다면, 우리는 국가가 두 가지 면에서 인구가 과밀할 수 있다는 것을 알 수 있다. **국민인구 과잉(people overpopulation)**은 개인 당 자원소비가 아주 적다 하더라도 너무 많은 사람들로 인해서 환경이 악화될 때 발생한다. 국민인구과잉은 많은 개발도상국에서 현재 직면하고 있는 문제이다.

대조적으로, **소비인구 과잉(consumption overpopulation)**은 인구 중 각 개인이 너무 많은 부분의 자원을 소비할 때 발생한다. 환경에 대한 소비인구 과잉의 영향은 국민인구 과잉의 그것과 같다(환경의 오염과 파괴). 미국을 포함하는 대부분의 부유한 선진국에서는 소비인구 과잉으로 인해 고통을 겪고 있다. 선진국은 세계인구의 19.4%에 불과하지만, 그들은 자원의 절반 이상을 소비한다. 워싱턴에 있는 개인 연구소인 월드워치연구소에 의하면, 선진국은 다음과 같이 전체 자원의 제일 좋은 부분을 독점하여 소비하고 있다. 알루미늄 사용량의 86%, 목재 소비의 76%, 에너지 생산량의 68%, 육류 섭취량의 61% 및 신선한 물 소비량의 42%. 이러한 국가들은 또한 세계의 오염과 쓰레기의 75%를 발생시키고 있다.

**복습**

- 미국에서 1명 출생하는 것이 케냐에서 12명이 출생하는 것보다 환경이나 자연자원에 더 큰 영향을 끼치는 이유가 무엇인가?

## 핵심 용어와 요약

**학습목표**

1 개체군 밀도와 분산을 정의하고, 개체군분산의 중요한 유형을 설명하라.

- **개체군 밀도**는 주어진 시간에 단위지역 당 또는 용적 당 한 종의 개체수다.
- 개체군 **분산**에는 **무작위 분포**(예측할 수 없는 간격으로), **집중분포**(서식처의 특정한 지역에 집중), **균일 분포**(균등한 간격으로)가 있다.

2 개체군 크기의 변화를 초래하는 4종류의 요인 (출생률, 사망률, 이입 및 이출)을 설명하고, 이러한 변화와 관계되는 간단한 문제를 해결하라.

- 개체군 크기는 개체 당 평균출생률($b$), 개체 당 평균사망률($d$), 개체 당 평균 **이입율**($i$) 및 개체 당 평균 **이출률**($e$)의 영향을 받는다.
- **성장률**($r$)은 단위 개체에 대한 개체군의 변화율(증가 또는 감소)이다. 전체적으로 $r = b - d$ 이다(이산이 요인이 아닐 때). 개체 당 평균 출생률이 개체 당 평균 사망률보다 클 때 개체군은 증가한다.
- 지역개체군(이산이 하나의 요인일 때)에서 $r = (b - d) + (i - e)$이다.

3 *내적 자연증가율*과 *환경수용력*을 정의하고, J-형과 S-형의 성장곡선의 차이를 설명하라.

- **내적증가율($r_{max}$)**은 종 또는 개체군이 이상적인 최상의 조건에서 수가 증가할 수 있는 최고의 비율이다.
- 비록 특정한 개체군이 제한된 시간 동안 **지수형 개체군 성장**으로 알려진 폭증하는 성장형의 경향(J자형 곡선)을 보인다고 할지라도, 결국에는 성장률은 0 부근으로 감소되거나 또는 마이너스로 감소한다.
- 개체군의 크기는 환경의 제한된 범위에 의해서 수정된다. **환경수용력**($K$)는 특정한 환경에서 무한하게 지속적으로 유지될 수 있는 최대로 큰 개체군이다.
- 도표화했을 때 **로지스트형 개체군 성장**은 특징적인 S자형 곡선을 나타낸다. 자연개체군은 좀처럼 로지스트형 성장곡선을 따르지 않는다.

4 개체군 크기에 대한 밀도-의존요인과 밀도 비의존요인의 영향을 비교하고, 각각의 예를 들어라.

- **밀도-의존요인들**은 개체군 밀도가 증가할 때 개체군의 대부분에 영향을 미침으로써 개체군 성장을 조절한다. 포식, 질병 및 경쟁이 그 예이다.
- **밀도-비의존요인**은 개체군의 성장을 제한하지만 개체군 밀도의 변화에 영향을 받지는 않는다. 허리케인과 화재가 그 예이다.

5 1회생식과 반복생식을 비교하라.

- **1회생식종**은 한 번의 생식 노력에 막대한 그들의 에너지를 소비한다. 반복 **생식종**은 자신의 일생 동안 생식주기를 반복한다.

6 *r* 전략을 나타내는 종, *K* 전략을 나타내는 종 및 2종류 중 어디에도 쉽게 맞지 않는 종을 구별하라.

- 비록 많은 서로 다른 **생활사 특징**이 존재할지라도, 여러 생태학자들은 두 종류의 수단을 인정하고 있다: *r* 전략과 *K* 전략
- ***r* 전략**은 높은 성장률을 강조한다. 이러한 생물체들은 *r* 전략종으로서 작은 체구, 높은 생식률, 짧은 **수명**을 가지며, 전형적으로 변동하는 환경에 서식한다.
- *K* 전략은 환경수용력 근처에서 개체군을 유지한다. 이러한 생물체들은 ***K* 전략종**으로서 주로 거대한 체구, 낮은 생식률, 긴 수명을 가지며, 전형적으로 안정적인 환경에서 서식한다.
- 위 두 가지 전략은 대부분의 생활사를 지나치게 단순화한다. 많은 종들은 *r* 선택 또는 K 선택인지 구분할 수 없는 형질은 물론, *r* 선택과 *K* 선택의 형질을 조합해서 가진다.

7 I형, II형 및 III형의 생존곡선을 설명하고, 어떻게 생명표와 생존곡선이 사망률과 생존을 나타내는지 설명하라.

- **생명표**는 그들의 수명 중 다른 시기에 있는 개체군 또는 **동령개체군**(같은 연령의 개체들의 그룹)의 사망률과 생존을 보여준다.
- **생존**은 개체군이나 동령군 내의 각 개체들이 특정한 연령까지 살아 있을 확률이다. 세 가지 일반적인 **생존곡선**이 있다. 즉, 고령에서 가장 높은 사망률을 나타내는 I 형의 생존곡선, 사망률이 모든 연령군에서 균등한 II 형의 생존곡선 및 나이가 어린 개체 간에서 사망률이 가장 높은 III 형의 생존곡선이 그것들이다.

8 메타개체군을 정의하고, 공급원서식처와 수용부서식처를 구별하라.

- **메타개체군**은 아주 큰 지역인 경관 내에서 분명한 서식처 패치에 분포하는 여러 개체군들의 집합을 말한다.
- 메타개체군 내에서, 개체는 경우에 따라서는 한 지역서식처로부터 다른 지역 서식처까지 이입과 이출에 의해서 이산한다. **공급원서식처**는 지역 사망률보다 지역 번식 성공도가 더 큰 양호한 지역이다. 잉여 개체들은 공급원서식처로부터 이산한다. **수용부서식처**는 개체들이 죽거나 만약 그들이 생존하더라도 낮은 번식 성공도를 겪는 질이 낮은 서식처이다. 만약 수용부서식처에 서식하고 있는 **지역개체군**이 멸종된다면, 나중에 비어있는 서식처로 공급원서식처의 개체들이 이주해 올 수도 있다.

9 인구증가의 역사를 요약하라.

- 세계인구는 년간 8천만 명이 증가함으로써 2006년 중반에 65억 명에 도달하였다.
- 비록 현재 인구가 계속 증가하고 있을지라도, 개체 당 성장률(r)은 1965년의 약 2.0%의 최고점에서 2006년 연간 1.2%의 성장률로 지난 몇 년 동안 감소하였다.
- **인구통계학**을 연구하는 과학자인 인구통계학자들은 21세기말쯤에 세계인구는 안정될 것($r = 0$ 또는 **제로 개체군 성장**)으로 예측한다.

10 왜 연령구조와 같은 인구의 특징들이 선진국과 개발도상국에서 다르게 나타나는지를 설명하라.

- 개체군의 **연령구조**는 개체군 동태에 크게 영향을 미친다. 만약 인구의 많은 비율이 전 생식연령이라면 여전히 인구는 성장한다. 어린 연령구조는 큰 전 생식연령그룹이 성숙해서 부모가 됨으로써, 양성의 **인구 성장력**을 가지게 된다.

11 국민 인구과잉과 소비 인구과잉을 구별하여라.

- 개발도상국은 국민 인구과잉을 갖는 경향이 있어서 비록 각 개인이 얼마 되지 않는 자원을 사용한다 하더라도 그 인구증가는 환경을 악화시킬 것이다.
- 선진국은 소비 인구과잉을 갖는 경향이 있어서 각 개인은 많은 몫의 자원을 소비하게 되고, 이것은 결국 환경악화를 불러온다.

## 연습문제

1. 주어진 시간에서 단위 서식지당 한 종의 개체군의 개체수는 무엇인가?
   (a) 분산 (b) 밀도 (c) 생존 (d) 연령구조 (e) 인구통계학
2. 포식, 질병, 경쟁은 다음 중 어떤 것의 예가 될 수 있는가?
   (a) 밀도의존 (b) 밀도비의존 (c) 생존 (d) 이산 (e) 일회생식
3. 인구 전문가들은 21세기 동안 인구가 어떻게 될 것이라고 예측하고 있는가?
   (a) 선진국에서 가장 증가할 것이다
   (b) 대부분의 개발도상국에서 가장 증가할 것이다
   (c) 모든 나라에서 비슷한 율로 증가할 것이다
   (d) 개발도상국에서는 감소하나, 선진국에서는 안정화될 것이다
   (e) 모든 나라에서 증가하다가 극적으로 감소할 것이다
4. 무한정의 시간 동안 특정 환경에 의해 유지될 수 있는 가장 큰 개체군은?
   (a) 일회생식형 개체군 (b) 지수형 성장을 하는 개체군
   (c) 메타개체군 (d) 개체군의 환경수용력
   (e) 소스 개체군

5. ________ 경쟁은 개체군 내에서 발생하고, ________ 경쟁은 다른 종들의 개체군 사이에 서 발생한다.
(a) 종간; 종내 (b) 종내; 종간 (c) I형 생존; II형 생존
(d) 간섭; 개척 (e) 개척; 간섭

6. 출생률이 감소되고 난 후에도 젊은 연령구조를 가진 개체군의 지속적인 성장은 다음의 어느 것인가?
(a) 개체군 배가 (b) 반복생식형 (c) 개체군 성장력
(d) r 선택 (e) 밀도-의존

7. 이산이 요인이 아닐 때 개체당 개체군의 성장률은 다음의 어느 것으로 표현되는가?
(a) $i + e$ (b) $b - d$ (c) $dN/dt$
(d) $rN(K - N)$ (e) $(K - N) \div K$

8. 1인당 평균출생률 또는 __________ 는 개체군의 크기를 증가시키고, 반면에 1인당 평균사망률 또는 __________ 는 개체군의 크기를 감소시킨다. 각각의 빈 칸에 들어갈 용어를 순서대로 제시한 것은?
(a) 출생률; 인구통계학 (b) 소비경쟁; 간섭경쟁
(c) 사망률; 출생률 (d) 총수정률; 사망률
(e) 출생률; 사망률

9. 시간 대비 개체군 크기의 그래프에서, J-형 곡선은 다음 중 어느 것의 특징인가?
(a) 지수형 개체군 성장 (b) 로지스트형 개체군 성장
(c) 개체군의 제로 성장 (d) 대체-수준수정능
(e) 개체군 성장력

10. $r$이 양의 수일 때, 개체군의 크기는?
(a) 안정 (b) 증가 (c) 감소
(d) 간섭경쟁에 의존하면서, 증가 또는 감소
(e) 종이 일회생식형인지에 따라 증가 또는 안정

## 심화 학습문제

1. **자료 분석.** 2006년의 인도의 인구는 11억 2천 1백18만 명이고, 연간 성장률은 1.7%였다. 인도의 2007년도 인구를 계산하여라.

2. **진화적 연계.** 자연선택에 의한 진화론을 개발하면서 찰스 다윈은 네 가지 주요 관찰사항을 고려하였다: 개체군에서의 유전적 다양성, 자손의 대량번식, 개체군 성장에 있어서의 한계, 차등적 생식 성공. 이러한 관찰사항들이 $r$ 선택과 $K$ 선택 개념에 들어 맞는 개체군들에게 어떻게 적용될 수 있는지를 비교하라.

# 53

# 군집생태학

Michael P. Gadomski/Photo Researchers, Inc.

**썩은 통나무군집.** 죽어서 넘어진 이런 나무는 분해되어 흙을 비옥하게 하고 다른 생물체와 식물의 은신처나 영양이 된다. 펜실바니아 에서 촬영됨.

## 핵심 개념

군집은 같은 시간과 같은 장소에서 살고 있는 개체군들로 구성되어 있다.

군집생태학자들은 종의 수, 각 종간의 상대적 풍부도, 종들 간의 상호작용 그리고 환경적 교란에 대한 군집의 저항에 대한 문제에 관심을 가지고 연구한다.

대부분의 생태학자들은 군집은 비슷한 환경적인 요구조건하에 살아가고 있는 개체들간에 유연한 연관성이 있어 같은 환경속에서 함께 살 수 있다고 생각한다.

군집들은 교란으로 인해 초기의 군집으로부터 완성된 군집으로 천이를 겪는다.

1990년대에 시작된 식물을 이용한 야외실험들은 더 많은 다양한 군집들이 더 큰 안정성 또는 변화에 대한 저항성을 가지고 있다고 제시한다.

52장에서는 단일 개체군의 동태, 개별개체군의 변화방법과 어떤 요인이 변화에 영향을 끼치는지를 알아보았다. 더욱이 자연계에서 종은 고립된 개체군으로 존재하지 않는다. 오히려 대부분의 개체군은 같은 시간과 장소에서 살고 상호작용을 하는 다른 종의 개체군과 함께 복잡하게 얽혀 **군집(community)**을 구성하고 있다.

작은 군집들은 큰 군집 속에서 자리를 차지한다. 숲은 하나의 군집이나 그 속에서 썩어가고 있는 통나무도 군집이다(사진을 보라). 곤충, 식물, 떨어진 나무에 침범하는 균류는 부식 단계의 한 형태이다. 먼저 나무를 뚫는 곤충과 흰개미는 껍질과 나무에 통로를 만들면서 나아간다. 다음에는 다른 곤충이나 식물뿌리와 균류들이 따르고 그리고 그 입구를 넓힌다. 통나무 표면에 자리 잡은 이끼와 지의류는 빗물과 다른 구성원에게 영양분이 되는 영양염류를 얻고, 곰팡이와 박테리아는 빨리 부식시킨다. 분해과정이 진행되면 작은 포유류는 나무속 구멍을 뚫고 곰팡이, 곤충, 식물을 먹는다.

생물체는 서로 상호작용을 갖는 무기 환경 속에 있다. 광물질, 공기, 물, 햇빛 등은 꿀벌 환경의 한 부분이다. 예를 들면 꽃은 벌이 꿀을 빨아먹음으로서 수분을 한다. 생물군집과 무기 환경은 함께 **생태계(ecosystem)**를 구성한다.

군집생태학자들이 상호작용을 하는 종이 어떻게 집합하고 존재하는지에 대한 일반 형태와 과정을 알아내려고 노력하는 의구심과 도전성을 보여준다. 살아 있는 군집을 이 장에서 강조하고 있지만 군집과 무기 환경은 뗄 수 없게 서로 얽혀 있다. 에너지의 흐름과 영양구조(먹이관계), 양분의 순환, 영양회로와 기후를 포함하는 생태계의 무기적 구성인자는 54장에서 다루도록 한다. ■

## 53.1 군집의 구조와 기능

### 학습목표

1 생태적 지위를 정의하고, 생물체의 기초적인 지위와 현실적인 지위 사이를 구별하고 그 생태적 지위에 영향을 미치는 제한자원의 몇 가지 예를 제시할 수 있어야 한다.

2 경쟁을 정의하고 종간경쟁과 종내경쟁을 구별할 수 있어야 한다.

3 경쟁적 배제의 개념, 자원의 배분 그리고 교란의 성격을 요약할 수 있어야 한다.

4 포식을 정의하고 포식자와 피식에 대한 자연도태의 영향을 서술할 수 있어야 한다.

5 상리공생, 편리공생 그리고 기생을 구별하고 각각의 예를 들 수 있어야 한다.

6 핵심종과 우점종의 차이를 비교할 수 있어야 한다.

군집은 개체군에서 볼 수 없는 독특한 특성이 있다. 이 특성은 현존하는 종의 수와 형태, 교란에 대한 군집의 재생, 에너지 흐름과 생산력 등을 포함하는 군집의 구조와 기능을 아는 것이다. **군집생태학**(community ecology)은 군집 속의 기술, 유형분석 그리고 생산력을 알아보는 것이다. 연못, 소나무 숲, 불모지의 사막군집과 같은 야외의 다양한 군집의 보통 유형이나 변화과정은 생태학자들이 군집의 구조와 기능을 이해하는 것을 돕는다.

군집은 매우 복잡하고 수많은 다른 종들이 서로 상호작용하고, 살아가는 방법이 서로 의존적이어서 연구하기에 매우 어렵다. 종들은 먹이와 물과 생활 장소와 다른 자원을 얻기 위해 서로 경쟁한다(여기서 사용되는 자원은 환경에서 얻는 것으로 해당 종의 필요를 충족시키는 것이다). 일부 생물들은 다른 생물들을 먹는다. 어떤 종들이 관련성이 적은데 반하여 어떤 종들은 서로 친숙한 관계를 형성한다. 개개의 생물들은 군집 생활에서 3가지 요인 중 하나의 역할을 담당하는데 그것은 생산자, 소비자 또는 분해자 이다. 하나의 군집에서 공존하는 생물들의 양성적 또는 음성적, 직접적이거나 간접적인 관계를 해석하는 것은 군집생태학자의 목표 중 하나이다.

### 53.1.1 군집간 상호작용은 복잡하고 쉽게 나타나지 않는다

1990년대 후반에 도토리의 생산, 흰 발 쥐, 집시 나방의 개체군 성장, 인간의 라임병(Lyme disease)의 발병율과 같은 복잡하고 재미있는 상호관계가 조사되었다(**그림 53-1**). 대 규모의 실험은 3-4년마다 쥐의 개체군이 번성하고 다량의 도토리 수확고가 있는 미국의 북동쪽의 떡갈나무 숲에서 이루어졌다(쥐는 도토리를 먹는다).쥐는 집시 나방 번데기도 먹기 때문에 집시나방의 개체수가 적어지는 것은 많은 양의 도토리를 생산할 수 있었다. 이 결과는 집시 나방이 잎의 탈리를 일으키기 때문에 떡갈나무에게 유리

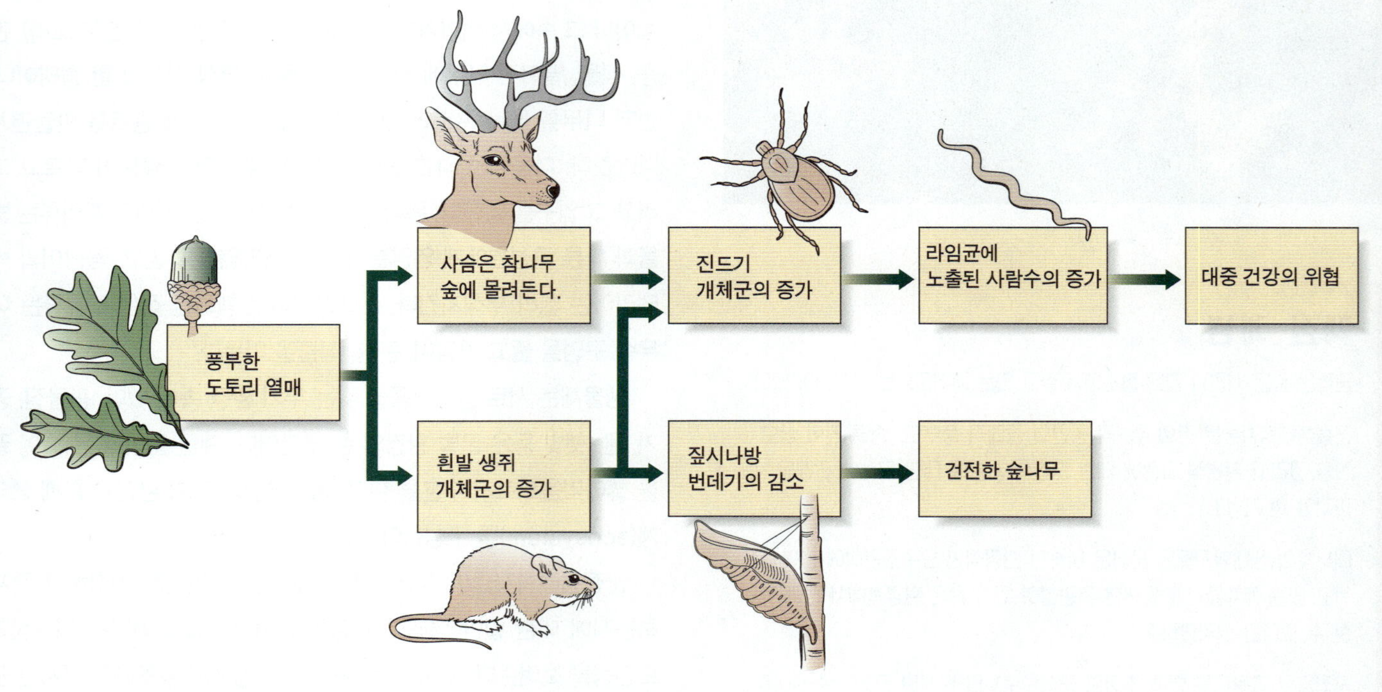


**그림 53-1 도토리 열매의 크기와의 연관성.**

도토리 열매가 넉넉하면 쥐는 겨울 동안 양식이 되므로 살아남게 되고, 많은 사슴들은 참나무 숲에 몰려든다. 들쥐와 사슴은 다같이 사람에게 라임병을 일으키는 진드기의 숙주들이다. 쥐가 많으면 역시 짚시나방 개체군의 수를 감소시켜 숲의 나무가 잘 자란다.

하다. 그러나 풍부한 도토리는 진드기를 나르는 사슴을 유인한다. 배가 고픈 새끼진드기들은 종종 라임병을 일으키는 박테리아를 운반하는데 쥐에 붙어 기생한다. 박테리아는 성장하는 진드기를 감염시키고 감염된 진드기가 사람을 물면 사람에게 전염된다. 그래서 떡갈나무가 무성한 시기는 사람에게 라임병의 높은 이환율을 예견할 수 있다.

2000년대 초에 라임병과 관련해서 부가적인 복잡성이 나타났다. 과학자들은 높은 생물다양성을 갖는 지역에서의 진드기는 인간에게 좀처럼 라임병을 전이시키지 않으며, 대조적으로 인간 활동에 의해 삼림이 파괴되거나 훼손된 곳과 같이 생물다양성이 낮은 지역에서는 진드기가 인간에게 더욱 라임병을 유발시킬 것 같다고 보고했다. 흰발쥐는 저밀도 지역에서 사라지는 마지막 남은 종중의 하나이기 때문에 이는 질병을 인간에게 전이시키는 진드기의 주 식량원이 된다. 고밀도 지역에서 진드기는 라임병에 감염되었을지도 모르지만 이를 쉽게 진드기에게 전이시키지 않는 많은 종류의 포유류, 조류, 파충류를 섭식한다. 따라서 많은 진드기는 질병을 가지고 있지 않다. 라임병은 땅을 변형시키고 지역의 많은 생물을 감소시키는 인간의 활동이 우리의 손실에 있어 자연적인 상호작용에 어떻게 영향을 미치는가에 대한 훌륭한 예이다.

(a) 초록색 도마뱀

(b) 갈색 도마뱀

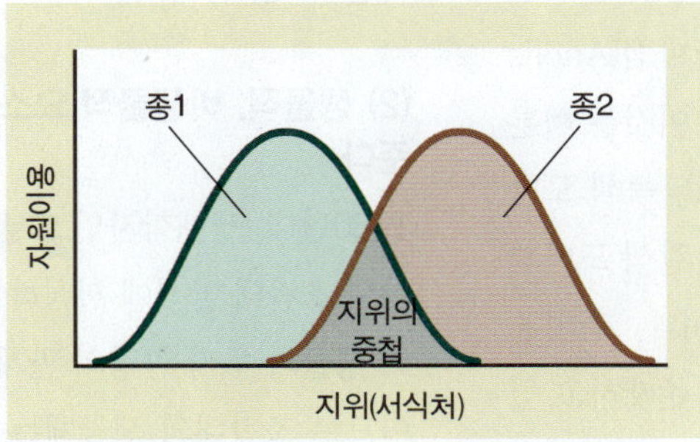

(c) 기초적 지위

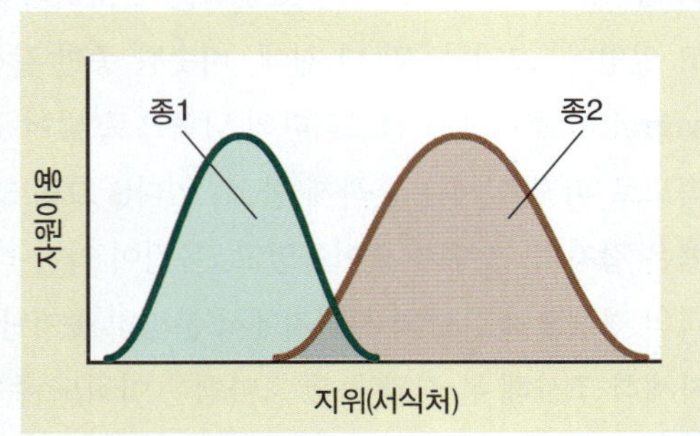

(d) 실현된 지위

**그림 53-2 생물 지위에 대한 경쟁의 효과.**

**(a)** 초록색 도마뱀(*Anolis carolinensis*)은 북미에 있는 토속 도마뱀 종이다. 수컷은 길이가 약 12.5 cm이나 암컷은 약간 작다. **(b)** 15.2 cm의 갈색 도마뱀(*Anolis sagrei*)은 프로리다에 도입되었다. **(c, d)**는 한가지 지위(이 경우는 서식처)에 대한 두 종의 위치를 나타낸 것이다. 종 1은 초록색 도마뱀을 나타내고, 종 2는 갈색도마뱀을 나타낸다. **(c)** 기본적으로 두 도마뱀의 지위가 중첩된다. **(d)** 지위가 중첩되는 곳에서 갈색 도마뱀은 초록색 도마뱀의 생활장소를 제한시킨다.

군집 내에서는 어떠한 종도 혼자서 독립적으로 존재할 수 없다. 앞의 예가 보여주듯이 군집의 개체군은 명확하지 않은 복잡한 경로로 서로서로 상호작용하고 있다. 군집 내에서 종간의 주요한 상호작용에는 경쟁, 포식 그리고 공생과 같은 3가지 형태가 있다: 우리는 이 상호작용을 다루기 전에 그 군집 내에 살고 있는 종의 삶의 방식을 먼저 연구할 필요가 있다.

### 53.1.2 생태적 지위는 군집에서 종의 생태학적 역할이다

모든 종은 군집의 구조와 기능면에서 독특한 생태학적 역할을 가지고 있다고 여겨진다: 우리는 이 역할을 **생태적 지위(ecological niche)**라 한다. 생태적 지위의 개념은 1957년에 **허친슨**(G.E. Hutchinson)이 처음 언급했다. 지위는 종의 생존에 필요한 생물적, 비생물적인 모든 면을 말한다. 즉, 종이 생존하고 건강하게 살고, 번식하는데 필요한 모든 물리적, 화학적, 생물학적 요인을 말하는 것이다. 생태적 지위는 종이 살아가는 **서식지(habitat)**의 지역적 환경도 포함한다. 생태적 지위는 무엇을 먹고, 무엇에 먹히며, 어떤 생물과 경쟁하고, 어떻게 상호작용을 하며, 빛, 온도, 습도와 같은 비생물적 환경 요소에 의해 받는 영향도 포함된다. 그리고 생태적 지위는 그러한 환경에 사는 종의 완전한 적응과 자원의 이용, 적합한 삶의 양식을 의미한다. 생물의 생태적 지위의 완전한 설명은 넓은 범위가 포함되어야 하고 명확히 정의하기 어렵기 때문에 생태학자는 대개 먹이를 습득하는 행동이나 극심한 온도에 대한 내성의 능력과 같은 하나 또는 몇몇 가지의 생태적 지위에 국한하여 연구한다.

한 종의 생태적 지위는 실제보다 이론적으로 더 넓을 것이다.

생물종은 환경 자원을 보다 많이 사용할 수 있거나 실제로 사는 서식지보다 더 넓은 범위에서 살 수 있다. 종의 실제 생활은 **기본 생태적 지위**(fundamental niche)이다.

그러나 다른 종과의 경쟁과 같은 다양한 요인은 기본적인 생태적 지위와 다르다. 그래서 종이 실제로 누리는 삶의 양식과 사용하는 자원은 생태적 지위에 토대를 둔다.

다음은 한 예이다. 플로리다와 다른 남동부 주에서 살고 있는 녹색 도마뱀(*Anolis carolinensis*)은 먹이인 곤충과 거미를 찾기 위해 낮 동안에 나무, 관목, 벽 또는 울타리에서 지낸다(**▮ 그림53-2a**). 과거에 이 작은 도마뱀은 플로리다에 광범위하게 살고 있었다. 그러나, 몇 년 전에, 비슷한 종인 갈색 도마뱀(Anolis sagrei)이 쿠바에서 플로리다의 남쪽으로 넘어왔고, 이것은 빠른 속도로 퍼져 이제는 흔하게 볼 수 있다(**▮ 그림 53-2b**). 녹색 도마뱀은 갑자기 그 수가 줄어들었고, 몸집이 약간 더 큰 갈색 도마뱀과의 경쟁으로 그들의 서식지에서 분명히 쫓겨난 것이다. 그러나, 자세히 조사해 본 결과 녹색 도마뱀은 아직도 주변에 존재하고 있다는 것을 알게 되었다. 현재 이 종은 주로 습지대의 식물이나 잎이 달린 나무의 꼭대기에서만 찾아볼 수 있다.

녹색 도마뱀이 생활하는 서식지의 생태적 지위는 나무 줄기나 관부, 집 외부 벽과 그 외의 여러 장소들이 해당된다. 일단 갈색 도마뱀이 녹색 도마뱀의 서식지에서 자리를 잡게 되자, 녹색 도마뱀은 습지대와 나무 꼭대기 이외는 모든 곳에서 쫓겨났다. 2 종 사이의 경쟁 결과, 녹색 도마뱀의 실제 생태적 지위는 예전보다 매우 좁게 되었다(**▮ 그림 53-2c, d**). 수많은 종으로 구성된 군집은 대부분이 어느 정도 경쟁을 하고 있고, 그들 사이의 복잡한 상호 작용은 각 종들의 실제 생태적 지위를 만든다.

#### (1) 자원을 제한하는 것은 한 종의 생태적 지위를 한정시킨다

한 종의 구조적, 생리학적 그리고 행동의 적응은 극단적인 환경으로 인해 내성을 결정한다. 만일 어떤 환경의 특징이 그 생물의 내성 범위 밖이라면, 그 종은 거기에서 살 수 없다. 우리가 연못에 살고 있는 선인장을 발견할 수 없듯이 사막에서는 수련이 있기를 기대하지 않을 것이다.

한 종의 생태적 지위를 실제로 결정하는 환경 요인을 확인하기는 매우 어렵다. 이러한 이유 때문에, 생태적 지위의 개념은 추상적일 수 있다. 그러나 어떤 것은 실험적으로 결정될 수 있다. 한 종의 생태적 지위를 한정시키는 어떤 환경 자원이 불충분하거나 적합하지 않을 때 이것을 **제한자원**(limiting resorce)이라고 부른다.

연구된 대부분의 제한자원은 토양의 광물 종류, 온도의 양극단, 그리고 강수량과 같은 단순한 변수들이다. 이러한 조사는 한 종의 내성을 초과하거나 필요한 최소량보다 더 작은 양으로 존재하는 어떤 요인이라도 군집에서 그 종의 존재를 제한한다는 것이 밝혀졌다. 이러한 제한자원들의 상호 작용에 의해 한 종의 생태적 지위가 결정되는 것이다. 제한자원은 생물의 생활사에 부분적으로 영향을 미친다. 예를 들면, 푸른색 게의 성체는 깨끗한 물이나 저농도의 염수에서도 살 수 있지만, 그 유생(미숙한 형태)은 짠물을 필요로 하기 때문에 그들은 그런 지역에서 영구적으로 정착할 수 없다.

#### (2) 생물적, 비생물적 요소는 종의 생태학적 지위에 영향을 준다

1960년대, 생태학자인 **코넬**(Joseph H. Connell)은 스코트랜드 해안의 조간대 암석에 서식하는 삿갓조개 2 종의 분포상태를 조사하여 생물과 무기 환경의 관계를 연구하였다. 조간대는 열악한 환경이므로 조간대의 생물체는 간조시간 동안 건조한 공기의 고통을 극복해야만 한다(그림 30-22a 참조).

스코트랜드의 해안에 서식하는 삿갓조개인 *Balanus balanoides*의 성체는 또 다른 종인 *Chthamalus stellatus*의 성체보다 조간대의 낮은 바위에 붙어있다. 2 종의 어린 유충이 조간대에서 함께 발견되면서도 2 종의 분포는 중복되지 않는다. **코넬**은 어떤 인자가 그들의 분포에 영향을 끼치는지를 조사하기 위하여 2개 체군을 조절하였다. 그가 *Chthamalus*을 바위 위쪽에서 제거했을 때 *Balanus*종의 삿갓조개는 빈 지역으로 옮겨오지 않았다. *Connell*은 이 실험을 통해 *Chthamalus*가 *Balanus*보다 썰물 때 건조에 좀더 저항력을 가진다는 것을 알았다. 그러나 바위의 아래쪽에서 *Balanus*을 제거했을 때 *Chthamalus*은 조간대의 아래쪽으로 영역을 확장하였다. 공간에 대한 2 종의 경쟁에서 크기가 크고 성장이 빠른 *Balanus*는 크기가 작은 *Chthamalus*를 밀어내는 것이 가능하였다.

### 53.1.3 경쟁은 종내 또는 종간에서도 일어난다

**경쟁**(competition)은 둘 혹은 더 많은 개체가 음식, 물, 은신처, 서식지 혹은 태양 광선과 같은 동일한 필수적 자원을 사용할 때 발생한다. 자원은 환경에서 공급이 제한되어 있으므로 한 개체에 의해 다른 개체가 사용할 수 있는 양이 감소된다(**▮ 표 53-1**). 예를 들면, 밀림 속에서 한 나무가 주위의 다른 나무보다 크게

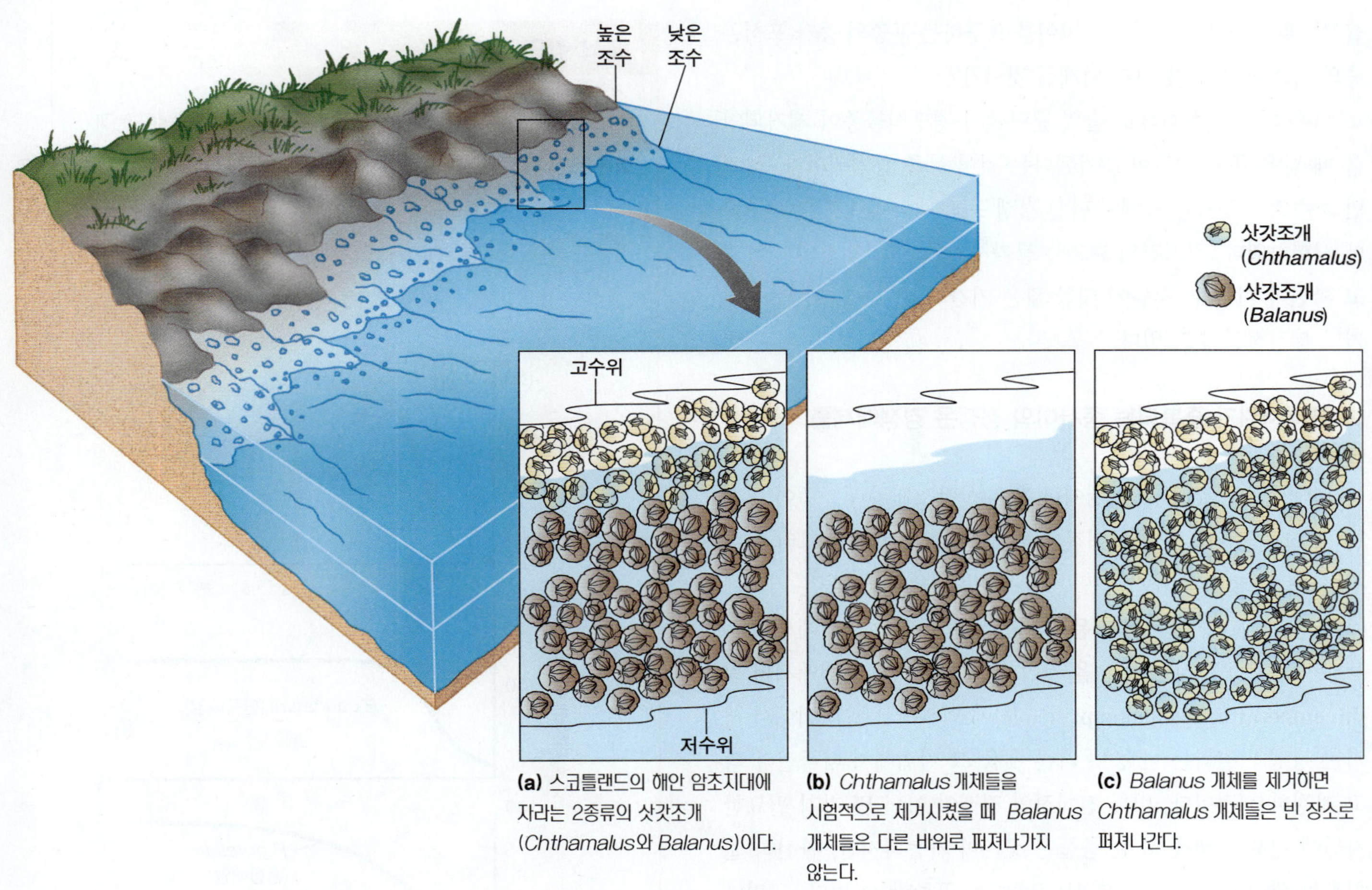


(a) 스코틀랜드의 해안 암초지대에 자라는 2종류의 샷갓조개 (Chthamalus와 Balanus)이다.

(b) *Chthamalus* 개체들을 시험적으로 제거시켰을 때 *Balanus* 개체들은 다른 바위로 퍼져나가지 않는다.

(c) *Balanus* 개체를 제거하면 *Chthamalus* 개체들은 빈 장소로 퍼져나간다.

**그림 53-3 샷갓조개 분포에 영향을 주는 생물적 및 무생물적 요인.**

(Connell, J.H. "The influences of interspecific competition and other factors on the distribution of the Barnacle *Chthamalus stellatus*," *Ecology*, Vol. 42, 1961에서 인용함.)

자란다면 큰 나무는 투입되는 햇빛을 더 많이 받을 것이다. 키가 큰 나무의 그늘에 들어가는 주변의 나무들은 햇빛을 적게 받게된다. 경쟁은 개체군 내에서 개체간(이를 **종내 경쟁(intraspecific competition)**이라 함)이나 또는 다른 종 사이(이를 **종간 경쟁 (interspecific competition)**이라 함)에서 일어난다.

지금까지 생태학자들은 경쟁이 군락에서 발견되는 종의 숫자와 각 개체군의 크기가 가장 중요한 결정요소라고 추측하였다. 오늘날 생태학자들은 경쟁이 군락구조에 영향을 주는 생물적, 비생물적 상호작용 중 한가지라고 생각하고 있다. 더욱이 경쟁은 항상 직접적으로 상호 작용하는 것만은 아니다. 예를 들면, 어린 소나무 숲에 사는 현화식물의 변종은 토양수분과 토양 무기영양소 같은 자원 때문에 침엽수와 경쟁한다. 그러나 그들의 관계는 간단한 경쟁보다 좀더 복잡하다. 꽃은 먹이를 필요로 하는 곤충에게 먹이로써 꿀을 생산한다. 그 때문에 소나무를 먹는 곤충의 수가 줄어든다. 더욱이 이것은 소나무에 현화식물이 미치는 전체적인 영향으로 평가하기는 어렵다.

만약에 현화식물이 군락에서 제거된다면, 필요한 자원으로부터 더 이상 경쟁할 필요가 없으므로 소나무의 성장이 빨라질 수 있

**표 53-1**

**2 종사이의 생태적 상호작용**

| 상호작용 | 종 1 | 종 2 |
|---|---|---|
| 종 1과 종 2간의 **경쟁** | 위험 | 위험 |
| 종 1에 의한 종 2의 **포식** | 유익 | 위험 |
| 공생 | | |
| 종 1과 종 2의 **상리공생** | 유익 | 유익 |
| 종 1이 종 2에 **편리공생** | 유익 | 무영향 |
| 종 1이 종 2에 **기생** | 유익 | 위험 |

을까? 혹은 소나무의 성장은 먹이를 요구하는 곤충의 증가(포식곤충의 감소에 의해)에 따라 억제될 것인가?

짧은 기간의 실험으로 숲의 군락에서 경쟁식물종이 제거되었을 때 남은 종의 성장이 증가된다는 것이 종종 증명되었다. 하지만 소수의 연구들은 숲에서 단일 경쟁 종의 제거효과를 오랜 기간에 시험하였다. 장기간의 효과는 불가사의하고, 간접적이며 그리고 확인이 어렵다. 자원에 대한 짧은 기간의 경쟁은 효과를 줄이거나 부정적일 수도 있다.

### (1) 생태지위가 중복되는 종사이의 경쟁은 경쟁배제를 유도한다

녹색과 갈색의 anole 도마뱀이나 혹은 삿갓조개처럼 2 종이 비슷할 때 그들의 기본적인 생태적 지위가 겹쳐질 것이다. 그러나 실험적으로 모델링 연구에 기반을 두는 많은 생태학자들은 결국에는 경쟁 배제가 발생하기 때문에 어떤 2 종도 같은 영역에서 같은 생태적 지위를 차지할 수 없을 것이라고 생각한다. **경쟁배제의 원리(competititve exclusion principle)**에 의하면 2 종 사이에서 생기는 경쟁의 결과는 한 종이 다른 것을 그 지위에서 따돌린다 라고 가정하는 것이다. 비록 전체적인 경쟁이 아닌 몇 가지 필요한 자원에 대해 경쟁을 하 는 종들은 공존이 가능하지만, 완전히 일치하는 생태학적 지위를 가지는 2종류는 공존할 수 없다. 그러나 만일 생태지위의 중복이 감소되면 공존이 가능할 수 있다. 도마뱀의 예에서 본 것처럼 대부분의 갈색 도마뱀이 기존 서식지에서 초록색 도마뱀을 몰아내는 것과 같이 2 종 사이의 직접적인 경쟁은 감소될 것이다.

한 종의 실제적인 생태지위를 기반으로 한 종간 경쟁의 초기 증명은 1930년대 러시아의 생물학자인 **가우스**(Georgyi F. Gauss)의 실험실연구를 투고하여 알려졌다. **가우스**는 원생동물의 2 종인 *Paramecium aureria*와 *Paramecium caudatum*의 개체군을 조절된 상태에서 배양하였다(**그림 53-4**). 그것을 분리된 시험관에서 단독으로 키웠을 때는 각각의 종 개체군은 자원이 허락하는 수준까지 빠르게 증가하였고 그 후에는 약간 성장이 머물렀다. 그러나 함께 배양하면 *P. aurelia*는 번성하였으나 *P. caudatum*은 점차 감소하고, 결국 사라졌다. 다른 배양조건 하에서는 *P. caudatum*이 *P. aurelia*보다 우세했다. 가우스는 이것을 비록 1가지 조건이 그 종에게 혜택을 주었을 지라도 다른 조건은 다른 종에게 혜택이 있다는 의미로 해석했다. 그럼에도 불구하고, 2종류가 매우 유사하기 때문에, 시간 내에 한쪽이 다른 한쪽을 마침내 정복할 것이다. 과일 파리, 생쥐, 어떤 딱정벌레와 일년생식물의 경쟁하고 있는 종과 유사한 실험은 "한 종은 번성하고, 다른 한 종은 결국 사라진다"는 **가우스**의 결과와 같은 의미이다.

**핵심 실험**

**질문:** 경쟁배제가 조건이 조절하에 있는 실험실에서도 증명될 수 있는가?

**가설:** 2종의 짚신벌레가 서로 경쟁하도록 함께 넣어 배양될 때, 1종이 다른 종을 우점한다.

**실험:** Gause는 짚신벌레 종을 각각 그리고 함께 배양했다.

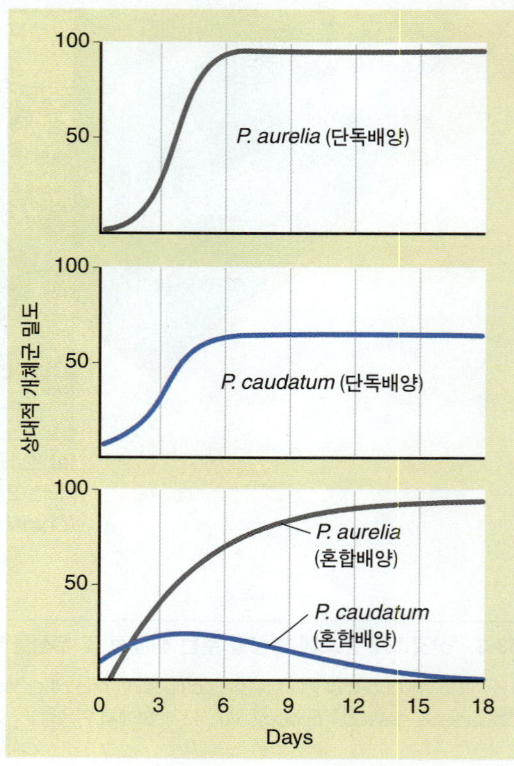


**결과와 결론:** 위와 중간의 그래프는 짚신벌레 종을 단독으로 배양했을 때의 성장 모영이다. 아래 그래프는 서로 경쟁하도록 함께 넣어 배양했을 때의 그래프이다.

**그림 53-4 종간경쟁에 대한 가우스의 실험.**

(Gause, G.F. *The Struggle for Existence*. Williams & Wilkins, Baltimore, 1934에서 인용함.)

그러므로 경쟁은 제한된 자원을 사용하는 종들에게는 불리한 영향을 끼치고, 한 종 이상의 경쟁배제를 가져오게 된다. 자연선택의 시간을 지난 것은 환경자원에 대한 경쟁을 피하거나 감소되도록 하여 각 종의 개체들을 보호한다. 각 종들의 생태적 지위가

**그림 53-5 자원 분할.**

솔새들은 가문비나무의 정해진 구역에서만 생활을 함으로써 그들 사이의 경쟁을 감소시킨다. (MacArthur R.H. "population ecology of some Warblers of northeastern coniferous Forests." *Ecology*, Vol. 39, 1958에서 인용함.)

같을 때 한가지 이상의 방법에서 다른 것들과 차이가 있게 하여 공존하는 종 사이의 경쟁을 감소시키는 것을 **자원 분할(resource partitioning)**이라고 부른다. 동물에 있어서 자원의 분할은 같은 서식지에서 공존하고 있는 과일을 먹는 새, 영장류 그리고 박쥐에 대해 중앙아메리카나 남아메리카의 열대 우림의 연구에서 비교적 상세하게 기록되어 있다. 비록 야생과일이 수백 마리의 새와 영장류 그리고 박쥐의 중요한 먹이일지라도 과일의 야생변종들은 먹는 것들을 조절하여 경쟁을 줄이고 있다.

자원 분할은 역시 먹이를 먹는 시간, 위치, 둥지의 위치 그리고 다른 형태의 생태적 지위에서도 일어난다. 다섯 종의 북 아메리카 솔새에 관한 **맥아더**(Robert MacArthur)의 연구는 자원을 분할하고 있는 전형적인 예이다 (**그림 53-5**). 비록 처음에는 새들의 생태적 지위가 거의 동일한 것처럼 보였지만, **맥아더**는 이 새가 먹이를 먹을 때 전나무나 침엽수나무의 다른 장소에서 자주 발견되며 시간을 보낸다는 것을 알았다. 새들은 무성한 나무들을 통하여 다른 방향으로 이동하고, 다른 종류의 곤충을 먹으며 다른 시간에 둥지를 튼다.

## 핵심 실험

**질문:** 성격 변위가 야생에서도 일어나는가?

**가설:** 두 종의 핀치 새가 따로 살 때와 함께 살 때가 다를 것이다.

**실험:** 갈라파고스 섬에 살고 있는 두 종의 핀치가 각각 살 때와 함께 살 때가 관찰되었다 **(a)** 두 종의 상당히 다른 부리 높이가 서로 다른 환경에서 측정되었다.

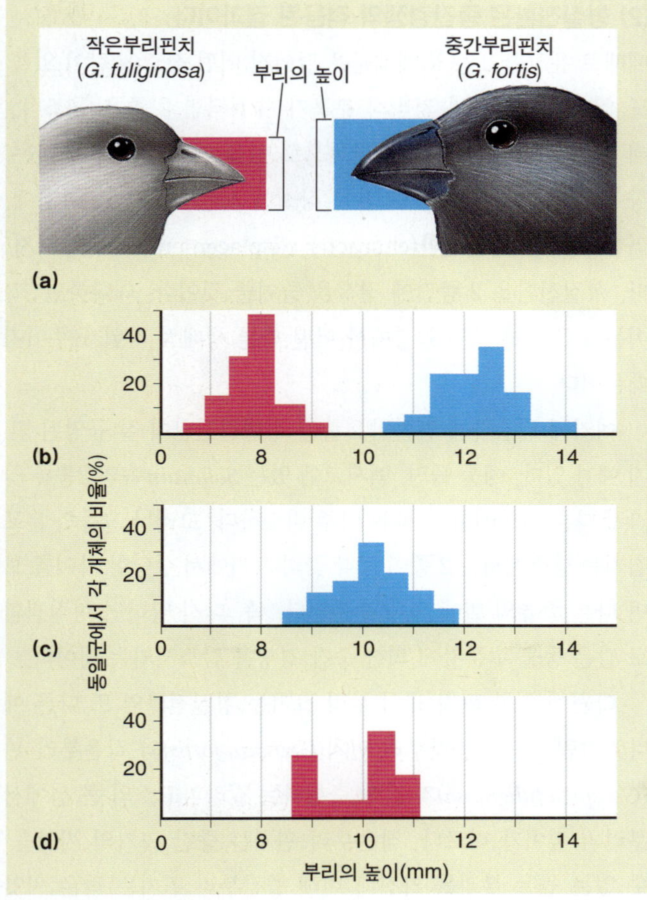


**결과와 결론:** **(b)** 같은 섬에서 살고 있는 작은부리 핀치(분홍색)는 중간부리 핀치(청색)보다 부리의 평균높이가 작지만, 외딴 섬에 살고 있는 새**(c, d)**는 부리 높이가 비슷하다.

**그림 53-6 성격 변위(變位).**

(D. Lack, *Darwin's Finches*, Cambridge University Press, Cambridge, 1947에서 인용함.)

뿌리 깊이의 차이는 식물에서 자원 분배의 한 예이다. 예를 들어 어떤 버려진 장소에서 발견되는 3가지의 보편적인 일년생식물은 여뀌, 어저귀 그리고 강아지풀이 있다. 여뀌는 땅속깊이 뿌리를 내리고 어저귀의 뿌리는 중간 깊이로 성장하고 강아지풀은 얕게 뿌리를 내린다. 이러한 차이는 물과 무기영양소와 같은 토양 자원에 대해 식물이 다른 장소의 자원을 이용하도록 함으로써 경쟁을 감소시킨다. 식물에 있어 토양의 깊이만이 토양 자원에 대한 자원 분배의 예가 아니다. 2002년도 Nature 잡지에서 생물학자들은 질소이용성의 시기뿐만 아니라 토양으로부터 흡수되는 질소원도 북극 식물군집 내의 상이한 식물들 간에 다르다는 것을 보고하였다.

### (2) 형질전환은 종간경쟁의 적응된 결과이다

때때로 유사한 2 종의 개체군은 떨어진 어떤 장소에 같이 있을 때도 있다. 이와 같이 지리적 분포가 중첩되면 2 종은 구조적, 생태적, 행동적 특성이 각각 단독으로 있을 때보다 차이가 나는 경향이 있다. 지리학적으로 같은 장소에 사는 비슷한 2 종간에 이러한 특징은 **형질전환(character displacement)**으로 알려져 있다. 형질전환은 2 종간에 경쟁을 줄여줄 것이다. 왜냐하면 그 차이는 2 종에게 같은 환경에서 어떤 다른 생태적 지위가 주어지기 때문이다.

여기에 밀접하게 연관된 2 종간의 형질전환이 잘 규명된 몇 가지 예가 있다. 예를 들면, 멕시코에 있는 *Solanum*속의 2종류 꽃은 각각 다른 지역에서 필 때는 아주 비슷하다. 그러나 그들의 분포가 겹치는 장소에서는 2 종이 각각 꽃의 크기에서 상당한 차이를 보이며 다른 종류의 벌에 의해 수분된다. 즉, 다시 말하면 형질전환으로 같은 동물 수분자에 의한 종간 경쟁을 감소시키는 것이다.

**다윈**에 의한 핀치 새의 부리 크기는 형질전환의 또 다른 예이다(**그림 53-6**). 중간부리 핀치(*Geospiza fortis*)와 작은부리 핀치(*Geospiza fuliginosa*)가 같이 출현하는 갈라파고스의 큰 섬에서는 부리의 깊이가 다르다. 작은부리 핀치는 중간 크기의 씨앗을 깔 수 있는 높은 부리를 가진데 비해 중간부리 핀치는 작은 씨앗을 깔 수 있도록 부리의 깊이가 낮다. 그러 나 중간부리 핀치와 작은부리 핀치는 역시 떨어진 섬에서도 발견되는데, 2 종이 떨어져 사는 곳에서는 부리 깊이가 다같이 중간크기이다. 이것은 아마도 다른 종과의 경쟁이 없기 때문일 것이다.

## 53.1.4 자연 선택은 포식자와 피식자의 체형과 행동을 정한다

포식은 포식자(표 53-1)에 의해 피식자가 잡아먹히는 것이다. 포식은 동물이 식물을 먹는 것(초식성)과 같이 동물이 다른 동물을 먹는 것을 말한다. 포식은 피식자를 더욱 효과적으로 잡을 포식자의 전략과, 포식자로부터 더욱 효과적으로 탈출하려는 피식자의 진화적인 "무기경쟁"의 결과이다. 포식자가 피식자를 잡기 위해서는 능률적인 선택방법을 취하는데 반하여 피식자는 시간적으로 차이를 두어 포획될 가능성을 줄이는 것과 같은 몇 가지 방법으로 진화되어 왔다. 피식자가 차례로 체득한 대책에 대해 포식자는 다른 방법을 선택하게된다. 상호 작용하는 2 종간에 서로 의지하여 진화하는 이런 유형을 **공진화(coevolution)**라 한다(36장 참조).

이제 우리는 포식자-피식자의 상호작용과 연관된 여러 가지 적응에 대해 알아보자. 여기에는 포식자 전략(추적과 잠복)과 피식자 전략(식물의 방어와 동물의 방어)이 있다. 우리가 읽은 이 설명은 이러한 전략이 포식자나 피식자 각각에 의해 선택된 것이 아니라는 것을 기억하여야 한다. 어떤 새로운 특성은 유전적 변화의 결과로써 개체군에서 무작위적으로 발생한다. 다른 특성이 해롭거나 아무런 효과가 없는데 반해 몇몇 새로운 특성은 유리할 수도 있다. 유리한 전략이나 특성은 그들이 번창하거나 번식하는데 맞도록 그들을 잘 보존해주기 때문에 개체군에서 간직된다. 반대로 그렇지 못한 특성은 그들의 환경에 잘 맞지 않도록 하므로 개체군에서 사라지는 경향이 있다.

### (1) 추적과 매복은 약탈자의 2가지 전략이다

밤색의 펠리컨은 비행 중에 사냥감—물고기—을 발견한다. 펠리컨은 시속 72 Km의 빠른 속력으로 물 속에 뛰어들고 2초 이내에 사냥감을 잡는다. 무더기로 사냥하는orcas(이전에 범고래로 알려진)는 종종 연어나 송어를 쉽게 잡기 위해 항만 안쪽으로 모은다. 갈색 펠리칸의 속도나 orcas의 지능과 같이 수렵의 효율을 높이기 위해 추격하는 포식자들은 그들의 피식자를 조심스럽게 다룬

**그림 53-7 매복.**

노랑 게거미(*Misumena vatia*)는 주위의 색과 잘 어울리며 꽃에 날아드는 곤충을 기다리고 있다. 이와 같은 포식자의 효과적인 전략과 매복은 피식자를 기다리는 것이다.

다. 이런 육식동물은 사냥감을 추적하는 동안 정보를 빨리 처리하여야 하므로 포식자의 뇌는 피식자보다 일반적으로 몸의 크기에 비례하여 크다.

매복은 사냥감을 잡는 또 다른 효과적인 방법이다. 예를 들면 노란 게거미는 자신이 숨어있는 흰색이거나 노란 꽃의 색깔과 같다(그림 53-7). 이 위장으로 곤충들은 거미가 있는 것도 모르고 늦게까지 과즙을 찾아 꽃에 날아든다.

피식자를 공격하는 포식자는 매복함으로써 특별한 효과를 누린다. 예를 들면, 아귀류로 불려지는 다양한 심해 물고기는 입 주변에 먹이를 유도하는 발광성의 돌기를 가지고 있다.

### (2) 식물은 초식동물에 대해 효과적으로 화학적 방어를 한다

식물은 이동하여 포식자를 피할 수 없다. 그러나 그들은 먹히지 않기 위해 여러 가지 적응방법을 가지고 있다. 식물이 가지는 돌기, 가시, 가죽같이 튼튼한 잎, 또는 잎에 있는 두터운 왁스들은 목초지에서 풀을 뜯는 초식동물을 방해하는 것들이다. 어떤 식물은 초식동물에게 맛이 없거나 독성물질을 생산한다. 식물에서 풍기는 어떤 성분은 동물의 호르몬 활성이나 신경, 근육, 간, 신장의 기능에 영향을 끼치고 마리화나나 담배 같은 활성물질은 초식동물이 먹이 찾는 것을 방해한다. 흥미롭게도, 그 화학적 방어물질의 상당수는 인간에게 유용하다. 예를 들면, India's neem 나무는 초식성 곤충, 진드기와 100 종 이상의 선충류에게 효과적인 여러 가지 화학물을 가지고 있다. 담배의 니코틴, 국화의 제충국, 데리스 식물에서 나오는 로테논(rotenone)은 식물에서 추출한 살충제로서 화학제품인데 이런 것을 식물성 살충제라고 부른다.

유액을 분비하는 식물은 식물과 초식동물 사이에 생화학적인 공진화의 좋은 보기가 된다(그림 53-8). 유액을 분비하는 식물은 알칼로이드와 심장질환을 일으키는 글리코시드를 생산하는데 이 화학물질은 몇몇 곤충을 제외하고는 모든 동물에게 독성을 나타낸다. 진화과정에서 이 식물을 먹는 곤충은 그 유액의 독소에 내성이 있거나 독소를 물질대사 과정에서 변화시키는 능력을 얻게 되어 결과적으로, 그 곤충은 독이 없는 유액식물을 먹을 수 있다. 어떤 곤충은 유액 식물의 독소에 내성이 있기 때문에 이런 곤충은 다른 초식성 곤충과의 경쟁을 피할 수 있다. 이런 곤충은 스스로 독성생물이 되거나 조직 속에 그 독소를 축적함으로써 포식자들은 이런 곤충을 회피하는 것을 알게 된다. 유액식물을 먹는 흑색, 백색, 노란색을 띄는 쐐기벌레는 위험이 있을 때 선명한 색깔로 포식자에게 자신의 독성을 분명히 알린다. 두드러진 색이나 모습은 모든 포식자에게 불쾌감을 느끼게 하는 **방어색**(aposematic coloration)이거나 **경계색**(warning coloration)으로 알려져 있다.

**그림 53-8 식물의 화학적 방어.**

인주솜풀(*Asclepias syriaca*)은 독성화학물질로 자신을 보호한다. 이것의 잎은 큰쐐기벌레(*Danaus plexipus*)와 몇몇 곤충을 제외하고는 많은 초식성동물에게 독성이 있다. 큰쐐기벌레는 밝은 경계색을 갖는다. 미시간 주에서 촬영됨.

### (3) 동물은 포식자를 회피하기 위해 다양한 방어방법을 가진다

초원의 들쥐나 마못 같은 많은 동물은 포식자로부터 도망하기 위해 그들의 지하 은신처로 빨리 달아난다. 어떤 것은 고슴도치의 가시나 바다거북의 껍질과 같이 기계적인 방어 기구를 가진다. 포식자를 위협하기 위해 porcupine 고기는 위 속에 물을 펌핑해 넣음으로서 평소 크기의 3배 정도 몸을 부풀린다(그림 31-14a를 보라). 또 다른 동물은 영양의 무리, 꿀벌의 군생, 멸치 떼, 또는 비둘기의 떼와 같이 무리를 지어 생활한다. 무리를 지우는 종류는 많은 눈, 귀, 코로 포식자를 보거나 듣고 냄새맡기 때문에 이런 사회성 행동은 포식자에게 잡히는 가능성이 줄여준다.

화학적 방어는 피식자에서 보편적으로 있다. 남미의 독화살을 개구리(*Dendrobates*)는 피부에 독샘을 가지고 있다. 개구리가 나타내는 경고성의 선명한 채색은 경험이 있는 포식자들이 도피하도록 한다(그림 31-18a를 보라). 한 때 독이 있는 이 개구리를 먹으려 했던 뱀이나 다른 동물들은 다시는 그런 실수를 반복하지 않

**그림 53-9 신비스런 색깔.**

미끄러운 피부에 잎 모양의 꼬리를 가진 도마뱀붙이(*Uropltus malama*)는 밤에 곤충을 잡고 낮에는 나무껍질의 틈 사이에서 잠을 잔다. 이 동물이 잠을 잘 때는 잘 보이지 않는다. 남마다가스칼의 우림에서 촬영된 사진임.

는다. 다른 예로서 경고성의 채색은 항문 부위의 분비선에서 독한 화학물질을 뿌리는 종류에는 줄무늬 스컹크와 포식자들에게 거슬리는 화학물질을 내뿜는 딱정벌레가 있다(그림 7-8을 보라).

어떤 동물들은 자신이 처한 물리적 환경과 조화시킴으로써 포식자로부터 몸을 숨기는 **보호색**(cryptic coloration)이나 표식을 가지고 있다. 어떤 쐐기벌레는 작은 나무 가지를 아주 닮아서 움직이지 않는다면 그것이 동물이라는 것을 추측할 수 없다. 실고기는 초록색 나사말로 완벽하게 위장하는 가느다란 초록색 물고기이다. 1990년 후반에 남부 마다가스칼에서 발견된 부드러운 피부에 입모양의 꼬리를 가진 도마뱀붙이는 색깔뿐 만 아니라 엽맥의 모양이 있어 낙엽을 닮았다(**그림 53-9**). 이러한 보호색은 자연도태의 수단으로서 이용된다. 이런 동물들은 보호색의 유전자를 물려받아 자손을 키우고 번식시켜 포식자에게 쉽게 포획되지 않는다.

때때로 모방을 잘하는 종들은 어떤 면에서 위험한 종을 닮음으로써 포식으로부터 자신을 보호한다. 그러한 방법은 **바테시 의태**(Batesian mimicry)에서 잘 알려져 있다. 예를 들면, 무해한 진홍색의 왕뱀은 독이 있어서 포식자들이 기피하는 산호 뱀을 많이 닮았다(**그림 53-10**).

**뮬러 의태**(Müllerian mimicry)에서 다른 종들은 독이 있고, 해롭거나 맛없는 것 등 모든 면에서 서로 닮았다. 비록 그 유해성이 개체나 종을 보호할뿐더러 그들의 형태적 유사성은 또 다른 이점으로 작용한다. 포식자는 하나의 단순한 보통의 경계색을 보다 쉽게 익힌다. Viceroy 나비와 monarch 나비들은 뮬러 의태의 예로 여겨진다(초점 "*Bastesian* 나비를 반증한다"를 보라).

### 53.1.5 공생은 종간에 밀접한 관련이 있다

공생은 2가지 또는 그 이상의 종의 구성원 사이의 어떤 친밀한 관계나 협력이다. 공생은 대부분 한 종의 생활에 다른 종이 관련된

**(a)** 왕뱀

**(b)** 산호뱀

**그림 53-10 신비스런 의태.**

이 예시 속에서 **(a)** 왕뱀(*Lampropeltis triangulum elapsoides*)은 동부의 **(b)** 산호뱀(*Micrurus fulvius fulvius*)과 아주 닮았다. 산호뱀은 건드리면 적색과 황색의 경계색을 띄지만, 독이 없는 왕뱀은 건드리지 않아도 색을 띤다.

초점

## BATESIAN 나비를 반증한다

Monarch나비(*Danaus plexippus*)는 북아메리카 전역에서 발견되는 매력적인 곤충이다(좌측그림참조). monarch나비의 유충은 밀크위드의 잎만 먹는다. 밀크위드 식물의 우유빛 액체가 이 곤충에게는 분명히 해롭지 않지만 일생동안 그들의 조직 속에는 잔류하는 독을 가진다. 경험이 없는 어린 새가 처음으로 monarch나비를 먹으면 그 새는 메스꺼워 토하게 된다. 그 이후로 경험을 한 새는 그 나비의 특징적인 표시가 있는 곤충을 먹지 않는다.

대부분 사람들은 viceroy나비(*Limenitis archippus* 오른족 그림)와 monarch나비를 혼동한다. 북아메리카 전역에서 발견되는 viceroy나비는 크기가 거의 같고, 색과 날개의 무늬는 monarch나비와 동일하다. 유충시기 때 viceroy나비는 거의 독이 없는 버드나무나 포프라의 잎을 먹는다.

지난 세기동안 viceroy나비는 새들에게 맛있는 먹이였지만 monarch나비와의 유사성 때문에 먹히지 않고 보호될 수 있었다고 생각된다. 즉 monarch나비의 좋지 않은 맛과 특징적인 무늬, 색깔을 경험한 새들은 그들의 유사한 무늬 때문에 비세로이 나비를 피하는 경향이 있다는 것이다. viceroy나비는 Batesian mimicry의 대표적인 예로 생각된다.

1991년 Nature 지에서는 플로리다 대학의 생태학자인 David Ritland와 Lincoln Broker는 새들은 viceroy나비의 맛을 좋아하나 monarch나비의 유사성 때문에 먹히지 않는다는 오랫동안 지지되어온 가설에 대한 실험의 결과를 보고하였다. 그들은 monarch나비와 viceroy나비 그리고 맛있어 하는 여러 종들의 날개를 제거한 후 몸체만을 검은 새에게 먹였다. 결과는 놀라웠다: 새들은 monarch나비와 viceroy나비를 다같이 싫어하였다.

이러한 연구의 결과로 생태학자들은 의태의 다른 유형을 진화적 중요성으로 재평가하게 되었다.

monarch나비와 viceroy나비의 경우는 이제 Batesian 의태의 예이라기보다 Müllerian 의태, 즉 맛이 없고 독이 있는 2개 또는 그 이상의 종들이 진화의 경로에서 서로 닮게 된 한 예이다. 이러한 유사성은 적응하는데 이점이 있다. 왜냐하면 포식자가 monarch나비와 viceroy나비의 무늬와 색깔을 닮은 모든 나비를 피하는 것을 빨리 배우기 때문이다. 결과적으로 적은 수의 나비가 죽게 되므로 많은 개체가 생식할 때까지 살아남게 된다.

나비연구는 우리에게 과학의 과정에 대한 유용한 점을 상기시킨다. 과학적 지식의 확장은 계속되는 것이며 새로이 얻은 증거는 과학자들이 현재의 모형과 생각을 재평가하는데 도움을 준다. 따라서, 과학적 지식과 이해는 결고 고정불변의 것이 아니라 항상 변화하는 것이다.

Thomas C. Emmel

뮬러의태. Monard(*왼쪽*)와 viceroy(*오른쪽*) 나비는 뮬러의태의 한 예이다. 둘 이상의 유독성, 유해 또는 맛없는 생물은 서로 닮았다고 증거는 제안한다.

다. **공생자(symbiont)**라 불리는 공생관계의 파트너는 그 관계가 이익이 되거나, 영향이 없거나 또는 해로울 수도 있다(표 53-1). 수천 또는 수백만의 공생관계는 공진화의 산물인데, 공생은 상리공생, 편리공생 및 기생의 3가지의 형태가 있다.

### (1) 상리공생은 이익을 공유한다

**상리공생(mutualism)**은 공생자 모두가 이익이 되는 공생관계이다. *Rhizobium* 속의 질소-고정 **박테리아(nitrogen-fixing bacteria)**와 콩과식물(완두, 강낭콩, 토끼풀과 같은)의 관계는 상리공생의 예이다(그림 54-9를 보라). 콩과식물의 뿌리혹 안에 사는 질소고정 박테리아는 엽록소, 단백질, 핵산과 같은 질소 화합물의 생산에 필요한 질소를 공급한다. 콩과식물은 설탕과 에너지가 풍부한 유기분자를 박테리아에게 공급한다.

상리공생의 다른 예는 **갈충조(zooxanthellae)**라 불리는 쌍편모조류와 암초를 만드는 동물 사이에서 볼 수 있다. 이 공생 조류는 산호의 폴립 속에 살면서 (산호는 조류의 세포 주위에 액포를 만듬) 광합성을 하여 산소뿐만 아니라 탄소와 질소 화합물을 산호에게 공급한다(**그림 53-11**). 갈충조는 조류가 존재할 때 산호의 몸을 둘러싸는 탄산칼슘 골격을 빨리 만들도록 산호성장에 자극적인 영향을 준다. 산호는 갈충조에게 질소화합물을 만들 때 필요한 암모니아를 공급한다.

**균근류(Mycorrhizae)**는 곰팡이와 식물의 뿌리간 공생 집합체이다. 이러한 집합은 보편적이다: 약 80%의 모든 식물종이 균근을 가지는 것으로 생각된다. 토양 속이나 뿌리주변과 속에서 자라는 균들은 필수 무기 염류, 특히 땅속의 인을 식물체에게 제공하고, 반대로 식물은 광합성에 의해 생산된 유기물을 곰팡이들에게 제공한다. 식물은 균근 곰팡이가 있을 때 더욱 잘 자란다(그림 26-19, 35-10). 또한 그들은 가뭄이나 높은 토양 온도 등의 환경

P. Parks-OSF/Animals Animals

**그림 53-11 상리공생.**

석산호(*Pocillopora*)의 폴립에 있는 회갈색 반점들은 산호의 반투명한 세포 속에 공생적으로 생활하면서 탄소와 질소 혼합물을 산호에게 공급하는 갈충조(zooxanthellae)이다. 산호는 그 대신에 암모니아 형태의 질소를 가지고 있는 갈충조를 공급한다.

저항에도 더 잘 견딘다. 그러나 어떤 식물은 균근을 만드는 곰팡이가 없는 자연 조건 하에서는 스스로를 유지하지 못한다.

### (2) 편리공생은 해롭지 않다

**편리공생**(commensalism)은 한 종에게는 이익이 되나 다른 종에게는 해도 이익도 되지 않는 상호 관계의 한 형태이다. 편리공생의 예로 숙주나무의 가지에 부착하는 난, 고사리, 스페인이끼류와 같은 작은 착생식물과 숙주나무 사이의 관계를 들 수 있다(**그림 53-12**). 착생식물은 나무에 몸을 부착하지만, 나무로부터 직접 영양분과 물을 얻지는 않는다. 나무에 사는 것은 충분한 빛과 물(가지에 떨어지는 빗물) 그리고 필수 광물질(강우로 나뭇잎에서 씻겨 내림)을 얻게 해준다. 그러므로 나무는 영향을 받지 않지만 착생식물은 연합하여 이익을 얻는다(부착하는 착생식물의 수가 많다면 숙주에게 해를 끼칠 수 있다 이 경우 그 관계는 더 이상 편리공생이 아니다).

### (3) 기생은 남의 비용으로 지낸다

**기생**(parasitism)은 한 쪽에는, 즉 기생생물에게는 이익을, 다른 쪽인 숙주에게는 해를 끼치는 공생관계이다. 기생생물은 숙주로부터 영양물질을 얻는다. 기생생물이 숙주를 죽이는 경우는 드물지만 숙주를 약하게 하고, 약탈자, 경쟁자, 다른 비생물적 스트레스요인으로부터 쉽게 상처받을 수 있게 만든다. 기생생물이 질병과 때때로 숙주를 죽음에 이르게 할 때 그것을 병원체(pathogen)라 부른다.

Jeff Lepore/Photo Researchers, Inc.

**그림 53-12 편리공생.**

스페인 이끼(*Tillandsia usnoides*)는 미국 동남부에서 큰 나무에 매달려 있는 회색의 기생식물이다. 스페인 이끼는 Pineapple과에 속하는 현화식물이며 이끼가 아니다. 이것은 비록 6 m 이상 자라지만 숙주나무에게 해를 끼치지 않는 비기생성이다. 북캐롤라이나에서 가을에 찍은 사진이다. 잎의 색이 바랜 편백나무에 걸려있다.

진드기와 같은 기생생물은 숙주의 몸 밖에 살고 촌충과 같은 다른 기생생물은 숙주의 몸속에 산다. 기생은 성공적인 생활형태이다 한 통계에 따르면 전 체 생물종의 2/3 이상이 기생생물이고 인체에는 100종이상의 기생생물이 있다고 한다.

1980년대 이후, 야생형과 양봉형 꿀벌은 미국에서 사라져가고 있었다. 비록 서식지의 유실과 살충제의 사용이 이 문제에 기여를 했지만, 기관진드기와 큰 varroa진드기가 꿀벌의 감소에 중요한 원인이었다(**그림 53-13**). 많은 수의 상업용 꿀벌들이 수십 년 동안 약 50%정도 감소하였다. 꿀벌은 백억 달러의 사과, 아몬드 그리고 다른 농작물을 매년 수분시키고, 2만 5천만 달러의 벌꿀을 생산한다. 그래서 벌의 감소는 미국의 농업에 큰 위협을 가하였다. 곤충학자들은 북아메리카와 유럽의 꿀벌 중에서 진드기에 저항성을 가진 꿀벌을 찾고 있다 곤충학자들은 그 지역의 꿀벌에 유전적 저항력을 넣어 진드기에 저항성이 있는 꿀벌을 기를 계획이

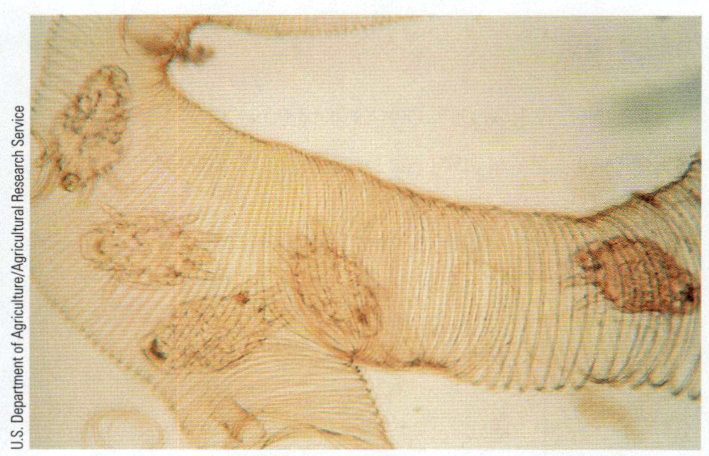


**그림 53-13 기생.**

꿀벌의 기관 속에 살고 있는 현미경적인 크기의 기관진드기(Acarapis woodi)는 공기의 통로를 막아 호흡을 할 수 없게 한다. 기관진드기는 벌의 체액을 빨아먹어서 벌을 약하게 하거나 죽인다. 곤충학자들은 벌의 체액을 빨아먹는 큰 varroa 진드기(사진엔 보이지 않음)가 기관진드기보다 꿀벌에게 더 위험하다고 생각하고 있다. 진드기의 어떤 종은 꿀벌에게 바이러스를 전염시킨다.

다. 농부들도 역시 농작물을 수분시키기 위해 꿀벌보다 진드기에 저항성이 있는 벌로 실험 중이다.

**복습**

- 도토리, 집시나방, 라임병이 어떻게 관련되어 있는가?
- 왜 생물체의 현존 지위는 기본 지위보다도 통상적으로 좁거나 혹은 제한적인가?
- 경쟁배제의 원리란 무엇인가?
- 자연선택가 포식자-피식자 관계에 어떤 영향을 주는지 서술하라.
- 3가지 종류의 공생은 무엇인가?

## 53.2 군집과 생물 다양성

**학습목표**

7 군집에서 종풍부도의 주된 결정요소를 요약하고, 군집안정성에 종풍부도를 연관시켜 볼 수 있어야 한다.

군집마다 크게 차이가 있는 종의 풍부도와 다양성은 많은 생물적 비생물적 요인에 의해 영향을 받는다. **종 풍부도(species richness)**는 군집 내에 있는 종의 수로 나타낸다. 열대우림과 산호초는 종의 풍부도가 극단적으로 높은 군집의 예이다. 반면에, 지리학적으로 고립된 섬과 산꼭대기는 종 풍부도가 낮다.

**종 다양성(species diversity)**은 때때로 종 풍부도와 서로 바꾸어 사용되지만 정확하게 말하자면 종 다양성은 종의 풍부성, 생산성, 또는 크기에 기반을 둔 군집 안에 있는 각각의 종의 상대적인 중요성을 측정한 것이다 (**그림 53-14**). 생태학자들은 종 다양성을 나타내기 위하여 다양한 수학적 표현을 개발시켜왔다.

### 53.2.1 생태학자들은 어떤 군집이 다른 군집보다 많은 종을 가지는 이유를 찾으려 한다

무엇이 한 군집의 종의 수를 결정하는가? 하나의 결정적인 답은 없는 것 같으나, 잠재적인 생태학적 지위, 지리학적 격리, 서식지 스트레스, 인접한 군집과의 경계선 접근, 다른 종에 대한 한 종의 우월성, 그리고 지질학적 역사들이 포함된다. . 비록 이것과 그리고 다른 환경 요소들이 종 풍부성의 원인일지라도, 모든 단순한 설명에는 예외와 변이가 있다. 어떤 설명은 규모적인 면에서 차이가 크다. 즉, 다른 공간의 눈금을 변경시킨다.: 거대한 지질학적 관점(대륙과 같은)에서 연구한 것으로 보이는 설명은 작은 지역적 단위(목장과 같은)에서는 통하지 않는다.

많은 서식처에서, 종 풍부도는 서식처의 구조적인 복잡성과 관련이 있다. 육상군집에서 한 지역에 자라고 있는 식물의 형이 전

**(a)** 높은 종다양성

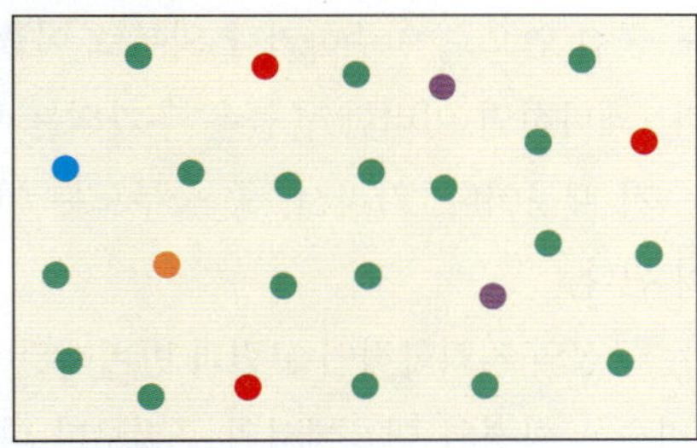

**(b)** 낮은 종다양성

**그림 53-14 종다양성.**

그림은 각각 다섯 종으로 이루어진 가상의 군집을 보여준다. 각 원형은 개체를 나타내며 각 색깔은 서로 다른 종을 표시한다. 양쪽 군집은 동일한 종풍부도를 보이나 **(a)** 군집이 **(b)** 군집보다 훨씬 더 높은 종 다양성을 띤다.

**요점**

구조적 복잡성을 가지는 식물의 군집은 낮은 복잡성을 가지는 식물 군집보다 동물들에게 더 많은 종류의 먹이와 피난처를 제공한다.

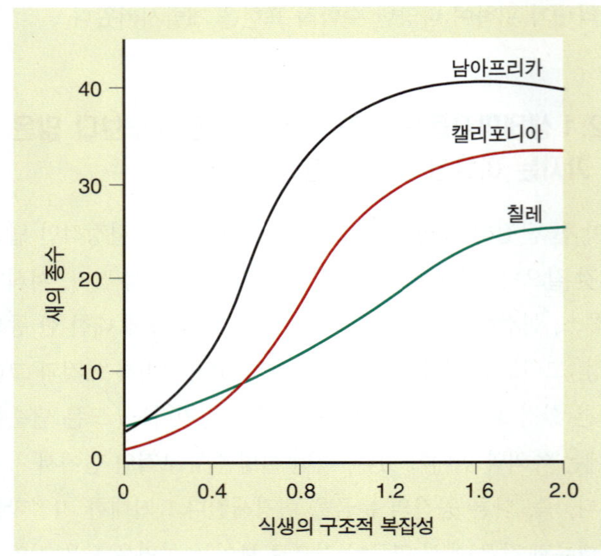


**그림 53-15 종 풍부도에 대한 군집복잡성의 영향.**

데이터는 서로 비교될 수 있는 칠레, 남아프리카, 캘리포니아의 차파랄 서식지(풀이 우거지고, 관목이 많고, 나무가 많은 지역)에서 얻어 편집되었다. 식물의 구조적 복잡성(x–축)은 식물의 밀도와 높이를 기초로 하여 낮은 복잡성(즉, 초원)으로부터 높은 복잡성(즉, 삼림)에 이르는 여러 가지 서식지의 유형이다. (Cody M.L., and J.M. Diamond, eds. *Ecology and Evolution of Communities*. Harvard University, Cambridge, 1975에서 인용함.)

**핵심 실험**

**질문:** 군집의 지역적 격리가 종 다양성에 영향을 미치는가?

**가설:** 대륙이나 큰 섬에 가까운 섬에 대륙으로부터 멀리 떨어진 섬보다 종다양성이 훨씬 더 높다.

**실험:** 뉴기니아로부터 다양한 거리에 있는 남태평양의 여러 섬에 살고 있는 조류 종의 수가 분류되었다

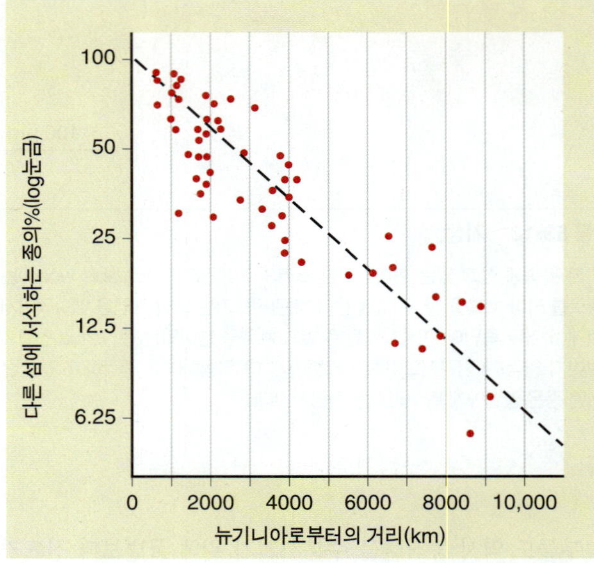


**결과와 결론:** 남태평양의 여러 섬에 살고 있는 조류 종의 백분율이 같은 종이 모여 살고 있는 뉴기니아의 큰 섬으로부터 거리와의 관계를 나타낸 것이다(뉴기니아에는 그 지역에 있는 모든 종이 있다). 종 풍부도가 높은 뉴기니아에서 멀어질수록 감소되는 것에 주목하라.

**그림 53-16 거리 효과.**

(J.M. Diamond,"Biogeographic kinetics: Estimation of Relaxation Times for Avifaunas of Southwest Pacific Islands." *Proceedings of the National Academy of Sciences*, Vol. 69, 1972에서 인용함.)

형적으로 구조적 복잡성을 결정한다. 삼림과 같은 구조적 복잡한 군집은 건조한 사막 또는 초원과 같은 단순 군집보다 잠재적인 생태적 지위의 다양성이 크다(**그림 53-15**). 산호초와 같은 복잡한 서식처는 만약 어떤 종이 잠재적으로 가지고 있는 생태적 지위가 있더라도 군집 안으로 이주하거나 외부로 이출시키면 더욱 더 복잡해진다. 왜냐하면 이러한 종들은 추가되는 종들에게 "기회"를 만들어주기 때문이다. 따라서, 종 풍부도는 어느 단계까지 자기 영속적이 된다.

종 풍부도는 군집의 지리학적인 고립과 반비례된다. 고립된 섬의 군집들은 비슷한 환경의 대륙에서의 군집보다 다양성이 낮은 경향이 있다. 이것은 부분적으로 많은 종들이 그 섬까지 성공적으로 도달하지 못하기 때문이다(**그림 53-16**). 또한, 종은 때때로 임의적인 사건의 결과로 국소적으로 멸종되기도 한다. 섬이나 산정상과 같은 고립된 서식처에서, 국소적으로 멸종한 종들은 쉽사리 대체될 수 없다. 고립된 지역은 또한 작고 더 낮은 잠재적인 생태적 지위를 차지하게 된다.

일반적으로 종 풍부도는 서식처의 환경저항과는 관계가 없다. 단지 극단적인 내성을 갖는 이런 종들은 환경적으로 압박된 군집에서 살 수 있다. 따라서, 많이 오염된 하천의 종 풍부도는 깨끗한 가까운 자연하천의 종 풍부도보다 낮다. 이와 비슷하게 거친 기후에 노출되는 고 위도(적도로부터 멀어짐)에서 군집의 종 풍부도는 온화한 기후를 가진 저 위도(적도에 가까운)의 종 풍부도보다 낮다(**그림 53-17**). *종 풍부도–에너지 가설*(the species richness–energy hypothesis)로 알려진 이 관찰은 고도에 따라 다른 태양

에너지의 변이가 종 풍부도에 영향을 미친다는 것을 암시하고 있다. 많은 에너지는 주어진 지역에서 더 많은 종이 공존할 수 있도록 한다. 비록 적도 나라인 콜롬비아, 에콰도르 그리고 페루는 지구 육지의 단지 2%만 차지하지만, 그곳에는 주목할 만한 45,000종의 식물이 있다. 현저하게 넓은 땅을 가진 미국과 캐나다는 전체 19,000종의 식물이 있다. 에콰도르에는 미국과 캐나다에 있는 새 종류의 2 배인 1,300종 이상이 있다.

종 풍부도는 보통 군집의 중심보다는 가장자리에서 더 크다. 이것은 인접한 군집의 생태적 지위가 대부분 같은 2 개 이상의 군집 경계지역인 **추이대(ecotone)** 때문이다(그림55-25 참조). 추이대에서 일어나는 종 구성의 이러한 변화는 **주변효과(edge effect)**로 알려져 있다.

종 풍부도는 군집 내에서 어떤 한 종이 다른 종과 경쟁, 집합, 이용 가능한 자원의 불균형한 공유로 우점의 위치를 차지할 때 감소한다. New Mexico 대학의 생태학자 **브라운(James H. Brown)**은 1977년부터 아리조나 남동쪽의 치후아후안(Chihuahuan) 사막에서 시행된 실험에서 종 구성과 풍부도를 보고했다. 한 실험은 몇 개의 지역에서 캥거루쥐가 우점종인 곳에서 3개의 우점종을 제거한 결과 다른 설치류의 다양성이 증가하는 결과를 얻었다. 이 증가는 캥거루 쥐를 제거한 후에 목초의 풍부도가 급격히 증가하였는데 그것은 먹이에 대한 경쟁의 감소와 변화된 서식처 때문이었다.

종 풍부도는 지리적인 역사에 크게 영향을 받는다. 열대 우림은 지구의 긴 역사를 통해서 상대적으로 거의 교란이 없는 오래되고 안정된 군집으로 생각된다(생태학에서, **교란(disturbance)**은 한 때에 군집이나 개체군 구조가 멸종되는 사건이다). 그 기간 동안, 무수한 종들이 열대 우림에서 진화되었다. 대조적으로, 지구 역사 동안에 빙하는 반복적으로 온대와 북극에서 변화하였다. 최근에 빙하가 제거된 지역은 종들이 생성될 기회를 거의 가지지 못하기 때문에종 풍부도가 낮을 것이다. 이러한 생각은, 오래되고 좀더 안정된 서식처는 변동이 빈번하게 발생하는 서식처보다 더 많은 종 풍부도를 가진다는 시간가설(time hypothesis)로 알려져 있다.

**요점**

종 풍부도는 극지방에서 적도까지로 갈수록 높다. 이와 같은 상관관계는 육상과 해양 환경에 사는 식물에서 영장류에 이르기까지 여러 생물체에서 관찰되었다.

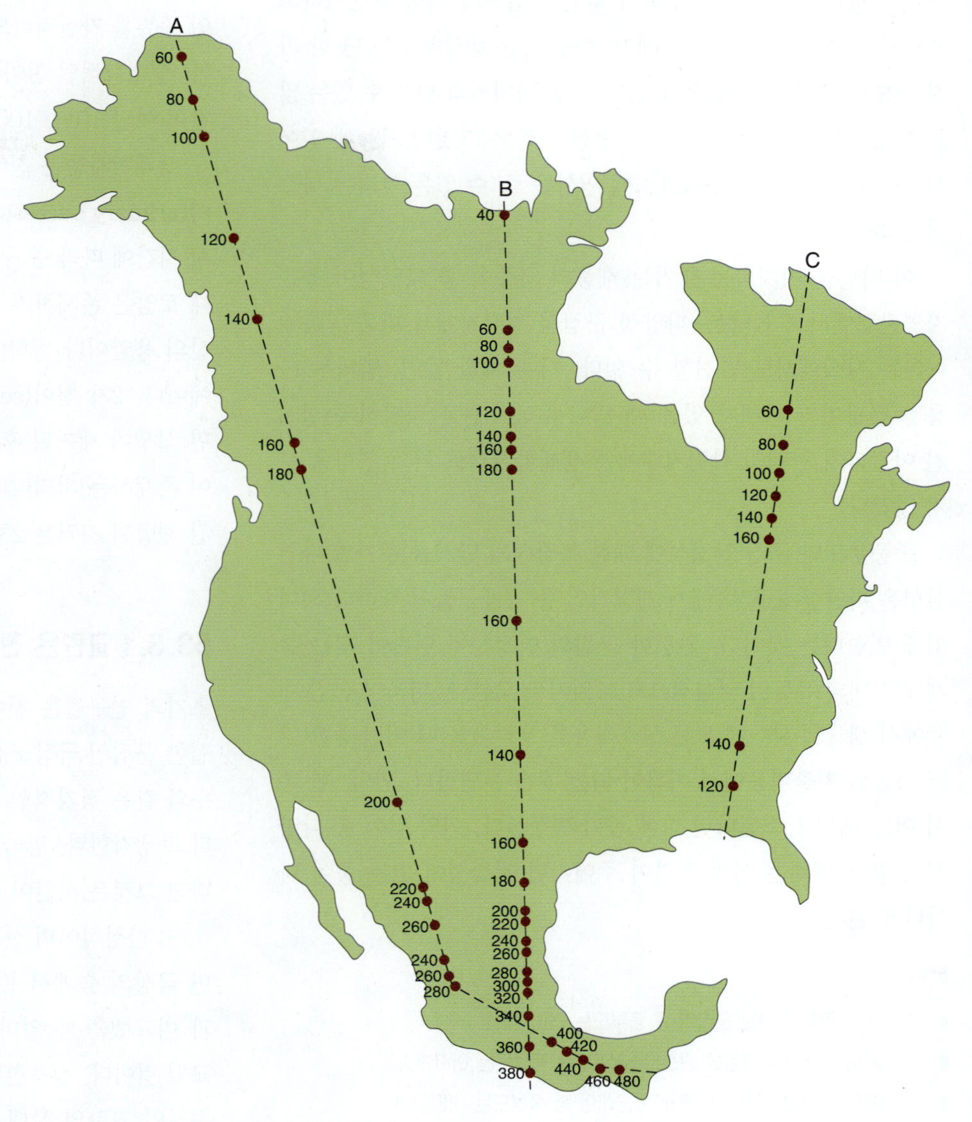


**그림 53-17 북아메리카에서 조류의 종 풍부도에 대한 위도의 영향.**

북쪽에서 남쪽으로 가로지르는 3가지 방법의 종 풍부도를 나타냈다. 조류 종의 전체 수는 고 위도보다 적도 쪽의 저 위도에서 많다. 이런 모양은 표면의 모습(예: 산)이나 강수량과 같은 다른 요인에 의해서 크게 조절된다. (Cook, R.E. "Variation in Species Density of North American birds," *Systematic Zoology*, Vol. 18, 1969에서 인용 함.)

### 53.2.2 종 풍부도는 군집의 안정성을 향상시킨다

전통적으로, 대부분의 생태학자들은 군집의 안정성(교란에 견디는 군집의 능력)은 군집의 복잡성의 결과라고 가정한다. 즉, 종풍부도가 높은 군집은 종풍부도가 낮은 군집보다 더욱 안정하다고 생각하고 있다. 이러한 관점에 따르면, 높은 종풍부도는 단 한 가지 종으로 된 것보다 덜 위태롭다. 군집 내에서의 있을 수 있는 많은 상호작용이 있을 때, 어떤 단순한 교란은 그것의 기능에 있어서 차이가 나는 계의 구성요소에 영향을 줄 수 있는 것과는 다르게 나타난다.

이 가설을 지지하는 증거는 해충의 급증이 종 다양성이 높은 자연군집에서보다 낮은-다양성 군집의 경작지에서 더욱 공통적이라는 사실에서도 발견할 수 있다. 다른 예를 들면, 밤나무 마름병 곰팡이의 피해가 있을 때 밤나무 과수원을 적당히 손실시킨 아팔라치 산맥의 삼림지대에는 생태학적으로 거의 영향을 주지 않았다.

종풍부도와 군집 안정성에 대한 복잡성의 단계를 추가한 다른 실험은 다양한 군집 속에서 개별적인 종 개체군들이 해마다 의미있게 변한다는 것이다. 완전한 군집의 안정성에 연관이 되는 종 개체군 내의 유동이 역설적으로 보일지도 모른다. 더욱이 군집 내부에서 생물체 사이에 모든 상호작용을 생각했을 때 어떤 종은 다른 것들의 지출비용에서 이득이 되는 것은 분명하다. 만약, 한 종이 어느 해에 감소된다면 다른 종이 번성한다. 이와 같이 종 다양성이 큰 생태계는 어떤 교란이 주어지면 저항성이 있는 종이 나타나게 된다.

#### 복습

- 지리적 격리와 관련된 군집의 종 풍부도는 어떠한가?
- 서식처의 구조적 복잡성에 관련된 군집의 종 풍부도는 어떠한가?
- 서식처의 환경 스트레스에 관련된 군집의 종 풍부도는 어떠한가

## 53.3 군집의 발달

#### 학습목표

7 생태적 천이를 정의하고 1차 천이와 2차 천이를 구별할 줄 알아야한다.

8 중간교란가설을 설명할 수 있어야 한다.

군집은 갑자기 솟아나서 만들어지는 것이 아니라 다른 종에 의해 각각 우점되는 계열을 통해 점차적으로 발전한다. 시간 경과에 따라 단계별로 다른 종으로 대치되는 군집발달의 과정을 **천이**(succession)라고 한다. 초기의 천이 종에 의해 점령된 지역은 그들 스스로가 다음에 이어질 천이 단계의 종으로 대치될 때까지 다른 종으로 대치된다.

천이는 비록 각 천이계열에서 동물이나 다른 생물종의 특징적인 종류를 가질지라도 그 지역의 종 구성이 변하는 용어로 설명된다. 생태학적인 천이에서 시간은 수백만년과 같은 진화적인 긴 시간이 아닌 10년, 100년, 1,000년 등을 뜻한다.

생태학자들은 천이를 제1차와 제2차 천이로 구별한다. **1차 천이**(primary succession)는 과거에 생물이 전혀 살지 않던 장소에서 시간에 따라 종 구성이 변화하는 것이다. 제1차 천이가 시작될 때 토양은 존재하지 않는다. 황량한 바위 표면, 최근에 분출한 화산의 용암이나 빙하에 의해 긁혀진 바위는 제1차 천이가 시작된 예이다. **2차 천이**(secondary succession)는 과거에 존재하고 있던 식생이 제거된 후에 나타나는 종 구성의 변화이며, 이미 토양이 존재하는 지역이다. 버려진 농토나, 또는 숲의 화재에 의해 생긴 개방된 지역은 2차 천이가 일어나는 흔한 예이다.

### 53.3.1 교란은 천이와 종 풍부도에 영향을 미친다

초기의 연구들은 천이가 기후에 의해서만 결정되며 안정되고 확실한 군집인 극상군집으로 진행된다는 것을 암시했다. 화재나 홍수와 같은 정기적인 교란은 극상군집에 많은 영향을 미치지 않는다고 생각한다. 만약에 극상군집이 어떤 방식으로든 방해를 받는다면 그것은 시간이 되돌려 놓을 것이다.

이 안정적이며 전통적인 견해는 받아들여지지 않았다. 예를 들면 극상의 숲에서 종 구성의 안정성의 종점은 아마도 사람 일생과 비교했을 때 얼마나 나무들이 오래 사는가에 대한 결과와 비교될 것이다. 성숙한 "극상"군집은 불변의 균형상태라기보다는 계속적인 교란의 상태 속에서 만들어진 것으로 인정되고 있다. 각 종의 구성과 상대풍부도는 군집이 외관상 상대적으로 같은 형태로 나타남에도 불구하고 환경변수의 범위를 넘어 성숙한 군집으로 변화한다.

모든 군집은 각각 자연과 인간에 의해서 유발하는 주기적인 교란에 노출되어 있기 때문에 생태학자들은 교란에 의한 종풍부도의 효과를 이해하기 위하여 오랫동안 노력하였다. 그 중요한 전진은 **코넬**(Joseph Connell)에 의한 **중간 교란가설**(intermediate disturbance hypothesis)이다. 그가 열대 우림과 산호초에서 종 다양성에 관해 설명할 때, 그는 종 풍부도는 적당한 교란 단계에서 가장 크다는 것을 제안했다(**그림 53-18**). 군집은 적당한 교란

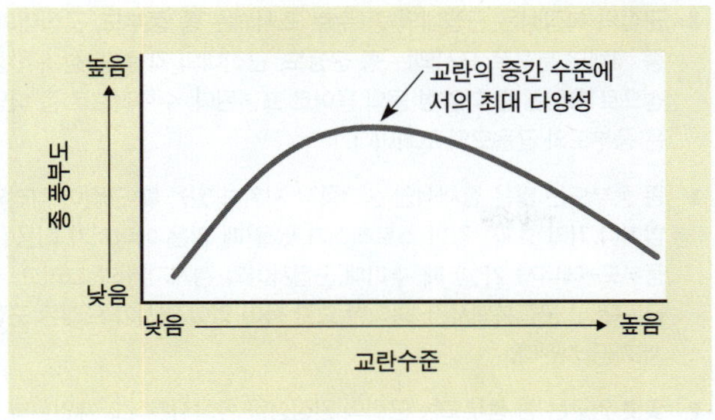


**그림 53-18 중간 교란 가설.**

종 풍부도는 교란의 중간단계에서 가장 크다. (Connell, J.H. "Diversity in Tropical Rain and Coral Reefs." Science, Vol. 199, 1978에서 인용함.)

의 단계에서 천이의 다른 단계에 이르기까지 생활지역을 모자이크한다. 즉 조사지역의 범위는 최근에 기상 교란이 있었던 곳에서부터 수년 동안 교란이 없었던 곳까지 존재한다. 교란이 빈번히 또는 격렬하게 일어날 때, 낮은 수준의 교란에서도 어떤 종이 사라지고 우점하는 종은 다음 천이단계의 종으로 살아남는데 반하여 천이의 초기단계에 잘 적응하던 이런 종은 살아남게 된다. 예를 들면, 산불이 주기적으로 숲에서 발생할 때 낮은 수준의 교란이 일어나며 숲 속의 어떤 "전형적인 식물"은 그 수가 감소하거나 심지어 사라진다.

중간 교란 가설의 어려움 중의 하나는 무엇이 "교란의 중간 수준"을 규정하는지를 정확하게 정의하는 것이다. 이 문제에도 불구하고, 중간 교란 가설은 군집을 보전하는 것만으로서 우리가 특별한 군집을 유지할 수 없기 때문에 보전생물학을 위한 중요한 분야가 된다. 자연적이건 또는 인위적이건 간에 교란은 모두 종 구성의 변화를 야기할 것이고, 근원적인 군집의 종 풍부도를 유지하기 위해서 몇 가지 계획된 인간의 간섭이 필요하다. 종풍부도를 유지하기 위해서 어떤 종류를 그리고 얼마나 많은 간섭이 필요한지는 논쟁의 여지가 있다.

## 핵심 용어와 요약

### 학습목표

1 생태적 지위를 정의하고, 생물체의 기초적인 지위와 현실적인 지위 사이를 구별하고 그생태적 지위에 영향을 미치는 제한자원의 몇 가지 예를 제시하라.

- 군집 내에서 생물체의 확실한 생활양식과 역할은 그 생물의 **생태적 지위**이다. 한 생물의 생태적 지위는 존재하는 그 생물체의 무생물적이거나 생물적인 모든 관점에서 결정된다. 한 생물의 **서식처**(생활장소)는 지위를 서술하는데 사용되는 범위의 하나이다.
- 생물체들은 그들 군집의 생명을 유지하며 그들이 실제로 할 수 있는 것보다 더 많은 자원을 잠재적으로 개발할 수 있다. 한 생물체의 잠재적인 생태지위는 **기본 지위**인 반면 실제로 점유하는 지위가 생물의 **현실 지위**이다
- 생물의 **제한적인 자원**(토양 속의 광물질 함량, 극단적인 온도, 증발총량 등)은 그 생물의 실제적인 지위를 제한하는 경향이 있다.

2 경쟁을 정의하고 종간경쟁과 종내경쟁을 구별하라.

- **경쟁**은 2마리 이상의 개체가 먹이, 물, 은신처, 생활장소 혹은 햇빛과 같은 다 같이 필요로 하는 자원을 사용할 때 일어난다.
- 경쟁은 개체군 내의 개체간이나(**종내 경쟁**) 혹은 다른 종 사이에(**종간 경쟁**) 일어날 수 있다.

3 경쟁적 배제의 개념, 자원의 배분 그리고 교란의 성격을 요약하라.

- **경쟁적 배제의 원리**에 다르면, 2종은 무기한 기간 동안 같은 군집에서 같은 지위를 점유할 수 없다. 한 종은 한정된 자원에 대한 경쟁의 결과로서 다른 종에 의해 밀려나게 된다.
- 어떤 종은 자원사용에서 대체물로 사용하는 **자원분배**에 의해 경쟁을 감소시킨다. 는 것이다. 어떤 종은 그들의 범위가 중첩되는 곳에서 구조적, 생태적 그리고 행동적 특성이 나누어져 **형질전위**에 의해 경쟁을 감소시킨다.

4 포식을 정의하고 포식자와 피식에 대한 자연도태의 영향을 서술하라.

- 포식은 다른 종(포식자)이 한 종(피식자)을 소비하는 것이다. 포식자와 피식자의 **공진화**가 일어나는 동안 포식자는 피식자를 포획하기 위해 더욱 효과적으로 진화했다. 그리고 피식자는 포식자로부터 효과적으로 도망하는 방법으로 진화했다.
- 포식자의 2가지 효과적인 전략은 추격과 잠복이다.
- 식물들은 침, 가시, 질긴 잎을 가지고 초식동물에게 독이 되거나 맛이 없는 화학물질 등이 포함되어 먹혀지는 것으로부터 지신을 보호하는 몇 가지 적응방법을 가진다.
- 동물들은 먹히거나 죽음을 피하기 위해 많은 전략들을 가지고 있다. 일부 동물들은 포식자에 대해 기계적인 방어방법을 가지거나 무리를 지운다. 어떤 동물은 주위와 조화를 이루어 포식자에게 발견되지 않는 신비스런 색깔을 띈다.
- 어떤 동물은 **위험한 색**이라고 불려지는 **경계색**을 띄어 화학적 방어를 한다. **바테시 의태**(**Batesian minicry**)에는 해롭지 않거나 먹을 수 있는 종들은 위험성이 있는 종을 닮는다. 포식자는 모델과 같은 의태를 피한다. **뮬러 의태**(**Müllerian mimicry**)는 독성이 있고, 위험하거나 맛이 없는 몇 가지 다른 종들인데 서로간에 닮았다. 포식자는 그들의 경계색을 피하는 방법을 배운다.

5 상리공생, 편리공생 그리고 기생을 구별하고 각각의 예를 들어라.

- **공생**은 2 종 이상이거나 오랫동안 모여 사는 서로 친숙한 생물사이 이다. 공생의 3가지 형태는 상리공생, 편리공생 그리고 기생이 있다.
- **상리공생**은 동반자가 이익이 있다. 상리공생의 3가지 예는 **질소고정박테리아**와 콩과식물, **갈충조**와 산호 그리고 **균근** 등이다.
- **편리공생**은 한 생물은 이익이나 다른 쪽은 영향이 없다. 편리공생의 2가지 예는 좀벌레와 병정개미, 부착식물과 교목이다.
- **기생**은 한 생물(기생체)은 이익이 되고 다른 쪽(숙주)은 해롭다. 기생의 예는 꿀벌에 붙어서 자라는 진드기이다. 어떤 기생생물은 질병을 일으키는 병원체이다.

6 핵심종과 우점종의 차이를 비교하라.

- **핵심종**은 비교적 소수로 존재하지만 전체군집의 종조성과 생태계 기능을 결정하는데 결정적이다.
- 풍부성에 비례하지 않게 큰 영향을 미치는 핵심종과는 대조적으로 **우점종**은 매우 흔하기 때문에 부분적으로 군집에 영향을 미친다.

7 군집에서 종풍부도의 주된 결정요소를 요약하고 그리고 군집안정성에 종풍부도를 연관시켜 보라.

- 군집의 복잡성은 군집내의 종 수로 표시되는 **종 풍부도**, 군집내의 각 종 개체의 분포로 표시되는 **종 균등도**, 군집내의 각 종의 상대적 중요성으로 측정된 **종 다양성** 등의 용어로 표현된다. 수학적으로 종 다양성은 풍부도와 균등도의 조화이다.
- 종 풍부도는 많은 잠재적인 생태학적 지위가 있을 때 군집이 격리되지 않거나(거리 효과), 강한 스트레스가 있을 때 많은 에너지가 이용될(종 풍부도-에너지 가설) 때 **추이대**(군집사이의 경계지역)와 그리고 개체군 구조나 군집붕괴사건, 중대한 **교란** 등이 없이 역사가 오래된 군집에서 가끔 커진다.
- 몇몇 연구는 종 풍부도는 군집의 안정성을 향상시킨다고 제안한다.

8 생태적 천이를 정의하고 1차 천이와 2차 천이를 구별하라.

- **천이**는 다른 종에 의해 한 군집이 순차적으로 교체되는 것이다.
- **1차 천이**는 이전에 생물이 전혀 없던 곳에서 일어난다(예, 암반). **2차 천이**는 이전에 생물이 있었고 잘 만들어진 흙(방치한 경작지)과 같은 지역에서 시작된다.

9 중간교란가설을 설명하라.

- **교란**은 천이와 종 풍부도에 영향을 미친다. **중간교란 가설**에 의하면 종 풍부도는 교란이 안정될 때 가장 크다.

## 연습문제

1. 다음 중 군집의 구조와 기능에 포함되지 않는 것은?
(a) 교란에 대한 군집의 회복성 (b) 각 생물체의 생식적 성공
(c) 다른 종간의 상호작용 (d) 존재하는 종의 수 및 형태
(e) 군집을 통한 에너지 흐름

2. 제왕(monarch)과 부왕(viceroy) 나비들은 어떤 것의 예가 되는가?
(a) Batesian 의태 (b) 형질전환 (c) 공진화
(d) Müllerian 의태 (e) 보호색

3. 생물체 서로 간에 이익이 있는 공생적 집합은?
(a) 포식 (b) 종간경쟁 (c) 종내경쟁 (d) 편리공생 (e) 상리공생

4. 타종과의 경쟁은 그 생물의 __________ 의 결정을 돕는다.
(a) 추이대 (b) 기본적 지위 (c) 현존 지위
(d) 자원의 한계 (e) 생태계

5. "완전한 경쟁자는 공존할 수 없다"는 어떤 원리인가?
(a) 1차천이 (b) 한정된 자원 (c) 뮬러씨 의태
(d) 경쟁적 배제 (e) 형질전환

6. 생태학적으로 풀은 __________ 로, 사슴은 __________ 로 분류된다.
(a) 초식동물 육식동물 (b) 1차소비자 2차소비자
(c) 잔재식자 초식동물 (d) 1차생산자 1차소비자
(e) 생산자 2차소비자

7. 그들이 함께 생활하는 지역 내에서 더욱 뚜렷하게 서로 차이가 있으면서도 유사한 2 종에 대한 성향은 무엇으로 알려져 있는가?
(a) Müllerian 의태 (b) Batesian 의태 (c) 자원 배분
(d) 경쟁적 배제 (e) 형질전환

8. 광합성생물체는?
(a) 종속영양생물체와 1차생산자
(b) 독립영양생물체와 2차소비자
(c) 종속영양생물체와 1차소비자
(d) 독립영양생물체와 1차생산자
(e) 쇄설생물과 3차소비자

9. 군집구조의 개별적인 모델을 위한 유지에 포함되는 것은?
(a) 꿀벌의 감소는 2 종의 기생진드기가 원인이다.
(b) fig tree는 열대 숲에서 핵심종으로 동정된다.
(c) 다른종에 의한 짚신벌레 한종의 경쟁적 배제
(d) Wisconsin 숲에서 습도에 따른 나무들의 분포
(e) Arizona 사막에서 우점종인 설치류의 제거 효과

10. 어떤 생물체가 없다면 매우 중요한 무기영양소와 다른 필수 물질이 생물체로부터 영구히 소실되는가?
(a) 생산자 (b) 질소고정생물 (c) 인산 고정생물
(d) 소비자 (e) 분해자

## 심화 학습문제

1. 사람이 포함되는 공생관계는 무엇인가?

2. 사람의 생태적 위치를 설명해 보라. 당신은 지난 1000년 동안 우리들의 지위가 변했다고 생각하는가? 왜 그렇다고? 또는 그렇지 않다고 생각하는가?

# 54

# 생태계와 생물권

Michael Stubben/Visuals Unlimited

**Beaver 호수.** 비버는 나뭇가지와 진흙으로 댐을 건설하여 지류를 연못으로 만들었다(미국 유타주 Shingle Creek에서 촬영)

## 핵심 개념

생태계는 서로 상호작용하는 생물 및 무생물적 성분으로 구성된다.

태양광, 대기, 대양, 기후, 그리고 화재를 포함해서 무생물적 환경은 생태계의 생물적 부분을 형상화하는데 도움을 준다.

상이한 영양단계의 에너지량에 대한 연구는 생태계의 생물 및 무생물적 성분을 통해 에너지가 어떻게 흐르는지에 대한 통찰을 제공한다.

탄소, 질소, 물 그리고 다른 미네랄은 생태계의 생물과 무생물적 부분을 통해 순환한다.

생태계는 상향식(예, 포식자의 영향을 먹이망의 하부로 이동) 또는 하향식 과정(예, 이용가능한 먹이는 먹이망의 하부에서부터 영향을 미침)을 통해 조절된다.

지구는 태양으로부터 에너지를 받고 생물군집을 구성하며 생명을 유지하는 거대한 우주선에 비유된다. 지구상의 생물체는 산소를 생산하고, 에너지를 전환시키고 영양분을 재순환한다. 태양이 지구를 따뜻하게 함으로써 물을 순환시키며 해류와 대기 순환을 일으키고, 생물체가 적응하는 많은 기후를 만든다. 태양은 거의 모든 생물체들이 생명과정을 수행하는데 필요한 에너지를 공급한다.

생물군집과 이들의 무기환경은 **생태계(ecosystem)**이며, 생태학의 기본단위이다. 한 생태계는 그 지역의 생물체와 무기 환경, 그리고 그 지역의 살아있는 생물체들의 모든 상호작용을 포함한다.

생태계 상호작용은 각 생물체가 다른 생물체뿐만 아니라 대기, 토양 그리고 물 환경과 반응하기 때문에 매우 복잡하다. 다시 말해, 이전에 숲으로 된 지역에 비버가 댐을 만들 때와 같이 생물체도 무생물적 환경에 영향을 미친다(사진 참조). 이 댐은 계류나 강의 물 흐름을 조절하고, 강우기 동안에는 물을 가두어 두며, 건조기 동안은 연중 제한된 양의 물을 방출한다.

군집과 마찬가지로 생태계도 크기가 다양하며, 경계가 명확하지 않으며, 보다 더 큰 군집 내에서 서로 중첩된다. 지구의 가장 큰 생태계는 생물권이며, 생물권은 지구상의 모든 군집, 이들의 상호작용 그리고 지구의 무생물적 환경(물, 토양, 암석, 대기)과의 연결로 이루어져 있다. ■

## 54.1 생태계를 통한 에너지 흐름

**학습목표**

1 먹이망을 통한 에너지 흐름의 개념을 요약할 수 있다.

2 개체수, 생체량, 에너지의 전형적인 피라미드를 설명할 수 있다.

3 총생산량과 순생산량을 구별할 수 있다.

생태계를 통한 에너지의 일방향적인 이동을 **에너지 흐름**(energy flow)이라 한다. 에너지는 방사에너지(태양)로서 생태계에 들어오고 태양에너지의 아주 일부분(1% 미만) 만이 생산자의 광합성 과정에 사용된다. 화학적 형태의 에너지는 포도당과 같은 유기분자 형태로 저장된다. 세포호흡에서 이 분자가 부서질 때 방출되는 에너지로 조직을 수리하고, 체온을 유지하고, 생식활동 등의 일을 수행한다(ATP의 형태). 일이 끝나면 에너지는 열의 형태로 생물체를 떠나 환경으로 흩어지고, 마침내 이 열에너지는 우주로 방사된다. 한번 생물체에 이용된 에너지는 다시 사용되지 않는다(7장의 열역학 법칙과 **그림 54-1**을 참조).

생태계에서 에너지 흐름은 한 생물체에서 다음 생물체로 이어지는 **먹이연쇄**(food chain) 속에서 일어난다. 독립영양생물로 불리는 **1차생산자**(primary producer)는 광합성을 통해 태양에너지를 포획함으로 먹이연쇄의 시작이 된다. 생산한 화학물질을 자신의 생체량 속에 포함시킴으로써 생산자는 다른 생물체를 위한 잠재적 먹이원이 된다. 식물은 육상의 대표적인 생산자인 반면, 조류와 남세균은 수환경의 주요 생산자이다.

군집내의 다른 모든 생명체는 **소비자**(consumer)로 종속영양생물체라 불리며, 다른 생물이 만든 유기분자로부터 에너지를 획득한다. **초식동물**(herbivore)은 소비자로 식물을 섭식하며, 생산자의 분자와 조직을 구성하는 토대 물질로부터 화학에너지를 획득한다. 한편, 초식동물은 **육식동물**(carnivore)에 의해 소비되는데 소비자는 초식동물의 분자에 저장된 에너지를 획득한다. **잡식동물**(omnivore)이라 불리는 소비자는 다양한 식물과 동물을 섭식한다.

**퇴적물섭식자**(detritus feeder, detritivore)라 불리는 일부 소비자는 동물의 사체, 식물의 낙엽 그리고 배설물을 포함하여 죽은 유기물들을 먹는다. 퇴적물섭식자와 미생물 분해자는 사체와 부산물을 분해시킨다. **분해자**(decomposer)라 부르는 **부생영양자**(saprotroph)는 먹이사슬 내 모든 구성원의 잔해(사체나 부산물)에 있는 유기분자를 파괴하여 에너지를 공급받는 미생물성 종속영양생물을 포함한다. 이들은 전형적으로 이산화탄소와 무기염

**요점**

생태학자는 에너지의 흐름과 각 영양단계에서의 에너지 수준을 분석함으로써 생태계의 기능에 관한 정보를 얻는다.

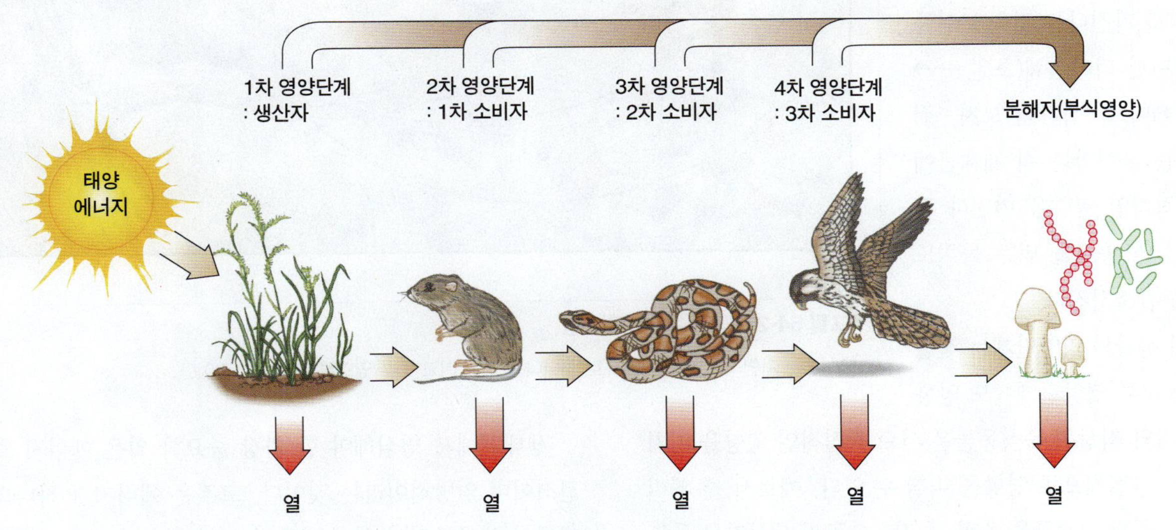


**그림 54-1 생태계를 통한 에너지 흐름.**

에너지는 태양에서 생태계에 들어오고 열로서 나간다. 열역학 제2법칙에 따라 주어진 영양단계에 들어온 에너지의 대부분은 열로서 환경으로 방출되고 다음 영양단계에서 사용할 수 없다.

과 같은 단순 무기분자를 방출시키며, 방출된 분자들은 생산자에 의해 재이용된다. 대부분의 세균과 곰팡이는 중요한 분해자이다.

1종류의 먹이만을 섭식하는 생물은 드물고 여러 종류의 생물에 의해 서로 먹고 먹히기 때문에 단순한 먹이연쇄는 자연에서 거의 볼 수 없다. 생태계에서 에너지와 물질의 흐름은 각 생물의 먹이선택의 범위와 일치한다. 보통의 복잡성을 갖는 생태계에서 수백의 대체 경로가 있을 수 있다. 그래서 생태계에서 먹이연쇄가 서로 얽혀 복잡한 **먹이망**(food web)을 이루는 것은 생태계의 에너지와 물질의 흐름을 실질적으로 나타내는 모델이다(**그림 54-2**).

먹이망은 **영양단계**(trophic level)로 구분된다. 첫 번째 영양단계는 생산자(광합성생물)이고, 두 번째는 1차소비자(초식동물), 세 번째는 2차소비자(육식동물과 잡식동물)로 이어진다(그림 54-1 참조).

먹이망은 "누가 누구를 먹느냐"를 묘사하기 때문에 포식자가 피식자에 대해 부정적인 효과를 가진다는 것을 보여준다. 예로서 간단한 먹이연쇄(초원 ⟶ 들쥐 ⟶ 올빼미)를 생각해 보자. 쥐를 죽이고 먹는 올빼미는 쥐 개체군에게 분명히 부정적인 영향을 미친다 같은 방식으로 풀의 종자를 먹는 들쥐도 초본 개체군을 감소시킨다.

**요점**

가장 단순한 생태계를 제외하고 먹이망은 매우 복잡하여 모든 종과 연결을 묘사할 수 없다. 몇몇 연결은 강하고 다른 연결은 약하다는 것을 먹이망은 거의 고려하지 못한다. 더욱이 먹이망은 연결이 부가되고 소실되면서 시간에 따라 변화한다.

**그림 54-2** 낙엽수림의 먹이망.
이 모식도는 자연 속에서 활동적으로 일어나는 것을 비교할 수 있도록 단순화한 것이다.

먹이망에서 하나의 영양단계는 직접 관련되지 않는 다른 영양단계에도 영향을 준다. 생산자와 최상위 육식동물은 서로 직접적인 영향을 미치지 않을 지라도 간접적으로 영향을 미칠 수 있다. 예로서, 올빼미는 씨앗을 먹는 들쥐 개체군을 조절, 유지함으로써 생산자를 돕는다. 역시, 풀은 올빼미가 먹는 들쥐를 먹여 살려 올빼미를 이롭게 한다. 이런 간접적인 상호관계는 포식자와 피식자의 직접적인 상호관계와 마찬가지로 먹이-망 역학에서 중요하다.

생태계에서 명심해야 할 가장 중요한 일은 에너지 흐름은 직선적이며 일방적이라는 것이다. 그것은 에너지가 하나의 영양단계에서 생물학적인 일에 사용되고 남으면 완전히 없어질 때까지 다음 영양단계로 먹이망을 따라 이동된다. 에너지가 생물체에 의해 쓰여 지면, 열로서 소실되고 그것은 생태계내의 다른 생물체가 이용할 수 없다.

2차 소비자(1)

부식영양(10)

1차 소비자(4)

생산자
(40,000)

**(a)** 파나마 열대 숲의 생체량 피라미드.

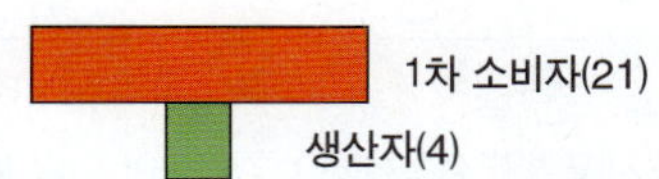


**(b)** 영국 해협의 플랑크톤과 같이 도립된 생체량 피라미드는 낮은 영양단계에서 생산성이 매우 높을 때 일어난다. 플랑크톤은 주로 현미경적인 조류로서 물에 떠 있거나, 조류를 먹는 동물들이다.

**그림 54-3 생체량 피라미드.**

이 피라미드는 각 영양단계에서 생체량을 기초로 한 것이다. 그리고 일반적으로 큰 토대를 갖는 피라미드 모양이 되며 이어서 연속되는 각 영양단계에 작은 구역을 가진다. 생체량 값은 제곱미터 당 건중량의 그램(건중량 $g/m^2$)으로 표시한다. (**a**, **b**, Odum, E.P. *Fundamentals of Ecology*, 3rd ed. W. B. Sounders Company Philadelphia, 1971, and based on studies by F.B. Colley and C.I. Child **[a]** and H. W. Harvey **[b]**에서 인용)

## 54.1.1 생태학적 피라미드는 생태계가 어떻게 작용하는지를 설명한다

생태학자들은 각 단계에서 발견된 개체수, 생체량, 또는 상대적인 에너지를 가지고 영양단계를 비교한다. 이 정보는 **생태학적 피라미드**(ecological pyramid)로서 그림으로 나타낸다. 생태학적 피라미드의 토대는 생산자이고 다음은 1차소비자(초식동물), 그 위에는 2차소비자(육식동물)와 같이 차례로 이어진다. 피라미드 막대의 상대적 면적은 그것이 차지하는 비율을 뜻한다.

**개체수 피라미드**(pyramid of numbers)는 주어진 생태계에서 각 영양단계의 생물체 수를 나타낸다. 대부분 개체수 피라미드에서 연결되는 각 영양단계는 점차 적은 수의 생물로 구성된다. 그러므로 아프리카 초원에서 얼룩말이나 영양과 같은 초식동물의 수는 사자와 같은 육식동물의 수보다 많다. 그러나 가끔 낮은 영양단계보다 많은 생물체 수를 갖는 높은 영양단계인 분해자, 기생생물, 초식성곤충에서 도립형의 피라미드가 관찰된다. 예로서 한 그루의 나무에 잎을 먹는 수천 마리의 곤충이 살고 있는 경우이다. 개체수 피라미드는 각 단계에서 생물체의 생체량이 나타낼 수 없거나 한 단계에서 다음 단계로 이동된 에너지의 총량을 나타내지 못할 때 제한적으로 사용된다.

**생체량 피라미드**(pyramid of biomass)는 연속되는 각 영양단계의 전체 생체량을 나타내는 것이다. **생체량**(biomass)은 살아있는 물질의 총량의 질적인 척도로, 특정시간에 고정된 에너지의 총량을 뜻한다. 전형적인 생체량 피라미드는 연속되는 영양단계에서 생체량의 점진적인 감소로 나타난다(**그림 54-3a**). 각 영양단계에서는 평균 약 90%의 생체량 감소[1]가 추정되는데, 10,000 kg의 풀은 1,000 kg의 메뚜기를 먹여 살리고 이것은 100 kg의 개구리를 살 수 있게 한다.

이 논리에 따르면 개구리의 포식자(뱀)는 중량으로 약 10 kg이 될 것이다. 이런 간단한 자료로부터 우리는 육식동물이 생산자를 먹지 않는다고 할지라도 먹이망에서 육식동물을 부양하기 위해서는 보다 더 큰 생산자 생체량이 요구됨을 알 수 있다.

경우에 따라 1차소비자가 생산자보다 더 많은 도립형의 생체량 피라미드가 나타날 수 있다(**그림 54-3b**). 이것의 예로 수명이 짧고, 세대회전이 빠른 단세포성 조류(algae)인 생산자는 대형 동물성플랑크톤이나 어류와 같은 많은 초식성동물에 의해 소비된다. 비록 특정시간에 비교적 적은 양의 조류가 있을지라도 1차소비자의 생체량 생산율은 생산자의 생체량 보다는 적다.

**에너지 피라미드**(pyramid of energy)는 에너지용량을 나타내는데, 각 영양단계나 생체량을 $Kcal/m^2/yr$로 표시한다. 에너지 피라미드는 항상 밑 부분이 크고 연속되는 영양단계를 지날수록 점점 작아지는데, 이것은 에너지의 대부분이 한 영양단계에서 다음 단계로 이동할 때 환경으로 사라지기 때문이다. 낮은 영양단계의 에너지는 그 생물 자신이 일을 성취할 때 소실되기 때문에 소량의 에너지가 낮은 영양단계에서 다음 영양단계로 연속하여 이동된다(**그림 54-4**). (비생명적 과정은 효율이 100%임을 명심하자.) 영양단계가 소수의 단계인 것은 열역학 제2법칙으로 설명할 수 있는데, 연속되는 각 영양단계를 지남에 따라 에너지양이 현저히 감소하기 때문에 먹이망이 짧게 된다.

## 54.1.2 생태계는 생산력이 다양하다

생태계의 **1차총생산량**(gross primary productivity, GPP)[2]은 광

[1] 생체량의 90% 감소는 근사치이다; 한 영양단계에서 다음 영양단계로 현실적 생체량 감소는 자연 속에서 많은 변이가 있다.

[2] 총 및 순생산량은 식물이 먹이망에서 첫째 위치를 차지하기 때문에 1차로 인용된다.

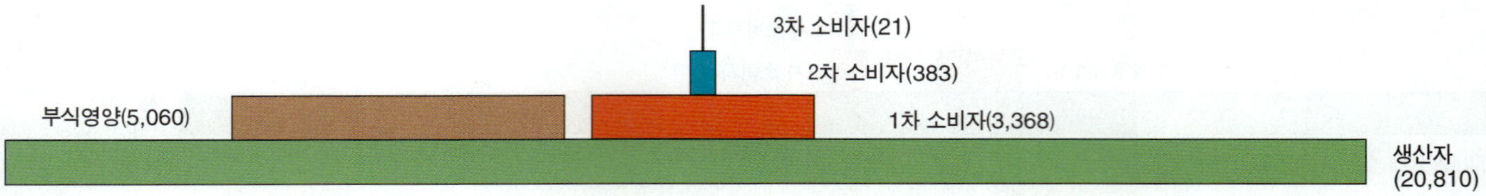

3차 소비자(21)
2차 소비자(383)
부식영양(5,060)
1차 소비자(3,368)
생산자
(20,810)

**그림 54-4** 에너지 피라미드.

플로리다에 있는 Silver Spring의 에너지 피라미드는 생태계 구조의 기능적 토대가 되는 에너지 흐름을 나타낸다. 에너지 값은 년간 제곱미터 당 킬로칼로리 (Kcal/$m^2$/yr)이다. 한 영양단계에서 다음 단계에 사용할 물질의 소실에 주의하라. (생산자의 에너지는 1차 총생산력으로 표현된다.) Silver Spring 생태계는 복잡하다. 그러나 풀(생산자), 나선형 달팽이(1차 소비자), 어린 강거북(2차 소비자), 동갈치(3차 소비자) 그리고 박테리아와 곰팡이(부생영양)들은 대표적인 생물체이다. 강거북이 어릴 때는 달팽이, 수서곤충, 지렁이를 먹는 육식성이지만 성체가 되면 초식성이다. (Odmm, H.T. "Trophic structure and productivity of Silver Springs, Florida", *Ecological Monographs*. Vol. 27. 1957에서 인용)

합성을 통해 들어온 에너지의 비율이다. 이 GPP는 주어진 기간 동안에 광합성에 의한 에너지의 총량이다. 물론, 식물과 다른 생산자는 생명과정에서 필요한 에너지를 얻기 위해 광합성 산물을 소비하여 세포호흡을 한다.

세포호흡을 하고도 식물의 조직 속에 남아있는 에너지는 **1차순생산량(net primary productivity; NPP)**이라고 부른다. 생체량(식물조직 속에 저장된 에너지)의 총량인 NPP는 식물이 정상적인 일상생활에서 세포호흡을 하고 남은 양이다. NPP는 식물의 생장을 위해 유기물질이 식물조직으로 통합된 비율을 나타내고 있다.

| **1차 순생산량** | = | **1차 총생산량** | − | **식물 호흡** |
|---|---|---|---|---|
| 단위 시간당 단위 면적당 식물성장 | | 단위 시간당 단위 면적당 총 광합성량 | | 단위 시간당 단위 면적당 |

1차순생산량으로 표시된 에너지만이 소비자에게 이용되고, 에너지의 일부분만이 소비자에 의해 활동적으로 이용된다. GPP와 NPP는 모두 단위 시간 당 면적당 에너지로 표시할 수 있는데 예를 들면, 광합성으로 고정된 에너지양은 kcal/$m^2$/yr 혹은 조직 속에 포함된 탄소는 건중량으로 g/$m^2$/yr 등으로 표시된다.

초식동물과 다른 소비자는 결국 식물의 모든 순생산량을 소비한다. 에너지에 어떤 일이 생기는가? 식물에서 사슴으로 1차순생산량의 전이를 고려해 보자. 사슴이 소비한 식물체에 저장된 대부분의 에너지(25%)는 소화되지 않고 배설물로 소실된다. 아마도 먹이로서 사슴이 섭취한 55%의 에너지는 세포호흡 동안 방출되고 근육수축과 같은 일을 하거나 사슴 몸을 유지하거나 수리하는데 이용된다. 20% 보다 적게 남아 있는 에너지가 새로운 생체량을 만드는데 이용된다. 소비자에 의해 생체량 생산에 유용한 순에너지를 **2차생산량(secondary productivity)**이라 부른다.

많은 요인들이 생산력 결정에 상호작용하고 있는데, 식물의 종류, 태양에너지의 유용성, 무기영양물질, 그리고 물과 같은 환경요인, 기상요인, 군집의 성숙도, 사람에 의한 환경의 변화 등이 포함되는데 이런 요인들을 평가하기가 어렵다.

각각의 생태계는 뚜렷한 생산력의 차이를 보이고 있다(**그림 54-5**, **표 54-1**). 열대우림은 풍부한 강우, 따뜻한 온도, 강렬한 햇빛 때문에 육지에서 가장 높은 생산력을 가진다. 짧고 서늘한 성장계절을 갖는 툰드라와 강우량이 거의 없는 사막은 생산이 가장 낮은 육상생태계이다. 연간 온도를 비교할 수 있는 생태계(온대 낙엽수림, 온대 초원, 온대 사막)에서 물의 이용성(연간 강우량)은 직접

**표 54-1**

**선별한 생태계의 순생상량* (NPP)**

| **생태계** | **평균 순생산량 (g dry matter/$m^2$/year)** |
|---|---|
| 조류대와 산호초 | 2500 |
| 열대강우림 | 2200 |
| 소택지 | 2000 |
| 하구 | 1500 |
| 온대 상록수림 | 1300 |
| 온대 낙엽수림 | 1200 |
| 사바나 | 900 |
| 한대수림 | 800 |
| 교목과 관목 지대 | 700 |
| 농경지 | 650 |
| 온대초원 | 600 |
| 바다의 용승대 | 500 |
| 호소와 하천 | 250 |
| 극지방과 툰드라 | 140 |
| 원양 | 125 |
| 사막과 반사막 | 90 |
| 극단적인 사막(바위, 모래, 얼음) | 3 |

출처: Whittaker, R.H. Community and Ecosystem, 2nd ed. Macmillan, New York, 1975.

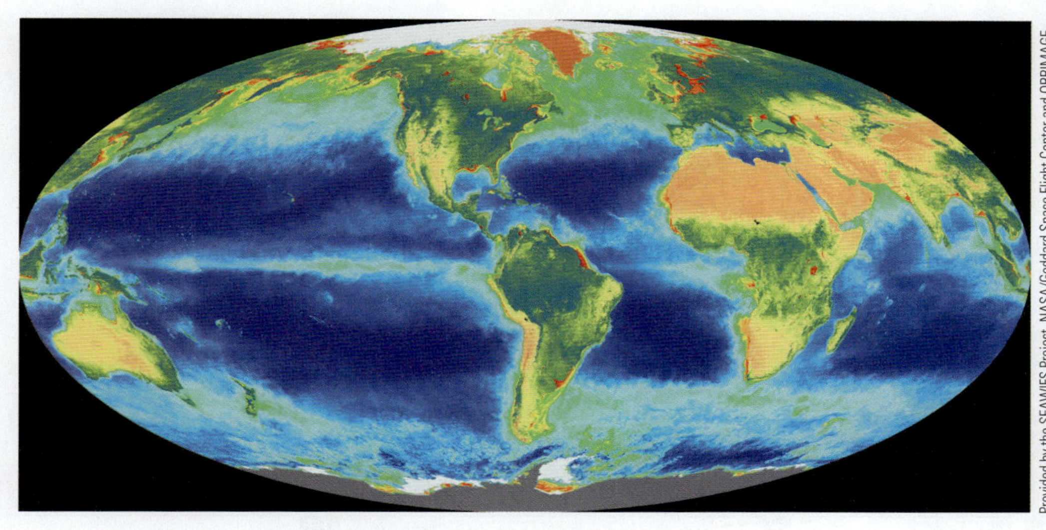

Provided by the SEAWIFS Project, NASA/Goddard Space Flight Center and ORBIMAGE

**그림 54-5 지구의 1차 생산력 측정.**

이것은 1997년 NASA의 "Mission to Planet Earth" 계획으로 띄어진 인공위성 자료이다. 위성은 해양의 식물성 플랑크톤(조류)의 농도로서 지상 식물의 총량을 측정하였다. 열대우림과 같이 가장 생산성이 높은 육지는 짙은 초록색이고 가장 낮은 생산력을 갖는 생태계(사막)는 오렌지색이다. 해양이나 다른 수중생태계에서 생산성이 가장 높은 지역은 붉은색이고 다음으로 오렌지, 노랑, 초록, 청색(가장 낮은 생산성)이다. 회색구역에 대한 자료는 없다.

적으로 NPP에 영향을 미친다. 질소나 인과 같은 필수 무기염류의 이용성 또한 NPP에 영향을 준다.

습지(늪과 소택지)는 육상과 수서환경을 연결하고 생산성이 매우 높다. 가장 생산성이 높은 수생태계는 해초대, 연안 산호초와 기수역이다. 대양의 햇빛이 쪼이는 지역에서 이용할 수 있는 영양염류의 결핍은 수생 사막과 같이 이 지역을 생산성이 극단적으로 낮은 지역으로 만든다.

### (1) 1차생산이 증가함에 따라 종 풍부도가 감소한다

생태학자들은 생산성이 증가함에 따라 생태계의 종 풍부도가 감소한다는 것을 관찰해왔다. 예로서 대서양에서 생산력이 높은 해안 근처의 얕은 물보다 심해의 자원이 빈약한 깊은 곳이 더 높은 종 풍부도를 갖는다. 생태학자들이 생산성이 낮은 환경은 경쟁을 감소시키고 많은 수의 생물들이 공존 할 수 있도록 하는 *자원의 패치 분포*(patchy distribution of resources)를 갖는다고 제안한다(53장 참조).

지구 생물다양성에 대한 나쁜 소식은 사람들이 화석연료나 비료 그리고 가축에서 나오는 질소와 인이 환경을 풍부하게 하고 있다는 것이다. 계속적인 비옥화는 지구생태계를 더욱 더 생산적으로 만들지만, 일부 생태학자의 생각은 지구의 실질적인 종 풍부도 소실에 대한 대가를 치러야 한다는 것이다(종 풍부도에 영향을 미치는 다른 요인은 53장에서 언급되었다).

### (2) 인간은 지구의 1차 생산량을 점점 더 많이 소비하고 있다

인간은 백만 여종의 다른 생물보다 더 많은 지구 자원을 소비한다. 스탠포드 대학교의 **비토우섹(Peter Vitousek)**과 그의 동료들은 1986년에 지구의 순생산량(NPP)이 인간 경제에 얼마나 기여하는지를 산출하였다. 직, 간접적으로 인간에 의한 훼손을 계산해 보면 사람은 육상생태계의 연간 순생산량의 32%(보존적 척도)에서 40%(매우 가능성 있는 척도)를 사용한 것으로 산출되었다.

근본적으로 지구 생산량의 인간 이용은 에너지를 필요로 하는 다른 종과의 경쟁이다. 지구생산량에서 이처럼 많은 에너지의 인간 이용은 기능적 생태계를 유지하는데 있어 독특한 역할을 수행하는 많은 종을 멸종시키거나 위약하게 함으로써 종을 소실에 영향을 준다. 분명히 지구 자원의 소모나 개발의 수준에서 보면, 인구성장은 모든 생명체를 부양해야 할 지구의 능력에 중대한 위협이 되고 있다.

## 54.1.3 먹이사슬과 환경 속의 독성물

여러분은 생태계에서 먹이사슬을 통해 에너지가 어떻게 흐르는지에 대해 살펴보았다. 살충제를 포함하여 방사선동위원소, 수은과 같은 중금속, PCBs와 같은 화학적 독성물질이 먹이연쇄에 들어올 수 있다는 것을 고려해 보자. 살충제인 DDT의 영향이 일부 조류(algae)에서 먼저 알려졌는데, 매, 펠리칸, 대머리독수리, 물수리와 같은 많은 새들은 조직 속에 소량의 DDT가 들어 있어도 매우 민감하다. 이에 대한 과학적 증거는 조류가 DDT의 영향으로 껍질이 매우 얇고, 부서지기 쉬운 알을 낳으며 부화기간 동안에 잘 깨져서 병아리가 죽게 된다는 것이다. 1972년 후반부터 미국에서 DDT가 완전히 사라진 다음 많은 새들의 생식력이 서서히 호전되었다.

새에 대한 DDT(먹이망에서 문제를 일으키는 독성물질)의 충격은 DDT의 3 가지 특성 때문이다; 즉, 잔류성, 생물학적 축적 그리고 생물학적 확대이다. 어떤 독소들은 매우 안정하여 독성정도

## 핵심 실험

**질문:** 먹이사슬을 통해 이동될 때 DDT는 생물학적 확대를 보이는가?

**가설:** 지속성을 갖는 DDT는 먹이사슬의 각 단계에서 농도가 증가한다.

**실험:** 생물학자는 롱 아일랜드 염 습지에 사는 다양한 생물체의 DDT 농도를 조사하였다.

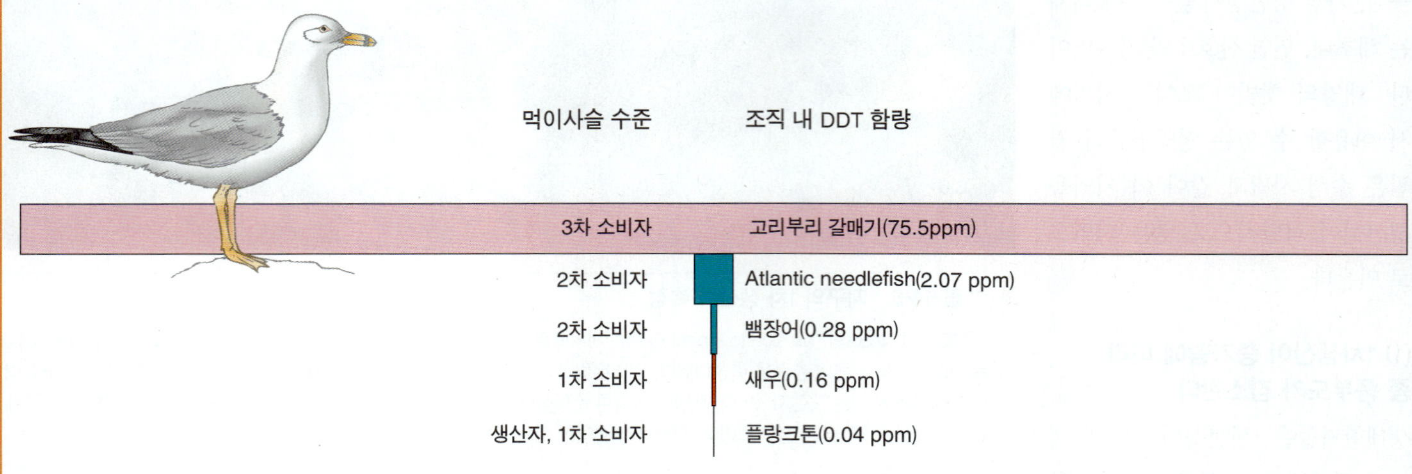


**결과와 결론:** 먹이사슬을 통해 생산자에서 소비자로 DDT가 이동함에 따라 다양한 생물의 조직에서 DDT의 농도가 증가되었다. 먹이사슬의 최상위에 있는 고리부리갈매기의 조직은 수중의 DDT 농도(0.00005 ppm)에 비해 약 100만 배 정도의 많은 양을 가졌다(플랑크톤은 식물성과 동물성 플랑크톤의 구성되어 있다.)

**그림 54-6 롱 아일랜드 염 습지에서 DDT(ppm)의 생물학적 확대**

(G.M. Woodwell, C.F. Worster Jr., P.A. Isaacson, "DDT Residues in an East Coast Estuary: A Case ofBiological Concentration of a Persistent Insecticide" *Science*, Vol. 156, May, 1967에 근거)

가 약해지는데 수년이 걸린다. 합성된 살충제와 공장의 화학약품의 **잔류성(persistence)**은 새로운 화학구조의 결과이다. 박테리아와 같은 분해자는 이러한 독소를 붕괴시키지 못하기 때문에 환경 내에 독소가 축적된다.

독소가 대사되거나 배출되지 않으며 보통 지방조직 속에 저장된다. 시간이 지나면서 생물체에는 고농도의 독소가 축적된다. 생물체에서 독소의 이런 증가를 **생물농축(bioaccumulation)**이라 한다.

먹이망에서 높은 영양단계에 있는 생물체는 낮은 영양단계에 있는 생물체 보다 생물농축된 독소를 더 높은 농도로 저장하는 경향이 있다. 먹이망의 연속되는 단계를 통한 독소의 농도증가를 **생물학적 확대(biological magnification)**라고 한다.

난분해성 독소의 농축 특성의 예로서, 모기의 발생조절을 위해 수 년 동안 DDT를 뿌린 Long Island의 해안습지에서 연구된 먹이연쇄를 생각해 보라(**그림 54-6**). 비록 이 예시가 먹이연쇄의 꼭대기에 새가 놓여 있지만 물고기에서 사람에 이르기까지 모든 최상위 육식동물은 잔류성 독소의 생물학적 확대의 위험에 처해 있다는 것을 인식할 필요가 있다. 이러한 위험 때문에 현재 승인된 살충제가 환경 내에 지속되거나 축적되지 않게 하는 시험이 지속적으로 이루어지고 있다.

### 복습

- 낙엽수림과 같은 먹이망을 통해 어떻게 에너지가 흐르는가?
- 영양단계란 무엇이며, 생태적 피라미드와 어떻게 관련되는가?
- 총생산력(GPP)과 순생산력(NPP)이 어떻게 다른가?

## 54.2 생태계의 물질 순환

### 학습목표

**4** 탄소, 질소, 인, 그리고 물의 생물지화학적 순환에서 주요 단계를 기술할 수 있다.

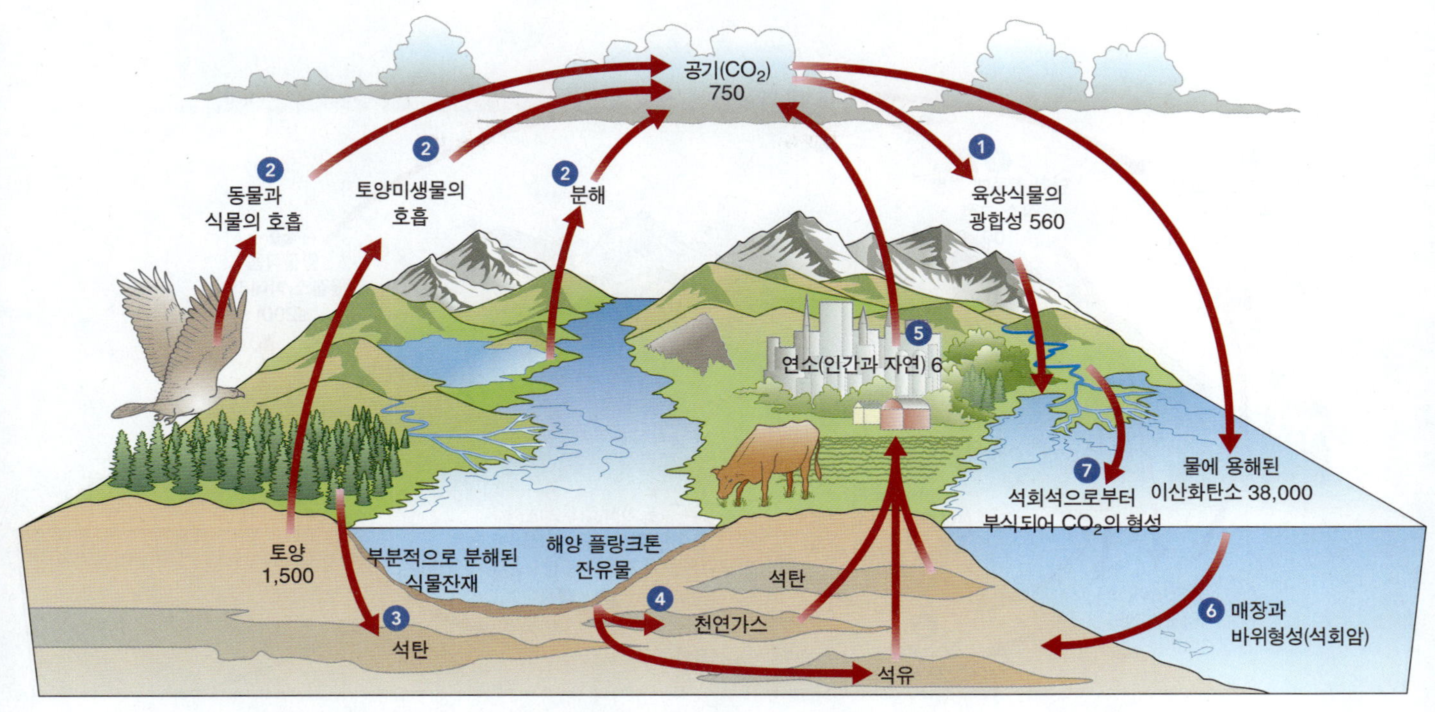


**그림 54-7 탄소 순환의 단순한 모식도**

$10^{23}$g로 추정되는 탄소는 지구의 작은 부분이지만 침전된 바위나 화석연료 저장고에 매몰되어 있다. 지구 탄소수치에서 일부 활발한 저장고에 대해 제시된 값은 $10^{15}$ g로 표현하였다. 예로서 토양 속에는 탄소가 대략 1500 × $10^{15}$ g이 있다. (Values from Schlesinger, W.H. *Biogeochemistry: An Analysis of Global Change*, 2nd ed. Academic Press, San Diego, 1997 및 그 밖의 다른 자료들에서.)

물질은 생태계 속의 한 부분에서 다른 부분으로 즉, 한 생물체에서 다른 생물로, 살아있는 생명체에서 무기 환경으로 그리고 다시 되돌아온다. 이런 순환에는 생물학적, 지질학적, 화학적 상호작용이 있으므로 **생물지화학적 순환**(biogeochemical cycles)이라고 부른다. 물질을 중심으로 볼 때 지구는 본래 **폐쇄계**(closed system)이다(6장 참조); 물질은 지구로부터 달아날 수 없다. 비록 재료물질이 긴 시간 동안 생물체 밖에 있을 지라도 생물체가 사용한 재료들은 "소실"될 수 없다. 보통 재료들은 재사용되고 생태계 내부나 생태계 사이에서 재순환된다.

모든 생물지화학적 순환의 대표로 탄소, 질소, 인 그리고 물의 순환을 알아보자. 이 4 가지 순환은 세포의 화학적 구성요소로 사용되는 물질이므로 생물에게 특별히 중요하다. 탄소, 질소 그리고 물은 기체 형태의 구성분자이고 대기권 속에서 먼 거리까지 순환된다. 반면에 인은 기체 상태로 되지 않는 원소이므로 결과적으로는 인의 국지적인 순환만이 쉽게 일어난다.

## 54.2.1 이산화탄소는 탄소순환의 중요한 분자다

단백질, 핵산, 지질, 탄수화물 그리고 생명의 다른 필수분자에 탄소가 포함되므로 생물체는 반드시 탄소를 이용하여야 한다. 탄소는 대기의 약 0.03%인 기체상태의 이산화탄소($CO_2$)로서 대기 속에 있다. 또한 탄산염($CO_3^{2-}$)이나 중탄산염($HCO_3^-$)과 같은 용존 이산화탄소, 용존 무기탄소의 다른 형태, 부식과정에서 용존 유기탄소, 물질이 분해될 때 유기탄소로 바다나 민물 속에 있다. 탄소는 석회암($CaCO_3$)에도 존재한다. 탄소의 지구적인 이동은 대기와 바다를 포함한 무기환경과 생물체 사이의 **탄소순환**(**carbon cycle**)으로 알려져 있다(**그림 54-7**).

❶에 보이는 것처럼 광합성동안 식물, 조류, 남세균은 공기 속의 이산화탄소를 고정하여 포도당과 같은 복합 유기물질 속에 저장한다. 식물은 포도당을 섬유, 녹말, 핵산 그리고 다른 분자를 만드는데 이용한다. 따라서 광합성은 무기환경의 탄소를 생산자의 생물학적인 물질 속에 결합시키는 것이다.

❷이런 물질의 대부분은 생산자, 소비자, 또는 생산자나 소비자의 잔재물을 분해하는 분해자의 세포호흡에서 연료로 이용된다. 세포호흡 과정은 대기로 이산화탄소를 되돌린다. 유사한 탄소순환이 수중생태계 속에서 수중생물과 물속에 용해된 이산화탄소 사이에서도 일어난다(그림에서는 제시되지 않음).

때때로 생물학적인 분자 속에 있는 탄소는 무기 환경으로 재

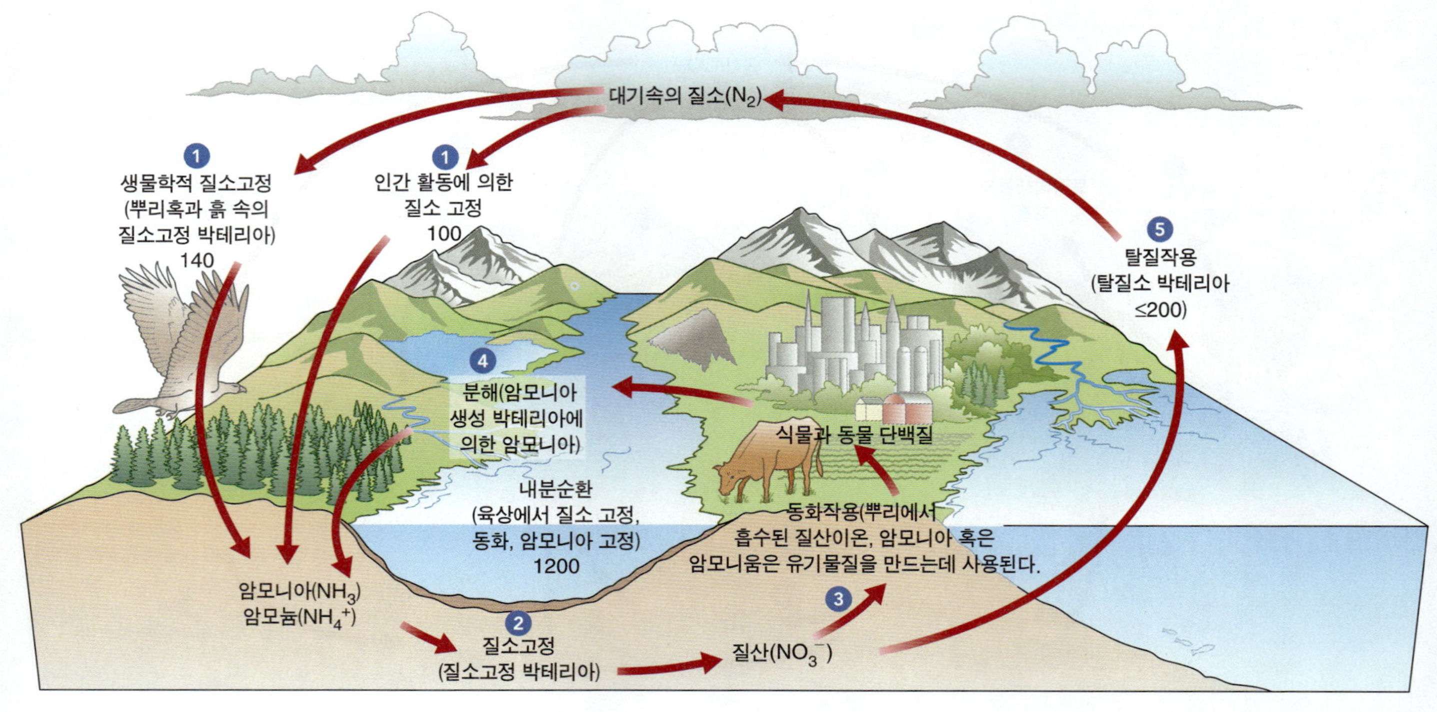


**그림 54-8 질소순환의 단순한 모식도.**

$3.9 \times 10^{21}$ g로 추정되는 질소의 가장 큰 저장고는 대기이다. 지구의 질소수치에서 선택된 질소 유입에 대해 제시된 값은 년간 $10^{12}$ g으로 표현되었으며, 육상의 값을 나타내고 있다. 예로서 매년 인간활동에 의해 $100 \times 10^{12}$ g의 질소가 고정된다. (es (Schlesinger, W.H. Biogeochemistry: An *Analysis of Global Change*, 2nd ed. Academic Press, San Diego, 1997, 및 그 밖의 다른 자료들에서.)

순환되지 않는다. 탄소의 많은 양은 수백 년이나 그 이상 자란 나무에 저장된다. ❸또한 수백만 년 전의 거대한 석탄광맥은 나무들이 완전히 분해되기 전에 혐기적 상태로 되어 묻힌 결과이다. ❹이와 비슷하게, 단세포 해양생물들의 기름은 지질학적인 과거 시대에 축적된 기름과 천연가스가 지하에 침전된 것이다. **화석연료(fossil fuel)**라고 불리는 석탄, 석유, 천연가스는 수백만 년 전에 일어난 광합성작용의 최후산물인 탄소혼합물의 거대한 침전물이다. 화석연료는 재생할 수 없는 자원이다.

❺석탄, 석유, 천연가스 그리고 목재 속의 탄소는 태우거나 연소과정을 통해 대기 속으로 되돌려진다. 연소에서 유기분자들은 빠르게 산화되어 빛과 열을 동반하면서 이산화탄소와 물로 전환된다.

❻수백만 년 동안 저장된 탄소의 총량은 해양생물의 껍질 속에 축적되어 있다. 생물체가 죽으면 껍질은 바다 밑바닥에 침전되고 수천 미터의 두께로 해저를 형성하고 침전물로 뒤덮인다. 침전물은 결국 석회석이라고 불리는 침전바위 형태로 서로 얽혀 붙는다. 지각은 매우 활동적이어서 수백만 년 이상 해저에 침전된 암석을 들어 올려 육지표면을 형성하였다. 예로 에베레스트 산 정상은 침전된 바위로 구성되어 있다.

❼지각의 융기과정에서 대리석이 노출되면 화학적 물리적 풍화과정으로 인해 서서히 부식된다. 이것은 탄소순환이 다시 가능하도록 물과 대기 속으로 탄소를 되돌린다. 따라서 광합성은 무기환경으로부터 탄소를 제거하여 생물학적 분자로 전환시키며, 세포호흡, 연소, 대리석의 부식 등은 탄소를 무기 환경인 대기와 물속으로 되돌린다.

### (1) 인간활동은 지구의 탄소수지를 교란시킨다

1850년 산업혁명이 일어나기 전에는 지구의 탄소순환은 안정상태에 있었다. 막대한 탄소의 양은 대기, 해양, 육상생태계에서 유래된 것이다. 1850년 이래로, 산업사회는 많은 양의 에너지를 필요로 했으며, 이 에너지를 화석연료인 많은 양의 석유와 천연가스를 태워 얻어왔다. 연료로서 많은 양의 나무를 연소시키거나 열대우림의 넓은 지역을 태우는 것은 자연적으로 탄소순환이 다루는 것보다 아주 큰 비율로 $CO_2$를 대기로 방출시켜왔다.

20세기 후반부에 $CO_2$의 수준은 괄목할 정도로 증가하였다(그림 56-14 참조). 대기 속에서 $CO_2$의 증가는 *지구온난화*(global warming)라고 불리는 인위적인 기후변화를 야기하였다. 지구온난화는 해수면 상승, 강우 양상, 숲의 고사, 생물체의 멸종, 농업의 문제 등을 들 수 있다. 이러한 결과로 특히 해안지역에 살고 있는 수천 수백만 명의 주민들이 생활터전을 잃게 될 것이다(56장 참조).

### 54.2.2 박테리아는 질소순환에 필수적이다

질소는 단백질, 핵산, 엽록소에서 필요한 부분이므로 모든 생물에게 중요한 것이다. 지구 대기는 78%가 질소($N_2$)이므로 생물체는 질소를 저장하지 않는다. 질소원자가 다른 것들과 결합하여 단백질, 핵산, 엽록소 등을 만들기 위해서는 질소분자가 붕괴되어져야 만 한다. 환경과 생물체 사이에 일어나는 **질소순환(nitrogen cycle)**은 질소고정, 질화작용, 동화작용, 암모니아화 작용 그리고 탈질작용의 5 단계를 갖는다(**그림 54-8**). 박테리아는 동화작용을 제외한 모든 단계에 관여한다.

생물학적 **질소고정(nitrogen fixation)**인 질소순환의 처음단계인 ❶에서 기체형태의 질소($N_2$)를 암모니아($NH_3$)로 전환하는 것으로 질소고정이라고 부른다. 또한 질소는 연소, 화산작용, 방전, 산업 공정에서 질산이온으로 고정된다. 남세균과 자유생활을 하는 박테리아와 같이 질소를 고정하는 세균은 토양이나 수중환경 속에서 생물학적 질소고정을 수행한다. 질소고정세균은 분자상태의 질소를 분해하여 수소를 갖는 질소 원자에 결합시키는 효소인 **질소고정효소(nitrogenase)**를 가지고 있다.

질소고정효소는 산소가 없는 상태에서만 작용하기 때문에 어떤 의미에서는 질소를 고정하는 박테리아는 효소를 산소로부터 격리시켜야한다. **리조비움(*Rhizobium*)** 속의 중요한 질소고정 세균은 콩, 완두콩과 같은 콩과식물 뿌리의 특수한 혹인 **근류(nodule)** 속에 살고 있다. 근류는 헤모글로빈의 구조와 유사한 산소 결합단백질인 **레그헤모글로빈(leghemoglobin)**을 가지고 있어 붉은 갈색을 띄고 있다. 비록 근류가 많은 양의 산소를 배제할지라도 소량은 레그헤모글로빈에 결합되어 있어 호흡하는 박테리아에 필요한 산소를 공급한다.

물속에서는 남세균이 대부분의 질소고정을 수행한다. 실과 같은 남세균은 질소를 고정하는 기능을 갖는 **이형세포(heterocysts)**라 불리는 산소를 가지지 않는 특수한 세포를 가지고 있다(그림 24-18 참조). 어떤 물고사리는 남세균이 살고 있는 공간을 가지는데 그 원리는 콩과식물의 뿌리에 살고 있는 리조비움과 비슷한 방식이다. 어떤 남세균은 소철류 또는 다른 육상식물과 공생하거나, 어떤 지의류의 광합성 파트너로서 질소를 고정한다.

질소고정효소에 의해 암모니아로 되는 질소기체의 환원은 생물체의 두드러진 작용으로, 이 과정은 공장에서 비료를 만들 때 요구되는 막대한 열, 압력, 에너지가 없이도 일어난다. 질소고정세균이 생물학적으로 질소 1 g을 고정하는 데에는 포도당 12 g의 에너지가 소비된다.

❷질소순환의 두 번째 단계는 암모니아(($NH_3$) 혹은 암모늄($NH_4^+$; 물이 암모니아와 반응할 때 형성된 것)이 질산이온($NO_3^-$)으로 전환되는 **질화작용(nitrification)**이다(그림 54-8, ❷참조). *질화세균*(nitrifying bacteria)이라 불리는 토양세균이 에너지를 사용하여 두 단계의 질화작용에 관여한다.

❸세 번째 단계는 뿌리가 질화작용과 질소고정으로 만든 암모니아($NH_3$), 암모늄($NH_4^+$) 질산이온($NO_3^-$)을 흡수하여 질소를 단백질, 핵산, 엽록소에 결합시키는 **동화작용(assimilation)**이다. 동물은 식물의 질소화합물을 취하여 동물 자신의 질소화합물로 전환시킨다.

❹네 번째 단계는 유기질소화합물을 암모니아($NH_3^-$)와 암모늄 이온($NH_4^+$)으로 바꾸는 **암모니아화 작용(ammonification)**이다. 암모니아화 작용은 생물체가 요소(오줌)나 요산(새의 배설물)과 같은 질소가 포함된 노폐물을 생산할 때 일어난다(그림 47-1 참조). 사체의 질소화합물과 함께 이들 물질은 분해되어 암모니아($NH_3$) 형태로 무기 환경으로 방출된다. 토양이나 물속에서 암모니아화 작용은 *암모니아화 세균*(ammonifying bacteria)에 의해 일어난다. 암모니아화 작용을 통해 만들어진 암모니아는 질화작용과 동화작용에 사용된다. 실제로, 흙 속에서 사용 가능한 질소의 대부분은 암모니아화 작용에 의해 유기질소를 재순환하여 얻은 것이다.

❺질소순환의 다섯째 단계는 질산이온($NO_3^-$)에서 기체 상태의 질소($N_2$)로 환원하는 **탈질작용(denitrification)**이다. 탈질박테리아는 질소고정능력을 떨어뜨리고 대기로 기체 형태의 질소를 방출시킨다. 탈질박테리아는 혐기성이어서 산소가 없거나 적은 곳에서 잘 자란다.

#### (1) 인간활동은 지구의 질소 수지를 변화시킨다

인간의 활동이 지구 질소순환의 균형을 깨트린다. 20세기동안, 인간에 의해 자연적으로 고정된 총질소 양의 두 배 이상이 질소순환에 포함되었으며, 과도한 질소는 수많은 육상 및 수서생태계를 심각하게 변화시키고 있다.

농업을 위한 질소비료의 대부분은 질소기체에서 만들어 진다. 비료의 사용증가는 높은 작물생산을 초래하였지만 환경에는 부정적인 영향을 미치고 있다. 질소비료는 아주 이동성이 좋고 육지에서 강으로, 기수역에서 바다로 쉽게 이동된다. 따라서 육지에서 비

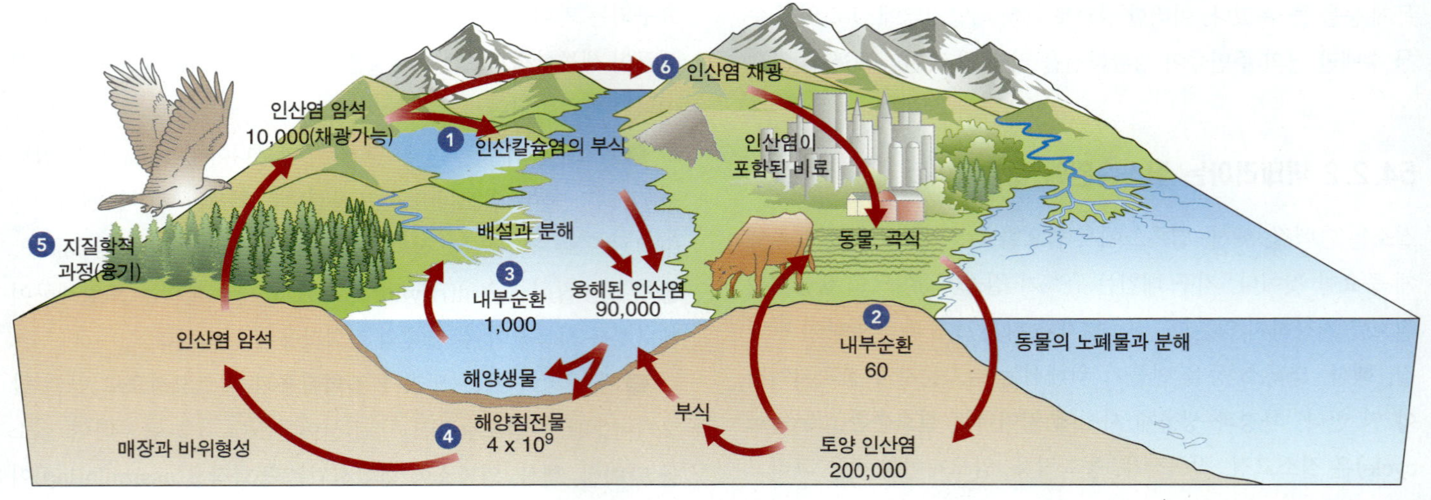


**그림 54-9 인 순환의 단순 모식도**

지구의 인(인산염) 수치는 년간 $10^{12}$ g의 단위로 나타내었다. 예로 매년 60 × $10^{12}$ g의 인이 토양에서 육상생물로 그리고 다시 토양으로 되돌려진다(Schlesinger, W.H. *Biogeochemistry: An Analysis of Global change*, 2nd ed. Academic Press, San Diego, 1997, 및 그 밖의 다른 자료들에서.)

료의 과용은 수질문제의 원인이 될 수 있다. 대부분의 수서생태계에서 질산 혹은 암모늄의 총량은 한정적으로 공급되기 때문에 조류(algae)의 성장이 제한을 받는다. 그러나 비료가 빗물에 의해 강과 저수지로 유입되게 되면, 독성이 있는 조류의 성장을 자극한다. 조류들이 죽어 박테리아에 의해 분해시에는 많은 양의 용존산소를 요구하며, 산소소모는 물고기를 포함하여 많은 수생생물들이 질식을 야기할 수 있다. 화학비료내 질산은 지하수를 오염시킬 수 있다. 질산에 의해 오염된 지하수는 특히 유아나 어린이에게 위험하다.

질소순환에 영향을 미치는 인간의 다른 활동은 화석연료의 연소이다. 화석연료가 탈 때, 연료 속에 유기물질로 저장되어 있는 질소는 화학적으로 전환되어 대기로 이동된다. 그밖에도 연소시의 고온은 대기질소를 **일산화질소(nitrogen oxides)**로 바꾼다. 자동차의 연료소비는 일산화질소의 주된 원인 중의 하나이다.

일산화질소는 식물의 조직을 손상하고 눈을 자극하며 사람의 호흡기병을 일으키는 **광화학스모그(photochemical smog)** 생성에 필요한 성분이다. 일산화질소는 대기 속에 있는 물과 반응하여 아질산($HNO_2$)이나 질산($HNO_3$)으로 변한다. 이들과 다른 산들이 **산성 침전물(acid deposition)**로 대기에서 이탈되면 지표수(하천과 호수)나 토양의 pH를 낮추는 원인이 된다. 산성 침전물은 수생태계에서 동물 개체군의 감소와 깊은 관련이 있다. 육지에서 산성 침전물은 칼슘이나 칼륨과 같은 필수 영양염류를 토양에서 용탈시켜 식물이 이용하지 못하게 한다. 일산화질소($N_2O$)는 대기 속에서 열을 보유하여 지구를 덥게 하고 성층권의 오존층 감소에도 관여한다. (2장의 산과 pH 그리고 56장의 지구온난화와 성층권의 오존 고갈을 참조)

### 54.2.3 인 순환에는 기체성분이 결여되어 있다

**인 순환(phosphorus cycle)**에서 인은 기체 상태로 존재하지 않으므로 대기 속으로 들어가지 않으며 바다 속으로 침전되거나 다시 육상으로 되돌아온다(**그림 54-9**).

❶물이 인이 들어있는 바위 위를 흐름에 따라 표면을 서서히 침식하여 무기인산($PO_4^{3-}$)이 빠져나간다. ❷인광암의 침식은 식물의 뿌리에서 무기인산 형태로 흡수되는 인산을 흙 속으로 들어가게 한다. 세포 속에서 인산은 핵산, ATP, 세포막을 만드는 인지질을 포함하여 여러 가지 생물학적인 분자를 만든다. 동물은 필요로 하는 인을 무기인산이 포함된 물이나 음식물에서 얻는다. 분해자에 의해 방출된 인산은 식물이 재사용할 수 있는 토양 속의 무기인산염 저장고로 되돌려진다. 탄소나 질소와 같이 인은 한 소비자에서 다음 소비자로 먹이망을 통해 이동된다.

❸수중생태계에서 인의 순환도 상당 부분 육상생태계와 같은 방법으로 일어난다. 용해된 인산염은 플랑크톤이나 큰 생물체가 잡아먹는 조류나 수생식물의 흡수를 통해 수생태계로 들어간다. 이것은 다시 여러 종류의 어류나 연체동물에게 먹히고, 최종적으로, 노폐물이나 시체를 해체하는 분해자들이 물속으로 무기인산을 방출하여 물속의 생산자가 다시 사용할 수 있도록 한다.

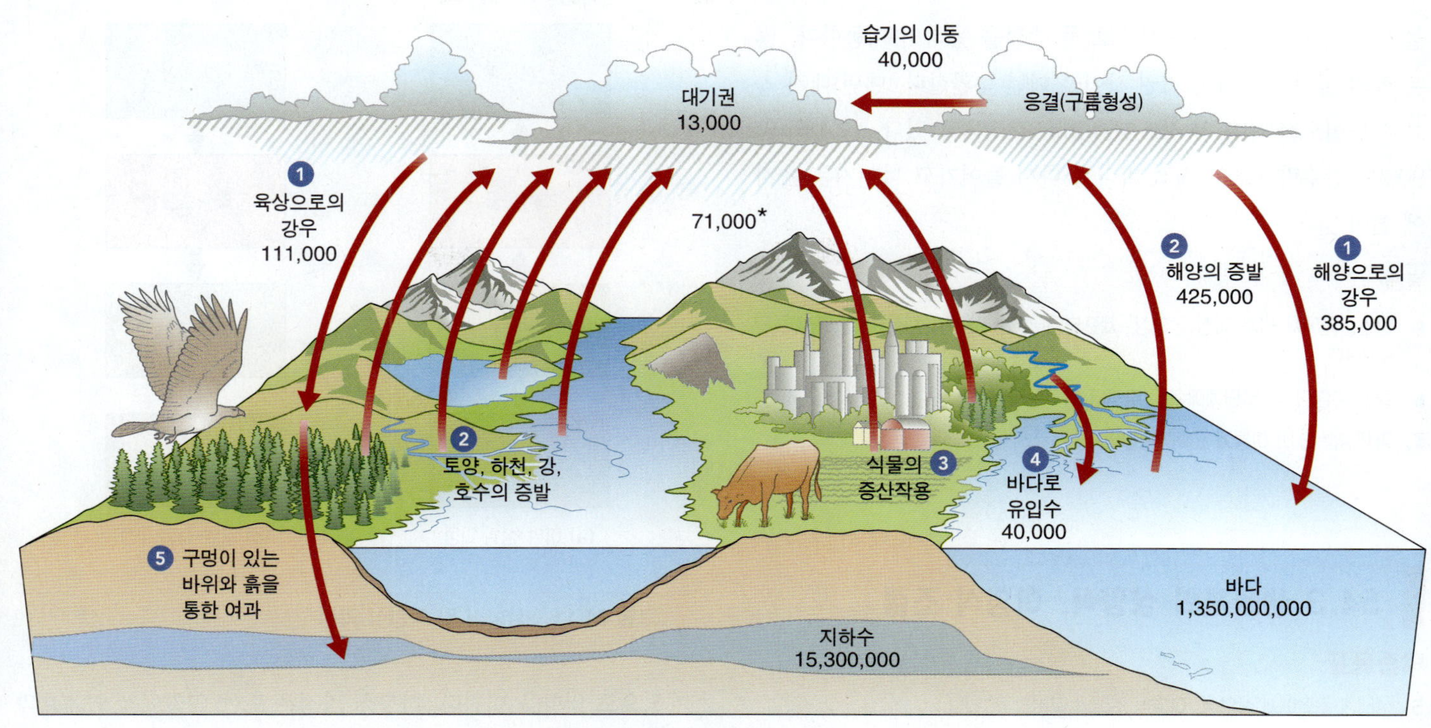


**그림 54-10 물 순환의 단순 모식도**

저장고에 제시된 지구의 물 수치는 세제곱 킬로미터(Km$^3$)로 표현되었다. 유입되는 값(화살표로 나타낸 이동)은 연간 Km$^3$이다. 별표로 표시된 값(71,000 Km$^3$/yr)은 토양, 하천, 강, 호수에서 증발하거나 증산된 합계이다(Schlesinger, W.H. *Biogeochemistry: An Analysis of Global Change*, 2nd ed. Academic Press, San Diego, 1997, 및 그 밖의 다른 자료들에서.)

④인산염은 생물학적 순환을 따라 시간이 지나면서 소실된다. 약간의 인산염은 육지에서 하천, 강 바다로 운반되어 수백만 년 동안 남아있을 해저에 침전된다. ⑤해저에 침전된 인산염은 지질학적인 과정을 통해 융기되어 언젠가는 새로운 육지 표면으로 노출되게 된다. ⑥인산염의 침전물은 채광되어 인산비료로 농업적으로 사용되고 있다.

### (1) 인간은 인의 자연적인 순환에 영향을 끼친다

산림벌채와 같은 토지의 노출과 농지와 거주지의 침식은 토양에서 인의 소실을 가속화한다. 육지에서 바다로 씻겨 들어간 인은 육상의 인 순환에서 영구히 사라지고 수백만 년 동안 바다 속에 남아 있게 된다.

## 54.2.4 물은 바다, 육지, 대기 사이를 순환한다

물은 바다에서 대기와 육지로 그리고 다시 바다로 계속 순환하는데, 이것을 **물의 순환(hydrologic cycle)**이라고 한다(**그림 54-10**). ①물은 대기에서 바다나 육지로 강수(비, 진눈개비, 눈, 우박)의 형태로 이동한다. ②물이 바다 표면, 토양, 하천, 강, 호수에서 증발 되면 대기 속에서 구름을 형성하고 강하게 응축된다. ③더욱이, 육상의 식물이 수분을 증발시켜 물이 소실되는 **증산작용(transpiration)**은 대기에 상당한 양의 수증기를 공급한다. 식물에 의해 토양에서 흡수된 물의 약 97%는 증산작용에 의해 수분이 소실된 잎으로 이동한다.

물이 육지에서 증발하면 직접적으로 대기에 다시 들어온다. ④대체로 물은 강과 하천을 흘러 바다를 만나는 해안의 하구(estuary)에 이른다. 육지에서 바다로 표면수의 이동은 *유출*(runoff)이라고 불려지고, 유출에 의해 배수된 지역은 *유역*(watershed)이라고 부른다. ⑤물은 일정시간 동안 땅속에 들어있는 지하수가 되기 위해 토양 속으로 투과된다. 지하 동굴과 지하수가 저장되어 있는 암반의 다공층들은 *대수층*(aquifer)이라 불린다. 지하수는 수백, 수 천년 동안 땅 속에 들어 있다. 그러나 이 물도 궁극적으로는 흙, 하천, 강, 식물, 바다 등으로 공급된다. 눈이 녹거나 비가 내려 보충되는 양보다도 많은 양의 지하수가 사람에 의해 제거(*대수층 고갈*)는 수자원으로서의 지하수를 고갈시키는 것이다.

물의 물리적인 형태(고체, 액체, 수증기)나 지역에 관계없이

물의 모든 분자들은 최종적으로 물 순환을 통하여 이동한다. 많은 양의 물이 지구와 대기권 사이를 매년 순환한다. 매년 대기 속으로 들어오는 물은 약 425,000 $km^3$ 추정되고 있다. 이 물의 약 90%는 강수량으로서 직접 바다로 다시 들어가고 나머지는 육지에 떨어진다.

**복습**

- 탄소순환에서 다음 과정(광합성, 세포호흡, 연소 그리고 침식)의 중요성은 무엇인가?
- 질소 순환의 각 5 단계에서는 무엇이 이루어지는가?
- 기체성분 없이 어떻게 인이 순환하는가?

## 54.3 생태계의 상향식, 하향식 조절

**학습목표**

5 생태계 조절에서 상향식, 하향식 조절을 구분할 수 있다.

최근 생태학자가 고려하고 있는 1가지 의문은 상향식 또는 하향식 과정이 다양한 생태계의 조절에 있어 매우 의미 있다는 것이다. **상향식 과정**(bottom-up process)은 첫 번째(가장 낮은) 영양단계에 항상 생산자를 갖는 먹이망에 바탕을 둔다(**그림 54-11a**). 어떤 의미에서는 생산자의 동화를 위해 질산과 인산염과 같은 무기영양소를 재생하는 생물지화학적 순환은 첫 번째 영양단계의 하부에 위치해 있다. 따라서 상향식 과정은 영양소 순환과 무생물적 환경의 다른 양상에 의해 생태계 기능을 조절한다. 상향식 과정이 생태계에 우세하다면 무기영양소와 같은 자원의 이용성은 생산자의 수를 조절하며, 차례로 초식동물, 육식동물의 수를 조절한다(53장의 한정된 자원은 생물의 생태적 지위를 제한하는 경향이 있으며 그것에 의해 개체군 크기에 영향을 미친다는 것을 참조 바람).

상향식 과정은 질소와 인이 제한되어 있는 특정 수생태계에서 매우 두드러진다. 인이 결핍된 강에 인을 부가한 실험은 조류의 증가를 초래하였으며, 시간이 흐름에 따라 수서곤충, 다른 무척추동물 그리고 어류의 증가가 초래되었다.

반대로, **하향식 과정**(top-down process)은 특히 최상위 영양단계로부터의 영양적 상호작용에 의해, 즉 생산자를 먹는 소비자에 의해 생태계 기능을 조절한다(**그림 54-11b**). 하향식 과정에 의한 생태계 조절은 육식동물이 초식동물을 먹고, 초식동물은 생산자를 먹고, 생산자는 무기영양소의 수준에 영향을 미치기 때문에 발생한다. 만일 하향식 과정이 생태계에 우세하다면 최상위 포식자 개체군의 증가는 초식동물과 생산자를 통한 먹이망에 단계적으로 영향을 미친다. 하향식 과정은 또한 *영양단계 연쇄효과*(trophic cascade)로 알려져 있다. 알래스카 해안에서 떨어져 살고 있는 살인 고래의 섭식 선호성에서의 변화는 *영양단계 연쇄효과*의 아주 좋은 예이다. 이삼십년 전에 식인 고래가 해달을 포식함으로 인해 해달의 개체군이 급격히 감소하였다. 해달이 감소함에 따라 해달이 먹는 성게의 수가 증가하였다. 성게는 먹이망의 하부에 있는 생산자인 켈프(kelp)를 먹는데 성게의 수적 증가로 인해 켈프 개체군의 감소를 야기하였다.

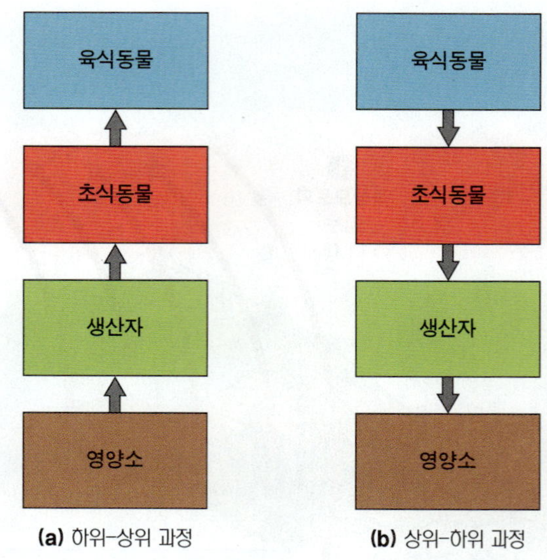


**그림 54-11** 상향식 및 하향식 과정.

하향식 조절은 소수의 영양단계와 낮은 종 풍부도를 갖는 생태계에서 두드러진다. 그러한 생태계는 단지 하나 또는 소수의 우점하는 초식동물 종을 가지지만 이들 종은 생산자 개체군에 큰 영향을 미친다. 하향식 조절의 훌륭한 예가 52장에 논의되었다: 알래스카의 프리비롭프(Pribilof) 섬에 도입된 순록은 식물이 거의 파괴될 때까지 지나치게 많이 방목되었다.

하향식과 상향식 조절과정은 상호 배타적이 아닐지도 모른다. 북-중앙 칠레의 가시덤불(thorn-scrub) 군집에서의 13년간의 연구를 통해 생태학자들은 특정 소형 사막 포유류와 식물종에서 하향식 조절이 두드러짐을 입증하였다. 그러나 주기적인 엘리뇨 동안 강우량의 증가는 생산자와 소비자의 상향식 증가를 야기하였다. 생태계에서 상향식과 하향식 조절 과정은 영양적 동태에서 중요하다고 생각된다.

**복습**

- 1995년에 시작된 옐로우스톤 국립공원에 늑대의 재도입은 매우 다양하고 풍부한 식물 조성을 초래할 것으로 생물학자들은 생각한다. 이것은 상향식 또는 하향식 과정의 예인가? 왜 그런가?

## 54.4 생태계 내의 무생물적 요인

**학습목표**

6 지구 온도에 대한 태양에너지의 영향을 요약할 수 있다

7 지구의 공기와 물 흐름의 유형에서 태양에너지와 코리올리 효과의 역할을 비교 설명할 수 있다.

8 지역적인 강우량 차이의 3가지 원인을 제시할 수 있다.

9 생태계에 대한 화재의 영향을 논의할 수 있다.

태양방사선, 대기권, 해양, 기상과 기후, 그리고 불 등과 같은 무기 요인들은 생태계에 영향을 끼친다. 생태계 내에서 각 생물의 생활은 그들이 생존하고 번식할 수 있는 최적 범위를 가진다. 물과 온도는 생태계 속에서 생물체에 큰 영향을 미치는 무기 요인이다.

### 54.4.1 태양은 지구를 따뜻하게 한다

태양은 지구에 생물이 살 수 있도록 따뜻하게 해준다. 태양에너지가 없으면 지구온도는 거의 절대영도(−273℃)에 이를 것이고 모든 물은 바다까지도 모두 얼어붙게 된다. 태양은 물의 순환, 탄소순환, 그리고 다른 생물지화학적 순환에 힘을 주고 기후에 1차적인 영향을 미친다. 태양 에너지는 광합성생물에 의해 포획되고 모든 생물체가 생명에 필요한 유기물질을 만드는데 사용된다. 우리들이 사용하는 나무, 기름, 석탄, 천연가스와 같은 연료는 광합성생물체에 의해 만들어진 태양에너지이다("초점: 태양이 없는 생명"을 보라).

거대한 핵융합반응의 생성물인 태양에너지는 특히 적외선, 가시광선, 자외선 등의 전자기방사선을 우주공간으로 방사한다. 전체 태양에너지의 아주 미량만이 대기권에 들어온다. 지구에 들어오는 태양방사선의 평균 30%가 구름이나 표면 특히, 눈, 얼음과 바다에 의해 곧바로 반사된다(**그림 54-12**). 나머지 70%는 지표면과 대기권에서 흡수되어 물의 순환, 바람생성, 해류, 광합성 작용 그리고 지구의 온도를 상승시킨다. 이 모든 에너지는 결국 장파장의 적외선(열)으로 우주 속으로 방사되어 소실된다.

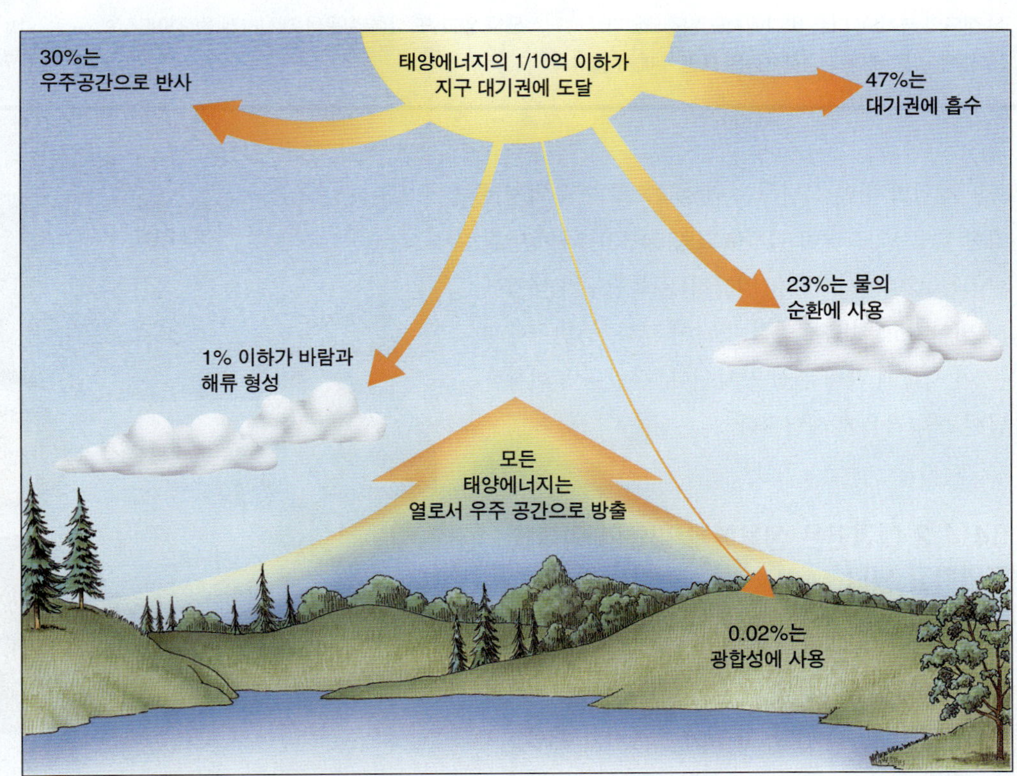


**그림 54-12 지구에 도달한 태양 방사선의 운명.**
태양에서 방사된 모든 에너지가 지구에 도달하는 것은 아니다. 지구에 도달한 태양에너지는 지표면을 따뜻하게 하고, 물과 다른 물질의 생물지화학적 순환을 야기하고, 기후를 만들고, 광합성을 통해 모든 생명체에 에너지를 제공한다.

#### (1) 온도는 위도에 따라 변한다

지구온도의 가장 두드러진 지역적인 차이는 태양 에너지가 모든 지역에 똑같이 도달하지 않기 때문에 생긴다. 지구의 거친 구형 모양과 축에 대해 알맞은 각도를 이루는 것은 햇빛이 지구표면에 쪼이는 차이로 인하여 에너지의 변이가 나타난다. 햇빛은 적도에 가까울수록 수직으로 쪼이고 농축된 에너지와 더운 온도를 낸다. 극에 가까우면 햇빛은 비스듬히 쪼이고 그 결과 넓은 면적을 비추게 된다. 극지방에서 비스듬히 대기 속으로 들어온 광선은 적도 지역에서 들어오는 것보다 두터운 공기층을 통과해야 한다. 이것은 많은 태양에너지가 흩어지거나 우주 속으로 반사되어 극지방의 온도가 낮게 되는 원인이 된다. 그래서 극지방에 도달한 태양 에너지는 농도가 적고 낮은 온도를 띄게 된다.

#### (2) 온도는 계절에 따라 변한다

계절은 지구의 축에 대한 경사도(수직선에 대해 23.5도 기울어짐)에 의해 1차적으로 결정된다. 일 년의 절반동안(3월 21일에서

초점

## 태양이 없는 생명

1977년에 해양탐험대원인 **앨빈**(Alvin)은 에쿠아도르의 해안에서 떨어진 바다 바닥이 찢어진 갈라파고스 단층을 연구하였다. 탐험대는 깊은 바다의 바닥에서 해저의 뜨거운 바위에 의해 더워진 **열수**(hydrothermal vents)가 나오는 구멍이 있다는 것을 알아냈다. 지구의 물에는 많은 생물 종에게 독성이 있는 황화수소($H_2S$)를 포함한 광물질이 녹아 있다.

2,500 m 이상 깊은 곳에서 광합성에 필요한 빛이 도달하지 않는 갈라파고스 단층을 발견하였다. 그러나 열수의 출구에는 주변에 있는 심해저의 사막에 비교해 볼 때 많은 생물이 여러 형태로 살고 있다(그림 참조). 생명의 오아시스에 있는 많은 종들은 다른 지역에서는 발견되지 않는다. 예로서, 길이가 약 3 m에 이르는 거대한 blood-red 관충은 열수 구멍의 주변에 모여서 생활한다. 열수 구멍 주변에 있는 동물에는 조개, 게, 홍합 등이 있다. 1977년 이래로 이와 같은 열수생물군집(어떤 것은 축구장 정도의 크기)이 다른 바다에서도 발견되었다.

많은 깊은 바다의 생물군집은 표면 수에서 떨어지는 유기물질에 의존한다. 열수 출구의 군집은 생물들이 밀집하며 표면 수에서 들어오는 유기물질에 의존하여 생산을 한다. 그 대신 화학독립영양 박테리아는 이런 물속 오아시스에서 먹이망의 기반이 된다. 이 박테리아는 황화수소를 물과 황 또는 황산염으로 산화시키는 효소를 가지고 있다. 이런 화학반응은 유기물질에서 물에 용해된 $CO_2$를 고정하는데 사용된 에너지가 공급된 것이다. 많은 동물들은 박테리아를 걸러서 먹는다. 그러나 거대 관충(tube worms)과 같은 어떤 것은 자신의 몸 조직에 살고 있는 박테리아로부터 에너지를 얻고 있다.

과학자들은 열수군집에 대한 일반적인 의문을 계속 가지고 있다. 예를 들면 생물체들은 어떻게 만들어졌고 또 바다 바닥에 넓게 분산되어 있으며 열수의 출구에서 무리를 지우는지? 이런 군집에서 사는 생물은 고압, 고온 그리고 화학적 독성과 같은 거친 생활환경에서도 어떻게 적응하여 생존하는지? 이런 군집이 계속 연구될 때, 과학자들은 이 문제의 답을 얻고 또 다른 질문을 제시하게 될 것이다.

열수 군집. 관충(*Riftia pachyptila*)의 조직 내에 살고 있는 화학독립영양성 원핵생물은 유기화합물을 만들기 위해 황화수소로부터 에너지를 획득한다. 이들 관충은 소화계가 없기 때문에 주변 물로부터 여과된 물질과 세포외 소화를 하는 내부공생성 원핵생물에 의해 제공되는 유기물에 의존한다. 또한 사진에 보이는 것은 여과섭식하는 연체류(노란색)와 게(흰색)이다

9월 22일까지)만 북반구는 태양쪽으로 기울어져서 강한 빛을 받고 낮이 길다(그림 54-13). 나머지 절반(9월 22일에서 3월 21일까지)은 북반구가 태양에서 멀어지고 햇빛이 약하며 낮이 짧다. 남반구에서는 이 시각에 반대 현상을 보인다. 북반구의 여름은 남반구의 겨울에 해당된다.

### 54.4.2 대기권은 생물에게 필요한 기체를 포함하고 있다

대기권은 산소(21%)와 질소(78%)가 99%로 가장 많고 아르곤, 탄산가스, 네온 및 헬륨과 같은 다른 기체들이 1%를 구성한다. 더욱이 수증기와 메탄, 오존, 먼지 알갱이, 꽃가루, 미생물과 염화불화 탄소(CFCs)와 같은 여러 가지 공기 오염물질도 있다. 탄산가스가 식물이나 다른 광합성생물에게 필요한 것처럼 대기 속의 산소는 산소 호흡하는 식물, 동물,

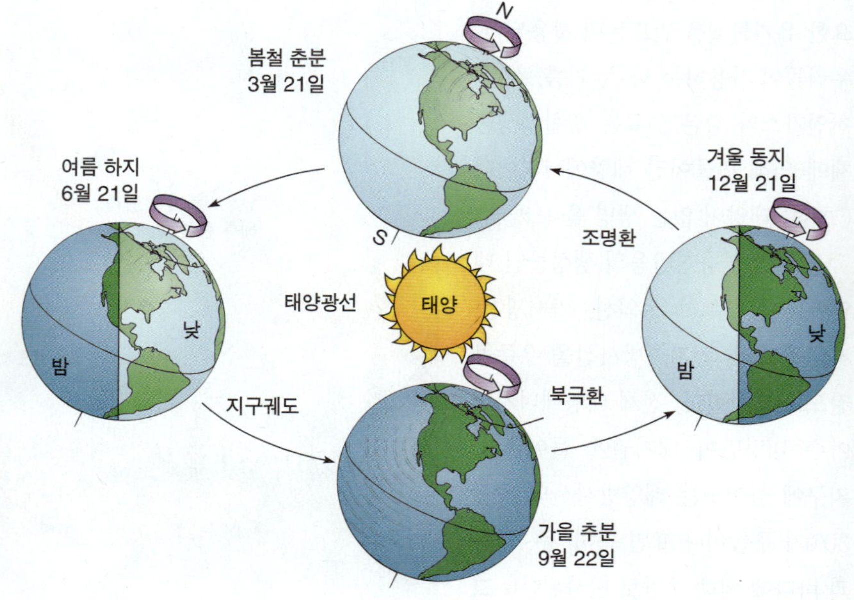


**그림 54-13 온도의 계절적 변화.**

지구 축에 대한 지구의 경사는 태양 주위로 지구의 회전 시와 같은 상태로 있다. 그래서 북반구에서 태양광선은 여름철에는 바로 쪼이지만 겨울철에는 비스듬히 쪼인다. 북반구가 여름일 때인 남반구의 겨울은 태양 광선이 비스듬히 쪼인다. 적도에서는 태양광선이 3월 21일과 9월 22일에 거의 수직이다.

다른 유기체에 필요하다. 대기권의 기체는 우주 속으로 확장되면서 밀도가 낮아지는데 기체의 대부분은 지표면 가까이에 있다.

대기권은 생태학적으로 중요한 몇 가지 기능을 갖는다. 대기는 태양의 자외선과 방사선 그리고 우주에서 우주방사선을 차단하여 지구표면을 보호한다. 대기권에 의한 이런 보호가 없다면 지구의 생명은 중지될 것이다. 비록 대기권은 고에너지 방사선으로부터 지구를 보호할지라도 가시광선과 적외선은 투과되어 지구의 표면과 대기권의 하층을 따뜻하게 한다. 대기와 태양의 이러한 상관관계는 기상과 기후로 나타난다.

생물체는 대기에 의존한다, 그러나 어떤 의미에서는 구성 성분을 변화시켜 유지하고 있다. 예로서, 대기의 산소는 수천 년 동안의 광합성 결과로서 현재 수준까지 증가되었다고 생각된다. 오늘날, 산소를 생성하는 광합성과 산소를 소비하는 호기성호흡 사이의 균형은 대기의 산소농도를 유지시킨다.

### (1) 태양은 대기의 순환을 일으킨다

태양에너지의 변화에 따라 나타나는 온도의 차이는 대기의 순환을 일으킨다. 적도에 가까운 지구표면은 햇빛으로 따뜻하게 되어 공기가 더워지며 이 공기는 팽창하여 솟아오른다. 따뜻한 공기가 솟아오르면 적도에서 멀리까지 흘러 서늘하게 되었다가 다시 내려앉는다(▮ 그림 54-14). 대부분은 원래 자리로 되돌아와 재순환된다. 그러나 나머지는 쪼개져 두 방향으로 극지방으로 흐른다. 이 공기는 남, 북위 약 30도에서 지표면에 내려앉도록 충분히 차가워진다. 이와 비슷한 따뜻한 공기의 상승운동과 뒤이어 일어나는 양극 쪽으로 흐름은 적도로부터 먼 고위도에서 일어난다. 양극에서는 차가운 극의 공기가 지표면으로 내려서 저위도 쪽으로 흐른다. 일반적으로 따뜻한 공기대의 아래쪽에는 극으로 향하는 공기가 동시에 흐른다. 공기의 일정한 운동은 적도에서 양극으로 열을 옮기고 공기가 되돌아올 때는 그 공기가 스쳐간 땅은 서늘해진다. 이 끊임없는 반복현상은 지구표면을 덮는 대기를 같은 온도로 변화시키는 것은 아니지만 필요한 것이다.

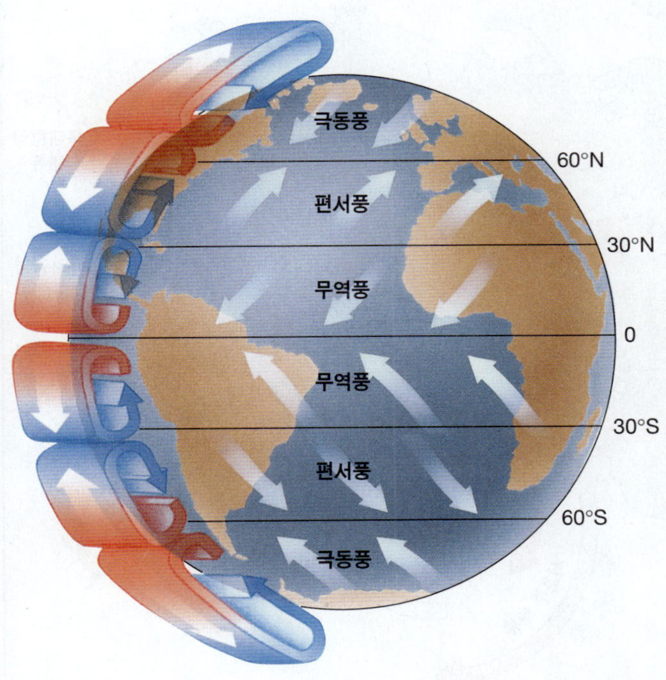


**그림 54-14 대기순환.**

적도지역에서 가장 강한 태양에너지 유입되고 그 지역의 공기를 뜨겁게 덥힌다. 공기는 상승하여 극지방(*왼쪽*)으로 이동되고 이 과정에서 냉각되면 각 반구의 위도 30°근처에서 다시 하강한다. 고위도에서 공기이동 양상은 더욱 복잡하다.

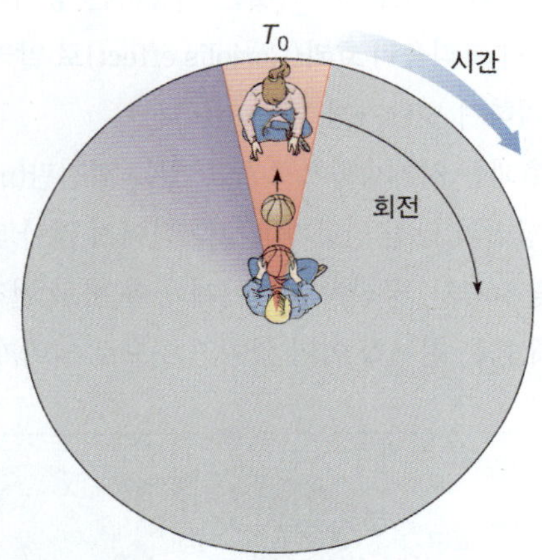


**(a)** 회전판이 시계방향으로 돌아가고 있는 상태에서 시간 $T_0$때 회전판에 앉아 있는 친구에게 공을 던진다고 상상해 보자.

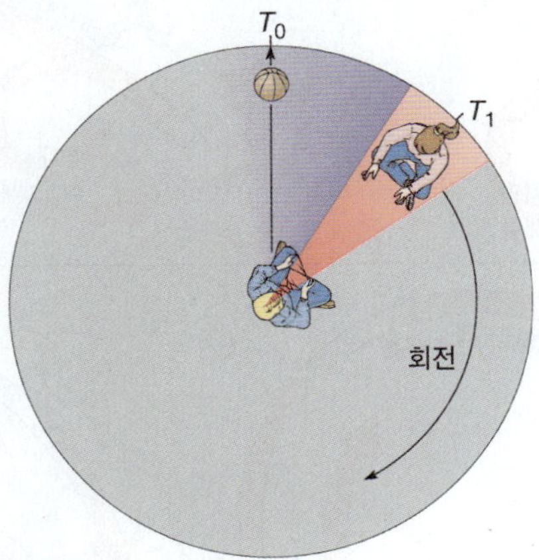


**(b)** 시간 $T_1$에서 공은 바로 가는 대신에 왼쪽으로 굽어져 보인다. 지구의 회전 때문에 바람과 해류는 남반구에서는 왼쪽(시계반대방향)으로 굽고 북반구에서는 오른쪽(시계방향)으로 굽는다.

**그림 54-15 회전목마 설에 의해 입증되는 코리올리 효과.**

회전판(*위의 그림*)의 중앙은 남극에 일치하고 바깥 끝은 적도에 일치한다.

### (2) 대기는 복잡한 수평적 이동을 나타낸다

지구순환 외에도 대기권은 **바람**(wind)과 같은 복잡한 수평운동을 한다. 거친 돌풍이나 작은 소용돌이와 폭풍우가 잠깐 멎는 등의 바람의 성질을 이해하거나 예보하는 것은 복잡하고도 어렵다. 그것은 지구의 자전과 대기압력의 차이에 따른 부분적 결과이다.

대기를 구성하는 기체는 수면에서 1,013 mbar와 같은 무게의 압력을 갖는데 고도에 따라 차이가나며, 온도, 습도에 따라 변하게 된다. 바람은 고기압지역에서 저기압지역으로 부는 경향이 있으며, 고 · 저 압력 사이에는 강한 바람이 생긴다.

지구의 자전은 바람이 부는 방향에 영향을 미친다. 지구는 서쪽에서 동쪽으로 돌기 때문에, 바람은 북반구에서는 오른쪽으로, 남반구에서는 왼쪽으로 돈다. 이것은 이동하는 공기의 경향성이 의도한 방향에서 **코리올리 효과**(Coriolis effect)로 알려져 있는 지구의 자전에 의하여 빗나가게 되는 것이다.

코리올리 효과는 시계방향으로 돌고 있는 회전판(merry-go-round) 위에 당신과 당신 친구가 3 m쯤 떨어져 앉아 있다고 상상해 보자(**그림 54-15**). 당신이 친구에게 공을 바로 던진다고 생각해 보라. 그 때 볼은 친구가 이미 없어진 곳으로 날아가 친구의 왼쪽으로 빗나갈 것이다. 이것은 남반구에서 코리올리 효과가 일어나는 방법이다. 같은 회전판 위에 앉아있는 당신과 당신의 친구를 상상해 보면 북반구에서의 코리올리 효과는 시계의 반대방향으로 움직인다는 것을 알 수 있다. 지금 당신이 볼을 던지면 볼은 당신 친구의 오른쪽으로 멀리 날아갈 것이다.

## 54.4.3 바다는 지표면의 대부분을 차지한다

바다는 대륙으로 둘러싸이고 지구표면의 약 3/4을 덮고 있는 소금물로 된 거대한 수체이다.이 수체는 하나로 연속되어 있다. 그러나 지리학자들은 바다를 대륙에 의해 분리된 4개 구역으로 나눈다: 태평양, 대서양, 인도양, 북극해 등이다.

### (1) 바람은 표면해류를 일으킨다

**해류**(ocean currents)는 해면에서 끊임없이 불고 있는 바람으로 생겨난다(**그림 54-16**). 주요바람에 의해 만들어지는 고리모양의 바닷물 흐름을 *선회*(gyres)라 부른다. 예로서, 북대서양에서 열대 무역풍은 서쪽으로 부는 경향이 있고, 중위도에서 편서풍은 동쪽

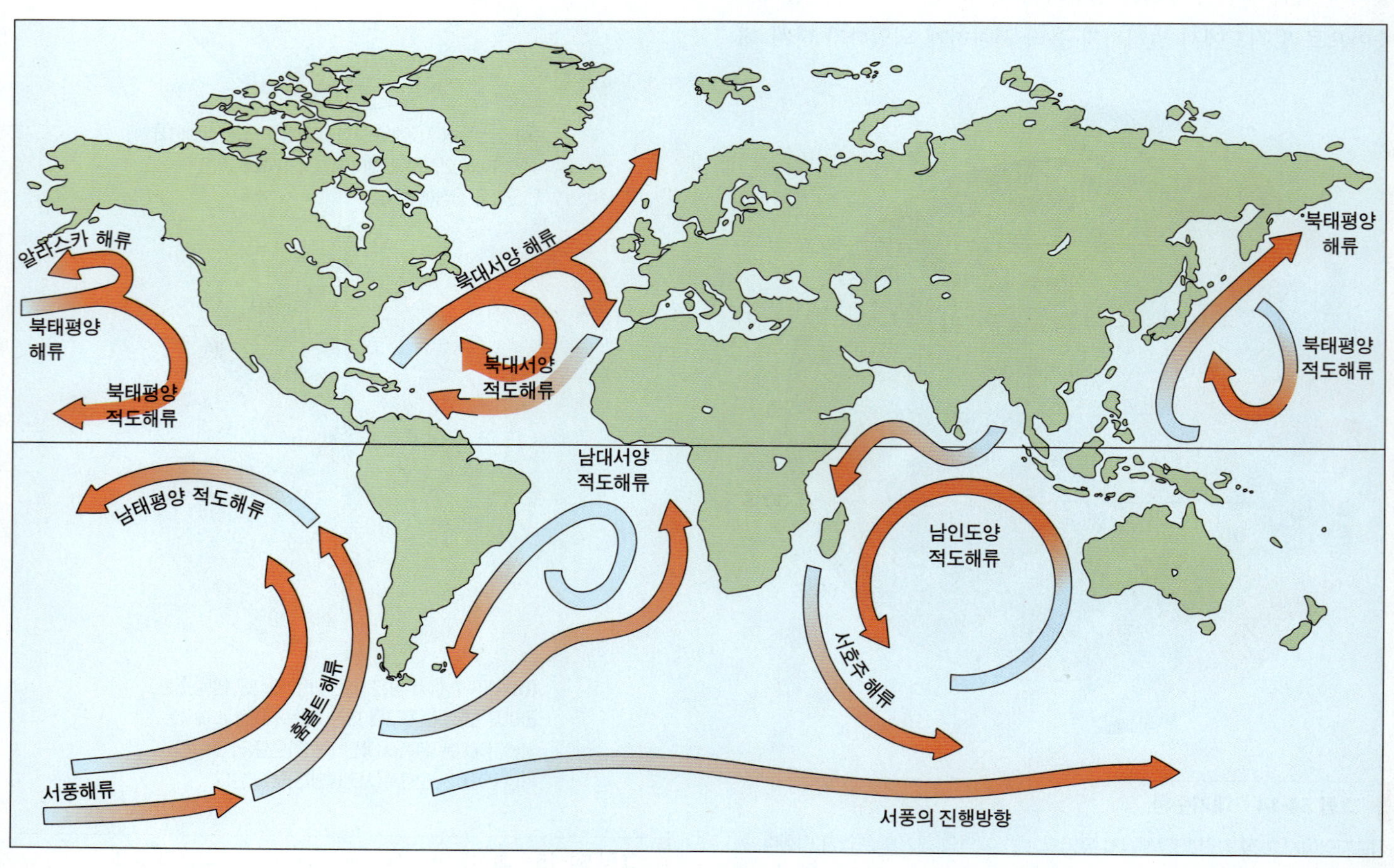


**그림 54-16** 주요한 표면해류

으로 부는 경향이 있다(그림 54-14 참조). 이것은 북대서양에서 오른쪽으로 도는 선회를 결정한다. 이런 표면해류와 바람은 같은 방향으로 움직이는 경향이 있다.

코리올리 효과는 표면해류가 이동하는 방향에 부분적으로 관련이 있다. 서쪽에서 동쪽으로 회전하는 지구자전은 북반구에서는 물의 흐름을 우선회시켜 오른쪽으로 흐르는 표면해류를 만들며, 남반구에서는 해류가 왼쪽으로 흘러 시계반대방향으로 선회를 일으킨다.

### (2) 바다는 대기와 상호작용한다

바다와 대기는 해류에 영향을 미치는데, 대기의 바람과 대기 순환에 영향을 주는 해수온도와 서로 강하게 연관되어 있다. 해양과 대기 사이의 상호작용 중에 가장 확실한 예는 **엘리뇨-남동진동(El Nino-Southern Oscillation; ENSO)** 사건이다. ENSO는 열대 동태평양에서 표면수의 주기적인 온난현상으로 해양과 대기의 순환형태를 바꾸고 열대 태평양에서 먼 지역까지 이상 기후를 야기한다. 정상상태에서 서쪽으로 부는 무역풍은 서태평양까지(호주 부근) 더운 바닷물을 운반한다. 매 3 내지 7년마다 약해진 무역풍은 더워진 바닷물을 남아메리카의 동쪽까지 이동되게 하여 동태평양의 표면수온을 평균 3-4℃까지 상승시킨다. 이 지역에서 서쪽으로 흐르는 정상적인 해류는 흐름이 느리거나 정지되고 혹은 역류하여 동쪽으로 흐른다.

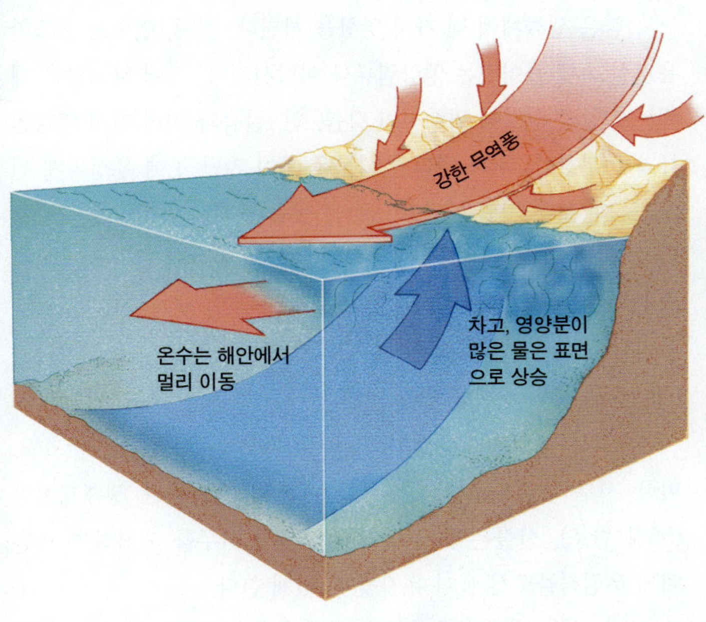


**그림 54-17 용승작용.**

깊은 곳의 물이 표면으로 올라오는 해안 용승작용은 태평양의 남미해안을 따라 나타난다. 용승작용은 복잡한 먹이망을 유지하게 하는 수많은 미세조류에게 영양분을 제공한다. 해안 용승작용은 일시적으로 어류 개체군을 감소시키는 엘니뇨 진동(ENSO)이 있는 해 동안에는 매우 약해진다.

ENSO 사건은 바다에서 생물학적 생산력을 변화시킨다. 따뜻한 해수면은 남아메리카의 서해안을 따라 흐르는 바다 순환형태에 변화를 일으켜 찬물과 영양분이 많이 들어있는 깊은 바닷물의 **용승**(upwelling, 표면으로 오르는 것)을 막는다(**그림 54-17**). 물속의 영양부족은 멸치류와 많은 다른 해산어류의 극심한 감소를 가져온다. 예로서 1982년에서 1983년까지의 ENSO는 멸치를 99%까지 감소시켰다. 새우나 가리비와 같은 다른 종은 ENSO사태 동안 번창하였다.

## 54.4.4 기후는 생물체에 큰 영향을 미친다

기후(climate)는 정해진 기간 동안 특정장소에서 발생하는 극한의 기록치를 포함하여 평균 기상상태이다. 주어진 장소의 기상을 결정하는데 가장 중요한 2가지 요소는 온도(평균온도와 극도의 온도)와 강수량(평균강수량과 계절적 분포)이다. 다른 기후요인들은 바람, 습도, 안개, 구름양과 산불의 원인이 되는 번갯불 등이 포함된다. 기상은 신속히 변하고 기후는 보통 수백 년이나 수천 년을 지나면서 서서히 바뀐다.

날마다의 변이, 밤낮의 변이, 계절적인 변이 등은 생물체에 영향을 끼치는 기후의 중요한 특징이다. 위도, 고도, 지형도, 식물상, 바다나 혹은 거대한 수체로부터의 거리 그리고 광대한 토지 혹은 대륙에서의 위치도 온도, 강수 그리고 기타의 기후양상에 영향을 미친다.

### (1) 공기와 물의 운동 그리고 표면 형태는 강우양상에 영향을 미친다

강수량은 비, 눈, 진눈개비, 싸락눈 등 대기권에서 지표면으로 내리는 물의 여러 형태를 말한다. 강수량의 차이는 현재 서식하고 있는 생물의 종류와 분포에 큰 영향을 준다. 지상에서 가장 건조한 장소는 칠레에 있는 연 평균 강우량이 0.05 cm인 아타카마(Atacama) 사막이다. 대조적으로 하와이에 있는 와이알레알레(Waialeale) 산은 강수량이 지구에서 가장 많은 장소인데 연평균 1,200 cm이다.

강수량의 차이는 몇 가지 요인에 의존한다. 열대지방의 다우지역은 주로 습기가 많은 공기의 상승 결과이다. 높은 표면수온은 열대지역의 바다에서 대단히 많은 수분증발의 원인이 된다. 주요 바람은 습하고 따뜻한 공기로 대륙 위를 지나는 바람이다. 육지표면에서는 상승하는 습한 공기가 복사열에 의해 따뜻해진다. 공기

**그림 54-18 비 그늘.**

비 그늘은 산에서 바람이 불러오는 반대쪽에 나타나는 건조하거나 반 건조한 지역이다. 이러한 비 그늘은 워싱턴 주 캐스케이드(Cascade)산맥의 동쪽에 나타난다. 올림픽 국립공원의 서쪽은 동쪽의 강우량 40–50 cm 보다 많은 년간 500 cm 이상의 비가 내린다.

가 상승하면 서늘하고 습도를 유지하는 능력이 저하된다(서늘한 공기는 따뜻한 공기에 비해 수분이 적다). 공기가 포화상태에 이르면 더 이상 수증기나 구름형태 그리고 강수량에 첨가되는 어떤 물도 가질 수 없다. 최후에는 공기가 적도에서 가까운 양쪽지대인 북회귀선과 남회귀선(각각 남, 북위 23도)으로 돌아온다. 그래서 대부분은 습기가 떨어지고 건조한 공기는 적도로 되돌려진다. 이 건조한 공기는 육지에서 생물학적인 차이를 야기하는데, 습기의 부족은 사하라와 같은 큰 아열대사막들을 만든다.

공기는 큰 육지를 지나는 동안에 역시 건조된다. 바람이 불어오는 쪽의 대륙 연안 가까이는 내리는 비의 양이 많다. 대륙의 내부는 그곳의 상층을 지나가는 공기 속에 수증기를 공급할 바다가 멀기 때문에 보통 건조하다.

육상공기의 습도는 산의 습한 공기에서 이동된 것이다. 산에는 고도, 서늘한 공기, 구름형성, 전형적인 강우형성, 1차적으로 바람이 불어오는 산의 경사면이 있다. 공기덩어리는 산의 반대쪽 산 아래로 이동되고 따뜻해져서 구름이 증발하므로 조금 남아있는 습기마저도 강수기회가 없게 된다. 이런 상태는 북미의 서해안에 존재하는데, 바람이 불어 나가는 지역(이 경우 산맥의 동쪽)에서 멀리 떨어져 있는 산의 사면에 있는 건조한 땅을 **비 그늘**(rain shadow)이라고 부른다(**그림 54-18**).

### (2) 미기후는 기후에서의 지역적인 변이이다

고도, 절벽, 경사 방향, 햇빛과 평상시에 바람의 노출정도의 차이는 외곽과는 전혀 다른 **미기후**(microclimate)로 알려진 기후의 지역적인 변이를 초래한다. 예를 들면, 숲속의 양지와 음지는 그곳에 살고 있는 동 · 식물과 미생물을 위한 미기후의 변이를 생성한다. 생물서식지의 미기후는 생물체가 직접적으로 경험하는 기후이기 때문에 매우 중요하고 대처해야만 한다.

때로는 생물체가 자신의 미기후를 조절한다. 예를 들면, 나무는 숲 속에서 국소적인 기후를 변화시키는데 숲의 바깥에 비하여 여름에는 온도를 낮추고 상대습도를 높인다. 이 지역에서 여름철 미기후는 숲 바닥 낙엽 밑의 온도와 습도가 주위의 숲보다 상당히 서늘하고 습하다. 다른 예로는, 사막에서 생활하는 많은 동물은 지표면의 뜨거운 기후를 피하기 위해 은신처로 동굴을 판다. 낮 동안에 시원한 동굴 속의 미기후는 지표면이 시원해져서 그들이 먹이가 나와 사냥할 수 있는 밤까지 생존할 수 있게 해준다.

## 54.4.5 화재는 일부 생태계에서 보편적인 교란이다

번갯불에 의해 일어나는 산불은 많은 지역에서 중요한 생태학적 원동력이 된다. 산불이 쉽게 일어나는 지역은 우기와 건기를 갖는다. 식물은 우기동안에 성장하고 축적되며 건기에 쉽게 탈 수 있도록 충분히 건조된다. 번갯불이 식물이나 땅에 있는 낙엽 찌꺼기를 내려치면 건조한 유기물질은 불이 붙고 그 불은 지면을 통해 퍼진다.

산불은 생물체에 몇 가지 영향을 끼친다. 첫째, 연소는 건조한 유기질 속에 들어있는 영양염류를 이탈시킨다. 불에 타고남은 재에는 식물의 성장에 필수적인 칼륨, 인, 칼슘과 여러 가지 영양염류가 풍부하다. 비가 내리면 식물은 불이 지난 곳에 무성하게 된다. 둘째, 불은 지면을 덮고 있는 식물을 제거하여 토양을 노출시킨다. 이런 변화는 나지를 요구하는 씨앗의 발아와 정착뿐만 아니라 그늘에 견딜 수 없는 식물의 성장을 돕는다. 셋째, 불은 토양을 황폐화시키는 원인일 수 있다. 식피가 제거되면 토양이 씻겨나가고 바람과 물의 영향을 쉽게 받게 된다.

아프리카의 사바나, 캘리포니아의 채퍼럴, 북아메리카 초원, 미국 서부의 폰데로사 소나무들은 화재에 적응된 생태계이다(55장 참조). 산불은 불에 민감한 단단한 나무를 제거하여 초원 내에 우점식물로서 풀이 유지될 수 있게 한다.

화재-적응 생태계에 산불을 배제시키면 죽은 나무나 다른 식물의 부스러기가 축적된다. 그 결과 화재가 생겼을 때는 더욱 심하고 파괴적이 된다. 화재의 예방은 초원을 목본 식생으로 전환시키고, 화재-적응된 삼림 내에 화재-민감성 목본의 유입을 용이하게 해 주는 것이다.

*조절화재*(controlled burning)는 생태학적 관리의 도구이다. 관목이나 식물 부스러기는 위험한 수준에 이르도록 쌓이기 전에 조절된 상태 하에서 조심스럽게 태워진다. 조절화재는 자연화재에 적합한 생태계를 유지하기 위해 화재에 민감한 나무를 없애기 위해 사용되지만, 허락을 받고 사용하여야 한다.

**복습**

- 대기순환을 일으키는 근본적인 힘은 무엇인가?
- 주된 해류가 일어나는 근본적인 힘은 무엇인가?
- 강우량이 지역적으로 차이를 나게하는 요인들은 무엇인가?

## 54.5 생태계 과정 연구

**학습목표**

**10 허바드 브룩** 실험림에서 몇몇 장기생태연구를 간단히 기술할 수 있다..

생태계를 세부적으로 연구하는 생태학자들은 에너지의 흐름, 영양의 순환, 인위적인 교란(대기오염, 벌채, 토지이용의 변화), 자연적인 영향과 같은 것을 측정하기 위해 실험실 내에서 시뮬레이션이나 야외에서의 연구를 수행하고 있다. 뉴햄퍼셔에 있는 White Mountain National Forest의 3,100헥타르를 확보하여 허바드 브룩 실험림(Hubbard Brook Experimental Forest; HBEF)에서 수행한 생태계 연구가 장기적으로 실시되었다. 1960년대 초에 시작하여 지금까지 계속되고 있는데 HBEF는 숲과 수생태계에 대한 수문학(예; 증발량, 표면유수량, 지하수량), 생물학, 지질학, 화학적 조사를 위한 수많은 조사장소가 있다. 국립과학재단(NSF)은 24개의 장기 연구 장소 중 한 곳이 HBEF로 지정되었다.

HBEF의 많은 실험들은 야외관찰에 기반을 둔고, 정교한 실험을 수행한다. 예를 들면, 1978년에 산성화의 화학적, 생물학적 영향에 대한 연구를 위해 HBEF 속에 있는 작은 하천에 묽은 황산을 흘려 보냈다. 이 실험은 대기오염의 한 형태인 **산성 침전물(acid deposition)**이 공업국에서 수많은 호소나 하천을 산성화시키기 때문에 실질적인 것이다. 수로와 토양의 산성화는 물고기와 다른 생물들의 개체군을 감소시키고 음식물 속에 들어 있는 알루미늄과 같은 독성 광물질의 농도를 증가시킨다고 생각되었다.

몇몇 연구자들은 농업이나 다른 용도로 숲의 넓은 구역을 **삼림벌채(deforestation)**를 하여 HBEF의 벌채지에서 하천생태계에 미치는 영향을 조사하였다. 숲이 제거됐을 때 하천에 흘러드는 물과 영양물질의 총량은 확실히 증가되었다. 연구들은 산림벌채가 필수영양염류의 용해와 토양부식에 의해 토양의 비옥화를 감소시키는 결과라고 설명하고 있다. 벌채지역에 흐르는 하천의 여름온도는 숲을 벌채하지 않은 그늘진 곳에 비해 높다. 많은 하천생물들은 차가운 온도에 적응되어 있어서 벌채된 지역에서는 잘 살지 못했다.

HBEF에서 이와 같은 세부적인 연구들은 여러 생태학자들에 의해 각각의 생태계에서 생태학적인 기능이 어떻게 일어나는지를 조사했다. 예를 들면, 이러한 실험적인 내용은 숲과 같은 육상생태계가 하류의 수생태계와 밀접한 관계를 갖는다는 것을 설명하고 있다. 생태학자들은 생태계가 어떻게 구성되어 있고 기능이 어떤지에 대한 일반화된 내용을 알기 위해 이 데이터를 유사한 다른 생태계에서 얻은 정보와 비교한다. 장기적인 생태계실험은 생태학자들이 인위적인 것을 포함하여 환경변화의 영향을 평가하고 예측할 수 있게 한다.

생태계 실험은 수질이 어떻게 유지되며 야외 서식지와 숲의 생산력이 유지되는지에 대한 실제적인 지식을 우리들에게 알려준다. **생태계 관리(ecosystem management)**는 개별 종의 보존보다 지식을 이용하여 전체 생태계의 질을 유지시키고 복원하는 것이다.

**복습**

- 허바드 브룩 실험림의 산림파괴 연구에서 관찰된 일부 환경적 영향은 무엇인가?

## 핵심 용어와 요약

**학습목표**

1 먹이망을 통한 에너지 흐름의 개념 요약하라.

- 생태계를 통하는 **에너지 흐름**은 햇빛에서 생산자 소비자 분해자로 직선적으로 흐른다. 이 에너지의 대부분은 한 생물체에서 다른 생물체로 이동되면서 다음 **영양단계**에서 사용할 수 없는 열로 바뀐다.
- 영양 관계는 **먹이연쇄** 또는 이상적으로는 **먹이망**으로 표현된다.

2 개체수, 생체량, 에너지의 전형적인 피라미드를 설명하라.

- 생태학적인 피라미드는 연속되는 영양단계에서 볼 수 있는 개체수, 생체량 그리고 에너지의 점진적인 감소 형태로 표현된다.
- **개체수 피라미드**는 주어진 생태계의 각 영양단계에서 개체의 수를 보여준다. **생체량 피라미드**는 연속적인 각 영양단계에서 총 생체량을 보

여준다. **에너지 피라미드**는 각 영양단계에서 생체량의 에너지 함량을 나타낸다.

**3** 총생산량과 순생산량의 구별하라.

- 생태계의 **1차총생산량**(GPP)은 광합성으로 생긴 에너지의 비율이다. **1차순생산량**(NPP)은 식물이 세포호흡으로 사용하고 남아 있는(생체량으로서) 에너지이다.

**4** 탄소, 질소, 인, 그리고 물의 생물지화학적 순환에서 주요 단계를 기술하라.

- 이산화탄소는 **탄소순환**의 중요한 기체다. 탄소는 광합성에 의해 유기분자로 변하는 $CO_2$로서 식물체, 조류 그리고 남세균으로 들어간다. 세포호흡, 연소, 석회암의 침식은 생산자가 다시 이용할 수 있는 공기나 물 속의 $CO_2$를 방출한다.
- **질소순환**은 5 단계이다. **질소고정**은 식물을 위한 질소의 중요한 형태인 질소가스를 암모니아로 전환하는 것이다. **질화작용**은 생물학적으로 암모니아 혹은 암모늄을 식물이 사용하는 질소의 중요한 형태인 질산염으로 전환하는 것이다. **동화작용**은 식물이 질산염, 암모니아 혹은 암모늄을 단백질, 엽록체, 그리고 질소가 포함된 다른 물질로의 생물학적 전환이다. **암모니아화**는 생물학적으로 유기질소를 암모니아나 암모늄 이온으로 전환하는 것이다. **탈질작용**은 생물학적으로 질산염을 질소가스로 전환하는 것이다.
- **인의 순환**은 생물학적으로 중요한 기체성 화합물이 아니다. 인은 무기인산염으로서 암석에서 녹여져 나오고 식물뿌리에 의해 토양에서 흡수된다. 식물은 인을 핵산이나 인지질과 같은 물질로 변화시킨다. 동물은 먹이를 통해 인을 획득한다. 분해자는 무기 인산을 환경으로 방출한다. 인은 물에 씻겨서 바다로 들어가고 해저에 침전되어 수백만 년 동안 생물학적 순환에서 배제된다.
- **물의 순환**은 육지와 대기 그리고 생물체 사이에서 일어난다. 물은 증발과 **증산**으로서 대기로 방출되어 들어간다. 육상에서는 물이 호수, 강, 해양으로 흐르거나 땅을 통해 투과된다. 지하동굴과 지하수가 있는 암석의 다공층은 대수층이라 부른다. 육지에서 바다로 흐르는 표면수의 운동은 유출수라 부른다.

**5** 생태계 조절에서 상향식, 하향식 조절을 구분하라.

- **상향식 과정**에서는 무기영양소와 같은 자원의 이용성이 생산자(가장 낮은 영양단계)의 수를 조절하며, 차례로 초식동물, 육식동물의 수를 조절한다.
- **하향식 과정**은 특히 최상위 영양단계로부터의 영양적 상호작용에 의해, 즉 생산자를 먹는 소비자에 의해 생태계 기능을 조절한다.

**6** 지구 온도에 대한 태양에너지의 영향을 요약하라.

- 햇빛은 생물권에서 이용가능한 1차적인 에너지원이다. 지구에 도달하는 태양에너지의 30%는 우주 속으로 반사되고 나머지 70%는 대기나 표면으로 흡수된다. 결국 흡수된 태양에너지는 적외선(열)으로서 우주 속으로 다시 돌아간다.
- 지구의 구형적인 형태와 지구축의 경사각도는 적도지역에 태양에너지가 집중되고 양극 쪽에는 낮아지게 된다; 열대지역은 온대나 극지역에 비해 기후가 덥고 변화가 적다. 계절은 지구축의 경사에 의해 1차적으로 결정된다.

**7** 지구의 공기와 물 흐름의 유형에서 태양에너지와 코리올리 효과의 역할을 고찰하라.

- 적도에서 극지역으로 이동하는 대기 열은 따뜻한 공기를 극지역으로 그리고 차가운 공기를 적도지역으로 이동시키고 이것은 결국 지구 기후를 만든다.
- 바람은 부분적으로 생긴 대기 압력의 차이와 지구의 자전에 의해서 편향되어 있어 북반구에서는 오른쪽으로, 남반구에서는 왼쪽으로 공기나 물이 움직이는 경향성인 **코리올리 효과**의 결과이다.
- **표면해류**는 부분적으로는 바람이나 코리올리 효과의 결과이다.

**8** 지역적인 강우량 차이의 2가지 원인을 제시하라.

- 위도, 고도, 지형, 식생, 대양 또는 다른 큰 수체 그리고 대륙의 위치는 강우에 영향을 미친다.
- 따뜻한 공기가 바다 위를 지나면서 흡수된 습기가 산 위의 습한 공기 위를 솟구쳐 서늘해진 곳에서 강수량이 가장 많다. 사막은 산맥의 **비그늘** 속이나 대륙의 내부에서 발달한다.

**9** 특정 생태계에 대한 화재의 영향을 고찰해 보라.

- 화재는 건조한 유기물 속에 가둬져 있는 무기영양소를 제거하며, 식피를 제거하여 땅을 노출시키며 토양의 침식을 증가시킨다. 사바나, 채퍼럴, 초원 그리고 삼림과 같은 많은 생태계들은 화재에 적응된 생물들을 포함하고 있다.

**10** 허바드 브룩 실험림(HBEF)에서 수행된 몇몇 장기 생태연구를 간단히 기술하라.

- HBEF는 숲과 수서생태계에 대한 수문학(예; 증발량, 표면유수량, 지하수량), 생물학(예; 산림파괴의 영향과 도롱뇽 개체군의 변화), 지질학과 화학(예; 산성비) 조사를 위한 연구 장소의 하나이다.

## 연습문제

1. 군집과 군집의 무생물적 환경을 가장 잘 정의한 것은?
   (a) 생물지화학적 순환 (b) 생물권 (c) 생태계
   (d) 먹이망 (e) 영양단계

2. 살아있는 물질의 총량을 추정하는 것은?
   (a) 생체량 (b) 에너지 흐름 (c) 1차총생산력
   (d) 식물호흡 (e) 1차순생상력

3. 물질의 이동은 생태계 속에서 ___________ 이고, 에너지의 이동은 ___________ 이다.
   (a) 직선적; 직선적 (b) 직선적; 순환적 (c) 순환적; 순환적
   (d) 순환적; 직선적 (e) 순환적; 직선 혹은 순환적

4. 생태계 속에서 먹이연쇄로 얽혀진 복잡성을 무엇이라고 부르는가?

(a) 생태계　(b) 수의 피라미드　(c) 생체량 피라미드
(d) 생물권　(e) 먹이망

5. 다음 과정 중 탄소순환에서 대기 탄소의 양을 증가시키는 것은?
(a) 광합성　(b) 세포호흡　(c) 연소　(d) a와 c　(e) b와 c

6. 다음 공식 중에서 1차총생산량(GPP)과 1차순생산량(NPP) 사이의 관계를 나타내는 것은?
(a) GPP = NPP − 광합성　(b) NPP = GPP − 광합성
(c) GPP = NPP − 식물호흡　(d) NPP = GPP − 식물호흡
(e) NPP = GPP − 동물호흡

7. 다음 중에서 하향식 과정의 예는 무엇인가?
(a) 북태평양의 식인고래가 해달의 수를 감소시켜 그 결과 성게의 수가 증가하고 켈프 개체군이 감소하였다.
(b) Hubbard Brook의 실험은 삼림의 수문학에 초점을 맞추어 왔으며 수서생태계와 관련이 있다.
(c) 하나의 나무는 수천 곤충에게 먹이를 제공한다.
(d) 아프리카의 초원에서 초식동물의 수는 육식동물의 수보다 훨씬 더 많다.
(e) 롱아일랜드 염습지에서 DDT의 생물축적

8. 산맥에서는 무엇이 건조한 하강기류가 만드는가?
(a) 용승작용　(b) 비그늘　(c) 해류
(d) 미기후　(e) 생태학적 피라마드

9. 이것의 생물지구화학적 순환은 기체성분을 갖지 않지만, 육지에서 바다에 침전되고 다시 육지로 되돌아오는 순환은 어느 것인가?
(a) 탄소순환　(b) 질소순환　(c) 인 순환
(d) 물 순환　(e) a도 c도 기체성분이 아님

10. 북반구에서는 오른쪽으로, 남반구에서는 왼쪽으로 흐르는 기류와 해류의 통로가 반대로 되는 지구회전의 결과인 것은?
(a) 용승작용　(b) 탁월풍　(c) 해류
(d) 엘리뇨 남쪽 진동　(e) 코리올리 효과

## 심화 학습문제

1. 먹이망에서 모든 분해자가 제거된다면 먹이망이 어떻게 변하겠는가?

2. 왜 물질의 순환이 장기적인 생명 연속에 본질적인가?

55

# 생태학과 생명지리학

Raymond Gehman/Corbis

**검은꼬리 프레리도그.** 프레리도그 (*Cynomys ludovicianus*)는 포식자를 피하기 위해 이용하는 동굴로부터 절대로 멀리 돌아다니지 않는다.

## 핵심 개념

기후, 특히 온도와 강우는 열대우림과 툰드라와 같은 지구 주요생물군계의 분포에 영향을 미친다.

염도, 용존산소량, 이용가능 한 필수미네랄, 수심과 같은 무생물적 요인은 수생태계에서 생물의 분포에 영향을 준다.

종풍부도는 상이한 생물군계와 수생태계에서 아주 가변적이다.

두 개의 인접하고 서서히 변화하는 전이지대인 추이대는 종풍부도를 촉진하는 다양한 조건을 제공한다.

지구에는 6개의 생물지리구가 있는데 각각은 대양, 산맥 또는 사막에 의해 분리되는 주요 대륙으로 구성되어 있다.

지구에는 많은 상이한 환경이 있으며,자연선택은 주어진 환경에 대한 생물체의 생존과 생식 능력에 영향을 미친다. 자연선택에서 **무생물적(abiotic)** 그리고 **생물적(biotic)** 요인 양자는 주어진 개체군내에서 최소–적합 개체들을 제거하는데 작용한다.

검은꼬리 프레리도그는 그들 환경에 최적으로 적응하였다. 이들의 이나 소화관은 대평원에 아주 풍부하게 자라는 초본의 종자와 잎을 먹고 쉽게 소화시키기 위해 변화되었다.

검은꼬리 프레리도그는 코요테, 독수리, 매, 오소리, 흰족제비와 같은 포식자로부터 그들을 방어하는 많은 행동적 적응을 갖는다. 예를들어 프레리도그는 사회성 동물로 약 500개체로 된 큰 집단을 이루고 살아간다. 집단내에서 모든 개체들의 눈은 잠재적인 위협을 감시하며, 위협을 보았을 때 프레리도그는 집단의 나머지에게 경고소리를 지른다. 검은꼬리 프레리도그는 굴을 파는 동물이다. 코요테가 접근할 때 아마도 각각의 프레리도그는 땅속의 집으로 숨어 들어간다. 그들의 굴은 적어도 2개의 입구를 가지며 몇 개의 방을 가지는 긴 터널의 정교한 네트워크로 구성되어있다. 어떤 방은 새끼들을 위한 육아실, 어떤 방은 화장실 그리고 출구와 가까운 방은 소리를 듣는 방의 구실을 한다. 굴착된 높은 토양더미는 굴의 입구를 둘러싸고 폭우동안 범람을 막는데 도움을 준다.

검은꼬리 프레리도그는 굴속에서 동면하면서 겨울을 견딘다. 그들의 대사활동은 느리며 체내에 저장된 지방으로 생존한다. 프레리도그처럼 각 종들은 그들 자신의 독특한 환경과 생활양식에 적응하는데 도움이 되는 구조적, 행동적, 생리적 특징을 발달시켜왔다. ■

## 55.1 생물군계

### 학습목표

1 생물군계를 규정하고, 온도, 토양 그리고 각각의 특징적인 식물과 동물에 주의하면서 9개의 주요 육상생물군계를 간단히 기술할 수 있다.

2 논의된 각각의 생물군계에 대해 인간에의 영향을 적어도 한 가지 이상 알 수 있다.

**생물군계**(biome)는 출현하는 장소와는 상관없이 유사한 기후, 토양, 식물 그리고 동물에 의해 특징 지워지는 크고 비교적 뚜렷한 육상지역이다. 그러한 큰 지리적 영역에 걸쳐 있기 때문에 생물군계는 수많은 상호작용하는 생태계를 포함한다. 육상생태학에서 생물군계는 **경관**(landscape)보다 큰 다음 단계의 생태학적 체계로 간주된다.

생물군계는 온도와 강우량이 가장 중요한 인자가 되는 주요기후대와 크게 일치한다(**그림 55-1**). 극지 근처에서는 일반적으로 온도가 가장 결정적인 기후요소인 반면, 온대와 열대지역에서는 온도보다 강우가 더욱 중요하다(**그림 55-2**). 생물군계에 민감한 영향을 주는 다른 무생물적 요인들은 빠른 온도변화, 홍수, 가뭄, 강풍 그리고 화재와 마찬가지로 온도 극단을 포함한다(54장의 화재 부분을 참조).

9 종류의 주요 생물군계는 툰드라, 타이가, 온대강우림, 온대낙엽수림, 온대초원, 채퍼럴, 사막, 사바나, 열대우림이며(**그림 55-3**), 생물군계들은 서로의 경계부에서 서서히 다른 단계로 변화한다.

**요점**

세계 생물군계의 분포는 대체로 지역의 수분(강우량)과 에너지(온도)를 결정하는 기후 양상의 결과이다.

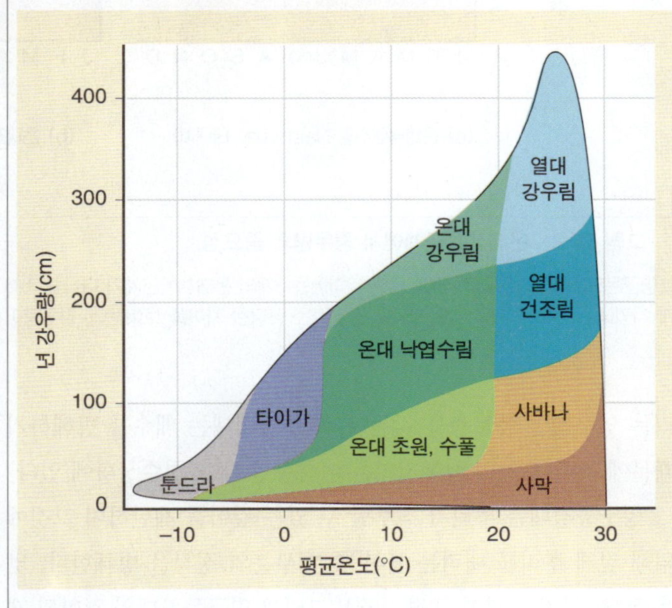


**그림 55-1 강우량과 온도에 의한 생물군계의 구분.**

토양형, 화재 그리고 기후의 계절성과 같은 요인들이 온대초원으로 또는 채퍼럴로 발달하는지에 영향을 미친다. (Whittaker, R.H. 군집과 생태계, 2판. Macmillan, New York, 1975에서 인용)

### 55.1.1 툰드라는 최북단의 춥고, 소택지가 많은 평원이다

**툰드라**(tundra; arctic tundra)는 계절적으로 눈이 녹는 극단의 북위에서 나타난다(**그림 55-4**). 남반구에서는 상응하는 지역이 없다. 수목한계선 이상의 매우 높은 산에 위치한 유사한 생태계를 북극툰드라와 구별하기 위해 **고산툰드라**(alpine tundra)라고 부른다.

북극툰드라는 길고, 가혹한 겨울과 매우 짧은 여름을 갖는다. 온도 상승과 더불어 생육시기가 50일 이하로 짧을지라도 낮의 길이는 길다. 북극권 위에서는 자정의 빛의 양이 정오의 단지 1/10에 불과할지라도 한여름 많은 날 동안 전혀 태양이 지지 않는다. 많은 툰드라지역의 강우량은 적으며(연간 10~25 cm), 대부분은 여름 몇 달 동안에 내린다.

툰드라 토양은 대부분이 마지막 빙하기[1] 이후에 형성되었기 때문에 지질학적으로 젊은 경향이 있다. 이들 토양은 대개 영양소가 빈약하며 토양의 최상부층에 거의 유기물(낙엽, 낙지, 동물의 배설물, 생물사체)을 가지지 않는다. 여름 동안 표토층이 녹을지라도 툰드라는 깊이와 두께가 다양한 **영구동결대**(permafrost)라 불

[1] 마지막 빙하기 동안 지구의 약 29%를 차지했던 빙하는 약 17,000년전에 퇴각하기 시작했고 지금은 빙하가 육지표면의 약 10%를 차지한다.

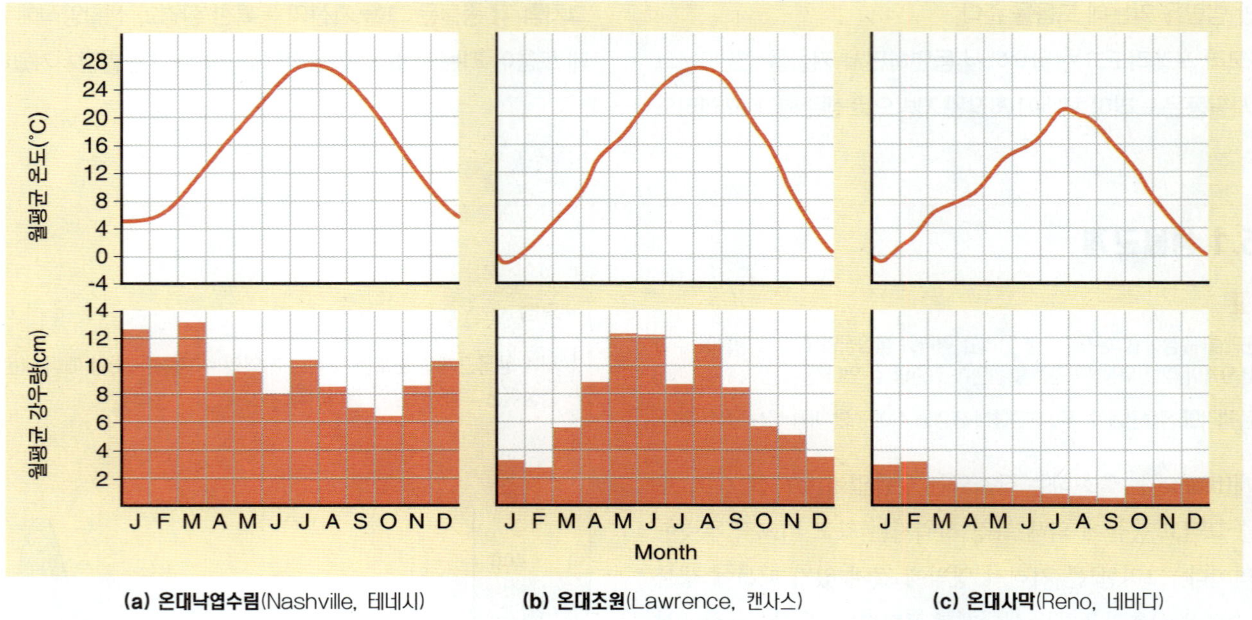


**(a) 온대낙엽수림**(Nashville, 테네시) **(b) 온대초원**(Lawrence, 캔사스) **(c) 온대사막**(Reno, 네바다)

**그림 55-2 온대생물군계에서 강우량의 중요성.**

월평균온도(*위*)와 강우량(*아래*)에 의해 북미에는 3개의 온대생물군계가 나타난다. 3개 지역에서 온도가 거의 같을지라도 강우량은 상당한 차이를 보이는데, 강우량이 풍부한 곳에는 낙엽수림**(a)**, 충분하지 않고 다소 계절성이 있는 곳에서는 초원**(b)** 그리고 강우량이 아주 적은 곳에서는 사막**(c)**이 나타난다.

리는 영구적인 동토층을 갖는다. 영구동결대는 배수를 방해하기 때문에 녹은 토양의 상부지역은 여름동안 대개 침수상황에 있다.

영구동결대는 뿌리가 침투할 수 있는 깊이를 제한하며 그것에 의해 깊게 뿌리를 내리는 목본 종 대부분의 정착을 방해한다. 낮은 온도, 편평한 지형(표면 특징), 그리고 영구동결대와 결합된 제한된 강우는 넓고 얕은 호수, 완만한 개울 그리고 소택지를 갖는 경관을 만든다.

낮은 종풍부도와 낮은 1차생산성이 툰드라의 특징이다. 출현 종은 소수이지만 개개 종들은 종종 많은 수로 존재한다. 이끼류, 지의류(순록이끼와 같은), 화본과식물, 사초과 식물이 툰드라 식생에 우점하고 있다. 대부분의 이들 작은 식물들은 다년생 초본이고, 왜생버드나무, 왜생 자작나무 및 다른 왜생 목본이 보편적으로 나타날지라도 목본이나 관목을 쉽게 확인할 수 없다. 툰드라 식물은 좀처럼 30 cm 이상 크게 자라지 않는다.

툰드라의 동물은 들쥐, 족제비, 북극여우, 회색여우, 눈신토끼, 뇌조, 눈올빼미, 사향소, 나그네쥐를 포함한다(52장에서 나그네쥐의 개체군 주기 참조). 여름철에 순록은 사초과, 화본과와 왜생 버드나무를 뜯어먹기 위하여 툰드라 북쪽으로 이주한다. 수십 종의 새들 또한 둥지를 틀고 충분한 곤충을 먹기 위하여 북쪽으로 이주한다. 모기, 검은파리, 사슴파리들은 겨울에 알이나 번데기로 생존하고 여름 몇주 동안 아주 많은 수로 발생한다.

툰드라는 교란이 있은 후 아주 천천히 재생된다. 석유개발과 군사적 이용의 결과로서 툰드라의 많은 부분이 파괴되고 있다.

### 55.1.2 타이가는 북부지역의 상록수림이다

타이가의 바로 남쪽은 북아메리카와 유라시아를 가로질러 펼쳐져 있는 **타이가(taiga)** 또는 **아한대림(boreal forest)**이다. 타이가는 세계의 가장 큰 생물군계로 대략 지표면의 11%를 차지하고 있다(**그림 55-5**). 툰드라에서처럼 가혹하지는 않지만, 겨울이 극히 춥고 지독하다. 아한대림의 생육기는 툰드라 보다는 다소 길다. 타이가는 연간 50 cm의 강우가 있으며 토양은 전형적으로 산성이며 영양소가 부족하고 표면에 부분적으로 분해된 두터운 층의 침엽을 갖는 것이 특징이다. 타이가에는 마지막 빙하기 동안 얼음판의 마찰로 인해 파헤쳐져 물로 채워진 함몰된 곳에 수많은 연못과 호수가 있다.

검고 흰 가문비나무, 발삼전나무, 낙엽송 및 다른 침엽수가 타이가에 우점하지만 가을에 낙엽이 지는 포플러와 자작나무 같은 낙엽수도 뚜렷한 임상을 형성한다. 침엽수는 수분손실을 적게 하기 위해 최소 표면적을 가지는 바늘 같은 잎처럼 여러 가지 내건

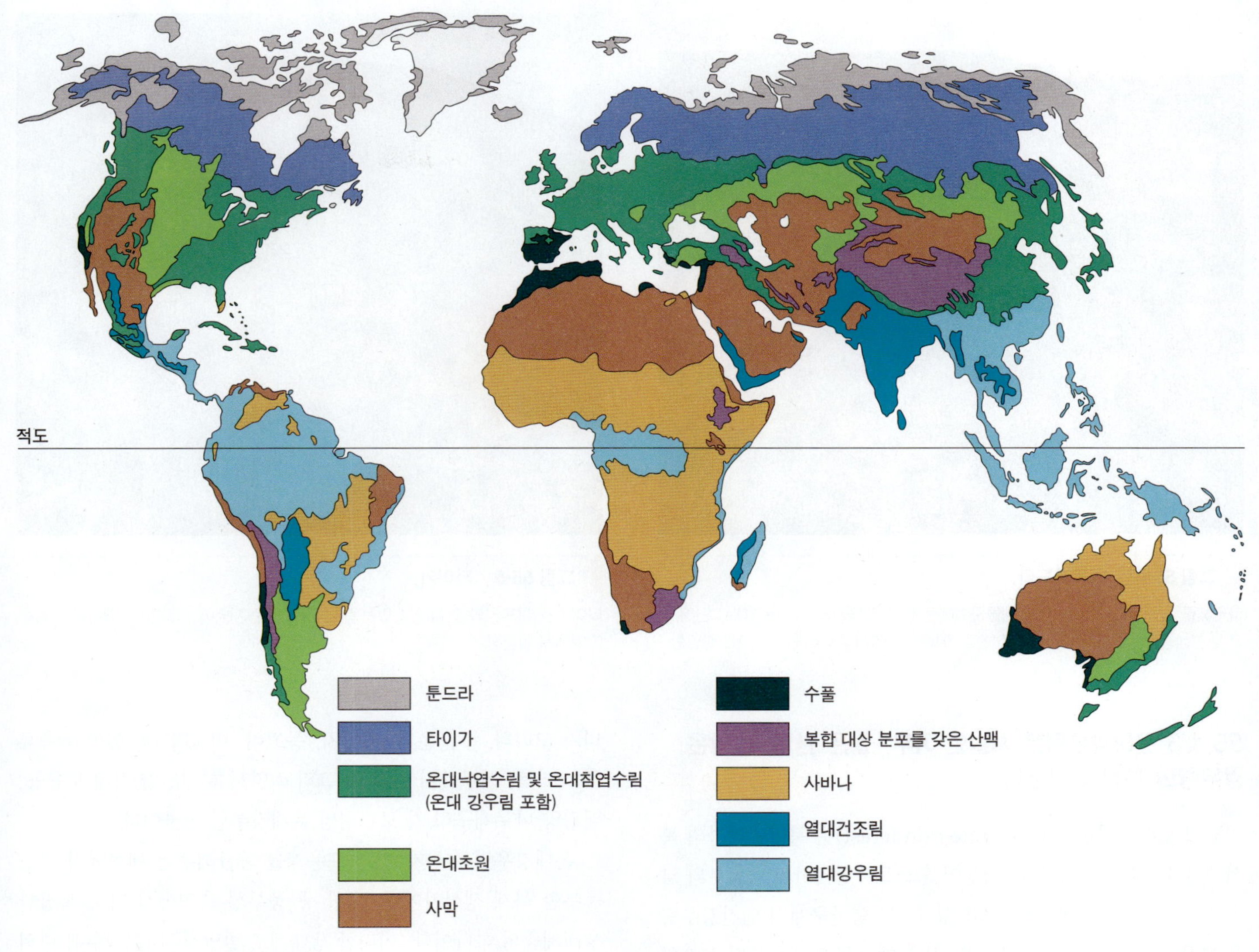


**그림 55-3 세계의 주요 생물군계.**

간략화 된 이 그림은 생물군계간의 명확한 경계를 보여준다. 실제로 생물군계는 경계부에서 때때로 넓은 면적에 걸쳐 서서히 다른 단계로 변화한다. 애팔래치아 산맥과 같이 숲으로 된 산맥은 우점식생에 따라 정해지는 반면 가변적인 식생을 갖는 산맥은 "복잡한 대상 분포를 갖는 산맥"으로 됨에 유의하라(World Wildlife Fund의 자료에 근거함).

성 적응양상을 보여준다(33장 참조). 그러한 적응으로 인해 침엽수는 땅이 얼어 있어 뿌리가 물을 흡수할 수 없는 북방 겨울동안의 가뭄을 견디어낸다. 타이가에서는 자연선택 또한 침엽수에게 유리하게 작용한다. 왜냐면 이들은 상록수이기 때문에 온도가 올라가는 즉시 바로 광합성을 재개 할 수 있기 때문이다.

아한대의 동물에는 순록(겨울동안 툰드라에서 타이가로 이주), 늑대, 곰, 무소와 같은 일부 대형 종들이 포함된다. 그러나 대부분의 동물은 중간에서부터 소형크기이며, 설치류, 토끼 그리고 같은 털을 생산하는 포식자인 스라소니, 검은담비 그리고 밍크 등이 출현한다. 대부분의 조류 종들은 계절적으로는 풍부하나 겨울동안은 따뜻한 곳으로 이주해 간다. 무수히 많은 곤충들이 있지만 남부 타이가를 제외하고는 양서류와 파충류는 거의 없다.

대부분의 타이가는 짧은 생육기와 영양분이 빈약한 토양으로 인해 농업에는 적당하지 않다. 벌목이 1차적으로 일어나고 있는 타이가는 현재 세계의 산업용 목재와 목재 섬유의 주 원천이다. 캐나다, 시베리아 그리고 알래스카의 연간 아한대 삼림 손실은 브라질에 있는 아마존 강우림의 두배 이상되는 면적을 포함하는 것으로 추정되고 있다.

**그림 55-4 북극 툰드라.**

북극해를 둘러싸고 있는 최북단 생물군계에는 짧은 생육기와 영구동결대로 인해 작고 내한성을 갖는 식물만이 자라고 있다. 캐나다의 북서부지역에서 가을에 촬영함.

**그림 55-5 타이가.**

타이가는 툰드라와 인접하고 있는 북반구의 추운 지역에 나타난다. 캐나다의 유콘 지역에서 촬영함.

## 55.1.3 온대강우림은 서늘한 기후, 짙은 안개 및 많은 강우량의 특징을 갖는다

침엽성의 **온대강우림(temperate rain forest)**은 북아메리카의 북서해안에 나타나며 유사한 식생이 오스트레일리아의 남동부와 남아메리카의 남서부에 나타나고 있다. 이 생물군계의 연간강우량은 200–380 cm로 높은 편이며, 짙은 해안성 안개로부터 유래하는 물의 응축으로 인해 강우량이 증대된다. 해안선에 온대강우림이 근접해있어 계절적인 변화가 적으며 온도가 온화하다 겨울은 온후하고 여름은 서늘하다. 온대강우림은 유기물 함량이 비록 높아도 비교적 영양분이 적은 토양을 갖는다. 서늘한 온도는 박테리아나 곰팡이와 같은 분해자의 활동을 느리게 한다. 따라서 침엽, 떨어진 큰 가지와 줄기는 분해되어 토양의 영양원으로 방출되기 위해서는 많이 시간을 요하는 낙엽낙지로 지면에 축적된다. 북아메리카 온대강우림에서 우점하는 식생형은 미국솔송나무, 미송, 북미서부산 가문비나무, 웨스튼레드시다와 같은 대형 상록수이다. 온대강우림은 착생식생이 풍부하며, 이들은 큰 나무의 줄기에 기생하지 않고 착생하여 자라는 작은 식물이다. 이 생물군계에서 착생식물은 주로 이끼류, 지의류, 양치류이며 또한 이들 모두는 지면을 온통 뒤덮고 있다. 단풍류와 같은 낙엽관목은 수관의 틈이 있는 곳은 어디에서나 자란다. 다람쥐, 나무쥐, 북미사슴, 북아메리카 고라니, 수많은 새들(어치, 동고비, 미국박새), 일부 파충류(오색거북, 서부육지 가터뱀) 그리고 양서류(태평양 거대 도룡뇽, 태평양 나무개구리)가 보편적인 온대강우림 동물이다.

온대강우림은 목재 및 펄프용재를 공급해주는 세계에서 가장 풍부한 목재 생산자이다. 또한 종 풍부성 측면에서 가장 복잡한 생태계중의 하나이다. 이러한 생태계로 발달하는 데는 수백 년의 세월이 걸리기 때문에 원시의 오래된 삼림의 과벌목을 피하기 위한 주의가 요구된다.

## 55.1.4 온대낙엽수림은 광엽형-목본의 수관을 갖는다

계절성(더운 여름과 추운 겨울)은 **온대낙엽수림(temperate deciduous forest)**의 특징이며, 이곳은 연간 강우량이 약 75–126 cm 되는 온대지역에서 나타난다. 전형적으로 온대낙엽수림의 토양은 유기물이 많은 표토층과 점토층이 풍부한 하층으로 구성되어 있다. 유기물이 분해됨에 따라 무기영양이온을 방출하며 살아있는 목본 뿌리가 이들 이온을 흡수하지 못하면 점토로 스며들어 거기에 보유되게 된다.

미국의 북동부와 중동부의 온대낙엽수림은 참나무, 히코리, 단풍나무 그리고 자작나무와 같이 매년 낙엽을 형성하는 광엽 활엽수가 우점한다. 남부지역에서는 목련속 식물과 같은 수많은 광엽형 상록수가 증가한다. 온대낙엽수림의 나무들은 유묘와 관목을 뒤덮는 빽빽한 수관을 형성한다.

본래 온대낙엽수림은 퓨마, 늑대, 아메리카들소와 같은 다양한 종류의 대형 포유류와 지역적으로 멸종위기에 있는 사슴, 곰 그리고 많은 작은 포유류와 조류(야생칠면조, 푸른어치, 주홍풍금조)를 포함한다. 현재 존재하는 것 보다 더 밀도가 높고 다양한 곤충류와 더불어 파충류(상자거북, 라베드 쥐뱀)와 양서류(점박이 도룡뇽, 나무개구리)가 풍부하다.

전 세계적으로 온대낙엽수림은 농업적 용도로 전환된 최초의 생물군계중의 하나이다. 그러나 20세기 동안 과방목과 삼림제거를 통한 방대한 농업을 일부 농지를 황폐화시키게 되었다.

### 55.1.5 온대초원은 적당한 강우를 갖는 지역에 나타난다

**온대초원**(**temperate grassland**)은 여름이 덥고, 겨울이 추우며 화재가 경관을 형성하는데 도움을 주며 강우는 종종 불규칙하고, 연간 강우량은 25~75 cm 정도이다. 강우량이 적은 초원에서는 영양소가 표토 바로 아래의 뚜렷한 층에 축적되는 경향이 있다. 이들 영양소는 많은 강우량을 갖는 지역의 토양에서는 용탈되기 쉽다. 초원의 토양은 많은 초본의 표면부가 매 겨울마다 시들어 죽어 토양의 유기물 함량에 기여하기 때문에 상당량의 유기물을 함유한다. 한편, 뿌리와 지하줄기는 땅속에서 생존하게 된다. 또한 뿌리와 지하경도 결국에는 죽어 토양의 유기물함량에 기여하게 된다. 많은 화본과 식물들이 땅의 형성자이다. 즉 이들의 뿌리와 지하경은 두텁고 연속적인 지하 매트를 형성한다.

*톨그래스 대초원*(tollgrass prairies)이라고 불리는 습한 온대초원은 미국 아이오와, 서부미네소타, 동부네브라스카, 중서부 주의 일부 그리고 캐나다의 대초원 지방을 가로질러 나타난다. 강과 시내 근처를 제외하고는 목본류가 거의 자라지 않지만, 화본과 식물(일부는 2 m 이상이 됨)이 깊고 영양이 풍부한 토양에서 아주 많이 자라고 있다(**그림 55-6**). 이들 지역의 대부분이 경작지로 전환되기 전에는 특히 아메리카 들소(bison)같은 초식동물 떼로 덥혀 있었다. 드물지만 늑대가 주요 포식자이며, 건조한 지역에서는 코요테가 늑대를 대신하였다. 소형 동물상에는 프레리도그와 이들의 포식자인 여우, 검은발 흰족제비 대초원 매와 같은 포식성 조류, 서부산 초지 종달새, 쌀먹이새, 땅다람쥐뱀 그리고 짧은뿔 도마뱀과 같은 파충류 그리고 다수의 곤충이 포함된다.

우점하는 화본과식물이 0.5 m 이하인 쇼트그래스 대초원(shortgrass prairies)은 위의 습한 초원보다 강우량이 적은 온대

Harvey Payne

**그림 55-6 온대초원.**

오클라호마의 톨그래스 대초원(tallgrass prairie)은 자연보호위원회에 의해 보호되고 있는 지역이다. 다른 습한 온대초원처럼 대부분 목본류가 없지만 다량의 화본과 식물 및 다른 초본성 현화식물을 포함하고 있다. 아메리카들소가 목초를 뜯고 있으며 이들이 군집구조와 다양성에 영향을 미치고 있다.

초원이지만 사막보다는 더 많은 강우량을 갖는다. 캐나다의 서부 앨버타와 마찬가지로 미국에서는 동부 몬타나의 동부, 서부 사우스다코타, 그리고 중서부 주의 일부에서 쇼트그래스 대초원이 나타난다. 무릎이하의 높이로 자라는 화본과식물이 쇼트그래스 대초원에 우점하고 있으며 가끔씩 노출된 땅이 나타난다. 쇼트그래스 대초원의 토착 초본류는 건조-내성형이다.

특히 톨그래스 대초원과 같은 북미 초원은 농업에 아주 적합하여 거의 남아 있지 않은 상태에 있다.

### 55.1.6 채퍼럴은 상록관목과 작은 목본류의 덤불이다

일부 구릉지의 온대 환경은 극단적으로 건조한 여름 그리고 강우량이 많은 온화한 겨울을 갖는다. 그러한 지중해성 기후는 지중해 주변지역, 캘리포니아, 서부오스트레일리아, 칠레 그리고 남아프리카의 일부 지역에서 나타난다. 남부캘리포니아에서 이러한 환경은 **채퍼럴**(**chaparral**)로 알려져 있다. 채퍼럴 토양은 얇고 척박하다. 이런 환경에서는 자연적인 화재가 특히 늦여름과 가을에 빈번하게 발생한다.

채퍼럴은 상록관목의 빽빽한 생장이 특징이며, 내건성 소나무와 관목성 참나무를 포함하고 있다. 비가내리는 겨울동안 경관은 무성하고 초록을 띄지만, 덥고 건조한 여름동안 식물은 휴면상태에 놓여있다. 목본과 관목류는 종종 수분손실을 막는 딱딱하고 작고 가죽질의 잎을 가진다. 또한 많은 식물들은 화재에 적응해 있어

초점

## 산의 식생분포

산을 오를 때 직면하는 주요 생물분포대는 북극쪽으로 여행하는 것과 유사하다(그림 참조). 북극으로 여행할 때와 마찬가지로 산을 오름에 따라 온도가 떨어지기 때문에 이런 고도-위도 유사성이 나타난다. 고도가 1000 m 증가함에 따라 온도는 약 6 정도 떨어진다. 온도가 변함에 따라 산지에서 성장하는 종의 유형도 변하게 된다.

예를 들어 콜로라도의 산의 기부에는 낙엽수림으로 덮혀있으며 고도가 높아짐에 따라 기후는 더 차가워지고 더욱 가혹해지며 북반구의 타이가와 닮은 침엽성의 아고산대림이 자란다. 이곳에는 가문비나무와 전나무가 우점종이다. 더 올라가면 산림은 희박해지고 나무는 점차 작아지고, 휘어지고, 목본의 한계고도에서 발견되는 **비틀린목재(krummholz)**라 불리는 관목성 목본이 된다. 목본한계선의 정확한 고도는 위도와 해안에서부터의 거리에 의존한다. 북위 35°와 50° 사이의 로키산맥에서 목본한계선은 북으로 위도가 1° 증가함에 따라 100 m 낮아진다.

목본한계선 위에는 기후가 매우 춥고, 벼과, 사초과 그리고 작은 군생식물들로 구성된 식생을 갖는 일종의 툰드라가 나타난다. 이들 대부분은 내한성이 큰 다년생 식물들이다. 이러한 툰드라를 북극툰드라와 구별하기 위해 *고산툰드라*(alpine tundra)라 부른다. 산의 정상부에는 생물이 거의 없는 극지방과 유사한 영구적인 얼음이나 눈 지붕이 발견된다.

고위도와 고산지대간에는 생물형에 영향을 미치는 중요한 환경적 차이가 존재한다. 고산툰드라는 전형적으로 영구동결대가 없으며 북극 툰드라보다 강우량이 많다. 온대산지의 고지에는 고위도에서 볼 수 있는 매우 긴 낮의 길이를 갖지 않는다. 빛의 강도는 고위도보다는 고도가 높은 곳이 더 강하다. 높은 고도에서는 태양 빛이 보다 적은 대기권(대기권에 의해 여과되는 양이 적다)을 투과하게 되어, 결과적으로 고위도에서보다 더 많은 자외선에 노출되게 된다.

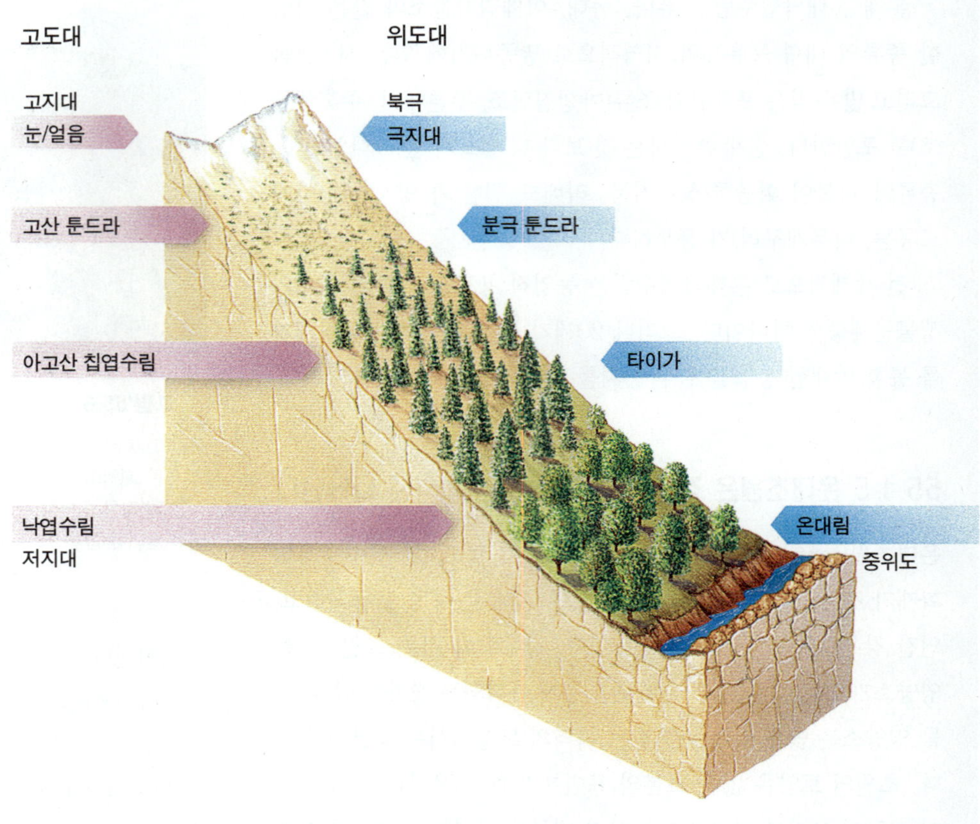


**고도와 위도대의 비교.**
산의 높은 고도에서 낮은 온도는 적도에서 북극으로 갈 때 접하게 되는 것과 유사한 일련의 생태계를 형성한다.

화재 후에 가장 잘 자란다. 그러한 생장은 화재를 입은 식물체의 지상부에 결합되어 있던 영양소가 화재로 인해 방출되기 때문에 가능하다. 그러나 일부 식물의 지하부와 다른 많은 식물의 종자는 화재에 의해서 죽지 않으며, 새로운 필수영양소를 이용함으로써 식물은 겨울 강우 동안 왕성하게 싹을 띄운다. 귀가 길고 꼬리 끝이 검은 사슴, 숲쥐, 브러시 토끼, 도마뱀, 그리고 많은 종류의 새(예, 벌새, scrub jay, bushtit)가 채퍼럴에 흔한 동물들이다.

토양을 보유하고 있는 뿌리를 갖는 채퍼럴 식생의 제거는 또한 이들 지역에서 겨울 강우 동안 때때로 발생하는 진흙사태와 같은 문제를 야기할 수 있다.

### 55.1.7 사막은 건조한 생태계이다

**사막(desert)**은 온대(저온 사막)와 아열대 또는 열대지역(고온 사막)에서 발견되는 건조한 지역이다. 북아메리카에는 4개의 대표적인 사막이 있다. 네바다, 유타 그리고 이웃하는 주에 걸쳐 있는 대분지사막은 산쑥이 우점하는 저온 사막이다. 용설란의 본고장인 치후아후안 사막은 멕시코, 텍사스와 뉴멕시코에서 발견된다(그림 52-7 참조). 다양한 종류의 선인장을 갖는 소노란 사막은 아리조나, 캘리포니아 그리고 멕시코에서 발견된다.

사막 대기의 낮은 수증기 함량은 춥고 더운 하루 동안의 온도 극단을 야기하는 까닭에 24시간 주기로 주요한 온도변화가 일어난다. 사막은 연간 25 cm 보다 적은 강우량에 아주 크게 의존하여 변화한다. 몇몇 사막은 아주 건조하여 실제로 어떠한 식물도 나타나지 않는다. 빈약한 식생의 결과 사막 토양은 낮은 유기물 함량을 보이며, 특히 NaCl, $CaCO_3$, $CaSO_4$와 같은 염으로 인해 때때로 높은 무기물 함량을 나타낸다. 유타 그리고 네바다와 같은 일부 지역에서는 자연적으로 발생하는 특정 토양 무기영양소의 농도가 많은 식물에 독성을 미치는 수준까지 도달한다.

사막 식생은 다년생식물과 강우 후 꽃이 피는 1년생 식물을 포함한다. 북아메리카 사막에는 선인장, 유카, 용설란 그리고 산쑥과 같은 식물이 나타난다. 사막 식물은 수분을 보유하기 위한 적응의 일환으로 잎이 없거나 잎이 감소된 경향이 있다. 예를 들어 큰 기둥선인장과 같은 선인장에서 광합성은 줄기에서 일어나며 줄기는 또한 물을 저장하기 위해 아코디온처럼 팽창하게 된다 잎은 가시로 변형되었으며 이러한 가시는 포식자를 단념시키게 된다. 다른 사막식물은 연중 대부분 시간 동안에는 잎을 벗고 있다가 짧은 강우기 동안에만 성장한다. 많은 사막식물들은 먹이 및 수분부족 환경에서 종종 경험하는 심한 초식압을 견뎌내기 위해 방어용 가시모양의 돌기, 가시, 독성물질을 보유하고 있다.

사막 동물은 소형화되는 경향이 있다. 낮의 열기 동안 이들 동물은 피난처에 머물거나 주기적으로 대피소로 되돌아가는 반면, 밤에는 풀을 뜯거나 사냥을 위해 밖으로 나온다. 사막-적응 곤충 이외에도 사막에는 특수화된 많은 사막 파충류(사막이구아나, 사막거북, 방울뱀 등)와 소수의 사막-적응 양서류(서부산 삽 모양의 발을 가진 두꺼비)가 있다. 포유동물에는 아메리카산 캥거루쥐와 같은 설치류가 있으며, 이들은 음용수를 필요로 하지 않고 먹이(1차적으로 종자와 곤충)에 포함된 수분함량만을 전적으로 먹고 산다. 아메리카 사막은 잭멧토끼의 본고장인 반면, 호주 사막에는 캥거루가 있다. 아프리카 여우 같은 육식자 및 올빼미와 같은 일부 조류 포식자는 설치류와 토끼를 먹고 산다. 가장 건조한 달 동안에는 많은 사막 곤충, 양서류, 파충류, 포유류는 지하에 굴을 파고 이곳에서 비활동성 상태로 머무른다. 이러한 휴면기를 *하면*(aestivation)이라 부른다.

인간은 다양한 방법으로 북미사막을 변화시키고 있다. 비포장용 차량은 사막 식생에 피해를 입히는데 때때로 회복하는데 많은 시간이 걸린다. 사막토양의 표층이 방해를 받으면 매우 빠른 속도로 침식이 일어나며, 고유 동물을 부양할 정도로 식생이 자라지 못한다.

### 55.1.8 사바나는 소수의 목본류를 갖는 열대 초원이다

**사바나**(savanna) 생물군계는 낮은 목본류가 넓게 산재하고 있는 열대 초원이다(▌**그림 55-7**). 사바나는 비교적 적고 지속된 건기를 갖는 계절적 강우를 보이는 지역에서 발견된다. 사바나의 온도는 연중 변화가 거의 없으며, 계절성은 온대초원처럼 온도에 의해 영향을 받는 것이 아니라 강우에 의해 조절되어진다. 연간 강우량은 85–150 cm 정도이고 토양은 부분적으로는 심한 용탈로 인해 필수영양소가 적다. 사바나 토양은 용탈을 방해하는 알루미늄이 풍부하며 어떤 장소에는 많은 식물에 독성이 되는 수준으로 알루미늄이 포함되어 있다.

사바나의 특징은 초식동물로부터 방어하기 위해 가시로 덮여

Carlyn Iverson

**그림 55-7 사바나.**
탄자니아의 아프리카 사바나의 그림 전경에 보이는 소형동물은 톰슨가젤(*Gazella thomsonii*)이고, 나무 옆의 큰 동물은 누(*Connochaetes taurinus*)이다.

있는 아카시아(*Acacia*)와 같이 드문드문 나 있는 목본에 의해 단절되는 방대한 초본들을 갖는다는 점이다. 목본과 초본류는 방대한 지하 근계와 같은 화재에 적응된 외형을 갖는데, 이것은 사바나를 전소시키는 주기적인 화재와 마찬가지로 계절적인 건조에서도 식물들을 생존 가능하게 한다.

지구상의 가장 큰 유제류 무리가 아프리카의 사바나에서 나타난다. 이곳에는 누, 영양, 기린, 얼룩말 그리고 코끼리를 포함하여 거대한 초식동물 무리가 살고 있다. 계절적으로 강우가 변하는 지역에서는 초식동물 무리와 포식자가 매년 이주를 한다.

사바나는 소와 다른 가축을 위한 방목지로 급속히 변경되어지고 있는 중이며, 이들 가축들이 큰 무리의 야생동물을 대체하고 있다. 일부 지역에서 가축에 의한 과방목은 사바나 가장자리를 **사막화**(desertification)라 불리는 과정인 사막으로의 전환시키는데 큰 역할을 하고 있다. 사막화에 있어 과방목에 의해 야기되는 감소된 식피는 바람과 물이 표토를 제거함으로써 토양을 침식시킨다. 사막화는 곡물이나 가축의 부양할 수 있는 땅의 능력을 감소시킴으로써, 생산성을 감소시키는 점진적인 과정이다.

## 55.1.9 2가지의 기본적인 열대우림형이 있다

많은 종류의 열대우림이 있지만 일반적으로 열대건조림과 열대우림으로 분류된다. **열대건조림**(tropical dry forest)은 건기와 우기(매년 2내지 3개월)의 영향을 받는 지역에서 나타난다. 연간 강우량은 150–200 cm이다. 많은 열대 나무들은 온대나무들이 겨울동안 잎이 떨어지듯이 건기동안 잎이 탈락하고 휴지상태로 있게 된다. 때때로 초본류의 빽빽한 하층은 수관이 열려있는 건기동안 발달하게 된다. 인도, 브라질, 태국, 그리고 멕시코에는 열대건조림을 갖는 일부 지역이 있다. 열대건조림은 건조한 가장자리에는 사바나 그리고 습한 가장자리에는 열대우림으로 되어있는 중간지역이 있다. 이런 삼림은 벌목 및 가축의 과방목에 의해 광범위로 단편화되고 붕괴되어지고 있다.

**열대우림**(tropical rain forest)은 연중 온도가 온화하고 비가 거의 매일 내리는 지역에 나타난다. 열대우림의 연간 강우량은 200–400 cm이다. 이러한 많은 강우는 삼림내의 목본으로부터 증산에 의해 대기로 유입되었던 물이 지역적으로 재순환되어 내리게 된다. 열대우림은 지층이 오래되고, 매우 풍화되어 있고 영양소가 부족한 토양에 종종 위치하고 있다. 그러한 토양에는 유기물이 거의 축적되지 않는다. 연중 온도가 높고 토양수분이 풍부하기 때문에 분해자나 부식영양자인 개미와 흰개미가 유기질의 낙엽낙지를 매우 급속하게 분해시킨다. 분해되는 물질로부터의 무기영양소는 방대한 뿌리망과 균근에 의해 신속하게 흡수되게 된다. 따라서 열대우림의 무기영양소는 토양보다는 오히려 식생에 결합되어 있다.

열대우림은 중미와 남미, 아프리카 그리고 동남아시아에서 발견된다. 열대우림은 토양속의 무기영양소가 빈약함에도 불구하고 매우 생산성이 높다. 열대우림의 식물은 풍부한 태양에너지와 강우에 자극되어 상당량의 에너지를 광합성에 의해 획득한다. 생물군계중 종풍부도에 있어 열대우림을 대적할만한 것이 없다.

열대우림의 대부분의 나무들은 상록의 현화식물이다(**그림 55-8a**). 완전하게 발달된 우림은 3개 또는 그이상의 뚜렷한 식생층을 갖는다. 최상층은 가장 오래되고, 일부 종은 50 m 이상이 되는 가장 키 큰 나무들로 구성되어 있다 이들 나무들은 직사광에 노출되어 있으며 가장 따뜻한 온도, 낮은 습도, 그리고 강한 바람의 영향을 받기 쉽다. 30에서 40 m의 높이에 이르는 중간층은 윗부분에 빈약한 하층을 유지하는데 필요한 소량의 빛만을 통과시키는 연속적인 잎의 수관을 형성한다. 삼림의 수관을 뒤덮는 빛 중의 단지 2 내지 3% 만이 바람이 거의 없고 상대적으로 춥고 습한 하층에 도달한다. 하층 자체는 음지에 적응한 작은 식물과 큰 나무의 묘목으로 구성되어 있다. 강뚝 근처나 쓰러진 나무가 수관을 연 지역을 제외하고는 지면부에서는 식생 밀도가 낮다.

열대우림의 목본은 난초나 브로멜리아와 같은 소형 식물의 방대한 착생군집을 부양하고 있다. 착생식물은 물리적인 지지를 위해 숙주 나무를 이용할 뿐 영양섭취를 위한 것이 아니다.

삼림의 하층까지 빛이 거의 통과하지 못하기 때문에 이곳에 사는 많은 식물들은 이미 확립된 숙주식물을 타고 올라가는데 적응해 있다. 사람의 넓적다리처럼 두꺼운 일부 덩굴나무(목본성 열대덩굴)는 열대우림 목본의 가지를 완전히 나선모양으로 싸고 있다(**그림 55-8b**). 일단 수관에서 덩굴나무가 우림나무의 상부 가지에서부터 다른 가지까지 자라게 되면 나무의 정상부를 서로 연결시키고 수관에 있는 많은 거주자를 위한 통로를 제공하게 된다. 덩굴나무와 초본성 덩굴은 나무에 서식하고 있는 동물들에게 꿀과 과일을 제공한다.

세균이나 토양에 서식하고 있는 생물체를 헤아릴 수 는 없지만 열대우림 생물체의 약 90%는 중간과 상부 수관에서 살고 있다. 우림의 동물은 지구상에서 가장 풍부하고 다양한 곤충, 파충류, 양서류의 동물상을 갖는다. 과일을 소비하기 위해 특수화된 일부 새(앵무새)와 꿀을 소비하기 위해 특수화된 새(벌새, 태양새)를 포함하여 조류 역시 다양하다. 코끼리를 포함하여 일부 대형 육상동물이 열대우림에서 발견되지만 나무늘보, 원숭이를 포함하여 대

**(a)** 동남아시아의 강기슭을 따라 나타나는 열대우림 식생의 전망. 강기슭을 제외하고 열대우림은 임상 내로 빛이 거의 들어오지 않는 빽빽한 수관을 갖는다.

**(b)** 착생식물로 덮여있는 덩굴식물은 지지를 위해 나무줄기를 이용하여 수관으로 자란다. 코스타리카에서 촬영함.

**그림 55-12 열대우림.**

부분의 우림 포유류는 나무에서만 살아가고 있으며 지면으로 거의 내려오지 않는다.

조만간 시행되어지는 강력한 보존 법령이 없다면 열대우림지대에서 인간개체군 성장과 농업 및 산업 확대가 22세기 중반 무렵 마지막 남은 열대우림을 대체하게 될 것이다. 생물학자는 많은 열대종이 확인되어 학술적으로 기재되기 전에 멸종할 것이라는 것을 알고 있다(열대우림의 파괴는 56장에서 논의된다).

**복습**

- 생물군계를 만드는 기후와 토양 요인들은 무엇인가?
- 아래 생물군계에서 발견되는 대표적 생명체는 무엇인가?
  (1) 타이가 (2) 온대낙엽수림 (3) 온대강우림 (4) 열대우림
- 인간이 사는 생물군계는 무엇인가?
- 툰드라와 사막의 차이점은 무엇인가? 온대초원과 사바나와는 어떻게 다른가?

## 55.2 수생태계

**학습목표**

3 수생태계에 영향을 미치는 중요한 환경인자들을 설명할 수 있다.

4 플랑크톤, 유영생물, 저서생물을 구별할 수 있다.

5 각 생태계의 환경적 특성과 대표적인 생물체에 주의하면서 다양한 담수, 기수, 해양생태계를 간단히 기술할 수 있다.

6 기술된 각 수생태계에 대해 적어도 한가지의 인간영향을 기술할 수 있다.

**수생태계(aquatic ecosystem)**는 수생 생활 구역의 경계를 결정하는데 도움이 되는 염도처럼 1차적으로 무생물적 요인에 의해 분류된다. **염도(salinity)**는 용존산소와 마찬가지로 수생태계에 존재하는 생물의 종류에 영향을 미친다. 물은 현저하게 빛을 투과를 방해하기 때문에 부유성 수생생물체는 물의 표면 근처에서만 광합성을 하며 바닥에 부착된 식생은 얕은 물에서만 성장할 수 있다. 부가적으로 낮은 필수영양소 농도는 종종 특정 수계환경에서 생물의 수와 분포를 제한한다. 수생태계에서 종조성에 대한 다른 무생물적 결정인자에는 수심, 온도, pH, 파도와 조류의 유무가 있다.

수생태계는 3가지의 주요한 생태적인 생물그룹이 있다: 플랑크톤, 강하게 움직이는 유영생물, 바닥에 거주하는 저서생물이 있다. **플랑크톤(plankton)**은 비교적으로 약하게 움직이는 대개 작거나 현미경적인 생물체이다. 대부분의 경우, 이들은 조류나 파도의 도움으로 움직인다. 이들은 수평적으로는 멀리 이동할 수 없고 일부 종들은 대규모의 수직이동을 할 수 있으며 하루 또는 다른 계절에 상이한 물 깊이에서 발견된다. **식물성플랑**

**크톤**(phytoplankton, 광합성남세균 및 자유유영조류)은 대부분의 수계 먹이망의 바탕을 형성하는 생산자이다. **동물성플랑크톤**(zooplankton)은 비광합성 생물체로 원생생물, 소형갑각류 그리고 많은 동물의 유생단계를 포함한다. **유영생물**(nekton)은 어류, 거북, 고래와 같이 대형이고 가장 강하게 헤엄을 치는 생물체이다. **저서생물**(benthos)은 바닥에 거주하는 생물체로 한 장소에 고착하거나(해면, 굴, 따개비 등), 모래에 굴을 파거나(많은 연충류, 극피동물) 또는 바닥위를 걷거나 헤엄을 치는 종류(가재류, 수생곤충 유생 등)가 있다.

## 55.2.1 담수생태계는 육지 및 해양생태계와 밀접하게 연관되어 있다

담수생태계에는 계류와 하천(유수생태계), 연못 및 호수(정수생태계) 그리고 소택지와 소택림(담수습지)이 포함된다. 각 담수생태계 유형은 자신의 독특한 무생물적 환경과 특징적인 생물을 갖는다. 비록 담수생태계가 지표면의 비교적 적은 부분(약 2%)을 차지할지라도 물의 순환에 중요한 역할을 한다: 이들은 지표를 흘러 대양으로 흘러가는 강우를 재순환시키는데 도움을 준다(54장의 물의 순환을 참조). 또한 거대한 담수체는 근처 육지의 일일 및 계절적인 온도변화를 완화시키는데 도움을 준다. 담수 서식처는 또한 많은 종들의 안식처를 제공한다.

### (1) 계류와 하천은 유수생태계이다

계류와 하천을 따라 많은 상이한 환경들이 나타난다(▮ 그림 55-9). **유수생태계**(flowing-water ecosystem)의 특징은 수원에서부터 하구에 이르기까지 매우 크게 변화한다는 점이다. 상류는 대개 얕고 맑고, 차갑고, 급류이며 산소가 많이 녹아 있다. 반대로 수원 아래에 있는 하천은 넓고, 깊고, 흐리고(부유물질을 함유), 차갑지 않고, 느리게 흐르며, 산소함량이 적다. 주변 삼림은 계류와 하천의 특정부위에 그늘을 만들기도 하며, 다른 부분은 직사광에 노출되어 있다. 계류 또는 하천의 일부분을 따라 바닥 위의 퇴적물로부터 지하수가 넘쳐 나온다 이런 국지적인 물의 유입은 수온을 완화시킴으로서 유수생태계의 인접 부위 보다 여름온도를 더 시원하게 하고 겨울 온도를 더 따뜻하게 한다.

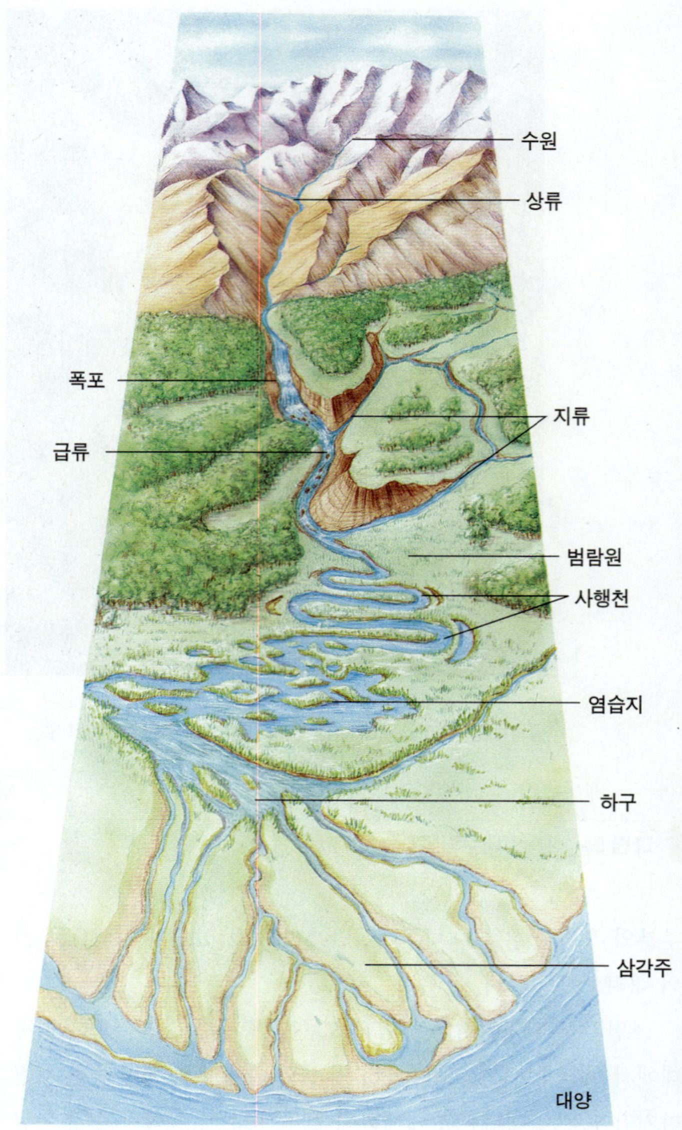


**그림 55-9 전형적인 하천의 모습.**

산의 높은 곳에 있고 녹는 눈이나 빙하에 의해 공급되는 수원으로부터 하천은 시작한다. 상류에서는 종종 바위(급류)나 절벽(폭포)을 거쳐 하류로 물이 빠르게 흐른다. 흐르는 도중에 지류라 불리는 소형 계류는 하천으로 흘러 들어가고 유량을 증가시킨다. 하천의 진행이 완만해 짐에 따라 흐름이 더욱 느려지고 사행천이라 불리는 굴곡을 형성하면서 바람이 좌우로 불게 된다. 범람원(floodplain)은 물에 잠기기 쉬운 하천 옆의 비교적 편평한 지역이다. 일부 범람원은 아주 크며, 미시시피강의 범람원은 넓이가 130 Km에 달한다. 대양근처에서 하천은 담수와 해수가 혼합하는 염습지를 형성한다. 대양으로 흘러 드는 유속이 느린 하천에 의해 퇴적된 침전물은 하구에 비옥하고 낮게 펼쳐져 있는 충적평야인 삼각주를 형성한다.

유수생태계에서 발견되는 생물종류들은 1차적으로 흐름의 강도에 의존하여 계류에 따라 매우 다양하다. 유속이 빠른 계류에 서식하는 생물체는 휩쓸려 가지 않기 위해 바위에 자신을 부착하기 위한 흡반과 같은 적응형태를 갖는다. 예를 들어 검은물고기의 유생은 배의 끝부분에 자리 잡고 있는 흡입판으로 자신을 부착시킨다. 미성숙 딱정벌레류와 같이 계류에 살고 있는 일부 생물체는 바위 아래나 사이에 미끄러져 들어갈 수 있는 납작한 몸을 가진다. 대체로 갈색 연어와 같은 생물은 흐르는 물속에서도 충분히 유영할 수 있는 근육과 유선형 몸을 갖는다.

다른 담수 생태계와는 달리 계류와 하천은 그들 에너지의 대부분을 육지에 의존한다. 상류에서는 유입에너지의 99%가 바람이나 표면유출에 의해 육지에서부터 계류와 하천으로 이동되는 퇴적 및 부생물질(잎과 같은 죽은 유기물)로부터 유래한다. 하류에서 하천은 더 많은 생산자를 포함하고 있기 때문에 상류보다는 에너지원으로 퇴적물질에 대한 의존도가 낮다.

인간활동은 하천과 계류에 수질 오염, 댐의 영향 등 몇몇 부정적인 영향을 준다. 댐은 댐의 상류나 하류 유수생태계의 본질을 변화시킨다. 오염은 유수생태계의 물리적인 환경을 변경시키고 오염원 하류의 생물학적 조성을 변화시킨다. 댐은 큰 육지면적을 관개하고 저장고를 형성함으로서 물의 역류를 야기하여 육상생태계를 파괴한다.

### (2) 연못과 호수는 정수생태계이다

**정수생태계**(standing-water ecosystem)는 대상분포의 특성을 갖는다. 큰 호수는 기본적인 3개의 지역, 연안대, 원수대 그리고 심연대가 있다(**그림 55-10**).

**연안대**(littoral zone)는 호수나 연못의 기슭을 따라 물이 얕은 지역이다. 이곳에는 부들과 흑삼릉처럼 뿌리를 내리는 정수식생 이외에도 더 깊은 곳에 서식하는 수생식물과 조류가 있다. 연안대는 호수에서 가장 생산력이 높은 곳이다. 연안대에서 부분적으로는 빛이 풍부하고 주변 육지로부터 식물과 조류의 생장을 자극하는 영양소가 유입되기 때문에 광합성이 가장 활발하다. 연안대의 동물로는 개구리와 올챙이, 거북이, 지렁이류, 가재류와 다른 갑각류, 곤충의 유생, 농어, 잉어 그리고 배스와 같은 어류가 있다. 소금쟁이 그리고 물매암이와 같은 수면 서식자도 발견된다.

**원수대**(limnetic zone)는 연안대의 범위를 넘어, 즉 기슭에서 멀리 떨어진 열려있는 지역으로 빛이 투과하는 지역이다. 원수대의 주요 생물로는 현미경적인 플랑크톤과 동물성 플랑크톤 그리고 대형어류가 존재한다. 물의 깊이 때문에 연안대에 비해 원수대에는 거의 식생이 없다.

큰 호수의 원수대 바로 밑에는 **심연대**(profundal zone)가 있다. 이런 깊이까지 빛이 효과적으로 투과되지 않기 때문에 이곳에는 식물과 조류가 살지 않는다. 연안대와 원수대로부터 심연대로 먹이가 떠내려간다. 세균은 심연대에 도달하는 식물과 동물의 사체를 분해하여, 무기영양소를 방출시킨다. 무기영양소를 섭취하고 먹이망 내로 이들을 결합시키는 광합성생물체가 존재하지 않기 때문에 이들 무기영양소가 효과적으로 재순환되지 않는다. 결과적으로 심연대는 혐기성세균이외에는 다른 생물체가 거의 없어서 무기영양소가 풍부하고 혐기상태(산소결핍)로 되는 경향이 있다.

**온대호수에서 온도성층화.** 온대 지역의 대형 호수에는 **온도성층화**(thermal stratification) 가 두드러지며, 호수 내에는 깊이에 따라 온도가 급격히 변한다(**그림 55-11a**). 여름철 표면의 물이 따뜻해지게 되면 물의 밀도가 낮아지기 때문에 온도성층화가 발생한다. 여름에 차가운 물(물의 밀도가 높음)은 호수의 바닥에 머물러 있으며 **수온약층**(thermocline)이라 불리는 가파른 온도 변화에 의해 상부의 따뜻한 물(밀도가 낮음)과 분리된다. 온도와 산소(차가운 물에 용존산소가 더 많음)의 계절적 분포는 호수의 어류 분포에 영향을 미친다.

온대의 호수에서 가을철의 온도하락은 **가을회전**(fall turnover)이라 불리는 호수내 물의 혼합을 야기한다(**그림 55-11b**; 1). 표

**그림 55-10 큰 호수에서 대상분포.**

호수는 육지로 둘러싸인 정수생태계이다. 호수주위의 식생은 일정한 비례로 그려지지 않았다.

면수가 4℃로 차가워짐에 따라 물의 밀도가 증가하고 결국에는 물이 가라앉게 되어 밀도가 낮고 온도가 더 높고 무기영양소가 많은 하층의 물을 치환한다. 그때 온도가 높은 물은 표면으로 떠오르게 되고 이곳에서 다시 차가워져서 가라앉게 된다. 이러한 냉각과 가라앉음의 과정은 전체 호수가 균일한 온도에 도달할 때까지 계속된다. 겨울이 오면(②) 표면수는 밀도가 가장 높은 온도인 4℃이하로 차가워지며 충분히 냉각되면 얼음이 형성된다. 0℃에서 만들어지는 얼음은 냉각수보다는 밀도가 낮다: 따라서 표면에 얼음이 형성되고 호수바닥에 있는 물은 표면의 얼음보다 더 따뜻하게 된다. 봄에는(③) 얼음이 녹고 표면수가 4℃에 도달함에 따라 **봄회전**(spring turnover)이 일어난다. 표면수는 다시 바닥으로 가라앉고 바닥의 물은 표면으로 올라온다. 여름에 도달할 때(④) 온도성층화가 다시 한 번 일어난다.

봄과 가을의 회전동안 깊고 영양소가 풍부한 물과 표면의 영양소가 빈약한 물과의 혼합은 필수무기영양소를 표면으로 가져오며 산소가 풍부한 물은 밑바닥으로 보내게 된다. 표면수에 다량의 필수무기영양소의 갑작스런 출현은 거대한 조류 및 남세균 개체군의 발달을 촉진시키며 이것은 봄과 가을에 일시적인 **수화**(bloom)를 야기시킨다.

**영양소의 증가와 조류 생장.** 수체의 영양화는 높은 농도의 질소와 인과 같은 영양소에 의해 야기된다. 오수 그리고 잔디밭과 농장으로부터 유출된 비료로부터 과도한 이들 영양소가 수로로 들어간다. 영양이 풍부한 연못과 호수를 부영양화 상태라고 말한다. 영양소에 의해 부양되는 방대한 조류와 남세균의 존재로 인해 부영양 연못과 호수의 물은 흐려진다. 종조성은 영양화된 호수와 영양화되지 않은 호수에서 차이를 보이고 있다. 예를 들어, 미국 북동부의 영양화되지 않은 호수의 용존산소가 많고, 깊고 차가운 부분에 창꼬치, 철갑상어, 송어가 살고 있는 반면, 부영양화된 호수에는 호수바닥에 방대한 양의 분해물 때문에 깊고 차가운 부위에 용존산소가 고갈되어 있다. 따라서 창꼬치, 철갑상어, 송어와 같은 어류가 죽어가며 낮은 용존산소 농도에서도 견딜 수 있는 메기와 잉어 같은 물고기로 대체되고 있다.

세제의 인산함량, 가축폐기물 및 식물잔해와 마찬가지로 육지에서 비료의 유출이 여전히 부영양화 문제를 야기하고 있다.

### (3) 담수습지는 수생과 육상생태계 사이의 전이지대이다

**담수습지**(freshwater wetland)는 적어도 부분적으로는 연중 얕은 물로 대개 덮여 있으며, 특징적인 토양과 물에 내성이 있는 식생을 갖는다. 담수습지에는 초본류의 식물이 우점하는 소택지와 목본과 관목이 우점하고 있는 소택림이 있다. 또한 담수습지에는 활엽수로 되어있는 저지림(계류와 하천을 따라 주기적으로 범람되는 저지대), 초원지대의 연못 그리고 이탄 습원(물이끼가 우점하는 이탄이 축적된 습지)을 포함한다.

매우 생산력이 높은 습지식물은 매우 다양한 생물체를 부양하기 충분한 먹이를 제공한다. 습지는 이주하는 물새류 및 다양한

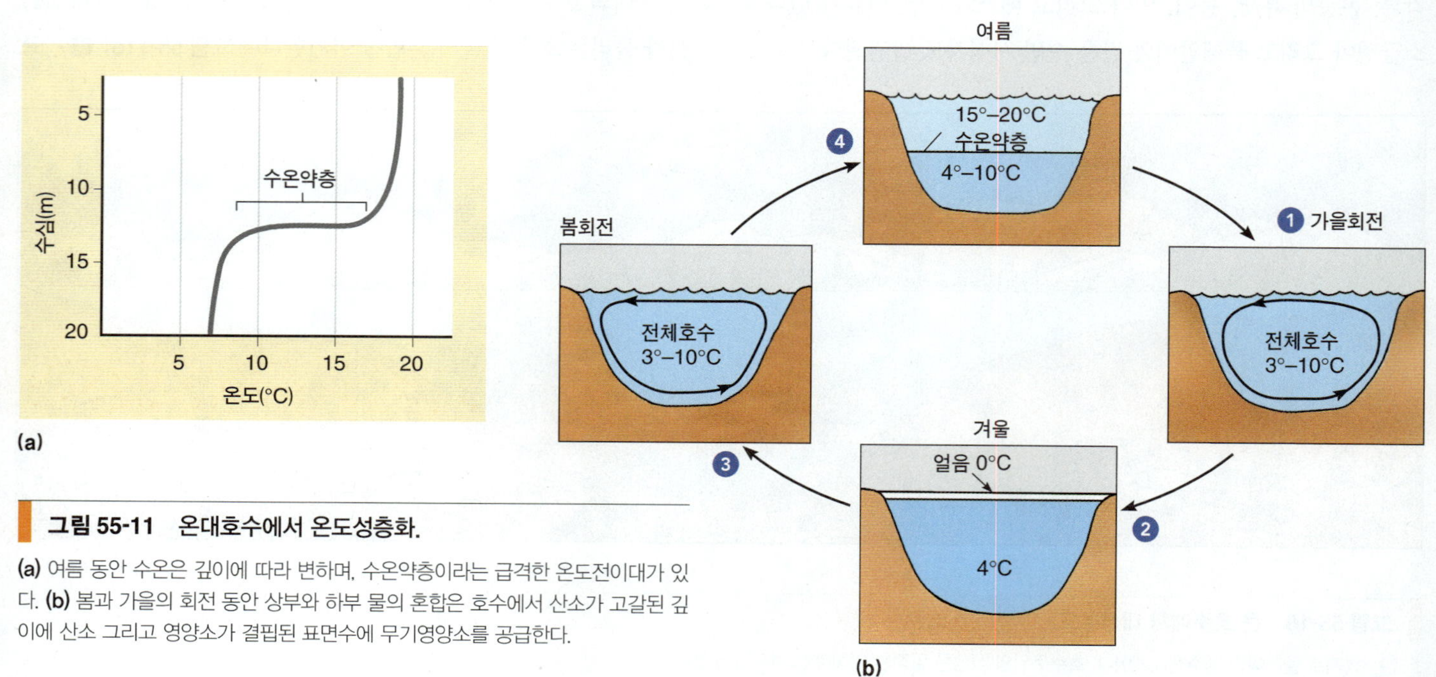


**그림 55-11 온대호수에서 온도성층화.**

(a) 여름 동안 수온은 깊이에 따라 변하며, 수온약층이라는 급격한 온도전이대가 있다. (b) 봄과 가을의 회전 동안 상부와 하부 물의 혼합은 호수에서 산소가 고갈된 깊이에 산소 그리고 영양소가 결핍된 표면수에 무기영양소를 공급한다.

조류, 비버, 수달, 사향뒤쥐 그리고 낚시 물고기와 같은 야생생물의 서식처로서 가치가 있다. 습지는 홍수 시 강물이 넘칠 때 과도한 물의 보유지로 작용함으로써 범람을 조절하는데 도움을 준다. 습지에 저장된 물은 다시 강으로 서서히 배수가 됨으로써 연중 안정적인 물의 흐름을 제공해 준다. 또한 습지는 지하수의 재충전 지역으로 적합하다. 가장 중요한 습지의 역할은 범람된 토양에 오염물질을 포획하고 보유함으로써 물을 깨끗하고 맑게 하는데 도움을 준다. 이런 중요한 환경적 기능을 **생태계 서비스(ecosystem services)**라 한다.

습지가 제공하는 결정적인 생태계 서비스는 최근에야 널리 인식되게 되었으며 습지가 일부 법적인 보호를 받지만 농업, 오염, 토목공사(댐), 그리고 도시 및 근교 개발에 의해 여전히 위협받고 있다.

## 55.2.2 하구역은 담수와 해수가 만나는 곳에 생긴다

**하구역(estuary)**은 부분적으로는 육지로 둘러싸여 있고 대양에 접근해 있으며 강으로부터 담수가 다량으로 공급되는 해안의 수체이다. 하구역에서 수위는 조수에 따라 오르내리는 반면, 염도는 조수의 주기, 1년의 시기 그리고 강우에 따라 변동한다. 또한 염도는 하구역내에서도 강입구의 담수에서부터 하구역 입구에 있는 해양수까지 점차적으로 변화한다. 하구역은 일일, 계절별, 연간 뚜렷한 온도, 염도 그리고 다른 물리적 변화를 보이기 때문에 하구역 생물체는 그러한 변화에 대해 넓은 내성을 가져야만 한다.

하구역은 이웃하는 대양이나 담수하천보다 생산성이 현저히 높은 세계에서 가장 비옥한 생태계 중의 하나이다(표 54-1 참조). 이런 높은 생산성은 4가지 요인에 기인한다. 첫째로, 조수의 작용이 영양소의 빠른 순환을 촉진시키고 폐기물의 제거에 도움을 주며, 둘째로 무기영양소가 육지에서부터 계류나 하천을 통해 하구역으로 흘러 들어가며, 셋째로 다량의 빛이 얕은 물을 투과되며, 마지막으로 많은 식물의 존재는 방대한 광합성 표면을 제공하며, 또한 부생 먹이망의 토대를 형성함으로써 기계적으로 퇴적물을 포획한다. 상업적으로 매우 중요한 어류, 갑각류는 기수역의 썩어가고 있는 줄기들의 보호용얽힘 속에서 유생시기를 보내고 있다.

온대의 하구역은 대개 염-내성 초본이 우점하고 있는 얕은 습지인 **염습지(salt marsh)**를 포함하고 있다. 염습지는 가치 없는 것으로 간주되어 심하게 오염되게 되었으며 매립되었다. 생물학적 서식처, 퇴적물 및 오염의 포획, 지하수 공급, 폭풍의 완화(염습지는 폭풍 해일의 많은 에너지를 흡수함으로써 다른 지역에서의 범람 피해를 막는다) 등 염습지의 많은 생태계 서비스와 함께 하구역 환경의 많은 부분들이 이러한 방법으로 소실되어 왔다.

Patti Murray/Earth Scenes

**그림 55-12 맹그로브 림.**

적색 맹그로브(*Rhizophora mangle*)는 나무는 지주모양의 뿌리를 갖는다. 많은 동물이 복잡한 뿌리계를 갖는 맹그로브 림에 살고 있다. 마이애미 근처의 플로리다해안을 따라 간조 시에 촬영함.

염습지에 해당하는 열대의 **맹그로브림(mangrove forest**, 홍수림)은 열대해안선의 약 70%를 차지하고 있다. 염습지처럼 맹그로브림은 가치있는 생태계 서비스를 제공하고 있다. 이들의 서로 얽혀 있는 뿌리는 미국동해안산 바다게, 새우, 숭어류, 점박이바다송어와 같이 일부 상업적으로 중요한 어류 및 갑각류의 산란장소 및 양어장이 된다(**그림 55-12**). 맹그로브 가지는 페리칸, 왜가리, 큰해오라기, 노랑부리저어새류와 같은 많은 조류 종의 부화장소이다. 맹그로브 뿌리는 퇴적물을 안정화시켜 해안침식을 막고 폭풍우 동안 대양에 대항하는 장벽이 된다. 맹그로브는 농업시설과 지탱할 수 없을 정도의 벌목을 포함하여 해안개발로 부터 강력한 공격을 받고 있는 중이다. 필리핀, 방글라데시, 기니비사우와 같은 국가에서는 2/3 이상의 맹그로브림이 제거되고 있다.

## 55.2.3 해양생태계가 지표면을 대부분을 차지한다

대양은 호수와는 많은 차이를 보이고 있으며, 가장 깊은 호수의 깊이조차 대양의 심연 깊이에 도달하지 못하며, 심연(abysses)은 햇빛을 받는 표면아래의 6 km 이상 뻗쳐있는 극단적으로 깊은 지역

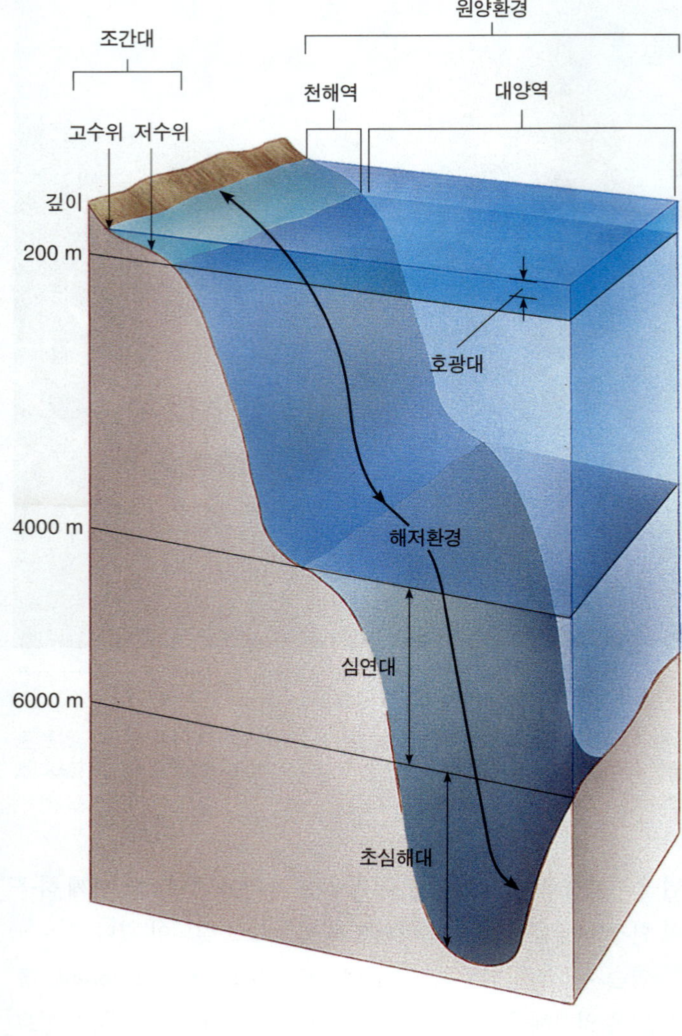


**그림 55-13** 대양에서의 대상분포.

대양은 조간대, 저서환경 그리고 원양환경의 3개의 주요한 생활대를 갖는다. 원양환경은 천해역과 대양역으로 구성되어 있다(대양저의 경사는 그림에서 보는 것처럼 급하지 않다)

이다. 조수와 해류가 대양에 큰 영향을 미친다. 태양과 달의 중력에 의한 당김은 대양 곳곳에서 매일 2번의 조수를 만들어내지만 이들 조수의 크기는 계절, 지역적인 지형 및 달의 양상(보름달과 새로운 달이 가장 큰 조수를 야기한다)에 따라 변화한다.

거대하고 매우 복잡한 해양환경은 조간대 지역, 해저환경(대양 바닥) 그리고 원양환경(대양 수)으로 세분화된다(**그림 55-13**). 원양환경은 다시 천해역과 대양역으로 나누어진다.

### (1) 조간대는 육지와 대양간의 전이대이다

간조와 만조 사이의 해안선 지역을 **조간대(intertidal zone)**라 한다. 충분한 산소를 포함하여 다량의 빛과 영양소가 조간대를 생물학적으로 생산력이 있는 환경으로 만들지만 또한 스트레스가 많은 환경이다. 만일 조간대 해변이 모래로 되어 있으면 이곳에 서식하는 생물은 파도작용의 영향을 받고 있으며, 끊임없이 바뀌는 환경과 경쟁해야만 한다. 결과적으로 모래에 서식하는 생물은 두더지 게와 같이 계속적으로 굴을 파게 된다.

바위해안은 해초와 무척추동물을 위한 멋진 정박지를 제공한다. 그러나 바위해안은 만조동안에는 잠겨있어 파도작용에 항상 노출되어 있으며 간조동안에는 공기 중에 노출되어 건조 및 온도 변화의 영향을 받는다. 바위해안에 서식하는 생물은 어쩌면 껍질을 닫음으로써 수분손실을 막는 몇몇 방법과 만일 하나를 가진다면 자신에 바위에 정착시키는 강력한 수단을 가지고 있다. 예를 들어 조개류는 뿔 모양의 실과 같은 닻을 가지며 굴은 특수한 시멘트 분비선을 갖는다. 바위해안의 조간대 조류(해조)는 대개 두껍고, 껌과 같은 다당류 외막을 가지는데 이것은 노출되었을 때 서서히 건조되며 유연한 신체는 파도작용에 의해 쉽게 파괴되지 않는다. 몇몇 바위해안 군집에 서식하는 생물은 간조 시에 굴이나 바위틈에 숨는다.

### (2) 해초대, 켈프림, 산호초는 해저환경의 주요한 부분이다

**해저환경(benthic environment)**는 대양의 바닥으로 육지로부터의 거리, 빛의 이용성 그리고 깊이에 바탕을 둔 영역으로 나누어진다. 해저환경은 퇴적물로 이루어져 있으며, 퇴적물에는 연충류, 패류, 굴을파는 동물과 같은 많은 해양동물이 있다. 세균 또한 퇴적물에 보편적이며 살아있는 세균이 태평양의 다양한 지점에 있는 500 m 이상의 깊이에 있는 해저바닥의 퇴적물에서도 발견되고 있다. **심연대(abyssal zone)**는 해저환경의 부분으로서 수심 4000~6000 m 깊이에 펼쳐져 있다(54장의 *초점: 빛이 없는 삶*은 심해저대에서 열수공에 보기 드문 몇몇 생물을 묘사하고 있다). **초심해대(hadal zone)**은 6,000 m 이상 깊이의 해저환경의 한 부분이다.

얕은 대양수에는 해초대, 켈프림 그리고 산호초 군집이 나타나며, **해초(sea grass)**는 진정한 풀은 아니지만 염분을 갖는 대양수에 완전 침수에도 적응한 현화식물이다. 이들은 효과적으로 광합성하는데 충분한 빛을 받는 10 m 깊이의 얕은 물에서만 나타난다. 방대한 해초대는 온화한 온대, 아열대 그리고 열대의 물에서만 나타나지만 극지방의 물에서는 나타나지 않는다. 해초는 높은 1차생산성을 가지기 때문에 얕은 해양지역에서 생태학적 중요성을 갖는다. 이들의 뿌리와 근경은 표면침식을 감소시킴으로서 퇴적물을 안정화하는데 도움을 준다. 해초는 많은 해양 생물에게 먹이와 서식처를 제공한다. 온대의 물에서는 오리와 거위가 해초를 먹는 반면, 열대의 물에서는 바다소, 녹색거북, 비늘돔, 철갑상어 그리고 성게가 해초를 먹는다. 이들 초식동물은 해초의 약 5%만을 소비하고, 나머지 95%는 최종적으로 부생 먹이망으로 들어가며 해초가 죽으면 세균에 의해 분해되어진다. 세균은 다시 새우, 갯지렁이 그리고 숭어과의 **식용어(mullet)**에 의해 소비되어진다.

길이가 60 m에 달하는 **켈프(kelp)**는 가장 큰 갈조류이다(그림 25-14 참조). 켈프는 북반구와 남반구의 차가운 온대 해양의 물에 보편적으로 나타난다. 이들은 바위해안선을 따라 비교적 얕은 물(약 25 m의 깊이)에 특히 풍부하다. 켈프는 광합성을 하기 때문에 켈프림 생태계에서 주요한 먹이생산자이며, 켈프림은 많은 해양동물의 서식처가 된다. 서관충, 해면, 해삼, 대합조개, 게, 어류 그리고 포유류들은 조류의 잎에 피신한다. 일부 동물이 잎을 먹지만, 켈프는 주로 부생 먹이망에 의해 소비된다. 남아있는 켈프를 분해하는 세균은 해면, 피낭동물, 연충류, 대합조개, 달팽이를 위한 먹이로 제공된다. 켈프대에 의해 유지되고 있는 생물의 다양성은 산호초에서 발견되는 것과 맞먹는다.

$CaCO_3$로 축적된 지대에 만들어지는 **산호초(coral reef)**는 따뜻하고 얕은 해수에서 발견된다. 산호초의 살아있는 부분은 빛이 투과하는 얕은 물에서만 생장한다. 많은 산호초는 기본적으로 광합성을 위해 빛을 요구하는 적색의 산호조류로 구성되어 있다. 또한 산호동물은 이들의 조직에 살면서 광합성을 하는 **황록기생조류(zooxanthellae)**로 알려진 다수의 공생성 와편모조류를 위해 빛을 요구한다(그림 53-11 참조). 황록기생조류를 가지는 종만이 산호초를 형성한다. 산호동물은 내부에 살고 있는 황록기생조류로부터의 먹이 획득 이외에도 마비성을 갖는 자극성 촉수를 사용하여 밤에 주변으로 떠내려 오는 작은 동물을 포획한다. 산호생물체가 무수한 생물체의 석회잔존물위에 형성되듯이 산호초는 따뜻하고 얕은 물에서 서서히 생장한다. 산호초가 발견되는 물은 종종 영양소가 빈약하다. 그러나 공생의 황록기생조류, 따뜻한 온도, 많은 태양광선을 포함해서 다른 요인들이 높은 생산성을 뒷받침한다.

산호초생태계는 거의 모든 해양환경중에서 가장 다양성이 높으며 거대대합조개, 성게, 불가사리, 해면, 브리틀스타(불가사리와 유사하지만 가늘고 긴 팔을 가짐), 부채꼴산호 그리고 새우와 같은 수백 종의 무척추동물과 어류들을 포함하고 있다(**그림 55-14**). 호주의 북동해안을 따라 나타나는 대보초는 바다 표면의 단지 0.1%에 불과하지만 전 세계 어류종의 8%가 이곳에 서식한다. 많은 종류들이 선명한 색상을 가지고 있는데 이것은 이들이 독을 가지고 있다는 것을 나타내고 있는 것이다. 산호초에서 나타나는 복잡한 군집 관계 및 상호작용은 육상생태계의 열대우림에 필적할만하다. 열대우림에서처럼 생장을 위해 특히 빛과 공간에 대한 경쟁이 강렬하다.

산호초는 매우 다양한 해양생물의 서식처가 되고 해안침식으로부터 해안선을 보호하기 때문에 생태적으로 중요하다. 또한 산호초는 인간에게 해산물, 의약품, 휴식 및 여가의 가치를 제공해준다. 현재 산호초는 붕괴되거나 파괴되어지고 있는데,UN 환경 프로그램에 의해 1998년 공동적으로 공포된 첫 번째 지구상의 산호초 평가와 몇몇 선도적인 보존기구에 따르면 지구에 존재하는 산호초의 27%가 큰 위험에 처해 있다는 것이다. 모든 산호초 중에서 가장 많은 종을 가지고 있는 동남아시아의 산호초가 가장 위험에 빠져있다.

일부 지역에서 내륙삼림 개벌로 인해 하류로 씻겨 내려가는 점토가 산호초를 덮고 있다. 또한 어류남획, 쓰레기 방치로 인한 오

Denise Tackett/Tom Stack & Associates

**그림 55-14 산호초 생물.**

몰디브의 해안에서 떨어져 있는 인도양의 산호초 전경은 산호초 주위에 살고 있는 많은 동물을 보여준다.

염, 농업에 의한 유출, 기름 유출, 배의 침몰, 다이너마이트나 시안화물을 이용한 고기잡이, 허리케인에 의한 피해 그리고 건축재를 위한 산호의 채굴 또한 큰 손해를 끼치고 있다(29장에 논의된 산호의 백화현상을 참조).

### (3) 천해역은 해안에 가까운 얕은 물로 이루어져 있다

**천해역**(neritic province)은 해안선으로부터 200 m 깊이까지의 경사가 완만한 해저인 대륙붕 위에 펼쳐져 있는 영역이다. 천해역에 살고 있는 생물은 플랑크톤이나 유영생물이다. 천해역의 상부구역은 **호광대**(euphotic zone)로 표면에서 약 100 m 깊이까지 펼쳐져 있다. 호광대에서는 광합성을 유지할 수 있는 충분한 빛이 투과된다.

특히 차가운 물에서는 규조 그리고 따뜻한 물에서는 와편모조류 같은 많은 수의 식물성플랑크톤이 광합성을 통해 먹이를 생산하는데 이것이 먹이망의 토대가 된다. 소형갑각류, 해파리, 빗해파리, 유공충같은 원생동물 그리고 따개비의 유생, 성게, 연충류 그리고 게를 포함한 동물성플랑크톤은 식물성플랑크톤을 섭취한다.

동물성플랑크톤은 청어, 정어리, 오징어, 쥐가오리 그리고 수염고래와 같은 유영생물에 의해 소비된다. 차례로 이들 유영생물은 상어, 참치, 돌고래 및 이빨고래류와 같은 육식성 유영생물의 먹이가 된다. 유영생물의 대부분은 먹이가 있는 얕은 천해역에 한정되어 있다.

### (4) 대양역은 대부분의 대양을 포함한다

전세계 대양의 평균깊이는 4,000 m 이다. 대양역은 200 m 이상 깊이에 있는 대양저인 해저분지를 덮고 있는 외양이다. 대양역은 가장 큰 해양환경이며 해수의 75%를 포함하고 있다. 대양역은 저온, 높은 수압 그리고 빛이 없는 특징을 가지며, 연중 균일한 환경조건을 갖는다.

대양역의 대부분 생물체는 **해양설**(marine snow)과 상부 호광대에서 **무광대**(aphotic region)로 내려오는 유기 잔해에 의존한다. 이런 잘 알려져 있지 않는 영역에 살고 있는 생물로는 여과섭식자, 청소동물, 또는 포식자가 있다. 많은 수가 척추동물이며 일부는 대단한 크기를 갖는다. 대양역의 어류는 암흑 및 먹이부족에 뚜렷이 적응해 있다. 예를 들어 풍선장어는 대형먹이를 삼킬 수 있는 거대한 턱을 가지고 있다(드물게 먹이를 접하는 생물체는 가능한 기회가 있을 때 충분히 먹을 필요가 있다). 대양역의 많은 동물은 짝짓기 위해 서로서로를 볼 수 있고 또는 먹이를 잡기 위한 발광기관을 갖고 있다. 표류하거나 느리게 유영하는데 적응된 이들은 종종 뼈와 근육무게가 감소하는 특징이 있다.

### (5) 인간활동은 대양에 유해한 영향을 미친다

해안선을 따라 휴양지 및 도시개발 그리고 산업 및 농업활동은 맹그로브림, 염습지, 해초대와 산호초 같은많은 해양생태계를 변경시키거나 파괴시킨다. 해안과 해양생태계는 육지와 강으로부터 오염물질이 대양으로 흘러 들어가며 대기의 오염물질은 강우를 통해 바다로 유입된다. 인간 오수로부터 질병을 유발하는 바이러스와 세균이 조개류 및 다른 해산물을 오염시키며 공중보건에 위협을 가중시키고 있다. 프라스틱, 어망, 포장재를 포함하여 수백만톤의 쓰레기가 해안과 해양생태계에 도달한다. 대양에서 눈에 잘 보이지 않는 오염물질로는 농업과 산업으로부터 유래되는 비료, 살충제, 중금속 그리고 합성화학물이 있다.

근해의 채광과 원유시추는 근해역을 기름과 다른 오염물질로 오염시킨다. 수백만의 선박이 근해역과 대양역에 기름 밸러스터와 다른 쓰레기를 배 밖으로 내버리고 있다.

**복습**

- 플랑크톤, 유영생물, 저서생물이란 무엇인가?
- 수중 환경에서 생물들이 적응해 살아가기 위한 환경 요인들 중 가장 중요한 것은 무엇인가?
- 담수습지와 하구역의 구별은 어떻게 하는가? 정수생태계와 유수생태계의 구별은?
- 해양환경의 중요한 4가지 영역은 무엇인가?
- 열대우림과 자주 비유되는 해양생태계는 무엇인가? 또 그 이유는?

## 55.3 추이대

**학습목표**

7 추이대의 몇몇 특징을 규정하고 기술할 수 있다.

다양한 육상생물군계와 수생태계는 경계부에서 서서히 다른 단계로변화한다. 두 개의 군집이나 생물군계가 만나 서서히 변화하는 전이대를 **추이대**(ecotone)로 부르는 것을 여러분은 53장에서 배웠다. 추이대는 규모면에서 농경지와 목본림이 만나는 지역 또는 삼림을 관통하여 흐르는 계류지역과 같은 아주 작은 것으로부터 대륙적인 영역까지 미치고 있다. 예를 들어 툰드라와 타이가의 경계에는 작고 분산된 침엽수가 산재된 툰드라 식생으로 구성되어 있는 방대한 추이대가 존재한다. 그러한 추이대는 서식처 다양성을 제공하고 종종 인접하는 생태계보다 더 큰 다양성과 밀도로 생

## 핵심 실험

**질문:** 추이대와 인접하는 군집에 따라 종 풍부도는 변하는가?

**가설:** 추이대는 인접하는 군집보다 더 큰 종 풍부도를 갖는다.

**실험:** 남서부 오레곤의 두개의 군집 그들 사이의 추이대(녹색)에서 식물을 채집하였다. 비사문암 토양과 사문암 토양을 갖는 두 군집은 주로 토양조건에 의해 특징지워진다. 비사문암 토양(1에서 10번 샘플)은 보통의 토양이고, 사문암 토양(18에서 28번 샘플)은 많은 식물에 독성을 있는 크롬, 니켈, 마그네슘과 같은 원소를 다량 함유하고 있다.

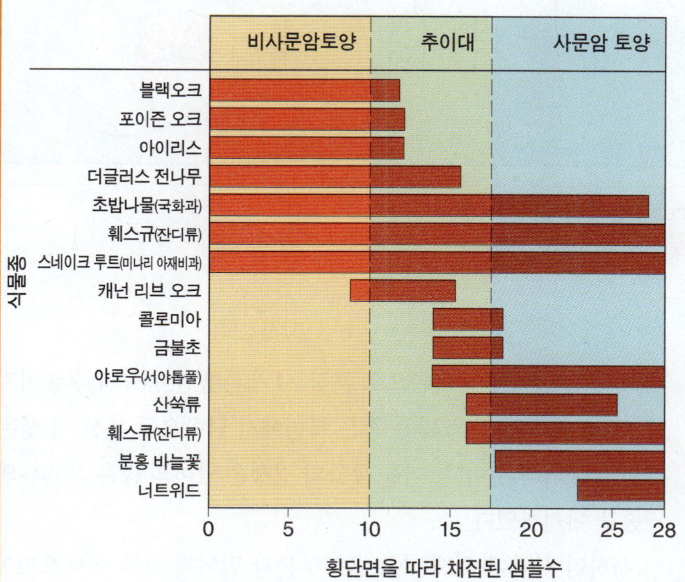


**결과와 결론:** 2개의 군집(노란색과 파란색)과 그 사이의 추이대(녹색)에서 발견된 많은 식물종이 제시되었다. 추이대는 이웃하는 군집보다 더 큰 종 풍 부도를 가졌다.

**그림 55-15 추이대와 종풍부도.**

(C.D. White, "Vegetation-Soil Chemistry Correlations in Serpentine Ecosys-tem." Ph.D. dissertation, University of Oregon, Eugene, 1971. 에서 인용)

물이 서식한다(▌그림 55-15).

장기적인 추이대 연구에 의하면 추이대가 거의 정적이 아님을 보여주고 있다. 예를 들어 남부 뉴멕시코에 있는 사막과 반건조 초원사이의 추이대 경계는 사막생태계가 초원으로 확대되어 온 것처럼 지난 50년 동안 이동하고 있다. 많은 과학자들은 추이대가 지구기후변화에 있어 예측 가능한 첫 번째 반응을 보여줄 것이라고 생각한다.

**복습**

- 추이대란 무엇인가?
- 추이대는 어디에서 생성되는가?

## 55.4 생물지리학

**학습목표**

8 생물지리학을 규정하고, **월레스(Wallace)**의 생물지리구를 간단히 기술할 수 있다.

식물과 동물의 지리학적 분포에 관한 학문을 **생물지리학**(bio-geography, 18장 참조)이라 한다. 생물지리학자는 지리적 분포 양상을 찾고 있으며, 어디서 개체군이 기원하고 어떻게 그리고 언제 그들이 퍼져나갔는지를 포함하여 어떻게 그러한 양상이 일어났는지를 설명하기 위해 노력하고 있다. 생물지리학자는 산의 형성, 대륙이동(17장 참조) 그리고 대규모의 빙하기와 같은 지리적, 기후적 변화가 종의 분포에 영향을 미친다는 것을 인식하고 있다. 생물지리학은 진화역사와 연관되어 있으며 고대 생태계 내에서 생물체가 어떻게 서로 영향을 미쳐왔는지에 관한 통찰을 제공한다. 생물지리학 연구는 우리가 고대 생태계를 현대 생태계에 연관시키는데 도움을 준다.

생물지리학의 기본 주의(tenet) 중 하나는 단 한번만 기원했다는 것이다. 발생했던 특정 장소는 종의 **기원중심(center of origin)**으로 알려져 있다. 기원중심은 하나의 점이 아니라 새로운 종이 기원되었을 때의 개체군 분포이다. 기원중심으로부터 각 종은 대양, 사막, 산맥, 나쁜 기후, 먹이와 피난처를 위해 경쟁하는 생물의 존재 등 몇몇 장벽에 의해 멈출 때까지 퍼져나간다.

많은 식물과 동물종은 특징적인 지리 분포를 갖는다. 특정 종의 **영역(range)**은 그 생물이 발견되는 지구의 부분이다. 일부 종의 영역은 호주의 남동부와 인근 섬의 건조한 장소에서만 발견되는 웜뱃(호주산 유대류)처럼 비교적 좁은 지역일지도 모른다. 그러한 지역적이고 토착의 종을 **고유종(endemic)**이라 하는데 이들은 지구상의 다른 장소에서는 발견되지 않는다. 대조적으로 일부 종들은 거의 전 세계적인 분포를 가지며 한 대륙 이상이나 많은 대양도처에서 발견 된다. 이러한 종을 **범세계 분포종(cosmopolitan)**이라 한다.

생물지리학자의 초기 관찰중 하나는 다른 종의 영역은 그들이 생존할 수 있는 모든 장소에 포함되지 않는다는 것이다. 중앙아프리카에는 코끼리, 고릴라, 침팬지, 사자, 영영, 태산목 무리 그리고 구아피루브 나무가 있는 반면, 유사한 기후조건을 가진 남미에는 이들이 분포하지 않는다. 대륙이동이 초대륙인 판게아를 몇몇 육지 부분으로 분리시킨 이후 아프리카에서 기원된 이들 동물과 식물은 대서양이 넘을 수 없는 장벽이었기 때문에 이들의 영역을 남미로 전개시키지 못했다. 마찬가지로 대서양은 남미원숭이, 나무늘보, 맥, 발사 나무, 사목 그리고 않은 야자수의 장벽이었으며 이들 중 아무도 아프리카에서는 발견되지 않는다.

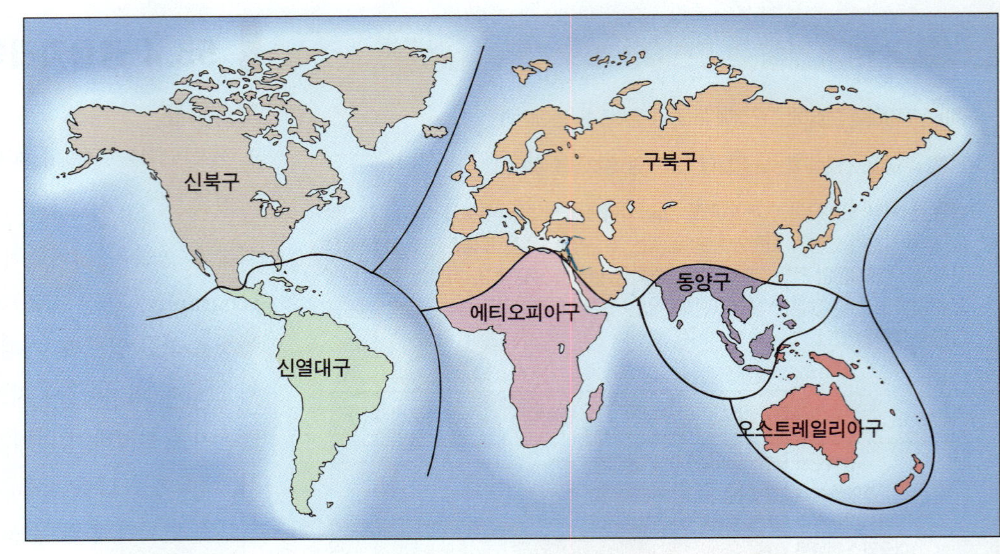


**그림 55-16 월레스(Wallace)의 생물지리구.**
6개의 생물지리구 각각은 독특한 특정 종에 의해 특징 지워진다.

### 55.4.1 육지는 6개의 생물지리구로 나누어진다

생물학자는 세계는 삼림, 초원, 사막과 같은 주요한 식생 구획으로 나누어질 수 있으며 이들 식생형은 특정기후와 일치한다는 것을 관찰하였다. 1876년 이후, 동물분포, 지리, 그리고 기후와의 관계가 추론되게 되었다. 그 당시 **다윈**(Charles Darwin)과 마찬가지로 자연선택과 같은 진화이론을 깨달은 **월레스**(Alfred Wallace)는 지구의 육지를 구북구, 신북구, 신열대구, 에티오피아구, 동양구, 오스트레일리아구의 6개 주요 생물지리구로 나누었다(**그림 55-16**). 6개의 생물지리구 각각은 각 지역의 생물학적 특수성을 유지하는데 도움을 주는 산맥, 사막 또는 대양과 같은 장벽에 의해 다른 것과 분리된다.

**월레스**의 분류는 많은 생물학자에 의해 빠르게 채택되었으며, 외래종의 의도적 또는 비의도적인 도입과 같은 인간활동이 생물지리구의 균질화에 이바지한다는 것을 제외하고는 아직도 유효한 것을 간주되고 있다(56장 참조).

우리가 각 지리구에 있는 특징적인 몇몇 동물을 고려하듯이 그림 55-16을 주목해 보자. 늑대, 산토끼, 순록과 같은 많은 동물을 공유하고 있는 북쪽 부분에서 *신북구*와 *구북구*는 다른 지역보다 더 밀접하게 관련되어있다. 이런 유사성은 시베리아와 알래스카를 주기적으로 연결시켜온 육교에 기인될지도 모른다. 이러한 육교는 약 만 년 전인 홍적세 말기까지 존재하였다. 추운 환경에 적응한 동물들은 이 육교를 따라 아시아와 북미사이를 분산될 수 있었다.

*신열대구*(neotropical realm)는 지난 7천만년 동안 신북구 및 다른 육지 부분과 거의 완전하게 격리되었다. 이 시기 동안 많은 유대류가 진화되었다. 약 3백만년 전 건조한 육지로 연결된 파나마지협은 북미와 남미를 연결시켰고, 분산의 통로가 되었다. 주머니쥐, 아르마딜로(남미의 야행성포유동물), 그리고 호저같은 3개의 종만이 남미에서 북쪽으로 분산 시 생존했던 동물의 후손이지만, 맥과 라마와 같은 많은 종은 북미에서 남쪽으로 분산 시 생존했던 동물의 후손이다. 이들 종들의 경쟁은 남미의 많은 유대류의 멸종을 야기하였다.

사하라 사막에 의해 다른 육지부분과 떨어져 있는 *에티오피아구*(Ethiopian realm)는 6개의 지리구 중 가장 다양한 척추동물을 포함하고 있다. 습한 기후를 갖는 육교가 마이오세와 플라이오세 동안 아프리카와 아시아를 연결하였기 때문에 일부 종들은 에티오피아구와 동양구 사이에 중첩되어 나타난다. 동양구는 모든 열대구 중 가장 적은 고유종을 가지고 있다.

*오스트레일리아구*(Australian realm)는 8천5백만년 이상 동안 다른 지역과 육지로 연결되지 않았다. 이곳에는 토착의 태반포유동물이 없으며, 유대류와 단공류(오리너구리와 바늘두더지)가 우점하고 있다. 오랜 격리기 동안 유대류의 적응방사는 유대류를 다른 지리구의 태반포유류와 유사한 생태적 지위를 갖게 하였다(그림 31-28 참조)

**복습**

- 생물지리학이란 무엇인가?
- 오랜 세월동안 어느 생물지리구가 다른 생물지리구에서 떨어져 나뉘어졌는가? 또 이 생물지리구의 특징적인 동물들에는 어떤 것들이 있는가?

## 핵심 용어와 요약

### 학습목표

1 생물군계를 규정하고, 온도, 토양 그리고 각각의 특징적인 식물과 동물에 주의하면서 9개의 주요 육상생물군계를 간단히 기술할 수 있다.

- **생물군계**는 특징적인 기후, 토양, 식물 그리고 동물을 갖는 크고 비교적 뚜렷한 육상지역이다. 온도와 강우량이 생물군계의 분포에 영향을 미치는 가장 중요한 인자이다.
- **툰드라**는 최북단의 생물군계로 얼어있는 하부 토양층과 극단의 추위와 짧은 생장기에 적응된 낮게 자라는 식생을 갖는 특징이 있다. **타이가** 또는 **아한대림**은 툰드라의 남쪽에 놓여 있으며 추운 겨울,짧은 생장기 그리고 산성 및 영양소가 부족한 토양에 적응하고 있는 침엽수가 우점하고 있다.
- 북아메리카의 북서해안에 나타나는 **온대강우림**은 강우량이 많으며 대형침엽수가 우점하고 있다. 강우량이 비교적 많고 유기물이 풍부한 토양을 갖는 **온대낙엽수림**은 계절적으로 잎을 떨어뜨리는 광엽 목본류가 우점하고 있다.
- **온대초원**은 전형적으로 깊고 영양소가 풍부한 토양을 가지며 적당하지만 불확실한 강우를 갖는다. 소엽의 상록성 관목과 목본의 덤불 그리고 습하고 온순한 겨울과 건조한 여름 기후가 **채퍼럴**의 특징이다.
- **사막**은 수분을 보유하는 특수화된 적응형태를 갖는 생물을 포함하고 있다.
- **사바나**라 불리는 열대초원은 넓게 흩어져 있는 목본이 산재하고 있는 초지지역을 갖는다. 사바나는 적거나 계절적인 강우를 갖는 열대지역에 나타난다.
- 무기영양소가 빈약한 토양과 연중 고르게 내리는 많은 강우가 **열대우림**의 특성이다. 열대강우림은 높은 종 풍부도와 높은 생산성을 갖는다.

2 논의된 각각의 생물군계에 대해 적어도 한가지의 인간 영향을 기술할 수 있다.

- 석유개발과 군사적 이용의 결과로 장시간의 영속적인 상해가 북극 툰드라의 많은 부분에서 이루어져 왔다. 벌목은 타이가와 온대강우림을 파괴하고 있다. 온대낙엽수림은 인간의 레크리에이션, 가축방목, 목재생산 및 다른 용도에 의해 제거되고 있다. 인간개체군 성장과 농업 및 산업확대가 대부분의 열대우림을 위협하고 있다.
- 농지가 대부분의 온대 초원을 대체하고 있으며 사바나도 가축의 방목지로 전환되어지고 있으며, 구릉지 채퍼럴의 개발은 산사태와 화재를 초래한다. 사막에서 토지의 개발은 야생생물의 서식처를 감소시킨다.

3 수생태계에 영향을 미치는 중요한 환경인자들을 설명할 수 있다.

- 수생태계에서 중요한 환경인자에는 **염도**, 용존산소량 그리고 광합성을 위한 빛의 이용성이 포함된다.

4 플랑크톤, 유영생물, 저서생물을 구별할 수 있다.

- 수계생물은 생태적으로 **플랑크톤**, **유영생물** 그리고 **저서생물**이 있다.
- **식물성플랑크톤**은 대부분의 수생군집에서 먹이망을 토대가 되는 광합성조류와 남세균이 있다. **동물성플랑크톤**은 원생동물, 소형갑각류, 그리고 많은 동물의 유생단계를 포함하는 비광합성 생물체이다.

5 각 생태계의 환경적 특성과 대표적인 생물체에 주의하면서 다양한 담수, 기수, 해양생태계를 간단히 기술할 수 있다.

- 담수생태계에는 유수생태계(계류와 하천), 정수생태계(연못과 호수), 그리고 담수습지가 있다. 정수생태계에서는 식물성플랑크톤의 수가 적으며 에너지를 육지로부터 유래되는 퇴적물질에 의존한다.
- 큰 **정수생태계**(담수호)는 물의 깊이에 바탕을 둔 지역으로 나누어진다. 가장자리의 **연안대**는 정수식생과 조류를 포함하며 매우 생산력이 높다. **원수대**는 기슭에서 멀리 떨어져 빛이 투과하는 깊이까지 뻗쳐있는 개방된 물의 지역이다. 깊고 어두운 **심연대**에는 세균성 분해자를 제외하고는 다른 생물체가 거의 없다.
- 담수와 육상군집 사이의 전이대인 담수습지는 적어도 부분적으로는 연중 얕은 물로 대개 덮여 있으며, 특징적인 토양과 식생을 갖는다. **담수습지**는 많은 귀중한 **생태계 서비스**를 수행하는 매우 생산력이 높은 지역이다.
- **하구역**은 수위가 조수에 따라 오르내린다. 염도는 조수의 주기, 1년의 시기 그리고 강우에 따라 변동한다. 하구역은 매우 생산성이 높은데 부분적으로는 이웃하는 육지로부터 무기영양소가 다량 유입되기 때문이다. 온대 하구역은 대개 **염습지**를 가지고 있는 반면, 열대해안에는 **맹그로브림**이 우점하고 있다.
- 4개의 중요한 해양 환경은 조간대, 해저환경, 천해역과 대양역이 있다. **조간대**는 간조와 만조사이의 해안선 지역이다. 이곳은 생산력이 높은 장소이며 조간대 생물은 파도작용과 만조동안에는 물에 잠겨있고 간조 시에는 공기에 노출되어 있는 극단성에 저항하는 적응기작을 가지고 있다.
- **해저환경**은 대양의 바닥이다. **해초**, **켈프**, **산호초**는 얕은 해양지역에서 중요한 해저 군집이다.
- **천해역**은 해안선에서 200m 깊이까지의 개방되어 있는 대양이다. 천해역에 사는 생물은 모두가 부유성생물이거나 유영생물이다. 식물성플랑크톤은 광합성을 위한 충분한 빛이 투과하는 **호광대**에서 먹이망의 토대가 된다.
- **대양역**은 200 m 이상 깊이에 있는 대양 부분이다. 대양역은 저온, 높은 수압 그리고 빛이 없는 특징을 가지며 연중 균일한 환경조건을 갖는다.

6 기술된 각 수생태계에 대해 적어도 한가지의 인간 영향을 기술할 수 있다.

- 수질오염과 댐은 유수생태계에 악영향을 미친다. 인간활동에 의한 영양소의 증가는 조류생장을 촉진하여 **부영양화**된 호수와 연못을 초래한다. 농업, 오염, 그리고 토지 개발은 습지와 기수역을 위협하고 있다. 오염, 해양개발, 채광, 원유 시추 그리고 남획은 해양생태계를 위협하고 있다.

7 추이대를 규정하고 이들의 몇몇 특징을 기술할 수 있다.

- **추이대**는 두 개의 군집이나 생물군계가 만나 서서히 변화하는 전이대이다. 추이대는 서식처 다양성을 제공하고 종종 인접하는 생태계보다 더 큰 다양성과 밀도로 생물이 서식한다.

8 생물지리학을 규정하고 **월레스**의 생물지리구를 간단히 기술할 수 있다.

- **생물지리학**은 식물과 동물의 지리학적 분포에 관한 학문이다. 특정 종의 **영역**은 그 생물이 발견되는 지구의 부분이다.
- 알프레도 **월레스**(Alfred Wallace)는 지구의 육지를 구북구, 신북구, 신열대구, 에티오피아구, 동양구, 오스트레일리아구의 6개 주요 생물지리구로 나누었다. 각 지리구는 산맥, 사막 또는 대양과 같은 장벽에 의해 다른 것과 분리되기 때문에 각 지리구는 생물학적 특수성을 유지한다. 오늘날, 인간 활동은 생물지리구의 균질화에 이바지하고 있다.

## 연습문제

1. 툰드라의 남쪽은 __________ 이고 많은 호소와 더불어 침엽수림으로 구성되어 있다.
   (a) 채퍼럴 (b) 아한대림 (c) 북방 낙엽수림
   (d) 고산 툰드라 (e) 영구동토대

2. 이 생물군계는 넓은 간격으로 목본류가 여기저기에 산재하고 있는 열대의 초원이다.
   (a) 온대강우림 (b) 열대강우림 (c) 사바나
   (d) 온대초원 (e) 채퍼럴

3. 세계에서 가장 깊고 가장 영양이 풍부한 토양은 (a) 온대강우림 (b) 열대강우림 (c) 사바나 (d) 온대초원 (e) 채퍼럴에 나타난다.

4. 수환경에서 생물은 3가지 범주로 나누어진다. 부유성의 ________, 강하게 유영하는 ________, 그리고 바닥에 거주하는 ________ 이 있다.
   (a) 유영생물, 저서생물, 플랑크톤
   (b) 유영생물, 플랑크톤, 저서생물
   (c) 플랑크톤, 저서생물, 유영생물
   (d) 플랑크톤, 유영생물, 저서생물
   (e) 저서생물, 유영생물, 플랑크톤

5. __________ 라고 알려진 최북단 생물군계는 전형적으로 강우량이 적고, 짧은 생육기, 그리고 영구동결대를 갖는다.
   (a) 채퍼럴 (b) 타이가 (c) 툰드라 (d) 북방낙엽수림 (e) 아한대림

6. __________ 는 해안선에서 200 m 깊이까지의 대양이다.
   (a) 해저환경 (b) 조간대 (c) 천해역 (d) 대양역 (e) 무광대

7. 종 풍부도가 가장 큰 생물군계는?
   (a) 온대강우림 (b) 열대강우림 (c) 사바나
   (d) 온대초원 (e) 채퍼럴

8. 대양에 접근해 있으며 강으로부터 담수가 다량으로 공급되는 해안의 수체는 __________ 이다.
   (a) 조간대 (b) 하구역 (c) 담수습지 (d) 천해역 (e) 정수생태계

9. 이 생물군계의 특징은 지중해성 기후를 갖는 지역에서 발견되는 상록관목과 소형목본류의 덤불을 갖는다.
   (a) 온대강우림 (b) 열대강우림 (c) 사바나
   (d) 온대초원 (e) 채퍼럴

10. 두 개의 생태계나 생물군계가 접하거나 서서히 다른 단계로 변하는 전이대를 __________ 라 부른다.
   (a) 생물권 (b) 무광대 (c) 수온약층
   (d) 생물지리구 (e) 추이대

## 심화 학습문제

1. 사막에 적응한 동물은 왜 대개 작은지를 설명하기 위한 가설을 전개하시오. 여러분은 이 가설을 어떻게 시험하겠는가?

2. 댐이 건설되었다면 유속이 빠른 하천에 살고 있는 생물에게 무슨 일이 일어나겠는가? 위의 문제에서 생물이 사는 상류 또는 하류에 댐이 있다면 서식처에서는 어떠한 차이가 있겠는가? 답을 설명하시오

# 56

# 지구환경문제

행운의 미국흰두루미(*Grus americana*). 플로리다에서 부모 중 하나와 촬영됨.

## 핵심 개념

보존생물학은 생물다양성에 대한 인간의 영향을 연구하고 이러한 영향에 대처하기 위한 실질적인 해법을 고안하는 학제성 학문이다.

오늘날의 대량멸종은 지구의 역사상 유래가 없는 한정된 시기에 아주 많은 종이 멸종의 위협을 받는 독특한 사건이다.

범지구 차원에서 목재, 농업, 다른 이용으로 인한 방대한 삼림의 제거는 생물다양성과 가치 있는 생태계 서비스의 소실을 가져오고 있다.

생물다양성, 인간의 건강과 농업에 부정적인 영향을 미칠 것으로 과학자들이 예측하는 지구 기후변화의 유력한 증거가 있다.

성층권 오존층이 서서히 회복되고 있을 지라도 생물다양성과 인간에 대한 유해한 영향은 수십 년간 계속될 것이다.

미국흰두루미는 매우 아름다운 북미의 새로 키가 약 1.4 m, 날개 폭은 대략 2.3 m이고, 수명은 50년 정도 된다(사진 참조). 20세기 동안 야생에서는 단지 16마리로 수가 줄어들었으며, 교미 지역 또한 북미의 중부지방에서부터 캐나다의 북서쪽 변방까지로 축소되었다. 이 두루미의 수적 감소는 여러 가지 이유가 있는데, 그 중 가장 중요한 요인은 이들의 습지 서식지가 사라졌기 때문이다. 이 곳에 사람들이 몰려들면서 습지에 물을 빼고 농경지를 만들고, 주택지가 개발되고 산업 시설들이 들어서게 되었다.

강력한 보존 노력의 덕택으로 원래의 야생 미국흰두루미가 현재 약 220마리가 있다. 이 야생 개체군은 캐나다에서 여름을 보낸 뒤 겨울에는 텍사스 해안가로 이동한다.

나쁜 기후, 질병 또는 어떤 다른 자연적 또는 인간에 의한 재앙이 단일 야생 개체군을 단종 시킬 수 있다는 것을 염려하여, 1990년대에 생물학자들은 북미의 동부지역에 두 번째 흰두루미 개체군을 재도입하기 시작했다. 이 개체군을 정착시키기 위하여 포획–번식된 미국흰두루미를 플로리다 중부지역에서 풀어주었다.

사육된 한 쌍의 이주하지 않는 미국흰두루미가 2002년에 성공적으로 번식하는 역사적인 결과를 만들었다. 새끼들 중 한 마리는 독수리에게 죽었지만 루키(Lucky)라는 이름을 가진 다른 한 마리는 살아남았다(사진참조). 루키는 포획, 번식되어 방류된 미국흰두루미의 부모로부터 나온 첫 번째 새이다. 또한 루키는 1939년 이래 야생에서 부화한 첫 번째 미국흰두루미이다.

미국흰두루미에 관한 이야기는 인간이 생물다양성에 피해를 주는 대표적인 예이며, 또한 세계적으로 쇠퇴해가는 생물다양성을 유지하기 위한 사람들의 노력에 대한 예이기도 하다. 이 장에서는 생물권에 영향을 주는 4가지 다른 환경적 이슈, 즉 생물다양성의 감소, 삼림 벌채, 지구온난화, 마지막으로 성층권에서의 오존층 파괴에 대해 초점을 둔다. ■

## 56.1 생물다양성 위기

### 학습목표

1 생물다양성의 다양한 수준인 유전적 다양성, 종 풍부도 및 생태계 다양성을 구분할 수 있다.

2 위기종, 멸종위기종, 절멸종을 구별할 수 있다.

3 적어도 4가지의 생물다양성 감소의 원인을 논의하고, 가장 중요한 원인을 확인할 수 있다.

인간(*Homo sapiens*)는 약 800,000년 동안 지구에 존재해 왔는데 지구의 나이 46억년에 비하면 아주 짧은 시간이다(22장 참조). 이렇게 짧은 생존 시간에도 불구하고, 다른 생물 종에 대한 인간의 영향은 매우 크다. 인구는 2006년 중반에 65억으로 급격한 증가를 보였고 지구상의 거의 모든 서식지로 이동하여 생물학적 범위를 확대시켰다.

인간은 가는 곳 마다 그곳의 환경을 변화시켰으며, 지구의 자원과 복원력에 큰 부담을 안겨 주었으며, 다른 생물종에게 엄청난 영향을 끼쳤다. 이런 변화의 결과로서, 사람들은 **환경지속성(environmental sustainability)**에 관심을 가져왔다.

한 종의 종말인 **멸종(extinction)**은 종의 마지막 개체수가 죽었을 때 일어난다(20장 참조). 자연적이고 생물학적 과정인 멸종이 인간의 활동에 의해 매우 가속화 되고 있는데, 2005년 밀레니엄 평가보고서(millennium assessment report)에 따르면 정상적인 배경하의 멸종율보다 1,000배 이상 높은 비율로 일어나고 있다. 급격히 증가하는 인구로 인해 인간은 지구의 거의 모든 지역에 살고 있으며, 이로 인해 많은 동물과 식물의 서식지가 교란되거나 파괴되었으며 이것이 멸종에 큰 영향을 미치게 되었다.

**생물학적 다양성(biological diversity)**, 또는 **생물다양성(biodiversity)**은 생명체들 간의 변이이다(**그림 56-1**). 생물다양성은 **종 풍부도(species richness)**라 불리는 고세균, 세균류, 원생생물, 식물, 균류 그리고 동물의 단순 종 수 보다 훨씬 더 많은 것을 포함한다. 유전적 다양성(genetic diversity)은 한 종내에서, 주어진 개체군 내의 개체들 사이에서 그리고 지리적으로 격리된 개체군 사이에서의 유전적 변이이다(한 종은 유전적으로 뚜렷한 차이가 있는 수백의 개체군은 갖는다). 생물다양성은 삼림, 평원, 사막, 호소, 기수역, 산호초 및 기타 생태계와 같이 지구상에서 발견되는 다양한 생태계인 **생태계 다양성(ecosystem diversity)**을 포함한다.

생물다양성에 대한 인간의 영향을 강조하기 위해서는 세 가지 범주의 생물다양성, 즉 종 풍부도, 유전적 다양성 그리고 생태계 다양성 모두를 고려해야만 한다. 예로서 개체군의 소멸(즉, 유전적 다양성의 감소)은 종이 멸종(종 풍부도의 감소) 될 수 있을 것이라는 증가된 위험을 보여준다. 생물학자들은 주어진 종의 장기적 생존을 보장하기 위해서는 얼마나 큰 개체군이 있어야 하는지를 정량화하는 상세 분석을 수행하고 있다. 미래에도 지속될 가능성을 갖는 가장 작은 개체군을 **최소 유효개체군(minimum viable population, MVP)**이라 한다.

현재 생물학적 다양성은 놀랄만한 비율로 감소하고 있다(초점 양서류 개체군의 감소). 보존생물학자들은 현재 종의 멸종은 자연적인 원인에 의한 멸종보다 적어도 100배는 높다고 평가하고 있다. 유엔 지구생물다양성 평가(U.N. Global Biodversity Assessment)에 따르면, 현재 31,000종의 식물과 동물이 멸종 위기에 처해 있다고 하는데, 최근의 연구에 따르면 너무 과소평가된 것이라는 의견들이 제시되고 있다. 예로서 세계보존연맹의 지구 멸종위기 야생동식물 목록(World Conservation Union Red List of Threatened Plants)에서는 약 34,000종의 식물이 멸종의 위기에 처해있다고 발표하였다. 아직도 많은 열대국가에서 멸종위기 야생동식물 목록이 이용되지 않기 때문에 생물다양성 위기의 진정한 범위를 알기 어렵다.

예전의 집단 멸종 시대와는 달리 현재는 여러 방면에서 차이를 보인다. 첫 번째로, 멸종의 원인이 직접적으로 인간의 활동에 의한 것이다. 두 번째로, 종분화의 속도보다 현재의 멸종 속도가 훨씬 빠르고 굉장히 짧은 시간(수십만년에 대해 수십년 정도)에 발생하고 있다. 아마도 예전의 집단 멸종시대 때 보다 현재 엄청난 수의 식물 종이 멸종되고 있다. 식물은 먹이사슬의 근간이 되기 때문에 식물에 의존하는 동물의 멸종도 멀지 않아 발생할 것이다. 생물다양성의 감소가 우리의 생명부양계를 포함하는 생태계

검은머리물떼새 개체군 내에서의 유전적 다양성

동부 모래 해변 생태계의 종 풍부성

전 지역에 걸친 생태계 다양성

**그림 56-1 생물다양성의 단계.**

각 검은머리물떼새 아래의 복제되지 않은 단일 염색체는 한 개체군내에서 개체들간의 유전적 변이를 보여준다. 생물다양성을 보호하기 위해서는 3가지의 모든 생태학적 수준에서 보전이 있어야 한다.

의 안정성과 기능에 어떻게 영향을 미치는지를 결정하는 것이 매우 중대한 일이다.

미국의 멸종 위기종에 대한 법(U.S. Endangered Species Act)에 의하면, 종들의 전체 수 또는 특정한 영역 내의 수(종들이 살고 있는 곳을 영역(range)이라고 함)가 절박하게 멸종될 위기에 처할 정도로 감소했을 때 이 종을 멸종위기종(endangered species)이라고 한다. 인간이 개입하지 않으면 이러한 종들은 결국 멸종하고 말 것이다.

멸종 단계만큼 절박하진 않지만 종의 수가 굉장히 작을 때에는 이를 위기종(threatened species)이라 한다. 위기종의 법률적 정의는 모든 영역 또는 영역의 유의한 부분에서 예견할 수 있는 미래에 멸종위기에 처해 질 수 있는 종이다.

멸종 위기종이나 위기종은 생물다양성의 감소를 제시하고 있다. 왜냐면 이들의 수가 감소함에 따라 유전적 다양성이 현저히 감소되기 때문이다. 이들 종들은 더 많은 유전적 다양성을 갖는 종보다 멸종될 위험성이 더 큰데, 이는 장기간의 생존과 진화가 유전적 다양성에 의존하기 때문이다(19장의 유전적 부동을 참조).

## 56.1.1 멸종위기종은 공통의 특성을 갖는다

많은 위기 및 멸종위기종은 멸종에 취약한 특성을 가지고 있다. 이들 특성 중 일부는 아주 작은 지역에 서식, 넓은 영역 요구성, 섬에 서식, 낮은 생식 성취도, 특별한 번식 장소 요구성 및 특이한 섭식 습성을 가지고 있다.

많은 멸종위기종은 좁은 범위에 서식하는데, 서식지가 변경되게 되면 좁은 영역은 멸종위기종을 더욱 멸종되기 쉽게 한다. 예를 들어 백합의 1종류인 *Tiburon mariposa*는 다른 곳에서는 볼 수 없고 샌프란시스코 근처의 언덕 정상에서만 발견된다. 언덕 정상부의 개발은 이 종의 멸종을 거의 확실하게 야기할 수 있다.

극단적으로 넓은 영역을 요구하는 종들은 인간 활동에 의해 영역의 전부나 일부분이 변경되게 되면 멸종위험에 처해지게 된다. 예로서 캘리포니아 독수리는 썩은 고기에 의존하면서 적당한 먹이를 발견할 수 있는 수백 평방 km의 교란되지 않는 영역을 요구하는 청소동물이다. 독수리는 절멸의 위험으로부터 서서히 회복되고 있다. 1987년부터 1992년까지 자연에서는 볼 수 없었고 동물원에서만 볼 수 있었다. 동물원에서 양육된 캘리포니아 독수리가 자연으로 재도입시키기 위한 프로그램이 1992년에 시작되었다. 2006년경에는 감금된 채 살고 있는 약 150마리의 독수리와 캘리포니아와 멕시코와 애리조나 인접에서 자유로이 날고 있는 약 125마리의 독수리가 있었다. 독수리 이야기는 포획양육에 의한 증가 없이도 개체수를 대체하는 자기-유지 개체군이 될 수 있기 때문에 적격한 성공이라 할 수 있다.

## 양서류 개체군의 감소

1970년대 이래 지구상의 많은 개구리 개체군이 감소하거나 사라졌다. 국제 양서류 보호단체(Global Amphibian Assessment; GAA)에 따르면, 2004년에 발행된 3년간의 연구에서 보고된 전세계 5743종의 43% 개체군이 감소하고 있다. 1980년대 이래 129종이 사라졌는데 아마도 멸종된 것으로 추정된다. 양서류의 감소는 서식처의 파괴(개구리가 서식하는 습지의 배수), 오염물질에 의해 붕괴 또는 남획된 지역에만 국한되지 않았다. 자연그대로의 지역에서도 양서류의 극적인 감소를 보였다. 단일 요인만이 양서류의 감소에 관여하는 것은 아니라, 오염물질, 자외선의 증가, 감염성 질병 그리고 기후 온난화와 같은 잠재적인 요인이 포함된다는 뚜렷한 증거가 있다.

캘리포니아의 시에라 네바다 산맥에서는 양서류의 감소에 농약이 영향을 미쳐왔다. 동쪽사면의 개구리 개체군은 비교적 건강한 반면, 거대한 농경지인 센트럴밸리로부터 15종류의 살충제 잔류물이 바람에 의해 운반된 서쪽사면에서는 약 8종이 감소하고 있다. 캐나다의 메릴랜드와 온타리오의 동쪽 해안에서도 농약에 의한 양서류의 감소가 초래되었다.

다른 요인으로는 오존층 감소에 의한 자외선의 증가를 들 수 있다. 대부분의 생물체와 마찬가지로 양서류도 자외선에 의해 손상된 DNA를 고칠 수 있는 효소를 지니고 있다. 감소추세에 있는 종들은 자외선에 의한 세포 손상을 치유할 수 있는 능력이 제한되어 있는 것으로 여겨진다.

감소 원인의 일부는 감염성 질병에 의한 것으로 설명될 수 있는데, 1998년 호주에서 키트리드진균류(Chytrid)이라 불리는 곰팡이가 12종 이상과 같은 방대한 감소에 관련이 있었다. 최근 GAA는 전세계적으로 이들 곰팡이가 200여종의 양서류를 멸종위기에 처하게 할 것으로 보고하였다. 코스타리카의 산지에서 사라진 금두꺼비와 약 20종의 개구리들은 아마 지구온난화로 죽게 될 수 있다. 최근 지구 온도의 증가는 코스타리카의 중앙고지대에 있는 운무림의 습도를 감소시켜왔는데 이들 열대림에 서식하는 생물들은 특히 건기동안에 구름과 안개의 규칙적인 생성에 의존한다. 최근 적도 부근 태평양 표면의 온도가 올라감에 따라 건기에 출현하는 안개 빈도의 감소가 관찰되었으며 멸종된 개구리를 포함하여 많은 동물 종의 풍부도 감소는 안개의 감소와 상호관련성이 있다.

## 양서류의 기형

1995년 미네소타의 초등학생들이 여행 도중에 지방의 한 연못에서 중요한 것을 발견하였다. 학생들은 그들이 잡은 표범개구리(leopard frog)의 반이 기형이라는 사실을 알게 되었다(정상적인 개구리의 집단에서는 1% 내외의 기형 개체가 나타난다). 기형 개구리들은 정상적인 개구리들보다 다리, 발, 발가락, 그리고 눈의 수가 더 많거나 적고, 어깨나 등에 눈이 붙어 있으며, 변형된 턱을 지니고 있었다. 포식자들은 다리의 수가 많거나 적은 개구리들을 쉽게 잡을 수 있다.

과학자들은 발생 동안 양서류 기형을 야기하는 많은 가능한 원인을 조사해 왔는데 단 하나의 요소만으로 모든 지역의 기형을 설명 할 수는 없었다. 몇몇 살충제가 개구리 배의 정상발생에 영향을 미친다: 살충제 S-methoprene과 이들 부산물의 추적을 통한 실험은 모기와 벼룩의 수를 제한하기 위해 S-methoprene을 사용하는 곳에서 가깝게 위치한 버몬트 연못에서도 유사한 형태의 개구리 기형을 야기시켰다. 자외선은 DNA에서의 돌연변이를 유발시킨다. 실험실에서의 연구를 통해 올챙이를 흡충으로 감염시킬 경우, 그 성체들에서 기형의 형태가 나타난다는 것을 알게 되었고, 이와 유사한 올챙이 기형 개체가 캘리포니아의 샌타 클래라 카운티의 논에서 관찰되었다.

Frans Lanting/Minden Pictures

**개구리의 기형**

최근 양서류에서 발생과정 동안 광범위한 기형의 증가에 오염, 자외선, 기생생물이 밀접히 연관되어 있다. ?

많은 도서 **고유종(endemic species)**들은 멸종위기종이다(고유종은 다른 지역에서는 발견되지 않는다). 이들 종들은 종의 수가 감소 시에 이주에 의해 대체될 수 없는 종종 작은 개체군을 갖는다. 이들은 경쟁자, 포식자, 그리고 질병생물체로부터 격리되어 진화되었기 때문에 인간에 의해 그러한 종들이 도입되게 될 시에 거의 방어를 하지 못한다. 지난 수세기동안 171종 중에서 섬에 서식했던 155종이 멸종되었다는 것은 놀라운 것이 아니다.

한 종이 생존하기 위해서는 서식 범위 내에 짝짓기를 위한 충분한 수의 수컷과 암컷이 존재해야만 한다. 생식적 성공을 보장하기 위한 최소 유효 개체군(MVP)은 생물체마다 상이하다. 모든 종에 있어 개체군의 크기가 MVP 아래로 감소하게 되면 개체군의 감소하게 되며 멸종될 가망성이 있다.

멸종위기종은 종종 낮은 생식률을 갖는다. 암컷 청고래는 매년 한 마리의 새끼를 낳는 반면, 소형 현화식물인 멸종위기에 처한 백합과의 swamp pink는 매년 6% 미만만이 꽃을 피운다. 몇몇 멸종위기종은 특정 지역에서만 번식을 한다. 예로서, 녹색 바다거북은 몇몇 해변에서만 알을 낳는다.

고도로 특수화된 섭식 습성은 종을 멸종위기에 이르게 한다. 자연에서 팬더곰은 대나무만 먹는다. 주기적으로 특정지역에 있는 대나무가 꽃은 피우면 모두 죽게 된다 이러한 일이 일어날 때 팬더 개체군은 기근에 직면한다. 많은 다른 멸종위기종과 마찬가지로 팬더곰 또한 서식처가 단편화되고 서식할 수 있는 장소가 거의 없어지게 되면 멸종위기에 처해진다. 1,100 마리의 중국 야생 팬더곰은 24개의 고립된 서식처에서 살아간다.

## 56.1.2 인간의 활동은 생물다양성을 감소시킨다

생물 종들은 서식처의 파괴, 오염 등을 포함한 다양한 원인들로 인해 멸종 위기에 처하거나 멸종하게 된다. 인간은 또한 새로운 또는 외래종을 도입하거나 고유한 해충과 포식자를 억제함으로써 지역 생물의 약한 균형을 파괴시킨다. 불법 사냥과 통제 불가능한 상업적 채취 또한 생태계의 균형을 깨뜨리는 요소가 된다. **표 56-1**에는 미국에서 생물다양성에 주는 인간의 위협에 대한 내용이 요약되어 있으며, 서식처 감소나 파괴의 전반적인 중요성을 묘사하고 있다. 또한 이 자료에서는 생물 집단의 독특한 변이를 찾아 볼 수 있다. 예를 들어, 오염은 물고기류, 파충류, 그리고 무척추동물에게 심각한 위협을 주지만, 식물체에는 그다지 심각한 위협을 주지 않는다.

### (1) 종들을 살리기 위해서는 생물의 서식처를 보호해야만 한다

현재 멸종 위기에 처해있는 대부분의 종들은 자연 서식처의 파괴에 의한 것이다. 도로, 주차장, 건물 등을 짓고, 작물을 재배하고 가축들을 키우기 위해 숲을 베어내는 일 모두 자연 서식처를 파괴하는 행위이다. 습지를 파괴시키면 수생 서식처가 육지의 서식지로 변한다. 또한, 댐과 인공 수로를 만들면 육상의 서식처가 물에 잠기게 된다. 대부분의 생물은 특정한 유형의 환경 속에서만 살아갈 수 있기 때문에, 서식처의 파괴는 종의 생존을 위협할 뿐만 아니라 이들의 생물학적 영역과 생존 능력을 감소시킨다.

인간은 도로, 논, 그리고 빌딩으로 완전히 둘러싸인 작고, 고립된 자연경관만을 남겨 놓았다. 생태학적 용어로 섬(island)은 물로 둘러싸인 육지뿐만 아니라 적절하지 않은 땅으로 둘러싸인 서식지를 말한다. 그러므로 농지와 도시 주변 땅에 의해 둘러싸인 삼림의 작은 조각은 섬으로 고려될 수 있다.

넓은 면적을 가진 서식지가 작고 고립된 단편(즉, 섬)들로 붕괴되는 **서식처 단편화(habitat fragmentation)**는장기적으로 개체군과 종의 생존에 대한 주요 위협요소이다(**그림 56-2**). 주변의 "개발된" 경관에 있는 종이 고립된 서식지로 밀어 넣어 지게 되는데(53장에서 논의된 가장자리 효과, edge effect), 넓고 방해받지 않은 서식처를 원하는 희귀하고 넓은 서식지를 갖는 종들은 완전히 사라지게 된다. 서식지 단편화는 외래종(invasive species), 질병생물체 및 잡초의 확산을 촉진하게 되고 생물체의 이주를 어렵게 한다.

자연 상태로 남아있는 서식처도 인간 활동으로 인한 산성비와 그 외의 오염원들로 인한 간접적인 영향으로 변하고 있다. 산성비는 많은 삼림의 감소와 아디론댁 산맥(Adirondack Mountains)과 노바스코샤(Nova Scotia)에 있는 많은 담수호의 생물학적 죽음을 초래하였다.그 외 산업 및 농업적 화학물질, 하수의 유기오염물, 탄광에서 유출되는 산성폐기물 그리고 산업 공장에서의 가열된 폐기수로 인한 열오염 등 오염 물질의 발생 또한 생물에게 치명적인 영향을 미친다.

**표 56-1**

**다양한 인간 활동에 의해 위협받고 있는 미국 내 위험에 처한 종*의 비율(%)**

| 활동 | 모든 종 (1880)† | 식물 (1055) | 포유동물 (85) | 조류 (98) | 파충류 (38) | 어류 (213) | 무척추동물 (331) |
|---|---|---|---|---|---|---|---|
| 서식지 소실/파괴 | 85%‡ | 81% | 89% | 90% | 97% | 94% | 87% |
| 외래종 | 49% | 57% | 27% | 69% | 37% | 53% | 27% |
| 오염 | 24% | 7% | 19% | 22% | 53% | 66% | 45% |
| 남획 | 17% | 10% | 45% | 33% | 66% | 13% | 23% |

출처: D.S. Wilcove et al., "Quantifying Threats to Imperiled Species in the United States," BioScience, Vol. 48(8), Table 2, Aug. 1998

* 이것은 자연보호위원회(The Nature Conservancy)에 의해 위험에 처해진 것으로 분류된 종과 멸종위기 생물에 관한 법(Endangered Species Act) 하에서 멸종위기종이나 위기종으로 구분된 모든 종을 포함한다.

† 많은 종이 하나 이상의 인간 활동에 영향을 받기 때문에 각 열에서 퍼센트(%)는 합이 100이 되지 않는다.

## 핵심 실험

**질문:** 해양환경에서 서식처 단편화가 어린 가리비의 포식에 어떻게 영향을 미치는가?

**가설:** 어린 가리비의 포식은 교란되지 않은 해초대에서 보다 단편화된 해초대에서 더 크다.

**실험:** 어린 가리비의 포식률은 교란되지 않은(연속된), 단편화된, 매우 단편화된 3가지의 해초환경에서 4주에 걸쳐 측정되었다.

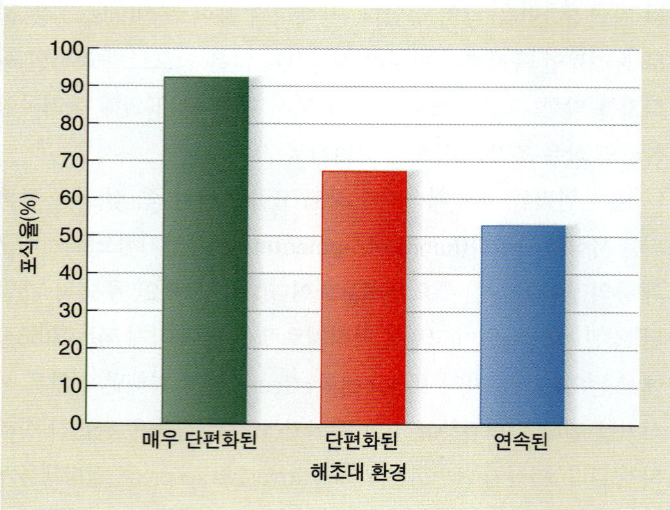


**결과와 결론:** 가장 낮은 포식률(52%)은 교란되지 않는 곳에서 나타났으며, 가장 높은 포식률(92%)는 매우 단편화된 곳에서 발생하였다. 단편화된 지역은 포식자가 어린 가리비에게 쉽게 접근할 수 있게 하였다. 주위로부터 연속된(교란되지 않은) 해초대로 포식자가 침입하기 매우 어려웠다.

**그림 56-2 서식지 단편화의 영향**

(출처:E.A. Irland, W.G. Ambrose, and B.A. Orando, "Landscape Ecology and the Marine Environment: How Spatial Configuration of Seagrass Habitat Influences Growth and Survival of the Bay Scallop," Oikos, Vol. 72, 1995)

### (2) 지역 고유종을 살리기 위해서는 그 지역 토착종이 아닌 외래종의 침입을 통제해야만 한다

본래의 장소가 아닌 지역에 외래 또는 비고유종의 도입인 **생물학적 오염**(biotic pollution)은 그 지역에 살고 있는 생물간의 균형을 종종 파괴한다. **외래종**(invasive species)은 고유종을 잡아먹을 수도 있고, 먹이나 서식처를 확보하기 위해 고유종과 경쟁 할 수도 있다. 대체적으로 외래종의 경쟁자나 포식자는 그 지역 고유의 경쟁자나 포식자보다 그 지역 고유생물에게 더 나쁜 영향을 끼친다(대부분의 도입된 생물 종은 질병, 포식자, 그리고 경쟁자와 같이 이들을 통제할 수 있는 천적이 없으며, 또한 고유종들은 도입종과 진화적인 역사를 함께 공유하지 않았기 때문에, 도입종에 대처할 채비를 갖추지 못했다). 자연적으로도 외래종이 새로운 지역에 도입될 경우도 있지만, 이러한 도입은 고의든 실수든 대개 인간에게 책임이 있다.

북미에서 가장 큰 생물학적 위협 중의 하나는 카리브해의 고유종인 얼룩말조개이다. 얼룩말조개는 1985년 또는 1986년 사이에 외국의 배에 실었던 밸러스트(선체의 안정을 유지하기 위해 탑재하는 중량물)를 통해 오대호로 유입되어 지역 고유생물인 대합조개 및 조개에 큰 손상을 가했다. 또한 조류, 식물성플랑크톤 그리고 동물성플랑크톤에 대한 얼룩말조개의 강한 식욕은 지역 고유의 물고기, 조개 그리고 대합조개들의 먹이 공급을 감소시킴으로써 이들의 생존이 위협받게 되었다. 현재 얼룩말조개는 미시시피강 전역과 지류에서 발견되고 있다.

특히 섬은 외래종이 도입될 가능성이 더 높다. 하와이에서는 마우플랜양이 들어와 마마네 나무와 이 나무에 의존해서 살고 있는 지역 고유새인 꿀먹이새(honey creeper)를 위협하였다. 하와이의 식물은 초식동물이 없이 진화하였기 때문에 양, 돼지, 염소, 그리고 사슴 등과 같은 동물에 대한 방어능력이 없다.

### (3) 기타 인간의 활동이 직, 간접적으로 생물다양성에게 영향을 끼친다

때때로 종들은 사냥동물 또는 가축들에게 해를 끼치기 때문에 이들을 근절하거나 수를 조절하기 위한 인간의 고의적인 노력의 결과로 멸종위기에 처하거나 멸종되게 된다. 목동, 사냥꾼, 정부관리자들은 늑대, 사자, 회색곰와 같은 거대 포식자들의 수를 1/10로 크게 줄였다.

많은 프레리도그들과 땅다람쥐는 목동과 농부들에게 의해 광범위하게 독살 당하거나 덫에 걸려서 이들의 기존 영역내에서 거의 사라지게 되었다. 급격하게 줄어든 프레리도그의 수로 인해 이들의 포식자인 검은발족제비가 멸종의 위기에 처하게 되었다. 1985-1986년 겨울에는 단지 10마리의 족제비만이 살아있는 것으로 보고되었다. 성공적인 포획-번식 프로그램으로 1991년 족제비들이 초원으로 되돌려졌으며, 이들 매력적인 동물을 위한 회복 노력은 콜로라도, 몬타나, 뉴멕시코에서 계속되고 있다.

가죽과 털의 가치가 매우 높은 호랑이, 치타, 그리고 눈표범 등의 불법적 상업적인 밀렵은 계속 되고 있다. 코뿔소는 뿔 때문에 학살당하고 있으며(중동에서는 의식용 단검 손잡이를 만드는데 뿔을 사용하고, 아시아에서는 약품으로 뿔을 사용), 곰은 쓸개 때문에 학살당하고 있다(아시아에서는 소화불량에서 치질에 이르기까지 다양한 병을 고치는데 사용). 부시 고기(흔치 않은 영장류, 코끼리, 개미핥기 등의 고기)는 도시의 식당에서 팔린다. 법에 의해 이러한 동물들이 보호받지만 암거래 시장에서 이들 동물이 거래되기 때문에 불법 사냥이 진행되고 있으며 특히, 가난한 국가에서는 가족의 생계를 꾸려나가기 위해 밀수품을 팔기도 한다.

**상업적 채취(commercial harvest)**는 야생에서 생물을 제거시킨다. 몇 백만 마리의 새가 매년 애완용으로 포획되는데, 운반 과정에서 일부는 죽고, 가정에서 잘못 사육되어 많은 수가 죽는다. 적어도 40종의 앵무새들이 상업적 채취로 멸종 위기에 다다르거나 처해있다. 멸종 위기에 처한 종들을 잡아가는 것은 불법이지만, 미국, 유럽 그리고 일본 등에서 수집가들이 희귀한 열대지방의 조류를 수집하기 위해 엄청난 돈을 지불하기 때문에, 암시장이 성황리에 존재하고 있다. 상업적 채취의 대상이 동물에만 국한되는 것이 아니라 특이하거나 희귀한 식물도 야생으로부터 광범위하게 채취되어 멸종 위기에 처해있다.

**복습**

- 생물다양성의 3가지 수준은 무엇인가?
- 위기종, 멸종위기종, 절멸종이란 각각 무엇인가?
- 서식처 단편화는 생물다양성 감소의 원인에 어떻게 영향을 미치는가?
- 외래종은 생물다양성 위기에 어떤 영향을 주는가?

## 56.2 보존생물학

**학습목표**

4 보존생물학을 정의하고 현지 내 보존과 현지 외 보존 대책을 비교할 수 있다.

5 미국 멸종위기 생물에 관한 법과 멸종위기에 처한 야생동식물종의 국제거래에 관한 협약의 이점과 결점을 기술할 수 있다.

**보존생물학(conservation biology)**은 인간이 생물체에 어떻게 영향을 미치는지 또 생물다양성을 보호 할 수 있는 방법의 개발에 관해 연구하는 학문이다. 보존생물학자는 모델을 개발하고, 실험을 고안하고, 다양한 물음에 답을 하기 위해 야외실험을 수행한다. 예를 들면 어떠한 과정이 생물다양성 감소에 영향을 미치는가? 어떻게 우리가 멸종위기종 개체군을 보호하고 복원하는가? 전체 생태계와 경관을 보호해야 한다면 구하는 가장 중요한 것은 무엇인가?

보존생물학자는 몇몇 개체군을 부양할 수 있는 하나의 큰 서식처가 하나의 개체군만을 부양할 수 있는 여러 단편 서식처 보다 멸종위기종을 보호하는데 더 효과적이라고 판단해 왔다. 또한 하나의 큰 서식처는 몇몇의 단편 서식처보다 전형적으로 더 큰 종풍부도를 유지할 수 있다.

보존은 주어진 종에 대해 서식처 면적이 멀리 떨어져 있기 보다는 아주 가까이 있을 때 더 성공적이다. 한 서식처가 다른 지역과 떨어져 있다면, 개체들은 한 서식처에서 다른 서식처로 효과적으로 분산할 수 없다. 인간의 존재가 많은 종에게 적대적인 영향을 미치기 때문에 길이 없고, 인간이 접근하기 어려운 서식처 면적이 인간이 접근할 수 있는 지역보다 더 좋다. 개개 종을 보호하는 시도보다는 많은 종이 사는 손상되지 않은 생태계를 보호하는 것이 더 효과적이고 매우 경제적이며, 더 큰 생물다양성을 갖는 지역을 보호하는 것이 최우선이라고 보존생물학자들은 생각하고 있다.

보존생물학은 멸종으로부터 생물을 보호하는데 2가지 문제 해결 접근을 포함시킨다. **현지 내 보존(in situ conservation)**은 공원과 보호 지역의 구축을 포함하며 자연에서 생물다양성을 보존하는데 중심을 두고 있다. 현지 내 보존의 최우선과제는 매우 다양성이 큰 장소를 확인하고 보호하는 일이다.

**현지 외 보존(ex situ conservation)**은 인위적인 환경을 조성하여 생물다양성을 보존하는 것이다. 현지 외 보존의 예는 동물원에서 보호하고 있는 종들을 번식시키는 것과 유전적으로 다양한 식물 및 작물의 종자 보관 등이 그 예이다.

### 56.2.1 현지 내 보존이 생물다양성을 보존하는 가장 좋은 방법이다

동물과 식물의 서식지를 보호하는 것, 즉, 생태계 전체를 보호하고 관리하는 것이 생물다양성을 보존하는 가장 좋은 방법이다. 많은 국가들은 그들의 생물학적 유산을 보호해야 할 필요성을 인정하여, 몇몇 지역의 사용을 정지시켜 야생 동식물의 서식지로 지정하고 있다. 이러한 자연 생태계는 생물다양성을 장기적으로 보호, 보존하는 최고의 방법을 제공한다. 현재 전 세계에는 100,000개 이상의 국립공원, 해양 보호 구역, 야생 보호 구역, 삼림 그리고 그 외의 보호지역이 있다.

생물다양성이 가장 높은 개발도상국에서는 자연보호구역을 관리할 자금이나 전문적인 기술이 부족하다. 세계 보호구역의 또 다른 단점은 밀도가 낮은 산지, 툰드라, 아주 건조한 사막들은 풍경이 장관이지만 정작 이 지역에서는 비교적 소수의 종들 밖에는 거주할 수 없다. 이와 반대로, 생물다양성이 높은 생태계는 별로 관심을 끌지 못하고 있다. 열대우림, 브라질과 호주의 열대초원과

**요점**

**생물다양성 위험지역인 지구상의 특정 지역은 아주 많은 세계의 고유종을 가지고 있기 때문에 매우 중요하다.**

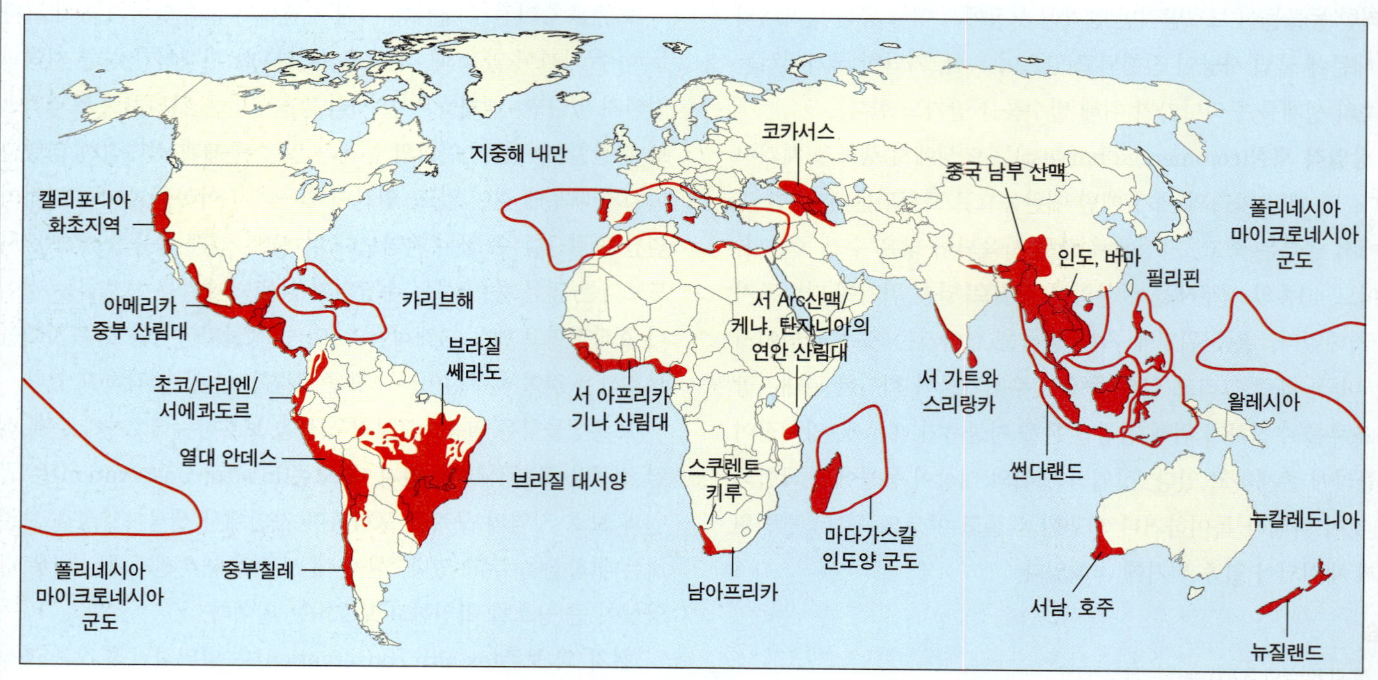


**그림 56-3 생물다양성 위험지역.**

고유종이 풍부한 이들 생물다양성 파괴지역은 이곳에 살아가는 많은 사람들로부터 압박을 받고 있다(Conservation International 자료).

사바나, 그리고 세계 곳곳에 널리 분포되어 있는 건조한 삼림 등에 보호구역의 지정이 절실하다. 또한, 북부아프리카와 아르헨티나의 사막생물은 보호되어 있지 않으며 또한 많은 도서와 온대의 강 유역에 서식하는 종의 보호가 필요하다.

이들 지역은 과학자들이 선정한 세계 25곳의 **생물다양성 위험지역**(hotspots)의 부분들이다(**그림 56-3**). 이 위험지역은 지구 면적의 1.4%를 차지하지만 모든 유관속식물의 44%, 세계 고유 조류종의 29%, 고유 파충류의 38% 그리고 고유 양서류의 53%를 포함하고 있다. 세계 인구의 거의 20%가 이 지역에 살고 있다. 25개 위험지역의 15개는 열대에 있고, 9개는 대부분 섬이다.

## 56.2.2 경관생태학은 지역적 규모에서 생태계 형을 주시한다

생태학의 한 분과인 **경관생태학**(landscape ecology)은 다수의 상호작용하는 생태계로 구성되는 이질적인 **경관**(landscape)에서의 관련성(상호작용과 교환)을 연구한다. 종의 수와 분포를 보호하는데 요구되는 최소 생태계 및 경관크기는 어느 정도인가?

열대우림에서 이러한 질문을 다루고 있는 장기적인 한 연구는 생태계 프로젝트의 최소 임계 크기(minimum critical size)로 1 ha에서 100 ha의 다양한 크기를 갖는 일련의 아마존 열대우림 조각에서 수행되고 있다. 이 연구의 예비 자료는 보다 더 작은 삼림 조각은 생태학적 안정성을 유지할 수 없다고 제시한다. 예를 들면 삼림 가장자리의 큰 나무는 종종 죽게되거나 바람, 건조(태양광에 노출) 그리고 기생성 목본 덩굴식물의 침입으로 피해를 입고 있다. 부가해서 생물학자는 삼림의 내부에 적응한 다양한 종들은 아주 작은 조각에서 번성하지 못해 결국은 죽게 되는 반면, 삼림 가장자리에 적응한 종들은 작은 조각으로 침투하여 번성하게 된다고 입증해 왔다.

넓게 퍼진 서식지 조각과 이로 의한 생물다양성 소실을 치유하기 위해 보존생물하자는 **서식처 이동통로**(habitat corridors)로서 고립된 조각들의 연결화를 제안하고 있다. 서식처 이동통로는 국지적 멸종이 일어난 이후 야생동물의 이동을 가능하게 하여, 이들이 먹고, 짝짓기 하고, 재집단화 할 수 있게 한다. 서식지 이동통로는 국지적 규모(야생동물이 안전하게 길을 건널 수 있는 육교 같은 것)에서 떨어진 보호지역을 연결하는 경관 규모로 다양하다. 경관 규모의 이동통로의 최소 폭은 다양한 종의 행동범위에 의존하여 변하게 된다. 예를 들면, 미네소타에서 2개의 보호지역을 연결하여 늑대를 보호하기 위해서는 최소 이동통로의 폭이 12 km가 되어야 하는 반면, 남캐롤리나에서 스라소니의 이동통로는 폭이 2.5 km가 되어야 한다.

### 56.2.3 손상되거나 파괴된 서식지를 복원하는 것이 복원생태학의 목표이다

**복원생태학**(restoration ecology)은 생태계의 법칙들을 이용하여 훼손된 환경을 최대한 본래의 상태로 되돌리는 것인데, 복원생태학은 현지 내 보존의 중요한 한 부분이다.

1934년 이후 위스콘신-메디슨 대학 수목원은 가장 오래되고, 가장 유명한 생태적 복원의 하나를 수행해 왔는데, 몇몇 뚜렷한 자연 군집이 훼손된 농업지대에 조심스럽게 복구되었다. 이들 군집은 위스콘신 지역 고유의 건조한 초원, tallgrass 초원과 여러 종의 소나무와 단풍나무 숲을 포함하고 있다.

훼손된 지역의 복구는 생물학적 서식지를 만들어 주기도 하지만 농업이나 채광에 의해 손상된 토지를 복구시키는 등 부가적인 이익을 가져온다. 복원생태학의 단점은 한 지역을 복구시키는데 많은 시간과 자금이 필요하다는 것이다.

### 56.2.4 현지 외 보존은 멸종위기에 처한 종을 살리기 위해서 이용된다

동물원, 수족관, 식물원은 종종 멸종위기에 처한 특정 생물 종을 살리기 위해 노력한다. 예를 들어, 멸종위기에 처한 동물의 알을 자연에서 수집하거나 개체수가 적은 동물을 포획하여 동물원이나 다른 연구 시설에서 번식시키게 된다.

인공 수정과 대리모 같은 특별한 기술이 자손의 수를 증가시키기 위해 이용된다. 희귀종의 경우에는 알맞은 수컷의 정자를 수집하여 암컷(다른 동물원, 다른 도시 또는 다른 나라에 살고 있는 암컷)을 임신시킨다. 이것이 **인공수정**(artificial insemination)의 한 예이다. 자궁내 배아이식이라 불리는 **대리모**(host mothering)에서는 희귀종의 암컷에게 임신 촉진제를 먹여 암컷이 많은 난을 생성하게 한다. 포획 상태에서 생식하기 어려운 자이언트 팬더처럼 멸종위기에 처해있는 생물들의 클론화 계획이 진행 중이다. 또 다른 기술은 멸종위기에 처해있는 조류들의 생식을 자극시키는 호르몬 패치법이 있는데 이 패치들을 암컷 새의 날개 밑에 부착시킨다.

포획되어 있는 동물의 번식 프로그램들 중 몇몇은 극적으로 성공하여, 야생에서 다시 살 수 있을 만큼 종의 수가 늘어나게 되었다. 예를 들어 보존 활동으로 인해 흰머리독수리가 48개 주에서 훌륭하게 자연으로 복귀할 수 있게 되었다. 지속적인 많은 노력들로 인해 미국에서 둥지를 튼 독수리 쌍의 수가 1963년 417쌍에서 2006년 7,000쌍으로 증가하게 되었다. 1994년, 흰머리독수리들은 멸종 위기종 명단에서 다소 덜 심각한 위기종 명단으로 옮겨졌다. 2006년에 미국 어류 및 야생국(U.S. Fish and Wildlife Service, FWS)에서는 이들을 위기종 명단에서 제외되었다.

멸종에 다다른 종을 살리기 위한 시도는 대개 굉장히 돈이 많이 든다. 그러므로 멸종위기에 처해있는 종의 일부분만을 살릴 수 있다. 분명한 것은 종이 최초의 장소에서 멸종에 다다르지 않도록 자연 서식지를 보호하고 보존하는 것이 가장 효과적이다.

### 56.2.5 멸종위기의 생물에 관한 법은 법적으로 종과 서식지를 보호해준다

1973년, *멸종위기 생물에 관한 법*(Endangered Species Act; ESA)이 미국에서 통과되어, 미국과 다른 국가들이 멸종에 다다른 종과 멸종 위기에 처한 종들을 보호 할 수 있도록 미국 어류 및 야생국(U.S. Fish and Wildlife Service; FWS)에게 권한을 주었다. 다른 많은 국가들도 이제 유사한 법률을 가지고 있다. FWS는 멸종에 다다른 종 또는 멸종위기에 처해있는 종을 명단에 넣어야 할지를 결정하기 위해 종에 대한 구체적인 연구를 한다. ESA가 통과 된 후, 미국 내 1260종이 넘은 생물이 멸종 위기에 처해있거나 멸종에 다다른 종의 명단에 올려졌다(**표 56-2**). ESA는 멸종 위기에 처한 종들이 줄어들도록 명단에 올려진 종들을 합법적으로 보호한다. 예를 들어, 멸종 위기에 처하거나 다다른 종들로 만든 물건을 팔거나 사는 행위를 불법으로 규정하였다.

보존학자들은 고립된 존재로서 멸종위기종을 살리기 위해 시도하는 것 보다는 전체 생태계를 관리하고 완전한 생물학적 다양성을 유지하는 방법으로 강화된 ESA를 보고 싶어 한다. 이러한 접근은 하나의 종보다 오히려 감소하고 있는 많은 종을 총체적으로 보호 할 수 있게 한다.

**표 56-2**

**2005년 미국에서 멸종위기나 위협에 처한 생물종의 목록**

| 생물형태 | 멸종위기종의 수 | 위기종의 수 |
|---|---|---|
| 포유류 | 69 | 9 |
| 조류 | 77 | 13 |
| 파충류 | 14 | 22 |
| 양서류 | 11 | 10 |
| 어류 | 71 | 43 |
| 달팽이류 | 21 | 11 |
| 패류 | 62 | 8 |
| 갑각류 | 18 | 3 |
| 곤충류 | 35 | 9 |
| 거미류 | 12 | 0 |
| 현화식물 | 571 | 144 |
| 침엽수 및 소철류 | 2 | 1 |
| 양치류 및 다른 식물류 | 24 | 2 |

출처: U.S. Fish and Wildlife Service

### 56.2.6 국제적 협정은 종들과 이들의 서식지를 보호하는데 도움을 준다

1975년 설립된 *멸종위기에 처한 야생동식물종의 국제거래에 관한 협약*(Convention on International Trade in Endangered Species of Wild Flora and Fauna; CITES)에서는 169 국가들이 참여하고 있다.CITES의 본래 목적은 거래 가격이 비싼 멸종위기 동물과 식물을 국제적인 야생 생물 밀거래로부터 보호하는 것이다. 부가하여 멸종위기종이나 위기종을 사냥하고, 포획하며 거래하는 것을 금지하고, 멸종 위기에 처할 가능성이 있는 생물들을 보호하는 것이다. 불행하게도 이러한 협정은 각 나라들마다 다르며 또한 협정들이 존재하더라도 그에 따른 형벌이 너무 가볍기 때문에 그 결과 희귀하고 상업적 가치가 있는 종의 불법 거래가 계속되고 있다.

다른 국제 협약인 *생물다양성협약*(Convension on Biological Diversity)은 서명국들은 자국의 생물다양성의 목록을 작성하고, 국가의 생물다양성을 보존하고 유지할 수 있는 세부적인 계획을 담은 **국가보존전략(national conservation strategy)**을 개발을 요구한다. 현재 188개 국가가 생물다양성협약에 참여하고 있다.

**복습**

- 보존생물학은 무엇인가?
- 경관생물학과 복원생물학이 현지내 보존과 현지외 보존의 예들인가?
- 현지 내 보존 또는 현지 외 보존 중 어떠한 보존 척도가 가장 큰 종의 수를 유지하는데 도움을 줄 수 있는가? 왜 그런가?

## 56.3 삼림파괴

**학습목표**

**6** 삼림의 생태계 서비스를 논의하고 삼림파괴의 결과를 기술할 수 있다.

**7** 오늘날 왜 삼림이 감소하는지에 관한 적어도 3가지의 이유를 언급할 수 있다.

세계 삼림이 직면하고 있는 가장 심각한 문제는 삼림 벌채이다. **삼림파괴(deforestation)**란 농업이나 다른 용도로 일시적으로나 영속적으로 삼림을 제거하는 행위이다. 유엔 식량농업기구(FAO)에 따르면 매년 9백만 ha의 삼림의 감소하고 있다.

삼림벌채는 토양 침식을 증가시키고, 토양 비옥도를 감소시킨다. 토양 침식으로 인해 수로의 침전작용이 증가하게 되면, 빛의 투과가 감소하여 물속에 사는 생물을 가리게 되고 수로를 채우게 되어, 하류의 수중 생태계를 손상시키게 된다. 가파르게 경사진 벌목지의 방치된 토양침식은 인간의 생명과 재산을 위협하는 토사유출을 야기할 수 있고 수력 발전의 생산에 영향을 미칠 수 있다. 더 건조한 지역에서는 삼림벌채로 인해 사막이 생길 수도 있다.

삼림 벌채는 생물다양성을 감소시킨다. 특히, 많은 열대 종들은 삼림내의 제한된 영역에 분포하기 때문에 이들은 서식지의 파괴나 변형에 매우 민감하다. 또한 새와 나비들과 같이 이주하는 종들은 열대의 삼림 벌채로 인해 고통을 받고 있다.

특히 언덕이나 산에 있는 삼림은 강우를 막고 흡수하기 때문에 저지대를 홍수로부터 보호한다. 삼림이 감소하게 되면 삼림이 있을 때처럼 유역이 물을 보유할 수가 없고 땅 위를 흐르는 빗물이 더 많이 강과 시내로 흘러 들어가게 된다. 이것은 토양의 침식을 야기할 뿐만 아니라 저지대를 홍수의 위험에 빠뜨리게 한다.

삼림 벌채는 지역과 지구 기후 변화에 영향을 미친다. 나무는 대기 중으로 많은 양의 수증기를 방출한다. 수증기는 물 순환을 통해 지구 표면으로 다시 돌아온다. 큰 삼림이 제거되면, 강수량이 줄어들게 되고, 그 지역에 가뭄이 잦아질 수 있다. 연구에 따르면 화재로 인해 많은 열대우림이 소실된 브라질의 일부분에서 지역 기후가 더 건조하게 된 것을 알 수 있다. 나무로부터 증발냉각이 적어지기 때문에 삼림벌채 지역의 온도는 다소 증가 할 수 있다.

삼림벌채는 지구의 온도를 증가시키는 원인이 되는데, 이는 원래 나무에 저장되어 있던 탄소가 이산화탄소 형태로 대기 중으로 들어가는데 이산화탄소 유입은 대기가 열을 가지게 한다. 삼림내의 탄소는 나무들을 타면 바로 방출되고, 타지 않은 부분의 나무들이 부식될 때는 천천히 방출되는 것으로 여겨진다. 나무들이 수확되고 통나무들이 옮겨지게 되면, 삼림 내 탄소의 절반 정도는 죽은 물질(큰 가지, 작은 가지, 뿌리, 낙엽)속에 남아서 이들이 부식 될 때 이산화탄소를 방출하게 된다. 오랫동안 자란 삼림이 숲이 벌채되었을 때, 숲에 저장되어 있던 양 만큼의 탄소를 다시 채울 정도로 삼림을 복구시키기 위해서는 200년 정도가 걸린다고 전문가들은 예측한다.

### 56.3.1 왜 열대강우림이 사라지는가?

남미와 아프리카의 아마존과 콩고강 유역에 나타나는 아직 파괴되지 않은 열대우림이 인간 역사상 가장 빠른 속도로 벌채되고 불태워지고 있으며, 남아시아, 인도네시아, 중미 그리고 필리핀에서도 열대우림이 빠른 속도로 파괴되고 있다.

삼림 벌채의 주원인은 지역마다 다르고, 다양한 경제적, 사회적, 정치적 요소들의 상호작용으로 인해 벌채가 일어나게 된다. 열대의 삼림 벌채가 복합적인 문제라는 것을 염두에 두면, 열대우림 벌채의 가장 직접적인 요인들로는 생활 수단으로서의 농업, 상업적인 벌목 그리고 가축 방목, 이 3가지를 생각해 볼 수 있다. 열대우림 파괴의 다른 원인들로는 많은 삼림지역을 범람하게 하는 수력 발전의 개발, 채광(특히, 철광 제련소는 나무에서 생성된 숯을 태움), 감귤류나 바나나와 같은 농작물의 플랜테이션 형태 농업 등이 있다. 열대건조림에서 삼림 벌채의 주원인은 연료용 목재 소비이다.

**생계 농업**(subsistence agriculture)이란 가족이 먹을 만큼의 음식을 생산하는 것인데, 이는 열대 삼림벌채의 60%를 차지하는 원인이 된다. 생계형 농부들은 적당한 곳을 찾을 때까지 통나무 운반 트랙터의 행로를 따라간다. 그들은 먼저 나무를 자르고, 마르게 한 뒤, 그 지역을 태우고, 바로 곡식을 심기 시작한다. 이러한 것을 **화전농업**(slash-and-burn agriculture)라고 한다. 첫 번째 작물의 생산은나무의 영양소들이 땅에 있기 때문에 매우 성공적이나 땅의 생산력은 빠르게 감소하기 때문에, 그 후의 수확량은 매우 적다. 몇 년 내에 농부들은 삼림의 새로운 지역으로 옮겨야만 하고 이 방법을 다시 사용한다.

열대의 삼림벌채의 약 20%는 상업적 벌목의 결과이며, 특히 동남아시아에서 열대우림의 방대한 지역은 수출을 위해서 빠른 속도로 나무들이 수확되고 있다. 대부분의 열대 국가들은 많은 수입이 있다는 이유로 삼림이 지속될 수 있는 비율보다 훨씬 빠른 속도로 상업적 벌목을 허용하고 있다. 최종 분석으로는 열대의 삼림벌채는 경제 발전에 도움을 주는 것이 아니라, 중요한 자연 자원의 가치를 감소시키거나 파괴하는 것이다.

열대강우림 파괴의 약 12%는 가축을 위한 목초지로 사용된다. 가축 목장의 경영은 중앙아메리카에서 특히 중요하다. 삼림이 제거된 후 거의 20년 동안은 가축을 방목할 수 있으나, 토양의 비옥도가 감소하게 되면, 관목성 식물이 이 지역을 차지한다.

### 56.3.2 왜 아한대림이 사라지는가?

열대강우림만이 벌채위험에 처한 것이 아니다. 1980년대에 특정 아한대 삼림의 방대한 벌목이 시작되었고 아직도 계속되고 있다. 가문비나무, 전나무, 삼나무, 헴록과 같은 상록성 침엽수림은 알래스카, 캐나다, 스칸디나비아, 그리고 북부 러시아의 삼림에 우점하고 있다. 주로 윤곽이 뚜렸한 목재벌채에 의해 수확되는 아한대림은 현재 세계 산업목재와 목질섬유의 주요 원천이다. 연간 브라질의 아마존 열대강우림의 2배 면적의 아한대림이 감소되고 있다. 캐나다 삼림의 약 100만 ha의 연간 벌목되고 있으며, 러시아에서도 방대한 아한대림 지대가 벌목되고 있다.

**복습**

- 삼림이 제공하는 3가지의 생태계 서비스란 무엇인가?
- 열대의 삼림파괴에 대한 2가지 이유는 무엇인가? 아한대림이 삼림파괴의 주요인은 무엇인가

## 56.4 삼림파괴

**학습목표**

8 적어도 3가지의 온실가스를 명명하고 온실가스가 어떻게 지구온난화의 원인이 되는지를 설명할 수 있어야 한다.

9 어떻게 지구온난화가 해수면, 강우 양상, 생물체(인간 포함), 그리고 식량생산에 영향을미치는지를 기술할 수 있어야 한다.

세계 곳곳의 기상 관측소에서 매일 측정한 자료를 근거하면, 20세기에 지구 평균 지표면 온도가 0.6℃ 증가하였다. 20세기 중 1990년대가 가장 높은 기온을 기록하였다(**그림 56-4**). 2000년대 초에 증가 경향이 계속되었으며, 19세기 중반이후 2005년도가 가장 더운 해로 기록되었다.

과학자들은 지난 50년 동안 **지구온난화**(global warming)에 대해 연구하였다. 증거가 축적될수록 지구온난화 문제에 대한 권위자들은 21세기에 우리는 현저한 기후 변화를 겪게 될 것이고, 이러한 변화의 책임은 모두 인간에게 있다는 결론에 도달했다.

이러한 결론들이 나오자, 전 세계의 정부에서는 기후변화에 관한 정부간 회의(U.N. Intergovernmental Panel on Climate Change; IPCC)를 설립하였다. 2001년 1월에 발간된 IPCC의 3차평가보고서(Third Assessment Report; TAR)에서 인간에 의

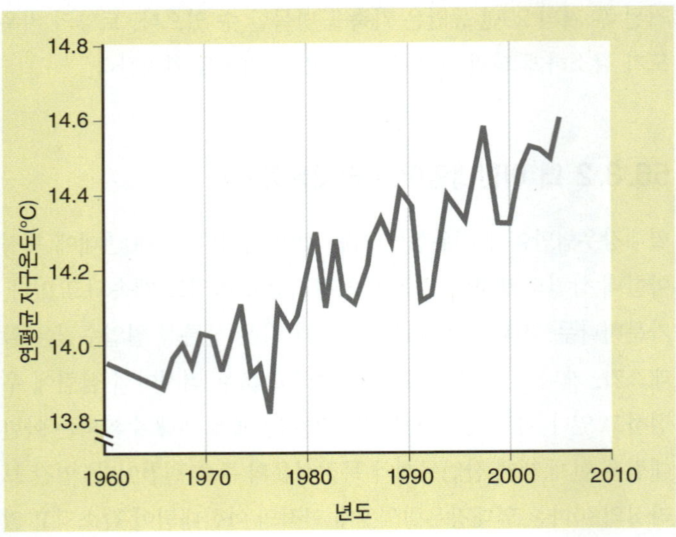


**그림 56-4** 1960년에서 2005년까지의 연평균 지구온도.

1960, 1965년 그 이후 매년 간 지표면의 온도로서 제시된 데이터이다. 측정은 지난 수십 년 동안 온도가 증가하는 경향을 뚜렷하게 보여 준다(지표면 대기 온도분석, Goddard Institute for Space Studies, NASA.)

해 생긴 대기오염물질은 지난 50년 동안 관찰된 대부분의 지구온난화를 야기함으로써 대기권을 계속적으로 변화시킨다고 결론 지웠다. 자연적인 변이에 의한 기후의 변화가 얼마나 되는지 모르더라도 기후변화에 미치는 인간의 영향을 알아 낼 수 있다. 온난화현상이 각 지역마다 조금씩 다르게 나타나겠지만, IPCC 보고서에서는 2100년에는 지구의 온도가 5.8℃ 오를 것이라고 예상한다. 따라서 지구는 수십만 년 동안 있어온 것 보다 21세기 동안 더 온난하게 될 것이다. 거의 모든 기후전문가들은 온난화 경향은 이미 시작되었고, 21세기 내내 지속될 것이라는 IPCC 평가에 동의한다.

## 56.4.1 온실가스는 지구온난화의 원인이 된다

이산화탄소($CO_2$)와 그 외 미량 가스인 메탄($CH_4$), 지표면 오존($O_3$), 일산화질소($N_2O$), 클로로플루오로카본(CFC) 등은 인간 활동의 결과로서 대기 중에 축적된다(▮ 표 56-3). 대기 중의 이산화탄소 농도는 250년 전 280 ppm에서 2004년에는 377 ppm으로 증가하였다(▮ 그림 56-5). 석탄, 기름, 천연가스와 같은 화석 연료를 태우면 인위적으로 생성된 이산화탄소의 3/4이 대기 중으로 방출된다. 지구온난화와 관련이 있는 기타 미량 가스들의 농도가 또한 증가하고 있다.

지구의 온난화는 이들 가스들이 대기 중에서 적외선 즉, 열을 흡수하기 때문이다. 이렇게 흡수된 열은 우주로 방출되는 열의 흐름을 방해하고, 하층 대기를 따뜻하게 한다. 하층대기의 열은 바다로 이동하여 바다의 온도를 증가시킨다. 대기에서 이러한 열의 유지가 지구를 수백만 종의 생물을 서식할 수 있게끔 만들어 왔다. 그러나 인간의 활동으로 인해 대기 중 가스의 농도가 증가됨으로써 대기와 바다의 온도를 증가시킬 뿐 만 아니라 지구 전체의 온도를 증가시킨다.

**표 56-3**

**산업혁명이전에서 현재까지 선정된 대기 온실가스의 증가**

| 가스 | 1750년 이전의 추정농도<br>추정농도 | 현재 농도 |
|---|---|---|
| 이산화탄소 | 280 ppm* | 377 ppm§ |
| 메탄 | 730 ppb† | 1847 ppb |
| 질소산화물 | 270 ppb | 319 ppb |
| 성층권 오존 | 25 ppb | 34 ppb |
| CFC-12 | 0 ppt‡ | 545 ppt |
| CFC-11 | 0 ppt | 253 ppt |

출처: Carbon Dioxide Information Analysis Center, Environmental Sciences Division, Oak Ridge National Laboratory.

* ppm = parts per million(백만분의 1)

† ppb = parts per billion (10억분의 1)

‡ ppt = parts per trillion (1조분의 1)

§ 하와이의 마우나 로우어(Mauna Loa)에서 채집된 것으로부터 유래. 다른 데이터는 모니터링 장소인 아일랜드의 메이스 해드에서 유래

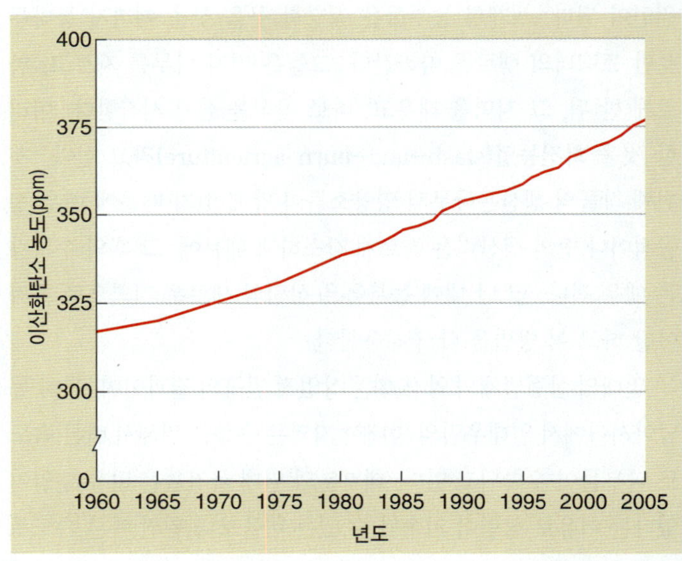


**그림 56-5** 1958년에서 2005년까지 대기의 이산화탄소.

대기 이산화탄소 농도의 꾸준한 증가에 주목하시오. 하와이의 마우나 로우어 관측소에서 측정되었으며, 이 장소는 이산화탄소를 배출하는 공장, 열발전소, 자동차가 있는 도시에서부터 멀리 떨어져 있기 때문에 선택되었다(Scripps Institution of Oceanography, University of California, La Jolla, California.)

요점

대기에 축적되는 온실가스는 증가된 온실효과를 야기한다.

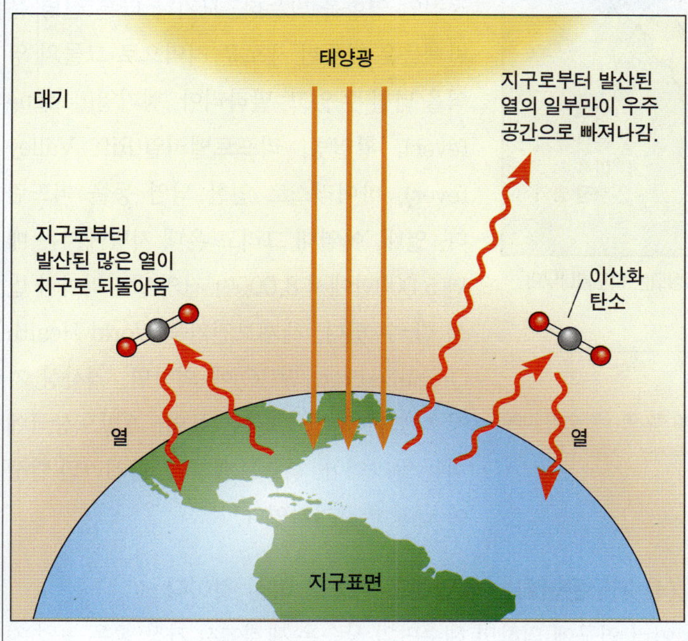


**그림 56-6 강화된 온실효과.**

가시광선은 대기를 통해 지표면에 도달한다. 그러나 표면에서 방출되는 더 긴 파장의 열(적외선)은 이산화탄소와 다른 온실가스에 의해 지표로 되돌아온다. 그러므로 대기에서 온실가스의 축적은 지구온난화를 초래한다.

이산화탄소와 기타 가스들이 온실의 유리처럼 태양의 복사 에너지를 잡고 있어서, 자연적으로 대기 중에 열을 가둠으로써 온도를 높이는 현상을 **온실효과(greenhouse effect)**이라 하고, 적외선을 흡수하는 가스를 **온실가스(greenhouse gas)**라고 부른다. 적외선을 흡수하는 가스의 농도가 증가하면 부가적인 온난화가 생기게 되는데, 이는 **강화된 온실효과(enhanced greenhouse effect)**라고 알려져 있다(**그림 56-6**).

화석연료의 연소와 삼림 벌채의 비율이 높아지고 있어서 대기 중의 이산화탄소 양이 현저하게 증가하고 있지만, 과학자들은 이산화탄소의 양이 증가하는 것보다 지구온난화의 경향이 더 느리게 일어날 것이라고 생각한다. 그 이유는 대기 중의 가스 온도를 높이는 것 보다 물의 온도를 높이는데 더 많은 열을 필요로 하기 때문이다(2장에서 물의 높은 비열에 대해 논의한 것을 상기하라). 일반적으로 바다가 열을 흡수하는 시간이 공기가 열을 흡수하는 시간보다 더 오래 걸린다. 기후 과학자들은 21세기의 전반보다는 후반에 지구온난화가 더욱 심화될 것으로 생각한다.

### 56.4.2 지구온난화의 예상되는 영향은 무엇인가?

해수면의 변화, 강우양상의 변화, 인간을 포함하여 생물체에 미치는 영향, 농업에 대한 영향을 포함하여 지구온난화가 가져다 주는 결과에 대해서 고찰해보고자 한다.

#### (1) 지구온난화로 인해 지구의 평균 해수면이 올라간다

지구 전체의 온도가 조금만 올라가더라도, 빙산과 극지의 빙하들이 녹을 수가 있다. 빙하가 줄어들고 극지의 얼음이 녹아서 해수면이 증가하는 것 이외에도 따뜻해진 바다의 열팽창으로 인해 해수면이 높아지게 된다.

IPCC에서는 2100년까지 해수면이 0.5 m 더 오를 것이라고 예상한다. 이러한 해수면의 증가는 남부 루이지애나 그리고 남부 플로리다와 같은 낮은 해수면을 갖는 지역을 침수시킨다. 침수된 해안 지역은 부식되고 높은 빈도로 허리케인과 같은 매우 강렬한 기후 현상들을 겪게 될 것이다. 방글라데시, 이집트, 베트남, 모잠비크를 포함한 많은 국가들이 위험에 처해있다.

#### (2) 지구온난화로 강우양상이 변하게 될 것이다

지구의 컴퓨터 시뮬레이션은 지구의 온난화가 일어나는 것과 같이 강우 양상 또한 변화될 것이라고 보여주고 있다. 이로 인해 중위도의 대륙 내부에 있는 지역에서는 가뭄의 빈도가 높아질 것이다. 이와 동시에, 더욱 강한 강우 현상(폭설과 폭풍)으로 인해 다른 지역들에서 범람이 더 잦아질 것이다. 강우 양상의 변화는 많은 지역에서 담수의 이용성과 수질에 영향을 미칠 수 있다.

따뜻한 물 표면에서 일어나는 폭풍의 빈도와 강도 또한 증가 할 것이다. 미국 국립해양대기국(National Oceanic and Atmospheric Administration)의 과학자들은 지구온난화가 어떻게 허리케인에게 영향을 주는지를 알아내는 컴퓨터 모델을 개발하였다. 오늘날 보다 바다 표면온도를 2.2℃ 증가 시 분석한 모델은 매우 강력한 허리케인을 초래하였다. 폭풍우 빈도와 강도에서의 변화는 대기가 따뜻해짐에 따라 더 많은 물이 증발하는데 이는 더 많은 에너지를 대기로 방출하기 때문인 것으로 예상된다(2장의 물의 기화열 참조). 이러한 에너지는 더 강한 폭풍우를 발생시킨다.

#### (3) 지구온난화로 인해 생물체의 영역이 바뀌고 있다

지구온난화가 생물체에게 어떠한 영향을 미치는지에 대해 많은 연구보고가 있다. 예를 들어, 약간 따뜻해진 해류로 인해 현재 캘리포니아의 동물플랑크톤의 수가 1951년 때와 비교해 보았을 때 약 80%의 수적 감소가 있었다. 동물플랑크톤 수의 감소로 인해 전체

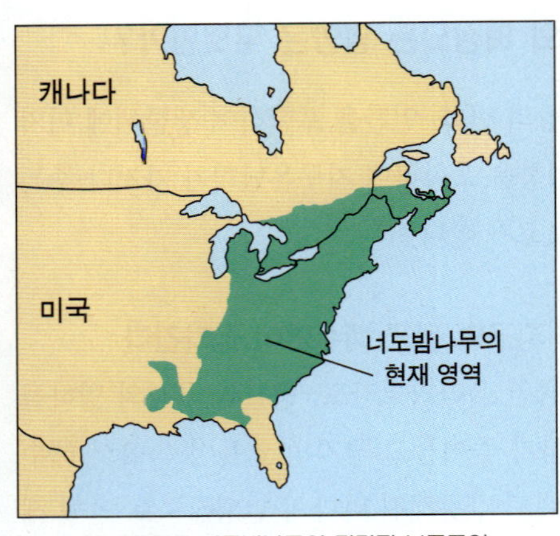


(a) 현재 아메리카 너도밤나무의 지리적 분포구역.

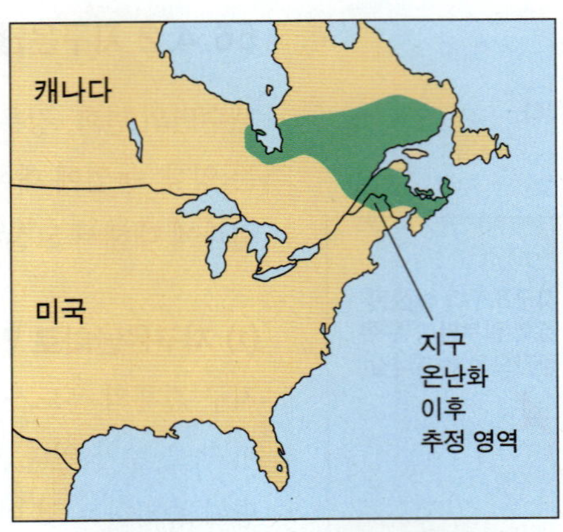


(b) 지구온난화가 발생한 후에 예상되는 너도밤나무의 분포영역.

**그림 56-7 기후변화와 북미의 너도밤나무.**

(출처: M.B. Davis and C. Zabinski, "Changes in Geographical Range Resulting from Greenhouse Warming: Effects on Biodiversity in Forests," in Global Warming and Biological Diversity, edited by R.L. Peters and T.E. Lovejoy, Yale University Press, New Haven, Connectcut, 1992)

상태계의 먹이 사슬이 변하였고, 플랑크톤을 잡아먹는 바다새와 물고기의 수도 감소되었다.

지난 50년 동안 남극 대륙의 온도가 2.6℃ 상승되었으며, 온도 상승의 결과 펭귄의 번식 실패를 초래되었다. 펭귄들은 눈이 없는 바위 위에서 알을 낳는데, 따뜻해진 온도로 인해 새가 알을 품을 때 많은 눈이 내린다. 녹은 눈은 차가운 웅덩이를 형성하여 자라고 있는 배아를 죽이게 된다.

생물학자들은 지구온난화가 식물에게 심각한 영향을 줄 것이라는 데에 동의한다. 왜냐하면 식물들은 환경의 변화가 일어날 때 이동할 수가 없기 때문이다. 바람과 동물이 때때로 먼 거리로 종자를 퍼트려 줄지라도 종자산포는 산포속도 측면에서 한계를 갖는다. 12,000년 전에 일어났던 빙하기가 끝난 뒤의 따뜻한 기후 동안 나무와 같은 종들은 한 세기마다4 km에서부터 200 km까지 퍼지는 것으로 생각되고 있다. 만약 지구의 기후가 21세기 동안 1.4에서 5.8 정도 올라가 따뜻해진다고 생각한다면 일부 온대성 목본종의 이상적인 영역(즉, 잘 자랄 수 있는 환경)은 북으로 480 km정도 이동하게 될 것이다(**그림 56-7**).

각각의 종들은 온도변화에 상이하게 반응한다. 지구온난화에 반응하여 일부 종들, 특히 좁은 온도 요구성을 갖는 종, 아주 작은 서식지에 한정된 종들, 취약한 생태계에 사는 종들은 아마도 멸종될 것이다. 다른 종들은 수와 영역이 매우 감소된 상태로 살아갈지도 모른다. 북극해, 산호초 및 환초, 초원습지, 해안습지, 툰드라, 타이가, 열대우림, 고산 툰드라와 같은 생태계는 단기간에 가장 종 소실의 피해를 입을 것으로 여겨진다.

지구온난화는 개발도상국 사람들의 건강에 더 많은 영향을 끼칠 것이다

인간의 건강 또한 기후 온난화로 인해 간접적인 영향을 받는다. 모기나 다른 질병 운반체들은 따뜻한 새로운 지역으로 그들의 영역을 넓힐 수 있고, 말라리아, 뎅기열(dengue fever), 황열병, 리프트밸리열(Rift Valley fever), 바이러스로 인한 뇌염 등을 퍼뜨린다. 열대, 아열대 그리고 온대 지방에서는 매년 5,000만에서 8,000만 건의 말라리아가 발생 할 수 있다. 세계보건기구(World Health Organization; WHO)에 의하면, 역사상 가장 더웠던 해인 1998년 동안, 개발도상국에서는 말라리아, 리프트밸리열, 콜레라의 발생이 급격히 증가하였다.

### (4) 지구온난화는 농업에도 영향을 미칠 것이다

여러 연구에 의하면 해수면의 상승은 세계에서 가장 좋은 농업 지대로 오래 전부터 중요하게 여겨졌던 강어귀의 삼각주를 범람시킬 것이다. 특정의 몇몇 농업 해충들과 병을 일으키는 생물들도 아마 증식할 것이다. 앞에서 언급한 것처럼 지구온난화는 가뭄의 빈도와 지속성을 증가시킬 것이고 어떤 지역에서는 작물을 상하게 하는 홍수를 증가시키게 될 것이다.

**복습**

- 강화된 온실효과란 무엇인가?
- 온실가스들이 어떻게 강화된 온실효과를 야기시키는가?
- 21세기 동안 지구온난화에 의해 야기되어질 수 있을지도 모르는 몇 가지 중대한 문제는 무엇인가?

## 56.5 성층권 오존의 감소

**학습목표**

6 지표의 오존과 성층권 오존을 구별할 수 있다.

7 성층권에서 오존층 파괴의 원인과 잠재적인 영향을 예증할 수 있다.

**오존(ozone, $O_3$)**은 산소 형태로 되어 있는 인간이 만든 하부대기의 오염 물질이지만,자연적으로 생성되는 오존은 성층권에서는 아주 중요한 기체이다(그림 21-6 참조). **성층권(stratosphere)**은 지구 표면에서 10~45 km 떨어진 지점에서 지구를 둘러싸고 있는데 태양으로부터 나오는 자외선을 많이 막아주는 오존층이 있

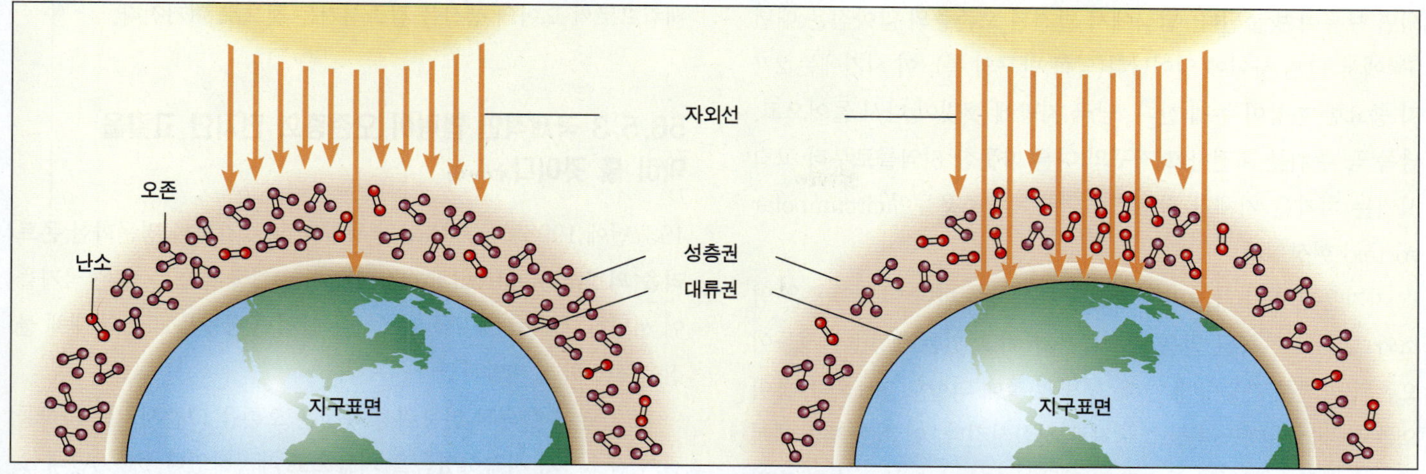


**(a)** 성층권의 오존은 유입되는 99%의 자외선을 흡수함으로써 지표면을 효과적으로 보호한다.

**(b)** 성층권의 오존이 감소되면 고에너지를 갖는 다량의 자외선이 대기를 통과하여 지표면에 도달하게 되며, 지표면의 자외선은 생물체에 해를 입히게 된다.

**그림 56-8 자외선과 오존층.**

다(**그림 56-8**). 성층권의 오존이 없어지면, 대부분의 생물들은 지구에서 살 수 없게 된다. 하부대기의 오존은 며칠 내에 산소로 다시 변하게 되고, 성층권에서 고갈된 오존은 다시 복구되지 않는다.

매년 남극 위의 오존층이 자연적으로 몇 달 동안 얇아진다. 그러나 1985년에 처음으로 오존층의 얇아짐이 자연적인 요소에 인한 것보다 더 커졌다는 것을 알게 되었다. 매년 9월에 시작하는 오존층의 얇아짐을 종종 "오존 구멍"이라 부른다(**그림 56-9**). 오존층은 매년 67% 이상 감소한다. 1990년대에는 얇아진 오존 지역이 계속 증가하였으며, 2000년에는 2,830만 $km^2$ 정도의 오존이 얇아졌는데, 이는 북미 대륙보다 더 크다.

## 56.5.1 특정한 화합물질이 성층권 오존을 파괴한다

염소와 브롬을 포함하는 물질이 오존 파괴를 촉진시킨다. 클로로플루오로카본들 (chlorofluorocarbons; CFCs)이라는 염소를 포함한 물질들이 성층권의 오존을 감소시키는 주요 화학물질이다. CFCs는 압축불활성 분무가스, 에어컨과 냉장고의 냉각제, 절연물과 상품 용기를 만드는데 사용되는 고분자 발포제, 그리고 전자 산업에서 용매와 세제로 사용되어 왔다. 오존을 공격하는 또 다른 화학물질은 할론(소화기에서 발견 할 수 있음), 메틸브로마이드(토양과 곡식의 훈증제로 사용되는 살충제), 메틸클로로포름(산업 용매), 사염화탄소(살충제와 염료의 제조와 같은 산업 과정들에서 사용)가 포함된다.

CFCs와 기타 물질들이 하부대기에 방출이 되면 이들은 성층권으로 이동하는데, 여기에서 화학 물질들은 자외선에 의해 분해되어 염소를 방출한다. 유사하게도 할론과 메틸브로마이드가 분해

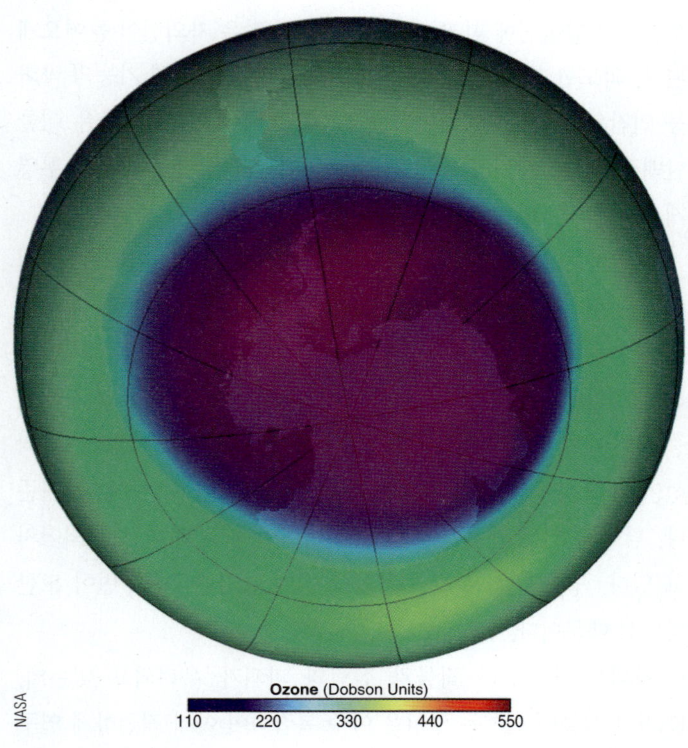


**그림 56-9 희박해지는 오존.**

2005년 9월 컴퓨터가 생성한 남반구 일부분의 그림은 희박해지는 오존(자주색과 파란색 지역)을 나타내고 있다. 오존이 엷은 지역은 정지해 있는 것이 아니라 기류의 결과로서 여기저기 옮겨지게 된다(도브슨 단위는 성층권의 오존을 측정하며, 1950년 후반 동안 남극대륙 위의 오존을 연구했던 영국의 과학자인 고돈 도브슨(Gordon Dobson)의 이름을 따서 명명한 것이다.)

되면 브롬이 방출된다. 남극에서 발견된 오존층의 얇아짐은 매년 9월에서 11월 사이에 일어난다(남쪽 반구의 봄). 이 시기에는 2가지 중요한 현상이 존재 한다. 남극 지방에 햇빛이 다시 들어오고, 남쪽 극 주위를 회전하고 지구의 다른 따뜻한 지역들로부터 고립시키는 차가운 기체가 잘 발달하는 *주극 소용돌이*(circumpolar vortex) 현상이다.

차가운 공기가 극지의 성층권 구름을 형성한다 이들 구름은 염소와 브롬이 부착된 얼음 결정들을 가지고 있는데, 이 결정들이 오존의 파괴를 가능하게 한다. 햇빛의 촉매 역할로 염소와 브롬이 오존 분자들을 깨뜨려 산소 분자로 전환시킨다. 이 화학 반응에서 염소나 브롬은 변하지 않으므로 하나의 염소나 브롬은 수천 개의 오존 분자들을 분해 할 수 있다. 염소와 브롬은 오랜 세월 동안 성층권에 머물게 된다. 주극 소용돌이가 분산되고 오존을 고갈시킨 공기가 북쪽으로 퍼지게 되면 남미, 뉴질랜드, 호주 등의 성층권에서 오존농도가 감소하게 된다.

### 56.5.2 오존 고갈은 생물체에 해를 미친다

오존층이 얇아짐에 따라 지구 표면에 더 많은 자외선이 들어오게 된다. 과도한 자외선의 노출은 백내장, 피부암, 면역 기능의 약화 등 인간의 건강 문제를 야기한다. 과도한 자외선의 노출은 이들 단백질을 손상시키고 오래 동안 손상이 축적되면 수정체는 뿌옇게 되어 백내장을 야기한다.

과학자들은 증가하는 자외선으로 인해 생태계가 파괴 될 것이라고 우려한다. 예를 들어, 떠다니는 미세조류의 일종인 남극의 식물성 플랑크톤은 남극 먹이사슬의 기초가 되는데, UVB의 방출 증가로 인해 이들의 수가 감소되고 있다(UVB는 3종류의 자외선 중 하나이며, 39장의 척추동물의 피부에 관한 내용을 참조). 자외선이 이들 식물성플랑크톤의 광합성을 저해한다고 연구는 보여준다. 남극의 어류 개체군에 대한 직접적인 피해 또한 보고되어지고 있다. 빙어알과 유생(어린 물고기)에 증가한 DNA 변이 또한 자외선 때문이다.

자외선으로 인한 작물과 삼림의 파괴가 우려되고 있는데, UVB가 식물에 미치는 영향은 아주 복잡하여 아직 적절하게 연구되어져 있지 않다. 식물은 자연 생태계와 농업적 생태계의 많은 생물들과 상호작용을 하는데, 자외선이 이들 생물체에 끼치는 영향이 간접적으로 식물에게도 미칠 수 있다. 예를 들어, 고농도의UVB의 노출은 밀에 병을 야기하는 곰팡이를 저해함으로써 밀의 생산을 증가시키며, 다른 한편으로 자외선의 노출은 질병의 발병율을 증가시킴으로써 오이의 생산을 감소시키는 것으로 여겨진다.

### 56.5.3 국제적인 협력이 오존층의 현저한 고갈을 막아 줄 것이다

1987년에 1998년까지 CFC의 생성을 50% 감소를 명문화한 **몬트리올 의정서(Montreal Protocol)**에 150개국이 넘는 많은 국가들이 서명하였으며, CFC를 제조하는 산업 공장들은 CFC의 대체 물질을 신속하게 개발하였다.

1997년에 행해진 인공위성 측정은 오존을 고갈시키는 화학물질이 감소하기 시작하였음을 처음으로 제공하였다. 2000년대 초반에 오존층 회복에 대한 최초의 표시가 분명히 나타났다 성층권 오존의 고갈 속도가 감소하고 있었다.

그러나 2개의 화학물질(CFC-12 과 halon-1211)들이 증가했을 가능성도 있어 아직 오존의 회복을 위협하고 있다. CFCs는 안정성이 매우 높아서, 현재 사용되는 CFC는 50년 동안 성층권의 오존을 고갈시킬 것이다. 그러나 몬트리올 의정서를 계속 고수하는 있는 국가들을 가정해 볼 때 인간에 의해 악화된 오존 감소는 시간이 지남에 따라 점차적으로 감소될 것이라고 과학자들은 기대하고 있다.

**복습**

- 성층권 오존이 제공하는 환경적인 서비스는 무엇인가?
- 어떻게 오존 고갈이 발생하는가?
- 오존층이 얇아짐으로써 생기는 결과들은 무엇인가?

## 56.6 환경문제들 간의 관련성

**학습목표**

**12** 생물다양성 위기와 같은 환경문제가 인간 개체군 성장과 어떻게 관련되어 있는지를 기술할 수 있다.

이 장에서 4가지 환경 문제들 간에 몇몇 상호 관계가 지적되고 있다. 예를 들어, 삼림 벌채, 지구온난화, 그리고 오존층의 감소가 미래의 생물다양성의 감소를 야기할 것 같다. 그러나 대부분의 환경 문제는 인구 과밀과 관련이 있다. 간단히 말해, 인간 개체군 성장은 지구의 자원을 능가하고 있으며 우리의 생태학적 부양체계를 긴장시키고 있다.

우리는 개발도상국의 인구증가율이 크다는 것을 알고 있지만 선진국에서도 마찬가지로 인구가 과잉되고 있어, 이점에서 이들은 일인당 높은 자원의 소비율을 갖는다(52장 참조). 선진국 사람들이 불균형적으로 많은 자원을 소비하는 것을 **소비 과밀인구(consumption overpopulation)**라 한다. 이는 개발도상국의 인구의 폭발이 환경에 미치는 영향과 같은 정도의 영향을 미치게 한다.

인간은 지구상에서 다른 생물체들의 운명과 같이 많은 것을 함께 한다. 우리는 우리가 만들어낸 환경 파괴의 영향을 받는다. 그러나 우리는 우리 행동의 결과를 반성하고 올바르게 대처하는 면에서 다른 동물들과는 다르다. 사람들은 개인적으로나 집단적으로나 변화할 수 있다. 파괴적인 변화를 건설적인 변화로 널리 대처해나가는 것이 생물권의 생존을 확신하는 열쇠가 될 것이다.

**복습**

- 인간개체군의 성장이 자연 환경 파괴와의 관계는 무엇인가?

## 핵심 용어와 요약

**학습목표**

1 여러 수준의 생물다양성(유전적 다양성, 종 풍부도, 생태계 다양성)을 구별할 수 있다.

- **생물다양성**에는 유전적 다양성, 종풍부도, 생태계 다양성이 있다. **유전적 다양성**은 지리적으로 격리된 개체군 사이에서의 유전적 변이이고, **종 풍부도**는 고세균, 세균류, 원생생물, 식물, 균류 그리고 동물의 단순종 수 보다 훨씬 더 많은 것을 포함하며, **생태계 다양성**은 삼림, 평원, 사막, 호소, 기수역, 산호초 및 기타 생태계와 같이 지구상에서 발견되는 다양한 생태계이다.

2 위기종, 멸종위기종, 절멸종을 구별할 수 있다.

- 마지막 개체가 죽을 때 종은 **멸종**된다. 생물이 서식하고 있는 **영역** 전체나 상당한 부분에서 수적으로 현저하게 감소하여 멸종의 절박한 위기에 처해진 종은 **멸종위기종**으로 분류된다. 멸종이 절박하지 않지만 개체군이 아주 작을 때 종은 **위기종**으로 분류된다.

3 생물다양성을 감소시키는 적어도 4가지의 원인을 논의하고 가장 중요한 원인을 확인할 수 있다.

- 생물다양성의 감소에 영향을 미치는 인간 활동에는 서식지의 소실, **서식지 단편화**, 오염,외래종의 도입, 해충 및 포식자 조절, 상업적이 불법 사냥, 상업적인 채취가 포함된다. 이들 중 서식지의 소실과 단편화가 가장 현저한 영향을 미친다.

4 보존생물학을 정의하고 현지 내 보존과 현지 외 보존 척도를 비교할 수 있다.

- **보존생물학**은 인간이 생물체에 어떻게 영향을 미치는지 또 생물다양성을 보호 할 수 있는 방법이 무엇인지를 연구하는 학문이다.
- 야생에서 생물학적 다양성을 보호하기 위한 노력은 **현지 내 보존**이 세계의 생물다양성 **위험지역**에서 긴급히 요구된다. **경관생태학**은 다수의 상호작용 하는 생태계로 구성되는 이질적인 **경관**에서의 상호작용과 교환을 연구한다.
- 포획한 생물체의 번식과 같은 **현지 외 보존**은 인간에 의해 조절되는 시설에서 일어난다.

5 멸종위기의 생물에 관한 법과 종위기에 처한 야생동식물종의 국제거래에 관한 협약의 장점과 단점을 묘사할 수 있다.

- **멸종위기의 생물에 관한 법(ESA)**은 미국과 다른 국가들이 위기와 멸종 위기에 처한 종을 멸종으로부터 보호 할 수 있도록 미국 어류 및 야생국(U.S. Fish and WildlifeServic; FWS)에게 권한을 부여하였다. 보존학자들은 고립된 존재로서 멸종위기종을 살리기 위해 시도하는 것 보다는 전체 생태계를 관리하고 완전한 생물학적 다양성을 유지하는 방법으로 강화된 ESA를 보고 싶어 한다.
- 국제수준에서 **멸종위기에 처한 야생동식물종의 국제거래에 관한 협약**(CITES)은 거래가격이 비싼 멸종위기에 처한 동물과 식물을 보호한다. 이 협정은 각 나라들마다 다르며 또한 협정들이 존재하더라도 그에 따른 형벌이 너무 가볍기 때문에 그 결과 희귀하고 상업적 가치가 있는 종의 불법 거래가 계속되고 있다.

6 삼림생태계의 서비스를 논의하고 삼림파괴의 중요성을 기술할 수 있다.

- 삼림은 유역 보호, 토양 침식의 방지, 기후 조절 그리고 야생생물의 서식처를 포함하여많은 **생태계 서비스**를 우리에게 제공한다.
- 오늘날 삼림이 직면하고 있는 가장 큰 문제는 농업 및 다른 용도를 위해 일시적 또는 영구적으로 삼림을 제거하는 **삼림파괴**다. 삼림 벌채는 생물다양성을 감소시키며, 지역과 지구 기후 변화에 영향을 미침으로써 지구의 온도를 증가시키는 원인이 된다.

7 오늘날 왜 삼림(열대우림과 아한대림)이 감소하는지에 관한 적어도 3가지의 이유를 언급할 수 있다.

- 일시적인 농지를 가지는 생계형 농부, 특히 선진국을 위한 목재 생산, 가축을 위한 방목지의 제공 그리고 연료용 목재 공급하기 위해 삼림이 파괴되고 있다. 가족이 먹을 충분한 식량을 생산하기 위한 **생계형 농업**은 열대 삼림 파괴의 약 60%에 해당한다. 알래스카, 캐나다, 러시아의 아한대삼림의 방대한 개벌은 세계 산업용 목재와 목재섬유의 주 근원이다.

8 적어도 3가지의 온실가스를 명명하고 온실가스가 어떻게 지구온난화의 원인이 되는 지를 설명할 수 있다.

- **온실**가스인 이산화탄소, 메탄, 지표면 오존, 질소산화물, CFC는 대기 중에 열을 가둠으로써 지표면을 따뜻하게 하는 **온실효과(greenhouse effect)**를 야기한다. **강화된 온실효과**는 적외선을 흡수하는 가스의 농도 증가에 의해 만들어지는 부가적인 온난화이다.

9 어떻게 지구온난화가 해수면, 강우 양상, 생물체(인간 포함), 그리고 식량생산에 영향을 미치는지를 기술할 수 있다.

- 21세기 동안 **지구온난화**는 해수면의 증가, 강우양상의 변화, 자연 생물 군집에 대한 다양한 영향, 인간의 건강문제 그리고 농업에서의 문제를 야기할 것이다.
- 지구온난화로 인해 생물체의 영역이 바뀌고 있으며, 농업에 대한 문제는 열대와 아열대에서 홍수, 건조 증가 그리고 농업생산성의 감소가 포함된다.

**10** 지표의 오존과 성층권 오존을 구별할 수 있다.

- **오존**은 산소 형태로 되어 있는 인간이 만든 하부대기의 오염 물질이지만, 자연적으로 생성되는 오존은 성층권에서는 아주 중요한 기체이다. **성층권**에는 태양으로부터 나오는 자외선을 많이 막아주는 오존층이 있다

**11** 성층권에서 오존층 파괴의 원인과 잠재적인 영향을 예증할 수 있다.

- 성층권에서의 오존의 총량이 감소하고 있으며(**오존 고갈**), 매년 남극과 북극의 많은 지역에서 오존층이 얇아지고 있다. CFC와 유사한 염소 및 브롬을 함유하는 화학물질이 오존층을 파괴시키고 있다.
- 과다한 자외선의 노출은 백내장, 피부암, 면역 기능의 약화 등 인간의 건강 문제를 야기한다.

## 연습문제

1. 멸종위기종은 (a) 심한 수적감소가 있다 (b) 생물이 서식하고 있는 영역(range) 전체나 상당한 부분에서 멸종의 절박한 위기에 처해져 있다 (c) 감소된 유전적 변이성을 대개 가지지 않는다 (d) 예견 가능한 미래에 멸종의 위험이 없다. (e) a와 b 둘 다 사실이다.

2. 지구온난화가 일어나는 이유는?
   (a) 이산화탄소와 다른 온실가스가 화학적으로 반응하여 과도한 열을 만들어 낸다
   (b) 지구가 너무 많은 온실과 유리로 된 건물을 가지고 있다
   (c) 화산분출이 많은 양의 황과 기타의 온실가스를 만들어 낸다
   (d) 이산화탄소와 다른 온실가스가 대기에서 적외선을 가둔다
   (e) 이산화탄소와 다른 온실가스가 과도한 열을 대기로 빠져나가게 한다

3. 복원생태학은 (a) 인간이 생물체에 어떻게 영향을 미치는가에 대한 학문이다. (b) 파괴된 환경은 가능한 한 이전의 상태와 가깝게 되돌린다. (c) 현지외 보존의 한 예이다. (d) 양서류 개체군에서의 감소를 성공적으로 전환시키는데 이용되어져 왔다. (e) 멸종위기의 생물에 관한 법의 중요한 조항이다.

4. 삼림이 파괴 되었을 때 (a) 토양의 비옥도가 증가한다 (b) 토양 침식이 감소한다 (c) 일부 삼림 생물체가 수적으로 감소한다 (d) 근처 저지대에서 홍수의 위험성이 감소한다 (e) 이산화탄소가 대기로부터 제거되어 삼림 식물에 저장된다.

5. 서식지 이동통로는?
   (a) 주어진 서식처를 둘러싸고 있다
   (b) 연속된 서식처를 절단하여 가장자리 효과를 증가시킨다.
   (c) 보호를 위해 계획된 종에 의존하여 폭이 다양하다
   (d) 현지외 보존의 중요한 전략이다.
   (e) 복원 생태학자들에 의해 널리 채택되고 있다.

6. 현지 내 보존은 (a) 동물원에서 포획된 종의 번식을 포함한다 (b) 유전적으로 다양한 작물의 종자 저장을 포함한다 (c) 야생에서 생물학적 다양성을 보존하는데 중점을 둔다 (d) 전적으로 크고 매력적인 동물에 초점을 둔다 (e) a와 b 모두 정답

7. 양서류 개체군을 감소와 관련이 있는 것은?
   (a) 농약 (b) 자외선 증가 (c) 감염성 질병
   (d) 지구기후 온난화 (e) 앞의 모든 것

8. 몬트리올 의정서는 ____________ 에 관한 협약이다.
   (a) 온실가스 방출을 단계적으로 감축
   (b) CFC 생산을 감축
   (c) 각각의 멸종위기종에 관한 복구계획을 수립
   (d) 삼림파괴의 축소
   (e) 멸종위기종이나 위기종으로 만든 물건의 판매를 금지

9. 멸종에 관한 다음의 설명 중 사실이 아닌 것은?
   (a) 멸종은 종의 영구적인 소실이다
   (b) 멸종은 자연적인 생물학적 과정이다
   (c) 일단 종이 멸종되면 결코 다시 출현하지 않는다
   (d) 인간활동이 멸종에 거의 영향을 미치지 않는다
   (e) 수천의 식물과 동물종이 현재 멸종의 위협을 받고 있다.

10. 생물다양성이 감소하는 가장 중요한 이유는 (a) 대기오염 (b) 외래종의 도입 (c) 서식지 파괴 및 단편화 (d) 상업적인 불법 사냥 (e) 상업적 채취

## 심화 학습문제

1. 지구에서 생물학적 다양성의 반이 사라진다면 여러분의 삶에 어떠한 영향을 미칠 것인가?

2. 인간에 의해 멸종이 되는 종을 새로운 종이 대체하기 위해 결국에는 진화하는데 왜 생물학적 다양성의 감소가 우리에게 위협이 되는가?

# 부록

## 약어

생물과학 분야에서는 약어를 많이 사용한다. 생물학이나 생화학의 많은 기술적 용어들이 길고 발음하기가 어려운 것들이 많기 때문이다. 그러나 생물학에 처음 입문하는 학생들에게는 NADPH나 EPSP와 같은 약어에 접하면 그 뜻을 이해하기가 매우 어렵게 된다. 여기에 생물학에서 자주 사용되는 약어들의 명칭들을 제시하였으니 많이 활용하기 바란다.

**A** adenine
**ABA** abscisic acid
**ABC transporters** ATP-binding cassette transporters
**ACTH** adrenocorticotropic hormone
**AD** Alzheimer's disease
**ADA** adenosine deaminase
**ADH** antidiuretic hormone
**ADP** adenosine diphosphate
**AIDS** acquired immunodeficiency syndrome
**AMP** adenosine monophosphate
**amu** atomic mass unit (dalton)
**APC** anaphase-promoting complex *or* antigen-presenting cell
**ATP** adenosine triphosphate
**AV node or valve** atrioventricular node or valve (of heart)
**B lymphocyte or B cell** lymphocyte responsible for antibody-mediated immunity
**BAC** bacterial artificial chromosome
**BH** brain hormone (of insects)
**BMR** basal metabolic rate
**bya** billion years ago
**C** cytosine
**$C_3$** three-carbon pathway for carbon fixation (Calvin cycle)
**$C_4$** four-carbon pathway for carbon fixation
**CAM** crassulacean acid metabolism
**cAMP** cyclic adenosine monophosphate
**CAP** catabolite activator protein
**CD4 T cell** T helper cell ($T_H$); has a surface marker designated CD4
**CD8 T cell** T cell with a surface marker designated CD8; includes T cytotoxic cells
**Cdk** cyclin-dependent protein kinase
**cDNA** complementary deoxyribonucleic acid
**CFCs** chlorofluorocarbons
**CFTR** cystic fibrosis transmembrane conductance regulator
**CITES** Convention on International Trade in Endangered Species of Wild Flora and Fauna
**CNS** central nervous system
**CO** cardiac output
**CoA** coenzyme A
**COPD** chronic obstructive pulmonary disease
**CP** creatine phosphate
**CPR** cardiopulmonary resuscitation
**CREB** cyclic AMP response element binding protein
**CSF** cerebrospinal fluid
**CVS** cardiovascular system
**DAG** diacylglycerol
**DNA** deoxyribonucleic acid
**DOC** dissolved organic carbon
**$E_A$** activation energy (of an enzyme)
**ECG** electrocardiogram
**ECM** extracellular matrix
**EEG** electroencephalogram
**EKG** electrocardiogram
**EM** electron microscope or micrograph
**ENSO** El Niño–Southern Oscillation
**EPSP** excitatory postsynaptic potential (of a neuron)
**ER** endoplasmic reticulum
**ES cells** embryonic stem cells
**EST** expressed sequence tag
**$F_1$** first filial generation
**$F_2$** second filial generation
**Fab portion** the part of an antibody that binds to an antigen
**Factor VIII** blood-clotting factor (absent in hemophiliacs)
**FAD/$FADH_2$** flavin adenine dinucleotide (oxidized and reduced forms, respectively)
**FAP** fixed action pattern
**Fc portion** the part of an antibody that interacts with cells of the immune system
**FISH** fluorescent in situ hybridization
**FSH** follicle-stimulating hormone
**G** guanine
**$G_1$ phase** first gap phase (of the cell cycle)
**$G_2$ phase** second gap phase (of the cell cycle)
**G3P** glyceraldehyde-3-phosphate
**G protein** cell-signaling molecule that requires GTP
**$GA_3$** gibberellin
**GAA** Global Amphibian Assessment (by World Conservation Union)
**GABA** gamma-aminobutyric acid
**GH** growth hormone (somatotropin)
**GnRH** gonadotropin-releasing hormone
**GTP** guanosine triphosphate
**HB** hemoglobin
**HBEF** Hubbard Brook Experimental Forest
**$HBO_2$** oxyhemoglobin
**HCFCs** hydrochlorofluorocarbons
**hCG** human chorionic gonadotropin
**HD** Huntington disease
**HDL** high-density lipoprotein
**HFCs** hydrofluorocarbons
**hGH** human growth hormone
**HIV** human immunodeficiency virus

**HLA** human leukocyte antigen
**HUGO** Human Genome Organization
**IAA** indole acetic acid (natural auxin)
**Ig** immunoglobulin, as in IgA, IgG, etc.
**IGF** insulin-like growth factor
**IP$_3$** inositol trisphosphate
**IPCC** United Nations Intergovernmental Panel on Climate Change
**IPSP** inhibitory postsynaptic potential (of a neuron)
**IUCN** World Conservation Union
**IUD** intrauterine device
**JH** juvenile hormone (of insects)
**kb** kilobase
**LDH** lactate dehydrogenase enzyme
**LDL** low-density lipoprotein
**LH** luteinizing hormone
**LM** light microscope or micrograph
**LSD** lysergic acid diethylamide
**LTP** long-term potentiation
**MAO** monoamine oxidase
**MAPs** microtubule-associated proteins
**MHC** major histocompatibility complex
**MI** myocardial infarction
**miRNA** microribonucleic acid
**MPF** mitosis-promoting factor
**MRI** magnetic resonance imaging
**mRNA** messenger RNA
**MSAFP** maternal serum $\alpha$-fetoprotein
**MSH** melanocyte-stimulating hormone
**mtDNA** mitochondrial DNA
**MTOC** microtubule organizing center
**MVP** minimum viable population
**mya** million years ago
**9 + 2 structure** cilium or flagellum (of a eukaryote)
**9 × 3 structure** centriole or basal body (of a eukaryote)
***n*, 2*n*** the chromosome number of a gamete and of a zygote, respectively
**NAD$^+$/NADH** nicotinamide adenine dinucleotide (oxidized and reduced forms, respectively)
**NADP$^+$/NADPH** nicotinamide adenine dinucleotide phosphate (oxidized and reduced forms, respectively)
**NAG** *N*-acetyl glucosamine
**NK cell** natural killer cell
**NMDA** *N*-methyl-D aspartate (an artificial ligand)
**NO** nitric oxide
**NSF** National Science Foundation
**P generation** parental generation
**P53** a tumor suppressor gene
**P680** reaction center of photosystem II
**P700** reaction center of photosystem I
**PABA** para-aminobenzoic acid
**PAMPs** pathogen-associated molecular patterns
**PCR** polymerase chain reaction
**PEP** phosphoenolpyruvate
**Pfr** phytochrome (form that absorbs far-red light)
**PGA** phosphoglycerate
**PID** pelvic inflammatory disease
**PIF3** phytochrome-interacting factor-3
**PKU** phenylketonuria
**PNS** peripheral nervous system
**pre-mRNA** precursor messenger RNA (in eukaryotes)
**Pr** phytochrome (form that absorbs red light)
**PTH** parathyroid hormone
**RAS** reticular activating system
**RBC** red blood cell (erythrocyte)
**REM sleep** rapid-eye-movement sleep
**RFLP** restriction fragment length polymorphism
**RNA** ribonucleic acid
**RNAi** ribonucleic acid interference
**rRNA** ribosomal RNA
**rubisco** ribulose bisphosphate carboxylase/oxygenase
**RuBP** ribulose bisphosphate
**S phase** DNA synthetic phase (of the cell cycle)
**SA node** sinoatrial node (of heart)
**SCID** severe combined immunodeficiency
**SEM** scanning electron microscope or micrograph
**siRNA** small interfering ribonucleic acid
**snRNA** small nuclear ribonucleic acid
**snoRNA** small nucleolar ribonucleic acid
**snRNP** small nuclear ribonucleoprotein complex
**SRP RNA** signal recognition particle ribonucleic acid
**SSB protein** single-strand binding protein
**ssp** subspecies
**STD** sexually transmitted disease
**STR** short tandem repeat
**T** thymine
**T lymphocyte or T cell** lymphocyte responsible for cell-mediated immunity
**T$_C$ lymphocyte** T cytotoxic cell
**T$_H$ lymphocyte** T helper cell (CD4 T cell)
**TATA box** base sequence in eukaryotic promoter
**TCA cycle** tricarboxylic acid cycle (synonym for citric acid cycle)
**TCR** T-cell receptor
**TEM** transmission electron microscope or micrograph
**Tm** tubular transport maximum
**TNF** tumor necrosis factor
**tRNA** transfer RNA
**U** uracil
**UPE** upstream promoter element
**UV light** ultraviolet light
**WBC** white blood cell (leukocyte)

# 색인

## 국문

### ㅇ

# 영문

## A



## B

**H**



**I**



**J**

## T

## U



## V



## W



## X



## Y



## Z